生 态 学 名 著 译 丛

Ecology

From Individuals to Ecosystems (Fourth Edition)

生态学

——从个体到生态系统（第四版）

Michael Begon Colin R. Townsend John L. Harper 著

李 博 张大勇 王德华 主译

参译（按姓氏笔画排序）

卫书娟 李 骁 邵钧炯 尚 蕾 周晨昊 徐 晓（复旦大学）

于海成 卢函姝 朱璧如 张全国 赵 琳 赵夏青 赵鑫峰 郝祎祺 倪 川 席念勋（北京师范大学）

邢 昕 刘新宇 汤刚彬 李永国 杨登宝 迟庆生 张 强 张学英 徐彦超 徐德立（中国科学院动物研究所）

SHENGTAIXUE
CONG GETI DAO SHENGTAI XITONG

高等教育出版社·北京

图字：01-2009-1964 号

Ecology: From Individuals to Ecosystems, 4th Edition/by Michael Begon, Colin A. Townsend and John L. Harper

图书在版编目（CIP）数据

生态学——从个体到生态系统：第四版 /（英）贝根（Begon, M.），（新西）汤森（Townsend, C. R.），（英）哈珀（Harper, J. L.）著；李博等主译 . — 北京：高等教育出版社，2016. 8（2023. 6 重印）

书名原文：Ecology: From Individuals to Ecosystems（Fourth Edition）

ISBN 978-7-04-043556-6

Ⅰ. ①生… Ⅱ. ①贝… ②汤… ③哈… ④李… Ⅲ. ①生态学 Ⅳ. ① Q14

中国版本图书馆 CIP 数据核字（2015）第 174827 号

策划编辑 李冰祥 关 焱　责任编辑 关 焱　封面设计 张 楠　版式设计 马 云
插图绘制 杜晓丹　责任校对 刘娟娟　责任印制 韩 刚

出版发行 高等教育出版社
社　　址 北京市西城区德外大街4号
邮政编码 100120
印　　刷 涿州市星河印刷有限公司
开　　本 889mm×1194mm 1/16
印　　张 45.25
字　　数 1440 千字
插　　页 4
购书热线 010-58581118
咨询电话 400-810-0598
网　　址 http://www.hep.edu.cn
　　　　 http://www.hep.com.cn
网上订购 http://www.hepmall.com.cn
　　　　 http://www.hepmall.com
　　　　 http://www.hepmall.cn
版　　次 2016 年 8 月第 1 版
印　　次 2023 年 6 月第 4 次印刷
定　　价 128.00 元

物 料 号 43556-00
审 图 号 GS (2014) 1173 号
本文插图系原文插图

中文版序

本书自第一版始已被译成多国语言，这是很令人高兴的事情。第四版的中文版译本应该是最新的外文版本。首先，对译者的洞察力和辛勤工作表示感激和敬佩。作为作者之一，我很高兴自己的作品能有幸被译成中文。此外，我觉得更重要的是我们能有幸将本书的内容介绍给中文读者同行。对于一本教科书的作者来说，其作品能介绍给不同文化背景的年轻人，并能在他们的知识进步和发展过程中起到重要作用，可真是一件非常荣幸的事情。我们欢迎新的尤其是年轻的中文读者阅读本书，并希望他们在阅读此书时能获得一些启发，甚至感受到喜悦。

无疑，所有的科学都是相通的，从而也是国际化的，生态学也不例外。但生态学作为一个学科的科学在面向大众时，也许真的就是一个例外。无论我们生活在何处，都会面临如下问题：我们与周围的自然界如何和谐相处？在保护这个世界的同时我们必须要做些什么？我们只是利用吗？不可否认的是，目前无论我们面临什么困难，这些困难在解决之前都会先恶化。重要的是，我们必须找到其早期的解决方案。这些解决方案就要求我们进行国际合作，进行国际合作的前提是要有国际对话。我们热切期望像这样的教材能尽可能地面向更广大的读者，并对发起和促进国际对话起到相应的作用。因此，我们盼望此书的译者能通过促进中文世界和英语世界之间对生态科学的沟通与理解来相互受益。

本书主要介绍了各种有机体的分布和多度，以及决定这种分布和多度的物理和化学特点，尤其重要的是生物学特点及其之间的相互作用。与其他科学不同的是，每个人都清楚生态学的学科特点：大多数人对自然都有所观察和思考。因此，大多数人都以他们自己的方式在扮演着一个生态学家的角色。实际上，无论在中国，还是在世界的传统中，生态学并不曾像物理和化学那样被视为一门科学。但生态学确实是一门科学，而且还不是一门简单的科学。我们必须明确地从三个层次去认识生态学：有机体、种群和群落。正如我们将要看到的一样，生物个体中的任何一个细节都不能被忽视，历史影响、进化和地质事件也一样。这有赖于生物化学、行为学、气候学和板块运动等知识的进步，但是这也将对生物学各个领域的理解有所促进。正如杜布赞斯基所言："如果不从进化的角度来看，生物学的一切都将变得无法理解。"同样，我们也可以说，"如果不从生态学的角度来看，进化论甚至整体意义上的生物学都将变得无法理解。"

生态学有其独特性，数百万的不同的生物种、数亿个基因型各异的个体，都生活在这个多样并不断变化着的世界中，并相互作用和相互影响着。生态学面临的挑战是理解最基本、最浅显问题的独特性和复杂性，同时还要在其复杂性中发现模式并进行预测，而不是被其复杂性所淹没。L.C.Birch 指出，若将怀特海德(Whitehead) 对科学的秘诀放置于生态学上则再贴切不过了：寻求简洁，但不可信之。

本书第四版出版的时间距第一版问世已近 19 年。生态学领域以及我们周围的世界都呈现了日新月异的变化。还记得本书首版序言的开篇是这样的："正如本书封皮上的岩洞壁画的寓意：生态学也许是最古老的科学。"生态学比中国和其他文明古国的文化出现还要早，因为最初的人类需要懂得他们所居住的环境所发生的变化。近 19 年过去了，本书的封皮设计也随着世界的变化而不断更新，它改变了许多，但又好像没有变化。作为一种动物，我们人类依旧喜爱向世界直观地表达自己的感觉，但那真实而又简单的岩洞壁画早已消失，已被表达沮丧和攻击性的都市涂鸦所取代。

19 年前，生态学家们对于舒适且目标明确的任务是乐于接受的，那就是以我们身边的动物和植物为实验材料，探索科学认知。然而，现在我们必须面对环境问题的威胁。生态学家们的任务则变成了去解决这些问题，不管是在高度发达的西方国家，或像中国这样迅速崛起的发展中国家，还是发展缓慢的一些第三世界国家。生态学原理的应用不仅是实际需求，首先总结出这些原理也是在科学上的一种挑战。所以我们在第四版中新加入了三个应用章节，分别围绕本书的三个部分：个体生态学、种间相互作用、整个群落和生态系统，但我们仍在沿用生态学原理是环境作用的基础这一理念。因此，本书依然是大篇幅地介绍生态学原理，对其应用涉及不多。我们认为本书可为解决新千年的环境问题做一些准备。

我们希望本书对那些学位课程中包含生态学的中国学生朋友们，以及在某种意义上的应用生态学家们能有所裨益。书中的一些主题，尤其是数学方面，对一部分人来说可能会有些难度。但撰写本书的初衷是针对无论野外还是实验室，不管是理论还是应用等方面，都尽可能考虑广泛的读者群，能够有一种平衡且新颖的感觉。

本书不同的章节包含不同的研究内容，如描述自然史、生理、行为、严谨的实验室和野外实验、细致的野外监测和调查以及数学模型。这些各异的内容在某种程度上反映了不同领域的进展，也反映了生态学各个层次的本质差别。不管取得什么样的进步，生态学是整合博物学家、实验生物学家、野外生物学家以及数学模型科学家等群体汇聚的学科。所以，我们认为所有的生态学家都应该或多或少地试图将这些领域结合起来。

译 者 序

《生态学——从个体到生态系统》是一部具有国际影响力的生态学教材, 其第一版于 1986 年问世至今已整整 30 载, 一直受到生态学界的热捧。第四版出版于 2006 年, 出版之初, 富有洞察力的高等教育出版社同仁便邀请我们将其译成中文。尽管我们对该书的翻译很有兴趣, 但出于两方面的原因, 一直都有点勉强。第一, 要将一部国际著名的教材译成信、雅、达的中文, 极具挑战性; 第二, 该书原著厚达 738 页, 翻译的工作量可想而知。不过, 高教社同仁的热情和鼓励, 考虑到我国生态学教育对优秀教材的亟需, 我们最终还是接受了这一挑战。

时至今日, 译稿已成, 感觉做了一件有意义的事情, 很值得。近年来, 我国的生态学教育和生态学科遇到了历史上最好的发展时期, 这是我国生态学和生态学工作者的共同幸事。2011 年, 教育部将生态学设为新的理学一级学科; 2012 年, 党的十八大会议上将 "生态文明" 建设确立为我国长期的五大建设任务之一; 2015 年 3 月中央政治局会议审议通过了《关于加快推进生态文明建设的意见》, 提出把生态文明建设融入经济、政治、文化、社会建设各方面和全过程, 协同推进新型工业化、城镇化、信息化、农业现代化和绿色化 (生态化)。生态文明建设, 无疑需要良好的生态学教育, 良好的教育需要优秀的教材, 这些都是生态学家责无旁贷的责任和义务。

本书的翻译过程中, 具体分工如下: 序言和第一部分 (第 1 ~ 7 章) 由中国科学院动物研究所王德华团队翻译; 第二部分 (第 8 ~ 15 章) 由北京师范大学张大勇团队翻译; 第三部分 (第 16 ~ 22 章) 由复旦大学李博团队翻译。初稿译成后, 由李博统稿。

《生态学——从个体到生态系统》中文版的面世与高等教育出版社李冰祥博士的持续鼓励和关焱编辑的细心加工密不可分。原著作者之一 Mike Begon 博士专门为中文版作序。在此, 一并向他们表示由衷的感谢。书中如有任何翻译错误、不当和遗漏, 是我们译者的责任。

李　博　张大勇　王德华
2015 年 12 月

原 书 序

生态学是每个人的科学，但不是简单的科学

本书主要阐述各种有机体在自然界中的分布和多度，论述决定这些分布和多度的物理和化学特征，尤其是生物特征及其因子间的相互作用。

生态学与其他科学不同，每个人对其主题都比较熟悉，多数人也曾观察和思考过大自然，所以从这个角度来说很多人在不同方面都是生态学家；但生态学又不是一门简单的科学。生态学涉及生物等级中三个水平的问题，即有机体水平、由有机体组成的种群水平和由种群组成的群落水平。从中我们可以看到，这样的布局忽视了个体生物学的一些细节，或者忽视了历史、进化和地理等方面的普遍影响。生态学也吸收融合了生物化学、行为学、气候学和板块结构理论等不同学科的知识，同时也对其他生物学领域的发展有重要的贡献。著名进化生物学家 T. H. Dobzhansky (杜布赞斯基) 曾说："如果不从进化的角度来看，生物学的一切都将变得无法理解"。那么，同样我们也可以说："如果不从生态学的角度来看，进化论甚至整体意义上的生物学都将变得无法理解"。

生态学具鲜明的独特性：数百万不同的物种，数亿个遗传上不同的个体，都在这个变化的和一直在变化着的世界上生活着和相互作用着。生态学科的挑战是以一种能够认识到生态学这种唯一性和复杂性的方式，发展一种对非常基础和一些很明显问题的科学理解。要在这种复杂性中寻求生态学的格局和其预测性，而不是被其复杂性所淹没，正如 L. C. Birch 曾经指出的，把怀特海德 (Whitehead) 关于科学方法的观点应用于生态学应该是最贴切的了：寻求简洁，但不可信之。

重视应用生态学

本书第三版出版至今已 9 年，距第一版已经近 19 年。这些年来，在生态学领域，在我们周围的世界，甚至在本书作者们的身边，很多事情都已经发生了改变。在第一版的序言中，我们曾以下面的文字开始："本书封面上的岩洞壁画似乎告诉我们，生态学如果不是最古老的职业，也可能是最古老的科学"。我们的理由是，作为一种基本需求，最原始的人类必须理解其所生存环境的动态变化。近 19 年之后，我们曾尝试思考本书的封面设计中到底有哪些改变。我们认识到，早年的岩洞壁画与现代的"城市涂鸦"是等价的。人类作为一个物种，依然要向他人表达和传播我们的感觉。但是很简单，写实已经被失败和侵略的紧急声明所替代。人类再也不只是一个参与者，人类自身既是施虐者，也是受害者。

当然，从"岩洞绘画者"到"城市涂鸦艺术家"经历了 19 年。但 19 年以前，生态学家保持一个安逸、客观而不是冷漠的地位，将我们身边的动植物作为寻求科学认识的简单材料，这个观点似乎是可以接受的。现在，我们必须要意识到威胁到我们生活的那些环境问题的迫切性，而且生态学家有责任全力以赴去解决这些问题。应用生态学原理，不仅是实践的需要，也是将这些生态原则的科学挑战放在首要地位。我们在新版中添加了三个新的关于"应用生态学"的章节，分别安排在本书的三个部分：有机体和单物种种群水平的应用、种间关系，以及整个群落和生态系统。但是我们依然坚持一个理念，即如此基于生态学原则的环境行动是前所未有的。因此，尽管其他章节依然是关注生态学原理，对其应用的关注也不是很多，但我们全书的目的还是旨在为解决新千年的环境问题提供必要的知识和思想储备。

生态学的生态位

如果我们不相信生态学原理可应用于我们周围的世界和所有人类努力的各个方面的话，那我们生态学家真的是够悲惨的。所以，当我们在写本书第一版之时，只是定位于一本很基本的教科书，主要是想在众多生态学教科书中保持一定的特色。最近，我们也听从了一些建议，以这本"宏著"为蓝本，缩减成为一本需求量较小的教科书《生态学精要》(该书也由 Blackwell 出

版社出版), 主要针对那些攻读生态学学位的一年级学生和那些从没有学习过生态学课程的学生, 作为入门教材。为了加以区分, 我们就需要有一个 "生态位分化"。

由于《生态学精要》的出版, 让我们能够有时间来充实第四版的内容, 我们在这个版本中收录了自第三版出版以后约 800 篇新近发表的研究成果。尽管新增加了内容, 因意识到前几版的内容有些繁冗, 而且在表达同样的含义时少总比多好, 所以在整体上我们还是缩减了约 15% 的篇幅。虽然收录了这么多最新的文献资料, 但我们有意识地回避了那些在读者还未使用本书时, 就已经可能被淹没在时间长河之下的那些所谓的潮流热点等内容。当然, 我们也很遗憾地排除了那些还需要继续进行的尚不确定的研究。

说了这么多, 我们的目的是希望本书第四版对学位大纲中包含生态学的学生朋友们和在一定程度上那些被视为应用生态学家的学者们有所裨益。本书的一些主题尤其是数学方面, 对一部分人来说可能是很困难的。撰写本书的初衷是针对尽可能广泛的读者群, 无论野外还是实验室, 不管是理论还是应用, 我们都试图营造出一种平衡且新颖的观感。

所以, 本书不同的章节包含了不同的研究内容, 诸如描述自然史、生理、行为、严谨的实验室和野外实验、细致的野外监测和调查, 以及数学模型 (用于必要探索的简易形式, 但同样必要的不可信程度)。这些各异的内容在某种程度上反映了不同领域的进展, 也反映了生态学各个层次的本质差别。不管取得什么样的进步, 生态学都会是博物学家、实验室人员、野外生物学家以及数学模型工作者等群体聚集交流的一个学科。所以我们认为, 所有的生态学家都应该或多或少地试图将这些领域结合起来。

技术和教学特点

本书保留了一个技术特点: 全书中都以页边注释作为指示性内容。我们期望这种方式可以实现以下几个目的。首先, 因为页边注构成了一系列的亚标题, 可以突出书中的细节内容, 它们数目多且经常带有信息提示性, 故也可以作为每一章的大纲, 可与书中常规的副标题结合起来, 便于阅读。其次, 由于它们与学生们自己在教材上的注释很相似, 所以也可作为学生们的学习指南。最后, 页边注大致总结了它们所处段落和邻近段落的一些知识要点, 所以这也可作为读者对自己理解力的一种评估: 如果读者明白了刚阅读的内容, 其知识要点就是页边的注释, 那么就说明已经读懂了。同时, 我们在这个版本中依然保留了每一章的小结, 以期帮助读者在阅读本章前能准确定位和做好准备, 或是提醒他们刚才读到什么地方了。

这里再总结和重复一遍第四版中的一些关键特点:

- 全书都加了页边注;
- 所有章节都加了小结;
- 补充了大约 800 篇新的研究文献;
- 补充了三个关于应用生态学的章节;
- 全书在上一版基础上缩减了大约 15%;
- 给出了《生态学精要》的网站 (www.blackwellpublishing.com/begon), 包含相互作用模型、词汇表、书中的插图, 以及其他一些生态学网站。

致谢

最后, 此次修订工作是由我们原作者中的两人完成的, 也许这是第四版中最大的一个改动。John Harper 有充足的理由认为退休和享受子孙绕膝的生活远比合著一本教科书更具有吸引力。但对我们两人来说, 仅有一方面是有利的, 那就是给予了我们机会来公开表达: 多年来和 John 的合作都非常愉快, 我们从他身上学到了很多。坦率地讲, 我们不能保证吸收或接受他的所有观点, 但我们尤其希望第四版中没有偏离他曾经给予我们的指导太远。如果读者朋友们体会到本书是激励和启发, 而不是简单地告知, 质疑而非轻信, 尊重读者而非颐指气使, 没有盲目顾虑于当下的名声而是坦然承认我们过去的债务时, 就会发现 John 的智慧依然渗透在这本书的字里行间。

在本书前三版中, 我们对许多友人和同事给予本书的草稿提出很多宝贵意见致以谢意, 他们的贡献在本书此次修改中仍然卓著。第四版也仍有很多审稿人给予了评价和意见, 我们同样表示十分感激。对于其中匿名的审稿人, 虽然我们不能在此一一列出其名以示感谢, 但我们很高兴能有机会感谢以下人士的帮助: Jonathan Anderson, Mike Bonsall, Angela Douglas, Chris Elphick, Vlerie Eviner, Andy Foggo, Jerry Franklin, Kevin Gaston, Charles Godfray, Sue Hartley, Marcel Holyoak, Jim Hone, Peter Hudson, Johannes Knops, Xavier Lambin, Svata Louda, Peter Morin, Steve Ormerod, Richard Sibly, Andrew Watkinson, Jacob Weiner, David Wharton。

在本书出版过程中, 我们得到了来自 Blackwell 出版社 Jane Andrew, Elizabeth Frank, Rosie Hayden, Delia Sandford 和 Nancy Whilton 的大力帮助和鼓励。

谨以此书献给我们的家人: Mike 的家人 Linda, Jessica 和 Robert; Colin 的家人 Laurel, Dominic, Jenny 和 Brennan, 特别纪念他的妈妈 Jean Evelyn Townsend。

Mike Begon
Colin Townsend

目　录

绪言：生态学及其学科范畴

生态学的定义和范围

“生态学” (ecology) 这个词是 Ernest Haeckel 于 1869 年首先使用的。根据 Haeckel 的定义，生态学可描述为 “有机体和其环境之间相互作用的科学研究”。“Ecology” 这个词来自希腊语 “oikos”，意思是 “家”，因此 “生态学” 可理解为是关于生物体的 “家庭生活” 的研究。Krebs (1972) 给出了一个相对明确的定义：“生态学是关于决定有机体分布和多度的相互作用的科学研究”。注意 Krebs 的定义中没有用 “环境” 这个词。为什么呢？对环境进行定义是必要的。一个有机体的环境包括有机体本身之外的所有对其产生影响的那些因子和现象，无论这些因子和现象是物理和化学 (非生物) 方面的还是其他有机体 (生物) 方面的。Krebs 的定义中的 “相互作用” 自然是指与这些因子之间的相互作用。因此环境保留了 Haeckel 赋予它的核心位置。Krebs 的定义明确指出了生态学要研究的本质内容是 “有机体的分布和多度”。有机体从何而来，有多少以及相关原因。所以这样定义生态学会比较好：

> 生态学是研究有机体的分布和多度以及决定其分布和多度的相互作用的科学。

生态学的研究核心 “有机体的分布和多度” 是很简洁的巧妙描述。但是我们需要把它扩展。我们所生存的世界可以被看成是一个由亚细胞的微粒开始持续发展成细胞、组织、器官的生物阶梯。生态学研究的三个水平：个体、种群 (由同种个体组成) 和群落 (由多数或少数物种的种群构成)。有机体水平上，生态学研究的是有机体如何被环境所影响 (或是它们如何影响环境)；种群水平上，生态学研究关心有没有特有物种，它们的多度或稀有度情况，以及种群数目和波动情况。群落生态学的主要研究内容是群落的组成和结构。生态学家也会注重物质和能量流动通路的研究，因为它们在更高一级的尺度 —— 生态系统的非生命元素和有生命元素中流转。生态系统是由群落和它们所处的物理环境组成的。意识到一点，Likens (1992) 将我们比较喜欢的生态学定义增添了有机体间的相互作用以及物质和能量的转化流动这一新的内容。然而，我们已经在定义里把物质循环和能量流动归类于之前所说的相互作用了。

生态学家通常可以采用两种广泛应用的方法进行研究。第一种方法针对不同生态层次的组织形式，如研究个体生态学时注重生理学，调查种群动态时记录窝卵数和存活率；研究捕食者和猎物之间的相互作用时记录摄食率；研究群落时注意共存种之间相似度的限制因素。第二种方法，直接与所研究的兴趣程度有关。比如，个体水平上的生态位宽度，种群水平上密度依赖过程的相对重要性，群落水平上的物种多样性，生态系统水平上的生物生产力。而且还要把这些和环境中的生物和非生物方面联系到一起。以上两种方法有各自不同的作用，而且都会在本书的三个部分：有机体、物种间相互作用、群落和生态系统中被用到。

生态学的解释、描述、预测和控制

在不同的生态学组织层次上，我们都可以尝试着去做一些不同的事情。首先，我们可以试着去解释或理解，这是寻求知识的纯科学传统方式。然而，为了实现这一目的必须先进行描述。这同样会增加我们对生命世界的了解。显然，为了理解一些事物，我们首先必须描述我们想要了解的是什么。同样，但不很明显的一点的是，最有价值的描述通常是由一个特定的科学问题引出的或者脑海中早就存在的 “需要去理解” 的。所有的描述都是有选择性的：但从自身的角度而开展的间接性描述，经常在事后发现是错误的选择。

生态学家也经常尝试预测在特定的环境下一个个体、一个种群、一个群落或一个生态系统将会发生什么变化，并基于这些基础试图加以控制。我们试图通过预测蝗灾可能暴发的时间来采取适当的应对措施以将其破坏程度降到最低。我们尝试通过预测对农作物有利而对其害虫不利的时机来对作物加以保护。我们试图通过预测能使濒危物种持续的保护政策来维持那些物种。我们试图保护生物多样性来维持生态系统的服务功能，如对自然界水域的化学质量的保护。有些预测和控制可以在没有解释和描述时就被提出了。但可信的预测、精确的预测以及在非常环境下将要发生的那些预测, 只能在我们能够解释时才能被提出来。数学模型在生态学的发展中发挥了并将会持续发挥重要的作用, 尤其在我们的预测能力方面。但是我们感兴趣的是真实的世界, 这些模型的价值通常取决于它们是否真实地阐明了自然系统的运转机制。

生物学中对一个生物学现象会有两类不同的解释, 即近因和远因。意识到这点非常重要。举例来说, 一种特定鸟类的分布和多度可以从这个物种对其生存的物理环境的耐受、所取食的食物、寄生虫以及威胁其生存的捕食者等方面来 "解释"。这就是近因的方面。然而, 我们也想知道这种鸟类是如何形成现今这种生存特性的? 对于这类问题, 必须从进化的方面进行解释, 也就是远因的方面。该物种现今地理分布和多度的远因解释与其祖先的生态经历是相关的。生态学中的很多问题都需要进化的终极解释, 如 "有机体是如何将特定的体型、发育速率和繁殖输出等特征组合成一体的呢?" (第 4 章), "是什么因素使得捕食者采取了特定的觅食行为方式?" (第 9 章), 以及 "(群落中) 共存的物种中为什么是那些相近的物种而不是相同的物种呢? (第 19 章)。这些问题都是现代生态学中的重要问题, 如同鼠疫的预防、农作物的保护以及珍稀物种的保护等。我们控制和利用生态系统的能力只能在我们能够解释和理解的基础上才能提高。我们只有将近因和远因的解释结合起来, 才能真正理解一种生态学现象。

纯生态学和应用生态学

生态学家不仅关注于自然界中的群落、种群和有机体, 也关注人造的或人为干扰的环境 (如人工林、麦田、粮店、自然保护区等), 还有人类活动对自然界造成的影响 (如污染、过度利用、全球气候变化等)。实际上事实表明, 我们对自然界的影响是如此的广泛, 以至于我们很难在地球上再找到没有被人类活动所影响的地方。环境问题现在成为一个被高度关注的政治问题, 很明显生态学家应该扮演核心地位: 一个可持续发展的未来主要取决于我们对生态问题的理解和在不同情境下我们的预测能力或生产能力。

本书于 1986 年首次出版的时候, 多数生态学家将自己归类于纯科学研究者, 为的是捍卫自己追求纯生态学的权力, 而不是局限于狭隘的应用层面的科研人员。过去的 20 年内这种情形已不复存在, 部分原因除了由于政府已经将经费资助转向了生态学的应用方面外, 更重要的是生态学家们为了应对日益严峻的环境问题主动开展了这些方面的研究。这一趋势可从本版本中对生态应用方面的系统处理上体现出来。本书的三大部分都包含了一个应用章节。我们坚信, 对生态学理论的应用必须建立在对纯科学研究的深刻理解基础之上。因此, 生态学应用这几章的编写都是在考虑到对前面章节的生态学理解的基础之上的。

第一部分
有机体

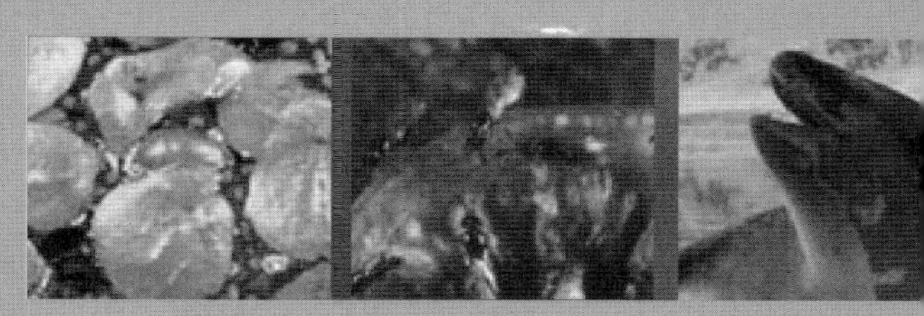

本书从论述有机体开始，然后讨论有机体之间的相互作用方式（种群），最后论述由种群组成的群落的特征。这是一种“建设性”的论述方法。当然，我们也可以采用另一种直观的更具分析性的论述方法，从讨论自然的和人工的复杂群落开始，随后在小尺度上进行拆分，最后以论述有机体的个体特征结束。这两种论述方法其实都不够“准确”（因为没有正确答案，或者没有标准答案）。我们采用的论述方法尽量避免在未讨论组成群落的种群之前对群落模式进行描述。但当我们从有机体的个体开始时，就需要接受作用于它们的各种环境压力，尤其是来自与它们共存的那些物种的压力，这一部分在本书稍后的章节中有详细描述。

第一部分内容包括单个有机体和由同一物种组成的种群。我们最初考虑的是，有机体与其生存环境之间的一系列对应关系。然而，这种“每个有机体都以某种理想的方式适合其生存环境”的观点是很浅薄的。因此我们在第 1 章中强调了有机体在进化压力限制下是如何表现的，如何适应其栖息环境的。不同的物种有不同的地理分布区，在第 2 章中主要讨论了环境条件随着地点和时间的变化而变化的方式，以及这些变化的环境条件是如何限制一个物种的地理分布。在第 3 章中，我们着眼于不同类型的有机体所消耗的资源类型以及有机体和这些资源之间相互作用的本质。

一个群落中的特有物种及其多度将为群落带来很大的生态利益。物种的出生和死亡、迁入和迁出之间的平衡决定着其多度和分布（即从一个地区到另一个地区的丰富度差异）。第 4 章主要讨论了物种的出生和死亡时间表的一些变异，如何定量这些变异，以及所产生的“生活史”模式：生命历程中的出生、分化、储存和繁殖等过程。在第 5 章中，重点讨论了单一物种种群内最普遍的相互作用模式：资源短缺时的种内竞争。第 6 章讨论了物种的运动：迁入和迁出。每一种植物或动物都具有扩散的能力。这种能力决定着个体躲避不利环境的速率，以及它们发现适合其生存的新环境的速率。一个物种向未被占据的斑块、岛屿和陆地扩散（迁移）的能力决定着其物种的多度和稀有度。最后在第 7 章，主要论述在前几章中已讨论过的生态学理论的应用，包括生态位理论、生活史理论、运动的模式、小种群的动态；还特别关注了生境破坏后的恢复、生物安全（对外来物种入侵的抵制）及物种保护。

第1章
有机体与环境：进化背景

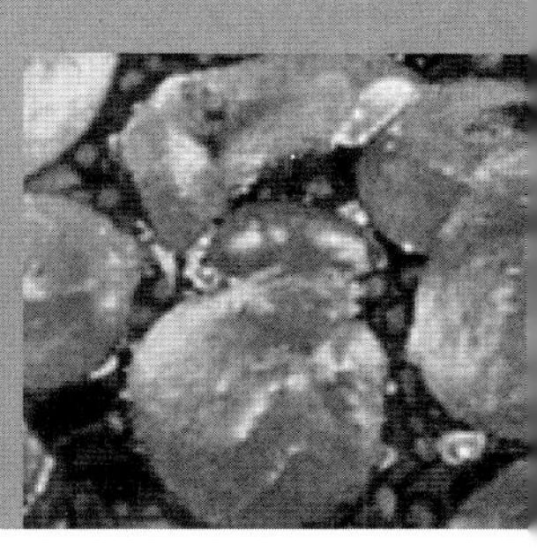

1.1 引言：自然选择和适应

根据生态学的定义，即使是外行，也会明白生态学的核心就是以研究有机体及其周围环境之间相互关系为主题的一门学科。本章中我们将解释为什么这种关系是一种进化关系。美籍俄罗斯生物学家杜布赞斯基 (Theodosius Dobzhansky) 有句名言："如果不从进化的角度来看，生物学的一切都将变得无法理解"。这句话同样适用于生态学和生物学的其他学科。在本书中我们将尝试对不同属性的物种在特定环境中得以延续的过程进行解释，同时也对在其他环境中无法生存的原因加以解释。为了刻画这个主题的进化背景，我们将在后面的章节中，对相关问题进行更加详细的讨论。

我们通常用下面的表述方式来描述生物和环境之间的匹配关系："生物 X 适应于…"，后面是该种生物被发现地点的描述。因此，我们经常会听到："鱼儿适应在水中生活"，或者"仙人掌适应在干旱环境中生活"。在日常用语中，这些表述的含义非常有限，它们仅仅意味着鱼儿具备在水中生存的能力 (或许就是这种能力也使得鱼儿不能在其他环境中生存)，或者仙人掌具备在缺水环境中生存的能力。"适应"在这里并不能说明物种是如何具备这些能力的。

适应的含义

对于生态学家或进化生物学家来说，"生物 X 适应环境 Y"意味着环境 Y 对生物 X 的祖先提供了能影响其生活的自然选择压力，从而塑造和特化了 X 的进化。在这里，"适应"意味着基因发生了改变。

遗憾的是，尽管"适应"仅意味着生物与之生存的环境相匹配，这也会让人想到"设计"，甚至是"预测"，但事实上生物并不是为了适应现在的环境而设计的，而是经历过去的环境后被塑造的结果，也就是自然选择 (natural selection) 的结果。生物所具备的特征反映了其祖先是否成功经受了自然选择。它们表面上适合生活在现在的环境中，这仅仅是因为现在的环境与过去的环境非常相似。

通过自然选择的进化

通过自然选择的进化理论实际上是一个生态学理论。达尔文 (Charles Darwin) 在 1859 年首次对这个理论进行了详细的阐述，与达尔文同时代且有通信来往的华莱士 (Alfred Russell Wallace) (图 1.1) 也有相同的发现。该理论主要包含以下几个方面:

(1) 构成某一物种种群的所有个体并不是完全等同的。它们在大小、发育速率和对温度的响应等方面均有所不同，尽管有时候这些差异非常微小。

(2) 这些差异中，至少有一部分是可遗传的。也就是说，个体的特征在某种程度上是受其基因组成所决定的。个体从其祖先中获得基因，并因此享有与其祖先相似的特征。

(3) 如果所有种群中的每个个体都能存活且能最大限度地繁衍后代，那么这些种群均有占据整个地球的潜力。但事实上没有任何种群能做到这一点，因为许多个体在还没有繁殖之前就已经死亡了，且绝大多数个体的繁殖潜能也没有达到最大。

(4) 不同的祖先会留下不同数量的后代。这不仅意味着不同个体产生不同数量的后代，还包括后代能存活到繁殖期的概率、这些后代的子代的生存和繁殖，以及随后的子代的生存和繁殖等等。

(5) 某一个体后代的存活数量虽不是完全但却主要取决于个体的特征与其生存环境之间的相互作用。

在任何环境中，总有一些个体比其他个体生存和繁殖得更好，并且留下更多的后代。因此，种群的遗传特征会随着一代一代地延续而逐渐改变，这就产生了通过自然选择的进化。也就是说，自然被认为是在"进行选择"，但是自然并不像植物或动物育种员的那种方式来选择。育种员有明确的观察目标，比如更大的种子或更快的赛马；而自然则不会采取这种主动的方式来进行选择：它仅仅为各种不同生存和繁衍进化剧目的上演提供了一个表演的舞台。

适合度：都是相对的

种群中适合度 (fitness) 高的个体指的是那些留下更多后代的个体。事实上这一概念通常并不

图 1.1　(a) 1849 年时的达尔文 (Charles Darwin), (Thomas H. Maguire 印刷, 英国科学研究所和布里奇曼艺术馆提供)。(b) 1862 年时的华莱士 (Alfred Russell Wallace) (由伦敦博物馆提供)。

适用于单一个体, 而是指那些具有某种特征的个体或类型。例如, 我们或许会说, 在沙丘中, 拥有黄色壳体的蜗牛比褐色壳体的蜗牛适合度更高。因此, 适合度是个相对的概念, 不是绝对的。种群中最适合的个体是那些与种群中其他个体相比能留下最多后代的个体。

进化不是完美的

当我们为复杂特化的多样性而惊叹不已时, 总会不经意地认为它们都是进化的完美结果。但这或许是错的, 进化过程仅对可用的遗传变异起作用。自然选择不可能导致完美的进化, 产生 "最适合" 个体。相反, 生物通过成为 "已经是最适合的" 或 "还不是最适合的" 两个类型与环境条件相匹配: 它们不是想象中最完美的。部分适应欠缺个体的出现, 是因为某一生物的现有特征并非源于和当今生存的环境相似的环境。从其进化历程 (系统发育) 来看, 生物的远祖可能进化出一系列特征, 即进化 "包袱", 这些特征又将约束未来的进化。长期以来, 脊椎动物的进化仅局限于那些具有脊柱的生物所能实现的过程。而且, 我们所能看到的生物和环境之间的精确匹配, 大都可视为进化的约束作用: 树袋熊成功地进化为以桉树叶为食, 但从另一方面看, 树袋熊离开桉树叶则无法生存。

1.2 物种的特化

自然世界不是由连续统一的生物类型一级连一级构成的: 不同类型的生物之间存在着边界。尽管如此，在我们能够辨识的物种 (定义见下文) 内通常也会有明显的差异, 其中一些是可以遗传的。植物和动物育种员 (和自然选择) 就是利用这种种内变异来进行品种选育的。

由于分布在不同区域内的物种, 其所在的环境是不同的 (至少在某种程度上是这样的), 我们或许可以期望自然选择在不同地点所钟爱的变异类型也是不同的。"生态型" (ecotype) 这一术语最早是用来描述植物种群的 (Turesson, 1922a, 1922b), 用以描述与环境局部匹配的同一生物物种不同种群间的遗传差异。但是进化过程驱使种群特征产生差异是有条件的: ① 有充足的遗传变异供自然选择利用; ② 区分差异的作用力足够强, 能够抵消不同地点的个体杂交和基因混合。如果有个体成员 (或者植物花粉) 能够通过不停地迁移来混合两个种群的基因, 那么两个种群将无法完全分开。

对于那些在其生命周期内大部分时间不进行迁移的特定局域种群来说, 它们之间产生的差异最为显著。能够迁移的生物在很大程度上能够选择它们生存的环境, 它们会从致命或不适合的环境中退缩或者撤出并主动寻找更适合的地方。不移动或不迁移的生物则没有这种选择生存环境的自由, 它们必须在其定居的条件下生存或者死亡。因此, 固着生物种群会受到特别强烈的自然选择压力。

海岸环境中这种对比尤其明显, 潮间带环境在陆生和水生之间频繁切换。固着在这里的藻类、海绵、贝类以及藤壶都能够在这两种极端环境中生存。但是可运动的虾类、蟹类和鱼类都会在它们爬动或者游动时寻找适合生存的水生环境; 同时在海岸觅食的鸟类也会通过飞行来寻找适合生存的陆生环境。这些动物的可移动性使得它们能够寻找与其匹配的环境。固着生物则必须改变自己来适应环境。

1.2.1 种内的地理变异: 生态型

天蓝岩芥 (*Arabis fecunda*) 是一种生活在美国蒙大拿州西部石灰土上的稀有多年生草本植物。它非常稀有, 仅有 19 个种群, 可根据生长环境海拔的高低分为相距大约 100 km 的两组。局域适应的存在与否对保护生物学有重要的实际意义: 低海拔的 4 个种群受到城市扩张的威胁, 如果要继续维持这些种群, 就需要从其他地方再引入。如果局域适应太明显, 再次引种就有可能失败。通过观察植物在自身环境中的生长, 并检测其差异, 并不能知道是否有进化意义上的局域适应。不同种群间的差异, 可能仅仅是由于相似的植物对不同环境的即时响应。因此将高海拔和低海拔的不同植物种植在 "同质园" (common garden) 中, 可消除由于环境差

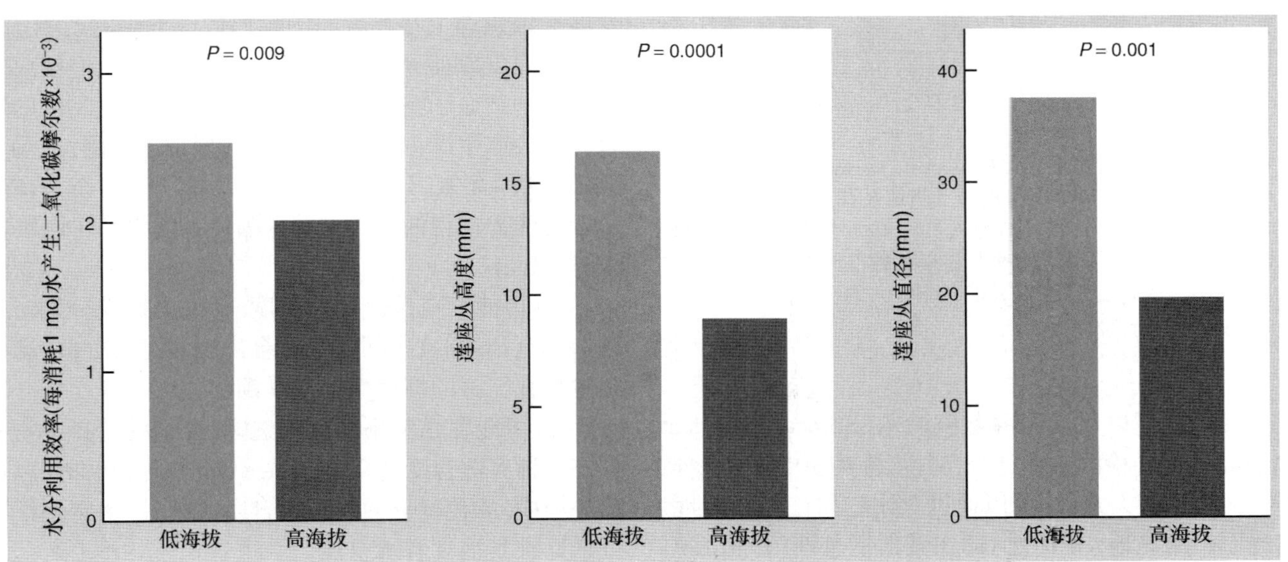

图 1.2 将稀有的天蓝岩芥从低海拔 (易干旱) 和高海拔地区共同移种到同质园中, 发现有明显的局域适应: 来自低海拔地区的天蓝岩芥具有显著高的水分利用效率, 并且有更高更茂盛的莲座 (引自 McKay *et al*., 2001)。

异对植物造成的任何影响 (McKay *et al*., 2001)。低海拔地区较高海拔地区更加干旱, 空气和土壤更加温暖和干燥。因此, 低海拔的植物在同质园中会表现出更强的耐旱能力 (图 1.2)。

局域适应和杂交之间的平衡

另一方面, 局域选择并不总是比杂交 (hybridization) 更占优势。例如, 在一项关于美丽鹧鸪豆 (*Chamaecrista fasciculata*, 生活在美国东北部的一年生豆科植物) 的研究中, 研究者将当地的或者从 0.1、1、10、100、1000 和 2000 km 以外收集过来的种子种植在环境相同的同质园中 (Galloway & Fenster, 2000)。实验分别在堪萨斯州、马里兰州和伊利诺伊州北部进行 3 个重复实验。研究人员对植物的发芽率、存活率、生物量、果实产量和每棵植物产生的果实数量等 5 个指标进行了检测。从所有重复实验检测的指标看, 除了最大的空间尺度外, 局域适应存在的迹象很少或几乎没有 (如图 1.3)。"局域适应" (local adaptation) 的确存在, 但很明显不是在这个尺度上。

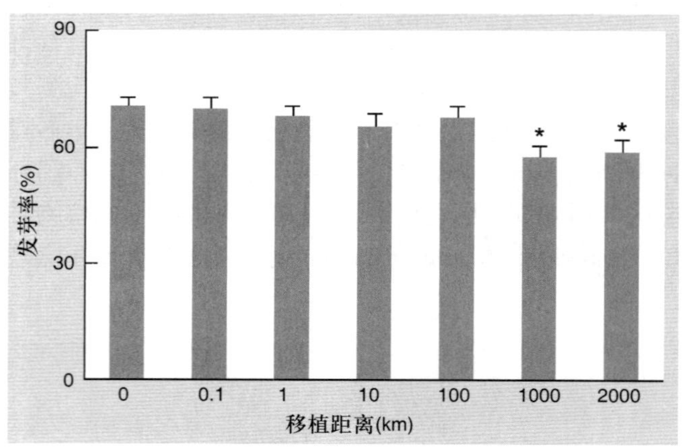

图 1.3　为检验美丽鹧鸪豆 (*Chamaecrista fasciculata*) 是否存在局域适应, 研究人员在堪萨斯州检测了当地及移栽个体的发芽率。因为年际间并无显著差异, 研究人员将 1995 年和 1996 年的数据进行了整合。* 表示当地种群和移栽种群间差异在 $P < 0.05$ 水平上显著。局域适应仅仅表现在非常大的空间尺度上 (引自 Galloway & Fenster, 2000)。

我们还可以从交互移栽实验 (reciprocal transplant experiments) 中检测生物是否在其周围环境中逐渐形成了特化的生存方式: 这可以通过对比它们在本地 (即它们的原始栖息地) 和别处 (即在其他栖息地) 种植后的性状来实现。下一节中我们将描述白车轴草的这一相关实验。

1.2.2　遗传多态性

短暂的多态性

除了生态型外, 我们在更精细的尺度上是可以对种群内的变异水平进行检测的, 这种变异就是多态性 (polymorphism)。具体说, 遗传多态性 (genetic polymorphism) 是指, "在相同的生境中, 一个物种同时出现两种或两种以上的不连续的物种形态, 并且即使是数量最少的形态也不会因为频发突变或者迁移而无法维持。这些不同形态中比例最少的类型也不会因为频发突变或迁移而无法维持" (Ford, 1940)。并非所有的变异都意味着生物和环境间的匹配, 事实上其中一些变异可能是错配所导致的。如果栖息地的条件改变, 那么其中一种物种形态可能被其他形态所取代。这种多态性通常是暂时性的。在自然界中, 所有的生物群落都在不断地变化, 我们观察到的许多多态性可能都是短暂的, 这说明种群对环境变化的遗传响应总是跟不上环境变化的速度, 并且不能通过种群的遗传变异来预测环境的变化, 下面所介绍的桦尺蛾的例子会阐明这一点。

多态性的维持

许多种群内的多态性是通过自然选择主动维持的。产生多态性的方式有很多种。

(1) 杂合体 (heterozygote) 可能有更高的适合度, 但是根据孟德尔遗传定律可知, 种群内总会不断地产生适合度低的纯合体 (homozygote)。这种 "杂种优势" (heterosis) 同样在疟疾盛行时期镰状细胞性贫血症的患者身上得以体现。疟原虫只会攻击正常血红细胞。镰状突变能导致生理上存在缺陷的畸形血红细胞的产生。然而镰状血红细胞杂合体适合度更高, 因为他们仅仅受到轻微的贫血影响, 同时不受疟疾影响; 但是它们的纯合体则会产生严重贫血 (两个镰刀形细胞基因) 或易于感染疟疾 (无镰刀形细胞基因)。尽管如此, 杂合体的适合度优势使得两种类型的基因在种群中都得以维持 (即多态性)。

(2) 可能存在选择压力梯度, 梯度的两端分别对一种形态有利, 梯度中间位置就会出现多态性种群, 这一点也会在下文的桦尺蛾例子中阐明。

(3) 可能存在频率依赖的选择, 在这种选择中物种形态越稀有适合度越高 (Clarke & Partridge, 1988)。在自然环境中, 颜色稀有的物种适合度最高, 因为它们识别度低而被其捕食者所忽视。

(4) 选择压力可能对种群的不同斑块起不同的作用。在威尔士北部地区开展的白车轴草 (*Trifolium*

repens) 交互移栽实验能明显说明这一点。为了确定个体特征是否与其周围环境所匹配, Turkington 和 Harper (1979) 将白车轴草从野外标记地点移至温室并进行无性繁殖, 随后将这些样本移栽到最初选取这些植物的地点 (对照组), 或者其他标记地点 (移栽组)。在生长一年后收获所有植物、烘干并称重。移栽到最初地点的植物平均质量是 0.89 g, 而移栽到其他地点的植物只有 0.52 g, 两组数据在统计学上有极显著差异。这一结果直观地阐明了, 白车轴草在牧场中正逐步特化, 其在局域环境中生长最好。但这只发生在单一种群中, 因此我们可称之为多态性。

局域种群的生态型和多态性之间无明显的区别

事实上, 局域种群生态型和多态性之间的区别并不总是那么明显, 这一点可由在威尔士北部所进行的另一项研究所阐明。这里的海岸悬崖和牧场之间有一处过渡型生境, 这里广泛分布着匍茎剪股颖 (*Agrostis stolonifera*, 一个常见物种)。图 1.4 呈现了取样地点和取样横断面, 还展示了当这些样本移栽到同质园中种植的结果。该植物贴地生长的嫩枝 (匍匐枝) 可向周围延伸, 通过比较匍匐枝的长度我们可以衡量该植物的生长状况。在野外, 悬崖上的个体匍匐枝非常短, 而牧场中的个体匍匐枝则非常长。尽管这些取样点之间的距离只不过 30 m 左右, 即在植物花粉的传播范围内, 但是在同质园中, 两地种群的匍匐枝长度仍然存在很大的差异。事实上, 沿着样线逐渐改变的环境与匍匐枝逐渐改变的长度是相匹配的, 由于在同质园条件下差异仍然存在, 可见这种变异是具有遗传基础的。在这个实验中尽管空间尺度非常小, 但选择压力似乎还是超过了杂交的混合压力。但问题出现了: 是应该将其描述为小范围内的局域生态型, 还是通过梯度选择的种群多态性呢?

1.2.3 人工选择压力下的种内变异

毫无疑问, 许多种内局域特化作用 (事实上是自然选择在起作用) 是受人工生态压力驱动的, 特别是环境污染。这种强大的选择压力会导致物种迅速产生变异。例如, 工业黑化就是指黑色或带黑色的物种成为工业地区的主要种群。在黑化个体中, 占主导地位的基因通常导致产生过多黑色素。工业黑化主要发生在大多数工业化国家, 并且有超过 100 种蛾类逐渐出现工业黑化 (industrial melanism) 现象。

桦尺蛾的工业黑化

最早记录出现工业黑化的物种是桦尺蛾 (*Biston betularia*)。在以白色为主导的种群中, 第一只黑化样本于 1848 年在英国曼彻斯特被发现。到 1895 年, 曼彻斯特桦尺蛾种群中黑化的比例高达 98%。随着许多年后污染的继续, 研究人员对英国白色和黑化的桦尺蛾进行了大范围的调查, 涵盖了 1952 年到 1970 年间的 20 000 个以上的样本 (图 1.5)。英国的风向主要受西风带控制, 这使得工业污染物 (特别是烟尘和二氧化硫) 向东方扩散。因而, 黑化桦尺蛾在英国的东部密

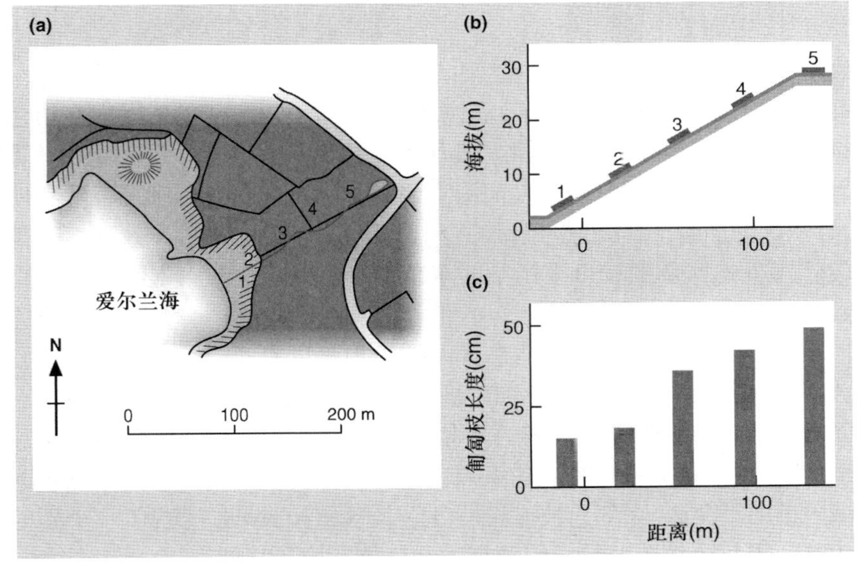

图 1.4 (a) Abraham's Bosom 示意图, 选择这一地点是为了研究短距离的演化。深色区域是牧场, 浅色区域是海滨悬崖。数字表示匍茎剪股颖的取样地点。注意: 整个区域只有 200 m 长。(b) 研究区域的垂直横切面显示了从牧场到悬崖的变化过程。(c) 不同取样点的样本在实验园中生长时产生的匍匐枝的长度 (引自 Aston & Bradshaw, 1966)。

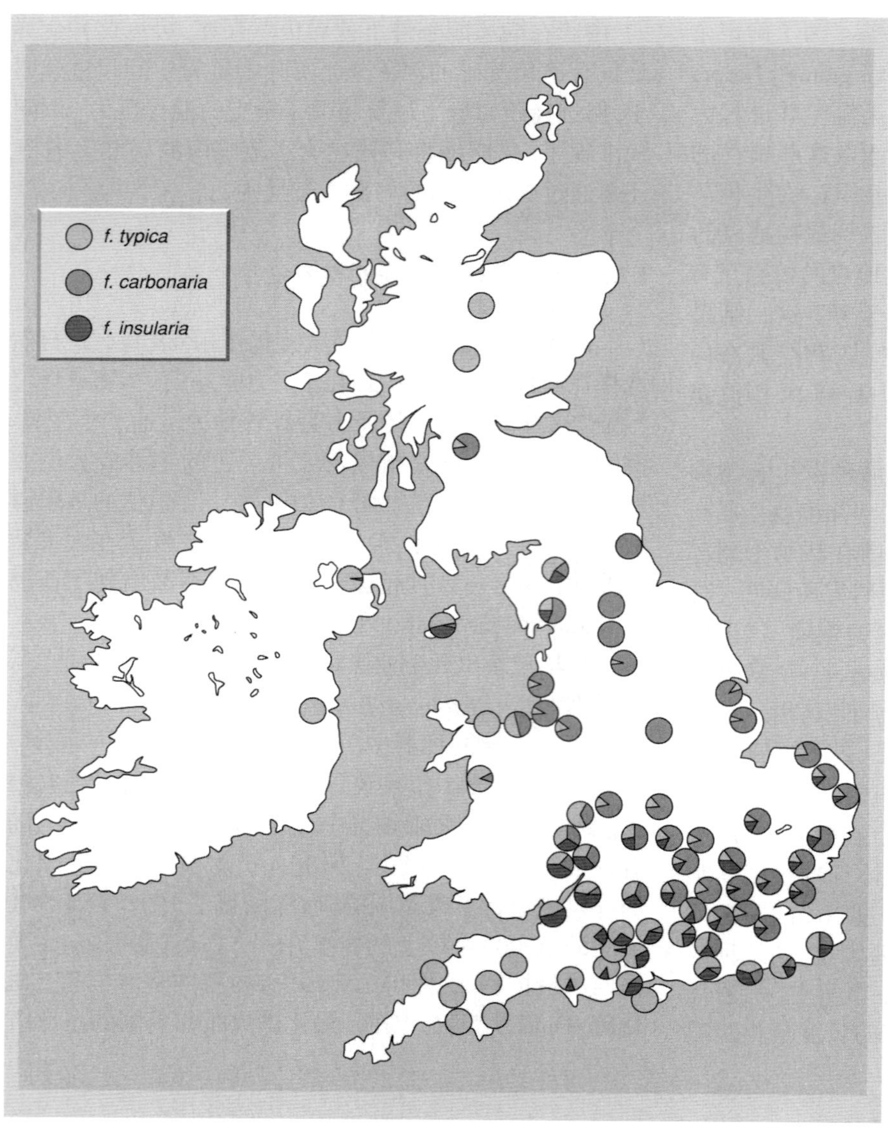

图 1.5　Kettlewell 及其同事记录了大不列颠不同地点白色 (*forma typica*) 和黑化 (*forma carbonaria*) 桦尺蛾 (*Biston betularia*) 出现的频率, 其中包括 20 000 余个样本。黑化类型主要分布在工业区附近和受盛行西风携带大气污染影响的东部地区。还有一种黑化类型类似于中间型 (*forma insularia*, 但它是由许多调控变黑的不同基因所决定的), 这些基因隐藏在决定黑化类型的基因中 (引自 Ford, 1975)。

度更大, 而在没有污染的英格兰西部、威尔士、苏格兰北部和爱尔兰等则几乎没有。需注意的是, 图 1.5 所示许多种群都是多态性的: 黑化和非黑化个体共同存在。因此, 多态性似乎是环境改变 (由西至东污染逐渐变严重, 从这方面看, 多态性是短暂的) 和选择压力梯度 (从较轻污染的西部到较严重污染的东部) 共同改变所导致的。

主要的选择压力似乎是来自以蛾类为食的鸟类。如果将大量人工繁育的黑化和白桦尺蛾 (典型的) 以相同数量释放于野外环境, 那么在英格兰南部农村和非污染地区, 绝大多数被鸟捕获的是黑化个体; 而在伯明翰城附近的工业区, 大部分被捕获是白色个体 (Kettlewell, 1955)。黑化个体被选择是因为烟尘污染的环境下它们伪装得更好, 而白色个体在非污染的地区更易被选择是因为在白色的环境下伪装得更好, 但上述假说仅仅是故事的一部分。桦尺蛾白天在树干上休息, 白色桦尺蛾在苔藓和地衣环境下伪装得非常好。工业污染不仅导致环境变黑, 特别是二氧化硫等气体还毁掉了树干上绝大多数的苔藓和地衣。因此, 二氧化硫污染在黑化桦尺蛾选择的过程中同烟尘起到了同样重要的作用。

在 20 世纪 60 年代, 西欧和美国的工业环境又发生了改变, 石油和电取代了煤, 并且立法通过了加强无烟区建设以及减少二氧化硫的工业排放。黑化桦尺蛾的比例又急速下降到工业化之前的水平 (图 1.6)。这又出现了一个暂时的多态性现象, 只不过这一次种群是朝着另一个方向在改变。

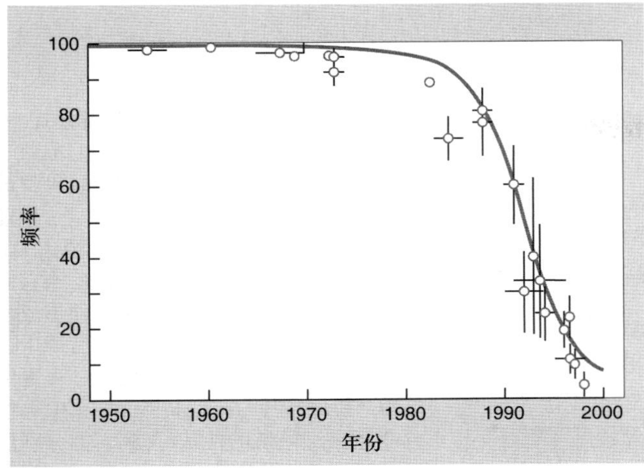

图 1.6 1950 年后，英国曼彻斯特地区桦尺蛾 (*Biston betularia*) 中黑化类型 (*forma carbonaria*) 的频率变化图。垂直线表示标准误，水平线表示包含的年代范围 (仿 Cook *et al.*, 1999)。

1.3 物种形成

很显然，自然选择可以迫使植物和动物种群改变其生物学性状，即进化。但在我们之前提到的例子中却没有一个与新物种的进化有关。我们依据什么将两个种群命名为不同的物种呢？此外，在 "物种形成" (speciation) 的过程中，同一个原始物种是如何分化成两个或多个新物种的呢？

1.3.1 "物种" 的内涵

生物学种：Mayr-Dobzhansky 实验

怀疑主义者曾说过一句颇有几分道理的话：所谓物种 (species)，只不过是分类学家的一个概念罢了。另一方面，回溯到 20 世纪 30 年代，两个美国生物学家 Mayr 和 Dobzhansky 提出了一个经验主义的检验。通过这种检验，我们可以知道两个种群是属于同一个物种，还是来自两个不同的物种。他们认为，在自然界中同一物种的个体之间应该能 (至少有这种可能) 繁殖出具有生育能力的后代。他们将通过这种方式检验并定义的物种称为生物学种 (biological species) 或生物种 (biospecies)。此前我们曾举过这样一个例子：黑化桦尺蛾和正常的桦尺蛾交配产生的子代全部都具生育能力。这些情况同样适用于剪股颖属 (*Agrostis*) 不同类型的植物，这些植物之间的差异属于种内差异，而非种间差异。

然而在实际操作过程中，生物学家们在鉴别每个物种前并不会采用 Mayr-Dobzhansky 检验，因为根本没有足够的时间和资源，并且很大一部分生物 (主要是微生物) 是无性繁殖的，这就没有办法严格地使用杂交的标准来鉴别物种。更重要的是，该检验也承认在进化过程中存在一个至关重要的因素，我们在考虑种内特化的过程中已经遇到过类似的因素。如果两个种群中的个体能够杂交并将它们的基因融合再分配给它们的后代，那么自然选择就永远不可能真正地把这两个物种分开。尽管自然选择倾向于迫使同一种群进化成两个或多个截然不同的种群，但是有性繁殖和种间杂交又将它们揉到了一起。

经典的生态学物种形成

"生态学物种形成" (ecological speciation) 是指在不同的亚种群中由趋异的自然选择作用所驱动的物种形成 (Schluter, 2001)。最经典的物种形成需要经过一系列的过程 (图 1.7)。首先，两个亚种群形成地理隔离，自然选择驱使它们对当地环境产生遗传适应。然后，作为遗传分化 (genetic differentitation) 的副产品，两个亚种群之间建立起一定程度上的生殖隔离 (reproductive isolation)。生殖隔离有可能是 "合子前的" (pre-zygotic)，这种隔离倾向于阻止交配 (例如，不同的求爱习惯)，生殖隔离还有 "合子后的"(post-zygotic)，就是降低后代本身的繁殖能力，甚至繁殖出的是不育后代。在 "二次接触" 的过程中，两个亚种群再次相遇。两个亚种群的个体之间交配产生的杂种适合度降低，因为它们不属于两个亚种群中的任何一个。自然选择在这种情况下就会强化两个亚种群的性状来进一步增强繁殖隔离，尤其是合子前隔离的特点，以防止繁殖出适合度低的杂合子后代。这种繁殖屏障将增强两个种群的分化最终形成两个不同的物种。

异域和同域物种形成

然而，认为所有的物种形成都符合这种经典模式或许是错的 (Schluter, 2001)。首先，可能不会出现二次接触，这就是纯粹的异域物种形成 (allopatric speciation) (即不同地区的所有分异都在亚种群中产生)。其次，在异域和二次接触阶段，相对重要的合子前和合子后机制，会产生一些客观变异。

越来越多的证据表明，异域或许不是物种形成的必要条件：也就是说，"同域" 物种形成 (sympatric speciation) 是可能的，可在亚种群分异过程中产生，而不是由于地理隔离所产生。这方面研究较多的 (参见 Drès & Mallet, 2002)，是那些采食多种宿主植物的昆虫，这种

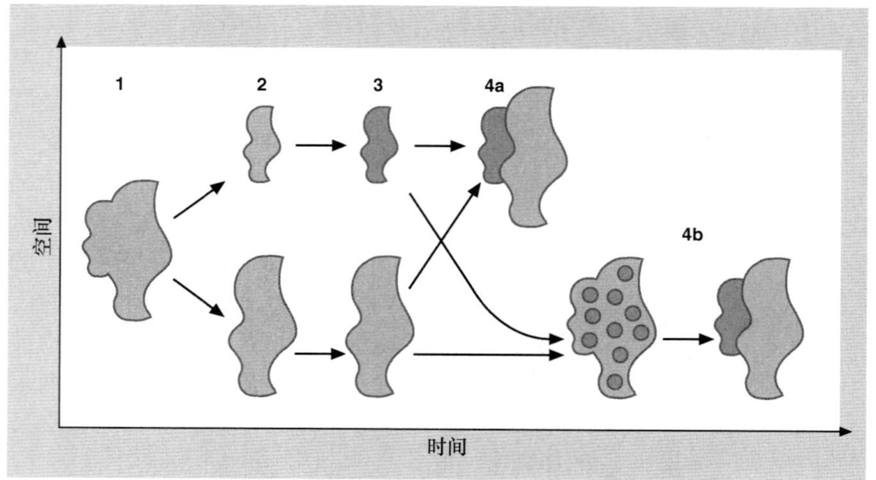

图 1.7 生态学物种形成的传统模式。一个分布范围广的物种 (1) 分化 (2) 成两个亚种群 (例如由于地理屏障导致种群的分离或种群扩散到不同的岛屿上), 地理隔离最终导致种群之间的基因隔离 (3)。在隔离进化后, 它们又再次相遇, 当它们已经不能交配产生后代时 (4a) 便形成了真正的生物物种; 当它们交配后产生适合度差的后代时 (4b), 进化的过程更偏好 "新现物种" (emerging species) 中那些阻止杂种繁殖的性状, 直到它们分别形成真正的生物种为止。

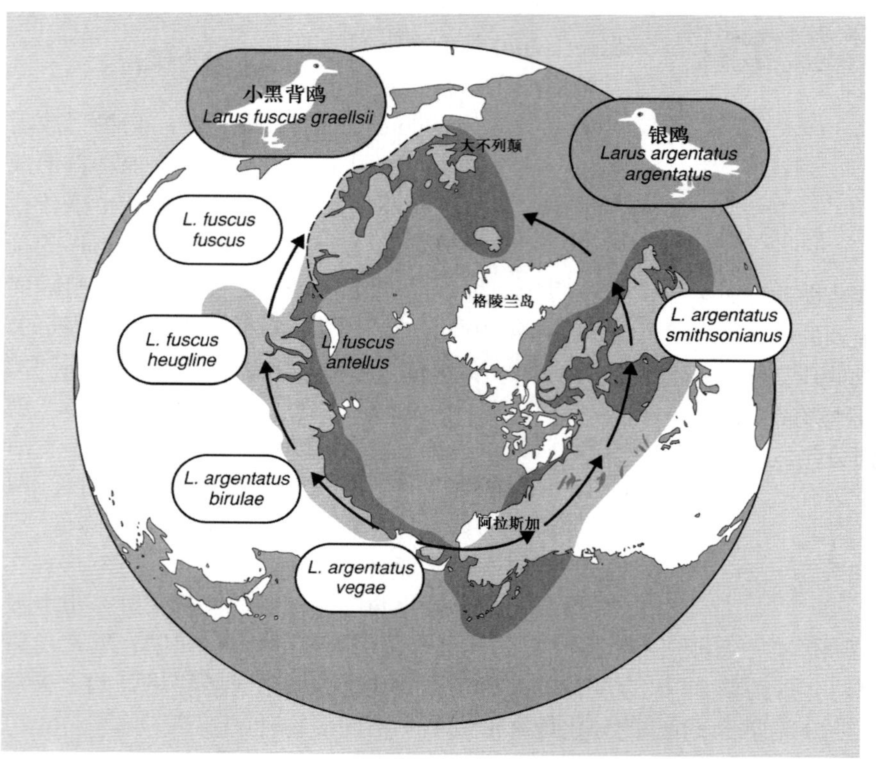

图 1.8 银鸥和小黑背鸥两个物种是从共同的祖先演化而来的, 它们的迁徙地将北半球环绕了一圈。当这两个物种在北欧相遇时已经产生了生殖隔离, 并且被定为两个不同的物种。然而, 其演化的过程可以通过一系列的亚种或者杂种繁殖得以呈现[①]。

情况下昆虫需要进行特化以应对植物的防御 (消费者资源防御和特化将在第 3 章和第 9 章中进行更详细地阐述)。最具说服力的同域物种形成的例子是由 Drès 和 Mallet 定义的连续体的存在: 从以多种植物为食的昆虫种群, 经过被分化成 "宿主族" (host race) (Drès 和 Mallet 定义同域分布的亚种群以每代 1% 的速率交换基因) 的昆虫种群, 到共存的亲缘关系较近的物种。这同时也提醒我们, 无论是同域还是异域性物种形成, 一个物种的起源都需要一个过程, 而不是一起偶然事件。一个新物种的形成就像煮熟一个鸡蛋, 关于什么时候能完成这个过程, 存在着自由讨论的空间。

物种的进化以及自然选择和杂交之间的平衡可以由以下两种海鸥的特殊案例来说明。小黑背鸥 (*Larus fuscus*) 源自西伯利亚, 后来逐渐向西迁徙, 从西伯利亚扩散到英国和冰岛, 形成具有不同表型的链, 或称渐变群 (cline), (图 1.8)。渐变群上相邻的种群区别明显, 但它们在自然环境中很容易交配产出杂合后代。因此, 渐变群中相邻的种群一般被视为是同一物种, 且分类学

① 大不列颠包括英格兰、苏格兰、威尔士以及北爱尔兰。——译者注

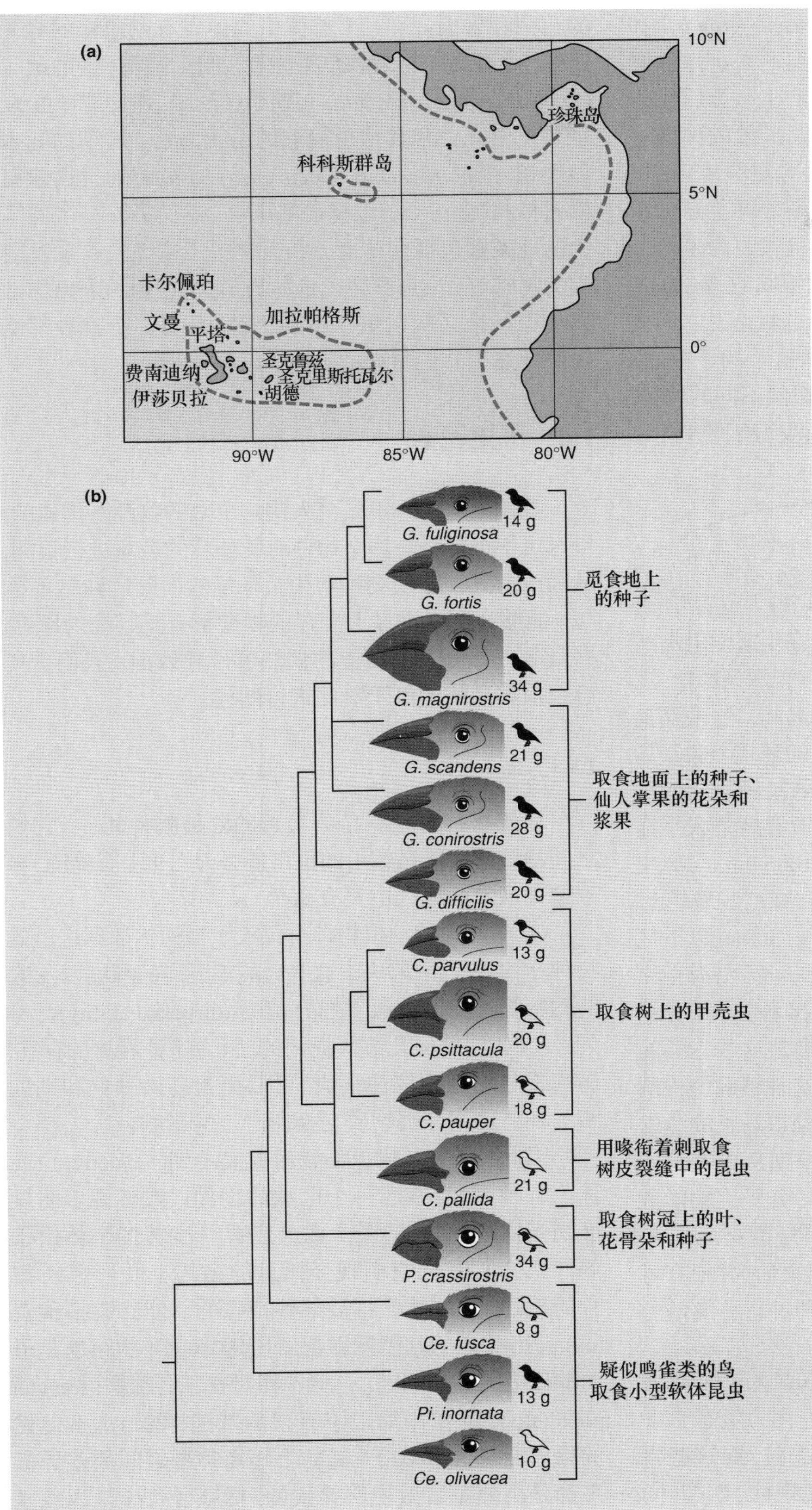

图 1.9 (a) 加拉帕戈斯群岛的地图展示了该群岛和中美洲的相对地理位置；在赤道上，5° 相当于 560 km。(b) 基于微卫星脱氧核糖核酸 (DNA) 长度变化所重建的加拉帕戈斯群岛地雀的进化历史。图中还展示了各个物种不同的取食习性。图示中鸟类大小与实际体长成正比。每个物种的雄性最大黑色羽毛数量和平均体重已在图片中展示出来。物种之间的遗传距离 (检测遗传变异的方法) 由水平线的长度表示。莺雀 (*Certhidea olivacea*) 是最早从其他物种中分离出来的，也是分离得最彻底的，说明莺雀可能是最早扩散到加拉帕戈斯群岛上的奠基种。C, *Camarhynchus*; Ce, *Certhidea*; G, *Geospiza*; P, *Platyspiza*; Pi, *Pinaroloxias* (仿 Petren *et al*., 1999)。

家给它们冠以 "亚种" 的地位 (如 *L. fuscus graellsii* 和 *L. fuscus fuscus*)。然而, 那些从西伯利亚向东扩散的海鸥种群又形成了另一个可以自由交配产生杂合后代的渐变群。总之, 向东扩散的种群和向西扩散的种群将北半球环绕了一圈。它们在北欧相遇并重叠, 在这里向东扩散的种群和向西扩散的种群的渐变群差异已经很大, 因此很容易将它们区分开来, 而且被视为是两个不同的物种, 即小黑背鸥 (*L. fuscus*) 和银鸥 (*L. argentatus*)。同时, 这两个物种之间不能交配, 也就是说它们成为了真正的生物种。值得注意的是, 从这个例子中, 我们可知同一个物种是怎样进化出两个截然不同的物种, 而且通过连接两个物种的渐变群可知两个物种进行分化的阶段。

1.3.2 岛屿和物种形成

达尔文雀

随后在本书中 (尤其是第 21 章) 将多次看到, 在生态学上岛屿的隔离对生活在岛上的种群以及群落有着深刻影响, 这里所说的岛屿不仅是指海洋中的陆地岛屿。这种隔离为种群分化成不同的物种提供了最好的环境条件。岛屿隔离对进化和物种形成影响的最著名案例当属加拉帕戈斯群岛上的达尔文雀。加拉帕戈斯群岛是太平洋上的火山群岛, 大约在厄瓜多尔以西 1000 km, 与离中美洲 500 km 的科科斯群岛相距 750 km。在这些岛屿上, 海拔 500 m 以上区域的植被为开阔草地; 500 m 以下区域是湿润森林带混合着长有仙人掌 (*Opuntia*, 沿海荒漠特有的植被)。在这些岛屿上还发现了 14 种雀。用分子手段 (分析微卫星 DNA 的差异) 可以确定这些雀类的进化关系 (图 1.9) (Petren *et al*., 1999)。这种精确的检测方法证实了我们一贯的预期, 加拉帕格斯群岛上的达尔文雀 (*Darwin's finches*) 谱系确实源自早期从中美洲入侵到加拉帕格斯群岛的一个祖先物种。分子生物学数据还为我们提供了强有力的证据, 证明莺雀 (*Certhidea olivacea*) 是第一个从奠基群体中分离出来的, 并很有可能是该岛上的原始移殖祖先。这些物种进化分离的整个过程从发生至今不足 300 万年。

现今, 通过遥远的岛屿隔离, 尽管加拉帕格斯群岛上的地雀亲缘关系较近, 但都已辐射进化为生态学上迥异的物种 (图 1.9), 并占有一定的生态位, 在这些生态位中还存在许多进化上不相关的其他物种。例如, 同属于一个群体中的 *Geospiza fuliginosa* 和中地雀 (*G. fortis*), 都有强有力的喙和弹跳能力, 并且能抓地上的种子。*G. scandens* 有更窄且微长的喙, 用以采食仙人掌的花朵和果肉。第三个群体中的地雀有鹦鹉样的喙并以叶子、花蕾、花朵和水果为食; 第四个群体中的地雀 (*Camarhynchus psittacula*) 有鹦鹉样的喙, 并且是食虫的, 主要以甲壳虫和其他树冠上的虫子为食。所谓的啄木鸟地雀, *Camarhynchus* (*Cactospiza*) *pallida*, 通过用喙衔着树枝, 取食树干缝隙里面的昆虫。然而另外一个群体中的地雀则包括在林冠上和天空中飞来飞去以采食昆虫的鸣雀。无论是群岛还是岛屿, 它们产生的隔离均可以使原始家系辐射出一系列物种, 且每一个物种都能很好地适应它们所处的环境。

1.4 历史因素

我们的世界并不是由人用一个个的物种所构建的, 没有也不可能将每一个物种对其环境的适应进行检测, 从而改造其性状使物种与生长环境的匹配达到尽善尽美。能够在这个世界上生存的物种都有其存在的原因, 并且有一部分是由历史的偶然事件导致的。我们首先继续沿用岛屿的例子对此进行阐述。

1.4.1 岛屿模式

岛屿物种与距离岛屿最近的陆地物种相比, 它们之间的差异可能是细小的也可能是显著的。简单说, 导致这种现象的原因主要有两个:

(1) 岛屿上的动植物种类仅限于当初扩散到这里的物种, 而这种局限取决于这些岛屿被隔离的程度以及这些动植物本身的扩散 (散布) 能力 (dispersal ability)。

(2) 如同前面几节所提到的, 因为这种隔离的存在, 岛内进化的速率往往很快, 可以掩盖岛内种群和别处相关种群之间基因物质交换所产生的影响。

因此, 许多岛屿上的物种是特有种 (endemic) (或称土著种, 只存在于一个区域的物种), 或者许多明显区别于内陆物种的 "属" 或 "亚种"。少数的个体由于偶然机会扩散到它们现今栖息的岛屿上并形成新物种的核心, 它的性状将被某些特殊的、能代表拓殖者 (colonist) 特点的基因所影响, 而这些基因不太可能是母本群体中的最佳基因。自然选择对奠基者种群 (founder population) 的作用局限于有限的基因样本 (加上偶然的稀有突变)。事实上, 岛屿上隔离种群之间的差异似乎都是由奠基者效应所导致的, 奠基者效应是指奠基者基因库的成分限制并约束了自然选择可以起作用的变异。

夏威夷的果蝇 (*Drosophila*) 为岛屿物种形成提供

了进一步的重要证据。夏威夷群岛 (图 1.10) 是在过去 4000 万年中逐渐形成的一群火山岛, 由太平洋板块中部稳定地延伸至东南方向热点地区 (尼豪岛是众多岛屿中最古老的一个, 而夏威夷则是最新形成的岛屿)。夏威夷群岛上果蝇的丰富度令人惊叹: 全世界可能大约有 1500 种果蝇, 但其中至少有 500 种果蝇是夏威夷群岛的特有种。

夏威夷果蝇

最有趣的当属大约 100 种的"小金蝇科"果蝇。我们可以通过这些果蝇幼虫唾液腺的巨型染色体的带型分析来揭示这些果蝇的进化谱系。图 1.10 为我们展示了这些果蝇的进化树, 图中每个物种均用线条串联起来并呈现在

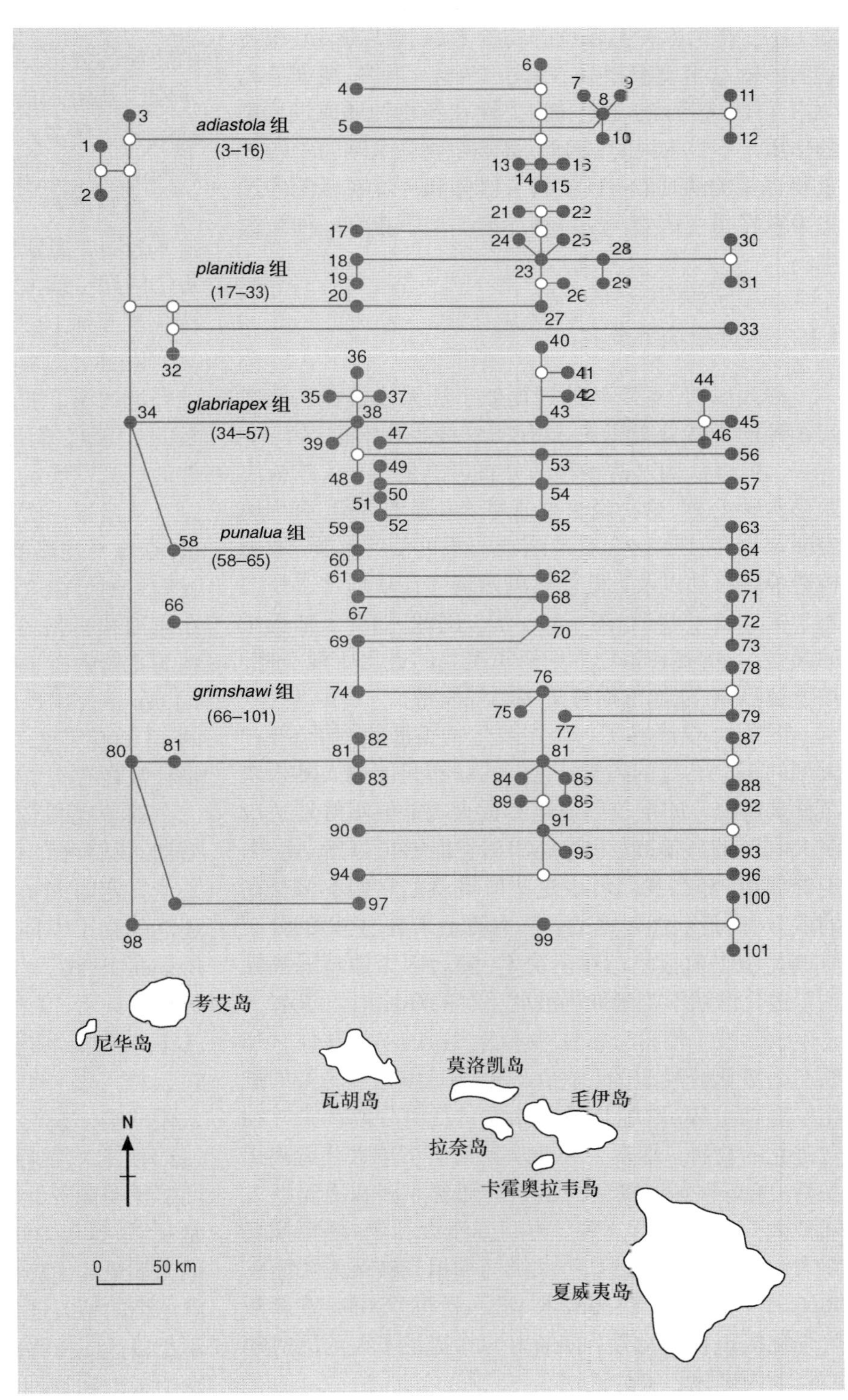

图 1.10 通过染色体条带式样分析所得到的夏威夷彩翅果蝇 (*picture-winged Drosophila*) 的进化树。其中, 最原始的物种是 *D. primaeva* (物种 1) 和 *D. attigua* (物种 2), 这两个物种只在考爱岛上被发现。其他物种由实心圆表示; 空心圆表示假定的物种 (用来连接现存物种)。每个物种和它们生存的岛屿或被发现的岛屿一一对应 (莫洛凯岛、拉奈岛和毛伊岛在一个分组中)。我们认为尼华岛和卡霍奥拉韦岛是没有果蝇的 (仿 Carson & Kaneshiro,1976;Williamson,1981)。

它们起源岛屿图的上方 (只有两个种在多个岛屿上分布)。"什么物种栖息在哪里" 的历史因素是显而易见的: 如果古老岛屿上生活的原始物种越多, 那么当新岛屿形成的时候, 扩散到新岛屿上的少数物种将进化成新种。至少其中一部分物种似乎可以很好地适应不同岛屿上相同的环境。对于像只存在于毛伊岛上的 *D. adiastola* (物种 8) 和只存在于夏威夷岛上的 *D. setosimentum* (物种 11) 这样亲缘关系较近的物种来说, 难以区分, 因为它们的栖息生境很相似 (Heed, 1968)。当然, 地理隔离 (加上自然选择) 的动力和重要性在新物种形成过程中的作用是不容忽视的。因此, 岛屿生物区系阐明了两个重要且相关的观点: ① 生物有机体和环境在匹配的过程中存在历史因素, ② 每种环境类型不止有一种最适生物。

1.4.2　大陆板块漂移

很久以前, 远距离的迁徙似乎还无法解释大陆之间物种的奇特分布模式, 这使得一些生物学家 (如 Wegener, 1915) 认为这些物种的分布可能是由于大陆板块漂移所导致的。这种说法被地理学家强烈否定, 直到地磁测定也印证了这个看似疯狂的不可信的解释, 地壳构造板块移动以及大陆漂移的发现才让地理学家和生物学家达成了共识 (图 1.11b~e)。因此, 随着大陆板块的漂移, 动物界和植物界经历了重要的进化历程, 种群被分裂隔离, 陆地也横跨了多个气候带。

图 1.12 仅展示了一个主要生物类群的例子 (一种大型的不会飞行的鸟类), 它们的分布只能用大陆板块漂移来解释。如果仅凭鸸鹋和食火鸡能够很好地适应澳大利亚的环境, 美洲鸵鸟和鹬鸵能够很好地适应南美的环境, 那么我们就说这些区域就是它们本该存在的地方, 这是毫无根据的。从本质上来看, 它们的分布应该是由史前板块漂移所决定, 随后因为地理隔离导致了进化谱系不能延伸到彼此生存的环境中。的确, 分子生物学技术使得分析这些不会飞行的鸟类在何时开始产生进化分异成为可能 (图 1.12)。由这些鸟类的进化发育树可知, 鹬鸵是最早从鸵鸟目中分离出去并独立进化的物种。继澳大利亚从其他南半球大陆分离出去后, 鸵鸟和美洲鸵鸟的祖先也随着非洲和南美洲大陆被大西洋隔开而分离。再回到澳大利亚, 塔斯曼海在大约 8000 万年前形成, 几维鸟的祖先被认为大约在 4000 万年前通过 "跳岛战术" 进入新西兰, 并且在新西兰分化成现在的物种。Janis (1993) 提供了大约同时期哺乳动物进化趋势的说明。

1.4.3　气候变化

气候变化发生的时间尺度要远远短于大陆板块的漂移 (Boden *et al*., 1990; IGBP, 1990)。目前我们看到的物种分布可以反映出过去气候变化复苏的时期。尤其是在更新世冰河期阶段, 气候变化是导致动植物现有分布模式的主要原因。由于发现生物、分析生物以及测定生物年代的技术日渐成熟 (尤其是对被掩埋已久的花粉的分析), 因此我们对气候和生物变化程度探究才刚刚开始。这些方法让我们越来越多地了解目前物种的分布在多大程度上反映了当前环境与地域的精确匹配度, 而历史原因在其中又起了多少作用。

更新世冰期……

检测大洋中心氧同位素的技术表明在更新世有 16 次冰期, 每个周期持续 12.5 万年 (图 1.13a)。似乎每个冰期都会持续 5 万到 10 万年之久, 每个冰期之间有大约 1 万到 2 万年的间冰期, 这期间的温度已上升到和我们现在所处环境的温度相似。这说明现存的动植物类群是不正常的, 因为它们正朝着一系列非正常的灾难性变暖事件的尽头发展!

从最近一次冰期的顶峰期到现在近 2 万年的时间里, 全球平均温度已经上升了 8°C, 通过分析花粉记录, 我们检测了在这段时期大部分时间内的植被变化速率。在康涅狄格州的罗格斯湖, 木本植物的花粉在所有植物的花粉中占主导地位, 它们交替出现在罗格斯湖 (图 1.13b): 最先出现的是云杉, 最晚出现的是栗树。在过去的 14 000 年里, 每一个新出现的物种都对当前湖边的物种数量有所贡献; 同样的情况在欧洲得以重现。

……那些依然处在恢复期的树种

随着花粉记录的数量不断增加, 我们也许不仅可以描绘出某个特定时期植被的变化情况, 还能勾勒出不同物种在各大洲蔓延的移动路线 (参见 Bennet, 1986)。当北美东部冰雪消融后, 云杉紧随北美短针松或者赤松向北美开始新一轮的入侵。在过去的几千年里, 云杉向北入侵的速度达到每年 350 ~ 500 m。在云杉入侵 1000 年以后, 美国五针松和橡树也开始入侵北美。铁杉也是一种传播速度很快的入侵者 (invader), 其入侵速度达每年 200 ~ 300 m, 它们的入侵时间要比美国五针松大约晚 1000 年。虽然栗树散布得非常缓慢 (每年 100 m), 但只要栗树散布到一个地方就会成为那里的优势种。即使现在, 林木也依然向着已经解除冰期的地方迁移。很显然, 间冰期的时间尺度太短还不足以达成植物区系的平衡 (Davis, 1976)。当我们在 21 章中考虑到物种丰富度以及生物多样性的各种格局时

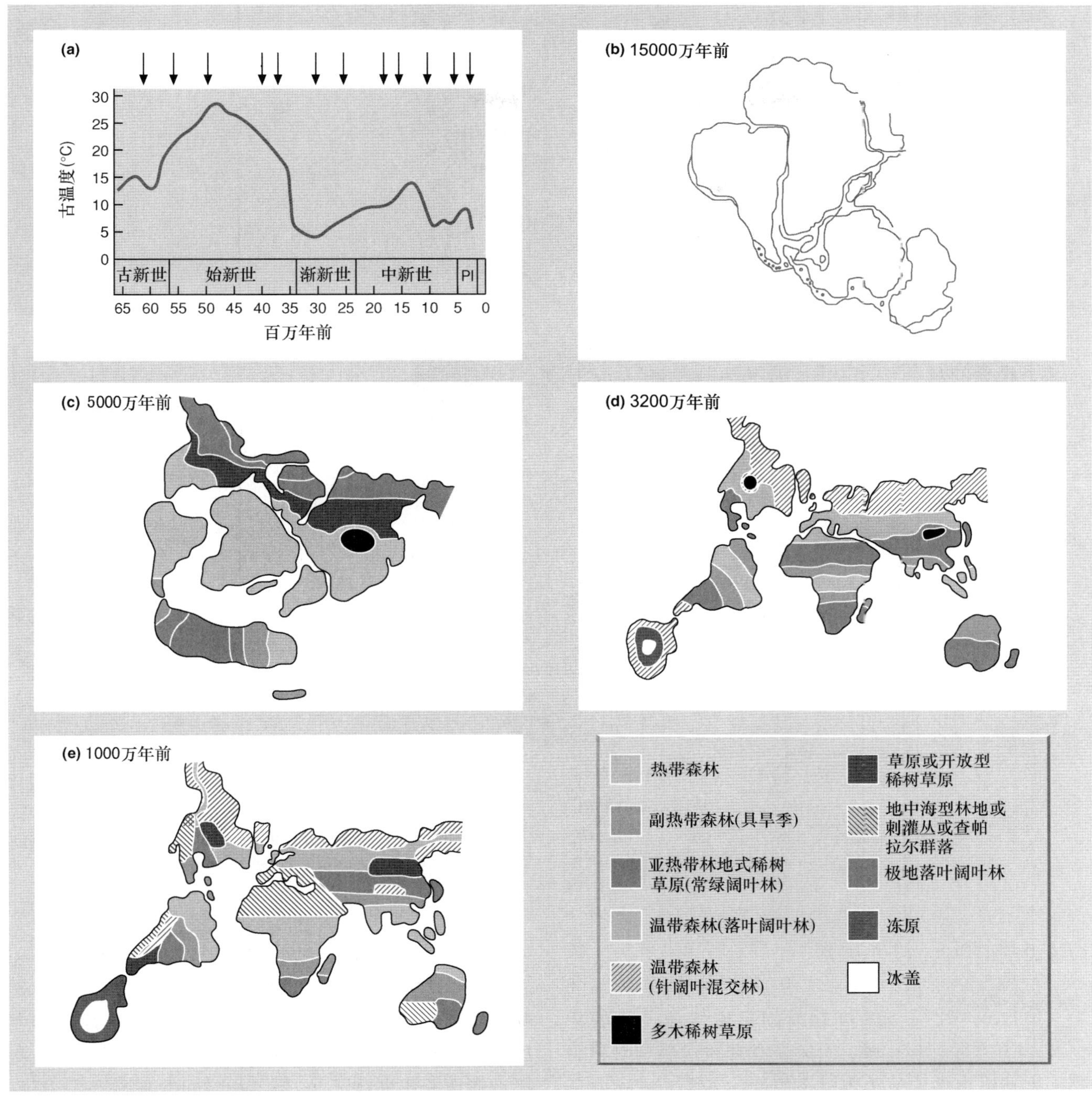

图 1.11 (a) 在过去 6000 万年中北海的温度变化情况。在这一段时间内,海平面变化明显 (箭头表示),这为动、植物在大陆之间扩张提供了可能。(b~e) 大陆漂移。(b) 冈瓦纳古陆的原始超大陆大约在 15000 万年前开始分裂。(c) 在大约 5000 万年前 (始新世早期) 一些可识别的独特植被带已经形成;(d) 在大约 3200 万年前 (渐新世早期) 这些特征变得更为明显而更容易被区分。(e) 在 1000 万年前 (中新世早期),大部分地形已经稳定,与现在无异,但是气候和植被类型和现在有很大不同;南极冰盖的位置仅为示意图(仿 Norton & Sclater, 1979; Janis, 1993; 以及其他文献)。

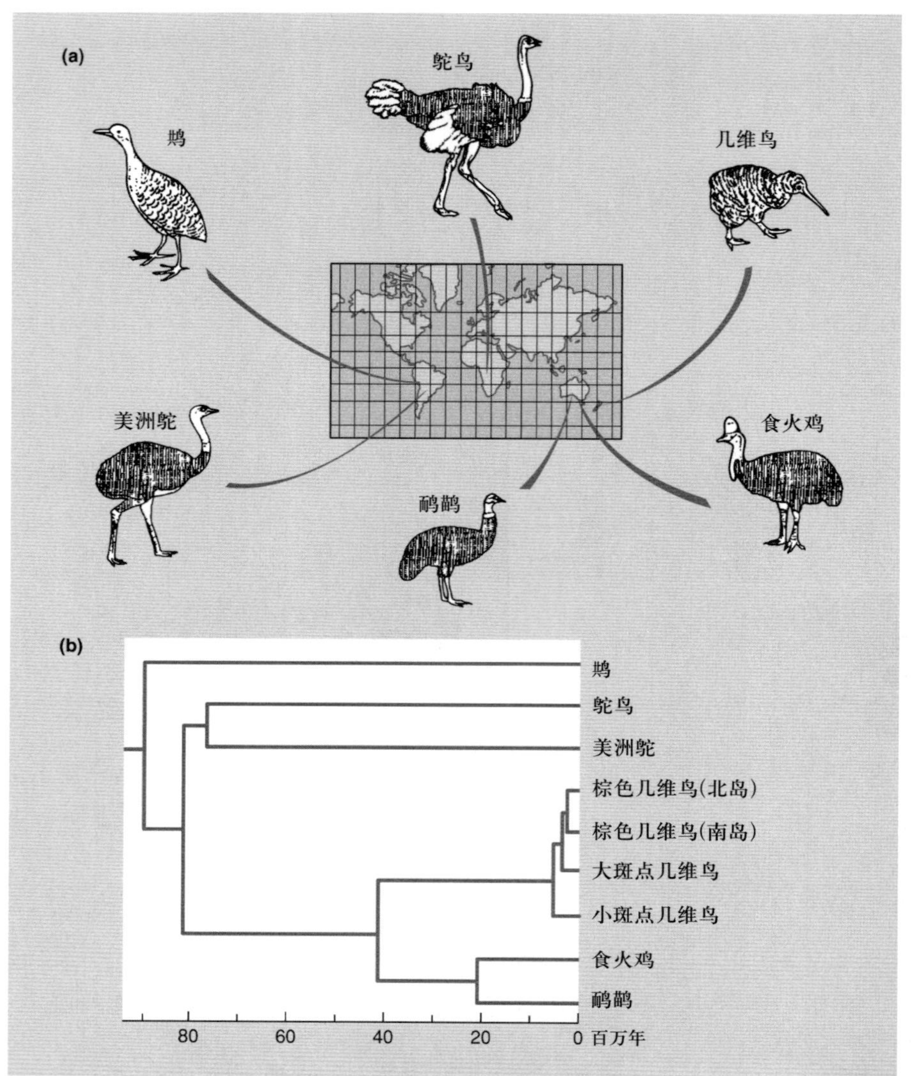

图 1.12 (a) 陆地不能飞行鸟类的分布。(b) 不能飞行鸟类的系统进化树以及它们分化的估计时间 (百万年) (仿 Diamond, 1983; 数据源自 Sibley & Ahlquist)。

应该时刻记住这些历史因素。

小尺度的"历史因素"

"历史因素"也许对较小的空间和时间尺度造成较大的影响。由风暴或者冰雪消融引起的高强度泄洪事件导致小规模斑块性的基质冲刷和填充将对溪流中的底栖生物群落产生深刻影响 (Matthaei *et al*., 1999)。经历过不同斑块性历史因素的无脊椎动物群落会在几个月的时间 (可能发生其他的高强度泄洪事件) 内表现出其独特性。正如树木的分布和重复出现的冰期有关一样, 动物区系的发展很难在溪流涌动的干扰中达到平衡 (Matthaei & Townsend, 2000)。

热带的变化

热带气候变化的记录远没有温带地区那么全面。这不经意让人认为剧烈的气候变化和冰期的来临主要是发生在温带地区, 而热带地区一直处于我们所知的这种状态。这显然是不对的。各种各样的数据显示, 在冰期以后亚洲和非洲地区的气候曾发生过剧烈的波动。在冰期结束后, 大陆季风区 (如西藏、埃塞俄比亚、西撒哈拉以及接近赤道的非洲地区) 经历了长时间的高湿气候, 随后又经历了一系列高强度的干旱气候 (Zahn, 1994)。在南美洲, 植被变化的出现和温带地区是平行的, 在温暖湿润时期热带森林的范围迅速增加, 在寒冷、干旱的冰河期, 森林范围紧缩成被稀疏大草原包围的小斑块。目前南美洲热带雨林物种的分布 (图 1.14) 就能对此加以说明。那里很显然是物种多样性的"热点地区", 因而也被认为是冰期森林的避难所以及加速物种形成的地点 (Prance, 1987; Ridley, 1993)。基于这种解释, 现有的物种分布可能被再次视为是大多数历史因素导致的结果,

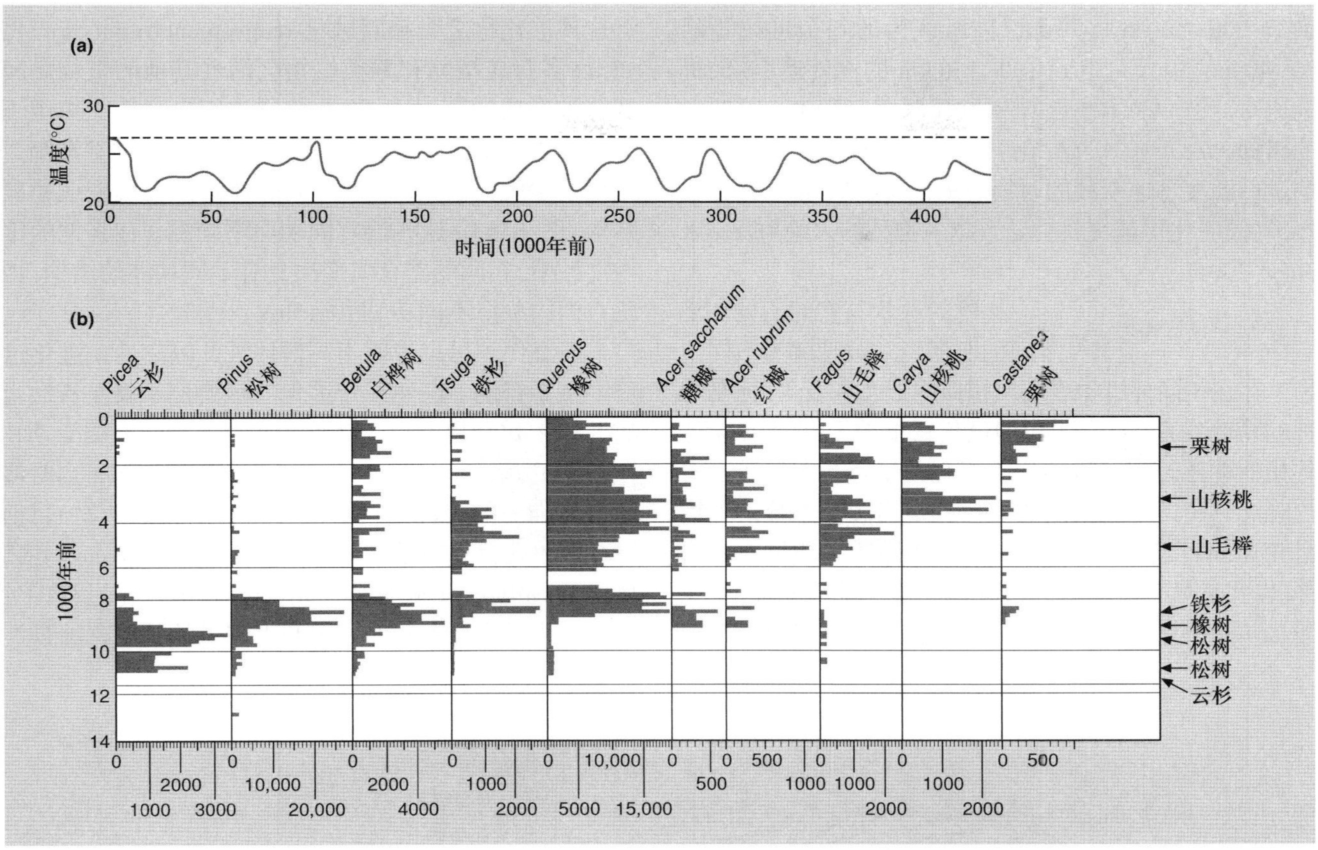

图 1.13 (a) 过去 40 万年的冰河期里温度变化的估计。通过比较加勒比海大洋岩芯化石中氧同位素的比值来获得温度的估计值。虚线对应的是 1 万年前 (即目前的全球气候变暖的起始阶段) 氧同位素的比值。在过去 40 万年中，大部分时间气候是属于冰河期，与目前一样温暖的时期很少出现 (仿自 Emiliani, 1966; Davis, 1976)。(b) 从最近一次冰河期到现在康涅狄格州罗洛斯湖沉积物中积累的花粉剖面。每个物种到达康涅狄格州的估计时间在图右侧使用箭头表示出来。水平刻度代表花粉沉积率: 10^3 枚 $\cdot cm^{-2}\cdot a^{-1}$ (仿 Davis *et al.*, 1973)。

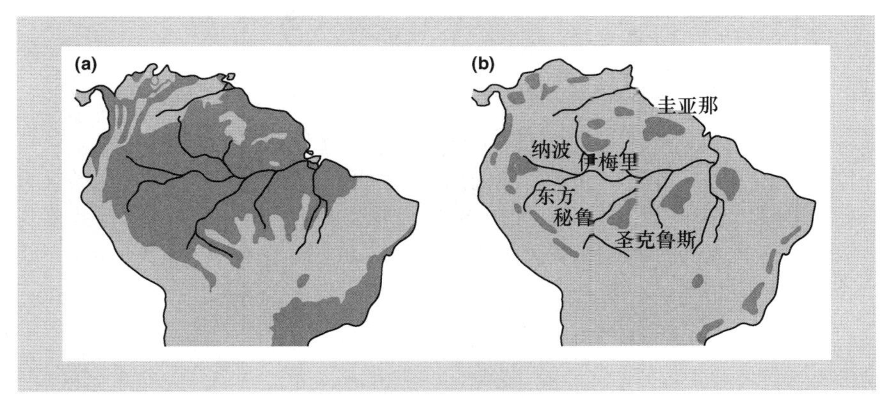

图 1.14 (a) 目前南美洲热带雨林的分布情况。(b) 最后一次冰期盛期热带森林庇护所可能的分布情况，通过目前森林中物种多样性的热点判断 (仿 Ridley, 1993)。

而不是由于物种和环境之间精确的匹配所导致的。

> 如何对全球气候变暖进行比较

最后一次冰期消融后植被变化的证据暗示了全球气候变暖的迹象 (也许在以后的 100 年内会升高 3°C)，这主要是由于大气中二氧化碳浓度持续增高导致的 (这将在第 2.9.2 节和第 18.4.6 节进行详细讨论)。但是大气中二氧化碳浓度增加的幅度大不相同。在过去两万年里，冰期过后全球气温上升了 8°C，而植被变化的速度未能跟上气候变化的脚步。但目前预测结果表明，在 21 世纪树木蔓延速率为每个世纪 300~500 km, 并非以前所认为的每个世纪蔓延 20~40 km (以及每世纪 100~150 km 的例外速率) 的标准速率。令人惊奇的是, 唯一被精确鉴定到属于第四纪的树种 *Picea critchfeldii* 在 1.5 万年前灭绝, 这恰恰是冰期过后温度迅速变暖的时期 (Jackson & Weng, 1999)。显然, 气候变化得越快就会导致越多物种的灭绝 (Davis & Shaw, 2001)。

同功、同源结构

生物的性状与它们所处环境之间的匹配经常被理解为不同生物生存在相同环境中表现出相似的形态和行为, 但是物种的系统发育谱系不同 (即进化树上的不同分枝)。这种相似性还打破了每种环境都有且仅有一个最适生物的观念。最具有说服力的证据就是当两个系统发育谱系较远或者进化起源不同, 但是结构功能却相似的物种, 也就是具有同功 (表型或功能相似) 却不同源 (同源, 即从共同祖先的相同器官分化而来) 结构的物种。我们将这种进化称之为趋同进化 (convergent evolution)。例如, 许多有花植物和蕨类植物会沿着其他的植物攀爬到植被形成的冠层上, 这比使用它们自己的支撑组织要能接受到更多的光照。许多不同科的植物都渐渐进化出了攀爬的能力, 很多不同的器官都会演变成攀爬结构 (图 1.15a), 这些器官同功但不同源。在其他的植物物种中, 相同的器官演变出具有不同功能的结构, 因此它们同源但不同功 (图 1.15b)。

还有例子可以说明不同群体彼此隔离后在进化过程中是平行的。这种平行进化的经典例子就是有胎盘哺乳动物和有袋类哺乳动物的辐射进化。有袋类动物在白垩纪 (大约 9000 万年前) 扩散到澳洲大陆, 当时澳洲大陆唯一的哺乳动物就是产卵的单孔目动物 [目前仅存的单孔目动物是针鼹 (*Tachyglossus aculeatus*) 和鸭嘴兽 (*Ornithorynchus anatinus*)]。有袋类进化过程中的辐射进化以许多不同的方式和大陆上的其他有胎盘类

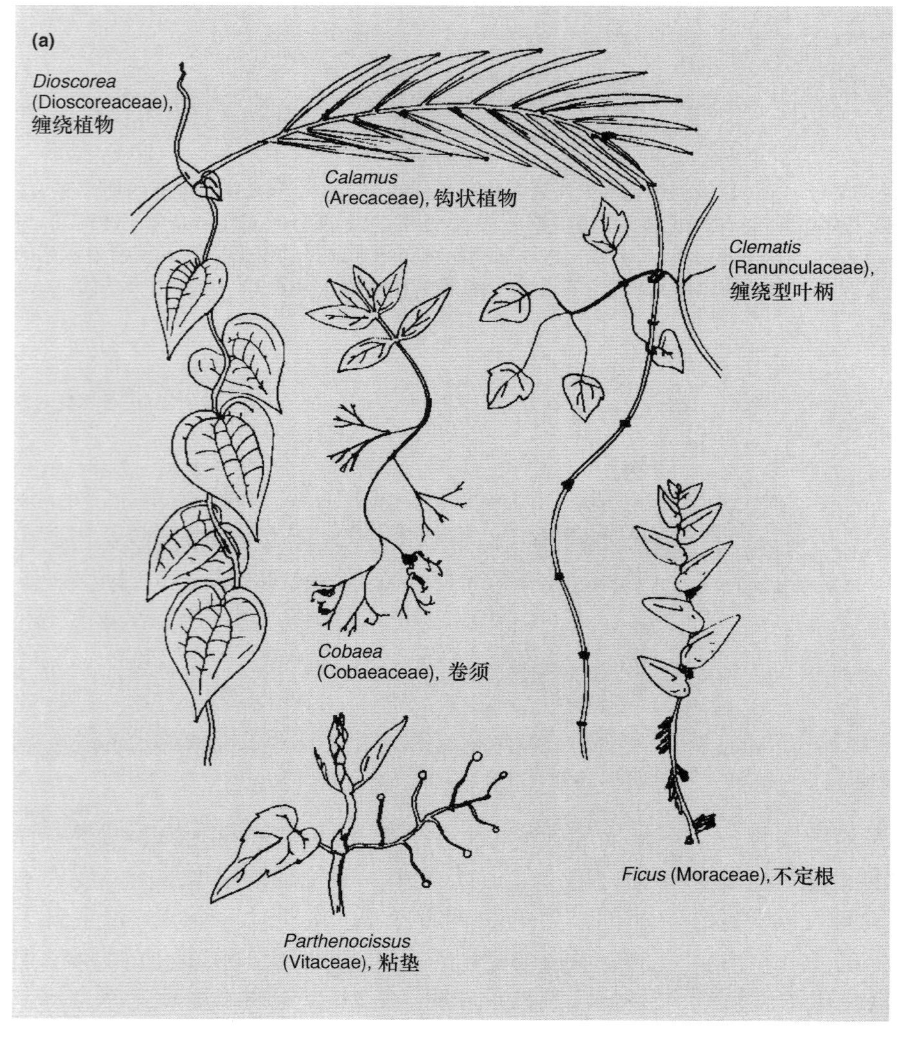

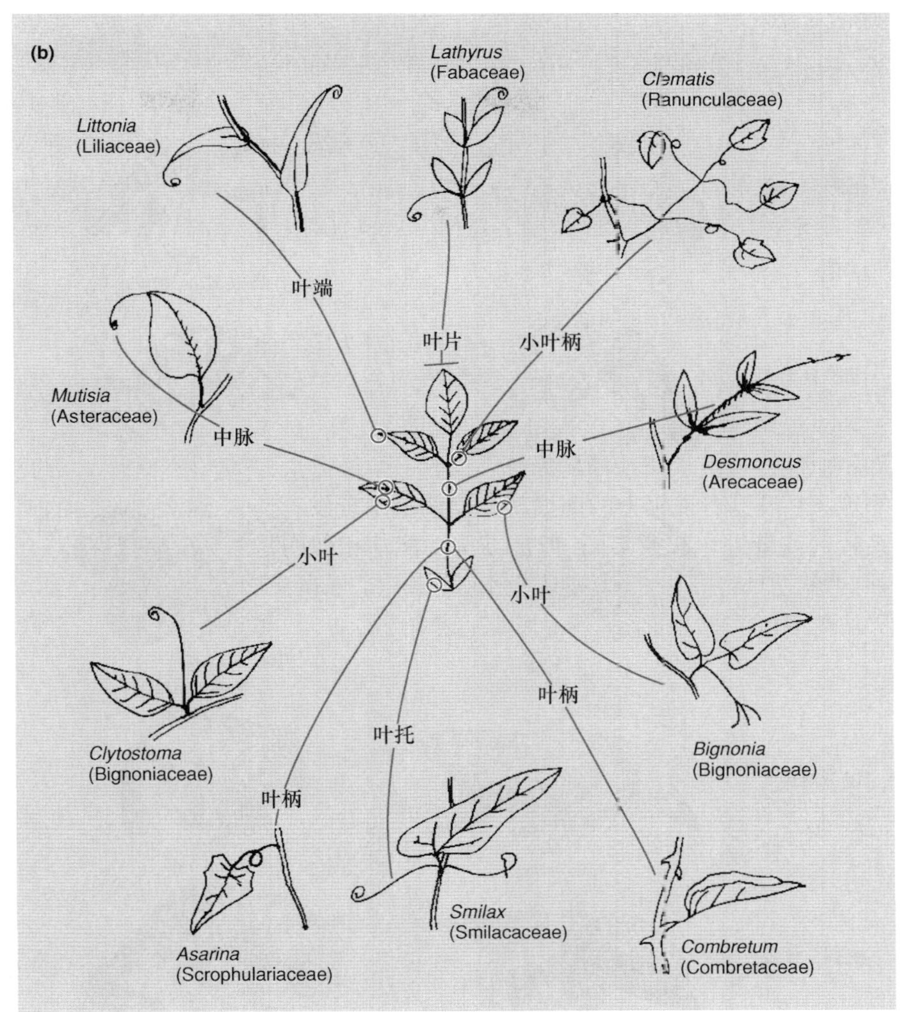

图 1.15 各种有花植物攀爬器官。(a) 同功器官的结构特点，也就是从不同器官分化来的器官，如叶片、叶柄、茎、根和卷须。(b) 同源器官的结构特点，也就是从同一个器官分化而来的，图中心展示了作为参考的理想化叶片 (由 Alan Bryant 提供)。

动物一起平行进行 (图 1.16)。不同生物在形态和生活方式方面的精确对应，让我们不得不认为有胎盘类哺乳动物和有袋类哺乳动物的生存环境为这两类生物的进化过程提供了相似的机遇。

1.5 群落与其环境之间的匹配

1.5.1 地球上的陆地生物群系

在确定不同群落之间的差异和相似性之前，我们需要考虑更大群落单位“生物群系” (biome)，生物地理学家从中认识到世界各地植物区系 (flora) 和动物区系 (fauna) 之间的显著区别。具有显著特征的生物群落的数量值得讨论。生物群系之间当然存在相互交叉，明显的界限对于分类学家来说是方便的，但它并不反映自然的真实状态。我们对 8 个陆生生物群系进行了描述，并在图 1.17 中阐明了它们在全球的分布状况，且说明了这些生物群系的分布与年均温和降水量之间有何种联系 (图 1.18) [见 Woodward (1987) 中详细的描述]。除此之外，当我们考虑本书后面的关键问题时 (尤其是在第 20、21 章中)，有必要先认识这些描述和区别生物群系的术语。为什么某些群落中的物种要多于其他的群落？某些群落在它们的组成上是不是比其他的群落更稳定，如果是这样的，那又为什么？生产力水平更高的环境是否能维持更多样化的群落？亦或更多样的群落是否能更有效地利用可利用的资源？

苔原

苔原 (tundra) (见彩图 1.1) 出现在北极圈附近，超出林线以外的地区。在南半球的亚南极岛屿也发现了小面积的苔原。同样，在高纬度环境条件下也发现了“高海拔”苔原。在这些地区存在着永久冻土，即水被永久地冻结在土壤中，液态水在一年中仅短期存在。这些地区的

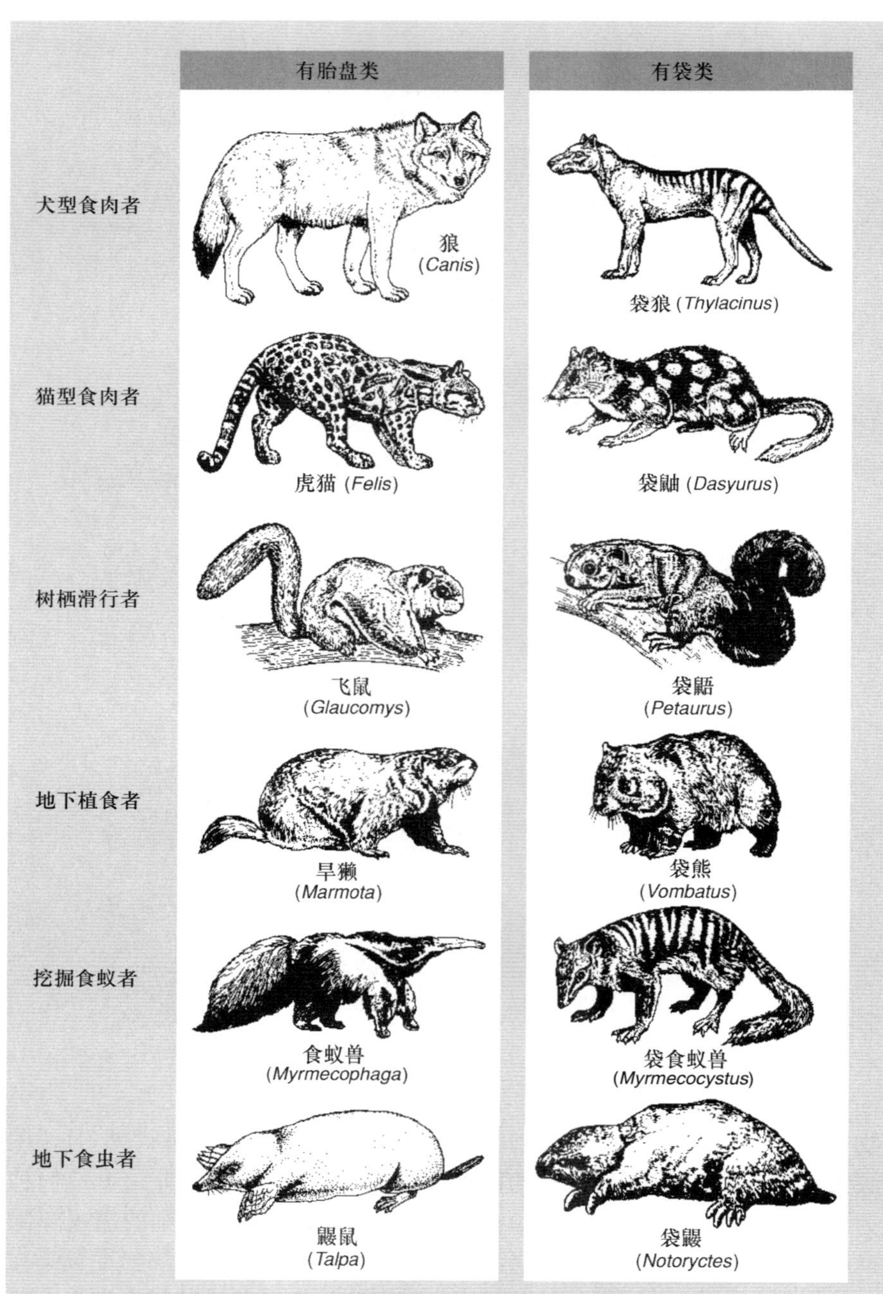

图 1.16　有袋类和有胎盘类哺乳动物的平行进化。图中成对展示的动物具有相似的形态和习性，在一般情况下 (不总是这样) 生活方式也相似的动物在图片中成对展示。

典型植物区系包括地衣、苔藓、禾草、莎草和矮小树木。昆虫的活动存在着极为明显的季节性，夏季从温暖纬度地区迁来的昆虫物种丰富了当地鸟类和哺乳动物群。在更冷的地区，禾草和莎草不复存在，只有光秃秃的冻土。最终，这些仅由地衣和苔藓组成的区域将逐渐变成极地荒漠。除地衣和苔藓以外的高等植物物种多度从低纬度北极地区 (在北美约有 600 个物种) 到高纬度北极极地 (北纬 83°，比如在格陵兰岛和埃尔斯米尔岛约有 100 个物种) 呈现降低的趋势。相反，南极的植物区系只包括两种维管植物的土著种及一些能够维持少量小型无脊椎动物生存的地衣和苔藓。南极地区的生物生产力和多样性主要集中在海岸带并几乎全部依赖于从海洋获取的资源。

泰加林

泰加林 (taiga) 或北方针叶林 (见彩图 1.2) 占据了横跨北美和欧亚大陆的广阔地带。液态水在冬天大多数时候都不可利用，同时植物以及大多数动物都有一个明显的冬季休眠期，这期间它们的代谢速率很低。通常来说，该

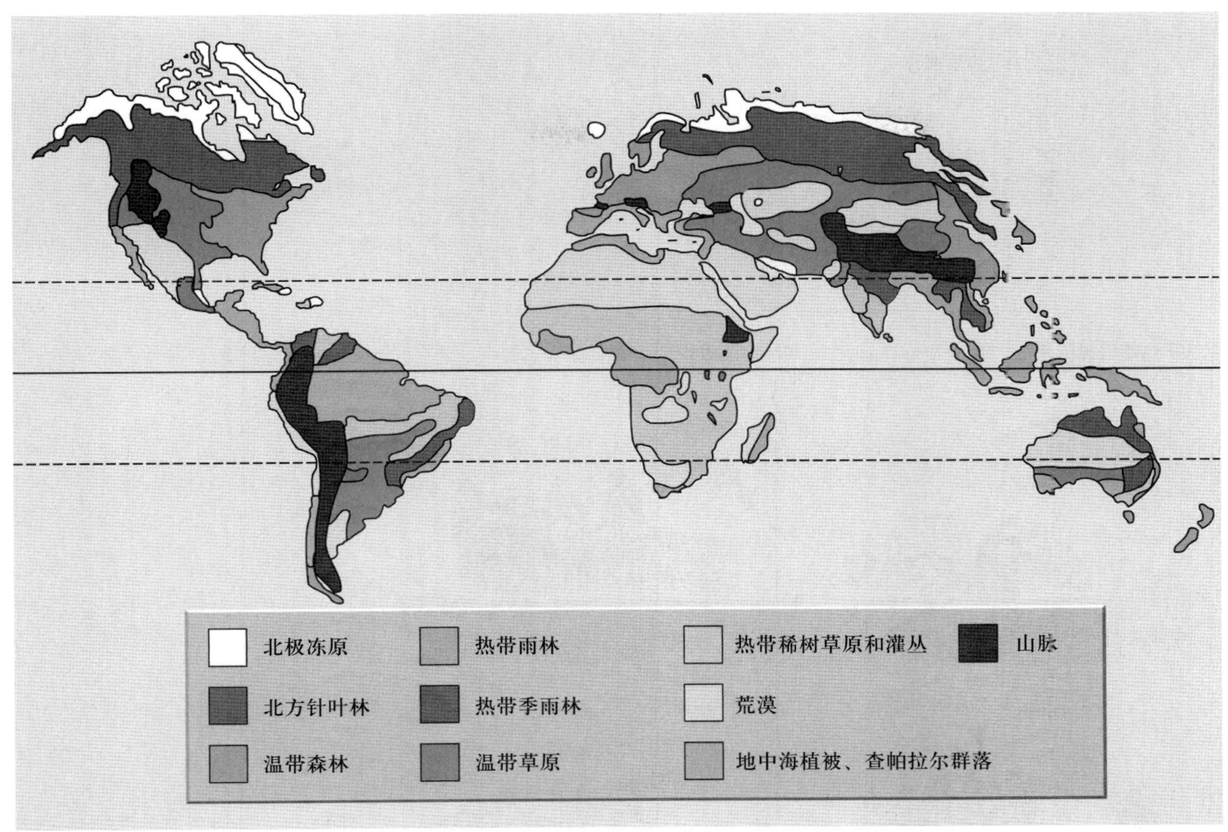

图 1.17 世界主要植被生物群系的分布 (仿 Audesirk & Audesirk, 1996)。

乔木植物群系的组成非常有限。在冬季严酷程度稍差的地区, 森林植被可能以松树 [松属 (*Pinus*) 物种, 它们属于常绿植物] 和落叶树如落叶松 (*Larix*)、桦树 (*Betula*) 或白杨 (*Populus*) 为主, 不过通常是这些树种的混生林。在更北的区域, 这些树种被分布区更广阔的云杉 (*Picea*) 林所取代。北方云杉林的主要环境约束条件就是永久冻土层, 除非太阳能将冻土表层暖化, 冻土导致的最直接后果就是干旱。云杉根系能在表层土壤中发育, 在短暂的生长季节里, 云杉根系可以从表层土壤中获得它们所需的水分。

温带森林

温带森林 (temperate forest) (见彩图 1.3) 的范围从北美和欧洲中南部大部分地区 (此地区可能有 6 个月的结冰温度) 的针叶林 – 阔叶林混交林, 延伸到该生物群系的纬度下限地区 (如美国佛罗里达州和新西兰) 的雨林性常绿阔叶林。然而, 在大多数温带林中, 一年中也有一段时期存在液态水短缺的情况, 因为潜在的水分蒸发超过了降水和土壤中可用水的总量。大多数温带林以落叶树种为主, 秋天落叶后进入休眠期。在森林的地表, 经常会存在着多样的多年生草本植物区系, 尤其是那些在春季新树叶长出之前快速生长的草本植物。温带森林也为那些季节性出没的动物提供食物来源。许多温带森林中的鸟类是其他时间在更温暖的生物群系中生活而春季返回的候鸟。

草原

草原 (grassland) 存在于温带和热带较为干旱的地区。温带草原有许多局域性的称呼: 亚洲一草原、北美大草原、南美潘帕斯草原和南非的荒漠草原。热带草原或热带稀树草原 (见彩图 1.4) 的称呼适用于长有热带植被的纯草原和长有一些乔木的草原。几乎所有的温带和热带草原都会历经季节性的干旱, 但是气候对草原植被类型的决定性作用几乎完全被植食动物的影响所超越, 植食动物的植食作用能够将植被组成局限于频繁落叶的物种。在热带稀树草原, 野火 (像放牧一样) 是干燥季节中一个常见的危险因素, 它能驱使植被从树丛向草原过渡。尽管如此, 季节性的食物充盈和短缺通常是交替出现, 因此较大的植食动物在气候干燥的年份会遭受极度的饥荒 (和死亡)。种子和昆虫的季节性充裕使得大量候鸟种群得以维持, 仅有少数的鸟类能够找到足够的可靠食源而全年常驻。

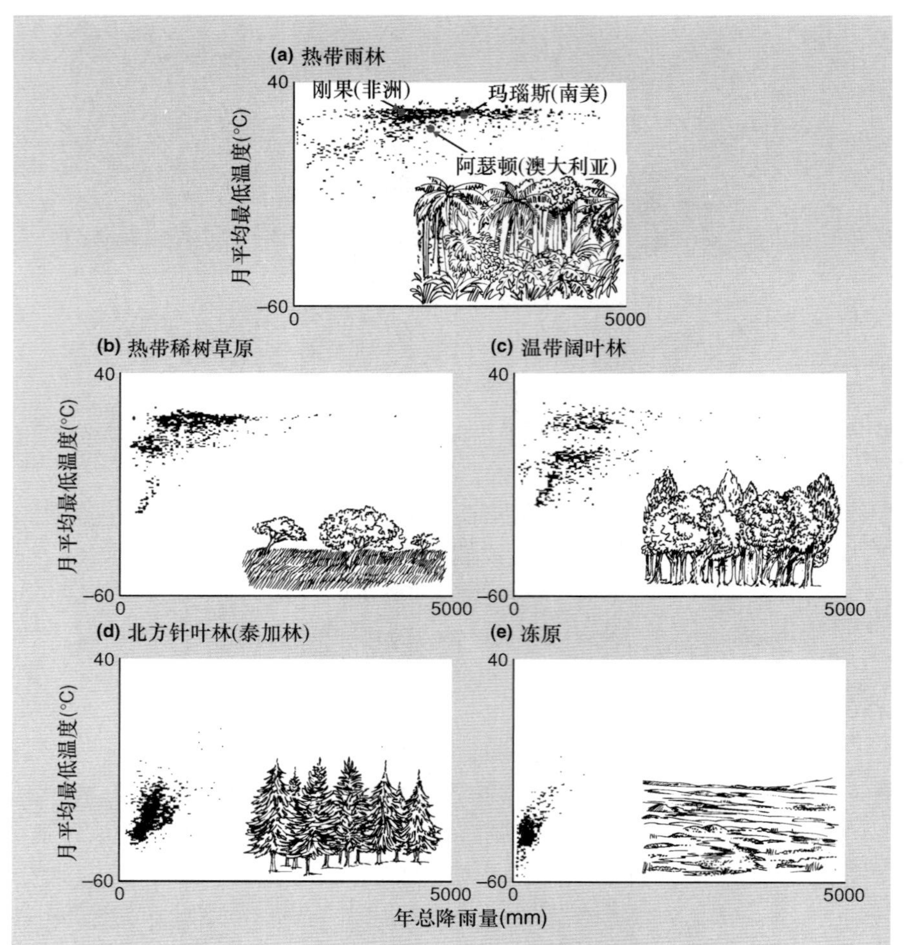

图 1.18 陆地环境条件的变化可以根据年降雨量和月平均最低气温来描述。环境条件的变化: (a) 热带雨林, (b) 热带草原, (c) 温带阔叶林, (d) 北方针叶林, (e) 冻原 (仿 Heal *et al*., 1993; ©UNESCO)。

许多天然草原被用来耕种, 常被适合在草原环境耕种的小麦、燕麦、大麦、黑麦和玉米等一年生"草原"取代。温带地区这些一年生的草本植物和热带地区的水稻为全世界的人口提供了丰富的食物。在这个生物群系的干旱边界地区, 许多草原被用作生产肉制品和奶制品, 有时候也出现游牧民族。植食动物的天然种群被驱退以利于牛、绵羊和山羊的生长, 在所有这些生物区系中, 草原是最被人类所觊觎、利用以及改变的群落。

灌木丛

灌木丛 (chaparral 或 maquis) 是出现在欧洲、加利福尼亚、墨西哥西北、澳大利亚小部分地区、智利和南非的典型地中海气候区 (冬季温暖湿润, 夏季干旱)。与温带草原相比, 灌木丛群落主要生长在降雨更少的地区, 主要以抗干旱、硬叶、生长缓慢的低矮灌木植物群落为主。一年生植物群落在冬季和早春季节的灌木丛地区也很常见, 此时降雨较为丰富。灌木丛经常遭受周期性野火的侵扰; 许多植物的种子只有在火烧结束后才能发芽, 而另一些植物能迅速萌生, 因为在它们抗火的根部有营养储存。

荒漠

荒漠 (desert) (见彩图 1.5) 主要在极度缺水的地区存在: 年降雨通常小于 25 cm, 难以预测且显著低于潜在蒸发量。荒漠生物群系横跨的温度范围非常广, 从高温荒漠如撒哈拉大荒漠到非常冷的荒漠如蒙古戈壁荒漠。在极端条件下, 高温荒漠因为太旱以至于不能生长任何植被; 在南极的寒冷荒漠同样是光秃秃的。在干旱的荒漠中有的地方也有足够的雨水供植物生长, 但是降雨的时间总是不可预测。荒漠植被可分为两种截然相反的行为方式。许多物种选择机会主义的生存方式, 在不可预测的降雨刺激下开始发芽。它们生长迅速并且在短短几周后开始产生新的种子而完成生活史。这些物种偶尔能使荒漠出现茂盛时期。其他植物的行为方式则是生命周期较长, 而生理过程缓慢。仙人掌、其他肉质植物及具有小、厚且多毛的叶子的小灌木物种能关闭它们的气孔并且能忍受长期的生理上的休眠状态。由于植被生产力低下，而且大部分植物难以被动物消化，所以在干旱的荒漠生物群系中动物相对匮乏。

热带雨林

热带雨林 (tropical forest) (见彩图 1.6) 在地球生物群落中生产力最高，这是由于热带雨林全年都能得到充足的光照以及定期的可靠的降雨所致。在常绿叶密集的森林冠层，生产力达到极高的程度。除树木倒伏的区域之外，其他林地表面通常是漆黑一片。许多树苗和小树年复一年处于被抑制的状态，只有在它们上面的林冠层出现空隙时才开始生长。除了这些木本植物外，植被很大程度上是由达到林冠层的替代性植物组成；它们攀爬然后快速进入林冠层 (藤本植物和蔓生植物，包括许多无花果属物种)，有些附生植物可扎根在树干上部的潮湿树枝上。热带雨林大部分的动物和植物物种全年活跃，尽管植物可能依次开花结果。高的物种丰富度是热带雨林的标准，群落很少被单一或少数几个物种主宰。雨林中高的乔木多样性为植食动物及食物链上层物种提供了相应的多样化资源。Erwin (1982) 估计在 1 hm^2 巴拿马热带雨林中有 18 000 种甲壳虫 (在美国和加拿大仅共有 24 000 种!)。

水生生物群系

所有以上提到的生物群系都是陆生的。水生生态学家也能提出一系列的生物群系，尽管在传统意义上大都属于陆生生物。我们可能区分泉、河流、池塘、湖泊、河口、海岸带、珊瑚礁和深海，以及其他不同类型的水生生物群系 (aquatic biome)。就现在的目的，我们仅区分两种水生生物群系，即海洋生物群系和淡水生物群系。海洋约占地球表面 71% 的面积，深度可超过 10 000 m；覆盖区域从降雨量超过蒸发量的区域延伸至蒸发量超过降雨量的区域。同时，大规模的洋流运动减少了海水盐度的差异 (海水平均盐浓度大约是 3%)。两个主要因素 (洋流运动和盐度) 影响海洋中的生物活动。光合有效辐射 (太阳进行光合作用的那部分辐射) 在透过水体的过程中被海水吸收，因此海洋中的光合作用主要局限于海水表层。海水中的矿质元素，尤其是氮和磷，在洋流运动的过程中被不断稀释以至于限制了海洋生物量的增长。与深海域相比，浅海域 (如沿海地区和河口) 常常具有更高的生物活性，因为浅海区域吸收了更多的矿质元素 (主要由陆地提供)；同时浅海区域光合有效辐射损失更少。当海洋深处营养丰富的水涌上时，生物活性也很强，这也是北极和南极海洋中有许多世界渔场的原因。

淡水生物群系主要出现在陆地水流向海洋的途中。水的化学成分存在着极大的变化，这取决于它的来源、流速以及有机质的输入 (由生长在水生环境中或周围环境中的植物提供)。在蒸发速率高的水域，盐分从地表滤出并且累积使得盐度远远超过了海水的盐度；因而可能形成盐湖甚至是盐田，这些地方基本不可能有生命存在。即使在水生的环境中液体水也有可能不可利用，这种情况主要存在于极地地区。

区分不同的生物群系，仅能够对有机体群落之间一系列异、同之处得到一个非常初步的认识。生物群系内生物群落结构以及生物个体间存在大、小范围的差异。此外，我们将在后面章节中看到，生物群系的特点并不一定由生活在其中的特殊物种来体现。

1.5.2 群落的生活型谱

在前面章节中，我们指出地理隔离在种群选择分化过程中发挥着重要作用。植物和动物种、属、科以及更高分类单元的地理分布反映了这种地理上的分化。例如，所有狐猴的种都只发现于马达加斯加岛上，而不存在于在其他地方。同样，桉树属中的 230 个种可自然存在于澳大利亚 (2 种或 3 种分布于印度尼西亚和马来西亚)。狐猴和桉树在那里存在是因为它们正好在那里进化，不是因为只有在那些地方它们才能生存和繁衍。实际上，许多种桉树被引进加利福尼亚和肯尼亚后生长得极为成功且快速扩散。狐猴的世界分布图告诉我们许多有关这个家族的进化史。至于它与生物群系的关系，我们最多能说狐猴恰巧是马达加斯加岛热带雨林生物群系的一个组成部分。

同样，澳洲大陆的特有生物区系包含某些有袋类哺乳动物，但在世界范围内具有同样生物区系的其他地域，却是它们的对应类群胎盘类哺乳动物的家园。那么生物群系的地图通常就不是物种的分布图。相反，我们可以通过生活在生物群系以及水生群落中的生物类型来区别不同的生物群系以及不同类型的水生群落。我们怎样描述它们的相似性才能对它们进行分类、比较和绘制地图？为了说明这个问题，丹麦生物地理学家 Raukiaer 在 1934 年提出了 “生活型” (life form) 的概念，深入探究了植物形态的生态学意义 (图 1.19)。随后他利用不同类型植被的生活型谱，作为一种描述生态学特征的方法。

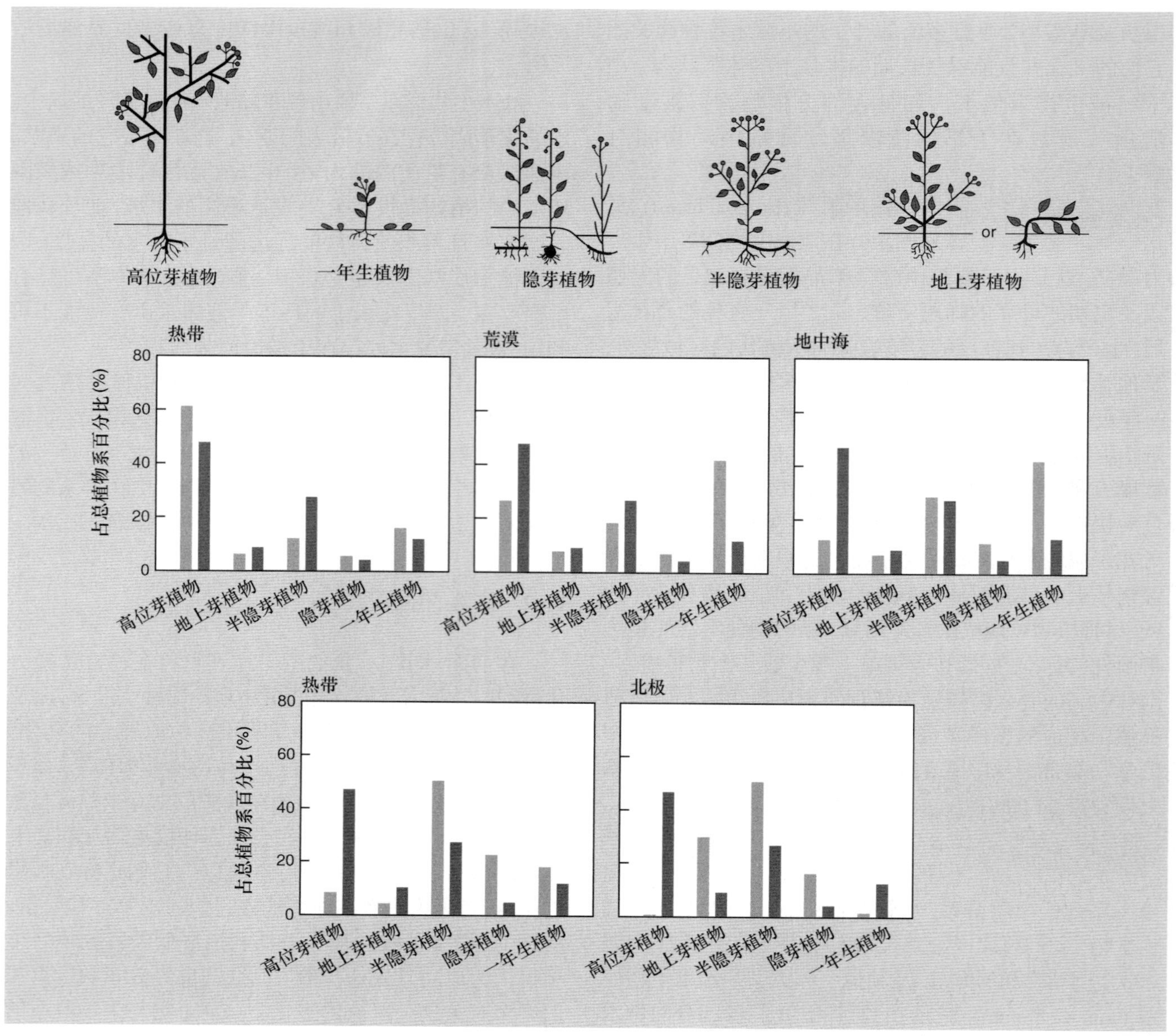

图 1.19 上图描述了依照 Raukiaer 分类系统 (根据芽生长的位置, 图中为灰色) 区分的不同植物型。下图是 5 种不同植物群系的生活型谱。浅色柱图是在 5 种植物群落组成的总植物区系中所占的百分比。深色柱图表示不同类型生物在全球植物区系中的比例 (引自 Crawley, 1986)。

Raukiaer 分类

植物通过顶芽和腋芽发育成新枝来实现生长。芽内分生区细胞是整个枝上最敏感的部位, 是植物的 "软肋" (或 "致命要害")。Raukiaer 认为不同植物防止这些芽遭到环境危害的方式, 有着强有力的指示作用, 可能被用来定义不同的植物型 (图 1.19)。因此, Raukiaer 将芽高高暴露于空气中, 完全暴露于风、寒冷和干旱中的植物, 称为高位芽植物 (phanerophyte) (希腊词 phanero 意思是可见的; phyte 意思是植物)。相反, 很多多年生草本植物会形成垫状或草丛, 长于其中的芽要高于地面, 但是却被浓密的老叶或枝保护而免受干旱和寒冷的危害, 这类植物被称为地上芽植物 (chamaephyte, 指地面上的植物)。当芽在土壤表层时, 这类植物被称为半地面芽植物 (hemicryptophyte, 指半隐芽植物), 或当芽保存在土壤内甚至在被埋的休眠储藏器官 (球茎、鳞茎和根茎) 中时, 它们能够得到更好的保护, 这类植物被称为隐芽植物 (cryptophyte 或 geophyte, 指地下芽植物)。这使得植物在枯萎并回到休眠状态之前能快速生长和开花。最

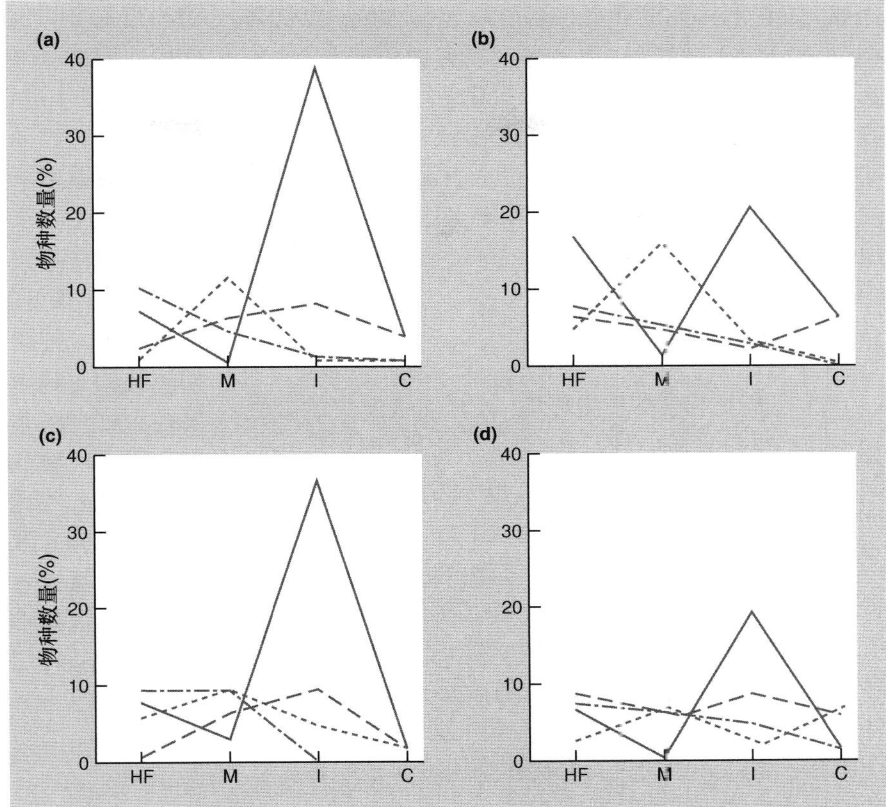

图 1.20 在各种活动及觅食栖息地类型中，森林哺乳动物所占的比例: (a) 马来半岛，所有森林分布区 (161 种), (b) 巴拿马干旱林区 (70 种), (c) 澳大利亚，约克角森林 (50 种), (d) 扎伊尔，Irangi 森林 (96 种)。C: 食肉动物; HF: 植食动物和食果动物; I: 食虫动物; M: 杂食动物; (——) 飞行动物; (······) 树栖动物; (– – –) 攀禽动物; (—·—) 小型地面哺乳动物 (仿 Andrews *et al*., 1979)。

后一大类包括一年生植物 (therophyte, 指夏季植物), 它们完全依赖于休眠的种子度过干旱和寒冷的季节而延续它们的种群。一年生植物是生长于荒漠 (它们约占美国死亡谷植物的近 50%)、沙丘以及被人为因素不断干扰的生境中的植物。它们也包括可耕种土地、园林以及城市荒地中的一年生野草。

当然，没有一种植被完全由一种生长型构成。所有的植被包含一个混合的 Raukiaer 生活型谱。在任何特定的生境中，Raukiaer 生活型谱都是生态学家能够想到的对植被特征进行速记描述的最好的方法。Raukiaer 把这些型谱与当时已知的以及已被描述过的所有物种的“全球谱” [《邱园植物索引》(*Index Kewensis*)] 进行了比较。比较的结果跟实际情况有些出入，因为生态学家对热带地区物种的探索在过去甚至是现在仍相当少。因此，在智利、澳大利亚、美国加利福尼亚州或克利特岛只发现了一种灌木植被类型，因为它们的生活型谱很相似。而关于它们的详细分类标准只强调了它们是如何不同的。

动物区系与植物区系紧密相连，只是因为大多数植食动物对食物都很挑剔。陆地食肉动物比植食动物 (前者的猎物) 分布范围更广，但是植食动物的分布为食肉动物提供了一个宽泛的植被判断 (vegetational allegiance)。通常，植物学家对植物区系的分类要比动物学家对于动物区系的分类更加热衷，仅有一次有趣的例外是动物区系分类比较了马来半岛、巴拿马、澳洲和扎伊尔的森林哺乳动物 (Andrews *et al*., 1979)。这些哺乳动物可以分为食肉动物、植食动物、食虫动物和杂食动物，这些又可细分为飞行动物 (主要是蝙蝠和飞行狐蝠)、树栖动物 (栖居于树上的动物)、攀登动物 (攀援类) 或小型地面动物 (图 1.20)。这一比较揭示了不同区域物种之间明显的差异性以及相似性。例如，尽管澳洲和马来半岛森林中的动物有着非常相似的生态多样性谱，但是在分类上截然不同: 澳洲的哺乳动物多属于有袋类的，马来西亚的哺乳动物多属于有胎盘类。

1.6 群落内匹配的多样性

尽管特定的生物类型通常是某个特定生境的特征，但其同时还是群落物种多样性中必不可少的一部分。因此，一个令人满意的解释不应该只说明物种在相同环境中生存的相似之处，更应该尝试解释为什么生活在相同环境中的物种经常会出现很大的差异。在某种程度上，多样性的这种解释并没有太大的意义。

例如, 植物利用阳光生长, 真菌以植物为生, 植食动物以植物为食, 而寄生物又寄生在植食动物上, 这些都不足为奇, 因为它们都共存于同一个生境中。另一方面, 大多数群落也包含不同的物种, 这些物种都以非常相似的生活方式生存 (至少从表面上来看是这样的)。对这种多样性进行解释, 需要考虑以下几方面的因素。

1.6.1 环境的异质性

自然界中不存在均质环境, 甚至连续搅拌的微生物培养基也是异质的, 因为它有一个边界, 即培养容器的器壁, 可培养的微生物也经常被分为两种类型: 一类贴壁生长, 另一类自由生长。

环境异质性的程度取决于生物有机体对它的响应程度。对于一粒杖菜籽来说, 一团土壤就像一座山; 对于一条毛虫来说, 一片叶子就意味着一生的食物。处在叶片阴影下的种子可能在发芽时受到抑制, 而在阴影外的种子却可自由地发芽。从人类角度来看, 一个均质环境对于生存其中的生物有机体来说可能是由难以忍受的与适宜的斑块组成的一个嵌合体。

在空间 (如海拔) 或时间上可能也存在着梯度, 后者可能具有规律性 (如每日循环和季节性周期)、有方向性 (如湖中污染物的积累) 或无规律性 (像火、冰雹和台风)。

异质性将在后面的章节中不断出现, 一部分原因是它给生物有机体从一个斑块移动到另一个斑块所带来的挑战 (第 6 章), 一部分原因是它给不同物种提供的机会是不同的 (第 8 章和第 19 章), 还有部分原因是异质性能通过影响本应稳定地向平衡态发展的过程而改变生物群落 (第 10 章和第 19 章)。

1.6.2 物种的匹配

如前所述, 一个区域某种类型生物体的存在会使环境多样化, 同时对其他物种的存在是有利的。在一生之中, 生物有机体可能通过产生的粪便、尿液、枯叶和最终死亡的躯体, 增加其所在环境的多样性。在生物的生命进程中, 它的身体可能作为其他物种生存的场所。实际上, 生物与其所在环境之间形成的最强匹配, 是那些位于其中的一个物种对另一个物种的依赖, 亦即消费者和它们所需食物之间的关系。动物的形态、行为以及代谢的综合表现会把动物限制在很窄的食物生态位中, 使它不能获得看似合适的可选择食物。寄生物和宿主之间也属于这类很强的匹配关系。各种交互作用 (例如, 一个物种被另一个物种捕食的情况) 将在第 9~12 章中进行讨论。

两个物种间一旦出现相互依赖的情况, 这种匹配也就会更紧密。在第 13 章, 我们将更加详细地探讨这种 “互利性”。固氮菌和豆科植物根系之间的关系, 昆虫作为传粉者和花之间极为微妙的关系, 是证明 “互利性” 的两个很好的例子。

当某一种群暴露于物理因素多变的环境中时, 例如短暂的生长季节或高危的霜冻或干旱期, 它们只需要经历过一次上述情况, 耐受性就可能最终演化而成。物理因素自身不能变化或作为生物有机体进化的一个结果。相比之下, 当两个物种相互作用时, 其中一个物种的变化会导致另一物种生活的变化, 同时每一个物种会产生使另一物种进化的选择压力。在这样一个共同进化的过程中, 两个物种间的交互作用可能会不断地加强。随后, 我们便可能在自然界中看到成对的物种, 它们彼此驱使进入越来越窄的特化轨道, 达到更为紧密的匹配。

1.6.3 相似物种的共存

在同一群落中生活着具有不同作用的物种, 这点不足为奇, 但群落中也生存着许多具有相同功能的不同物种。南极洲的海豹就是一个很好的例子。南极海豹一直被认为起源于北半球, 是因为在北半球发现了新近纪中新世海豹的化石。但有一群海豹向南迁移进入较暖的海域中, 在新近纪中新世晚期或上新世早期 (500 万年前) 在南极洲定居下来。当它们进入南极洲时, 南印度洋食物丰富而且没有主要的捕食者, 这种情况即便到今天也是这样。在这种环境中, 这群海豹发生了辐射进化 (图 1.21)。例如, 威德尔海豹主要以鱼为食, 它们没有特化的牙齿, 食蟹海豹专食磷虾; 它们的牙齿可以有效地过滤海水而获得食物; 罗斯海豹拥有小而锐利的牙齿, 它们主要以浮游乌贼为食; 豹型海豹拥有大而尖锐并且可以牢牢咬住食物的牙齿, 它们以多种食物为食, 也包括其他海豹, 有些季节它们也会以企鹅为食。

这些物种之间彼此存在竞争吗? 如果它们共存, 这些竞争物种需要存在差异吗? 如果存在差异, 它们又需要多大的差异: 它们之间的相似性是否存在某种限制? 像海豹这些物种现在是否还存在相互作用, 或者是否因先前的进化进程导致了在现在的群落中缺少这种相互作用? 我们将在第 8 章中解释有关共存和相似种的

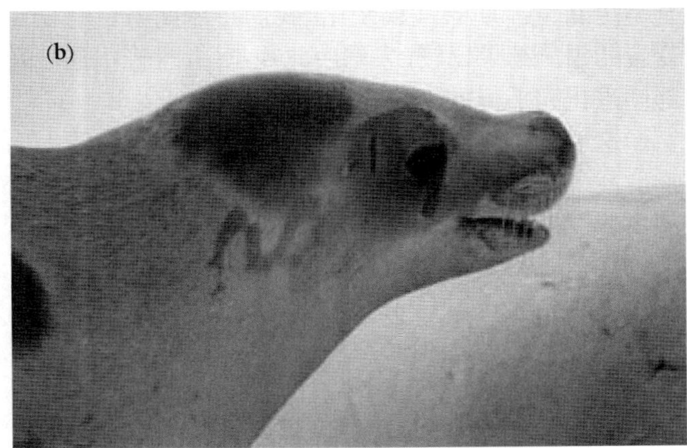
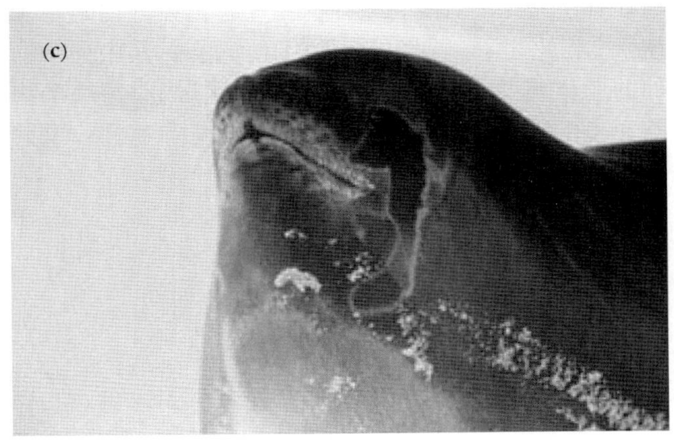

图 1.21 南极海豹，共存的相似物种：(a) 威德尔海豹，*Leptonychotes weddellii* (©Imageshop-zefa visual media uk ltd/Alamy), (b) 食蟹海豹，*Lobodon carcinophagus* (©Bryan & Cherry Alexander，拍摄/Alamy), (c) 罗斯海豹，*Omatophoca rossii* (©Chris Sattlberger/Science Photo Library) (d) 豹型海豹，*Hydrurga leptonyx* (©Kevin Schafer/Alamy)。

问题。

虽然我们注意到共存物种表观极为相似，但是它们仍然在许多细微之处存在差异，这些细微的差异不仅存在于它们的形态和生理上，而且还存在于它们对环境的反应以及它们在群落中所扮演的"角色"上。这些物种的"生态位"是区别彼此间差异的标志。有关生态位的内容将在以后两章中阐述。

小结

"如果不从进化的角度来看，生物学的一切都将变得无法理解。"本章中我们试图刻画不同物种在特定环境中生存所需要的不同特点。

我们解释了什么是进化适应和基于自然选择的进化理论，该理论由达尔文于 1859 年首次阐明。通过自然选择，有机体成为"已是最适合的"或"还不是最适合的"，与其所处的环境相适合，但都不是最理想的。

物种内的适应性变异可以在不同水平上发生：所有的变异代表了局域适应与杂交之间的一种平衡。生态型是同一物种的不同种群发生了基因型的变异，它反映了生物有机体与特定生境之间的匹配程度。遗传多态性是同一生境中存在两个或多个明显不同的生物类型。人工生态因子，特别是那些环境污染物，造成了明显的物种局域特化。

我们描述了物种形成的过程，即一个原始种是怎样进化为两个或更多新物种的，我们所说的"物种"，确切地说是"生物学物种"的含义。虽然还存在一些争议，但岛屿为种群分化形成物种提供了最有利的环境，这点毋庸置疑。

物种选择在哪里生存通常具有历史的偶然性。我们通过研究岛屿模式、地质时期大陆板块的移动、特别是更新世冰期的气候变化 (我们将冰期与目前全球变暖的预测结果比较) 来阐明此观点, 并且当中还涉及趋同进化和平行进化的概念。

这里我们扼要地概述了地球上形形色色的陆生生物群系, 也简要涉及了水生生物群系。Raukiaer 的生活型谱概念所强调的生态群落, 虽然在分类学上明显不同, 但本质相似。

所有生物群落都是由多样的物种组成, 即物种对区域生境适应的多样化。环境异质性、捕食者与猎物之间的相互作用、宿主与寄生物之间的相互作用、共生作用以及相似物种的共存等都会导致这种变化。

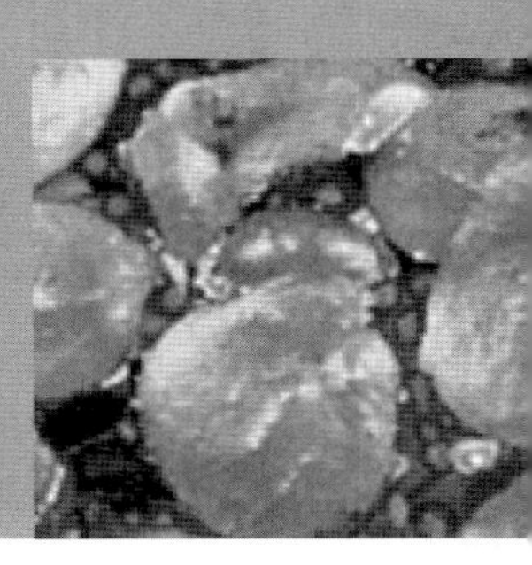

第 2 章
条件

2.1 引言

为了理解一个物种的分布和多度，我们需要知道其进化的背景 (第 1 章)，所需要的资源 (第 3 章)，个体的出生率、死亡率以及迁移率 (第 4 章和第 6 章)，种内和种间的相互作用 (第 5 章和第 8~13 章)，以及来自环境条件的影响等。本章主要涉及环境条件对有机体的限制。

条件可以改变，但不能被消耗

条件是指影响活体生物功能的非生物性环境因子，包括温度、相对湿度、pH、盐度以及污染物的浓度等。但是，条件也可能受其他有机体的影响而发生改变，例如温度、湿度和土壤 pH 可能因森林的覆盖而改变。与资源不同的是，条件不能被生物有机体消耗或用竭。

生物的活力在某些最佳浓度或水平的条件下表现最好；而在较低和较高水平下，则逐渐减弱 (图 2.1a)，但是我们需要定义所谓的 "表现最好"。从进化的角度来看，"最佳" 条件是指个体在其中能够留下最多后代 (适合度最高) 的条件，但实际上这通常是无法实际测量的，因为需要经过许多世代才能测定适合度。因此，我们经常测定条件对某些主要特性 (例如，酶的活性、组织的呼吸速率以及个体的生长速率或繁殖率) 的影响来代替适合度。然而，不同程度的条件对不同特性的影响通常也是不同的；生物有机体的存活条件范围通常比其生长或繁殖条件范围要更为宽泛 (图 2.1a)。

物种对不同条件能够作出不同的精确响应。图 2.1a 所展示的广义响应模式通常适用于温度和 pH 等条件，生物对这类条件的响应是连续的，从一个不利或者致命的水平 (例如，严寒或非常酸性的条件) 经过适合的条件水平继而达到另外一个不利或者致命的水平 (热伤害或者非常碱性的条件)。然而，生物对许多环境条件的响应曲线用图 2.1b 表述更为恰当。例如，大多数毒素、放射性物质的释放以及化学污染，在低强度水平或浓度条件下检测不到其对生物的影响，但是随着强度或者浓度的增加，其对生物的伤害开始产生，进一步增加则可能致命。除此之外，还存在第三种响应模式，某些物质在高水平下对生物有毒害作用，而在低水平下却是生物生长所必需的营养物质 (图 2.1c)。氯化钾是动物正常生长所必需的营养物质，但是在高浓度条件下却是致命的毒物。许多其他元素 (例如，铜、锌和镁) 也都是植物和动物生长所必需的微量营养物，但同样在高浓度 (有时由工业污染引起) 条件下对生物是致命的。

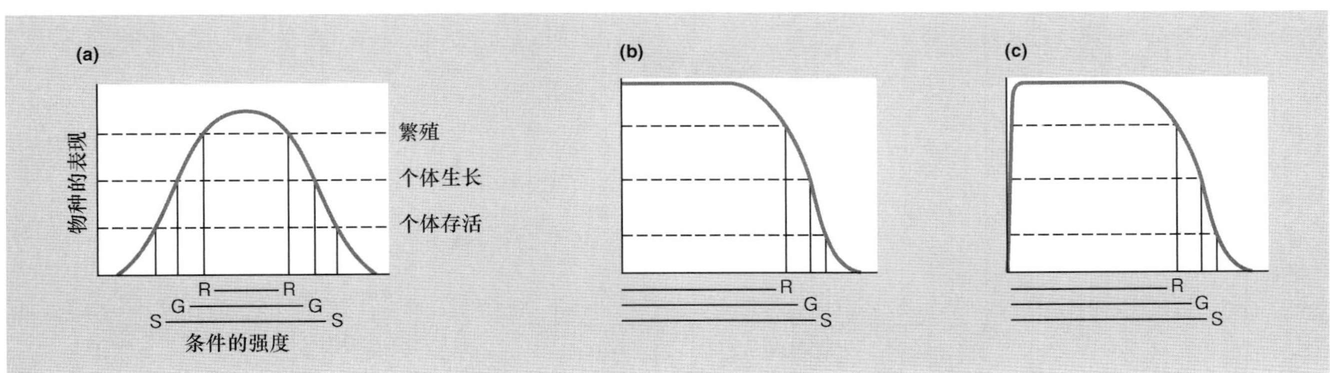

图 2.1 环境条件对个体存活 (S)、生长 (G) 以及繁殖 (R) 的影响曲线。(a) 极端条件是致命的；不太极端的条件阻碍生长；仅适宜的条件允许繁殖。(b) 仅在高强度条件下才致命；繁殖－生长－存活顺序仍然适用。(c) 与 (b) 相似，但此条件为生物所需，在低浓度时可作为生物有机体的营养物质。

在本章中，我们将生物对温度的响应比其他条件考虑得更加细致，因为温度是影响生物有机体生活的最重要的单一条件，同时我们所做的概括中许多都具有广泛相关性。在我们完全回到温度条件之前，还要考虑其他环境条件，因为它们尤其是污染物，会对全球变暖具有影响。不过，我们应该首先解释一下生态位，在生态位框架下理解每种条件的影响才有意义。

2.2 生态位

"生态位" (niche) 这个术语经常被误解和滥用。它常常被草率地用来描述生物有机体的生活场所，例如"林地是啄木鸟的生态位"。但是严格来讲，生物有机体所生活的地方是它的生境。生态位不是一个地方，而是一个概念：有机体对生境条件的耐受性以及对生境资源的需求的综合。肠道微生物的生境是动物的消化道；一只蚜虫的生境也许是一个花园；一条鱼的生境可能会是整个湖泊。然而，每种生境都提供了许多不同的生态位：其他有机体也可以不同的生活方式生活在肠道、花园或者湖泊中。"生态位"这个词语所具有的现代科学意义源于 1933 年 Charles Elton 对生态位的描述：有机体的生态位是其生活模式，"正如我们在人类社会中谈论的贸易、工作或者职业"。从此，一个有机体的生态位就开始被用来描述其怎样生活，而不是在哪里生活。

Hutchinson 在 1957 年提出了现代生态位的概念，以强调耐受

生态位的维度

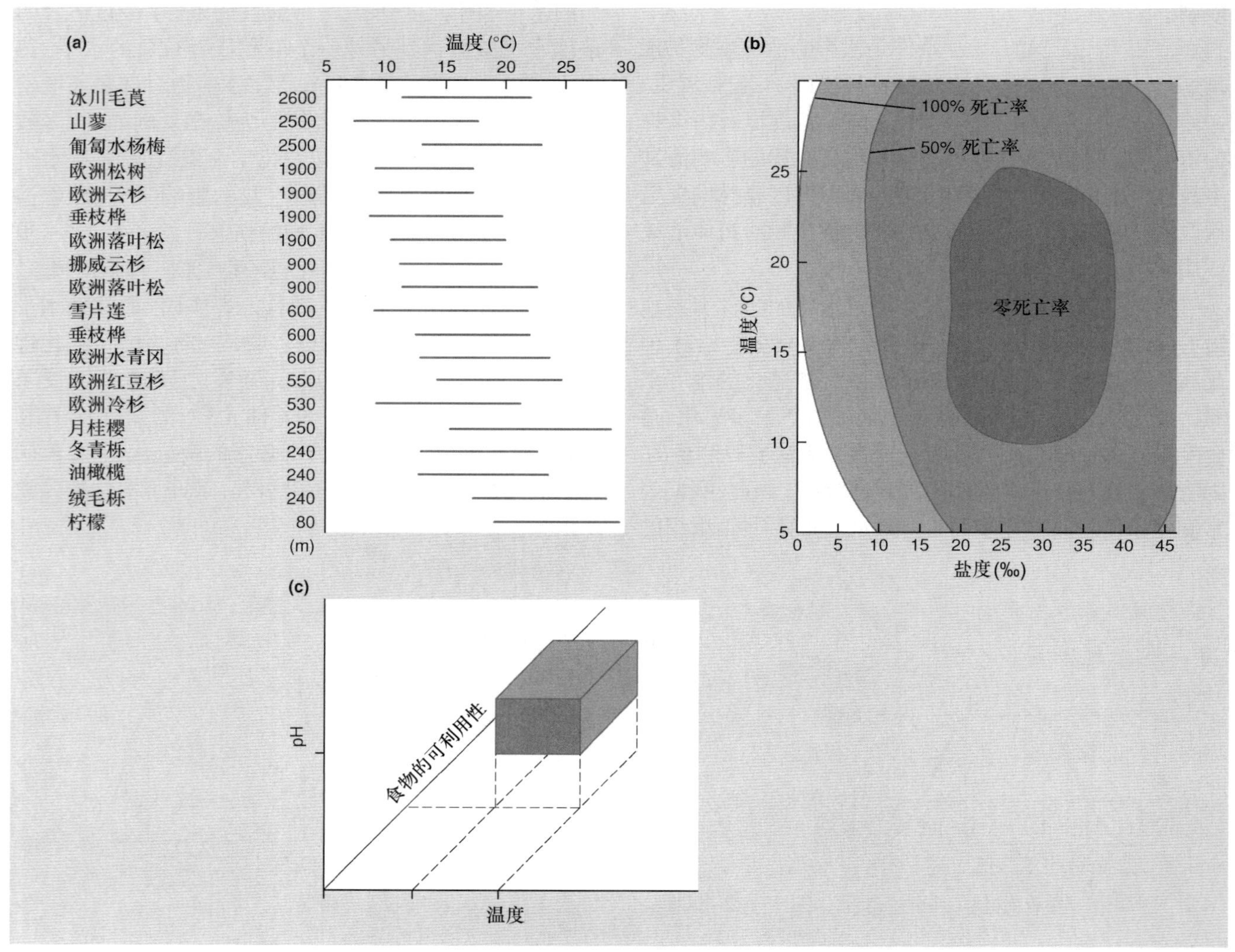

图 2.2 (a) 一维生态位。源于欧洲阿尔卑斯山的多种植物在低辐射强度下 (70 W m^{-2}) 可以进行净光合作用的温度范围 (仿 Pisek *et al.*, 1973)。(b) 二维生态位。雌性产卵盐虾 (*Crangon septemspinosa*) 在一定温度和盐度范围内的生存状况 (仿 Haefner, 1970)。(c) 水生生物的三维生态位示意图：由温度、pH 和食物的可利用性所决定。

和需求两方面的相互作用，这种相互作用方式决定了生物个体或者物种为了实现其生活方式所需要的生存条件 (本章) 和资源 (第 3 章)。例如，温度限制了所有有机体的生长和繁殖，但不同的有机体耐受温度的范围是不同的。这个范围就是有机体生态位的一个维度。图 2.2a 展示了植物物种在各自生态位的维度上是如何分布的：它们在存活的温度范围内存在何种差异，但是一个物种的生态位还存在许多其他类似的维度——生物还能够耐受许多其他的条件 (例如，相对湿度、pH、风速和水流等)，同时也需要许多资源。显然，一个物种的生态位肯定是多维度的。

n 维超体积

构建一个多维度生态位的早期阶段，是很容易可视化的。图 2.2b 阐明了两种生态位维度 (温度和盐度) 共同决定一个二维区域的方式，这个二维区域是沙虾生态位的一部分。三种维度，如温度、pH 以及一种特定食物的可利用性，可能会决定一个三维的生态位体积 (图 2.2c)。实际上，生态位是 *n* 维超体积 (n-dimensional hypervolume) 的，*n* 是构成生态位维度的数量，这种多维度的实物图是很难想象的 (也不可能画出来)。尽管如此，简单的三维模式就足以表达一个物种生态位的概念。生态位是由限制有机体存活、生长和繁殖的界限所定义的，这很显然是一个概念，而不是一个地方 (位置)。目前，这个概念已成为生态学思想的奠基石。

假设一个地点的条件均在某个物种可接受的范围内，而且这个地点也具备了该物种所需的所有资源，那么该物种就具有在这个地点出现和存留的潜能。此外，该物种是否能在这个地点出现和存留还要取决于两个决定性的因素：第一，它必须能够到达这个地方，这依赖于其定居的能力和所迁徙的地点是否偏远。第二，它的出现有可能被其竞争者或者捕食者所阻止。

基础生态位和实际生态位

通常，一个物种在没有竞争者和捕食者时所拥有的生态位会更宽。换句话说，一定条件和资源的组合能够使一个种群得以维持，然而这仅限于在没有受到天敌影响的情况下。Hutchinson 将其区分为基础生态位 (fundamental niche) 和实际生态位 (realized niche)。前者描述了一个物种的所有潜能；后者描述了在竞争者和捕食者存在的情况下，能够允许物种延续的更为有限的条件和资源的范围。我们将在第 8 章学习种间竞争时更加详细阐述基础生态位和实际生态位。

本章接下来的内容将关注物种生态位的一些最重要的条件维度，从温度开始论述。在下一章中我们将讲述资源，进一步增加物种生态位的维度。

2.3 个体对温度的响应

2.3.1 “极端” 的含义？

人们很自然地将某些环境条件描述为 “极端” 的、“严酷” 的、“温和” 的或者是 “胁迫” 的。条件 “极端” 的时候是显而易见的，如沙漠正午的炎热，南极冬季的严寒，大盐湖的高盐度等。鉴于人类特殊的生理特点和耐受能力，这些条件仅对我们来说是极端的。但如果与仙人掌进化过程中经历的沙漠条件相比则算不上极端；南极的冰天雪地对企鹅来说也不是极端环境 (Wharton, 2002)。因此，生态学家假设所有其他生物对环境的敏感程度跟我们一样是轻率和危险的。相反，生态学家应该设法从蠕虫或者植物的角度来看待环境：从其他有机体的角度来看世界。诸如像 “严酷” 和 “温和” 这样具有感情色彩的词语，甚至一些相关的词语如热和冷，生态学家都应该小心使用。

2.3.2 代谢、生长、发育和个体大小

温度对代谢反应的指数影响

个体对温度的响应模式基本上如图 2.1a 所示：在高温限和低温限的极端情况下，个体的功能将逐渐受损，并最终导致死亡 (将在第 2.3.4 节和第 2.3.6 节中加以讨论)；在极限范围之内，个体能够正常生长，且还存在供个体生长的最佳温度。这种指数影响可以简单地通过代谢效率的变化来解释。例如，温度每升高 10°C，生物酶的活性速率通常翻倍，因此代谢速率随温度变化而呈指数变化 (图 2.3)。这可能是由于高温增加了分子运动的速度，同时加速了化学反应的速率。Q_{10} 指的是温度变化 10°C 后，反应速率改变的系数：通常 $Q_{10} \approx 2$。

温度对生长和发育速率的实际线性影响

然而，对生态学家而言，温度对单个化学反应的影响可能并不如对生长速率 (体重的增加)、发育速率 (生命周期阶段的进展) 以及个体大小的影响重要，其原因是这些指标影响着个体的主要生态活动 (如存活、繁殖以及迁徙)，我们将在第 4 章中对此做更全面的介绍。当我们构建有机体的

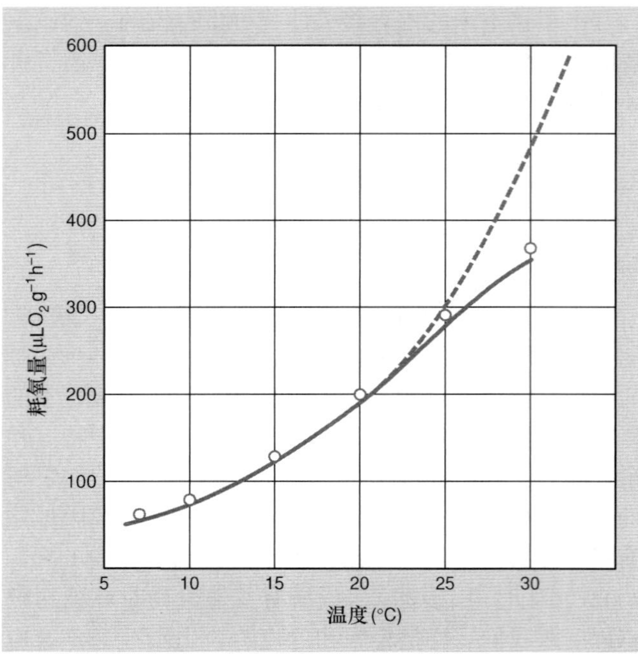

图 2.3　马铃薯甲虫 (*Leptinotarsa decemineata*) 的耗氧速率: 在 20°C 之内, 温度每增加 10°C, 耗氧速率增加一倍, 但更高温度时, 速率增加变慢 (仿 Marzusch, 1952)。

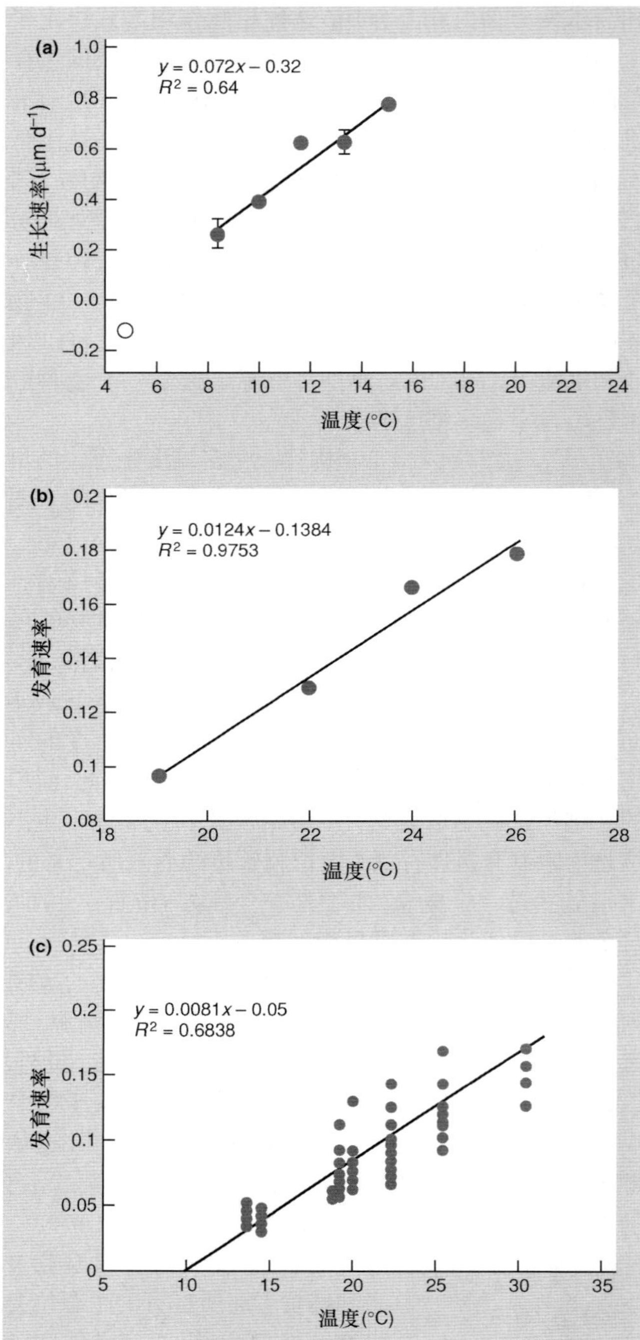

图 2.4　生长和发育速率与温度之间的实际线性关系。(a) 原生生物 *Strombidinopsis multiauris* 的生长速率 (仿 Montagnes *et al.*,2003)。(b) 甲虫 *Oulema duftschmidi* 卵的发育速率 (仿 Severini *et al.*,2003)。(c) 食肉螨 *Amblyseius californicus* 从卵到成体的发育速率 (仿 Hart *et al.*,2002)。(b) 和 (c) 中纵轴坐标尺度为在该温度下 1 天的发育速率占总发育速率的百分比。

生长和发育速率随温度变化的线性图谱时, 经常会发现一些离散的数值轻微地偏离直线 (图 2.4)。

日 – 度概念

当生长或者发育的速率与温度呈线性相关时, 那么有机体经历的温度可以用一个有用的值来概括 —— “日 – 度” (day-degree)。例如, 图 2.4c 显示在 15°C (比发育阈值 9.9°C 高 5.1°C) 时, 食肉螨 (*Amblyseius californicus*) 需要 24.22 天完成发育 [其每日发育所占总发育的比重为 0.041(=1/24.22)], 但在 25°C 时仅需要 8.18 天 (高于阈值 15.1°C)。因此, 在这两种温度条件下, 食肉螨发育均需 123.5 日度 (24.22×5.1=123.5, 8.18×15.1=123.5) (高于阈值的日度), 这也是食肉螨在其他非致死温度下发育所需的日度。这类有机体并不需要特定的时长进行发育, 而是需要时间和温度的结合, 称为 “生理时间” (physiological time)。

温度 —— 个体大小规律

总的来说, 生长和发育的速率决定了有机体的最终个体大小。例如, 在固定的生长速率下, 发育速率越快将导致个体越小。因此, 如果生长和发育对温度变化的响应是不一致的, 那么温度同样会影响有机体最终的个体大小。事实上, 发育速率随着温度增加的变化通常较生长速率快, 鉴于此, 对许多有机体来说, 最终个体大小将随着饲养温度增加而减小, 即 “温度 – 个体大小规律” (temperature–size rule)(见

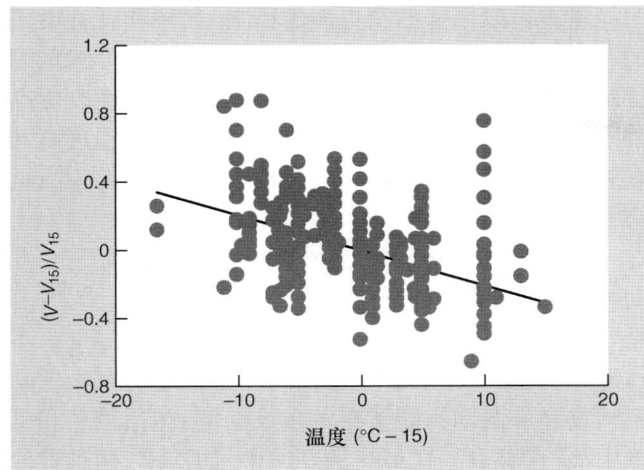

图 2.5 原生生物 (65 个数据点) 所示的温度 – 个体大小规律 (最终的个体大小随着温度增加而减小)。横坐标为偏离 15°C 的温度。纵坐标为标准化的个体大小: 所观察到的细胞体积大小与在 15°C 时细胞体积之差。经过坐标原点 (0, 0) 的平均回归直线的斜率为 –0.025 (标准误, 0.004); 饲养温度每升高 1°C, 细胞体积减小 2.5% (仿 Atkinson *et al.*,2003)。

Atkinson *et al.*, 2003)。图 2.5 所示的单细胞原生生物 (从海洋、盐湖和淡水生境中获取的 72 组数据) 便是一个例子: 温度每增加 1°C, 最终细胞体积将缩小约 2.5%。

温度对生物生长、发育以及个体大小的影响可能具有更多的实际应用价值而不单是简单的科学意义。越来越多的生态学家被要求对这些影响进行预测。我们希望了解在全球变暖导致气温升高 2°C 后, 温度对有机体生长、发育以及个体大小将会有怎样的影响 (见第 2.9.2 节), 或者我们希望认识温度在海洋生态系统生产力的季节性、年际间和地区性变化中发挥的作用 (Blackford *et al.*,2004)。如果这些指标与温度呈线性相关, 那么我们不能假设它们之间是指数相关的, 也不能忽略有机体个体大小的变化对生态群落的影响。

普遍的温度依赖性?

基于从已知向未知扩展的需求以及探索支配周围世界的基本组织原则的愿望, 前人开展了大量有关有机体代谢及发育速率对温度的普遍依赖规律的研究, 从而通过对个体大小 – 温度依赖性 (size-temperature dependence) 关系的尺度推绎将所有的生物有机体联系起来 (Gillooly *et al.*, 2001, 2002)。然而, 其他研究则表明这种普遍性可能过于简单, 他们强调, 像生长和发育速率这种所有有机体都具备的特征并不仅仅由依赖温度的化学反应决定, 还受到资源的可利用性以及资源从环境到可代谢组织的扩散速率等因素的影响 (Rombough, 2003; Clarke, 2004)。在大尺度上获得的普适性结论与在单个物种水平上获得的更为复杂的关系应该有共存的可能性。

2.3.3 外温动物和内温动物

大多数生物的体温与环境温度的差异并不大。哺乳动物肠道内寄生的蠕虫、土壤中的真菌菌丝体以及海洋中的海绵都能从它们各自的生境中获得生存所需的温度。与此不同的是, 直接暴露于阳光和空气的陆生生物可以直接通过吸收太阳辐射来获取热量或通过水分蒸发释放体内的潜热来降低体温 (典型的热交换方式如图 2.6 所示)。各类生物固有的特性可能确保其体温高于 (或低于) 环境温度。例如, 许多沙漠植物具有反光的、有光泽的或银白色的叶子, 能反射那些可能会使叶片额外增温的辐射。那些具有运动能力的有机体由于能够找到更为温暖的或者凉爽的环境, 因而它们对

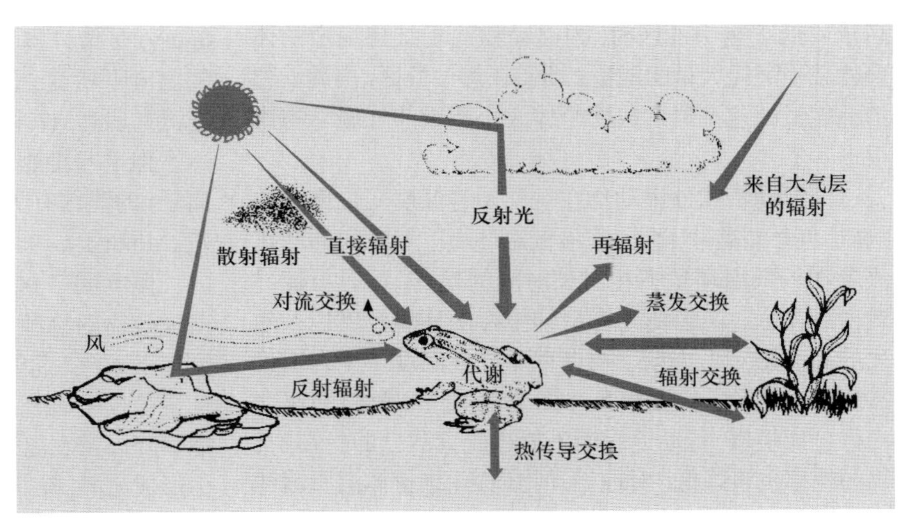

图 2.6 外温动物与其生境中多种物理因素进行热交换途径的示意图 (仿 Tracy, 1976; 引自 Hainsworth, 1981)。

体温的控制更为精妙。例如，蜥蜴会选择在太阳照射的热岩上晒太阳来升高体温，或寻找阴凉处来降低体温。

有些昆虫能够通过控制肌肉的运动来升高体温，如大黄蜂通过飞行肌肉的颤抖来提高其体温。社会性昆虫，如蜜蜂和白蚁，可能会聚集起来控制并精确调节其巢穴的温度。甚至某些植物 (如喜林芋属植物) 也会利用代谢产热来保持其花朵的相对恒温。当然，鸟类和哺乳动物在时刻利用代谢产热使得其体温能够几乎完全恒定。

因此，内温动物 (endotherm) 和外温动物 (ectotherm) 的一个重要区别就是，内温动物通过自身的产热来调节其体温，外温动物则依赖于外部的热源，但这个区别并不是绝对的。正如我们已经指出的那样，除了鸟类和哺乳动物，其他生物也可利用自身产热来调节体温，但这仅限于有限的时间内；某些鸟类和哺乳动物在特别极端的温度下会减缓或者中止其体内产热的能力。许多内温动物在最寒冷的季节能够通过冬眠来避免内在产热消耗的能量：这时它们表现的极像外温动物。

内温动物：有代价的体温调节

鸟类和哺乳动物的体温通常维持在 35~40°C，因此它们在大多数环境中会散失热量；这种散失可通过皮毛、羽毛和脂肪的形式进行隔热调节，也可通过控制接近表皮的血液流动来调节。当需要增加散热时，同样可通过调节表面血流和通过类似于外温动物的机制来完成，如喘气或者简单地选择一个合适的栖息地。总之，所有这些机制和特性赋予了内温动物强大 (但并非完美) 的能力来调节它们的体温，受益之处是具有了近乎最佳的机能。但这需要消耗大量的能量 (图 2.7)，所以相应地也需要大量食物来供给能量。在一定的环境温度范围内 (热中性区)，内温动物以基础代谢率 (basal metabolic rate) 消耗能量。但当环境温度逐渐高于或低于热中性区时，内温动物为了维持恒定的体温就必须消耗大量的能量。即使在热中性区，内温动物消耗能量的速率通常也比个体大小相近的外温动物快很多。

内温动物和外温动物在一开始对温度变化作出的响应，也并非截然不同。在极低温环境下短时间的暴露或者在较低温环境下相对长时间的暴露，都有可能导致两者死亡。两者均具有最佳生存的环境温度以及致死的高温限和低温限。两者在非最佳温度下生存时都需要付出代价：这将导致外温动物生长和繁殖的速率变得更加缓慢，行动迟缓而不能逃脱天敌，同时寻找食物的速率也将降低。对内温动物而言，维持体温所消耗的能量本可以用来捕获更多的猎物，繁殖和抚育更多的后代或者逃避更多的天敌。动物隔热 (例如，鲸鱼的鲸脂、哺乳动物的皮毛)，甚至是隔热的季节性改变也都需要付出代价。环境温度仅比代谢的最适温度高几度就有可能对内温动物和外温动物造成致命伤害 (见第 2.3.6 节)。

内温动物和外温动物的共存：两种策略都有效

我们会理所当然地认为外温动物是“原始的”，而内温动物则是“高级的”，能够超越环境控制体温，但却很难证明这个观点。内温动物和外温动物能够在大多数生境 (包括最热和最冷生境) 中共存。在最热的环境中，如沙漠，栖息着沙漠啮齿类动物和蜥蜴；在最寒冷的环境中，如南极冰盖边缘，栖息着企鹅和鲸以及鱼和磷虾。然而，内温动物采取的是“高付出 — 高收益”的策略；外温动物采用的是“低付出 — 低收益”的策略。两者的生存策略虽然不同，但它们能够共存，这说明两种策略都能够以自己的方式“运作”。

2.3.4 生物对低温的适应

地球大部分区域是低于 5°C 的：“寒冷是地球生命最恶劣最普遍的敌人” (Franks *et al.*, 1990)。地球表面超过 70% 被海水覆盖：大多数深海的恒定温度约为 2°C。如果将极地冰冠计算在内，超过 80% 的地球生物圈都是永久寒冷的。

冷害

根据定义，低于最适范围的所有温度都是有害的，但是在这些温度中通常也在很大范围内并不会造成物理伤害，并且在这范围内的任何影响都是完全可逆的。但是，低温对生物有两种不同类型的伤害，无论是对组织还是对整个生物有机体都是致命的：冷害和冻害。冷害 (chilling injury) 是指许多生物有机体暴露在低温但在冰点以上的温度下所受到的伤害。香蕉的果实暴露于低温后会变黑和腐烂，许多热带雨林的物种也对低温敏感。尽管冷害似乎与细胞膜通透性的损害以及特定离子 (如：钙离子) 的泄露有关，但形成这种伤害的具体机理还不清楚 (Minorsky, 1985)。

温度低于 0°C 时，即使没结冰，对生物有机体也会造成致命的物理和化学影响。水可以“过冷”而水温低至零下 40°C，此时的水仍处于不稳定的液态，但其物理性质已发生显著改变：具体表现为黏稠度增加、扩散速率下降以及水离子化的程度降低。事实上，生物体内很少形成冰晶，除非温度降到零下。体液将继续处于过冷

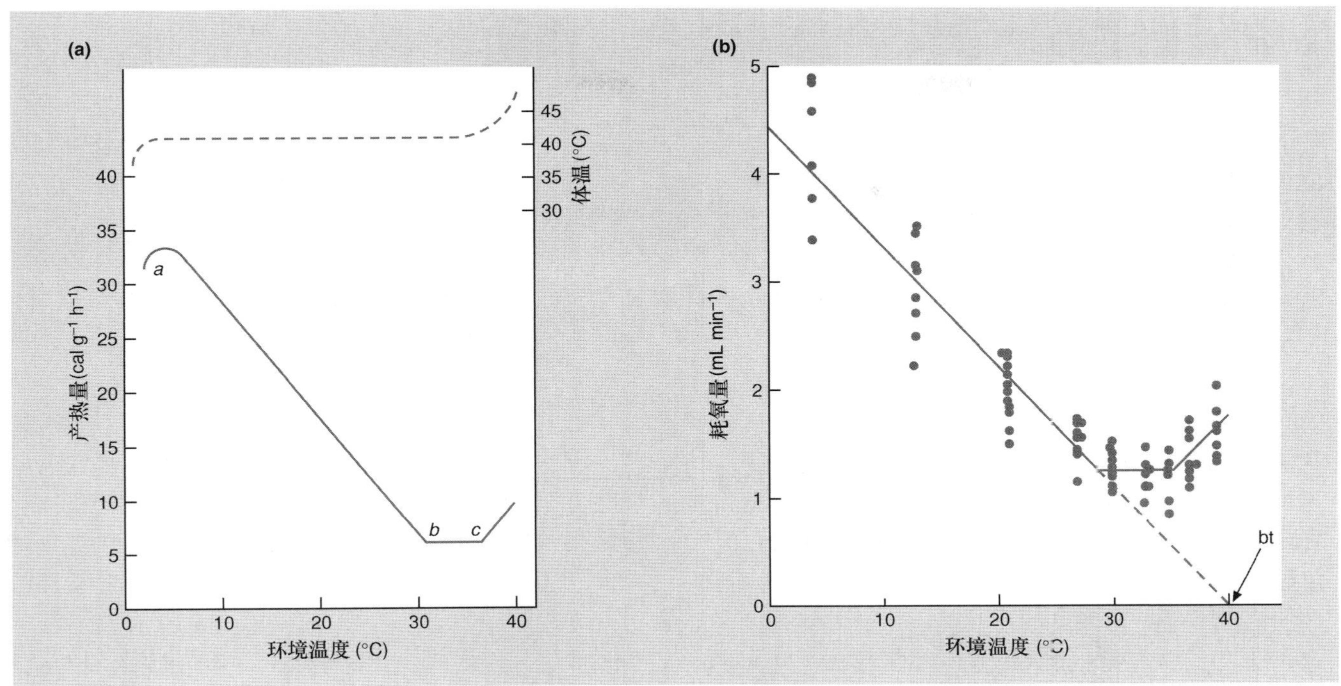

图 2.7 (a) 内温动物的恒温产热在热中性区是恒定的，例如，在临界温度下限 *b* 点以及上限 *c* 点之间。低于 *b* 点时，随着环境温度的降低产热增加，体温保持恒定。低于 *a* 点后，产热和体温都降低。高于 *c* 点时，代谢率、产热以及体温均升高。因此，环境温度在 *a* 和 *c* 之间时体温恒定 (仿 Hainsworth, 1981)。(b) 环境温度对东方金花鼠 (*Tamias striatus*) 代谢率 (氧气消耗速率) 的影响。bt, 体温。注意，在 0～30°C，随着温度增加，氧气消耗几乎呈直线降低。高于 30°C 后，温度进一步升高对氧气消耗影响不明显，直到接近动物体温时，氧气消耗再次增加 (仿 Neumann, 1967; Nedgergaard & Cannon, 1990)。

状态，直到在核心颗粒周围突然形成冰晶，这将导致剩余体液中溶质的浓度升高。在细胞内形成冰晶这一现象是非常罕见的，一旦形成也必然是致命的，胞外水结冰是防止胞内结冰的因素之一 (Wharton, 2002)，因为这些水从细胞内渗出，从而使得细胞质 (及液泡) 中的溶质浓度更高。因此，冻害主要是影响细胞的渗透压：细胞中的水平衡被打乱，细胞膜变得不稳定。这种影响在本质上与干旱和盐度的影响相似。

避冻和耐冻

生物至少具有两种不同的代谢策略以确保能度过严寒的冬季。“避冻”策略 (“freeze-avoiding” strategy)：有机体通过使用低分子量的多元醇 (多羟基化合物，如丙三醇) 来降低冰点和超冷点，同时还能通过“热滞”蛋白 (“thermal hysteresis” proteins) ① 来预防冰核的形成 (图 2.8a,b)。与“避冻”策略不同，“耐冻”策略 (“freeze-tolerant” strategy) 虽然也能合成多元醇，但该策略促进胞外冰晶的形成，这将保护细胞膜在水分从细胞中渗出时免受伤害 (Storey, 1990)。生物有机体对低温的耐受性并不是固定的，而是可以根据近期经历的温度进行预先调节。如果这个过程是在实验室诱导完成的，称为 (室内) 顺应 (acclimation)，如果是在自然条件下诱导完成的，则称为“气候 (季节) 适应” (acclimatization)。气候适应可能从秋季气候变冷时开始，它能刺激动物体内几乎所有的糖原转变为多元醇 (图 2.8c)，但需要消耗许多能量：高达 16% 的碳水化合物储备被用于这一转变过程。

顺应与气候适应

将个体暴露于较低温的条件下数日可以提高其对低温的耐受性。同样，暴露于高温条件下可提高个体对高温的耐受性。例如，南极跳虫 (小型节肢动物)，捕获于“夏季” (在南极大约为 5°C) 的野外，经过一系列温度顺应处理：在 +2°C 至 −2°C 的温度范围内 (南极冬季温度) 顺应

① 也称抗冻蛋白，是一种抑制冰晶生长的蛋白质，能降低水溶液的冰点，还能改变冰晶的形态，结合并抑制新的冰晶生长，降低血浆的冰点；另外，它还能抑制冰的重结晶，防止小的冰晶凝聚成大的冰晶。还能阻断 Ca、K 通道，维持细胞膜的稳定性，抑制冰晶对细胞膜的损伤。—— 译者注

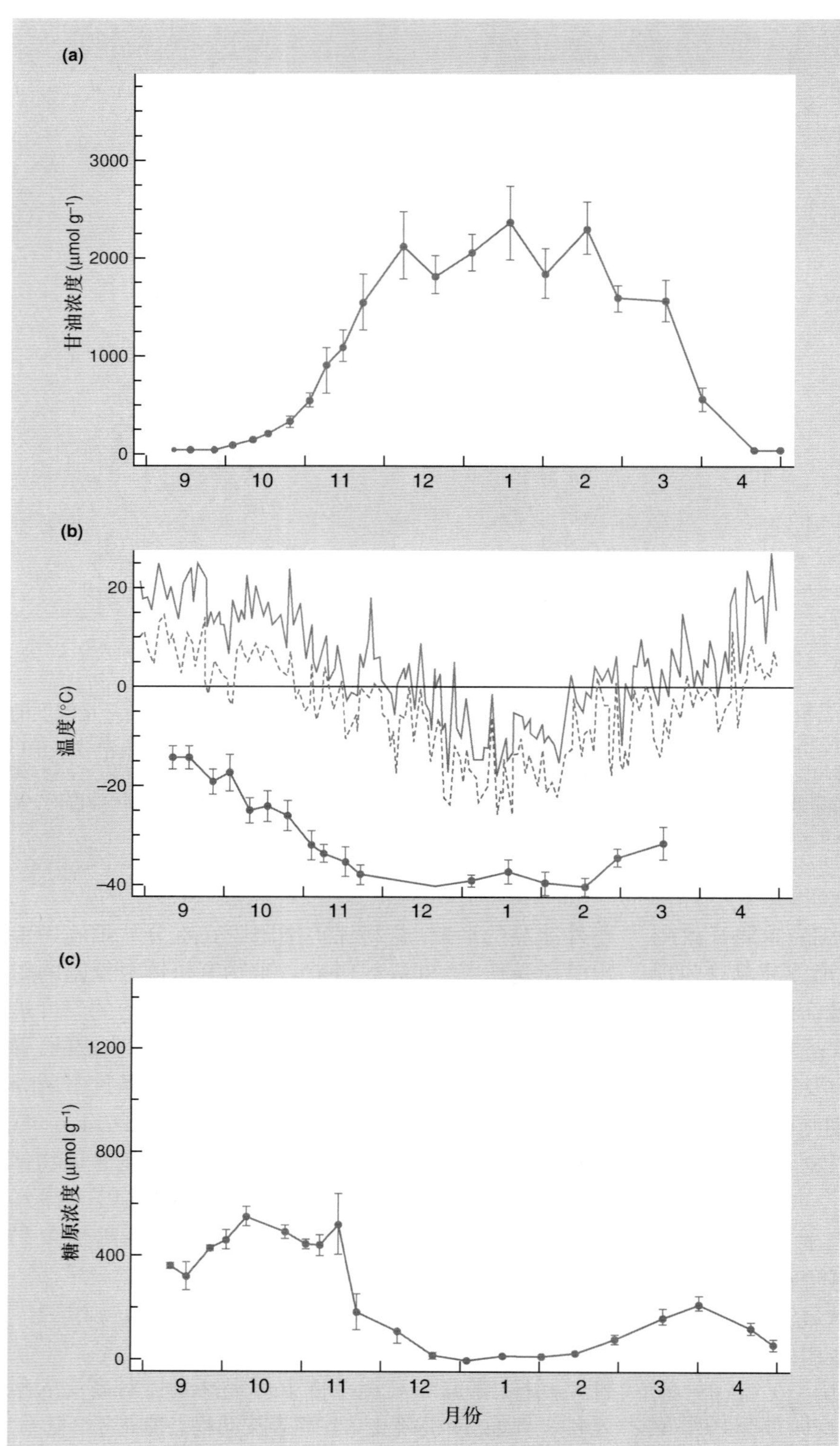

图 2.8 (a) 黄花胆蛾 (*Epiblema scudderiana*) 抗冰冻幼虫每克鲜重甘油浓度的变化。(b) 每日最高和最低温度 (上图) 以及同时期幼虫的过冷却点 (下图)。(c) 同时期糖原浓度的变化 (仿 Rickards *et al.*,1987)。

后冻结温度明显降低 (图 2.9); 然而在更低温度 (−5°C, −7°C) 下顺应的跳虫其冻结温度并没有降低, 这是因为跳虫的生理过程不能对过低的温度处理作出顺应响应。

除气候适应外, 个体对温度响应的差异通常也依赖于其所处的发育阶段。最典型的例子可能是处于生命周期中的休眠阶段的生物有机体。休眠期的生物通常处于脱水状态, 代谢缓慢且能耐受极端温度。

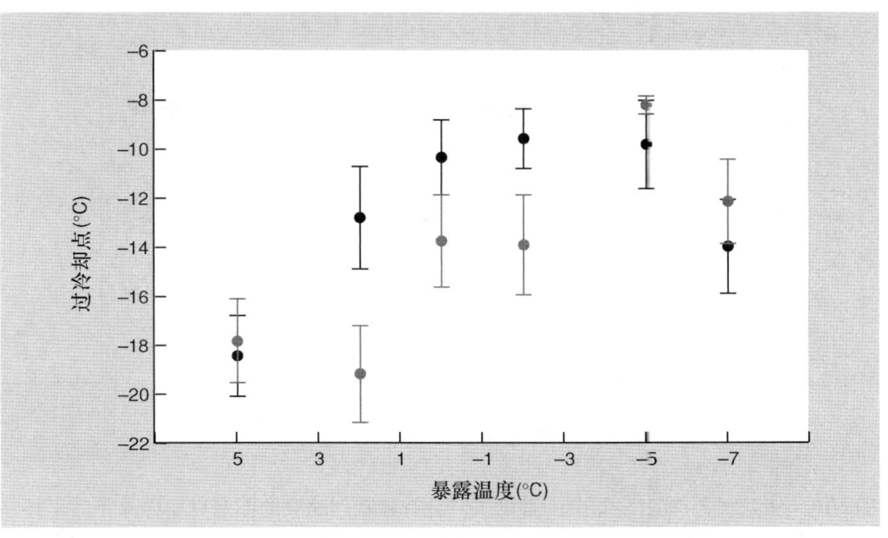

图 2.9 低温顺应。南极跳虫 (*Cryptopygus antarcticus*) 取自夏季野外地点 (约 5°C), 部分样品立即测定 (•) 它们的过冷却点 (冻结点), 部分样品经过一段时间的温度顺应 (•) 后再进行测定。对照组的过冷却点因为温度的日变化而有所差异。但是 +2°C 到 −2°C 温度顺应下 (冬季温度), 过冷却点降低, 而在更高温度 (夏季温度) 或更低温度 (温度对于生理顺应反应来说太低) 顺应时, 过冷却点没有降低。线条代表标准误差 (仿 Worland & Convey, 2001)。

2.3.5 遗传变异以及耐寒进化

即使是在种内, 来自不同地域的种群对温度的响应也常常存在差异。这种差异不仅仅由气候适应导致, 同时也是遗传变异的结果。一个物种的地理小种 (geographic race) 间存在耐寒差异的强有力证据来源于对仙人掌朝日团扇 (*Opuntia fragilis*) 的研究。仙人掌通常是栖息于干热生境的物种, 但是 *O. fragilis* 的生长范围一直向北延伸到北纬 56° 的一个具有最低极端温度记录 (−49.4°C) 的地点。研究者采集北美和加拿大不同地点的 20 个仙人掌种群的样本来检测物种的耐冻性以及适应寒冷生境的能力。研究结果表明, 来自马尼托巴的仙人掌耐冻性最强, 在实验室的检测中可耐受 −49°C 的低温, 同时低温顺应的幅度为 19.9°C, 而来自气候较温和的不列颠哥伦比亚省霍恩比岛的植物只能耐受 −19°C 的低温, 且低温顺应的幅度也只有 12.1°C (Loik & Nobel, 1993)。

植物育种员成功地使一些作物物种的地理分布范围延伸至更冷的区域。他们对玉米进行有意筛选 (deliberate selection), 使其在美国的适生范围超过了其原本分布区。从 20 世纪 20 年代到 40 年代, 爱荷华州和伊利诺伊州的玉米产量增加了大约 24%, 而在更为寒冷的威斯康星州, 玉米产量增加了 54%。

如果有意筛选可以改变栽培植物的耐受度和分布区, 那么自然选择也能发挥相同的作用。为了验证这个猜测, 生活在英国气候温和海域的植物玉杯 (*Umbilicus rupestris*) 被刻意种植到其自然分布范围之外的区域 (Woodward, 1990)。从英国西部加的夫 (Cardiff) 的温和冬季生境中获取的植物和种子被引种到南部的苏塞克斯 (Sussex) 海拔 157 m 的较凉爽环境中; 8 年后, 新引进的种群种子对温度的响应与原产地种群相比截然不同 (图 2.10a)。在加的夫的致死冰点温度下 (−12°C), 苏塞克斯种群的 50% 可以耐受 (图 2.10b)。这说明过去的气候变化, 如冰川时期, 将改变物种对温度的耐受能力, 并迫使其迁移。

2.3.6 高温下的生命

对于一个特定的生物有机体来说, 危险性高温通常仅比代谢最适温度高几度而已。这在很大程度上是由大多数酶的理化性质所决定的 (Wharton, 2002)。高温能直接导致酶失活或者变性, 也能导致生物有机体脱水而产生间接的伤害作用。所有的陆生生物均需要保存水分, 在高温环境下, 蒸发导致水分散失可能会致命, 但它们也很无奈, 蒸发毕竟是降低体温的一种重要手段。如果生物体表能避免水分蒸发 (例如, 通过关闭植物的气孔或昆虫的气门), 那么它们可能死于体温过高; 反之, 它们可能死于脱水。

高温与失水

夏天的加利福尼亚死亡谷可能是地球上最热的地方, 在那儿高等植物生长繁茂。白天的气温可达 50°C, 土壤表面的温度可能会更高。尽管多年生植物 —— 沙漠柳蜜柑 (*Tidestromia oblongifolia*) 能在这种高温环境中茁壮生长, 但是如果它们的叶片温度达到与空气温度相同

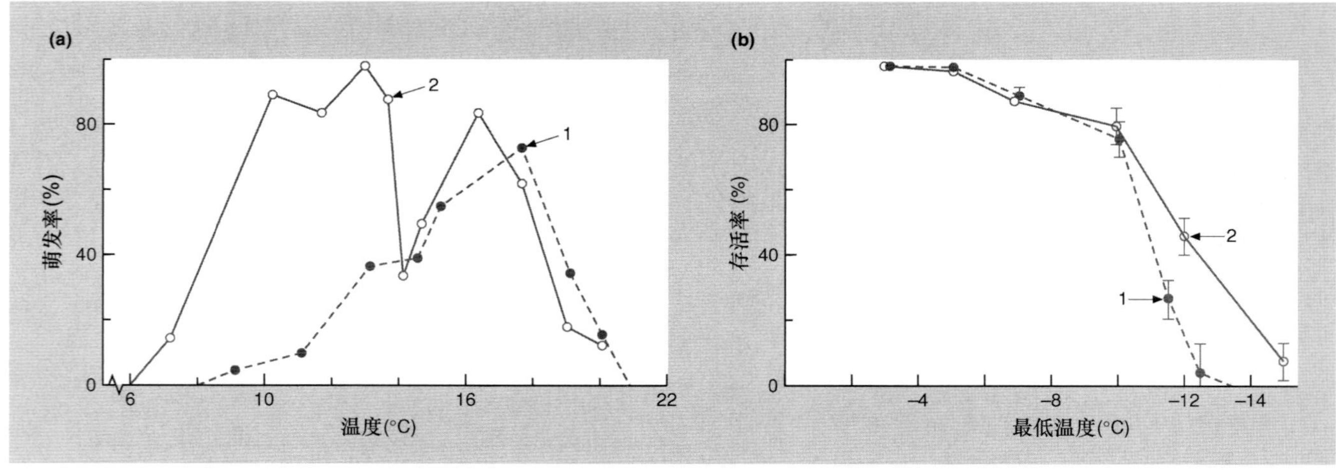

图 2.10 从温和冬季的南威尔士(加的夫,英国)移栽到凉爽的苏塞克斯郡,8年后玉杯(*Umbilicus rupestris*)种群的行为发生了变化。(a)种子萌发对温度的响应:(1) 1978年源于加的夫种群的响应,(2) 1987年苏塞克斯种群的响应。(b) 1978年加的夫种群(1)和1987年苏塞克斯种群在低温下的存活状况(2)(仿 Woodward, 1990)。

时也将受到损害。快速蒸腾作用能够使得叶片温度维持在40~45°C,在这个温度范围内,它们能够极为迅速地进行光合作用(Berry & Björkman, 1980)。

生活在炎热环境中的大多数植物物种遭受非常严重的水资源短缺问题,因此无法通过水分蒸发散失潜热来降低叶片温度。尤其是沙漠肉质植物,它们具有较低的比表面积和气孔密度,能够最大程度减少水分散失。这类植物可通过刺(为仙人掌遮阴)或茸毛或蜡(反射大部分太阳辐射)来降低过热的风险。然而,在气温高于40°C时,这类物种的组织经历和耐受的温度通常要高于60°C (Smith *et al.*, 1984)。

火灾

在自然环境中,火灾是地球生物面临的最高温度的考验,而在人类活动引发火灾之前,雷电是引发火灾的主要原因。在世界上许多地区,周期性发生的火灾已经形成了干旱和半干旱林地的物种组成。所有的植物被烧伤,然而位于芽和种子上受保护的分生组织具有强大的再生能力,这种能力使得一部分特化的物种从损害中恢复过来,形成典型的火后植物区系(见 Hodgkinson, 1992)。

农家肥、堆肥以及潮湿的干草堆中的有机物分解时也会产生高温。潮湿干草堆中的真菌如烟曲霉(*Aspergillus fumigatus*)的代谢产热可使干草堆升温到50~60°C,嗜热真菌如微小毛霉(*Mucor pusillus*)的代谢产热可将其进一步升温到65°C,细菌和放线菌的代谢产热还可以小幅度增加干草堆的温度。在温度接近100°C时生物活性已停止,但那些容易自燃的产物可使温度继续升高,烘干水分后可能导致火灾。另一种热环境是天然温泉,其中栖热水生菌(*Thermus aquaticus*)可以在67°C下生长并且能够耐受79°C的高温。另外,在家用热水系统中也曾分离出这种微生物。许多(或许全部)极端嗜热的物种都是原核生物。在高温环境中,原核生物的群落只有寥寥几个物种。一般而言,高等动、植物对热最为敏感,真菌次之,随后是细菌、放线菌和古菌。这个顺序基本上也适用于其他极端条件,如低温、盐度、金属毒害以及干燥。

热泉和其他高温环境

直到20世纪末,一个具有重要生态意义的热环境才首次被描述。1979年,在东太平洋的一个深海地点,科学家们发现高温液体("海底热泉")从海床中喷涌而出形成由矿物质构成的薄壁"烟囱"。从那以后,越来越多的喷涌口在大西洋和太平洋的大洋中脊中被发现。它们位于深度为2000~4000 m,压力为20~40 MPa的深海。通常,水在压力为20 MPa时的沸点上升到370°C,在40 MPa时上升到404°C。"烟囱"中涌出的过热液体温度高达350°C,在其冷却至约为2°C的(海水温度)过程中,形成了一系列连续的中间温度环境。

很显然,在极端压力和温度下,开展自然条件下的原位实验研究是非常困难的,同样在实验室中也不可能维持这些极端条件。从喷涌口采集的一些嗜热细菌可在温度为100°C、压力稍微高于正常大气压的条件

下培养成功 (Jannasch & Mottl, 1985), 但是大量证据表明, 一些微生物只有在更高的温度下才有活性, 而且这些微生物可能成为喷涌口外部温水生物群落的能源。例如, 科学家在海底热泉 (thermal vent) 采集的样品中发现了超嗜热细菌的 DNA, 其所处生境的温度明显高于传统观念认为的生命所能承受的极限温度 (Baross & Deming, 1995)。

科学家在喷涌口附近还发现了大量真核动物区系, 这在深海中通常是不多见的。在东北太平洋中部区域的一个喷涌口中, 科学家利用摄影和录像技术至少记录到了 55 个分类群, 其中 15 个疑似新种 (Juniper *et al.*, 1992)。在这种环境中, 如此复杂和特化的群落依赖于如此局限和特殊的条件, 通常也是不多见的。已知条件相似的喷涌口距此最近为 2500 km。这些群落刷新了地球物种丰富度的记录。它们展示了许多有趣的进化问题, 同时也为我们提出为了观察、记录和研究它们所需攻克的技术难题。

2.3.7 温度——刺激因子

我们已经了解到温度可作为条件影响生物有机体发育的速率。它也可以作为刺激因子, 这取决于生物是否已经开始发育。例如, 对温带、寒带和高山草甸的许多物种来说, 种子萌发之前经历一段时期的冷冻或冰冻 (或者是高低温交替出现) 是必要的。植物在开始其生长和发育循环之前, 也需要经历一段时间的寒冷 (“冬季业已过去” 的生理证据)。温度也可能与其他刺激因子 (如光照周期) 相互作用来中止休眠, 开启生长。欧洲桦 (*Betula pubescens*) 种子在萌发之前就需要光周期的刺激 (即经历一段特定时期的日长), 但是如果种子被冷冻过, 在没有光的刺激下, 也能开始生长。

2.4 动植物分布与温度的关系

2.4.1 温度的时空变异

地表温度的变化受许多因素的影响: 纬度、海拔、大陆性气候、季节、日变化以及微气候效应, 在土壤和水中还受深度的影响。温度的纬度变化和季节变化是分不开的。地球相对于太阳的倾角随季节而变化, 这是导致地表温度差异的主要原因。海拔和 “大陆性” 气候对大尺度的地理走向具有叠加的影响。在干燥空气中, 海拔每升高 100 m, 气温降低 1°C, 在潮湿的空气中降低 0.6°C。这就是当大气压随海拔增高而降低时, 空气 “绝热” 膨胀 (“adiabatic” expansion) 的结果。大陆性气候对温度的影响很大程度是陆地和海洋的升温和冷却速率不同所致。陆地表面反射热量比水表面少, 因此升温更快, 同时散热也更快。由此, 海洋对海岸区域以及岛屿的温度有一定的调节效应; 温度的日变化和季节性变化也远不及同纬度的内陆地区明显。此外, 在大陆区域内也有类似的效应, 如干燥, 裸露地区 (如沙漠) 比湿润地区 (如森林) 遭受更大的日较差和季较差。因此, 全球温度带的分布图隐藏着大量的局部气温变化的信息。

微气候变异

小尺度下微气候存在很大差异, 不过此观点还没有被广泛肯定。例如, 夜晚高密度的冷空气沉入谷底使得谷底温度比 100 m 高山坡处低 30°C; 在寒冷的冬季, 太阳辐射能将树的南面 (及树内的缝隙) 升温到 30°C; 一片植被带中, 土壤表面与垂直地面 2.6 m 高的植被冠层顶部的气温差异可达 10°C (Geiger, 1955)。因此, 我们寻求温度影响生物分布和多度的证据时, 不应只局限于全球或者地理尺度上的效应。

厄尔尼诺 – 南方涛动 (ENSO) 和北大西洋涛动 (NAO)

在前一章中, 我们讨论了诸如冰河时期温度的长期变化。然而, 在温度的日变化、季节变化和长期变化之间, 温度的中尺度时间格局变化越来越明显。其中我们大家熟知的有厄尔尼诺 – 南方涛动 (El Niño-Southern Oscillation, ENSO) 和北大西洋涛动 (North Atlantic Oscillation, NAO) (图 2.11) (见 Stenseth *et al.*, 2003)。ENSO 现象发生于热带太平洋海域, 消失于南美海岸。在这片水域中, 海洋升温 (厄尔尼诺) 和降温 (拉尼娜) 交替出现 (图 2.11a), 它能影响整个太平洋盆地 (图 2.11b; 参见彩图 2.1) 及其以外的大陆和海洋环境的温度和气候。NAO 是指亚热带大西洋和北极圈之间大气质量的南北循环 (图 2.11c), 同样地, 它不只影响温度也影响气候 (图 2.11d; 参见彩图 2.2)。例如, 正指数值 (图 2.11c) 与北美和欧洲的相对温暖条件以及北非和中东的相对凉爽条件相关。图 2.12 所示的巴伦支海 (Barents Sea) 的鳕鱼多度变化就是 NAO 变动对物种多度影响的例子。

2.4.2 典型温度和分布

等温线

即使在整个分类和系统水平上, 也有相当多的例子表明植物和动物的分布与环境温度的某些方面具有惊人的相关性 (图 2.13)。在较小尺度上, 很多物种的分布与温度的某些方面的格局高度匹配。例如, 茜草属植物 *Rubia peregrina* 分布的北临界线与 1 月 4.5°C 的等温线 (isotherm) 位置紧密相关 (图 2.14a; 等温线是在地图上将具有相同温度的区域连接起来的线, 在这里 1 月的平均温度为 4.5°C)。然而, 我们在理解这种关系时应当非常谨慎: 这些关系在预测某一特定物种的分布方面极具价值; 也可能暗示着与温度相关的某些特征对生物具有重要意义; 但这并不能证明温度就是导致物种分布界限的原因。Hengeveld(1990) 将温度与分布模式的关系进行了综述, 同时也描述出更为精细的图解过程。随后他收集了欧洲椴分布区内外多个地点的最冷月份的最低温和最热月份的最高温度数据, 并根据这些气

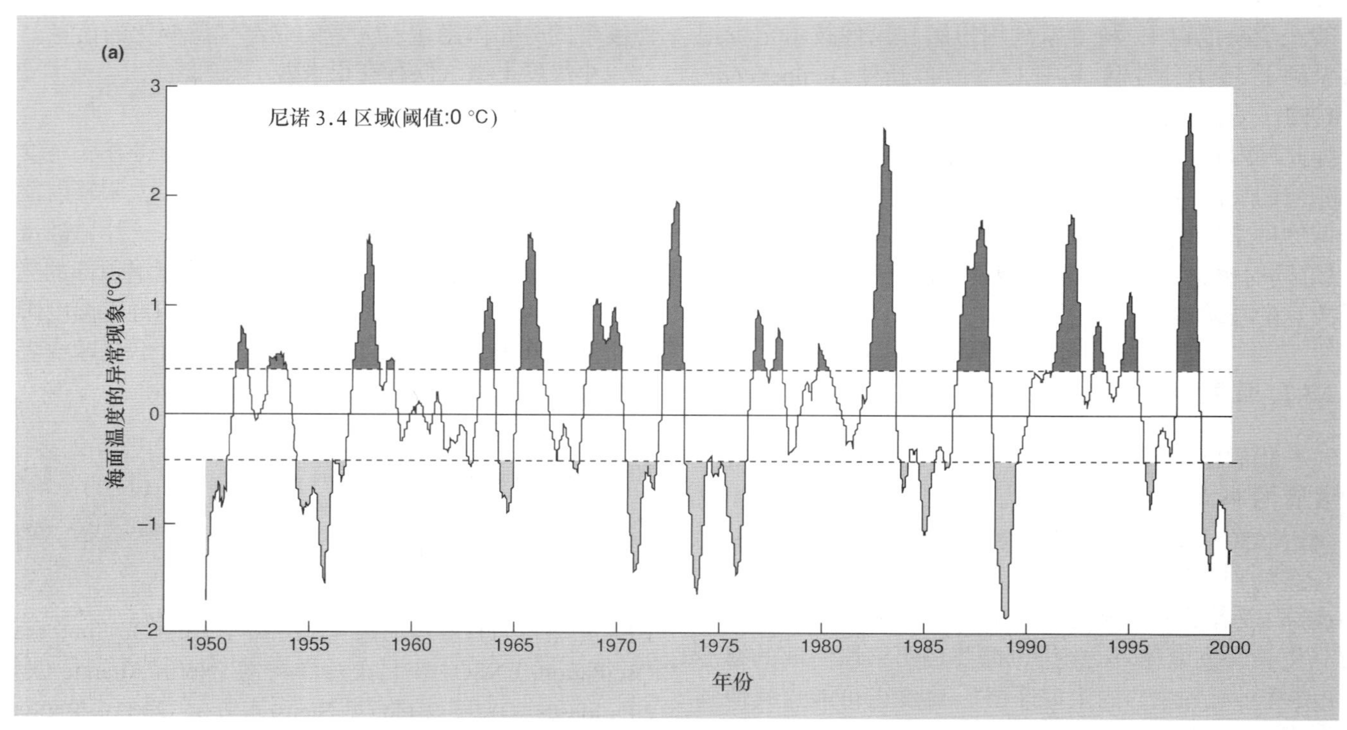

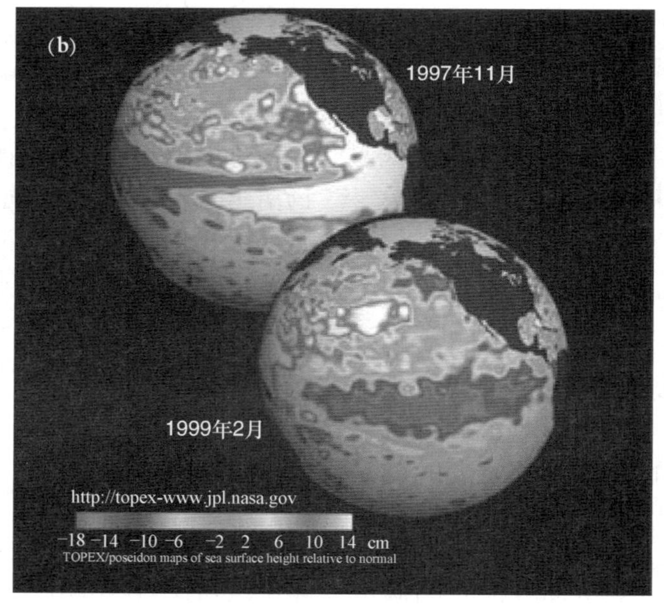

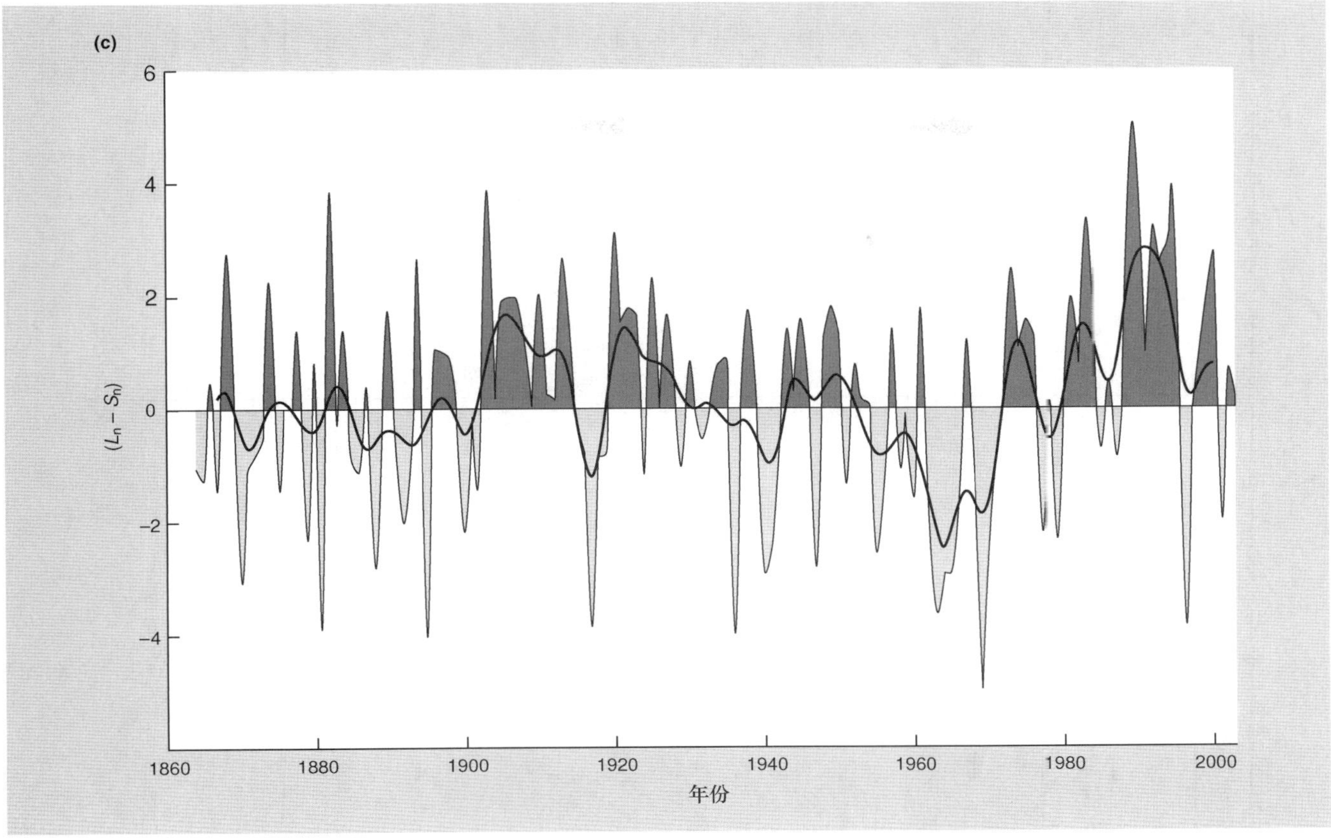

(c)

$(L_n - S_n)$

6 4 2 0 −2 −4

1860 1880 1900 1920 1940 1960 1980 2000

年份

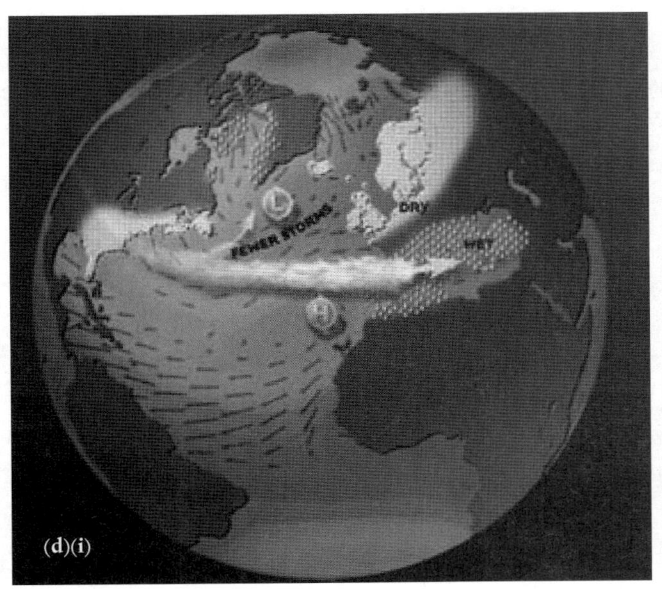

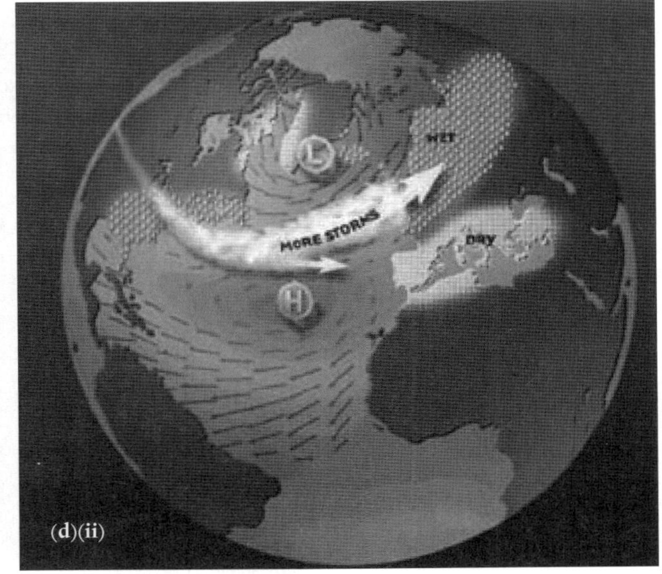

图 2.11 (a) 通过检测 1950—2000 年赤道太平洋中部海面温度的异常现象 (与平均值之差) 来判断厄尔尼诺 – 南方涛动 (ENSO)。厄尔尼诺事件 (大于 0.4°C) 以深色表示, 拉尼娜事件 (小于 0.4°C) 以浅色表示 (图片来源于 http://www.cgd.ucar.edu/cas/catalog/climind/Nino_3_3.4_indices.html.)。(b) 相对于平均水平以上的海平面高度, 厄尔尼诺 (1997 年 11 月) 和拉尼娜 (1999 年 2 月) 事件案例的分布图。海平面随海洋温度升高而升高; 例如, 海平面低于平均值 15~20 cm 相当于温度 2~3°C 的偏差 (图片来源于 http://topex-www.jpl.nasa.gov/science/images/el-nino-la-nina.jpg)。(参见彩图 2.1) (c) 通过检测 1864—2003 年间葡萄牙的里斯本 (Lisbon) 和冰岛的雷克雅未克 (Reykjavik) 两地的标准海平面气压差 (L_n-S_n) 来判断北大西洋涛动 (NAO) (图片来源于 http://www.cgd.ucar.edu/~jhurrell/nao.stat.winter.html#winter.)。(d) 当 NAO 指数为正或负时, 是典型的冬季状态。图中也展示了比平时更温暖、寒冷、干燥或湿润的状态 (图片来源于 http://www.ldeo.columbia.edu/NAO/) (参见彩图 2.2)。

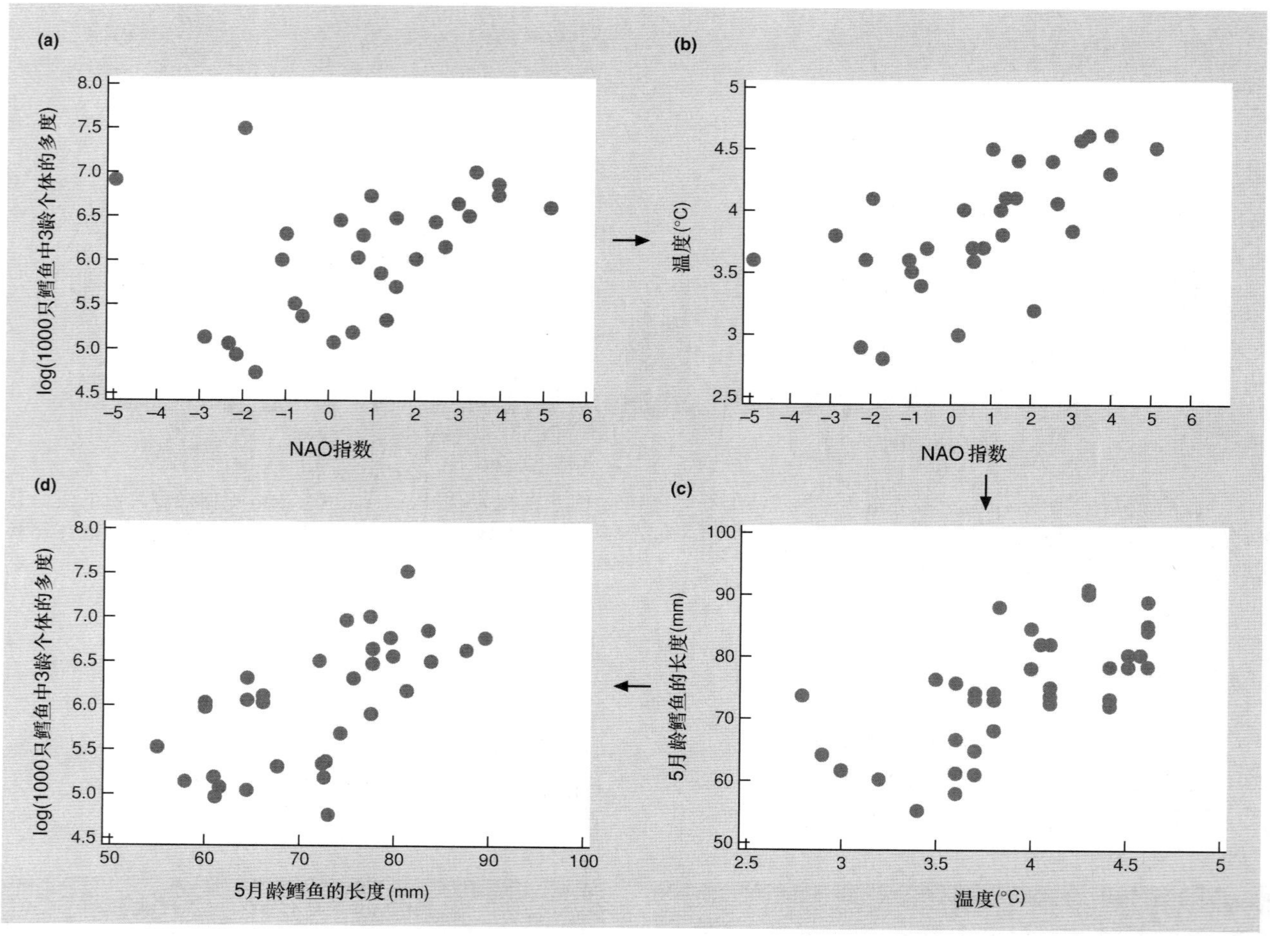

图 2.12　(a) 巴伦支海 (Barents Sea) 中 3 龄太平洋鳕 (*Gadus morhua*) 的多度与当年北大西洋涛动 (NAO) 指数值呈正相关。这种相关的机制如图 (b~d) 所示。(b) 年平均气温随着 NAO 指数增加。(c) 5 月龄鳕鱼长度随着年平均温度的升高增加。(d) 3 龄鳕鱼多度与它们在 5 月龄的长度呈正相关 (仿 Ottersen *et al.*, 2001)。

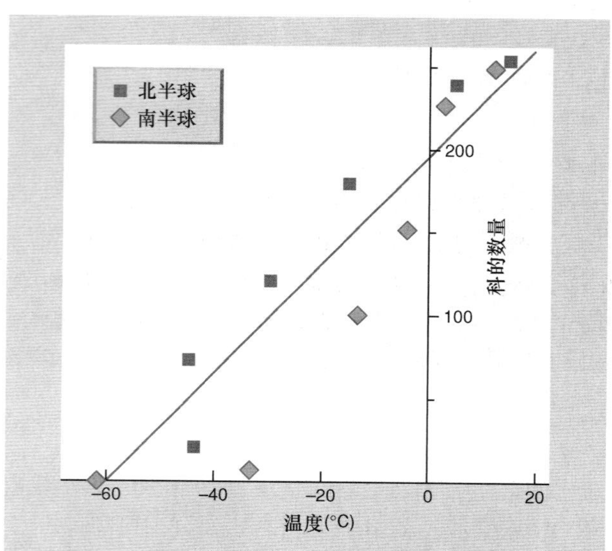

图 2.13　在北半球和南半球，绝对最低温度与有花植物科数的关系 (仿 Woodward, 1987, 作者也讨论了这种分析的局限性以及大陆隔离的历史如何解释有花植物科数在南、北半球分布的差异)。

候信息变成位点将之绘于图上，图中的直线则显示了区分欧洲椴分布的最佳界线 (图 2.14b)。这条直线就可以用来界定该物种的分布界限 (图 2.14c)。这可能具有很强的预测价值，但导致这种分布模式的潜在因素仍然是未知的。

我们在理解物种分布与等温线之间的相关性时需谨防过犹不及。绘制等温线时所测的温度很少是生物有机体所经历的温度。在大自然中，生物可选择待在太阳下或藏在阴凉处，甚至在一天之内同时经历正午的暴晒以及夜晚的严寒。此外，温度的地域变化也会比绘图者所考虑的尺度更为精细，而正是这些"微气候"下的条件在决定某一特定物种的栖息地方面起关键作用。例如，匍匐类灌木 *Dryas octopetala* 在英国北威尔士仅分布于海拔 600 m 以上的南边界线。但是在气温较低的北部苏格兰萨瑟兰郡 (Sutherland)，*D. octopetala* 几乎分布在海平面以下。

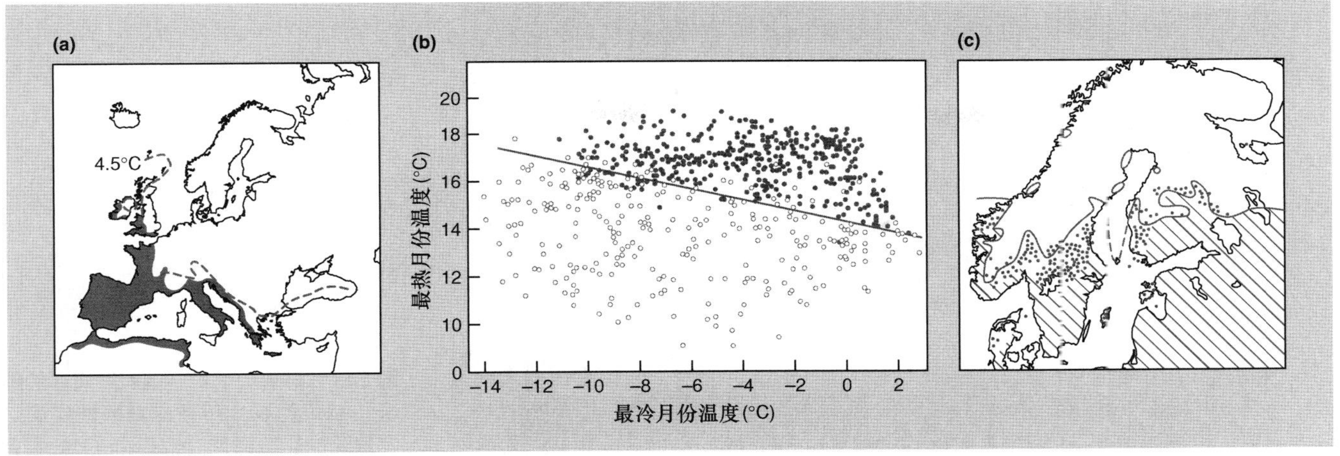

图 2.14 (a) 茜草属植物 *Rubia peregrina* 分布的北界线与 1 月 4.5°C 等温线紧密相关 (仿 Cox *et al.*, 1976); (b) 根据最冷月份的最低温与最热月份的最高温度绘制的小叶椴 (*Tilia cordata*) 分布区内 (•) 和分布区外 (○) 的地点。(c) 采用 (b) 图中的直线界定欧洲椴在北欧分布区的边界 (图 b,c) 仿 Hintikka,1963; 引自 Hengeveld,1990)。

2.4.3 分布和极端条件

许多物种的分布格局只能用偶然的极端温度来解释而不是平均温度, 尤其是偶然的致死温度会导致物种无法生存。例如, 霜冻可能是限制植物分布的最重要单一因素。仙人掌美洲巨人柱 (*Carnegiea gigantea*) 持续 36 小时处于冰冻环境中很容易死亡, 但是如果每日可以解冻的话, 持续的霜冻就不会造成这种威胁。在美国亚利桑那州有一种叫做巨人柱的仙人掌, 在其分布区的北部和东部边缘有着明显的分界线。因为在分界线外偶然会出现极低的温度, 导致它们无法生存 —— 毕竟生命只有一次。

生命只有一次

同样, 几乎没有作物会被大面积种植在它们的野生祖先所处的恶劣的气候条件下; 众所周知, 在极端气候条件下, 尤其是霜冻和干旱, 作物无法生长。例如, 咖啡 (*Coffea arabica* 和 *C. robusta*) 种植的地理范围就会受到气候的限制, 我们以一年中最冷月份的 13°C 等温线作为其分布界限。世界上众多作物生长在巴西圣保罗和巴拉那地区的高地微气候下。在那里, 平均最低温度是 20°C, 但是偶尔刮起的寒风和数小时接近零下的低温就足以杀死或严重损害这些树木, 从而严重影响全球咖啡的价格。

2.4.4 分布以及温度与其他因子之间的相互作用

尽管生物对其生境中的每种条件都会做出响应, 条件对生物的影响可能在很大程度上取决于群落其他成员对条件的响应。温度并不仅仅作用于一个物种: 它同样作用于该物种的竞争者、捕食者以及寄生者等。正如我们在第 2.2 节中所见到的那样, 这就是基础生态位 (生物能够生存) 和实际生态位 (生物实际生存) 的区别所在。例如, 如果某种生物的猎物不能忍受某个环境条件, 那么该物种也会受到影响。这可由灯心草飞蛾 (*Coleophora alticolella*) 在英国的分布状况来阐明。这些飞蛾将卵产在灯心草属植物 *Juncus squarrosus* 的花瓣上, 幼虫则可以以发育中的种子为食。在海拔 600 m 以上, 飞蛾及其幼虫基本上不受低温影响, 灯心草虽然能够生长但却不能产生成熟的种子。反过来, 这也就限制了飞蛾的分布, 因为孵化的幼虫会因缺少足够的食物而饿死 (Randall, 1982)。

疾病

条件对疾病的影响可能也很重要。条件可能促进传染病的传播 (风能够携带真菌的孢子), 或促进寄生物的生长, 或减弱宿主的防御能力。例如, 在异旋孢腔菌 (*Helminthosporium maydis*) 流行时期, 美国涅狄格州的一块玉米地中, 靠树木最近的作物因受到最长时间的遮阴, 患病最为严重 (图 2.15)。

竞争

种间竞争也同样受环境条件的影响, 尤其是温度。两种生活在溪流中的鲑鱼, 花羔红点鲑 (*Salvelinus malma*) 和白斑红点鲑 (*S. leucomaenis*) 在日本北海道岛的中等海拔地区 (因此也是中等气温) 同域分布。然而, 前者可以在更高海拔 (低温) 的溪流中生活, 后者主要生活在较低的海拔 (见第 8.2.1 节)。温度的改变在逆转种间竞争结果方

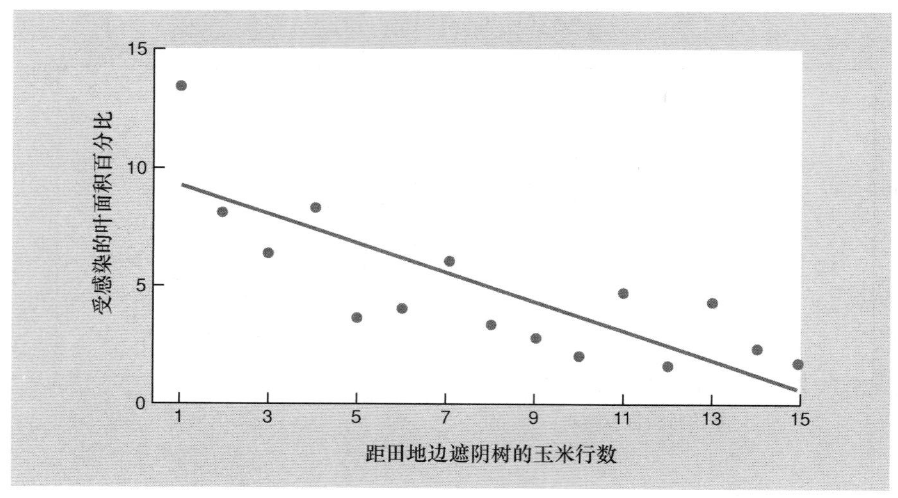

图 2.15　树荫对玉米小斑病发病率的影响。以风为媒介传播的真菌性疾病是其致死的罪魁祸首 (仿 Harper,1955; 引自 Luken & Mullany,1972)。

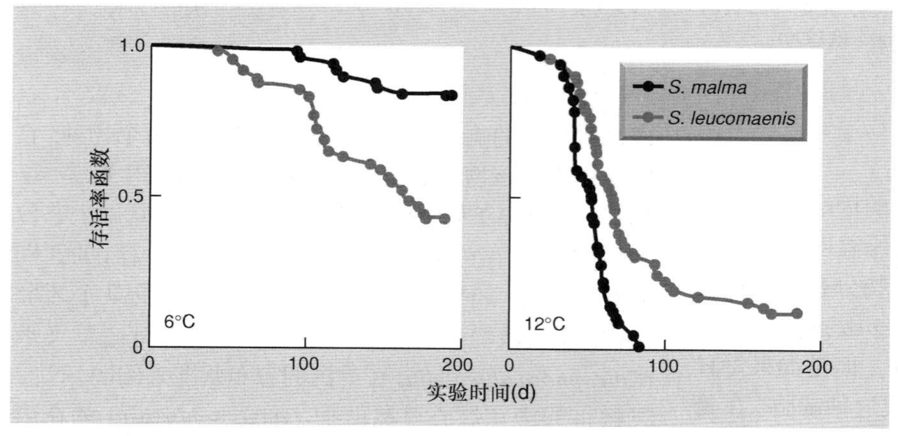

图 2.16　温度的改变逆转了种间竞争的结果。在低温 (6°C) 环境下 (左图), 花羔红点鲑 (*Salvelinus malma*) 的存活数量多于同域分布的白斑红点鲑 (*S. leucomaenis*), 而在水温为 12°C 的环境下 (右图), 白斑红点鲑的存在导致花羔红点鲑的灭绝。这两个物种在任何一个温度条件下均能独自存活 (仿 Taniguchi & Nakano, 2000)。

面具有重要作用。例如, 在实验溪流中, 水温维持在 6°C (典型的高海拔温度) 长达 191 天后, 花羔红点鲑的存活数量远高于白斑红点鲑; 而水温维持在 12°C (典型的低海拔) 时, 两个物种的存活都受到抑制, 在 90 天后, 结果完全逆转, 所有的花羔红点鲑都死了 (图 2.16)。不过, 这两个物种在任一温度条件下均能独自存活。

温度和湿度

温度和其他物理条件的相互作用有很多是非常强烈的, 因此不能将它们分开考虑。例如大气的相对湿度是陆生生物生命中的一个重要环境条件, 在决定生物有机体失水率方面起重要作用。实际上, 很难将相对湿度的影响和温度的影响做明确的区分。这很容易理解, 因为温度的增加将会导致蒸发的增大。某种相对湿度在低温环境下对有机体来说是可接受的, 而在较高温环境下是不可接受的。相对湿度引起的微气候变化可能会比温度导致的更为明显。例如, 在植被密集的地表和土壤内, 相对湿度达到 100% 是很正常的, 然而在距离地表大约 40 cm 的上方, 空气的相对湿度仅为 50%。分布受湿度影响最为明显的是 "陆生" 动物, 实际上它们是 "水生" 的, 称它们为 "陆生" 其实是从它们控制水平衡的方式而言的。两栖动物、陆生等足目动物、线虫、蚯蚓以及软体动物, 至少在它们的活动时期, 全都局限于相对湿度为或相当接近 100% 的微环境中。尽管大量的节肢动物, 尤其是昆虫, 不受相对湿度限制, 但蒸发失水的问题也经常将它们的活动限定在相对湿度相对较高的生境 (如林地) 或一天当中的某个时段 (如傍晚)。

2.5　土壤和水的 pH

陆生环境中土壤的 pH 或水生环境中水的 pH 对有机体的分布和多度有强烈的影响。在 pH<3 或者 pH>9 的土壤中, 大多数维管植物根的细胞原生质可被高浓度的 H^+ 或 OH^- 离子直接损害。此外, 土壤 pH 还能影响土壤中营养物质的可利用性和/或 H^+ 和 OH^- 的毒性, 从而对生物的分布和多度造成间接的影响 (图 2.17)。

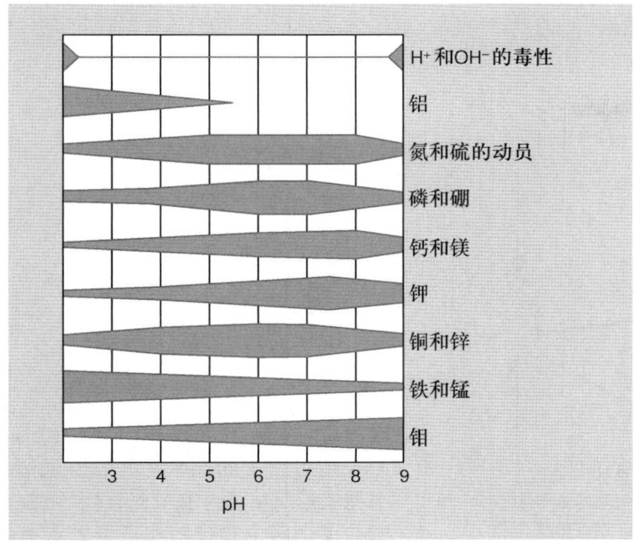

图 2.17 H^+ 和 OH^- 对植物的毒害性以及矿物质的可利用性 (通过条带的宽度来指示) 受土壤 pH 影响 (仿 Larcher, 1980)。

强酸性 (低 pH) 对生物影响的方式有三种: ① 直接影响, 通过扰乱渗透调节、酶活性或呼吸道表面的气体交换; ② 间接影响, 通过增加有毒重金属的浓度, 尤其是铝 (Al^{3+})、锰 (Mn^{2+}) 和铁 (Fe^{3+}), 在较高 pH 时这些金属离子都是植物的必需养分; ③ 间接影响, 通过降低动物食物来源的质量和范围 (如在低 pH 的溪流中, 真菌的生长速率降低 (Hildrew *et al.*, 1984), 通常没有水生植物群或者多样性低)。不同植物物种对 pH 的耐受极限也不同, 但仅有少数能够在 pH<4.5 的环境条件下生长和繁殖。

在碱性土壤中, 铁 (Fe^{3+}) 和磷酸盐 (PO_4^{3-}) 以及某些微量元素如锰 (Mn^{2+}) 能够形成难溶的化合物, 这样植物就可能因它们的浓度太低而受损害。例如, 当避钙植物 (酸性土壤的特有种) 移植到碱性土壤后, 通常会表现出缺铁的症状。然而, 相比于酸性的土壤和水环境, 碱性环境通常更适合物种的生存。生长在白垩岩和石灰岩草原的植物群 (及相关的动物群) 要比酸性草原更加丰富, 同样动物栖息的溪流、河塘以及湖泊的情况与此类似。

某些原核生物, 尤其是古细菌, 可以耐受甚至最适合生长在 pH 远在真核生物耐受范围之外的环境。这种极端环境只存在于火山湖和地热温泉中, 在这种极端环境中硫化细菌为主要优势种, 其生长的最适 pH 为 2~4 (Stolp, 1988)。氧化亚铁硫杆菌 (*Thiobacillus ferrooxidant*) 存在于工业金属淋溶过程的废物中, 可以耐受 pH=1 的酸性环境; 氧化硫硫杆菌 (*T. thiooxidans*) 不仅能耐受而且可以生长在 pH=0 的酸性环境中。在 pH 为 9~11 的碱性苏打湖中主要栖息着蓝细菌, 诸如 *Anabaenopsis arnoldii* 和 *Spirulina platensis*; *Plectonema nostocorum* 能在 pH=13 的环境中生长。

2.6 盐度

对陆生植物来说, 土壤水分的盐浓度能够阻碍对水分的渗透性吸收。最极端的盐生条件主要出现在干旱地区。在干旱地区, 土壤水分的运输主要趋向地表并在地表累积结晶盐。这种现象在灌溉干旱地区种植的作物时尤为明显; 盐田应运而生, 耕地也就不再适合种植农作物。盐分的主要效应与干旱和冷冻类似, 即产生渗透调节问题, 这些胁迫导致的问题属于同一类型, 解决的方式也相似。例如, 生长在高盐环境中的许多高等植物 (盐生植物) 能够在液泡中积累高浓度的电解质, 但是在细胞质和细胞器中只能维持较低的浓度 (Robinson *et al.*, 1983)。液泡的存在能够使植物细胞维持较高的渗透压, 保持肿胀状态, 使得细胞免受由多羟基化合物和膜保护剂积累的电解质的伤害。

淡水环境代表了一类特化的环境条件, 因为水分趋向于从外界环境进入生物有机体, 而这是需要有机体抵抗的。在海洋生境中, 大多数有机体渗透压与环境相同, 因而不存在水分的移动, 但是也有许多生物的渗透压低于环境, 水分从生物体流入环境, 这使得它们的处境与陆生生物相似。因此, 对许多水生生物来说, 调节自身体液浓度是极其重要的, 这有时是一个极其耗能的过程。水生环境的盐度对生物有机体的分布和多度有重要影响, 尤其是在河口, 处于海洋生境和淡水生境的过渡区域存在明显的盐度梯度。

淡水虾 *Palaemonetes pugio* 和 *P. vulgaris* 同域分布于美国东海岸河口, 盐度范围很宽的区域, 然而相比于后者, 前者似乎更能耐受低盐环境, 占据了一些后者不能存活的生境。图 2.18 展示了这种现象发生的潜在机制 (Rowe, 2002)。在低盐度范围 (不是在致死最低盐度), *P. pugio* 的代谢支出明显较低。而 *P. vulgaris* 需要消耗更多的能量来维持其在低盐环境中生存, 即使它能维持这样的能量支出, 这也使其在与 *P. pugio* 竞争时处于极大的劣势。

2.6.1 海洋和陆地界面的条件

盐度能够通过与其他条件相互作用, 如暴露在空气中的时间以及基底的性质, 来影响潮间带生物物种的分布。

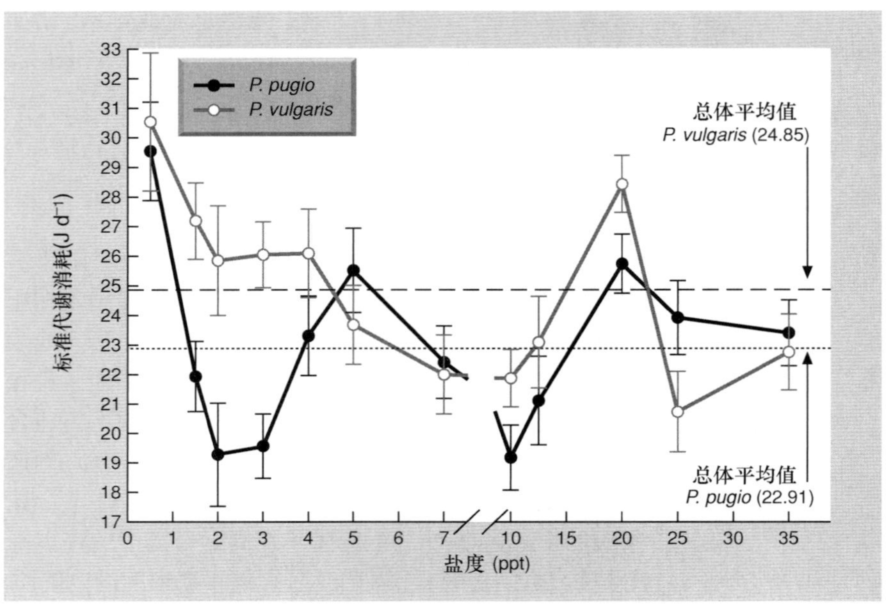

图 2.18　两种淡水虾 (*P. pugio* 和 *P. vulgaris*) 在盐度上的标准代谢支出 (通过最小耗氧量所估算)。在 0.5 ppt (千分之一) 的盐度下两个物种的死亡率显著增加，尤其是 *P. vulgaris* 的死亡率高达 75% (*P. pugio* 的死亡率为 25%) (仿 Rowe, 2002)。

在海洋中，所有类型藻类都能找到适宜的栖息地并永久地生活在海洋中，但几乎找不到永久的沉水高等植物。然而，在淡水环境中却生长着许多沉水的有花植物。这可能是因为高等植物在淡水环境中能够找到供其根固着的基底。海洋群落中大部分是由大型海藻构成，这些海藻能够持续浸没在海水里，除了极端低潮时。这些大型海藻没有根，但能通过特化的 "固着器" 把自己固着在礁石上。因此，它们不能在软基底和固着器不能 "固着" 的区域内生长。不过，也正是在这些区域内才生长着少数真正海洋有花植物，诸如大叶藻属 (*Zostera*) 海草和波喜荡属 (*Posidonia*) 海草，形成沉水植物群落，为复杂的动物群落提供食物资源。

藻类和高等植物

大多数扎根于盐水中的高等植物都具有叶片和茎，在大部分的潮汐周期中，这些叶片和芽都暴露于空气中，例如红树植物、米草属 (*Spartina*) 植物以及极端盐生植物如盐角草属 (*Salicornia*) 植物 (具有地上茎，但它们的根都浸在海水中)。在有植物可以扎根的具有稳固基质的地方，有花植物的群落会以延伸的方式连续分布在盐沼中，从持续浸没在海水中的低潮带 (如同海草)，贯穿整个潮间带，到达完全无盐的高潮带。盐沼涵盖了从高盐度海水到完全无盐的盐浓度范围。

在岩岸型的潮间带，高等植物缺乏，但岩缝间的软泥处除外。这些潮间带生境主要被藻类所占据，然而在最为干旱的高潮带，地衣则成为优势物种。对于生活在岩岸的植物和动物而言，环境条件的影响意义重大，而且通常特别明显，这种影响的程度取决于它们对空气环境以及海浪、风暴等的耐受能力。这可由生物种群分带 (zonation) 来体现，不同海岸高程分布着不同物种 (图 2.19)。

物种的分带

潮间带的范围取决于潮水的高度和海岸的倾斜度。远离岸边的地方，潮涨潮落很少超过 1 m，但是靠近岸边时，大陆块的形状可将潮水的涨落集中在狭窄空间里，产生特大潮，如在芬迪海岸 (Bay of Fundy) (在加拿大 Nova Scotia 和 New Brunswick 之间) 的特大潮可达近 20 m。然而，在地中海的海岸基本上没有潮位变化。在陡峭的海岸和岩石峭壁上，潮间带很短，同时种群的分布带也被大大压缩。

"物种的分带是暴露的结果" 的这种看法显然过于简单化了 (Raffaelli & Hawkins, 1996)。首先，"暴露" 意味着多样的条件，或者是多种条件的综合：干燥、极端温度、盐度变化、过度光照以及纯粹的海浪和暴风雨撞击力量 (参见第 2.7 节)。此外，"暴露" 仅仅能解释那些本质上是海洋物种的分布上限，然而物种分带也依赖于它们的下限。对于那些被淹没在水中的物种来说，它们几乎没有暴露的机会。例如，如果绿藻长期浸没在海底，那么它们将急需蓝光和红光，尤其是红光。然而，对于许多其他的物种来说，分布的下限则是由竞争和捕食决定的 [详见 Paine (1994) 的讨论]。在大不列颠，当中潮滩不存在其他竞争性的海藻 (如黑角菜属物种) 时，海藻 *Fucus spiralis* 会不断地向海岸底部延伸。

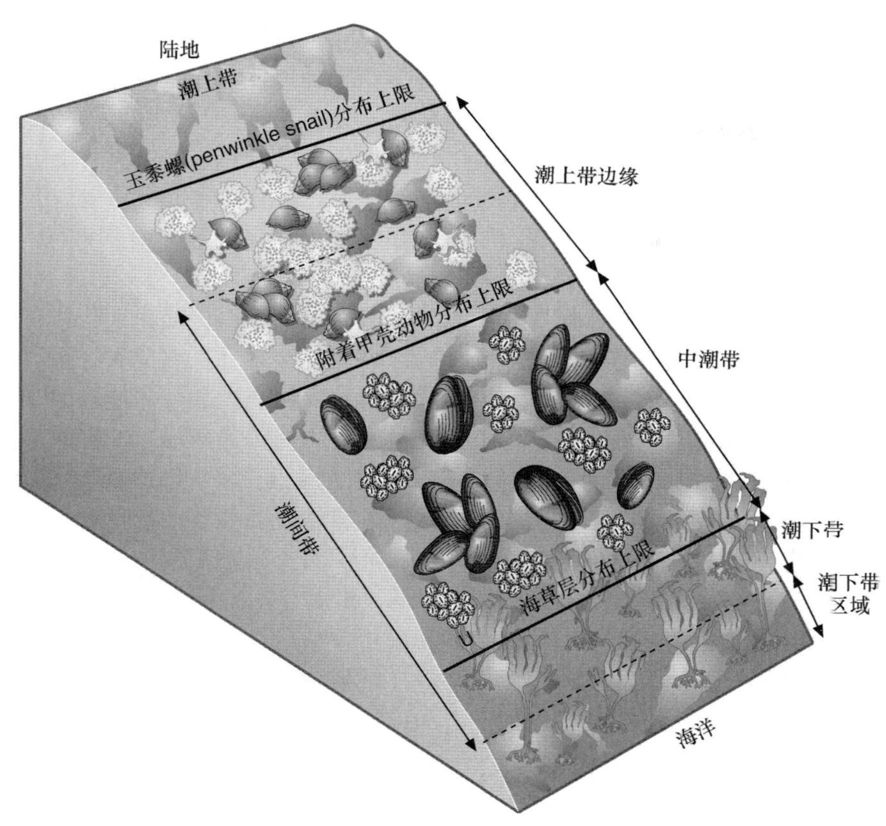

图 2.19 由暴露于空气和海浪运动的相对时间长度决定的潮间带物种分带示意图(仿 Raffaelli & Hawkins, 1996)。

2.7 风、海浪以及水流的物理力量

在大自然中，有很多环境力量凭借物理运动产生的力来施加它们的影响——风和水就是最好的例子。

在溪流和河流中，植物和动物始终面临被冲走的危险。虽然水流在流向下游的时候，其平均速度会不断增加，但上游的水浅且湍急导致上游的底栖群落面临着被冲走的最大危险。在最极端的水流环境中，只能找到那些真正"低调"的植物，比如成薄壳状和细丝状的藻类、苔类植物以及藓类植物。在不太极端的水流中，主要生长着类似于毛茛属植物 *Ranunculus fluitans*，它呈流线型，水流阻力小，并且能够通过密集的不定根将自身锚定在固定的物体上。然而，类似于浮萍 (*Lemna* spp.) 这样的自由浮动植物，通常仅分布在静水水域。

暴露于海岸的条件极大地限制了生命的形式和物种的习性 (可以耐受海浪的不断冲击和吸力)。海草能够通过固着器和极度柔韧的叶状体结构强有力地固着在岩石上，耐受着海浪不间断的冲刷。然而，生活在同样环境中的动物，要么像藻类一样随水漂流，要么依赖精妙的机制牢固地黏附在岩石上，诸如藤壶分泌的黏性极强的有机胶以及帽贝的肉足。同样，在湍流的淡水溪流中也可以发现许多形态特化的无脊椎动物。

2.7.1 危险、灾害以及大灾难：极端事件的生态学

风和潮汐是很多生物有机体每天都可能遇到的"危险"。这些生物有机体的身体结构和行为见证了其进化历程中所经历的这类危险事件发生的频率和强度。因此，大部分树木能够承受大多数暴风雨的力量而不倒或断落树枝。大多数帽贝、藤壶以及巨藻能够迅速地固着在岩石上以抵抗海浪和潮汐日复一日的冲击。除此之外，还存在其他破坏力更强的力量 (我们可以称之为"灾害")。尽管只是偶尔发生，但它们的发生频率足以对生物进行反复的选择。种群中那些幸存的个体能够将其基因传递给后代，当这种灾害性事件再次袭来时，它们受到的影响就会小得多。在干旱的林地和灌木群落中，火灾同样具有类似的影响，耐受火的伤害无疑也是一种进化响应 (参见第 2.3.6 节)。

在灾难性事件袭击自然群落之前，很少得到过充分的研究。在 1994 年袭击瓜德罗普岛 (Guadeloupe) 的加勒比海岛的飓风"Hugo"是个例外。有关岛上茂

密潮湿森林的详细报道刚发表不久 (Durcrey & Labbe, 1985, 1986), 飓风就以 270 km h^{-1} 的最大平均风速以及 320 km h^{-1} 的瞬时风速摧毁了这片森林。在 40 小时之内降水达 300 mm。飓风之后恢复的早期 (Labbe, 1994) 具有陆地上或海洋中长期建立的群落在遭受巨大破坏力之后的典型反应特征。即使是“未受干扰”的群落, 由于个体 (如森林中的树木、海岸上的巨藻) 的死亡以及空间上的再拓殖, 空斑也会不断产生 (参见第 16.7 节)。在受到飓风或其他大范围灾害的巨大破坏后, 通常都会发生再拓殖过程。那些通常仅栖息在植被的自然空斑中的物种将会扩张, 甚至会占据一片连续的群落。

相比我们称为“危险”性事件和“灾难”性事件, 也存在一些破坏巨大的自然事件, 但很少发生, 对物种的进化也没有持续的选择作用。我们称这些事件为“大灾难” (catastrophe), 例如, 圣海伦斯火山 (Mt St Helens) 或喀拉喀托岛 (Krakatau) 火山的喷发。当喀拉喀托岛火山下次喷发后, 应该不会有任何耐受火山的基因继续存在!

2.8 环境污染

遗憾的是, 许多环境条件因人类活动产生的有害副产品的聚集变得日益重要。发电厂释放的二氧化硫, 堆放在煤矿周围或沉积在精炼厂周围的金属如铜、锌和铅, 都是限制物种分布 (尤其是植物) 的重要污染物。许多污染物以低浓度存在于自然界中, 有些也确实是植物的必需养分。但是在受污染的地区, 它们的浓度可达到致死水平。通常, 物种消失能初步指示污染的发生, 同时河流、湖泊或陆生物种丰富度的改变也可以为污染程度的评估提供生物检测 (例如, Lovett Doust *et al.*, 1994)。

罕见的耐受者

然而, 即使在污染最为严重的区域也总会存在一些物种; 通常有少数物种的少数个体能够耐受这样的条件。即使在没有受到污染的区域, 自然种群中也经常有少数个体可耐受污染; 这是自然种群中遗传变异的一部分。这些可能是污染水平升高后唯一能够存活或定殖的个体。随后, 它们可能成为耐受种群的建立者, 它们将自己的“耐受”基因传递给这个种群。鉴于这个种群仅来源于少数几个新群体建立者, 所以它们的总体遗传多样性就会相当低 (图 2.20)。而且, 物种本身在耐受污染能力方面差异也可能很大。例如, 有些植物是重金属 —— 铅、镉等的“超富集者” (hyperaccumulator), 它们不仅能耐受而且可以富集比正常水平更高的浓度 (Brooks,1998)。因此, 这些植物在“生物修复” (bioremediation) 中能够发挥重要作用 (Salt *et al.*, 1998), 它们能从土壤中移除污染物, 使得其他耐受能力稍差的植物也能在那里生长 (在第 7.2.1 节中有更深入的讨论)。

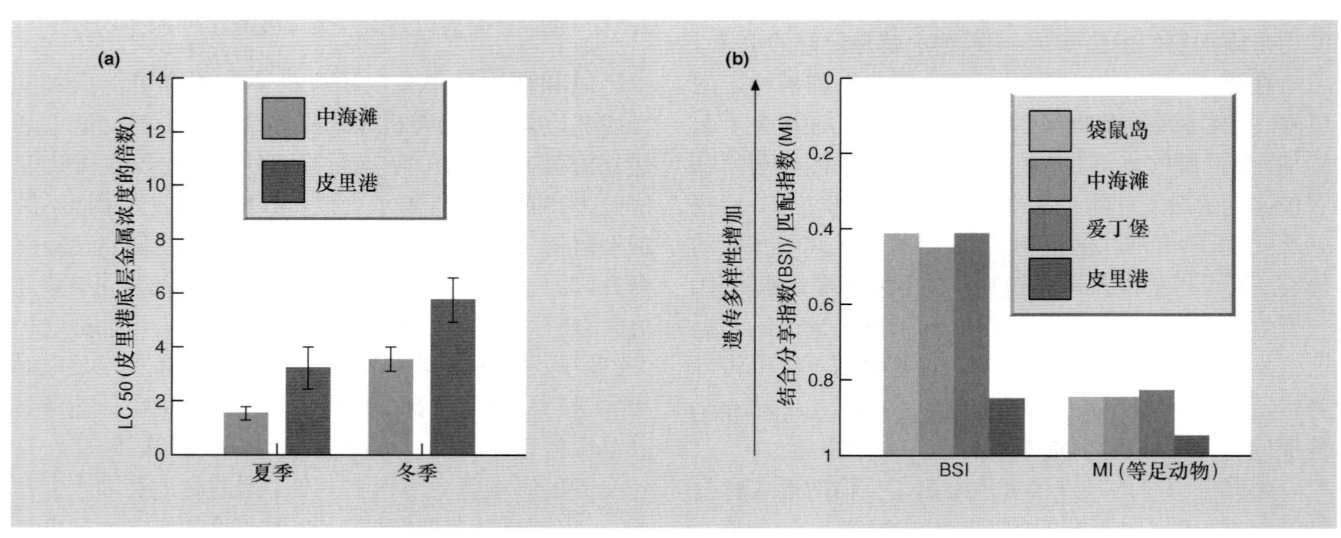

图 2.20 世界最大铅冶炼厂 —— 澳大利亚皮里港 (Port Pirie) 周围的海洋等足动物 *Platynympha longicaudata* 对污染的响应。(a) 无论在夏季和冬季, 该区域等足动物的耐受性显著高于对照地点 (未污染) ($P < 0.05$), 通过测定食物中金属 (铅、铜、钙、锌和锰) 半致死浓度 (LC_{50}) 来确定。(b) 皮里港地区的遗传多样性低于 3 个未被污染的地点, 这是基于随机扩增多态性 DNA (random amplified polymorphic DNA, RAPDs) 分析的 2 个种遗传多样性指标的结果(仿 Ross *et al.*, 2002)。

因此，简而言之，污染物具有双重效应。当污染刚开始发生或程度已经相当高时，基本上没有任何物种的个体可以存活 (天然耐受变异体或它们的后代除外)。之后，污染地区可能会出现更高密度的个体，但它们所能代表的物种种类远少于污染之前。现在这些新形成的物种贫乏的群落已经成为人类环境的一部分 (Bradshaw, 1987)。

毫无疑问，污染的影响绝不仅限于其起始源头 (图 2.21)。从煤矿和工厂流出的有毒废水可能进入河道，影响整个下游的植物区系和动物区系。大型工业集团的

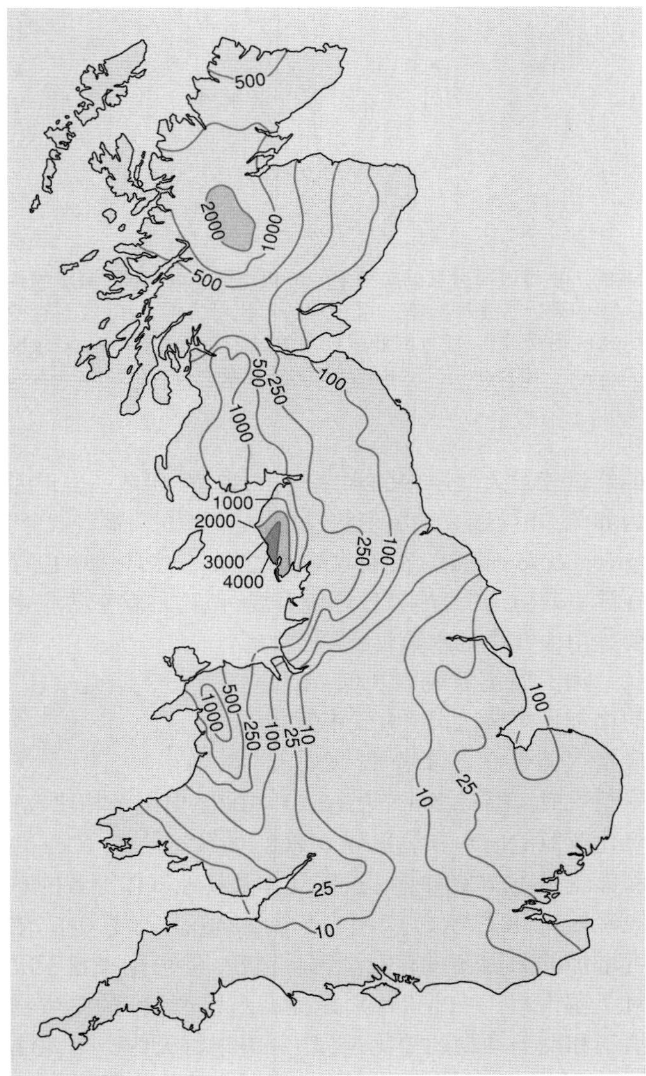

图 2.21 长距离环境污染的例子。1986 年苏联切尔诺贝利 (Chernobyl) 核事故泄露的放射性铯尘 (Bq m^{-2}) 在大不列颠的分布。该图显示污染物存在于酸性山地土壤中，并通过土壤、植物和动物循环。山地区域的羊群所含的铯 –137(^{137}Cs) 在 1987 年和 1988 年 (循环之后) 比 1986 年高。^{137}Cs 的半衰期是 30 年！在典型低地土壤中，其固定速率更高，且不存在于食物链中 (仿 NERC, 1990)。

污水能够污染和改变一个地区许多河流和湖泊的植物区系和动物区系，甚至引发国际争端。

酸雨

“酸雨” (acid rain) 的产生就是一个很明显的例子 —— 例如，爱尔兰和斯堪的纳维亚半岛 (Scandinavia) 的酸雨就是由于其他国家的工业活动造成的。自工业革命以来，化石燃料的燃烧，向大气中释放了各种各样的污染物，尤其是二氧化硫，导致干燥的酸性颗粒和基本上是稀硫酸的雨从大气中沉降到地表。根据硅藻物种对 pH 的耐受，我们可以大致地知道湖泊 pH 的变化历史。湖泊的酸化历史经常被记录在湖泊沉积物中硅藻物种的演替过程中 (Flower *et al.*, 1994)。图 2.22 呈现了远离工业区的爱尔兰 Lough Maam 湖的藻类物种组成变化情况。不同深度不同硅藻物种的百分含量反映了过去不同时期内存在的硅藻植物区系 (图中列出了 4 个硅藻物种)。沉积层的年代可以通过检测铅-210 (以及其他元素) 的放射衰变速率来确定。我们根据硅藻物种现在的分布可知其对 pH 的耐受性，便可据此重现湖泊过去经历过的 pH 变化。记录反映了从 1900 年以来该湖泊水体酸化的情况。结果显示，自 1900 年以后，硅藻 *Fragilaria virescens* 和 *Brachysira vitrea* 的多度显著减少，同时耐酸的 *Cymbella perpusilla* 和 *Frustulia rhomboides* 的多度增加。

2.9 全球变化

在第 1 章中，我们讨论了一些全球环境变化的方式，如长时间尺度的大陆漂移以及较短时间尺度的重复冰川世纪。在这些时间尺度上，一些生物物种因不能适应环境变化而灭绝，而其他的物种通过迁移的方式在不同的地方继续经历着相似的环境条件，也有可能部分物种通过自身的进化从而能够适应改变的环境。现在，我们开始研究我们亲身经历的，由我们自己的活动导致的全球变化。据模型预测，人为导致的全球变化可能将给全球生态带来极大的冲击力。

2.9.1 工业废气和温室效应

从利用可持续燃料作为动力来源转变为利用化石燃料 (煤炭和石油) 是实现工业革命的一个重要特征。从 19 世纪中期到 20 世纪中期，化石燃料的燃烧以及滥伐森林导致大气中二氧化碳 (CO_2) 增加了大约 9×10^{10} t，而且自此开始大气中的 CO_2 浓度日益增加。在工业革命之前，大气 CO_2 浓度 (通过测定冰芯中的气体) 约为 280 ppm，属于典型的间冰期 “峰” 值 (图 2.23)，

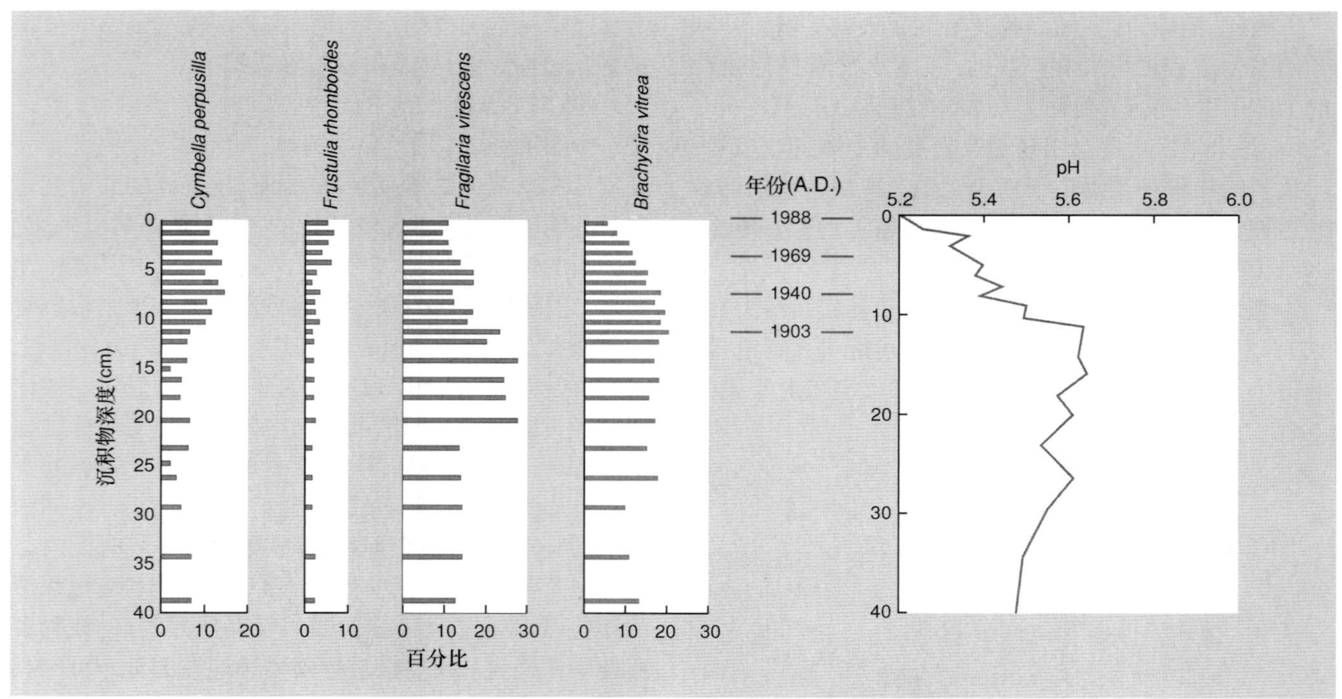

图 2.22　爱尔兰一个湖泊 (Lough Maam, County Donegal) 中硅藻植物区系的历史可以通过从湖底采集的沉积物来追溯。不同深度的各种硅藻植物物种百分比反映了过去不同时期内存在的硅藻植物区系 (图中列出了 4 种硅藻)。沉积层的年代可由铅 –210 放射衰变速率 (或者其他元素) 来确定。如果我们知道了分布区中硅藻物种对 pH 的耐受分布, 便可据此重现湖泊过去经历过的 pH。记录反映了自 1900 年以来该湖泊水体酸化的情况。在此期间, 硅藻 *Fragilaria virescens* 和 *Brachysira vitrea* 的多度显著减少, 而耐酸的 *Cymbella perpusilla* 和 *Frustulia rhomboides* 的多度有所增加 (仿 Flower *et al.*, 1994)。

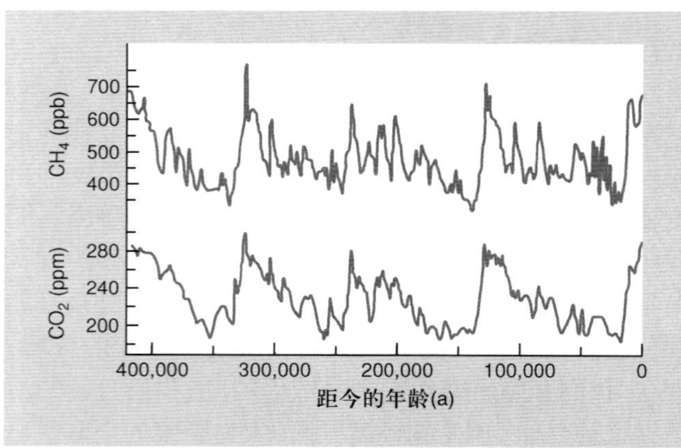

图 2.23　在过去 42 万年中, 南极东方站 (Vostok) 冰芯中二氧化碳 (CO_2) 和甲烷 (CH_4) 的浓度。预测的气温与这两种气体的浓度显著相关。因此, 冰期和暖期的转变大约发生在 335 000、245 000、135 000 和 18 000 年前。BP, 距今; ppb, 十亿分之一; ppm, 百万分之一 (仿 Petit *et al.*, 1999; Stauffer, 2000)。

但在千禧年左右升高到约 370 ppm, 而且仍在持续升高 (图 18.22)。

太阳辐射入射地球大气层后, 部分被反射, 部分被吸收, 部分被地表吸收后, 导致地表温度上升。部分被地表吸收的能量又能够重新辐射回大气层, 其中 70% 的能量能被大气层中的水蒸气和 CO_2 所吸收。也正因为如此, 才导致大气层变热, 这就是所谓的 "温室效应" (greenhouse effect)。在工业革命之前, 自然环境中也存在温室效应, 并且能导致环境升温; 但这种温室效应主要是由大气中的水蒸气所导致的。

CO_2 —— 但不只是 CO_2

除了温室效应因 CO_2 浓度的增加而增强之外, 大气中其他痕量气体也在显著增加, 尤其是甲烷 (CH_4) (图 2.24a; 同图 2.23 中的历史记录相比较), 氧化亚氮 (N_2O) 和氯氟烃 (CFCs, 如氟氯昂-11 (CCl_3F) 和氟氯昂-12 (CCl_2F_2))。这些气体及其他气体导致的总温室效应几乎与 CO_2 相当 (图 2.24b)。大气 CH_4 浓度增加的原因还没有完全解释清楚, 但可能来自于厌氧土壤中集约农业 (特别是提高水稻产量) 的微生物活动和反刍动物的消化过程 (一头牛每天约产生 40 L CH_4); 大气 CH_4 总浓度约有 70% 是人为产生的 (Khalil, 1999)。CFCs, 主要来自制冷剂和气溶胶喷射剂等, 对温室效应的影响也很大, 好在国际条约的达成终止了其浓度的进一步上升 (Khalil, 1999)。

将人类活动产生的 CO_2 换算成大气中 CO_2 浓度的变化应该是可行的。人类活动每年向大气中释放

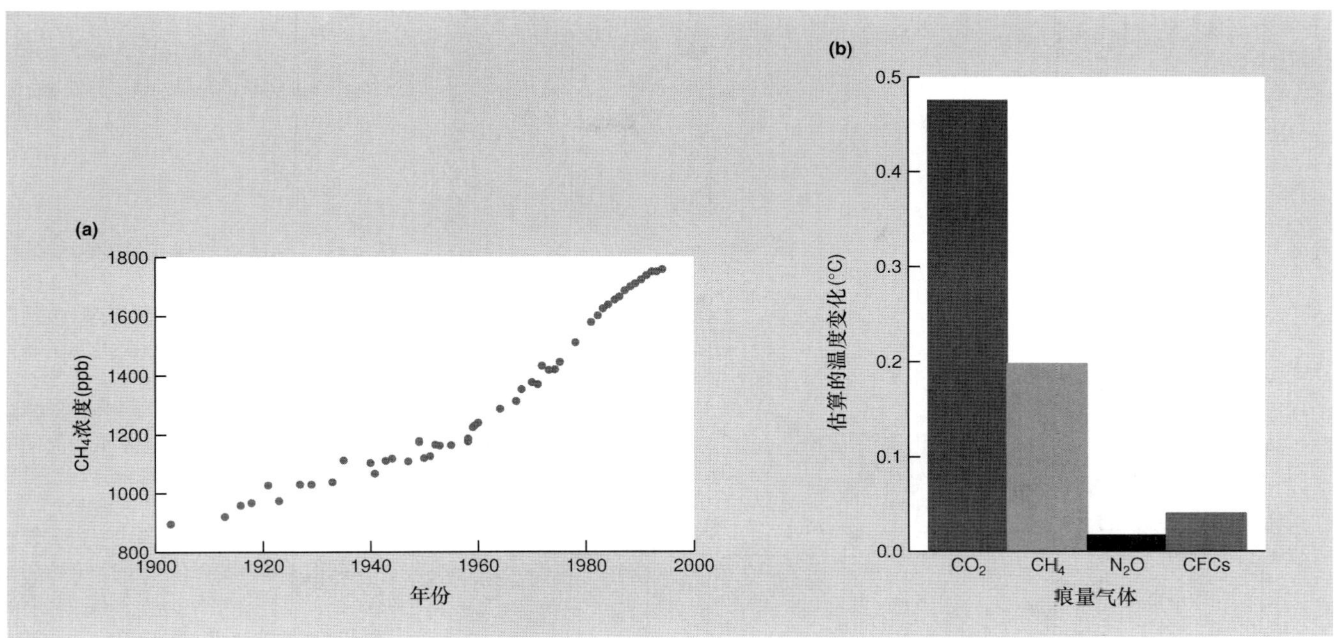

图 2.24 (a) 20 世纪大气中甲烷 (CH_4) 的浓度。(b) 从 1985 年到 1990 年，由 CO_2 及其他主要温室气体导致的全球变暖的预测 (仿 Khalil, 1999)。

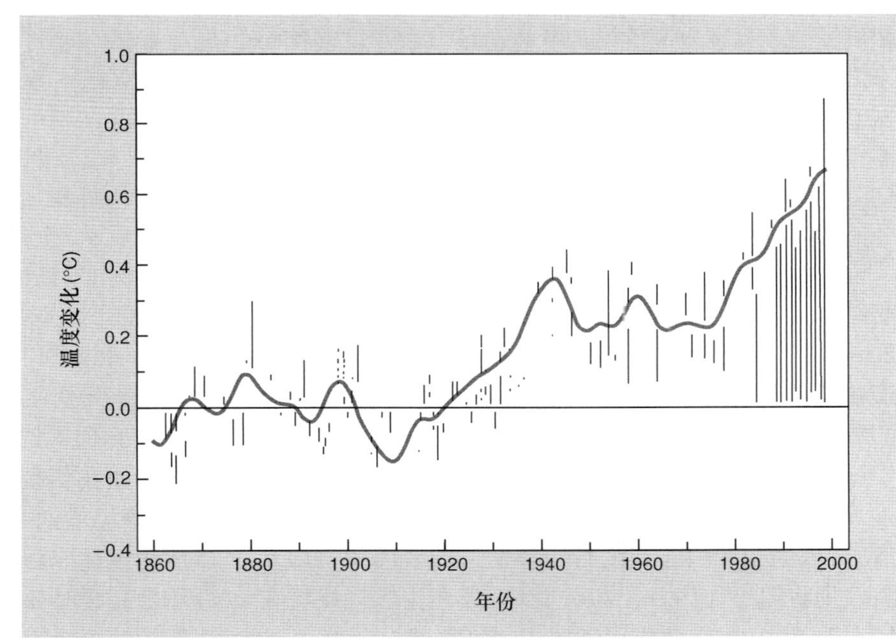

图 2.25 从 1860 年到 1998 年，全球每年地表温度的差异。图中误差棒表明偏离 19 世纪末期均值的大小。曲线表示 21 年的滑动平均值。目前，全球平均温度高于自 1400 年来的任何时间 (仿 Saunders, 1999)。

$5.1 \times 10^9 \sim 7.5 \times 10^9$ t 碳。然而，大气中 CO_2 增加的浓度 (2.9×10^9 t) 仅占其 60%，这一比例已经维持了 40 年 (Hansen *et al.*, 1999)。海洋也能从大气中吸收 CO_2，据估计，海洋可吸收 $1.8 \times 10^9 \sim 2.5 \times 10^9$ t 人类活动释放的碳。最近分析表明，大气中 CO_2 浓度的增加能够促进陆生植被的生长，因而大量的碳将被固定在植被生物量中 (Kicklighter *et al.*, 1999)。然而，大气中 CO_2 的浓度和温室效应仍在增加。我们将在第 18.4.6 节中继续探讨全球碳收支的问题。

2.9.2 全球变暖

本章我们从温度开始，讨论了一系列环境条件包括污染对生物有机体的影响，现在又回到温度，这缘于污染对全球温度的影响。目前，地表气温比工业化前高 0.6±0.2°C (图 2.25)，据预测，到 2100 年将会进一步增加到 1.4~5.8°C (IPCC, 2001)。这种变化势必会导致冰雪

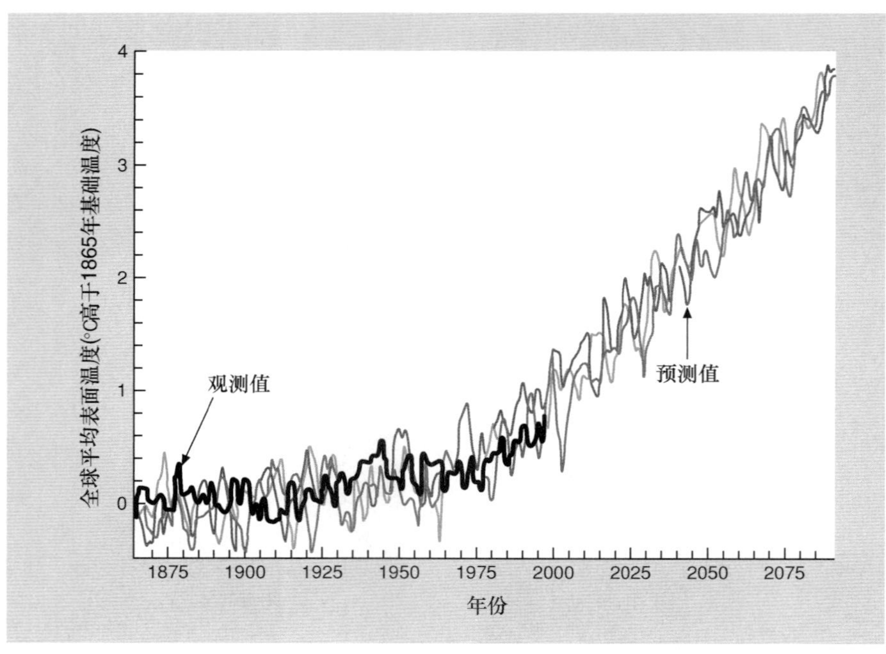

图 2.26　为研究气候变异性和气候变化, 美国普林斯顿大学地球物理流体动力学实验室利用全球耦合模型 (包括对海洋和大气数据的模拟) 获得的全球地表均温的增加。图中黑色实线为 1865—1990 年期间温室气体的实测值, 预测结果表明, 该时期的温室气体实测值的变化趋势与温度预测值相吻合; 因此, 可预测温室气体以每年 1% 的速度增加。该模型对海洋和大气的全球式样进行了模拟, 模拟的精确度将依赖于系统的初始状态。三个 "实验" 分别从不同的状态起始 (仿 Delworth *et al.*, 2002)。

融化、海平面上升和全球气候模式以及物种分布的大幅度变化。温室效应的增加导致全球变暖程度的预测来源于两方面: ① 基于复杂的计算机模型模拟全球气候 ("大气环流模型"); ② 所测数据的变化趋势, 包括树木年轮的宽度、海平面的记录以及冰川的消融速率。

未来 100 年气温将升高 3~4°C

毫无疑问, 不同的全球大气环流模型对全球温度升高 (由大气 CO_2 浓度增加所致) 的预测结果也不同。但是, 大多数模型预测的结果都在 2.3~5.2°C 的范围内变化 (大部分的差异可由云层的覆盖效应来解释)。因此, 以未来 100 年气温升高 3~4°C 的数据来预测生态效应似乎是合理的 (图 2.26)。

但是, 温度体系只是决定生物分布的众多条件之一。不幸的是我们对降雨和蒸发的计算机预测并无信心, 因为很难将云层的行为整合进气候模型。如果我们仅将温度作为一个相关变量, 那么伦敦气候将在气温升高 3°C 后变成里斯本气候 [橄榄、爬藤、叶子花属 (*Bougainvillea*) 以及半干旱低矮灌丛等植被将可以生长]。在此基础上, 如果增加降雨量, 此地将接近亚热带气候, 如果降雨较少, 此地将会成为干旱地带!

气候变化的全球分布

气候变暖的现象并非在全球各地同时发生。图 2.27 呈现了从 1951 年到 1997 年的 46 年间, 全球表面温度变化的趋势。期间, 北美洲 (阿拉斯加) 和亚洲升高了 1.5~2°C, 据预测, 在本世纪的前 50 年这些地方将以最快的速度持续升温。在某些地区, 温度没有明显变化 (如纽约), 在未来 50 年也不会有较大的变化。然而在某些区域, 尤其是格陵兰和北太平洋, 表面温度却下降了。

我们也强调过许多生物物种的分布格局是由偶然的极端条件决定的而并非平均条件。计算机模型预测结果显示, 全球气候变化也将给温度造成更大的异质性。例如, Timmerman 等 (1999) 模拟了温室效应对 ENSO 的影响 (参见第 2.4.1 节)。他们发现不仅热带太平洋区域的平均气候将变成现在的厄尔尼诺状态 (更温暖), 年际变化也将增加, 同时这些气候变化也将更加趋向于不寻常的寒冷事件。

生物区系能够跟上气候变化的速度吗?

正如我们前面所看到的那样, 全球温度的变化也在过去自然地发生过。目前, 我们正在接近一个变暖时期的尾声, 这个变暖期约从 2 万年前开始, 在此期间, 全球气温上升了约 8°C。在发现温室效应对全球气候变暖有所贡献的时候, 气温升高的过程已经开始了近 40 万年。通过分析掩埋在土壤中的花粉发现, 自上一个冰河时代以来, 北美森林的边界每年以 100~500 m 的速度向北迁移。但是, 这种速度远跟不上冰河期以后气候变暖的步伐。据预测, 由温室效应所造成的气候变暖的速度比冰河期以后气候变暖速度快 50~100 倍。因此, 人类活动所造成的所有环境污染, 都不会有全球变暖这样深刻的影响。我们可以肯定地预料到, 如果动、植物区系无法

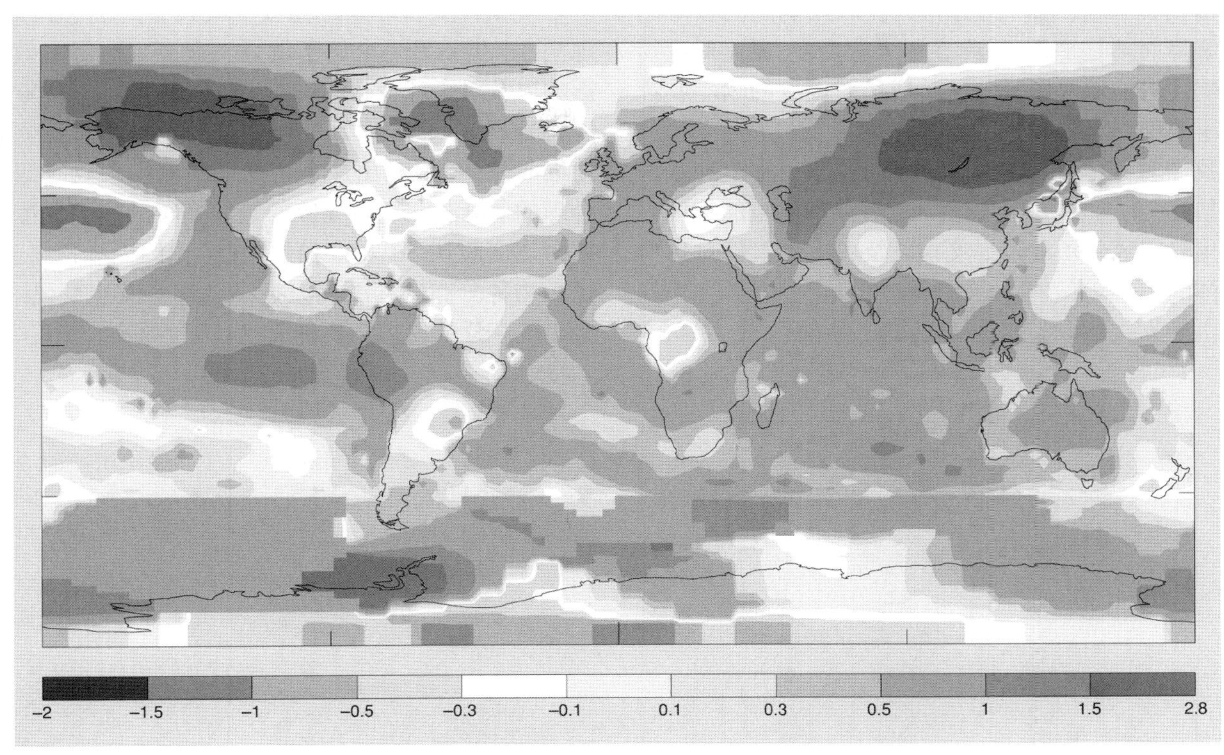

图 2.27 在 1951 年到 1997 年的 46 年间，全球地表温度的变化。横条下的数据表示温度 (°C) (引自 Hansen *et al.*, 1999)。

跟上全球气温变化的速度，那么物种分布的纬度和海拔高度都会发生变化，甚至会出现大范围的物种灭绝 (Hughes, 2000)。更为严重的是，植被赖以生存的大片土地在人类文明的进程中已经支离破碎，导致植被在进化历程中受阻。如果在进化的旅程中能够避免物种丧失，这将是非常惊人的。

小结

条件是影响生物体机能的非生物性环境因素。通常，在条件最佳时，生物有机体表现得最好。理论上，我们应该从进化的角度来定义 “表现最好”，但实际上，我们通常测定某些关键的性状，如某种酶的活性或生物的繁殖率等来反映条件的影响。

生态位不是一个地点，而是有机体对条件的耐受和对资源需求的综合概念。生态位的现代概念 —— Hutchinson 的 *n* 维超体积生态位 —— 对基础生态位和实际生态位进行了区分。

温度或许是最重要的环境条件，我们也作了详细的讨论。个体对温度的反应：在高温限和低温限，个体的机能都将受到伤害，且最终死亡。在极限范围之内，个体可以正常生长，且还存在个体生长的最佳温度。个体对温度的这些响应可能属于进化适应和迅速的气候适应。

生物酶过程的反应速率往往随着温度增加呈指数增加 ($Q_{10} \approx 2$)，但生长和发育的速率常常稍微偏离直线关系：这是日度概念的基础。因为发育随温度增长的速率通常比生长快，因此生物有机体的最终个体大小通常随着生长温度的增加而减小。试图揭示温度依赖性的普遍规律仍然是一个有争议的问题。

我们对内温动物和外温动物在应对一系列温度时表现出的异同响应进行了解释。

我们发现地表及内部温度的变化受许多因素的影响：纬度、海拔、大陆、季节、昼夜和微气候效应。另外，如果在土壤和水中，还受深度的影响。中等尺度时间格局的重要性日益明显。尤其是厄尔尼诺 – 南方涛动 (ENSO) 和北大西洋涛动 (NAO)。

许多动、植物的分布还与环境温度的某些方面紧密相关，但这并不能证明温度直接限制了物种的分布。经过测量的温度仅是生物有机体经历的很少一部分。

对许多物种来说, 物种的分布只能利用偶然的极端温度来解释而不是平均温度; 在很大程度上, 温度对生物的影响还可能取决于其他群落成员对温度的响应或者取决于温度与其他条件的相互作用。

我们对其他环境条件也进行了讨论: 土壤和水的 pH、盐度、海岸的条件, 以及风、海浪和水流的物理力量。我们还区分了危险、灾害以及大灾难事件对生物有机体的影响。

由于人类活动造成了有毒副产品的积累, 因而许多环境条件变得越来越重要。最典型的例子就是 “酸雨” 的产生。另一个例子就是工业废气对温室效应的影响以及对全球变暖的影响。据预测, 在未来 100 年气温将升高 3~4°C, 尽管气候变暖的现象并非在全球各地同时发生, 但利用这个数据来预测生态效应似乎是合理的。由温室气体导致的气候变暖的速率比冰河后期自然变暖快 50~100 倍。因而, 我们也能预料到动、植物物种分布的纬度和海拔高度都会发生变化, 甚至会出现广泛的动植物物种灭绝。

第 3 章 资源

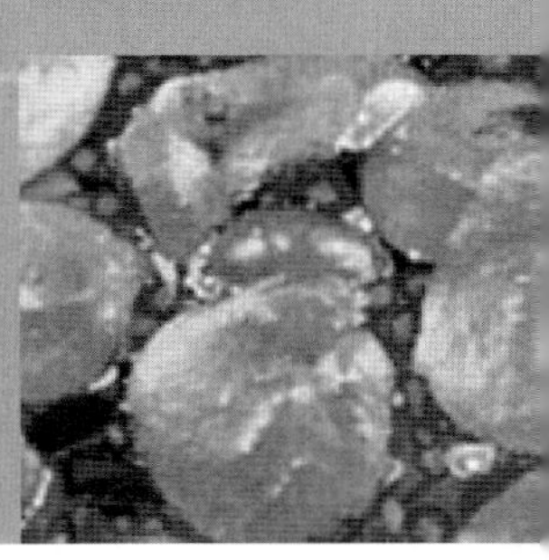

3.1 引言

什么是资源?

根据 Tilman (1982) 的定义, 生物所消耗的一切均可称为资源。然而, 消耗并不仅仅意味着"吃"。蜜蜂和松鼠并不能"吃"洞穴, 但一个洞穴一旦被占有, 就不能被其他的蜜蜂或松鼠所利用了, 就好比氮元素的一个原子、一嘴的花蜜或者橡子不能再被其他消费者利用一样。同样, 已经交配过的雌性个体可能不会再与其他雄性个体交配了。所有这些被消耗的东西, 都意味着储量或供给量的减少。因此, 资源是生物所需要的实体, 生物体的活动可减少资源量。

资源竞争

绿色植物通过光合作用从无机物中获取生长和繁殖所需的能量和物质, 其资源是太阳辐射、二氧化碳 (CO_2)、水和矿物质。"化能合成" (chemosynthetic) 的生物, 如很多古老的细菌, 可通过氧化甲烷、铵离子、硫化氢或亚铁类物质来获取能量; 它们利用着地球生命早期阶段所积累的丰富资源, 生活在诸如热泉和深海喷涌口等这样的环境中。除绿色植物和"化能合成"生物外, 其他生物都依靠取食另外的生物作为食物资源。无论哪种情况, 资源被消耗后, 其他的消费者就不能再获取它们了。如兔子被一只鹰吃掉后, 其他的鹰就不能再捕获这只兔子了, 一片叶片所吸收和用于光合作用的辐射能也不可能再被其他叶片所利用了。因此, 这就产生很重要的结果: 为了获取有限的资源, 生物之间可能会相互竞争。我们将在第 5 章中对此进行阐述。

生态学的主体是研究绿色植物如何获取无机资源, 以及这些资源在消费者 – 资源相互作用网络中每一个连续阶段的重组利用。本章中, 我们将从植物的资源开始介绍, 特别关注光合作用中的两个重要资源: 辐射和 CO_2。总体来说, 无机资源为植物个体的生长提供了动力, 决定了整个陆地 (或海洋) 的初级生产力 (primary productivity): 即单位面积内植物生物量的产生速率。在第 17 章中将探讨初级生产力的模式。本章中将用相对较少的篇幅来介绍动物的食物资源, 因随后的章节 (第 9~12 章) 将陆续介绍捕食者、植食动物、寄生物和食腐生物 (死亡有机体的消费者和分解者) 的生态学。本章和前一章的开篇相似, 都介绍了生态位, 在条件维度中加入了资源维度。

3.2 辐射

太阳辐射是绿色植物用于代谢活动的唯一能量来源。植物能不同程度吸收射入大气中的太阳能, 或经其他物体反射或传输的太阳能。在低纬度地区, 直射光最强 (图 3.1)。此外, 在温带气候区一年中的大部分时间和干旱气候区的一整年中, 陆地群落的林冠没有覆盖地表, 因此入射辐射大多落在光秃秃的树枝或裸地上。

辐射的去向

当辐射被植物截获时, 它有可能被反射 (波长不变)、传递 (一些波段的光被过滤) 或吸收。部分吸收的辐射能可提高植物的温度, 并以更长的波长被植物辐射出去。在陆生植物中, 部分吸收的辐射为水分蒸发提供潜热, 从而为蒸腾流提供了动力。小部分吸收的辐射能到达叶绿体并驱动光合作用的进行 (图 3.2)。

辐射能要么被捕获, 要么永远消失

在光合作用中, 辐射能可以转化成能量丰富的碳化合物, 这些碳化合物随后将在呼吸作用过程中被分解 (被植物本身或者取食植物的生物体)。但是除非落在叶片上的辐射能够被立即捕获并进行化学固定, 一般辐射能将被不可避免的损失。光合作用所固定的辐射能只传递一次。这与氮和碳原子或水分子完全不同, 它们能在生物有机体的世代更替中不断循环。

光合有效辐射

太阳辐射是一种由不同波长组成的资源连续体, 但光合作用器官只能获取部分波段内的能量。所有的绿色植物都依赖叶绿素或其他色素来进行光合作用的碳固定, 这些色素可以吸收波长在 400~700 nm 范围内的辐射能, 这是光合有效辐射 (photosynthetically active radiation, PAR)

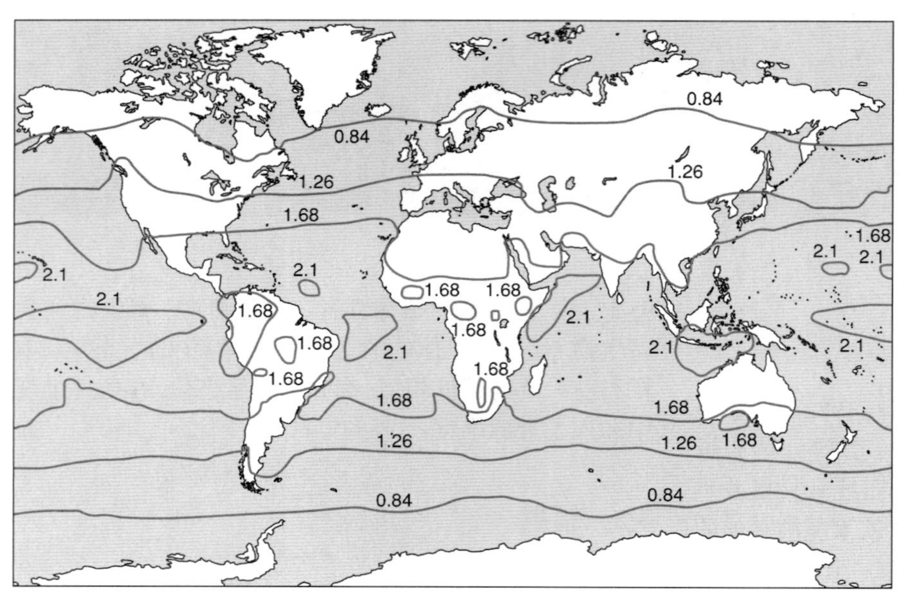

图 3.1　地球－大气系统每年吸收太阳辐射的全球分布图: 数据来自于 Nimbus 3 气象卫星辐射计, 单位是 J cm^{-2} min^{-1} (仿 Raushke *et al.*, 1973)。

波段, 与我们肉眼可见的光谱范围 (我们称为 "光") 大体相似。地球表面约有 56% 的入射辐射在 PAR 范围之外, 因而不能被绿色植物所利用。但在其他生物有机体中, 有些色素, 如细菌叶绿素, 能在绿色植物的 PAR 范围之外进行光合作用。

3.2.1　辐射强度和质量的变化

高强度光抑制

植物很少能发挥其固有的光合作用能力, 主要原因是辐射强度经常发生变化 (图 3.3)。植物形态和生理机能可使光合作用在某一辐射强度下达到最佳, 但通常并不适合于另一辐射强度。在陆地生境中, 叶片的辐射区域时时变化, 同时其他叶片也会改变它们所接受辐射的强度和质量。像所有的资源一样, 辐射的供给亦存在规律 (包括昼夜的和年际的) 和不规律的变化。而且, 很难说, 辐射强度比最大辐射强度的高或低多少时光合作用最有效。在高强度辐射条件下, 光合作用将产生光抑制 (photoinhibition) (Long *et al.*, 1994)。因此植物的固碳速率将随着辐射强度的增加而降低。高强度的辐射还会导致危害性的植物过热。辐射是植物所必需的资源, 但植物对该资源的获取既会出现过量, 也会出现不足。

辐射供应的规律性变化

太阳辐射具有年节律和日节律 (图 3.3a,b)。绿色植物每天 (极地附近除外) 和每年 (热带地区除外) 都经历着辐射资源缺乏和充裕的阶段和季节。在水生环境中, 辐射强度呈现规律性和可预见性的变化: 辐射强度随水深的增加而降低 (图 3.3c), 尽管其变化程度可能存在较大的差异。例如, 水透明度的差异在很大程度上是由悬浮颗粒浓度和浮游植物密度的不同所引起的 (见下文), 所以海草可在生产力相对较低的公海深达 90 m 的固体基底物上生长; 而淡水中的大型植物则很少在 10 m 以下生长 (Sorrell *et al.*, 2001), 它们通常生长在非常浅的地方, 这主要是由悬浮颗粒浓度以及浮游植物的密度差异所导致的。

生物体可通过改变生理机能以及适应进化来对规律性和可预测性的资源供应作出响应。在温带地区, 落叶林叶片的季节性脱落部分反映了辐射强度的年节律, 即当它们基本无用时便会脱落。结果, 处在下层的物种的常绿叶可能经历进一步的规律性变化, 因为处在上层的物种叶片产生的季节性循环决定了辐射穿透并到达下层叶片时还会剩下多少。许多物种的叶片的日运动也反映了入射辐射强度和方向的不断变化。

阴影: 资源消耗区

在叶片的辐射环境中, 由邻近叶片的自然特征和位置引起的规律性变化较少。每顶树冠、每株植物和每片叶片由于辐射被阻断, 均产生了资源消耗区 (resource-depletion zone, RDZ), 即同株植物或其他植物的叶片移动所产生的阴影带。树冠深处, 阴影变得很难界定, 因为很多辐射通过漫射和反射丧失了它们最初的方向。

水生生境中随水深和浮游生物密度增加而呈现消光现象

尽管漂浮在水面上的植物, 尤其是池塘或湖泊中的植物, 都会不可避免地对水下的辐射区域产生较大的影响, 但因为随着水流移动的缘故, 水下植物产生的

图 3.2 到达不同植物群落上的太阳辐射的反射 (R) 和衰减。箭头表示到达植物不同部位的入射辐射能的百分比。(a) 北方森林中的白桦和云杉混交林; (b) 松树林; (c) 向日葵; (d) 玉米地。图中展示的数据均是自特定群落中获取, 不同生长阶段的森林或庄稼以及测定时间和季节的不同将会导致数据之间存在较大差异 [仿 Larcher (1980) 及其他来源]。

规律性遮阴效应很小。靠近水表面的浮游植物细胞也遮住了下面的细胞, 因此光照强度随着水深增加减弱得越多, 浮游植物密度增加得越大。图 3.4 给出了在一定深度的实验条件下, 12 天内阳光透射随单细胞绿藻 *Chlorella vulgaris* 种群密度的增加而降低 (Huisman, 1999)。

太阳辐射质和量的变化

在穿过树冠层或水体后, 太阳辐射的成分在变化着。PAR 组分已经降低, 尽管这种降低也可能会降低光抑制和过热, 但这一部分辐射对光合作用来说用处不大。图 3.5 描述的是在淡水生境中太阳辐射随水深变化的例子。

阳生和阴生物种

陆生物种对辐射强度规律性变化响应的主要差异, 体现在 "阳生物种" (sun species) 和 "阴生物种" (shade species) 在演化过程中所形成的变异。一般而言, 典型的阴生植物比阳生植物能更有效地利用低强度的辐射, 而阳生物种则能更有效地利用高强度的辐射 (图 3.6)。这种差

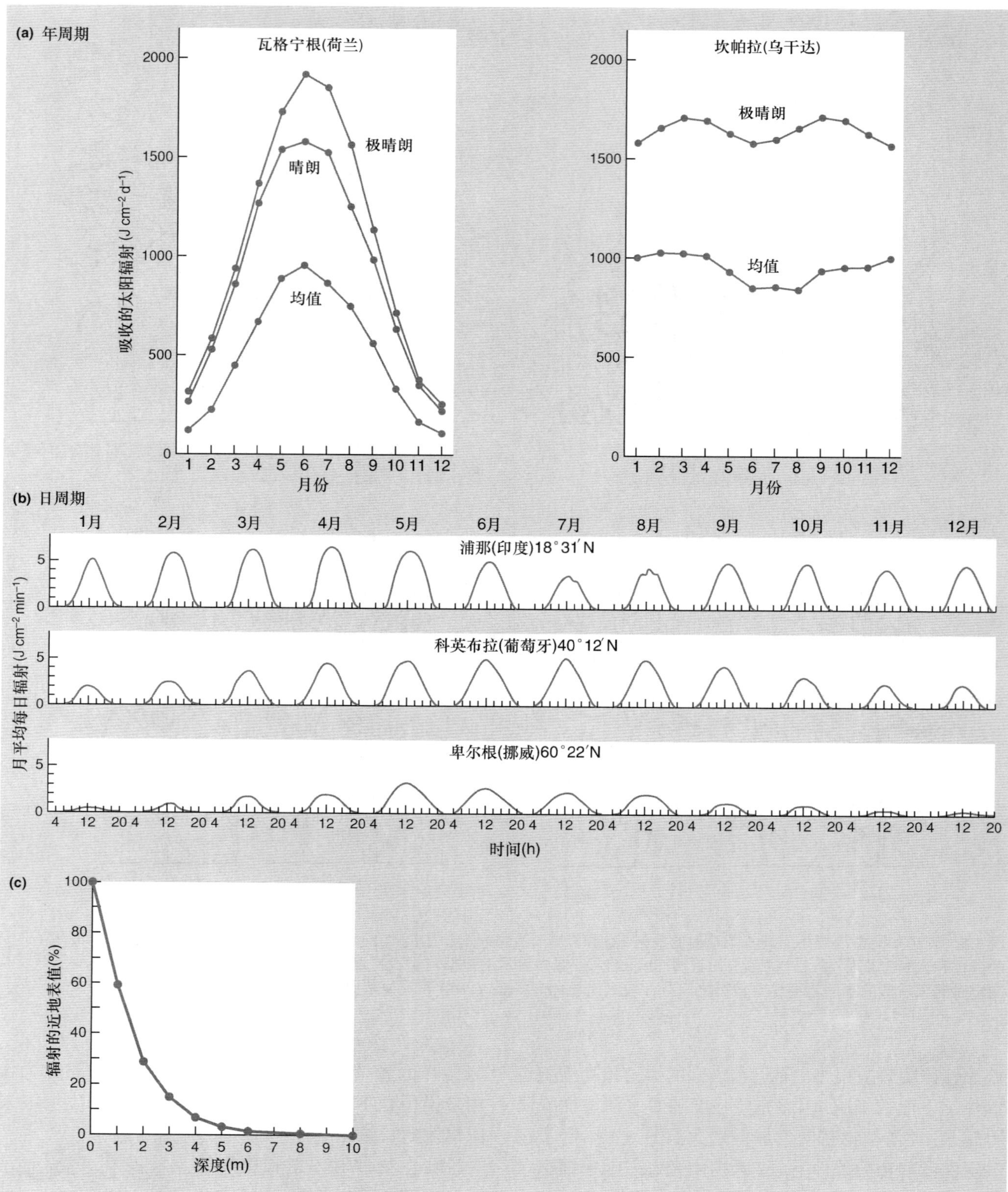

图 3.3 (a) 瓦格宁根 (荷兰) 和坎帕拉 (乌干达) 全年日吸收太阳辐射的总量。(b) 浦那 (印度)、科英布拉 (葡萄牙) 和卑尔根 (挪威) 日辐射的月平均值 [图 (a, b)] [仿 de Wit (1965) 及其他来源]。(c) 一个淡水生境中太阳辐射强度呈指数递减 (Burrinjuck Dam, 澳大利亚) (仿 Kirk, 1994)。

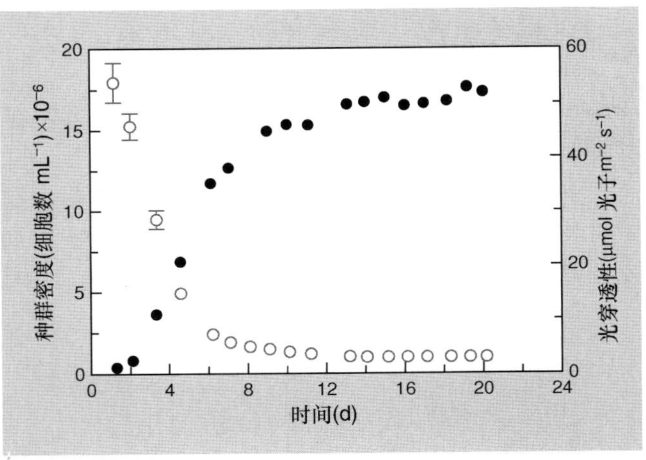

图 3.4 随实验室培养条件下单细胞绿藻——小球藻 (*Chlorella vulgaris*) 种群密度 (•) 的增加, 光的穿透降低 (○; 固定水深的光照强度)。误差线表示标准差; 当误差线的大小小于符号时, 可以省略 (仿 Huisman, 1999)。

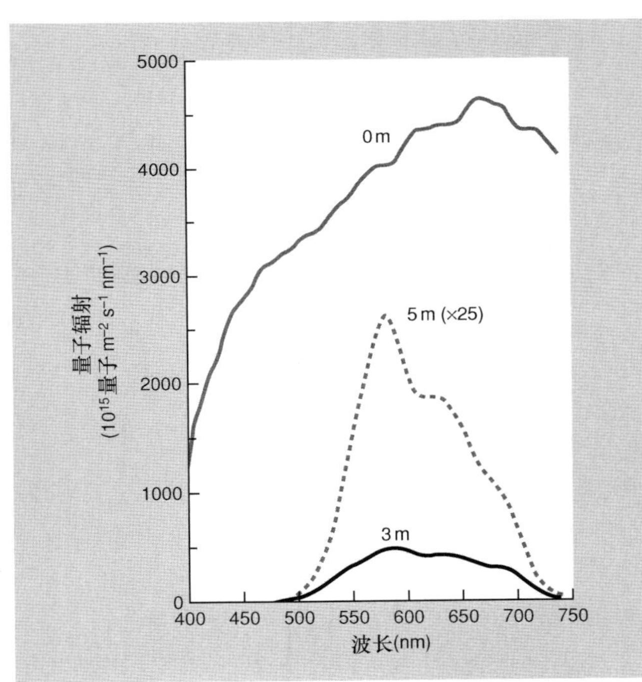

图 3.5 澳大利亚格里芬湖 (Lake Burley Griffin) 中太阳辐射光谱分布随水深增加而变化。光合有效辐射介于 400~700 nm (仿 Kirk, 1994)。

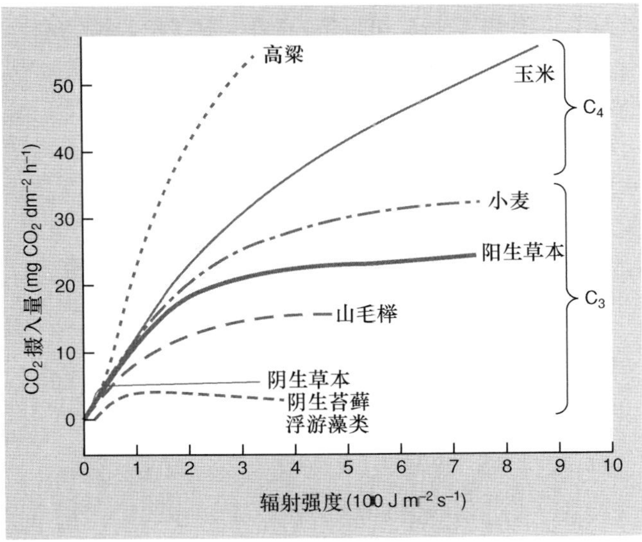

图 3.6 最适温度和 CO_2 自然供应条件下不同植物光合作用对光照强度的响应。玉米和高粱属于 C_4 植物, 其他属于 C_3 植物 (这些术语将在第 3.3.1 节和第 3.3.2 节中进行解释) [仿 Larcher (1980) 及其他来源]。

异部分是由叶片的生理原因所致, 但植物的形态也影响着叶片捕获辐射的效率。正午时, 阳生物种的叶片通常呈锐角暴露于太阳之下 (Poulson & DeLucia, 1993)。入射的辐射光束在较大的叶面散布开来, 从而有效地降低了辐射强度。当太阳光垂直射向叶片面时对光合作用最适的光照强度, 对呈锐角倾斜的叶片而言可能是合适的。阳生物种的叶片经常叠合成多层冠层。在灿烂的阳光下, 即使底层被遮挡的叶片也可能具有正的净光合速率。阴生物种通常具有近乎水平且单层的冠层。

阳叶和阴叶

与这些"策略"性的差异相比, 植物在其生长过程中通过长出不同的叶片来对辐射环境作出"战术"性响应。上述情况通常导致在同株植物冠层中形成阳叶 (sun leaf) 和阴叶 (shade leaf)。阳叶通常小而厚, 单位面积内具有更多的细胞、更密集的叶脉、更致密的叶绿体以及单位叶面积更大的干重等。这些"战术策略"通常发生在单个叶片甚至是其中某一部分, 而不是发生在整个植株上, 然而这些策略的运用需要时间。为了长出阳叶或阴叶, 芽或生长的叶片必须感受周边环境并长成具有适宜结构的叶片从而对环境做出战术响应。比如, 植物不可能迅速改变其形状来适应阴天和晴天辐射强度的变化。然而, 它能十分快速地改变光合作用的速率, 甚至能捕获扫过的光斑来进行光合作用。叶片光合作用的速率也依赖其他旺盛生长部位对其光合作用的需求。如果植株对光合产物没有需求, 即使条件理想, 植物的光合作用也可能会减弱。

水生物种的色素变异

在水生生境中, 物种之间的大部分变异可由光合色素的差异来解释, 这些色素有助于物种精确利用长波辐射 (Kirk, 1994)。在 3 种类型的色素 (即叶绿素、类胡萝卜素和胆蛋白) 中, 所有光合植物都含有前两种色素, 而很多藻类也含有胆蛋白; 在叶绿素中, 所有的高等植物都含有叶绿素 a 和 b, 而许多藻类只含有叶绿素 a, 有些含有叶绿素 a 和 c。图 3.7 列举了许多水生植物所具有的色素的吸收波长、吸收光谱以及相关的分布差异 (深度相关)。Kirk (1994) 也给出了色素、植物性状以及分布之间存在直接联系的翔实证据。

3.2.2 净光合作用

光合作用速率是指植物捕获辐射能并将其固定在有机碳化合物中的总速率。然而, 我们通常考虑更多的, 同时更易于检测的是净光合作用。净光合作用指干物质的增加量 (或减少量), 是总光合作用与植物呼吸以及死亡引起的损失之间的差值 (图 3.8)。

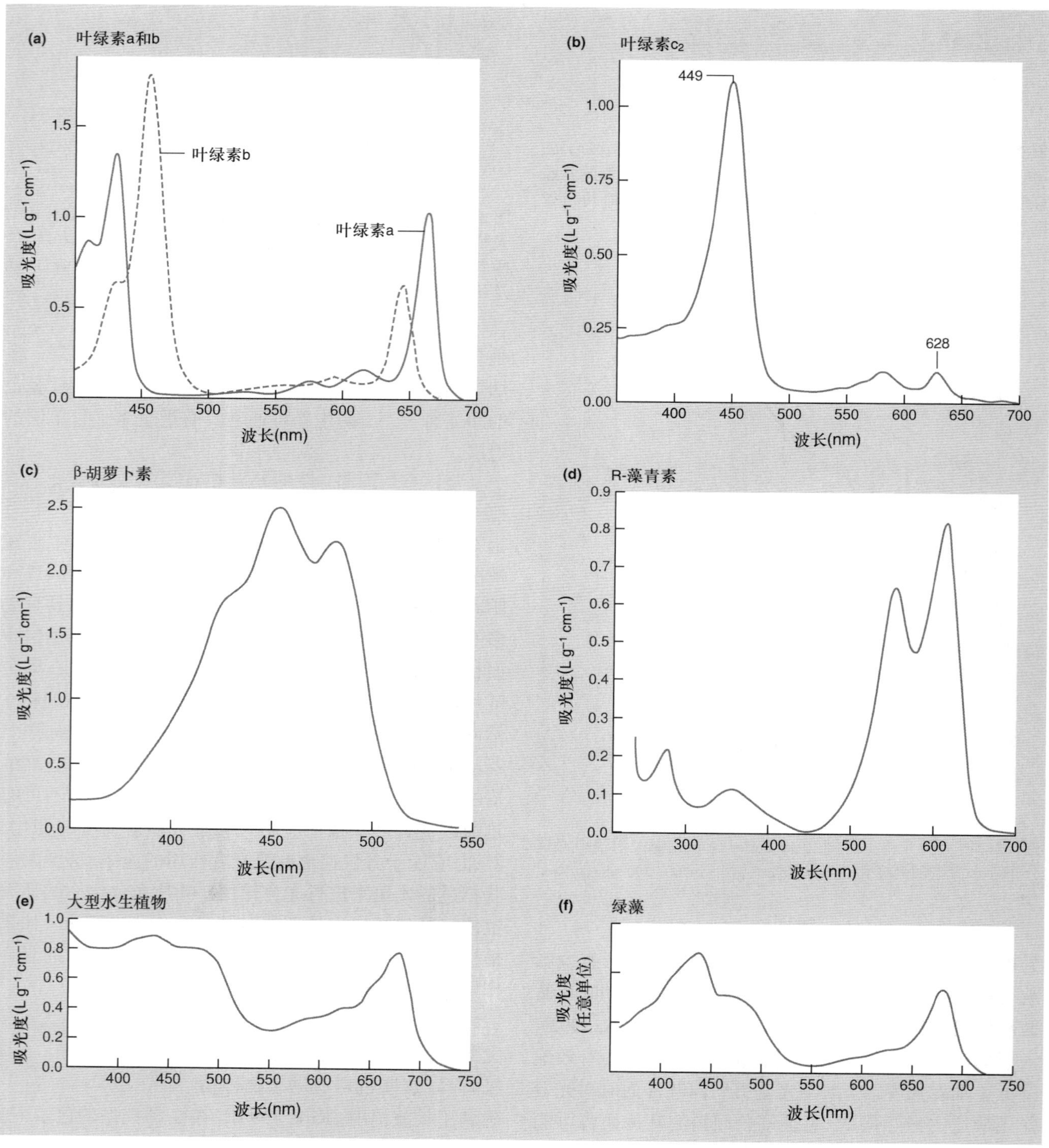

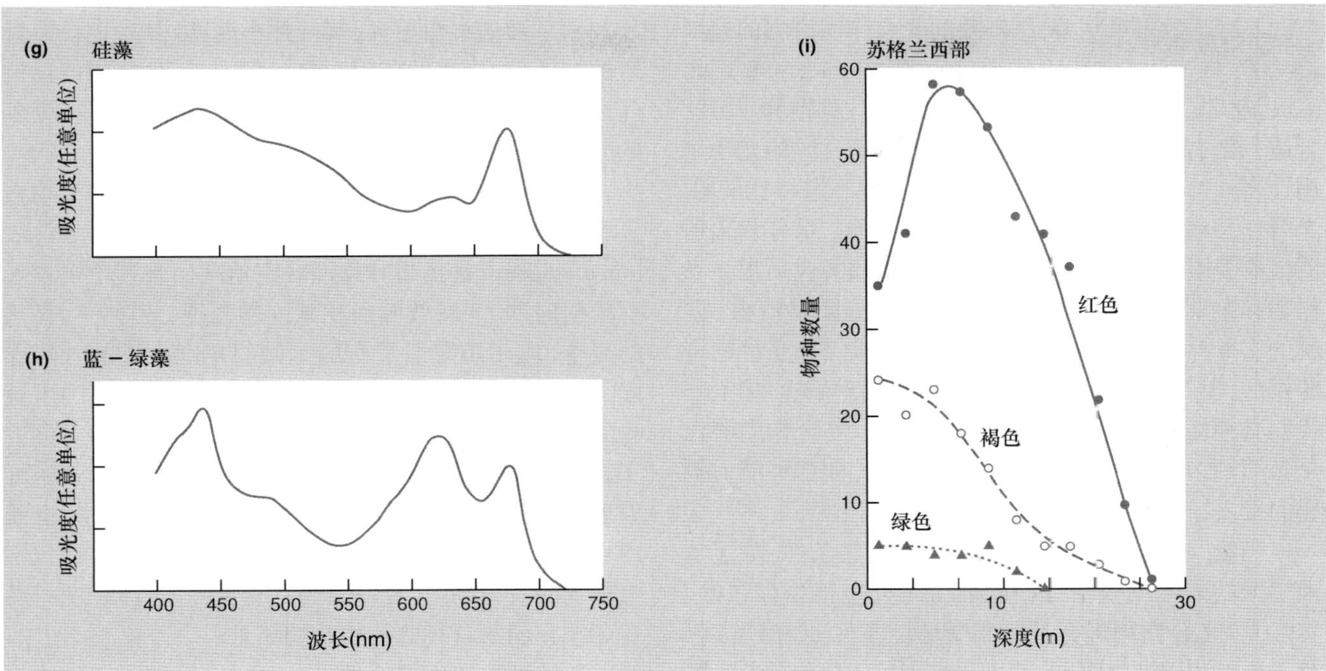

图 3.7 (a) 叶绿素 a 和 b 的吸收光谱; (b) 叶绿素 c_2 的吸收光谱; (c) β-胡萝卜素的吸收光谱; (d) 胆蛋白质、R-藻青素的吸收光谱; (e) 来自澳大利亚吉耐德拉湖 (Lake Ginnindera) 的大型淡水植物——苦草 (*Vallisneria spiralis*), 一枚叶片的吸收光谱; (f) 蛋白核小球藻 (*Chlorella pyrenoidos*) (绿色) 的吸收光谱; (g, h) 硅藻属小舟形藻 (*Navicula minima*) 和集胞藻属 (*Synechocystis* sp.) (蓝－绿) 的吸收光谱; (i) 苏格兰西海岸 (56°～57° N) 不同水深 (不同的光照) 处的底栖红藻、绿藻和褐藻的数量 (仿 Kirk, 1994; 数据来自不同来源)。

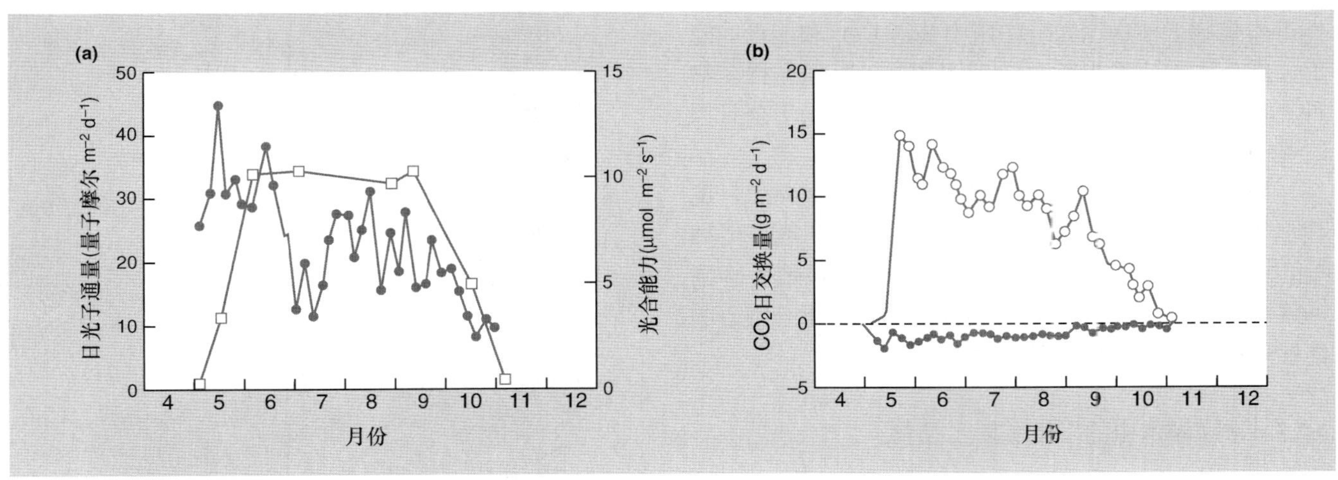

图 3.8 1980 年, 栓皮槭 (*Acer campestre*) 叶片净光合作用速率年度事件的进程。(a) PAR 强度的变化 (●), 叶片光合作用能力的变化 (□), 在春季出现, 上升至平台期, 接着在 9 月下旬和 10 月下降; (b) 每日固定的 CO_2 (●) 和夜间通过呼吸作用损耗的 CO_2 (○)。年总光合作用量达 1342 g CO_2 m^{-2}, 夜间呼吸损耗 150 g CO_2 m^{-2}, 净光合作用为 1192 g CO_2 m^{-2} (仿 Pearcy *et al.*, 1987)。

光补偿点

黑暗中当呼吸作用超过光合作用时, 净光合作用是负的。净光合作用随 PAR 的强度而增加。光补偿点 (*compensation point*) 是指总光合作用产物和呼吸作用以及其他活动所消耗量达到精确平衡时的 PAR 强度。与阳生物种比, 阴生物种叶片的呼吸作用速率较低。因此, 当两者在隐蔽环境中生长时, 阴生物种的净光合作用要比阳生物种大。

光合作用潜力 叶片间光合作用潜力的差异可达近 100 倍 (Mooney & Gulmon, 1978)。光合作用潜力是指入射能达到饱和、温度合适、相对湿度较高、CO_2 和氧气浓度正常时的光合作用速率。当不同物种的叶片在理想条件下进行比较时，光合作用潜力最强的叶片一般来自营养、水分和辐射能很少受限的环境 (至少在生长季节如此)，包括很多农作物和杂草。资源匮乏生境中的物种 (如阴生植物、沙漠的多年生植物和欧石南丛物种等) 即使有充足的资源供应，其光合作用潜力也比较低。要理解这些模式，我们必须注意到，同所有其他能力一样，光合作用潜力是必须 "构建" 的，只有在充分利用以后，向这种能力构建的投入才会得到回报。

当然，植物获得光合作用潜力的理想条件，除了生理学家的人工气候室等控制环境之外是很少存在的。实际上，光合作用进行的速率受环境条件 (如温度) 以及资源可利用性的限制，而不是辐射能。只有当光合作用产物 (用于芽及块茎等的生长) 主动减少时，叶片的光合作用速率似乎才能达到最大。此外，在单个植物的不同叶片之间和不同物种的叶片之间，叶片的光合作用能力都与氮含量浓度高度相关 (Woodward, 1994)。叶片中约有 75% 的氮被叶绿体消耗，表明氮的可利用性可能限制了植物在光合作用中获得 CO_2 和能量的能力。光合作用速率也随 PAR 强度而增加，但在很多物种 (如 C_3 植物，详见下文) 中，在辐射强度低于全日照时光合作用速率已达到平台值。

绿色植物利用辐射能的最高效率是 3%～4.5%，此数据来自于低强度 PAR 时培养的微藻。在热带雨林中，该值下降到 1%～3%；在温带森林中，该值下降到 0.6%～1.2%；温带作物的效率大概是 0.6%。所有群落的能量学都依赖于这样的效率水平。

3.2.3 常绿灌木中的阳生和阴生植物

前文很多观点都来自于对常绿灌木柳叶石楠 (*Heteromeles arbutifolia*) 的研究。该植物可以生长在加利福尼亚的丛林中，植株冠层上部的枝条通常暴露在充足的阳光和高温下，尤其在干旱季节。该植物也可生长在林地生境中，那里的植物既生长在开阔地又可生长在荫蔽的林下 (Valladares & Pearcy, 1998)。将林下的阴生植物和丛林中的阳生植物进行比较发现，后者吸收的光子通量密度 (photon flux density, PFD) 是前者的 7 倍。与阴生植物相比 (图 3.9 和表 3.1a)，阳生植物的叶片和水平面的夹角更大，其叶片小而厚，并且生长在较短的枝条上 (更小的节间距离)。同时，阳生植物的单位叶面积 (并非单位生物量) 的光合作用能力更强 (更多的叶绿体以及更高的氮含量)。

这些差异的 "结构性" 后果首先体现于阴生植物在夏季的投影效率较高，而在冬季较低。投影效率 (projection efficiency) 是指当叶片以一定角度而非直角接收入射辐射时，叶片有效叶面积减少的程度。因此，在炎热的夏季，阳生植物所具有的呈倾斜角度生长的叶片更多，更宽的叶面积使得它们吸收的太阳辐射比阴生植物的水平叶片更多，但是在冬季太阳辐射更多以接近于直角的角度穿透阳生植物的叶片。而且，投影效率可以通过改变叶面的自我遮蔽的比例而进行调控，也就产生了 "表观效率" (display efficiency)。阴生植物比阳生植物的效率高，在夏季它们具有更高的投影效率，而在冬季它们的自我遮蔽相对较缺乏。

整株植物的生理特性 (表 3.1b) 既反映了植物的结构，又反映了单个叶片的形态和生理。光的吸收效率，

图 3.9 沿着早晨 (a, b) 和中午 (c,d) 太阳光线的路径观察，通过计算机模拟重构的常绿灌木柳叶石楠 (*Heteromeles arbutifolia*) 典型阳生 (a, c) 和阴生 (b, d) 茎。暗色表示部分叶片被同株植物的其他叶片所遮蔽。比例尺 =4 cm (仿 Valladares & Pearcy, 1998)。

表 3.1 (a) 阳生和阴生灌木柳叶石楠 (*Heteromeles arbutifolia*) 嫩枝和叶片的差异。括号内的数据为标准差; (b) 整株阳生植物和阴生植物的特征 (仿 Valladares & Pearcy, 1998)。

(a)

	阳生叶	阴生叶	*P*
节间距离 (cm)	1.08 (0.06)	1.65 (0.02)	< 0.05
叶片角度 (°)	71.3 (16.3)	5.3 (4.3)	< 0.01
叶面积 (cm^2)	10.1 (0.3)	21.4 (0.8)	< 0.01
叶片厚度 (μm)	462.5 (10.9)	292.4 (9.5)	< 0.01
光合作用能力 (单位面积) (μmol $CO^2m^{-2}s^{-1}$)	14.1 (2.0)	9.0 (1.7)	< 0.01
光合作用能力 (单位质量) (μmol $CO^2kg^{-1}s^{-1}$)	60.8 (10.1)	58.1 (11.2)	NS
叶绿素含量 (单位面积) (mg m^{-2})	280.5 (15.3)	226.7 (14.0)	< 0.01
叶绿素含量 (单位质量) (mg g^{-1})	1.23 (0.04)	1.49 (0.03)	< 0.05
叶片氮含量 (单位面积) (g m^{-2})	1.97 (0.25)	1.71 (0.21)	< 0.05
叶片氮含量 (% 干重)	0.91 (0.31)	0.96 (0.30)	NS

(b)

	阳生植物		阴生植物	
	夏季	冬季	夏季	冬季
E_P	0.55^a	0.80^b	0.88^b	0.54^a
E_D	0.33^a	$0.38^{a,b}$	0.41^b	0.43^b
自我遮阴比例	0.22^a	0.42^b	0.47^b	0.11^a
$E_{A,direct\ PFD}$	0.28^a	0.44^b	0.55^c	0.53^c
LAR_C (cm^2g^{-1})	7.1^a	11.7^b	20.5^c	19.7^c

E_p, 投影效率; E_D, 表观效率; E_A, 吸收效率; LAR_e, 有效叶面积比; NS, 无显著差异。不同字母表示差异显著 ($P < 0.05$)。

如同表观效率, 也同时反映了叶片的生长角度和自我遮蔽程度。因此, 阴生植物对光的吸收效率要高于阳生植物, 尽管冬季阳生植物的效率显著高于夏季。阴生植物的有效叶比率 (effective leaf ratio) (单位生物量的光吸收效率) 要远远大于阳生植物 (因为叶片薄的缘故), 尽管后者在冬季稍高些。

总之, 尽管只接收相当于阳生植物 1/7 的 PFD, 但阴生植物可将此差异减少到 1/4, 并将每日碳摄取速率差异减少到只有 1/2。阴生植物通过提高光捕获能力而有效地弥补了它们较弱的光合作用潜力。阳生植物可被看作在整株植物的最大光合作用以及避免光抑制和叶片过热两方面之间形成了折中。

3.2.4 是进行光合作用还是保水? 战略和战术方案

气孔开度

实际上, 只考虑辐射而不考虑水资源是不合理的, 在陆地生境中尤其如此。只有可利用的 CO_2 存在, 捕获的太阳辐射才能用于光合作用。CO_2 主要是通过张开的气孔进入植物体内的。但是气孔张开, 水分就会蒸发。如果水分的散失速率快于吸收速率, 叶片 (和植物) 迟早会枯萎, 并最终导致死亡。在大多数陆生群落里, 水至少在某些时候是不足的。那么, 植物应该以降低光合作用为代价而保水, 还是冒着将水耗尽的危险而使光合作用达到最大? 我们再次遇到了这样的问题: 最佳对策是采取严密的战略或是具备某种能力来做出战术应对? 两种对策都有好的实例, 它们也存在折中。

休眠期间的短暂活动

当水资源丰富时, 植物采取得最多的策略或许是进行短期的生命活动和较强的光合作用活性, 而在剩余的时间内无论是光合作用还是呼吸作用都保持休止状态 (如很多沙漠一年生植物、一年生杂草和多数一年生农作物)。

叶片的外观和结构

其次, 寿命长的植物会在水资源丰富时长出叶片, 而在干旱时脱落 (如很多金合欢属物种)。在以色列沙漠中, 有一些灌木 (如 *Teucrium polium*) 在土壤水分可自由利用时会长出分裂的、角质层很薄的叶片。这些叶片在干旱季节会被不裂的、角质层厚的细小叶片所取代, 这些叶片脱落后只剩下绿色的棘和

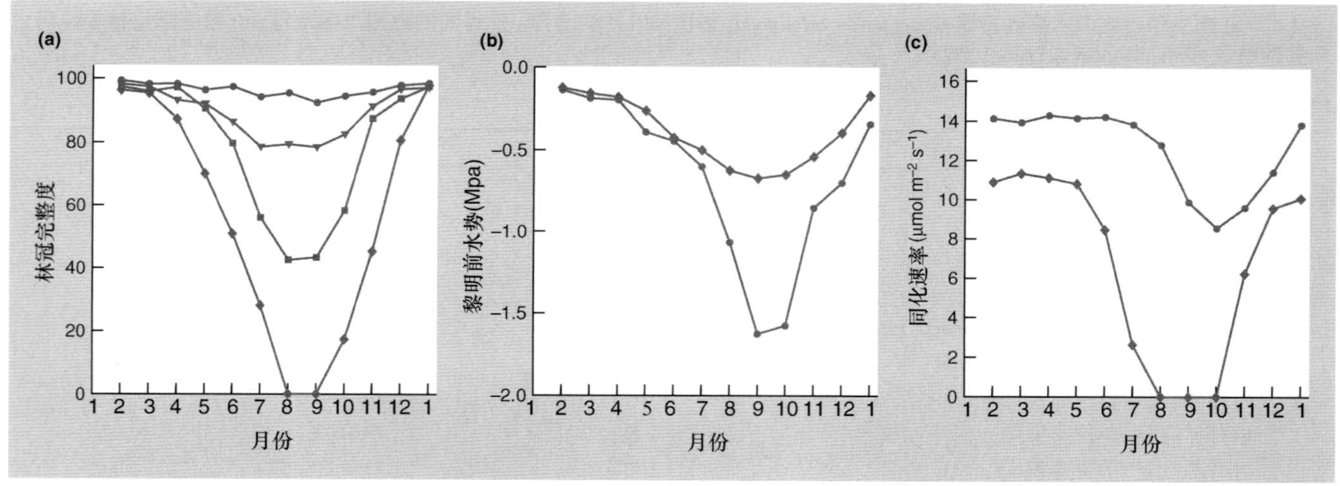

图 3.10　(a) 澳大利亚热带大草原落叶林(◆)、半落叶林(■)、偶落叶林(▼)和常绿林(●)全年林冠的完整度(注: 南半球的旱季从 3 月到 11 月); (b) 落叶林 (◆) 和常绿林 (●) 对干旱的敏感程度通过 “黎明前水势” 不断增加的负值来测定; (c) 通过碳同化速率测得的落叶林 (◆) 和常绿林 (●) 的净光合作用 (仿 Eamus, 1999)。

刺 (Orshan, 1963): 这样就随季节产生了有序的多态性, 叶片结构最终被具有较低光合作用活性而保水的结构所取代。

再次, 那些长寿、呼吸缓慢且耐受缺水环境的叶片, 即使在水资源丰富时也不能快速进行光合作用 (如常绿沙漠灌木)。叶片的结构性特点如绒毛、深陷的气孔以及叶片下表面特定区域的气孔都具有减少水分散失的功能。但是, 同样的结构性特点也减少了 CO_2 的吸收速率。叶表面的蜡质和绒毛将大部分不在 PAR 范围之内的辐射反射掉, 因此能保持叶片温度较低并减少水分的散失。

生理策略

最后, 一些植物类群能够进化出独特的生理途径: C_4 途径和景天酸代谢途径 (CAM), 这些内容将在第 3.3.1 节至第 3.3.3 节中进行详细阐述。这里, 需要提醒大家注意的是, 相比于 C_4 途径以及 CAM 途径, 进行 “常规” (如 C_3) 光合作用的植物是浪费水的。C_4 植物对水的利用效率 (单位水分蒸发所固定的碳) 可能是 C_3 植物的两倍。

澳大利亚的稀树草原中两种策略共存

季节性干旱的热带森林和林地很好地说明了不同策略解决一个共同问题的可行性 (Eamus, 1999)。这些群落在非洲、美洲、澳大利亚和印度是自然分布的, 而在人类干预下, 这些群落也能在亚洲分布。非洲和印度的热带稀树草原以落叶物种为主, 南美的大草原以常绿林为主, 而澳大利亚的热带稀树草原则被 4 种数量相当的物种所占据 (图 3.10a): 常绿物种 (整年都有完整的林冠)、落叶物种 (每年最少 1 个月通常是 2~4 个月掉光所有的叶片)、半落叶物种 (每年脱落 50% 或更多的叶片) 和偶落叶 (brevideciduous) 物种 (只脱落约 20% 的叶片)。在这一连续体的最后, 落叶物种会大幅度降低蒸腾速率而避免在干旱季节 (澳大利亚的 3 — 11 月) 枯死 (图 3.10b), 但是常绿物种整年都维持着正的碳平衡 (图 3.10c), 而落叶物种几乎有 3 个月的时间处于光合作用产物为零的状态。

对光合作用和水散失速率的控制可通过改变气孔 “导度” (conductance) 来进行, 这可在一天中快速发生, 并使植物快速响应突然的水资源短缺。气孔张开与闭合的节律能保证植物地上部分除在活跃的光合作用期外或多或少是节水的。这些节律可能是日节律, 会对植物体内水分状态进行快速响应。气孔运动甚至可被叶面本身的干燥情况直接诱导 —— 植物能在第一时间感受到这些干燥情况并进行响应。

3.3　二氧化碳

全球 CO_2 浓度升高

用于光合作用的 CO_2 几乎全部从大气中获得。大气中 CO_2 的浓度从 1750 年的将近 280 μL L^{-1} 上升到今天的约 370 μL L^{-1}, 而且仍在以每年 0.4%~0.5% 的速度增加 (图 18.22)。在陆生群落中, 晚上从土壤和植物释放到大气中的 CO_2 增加; 晴天, 在正在进行光合作用的植冠层之上, CO_2 浓度降低。

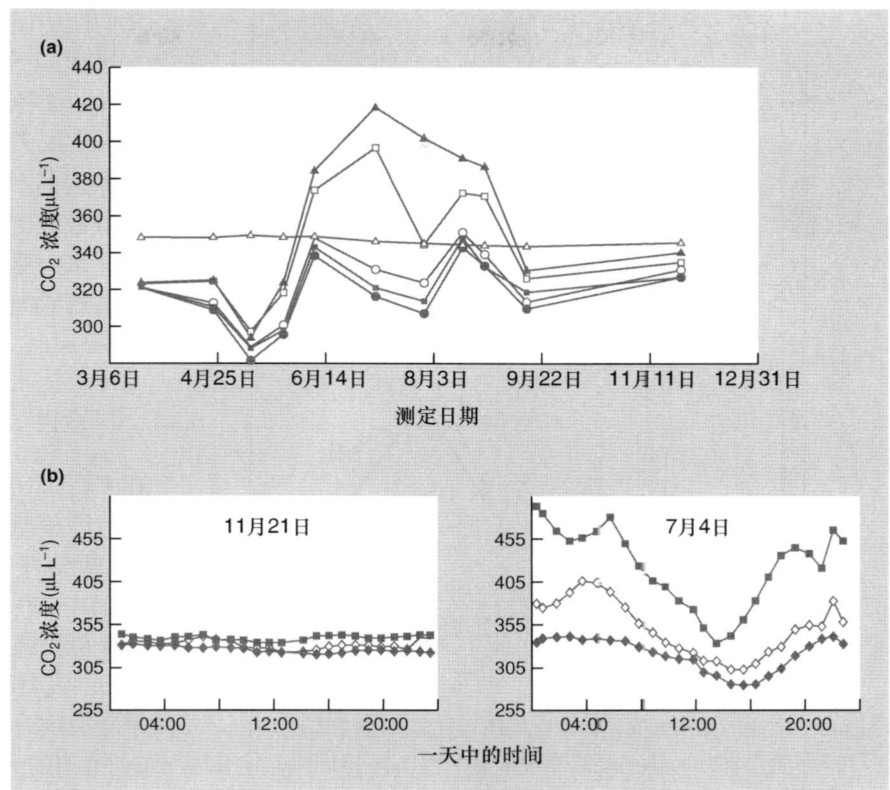

图 3.11 (a) 落叶混交林 (美国马萨诸塞州哈佛森林) 一年中不同时间、不同地表高度的 CO_2 浓度: ▲, 0.05 m; □, 0.2 m; ■, 3.00 m; ○, 6.00 m; •, 12.00 m。为了便于比较, 来自于莫纳罗亚山 (Mauna Loa) 观测站 (△) 的数据置于同一坐标轴上; (b) 11 月 21 日和 7 月 4 日 (平均间隔 3~7 天) 每小时的 CO_2 浓度 (仿 Bazzaz & Williams, 1991)。

林冠下 CO_2 浓度的变化

在植被冠层上, 空气开始快速地混合。然而, 植冠内和植冠下的情况大不相同。在新英格兰落叶林中, 科学家们测定了一年之中距地面不同高度的大气中 CO_2 浓度的变化 (图 3.11a) (Bazzaz & Williams, 1991)。接近地表的 CO_2 浓度最高, 将近 1800 μL L^{-1}, 而在距地面 1 m 处则下降到约 400 μL L^{-1}。在夏天, 高温使得树叶和土壤有机质快速分解, 使得近地表的 CO_2 浓度达到最高。在森林内部更高的地方, CO_2 浓度很少达到 370μL L^{-1}, 这是在夏威夷莫纳罗亚山实验室 (Mauna Loa laboratory) 测得的原位空气 (bulk air) 的大气浓度 (图 18.22)。在冬季, 不同高度的 CO_2 浓度在白天和晚上几乎都保持恒定。但是在夏天, CO_2 浓度形成昼夜循环, 这反映了分解作用产生的和光合作用消耗的 CO_2 之间的相互作用 (图 3.11b)。

不同植被之间 CO_2 浓度变化如此之大, 意味着在森林不同地方生长的植物将会经历截然不同的 CO_2 环境。事实上, 森林灌层下部的叶片比上层的叶片经历的 CO_2 浓度更高, 树苗生存环境中的 CO_2 浓度也要高于成熟树种。

水生生境中 CO_2 浓度的变异

在水生环境中, CO_2 浓度的变化也比较大, 尤其当水体的混合受到限制时, 比如夏季湖水分层 (stratification) 的过程中, 暖水层靠近湖面, 冷水层靠近湖底 (图 3.12)。

对光合作用速率设限

同样, 在水生环境中, 溶解的 CO_2 倾向于和水反应生成碳酸, 然后电离, 这些反应随着 pH 的增加而增加, 因此水中有 50% 或更多的无机碳可能以碳酸氢根离子的形式存在。虽然很多水生植物可以利用此种形式的 CO_2, 但是因为它最终必须再转化成 CO_2 才能用于光合作用, 所以它作为无机碳的来源可能没有太大作用。实际上, 很多植物的光合作用速率会因 CO_2 的有效性而受到限制。如图 3.13 所示, 生长在丹麦湖中两个不同深度的偏叶泥炭藓 (*Sphagnum subsecundum*) 光合作用速率随着 CO_2 浓度的增加而增加。在样品收集的时候 (1995 年 7 月), 采样地水体中 (图 3.12) CO_2 的自然浓度比那些诱导最大光合速率的地方低 5~10 倍。在夏季水体分层的过程中, 即使深处产生高浓度的 CO_2 也不能诱导最大光合速率。

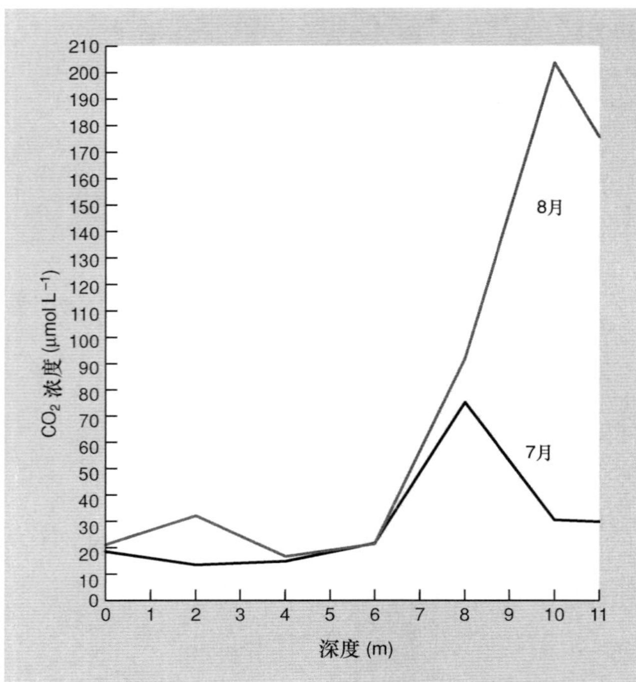

图 3.12　在表面热水和底层冷水之间不存在混合的情况下，7月初和8月末丹麦 Grane Langsø 湖水分层后，水中 CO_2 浓度随水深的变化 (仿 Riis & Sand-Jensen, 1997)。

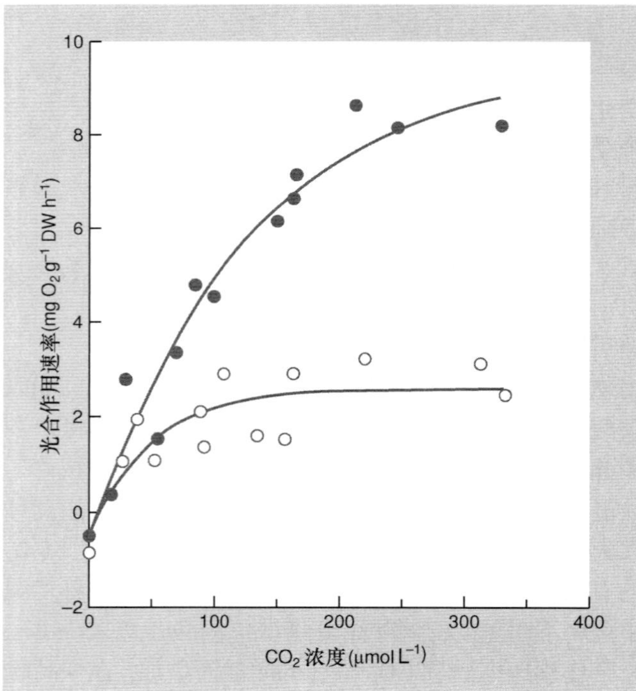

图 3.13　7月初，丹麦 Grane Langsø 湖中深度为 9.5 m (•) 和 0.7 m (○) 处偏叶泥炭藓 (*Sphagnum subsecundum*) 的光合作用速率随人工控制 CO_2 浓度的增加而增加(到平台期)。人工控制条件下的 CO_2 浓度和光合作用的速率比自然条件下高得多 (见图 3.12) (仿 Riis & Sand-Jensen, 1997)。

我们期望用一个独特的生化途径来支持地球生命的基本过程，就像光合作用的碳固定一样。事实上，有三条这样的途径及其变型：C_3 途径 (最常见)，C_4 途径和 CAM 途径 (景天酸代谢途径)。不同途径的生态学后果是意义深远的，尤其是它们能够调节光合作用活性和控制水分散失 (见第 3.2.4 节)。即使对水生植物来说，不存在保水问题，多数植物仍然采用 C_3 途径，它们具有很多富集 CO_2 的机制，从而可以提高 CO_2 的使用效率 (Badger *et al.*, 1997)。

3.3.1　C_3 途径

在 C_3 (Calvin-Benson cycle) 途径中，CO_2 可被 Rubisco 酶 (即核酮糖-1, 5-二磷酸羧化酶) 固定到三碳酸 (磷酸甘油酸) 中，该酶在叶片中含量很高 (占总叶片氮含量的 25%～30%)。该酶也可作为一种氧化酶，其活性 (光呼吸) 可消耗 CO_2 — 从而使固定 CO_2 的净含量减少 1/3。光呼吸随温度增加而加快，结果使得碳固定的总效率随温度升高而降低。

C_3 植物的光合作用速率随辐射强度增加而增加，但会达到平台期。很多物种，尤其是阴生物种的平台期在辐射强度远低于全日照时就会产生 (图 3.6)。与 C_4 植物和 CAM 植物相比，C_3 植物的水利用效率较低，主要是因为 CO_2 扩散进入叶片的速率较慢，这样就会使很多水蒸气从叶片中散失。

3.3.2　C_4 途径

在 C_4 循环 (Hatch-Slack cycle) 中，C_3 途径存在但仅局限于叶片深层的细胞中。通过气孔扩散到叶片的 CO_2 满足了含磷酸烯醇丙酮酸盐 (PEP) 羧化酶的叶肉细胞的需要。该酶将大气中的 CO_2 和 PEP 结合起来产生四碳酸。这些过程能够促进 CO_2 扩散并释放到内层细胞，在那里它进入传统的 C_3 途径。与 Rubisco 酶相比，PEP 羧化酶对 CO_2 具有更高的亲和力，这样就产生了重要的生态后果。

首先，C_4 植物比 C_3 植物能更有效地吸收大气中的 CO_2，所以，C_4 植物每单位固定的碳所散失的水量可能更低。其次，光呼吸释放的 CO_2 几乎全部被抑制，因此，碳的固定效率并不随温度而变化。最后，C_4 植物叶片中 Rubisco 酶的浓度为 C_3 植物的 1/3 至 1/6，因此叶片中的氮含量较低，使得 C_4 植物对多数植食动物并没有吸引力，因此每单位吸收的氮获得的光合作用更多。

让人奇怪的是，为何对水分利用效率较高的 C_4 植物不能在植物世界中占据主导地位？这是由于这种益处的背后存在着明显的代价。C_4 系统的光补偿点很高，且在低光照强度时效率较低：因此阴生植物中的 C_4 物种是低效的。而且，C_4 植物比 C_3 植物具有更高的最佳生长温度：大多数 C_4 植物存在于干热地区或热带地区。在北美，C_4 双子叶植物似乎更多地存在于水供给受限的地方 (图 3.14) (Stowe & Teeri, 1978)，然而，C_4 单子叶植物物种的多度与生长季节中的最高日温度密切相关 (Terri & Stowe, 1976)。当然，这些相关关系并非普遍存在。通常在 C_3 和 C_4 植物交错分布的地方，C_4 植物的比例会随着海拔的升高而降低，在季节性环境条件下 C_4 植物在干热季节中较多而 C_3 植物在湿冷季节中较多。散布到温带区的少数 C_4 植物 (如 *Spartina* spp.) 存在于海洋或其他盐生环境中，那里的渗透压条件可能尤其适合对水分利用率高的植物。

或许 C_4 植物最显著的特征是在茎秆快速生长时它们似乎并不发挥对水分高效利用这一优势，而是将大部分水分供给发达的根系，这提供了一条线索：碳同化速率不是限制它们生长的主要因素，而水资源短缺和/或营养更加重要。

3.3.3 CAM 途径

具有景天酸代谢途径的植物含有对 CO_2 有强富集能力的 PEP 羧化酶。与 C_3 和 C_4 植物相比，这些植物主要在夜间张开气孔固定 CO_2(形成苹果酸)。气孔在白天闭合，CO_2 从叶片内释放并被 Rubisco 酶固定。然而，由于叶片内的 CO_2 浓度很高，像利用 C_4 途径的植物一样光呼吸会被抑制。利用 CAM 光合作用途径的植物在缺水时有着明显的优势，因为当白天蒸发力最强的时候，它们的气孔是关闭的。这种途径在很多科的植物中都存在，并不仅限于景天科植物。这种途径具有高效的保

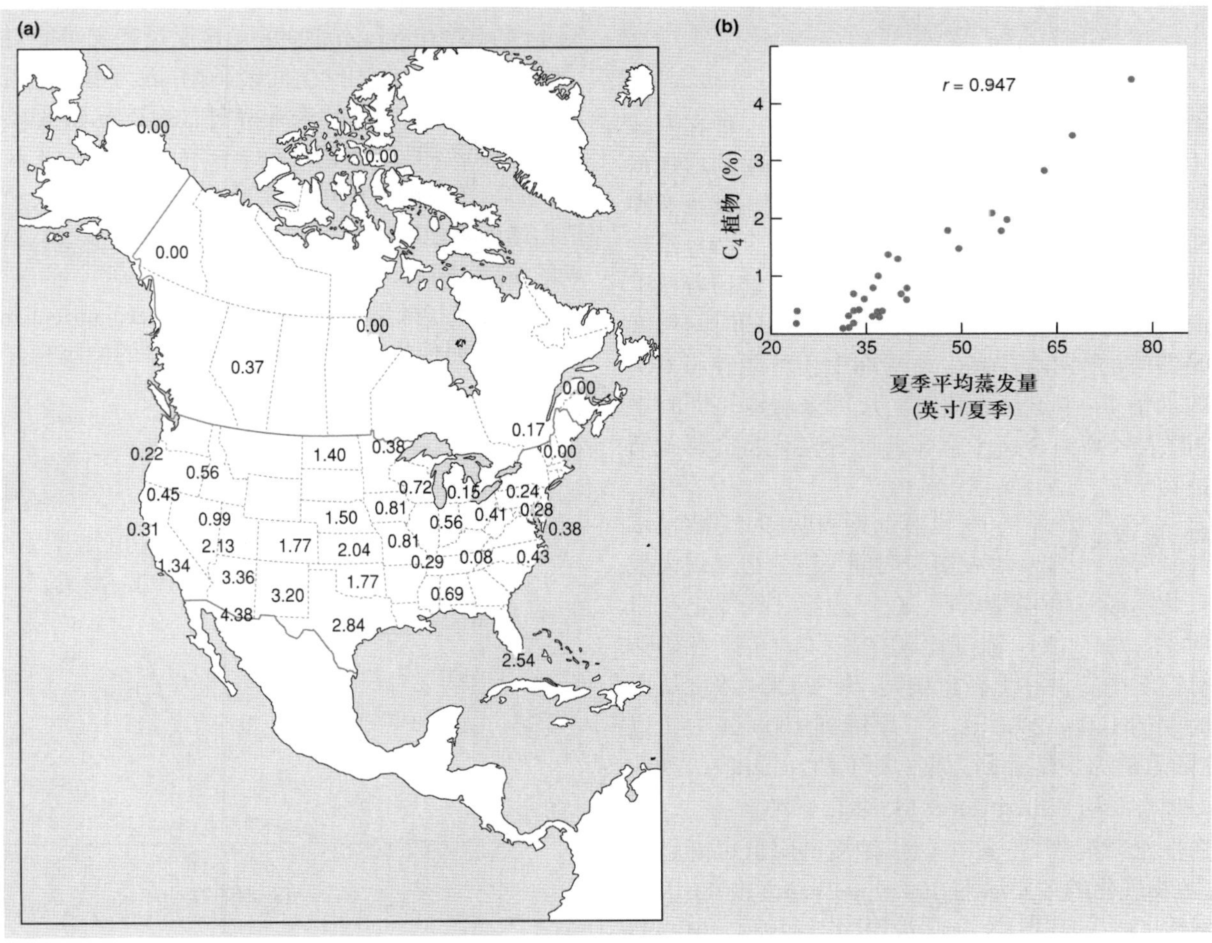

图 3.14 (a) 北美不同地区土著 C_4 双子叶植物物种的百分比；(b) 北美 31 个地区土著 C_4 物种的百分比与夏季 (5—10 月) 平均蒸发量 (植物/水平衡的气候指数) 之间的关系。没有获得适当气候数据的地区和南佛罗里达没有包括在内，特殊的地理和气候可以解释南佛罗里达植物区系组成的异常 (仿 Stowe & Terri, 1978)。

水方式，但CAM植物并没有统治地球。CAM植物的代价之一就是如何保存夜间合成的苹果酸：大多数CAM植物是具有密集储水组织的肉质植物，这也就解决了上述问题。

通常，CAM植物存在于干旱环境中，在该环境下通过调节气孔的张开闭合严格控制日间所需水分对生存至关重要（如沙漠肉质植物）；同时日间CO_2供给也不足，比如沉水的水生植物和缺少气孔的光合作用器官（如能够进行光合作用的兰花气生根）。在干旱期间，有些CAM植物，如*Opuntia basilaris*，气孔在白天和晚上都关闭。那么CAM过程只是简单地使植物处于"空转"状态——只能通过呼吸产生的CO_2来进行光合作用（Szarek *et al.*, 1973）。

Ehleringer和Monson (1993) 对C_3、C_4和CAM光合作用系统进行了分类和系统研究，确凿的证据表明C_3途径在进化上是原始的，奇怪的是在植物王国的进化过程中C_4和CAM系统总是反复且独立地出现。

3.3.4 植物对大气CO_2浓度变化的响应

植物需要的各种资源中，CO_2是唯一一种在全球尺度上增加的资源，这与化石燃料消耗速率的增加以及森林的减少密切相关。Loladze (2002) 指出，虽然在有些时候，全球气候变化可能存在争议，然而CO_2浓度的显著增加却是公认的事实。目前，植物正经历着比工业革命前高30%的CO_2浓度——这从地质时间尺度来看是即时的；树木在其生命周期中还可能经历CO_2浓度的加倍——这从进化时间尺度来看也是即时增加；同时大气高混合速率意味着这些变化将会影响所有的植物。

地质时间的变化

也有证据表明，大气CO_2浓度在更长时间尺度上也呈现大规模的变化。碳平衡模型表明，在三叠纪、侏罗纪和白垩纪时期，大气CO_2浓度比现在高4~8倍；在始新世、新近纪中新世和上新世期间，大气CO_2浓度从白垩纪时期的1400~2800 $\mu L\ L^{-1}$下降到1000 $\mu L\ L^{-1}$以下，在随后的冰川期和间冰期，大气CO_2浓度在180~280 $\mu L\ L^{-1}$波动（Ehleringer & Monson, 1993）。

白垩纪时期以后，大气CO_2浓度的降低可能是驱使C_4植物进化的主要动力（Ehleringer *et al.*, 1991），因为在低浓度CO_2的环境中，光呼吸作用不利于C_3植物的生长。自工业革命以后大气中稳定增加的CO_2浓度和前更新世时期的情况有些相似，这可能使得C_4植物开始丧失其某些优势。

全球CO_2浓度上升的后果是什么？

当其他资源充足时，过多的CO_2几乎不影响C_4植物的光合作用，但能增加C_3植物的光合作用速率。确实，在温室中通常人为升高CO_2浓度来增加农作物（C_3）的产量。我们有理由推测大气CO_2浓度的持续增加将会显著增加植物个体、农作物、森林和自然群落的生产力。仅在20世纪90年代，就发表了2700多例关于开放式大气CO_2浓度增加（free-air CO_2 enrichment, FACE）的实验研究，比较明确的结果是CO_2浓度的加倍通常会促进光合作用并使农作物的平均产量增加41%（Loladze, 2002）。然而，有更多的证据表明此响应可能是非常复杂的（Bazzaz, 1990）。例如，温带森林的6个树种在CO_2浓度增加的温室中生长3年后一般都大于对照组，但是在相对较短的时间尺度内，CO_2浓度对树木生长的促进作用却减小了（Bazzaz *et al.*, 1993）。

CO_2浓度的增加总体上可以改变植物的组成成分，特别是会降低植物地上部分组织中的氮浓度（平均降低14%）（Cotrufo *et al.*, 1998）。这反过来又可能对植物–动物间的相互作用产生间接影响，因为植食昆虫可能多吃20%~80%的叶片来维持它们的氮摄入，但不会迅速增加体重（图3.15）。

CO_2和氮以及微量营养成分

CO_2浓度的升高也可能降低植物体内其他必需营养和微量元素的浓度（图3.16）（见第3.5节），这可能导致"微量元素营养失调"(micronutrient malnutrition)，从而使得超过1/2的世界人口的健康和经济受损（Loladze, 2002）。

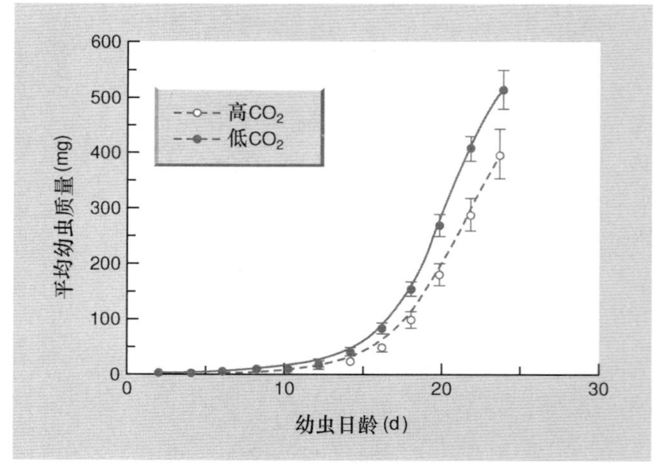

图3.15 在环境CO_2浓度不变和增加的情况下，以长叶车前(*Plantago lanceolata*)为食的鹿眼蛱蝶(*Junonia coenia*)幼虫的生长情况（仿Fajer, 1989）。

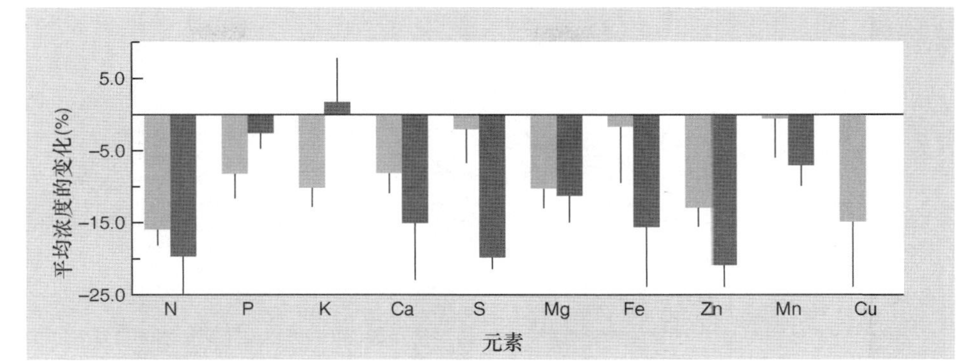

图 3.16 生长在 CO_2 浓度正常和加倍条件下的植物组织中营养物质浓度的变化, 这些数据来自 25 项 (浅色柱图) 不同植物物种的叶片和 5 项 (深色柱图) 小麦的研究。黑线表示标准误 (仿 Loladze, 2002)。

3.4 水

在高等植物的生长过程中, 结合水与蒸腾水相比显得微不足道。尽管如此, 水是一种重要的资源。水合作用是代谢反应得以进行的基本条件, 因为没有任何生物是密不透水的, 它们都需要不断地补充水分。许多陆生动物饮用自由水, 同时也能从食物和身体组分的代谢过程中得到一些水。在干旱地区有一些例子比较极端, 动物需要的水可能全部从食物中获得。

3.4.1 攫水之根

对许多陆生植物而言, 水分主要来自于土壤, 且它们能通过根系从土壤中获得。这里 (下一节关于植物的营养资源) 我们只涉及有根的植物。事实上, 许多植物没有根 —— 它们有菌根: 真菌和根组织之间的一种联系, 两者对整株植物的资源获取都是非常关键的。菌根、植物和真菌各自的作用将在第 13 章中进行讨论。

到目前为止, 还不清楚根是如何从更加原始的器官进化来的 (Harper *et al*., 1991), 然而根的进化几乎是最有影响的事件, 这为广泛的陆生植物区系和动物区系的形成提供了可能。一旦根进化形成之后就能为树提供安全的锚定位点, 而且能帮助树木从土壤中获取矿物质和水分。

田间持水量和永久萎蔫点

下雨或融雪时, 水分进入土壤并且能够储存在土壤颗粒间的孔隙里。孔隙持水量主要依赖于孔隙的大小, 这些孔隙可以通过虹吸作用来克服水的重力从而保存水分。如果孔隙较宽, 比如在沙土中, 很多水分将渐渐枯竭直到下雨或遇到小溪、河流时, 它们才会重新积聚起来。土壤孔隙克服重力所持的水分被称为田间持水量 (field capacity), 这是土壤自由排水保存的水分上限。

植物生长所利用水的下限没有明确的定义 (图 3.17), 这是由植物从狭窄的土壤孔隙中吸取水的能力来决定的, 亦可称为永久萎蔫点 (permanent wilting point) —— 植物萎蔫并且不能恢复时的土壤水分含量。中湿环境 (水量适中) 中的植物或农作物之间的永久萎蔫点并没有太大差异, 但很多干旱地区的土著物种明显可以从土壤中吸取较多的水分。

当根从土壤孔隙的表面吸取水分时, 周围就会形成水分耗竭区 (water-depletion zone), 这决定了土壤相互连系的空隙间能形成水势梯度。水沿着梯度流向耗竭区, 进一步为根提供水分。此过程看似简单但实际上却非常复杂, 因为根周围土壤中的水耗越多, 水流的阻力就越大。当根开始从土壤中吸取水分时, 最初获取的水分来自土壤孔隙, 因为它们对水的虹吸作用较弱, 随后就留下了狭窄而曲折的水路, 当水流通过它们时阻力也就加大了。因此, 当根从土壤中快速吸取水分时就能很快形成资源耗竭区 (RDZ; 见第 3.2.1 节), 水流只能缓慢地通过。由于这种原因, 迅速蒸腾的植物可能在含水丰富的土壤中萎蔫。因此, 根系分支的细度和发达程度在植物获取土壤水分过程中变得非常重要。

根和水分耗竭区的动力学

下雨或融雪后的水分并不能均匀地分布在土壤表面, 表层水分比较容易转变为田间持水量, 随后的雨水会进一步将这层水往下延伸, 这意味着在同株植物根系的不同部位水的作用力不同, 同时根也确实能够将水在土壤层间转移 (Caldwell & Richards, 1986)。在降雨稀少的干旱地区, 短暂的阵雨过后, 表层水被带到田间持水层, 此时土壤的其他地方仍保持在或低于萎蔫点。这对幼苗的生命是一种潜在的危害, 因为雨后它们会在湿润的土壤表层发育, 下层的土壤却不能为其提供水源。生长在该生境中的物种还具有许多独特的休眠打破机制, 以保护它们不至于对不充足的雨量过快产生响应。

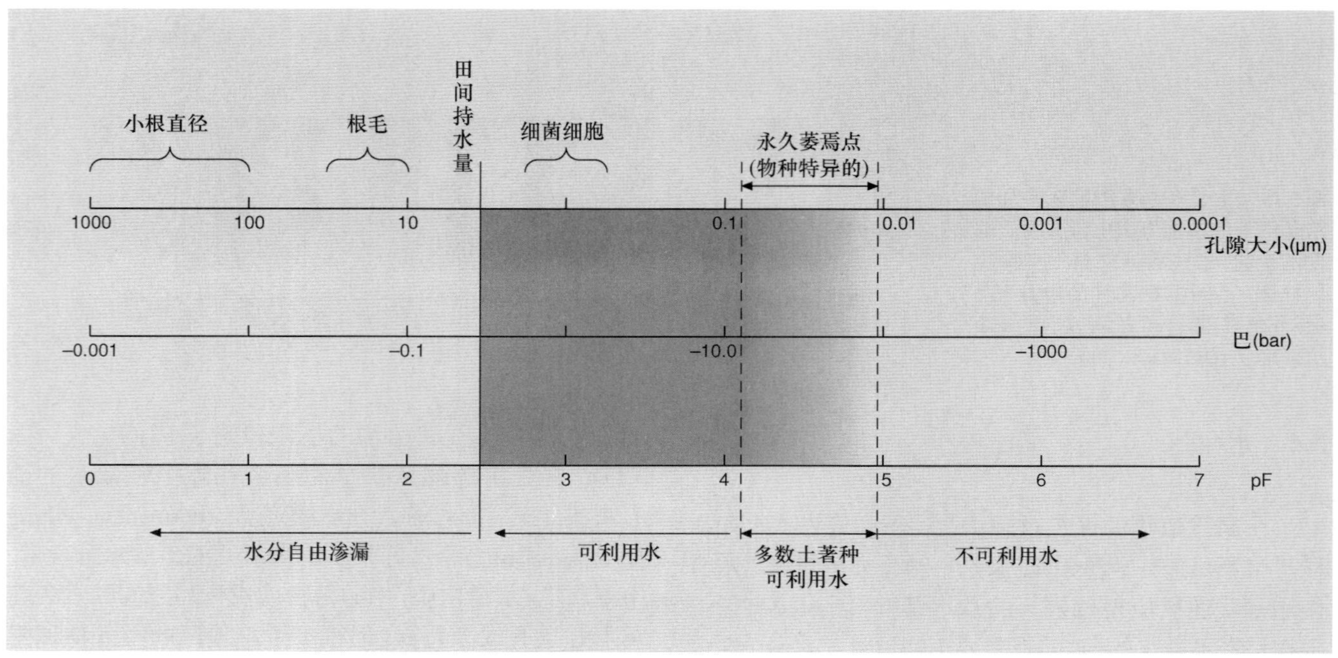

图 3.17 土壤中的水分状况，图中展示了 3 种水分状况之间的关系：① pF，土壤能支持的水柱高度的对数；② 水分状况用大气压或巴来表示；③ 保持充水的土壤孔隙的直径。在图中充水孔隙的大小可以与小根、根毛和细菌的细胞进行比较。需要注意的是，多数农作物的永久萎蔫点在 −15 bar (-1.5×10^6 Pa) 左右，但是在很多其他植物中可达 −80 bar (-8×10^6 Pa)，这取决于物种发育过程中所需的渗透压。

植物在其生命早期形成的根系能够决定它对未来事件的响应。在雨水多为偶然性阵雨的干旱地区，具有将早期能量储存在深层主根的发育程序的树苗将在接下来的阵雨中获取很少的水分。相比之下，决定主根在生命早期形成的程序能够确保幼苗持续从环境中获取水分，那里春季大雨会灌满土壤，但接下来会有一段长时间的干旱。

3.4.2 尺度和两种植物水分散失的观点

有两种截然不同的途径供我们来分析和解释水分由植物体内向大气散失的过程。回溯到 1900 年，植物生理学家 Brown 和 Escomber 曾强调气孔行为决定了叶片散失水分的速率。现在看来，正是防水表面上孔隙的频度和大小控制着水分从叶片向大气散失的速率。但是微气象学家持有不同观点，他们认为植被是一个整体而不是单个的气孔、叶片或植物。他们强调只有当潜热可用于蒸发时，叶片中的水才会散失。这些热量可能来自蒸腾的叶片直接吸收的太阳辐射或者是“平流”能 (advective energy) (即热量以太阳辐射的形式被吸收但却可以在流动的空气中进行转移)。微气象学家曾提出了完全依赖气候因素的方程来计算水分散失：这些气候因素包括风速、太阳辐射以及温度等。他们完全忽视了植物物种和及其生理特征，尽管如此，他们的模型还是对不遭受干旱胁迫的植物水分蒸发有很强的预测能力。两种观点并没有对错之分，要视具体问题而定。例如，基于气候的大尺度模型可能是预测植被分布区在全球变暖和降雨变化情况下蒸散作用和光合作用的有效工具 (Aber & Federer, 1992)。

3.5 矿质营养

大量元素和痕量元素

植物的生长不仅仅需要光、CO_2 和水，它们还必须从土壤中获取矿质资源 (水生植物是从周围的水体获取)，这包括大量元素 (即那些需求量相对较大的) —— 氮 (N)、磷 (P)、硫 (S)、钾 (K)、钙 (Ca)、镁 (Mg) 和铁 (Fe) —— 以及一系列痕量元素，如锰 (Mn)、锌 (Zn)、铜 (Cu)、硼 (B) 和钼 (Mo) (图 3.18)。(上述这些元素有很多也是动物所必需的，尽管它们是以食物中的有机物而并非无机化合物的形式被动物获得。) 部分植物还有特殊的需求，如铝元素、硅元素和硒元素分别是一些蕨类植物、硅藻和浮游藻类植物所必需的。

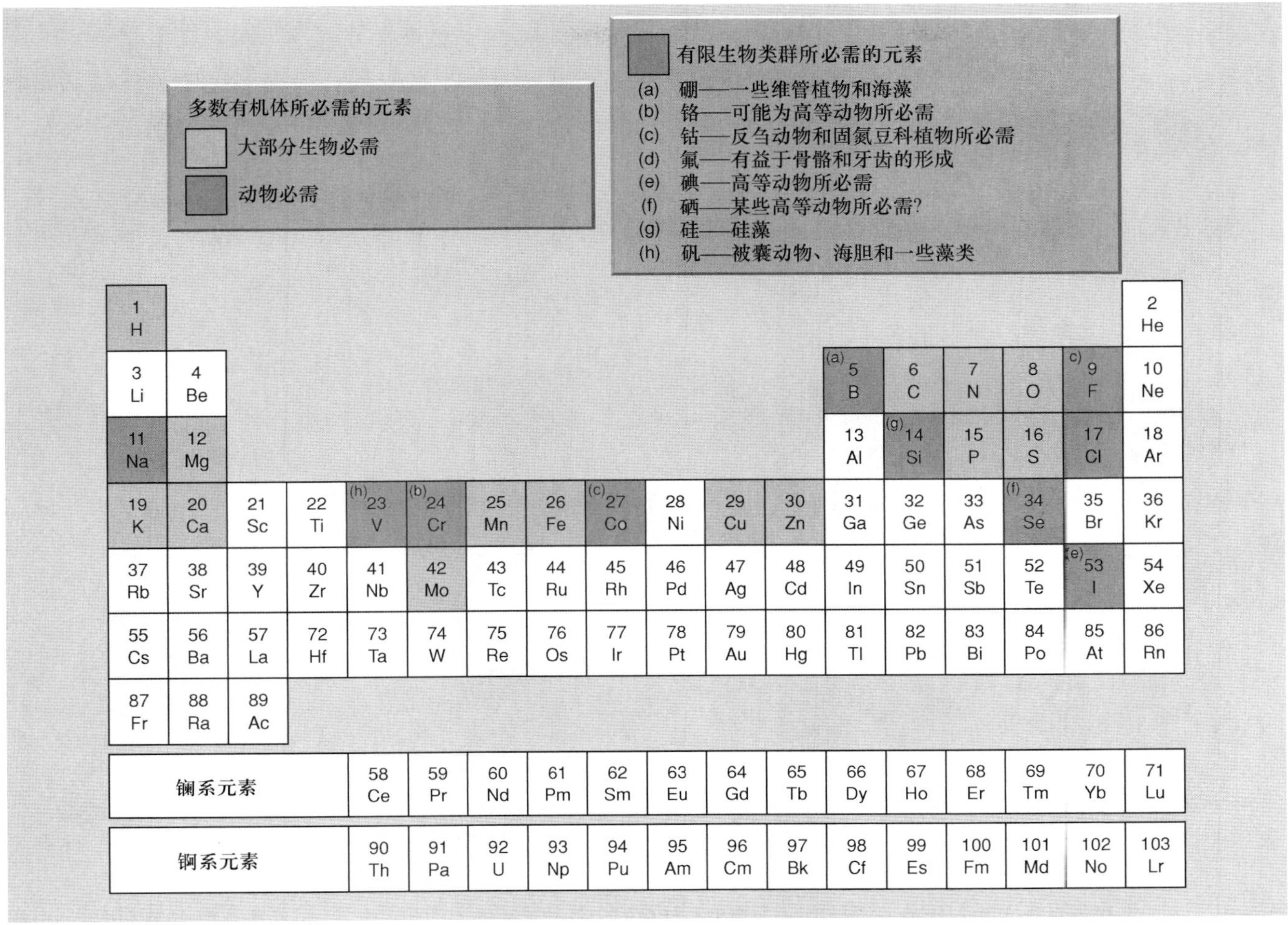

多数有机体所必需的元素
大部分生物必需
动物必需

有限生物类群所必需的元素
(a) 硼——一些维管植物和海藻
(b) 铬——可能为高等动物所必需
(c) 钴——反刍动物和固氮豆科植物所必需
(d) 氟——有益于骨骼和牙齿的形成
(e) 碘——高等动物所必需
(f) 硒——某些高等动物所必需?
(g) 硅——硅藻
(h) 钒——被囊动物、海胆和一些藻类

1 H																	2 He
3 Li	4 Be											(a) 5 B	6 C	7 N	8 O	c) 9 F	10 Ne
11 Na	12 Mg											13 Al	(g) 14 Si	15 P	16 S	17 Cl	18 Ar
19 K	20 Ca	21 Sc	22 Ti	(h) 23 V	(b) 24 Cr	25 Mn	26 Fe	(c) 27 Co	28 Ni	29 Cu	30 Zn	31 Ga	32 Ge	33 As	(f) 34 Se	35 Br	36 Kr
37 Rb	38 Sr	39 Y	40 Zr	41 Nb	42 Mo	43 Tc	44 Ru	45 Rh	46 Pd	47 Ag	48 Cd	49 In	50 Sn	51 Sb	52 Te	(e) 53 I	54 Xe
55 Cs	56 Ba	57 La	72 Hf	73 Ta	74 W	75 Re	76 Os	77 Ir	78 Pt	79 Au	80 Hg	81 Tl	82 Pb	83 Bi	84 Po	85 At	86 Rn
87 Fr	88 Ra	89 Ac															

镧系元素	58 Ce	59 Pr	60 Nd	61 Pm	62 Sm	63 Eu	64 Gd	65 Tb	66 Dy	67 Ho	68 Er	69 Tm	70 Yb	71 Lu
锕系元素	90 Th	91 Pa	92 U	93 Np	94 Pu	95 Am	96 Cm	97 Bk	98 Cf	99 Es	100 Fm	101 Md	102 No	103 Lr

图 3.18 元素周期表,表中显示了不同生物生命中的必需资源。

绿色植物并非一次性地获取所有的矿质资源。每一种成分都是作为离子或分子的形式单独进入植物体内,而且有各自的吸收特征和扩散特征,这些特征影响了植物对它们的可获取性,这一过程甚至发生在根细胞膜进行任何主动吸收过程之前。所有的绿色植物都需要图 3.18 中列出的所有基本元素,尽管不是以相同的比例被利用,不同物种的植物组织以及同株植物不同部位的矿质含量也存在着一些显著的差异 (图 3.19)。

作为攫养者的根

许多观点认为水是一种资源,根能够从土壤中汲取水分,同时也能吸收土壤中的矿质资源。不同物种的根在发育程序上存在战略差异 (图 3.20a),但是根系并不严格遵循这些程序,而是"投机取巧",使它们成为有效的土壤资源掠夺者。多数根在生出侧根前先向外延伸以确保它们在获取资源之前先进行探测。侧根通常生长在母根的半径范围内,侧根生出二级侧根,二级侧根又生出三级侧根。这样的结构降低了司一母根上的两个侧根搜寻到相同的土壤颗粒以及进入彼此 RDZs 的可能性。

在土壤基质中,根可能会遭遇障碍物和土壤的异质性 —— 在异质介质中,根本身的直径范围内营养斑块的变化。根每生长 1 cm,都可能会遇到大石块、小卵石和沙粒、死根或活根、或者是腐烂的蠕虫尸体。当根穿过异质土壤时 (相对于根来说,所有的土壤都是异质的),在资源供给区能够自由长出侧根,而在资源缺乏区长出的侧根则很少 (图 3.20b),这完全依赖于它对所到区域极端条件的响应能力。

搜寻水分和营养物质间的相互作用

植物生长所需的水资源和营养资源之间存在强烈的相互作用。在缺水的地方,根将不能自由生长,因此其中的营养也不能被利用。植物因缺乏必需矿质元素而生长缓慢,因此

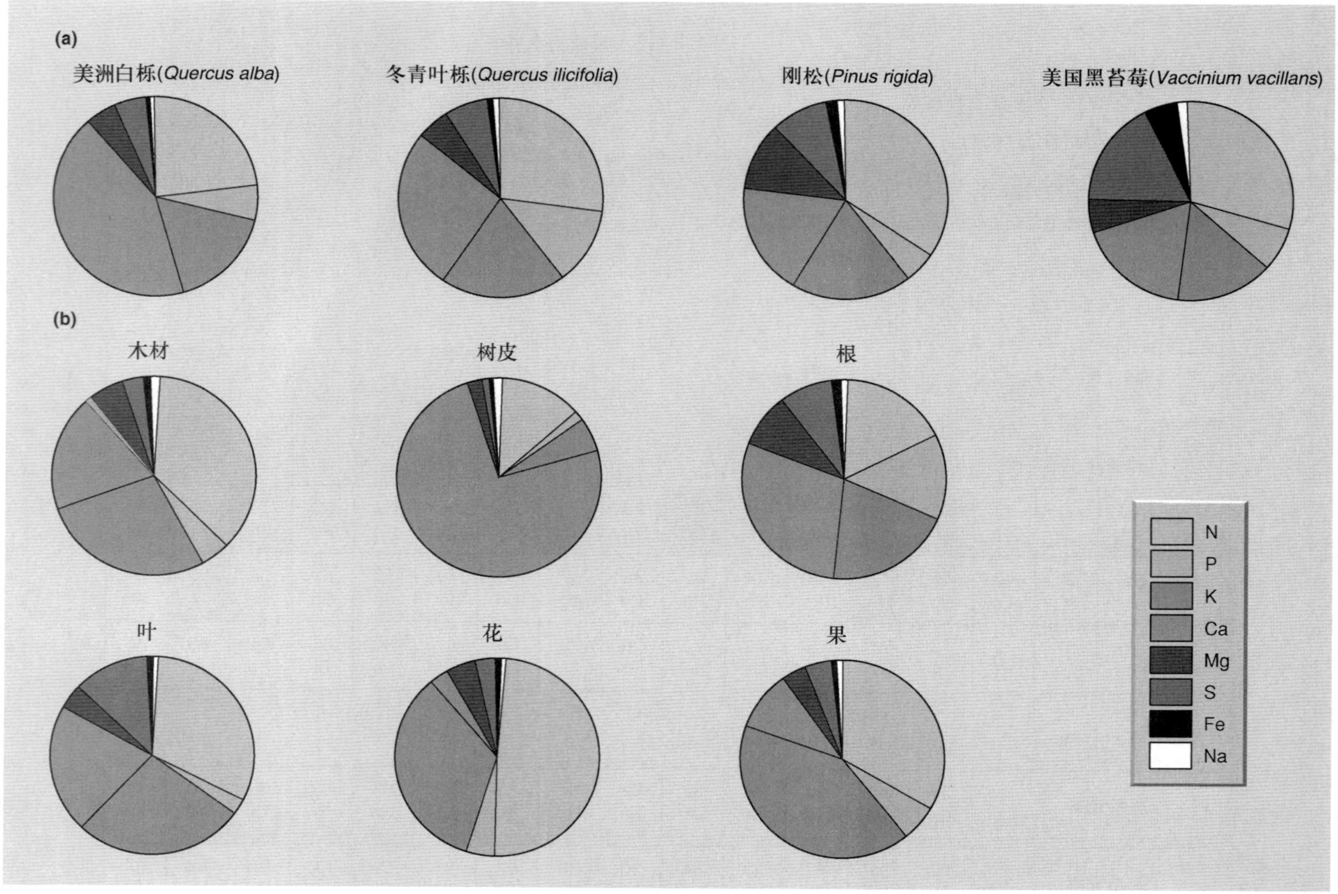

图 3.19 (a) 纽约布鲁克海文 (Brookhaven) 森林中, 4 个物种整株植物中各种矿质元素的相对含量; (b) 布鲁克海文森林中美洲白栎 (*Quercus alba*) 不同组织中各种矿质元素的相对含量。需要注意的是, 物种间的矿质元素相对含量的差异远远小于同种植物不同部位 (仿 Woodwell *et al*., 1975)。

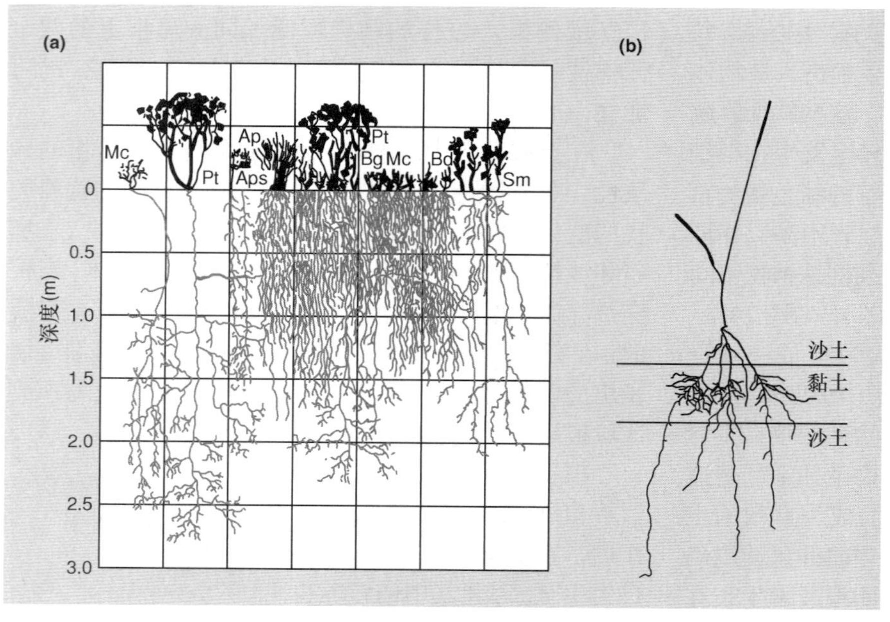

图 3.20 (a) 多年的平均降雨后, 美国堪萨斯海伊斯典型矮草草原植物根系分布。Ap, 紫三芒草 (*Aristida purpurea*); Aps, 裸穗猪草 (*Ambrosia psilostachya*); Bd, 野牛草 (*Buchloe dactyloides*); Bg, 格兰马草 (*Bouteloua gracilis*); Mc, 赛葵属植物 (*Malvastrum coccineum*); Pt, 紫花补骨脂 (*Psoralia tenuiflora*); Sm, 一枝黄花 (*Solidago mollis*) (仿 Albertson, 1937; Weaver & Albertson, 1943)。(b) 生长在含有黏土层沙土中的小麦根系。注意根的发育对其接触局部环境的响应 (由 J. V. Lake 提供)。

根也不能延伸至含水的土壤层。矿质资源间也存在类似的相互作用。植物因缺氮而导致根生长缓慢，从而不能延伸至含有效磷或含氮丰富的区域。

在植物主要的矿质营养中，硝酸盐在土壤溶液中的移动最自由，可以被水转移到离根很远的地方，因此硝酸盐在达到或接近田间持水量和具有大孔隙的土壤中最容易移动。硝酸盐的 RDZs 也很宽，邻根附近产生的硝酸盐 RDZs 很可能会发生重叠。紧接着，即使是同一株植物的不同根之间也会发生竞争。

RDZs 的概念之所以重要，不仅在于它能让我们仅凭肉眼就观察到一个生物有机体如何影响其他生物的有效资源，而且还能让我们理解根系的结构如何影响对这些资源的获取。对一株生长在水中可以自由移动到根表环境中的植物来说，溶液中呈自由态的矿质营养将会随水流移动，它们将被分布广泛但侧根不交错的根系最有效地吸收。水在土壤中移动越慢，RDZs 就越窄，因而植物密集（而非广泛）探测土壤的代价就越高。

矿质营养自由移动的差异

与潜在可利用的矿质营养相比，穿过土壤孔隙到达根表面的土壤溶液中的矿物质成分并不均一，这是因为不同的矿物质离子与土壤颗粒之间的作用力并不相同。在肥沃的农田中，许多离子如硝酸根离子、钙离子和钠离子转移到根表的速度要快于它们在植物体内的积累速率。相反，土壤溶液中的磷酸盐含量和钾离子含量通常远不能满足植物的需求。磷酸盐通常与土壤胶体表面的钙、铝和铁离子结合，因此植物对它的吸收速率也就依赖于胶体的释放速率。在稀释的溶液中，不被吸收的离子（如硝酸盐）的扩散系数是 $10^{-5}\ cm^2\ s^{-1}$，阳离子如钙、镁、铵和钾离子的扩散系数是 $10^{-7}\ cm^2\ s^{-1}$；而那些被强烈吸收的阴离子（如磷酸盐）的扩散系数只是 $10^{-9}\ cm^2\ s^{-1}$。扩散速率是影响 RDZ 宽度的主要因子。

对于磷酸盐这类具有低扩散系数的资源，RDZs 将会很窄（图 3.21）；如果根或根毛彼此距离较近的话，它们只能从公共的资源库吸收（即竞争）。据估计，根毛在 4 天内吸收的磷酸盐 90% 以上来自于 0.1 mm 厚的土壤表层。如果两束根彼此相距不足 0.2 mm 的话，它们只能在此时期利用同一磷酸盐资源。一个分布广泛的发达根系总是倾向于最大限度地吸收硝酸盐，而一个分布狭窄且密集的根系则是最大限度地吸收磷酸盐。因此，具有不同根系形态的植物可能因此耐受不同水平的矿质资源，不同物种对不同的矿质资源的消耗

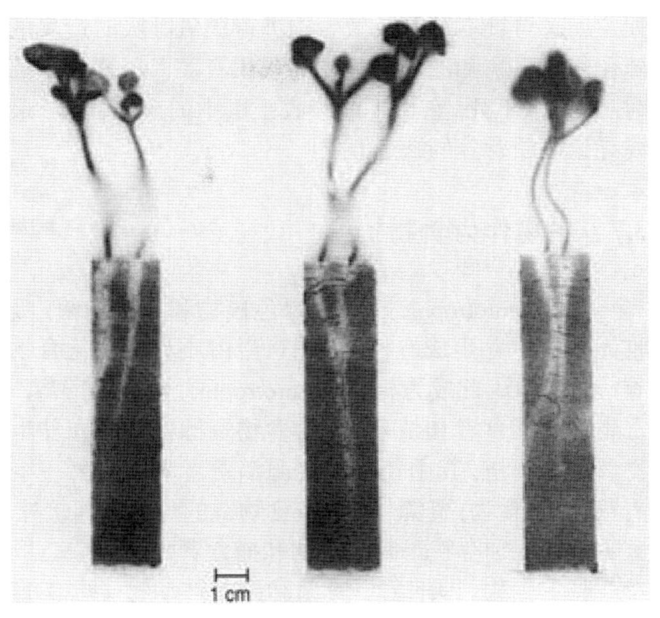

图 3.21 芥菜幼苗生长土壤的放射自显影。添加了放射性标记的磷酸盐 ($^{32}PO_4^{3-}$) 的土壤以及完全除去根活性的区域（由清晰的白色显示）(仿 Nye & Tinker, 1997)。

程度可能也不同，这对允许各种植物共存于同一区域是非常重要的（竞争者的共存将在第 8 和 19 章中讨论）。

3.6 氧气

氧气是动物和植物生长所必需的资源，仅有一小部分的原核生物能在无氧环境下生存。在水生和淹水环境中氧气非常有限，主要是由于氧气在水中的扩散能力和溶解度非常低。氧气在水中的溶解度随着温度的升高而迅速降低。当有机质在水生环境中分解时，微生物呼吸需要氧气，这种"生物需氧量"(biological oxygen demand) 可能限制了可生存的高等动物的类型。生物需氧量高是叶片凋落物或者有机污染物沉积的静水环境的典型特征，同时在高温条件下氧气的需求量也急剧增加。

由于氧气在水中扩散得很慢，因此水生动物必须保证水流能够持续通过其呼吸系统（如鱼鳃），或者有相对于其身体体积较大的表面积（如许多水生甲壳纲动物具有大量带毛的附属结构），或者有特别的呼吸色素或者低的呼吸率（如生活在营养丰富的静水中的蚊幼虫），或者能够不断地返回水面进行呼吸（如鲸、豚、龟和蝾螈等）。

许多高等植物的根不能在淹水的土壤中生长，或者当根向土壤深处延伸时，水位升高，也可能导致根的

死亡。这与氧不足以及微生物进行厌氧呼吸时产生的硫化氢、甲烷和乙烯等气体的累积有关。在氧气不足时, 即使根不死, 它也不能吸收土壤中的矿质营养, 最终导致矿质营养的缺乏。

3.7 生物作为食物资源

自养 (autotrophic) 生物 (绿色植物和某些细菌) 吸收无机资源并生成有机大分子 (蛋白质和碳水化合物等)。它们也因此成为异养 (heterotrophic) 生物 (分解者、寄生物、捕食者和植食者) 的食物资源。这些异养生物参与食物链, 其中每一个资源消费者又成为另一个消费者的 (食物) 资源。在这条食物链的每一个连接处, 最明显的差别存在于腐生生物和捕食者之间 (广义)。

腐生生物, 即细菌、真菌和腐食性动物 (见第 11 章), 利用其他生物或者生物的某些部位作为食物, 但前提是这些生物已死亡, 或者它们消耗另一种生物的残留物或分泌物。

食腐生物、食肉动物、植食动物和寄生物

捕食者捕食其他活体生物或生物某个部位。真正的捕食者有计划地杀死它们的猎物。这些例子既包括美洲狮捕食兔子, 也包括那些日常生活中我们并未将其视为捕食者的一些消费者: 水蚤能取食浮游植物细胞; 松鼠取食橡果; 捕虫草捕食蚊子。植食也是一种捕食行为, 但是不杀死其取食的对象 (猎物), 仅仅吃掉其中的一部分, 剩下的部分让其再生长。植食者一生中取食很多对象。真正的捕食和植食行为在第 9 章有详细的介绍。寄生 (parasitism) 也是一种捕食行为, 但寄生物通常不杀死它的宿主; 与植食动物不同的是, 寄生物一生中仅寄生一个或极少的几个宿主 (见第 12 章)。

特化种和泛化种

食物特化还是泛化是动物消费者之间的一个重要区别。泛化种 (generalists 或者 polyphagous species, 多食性物种) 广泛取食各种不同的食物, 尽管有自己明显的嗜好和选择食物的顺序。尽管特化种 (specialists) 也能取食多种食物, 但它们可能只取食这些食物的某一部分。这种现象在植食动物中最为普遍, 正如我们所见到的, 植物不同部位的组成成分也存在很大差异。因此, 很多鸟类特别喜欢吃种子, 而且几乎不受种类的限制。然而, 其他的特化种可能仅取食范围很窄的一些相关物种, 甚至只取食某一特定物种 [被称作单食性 (monophagous)], 例如, 朱砂蛾 (cinnabar moth) 的毛虫 (仅取食千里光属植物的叶片、花蕾和嫩茎) 和许多具有宿主特异性的寄生物。

许多动物对资源利用的模式反映了消费者的寿命和所取食的食物。长寿物种的个体很可能是泛化种: 在整个生命中, 它们并不依赖单一的食物资源。如果消费者的生命周期较短, 那么它很可能是特化种。进化压力能够将消费者的食物需求时间和其猎物的时间表匹配起来。特化种使得身体结构进化得能够很高效地处理某些特定资源 —— 昆虫的口器就是典型例子。像蚜虫口锥这样的结构 (图 3.22) 可被看作是进化过程所产生的一件精致的产物, 它使蚜虫可以获取宝贵的食物资源, 或者, 这也作为我们逐渐认识到的另一规律的例子, 即特化过程制约着蚜虫能以什么为食。生物体所需要的食物资源越专一, 它的分布区就越受限制或者需要花费更多的时间和能量在混合食物资源中去寻找它所需要的食物, 这是特化种的代价之一。

3.7.1 作为食物的动植物的营养含量

动植物的碳氮比值

绿色植物如同资源包裹, 其躯体与动物相差很大。这对它们作为潜在食物的价值有重大的影响 (图 3.23)。两者最显著的差别在于, 植物细胞由纤维素、木质素和/或其他结构材料组成的细胞壁所包裹, 正是由于这种细胞壁使得植物材料具有很高的纤维含量以及高含量的固定碳, 因而在植物体内碳和其他重要元素之比很高。例如, 植物组织中碳氮比 (C : N) 值通常大于 40 : 1, 而在细菌、真菌和动物中, C : N 值大约为 10 : 1。与植物不同的是, 动物组织中不含有结构性的碳水化合物或纤维素, 但却含有丰富的脂肪以及蛋白质。

植物的不同部位代表截然不同的资源

植物不同部位的组成成分差别很大 (图 3.23), 因此它们提供了不同的资源。例如, 树皮中大部分是由具有木栓化和木质化细胞壁的死细胞组成, 对于大部分植食动物 (即使 “树皮甲虫” 也只取食位于树皮层下面的具有营养成分的形成层, 而不取食树皮) 来说, 树皮是无用的。植物蛋白 (可认为是氮) 含量最高的部位是芽顶端和叶腋中的分生组织。因此, 毫不奇怪, 这些部位常常布满了各种棘和刺, 以此来防御植食动物的取食。种子通常是干燥的, 含有丰富的淀粉或油脂以及特有的蛋白。既甜又富含肉质的水果是植物作为一种 “报酬” 提供给动物的食物

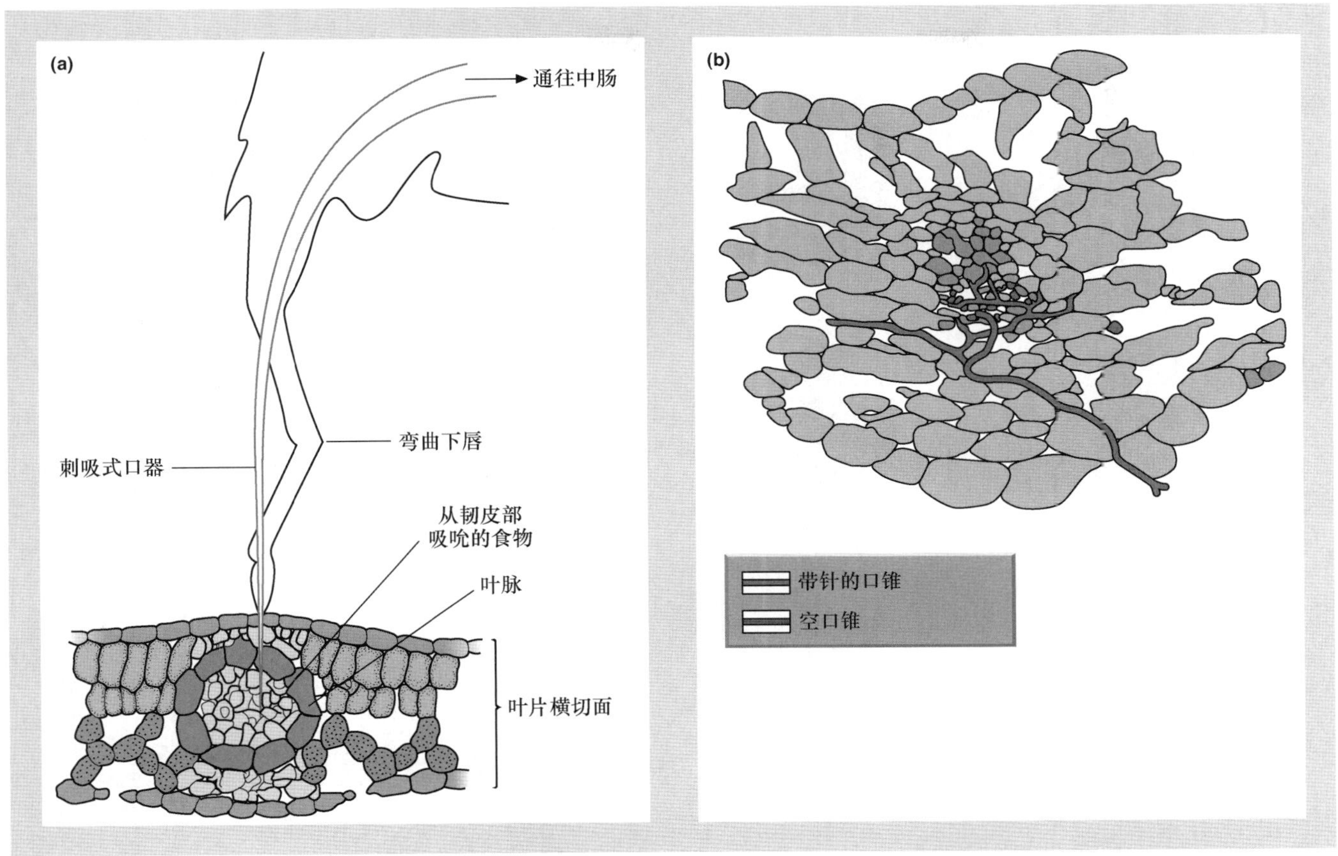

图 3.22 蚜虫口锥穿过宿主组织并到达叶脉含糖丰富的韧皮细胞。(a) 蚜虫口器和叶片断面; (b) 叶片中绕行的口锥 (仿 Tjallingii & Hogen Esch, 1993)。

资源, 并藉此由动物来散布植物的种子, 这些水果耗费的植物氮很少。

不同组织和器官的营养价值存在很大差别, 因此, 一点也不奇怪, 大部分的小型植食动物是特化种 —— 不仅取食特定的物种或类群, 也取食植物的不同部位, 如分生组织、叶、根和茎等。植食动物越小, 那么其专食植物的异质性就越小。许多栎瘿蜂的幼虫就是一个极端的例子, 它们中的一些专食嫩叶, 一些专食老叶, 一些专食芽, 一些专食雄花, 另外一些则专食根组织。

所有食草动物的身体成分却惊人地相似

尽管植物及其某些部位给潜在消费者提供的食物资源存在广泛的差异, 但是不同的植食动物的身体成分却惊人地相似。从每克物质中所含的蛋白、碳水化合物、脂肪、水和矿物质的角度来挑选食物的话, 毛毛虫、鳕鱼或鹿肉中的各种成分含量相近, 几乎不用选择。植食动物的体形可能存在差异 (味觉也可能存在差异), 但其身体的组成成分基本上是一样的。因此, 食肉动物不会面临消化的问题 (它们的消化系统几乎相同), 它们的困难在于寻找、捕捉和取食猎物 (详见第 9 章)。

抛开具体的差异不讲, 取食活体植物的植食动物 —— 和取食死亡植物的腐生生物 —— 都利用含碳量丰富而蛋白质匮乏的食物资源。因此, 随着组织 C : N 值的降低, 从植物 (生产者) 过渡到消费者需要消耗大量的碳。这属于生态化学计量学 (ecological stoichiometry) 的研究领域 (Elser & Urabe 1999): 分析生态相互作用中多种化学元素的物质平衡的限制和后果 (尤其是 C : N 值和 C : P 值; 详见第 11.2.4 节和第 18.2.5 节)。植食动物的主要代谢废物是含碳丰富的化合物: CO_2 和纤维。以蚜虫为例, 受蚜虫感染的树木能够滴下含碳丰富的蜜露。相反, 食肉动物的大部分能量需求来自于其所取食猎物的蛋白质和脂肪, 它们的排泄物主要是含氮量高的物质。

C : N 值和 CO_2 升高的影响

植物和微生物分解者的 C : N 值差异, 也意味着 CO_2 增加的长期影响 (见第 3.3.4 节) 并

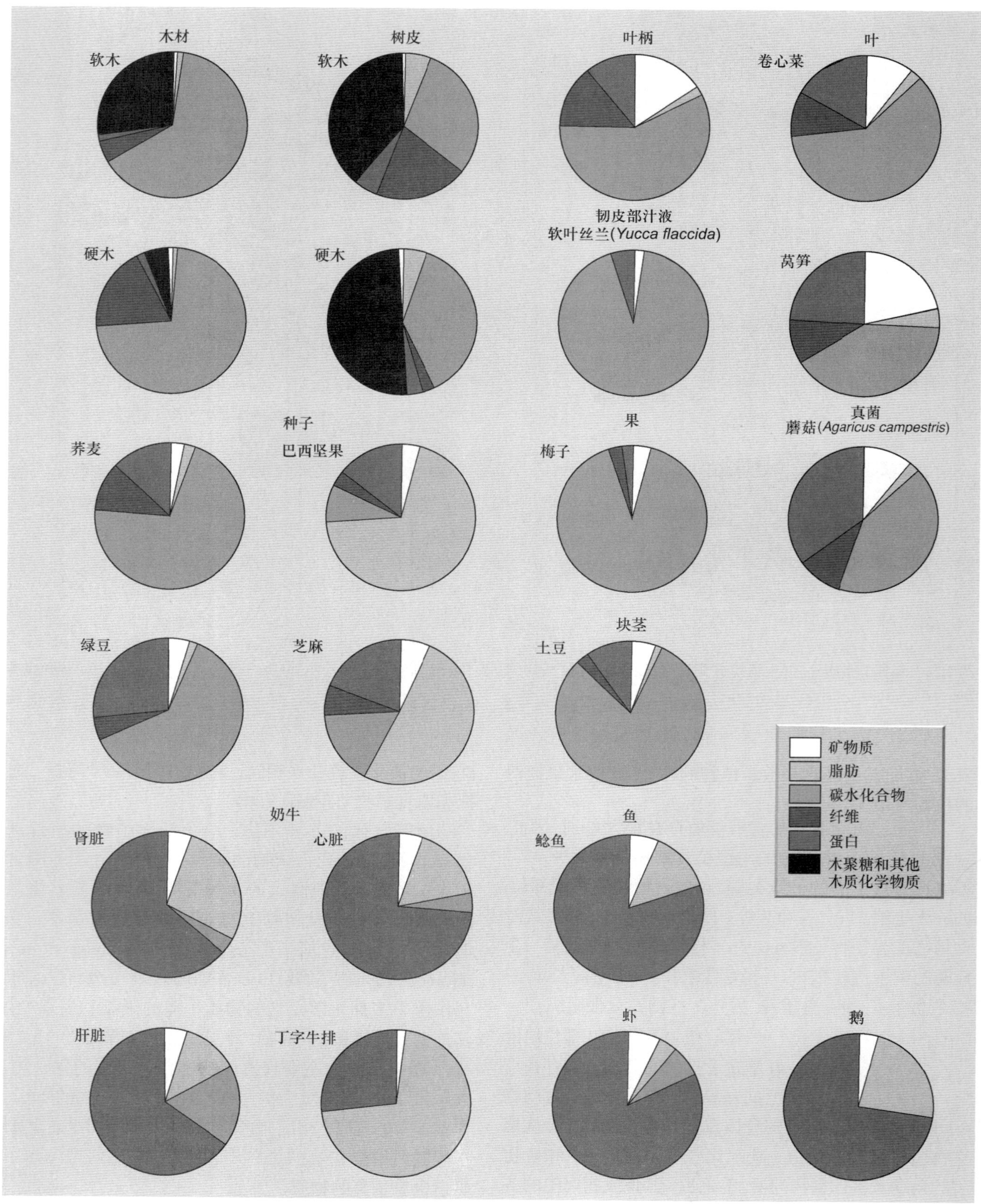

图 3.23 作为其他生物食物资源的植物的不同部位和动物躯体的组成成分(数据取自多种不同的来源)。

不是很直接 (见图 3.24): 也就是说, 植物的生物量并不一定增加。如果微生物本身受碳的限制, 那么日益升高的 CO_2 浓度, 除了直接影响植物以外, 还可能刺激微生物的活性, 从而产生其他的营养成分, 特别是氮, 进而促进植物的生长。毫无疑问, 短期的实验结果已证明了其对分解者群落的影响。另一方面, 微生物分解者可能受氮的限制, 这主要出现在植物生长初期或植物快速生长期后, 在这段时期内氮累积在植物生物量和凋落物内。此时, 土壤微生物的活性受到抑制, 减少了供植物利用的营养。这种情况下, 虽然 CO_2 浓度升高了, 但植物的生长却受到抑制。然而, 这种影响是长期的, 目前仅有有限的研究对其进行了探讨。有关区域性和全球性的 "碳收支" 问题, 将在第 18.4.6 节中进行详细讨论。

3.7.2 植物组织的消化和吸收

大部分动物缺乏纤维素酶

植物组织中含有大量的固定碳意味着它们是潜在的能量丰富的资源。消费者更可能受到食物中其他成分 (如氮) 的限制。然而, 仅有那些具有能分解纤维素和木质素的酶的消费者才能直接从中获得能量, 但是在植物界和动物界绝大部分物种都缺乏这些酶。在所有限制活体生物的因素中, 为什么许多物种没有进化出产生纤维素酶的机制, 至今仍是进化史上的一个谜团。栖息于植食动物肠道内并能自行分解纤维素的原核生物很可能和植食动物快速形成了一种密不可分的 "共生" 关系 (见第 13 章), 因此这些植食动物几乎不用再承受选择压力来进化出它们自己的纤维素酶 (Martin, 1991)。目前研究者已证实, 许多昆虫确实能产生纤维素酶, 但是大部分仍然要依靠肠道内的共生菌。

由于大部分动物缺乏纤维素酶, 所以植物细胞壁组织阻止了消化酶进入植物细胞内。植草性哺乳动物的咀嚼、人类的烹调和鸟砂囊的研磨可使消化酶更易进入植物细胞内。相比之下, 食肉动物能更加安全地吞食其食物。

当植物被分解后, 含碳量高的物质转变为含碳量低的物质并转移到微生物体内 —— 对微生物生长和繁殖施加限制的是资源而不是碳。因此, 当微生物在一个腐烂的植物上繁殖时, 它们能利用周围的氮和其他矿质资源, 并使其成为微生物体的组成部分。基于此原因, 也因为微生物组织更易被消化和吸收, 食腐动物常常会优先选择那些有丰富微生物拓殖的植物碎屑作为食物。

植食脊椎动物的肠道结构

植食脊椎动物从不同食物中获取能量的速率由肠道结构, 特别是前腔室 (AF) (微生物发酵在这里进行)、连接管 (D)(消化食物但不进行发酵)、后腔发酵室和大肠以及盲肠 (PF) 间的平衡所决定。由这三部分消化系统构建的模型 (Alexander, 1991) 表明, 大的前腔室 (AF)、小的连接管 (D) 以及小的后腔发酵室和大肠以及盲肠 (PF) (如反刍动物) 能够从低质量食物中获得最多的收益, 而那些具有大的后腔发酵室和大肠以及盲肠 (PF) 的马则更适合取食细胞壁少而细胞内含

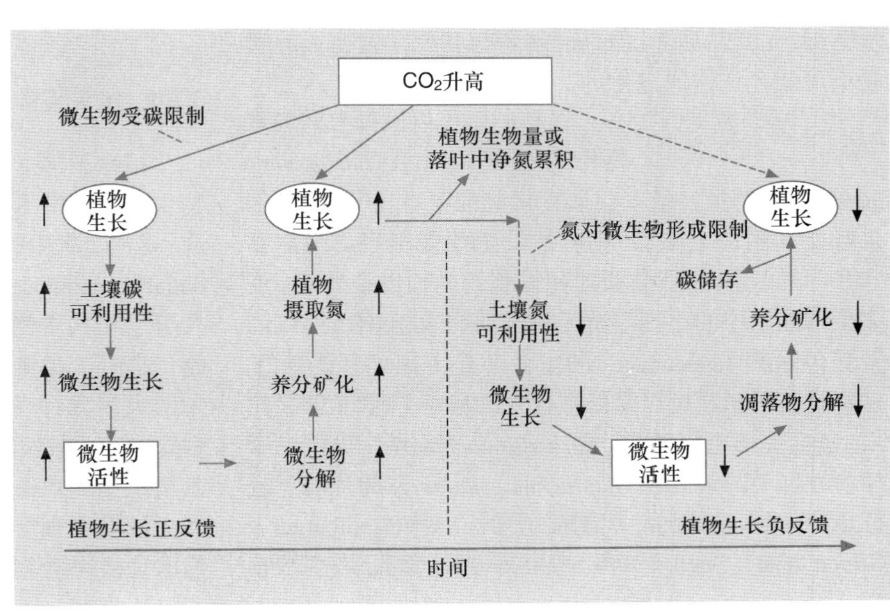

图 3.24 从 CO_2 浓度升高到植物生长、微生物活性再到植物生长的潜在正、负反馈。描述符之间的箭头表示因果关系; 旁边的黑色箭头表示活性的增加或降低。升高 [CO_2] 到植物生长之间的虚箭头表示营养限制会导致所有的影响消失 (仿 Hu *et al.*, 1999)。

物多的食物。对于高质量食物而言 (几乎没有细胞壁而细胞内含物相当丰富的食物), 最佳的肠道是具有长的连接管 (D)、没有前腔室 (AF)、或没有后腔发酵室和大肠以及盲肠 (PF)。

大象、兔形目动物和一些啮齿类动物能够取食自己的粪便, 因此这些食物资源通过其消化系统的距离会加倍。这样食物将得到进一步地发酵和消化, 同时肠道微生物也将合成食物中缺乏的营养物质 (如维生素), 这些将在第 13.5 节进行阐述。

3.7.3 物理防御

协同进化

所有的生物都是其他生物潜在的食物资源, 因此许多生物进化出了物理、化学、形态和 (或) 行为防御, 以此来降低自己被捕食的概率, 从而提高存活率, 这一点也不奇怪。但这种相互作用并非仅仅如此。一种防御性较好的食物资源自身给捕食者施加选择压力, 以便克服它的防御; 但是捕食者并没有克服其他物种的防御, 因而捕食者很可能变得相对专食此种资源 —— 于是这种食物资源又将受到这类捕食者的选择压力。因此, 我们可以设想存在一种持续的相互作用: 在这种相互作用中, 消费者以及被其捕食的生物的进化主要依赖于对方的进化: 在协同进化的 “军备竞赛” 中, 存在着许多极端形式, 捕食者和猎物所构成的物种对一直处在协同适应的过程 (Ehrlich & Raven, 1964)。

当然, 由于绿色植物 (通常是自养生物) 的资源是没有生命力的, 因此不能进化出防御机制。尽管细菌、真菌和食腐动物通常需要解决食物中残留的物理和化学防御, 尤其是后者, 但是分解者与其死亡食物资源间是不可能存在协同进化的。

刺

简单的刺可以发挥有效的威慑作用。橡树枯叶蛾 (*Lasiocampa quercus*) 的幼虫一般不会取食带刺的冬青树叶, 但是如果叶上的刺被去除后, 枯叶蛾幼虫便能很轻易地取食这些叶片。毫无疑问, 狐狸和去刺的刺猬也是如此。许多生活在湖中的小型浮游无脊椎动物, 它们的刺、纹饰及其他附肢 (appendage) 的发育都是由捕食者诱导的, 这些附肢的形成可以降低被捕食的概率。例如, 如果轮虫, 包括螺形龟甲轮虫 (*Keratella cochlearis*), 母代在有捕食性前节晶囊轮虫 (*Asplachna priodonta*) 的环境下进行培育, 那么它们的后代能被诱导长出棘 (Stemberger & Gilbert, 1984; Snell, 1998)。在更小的尺度下, 许多植物表面长满了表皮毛 (毛状体), 同时一些物种的表皮毛能够发育成厚的次生壁并继而转变为坚硬的钩状或尖状, 可以用来诱捕或刺杀昆虫。

壳

任何能够增加消费者在觅食和处理食物过程中能耗的特征 —— 坚果的厚壳或松树的纤维质球果 —— 都是一种防御, 使得消费者的进食量减少。绿色植物不能将能量用于逃跑, 所以更多地用于构建坚固的防御结构。此外, 大部分绿色植物的能量资源供应过剩, 这就使得其极易在种子上长出外壳、茎上长出木质刺 (woody spine) —— 主要位于纤维素和木质素外 — 进而保护胚芽和分生组织中的稀有资源: 氮、磷和钾。

种子: 散布或是防护

当种子刚刚成熟仍附于植株的球果或果核时, 捕食者对其威胁很大, 但只要蒴果裂口, 种子落下, 它们被取食的风险便慢慢减小, 罂粟属植物就是一个很好的例子。当野生罂粟在风中摆动时, 种子会从蒴果尖端的孔隙中落下。虞美人 (*Papaver rhoeas*) 和长果罂粟 (*P. dubium*) 的种子成熟时蒴果就会裂开, 所以蒴果在第二天通常是空的。另外两种罂粟, 花椒罂粟 (*P. argemone*) 和杂罂粟 (*P. hybridum*), 种子的散布则是一个缓慢的过程, 需经过秋冬数月, 因为它们种子的大小比蒴果孔隙要大。这些物种的蒴果由刺来提供防御。相比之下, 由人类选择培育的罂粟 (*P. somniferum*) 并不能散布它们的种子 —— 因为蒴果孔隙不会裂开。因此, 鸟类可能是这种罂粟的主要危害者; 它们啄裂蒴果以获取内部富含脂肪和蛋白质的内含物。事实上, 人类所选育的大部分农作物是为了保留它们的种子而不是散布, 这为取食种子的鸟类提供了取食的目标。

3.7.4 化学防御

次生化合物: 保护剂?

植物王国富含很多在正常植物生化途径中不起作用的化学物质, 这些 “次生的” 化合物 (‘secondary’ chemical) 包括简单的分子, 如草酸和氰化物, 以及分子结构更为复杂的芥子油苷、生物碱、萜类化合物、皂苷、类黄酮和丹宁酸等 (Futuyma, 1983)。它们中的大多数对许多潜在的消费者具有毒害作用。例如, 白车轴草 (*Trifolium repens*) 的种群通常具有多态性, 在其组织受到攻击时能够分泌氢氰酸。缺乏产生氢氰酸能力的植物则会被蛞蝓和蜗牛取食: 只有在消费者缓慢取食植物组织时才能激发植物产生氰化物, 随后就能抵御消费者。许多研究者认为抵御消费者取食为这些化学物的合成提供了选择压力。然而,其他的一些研究者则提出质疑,植食动物的选择压力是否足够强,从而诱导植物产生这些物质(从必需营养物的角度来说,植物产生这些物质是有代价的)。同时,他们也指出这些次生化合物的一些其他特性,如这些化合物是抵御紫外线的一种保护剂(Shirley, 1996)。尽管有以上质疑,在一些选择实验的研究中,与没有消费者的对照环境相比,在有消费者的环境下培育的植物依然进化出了较强的防御能力(Rausher, 2001)。在第9章中,我们将更详细地论述捕食者和猎物间的相互作用,论述猎物(尤其是植物)之间相互作用以及猎物和捕食者相互作用的代价和受益。这里,我们主要阐述防御的本质。

显性理论

如果植食动物的选择压力使得植物进化出防御性的化合物,那么,同样地,这些化合物也会选择出能够适应这些物质的植食动物,这就是典型的"军备竞赛"式协同进化。这就意味着植物应该变得更加有害,而植食动物也应该变得更为特化。因此也就存在一个未解决的疑问:为何会存在许多能取食多种植物的泛化植食动物(Cornell & Hawkins, 2003)?"显性理论"(apparency theory)可能是答案之一(Feeny, 1976; Rhoades & Cates, 1976)。该理论是基于如下的实验观察提出的。有毒的植物化合物大体上可分为两类:① 有毒(或质量上的)化合物,这些化合物即使极少量也具有很强的毒性;② 引起消化不良的(或数量上的)化合物,这些化合物的毒害作用与其浓度成正比。丹宁酸属于第二类化合物,它们与蛋白结合,致使成熟的橡树叶不易被消化。这个理论进一步指出有毒化合物凭借其特异性很可能成为军备竞赛的基础,同时这也需要植食动物对此作出简单而特异的响应;然而,要克服那些使得植物不易消化的化合物却是非常困难的。

随后,显性理论还指出,由于短命植物(称为"隐性的")的出现在空间上和时间上不可预测,所以能够防御消费者。因此,它们无须像那些可预测的、长寿的("显性的")森林树种那样在防御方面耗费很多的资源。在长而可预见的时期里,大量的植食动物容易发现易见物种,因此易见物种应该致力于进化出能引起消化不良的化合物,代价虽高,但可以给它们提供更广泛的保护;而不易见的植物则应该产生毒素,如此付出的代价较小,只用来防御几种协同进化的特化物种就可以了。

显性理论整合了协同进化的思想,由此也提出了很多预测(Cornell & Hawkins, 2003)。最明显的是,多数隐性植物很可能是由成分简单的毒性化合物保护着而不是复杂的不易消化的化合物。随着季节的变化,一些植物能通过改变化学产物以达到防御效果。例如,欧洲蕨(*Pteridium aquilinum*)在春天破土而出的嫩叶相比于盛夏茂盛的枝叶更不易被植食动物发现。嫩叶中富含生氰芥子油苷,随着叶片的生长,叶片中单宁酸的含量持续上升,并在叶片成熟时达到最高(Rhoades & Cates, 1976)。

关于显性理论的一个更为精妙的预测是,进化过程中特化植食动物致力于克服特异性化合物的毒害,因此当面临这些化合物时(相对于那些没有经常接触的化合物而言),它们有最好的策略来防御;泛化动物致力于防御大范围的化合物,而在面对那些与特化物种协同进化的化合物时,它们并没有很好的防御策略。这一预测得到了大量实验研究的支持,在这些研究中常常用添加了化合物(892昆虫/化合物混合)的人工饲料饲喂植食昆虫(见图3.25)。

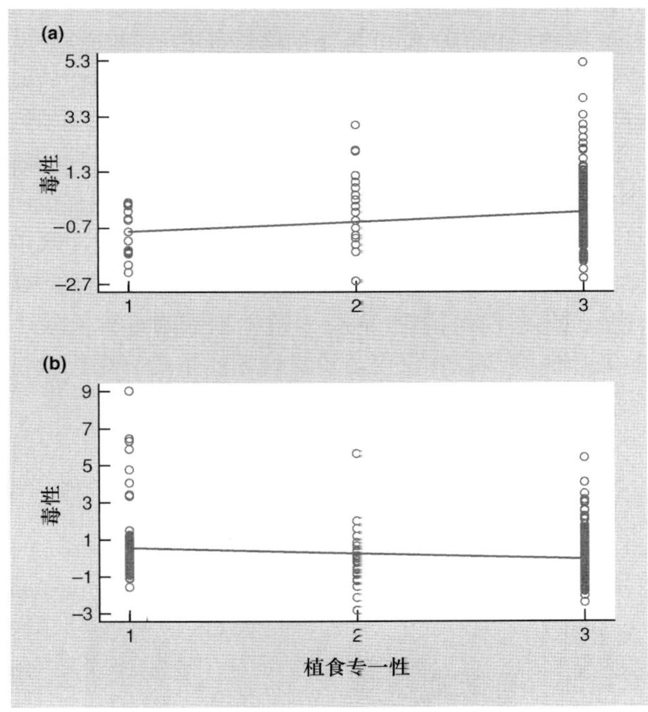

图 3.25 结合已发表的研究结果,植食昆虫可分为三类:1,专食性昆虫(采食1~2科的植物),2,寡食性昆虫(采食3~9科的植物),3,广食性昆虫(采食9个科以上的植物)。化合物可分为两类:特化种和寡食者的正常寄主中所发现的(a)和未被发现的(b)。随着特化作用的增加,(a)由于某些化学物质可以引起特化植食动物的协同进化响应,这样,植食动物的死亡率就相对较低;(b)否则,其死亡率则高。回归方程:(a) $y = 0.33x - 1.12$; $r^2 = 0.032$; $t = 3.25$; $P = 0.0013$; (b) $y = 0.93 - 0.36x$; $r^2 = 0.049$; $t = -4.35$; $P < 0.000\,01$(仿Cornell & Hawkins, 2003)。

最适防御理论：结构性防御和诱导性防御

据预测，不同物种间，甚至是同株植物的不同部位，在化学防御的能力上是不同的。“最适防御理论” (optimal defense theory) 预测器官或组织对生物体越重要，它们得到的保护就会越好；目前，该理论预测组成性化合物 (constitutive chemicals) (任何条件下都产生) 用于保护更重要的植物组织，而诱导性化合物 (inducible chemicals) 则保护那些不太重要的组织，这些化合物仅在受到伤害时产生，这样，植物所需付出的代价更小 (Mckey, 1979; Strauss *et al.*, 2004)。例如，对被植食菜粉蝶 (*Pieris rapae*) 毛虫取食和没有被取食的萝卜 (*Raphanus sativus*) 的研究证实了此预测 (Strauss *et al.*, 2004)。由昆虫授粉的植物其花瓣 (花的所有部分) 对植物的适合度非常重要。不管植物花瓣是否受到毛虫的伤害，花瓣中保护性的芥子油苷浓度都是未受伤害叶片的两倍，且维持不变 (图 3.26)。另一方面，叶片对植物适合度的直接影响不大：对植物叶片持续进行高水平的伤害，并没有检测到其对繁殖量的影响。如前所述，叶片中的结构性芥子油苷的浓度含量较低；但如果叶片受到伤害，诱导性芥子油苷的浓度甚至比花瓣中还高。

用棕色马尾藻 (*Sargassum filipendula*) 所进行的研究也得到了相似的结论，位于基部的固着器 (holdfast) 是最有价值的组织：若没有该组织，马尾藻只能在水中漂浮 (Taylor *et al.*, 2002)。该固着器由许多结构性的、高代价的化合物保护着，而位于植株顶端附近价值较小的嫩叶柄 (有效茎) 仅仅由植食诱导产生的有毒化合物保护着。

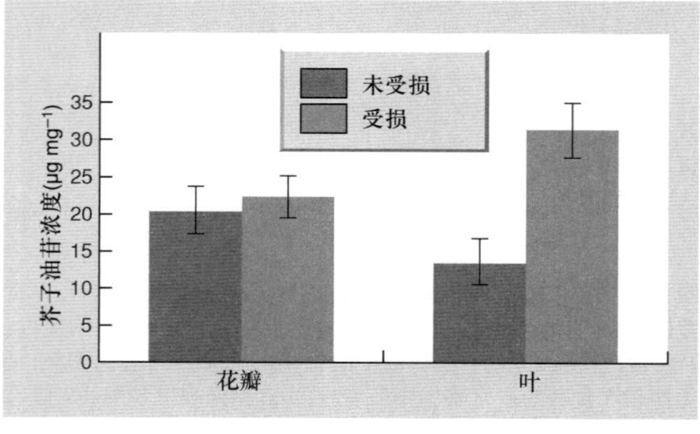

图 3.26 没有被毛虫取食或被取食的野萝卜 (*Raphanus sativus*) 花瓣和叶片中芥子油苷浓度 (μg mg^{-1} 干物质)。误差表示标准误 (仿 Strauss *et al.*, 2004)。

动物防御

自我防御时，动物比植物有更多的选择，但有些动物仍利用化合物进行自我保护。例如，海洋腹足类动物，包括贝壳，会分泌 pH 为 1 或 2 的防御性硫磺酸分泌物。其他动物能够耐受其植物食物中的化学防御物质，将它们储藏并用于自己的防御。一个典型的例子就是黑脉金斑王蝶 (*Danaus plesippus*) 毛虫取食乳草属植物 (*Asclepias* spp.)。乳草属植物含有的次生化合物强心苷能够影响脊椎动物的心跳，对哺乳动物和鸟类有毒。黑脉金斑王蝶毛虫在取食乳草属植物后可以一直储存该种有毒物质直至成熟，而鸟类捕食者则完全无法接受这种物质。一只冠蓝鸦 (*Cyanocitta cristata*) (之前从来没有吃过黑脉金斑王蝶) 在捕食了一只黑脉金斑王蝶后将会发生剧烈呕吐，一旦恢复正常后，即使见到黑脉金斑王蝶也不再捕食。相反，它们可以取食以甘蓝为食的黑脉金斑王蝶 (Brower & Corvinó, 1967)。

“你的毒物是我的美食”

化学防御并不是对所有的消费者都有效。的确，不能被大部分动物接受的食物可能是其他动物挑选的，甚至是唯一的食物。所以，消费者进化出抵御植物防御的抗性是必然的结果，这使得它们能够获取其他 (或全部) 物种无法获得的资源。例如，热带豆科植物大果豆 (*Dioclea metacarpa*) 对几乎所有的昆虫都有毒害作用，因为它含有一种非蛋白氨基酸 —— L–刀豆氨酸，此氨基酸可以替代昆虫体内的精氨酸。但是一种豆象甲 (*Caryedes brasiliensis*) 已进化出一种可修饰的转运 RNA(tRNA) 合成酶，这种酶可以区别 L-刀豆氨酸和精氨酸，此甲虫的幼虫只取食大果豆 (Rosenthal *et al.* , 1976)。

3.7.5 隐态、警戒态和拟态

隐态

如果动物的体色与其生境的颜色相近，或拥有能使其外形变得不易识别的图案，或表现出和环境相似的不可食用的特性，这样就不容易被捕食者所发现。许多蝗虫和毛虫都是绿色的，栖息于海洋和湖面的许多浮游动物是透明的，这些都是属于隐态 (crypsis) 的直观例子。更为生动的例子是，裸躄鱼 (*Histrio pictus*) 的体形可以模拟成马尾藻海草的形状；又如，副王蛱蝶 (*Limenitis archippus*) 毛虫的形状像一种鸟粪。隐藏的动物可能是非常美味的，但其形态和体色 (和对合适背景的选择) 降低了其作为食物资源的可能性。

警戒态

当美味的生物利用隐蔽作为其防御策略时，有毒的或具有危险性的动物常常通过明亮的、显眼的颜色和图案来达到相同的目的，这种现象称为警戒态 (aposematism)。如前面提到的黑脉金斑蝶就具有警戒态，这与其毛虫从食物中封存心脏硫代葡萄糖苷一样起到保护机体的作用。对此，常见的进化观点是这样解释的：艳丽的色彩是自然选择所偏爱的，因为捕食者一旦捕食过这种有害的猎物后，就能辨识 (记住) 这种颜色，因此有艳丽色彩的猎物将会得到保护，然而 "教育" 捕食者的代价将被整个具艳丽色彩的猎物种群共同承担。此观点留下了一个疑问：最初鲜艳有毒性的猎物是如何出现的？因为在数量稀少的初期，这些猎物极有可能被无经验的 (即 "未受教育的") 捕食者不断地清除掉 (Speed & Ruxton, 2002)。一个可能的答案是，捕食者和猎物协同进化：在每一个世代中 — 最初的混合群体包括艳丽的和不艳丽的，有毒的和可食用的猎物 — 艳丽的可食用猎物被取食掉后，剩下的艳丽的猎物绝大多数都有毒，因此捕食者在进化过程中对艳丽猎物的捕食越来越谨慎 (Sherratt, 2002)。

贝氏拟态和缪氏拟态

模仿味道不佳猎物的身体姿态是另一种欺骗捕食者的途径，对美味猎物来说，模拟味道不佳物种，即 "模型" [贝氏拟态 (Batesian mimicry)] 有很明显的进化优势。进一步研究发现，美味的副王蛱蝶成虫模拟味道不佳的黑脉金斑蝶形态，这样学会逃避黑脉金斑蝶的冠蓝鸦也将逃避副王蛱蝶。具有警戒色和味道不佳的猎物之间相互模拟 [缪氏拟态 (Müllerian mimicry)] 也具有进化优势，但是关于贝氏拟态何时结束和缪氏拟态何时开始还有很多疑问，部分原因是区分两者的理论较多，而令人信服的数据较少 (Speed, 1999)。

生活在洞里的动物 (如马陆和鼹鼠) 可以避免刺激捕食者的感官受体，并通过 "装死" [如负鼠 (*Didelphis virginiana*) 和非洲地松鼠] 来免除杀身之祸。动物或准备好撤退 (如兔和土拨鼠躲回洞穴，蜗牛躲到壳中)，或缩成一团，通过坚硬的外表保护易受伤的部位 (如犰狳和球马陆)，降低它们被捕获的机会，前提是捕食者不能攻破它们的防线。其他动物似乎尽力通过威慑性的表现使它们远离麻烦。一个例子就是飞蛾和蝴蝶的惊跳响应，即突然在翅膀上暴露眼点。毫无疑问，动物处于被捕食的危险处境时最常见的行为响应就是逃跑。

3.8 资源分类和生态位

每种植物都需要很多不同种类的资源才能完成其生活史，尽管在需求的数量上存在差异，但是多数植物所需的资源种类相同。每一种资源需通过不同的相互独立的吸收机制来获得—— 如一些离子 (钾)、分子 (CO_2)、溶液和气体。氮不能代替碳，钾不能代替磷。氮可以作为硝酸盐或铵离子的形式被大部分植物吸收，但不能代替氮本身。对许多食肉动物而言则完全相反，大多数个体大小相同的猎物均可相互替代作为其食物资源。可以依据必需资源 (essential resource) 和可替代资源 (substitutable resource) 之间的差异将资源成对分类 (图 3.27)。

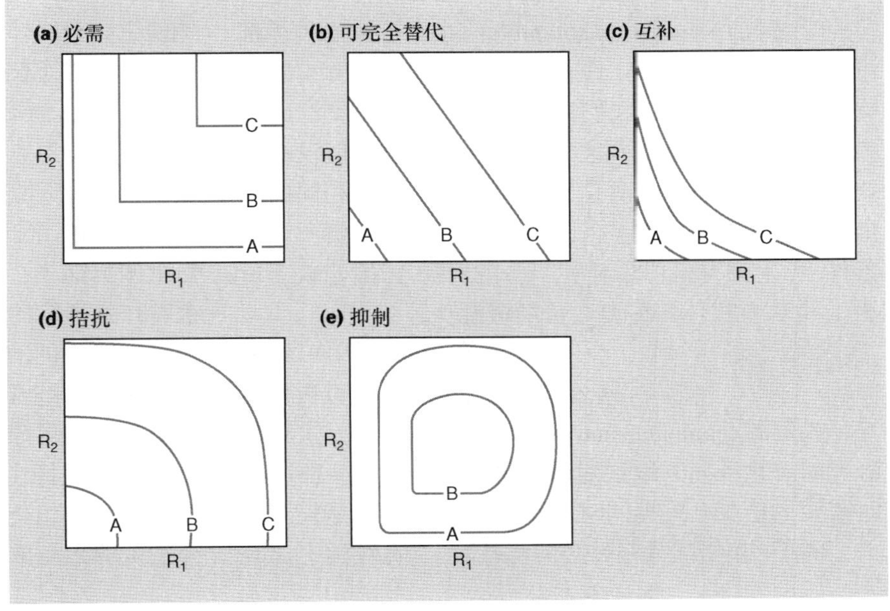

图 3.27 资源依赖的生长等值线。每一条生长等值线代表着生境中种群以特定速率生长所需的两种资源 (R_1 和 R_2) 的总量。因为生长速率随资源有效性的增加而增加，等值线离原点越远说明种群生长速率越快 —— 等值线 A 为负增长，等值线 B 为零增长以及等值线 C 为正增长。(a) 必需资源，(b) 可完全替代资源，(c) 互补性资源，(d) 拮抗性资源，(e) 抑制性资源 (仿 Tilman, 1982)。

零净生长等值线

在这种分类中，一种资源的浓度或数量位于 *x* 轴上，而其他资源的浓度或数量位于 *y* 轴上。我们知道，两种资源的不同组合支持生物不同的生长率 (可以是个体生长或种群生长)。因此，当我们把具有同样生长率的点连在一起 (即资源的联合) 时，就得到了均衡生长的轮廓或者 "等值线" (isocline)。在图 3.27 中，每个例子中的 B 线是一个零增长等斜线 (zero net growth isocline)：线上每一种资源组合仅仅允许种群维持自身大小，既不增加也不减少。然而，相比于 B 线，A 等值线具有更少的资源但能表现出相同的负生长率；而 C 等值线具有更多的资源但表现出相同的正生长率。正如我们看到的，等值线的形状随资源特性的变化而变化。

3.8.1 必需资源

当两种资源不能被彼此取代时被称为必需资源。因此，依赖于资源 1 的生长绝对依赖于可获得资源 2 的数量，反之亦然。图 3.27a 中双轴平行的等值线表明了这一点。它们之所以存在这样的关系，是因为一种资源可获得的数量决定了可能的最大生长率，这与另一种资源的数量无关。这种生长率是可达到的，除非其他资源可获得的数量会导致更低的生长率。绿色植物生长所需的氮和钾，在寄生物或病原体生命周期中进行更替的两种专性宿主都符合上述关系 (见第 12 章)。

3.8.2 其他资源类型

当一种资源能完全代替另外一种资源时可被称为可完全替代 (*perfectly substitutable*)。小麦或大麦种子都可以作为小鸡的食物，斑马和瞪羚可以作为狮子的食物。需要注意的是，我们并没有暗示这两种资源完全相同。图 3.27b 包含了这种特点 (最佳代替，但没有必要彼此相同)，图中的等值线从原点开始具有相同的距离但并不在轴上相交。在图 3.27b 中，在缺乏资源 2 的条件下，生物有机体需要相当少的资源 1；但若缺乏资源 1，生物有机体却需要大量的资源 2。

互补性资源

如果等值线向内凹向原点，那么可替代性的资源也可被称为互补性资源 (complementary resource) (图 3.27c)。这种线形意味着物种同时取食两种资源比分别取食一种资源时需要的更少。人类同时取食豆类和水稻就是很好的一个例子。赖氨酸是一种必需氨基酸，其在豆类中含量丰富，而在水稻中含量极少；含硫氨基酸在水稻中含量丰富，而在豆类中含量极低。

拮抗性资源

如果等值线向外凸向原点，那么可替代性资源也可被称为拮抗性资源 (antagonistic resource) (图 3.27d)。这种线形表明物种同时取食两种资源时，需要比分别取食、消耗的资源更多，才能保证相同的增长速率。如果这些拮抗性资源含有不同的毒性化合物，那么可能会出现对捕食者的协同作用 (不仅仅是添加)。例如，D,L-哌啶酸和黎豆氨酸 (在某些种子中发现的两种防御性化学物质) 对吃种子的豆象甲幼虫的生长没有显著作用，但是如果豆象甲同时取食上述两种物质的话，则会对生长产生显著影响 (Janzen *et al*., 1977)。

抑制

最后，图 3.27c 举例说明了一对必需资源在高水平时的抑制现象：必需资源过量时变得有害。CO_2、水和矿质元素 (如：铁) 都是光合作用所必需的，但它们的浓度过量时都是致命的。同样地，正常强度的光照促使植物快速生长，但过高强度的光照却抑制植物的生长。在这种情况下，等值线形成闭合的曲线，因为在资源处于高水平时植物的生长速率随资源的增加而降低。

3.8.3 生态位的资源维度

在第 2 章中，我们提出了 *n* 维超体积的生态位概念。这个概念定义了许多 (*n*) 环境因子 (包括条件和资源) 对特定物种生存和繁殖的限制。因此，需要注意的是，图 3.27 中列举的零生长等值线定义了生态位的二维边界。线 B 一侧的资源组合使生物有机体繁荣，另一侧使生物有机体减少。

物种生态位的资源维度有时可采用与物种能够生长旺盛的上下限条件的相似方式来进行描述。因此，捕食者只能够察觉和处理体型位于下限和上限之间的猎物。对其他资源而言，比如植物的矿物质营养素，可能有一个下限，低于该下限则植物个体不能生长和繁殖，但上限可能不存在 (图 3.27a~d)。然而，许多资源必须被看作是离散的实体而不是连续的变量。袖蝶属 (*Heliconius*) 蝴蝶的幼虫需要取食西番莲属 (*Passiflora*) 植物的叶片；黑脉金斑蝶专食萝藦科植物；很多动物物种还需要有特定界限的巢穴。这些资源需求不能放置在一个连续的有标注的图轴上，如 "食源性植物"。生态位中的食源性植物或巢穴位置的维度，需要通过有限的合适资源来简单进行定义。

总之, 条件和资源定义了一个物种的生态位。在接下来的章节中, 我们将会详细阐述生物对那些条件和资源的最基本响应: 它们的生长、生存和繁殖模式。

小结

资源是生物有机体所需要的实体, 其数量会由于生物有机体的活动而减少。因此, 生物有机体之间可能产生相互竞争以获取有限的资源。

自养生物 (绿色植物和某些细菌) 同化无机资源而形成复杂的有机分子 (如蛋白质、碳水化合物等); 它们成为异养生物的资源, 而这些资源又将参与到食物链中, 其中一种资源的消费者会变成另一种消费者的资源。

太阳辐射是唯一可以被绿色植物用于代谢活动的能量来源。在光合作用过程中, 辐射能转化为能量丰富的碳化合物, 并在接下来的呼吸过程中被分解。但是光合结构只能够获取光合有效辐射波段内的能量。我们阐述了辐射强度和质量的变化以及植物对此变化作出的响应。我们也讲述了植物为解决光合作用和保水之间的矛盾所采取的战略和战术方案。

CO_2 也是光合作用所必需的资源; 我们分析了其浓度的变化以及全球和最小空间尺度内CO_2 浓度上升所带来的后果。光合作用有三条固碳途径: C_3、C_4 和 CAM 途径。我们阐述了不同途径之间的差异和它们相应的生态学后果。

水是所有生物体的重要资源。对植物而言, 我们学习了根如何搜寻水和根周围资源 (水和矿物质营养) 耗竭区的动力学。矿物质营养大体分为大量营养元素和痕量营养元素, 每一种都以离子或分子的形式单独进入植物体内, 并且各自具有被土壤吸收和扩散的特性, 而这些性质也将影响植物对其的吸收。

动物和植物都需要氧气。在水生和淹水环境中, 氧气很快成为限制性因素, 当有机质在水生环境中腐烂时, 微生物的呼吸耗尽氧气, 从而也限制了存在的高等动物类型。

在异养生物中, 我们阐述了腐生生物、食肉动物、植食动物和寄生物之间的区别, 以及特化种和泛化种之间的区别。

通常, 植物组织中的 C : N 值远远超过细菌、真菌和动物。因此, 植食动物的主要代谢废物是富含碳的化合物。相比之下, 食肉动物的主要排泄物是含氮化合物。同株植物的不同部位成分不同。因此, 大多数小型植食动物是特化种; 不同植食动物的身体成分却非常相似。

植食动物获取的多数潜在能量来源主要由纤维素和木质素组成, 但多数动物缺少纤维素酶 —— 这是一个进化谜团。我们解释了植食脊椎动物从不同食物资源获取能量的速率是如何由肠道结构来决定的。

活的资源通常可进行物理、化学、隐态、警戒态或拟态等方式进行防御。这将导致资源消费者和被消费者之间产生协同进化的军备竞赛。

显性理论和最适防御理论试图寻找能够合理解释不同保护性化合物的分布, 尤其是不同植物物种和同株植物的不同部位所产生的组成性和诱导性化合物。

将资源配对, 并做成资源消费者的零净生长等值线, 使得配对资源可分为必需、可完全替代、互补、拮抗或抑制性资源等类型。零净生长等值线定义了一个物种的生态位的边界。

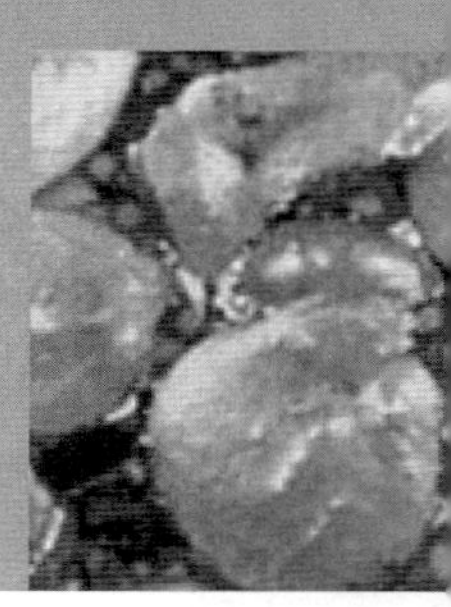

第4章 生命、死亡与生活史

4.1 引言: 生命的生态学事实

本章我们不再过多地涉及个体与环境相互作用的内容, 如个体数量与导致个体数量变化的过程等。

出于上述考虑, 生命的基本生态学事实可表示为

$$N_{现在} = N_{当时} + B - D + I - E \tag{4.1}$$

简单理解就是, 某特定物种现在出现在适合其生长的生境中的个体数 ($N_{现在}$) 等于先前的个体数 ($N_{当时}$) 加上这段时间内物种所出生的个体数 (B), 减去死亡个体数 (D), 加上迁入个体数 (I), 再减去迁出个体数 (E)。

这个方程定义了生态学的主要目的: 描述、说明以及理解生物的分布和多度。生态学家热衷于研究个体数量、分布和影响这些参数变化的种群动态过程 (出生、死亡和迁移) 以及环境因素影响种群动态过程的方式。

4.2 什么是个体?

4.2.1 单体生物和构件生物

尽管 "生命的生态学事实" 默认所有的个体都是相似的, 但这显然是错误的。首先, 几乎所有物种在其生命周期中都要经历很多阶段: 昆虫从卵变为幼虫, 有时变为蛹, 然后到成体; 植物从种子发育成幼苗, 再生长成能进行光合作用的植株等。生物在不同成长阶段可能受到不同因素的影响, 同时迁移、死亡以及繁殖的速率也都不同。

个体之间的生命周期阶段和状态都不同

其次, 即使在同一阶段, 不同个体在性状或状态方面都存在差异。最明显的就是个体大小, 但这很正常, 毕竟每个个体的资源储备存在差异。

单体生物

当生物有机体属于构件生物 (modular organism) 而非单体生物 (unitary organism) 时, 个体之间不可能是均匀的。对于单体生物而言, 形态是高度确定的: 除畸形外, 所有的狗都有四条腿, 所有的鱿鱼都有两只眼睛等。人是单体生物的最佳例子。虽然生命起源于受精卵, 但只有当受精卵进入子宫着床后才正式开始复杂的胚胎发育过程。到孕期的第 6 周, 在不出现意外的情况下, 胚胎已经长出可以辨认的鼻子、眼睛、耳朵以及带有指头的四肢, 这些器官一直能够保持原有形状直到死亡。胚胎持续生长直到出生, 随后婴儿继续生长到 18 岁左右; 在这期间只有性成熟方面的形态发生改变。女性的生殖期可能持续 30 年, 男性当然可以更长。随后紧接着就是衰老期。死亡可以发生在任何时间, 但对于存活个体, 生长阶段的更替与形态一样, 是完全可以预测的。

构件生物

另一方面, 构件生物 (图 4.1) 无论时令还是形态都是不可预测的。合子 (zygote) 发育成一套结构单元 (又称构件, 如附带有一定长度茎的叶片), 随后还能再长出相似的构件。构件生物的个体由许多不同数量的构件组成, 它们的发育程序高度依赖于与环境之间的相互作用。这些产物几乎都是有分支的, 并且除幼年期外都非常稳定。大部分高等植物都是构件生物, 同时也是最典型的构件生物类群。此外, 还存在许多重要的构件动物 (包括海绵动物、水螅、珊瑚虫、苔藓虫以及海洋性的海鞘类动物等 19 个门的生物)、构件原生生物和真菌等。Harper 等 (1986a), Hughes (1989), Room 等 (1994) 以及 Collado-Vides (2001) 对许多构件生物的生长、形态、生态和进化都进行过相关综述。

因此, 构件生物个体差异的可能性远大于单体生物。例如, 一年生植物藜 (*Chenopodium album*) 在贫瘠、拥挤的条件下仅长到 50 mm 高时就开花、结籽。然而, 在更加理想的条件下, 它可以长到 1 m 高, 种子的产量是发育不良个体的 50 000 倍。正因为是构件生物, 各部位不同的出生率和死亡率导致了这种可塑性的产生。

在高等植物的生长过程中, 最基本的地上结构构件就是长有腋芽的叶子和具有一定节间长度的茎干。

随着芽的发育和生长, 能够长出叶子, 每一片叶子的腋间又能长出芽。植物通过积累这些构件逐渐成长。在发育的某些阶段, 植物能够长出一些生殖构件 (如: 高等植物中的花), 最终产生新的合子。但是特化的生殖构件通常将不再产生新的构件。尽管与其他构件的结构极为不同, 植物的根也属于构件 (Harper *et al.*, 1991)。构件生物的发育程序主要由具有不同作用 (例如, 是进行生殖还是继续生长) 的构件比例来决定。

4.2.2 构件生物的生长型

图 4.1 列举了构件动、植物生长过程中产生的多种生长型和结构 (见彩色图版图 4.1)。构件生物可大致

(a)

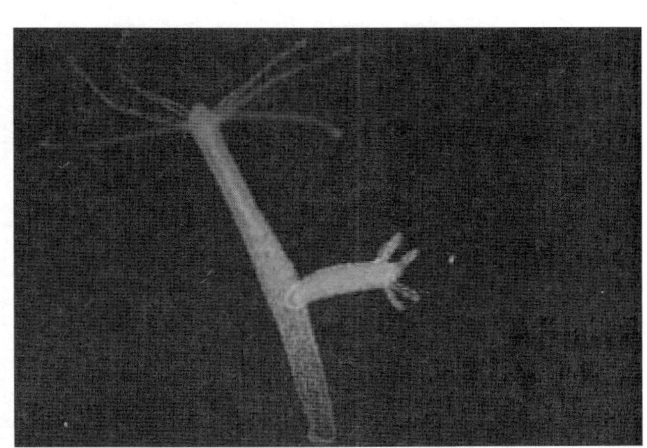

(b)

(c)

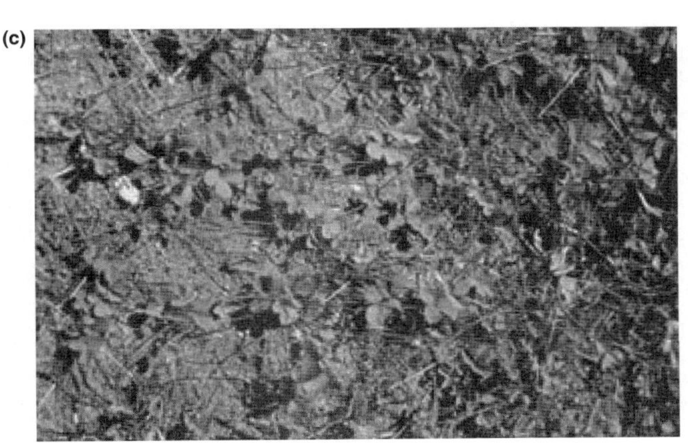

图 4.1　构件植物 (左列) 和动物 (右列), 图中展示了以不同构建方式的潜在对比。(见前页) (a) 构件生物浮萍 (*Lemna* sp.) 和水螅 (*Hydra* sp.), 随其生长, 落下片段。(b) 自由分枝生物中构件就像长在茎上的个体一样: 忍冬 (*Lonicera japonica*) 带叶片 (摄养构件) 和花枝的枝条; 同时带有摄食和繁殖构件的水螅 (*Obelia*) 群。(c) 匍匐茎植物可以通过克隆横向扩展, 且通过根状茎或 "匍匐茎" 将无性系小株联系在一起: 通过匍匐茎蔓延的单株草莓 (*Fragaria* 属) 和一个筒螅 (*Tubularia crocea*) 群。(d) 紧密联系在一起的构件群: 刺虎耳草 (*Saxifraga bronchialis*) 的草丛和硬珊瑚 (*Turbinaria reniformis*) 的一部分。(e) 积累在一个长期存在、死的支撑物上的构件: 欧洲栎 (*Quercus robur*) 中的支持物主要是死的木质组织, 它们来自之前的构件, 柳珊瑚的支撑物主要来自早期构件的钙化组织。(见彩图 4.1)
(a) 左图, © Visuals Unlimited/John D. Cunningham; 右图, © Visuals Unlimited/Larry Stepanowicz; (b) 左图, © Visuals Unlimited; 右图, © Visuals Unlimited/Larry Stepanowicz; (c) 左图, © Visuals Unlimited/Science VU; 右图, Visuals Unlimited/John D. Cunningham; (d) 左图, © Visuals Unlimited/Gerald & Buff Corsi; 右图, ©Visuals Unlimited/Dave B. Fleetham; (e) 左图, ©Visuals Unlimited/Silwood Park; 右图, ©Visuals Unlimited/Daniel W. Gotshall。

分为垂直生长型和侧向生长型。许多植物新长出的根系, 带有侧向延伸的茎干: 这些植物主要是能长出地下茎和匍匐茎的植物。这类植物的连接部位可能会死亡并腐烂, 这也就意味着由同一合子发育形成的植株分离成在生理上独立的个体; 这些独立存在的个体又可称为 "无性系分株" (ramet)。在生长过程中能够进行无性分离的最典型浮水植物就是浮萍 (*Lemna*) 和凤眼蓝 (*Eichhornia*)。整个池塘、湖泊或者河流可能到处都漂浮着由一个合子产生的彼此分离而且互不依赖的无性系分株。

垂直生长型构件植物的最佳例子当属乔木。将乔木和灌木与草本植物区分的典型特征是将各种构件连接在一起以及将构件和根系连接起来的连接系统。乔木和灌木的连接系统不会腐烂, 但会随树木生长而变粗, 且永久性地存在。乔木的大部分结构都是无活性的, 只在紧贴树皮内侧有一层薄的活性组织 (即形成层)。形成层持续再生出新组织的同时, 树干上的死亡组织也在不断增加, 从而使得树干不断加粗, 其强大的支持力使得乔木在自由获取地下水分和营养物质的同时, 也能在约有 50 m 高的冠层顶部吸收阳光。

构件内的构件

我们经常看到二级水平或若干级水平的构件结构。草莓就是很好的例子: 芽上能够不断长出新叶, 同时长出的新叶能够排列形成莲座 (rosette)。草莓具有典型二级构件的生长方式: 莲座上能够长出新叶, 莲座叶子长出的匍匐枝上又能产生新的莲座。乔木存在若干级水平的构件: 在整个分枝系统上长有嫩枝, 在所有嫩枝上又长有叶片, 而每片叶子上又有腋芽, 且它们拥有一致的分布特征。

尽管许多动物有各种各样精确的生长和生殖模式, 但仍像植物一样是构件生物。而且, 例如与许多植物一样, 珊瑚个体可以作为一个整体存在, 或者也可能分成许多群体, 即来自同一个个体, 但生理上是独立的 (Hughes *et al*., 1992)。

4.2.3 构件生物种群的大小

在构件生物中, 存活合子的数量只能部分反映种群大小, 而且可能会对种群大小产生误导。Kays 和 Harper (1974) 运用基株 (genet) 这个词来描述遗传个体 (genetic individual): 一个合子的产物。在构件生物中, 基株 (个体) 的分布和多度非常重要, 但通常对构件 (无性系分株、枝蔓、分蘖、游动孢子、珊瑚虫或者其他) 的分布和多度的研究实用性更高: 一个牧场中, 可供牛食用的草的数量是由叶子 (构件) 的数量来决定的, 而并不是由基株的数量来决定。

4.2.4 衰老或永葆青春的构件生物

通常, 整个构件生物并不存在程序性衰老的过程, 因此它们看似可以不断地生长。即使是树干中死亡组织日益增多的树木, 或者分枝钙化越来越严重的柳珊瑚 (gorgonian coral), 它们的死亡通常是由于长得太大或者感染疾病而并非程序性衰老。图 4.2 列举了大堡礁 (Great Barrier Reef) 3 种珊瑚的年死亡率随珊瑚个体 (广义上可称为 “年龄”) 增大而急剧下降。而在最大、最老的群体中, 死亡率最终可视为 0, 目前还没有证据表明珊瑚在极度老化时死亡率会提高 (Hughes & Connell, 1987)。

在构件水平上, 情况大不一样。落叶树叶子的死亡是经典的衰老案例 —— 除此之外, 树根、芽、花以及构件动物的构件都要经历幼年期、中年期、衰老和死亡过程。基株的生长是这些过程的综合结果。图 4.3 描述了氮磷钾复合肥 (NPK) 的施用能够显著改变沙生薹草植物 *Carex arenaria* 克隆分株的年龄结构, 但是无性系小株总数量几乎不受影响。施肥的样地逐渐被新植株占据, 而老植株则被迫早早地进入死亡过程。

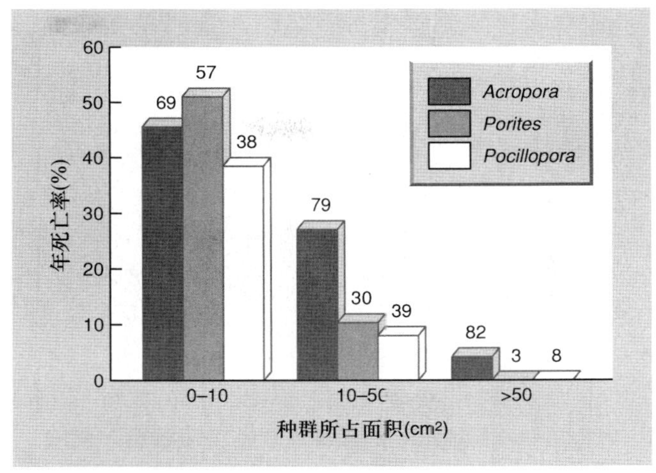

图 4.2 大堡礁 Heron 岛暗礁顶部生长的 3 种珊瑚, 死亡率随珊瑚个体大小 (广义上可称为 “年龄”) 稳定地下降 (柱子顶部的数字表示样品大小) (仿 Hughes & Connell, 1987; Hughes *et al*., 1992)。

4.2.5 整合

对于具有地下茎和匍匐茎的物种而言, 这种年龄结构的变化反过来又与无性系分株个体之间连接的变化程度有关。新的无性系分株可以从相邻的或者它自身的老株中吸收营养, 但是连在一起生活的利弊将会随时间发生显著改变: 子株完全定殖, 母株则进入衰老的生殖后期 (这一观点同样适用于由母株抚育的单体生物) (Caraco & Kelly, 1991)。

绒毛草 (*Holcus lanatus*) 的实验研究表明, 整合的益处和代价在不断地发生变化。这些结果主要通过比较以下 3 种无性系分株的生长状况得出: ① 生理上与母株有连接并种在同一盆中的无性系分株, 因此母株和子株之间可能存在竞争 (不分离不移走; UU); ② 生理上与母株无连接但种在同一盆中的无性系分株, 两者可能存在竞争 (分离不移走; SU); ③ 生理上与母株无连接且不种在同一盆中的无性系分株, 因此不可能存在竞争 (SM) (图 4.4)。这些处理被用于不同龄级的子代无性系分株, 生长 8 周后检测它们的生长状况。与母株连在一起的最小子株 (图 4.4a) 生长显著增加 (UU> SU), 但是竞争作用对子株的生长没有显著影响 (SU≈SM)。对于稍微大点的子株 (图 4.4b), 生长会受到母株的抑制 (SU<SM), 但生理上的连接有效地抵消了母株的抑制 (UU>SU; UU≈SM)。对于更大的子株, 这种平衡变化更大: 生理上与母株相连不能完全克服母株存在的负效应 (图 4.4c; SM>UU>SU) 或者最终可能耗尽子株的资源 (图 4.4d; SM>SU>UU)。

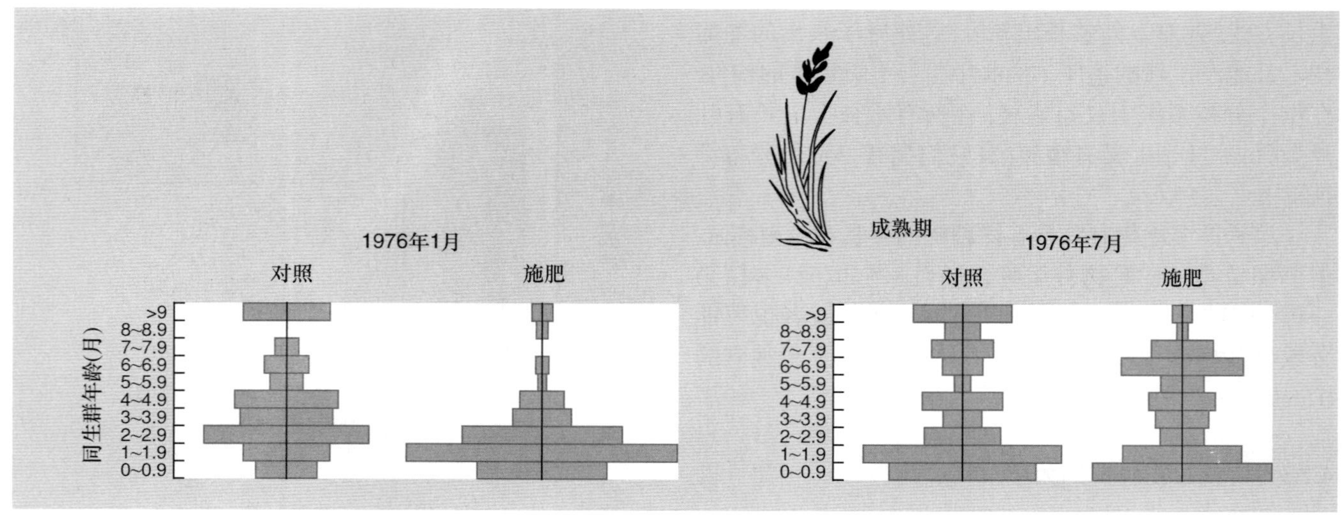

图 4.3　在大不列颠北威尔士沙丘上生长的沙地莎草无性系分株的年龄结构。无性系分株主要由不同年龄的无性株组成。施肥会改变年龄结构，新植株占大多数，老植株大都已死亡 (仿 Nobel *et al.*, 1979)。

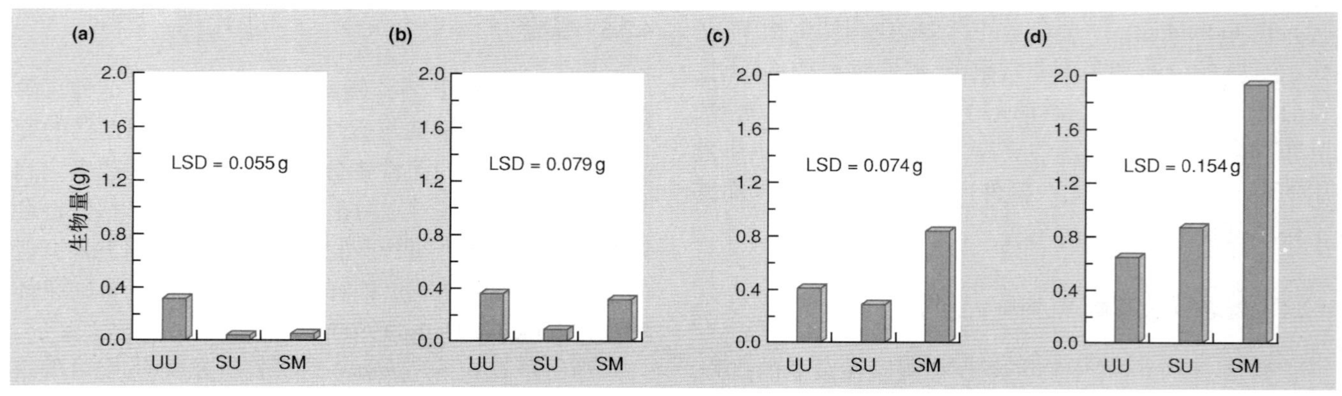

图 4.4　绒毛草 (*Holcus lanatus*) 子株的生长状况，从最初的 1 周连续生长 7 周以后的情况: (a) 1 周、(b) 2 周、(c) 4 周和 (d) 8 周。LSD, 最小显著性差异，超过此值就表明相比较的两个平均值之间彼此不同。进一步的讨论见正文 (仿 Bullock *et al.*, 1994a)。UU, 不分离不移走; SU, 分离不移走; SM, 分离移走。

4.3　统计个体数量

如果我们想真正研究出生、死亡以及构件的生长，我们必须对它们进行量化。这就意味着需要计算个体和构件的数量。实际上，许多研究关注的并不是这些个体的出生和死亡，而是出生和死亡的净结果; 例如，现存个体的总数量以及个体数随时间变化的方式。但这类研究依然是有用的。即使单体生物，生态学家在统计自然界的种群数量时仍然面临着许多技术上的问题。因而，许多生态问题仍然是未解之谜。

什么是种群

通常，我们使用 “种群” 这个术语来描述某一特定物种的一群个体。然而在实际情况中，一个种群的构成随物种的变化而变化，同时在不同的研究中往往也是不同的。在某些情况下，一个种群的界限是很清晰的; 如在一个小湖中生存的棘鱼，是这个湖的棘鱼种群。在其他情况下，界限通常以研究者的目的或者出于研究的方便来划定: 很可能研究栖息在一片叶子、一棵树、一排树或者整片林地的柠檬蚜虫的种群。还有一些其他的例子，由于生物个体的分布范围很广，因而研究者必须主观地定义这个种群的界限。特别在这些例子中，界限的划分有利于种群密度的计算。种群密度是指 “单位面积的同种个体数量”，但在某些特定的情况下，种群密度可定义为 “每片叶子上的个体数量”，“每个宿主所携带的个体数量”，或者其他一些更合适的测定指标。

确定种群大小 一种简单的确定种群大小的方法就是计算个体的数量，特别是对于相对较小的、孤立的栖息地和相对较大的个体，如岛屿上的鹿。然而，对于大部分物种而言，这样完整的清点数量是不实用，也是不可能的：观察能力 —— 我们观察每个个体存在的能力 —— 并不能每次都达到 100%。因此，生态学家就必须进行估算，而不是去统计种群个体的数量。我们可以估算农作物上蚜虫的数量，如通过计算有代表性的叶子上蚜虫的数量，并估计每平方米土地上叶子的数量，最后以此估计每平方米土地蚜虫的数量。对于生活在地表的植物和动物，小范围的采样单位可称为样方（又指用来划分某区域边界的正方形或者矩形装置，即样方框）。对于土壤生物，单位通常为一大块土壤；对于湖泊生物，就是一片水域；对于许多植食性昆虫，单位是一株典型植物或者一片叶子等。采样方法以及计数方法详见各种生态方法学的书籍（如 Brower *et al.*,1998; Krebs, 1999; Southwood & Henderson, 2000）。

对于动物，还有两种方法可以用来估计种群大小。第一种方法是标记 – 重捕法 (capture-recapture method)。在一个种群内随机捕捉一批动物个体，将每个个体标记后（以便以后辨认），释放回原种群中，然后再随机捕捉另一批动物个体。根据第二次采样中带有标记个体的比例，就可以估计出种群的大小。如果种群相对较小，第二次采样中标记个体的比例就会很大；反之，如果种群大，比例就小。当拥有一套完整的标记重捕样本后，数据将变得越来越复杂 —— 分析方法也将变得越来越复杂，但会更加有说服力 (Schwarz & Seber, 1999)。

第二种方法是采用多度指数 (abundance index)。通过这种方法，我们可知种群的相对大小而不是绝对大小。举例来说，图 4.5 描述的是在加拿大渥太华附近的池塘中，豹蛙 (*Rana pipiens*) 栖息的池塘数量以及池塘周围夏季（陆地）生境数量对池塘内豹蛙多度的影响。这里主要通过“鸣叫级别”来估计蛙的多度：通常可以分为“没有”、“一些”、“许多”和“非常多”4 个等级，但是声音在本质上是比较混杂的。尽管这种方法有缺陷，但多度指数还是能够提供一些有价值的信息。

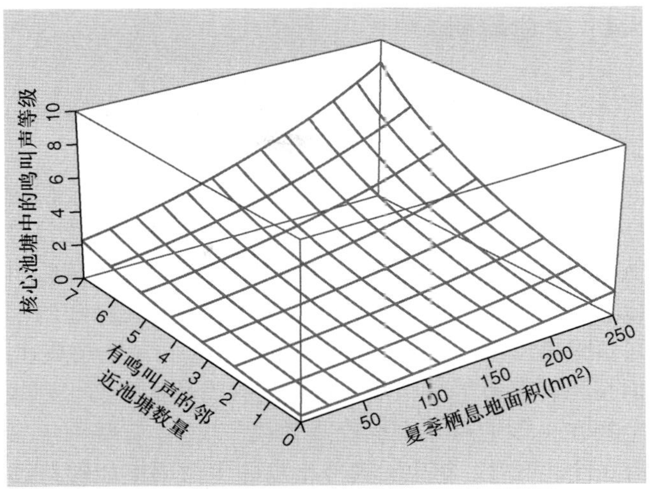

图 4.5 池塘内豹蛙的多度（鸣叫级别）随所占临近池塘的数量以及池塘 1 km 以内夏季栖息地的面积而显著提高。鸣叫级别是 4 种情况下所测得的指数之和，即：0，没有个体鸣叫；1，个体可以计数，叫声不重叠；2，不到 15 个个体，叫声有重叠但可以辨认；3，大于等于 15 个个体（仿 Pope *et al.*, 2000）。

统计出生量 统计出生数量比统计个体数量更加困难。通常认为，合子的形成是一个个体生命的起点，但通常很难发现这一阶段，因而也很难研究。对于大部分动物和植物，我们不知道有多少胚胎在出生之前就已死亡，但是兔子至少有 50% 的胚胎在子宫内死亡，同时许多高等植物也可能有 50% 的胚在种子完全发育成熟之前就已夭折。因此，实际上几乎不可能将合子的形成作为出生时间。对于鸟类，我们可以采用鸟蛋孵化的时刻作为出生时间；对于哺乳动物，当个体不再依靠母体胎盘提供的营养并且在体外开始吮吸乳汁时，我们可将这一时刻作为它的出生时间；对于植物，我们可以用种子萌发的时刻作为幼苗出土的时间，尽管这只是一个发育的胚胎在休眠期过后重新开始生长的时刻。我们需要记住的是一个种群中有一半或者更多个体在它们出生之前就已经死亡。

统计死亡数量 死亡数量的统计会存在很多问题。在自然界中，尸体不会长时间续存。在动物死后只有大型动物的骨骼能持续存在一段时间。植物幼苗的多度以及所在位置都可在某天统计并作出标记，紧接着就可能消失得无影无踪。小鼠、田鼠以及身体柔软的动物如毛虫、蠕虫能被捕食者吃掉，或者它们的尸体也会很快被食腐动物或者分解者清除。我们找不到用以统计死亡率的尸体，也没有证据表明它们死亡的原因。标记 – 重捕法可根据标记个体的消失来估计某个种群的死亡率（类似于用多度来测定存活率），但通常不可能区分个体的消失是由于死亡还是迁移所致。

4.4 生命周期

为了理解种群多度取决于哪些因素，我们需要知道这些因素在生物生命周期 (life cycle) 中的哪个阶段发挥了最重要的作用。那么，我们就需要了解发生在这些生物生命周期中的一系列事件。一个高度简化且普遍的生活史包含了出生、繁殖前期、繁殖期、繁殖后期以及由衰老引起的死亡 (当然其他形式的死亡随时都可能发生)。图 4.6 对生命周期的种类进行了图解概述，但是还有很多生命周期不符合这种简单的分类。有些生物在一年中有几个世代或者很多世代，有些一年只有一个世代 (一年生)，其他生物的生命周期能够持续几年或者很多年。对于所有生物，生长期都发生在繁殖期之前，当进入繁殖期时生长速率将减慢 (有些情况下则完全停止生长)。

单次和多次繁殖的生命周期

广义上讲，不管生命周期有多长，物种既可以单次 (semelparous) 繁殖，也可以多次 (iteroparous) 繁殖 (植物学家通常称其单次结实和多次结实)。单次繁殖的物种，就是指个体一生中只有一次繁殖期，繁殖期之前它们大都停止生长，繁殖过程中它们将能量全部投入到本次繁殖中，繁殖结束后它们就将死去。多次繁殖的物种，正常情况下个体都经历几次或多次这样的繁殖事件，这些繁殖事件实际上可以整合到一次繁殖活动的延伸期内。在每个繁殖活动期间，个体都将保留能量以供继续存活或生长。因此，多次繁殖的个体有机会存活下来并进入下一次繁殖过程。

例如，许多一年生植物都属于单次繁殖 (图 4.6b)：它们会突然开花结籽，然后枯萎死亡。耕地里的杂草就属于一年生植物；其他植物如欧洲千里光 (*Senecio vulgaris*) 能进行多次繁殖 (图 4.6c)：整个季节中它们不断生长，开花结籽，直到冬季第一次致命的霜冻将它们冻死，它们死了，但芽仍在。

在许多寿命长且能进行多次繁殖的植物和动物的生命过程中，都有一个明显的季节性节律，特别是繁殖活动：每年只有一个繁殖期 (图 4.6d)。交配 (或者植物开花) 一般由光周期的长度诱导 (见第 2.3.7 节)，通常能够确保幼体出生、卵孵化或者种子成熟都在资源充裕的季节完成。与一年生物种不同，它们的世代重叠，不同龄级的个体可以同时繁殖；因而种群主要由存活的成年个体和新生个体维持。

另一方面，在潮湿的赤道地区，温度和降水极少发生季节性变化，也几乎不存在任何光周期变化。在这里，我们可以找到全年都可以开花结果的植物物种——以及依赖这些植物资源生存的能够连续繁殖的动物物种 (图 4.6e)。例如，有数种榕属 (*Ficus*) 植物可以连续结实，成为鸟类和灵长类动物全年可依赖的食物来源。在季节性气候更强的环境下，人类通常也可以全年连续生殖，当然许多其他物种，如蟑螂，在稳定的人工环境下也可以全年连续繁殖。

生命周期的多样性

在长寿命 (即生命周期比一年生植物长) 的单次结实的植物中，部分属于严格的二年生植物——每个个体都需要经历两个夏季以及期间的冬季生长发育，但只在第二个夏季有一个繁殖阶段。白花草木樨 (*Melilotus alba*) 就属于二年生植物。在美国纽约州，在第一个生长季节中 (期间种子发育成植株)，白花草木樨的死亡率相对较高，之后死亡率逐渐下降直到第二个夏季结束，这时植物已经开花且存活状况迅速恶化。没有植物能活到第三个夏季。因此，这类植物最多只有两代重叠 (Klemow & Raynal, 1981)。一个比较典型的世代重叠的单次结实植物当属菊科植物 *Grindelia lanceolata*，它可以在第三、第四或者第五年开花；但是无论什么时候开花，随后不久它们就会死亡。

众所周知，太平洋鲑鱼 (*Oncorhynchus nerka*) 是一种世代重叠的单次繁殖的动物 (图 4.6f)。鲑鱼在河中产卵，鱼苗孵化后继续在淡水中度过第一个生长发育期，然后经长距离跋涉迁徙到大海。成熟后它们又将洄游到出生的河流。有些鲑鱼发育成熟比较快，只在海中生活两年就能洄游进行繁殖；其他成熟比较慢的个体，则需要 3~5 年。在繁殖期里，鲑鱼的种群包含了世代重叠的个体，但所有个体都只是单次产卵：产卵后即死亡；所以繁殖是终结性的。

除此之外，还有其他更为典型的长寿且单次繁殖的物种。许多竹子能够经无性生殖形成致密的幼竹，然后还能生长很多年：部分物种能够存活高达 100 年以上。整个竹子种群，同时具有来自相同和不同母株的个体。随后整个种群以一种大规模的自杀方式同时开花，即使有些竹子在生理上已经分开，但它们仍然同时开花。

接下来的章节我们将详细地讨论生命周期中出生和死亡的模式，并且讨论如何量化这些模式。我们通常的做法是，使用生命表 (life table) 来监测并分析死亡率随年龄或者生活史阶段的变化而不断变化的模式。存活曲线 (survivorship curve) 的构建能够追踪种群内新生个体、新出现个体或者构件随时间而出现数量的减

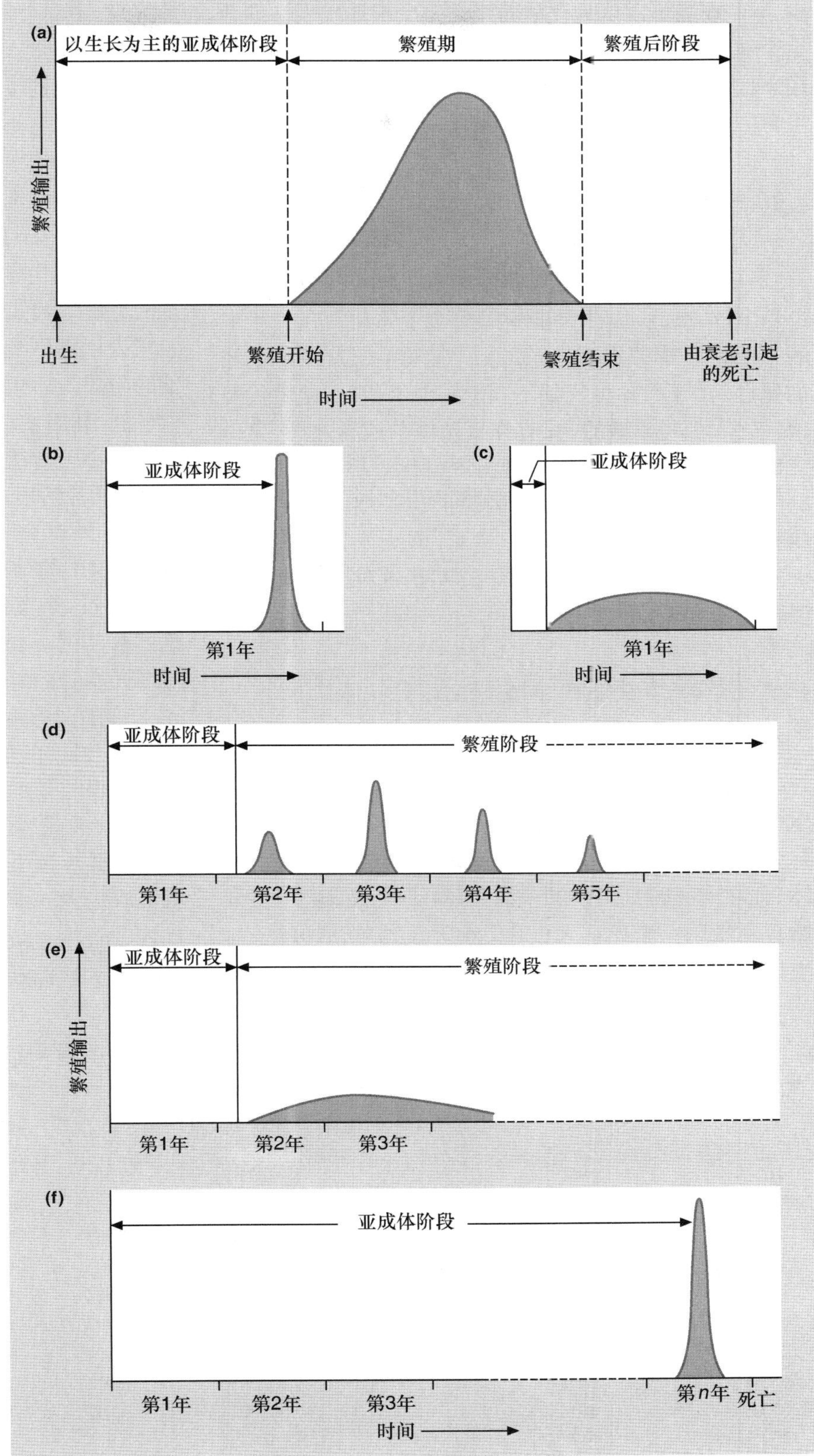

图 4.6 (a) 单体生物的简要生活史。横轴表示时间，分成不同的阶段。纵轴为繁殖输出。下面的图(b~f)主要是关于这一主题的变异情况。(b) 单次繁殖的一年生物种；(c) 多次繁殖的一年生物种；(d) 季节性繁殖的长寿命的多次繁殖物种 (实际上可能比图中暗示的更长寿)；(e) 连续繁殖的长寿物种 (实际上可能比图中暗示的更长寿)；(f) 能活一年以上的单次繁殖物种。繁殖前阶段可能超过1年 (二年生物种，第二年繁殖) 或者更长，通常比显示的更长。

少——或者可以认为存活曲线是一个描述代表性的新生个体能够存活到不同年龄的概率图。生命表往往也用来监测不同年龄个体的出生模式。这种模式可以用生育力表 (fecundity schedule) 来呈现。

4.5 一年生物种

一年生物种的生命周期大约为 12 个月, 或者不到 1 年 (图 4.6b,c)。一个种群中的每个个体通常在一年中的某个特定季节进行繁殖, 然后在来年的繁殖季节之前死亡。由于每一世代都不同于其他世代, 因此世代与世代之间都是离散的; 只有在繁殖季节或者之后, 繁殖成体与它们的子代之间才会出现世代重叠。世代离散的物种不一定是一年生的, 因为世代长度大于 1 年的物种也可能出现世代离散。然而, 在大多数实际情况下, 有规律的季节性气候的年周期是这种同步性的主要驱动因素。

4.5.1 简单一年生生物: 同生群生命表

表 4.1 描述了美国得克萨斯州尼克森市 (Nixon, Texas) 的一年生植物小天蓝绣球 (*Phlox drummondii*) 的生命表和生育力表 (Leverich & Levin, 1979)。生命表又称为同生群生命表 (cohort life table), 因为要追踪一群个体 (即在同一时刻出生的一群个体) 必须从它们出生开始直到最后一个死亡为止。像小天蓝绣球这样的一年生植物, 就无法建立生命表, 其生命周期可分为许多年龄等级。其他物种的生命周期则更适合用不同时期 (如昆虫可分为卵、幼虫、蛹等) 或者个体大小来划分。在种子萌发之前 (当植物是种子的时候), 小天蓝绣球种群数量可以在不同的时间来记录, 然后还可用一定的时间间隔来记录所有个体的开花和死亡。用年龄等级划分的优点就是能让观察者详细地看到各阶段内的出生和死亡模式 (如幼苗阶段)。缺点就是个体年龄不一定是对其生物学状态进行描述的最好的, 或最令人满意的方法。例如, 许多寿命较长的植物, 同生群个体可能正处于活跃繁殖阶段, 或者正处于繁茂生长但不繁殖的阶段, 或者两者都不进行的阶段。在这种情况下, 很显然, 利用发育阶段进行分类更合适。利用年龄等级来划分小天蓝绣球的生命周期主要是因为其发育阶段少, 同时各阶段内整个种群同步发育的个体数量变化都少。

生命表的各栏

表 4.1 的第一栏列出了不同的等级 (这个案例中用的是年龄级)。第二栏, a_x, 列出了大部分原始数据: 存活到每个年龄级开始时的总个体数 [a_0 是初始年龄级时的个体数, a_{63} 是第二个年龄级时的个体数 (从 63 天开始), 等等]。任何 a_x 栏中的信息都是特指某个种群 1 年内的数据, 这就使得与其他种群以及其他年份的数据进行比较就非常难。因此, 紧接着就对 l_x 栏中的数据进行了标准化处理。以 l_0 等于 1.000 作为起始值, 那么接下来的数据就可以构成一排 (例如, $l_{124} = 1.000 \times 295/996 = 0.296$)。尽管 a_0 等于 996 是这套数据的特定值, 但所有研究的 l_0 值都等于 1.000, 因此, 所有的研究就都可以进行比较

表 4.1 小天蓝绣球 (*Phlox drummondii*) 同生群生命表。各栏的解释见正文 (仿 Leverich & Levin, 1979)。

年龄间隔 (d) $x \sim x'$	存活到第 x 天的数量 a_x	初始同生群活到第 x 天的比例 l_x	在间隔中初始同生群死亡的比例 d_x	每日的死亡率 q_x	$\text{Log}_{10}l_x$	每日的致死力 k_x	F_x	m_x	l_xm_x
0～63	996	1.000	0.329	0.006	0.00	0.003	—	—	—
63～124	668	0.671	0.375	0.013	−0.17	0.006	—	—	—
124～184	295	0.296	0.105	0.007	−0.53	0.003	—	—	—
184～215	190	0.191	0.014	0.003	−0.72	0.001	—	—	—
215～264	176	0.177	0.004	0.002	−0.75	0.001	—	—	—
264～278	172	0.173	0.005	0.002	−0.76	0.001	—	—	—
278～292	167	0.168	0.008	0.004	−0.78	0.002	—	—	—
292～306	159	0.160	0.005	0.002	−0.80	0.001	53.0	0.33	0.05
306～320	154	0.155	0.007	0.003	−0.81	0.001	485.0	3.13	0.49
320～334	147	0.148	0.043	0.025	−0.83	0.011	802.7	5.42	0.80
334～348	105	0.105	0.083	0.106	−0.98	0.049	972.7	9.26	0.97
348～362	22	0.022	0.022	1.000	−1.66	—	94.8	4.31	0.10
362～	0	0.000	—	—	—	—	—	—	—
							2 408.2		2.41

$R_0 = \sum l_xm_x = \frac{\sum F_x}{a_0} = 2.41$

了。通常认为，l_x 值是同生群的初始个体数存活到某个阶段或年龄级开始时的比例。

为了更清楚地认识死亡率，在第 4 栏里计算了每个阶段 (d_x) 同生群的初始死亡比例，简单地可以认为是相邻 l_x 的差值。例如，$d_{124} = 0.296 - 0.191 = 0.105$。那么，如果计算出 d_x 和 l_x 的比值，就可知道某特定阶段的死亡率 q_x。另外，年龄级间可变长度使得很容易将 q_x 值转化为每日的死亡率。例如，第 124 天到 184 天之间死亡系数是 $0.105/0.296 = 0.355$，以复合利益 (compound interest) 为基础，可转化为每日死亡率或者死亡系数，q_{124} 为 0.007。q_x 也可以看作是一个个体在某一时间间隔内死亡的平均机会或者概率。因此它就等于 $(1 - p_x)$，这里 p 指的是生存概率。

d_x 值的优点在于可以计算它们的总和。因此，在最初的 292 (基本处于生殖前期) 天之内，死亡率是 $d_0 + d_{63} + d_{124} + \cdots + d_{278} (= 0.840)$；其缺点在于个体的死亡率并不能反映特定阶段的死亡强度或死亡的重要性。因为个体越多，d_x 值就越大，因此容易死亡的就越多。另一方面，q_x 值是表示死亡强度的最佳指标。例如，就当前这一例子来说，从 q_x 栏中的数据可以明显发现第二个阶段的死亡率显著增加；但从 d_x 栏中的数据就不能直观地得出这个结果。然而，q_x 值也有其不足，例如，前 292 天的总 q_x 值并不能体现出这段时期的死亡变化趋势。

k 值

事实上，优点都共同体现在生命表下一栏的 k_x 值上 (Haldane, 1949; Varley & Gradwell, 1970)。k_x 可简单定义为连续 $\log_{10}a_x$ 值或者 $\log_{10}l_x$ 值之间的差值 (它们的值是相同的)，有时还可定义为 “致死力” (killing power)。像 q_x 值一样，k_x 值反映了死亡强度或死亡率 (正如表 4.1 所显示的那样)；但与 q_x 值的求和不同，求和 k_x 值是一个合理的步骤。这样，最后 28 天的致死力或者 k 值是 $(0.011 \times 14) + (0.049 \times 14) = 0.84$，这也是 -0.83 和 -1.66 之间的差值 (允许舍入误差)。与 l_x 值一样，k_x 值也是标准化的数值，因此很适合对不同的研究进行比较。这一章以及后面的章节里，会重复地用到 k_x。

4.5.2 生育力表和基础繁殖率

表 4.1 (最后 3 栏) 的生育力表以一栏原始数据开始，F_x：每个时期产生的种子总数量。下一栏是 m_x：个体的生育力或出生率，即每个存活个体产生的种子的平均数量。尽管小天蓝绣球种群的繁殖季节能够持续 56 天，但每株植物个体都是单次结实的。它有一个繁殖阶段，在该阶段内所有种子同时 (或者几乎同时) 发育。由于不同个体进入繁殖期的时间不同，因而繁殖期就得以延长。

或许可以用一个最重要的术语来总结生命表和生育力表中的内容，即基础繁殖率，R_0。它指的是在同生群之末每个初始个体产生子代 (生命周期的第一阶段的种子) 的平均数量。因此，R_0 表示在这段时间内一年生物种种群增长或下降的总程度。(正如我们下面所看到的，当世代重叠或者物种连续繁殖时，情况会变得更加复杂。)

基础繁殖率，R_0

有两种计算 R_0 的方式，一种是通过以下公式：

$$R_0 = \sum F_x / a_0 \tag{4.2}$$

即一个世代产生的种子总数量除以初始的种子数量 ($\sum F_x$ 指的是 F_x 栏中数值的总和)。然而，计算 R_0 的常用公式是：

$$R_0 = \sum l_x m_x \tag{4.3}$$

即每个初始个体在各个阶段产生的种子数量之和 (生育表的最后一栏)。如表 4.1 所示，无论用哪个公式计算得到的基础繁殖率是一样的。

具有特定年龄的生育力，m_x(每个存活个体的生育力)，证明了繁殖前期的存在，其变化趋势呈现逐渐升高到峰值然后迅速下降。整个种群的繁殖输出，F_x，在很大程度上与该模式一致，但也需要考虑到一个事实：随特定年龄生育力改变，种群大小逐渐减小。F_x 值的一个重要特点就是将生育力与存活率相结合，基础繁殖率 R_0 也是这样。这说明实际繁殖不仅依赖繁殖潜能 (m_x) 而且也依赖存活率 (l_x)。

以小天蓝绣球种群为例，R_0 为 2.41。这意味着种群大小经过一个世代以后增大了 2.41 倍。如果这个值代代相同，小天蓝绣球种群就会变得很大，不久就会覆盖整个地球。因此，只有整合几年或者许多年的数据，才能得出小天蓝绣球或者其他任何物种的生和死的平均且真实的估计。

4.5.3 存活曲线

图 4.7a 用 q_x 和 k_x 值阐述了小天蓝绣球种群的死亡模式。种子阶段开始时的死亡率相当高，但到结束时变得非常低。在成年期，有一段时期死亡率在一个适度的水平内波动，紧接着在这个世代的最后几周急速升高到很高水平。图 4.7b 以不同的方式展示了同样的变

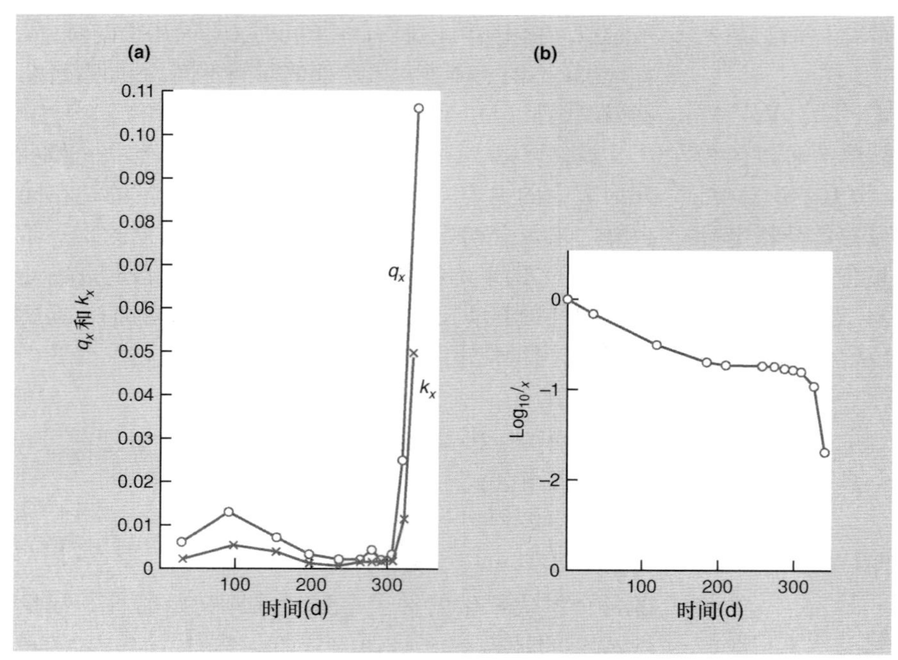

图 4.7 小天蓝绣球 (*Phlox drummondii*) 生命周期中的死亡率和存活曲线。(a) 特定年龄的日死亡率 (q_x) 和日致死力 (k_x)。(b) 存活曲线：随年龄而变化的 $\log10l_x$ (仿 Leverich & Levin, 1979)。

化模式。这种变化模式称为存活曲线，$\log_{10}l_x$ 随年龄逐渐降低。当死亡率基本恒定时，存活曲线差不多是条直线；当速率增加时，曲线凸起；当速率降低时，曲线下凹。因此，存活曲线在种子阶段开始时就向下凹，而在种子萌发结束后向上凸起。存活曲线是描述死亡模式的最常用方式。

存活曲线中的对数尺度

图 4.7b 的 y 轴是对数尺度。通过想象对同一个种群进行两次调查研究足以看出存活曲线中使用对数的重要性。首先，对整个种群进行个体调查：在一个时间间隔内，种群个体数量从 1000 降低到 500。其次，调查样本数量，在同一个时间间隔内，密度指数从 100 降到 50。在生物学上这两个例子是相同的，也就是说，在这一时间阶段每个个体的死亡速率或者概率都相同。两个对数存活曲线的斜率都会是 −0.301。但是在简单的线性刻度下，斜率是不同的。因此对数存活曲线的优势就是可以对不同研究进行标准化，就像具有"速率"意义的 q_x、k_x 和 m_x。对数刻度轴上标出的数据也将指出增加的平均速率是相同的。因此当绘图需要转化数据时应该优先进行"对数转化"。

4.5.4 存活曲线的分类

生命表提供了特定生物的大量数据。但生态学家需要找出其中的共性：在许多物种的生命周期中都可以重复观察到生存和死亡模式。Pearl (1928) 在很久以前就构建了一套有效的存活曲线，他的三种曲线概括了不同生物整个生命周期中死亡风险的分布方式 (图 4.8)。I 型描述了死亡主要集中在最大寿命的末期。这可能是发达国家人类以及他们精心照料的动物园中的动物和宠物的最典型模式。II 型是一条直线，描述的是从出生到最大年龄期间的死亡率是恒定不变的。例如，它可以描述埋在土壤中的种子的存活率。III 型描述了生命周期的早期存在大量死亡，但随后存活率很高。这是能产生很多子代的物种的典型模式。起初存活数量

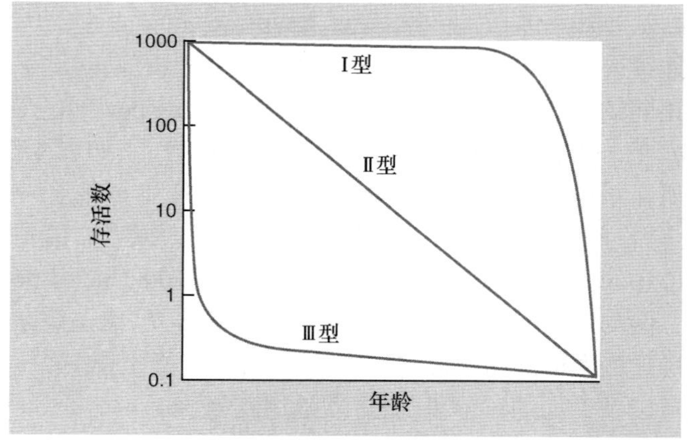

图 4.8 存活曲线的分类。I 型 (凸型) 可能根据富裕国家的人群、动物园中的动物以及植物叶片的存活状况总结出来的，描述的是集中在最大寿命末期发生的死亡情况。Ⅱ型 (直线) 描述的是死亡的可能性随年龄保持恒定，可能比较适合于许多植物种群埋藏的种子库。Ⅲ型 (凹型) 描述的是生命周期的早期存在大量死亡，之后存活率很高。例如许多海洋鱼类就是这种情况，能产生上百万的卵，其中只有很少一些能存活直到成年 (仿 Pearl, 1928; Deevey, 1947)。

少，但一旦个体长到了临界大小之后，它们的死亡风险就维持在较低水平，差不多达到恒定。这是自然界中动物和植物最普遍的存活曲线。

虽然这三种存活曲线概括性很强，但实际上的存活模式通常更为复杂。例如，一种生长于沙丘的短命一年生植物 *Erophila verna* 种群，当植物在低密度生长时呈现 I 型存活曲线；中等密度时至少在生命结束之前呈 II 型存活曲线；生命周期的早期密度达到最高时呈现 III 型存活曲线 (图 4.9)。

4.5.5 种子库、短命植物以及典型的一年生植物

以一年生小天蓝绣球为例，在一定程度上，我们对同生群存在一些误解，因为只有在同一年发育的一群幼苗才是真正的同生群：同生群中的个体全部由上一年成体产生的种子发育而来。一年内不萌发的种子不会存活到下一年，大部分一年生植物都不是这种情况。实际上，种子以埋藏的种子库 (seed bank) 形式聚集在土壤中。因此，在任何时候，不同年龄的种子都可能同时出现在种子库中，当它们萌发时，幼苗的年龄也将不同 (年龄是指从种子产生之时开始到萌发之前的这段时间)。动物很少出现像植物产生类似种子库的情况，但也有一些例子，如线虫、蚊子以及仙女虾的卵，海绵的无性生殖球和苔藓虫的囊 (statocyst)。

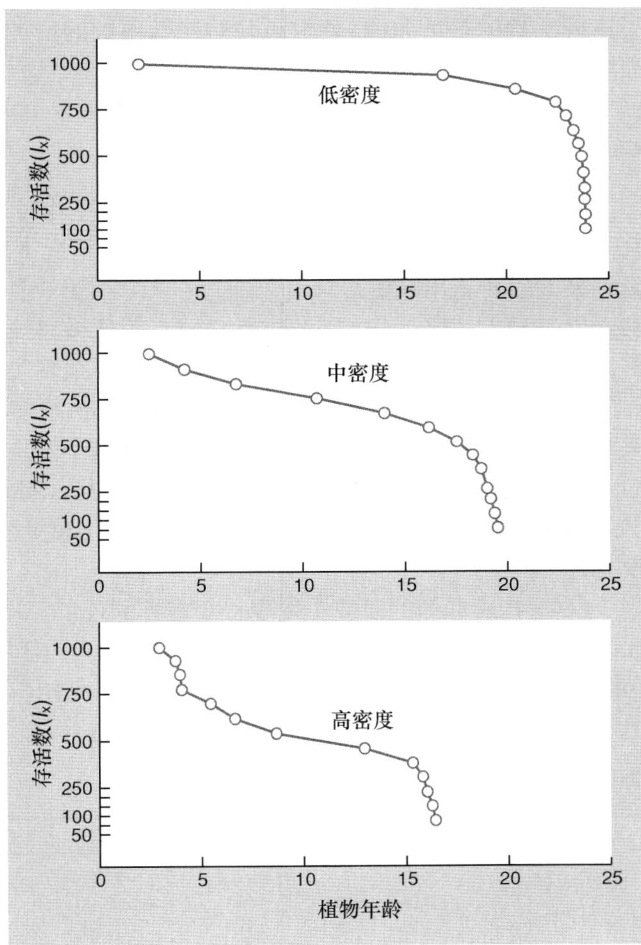

图 4.9 沙丘中一年生植物 *Erophila verna* 在三种不同密度下的存活曲线 (l_x，这里的 l_0=1000)：高密度 (一块 0.01 m^2 的样地中有 55 株或更多的幼苗)；中密度 (一块样地中有 15~30 株幼苗)；低密度 (一块样地中有 1~2 株幼苗)。由于植物年龄不同(平均大约为 70 天)，而每条曲线又取的是多个同生群的平均值，所以将横轴 (植物年龄) 进行标准化 (仿 Symonides, 1983)。

需要注意的是，我们所说的有种子库 (动物也同样) 的一年生物种，实际上并不是严格的一年生，即便它们在 1 年内经历了从萌发到繁殖的所有阶段，但每年注定要萌发的种子其年龄可能已经超过 12 个月。我们所能做的是记下这一事实，注意这只是一个扰乱我们对其进行清晰分类的真实生物的一个例子。

种子库的物种组成

一般情况下，休眠种子是组成种子库的主要成分，其在一年生植物以及其他短命植物物种中比在长命的植物物种中更为普遍。虽然在地上生长的大部分植物都属于长命植物物种，但短命物种在埋藏的种子库中常常占优势。当然，种子库的物种组成和地上的成熟植物可能是迥然不同的 (图 4.10)。

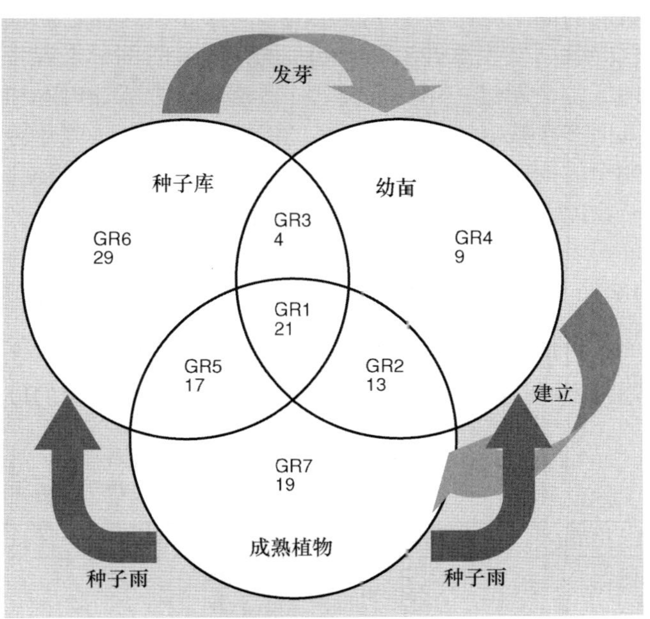

图 4.10 芬兰西海岸的海岸草地中从种子库、幼苗以及成熟植被恢复的物种。根据它们是否只出现在 1、2 或 3 个阶段区分为 7 个种群 (GR1~GR7)。GR3(仅在种子库和幼苗阶段) 是不太可靠的一组，该种群大多数物种没有被完全鉴定；对于 GR5 组，有很多很难辨认，因为这些幼苗更适合于归为 GR1。然而，种子库和成熟植被之间组成成分存在显著差异，因而很容易区分 (仿 Jutila, 2003)。

带有种子库的一年生物种并不是唯一适合于术语“一年生”的类群，严格来讲，给它命名为一年生植物并不合适。例如，有很多生活在沙漠中的一年生植物物种，其性状并没有表现出季节性。它们有大量埋藏的种子库，只有在降雨充足的情况下，它们才会偶然萌发。随后的发育过程通常很快，因此从萌发到产生种子这段时间很短。这类植物最好描述为单次结实的短命植物。

简单的一年生概念很难形容那些大部分个体的世代为一年生，但有小部分个体将繁殖延迟到第二年夏天的物种。例如，生活在英国东北部的陆地等足类动物 *Philoscia muscorum* 就符合这一特点 (Sunderland *et al*., 1976)。大约 90% 的雌性在出生后的第一个夏季繁殖，而剩下的 10% 只在第二个夏季繁殖。而对于其他物种而言，第一年和第二年繁殖的个体数量差异非常小，因此将它们描述为一年生 – 二年生最合适。

总之，一年生物种的生命周期很显然应该并入没有明显间断的更复杂的生命周期中。

4.6　具有重复繁殖季节的个体

许多物种能够进行重复繁殖 (假设它们能活足够长的时间)，但仍有一个特定的繁殖季节。这样它们世代间就会发生重叠 (图 4.6d)。比较明显的例子是温带地区寿命超过一年的鸟类、一些珊瑚、大部分树木和其他多次繁殖的多年生植物。在这些物种中，不同年龄的个体同时繁殖。然而，这其中有些物种，如有些稻科植物以及很多鸟类，存活时间也相对较短。

4.6.1　同生群生命表

对重复繁殖的物种建立同生群生命表要比一年生物种困难。因为同生群中的生物个体可与其他老的以及新的同生群共存，所以要建立同生群生命表就必须预先辨认出并跟踪一个同生群 (经常要花很多年)。不过，这也是可以实现的，如有关苏格兰 Rhum 岛马鹿 (*Cervus elaphus*) 的长期研究中就呈现了一个典型的例子。马鹿的寿命可长达 16 年，雌鹿从第 4 个夏季开始就可以每年进行繁殖。在 1957 年，Lowe 和他的同事们仔细地记录了这个岛上马鹿的总数量，包括幼仔 (不到一岁) 的总数量。Lowe 研究的同生群主要由 1957 年生下的幼仔组成。因此，从 1957 年到 1966 年，每年对因自然死亡的，或者在自然保护协会严格控制下被捕杀的每只马鹿进行检测，并根据牙齿替换、长牙及磨损程度相应地判定它们的年龄。因此可以辨认哪些死鹿是 1957 年生的；到 1966 年，该同生群有 92% 的个体都已经死亡，因此可以确定它们死亡的年龄。表 4.2 展示了这一同生群 (或者 92% 的样本) 的生命表；图 4.11 展示了该同生群的存活曲线，死亡风险始终随年龄的增加而增加 (曲线是凸形的)。

4.6.2　静态生命表

当我们考虑的对象是具有世代重叠的固着生物时，其同生群生命表构建的难度就小多了。在这种情况下，新到来的或者新出现的个体可以通过作图、拍照或者甚至以某种方式来标记，那么随后它们不管什么时候再出现时都可以被辨认出来。然而，总的来说，很多实际问题往往会阻碍生态学家对世代重叠的能够进行多次繁殖的长命生物建立同生群生命表，即使这些个体是固着的。不过，还有其他方法：即建立静态生命表 (static life table)。虽然这种方式存在很大的缺陷 —— 但总比没有好。

Lowe 在对马鹿的研究中发现一个有趣的现象。正如前面所解释的，科学家可以确切地界定从 1957 年到 1966 年死亡的大部分马鹿的年龄。例如，如果 1961 年

表 4.2　Rhum 岛上在 1957 年出生的马鹿同生群生命表 (仿 Lowe, 1969)。

年龄 (岁) x	初始同生群存活到年龄级 x 开始时的比例 l_x	初始同生群在年龄级 x 期间死亡的比例 d_x	死亡率 q_x
1	1.000	0	0
2	1.000	0.061	0.061
3	0.939	0.185	0.197
4	0.754	0.249	0.330
5	0.505	0.200	0.396
6	0.305	0.119	0.390
7	0.186	0.054	0.290
8	0.132	0.107	0.810
9	0.025	0.025	1.000

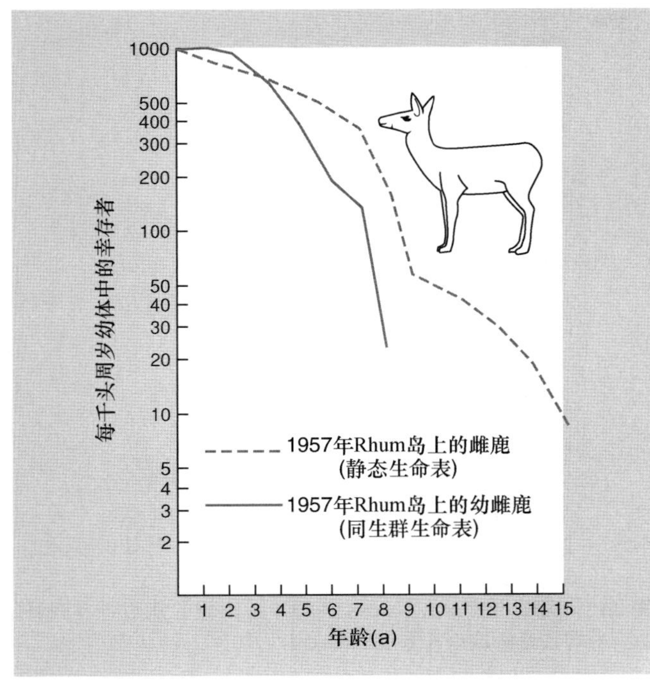

图 4.11 Rhum 岛上马鹿的两条存活曲线。正如文中所解释的,一条是根据 1957 年出生的幼鹿同生群生命表所构建的生命曲线,因此适合于 1957 年以后的情况;另一条是根据 1957 年种群的静态生命表构建的,适合于 1957 年之前的情况 (仿 Lowe, 1969)。

鉴定了一只死亡不久的马鹿尸体并确定它有 6 岁,那么就可知这只马鹿在 1957 年是活着的,而且有两岁了。因此 Lowe 最终能够重建 1957 年马鹿种群的年龄结构:年龄结构是静态生命表的基础。当然,通过捕杀也可以确定 1957 年马鹿种群的年龄结构同时还可以检查 1957 年该种群中马鹿的最大数量;但由于该项目的最终目的是保护马鹿,因而这种方法不合适 (注意 Lowe 的研究结果并不代表 1957 年中活着马鹿的总数量,因为有些尸体在被发现并被研究之前可能已经腐烂或者被吃掉)。表 4.3 第二栏中列出了 Lowe 对马鹿研究的原始数据。

注意表 4.3 中的数据是指马鹿在 1957 年时的年龄。这可被作为生命表的基础,前提是需要满足在 1957 年之前无论是出生的总数量还是特定年龄的死亡率都没有年间变化的假定。换句话说,必须假定 1957 年活着的 59 只 6 岁大的马鹿,是在 1956 年活着的 78 只 5 岁大的马鹿中的存活者,那 78 只是 1955 年 4 岁大的 81 只马鹿中的存活者等。总之,如果只追踪一个同生群的数据,那么表 4.3 中的数据将会是相同的。

静态生命表:有缺陷但依然是有用的

基于这些假设,表中的 l_x、d_x 和 q_x 栏就构建出来了。很显然,这些假设都是错误的。实际上,第 7 年的动物要比第 6 年更多,第 15 年比第 14 年更多。因此,就会出现死亡的负增长以及毫无意义的死亡率,这就充分阐述了静态生命表 (将年龄结构等同于存活曲线) 的缺陷。

表 4.3 基于 Rhum 岛 1957 年马鹿种群重建的年龄结构所构建的静态生命表 (仿 Lowe, 1969)。

年龄 (岁)	实际年龄为 x 的个体数				平滑后		
x	a_x	l_x	d_x	q_x	l_x	d_x	q_x
1	129	1.000	0.116	0.116	1.000	0.137	0.137
2	114	0.884	0.008	0.009	0.863	0.085	0.097
3	113	0.876	0.251	0.287	0.778	0.084	0.108
4	81	0.625	0.020	0.032	0.694	0.084	0.121
5	78	0.605	0.148	0.245	0.610	0.084	0.137
6	59	0.457	0.047	—	0.526	0.084	0.159
7	65	0.504	0.078	0.155	0.442	0.085	0.190
8	55	0.426	0.232	0.545	0.357	0.176	0.502
9	25	0.194	0.124	0.639	0.181	0.122	0.672
10	9	0.070	0.008	0.114	0.059	0.008	0.141
11	8	0.062	0.008	0.129	0.051	0.009	0.165
12	7	0.054	0.038	0.704	0.042	0.008	0.198
13	2	0.016	0.008	0.500	0.034	0.009	0.247
14	1	0.080	−0.023	—	0.025	0.008	0.329
15	4	0.031	0.015	0.484	0.017	0.008	0.492
16	2	0.016	—	—	0.009	0.009	1.000

然而,数据是有用的。Lowe 的目标是了解 1957 年之前 (当种群选择开始的时候) 马鹿种群中特定年龄的存活率。这样,他就能与 1957 年之后的情况进行比较,这些内容在之前的同生群生命表中已经进行了阐述。相比于年间发生的特定变化,他更关心普遍的趋势。因此他剔除了 2~8 岁和 10~16 岁的异常值,使得马鹿种群中特定年龄的存活率在这两个时期平稳降低。表 4.3 的最后 3 栏展示了这一过程的结果,图 4.11 展示了存活曲线。研究结果表明,马鹿种群的特定年龄存活率确实存在一个普遍的趋势:该岛屿上的种群经过选择性剔除后,总的存活率显著降低,消除了自然死亡率的任何补偿性降低的可能。

尽管已成功地利用静态生命表,但对静态生命表和年龄结构来源的解释还存在很多困难:年龄结构通常不能为种群动态的理解提供任何捷径。

4.6.3 生育力表

静态生育力表 (static fecundity schedule),即在特定季节中具有特定年龄的生育力差异,也能够提供有用的信息,特别是如果它们能用于连续的繁殖季节。从英国剑桥附近的 Wytham 森林中大山雀种群 (表 4.4) 可以看到这一点,相应数据的获得只是因为能够界定个别鸟的年龄 (该案例中,因为这些鸟在孵化后标记了可供辨认的脚环)。这个表展示了 2 龄鸟的平均繁殖率最大,然后逐渐降低。的确,大部分多次繁殖的物种表现出年龄相关或者阶段相关的生育力模式。例如,图 4.12 描述的瑞典驼鹿 (*Alces alces*) 的生育力是个体大小依赖的。

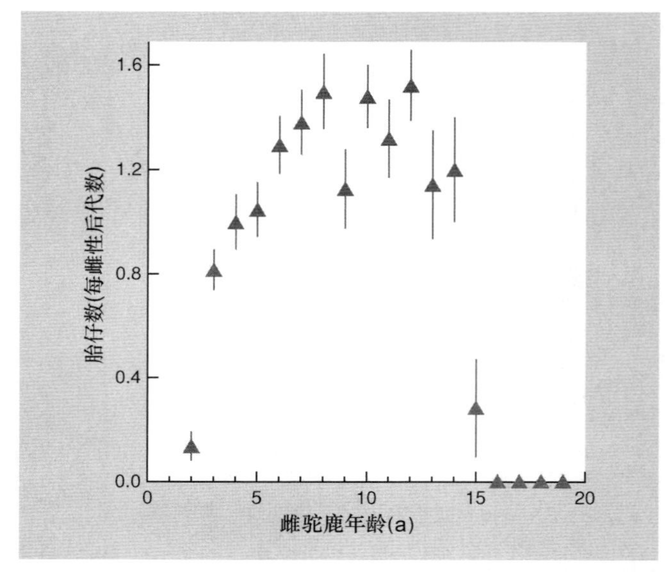

图 4.12 瑞典驼鹿 (*Alces alces*) 种群年龄依赖的繁殖 (平均胎仔数) (平均数及标准误) (仿 Ericsson *et al*., 2001)。

4.6.4 构件特性的重要性

生长在挪威地衣石南灌丛中的莎草科植物——箭叶薹草 (*Carex bigelowii*) 显示,无论是世代重叠的多次繁殖生物还是构件生物,它们任何一类生命表的构建都有难度 (图 4.13)。箭叶薹草具有庞大的根状茎系统,随其生长能够间断性地长出无性系分株 (空中的芽)。箭叶薹草主要通过从“母株”叶腋处长出侧生分生组织来生长。起初这一侧生分生组织的生长完全依赖其亲本,但它具备发育成母分株的潜力,并且在长出 16 片以上叶子时就能开花。只要开花就伴随着分株的死亡,即尽管基株是多次繁殖,但分株只能进行一次繁殖。

Callaghan (1976) 找到一些完全分离的新分株,通过更老的母蘖“顺藤摸瓜”地挖出其根状茎系统。这可以通过续存的死亡分株来实现。他挖掘了 23 个这样的根状茎,总共有 360 个分株,并依据它们的生长阶段 (图 4.13) 构建了静态生命表 (和生育力表)。例如,每 31~35 片叶子中就有 1.04 个死亡营养分株 (每平方米)。由于在下一阶段中也有 0.26 个死亡营养分株 (每 36~40 片叶子),因此可以假设总共有 1.30 (即 1.04+0.26) 个活着的营养分株进入到 31~35 片叶子的阶段。在 31~35 片

表 4.4 英国剑桥附近 Wytham 树林中大山雀的平均窝卵数和年龄 (仿 Perrins, 1965)。

年龄 (岁)	1961		1962		1963	
	鸟数量	平均窝卵数	鸟数量	平均窝卵数	鸟数量	平均窝卵数
1	128	7.7	54	8.5	54	9.4
2	18	8.5	43	9.0	33	10.0
3	14	8.3	12	8.8	29	9.7
4			5	8.2	2	9.7
5			1	8.0	1	9.5
6						9.0

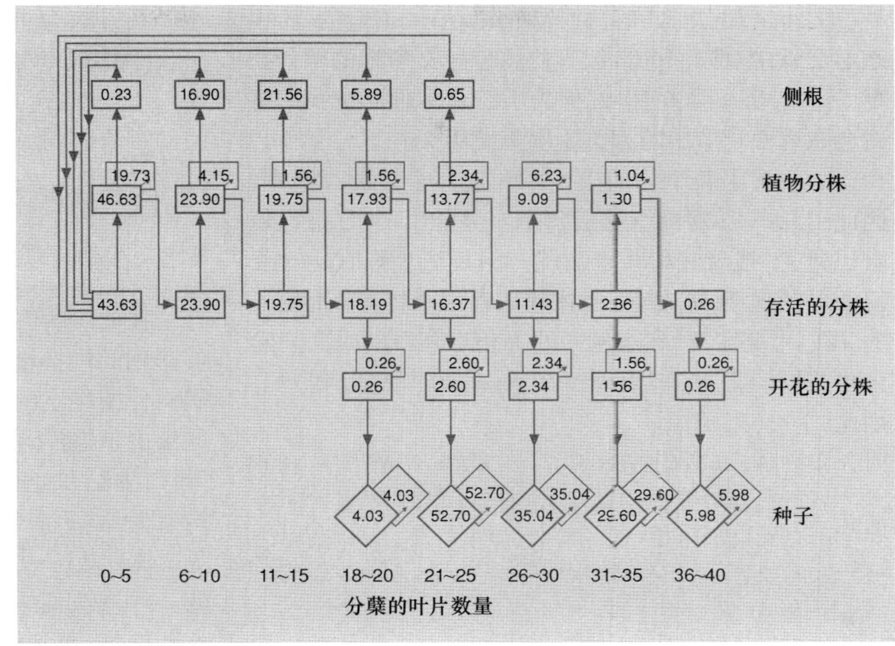

图 4.13 重新构建的箭叶薹草 (*Carex bigelowii*) 种群构件 (分株) 的静态生命表。矩形框中显示的是每平方米分株密度, 菱形框中是种子的密度。每一行代表分株的类型, 每一列描述了分株的大小级别。细线框代表了死亡的分株 (或者种子) 部分, 箭头表示大小级别之间的通径、死亡或者繁殖 (仿 Callaghan, 1976)。

叶子阶段有 1.30 个营养分株和 1.56 个开花分株, 这 2.86 个分株肯定是从 26~30 片叶子阶段幸存下来的。利用这种方法构建的生命表只适用于分株 (即构件生物) 而并非基株。

在这种特殊的种群中 (无新基株), 个体都不是从种子发育而来的; 分株的数量只能通过构件的生长来维持。然而, 在这种情况下, 我们建立类似于生育力表的 "构件生长表" (侧生分株)。

最后需要注意的是, 这里使用生长阶段来划分等级而不是年龄 —— 当谈及多次繁殖的构件生物时总是利用阶段来表示, 因为构件一年又一年地生长能够产生很多差异, 使得年龄不能准确检测出个体死亡、繁殖或者进一步生长的可能性。

4.7 繁殖速率、世代长度和增长率

4.7.1 变量之间的关系

在前面的章节中, 我们发现世代重叠物种的生命表和生育力表至少在表观上与世代离散物种的相似。对于世代离散的物种, 我们能够计算其基础繁殖率 (R_0), 作为概括性术语描述存活和生育力模式的总产出。那么当世代重叠时能够计算出一个类似的概括术语吗?

这使我们立马想到, 以前对于世代离散的物种, R_0 描述了两个独立的种群参数。它指一个个体在一生中所产生子代的平均数量; 亦指一个世代内初始种群大小向新种群大小转变的倍增系数。对于已构建同生群生命表的世代重叠种群, 可用下面的方程计算其基础繁殖率:

$$R_0 = \sum l_x m_x \tag{4.4}$$

它仍然指个体产生子代的平均数量, 但在我们讨论种群大小增加或减小的速率 —— 或者关于世代的长度 (generation length) 之前还需要对这些数据做进一步的处理。但如果仅有一个静态生命表 (如年龄结构), 分析的难度仍然会很大 (见下文)。

在开始分析之前, 我们首先要获悉能够将种群大小、增长率与时间 (不限于根据世代来测定时间) 联系起来的普遍关系。想象一下一个种群其初始大小为 10 个个体, 在经过连续的时间间隔后, 增加到 20、40、80、160 个个体等。我们把最初的种群大小定义为 N_0 (指时间没有流逝时的平均种群大小)。1 个时间间隔后变为 N_1, 2 个时间间隔后变为 N_2, 以此类推, t 个时间间隔后的种群大小为 N_t。在此情况下, $N_0 = 10$, $N_1 = 20$, 因此我们可以说:

$$N_1 = N_0 R \tag{4.5}$$

基础净繁殖率, R

本例中, 方程中的 R 等于 2, 指的是基础净繁殖率 (fundamental net reproductive rate) 或者基础单位净增长率 (fundamental net per capita rate of increase)。很显然, 当 $R > 1$ 时,

种群大小增加; $R<1$ 时, 种群大小减小。(遗憾的是, 生态学文献中对同一个参数有使用符号 R 和 λ 的两种情况。这里, 我们坚持用 R, 但为了符合标准用法我们有时会在后面章节中的相关主题下使用 λ。)

R 包含了新个体的出生率和现存个体的存活率。因此, 当 $R=2$ 时就意味着每个个体能生两个后代, 但自己死去; 或者只生 1 个后代, 而自己仍然活着: 在任何一种情况下, R (出生个体数加存活个体数) 都等于 2。我们也要注意, 在本例中的 R 值在相继的时间间隔内也相同, 即, $N_2=40=N_1R$, $N_3=80=N_2R$, 等等。因此,

$$N_3 = N_1R \times R = N_0R \times R \times R = N_0R^3 \tag{4.6}$$

通式

$$N_{t+1} = N_tR \tag{4.7}$$

以及

$$N_t = N_0R^t \tag{4.8}$$

R, R_0 和 T

方程 (4.7) 和方程 (4.8) 将种群大小、增长率和时间联系在一起; 反过来, 我们现在可以将这些与 R_0 (基础繁殖率) 以及代长 (定义为持续 T 个时间间隔) 联系起来。我们知道, 在第 4.5.2 节中 R_0 是指将一个种群大小转换为一个世代 (即 T 个时间间隔) 后另一个种群大小的乘数。因此,

$$N_T = N_0R_0 \tag{4.9}$$

而由方程 (4.8) 可以得出,

$$N_T = N_0R^T \tag{4.10}$$

因此,

$$R_0 = R^T \tag{4.11}$$

或者如果我们两边取自然对数:

$$\ln R_0 = T\ln R \tag{4.12}$$

r, 内禀增长率

$\ln R$ 通常可表示为 r, 指内禀增长率 (intrinsic rate of natural increase)。它是指种群大小增长的速率, 即单位时间每个个体的种群大小变化。显然, 当 $r>0$ 时种群大小增加, 当 $r<0$ 时种群大小减少; 从前面的公式我们可知:

$$r = \ln R_0/T \tag{4.13}$$

到目前为止, 我们明确了一个个体一生中产生的子代平均数量 —— R_0 (单位时间种群大小的增长速率)、r ($=\ln R$) 以及代长 (T) 三者之间的关系。在之前的章节中, 世代离散种群的时间单位为一个世代。因此, R_0 就等于 R。

4.7.2 生命表和生育力表中变量的估算

在世代重叠 (或者连续繁殖) 的种群中, r 指种群能够达到的内禀增长率; 但只有生存和生育力表在长时间内保持稳定的情况下才能真正地达到这一增长率。如果确是这样, r 将会逐渐接近该值 (并在此后维持稳定), 在同一时间内, 种群也将逐渐接近稳定的年龄结构 (即种群每一年龄段的比例在一段时间内保持恒定; 见下文)。另一方面, 如果生育力表和存活表随时间改变 —— 正如它们总是这样变化 —— 那么增长率将会不断变化, 就不可能在一张图上表征出来。尽管如此, 用来表征一个种群潜在的特征往往是有用的, 特别是当目的是进行比较时; 例如, 对不同环境中同一物种的许多种群进行比较, 以确定哪种环境最适合该物种生存。

因此, 计算 r 最准确的方程应该是

$$\sum e^{-rx}l_xm_x = 1 \tag{4.14}$$

式中, l_x 和 m_x 值来自同生群生命表, e 指自然对数的底。然而, 这个所谓的隐式方程并不能直接用来计算 (只能通过计算机迭代计算), 它只是一个没有任何明显生物学意义的方程。因此, 它也只是一个惯用的公式, 而不等同于方程 (4.13), 即

$$r \approx \ln R_0/T_c \tag{4.15}$$

T_c 指同生群的世代时间 (见下文)。该方程与方程 (4.13) 都具有描述 r 随个体繁殖产出 (R_0) 和代长 (T) 而变化的特征。当 $R_0 \approx 1$ (即种群大小基本保持恒定) 时, 或者当代长几乎不变, 或者这两个因素相结合, 方程 (4.15) 可以得出一个很好的近似值 (May, 1976)。

根据方程 (4.15), 如果已知同生群的代长 T_c, 它是指个体出生时间和其子代出生之间的平均时间长度, 我们就可以估算 r 值。作为平均值, 它是所有这些个体出生到其子代出生的时间长度, 除以子代的总数量, 也就是

$$T_c = \sum xl_xm_x / \sum l_xm_x$$

或者

$$T_c = \sum x l_x m_x / R_0 \tag{4.16}$$

T_c 只是近似于真正的代长 T, 因为在计算代长的时候没有考虑在亲本繁殖期间一些子代本身也可以发育并产生子代。

这样, 我们可以根据世代重叠或者连续繁殖种群的同生群生命表, 利用方程 (4.15) 和 (4.16) 来计算出 T_c 和近似的 r 值。总之, 这两个方程给了我们所需的简要表达式。表 4.5 利用藤壶 (*Balanus glandula*) 的数据为我们展示了一个有效的例子。注意相比于近似值 0.080, 根据方程 (4.14) 可以算出准确的 r 值为 0.085; 而相比于近似值 3.1 年, 根据方程 (4.13) 可以算出 T 为 2.9 年。在这个例子中, 这个更为简单且易懂的近似值明显是令人满意的。当 r 稍大于 0 时, 种群大小将缓慢增长。或者, 根据该同生群生命表的数据进行判断, 我们可知藤壶种群持续存在的概率较高。

4.7.3 种群投射矩阵

一种分析和解释生育力和生存力表更为普遍、更有效, 且因此更为有用的方法就是利用种群投射矩阵 (population projection matrix) (详细说明参见 Caswell, 2001)。这个术语中投射一词是非常重要的。就像上述提到的更为简单的方法, 这种方法并不是以获得当前种群状态和预测此种群未来将要发生的情况为目的, 而是在表格中的数据不变时预先投射出即将要发生的情况。Caswell 用汽车的里程表打比方: 它给我们提供了汽车目前状态的宝贵信息, 但比如 80 km h^{-1} 只是一个简单的投射, 并不是真正地预测到我们将在 1 h 的时间内行驶 80 km。

生活周期图

种群投射矩阵认为大部分生命周期都是由一系列具有不同生育力和存活率的阶段组成的: 包括生活周期阶段或者个体大小级别, 而并非简单的年龄级。从 "生命周期图" (life cycle graph) 中可以概括出结果性的模式, 尽管它不是普遍意义上的图, 而是一个流程图, 描述了从一个阶段向另一个阶段转变的每一步骤。图 4.14 展示了两个例子 (见 Caswell, 2001)。第一个例子 (4.14a) 显示了一系列简单的生活史阶段, 在每个时间步长内, i 阶段内的个体可能: ① 存活并仍然处于这个阶段 (可能性为 p_i), ② 存活、生长以及/或者发育进入下个阶段 (可能性为 g_i), ③ 产生 m_i 个新生个体进入最年幼或者最小年龄阶段。此外, 正如图 4.14b 展示的, 一个生活周期图能够描述出一种更复杂的生活周期, 如既有两性繁殖的情况 (这里, 从繁殖阶段 4 进入 "种子" 阶段 1), 也有新构件的营养生长 (从 "成熟构件" 阶段 3 转入到 "新生构件" 阶段 2)。注意这里的符号与上面生命表 (表 4.1) 中的稍微不同。那些生命表主要集中在年龄阶段, 时间不可避免的流逝意味着从一个年龄阶段转变到下一阶段: 因此 p 值代表从一个年龄阶段到下一个年龄阶段的个体存活率。相比之下, 生活周期图中的个体在时间步长内不用从一个阶段转变到下一阶段, 因此有必要将一个

表 4.5 华盛顿圣胡安岛 Pile Point 的藤壶 *Balanus glandula* 同生群生命表和生育力表 (Connell, 1970)。正文中对 R_0、T_c 以及近似 r 值的计算进行了解释。带 * 标记的数字是根据存活曲线得到的。

年龄 (年) x	a_x	l_x	m_x	$l_x m_x$	$x l_x m_x$
0	1,000,000	1.000	0	0	
1	62	0.0000620	4,600	0.285	0.285
2	34	0.0000340	8,700	0.296	0.592
3	20	0.0000200	11,600	0.232	0.696
4	15.5*	0.0000155	12,700	0.197	0.788
5	11	0.000110	12,700	0.140	0.700
6	6.5*	0.0000065	12,700	0.082	0.492
7	2	0.0000020	12,700	0.025	0.175
8	2	0.0000020	12,700	0.025	0.200
				1.282	3.928

$R_0 = 1.282$; $T_c = \dfrac{3.928}{1.282} = 3.1$; $r \approx \dfrac{\ln R_0}{T_c} = 0.08014$。

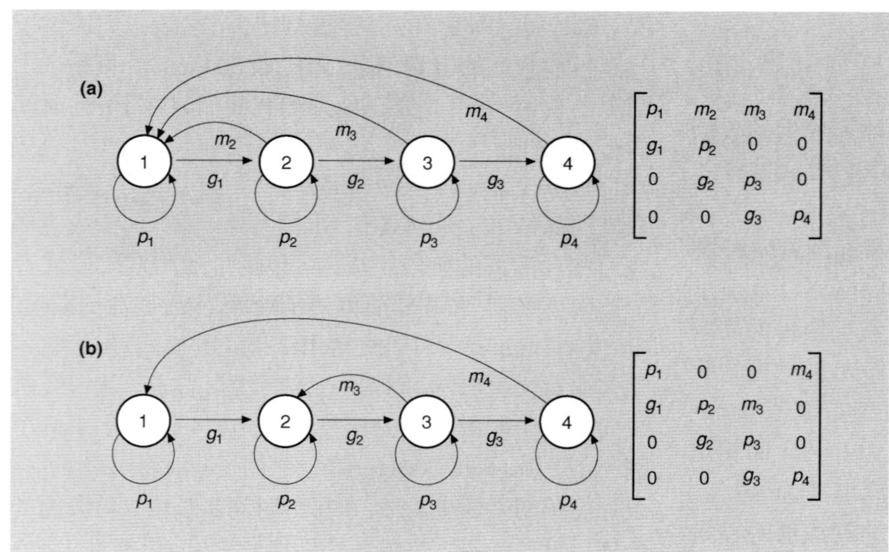

$$\begin{bmatrix} p_1 & m_2 & m_3 & m_4 \\ g_1 & p_2 & 0 & 0 \\ 0 & g_2 & p_3 & 0 \\ 0 & 0 & g_3 & p_4 \end{bmatrix} \quad \begin{bmatrix} p_1 & 0 & 0 & m_4 \\ g_1 & p_2 & m_3 & 0 \\ 0 & g_2 & p_3 & 0 \\ 0 & 0 & g_3 & p_4 \end{bmatrix}$$

图 4.14 两个具有不同生活周期的生活周期图和种群投射矩阵。正文中解释了图和矩阵之间的联系。(a) 具有 4 个连续阶段的生活周期。在一个时间步长内,个体可能在同一个阶段存活 (可能性为 p_i),并进入下一阶段 (可能性为 g_i) 或者死亡,处于阶段 2、3 和 4 的个体可能产生阶段 1 的个体 (平均生育力 m_i)。(b) 另一个具有 4 个阶段的生活周期,但在这个例子中,只有繁殖阶段 4 的个体能产生阶段 1 的个体,但阶段 3 的个体能产生 (通过营养生长) 阶段 2 的个体。

年龄段的存活率 (p 值) 与通过并存活进入下一个阶段的存活率 (g 值) 区分开来。

矩阵元素

生命周期图中包含的信息可以用种群投射矩阵来概括。在图 4.14 中生活周期图的旁边就是这样的矩阵。方括号内包含了矩阵的所有元素。实际上, 投射矩阵本身总是方阵: 行数和列数相同。行指的是在一个转变终点时的所有阶段数, 列指的是初始的阶段数。因此, 第二列第三行中的矩阵元素描述了从第二阶段进入到第三阶段的个体。我们还可以用图 4.14a 中的生命周期作为更加具体的例子, 从顶部左侧到底部右侧主对角线中的元素代表了存活并处于同一阶段的概率 (p), 第一行中其余部分的元素代表了每一个相继阶段进入最年轻阶段个体的生育力 (m), 而 g 指的是存活下来并进入下一阶段的概率, 主要分布于主对角线下面的次对角线上 (从 1 到 2, 2 到 3 等)。

通过这种方式概括信息是有用的, 因为利用标准的矩阵处理规则, 我们能够得到在某个时间点不同阶段的数量 (n_1、n_2 等)(t_1), 表示为列向量 (只有列组成的简单矩阵), 通过投射矩阵预先加入这个向量, 那么在一个时间步长之后就产生了处于不同阶段的数量 (t_2)。相关的计算过程, 即新列向量中每个元素的来源如下:

$$\begin{bmatrix} p_1 & m_2 & m_3 & m_4 \\ g_1 & p_2 & 0 & 0 \\ 0 & g_2 & p_3 & 0 \\ 0 & 0 & g_3 & p_4 \end{bmatrix} \times \begin{bmatrix} n_{1,t1} \\ n_{2,t1} \\ n_{3,t1} \\ n_{4,t1} \end{bmatrix} = \begin{bmatrix} n_{1,t2} \\ n_{2,t2} \\ n_{3,t2} \\ n_{4,t2} \end{bmatrix}$$

$$= \begin{bmatrix} (n_{1,t1} \times p_1)+(n_{2,t1} \times m_2)+(n_{3,t1} \times m_3)+(n_{4,t1} \times m_4) \\ (n_{1,t1} \times g_1)+(n_{2,t1} \times p_2)+(n_{3,t1} \times 0)+(n_{4,t1} \times 0) \\ (n_{1,t1} \times 0)+(n_{2,t1} \times g_2)+(n_{3,t1} \times p_3)+(n_{4,t1} \times 0) \\ (n_{1,t1} \times 0)+(n_{2,t1} \times 0)+(n_{3,t1} \times g_3)+(n_{4,t1} \times p_4) \end{bmatrix}$$

通过矩阵确定 R 值

因此, 第一阶段的数量 n_1, 就是指一个时间步长之前的阶段中个体存活数外加其他阶段个体出生数的总和。图 4.15 展示了该过程以投射矩阵中的一些假设值重复运算 20 次 (即经过了 20 步) 的结果。图中很明显有一个起始 (瞬时) 过程, 这个过程中不同阶段的比例变化不同, 有些增加, 有些降低, 但是经过 9 个时间步长后, 所有阶段都呈指数增长 (对数尺度上是一条直线), 因此整个种群的大小也呈相应变化。R 值为 1.25。不同阶段的比例也是恒定的: 种群已经达到一个稳定阶段结构, 比例为 51.5 : 14.7 : 3.8:1。

因此, 种群投射矩阵能够让我们概括出一系列潜在复杂的存活、生长和繁殖过程, 并且可以通过确定矩阵中隐含的平均增长率 R 来反馈种群的简单特征。但关键是, 这个渐进的 R 值可以通过运用矩阵代数方法直接确定, 不需要进行模拟, 尽管这些内容远远超出了我们讨论的范围 (但可以参见 Caswell, 2001)。此外, 这种代数分析还能指示种群的增长是否需要达到简单的稳定阶段结构以及会是什么样的结构。同时该分析也能够确定矩阵中每个不同元素在产生总产出 R (我们将在第 14.3.2 节中讨论这个话题) 过程中的重要性。

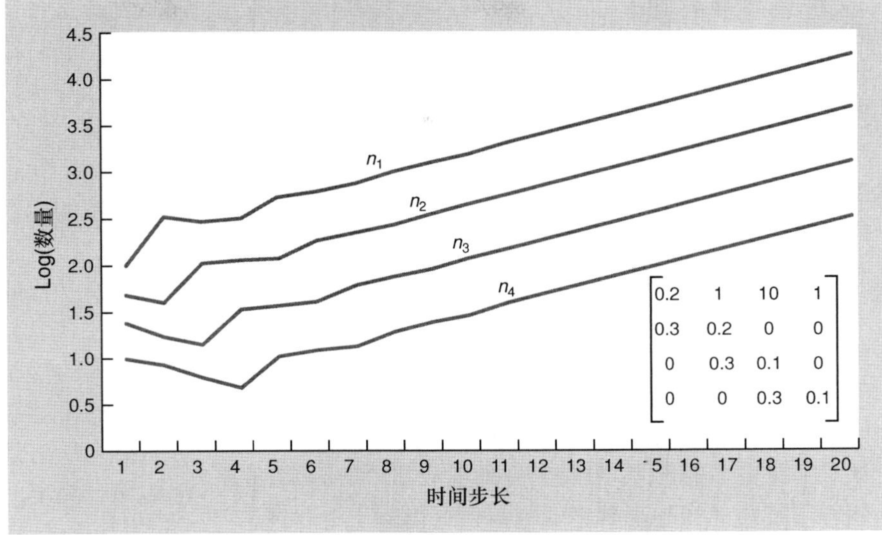

图 4.15 根据图 4.14a 中的生命周期图所做的种群生长曲线，插入内容表示参数值。4 个阶段的起始条件分别为：阶段 1 有 100 个个体 ($n_1 = 100$)，阶段 2 有 50 个个体，阶段 3 有 25 个个体，阶段 4 有 10 个个体。注意，在对数 (纵轴) 刻度上，指数生长近似一条直线。因此，大约 10 个时间步长之后，这些平行线显示了所有阶段都以相同的速率生长 ($R = 1.25$) 并达到稳定结构。

4.8 生活史进化

生物的生活史是指它一生的生长、分化、资源储存和繁殖模式；在前面的章节中我们已经了解了生活史可能存在不同的模式以及物种选择每种生活史式样的结果可以用种群增长速率来表示。但是，我们知道不同的生活史是如何进化出来的吗？事实上，有关生活史进化通常会问到至少三类不同的问题。

三类问题

第一类问题是有关个体生活史特征。例如，为什么雨燕通常每窝产 3 个卵，而其他鸟的窝卵数会更多一些，雨燕自身生理结构就决定了其只能产 3 个卵吗？我们能够确定这个窝卵数 (clutch size) 就是其最终的最大繁殖力吗，即进化上讲的适合度，造成这一特定窝卵数的原因又是什么呢？

第二类问题是有关生活史特征之间的联系。例如，为什么成熟年龄和平均寿命的比例通常在同组生物内基本保持恒定，而在不同组间的差异却非常大 (例如，哺乳动物为 1.3，鱼类为 0.45)？同组生物内这两个特征之间联系的依据是什么？组间存在差异的依据又是什么？

第三类问题就是有关生活史与生境之间的联系。例如，为什么在热带莫拉树产生少数的大种子而兰花却产生大量的微小种子？这种差异是与生境直接相关呢，还是与它们自身的其他差异有关？

简言之，对生活史进化的研究就是寻找式样 —— 以及寻找对这些式样的解释。然而，我们必须记住每种生活史以及每处生境都是唯一的。为了找到可以将生活史进行分组、分类以及比较的方式，我们就必须找出适合描述所有生活史和生境的方式。只有这样我们才能找到生活史特征之间的相关性，或者生活史特征与相应生境特征之间的联系。同样重要的是，我们还需要认识到物种拥有某一个生活史性状可能会限制其他生活史性状的潜在范围，以及生物的形态和生理也可能限制其所有生活史性状。在许多存在需求冲突的特定环境中，自然选择大多有利于那些遗留子代最成功 (并非完美) 的生活史。

认识生活史进化的最优化途径和其他途径

然而，成功理解生活史的进化大多基于最优观点：通常认为已经观察到的生活史特征的组合是具有最高适合度的 (Stearns, 2000)。然而，其他的方法也同样值得注意 —— 一种是使用很久的方法，另外两种最近才使用 —— 理论上很值得推荐，尽管到目前为止它们的解释力度与最优理论相比还是非常有限的。第一种方法是“两头下注策略” (bet-hedging)：是指当适合度波动时，最重要的可能是将低适合度时期的不利影响降到最低，而不是将单一的生活史特征进化到最优 (Gillespie, 1977)。第二种方法认为任何生活史的适合度都不能孤立分析：它依赖于种群中其他个体的生活史，因而生活史的适合度是“频率依赖的” (frequency dependent) —— 依赖于种群中这种生活史与其他生活史的比率 (Sinervo *et al*., 2000)。第三种方法包括详细考虑种群相关的动态变化，而不是简单假设种群稳定性 (Ranta *et al*., 2000)。然而，在这里我们主要关注最佳途径。

4.8.1 生活史的组分

所有生物生活史的最重要的组分是什么？最明显的或许是个体大小。正如我们所看到的，构件生物的个体大小是可变的。个体大可以提高生物的竞争能力，或者作为捕食者能提高其成功率，或者降低捕食者的弱点，因此也就增加了较大生物的存活率。储存的能量和/或资源也将有利于这些生物度过营养供给减少或者不规律的时期(或许大多数物种在某些时候是这样的)。最后，当然物种内较大的个体通常也会产生更多后代。然而，个体大也有很多风险：较大的树更容易被飓风刮倒，许多捕食者更喜欢捕食个头大的猎物，较大的个体通常需要更多的资源，可能更易出现资源短缺。因此很容易理解为什么越来越多的细致研究证实中等个体大小而非最大是最优的(图 4.16)。

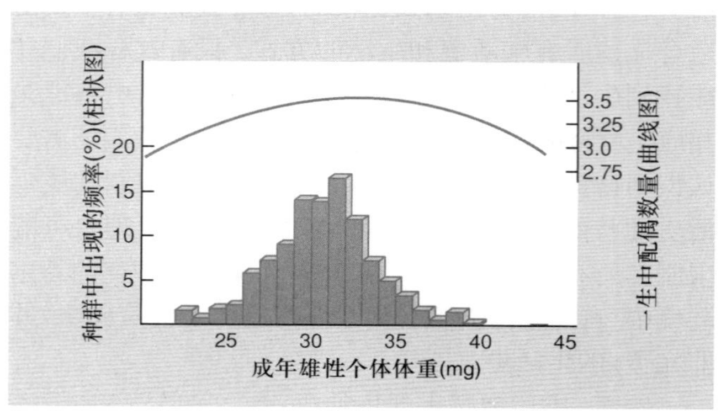

图 4.16 经过预测，成年雄性蜻蛉 (*Coenagrion puella*) 的最佳个体大小 (质量) 是中等大小 (曲线图)，与种群中的众数大小等级相呼应 (柱图)。上图呈现出这种形式是由于交配率随体重降低、寿命随体重增加导致的 (交配率 $= 1.15 - 0.018$ 体重，$P < 0.05$；寿命 $= 0.21 - 0.44$ 体重，$P < 0.05$；$n = 186$) (仿 Thompson, 1989)。

发育是各部位逐渐分化的过程，使得生物在其生活史的不同阶段能做不同的事情。因此快速发育能够提高适合度，因为它能迅速启动繁殖过程。正如我们所知，繁殖本身可以在生命周期的末端突然发生 (单次繁殖性)，或者作为一系列重复事件发生 (多次繁殖性)。在多次繁殖的生物体中，产生子代的窝数可能是不同的，而且每窝产生子代的数量也可能不一样。

每个子代的个体大小可能不同。大量新出现的或者新生子代常常是较好的竞争者，在极端环境下能够获得更多的营养且存活的可能性更大。因此，它们存活到繁殖的可能性往往更大。

结合所有这些细节，生活史通常可描述为繁殖活动的综合测定，称为“繁殖分配”(reproductive allocation) 或“繁殖努力”(reproductive effort)。其最佳定义是在一定时间内分配到繁殖的可利用资源比例；但是下定义远比测定容易。图 4.17 是一个有关氮 (一种关键资源) 分配的例子。实际上，即使是在较好的研究中，通常也只是监测能量或者只是干重在生物生命周期中许多阶段不同结构之间的分配。

4.8.2 繁殖价

自然选择有利于那些对其未来所属种群有最大比例贡献的个体。所有生活史组分对这个贡献都有影响，最终又能够影响到个体的生育力和生存状况。所以有必要将这些影响进行整合，这样就可以对不同的生活史进行判断并进行比较。到目前为止已经有很多测定适合度的方法。较好的方法都会用到生育力表和存活力表，但是使用的方式不同，对于哪种方法最合适经常有明显不一致的观点。有人认为是内禀增长率 *r*，也有

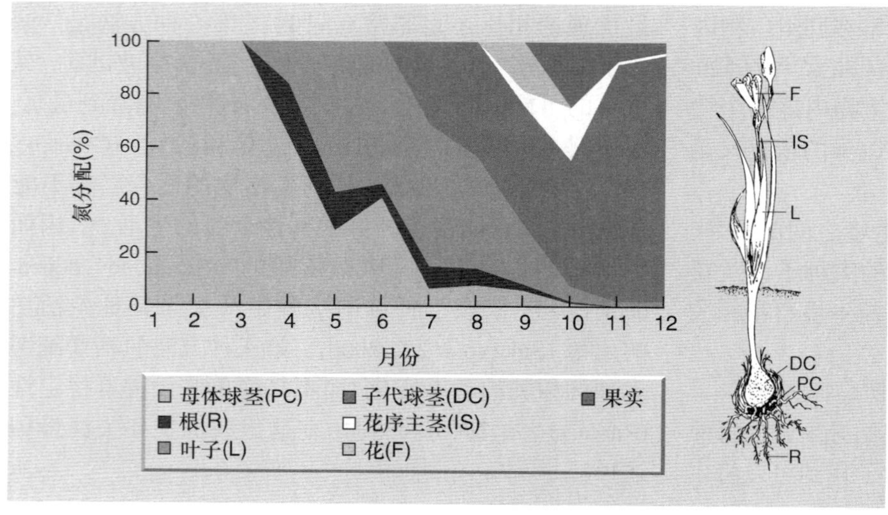

图 4.17 南非多年生植物大花魔杖花 (*Sparaxis grandiflora*) 一年生命周期中不同结构的氮分配比例，该植物主要在南半球的春天 (9—12 月) 结实。这种植物每年从球茎 (整个生长季节都存在) 开始生长，但直到生长季结束，繁殖部分的发育是以根和叶消耗为代价。右图描述了早春植物的各个部位 (仿 Ruiter & Mckenzie, 1994)。

人认为是基础繁殖率 R_0 (见上文), 还有人认为是繁殖价 (reproductive value) (Fisher, 1930; Williams, 1966), 尤其是出生时的繁殖价 (Kozlowski, 1993; de Jong, 1994)。然而, 对于生活史基本式样的探索, 不同方法的相似之处远比它们之间的小差异重要。这里, 我们重点关注繁殖价。

用语言描述繁殖价

框 4.1 对繁殖价进行了详细的描述。但大多数情况下, 只要记住下面几点, 其他细节就可以忽略: ① 某特定年龄或者阶段繁殖价是指当前繁殖输出和剩余 (未来) 繁殖价的总和 (RRV); ② RRV 包括未来存活期望值和未来繁殖期望值; ③ 这种方式考虑个体相对于其他个体对未来世代的贡献; ④ 自然选择有利于种群中有效的且当前输出与 RRV 总和最高的某种生活史。

图 4.18 阐述了两个进行比较的种群中繁殖价随年龄改变的方式。对于存活至繁殖成熟可能性低的年幼个体而言, 它们的繁殖价低; 但是对于那些确实存活下来的个体, 它们的繁殖价在达到首次繁殖的年龄后稳定增加, 随着这些存活个体达到繁殖成熟, 它们的繁殖价将变得越来越高。当个体进入老年期, 繁殖价又将降低, 因为它们的繁殖输出很可能已经降低, 同时在将来它们的繁殖期望值将变得更低。当然, 具体升高还是降低会随着物种的特定年龄或者阶段出生率或者死亡率而改变。

4.8.3 权衡

当然, 任何生物的生活史肯定是, 也必须是, 在可利用资源的分配上存在权衡 (trade-off)。分配到一种生活史性状的资源不会被其他性状所利用。权衡是两个

框 4.1 繁殖价

个体在年龄 x 时的繁殖价 (RV_x) 是指一种通货, 可以用来判断在自然选择背景下的生活史价值。可根据前面讨论过的生命表统计数据来定义。具体可以表示为

$$RV_x = \sum_{y=x}^{y=y_{max}} \left(\frac{l_y}{l_x} \cdot m_y \cdot R^{x-y} \right)$$

其中 m_x 是年龄级为 x 时个体的出生率; l_x 是个体存活到年龄 x 的概率; R 是整个种群在单位时间内的净繁殖率 (这里的时间单位指年龄间隔); $\sum$ 指 "总和"。

为了理解这个方程, 最简单的方法就是将 RV_x 分为两部分:

$$RV_x = m_x + \sum_{y=x+1}^{y=y_{max}} \left(\frac{l_y}{l_x} \cdot m_y \cdot R^{x-y} \right)$$

这里的 m_x, 即当前年龄个体的出生率, 可以看作当前繁殖输出 (contemporary reproductive output)。其余的就是剩余繁殖价 (residual reproductive value) (Williams, 1966): 即随后所有年龄的繁殖期望总值, 在以下不同情况下可以将 R^{x-y} 进行修正。$(l_y/l_x \cdot (m_y))$ 表示年龄级为 y 时个体的繁殖期望, 是指当个体年龄达到 y 时的出生率, 其中 (l_y/l_x) 表示当个体年龄已经达到 x 等级时能够达到这一出生率的概率。

在整个种群大小几乎保持恒定的情况下, 繁殖价呈现出最简形式。在这种情况下, $R = 1$, 且可以忽略。个体的繁殖价也就是简单地等于它一生繁殖输出的总期望值 (来自当前年龄级以及随后所有年龄级)。

然而, 还必须考虑到种群不断增加或者减少的情况。如果种群增加, 那么 $R > 1, R^{x-y} < 1$ (因为 $x < y$)。因此, y 值越大 (即越是在更远的将来), 方程就减少了 R^{x-y}, 意味着未来 (也就是 "剩余") 繁殖几乎不会增加 RV_x 值, 因为未来特定的繁殖输出对持续生长种群的贡献比例相对较小 —— 而当前的子代或者以前繁殖的子代本身很早就有机会对持续生长的种群作出贡献。相反, 如果种群减少, 那么 $R < 1, R^{x-y} > 1$, 方程就连续增加, 反映了未来繁殖的贡献比例更高。

在任何生活史中, 不同年龄级个体的繁殖价关系紧密, 意思是当自然选择作用于某个年龄级的最大繁殖价时, 就会限制随后年龄级生命表的参数值 —— 包括繁殖价本身。因此, 严格来讲, 自然选择最终作用于出生时的最大繁殖价 (RV_0) (Kozlowski, 1993)。(注意这与出生时的典型低繁殖价 (图 4.18) 这一事实并不矛盾。自然选择只能区分特定阶段所存在的选择。)

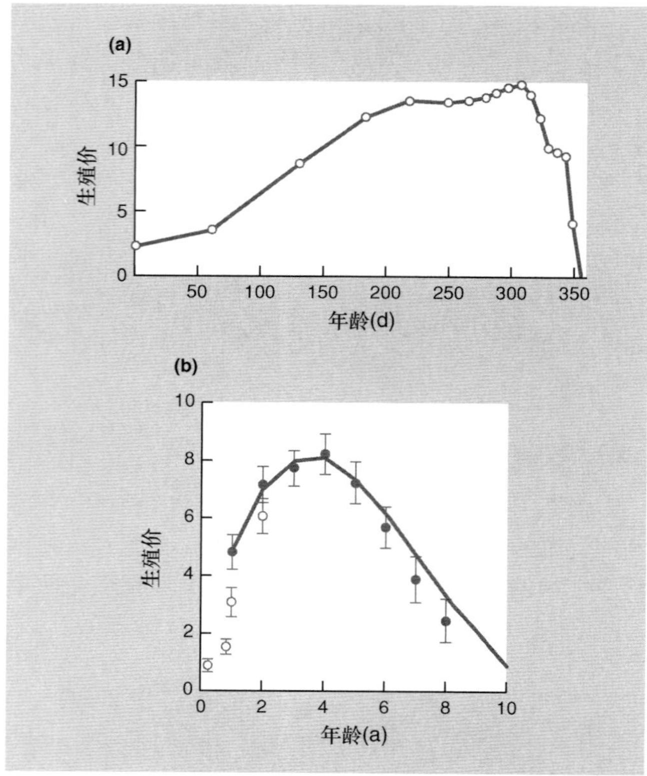

图 4.18　正如文中所解释的, 繁殖价一般先随年龄逐渐增加, 然后逐渐降低。(a) 本章前文描述的一年生植物小天蓝绣球 (*Phlox drummondii*) 的繁殖价 (仿 Leverich & Levin, 1979)。(b) 苏格兰南部的雀鹰 (*Accipiter nisus*) 的繁殖价。实心符号 (±1 SE) 只代表繁殖者, 空心符号包括非繁殖者 (仿 Newton & Rothery, 1997)。注意, 在这两个图中, 垂直刻度为任意比例, 整个种群的增长率 (*R*) 是未知的, 因此就需要给出一个假定值。

生活史性状之间的负相关关系, 一种性状增大, 因为权衡关系就会引起另一性状的降低。例如, 花旗松 (*Pseudotsuga menziesii*) 能够从繁殖和生长 (能提高未来繁殖) 中获益; 但它们结的球果越多, 生长得就越慢 (图 4.19a)。雄性果蝇获益于长期的繁殖活动周期以及高频率的交配, 但是生命早期的繁殖活动越频繁, 它们就死亡越早 (图 4.19b)。

权衡不易观察

然而, 认为自然界大量存在着这种负相关关系, 我们只需要等待就能观察到的想法是大错特错的。相反, 我们一般不能期望简单地从自然种群中观察相关关系就能看到权衡 (Lessells, 1991)。首先, 如果仅有一种最佳方式能将生长与繁殖输出结合, 那么所有个体可能都接近这种最佳, 同时权衡所需的种群特征将不会发生变化。而且, 如果个体间能支配的资源数量存在差异, 那么两个明显的选择性过程之间就可能呈现正相关而不是负相关, 有些个体在每方面都很好, 而其他个体则一直表现得很糟糕。例如, 在图 4.20 中处于最佳条件下的欧洲蝮蛇 (*Vipera aspis*) 不仅能产生较大的幼蛇, 而且能从繁殖中迅速恢复过来, 并准备进入下一次繁殖。

遗传比较

有两种方法能够克服这些问题, 因此我们就可以研究权衡曲线的特性。第一种方法是基于对遗传上不同个体的比较, 不同基因型对选择性的性状可能产生不同的资源分配策略。有两种方式比较基因型: ① 通过一个繁殖实验, 在具有遗传差异的两组个体繁殖后进行比较; 或者 ② 通过一个选择实验, 经受选择压力的种群改变某个性状, 并且随后监测其他性状的相关变化。例如, 在一个选择实验中, 印度谷螟 (*Plodia interpunctella*) 种群, 经过很多世代感染病毒进化出对其有很高抗性的个体, 但它们的发育速率也相应地降低了 (负相关) (Boots & Begon, 1993)。然而, 总的来看, 在与遗传相关的研究中, 多数为零相关和正相关, 少数为负相关 (Lessells, 1991)。尽管至此已得到了许多支持者的强烈支持, 而且都是通过直接的途径来分析生活史之间选择性差异的潜在机制, 但目前对生活史权衡的有效测定仍然非常有限 (Reznick, 1985; Rose *et al*., 1987)。

实验操纵

另一种方法是利用实验处理来展示表型 (phenotypic) 负相关的权衡。图 4.19b 对果蝇 (*Drosophila*) 的研究就是这样一个例子。实验处理与简单的观察相比, 最大的优点就是个体被随机分到不同的组中, 而不是根据可利用的资源将个体区分开。图 4.21 展示了四纹豆象 (*Callosobruchus maculatus*) 生育力和寿命相关的两套数据, 并对实验处理和简单观察结果进行了对比。对未受任何处理的种群进行简单观察发现: 较好的个体不仅存活时间长, 而且能产更多的卵 (正相关)。但是, 生育力的改变并不是由可利用资源变化而导致的, 而是因为与异性接触以及/或者产卵位置改变而引起的, 由此就出现了权衡 (负相关)。

然而, 实验操纵 (experimental manipulation) (好的) 与简单观察 (坏的) 之间的对比并不总是这么简单 (Bell & Koufopanou, 1986; Lessells, 1991)。有些实验操纵会遇到与简单观察相同的问题。例如, 如果通过补充食物能够改变窝卵数, 那么其他性状也会相应地提高。更为重要的是, 实验操纵应该只改变目标性状而不改变其他方面。另一方面, 如果是在 "自然" 实验结果的基础上, 简单观察是可以接受的。例如, 作为 "大年结实" (mast seeding) 的结果 (见第 9.4 节), 图 4.19a 所示花旗松种群

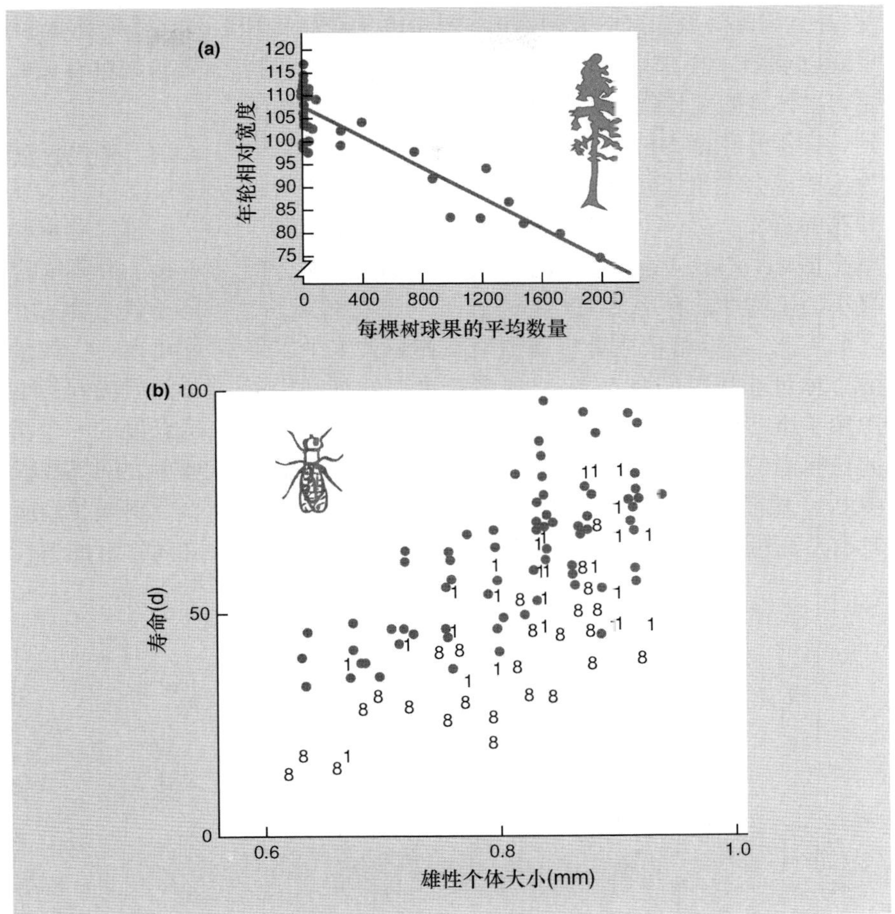

图 4.19 生活史权衡。(a) 花旗松 (*Pseudotsuga menziesii*) 的年生长增量与球果数量之间的负相关关系 (根据 Eis *et al*., 1965)。(b) 雄性果蝇 (*Drosophila melanogaster*) 的寿命通常随个体大小 (胸腔长度) 而增加; 但是, 如果每天将 1 只雄性果蝇与 1 只未交配过的和 7 只已经交配的雌性果蝇放在一起 (1), 该雄性果蝇的寿命就会比与 8 只交配过的雌性果蝇待在一起的雄性果蝇 (•) 短, 这是求爱活动增加的后果; 如果每天和 8 只未交配过的雌性果蝇待在一起, 则雄性果蝇的寿命将会更短 (8) (仿 Partridge & Farquhar, 1981)。

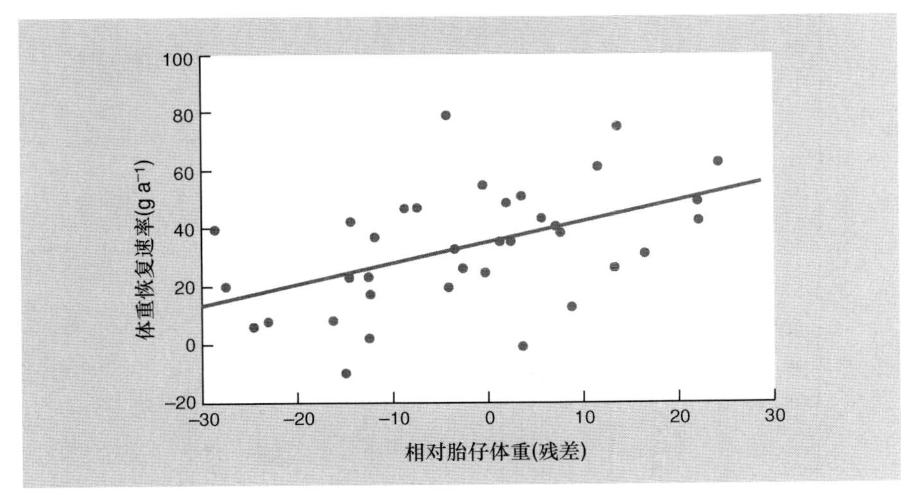

图 4.20 产生较大幼蛇 (即相对幼蛇体重, 因为考虑了雌蛇的总重) 的雌性欧洲蝮蛇 (*Vipera aspis*) 也能从繁殖中迅速恢复过来 (这不是相对的, 因为体重恢复不受个体大小影响) ($r = 0.43$; $P = 0.01$) (仿 Bonnet *et al*., 2002)。

产生大小不一的球果来响应环境因子的变化而并非资源的有效性, 因此该负相关实际上代表了一种潜在的权衡。

从总的分析来看, 尽管普遍认为权衡是广泛存在而且是非常重要的, 但要揭示并量化权衡却是个难题。

4.8.4 繁殖代价

已有的很多研究大都关注显示出明显的 "繁殖代价" (cost of reproduction, CR) 的权衡上。这里, 我们以一种特别的方式来使用 "代价" 一词, 代价意味着个体可能通过降低存活率和/或生长率以提高当前的繁殖分配, 并且因此降低未来的繁殖潜能。图 4.19 中花旗松和果蝇以及图 4.21 中甲虫就展示了这种繁殖代价。植物更容易体现繁殖代价。例如, 所有好的园丁都知道为了延长常年开花草本植物的寿命, 应该剪掉成熟的穗, 因为这些穗会竞争那些能够提高存活率或者有利于明年开花的资源。在一个季节末对一定个体大小的新疆千里光 (*Senecio jacobaea*) 进行比较时, 只有那些繁殖分配最小的植物才能存活下来 (图 4.22)。

因此, 延迟繁殖或者将繁殖限制在最大水平以下的个体可能长得更快、更大, 或者有更多的可利用资源用于维持生存、资源储存以及最终的未来繁殖。因此任何当前繁殖付出的代价都很可能降低剩余繁殖价 (RRV)。然而, 正如我们已经指出的, 自然选择更偏向于具有最高可利用总繁殖价的生活史: 两个量的总和, 一个 (当前繁殖输出) 趋于增加, 而另一个 (RRV) 降低。与繁殖代价有关的权衡是生活史进化的核心。

4.8.5 子代数量和适合度

第二个重要权衡是子代数量和个体适合度之间的权衡。最简单的可以表示为在一定的总繁殖投资情况下子代个体大小和数量之间的权衡。也就是, 繁殖分配可以产生数量少而个体大的后代或者数量大而个体小的后代。然而, 卵或者种子的大小可能只是反映个体适合度的一个指数。在子代数量和个体存活或者发育速率之间寻找权衡可能更合适。

正如我们所预期的, 到目前为止, 卵的大小和数量之间仅有的遗传相关大多为负相关 (主要是驯养家禽)

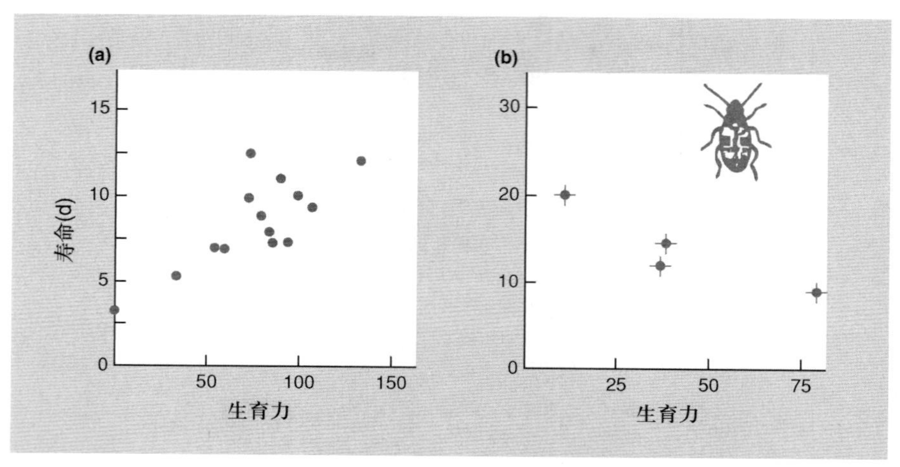

图 4.21 (a) 在未进行处理的种群中, 雌性四纹豆象 (*Callosobruchus maculatus*) 成年个体的寿命与生育力之间的表型 (正) 相关。(b) 当接触配偶或者改变产卵地点时相同生活史特征间存在权衡 (负相关)。图中散点代表了 4 种处理的平均值以及标准误 (仿 Lessells, 1991; 引自 K. Wilson 未发表数据)。

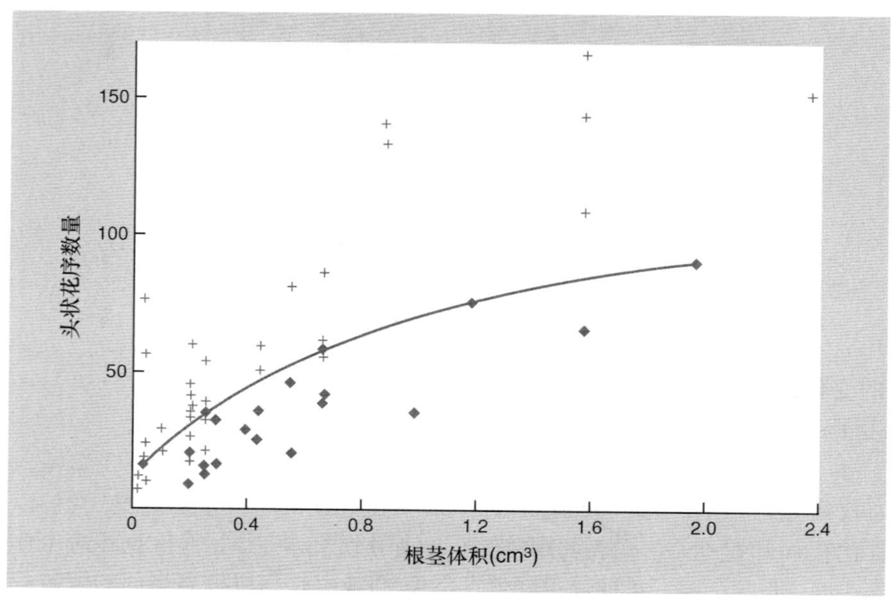

图 4.22 千里光 (*Senecio jacobaea*) 的繁殖代价。直到季节末, 曲线才将存活的 (♦) 和死亡的 (+) 植物分开。曲线上方和左边为没有存活的植物。在特定个体大小 (根茎体积) 的情况下, 尽管较大植物能够进行更大的繁殖分配并且存活下来, 但实际只有那些进行最小繁殖分配的植物才能存活 (仿 Gilman & Crawley, 1990)。

(Lessells, 1991)。简单跨物种或跨种群之间的比较都呈现出负相关关系 (如图 4.23a,b), 尽管在这些事例中不太可能出现来自不同物种或者种群个体进行完全一样的总繁殖分配。而且, 很难通过实验操纵观察到这种权衡。为了弄清楚原因, 我们需要问下面几个问题。例如, 一种植物产 100 粒种子, 每粒重 10 mg, 而且只有 5% 的机会能够发育到繁殖成熟; 如果一种相同的植物在相同的资源条件下, 只产 80 粒种子, 那么这些种子会有多大, 发育成熟的概率会是多大? 很显然, 通过改变资源供给来调节种子数量是无效的; 即使是在处于或者接近它们的繁殖顶点时减少 20 粒种子, 因为受能力限制这种植物并不能改变剩余种子的大小, 它们以后的存活率也不能真正地解释之前提出的问题。

但是, Sinervo (1990) 通过去除卵黄改变了卵的大小确实使西方强棱蜥 (*Sceloporus occidentalis*) 产生了健康的子代, 但其大小要比未做处理的卵孵化的子代要小。这些较小的子代冲刺速度也较慢 (图 4.23c) —— 可能意味着逃避捕食者的能力降低, 因此适合度降低。在自然种群内, 这一物种在加利福尼亚比在华盛顿地区产的卵要小, 但数量较多 (在华盛顿地区一般产 7~8 个卵, 平均质量为 0.65 g, 而在加利福尼亚大约产 12 个卵, 平均质量为 0.4g; 图 4.23c)。因此, 根据实验操纵, 这两个种群之间的比较确实能反映出子代数量和个体适合度之间的权衡关系。

4.9 选择集、适合度等高线和生境分类

下面我们转到另一个最初的生活史问题 —— 是否有模式能够将生活史的特定种类和生境的特定类型联系起来? 为了阐述这个问题, 我们引入另外两个概念。我们在繁殖代价的背景下介绍这两个概念是因为它们是与权衡有关的最基本概念 —— 适用于任何一种权衡。

4.9.1 选择集和适合度等高线

选择集 (options set) 描述的是生物能够展示出两个生活史特征的一系列组合。因此, 它反映了生物的潜在生理学。在这里我们用当前繁殖 m_x 和生长 (RRV 的潜在重要指示因子) 来加以说明 (图 4.24)。在任意特定的当前繁殖水平情况下, 选择集描述了生物能够达到的生

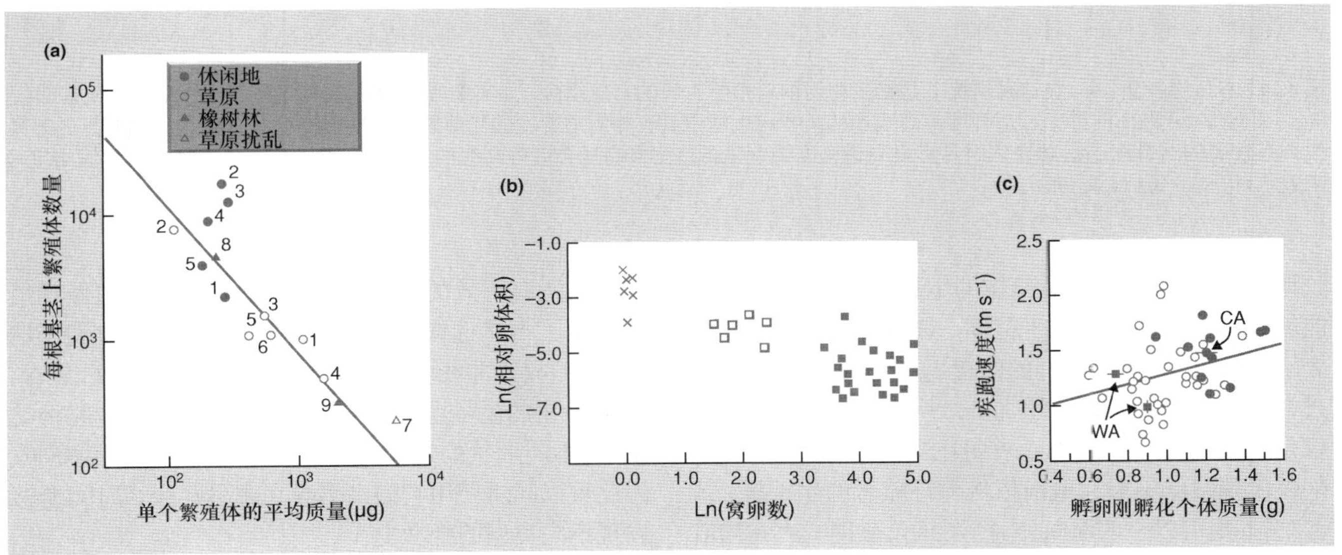

图 4.23 亲本产生一窝子代的数量与这些子代个体适合度之间存在权衡关系的证据。(a) 一枝黄花属 (*Solidago*) 植物每枝茎上产生繁殖体的数量与单个繁殖体的质量呈负相关。这些物种包括: 1, *S. nemorolis*; 2, *S. graminifolia*; 3, *S. canadensis*; 4, *S. speciosa*; 5, *S. missouricensis*; 6, *S. gigantean*; 7, *S. rigida*; 8, *S. caesia*; 9, *S. rugosa*, 这些植物都来自不同的生境 (仿 Werner & Platt, 1976)。(b) 夏威夷果蝇窝卵数与卵的大小呈负相关, 这些果蝇或者靠相对贫瘠而且有限的资源生长, 比如花粉 (×), 或者靠腐烂叶子中的细菌生长 (□), 或者靠某些不可预测但非常丰富的资源生长 —— 腐烂水果、树皮以及茎干中的酵母 (■) (仿 Montague *et al*., 1981; Stearns, 1992)。(c) 在加利福尼亚人工孵化西方强棱蜥 (*Sceloporus occidentalis*) 时发现除去部分卵黄的蜥蜴卵 (○) 孵化出的幼蜥蜴的体重和冲刺速度都要低于未处理的正常蜥蜴卵 (●)。图中也展示了加利福尼亚 (CA) 正常幼蜥蜴 (数量少, 卵大) 以及华盛顿 (WA) 地区的两个幼蜥蜴样本 (数量多, 卵小) 的平均质量和数量 (仿 Sinervo, 1990)。

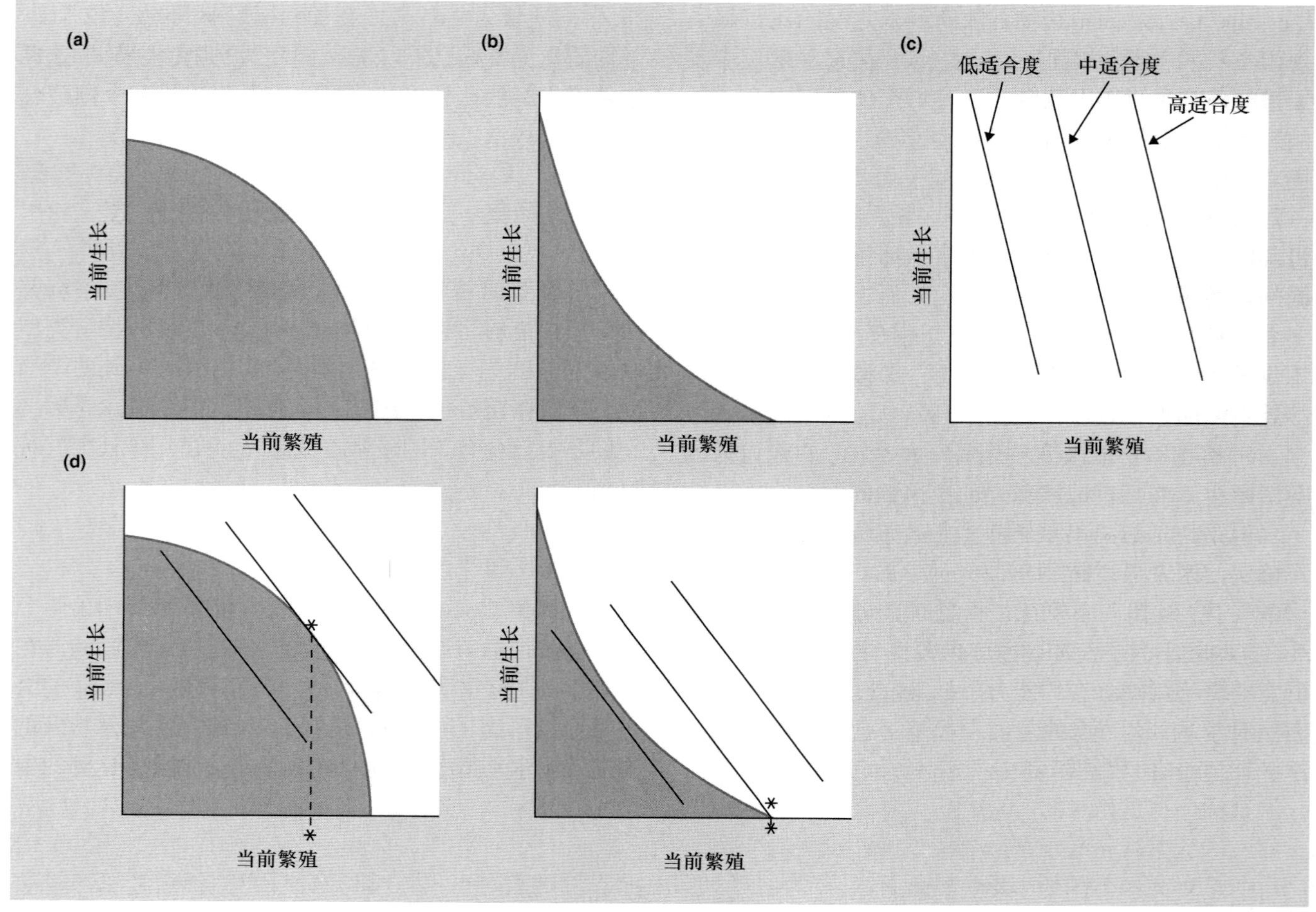

图 4.24 (a,b) 选择集 —— 在这种情况下是指生物当前繁殖与生长的有效组合。如文中所解释的,选择集外部边缘是一条权衡曲线:(a) 凸面向外,(b) 凹面向外。(c) 适合度等高线连接某特定生境中具有相同适合度的当前繁殖和生长的组合。因此,远离起点的等高线具有较高的适合度。(d) 选择集内具有最高适合度的点是指达到最高适合度等高线的点。这个点以及当前繁殖的最佳值用星号来表示 (仿 Sibly & Calow, 1983)。

长增量范围,以及在任意给定的生长增量情况下,生物能够达到的当前繁殖水平范围。选择集的外部边界代表了权衡曲线。在边界上的任意一点上,生物只能够通过补偿性地降低生长来增加 m_x,反之亦然。选择集可以是凸面向外 (图 4.24a),表明在当前情况下,繁殖水平仅仅稍微低于最大值但依然允许显著的生长量。或者,选择集可以是凹面向外 (图 4.24b),表明只有在当前繁殖水平明显低于最大值的情况下才能达到显著的生长量。

适合度等高线 (fitness contour) 就是适合度 (繁殖价) 恒定时连接 m_x 和生长组合的一条线 (图 4.24c)。因此,远离起点的等高线代表具有较大适合度的组合。如下所述,适合度等高线的形状只能反映生物生存环境的特征而并非其自身的固有特征。

在所有有效的性状中,具有最高适合度的性状组合决定了自然选择的方向。因此,自然选择有利于选择集中 (权衡曲线上) 达到最高适合度等高线的点 (图 4.24d, e 中的星号)。由于不同的选择集意味着生物种类不同,不同形状的适合度等高线意味着生境类型不同,因此可以同时使用它们来引导在哪里和什么时间能够发现不同类型的生活史。

4.9.2 生境: 分类

每种生物的生境都是独一无二的,但如果连接生境和生活史的模式一旦建立,生境必须使用全部适合它们的术语来对生境进行分类。而且,必须从生物方面来对它们进行描述和分类,而不是根据我们的感受来将它们分成异质的或者均质的,抑或条件严酷的或者温和的。因此，当我们说适合度等高线的形状反映了生物的生境时，就意味着生境对特定生物有影响或者是生物能够对生境作出响应。

虽然已经有很多研究对生境进行了分类 (Schaffer, 1994; Grime *et al*., 1988; Silvertown *et al*., 1993)，但在这里对其综述将超出我们讨论的范围。相反，我们主要根据适合度等高线对生境进行分类，并且将当前繁殖和生长结合起来决定不同生境的适合度 (根据 Levins, 1968; Sibly & Calow, 1983)。

对于已经建成的个体 (即并非新出现或新出生的子代)，有两种公认的不同生境类型。

(1) 高 CR(繁殖代价) 生境，任何导致生长减慢的当前繁殖对 RRV 都有显著的负面影响，因而也会影响适合度。因此，通过将高繁殖与低生长或者低繁殖与高生长结合起来就可以达到相似的适合度。此时的适合度等高线就为负斜率的对角线 (图 4.25a)。

(2) 低 CR 生境，RRV 很少受到当前生长水平的影响。因此，适合度只由当前繁殖水平决定，而且无论当前生长水平如何适合度都是相同的。此时的适合度等高线近似垂直 (与生长轴平行; 图 4.25a)。

这种分类是相对的。实际上，高繁殖代价的生境只是相对于繁殖代价较低的生境而言的。这种分类方式的目的是将截然不同的生境进行比较。

多种不同的原因可以产生多样化的生境类型

特定类型的生境可以是由多种原因导致的。相对繁殖代价高的生境至少由两种原因所致。

(1) 当已形成的个体间存在激烈竞争 (参见第 5 章)，且只有最强的竞争者才存活和繁殖时，其当前繁殖可能需要付出很高的代价，因为当前繁殖降低了生长率，因此也大大降低了未来的竞争能力，继而降低 RRV。雄性马鹿就是一个很好的例子，只有最强的竞争者才能拥有雌性眷群。

(2) 无论什么时候，个体小的成体特别易受致死源的影响，如捕食者或者一些非生物因素，当前繁殖付出的代价也可能很高，因为它使得成体动物始终维持易受攻击的个体大小。例如，海岸上的贻贝可通过限制繁殖而生长足够大来避免被螃蟹以及绒鸭捕食。

另外，相对繁殖代价低的生境至少由三种不同的原因导致。

(1) 多数死亡可能是随机发生且不可避免的，由于限制繁殖而导致个体大小增大很可能在未来是没有价值的。例如，当临时池塘干枯时，大部分个体，无论它们的个体大小还是状况如何都会死亡。

(2) 对于已形成的个体，生境可能是温和的且没有竞争，因此，所有的个体，不管它们当前是否限制繁殖，存活的可能性都很高，未来的繁殖产出也较大。这对于出现在新生境的首批形成的个体来说，至少暂时是正确的。

(3) 低繁殖代价的生境可能仅仅是因为最大个体对重要致死源特别敏感。因此，在当前繁殖受限时，个体大小将增大，反过来这又将进一步降低物种的未来存活率。例如，在亚马孙河，鸟类更喜欢捕食某些鱼类中的最大个体。

新生后代生境的相关分类

我们同样可以对新生后代的生境进行相关分类。它也存在两种截然不同的类型 (图 4.25b)，假

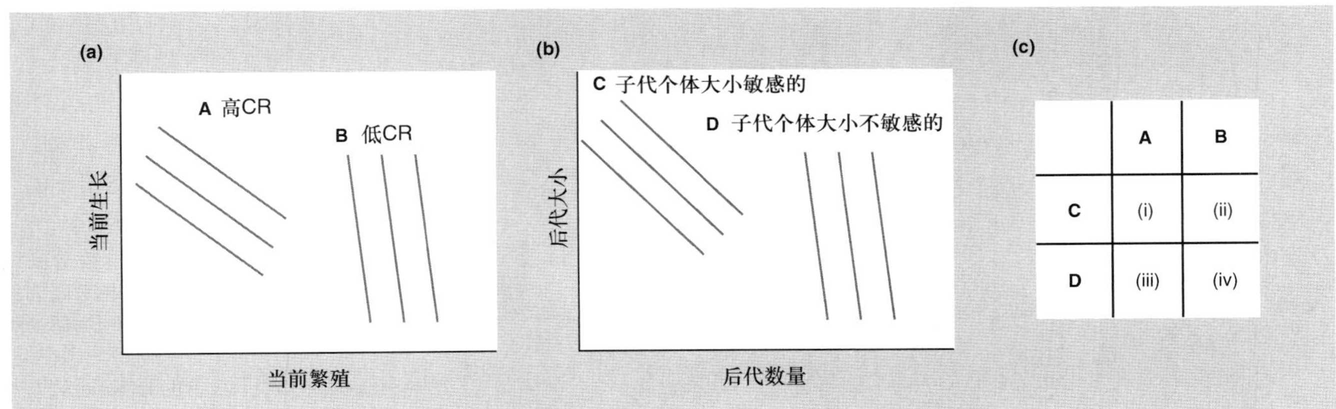

图 4.25 生境的种群统计学分类。(a) 已形成个体的生境可以是 (A) 相对高繁殖代价 (适合度等高线表明当前繁殖降低导致剩余繁殖价随生长加速而急剧增加)，或者 (B) 相对低繁殖代价 (适合度等高线大大反映了当前繁殖水平)。(b) 最近生育子代的生境可以是 (C) 对子代个体大小相对敏感，或者 (D) 对子代个体大小相对不敏感。子代个体较大就意味着数量较少 (特定繁殖分配策略)。因此，在 D 生境中，适合度主要反映了子代数量 —— 不是子代个体大小。(c) 通过结合这两对截然不同的适合度等高线，将不同生物一生栖息的生境进行对比可能会有 4 种基本类型，图 (c) 中的 (i)~(iv)。

定在特定繁殖分配情况下, 只有在数量较少时才会生育较大的后代。

(1) 子代个体大小敏感的生境, 在这种生境中, 子代个体的繁殖价随体型增大显著升高 (原因与前面描述一致, 或者因为子代间的竞争, 或者个体小的子代易受那些重要致死源的影响)。体型的增大意味着适合度等高线显著升高。

(2) 子代个体大小不敏感的生境, 子代个体的繁殖价很少受个体大小的影响 (原因与前面描述一致, 可能是因为死亡是随机发生的, 或者由于资源过剩, 或者较大个体对致死源比较敏感)。体型的增大意味着适合度等高线的变化可以忽略不计。

很明显, 这两对截然相反的适合度等高线可以组合成 4 种类型的生境 (图 4.25c)。

4.10 繁殖分配以及分配时令

4.10.1 繁殖分配

如果我们假设所有选择集起初都是凸面向外的, 那么我们可以看到繁殖代价相对较低的生境繁殖分配高, 而繁殖代价相对较高的生境繁殖分配低 (图 4.26a)。在药用蒲公英 (*Taraxacum officinale*) 的 3 个种群中可以发现这一式样。药用蒲公英种群由 4 种 (A~D) 生物型中的 1 种或者其他种类的不同无性繁殖体组成。这些种群的生境也不相同, 从田间小径 (该生境中成体死亡不具有选择性 —— 繁殖代价最低) 到古老的稳定的牧场 (该生境中竞争大多发生在成体之间 —— 繁殖代价最高); 第三种生境介于两种生境中间。与预测结果一致, 小径 (A) 边占优势的生物型繁殖分配最高, 而老牧场 (D) 的优势生物型繁殖分配最低 (图 4.26b,c)。无论从占有的生境还是繁殖分配考虑, 生物型 B 和 C 都是适当的中间体。

4.10.2 成熟年龄

由于繁殖代价相对高的生境繁殖分配低, 因此在该生境中, 性成熟 (有性繁殖的开始) 将相对延迟, 而且在达到性成熟时个体较大 (在任何特定时间延迟性成熟, 生物的繁殖分配都为 0)。虹鳉 (生活在特立尼达拉岛上的一种体形较小的鱼) (表 4.6) 的研究结果支持了这一理论。这项工作也支持上述讨论的繁殖分配式样, 而且也与第 4.11 节中讨论的子代个体大小的变化式样相仿。虹鳉主要生活在两种截然不同的小溪流中。在一种小溪流中, 它们的捕食者主要是一种丽鱼科鱼, 这种鱼主要吃个体大的性成熟虹鳉; 而在另一种小溪流中, 它们的捕食者主要是鳉鱼, 它们更喜欢个体小的幼

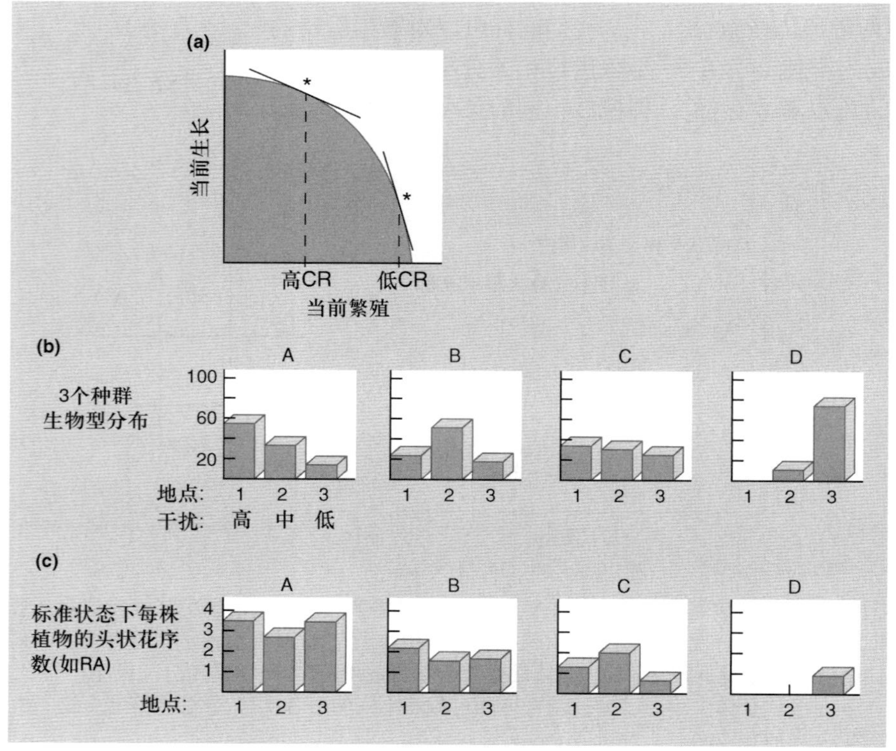

图 4.26 (a) 选择集以及适合度等高线 (参照图 4.25) 表明繁殖代价相对较高的生境繁殖分配相对较小。(b) 药用蒲公英的 3 个种群中的 4 种生物型分别在低、中以及高水平干扰下的分布 (即从繁殖代价相对较高的生境到繁殖代价相对较低的生境)。(c) 不同生境中不同生物型的繁殖分配 (RA)。结果表明, 分布在繁殖代价相对较低的生境中的优势生物型 A, 具有相对较大的繁殖分配 (图 b,c 仿 Solbrig & Simpson, 1974)。

表 4.6 将来自繁殖代价较低、对子代个体大小不敏感的生境中 (矛丽鱼属 —— 主要捕食个体较大的成鱼) 和繁殖代价较高、对子代个体大小敏感的生境中 (鳉属 —— 主要捕食个体较小的幼鱼) 的虹鳉 (*Poeilia reticulata*) 进行比较。前一种生境中的虹鳉 (雄性和雌性) 成熟较早、个体较小、繁殖分配较大 (繁殖间隔较短、繁殖努力较高)、生育子代个体较小 (数量较多)。这个结论不仅适用于来自不同生境的自然种群而且也适用于鳉属生境中的引入鱼类 (仿 Reznick *et al*., 1982, 1990)。

	Reznick (1982)			Reznick 等 (1990)		
	矛丽鱼属 *Crenicichla*		花溪鳉 *Rivulus*	对照 (*Crenicichla*)		引进 (*Rivulus*)
雄鱼性成熟年龄 (d)	51.8	$P < 0.01$	58.8	48.5	$P < 0.01$	58.2
雄鱼性成熟大小 (mg, 鲜重)	87.7	$P < 0.01$	99.7	67.5	$P < 0.01$	76.1
雌鱼初次产卵年龄 (d)	71.5	$P < 0.01$	81.9	85.7	$P < 0.05$	92.3
雌鱼初次产卵大小 (mg, 鲜重)	218.0	$P < 0.01$	270.0	161.5	$P < 0.01$	185.6
第一批产卵数量	5.2	$P < 0.01$	3.2	4.5	$P < 0.05$	3.3
第二批产卵数量	10.9	NS	10.2	8.1	NS	7.5
第三批产卵数量	16.1	NS	16.0	11.4	NS	11.5
第一批稚鱼大小 (mg, 干重)	0.84	$P < 0.01$	0.99	0.87	$P < 0.10$	0.95
第二批稚鱼大小	0.95	$P < 0.05$	1.05	0.90	$P < 0.05$	1.02
第三批稚鱼大小	1.03	$P < 0.01$	1.17	1.10	NS	1.17
繁殖间隔 (天)	22.8	NS	25.0	24.5	NS	25.2
繁殖努力 (%)	25.1	$P < 0.05$	19.2	22.0	NS	18.5

NS, 不显著。

年虹鳉。因此, 具有丽鱼科鱼的生境繁殖代价相对较低, 同时正如所预期的那样, 那里的虹鳉成熟较早, 而且个体较小; 但它们也具有较高的繁殖分配 (表 4.6 左栏) (Reznick, 1982)。此外, 当研究人员将 200 条虹鳉从丽科鱼生境中引入鳉鱼的生境, 并在那里生活 11 年以上 (20 世纪 30 — 60 年代), 不仅其野外表型变得与其他高繁殖代价生境中的表型相似, 而且很明显这些差异是进化出来的并且是可遗传的, 在实验室条件下也可识别这些差异 (表 4.6 右栏) (Reznick *et al*., 1990)。

不能仅局限于生境分类

然而, 我们不能仅根据生境的分类来理解性成熟年龄。例如, 成熟期的最适年龄和个体大小可以认为受到幼年期 (成熟前期) 的存活率与成熟期的繁殖价之间的权衡调控 (详见 Stearns, 1992)。延迟性成熟到较大个体时提高了成熟期的繁殖价, 但这是以降低幼年期的存活率为代价, 因为幼年期延长后就延迟了成熟。出于对这种权衡的考虑, 例如, 我们就可以问, 在食物充足的高生产力环境与营养贫瘠的低生产力环境中的成熟年龄和个体大小有何不同? 如果食物的可利用性增加可以提高生长率 (即特定年龄的体型) 和幼年存活率 (即生长到特定年龄的可能性), 那么不管权衡曲线的形状如何, 高生产力环境的选择集将延伸并超出低生产力环境的范围 (图 4.27)。在高生产力环境下的生物成熟较早, 而且个体较大; 这在黑腹果蝇中很常见。在食物充足且密度适中的 27°C 环境下, 果蝇在第 11 天就开始繁殖, 体重达 1.0 mg, 然而在高密度且营

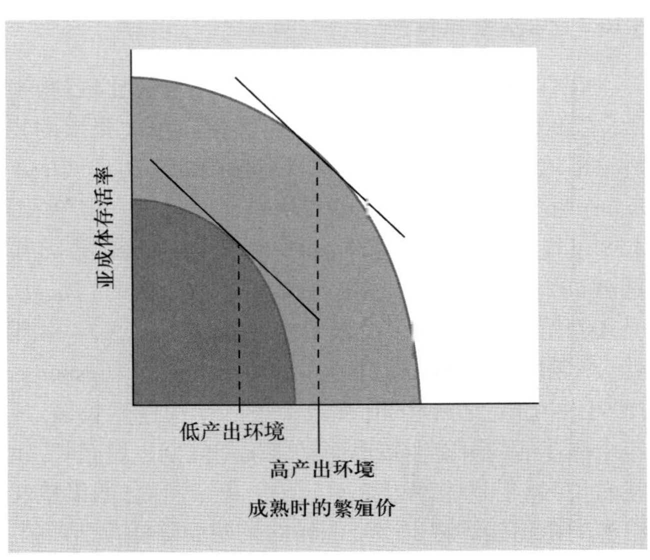

图 4.27 在高、低生产力环境下的物种成熟年龄与个体大小。成熟时的繁殖价与幼年存活存在权衡时, 选择集边缘的权衡曲线在高生产力环境下要超出低生产力环境, 而且经过预测在此环境下成熟较早, 个体更大。

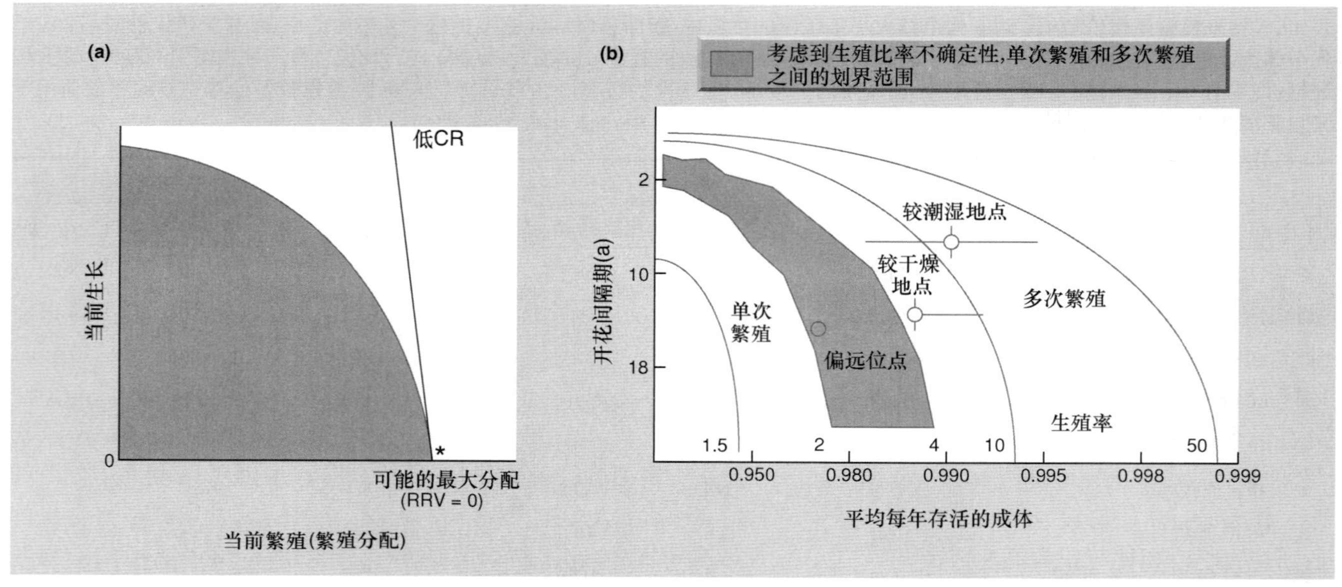

图 4.28 (a) 繁殖代价相对较低的生境 (接近垂直的适合度等高线) 更有可能出现单次繁殖 (最大繁殖分配: 毫不保留)。RRV, 剩余繁殖价。(b) 对于肯尼亚亚山生长的半边莲属 (*Lobelia* spp.) 植物, 随两次开花的时间间隔增加 (沿坐标轴) 以及每年成体的平均存活率降低, 其生境繁殖代价降低。考虑到单次繁殖的蓬头半边莲 (*L. telekii*) 的种子质量大约是多次繁殖的 *L. keniensis* 的 4 倍, 可以预测该生境或许对单次繁殖 (底部左侧) 有利, 抑或对多次繁殖 (上部右侧) 有利, 生境对两种繁殖策略的偏好存在较大的不确定性。正如所预测的, 3 个 *L. keniensis* 研究种群的生境特征有利于多次繁殖, 或者在偏远地, 生境偏好存在不确定性。

养缺乏的环境下果蝇在 15 天后或更晚才开始繁殖, 体重只有 0.5 mg (Stearns, 1992)。这里, 我们要比较的是个体对环境的瞬时响应, 而不是比较两个完全独立的种群或物种。在第 4.13 节我们将继续讨论这个问题。

4.10.3 单次繁殖特性

现在, 我们回到高、低繁殖代价生境的比较, 很显然, 在低繁殖价生境中最有可能进化出单次繁殖的物种 (图 4.28a)。通过对生长在肯尼亚山的半边莲属 (*Lobelia*) 两个物种的研究能够很明确地发现这一现象 (图 4.28b)。它们是长命的草本物种: 两个物种均需要 40 年甚至 60 年才会达到性成熟, 紧接着单次繁殖的 *L. telekii* 会在繁殖后死亡, 而多次繁殖的 *L. keniensis* 每 7~14 年就会繁殖一次。Young (1990) 以及 Young 和Augspurger (1991) 的研究结果表明, 在较干旱的半边莲生长区, 成年个体存活的可能性较小而且繁殖间隔期也比较长, 也就是说, 越干旱的地方繁殖代价越低。然而, 如果单次结实的植物能够将更多资源转向繁殖而降低存活所需, 就能获得充足的繁殖优势, 那么在这些干旱区域就确实只适合单次结实。实际上, 进行单次繁殖和多次繁殖的物种之间的地理界线与从一种到另一种繁殖策略的利益平衡界线之间, 可能存在着高度的一致性 (图 4.28b)。

如果我们现在放宽假设, 所有的选择集都是凸面向外, 那么很明显那些选择集凹面向外的生物尤其可能进化成单次繁殖, 也就是说, 当前繁殖水平低的生境将导致未来存活率大幅度降低, 但是从低水平转变到中等水平对未来存活率几乎没有影响 (见图 4.24)。这就是为什么很多鲑鱼物种会进行自杀性的单次繁殖。它们的繁殖过程需要面临艰难险阻, 竭力从海洋洄游到产卵地, 但是风险以及额外代价与繁殖行为是密切相关的, 同时在很大程度上不依赖于繁殖分配的大小。

4.11 子代个体大小与数量

根据第 4.9 节的分类, 在对子代个体大小相对敏感的生境中会产生子代数量较少而个体较大的繁殖分配式样。这一观点可由前文描述的虹鳟的观察结果和实验结果来支持 (见表 4.6): 在捕食作用主要集中在个体较小的幼年鱼类时, 子代个体较大; 而且通过图 4.23 的例子可以看出, 在竞争非常激烈的生境中子代个体较大 —— 草原上的一枝黄花属植物 (与更多临时荒废地生境相反) 以及花粉上的果蝇 (与丰富但不可预测的酵母资源相反)。

4.11.1 子代数量: 窝卵数

然而, 子代数量和适合度权衡最好不要分开来看。如果我们将它与繁殖代价权衡结合起来, 就会遇到另一类生活史问题, 即特定的窝卵数或者特定的种子产量是如何达到最适的?

Lack 窝卵数

Lack (1947b) 主要研究子代数量和适合度之间的权衡, 并提出自然选择并不是对最大的窝卵数有利, 而是对能平衡子代数量与未来存活率折中的窝卵数有利, 这就导致存活到成熟期的个体数量最大。这就是著名的 "Lack 窝卵数" (Lack clutch size) (图 4.29a)。科学家们做了许多工作来验证这一假设, 特别是有关鸟类和小部分昆虫的研究; 比如, 相比于正常的窝卵数大小, 通过增加或减少窝卵数来决定哪种窝卵数产出最大。但是还有很多研究都表明, Lack 假说是错误的, 常见的自然窝卵数并不是产出最大的。实验性的增加窝卵数通常会明显增加产出 (Godfray, 1987; Lessells, 1992; Stearns, 1992)。然而, 尽管 Lack 假说在细节上存在错误, 但这一理论在引导生态学家们理解窝卵数方面的重要性已成事实。目前, 这一理论尚显不合理的大量原因已经很明确了, 其中有两个特别重要。

Lack 窝卵数不能解释的

首先, 许多研究很可能对子代个体适合度的研究并不充分。将鸟类产蛋量从正常的 4 枚增加到 6 枚, 再密切关注这 6 只健康小鸟在巢中的孵化、发育及进一步成熟, 但这还不够。它们是否能够健康度过随后到来的冬季? 它们自己能产生多少小鸟? 例如, 在对英国剑桥附近大山雀的长期研究中, 窝卵数增加的巢 (10.96) 比对照组 (8.68) 产出高, 同时对照组也比减少组 (5.68) 产出高, 但在未做处理的窝中更新补充数 (即存活子代发育成繁殖成体的数量) 最大 (图 4.29b)。

其次, 或许 Lack 假说忽略的最重要部分就是对繁殖代价的考虑。自然选择青睐于能产生最大适合度的繁殖式样。窝卵数大且产出多的繁殖模式需要付出的代价也很高。短期内, 最佳窝卵数比最高产出的窝卵数小 (图 4.29c)。在评价最适窝卵数时, 很少有研究能够非常详细地考虑繁殖代价。有一项研究对雌性欧䶄 (*Clethrionomys glareolus*) 注射促性腺激素, 诱导它们提高繁殖分配生育较大的幼鼠 (Oksanen *et al*., 2002)。在幼鼠出生时, 处理过的雌鼠产出相对较高, 存活到当年冬季的子代数量依然很少但存活率明显增加。然而, 处理过的雌鼠也会为繁殖努力的增加付出明显的代价: 哺育期会出现较高的死亡率, 体重增加速率降低, 繁殖下

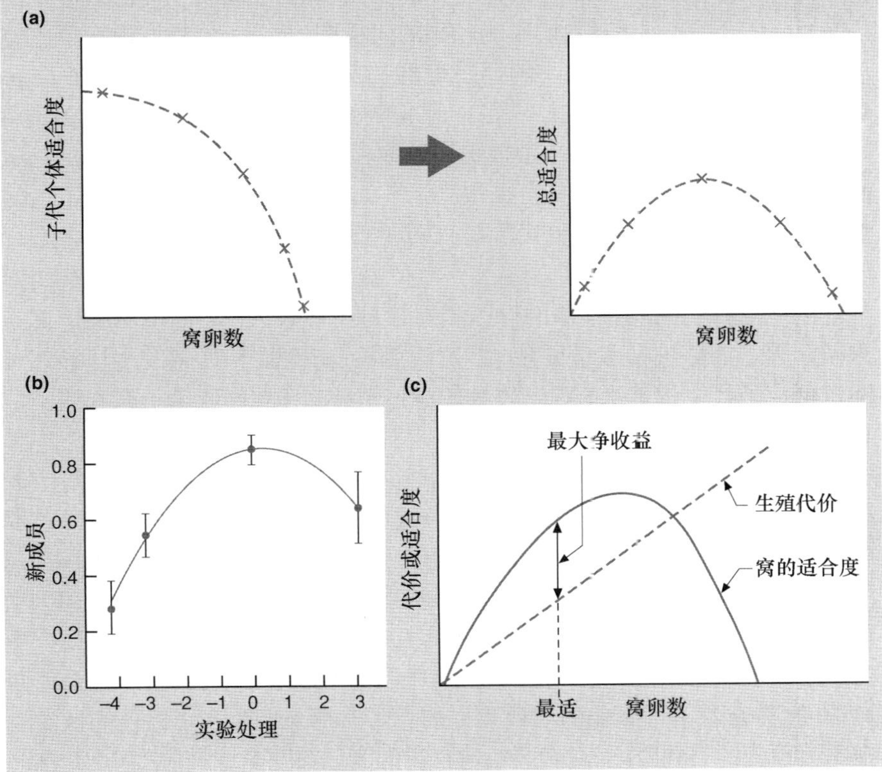

图 4.29 (a) Lack 窝卵数。如果每个子代个体的适合度随总窝卵数增加而降低, 那么一窝的总适合度一定是在某个中间 (Lack) 窝卵数达到最大。(b) 每窝观察到的大山雀新成员的平均数 ± 标准误与实验处理有关 (增加或降低窝卵数)。曲线是一个多项式, 即新成员 ~ 实验处理 + 实验处理^2 (仿 Pettifor *et al*., 2001)。(c) 然而, 如果存在繁殖代价, 那么最佳窝卵数就是净适合度最大时的卵数, 即繁殖代价直线与利益 (总窝) 曲线之间最大距离处 (仿 Charnov & Krebs, 1974)。

一窝幼仔的可能性降低。下面将讨论另一项有关红隼的研究 (见第 4.13 节)。

4.12 *r* 选择和 *K* 选择

前文中提到的部分预测可以整理成一个框架, 该框架在寻找生活史式样方面特别有影响。这就是 *r* 选择和 *K* 选择概念, 最初由 MacArthur 和Wilson 提出 (1967; MacArthur, 1962), Pianka (1970) 对其进行了详尽地阐述 (但参照 Boyce, 1984)。上面的字母 *r* 指的是内禀增长率, 同时暗示 *r* 选择个体的增加是因为它们的繁殖能力非常强 (也就是有一个高 *r* 值)。在下章将充分讨论种内竞争时将会适当地介绍字母 *K* 的含义, 但现在我们只需要知道它是指一个受竞争限制的拥挤种群的大小 (环境容纳量)。因此, *K* 选择个体的增加是因为它们对大小接近 "环境容纳量" 的种群有很大比例的贡献。因此这个概念的应用主要基于两种截然不同的生境类型: *r* 选择和 *K* 选择。这个概念最初是在比较适合于相对空荡的岛屿迅速拓殖的物种 (*r* 物种), 以及适合于已有很多拓殖物种存在的岛屿维持生存的物种 (*K* 物种) 时提出的 (MacArthur & Wilson, 1967)。随后, 这个概念被广泛应用。像所有归纳概括的一样, 这种二分法过于简单化, 但它非常有用。

K 选择

K 选择物种生活在环境波动对它们影响较小的生境中。因此, 就建立了一个相对恒定大小的拥挤种群。成体之间出现的激烈竞争在很大程度上决定了成体的存活率和繁殖力。在拥挤的环境下, 幼小个体也必须为存活而竞争, 同时其发育成繁殖成体的机会也很小。总之, 由于激烈竞争, 种群生存的生境繁殖代价高且对子代个体大小敏感。

因此, 这些 *K* 选择个体的可预测性状是个体较大、繁殖延迟、能够进行多次繁殖 (繁殖期更长)、繁殖分配较低、子代个体较大 (所以数量较少)。这些个体会普遍提高对有利于存活 (与繁殖相对) 特征的投资, 但实际上 (由于激烈竞争) 很多个体寿命较短。

r 选择

相比之下, *r* 选择种群生活在时间上不可预测的或者暂时的生境中。种群间断性地处于有利于种群迅速生长的温和期, 没有竞争 (或者当环境波动转入有利时期, 或者这个区域是新拓殖的区域); 但是, 这些温和期经常是离散的, 夹杂着不可避免的导致死亡的恶劣时期 (或者在不可预测的不利阶段, 或者当短暂存在的区域被完全开发或者消失)。因此成体和幼体的死亡率是高度不确定的和不可预测的, 而且即不依赖于种群密度以及大小, 也不依赖于个体的生长状况。总之, 这类生境繁殖代价低且对子代个体大小不敏感。

因此 *r* 选择个体的可预测性状是个体较小、成熟较早、很可能是单次繁殖、繁殖分配较大、子代数量较多 (因此个体较小)。个体对存活投资较小, 但是它们实际存活情况依赖于 (不可预测的) 生存环境。

这种框架是图 4.25c 中一般生境分类的特例。因此, 首先要注意成体以及子代生存的生境不需要与 *r*/*K* 选择策略的处理方式相联系, 其次, 与 *r*/*K* 选择策略相关的生活史性状会引起超出选择策略范围以外的各种原因 (例如, 捕食个体小的成体, 而非成体之间的激烈竞争)。

4.12.1 *r*/*K* 概念的证据

r/*K* 概念对于描述不同分类群间存在的一些普遍差异确实有用。例如, 我们可以在植物间得出一系列非常普遍的关系 (图 4.30)。生长在相对的 *K* 选择 的林地生境 (相对恒定、可预测) 中的树木表现出长命、繁殖延迟、种子大、繁殖分配低、个体大、(多次) 繁殖的频率非常高。然而, 在更易受干扰的、开放的 *r* 选择生境中, 植物符合 *r* 特点的普遍特征。

许多早期的研究对物种种群或者密切相关的物种种群进行了比较, 并且结果非常符合 *r*/*K* 选择策略。例如, 对香蒲 (*Typha*) 种群 (表 4.7) 的研究就是这样。将分别采自美国得克萨斯州 (Texas) 的南方物种长苞香蒲 (*T. domingensis*) 和北达科他州 (North Dakota) 的北方物种水烛 (*T. angustifolia*) 的个体并排栽培在相同条件下。另外, 在长短生长季节中对这些物种生长生境的某些方面进行测定。从表 4.7 可以很清楚地看到, 长苞香蒲基本属于 *K* 选择, 而水烛则基本属于 *r* 选择。物种栖息的生境显然也符合 *r*/*K* 策略。水烛 (生长季节较短) 比长苞香蒲 (生长季节较长) 成熟较早 (性状 1)、个体较小 (性状 2 和 3)、繁殖分配较大 (特性 3 和 6)、子代较小 (性状 4 和 5)。

框架很有用, 但亦有瑕疵

还有一些例子符合 *r*/*K* 策略。然而, Stearns (1977) 在广泛收集当时可用的数据时发现, 在 35 项全面的研究中, 有 18 项符合这个策略, 剩余 17 项不符合。毫无疑问, 这表明这个框架的解释力有限, 我们可以认为这是对 *r*/*K* 概念的有力批评。另一方面, 考虑到还有众多已经描述的 (或者即将描述的) 其他因子能

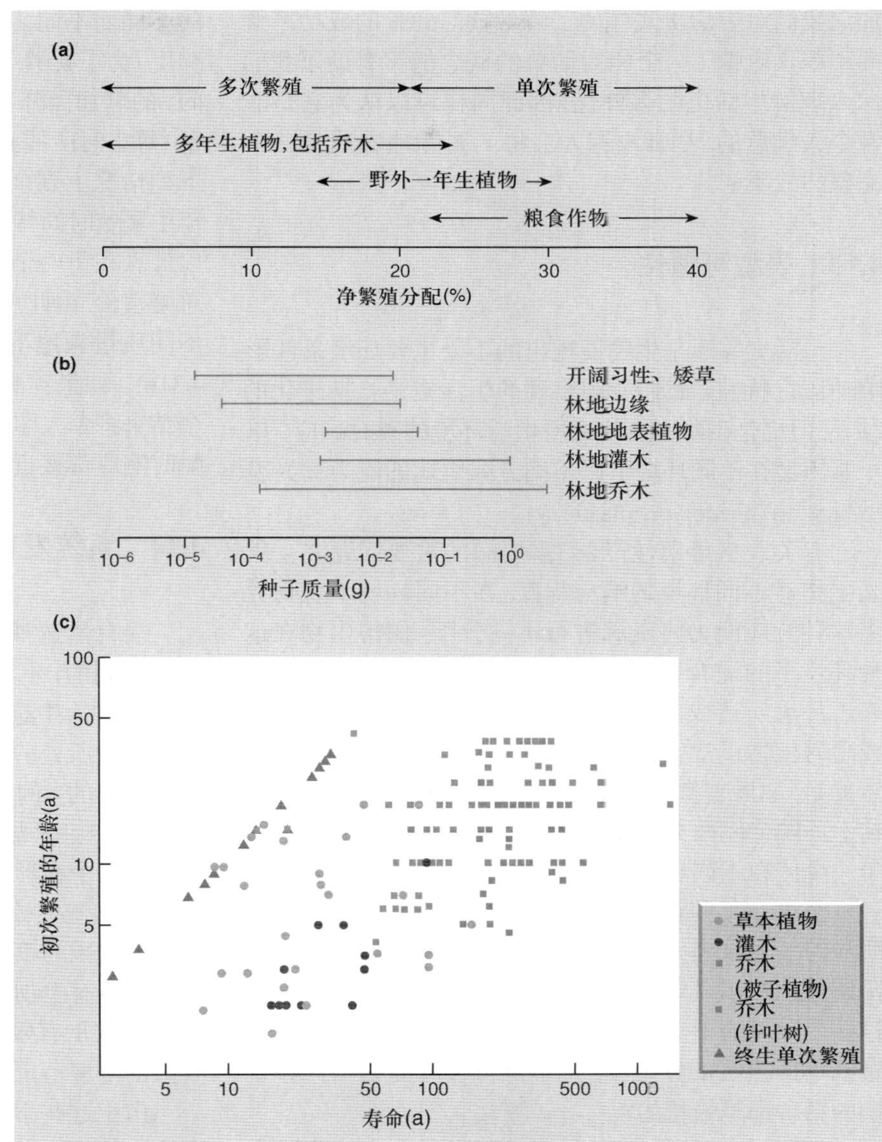

图 4.30 从广义上讲, 植物符合 r/K 选择策略。例如,生长在相对的 K 选择的林地生境中的树木: (a) 多次繁殖的可能性相对较高, 繁殖分配相对较小; (b) 种子相对较大; (c) 寿命相对较长, 繁殖相对延迟 (仿 Harper, 1977; Salisbury, 1942; Ogden, 1968; Harper & White, 1974)。

表 4.7 两种香蒲属植物的生活史性状及其生长的生境特性。"$s^2/\bar{x}$" 为变异性指标, 即方差 : 平均。香蒲符合 r/K 策略 (仿 McNaughton, 1975)。

生境特性	测定指标	生长季节	
		短	长
气候变异性	$s^2/\bar{x}$, 年无霜日	3.05	1.56
竞争	地上生物量 (g m^{-2})	404	1336
年再拓殖率	冬季根茎死亡率 (%)	74	5
年密度变化	$s^2/\bar{x}$ (植株数/m^2)	2.75	1.51
植物性状		水烛	长苞香蒲
开花前时间		44	70
叶的平均高度 (cm)		162	186
基株的平均质量 (g)		12.64	14.34
每基株产生的平均果实数		41	8
果实的平均质量 (g)		11.8	21.4
果实的平均总质量 (g)		483	171

加深我们对生活史式样的了解, 这样, 50% 的成功率就并不令人吃惊。一个相对简单的概念能够有助于我们深入理解生活史的多样性, 因此同样可以认为它是非常令人满意的, 尽管没有人会将 r/K 策略看成是一个完整的故事。

4.13 表型可塑性

生活史并不是生物展现出的不受主要环境条件影响的固定特性。我们所观察到的生活史是长期进化的结果, 但更是生物对所处或所生活环境的瞬时响应。单个基因型在不同环境下以不同方式表达的能力称为表型可塑性 (phenotypic plasticity)。

有关表型可塑性, 我们需要问的重要问题之一就是生物对不同环境的响应程度, 在不同环境下生物凭借这种响应能力将资源进行不同分配, 使得生物在这种环境下的适合度最大。另一种观点是, 这种响应代表着环境所造成的不可避免或不可控伤害的程度, 抑或阻碍生物正常生长的程度 (Lessells, 1991)。特别要注意的是, 如果表型可塑性受自然选择控制, 那么正如遗传上不同个体在不同的生境中会有不同的生活史一样, 单一个体在不同环境条件下也会有不同的响应模式。

至少在某些情况下, 可塑性的适当响应似乎是很明显的。例如, 生活于荷兰的红隼 (猛禽) 的领地质量、窝卵数大小以及产卵的时间都不同 (Daan *et al*., 1990)。这些差异可能不受遗传决定, 却是表型可塑性的例子。在红隼所占有的领地中, 是不是每种窝卵数与产卵日期的结合都是最佳的?

一般而言, 总繁殖价 (当前窝的价值加上亲本的剩余繁殖价) 达到最高的组合都是最佳结合。很显然, 当前窝的价值随窝卵数增加, 每个卵的价值也随产卵期的不同而不同。那什么是剩余繁殖价? 它随亲代努力程度 (为了抚养一窝幼鸟, 每天在寻找食物上花费的时间) 的增加而降低, 反过来, 亲代努力程度又随领地质量 (每小时所捕到的猎物的数量) 的升高而降低。因此, 下列情况下剩余繁殖价是较低的: ① 大窝卵数; ② 一年中繁殖时间特别短; ③ 低质量的领地。基于这些就可以计算在每一个领地中每种窝卵数与产卵日期组合的总繁殖价, 由此可以预测最佳组合 (图 4.31a), 也可以将不同质量领地下的预测组合和实际组合进行比较 (图 4.31b)。如果预测结果与实际结果相一致的话, 那么这个结果将令人印象深刻。显然, 每个个体对所处环境的瞬时响应都接近最佳窝卵数和产卵日期。

4.14 系统发育约束和异速生长约束

生物受进化史的约束

受自然选择青睐的 (以及我们所看到的) 生活史并不是从无限资源供给中选择出来的, 而是受到生物所处的系统发育地位或者分类地位的约束中选择出来的。例如, 在整个鹱形目 (Procellariformes) (信天翁、海燕类以及暴风鹱) 中, 窝卵数为 1 的鸟类只准备孵化一个在形态上有孵卵斑的卵 (Ashmole, 1971); 两只鸟可能产生较大的窝卵数, 但除非孵卵斑的形成过程中同时发生变化, 否则这一定是一种浪费。因此, 信天翁和所有生物一样, 受进化约束。它们的生活史只能进化出数量有限的几种选择, 因此该生物也被限制在有限的生境范围内。

由于这些系统发育约束 (phylogenetic constraint) 的存在, 因此在比较生活史时一定要谨慎。在尽力分辨信天翁的典型生活史与其典型生境之间的联系时, 信天翁可能要作为一个整体来与其他鸟类进行比较。

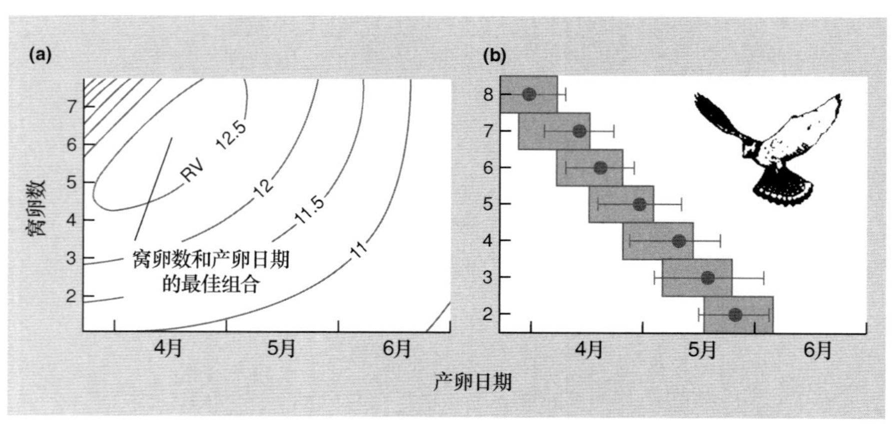

图 4.31 红隼 (*Falco tinnunculus*) 窝卵数与产卵日期相结合的表型可塑性。(a) 在特定领地内 (在这种情况下, 是高质量的领地), 预期最佳结合的总繁殖价最高 (计算可见正文)。(b) 在不同质量的领地 [从高 (左) 到低 (右)] 中, 预期 (矩形) 与实际观察值 (带有标准差的点) 组合 (仿 Daan *et al*., 1990; Lessells, 1991)。

两个信天翁物种的生活史和生境可以进行适当地比较。然而，如果一个信天翁物种与相关性较远的鸟类物种进行比较时，就必须小心区分这两种鸟的遗传差异是由生境差异引起的还是由系统发育的约束引起的。

4.14.1 个体大小和异速生长的影响

系统发育约束的一个因素就是个体大小。图 4.32a 显示从病毒到鲸等广泛生物成熟时间与个体大小 (质量) 的相关关系。首先要注意一些特殊种类的生物受特定个体大小的限制，例如，单细胞生物不能超过一定大小是因为它们依赖简单扩散将氧气从细胞表面运输到内部的细胞器。昆虫不能超过一定大小，是因为它们依赖通风不畅的导管运输气体进出身体内部。哺乳动物，属于内温动物，其身体必须超过一定大小是因为在个体较小时，相对较大的体表面积散热速度会超过其产热速度等。

第二点需要注意的是，成熟时间和个体大小显著相关。实际上，如图 4.32a~c 所示，个体大小与许多生活史组分紧密相关。由于生物个体大小受到系统发育地位的限制，那么其他生活史组分也同样会受到限制。

异速生长的定义

异速生长 (allometry) 关系 (参见 Gould, 1966) 是生物根据个体大小而改变身体或生理特性的关系。例如，在图 4.33a 中，蝾螈物种体型的 (实际上是体积) 增大导致分配给一窝卵的体积比例降低。同样，在图 4.32b 中，鸟类物种质量的增加伴随着单位体重的孵卵时间减少。这种异速生长关系可能是个体发育水平的 (ontogenetic)(随生物发育发生的变化) 或者是系统发育水平的 (分类上相近但个体大小不同的物种进行比较时存

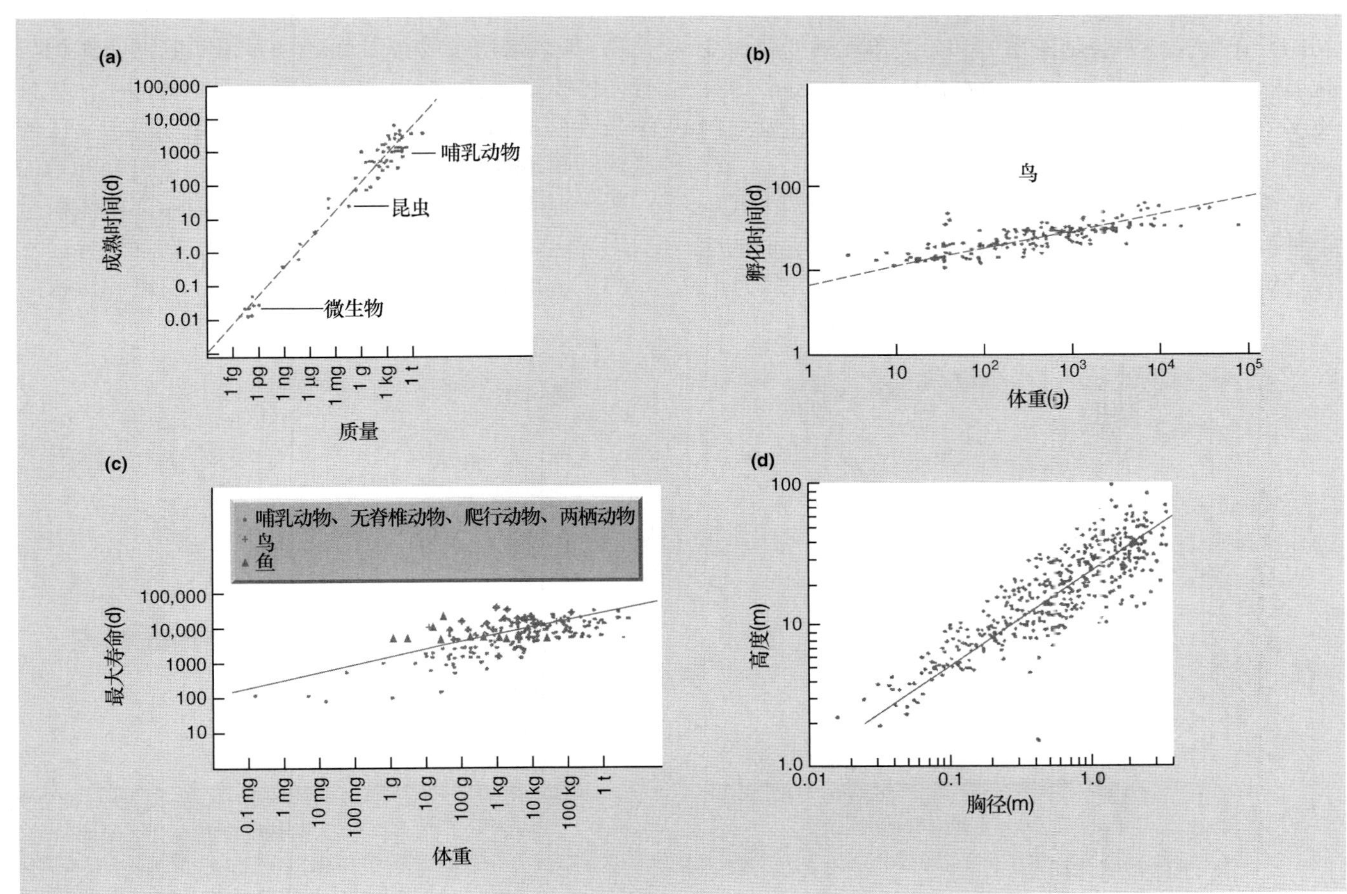

图 4.32 异速生长关系，图中使用对数尺度。(a) 在大量的动物类群中，成熟时间可作为体重的函数。(b) 鸟类孵卵时间作为母鸟体重的函数。(c) 在大量动物类群中，最大寿命作为成体体重的函数 (仿 Blueweiss *et al*., 1978)。(d) 已有记录的可以代表美国几乎所有物种的 576 棵树的树高与离地 1.525 m 处胸径之间的异速生长关系 (仿 McMahon, 1973)。

在明显变化), 在研究生活史方面后者尤为重要 (图 4.32 和图 4.33)。

为什么会有异速生长关系?

为什么存在异速生长关系? 简单地讲, 如果相似生物个体大小不同但具有几何相似性 (即如果它们是等体积的), 那么总表面面积将以线性平方关系增加, 而总体积及总质量则以立方关系增加。体型增加将导致长度与面积之比降低、长度与体积之比降低以及最重要的是面积与体积之比下降。几乎每一种身体功能的效率都依赖其中一种比率 (或者与它们相关的一种比率)。因此, 等体积生物个体大小的变化会导致身体功能效率的变化。

例如, 在生物体内或者生物体与环境之间进行热量、或水分抑或营养转移需跨越一定体表面积。然而, 生物产生的热量或者所需要的水分取决于器官或者生物的体积。因此, 由个体大小变化引起面积与体积之比的变化, 必然会导致单位体积转移效率的变化。因此, 如果要维持效率不变, 就必须按异速生长关系变化。确切的异速生长斜率会随着系统和分类单元的变化而变化 (进一步讨论参见 Gould, 1966; Schmidt-Nielsen, 1984; 更多生态背景见 Peters, 1983)。但是, 在研究生活史时异速生长的意义是什么?

生态学上研究生活史的普遍方法是比较两个或更多种群 (或物种或组别) 的生活史, 通过参考它们的生存环境试图理解它们之间的差异。然而, 到目前为止, 我们必须清楚它们在分类单元上是可以不同的, 因为它们处于具有相同异速生长关系的不同点, 或因为它们通常受到不同系统发育的约束。因此, 区分生态学差异与异速生长和系统发育的差异是非常重要的 (参见 Harvey & Pagel, 1991; Harvey, 1996; 以及 Stearns (1992) 的综述)。这并不是因为前者是适应性的而后者不是。例如, 我们已经知道异速生长关系的基础实际上就是不同个体大小的生物对它们各自环境的匹配; 但是受自身进化的约束, 物种对生境的进化响应是有限的, 这确实是一个问题。

蝾螈的比较: 如果忽略异速生长是危险的

图 4.33a 正好对上述观点进行了阐述, 图中展示了蝾螈卵体积与身体体积之间的异速生长关系。图 4.33b 概要地阐述了同样的关系, 但强调了两个蝾螈物种虎斑钝口螈 (*Ambystoma tigrinum*) 和暗斑钝口螈 (*A. opacum*) 种群内的异速生长关系 (Kaplan & Salthe, 1979)。如果只是简单地比较物种的平均值, 而不考虑蝾螈的一般异速生长关系, 那么这两个物种看起来具有相同的窝卵体积与身体体积之比 (0.136)。这似乎意味着物种的生活史并不是不同的, 因此也就没有什么可解释的 —— 任何这样的暗示都是错误的。暗斑钝口螈非常符合蝾螈的一般异速生长关系, 而虎斑钝口螈的实际窝卵体积是根据异速生长关系所得预测值的两倍。在蝾螈异速生长约束 (allometric constraint) 的范围内, 虎斑钝口螈的

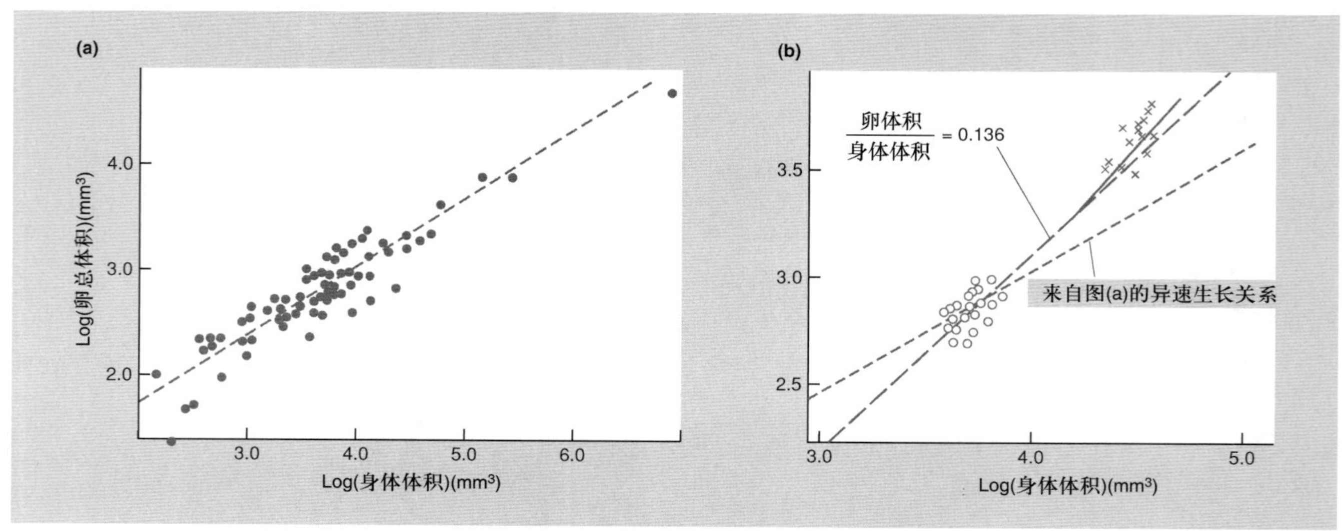

图 4.33　雌性蝾螈一窝卵的总体积与身体体积之间的异速生长关系。(a) 74 只蝾螈物种的整体关系, 每个物种用一个平均值表示 ($P < 0.01$)。(b) 虎斑钝口螈 (*Ambystoma tigrinum*) (×) 种群内的异速生长关系 ($P < 0.01$), 以及暗斑钝口螈 (*A. opacum*) (○) 种群内的异速生长关系 ($P < 0.05$)。短的虚线表示图的异速生长关系 (a), 暗斑钝口螈与其非常符合, 虎斑钝口螈则不符合; 然而, 它们都位于等角线上, 卵体积占身体体积的 13.6% (– – –) (仿 Kaplan & Salthe, 1979)。

繁殖分配明显比暗斑钝口螈大; 对于一个生态学家, 应该参照它们各自的生境从而力求理解为什么会是这样的结果。

换句话说, 只要知道在更高分类水平下异速生长关系能够将不同分类单元联系在一起, 那么就可以用生态学观点来将它们进行比较 (Clutton-Brock & Harvey, 1979)。根据它们各自偏离异速生长关系的程度从而形成比较的基础。但是, 当异速生长关系不清楚 (或被忽视) 时, 比较就会出现问题。在图 4.33a 中, 蝾螈没有一般的异速生长关系, 这两个物种就会看起来很相似, 但实际上它们是不同的; 相反, 两种其他的物种可能看起来不同但实际上它们具有相同的异速生长关系。不注意异速生长的比较很明显是危险的, 但遗憾的是, 生态学家经常忽视异速生长。比较典型的是, 他们比较了生活史, 并且试图利用生境的差异来解释生活史之间的差异。如前所述, 这些努力常常是成功的。然而, 它们常常也是不成功的, 毫无疑问, 一些未被认识到的异速生长正在以某种方式对这些问题进行解释。

4.14.2 系统发育的影响

消除个体大小的混淆影响

比较物种或种群在连接它们异速生长关系上的偏离程度的方法起初运用于蝾螈, 现在已经成功应用于许多更大的集群。该方法通过去除个体大小的影响来研究与个体大小无关的系统发育关系。例如, 图 4.34 展示了许多哺乳动物首次繁殖时的相对年龄随相对预期寿命的增加而增加 (即潜在异速生长的相对基本期望值)。这表明, 一旦去除个体大小的混淆影响之后, 两种生活史特征之间就存在着很强的联系。这也表明了不同个体大小的两个物种存在着潜在的相似性: 例如, 大象和水獭, 小鼠和疣猪。表 4.8 的分析结果

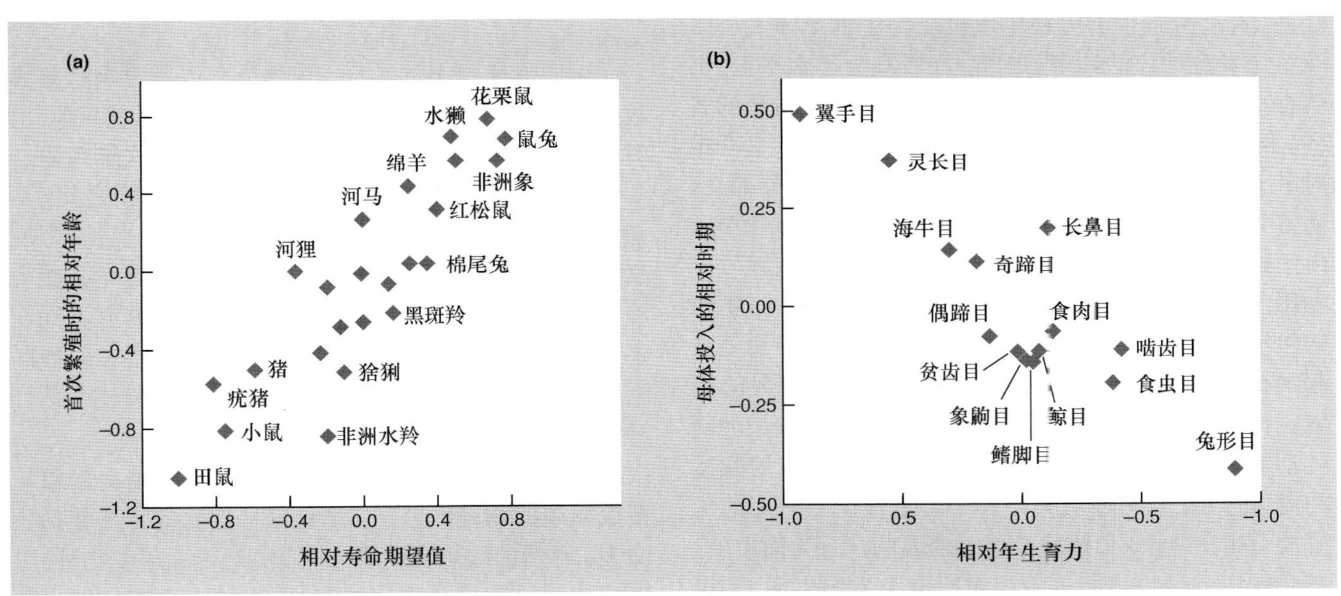

图 4.34 去掉个体大小的混淆影响后, 24 种哺乳动物首次繁殖年龄随出生时生命期望值的增加而增大。"相对"是指偏离联系所考虑性状与个体大小的潜在异速生长关系的程度 (仿 Harvey & Zammuto, 1985)。

表 4.8 当运用嵌套方差分析来审视大量哺乳动物的生活史性状数据时, 最大的方差百分数出现在最高分类层次上 (纲下面的目), 而最小的百分数出现在最低层次上 (属下面的种) (仿 Read & Harvey, 1989)。

特征	同属不同种	同科不同属	同目不同科	同纲不同目
妊娠时长	2.4	5.8	21.1	70.7
断乳年龄	8.4	11.5	18.9	61.6
成熟年龄	10.7	7.2	26.7	55.4
窝间隔	6.6	13.5	16.1	63.8
最大寿命	9.7	10.1	12.4	67.8
新生个体的体重	2.9	5.5	26.6	64.9
成体体重	2.9	7.5	21.0	68.5

可加深我们对系统发育对生活史性状强烈影响的印象 (Read & Harvey, 1989)。该表利用变量嵌套方差分析对大量哺乳动物的 7 种生活史特征的差异进行了分析。由此可确定: ① 属内物种间差异以及 ② 科内属间差异等在总变量中的百分比。属内物种差异非常小; 科内属间差异非常小。无疑, 所有生活史性状的大多数变异, 可由整个哺乳动物纲的目间差异来解释。由此可强调说明, 在简单地比较来自不同目的两个物种时, 我们实际上是在比较目间的差异 (它们很可能在几百万年以前在系统发生上分支), 而不是比较物种本身。然而, 这并不意味着比较同一属的物种仅仅是触及皮毛的工作。即使两个物种的生活史和生境非常相似, 但如果一个物种繁殖分配较高, 而且生活在较低繁殖代价的生境中, 那么我们就可以建立两者之间的联系式样。

是否还是生境的作用?……

此外, 在更高分类水平上的相似性程度并不意味着生活史与生活方式和生境之间不存在联系, 这是由于生活史和生境也受到生物个体大小以及系统发育地位的约束。因此, 在较高分类水平上, 仍然存在将生境和受自然选择青睐的生活史联系的式样。例如, 与哺乳动物 (体型大、子代少等特点 —— 相对 K 选择) 相比, 昆虫 (体型小、子代多、繁殖分配高、通常为单次繁殖) 被描述为相对 r 选择 (Pianka, 1970)。由于这只是古代进化分支的结果, 因此这种差异可以不用考虑 (Stearns, 1992)。但正如我们所强调的, 生物的生境反映了它本身对环境的响应。因此, 即便是一起生长的哺乳动物和昆虫也几乎肯定会经历迥异的生境。个体较大的、恒温的、行为复杂的、寿命较长的哺乳动物可能会维持相对恒定的种群大小, 以应对频繁的竞争作用, 并对环境灾难和不确定性产生一定的免疫力。相比之下, 个体较小的、变温的、行为简单的、寿命较短的昆虫可能过着相对机会主义的生活, 不可避免的死亡可能性较高。在各自的生境或生活史范围内, 昆虫和哺乳动物都受到进化史的约束, 即 r/K 选择理论对两者的生存策略进行了合理 (尽管并不完美) 的概述。

相同点就是通过利用 "系统发育–差减" 法 ("phylogenetic-subtraction" method) (Harvey & Pagel, 1991), 以更加量化的方式, 来阐述哺乳动物 10 个生活史性状的共变式样 (Stearns, 1983)。在未经处理的数据中, r/K 选择对预期式样的影响是显著的: 它解释了 68% 的共变异。当去除体重的影响后, 这种 r/K 选择的影响大约降低到 42%, 而且在分析过程中, 用与平均值的偏差代替性状值时, r/K 选择的影响会进一步降低 (对于物种所属科的影响下降到 33%, 或者对所属目的影响下降到 32%)。首先, 由于个体大小与系统发育都明确地解释了大部分种间变异, 因此这就重申了两者的重要性。非常有意义的是, 即使其他的影响被消除, r/K 选择的影响仍然很明显。但是作为简单系统发育的产物, 在未进行处理的数据集中, r/K 选择的影响强度不能被简单地消除。生境的重要差异很可能也与生物个体大小或生物所属科、目有关。

……是的!

毫无疑问, 如果忽略了系统发育和异速生长的约束, 生活史就不能继续研究下去了。然而, 为了理解生活史而把系统发育看作是对生境差异的解释, 也是无益的。系统发育限制了生物的生活史及其生境; 但将生活史与生境相联系的基本生态学工作, 仍然是最基本的挑战。

小结

生态学家对个体数量、个体分布以及影响这些参数的种群统计学过程 (出生、死亡以及迁移) 感兴趣, 也对环境因子影响这些种群统计学过程的方式感兴趣。

特别是在与单体生物相对立的构件生物之间, 不是所有的个体都相似。描述了构件生物的生长方式、衰老和生理整合的本质和生态学意义。生态学必然会涉及个体或构件的统计。尽管种群组成随研究不同而不同, 但种群就是一个物种的一群个体。通常考虑种群密度比种群大小更方便。这里我们只简单描述了估计种群大小或密度的方法。

我们解释了各种生命周期模式, 包括单次繁殖与多次繁殖的物种的差别。量化这些性状的方法包括生命表、存活曲线以及生育力表等。对于一年生物种, 可以建立同生群生命表, 并描述同生群生命表的组成部分。一个对它和生育力表具有概括性的术语是基础繁殖率, R_0。生命表所显现出来的存活曲线主要归为 3 种类型。然而, 包括种子库的多种性状意味着许多物种不是纯粹的一年生物种。

对于有重复繁殖季节的个体, 也可以建立同生群生命表。静态生命表不是一种完美的选择, 解释它时一定要小心。

我们解释了世代重叠时基础繁殖率 (R_0)、世代时间以及种群增长率是如何互相联系的, 还定义了基础净繁殖率 R 和内禀增长率 $r\ (=\ln R)$。我们也解释了根据生命表以及生育力表如何估计这些生活史性状, 随后还描述了种群投射矩阵，它是一种在世代重叠时分析和解释生育力和存活表的更强有力方式。

在描述生活史进化时经常提及 3 种不同类型的问题。这些问题的大部分答案都是以最适理论为基础。本章也描述了生活史的组成成分及其生态学意义：个体大小、发育速率、单次繁殖或多次繁殖、窝卵数、子代个体大小以及一些复合参数，如繁殖分配，特别是繁殖价。

尽管在实际中很难观察到权衡，但权衡是理解生活史进化的核心。从剩余繁殖价降低的角度来看，重要权衡存在于表现出明显的繁殖代价的性状之间。另一种是子代数量和适合度之间的权衡。

为了阐述是否有一些式样能将特殊的生活史与特殊类型的生境联系起来，本章介绍了选择集和适合度等高线的概念，从而可以对生境进行一般性的比较分类。了解这些内容之后，我们关注了繁殖分配的式样以及繁殖时间、最优个体大小以及子代数量。我们解释了 r 选择和 K 选择的概念，r/K 选择的局限性以及支持它的相关证据；还解释了生活史性状的表型可塑性可能同样受到自然选择的调控。

最后，讨论了系统发育和异速生长约束对生活史进化的影响，特别是个体大小的影响。本章结束时，我们得出了这样的结论：生活史与生境相联系的基本生态学工作，仍然是学界面临的最基本的挑战。

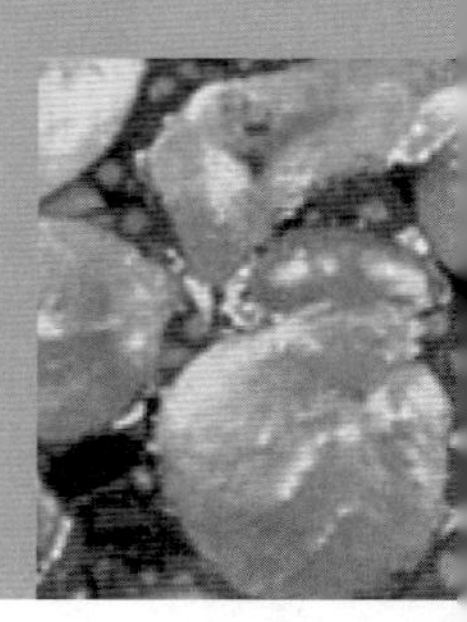

第 5 章 种内竞争

5.1 引言

生长、繁殖和死亡是的生物必经过程 (第 4 章); 这些过程会受到其生境中环境因子 (第 2 章) 和资源条件 (第 3 章) 的影响。同时, 没有任何一种生物是可以孤立存活的; 至少在生命的某个阶段, 生物会受制于同一种群中的其他个体。

竞争的定义

为了维持生物体的存活、生长和繁殖, 同一物种的不同个体拥有非常相似的资源需求, 然而资源的即时供应量往往无法满足它们所需要的资源总量。于是, 不同个体间相互竞争资源, 导致至少部分个体将面临资源短缺的威胁。本章主要涉及种内竞争 (intraspecific competition) 的本质及其对竞争个体和种群的影响。这里, 竞争是指 "在获取相同的资源时不同个体间的相互作用, 它会导致至少部分竞争个体存活、生长和 (或) 繁殖等能力的下降"。接下来, 我们将对竞争做更深入的探讨。

首先, 我们假设一个简单的群落: 一个繁盛的蝗虫种群 (属于一个物种) 和它取食的一片草地 (同样也是属于一个物种)。为了供给自身生长和繁殖所需的物质和能量, 蝗虫要不断地吃草; 而在寻觅和消费食物的过程中, 它们又必定要消耗能量。不幸的是, 每一头蝗虫都可能在找寻食物的地方一无所获, 因为早到的其他蝗虫已把这里的草消耗殆尽。那么在找到食物之前, 它们就不得不继续寻觅, 同时消耗更多的能量。蝗虫的数量越多, 这种情况发生的频率就越高。能量消耗的增加以及摄食率的减少都将降低蝗虫的生存机会, 并减少其发育和繁殖可利用的能量。由于生存和繁殖决定了蝗虫对下一代的贡献, 因此, 种内竞争的强度越大, 蝗虫对后代的贡献可能将会越少。

对于植物自身而言, 一株单独生长于肥沃土壤中的幼苗很可能会存活下来并达到繁殖成熟。此外, 它能够产生许多构件, 并因此最终产生大量的种子。然而同样是一株幼苗, 它一旦生长于一片密集的植物群 (它们的叶片可以遮光, 根系会吸收土壤中的水分和养分) 中, 将很可能无法存活, 而即便能够生存, 也会产生极少的构件和种子。

可见, 与没有竞争时相比, 竞争的存在将大大降低个体对其下一代的贡献。种内竞争可以降低个体对资源的摄入速率, 从而降低个体的生长或发育速率, 且可能降低个体的资源储备量, 或者增加个体被捕食的风险; 而这又将导致个体存活力和 (或) 生育力的下降, 进而最终影响个体的繁殖产出。

5.1.1 利用性竞争和干扰性竞争

利用性竞争

大多数情况下, 竞争个体之间并不直接发生相互作用。由于个体的存在及活动要消耗资源, 因此, 不同个体会对资源的可利用性水平作出响应。蝗虫就是一个很好的例子。同样地, 处于竞争状态的草本植物也会受到其邻株 (neighbouring plant) 的不利影响, 因为这些邻株会产生一个 "资源消耗区" (resource depletion zone), 而这一区域刚好与该植物吸收资源 (光、水分和养分) 的区域重叠, 从而使得该草本植物获取资源变得更加困难。在这种情况下, 每个个体受到的资源影响都取决于其他个体利用后所剩余的资源量, 因此这种竞争又可被称为利用性竞争 (exploitation competition)。也只有在有限的资源供应下, 这种竞争才会发生。

干扰性竞争

在其他情况下, 竞争是以干扰 (interference) 的形式出现的。不同个体间直接发生相互作用, 而且一个个体确实会阻止另一个体对部分生境资源的利用。这种情况在捍卫领地的动物 (见第 5.11 节) 以及生存于岩岸的固着生物上时有发生。例如, 即便是某一地点的食物供过于求, 固着在岩石上的藤壶也会阻止其他藤壶占据这一位置。这时,空间可被视为有限供应的资源。另一种类型的干扰性竞争则可以发生在两头雄性马鹿之间,它们需要通过斗争来获得与雌鹿的交配权。因为只有其中之一可以成为雌鹿的“所有者”,从而轻易地与所有雌鹿进行交配。

因此,干扰性竞争的发生一方面可能是为了争夺具有实际价值的资源(如藤壶竞争岩石上的空间),这时通常伴随着一定程度的资源利用性竞争;而另一方面,也可能是为了争夺替代(surrogate)资源(领域或眷群的所有权),这类资源的矜贵之处体现在,它为个体提供了实际的资源(食物或者配偶)。对利用性竞争而言,竞争强度与资源供应水平及生物对资源的需求水平密切相关;但对干扰性竞争而言,即使实际的资源供应充足,竞争也可能很激烈。

在许多实例中,竞争既包括利用性竞争又包括干扰性竞争。例如,生活在美国肯塔基州玛瑙洞穴(Great Onyx Cave,Kentucky)中的成年洞穴甲虫(*Neapheanops tellkampfi*),只有在其他物种不存在时才会发生种内竞争,且它们唯一的食物——蟋蟀卵需要通过挖掘洞穴内的沙质地面才能获得。一方面,这些洞穴甲虫受资源利用性竞争的间接效应:甲虫降低了资源(蟋蟀卵)密度,同时低的食物可利用性又显著降低了甲虫的生育力(图 5.1a)。另一方面,它们同样受到干扰性竞争的直接影响:甲虫密度越高,它们之间的打斗越多、觅食越少、挖掘的洞穴也越少且越浅,那么,可吃到的卵就越少,而这并不能仅仅从食物消耗的角度来解释(图 5.1b)。

5.1.2 单向竞争

无论通过利用性竞争还是干扰性竞争,同一物种的不同个体间具备很多共同特征,它们利用相似的资源并使用相似的方式对环境条件作出响应。尽管如此,种内竞争也可能是单向的(one-sided):健壮且发芽早的幼苗将对矮小且发芽晚的幼苗产生遮阴效应,而龄级和体型较大的苔藓虫要比龄级和体型较小的苔藓虫生长更快。图 5.2 显示了另一个例子,在苏格兰拉姆岛(Island of Rhum)(见第 4 章)上的一处资源限制地区,马鹿种群中幼崽的越冬存活率会随着种群大小的增加而急剧下降;很显然,出生时个体最小的马鹿幼崽最有可能死亡。因此,竞争对每个个体的最终效应远不相同。弱小的竞争者往往对后代的贡献很小或者完全没有贡献;而强壮的竞争者对后代的贡献则几乎不受任何影响。

最后需要注意的是,竞争者越多,种内竞争对个体的影响可能会越大。因此,种内竞争的影响具有密度依赖性。下面,我们将详细地讨论种内竞争的密度依赖性对出生、死亡和生长产生的影响。

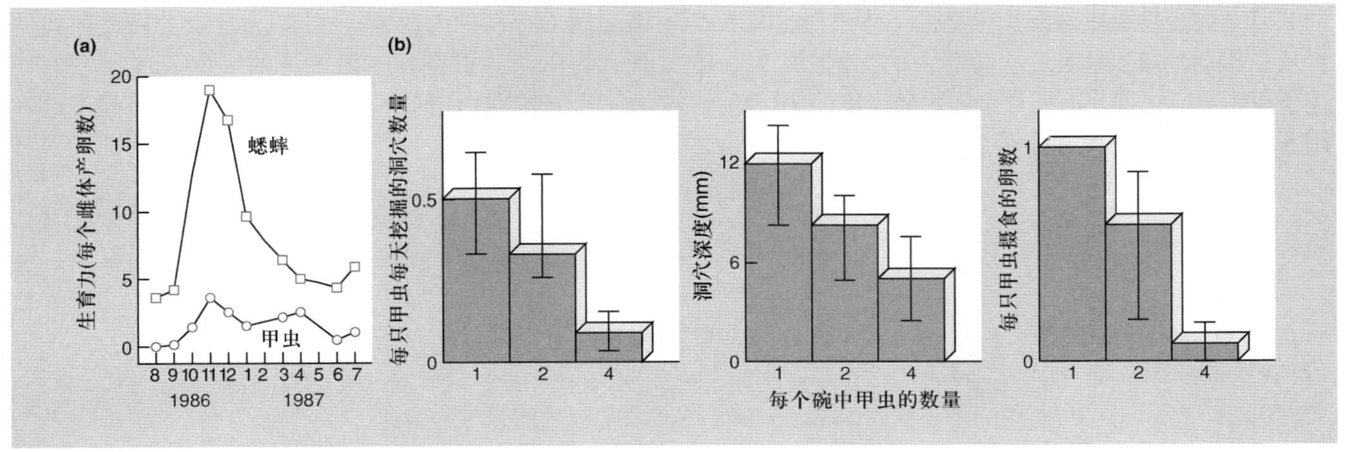

图 5.1 洞穴甲虫(*Neapheanops tellkampfi*)的种内竞争。(a)利用性竞争:甲虫生育力与蟋蟀生育力(作为甲虫食物——蟋蟀卵的可利用性指标)显著相关($r = 0.86$)。甲虫降低了蟋蟀卵的密度。(b)干扰性竞争:在有 10 个蟋蟀卵的实验区,甲虫密度从 1 增加至 2、4 时,个体为了觅食而挖掘的洞越来越少、也越来越浅,最终吃得也更少(每种情况下 $P < 0.001$),尽管实际上 10 个蟋蟀卵足以让甲虫吃饱。图示平均值和标准误(Griffth & Poulson, 1993)。

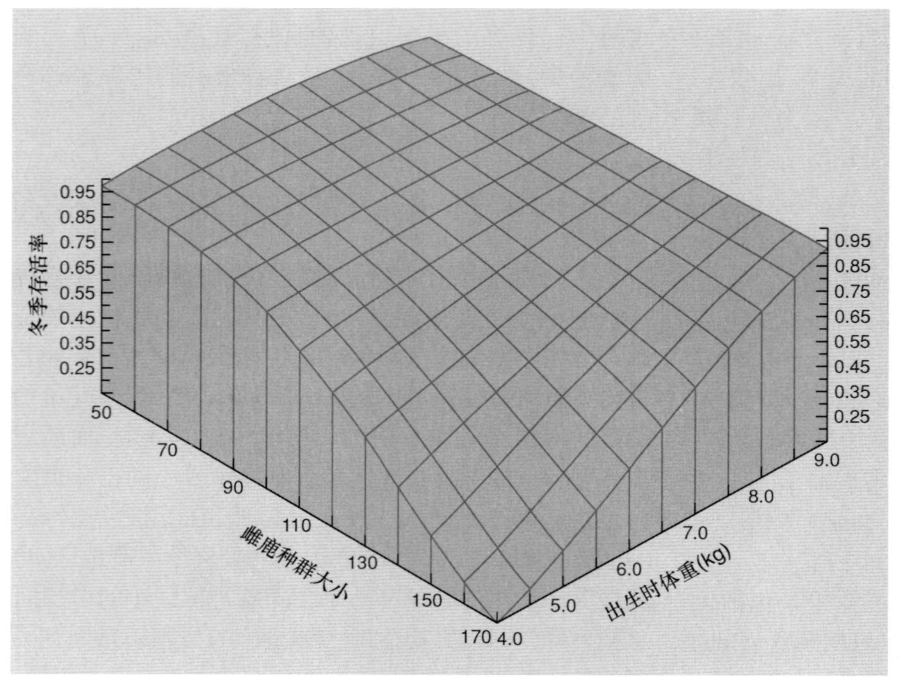

图 5.2 出生时个体最小的马鹿幼体成功越冬的可能性最小，同时随着种群密度的增加，其存活率逐渐降低 (仿 Clutton-Brock *et al.*, 1987)。

5.2 种内竞争、密度依赖的死亡率和生育力

图 5.3 展示的是以不同种群密度培养时杂拟谷盗 (*Tribolium confusum*) 的死亡率。将已知数目的虫卵放入盛有 0.5 g 面粉 – 酵母混合物的玻璃试管中，并记录每管中虫卵存活至成体的个体数。然后采用三种不同的方式对所得结果进行展示，其中，每一条曲线都可以分为三个区域。图 5.3a 描述了密度和每头虫死亡率的关系；这里，每头虫的死亡率是指个体死亡的概率或者从虫卵期到成虫期死亡个体所占的比例；图 5.3b 描述了在到达成虫期之前死亡个体数随密度的变化趋势；图 5.3c 则描述了密度和存活个体数之间的关系。

在区域 1 (低密度) 中，随着虫卵密度的增加，个体死亡率始终保持恒定 (图 5.3a)。另外，死亡个体数和存活个体数均增加 (图 5.3b,c) (这并不奇怪，因为供试的个体数量均增加了)，但死亡个体所占的比例不变，这就解释了图中区域 1 的直线关系。因此认为，该区域内的死亡率是非密度依赖的。虽然个体不断死亡，但个体成功存活至成虫的可能性并不受初始密度的影响。据此判断，当初始密度较低时，杂拟谷盗之间不存在种内竞争。实际上，这类非密度依赖的死亡影响着种群在任一密度下的生存表现。它们代表一个基准线，任何密度依赖的死亡率都将高于这一基准。

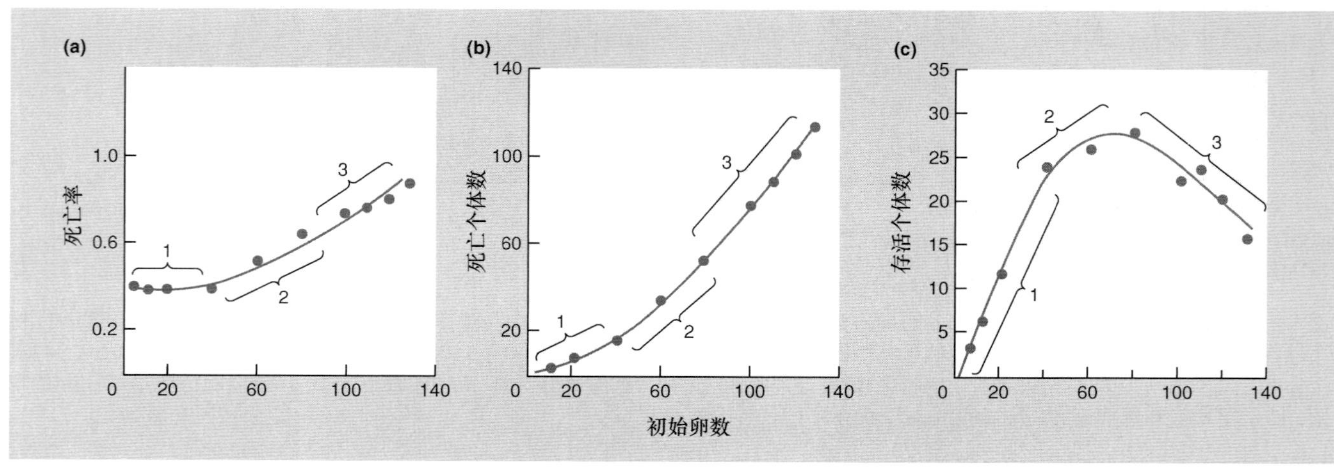

图 5.3 杂拟谷盗 (*Tribolium confusum*) 的密度依赖性死亡率：(a) 对死亡率的影响，(b) 对死亡个体数的影响，(c) 对存活个体数的影响。区域 1 中，死亡率并不依赖于密度；区域 2 中，死亡率表现为低补偿的密度依赖性；区域 3 中，死亡率表现为超补偿的密度依赖性 (仿 Bellows, 1981)。

低补偿的密度依赖性

在区域 2 中，个体死亡率随虫卵密度的增加而增加 (图 5.3a)：表现为密度依赖的死亡率。死亡个体数也随虫卵密度的增加而持续增加，同时其增加的比例要高于区域 1(图 5.3b)。此外，存活个体数也在持续增加，但相比区域 1，其增加的比例更小 (图 5.3c)。这样，在该密度范围内，虫卵密度的增加导致成虫存活的总数持续增加。虽然死亡率也在增加，但它对密度增加仍表现出低补偿 (undercompensation)。

超补偿的密度依赖性

在区域 3 中，种内竞争更加剧烈。持续增加的死亡率对密度增加表现出超补偿 (overcompensation)，即在该密度范围内，虫卵越多，存活至成虫的个体数反而越少：初始虫卵数目的增加导致死亡率以更大的比例增加。的确，如果虫卵的密度继续增加，试管中就可能不再有存活的个体：因为在虫卵发育成成虫之前，试管中所有可利用的食物就已被耗尽。

密度依赖性的等补偿

图 5.4 展示的情况与上述略有不同，它描述了鲑鱼鱼苗密度与其死亡率之间的关系。在鱼苗密度较低时，死亡率表现出密度依赖性的低补偿；但在鱼苗密度较高时，死亡率并未达到超补偿，而是表现为等补偿 (exact compensation)：鱼苗数目的增加总是伴随着死亡率的相应增加。因此不论鱼苗的初始密度如何，存活个体数都能达到并维持在一个恒定的水平。

种内竞争和生育力

种内竞争可以引起生育力产生密度依赖性的变化，而后者在一定程度上可以反映死亡率的变化 (图 5.5)。这里，个体出生率会随着种内竞争的加剧

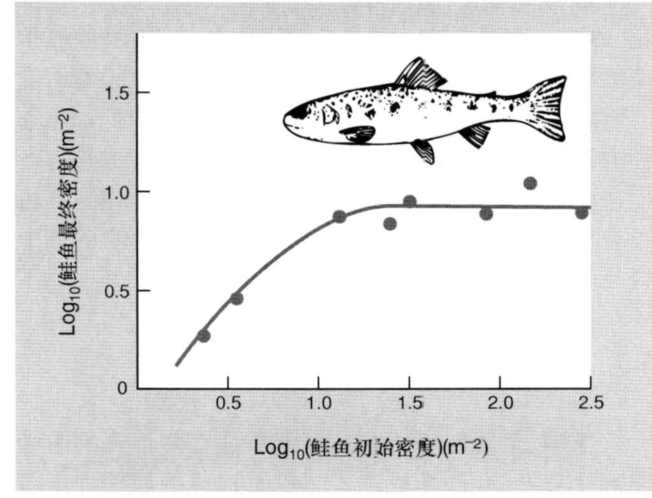

图 5.4 等补偿的密度依赖性对个体死亡的影响：在高密度条件下，鲑鱼鱼苗的存活个体数并不依赖于初始密度 (仿 Le Cren, 1973)。

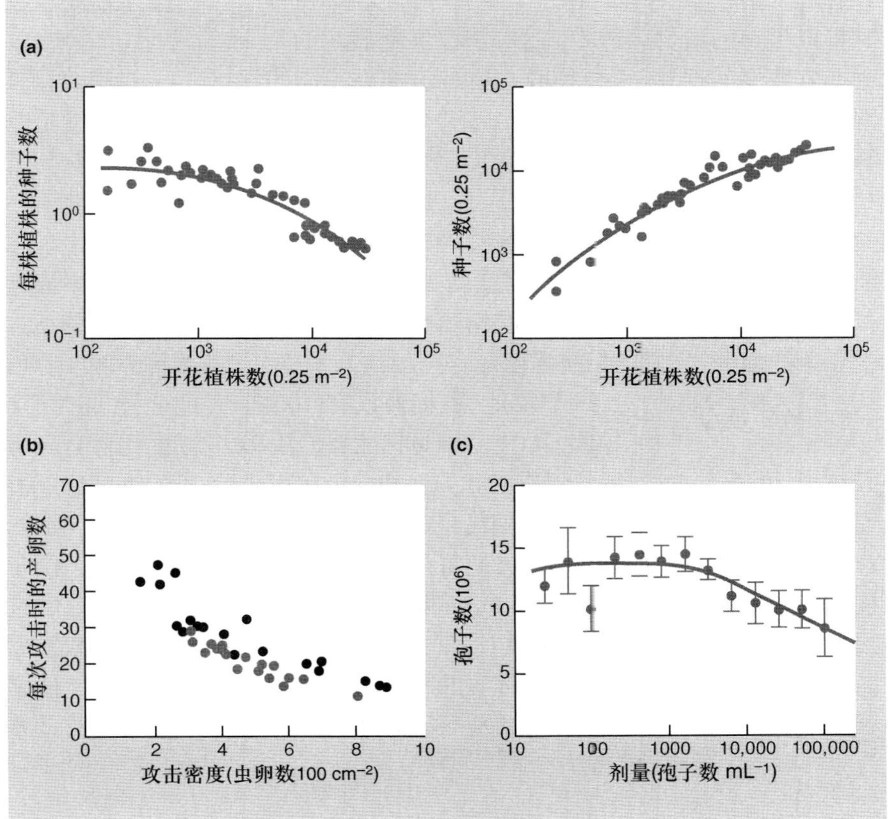

图 5.5 (a) 一年生沙丘植物 (*Vulpia fasciculata*) 的生育力 (每株植株的种子数) 在较低密度时保持不变 (左图，密度非依赖性)。然而，在较高密度时，生育力下降，表现为低补偿，使得种子总数继续增加 (右图) (仿 Watkinson & Harper, 1978)。(b) 得克萨斯州东部南方松小蠹 (*Dendroctonus frontalis*) 的生育力 (每次攻击时的产卵数) 随攻击密度的增加而降低，表现出等补偿的密度依赖性：无论攻击密度如何，产卵总数约为 100 枚/100 cm^2 (•, 1992; •, 1993) (仿 Reeve *et al.*, 1998)。(c) 用不同数量的细菌 *Pasteuria ramosa* 孢子感染取食浮游植物的甲壳类大型溞 (*Daphnia magna*)，当细菌孢子密度较低时，在每个宿主中所产生的后代孢子总数都是非密度依赖的 (等补偿)；但当细菌孢子密度较高时，产生的后代孢子总数会随密度的增加而下降 (超补偿)。图中显示了标准误 (仿 Ebert *et al.*, 2000)。

而下降。在足够低的密度下，出生率可能并不依赖于密度 (图 5.5a, 较低密度); 但随着密度的不断增加，种内竞争的作用变得明显，出生率起初表现出低补偿的密度依赖性 (图 5.5a, 较高密度), 之后会表现出等补偿的密度依赖性 (图 5.5b, 整个密度梯度; 图 5.5c, 较低密度) 或者超补偿的密度依赖性 (图 5.5c, 较高密度)。

总之，不论以何种方式 (超补偿或低补偿) 发生变化，本质上都很简单: 在合适的密度条件下，种内竞争能够导致密度依赖死亡率和/或生育力，这意味着密度的增加将导致死亡率的增加和/或出生率的降低。因此，种内竞争一旦存在，就会对生存、生育力或这两者产生密度依赖性影响。然而除此之外，其他过程同样也具有密度依赖性作用，对此，我们将在随后的章节中谈及。

5.3 密度还是拥挤?

当然，个体所经历的种内竞争强度并不真的由种群密度来决定，而是取决于邻株所造成的拥挤程度或者对个体的抑制程度。

需要注意的是，密度实际上至少有 3 种不同的解释 (Lewontin & Levins, 1989, 该文献详细介绍了相关的计算和术语)。我们假设有一个昆虫种群，分布在一个其赖以生存的植物种群中。这一典型案例展示的是一种非常普遍的现象: 一个种群 (昆虫) 分布在不同的资源 (植物) 斑块中。在这种情况下，密度通常可以这样计算，昆虫数目 (比如有 1000 只) 除以植物的数目 (比如有 100 株), 即每株植物上有 10 只昆虫。我们简单称之为 “密度”, 但实际上是 “资源权重密度” (resource-weighted density)。然而，只有当每株植物上确实有 10 只昆虫且每株植物的大小相同时，它才能精确反映出昆虫所遭受竞争的强度 (它们的拥挤程度)。

密度的三层含义

相反地，我们假设有 100 株植物，其中 10 株每株能够养活 91 只昆虫，而其余 90 株每株仅支持 1 只昆虫。资源权重密度仍是每株植物 10 只昆虫，但昆虫的平均密度是每株植物 82.9 只，这个数值是通过把每只昆虫经历的密度相加 $(91+91+91+\cdots+1+1)$, 并除以昆虫的总数得来的。这种密度被称为 “生物权重密度” (organism-weighted density), 虽然同样衡量了昆虫可能遭受的竞争强度，但毫无疑问，这种检测方法更令人满意。

然而，“植物究竟经受怎样的平均昆虫密度”? 这一深层问题仍然没有得到解决。所谓的 “资源利用压力”(exploitation pressure) 可能说的就是这个问题，根据上述数据计算，每株植物上有 1.1 只昆虫，反映了大多数植物实际上每株只能养活 1 只昆虫。

那么，昆虫的密度是多少? 很明显，这取决于你是从昆虫还是植物的角度来回答，但不论哪种角度，将通过计算获得的资源权重密度称为密度是极不可信的。表 5.1 表示在美国多个州，人类种群的资源权重密度和生物权重密度之间存在着差异; 其中生物权重密度要远高于资源权重密度，但这并不能说明问题，因为大多数人生活在拥挤的城市中 (Lewontin & Levins, 1989)。

表 5.1 基于 1960 年的美国人口普查数据，5 个州的资源权重密度与生物权重密度的比较。每个州的不同县视作不同的资源斑块 (引自 Lewontin & Levins, 1989)。

	资源权重密度 (km^{-2})	生物权重密度 (km^{-2})
科罗拉多州	44	6,252
密苏里州	159	6,525
纽约州	896	48,714
犹他州	28	684
弗吉尼亚州	207	13,824

对固着构件生物而言，用密度来表示其种内竞争的潜在强度是非常困难的，一方面因为固着不动，它们几乎全部只与其邻近的物种进行竞争; 另一方面，因为是构件生物，竞争也大多只发生在与其邻近物种最接近的构件中。以小种群的垂枝桦 (*Betula pendula*) 为例，同一个体中邻近其他植株的一侧具有明显较低的出芽率和较高的死亡率 (见第 4.2 节); 然而，在其不受干扰的另一侧，则具有较高的出芽率和较低的死亡率，更长的分枝，同时形状也更接近自由生长的个体 (图 5.6)。不同的构件会经历不同的竞争强度，因此在这里，个体生长的密度这一概念是毫无意义的。

密度: 便捷地表达了拥挤程度

因此，无论是移动的或者固着的生物，不同个体都会遇到或忍受不同数目的竞争者。密度，尤其是资源权重密度，是针对整个种群而言的抽象概念，并不适用于种群中的任何个体。然而，密度是表示个体拥挤程度的最方便也最惯用的表达方式。

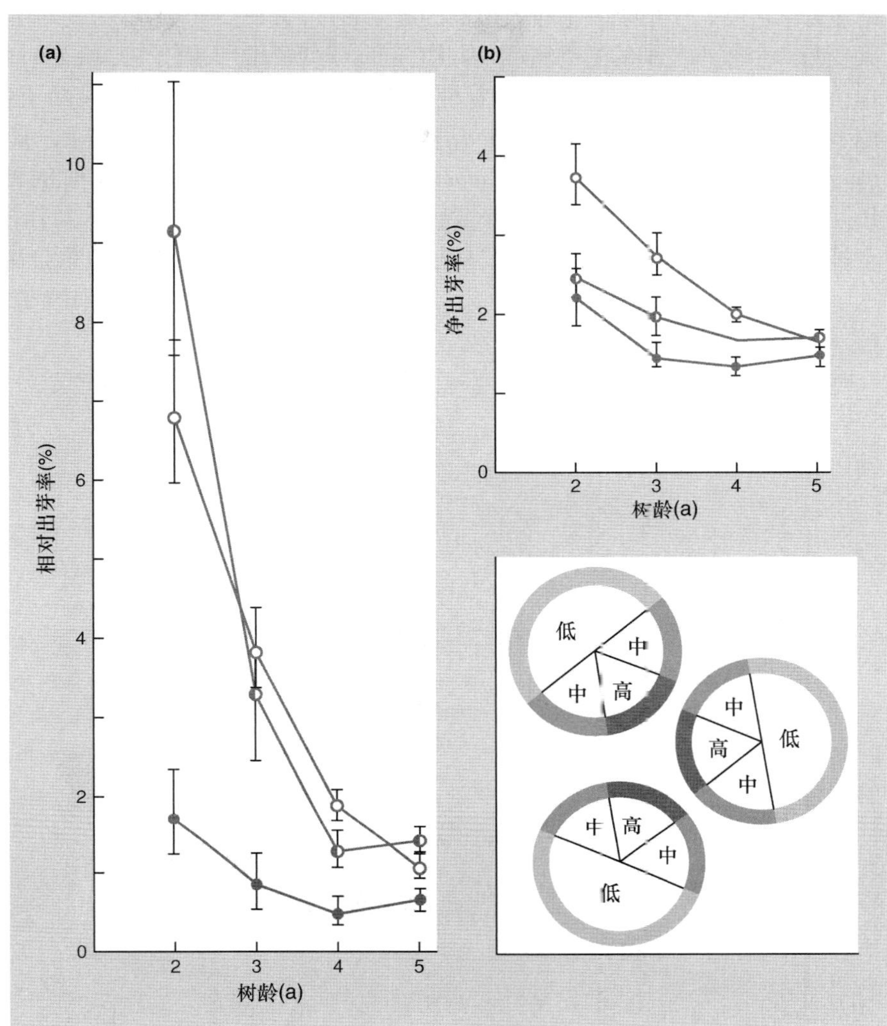

图 5.6 垂枝桦 (*Betula pendula*) 在不同干扰区域的平均相对出芽率 (新芽/已有的芽): (a) 总出芽率, (b) 净出芽率 (出芽率减去死亡率)。●, 高强度干扰; ◐, 中强度干扰; ○, 低强度干扰。误差棒表示标准误 (仿 Jones & Harper, 1987)。

5.4 种内竞争和种群大小的调节

种内竞争对出生和死亡的影响存在一些经典的式样 (图 5.3 ~ 图 5.5)。图 5.7 和图 5.8 对这些普遍式样作了进一步归纳。

5.4.1 环境容纳量

图 5.7a~c 反复说明了一个事实, 即随着种群密度的增加, 个体出生率会不断降低, 而死亡率则不断增加。那么, 一定存在一个密度位于这两条曲线的交叉点上。当密度低于该点时, 出生率高于死亡率, 种群大小增加。当密度高于交叉点时, 死亡率高于出生率, 种群大小降低。而在交叉点密度时, 出生率和死亡率相等, 种群大小没有净变化, 因此该密度代表着一个稳定的平衡状态, 所有其他的密度情况都会向它趋近。换句话说, 通过作用于出生率和死亡率, 种内竞争能调节种群大小, 使其处于出生率和死亡率相等的稳定密度, 这一密度可被称为种群的环境容纳量 (carrying capacity), 常用 *K* 表示 (图 5.7)。之所以称为环境容纳量, 是因为它代表着环境资源刚好能维持 (或承载) 的种群大小, 这时种群大小既没有增加也没有降低的趋势。

实际种群缺乏简单的环境容纳量

图 5.7a~c 显示, 假想的种群往往都拥有一个简单的环境容纳量, 然而, 这种情况并不存在于自然种群中。自然环境中存在着不可预测的环境波动; 个体受很多自然因素的影响, 而种内竞争只是其中一种; 此外, 资源不仅影响密度, 也会对密度作出响应。因此, 实际情况可能更接近图 5.7d 中的描述。种内竞争不可能使自然种群维持在一个可预测的恒定水平 (环境容

纳量), 但它可能作用于一个较大范围的起始密度, 并使其变为一个较小范围的最终密度, 因此它趋向于使密度保持在一定限度内。这也就意味着种内竞争具有明显调节种群大小的能力。例如, 图 5.9 呈现了褐鳟 (*Salmo trutta*) 和华北雏蝗 (*Chorthippus brunneus*) 种群的年内及年际波动。其中, 不存在简单的环境容纳量; 对于这两个种群而言, 尽管年内种群密度波动很大, 而且种群大小都有明显的增加趋势, 但是每年的最终密度 (第一个例子中, 晚夏时的个体数目; 第二个例子中, 成虫的数目) 都明显趋于相对恒定。

事实上, 即便是在夸张地模造种群中, 环境容纳量稳定时的种群概念也只适用于密度依赖性超补偿作用不太强烈的情况下。当发生超补偿时, 种群大小可能会出现周期性的循环或者甚至是无序变

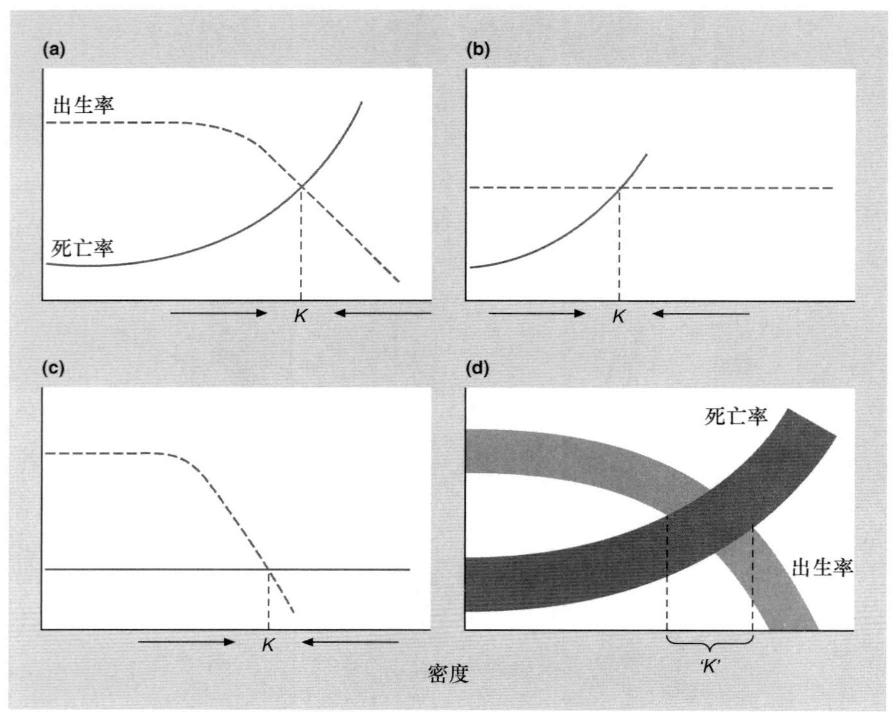

图 5.7　密度依赖的出生率和死亡率对种群大小的调节作用。当出生率和死亡率两者 (a) 或两者之一 (b, c) 是密度依赖的, 那么两条曲线会出现交叉。交叉点的密度称为环境容纳量, 用 *K* 表示, 当密度小于 *K* 时, 种群大小增加, 当密度大于 *K* 时, 种群大小降低: 当密度为 *K* 时, 种群大小处于稳定平衡状态。然而, 这些图只表现了一个大致的趋势。实际情况更加接近 (d) 图中所示的变化: 随着种群密度增加, 死亡率增加而出生率降低, 但两者本身的变化幅度非常大。因此, 这两种速率并不会在某个密度条件下达到平衡, 而是在一个较大的密度范围内达到平衡, 同时其他密度向这一密度范围不断趋近。

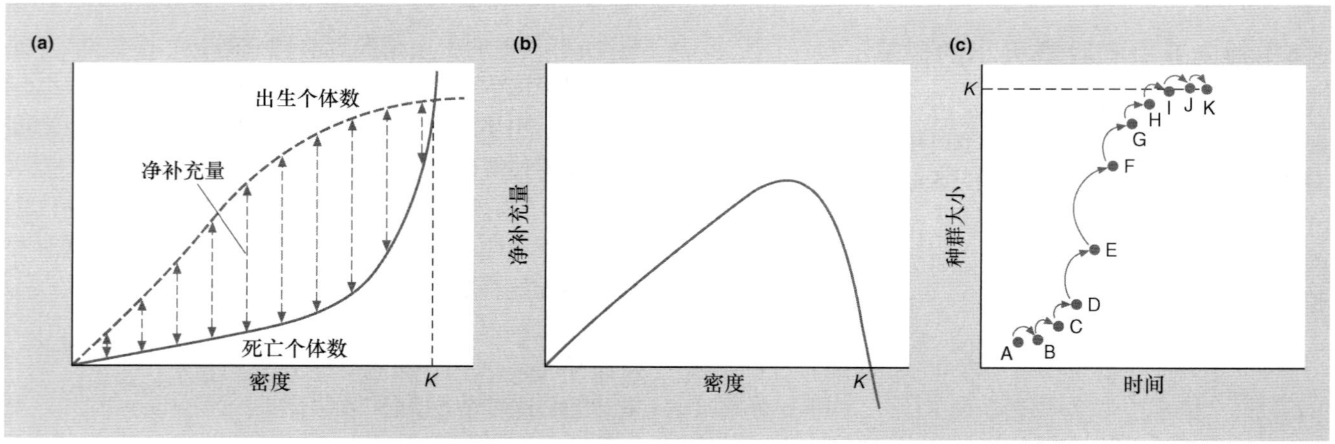

图 5.8　种内竞争的一般特征。(a) 密度依赖性对种群内死亡个体数和出生个体数的影响: 净补充量 (net recruitment) 通过出生个体数减去死亡个体数获得。因此, 如图 (b) 所示, 种内竞争的密度依赖性对净补充量的影响是半圆形或 "n" 型曲线。(c) 在图 (a) 和图 (b) 所示关系的影响下, 种群大小逐渐增加。图中每个箭头代表在一个时间间隔期种群大小的变化。当种群密度较低时 (即在种群大小较小时: A 到 B, B 到 C) 和接近环境容纳量时 (I 到 J, J 到 K), 净更新补充数较小, 但当种群处于中等密度时 (E 到 F), 净更新补充数较大。总体上, 种群以 "S" 型增长, 种群大小不断接近环境容纳量。

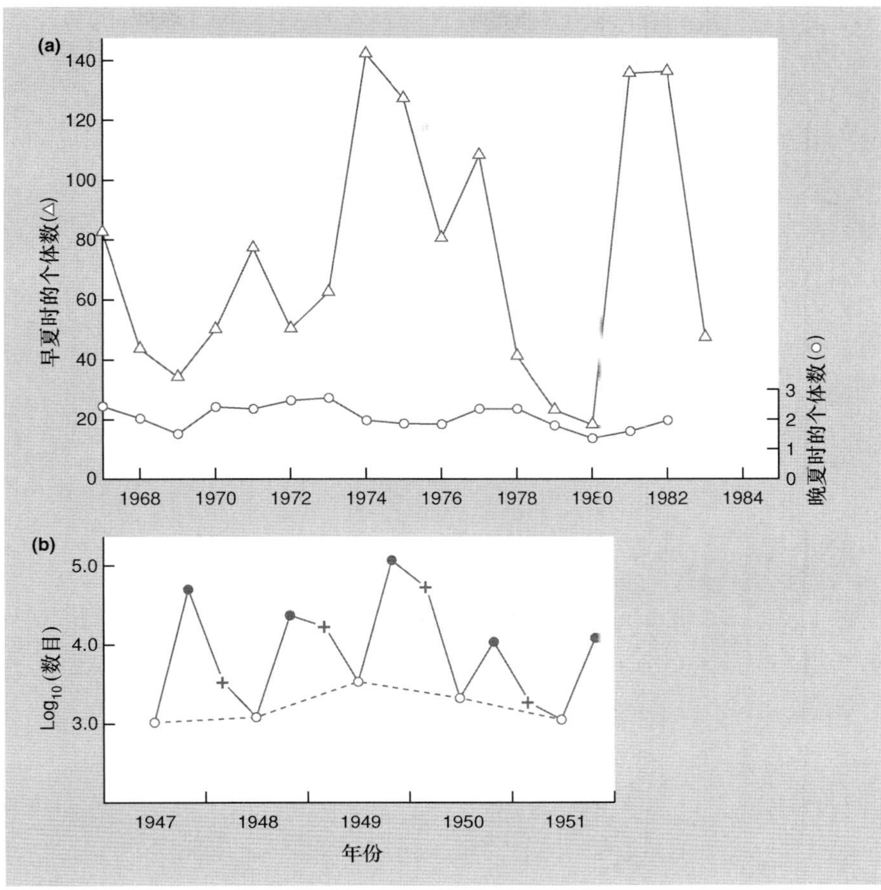

图 5.9 种群调节的实例。(a) 英国湖区 (English Lake District) 小溪中的褐鳟 (*Salmo trutta*)。△, 代表早夏时的个体数目, 包括新孵化的鱼苗; ○, 代表晚夏时的个体数目。注意两个垂直刻度的差异 (仿 Elliott,1984)。(b) 英国南部的华北雏蝗 (*Chorthippus brunneus*)。●, 代表卵; +, 代表幼虫; ○, 代表成虫。注意, 纵坐标为对数刻度 (Richards & Waloff, 1954)。没有明确的环境容纳量; 尽管种群密度年内波动很大, 但是每年的最终密度 (晚夏时的个体数目和成虫的数目) 都相对恒定。

化, 相关内容我们将在随后的章节进行讨论 (详见第 5.8 节)。

5.4.2 净增长曲线

图 5.8a 呈现了关于种内竞争的一个普遍观点, 即种内竞争主要与数量有关而不是速率。这两条曲线间的差异 [出生数减去死亡数即净补充量 (net recruitment)] 是在某一适当时期或者整个时间间隔内的预期净增加量。由出生和死亡曲线的形状可知, 净补充量在密度最低时很小, 并随密度的增加而增加, 但在接近环境容纳量时又开始下降, 且当初始密度超过 K 时会出现负增长 (死亡超过出生) (图 5.8b)。因此, 可产生后代的个体数较少或种内竞争激烈时, 种群拥有较小的总更新补充数。其总更新补充数在种群密度处于某个中间值时达到最大, 这时, 种群大小以最快的速度增长。

中等密度时净增长达最大

种群的净补充速率与其密度间的关系, 随着所研究物种生物学特性的不同而发生变化 (例如, 图 5.10a~d 中的鳟鱼、地三叶、鲱鱼和鲸鱼); 由于补充数受多种复杂因素的影响, 因此, 数据点几乎不能精确地分布在任意一条曲线上。然而, 在图 5.10 所示的每个例子中, 净补充曲线都呈现明显的半圆形。这反映了无论种内竞争何时发生, 出生和死亡都具有密度依赖的普遍性质。另外需要注意的是, 这些例子中有一个是构件生物 (图 5.10b): 它描述了植物种群的叶面积指数 (leaf area index, LAI) (单位土地面积上产生的总叶面积) 与种群生长率 (构件出生率减去死亡率) 之间的关系。当叶片数量较少时, 种群生长率较低; 当 LAI 达到一个中间值时, 种群生长率达到最大; 而当 LAI 较高时, 叶片之间会相互遮蔽和竞争, 同时许多叶片的呼吸消耗可能高于光合产能, 因此种群生长率再次降低。

5.4.3 S 型增长曲线

图 5.8a,b 所示的曲线反映了从较小的种群大小起始的种群增长模式 (例如, 当一个物种定殖于其从未出现过的区域时)。图 5.8c 进一步阐明了这一点。设想一个小种群, 其种群大小远小于环境容纳量 (A 点)。由于种群较小, 在一定时间内, 种群数量会略微增加达到 B

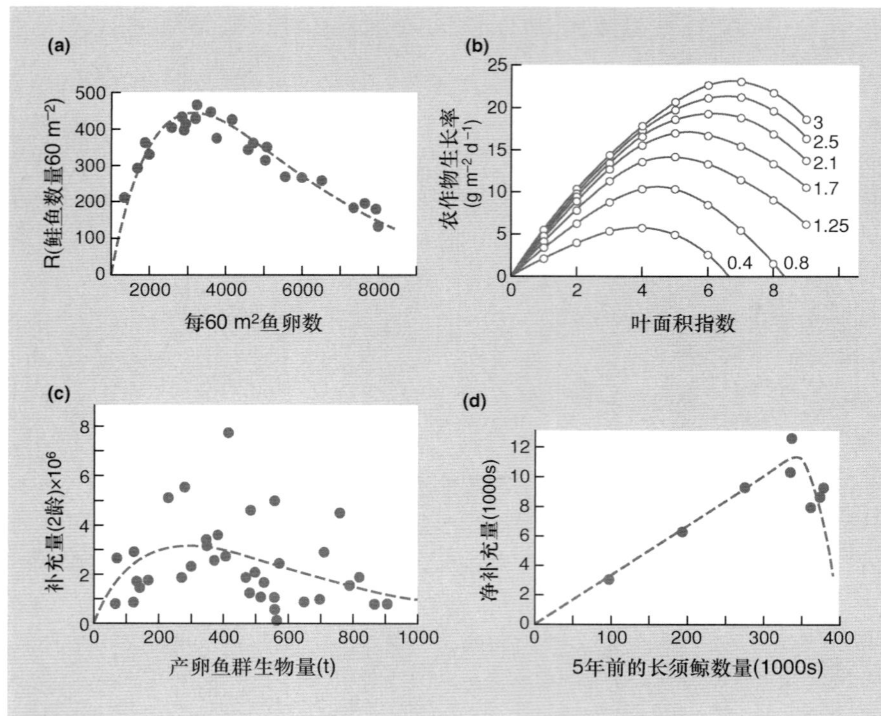

图 5.10　一些半圆形的净更新补充曲线。(a) 1967—1989 年英国 Black Brows Beck 地区 6 个月大的褐鳟 (*Salmo trutta*) (仿 Myers, 2001; Elliott, 1994); (b) 不同辐射强度 (kJ $cm^{-2}d^{-1}$) 条件下, 农作物地三叶 (*Trifolium subterraneum*) 的生长率与叶面积指数之间的关系 (仿 Black, 1963); (c) 1962—1997 年泰晤士河河口 (Thames estuary) 的鲱 (*Clupea harengus*) (仿 Fox,2001); (d) 南极长须鲸的现存量估算 (仿 Allen, 1972)。

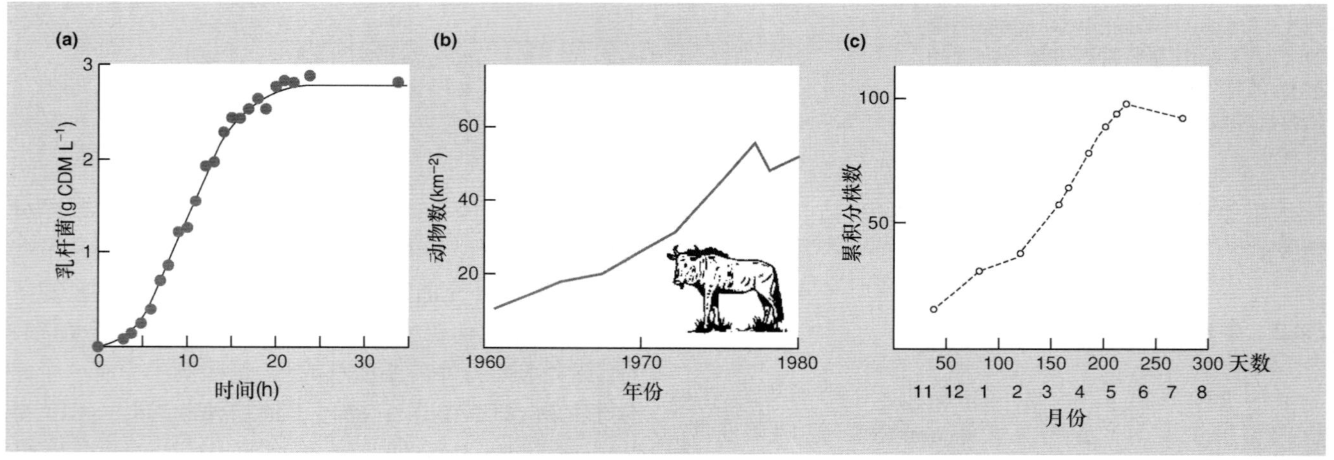

图 5.11　种群呈 S 型增长的实例。(a) 在营养肉汤中生长的细菌 (*Lactobacillus sakei*) [测量每升培养液中的“细胞干重” (cell dry mass, CDM)] (仿 Leroy & de Vuyst, 2001); (b) 在坦桑尼亚和肯尼亚 Serengeti 地区, 牛瘟病导致斑纹角马 (*Connochaetes taurinus*) 种群密度降低后, 牛羚种群不断增长并趋于平稳状态 (仿 Sinclair & Norton-Griffiths, 1982; Deshmukh, 1986); (c) 法国西海岸盐沼生境中一年生 *Juncus gerardi* 的幼苗种群 (仿 Bouzille *et al*., 1997)。

点。此时, 种群变得更大, 所以在下一个时间间隔中, 种群大小的增长更为迅速 (到达 C 点), 并以此类推 (到达 D 点)。这种增加过程一直持续到种群大小达到净补充曲线的最大值为止 (图 5.8b)。此后随时间间隔, 种群大小的增加越来越少, 当种群大小达到环境容纳量 (K) 时它将完全停止增长。因此, 在种群从低密度增加至环境容纳量期间, 种群大小的变化可能呈现 S 型曲线。实际上, 是种内竞争造成了补充速率曲线的向上凸起, 从而最终导致了上述结果。

当然, 与图 5.8 中的其他图一样, 图 5.8c 呈现的是一个简化的结果。它假设种群大小的变化只受种内竞争的影响, 而并不考虑其他因素。然而, 在许多自然环境和实验条件下, 我们也能观察到类似的 S 型种群增长模式 (图 5.11)。

在某些情况下 [例如, 岩岸上固着生物之间的过度生长竞争 (overgrowth competition)], 种内竞争较为明显, 但并非所有被研究过的种群都是如此。生物个体还受捕食者、寄生物、猎物、来自其他物种的竞争者以及多方面理化环境的影响。这些因素造成的影响可能超过或掩盖种内竞争的作用, 或者, 它们可能使种群密度在某一阶段下降, 并导致其在随后的所有阶段都无法达到环境容纳量。然而, 对大多数种群而言, 种内竞争至少在其生命周期中的某一阶段会产生一定影响。

5.5 种内竞争和密度依赖性生长

种内竞争对种群的个体数量和个体本身都具有深远的影响。在单体生物种群中, 种内竞争通常会影响生物的生长和发育速率。而这必然会对种群组成产生密度依赖性影响。例如, 图 5.12a,b 展示的两个例子表明, 在种群密度较高时, 个体通常更为矮小。这就意味着种内竞争可以粗略地调节种群大小, 但却更为精准地调节了总生物量。图 5.12b 中帽贝的例子也证实了这一点。

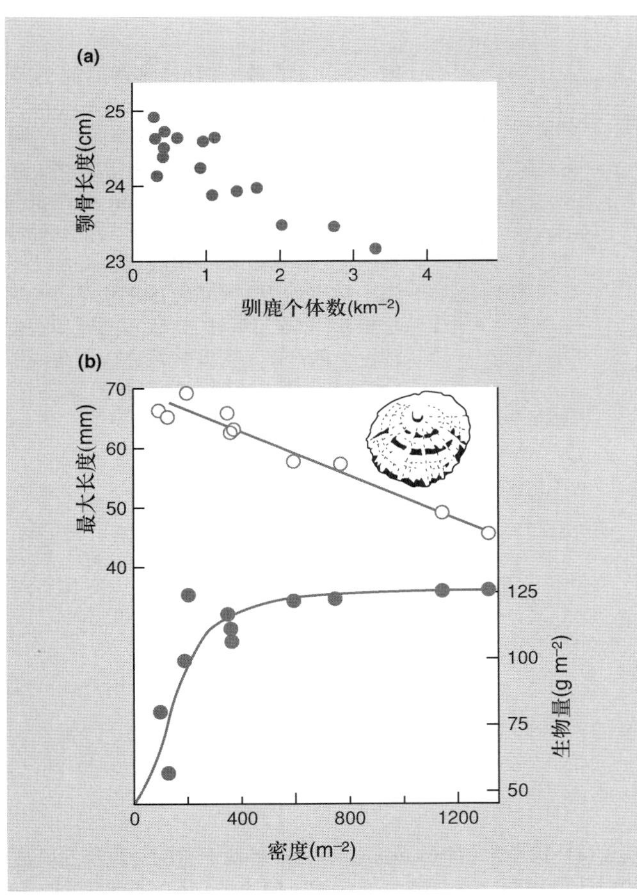

图 5.12 (a) 颚骨长度表明, 在低密度时驯鹿可以拥有更大的体型 (仿 Skogland, 1983); (b) 随着密度的增加, 南非帽贝 (*Patella cochlear*) 种群中的个体大小不断降低, 这反映了种内竞争对种群生物量的精确调节 (仿 Branch, 1975)。

5.5.1 恒定最终产量定律

种内竞争的影响在构件生物中尤为明显。例如, 将野胡萝卜 (*Daucus carota*) 的种子在一定范围内按照不同密度进行播种, 在第一次收获时 (29 天) 每钵的产量会随着播种密度的增加而增加 (图 5.13)。然而, 在 62 天, 甚至 76 天和 90 天后, 产量将不再反映播种的数量。即便初始的播种密度差异较大, 最终产量却彼此相同, 尤其在竞争最剧烈的较高密度条件下。植物生态学家关注到了这种变化式样, 并称之为 "恒定最终产量定律" (the law of constant final yield) (Kira *et al*., 1953)。实际上, 个体趋向于对密度进行等补偿 (因此维持恒定的最终产量), 即随着密度的增加, 个体生长速率下降, 且植物个体大小会减小。当然, 这也表明了植物生长可利用的资源有限, 特别是在高密度情况下; 图 5.13 的结果进一步证实了这一点, 其中, 产量会随着营养水平的增加而增加 (且恒定)。

产量等于密度 (d) 乘以每株植物的平均质量 ($\overline{w}$)。因此, 产量 (c) 是一个常数:

$$d\overline{w} = c \tag{5.1}$$

那么,

$$\log d + \log \overline{w} = \log c \tag{5.2}$$

转化得,

$$\log \overline{w} = \log c - 1 \cdot \log d \tag{5.3}$$

因此, 如果以每株植物平均质量的对数值和密度的对数值作图, 所得的斜率应该为 -1。

图 5.14 表示了密度对草本植物 *Vulpia fasciculata* 生长的影响, 在实验结束时, 曲线的斜率确实接近 -1。与胡萝卜的案例一样, 这里第一次收获时的植物个体质量只在种群密度非常高时才有所降低。但随着植物个体的不断生长, 那些较低密度的种群也会陆续出现植物个体间相互干扰的情况。

恒定产量和构件

终产量的恒定在很大程度上与植物的构件有关。这可以从多年生黑麦草 (*Lolium perenne*) 的多密度播种实验中获得印证, 该实验中选用的播种密度范围是其正常植株密度范围的 30 倍 (图 5.15)。在种植 180 天后, 部分基株 (genet) 死亡; 但最终, 相比基株 (个体) 的密度范围, 分

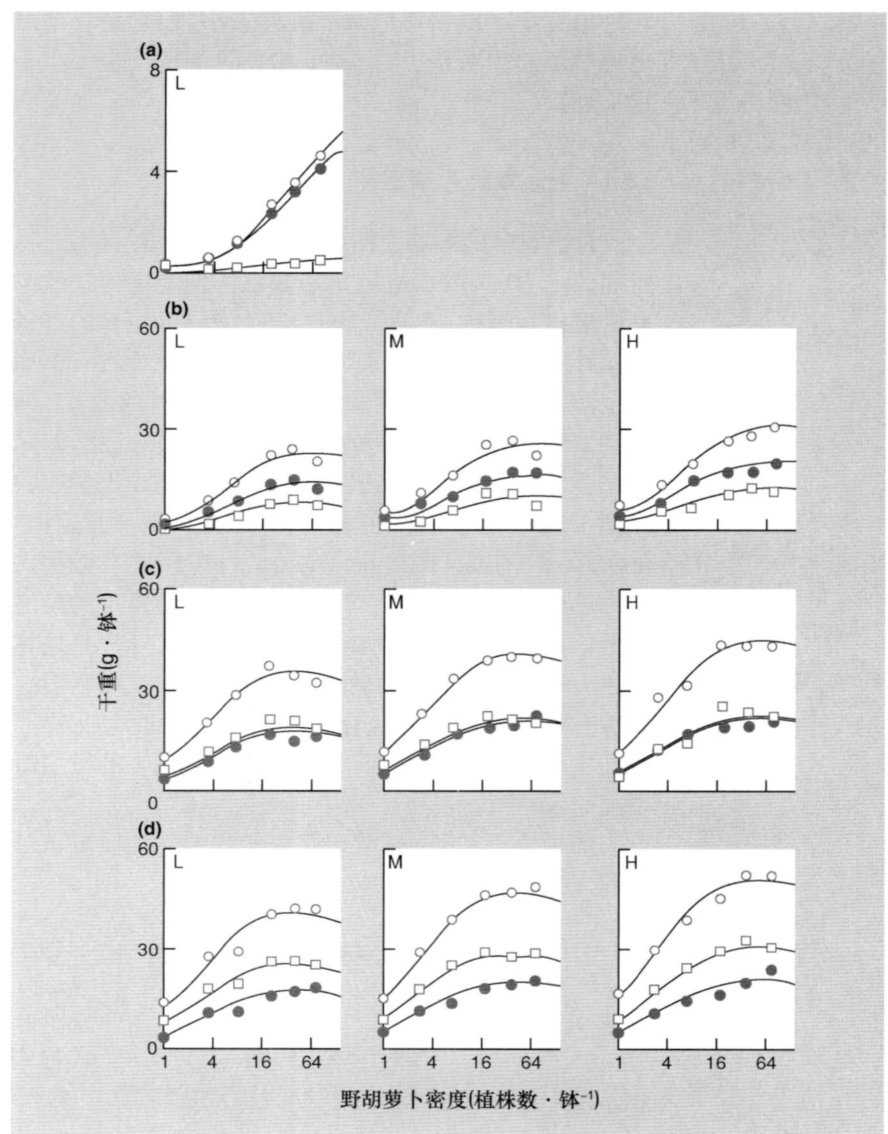

图 5.13 4次收获时间[播种后的29天(a)、62天(b)、76天(c)以及90天(d)]及3种不同营养水平[低(L)、M(中)、H(高);第一次收获后,每周添加一次营养]下,每钵野胡萝卜(*Daucus carota*)的产量与初始播种密度之间关系。除最低初始播种密度($n=9$)和第一次收获($n=9$)以外,图中散点均为3次重复的平均值。□,表示根重,●,表示叶重,○,表示总重。根据理论上的产量-密度关系进行了曲线拟合,这里,具体的拟合过程并不重要(仿Li *et al.*, 1996)。

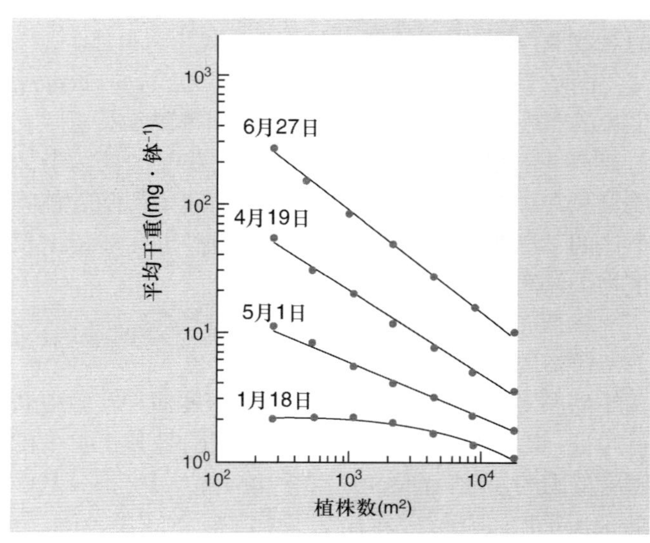

图 5.14 以草本植物 *Vulpia fasciculata* 平均干重的对数值与密度的对数值作图,其斜率为 −1,阐明了植物恒定最终产量定律。在1月18日,特别是低密度条件下,植物的生长和平均干重并不依赖于密度;但到6月27日,植物的生长随密度的增加而下降,这种针对密度变化的等补偿导致了最终恒定的产量(仿 Watkinson, 1984)。

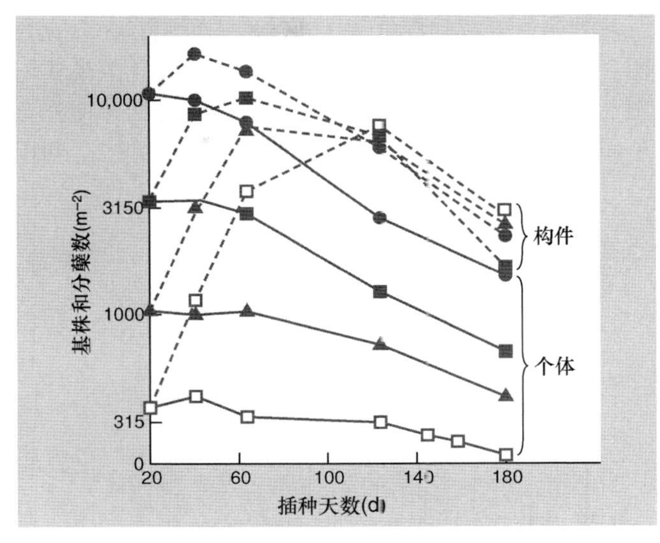

图 5.15 种内竞争通常对构件数目进行调节。将多年生黑麦草 (*Lolium perenne*) 种群在一定范围按照不同密度进行播种,最终相比基株的密度范围,分蘖 (构件) 的密度范围要窄得多 (Kays & Harper, 1974)。

蘖 (构件) 的密度范围要窄得多。因此, 种内竞争调节作用的实现, 主要依赖于对构件数目而并非个体数目的影响。

5.6 种内竞争的量化

每个种群都是独特的。然而, 种内竞争作用具有一些普遍的模式。本节, 我们将更深入地探讨这种模式的普适性。而我们即将介绍的方法是, 利用 k 值 (见第 4 章) 来总结种内竞争对死亡率、生育力及生长的影响。首先, 我们关注种内竞争对死亡率的影响, 之后再逐步扩展到繁殖力和生长等方面。

k 值的使用

k 值可由以下方程进行定义:

$$k = \log(\text{初始密度}) - \log(\text{最终密度}) \tag{5.4}$$

或者, 转化为

$$k = \log(\text{初始密度/最终密度}) \tag{5.5}$$

为了便于计算, 我们用 B 来表示初始密度, 即种内竞争作用之前的个体数, 用 A 表示最终密度, 即种内竞争作用之后的个体数, 因此,

$$k = \log(B/A)k = \log(B/A) \tag{5.6}$$

需要注意的是, k 随着死亡率的增加而增加。

k 与密度对数的曲线

图 5.16 列举了一些种内竞争影响死亡率的例子, 其中以 k 对 $\log B$ 作图。当初始密度较低时, k 保持恒定。这意味着此时死亡率是非密度依赖性的: 存活比例与初始密度无关。而在较高密度时, k 随初始密度的增加而增加; 这表明死亡率是密度依赖性的。然而最重要的是, k 随密度对数值的变化而变化, 表明了密度依赖的精确性。图 5.16a,b 分别描述了在较高密度时低补偿和等补偿的情况。图 5.16b 中曲线的斜率 (用 b 表示) 为 1, 表明此时为等补偿 (A 为常数)。而在图 5.16a 中, 无论密度高低, b 值均小于 1, 表现为低补偿。

分摊和争夺

等补偿 ($b = 1$) 常用来指纯粹的争夺式竞争 (contest competition), 因为在竞争过程中胜者 (存活者) 的数目是恒定的。Nicholson (1954) 在比较它与纯粹的分摊式竞争 (scramble competition) 时首次提出了该术语。纯粹的分摊式竞争是超补偿的密度依赖性的最极端形式, 它使所有竞争个体都受到不利影响, 且没有一个个体存活, 即 $A = 0$, 这可以由图 5.16c 中 b 的极限值 (垂直线) 看出。然而更常见的是类分摊竞争, 其中超补偿占了绝大部分但并非全部 (b 远大于 1) (图 5.16d)。

因此, 用 k 对 $\log B$ 作图是描述种内竞争对死亡率影响的一种有效方式。曲线斜率 (b) 的变化能清楚地说明密度依赖性随密度变化的方式, 该方法同样适用于生育力和生长。

对于生育力, B 代表在没有种内竞争的条件下可能产生的后代总数, 即假设在没有竞争的环境中, 每个可育个体都产生尽可能多的后代。A 是实际产生的后代总数 (实际上, 对 B 的估计通常基于处于最小竞争状态而非完全没有竞争的种群)。对于生长而言, B 代表在没有竞争的环境中所有个体的总生物量或总构件数。A 则是实际的总生物量或总构件数。

种内竞争对生育力和生长的影响可用 k 值来描述，图 5.17 就提供了相关的例子。图中曲线变化的模式与图 5.16 基本类似。处于非密度依赖与纯粹的分摊式竞争间的连续范围内，曲线变化的位置都非常明显。利用 k 值，所有种内竞争的例子都可用相同的术语来衡量。但对于生育力和生长而言，“分摊”以及尤其“争夺”这样的术语都不太适用。这时，最好简单地称为等补偿、超补偿或者低补偿。

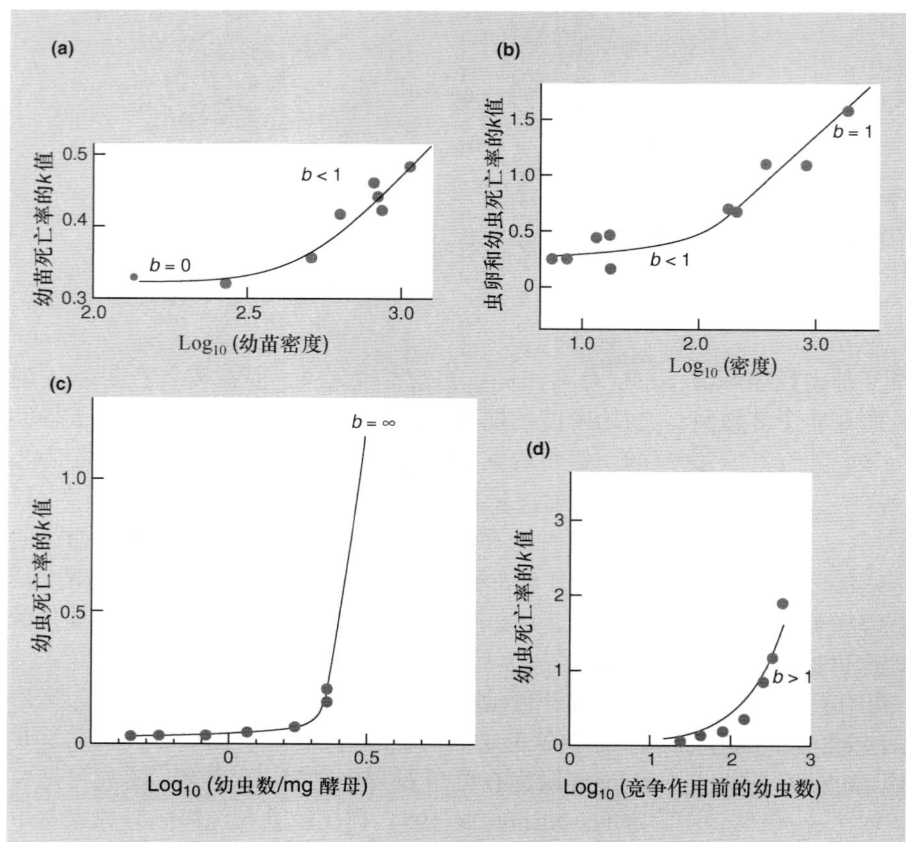

图 5.16 用 k 值表示密度依赖性死亡率的变化趋势。(a) 波兰沙丘一年生植物北点地梅 (*Androsace septentrionalis*) 的幼苗死亡率 (仿 Symonides, 1979); (b) 粉斑螟 (*Ephestia cautella*) 的虫卵死亡率以及幼虫之间的竞争 (仿 Bakker, 1973a); (c) 果蝇 (*Drosophila melanogaster*) 幼虫之间的竞争 (仿 Bakker, 1961); (d) 印度谷螟 (*Plodia interpunctella*) 的幼虫死亡率 (仿 Snyman, 1949)。

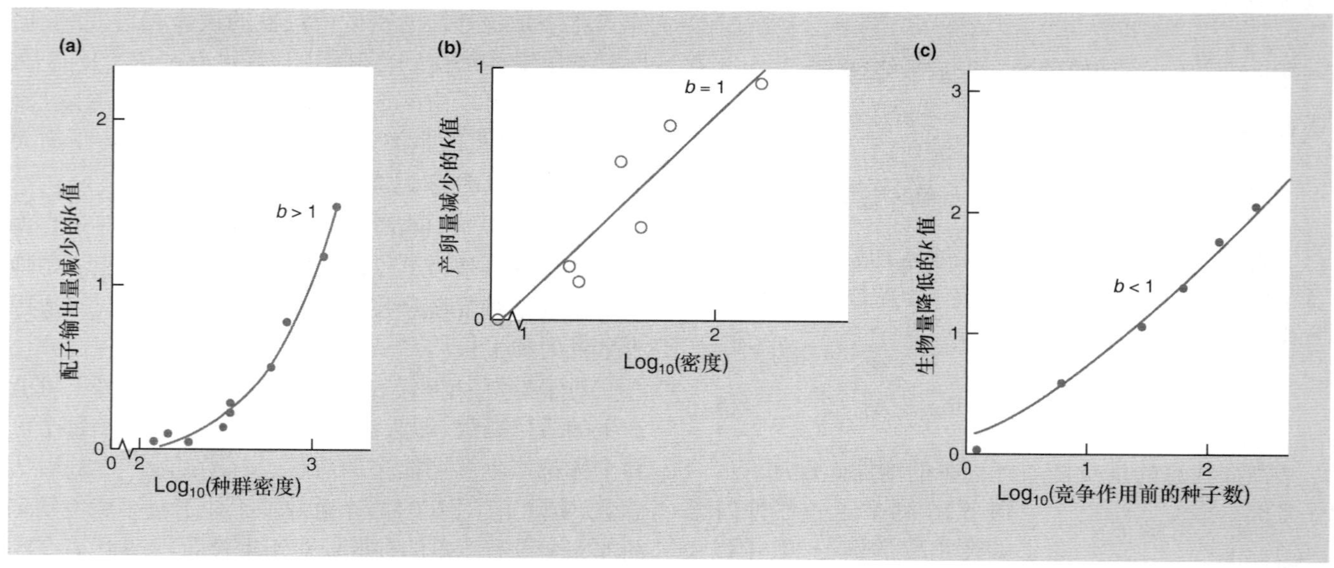

图 5.17 利用 k 值描述生育力和生长方面密度依赖的下降趋势。(a) 南非帽贝 (*Patella cochlear*) 的生育力 (仿 Branch, 1975)。(b) 甘蓝根花蝇 (*Eriosichia brassicae*) 的生育力 (仿 Benson, 1973b)。(c) 荠 (*Capsella bursa-pastoris*) 的生长 (仿 Palmblad, 1968)。

5.7 数学模型: 引言

生态学中, 往往通过构建数学或者图解模型将一般的规则进行公式化。人们可能无法理解, 为什么对自然生物世界感兴趣, 还要花时间以数学形式将它进行重建; 以下几个方面也许可以解释这一点。首先, 模型可以将许多独特样本所共有的重要特征进行具体化, 或者至少可以以参数的形式将它们进行整合。这使得生态学家可以更容易地考虑问题或者研究过程, 并帮助我们从复杂的系统中发觉事物的本源。因此, 模型可以提供一种 "共同语言", 每个独特样本都可以用它来进行描述, 于是, 我们便可以更明显地看到样本与样本之间, 或者样本与一些理想标准之间的相对特征。

或许, 这样的想法在其他背景下更为人熟知。除了自己的凭空想象, 牛顿的手从来没有接触过完全无摩擦的物质, 而波义耳也从来没见过理想气体, 但是在几个世纪里, 牛顿运动定律和波义耳定律却对我们有着不可估量的价值。

或许更重要的是, 模型实际上能更清楚的解释它们所模拟的真实世界。我们将用几个具体的例子来对此加以说明。模型能展现所模拟系统的未知特征。例如, 它可以更清楚地说明种群的表现如何依赖于其中个体的特征。也就是说, 无论作何假设, 模型都可以让我们预见它的可能结果: 例如,"如果只有幼体才能迁徙, 这对种群的动态会有怎样的影响?" 等等。模型可以做到这一点, 因为精确设计的数学方法允许我们获得基于一系列假设的自然结论。因此, 模型常常暗示我们怎样的实验或者观察是最佳的:"幼体迁徙率非常重要, 所以我们在研究每个种群时都应该测量这一指标"。

构建模型的初衷也是评价该模型的标准。的确, 模型只有执行一个或多个功能才具有价值 (值得构建)。为了执行这些功能, 模型必须要充分地描述真实情况以及真实的数据集, 这时, 模型自身的描述能力或者模拟能力就成为了评价模型的另一标准。不管怎样, 充分是关键。只有对真实世界进行完美的描述, 才能在模型中还原真实世界; 而只要模型最终能执行有用的功能, 那么它就是充分的描述。

这里, 有一些种内竞争的简单模型。首先都从最基本的层面进行模型构建, 然后对它们的性能 (即满足上述标准的能力) 进行检验。接下来, 我们先介绍一个离散繁殖季节 (discrete breeding season) 的种群模型。

5.8 离散繁殖季节模型

5.8.1 基本方程式

在第 4.7 节中, 我们构建了一个关于离散繁殖季节物种的简单模型: 其中, t 时刻时种群大小为 N_t, 主要受基础净繁殖率 R 的影响。这一模型可以用两个方程进行总结:

$$N_{t+1} = RN_t \tag{5.7}$$

和

$$N_t = N_0R^t \tag{5.8}$$

没有竞争: 指数增长

然而, 该模型描述了一个不受竞争影响的种群, R 是常数, 如果 $R > 1$, 种群将会无限地持续增长 (即指数增长), 如图 5.18 所示。所以第一步就是, 根据净繁殖率受种内竞争影响的情况来修改方程, 具体见图 5.19, 该图包含 3 个部分。

在 A 点, 种群大小很小 (事实上 N_t 为 0)。因此种内竞争可以忽略, 未经改变的 R 也足够用来表示实际净繁殖率, 因此方程 (5.7) 仍然适用, 或者可以将方程进行转化:

$$N_t/N_{t+1} = 1/R \tag{5.9}$$

相比之下, 在 B 点的种群大小 (N_t) 非常大, 种内竞争也更加剧烈, 以致改变净繁殖率, 使种群不得不在总体上对每一代个体进行更替, 此时出生率和死亡率相等。换言之, N_t 与 N_{t+1} 相等, N_t/N_{t+1} 等于 1。根据定义, B 点的种群大小就是环境容纳量 K (图 5.7)。

整合竞争

图 5.19 中, 第三个部分是 A 点与 B 点之间的线段及其延长线。这条线描述了实际净繁殖率随种群数量增长而不断发生的变化; 直线只是为了方便所作的假设, 因为所有直线都是最简单的形式: $y =$ (斜率)$x +$ (截距)。图 5.19 中, y 轴表示 N_t/N_{t+1}, x 轴表示 N_t, 截距是 $1/R$, A 点与 B 点间线段的斜率是 $(1 - 1/R)/K$。因此,

$$\frac{N_t}{N_{t+1}} = \frac{1-\frac{1}{R}}{K} \cdot N_t + \frac{1}{R} \tag{5.10}$$

或者转化为

$$N_{t+1} = \frac{N_tR}{1+\frac{(R-1)N_t}{K}} \tag{5.11}$$

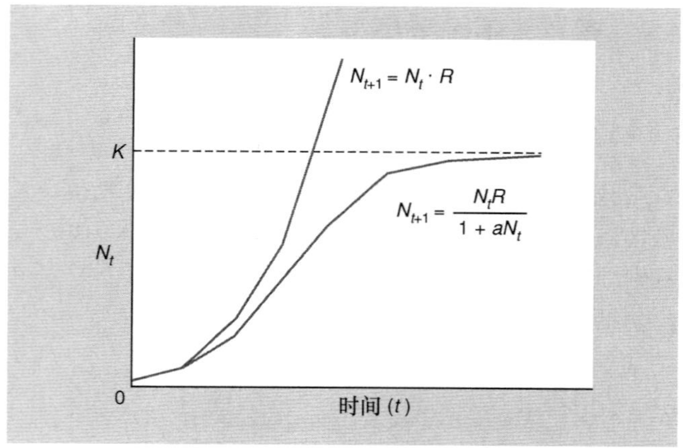

图 5.18 离散世代的种群增长数学模型：指数增长 (左) 和 "S" 型增长 (右)。

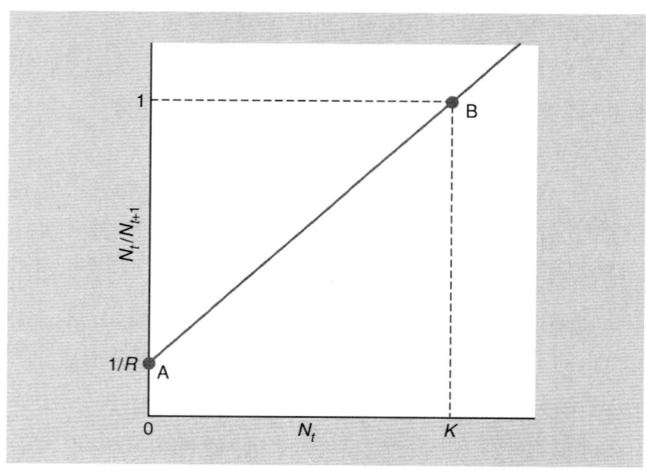

图 5.19 世代增长的倒数 (N_t/N_{t+1}) 以最简单的直线方式随密度增加而增加 (N_t)，更多的解释详见正文。

种内竞争的简单模型

为了使方程简单化，可用 a 表示 $(R-1)/K$，那么

$$N_{t+1} = \frac{N_t R}{(1+aN_t)} \quad N_{t+1} = \frac{N_t R}{(1+aN_t)} \tag{5.12}$$

这是一个受种内竞争制约的种群增长模型。本质上，这里用实际净繁殖率 $R/(1+aN_t)$ 替换了方程 (5.7) 中的理想常数 R，而前者会随种群大小 N_t 的增加而降低。

a 或 K 哪个更重要？

从方程 (5.12) 我们可以看出，种群的行为由 R (个体增长速率) 和 K (种群的环境容纳量) 共同决定，而 a 只是这两者的特定组合。另一观点认为，a 本身是有意义的，可以用来衡量个体对拥挤程度的平均易感性：a 越大，密度对种群实际增长率的影响也就越大 (Kuno, 1991)。目前，种群的行为由种群内个体的两个特征共同决定，即内在的个体增长速率 R 和个体对拥挤程度的平均易感性 a。种群的环境容纳量 $K=(R-1)/a$，简单地说，就是这些特征综合作用的结果。这一观点的最大优点在于，它从更现实的生物学角度来审视个体和种群。首先是个体：个体的出生率、死亡率及对拥挤程度的敏感性都受到自然选择和进化的影响。随后是种群：种群特征往往是多个个体特性的综合反映，而环境容纳量只是其中之一。

最简单模型的特征

图 5.19 (模型根据此图简化而来) 和图 5.18 (显示了一个理论种群其大小随时间增长的趋势，与模型的描述一致) 展示了方程 (5.12) 所描述的模型特征。图 5.18 中，种群随时间呈现 S 型的变化趋势。如前所述，这是种内竞争模型的重要特征。然而需要注意的是，许多其他的模型也会产生类似的 S 型曲线。这里，方程 5.12 的优点就是简明。

图 5.19 更好地展示了该模型在种群大小临近环境容纳量时的动态响应。当种群大小低于 K 时，种群将增大；当种群大小高于 K 时，种群将减小；而当二者相等时，种群大小保持恒定。因此，环境容纳量是种群的稳定平衡状态，而该模型展现了种内竞争的典型调节特征。

5.8.2 竞争的类型？

然而，这一模型可以描述哪些竞争类型或怎样的竞争范围，我们并不清楚。接下来，我们将研究 k 值和 $\log N$ (见第 5.6 节) 之间的关系，以期对上述问题进行解答。在每个世代中，可产生的潜在个体数 (即不存在竞争时产生的数目) 为 $N_t R$；实际产生的个体数 (即存在竞争时存活的个体数) 为 $N_t R/(1+aN_t)$。

从第 5.6 节中已知：

$$k = \log(\text{产生的个体数}) - \log(\text{存活的个体数}) \tag{5.13}$$

那么，在当前情况下：

$$k = \log N_t R - \log N_t R/(1+aN_t) \tag{5.14}$$

或者简化为

$$k = \log(1+aN_t) \tag{5.15}$$

根据上述模型, 图 5.20 展示了当 a 取不同数值时 k 对 $\log_{10}N_t$ 所做的曲线。在各种情况下, 曲线的斜率总是逐渐接近并最终达到 1。换言之, 种群大小总是在开始时表现出低补偿的密度依赖性, 而当 N_t 值较大时表现出等补偿的密度依赖性。因此, 模型会局限于它适用的竞争类型, 而从已有情况可知, 这种类型的竞争可以导致非常严格的种群调控。

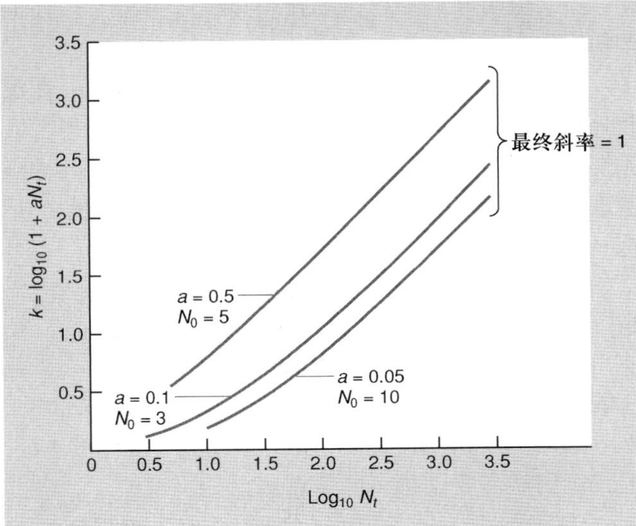

图 5.20 方程 5.13 表示的种内竞争。不管起始密度 N_0 或者常数 $a(=(R-1)/K)$ 如何, k 对 $\log_{10}N_t$ 所做曲线的最终斜率都是一致的 (等补偿)。

5.8.3 时滞

前面我们指出, 种群的现有密度决定其可利用资源, 而这又反过来影响该种群的净繁殖率; 这里, 我们做一个简单的修正, 假定种群不会对自身密度作出这样快速的响应。我们假设, 可利用资源是由一段时间之前的种群密度来决定的。具体地, 如在春季, 一片草地的草量 (牛的可利用性资源) 可能由前一年的放牧水平 (牛的密度) 所决定。在这种情况下, 种群的繁殖率将取决于一段时间以前的种群密度。由于在方程 (5.7) 和方程 (5.12) 中:

$$N_{t+1} = N_t \times \text{净繁殖率} \tag{5.16}$$

那么, 方程 (5.12) 可修改为

$$N_{t+1} = \frac{N_t R}{1 + aN_{t-1}} \tag{5.17}$$

时滞引起种群的波动

由于可利用资源响应的时滞, 种群对其自身密度的响应存在时滞效应 (time lag)。相关的种群修正模型可描述如下:

$R < 1.33$ 时, 种群直接达到稳态平衡; $R > 1.33$ 时, 种群缓慢震荡达到平衡。

相比之下, 在不存在时滞时, 原方程 (5.12) 中所有的 R 值均直接达到稳态平衡。而在当前模型中, 时滞引起了种群的波动, 可以想象, 它对实际种群也具有类似的去稳态作用。

5.8.4 不同竞争类型的整合

Maynard Smith 和 Slatkin (1973) 首次对公式 (5.12) 作了简单的修正, 使其更有普遍意义, 随后 Bellows (1981) 对此修正进行了详细的讨论。修正后的方程如下:

$$N_{t+1} = \frac{N_t R}{1 + (aN_t)^b} \tag{5.18}$$

修正后的模型拥有更优越的性能。例如, 类似图 5.20, 图 5.21 也展示了 k 对 $\log N_t$ 的曲线, 只不过这里将 $\log N_t$ 修改为 $\log_{10}[1+(aN_t)^b]$。曲线的斜率不再像之前那样接近并达到 1, 而是接近并达到方程 (5.18) 中的 b 值。因此, 如果选择合适的值, 该模型可以描述低补偿 ($b < 1$)、等补偿 ($b = 1$) 以及类分摊式超补偿 ($b > 1$) 或者甚至是密度非依赖性 ($b = 0$) 等特征。该模型具有方程 (5.12) 所不具备的普适性, 其中引入的 b 值决定了密度依赖的类型。

动态变化的模式? R 和 b

方程 (5.18) 与其他好模型所共有的另一个优点就是能从新颖的角度对真实情况进行解释。通过对方程模拟的种群动态进行合理分析, 我们可以保守

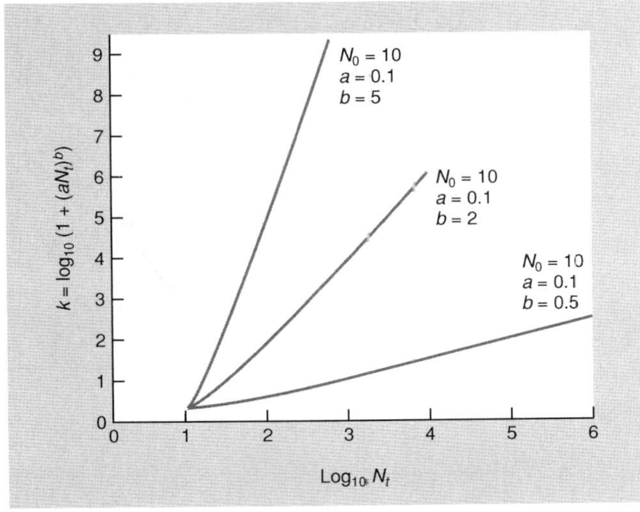

图 5.21 方程 (5.19) 所描述的种内竞争。各条曲线的最终斜率等于对应方程中的 b 值。

地获得有关自然种群动态的一些结论。May (1975a) 提出了分析此类方程的数学方法, 并做了后续讨论; 这里, 我们不再关注分析过程, 而是直接通过图 5.22 展示分析结果。图 5.22b 显示了基于方程 (5.18) 得到的各类种群增长和动态变化的式样。图 5.22a 则列出了每种式样产生的条件。注意, 种群的动态变化式样依赖于以下两点: ① b, 精确的竞争类型或者密度依赖的类型; ② R, 有效的净繁殖率 (包含非密度依赖性死亡率)。然而, a 对模式的类型并无影响, 它只决定种群波动的水平。

如图 5.22a 所示, 当 b 值和/或 R 值较小时, 种群无需经历波动就能进入稳态平衡 (单调衰减, monotonic damping)。这在图 5.18 中已经有所暗示。其中, 不管 R 取何值, 种群都直接接近稳态平衡, 与方程 (5.12) 中的描述一致。方程 (5.12) 是方程 (5.18) 在 $b = 1$ 时 (等补偿) 的一个特例; 从图 5.22a 中也可以看出, 当 $b = 1$ 时, 无论有效净繁殖率是多大, 种群都呈单调衰减的趋势。

当 b 值和/或 R 值增加时, 种群首先从阻尼振动 (damped oscillations) 逐渐接近平衡状态, 然后围绕一个稳态水平反复波动并进入稳定极限环 (stable limit cycle)。最后, 当 b 值和/或 R 值更大时, 种群的波动呈现出明显的紊乱。

5.8.5 混沌现象

因此, 基于密度依赖性构建的模型, 其调节过程 (种内竞争) 可以导致非常大范围的种群波动。假设一个模式种群具有适中的基础净繁殖率 (那么, 它在一个无竞争压力的环境中可以产生 100 (等于 R 值) 个后代以及超补偿的密度依赖性, 且种群较不稳定, 那么在没有任何外部因素干扰的情况下, 该种群的大小将有较大幅度的波动。这一生物学意义在于, 即便处于一个完全稳定的可预测环境中, 种群的内在性质及个体本身也可能会引起大幅度的种群波动, 甚至是混沌性波动。那么很明显, 种内竞争的影响并不仅限于 "严格地调控"。

综上, 我们可以得出两点重要的结论。首先, 在没有外在因素存在时, 时滞、高繁殖率和超补偿的密度依赖性 (单独作用或者综合作用) 能引起所有类型的种群密度波动; 其次, 同样重要的是, 通过数学模型的分析, 这一结果变得更加明显。

混沌波动的主要特征

事实上, 即使是简单的生态系统也可能发生混沌 (chaos), 这使得混沌现象成为了生态学家关注的一大热点 (Schaffer & Kot, 1986; Hastings *et al.*, 1993; Perry *et al.*, 2000)。虽然在本节不适合详述混沌的本质, 但我们仍然需要了解一些要点。

(1) "混沌" 这一术语并非暗指绝对不可识别的波动模式。混乱的波动也并不是由一系列随机数字组成的。恰恰相反, 它同随机及其他类型的波动可以通过一定的检验 (尽管不容易实施) 区别开来。

(2) 生态系统中的混沌波动主要发生在一个可确定的范围内。因此, 在之前讨论的种内竞争模型

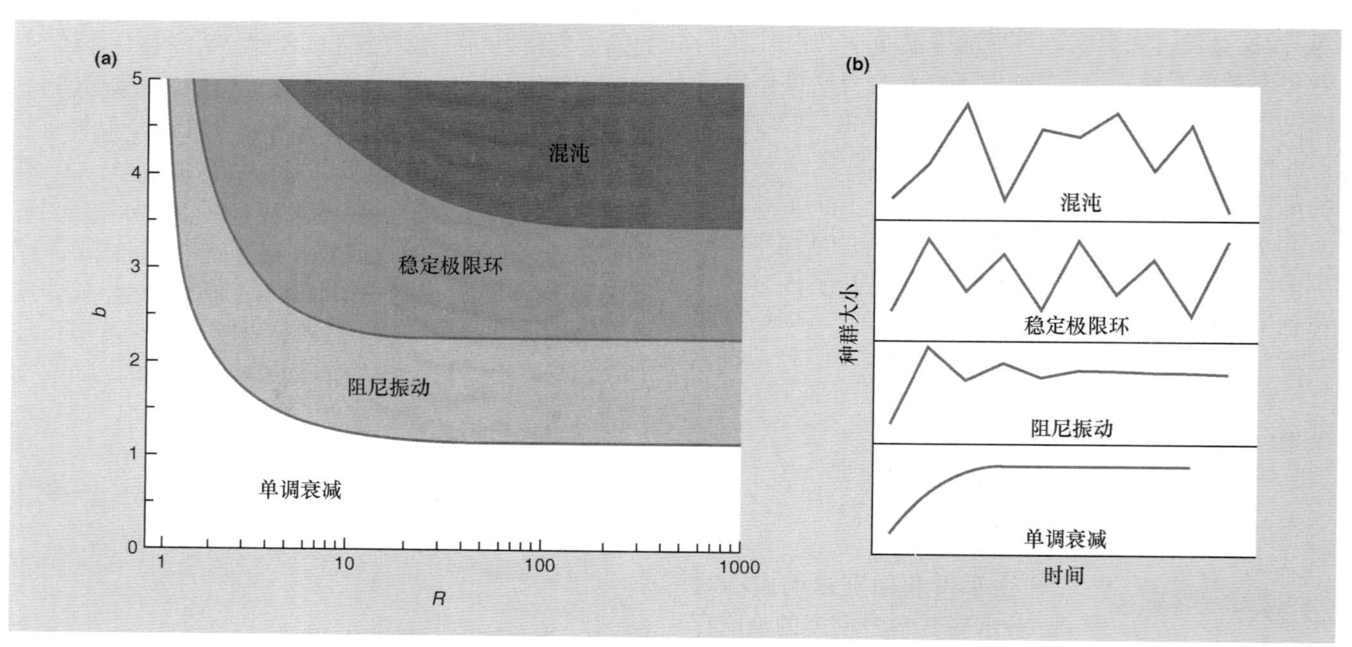

图 5.22 (a) 基于方程 (5.18), 对 b 和 R 的取值进行各种组合时获得的种群波动范围 [如图 (b) 所示] (仿 May, 1975a; Bellows, 1981)。

中, 即便是在混沌的波动区域, 我们都在考虑 "调节" 作用。

(3) 然而与真正受调节的系统不同, 混沌的系统中, 两个相似种群的轨迹并不会在相同的稳态密度或者相同的极限周期 (两者均是简单的吸引者) 处趋于重合 (被吸引)。相反地, 混沌系统的行为主要受一个奇异吸引子 (strange attractor) 影响。非常相似的种群轨迹会在最初时发生分离, 然后随时间呈指数变化: 它们对初始条件非常敏感。

(4) 因此, 我们不可能有效地预测混沌系统的长期行为, 同时随着时间的推移, 这种预测也会变得越来越不准确。即使我们知道该系统之前处于某种状态, 且准确地了解之前发生的过程, 再微小的初始差异 (或许小到无法检出) 也会被逐步放大, 而对之前过程的认识也就变得不再重要了。

生态学的目标应该是成为一种可预测的科学。然而, 对混沌系统的预测却使我们面临着最严峻的挑战。因此, 我们不难理解, 为什么生态学家会对 "生态系统紊乱的频次如何" 拥有极大的兴趣。但是, 要试图回答并阐明这一问题, 其中还有很大的不确定性。

塔肯斯定理: 重建吸引子

近来关于生态系统中混沌的多数研究, 均基于数学领域的最新进展 —— 塔肯斯定理 (Takens' theorem)。也就是说, 在生态学的背景下, 即使一个系统包含很多相互作用的成分, 其特征 (无论该系统是否混乱) 可能也只需要由其中一个成分 (如一个物种) 在一系列时间节点上的多度来推导。这被称为重建吸引子 (reconstructing the attractor)。具体地说, 例如, 假定一个系统的动态由相互作用的 4 种成分来决定 (简单起见, 比如说 4 个物种)。首先, 将其中一个物种在时间 t 的多度表示为 N_t, 那么, 在时间 t 之前的 4 个连续时间点, 该物种的多度可以按顺序表示为: N_{t-1}, N_{t-2}, N_{t-3}, N_{t-4} ("时滞" 点的数目与初始系统中成分的数目相同)。于是, 该滞后系统 (lagged system) 中吸引者的多度, 就精确重建了初始系统中决定系统特征的吸引者的多度。

在实践中, 这意味着我们可以利用某一物种的多度梯度, 并选用最佳的模型进行 N_t 的预测, 将其作为滞后多度的函数, 然后通过研究这一重建的吸引者来探讨其所在系统的基本动态特征。然而, 生态学的时间序列 (与物理学相比) 特别短并且非常噪杂。因此, 鉴别最佳模型、应用塔肯斯定理, 以及普遍地鉴定生态学中的混沌, 已成为 "方法论上持续争论和完善的焦点" (Bjørnstad & Grenfell, 2001), 而这导致了人们在任何一本教科书 (比如本书) 中都找不到合适的方法。

然而, 尽管存在这些技术上的困难, 人工实验条件下也偶尔表现出明显的混沌 (Costantino *et al*., 1997), 但是生态学家们仍一致认为, 混沌并不是自然生态系统中主要的动态变化模式。因此, 人们想要了解, 为什么在生态学模型中很容易产生的混沌却在自然界中鲜有发生? Fussmann 和Heber (2002) 提供了一个相关的研究案例, 他们通过模拟食物网中的多个种群发现, 食物网表现出的特征与自然界中观察到的特征越相近时 (见第 20 章), 混沌出现的概率就越小。

混沌的普遍性或重要性

因此, 在生态系统中混沌的潜在重要性不言而喻。从基本观点来看, 一个相对简单的系统, 它可能产生复杂的、混乱的动态; 而一个非常复杂的动态变化, 却可能有非常简单的内在解释。从应用的观点来看, 要想生态学成为一门可预测且可操纵的科学, 我们就需要知道, 混沌 (对初始条件极端敏感) 对长期预测的影响程度如何。然而, "混沌有多常见?" 这一关键的实际问题仍然没有得到解决。

5.9 连续繁殖: 逻辑斯谛方程

在第 5.8 节构建并讨论的模型适合于繁殖季节离散的种群, 因此可以用离散的阶段方程, 即不同的方程来描述种群。然而, 这类模型并不适合出生和死亡连续发生的种群。那么接下来, 我们最好利用连续生长模型或者微分方程 (differential equation) 来描述这些种群。

r, 内禀增长率

种群的净增长速率可以用 dN/dt 来表示。它指的是随时间 t 的增加, 种群大小 N 的增加速率。整个种群大小的增加, 是种群中所有个体贡献的总和。因此, 个体的平均增长速率, 或者说 "每个个体的增长率", 就可以用 $dN/dt(1/N)$ 来表示。而这就是当竞争不存在时 "内禀增长率" r 的定义, 在第 4.7 节我们已经讲到了这一点。因此,

$$\frac{dN}{dt}\left(\frac{1}{N}\right)=r \tag{5.19}$$

同时,

$$\frac{dN}{dt}=rN \tag{5.20}$$

如图 5.23 所示, 当 $r>0$ 时, 种群大小的增加受方程 (5.20) 的影响。毫无疑问, 指数增长是没有极限的。

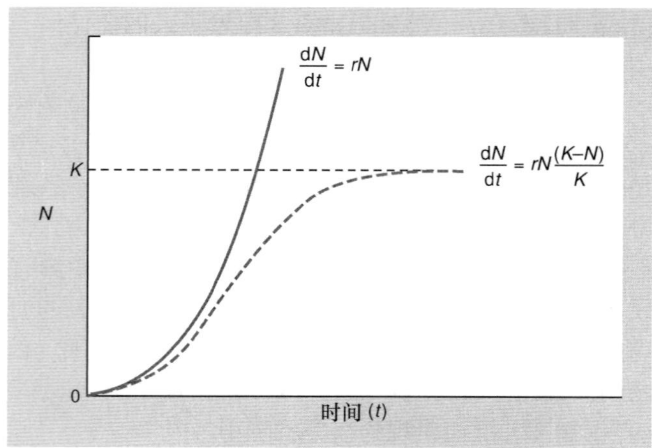

图 5.23 连续繁殖模型中, 密度 (N) 随时间呈指数 (——) 和 S 型 (sigmoidal, – – –) 增长。表现出 S 型增长的方程是逻辑斯谛方程。

实际上, 方程 (5.20) 是方程 (5.8) 指数差分方程的连续形式, 正如第 4.7 节中讨论的, r 就简单地等于 $\log_e R$ [精通数学的读者可以发现, 将方程 (5.8) 进行微分后即可得到方程 (5.20)]。很明显, R 和 r 是对同一参数的度量: "出生率加存活率" 或者 "出生率减死亡率"; R 和 r 相当于不同的 "货币", 它们之间可以进行一定的转换。

逻辑斯谛方程

考虑到实际情况, 我们需要向方程 (5.20) 中引入种内竞争。引入的方法很简单, 与图 5.19 中用到的方法完全相同, 即

$$\frac{dN}{dt} = rN\left(\frac{K-N}{K}\right) \frac{dN}{dt} = rN\left(\frac{K-N}{K}\right) \qquad (5.21)$$

这个方程被称为逻辑斯谛方程 (logistic equation) (由 Verhulst 在 1938 年提出), 如图 5.23 所示, 在种内竞争存在时, 种群大小的增加会受该方程的影响。

逻辑斯谛方程是方程 (5.12) 的等效连续方程, 因此它具有方程 (5.12) 的所有基本特征及其缺点。它描述了一个 S 型增长曲线, 该曲线会逐渐接近稳定的环境容纳量, 然而, 很多方程都可以做到这一点, 而它只是其中之一。它的主要优点在于简明。此外, 我们还可以将不同的竞争强度整合到方程 (5.12) 中, 但要整合到逻辑斯谛方程中并不容易。逻辑斯谛方程是一个等补偿的密度依赖性模型。然而, 尽管存在局限, 该方程依然是第 8 章和第 10 章中的重要模型, 它在生态学发展过程中也起到了关键的作用。

5.10 个体差异: 不对称竞争

5.10.1 个体大小不等性

前面我们已经讨论了整个种群或种群内的每个个体可能经历的过程。然而, 不同个体可能以非常不同的方式对种内竞争作出响应。图 5.24 展示了有关亚麻 (*Linum usitatissimum*) 的一项研究结果, 该研究分别以 3 种不同的密度种植亚麻, 并在 3 个不同的植物发育阶段对其进行收获, 并记录每株植物的质量。如此一来, 就可以探讨: 初始种植密度和植物生长阶段 (首次收获与最终收获之间) 两者导致的竞争程度增加对植物产生的影响。当种内竞争最小时 (植物以最低密度播种, 并生长两周后), 植物个体的质量在其平均值附近对称分布。然而, 当竞争最激烈时, 植物个体质量的分布强烈地向左偏斜: 即较小的植物个体数量众多而较大的植物个体数量极少。随着竞争强度的逐渐增加, 偏斜程度也同样增加。研究发现, 生活在挪威海岸的太平洋鳕 (*Gadus morhua*), 其个体大小的减小及个体大小偏斜程度的增加, 同样与密度增加 (可能存在竞争强度的增加) 有关 (图 5.25)。

平均的不充分性

更普遍地, 竞争强度的增加会导致种群内个体大小不等性 (size inequality) 程度增大, 即总生物量在不同个体间分布的不均匀程度增大 (Weiner, 1990)。在很多动物 (Uchmanski, 1985) 和植物 (Uchmanski, 1985; Weiner & Thomas, 1986) 种群中, 都可以获得类似的结果。典型情况下, 一个经历过较强竞争的种群, 将表现出较强的个体大小不等性, 且通常包含数目众多的小型个体以及数目极少的大型个体。在这种情况下, 如果随意利用 "平均" 个体来描述种群, 将产生非常严重的误导, 并使大家忽略种内竞争对种群中个体的影响, 而实际上, 种内竞争的影响通常在整个种群中都广泛存在。

5.10.2 抢先占有资源

在美国宾夕法尼亚州 (Pennsylvania) 东南部的林地, 生态学家曾对密集的天然一年生北美水金凤 (*Impatiens pallida*) 种群进行过观察, 其研究的结果可以帮助我们了解竞争对种群不等性的放大方式。在长达 8 周的观察期内, 大型个体的生长速度要远高于小型个体 —— 事实上, 小型个体基本没有生长 (图 5.26a)。这就显著增大了种群中个体大小的不等性 (图 5.26b)。因此, 对植物而言,

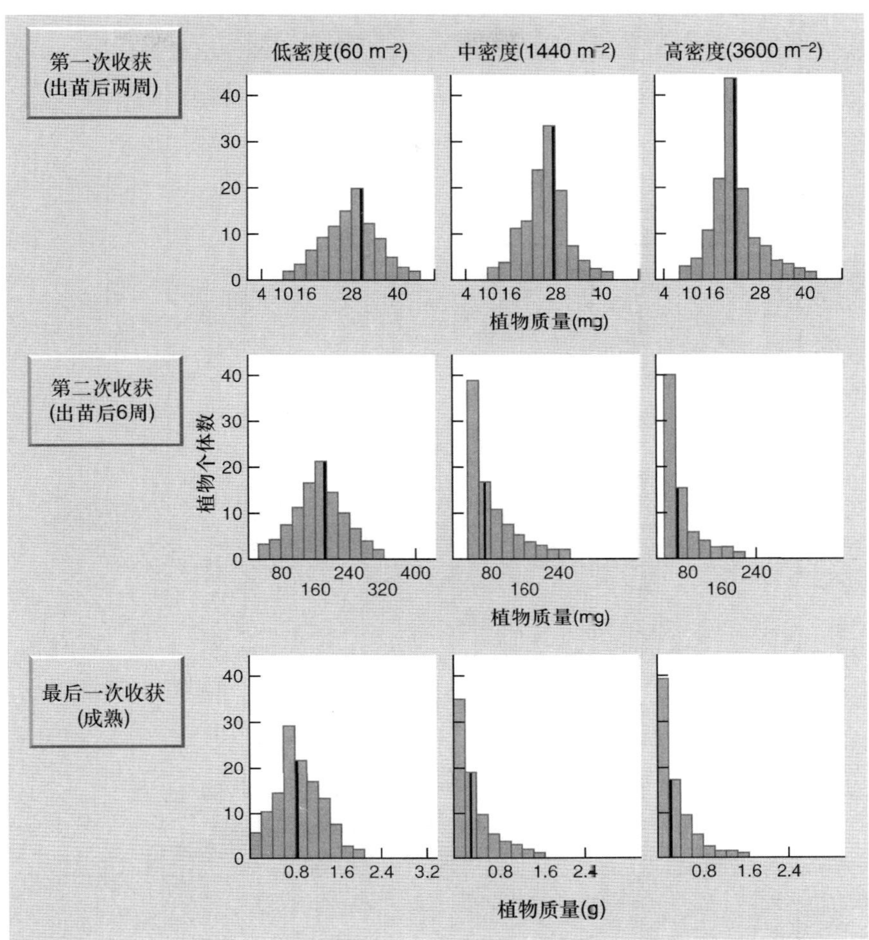

图 5.24 竞争与植物质量的偏斜分布。以 3 种不同的密度种植亚麻 (*Linum usitatissimum*), 并在 3 个时间阶段收获后, 种群中植物个体质量的频度分布。黑色图柱表示平均质量 (仿 Obeid *et al.*, 1967)。

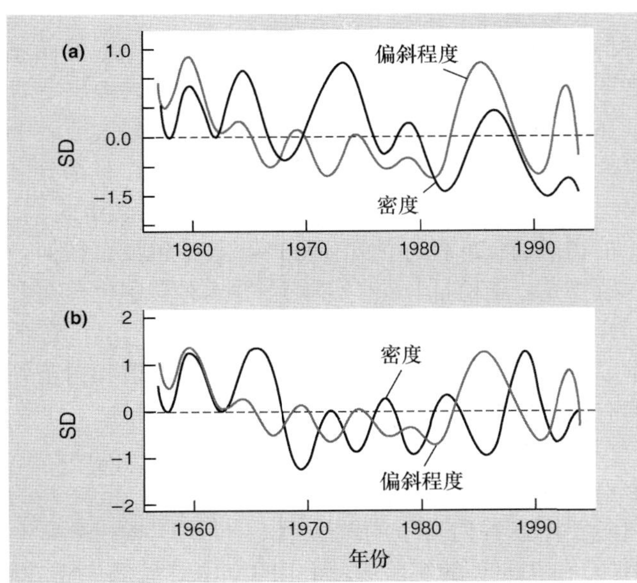

图 5.25 1957—1994 年, 生活在挪威斯卡格拉克海峡 (Skagerrak) 的鳕鱼的 (a) 偏斜值 (基于长度的频度分布) 和密度, (b) 偏斜值和平均长度, 均以偏离平均值的标准差来表示。尽管由于天气变化导致年际波动显著, 偏斜程度的最大值仍然出现在最高密度 ($r = 0.58, P < 0.01$) 时, 此时, 鳕鱼的长度最短 ($r = -0.45, P < 0.05$), 种内竞争也最为激烈 (仿 Lekve *et al.*, 2002)。

其初始大小越小, 就越容易受到相邻植株的影响。早期定植的植物会优先占有或者 "获取" 生长空间, 从而在后期极少受到种内竞争的影响。而这将导致较晚定植的植物更难获取生长空间, 因此后者会受到种内竞争的强烈影响。竞争是不对称的: 其中存在着等级。例如, 竞争会使部分个体受到更大的影响, 并导致个体间较小的初始差异在 8 周后变得更大。

如果竞争的不对称性是由优势竞争者抢先占有资源而导致的, 那么当资源最容易被先占时, 竞争也就最有可能出现不对称性。具体来说, 为了竞争阳光, 优势植株通常长得较高, 并遮蔽劣势植株, 这可能使优势植株能够抢先占有光照资源而不是土壤中的养分或水分; 道理其实很简单, 因为即使是处于非常劣势地位的植株也有可能比优势植物更直接地获得部分可利用的资源。牵牛花藤 (*Ipomoea tricolor*) 的实验就可以证实这一点, 在该实验中, 对照组设置为单独生长的植物 (没有竞争), 处理组分为以下三类: ① 将多株植物分别种在不同的花盆中, 并将这些植物的茎缠绕在同一根木棍子上 (模拟枝叶竞争, shoot competion); ② 将多株植物种在同一个花盆中, 但将它们的茎缠绕在不同的木棍上

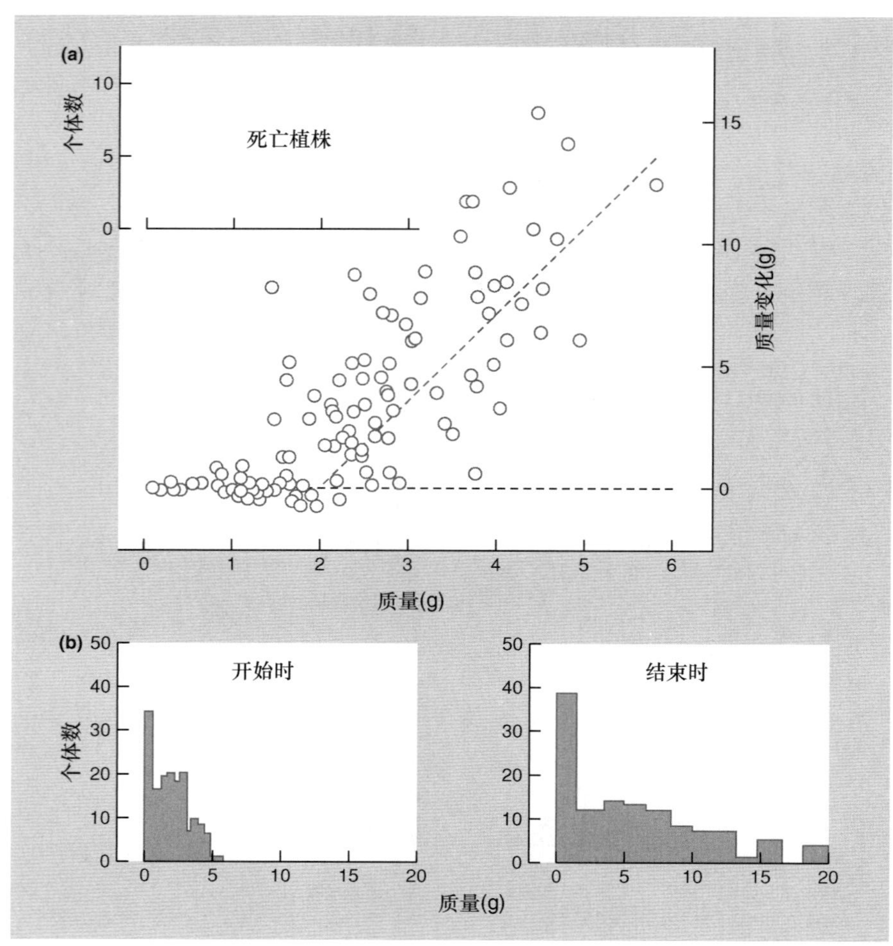

图 5.26　北美水金凤 (*Impatiens pallida*) 自然种群的不对称竞争。(a) 8 周内，不同个体大小的存活植株其质量增加的趋势，以及该时期内，死亡植株其初始个体大小的分布情况。两者共用一个横轴。(b) 实验初期 [基尼系数 (Gini coefficient)，用于检测不等性，0.39] 和末期 (基尼系数,0.48) 的个体质量分布 (仿 Thomas & Weiner, 1989)。

(模拟根竞争, root competion); ③ 将多株植物种在同一花盆中，并将它们的茎缠绕在同一根木棍上 (模拟根和枝叶的双重竞争, shoot and root competion) (图 5.27)。结果，根竞争导致每株个体的平均干重有更大程度的减少，表明根竞争的强度比茎竞争更为激烈，然而，枝叶对光的竞争导致了更大的个体大小不等性。

偏斜和其他等级

对于分级的不对称竞争而言，偏斜分布 (skewed distribution) 只是其表现形式之一，此外，还存在其他的表现形式。例如，Ziemba 和Collins (1999) 研究了蝾螈 *Ambystoma tigrinum nebulosum* 幼体之间的竞争，实验中，将蝾螈幼体进行单独饲养或者与其他竞争者一起饲养。结果发现，体型最大的幼体其个体大小并不受竞争的影响 ($P = 0.42$)，但是体型最小的幼体其个体大小却显著减小 ($P < 0.0001$)。这说明种内竞争不仅能放大个体之间的差异，并且还受到个体差异的强烈影响。

在一个更长的时间尺度下，瑞典的多年生草本植物獐耳细辛 (*Anemone hepatica*) 也表现出一定的不对称竞争 (asymmetric competition) (图 5.28) (Tamm, 1956)。该种群中，许多作物幼苗在 1943—1956 年间定植，然而非常明显的是，植株在 1943 年的定植状态极大地决定着其在 1956 年的存活状态。1943 年时已长成较大或者中等大小的 30 株植物中，28 株存活至 1956 年，且部分已长出分枝。相比之下，1943 时较小或仍然是幼苗的 112 株植物，仅有 26 株存活至 1956 年，其中也没有任何一株植物充分定植且开花。实际上，乔木种群中也存在着同样的生存模式。少数定植成功的成体具有高的存活率、出生率及适合度，而相比之下，许多幼苗和树苗则拥有相当低的存活率、出生率及适合度。

不对称性增强了调节作用

综上所述，我们可以得到一个重要的普遍性结论：不对称性倾向于增强种内竞争的调节力。例如，在 Tamm 的实验中，每年的竞争结局都一样，即定植的植物总是获胜，而其他矮小的植物和树苗则总是失败。这使得在 1943—1956 年间，成功定植的植株数接近常数。每年都有数量几乎恒定的植物在竞争中获胜，同时大多数植物在竞争中失败，它们不仅不能生长，而且通常会死去。

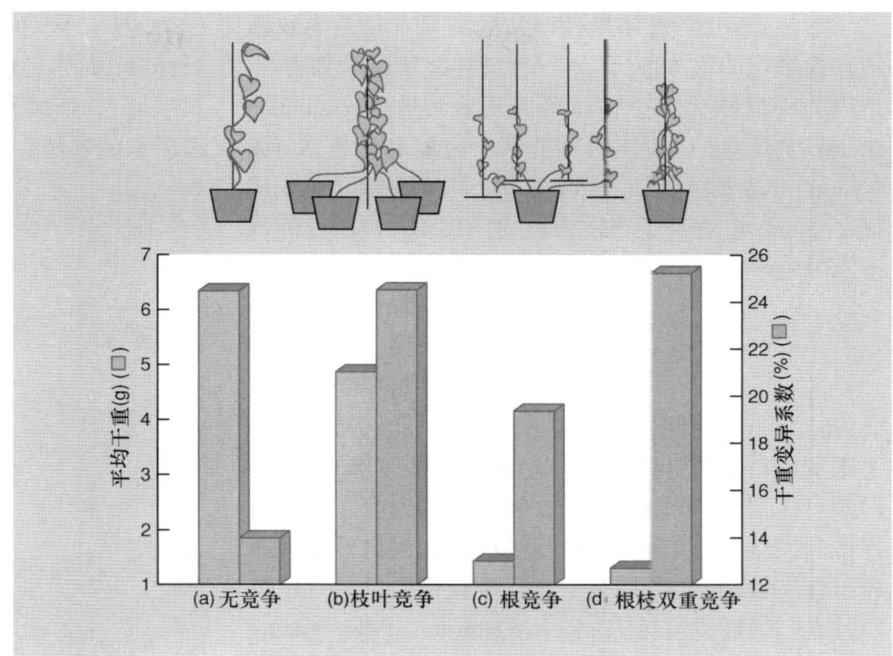

图 5.27 当牵牛花藤发生种内竞争时，根竞争有效降低了平均株重 [组间差异显著，$P < 0.01$，(c) 和 (d) 间除外]，而枝叶竞争则有效增加了植株个体大小的不等性，这通过测量质量的变异系数获得 [组间差异显著，(a) 和 (b) 间，$P < 0.05$，(a) 和 (d) 间，$P < 0.01$] (仿 Weiner, 1986)。

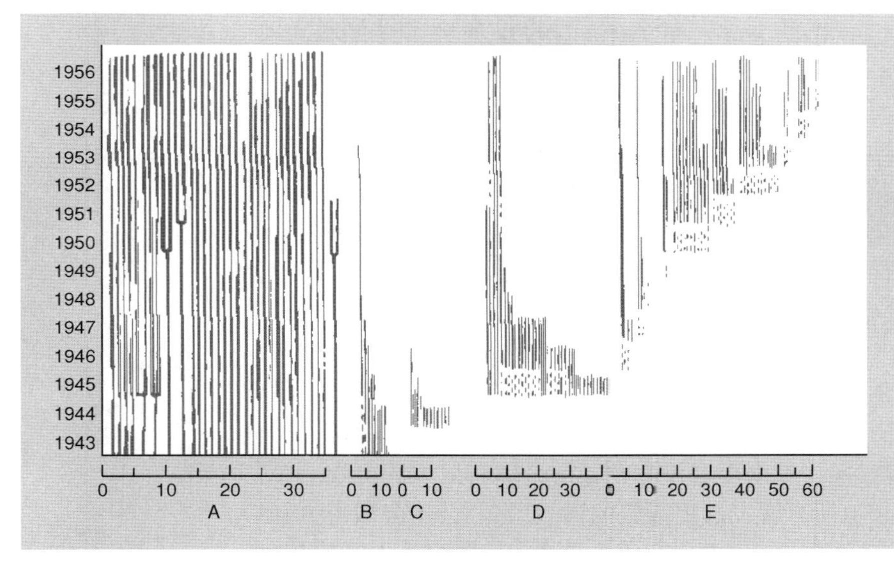

图 5.28 瑞典森林中多年生草本植物獐耳细辛 (*Anemone hepatica*) 的空间竞争。每条线代表一个植株：直线代表无分枝的植株，分叉的线代表有分枝的植株，粗线代表开花的植株，虚线表示当年该植株不存在。A 组表示 1943 年存活的高大植株，B 组表示 1943 年存活的矮小植株；C 组表示在 1944 年首先出现的树苗，D 组表示在 1945 年出现的树苗，E 组表示这之后出现的树苗 (仿 Tamm, 1956)。

5.11 领域性

领域性 (territoriality) 是一种特别重要且普遍的现象，它能导致不对称的种内竞争。领域性通常发生于个体间存在主动干扰时，这时个体可能通过某种可辨识的领域行为来驱逐入侵者，并保护其专属区域，即领土。

领域性是一场竞赛

在领域性物种 (territorial species) 中，那些没有获得领域的个体常常对其后代没有贡献。那么，领域性就是一场竞赛，有胜利者 (领域占有者)，也有失败者 (没有领域者)，但在任何时候胜利者的数量都是有限的。在任意一年，领域 (胜利者) 的准确数量通常都是不确定的，而且受环境条件的影响，表现出一定的年际变化。然而，像不对称竞争一样，领域性竞赛在根本上确保了一定数量的存活个体及繁殖个体。因此，领域性的一个重要后果就是对种群进行调节，或者更确切地说，是对领域占有者数量的调节。因此，当领域占有者死亡，或者被实验性地去除后，它们的位置通常会被新来者迅速占据。例如，在大山雀 (*Parus major*) 种群中，空闲的林地领域就会被来自矮树丛 (繁殖成功率特别低) 的鸟重新占领 (Krebs, 1971)。

某些研究认为，领域性调节的结果本身是导致领域行为进化的根本原因——领域性之所以受到青睐，是因为种群作为一个整体可以从分配效应 (rationing effect) 中获益，从而使得种群不会过度利用资源 (如 Wynne-Edwards, 1962)。然而，这种"群体选择论" (group selectionist) 也遭到了非常强有力的反对：领域性的根本原因应该归结于对个体有利的自然选择方面。

领域性的好处和代价

个体从领域性中获得的好处，肯定要超过其用于领地防御的消耗。在动物中这些防御措施既包括竞争者之间的激烈搏斗，也包括能够被竞争对手识别的精细的"驱逐"信号 (如声音或气味)。然而，即使身体损伤的可能性极低，领域动物也会在巡逻及宣传其领域方面消耗大量的能量，而如果自然选择有利于领域性的产生，那么生物从中获得的益处肯定要超过它们的能量消耗 (Davies & Houston, 1984; Adams, 2001)。

例如，Praw 和 Grant (1999) 研究了慈鲷科鱼类 *Archocentrus nigrofasciatus* 在保护不同大小的食物领域时获得的利益以及付出的代价。当领域大小增加时，领域保护者获取的食物量增加 (属于利益；图 5.29a)，但是驱赶入侵者的次数也同样增加 (属于代价；图 5.29b)。进化有利于个体选择中等大小的领域，此时个体所付出的代价和收益之间的权衡达到最佳，事实上，领域保护者在中等大小的领域中拥有最大的生长速率 (图 5.29c)。

另一方面，仅从领域占有者的净收益角度来解释领域性，非常类似于总是从胜利者的角度来撰写历史。此外，目前还存在另一个棘手的问题没有得到解决——如果那些没有领域的个体有更大的决心，并对领域所有者发起更频繁的挑战，它们会不会做得更好？

并非简单的胜利者和失败者

当然，只用有或无来描述生物的领域未免太过简单了。通常情况下，除了第一名和第二名之外，还有一系列的安慰奖——并不是所有的领域都具有同样的价值。在荷兰海岸进行的一项有关蛎鹬 (*Haematopus ostralegus*) 的研究，可以很好地阐明这一点，其中，许多鸟既要保护其在盐沼中的筑巢领域，又要保护光滩中的觅食领域 (Ens *et al.*, 1992)。对于部分鸟 (留鸟) 来说，觅食领域只是筑巢领域的简单延伸：它们形成一个空间单元。然而对于其他鸟 (候鸟) 来说，它们的筑巢领域远在内陆，因此和觅食领域在空间上是分离的 (图 5.30a)。相比候鸟，留鸟能够给后代提供更多的食物 (图 5.30c)，也因此能够喂养更多的后代 (图 5.30b)。从幼时起，留鸟幼雏就跟随其父母在光滩进行捕食；而候鸟幼雏在羽翼丰满之前都一直局限于筑巢区域，并依赖其父母喂食。可见，留鸟的领域要远胜过候鸟的领域。

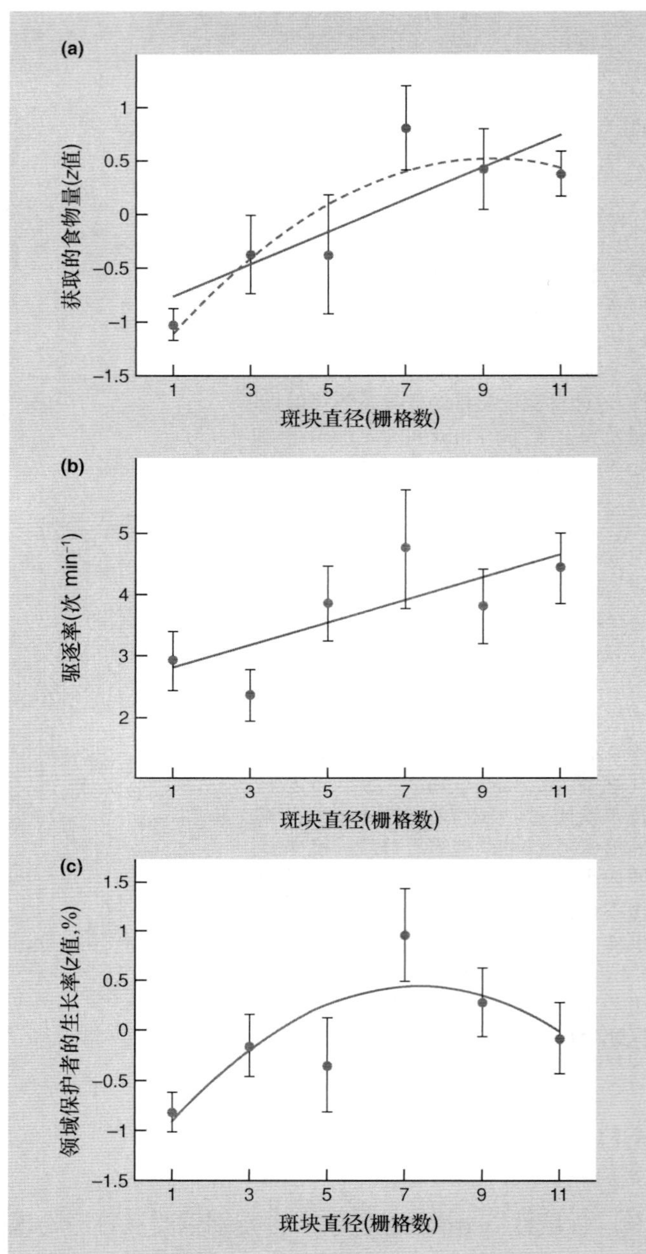

图 5.29 慈鲷科鱼类 *Archocentrus nigrofasciatus* 的最佳领域大小。(a) 当斑块大小 (领域) 增加时，领域保护者获取的食物量 (标准化的 z 值) 也增加，但在斑块 (领域) 最大时趋于稳定 (实线为线性回归：$r^2 = 0.27, P = 0.002$；虚线为二项式回归：$r^2 = 0.33, P = 0.003$)。(b) 随领域大小的增加，领域保护者驱赶入侵者的次数增加 (线性回归：$r^2 = 0.68, P < 0.0001$)。(c) 随领域大小的增加，领域保护者的生长速率在中等大小的领域中达到最大 (二项式回归：$r^2 = 0.22, P = 0.028$) (仿 Praw & Grant,1999)。

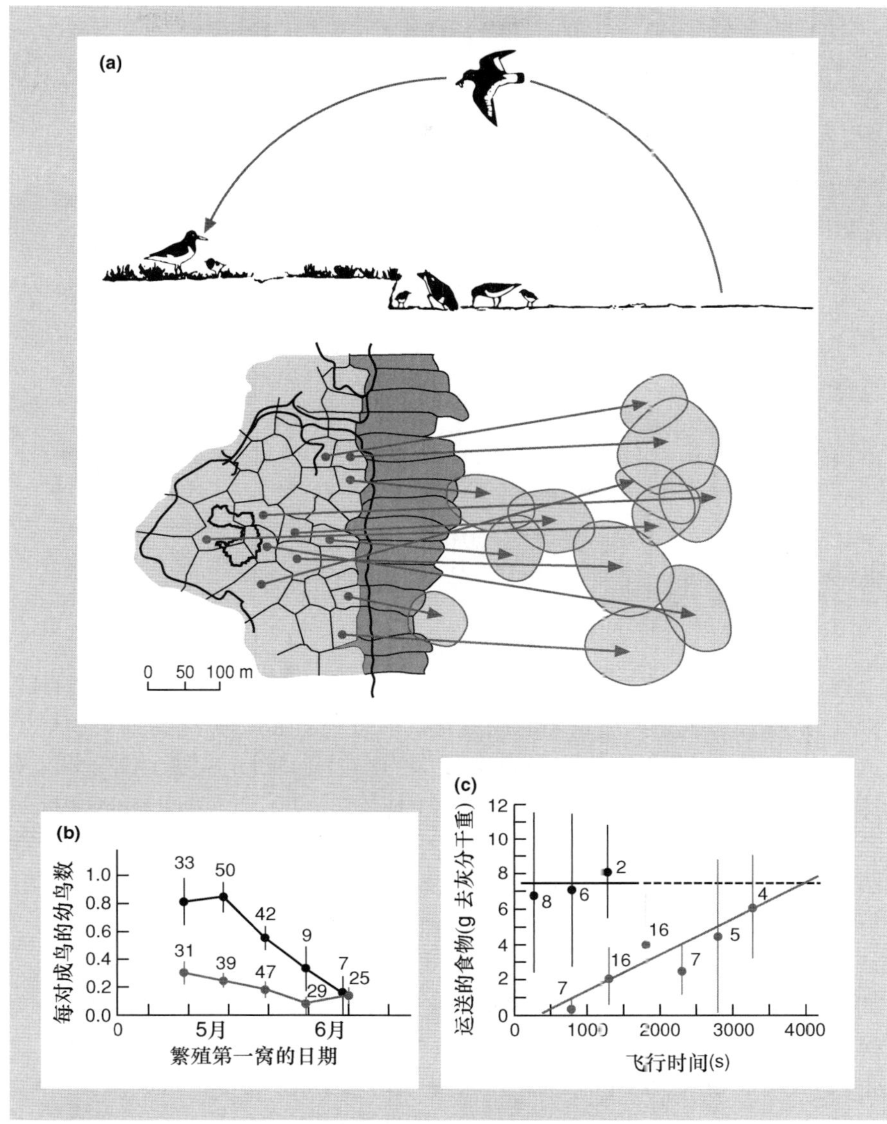

图 5.30 (a) 荷兰海岸带为蛎鹬提供了筑巢领域和觅食领域。在留鸟领域 (阴影部分), 筑巢区领域和觅食领域相邻, 幼时, 留鸟幼雏即从筑巢领域被带到觅食领域; 然而, 候鸟的筑巢领域和觅食领域是分离的, 候鸟幼雏在羽翼丰满之前, 只能依赖其父母喂食; (b) 留鸟 (•) 比候鸟 (•) 喂养更多的后代; (c) 留鸟 (•) 比候鸟 (•) 运送更多的食物 (去灰分干重 (ash-free dry weight, AFDW) 的克数, 及标准偏差)。后者运送的食物越多, 将花费越多的努力 (飞行), 因而仍落后于留鸟 (仿 Ens *et al.*, 1992)。

5.12 自疏作用

从本章内容, 我们可知种内竞争能够影响一个种群的死亡个体数、出生个体数以及生长量。我们主要通过察看竞争的最终结果来阐明其影响。但实际上, 种内竞争的影响通常是渐进的。随着种群中个体年龄的增加, 个体大小及其对资源的需求也在增加, 因此它们之间的竞争强度也会越来越激烈。而这又反过来逐渐增加它们的死亡风险。然而, 如果部分个体死亡, 种群密度和竞争强度又随之下降, 并将进一步影响到种群的竞争、存活以及密度等等。

5.12.1 动态自疏线

起初, 在植物种群中的研究主要聚焦于一群密集生长的个体同生群, 并关注其可能出现的变化模式。例如, 以不同密度种植的多年生的黑麦草 (*Lolium perenne*), 并在种植 14、35、76、104、146 天后分别收获每一种植密度下的植物样本 (图 5.31a)。图 5.31a 与图 5.14 有相同的对数坐标轴 —— 密度和平均株重。这里, 最重要的是鉴别这两幅图的差异。在图 5.14 中, 每条线代表的是同生群 (cohort) 在不同年龄时产量与密度之间的关系。线上连续的点表示不同的初始种植密度。在图 5.31 中, 每条线都代表不同的初始种植密度, 线

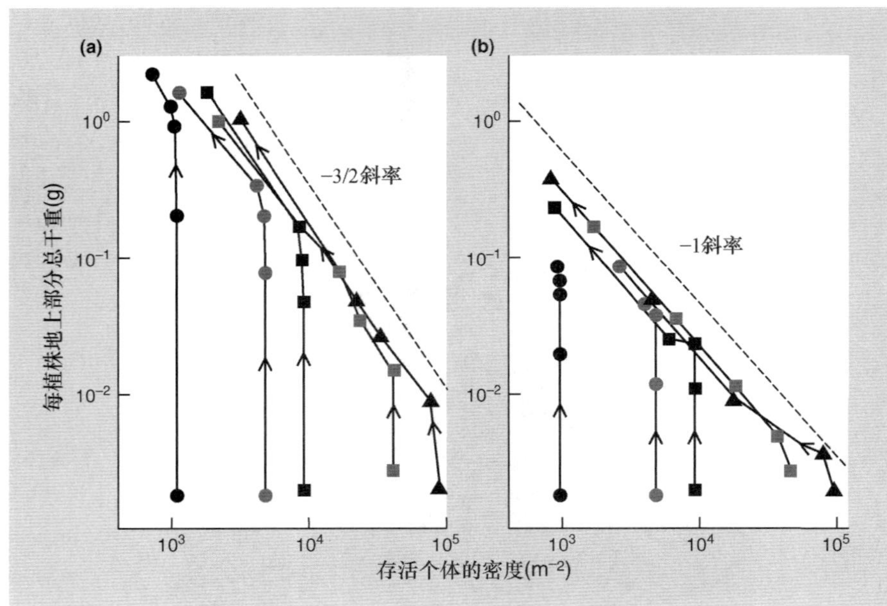

图 5.31 在5个初始种植密度下，多年生黑麦草 (*Lolium perenne*) 的自疏作用：1000 (●), 5000 (●), 10,000 (■) 50,000 (■), 100,000 (▲) 枚种子 m^{-2}。(a) 0% 的遮阴处理和 (b) 83% 的遮阴处理。实验中，分别在5个时间段收获各初始种植密度下的种群，并将其用线段相连。因此它们表示这些种群随时间变化的轨迹。箭头表示轨迹的方向，即自疏作用的方向。详细讨论见正文部分 (Lonsdale & Watkinson, 1983)。

上连续的点代表着在这一初始密度下不同年龄的种群。因此，这些线条就是同生群随时间变化的轨迹线。在轨迹线上，用箭头标示出方向，从数量较多的小型年幼个体 (右下方) 指向数量较少的大型成熟个体 (左上方)。

在种群密度最低时，植物的平均株重 (在给定的年龄下) 最大 (图 5.31a)。那么很显然，当密度最高时，该种群将最先面临大量的个体死亡。然而最值得注意的是，最终所有同生群的密度会下降，同时平均株重随之增加：这些种群大致沿着同一直线发展。可以说，这些种群经历了自疏作用 (self-thinning) (即随着种群中个体的生长，种群密度逐渐下降)，其密度会发生动态变化，而在整个过程中，种群的个体干重与密度的关系趋近并服从一条直线，称为动态自疏线 (dymamic thinning line) (Weller, 1990)。

初始种植密度越低，自疏作用开始得越晚。在所有情况下，种群的初始轨迹线几乎都是垂直的，也就是说死亡率很小。而当它们的轨迹线接近自疏线时，种群的死亡率就会增加，然后所有自疏轨迹线的斜率逐渐接近动态自疏线的斜率，并随之变化。同样需要注意的是，按照惯例，图 5.31 中的 x 轴为密度的 log 值，y 轴为平均株重的 log 值。但这并不意味着密度是平均株重所依赖的独立变量。事实上，在植物生长的过程中平均株重自然会增加，而这将导致种群密度的降低。因此，最好的说法是，种群密度和平均株重两者是完全相互依赖的。

−3/2 幂定律

植物种群 (如果以足够高的密度进行种植) 总会反复地接近并遵循动态自疏线。多年来，人们对所有这些线已有广泛的共识，认为其斜率大约是 −3/2，这一关系常被称为 "−3/2 幂定律" (−3/2 power law) (Yoda *et al.*, 1963; Hutchings, 1983)，因此，密度 (N) 与平均株重 ($\overline{w}$) 之间的关系可用如下方程表示：

$$\log\overline{w} = \log c - 3/2\log N \tag{5.22}$$

或者

$$\overline{w} = cN^{-3/2} \tag{5.23}$$

其中，c 为常数。

然而需要注意的是，在使用方程 (5.22) 和 (5.23) 估计两者关系的斜率时，存在许多统计学的问题 (Weller, 1987)。特别是，由于 $\overline{w}$ 通常被估算为 B/N，其中 B 为单位面积内的总生物量，那么，$\overline{w}$ 与 N 必然相关，并且在一定程度上，两者之间的任何关系都具有欺骗性。因此，最好使用缺乏自相关关系的等价方程：

$$\log B = \log c - 1/2\log N \tag{5.24}$$

或者

$$B = cN^{-1/2} \tag{5.25}$$

5.12.2 物种界线和种群界线

实际上在很多情况下，生物量与密度之间的关系，并不来自随时间变化的单一同生群，而是通过对不同密度 (或者不同年龄) 的一系列密集种群进行比较来获得。在这种情况下，这些线更应该被称作物种界线 (species boundary line)，对该物种而言，密度和平均株重的不同组合是不可能在该线之外出现的 (Weller, 1990)。事实上，物种会受到其生活环境的影响，因此，物种界线本身可以包含一系列种群界线 (population boundary line)，每一条种群界线都界定了该物种的特定种群在特定环境中生存的极限范围 (Sackville Hamilton *et al.*, 1995)。

动态自疏线和界线不必相同

因此，一个种群的自疏轨迹应该先接近而后遵循种群界线，我们称为动态自疏线 —— 但这不一定就是其物种界线。例如，光照条件、土壤肥力、幼苗的空间分布以及其他因素都可能影响特定种群的这一界线 (因此就称为动态自疏线) (Weller, 1990; Sackville Hamilton *et al.*, 1995)。例如，已有不同的研究表明，土壤肥力能够改变自疏线的斜率和/或截距 (Morris, 2002)。

自疏线的斜率为 −1

光照条件产生的影响可以突出自疏线和界线的关键特征，因此我们需要对此进行仔细的考虑。斜率约为 −3/2 意味着，平均株重增加的速度比密度降低的速度更快，因而总生物量也逐渐增加 (总生物量 – 密度图中斜率为 −1/2)。但是最终一定会停止：总生物量不能无限增长。因此，我们希望将自疏线的斜率改为 −1，也就是说，因死亡而丧失的生物量可能通过存活个体的生长来精确平衡，于是总生物量保持不变 (总生物量 – 密度图中的水平线)。当黑麦草 (*Lolium perenne*) 种群处于低光照强度时 (图 5.31b)，就出现过上述情况。相比其他光照条件，在较低光照强度下，斜率为 −1 的界线 (和自疏线) 更为明显。显然，光照条件可以改变种群界线。同时它也强调，如果界线的斜率为负且比 −1 更小 (不论是否为精确的 −3/2)，将意味着一定区域内的种群在达到它的最大生物量之前，其植物密度和平均株重的变化组合将受到局限。下面，我们将进一步讨论它出现的可能原因。

5.12.3 所有物种共有单一的界线?

有趣的是，如果将所有植物物种的自疏线和界线画在同一张图上，我们会发现它们似乎具有相同的斜率，其截距也 [即方程 (5.24) 中的 *c* 值] 都分布在一个很窄的范围内 (图 5.32)。在图 5.32 的右下方，是浓密的矮小植物种群 (一年生草本植物和短命的多年生草本植物)，而图的左上方，是稀疏的大型植物种群，包括已

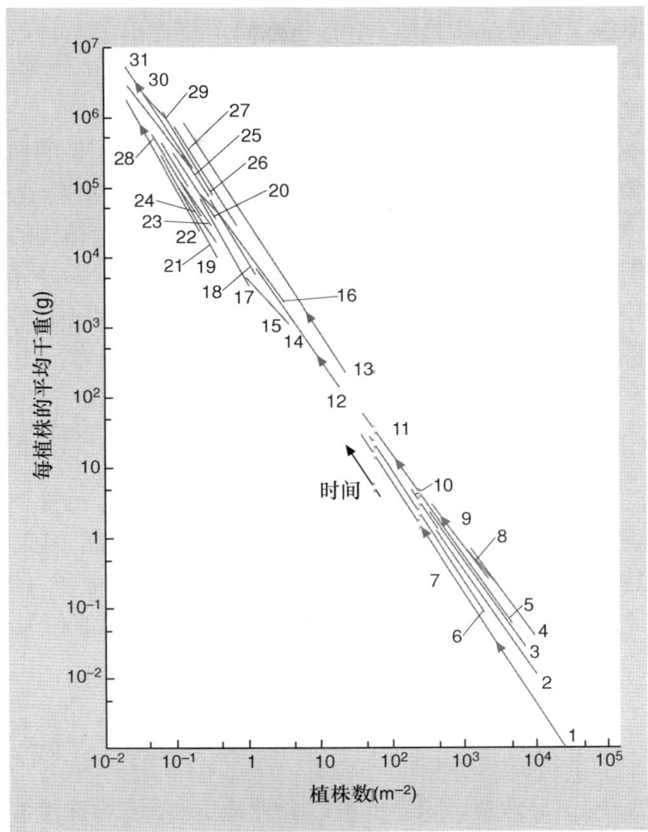

图 5.32 多种草本植物和乔木的自疏作用。每条线代表一个物种，线本身的长短表示观察值的范围。线上的箭头表示自疏作用的方向。该图仿自 White (1980) 的图 2.9，原图中给出了 31 个数据集的来源和物种名称。

知最高的植物海岸红杉 (*Sequoia sempervrens*)。像其他领域一样，科学领域的前沿也是在不断变化的。起初，生态学家们在图 5.32 中发现了一致的趋势 —— 所有植物的自疏线斜率均为 −3/2 (如 White, 1980)，而将那些斜率与之不同的自疏线视为 "噪声"，或者对它们兴趣索然。随后，许多研究提出了不同的观点，并严重地质疑 −3/2 斜率的一致性以及所谓的单一理想自疏线 (Weller, 1987, 1990; Zeide, 1987, Lonsdale, 1990)。尽管如此，两者实际上并不矛盾。一方面，从图 5.32 中可见，自疏线在图形中所占的比例远比随机预期的要小。显然，一些基本的现象能够将所有类型的植物联系起来：不是一成不变的规则，而是一个潜在的总体趋势。另一方面，不同自疏线间确实存在重要的差异，它们同样需要一些合理的解释。

5.12.4 自疏作用的几何基础

于是，我们开始关注这一总体趋势的可能基础，并讨论在该共同趋势下，不同物种或种群表现出差异的

原因。针对总体趋势, 生态学家们主要提出了两种解释。一是, 从几何学的 (多年来只有这一个) 角度; 二是, 基于不同个体大小的植物其资源分配的差异。

从几何学的角度解释如下。在一个持续生长的植物同生群中, 当种群的生物量增加时, 叶面积指数 (L; 单位土地面积的叶面积) 并不会持续增加。不管植物的密度 (N) 如何变化, 叶面积增加到某个特定值后始终保持恒定。事实上, 同样是这一临界值, 在超过该值后, 种群才会遵循动态自疏线而变化。我们将此表达为

$$L = \lambda N = 常数 \tag{5.26}$$

其中, λ 为每株存活植物的平均叶面积。然而, 每株植物个体的叶面积会随着它们的生长而不断增加, 因此, 其平均叶面积 λ 也会增加。由于 λ 代表的是面积, 因此合理地推测, 它应该与一株植物的线性测量值相关, 如茎干直径 D, 相应的公式可表达为

$$\lambda = aD^2 \tag{5.27}$$

其中, a 为常数。同样也可以合理地推测, 平均株重 $\overline{w}$ 与 D 相关, 表示为

$$\overline{w} = bD^3 \tag{5.28}$$

其中, b 为常数。整合方程 (5.26) 至 (5.28) 可得:

$$\overline{w} = b(L/a)^{3/2} \cdot N^{-3/2} \tag{5.29}$$

该式与方程 (5.23) 中的 $-3/2$ 幂定律具有相同的结构, 只是在这里, 截距 c 由 $b(L/a)^{3/2}$ 所代替。

因此, 可以很明显地看出, 为什么自疏线的斜率通常被预期为 $-3/2$。此外, 如果方程 (5.27) 和方程 (5.28) 中的关系适用于所有的植物物种, 且所有植物在单位土地面积上的叶面积 (L) 相同, 那么, 所有物种的常数 c 也大致相同。另一方面, 如果某些物种的 L 并不恒定 [见方程 (5.26)], 或者方程 (5.27) 和方程 (5.28) 中的幂并非恰好是 2 或 3, 又或是这些方程中的常数 (a 和 b) 在种间存在差异或者根本不是常数。那么, 自疏线的斜率将会偏离 $-3/2$, 并且斜率及截距会存在种间差异。根据几何学角度的讨论, 我们就可以很容易地解释, 为什么不同物种的自疏行为具有广泛的相似性, 在仔细分析之后, 也可以知道为什么单一的理想自疏线并不存在, 且自疏线存在一定的种间差异。

几何学角度讨论的复杂性

与简单的几何学论点相反, 在一个持续生长的植物同生群中, 产量和密度之间的关系并不仅仅依赖于死亡个体的数量, 它往往还依赖于存活个体的生长方式。我们已经知道, 竞争常常是高度不对称的 (见第 5.10 节)。如果同生群中死亡的主要是极小个体, 那么密度 (单位面积的个体数) 会随着同生群的生长而迅速下降, 于是斜率会变得更加平缓, 特别是在自疏作用的早期。一个鼠耳芥 (*Arabidopsis thaliana*) 的相关研究可以证实这一观点, 实验中, 选用正常的拟南芥和其突变体, 通过对两者自疏作用的比较发现, 突变体对光敏色素 A 的过度表达极大地降低了它对阴影的耐受性, 进而使得种内竞争变得更加不对称 (图 5.33a)。

此外, 我们可以利用方程 (5.26)~ 方程 (5.29) 来部分解释自疏线斜率与幂定律中 $-3/2$ 间的差异。Wsawa 和Allen (1993) 研究了山地假山毛榉 (*Nothofagus solandri*) 和赤松 (*Pinus densiflora*) 个体生长的数据, 并利用它们对这些方程中的一系列参数进行估算。例如, 他们对方程 (5.27) 和方程 (5.28) 中指数的估算结果并非 2 和 3, 对于山毛榉来说是 2.08 和 2.19, 对于赤松来说则是 1.63 和 2.41。这表明, 自疏斜率在第一个例子中是 -1.05, 而在第二个例子中为 -1.48, 这与实际观察到的斜率 -1.06 和 -1.48 非常一致 (图 5.33b)。此外, 截距常数的估算值和实测值也非常相似。因此, 这些结果表明, 自疏线斜率也可以是除 $-3/2$ 之外的值, 而且可以根据相关物种的详细生物学特性进行解释 —— 然而即使物种的自疏斜率是 $-3/2$, 如红松, 也是由其他原因导致的 (是 $-2.41/1.63$, 并非真正的 $-3/2$)。

5.12.5 自疏界线的资源分配基础

基于几何学的讨论, 以及在斜率估测时面临的统计学困难, 越来越多的人意识到, 斜率值可能非常多样化, 而这将有助于形成对潜在趋势的另一种解释。West 等 (1997) 提出了一个非常普遍的模型, 该模型认为, 生物 (不只是植物) 拥有精妙的结构设计, 可以使获取的资源在生物体中进行最有效的分配。因此, Enquist 等 (1998) 使用了该模型, 并认为个体的资源利用率 u 应该与平均株重 $\overline{w}$ 相关, 具体方程如下:

$$u = a\overline{w}^{3/4} \tag{5.30}$$

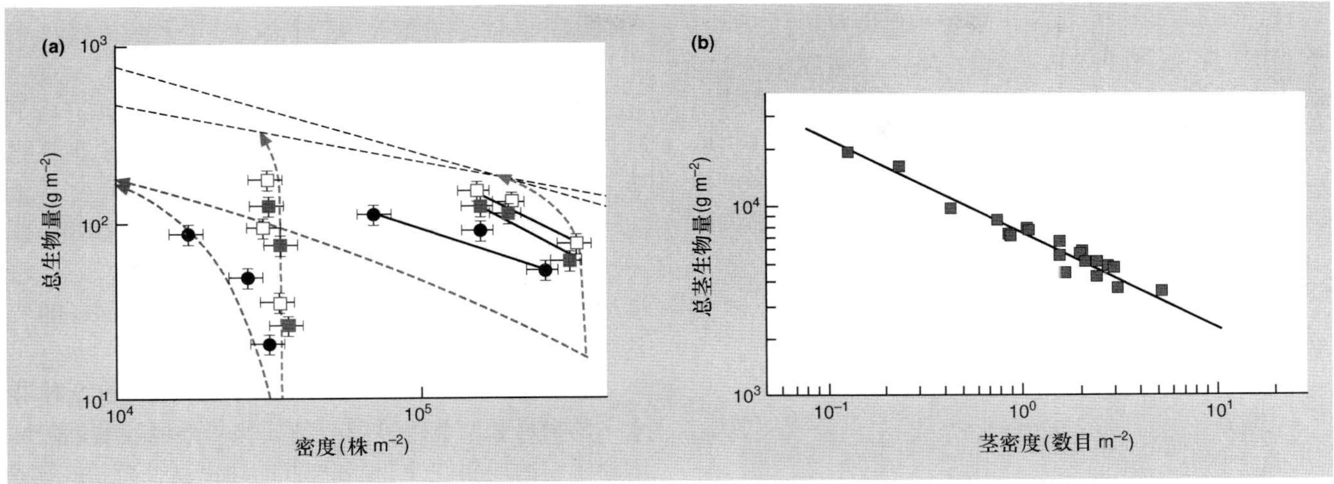

图 5.33 (a) 鼠耳芥 (*Arabidopsis thaliana*) 的两株野生型 (□ 和 ■) 和一个光敏色素 A 过表达的突变体 (•) 在播种 15、22、33 天后 (从下向上), 总生物量与密度之间的关系。数据点表示平均值 (±1 SE, $n = 3$)。在每种情况下, 所有的生物型都以两种初始密度进行种植; 黑色的回归实线表示较高初始密度下的情况。较陡的黑色虚线斜率为 −1/2 (表明符合 −3/2 自疏线), 较平缓的线斜率为 −1/3 (表明符合 −4/3 自疏线)。图中分别标示了不对称 (—) 和对称 (- - - - - -) 竞争的模型轨迹。突变体品系的自疏线更为平缓, 表明不对称竞争作用更强 (仿 Stoll *et al.*, 2002)。(b) 日本北部赤松 (*Pinus densiflora*) 种群的物种界线 (斜率 = −1.48) (Osawa & Allen, 1993)。

其中, a 为常数。实际上, Enquist 等 (1998) 还发现了这一关系的实验依据。

−4/3 还是 −3/2?

随后他们还认为, 植物已进化出充分利用资源的能力, 因此, 如果 S 是单位面积的资源供应率, $N_{\max}$ 是植物的最大允许密度, 那么,

$$S = N_{\max} u \tag{5.31}$$

或者, 结合方程 (5.30) 可得出,

$$S = aN_{\max}\overline{w}^{3/4} \tag{5.32}$$

但是当植物的资源供应率达到稳态时, S 应该是常数。因此,

$$\overline{w} = bN_{\max}^{-4/3} \tag{5.33}$$

其中, b 也是常数。简言之, 在这种情况下, 种群界线的预期斜率应该是 −4/3 而不是 −3/2。

Enquist 及其同事认为, 可获取的数据更支持种群界线的斜率是 −4/3 而不是传统的 −3/2。然而, 这既不是之前数据调查的结果, 也不是后续实验分析的结果 (图 5.33a; Stoll *et al.*, 2002)。究其原因, 一方面从几何学角度的讨论只关注了光吸收, 因此, 实验数据也很可能大多来自植物的地上部分 (光合组织或支持组织); 而 Enquist 等讨论的是更为普遍的资源获取, 因此, 他们所收集的数据至少部分是整株植株 (叶子、茎和根) 的质量。另一方面, Enquist 等收集的数据关注大量物种的最大密度, 其他研究则关注物种的自疏过程, 而该过程通常发生于生物受到最大资源限制之前。因此, 这两种方法可能并不矛盾。

5.12.6 动物种群的自疏作用

无论是固着生活还是移动生活的动物, 都应该具有自疏作用, 在一个同生群内, 个体的不断生长将导致不同个体之间发生竞争, 并进而降低其自身的密度。对光的共同需求可以将所有的植物联系起来, 然而, 没有什么因素可以将动物联系起来, 因此在动物中存在普遍自疏定律 (self-thinning rule) 的可能性很小。但是, 密集的固着动物, 同植物一样, 也需要在近乎恒定的区域内压缩体积。已有研究发现, 贻贝的自疏线斜率为 −1.4, 藤壶的则为 −1.6 (Hughes & Griffiths, 1988)。此外, 群居在智利海岸的被囊类动物 *Pyura praeputialis*, 其自疏线斜率仅为 −1.2; 但是相比植物, 岩岸无脊椎动物的生存环境要更加 "立体", 它们可以生活于一个被彻底占领区域中的多个平面 (与植物恒定的叶面积指数相反), 据此, 对数据分析进行修正, 新估算的斜率为 −1.5 (图 5.34a)。

对于非固着生活的动物, 已有的研究表明, 代谢率与个体大小之间的关系可以产生斜率为 −4/3 的自疏

线 (Begon *et al*., 1986)。然而，这一结论的普遍性可能比植物中的相应规律受到更多的质疑，考虑到资源供应的变化、潜在关系系数的变化，以及动物的自疏作用可能依赖于领域行为而不是简单的食物可利用性 (Steingrimsson & Grant, 1999)。尽管如此，仍有越来越多的研究证实了动物的自疏作用，特别是鱼类，但其机制尚不清楚 (图 5.34b)。

植物中自疏作用模式与曾经想象的不是很一致，动物很可能比植物更加不符合常规的自疏定律。

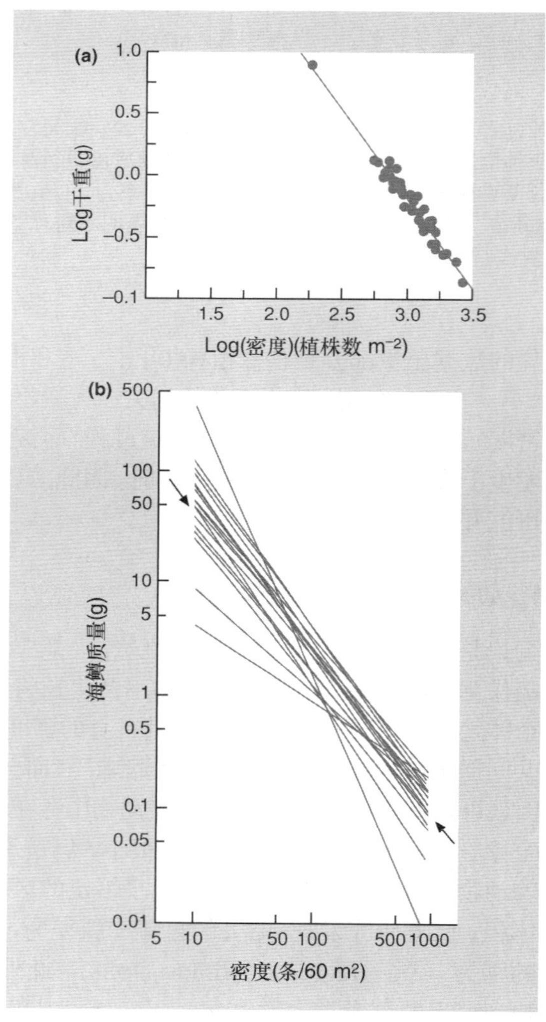

图 5.34 (a) 被囊类群居动物 *Pyura praeputialis* 的自疏作用，修正后的密度考虑了"有效面积" (effective area)，其中引入了被囊类动物定殖的层数。估算的斜率为 −1.49 (95% CI: 从 −1.59 到 −1.39, $P < 0.001$) (仿 Guinez & Castilla, 2001)。(b) 英国湖区溪流中 23 龄级褐鳟 (*Salmo trutta*) 的动态自疏线，箭头表示平均回归线的位置 (斜率为 −1.35) (仿 Elliott, 1993)。

小结

本章首先给出了种内竞争的概念，并对此进行了具体阐述。其中，区分了资源利用性竞争和干扰性竞争，且强调竞争是单向的。

我们描述了种内竞争对死亡率、生育力的影响；区分了密度依赖的低补偿、等补偿以及超补偿。当然，密度通常是对拥挤程度或资源短缺程度的一种简易的表达方式。

种内竞争在个体水平上的影响将反过来改变种群水平的格局和调节趋势。这里，定义了环境容纳量并且解释了它的局限性，同时对种群的净更新补充曲线和 S 型生长曲线进行了阐释。

本章描述了种内竞争对生长率的影响，特别是构件生物，并解释了恒定最终产量定律。

我们描述了如何利用 k 值量化种内竞争的激烈程度，并区分了分摊式竞争和争夺式竞争。

本章介绍了数学模型在生态学中的一般应用，并构建了受种内竞争影响的繁殖季节离散的种群模型。该模型表明，时滞效应可以引起种群波动，不同类型的竞争可能导致不同类型的种群动态，包括揭示其本质和重要性的确定性混沌格局 (patterns of deterministic chaos)。此外，构建了连续繁殖的模型，并由此引出了逻辑斯谛方程。

之后，我们解释了竞争导致个体差异的重要性，以及个体差异在产生不对称竞争中的重要性。不对称性倾向于增强调节作用，而领域性是其中特别重要的例子。

在植物种群中，我们特别关注了竞争对生长和死亡率的渐进影响与自疏过程之间的联系。我们解释了单一同生群中动态自疏线的性质和 −3/2 幂定律，同时阐述了从一系列不同密度的拥挤种群中获得的物种和种群界线。我们讨论了所有物种是否共有单一的界线这一问题。

从两个角度，我们分别解释了物种间的一致趋势：一是几何学角度，二是不同个体大小植物的资源分配角度。

最后，我们讨论了动物种群中的自疏作用，并得出以下结论：与以往的预期相反，植物的自疏作用模式并不一致。此外，动物受一般自疏法则的限制可能并不比植物少。

第 6 章
扩散、休眠和集合种群

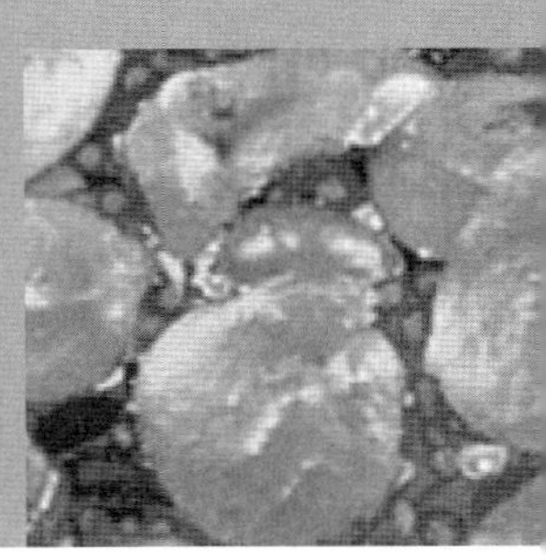

6.1 引言

自然界中的所有生物都是从其他地方迁移到它们现在所生活的地方, 即使像牡蛎和红杉树这样看起来不擅迁徙的物种也是如此。从植物种子的被动散布、运动, 到动物有目的的迁徙行为, 都包含在这种迁徙运动的范围之内。扩散 (dispersal, 植物生态学也译为 "散布") 和迁移 (migration) 常被用来描述生物这类运动的两个不同方面。按照定义, 虽然实际的活动是由个体来完成的, 但这两个术语是指生物有机体的群体活动。

"扩散" 和 "迁移" 的含义

扩散一般是指一些个体离开其他个体而扩散出去, 因此这个概念适合描述以下几种情况: ① 植物种子和海星幼虫离开亲本和其他同胞个体; ② 鼠群从大草原的一个地点转移到另一个地点, 鼠群在沿着一个方向扩散的时候常常在所经过的地区留下常驻鼠, 沿不同方向扩散的鼠群相互之间能形成平衡制约; ③ 生活在一个群岛中的陆栖禽类在不同岛屿间 (或生活在一片混交林植物中的蚜虫) 寻找一个合适的生境。

迁移通常指一个物种的大量个体从一个地点迁到另一个地点, 是成群的定向移动。因此, 这个术语不仅适用于经典的迁徙 (蝗群的迁飞、鸟类跨越大陆的旅行), 而且对于一些不太明显的例子, 如海岸动物随潮汐循环来回搬迁也同样适用。无论扩散在特定的案例中具体是怎样进行的, 在本章节中我们都将迁移这一过程有效地分为三个阶段: 开始、移动和终止 (South *et al*., 2002), 或者说, 迁出 (emigration)、转移 (transfer) 和迁入 (immigration) (Ims & Yoccoz, 1997)。这三个阶段 (以及由其所引发的问题) 从行为学的角度来看 (是什么启动和终止了迁移等) 以及种群统计学的角度来看 (个体减少和增加的区别等) 都是不同的。这三个阶段的划分同时也强调扩散不仅包括个体离开它们亲本及邻居的生活环境; 通常还具有大量的发现甚至探索的成分。将出生扩散 (natal dispersal) 和繁殖扩散 (breeding dispersal) 这两个概念区别开来也是很有用的 (Clobert *et al*., 2001)。前者指在个体的出生地和第一次繁殖地之间的运动。这是植物能做到的唯一散布方式。繁殖扩散是在两个相继繁殖区域之间的运动。

6.2 主动和被动扩散

如同大多数生物学中的分类一样, 主动扩散 (active dispersal) 和被动扩散 (passive dispersal) 之间的界限也很模糊。例如, 随着空气流而进行的被动扩散不仅限于植物。幼蛛会爬到位置高的地方然后释放出轻薄的蛛丝, 这些蛛丝会带着幼蛛随风飘散; 这也就是说在这个过程中,"开始" 是主动的, 而 "运动" 却是被动的。即使是昆虫的翅膀, 也只不过是在被动运动的过程中起到辅助作用而已 (图 6.1)。

6.2.1 被动散布: 种子雨

多数种子落在靠近亲本的地方, 其密度随着离亲本距离的增加而下降。靠风传播的种子和那些靠母体组织主动弹射的植物 (如许多豆科植物) 均属于这种情况。散布后代的最终目的地取决于亲本最初的位置, 以及散布者 (disperser) 的密度与亲本距离之间的关系, 但目的地微生境的具体情况则要看运气。扩散并不是探索式的, 而是一种偶然的发现。一些动物的扩散实质上也属于同样的类型。例如, 多数栖息于池塘且发育过程不存在自由飞行阶段的生物, 其扩散有赖于具抗性的能被风吹动的结构 (例如, 海绵的芽球、鳃足虫的包囊)。

直接落在亲本下面的种子密度通常较低, 在距离亲本植株较近的地点逐渐升高并达到峰值, 然后随着距离增加而急剧下降 (图 6.2a)。然而, 研究种子散布有很多的实际困难 (如跟踪种子), 距散布源越远这样的困难就越难以解决。Greene 和Calogeropoulos (2001) 认为 "多数种子散布不远" 的观点与多数钥匙和隐形眼镜都遗失在街灯附近的看法类似。当然, 已有的极少数关于长距离散布的研究认为, 在离最初散布源较远时, 种子

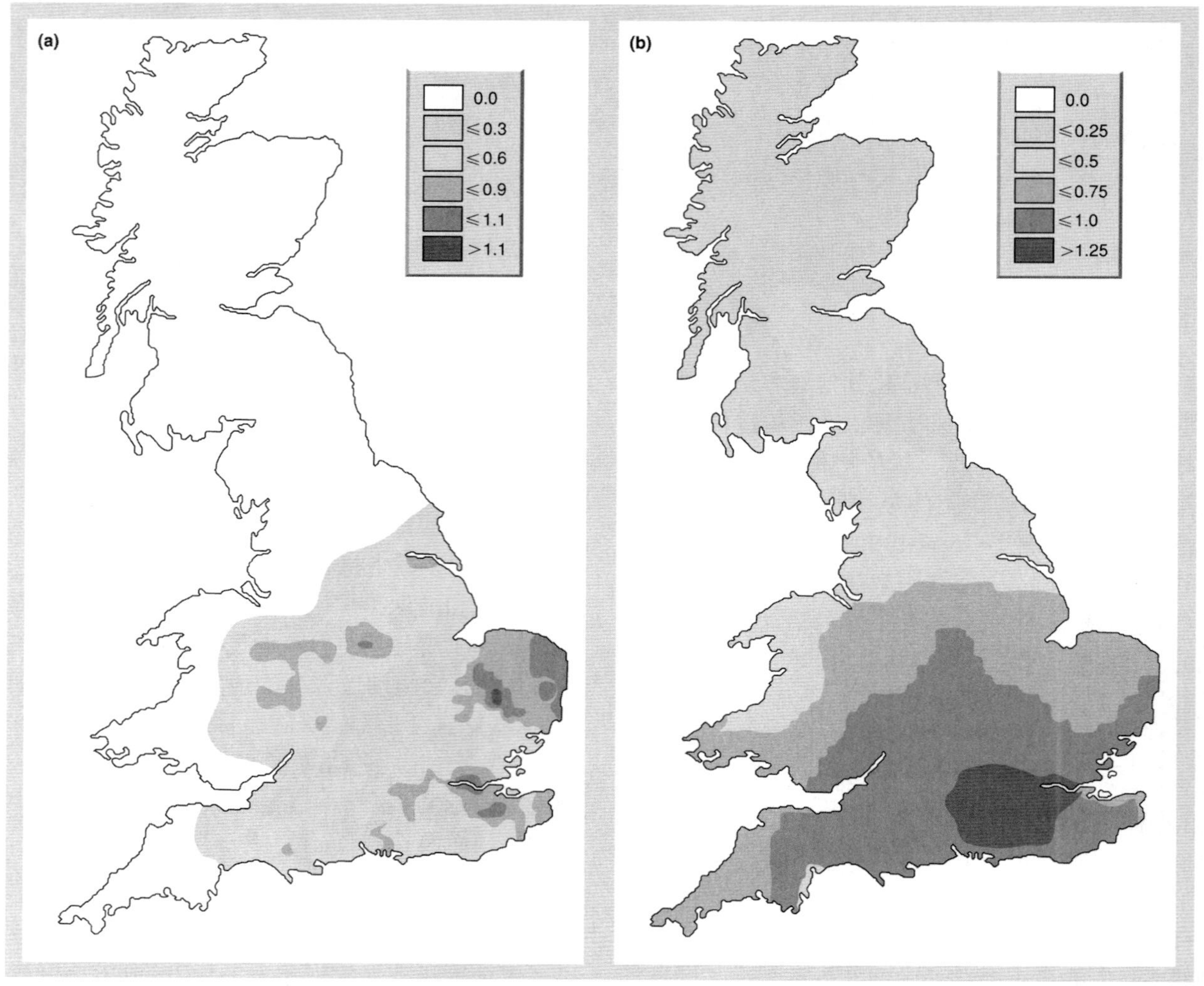

图 6.1 有翅型黑豆蚜 (*Aphis fabae*) 春季的密度很大程度上反映了风的携带作用。(a) 卫矛植物体上发现有黑豆蚜虫卵, 在英国, 虫卵越冬后的分布情况反映该种植物的分布 (log_{10} 表示每 100 个卫矛芽含有虫卵个数的几何平均数)。(b) 到了春季, 虽然蚜虫卵的最高密度仍在卫矛分布的地区, 但蚜虫已经随风扩散到了整个国家 (log_{10} 表示空中密度的几何平均数) (仿 Compton, 2002; 引自 Cammell *et al.*, 1989)。

密度随散布距离增加下降缓慢 (图 6.2b)。而且, 即使只有少数几枚种子能够做到长距离散布, 这种长距离的散布也对它们入侵或重新拓殖新的分布区起到关键作用 (参见第 6.3.1 节)。

6.2.2 通过互利媒介的被动散布

如果有主动的媒介参与扩散过程, 则扩散的不确定性可能会降低。森林地表上生长的许多草本植物的种子具有棘刺, 这些棘刺使它们更容易粘到动物的皮毛上, 增加了其被动携带散布的机会。种子就在动物理毛时散落下来, 集中分布在巢穴或洞道中。许多灌木丛和低矮乔木植物的果实果肉很多, 对鸟类很有吸引力, 而且种子的种皮能抵抗肠道的消化作用。然而, 种子究竟会散布到哪里去就不好确定了, 这取决于鸟的排便行为。这样的联合通常被认为是 “互惠的” (mutualistic) (对双方都有好处 —— 见第 13 章): 种子的散布以一种或多或少可以预测的方式进行; 协助扩散的动物则吃到了作为奖励的果肉或部分 (能够被再次发现) 种子。

动物中也有通过活跃媒介扩散的重要实例。例如, 许多种螨类可通过附着在以粪便或腐肉为食的甲虫身上, 非常直接有效地在粪堆之间或不同的腐肉之间传播。它们通常附着在新出现的甲虫成体上, 然后当这个成体到达另一个新的粪堆或腐肉后, 螨虫会离开甲虫。这也是典型的互惠互利: 螨虫获得了一个扩散媒介, 而

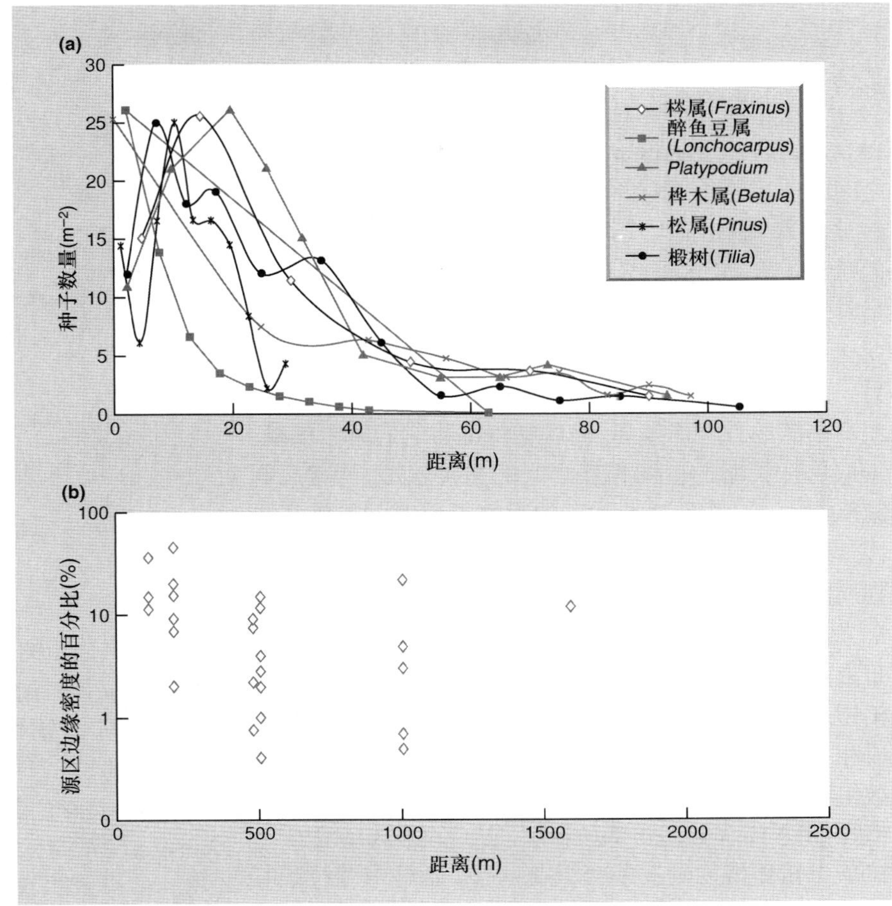

图 6.2 (a) 森林中单株树周围靠风散布的种子密度。此研究具有合理的取样点密度，被研究植物附近没有同种的其他植株，且其位置既不在林中空旷地也不在森林的边缘。(b) 种子随风散布离开森林区的距离可达 1.6 km (仿 Greene & Calogeropoulos, 2001, 读者可从该文中获得相关的原始数据)。

许多螨虫会侵袭并吃掉蝇类的虫卵，减少了甲虫的竞争对手。

6.2.3 主动探索和发现

许多其他的动物不能被称为探索，但是它们确实能控制自己在何处安居 ("停止"; 参见第 6.1.1 节)，并且只有在找到可以接受的环境后才停止迁移。例如，多数蚜虫即使在有翅的时候，它们的飞行力量依然很弱尚不足以对抗当地的盛行风。然而，它们却能控制自己是否从发源地起飞，以及自己何时不再随风漂流，如果对先前定居的环境不是很满意，它们能再次进行短距离的飞行。与这种方式非常类似，许多生活在河流里的无脊椎动物幼虫，依靠水流从其孵化的地点扩散到适宜的微生境 ("无脊椎动物漂流") (Brittain & Eikeland, 1988)。蚜虫在风中的扩散和河流中无脊椎动物的漂流，包含着 "探索" 过程，它们对此过程具有一些控制能力，尽管这种控制可能只是有限的。

其他动物的探索，在到达一个最适的地点前会考察许多地方。例如，许多淡水昆虫的成体，主要依靠飞行能力往上游扩散并在溪流之间活动，这和它们随着水波漂流的幼虫不同。它们去探索，如果成功的话，会发现合适的地方来产卵: 开始、移动和停止全部都在自身的主动控制之中。

6.2.4 克隆扩散

几乎在所有的构件生物中 (参见第 4.2.1 节)，个体生长时会长出分支并且将这些分支在周围分散开。一棵活着的树或珊瑚会主动将它们的构件散布到周围的环境中并对周围的环境进行探索。无性繁殖体之间的联系最后常常会衰败丧失，于是许多散布后的构件代替了原有的无性繁殖株。这可能使一个受精卵，最终被生长很多年且扩散很远距离的无性繁殖体所替代。有些具有地下茎的欧洲蕨 (*Pteridium aquilinum*) 的无性繁殖株，年龄估计超过 1400 年，并且有的扩展区域可超过 14 hm^2 (Oinonen, 1967)。

游击队式策略和方阵式策略

我们可以在克隆扩散策略的连续体上找出两个极端类型 (Lovett Doust & Lovett Doust, 1982; Sackville Hamilton *et al*., 1987)。在其一端，构件之间的连接较长，并且构件本身所占的空间也较大。这些被称为 "游击队" 式策略 (guerrillas-formers)，因为它们赋予了植物、水螅或珊瑚像游击队一样的特征。它们是具有不确定性的机会主义者，总是处于不断的运动变化中，从某些区域消失，穿插渗透到别的类群之间。另一端是 "方阵" 式策略 (phalanx-formers)，由于类似于罗马军队的方阵而得名，盾牌朝外围将它们紧紧围绕。采取这种策略的生物相互之间的连接较短，构件之间紧靠在一起，并且这种类型的无性繁殖群的扩展比较慢，会长时间盘踞在其起源地，它们既不准备穿插渗透到周围植物中间，也不容易被其他植物穿插渗透。

甚至在乔木树种中也能很容易地发现，因芽的排布方式而使其表现出游击队型和方阵型生长方式。像柏树 (*Cupressus*) 这样的物种，枝条构件紧靠在一起形成相对集中不易被穿插渗透的方阵型树冠，而许多松散组织阔叶树 [如金合欢属 (*Acacia*) 和桦木属 (*Betula*) 植物] 可被看作是游击队型冠层，它们的芽散布范围广，枝条与相邻植物的枝条交织在一起。森林中缠绕或爬行的藤蔓植物具有典型的游击队型生长模式，它们可以从垂直和水平方向广泛地散布分布其叶和芽。

构件生物散布和展示其构件的方式影响它们与相邻植物的作用方式。具有游击队型的那些个体将会不断遭遇其他物种和同种其他个体并与之展开竞争。然而，具有方阵结构的个体在多数情况下会遭遇自身的其他构件的影响。对于一个草丛或柏树来说，竞争必定主要发生在自身的不同部分之间。

克隆生长 (clonal growth) 是水生环境中一种最有效的散布方式。许多水生植物很容易片断化，一个无性株的许多部分可独立散布，因为它们与水分之间的联系并不需要根的存在。世界上主要的水生杂草问题都是由克隆、片断化方式无性繁殖的植物所引起，如浮萍 (*Lemna* spp.)、水葫芦 (*Eichhornia crassipes*)、伊乐藻 (*Elodea canadensis*) 以及水生蕨类植物槐叶萍 (*Salvinia*) 等。

6.3 分布格局：扩散 (散布)

生物的运动影响其分布 (散布) 的空间模式，我们可以将其划分成三种主要的分布格局，当然它们也是一个连续体的组成部分 (图 6.3)。

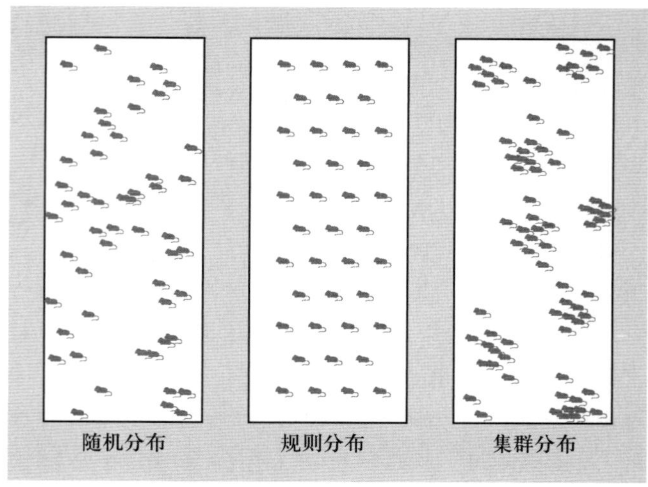

图 6.3 生物在其生境中可能表现出的三种基本空间分布格局。

随机分布的发生条件是当一个生物体在占据空间中任意位置时的概率相等 (与其他任何个体的位置无关)。随机分布属于随机事件，所以造成个体的分布是不均匀的。

规则分布，也称均匀或均等分布或超分散 (overdispersion)，当个体具有回避其他个体倾向时，或者当个体与其他个体非常靠近时会死亡的情况下，就会表现出规则分布。规则分布的个体在空间上的均匀程度要比按随机事件的预期高。

集群 (aggregated) 分布，也叫接触 (contagious) 或成团 (clumped) 分布或超聚集 (underdispersion)，个体倾向于被吸引到环境中的特定地点 (或在这里更容易活下来)，或者一个个体的存在能吸引或致使其他个体趋近它，这种情况下会出现集群分布。集群分布的个体之间要比随机分布的预期更加靠近。

然而，这些格局所呈现出的样子，以及与其他生物生活的关系，取决于它们被观测的空间尺度。例如，当我们考虑森林中某一特定树种上的蚜虫时，从大的尺度上来看，蚜虫在世界的某些特定地方呈现出聚集生活，也就是说在森林中的情况与在其他类型的生境中的情况是不一样的。如果范围再小些，只在树林中取样，蚜虫还会呈现集群分布，只是此时它们聚集在宿主树种上而不是其他一般树种上。然而，如果将取样范围进一步缩小在一棵树的树冠上 (如小到 25 cm^2，即一片叶子大小)，蚜虫在整棵树上可能会呈现随机分布。在更小的尺度上 (如 1 cm^2) 取样，我们可能会发现一种规则的分布，因为一片叶上的蚜虫个体会相互回避。

6.3.1 斑块化

细、粗纹理环境

实践中, 所有物种的种群分布在某些尺度上是斑块化的, 描述生物的空间分布需要选择合适的尺度, 此时考虑到它们的相关生活方式显得十分重要。MacArthur 和 Levins (1964) 引入了环境纹理 (environmental grain) 的概念来说明这个问题。例如, 一片栎树 – 山核桃林的树冠层, 如果我们从猩红丽唐纳 (*Piranga olivacea*) 的视角来看, 环境是细纹理的 (fine-grained), 它们在觅食时对这两种树并不加以区分: 也就是说, 虽然这是一个斑块化的环境, 但这些鸟却把它看作是一个栎树 – 山核桃的混生种群。然而, 对于选择性喜食栎树叶或山核桃叶的昆虫而言, 它们的生境却是粗纹理的 (coarse-grained): 它们一段时间在一个斑块中生活, 然后再从一个喜欢的斑块迁移到另外一个斑块 (图 6.4)。

斑块化 (patchiness) 可能是物理环境的一个特征: 被水环绕的岛屿、荒野中露出的岩石等。同等重要的是, 斑块化可能是由于生物的自身活动引起的, 如植食行为、粪便的积累、踩踏或者局部水源或矿物质的枯竭。环境中由生物活动引起的斑块也具有生活史。一片森林中由倒木产生的空斑被扩散的生物所占据, 然后其中的树木逐渐发育成熟, 同时又有更多的树木倒下产生新的空斑。草地中的一片落叶, 对相继扩散来的真菌和细菌来说是一个斑块, 这些落叶作为资源最终被分解, 在别的地方又有新的落叶相继被扩散的生物占据。

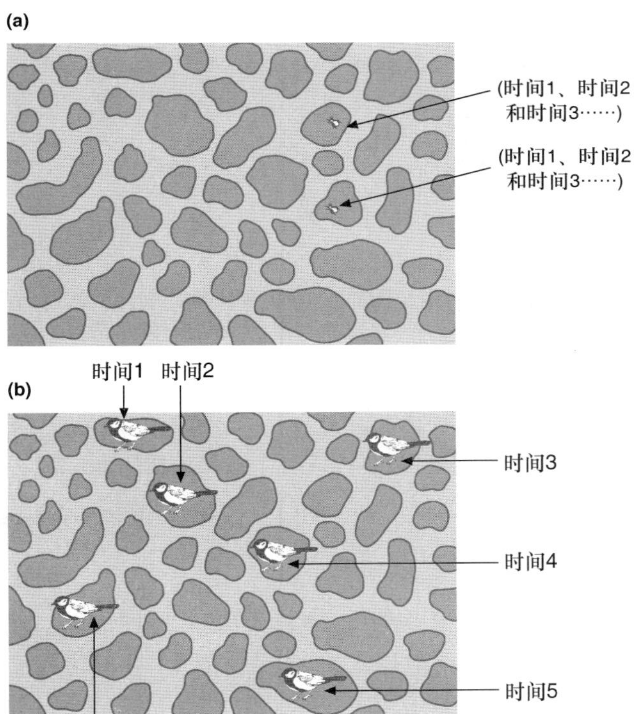

图 6.4 环境的 "纹理" 必须从所关心的生物的视角来看。(a) 个体较小、较少迁移的生物倾向于看环境为粗纹理的: 它在长时间或整个生命过程中都待在环境中的一种栖息地类型。(b) 个体较大、迁移频繁的生物可能看同样的环境为细纹理的: 它在不同类型的栖息地之间经常迁移, 因此会按照不同栖息地在整个环境中的比例来造访它们。

斑块、扩散和尺度是紧密联系在一起的。思考这个问题的思想框架在局部和景观尺度之间是不同的 (虽然对于一条蠕虫来说的 "局部" 的概念与吃它的鸟类的 "局部" 是有很大差别的), 在周转扩散 (turnover dispersal) 和入侵扩散 (invasion dispersal) 之间也是不同的 (Bullock *et al*., 2002)。在局域尺度上, 周转扩散是个体向生境周边最近的空斑迁移; 而这个空斑也可能被周围群落中的其他个体入侵和占据。同样, 在景观尺度上, 扩散可能是维持物种延续及物种向可占据的斑块化生境重新定居的因素之一, 除非是不适宜生存的生境 (例如, 溪流中的岛屿: "集合种群动态" (metepopulation dynamics) —— 参见第 6.9 节), 或者扩散可能造成一个正在扩张的 "新" 物种对栖息地的入侵。

6.3.2 (空间和时间上) 利于集群分布的驱动力

从进化角度, 对种群斑块化分布最简单的解释是, 当生物有机体发现了资源和环境条件有利于繁殖和生存的地方时, 它们就会在那里聚集。这些资源和条件通常在空间和时间上都是呈现斑块化分布的。它们在特定时间扩散到特定地点对它们是有好处的 (从进化时间尺度上看, 它们已经获得了好处)。然而, 生物有机体在空间和时间上接近相邻的其他个体, 也可能以某些特定方式获得好处。

集群和自私牧群

Hamilton (1971) 在 "自私牧群几何学" (Geometry of the selfish herd) 一文中提出一种较为考究的理论, 认为个体与其他个体一起集群分布具有选择上的优势。他主张的观点是: 如果在个体和捕食者之间还有其他潜在的猎物, 该个体被捕食的风险将下降。许多个体都这样做的结果就会形成集合种群。对于一个牧群中的个体来说, "危险区域" 是在种群的边缘, 所以如果个体的社会地位允许它处于种群的中心, 那它就会获益。从属个体可能就会被排挤到危险性更大的种群边缘。驯鹿 (*Rangifer tarandus*) 和斑尾林鸽 (*Columba palumbus*) 种群中的情况正是如此: 新加入牧群的个体只能处于危险性较大的周边地带, 只有在集群内通过不断的社会性相互作用后才能得到更好地被保护位置 (Murton *et al.*, 1966)。如果成群生活能够帮助寻找食物和对捕食者预警, 或有助于个体联合起来驱走捕食者, 那么个体也会因此而获益 (Pulliam & Caraco, 1984)。

上文描述的生物在空间上聚集时体现出的自私牧群原则, 同样也适用于生物在时间上的同步出现。在种群的正常活动时间之外, 过早出现或过晚出现的个体可能会面临更大的被捕食风险, 而有些个体遵循着加入 “市场洪流” 的原则, 这些个体则可以通过稀释作用降低自己的风险。在众多时间上同步出现的例子中, 最引人注目的要数昆虫 “十七年蝉” (periodic cicadas) 了, 它们的若虫需要在地下生活 13 年或 17 年, 之后成体在地面上同时出现。Williams 等 (1993) 研究了 1985 年出现在美国阿肯色州西北部的 13 龄十七年蝉种群的死亡率。当蝉的密度较低时, 鸟类几乎捕食了全部的蝉, 被捕食率接近 100%, 然而, 当蝉的密度达到最大时, 鸟类只捕食了其现存量的 15%~40%。当蝉的密度再次下降时, 被捕食率又上升至接近 100% (图 6.5)。类似的争论也适用于许多树种, 特别是在温带地区那些同时出现大年 (“mast” years) 的种类。

6.3.3　降低集群分布的驱动力: 密度依赖性扩散

在空间或者时间尺度上, 也存在着很强的选择压力, 这种选择压力对集群分布起抵抗作用。一些物种中, 一群个体可能实际上吸引了捕食者的注意 (自私牧群的反效应)。然而, 最主要的驱散力一定是拥挤个体所承受的更加激烈的竞争 (参见第 5 章), 而且即使没有发生资源短缺也存在上述个体间的直接相互干扰。一个可能的后果是最拥挤斑块向外扩散的速度将是最快的: 即密度依赖的迁出扩散 (density dependent emigrating dispersal) (图 6.6) (Sutherland *et al.*, 2002), 尽管如此, 我们将在下文看到, 密度依赖的扩散绝不是一个普遍的规律。

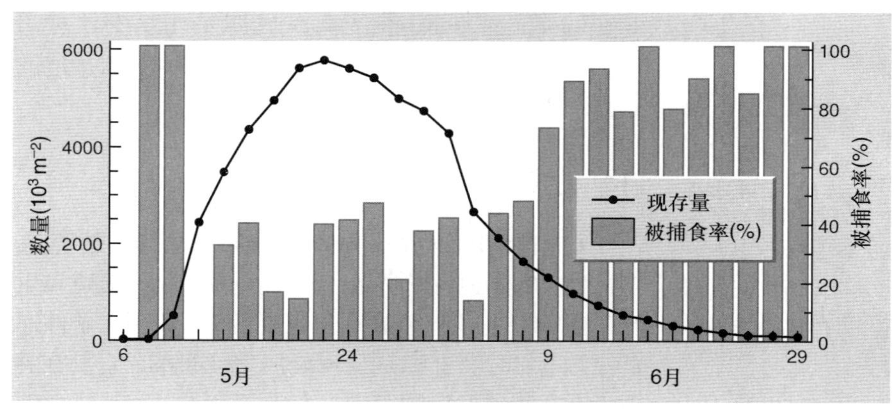

图 6.5　1985 年出现在美国阿肯色州西北部的一个 13 龄十七年蝉种群的密度变化和被鸟类捕食百分比的变化。

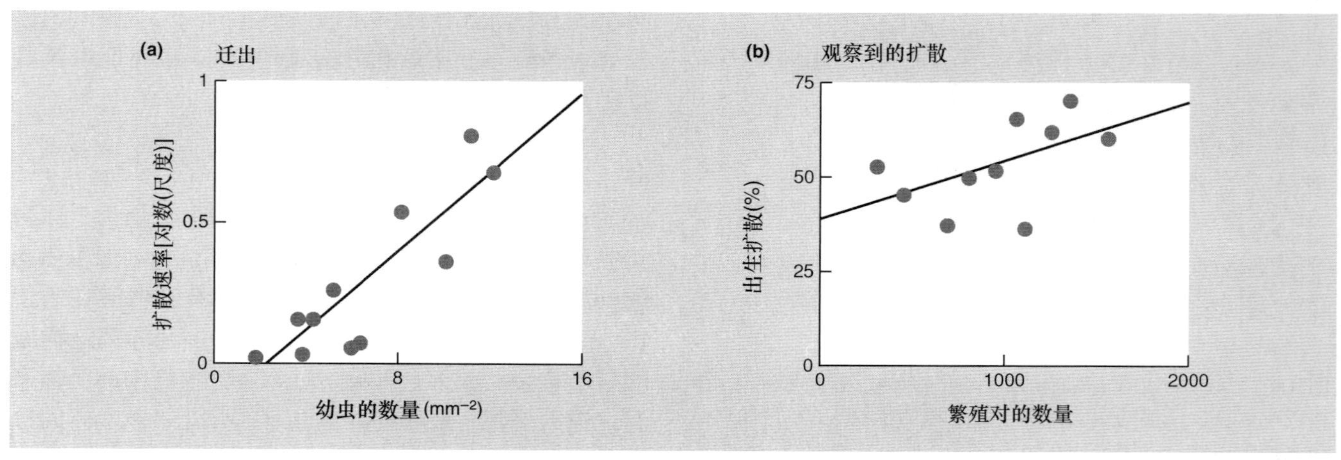

图 6.6　密度依赖性扩散。(a) 新孵出的墨蚊 (*Simulium vittatum*) 幼虫的扩散速率随种群密度增加而升高 (数据来自 Fonseca & Hart, 1996)。(b) 白颊黑雁 (*Branta leucopsis*) 雄性幼鸟从波罗的海岛屿上的繁殖地向非出生繁殖地扩散, 参与扩散个体的百分比随种群密度增加而增加 (数据来自 van der Juegd, 1999) (仿 Sutherland *et al.*, 2002)。

总的来说，物种在自然界可占据斑块中的分布类型，一定是两种扩散的作用力 (即吸引个体相互靠近的作用力和引起个体相互远离的作用力) 的折中。正如我们在下一章将要看到的，这种折中通常发生于“理想的自由”分布和其他理论性分布 (参见第 9.6.3 节)。

6.4 迁移的格局

6.4.1 潮汐、日夜和季节性运动

许多物种，一生中会以集群分布的形式反复多次从一个栖息地迁徙到另外一个栖息地，然后再返回。这个过程可能要消耗数小时、数天、数月或者数年。一些情况下，这些运动可以将生物有机体维持在同一生境。生活在海岸带的螃蟹正是这样活动的：它们随着潮涨和潮落往返迁移。在另外一些例子中，每日迁移可能发生在两个不同环境之间：这些物种的基础生态位，必须要通过每天生活在两种不同的栖息环境中来满足。例如，一些生活在海洋和湖泊中的浮游藻类，它们在夜间下降到水底但在白天则浮到水面上。它们在白天回到接近水面的位置进行光合作用，夜间可以在较深的水中吸收磷，以及其他一些可能被吸收的营养物质 (Salonen *et al*., 1984)。其他物种在休息期聚集成密集的种群，而在取食的时候则相互分离。例如，大多数陆生蜗牛白天在狭窄潮湿的微栖息地中休息，而在夜间寻找食物的时候彼此相距很远。

许多生物进行的季节性迁移也同样是为了适宜的栖息地，或为了从不同的、互补的栖息地中获益。山区植食动物 在不同海拔高度之间的迁移就是一个例子。例如，马鹿 (*Cervus elaphus*) 和黑尾鹿 (*Odocoilues heminus*) 在夏季向上迁移到高山地区，在冬季向下迁移到谷地。如果动物一直待在同一地方，可能会遇到食物供应和气候上的季节性变化，而动物通过季节性迁移就可避开这些变化。这种迁移可以与两栖动物 (蛙、蟾蜍和蝾螈) 的“迁移”作对比，它们春季繁殖时的栖息地在水中，而在一年中的其他时间里则生活在陆地环境中。幼体 (如蝌蚪) 在水中发育，它们的食物资源与后来在陆地生活时的食物资源不同。它们在繁殖配对时会回到相同的水生生境中，在一段时间内聚集成高密度种群，然后彼此分开进行更加独立的陆地生活。

6.4.2 长距离迁移

鸟类

最引人注目的栖息地变换是那些长距离迁移的类群。许多北半球陆地生活的鸟类，在春季向北迁移，因为在那里温暖的夏季可以提供充足的食物，而在秋季时向南方热带稀树草原迁移，因为那里只有雨季后才有充足的食物。这两个区域都存在食物供应相对充足和饥荒交替的现象。迁移对当地动物多样性的维持具有很重要的作用。在古北区 (温带的欧洲和亚洲) 繁殖的 589 种鸟中 (不包括海鸟)，有 40% 在其他的地区越冬 (Moreau, 1952)。那些去别处越冬的物种中，有 93% 会向南迁往非洲。在更大的尺度上，北极燕鸥 (*Sterna paradisaea*) 每年从北极繁殖地迁徙到南极冰盖然后返回，单程约 10 000 英里 (16 100 km) (然而与许多其他迁徙者不同，它们在旅途过程中会进食)。

同一物种在不同地方的行为可能不一样。芬兰和瑞典的所有红胸鸲 (*Erithacus rubecula*) 都会在冬季离开，但加纳利群岛上的红胸鸲整年都在当地居留。在大多数具有红胸鸲的国家里，种群中的部分个体会迁徙，而其他个体则会居留。这些差异，在某种程度上与明显的进化趋异有关。一种小涉禽红腹滨鹬 (*Calidris canutus*) 正是这样，多数个体在北极冻原地带繁殖，而在南半球的夏季“越冬”。它们在更新世晚期至少分化出了 5 个亚种 (线粒体 DNA 序列分析的遗传证据)，现在这些亚种具有显著不同的迁移和分布格局 (图 6.7)。

长距离迁移也是其他许多类群的一个特征。南半球的须鲸在夏季向南迁移去南极食物丰富的水域觅食。在冬季，它们向北迁移到热带和亚热带水域繁殖 (但很少取食)。驯鹿 (*Rangifer tarandus*) 每年从北方森林向冻原迁移几百公里然后返回。在所有这些例子中，迁移物种中的一个个体可能往返旅行数次。

鳗鲡和大马哈鱼

然而，许多长距离迁移者一生中只进行一次往返旅行。它们在一个栖息地出生，在另外一个栖息地生长，但随后要返回它们的出生地繁殖，然后死去。鳗鲡和迁移的大马哈鱼就是典型的例子。欧洲鳗鲡 (*Anguilla anguilla*) 从欧洲的河流、池塘和湖泊出发，穿过大西洋到达马尾藻海 (the Sargasso Sea)，人们认为这些鳗鲡在马尾藻海繁殖然后死去 (尽管没有抓到产卵的成体和产出的卵)。美洲鳗鲡 (*Anguilla rostrata*) 也从南方的圭亚那地区到北部的格陵兰西南地区做相似的旅行。大马哈鱼也有类

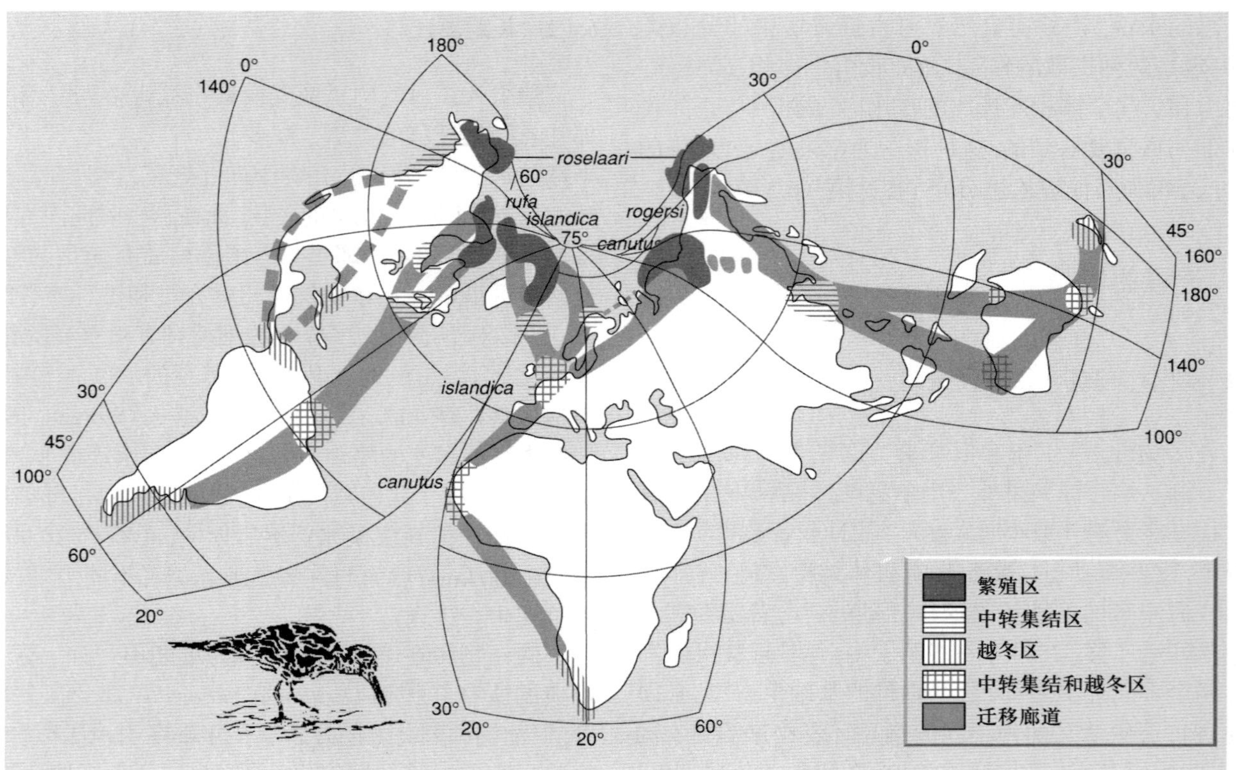

图 6.7　红腹滨鹬 (*Calidris* spp.) 的全球分布和迁移格局。深灰色阴影表示繁殖区; 水平线条区域表示暂时居留区, 只在向南和向北迁移期间使用; 方格区域表示暂时居留和越冬使用的地区; 垂直线表示只为越冬使用的区域。浅灰色阴影通道表示已被证实的迁移廊道; 断开的浅灰色阴影通道表示文献中提出的可能的迁移廊道 (仿 Piersma & Davidson, 1992)。

似的迁移, 但它们是在淡水中度过卵和幼体时期, 然后在海水中成长为成体, 并重新返回淡水区域产卵。所有的太平洋鲑鱼 (*Oncorhynchus nerka*) 产卵后便死去, 再也不回到海洋中。许多大西洋鲑 (*Salmo salar*) 也是在产卵后便死去, 但也有些大西洋鲑能存活下来并回到海水中, 然后再次溯河回游产卵。

6.4.3　"单程" 迁移

对有些迁移的物种来说, 个体进行着严格的单程旅行。在欧洲, 黄云斑蝶 (*Colias croceus*)、红蛱蝶 (*Vanessa atalanta*) 和小红蛱蝶 (*Vanessa cardui*) 在它们迁移的起始地和目的地都能繁殖。夏季到达大不列颠的个体在那里繁殖, 它们的后代在秋季南飞, 并在地中海地区繁殖, 繁殖产生的后代在第二年夏季继续向北迁移。

在个体或者种群的生命过程中, 多数迁移是季节性的。迁移通常似乎由一些外界季节现象所引发 (如日照长度的变化), 有时候也会由体内的生物钟所启动。动物在迁移之前常会发生一些明显的生理变化, 如身体脂肪的积累等。它们代表了动物在降水和温度变化等季节性事件稳定反复发生的环境中, 进化形成的策略。还有一类灵活机动的迁移, 常常因为种群密度过高等原因而发生, 似乎没有周期或规律性。这种迁移在降水量季节变化不稳定的环境中非常普遍。发生在干旱和半干旱地区带来重大经济损失的蝗灾迁移, 就是最典型的例子。

6.5　休眠: 时间上的迁移

生物可以通过扩散其后代来增加适合度, 因为扩散的后代产生子代的可能性比不扩散的后代更大。同样, 生物可以通过延迟在某生境中出现的时间来增加适合度, 只要出现这样的延迟就能使它留下更多的子代。当将来的环境有可能比当前环境好时, 动物常做这样的选择。因此, 种群更新的延迟, 可以看作是 "在时间上的迁移"。

生物通常进入休眠 (dormancy) 状态来度过它们的延迟时期。这种相对不活跃的状态具有保存能量的好处, 被保存下来的能量可在延迟之后的时期使用。另外, 生物有机体在休眠状态下对延迟期间的不利环境条件 (如对干旱、极端温度和缺少光照等) 通常具有更强的耐受能力。休眠可以是预期性的或者是后果性的 (consequential dormancy) (Müller, 1970)。预期性的休眠在不利条件到来之前启动, 多发生在可预测的、季节性变化的环境中。在动物中一般称为 "滞育" (dispause), 在植物中称为 "固有的" (innate) 或 "原生的" (primary) 休眠 (Harper, 1977)。另外, 后果性的 (或 "次生的") 休眠, 是作为对不利环境的反应而启动。

6.5.1 动物的休眠: 滞育

关于昆虫滞育的研究最多, 滞育在昆虫发育的各个时期都可能发生。普通华北雏蝗 (*Chorthippus brunneus*) 是相当典型的一个例子。这种一年生的物种在卵期要经过一段必需的滞育时期, 期间发育停止并对冬天的寒冷条件具有抵抗力, 否则, 这种环境条件可将其幼虫和成体很快杀死。实际上, 它们的卵在重新发育之前需要经过一段很长的寒冷时期 (在 0°C 下大约为 5 周, 或者稍高温度下时间更长) (Richards & Waloff, 1954)。这样能够保证卵不受短期反常暖冬天气的影响, 因为后面可能紧接着正常的、危险的寒冷条件。这也意味着种群作为一个整体, 在接下来的发育中具有更强的同步性。蝗虫从晚夏 "在时间上迁移" 到来年的春天。

光周期的作用

滞育也普遍存在于每年产生多代的物种中。例如, 暗果蝇 (*Drosophila obscura*) 在英格兰每年可产生 4 代, 但其中只有 1 代会进入滞育 (Begon, 1976)。这种兼性滞育与专性滞育具有许多相同的重要特征: 它在可预测的冬季不良条件下增加存活能力, 具有抗性的滞育成体性腺会停止发育并在腹部积累大量的脂肪。在这种情况下, 动物在滞育期间以及滞育之前就已经同步化。作为对秋季短光照的反应, 成体积累脂肪并进入滞育状态, 并在春季的长光照出现后重新开始发育。与许多物种一样, 暗果蝇通过把完全可预测的光周期作为季节性发育的信号, 使必定要经过不利环境的那一代果蝇进入预测性的滞育状态。

后果性休眠倾向于在相对难以预测的环境中进化产生。在这种状况下, 只有当不利条件出现时才能做出反应是不利的, 但是这种带来的好处远胜过这些不利方面: ① 在有利的环境条件出现时立即作出反应; ② 只有当不利的环境确实出现时才进入休眠状态。这样, 当许多哺乳动物进入冬眠的时候, 它们也同样 (经过一个必要的预备状态后) 对不利的环境条件作出直接的反应。它们通过降低体温节约能量来获得 "抗性", 通过周期性的苏醒来监测环境, 最后在不利环境消失时停止冬眠。

6.5.2 植物的休眠

种子休眠是有花植物中极为普遍的一种现象。在幼胚尚和母株相连时就已停止发育, 进入一种活动延缓的状态, 通常在干燥条件下丧失大量水分进入休眠状态。只有少数高等植物物种 (如一些红树) 缺少休眠时期, 然而这是非常例外的情况 —— 几乎所有从亲本脱落的种子都处于休眠状态, 并且在重新进入活跃状态 (萌发) 之前都需要特殊的刺激。当然, 植物的休眠并不仅限于种子。当沙生薹草 *Carex arenaria* 处在生长阶段时, 会沿着主要的长条根状茎上积累休眠芽。这些芽一直活着, 但可能长时间保持休眠状态, 直到它们的地上部分枯萎死亡, 这些芽的数量可达 400~500 枚 m^{-2} (Nobel *et al*., 1979)。它们起到了相当于其他物种中休眠种子库的作用。

其实, 非常普遍的落叶习性就是许多多年生树木和灌木休眠的一种形式。定植的个体通常在一种无叶的低代谢活动状态下, 度过低温和低光照水平的时期。休眠可以分为 3 类。

固有、强制和诱导休眠

(1) 固有休眠 (innate dormancy) 是一种必须存在一些特殊的外界刺激来激活其生长和发育过程的状态。这种刺激可能是水分、低温、光照、光周期或近 – 远红外辐射的合理平衡。这些物种通常几乎在同一时间突然发芽, 产生大量的幼苗。落叶也是固有休眠的一个例子。

(2) 强制休眠 (enforced dormancy) 是受外界条件作用而进入的状态 (即这是一种后果性休眠)。例如, 密苏里一枝黄花 (*Solidago missouriensis*) 在受到一种甲虫 *Trirhabda canadensis* 袭击时会进入休眠状态。有人用遗传标记确定了 8 个克隆, 在一次严重的去叶期之前、期间和之后对这些克隆进行跟踪观察; 它们占地从 60 m^2 到 350 m^2 不等, 根状茎从 700 条到 20 000 条不等, 在落叶之后没有再出现地上部分的生长 (即休眠状态), 显然是已经死亡。有趣的是, 它们在消失 1~10 年后重新出现了, 其中 8 个克隆中有 6 个在一个季节中即得到充分的恢复 (图 6.8)。一株能进行强制休眠的植物后代通常可以散布几年、数十年甚至几个世纪。考古挖掘发

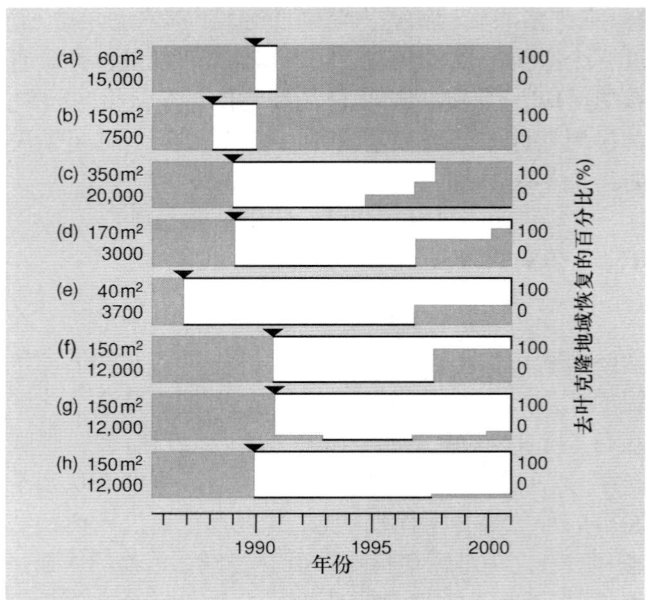

图 6.8　8 个密苏里一枝黄花 (*Solidago missouriensis*) 克隆 (从 a 到 h 行) 的历史。图的左边是每个克隆去叶前的面积 (m^2) 和无性系分株数量的估算值。图中表示 15 年间每个克隆的生长区域内被无性系分株占据 (阴影表示) 和空缺的情况。箭头表示甲虫 *Trirhabda canadensis* 爆发和去叶之后植物开始休眠。休眠后的无性系分株对原先初始克隆生长区域的完全和主要部分的重新占据, 以克隆原有生长区域的百分比来表示 (仿 Morrow & Olfelt, 2003)。

现, 藜 (*Chenopodium album*) 的种子在经历 1700 年后还能发芽 (Ødum,1965)。

(3) 诱导休眠 (induced dormancy) 是种子经历了强制休眠后, 必须满足一些新的条件才能萌发的状态。许多农田和园艺杂草的种子在从母本上散落之后, 没有光照的刺激也会萌发, 但经过强制休眠后, 种子需要暴露在光照之下才能萌发。很长时间以来, 一个问题一直困扰着人们: 从野外带到实验室的土壤能很快使得大量的、原本在野外不能萌发的种子长出大量的幼苗。一个很简单的天才想法促使 Wesson 和Wareing (1969) 在夜间从野外收集土壤样品, 并且在黑暗中带到实验室。只有这些样品暴露于光照的时候, 才能从中长出大量幼苗。这种诱导休眠能够在土壤中积累大量的种子。在自然界中, 它们只有被蠕虫或其他穴居动物带到土壤表面上来, 或从树上脱落下来接触到土壤后才会萌发。

远红外 (730 nm) 与近红外 (接近 660 nm) 波长比率相对较高的辐射能诱导种子休眠, 这是光透过郁闭的树冠层照射下来后的典型光谱特征。自然界中, 这就能够使敏感的种子落在树冠遮蔽的地上后处于休眠的状态, 只有等上层的植物死去后, 它们才能进入萌发状态。

很多一年生和二年生植物的种子在土壤中能保存很长时间, 它们主要是杂草 —— 一些等待机会的机会主义者。它们多数缺少使自己在空间上广泛散布的特殊机制。与之相反的是, 木本植物的种子在土壤中存活的预期时间通常都很短, 许多极难在人工条件下保存一年以上。许多热带树木的种子寿命尤其短: 只有几周或甚至几天。在木本植物中, 最长寿的要数那些将种子保存在球果或荚果中的树种, 直到火烧后才被释放出来 [如许多桉属 (*Eucalyptus*) 和松属 (*Pinus*) 的物种]。在火烧为种子快速定植创造一个合适的环境之前, 这种晚熟现象 (serotiny) 能降低风险从而保护种子。

6.6　扩散和密度

在第 6.3.3 节中, 我们已经阐述了密度依赖性迁出是一种对过度拥挤所作出的正常反应。现在, 我们讨论密度依赖性扩散中更具普遍性的问题, 以及可能导致明显密度依赖的进化驱动力。在此过程中, 始终要记住前文 (第 6.1.1 节) 提出的观点: “有效” 扩散 (从一个到另一个地方) 需要迁出、转移和迁入的过程。这三个环节对密度的依赖性不一定相同。

6.6.1　近交和远交

本章中有许多内容是关于扩散的种群统计学和生态学方面的意义, 但同时也具有遗传学和进化方面的重要意义。当然, 任何进化的 “意义” 是一种偏好于特定扩散模式或实际扩散倾向的潜在重要选择作用力。当亲缘关系很近的个体繁殖时, 它们的后代似乎更容易遭受适合度的 “近交衰退” (inbreeding depression) (Charlesworth & Charlesworth, 1987), 特别是由于近交带来的有害隐性等位基因的表型表达时, 更是如此。在扩散受限时, 近交更加容易发生, 所以避免近交就成为一种推动扩散的作用力。在另一方面, 许多物种对它们直接接触的环境具有局部的适应性 (参见第 1.2 节)。因此, 长距离扩散可能将适应不同局部环境的基因型带到一起, 交配后产生了更多对两种环境都不适应的后代。这被称为 “远交衰退” (outbreeding depression), 原因是协同适应的多基因组合的解体, 这是一种抵抗扩散的作用力。实际情况更为复杂, 因为近交衰退最有可能发生在通常远交的种群之间, 近交本身能够去除种群中的有害退化。尽管如此，自然选择很可能倾向于一种通过避免近交衰退和远交衰退（很显然作用于扩散的选择力并不仅限于此两者），在一定程度上间接使适合度最大化的扩散方式。

当然，在植物中花粉提供者的关系或远或近时，也存在一些近交衰退和远交衰退的例子，在一些情况下两种效应在一个实验中可同时出现。例如，用来自 1 m、3 m、10 m 和 30 m 之外的花粉对翠雀花（*Delphinium nelsonii*）进行人工授粉时（图 6.9），适合度的近交衰退和远交衰退都很明显。

6.6.2 避免亲属竞争

实际上，避免近交并不是促使后代出生后离开其亲属扩散的唯一作用力，另一个原因是扩散能减少近亲之间可能存在的竞争效应。Hamilton 和May(1977；或者 Gandon & Michalakis, 2001) 的一篇经典论文也解释了这个问题，他们证实即使在非常稳定的环境中，所有生物都会在选择压力下扩散它们的一些后代。设想一个种群中多数个体具有一种居留非扩散型的基因型 O；还有少量的突变基因型 X，它们产生的后代中一些居留，而另外一些要扩散出去。扩散者 X 在自己的斑块中将不会与基因型 O 的个体产生竞争作用，但在基因型 O 的斑块中会与 O 型个体相互竞争。扩散者 X 会把它多数的竞争力转移到非亲属个体之间（基因型 O），而基因型 O 个体之间的竞争作用则存在于亲属之间。因此，种群中基因型 X 的出现频率将会增加。另一方面，如果种群中多数是基因型 X 个体，同时基因型 O 属于稀有的突变，那么基因型 O 的表现依然要次于基因型 X；因为基因型 O 不仅不能扩散到基因型 X 的分布斑块中取代它们的位置，而且在自己的斑块中还不得不与一些或很多扩散者展开竞争。因此，扩散被认为是一种进化稳定策略（evolutionary stable strategy, ESS）(Maynard Smith, 1972; Parker, 1984)。由非扩散个体组成的种群，会朝个体普遍具有扩散倾向的方向进化，但一个由扩散个体组成的种群会因为没有选择压力而失去这种倾向。因此，为避免近交和亲属竞争（kin competition），种群似乎在高密度时即这种作用力最强的时候，会出现较高的迁出率。

的确有案例表明，但多数都是非直接的，亲属竞争会将后代从它们的出生地赶走（Lambin *et al*., 2001）。例如，加州白足鼠（*Peromyscus californicus*）中，雄性个体的平均扩散距离随着胎仔数的增加而增加，而雌性个体的扩散距离是随着同一窝中姊妹个体数量的增加而增加（Ribble, 1992）。年轻个体周围的亲属越多，它扩散的距离就会越远。

Lambin 等（2001）在其综述中总结道：虽然关于密度依赖性迁出的案例很多，但很少有密度依赖性“有效”扩散（包括迁出、转移和迁入）的例子，至少部分原因是，迁入（以及也许包括转移）可能在高密度下受到抑制。例如，在一个关于旗尾更格卢鼠（*Dipodomys spectabilis*）的研究中，在连续几年中密度不断变化，第

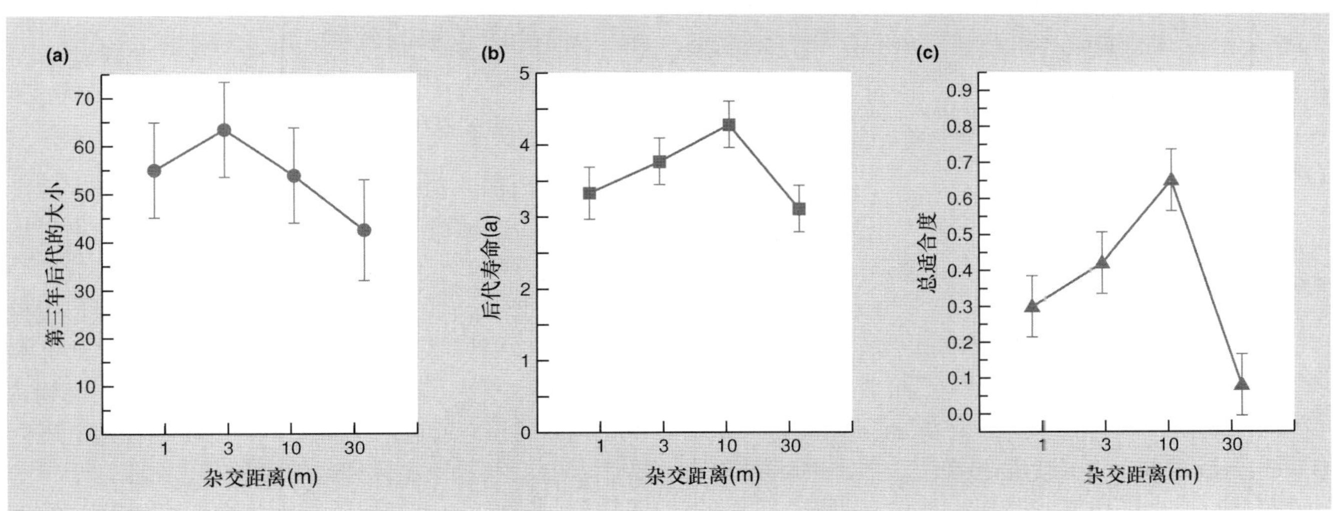

图 6.9 翠雀花（*Delphinium nelsonii*）的近交衰退和远交衰退：(a) 后代在第三年的个体大小，(b) 后代寿命，(c) 与 1 m 以内和 30 m 以外的花粉杂交后，后代总适合度都较低。竖线条表示标准误（仿 Waser & Price, 1994）。

一次观察到扩散是在幼体脱离亲本独立之后，而在幼体存活下来并长大繁殖之后，又观察到它们再次扩散的现象。更格卢鼠具有能够储存粮食的复杂洞道系统，这些洞道的数量在一定程度上是稳定的：高种群密度意味着饱和的环境和更加激烈的竞争 (Jones *et al.*, 1988)。在还没有独立生活的幼体阶段，密度对扩散 (即迁出) 没有影响，但到第一次繁殖时，扩散率 (即有效扩散率) 在高密度时较低 (即逆密度依赖性，inverse density dependence) (图 6.10)。对雄性个体而言，这主要是因为从它们开始繁殖到后代幼体独立前迁移变少；而对于雌性个体而言，主要是因为高密度时动物在新斑块中的存活率下降 (Jones, 1988)。

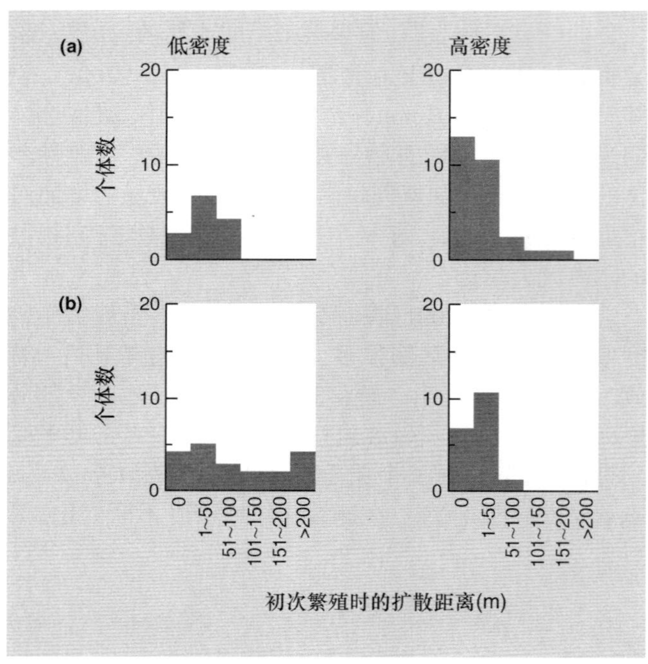

图 6.10 旗尾更格卢鼠 (*Dipodomys spectabilis*) 的逆密度依赖性有效扩散：(a) 雄性，(b) 雌性。出生后，扩散距离在低密度时大于在高密度时 (仿 Jones, 1988)。

6.6.3 恋巢性

有效扩散并非简单的密度依赖，至少部分原因是存在一种选择压力使动物不扩散，而表现出所谓的恋巢性 (philopatry) 或 "恋家" 行为 (home-loving behavior) (Lambin *et al.*, 2001)。因为栖息在一个熟悉的环境中对动物有利，或个体可以与其出生地中有亲缘关系的个体合作 (或至少可以忍受其存在)，而这些个体与它们具有很高比例的相同基因；那些扩散的个体可能面对无亲缘关系个体的 "社会防御" 或者是不被接纳 (Hestbeck, 1982)。这些作用力可能在环境越饱和时越强。例如，Lambin 和Krebs (1993) 研究了雌性加拿大西岸田鼠 (*Microtus townsendii*) 的巢穴或活动中心的距离，发现最亲密亲属之间 (母女，同窝姊妹) 的距离要比次要亲属 (非同窝姊妹，姑 – 侄女) 之间的距离近，后者的距离要比亲缘关系更远者之间的距离近，且都比没有任何亲缘关系的雌性个体之间的距离近。

在关于拜氏黄鼠 (*Spermophilus beldingi*) 的一项研究中发现，即使雌性个体扩散时，它们也倾向于在其姊妹附近安居 (Nunes *et al.*, 1997)。而且，也有例子表明附近有亲属的个体适合度更高。例如，Lambin 和Yoccoz (1998) 研究了繁殖期雌性西岸田鼠群个体之间的亲缘关系，模拟种群经历恋巢性成员的更新补充 (亲缘关系密切) 后，发现存活率高，而模拟种群经历低恋巢性成员的更新补充 (亲缘关系较远) 后，发现死亡率较高。处于亲属关系密切的环境中的幼体存活率 (尤其是幼体在生命早期的存活状况) 要显著高于那些处于亲缘关系较远的环境中的幼体。

总的来说，扩散和密度之间的关系正如其他所有的适应性一样，将取决于各种相互冲突作用的逐步妥协，也取决于我们关注的焦点是扩散的哪个方面 (如迁出、有效扩散等)。我们后面将看到，不同群体 (雄性与雌性、老体与幼体等) 之间利益权衡的结果有所差异，这不足为奇。这种差异也同样不支持 "扩散总是发生在种群即将达到饱和密度 (即资源紧缺) 或已经达到饱和密度时" 的普遍观点 (Lidicker, 1975)。

6.7 种群内扩散的变异

6.7.1 扩散的多态性

种群内扩散变异的一个来源是单一亲本所生后代的多态性。这种情况常与变化的或不可预测的栖息地有关。荒漠一年生植物 *Gymnarrhena micrantha* 就是一个经典的例子。它们位于地下的花并不开放，只形成很少几枚 (1~3 枚) 大种子 (瘦果)，这些种子会在其母本所处的地点发芽。幼苗的根系甚至可以深入土壤到达死亡母本的根系通道中。然而，同一株植物在地上还会产生具有羽状冠毛靠风传播的小种子。在非常干旱的年份里，植物只产生不扩散的地下种子，但在潮湿的年份里，植物生长茂盛会产生大量的地上种子，来进行充满冒险的散布 (Koller & Roth, 1964)。

扩散的二型性 (dispersal dimorphisms)

有花植物中种子二型性的例子非常多。散布的和"留守家中"的种子,将来都能产生散布和"留守家中"的后代。而且,"留守家中"类型的种子通常是由地下花或不开的花自花授粉产生,而散布的种子通常是异体受精产生的。因此,散布的倾向将产生新的重组("实验性的")基因型,而"留守家中"的后代,更多是自花授精的产物。

扩散和非扩散的二型现象也普遍存在于蚜虫中(有翅和无翅的后代)。这种转变发生在种群孤雌生殖的增长时期,但有翅和无翅的个体在遗传方面是相同的。有翅蚜虫的形态显然具有更好的扩散到新栖息地的能力,但它们的发育时间更长、生育力低、寿命也短,因此也降低了内禀增长率 (Dixon, 1998)。所以,蚜虫能对它们所处的环境迅速做出反应,调整这两种形态的比例也就并不奇怪了。在捕食者存在的情况下,豌豆蚜 (*Acyrthosiphon pisum*) 的有翅后代比例会增加 (图 6.11),这很可能是一种从不利环境中逃跑的反应。

6.7.2 性别相关的差异

雄性和雌性的扩散能力通常有所不同;尤其在一些昆虫中,这种差别非常明显,一般雄性是更活跃的扩散者。例如雌性冬尺蠖 (*Operophtera brumata*) 是没有翅的,而雄性可以自由飞行。Greenwood (1980) 在他的一篇重要论文中比较了鸟类和哺乳动物中扩散的性别偏倚。鸟类中扩散者通常是雌性,而在哺乳类中扩散者通常是雄性。扩散性别偏倚的进化解释强调两个方面:一方面是性别偏倚作为尽量避免近交的手段所起的作用,另一方面是婚配体制中的具体细节可能会使扩散和恋巢的代价和收益在两性之间不对称 (Lambin *et al.*, 2001)。例如,在鸟类中,在雄鸟之间争夺领地的竞争通常是最激烈的。因此,它们的恋巢性使雄鸟在最大程度上获益,因为它们对自己的出生地生境非常熟悉,而扩散的(通常单配制的 (monogamcus)) 雌鸟则能从选择雄性配偶中获益。在哺乳动物中,(通常多配制的 (polygamous)) 雄性个体为配偶的竞争经常要多于领地的竞争,因此它们会扩散到有大量可保卫的雌性动物的区域,这样才能获得最大的收益。

6.7.3 年龄相关的差异

很多扩散属于出生扩散,即幼体第一次繁殖之前的扩散。在许多生物类群中,出生扩散是固有的:植物种子的散布,本质上就是出生扩散。与此类似,许多海洋无脊椎动物成体 (繁殖期) 具有一段营固着生活的阶段并依靠幼体 (繁殖之前) 来扩散。另一方面,大多数昆虫的幼体阶段是固着生活而扩散的是具有繁殖能力的成体。对于多次繁殖的物种,扩散是成体整个生命过程中最常发生的事情,扩散在第一次繁殖前后发生;但对于单次繁殖的物种,扩散几乎不可避免地是出生扩散。

鸟类和哺乳动物在羽翼丰满或断乳后即可离开母亲独立生活,它们在此后的生活中也有扩散的可能。尽管如此,它们的扩散多数仍然是出生扩散 (Wolff, 1977)。实际上,在哺乳动物的扩散模式中,扩散年龄和性别的偏倚,以及避免近交、避免竞争的作用力和恋巢性,是密切联系在一起的。例如,在有关犬尾田鼠 (*Microtus canicaudus*) 的一个实验中,种群在低密度时有 87% 的雄性幼体和 34% 的雌性幼体在最初被捕获的 4 周内发

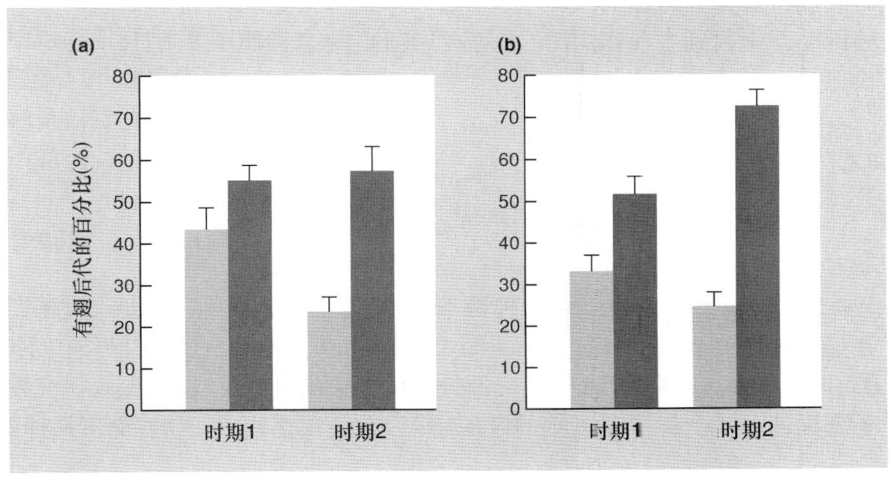

图 6.11 将豌豆蚜 (*Acyrthosiphon pisum*) 在两个时期分别暴露于两种不同的捕食者,有翅型的平均比例 (±SE): (a) 食蚜蝇幼虫; (b) 草蜻蛉幼虫。深色柱为捕食者处理;浅色柱子为对照 (仿 Kunert & Weisser, 2003)。

生扩散, 但在高密度时分别只有 16% 和 12% 的幼体发生扩散 (Wolff *et al*., 1997); 尤其在雄性幼体中会出现大量的扩散, 这种逆密度依赖的扩散在种群密度低时发生的更多, 由此支持避免近交是造成这种扩散模式的主要作用力。

6.8 扩散的种群统计学意义

在第 4.1 节中指出的生态学铁律, 强调扩散对种群动态具有潜在的深远影响。但在实践中, 很多研究几乎并不关注扩散。一般解释的理由是: 迁出和迁入接近相等, 所以干脆两方面都不考虑了。尽管如此, 有人怀疑真正原因是扩散通常很难进行量化。

集合种群和亚种群

扩散在种群动态中的作用性质取决于我们如何看待种群。最简单的观点是将种群看作是一些个体的集合, 这些个体或多或少地连续分布在一片由条件合适到不合适的斑块组成的栖息地中, 所以种群是单一的不被分割的整体。扩散是一个对种群增加 (迁入) 和减少 (迁出) 都有贡献的过程。然而, 许多种群实际上是集合种群, 即许多亚种群 (subpopulations) 的集合。

在第 6.3.1 节中, 我们注意到生态学中斑块的普遍性, 以及扩散在联系不同斑块之间所起的重要作用。亚种群占据景观中可以栖息的斑块, 单独来看, 这与前面将种群简单看作一个不可分割的整体的观点一致。然而, 集合种群的总体动态在很大程度上取决于每个亚种群的灭绝速率, 以及通过扩散在可以栖息但没有被占据斑块中的定居速率。但要注意, 如果只是因为一个物种占据多块栖息地点, 且每个地点都有一个种群, 这并不意味着这些种群组成了集合种群。正如下面我们将要充分讨论的: 只有当灭绝和再拓植在整个种群动态中起到主要作用时, 才是 "经典的" 集合种群状态。

6.8.1 扩散建模: 斑块化分布

扩散干扰种群动态的方式是可以预测的, 或者实际上可以用三种不同的方式来进行数学建模 (见 Kareiva, 1990; Keeling, 1999)。第一种是 "岛屿" 或 "空间隐含" (spatially implicit) 的方法 (Hanski & Simberloff, 1997; Hanski, 1999)。其关键特征是, 一部分个体随机离开原来斑块进入一个扩散者密集的区域, 然后在斑块之间重新扩散。因此, 这些模型并不给出斑块特定的空间位置。所有的斑块可能通过扩散减少或者增加个体数量, 但是, 在某种意义上来说所有的斑块相互之间的距离是相同的。包括最早的 (见下文的 Levins 模型) 许多集合种群模型, 都属于这一类; 尽管它们很简单 (现实的种群在空间上确实存在各自的位置), 却能提供对问题的深刻理解, 因为它们简单所以分析起来更容易。

与此相对比, 空间明确模型 (spatially explicit model) 认为斑块之间的距离是不同的, 因此通过扩散来交换个体的概率是不一样的。最早在种群遗传学中发展起来的这类模型是直线型的 "垫脚石", 认为扩散只发生在直线上相邻斑块之间 (Kimura & Weiss, 1964)。最近, 空间明确的方法常包括 "网格" 模型, 该模型中斑块通常排布成方形的格子, 并且斑块与 "邻近" 斑块交换扩散的个体, 这些邻近斑块可能是与其分别共用一个边的 4 个斑块, 或是与其包括对角线在内有接触的 8 个斑块 (Keeling, 1999)。当然, 尽管空间上是明确的, 但是这种模型只能对现实世界里的斑块排布进行粗略勾画。尽管如此, 只要给定明确的空间, 它们在突出种群动态新模式上还是有用的: 不仅是空间格局 (例如, 见第 10.5.6 节), 还有变化的时间动态, 如包括当栖息地遭受破坏时, 整个空间明确的集合种群灭绝的概率也在增加 (图 6.12)。另外, 空间明确的模型因为包括破碎化景观的实际几何学信息, 所以在空间上也是 "现实的" (见 Hanski, 1999)。关联函数模型 (incidence function model) (Hanski, 1994b) 就是其中之一 (Hanski, 1994b), 本书后面的部分章节就使用了这种模型 (第 6.9.4 节)。

最后, 第三种方法不将空间看作斑块化的, 而将其看作连续均质的, 并且通常将扩散模型视为 "反应 – 扩散系统" (reaction-diffusion system) 的一个组成部分, 在这个系统中任何一个空间位置的动态都会被 "反应" 所捕获, 并且以单独扩散的方式增加扩散。这种方法在生物学其他领域中 (如发育生物学) 的重要性比在生态学中更高。尽管如此, 该系统在数学理解方面是很强的, 并且尤其擅长解释空间的变化 (如斑块) 是如何从一个均质系统内部产生的 (Kareiva, 1990; Keeling, 1999)。

6.8.2 扩散和单种群的统计学

细致关注扩散的一些研究倾向于认同扩散的重要性。对英国牛津附近一种大山雀 (*Parus major*) 种群的长期深入研究发现, 57% 的繁殖个体是从其他种群迁入的, 而不是种群内出生的 (Greenwood *et al*., 1978)。在

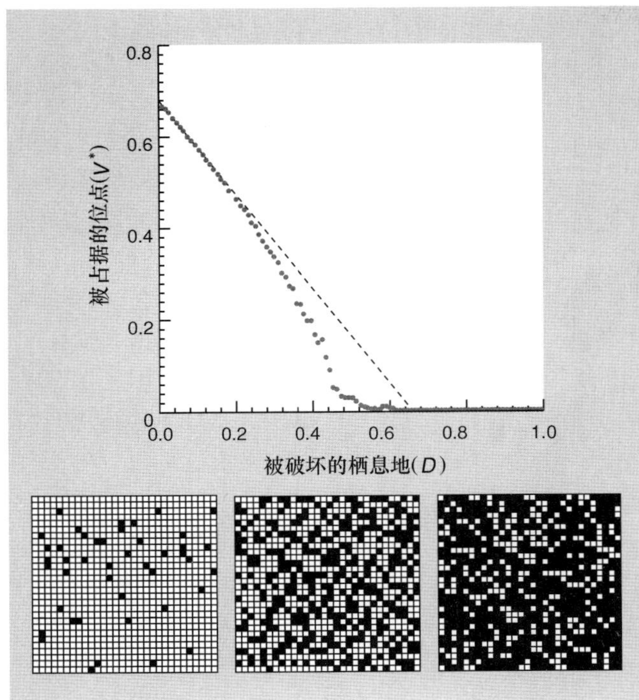

图 6.12 在一系列的模型中，当栖息地被破坏部分逐渐增加时 (x 轴从左到右)，被占据地点的比例 (y 轴) 逐渐降低，直到整个种群完全灭绝 (没有地点被占据)。斜虚线表示空间隐含模型中的关系，其中所有地点之间的连接是相同的。图中的点表示空间明确的网格模型的输出：数值为 5 次重复的平均值 (模型是概率性的：每次操作略微不同)。下面列了 3 个网格例子：分别为 0.05、0.40 和 0.70 的斑块被破坏 (以黑色表示)。在栖息地很少破坏的情况下 (向左)，因为剩余的斑块能够彼此很好地相互连接，所以明确的空间结构变化不明显。当更多的栖息地遭受破坏时，网格中斑块的孤立程度逐渐增加并且不容易被重新占据，所以与空间隐含的模型相比有更多的斑块没有被占据。

加拿大一种马铃薯甲虫 (*Leptinotarsa decemlineata*) 种群中，新出现成体的平均迁出率为 97% (Harcourt, 1971)。由此，20 世纪中期欧洲甲虫的快速传播就不难理解了 (图 6.13)。

有关分布于加拿大新斯科舍省马提尼克岛湾沙丘中的一种夏季一年生植物 —— 海马康草 (*Cakile edentula*) 的研究发现，散布对种群动态具有深远的影响。种群集中生长在沙丘的中间，并且在偏向海洋和陆地的一侧其分布逐渐减少。然而，只在靠近海洋的区域，才有足够高的种子产量和足够低的死亡率可以年复一年地维持种群的大小。在中间和靠近陆地的位置，死亡率均超过了种子的产量。所以，这些区域的种群将会灭绝 (图 6.14)。但是海马康草的分布并不随着时间的变化而变化。相反，有大量的种子从靠近海洋的区域散布到中间和靠近陆地的区域。散布到这两个区域并且萌发的种子实际上比当地产生的种子还要多。海马康草的分布和多度直接与种子在风中和波浪中的散布有关。

扩散对单个种群动态最基本的意义，很可能是对密度依赖性迁出的调节作用 (见第 6.3.3 节)。从局部来看，第 5 章讲的关于密度依赖性死亡率的内容同样也适应于密度依赖性迁出。当然从全局来看，这两个过程的结果可能完全不一样。无论在什么地方，死亡的个体都永远消失了；而对于迁出而言，一个种群的损失可能是另一个种群的益处。

6.8.3 入侵动态

不同寻常扩散者的意义

在生命的几乎各个方面，人们认为常规的和 "正常" 的实际上就是普遍存在的，这种想法是危险的，这样就很容易放过或忽视那些独特的或不同寻常的方面。任何的统计分布都有一个尾端，然而这些占据尾端的与那些在数量上超过它们的所谓主流同样真实存在。对于扩散来说也是如此。出于许多原因，用典型术语来描述扩散率和扩散距离是合理的。然而，尤其当所关注的物种是向没有被占据的栖息地扩散时，那些扩散最远的繁殖体可能是最重要的。例如，Neubert 和Caswell (2000) 分析了 2 个植物物种 *Calathea ovandensis* 和黑色小茴香 (*Dipsacus sylvestris*) 的散布 (扩散) 速率。在这两个案例中，他们发现扩散速率对最大扩散距离有很强的依赖性，而那些较短距离的扩散，其模式的变化对扩散速率几乎没有影响。

入侵对少数长距离扩散者的依赖，反过来意味着一个物种入侵一个新栖息地的概率可能与源种群的接近程度 (入侵的机会) 关系更大，而对于已经扩散并且建立桥头堡的种群，这种关系就弱得多。在 1978 年到 1987 年之间 (图 6.15) 和 1987 年到 1996 年之间，关于灌木和一些树种入侵南英格兰 116 个石楠低荒地植被斑块的研究就是这样的例子 (Nolan *et al*., 1998; Bullock, *et al*., 2002)。石南有 4 种类型 (干燥的、潮湿的、湿润的和沼泽型的) 以及两个周期，共 8 组数据可供分析。对其中 6 组而言，入侵种引起了石南群落的消失，且消失程度的组间差异基本可以得到解释。其中，描述石南斑块边缘植被中灌木和树木多度的解释变量是最重要的。入侵以及随之而来的斑块变动，都是由扩散这一初始行为所驱动的。

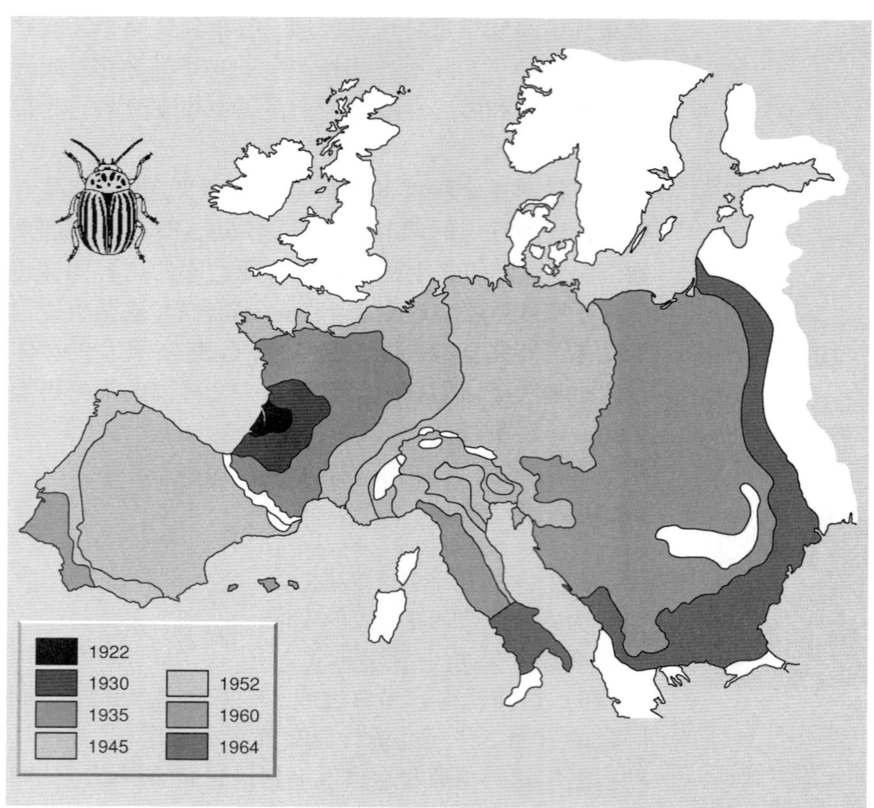

图 6.13 马铃薯甲虫 (*Leptinotarsa decemlineata*) 在欧洲的扩散 (仿 Johnson, 1967)。

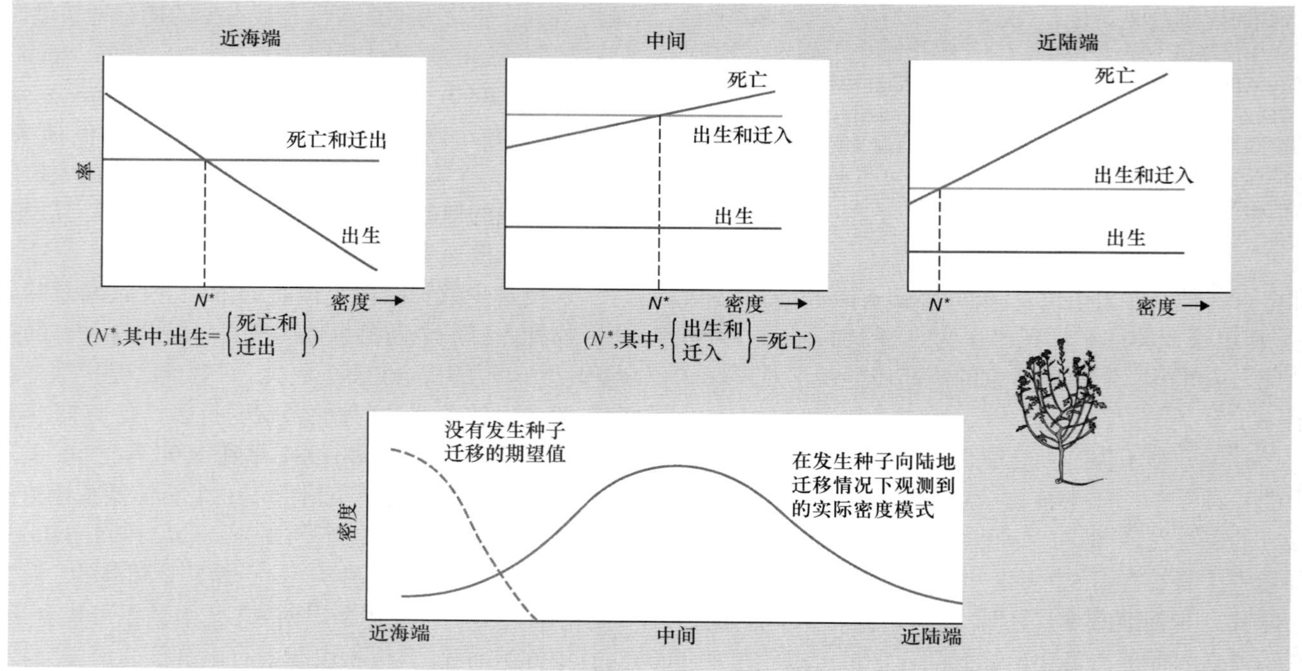

图 6.14 图示 3 个不同区域海马康草 (*Cakile edentula*) 的死亡率和种子产量的变化, 这三个区域分别代表从开放的沙滩 (近海端) 到茂密的植被区 (近陆端) 的过渡。与其他区域不同的是, 在近海区域的种子产量高; 但随着周围植被的密集, 海马康草的死亡率也降低, 在死亡率和出生率达到平衡时, 种群便达到稳定平衡的状态, 将达到该状态的点标记为 N^*。在近陆区域和中间部分, 植株死亡率往往超过了种子的产出, 所以那里的植被大多数是由近海区域的种子飘散过来形成的。因此, 近陆区域种子总产量加上外来种子的量可以平衡这里的死亡率, 最后种群达到平衡状态 (仿 Keddy, 1982; Watkinson, 1984)。

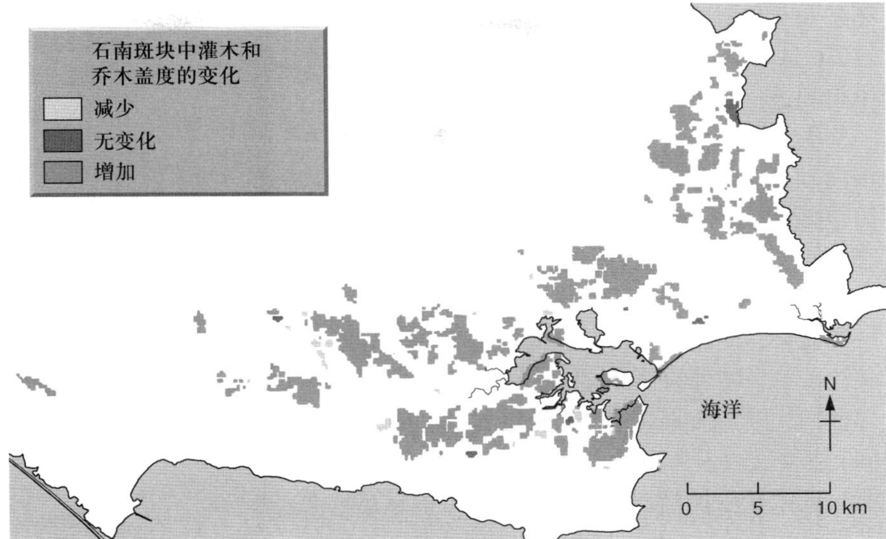

图 6.15 1978 — 1987 年, 灌木和一些树种入侵南英格兰 116 个石南低地植被斑块。沿海地区的南部以及东部县郡的边界 (仿 Bullock *et al.*, 2002)。

6.9 扩散与集合种群的统计学

6.9.1 集合种群理论的发展: 无种群定居的可栖息斑块

在 1970 年左右, "许多种群实际上是集合种群" 这一认识就已经很明确, 但大约 20 年后, 这种认识才转化为实际行动, 越来越多关于复合种群动态的研究出现在生态学舞台的显眼位置。现在的危险已不在于对于这种认识的忽视, 而是所有的种群都被认为是复合种群, 只是因为这个世界的斑块化。

集合种群概念的核心是可栖息斑块可能没有被种群定居只是因为个体没能成功地扩散进来。追溯到 1954 年, Andrewartha 和Birch 曾强调过这个观点。为了检验这个观点, 我们必须能够鉴别没有被种群定居的可栖息斑块。但是几乎没有人尝试过, 在鉴定之前首先要有确信的方法, 该方法可以识别限制物种分布的生境斑块特征, 然后可以确定相似斑块中预期出现物种的分布和多度。水田鼠 (*Arvicola terrestris*) 生活于河流的两岸, 在对英国北约克郡河岸的 39 个区域的研究中发现, 10 个区域包含着水田鼠的繁殖种群 (中心位置), 15 个区域被水田鼠造访过但没有在那里繁殖 (外周位置), 有 14 个区域很明显从没有被利用过或造访过。用主成分分析描述中心位置的特征, 在这些特征的基础上对其他的 12 个没有被占据的位置或外周位置进行了鉴定, 它们本应该是适合繁殖田鼠定居的 (即可栖息位置)。很明显的是, 大约 30% 的可栖息位置没有田鼠定居, 是因为它们太过于孤立以至于田鼠不能迁入并定居, 或者是在某些区域定居可能遭受水貂的高捕食风险 (Lawton & Woodronffe, 1991)。

我们还可以通过一些稀有的蝴蝶物种对可栖息斑块进行识别, 因为它们的幼虫只能取食一种或很少几种斑块化分布的植物。Thomas 等 (1992) 发现这些没有被定居的斑块很小并且从扩散资源中孤立出来: 蝴蝶 *Phlebejus argus* 能够在几乎所有距离种群小于 1 km 的可栖息位置上定居。实际上, 当蝴蝶成功地进入一些孤立位置 (没被定居过) 时, 它们的可栖息性就可以确定 (Thomas & Harrison, 1992)。对于一个位置是否真的可栖息, 这是一个关键的检验。

6.9.2 集合种群理论的发展: 岛屿和集合种群

一般来说, MacArthur 和Wilson (1967) 的经典著作《岛屿生物地理学理论》(*The Theory of Island Biogeography*) 对于急剧变化的生态学理论是一个重要的催化剂。作者在真正的 (海上) 岛屿动物和植物的动态变化环境下提出了自己的观点, 他们把这种动态变化理解为反映灭绝 (extinction) 和拓殖 (colonization) 之间反作用力的平衡。他们强调一些物种 (或当地种群) 将它们大部分的时间用于从过去的崩溃中恢复或入侵新地域 (岛屿), 而其他物种则将大多数时间用于种群大小维持在环境容纳量上下。它们是一个连续体的两端: 分别指的是第 4.12 节中的 *r* 物种和 *K* 物种。在这个连续体的一端 (*r* 物种), 个体是好的拓殖者并且在一个空的生境中具有利于种群快速增长的特征; 而在这个连续体另一端 (*K* 物种), 个体不是很好的拓殖者, 但是它们具有利于在拥挤环境中长期持续存在的特征, 因此它们的拓殖和灭绝速率都相对较低, 而 r 物种的速率都相对较高。这些观点在第 21 章岛屿生物地理学讨论的讨论中得到进一步的阐述。

大约在 MacArthur 和Wilson 的著作发表的相同时期内, Levins (1969,1970) 提出了 "集合种群" 动态的简单模型。像 MacArthur 和Wilson 一样, 他试图把生态学思想融入到我们周围斑块化的世界。MacArthur 和Wilson 更关注于物种组成的整个群落, 并且想象出一个能够为岛屿提供常规来源拓殖者的"大陆"。Levins 关注于单一物种的种群, 并且不倾向于支持任何斑块特异性的大陆。Levins 引入了变量 $p(t)$, 即在某一特定时间 t 点上已被一个物种占据的生境斑块的比例, 以反映能被大家接受的情况: 并非所有的可栖息斑块总是被占据。

Levins 模型

所占据生境 (斑块, p) 比例的变化率在Levins模型中表示如下:

$$dp/dt = mp(1-p) - \mu p \tag{6.1}$$

其中, μ 是斑块发生局域灭绝的速率, m 是空斑块再拓殖的速率。再拓殖速率随易于再拓殖空斑块的比例 $(1-p)$ 和已占据斑块中能为拓殖者提供的斑块比例 (p) 的增大而增加, 而灭绝速率随趋向于灭绝的斑块的比例 (p) 的增大而增加。Hanski (1994a) 改写了这个方程, 认为 Levins 模型在结构上与逻辑斯谛方程完全等同 (见第 5.9 节):

$$dp/dt = (m-\mu)p\{1 - p/[1-(m/\mu)]\} \tag{6.2}$$

因此, 只要再拓殖的内禀速率超过灭绝的内禀速率 $[(m-\mu) > 0]$, 整个集合种群将达到稳定平衡, $1-(\mu/m)$ 是斑块被占据的比例。

亚种群中的灭绝和拓殖: 一个稳定的集合种群

从集合种群角度, 通过最简单模型得到的最基本信息是, 尽管没有一个局域种群本身是稳定的, 但由于随机灭绝和再拓殖之间的平衡, 集合种群能够稳定续存。如图 6.16 所示, 一个持续高度破碎化的庆网蛱蝶 (*Melitaea cinxia*) 集合种群, 即使是最大的局部种群也有很大概率在两年内灭绝。换言之, 如果我们想要理解种群长期的持续性, 或者种群的实际动态, 那么我们可能需要跳出局域的出生率和死亡率 (及它们的决定因素) 来看问题, 或甚至跳出局域迁入率和迁出率来看问题。如果种群从功能上如同一个集合种群, 那么亚种群的灭绝和再拓殖可能至少是相对比较重要的。

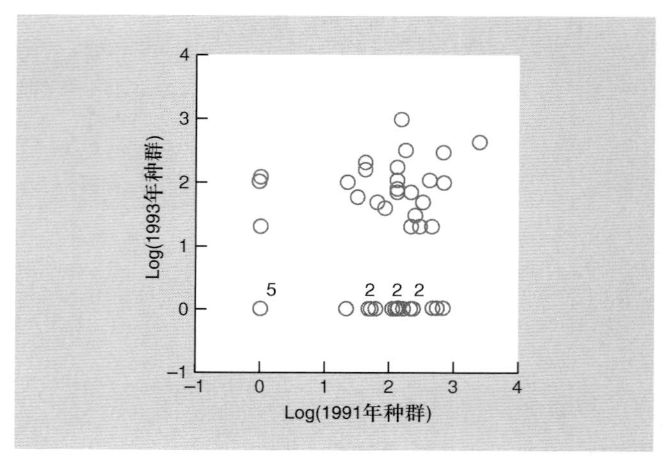

图 6.16　芬兰奥兰岛庆网蛱蝶 1991 年 6 月 (成虫) 和 1993 年 8 月 (幼虫) 局域种群大小的比较。用数字指出多数据点。1991 年的许多种群, 包括许多最大的种群, 到 1993 年就灭绝了 (仿 Hanski *et al.*, 1995)。

6.9.3　一个种群何时是集合种群?

在这里已经确定集合种群的两个必要特征: 单个亚种群具有经历灭绝和再拓殖的现实机会。在这个基础之上我们可以再加一点, 这已经在之前的讨论中暗示过。不同亚种群的动态应该在很大程度上是独立的, 即不同步的。毕竟, 如果当所有的亚种群走向灭绝时, 种群是没有希望稳定的; 而不同步性保证了当一个亚种群走向灭绝时 (或者甚至下降时), 其他的亚种群有可能旺盛生长并进行扩散, 提高了后者对于前者的 "挽救效应" (resuit effect) (Brown & Kodric-Brown, 1977)。

源和汇

一些集合种群可能符合经典概念的定义, 其中所有的亚种群都有实际 (大概相等的) 的灭绝机会, 但是其他的集合种群在个体斑块大小或质量上都可能存在着显著的差异。因此, 斑块可能分为 "源" (source) (贡献者斑块) 和 "汇" (sink) (接受斑块) (Pulliam, 1988)。处于平衡中的源斑块, 其出生数量超过了死亡数量, 然而接收斑块正好处于相反的情况。因此, 在一个集合种群中源种群支持一个或更多接受种群。正如在简单模型中一样, 集合种群的续存不仅依赖于灭绝和再拓殖之间的整体平衡, 而且也依赖于源种群和汇种群之间的平衡。

当然, 实际上有可能存在各种类型集合种群的连续体: 从几乎相同的局域种群 (它们全部相同的灭绝倾向) 的集合到集合种群 (其中的局域种群之间有极大的不等性), 一些局域种群从其自身的能力来看能有效地维持稳定。图 6.17 通过北威尔士大蓝蝶 (*Plejebus argus*) 阐明了这种对比。

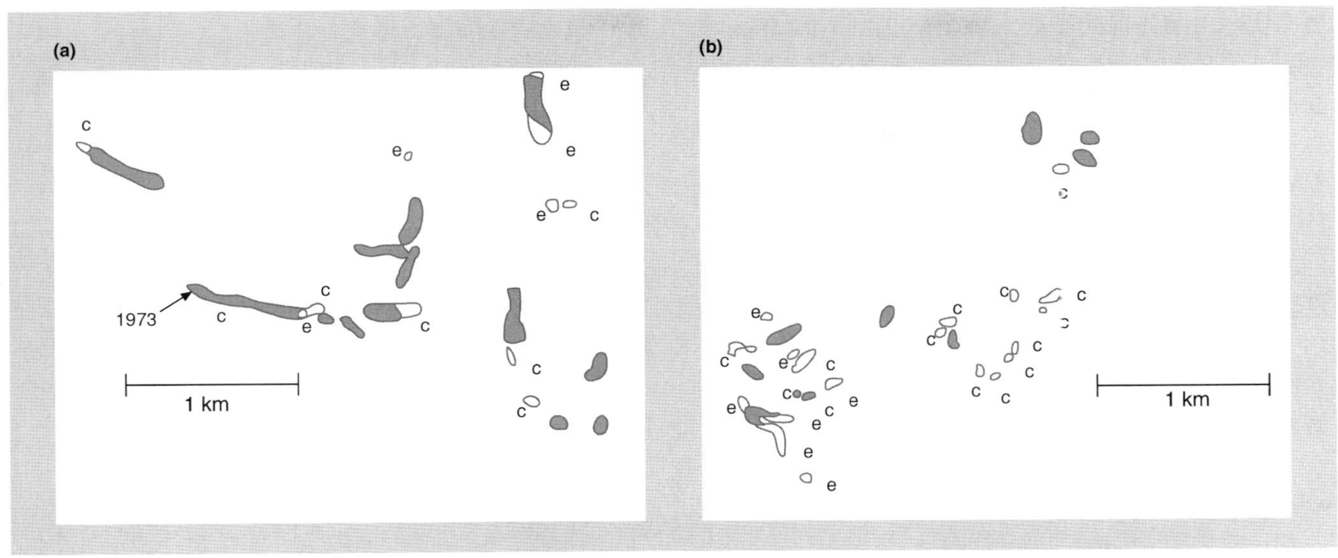

图 6.17 北威尔士大蓝蝶的两个集合种群: (a) Dulas 山谷石灰石生境中, 在较小、短命的局域种群中存在着大 (更大) 量续存的局域种群; (b) South Stack Cliffs 海兰特生境中, 较小、短命的种群比例更大。实心轮廓表示在 1983 年和 1990 年出现; 空心轮廓表示在 1983 年和 1990 年都没出现; e, 表示仅出现在 1983 年 (假定灭绝); c, 表示仅出现在 1990 年 (假定拓殖) (仿 Thomas & Harrison, 1992)。

然而, 单纯的种群斑块状分布并不一定使其成为一个集合种群 (Harrison & Taylor, 1997; Bullock *et al*., 2002)。首先, 种群可能是斑块状分布的, 但是斑块之间的扩散可能非常大, 所以单个斑块的动态不再独立, 即形成单一的种群; 尽管该种群占据一个异质性的生境。再者, 斑块可能是从另一个斑块中隔离出来的, 所以它们之间的扩散可以被忽略: 即一系列有效分离的种群。

最后, 也许是最常见的, 所有斑块都可能只是具有可以忽略的灭绝概率, 至少是在看得见的时间尺度上。这意味着它们的动态可能受到出生、死亡、迁入和迁出的影响, 但是达不到明显灭绝或再拓殖的程度。最后一类接近于真正的集合种群, 毋庸置疑的是, 许多符合这个描述的斑块状种群适合这个名称 (集合种群)。当然, 过度保护定义的纯粹性也有风险。

随着对集合种群概念关注的增加, 如果这个名词本身被扩展到更广的生态学领域中将会有什么危害呢? 也许没有, 这个名词的延展应用超越最初在种群中的应用可能无论如何是不能阻止的。但一个词语, 也像其他信号一样, 如果接受者理解信号发出者发出信号的意图, 它才是有效的。至少在利用者用这个术语时确认灭绝和斑块再拓殖时应该谨慎。

植物的集合种群? 记着有种子库

识别集合种群的问题在植物中尤为明显 (Husband & Barrett, 1996; Bullock *et al*., 2002)。毫无疑问, 许多植物定居在斑块状的环境中, 局域种群灭绝可能是常见的。正如图 6.18 所示, 一年生水生植物凤眼莲属 *Eichhornia paniculata* 生活于巴西东北干旱地区暂时性的池塘和沟渠中。然而, 将真正灭绝之后再拓殖的观点应用在具有埋藏种子库的任何植物物种上, 都是值得怀疑的。例如, 凤眼莲沉重的种子几乎总是掉落在距离亲本最近的地方, 而不是被散布到其他斑块。灭绝是生境灾难性丧失的典型结果 (注意图 6.18 中灭绝

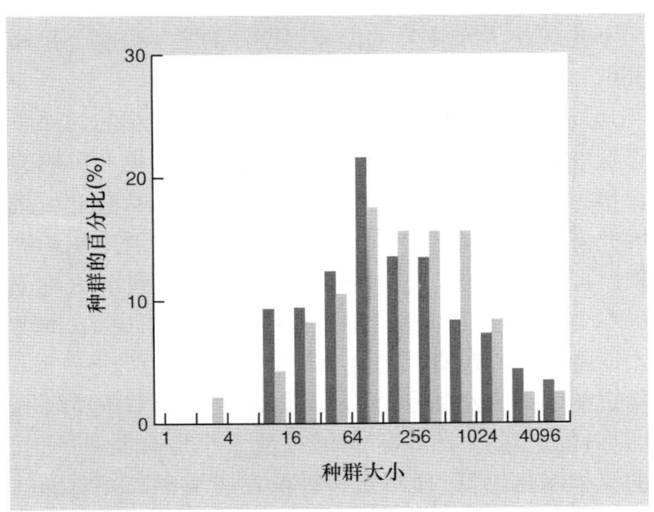

图 6.18 在巴西东北部间隔一年以上观察的 123 个一年生水生植物凤眼莲 (*Eichhornia paniculata*) 的种群, 其中 39% 的种群已经灭绝, 但是那些灭绝种群的平均初始大小 (深色柱图) 与那些没有灭绝种群的大小 (浅色柱图) 并无显著差异 (Mann-Whitney U=1925, $P > 0.3$) (仿 Husband & Barret, 1996)。

概率实际上与先前的种群大小无关), 再拓殖大多总是生境恢复后种子萌发的结果。通过扩散的再拓殖作为真正集合种群的先决条件是极为罕见的。

此外, 正如 Bullock 等 (2002) 所指出, 有关斑块灭绝和再拓殖绝大部分都发生在新出现的斑块中 (即演替的早期阶段, 见第 16 章)。当斑块中的植被演替到不再适合我们所讨论的物种生长时, 灭绝往往会发生, 且该斑块也因此不再适合同样的物种再度拓殖。这就是 "生境追踪" (habitat tracking) (Harrison & Taylor, 1997), 而不是同一生境的重复灭绝和再拓殖, 这是集合种群概念的核心所在。

6.9.4　集合种群动态

Levins 的简单模型没有考虑斑块大小的变异和及其空间位置, 也没有考虑每个斑块之内的种群动态。毫不奇怪的是, 若将这些高度相关的变量考虑在内的话, 数学也将变得更加复杂 (Hanski, 1999)。然而, 即使不考虑更多的数学细节, 这些修正的性质和后果一样也能够被理解。

例如, 设想被集合种群占据的生境斑块在大小上是变化的, 且大的斑块支持更大的局域种群。这使得集合种群能得以续存, 更大的斑块除了具有更低的灭绝速率之外, 也具有更低的拓殖速率 (Hanski & Gyllenberg, 1993)。实际上, 在其他方面都相同的条件下, 斑块大小的变异越大, 集合种群续存的可能性也越大。另外, 局域种群大小的变异可能是斑块质量变化的结果, 而不是斑块大小变异的结果: 结果在很大程度上是相同的。

局域种群灭绝的可能性通常随种群大小的增加而降低 (Hanski, 1991)。此外, 当被集合种群占据的斑块的比例 p 增大时, 应该有更多的迁移者, 更多的迁入者, 因此有更大的局域种群 (例如, 这得到了格兰维尔豹纹蝶所证实; Hanski *et al.*, 1995)。因此, 毫无疑问, 灭绝率 μ 不会像它在简单模型中那样稳定, 而是随着 p 的增大而降低。模型整合进这个效应后通常会产生一个不稳定的中等大小的阈值 p。正如在简单模型中所表明的那样, 超过这个阈值, 局域种群大小足够大, 且它们的灭绝率足够低, 所以集合种群在斑块中以相对高的比例续存。然而, 低于这个阈值时, 局域种群的平均大小太小, 因此它们的灭绝率会很高。集合种群下降到 $p = 0$ (整个集合种群的灭亡) 时, 达到另一个稳定平衡状态, 或者下降到 p 值很低的状态, 这时基本上只有最有利的斑块才能被占据。

备择的稳定平衡态?

相同物种的不同集合种群, 可能因此被期望能占据高比例或低比例的可栖息斑块 (可选择稳定的均衡), 而不是中等比例 (接近阈值)。这样一个双峰分布对于芬兰格兰维尔豹纹蝶来说的确是很明显的 (图 6.19)。除此之外, 这些可选择的平衡具有潜在的保护意义 (见第 15 章), 尤其是当更低的平衡出现在 $p = 0$ 时, 表明当可栖息斑块占据的比例低于或高于某一阈值时, 任何集合种群灭绝的风险都可能突然增加或降低。

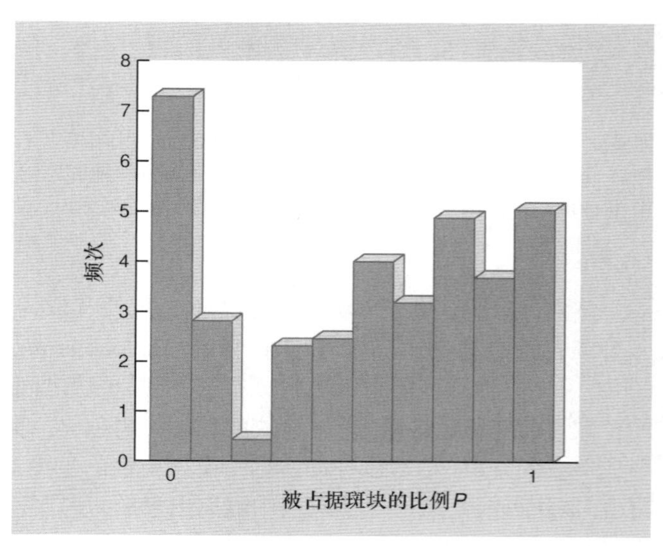

图 6.19　芬兰奥兰岛格兰维尔豹纹蝶不同集合种群间斑块占据的双峰频率分布 (仿 Hanski *et al.*, 1995)。

一项研究通过将先前许多线索综合在一起, 检验了一种小型哺乳动物 —— 美国加利福尼亚州的鼠兔 (*Ochotona princeps*) 的假定集合种群的动态。[使用修饰语 "假定的" 是因为生境斑块之间的扩散本身就是假定的, 而不是实际观察到的 (见 Clinchy *et al.*, 2002)]。总体集合种群本身能够被分为北方、中部和南方网络, 并且在 1972 年至 1991 年间的 4 个时间点上确定了每一部分的斑块占据率 (图 6.20a)。这些纯粹的空间数据加之更基本的鼠兔生物学信息用来为 Hanski (1994b) 的关联函数模型提供参数值 (见第 6.8.1 节)。接着, 通过整合随机变化的实际程度, 从 1972 年观察到的情形开始, 要么把整个集合种群视为一个单一的实体 (图 6.20b), 要么模拟每个孤立的网络 (图 6.20c), 最后该模型被用来模拟每个网络的总体动态。

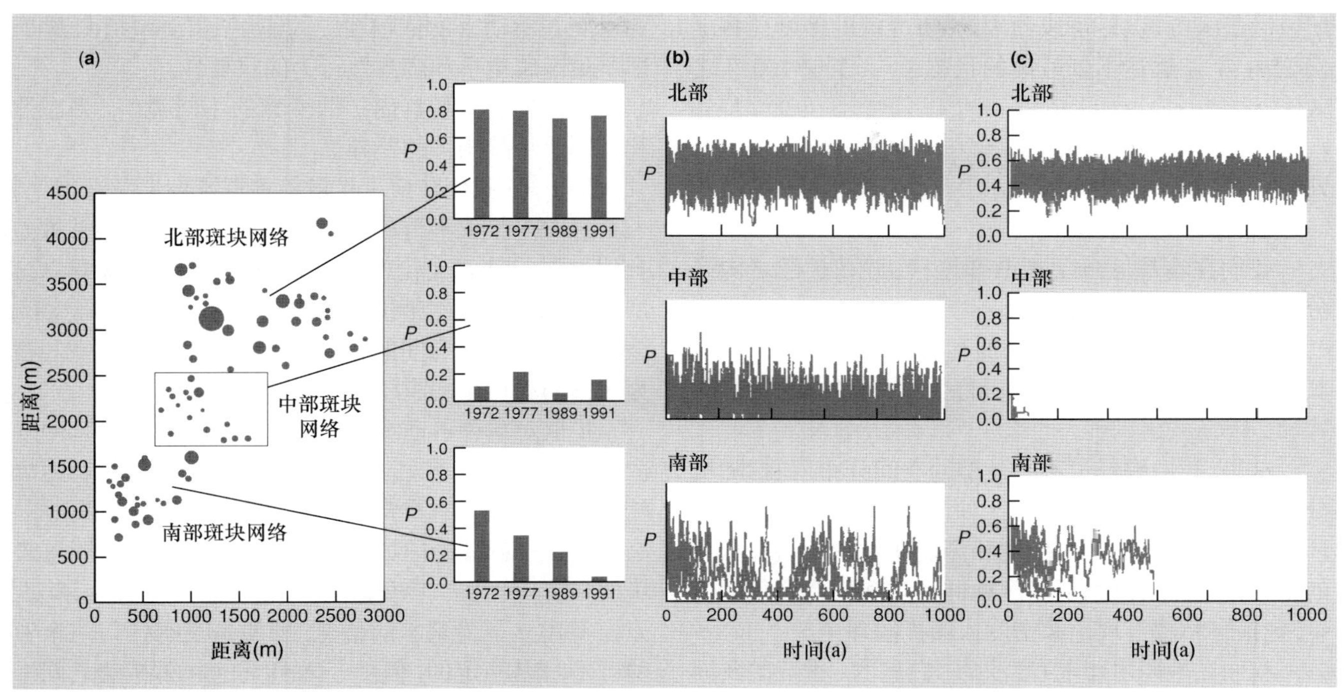

图 6.20 加利福尼亚州 Bodie 魁鼠兔 (*Ochotona princeps*) 集合种群的动态。(a) 可栖息斑块的相对位置和大约面积, 1972 年、1977 年、1989 年和 1991 年斑块在北部、中部和南方网络的占据量。(b) 三个网络的短暂动态变化, 利用 Hanski 的关联函数模型 (1994b) 把整个集合种群视为单一的实体。图中显示了重复模拟 10 次的结果, 每次模拟都起始于 1972 年的实际数据变化。(c) 是与 (b) 相同的模拟, 但是每个网络都是独立模拟的 (仿 Moilanen *et al.*, 1998)。

数据本身 (图 6.20a) 表明, 北方网络在研究期间维持着高的占据率, 中部网络维持着更为变化多端且更低的占据率, 与此同时南方网络正经历着一个稳定大幅度的下降。尽管只是基于空间的数据, 但在精确反应临时动态上, 这些关联函数模型的结果是令人鼓舞的。尤其是, 当我们得知南方网络会周期性地崩溃直至整体灭绝, 但是能够被占据率不是很高的中部网络的活动所挽救, 这可以作为从较不稳定的北方网络而来的一个垫脚石。当这三个网络独立模拟时, 其结果都支持这种解释 (图 6.20c)。北方网络保持一个稳定的高占据率; 但是中部网络会崩溃, 并且这种崩溃是可预测的; 南方网络尽管不是如此不稳定, 但最终遭受相同的命运。基于这种观点, 整体来看在集合种群内, 北方网络是源, 中部和南方网络是汇。因此, 没有必要援引任何的环境变化去解释南方网络的下降; 这种下降甚至是在不变的环境中也是可预测的。

甚至更为重要的是, 这些结果可以说明当集合种群中的亚种群不稳定时, 整个集合种群又是如何保持稳定的。此外, 北方和中部网络 (两者都在不同的占据率上维持稳定) 的比较结果说明, 占据率是怎样依赖于扩散传入者的库的大小, 该库自身的大小也有赖于亚种群的大小和数量。

达到平衡状态是罕见的

最后, 这些模型将我们指引到一个在本书中反复出现的问题上: 简单模型 (人的第一想法) 经常关注于长期达到的平衡。但是实际上, 这种平衡可能很少达到。在目前这个例子中, 稳定的平衡能够很容易地在简单集合种群模型中产生, 但是一个物种可观察到的动态可能经常与物种集合种群的"瞬时"行为相关, 远没达到平衡。另一个关于弄蝶 (*Hesperia comma*) 在英国稳定下降的例子, 1900 年该虫遍布大多数钙化山头, 而到 20 世纪 60 年代早期, 只在 10 个地区的 46 个或更少的地点幸存 (Thomas & Jones, 1993)。可能是土地利用变化 —— 未耕种草地的开垦和畜载量的降低 —— 以及黏液瘤病导致野兔根除后引起的植被变化导致的。在整个非平衡的期间, 局部灭绝率通常超过了再拓殖率。然而, 在 20 世纪 70 年代和 80 年代, 家畜的再引入和野兔种群的恢复导致放牧量增加以及合适生境的数量再次增加。再拓殖率超过了局域灭绝率, 但是弄蝶的扩张仍然很慢, 尤其是在 60 年代被避难所孤立的地区。即便是在英格兰东南部避难所密度最大的区域, 可以预测的是, 弄蝶的多度还将缓慢增加 —— 远达不到平衡的状态 —— 至少 100 年之久。

小结

我们在本章区分了扩散和迁移, 并在扩散之内区分了迁出、转移和迁入。

本章也描述了各种主动的和被动的扩散 (散布), 尤其包括了种子雨的被动散布和无性散布者中的游击队式和方阵队式。

这里, 我们解释了不同类型的空间分布, 包括随机分布、均匀分布和集群分布三种类型, 强调了尤其是在环境 "纹理" 的情形下, 尺度和斑块化对理解这些分布的重要性。详细讨论了促进种群聚集和稀释聚集的力量, 包括自私牧群理论和密度依赖扩散理论。

我们在不同尺度上 (潮汐的、白昼的、季节的及洲际的) 描述了迁移的主要模式, 包括那些重复出现的及只出现一次的模式。

我们阐述了动物 (尤其是滞育) 和植物中休眠现象 (时间上的迁移), 强调了光周期在休眠发生时令上的重要性。

详细探讨了扩散和密度之间的关系, 解释了近交和远交在驱动密度依赖性中的作用, 主要包括两方面, 即避免亲属竞争和恋巢性行为的重要性。

我们描述了种群内扩散变异的不同类型: 多态性和性别及年龄相关的差异。

接下来, 我们转向了扩散的种群统计学意义, 并引入了包含多个亚种群的集合种群概念。扩散能够被整合到种群的动态变化中, 并以三种不同的方式建立模型: ① "岛屿" 或 "空间隐含" 的途径; ② 空间明确途径, 该途径承认斑块之间的距离是有差异的; ③ 把空间视为连续的和均质的途径。

扩散对单种群动态变化最重要的影响可能是密度依赖性迁出的调节效应。然而, 认识较为罕见的长距离扩散者在入侵中的重要性也是非常重要的。

集合种群理论的提出自更早的未定居的可栖息斑块的概念; 作为一个概念, 它主要来源于 Levins 模型, 该模型建立了最基本的信息: 即便是没有任何一个亚种群本身是稳定的, 但由于随机灭绝和再拓殖之间平衡, 集合种群依然能够稳定续存。

不是所有斑块状分布的种群都是集合种群, 因此我们论述了这样一个问题: "一个种群在何时是集合种群?", 对于植物种群来说, 这可能更成问题。

最后, 我们探讨了集合种群的动态, 尤其强调了备择稳定平衡的潜在意义。

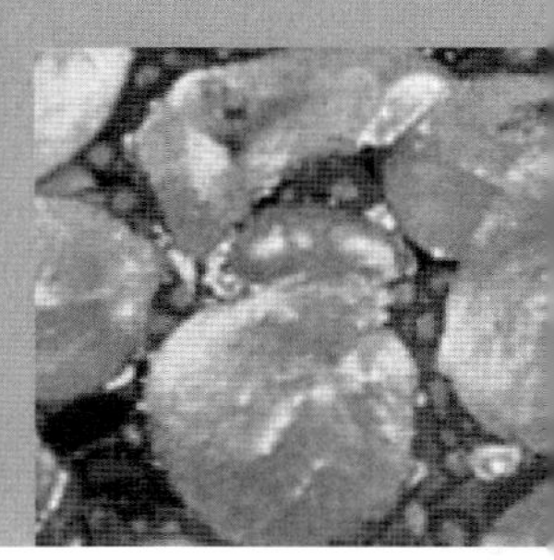

第 7 章 生物有机体和单物种种群水平上的生态学应用：生态恢复、生物安全和保护

7.1 引言

人口数量增加导致的环境问题

人口数量的剧增 (图 7.1) 引发了许多环境问题。尽管人类并不是消耗资源和污染环境的唯一物种, 但肯定是唯一会利用火、化石燃料和核裂变提供能量用以进行生产活动的类群。这些能量的产生过程已经对陆地、水和大气生态系统产生了深远的影响, 并使全球气候发生了剧变 (见第 2 章)。而且, 这些能量为人类在其城市化及农、林、渔和矿业产业化活动中提供了改变陆地景观 (和水域景观) 的力量。人类活动已导致了土地和水的污染, 几乎所有类型自然生境的大面积破坏, 生物资源的过度开发, 大量物种的灭绝。此外, 人类在世界范围内的生物转运对土著生态系统也产生了负面影响。

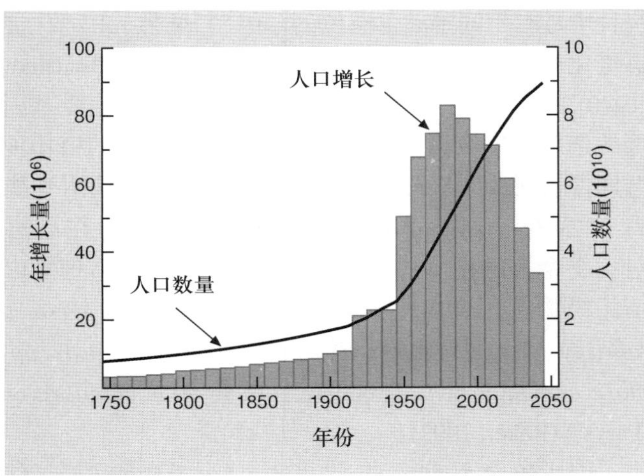

图 7.1 自 1750 年以来人口数量的增长和到 2050 年的预期增长趋势 (实线)。直方图代表 10 年内人口数量的增量 (仿 United Nations, 1999)。

需要应用生态学知识

只有正确地掌握生态学的基础知识, 我们才能理解人类所面临的问题, 并掌握处理和解决这些问题的方法。在本书的第一部分, 我们已经分别讨论了生物有机体和单物种生物种群的生态学问题 (种群之间的相互作用将在第二部分讨论)。这里, 我们将主要关注资源管理者对这些生态学知识的运用。在本书第二部分和第三部分的结尾, 我们也将以类似的方式, 阐述生态学知识在种群间相互作用水平 (见第 15 章) 和在群落和生态系统水平上的应用 (见第 22 章)。

生态位理论

生物有机体所具有的生理机能使它们能够耐受许多特殊的理化条件, 并且满足自身对特定资源的需求 (见第 2 章和第 3 章)。从根本上讲, 物种的出现和分布取决于它们的生理生态特征, 但对动物而言, 还取决于它们的行为表现。在生态学中, 生物体的这些生活表现可以用生态位的概念来加以解释 (见第 2 章)。我们发现, 物种并不存在于资源条件适合其生存的所有生境中。然而, 管理策略的制定常常取决于很多方面, 比如对物种可能生境的预测、对退化生境的恢复意愿、对入侵种未来分布的预测 (然后利用生物安全的方法阻止它们扩散), 或者对新的自然保护区内濒危种的保护等。因此, 生态位理论将为许多管理活动提供重要的理论基础。我们将在第 7.2 节进行详细的讨论。

生活史理论

物种的生活史特征 (见第 4 章) 也可以为管理者提供引导。例如, 物种是一年生还是多年生, 是否具有休眠期, 个体是大还是小, 是泛化种还是特化种, 都可能影响对该物种的身份判别: 它是生境恢复计划中的重要物种, 还是存在疑问的入侵种, 或是值得优先保护的濒危种? 对此, 我们将在第 7.3 节中具体讨论。

无论植物还是动物, 行为方面的一个重要特征就是其移动和扩散模式 (见第 6 章)。掌握动物的迁徙行为, 将有助于对受损生境的恢复, 对入侵种的预测和分类管理, 以及对自然保护区的设计。我们将在第 7.4 节中对这些内容进行讨论。

小种群动态

要保护濒危种, 我们就需要对小种群的动态进行全面了解。在第 7.5 节中, 我们将讨论一种主要用于评估物种灭绝可能性的方法, 称为种群生存力分析 (population viability analysis, PVA), 该方法的运用主要依赖于生命表 (第 4 章, 特别是第 4.6 节)、种群增长率 (第 4.7 节)、种内竞争 (第 5 章)、密度依赖性 (第 5.2 节) 以及环境容纳量 (第 5.3 节) 等知识。此外, 在某些情况下, 还需要了解集合种群 (metapopulation) 的结构 (如果濒危种出现在一系列相关联的亚种群中, 见第 6.9 节)。在本书的第二部分 (特别是第 14 章的内容), 我们将详细讨论物种多度的确定以及种群灭绝的几率, 这不仅取决于单个物种的固有特征 (出生率和死亡率等), 还取决于它在群落内与其他物种间的相互作用 (竞争、捕食、寄生以及共生等)。但是, PVA 分析通常采用一种较为简单的方法, 并不涉及这些复杂的相互作用。正因为如此, 本章将对这方面内容进行详细阐述。

全球气候变化的挑战

生态学家和物种资源管理者认为, 全球气候变化是生物在未来面临的最大挑战之一 (见第 2.9 节)。为了减缓可以预见的气候变化, 相关措施既应考虑生态学层面 (如种植更多的树木来吸收由化石燃料燃烧产生的 CO_2), 也需要考虑经济和社会政治层面的问题。这些问题与生态系统的功能息息相关, 将在第 22 章中予以讨论。在本章, 我们主要讨论如何用生物个体相关的生态学知识来预测和管理由全球气候变化引起的一些后果, 如疾病和植物种子的散布 (见第 7.6.1 节)以及保护区的选址等 (见第 7.6.2 节)。

鉴于环境问题迫在眉睫, 因此毫无疑问, 大多数生态学家都倾向于开展应用研究 (即直接针对具体的环境问题), 并将这些成果发表在专业的科学杂志上。但有多少科研成果能被资源管理者们采纳和利用呢?《保护生物学》(*Conservation Biology*) (Flashpohler *et al.*, 2000) 和《应用生态学杂志》(*Journal of Applied Ecology*) (Ormerod, 2003) 的调查结果表明, 分别有 82% 和 99% 的通讯作者在他们的文章中提出了生态管理的建议。令人振奋的是, 其中有超过 50%的相关研究工作被资源管理者们所采用。例如, 从 1999 年到 2001 年间, 在《应用生态学杂志》上发表并被管理者们采纳、应用的研究成果, 主要涉及物种和生境保护的重要性、有害物种、农业生态系统、河流调控, 以及保护区的设计等 (Ormerod, 2003)。

7.2 生态位理论和管理

7.2.1 恢复受人类活动影响的生境

利用物种生态位的知识

"恢复生态学" (restoration ecology) 这个术语被广泛用于应用生态学的各个方面 (包括恢复过度捕捞的渔场、清除入侵生物、恢复濒危种生境廊道的植被等) (Ormerod,2003)。这里,我们特别关注那些物理结构已受到人为活动影响的陆地和水域景观的恢复, 特别是采矿、集约化农业 (intensive agriculture) 和河流引水 (water abstraction) 等方面的影响。

恢复被污染的陆生生境

一经采矿毁坏, 土壤通常变得不稳定, 易受侵蚀且缺乏植被。恢复生态学之父 Tony Bradshaw 指出, 土壤改良 (land reclamation) 的简单办法就是重建植被, 因为这可以稳固表层土壤, 美化视觉效果, 还可以自我维持, 并为向更复杂群落的自然或者人工演替奠定基础 (Bradshaw, 2002)。改良土壤的候选植物是那些能够耐受有毒重金属的物种, 它们的典型特征是能够生长在本来就富含金属的土壤中 (如意大利庭荠属植物 *Alyssum bertolonii*), 同时在极端环境条件下也具有基础生态位。此外, 其特殊价值在于, 一些生态型 (同一物种中具有不同基础生态位的基因型, 见第 1.2.1 节) 能够进化产生对矿区土壤的抗性。Antonovics 和Bradshaw (1970) 首次指出, 在污染区的边缘地带, 对非耐受基因型的选择强度会突然改变, 在污染区内, 不同的植物种群即便仅相距 1.5 m, 也会有截然不同的重金属耐受能力 [如黄花茅 (*Anthoxanthum odoratum*)]。所以, 在英国, 对耐受金属的植物进行商业化种植, 并用于治理被以下污染物所污染的中性和碱性土壤: 铅或锌 (*Festuca rubra* cv 'Merlin')、含铅和锌的酸性废弃物 (*Agrostis capillaris* cv 'Goginan')、含铜的酸性废弃物 (*A. capillaris* cv 'Parys') (Baker, 2002)。

改善受污染的土壤

由于植物不能移动, 许多生长在富含金属土壤中的植物已经进化出获取营养、解毒以及控制局部地球化学条件 (实际上它们创造了适合其基础生态位的生存条件) 等方面的生化系统。植物修复 (phytoremediation) 是指在污染土壤中种植植物, 以达到降低重金属和其他有毒化合物浓度的目的。植物修复包含

多种类型 (Susarla *et al*., 2002)。当污染物开始被植物吸收但并没有被快速或完全降解时，我们说此时发生了植物富集 (phytoaccumulation)；这些植物诸如草本植物淡蓝菥蓂 (*Thlaspi caerulescens*) 能够富集土壤中的锌，那么在这些植物被收割后就能去除土壤中的污染物。另外，植物固定 (phytostablization) 利用了根系分泌物沉淀重金属的能力，从而降低其生物可利用性 (bioavailability)。最后，植物转化 (phytotransformation) 通过植物酶的活性消除污染物，如美洲黑杨 (*Populus deltoides*) 与黑杨 (*Populus nigra*) 杂交产生的白杨树具有明显降解 TNT(2,4,6- 三硝基苯酚) 的能力，这将有助于治理那些受军需品废物污染的土壤。另外值得注意的是，微生物也可用于环境污染的生物治理。

为日益衰落的哺乳动物恢复其陆地生境

有时，土地管理者的目的是为了恢复特殊物种的陆地生境。里海兔 (*Lepus europaeus*) 就是一个恰当的案例，其基础生态位包括过去几个世纪以来由人类活动所创造的陆地生境。欧洲的里海兔是农场最常见的物种，但是农业的集约化程度过高导致其种群数量不断下降，目前该物种已被列为保护物种。Vaughan 等 (2003) 采用向农场邮寄问卷调查 (1050 个农场主回信) 的方式研究了里海兔的物种多度与当前土地管理策略之间的关系。他们的目的是建立两种最重要的生态位维度的关键特征，即资源可利用性 (被里海兔吃掉的作物) 和生境可利用性，并提出管理措施来维持和恢复有利于里海兔生存的陆地景观。里海兔是农垦区比较普遍的物种，特别是在那些长有小麦或甜菜的土地上，以及目前已经休耕的土地上 (这些土地目前并未种植农作物)。它们在牧场并不常见，但如果是在改良的草坪 (犁地后播种混合草种并加以施肥)、耕地或者林地 (表 7.1)，里海兔的多度将会增加。为了增加里海兔的分布和多度，Vaughan 等 (2003) 建议为所有牧场提供充足的牧草，并保持一年的盖度 [从对马鹿 (*Vulpes vulpes*) 的研究中得来的经验]，牧场中要有一定面积的林地、耕地和改良的草地，并在种植小麦和甜菜的耕地中保留一定面积的休耕地。

表 7.1 基于对耕地和牧场独立分析所确认的可能决定里海兔多度的生境变量 (估计自里海兔的观测频率)。对于某些变量 (–)，只有不到 10% 的农场主反馈了相关信息，因此并未予以分析。此外，有些变量与农场主是否观察到里海兔显著相关 (*, $P < 0.05$; **, $P < 0.01$; ***, $P < 0.001$)，**对于这些变量，表中用粗体标示出与最高观察频率相关的变量描述 (仿 Vaughan *et al*., 2003)。**

变量	变量描述	农场	牧场
小麦	小麦 (*Triticum aestivum*) (否, 是)	***	—
大麦	大麦 (否, 是)	**	—
谷物	其他谷物 (否, 是)	NS	—
春天	在春天有谷物生长吗? (否, 是)	*	—
玉米	玉米 (否, 是)	NS	—
油菜	油籽油菜 (*Brassica napus*) (否, 是)	**	—
豆科植物	豌豆/黄豆/苜蓿 (*Trifolium* sp.) (否, 是)	**	—
亚麻籽	亚麻 (*Linum usitatissimum*) (否, 是)	NS	—
园艺	园艺作物 (否, 是)	NS	—
甜菜	甜菜 (*Beta vulgaris*) (否, 是)	***	—
耕地	适耕作物 (如上; 否, 是)	—	**
草地	草地 (包括非永久性轮作草地) (否, 是)	NS	—
草地类型	轮作草地, 改良, 半改良, 未改良	NS	***
休耕	荒地/休耕地 (否, 是)	***	—
树林	林地/果园 (否, 是)	NS	*

NS, 无显著差异。

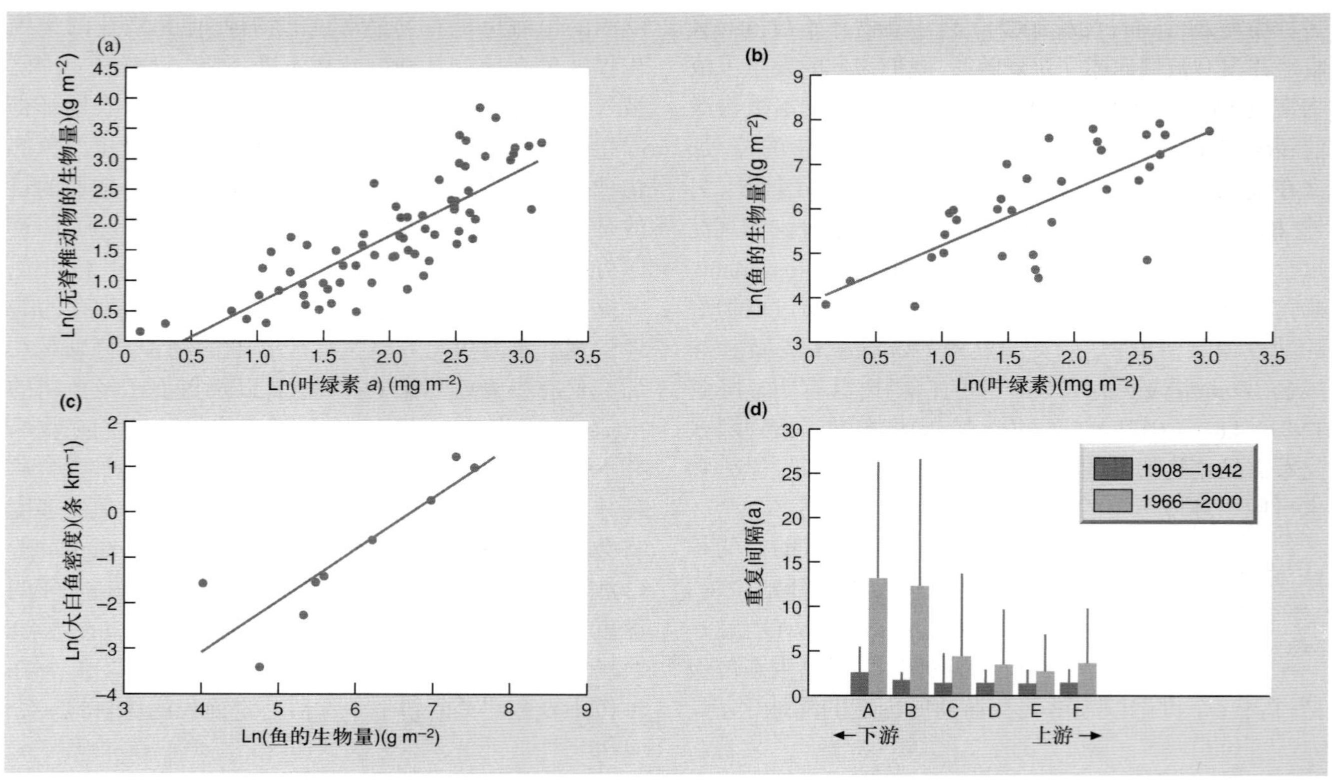

图 7.2　科罗拉多河不同河段中测量的生物学参数之间的相互关系,用以确定科罗拉多河大白鱼 (pikeminnow) 分布区域萎缩的最终原因。(a) 无脊椎动物生物量与藻类生物量 (叶绿素 *a*) 之间的关系; (b) 饵料鱼生物量与藻类生物量之间的关系; (c) 大白鱼密度与饵料鱼生物量 (每分钟电气捕鱼的捕获率) 之间的关系; (d) 近期 (1966—2000 年) 和预调节期 (1908—1942 年) 科罗拉多河 6 个河段 (历史数据可用) 特定水平排水量的平均重现间隔。该水平的排水可导致大范围的河床迁移,从而去除河中可能淤积的泥沙。柱形图上的直线表示最大的重现间隔 (仿 Osmundson *et al*., 2002)。

为土著鱼类恢复河道流量

人类活动对河流生态系统的最普遍影响之一就是改变河流径流量, 因而河流生境的恢复常常涉及河流的自然流态 (natural flow regime) 方面的恢复。目前, 农业、工业和家庭用水已经改变了河流的水文状况 (河流排放模式), 一方面通过减少河流排放量 (单位时间内的流量), 另一方面则通过改变日常和季节性的水流格局。稀有的尖头叶唇白鱼 (*Ptychocheilus bucius*) 是一种食鱼动物, 现在仅分布在科罗拉多河上游。其分布区域与饵料鱼的生物量呈正相关, 而饵料鱼的生物量与无脊椎动物的生物量密切相关, 无脊椎动物的生物量又与该食物链的基础 —— 藻类的生物量呈现正相关 (图 7.2a~c)。Osmundson 等 (2002) 认为, 叶唇鱼的稀缺可能与河流下游细沙的积累 (使藻类生产力降低) 有关。然而, 细沙并不是叶唇鱼基础生态位的组成部分。历史上, 春季的冰雪融水可以冲刷河床并致使河床发生迁移, 同时可能将淤积的大量泥沙冲到河流下游。但由于河道整治, 类似的河流径流量的平均重现间隔期已经从每 1.3~2.7 年增加到每 2.7~13.5 年 (图 7.2d), 从而延长了泥沙淤积的时间。

大的河道径流量也能通过其他方式来影响鱼类的生存, 例如, 形成支流和其他导致生境异质性的结构, 以及提高鱼类产卵的基质条件 (特定物种基础生态位的所有组分)。在进行河流生态恢复时, 管理者们应当考虑河流自然水文方面的生态影响, 但是, 这方面的工作说起来容易做起来难。Jowett (1997) 描述了确定河道最小径流量的三种常用方法: 历史流量、水力几何 (hydraulic geometry) 和生境评估。首先假设, 一个 "健康" 的河流生态系统的维持需要特定的平均径流量百分比: 概测法估计通常为 30%。利用水文方法可将河道径流量与水力几何结合起来 (根据河流横截面的重复测量值); 在河流流量低于一定比例的平均流量时 (对部分河流而言是 10%), 河道的宽度与深度开始急剧下降, 因而, 有时将这个临界点作为设定最小流量的基础。最后，生境评估的方法基于满足特定生态标准的河流流量，例如，对于特定的鱼类物种，是拥有临界食物生产量的生境。管理者需要注意这些方法依据的简化假设，因为同大白鱼一样，一个河流生态系统的完整性可能不只需要设置最小径流量，还需要设定一些其他参数，比如较大但并不常见的河流冲刷流量。

7.2.2 应对入侵

展示物种生态位的方法

当物种生态位维度超过 3 时，就很难对其多维生态位直接实现可视化 (见第 2 章)。但是，一种称为排序 (ordination) 的数学方法 (在第 16.3.2 节中会有更加详细的讨论)，使得我们能够在一张二维图 (包含着最重要的生态位维度) 中，同时分析并呈现物种和多种环境变量。生态位相似的物种在图中相距较近。此外，在二维图中，箭头表示具有影响力的环境因子，同时指出它们增加的方向。Marchetti 和Moyle (2001) 研究了加利福尼亚州一条受管理溪流上的多个位点，并利用典范对应分析 (canonical correspondence analysis, CCA) 这种排序方法，描述了其中多种鱼 (11 种土著鱼和 14 种入侵鱼) 与环境因子之间的相关性 (图 7.3)。很明显，土著种和入侵种分布在不同的生态位空间：大多数土著种出现在平均流量 (m^3s^{-1}) 高、林冠覆盖良好 (覆盖比例高)、植物营养浓度较低 (电导率较低，μS)、温度较低 (°C) 以及水塘生境较少的溪流中 (即流速快、水浅的生境)。这里，环境变量的组合反映了溪流的自然条件。

为什么土著鱼类会被入侵鱼类取代

相比土著种，入侵种的分布格局通常与之相反：当前的组合条件，更适合入侵者生存即径流量因水流的调节而减小，流速缓慢的水塘类生境增多，河岸植被遭到破坏而覆盖率降低，结果导致溪水温度增高。此外，农业和生活用水的排放导致河水的营养浓度增加。Marchetti 和Moyle (2001) 总结指出，在美国西部地区需要更大程度地恢复河流的自然状况，以限制入侵种的增长，并阻止了土著种种群数量的持续下降。入侵种在自然流域中并不能表现出良好的生存能力，但出人意料的是，新西兰溪流中的入侵种褐鳟 (*Salmo trutta*) 在高径流量水域中的生存能力要高于部分土著种，如南乳鱼 (Townsend, 2003)。

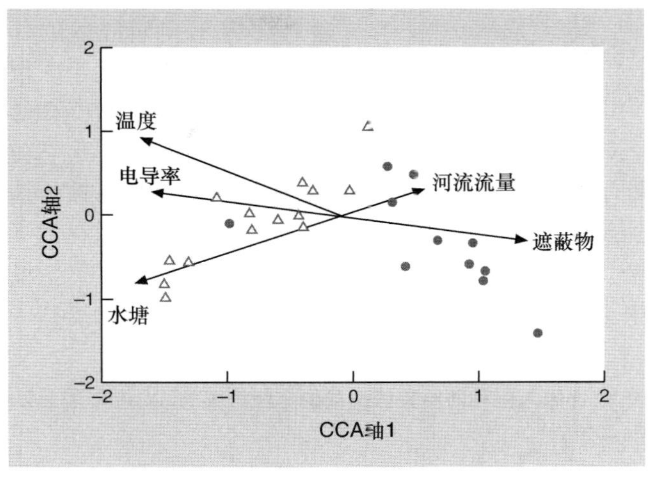

图 7.3 典范对应分析的结果图 (CCA 分析中的轴 1 和轴 2)，图中展示了土著鱼类 (●)、入侵鱼类 (△) 以及 5 个影响力较大的环境变量 (箭头表示物理变量与典范轴的相关性) (仿 Marchetti & Moyle, 2001)。

入侵种的多样性及其经济后果

在造成经济损失的入侵种类群中，鱼类所占的比例相对较小。表 7.2 展示了美国外来入侵种的分类。在这些分类单元中，黄矢车菊 (*Centaurea solstitalis*) 原本只是一种田间杂草，但是其目前已覆盖了加利福尼亚州超过 4 百万公顷的土地，成为优势种，并给高生产力的草原带来了巨大的经济损失。此外，据估计，全美每年因鼠害而损失的粮食储备价值高达 190 亿美元，同时，鼠害还会引发火灾 (通过啃咬电线)、污染食品、传播疾病并捕食本地种。红火蚁 (*Solenopsis invicta*) 能够猎杀家禽、蜥蜴、蛇以及在地面筑巢的鸟类；据估计，仅在得克萨斯州，其每年对牲畜、野生动物以及公众健康造成的损失就达到 30 亿美元，而且还有 20 亿美元的支出用于控制该入侵种。庞大的斑马贻贝 (*Dreissena polymorpha*) 种群威胁着土著贻贝和其他动物区系的生存，不仅是因为它们降低了食物和氧气的可利用性，而且因为能对这些土著动物造成机械性窒息。贻贝通常也会侵入并堵塞进水管道，因此还需要花费数百万美元将它们从净水设备和水力发电设备中清除。总体上，农业有害物种，包括杂草、昆虫和病原微生物等，会造成最大的经济损失。但是，人类传播的病原微生物，特别是 HIV 和流感病毒，每年也会造成高达 75 亿美元的经济损失，并可导致 4 万人死亡 (详见 Pimentel *et al.*, 2000)。

物种生态位及对入侵成功的预测

通过研究不列颠群岛的外来植物,我们可以获得关于入侵种及其生态位的许多特点 (Godfray & Crawley, 1998)。对于一些物种而言,其生态位处于人类生活和工作的区域,因而它们很容易被传播到新的地区,并在其中类似其原始生境的区域存活下来。因此,入侵种的数量在邻近运输中心的干扰生境中更多,而在偏远山区中较少 (图 7.4a)。此外,这些入侵种更多地来自邻近区域,或者是与不列颠气候条件相似的偏远地区 (图 7.4b)。同时需要注意,有少量的外来植物来自热带生境,这些物种通常由于缺乏耐寒性,而无法度过不列颠群岛的冬季。Shea 和Chesson (2002) 用生态位机会 (niche opportunity) 来描述入侵种成功入侵一个特定地区的潜力 —— 涉及可利用性高的资源和适当的理化条件 (同时缺乏天敌)。他们指出,人类活动对生境的干扰常常能够给入侵种提供生态位机会

表 7.2 因入侵种而给美国造成的年经济损失 (以 10 亿美元计) 估算。分类群根据其造成损失的总体大小进行排序 (仿 Pimentel *et al*., 2000)。

生物类型	入侵数量	主要入侵类群	损失和破坏	控制费用	总损失
微生物 (病原菌)	> 20,000	农作物病原体	32.1	9.1	41.2
哺乳动物	20	家鼠和猫	37.2	NA	37.2
植物	5,000	农作物杂草	24.4	9.7	34.1
节肢动物	4,500	农作物害虫	17.6	2.4	20.0
鸟类	97	鸽子	1.9	NA	1.9
软体动物	88	亚洲蛤, 斑马贻贝	1.2	0.1	1.3
鱼类	138	草鱼等	1.0	NA	1.0
爬行动物, 两栖动物	53	棕树蛇	0.001	0.005	0.006

NA, 没有信息。

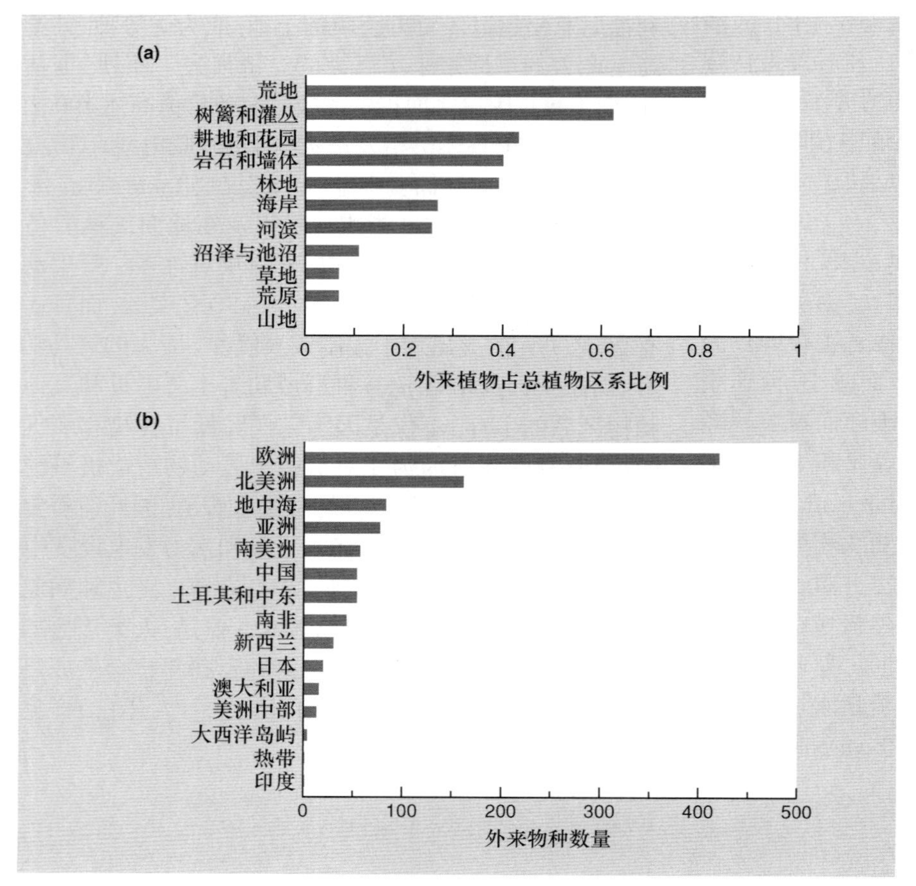

图 7.4 不列颠群岛的外来植物区系: (a) 根据群落类型 (注意, 在居民区附近的开放、受干扰生境中, 外来种的数量较多); (b) 根据地理来源 (反映距离、贸易和气候的相似性) (仿 Godfray & Crawley, 1998)。

——河流流量的改变就是一个很好的例子。值得注意的是，并非所有入侵种都能造成明显的生态破坏与经济损失。实际上，部分生态学家已经把成功建群但未造成明显后果的外来种与那些他们认为"真正有入侵性的"外来种区分开来，其中，后者往往是指在新环境中种群能够进行"爆发性"增长，并对土著种有显著影响的外来种。管理者需要根据外来种在新环境中建群的可能性（主要取决于它们的生态位需求）它们在建群后对接收群落造成显著后果的可能性，来鉴别潜在的新入侵种（详见第22章）。此外，要制定消除有害入侵生物的管理策略，还需要理解相互作用种群的动态，关于这些内容，我们将在第17章进行介绍。

7.2.3 濒危种的保护

保护濒危种常常需要建立保护区，有时，还需要把需保护的个体转移到新的地方。无论如何，这些方法的实施都应该考虑到物种的生态位需求。

生态位和自然保护区的选择

黑脉金斑蝶（*Danaus plexippus*）通常在加拿大南部和美国东部进行繁殖，墨西哥的越冬生境对其至关重要。这种蝴蝶能够在墨西哥中部11个不同山区的墨西哥冷杉（*Abies religiosa*）中形成密集的群体。为了最大限度地保护其越冬生境，并尽量减少在珍贵土地上的伐木工作，专家小组确定了保护目标，评估和分析了可用数据，并提出了备选的可行方案（Bojorquez-Tapia *et al*., 2003）。在应用生态学的许多领域中，生态标准必须和经济标准结合在一起。蝴蝶越冬生态位的关键维度包括，相对温暖和潮湿的气候条件（适合生存和储备返回北方的能量），以及可利用的溪流（资源条件），以供蝴蝶在晴朗炎热的天气饮水。大多数已知的蝴蝶群落，集中于坡度中等陡峭、海拔较高（> 2890 m）、南方或西南方朝向、与溪流间距小于400 m的森林中（图7.5）。根据墨西哥中部地区与蝴蝶理想生境特征的匹配程度，同时考虑到采伐生境的最小化，我们采用地理信息系统（GIS）描绘出3种方案。它们的区别

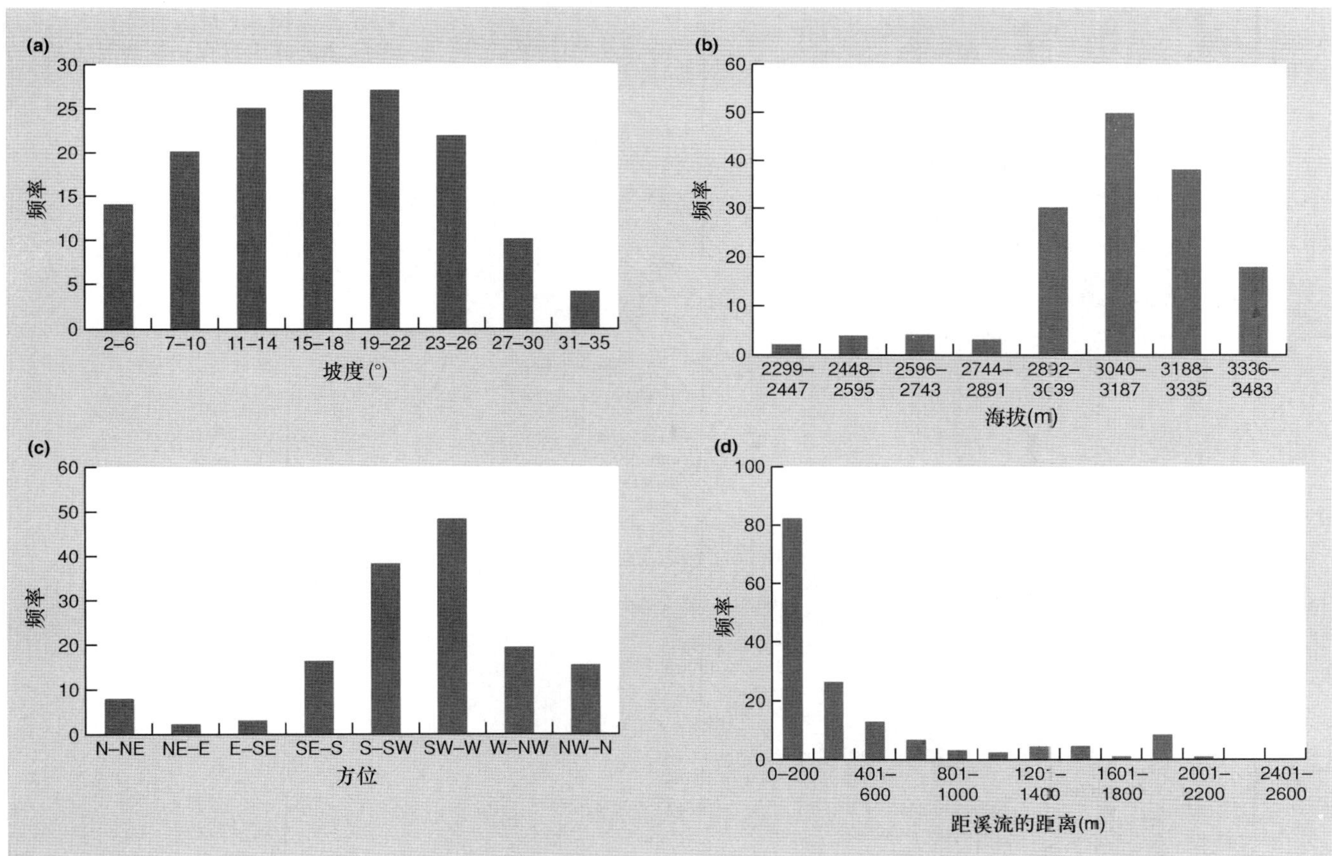

图7.5 墨西哥中部149个越冬黑脉金斑蝶种群的观测频率分布。与之相关的因素有：(a) 坡度；(b) 海拔；(c) 方位和 (d) 距溪流的距离（仿 Bojorquez-Tapia *et al*., 2003）。

在于，政府部门为黑脉金斑蝶预留不同的保护区面积（4500 hm^2、16 000 hm^2 或无面积限制）（图 7.6）。专家们更偏爱无面积限制的方案，建议提供 21 727 hm^2 的保护区面积，尽管他们推荐的这一方案最为昂贵，但仍然获得了墨西哥官方的认可。

物种的现有分布并不总是与其理想生态位条件一致

要阐明极稀有物种的基础生态位并非易事。在人类存在以前，南秧鸟（*Porphyrio hochstetten*）是新西兰仅存的两种大型鸟类之一，是不会飞的植食鸟类（图 7.7）。一直以来，人们都认为这种鸟类已经灭绝，直到 1948 年，人们在南岛东南部，偏僻且气候极端恶劣的默奇森山（Murchison Mountains）发现了南秧鸟的一个小种群（图 7.7）。此后，管理者们紧密地进行了各项保护工作，包括生境管理、捕获繁殖，以及向默奇森山及其周边地区进行野外放生，同时，还将其引种到一些近海岛屿上，这些岛屿与大陆不同，往往缺少人为引入的哺乳动物（Lee & Jamieson, 2001）。部分生态学家认为，南秧鸟是草地特化种（白穗茅属高丛草是它们最重要的食物）且适应高山生境，因此它们并不能在该生态

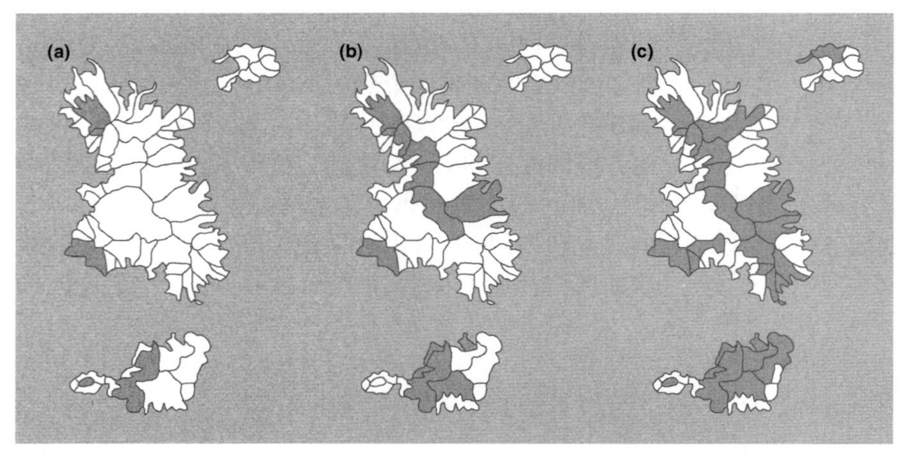

图 7.6　3 种方案中，墨西哥中部山区越冬黑脉金斑蝶（深色区域）的理想分布：(a) 面积为 4500 hm^2；(b) 面积为 16 000 hm^2；(c) 无面积限制（总面积为 21 727 hm^2）。灰色的线代表河流水系的边界。方案 (c) 是墨西哥官方认可的黑脉金斑蝶生物保护区设计方案（仿 Bojorquez-Tapia *et al.*, 2003）。

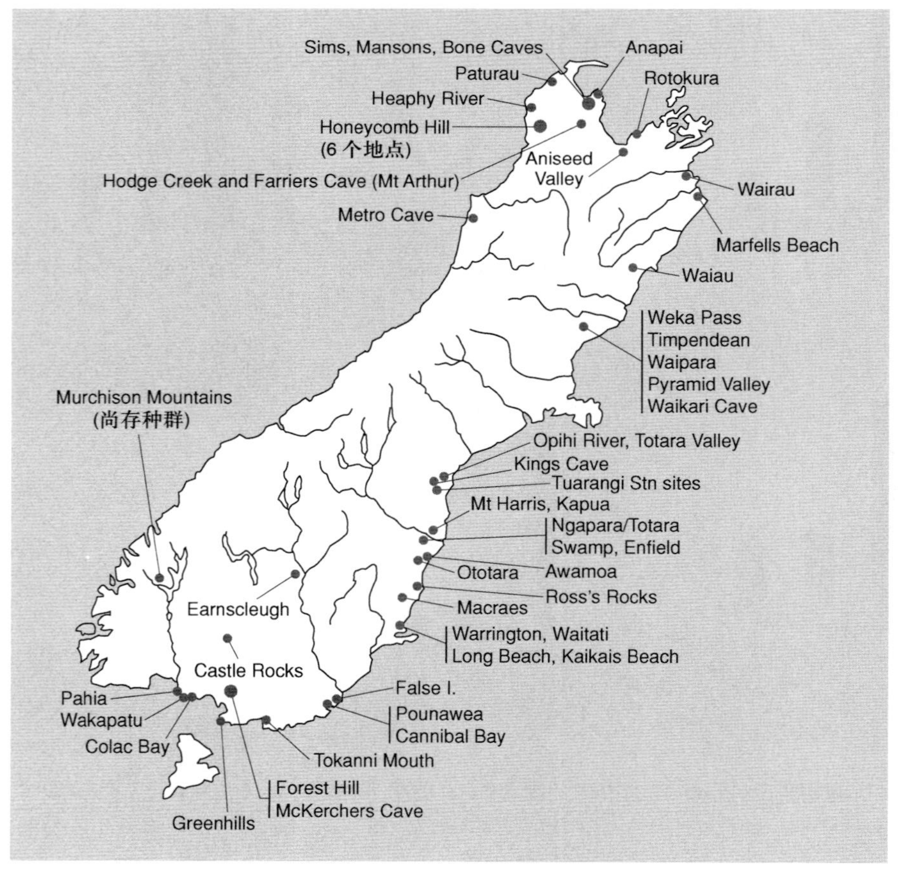

图 7.7　新西兰南岛南秧鸟骨骼化石的地理位置（仿 Trewick & Worthy, 2001）。

位以外的其他生境中很好地生存 (Mills *et al*., 1984)。另外一些生态学家则根据化石证据指出，这一物种曾经主要生活在海拔 300 m 以下 (常常是海岸区域，图 7.7) 的森林、灌丛和草地镶嵌的生境中。他们认为，南秧鸟可能非常适应近海岛屿的生活，因为在这些区域可以免受入侵哺乳动物的捕食。有些对此持怀疑态度的人认为，被引入岛屿的种群并不具有自我维持能力，事实上南秧鸟已被成功引入到 4 个岛屿；但他们的怀疑又好似有道理，因为岛屿的确不能为这些种群提供理想的生境，与山区鸟类相比，岛屿鸟类的孵化能力较差，且幼鸟羽翼更不丰满 (Jamieson & Ryan, 2001)。南秧鸟的基础生态位可能包含南岛的大部分陆地，但是由于受到人为的捕杀、入侵哺乳动物如马鹿亚种 *Cervus elaphus scoticus* 对其食物资源的竞争以及白鼬 (*Mustela ermine*) 对它们的捕食，该物种逐渐局限于较为狭窄的实际生态位。因此，像南秧鸟这样濒临灭绝的物种，其现有分布很有可能会提供给我们错误的生态位需求信息。由此看来，或许默奇森山和近海岛屿 (长有牧草而不是丛草) 都不能提供南秧鸟基础生态位中理想的资源和环境条件。那么，在选定最佳的保护区位置之前，对濒危种的分布区进行历史性重构将可能具有十分重要的意义。

7.3 生活史理论和管理

从第 4 章我们已知，生态学特征的特定组合有助于确定物种生育力和存活力的整体式样，并进一步确定物种的分布和多度。这里我们从管理者的角度，考虑这些特定的生态学特征能否用于生态恢复、生物安全和稀有种的灭绝风险评估。

7.3.1 物种性状可作为生态恢复的有效预测因子

利用物种特征的知识，进行草地恢复

Pywell 等 (2003) 收集了 25 个已发表的草地恢复实验的结果，这些草地在被恢复之前主要用作牧场或耕作的农场，并含有丰富的物种。他们希望将植物的表现与其生活史联系起来。根据前 4 年的恢复结果，他们计算了普遍播种的禾本科植物 (13 种) 和非禾本科植物 (45 种；非禾本科的草本植物) 的性状指数。这一指数每 4 年一计，根据含有被播种物种的样方 (0.4 m×0.4 m 或更大) 所占的比例来进行计算。相关的生活史分析包括 38 种植物特征，涉及种子库中的种子寿命、种子生存能力、幼苗生长率、生活型和生活史策略 (如竞争能力、抗逆性以及拓殖能力等) (Grime *et al*., 1988)，以及生命周期事件 (如种子萌发、开花和种子散布等) 的发生时间。结果显示，表现最好的禾本科草类包括紫羊茅 (*Festuca rubra*) 和黄三毛草 (*Trisetum flavescens*) (4 年的平均性状指数是 0.77)；而表现最好的非禾本科植物是滨菊 (*Leucanthemum vulgare*) (0.50) 和蓍 (*Achillea mellefolium*) (0.40)。相比非禾本科植物，禾本科植物的表现更好，但其物种性状 (species trait) 与植物表现 (仅与拓殖能力呈正相关) 之间拥有较低的相关关系。在非禾本科植物中，良好的建群与植物的定殖能力、种子萌发率、秋季萌发率、营养生长、种子库中的种子寿命和生境广适性 (habitat generalism) 均紧密相关，此外，竞争能力和幼苗生长率是随时间而日渐重要的决定性因素 (表 7.3)。然而，抗逆种 (stress tolerator)、生境特化种以及贫瘠生境的物种

表 7.3 在草地恢复实验中，与播种 1~4 年后非禾本科植物的表现呈显著相关关系的生态学特征。符号表示正相关或负相关 (仿 Pywell *et al*., 2003)。

生态特征	n	第一年	第二年	第三年	第四年
杂草性 (拓殖能力)	39	$+^{*}$	NS	NS	NS
秋季萌发率	42	$+^{*}$	NS	NS	NS
萌发率	43	$+^{**}$	$+^{*}$	$+^{*}$	NS
幼苗生长率	21	NS	$+^{*}$	$+^{**}$	$+^{*}$
竞争能力	39	$+^{*}$	$+^{**}$	$+^{***}$	$+^{***}$
营养生长	36	$+^{**}$	$+^{*}$	$+^{*}$	$+^{*}$
种子库寿命	44	$+^{*}$	$+^{*}$	$+^{*}$	$+^{*}$
抗逆性	39	$-^{**}$	$-^{**}$	$-^{***}$	$-^{***}$
广适性生境	45	$+^{**}$	$+^{**}$	$+^{**}$	$+^{**}$

$*$, $P < 0.05$; $**$, $P < 0.01$; $***$, $P < 0.001$; n, 分析的物种数; NS, 差异不显著。

都有较差的植物表现 (这部分说明在许多被恢复的草地中, 可利用的剩余营养较多)。Pywell 等 (2003) 认为, 只有播种具有明确生态学特征的物种, 恢复效率才能得到提高。然而, 这将导致被恢复草地的物种多样性变得单一, 因此他们还建议, 在生态恢复开始几年后, 当环境条件更加适合那些表现差的物种建群时, 对其进行分批引种。

7.3.2　物种性状可用来预测生物安全的优先级

为入侵物种设定生物安全优先级

许多物种在地球上的不同区域发生了广泛的入侵, 如灌木马樱丹 (*Lantana camara*) (图 7.8), 紫翅椋鸟 (*Sturnus vulgaris*) 以及屋顶鼠 (*Rattus rattus*) 等。这引出了一个疑问: 成功入侵的物种是否都具有一些相同的特征, 以提高成功入侵的几率 (Mack *et al.*, 2000)? 如果确实存在与入侵成功有关的一些特征, 那么管理者就应该正确评估入侵物种建群的风险, 并进一步优先区分出潜在的入侵种, 同时构思出适当的生物安全 (biosecurity) 措施 (Wittenberg & Cock, 2001)。对于一些入侵性分类群而言, 它们的成功具有一定的可预见性。例如, 美国共引进了约 100 个松属物种, 其中只有少数物种能够成功侵占土著生境, 其明显特征为种子小、相继的种子生产大年的间隔短以及幼苗期短 (Rejmanek & Richardson, 1996)。在新西兰, 鸟类引进的成功率与失败率相当。Sol 和Lefebvre (2000) 发现, 入侵成功 (invasion success) 率随引种强度 (自从欧洲殖民化开始以来, 引种的次数和引种的个体数) 的增加而增加。较高的入侵成功率也见于那些孵化后立即离巢而不能得到其亲本饲喂的物种 (如猎鸟), 一些不进行迁徙的物种, 以及 (尤其是) 脑袋较大的鸟类。孵化后即离巢的物种具有比较大的脑袋, 这部分导致了入侵成功率与大脑大小之间的关系, 也可能进一步反映了这些物种在行为上的灵活性; 有更多的文献报道认为, 与未能成功入侵的物种 (48 个物种的平均值是 0.58, 标准差是 1.01) 相比, 成功入侵的物种 (28 个物种的平均值是 1.96, 标准差是 3.21) 会觅食新的食物或会采用新颖的摄食方法。

部分物种的成功入侵是可预测的, 并主要与它们的高生育力 (如松树生产种子的能力) 和广幅生态位 (如鸟类行为的灵活性) 有关。尽管如此, 其他许多案例并不遵循这一规律, 即没有发现类似的关系。因而 Williamson(1999) 质疑, 入侵是否与地震一样, 可预测性非常低。对入侵成功最好的预测, 需要根据入侵种在其他地区的成功先例。这将有助于管理者为所在地区的潜在入侵种设置优先级。

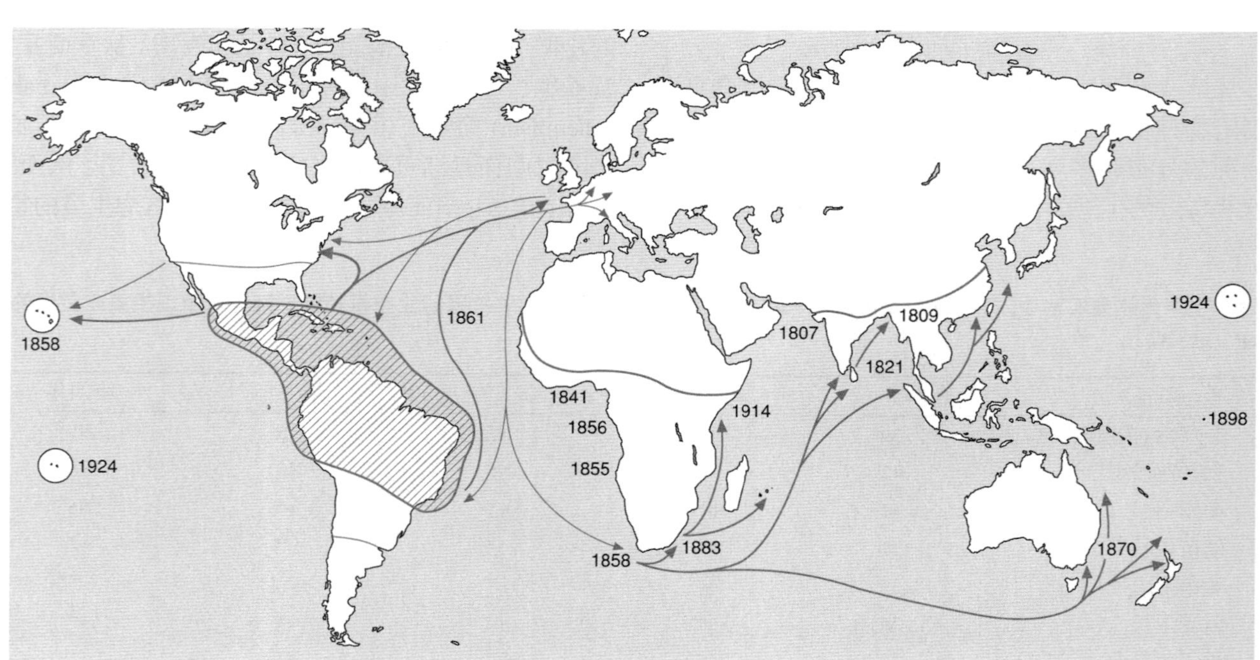

图 7.8　作为成功入侵的范例, 灌木马缨丹 (*Lantana camara*) 由于有意引入, 从其原产地 (阴影部分) 到达亚热带和热带地区, 并在这些地区广泛散布, 成为有害生物 (仿 Cronk & Fuller, 1995)。

7.3.3 物种性状可用来预测生物保护和收获管理的优先等级

为濒危物种的保护设置优先等级

假如根据物种的性状，可以预测拥有较大灭绝风险的物种，那么管理者就能更好地对这些物种实施优先保护。基于这种想法，Angermeier (1995) 分析了美国弗吉尼亚州 197 种土著淡水鱼的特征，其中特别关注了 17 种在该州已灭绝的物种特征，与 9 种以上因分布区明显缩小而可能濒临灭绝的物种性状。特别有趣的是，生态特化种往往更为脆弱。因此，更可能发生局域性灭绝的物种，其生态位通常仅包括一种地质类型 (目前在弗吉尼亚州存在的几种类型之一)，或局限于流动水域 (而非在流动水域和静止水域中都存在)，或食物类型单一 (即完全食鱼性、食虫性、植食性或食碎屑性，它们与以两种或多种类型食物为生的杂食性截然相反)。由于低营养级的物种有更稳定的食物资源，因此，顶级捕食者应该比低营养级的物种具有更高的灭绝风险。Davies 等 (2000) 发现，密度下降的物种中，食肉动物 (10 种，平均降低 70%) 的确比那些以腐木或其他碎屑为食的物种 (5 种，平均降低 25%) 有更大的密度下降幅度。

大体型通常与灭绝风险相关

体型较大的物种往往具有更高的灭绝风险。图 7.9 列举了在过去 200 年中灭绝的或正处于濒危状态的澳大利亚有袋类动物。尽管某些

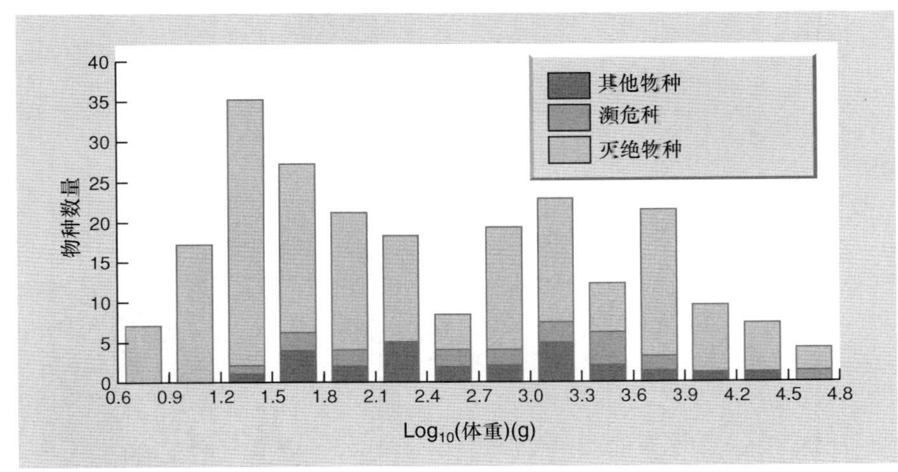

图 7.9 在过去 200 年内灭绝的 25 种澳大利亚陆生有袋类动物个体大小的频率分布。灰色表示目前认为濒危的 16 个物种 (仿 Cardillo & Bonham, 2001)。

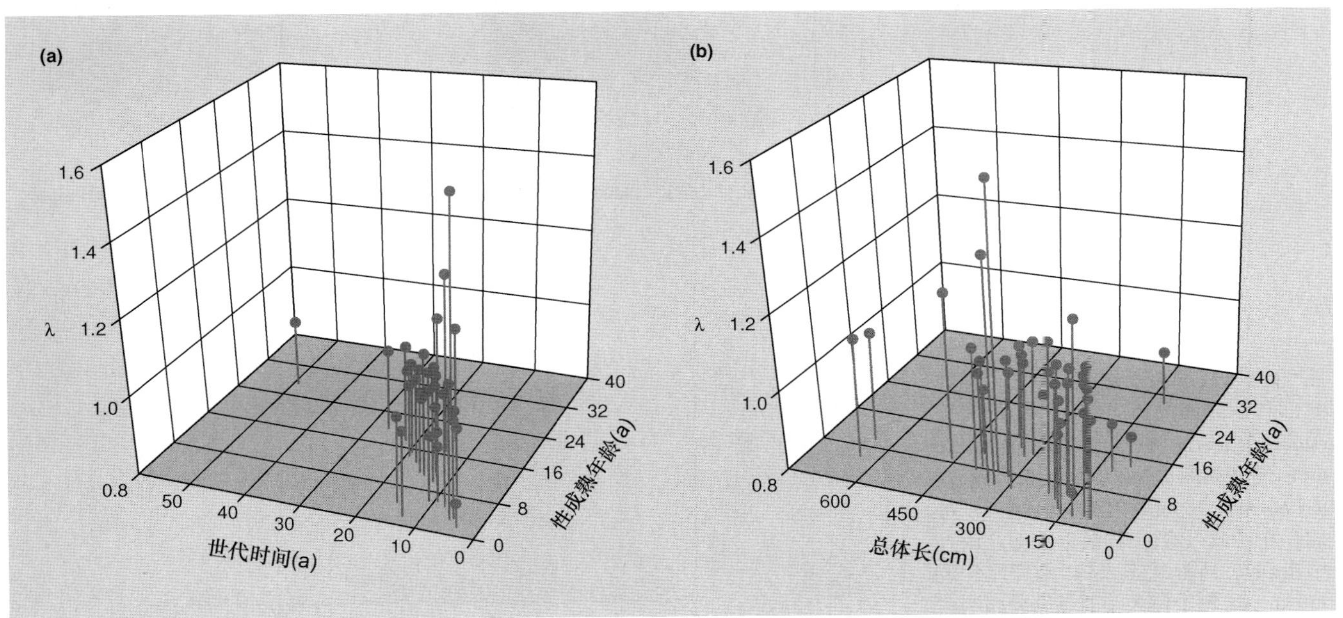

图 7.10 38 种鲨鱼的 41 个种群中，平均种群增长率 λ 与 (a) 性成熟年龄和世代时间；(b) 性成熟年龄和总体长的相关性 (仿 Cortes,2002)。

地理区域 (如干旱地区, 相比湿润地区) 和某些类群 (如长鼻袋鼠、短鼻袋鼠、大袋鼠和兔耳袋狸) 拥有比其他区域或类群更高的灭绝/濒危速率, 但是, 灭绝风险还是与物种的个体大小有着最强的相关性 (Cardilo & Bromham, 2001)。从前文的论述中我们知道, 个体大小是生活史综合特征 (实质上是 r/K) 的组成, 通常较大的个体成熟较晚, 且生殖分配较小 (见第 4.12 节)。

Cortes (2002) 分析了世界范围内 38 种鲨鱼的 41 个种群, 通过构建年龄结构生命表 (见第 4 章), 来研究其个体大小、性成熟年龄、世代时间与有限种群增长率 λ (见第 4.7 节中的 R) 之间的关系。λ 与世代时间和性

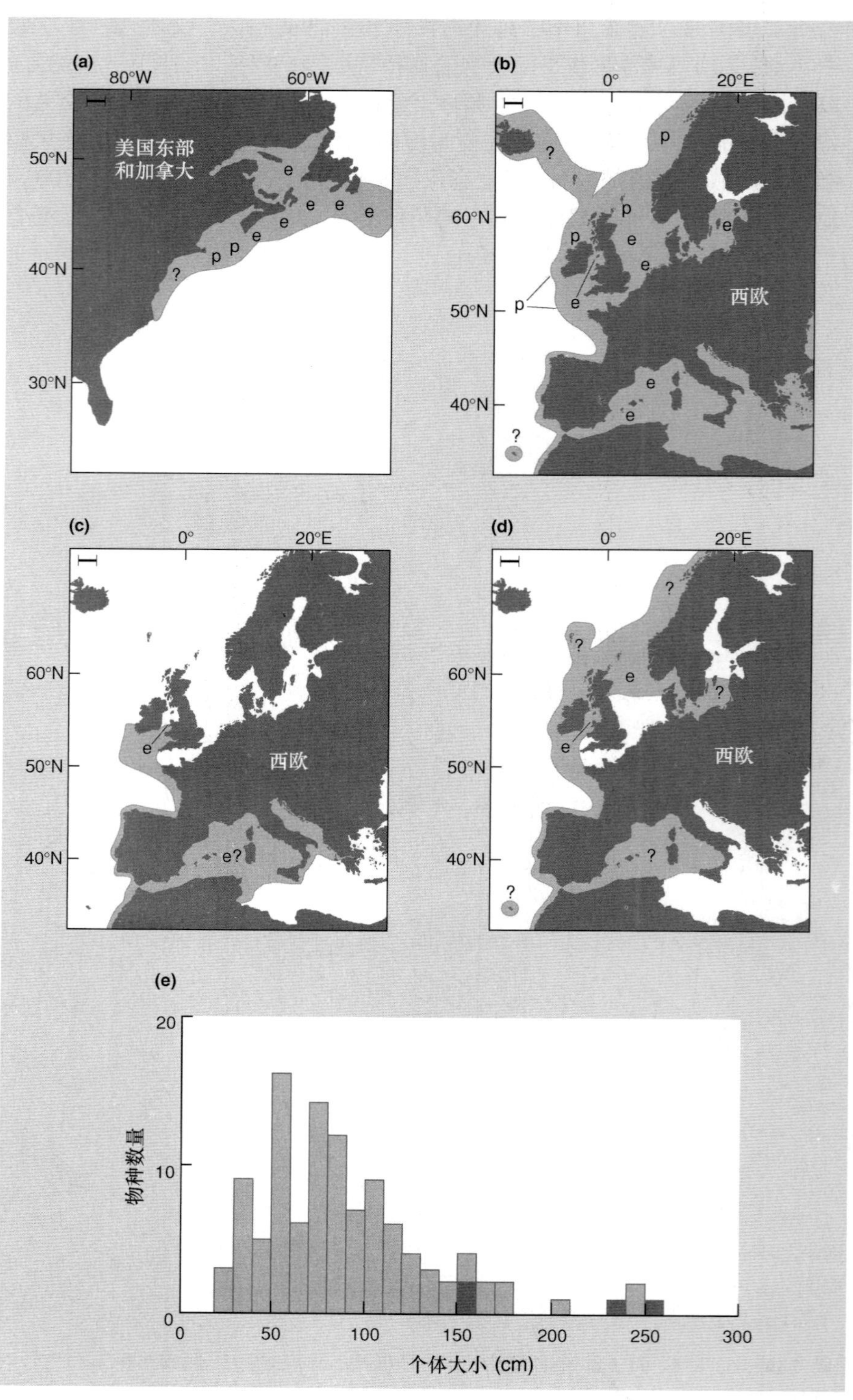

图 7.11 4 种局域灭绝的鳐在大西洋西北部和东北部的历史分布: (a) 折叠鳐 (*Dipturus laevis*), (b) 蓝长吻鳐 (*D. batis*), (c) 白鳐 (*Rostroraja alba*) 和(d) 长鼻鳐 (*D. oxyrhinchus*), e, 局域灭绝的区域; e?, 可能存在局域灭绝; p, 在最近的渔业调查中出现; ?, 所处状态未知; 刻度尺代表 150 km。(e) 鳐个体大小的频率分布——4 种局域灭绝的物种用深灰色表示 (仿 Dulvy & Reynolds, 2002)。

成熟年龄的 3 维关系图展示了 Cortes (2002) 所谓的“快—慢”群体连续谱 (fast-slow continuum), 在该连续谱的快端, 个体的性成熟年龄早、世代时间短并且 λ 值通常较高 (图 7.10a 的右下角); 而在连续谱的慢端, 个体恰恰呈现相反的式样 (图 7.10a 的左边), 同时个体体型较大 (图 7.10b)。Cortes(2002) 进一步估计了不同物种对生存条件 (如受人类干扰: 污染或收获) 改变的响应能力。处于连续谱“快端”的鲨鱼, 如窄头双髻鲨 (*Sphyrna tiburo*), 能够通过增加出生率来补偿 10% 的成体或亚成体死亡率。另外, 在考虑体型较大、生长缓慢、生活史长的物种, 如公牛真鲨 (*Carcharhinus leucas*) 时, 我们需要特别注意。因此, 即使成体或幼体的存活力有中等程度的减少, 生物也需要通过增加繁殖或增强出生后的存活力来予以补偿, 当然对这些物种而言, 后者并不能立即实现。Cortes 指出的注意事项, 我们可以用鳐科鳐形目 (Rajidae) 的数据进行图解说明。在全球 230 个物种中, 仅已知其中 4 种发生了局域灭绝, 而且其分布范围显著减少 (图 7.11a~d); 而这主要发生在体型最大的类群中 (图 7.11e), 同时 Dulvy 和Reynolds (2002) 提出, 应该优先关注另外 7 个物种, 并对它们进行密切监测, 因为这些物种的个体大小与局域灭绝的类群相似甚至更大。

7.4 迁移、扩散和管理

7.4.1 生态恢复和迁移物种

> 利用动物迁移的知识……来恢复捕捞的鱼类物种

人类活动能够影响物种的迁移能力, 因此也会极大地影响那些生活地点在不同生境或区域间变动的迁移物种 (见第 6.4 节)。在美国东北部河流中, 种群数量持续降低的鲱鱼 (*Alosa pseudoharengus* 和 *A. aestivalis*), 就是一个很好的例子。这些物种可以进行溯河产卵: 在 3 月到 7 月间, 成体沿着滨海河流洄游到湖泊中产卵, 鱼苗则在淡水中滞留 3~7 个月, 然后才返回海洋中。Yako 等 (2002) 考虑到 Santuit 河下游的 Santuit 水塘是该流域中鲱鱼产卵的唯一生境, 因而曾在 6 月到 12 月间对其中的鲱鱼进行了取样调查, 每周三次。鲱鱼的洄游期分为“高峰期” (> 1000 尾/周) 和“全体迁徙期” (> 30 尾/周, 明显包括了“高峰期”)。为了确定预测幼体洄游时机的因素, 他们同时监测了 Santuit 河的理化变量和生物变量 (图 7.12)。他们发现, 鲱鱼洄游的高峰期大多发生在新月时期, 与此同时, 河中可供鲱鱼食用的重要浮游动物象鼻溞 (*Bosmina* spp.) 的密度也非常低。

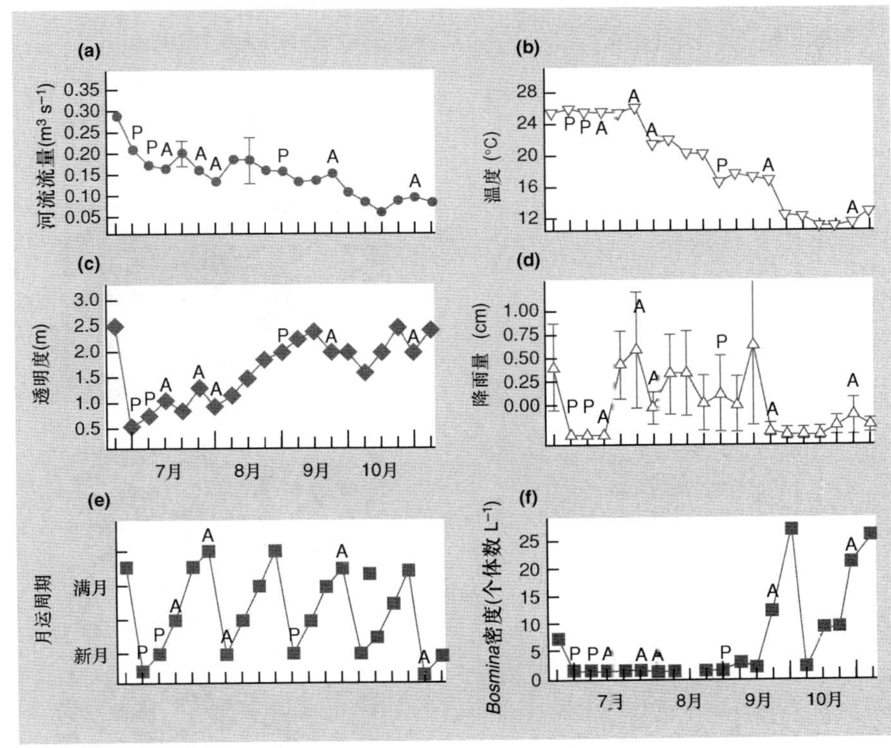

图 7.12 在鲱鱼洄游过程中, 美国 Santuit 河河水的理化变量和生物变量: (a) 河流流量, (b) 温度, (c) 海水透明度盘深度 (数值小意味着海水混浊度高, 因而透光性差), (d) 降水量, (e) 月运周期以及 (f) 象鼻溞 (*Bosmina*) 的密度。P 表示洄游“高峰期” (> 1000 尾/周), P 和 A (> 30 尾/周) 一起表示“全体洄游期” (仿 Yako *et al.*, 2002)。

总体上, 鲱鱼的洄游 (每周洄游鲱鱼为 30～1000 尾以上) 倾向于发生在河水能见度较低以及降水减少的时期。月相变化可以影响动物的行为, 这很正常, 因为月相变化能够对动物生活周期中的许多重要事件起到诱导作用; 就以鲱鱼为例, 鲱鱼在新月期前后进行洄游, 此时漆黑的夜晚可以减少它们被食鱼性鱼类和鸟类捕食的风险。同时, 鲱鱼所需食物的匮乏, 也可能促进鲱鱼的洄游, 而且浑浊的水体能干扰凭视觉捕食的鱼类, 从而影响其捕食行为。类似鲱鱼例子中的预测模型, 能够帮助管理者确定维持河流流量的时机, 配合生物的迁徙。

……为种群数量渐少的松鼠恢复生境

自 20 世纪 50 年代以来, 由于生境丧失、生境破碎化, 以及与集约林业 (intensive forestry) 活动有关的生境连通性 (habitat connectivity) 降低, 芬兰的小飞鼠 (*Pteromys volans*) 种群数量急剧下降。目前, 天然林区域已被皆伐 (clear-cut) 林地和再生林地分隔开来。对于小飞鼠而言, 其繁殖的核心生境是仅占地几公顷的森林, 幼体通常永久性地散布在这一核心区域 (第 6.7 节介绍了种群内的扩散差异), 但是一些成体, 特别是雄性个体, 在移动至核心区域做短暂停留后便向更大的区域扩散 (1～3 km^2)。为了确定适宜飞鼠的森林式样, Reunanen 等 (2000) 比较了已知的飞鼠活动范围 (63 个位点) 和随机选取的区域 (96 个位点) 两者周边的景观结构。他们首次提出, 景观斑块类型可以划分为理想的繁殖生境 (云杉 – 阔叶混合林)、扩散生境 (松树和幼龄林) 和不适宜生境 (小树苗、开阔生境和水域)。图 7.13 展示了飞鼠的典型生存位点和随机选取的森林位点中, 繁殖生境和扩散生境的数量和空间分布。总之, 在半径 1 km 的范围内, 飞鼠活动区域的繁殖生境数量是随机区域的 3 倍以上。飞鼠活动区域内扩散生境的数量也比随机区域多 23%, 但更有意义的是, 前者中扩散生境的连续性也比后者更高 (单位面积的破碎化程度较小)。Reunanen 等 (2000) 建议, 森林管理者应该恢复和维护一定面积的阔叶混合林, 特别是云杉占优势的阔叶混合林, 因为这是飞鼠理想的繁殖生境。此外, 特别重要的是, 考虑到飞鼠的扩散行为, 管理者还需要确保其理想的繁殖生境和扩散生境之间具有良好的物理连通性 (physical connectivity)。

7.4.2　预测入侵种的扩张

……预测入侵种的扩张

潜在的入侵种可能通过飞机或轮船上运输的邮件或货物进行迁移, 因而阻止它们到达的一个好办法, 就是确定其主要的迁移路径, 然后管理随之而

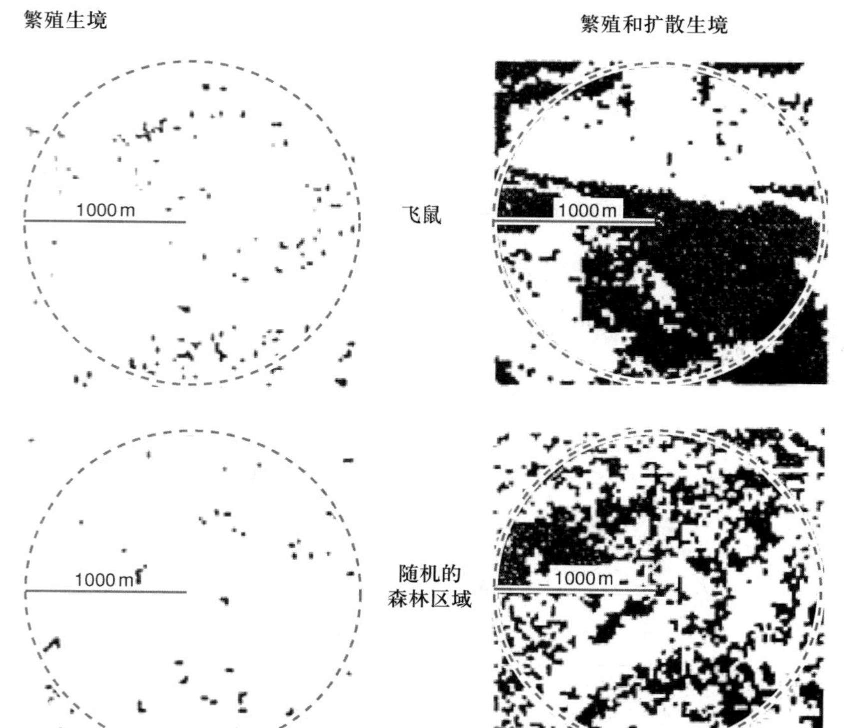

图 7.13　飞鼠 (*Pteromys*) 的典型活动区域 (顶图) 和随机的森林区域 (底图) 中, 繁殖生境 (左图) 和繁殖 + 扩散生境 (右图) 斑块的空间分布。飞鼠的活动区域包含 4% 的繁殖生境和 52.4% 的繁殖 + 扩散生境, 相比之下, 随机的森林区域包含 1.5% 的繁殖生境和 41.5% 的繁殖 + 扩散生境。飞鼠活动区域中扩散生境的连通性 (单位面积的破碎化程度更小) 比随机的森林区域中更高 (Reunanen *et al.*, 2000)。

来的风险 (Wittenberg & Cock, 2001)。例如, 北美五大湖已经遭受到超过 145 种外来种的入侵, 其中许多是通过船只的压舱水携带入境的。再如, 近来一系列的入侵种 (包括鱼类、双壳类、端足类、水蚤类和腹足类) 都是通过黑海和里海的重要贸易路线到达目的地 (Ricciardi & Maclsaac, 2000)。五大湖的船只在装载货物之前将会排放 3 百万升的压舱水, 这些压舱水都是由船只从国外带来的, 其中包含许多不同生长阶段的动植物类群 [甚至还可能包括一些霍乱弧菌 (*Vibrio cholerae*)]。一个解决的办法就是, 强制在公共海域排放压舱水, 而不再是自愿进行 (目前五大湖就是采取这种办法)。另外一种可行的办法是, 在排放压舱水时采用过滤系统, 并在甲板上通过紫外线照射或是利用轮船发动机的余热对这些过滤物作进一步处理。

入侵种带来的最大危害不仅仅是简单地扩散到世界上的一个新地区; 对管理者而言, 其扩散的模式和速率也非常重要。斑马贻贝 (*Dreissena polymorpha*) 自经过里海/大西洋的贸易路线抵达北美以来, 已经产生了破坏性的影响 (见第 7.2.2 节)。它在整个商业航运水域扩散迅速, 而通过附着于游艇, 经由陆路扩散到内陆湖的速度则慢得多 (Kraft & Johnson, 2000)。地理学家构建了所谓的 "重力" 模型, 根据距目的地的距离以及目的地的吸引力来预测人类扩散的模式, 随后, Bossenbroek 等 (2001) 利用该技术预测了斑马贻贝在美国伊利诺伊州、印第安纳州、密歇根州以及威斯康星州 (共 364 个郡) 内陆湖的扩散模式。该模型包括 3 个步骤: ① 小船驶入斑马贻贝源的概率; ② 同一只小船随后到达无斑马贻贝拓殖的湖泊的概率; ③ 斑马贻贝在未拓殖湖泊中建群的概率。

(1) 未受侵染的船只抵达已有斑马贻贝拓殖的湖泊, 或与船用斜坡接触时, 会不经意携带斑马贻贝。假设船只数量为 T, 从 i 郡到达湖泊或船只斜桥 j, 那么 T 的估计值计算如下:

$$T_{ij} = A_i O_i W_j c_{ij}^{-\alpha}$$

其中, A_i 是确保所有船只从 i 郡到达某些湖泊的修正因子, O_i 是 i 郡的船只数量, W_j 是位点 j 的吸引力, c_{ij} 表示 i 郡与位点 j 之间的距离, α 表示距离系数。

(2) 受侵染的船只抵达斑马贻贝未拓殖的湖泊, 并释放斑马贻贝。受侵染的船只数量 P_i 可表示为从 i 郡抵达所有斑马贻贝源的船只总数, 可通过对 i 郡到达各斑马贻贝源的船只数进行加和获得。因此, T_{iu} 就是从 i 郡抵达未拓殖湖泊 u 的侵染船只数量:

$$T_{iu} = A_i P_i W_u c_{iu}^{-\alpha}$$

抵达特定未拓殖湖泊的侵染船只总数 (Q_u), 可以通过对各郡抵达该湖泊的船只数进行加和后获得。

(3) 被运输的斑马贻贝个体的拓殖几率, 取决于湖泊的理化性质 (即斑马贻贝基础生态位的关键组分) 和随机因素。该模型中, 假如 Q_u 大于拓殖阈值 f, 那么个体将可以成功拓殖。

研究人员利用模型开展了 2000 次试验, 并模拟 7 年的运行结果, 以获得斑马贻贝拓殖的湖泊的可能分布, 其中, 将某一郡中各湖泊受贻贝个体拓殖的概率相加, 可以估计各郡拓殖湖泊的总数。图 7.14 展示了该模型预测的结果, 与 1997 年实测的贻贝拓殖格局高度相关, 这表明模型预测十分可靠。虽然模型预测威斯康星州中部和密西西比州西部地区也将受到拓殖, 但到目前为止还没有任何被拓殖的记录。Bossenbroek 等 (2001) 认为, 这些地点可能即将发生入侵, 因此我们应该重点进行生物安全和教育宣传活动。

当然, 入侵种的扩张并不完全依赖于人类活动; 许多物种可以自行扩张。伴随美国经济的快速发展, 红火蚁 (*Solenopsis invicta*) 迅速扩散到美国南部的大部分地区 (第 7.2.2 节)。该物种原产于阿根廷, 拥有两种截然不同的社会形式: 单蚁后形式 (单后型, monogyne) 和多蚁后形式 (多后型, polygyne), 这两种形式有着不同的繁殖模式和扩散方式。单后型集群的蚁后在空中交配后独自寻找新巢, 而多后型集群的蚁后在交配后则被直接 "收养" 在已建立的巢穴中。因此, 单后型种群的扩散速度是多后型种群的 3 倍 (Holway & Suarez, 1999)。全面理解入侵种的行为, 可以帮助管理者优先考虑潜在的问题入侵种, 并制定相应的策略以阻止它们的扩张。

7.4.3 迁移物种的保护

> 利用行为生态学……保护濒危物种

对濒危种行为的理解也有助于管理者制定保护策略。Sutherland (1998) 描述了一个有趣的例子, 该例子阐明了理解物种迁徙和散布行为的重要性。例如, 小白额雁 (*Anser erythous*) 从欧洲东南部迁徙到荷兰进行越冬, 但在途中常遭猎杀, 为了避免这样的情况, 管理者曾设计了一个方案来改变其迁徙路线。他们捕获了一个白颊黑雁 (*Branta leucopsis*) 种群, 将其放入斯德哥尔摩

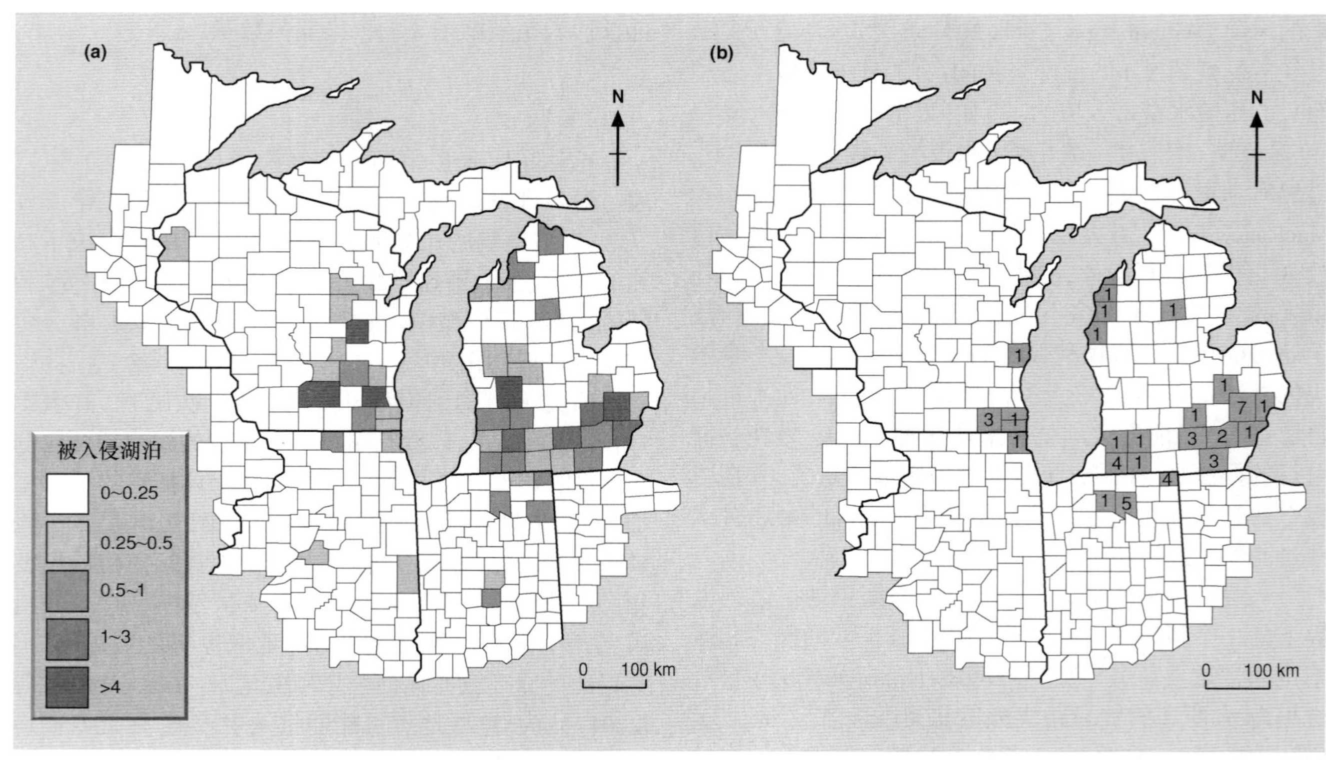

图 7.14 (a) 美国 364 个郡中, 斑马贻贝在内陆湖泊拓殖的分布预测 (在随机的 "重力" 扩张模型中, 进行 2000 次迭代运算后获得); 中部较大的湖是密歇根湖, 为北美五大湖之一。(b) 1997 年被拓殖湖泊的实际分布图 (Bossenbroek *et al*., 2001)。

(Stockholm) 动物园内繁殖, 但是仍保证其在荷兰越冬。随后, 他们将一部分白颊黑雁带到拉普兰 (Lapland) 筑巢, 并令其孵化小白额雁的蛋。小白额雁幼鸟将随其养父母迁徙到荷兰越冬, 但是第二年春天, 小白额雁又会回到拉普兰, 并在那里进行同种繁殖, 之后返回荷兰。另外一个例子则涉及一种圈养的食肉有袋类动物, 黑帚尾袋鼩 (*Phascogale tapoatafa*) 的重新引入。Soderquist(1994) 发现, 假如将雌性和雄性一同释放, 雄性会向外扩散, 而雌性却不能找到配偶。因此, 许多成功的例子都是先释放雌性, 使其在雄性到来之前先建立一个领地范围, 随后, 释放的雄性将加入其中, 共同生活。

…… 设计自然保护

在为迁移物种设计自然保护区时, 必须考虑到它们的季节性迁徙行为。大熊猫 (*Ailuropoda melanleuca*) 是世界最濒危的哺乳动物之一, 中国秦岭自然保护区栖息着大约 220 只大熊猫, 占其野生种群的 20%。特别有意义的是, 该保护区内的大熊猫是沿着海拔梯度进行迁移的, 因此它们的生存需要高、低海拔两种生境, 但是现有的自然保护区并没有考虑到这一点。熊猫可以称得上是极端挑食的特化种, 主要食用几种竹子。在秦岭自然保护区, 从 6 月到 9 月, 大熊猫主要食用箭竹 (*Fargesia spathacea*), 这种植物主要生长在海拔 1900 m 到 3000 m 的地区; 但是当寒冷气候来临时, 它们移动到低海拔地区进行觅食, 从 10 月到次年 5 月, 它们主要以巴山木竹 (*Bashania fargesii*) 为食, 这种植物主要生长在海拔 1000 m 到 2100 m 的地区。Loucks 等 (2003) 利用卫星影像、野外工作和 GIS 相结合的分析方法, 来确证满足该物种长期生存需要的景观。在选择其潜在生境的过程中, 首先要排除缺少大熊猫的区域、面积小于 30 km^2 (供一对大熊猫短期生存的最小区域) 的森林区域以及有道路、住宅或人工林的森林。图 7.15 标示了大熊猫的夏季生境 (1900~3000 m; 箭竹), 秋、冬和春季生境 (1400~2100 m; 巴山木竹) 以及少量的全年生存的生境 (1900~2100 m; 两种竹子都有), 并且还确定了 4 个核心生境 (A~D) 用以满足大熊猫的迁移需要。图 7.15 中所示的重叠区是现有的自然保护区, 令人不安的是, 它们仅覆盖了核心生境的 45%。Loucks 等 (2003) 建议, 应该将已经确认的 4 个核心生境整合成一个保护区网络。此外, 他们还强调促进区域连接的重要性, 因为假如种群之间互相隔离, 那么每个区域都可能发生物种灭绝 (见第 6.9 节, 介绍集合种群的行为)。于

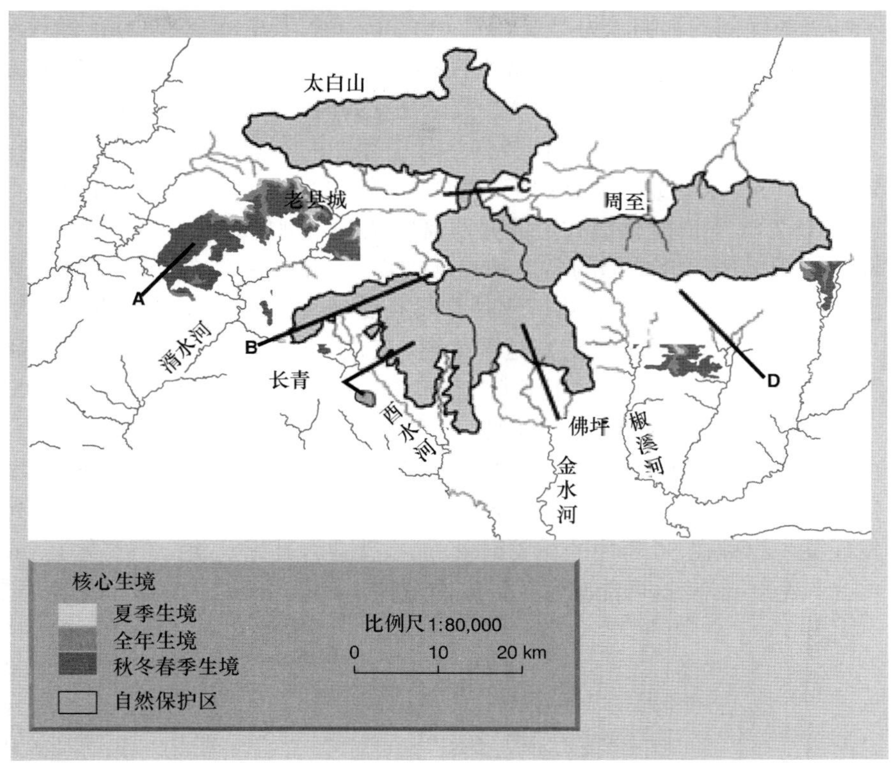

图 7.15 中国秦岭大熊猫的核心生境 (A~D), 每个生境都考虑到大熊猫在一年内随海拔迁移的需要。叠层区域是目前的自然保护区 (画有交叉影线) 及其名称 (Loucks *et al.*, 2003)。

是, 他们进一步确定了保护区内的两条重要连接带, 一条在 A 区与 B 区之间, 此处地势陡峭意味着不存在道路, 另一条则在 B 区与 D 区之间, 有高海拔的森林。

7.5 小种群动态和濒危种保护

物种灭绝本是自然规律, 然而人类的出现带来了一系列新的问题, 也可以导致物种灭绝。首先是过度捕杀, 此外, 近来还出现了许多其他问题, 包括生境破坏、外来有害物种的引入和环境污染。毫无疑问, 世界现存物种的保护已变得越发重要。本节, 我们主要讨论物种种群的保护, 并将在第 22 章中论述群落和生态系统的管理。

7.5.1 问题的尺度

为了判断保护区管理者所面临问题的尺度, 我们需要知道世界上物种的总数, 其现有的灭绝速率, 以及该速率与史前时代物种灭绝速率的比较结果。然而不幸的是, 对这些事例的估计都有相当多的不确定性。

地球上有多少物种?

迄今为止, 已有约 180 万个物种被定名 (Alonso *et al.*, 2001), 但真实的物种数远大于此。物种数量的估算途径有很多种 (见 May, 1990)。其中一个方法是基于对温带或北方地区哺乳类或鸟类 (对这些类群的多数物种都进行过描述) 的普遍观察, 它们在热带地区可能存在两种对应的物种。因此, 如果这种假说也适用于昆虫 (昆虫中有许多未被描述的物种), 那么陆地上的总物种数将会达到约 300 万 ~500 万种。另外一种方法是利用新物种发现的速率来进行逐群推测, 这样估计得到的全世界物种数应该在 600 万 ~700 万种。第三种方法是基于物种个体大小和丰度的关系, 根据经验规则, 如果生物的特征线性参数从陆生生物的几米缩短为某些生物的 1 cm, 那么特征长度每减少为原来的 1/10, 物种数量就会增加 100 倍。如果将该规则武断地外推到特征长度为 0.2 mm 的动物, 那么我们估计全球陆生动物的总数将在 1000 万种左右。第四种方法基于对热带树木 (约 50 000 种) 冠层中甲虫物种丰度 (在一棵树中超过 1000 种) 的预测, 以及对林冠中非甲壳类节肢动物和林冠外其他物种所占比例的假定, 由此估计, 热带节肢动物在 3000 万种左右。全球物种丰度预测的不确定性非常大, 我们已有的最佳预测范围是 300 万 ~ 3000 万种甚至更多。

当代和历史灭绝速率的比较

对现代人类历史时期物种灭绝的记录进行分析后发现, 物种灭绝主要发生在岛屿生境, 鸟类和哺乳类受到的影响较为严重 (图 7.16)。乍一看, 其中涉及的现存物种相当少, 而且物种的灭绝速率在 20 世纪下半叶呈现下降趋势, 但是这些数据究竟如何?

这里, 我们需要再次强调数据估计中存在的不确定性。首先, 这些数据更有利于某些区域的某些类群, 因此图 7.16 中的变化模式可能并非真实状况。例如, 即便对于已经研究透彻的鸟类和哺乳动物, 也都存在着严重的低估, 因为许多热带物种并没有受到密切的关注, 因而并不能完全确定其是否灭绝。其次, 大量物种未被记录, 我们也无法知道其中有多少物种已经灭绝。最后, 20 世纪下半叶记录的物种灭绝事件呈现减少的趋势, 这可能意味着保护措施的成功实施。当然, 这也可能是由我们的记录惯例导致的: 如果我们没有发现某一物种在 50 年中的相关记录, 那么就会将其标注为灭绝。或许, 这可能暗示了许多渐危种 (vulnerable species) 已经灭绝。Balmford 等 (2003) 认为, 我们不应该完全聚焦于物种的灭绝速率, 而是应该从一个更有意义的角度, 考虑濒危种所面临问题的尺度, 这需要对物种 (尚未灭绝) 或其生境的相对多度变化 (通常显著下降) 作长期评估。

人类导致的物种灭绝

化石记录告诉我们非常重要的一点, 就是绝大多数, 甚至可能是全部的现存物种最终都将灭绝 —— 事实上, 曾经存在的物种中超过 99% 现在都已灭绝 (Simpson, 1952)。然而, 假如每个物种的平均持续生存时间为 100 万 ～ 1000 万年 (Raup, 1978), 同时假定地球上的物种总数为 1000 万, 那么我们可以预测, 每个世纪平均只有 100～1000 种 (0.001%～0.01%) 生物会灭绝。但实际上, 每个世纪鸟类和哺乳类的灭绝速率约为 1%, 该灭绝速率是上述自然灭绝速率的 100～1000 倍。

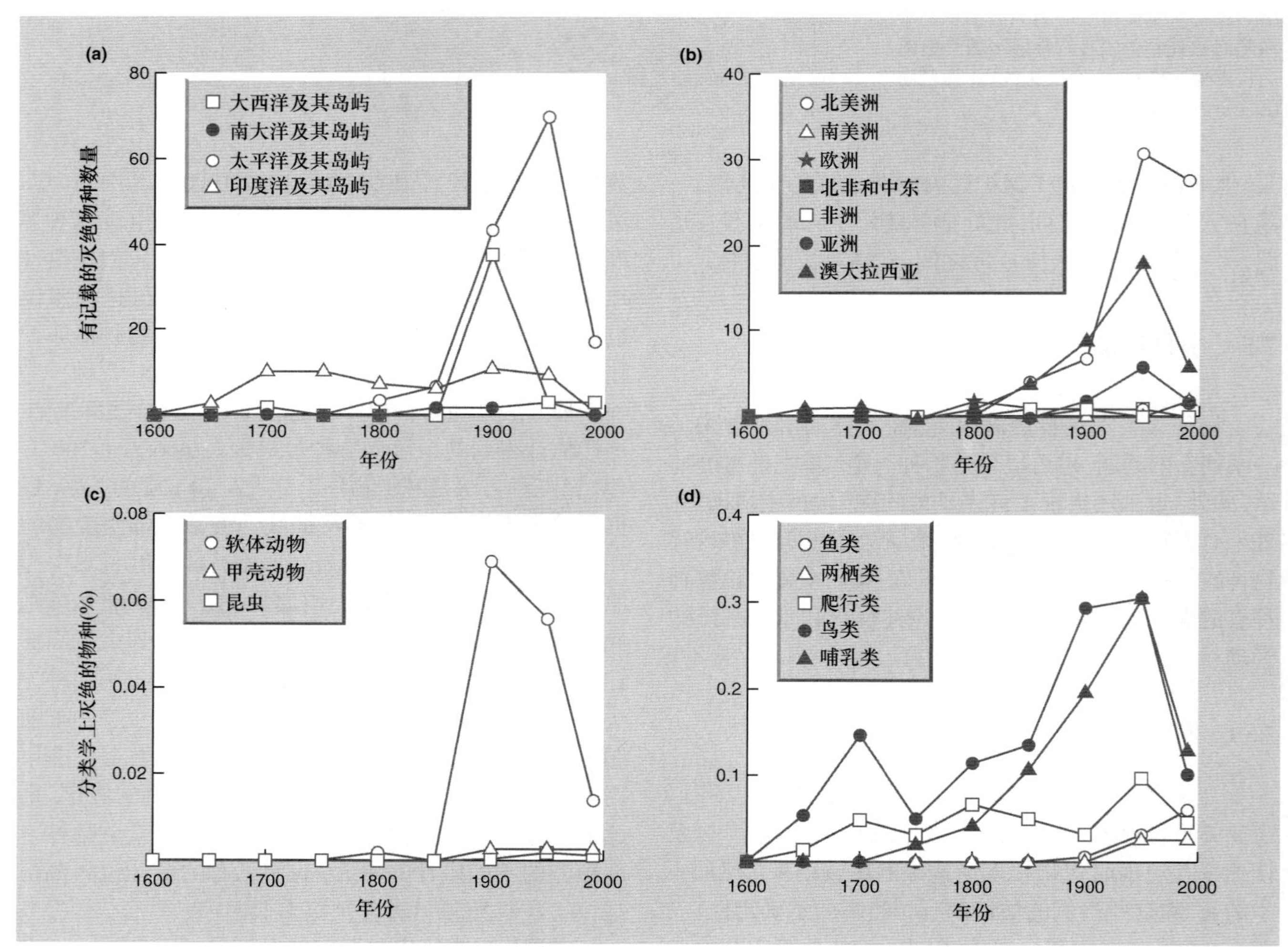

图 7.16 自 1600 年以来, 有记载的动物物种的灭绝趋势: (a) 主要的海洋及其岛屿, (b) 主要的大陆区域, (c) 无脊椎动物以及 (d) 脊椎动物 (仿 Smith *et al.*, 1993)。

表 7.4 主要受胁类群中动、植物物种的现有数量和百分比。植物、鸟类和哺乳动物的数值较高，说明我们更加了解这些类群 (Smith *et al.*, 1993)。

分类单元	受胁物种数量	大致的总物种数	受胁物种所占百分比
动物			
软体动物	354	10^5	0.4
甲壳纲动物	126	4.0×10^3	3
昆虫	873	1.2×10^6	0.07
鱼类	452	2.4×10^4	2
两栖动物	59	3.0×10^3	2
爬行动物	167	6.0×10^3	3
鸟类	1,029	9.5×10^3	11
哺乳动物	505	4.5×10^3	11
总计	3,565	1.35×10^6	0.3
植物			
裸子植物	242	758	32
单子叶植物	4,421	5.2×10^4	9
单子叶植物: 棕榈	925	2,820	33
双子叶植物	17,474	1.9×10^5	9
总计	22,137	2.4×10^5	9

此外, 人类活动的强大影响 (如生境破坏) 仍在持续增加, 在许多类群中已有非常多的物种处于濒危状态 (表 7.4)。我们不能居功自傲、止步不前。因为, 即使数据估计存在一定的不确定性, 这样的结论仍然表明, 未来我们可能会达到一个时期, 其中的物种灭绝速率将 5 倍于地质记录的自然灭绝速率 (见第 21 章)。

7.5.2 保护工作应该聚焦于哪些地方?

对威胁物种的因素进行分类

现已将物种灭绝的风险分成若干类别 (Mace & Lande, 1991)。假如一个物种在 100 年内有 10% 的灭绝概率, 那么该物种处于渐危 (vulnerable) 阶段; 如果一个物种在 20 年或 10 个世代 (无论哪一个时间更长) 内有 20% 的灭绝几率, 那么该物种处于濒危 (endangered) 阶段; 如果一个物种在 5 年或 2 个世代内至少有 50% 的灭绝风险, 那么该物种处于极度濒危 (critically endangered) 阶段 (图 7.17)。基于这些标准, 已有 43% 的脊椎动物被归入受胁种 (即这些动物符合以上类别之一) (Mace, 1994)。

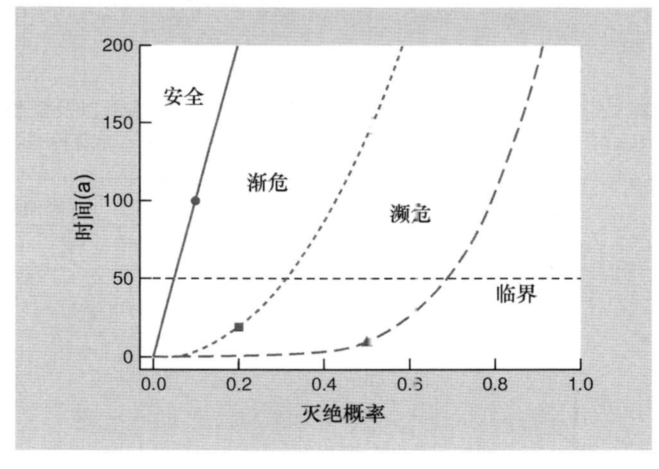

图 7.17 威胁程度与时间和灭绝概率之间的函数关系 (仿 Akcakaya, 1992)。

根据这些定义, 政府和非政府组织已经列出了受胁种的清单 (如图 7.4 所示, 是后续分析的基础)。很明显, 这份清单为物种管理计划中优先次序的确定奠定了基础。然而, 用于保护的资源是有限的, 如果一个物种拥有极高的优先保护等级, 需要我们进行大量的恢复工作但成功希望仍很渺茫, 那么, 将绝大多数经费花费在这些灭绝概率较高的物种上, 将是很不经济的 (Possingham *et al*., 2002)。在应用生态学的所有领域内, 保护的优先性都需要综合考虑生态和经济两个方面。紧急时期, 在优先权方面必须做出痛苦的决定。例如, 一战期间, 受伤的士兵被运到战地医院时都要进行伤员验伤分类: 优先等级 1, 可能存活但需要紧急救治的伤员; 优先等级 2, 可能存活但不需要紧急救治的伤员; 优先等级 3, 救或不救都可能死亡的伤员。保护管理者常常面对同样的抉择, 需要拿出勇气来放弃那些无好转希望的物种, 而优先保护那些付出努力就能见到希望的物种。

许多物种本身就很稀有

高灭绝风险的物种总是很稀有。然而, 仅仅由于其稀有性, 稀有物种则未必面临灭绝的风险。很显然, 许多或许绝大多数物种本身就很稀有。这类物种的种群动态可能符合一种特征性的式样。例如, 加利福尼亚州共有 4 种百合, 包括 1 个常见种和 3 个稀有种 (Fiedler,1987)。与普通种相比, 稀有种的鳞茎较大, 但每株植物产生的果实较少, 并且存活到繁殖阶段的几率较低。所有的稀有种都能归类为顶极种 (climax species), 局限于非常规的土壤类型, 而普通种则占据受干扰的生境。稀有类群一般倾向于进行无性繁殖, 其总体繁殖力较低, 散布能力也较低 (Kunin & Gaston, 1993)。在无人为干扰的情况下, 稀有种应该不会有很大的灭绝风险。

其他物种对这些物种施加生存压力

一些物种生来稀有, 然而其他物种的活动将迫使它们变得更加稀少。例如, 在人类活动的影响下, 许多物种的多度下降, 分布范围 (range) 缩小 (包括天然稀有种)。曾经有研究人员综述了有记载的脊椎动物灭绝的影响因素, 该文章表明生境丧失、过度收获和外来物种入侵都是相当重要的影响因素, 尽管前两者分别对爬行动物和鱼类的影响较小 (表 7.5)。就物种灭绝而言, 生境丧失是最主要的威胁因素, 同时过度收获带来的风险仍然很高, 特别对哺乳动物和爬行动物而言。小种群的物种灭绝几率增加, 有两方面的原因: 遗传 (见第 7.5.3 节) 和种群动态 (见第 7.5.4 节)。我们将依次介绍这两方面的内容。

7.5.3 小种群遗传学: 对物种保护的意义

小种群中可能存在的遗传学问题

理论上, 遗传变异的丧失可能导致小种群产生许多遗传学问题, 因而保护生物学家们对此十分重视。遗传变异主要取决于自然选择和遗传漂变 (种群中的基因频率并不由其进化优势决定, 而是随机的)

表 7.5 有关已记载的脊椎动物灭绝事件的影响因素以及受胁物种目前所面临风险状况的总结。其中, 依据世界自然保护联盟 (IUCN) 的全球评估系统, 将这些物种归类为濒危种、渐危种或稀有种 (Reid & Miller, 1989)。

分组	由各因素导致物种灭绝的百分比*					
	生境丧失	过度捕获†	生物入侵	捕食者	其他因素	未知因素
灭绝物种						
哺乳类	19	23	20	1	1	36
鸟类	20	11	22	0	2	37
爬行类	5	32	42	0	0	21
鱼类	35	4	30	0	4	48
受胁物种						
哺乳类	68	54	6	8	12	—
鸟类	58	30	28	1	1	—
爬行类	53	63	17	3	6	—
两栖类	77	29	14	—	3	—
鱼类	78	12	28	—	2	—

* 这些数值代表受特定因素影响的物种百分比。部分物种可能受到超过一种因素的影响, 因而一些行的百分比加和可能超过 100%。
† 过度捕获利用包括以商业、体育或以生存为目的的狩猎, 以及其他目的的活体动物捕获。

的综合作用。在孤立的小种群中，遗传漂变相对而言更为重要，因而会导致遗传变异的丧失。遗传漂变的发生频率取决于有效种群大小 (N_e)。N_e 是遗传条件理想时的种群大小，在遗传方面等价于实际种群大小 (N)。近似地，N_e 等于或小于繁殖个体数。实际上，由于许多因素的影响，N_e 常常小于 N (具体公式见 Lande & Barrowclough, 1987)。

(1) 假如性比不是 1∶1；例如，有 100 只用于繁殖的雄性个体和 400 只用于繁殖的雌性个体，则 $N = 500$，但 $N_e = 320$。

(2) 假如个体后代并非随机分布；例如，有 500 个个体，每个个体繁殖产生一个后代，那么子一代的平均数 $N = 500$，但如果其繁殖后代的方差为 5(如果是随机进行，则方差是 1)，那么 $N_e = 100$。

(3) 假如种群大小随世代发生变化，那么 N_e 将不成比例地受到较小种群大小的影响；例如，种群大小分别为 500、100、200、900 和 800，那么平均值 $N = 500$，但 $N_e = 258$。

进化潜能的丧失

遗传多样性提供了长期进化的潜力，因而保护遗传多样性十分重要。等位基因 (alleles) 或等位基因的组合可能无法赋予物种直接的优势，但有利于物种更好地适应未来变化的环境条件。因此，对小种群而言，由遗传漂变导致的稀有等位基因丧失，会削弱其适应环境的潜能。

近交衰退的风险

近交衰退 (inbreeding depression) 是一个更为紧迫的潜在问题。当种群较小时，个体倾向于与其中有亲缘关系的其他个体交配繁殖。近亲繁殖降低了后代的遗传杂合度，使之远小于种群水平。然而更为重要的是，所有种群携带的隐性等位基因在纯合时都是有害甚至致死的。因此，被迫进行近亲繁殖的个体更容易向子代传递有害的等位基因，并使之产生有害效应。尽管对一些动物 (Wallis, 1994) 和许多植物而言，高水平的近亲繁殖可能是正常且无害的，近交衰退的例子仍然有许多，育种者也知道近亲繁殖会带来生育力、存活率、生长率以及抗病能力的降低。

巨大的遗传数量

遗传变异的维持需要多少个体？Franklin (1980) 认为，有效种群大小约为 50 的种群将可能免受近交衰退，而有效种群大小为 500~1000 的种群则可以维持长期的进化潜能 (Franklin & Frankham, 1998)。当然，我们应该谨慎运用这样的经验法则，并且铭记 N_e 和 N 之间的关系，种群大小 N 的最小值应该比 N_e (5000~12 500 个个体) 大一个数量级 (Franklin & Frankham, 1998)。

十分有趣的是，在表 7.5 中并没有发现由遗传问题而导致物种灭绝的事例。虽然尚未检测到，但近交衰退很可能已经发生了，对一些濒死的种群而言，近交衰退可能是种群即将消失的表现之一 (Caughley, 1994)。因此，种群大小可能会由于上述一个或多个过程的影响，减小到较低的水平，这将导致亲缘个体间的交配频率增加，子代中有害隐性等位基因的表达增强，随后，种群的存活率和生育力进一步降低，导致种群变得更小，此即所谓的灭绝漩涡 (extinction vortex) (图 7.18)。

遗传效应以及稀有植物的维持

曾经有人研究了侏罗山脉 (Jura mountains) (瑞士 – 德国交界) 草原中稀有植物 *Gentianella germanica* 的 23 个地方种群，并阐明了遗传效应在种群维持方面的作用。Fisher 和Matthies (1998) 发现，繁殖能力和种群大小呈负相关关系 (图 7.19a~c)。此外，研究的多数种群其大小在 1993 到 1995 年间减

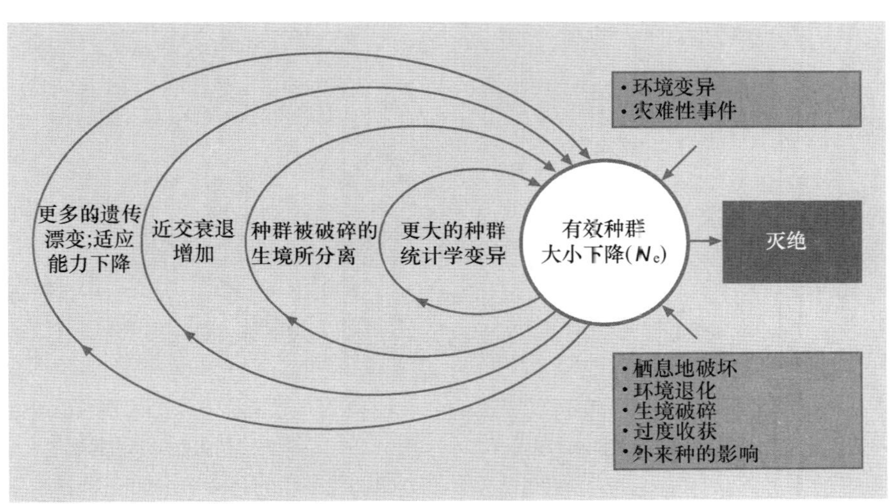

图 7.18　灭绝涡流使种群逐渐减小，并导致不可逆转的灭绝 (Primack, 1993)。

小, 而其中较小种群其大小的减小幅度更大 (图 7.19d)。这些结果符合遗传效应导致小种群适合度降低的假说。然而, 它们也可能源于地方生境条件的差异 (低质量生境导致种群的低生育力, 因而种群较小) 或者植物 – 传粉者相互作用的破裂 (植物与传粉者的低接触频率导致种群的低生育力, 从而种群较小)。为了确定遗传差异是否是导致生育力低下的根本原因, 我们开展了同质园实验, 在标准条件下种植了每个种群的种子; 17 个月后发现, 相比小种群, 来自大种群的种子生长产生更多的开花植株以及更多的花 (以每粒种子计)。结果表明, 对稀有物种而言, 遗传效应对种群维持具有非常重要的作用, 因此, 在制定保护管理策略时也应该考虑到遗传效应的影响。

7.5.4 灭绝的不确定性和风险: 小种群的动态

保护生物学是一门危机学科。管理者必然会在资源匮乏的情况下面临诸多问题。或许, 他们应该聚焦于引起物种灭绝的不同因素, 并试图说服政府采取措施以减少这些因素的普遍性; 或者, 他们应该关注物种多度较高的区域, 并在这些区域建立保护区, 对物种加以保护 (见第 22.4 节); 亦或, 他们应该关注灭绝风险最大的物种, 并采取措施以维持它们的生存。在理想情况下, 我们应该做到上述的所有因素。然而, 最大的压力往往来自于物种保护区内部。例如, 中国大熊猫或美国新泽西州黄眼企鹅 (*Megadyptes antipodes*) 的现有种群已经非常小, 一旦我们对此无计可施, 这些物种就将在未来的几年或几十年内灭绝。在这样危机重重而资源稀缺的情况下, 我们应该优先考虑一些特殊的解决方法; 而将较普通的方法摆在次要位置。

小种群的三种不确定性

小种群的种群动态受到高度不确定性的制约, 而大种群的种群动态则受到平均数法则 (the law of averages) 的制约 (Caughley, 1994)。以下三种不确定性或变异对小种群的种群动态具有十分重要的影响。

(1) 种群统计学不确定性 (demographic uncertainty): 小种群的种群动态受到多个种群统计学参数随机变异的影响, 这些参数包括雌雄个体的出生数、特定年份中的个体死亡数或繁殖数、个体的存活能力或繁殖能力 (遗传变异或表型变异)。假设繁殖配对产生的后代均为雌性 —— 在大种群中这类事件并不会引起注意, 但在小种群中, 该物种的最后一对配对个体将是其救命稻草。

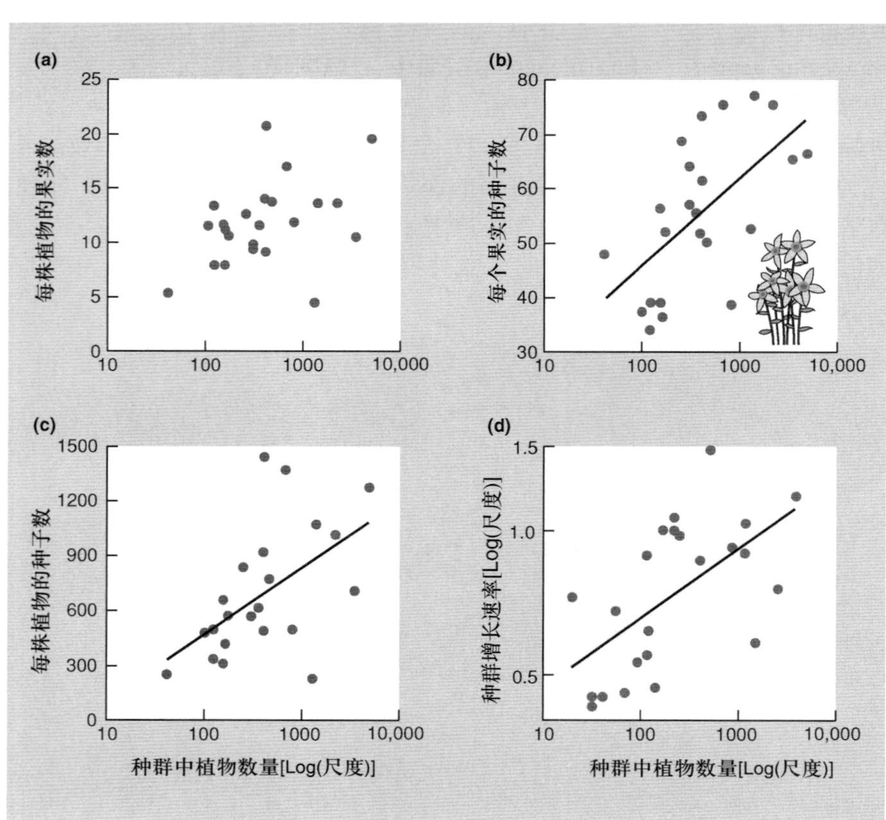

图 7.19 23 个假龙胆属植物 *Gentianella germanica* 种群的大小分别与 (a) 每株植物的平均果实数、(b) 每个果实的平均种子数、(c) 每株植物的平均种子数之间的关系。(d) 从 1993 年到 1995 年的种群增长速率 (种群大小的比率) 与种群大小 (1994 年) 之间的关系 (仿 Fischer & Matthies, 1998)。

(2) 环境不确定性 (environmental uncertainty): 小种群的种群动态同样受到环境因子随机变化的影响, 无论它是 "灾害" (如罕见的洪水、暴雨或干旱; 见第 2 章), 还是较次要的环境因素 (平均温度或降雨量的年际变异)。事实上, 我们能够根据过去几个世纪的气象记录, 而准确知晓一个地区的平均降雨量, 但即便如此, 我们既不能预测下一年的降雨量是维持在平均水平还是极端水平, 也不能预测若干年后特别干旱的情况。相比大种群, 小种群更容易受到不利条件的影响而发生灭绝, 或者, 种群大小降低到极小的水平以致不能恢复 (类似灭绝)。

(3) 空间不确定性 (spatial uncertainty): 许多物种是生存于离散的生境斑块 (生境碎片) 中多个亚种群的集合。亚种群之间由于种群统计学的不确定性而存在差异, 同时其生存的生境斑块也由于环境的不确定性而有所不同, 因此, 集合种群的灭绝概率受到灭绝和局域性再拓殖 (local recolonization) 这类生境斑块动态的强烈影响 (见第 6.9 节)。

…… 通过北美琴鸡的例子阐明

接下来, 我们以北美琴鸡 (*Tympanychus cupido cupido*) 的灭绝为例 (Simberloff, 1998) 来阐明上述部分观点。曾经, 这种鸟普遍分布于美国缅因州 (Maine) 到弗吉尼亚州 (Virginia) 的地区。由于其肉质鲜美且容易猎杀 (也容易被外来猫所捕获, 同时受到从草地向农田的生境转变影响), 这种鸟到 1830 年已经从美洲大陆消失了, 并且仅存于马萨葡萄园岛 (the island of Martha's Vineyard)[①]。1908 年, 政府建立了一个保护区以保护剩下的 50 只鸟, 到 1915 年, 该种群已经增加到几千只; 但是 1916 年对这种鸟来说是灾难年, 一场大火 (灾难) 焚毁了鸟的多处繁殖地, 随后恶劣的冬季到来, 同时苍鹰 (*Accipiter gentilis*) (环境的不确定性) 也不断涌入, 最后还爆发了家禽疾病 (另一场灾难)。此时, 剩余种群很容易经历种群统计学不确定性; 例如, 1928 年剩下的 13 只鸟中, 仅有 2 只是雌性; 而到 1930 年, 仅有一只鸟存活, 随后在 1932 年, 该物种灭绝。

琴鸡为近期的全球物种灭绝提供了一个范例。在另一尺度下, 许多分类群常常发生孤立生境斑块中的小种群局域性灭绝 (local extinction) 事件, 且每年局域性灭绝的发生比例通常可达 10%~20% (图 7.20)。类似的灭绝事件也发生于真正的岛屿上。巴德西岛 (Bardsey Island) 是大不列颠西海岸上的一个小岛 (面积 1.8 km^2), 从 1954 年到 1969 年, 科学家详细地记录了该岛上鸟类的繁殖情况, 研究发现, 有 16 种鸟每年都可以进行繁殖, 有 2 种土著鸟类消失, 有 15 种鸟随意地飞进飞出, 而另外 4 种鸟起初数量稀少, 但逐渐成为常见的繁殖种类 (Diamond, 1984)。据此, 我们可以了解频繁的局域性灭绝, 但在某些情况下, 这一过程与来自大陆或其他岛屿的物种再拓殖过程刚好相反。这些案例为我们提供

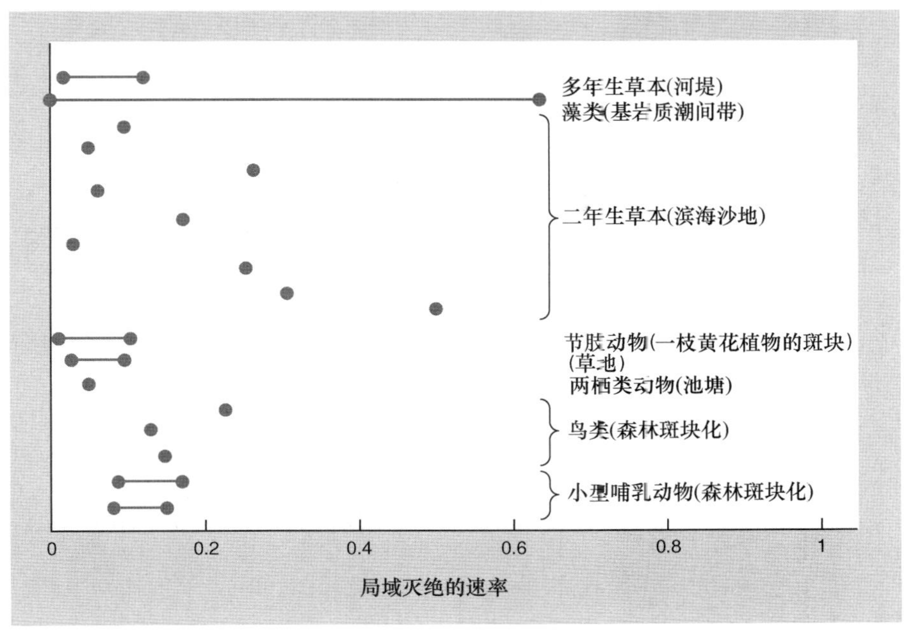

图 7.20 土著种群每年在生境斑块中发生局域灭绝的速率 (仿 Fahrig & Merriam, 1994)。

① 美国马萨诸塞州外海岛屿。——译者注

了丰富的信息, 以帮助我们认识影响小种群动态的普遍因素。由于全球性物种灭绝最终也要达到局域灭绝的状态, 因此这种认识完全适用于全球性灭绝的濒危种。此外, 在与局域性灭绝相关的高风险因素中, 生境或岛屿的面积可能是最为普遍的一个 (图 7.21)。毫无疑问, 处于小面积区域的种群往往更为脆弱, 其主要原因是种群本身就非常小。对于偏远岛屿而言, 物种的再拓殖过程几乎不可能发生, 因此特有种 (endemic species) 的局域性灭绝就等同于该物种的全球性灭绝。这也是岛屿上全球性物种灭绝率高的主要原因 (见图 7.16)。

7.5.5　种群生存力分析: 将理论应用于管理

设法确定最小存活种群……

种群生存力分析 (population viability analysis, PVA) 的目的是预测极端事件 (如物种灭绝), 而非集中趋势 (如平均种群大小), 因此, 它不同于许多生态学家们建立的种群模型 (见第 5、10 和 14 章中的相关内容)。假如给定特定稀有物种的生活史特征及其生存的环境条件, 那么, 它在指定阶段将有多大的灭绝几率? 或者, 种群大小应该达到怎样的水平才能保证该物种不会灭绝呢? 这些都是保护管理中常有的棘手问题。理想情况下, 我们可以通过传统的实验方法来解决, 即建立许多不同大小的种群, 并对其进行长年监测, 然而这些手段并不适用于濒危种, 因为此时, 情况通常十分迫切, 而且可供实验的个体也非常少。那么, 我们应该如何确定最小存活种群 (minimum viable population, MVP) 的构成呢? 下面将依次讨论三种方法: ① 根据长期研究收集的证据进行模拟研究 (见第 7.5.5.1 节); ② 根据专家经验进行主观估计 (见第 7.5.5.2 节); ③ 种群模型的构建, 涉及一般感兴趣 (见第 7.5.5.3 节)、十分感兴趣以及特别感兴趣的物种 (见第 7.5.5.4 节)。每一种方法都具有局限性, 对此, 我们将通过特例来进行阐述。同时我们应该注意到, PVA 的研究领域已发生了很大的扩展, 从对物种灭绝概率和灭绝时间进行简单评估, 转向对不同管理策略的可能结果 (物种灭绝的概率) 进行比较。

7.5.5.1　生物地理格局的长期研究带来的启示

……从生物地理学数据……

图 7.22 展示了对北美沙漠地区多个大角羊种群的长期监测数据。假如我们将必需的 MVP 主观地定义为至少有 95% 的概率持续存在 100 年的种群大小, 那么, 对大角羊种群的数据进行分析后, 我们可以得到一个近似的答案。个体数少于 50 的种群在 50 年之内基本都趋于灭绝, 而个体数为 51~100 的种群仅有 50% 的概率能够持续存活 50 年。很明显, 我们所

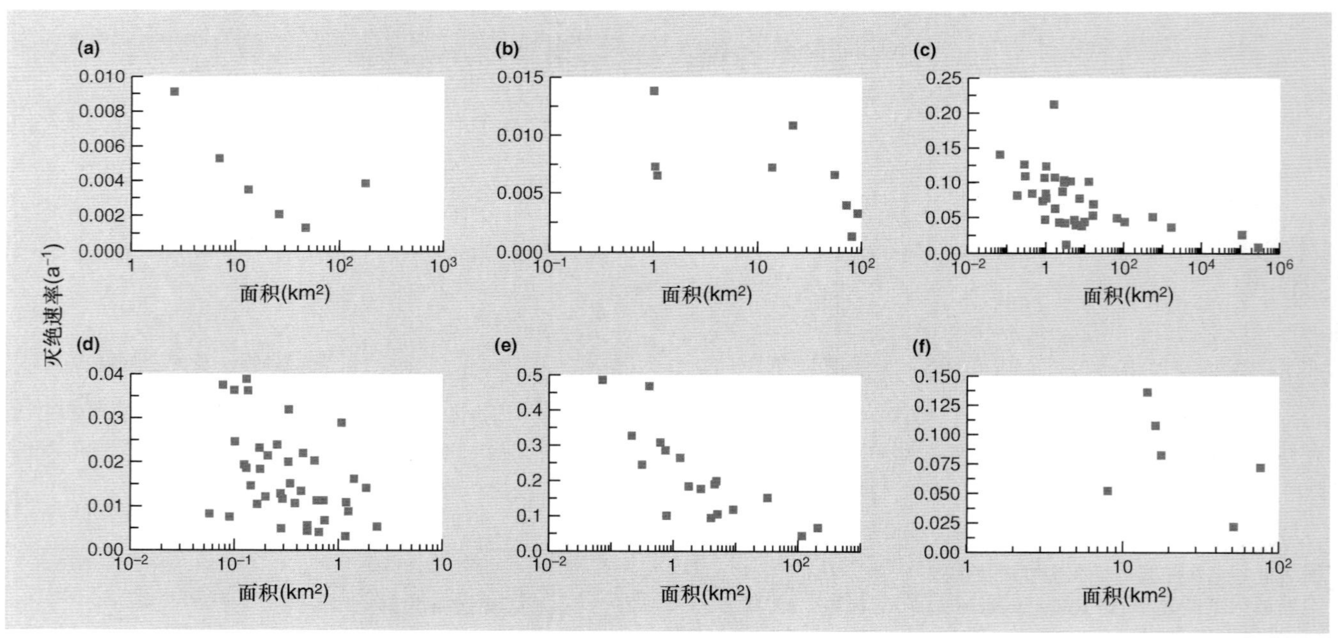

图 7.21　灭绝速率 (百分比) 与生境面积的函数关系: (a) 美国东北部湖泊中的浮游动物, (b) 加利福尼亚州海峡群岛上的鸟类, (c) 欧洲北部岛屿上的鸟类, (d) 瑞典南部的维管植物, (e) 芬兰岛屿上的鸟类, (f) 巴拿马加通湖岛屿上的鸟类 (数据整理: Pimm, 1991)。

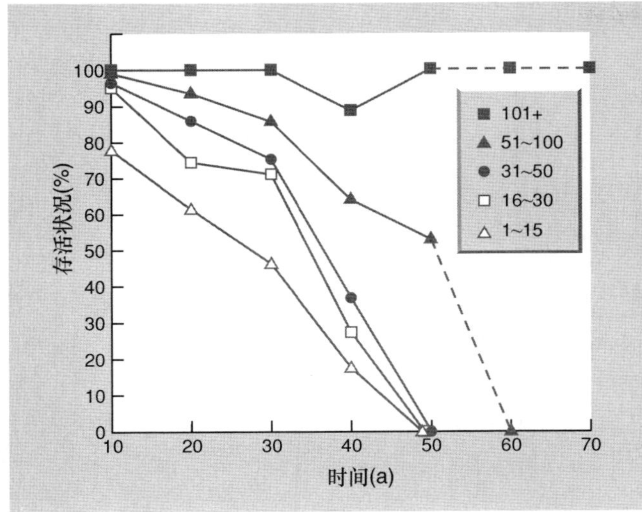

图 7.22 在北美，随着初始种群大小的变化，持续存活超过 70 年的大角羊种群所占的百分比不断下降 (仿 Berger, 1990)。

定义的 MVP 最少需要 100 个个体；本研究中，这类种群的存活时间都超过了最大研究年限 70 年。

在加利福尼亚州的海峡群岛 (Californian Channel Islands) 也有对鸟类的长期记录，对这些数据进行类似的分析后发现，鸟类的 MVP 在 100~1000 对鸟之间 (以保证有 90%~99% 的概率持续生存 80 年) (表 7.6)。

…… 是一种冒险的方法

这类研究通常很罕见但很有价值。正因为有一些爱好狩猎 (大角羊) 和鸟类学 (加州鸟类) 的人们，我们才能获得这样的长期观测数据。尽管如此，它们通常不是濒危种，因而对保护生物学的贡献非常有限。因此，利用这些数据为濒危种制定管理策略将是非常冒险的。假设，你发现了一个鸟类种群，其中有超过 100 对鸟，该种群大小已经超过了最小存活种群的阈值，那么，你就可以向保护区管理者提交一份保护报告。当然，这种报告并非没有价值。如果你关注的物种与上述研究中的物种在重要的统计特征上足够相似，那么，这个报告将是该物种保护的一个可靠参考；但如果它们只是环境条件类似，那么这个报告就很难让人信服了。

表 7.6 加利福尼亚州海峡群岛上，不同鸟类的初始种群大小和种群持续存在概率之间的关系 (仿 Thomas, 1990)。

种群大小 (对)	时间周期 (a)	存在百分比 (%)
1~10	80	61
10~100	80	90
100~1000	80	99
1000+	80	100

7.5.5.2 专家的主观评估

专家决策分析

与保护危机相关的信息不仅存在于科学文献中，也存在于专家的大脑中；因而只需将专家集中于保护区工作站，就能达成科学性的决策 (我们考虑将这种方法应用于黑脉金斑蝶越冬保护区的选择 —— 见第 7.2.3 节)。为了阐明该方法在估算物种灭绝概率方面的优点和缺点，我们将以苏门答腊双角犀 (*Dicerorhinus sumatrensis*) 的相关工作为例来进行讨论。

以苏门答腊双角犀为例

苏门答腊双角犀以小而孤立的亚种群形式生存于逐渐破碎化的生境中，其主要分布地点包括沙巴州 (马来西亚东部)、印度尼西亚和马来西亚西部地区，并可能包括泰国和缅甸等地区。未受保护的生境会受到森林砍伐、人类生活区重建和水力发电站建设等的威胁。而仅有的几个保护区也要受到资源开采的威胁，在研讨会期间，保护区内仅存两个个体。

通过 "决策分析" (decision analysis) 这种技术手段，我们可以评估苏门答腊双角犀的脆弱性，以及这种脆弱性如何随管理方案的不同而呈现出差异，同时，我们还可以获得不同标准下的最适管理方案。根据物种在 30 年内 (大约相当于苏门答腊双角犀的两个世代) 的灭绝概率估计，可以建立一个决策树，如图 7.23 所示。决策树的构建过程如下。图中两个正方形表示决策点：第一个决策点区分了保护性干预存在和不存在 (维持现状) 的两种情况；第二个决策点则区分了不同的管理方案。每种方案在小的圆形符号处产生分枝。这些分枝代表了可能出现的情形，每个分枝上的数字则代表了每种情形可能发生的概率。因此，如果选择维持现状，那么在接下来的 30 年内，流行性疾病发生的概率为 0.1，不发生的概率为 0.9。

如果流行性疾病发生，那么物种灭绝概率 (pE) 的预测值为 0.95 (即物种在 30 年内灭绝的概率是 95%)，而如果流行性疾病没有发生，则 pE 值是 0.85。每种方案下物种灭绝的总预测值 E(pE) 可以通过如下关系式确定：

E(pE) = 第一个方案发生的概率
× 第一个方案的 pE 值
+ 第二个方案发生的概率
× 第二个方案的 pE 值。

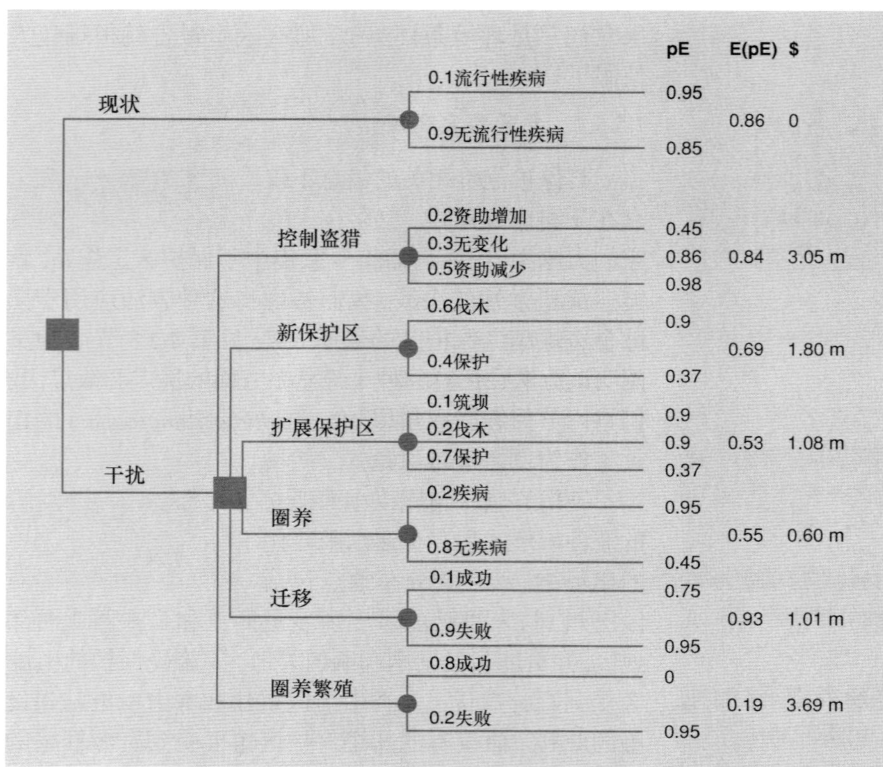

图 7.23 苏门答腊双角犀的管理决策树。■ 决策点；• 随机事件。随机事件发生的概率是 30 年间的估算值；pE，物种在 30 年内灭绝的概率；E (pE)，每种选择性方案中 pE 的期望值。所需费用是按照每年 4% 进行折算的 30 年总费用；m，百万 (仿 Maguire *et al.*,1987)。

那么，在维持现状的方案中：

$$E(pE) = (0.1 \times 0.95) + (0.9 \times 0.85) = 0.86$$

在保护性干扰的方案中，pE 值和 E(pE) 值的计算与之类似。图 7.23 的最后一栏列出了采取不同方案所需的资金。

对管理方案的评估

这里，我们将更加详细地讨论两种干扰管理方案。第一种方案是，在现有保护区或者新保护区内进行围栏，并对随之产生的高密度的苏门答腊双角犀提供食物和兽医护理。在这里，疾病是主要的风险：相比未干预的情况，在保护性干预条件下物种的密度较高，因而其流行病发生的概率也较高 (0.2 对 0.1)；而且由于动物不再是孤立的亚种群，而是被集中到围栏区域，因此，一旦发生流行疾病，pE 值将变得更高 (0.95)。另一方面，如果围栏方案非常成功，那么 pE 值将会降低到 0.45，总 E (pE) 值也将降低为 0.55。从成本上计算，建立围栏将花费 60 000 美元，每年的维护还要花费 18 000 美元，这样一来，30 年的总花费将达到 60 万美元。

另一个方案是从野外捕获动物并实施圈养繁殖，这会导致 pE 值的增加，但可能并不能达到预期的 0.95。然而，如果该方案成功 (即被捕获的种群拥有持续的生存能力)，那么 pE 值将明显降低为零。但是，该方案的实施涉及马来西亚和印度尼西亚等地的基础设施建设和技术发展 (约花费 260 万美元)，同时包括美国和英国等地相关工作的拓展 (163 万美元)，因此，需要非常高的成本。我们估计，该方案成功的概率是 0.8。那么，总 E (pE) 值将为 0.19。

这些不同的概率值是怎么得来的？实际上，它们来自数据的整合和教学运用、理论推断，以及对相关物种的经验总结。那么哪一种是最佳的管理方案呢？这取决于评判标准。假如我们不考虑经济成本，而只是简单地使物种灭绝的概率达到最小。那么，圈养繁殖就是最佳方案。但实际上，最不可能忽略的就是费用。因此，我们选择的方案应具有较低的 E (pE) 值，同时其运行成本也容易让人接受。

专家主观评估的优势

专家主观评估的方法备受推崇。因为它能够在无法做进一步分析的情况下，利用已有的数据、掌握的知识和丰富的经验进行决策。同时，该方法不规避资源有限这一前提，并对不同的方案进行系统性的探讨。

…… 专家主观评估的劣势

然而，这种方法也具有风险。在缺乏所有必需数据的条件下，该方法推荐的最佳方案可能是错误的。基于事后的认识 (一些未参加研讨会的犀牛专家都提到了这一后果), 我们现在可知捕获苏门答腊双角犀大约需要花费 250 万美元; 其中, 有 3 头犀牛在捕获期间死亡, 6 头犀牛在捕获后死亡, 剩余的 21 头犀牛中只有 1 头产仔, 而且它在捕获时就已经怀孕 (数据来自 1994 年 N. Leader-Williams 在考格利的报告)。Leader-Williams 认为, 250 万美元可用于在长达 20 年的时间中, 有效地保护 700 km^2 的苏门答腊双角犀生境。理论上, 这片生境能够维持一个种群大小为 70 的苏门答腊双角犀种群, 该种群每个个体每年的增长速率为 0.06 (基于其他受保护的犀牛物种), 同时在此期间, 可以繁殖 90 头小犀牛。

7.5.5.3 种群续存时间的一般数学模型

一般模型方法……

在最简单的情形下, 种群持续 (population persistence) 时间 T 可能受到以下三种因素的影响: 种群大小 N、内禀增长率 r 以及由该时间内环境条件变化而产生的 r 的方差 V。种群统计学不确定性仅在非常小的种群中才具有影响力; 当种群中个体数较小时, 种群持续时间也处于较低的水平, 之后, 种群持续时间随种群大小的增加而增加, 但仍然在种群相对较小时, 趋于无穷大 (图 7.24 中的虚线)。

许多研究者构建了种群增长的数学模型, 其中允许内禀增长率的不确定性, 以准确估计物种灭绝的平均时间 T, 它是环境容纳量 K 的函数 (由 Caughley 简单综述, 1994)。Lande (1993) 在使用许多近似值 (例如种群统计学的不确定性可以忽略, 再如 r 为常数, 除非在种群大小等于环境容纳量时 r 为 0) 之后, 得出了一个比较接近的方程式:

$$T = \frac{2}{Vc}\left(\frac{K^c - 1}{c} - \ln K\right)$$
$$c = 2r/V - 1$$

r 是内禀增长率, V 是由于环境条件随时间变化而导致的 r 的方差。

基于上述方程, 我们可以得到一条曲线, 如图 7.24 中的实曲线所示, 其中, 种群的平均灭绝时间与最大种群大小 (K)、种群内禀增长率呈正相关, 而与 r 的方差呈负相关。早期研究认为, 相比较小的环境变异, 随机灾害造成的威胁更大, 然而事实上, r 的平均值与方差之间的关系才是真正重要的因素 (Lande, 1993; Caughley, 1994)。如果平均增长率比方差大, 那么种群续存时间和种群大小之间的关系曲线会陡然增加 (即仅仅对小种群或中等大小的种群产生影响), 相反地, 如果方差比平均增长率大, 那么种群续存时间和种群大小之间的关系曲线则呈凸型 —— 因此即使是大种群, 环境不确定性仍然能够影响种群的续存时间。可见, 该方程式很好, 但是能否运用到实践中呢?

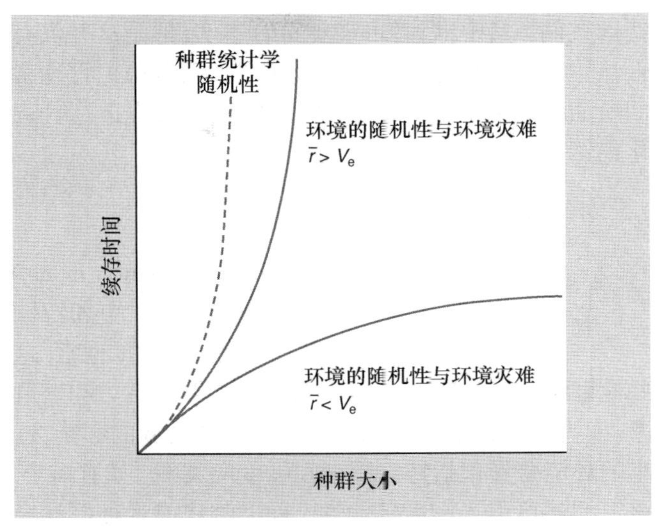

图 7.24 当种群受到种群统计学的不确定性或环境的不确定性/灾害影响时, 种群持续性时间和种群大小之间的关系, 横纵坐标为任意刻度 (Lande, 1993)。

……付诸实践

Kinnaird 和O'Brien (1991) 研究了肯尼亚塔纳河流域 (Tana River) 的塔纳河白眉猴 (*Cercocebus galeritus galeritus*), 并采用类似的方程来估算一个种群有 95% 的概率维持 100 年所需要的种群大小 (K)。帽白眉猴是一种濒危灵长类动物, 仅分布于一条河流的泛滥平原森林区, 而且尽管这里建立了保护区, 但是在 1973 年到 1988 年间, 帽白眉猴的数量依然从 1200 只减少到 700 只。随着农业活动的扩张, 天然的斑块性生境已经变得更加破碎。基于一些真实的种群数据, 我们估算出模型参数 $r = 0.11$, $V = 0.20$。由于只有几年的数据可用, 所以后者的估算具有较高的不确定性。将这些参数代入模型中可得, MVP 等于 8000。根据早期描述的经验法则, 为避免产生遗传方面的问题, 一个有效的种群需要 500 个个体, 但研究表明, 实际种群中含有约 5000 个个体。根据已有的生境条件, 帽白眉猴种群并不能达到 5000~8000 的个体数量。而且 Kinnaird 和O'Brien 也认为, 这种天然稀有且受限制的物种不可能发展至此。那么, 造成这种差异的可能原因是数据缺乏 (如果动物的食性能够随生境改变而改变, 那么由环境引起的 r 的变化可能比估算值要小), 或者模型太普遍而不适用于特殊案例。其中, 后者可能更符合事实, 但是这并没有否认生态学家继续此类研究的意义, 探索保护管理者们所面临的问题, 并将这些问题的根本过程进行普遍化仍然具有十分重要的价值。

7.5.5.4 模拟模型: 种群生存力分析 (PVA)

物种特异性的方法: 模拟模型

模拟模型 (simulation model) 提供了一种选择性的、更加特殊的方法来估算生存能力。通常, 这些模型假定一个年龄结构种群, 并设定其存活力和繁殖率。这些参数或 *K* 的随机变化表示环境变异的影响, 这里的环境变异包括特定频率和强度的灾害。如有需要, 该模型还可引入密度依赖性、种群收获或者种群补充等参数。在更加复杂的模型中, 将根据现阶段个体生存或产生一定数目后代的可能性及其不确定性, 对每个个体进行单独处理。之后, 程序将进行多次运算, 由于随机因素的存在, 每次运算都会产生不同的种群轨迹。运行后, 每组模型参数的输出结果包括, 每年种群大小的估算值以及在模拟期间种群灭绝的概率 (模拟种群灭绝的比例)。

树袋熊的例子: 辨别特危种群

树袋熊 (*Phascolarctos cinereus*) 被认为是澳大利亚全国性的近危物种, 但该物种在不同地区所面临的状态并不相同, 从安全到近危或者灭绝。澳大利亚国家管理战略的主要目的是维持树袋熊在整个自然领地中的现存数量 (ANZECC, 1998)。Penn 等 (2000) 利用广泛有效的种群统计学的预测工具: VORTEX (Lacey, 1993) 来模拟昆士兰的两个种群, 得出的结果是, 一个种群的数量正逐渐减少 (奥基,Oakey), 而另外一个种群的数量相对安全 (斯普林休尔, Springsure)。雌性和雄性树袋熊分别在 2 岁和 3 岁时开始繁殖。两个 PVA 中使用的其他种群统计学的值来源于对这两个种群的充分认识, 如表 7.7 所示。注意, 奥基种群中雌性个体的死亡率较高, 而繁殖率较低。研究人员分别从 1971 年和 1976 年 (这时可进行对密度的首次估算) 起对奥基种群和斯普林休尔种群进行模拟, 获得的模型轨迹分

表 7.7 用于澳大利亚奥基 (种群数量减少) 和斯普林休尔 (相对安全) 树袋熊种群模拟的输入值。括号内的值代表由于环境变异产生的标准差; 模型的模拟过程涉及对该范围内的值进行随机选择。假定大灾难的发生存在一定的概率; 一旦模型选择大灾难发生时的年份, 繁殖和生存都会成倍地减少 (仿 Penn *et al.*, 2000)。

变量	奥基种群	斯普林休尔种群
最大年龄	12	12
性别比 (雄性比例)	0.575	0.533
胎仔数为 0 (%)	57.00 (±17.85)	31.00 (±15.61)
胎仔数为 1 (%)	43.00 (±17.85)	69.00 (±15.61)
刚出生时雌性幼崽死亡率	32.50 (±3.25)	30.00 (±3.00)
1 岁龄时雌性幼崽死亡率	17.27 (±1.72)	15.94 (±1.59)
成体雌性死亡率	9.12 (±0.92)	8.47 (±0.85)
刚出生时雄性幼崽死亡率	20.00 (±2.00)	20.00 (±2.00)
1 岁龄时雄性幼崽死亡率	22.96 (±2.30)	22.96 (±2.30)
2 岁龄时雄性幼崽 4 死亡率	22.96 (±2.30)	22.96 (±2.30)
成体雄性死亡率	26.36 (±2.64)	26.36 (±2.64)
大灾难事件的发生几率	0.05	0.05
繁殖系数	0.55	0.55
存活系数	0.63	0.63
繁殖库中雄性占的比例	50	50
初始种群大小	46	20
环境容纳量, *K*	70 (±7)	60 (±6)

别呈现逐渐下降和保持稳定的趋势。在模型模拟的时间内 (图 7.25), 奥基种群灭绝的概率是 0.380 (即 1000 个个体中有 380 个个体趋于灭绝), 而斯普林休尔种群灭绝的概率是 0.063。管理者忙于濒危种的管理, 通常没有时间来监测种群动态, 进而无法核实模型预测的准确性。相反, 由于树袋熊种群自 1970 年以来就受到连续的监测 (图 7.25), 因而 Penn 等 (2000) 能够将实际的种群数量轨迹与 PVA 的预测值进行比较。结果显示, 种群的预测轨迹与种群的实际动态非常接近, 特别对奥基种群而言, 这进一步增强了我们对此类建模方法的信心。

针对 Brook 等 (2000) 长期监测的 21 组动物数据, VORTEX 和其他模拟模型工具的结果也有较高的准确性。那么, 这样的模型应该怎样运用到管理中呢? 澳大利亚新南威尔士州的地方政府, 一方面需要准备全面的考拉管理计划, 另一方面, 当房屋建设的影响区域超过 1 hm^2 时, 还要确保开发商能够寻觅到树袋熊的潜在生境。Penn 等 (2000) 认为, 管理者们可以通过 PVA 模型来确定生境的保护能否换来种群的存活。

非洲象的例子: 所需保护区的大小?

由于生境丧失和频繁的象牙偷猎事件, 非洲象 (*Loxodonta africana*) 的总数在不断下降, 并且很少有种群能够在高安全区域以外继续存活几十年。在模拟模型中, Armbruster 和Lande (1992) 将大象种群划分为 12 个年龄段, 每个年龄段的跨度为 5 年, 相邻两个年龄段之间也以 5 年作为时间间隔。由于肯尼亚察沃国家公园 (Tsavo National Park in Kenya) 的半干旱条件正是保护区土地的普遍特征, 因而模型利用了该公园的完整数据, 获得了年龄特异存活率和密度依赖繁殖率等值。同样利用察沃的实际数据, 对环境的随机性 (或许最适合称之为灾害) 进行了模拟 —— 模型模拟了 10 年、50 年以及 250 年的干旱周期, 以探讨干旱事件对性别和年龄特异性的物种存活力的影响。表 7.8 展示了在 "正常" 条件和 3 种干旱条件下雌性大象的存活力。通过在有无剔除情况下进行 1000 年的模型模拟, 可以检验生境面积和灭绝概率之间的关系。在生境面积较大且灭绝概率较小的种群中, 至少需要模拟 1000 次 (高达 30 000) 才能获得

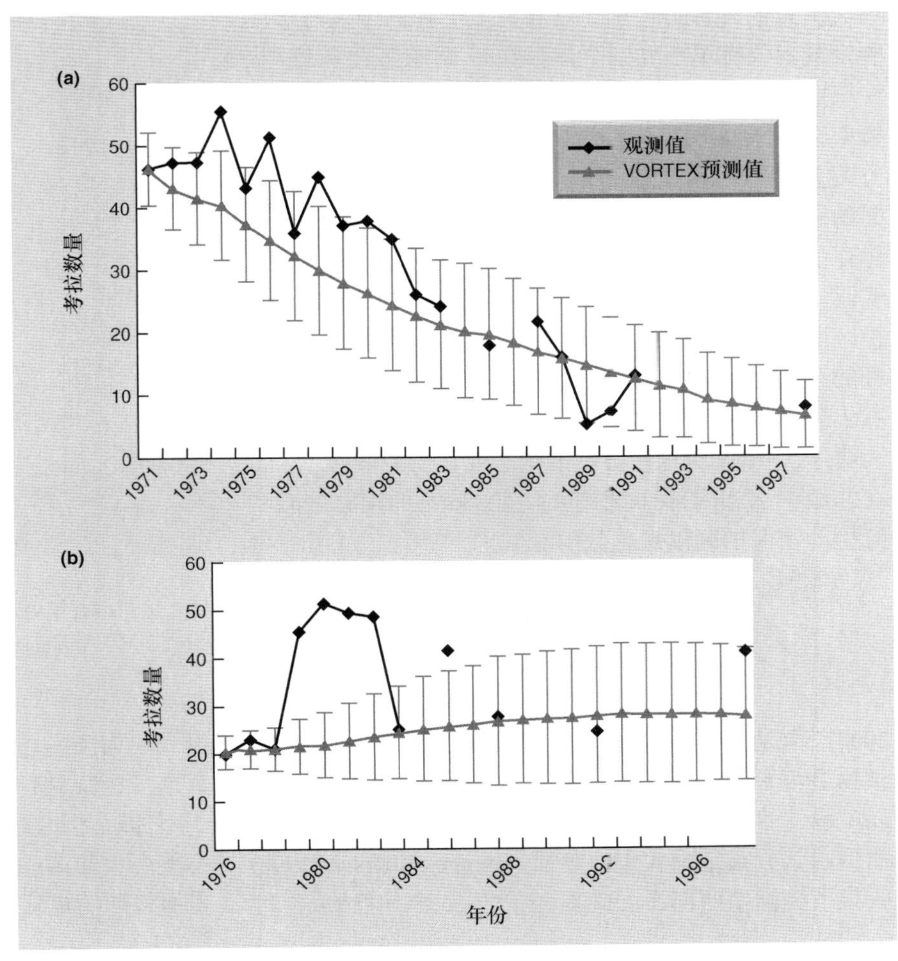

图 7.25 在澳大利亚 (a) 奥基和 (b) 斯普林休尔两地, 树袋熊种群的实际观测趋势 (♦) 和 VORTEX 1000 次迭代后预测的种群数量变化轨迹 (▲±1 SD) 的比较 (仿 Penn *et al*., 2000)。

表 7.8 12 个年龄段的大象在正常年份 (在 5 年中的比例是 47%)、10 年 (在 5 年中的比例分别是 47%, 41%)、50 年和 250 年干旱周期 (在 5 年中的比例分别是 10%, 2%) 下的存活力 (仿 Armbruster & Lande, 1992)。

年龄段 (a)	雌性存活率			
	正常年份	10 年干旱	50 年干旱	250 年干旱
0~5	0.500	0.477	0.250	0.01
5~10	0.887	0.877	0.639	0.15
10~15	0.884	0.884	0.789	0.20
15~20	0.898	0.898	0.819	0.20
20~25	0.905	0.905	0.728	0.20
25~30	0.883	0.883	0.464	0.10
30~35	0.881	0.881	0.475	0.10
35~40	0.875	0.875	0.138	0.05
40~45	0.857	0.857	0.405	0.10
45~50	0.625	0.625	0.086	0.01
50~55	0.400	0.400	0.016	0.01
55~60	0.000	0.000	0.000	0.00

令人满意的统计可信度。只有当一个种群中没有个体剩余或者仅有单一性别个体存在时, 才会发生灭绝。

这些结果表明, 要想维持一个种群, 使之有 99% 的概率存活 1000 年, 至少需要 1300 km^2 的面积 (500 平方英里) (图 7.26)。这一保守结果的选择主要基于两方面的原因: 一是在曾发生物种灭绝的隔离区域很难重建存活种群, 二是大象拥有较长的世代时间 (约 31 年)。实际上, 作者向管理者推荐了一个更为保守的最小保护区面积, 是 2600 km^2 (1000 平方英里)。就最小年龄种群的存活力和长期存在的干旱条件而言, 这一结果并不十分可靠, 此外, "敏感性分析" (sensitivity analysis) 也表明, 灭绝概率对这些参数的微小变化特别敏感。然而在非洲中部和南部, 面积超过 2600 km^2 的国家公园和野生动物保护区仅占总数的 35%。

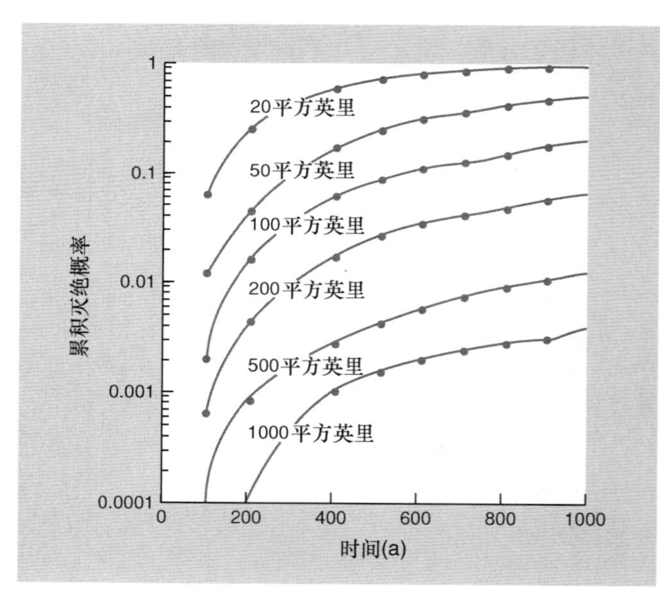

图 7.26 1000 年内, 6 种生境面积 (无剔除) 下大象种群的累积灭绝概率 (仿 Armbruster & Lande, 1992)。

皇家捕蝇草的例子: 濒危植物的管理

植物生活史的许多方面, 包括种子休眠、高周期性的植物更新补充和克隆生长等, 给模型模拟带来了特殊的挑战 (Menges, 2000)。但是, 同濒危动物一样, 我们也可以利用 PVA 对植物进行不同管理方案的模拟。皇家捕蝇草 (*Silene regia*) 是一种长寿多年生植物, 通常生长在大草原上, 然而目前其分布范围大大地萎缩。Menges 和Dolan (1998) 收集了美国中西部不同管理区域的 16 个种群 (成年种群大小为 45~1302 个个体) 将近 7 年的种群统计学的数据, 发现该物种存活率高、生长缓慢、开花频繁、种子不休眠, 但是植物更新补充 (大多数种群多年以来都不能产生幼苗) 并不频繁。表 7.9 展示了单个种群与年份所构建的矩阵。通过对每个矩阵的多次模拟, 确定了

表 7.9 一个投影矩阵的例子：假定种群能够进行更新补充，一个特定捕蝇草 *Silene regia* 种群从 1990 年到 1991 年的参数变化。数值代表发生阶段变化（从列对应的阶段变化到行对应的阶段）的植物所占的比例（粗体数值代表植物仍处于同一阶段）。“未分类的个体”代表无个体大小或开花数据的个体，这种现象常常是刈割或植食作用的结果。顶行的数字代表开花植物产生的幼苗。该种群的有限增长率 λ 为 1.67。该保护区通过有计划的火烧来进行管理（仿 Menges & Dolan, 1998）。

	幼苗期	营养生长期	初花期	中花期	盛花期	未分类的个体
幼苗期	—	—	5.32	12.74	30.88	—
营养生长期	0.308	**0.111**	0	0	0	0
初花期	0	0.566	**0.506**	0.137	0.167	0.367
中花期	0	0.111	0.210	**0.608**	0.167	0.300
盛花期	0	0	0.012	0.039	**0.667**	0.167
未分类的个体	0	0.222	0.198	0.196	0	**0.133**

该物种在 1000 年内的有限增长率 (λ; 见第 4.7 节) 和灭绝概率。图 7.27 展示了 16 个种群的有限增长率的中值，并根据特定的管理策略，以及出现和不出现幼苗更新补充的年份，对这些种群作了进一步划分。其中，λ 大于 1.35 且出现幼苗更新补充的所有种群都经历了焚烧，有些也经历了刈割，在模型模拟期间，这些种群都不会发生物种的灭绝。另一方面，缺乏管理或不进行焚烧管理的种群具有较低的 λ 值，并且除两个种群以外的所有其他种群都可能发生灭绝 (在 1000 年内)，其灭绝概率在 10%～100% 范围内波动。因此，我们推荐的管理措施就是利用有计划的焚烧来为幼苗提供更新补充的机会。在野外条件下，幼苗的建群速率较低，这一方面可能是由于啮齿动物或蚂蚁对种子的取食，而另一方面也可能源于已建群植被对光的竞争 (Menges & Dolan, 1998) —— 焚烧管理可能会减少上述一种或所有的负面效应。尽管到目前为止，管理制度仍然是种群维持的最佳预测因子，然而有趣的是，具有高遗传多样性的种群也具有较高的 λ 中值。

种群生存力分析的优缺点

在理想状态下，PVA 能够为濒危种提供种群大小或保护区面积等方面的可靠建议，使之在特定时间内以特定的概率进行种群维持。但是由于缺乏足够好的生物学数据，这变得很难实现。好在，模型构建者了解这一切，同时保护管理者们也十分重视这方面的工作。在知识缺乏，且数据收集的时间紧迫、机会渺茫的情况下，模型构建旨在将问题和想法予以合理的量化。此外，模型会产生定量的输出结果，但是经验告诉我们，只能定性地看待这一结果。尽管如此，上述案例仍然向我们展示了，基于第 4~6 章讨论的生态学理论，应如何构建模型以最好地利用数据，如何从不同管理方案中筛选出最佳方案，以及如何辨认出影响种群的重要风险因子 (Reed *et al.*, 2003)。总体上，我们推荐以下管理干预的途径：转运个体以扩大目标种群、建立更大的保护区、人工喂养以增加环境容纳量、围栏以限制物种扩散、哺育幼崽，以及控制捕食者、偷猎者或接种疫苗或保护生境以降低物种的死亡率。

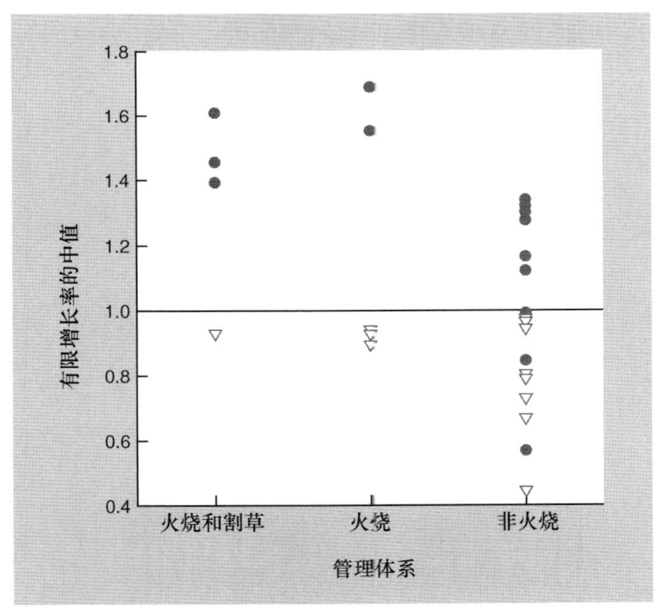

图 7.27 皇家捕蝇草 (*Silene regia*) 种群有限增长率中值作为管理制度的函数，进一步划分为有幼苗更新补充 (●) 和无幼苗更新补充 (▽) 的年份。非火烧的管理制度包括刈割、使用除草剂或不加管理。

7.5.6　集合种群的保护

增加集合种群的结构

在第 7.5.4 节中我们注意到, 局域性的物种灭绝已经是家常便饭。那么, 破碎化的种群如要进行种群维持, 就必须在生境碎片中进行重新拓殖, 保护生物学家需要意识到这一事件的极端重要性。因此, 我们需要特别注意景观元素之间的关系, 包括那些与目标物种扩散相关的扩散廊道 (Fahrig & Merriam, 1994)。

帚尾鹩莺的例子: 比较不同策略的代价

Westphal 等 (2003) 为极度濒危的帚尾鹩莺 (*Stipiturus malachurus intermedius*) 构建了随机斑块占有模型 (基于实际的灭绝和再拓殖矩阵), 然后利用随机动态建模的技术手段来寻找未来管理的最佳解决方案。在澳大利亚南部的洛夫蒂山脉, 帚尾鹩莺的集合种群主要存在于 6 个残留的密集沼泽生境斑块中 (图 7.28)。这种鸟的飞行能力很差, 因此连接生境斑块的廊道中, 合适的植被很可能对集合种群的维持有重要的作用。Westphal 等 (2003) 所评估的管理策略包括, 扩大现有斑块, 将每个斑块以廊道相连, 以及建立新的斑块等 (图 7.28)。他将每种策略的实施费用进行标准化, 使之等同于对 0.9 hm^2 的土地进行植被再恢复所需的费用。然后, 利用模型优化的方法校验每一个管理策略, 并比较它们所产生的轨迹 (例如, 首先建立从最大斑块到邻近斑块的扩散廊道, 随后扩大最大斑块; 然后建立一个新的斑块等), 来寻找一个最佳管理策略, 以最大限度地降低物种持续生存 30 年的灭绝风险。

最佳集合种群管理策略的制定取决于种群的当前状态。例如, 如果物种仅占据了两个最小的斑块, 那么最好的策略就是扩大其中一个 (斑块 2; 策略 E2)。但是, 当物种占据了一个较大斑块且该斑块中较不容易发生物种灭绝时, 则最好将其与邻近的斑块进行连通 (策略 C5)。基于这些固定的管理策略, 30 年内的物种灭绝概率降低了高达 30%。另一方面, 由于最佳的状态依赖策略是在不同延续时间运用不同的管理策略, 因而相比不加管理的模型, 它使物种灭绝概率降低了 50%~80%。如图 7.29 所示, 最佳方案的轨迹会随着集合种群的初始状态发生变化。

基于这些结果, 保护区管理者们发现了一些重要内容。首先, 最佳策略高度依赖于种群的状态, 而且有赖于对斑块占有以及物种灭绝和再拓殖速率的充分理解。其次, 策略实施的先后顺序至关重要, 而只有通过随机动态模型等的方法, 才能辨别出最佳顺序 (Clark & Mangel, 2000); 因此, 我们很难获得管理集合种群的经验法则。但最重要的是, 用于物种保护的资金有限, 因而我们需要这些工具, 以利用最少的资源发挥最大的作用。

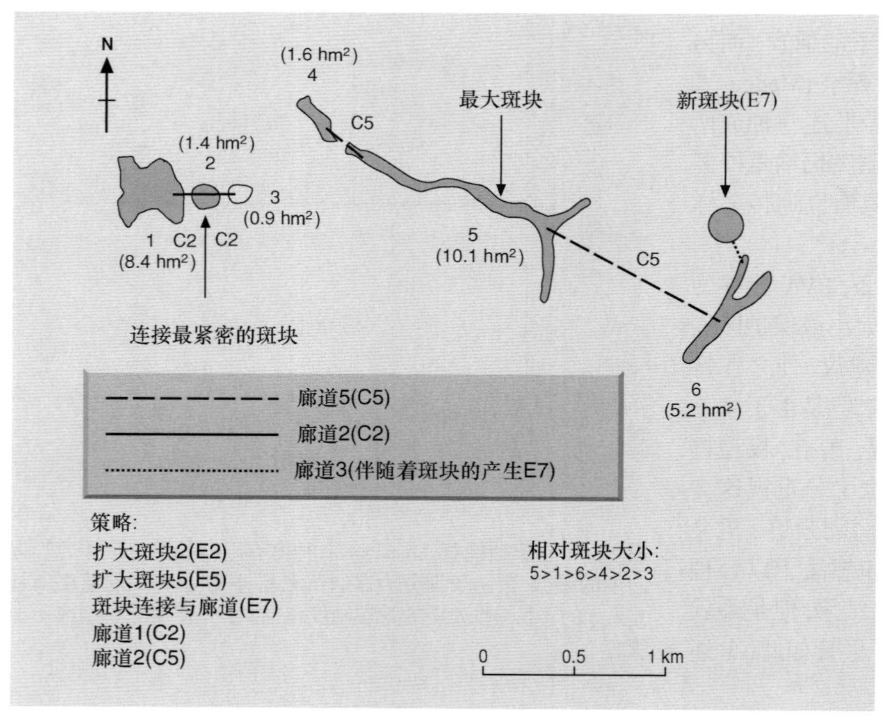

图 7.28　帚尾鹩莺集合种群, 展示了斑块和廊道的大小及分布, 详见正文 (仿 Westphal *et al*., 2003)。

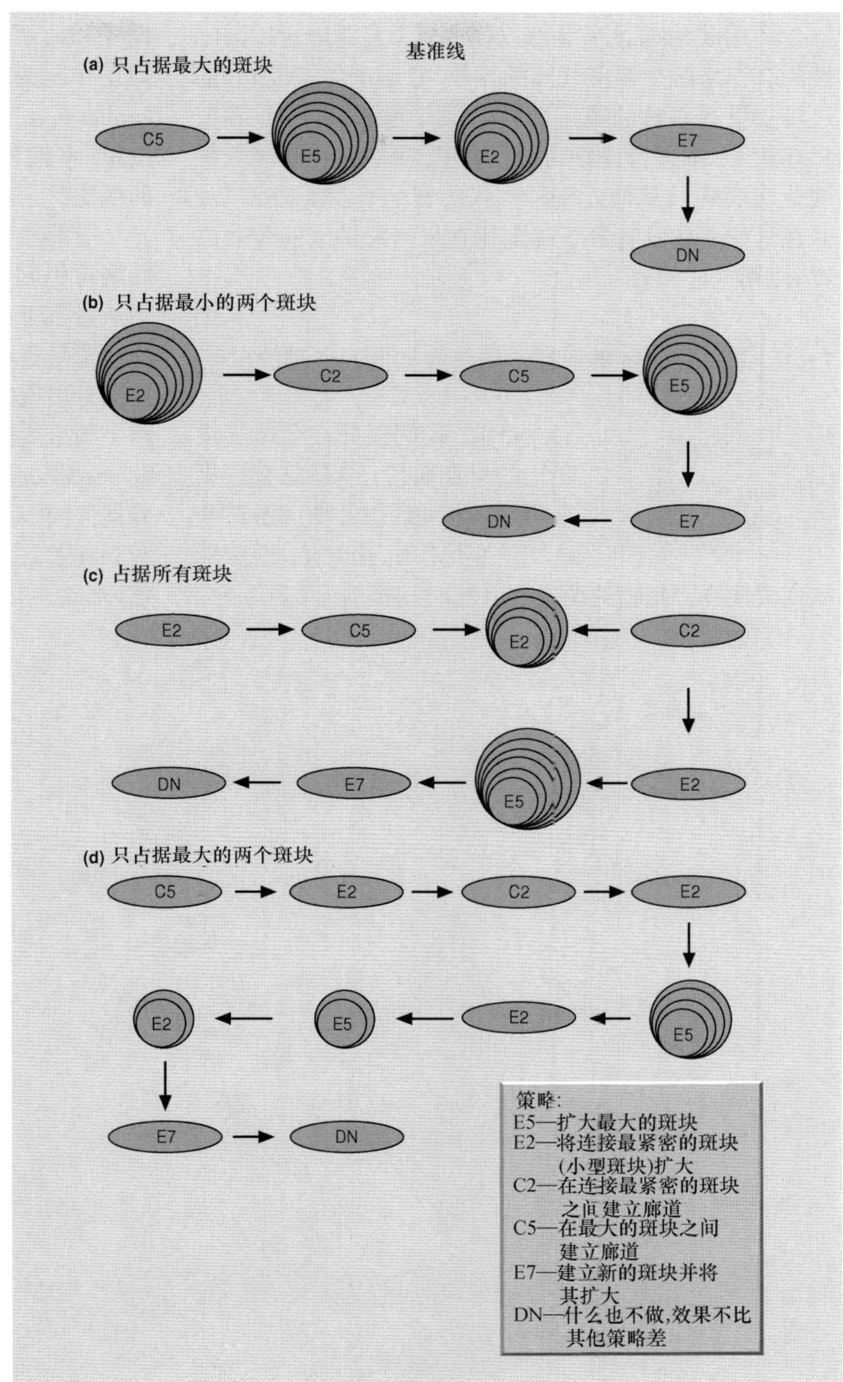

图 7.29 不同起始结构的南鹊鹩莺集合种群的最佳管理方案轨迹。每一个圆圈代表一种策略。同心圆表明在下一个策略生效之前,重复执行当前策略。值得注意的是,每种轨迹的结束都是不采取任何策略,这时集合种群处于缺乏管理状态,但其种群灭绝的概率并不比采取任何策略时更高 (仿 Westphal *et al.*, 2003)。

7.6 全球气候变化和管理

气候变化模型预测非生物因素的地理格局将可能改变……

假如 CO_2 和其他温室气体按照预测的速率增长,那么从 1990 到 2100 年,温度将会增加 1.4~5.8°C (IPCC, 2001)。温度增加将带来巨大的影响,它可以通过融化冰川和冰山引起海平面上升,还能够通过大尺度地改变全球气候来更广泛地影响海平面。温度以及其他气候参数的变化将会导致物理化学因素的改变而形成新的格局,在这种情况下,未来物种的生态位将会发生相应的变化。换句话说,为关键种建立的自然保护区或许建错了地方,同时现有的物种恢复计划也可能不再起作用。此外,全球每个区域都可能遭受新一轮入侵种、害虫以及疾病的影响。

利用政治途径来缓解气候变化，主要是通过国际性的合作来减少温室气体的排放，并增加生态汇（如通过增加世界森林的覆盖面积）。关于这方面内容，我们将在第 22 章进行详细讨论。这里，我们旨在预测气候变化对疾病及其他入侵种扩张的影响（见第 7.6.1 节），并在气候变化的背景下确定建立自然保护区的合适位置（见第 7.6.2 节）。

7.6.1　在变化的背景下预测疾病和其他入侵种的扩张

……将在入侵种风险的新模式上有所反映

目前，我们仅处在全球气候变化的早期阶段，但是已有证据表明，植物区系和动物区系对全球气候变化作出了响应。全球气候变暖使许多植物的萌发和开花时间提前，许多鸟类、蝴蝶和两栖动物的繁殖期提前，此外，物种分布的范围正在向两极和高海拔地区扩张（Walther *et al*., 2002; Parmesan & Yohe, 2003）。可以预计，在接下来的一个世纪里，本地种和入侵种的潜在分布范围都会发生更大的变化。

蚊子和登革热的例子

登革热是一种由潜在的致死性病毒引起的疾病，目前只存在于热带和亚热带国家，这些地区的蚊子是登革热发病的主要介体。但是，目前在新西兰还没有出现能传播这种疾病的蚊子。在世界范围内，有两个最重要的介体：埃及伊蚊（*Aedes aegypti*）和白纹伊蚊（*Aedes albopictus*）。两种蚊子都被阻隔在新西兰的边界地区，但耐寒的白纹伊蚊近来已经成功入侵到意大利和北美。一旦传播该疾病的蚊子在这些区域成功拓殖，那么只需要一个携带病毒的游客就能够引起登革

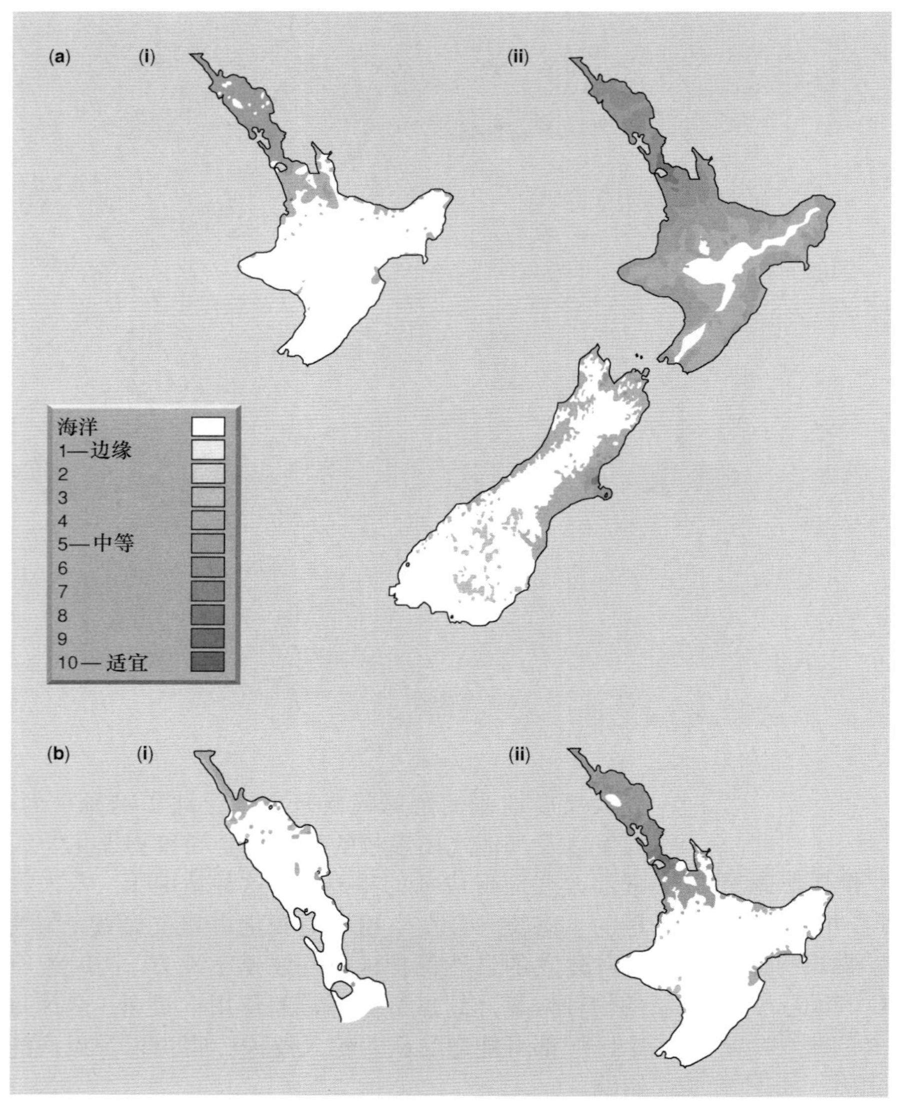

图 7.30　(a) 白纹伊蚊 (*Aedes albopictus*) 分别在 (i) 当前气候条件下和 (ii) 2100 年大范围气候变化的条件下，以及 (b) 埃及伊蚊 (*Aedes aegypti*) 分别在 (i) 2050 年和 (ii) 2100 年大范围气候变化的条件下引发的登革热风险图（仿 de Wet *et al*., 2001）。

热的大规模爆发。de Wet 等 (2001) 熟知两种蚊子在其自然分布范围内 (根据温度和降雨) 的基础生态位, 并结合气候变化来预测介体入侵和疾病发生的高风险区域。在当前的气候条件下, 埃及伊蚊不太可能在新西兰的任何地点拓殖, 白纹伊蚊则能够入侵到新西兰北岛的北部区域 (图 7.30a)。当气候变化更极端时, 新西兰北岛的大部分地区和南岛的部分地区将成为白纹伊蚊入侵的高风险区域。同样的条件下, 北岛北部有大量居民的奥克兰地区, 将容易遭到更高效的病毒介体埃及伊蚊的入侵 (图 7.30b)。因此, 有效的边界监视至关重要, 其中最需要注意的是北部地区的进口港, 尤其是奥克兰 (75% 的空客、74% 的船运货物和 50% 的进口轮胎为蚊子的幼虫提供了主要的传播途径) (Hearnden *et al.*, 1999)。

入侵性金合欢的例子

多刺金合欢 (阿拉伯金合欢 (*Acacia nilotica*) indica 亚种) 是一种木本豆科植物, 其分布范围从非洲一直向东延伸到印度。它已经成功入侵到世界许多地区, 包括澳大利亚; 澳大利亚最初引进该植物是用作饲料, 或遮阴、观赏等目的。目前, 这种植物广泛分布, 它不仅减少了牧草产量, 而且阻碍了原料的堆放以及取水, 因而成为一种有害杂草。根据其自然分布区的条件, Kriticos 等 (2003) 首先确定了该物种的基础生态位, 包括最佳的生长温度和湿度及相应的耐受上、下限, 另外还有冷、热、干、湿胁迫 (淹水) 的阈值。随后, 他们模拟了多刺金合欢在两种气候变化情景下的入侵潜力。考虑到全球气候变化对澳大利亚降雨的影响具有相当大的不确定性 (图 7.31), 因此, 实验温度设定为增加 2°C, 而实验降雨量则设定为增加或减少 10%。模拟的结果表明, 多刺金合欢在预设区域内分布广泛, 这与其实际分布基本一致, 唯一不同的是, 多刺金合欢在模型预测的个别区域内并未分布。如果进一步考虑气候变化的影响, 由于大气 CO_2 浓度增加导致的施肥效应 (fertilization effect), 这将使植物能够更高效地利用水分, 那么最终, 多刺金合欢应该拥有更大的入侵范围。因而, 大气 CO_2 浓度增加可以直接地, 或者通过气候变化间接地影响植物的性状和分布 (Volk *et al.*, 2000)。实际上, 我们可以利用一些途径来控制该物种的进一步扩张, 一方面, 对多刺金合欢进行伐除, 另一方面, 对相关动物加以控制, 使之无法肆意扩张, 从而阻碍种子的散布 (通过动物的粪便)。此外, 提高公众认识和控制杂草的意识也是防治生物入侵的重要部分 (Kriticos *et al.*, 2003)。

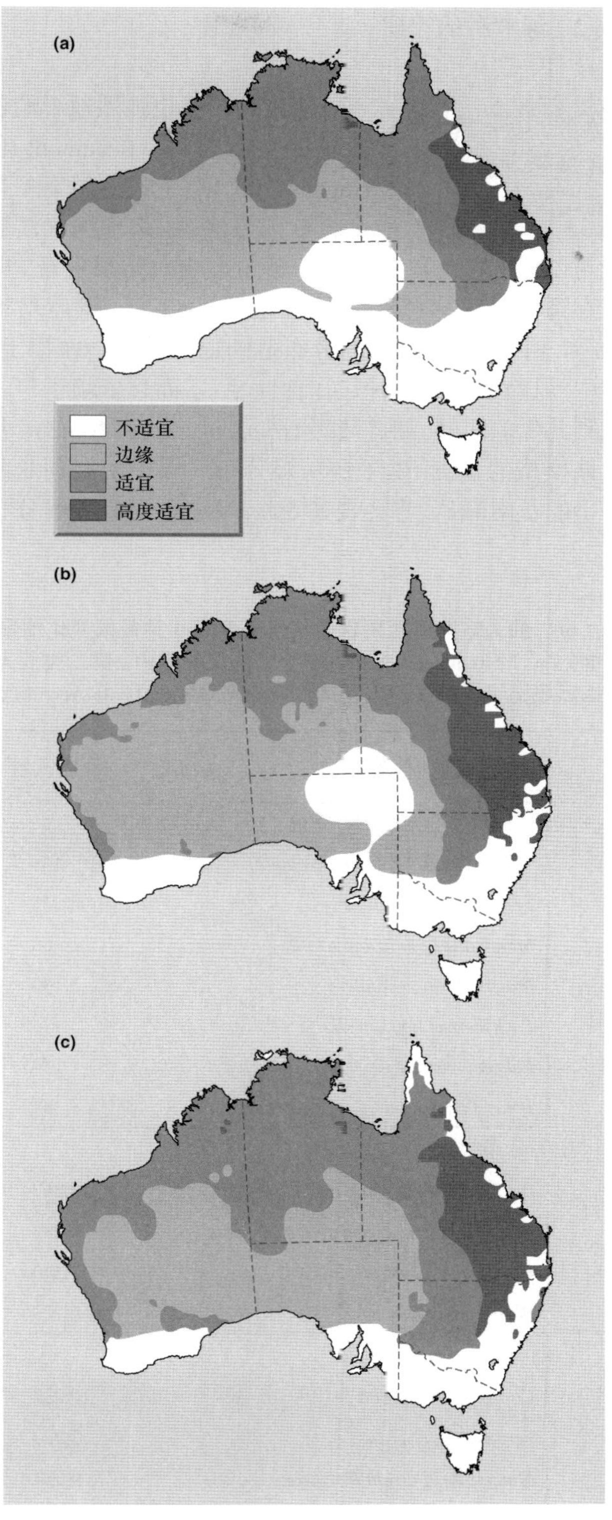

图 7.31 根据 (a) 当前的气候条件, (b) 平均气温增加 2°C 和降雨增加 10% 的气候变化情景, 以及 (c) 平均气温增加 2°C 和降雨减少 10% 的气候情景来预测澳大利亚多刺金合欢的分布范围。由于大气 CO_2 浓度的增加能够引起施肥效应, 因此我们在 (b) 和 (c) 的情景下进行分布范围预测时, 假定多刺金合欢对水的利用效率增加 (仿 Kriticos *et al.*, 2003)。

7.6.2 濒危种的管理

全球气候变化: 自然保护区的位置是否合适?

温度和湿度也强烈地影响着蝴蝶的生活周期。Beaumont 和 Hughes (2002) 将上述应用于多刺金合欢的方法, 用来预测气候变化对 24 种澳大利亚蝴蝶分布的影响。结果发现, 即使在适中的未来气候条件下 (到 2050 年, 温度增加 0.8~1.4°C), 13 种蝴蝶的分布范围也将减少 20%以上。其中, 风险最大的物种往往食性专一, 而且依赖于与之互利共生的蚂蚁, 如链灰蝶 (*Hypochrysops halyetus*)。基于该模型的预测, 由于链灰蝶分布局限于澳大利亚西海岸的石南灌丛, 将会丧失 58%~99%的现有气候分布区。同时, 仅有不到 27% 的现有分布区可能适合该物种的未来分布。因此, 这样的结果向管理者强调了一个普遍观点: 在不断变化的背景下, 目前的区域性保护工作和现有的自然保护区建设可能都是徒劳的。

关于这个问题, Téllez-Valdés 和 Dávila-Aranda (2003) 利用墨西哥 Tehuacán-Cuicatlán 生物圈保护区的优势植物仙人掌对其进行了探讨。根据现有物种分布的生物物理知识和对未来 3 种气候情景的假设, 他们预测, 未来物种的分布与保护区的地理位置相关。表 7.10 展示了在不同的气候条件下, 物种的潜在分布区如何进行缩小或扩张。首先, 把注意力集中在最极端的气候条件下 (温度平均增加 2°C, 降雨量减少 15%), 我们预计第一类仙人掌, 即分布局限于保护区内部的仙人掌

表 7.10 仙人掌在墨西哥目前气候条件和 3 种气候变化情景下的潜在核心分布区 (km^2)。第一类仙人掌的分布区域完全局限于 10 000 km^2 的 Tehuacán-Cuicatlán 生物圈保护区内。第二类仙人掌在保护区内外或多或少都有分布。最后一类仙人掌目前的分布范围远远超出了保护区的边界 (仿 Téllez-Valdés & Dávila-Aranda, 2003)。

物种分类	当前气候	+1.0°C −10% 降水	+2.0°C −10% 降水	+2.0°C −15% 降水
局限于保护区内的有限分布				
Cephalocereus columna-trajani	138	27	0	0
Ferocactus flavovirens	317	532	100	55
Mammillaria huitzilopochtli	68	21	0	0
Mammillaria pectinifera	5,130	1,124	486	69
Pachycereus hollianus	175	87	0	0
Polaskia chende	157	83	76	41
Polaskia chichipe	387	106	10	0
中等分布				
Coryphantha pycnantha	1,367	2,881	1,088	807
Echinocactus platyacanthus f. grandis	1,285	1,046	230	1,148
Ferocactus haematacanthus	340	1,979	1,220	170
Pachycereus weberi	2,709	3,492	1,468	1,012
广泛分布				
Coryphantha pallida	10,237	5,887	3,459	2,920
Ferocactus recurvus	3,220	3,638	1,651	151
Mammillaria dixanthocentron	9,934	7,126	5,177	3,162
Mammillaria polyedra	10,118	5,512	3,473	2,611
Mammillaria sphacelata	10,118	5,512	3,473	2,611
Neobuxbaumia macrocephala	3,956	5,440	2,803	2,580
Neobuxbaumia tetetzo	2,864	4,943	3,378	1,964
Pachycereus chrysacanthus	1,395	1,929	872	382
Pachycereus fulviceps	3,306	5,405	2,818	1,071

物种，将有超过一半发生灭绝。第二类仙人掌，即在保护区内部和外部均等分布的仙人掌物种，将缩减其分布范围，随着气候不断变化，其分布范围也将完全局限在保护区内。最后一类仙人掌，即分布更加广泛的仙人掌物种，也会缩减其分布范围，但它们的未来分布区并不局限于保护区内部。通过这些仙人掌的案例，我们发现，保护区的地理位置似乎能充分满足物种潜在分布范围变化的需求。

我们需要注意的是，如上所述，链灰蝶的性状不仅取决于其自身的生理和行为特征，也取决于其与蚂蚁的互利共生关系。此外，仙人掌的分布不只从根本上取决于适宜的理化条件，肯定也受到其他因素的影响，如其他植物对资源的竞争，以及物种与其植食者之间的相互作用。现在，我们需要将注意力转移到本书的第二部分 —— 种群相互作用的生态学。

小结

生态学家和管理者们需要有效地应用生态学知识，来处理我们所面临的广泛的环境问题。在本章中，我们讨论了生态学理论和知识在生物个体和单物种种群水平上的应用。这是有关生态学知识应用的三个章节中的第一个；其他章节将会以相似的方式描述生态学基础知识在种群间相互作用 (第 15 章) 以及群落和生态系统 (第 22 章) 等水平上的应用。

管理策略的制订常常取决于很多方面，如对物种可能分布地点的预测、对受污染土地植被的重建意愿、对退化动物生境的恢复意愿、对入侵种未来分布的预测 (通过生物安全措施阻止生物的入侵)，或者对新自然保护区内濒危种的保护等等。我们描述了理解生态位理论对许多管理行动的重要性。

物种的生活史是生物的基本特征，它能够指导管理活动。生态学特征的特定组合有助于确定物种在整个生命周期中的生育力和存活力式样，反过来又可以确定物种在时空上的分布和多度。我们考虑了特定的物种性状 (如种子大小、生长速率、寿命和行为的灵活性) 是否有助于管理者成功实施生境恢复项目，我们还考虑了存在疑问的入侵种以及值得优先保护的濒危种。个体大小是灭绝风险非常重要的指示因子。

无论动物还是植物，生物最具有影响力的行为特征就是其移动和扩散的模式。认识物种在斑块生境中的迁移和扩散行为，将有助于我们恢复受损生境和次优生境，同时有助于我们设计自然保护区。此外，充分理解由人类活动引起的物种传播模式，还有助于我们预测和阻止入侵种的扩散。

为保护濒危种，我们需要全面了解小种群的动态。基于已有的理论知识，保护生物学家已经意识到小种群所面临的遗传问题，并将在制订保护管理计划时予以考虑。此外，小种群也面临着一定的种群统计学风险，拥有更大的灭绝概率。随后，我们关注了一种用于预测种群灭绝概率的评估方法，称为种群生存力分析 (PVA)—— 该方法依赖于研究者对生命表、种群增长率、种内竞争、密度依赖性、环境容纳量以及集合种群结构的认识。对特定濒危种的种群分析，将有助于提出更好的管理建议，确保种群的有效维持。

生态学家和资源管理者认为，全球气候变化是生物在未来面临的最大挑战之一。结合生物个体的生态学知识以及全球理化条件的可能变化格局，我们可以预测和管理疾病携带者和其他入侵种的扩散，并对保护区进行合理的定位。

第二部分 种间关系

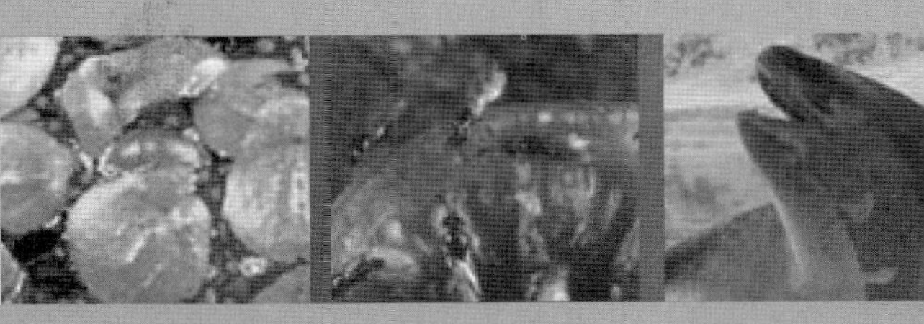

任何生物的活动都会改变它所栖息的环境。它可能改变物理条件，比如树木的蒸腾过程会冷却空气；它也可能向环境添加或者索取资源，这些资源如果没有被该生物利用，则可能被其他生物获取，比如树木会遮蔽下层的植物。而且，当一些生物个体进入其他个体的生活中时，它们也会发生相互作用。在下面的章节里（第 8~15 章），我们将考虑不同物种的个体之间相互作用的类型。我们将这些相互作用分为五大类：竞争、捕食、寄生、互利和食腐。就像大多数生物学里的分类一样，我们这里说的这几类之间的区别并不是那么泾渭分明。

在最宽泛的定义下，"竞争"是发生在两个生物体之间的一种关系，一份资源如果不被某一生物个体消费则可能被另一个体获取并消费；如果该资源被一个个体消费，那么该生物个体剥夺了另一个生物体获取该资源的机会，所以后者生长得更慢，或者留下更少的后代，或者有更高的死亡风险。这种剥夺行为可以发生在同一物种的不同个体之间，也可以发生在不同物种的个体之间。我们已经在第 5 章探讨了种内竞争，将在第 8 章学习种间竞争。

第 9、10 两章考察"捕食作用"的各个方面，尽管我们已经对捕食给出了宽泛的定义。我们综合考虑两类情形：① 一个生物个体食用并杀死另一生物（比如一只猫头鹰猎食鼠类）；② 消费者仅食用猎物个体的部分组织，而猎物可以再生长，以后再次被捕食者取食（植食作用）。我们也综合考虑植食关系（动物取食植物）和食肉关系（动物猎食动物）。第 9 章阐述捕食关系的属性，例如，捕食者会得到什么，猎物会有什么命运；这里我们会特别注意植食关系，因为植物受到攻击之后的响应是较难研究的。我们还会讨论捕食者的行为。然后在第 10 章学习"消费的后果"，在这里具体指捕食者和猎物的种群动态。这一部分内容是生态学中和自然资源管理实践 —— 收获行为的效率（无论收获的是鱼、鲸，还是牧场或者草原）与害虫、杂草的生物学或化学控制 —— 最相关的；我们在第 15 章谈这些实践问题。

在这一部分谈到的生态学过程大都涉及不同物种个体之间真正的相互作用。但是当死亡生物（或者生物的死亡部位）被取食时，也就是说在分解和食腐过程中，生物间的关系更像是单向的。不过就像我们在第 11 章描述的那样，这些过程本身就包含了竞争、寄生、捕食和互利共生：它们是包含了所有主要生态过程（光合作用除外）的微宇宙。

第 12 章讨论"寄生与疾病"，这是一个在过去经常被生态学家（以及生态学教科书）忽视的领域。然而，在全部物种中有一半以上是寄生物，过去的这种忽视在近年来得到了很大程度的纠正。寄生关系本身界定模糊，特别是当寄生关系被合并到捕食关系时。捕食者一般会吃掉多个猎物个体的全部或者部分组织，而寄生者一般从一个或少数几个宿主那里获取资源，很少杀死宿主；即使在杀死宿主的情形下，也很少立即杀死（就像很多植食消费者那样）。

在这一部分中，前面的章节主要讨论物种之间的冲突，而第 13 章是关于互利共生关系的，在这种关系中，两种生物都获得利益。然而，我们将会学习到，在互利关系的深处也经常存在着冲突：互利关系的彼此都在利用对方，它们能得到净收益只是因为总体上的收益大于代价。就像寄生关系，互利共生的生态学也经常被忽视。同样，这种忽视并不合理：地球上生物量的很大一部分是由互利共生者所构成的。

生态学家经常用简单的符号来总结生物间的关系，用"+"、"−"或者"0"来代表每一对相互作用的生物中的任何一个；具体使用哪一个符号取决于生物受到怎样的影响。在一个捕食者 – 猎物（包括植食动物 – 植物）关系中，捕食者获益而猎物受到伤害，这种关系可以表示为"+−"；显然，寄生者 – 宿主关系也是"+−"。另一个直观的例子是互利关系，总的来讲，应该写为"++"。如果生物之间根本就不发生相互作用，可以表

示为 “00” (有时候被称为中性关系)。食腐关系可以表达为 “+0”, 因为食腐者获益, 但是它的食物 (已经死亡) 并不受影响。适合用 “+0” 表示的一般关系是 “偏利关系”。但是这个词汇并没有被生态学家用于食腐生物; 人们用这个词表示一类和寄生关系相近的过程, 在这种情形下, 一个生物有机体 (“宿主”) 为另一个有机体提供资源或者栖息地但是宿主并不受到伤害。竞争常常被描述为一个 “− −” 关系, 但是一般情形下很难确认两个生物有机体都受到不利影响。非对称的关系则近似于 “−0” 关系, 一般表述为 “偏害关系”。如果一个生物有机体产生一种有害作用 (比如一种有毒物质), 无论可能受害的生物是否存在它都会产生这种有害作用, 这就是一个真正的偏害关系的例子。

这一部分中前面的章节分别讨论这些种间关系, 但是一个种群的成员可以同时面对多类种间关系 (甚至常常是可以想象到的所有种间关系)。因此, 一个种群的多度将由若干一同起作用的种间关系 (以及环境条件和可获取的资源量) 决定。人们需要通过同样宽广的视角来理解物种多度的变异, 这是我们在第 14 章采用的做法。

在这一部分的最后 (第 15 章), 我们讨论前面章节讲解的这些原理的应用。我们将聚焦于病虫害防治和自然资源管理。关于前者, 有害物种可能是理想物种 (如粮食作物) 的竞争者或者捕食者。人类要么自己做这些害虫的捕食者, 要么操纵害虫的天敌来为我所用 (生物控制)。对于自然资源管理而言, 人类则是现存自然资源 (如森林中可收获的树木或者海洋中的鱼) 的捕食者; 我们面临的挑战是如何与猎物建立一种稳定的可持续性关系, 以保证我们的后代可以继续收获重要的自然资源。

第 8 章
种间竞争

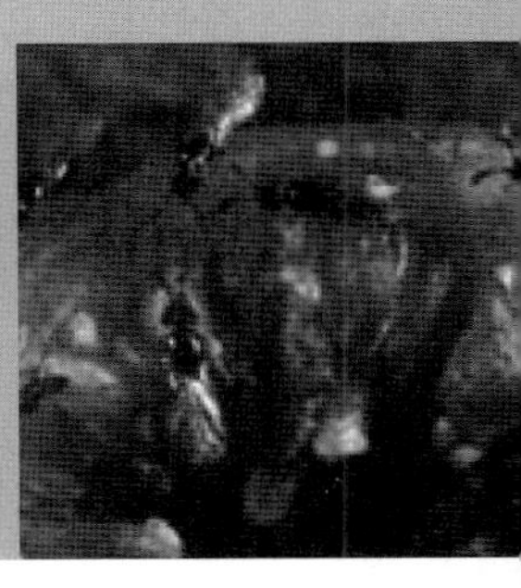

8.1 引言

种间竞争的核心意思就是一个物种的个体其生殖、生长或者存活因另一物种的个体消费资源或者实施干扰而受到不利影响。竞争很有可能影响到竞争物种的种群动态,而种群动态会进而影响物种的分布和进化。当然,进化本身是能够影响物种分布和动态的。在这一章里,我们主要考虑竞争对于物种种群的作用,在第 19 章我们探讨种间竞争 (以及捕食和寄生) 在群落结构形成中发挥的作用。本章讨论的问题有几个将在第 20 章有更详细的介绍。把这两章结合起来阅读可以对种间竞争获得更为全面的了解。

8.2 种间竞争的若干实例

形形色色的竞争例证……

人们已经对各种各样的物种之间的竞争做了很多研究。这里我们仅挑选了 6 个例子来说明几个重要的观点。

8.2.1 鲑鱼之间的竞争

……鲑鱼之间……

花羔红点鲑 (*Salvelinus malma*) 和白斑红点鲑 (*S. leucomaenis*) 是属于鲑科 (Salmonidae) 的形态相似、亲缘关系很近的两种鱼。在日本北海道岛上的很多河流里面可以发现这两种鱼;但是与白斑红点鲑相比,花羔红点鲑分布在海拔更高的地方 (河流上游),在中间海拔处它们有一个分布重叠区域。在某一个物种缺失的河流里面,另一种鱼会扩张其分布区,这意味着它们的分布可能是竞争维持的 (也就是说,任何一个物种因另一物种的存在而受到了不利影响,并因此无法在某些特定地点存活)。沿河流下行,水温这个影响鱼类生态学的重要无机因子会逐渐上升 (已在第 2.4.4 节中讨论)。

通过在人工溪流里面进行的实验研究,Taniguchi 和 Nakano (2000) 发现,任何一个物种在单独生长时 (竞争者不存在) 若遇到高温环境将会表现出更强烈的攻击性行为。但是花羔红点鲑在白斑红点鲑存在的情形下会表现出相反的趋势 (图 8.1a)。在白斑红点鲑存在的情形下,花羔红点鲑无法获得有利的取食地点,表现出较低的生长速率 (图 8.1b,c) 和存活机会。

因此,实验支持了关于花羔红点鲑和白斑红点鲑发生竞争的说法:至少有一个物种直接由于另一个物种的存在而受到不利影响。它们共存于同一条河流,但是在更小尺度上,它们的分布区只有非常小的重叠。确切地讲,在河流下游,白斑红点鲑相对花羔红点鲑处于竞争优势地位,将后者从其分布区排挤出去。我们现在还不知道白斑红点鲑分布上限的原因;事实上,这种鱼在低温环境中并不会因为花羔红点鲑的存在而受到不利影响。

8.2.2 藤壶之间的竞争

……藤壶之间……

第二个例子是关于苏格兰的两种藤壶:小藤壶 (*Chthamalus stellatus*) 和大藤壶 (*Balanus balanoides*) (图 8.2) (Connell, 1961)。在欧洲西北部,人们常常可以在一片大西洋岩岸上同时发现这两个种。然而,成年的小藤壶通常只能在高于大藤壶生长海岸的潮间带找到,尽管有很多幼龄的小藤壶出现在大藤壶的分布带。为了弄清这种分区现象,Connell 监测了大藤壶分布带内幼龄小藤壶的存活情况。在一年之内,他对定点的个体进行了连续调查,更为重要的是,他保证大藤壶分布区内某些地点的幼龄小藤壶接触不到大藤壶。与正常情形相反,这些没有接触到大藤壶的个体存活得很好,不管它们处于潮间带的什么位置。这意味着幼龄小藤壶在低海岸带死亡的原因通常是来自大藤壶的竞争,而不是更长时间的水淹。直接观察的结果确认了大藤壶会包围挤压小藤壶,去除后者基部组织,从而压制小藤壶;大藤壶生长最快的季节也

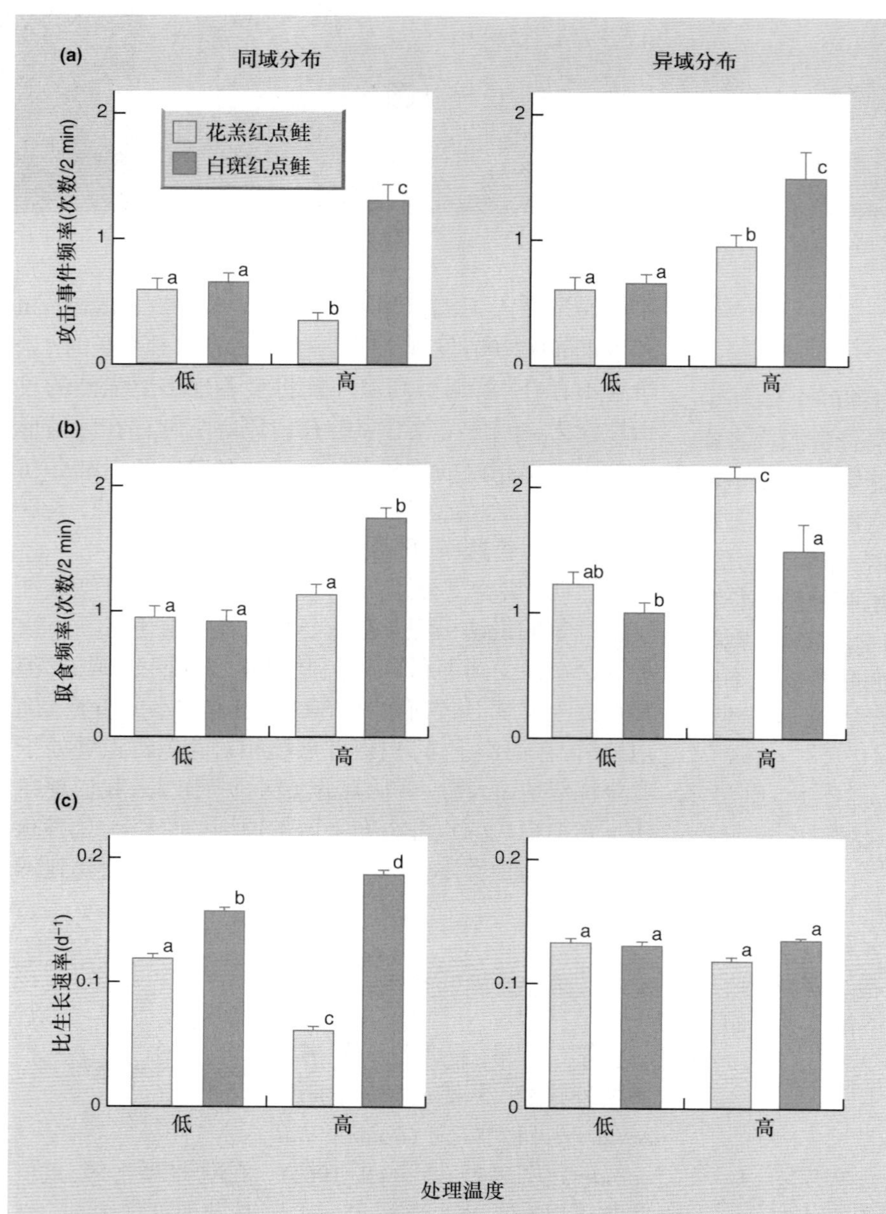

图 8.1 (a) 在为期 72 天的人工溪流实验中，每个物种的个体所挑起的攻击事件的频率，在实验中花羔红点鲑 (*Salvelinus malma*) 和白斑红点鲑 (*S. leucomaenis*) 要么单独存在 (异域分布)，各有 50 个个体，要么生活在一起 (同域分布)，每种 25 个个体 (两个重复)；(b) 取食频率；(c) 在体长上表现出的比生长速率 (specific growth rate)。不同的英文字母表示它们的均值有显著差异 (引自 Taniguchi & Nakano, 2000)。

正是小藤壶死亡率最高时。此外，有少数的小藤壶个体在被大藤壶挤压的情形下可以存活一年之久，但是它们比起那些不受后者挤压的个体要小很多；个体小的藤壶会生产较少的后代，因此种间竞争也会降低繁殖力。

所以说，大藤壶和小藤壶之间存在竞争。它们出现在同一片海岸带，但是，和上一节讲到的鲑鱼一样，在小尺度上它们的分布区只有非常小的重叠。在低潮带，大藤壶竞争排斥掉小藤壶，但是在高潮带大藤壶由于对干燥环境的敏感性而不能存活，小藤壶却可以存活。

8.2.3 两种拉拉藤属植物之间的竞争

……两种拉拉藤属植物之间……

植物生态学的主要奠基人之一——A. G. Tansley，研究过两种拉拉藤属植物之间的竞争 (Tansley, 1917)。*Galium hercynucium* 是生长在英国的酸性土壤区域的一种野生植物，而 *G. pumilum* 仅生长在钙质土壤上。Tansley 在实验中发现，每一个物种在单独生长时既能在来自 *G. hercynicum* 生长区的酸性土壤上生长，也能在来自 *G. pumilum* 生长区的钙质土壤上生长。但是，将两个物种种植在一起时，只有 *G. hercynicum* 能

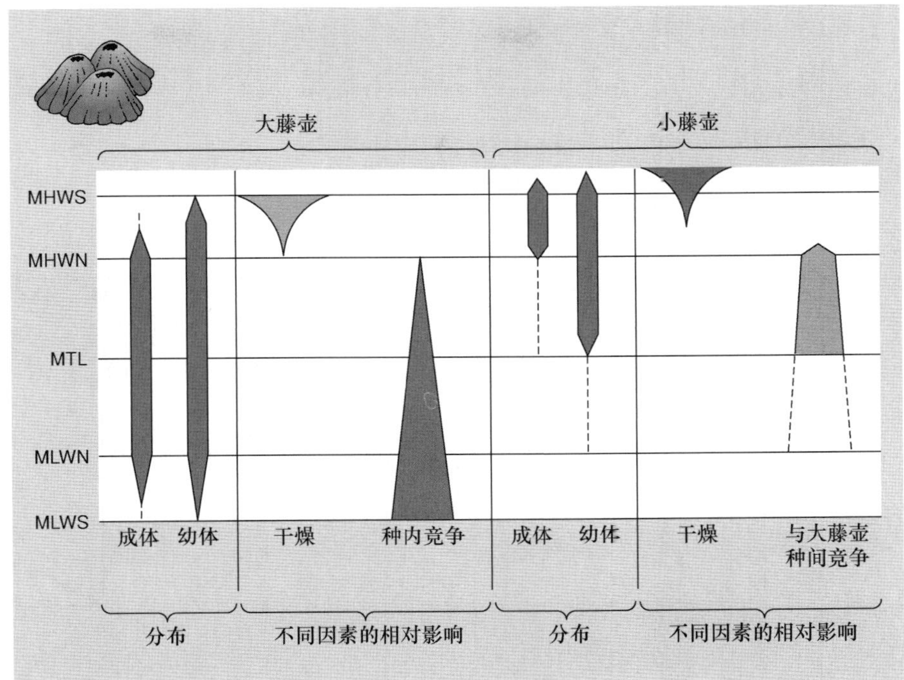

图 8.2 大藤壶 (*Balanus balanoides*) 和小藤壶 (*Chthamalus stellatus*) 的成体和刚定居的幼体在潮间带的分布，这里用图概略表示干燥环境与竞争的相对影响。图左侧表示不同地带: MHWS (mean high water, spring; 大潮期的平均高水位), MLWS (mean low water, spring; 大潮期的平均低水位); MTL (mean tide level; 平均潮位); N (neap; 小潮期) (仿 Connell, 1961)。

成功地在酸性土壤上生长，同时也只有 *G. pumilum* 能成功地在钙质土壤上生长。因此，这两个物种在混合种植时应该会发生竞争，其中一个物种赢得竞争，而另一个输得很惨以至于被排除掉。竞争的结局取决于竞争发生的生境。

8.2.4 草履虫之间的竞争

…… 草履虫之间 ……

第四个例子是俄国的伟大生态学家 G. F. Gause 的经典工作，他用原生动物草履虫属 (*Paramecium*) 的三个种在实验室中研究了竞争问题 (Gause, 1934, 1935)。这三个种单独培养时都生长良好，在装有液体培养基的瓶子中种群达到稳定的环境容纳量。在培养环境中草履虫取食细菌或者酵母细胞，而细菌或者酵母则依靠定期更新补充的燕麦生长 (图 8.3a)。

当 Gause 把双小核草履虫 (*P. aurelia*) 和大草履虫 (*P. caudatum*) 培养在一起时，后者种群总是下降到灭绝点，而前者成为胜利者 (图 8.3b)。在正常情况下，大草履虫不应该死亡得那么快，但是 Gause 的实验操作包括一个步骤，那就是每天取出 10% 的培养液和动物。所以，双小核草履虫能够获得竞争优势的原因是: 在种群大小接近平稳状态时它仍然能每天增长 10% (因而能够平衡实验者强加的死亡率); 但是大草履虫每天只能增长 1.5% (Williamson, 1972)。

相反，当大草履虫和绿草履虫 (*P. bursaria*) 被混合培养时，任何一个物种都不会下降到灭绝点 —— 它们实现了共存 (coexistence)。但是它们在稳定状态时的密度远远低于单独培养时的密度 (图 8.3c)，这表明它们之间存在竞争 (也就是说，它们受到了不利影响)。对它们进行仔细观察会发现，尽管它们生活在同一个瓶子里面，但是在空间上是分离的 —— 就像 Taniguchi 和 Nakano 研究的鲑鱼以及 Connell 研究的藤壶那样。大草履虫倾向于取食悬浮在培养基中的细菌而存活，绿草履虫则主要取食瓶子底部的酵母细胞。

8.2.5 鸟类之间的共存

…… 鸟类之间 ……

鸟类学家很清楚亲缘关系很近的鸟类经常共存于同一个生境中。比如，有 5 种山雀 (*Parus*) 共同出现在英格兰阔叶林中: 蓝山雀 (*P. caeruleus*)、大山雀 (*P. major*)、沼泽山雀 (*P. palustris*)、褐头山雀 (*P. montanus*) 和煤山雀 (*P. ater*)。它们都有较短的喙，在地面上活动时都主要取食树叶和嫩枝，全年都取食昆虫，而在冬天也都食用植物种子; 它们都在洞内 (一般是树洞) 筑巢。但是，我们越是仔细地研究这样的共存物种的生态学细节，我们就越可能发现物种之间的生态学差异，比如，在树上取食的具体地点上存在差异，取食的昆虫猎物的大小有差异，取食的植物种子的硬度有

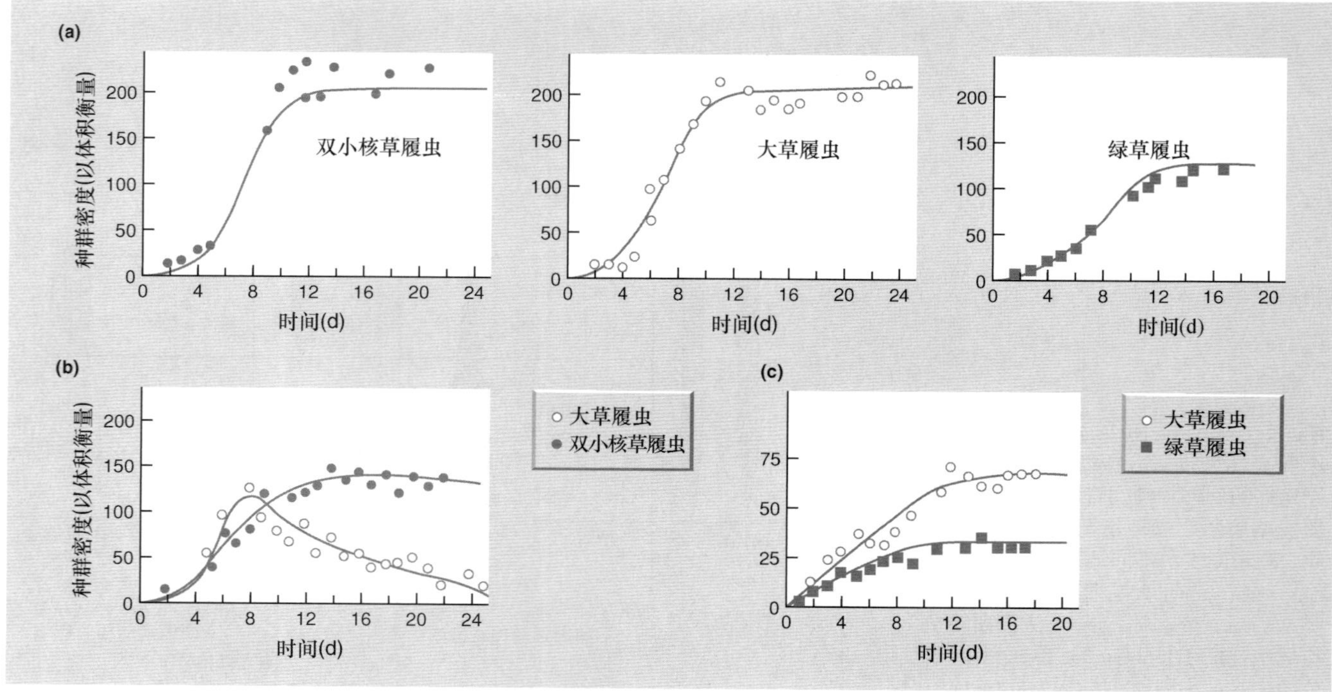

图 8.3 草履虫之间的竞争。(a) 在培养基中单独培养时双小核草履虫 (*P. aurelia*)、大草履虫 (*P. caudatum*) 和绿草履虫 (*P. bursaria*) 均能建立起各自的种群; (b) 混合培养时, 双小核草履虫将大草履虫排斥到灭绝状态; (c) 混合培养时, 大草履虫和绿草履虫共存, 但它们此时的密度低于单独培养时 (仿 Clapham, 1973; 引自 Gause, 1934)。

差异。虽然这些种之间很相似, 我们倾向于认为它们虽发生竞争但以稍微不同的方式取食不同的资源而实现共存。但是要想以一种严格的科学手段确定竞争在当前发挥的作用, 研究人员需要去除一个或者多个竞争物种并监测剩余物种的响应。Martin 和 Martin (2001) 在研究两种非常相似的鸟类时做到了这一点。这两种鸟是橙冠虫森莺 (*Vermivora celata*) 和黄胸虫森莺 (*V. virginiae*); 在亚利桑那州中部这两种鸟的繁殖区域重叠。当研究人员将某一种鸟从样地中去除之后, 剩下的另一物种可以有更多的幼鸟长成离巢: 如果这个存留物种是橙冠虫森莺, 每窝幼鸟可长大离巢的比例上升 78%; 如果是黄胸虫森莺, 该比例则为 129%; 原因是这时候鸟类可以获得更好的筑巢位置, 因此捕食者造成的幼鸟死亡更少。黄胸虫森莺在另一种鸟不存在的样地中喂食速率也增加了, 但是橙冠虫森莺没有这种变化 (图 8.4)。

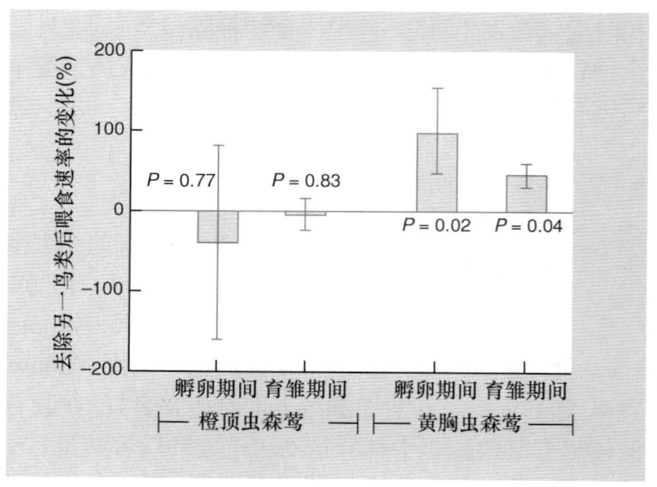

图 8.4 橙冠虫森莺 (*Vermivora celata*) 和黄胸虫森莺 (*V. virginiae*) 在另一种鸟类被去除的样地中喂食速率上的百分比差异 (均值 ± 标准误)。喂食速率为每小时携带食物回巢的次数; 研究人员监测了孵卵期间 (雄鸟喂食孵卵雌鸟) 和育雏期间 (两性亲鸟喂食雏鸟) 的喂食速率。*t* 检验用于验证一个假设: 每个物种在另一物种不存在的样地中喂食速率更高 (图中 *P* 值是 *t* 检验产生的)。黄胸虫森莺的情形支持这一假设, 但是橙冠虫森莺不支持 (仿 Martin & Martin, 2001)。

8.2.6 硅藻之间的竞争

…… 硅藻之间 ……

最后一个例子是在实验室内对两种淡水硅藻的研究: 美丽星杆藻 (*Asterionella formosa*) 和针杆藻 (*Synedra ulna*) (Tilman *et al.*, 1981)。这两种藻类在细胞壁形成过程中都需要硅酸盐。这项工作的特别之处在于: 藻类种群密度被测量的同时物种对其限制性资源 (硅酸盐) 的影响也被记录。当任何一种藻类单独

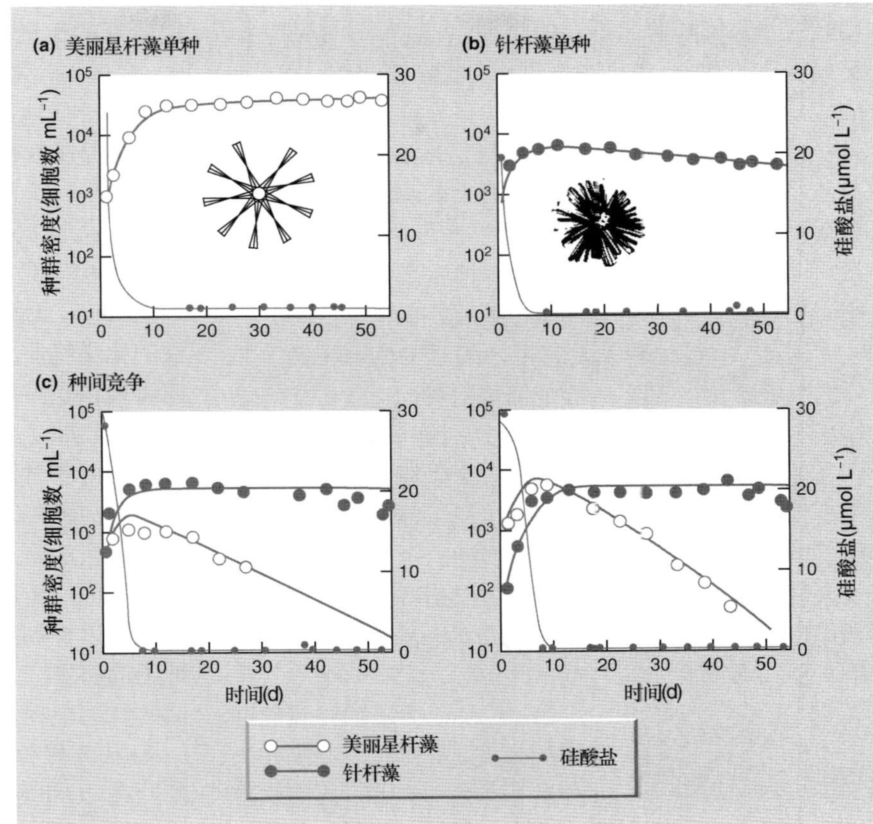

图 8.5 硅藻之间的竞争。(a) 美丽星杆藻 (*Asterionella formosa*) 单独在培养瓶中生长时形成一个稳定的种群, 硅酸盐浓度维持在较低水平; (b) 针杆藻 (*Synedra ulna*) 单独生长时也同样形成一个稳定种群, 但是硅酸盐浓度则维持在更低水平上; (c) 混合培养时 (两个重复), 针杆藻将美丽星杆藻竞争排斥掉 (仿 Tilman *et al.*, 1981)。

培养时 (资源被连续地添加到培养基中), 藻类种群会到达一个稳定的环境容纳量, 同时也将硅的浓度维持在一个较低的水平 (图 8.5a,b)。不过, 针杆藻相比美丽星杆藻而言会将硅酸盐的浓度降低到更低的水平。因此, 当两个种混合培养时, 针杆藻能将硅酸盐的浓度维持在一个很低的水平, 以至于美丽星杆藻无法存活与繁殖。所以针杆藻将美丽星杆藻从混合培养中竞争排斥掉 (图 8.5c)。

8.3 评估种间竞争的若干普遍性特征

8.3.1 揭示竞争的生态学与进化生物学

上面这些例子表明不同物种的个体之间存在竞争, 这并不意外。关于藤壶和虫森莺的野外实验也表明不同物种在自然界中确实存在竞争 (也就是说, 物种之间可以相互降低多度、繁殖率或者存活率, 这种下降是可度量的)。另外, 竞争的物种可能把对方从特定生境中排斥掉而不会共存 (就像拉拉藤、硅藻以及第一对草履虫那样), 也可能共存, 原因或许是不同物种以稍微不同的方式利用生境 (如藤壶和第二对草履虫)。

可是共存山雀的情形又是怎样的呢? 无疑, 这 5 种鸟类共存, 且以稍微不同的方式利用生境。但是这和竞争有任何关系吗? 也许有关系。有可能这 5 种山雀正是由于对种间竞争产生了进化响应而共存; 这需要进一步的解释。就像我们观察到的那样, 当两个物种发生竞争时, 一个物种和 (或) 两个物种的个体, 其繁殖率与存活率会下降。每个物种内适合度最高的个体可能是那些 (相对而言) 能够逃避竞争的个体 —— 其逃避竞争的原因可以是它们利用生境的方式与另一物种的个体采用的方式差异最大。自然选择会有利于这样的个体, 最终它们可能构成种群的全部。这两个物种将发生进化, 它们之间的差异会变得比以前更大; 它们之间的竞争更少, 因而更有可能共存。

是竞争共存还是“过去竞争的幽灵”?……

以此来解释山雀的故事, 面临的困难是我们没有证据。我们需要明白一点 —— 用 Connell (1980) 的话讲 —— 这种解释不加鉴别地用到了 “过去竞争的幽灵” (ghost of competition past)。我们无法回到过去检查物种是否比当前竞争得更激烈。另一种可能的解释是: 这些物种在进化过程中以不同的、完全相互独立的方式对自然选择做出响应。它们是截然不同的物种，有截然不同的特征。它们现在不竞争，在过去也不竞争；它们就恰好是不同的。如果是这样的话，山雀的共存与竞争没有任何关系。再一个可能的情形是：历史上的竞争消灭了一些其他物种，只有那些在生境利用上表现出差异的物种存活下来；我们仍然可能看到“过去竞争的幽灵”的力量，但是在这里这个幽灵作为一种生态学力量发挥作用（消灭物种）而非进化力量（改变物种）。

因此，山雀故事以及它带来的难题阐释了两个重要的一般性论点。第一，我们需要对种间竞争的生态学作用与进化生物学作用这两者分别给予仔细的关注。广义地讲，生态学作用就是①一个生境中物种可能由于其他物种个体的竞争而被排斥掉；或者②在竞争物种可以共存的情形下至少一个物种的个体其存活或繁殖会受到不利影响。进化生物学作用就是物种之间表现出比原本情形更大的差异，并因此表现出更弱的竞争（见第8.9节）。

……或者仅仅是进化？

第二，以竞争来解释我们观察到的模式，尤其是以竞争作为一种进化生物学解释，这面临着严重的困难。实验操纵（例如，人为去除一个或多个物种）如果能够导致存余物种的繁殖率、存活率或多度上升（就像我们在虫森莺例子中看到的那样），则可以说明当前存在竞争。但是如果得到阴性结果，下面几种说法都可能成立：在过去，竞争淘汰了一些物种；在过去，物种发生了规避竞争的进化响应；或者，共存物种之间根本没有竞争而是独立进化的。事实上，对于很多组数据而言，没有简单的或者公认的方法去鉴别这些不同的解释（见第19章）。因此，在本章的剩余部分（以及第19章）我们在检验竞争的生态学效应与进化效应时必须加倍小心（尤其是后者）。

8.3.2 资源利用性竞争与干扰性竞争以及他感作用

干扰性竞争和资源利用性竞争

在我们的例子里面可以发现竞争的其他普遍性特征吗？我们可以在干扰性竞争和资源利用性竞争之间划分一个界限（就像学习种内竞争时那样），尽管一种竞争关系里面可以包含这两者（见第5.1.1节）。在资源利用性竞争中，生物个体之间发生间接作用，它们对资源水平产生响应而资源水平被竞争者降低。硅藻研究为这类竞争提供了一个清晰的例证。相反，Connell 研究的藤壶则为干扰性竞争提供了一个同样清晰的例证；特别是大藤壶（*Balanus*），它与小藤壶（*Chthamalus*）之间存在直接的物理接触等干扰行为，抢占岩岸较低地带的有限空间。

他感作用

但是干扰性竞争不总是这样直接发生的。人们经常说植物之间的干扰性竞争是通过生产并向环境释放对其他植物有害但不危害自己的物质来实现的（“他感作用”，allelopthy）。无疑，人们可以从植物中提取出具有这种属性的化学物质，但是确认这些物质在自然界中的作用，或者确认这些物质是由于他感效应而进化来的，却很困难。比如，人们已经报道了100多种常见农业杂草的提取物可能对作物产生他感作用（Foy & Inderjit, 2001），但是这些研究通常用到非自然的实验室生物检测手段，而非真实的野外实验。同样，Vandermeest 等(2002)在实验室证明美洲板栗（*Castanea dentata*）叶片的一种提取物可以抑制灌木极大杜鹃（*Rhododendron maximum*）种子的萌发。美洲板栗曾经是美国东部落叶林中最常见的林冠层树种，直到后来被栗疫病菌（*Cryphonectria parasitica*）毁掉。Vandermeest 等给出了一个结论：极大杜鹃在20世纪的分布区扩张可能很大程度上是由于美洲板栗的他感作用的消失（而美洲板栗没落的原因是人们熟知的栗疫病菌造成的林冠稀疏、严重砍伐与火灾）。但是他们的假说无法检验。同样，在相互竞争的不同种类蝌蚪之间，可能存在一种通过水体传播的抑制性物质介导的干扰性竞争［最引人注意的是，林蛙（*Rana temporaria*）的粪便上生长着一种藻类可以抑制黄条背蟾蜍（*Bufo calamita*）的生长（Beebee, 1991; Griffiths *et al.*, 1993）］；但是同样，这些抑制性物质在自然界的作用并不清楚（Petranka,1989）。当然，广泛认同的一个观点是：真菌和细菌会合成他感化学物质来抑制可能与它们竞争的微生物；这也被用于抗生素的筛选与生产。

8.3.3 对称竞争与不对称竞争

种间竞争往往是高度不对称的

种间竞争（就像种内竞争）经常是很不对称的——两个物种经受的竞争后果常常大相径庭。例如，在 Connell 的藤壶例子中，大藤壶（*Balanus*）将小藤壶（*Chthamalus*）从潜在的重叠分布区排斥掉，但是后者对前者的影响可以忽略：大藤壶对干旱敏感，这一点限制了它的分布。一个类似的例子是生活在密歇根州池塘中的两种香蒲；宽叶香蒲（*Typha latifolia*）主要分布在浅水区，而水烛（*T. angustifolia*）分布在深水区。

当人们在人工池塘中将两种植物种植在一起时 (同域分布), 它们遵循其自然分布格局, 宽叶香蒲主要占据 0~60 cm 深的水域, 而水烛主要生活在 60~90 cm 深的地方 (Grace & Wetzel, 1998)。当两种植物分别种植时 (异域分布), 水烛的分布区明显地向浅水区转移了; 但是宽叶香蒲在没有种间竞争的情形下向深水区的移动也并不明显。

从更广的范围来看, 高度不对称的种间竞争 (竞争物种之一基本不受影响) 情形似乎要多于对称竞争 (如 Keddy & Shipley, 1989)。然而, 更根本性的一点是: 在完全对称的竞争与强烈不对称的竞争情形之间存在着连续的过渡。不对称竞争产生的原因是物种在一个竞争等级里面占据更优势位置的能力不同。以植物为例, 不对称竞争的原因可能是不同物种的高度不同, 一个物种可以完全遮蔽另一个物种而抢先占有了获取光资源的位置 (Freckleton & Watkinson, 2001)。类似地, Dezfuli 等 (2002) 认为, 如果寄生物在宿主消化道内依次占据不同位置, 它们之间可以发生不对称竞争, 胃部寄生物降低资源水平会对下游肠道部位的寄生物产生不利影响, 反向的影响却不会发生。当竞争物种的体型大小差异很大时, 不对称竞争尤其可能发生。人们通过交互排除实验证明, 在西班牙灌丛地带植食有蹄类动物 [家养绵羊和西班牙羱羊 (*Capra pyrenaica*)] 通过资源利用性竞争 (部分通过意外捕食) 降低植食甲虫 *Timarcha lugens* 的多度。但是排除甲虫对有蹄类动物的表现并无影响 (Gomez & Gonzalez-Megias, 2002)。

8.3.4 对某一资源的竞争可以影响对另一资源的竞争

最后, 值得指出的一点是, 对一种资源的竞争可以影响生物利用另一种资源的能力。比如, Buss (1979) 证明, 在苔藓虫物种 (聚群的构件动物) 之间, 对空间的竞争与对食物的竞争两者相互影响。当一个物种的群体 (colony) 与另一个物种的群体接触时, 它与自发地干扰摄食水流 (feeding current), 而苔藓虫依赖于摄食水流来获得食物 (对空间的竞争影响取食)。反过来, 当一个动物缺少食物时, 它 (通过过度生长) 竞争空间的能力就会严重地下降。

根部竞争和茎叶竞争

有根植物可以提供与上面类似的例子。如果一个物种入侵了另一物种的冠层, 使得后者无法获取光资源, 受压制的物种会因为获得光能减少而直接受到胁迫, 同时它的根系生长也会减弱, 使得利用土壤水分与养分的能力下降。这又会降低其枝叶的生长。因此, 当植物发生竞争时, 根与茎叶之间存在相互影响 (Wilson, 1988a), 一些学者通过一种实验来分离茎叶竞争 (shoot competiton) 与根部竞争 (root competition) 的作用 —— 两种植物种植在下面 4 种情形下: ① 单独种植; ② 一起种植; ③ 种植在同一份土壤中但是冠层被分离; ④ 种植在隔离的土壤中但是冠层交织在一起。例子之一是关于玉米 (*Zea mays*) 与豌豆 (*Pisum sativum*) 竞争的研究 (Semere & Froud-Williams, 2001)。在完全竞争情形下 —— 也就是根和茎叶都交织一起时, 玉米和豌豆的生物量 (种植 46 天后每植株的干重) 分别下降到其 "对照" (物种单独种植时) 生物量的 59% 和 53%。只有根部交织一起时, 豌豆的生物量下降到对照的 57%, 可是当只有茎叶交织在一起时, 它的生物量仅下降到对照的 90% (图 8.6)。这些结果表明植物受土壤资源 (矿物质和水) 限制的程度比受光资源限制程度更高, 这一发现在文献中很普遍 (Snaydon,1996)。这些结果也支持一种观点: 根部竞争与茎叶竞争共同作用产生的总效应,

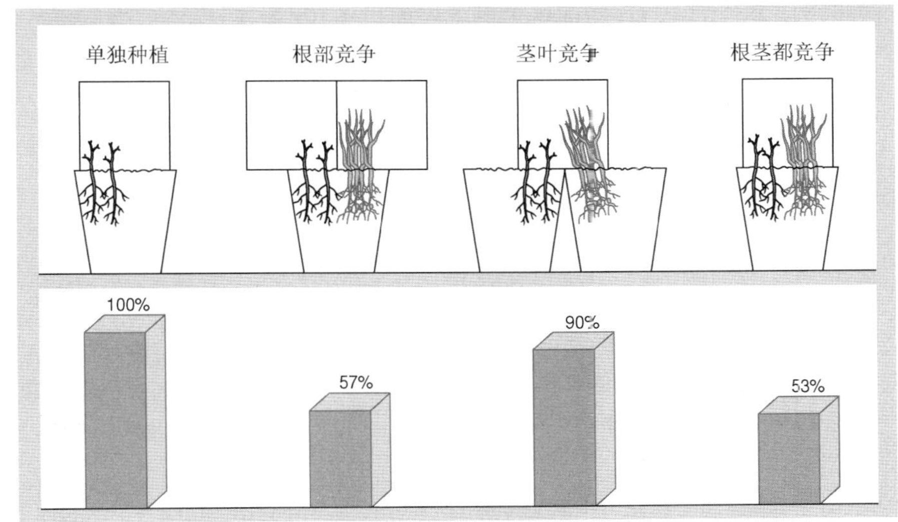

图 8.6 玉米与豌豆之间的根部竞争和茎叶竞争。上半部分显示实验植物, 下半部分给出豌豆在种植 46 天后的干重 —— 表示为占单独生长时干重的百分比 (数据来自 Semere & Froud-Williams, 2001)。

在完全竞争时植物生物量的总降低程度 (下降到 53%), 接近于根部竞争时生物量下降与茎叶竞争时生物量下降程度的乘积 (57% 的 90% 是 51.3%)。

8.4 是竞争排斥还是共存?

实验 (就像这里描述的这些实验) 结果说明, 在研究种间竞争的生态学作用时有一个关键问题: 允许竞争者共存的普遍条件是什么, 什么情形导致物种之间的竞争排斥? 数学模型已经为这个问题给出了一些重要的见解。

8.4.1 种间竞争的逻辑斯谛模型

种间竞争的 Lotka-Volterra 模型 (Volterra, 1926; Lotka, 1932) 是第 5.9 节讲到的逻辑斯谛模型的一个扩展。所以, 它包含了逻辑斯谛模型的所有缺点, 但是还是能够成为一个有用的模型, 为理解决定竞争关系结局的因子提供了线索。

逻辑斯谛模型:

$$\frac{\mathrm{d}N}{\mathrm{d}t}=rN\frac{(K-N)}{K} \tag{8.1}$$

在括号里包含体现种内竞争的一项。Lotka-Volterra 模型的要义就是将这一项替换为同时体现种内竞争与种间竞争的参数。第一个物种的种群大小可以写为 N_1, 第二个物种的种群大小为 N_2。它们的环境容纳量和内禀增长率分别是 K_1、K_2、r_1 和 r_2。

α: 竞争系数

假设物种 2 的 10 个个体和物种 1 的 1 个个体对物种 1 产生的不利竞争效应是等价的, 物种 1 经受的总 (种内以及种间) 竞争效应与 $(N_1+N_2/10)$ 个物种 1 个体的效应是等同的。这个常数 (在当前这个例子里面是 1/10) 称为竞争系数, 记为 α_{12} (“alpha-1-2”); 它表示物种 2 对物种 1 的每个个体的竞争效应。因此, 将 N_2 乘上 α_{12} 则将它转变为 “N_1 等价体” 数目。($\alpha_{12}<1$ 意味着物种 2 个体对物种 1 个体的不利影响比物种 1 个体对其种内其他个体的不利影响要小; 而 $\alpha_{12}>1$ 意味着物种 2 个体对物种 1 个体的不利影响大于物种 1 个体的自身影响。)

Lotka-Volterra 模型: 两物种的逻辑斯谛模型

这个模型的关键之处就是, 将逻辑斯谛模型括号中的 N_1 替换为表示 “N_1 加 N_1 等价体数目” 的一项, 即

$$\frac{\mathrm{d}N_1}{\mathrm{d}t}=r_1N_1\frac{(K_1-(N_1+\alpha_{12}N_2))}{K_1} \tag{8.2}$$

或

$$\frac{\mathrm{d}N_1}{\mathrm{d}t}=r_1N_1\frac{(K_1-N_1-\alpha_{12}N_2)}{K_1} \tag{8.3}$$

对于物种 2 而言:

$$\frac{\mathrm{d}N_2}{\mathrm{d}t}=r_2N_2\frac{(K_2-N_2-\alpha_{21}N_1)}{K_2} \tag{8.4}$$

这两个方程构成了 Lotka-Volterra 模型。

用 “零增长等斜线” 研究 Lotka-Volterra 模型的行为

要了解这个模型的属性, 我们需要问一个问题: 什么时候 (在什么情形下) 一个物种的多度会上升或下降。要回答这个问题, 我们有必要作图来显示物种 1 和物种 2 多度的所有可能的组合情景 (也就是说 N_1 和 N_2 所有可能的组合)。这样的图 (图 8.7 和 图 8.9) 可以将 N_1 作为横轴、N_2 作为纵轴, 如果两者多度都低, 那么它们 (的组合的点) 位于图的左下角; 如果两者数量都高, 位于图的右上角; 以此类推。特定的 N_1、N_2 组合点将得到物种 1 和 (或) 物种 2 多度上升的后果, 而另一些组合导致物种 1 和 (或) 物种 2 下降的结果。重要的是, 每一个物种必然有 “零增长等斜线” (在这样的线上种群数量既不会增长也不会下降), 零增长等斜线将导致物种多度上升的 N_1、N_2 组合点和导致下降的组合点分离开。如果我们首先画上一条零增长等斜线, 那么在该线的一侧是导致物种多度上升的 N_1、N_2 组合点, 另一侧是导致多度下降的组合点。

我们可以根据一个事实为物种 1 绘制零增长等斜线: (据定义得知) 在零增长等斜线上 $\mathrm{d}N_1/\mathrm{d}t=0$, 也就是说① [据方程 (8.3)]:

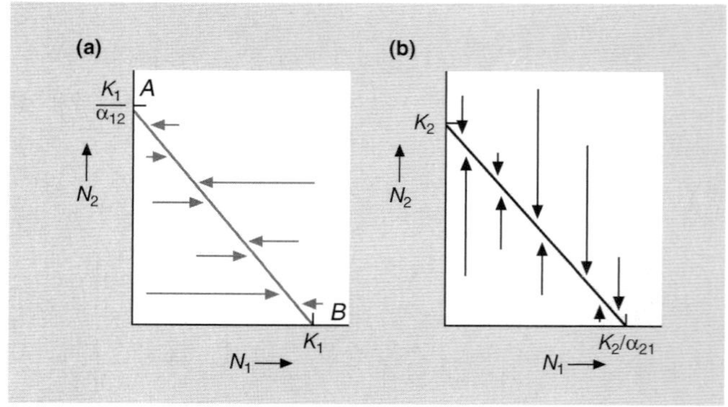

图 8.7 Lotka-Volterra 竞争模型给出的零增长等斜线。(a) N_1 零增长等斜线: 在该直线左下侧物种 1 多度上升, 在右上侧下降。(b) N_2 零增长线。

① 方程 (8.5)~ 方程 (8.7) 中原文为 α_{21}, 应为 α_{12}。—— 译者注

$$r_1N_1(K_1-N_1-\alpha_{12}N_2)=0 \tag{8.5}$$

当内禀增长率 (r_1) 为零或者种群大小 (N_1) 为零时, 该式成立; 不过, (就目前我们关心的问题而言) 更重要的是, 在下面情形下该式也成立:

$$K_1-N_1-\alpha_{12}N_2=0 \tag{8.6}$$

整理得:

$$N_1=K_1-\alpha_{12}N_2 \tag{8.7}$$

换句话说, 在方程 (8.7) 给出的这条直线上的任何一点, $dN_1/dt=0$。所以这条线是物种 1 的零增长等斜线。既然这是一条直线, 可以找到该直线上两个特定点, 连接这两点即可绘出这条线。从方程 (8.7) 得知, 连接下面两点可以获得物种 1 的零增长等斜线:

$$N_1=0,\quad N_2=\frac{K_1}{\alpha_{12}}\ (\text{图 8.7a 中点 }A) \tag{8.8}$$

以及

$$N_2=0,\quad N_1=K_1\ (\text{图 8.7a 中点 }B)^{①} \tag{8.9}$$

在这条线的左下方两个物种的个体数量都相对较低, 物种 1 受到较弱的竞争, 其多度会上升 (图中的箭头表示这种上升, 因为 N_1 在横轴上, 箭头由左水平指向右)。在该线的右上方, 物种的个体数量大, 竞争强烈, 物种 1 的多度会下降 (箭头由右向左)。同理, 我们在图 8.7b 中给出了物种 2 的零增长等斜线, 将导致其上升或下降的 N_1、N_2 组合点分离开, 以箭头上下走向 (就像 N_2 轴一样) 表示多度变化。

最后, 要确定这个模型中的竞争结局, 需要将图 8.7a 与图 8.7b 合并在一起, 使人们可以预测两个种群合在一起的行为。在这样处理时, 需要注意两点: 图 8.7 中的箭头事实上是矢量 —— 既有方向又有强度; 要确定 N_1、N_2 合在一起的行为, 矢量加法的普遍规则是适用的 (图 8.8)。

两条零增长等斜线的 4 种组合情形

图 8.9 表明, 事实上两条零增长等斜线的组合可以有四种不同的情形, 4 种情形下的竞争结局是不同的。这不同的情形可以由零增长等斜线的截距来定义和区分。例如, 在图 8.9a 中:

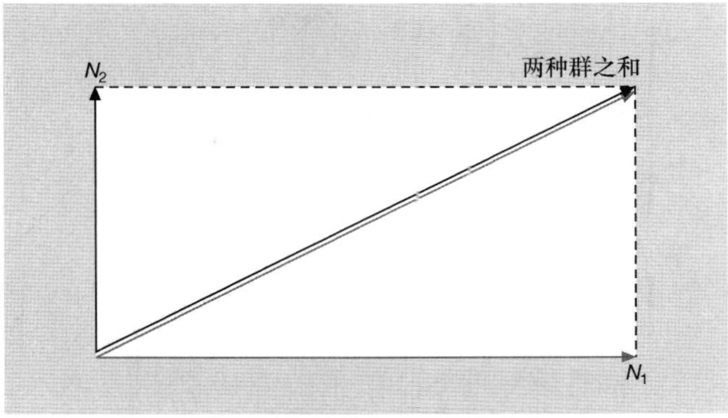

N_2

两种群之和

N_1

图 8.8 矢量加和。当物种 1 和物种 2 的多度如 N_1 和 N_2 箭头 (矢量) 所示那样上升时, 它们共同多度的增长将如 N_1 和 N_2 矢量组成的矩形对角线矢量所示那样。

$$\frac{K_1}{\alpha_{12}}>K_2\quad \text{且}\quad K_1>\frac{K_2}{\alpha_{21}} \tag{8.10}$$

即

$$K_1>K_2\alpha_{12}\quad \text{且}\quad K_1\alpha_{21}>K_2 \tag{8.11}$$

竞争强者获胜

第一个不等式 ($K_1>K_2\alpha_{12}$) 表明, 物种 1 的种内竞争对自己产生的不利影响大于物种 2 对物种 1 的种间竞争的效应。第二个不等式表明, 物种 1 对物种 2 的影响大于物种 2 对自己的影响。因此, 物种 1 是一个较强的种间竞争者而物种 2 较弱; 如图 8.9a 中的矢量所示, 物种 1 将物种 2 排斥至灭绝, 物种 1 达到自己的环境容纳量。图 8.9b② 中的情形与此相反。因此, 图 8.9a 或图 8.9b③ 描述的情形下必然是一个物种排斥另一个物种。

在图 8.9c 中:

$$K_2>\frac{K_1}{\alpha_{12}}\quad \text{且}\quad K_1>\frac{K_2}{\alpha_{21}} \tag{8.12}$$

即

$$K_2\alpha_{12}>K_1\quad \text{且}\quad K_1\alpha_{21}>K_2 \tag{8.13}$$

当种间竞争强于种内竞争, 结局依赖于物种的多度

这样的话, 两个物种的个体都是与同种个体竞争较弱而与另一物种个体竞争更强烈。譬如, 在下面的情形下可以发生这种事情: 每个物种产生对另一物种有毒害作用而对自己无害的物质; 或者每个物种攻击甚至取食另一物种的个体, 而对种内个体这种危害较弱。

① 此处原文为 K, 应为 K_1。—— 译者注

② 原文有误, 应为图 8.9b。—— 译者注

③ 原文有误, 应为图 8.9。—— 译者注

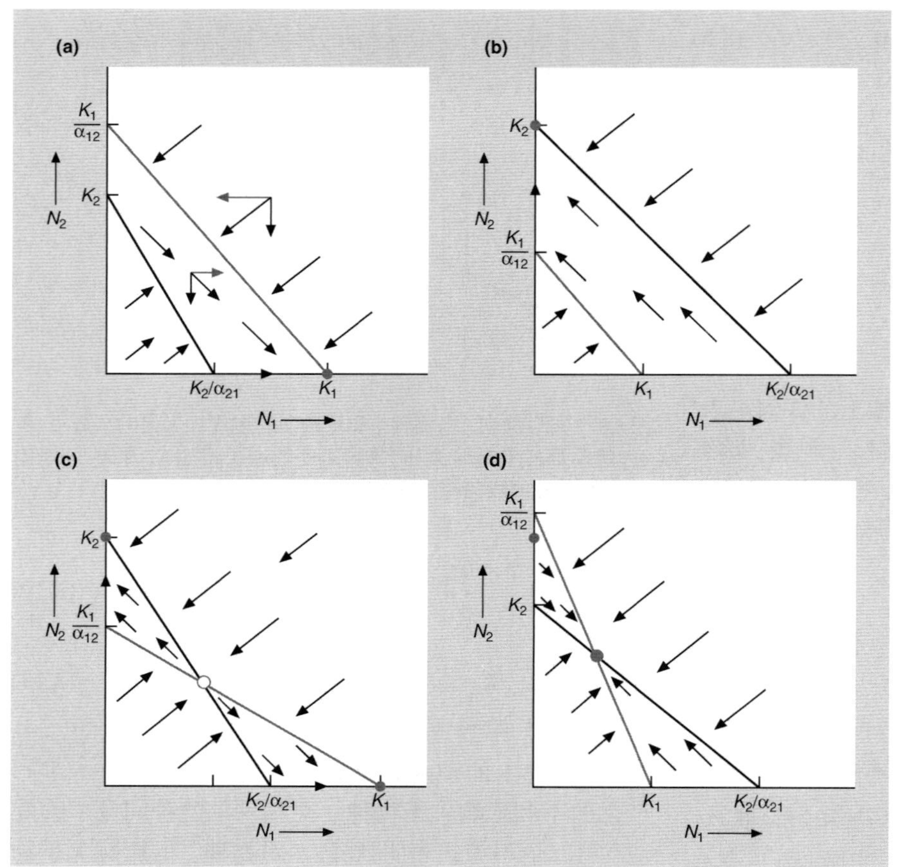

图 8.9 在 N_1、N_2 零增长等斜线的四种可能组合方式下, Lotka-Volterra 竞争模型给出的竞争结局。一般来讲, 矢量表示的是两个物种的共同多度, 矢量的获得如 (a) 所示。实心圆圈表示稳定平衡点, (c) 中的空心圆圈是一个不稳定平衡点。详细讨论见正文。

就像该图所示, 竞争的结果是一个 N_1、N_2 的不稳定平衡点 (两条零增长等斜线的交点) 和两个稳定点。在第一个稳定点, 物种 1 达到其环境容纳量, 物种 2 灭绝; 在第二个稳定点, 物种 2 达到环境容纳量, 物种 1 灭绝。这两种结局哪个会发生呢? 这取决于物种的初始密度: 初始密度上占有优势的物种会将另一物种排斥掉。

最后, 在图 8.9d 中,

$$\frac{K_1}{\alpha_{12}} > K_2 \quad 且 \quad \frac{K_2}{\alpha_{21}} > K_1 \qquad (8.14)$$

即

$$K_1 > K_2\alpha_{12} \quad 且 \quad K_2 > K_1\alpha_{21} \qquad (8.15)$$

当种间竞争小于种内竞争, 物种可以共存

在这种情形下, 每个物种都是对自身的竞争效应大于对另一物种的竞争效应。如图 8.9d 所示, 竞争结局是两个物种的一个稳定平衡组合点 (两物种多度的不同组合都将向这个平衡点靠近)。

总而言之, Lotka-Volterra 种间竞争模型可以有若干种结果: 确定性的竞争排斥、依赖于初始密度的竞争排斥, 以及稳定共存。下面我们依次讨论这些可能的结果, 以及相关的室内与野外研究结果。我们将会看到, 这三种结局对应着生物学上合情合理的情形。所以, 这个模型实现了一个有用的目标, 尽管它很简单, 无法处理真实世界的竞争动态的复杂性。

K 值、*α* 值和 *r* 值

在继续下面的内容之前, 需要指明 Lotka-Volterra 模型的一个明显的缺点。模型中的竞争结局依赖于 *K* 值和 *α* 值, 但是不受 *r* 值 (内禀增长率) 的影响。*r* 值决定竞争结局实现的速度但不影响竞争结局本身。然而, 这仅限于两个物种竞争的情形, 在三个物种或者更多物种竞争的模型中, *K* 值、*α* 值和 *r* 值共同决定了竞争结局 (Strobeck, 1973)。

8.4.2 竞争排斥原理

基础生态位与实际生态位

在图 8.9a 和图 8.9b 描述的情形中, 总是有一个种间竞争强者战胜一个种间竞争弱者。从生态位理论 (见第 2.2 节和第 3.8 节) 的角度来考虑这一情形是有益的。回想一点: 一个物种在没有竞争者时占据的生态位是它的基础生态位 (fundamental niche) (定义为允许该物种维持一个可存活种群的环境条件与资源的组合)。然而,在竞争者存在时,该物种只能占据其实际生态位 (realized niche); 实际生态位具体如何则取决于是哪个竞争者存在。基础生态位和实际生态位之间的区别说明一点: 种间竞争降低物种的繁殖与存活,一个物种在其基础生态位的部分空间内可能由于种间竞争而不能成功地繁殖和存活。其基础生态位内的这部分空间并不包含在其实际生态位之内。回到图 8.9a 和图 8.9b,我们可以说竞争弱者在与强者发生竞争时没有实际生态位。我们可以根据生态位的观点重新学习前面讨论过的种间竞争的实例。

共存的竞争者往往在实际生态位上存在分化

在硅藻的例子里,两个物种的基础生态位都是由实验室条件规定的 (任何一个物种在单独培养时都存活)。但是当针杆藻 (*Synedra*) 和美丽星杆藻 (*Asterionella*) 竞争时,前者有实际生态位而后者没有: 美丽星杆藻被竞争排斥掉。同样的结局也发生在 Gause 研究的双小核草履虫 (*P. aurelia*) 和大草履虫 (*P. caudatum*) 之间: 大草履虫没有实际生态位,被双小核草履虫排斥掉。不过,当大草履虫和绿草履虫 (*P. bursaria*) 竞争时,两者都有实际生态位,但它们的实际生态位明显不同: 大草履虫食用培养基中的细菌而存活,而绿草履虫主要食用培养瓶底部的酵母细胞。因此它们的共存是与它们实际生态位上的差异 (或者说资源 "分割") 有关的。

在拉拉藤 (*Galium*) 的实验中,两个物种基础生态位都包含酸性和钙质土壤。但是当它们发生竞争时,*G. hercynium* 的实际生态位仅局限于酸性土壤,而 *G. pumilum* 局限于钙质土壤; 它们之间有交互的竞争排斥关系。在这两个生境中都没有生态位分化,因而物种共存都不能发生。

在 Taniguchi 和 Nakano 的鲑鱼研究里面,任何一个物种的基础生态位都涵盖了很大的海拔 (以及温度) 范围,但是两个物种都被限制在较小的实际生态位空间内 (花羔红点鲑位于高海拔处而白斑红点鲑位于低海拔处)。

同样,在 Connell 的藤壶研究中,小藤壶 (*Chthamalus*) 的基础生态位向下延伸到大藤壶 (*Balanus*) 的分布区,但是来自大藤壶的竞争将小藤壶限制在其实际生态位空间也就是高海岸地带。换句话说,大藤壶将小藤壶在低海岸带竞争排斥掉; 但是对大藤壶而言,其基础生态位本来就没有延伸到小藤壶分布区 —— 在这里即使小藤壶不存在大藤壶也不能存活,原因是它对干旱很敏感。因此,总的来说,这两者的共存也与实际生态位的分化有关。

竞争排斥原理

在这些例子中发现的模式在其他很多例证中也都能看到,这一模式被提高到法则的高度: 竞争排斥原理 (Competitive Exclusion Rule),或者说 "高斯 (Gause) 法则"。这一法则可以描述如下: 如果两个竞争物种共存于一个稳定环境中,那么它们共存的原因必然是生态位分化,即它们的实际生态位存在差异。相反,如果它们之间没有生态位分化,或者生态位分化被生境抹杀掉,那么会有一个竞争物种将其他物种消灭或者排斥掉。因此,竞争排除会发生在如下情形中: 竞争弱者的基础生态位中可以由生境所提供的部分完全被竞争强者的实际生态位空间所覆盖。

证明,尤其是证伪,这一法则的困难

当竞争者可以共存时,物种间在实际生态位上的分化有时候被认为是当前竞争 (current competition) 导致的 (一种生态学作用),就像藤壶那样。但是人们往往相信生态位分化的原因是在过去没有实际生态位的物种被消灭了 (仅保留下那些表现出生态位分化的物种 —— 另一种生态学效应),或者是竞争产生了一种进化作用。在这两种情形下,当前的竞争都可以忽略或者无法观测到。我们再来考虑一下共存的山雀。这些物种共存,在实际生态位上表现出差异,但是我们不知道它们现在是否竞争,它们是否在历史上曾经发生过竞争,或者在过去有其他物种已经被竞争排斥掉了。竞争排斥原理和这个例子相关吗? 我们无法给出确定性的回答。如果这些物种现在确实发生着竞争,或者有其他物种正在或者已经被竞争排斥掉,那么竞争排斥原理在最严格的意义上是相关的。如果物种仅在历史上发生过竞争,但过去竞争已经使得它们之间产生生态位分化,那么竞争排斥原理是相关的,但是其应用范围需要从 "竞争者" 的共存扩展到 "正在或者曾经竞争的物种" 的共存。当然,如果这些物种从来就没有发生过竞争,那么这个法则跟这个例子无关。显然,我们不能仅仅靠记录当前的种间差异来研究种间竞争。

生态位分化与种间竞争: 格局与过程不总是相关联的

另一方面,在 Martin 和 Martin 研究的鸟类例子中,两个物种相互竞争并且共存,竞争排斥原理认为这是生态位分化的结果。这种观点是合理的,但绝不是被证实了的,因为生态位分化既没有被观察到也没有被证明是有效的。因此,如果两个竞争物种共存,往往很难证实生态位分化确实是存在的。更麻烦的是,也不可能证明生态位分化是不存在的。如果生态学家没能找到物种间的生态位分化,这可能仅仅是因为没有在正确的地方或者没有用正确的方法去研究。显然,在任何实例中要证明竞争排斥原理存在研究方法上的困难。

竞争排斥原理已经被人们广泛接受,这有几个方面的原因: ① 这个法则有很多有利的证据; ② 在直觉上这个法则挺有道理的; ③ 人们有理论基础 (Lotka-Volterra 模型) 去相信这个法则。但总会有一些例证,在这些例子中竞争排斥原理无法获得证明;在另外一些情形下,该法则根本不适用 (第 8.5 节会清楚地阐述这一点)。简而言之,种间竞争这个过程常常与一个特定的格局 (生态位分化) 在生态上或者进化上相关联,但是种间竞争和生态位分化 (过程与格局) 并非密不可分地联系在一起。生态位分化可以由于其他过程而产生,而种间竞争也并不必然导致生态位分化。

8.4.3 互抗

图 8.9c 描述的情形是从 Lotka-Volterra 模型推导出来的,在这种情形下,两个物种经受的种间竞争比种内竞争更强烈。这就是互抗现象 (mutual antagonism)。

面象虫之间的交互捕食

关于两种面象虫 —— 杂拟谷盗 (*Tribolium confusum*) 和赤拟谷盗 (*T. castaneum*) 的工作提供了一个极端的例证 (Park, 1962)。Park 在 20 世纪 40—60 年代的实验工作对种间竞争思想产生了深远的影响。他在简单的面粉容器内培养面象虫;这种培养环境为两种面象虫的卵、幼虫、蛹和成虫提供了基础生态位,也往往能够提供实际生态位。肯定有一些共有资源为两个物种所利用;此外,这些面象虫会以其他个体为食。幼虫和成虫取食卵和蛹,即同类相食 (取食种内其他个体),也攻击其他种的个体。表 8.1 总结了它们更喜欢攻击谁。重要的一点是: 总的来讲,每个物种的个体取食另一物种个体多于取食同种个体。因此,这两个物种之间的关系中关键的机制是相互捕食 (也就是互抗),很容易就可以看出对两个物种而言都是种间竞争影响强于种内竞争。

结局是可能的而非一定的

图 8.9c (即 Lotka-Volterra 模型) 说明,无论互抗的确切机制是什么,其后果是一样的。因为对物种而言种间竞争影响强于种内竞争,竞争结局强烈地依赖于竞争物种的相对多度。一个稀有种表现出的种间攻击性会较小,对多度较高的竞争者的影响会很小;而多度较高的物种表现出的强烈的种间攻击性可能会轻而易举地使一个稀有种发生局域灭绝。另外,如果物种的多度得到了很好的平衡,相对多度上发生一点点变化就足以使得一个物种失去多度上的优势而使得另一个物种获得优势。因此竞争的结局是不可预测的 —— 任何一个物种可以排斥掉另一个,最终结局取决于物种的初始密度或者它们可以达到的密度。表 8.2 说明这种情形恰恰出现在 Park 研究的面象虫中。总是有一个竞争赢家,物种之间的平衡随气候条件而变化。但是在中间气候条件下,竞争结局是可能的而非一定的。即使内在的竞争弱者也偶尔可达到一定的密度 —— 这一密度保证它相对于另一物种获得竞争优势。

表 8.1 两种面象虫 —— 杂拟谷盗 (*Tribolium confusum*) 和赤拟谷盗 (*T. castaneum*) 之间的相互捕食 (相互对抗的一种形式)。成虫和幼虫都取食卵和蛹。这里给出在每一种情形下以及总体上每个物种对同种或者他种的偏好。种间捕食比种内捕食更强烈 (仿 Park *et al.*, 1965)。

	捕食者	捕食偏好
成虫取食卵	*T. confusum*	*T. confusum*
	T. castaneum	*T. confusum*
成虫取食蛹	*T. confusum*	*T. castaneum*
	T. castaneum	*T. confusum*
幼虫取食卵	*T. confusum*	*T. castaneum*
	T. castaneum	*T. castaneum*
幼虫取食蛹	*T. confusum*	*T. castaneum*
	T. castaneum	*T. confusum*
总体	*T. confusum*	*T. castaneum*
	T. castaneum	*T. confusum*

表 8.2 在一系列气候条件下杂拟谷盗 (*Tribolium confusum*) 和赤拟谷盗 (*T. castaneum*) 之间的竞争。总会有一个物种被排斥掉,气候条件可以改变竞争结局,但是在中间气候条件下竞争结局是可能的而非一定的 (仿 Park, 1954)。

气候	获胜百分比	
	杂拟谷盗	赤拟谷盗
热 – 湿	0	100
温 – 湿	14	86
冷 – 湿	71	29
热 – 干	90	10
温 – 干	87	13
冷 – 干	100	0

8.5 异质性、拓殖与抢先式竞争

一个提醒：竞争往往受到异质性的、不稳定的或不可预测的环境的影响

现在我们有必要特别提醒大家，在本章内容里截至目前我们还默认生物存在的环境是足够稳定的，这样竞争物种的竞争能力就决定了竞争结局。但是在现实中这种情形远非普遍。环境经常是由一系列斑块组成的，有的斑块是适宜生境，有的是不适宜生境；对物种而言生境斑块往往是只在某些时间才可以利用；生境斑块出现的时间和地点也常常是不可预测的。即使种间竞争发生了，它也不一定持续到竞争结局出现。生态系统不一定会达到平衡态，而竞争强者也不一定有足够的时间来排斥竞争弱者。因此，仅仅了解种间竞争有时候是不够的。我们往往需要考虑种间竞争如何受到不稳定的或者不可预测的环境的影响，考虑竞争如何与这种环境相互作用。换句话说，K 和 α 可以决定一个平衡态，但是在自然界中，平衡态往往是达不到的。也就是说，就像第 8.4.1 节在另一背景下讲到的那样，除了 K 和 α，r 也会发挥作用。

8.5.1 不可预测的生境空斑：竞争弱者是拓殖强者

在很多环境中，未被占据的生境空间——空斑的出现是不可预测的。火、滑坡与雷击在林地里制造空斑；暴风导致的海潮在海岸上生成空斑；贪婪的捕食者可以在任何地方导致空斑。这些空斑不可避免地会被生物重新占据。但是第一个来拓殖的物种并不一定是在较长时间后最能排斥其他物种的那个种。因此，只要空斑以合适的频率产生，一个“流窜物种”(fugitive species) 可以和一个很强的竞争物种实现共存。逃亡物种往往是第一个到空斑定居的，它建立起自己的种群并繁殖。另一个物种往往较晚才入侵到这个空斑来，但是它一旦到达就会有竞争优势并最终把逃亡物种从这个特定的斑块中排斥掉。

流窜的一年生植物与善于竞争的多年生植物

有一个模拟模型为这一概括式论述添加了一些定量化的内容，在这个模型里“流窜物种”是一种一年生植物而竞争强者是一种多年生植物 (Crawley & May, 1987)。这个模型是使用得越来越多的一类模型中的一个；在这类模型里，二维栅格的每个格子内的生物个体之间可以发生互相作用，生物也可以在格子之间移动，这就综合考虑了时间和空间动态 (参见 Inghe, 1989; Dytham, 1994; Bolker *et al.*, 2003)。在这个模型里，每一个格子要么是空白的，要么是被一年生植物的一个个体或者多年生植物的一个分株占据。每经过一世代，多年生植物可以入侵其已经占领格子的邻近格子——无论这些格子里面是否已经长有一年生植物个体 (这反映了多年生植物在竞争上的优势)，但是多年生植物的分株也会死亡。一年生植物的种子随机散布，其种子的沉降使得任何一个空白格子都会被该物种占据；种子的数量反映植物的多度。抛开细节不谈，当该一年生植物的生育率 (c) 与平衡态时空白格子的比例 (E^*) 的乘积 (cE^*) 足够大时 (图 8.10)——也就是这种一年生植物的拓殖能力足够强而且它也有足够多的拓殖机会时，这种一年生植物可以与竞争强者实现共存。事实上，cE^* 值越大，两个物种的混生群落达到平衡态时一年生植物的相对多度就越高 (图 8.10)。

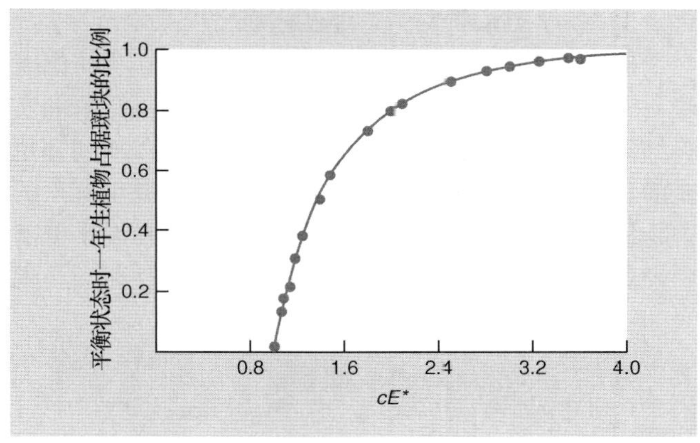

图 8.10 在一组栅格中，模型模拟的一种一年生流窜植物可以与一种多年生竞争强者共存——只要 $cE^* > 1$ (c 是一年生植物的繁殖力，E^* 是平衡态时空白格子的比例)。随着这个值增大，一年生植物占据格子的比例增多。

竞争性的加州壳菜哈与流窜性的褐藻之间的共存

华盛顿海岸上的褐藻 (*Postelsia palmaeformis*) 和加州壳菜哈 (*Mytilus californianus*) 为这类共存提供了一个佐证 (Paine, 1979)。褐藻是一年生植物，需要每年都重新建立种群才能在一个地方续存。它需要接触到裸岩 (通常是海浪在加州壳菜哈领地开辟出的空斑) 才能重新建立起一个种群。但是，加州壳菜哈自身会慢慢地占据这些空斑，逐渐填充空斑，使得褐藻无法定居。Paine 发现这些物种只在空斑形成的平均频率较高 (每年约 7% 的表面积) 并且每年频率大致相同的地

方才能共存。在空斑形成的平均频率较低的地方或者这种频率年际间差异很大的地方，经常没有裸岩供褐藻定居 (这种缺失是规律性的或者偶尔的)，这样褐藻会被排斥掉。相反，在两个物种共存的地方，即使褐藻在任何一个斑块最终都会被排斥掉，但是空斑的出现足够频繁、足够有规律性；在这样的地方，总体而言两个物种是可以共存的。

8.5.2 不可预测的空斑：对空间的抢先式占领

先来先得

当两个物种在竞争上各个方面都对等时，竞争结局往往是不可预测的。但是在占领空白空间的过程中，竞争极少发生。一个物种的个体有可能比另一物种的个体更早到达一个地点或者更早从种子库中萌发。这本身就可能足以使得前者在竞争中占据优势。如果不同空斑被不同物种抢先占据，物种共存则可以发生 (虽然当物种在竞争上“各个方面都对等”时也总是出现竞争排斥)。

例如，图 8.11 展示了一个关于一年生草本马德雀麦 (*Bromus madritensis*) 和硬雀麦 (*B. rigidus*) 竞争的实验结果 (Harper, 1961)。这两个种共同出现在加利福尼亚的牧场；当以相同的比例播种在一起时，混生群落的生物量主要是由硬雀麦贡献的。但是，如果在混生群落中硬雀麦的播种被推迟，竞争平衡将向着有利于马德雀麦的方向倾斜。因此，认为竞争结局总是由物种内在竞争能力 决定的想法是不对的。一个物种即使是竞争“弱者”，如果领先足够多，也可以排斥掉所谓的竞争强者。在不断变化的或者不可预测性的环境中，如果拓殖过程反复发生，这种抢先占据而获得竞争优势的事件会促进物种共存。

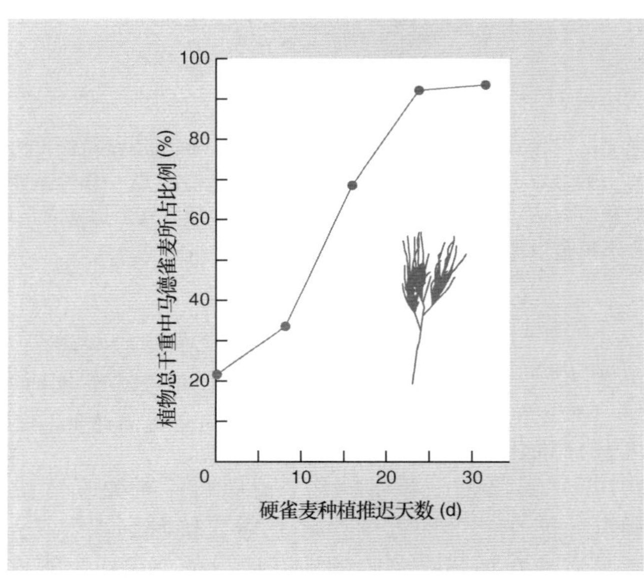

图 8.11 竞争开始的时机对竞争结局的影响。如果马德雀麦 (*Bromus madritensis*) 和硬雀麦 (*B. rigidus*) 同时播种，126 天之后硬雀麦是每盆植物总干重的主要贡献者。但是如果硬雀麦的种植时间被推迟，它对植物总干重的贡献将下降。每盆植物总产量不受硬雀麦推迟播种影响。

8.5.3 波动环境

浮游生物悖论

竞争物种之间的平衡可以反复变化，所以物种共存可以仅仅因为环境不断变化而得以实现。这正是 Hutchinson (1961) 曾经用于解释“浮游生物悖论” (这个悖论指很多种浮游藻类常常可以共存于基本没有生态位分化的简单环境中) 的观点。Hutchinson 指出，环境虽然很简单，但是可以不断地变化，尤其是随季节变化。因此，虽然在某一个时间点上环境倾向于使得某些物种被排斥掉，但是环境会发生变化，可能会在这些物种被排除之前又对它们有利。换句话说，在有些环境中一种竞争关系的平衡态结局并不是很重要 —— 如果环境经常在平衡态达到之前很早就发生了改变。

8.5.4 寿命不可预测的短命斑块

强与快的共存……

很多环境就其本身属性而言并不多变，但是短命。腐烂过程中的尸体、粪便、逐渐腐烂的果实、真菌以及短期存在的池塘都是比较明显的例子。但是也要注意，一年生植物的一片叶子也可以看成为一个短命斑块 —— 尤其是在它对其消费者而言仅在有限时间内方可食用。这样的短命斑块往往有着不可预测的寿命，比如，一块果实以及生活在上面的昆虫随时都可能被一只鸟吃掉。很容易想象，在这些情景中，一个竞争强者和一个先繁殖的竞争弱者是可以共存的。

……但不总是能共存

有一个例子是关于印第安纳州东北部池塘中的两种肺螺。通过在野外人为改变某一个物种的密度，结果发现 *Physa gyrina* 的繁殖率由于来自 *Lymnaea elodes* 的种间竞争而明显下降，但是后者并不受前者的影响。如果种间竞争持续整个夏天，很明显 *L. elodes* 是竞争强者。但 *P. gyrina* 与 *L. elodes* 相比，在个体大小较小时就繁殖，它繁殖得更早；在那些七月初就干涸的池塘里面它往往是唯一的已经及时产下抗性卵的物种。因此这两个物种可以在这个地区共存——尽管 *P. gyrina* 在竞争中明显处于弱势 (Brown, 1982)。相反, 在蛙类和蟾蜍中, 竞争强者霍尔布掘足蟾 (*Scaphiopus holbrooki*) 在池塘变干时会变得更加成功, 因为它的幼体期比可普灰树蛙 (*Hyla chrysoscelis*) 等竞争弱者更短。

8.5.5 集群分布

聚群的竞争强者会对自己产生负面影响并为竞争弱者留出空间

在斑块分布的和短命的资源环境中竞争强者和弱者如何能够共存? 一个更为微妙的 (不明显的) 但是广泛存在的途径是: 两个物种在可供利用的斑块中都独立地表现出集群分布。这意味着竞争强者的强大竞争力主要面向种内个体发挥作用 (在高密度的聚群里), 但是这种集群分布的竞争强者在很多斑块中并不存在, 所以在这些地方竞争弱者逃避了种间竞争。这样, 竞争强者和弱者可以共存——尽管在连续均质生境中前者可以迅速将后者排斥掉。在模型中集群分布确实可以促进物种共存 (见 Atkinson & Shorrocks, 1981; Kreitman *et al.*, 1992; Dieckmann *et al.*, 2000)。例如, 有一个模拟模型研究表明物种分布聚集程度 (由负二项式分布的参数 *k* 度量) 越高, 竞争物种之间的共存越容易维持, 到聚集程度很高时物种几乎可以永久共存, 尽管这种共存与生态位分化没有什么关系 (图 8.12)。既然很多物种在自然界中表现出集群分布, 这样的模型结果应该具有广泛意义。

但是, 我们需要注意一点, 尽管这样的物种共存与生态位分化没有关系, 但是它和生态位分化有一个共同点: 相对于种间竞争而言, 种内竞争更频繁、更强烈。这一现象可以由于生态位分化而实现, 也可以因为暂时的物种集群分布而实现 (即使对竞争弱者而言也是这样)。

不过, 要想证实这些模型在真实世界中是否适用, 我们需要回答一个问题: 两个相似的物种是否真的可能在可利用的资源斑块中表现出相互独立的分布。人们已经通过研究双翅目昆虫尤其是果蝇科昆虫 (这些昆虫在短命生境斑块——果实、真菌、花朵等中产卵, 其幼虫也在这些斑块中发育) 来回答这个问题。事实上, 很少有证据表明共存物种的集群分布是相互独立的 (Shorrocks *et al.*, 1990; 亦见 Worthen & McGuire, 1988)。但是计算机模拟的结果表明, 尽管物种之间的正相关分布 (倾向于聚集在同样的斑块上) 确实使得物种共存更难实现, 实际观察到的正相关分布和集群分布的程度还是能导致物种的共存。当然, 在均质环境中竞争排斥也会发生 (Shorrocks & Rosewell, 1987)。

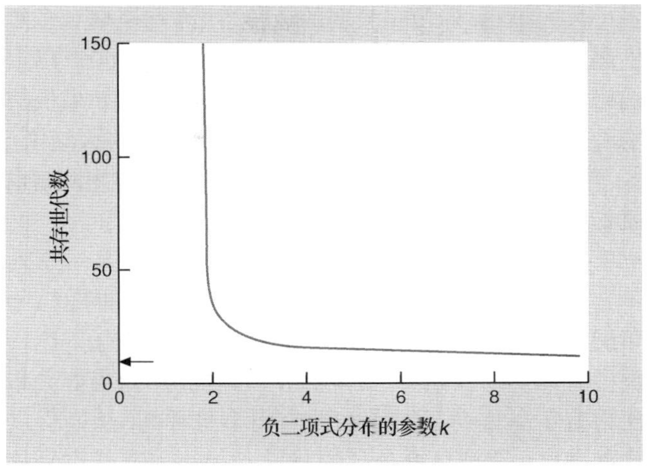

图 8.12 当两个物种在连续分布的资源上发生竞争时, 在大约 10 世代内一个物种可以将另一个排斥掉 (如箭头所示); 但是, 同样的物种如果在短命资源斑块上发生竞争, 共存世代数随竞争者聚集程度上升而增加; 聚集程度由负二项分布的参数 *k* 度量, 大于 5 的数值表示随机分布, 数值越小于 5, 表明分布的聚集程度越高 (仿 Atkinson & Shorrocks, 1981)。

元胞自动机模型中的禾草

另一个明确包含空间因素的模型也为集群分布对物种共存的重要性给予了支持 (Silvertown *et al.*, 1992); 在这个模型里, 二维栅格 (见第 8.5.1 节) 中的每一个格子会被 5 个物种 [匍茎剪股颖 (*Agrostis stolonifera*)、洋狗尾草 (*Cynosurus cristatus*)、绒毛草 (*Holcus lanatus*)、黑麦草 (*Lolium perenne*) 和普通早熟禾 (*Poa trivialis*)] 中的一个物种所占据。这个模型是一个元胞自动机 (cellular automaton) 模型, 每一个格子可以以几种离散状态存在 (在这里, 格子的存在状态由占据格子的物种来定义), 每个格子在一个时间点上的存在状态由一组规则决定。在这个例子中, 这组规则基于以下因素确定: 格子当前状态、相邻格子的状态、相邻格子的物种取代目前居住的物种的概率。每个物种被其他种取代的速率由野外观察数据得出 (Thorhallsdottir, 1990)。

最初物种在栅格上的放置是随机的 (没有集群分布), 3 个竞争弱者很快就被排斥掉了; 在所有的存活物种中, 匍茎剪股颖 (占据 80% 以上的格子) 很快获得相对于绒毛草的优势。但是, 如果最初物种放置的格局是每个物种独自占据一个条带而且每个物种占据的条带一样宽, 竞争结局会发生剧烈变化: ① 竞争排斥的发生大大推迟, 即使对最弱的竞争者 (洋狗尾草和多年生黑麦草) 也是如此; ② 绒毛草有时候占据 60% 以上的格子 —— 比如在模型运行到第 600 步时 (如果最初物种的放置是随机的, 在这个时候该物种已快灭绝了); ③ 竞争结局强烈地依赖于每个物种最初与谁相邻 (也就是说, 最初与谁竞争)。

当然, 没有人认为自然草本群落的分布是一系列单物种的条带, 但是人们也不大可能找到物种随机分布的群落 (对这种群落我们无需考虑空间结构)。这一模型研究工作强调: 忽视集群分布是危险的 (集群分布使得竞争更偏向于发生在种内而不是种间, 从而促进物种共存), 忽视集群分布的并置 (juxtaposition) 也是危险的 (它也会使得竞争弱者远离竞争强者)。

野外实验中的植物

在这一方面人们已经开展了很多理论和模型工作, 但是还很少有实验工作直接研究空间格局对种群动态的影响。Stoll 和Prati (2001) 用真实的植物物种进行了一个实验研究, 这个工作与 Silvertown 的模型处理有很多相同之处。他们检验的假说是: 在 4 种一年生陆生植物 [荠 (*Capsella bursa-pastoris*)、碎米荠 (*Cardamine hirsuta*)、一年生早熟禾 (*Poa annua*) 与繁缕 (*Stellaria media*)] 的实验群落中, 种内集群分布会促进物种共存而维持较高的物种丰富度。在这些植物中繁缕是竞争强者。他们种植了包含有 3 个或 4 个物种的群落 (有多个重复); 这些植物播种的密度较高; 在有些群落中植物种子完全随机地播, 而在另一些群落中每个物种的种子聚集在实验区内的不同小区。种内聚集降低了竞争强者繁缕在混生群落中的表现, 使得 3 种竞争弱者有更好的表现 —— 只有一个群落例外 (图 8.13)。

更一般性地讲, 在对植物竞争的研究中 (这类研究的焦点是局域斑块中个体受到的竞争而不是通过整个种群的平均密度计算出的), "邻域" (neighborhood) 研究法 (Pacala, 1997) 的成功再次说明认识空间异质性是很重要的。例如, Coomes 等 (2002) 在英格兰西北部研究了两种沙丘植物 [早熟埃若禾 (*Aira praecox*) 与芹叶牻牛儿苗 (*Erodium cicutarium*)] 的竞争。早熟埃若禾个体较小, 倾向于在最小的空间尺度上集群分布, 而芹叶牻牛儿苗在半径为 30 mm 或 50 mm 的斑块中表现出中等程度的聚集, 但在半径为 10 mm 的斑块中表现出均匀分布 (图 8.14a); 在最小的空间尺度上两个物种均表现出负相关 (图 8.14b), 这说明早熟埃若禾倾向于形成小的单物种聚群。因此, 相对于随机分布而言, 早熟埃若禾

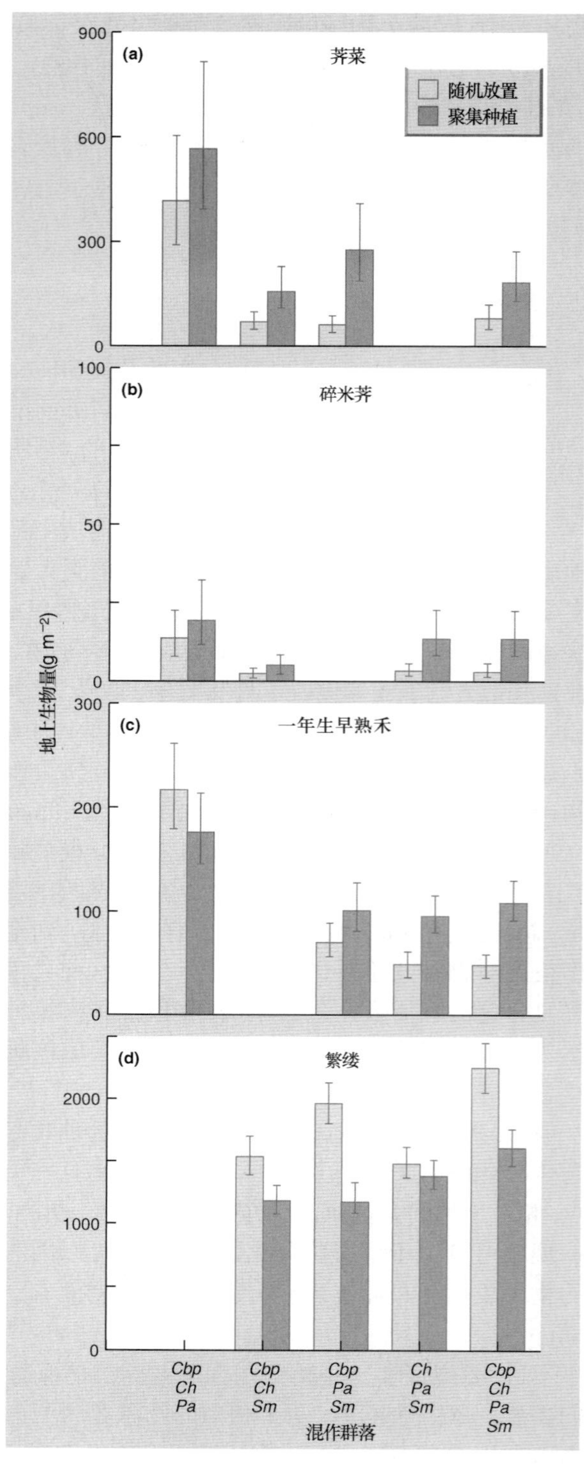

图 8.13 种内集群分布对种植在 3 物种或者 4 物种混生群落 (每群落 4 个重复) 中 4 种植物 6 周后地上生物量的影响 (均值 ± 标准误)。一般情形下, 具有竞争优势的繁缕 (*Stellaria media*) (*Sm*) 在种子聚集种植的群落中(与种子随机放置的群落相比)长势较差。相反, 3 种竞争弱者 —— 荠 (*Capsella bursa-pastoris*) (*Cbp*)、碎米荠 (*Cardamine hirsute*) (*Ch*)、一年生早熟禾 (*Poa annua*) (*Pa*) —— 在种子聚集种植时长势较好。注意各个图纵轴的尺度 (引自 Stoll & Prati, 2001)。

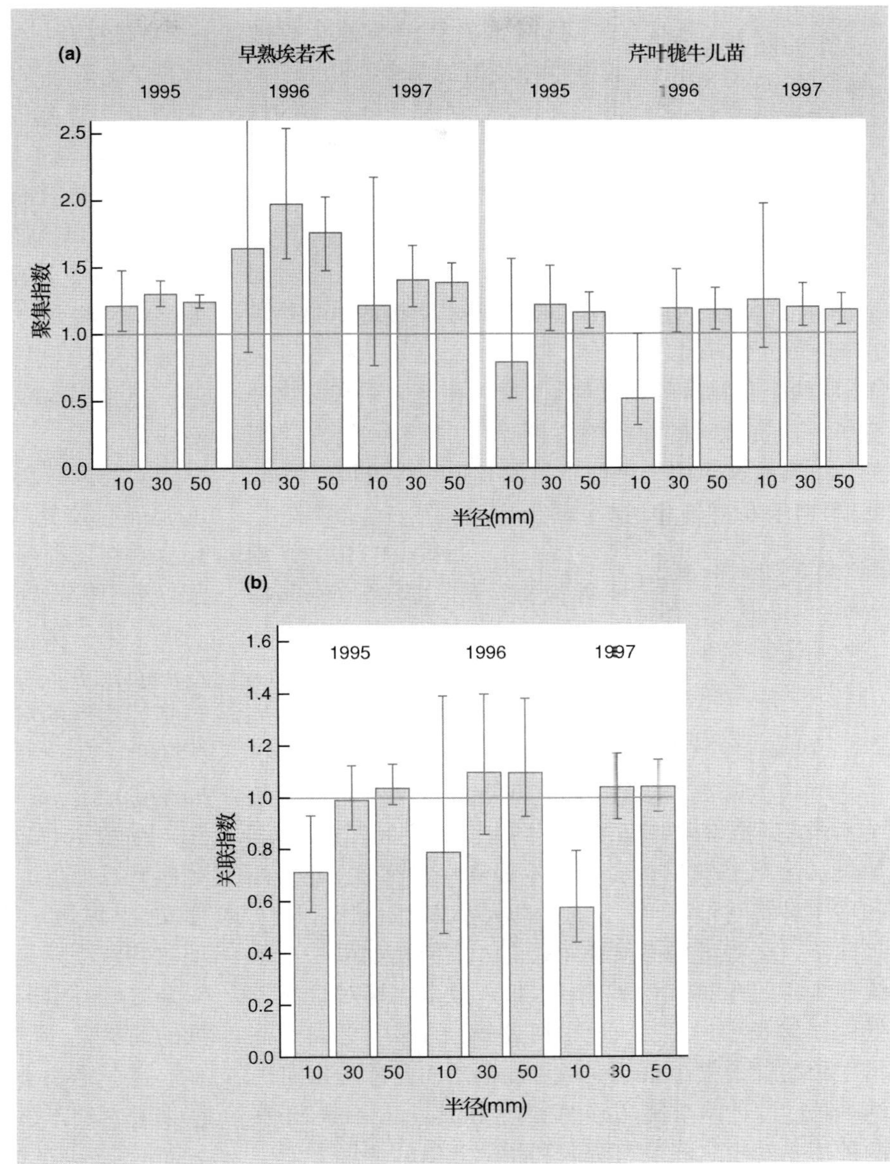

图 8.14 (a) 在英格兰西北部一处两种沙丘物种 —— 早熟埃若禾 (*Aira praecox*) 与芹叶牻牛儿苗 (*Erodium cicutarium*) 的空间分布。聚集指数为 1 表示随机分布; 大于 1 表示在图示的半径范围内表现集群分布; 数值小于 1 表示均匀分布。图中数值棒表示为 95% 的置信区间。(b) 在 3 年中每一年早熟埃若禾与芹叶牻牛儿苗之间的相关性。关联指数大于 1 表示两个物种在图示半径大小的斑块内倾向于同时出现 (同时出现的频率大于基于机会作出的期望); 数值小于 1 表示更容易发现某一个物种。图中数值棒表示 95% 的置信区间 (仿 Coomes *et al.*,2002)。

的实际分布使得它经受了较弱的来自芹叶牻牛儿苗的竞争; 这些结果印证了 Coomes 等 (2002) 的模拟模型 —— 在该模型中竞争导致的局域响应被明确考虑在内。

异质性往往起稳定作用

在这一节里面我们多次发现, 环境的异质性属性可以认为是在没有明显的种间生态位分化的情形下促进了物种共存。因此, 就需要用现实的观念来看待种间竞争: 我们必须承认竞争的发生不是孤立的, 而是受一个斑块化的、非永久化的或不可预测的世界的影响, 并受到种种环境条件的制约。另外, 异质性也不一定非得发生在时间或者空间维度上 (这两方面的异质性我们到目前已经讨论过)。种内生物个体之间在竞争能力上的差异也可以促进物种共存, 而一个没有种内变异的竞争强者则会将一个没有种内变异的竞争弱者排斥掉 (Begon & Wall 1987)。这又强化了贯穿本书的一个观点: 异质性 (空间的、时间的或者个体之间的) 可以稳定生态学上的相互关系。

8.6 似然竞争: 对无天敌空间的竞争

还有一个原因让我们在讨论竞争时需要保持警惕, 那就是 Holt (1977,1984) 所说的 "似然竞争" (apparent competition), 也有人称之为 "对无天敌空间的竞争" (Jeffries & Lawton, 1984, 1985)。

被同一种捕食者攻击的两个猎物种与竞争同一种资源的两个消费物种之间在本质上没有区别

我们想象有一个捕食种或者寄生种攻击的两个猎物 (宿主) 种。两个猎物种都受到天敌的伤害, 而天敌种从两个猎物种那里都获得好处。这样, 天敌种通过取食猎物种 1 可以使得自身多度上升, 而这本身会使得天敌种对猎物种 2 的危害增加。因此, 猎物种 1 间接地对猎物种 2 产生负面影响, 反之亦然。图 8.15 总结了这些相互关系, 从两个猎物种的角度来看, 这种相互关系和两物种竞争一份资源时的间接关系 (资源利用性竞争) 是类似的。在当前这个例子里似乎是没有限制性资源。因此, 我们使用 '似然竞争' 这个词。

似然竞争的证据…… 共受同一种拟寄生蜂寄生的两种宿主幼虫……

Bonsall 和 Hassell (1997) 用一种拟寄生物 [姬蜂 (*Venturia canescens*)] 和两个宿主种 —— 印度谷螟 (*Plodia interpunctella*) 和地中海斑螟 (*Ephestia kuehniella*) 的幼虫做了一个有趣的实验, 宿主之间彼此隔离 (因此它们之间没有资源利用性竞争关系), 但是拟寄生蜂可以在不同宿主种之间随意移动。如果一个培养箱只包含拟寄生蜂和一种宿主, 寄生种和宿主种都可续存, 它们的种群大小表现出阻尼振动, 趋向于一个稳定的平衡态 (图 8.16)。但是如果一个系统包含拟寄生蜂和两种宿主, 那么拟寄生蜂对具有较低内禀增长率的宿主 (地中海斑螟) 的影响更大。该宿主种的种群大小振动变得更加剧烈而且总是走向灭绝。通过设计一个很巧妙的实验, Bonsall 和 Hassell 在两种宿主幼虫之间没有资源利用性竞争的情形下证实了似然竞争的作用。

"似然竞争" 是一个完全合适的词汇, 但是有些时候把 "无天敌空间" 考虑为猎物种 (或者宿主种) 竞争的限制性资源也是有益的。这是因为: 两个猎物种中的一个 —— 不妨称为猎物种 1, 可以通过规避捕食者来获得优势, 而该捕食者既攻击猎物种 1 也攻击猎物种 2; 很明显, 猎物种 1 对捕食者的规避, 可以通过占据与猎物种 2 差异足够大的生境, 或者表现出与猎物种 2 差异足够大的行为来实现。简单地讲, "不同" (生态位分化) 在这里又一次促进物种共存 —— 它能够做到这一点是因为降低了似然竞争或者说对无天敌空间的竞争。

…… 腹足动物、双壳动物和它们的捕食者……

对无天敌空间的似然竞争的实验证明较少, 其中一个工作是用生活在加利福尼亚州圣卡塔利娜岛潮下带岩礁的两类猎物种进行的。第一类包含 3 种移走性的腹足动物: *Tegula aureotincta*、*T. eiseni* 和波缘星螺 (*Astraea undosa*); 第二类包括固生性的双壳动物, 其中猿头蛤 *Chama arcane* 是优势种。两个类群都被一种龙虾 [断沟龙虾 (*Panulirus interruptus*)]、一种章鱼 [双斑蛸 (*Octopus bimaculatus*)] 和一种峨螺 (*Kelletia kelletii*) 取食, 不过这些捕食者明显偏好双壳贝。在有着较大的圆石和岩缝的地方 ("高度安全" 区域), 双壳贝和捕食者的密度都很高, 而腹足动物的密度只是一般水平。在基本没有岩缝空间的不安全区域 (鹅卵石区域), 基本上见不到双壳贝, 只有少数的捕食者, 但是腹足动物密度很高。

两个猎物类群的密度呈现负相关; 但是从取食特征来看它们不应该因共享食物资源而发生竞争。另一方面, 当双壳贝被人为地引入到鹅卵石区域时, 聚集在那里的捕食者的数量会上升, 腹足动物的死亡率也会

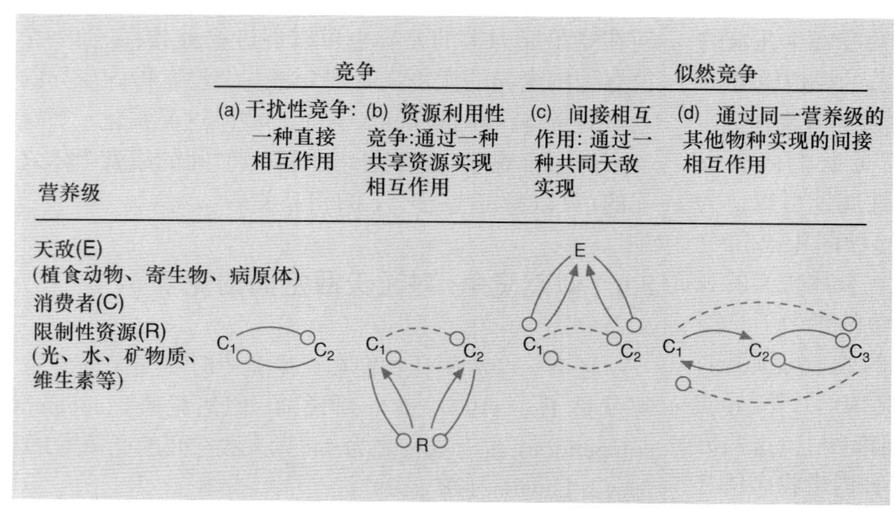

图 8.15 从相互关系的符号来讲, 下列关系无法区分: (a) 两个物种直接相互干扰 (干扰性竞争); (b) 两个物种消费同一种资源 (资源利用性竞争); (c) 两个物种被同一种捕食者攻击 (对无天敌空间的似然竞争); (d) 两个物种被第三个物种联系起来 —— 第三个物种是一个物种的竞争者同时是另一个物种的互利共生者。(——) 表示直接作用; (------) 表示间接作用; 箭头表示正作用, 圆圈表示负作用 (仿 Holt, 1984; Connell, 1990)。

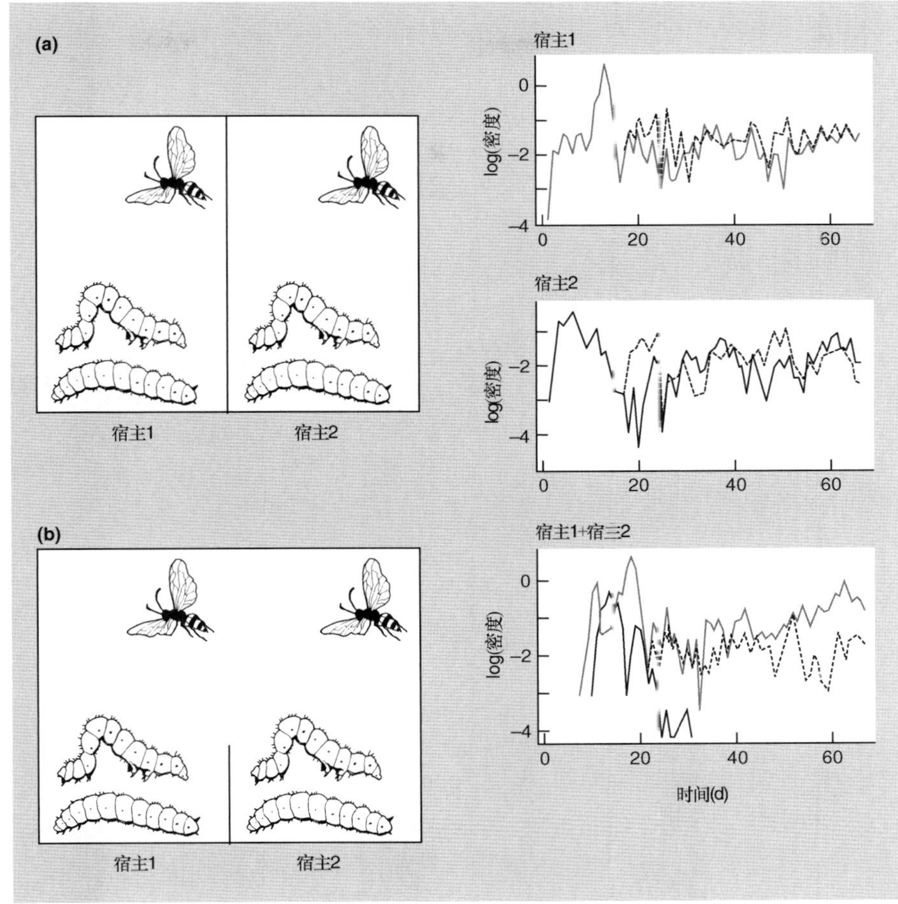

图 8.16 寄生物介导的似然竞争: 一种拟寄生蜂 (*Venturia canescens*) 在两种宿主幼虫上产卵。图左侧显示实验设计, 右侧表示拟寄生蜂 (黑色虚线) 和宿主种 (宿主 1 为印度谷螟 (*Plodia interpunctella*), 灰色线; 宿主 2 为地中海斑螟 (*Ephestia kuehniella*), 黑色线) 的种群动态。(a) 只有一个宿主时, 宿主和拟寄生蜂可以共存并达到一个稳定动态。(b) 当拟寄生蜂可以攻击两种宿主时, 宿主 2 表现出发散振荡, 并最终走向灭绝 (引自 Hudson & Greenman, 1998, 仿 Bonsall & Hassell, 1997)。

上升 (这往往是与来自虾和章鱼的捕食相关, 人们可以观察到这种捕食), 其密度会下降 (图 8.17a,b)。研究人员无法对 (移走性的) 腹足动物进行操纵, 但是具有较高密度的腹足动物的鹅卵石地点, 较之那些含有较低密度腹足动物的地方, 支持着较高密度的捕食者, 实验添加的双壳贝也有较高的死亡率 (图 8.17c)。没有猿头蛤 (*Chama*) 的高地势地点 (很少见) 相比其他地方 (图 8.17d) 而言, 捕食者密度较低, 腹足动物密度更高。看上去很显然, 每个猎物类群通过增加捕食者数量而对另一类猎物产生负面影响 (亦即捕食作用导致的死亡率)。

……热带雨林中共享拟寄生蜂的潜叶蝇类

有一个有着类似目的的实验工作是在中美洲伯利兹的一个热带树林中开展的, 研究人员在多个重复地点去除一种常见的潜叶蝇类萼潜蝇属 (*Calycomyza* sp.) 及其宿主植物 (*Lepidaploa tortuosa*) (菊科)。去除这些物种的地点与对照地点相比, 那些与该种蝇类具有不同宿主植物但是共享天敌 (拟寄生蜂) 的潜叶蝇类 (在一年之后) 其被寄生的程度更低, 多度更高 (Morris *et al*., 2004)。该工作在蝇类物种之间不可能竞争宿主植物的情形下支持了似然竞争 (其发生涉及共享天敌) 的预测。

为了全面认识这个问题, 我们还需要知道另一个间接的种间关系 ——“似然竞争” 这个词也适用于它 (图 8.15d); 物种 1 和物种 2 之间相互有负面作用, 但是物种 2 与物种 3 之间有正的 (相互) 影响 (见第 13 章)。这样, 物种 1 与物种 3 相互有负的间接作用, 尽管它们不共享任何资源或者捕食者。它们之间表现出似然竞争, 尽管竞争的对象不是无天敌空间 (Connell, 1990)。

重新认识植物竞争

迄今为止, 我们谈到的关于似然竞争的例子均来自于动物。Connell (1990) 对 54 个已发表的野外植物竞争实验进行了重新分析, 这个工作特别具有揭示意义。有 50 个工作的原始作者声称他们证明了传统意义上的种间竞争的存在。仔细分析这些工作会发现, 在很多例子中没有足够的信息来区分传统意义的竞争和似然竞争; 在另一些例子中有这样的信息 —— 但是这些信息并不明确。例如, 有一个在

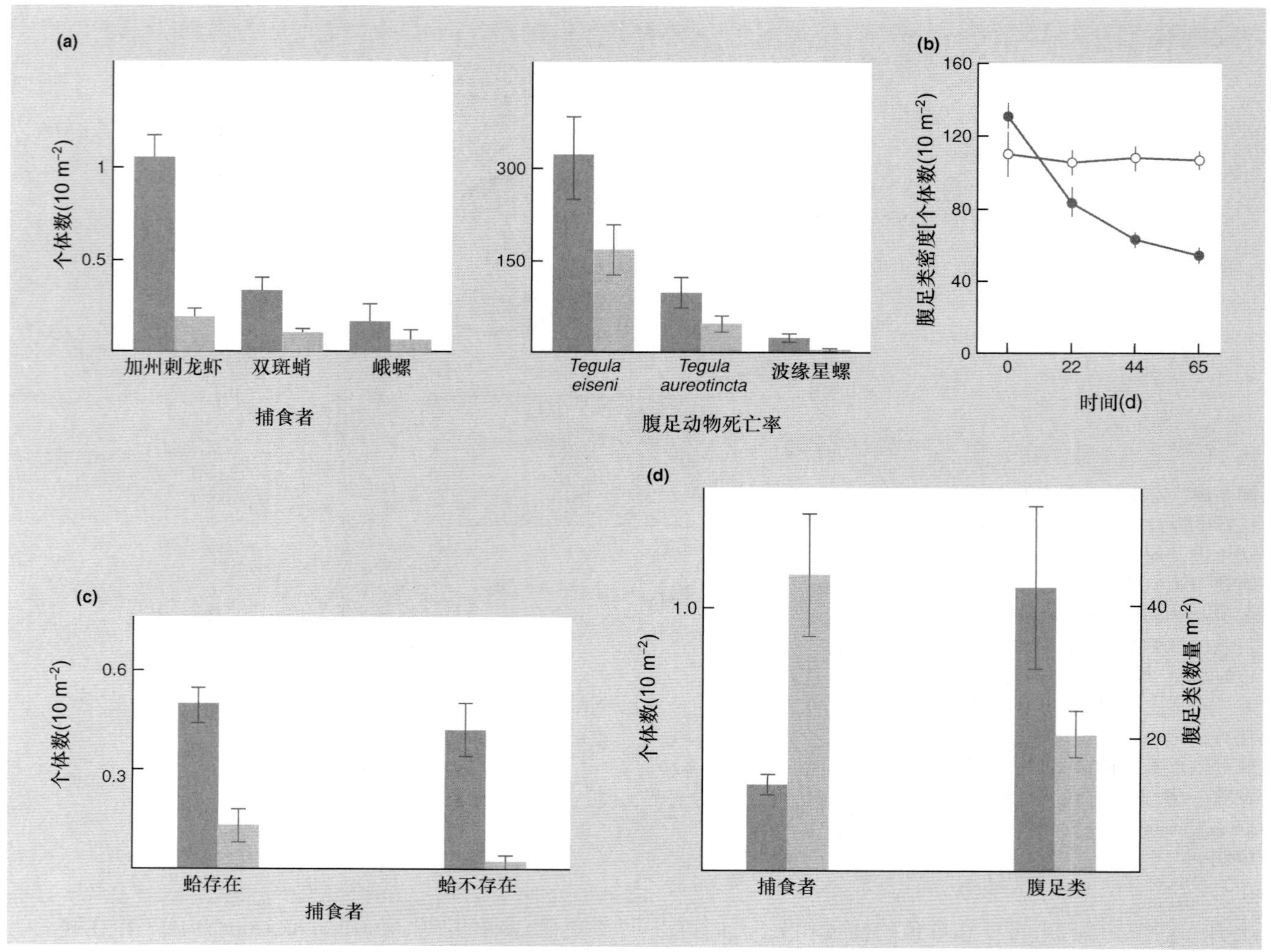

图 8.17 有关无天敌空间似然竞争的证据：来自美国圣卡塔利娜岛。(a) 当双壳贝被添加到腹足动物占优势的鹅卵石区域时 (深色柱图)，相对于对照 (浅色柱图)，捕食者密度 (每 10 m^2 数量，带标准误) 和腹足动物死亡率 (每个地点新死亡贝壳数量，带标准误) 都上升。(b) 这导致腹足动物密度下降 (标准误)。(c) 无论猿头蛤 (*Chama*) 是否存在，捕食者在腹足动物密度较高的鹅卵石区域 (深色柱图) 的密度 (每 10 m^2 数量，带标准误) 更高，在腹足动物密度较低的鹅卵石区域 (浅色柱图) 密度更低。(d) 在没有猿头蛤 (*Chama*) 的高地势位点 (深色柱图)，相对于有蛤分布的高地势位点 (浅色柱图)，捕食者的密度 (每 10 m^2 数量，带标准误) 更低，腹足动物密度 (每 m^2 数量，带标准误) 更高 (仿 Schmitt, 1987)。

亚利桑那州开展的工作发现：在一个去除了蒿属植物 (*Artemisia*) 的大样地里，22 种草本植物生长得更好，而那些没有受到这种扰动的样地或者仅仅在 3 m 宽的条带中去除蒿类植物的样地中则不然。最初作者给出的解释是在前者样地中植物对水分的资源利用性竞争大大降低 (Robertson, 1947)。但是，在大样地中草本遭到来自鹿、啮齿动物和昆虫的取食也降低了很多；对于这些动物而言蒿类植物既提供了食物也提供了庇护所。所以，这个工作的结果同样可能是由于似然竞争强度降低而导致的。

区分格局与过程

这一方面说明在过去人们对似然竞争的相对忽视是没有道理的，也再次强调在研究种间竞争时区分格局和过程 (或机制) 是非常重要的。在过去，生态位分化的格局——也就是某个物种缺失时另一物种多度的上升，过于容易地被解释为竞争的证据。现在我们可以见到，这样的格局可以由多种过程导致，想要得到正确的认识，我们需要甄别这些过程——不仅要区别传统意义的竞争和似然竞争，也要具体鉴别一类竞争 (如传统意义的竞争) 内的种种机制 (我们将在第 8.10 节再谈这个问题)。

8.7 种间竞争的生态学效应: 实验研究

野外实验与室内实验

尽管竞争和环境异质性之间的相互作用很重要, 似然竞争也比较复杂, 但是人们很大一部分精力还是放在了传统意义的竞争上。我们已经谈到解释纯粹的观察结果面临着一些困难 (见 Freckleton & Watkinson, 2001), 因此很多关于种间竞争生态学效应的研究都采用实验方法。比如, 我们已经学习过多个野外操纵实验, 它们涉及藤壶 (第 8.2.2 节)、鸟类 (第 8.2.5 节)、香蒲 (第 8.3.3 节) 和肺螺 (第 8.5.4 节)。在这些实验中, 一个物种的密度被改变 (通常是降低), 或者两个物种的密度都被改变。然后人们监测剩余物种的繁殖力、存活率、多度或者资源利用情况。然后把这些指标和操纵实验前的情形相比较, 或者跟没有进行操纵的对照样地进行比较 (后面这种比较方法要好得多)。这样的实验总是可以为我们提供有用的信息; 不过, 这样的实验在某些生物类群 (比如固生生物) 上进行比较容易, 而在另一些类群上就不好开展了。

第二类实验证据来自于在人为控制条件下 (往往是实验室内) 开展的工作。同样, 关键任务也往往是对物种单独生长时和混合生长时的响应进行对比。这类工作的优势在于实验容易开展、容易控制, 但是也有两个不足之处。首先, 在这样的实验中环境条件与物种在自然界中经历的环境不同。其次, 人工控制的环境过于简单, 这可能使得本来很重要的生态位维度消失而使得生态位分化无法实现。不过, 这些实验能够为研究竞争在自然界中的潜在影响提供有用的线索。

8.7.1 长期实验

在实验室或者人为控制环境中研究两个物种竞争结局的最直接方法就是, 把物种放在一起, 任其发展。不过, 竞争结局的发生往往需要一些时间, 即使是不对称竞争也恐怕需要几个世代 (或者一定的构件生物生长周期数) 才能完成竞争过程; 因此, 这种直接研究方法常常在某些物种中使用, 但是在另一些物种中很少使用。它往往应用于昆虫 (如面象虫, 第 8.4.3 节) 和微生物 (如草履虫, 第 8.4.3 节)。需要注意, 对于高等植物、脊椎动物以及大型无脊椎动物, 这种方法都不适用 (尽管第 8.10.1 节谈到一个植物的例子)。我们必须意识到, 这可能使得我们对种间竞争本质的理解存在偏差。

8.7.2 单世代实验

由于这些问题, 另一种 "实验室研究" 方法 —— 尤其是用植物开展的工作 (尽管这样的方法也偶尔用于动物), 往往仅对种群追踪一个世代, 比较实验种群的 "输入" 与 "输出" 状态。人们用到了几种实验设计。

替代实验

在替代实验 (replacement experiment) 中, 两个物种的总密度维持不变, 但是每个物种所占比例可以任意变化, 人们研究这种变化的效应 (de Wit, 1960)。例如, 植物总数量是 200 株, 那么研究人员可以设置以下系列的混生群落: 100 株 A 加 100 株 B, 150 株 A 与 50 株 B, 0 株 A 与 200 株 B, 等等。在实验结束时人们测量每个混生群落中每个物种的种子产量或者生物量。然后这样的替代系列可以在若干个总密度水平上建立。但是在实践中大多数研究者都只使用一个总密度水平, 这使得该方法受到不少的批评, 因为使用一个总密度水平意味着人们将无法预测历经几个世代竞争产生的影响 —— 经过几个世代群落的总密度必然会发生改变 (Firbank & Watkinson, 1990)。

不管怎么说, 替代系列研究还是为人们理解种间竞争属性以及影响竞争强度的因素提供了有价值的见解 (Firbank & Watkinson, 1990)。一个早期的很有影响的工作是 de Wit 等 (1966) 关于草本植物大黍 (*Panicum maximum*) 与豆科植物野黄豆 (*Glycine javanica*) 之间竞争的研究。这两种植物在澳大利亚草地系统中经常形成混生群落。大黍只能从土壤中获得氮, 而野黄豆可以通过固氮作用 (根瘤菌与该植物的根生长在一起; 见第 13.10.1 节) 从空气中获得一部分氮。在接种了根瘤菌和没有根瘤菌的环境中, 这两种竞争植物按照替代系列的设计被种植。实验结果以替代图 (replacement diagram) 和 "相对产量之和" (relative yield total) 的形式给出 (图 8.18)。一个物种在一个群落中的相对产量是它在该群落中的产量与其单独生长时产量的比率, 计算这样一个指标就去除了物种间在绝对产量上的差异而对两者在同一尺度上进行分析。一个群落的相对产量之和就是两个物种相对产量的加和。从替代图 (图 8.18a) 可以清楚地看到一点: 在根瘤菌存在的条件下, 两个物种尤其是野黄豆生长得更好 (受种间竞争影响更小)。不过, 相对产量之和 (图 8.18b) 可以更清晰地表达这一点, 在根瘤菌缺失的环境中相对产量之和总是不偏离 1, 但是在根瘤菌存在时总是超过 1 。这说明

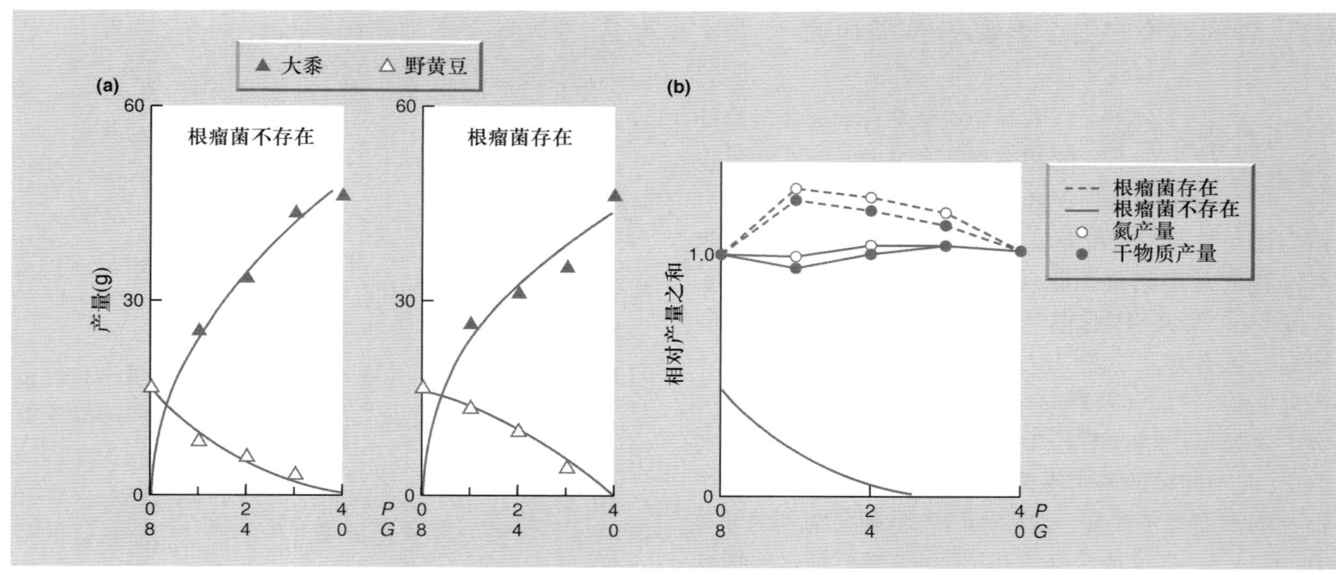

图 8.18　关于大黍 (*Panicum maximum*) 与野黄豆 (*Glycine javanica*) 的种间竞争的替代实验 —— 实验在根瘤菌存在或者缺失的情形下进行。(a) 替代图; (b) 相对产量之和 (仿 de Wit *et al.*, 1966)。

在没有根瘤菌时生态位分化是不可能实现的 (要想让一个物种得以存活, 另一物种的产量必须相应地降低), 但是在根瘤菌存在时生态位分化就可以发生 (两个物种一起生长时比单独生长时产量更高)。

添加实验　在过去另一个经常使用的研究方法是添加设计 (additive designs): 一个物种 (一般是作物) 按照一个固定的密度种植, 而另一个物种 (一般是杂草) 则以一系列的密度种植。这种方法的可行之处在于它模拟作物被杂草侵害的自然情形, 因而可以为了解不同水平的杂草侵害对作物的潜在影响提供信息 (Firbank & Watkinson, 1990)。但是这种方法存在一个问题: 植物的总密度和物种比例同时发生变化。因此人们发现很难分离杂草自身对作物的影响和植物总密度 (作物加杂草) 增加导致的影响。图 8.19 给出了一个例子, 描述了在美国阿拉巴马的两种杂草 —— 决明 (*Cassia obtusifolia*) 和反枝苋 (*Amaranthus retroflexus*) 对棉花产量的影响 (Buchanan *et al.*, 1980)。随着杂草密度上升, 棉花产量下降, 决明导致的这种影响比反枝苋更强烈。

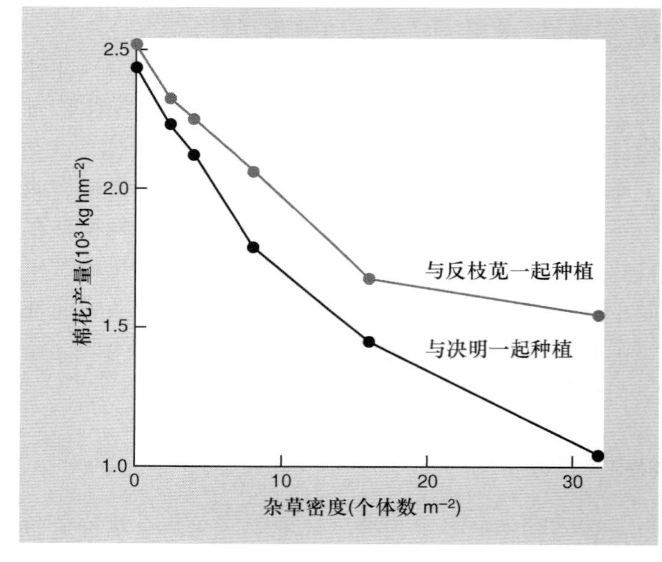

图 8.19　一个添加设计实验: 棉花播种密度保持不变, 杂草 [决明 (*Cassia obtusifolia*) 或者反枝苋 (*Amaranthus retroflexus*)] 以多种不同密度侵害棉花, 图示棉花的产量 (仿 Buchanan *et al.*, 1980)。

反应面分析　在替代实验设计中, 竞争者之间的比例存在变化但是植物的总密度保持不变, 而在添加实验设计中物种之间比例发生变化但是竞争物种之一的密度保持不变。因此, 我们对于 "反应面分析" (response-surface analysis) 的提出和应用不会感到诧异, 完全应该表示欢迎; 这种方法需要将两个物种在较大范围的若干密度上单独种植, 以若干密度和比例混合种植 (图 8.20; Firbank & Watkinson, 1985; Law & Watkinson, 1987; Bullock *et al.*, 1994b; 最后一个工作是针对一个物种的不同克隆的)。总体来讲, 这些研究表明下面的公式可以较好地描述一个物种 (A) 对另一个物种 (B) 的竞争作用。

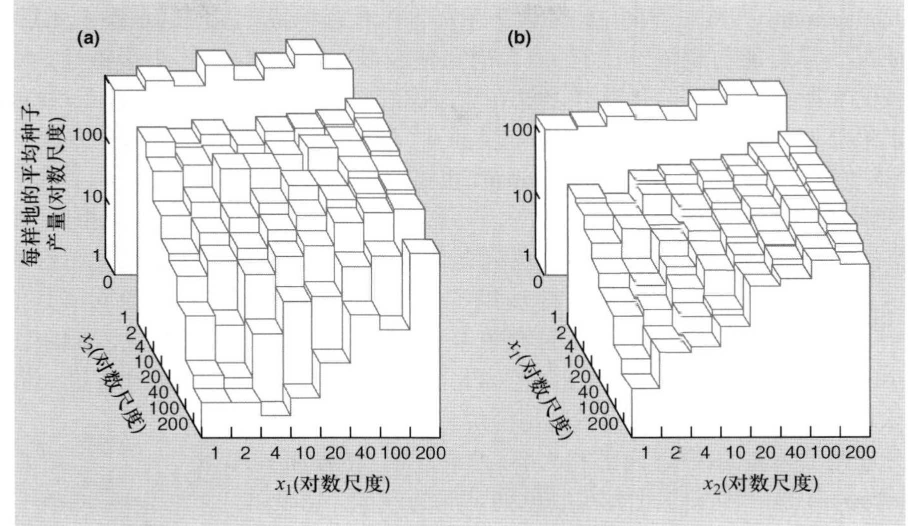

图 8.20 *Phleum arenarium* 与 *Vulpia fasciculata* 之间竞争的反应面分析。两个物种种植在单作群落或者混生群落中，混生群落的密度和物种频率都在一定范围内变化；x_1 和 x_2 分别是 *Phleum* 与 *Vulpia* 的播种密度。图示每盆 *Phleum* (a) 与 *Vulpia* (b) 的种子产量 (仿 Law & Watkinson, 1987)。

考虑死亡率:

$$N_{\rm A} = N_{i,\rm A}\left[1+m\left(N_{i,\rm A}+\beta N_{i,\rm B}\right)\right]^{-1} \qquad (8.16)$$

考虑繁殖率:

$$Y_{\rm A} = N_{\rm A}R_{\rm A}\left[1+a\left(N_{\rm A}+\alpha N_{\rm B}\right)\right]^{-b} \qquad (8.17)$$

这两个方程都可以认为是与方程 (5.17) (见第 5.8.1 节 —— 种内竞争的基本模型) 和方程 (5.12) (见第 8.4.1 节 —— 将种间竞争考虑进来) 相联系的。$N_{i,\rm A}$ 与 $N_{i,\rm B}$ 是物种 A 和 B 的初始数量，$N_{\rm A}$ 和 $N_{\rm B}$ 是物种 A 和 B 经历死亡之后的数量；$Y_{\rm A}$ 是物种 A 的产量 (种子数量或生物量)；m 和 a 是对拥挤效应的敏感程度；β 和 α 是竞争系数；$R_{\rm A}$ 是物种 A 的基础繁殖速率 (因此 $N_{\rm A}R_{\rm A}$ 是没有竞争情形下的产量)；b 决定密度依赖的类型 (对于死亡率方程而言默认为 1 —— 完全意义上的相互补偿)。图 8.20 所展示的这类数据 (来自单个世代的研究) 可以为方程 (8.16) 和方程 (8.17) 中的参数给出数值 (通过计算机程序)，这些公式则可以被用于预测这些物种经过多世代的竞争结局 —— 无论是替代实验设计还是添加实验设计都做不到这一点。

另一方面，Law 和 Watkinson (1987) 发现，如果在方程里面竞争系数不固定而是随物种频率和密度发生变化 (尽管从 "植物行为" 的角度来看这种事情的意义并不明确)，结果与反应面分析更加吻合。因此，反应面分析一方面揭示竞争物种之间相互关系的潜在复杂性，同时也说明了解和预测动态结局只是故事的一部分。我们可能还有必要了解其内在的机制 (见第 8.10 节)。

8.8 种间竞争的进化后果

8.8.1 自然实验

自然实验的利与弊

我们已经看到，研究者往往是通过比较物种在单独生长和混合生长时的情形来研究种间竞争。大自然也经常提供这样的信息，某些可能竞争的物种的分布情形是：在有些地方它们分布在一起 (同域分布)，在有些地方单独存在 (异域分布)。由于同域种群和异域种群的差异往往是长期存在的，这类 "自然实验" 可以提供更多的关于种间竞争的信息，尤其是竞争的进化后果。自然实验对研究者的吸引力来自两个方面。首先，这样的实验是自然的 —— 研究的对象是生活在自然生境中的生物；其次，这样的研究可以简单地通过观察来开展 —— 不需要做比较困难的或者不具可操作性的实验处理。但是这样的工作也有缺点 —— 缺少真正的 "实验" 和 "对照" 种群。理想情形下，两类种群之间应该只有一个差异：竞争物种的存在或者缺失。但是现实情况是，不同种群存在于不同的地点，因而一般情形下，它们之间在许多其他方面也存在着差别。所以人们在解释自然实验时必须保持警惕。

竞争释放与性状替换

自然实验对竞争给出的证据往往是竞争者缺失时物种生态位的扩张 [人们所说的 "竞争释放" (competitive release)]，或者是一个物种的同域种群和异域种群在实际生态位上的差异。如果这种差异也伴随着形态差异，这种效应称为性状替换 (character displacement)。另一方面, 生理学、行为学和形态学特征都一样可能与竞争作用有关, 都有可能反映一个物种的实际生态位。但是差异之处在于, 形态学上的区别最显然是进化改变的后果。不过我们后面也会看到 "竞争替换" (competitive displacement) 也可以表现在生理学和行为学 "特征" 上。

以色列的沙鼠: 竞争释放

在以色列的海岸沙丘上生活着两种沙鼠, 关于它们的一项研究为竞争释放提供了例证 (Abramsky & Sellah, 1982)。在以色列北部, 卡尔迈勒山脉 (Mt Carmel) 向海洋伸出的突出部位将狭窄的海岸带分成两个隔离的区域: 南部和北部。西奈沙鼠 (*Meriones tristrami*) 是一种来自北方在以色列定居的沙鼠。它现在分布在整个海岸线 (包括卡尔迈勒山的南部和北部) 有沙丘的地方。艾伦小沙鼠 (*Gerbillus allenbyi*) 是另一种沙鼠, 也生活在沙丘地带, 与西奈沙鼠取食类似的植物种子, 但是该物种从南方扩展到以色列, 并没有越过卡尔迈勒山脉。在卡尔迈勒山以北西奈沙鼠单独分布, 既生活在沙地上也生活在其他类型的土壤上。但是在卡尔迈勒山南部该物种只生活在几种类型的土壤上, 并不分布在沙丘上; 在这里只有艾伦小沙鼠生活在沙丘上。

看上去这是一个竞争排除和竞争释放的例子: 在卡尔迈勒山南部的沙丘区西奈沙鼠被艾伦小沙鼠排斥掉, 在北部西奈沙鼠获得竞争释放。这里的竞争排斥是现在发生的竞争过程导致的, 还是一种进化后果呢? Abramsky 和 Sellah 在卡尔迈勒山南部设置了一些样地, 在样地里将艾伦小沙鼠移除, 然后他们比较了这些样地和一类相似的对照样地中西奈沙鼠的密度。他们对这些样地监测了一年, 但是西奈沙鼠的多度根本没有发生变化。可能在卡尔迈勒山南部西奈沙鼠已经发生进化而只选择那些可以避开艾伦小沙鼠竞争的生境, 即使在艾伦小沙鼠缺失时它仍然保持其遗传固定了的生境选择习性。但需要注意, 虽然这个解释运用了 "过去竞争的幽灵", 而看上去很有道理也说明问题, 但这并不是被证实的科学事实。

形态特征替换……在印度獴之间……

关于印度獴的一个工作给出了一个形态特征替换的例子: 一种印度獴 —— 红颊獴 (*Herpestes javanicus*) 在分布区的西部与同属内一到两种个体稍大的物种 [灰獴 (*H. edwardsii*) 与赤獴 (*H. smithii*)] 共存, 在分布区东部这两个种不存在 (图 8.21)。Simberloff 等 (2000) 研究了这种动物的上犬齿 (这是獴杀死猎物的主要器官; 需要注意一点: 雌性个体小于雄性) 大小的变异。在东部 (图 8.21 中区域 Ⅶ) 独自分布种群中的雄性和雌性个体的上犬齿, 都比在西部 (区域 Ⅲ、Ⅴ、Ⅵ) 与大体型物种共存种群中个体的上犬齿要大 (图 8.22)。这些结果与下面的观点是吻合的: 在相似但体型更大的捕食者存在的环境中, 选择作用会使得红颊獴的捕猎器官变小; 这很可能使得该物种与同属其他种的竞争强度下降 —— 因为个体小的捕食者倾向于捕捉个体小的猎物。红颊獴在单独分布的地方上犬齿要大很多。

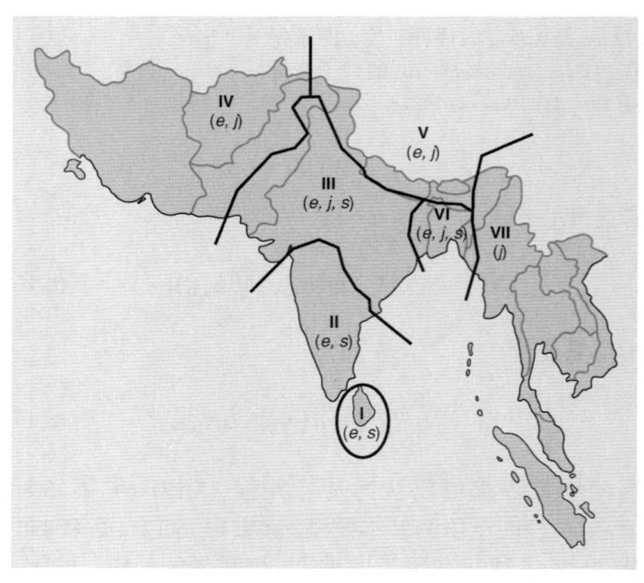

图 8.21　红颊獴 (*Herpestes javanicus*) (*j*)、灰獴 (*H. edwardsii*) (*e*) 与赤獴 (*H. smithii*) (*s*) 的自然地理分布区 (Ⅰ~Ⅶ) (引自 Simberloff *et al.*, 2000)。

非常有意思的一件事情是: 大约一个世纪以前印度獴被引入到其自然分布区之外的很多岛屿上 (人们往往是为了控制引入的鼠类而引入獴, 不过这种努力是有些幼稚的)。在这些地方不存在体型更大的獴的竞争者。经历了 100~200 世代后红颊獴进化出更大的体型, 目前这些岛屿动物个体具有中等程度的体型, 大小介于其起源地 (与其他种共存体型较小的地方) 和单独分布的东部动物体型之间。在岛屿上该物种个体表现出的变异与 "竞争释放" (从与大体型物种的竞争中得到释放) 相吻合。

……加拿大的三刺鱼之间

另一个例证是关于本来生活于海洋但现在生活于加拿大不列颠哥伦比亚省的淡水湖泊的三刺鱼 (*Gasterosteus aculeatus*), 这种鱼显然是因为冰川消退

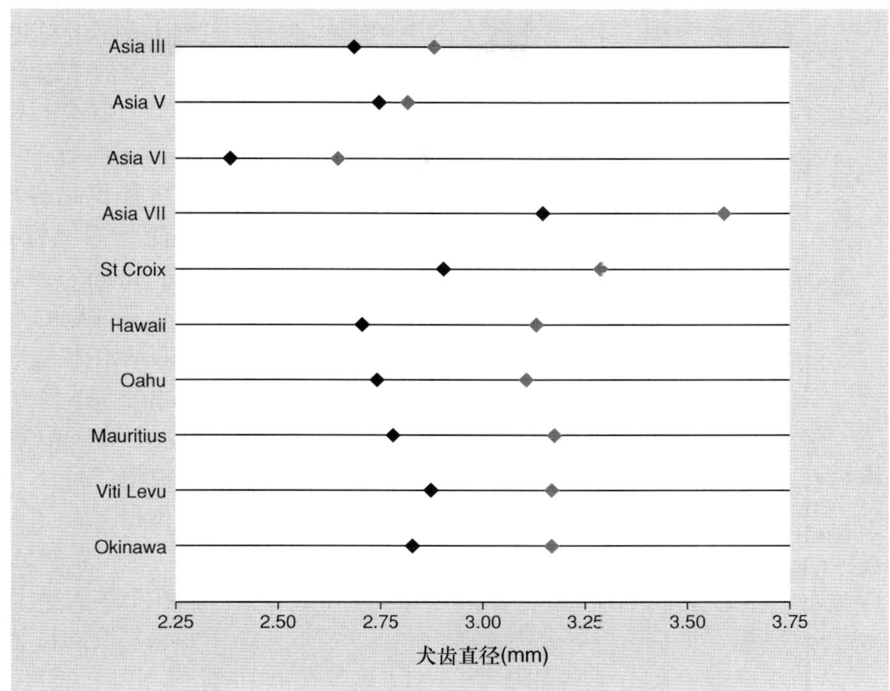

图 8.22 红颊獴 (*Herpestes javanicus*) 在自然分布区 (只对图 8.21 中的 Ⅲ、Ⅴ、Ⅵ、Ⅶ 区域有数据) 和引入区的犬齿的最大直径 (mm)。黑色符号表示雌性上犬齿平均大小, 灰色符号表示雄性上犬齿平均大小 (引自 Simberloff *et al.*, 2000)。

之后的陆地隆升 (约 12 500 年前), 或者该事件之后的海平面的起落事件 (约 11 000 年前) 之后被遗留在了大陆上 (Schluter & McPhail, 1992, 1993)。因为这种 "二次入侵" 的结果, 现在有些湖泊有两种 *G. aculeatus* 鱼类 (目前这两个种还没有自己特定的名字), 而另一些湖泊只有一个种。在有两种鱼类的地方, 一个种是浮游性的, 另一个是底栖性的, 前者在开阔水体捕食浮游生物, 长着较长的 (紧密排布的) 鳃耙 —— 它可以将浮游生物从吞入的水流中阻拦住。另一种鱼的鳃耙短很多, 主要捕食大体型的猎物, 因此主要取食植物或者沉积物 (图 8.23b)。在仅有一种鱼类的湖泊中, 这个物种会取食这两类资源, 在形态上处于中间位置 (图 8.23a)。我们推测, 可能在第二次入侵事件之后生态性状替换发生了进化, 并促进了这一对物种的共存, 也可能这种性状替换本来就是第二次入侵成功实现的前提条件。基于几个物种对的线粒体 DNA 的遗传学证据, 支持各个湖泊内发生适应性辐射而形成重复格局的观点 (Rundle *et al.*, 2000)。

如果性状替换最终是由竞争导致的, 那么竞争的效果将随着替换程度上升而下降。溪刺鱼 (*Culaea inconstans*) 在加拿大一些湖泊中与多刺鱼 (*Pungitius pungitius*) 同域分布, 与异域分布的种群相比, 这些同域溪刺鱼鳃耙更短, 颚更长, 身体更厚。Gray 和 Robinson (2002) 将异域溪刺鱼个体考虑为性状替换前的表型而将同域个体考虑为替换后的表型。每个表型都分别放在有多刺鱼的水箱中养殖, 异域 (替换前) 溪刺鱼生长情况显著差于同域 (替换后) 个体 (图 8.24)。这个结果与竞争物种之间分化之后竞争降低的假说一致。

泥螺: 性状替换的经典例证?

最后, 关于芬兰的两种泥螺 (*Hydrobia ulvae* 和 *H. ventrosa*) 和东南亚的两种犀甲 (*Chalcosoma caucasus* 和 *C. atlas*) 的工作为性状替换提供了两个可能的例证。这两种泥螺生活在不同区域时, 它们的个体大小基本是相同的; 当两个种分布在一起时, 它们在

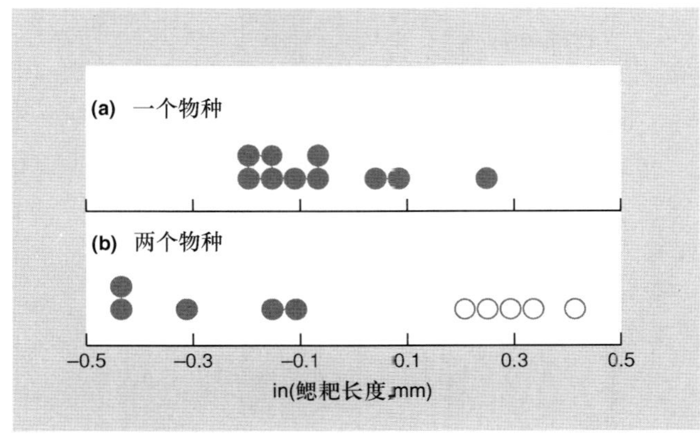

图 8.23 三刺鱼 (*Gasterosteus aculeatus*) 中的性状替换。在不列颠哥伦比亚海岸支持两种三刺鱼的小型湖泊中 (b), 底栖性物种的鳃耙 (•) 显著地比浮游性物种 (○) 要短; 而单独生活在一个湖泊中的三刺鱼物种 (a) 具有中等长度的鳃耙。图中给出的鳃耙长度数据是已经根据物种总体长度校正过的 (仿 Schluter & McPhail, 1993)。

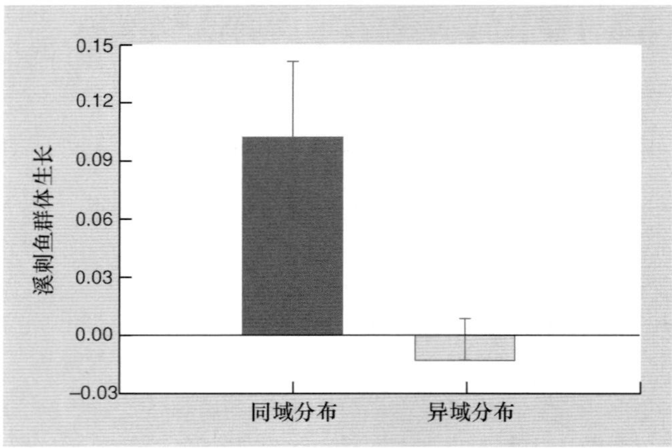

图 8.24 与多刺鱼同时养殖时同域溪刺鱼 (代表性状替换后表型; 深色图柱) 或异域溪刺鱼 (代表性状替换前表型; 浅色图柱) 的群体生长 (每个鱼箱内群体的最终质量与初始质量比值的自然对数值) 均值 (及标准误)。在与多刺鱼发生竞争时性状替换后表型的生长显著强于性状替换前表型 ($P = 0.012$) (仿 Gray & Robinson, 2002)。

个体大小上总是存在分化 (图 8.25a) (Saloniemi, 1993), 而且倾向于取食大小不同的食物颗粒 (Fenchel, 1975)。犀甲的形态差异表现出与泥螺相似的格局 (图 8.25b) (Kawano, 2002)。因此, 这些数据对性状替换 (其发生使得物种可以共存) 给出强烈的支持。但是, 即使是像泥螺这样的典型例证也面临着严重问题 (Saloniemi, 1993)。在芬兰, 同域种群和异域种群的生境是不一样的: *H. ulvae* 与 *H. ventrosa* 共存区域是有遮蔽的水体, 这样的生境很少受到潮水的影响; *H. ulvae* 单独分布的地方是比较开阔的受潮水影响的泥滩和盐沼, *H. ventrosa* 单独存在的生境是不受潮水影响的潟湖和池塘。另外, 在潮水影响较小的生境中 *H. ulvae* 个体长得更大, 但是 *H. ventrosa* 在这样的环境中长得较差。这一点就足以解释这些物种的同域个体和异域个体在个体大小上的差异。这说明像这些貌似能够证实性状替换的自然实验面临一个严重问题: 同域种群和

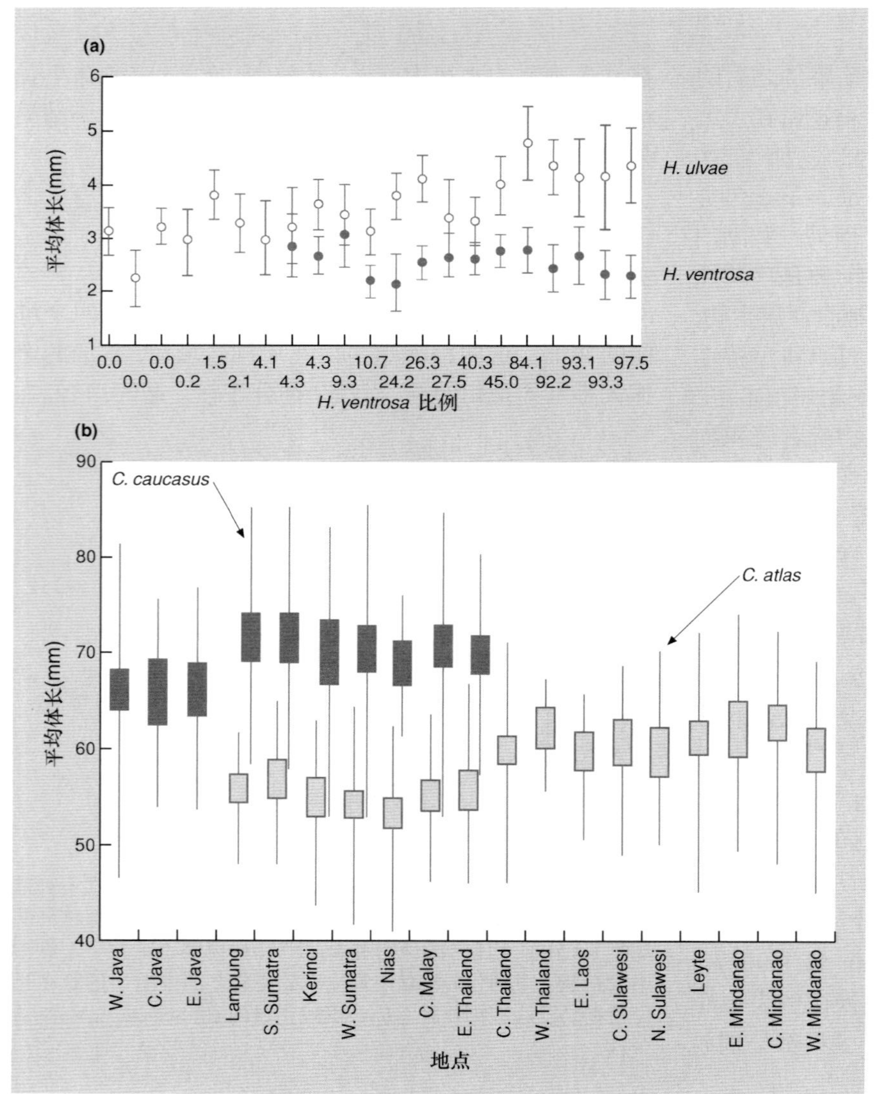

图 8.25 个体大小上体现出的性状替换。(a) 芬兰泥螺 *Hydrobia ulvae* 和 *H. ventrosa* 的平均体长, 数据点按照 *H. ventrosa* 个体所占比例升序排列 (仿 Saloniemi, 1993)。(b) 东南亚犀甲 *Chalcosoma caucasus* 和 *C. atlas* 的平均体长 (仿 Kawano, 2002)。在每一个例子中, 异域分布的两种动物个体的个体大小重叠很大, 同域分布的两种动物个体的个体大小差异显著。

异域种群生活的环境条件可能不同，研究者找不到对照。有时候，是这种环境差异，而不是竞争，导致了性状替换。

8.8.2 基于自然实验的研究

苜蓿－禾草竞争中的生态位分化

就像我们在沙鼠例子中看到的那样，有时候自然实验本身可以为开展后续的更有信息量的受控实验研究提供条件。有一个这样的工作是关于白车轴草 (*Trifolium repens*) 与多年生禾本科植物黑麦草 (*Lolium perenne*) 竞争而发生的生态位分化 (Turkington & Mehrhoff, 1990)。研究人员在两个地点研究了白车轴草：①“两物种”地点，在这里白车轴草的盖度达到 48%，多年生黑麦草达到 96% (两者叶子可以互相遮蔽，所以它们的盖度相加超过 100%)；② 白车轴草盖度为 40% 而多年生黑麦草盖度仅为 4% 的一个地点 (实际上相当于白车轴草单独出现)。研究人员一共开展了 3 个移栽实验 (将植物个体种到别的地方) 和 3 个重栽实验 (将植物种在原来地方)；图 8.26a 给出了详细描述。来自两个地点的白车轴草被种植在 3 种环境中：① 在“两物种”地点去除了白车轴草的样地，② 在“两物种”地点去除了白车轴草和多年生黑麦草的样地，③ 在白车轴草单独存在地点去除了白车轴草的样地。从不同样地的白车轴草生长量可以估测竞争的抑制和释放效果；由此可以推测白车轴草在“两物种”地点和单独出现地点之间生态位趋异的进化，也可以推测两个物种之间的生态位分化。

来自“两物种”地点的白车轴草种群好像确实是与其共存的多年生黑麦草种群发生了分化 (否则它们之间就会有很强烈的竞争)，它也与白车轴草单独出现地点的白车轴草种群存在着分化 (图 8.26b)。在“两物种”地点的仅去除白车轴草的样地，重栽的白车轴草 (处理 1) 比从白车轴草单独出现地点移栽来的植株 (处理 4) 生长得更好 ($P = 0.086$，差异接近显著)，这表明移栽来的植株与建群的多年生黑麦草竞争得更激烈。此外，将多年生黑麦草也去除不会对来自“两物种”地点的白车轴草产生影响 (处理 4 与处理 5，$P > 0.9$)，但是使得来自白车轴草单独出现地点的植株生长得更好 (处理 1 和处理 2，$P < 0.005$)。而且，在去除了多年生黑麦草的

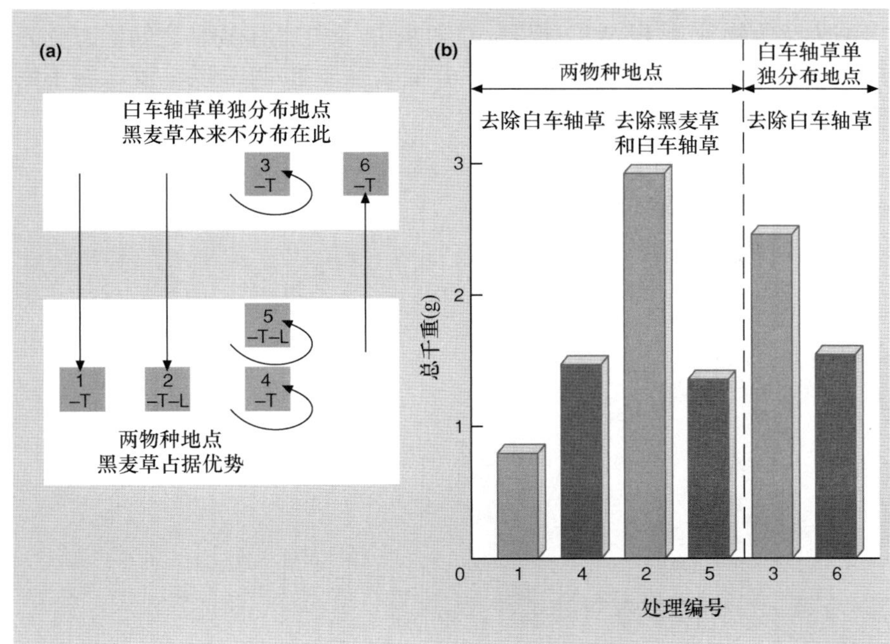

图 8.26 (a) 实验设计：白车轴草 (*Trifolium repens*) (T) 在与多年生黑麦草 (*Lolium perenne*) (L) 竞争中发生的进化。土著种白车轴草被去除，有时多年生黑麦草也被去除；白车轴草被移栽或者重新种植在原地，图中箭头的基部表示白车轴草的来源地，而箭头表示所种植的地方。图中各种处理的数字指代与 Connell (1980) 一致。(b) 实验结果：数据为白车轴草在不同处理下每样地的总干重。正文中给出了各个处理配对比较的统计学显著性 (仿 Turkington & Mehrhoff, 1990)。

样地，来自白车轴草单独出现地点的植株比来自“两物种”地点的植株生长得更好 (处理 2 与处理 5)。这些都说明只有来自白车轴草单独存在地点的同种植物才能因多年生黑麦草的缺失而获得竞争释放的效果。最后一点，在白车轴草单独出现的地点，来自“两物种”地点的白车轴草植株并不比在原产地生长得更好(处理 4 与处理 6, $P > 0.7$)，但是来自白车轴草单独出现地点的植株在原产地的生长情况，远远好于在“两物种”地点多年生黑麦草未去除的样地 (处理 1 与处理 3, $P < 0.05$)。所以说，来自“两物种”地点的白车轴草基本上不与共存的多年生黑麦草发生竞争，但是来自白车轴草单独出现地点的种群可以与黑麦草发生竞争，的确，将其移栽到“两物种”地点之后确实与黑麦草就真的发生了竞争。

8.8.3 选择实验

关于竞争的进化后果，直接例证还很少

要想证实一对竞争物种之间竞争的进化后果，最直接的方法就是研究人员去诱导这样的效果，也就是将选择压力 (竞争) 强加给物种，然后观察结果。还很少有此类的成功例子 —— 这也许出人意料。在某些例子中，一个竞争物种会对另一个竞争物种施加的选择压力产生响应，好像其竞争能力可以加强 (它在混生群落中所占比例增加了)。图 8.27a 给出了一个关于两个果蝇物种的例子，但是这样的结果丝毫不能说明一个物种竞争能力加强的原因 (比如，它无法说明是不是生态位分化导致了这种结果)。

要想找到一个选择实验的例子来说明生态位分化的加强会导致竞争者的共存，我们可以把目光从最严格意义的种间竞争移开，来看一下一种细菌 —— 荧光假单胞菌 (*Pseudomonas fluorescens*) 内三种类型之间的竞争；这些不同类型的细菌都是无性繁殖的，可以当成是不同的物种 (Rainey & Trevisano, 1998)。依据在固体培养基上菌落的形态，这三种类型分别命名为“平滑型” (smooth, SM)、“皱缩型” (wrinkly spreader) 和“模糊型” (fuzzy spreader)。在液体培养基中这些类型也占据培养瓶中不同的部位 (图 8.28a)。在不停摇动的培养瓶中没有这些不同类型建群所需要的不同生态位，由 SM 个体组成的纯培养系可以保持其纯系状态 (图 8.28b)。但是，如果培养瓶不摇动，突变的 WS 和 FS 可以入侵进来并建立种群 (图 8.28c)。另外，研究人员可以确定不同类型在稀有时入侵其他类型纯培养系的竞争能力 (图 8.28d)。6 种可能的入侵情形中有 5 个是可以成功的。有一个例外，WS 可以阻止 FS 的入侵，但是这不会使得 FS 消失，因为 FS 可以入侵 SM 培养系，而 SM 可以入侵 WS。但是，总的来讲，关于竞争物种之间生态位分化增强的实验工作要么是非常难以理解，要么很不幸地被忽视了。

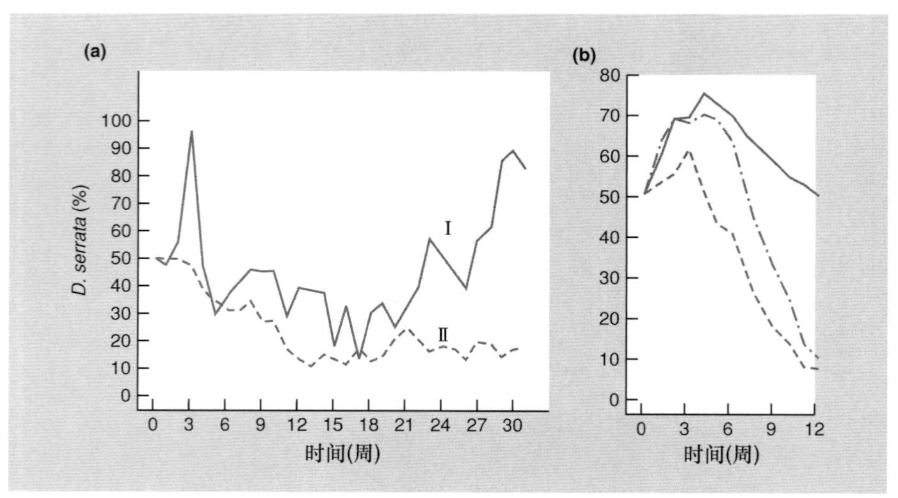

图 8.27 果蝇 (*Drosophila serrata*) 竞争能力发生明显进化。(a) 两个与 *D. nebulosa* 共存 (也竞争) 的实验种群中的一个 (种群 Ⅰ) 在约 20 周后频率激增。(b) 在后来与 *D. nebulos* 的竞争实验中，种群 Ⅰ 的个体 (——) 比种群 Ⅱ 的个体 (- - -) 或者以前没有经历种间竞争的储备种群的个体 (– - –) 表现更好 (仿 Ayala, 1969)。

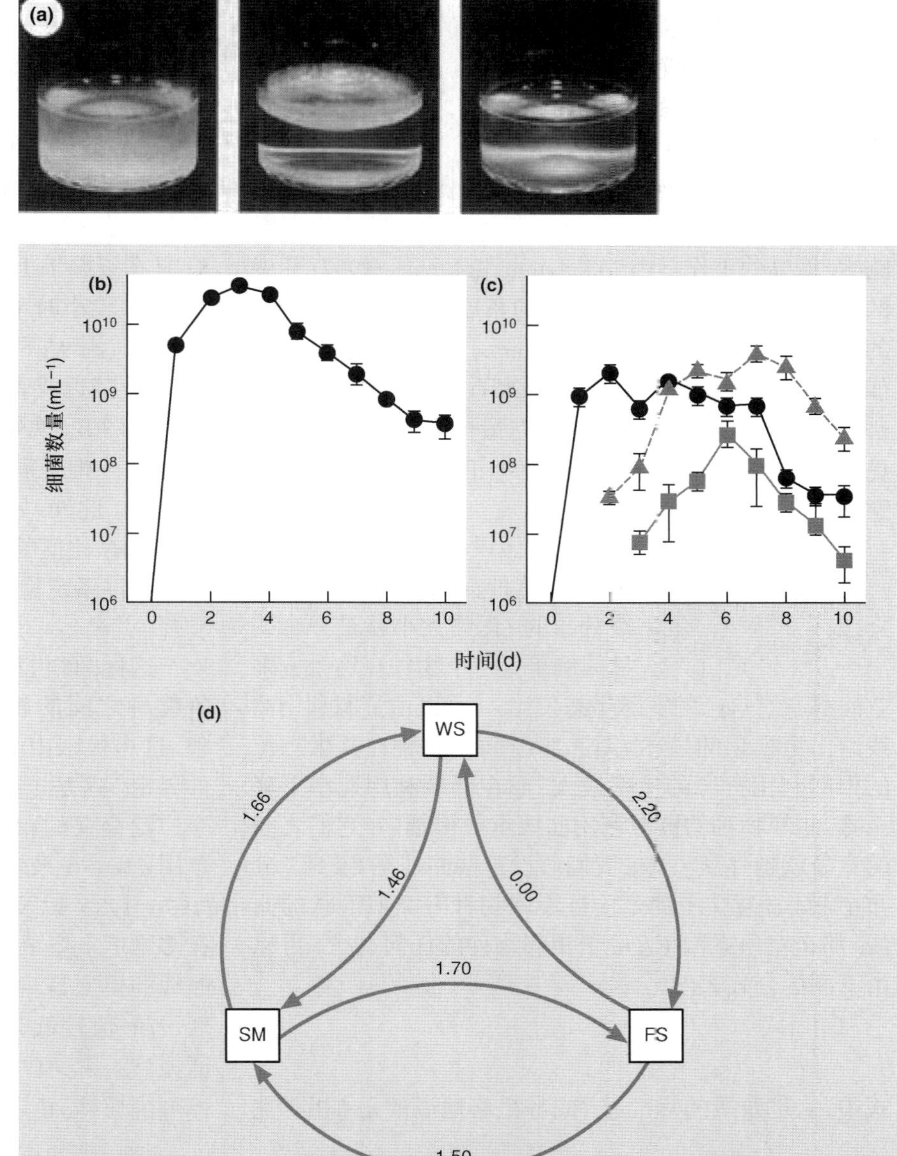

图 8.28 (a) 荧光假单胞菌 (*Pseudomonas fluorescens*) 的三种类型 (SM, 平滑型; WS, 皱缩型; FS, 模糊型) 的纯培养系在液体培养基中的不同位置生长。(b) 在摇动的培养瓶中, SM 纯培养系得以维持。(c) 在不摇动的原本为 SM (●) 纯培养系的培养瓶中, WS (▲) 和 FS (■) 突变型产生、入侵并建立种群; 数据棒表示标准误。(d) 一个起初稀有的类型(箭头基部) 入侵另一个类型 (箭头顶部) 的纯培养系时的竞争能力 (相对增长率)。数值大于 1 表示有能力入侵 (稀有时是竞争强者), 数值小于 1 表示不能入侵 (仿 Rainey & Trevisano, 1998; 经 *Nature* 授权许可使用)。

8.9 生态位分化与竞争共存物种之间的相似性

也许人们会认为科学进步是由对问题给出答案而实现的。事实上, 科学进步往往是一个找到新问题替代旧问题的过程, 新问题更切题、更具挑战性。在本节我们将要关注的领域就是这样 —— 共存的竞争物种之间有多大的差异, 以及共存物种之间需要多大差异才不会使得某一个物种因竞争而灭绝。

Lotka-Volterra 模型预测, 如果两个竞争物种的种内竞争都显著大于种间竞争, 那么它们可以稳定共存。显然生态位分化会使得竞争效应集中在种内而不是种间。因此, Lotka-Volterra 模型和竞争排斥原理都暗示, 竞争物种只要有一点生态位分化就可以稳定共存。人们试图去确定这个说法是不是正确的, 在此过程中, "竞争物种之间是否需要存在差异才能实现稳定共存" 这个问题在 20 世纪 40 年代极大地锻炼了生态学家的思维 (Kingsland, 1985)。

共存需要多大的生态位分化?

不过, 现在我们很容易就发现这个问题提得并不好, 因为它没有明确界定 "差异" 的含义。在我们已经学习过的一些例子中. 竞争物种的共存貌似是与一定程度的生态位分化有关的。但是如果我们足够细心观察的话会发现所有共存物种都是有差异的——这种差异可以与竞争根本没有关系。因此，人们得到一个更切题的问题："生态位分化的程度是否需要超过一定水平才能保证物种稳定共存"，换言之，共存物种之间的相似性是否有一个极限？

人们（基于 Lotka-Volterra 模型的变形）针对资源利用性竞争情形来回答这个问题所作出的尝试比较有影响力，最早的工作是由 MacArthur 和 Levins (1967) 开展的，而 May (1973) 做了进一步的拓展。事后来看，他们的研究手段当然存在问题 (Abrams, 1983)。不过，我们如果先来看他们的研究途径再来看各种反对意见，还是可以对"极限相似性问题"有最全面的了解。在这里，以及通常情形下，模型即使不"正确"也可以有指导意义。

一个简单的模型给出一个简洁的回答……

我们假设有 3 个物种竞争一种资源，这种资源是单一维度、连续分布的（食物大小就是一个明显的例子）。每个物种在这个一维空间都有它自己的实际生态位——可以由资源利用曲线给出可视化的描述（图 8.29）。每个物种在其生态位的中间利用资源的速率最大，而在两端利用速率下降至零；相邻物种的资源利用曲线重叠得越多，它们之间的竞争就越强烈。如果我们假设这些曲线是"正态"分布（统计学意义上的），并且不同物种有类似形状的曲线，那么竞争系数（适用于相邻物种的任何一个）可以由下面的公式表示：

$$\alpha = e^{-d^2/4w^2} \tag{8.18}$$

式中，w 是曲线的标准差（或者粗略地说就是"相对宽度"），d 是相邻曲线峰值之间的距离。所以，当相邻曲线隔离很远时（$d/w \gg 1$；图 8.29a），α 的值很小；当曲线相互靠近时（$d/w < 1$；图 8.29b），α 趋近于 1。

相邻曲线之间多大的重叠便不会破坏稳定共存呢？假设处于外围的两个物种有相同的环境容纳量（K_1，表示可获取资源对物种 1 和物种 3 的适宜程度），然后我们考虑它们与另一个物种——该物种环境容纳量为 K_2 且在资源轴上位于前面两个物种之间——的共存。当 d/w 较小时（物种比较相似，α 较大），共存所需要的条件（用 $K_1 : K_2$ 的比值来确定）是很严格的，但是当 d/w 接近或者超过 1 时这些严格的要求迅速解除了（图 8.30）。换句话说，d/w 较小时物种共存是可以实现的——但是需要环境对不同物种的适宜程度平衡得非常好。此外，如果环境是变化的，那么环境波动将导致 $K_1 : K_2$ 比值的变动，只有当较大范围的 $K_1 : K_2$ 比值可以允许系统稳定时（大致而言，$d/w > 1$）共存才可能实现。

……这一答案几乎必然是错的

这样，该模型表明共存的竞争物种之间的相似性有一个极限，这个极限由 $d/w > 1$ 这一条件界定。这是正确答案吗？事实上，恐怕不大可能有一个广泛存在的相似性极限，更不大可能有一个可以简单用 $d/w > 1$ 来表述的普遍适用的相似性极限。Abrams (1976, 1983, 以及其他学者) 指出，其他模型——允许在多维度上竞争的模型或者有着其他式样的资源利用曲线的模型等——会得到不同的相似性极限，往往发现 d/w 值较低时也可以允许稳定共存的发生。换句话说，"$d/w > 1$" 是一类模型分析的属性，但不是其他模型的属性，更不是整个自然界的属性。另外，前文我

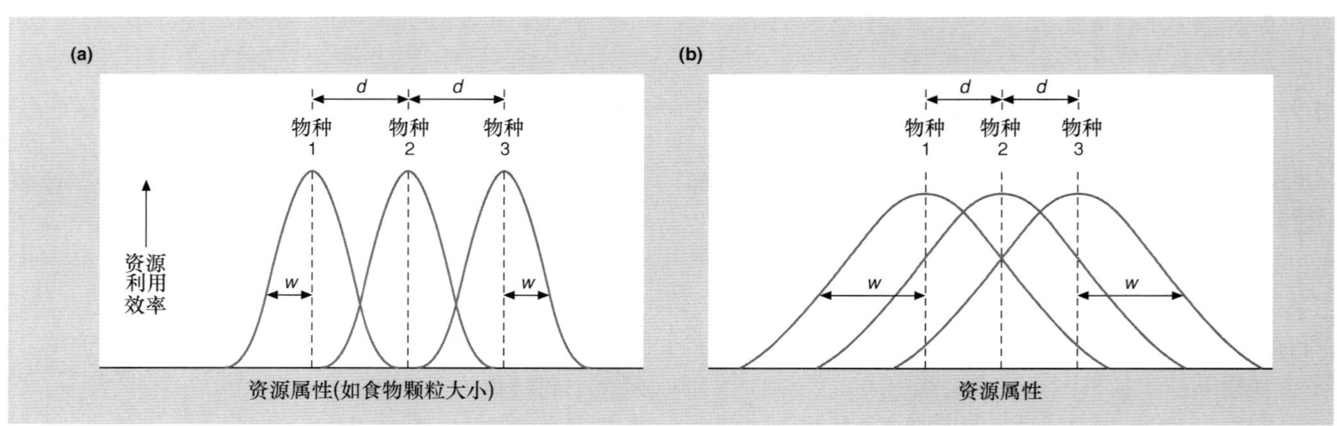

图 8.29 沿一个一维资源谱共存的 3 个物种的资源利用曲线。d 是相邻曲线峰值处之间的距离，w 是曲线的标准差。(a) 基本没有重叠的较狭窄的生态位 ($d > w$)，即种间竞争较小；(b) 有着较大重叠的宽阔生态位 ($d < w$)，即种间竞争较强烈。

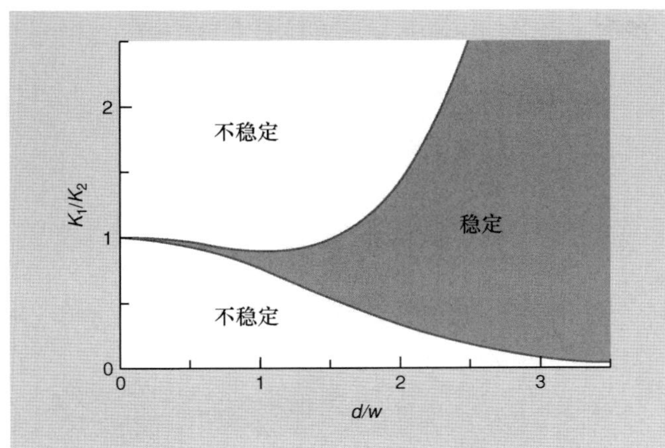

图 8.30 有着不同程度的生态位重叠的 3 个物种可以形成平衡态群落的适宜生境范围 (以环境容纳量 K_1 和 K_2 表示; $K_1 = K_3$) (仿 May, 1973)。

们已经看到, 由于环境的异质性、似然竞争的存在, 在讨论竞争物种共存时, 只有资源利用性竞争和与之相关的生态位分化来加以解释是不够的。这也与普遍的相似性极限这一观点相悖。

从另一方面看, 前面讲到的这些模型给出的最一般化的信息还是有道理的: ① 在现实世界中 (它本身有着必然的变异性), 资源利用性竞争物种之间的相似性很可能存在着极限, ② 这样的极限不仅反映物种之间的差异, 也反映种内的变异性、资源的属性、资源利用曲线的属性等。

那答案是什么呢? 看情况

可是, 极限相似性问题是最好的提问吗? 我们想要知道共存物种之间的生态位分化的程度。如果物种总是紧密地排列在一起, 能多紧密就有多紧密, 那我们推测物种之间的差异是最低程度的 (极限的)。但是有什么原因让它们这样呢? 我们再次回到竞争的生态和进化后果的区别上来 (Abrams, 1990)。生态学后果是: 如果一个物种的生态位 "不合适" 的话, 它就会被消灭掉 (如果它试图入侵一个群落那么它会被拒绝), 极限相似性问题将关心这个提问: 有多少个物种可以被塞进来? 但是, 共存的物种也可以进化。我们一般是观察到生态学后果, 还是生态与进化的综合后果? 它们之间有区别吗? 没有第二个问题的答案我们无法回答第一个问题, 而对第二个问题的答案恐怕必然是 "依情况而定"。基于不同竞争机制的模型预测进化可使得生态位之间或者间隔更大, 或者排列更紧密, 或者与仅靠生态学过程预测的生态位配置相同 (Abrams, 1990)。

这样, 我们从这些讨论中可以学习到两点。第一, 极限相似性问题是一个纯粹的理论问题。第二, 我们在该领域已经有所进展 —— 这些进展的意义在于, 我们不断地发现新问题来替代旧问题, 而不是在实践上去回答这些问题。人们获得的数据可以提供答案 —— 我们所看到的答案是: 问题的不断细化。我们在该领域最新近的认识大概就是, 需要等到我们对资源分布、利用曲线以及 (更一般化地说) 资源利用性竞争的潜在机制有更好的认识之后, 才能开始回答与 "生态位相似性" 有关的问题。我们现在就转向这些方面。

8.10 生态位分化和资源利用的机制

尽管要在种间竞争和生态位分化之间建立一个直接的联系面临很多困难, 但毫无疑问, 生态位分化常常是物种共存的基础。

生态位分化……

……不难想象动物之间的分化, 但是对植物就困难一些……

生态位分化的方式有很多, 其中之一是资源分割, 或者说得更普遍一点就是有差异的资源利用。当不同物种生活在完全相同的生境中但利用不同资源时, 资源分割就发生了。动物所需的资源大都是其他生物物种 (地球上有数以百万计的物种类型) 的个体或者生物体的部分, 因此 (总的来讲) 不难想象竞争的动物物种之间可以分割资源。但是不同植物种则有着非常相近的资源需求, 它们面临的限制性资源可能是相同的 (见第 3 章), 发生资源分割的机会也小很多。

在很多情形下, 生态学上相似物种所需求的资源在空间上是隔离的。有差异的资源利用可以表现为物种间在微生境上的分化 (例如, 不同的鱼类在不同的水深处取食), 甚至也可以表现为地理分布上的差异。另一方面, 不同资源的可利用性也可以在时间上分离; 比如, 不同资源可以在一天中的不同时间或者不同季节被利用。这样, 有差异的资源利用可以表现为不同物种在时间上的隔离。

……基于资源与环境条件

生态位分化的另一种主要方式是基于环境条件的 (Wilson, 1999)。当两个物种需求完全相同的资源时, 如果它们获取资源的能力受到环境条件的影响 (因为受到环境限制), 而且它们对环境条件的响应又不同, 那么不同物种可能在不同的环境中占据竞争优势。这也可以表述为微生境的分化, 或者地理分布上的区别或者时间上的隔离 (取决于合适的环境条件是在小的空间尺度上变动还是在大的空间尺度上表现出变异, 或者随时间变化)。当然, 在某些情形下 (特别是在植物中), 要区分环境条件和资源并不很容易 (见第 3 章)。生态位分化 可能基于一种既是资源又是环境条件的因子 (如水分)。

空间与时间上的分离

关于物种在空间或者时间上的分离, 有很多例证, 有动物的也有植物的。例如, 在美国新泽西州的两种无尾蝌蚪 [春雨蛙 (*Hyla crucifer*) 和庭园蟾蜍 (*Bufo woodhousii*)], 它们每年取食时间相隔大约 4~6 周, 这种差异貌似 (尽管不必然) 与物种对环境条件而非资源的季节变化的不同响应相关 (Lawler & Morin, 1993)。在以色列岩质沙漠共存的两种刺鼠在昼夜行为上表现出区别: 非洲刺毛鼠 (*Acomys cahirinus*) 夜间活动而金刺鼠 (*A. russatus*) 白天活动, 尽管后者在同属物种被去除后就会变成夜间活动 (Jones *et al*., 2001)。在挪威的挪威云杉上生活着两种取食韧皮部的树皮甲虫 (重齿小蠹 (*Ips duplicatus*) 和云杉八齿小蠹 (*I. typographus*), 在树干直径这样大的空间尺度上其取食地点表现出分离, 尽管这种分离的原因还不清楚 (Schlyter & Anderbrandt, 1993)。对于植物和固生生物而言, 空间和时间上的分离很可能是非常重要的, 因为这样的生物在同一地点和同一时刻发生资源利用分化的机会很有限 (见 Harper, 1977)。证明物种在空间或时间分布上存在差异是一回事, 但是要证明这种差异和竞争有关系在很大程度上是另一回事 (事情经常是这样的)。我们在第 8.3.3 节中学习到的香蒲是竞争植物在空间上分离的例子。图 8.31 给出了另一个例子, 是关于一年生植物 *Sedum smallii* 和 *Minuartia uniflora* 的, 它们在美国东南部的裸露花岗岩层上的植被中占据优势地位。成年植物在空间分布上表现出非常明显的分带, 这种分布和土壤厚度相关 (而土壤厚度本身和土壤湿度又是相关联的); 进一步的实验结果强化了以下观点: 种间竞争而非物种在耐受性上的差异导致了这种分带现象。

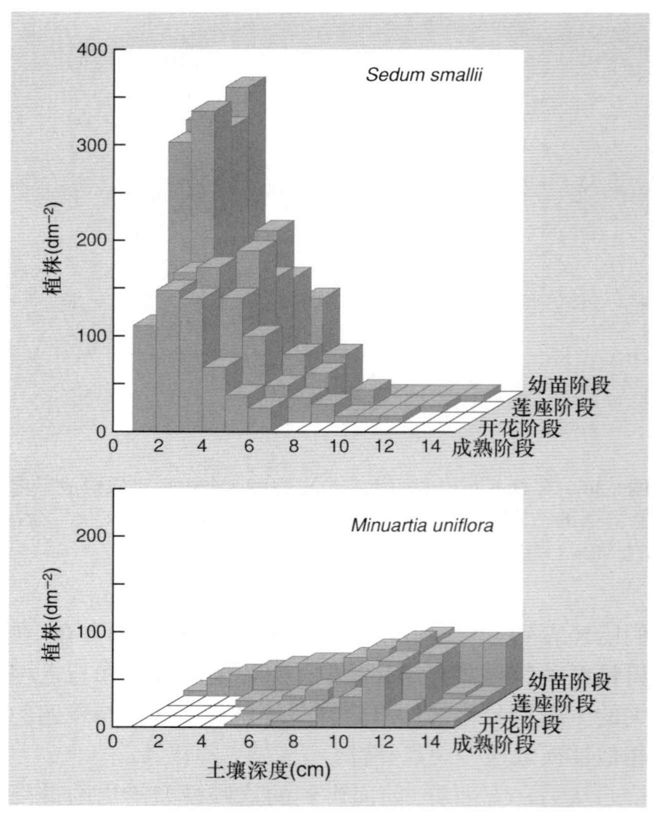

图 8.31 两种一年生植物 *Sedum smallii* 和 *Minuartia uniflora* 在 4 个生活史阶段中个体分布的分带现象 (分带与土壤厚度相关) (仿 Sharitz & McCormick, 1973)。

但是, 描述竞争结局 —— "一个物种与另一个物种共存, 或者把另一个物种排斥掉", 甚至是将竞争结局和生态位分化联系起来 (无论这种生态位分化是基于资源或环境条件, 或空间或者时间上的差异), 这都对于理解竞争过程本身没有多大帮助。要想了解竞争过程, 我们需要更多地聚焦于资源利用的机制; 在本章我们已经多次意识到这一点。一个物种比另一个物种利用资源的能力更强, 竞争能力更强, 这种过程到底是怎样实现的呢? 当有两种资源对两个消费者而言都是绝对必需时, 这两个消费者如何能够实现共存?

考虑资源动态的必要性

另外, 就像 Tilman (1990) 指出的那样, 监测两个竞争物种的种群动态可以让我们有一定的能力去预测它们以后竞争的情形, 但是我们基本上无法预测当每个种遇到别的竞争物种时会表现如何。如果我们了解所有物种与它们共享的资源之间相互关系的动态, 那么就能够预测任何一对物种的资源利用性竞争的结局。人们试图同时考虑竞争物种的动态和资源动态来解释竞争限制性资源的物种共存, 我们现在开始学习人们在这个方面做出的尝试。我们在这里只扼要地学习一下模型和主要的结论, 不深入讨论细节。

8.10.1 对一种资源的利用

针对单一资源的一个模型……

Tilman (1990) 针对若干模型指出, 当两个物种利用同一种限制性资源而发生竞争时, 竞争结局取决于哪个物种在利用资源时能够将资源浓度降低到更低的稳定态水平 (equilibrium concentration): R^*; 我们在第 8.2.6 节中已经看到了对这种说法的经验证据。对于似然竞争而言则情况相反: 猎物 (或者宿主) 中能够支持最大数量的捕食者 (或者寄生者) 的那个物种将成为赢家 (如 Begon & Bowers, 1995) —— 这个预测可以从图 8.17 中获得。

在资源利用机制的细节上存在差异的不同模型给出了不同的公式来表示 R^*, 但即使最简单的模型也是有启发意义的:

$$R_i^* = m_i C_i / (g_i - m_i) \tag{8.19}$$

式中: m_i 是消费者物种 i 的死亡率或者说丧失速率; C_i 是物种 i 的相对增长速率 (relative rate of increase, RRI; 即每单位生物量的生长量与繁殖量) 达到其最大值一半时的资源浓度 (因此, 需要最多资源才能快速生长的消费者的 C_i 是最大的); g_i 是物种 i 可以达到的最大相对增长速率。这意味着, 成功的资源利用竞争者 (具备很低的 R_i^*) 应该综合具备以下特性: 高资源利用效率 (低 C_i 值)、低的死亡率 (低 m_i 值) 和高增长速率 (高 g_i 值)。不过, 一种生物有可能无法同时具备两种属性 (比如说, 低 C_i 值和高 g_i 值)。一种植物如果将更多的物质和能量投入到叶子生长和光合功能, 则可以获得更快的生长, 但是要获得更高的资源利用效率则需将更多的物质和能量投入到根系生长。一头母狮如果能够快速跑动才能更好地在猎物密度低的地方生存, 但是如果这头母狮经常怀孕, 那将是很困难的事情。因此, 要弄清楚物种在资源利用上的竞争能力, 我们可能最终需要了解生物是如何平衡导致低 R_i^* 的属性以及与增加其他方面适合度属性之间的关系。

…… 用禾本科植物验证

对这些观点的验证工作很少, 其中之一是 Tilman 等对竞争氮资源的陆生植物开展的研究 (Tilman & Wedin, 1991a, 1991b)。他们在一系列不同氮浓度的实验条件下种植 5 种禾本科植物的单作种群。其中两个物种 [帚状裂稃草 (*Schizachyrium scoparium*) 和须芒草 (*Andropogon gerardii*)] 相对另外 3 个物种而言, 总是能够将土壤中硝酸盐和铵态氮的浓度降

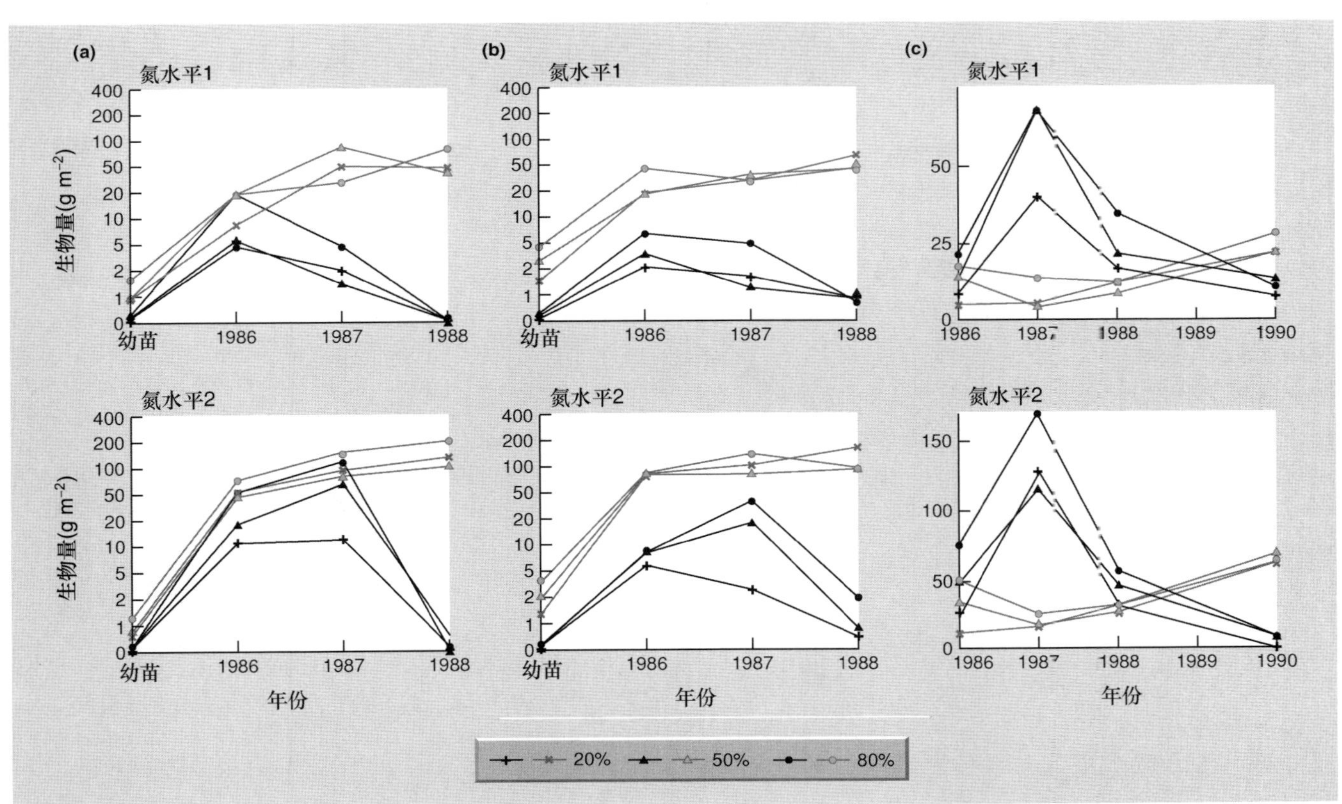

图 8.32 剪股颖 (*Agrostis scabra*) (黑色线) 与 (a) 裂稃草 (*Schizachyrium scoparium*)、(b) 须芒草 (*Andropogon gerardii*) 和 (c) 匍匐冰草 (*Agropyron repens*) (灰色线) 竞争实验的结果: 在两个氮资源水平上 (两个水平都较低) 剪股颖都会被后三者竞争排斥掉, 无论植物初始播种比率是 20%, 还是 50% 或 80%。在每种情形下, 剪股颖对硝态氮和铵态氮有着较低的 (译者注: 应为较高的) R^* (见正文)。竞争排斥在 (c) 中发生得最慢 (此时两个物种的 R^* 差异最小) (仿 Tilman & Wedin, 1991b)。

到更低水平 (有一个例外: 在氮浓度最高的土壤中不是这样)。另外 3 个物种中, 匍匐冰草 (*Agropyron repens*) 和草地早熟禾 (*Poa pratensis*), 相对于剪股颖 (*Agrostis scabra*) 而言, 可以将土壤氮浓度降低到更低水平。当剪股颖与匍匐冰草、裂稃草或者须芒草种植在一起时, 竞争结果和资源竞争理论的预测很一致 (图 8.32), 尤其是在氮资源浓度较低的土壤中 (在这种环境中氮最有可能是限制性资源)。可以将氮资源降低到最低水平的物种总是竞争赢家, 剪股颖总是被竞争排斥掉。对在太平洋盆地入侵城市生境的夜行性疣尾蜥虎 (*Hemidactylus frenatus*) 开展的工作得出了类似的结果。该物种的入侵导致土著壁虎物种哀鳞趾虎 (*Lepidodactylus lugubris*) 种群下降。Petren 和 Case (1996) 证实昆虫是这两个物种的限制性资源。在实验围栏中, 入侵种可以将昆虫资源降低到更低水平, 土著种个体的身体状况、生育力和存活率都因此受到负面影响。

我们再回到 Tilman 研究的禾本科植物, 这五个物种是明尼苏达州的典型弃耕地演替序列中不同阶段的物种; 很明显, 在这个序列中更晚出现的物种对氮资源的竞争能力更强。这些物种 (尤其是裂稃草和须芒草) 对根系的资源分配更多, 地上营养生长速率更低, 对繁殖功能的资源分配更低 (如图 8.33b)。换句话说, 它们的根系赋予它们更高的资源利用效率 [公式 (8.19), 低 C_i 值] 而获得较低的 R^* 值, 尽管它们为此付出了代价——生长速率与繁殖速率下降 (更低的 g_i)。事实上, 当将这些物种都考虑在内时, 土壤硝态氮浓度最终表现出的变异有 73% 可以由植物根系生物量所解释 (Tilman & Wedin, 1991a)。因此, 这个演替序列 (第 16.4 节对演替有更全面的讨论) 好像是一个由高效的、强大的资源利用物种和竞争物种取代快速生长和繁殖的物种的过程。

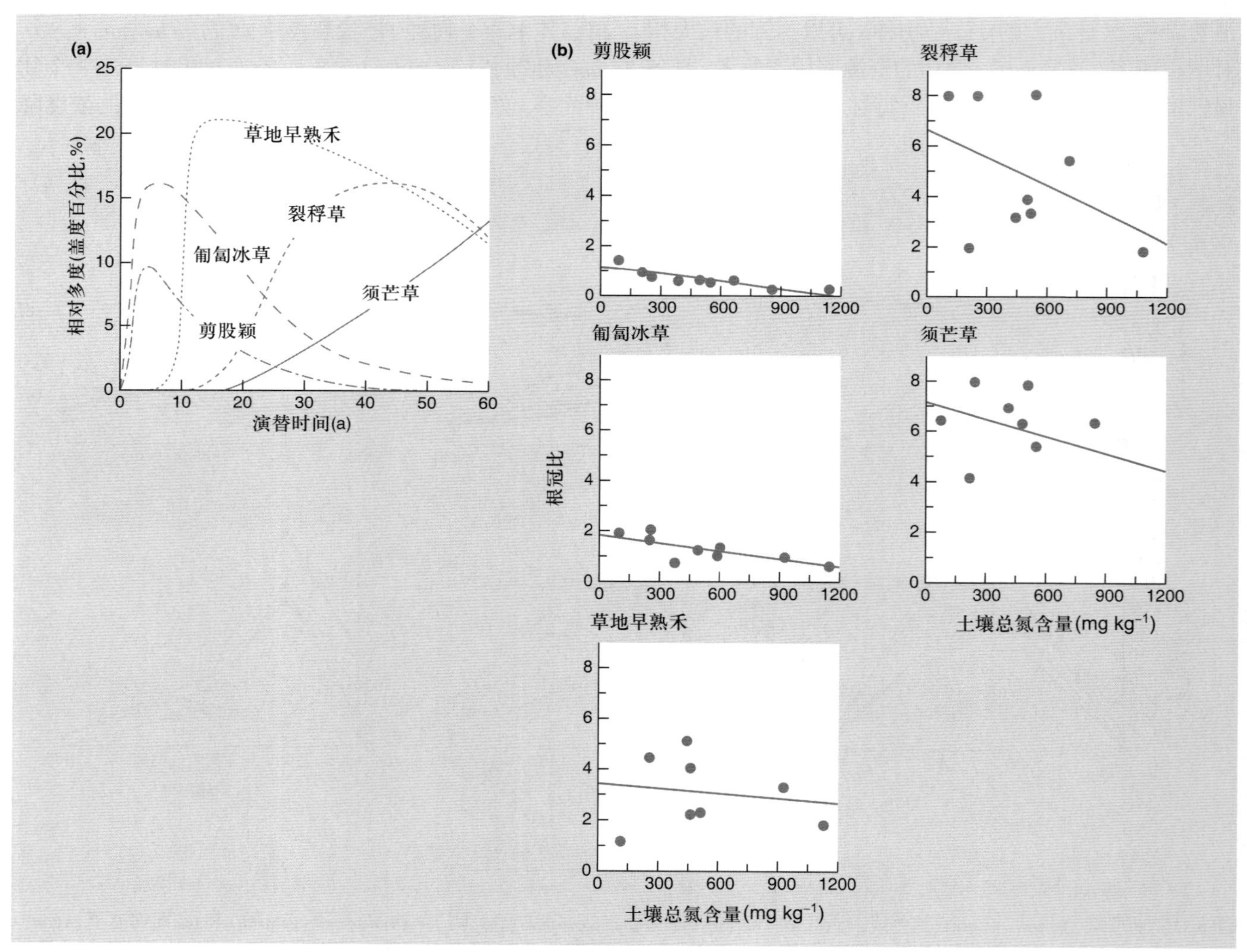

图 8.33 (a) 在美国明尼苏达州的锡达克里克自然史区 (Cedar Creek Natural History Area), 弃耕地演替过程中 5 种禾本科植物的相对多度。(b) 植物根冠比往往在演替后期物种中更高, 随土壤氮水平增加而下降 (仿 Tilman & Wedin, 1991a)。

8.10.2 对两种资源的利用

针对两种资源的一个模型 —— 零增长等斜线：生态位边界

Tilman (1982, 1996; 亦见第 3.8 节) 也考虑了两个物种竞争两种资源的情形。从种内竞争的知识出发，我们可以为利用两种必需资源的一个物种定义零增长等斜线 (见第 3.8 节)。这个等斜线是满足该物种生存繁殖所需的资源组合范围和无法满足该物种生存繁殖资源组合范围之间的分界 (图 8.34)，因此可以表示该物种在这两个生态位维度上的生态位边界。这里我们不管超补偿、混沌等复杂情况，假设种内竞争可以使得种群达到一个稳定的平衡点。不过，这里所说的平衡点有两层含义：种群大小应该保持稳定，资源水平也需保持稳定。在零增长等斜线上任何一点种群大小都是稳定的 (这是零增长等斜线的定义规定的)，Tilman 指出在零增长等斜线上只有一个点能保证资源水平也是稳定的 (图 8.34 中的 S^*)。我们知道 R^* 是物种在利用一种资源时的资源浓度平衡点，在两种资源情形下与 R^* 具有相同含义的就是 S^* —— 它表示消费者对资源的利用 (使得资源浓度向着图中左下角方向变化) 和资源的自然更新 (使得资源浓度向着右上角方向移动) 之间的一个平衡。事实上，在没有消费者时，资源的更新将使得资源浓度位于资源 "供应点" (见图 8.34)。

从种内竞争过渡到种间竞争，我们需要将两个物种的零增长等斜线叠加在同一幅图上 (图 8.35)。这两个物种可能会有不同的资源利用速率，但是资源供应点只有一个。竞争结局取决于该供应点的位置。

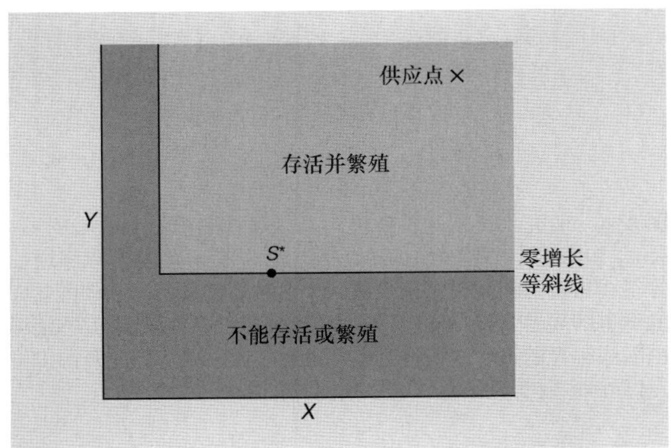

图 8.34 一个物种的零增长等斜线可能受限于两种资源 (*X* 与 *Y*)，它将资源组合范围分为两部分：满足该物种生存繁殖所需的和无法满足该物种生存繁殖所需的。在这个例子中，*X* 与 *Y* 都是必需资源 (见第 3.8.1 节)，因此零增长等斜线是矩形的。S^* 点是零增长等斜线上唯一的资源浓度维持不变的点 (在这一点上资源的消耗和更新方向相反且强度等同)。在没有消费者的情况下，资源更新将使得资源浓度位于图示的资源供应点。

一个竞争强者与一个竞争弱者

在图 8.35a 中，物种 A 相对物种 B 而言，其零增长等斜线距离两个坐标轴都更近。资源供应点可以出现的区域有三个。如果供应点出现在区域 1，也就是比两个物种的零增长等斜线都低，任何物种都不能得到足够的资源，都不能存活。如果供应点在区域 2，也就是低于物种 B 的零增长等斜线但是高于物种 A 的，那么物种 B 无法存活，这个系统将在物种 A 的零增长等斜线上达到平衡；与单一资源情形相似，物种 A 可以把资源浓度降低到物种 B 无法存活的水平上，所以 A 会把 B 竞争排斥掉。当然，如果两个物种的零增长等斜线的位置调换，那么竞争结局将会相反。

共存：依赖于资源供应点的资源比例

在图 8.35b 中，两个物种的零增长等斜线发生重叠，资源供应点可出现的区域有 6 个。出现在区域 1 的供应点低于任何一个物种的零增长等斜线，不会支持任何一个物种存活；出现在区域 2 的供应点低于物种 B 的零增长等斜线，将只能保证物种 A 存活；出现在区域 6 的供应点低于物种 A 的零增长等斜线，将只能保证物种 B 的存活。区域 3、4、5 落在任何一个物种的基础生态位空间内，但是竞争结局将取决于供应点出现在哪个区域。

图 8.35b 中最关键的区域是 4。资源供应点出现在这个区域时，物种 A 更多地受限于资源 X 而不是资源 Y，而物种 B 更多地受限于资源 Y 而不是资源 X。但是，物种 A 利用得更多的资源是 X 而不是 Y，物种 B 利用得更多的资源是 Y 而不是 X。因为每个物种利用得更多的资源也正是对其生长限制得更严重的资源，该系统将在两个零增长等斜线的交点处达到平衡，这个平衡点是稳定的：这两个物种可以共存。

微妙的生态位分化：每个物种对更能限制自身生长的资源利用得更多

这是一种生态位分化，不过是比较微妙的一种。并非两个物种利用不同的资源，而是说物种 A 由于对资源 X 的利用使得自己更多地受限于资源 X，而物种 B 由于对资源 Y 的利用使得自己更多地受限于资源 Y。其结局是竞争物种的共存。相反，当资源供应点出现在区域 3 时，两个物种都是更多地受限于资源 Y 而不是 X，可是物种 A 可以将资源 Y 的浓度降低到比物种 B 的零增长等斜线更低的地方 —— 物种 A 自己的零增长等斜线上，在这里物种

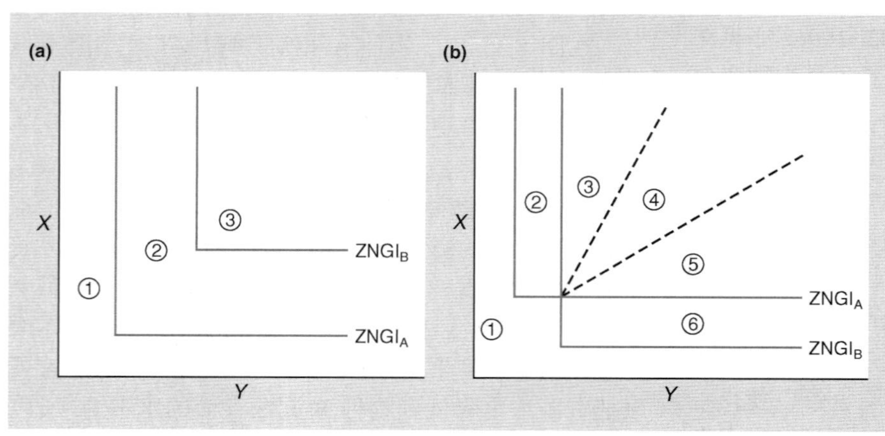

图 8.35 (a) 竞争排斥: 物种 A 的零增长等斜线 (zero net growth isocline, ZNGI) 比物种 B 更靠近资源轴; 如果资源供应点位于区域 1, 任何物种都不能存活; 如果资源供应点落在区域 2 或 3, 物种 A 会将资源浓度降低到它的零增长等斜线上的一点 (在这里物种 B 无法存活和繁殖), 物种 A 将物种 B 排斥掉。(b) 受限于两种必需资源的两个物种有可能共存。物种 A 和物种 B 的零增长等斜线交叉, 产生了 6 个值得注意的区域; 当资源供应点位于区域 1 时, 没有哪个物种可以存活; 在区域 2 和 3 时, 物种 A 排斥掉物种 B; 在区域 5 和 6 时, 物种 B 排斥掉物种 A; 在区域 4 (两条虚线包围的区域) 时, 两个物种共存。更多细节讨论见正文。

B 不能存活。出现于区域 5 的资源供应点导致的情形是相反的: 两个物种都是更多地受限于资源 X 而非 Y, 物种 B 可以将资源 X 的浓度降低到低于物种 A 的零增长等斜线的某个位置。因此, 出现于区域 3 或者 5 的资源供应点会有利于某一个物种, 其结果是竞争排斥。

所以竞争两种资源的两个物种是可以共存的——只要下面的两个条件得以满足:

(1) 生境 (也就是资源供应点) 必须使得一个物种更多地受限于一种资源而另一个物种更多地受限于另一种资源。

(2) 任何一个物种利用得更多的资源也正是更多地限制其生长的那个资源。因此, 在理论上讲, 我们可以基于资源利用上的不同来理解植物种之间的竞争共存。关键之处大概就是需要明确地考虑资源的动态以及竞争物种的动态。就像其他的由生态位分化导致的物种共存的例子那样, 实现共存的本质条件是: 对于任何一个物种, 种内竞争比种间竞争更强烈。

对这个模型最好的证据来自 Tilman 对两种硅藻——美丽星杆藻 (*Asterionella formosa*) 和梅尼小环藻 (*Cyclotella meneghiniana*)——之间竞争进行的实验工作 (Tilman, 1977)。Tilman 直接观察了这两个物种对磷酸盐和硅酸盐的利用速率以及它们的零增长等斜线; 然后他用观察到的这些结果去预测在一系列资源供应点上的竞争结局 (图 8.35)。最后, 他在若干资源供应点上进行了竞争实验, 结果在图 8.36 给出。在大多数情形下, 实验结果证实了他的预测。在两种情形下实验结果和预测不一致, 但是这时候的资源供应点都和区域边界很接近。因此, 这个实验的结果是很鼓舞人心的。但是,实践证明, 要想把这种来自实验室的研究方

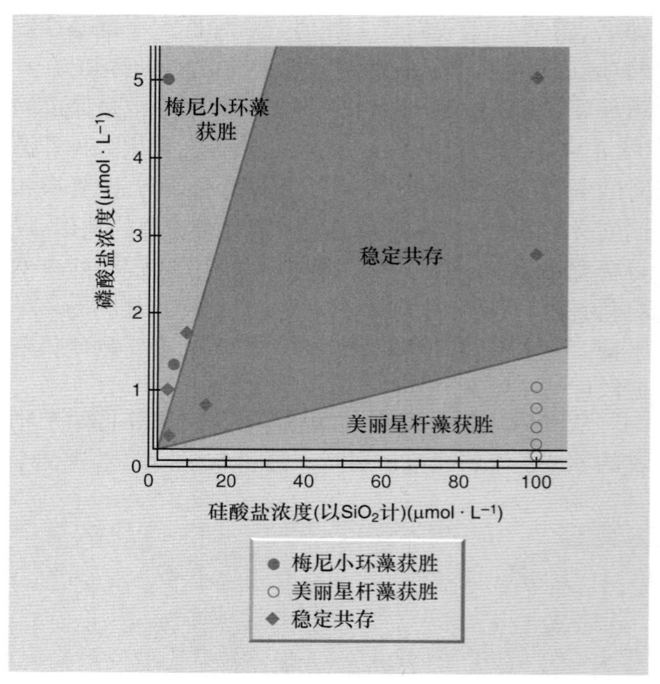

图 8.36 研究人员用两种硅藻——美丽星杆藻 (*Asterionella formosa*) 和梅尼小环藻 (*Cyclotella meneghiniana*)——的实际零增长等斜线与资源利用矢量来预测两个物种竞争硅酸盐和磷酸盐时的竞争结局; 然后开展一系列的实验来验证这些预测, 竞争结局由图注解释的符号来描述。除了两个邻近区域边界的资源供应点以外, 多数实验证实了这些预测 (仿 Tilman, 1977, 1982)。

法运用到自然种群中去是极端困难的; 在实验室中, 人们可以控制资源供应点, 而在自然条件下人们无法控制资源供应点, 甚至估计资源供应水平都是不现实的 (Sommer, 1990)。我们亟需来自其他类型植物和动物的研究工作来强化和扩展这个模型。

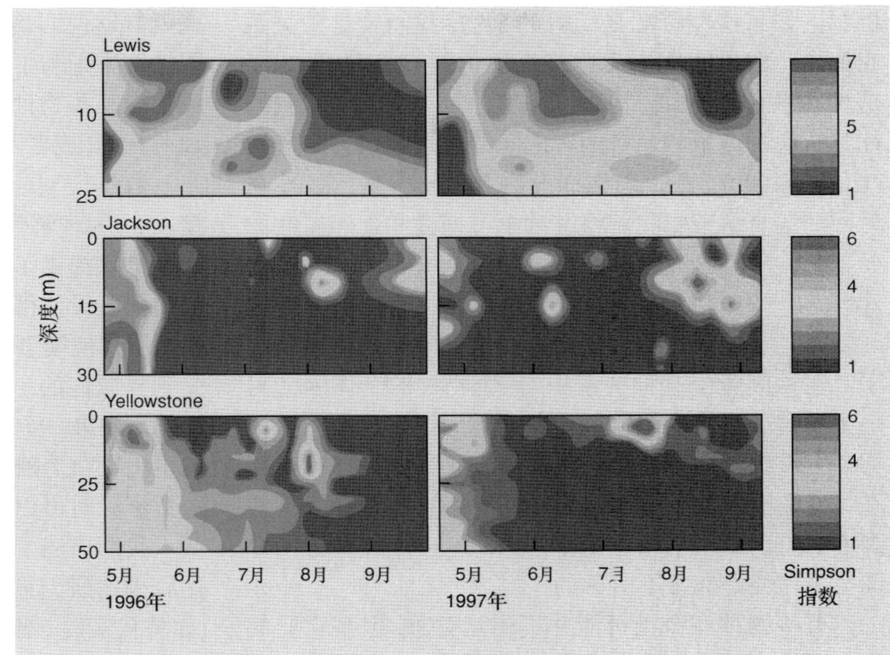

图 8.37 两年内在美国黄石公园区域的3个大型湖泊中浮游生物的物种多样性(Simpson 指数)随水深的变异。阴影描述712个离散取样的水深–时间变异:深橙色区域物种多样性高,灰色区域物种多样性低(仿 Interlandi & Kilham, 2001)。(参见彩图 8.37)

8.10.3 对两种以上资源的利用

限制性资源的数量越多可共存物种的数量越大

我们已经看到两种硅藻在实验室中共同利用两种限制性资源时可以实现共存。事实上, Tilman 的资源竞争理论预测一个系统中共存物种的多样性与该系统中达到生理学上限制性水平的资源数量成正比:有更多的限制性资源就会有更多的竞争物种可以共存。Interlandi 和 Kilham (2001) 用美国怀俄明州的黄石公园区域的 3 个湖泊直接检验了这个假说;他们用到的数据是这些湖泊中浮游植物(硅藻和其他物种)的一个物种多样性指标(Simpson 指数)。如果只有一个物种存在,这个指数等于 1;如果有一群物种存在但是其中一个物种取得极大的竞争优势,这个指数接近 1;如果有两个物种存在并且它们有相同的生物量,这个指数为 2,依此类推。由资源竞争理论推测,这个指数应该和限制生物生长的资源数量成正比。图 8.37 给出了 1996 年和 1997 年这三个湖泊的浮游植物物种多样性的空间和时间格局。限制浮游植物生长的主要资源是氮、磷、硅和光照。在浮游植物取样时,研究人员也在同一深度和时间测量了这些资源的水平。当任何一种潜在的限制性资源其浓度低于生长的限制性阈值时,对应的取样时间和地点都会被记录下来。结果与资源竞争理论相吻合:物种多样性随着在生理学上达到限制性水平的资源数量增加而增加(图 8.38)。

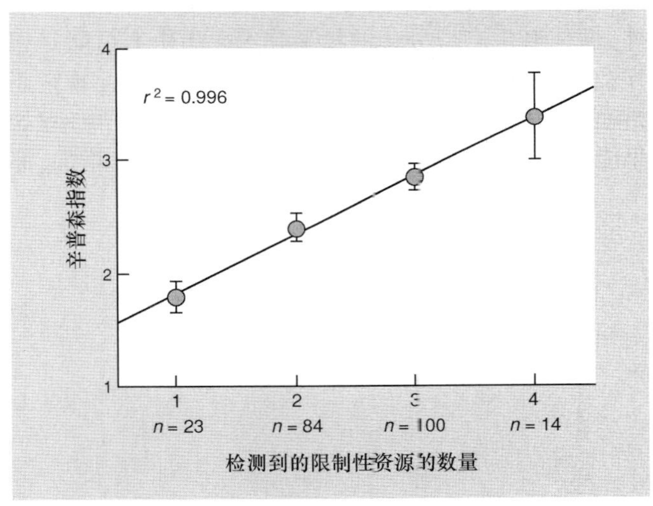

图 8.38 浮游植物多样性(Simpson 指数;均值 ± 标准误)与检测到的限制性资源的数量之间的关系。图 6.14 中的 221 个(译者注:该数字可能有误)样品也可以进行该分析。图中给出了每一个限制性资源数量水平的样本大小(n)(引自 Interlandi & Kilham, 2001)。

这些结果表明,即使在湖泊这种高度动态化的环境中(在这种环境中平衡状态很少能达到)资源竞争也在浮游植物群落的不断建构过程中发挥着作用。从实验室的人工环境中得到的实验结果可以在复杂得多的自然环境中得到佐证,这是非常振奋人心的。

我们在对种间竞争学习的过程中最终意识到,我们需要更多地了解消费者和资源之间相互关系的内在机制。如果这些资源是活着的生物, 我们管这种关系叫捕食; 如果这些资源曾经活着但是现在是死亡的, 这种关系称为食腐。因此, 从其本质含义上讲, 我们往常所说的竞争和捕食两者之间的区别是人为制造的 (Tilman, 1990)。不管怎么样, 我们已经学习了竞争, 在后面的各个章节中我们将继续学习捕食和食碎屑性。

小结

在种间竞争这种关系中, 一个物种的个体因为另一个物种的个体利用资源或者实施干扰行为而在生育力、生长或存活方面受到负面影响。竞争物种有可能在特定生境中相互排斥而无法实现共存, 也可能实现共存 (可能是因为它们以稍微不同的方式利用生境)。种间竞争往往是非常不对称的。

有些物种在今天可能并不相互竞争, 但是它们的祖先可能在过去发生过竞争。物种可能已经进化出一些特性使得它们与其他物种很少竞争甚至不竞争。另外, 看似有生态位分化的物种其进化历史有可能是相互独立的: 它们也许事实上从未竞争过, 无论是现在还是在历史上。实验性控制 (如去除一个或多个物种) 如果能够使得剩余物种的生育力、存活或者多度增加, 那么就能够说明当前竞争作用的存在。但是如果获得了阴性结果则与下面几种说法都不冲突: 在过去, 竞争作用使得某些物种灭绝了; 在过去, 物种进化出对竞争的规避行为; 或者不竞争的物种是相互独立进化的。

数学模型 —— 最值得一提的是 Lotka-Volterra 模型 —— 为理解哪些情形允许物种共存、哪些情形导致竞争排除提供了重要的见解。但是 Lotka-Volterra 模型的简化假设使得该模型很难应用到自然界的真实情形中。从其他模型和实验工作我们得知种间竞争的结局受到异质性的、不稳定的或者不可预测的环境的强烈影响。如果一个竞争强者和一个竞争弱者能在可利用的生境斑块上独立、集群分布, 那么两者在利用斑块性短暂资源时可以实现共存。

我们描述了一系列针对种间竞争的生态效应和进化后果的研究途径, 着重强调了野外实验和室内实验 (如替代实验、添加实验和响应面分析) 以及自然实验 (例如, 比较物种在同域分布和异域分布情形下的生态位维度)。稳定共存是否需要一个最低程度的生态位分化? 要回答这个重要问题比提出这个问题困难得多。

本章最后部分指出, 如果想要对种间竞争和共存有一个全面认识, 我们不仅需要考虑竞争物种的种群动态也需要考虑物种所竞争的资源的动态。

第 9 章 捕食作用的本质

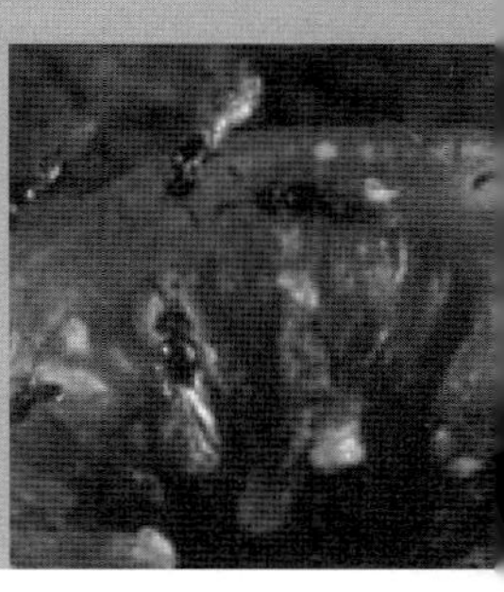

9.1 引言: 捕食者的类型

消费者会影响它们所消费对象的分布和多度, 反之亦然; 这样的影响在生态学中是非常重要的。不过要想弄清楚这些影响是什么、怎样变化以及为什么变化, 这不是一件轻而易举的事情。在本章和接下来的几章中我们要解决这些问题。在这里我们首先提出以下几个问题: 捕食作用的本质是什么? 捕食作用对捕食者自身以及猎物的作用是什么? 是什么因素决定了捕食者在什么地方取食、取食什么对象? 在第 10 章我们会学习捕食作用对捕食者和猎物种群动态所产生的影响。

捕食作用的定义

简单地讲, 捕食作用就是一个生物 (猎物) 被另一个生物 (捕食者) 所取食, 而且猎物在开始被攻击的时候是活着的。这个定义排除了食腐作用 —— 对死亡有机物质的取食, 我们在第 11 章专门讨论食腐作用。尽管如此, 这个定义也包含了很多种类型的相互关系, 包含了很多种类型的 "捕食者"。

捕食者的分类学与功能性划分

有两种方式来划分捕食者; 两者都并不完美但都是有帮助的。最显而易见的一种划分方式就是 "分类学" 划分: 捕食者包括取食动物的食肉动物 (carnivore)、取食植物的植食动物 (herbivore)、取食动物和植物两者 (或者更确切地讲取食多于一个营养级上的生物 —— 植物和植食动物, 或者植食动物和食肉动物) 的杂食动物 (omnivore)。另一种划分方式是 "功能性" 划分 (第 3 章已经列出了依据这种划分方式得出的不同类型); 主要有 4 种类型: 真捕食者 (true predator)、植食者 (grazer)、拟寄生物 (parasitoid) 和寄生物 (parasite) (最后一类可以进一步划分为小型寄生物和大型寄生物, 第 12 章会对其进行具体介绍)。

真捕食者

真捕食者在攻击猎物之后会马上或稍后杀死猎物; 在其一生中会杀死若干或很多不同的猎物个体, 它们常常将猎物整个吃掉。大多数比较显见的食肉动物如虎、鹰, 瓢虫和肉食植物都属于真捕食者, 不过取食植物种子的啮齿类动物和蚂蚁、取食浮游生物的鲸类等也属于真捕食者。

植食者

植食者在其一生中也会攻击很多猎物个体, 但是它们对每一个猎物个体都只是取食一部分而不是整个猎物个体。它们对猎物个体的影响一般是有害的, 但是从短期来看很少是致死的, 当然肯定不会是必然致死的 (就像真捕食者那样)。像牛和羊这样的大型脊椎植食动物就是最明显的例子, 不过根据定义, 那些在某一时段攻击脊椎动物猎物的蝇类和取食这类猎物的血液的水蛭也无疑属于植食者。

寄生物

寄生物像植食者一样只取食猎物个体的一部分而不是全部, 往往产生有害影响但是短期内不致死; 但是也有和植食者不同的方面, 它们在其一生中只攻击一个或者很少的几个猎物个体。因此, 在寄生物和宿主之间有相当紧密的联系, 而这种联系在真捕食者和植食者那里是看不到的。绦虫、肝吸虫、麻疹病毒、肺结核细菌以及在植物体上挖洞或者形成虫瘿的蝇类和蜂类都是明显的寄生物例子。也有不少植物、真菌和微生物寄生在植物体上 (它们往往被称为 "植物病原体"), 烟草花叶病毒、锈菌、黑穗病菌以及槲寄生就属于这类寄生物。另外, 很多植食动物完全可以当成寄生物; 例如, 蚜虫只是从一株或者很少的几株植物个体上吸取汁液, 从而与宿主个体形成紧密的联系; 即使是昆虫幼虫也往往仅在一株植物上完成发育过程。第 12 章将把植物病原体和寄生于动物体的寄生动物放在一起介绍。而像蚜虫或者昆虫幼虫这样的 "寄生性" 植食动物将在本章和下一章进行介绍 (我们把这一类寄生者和真捕食者、植食者和拟寄生物并入 "捕食者" 这一大类)。

拟寄生物

拟寄生物是一类昆虫, 主要属于膜翅目; 双翅目的一些昆虫也是拟寄生物。这类昆虫的成体是营非寄生生活的, 但是会将卵产在其他昆虫 (偶尔是蜘蛛或者土鳖虫) 体内、体表或者旁边。拟寄生物的幼虫将在宿主体内或体表发育。最初的时候，拟寄生物不对宿主产生明显的有害影响，但是最终会几乎将宿主整个吃掉，当然也会杀死宿主。这样一个成年拟寄生物会从一个貌似正处于发育过程中的宿主体内钻出来。一般情形是一个宿主个体容纳一个拟寄生物个体，但是在某些情形下几个或者多个拟寄生物可以共用一个宿主。因此，拟寄生物与一个宿主个体产生紧密联系 (就像寄生物)，不马上杀死宿主 (这一点像寄生物和植食者)，但是最终必然导致宿主死亡 (这一点像真捕食者)。对于拟寄生物以及很多在幼虫阶段取食植物的植食性昆虫而言，"捕食" 速率将很大程度上取决于雌性昆虫成体产卵的速率。每产一颗卵就是对猎物或者宿主的一次攻击 (尽管真正实施攻击行为的是从卵中孵化出的幼虫)。

看起来拟寄生物是一类特殊的生物，在自然界中不应该很重要。但是，据估计地球上所有物种的 10% 甚至更多都是拟寄生物 (Godfray, 1994)。这并不奇怪，因为地球上的昆虫物种非常多，大多数昆虫物种都受到至少一种拟寄生物的攻击，而且拟寄生物也可能被拟寄生物攻击。有若干种拟寄生物已经被生态学家深入研究，提供了与捕食作用普遍相关的大量知识。

在本章接下来的部分我们学习捕食作用的本质。我们将学习捕食对猎物个体的作用 (第 9.2 节)、对猎物种群整体的影响 (第 9.3 节) 以及对捕食者 自身的影响 (第 9.4 节)。真捕食者和拟寄生物的攻击行为对猎物个体造成的后果是显而易见的：猎物被杀死。所以在第 9.2 节我们把注意力放在受到植食者和寄生物攻击的猎物上面；植食作用将是学习的重点。植食作用本身就很重要，而且它对于讨论捕食者对猎物的作用的微妙之处与多样性提供了很好的素材。

在本章的后面部分我们学习捕食者的行为，讨论是哪些因素决定了捕食者的食谱 (第 9.5 节) 以及取食行为的时间和地点 (第 9.6 节)。这些话题在两个较大的背景下是很有趣的。第一，捕食是受到进化生物学家关注的动物行为的一个方面，这属于 "行为生态学" 研究的综合领域。简单地讲，目的就是理解自然选择怎样使得特定的行为模式在特定的环境中有利 (生物如何在行为上实现与环境的协调)。第二，我们可以认为捕食行为的各个方面综合起来影响捕食者自身及其猎物的种群动态；在下一章我们将全面地探讨捕食作用的种群生态学。

9.2 植食作用和植物个体：耐受还是防御

植食作用对植物产生什么样的影响，这取决于植食动物是谁、植物受影响的部位是哪里以及植食行为发生在植物发育的哪个阶段。在某些昆虫 – 植物相互作用中，产生 1 g 昆虫组织需要 140 g 植物组织，而在另一些系统中仅需要 3 g 植物组织 (Gavloski & Lamb, 2000a)。显然，有些植食动物产生的影响要大于其他植食动物。而且，啃食叶片、吸食体液、钻洞、损坏花果和剪割根部这些不同的行为对植物产生的影响很可能也是不同的。此外，一棵正在萌发的幼苗和一株自己正在结籽的植物都可以发生落叶，但是它们受到的影响不大可能是相同的。由于植物在植食作用发生之后一般能够继续存活，植食作用的后果也很大程度上取决于植物的响应。植物可以对植食动物造成的破坏表现出耐受性，也对动物攻击产生抗性。

9.2.1 耐受和植物补偿性生长

植物个体可以补偿植食动物造成的影响

植物补偿性生长这一术语描述的是植物表现出耐受性的程度。如果被伤害过的植物比没有受伤的植物适合度更高，我们说这些植物表现了超补偿生长；如果受伤植物的适合度降低，我们说它们对植食作用的补偿生长不足 (undercompensation) (Strauss & Agrawal, 1999)。植物个体可通过多种方式对植食作用产生补偿生长。首先，如果是被遮蔽的叶片 (这样的叶片有着常规水平的呼吸作用但是较低水平的光合作用；见第 3 章) 被吃掉，植物整体在光合和呼吸之间的平衡反而可能会被优化。其次，很多植物在被植食动物攻击之后可以马上利用储存在多种组织或器官中的后备物质，或者改变植物体内光合产物的分配来实现补偿性生长。植物受到植食伤害之后，其存活叶片的单位叶面积光合速率也可能会提高。失去叶片的植物的休眠芽往往会受到诱导而发育，实现补偿性再生长。而且受植食伤害的植物的存活部位也往往表现出更低的死亡率。很明显，植物个体可以有多种方式来补偿植食过程造成的伤害 (第 9.2.3~9.2.5 节会对此有进一步的讨论)。不过，植物很少能够等补偿这种伤害；一般情形下，即使有补偿生长来弥补植食过程的负作用，植物也仍然受到有害影响。

9.2.2 植物的防御性响应

植物有防御响应……

植食动物施加的进化选择压力使得植物产生了一系列的物理和化学防御手段来抵御攻击 (见第 3.7.3 和 3.7.4 节)。有些防御手段可以是一直存在和有效的 [结构性防御 (constitutive defence)], 也有些防御手段是在受到动物攻击的诱导之后表达水平才增高 [诱导性防御 (inducible defence)] (Karban *et al.*, 1999)。当蚜虫 [稻麦蚜 (*Rhopalosiphum padi*)] 攻击野生小麦 (*Triticum uniaristatum*) 的时候, 后者体内的防御性物质氧肟酸的产量会上升 (Gianoli & Niemeyer, 1997)。被牛啃食过的悬钩子上的刺比附近未被啃食过的植株更长更尖利 (Abrahamson, 1975)。人们特别关注快速诱导产生的防御给出了, 并且关注在植物体内产生的抑制植食动物蛋白酶的化学物质。这类变化可以发生在单片叶片内、单个树枝内或者整个树木冠层; 这类变化可以在植食伤害后几个小时、几天或者几周内检测到, 可以持续几天、几周甚至几年; 人们已经在 100 多种植物 – 植食动物系统中报道了这类响应 (Karban & Baldwin, 1997)。

……它们真防御吗?

不过, 对这些响应的解释有若干问题 (Schultz, 1988)。第一, 这些响应是真正的 "响应" 呢, 还是仅仅因为新长出来的组织和被植食动物吃掉的组织有不同的属性? 事实上, 这个问题在很大程度上是语义学上的, 因为如果一株植物对于本身的组织被吃掉的代谢响应恰恰是防御性的, 那么自然选择就会选择这样的响应并强化对这类防御响应的利用。第二个问题更具实质性: 从植食动物的角度来讲这些诱导产生的化学物质真的是起防御作用吗 —— 这些物质能对那些诱导其产生的植食动物产生显著的生态学效应吗? 最后一个问题 —— 也是最关键的一个问题 —— 从植物角度来讲这些物质真的是防御性的吗 —— 这些物质能对产生它们的植物具有可测量的正面影响吗 (特别是考虑生成这些物质的代价之后)?

植食动物真的受到了不利影响吗? ……

Fowler 和 Lawton (1985) 研究了第二个问题 ——"这类响应对植食动物有害吗"; 他们综述了快速诱导产生的植物防御的效果, 没有发现明确的证据能够说明这些植物响应对植食昆虫有害 —— 尽管人们普遍这样认为。比如, 他们发现在大多数实验室研究中植物响应对诸如幼虫发育时间和幼虫质量这样的指标只产生很小的负面影响 (小于 11%)。有一些研究声称发现了更明显的效果, 但其中有很多研究结果在统计学上是有问题的; 他们认为在野外种群中这种负面效果会小到可以忽略。不过, 也有一些例证 (其中很多是在 Fowler 和 Lawton 的综述之后发表的) 表明, 植物被落叶松食芽蛾诱导落叶响应的确能够对植食动物造成真正的伤害。当落叶松树木落叶之后, 生活在树上的松线小卷蛾 (*Zeiraphera diniana*) 的存活率和成体生育力在以后 4~5 年内都会下降, 这种效果是以下事件综合造成的: 树叶生长推迟、树叶更坚硬、纤维和树脂浓度更高、氮含量更低 (Baltensweiler *et al.*, 1977)。对叶片损伤更常见的一个响应是被钻洞的树叶提前落叶; 潜叶昆虫潜细蛾 (*Phyllonorycter* spp.) 生活在柳树 (*Salix lasiolepis*) 上, 被钻洞树叶的提前落叶是这种昆虫死亡的一个重要原因 —— 也就是说植物的响应对昆虫产生了有害影响 (Preszler & Price, 1993)。最后一个例子是关于一种褐藻 [泡叶藻 (*Ascophyllum nodosum*)] 和一种玉黍螺 (*Littorina obtusata*) 的, 螺在植物上取食几周就会导致植物体内多酚化合物含量大幅上升 (图 9.1a), 这种物质会使螺的取食行为变弱 (图 9.1b)。在这个系统中, 如果植物仅仅被刈割则不会产生螺取食的后果。实际上, 另一种等脚类植食动物 *Idotea granulos* 的取食也不会诱导产生这种化学防御。这类螺可以长时间停留在一株植物上取食 (等脚类则更多动), 所以即便是需要较长时间才能形成的诱导性响应, 对降低螺造成的伤害也是有效的。

……植物真的受益么?

最后一个问题是 "这些诱导产生的防御响应是否使得植物真正受益?" 这个问题已经被证明是最难回答的。对于这个问题目前还只有少数几个设计得较好的实验工作 (Karban *et al.*, 1999)。Agrawal (1998) 对萝卜 (*Raphanus sativus*) 施加了三种实验处理: 植食 [被菜粉蝶 (*Pieris rapae*) 的幼虫取食]、叶片受损对照 (用剪刀去除相同量的生物量) 以及完全对照 (未被破坏), 然后估算了植物的终生适合度 (以种子数量与种子质量乘积来衡量)。伤害可以同时诱导化学防御和物理防御: 防御性物质葡萄糖异硫氰酸盐浓度上升, 同时香毛簇 (类似于毛发的组织) 密度也增高。与植食处理的植物相比, 对照植物和人工刈割叶片的植物因蠼螋 (*Forficula* spp.) 和其他嚼食性植食动物导致的叶片损失高出 100%, 植物体上刺吸汁液的桃蚜 (*Myzus persicae*) 数量多了 30% (图 9.2a,b)。由菜粉蝶幼虫取食诱导产生的抗性显著增加了植物的终生适合度 —— 比对照植物

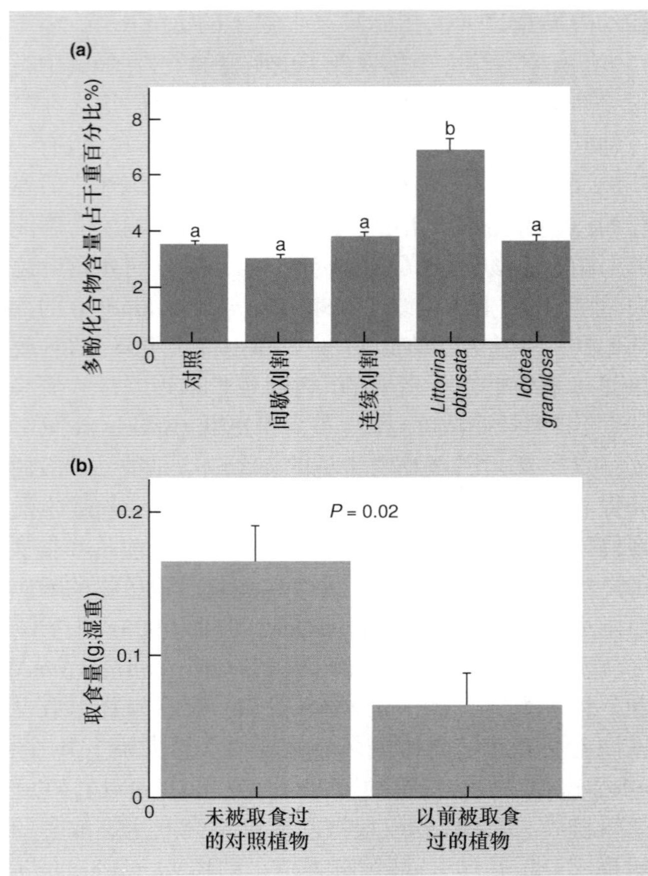

图 9.1　(a) 泡叶藻 (*Ascophyllum nodosum*) 植株经受模拟的植食作用 (用打孔器取出组织) 或者被两种真实的植食动物取食之后，体内多酚化合物的含量变化。数据显示均值和标准误。只有玉黍螺 (*Littorina obtusata*) 能够使植株体内的这种防御物质浓度升高。图中不同字母表示均值之间有显著差异 ($P < 0.05$)。(b) 在一个后续实验中，给螺提供中对照和蜗牛取食处理的藻类组织，在有着较高的多酚化合物含量的植株上螺取食量显著地少 (仿 Pavia & Toth 2000)。

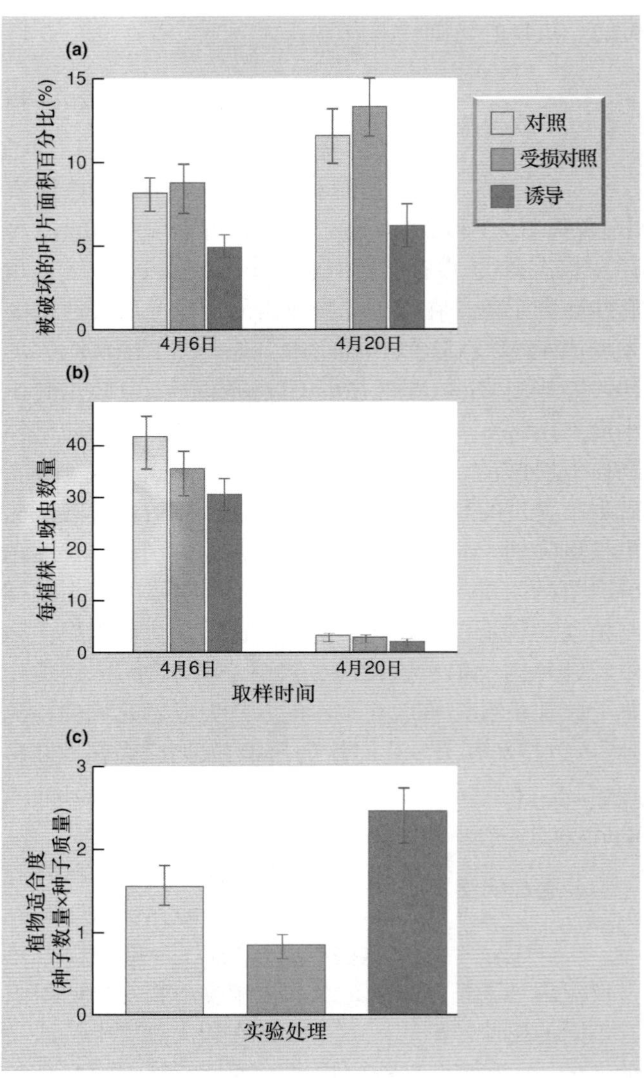

图 9.2　(a) 被嚼食性植食动物取食掉的叶片面积百分比，(b) 每株植物上蚜虫的数量；这些数据采自两个时间点 (4 月 6 日与 4 月 20 日)，来自 3 种户外实验处理：完全对照、受损对照 (用剪刀去除组织) 和实验操纵 [被菜粉蝶 (*Pieris rapae*) 的幼虫取食]。(c) 这三种实验处理下植株的适合度，即由种子数量与平均质量 (mg) 相乘计算得出 (仿 Agrawal 1998)。

的适合度高出 60% 多。不过，叶片破坏对照 (刈割植物) 比完全对照植物的适合度低 38%，这说明在得不到诱导抗性收益的情形下，组织损失会对植物造成负面影响。

萝卜获得的这种适合度优势只会在植食动物存在的情形下才会发生；在植食动物不存在的时候，诱导性防御响应是不合时宜的，会使得植物适合度降低 (Karban *et al.*, 1999)。一个用野生烟草 (*Nicotiana attenuata*) 进行的野外实验也报道了类似的结果。这种烟草的一种专一性植食动物 —— 烟草天蛾 (*Manduca sexta*) 的幼虫 —— 很特别：它在取食烟草的时候不仅诱导植物积累次生代谢物质和蛋白酶阻断物，还诱导植物释放挥发性有机物，而这种挥发性物质可以吸引一种取食行动缓慢幼虫的泛化捕食者 —— *Geocoris pallens* (Kessler & Baldwin, 2004)。Zavala 等 (2004) 用分子手段证明，在没有植食动物的情形下，产生很少或者根本不产生蛋白酶阻断物的植物基因型比那些产生这种阻断物的基因型生长得更快、更高，产出更多的果荚。另外，在一项室内实验中，相比于来自犹他州的产生这种阻断物的基因型，在亚利桑那州自然分布、不能产生蛋白酶阻断物的基因型受烟草天蛾的伤害更重，烟草天蛾也因此长得更好 (Glawe *et al.*, 2003)。

从萝卜和烟草的例子可以得出一个很清楚的认识：可诱导的 (可塑性的) 响应的进化对植物而言有着明显的代价。我们可以预期，只有当以下两个条件都满足的时候诱导性响应才会受到自然选择的青睐：① 过去的植食作用能够可靠地预测未来的植食作用风险，② 捕食作用的概率不是稳定不变的（持续不变的植食作用应该选择出一个在该环境条件下表现最优秀的固定防御型的基因型）(Karban *et al*., 1999)。当然，也不仅仅是可诱导防御 (inducible defense) 的代价会抵消适合度收益；结构性防御 —— 比如尖刺、香毛簇或者防御性化学物质（尤其是茄科和十字花科的化学物质）—— 也会产生代价。人们通过研究没有这些防御的基因型度量了这种代价 —— 即从植物生长或者花朵、果实、种子产量降低的角度来度量。

9.2.3 植食作用、落叶与植物生长

植食作用的发生时间很重要

虽然植物有很多很多的防御结构和化学物质，植食动物还是会对其取食。植食动物对植物生长的影响可以是生长停止、不受影响、或者是介于这两者之间的任何情形。植物的补偿性生长 (compensatory growth) 可能是对植食作用的一种广泛性的响应，也可能是只针对特定植食动物的响应。Gavloski 和 Lamb (2000b) 在一个系统中检验了这些不同的假说；他们用到 3 种具有咀嚼式口器的植食动物 —— 跳甲 *Phyllotreta cruciferae* 的成虫以及小菜蛾 (*Plutella xylostella*) 和蓓带夜蛾 (*Mamestra configurata*) 的幼虫；他们测量了两种十字花科植物 [油菜 (*Brassica napus*) 和白芥 (*Sinapis alba*)] 的幼苗在植食动物吃掉 0%、25%、75%叶片情形下作出的响应。两种植物都是在 25% 落叶情形下补偿生长得更好，这一点并不奇怪。不过，虽然两种植物都达到相同程度的补偿性生长，它们都对蓓带夜蛾造成的落叶补偿得最好，而对跳甲造成伤害的补偿最差（图 9.3）。这种植食动物特异性的补偿行为有可能是因为植物对不同类型的落叶有略微不同的响应，或

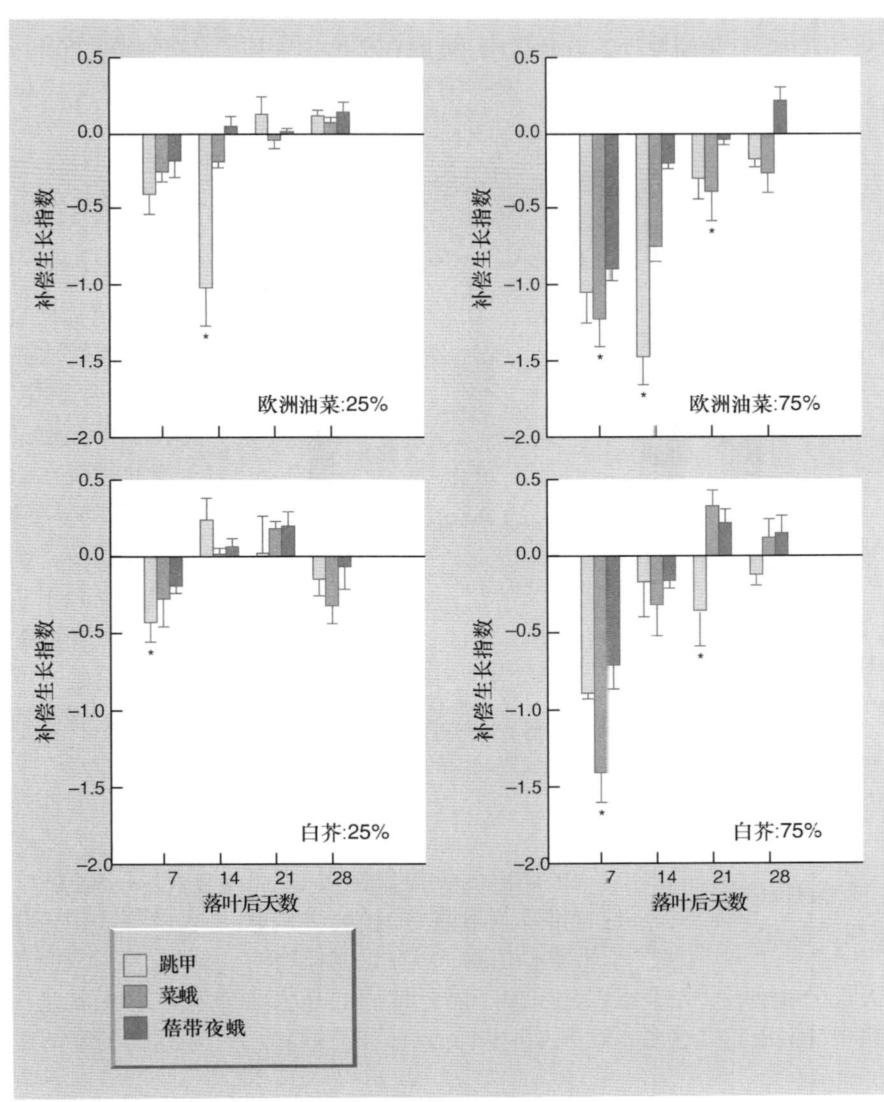

图 9.3 在控制实验中，欧洲油菜 (*Brassica napus*) 和白芥 (*Sinapis alba*) 幼苗叶片被 3 种昆虫（见图示）取食 25% 或75%后，叶片生物量的补偿生长 [均值 ± 标准误：ln (落叶植株生物量) – ln (对照植株平均生物量)]。在纵轴上，零值表示完全补偿，负值表示补偿不足，正值表示超补偿。星号表示落叶植株与对应的对照植株平均生物量有显著差异（仿 Gavloski & Lamb, 2000b）。

者是在动物唾液中的不同化学物质以不同的方式抑制植物生长 (Gavloski & Lamb, 2000b)。

在上面这个例子中, 补偿生长一般在落叶 21 天之后完成, 补偿生长的过程伴随着根系生物量的变化, 变化的方向与维持一个稳定的根冠比是相一致的。很多植物改变光合产物在不同部位的分配而实现这种补偿性生长。例如, Kosola 等 (2002) 发现, 加杨 (*Populus canadensis*) 在舞毒蛾 (*Lymantria dispar*) 幼虫取食而落叶后, 新生 (白色) 细根中可溶性糖的浓度比起未落叶个体要低很多; 但是老根 (树龄大于一个月) 对落叶没有明显的响应。

要估计落叶、新叶生长以及净生长的真实水平往往是相当困难的。 对受到睡莲叶甲 (*Pyrrhalta nymphaeae*) 采食的欧亚萍蓬草 (*Nuphar luteum*) 的仔细观察表明, 叶片快速被移除, 而新叶也快速长出。在被取食植物上标记的叶片中有 90% 在 17 天之内消失, 而在未被取食植物个体上标记的叶片完好无损 (图 9.4)。此外, 如果只是简单计算叶片数量, 被取食个体比未被取食个体的叶片仅损失 13%, 这是因为被取食个体长出了新叶。

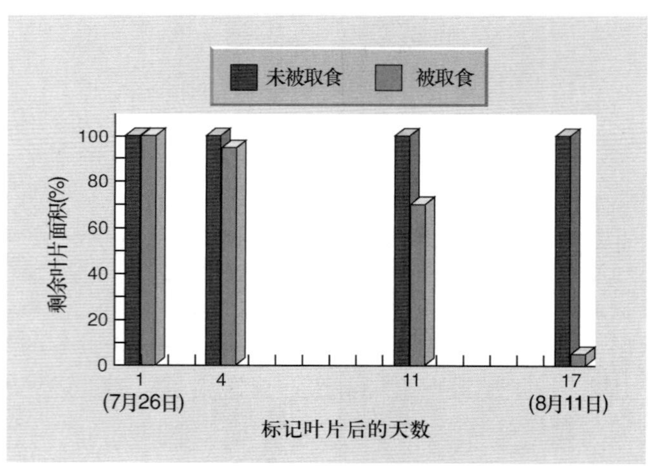

图 9.4 受到睡莲叶甲 (*Pyrrhalta nymphaeae*) 采食的欧亚萍蓬草 (*Nuphar luteum*) 个体的存活率比没有受到采食的个体低很多。事实上, 在 17 天之后被采食个体的所有叶子都落光了, 尽管在某些时间点上的估算结果是采食仅导致 13% 的损失 (仿 Wallace & O'Hop, 1985)。

禾本科植物特别耐受植食

最能够耐受植食作用 (尤其是脊椎动物取食) 的植物大概就是禾本科植物了。在这类植物的大部分物种中, 分生组织几乎位于贴近地面的基生叶鞘中; 因此, 这个主要的生长 (再生长) 点往往能够躲开植食动物的啃食。在落叶之后, 植物利用储存的碳水化合物或者剩余叶片制造的光合产物来长出新的叶片; 也产生新的分蘖。

禾本科植物不会因植食动物的光顾而直接受益, 但是植食动物有可能帮助禾草类在与其他植物 (这些植物受植食动物影响严重) 的竞争中获得优势; 很多受到脊椎动物严重啃食的自然生境中禾草类植物占据优势就是因为这个原因。植食动物对不耐受啃食植物的影响要比直观预测的大得多, 其中最普遍存在的一个原因就是植食作用与竞争的相互作用 [Pacala & Crawley (1992) 讨论了这种相互作用可能产生的种种后果; 亦见 Hendon & Briske, 2002]; 而上述禾草的竞争优势就是一个例子。需要注意, 当植食动物作为植物病原体 (细菌、真菌, 尤其是病毒) 载体的时候, 它们对植物也会产生非常严重的非消耗性影响 —— 它们给予植物的东西远比它们从植物获取的东西更关键。例如, 取食榆树树枝的小蠹虫是导致荷兰榆树病的真菌的载体。这种病在 20 世纪 60 年代杀死了美国东北部大量的榆树, 在 70 年代和 80 年代将英格兰南部的这种树木基本毁灭。

9.2.4 植食作用与植物存活

死亡风险: 与另一因素交互作用的后果?

一般情况下, 植食动物往往会使得植物死亡风险加大, 而不是直接杀死植物。例如, 在 1990 年和 1991 年跳甲 (*Altica sublicata*) 都使得沙丘柳 (*Salix cordata*) 的生长速率降低 (图 9.5), 干旱胁迫仅在 1991 年导致了明显的植物死亡事件。然而, 植物的易感性确实强烈地受到植食动物的影响: 在具有强烈植食作用的情景下, 80% 的植物死亡, 在每株植物有 4 只甲虫的条件下有 40% 的植物死亡, 但是在没有甲虫环境中的植物都没有死亡 (Bach, 1994)。

反复落叶或环状剥皮可使植物致死

反复落叶可以产生尤其显著的作用。橡树因舞毒蛾 (*Lymantria dispar*) 取食发生一次落叶之后有 5% 的死亡率, 而此后连续发生的 3 次严重落叶会使得死亡率高达 80% (Stephens, 1971)。不过对于已经长大的树木而言, 死亡率不一定与大量落叶相关联。有时候植物的一小部分被去除就会产生与受损面积不成比例的严重后果, 其中一个最极端的例子就是树木的环状剥皮 (如松鼠或豪猪有可能做这样的事情)。这种取食行为会把树木的形成层和韧

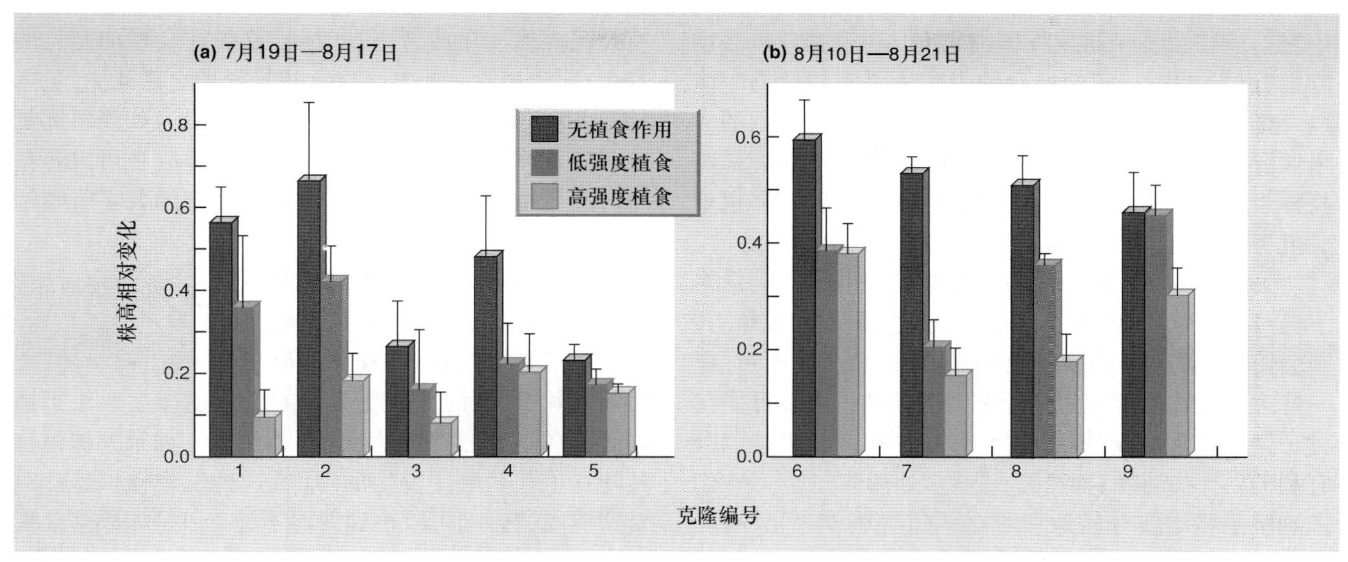

图 9.5 1990 年 (a) 和 1991 年 (b) 沙丘柳 (*Salix cordata*) 的多个不同克隆株在不经受植食作用、经受低强度 (每植株 4 只跳甲) 和高强度植食作用 (每植株 8 只跳甲) 情形下的相对生长速率 (株高变化, 带标准误) (仿 Bach, 1994)。

皮部与木质部分离, 这样叶片与根系之间的碳水化合物供应路径就被斩断。因此, 人工林里面这样的害虫只食用一小点植物组织就可能把小树毁掉。在植物表面取食的蛞蝓对刚刚建群的禾草种群会造成危害, 根据它们吃掉多少植物组织来估计这种危害是不够的——实际危害可能会更大 (Harper, 1977)。这些蛞蝓在地面高度上咬食植物的幼茎, 它们并不食用掉落在土壤表面的叶片, 却对茎基部的分生组织部分下口, 而这样的区域是植物再生长的发生部位。因此, 这些蛞蝓实际上是毁掉了植物。

对植物种子的捕食会对植物个体 (即这些种子本身) 产生可预测的危害, 这毫不意外。Davidson 等 (1985) 的工作表明, 在美国西南部沙漠中取食植物种子的蚂蚁和啮齿类对一年生植物的种子库成分会产生强烈的影响, 因此可以改变植物群落的组成。

9.2.5 植食作用与植物繁殖

植食动物影响植物生长 …… 通过降低种子生产间接影响 ……

在很大程度上, 植食作用对植物繁殖的影响事实上只是反映了它对植物生长的影响: 个体小的植物只能结较少的种子。不过, 有时候看上去补偿性生长使得植物的生长已经完全恢复, 但是植物的种子生产仍然可能由于资源从繁殖功能转移到根茎生长而降低。图 9.3 给出了一个例子: 被植食动物取食的植物在 21 天后完成补偿性生长, 但是种子生产还是明显降低。另外, 植食动物可以直接 (通过取食植物的繁殖器官) 或者间接地 (通过改变叶面积) 影响花部特征 (花冠直径、花冠管深度、花朵数量) 并对传粉和结籽产生不利影响 (Mothershead & Marquis)。这样, 被实验 "啃食" 的大果月见草 (*Oenothera macrocarpa*) 的花朵数减少了 30%, 种子产量下降了 33%。

…… 通过去除繁殖结构直接影响

植食动物也可以通过去除或破坏花朵、花芽或种子对植物产生直接影响。秀丽霾蝶 (*Maculinea rebeli*) 的幼虫在其稀有的宿主植物 *Gentiana cruciata* 上仅在花内和果实上取食, 当这种专一性植食动物出现时该植物每果实种子数会从 120 下降到 70 (Kery *et al.*, 2001)。很多人工排除或者去除种子采食者的工作表明, 种子散布前经受的捕食作用对被捕食物种的更新补充以及种群密度有强烈影响。例如, 灌木 *Haplopappus squarrosus* 从加利福尼亚海岸线到山区随海拔上升其多度也上升, 种子采食在这一格局的形成中是一个重要因素, 因为在海岸线处种子在散布前遭受到的采食更严重 (Louda, 1982)。在落基山脉十字花科植物 *Cardamine cordifolia* 仅分布在遮阴环境中, 这很大程度上是因为在开阔地带这种植物的种子在散布前受到的采食严重得多 (Louda & Rodman, 1996)。

很多对花粉和果实的捕食对植物是有益的

不过, 有一点也很重要: 很多针对植物繁殖结构的 "植食作用" 事实上是互利的, 植食动物和植物都从这种关系中获益 (见第 13 章)。有些动物 "消费" 植物的花粉和花蜜, 在这个过程中它们往往会不经意地在植物之间传播花粉。很多动物取食植物果实，它们也会使得产生果实的植物个体以及果实中的种子都得到净收益。尤其是大多数的食果性脊椎动物，要么吃掉果实丢掉种子，要么吃掉果实将种子随粪便排出。这一过程使得种子得到散布，很少会危害到种子，事实上常常会增强种子的萌发能力。

另一方面，昆虫取食果实或者发育中的果实基本不会对植物有什么好处。它们不会促进种子的散布，甚至会使得果实对于脊椎动物而言更加不适口。不过，有一些大型动物虽说正常情况下会破坏种子但也可能在种子散布中起一定作用，它们对植物而言至少是部分有利的。有些动物 (如松鼠) 是 "多处囤积" 物种，它们采到坚果将果实分散地埋藏在不同的地点，另外有一些 "贮藏种子" 的动物 (如一些啮齿动物) 将分散的种子集中到隐蔽之处。在这两种情形下，有很多种子会被吃掉，但是种子也会被散布，种子被隐藏起来，这样其他捕食者就找不到了，有一些种子永远不会被囤积者或者贮藏者再次转移 (Crawley, 1983)。

植食动物也通过一些其他途径影响植物的繁殖。植物针对植食动物的一个最普遍的响应就是推迟开花。例如，在长寿的单次繁殖的植物中，植食作用经常可以使开花推迟一年或者更长时间，这往往会增加植物的寿命 (因为植物总是在一次大规模繁殖之后死去；见第 4 章)。生长在草坪上的早熟禾 (*Poa annua*) 如果每周都被刈割，它可以变得几乎长命不死；但是它在可以开花的自然生境中往往是一年生的 (正如它的名字所暗示的那样)。

植食作用的发生时间至关重要

一般来讲，落叶发生的时间对于植物繁殖受到什么样的影响是至关重要的。如果在花序形成之前叶片被去除，繁殖受到影响的程度显然取决于植物能够在多大程度上进行补偿性生长。如果一株植物其叶片生长是顺序发生的，那么这种植物较早落叶对繁殖造成的影响可以小到忽略不计。但是如果落叶发生得较晚，或者叶片生长是同步化的，那么开花行为可能被减弱甚至完全不发生。如果在花序形成之后叶片被去除，其后果往往增加败育种子的数量减小种子的个体大小。

地龙胆 (*Gentianella campestris*) 为植食作用发生时间的重要性提供了一个例证。用刈割一半生物量的方法模拟对这种两年生植物的植食作用 (图 9.6a)，其效果取决于刈割的时间 (图 9.6b)。如果在 7 月 1—20 日

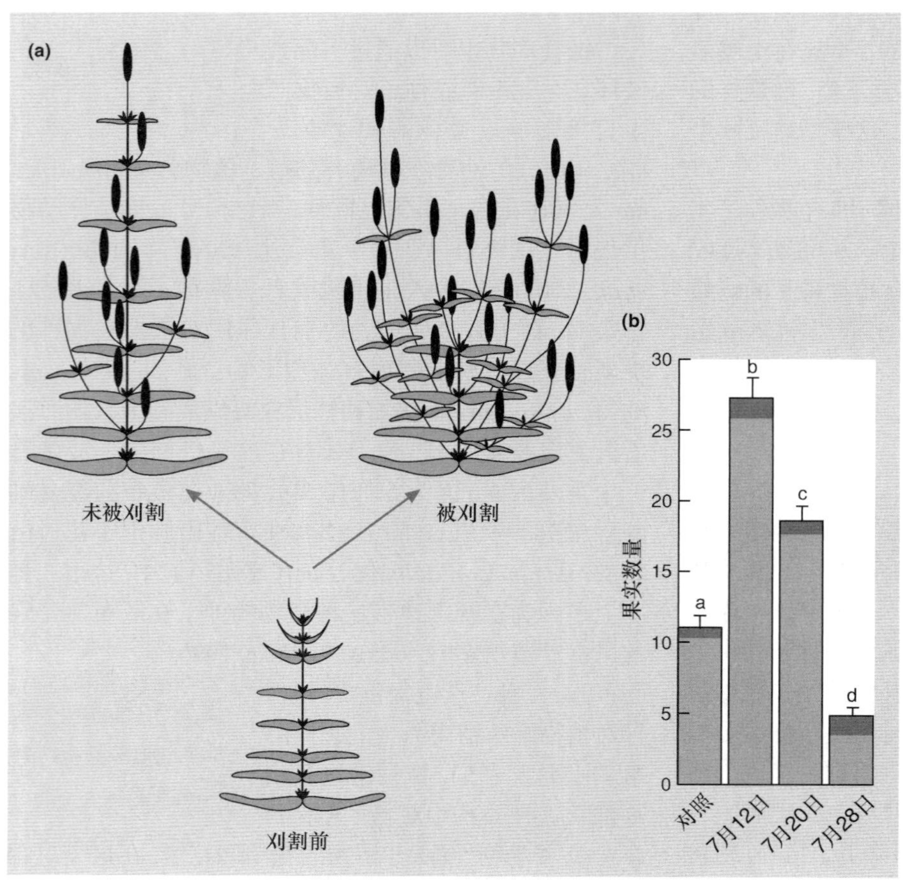

图 9.6　(a) 对地龙胆植物进行刈割处理以模拟植食作用，导致植物结构和花朵数量发生变化。(b) 未被刈割的对照植物和在不同时间点上 (1992 年 7 月 12—28 日) 被刈割的植物产生的成熟果实 (浅色图柱) 和未成熟果实 (深色图柱) 数量。数据显示均值与标准误，每两个均值之间都有显著差异 ($P < 0.05$)。在 7 月 12 日和 20 日被刈割的个体比对照植物产生更多的果实，在 7 月 28 日被刈割的植物比对照的果实产量更低 (仿 Lennartsson *et al.*, 1998)。

实施刈割，被刈割植物的果实产量将比对照植物高出很多；如果刈割的时间晚于这段时间，被刈割植物的果实产量将少于对照植物。植物表现出补偿性生长的时间段与一般情况下植食动物导致破坏的时间是吻合的。

9.2.6 附言：动物中的化学防御

动物也防御

对抗捕食者的化学防御并不仅仅存在于植物中。第 3 章讨论了动物表现出的若干结构性化学防御物质，包括植食动物从其食物中获取的植物防御化学物质 (见第 3.7.4 节)。化学防御可能在构件动物 (比如海绵，这样的动物缺乏逃避捕食者的能力) 中尤其重要。大多数海洋海绵好像基本不受到捕食者影响，尽管它们有较高的营养价值并缺少物理防御手段 (Kubanek *et al.*, 2002)。近年来人们已经从海绵 (包括加勒比海的 *Ectyoplasia ferox*) 中提取出几种三萜皂甙。在巴哈马群岛的暗礁鱼类群落的一个野外研究中，这些鱼类的自然种群被人为添加食物，并在这些食物中添加上述海绵的三萜皂甙的粗提取物；对比这些食物和对照食物可以发现这种提取物有很强的抗捕食作用 (图 9.7)。很有趣的是，三萜皂甙也对海绵的竞争者产生负面影响；这些竞争者包括过度生长的"污垢"生物 (细菌、无脊椎动物和藻类) 以及其他海绵 (这是一个化感作用的例子；见第 8.3.2 节)。显然，海绵的所有这些敌人都是因为接触到这些化学物质而撤退，而不是因为水介导的作用 (Kubanek *et al.*, 2002)。

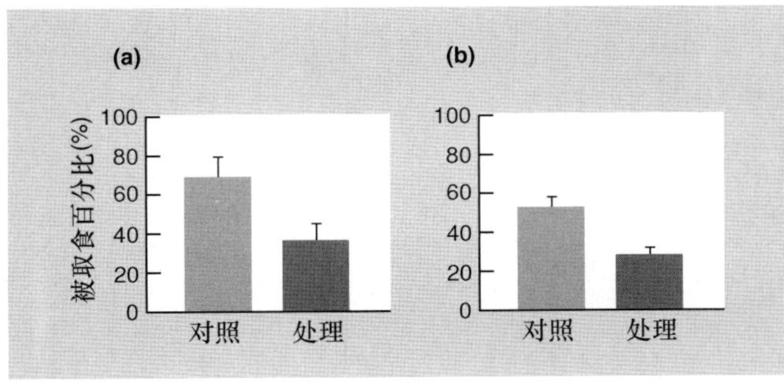

图 9.7 来自海绵 *Ectyoplasia ferox* 的化学物质对巴哈马群岛的自然暗礁鱼类群落的抗捕食作用。数据 (均值与标准误) 显示对照条件下 (不含有海绵提取物) 与两种处理情形下人工添加的食物被取食的比例，(a) 表示对照与添加海绵粗提取物情形的比较 (t 检验，$P = 0.036$)；(b) 表示对照与添加来自海绵的三萜皂甙的情形的比较 ($P = 0.011$) (仿 Kubanek *et al.*, 2002)。

9.3 捕食作用对猎物种群的影响

现在我们回到一般性的捕食者，直观上，既然捕食者对猎物个体产生有害影响，那么可以预测捕食作用对猎物种群的直接影响也必然是有害的。但是由于以下一个或者两个原因，捕食作用的影响变得不太容易预测。首先，被杀死 (或者被伤害) 的猎物个体不总是整个种群中的随机抽样，这些个体可能是那些对种群的未来有着最小潜在贡献的个体。其次，存活的猎物个体可以在生长、存活或繁殖上表现出补偿性变化——这些个体在利用限制性资源的时候可能经受更弱的竞争，或者生产更多的后代，或者受到其他捕食者的影响更小。换句话说，捕食作用对于被吃掉的猎物个体而言是坏事，但是对于那些没有被吃掉的个体而言可能是好事。另外，如果捕食过程发生的时间是猎物不受到显著影响的生活史阶段，那么捕食不大可能影响猎物种群的动态以及猎物的多度。

捕食作用可以发生在对种群数量变化不重要的生长阶段

先来看第二点，举个例子，如果植物的更新补充不受生产的种子的数量限制，那么降低种子产量的昆虫不大可能对植物多度产生重要影响 (Crawley, 1989)。例如，在法国南部，象鼻虫 (*Rhinocyllus conicus*) 使得飞廉 (*Carduus nutans*) 的种子产量下降 90% 多，但是并不降低后者的更新补充。事实上，在每平方米播撒 1000 颗麝香飞廉种子之后人们也看不到该植物莲座数量的增加。因此，这种植物的更新补充不受限于产生的种子数量，尽管我们还不清楚其更新补充是否依赖于之后种子或者幼苗面临的采食，或者萌发地点的数量 (Crawley, 1989)。(不过我们在其他地方 (见第 9.2.5 节) 见到种子散布前受到的采食会深刻影响幼苗更新补充、局域种群动态和植物相对多度沿环境梯度以及在微生境之间表现出的变异性)。

存活个体的补偿性反应

捕食作用对猎物种群的影响经常被存活猎物个体的补偿性反应 (由于种内竞争降低而发生补偿效应) 所抵消。在一个经典实验中，研究人员射杀了很多斑尾林鸽 (*Columba palumbus*)，但是这种鸟在冬季的总体死亡率水平并没有上升，停止捕猎也没有导致这种鸟多度上升 (Murton *et al.*, 1974)，这是因为有多少鸽子可以存活最终还取决于有多少食物而不是捕猎作用的强弱；当捕猎导致鸽子密度降低时，其种内竞争的强度相应下降，自然死亡率也下降，伴随的还有密度依赖的鸟类个体迁入 (迁入个体来寻找未被吃掉的食物)。

捕食不利影响因竞争下降而缓解

事实上，只要种群密度高到发生种内竞争，捕食造成的不利影响就会因为种内竞争的降低而改善。因此捕食的后果可能会随食物相对多度而变化。当食物丰富或者质量很高的时候，一定水平的捕食作用可能不导致补偿性反应，因为猎物不受食物限制。Oedekoven 和 Joern (2000) 检验了这个假说，他们建立了接受施肥 (增加食物质量) 或者没有施肥的围栏草地样方，有些样方中有狼蛛 (*Schizocoza* spp.)，有些没有；研究者调查了这些样方中蝗虫 *Ageneotettix deorum* 的多度。在自然食物条件下 (没有施肥，黑色符号)，蜘蛛捕食和食物限制是补偿性的：在长达 31 天的实验末期蝗虫的数量得以恢复 (图 9.8)。不过，当食物质量提高的时候 (施加氮肥，灰色符号)，蜘蛛捕食使得蝗虫的存活数量下降：这是一个非补偿性的响应。在自然肥力环境中，蜘蛛捕食后，存活的蝗虫面临的竞争降低，每个个体可以获得更多的食物，可以存活更长时间。但是在食物质量提升的环境中蝗虫受食物限制的程度较低，因此在蜘蛛捕食之后大量剩余的食物并不会增加蝗虫的存活率 (Oedekoven & Joern, 2000)。

捕食往往针对最弱的猎物个体

我们现在来考虑捕食者对猎物种群内个体的非随机性关注。例如，很多大型食肉动物可能针对猎物种群内年老的 (虚弱的)、年幼的 (缺少经验的) 或者患病的个体实施捕杀。在塞伦盖蒂平原的一项研究中发现，猎豹和野狗在猎物汤姆逊瞪羚中更倾向于捕杀幼年个体 (图 9.9a)，其原因是：① 幼年个体更容易捕捉 (图 9.9b)；② 幼年个体的耐力较差，跑得更慢；③ 它们不善于以智取胜 (图 9.9c)；④ 它们甚至可能认不出捕食者 (FitzGibbon & Fanshawe, 1989; FitzGibbon, 1990)。不过，这些幼年个体也还没有对种群产生繁殖贡献，因此这样的捕食对猎物种群的影响要比其他情形更小。

在植物种群中也可以找到类似的现象。在澳大利亚成年桉树 (*Eucalyptus*) 受到锯蝇 (*Paropsis atomaria*) 的取食，但是因此导致的死亡几乎完全只发生在贫瘠地点的较弱树木或者因为根部受伤以及种植之后排水条件改变而受到胁迫的树木身上 (Carne, 1969)。

研究捕食对猎物种群的影响所面临的困难

总的来讲，从发现猎物个体被捕食者个体伤害，到证明猎物种群受到负面影响，这不是件容易的事情。在 28 个用杀虫剂将植食性昆虫从植物群落中去除掉的实验研究中，有 50% 的工作表明植物在种群水平上受到影响 (Crawley, 1989)。不过，就像 Crawley 提到的那样，这个比例数字需要小心看待。“阴性” 结果 (没有种群水平上的后果) 不被发表这一倾向几乎是必然的，人们可能会认为这样的结果 “没有什么可报道的”。另外，这样的排除实验往往需要 7 年或者更长时间才能发现对植物的影响，可能有很多 “阴性” 研究被太早放弃了。有很多最近的研究明确地证实了种子采食对植物多度的影响 (如 Kelly & Dyer, 2002; Maron *et al.*, 2002)。

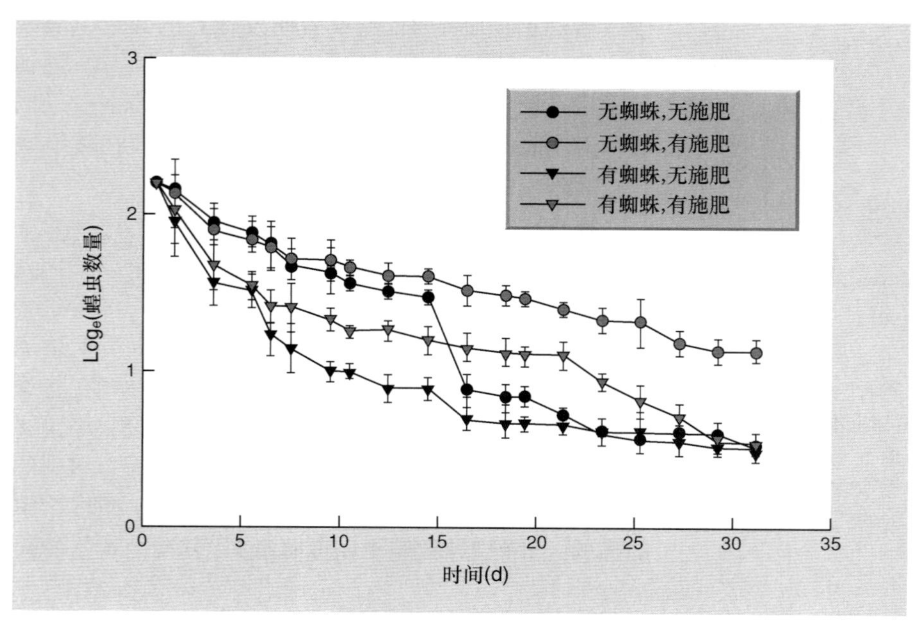

图 9.8 在美国内布拉斯加州的 Arapaho 草原上进行的一个野外实验中，施肥和捕食交互处理情形下蝗虫存活数量的变化轨迹 (仿 Oedekoven & Joern, 2000)。

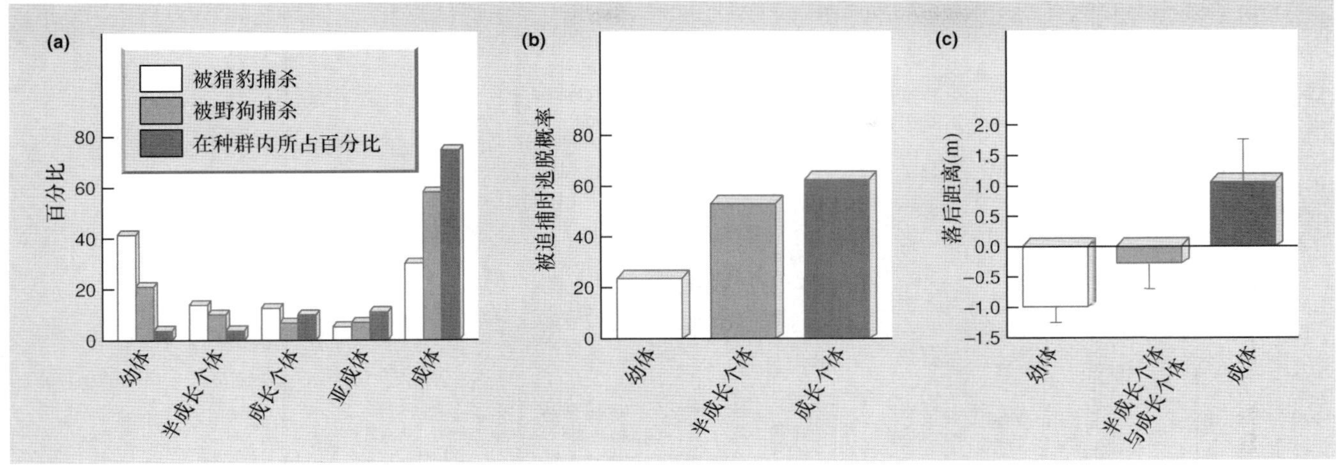

图 9.9 (a) 被猎豹和野狗捕杀的汤姆逊瞪羚个体中各年龄段(根据牙齿磨损确定)所占比例与整个种群中各年龄段所占比例大不相同。(b) 汤姆逊瞪羚被猎豹追捕时逃脱的概率受到瞪羚年龄的影响。(c) 当猎物 (瞪羚) 被猎豹追捕成 Z 字形逃跑时, 猎豹落后的平均距离受到猎物个体年龄的影响 (仿 FitzGibbon & Fanshawe, 1989; FitzGibbon, 1990)。

9.4 消费对消费者的影响

消费者往往需要消费超过某一阈值量的食物

不难想象食物可以为捕食者个体带来什么好处。一般来讲, 捕食者取食的食物越多其生长速率、发育速率和出生率会越高而死亡率越低。然而, 关于消费者种内竞争 (见第 5 章) 的讨论总是暗含着一点: 高的个体密度 (这意味着每个个体可以获得更少食物) 导致更低的生长速率、更高的死亡率, 等等。同样, 前文我们讨论过的迁移的诸多后果 (见第 6 章) 反映了消费者个体对食物分布的响应。不过, 在多个方面, 消费食物的多少和消费者获得的收益之间的关系并不是看上去那么简单。首先, 任何动物仅仅维持生存都需要一定量的食物, 只有食物数量超过这一阈值之后生物才有可能繁殖而对未来世代有所贡献。换句话说, 消费更少的食物并不会使得食物带给消费者的收益变小, 但是会使得消费者死亡得更快。

消费者也可能饱和

另一个极端情形是食物很多的时候, 消费者个体的繁殖、生长和存活并不会随食物资源的增加而无限增加。食物的供给会使得消费者饱和。个体消费食物的数量最终会达到一个稳定值, 不再受限于食物的可获取量; 消费者获得的收益也到达一个稳定值。因此, 一个特定的消费者种群可以食用的食物数量存在一个上限, 它对猎物种群造成的伤害也存在一个上限, 消费者种群大小增长程度也存在一个上限。我们将在第 10.4 节更全面地讨论这些问题。

大量结实年份和种子采食者的食物饱和

食物供给使得消费者整个种群同时被饱和的最明显例证来自很多间歇性大量结实年份的植物。这种植物的种群偶尔在某些年份同步性地生产大量种子 (这种事情往往发生在较大的地理范围内), 而在这样的年份之间生产很少种子 (Herrera *et al.*, 1998; Koenig & Knops, 1998; Kelly *et al.*, 2000)。这种行为在那些受到较强的种子采食作用的树种中尤其常见 (Silvertown, 1980), 因此在大量结实年份 (mast year) 种子逃脱捕食作用的可能性会大于其他年份。在新西兰植物中间歇性大量结实行为尤其普遍 (Kelly, 1994), 在新西兰丛生草原的禾草植物也有这种行为 (图 9.10)。在大量结实年份种子采食者获得饱食, 采食者种群无法实现足够快的增长而不能有效利用过量供应的食物。图 9.11 说明了这一点: 在大量结实年份禾草 *Chionochloa pallens* 有少于 20% 的管状小花被取食, 而在其他年份这一数字高达 80%。*C. pallens* 和另外 4 种 *Chionochloa* 属物种在大量结实行为上表现出很强的同步性, 其原因很有可能是: 每个物种在大量结实年份都能更有效地逃避种子捕食而获得更大收益。

另一方面, 植物大量结实会对其自身资源有非常大的需求。一种云杉在大量结实年份的生长较之其他年份平均减少 38%; 在森林树木中, 大量结实对年轮增幅造成的负面影响与昆虫幼虫啃食导致的严重落叶一样。因此, 结实极少的年份其实就是植物恢复的年份。

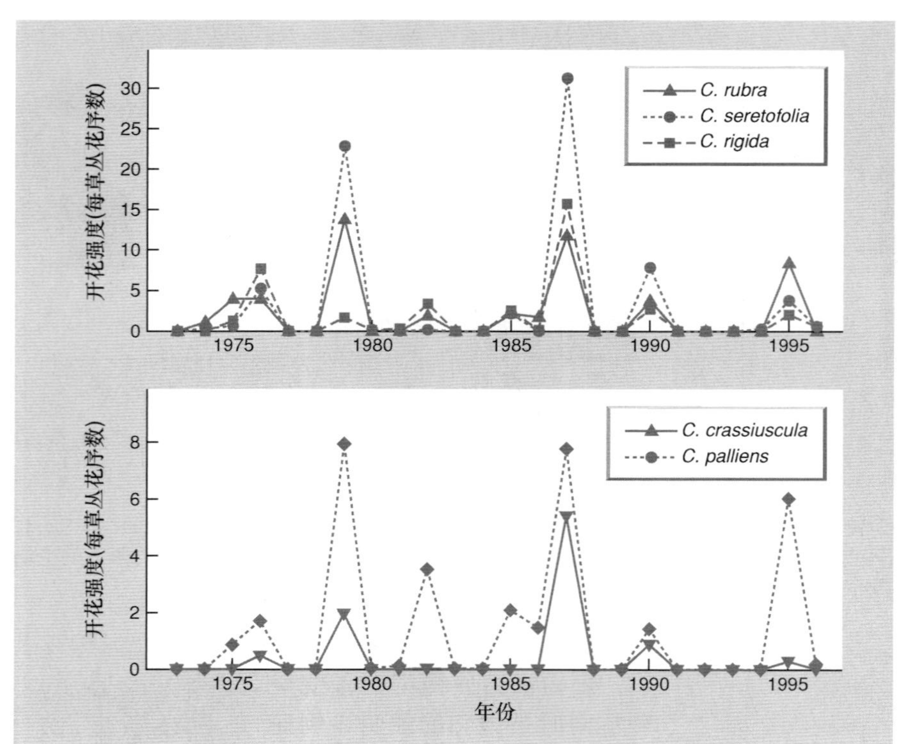

图 9.10 在新西兰 Fiordland 国家公园里 5 种新西兰丛生禾草 (*Chionochloa*) 在 1973—1996 年的开花频率。这 5 个种的大量结实年份是高度同步化的, 看似是对先前季节高温的响应 (开花过程被诱导) (仿 McKone *et al.*, 1998)。

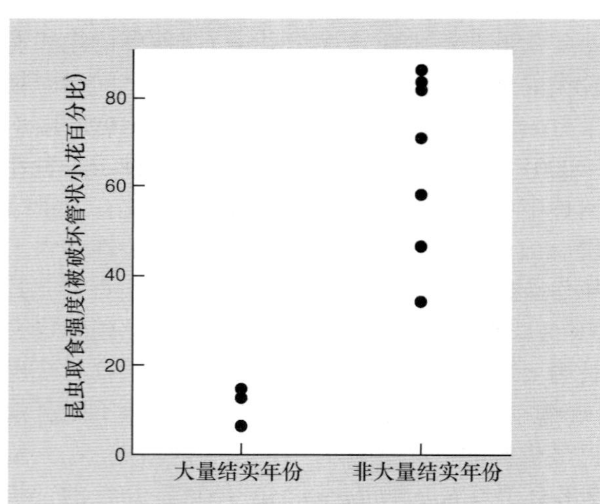

图 9.11 1988—1997 年在新西兰的 Mount Hutt, 禾草 *Chionochloa pallens* 的管状小花在大量结实年份 ($n = 3$) 和其他年份 ($n = 7$) 遭受昆虫捕食的强度。当某一年的管状小花数量是上一年的 10 倍以上时, 这一年定义为大量结实年份。昆虫捕食在这两类年份之间的显著差异支持间歇性大量结实的功能是饱和种子捕食者这一假说 (仿 McKone *et al.*, 1998)。

消费者的数量变化受限于世代长短……

间歇性大量结实这个例子一方面说明了捕食者饱和的潜在重要性, 同时也进一步强调了与时间尺度相关的问题。种子捕食者无法最大化地从大量结实的植物那里获益 (也无法最大化地对植物产生危害), 这是因为这些采食者世代周期太长。我们可以假想一种采食者, 它在一个季节可以繁殖好几个世代, 这样的采食者在大量结实的植物上面可以实现指数式与爆发式的增长, 可以将植物毁灭。一般来讲, 世代周期更短的消费者可以更好地追踪其食物或猎物在数量或多度上表现出的波动性, 而世代周期较长的消费者需要更长的时间才能对猎物多度的上升做出响应, 一旦密度降低需要更长的时间才能恢复。

……就像沙漠中捕食关系表明的那样

类似的现象也发生在沙漠生物群落中。在沙漠里降水的年际间变化很大且没有规律, 使得很多沙漠植物的生产力表现出相似的年际间变化。在为数不多的、生产力较高的年份, 植食动物往往有着较低的数量 (因为前面有一年或多年的低生产力年份)。在此年份中, 植食动物的食物绰绰有余, 植物可以增加储备, 有可能加强地下种子库或者地下储藏器官 (Ayal, 1994)。以色列内盖夫沙漠中多枝阿福花 (*Asphodelus ramosus*) 的果实生产提供了一个例证 (图 9.12)。盲蝽 (*Capsodes infuscatus*) 取食阿福花 (*Asphodelus*), 特别偏好其发育中的花朵和早期的果实。因此, 这种动物可能对植物的果实生产有严重危害。但是这种昆虫每年只繁殖一代，因此其多度总是不会与宿主植物有较好的匹配 (图 9.12)。在 1988 年和 1991 年植物果实产量较高但是盲蝽的多度相当低，因此盲蝽的繁殖量就较大 (在这两年每头成虫产出 3.7 只和 3.5 头若虫)，但是受损果实的比例较低 (0.78 和 0.66)。相反，在 1989 年和 1992 年植物果实产量很低，果实被破坏比例很高 (0.98 和 0.87)，盲蝽的繁殖量较低 (1989 年为每成虫产 0.30 若虫，1992 年未知)。这至少能说明在沙漠中食草性昆虫对植物种群动态的影响是有限的，而这些昆虫的种群动态受其摄食植物影响的可能性很大 (Ayal, 1994)。

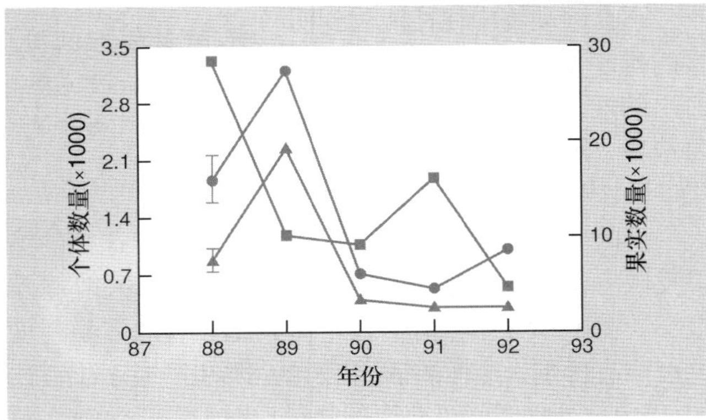

图 9.12 在以色列内盖夫沙漠的一个研究地点中，阿福花果实产量 (■) 与盲蝽若虫数量 (•) 以及成虫数量 (▲) 的波动 (仿 Ayal, 1994)。

食物质量而非数量可能非常重要

第 3 章强调了一点：食物的质量可能比数量更重要。事实上，我们只有针对食用某种食物的特定动物才能有意义地定义该食物的质量 —— 无论是正面的 (如营养物质的浓度) 还是负面的 (如有毒物质的浓度)；这一点在植食动物里非常明显。例如，从图 9.8 中我们看到，即使捕食性蜘蛛存在，增加食物质量可以使得蝗虫存活率上升。同样，Sinclair (1975) 研究了坦桑尼亚塞伦盖蒂平原上羚羊的存活情况。虽然羚羊取食蛋白质含量较高的植物 (图 9.13a)，在旱季这种动物取食的食物所含蛋白质仍然低于动物维持存活所需 (5%~6% 粗蛋白)；死亡雄性个体的脂肪储备已被耗尽 (图 9.13b)，由此可以推断食物质量不高是导致死亡的一个重要原因。另外很关键的一点是：雌性个体在怀孕晚期和哺乳期间 (12 月到 5 月) 对蛋白的需求比平时高 3~4 倍。显然，消费者储存高质量食物 (而不仅仅是储存食物) 对生长、存活和繁殖有着极大的影响。尤其是对于植食动物而言，一个动物貌似被食物包围却经历食物短缺的情形也是可能的。我们可以假想一个例子来理解这个问题：我们得到了一份营养完全均衡的食物 —— 但是被稀释在一个极大的游泳池内。这个池塘包含有我们需要的任何东西，我们可以看到这些东西，但是我们恐怕会饿死，因为我们无法喝足够多的水而获取足够多的营养来维持存活。同样的道理，植食动物往往会遇到这样的 "池塘"：其中有效氮含量特别

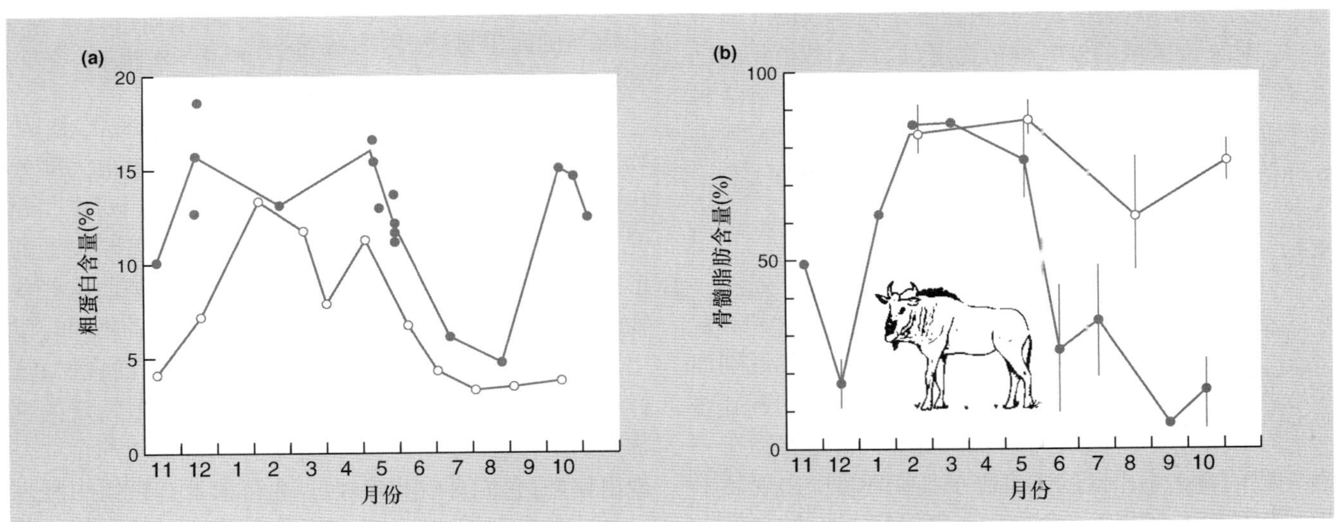

图 9.13 (a) 1971 年，在坦桑尼亚塞伦盖蒂平原上角马可以获取的 (○) 和真正取食的 (•) 食物的质量 —— 粗蛋白百分比。虽然动物有所选择 (取食的食物质量高于可获取的)，但是在旱季动物吃掉的食物的质量下降到维持氮平衡的必需水平 (5%~6% 的粗蛋白含量)。(b) 存活雄性种群 (○) 和因自然原因死亡个体 (•) 的骨髓中脂肪含量。图中竖直线表示 95% 置信区间 (仿 Sinclair, 1975)。

低, 以致于无法取食消化足够多的食物来获得所需营养。有时候某些植食昆虫的爆发与取食植物组织中可获取氮浓度的增加 (这样的事情较少发生) 有关 (见第3.7.1 节); 这种氮浓度增加可能与罕见的干旱事件或者 (相反) 罕见的水淹状况有关 (White, 1993)。显然消费者需要获取资源, 但是要想很好地从资源中获益则需要以获得数量合适的、形式恰当的资源。动物面对这样的压力进化出了一些行为对策, 这是后面两节要讨论的主要话题。

9.5 食谱的宽度和组成

食谱宽度的范围与划分

我们可以将消费者划分为单食性 (仅取食单一类型猎物)、寡食性 (取食几种类型猎物) 和多食性 (取食很多类猎物)。同样有意义的一种划分方式是: 特化种 (广义上讲包括单食种和寡食种) 和泛化种 (广食种)。在植食动物、拟寄生物和真捕食者任何一类中都能找到这三类消费者的例子。不过, 不同类型的生物食谱宽度的分布是不同的。真捕食者中确实有专一性消费者 [比如食螺鸢 (*Rostrhamus sociabilis*) 几乎只捕食瓶螺属 (*Pomacea*) 淡水螺], 但是大部分真捕食者有着相对较宽的食谱。相反, 拟寄生物往往是特化种, 甚至是单食种。植食动物中每个类型都有, 不过, 植食和 "捕食性" 植食动物往往有较宽的食谱而 "寄生性" 植食动物往往是高度专一性的。比如。Janzen (1980) 在哥斯达黎加研究了幼虫阶段在双子叶植物种子内取食的 110 种甲虫; 对于该区域的 975 种植物, 仅取食 1 种植物的昆虫有 83 种, 仅取食 2 种植物的昆虫有 14 种, 取食 3 种植物的昆虫有 9 种, 取食 4 种植物的昆虫有 2 种, 取食 6 种植物的昆虫有 1 种, 取食 8 种植物的昆虫有 1 种。

9.5.1 取食偏好

通过对比食谱与可获得食物来定义取食偏好

千万不能认为多食种和寡食种在可接受的食物中不加区别地取食; 事实上, 一定程度的偏好总是存在的。当某一特定食物在一种动物的食谱中出现的频率高于其在环境中出现频率时, 我们说该动物对该食物表现出偏好。因此, 要在自然界中度量取食偏好 (food preference), 我们既需要研究动物的食谱 (diet) (往往是通过肠道内容物分析) 也需要调查不同类型食物的 "可获取量"。在理想情形下, 应该是通过动物自己的眼睛去测量食物的量而不是通过研究者的眼睛 (也就是说, 不应该仅仅对环境进行取样调查)。

取食偏好可以在两个不同的背景中表现出来。动物可能偏好那些在所有可获得的食物中最有价值的食物, 也可能偏好那些能够提供混合平衡膳食中不可或缺的食物。这两种情况分别被称为排序偏好 (ranked preference) 和平衡偏好 (balanced preference)。用第 3 章 (这一章对资源类型进行了划分) 的术语来讲, 当不同资源是 "完全可替代" 的时候, 动物对这些资源表现出排序偏好, 而不同资源 "互补" 的时候动物对这些资源表现出平衡偏好。

不同食物可以用一个指标描述时排序偏好很常见……

在食肉动物中往往能看到明显的排序偏好。例如, 在图 9.14 给出的两个例子中, 食肉动物主要选择 "回报最高" 的猎物资源 (在对付或者 "处理" 猎物上每投入一份时间可获得的能量收入最高的猎物)。这样的结果反映一个事实: 食肉动物的食物在组成上一般差异很小 (见第 3.7.1 节), 但是在个体大小和获取容易程度上可能有区别。这样的话, 我们就可以用一个指标 (比如, 每单位处理时间可获取的能量) 来描述不同食物, 对它们进行排序。换句话说, 图 9.14 表明消费者对具有较高排序的食物表现出主动的偏好。

…… 但是很多消费者既表现出排序偏好又表现出平衡偏好

值得注意的是, 对于很多消费者 (尤其是植食动物和杂食动物) 而言, 各种食物之间不存在一个恰当的简单排序, 因为对这些动物而言可获取的食物中没有哪一个可以满足它们对营养的需求。要满足营养需求, 动物就必须消耗大量的食物, 同时还得将其中很大部分排出体外以获得充足的限制性营养 (例如, 当蚜虫和介壳虫要从植物汁液中获得足量的氮时, 就需要以蜜的形式排出大量的碳), 或者吃不同类型的食物而这些食物的组合可以满足营养需求。事实上, 很多动物同时使用这两种手段。它们通常选择那些质量较高的食物 (这样可以将丢弃的比例最小化), 但也选择一些特定的食物来满足特定的需求。例如, 羊和牛对高质量的食物表现出偏好, 它们喜欢叶片胜过茎秆, 喜欢绿色组织胜过干枯或者老龄组织, 一般情况下它们选择的食物比普遍可获取的食物而言含有更丰富的氮、磷、糖类和总能量同时含有较少的纤维。事实上, 所有的泛化植食动物在实验检验中若可以自由选择食物, 它们在取食不同

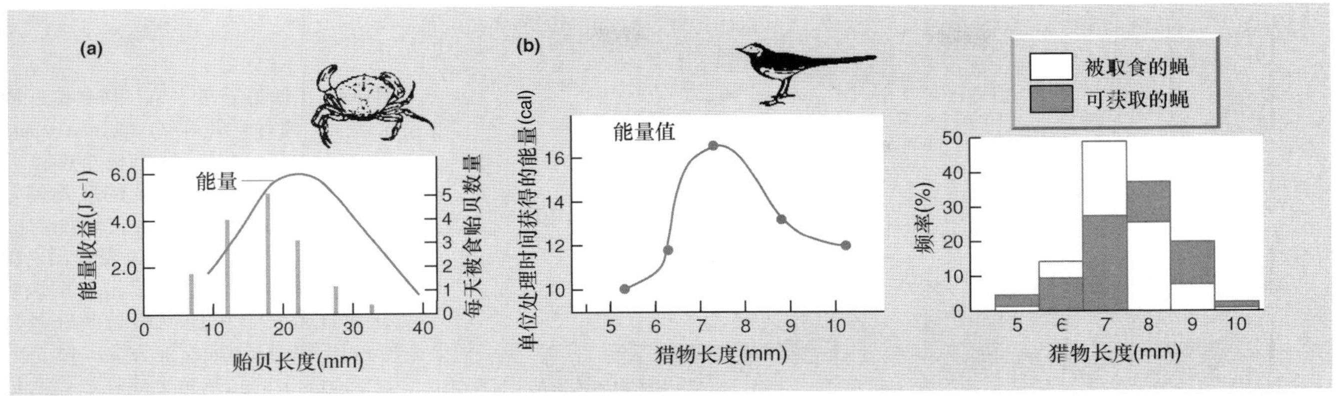

图 9.14 捕食者取食回报率高的猎物，也就是说，在捕食者的食谱中那些能够提供最多能量的猎物占多数。(a) 青蟹 (*Carcinus maenas*) 面对个体大小不同的 6 个等级的紫贻贝 (*Mytilus edulis*)，每个等级贻贝数量一样多，青蟹对能量收益 (单位处理食物时间获得的能量) 最大的猎物表现出偏好 (仿 Elner & Hughes, 1978)。(b) 在可捕获的食粪蝇类中，白鹡鸰 (*Motacilla alba yarrellii*) 倾向于选择那些单位处理时间能量收益最大的种类 (仿 Davies, 1977; Krebs, 1978)。

植物上会表现出排序 (Crawley, 1983)。

有很多原因导致混合食谱受青睐

另一方面，平衡偏好也是很常见的。例如，帽贝 *Acmaea scutum* 的食谱是两种微藻的组合：一种藻占 60%，另一种占 40%；这一比例几乎不受环境中两种藻类比例的影响 (Litting, 1980)。北美驯鹿在冬季靠取食苔藓存活，到了春季就会缺少钠元素，它们通常靠饮用海水、食用被尿污染的雪、啃食脱落的鹿角来补充 (Staaland *et al.*, 1980)。吃多种食物比吃一种食物哪怕是 "最好" 的一种食物都要好，对于这一点我们只需看一看自己就能发现一个例子。

混合食谱更好还有另外两个原因。第一，遇到一份质量较低的食物时，吃掉它 (尽管质量低) 的消费者比起那种见到低质量食物就放弃而继续搜寻食物的消费者而言，可以获得更多的收益。在第 9.5.3 节我们将对此进行更为详细的讨论。第二，各类食物可能含有不同的、对消费者不利的有毒物质，如果吃若干种不同食物，那么所有这些有毒物质的浓度可能都在可承受范围之内；这样消费者可以获得收益。无疑食物中的有毒物质对动物的取食偏好有重要影响。例如，澳大利亚的奇卷尾袋貂 (*Pseudocheirus peregrinus*) 食用桉树叶的干重与叶片中的一种有毒物质 (即 sideroxylonal) 的浓度呈显著负相关，而与叶片中的氮、纤维素等营养特征没有关系。

不过总体而言，并不是所有的取食偏好都清清楚楚地有一种或者另一种解释。例如，Thompson (1988) 综述了植食性昆虫的产卵偏好和孵化后代在其选择植物上的表现 (生长、存活和繁殖) 之间的关系。有一些工作得出了很好的相关性 (即雌性昆虫偏向于在其后代表现得更好的植物上产卵)，但是很多其他研究得出了较弱的相关性。在这种情形下，我们一般能为这种貌似不恰当的行为找到解释，但是这些解释往往只是未经检验的假说。

9.5.2 偏好转变

对常见食物类型的喜好导致偏好转变

很多消费者的取食偏好是固定不变的，换句话说，无论不同食物的可获取量是多少，它们的取食偏好都维持不变。但是很多其他消费者会转变其取食偏好：当一种食物较为丰富的时候，消费者就会取食很多这种食物 (多于它在环境中所占比例)，当这种食物比较稀少的时候，消费者就不会取食。图 9.15 对比了这两种类型的取食偏好。捕食性海螺在面对两种贻贝猎物的时候，无论这两种食物的比例是多少，它都表现出一致的取食偏好。在图 9.15a 中我们默认动物在任何猎物比例上都表现出一致的取食偏好，并画出曲线，显然这一默认得到了证实：不管猎物的可获取量是多少，捕食性螺总是偏好紫贻贝 (*Mytilus edulis*)，这种猎物的壳较薄，防卫得不够好，而捕食性螺就可以更高效地取食它。图 9.15b 给出的例子 (当孔雀鱼面临不同比例的果蝇和颤蚓食物时的行为) 恰好相反，与此形成了鲜明的对比。显然，孔雀鱼转变了取食偏好，更多地取食常见猎物。

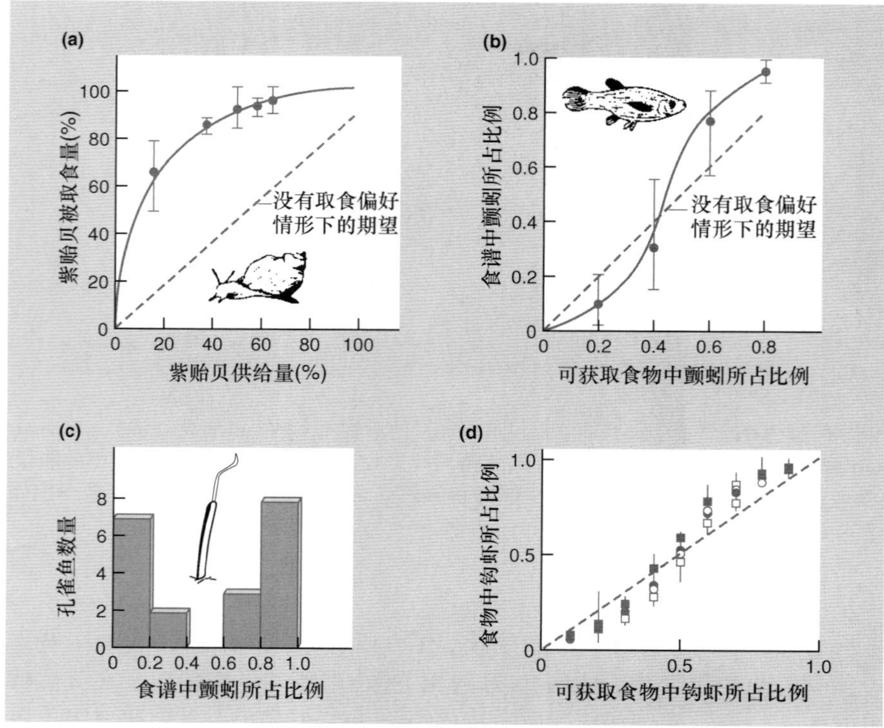

图 9.15　偏好转变。(a) 取食偏好固定不变: 两种贻贝猎物 (*Mytilus edulis* 和 *M. californianus*) 无论相对多度是多少, 螺表现出固定不变的取食偏好 (仿 Murdoch & Stewart-Oaten, 1975)。(b) 取食颤蚓和果蝇的孔雀鱼表现出的偏好转变: 数量更多的猎物被过度取食 (在捕食者食谱中比例超过其在环境所占比例) (仿 Murdoch *et al.*, 1975)。(c) 图 (b) 中的孔雀鱼个体在遇到数量相同的两种猎物时表现出的偏好: 单个个体大都是针对某一猎物的专行捕食者。(d) 取食钩虾和卤虫的海刺鱼表现出的偏好转变: 总的来讲, 海刺鱼会过度取食数量更多的那个猎物。但是当钩虾 (实心符号) 数量随时间降低时 —— 每 3 天降低一步, 海刺鱼在 3 天中的第 1 天 (■) 比第 3 天 (•) 取食钩虾更多, 当钩虾数量上升时, 海刺鱼在第 1 天 (□) 比第 3 天 (○) 取食钩虾更少。学习的影响是明显的 (仿 Hughes & Croy, 1993)。

偏好转变什么时候出现?

偏好转变可以发生在多种情形下。可能最常见的情形就是不同的微生境有不同类型的食物, 这时候消费者集中在回报率最高的微生境取食。图 9.15b 中的孔雀鱼就是一例: 果蝇在水面滑行而颤蚓待在水体底部。在以下情形下偏好转变可以发生 (Bergelson, 1985):

(1) 消费者对常见猎物类型的定位概率上升的时候, 也就是说, 消费者对常见食物产生一个 "搜索印象" (search image) (Tinbergen, 1960), 然后针对 "印象" 猎物搜索, 排除其他猎物。

(2) 消费者追赶常见猎物概率上升的时候。

(3) 消费者捕获常见猎物概率上升的时候。

(4) 消费者处理常见猎物的效率增加的时候。

在任何一种情形下, 常见猎物若变得更常见, 捕食者可以获得更多的收益或者说成功, 因此消费速率也上升。例如, 有一种海刺鱼 (*Spinachia spinachia*), 它捕食甲壳类钩虾 (*Gammarus*) 和卤虫 (*Artemia*) (Figure 9.15d), 当这种鱼通过学习提高了捕获和处理效率 (尤其是针对钩虾) 的时候, 它会转变取食偏好。先用钩虾喂鱼 7 天, 然后食物中的钩虾被卤虫替换, 每一次替换 10%, 直到食物中仅包含卤虫; 维持 7 天, 然后逐渐将食物又逐步替换为钩虾。"每一次" 持续 3 天, 期间检查鱼所占的比例。图 9.15d 呈现出明显的学习过程: 在 "每一次" 的第 1 天, 鱼的取食行为受到先前食物影响较大, 到第 3 天这种影响变小。

有趣的是, 一个种群的偏好转变往往不是各个生物个体逐渐改变偏好的结果, 而是专性取食个体比例变化的结果。图 9.15c 正好说明这一点; 当两种猎物同样多的时候, 孔雀鱼个体不是泛化者, 相反, 大概有一半是专食果蝇的, 另一半专食颤蚓。

一种偏好转变的植物

如果一种植物也能表现出类似于偏好转变的行为, 那可能令人意外。紫瓶子草 (*Sarracenia purpurea*) 生活在氮贫乏的沼泽和池沼, 人们认为在这些地方植物的食肉行为会受到选择。食肉植物如瓶子草会在捕捉无脊椎猎物的专一性器官 (实际上是捕捉氮的结构) 上投入大量的碳 (来自光合作用)。图 9.16 展示了瓶子草的龙骨瓣的相对大小对氮添加有什么响应 (这个研究在美国佛蒙特州的 Molly 沼泽中进行)。添加的氮越多, 龙骨的相对大小越大 —— 表明瓶子草的非食肉器官龙骨大小的增加和捕捉猎物的管状器官大小的减小。因此, 这就意味着瓶子草的食肉能力随着资源水平的增加而降低, 但其最大光合作用速率增加了。

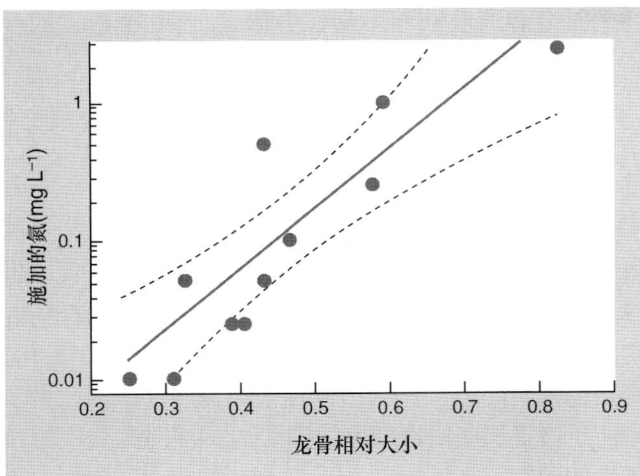

图 9.16 在美国佛蒙特州 Molly 沼泽的样地，紫瓶子草 (*Sarracenia purpurea*) 龙骨瓣的相对大小与空中喷洒的氮资源之间的关系。点线表示 95% 的置信区间。更大的龙骨瓣相对大小对应着捕获猎物器官的减小 (仿 Ellison & Gotelli, 2002)。

9.5.3 食谱宽度: 最优觅食途径

食谱宽度与进化

无疑，捕食者和猎物会相互影响其进化过程。我们可以在很多例子里看到这一点: 很多植物的不适口的或者有毒的叶片、刺猬的尖刺、很多昆虫猎物的保护色，或者树蜂的强健产卵器、牛的多室胃、猫头鹰的悄悄攻击和极强的感官。这种特化清晰地说明了一点: 没有哪种捕食者可以消费所有类型的猎物。进化限制使得鼩鼱不可能捕食猫头鹰 (尽管鼩鼱是食肉动物)，蜂鸟不可能食用植物种子。

然而，即便在限制范围内，大多数动物选择的食物范围还是比它们在形态学上可以选择的食物范围要狭窄。是什么决定了一个消费者在可消费的食物范围内真正消费什么，人们在研究这个问题的时候越来越多地依赖于最优化觅食理论 (optimal foraging theory)。这个理论的目标是预测特定环境中的期望觅食策略; 一般是基于以下几个前提假设做出预测:

最优化觅食理论固有的假设

(1) 动物当前采取的觅食策略是过去受自然选择青睐的策略，也是当前最能提高动物适合度的策略。

(2) 动物通过获得更高的净能量摄入来实现更高的适合度。

(3) 研究人员对动物进行观察的环境是适合于动物觅食行为的环境，也就是说，是与动物进化环境很相似的自然环境，或者与自然环境在关键方面都相似的实验场所。

这些前提假设并不总能成立。首先，一个生物个体其他方面的行为对适合度的影响可能比最优化觅食行为更大。比如，规避捕食者可能是最重要的，因而动物在捕食风险低的地方和时间来觅食; 这样动物取食食物的效率就不如理论预测的高 (见第 9.5.4 节)。其次 (也是很重要的一点)，对于很多消费者 (尤其是植食动物和杂食动物)，高效摄入能量还不如获得其他一些食物成分 (如氮) 来得更重要，或者说，对于觅食者而言最重要的事情是取食混合的平衡膳食。在这些情形下，已有的最优觅食理论的价值是有限的。不过，在能量最大化这个前提可能成立的情形下，最优觅食理论可以帮助我们更好地理解捕食者做出的觅食 "决定" 的重要性 (见以下综述: Stephens & Krebs 1986; Krebs & Kacelnik, 1991; Sih & Christensen, 2001)。

理论生态学家是无所不知的数学家，觅食者恐怕不是

一般而言，最优觅食理论基于理论生态学家建立的数学模型对觅食行为做出预测; 这些理论生态学家就他们的模型系统而言是无所不知的。这样就产生一个问题: 如果一个真实的觅食者要采取合理的最优策略，它必然也像理论生态学家那样通晓一切吗? 答案当然是 "不"。最优化觅食理论只是说，如果有一个觅食者能够以某种形式 (以任何形式) 实现在正确的情形下做出正确的事情，那么这个觅食者将受到自然选择的青睐; 如果它的能力是可遗传的，这些能力将在进化时间尺度上在种群内扩散。

最优觅食理论并不能精确地指出觅食者如何做出正确的决定，也不要求觅食者进行建模工作者所做的计算。后面我们会考虑另一类 "机理" 模型 (见第 9.6.2 节)，那些模型试图说明一个觅食者即便不是无所不知的，也仍然能够基于经验对有限的环境信息做出响应而采取一种被自然选择青睐的策略。不过，正是最优觅食理论预测了这种受青睐策略的本质。

第一篇关于最优觅食理论的文章 (MacArthur & Pianka, 1966) 试图理解动物如何确定在一个生境中的食谱宽度 (动物取食的食物类型的范围)。之后，Charnov (1976a) 利用更加严格的数学形式对该模型进行了改进。MacArthur 和 Pianka 指出，任何捕食者要获得食物需要付出时间和能量 —— 首先用于搜索猎物，其次用于处理猎物 (即追猎、制服和取食)。捕食者在搜索猎物过程中会遇到很多种类型的食物。MacArthur 和 Pianka

认为，食谱宽度将取决于捕食者遇到猎物之后有何种反应。泛化捕食者追猎（然后可能制服并取食猎物）它们遇到的大部分猎物类型；专性捕食者若非遇到特别偏好的猎物就会继续搜索。

追还是不追？

任何觅食者都面临的问题是：如果它是一个特化种，那么它只追猎回报率很高的猎物，但是它需要花费很多时间和能量去搜索猎物；而如果它是一个泛化种，它将花费较少的时间搜索猎物但是可能会同时得到回报率高和低的猎物。一个最好的觅食者应该能够平衡这些有利方面和不利方面，来获得最大化的能量摄入。MacArthur 和 Pianka 将这个问题表述如下：假定一个捕食者在食谱已经包括了若干回报率较高的猎物类型时，它是否应该把下一个最具回报率的猎物类型包括到食谱中，来扩展食谱宽度（而降低搜索时间）？

我们可以将这个“下一个最具回报率的”猎物定义为猎物 i。E_i/h_i 是该猎物的回报率，这里 E_i 是能量值，h_i 是处理时间。另外，$\overline{E}/\overline{h}$ 是捕食者“当前”食谱（包括了所有比 i 回报率更高的猎物的食谱）的平均回报率，$\overline{s}$ 是当前食谱的平均搜索时间。如果一个捕食者追猎了类型 i 的一个猎物，它的期望能量摄入为 E_i/h_i。如果它忽略这个猎物而追猎其他所有比该猎物回报率更高的猎物，预计它需要付出更多的搜索时间 $\overline{s}$，然后获得能量摄入 $\overline{E}/\overline{h}$。在后面这种情形下，总的时间付出为 $\overline{s}+\overline{h}$，总的能量摄入为 $\overline{E}/(\overline{s}+\overline{h})$。当且仅当下面不等式成立的时候回报率最高，最优策略是将 i 包括到食谱中：

$$E_i/h_i \geqslant \overline{E}/(\overline{s}+\overline{h}) \tag{9.1}$$

换句话说，只要方程 (9.1) 成立，捕食者就应该将回报率更低的猎物包括到食谱中（这样会使得总的能量摄入率上升），这会使得总的能量摄入率 $\overline{E}/(\overline{s}+\overline{h})$ 最大化。

这个最优食谱模型可以得出若干预测。

搜索者应该是泛化种

(1) 处理食物时间往往短于搜索时间的捕食者应该是泛化捕食者，因为它们只需要较短时间来处理已经发现的一个猎物而在这么短的时间内基本不可能开始对下一个猎物的搜索。[根据方程 (9.1)：对于具有大范围猎物类型的捕食者，E_i/h_i 较大（h_i 较小），而对食谱较宽的捕食者，$\overline{E}/(\overline{s}+\overline{h})$ 较小（$\overline{s}$ 较大）。] 很多活动于乔木或者灌木的食虫鸟类有着很宽的食谱，这一点好像支持这一预测。搜索猎物总是会花费一些时间，而处理个体很小的昆虫几乎总是成功的，花费的时间简直可以忽略。因此，一只鸟取食遇到的任何一个猎物总是会有所收获而不会失去什么，有一个很宽的食谱可以使得总体回报率最大化。

处理食物者应该是特化种

(2) 相反，处理猎物时间长于搜索时间的捕食者应该是专性的。如果 $\overline{s}$ 总是很小，那么 $\overline{E}/(\overline{s}+\overline{h})$ 接近于 $\overline{E}/\overline{h}$。这样，最大化 $\overline{E}/\overline{h}$ 也就是最大化 $\overline{E}/(\overline{s}+\overline{h})$；显然 $\overline{E}/\overline{h}$ 的最大化是通过只取食回报率最高猎物来实现的。比如，狮子基本上总是能看到猎物，所以它们的搜索时间可以忽略；但是处理时间（尤其是追猎时间）可以很长（而且很耗费能量）。因此狮子专注于追猎那些回报最大的猎物：幼年猎物、残疾的和年老的猎物。

高生产力环境中专性程度更高

(3) 在其他条件相同的情况下，捕食者的食谱在低生产力环境中（猎物数量低，$\overline{s}$ 相对大）比在高生产力环境中（$\overline{s}$ 更小）更宽。图 9.17 中展示的两个例子支持这一预测：在实验区域内，蓝鳃太阳鱼 (*Lepomis macrochirus*) 和大山雀 (*Parus major*) 都是在猎物密度更高的时候才具有更专性的食谱。也有来自自然生境的相关证据：阿拉斯加的 Bristol 湾捕食鲑鱼的棕熊 (*Ursus arctos*) 和黑熊 (*U. americanus*)，在可捕获的鲑鱼数量多时，每捕获一条鱼，它们只食用一小部分，它们只取食能量值高的鱼（尚未产卵的鱼）或者鱼身上能量高的部位（雌鱼的卵，雄鱼的脑）。实质上讲就是在猎物更多的时候它们变得更加专性 (Gende *et al.*, 2001)。

回报率低的食物的丰度不会影响觅食策略

(4) 方程 (9.1) 能否成立不仅取决于第 i 种猎物的回报率和食谱中已包括猎物的回报率 ($\overline{E}/\overline{h}$)，而且也依赖于搜索食谱中已包括猎物所需的时间 ($\overline{s}$)，这样也就依赖于这些猎物的多度；但是，不依赖于搜索第 i 种猎物所需时间 (s_i)。换句话说，只要一种猎物的回报率不够高，即便它密度再高，捕食者也应该放弃它。我们重新来看图 9.17 的例子，可以看出，在这两个例子中最优食谱模型都预测回报率最低的猎物会被完全放弃；动物的觅食行为与预测很接近，但是在两个例子中，动物对低回报率猎物的取食都稍微高于期望值。事实上，这种不一致的情形被重复发现了多次。这种事情的发生有若干种原因，这些原因可以粗略地总结为动物不是无所不知的。不过，最优食谱模型 (optimal diet model) 并不能预测观察和期望能够完美地吻合。模型只能预测将会受到自然选择青睐的策略，同时，采用与之最相似的策略的动物将是最受选择的。从这个角度出发，图 9.17 中的数据和理论的一致性是

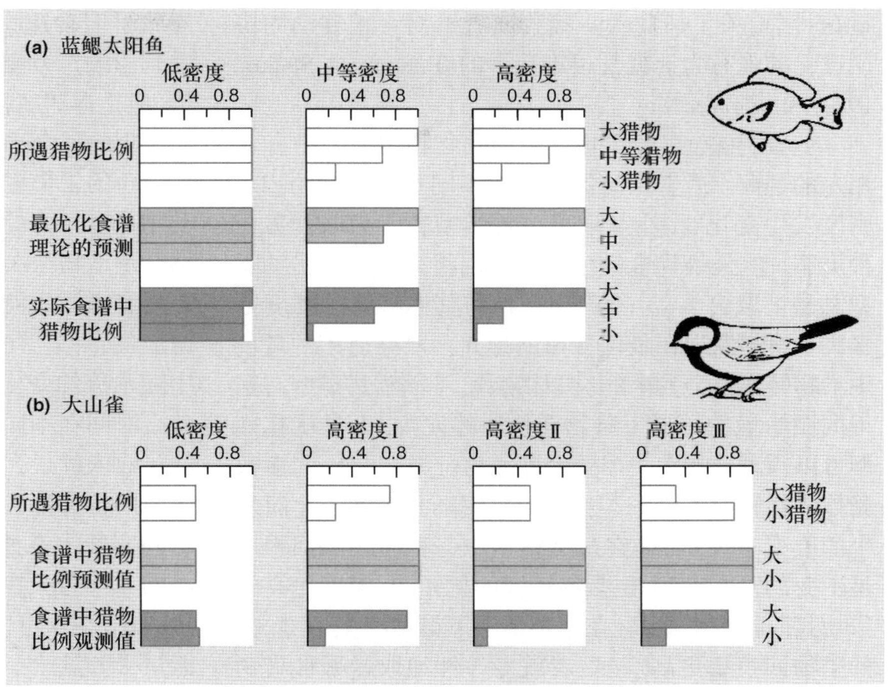

图 9.17 关于最优化食谱选择的两个研究工作得出的结果与 Charnov (1976a) 最优化食谱模型的预测有明显的但不完美的对应。当猎物的密度很高时,食谱更专化;但是实际上食谱包含的低回报率猎物比理论预测的更多。(a) 蓝鳃太阳鱼捕食大小不同的水蚤,数据柱表示在猎物密度不同的 3 种情形下与不同大小的猎物相遇频率,以及预测的和观察到的食谱中不同大小猎物的比例 (仿 Werner & Hall, 1974)。(b) 大山雀捕食不同大小的拟步行虫 (仿 Krebs *et al.*, 1977)。数据柱图显示被捕食的两类猎物所占比例 (仿 Krebs, 1978)。

非常令人满意的。Sih 和 Christensen (2001) 综述了 134 个关于最优食谱理论的工作,他们关注的问题是:什么因素可能可以解释该理论准确预测食谱的能力。与他们的先验预测相反,觅食者类群 (无脊椎动物、变温脊椎动物与恒温脊椎动物),在验证该理论的有效性方面没有什么差别。他们的主要结论是:对猎食固着性或者活动相对较少的猎物 (树叶、种子、拟步行虫幼虫、被鱼类取食的浮游动物) 的捕食者而言,最优化食谱模型很好用,但是模型往往不能预测那些攻击频繁运动猎物 (小型哺乳动物、鱼类、被昆虫捕食者取食的浮游动物) 的捕食者的食谱。这可能是因为运动性猎物遭遇捕食者成功捕获的概率有所不同,这种差异相比于捕食者主动选择的差异,往往对捕食者的食谱影响更大 (Sih & Christensen, 2001)。

(5) 方程 (9.1) 同时也提供了一个情境去理解那些与猎物有着密切关系的捕食者 —— 尤其是一个捕食者个体仅与一个猎物个体发生关系的情形 (如多种拟寄生物、寄生性食草动物以及很多寄生物;见第 12 章) —— 的高度专一性。既然这些捕食者的生活方式和生活史循环都精确地对应着其猎物 (或宿主),那么它们处理猎物的时间 ($\bar{h}$) 会较短;但是这也使得它们不可能精确地适应于其他猎物,因此处理其他猎物所需时间很长。因此方程 (9.1) 仅适用于很专性的一群猎物而不适用于其他任何猎物。

另一方面,广食性也确有其好处。搜索代价 ($\bar{s}$) 一般很低:比较容易找到食物,也不大可能因为一类食物的多度波动而挨饿。另外,广食种必然可以有一个平衡的食谱,环境条件变化时可以改变取食偏好来维持这个平衡,也可以避免从一类食物那里得到大量的某种有毒物质。方程 (9.1) 忽视了这些方面。

协同进化:捕食者 – 猎物的军备竞赛

总体上看,进化可以扩展食谱,也可以限制它。当猎物施加的进化压力要求捕食者有专化的形态或生理响应的时候,对食谱的限制常常可以发挥到极致。不过,当捕食者要取食的对象并不可以单独获得 (individually inaccessible),或者是不可预测或缺少某些营养,食谱往往就会较宽泛。一个很吸引人也受到热议的观点是:特定的捕食者 – 猎物种对不仅仅进化,而且是协同进化。换句话说,它们之间有进化的 "军备竞赛":捕食者的捕食能力每强化一步,猎物规避或抵抗捕食者的能力就随之上升一步,然后捕食者的捕食能力再次上升,以此类推。这个过程本身可以是在长期进化时间尺度上完成,并伴随着物种形成;因此,(以蝶类和植物为例) 蝶类中的近缘物种与植物中的近缘物种相关联 —— 釉蛱蝶族的所有物种都取食西番莲科的植物 (Ehrlich & Raven, 1964; Futuyma & May, 1992)。在协同进化发生的情形中,协同进化恐怕必然成为另外一个促进食谱压缩的力量。不过在目前, 关于捕食者 – 猎物或者植物 – 植食动物协同进化的强有力证据是很难获得的 (Futuyma & Slatkin, 1983; Futuyma & May, 1992)。

乍看上去, 在最优食谱模型和猎物转换模型有着相左的预测。后者预测捕食者在不同猎物类型的相对密度发生变化时, 会从取食一种类型转变为取食另一种类型。但是最优食谱模型预测回报率更高的猎物类型总是被取食 —— 不论该猎物与其他猎物的密度是多高。预测发现在最优食谱模型并不严格适用的环境中猎物转换是会发生的。具体来说, 不同猎物类型占据不同微生境的情形下猎物转换往往发生, 而最优化模型可以预测动物在一个微生境内的行为。另外, 大多数其他猎物转换的例子与猎物回报率随其密度变化而发生的改变有关; 可是在最优模型中一种猎物的回报率是不变的。事实上, 在猎物转换的例子中, 密度更高的猎物其回报率会更高; 在这种情形下最优模型预测: 哪种猎物回报率更高, 消费者就专一性地取食哪种猎物 (而回报率更高的猎物就是密度更高的, 也就是猎物转换)。

9.5.4　一般情况下的觅食

仰泳蝽不以最优方式觅食而规避被捕食风险……

有一点值得强调: 觅食策略不一定总是仅仅使得取食效率最大化的策略。相反, 自然选择将青睐那些最大化其净收益的觅食者; 因此觅食策略往往受到修正 —— 修正来自觅食个体经受的其他冲突性需求。特别是, 规避捕食者的需求往往影响动物的觅食行为。

这一点在关于一种水生昆虫捕食者仰泳蝽 (*Notonecta hoffmanni*) 幼虫的觅食行为的工作中得到体现 (Sih, 1982)。这些动物生长经历 5 个幼虫龄期 (Ⅰ是最小最年幼的阶段, Ⅴ是最年老阶段), 在实验室中前 3 个幼龄阶段的幼虫可以被同种成体捕食, 经受成体捕食的相对风险为:

Ⅰ > Ⅱ > Ⅲ > Ⅳ = Ⅴ ≅ 没有风险

这种风险改变了幼虫的行为, 它们 (无论在实验室还是在野外) 倾向于避开水体的中心区域, 因为在中心区域动物成体密度最大。事实上, 规避行为的强度和被成体捕食的相对风险一致:

Ⅰ > Ⅱ > Ⅲ > Ⅳ = Ⅴ ≅ 没有规避行为

不过, 幼虫的猎物也是在水体中心区域密度最高, 因此, 在成虫出现的时候, Ⅰ龄和Ⅱ龄幼虫躲避捕食者导致了取食速率的下降 (虽然Ⅲ龄幼虫取食速率没有受到影响)。幼龄幼虫规避捕食使得取食速率低于最大值, 但是存活率得以提高。

……某些鱼也是这样

Werner 等 (1983b) 关于蓝鳃太阳鱼的工作也研究了捕食者对动物觅食行为的修正影响。他们估计了动物在 3 种不同的实验室环境 (开阔水体、水草之间和裸露底泥) 中取食的净能量收入, 他们还调查了对应的自然生境中猎物的密度如何变化 (在一个湖泊中随季节的变化)。然后, 他们可以预测太阳鱼应该在什么时间在不同的湖泊生境之间转换才能实现总的净能量收入的最大化。在没有捕食者的环境中, 3 种大小的鱼的行为都和预测一致 (图 9.18)。不过, 在后续一个野外实验中有捕食性的大口黑鲈存在, 这时候个体较小的太阳鱼只在水草区域觅食 (图 9.19) (Werner *et al.*, 1983a)。在水草区域这些太阳鱼相对安全, 尽管它们的能量摄入显然小于最大潜在速率。相反, 较大个体的太阳鱼基本上不会被黑鲢捕食, 它们继续像最优模型预测的那样进行觅食。同样, 几种食藻蜉蝣的幼虫在含有河鳟的溪流中, 只选择在黑暗环境中觅食, 在这里它们的总体取食速率更低, 但是面临的捕食风险也更小 (Townsend, 2003)。有一些夜间活动的哺乳动物 (包括鼠类、豪猪和草兔), 在月光明亮的时候面临的捕食风险最大, 此时它们觅食时间可能缩短 (Kie, 1999)。

捕食与实际生态位

觅食策略是动物的整体行为模式中不可分割的一部分。觅食策略受到自然选择压力的强烈影响 —— 自然选择青睐于取食效率最大化; 同时觅食策略也受到其他的可能带有冲突性需求的影响。另一件事情也值得指出。动物出现的地点、它们多度最高的地点以及它们取食的地点都是其 "实际生态位" 的关键成分。在第 8 章我们学习到, 竞争者可以对生物的实际生态位有强烈的制约。在这里我们发现捕食作用也可以强烈地影响实际生态位。从下面的例子中也可以看到这一点: 3 种更格卢鼠科鼠类 —— 亚利桑那白囊鼠 (*Perognathus amplus*)、贝利刚毛囊鼠 (*P. baileyi*) 和梅氏更格卢鼠 (*Dipodomys merriami*) 的觅食行为受到仓鸮 (*Tyto alba*) 捕食的影响而改变 (Brown *et al.*, 1988); 在鸮出现的环境中, 3 种鼠类都躲到捕食风险更低但是觅食强度也更低的微生境中去。不过, 这种改变在 3 个物种之间存在程度上的差异, 因此这 3 个种对微生境瓜分利用的模式在有仓鸮的时候和没有仓鸮的时候有很大差别。

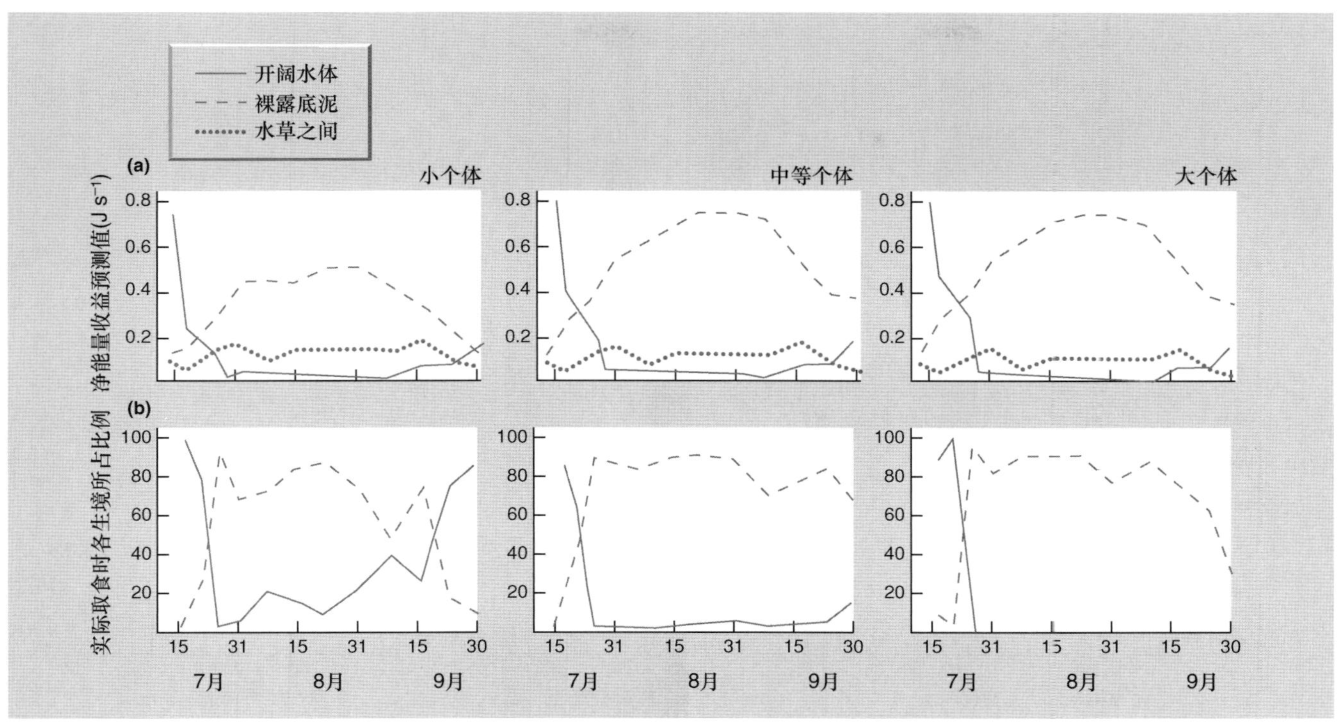

图 9.18 大小不同的 3 组蓝鳃太阳鱼 (*Lepomis macrochirus*) 捕食的季节模式: (a) 理论预测的生境回报率 (净能量获得速率); (b) 实际上食谱中来自每种生境的食物所占的百分比。在这里并没有捕食鱼类的动物存在。在图 (b) 中为了图示清楚没有显示 "水草生境", 对于所有太阳鱼而言来自这种生境的食物占到 8%～13%。(a) 与 (b) 显示的模式有很好的对应 (仿 Werner *et al.* 1983b)。

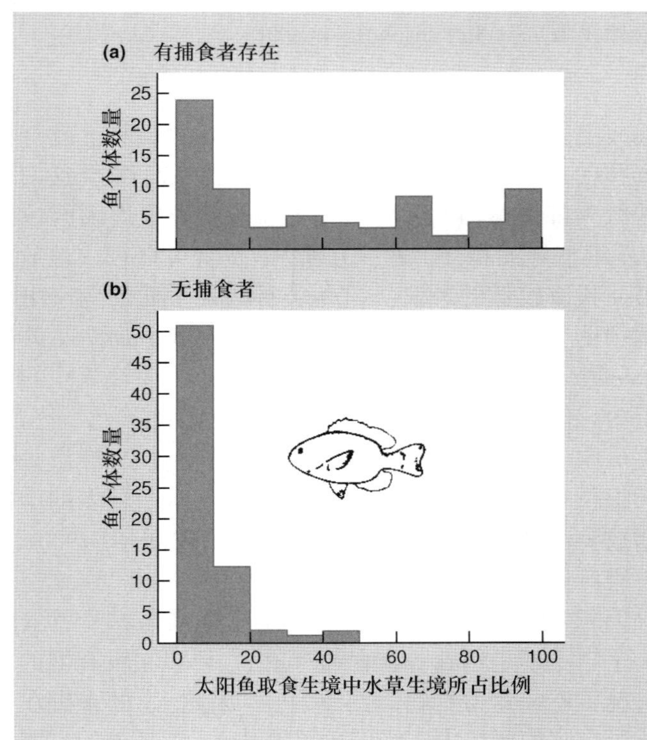

图 9.19 (a) 与图 9.18 或者本图 (b) 形成对照, 当大口黑鲈 (它捕食体型小的蓝鳃太阳鱼) 存在的时候, 很多太阳鱼在水草更多的地方取食, 在这样的生境中它们可以相对更好地规避捕食风险 (仿 Werner *et al.*, 1983a)。

9.6 在斑块生境中的觅食

食物是斑块状分布的

对于任何消费者而言, 食物都是斑块状分布的。这些斑块可能是自然的离散的物理对象; 比如, 对于取食果蝇的鸟类而言, 一片具边界的灌木丛是一个斑块; 对于瓢虫而言, 一片生长着蚜虫的叶子是一个斑块。"斑块" 也可能是看上去均一化的环境中随意定义的一个区域; 比如, 对于在沙滩上觅食的涉禽而言, 不同的 10 m^2 地块或许可以视为含有不同密度虫子的不同斑块。在所有情形中, 一个斑块的定义必须是针对一个特定消费者的。一片叶子对一只瓢虫而言是一个斑块, 但是对于体型更大的、更活跃的食虫鸟类而言, 1 m^2 的林冠甚或整个一棵树才能算是一个恰如其分的斑块。

生态学家很感兴趣的一个事情是, 当不同斑块含有的食物或猎物的密度不同时动物对斑块的偏好。有很多例子表明捕食者表现出 "聚集响应" (aggregative response): 在具有高密度食物的斑块内花费更多的时间 (因为这种斑块回报率最高; 图 9.20a～d), 尽管这种直接的密度依赖性并不总是出现 (图 9.20e)。我们在

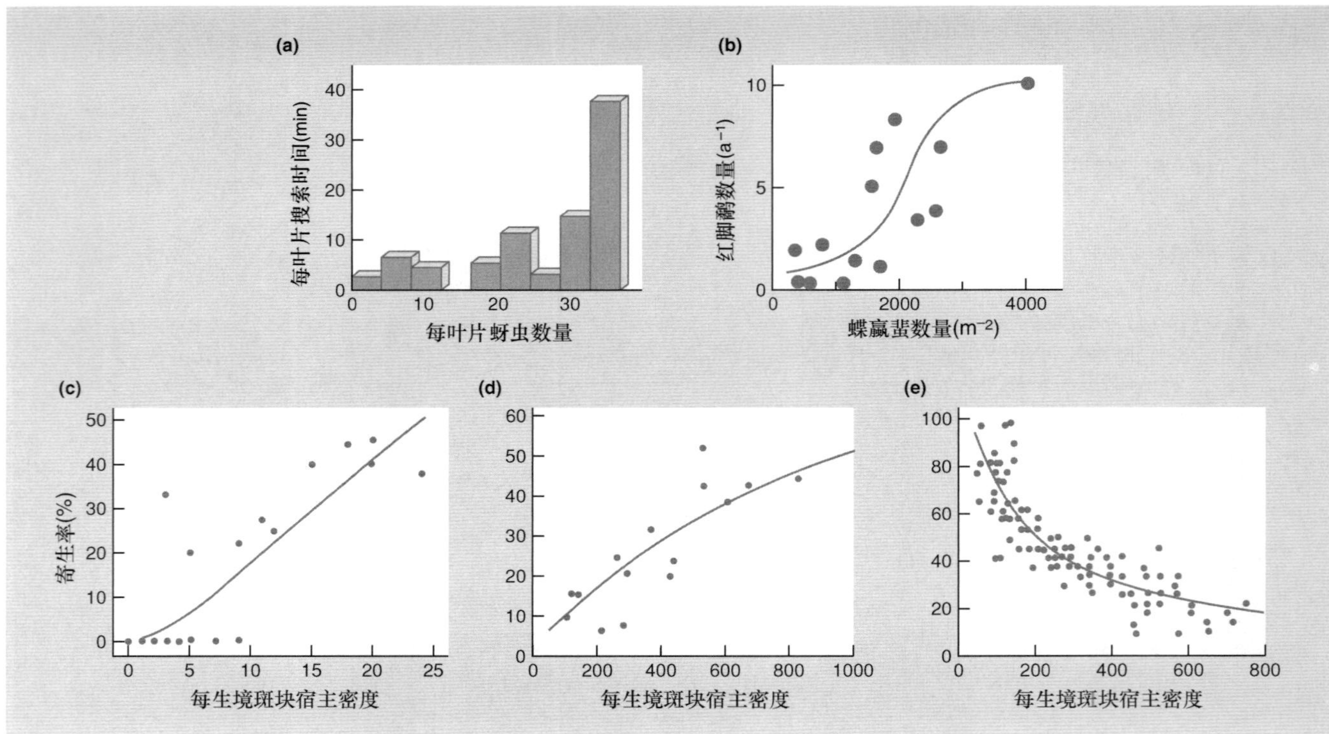

图 9.20 聚集响应: (a) 在猎物菜蚜 (*Brevicoryne brassicae*) 密度更高的叶片上七星瓢虫 (*Coccinella septempunctata*) 幼虫停留时间更长 (仿 Hassell & May, 1974)。(b) 红脚鹬 (*Tringa totanus*) 在猎物端足类动物旋卷蜾蠃蜚 (*Corophium volutator*) 密度更高的斑块内聚集 (仿 Goss-Custard, 1970)。(c) 拟寄生物 *Delia radicum* 攻击宿主 *Trybliographa rapae* 时表现出直接的密度依赖性。(d) 拟寄生物盾蚧长缨蚜小蜂 (*Aspidiotiphagus citrinus*) 攻击宿主 *Fiorinia externa* 时表现出直接的密度依赖性。(e) 但是并不总能发现直接的密度依赖性: 拟寄生物 *Ooencyrtus kuwanai* 攻击舞毒蛾 (*Lymantria dispar*) 时表现出相反的密度依赖性 [图 (c~e) 仿 Pacala & Hassall, 1991]。

第 10 章将更详细地学习聚集响应 (在这一章聚集响应对种群动态的重要性 —— 尤其是对捕食者 – 猎物动态稳定性的潜在促进作用 —— 将是我们讨论的焦点)。在这里, 我们关注导致捕食者聚集的行为 (第 9.6.1 节)、针对斑块利用的最优化觅食途径 (第 9.6.2 节) 以及捕食者的聚集和相互干扰这两种相反行为倾向都考虑在内时它们的分布模式 (第 9.6.3 节)。

9.6.1 导致集群分布的行为

对斑块定位

消费者的聚集响应可以由多种不同的行为来实现, 这些行为分为两大类: 对可获益生境斑块进行定位相关的行为以及消费者进入一个生境斑块之后的响应。第一类行为包括消费者远距离发现猎物分布上存在异质性的所有例子。

压缩搜索面积

第二大类 —— 消费者在斑块内的响应 —— 包括两个方面的行为。第一, 消费者遇到食物对象之后搜索模式会改变; 尤其是, 消费者取食食物之后往往马上就会有移动速度减慢、转弯频率增加这样的行为; 这两种行为都使得消费者停留在最新取食对象周围区域 (“压缩搜寻面积”)。另一方面, 消费者可以较快地放弃回报率较低的斑块。这两类行为在下面的例子中都很明显, 这个例子是关于石蛾 (*Plectrocnemia conspersa*) 的具有结网行为的食肉幼虫在实验室溪流中的行为, 这种幼虫取食摇蚊的幼虫。在实验之初, 研究人员向生活在网上的石蛾提供一个猎物对象, 然后每天提供 0、1 或 2 个猎物对象。得到食物较多的动物放弃网的可能性最小 (Townsend & Hildrew, 1980)。石蛾对其猎物生境斑块采取的行为也体现出 “压缩搜寻面积” 的成分: 动物会不会结一张网这本身就取决于它是不是遇到一个食物对象 (它可以在没有网的情况下吃掉这份食物) (图 9.21a)。因此, 总的来讲在资源丰富的斑块中一张网更可能建立, 被丢弃的可能性更小。这两种行为解释了该年份大部分时间内, 该动物在自然溪流环境中的直接密度依赖性聚集响应 (图 9.21b)。

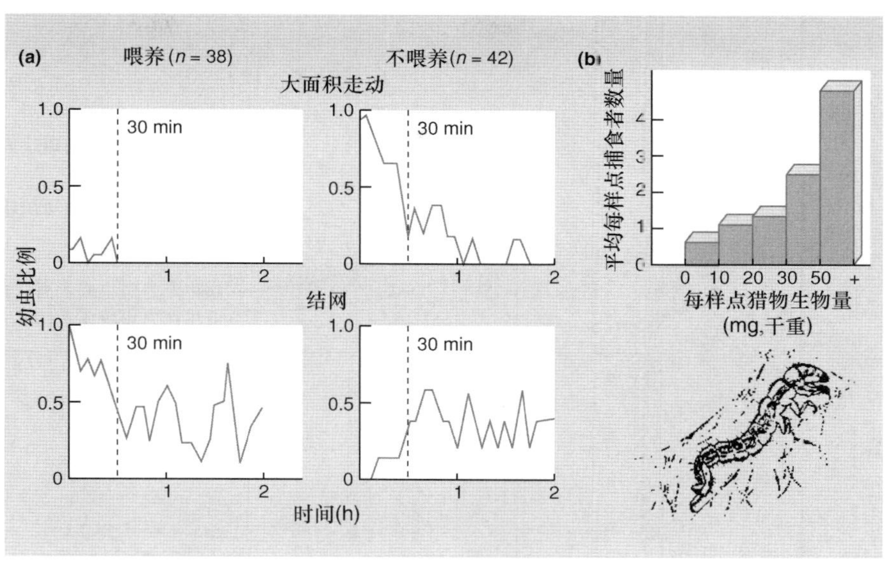

图 9.21 (a) 到达一个斑块后,那些在实验之初遇到并吃掉 ("喂养") 一个摇蚊幼虫猎物的 5 龄石蛾 (*Plectrocnemia conspersa*) 幼虫会迅速结束搜索并开始结网。那些没有遇到猎物 ("不喂养") 的捕食者在实验最初 30 分钟内会大范围走动, 离开这个斑块的概率也显著更高。(b) 在一个自然生境中 5 龄幼虫对猎物表现出的聚集响应, 图中横轴是每 0.0625 m^2 河床样点 ($n = 40$) 内摇蚊和石蝇的总生物量, 纵轴是捕食者的平均数量 (仿 Hildrew & Townsend, 1980; Townsend & Hildrew, 1980)。

阈值水平与放弃前的等待时间

动物对高回报率和低回报率生境斑块有着不同的放弃速率, 这可以通过多种形式来实现 —— 其中有两种最容易想象到。消费者可以在取食速率低于一个阈值水平的时候放弃一个斑块, 消费者也可以有一个 "放弃前的等待时间" —— 只要在特定长的一段时间内没有成功捕食就放弃一个斑块。无论是哪种机制在起作用, 或者消费者事实上只是 "压缩搜寻面积", 结果将会是一样的: 消费者个体在回报率更高的斑块中花费更长的时间, 这样的斑块往往包含更多的消费者。

9.6.2 斑块的最优觅食途径

很容易看到在高回报率斑块花费更多时间的好处。不过, 在不同斑块间的具体时间分配是一个微妙的问题, 因为这取决于不同斑块在回报率上的精确差别、整个环境的平均回报率、斑块间距离, 等等。这个问题成为最优觅食理论的一个关注焦点。尤其是, 一种很常见的情形 —— 觅食者消耗斑块内资源导致斑块回报率随时间下降 —— 吸引了研究人员的很多注意力。这种情形有很多例子, 例如, 食虫性昆虫在一片树叶上吃掉猎物, 蜜蜂从一朵花中吸食花蜜。

Charnov (1976b) 以及 Parker 和 Stuart (1976) 构建了类似的模型来预测最优觅食者在这种情形下的行为。他们发现, 觅食者在一个斑块中的最优停留时间应该由该觅食者在离开一个斑块时的能量获得速率来定义 (该斑块的 "边际收益值")。Charnov 将这一结果称为 "边际值理论" (marginal value theorem)。他们的模型是以数学形式建立的, 不过模型的显著特征在图 9.22 中以图画形式给出。

模型的首要假设就是: 一个最优觅食者在多次觅食中获得的总资源摄入将最大化。事实上, 能量的获取将是一拨一拨的, 因为食物是斑块状分布的; 有时候觅食者在斑块间移动, 在移动过程中能量摄入为零。一旦觅食者进入一个斑块就会获取能量, 能量获取的模式如图 9.22a 所示。初始时刻的能量获取速率较高, 但是随着时间推移以及资源被消耗, 能量获取的速率将持续下降。当然, 能量获取速率将取决于斑块的初始能量水平和觅食者的取食效率以及需求 (图 9.22a)。

觅食者应该何时离开它正在消费的斑块?

我们考虑的问题是: 什么时候觅食者应该离开一个生境斑块。如果一个觅食者到达每一个斑块都立刻离开, 那么它会把大部分时间都花费在斑块间的转移上, 总能量摄入速率将很低; 如果在每一个斑块中都停留相当长的时间, 它花费在迁移上的时间很少, 但是会在资源已消耗的斑块中停留一些时间, 总能量摄入速率也会很低。因此, 某个中等程度的停留时间将是最优的。另外, 在回报率高的斑块中最优停留时间肯定更长, 不过该停留时间一定取决于环境整体的回报率。

现在考虑图 9.22b 所示的一个特定觅食者。这个觅食者在食物呈斑块状分布且某些斑块比其他斑块价值更高的环境中觅食。在斑块间移动所需时间平均值为 t_t, 这是觅食者离开一个斑块后找到另一个斑块所需时间的期望值。图 9.22b 中的觅食者到达了它所在特定

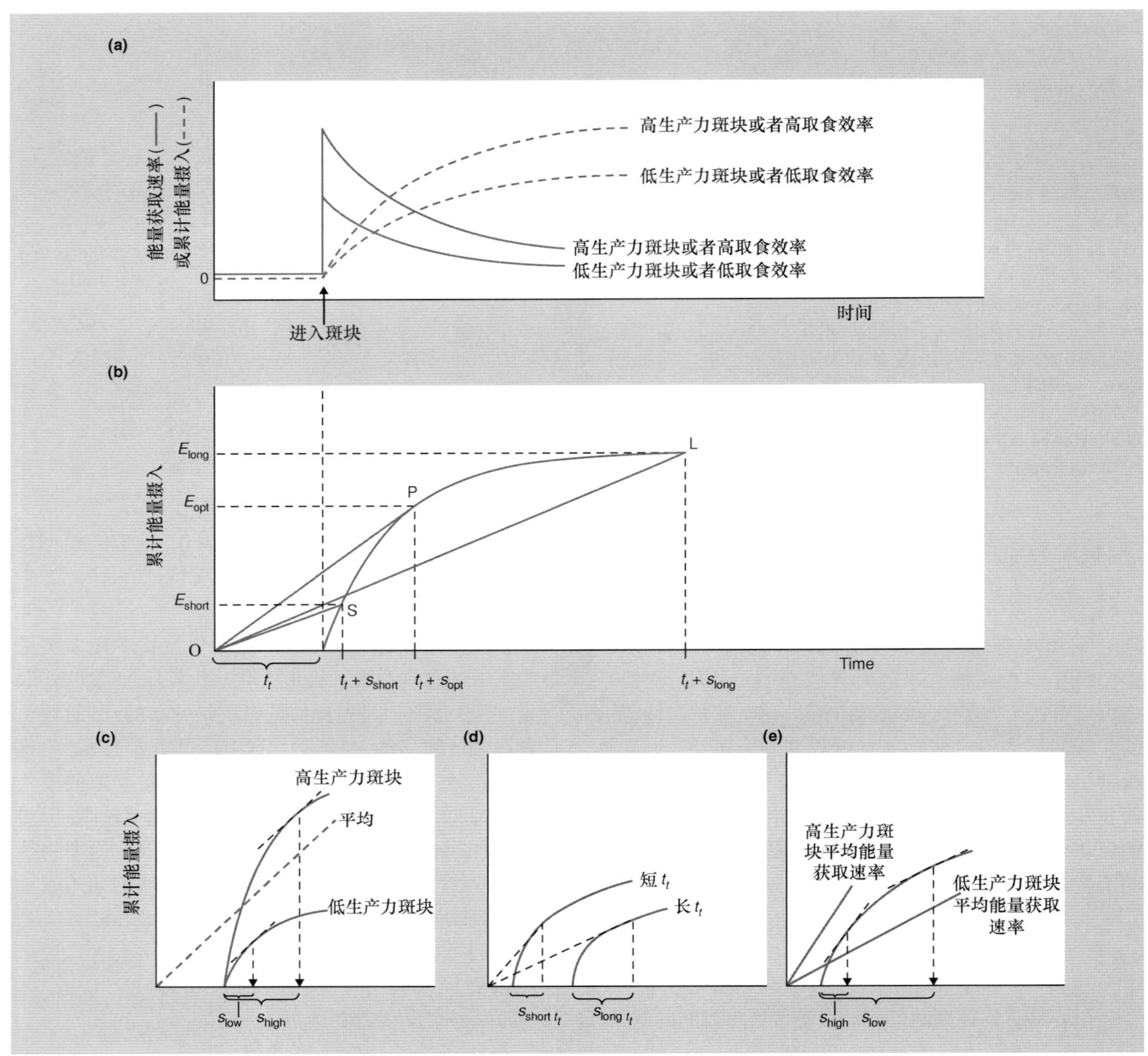

图 9.22 边际值理论。(a) 当一个觅食者进入一个斑块时，最初它的能量获取速率较高 (尤其是在资源丰富的斑块中或者觅食者的取食效率较高的时候)，但是随时间推移斑块资源被耗尽觅食者能量获取速率会下降。累积能量摄入将趋于一条渐近线。(b) 觅食者面临的选择。灰色实线是在一个平均斑块获得的累积能量，t_t 是在斑块间转移需要的平均时间。能量获取的速率 (这是需要最大化的参数) 就是获得的能量除以总的时间，也就是原点到这条曲线上一点的直线的斜率。在斑块内短暂的停留 [斜率是 $E_{short}/(t_t+s_{short})$] 和长时停留 [斜率是 $E_{long}/(t_t+s_{long})$] 都会有较低的能量获取速率 (斜率更小)，而最优停留时间 (s_{opt}) 将产生该曲线的一条切线。s_{opt} 是最优停留时间，会使得总体能量获取速率最大化。觅食者放弃任何一个斑块的时候其能量获取速率都应该是相同的 (线 OP 的斜率)。(c) 觅食者在资源贫乏的斑块中应该较短停留就放弃。(d) 当斑块间转移需要时间更短时觅食者应该更快地放弃斑块。(e) 当环境的整体生产力更高时，觅食者应该更快地放弃斑块。

环境中的一个平均化的斑块，它的能量摄入将遵循一个平均化的能量获取曲线。要实现最优化的觅食，它必须保证在离开上一个斑块后这段时间 (t_t+s，s 是在目前斑块的停留时间) —— 而不是停留在目前斑块内这段时间 —— 内的能量摄入是最大化的。

如果觅食者很快离开这个斑块，这段时间则较短 (图 9.22b 中的 t_t+s_{short})，但是同时获取的能量也很少 (E_{short})。能量获取速率 (在 t_t+s 这段时间内) 将由直线

OS 的斜率给出 [即 $E_{short}/(t_t+s_{short})$]。相反情况下，觅食者在斑块内停留很长时间 ($s_{long}$)，它可以获得较多能量 ($E_{long}$)；但是总的能量获取速率 (线 OL 的斜率) 和前一种情况差别不大。要将时间 t_t+s 内的能量获取速率最大化，需要从点 O 到能量获取曲线上某一点的直线的斜率最大化。我们可以做该曲线的一条切线来实现这一点 (图 9.22b 中的 OP)，其他从点 O 到曲线的直线不可能更陡，由这一直线定义的停留时间是最优化的 (s_{opt})。

如何获得最大化的能量总摄入

可见，图 9.22b 中觅食者的最优做法就是在能量获取速率等于 OP 斜率时离开目前停留的斑块 (也就是在 P 点离开)。事实上，Charnov 及 Parker 和 Stuart 均发现，最优策略是：在任何斑块中都是在同一个能量获取速率 (同一个边际值) 的时候离开 (不管各个斑块的回报率是多少)。这一能量获取速率由平均能量获取曲线的切线斜率给出 (图 9.22b)，这是环境整体总的能量获取速率的最大值。

边际值理论的预测……

该模型证实了一点：在生产力高的斑块中的最优停留时间应该更长 (图 9.22c)。另外，在价值很低的斑块中 —— 能量获取速率不如 OP 斜率那样高 —— 停留时间应为零。模型预测任何一个斑块被利用后的能量获取速率将相同 (也就是说，每个斑块的边际值都是相同的)；在斑块间迁移时间更长的环境中停留时间更长 (图 9.22d)，在环境整体回报率较低的环境中停留时间也更长(图 9.22e)。

……一些实验提供的支持

鼓舞人心的是，来自多个研究案例的证据都支持边际值理论。对该理论最早进行验证的是 Cowie (1977)；其工作研究了图 9.22c 给出的预测：斑块间迁移时间更长的时候觅食者在每个斑块内停留时间应该更长。这个工作在一个大型室内鸟舍中以笼养大山雀开展，这些鸟取食在装满了锯屑的塑料杯子中藏匿的粉虫 —— 这些杯子是 “斑块”。每个斑块总是有着相同数量的猎物，但是斑块间迁移时间是受到人为操纵的：杯子上覆盖着纸壳盖子，这些盖子的硬度不一样，因此将盖子撬开所需时间不一样。Cowie 一共用了 6 只鸟，每只鸟都在两种生境中取食且都是单独觅食；这些鸟在其中一个生境中的迁移时间总是比在另一个生境中的更长 (更硬的盖子)。对于每个生境中的每只鸟，Cowie 监测了平均迁移时间和在斑块内食物摄取的累积曲线。然后他用边际值理论预测在具有不同迁移时间的生境中的最优停留时间，拿这些预测值与观察值进行比较。如图 9.23 所示，预测值与观察值很接近；如果我们将鸟儿在斑块间迁移时的净能量损失考虑在内，预测值与观察值吻合得更好。

人们也通过研究实验室条件下卵拟寄生物长缘缨小蜂 (*Anaphes victus*) 攻击胡萝卜象甲 (*Listronotus oregonensis*) 的行为来验证边际值理论的预测 (Boivin *et al.*, 2004)。在实验开始时，不同斑块中宿主被寄生的比例不同，这样不同斑块的质量就不同；与边际值理论预测一

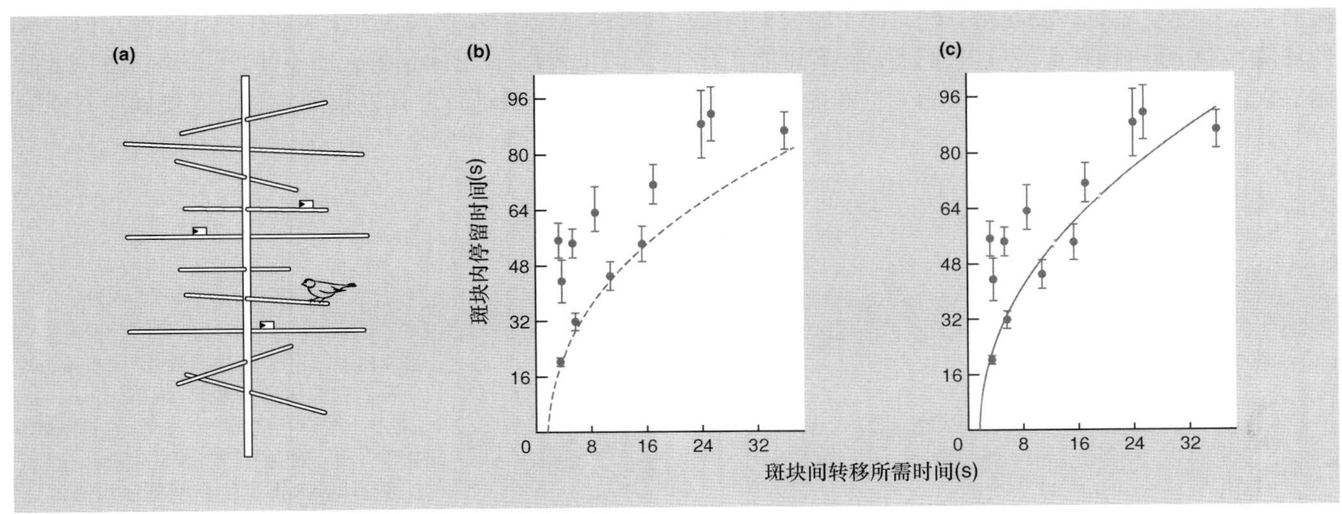

图 9.23 (a) 为大山雀设置的一个实验 “树”，其中有 3 个生境斑块。(b) 在斑块内停留时间与斑块间转移所需时间的关系，这里给出理论预测值 (– – –) 与观察值 (均值 ± 标准误)，观察值来自 6 只鸟，每只鸟分别在两个环境中进行实验。(c) 与图 (b) 中的观测数据相同，但是进行理论预测时还考虑了斑块间转移的能量代价 (仿 Cowie, 1977; 引自 Krebs, 1978)。

致, 拟寄生物在回报率更高的斑块中停留时间更久 (图 9.24a)。但是另一个预测没有得到支持: 在起初回报率最高的斑块中适合度收益的边际值 (在一个斑块中最后 10 分钟的后代生产速率) 最大 (图 9.24b)。

觅食者存在被捕食风险时最优斑块利用预测会被修正

就像最优食谱理论那样, 最优斑块利用预测也会受到被捕食风险的修正。考虑了这一点, Morris 和 Davidson (2000) 比较了白足鼠 (*Peromyscus leucopus*) 在一个森林生境 (被捕食风险小) 和一个林缘生境中 (被捕食风险大) 放弃生境斑块时的食物获取速率。在两种生境中的 11 个地点, 他们提供了含有 4 g 小米的 "生境斑块"(容器); 在每个类型的生境中都有一些地点比较开阔而另一些地点位于灌丛下面。然后研究人员分别在两天中监测了斑块被放弃时剩余的种子。他们得到的结果 (图 9.25) 支持了如下预测: 小鼠在危险的林缘生境时会在食物收集速率还较高的时候就放弃生境斑块, 尤其是在开阔地点 (在每类生境中开阔地点的被捕食风险都最高)。

理论预测与实际观测之间并不完美吻合

对边际值理论的验证工作人们有更全面的总结, 如 Krebs 和 Kacelnik (1991)。给人的感觉是, 这类工作是鼓舞人心的但是理论和实际之间并没有完美的吻合 —— 我们这里给出的例子也是如此。这种不完美的主要原因是: 动物不像建模者那样无所不知。这一点在白足鼠的例子中就很清楚: 小鼠需要花费一些时间在觅食之外的活动上 (比如规避捕食者)。觅食者也许要花费一些时间了解它们所处的环境、对环境进行踩点; 不过它们还是很有可能在开始取食的时候并没有掌握好有关宿主分布的信息。例如, 图 9.24 中的拟寄生物, Boivin 等 (2004) 发现这些拟寄生物根据遇到的第一个生境斑块的质量对总体生境质量做出判断; 也就是说, 这些拟寄生物会去了解生境, 尽管它们了解的结果仍然可能是错误的。当然, 这种策略仍然可以是适应性的 —— 如果生境质量在各个世代之间存在很大变异 (所以每个世代都需重新了解生境), 但是在一个世代时间内各个斑块之间的质量差异很小 (所以遇到的第一个斑块能够较好地代表生境总体质量)。

不管怎么样, 虽然动物获得的信息有限, 他们的行为往往与预测的策略很接近。Ollason (1980) 针对 Cowie 所研究的大山雀提出了一个机理模型来解释这一点。这是一个记忆模型。假定动物有一个 "过去食物的记忆" —— Ollason 将这个比拟成一个没有塞子的浴盆中的水。每次动物取食时新鲜的记忆流进这盆水; 不过记忆也在不停的流失。记忆的输入速率取决于动物的取食效率和当前觅食区域的生产力水平。记忆的流失速率取决于动物记忆能力和现有的记忆存量; 例如, 记忆存量大 (水位高) 或者记忆能力低 (浴盆高而细) 的时候流失得快。Ollason 的模型认为一只动物应该在记忆停止上升的时候离开一个斑块; 一只动物应该在取食获得的记忆输入速率低于记忆流失速率的时候离开一个斑块。

最优化觅食的机理模型

Ollason 模型预测的动物觅食行为与边际值理论预测的很相似 —— Cowie 所研究的大山雀例子就表明了这一点 (图 9.26)。(就像 Ollason 自己指出的那样) 这说明, 动物要在一个斑块生境中实现近似于最优的觅食行为, 它不需要无所不知, 不需要对生境进行抽样, 不需要进行运算以找到含有很多变量的方程的

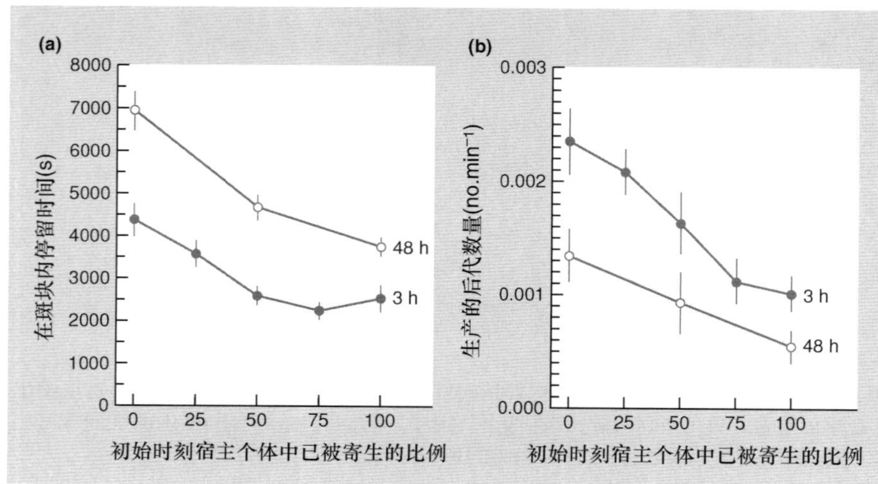

图 9.24　(a) 拟寄生物长缘缨小蜂 (*Anaphes victus*) 攻击胡萝卜象甲 (*Listronotus oregonensis*), 在多个含有 16 个宿主个体的斑块中, 不同斑块内已经被寄生的宿主所占比例不同, 拟寄生物在回报率更高 (已经被寄生的宿主更少) 的斑块中停留时间更长。(b) 但是, 在起初回报率最高的斑块中适合度收益的边际值 (在一个斑块中最后 10 分钟内每分钟产生的后代数量) 最大。数据棒表示标准误 (仿 Boivin *et al*., 2004)。

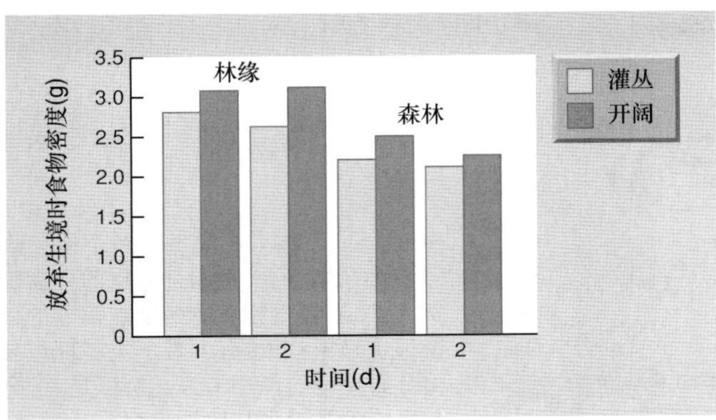

图 9.25 斑块中剩余小米的质量 (小鼠放弃生境斑块时的食物密度) 在开阔生境 (更危险) 比灌丛生境 (更安全) 高, 在林缘生境 (捕食风险高) 比森林生境 (捕食风险低) 高 (仿 Morris & Davidson, 2000)。

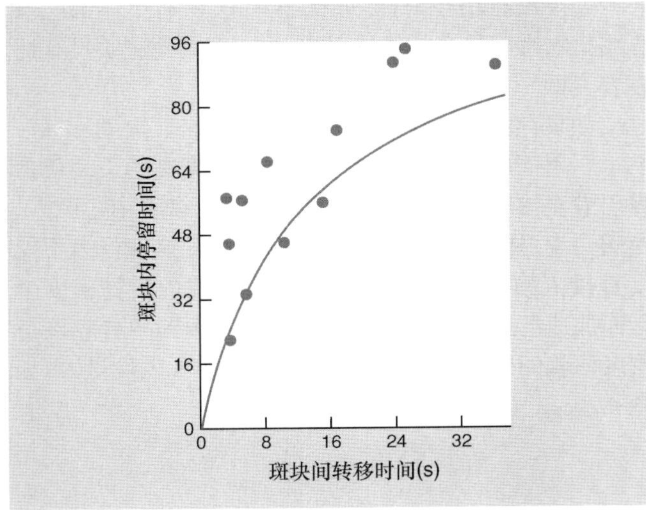

图 9.26 Cowie (1977) 的大山雀数据 (图 9.23) 与 Ollason (1980) 的机理模型预测的对比。

最大值; 它需要做的仅仅是记忆并且在取食速率不如记忆中那么高的时候离开斑块。正如 Krebs 和 Davies (1993) 指出的那样, 这并不出人意料 —— 并不比这些鸟在没有正规气体力学文凭就能飞这一事实更出人意料。

人们也开发了一些机理模型 (像图 9.24 中的模型那样的) 来检验拟寄生物攻击行为的一些式样 (见 Vos *et al.*, 1998; Boivin *et al.*, 2004)。这些模型强调在经验法则行为 (动物遵循天生的和不变的规则) 和习得行为 (行为规则在觅食者新近经验影响下受到修正) 之间有重要的区别。很多证据表明学习在大多数觅食者抉择过程中起到一些作用。在"递增"和"递减"行为之间也有重要的区别。当递增行为存在时, 动物在一个斑块中每一次成功攻击事件都使得它继续留在该斑块的可能性增大; 这种行为很可能在斑块间质量变异很大时有适应性意义, 因为这种行为促使动物在质量好的斑块中停留更久。递减行为意味着每一次成功攻击都使得动物继续留在一个斑块的可能性下降; 这种行为很可能在各个斑块质量差不多的时候有适应性意义, 因为该行为促使动物离开资源耗尽的斑块。

这样看来, Ollason 针对大山雀的模型融入了经验法则和递增行为。Bovine 等则不同, 他们发现拟寄生物表现出习得的、递减的行为: 一个拟寄生物在攻击一个健康宿主之后离开该斑块的可能性大 1.43 倍, 在遇到一个已被攻击的宿主并放弃之后离开该斑块的可能性大 1.11 倍)。相反, Vos 等 (1998) 在攻击欧洲粉蝶 (*Pieris brassicae*) 幼虫的拟寄生物茧蜂 (*Cotesia glomerata*) 中发现了递增行为: 每一次成功攻击使得拟寄生蜂更倾向于停留在一个斑块中。因此, 无论对大山雀和对拟寄生物, 在解释捕食者如何表现出其实际觅食模式以及为什么这个模式受到自然选择青睐的时候, 最优觅食模型和机理模型是相容的、互补的。

植物的最优觅食

最后一点, 最优觅食理论也被应用于研究植物对养分的取食策略 [见 Hutchings & de Kroon (1994) 的综述]。什么时候长出较长的在各个斑块间穿梭移动的匍匐茎是划算的? 什么时候在体积有限的土壤上把力量集中在根系生长上, 而把一个斑块利用到资源匮竭是上选? 如果在不同生物类群获得的知识能够互相启发, 那必将是一件好事。

9.6.3 理想自由分布和其他相关的分布: 集群与干扰

理想自由分布……

随后, 我们可以发现消费者倾向于聚集在回报率高的斑块中, 在这样的斑块中觅食者的期望食物消费速率更高。不过, 预计这些消费者之间会有竞争和相互干扰 (interference) (第 10 章将进一步讨论该话题), 从而降低每个个体的食物消费速率。由此可以推测, 初始时回报率最高的斑块会很快变得回报率更低, 因为这样的斑块吸引最多的消费者。所以, 可以预计这些消费者会重新分布, 如果捕食者在猎物斑块之间的分布模式在不同的例证之间有很大差异, 那也

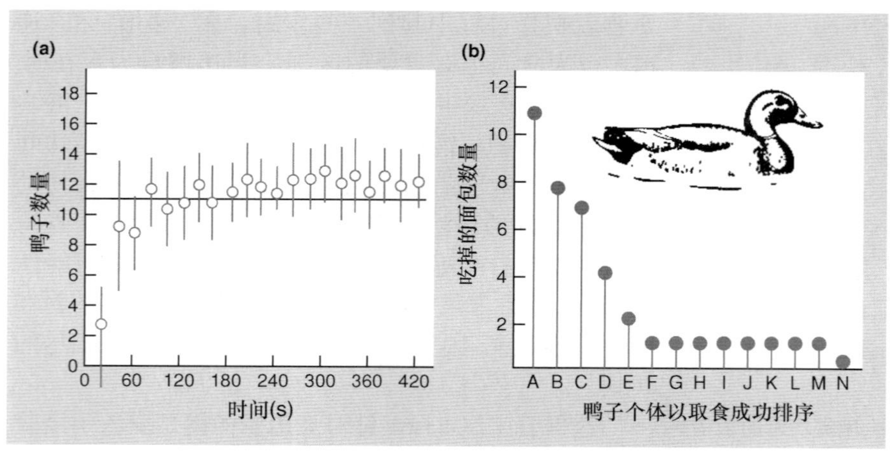

图 9.27 (a) 在一个池塘的两个地点给 33 只鸭子喂面包，这两个地点的食物比例为 2∶1，在食物更少的地点鸭子的数量很快趋于总数的 1/3，看上去与理想自由分布理论的预测一致。(b) 但是，与简单理论的假设和其他预测相反，这些鸭子并不都是一样的 (仿 Harper, 1982; 引自 Milinski & Parker, 1991)。

不是出奇的事情。可是对于这种分布模式上的差异我们能说出什么道理来么?

…是吸引与排斥因素的平衡

在早期的探索工作中，人们提出：如果消费者采用最优觅食行为，那么消费者重新分布将一直发生，直到各个斑块的回报率相等 (Fretwell & Lucas, 1970; Parker, 1970)。这件事情发生的原因是：只要斑块间存在回报率上的差异，觅食者就会受到回报率更高的斑块的吸引，放弃回报率更低的斑块。Fretwell 和 Lucas 将最终的分布称为理想自由分布 (ideal free distribution)：消费者对斑块回报率的判断是"理想的"，能够在斑块之间"自由"迁移。这里也假定消费者都是相同的。因此，在理想自由分布情形下，各个斑块将会有相同的回报率，所有消费者将会有相同的食物消费速率。在一些简单事例中，看上去消费者是遵循理想自由分布的：它们的分布与斑块的回报率成比例 (图 9.27a)，但是即使是在这些例子中，有一个前提假设也很可能不成立：并不是所有消费者都相同 (图 9.27b)。

考虑一系列干扰系数

后来人们修正了这些早期想法，将诸如不对称竞争者之类的现象考虑在内 (见以下综述：Milinski & Parker, 1991; Tregenza, 1995)。尤其是，Sutherland (1983) 将理想自由分布放到了更生态学的背景下，他将捕食者处理猎物时间和捕食者间相互干扰明确考虑在内。他发现捕食者的分布应该使得地点 i 的捕食者个体所占比例 p_i 与该地点猎物个体所占比例 h_i 相关，这种关系如下公式:

$$p_i = k(h_i^{1/m}) \tag{9.2}$$

其中，m 是干扰系数，k 是一个"标准化常数"—— 该常数保证 p_i 值相加等于 1。现在就可以看一看，相互干扰和捕食者对本身回报率更高斑块的选择是如何共同决定捕食者在斑块间的分布。

如果没有相互干扰，那么 $m = 0$。所有个体都应该利用猎物密度最高的斑块 (图 9.28)，而其他斑块没有捕食者光顾。

如果存在较低或者中等程度的相互干扰 ($1 > m > 0$：—— 生物学上现实的范围)，猎物密度高的斑块仍然吸引着更多 (而且多得不成比例) 的捕食者 (图 9.28)。换句话说，捕食者个体应该有聚集行为，这种行为不仅仅直接依赖于猎物密度，而且随着斑块内猎物密度上升而加速上升。因此，猎物面临的捕食风险本身应该是密度依赖的：在猎物密度最高斑块内捕食风险最大 (如图 9.20c, d 中的例子)。

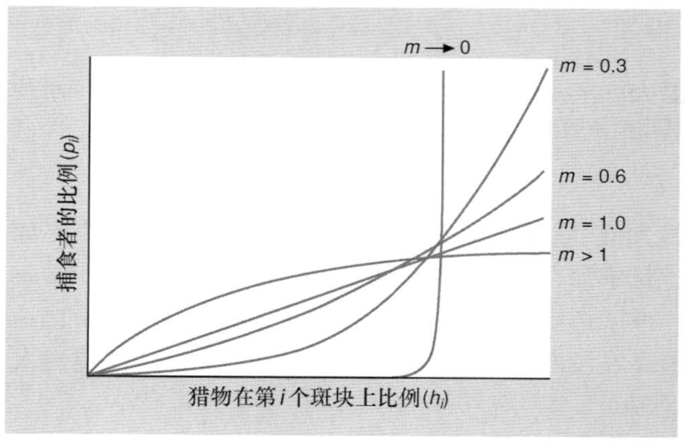

图 9.28 在不同斑块中猎物数量不同 (也就是其内在回报率不同) 的时候捕食者的分布：干扰系数 m 的影响 (仿 Sutherland, 1983)。

相互干扰进一步增加 ($m \approx 1$)，一个斑块内的捕食者所占比例仍然会随猎物所占比例的上升而增加，但是这种增加多多少少像是线性的而非加速的，使得在所有斑块中捕食者与猎物的比例大致相同 (图 9.28，另外如图 9.20a 所示)。此时，各个斑块中的捕食风险可能预期是相同的，不依赖于猎物密度。

最后，如果干扰很严重 ($m > 1$)，猎物密度最高的斑块中的捕食者与猎物比例将最低 (图 9.28)。预期捕食风险在猎物最低的斑块中最大 —— 与猎物密度成负依赖关系 (如图 9.20e 中数据所示)。

很清楚，图 9.20 中的数据所显示的一系列模式反映了从吸引到排斥的变化。捕食者个体被吸引到回报率高的斑块，但是因为相同原因已经被吸引到该斑块的捕食者将排斥它们。

假干扰

然而，关于捕食者分布和捕食风险分布之间关系的描述充满了"可能预期是"这样的词汇；原因是这个关系也受到我们还没有考虑到的因素的影响。例如，在图 9.29 给出的例子中，拟寄生物赤眼蜂 (*Trichogramma pretiosum*) 在宿主密度更高的斑块中聚集，但是在宿主密度最低的斑块中宿主面临寄生风险却最大。原因可能是：在宿主密度更高的斑块中有已经被寄生的宿主 —— 这些宿主没有被清除掉 (不像是被捕杀的猎物)，所以仍然吸引拟寄生物，而拟寄生物在这样的斑块中需要浪费很多时间排查这些已经被寄生的宿主个体 (Morrison & Strong, 1981; Hassell, 1982)。在一个斑块中早到的拟寄生物对晚来的有间接干扰 —— 一个斑块中先前出现的拟寄生物会降低后来者攻击未寄生宿主的有效速率。这个效应被称为"假干扰" (pseudo-interference) (Free *et al.*, 1977)；这种效应对种群动态的潜在重要后果将在第 10 章详细讨论。

学习与迁移

如果我们将捕食者的学习或者在斑块间迁移的代价也考虑在内，期望的模式会进一步得到修正 (Bernstein *et al.*, 1988, 1991)。当我们有一个较为现实的 m 值 (0.3) 时，捕食者的聚集行为是直接依赖于猎物密度的 (如预期的那样)—— 但是这里有一个前提：捕食者的学习速度快于它们消耗斑块内资源的速度。如果捕食者的学习行为很弱，它们有可能无法探查到猎物密度因为捕食者消耗而发生的变化；那么捕食者的分布将不依赖于猎物的密度。

同样，当迁移代价较低的时候，捕食者的聚集行为将直接依赖于猎物密度 (假设 $m = 0.3$) (图 9.30a)。然而，当迁移代价上升时，在最差斑块中的捕食者迁移还是值得的，但是对于在其他斑块中的捕食者而言，迁移的代价可能超过迁移带来的潜在收益。这些捕食者在斑块间的分布是随机的。这会导致高质量与中等质量斑块中猎物的死亡率成为逆密度依赖性，总体而言，造成一个单峰关系 (图 9.30b)。当迁移代价非常高时，无论捕食者位于什么样地斑块内，迁移都是不划算的 —— 猎物的死亡率与其密度关系为负 (图 9.30c)。

很明显，猎物斑块间的捕食者分布以及猎物死亡率分布有多种不同类型 (图 9.20 和图 9.29)，其可能的原因有很多。这些原因对于种群动态产生的后果是下一章要学习的内容之一。这凸显了寻求行为生态学与种群生态学之间联系的重要性。

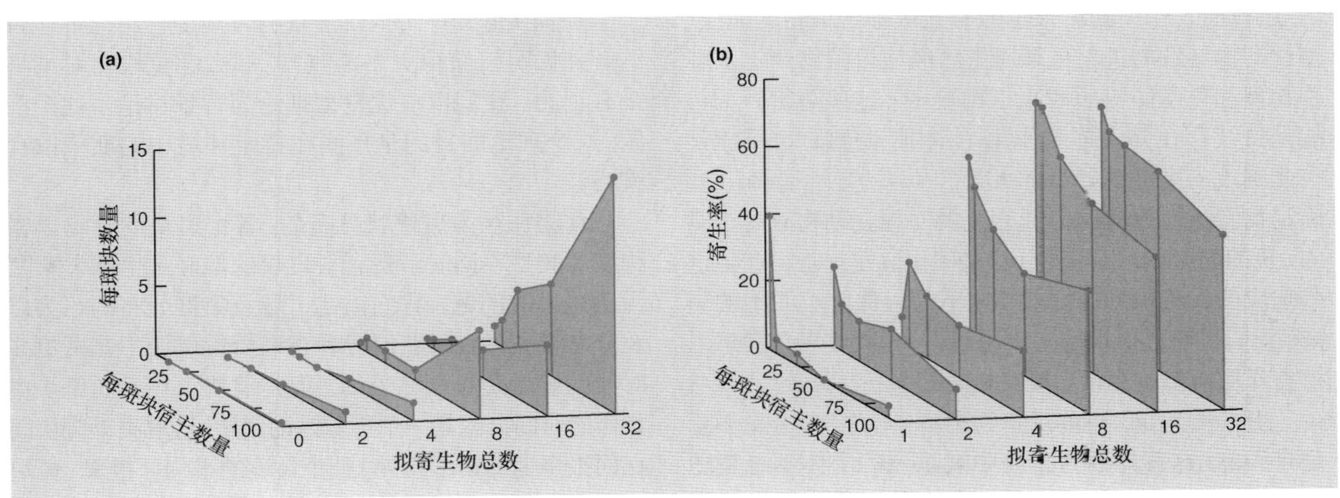

图 9.29 (a) 卵拟寄生物赤眼蜂 (*Trichogramma pretiosum*) 的聚集响应：在宿主印度谷螟 (*Plodia interpunctella*) 密度更高的斑块中聚集。(b) 不良效应导致的分布：在宿主密度高的斑块中宿主被寄生的可能性最小 (仿 Hassell, 1982)。

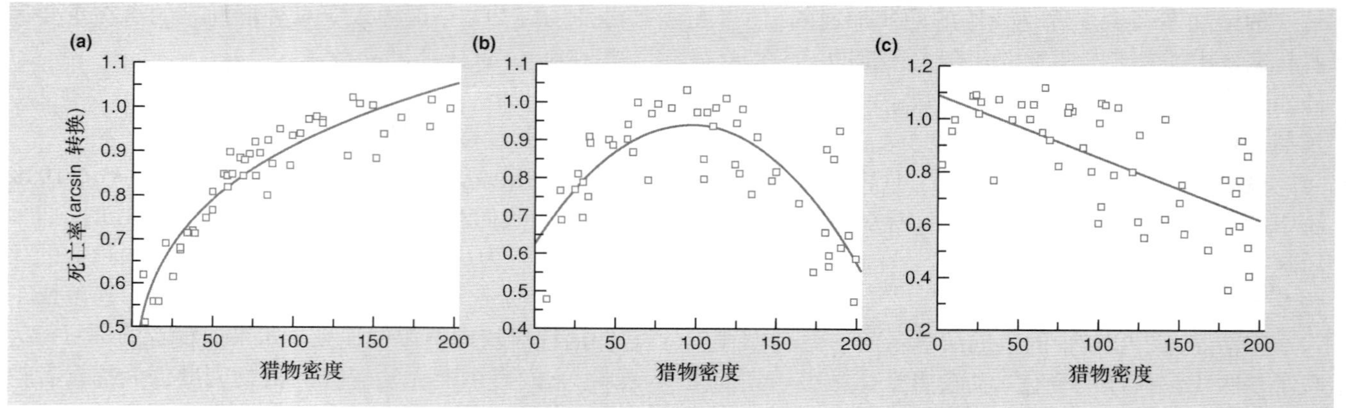

图 9.30 在一个模拟模型中捕食者迁移的代价对其在宿主斑块间分布的影响。干扰系数 *m* 为 0.3, 在没有迁移代价的时候, 将产生直接的密度依赖性。(a) 迁移代价低: 直接的密度依赖性得以维持。(b) 迁移代价中等: 产生单峰关系。(c) 迁移代价高: 相反的密度依赖性 (仿 Bernstein *et al.*, 1991)。

小结

捕食作用是指一个生物体被另一个消费掉的现象, 在这一过程中猎物在开始受到捕食者攻击时是活着的。对捕食者进行分类有两种主要方式。第一类是"分类学"的 —— 食肉动物取食动物, 植食动物取食植物, 等等; 第二类是"功能性"的, 区分真捕食者、植食者、拟寄生物和寄生物等。

植食作用对植物产生的后果取决于植食动物是谁、被取食植物是谁以及攻击事件在植物发育过程中所处的阶段。我们预期啃食叶片、吸食汁液、潜叶、破坏花果和剪割根部等行为对植物造成的影响是不同的。因为植物在受到植食作用后在短期时间内仍然存活, 所以植食作用的后果也强烈地依赖于植物的响应。植食动物导致的进化选择压力已经使得植物产生了多种物理和化学防御手段来抵御攻击。这些防御行为可能是持续存在并发挥着作用 (结构性防御), 也可能是在受到攻击事件诱导后才大量产生 (诱导性防御)。要确定我们认为的"防御"是否真的对植食动物有可观测的、负面的影响并对植物有正面作用 (尤其是将产生这些响应的代价也考虑之后), 这不是一件简单明了的事情。我们讨论了揭示这些作用面临的困难, 综合考察了植食作用与植物存活、繁殖之间的关系。

更一般地讲, 捕食对猎物种群的直接作用并不总是有害的, 这首先因为猎物中被杀死的个体不总是随机取样 (它们有可能是那些对种群的未来只要最小贡献潜力的个体), 其次是由于存活的猎物个体可以在生长、存活或者繁殖上表现出补偿性变化 (尤其是因为对限制性资源的竞争降低了)。从捕食者的角度看, 消费食物的数量的增加意味着生长、发育、繁殖速率的上升和死亡率的下降。但是有不少因素使得食物消费速率和收益之间的简单关系变得复杂化。

可以基于消费者的取食专一程度对其划分, 在单食种 (只取食一种猎物类型) 到多食种 (取食很多种猎物类型) 之间存在连续过渡。很多种消费者的取食偏好是固定的 —— 无论可选食物类型的相对丰富程度如何, 取食偏好都不改变。但是也有很多消费者会发生取食偏好的转换, 使得那些常见的食物类型被取食得更多 (多于其在所有食物中所占比例)。消费者有可能喜欢混合食谱, 首先是因为每种食物含有不同的有毒物质 (这些物质不受欢迎); 更一般地讲, 如果一个消费者在遇到一份低价值食物时接受它比忽略它而继续搜索可以获得更多的收益, 那么泛化取食对策将是有利的。我们以最优食谱理论为背景讨论了这个问题; 这个理论的目的是预测在特定环境中的期望取食策略。

食物往往是斑块状分布的; 各个斑块的食物丰富程度和类型不同时消费者对斑块的偏好是生态学家尤为感兴趣的问题。我们描述了导致集群分布的行为以及分布模式的性质。消费者在高质量斑块中花费更多时间的好处是显而易见的。但是消费者在不同斑块中具体的时间分配是一个更微妙的问题, 这取决于斑块间在回报率上的精细差异、整个环境的平均回报率、斑块之间距离等。这是最优斑块利用理论的研究内容。当消费者取食的同时也面临被捕食风险时, 最优觅食理论和最优斑块利用理论的预测都需要加以修正。

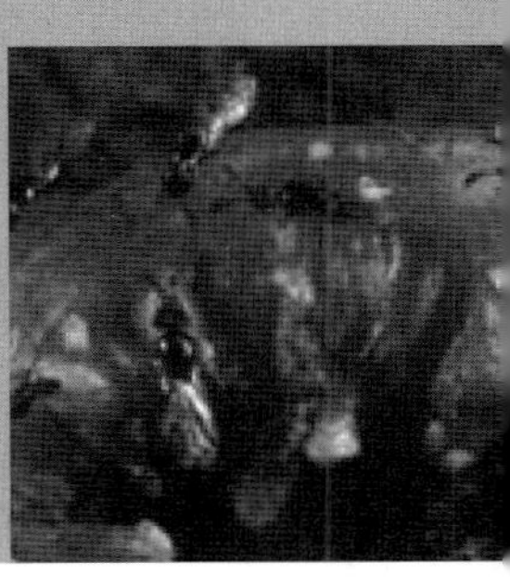

第 10 章 捕食作用的种群动态

10.1 引言: 多度格局及其解释的必要性

现在, 我们转而关注捕食作用对于捕食者及其猎物种群动态的影响, 对现有数据稍加考察便会得出一系列不同的模式。的确存在许多捕食作用对猎物种群极为有害的例子。例如, 澳洲瓢虫 (*Rodolia cardinalis*) 因为基本上根除了吹绵蚧 (*Icerya purchasi*) —— 一种在 19 世纪 80 年代后期危害美国加利福尼亚州柑橘产业的害虫 (见第 15.2.5 节) —— 而扬名。另外, 也存在许多这样的例子: 捕食者与食草动物对其猎物的种群动态或多度并没有明显的作用。譬如, 人们将金雀花梨象 (*Apion ulicis*) 引进到世界上的许多地方, 试图用它们来控制荆豆 (*Ulex europaeus*) 的数量, 并且这种方法也已经比较完善了。然而在智利的情况却相当独特, 该种象鼻虫平均会吃掉荆豆所产种子的一半左右, 有时甚至高达 94%, 但捕食作用对于这种荆豆属植物的入侵仍没有明显的遏制作用 (Norambuena & Piper, 2000)。

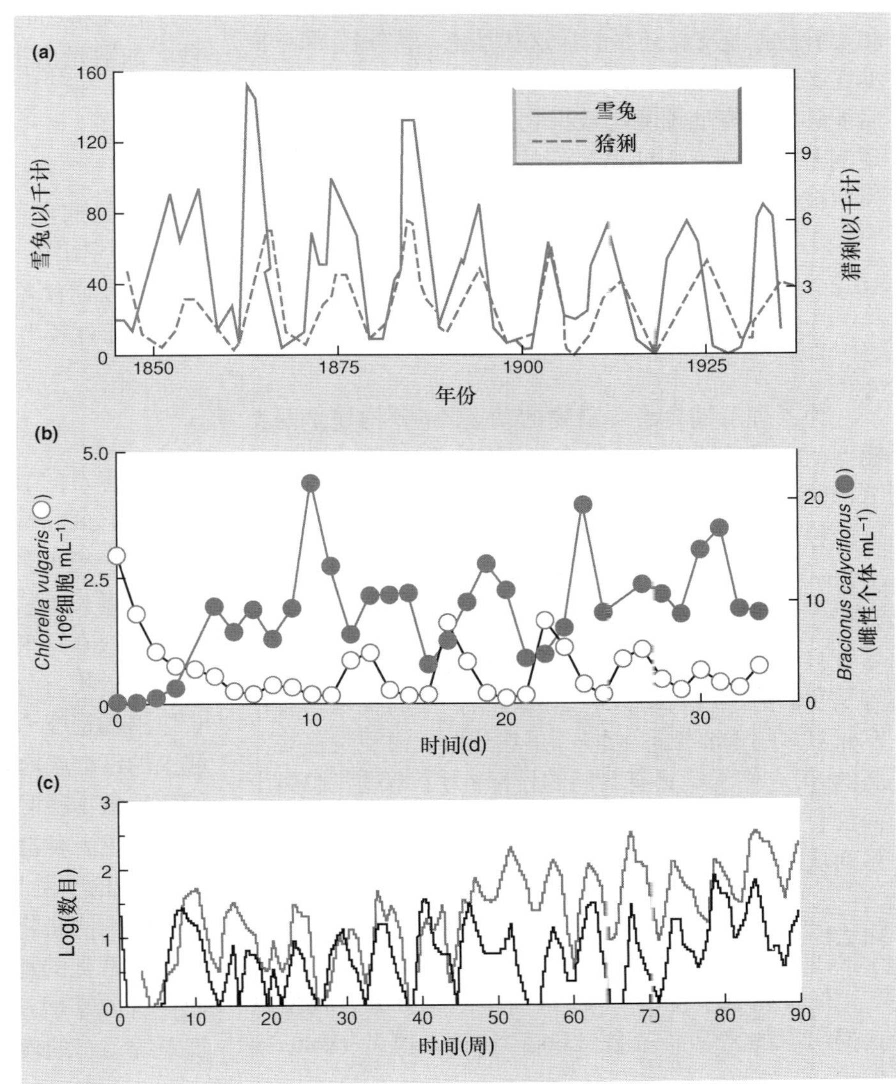

图 10.1 捕食者及猎物多度的耦合振荡。(a) 雪兔 (*Lepus americanus*) 与加拿大猞猁 (*Lynx canadensis*), 数量由哈得逊湾公司的兽皮数确定 (仿 MacLulick, 1937)。(b) 实验室培养的孤雌生殖的雌性萼花臂尾轮虫 (*Bracionus calyciflorus*)(作为捕食者, ●) 及单细胞绿藻 *Chlorella vulgaris* (猎物, ○) (仿 Yoshida *et al.*, 2003)。(c) 实验室培养的拟寄生物仓蛾姬蜂 (*Venturia canescens*) (——) 及其蛾类宿主印度谷螟 (*Plodia interpunctella*) (——) (仿 Bjørnstad *et al.*, 2001)。

也有一些例子表明, 捕食者与猎物种群因为两者多度上的耦合波动而联系在一起 (图 10.1), 但在更多的例子中, 捕食者与猎物种群的多度波动毫无关联。

很明显, 生态学家们的一项主要任务就是深化对于各种捕食者 – 猎物多度模式的认识, 并解释不同案例间的差异。同样明显的是, 这些捕食者及猎物种群都是作为多物种系统中的组成部分, 而不是孤立的物种对而存在, 因而所有这些物种都要受到环境条件的影响。物种多度的决定因素这个更为宽泛的问题将会在第 14 章再行讨论。然而, 对于科学中的任何复杂过程来说, 在没有很好地了解其组成部分之前, 我们都不可能理解整个过程的复杂性。此处, 组成部分即是捕食者和猎物种群。因此, 本章讨论的是捕食者 – 猎物相互作用对于相关种群的动态所造成的影响。

我们将采用这样的方法: 首先使用简单的模型来推导相互作用中不同组分的作用, 在探寻综合理解这些作用之前理清它们各自的影响; 接着, 考察野外数据和实验数据是支持还是驳斥这些推论。事实上, 简单模型在其预测不能被真实数据支持时最有用 —— 只要随后能够发现模型预测与数据之间不一致的原因。模型预测若得到确证则使得我们的理论认识得以巩固; 若模型被证伪但随后找到解释则是理论的进一步发展。

10.2 捕食者 – 猎物及植物 – 植食动物系统的基本动态: 循环趋势

为了理解捕食者—猎物的动态, 主要构建了两类模型。这两类模型在此均会分析到。第一类 (第 10.2.1 节) 建立在微分方程的基础上 (因而最易应用于连续繁育的种群), 但严重依赖于简化的图解模型 (Rosenzweig & MacArthur, 1963)。第二类 (第 10.2.3 节) 利用差分方程来描述离散世代的寄主 – 拟寄生物间的相互作用; 尽管只应用于有限的生物类群, 但这类模型的一个优势是它们经过严格的数学分析。(我们前面也谈到过存在非常多的重要拟寄生物。) 虽然这两类模型是独立发展的, 但它们无疑具有共同的目标 (为了增进我们对于捕食者 – 猎物动态的理解), 并且被越来越多地视为一系列从离散到连续的数学方法的两端。

10.2.1 Lotka-Volterra 模型

像种间竞争模型一样, 最简单的微分方程模型以其提出者的名字而命名: Lotka-Volterra 模型 (Volterra, 1926; Lotka, 1932)。这是一个非常有用的研究起点。该模型由两部分组成: P, 捕食者种群 (或消费者) 的大小; N, 猎物或植物种群大小或生物量。

我们假定初始时, 猎物种群在无捕食者的情况下按指数方式增长 (见第 5.9 节):

$$dN/dt = rN \tag{10.1}$$

但猎物个体被捕食者消耗的速率取决于捕食者与猎物的相遇次数。相遇几率会随着捕食者数量 (P) 及猎物数量 (N) 的增加而增加。然而, 确切的相遇并被成功捕杀的猎物数目, 依赖于捕食者搜索和攻击的效率: a, 有时也称作 “攻击率” (attack rate)。因而猎物被消耗的速率为 aPN, 总的公式为

$$dN/dt = rN - aPN \tag{10.2}$$

Lotka-Volterra 猎物方程

在无猎物时, 假定模型中捕食者的数量由于饥饿按指数方式下降:

$$dP/dt = -qP \tag{10.3}$$

其中, q 是捕食者的死亡率。它被捕食者的出生率所抵消, 而假定出生率仅取决于两个因素: 食物的获取速率 aPN 以及捕食者的转化效率 f, 即将食物转变为后代的效率。捕食者出生率因此为 $faPN$, 合起来的公式为

$$dP/dt = faPN - qP \tag{10.4}$$

Lotka-Volterra 捕食者方程

方程 (10.2) 和方程 (10.4) 就构成了 Lotka-Volterra 模型。

这个模型的性质可以通过寻找零增长等斜线来研究。两物种竞争模型中的零增长等斜线在第 8.4.1 节中已有所介绍。在这里, 对于捕食者和猎物, 存在两条分离的零增长等斜线, 两线均画于以猎物密度 (x 轴) 对捕食者密度 (y 轴) 的坐标图中。线上的每个点均表示特定的猎物密度和捕食者密度, 它们使得猎物种群不变 (即 $dN/dt = 0$, 猎物零增长等斜线), 或者捕食者种群不变 (即 $dP/dt = 0$, 捕食者零增长等斜线)。画出之后, 以猎物的零增长等斜线为例, 我们知道在线的一侧猎物减少, 在另一侧则增加。因此, 就像我们将要看到的那样, 若我们在同一个图中作出猎物和捕食者的零增长等斜线, 就能够确定这个捕食者 – 猎物系统动态的模式。

对于猎物 [方程 (10.2)], 当

$$dN/dt = 0, \quad rN = aPN \tag{10.5}$$

或者

$$P = r/a \tag{10.6}$$

零增长等斜线揭示的性质

因为 r 和 a 都是常数, 猎物的零增长等斜线是一条 P 值固定的直线 (图 10.2a)。在它下方, 捕食者多度低而猎物增加; 在它上方, 捕食者多度高而猎物减少。

同样地, 对于捕食者 [方程 (10.4)], 当

$$dP/dt = 0, \quad faPN = qP \tag{10.7}$$

或者

$$N = q/fa \tag{10.8}$$

因而, 捕食者的零增长等斜线是 N 值固定的直线 (图 10.2b)。在它左边, 猎物多度低而捕食者减少; 在它右边, 猎物多度高而捕食者增加。

综合考虑两条零增长等斜线 (图 10.2c) 表明了联合种群的行为。当大量猎物存在时, 捕食者多度增加, 但这也增加了对猎物的捕食压力, 因而使得猎物多度减少。随后, 捕食者因食物短缺而数量下降, 缓解了捕食压力并使猎物多度增加, 进而又导致捕食者多度的增加, 如此反复 (图 10.2d)。因此, 捕食者和猎物种群经历着多度上的 "耦合振荡" (coupled oscillations), 并会无限地持续下去。

在此例中, 趋于耦合振荡的基本倾向在结构上是不稳定的

Lotka-Volterra 模型有效地指明了捕食者－猎物相互作用的基本趋向: 猎物种群波动, 捕食者种群也随之发生波动。然而, 对该模型的详细行为却不能过于较真, 因为它显示出的循环是 "结构不稳定" 的, 表现为 "中性稳定性" (neutral stability); 也就是说, 种群将会无限而精确地遵循同一个循环, 直到某些外部作用赋予其新值, 随后它们又将无限地进行新的循环 (图 10.2e)。实际中, 环境当然是不断变化的, 而种群将会不断地 "变动到新值"。因此, 符合 Lotka-Volterra 模型的种群将不会表现出规则的循环, 却会因受到重复扰动而表现出不规则的波动。一个循环尚未开始, 即会转向一个新的循环。

对于表现出规则且清楚的循环的种群来说, 这些循环本身必然是稳定的: 当外部作用改变种群水平时, 必定存在着一个回复到起始循环的趋势。事实上, 我们将会看到, 捕食者－猎物模型 (一旦我们扩展 Lotka-Volterra 模型限制性极强的假设) 能够产生全部的多度模式: 稳定点平衡 (stable-point equilibria)、多世代循环 (multigeneration cycles)、单一世代循环 (one-generation cycles)、混沌 (chaos), 等等 —— 这一系列的模式在真实种群的调查中被多次发现。我们面临的挑战是去发现这些模型能对真实种群的行为有什么启示。

10.2.2 滞后的密度依赖

数量响应

在上述捕食者－猎物相互作用中产生耦合振荡的基本机制是一系列时滞性的 "数量响应" (time-delayed numerical responses), 即一个物种其多度对于另一物种的多度变化的响应。首先在 "许多猎物" 和 "许多捕食者" 之间存在时滞 (产生的原因是捕食者多度对于高猎物多度的反应不能够即时发生)。接下来在 "许多捕食者" 和 "少数猎物" 之间可能存在时滞, 接着又是 "少数猎物" 和 "少数捕食者" 之间的时滞, 等等。因而在实际中, 甚至在那些耦合振荡的系统中, 它们的确切式样很可能反映了不同数量反应的不同滞后和不同强度。当然, 真实种群中发现的明显的耦合振荡的形式是各种各样的, 而且并非所有都如 Lotka-Volterra 模型所产生的那样是对称的 (图 10.1)。

滞后密度依赖的调节趋势较难证明

上述这些反应是密度依赖的 (见第 5.2 节): 它们减少较大的种群, 允许较小的种群增加。Varley (1947) 引入术语 "滞后密度依赖" (delayed density dependence) 来描述这些作用。滞后密度依赖效应的强度与当前多度无关 (那是直接的密度依赖), 而与过去某个时间的多度有关 (即滞后长度之前)。与直接的密度依赖相比, 滞后的密度依赖较难证明。为了确定这点, 我们可以检验由一个特殊的拟寄生物－宿主模型产生的耦合振荡, 如图 10.3a 所示 (Hassell, 1985)。我们不必关注该模型的细节, 只需注意这些振荡是被减弱的: 它们随时间延续逐渐变小直至达到稳定的平衡点。猎物种群受到滞后密度依赖的影响, 由捕食者调节其大小。在第 5.6 节中, 我们通过作 k 值与密度对数图证明了密度依赖。当我们用捕食者导致的死亡率做 k 值, 并作其与当前世代猎物密度对数图时 (图 10.3b), 没有看出明显的关系。另一方面, 当依照世代顺序依次连接这些同样的点时 (图 10.3c), 可以看出

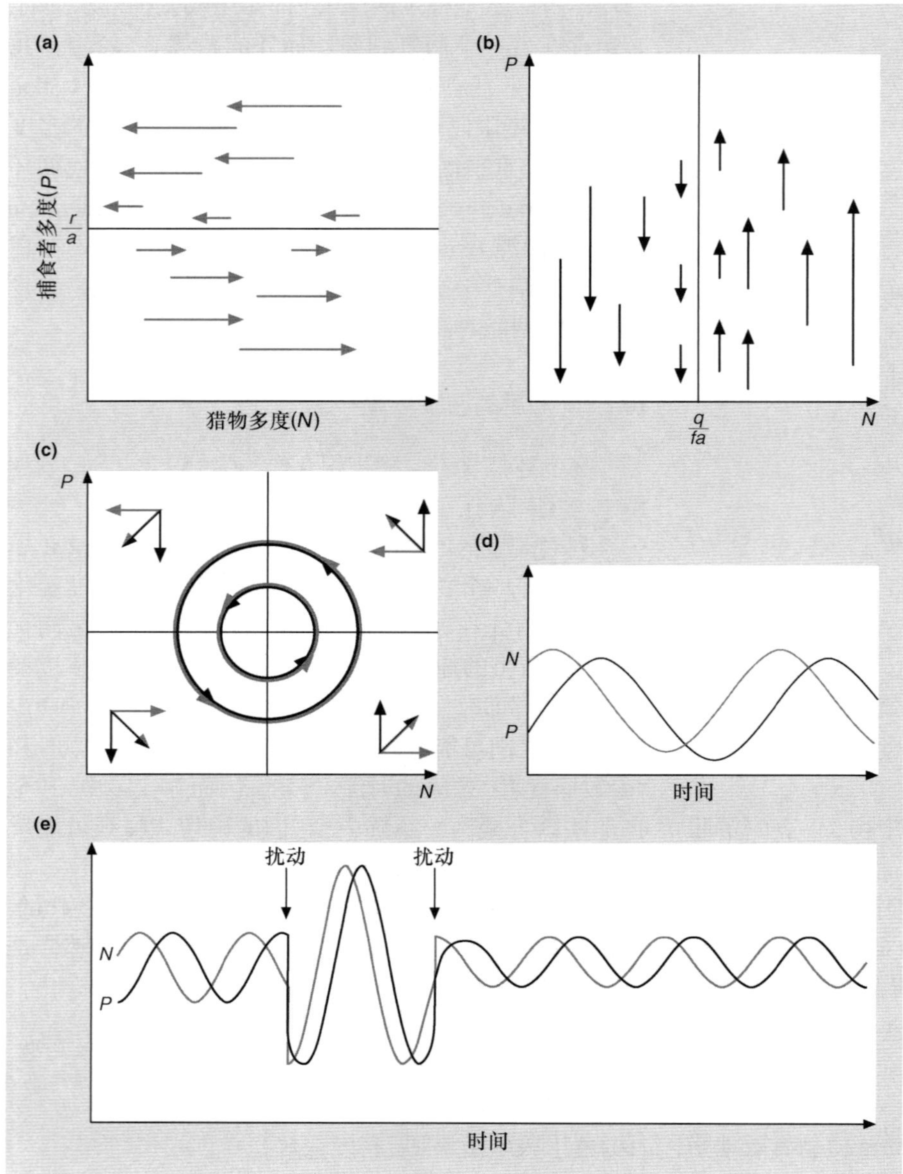

图 10.2　Lotka-Volterra 捕食者 – 猎物模型。(a) 猎物零增长等斜线，捕食者密度较低 (低 *P*)，猎物 (*N*) 多度增加 (箭头从左至右)；捕食者密度较高，猎物多度减少。(b) 捕食者零增长等斜线，猎物密度较高，捕食者多度增加 (箭头向上)；猎物密度较低，捕食者多度减少。(c) 当两条零增长等斜线叠合在一起时，箭头也可以联合起来，这些联合的箭头形成逆时针方向的圆周不断持续。也就是说，随着时间的推移，联合的捕食者—猎物种群从低捕食者/低猎物 (图中左下角)，变至低捕食者/高猎物 (图中右下角)，又到高捕食者/高猎物，再到高捕食者/低猎物，最后回到低捕食者/低猎物。但是需要注意，最低的猎物多度 (9 点钟处，循环圈的最左处) 比最低的捕食者多度 (6 点钟处) 提前四分之一周期出现 (逆时针运动)。将捕食者—猎物多度这些无限持续的耦合周期环，用数字表示出来并对时间作图，可以得到图 (d)。然而如图 (e) 所示，这类周期环表现出中性的稳定性：如果没有外界扰动，它们将无限循环；但对每一个新多度的扰动，都产生一个围绕相同多度均值而振荡幅度不同的新的中性稳定周期环。

它们构成一条逆时针方向的螺线。这种螺线是滞后密度依赖的特征。此处，因为振荡被减弱了，各点向内螺旋趋向平衡点。此外，当我们用捕食者导致的死亡率做 *k* 值，并作其与两世代前猎物密度对数图时 (图 10.3d)，出现了密度依赖效应中常见的正相关关系，滞后密度依赖被清晰地揭示出来。的确，两世代的滞后比更短或者更长的滞后给出了更好的拟合关系，这一事实告诉我们，在这个例子中，两个世代是对滞后长度的最优估计。

对于图 10.3 中的模式种群，展现滞后密度依赖的调节作用较为容易，因为该种群不受自然环境变动的影响，不受任何其他捕食者的密度依赖性攻击的影响，也不受抽样误差的不精确性等因素的影响。然而，对自然或者即便是实验种群来说，具有这种性质的数据都是极少的。我们在第 14 章将会回到哪些因素决定了多度这个问题上来，要充分认识这一问题，需将滞后的密度依赖效应整合进去一个全面的解释。而现在，本章讨论将集中到捕食者 – 猎物相互作用内“调节”和“稳定性”之间的关系上来。与我们已经看到的由最简单的模型预测的种群相比，自然状态下捕食者和猎物种群趋向于表现出不太剧烈及不太规则的波动。本章其余的大部分内容从逐个例子出发，探寻对这些模式及动

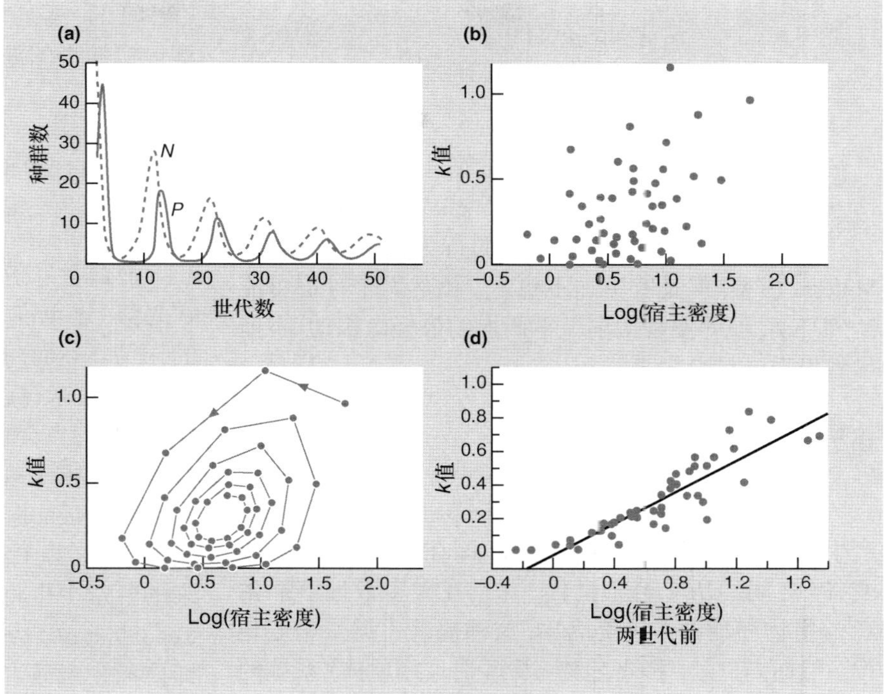

图 10.3 滞后的密度依赖。(a) 一个拟寄生物－宿主模型的 50 个世代的结果: 尽管有波动, 但拟寄生物对宿主种群确有调节作用。(b) 使用同一模型, k 值为每世代死亡率, 将其对宿主密度对数作图: 没有明显的密度依赖关系。(c) 按照世代顺次连接图 (b) 中的点: 它们呈现逆时针方向的螺旋 —— 滞后密度依赖的特征 (仿 Hassell, 1985)。(d) k 值为每世代死亡率, 将其对两世代前的宿主密度的对数作图: 再次出现清晰的滞后密度依赖关系。

态模式之间差异的解释。保持数量大致不变的种群为调节 (regulating) 和稳定 (stablizing) 化力量的存在提供了证据。捕食者－猎物相互作用中的滞后密度依赖在这个意义上起 "调节" 作用: 对于大种群作用强烈, 而对小种群作用微弱。但是, 正如我们已经看到的那样, 很难说它显著地稳定了任一种群。因此, 本章接下来的大部分内容, 都是对稳定化力量的探寻, 这些稳定化力量能够补偿捕食者－猎物相互作用中所固有的 (滞后的) 调节力量。

10.2.3 Nicholson-Bailey 模型

现在来看拟寄生物, 该模型 (Nicholson & Bailey, 1935) 作为一个合理的研究起点, 同样也没有太多的现实性。定义 H_t 为宿主数量, P_t 为 t 世代的拟寄生物数量; r 是宿主的内禀增长率。若 H_a 为被拟寄生物寄生的宿主数量 (t 世代), 假设宿主之间无种内竞争 (即指数增长; 见第 4.7.1 节), 且每个宿主只能供养一个拟寄生物 (通常情况), 则

$$H_{t+1} = e^r (H_t - H_a) \tag{10.9}$$

$$P_{t+1} = H_a \tag{10.10}$$

也就是说, 没有被寄生的宿主正常繁殖, 而那些被寄生的宿主产出拟寄生物而非宿主。

为了得出 H_a 的简单式子, 定义 E_t 为 t 世代内宿主－拟寄生物的相遇次数。若 A 为拟寄生物的搜索效率, 则

$$E_t = AH_tP_t \tag{10.11}$$

根据上式得到:

$$E_t/H_t = AP_t \tag{10.12}$$

注意, 它与方程 (10.2) 中表达式的相似性。要知道, 我们是在处理拟寄生物的情况, 因而单个宿主可被遇到若干次, 尽管只有一次相遇导致成功寄生 (即, 只有一个拟寄生物能顺利发育)。相反, 捕食者会除去其猎物而防止再次相遇。因此, 方程 (10.2) 涉及的是瞬时速率, 而不是数量。

基于随机相遇的模型……

若假定相遇大致是随机的, 那么与拟寄生物相遇 0 次、1 次、2 次或更多次的宿主的比例可以由 "泊松分布" (见任一基础统计教材) 的各项给出。从未相遇的比例, p_0 为 e^{-E_t/H_t}, 因而相遇的比例 (一次或多次) 则是 $1-e^{-E_t/H_t}$。则相遇 (或被寄生) 的数目为

$$H_a = H_t\left(1 - e^{-E_t/H_t}\right) \tag{10.13}$$

将该式与方程 (10.12) 代入方程 (10.9) 和方程 (10.10), 可以得到:

$$H_{t+1} = H_t e^{(r-AP_t)} \tag{10.14}$$

$$P_{t+1} = H_t \left(1 - e^{(-AP_t)}\right) \tag{10.15}$$

产生 (不稳定的) 耦合振荡

这就是宿主 – 拟寄生物相互作用的 Nicholson-Bailey 基础模型。它的行为类似于 Lotka-Volterra 模型, 但是它更加不稳定。虽然两个种群可能达到平衡, 但即便是偏离该平衡点的最轻微扰动, 也能导致发散的耦合振荡。

10.2.4 单一世代循环

由基本的 Lotka-Volterra 和 Nicholson-Bailey 模型所产生的耦合振荡, 是多世代循环, 即在连续的波峰 (或波谷) 之间经历了若干世代, 并且在大多数理解捕食者 – 猎物周期动态的努力中, 这种振荡占据了中心地位。然而, 宿主 – 拟寄生物 (及宿主 – 病原体) 系统的其他模型仅能够在一个宿主世代长度内产生耦合振荡 (Knell,1998; 例子见图 10.1c)。另一方面, 除了捕食者 – 猎物相互作用的原因外, 这样的 "世代循环" (generation cycle) 也能在其他种群中出现 —— 尤其会由种群内不同龄级个体间的竞争所导致 (Knell, 1998)。

从本质上看, 当寄生者的世代长度大约是其宿主世代长度的一半时 —— 通常就是这样, 捕食者—猎物世代循环才会出现。宿主多度偶然出现的一个波峰就倾向于在一个宿主世代之后产生更远的波峰。而任何与寄生者多度有关的波峰在半个宿主世代之后出现, 使宿主多度在两个相似的波峰之间产生一个波谷。因此, 寄生者的 "盛宴" 和 "饥荒" 交替出现, 这增强了宿主多度最初的小的波峰和波谷, 因而推动了单一世代循环 (图 10.4)。

10.2.5 自然界中的捕食者 – 猎物多度循环: 真的是捕食者 – 猎物循环吗?

捕食者 – 猎物相互作用有产生多度耦合振荡的内在趋势, 这也许表明能够期望在真实种群中找到这样的振荡。然而, 捕食者和猎物中很多重要的生态学特点, 至今还未被已有的模型所考虑; 随后的章节将会表明, 这些特点会极大地改变我们的期望。确实, 即使有种群表现出了规则的波动, 也不一定就能支持 Lotka-Volterra、Nicholson-Bailey 或者其他任何简单的模型。我们在第 5.8 节中看到了由种内竞争产生的循环, 在接下来的各章中也将会看到其他一些产生循环的途径 (见 Kendall *et al.*, 1999)。从这个角度讲, 有必要简单说明: 即使捕食者或者猎物的多度表现出了规则的循环, 也不能够轻易证明这些循环就是捕食者 – 猎物循环。

雪兔与猞猁: 并非表面上简单的捕食者与猎物关系

图 10.1a 中, 雪兔和加拿大猞猁在多度上的规则振荡常被用来作为捕食者 – 猎物循环的代表。然而最近, 越来越多的证据表明, 即便是如此明显的范例, 也不像它看起来的那样简单。野外进行的操纵实验通常是表明何种力量在起作用的有力手段: 如果这些力量被剔除或者扩大, 这种循环是否会被消除或是增强? 一系列相匹配的野外实验已然表明, 周期变动的雪兔不仅仅是猞猁 (及群落中其他捕食者) 的猎物, 也不仅仅是其食物资源的捕食

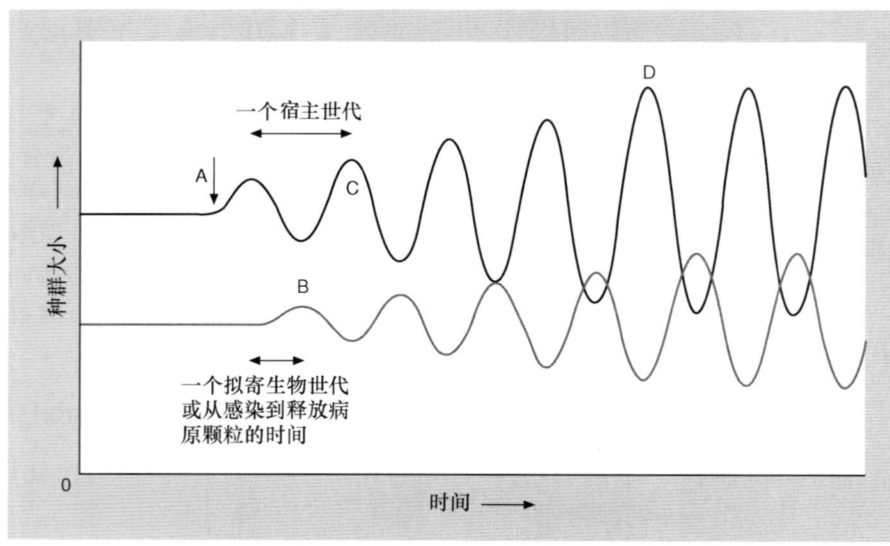

图 10.4 示意图: 一个拟寄生物或病原体如何能在大约一个宿主世代中产生宿主与其自身多度上的耦合循环。要产生这样的结果, 拟寄生物或病原体的世代长度必定为宿主世代长度的一半左右。宿主多度的任何偶然的增长 (A) 首先会导致拟寄生物多度在其一个世代之后的增加 (B), 也会使得宿主多度在一个宿主世代之后的增加 (C)。但 B 处的波峰也会同时引发宿主的波谷, 而该波谷又会引发拟寄生物在 C 处的波谷, 增强了宿主的波峰。这种相互增强作用会一直持续, 直到在 D 处建立起以宿主世代长度为周期的持续不断的循环 (仿 Knell, 1998; 引自 Godfray & Hassell, 1989)。

者: 只有将雪兔同时作为猎物和捕食者来考虑其相互作用时才能够理解该循环 (Krebs *et al.*, 2001)。此外, 对多度时间序列的现代统计分析倾向于证实这一观点: 雪兔序列具有相对复杂的 “信号”, 表明它受到捕食者及其食物的影响, 而猞猁序列的信号较为简单, 仅表明了它受到了猎物 (雪兔) 的影响 (Stenseth *et al.*,1997; 另见第 14.5.2 节)。这一经常被描述为捕食者 – 猎物相互作用的循环, 看来更确切的是作为一个捕食者与一个同时为捕食者和猎物的物种之间相互作用的循环。

蛾子与两种天敌

图 10.1c 清楚地显示了印度谷螟宿主 (*Plodia interpunctella*) 及其拟寄生物 (*Venturia canescens*) 耦合的单一世代循环。在这个例子中, 轻易得出它们之间的关系是捕食者 —— 猎物循环的结论是危险的, 主要是由于以下事实: 宿主在无天敌、单独存在时, 以及当存在另一种天敌 (某种颗粒病毒) 时, 也都表现出了世代长度的循环 (图 10.5)。尽管如此, 使用与处理雪兔 – 猞猁时间序列类似的方法 (Bjørnstad *et al.*,2001), 证实图 10.1c 中的循环确为耦合振荡还是可能的。宿主单循环内具有种内竞争的标识, 而病毒似乎只是调节了这个模式却没有改变它的基本结构 (图 10.5 中并没有出现捕食者 – 猎物循环)。但是, 图 10.1c 中宿主和拟寄生物的循环都具有相同的、更为复杂的信号, 它表明了一种紧紧耦合在一起的猎物—捕食者相互作用 (另见第 12.7.1 节)。

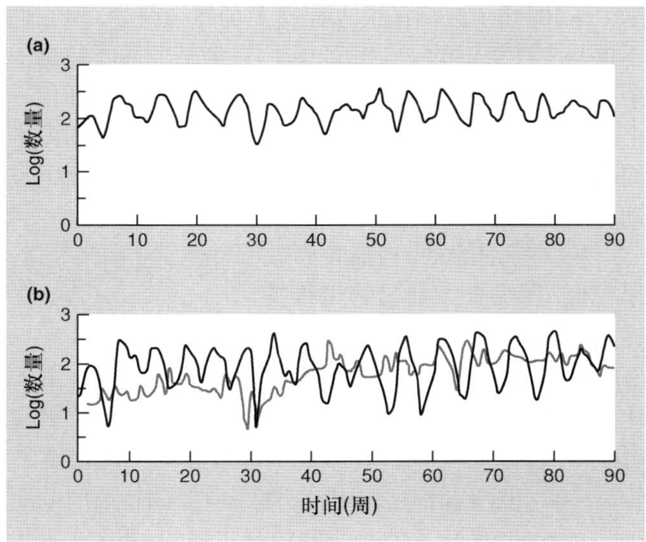

图 10.5 印度谷螟 (*Plodia interpunctella*) 的宿主世代长度周期环: (a) 仅有宿主 (黑色线) 及 (b) 宿主和颗粒病毒 (灰色线)。这种动态关系可与图 10.1c 中的相比较。尽管表面上两者的模式很相似, 但分析表明, 图 (a) 中的变化由种内竞争所产生; 图 (b) 是 (a) 中变化的简单调整, 因而它并不是捕食者 – 猎物循环。然而, 图 10.1c 中的变化关系却是捕食者 – 猎物循环 (仿 Bjørnstad *et al.*,2001)。

在第 14.6 节中我们会回到循环 (确有一些是已讨论过的相同的循环) 的问题上来, 我们会讨论生物和非生物因子一起如何决定一个种群多度的水平和模式, 并提出一个更全面的解释, 而循环问题将会是其中的一部分。

10.3 拥挤效应

到目前为止, 我们对捕食者 – 猎物相互作用所建的模型有一个最明显的疏漏, 就是没有考虑到猎物多度会受到其他猎物的限制, 且捕食者多度会受限于其他的捕食者。随着多度的增加, 猎物会越来越受到种内竞争的约束; 同样地, 除了与其最明显资源 —— 猎物 —— 的相互作用外, 高密度下的捕食者可能会受到自身休憩地或者说庇护所供应量的限制。

相互干扰

更为普遍的是, 迄今所讨论的模型中, 均假定捕食者消耗猎物的速率仅依赖于猎物的多度 [例如, 方程 (10.2) 中每个捕食者的消耗率为 aN]。现实中, 消耗率也常依赖于捕食者自身的数量。最明显的是, 随着捕食者密度的增加, 食物短缺 —— 每个捕食者对应的猎物数量 —— 通常会导致单位个体消耗率的减少。然而, 即便食物不受限制, 消耗率也会被一些统称为相互干扰 (mutual interference) 的过程所减少 (Hassell, 1978)。例如, 许多消费者会在行为上与其种群内的其他个体相互作用, 减少了摄食时间, 从而降低了整体的摄食率。比如, 蜂鸟会积极活跃地保卫丰富的花蜜源。另外, 消费者密度的增加会导致迁出率上升, 或使消费者从其他成员处偷窃食物的次数增加 (许多鸥类如此), 或引发猎物本身响应消费者的变化而变得更不易被捕获。所有这些机制都会导致捕食者的消耗率随其密度的增加而下降。举个例子, 图 10.6a 表明, 即使在低密度下, 捕食云雀蛤 (*Musculista senhousia*) 的蟹类 *Carcinus aestuarii*, 其随多度变化的消耗率也出现了显著的降低; 而图 10.6b 表明, 美国密歇根州罗亚岛国家公园中以驼鹿 (*Alces alces*) 为食的狼 (*Canis lupus*) 群, 在狼最多的时候其捕杀率最低。

10.3.1 Lotka-Volterra 模型中的拥挤效应

种内竞争以及捕食者消耗率随其密度增加而降低的影响, 可以通过修改 Lotka-Volterra 零增长等斜线来加以研究。Begon 等 (1990) 描述了将种内竞争整合进猎物零增长等斜线的详细过程, 但没有这些细节参考

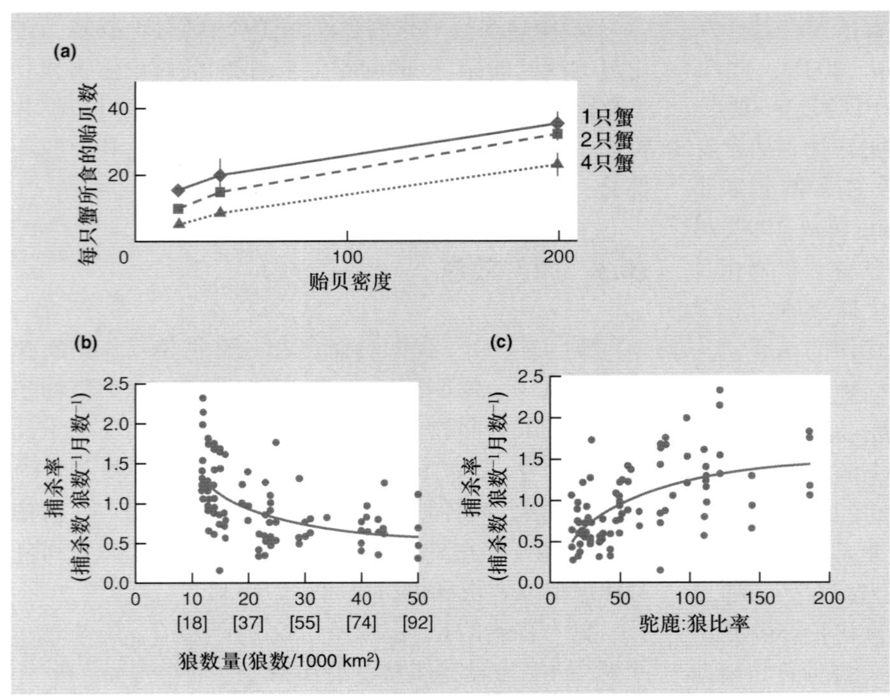

图 10.6 (a) 以云雀蛤 (*Musculista senhousia*) 为食的蟹类 *Carcinus aestuarii* 之间的相互干扰。♦, 1 只蟹; ■, 2 只蟹; ▲, 4 只蟹。蟹类越多, 每单位的消耗率越低 (仿 Mistri, 2003)。(b) 捕食驼鹿 (*Alces alces*) 的狼 (*Canis lupus*) 群之内的相互干扰。(c) 与 (b) 中数据相同, 对狼群捕杀率与驼鹿: 狼比率作图。拟合曲线假定捕杀率依赖于数量比, 且在驼鹿密度较高时, 狼的数量会趋于 "饱和" (见第 10.4.2 节)。与其他任何假定捕杀率依赖于捕食者密度或猎物密度的拟合线相比, 该曲线拟合度更好 [图 (b, c) 仿 Vucetich *et al.*,2002]。

也能理解最终的结果 (图 10.7a)。低猎物密度下不存在种内竞争, 猎物零增长等斜线同 Lotka-Volterra 模型中一样是水平的。但随着密度的增加, 由于种内竞争的影响, 零增长等斜线之下的猎物密度 (猎物增加) 一定会被该线之上的密度 (猎物减少) 所取代。因此, 零增长等斜线会变得越来越低直到它达到猎物轴上的环境容纳量, K_N; 即猎物在即使没有捕食者的情况下, 也能恰好维持自身的种群。

拥挤效应与 Lotka-Volterra 零增长等斜线

我们已经知道, Lotka-Volterra 模型中捕食者的零增长等斜线是垂直的。它本身就意味着如下假设: 不考虑捕食者的数量, 捕食者种群多度增长的能力由猎物的绝对数量所决定。然而, 若捕食者间的相互干扰增加, 那么个体消耗率会随捕食者多度增加而降低, 并且对任意特定大小的捕食者种群都需要由额外的猎物来维持。捕食者零增长等斜线将会越来越偏离垂直状态 (图 10.7b)。此外, 高密度下, 不考虑猎物数量, 对其他资源的竞争会形成捕食者种群的上限 (水平的零增长等斜线) (图 10.7b)。

比率依赖的捕食

另外一种修正是完全放弃消耗率仅依赖于猎物绝对供应量的假设, 而代之以比率依赖捕食 (ratio-dependent predation) 的假设 (Arditi & Ginzburg, 1989), 尽管这种替代本身也颇受诟病 (见 Abrams, 1997; Vucetich *et al.*, 2002)。在这种情况下, 消耗率依赖于猎物和捕食者的比率。超过一定的比例, 捕食者多度才能增加, 此时的零增长等斜线为一条经过初始状态的斜向直线 (图 10.7c)。可以举例说明比率依赖捕食的证据, 如图 10.6c 所示对狼群 – 驼鹿的研究。

现在, 任一种群中可能的拥挤效应 (crowding effect) 都可以通过综合捕食者及猎物的零增长等斜线推断出来 (图 10.7d)。振荡在很大程度上仍然很明显, 但它们不再是中性稳定的了。相反, 它们逐渐减弱并收敛至一个稳定的平衡点。在捕食者 – 猎物相互作用中, 任何一个或全部两个种群都很有可能是高度自我制约的, 因而会表现出相对稳定的多度模式, 也就是说多度的波动相对较小。

拥挤效应稳定动态

更为特别的是, 当捕食者效率较低, 即需要大量猎物来维持捕食者种群 [图 10.7d 中的曲线 (ii)] 时, 振荡快速减弱而猎物多度的平衡点 (N^*) 并不比没有捕食者时的平衡点 (K_N) 少很多。相反, 当捕食者效率较高 [曲线 (i)], N^* 较低而捕食者的平衡密度 P^* 较高 —— 但两者相互作用较不稳定 (振荡持续时间更长)。此外, 若捕食者的自我制约非常强烈, 那么多度可能完全不波动 [曲线 (iii)]; 但是 P^* 将趋向低值, 而 N^* 将趋向稍小于 K_N 的值。因此, 对存在着拥挤效应的相互作用来说, 会出现如下两种不同情况: 捕食者密度较低, 猎物数量几乎不受其影响而多度模式稳定; 或者是, 捕食者密度较高, 猎物数量急剧减少, 而多度模式较不

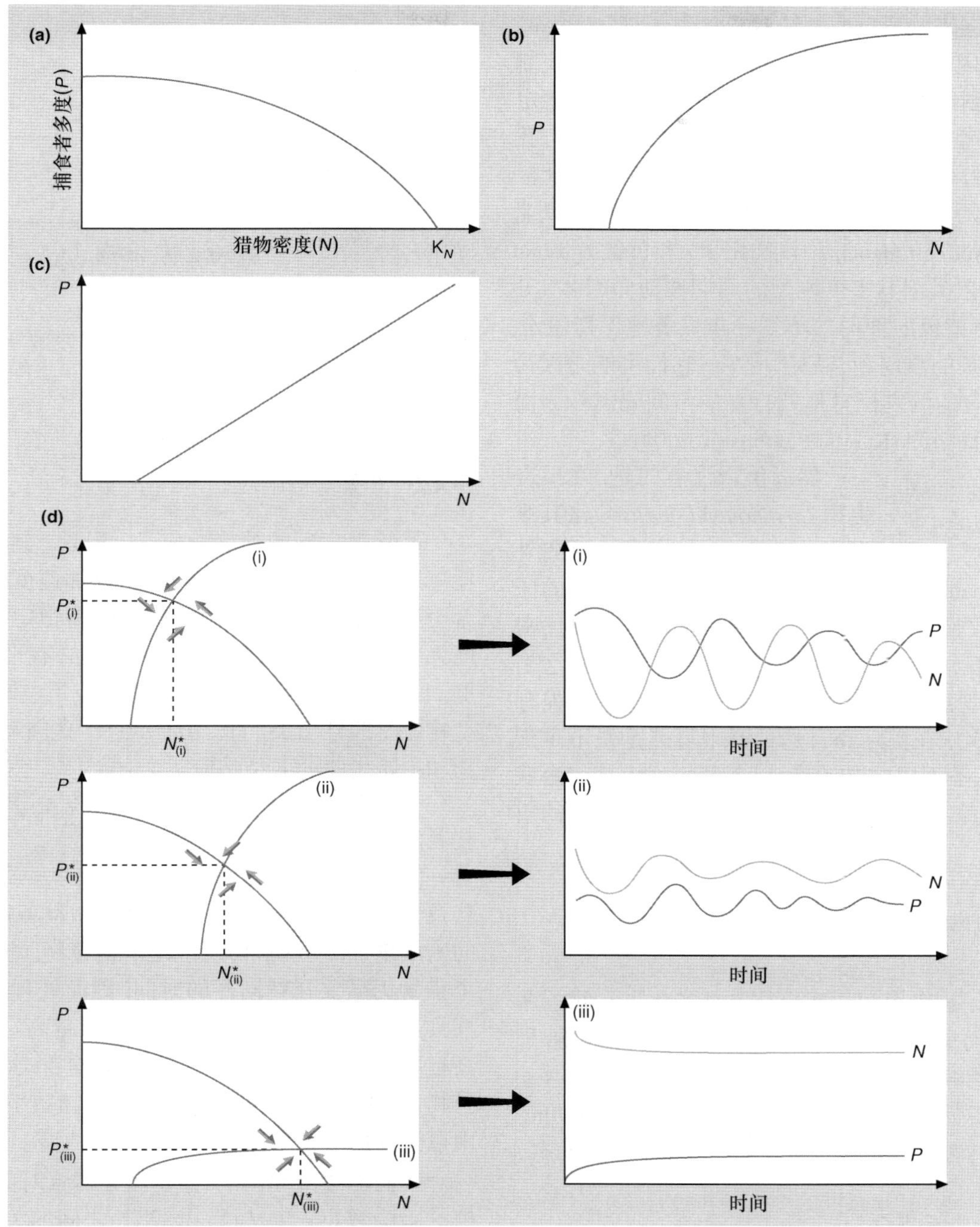

图 10.7 (a) 受拥挤效应影响的猎物零增长等斜线。猎物密度最低时该线与 Lotka-Volterra 零增长等斜线相同，但当密度达到环境容纳量 (K_N) 时，即使捕食者完全不存在，猎物种群也能恰好维持自身的种群大小。(b) 受拥挤效应影响的捕食者零增长等斜线 (见正文)。(c) 存在猎物：捕食者比率依赖捕食时，捕食者的零增长等斜线。(d) 随拥挤效应水平增加，猎物零增长等斜线与捕食者零增长等斜线叠合在一起的变化：(i)、(ii) 和 (iii)。P^* 是捕食者多度的平衡点，N^* 是猎物多度的平衡点。组合 (i) 最不稳定 (即波动持续时间最长)，且捕食者最多而猎物最少：捕食者的效率相对较高。(ii) 中，捕食者效率较低，使得捕食者多度降低，而猎物多度增长，波动持续时间减少。(iii) 中，捕食者自我制约强烈，完全消除了波动，但 P^* 很低，而 N^* 接近 K_N。

稳定。[图 10.7d 未应用比率依赖的捕食，但就当前的目的来说，在比率依赖的捕食模型中，具有更陡斜率的捕食者零增长等斜线，可以看成图中 —— 曲线 (i) 而非曲线 (ii) —— 由更靠近原点处出发所形成的零增长等斜线]。

在 Nicholson-Bailey 模型中加入宿主间的简单 (逻辑斯谛) 拥挤效应，或者拟寄生者间的相互干扰，也能得到本质上相似的结论 (Hassell, 1978)。

引用数据来验证自我制约对捕食者 – 猎物动态的稳定作用是困难的, 因为几乎不可能去比较有自我制约与无自我制约的对应种群。另一方面, 具有相对稳定动态的捕食者与猎物种群非常普遍, 在此讨论的自我制约的稳定力量也广泛存在。举个更具体的例子, 北极地区主要有两类广泛分布的植食性啮齿动物: 田鼠亚科鼠类 (microtine rodents, 旅鼠和田鼠) 和黄鼠 (ground squirrel)。田鼠类因其多度剧烈的周期波动而闻名 (见第 14 章), 而黄鼠的种群却年复一年显著地保持恒定, 尤其是在开阔的草甸和苔原生境中。它们可能是因为食物量、适宜的洞穴栖息地及自身的空间隔离行为而有强烈的自我制约 (Karels & Boonstra, 2000)。

相互干扰在实际中有多重要呢?

然而值得注意的是, 在拟寄生物 *Tachinomyia similis* 攻击其蛾类宿主 *Orgyia vetusta* 的一项野外研究中, Umbanhowar 等 (2003) 并未找到相互干扰的证据。在人工实验环境中, 强迫捕食者在远高于其自然密度下进行取食, 这样经常会扩大相互竞争的强度。这是对一个普遍观点的必要提醒: 在模型及实验室中强有力的生态作用, 在实际和自然种群中可能是微不足道的。不过, 几乎不用怀疑的是, 以不同形式出现的自我制约在捕食者 – 猎物动态关系中经常扮演着重要的角色。

10.4 功能响应

在研究了捕食者消耗率与其自身多度的关系之后, 现在我们转而探讨猎物数量对捕食者消耗率的影响, 即所谓的 "功能响应" (functional response; Solomon,1949)。以下我们将描述三种主要的功能响应类型 (Holling, 1959), 随后再考虑它们将如何改变捕食者 – 猎物动态。

10.4.1 Ⅰ型功能响应

最基本的 "Ⅰ型" 功能响应是由 Lotka-Volterra 方程所假定的: 捕食者消耗率随猎物密度线性增加 [方程 (10.2) 中由常量 a 表示]。图 10.8 表明了这样的一个例子。大水蚤 (*Daphnia magna*) 捕食酵母细胞的速率随食物细胞密度变化而线性增加, 这是由于大水蚤通过其过滤结构从体积恒定的水中滤食酵母细胞, 因而滤食量随食物浓度线性增长。浓度超过 10^5 细胞/mL 后, 大水蚤虽然能滤取更多的细胞, 却不能吞下所滤取的全部食物。因此, 不管食物浓度再增加多少, 它们都以最大速率 (平稳态) 消化食物。

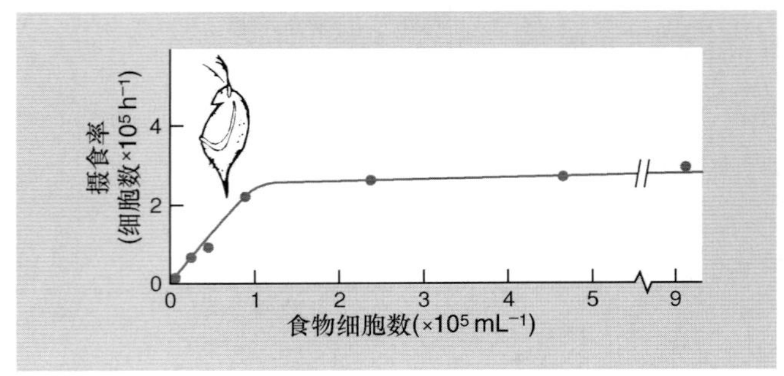

图 10.8 大水蚤 (*Daphnia magna*) 对不同浓度酵母 *Saccharomyces cerevisiae* 的Ⅰ型功能响应 (仿 Rigler, 1961)。

10.4.2 Ⅱ型功能响应

最常观察到的功能响应是 "Ⅱ型", 其中捕食者消耗率随猎物密度增加而增加, 但增加速度会逐渐减慢直至达到平稳状态, 此时消耗率保持恒定而与猎物密度无关。(事实上, 即使Ⅰ型响应也必有平稳态, 见上例。区别在于达到平稳态前Ⅱ型响应是减速增加, 而Ⅰ型响应是线性增加。) 图 10.9 示意了食肉动物、植食动物和拟寄生物的Ⅱ型响应。

Ⅱ型响应与处理时间

Ⅱ型响应可以这样解释: 捕食者对它消耗的每个猎物都要花费一定的处理时间 (即追捕、猎获及食用猎物, 以及为下一次搜捕做准备)。随着猎物的密度增加, 发现猎物变得越来越容易。然而, 处理单个猎物仍需要花费同样的时间, 因而处理全部猎物在捕食者总时间中所占的比例会越来越高 —— 直到在高猎物密度下, 捕食者能有效地将全部时间用于处理猎物。因此, 消耗率接近并达到最大值 (平稳态), 该值由可全部用于处理猎物的总时间所决定。

我们能够推导出 P_e(捕食者在搜索时间 T_s 内所吃掉的猎物数目) 与 N (猎物密度) 之间的关系 (Holling, 1959)。P_e 随搜索时间、猎物密度及搜索效率或捕食者的攻击率 a 的增加而增加。因而:

$$P_e = aT_sN \qquad (10.16)$$

Holling 的Ⅱ型响应方程

然而, 因为还有处理猎物所耗费的时间, 可用于搜捕的时间小于总时间 T。因此, 若 T_h 为每个猎物的处理时间, 则 T_hP_e 为总的处理时间, 所以

$$T_s = T - T_hP_e \qquad (10.17)$$

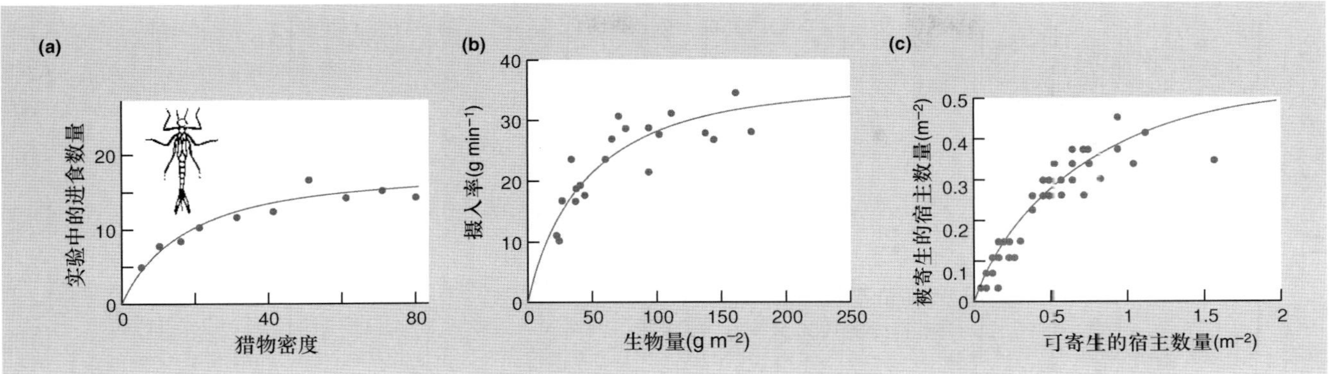

图 10.9 Ⅱ型功能响应。(a) 十龄豆娘若虫 (*Ishnura elegans*) 取食大小基本恒定的水蚤(仿 Thompson, 1975)。(b) 一系列薹草生物量密度下, 林地美洲野牛 (*Bison bison*) 对薹草 *Carex atherodes* 的取食 (仿 Bergman *et al.*, 2000)。(c) 拟寄生物 *Microplotis croceipes* 攻击烟青虫 (*Heliothis virescens*) (仿 Tillman,1996)。

将其代入方程 (10.16), 得到

$$P_e = a(T - T_h P_e)N \tag{10.18}$$

重排后, 得

$$P_e = aNT/1 + aT_h N \tag{10.19}$$

注意该方程描述了一段具体时间 T 内的消耗量, 而在此段时间内假设猎物密度 N 保持不变。实验中, 这一条件有时可以通过替换任何被捕食猎物来保证, 但如果捕食者极大地减少了猎物的数量, 就需要用更为复杂的模型。Hassell (1978) 描述了这样的模型, 他还讨论了从一组数据中估计攻击率和处理时间的方法。(Trexler *et al.*, 1988, 讨论了用不同数据拟合功能响应曲线中的一般问题。)

其他产生Ⅱ型响应的途径

如果认为处理时间的存在是对所有Ⅱ型功能响应的唯一、完满的解释, 那就错了。举个例子, 如果猎物具有不同的收益率 (即营养价值), 那么在高密度时, 食谱会趋向由数量减少的高收益 (即高营养价值) 个体构成 (Krebs *et al.*, 1983); 或者在高密度时, 捕食者可能会变得不知所措而效率低下。

10.4.3 Ⅲ型功能响应

Ⅲ型功能响应由图 10.10a~c 所描绘。高猎物密度下, 它们与Ⅱ型响应相似, 而对这两者的解释也相同。然而低猎物密度下, 随着密度的增加,Ⅲ型响应的消耗率有着比线性增长更快的加速增长时期。因而总体上看,Ⅲ型响应是 “S 型” 或者 “反曲” (sigmoidal) 的。

转换行为

能产生Ⅲ型响应的一个重要途径, 是捕食者的食谱转换 (见第 9.5.2 节)。图 9.15 与图 10.10 的相似性非常明显。区别在于, 食谱转换的讨论关注一类猎物密度与其他猎物密度的相对高低, 而功能响应仅基于单种猎物的绝对密度。不过在实际中, 绝对密度与相对密度很可能密切相关, 因而食谱转换很可能会频繁导致Ⅲ型功能响应的发生。

搜捕效率或处理时间的变化

更一般地说, 每当食物密度增加引起捕食者搜索效率 a 提高, 或使捕食者处理时间 T_h 减少时, Ⅲ型功能响应都会出现, 因为这两个因素都是消耗率 [方程 (10.19)]。因而, 图 10.10a 中的小型哺乳动物在叶蜂茧数量更多时形成了对于叶蜂茧的搜捕景象 (效率增加)。反吐丽蝇 (*Calliphora vomitoria*) (图 10.10b), 在其猎物密度增加的时候花费更多的时间寻找猎物 (图 10.10d), 也提高了效率。而胡蜂 *Aphelinus thomsoni* (图 10.10c) 在其猎物槭树蚜密度增加时, 表现出了平均处理时间的缩短 (图 10.10e)。每一个例子中, 都出现了Ⅲ型功能响应的结果。

10.4.4 功能响应及 Allee 效应对种群动态的影响

Ⅲ型响应起稳定作用但在实际中可能不重要

不同类型的功能响应对种群动态有不同的作用。Ⅲ型功能响应意味着低猎物密度时的低捕食率。从零增长等斜线来看, 这意味着猎物多度在低密度下能够增加, 而几乎与捕食者密度无关, 因而猎物零增长等斜线在其密度变得很低时

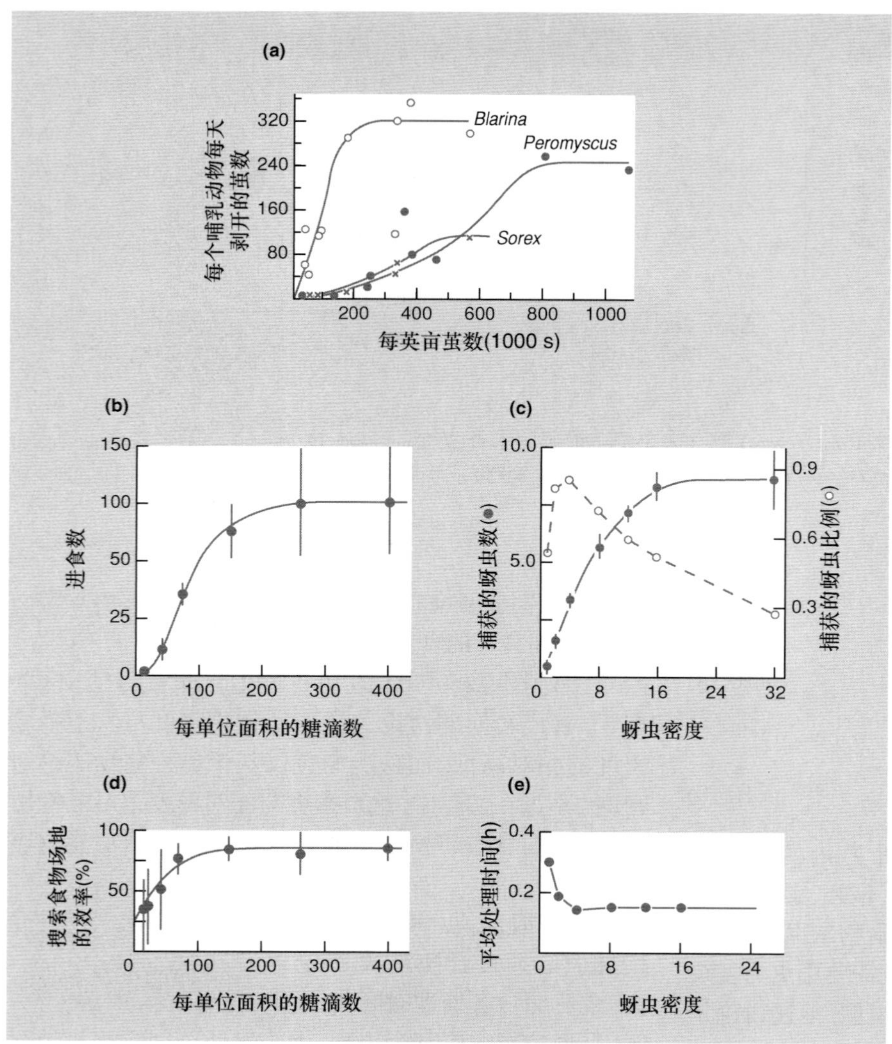

图 10.10 Ⅲ型 (S 型) 功能响应。(a) 在加拿大安大略省, 鼩鼱科的 *Sorex* 和 *Blarina*, 以及白足鼠 (*Peromyscus*) 响应欧洲松叶蜂 (*Neodiprion sertifer*) 茧的野外密度变化的情况 (仿 Holling, 1959)。(b) 以糖滴为食的反吐丽蝇 (*Calliphora vomitoria*) (仿 Murdie & Hasell,1973)。(c) 胡蜂 *Aphelinus thomsoni* 攻击枫长镰管蚜 (*Drepanosiphum platanoidis*): 注意在低猎物密度下, 猎物死亡率出现密度依赖性增加 (- - -), 导致响应曲线的加速 (——) (仿 Collins *et al.*, 1981)。(d) 图 (b) 中响应曲线的基础: 反吐丽蝇的搜索效率随着 “猎物” (糖滴) 密度的增加而提高 (仿 Murdie & Hasell, 1973)。(e) 图 (c) 中响应的基础: 胡蜂的处理时间随着蚜虫密度的增加而缩短 (仿 Collins *et al.*, 1981)。

是竖直上升的 (图 10.11a)。这增加了捕食系统的稳定性 [图 10.11a, 曲线 (i)], 但是若如此, 捕食者则必须在低猎物密度情形下才有高效的捕食效率 (能够维持自身种群), 这与Ⅲ型功能响应的整个思想相矛盾 (忽略了猎物密度低时捕食者的效率也很低)。因而, 图 10.11a 中的曲线 (ii) 会适用于现实情况, 而Ⅲ型功能响应的稳定化作用在实际中无甚重要意义。

另一方面, 若由于捕食者在不同类型的猎物之间转换其攻击方式, 而使其对某特定猎物具有Ⅲ型功能响应, 那么捕食者的种群动态将会独立于任何特定猎物类型的多度, 其零增长等斜线的任何一点 (无论横坐标 —— 猎物多度 —— 多大) 都有着相同的纵坐标。如图 10.11b 所示, 这可能会导致捕食者调节猎物数量使其保持在低而稳定的水平。

转换、稳定化及芬诺斯坎地亚田鼠

对欧洲田鼠波动周期的研究为此提供了一个明显的例子 (Hanski *et al.*, 1991; 另见第 14.6.4 节)。芬兰拉普兰位于亚北极地区, 那里的田鼠密度有着规则的 4 年或 5 年的周期, 且最大值和最小值比率通常超过 100。在瑞典南部, 啮齿类表现出无规则的多年循环。但是在这两者之间, 从芬诺斯坎迪亚 (Fennoscandia) 的北部到南部, 循环的幅度、长度和规则性逐渐降低。Hanski 等认为, 这种减少趋势本身与泛化捕食者 (当相对密度改变时, 猎物会发生转换; 尤其是红狐、獾、家猫、秃鹰、灰林鸮及乌鸦) 及特化鸟类捕食者 (活动范围广阔, 捕食区域在不同区域间转换; 尤其是其他种类的猫头鹰及隼类) 的密度增加有关。在这两个例子中, 捕食者的动态实际上独立于

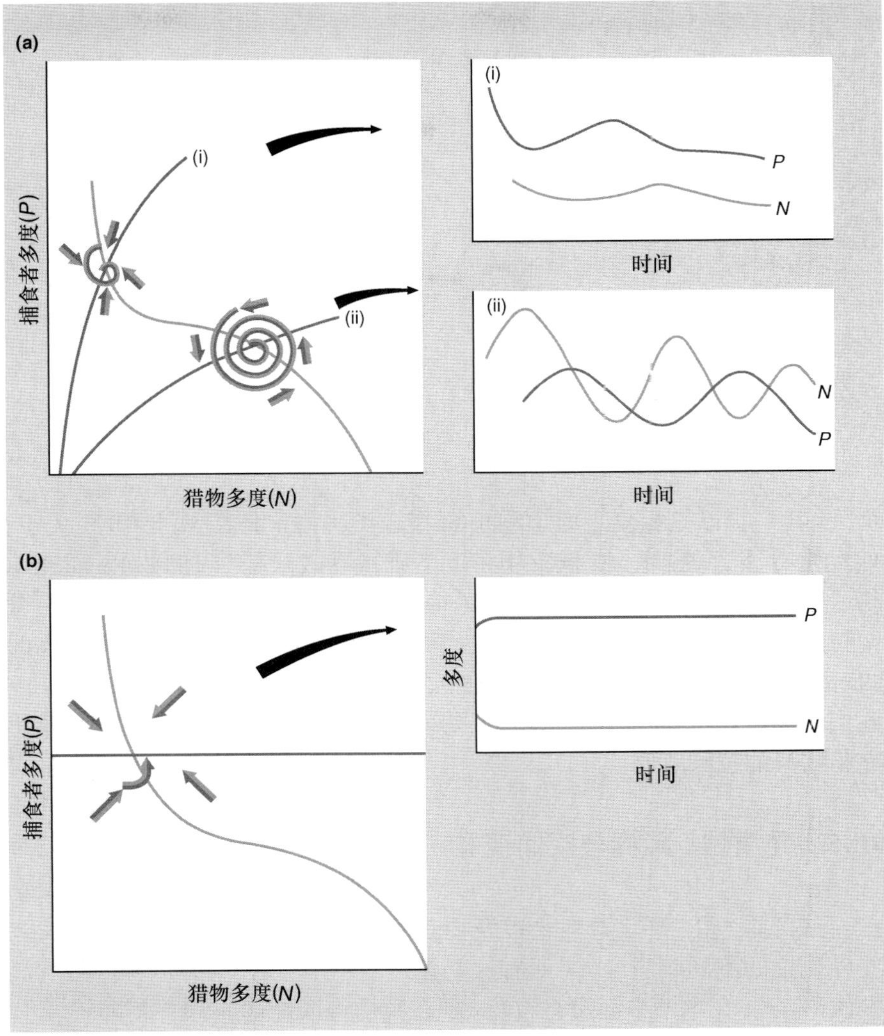

图 10.11 (a) 低猎物密度下消耗率特别低时，猎物零增长等斜线的适宜情形。Ⅲ型功能响应，集群响应（及不完全的庇护所），以及实际庇护所或者是植物不可食部分的保存，都可以引起低猎物密度下的低消耗率。对于效率较低的捕食者，其零增长等斜线 (ii) 是合适的，并且结果与图 10.7 中的类似。然而，效率较高的捕食者在低猎物密度下仍能够养活自己。因而捕食者零增长等斜线 (i) 也是合适的，它会使多度出现一个稳定的模式，其中猎物密度远小于环境容纳量，而捕食者密度相对较高。(b) 当Ⅲ型功能响应由于捕食者表现出转换行为而产生时，捕食者的多度可能独立于任意猎物类型（大图）的密度，因而捕食者零增长等斜线可能呈水平状（不随猎物密度改变）。这会导致稳定的多度模式（小插图），其中猎物密度远小于环境容纳量。

田鼠的数量，增加了系统的稳定性，如图 10.11b 所示。事实上，Hanski 等能进一步构建猎物（田鼠）与特化捕食者（鼬类：白鼬和黄鼬）及泛化（选择性取食）捕食者相互作用的简单模型。他们的一般性论点得到了支持：随着泛化捕食者数目的增加，田鼠和鼬类多度之间的振荡（可能是或不是田鼠循环的基础）在长度和幅度上都有减少。选择性取食的泛化捕食者以其足够大的密度稳定了整个循环。

Ⅱ型响应及 Allee 效应的去稳定化作用——但在实际中并不一定如此

再来看Ⅱ型功能响应，若捕食者在猎物密度较低时就达到其平稳态（远在 K_N 下），那么猎物的零增长等斜线会有一个小峰，因为在一系列中间猎物密度下，捕食者随猎物密度增加而变得效率低下，但猎物间的竞争作用不强烈。若猎物受到“Allee 效应”的影响也会出现单峰。“Allee 效应”是指，猎物密度较低时出现不成比例的低种群补充速率，这也许是因为难以找到配偶或是充分利用资源需要超过一个“临界数量”，即在种群密度较低时，存在着逆密度依赖效应 (Courchamp *et al.*, 1999)。若捕食者零增长等斜线穿过猎物峰的右侧，相互作用的种群动态几乎不会受到影响；但若捕食者零增长等斜线穿过峰的左侧，种群动态的结果将是持续而不是收敛的振荡，即相互作用的稳定性将被消除（图 10.12）。

然而对具有这种效应的Ⅱ型响应来说，在猎物密度远低于令其经受强烈竞争的密度下，捕食者的消耗率将会严重降低。这是不太可能的。因而，Ⅱ型响应潜在的去稳定化作用在实际应用中没有多少重要性。

具有去稳定化作用的 Allee 效应似乎尚未在任何“自然的”捕食者 – 猎物相互作用中得到确认。另一方

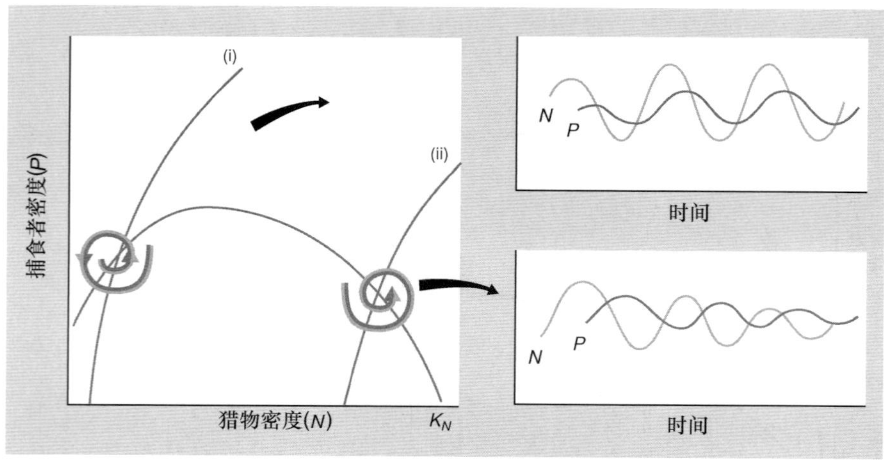

图 10.12 具“单峰”的猎物等斜线的可能影响，由Ⅱ型功能响应或者 Allee 效应所导致。(i) 若捕食者效率很高，其等斜线与峰的左侧相交，则该峰具有消除稳定性的作用，产生极限环的持续振荡 (小插图)。(ii) 但是，若捕食者效率较低，其零增长线与峰的右侧相交，那么该峰对动态的影响极微小：振荡收敛 (小插图)。

面，当我们自己是捕食者时 (例如，捕捞鱼类种群)，我们经常有能力 (技术) 在低猎物密度下维持有效的捕捞。如果猎物种群同时具有 Allee 效应，那么这种效应与持续捕捞的联合作用会轻易地使一个种群趋于灭绝 (Stephens & Sutherland, 1999; 见第 15.3.5 节)。也就是说，我们的零增长等斜线与猎物零增长等斜线的交叉点会在猎物峰的左侧出现。

10.5 异质性、集群与空间变异

到目前为止，环境异质性以及捕食者和猎物对这些异质性的不同响应 —— 所有这些在之前章节中经常谈到 —— 在本章中都没有涉及。现在我们将谈论这些内容。

10.5.1 对猎物密度的集群响应

捕食者聚集在高猎物密度的斑块中吗?

当不同斑块含有不同的食物或不同密度的猎物时，生态学家对斑块偏好尤其感兴趣，因为它们对种群动态有多方面潜在的影响 (见第 9.6 节)。以下观点曾被提出并为人们广泛接受：① 捕食者一般在含有高密度猎物的斑块中花费最多时间 (因为这些是具有最高收益的斑块)；② 绝大多数捕食者出现在这些斑块中；③ 这些斑块中的猎物最易被捕食，而低密度斑块中的猎物相对受保护且最可能存活。支持前两个观点的例子确实存在 (图 9.20a~d)，证明捕食者的 “集群响应” (aggregative response) 是直接密度依赖的 (捕食者在具有高密度猎物的斑块里花费最多时间，使得猎物密度与捕食者密度呈正相关)；但情况并不总是这样。此外，与第三个观点相反，关于宿主 – 拟寄生物相互作用的各种综述 (例如 Pacala & Hassell, 1991) 表明，高密度斑块中的猎物 (宿主) 不一定最容易受到攻击 (直接密度依赖)：斑块间的寄生比例也可能是逆密度依赖或者是非密度依赖的 (图 9.20e)。的确，这些综述认为只有约 50% 的详细研究案例给出了密度依赖的证据，并且这其中只有约一半案例是直接密度依赖而非逆密度依赖。无论怎样，虽然密度依赖性有不同样式，但是不同斑块确实面临差异很大的捕食风险，进而致使不同生物个体之间也存在这种差异。

植物可能受益于植食动物的集群响应

许多植食动物也表现出了显著的集群趋势，并且许多植物在其被攻击风险上表现出了显著的不同。菜蚜 (*Brevicoryne brassicae*) 在两个分离的水平上形成集群 (Way & Cammell, 1970)。当被隔离在一片叶子上时，若虫迅速形成大的集群，而单株植物上的种群倾向于被限制在特定的叶片上。当蚜虫只侵食 4 片甘蓝中的一片叶子时 (自然情况)，其他 3 片叶子会存活下来；但如果同样数量的蚜虫均匀地分布在 4 片叶子上，那么全部 4 片叶子都会被侵食掉 (Way & Cammell, 1970)。植食动物的集群行为保住了全部植株。但是这种异质性是如何影响捕食者 – 猎物相互作用的呢?

10.5.2 图解模型中的异质性

庇护所、不完全的庇护所及垂直零增长等斜线

我们可以先从在 Lotka-Volterra 零增长等斜线中加入一些较为简单的异质性开始。假定一部分猎物种群存在于庇

护所中: 例如, 海滨螺类挤入峭壁的裂缝以躲避猎食鸟; 或者植物保留一部分地下物质不被啃食。在这样的例子中, 猎物零增长等斜线在低猎物密度时是垂直的 (再次见图 10.11), 因为低密度时, 猎物隐藏于庇护所中, 无论捕食者密度如何, 猎物数量总能增长。

从捕食者没有 (而不是不能) 攻击猎物这个意义上看, 捕食者倾向于忽略低密度斑块中的猎物 —— 正如我们已经在某些集群响应中所看到的那样 (见第 9.6 节)—— 这种情形与猎物处于庇护所中的情形很接近。因而可以说, 猎物拥有 "不完全的庇护所", 此时猎物零增长等斜线在低猎物密度时可近似地认为是垂直上升的。

以上我们看到, 在讨论Ⅲ型功能响应时, 这些零增长等斜线具有稳定相互作用的趋势。对于 Lotka-Volterra 及 Nicholson-Bailey 系统的早期分析 (以及本教科书的早期版本), 都得出一致的结论: 空间异质性以及捕食者和猎物对于这些异质性的反应, 在低猎物密度下往往稳定了捕食者 – 猎物动态 (Beddington *et al.*, 1978)。然而, 接下来我们将会看到, 异质性的影响比先前设想的要更为复杂: 异质性的影响随着捕食者类型、异质性类型等因素的变化而变化。

10.5.3 Nicholson-Bailey 模型中的异质性

负二项分布的相遇次数……

在研究异质性对宿主 – 拟寄生物系统影响的方面人们取得了最多的进展。由 May(1978) 构建的模型是个不错的出发点, 其中他忽略了精确的细节, 并简单地认为宿主 – 拟寄生物相遇次数的分布不是随机而是聚集的。尤其是, 他假定这种分布可由特定的统计模型 —— 负二项分布 —— 来描述。在他的模型中 (对比第 10.2.3 节), 从未被遇到的宿主比例为

$$p_0 = \left[1 + \frac{AP_t}{k}\right]^{-k} \quad (10.20)$$

其中, k 是集群程度的量度; $k = 0$ 时集群程度最大, $k = \infty$ 时为随机分布 (重获 Nicholson-Bailey 模型)。若将该式整合进 Nicholson-Bailey 模型 [方程 (10.14) 及方程 (10.15)], 我们便可以得到:

$$H_{t+1} = H_t e^r \left[1 + \frac{AP_t}{k}\right]^{-k} \quad (10.21)$$

$$P_{t+1} = H_t \left\{1 - \left[1 + \frac{AP_t}{k}\right]^{-k}\right\} \quad (10.22)$$

……使种群动态得以稳定

这类模型的预测, 也包括宿主增长率的密度依赖情形, 由图 10.13 表明。从中可以清楚地看出, 在加入显著的集群水平后 ($k \leqslant 1$), 系统稳定性明显大大增强。具有低 H^*/K 值的稳定系统的存在有着特别的重要性; 也就是说, 在远低于宿主正常的环境容纳量时, 集群效应能够产生稳定的宿主数量。这与从图 10.11 中得出的结论一致。

10.5.4 风险集群与空间密度依赖

假干扰

这种稳定性如何在无集群效应时产生呢? 答案与被称作 "假干扰" (pseudo-interference) 的作用有关 (Free *et al.*, 1977)。存在相互干扰时, 随着捕食者密度增加, 捕食者花费更多的时间与其他个体竞争, 因而其攻击率下降。在假干扰的情况下, 攻击率也会随着拟寄生物密度的增长而下降, 但这是因为一部分的相遇机会由于宿主已被寄生而丧失掉了。关键在于宿主间的 "风险集群" (aggregation of risk) 倾向于增加假干扰的程度。在拟寄生物密度低时, 一个拟寄生物不大可能因为集群而使其攻击率下降。但是在较高的拟寄生物密度下, 集群的拟寄生物 (绝大多数都是这样) 将会越来越多地遇到大部分或者全部被寄生了的宿主斑块。随着拟寄生物密度的增加, 它们的有效攻击率 (以及其随后的出生率) 迅速下降 —— 出现了直接的密度依赖效应。这会减弱拟寄生物密度的自然振荡, 也会降低其对宿主死亡率的影响。

风险积累强化了直接 (时间的) 密度依赖

总结一下, 风险集群通过加强已存在的直接 (而非滞后) 密度依赖稳定了宿主 – 拟寄生物间的相互作用 (Taylor, 1993)。因而, 这种空间现象的稳定化力量 —— 风险集群 —— 并非由于任何空间密度依赖而产生, 而是由于其转化为直接的时间密度依赖而产生。

但风险集群是如何与拟寄生物的集群响应相关联的呢? 集群响应和风险集群一定会使稳定性增强吗? 我们可以通过研究图 10.14 来回答这些问题, 要记住在第 9.6 节中, 集群的捕食者并不一定在高宿主密度的斑块中花费最多的时间进行觅食 (空间密度依赖); 觅食时间也可能与宿主密度负相关 (逆密度依赖) 或者独立于宿主密度。我们从图 10.14a 开始。拟寄生物在寄主斑块间的分布遵循完全的直线性密度依赖关系。但是, 由于宿主 : 拟寄生物比率在每个宿主斑块中都相同, 每个

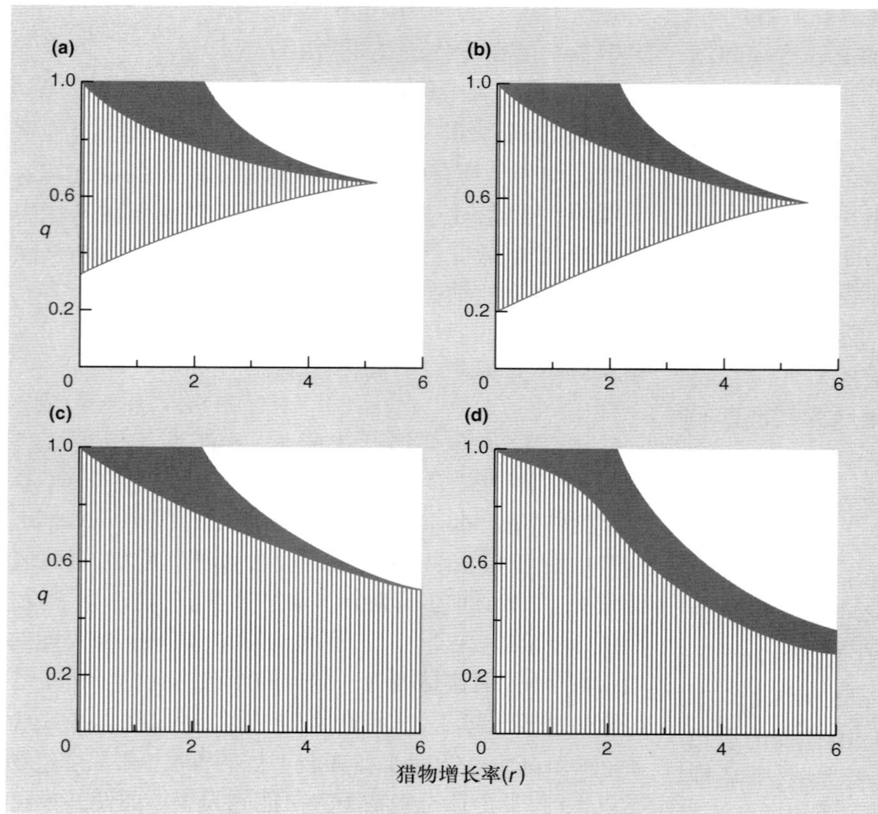

图 10.13 May (1978) 关于宿主 – 拟寄生物集群的模型, 考虑了自我制约的影响, 阐明了集群能够增强稳定性, 并且能在低 $q = H^*/K$ 值时产生稳定性。完全为橙色的区域表明对平衡状态的指数式逼近; 阴影区部分对平衡状态式振荡式逼近; 它们之外的部分是不稳定的区域(振荡或者发散或者持续)。4 幅图分别代表了 4 个 k 值, 它是模型中负二项分布的幂指数: (a) $k = \infty$: 无集群, 稳定性最小; (b) $k = 2$; (c) $k = 1$; (d) $k = 0.1$: 最大集群 (仿 Hassell, 1978)。

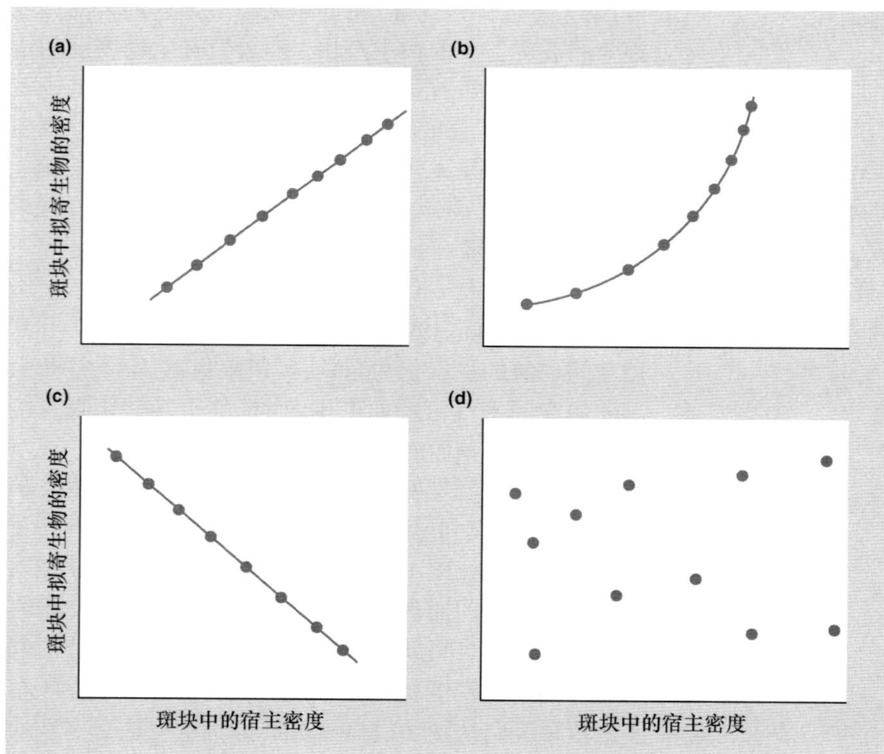

图 10.14 拟寄生物的集群响应和风险集群。(a) 拟寄生物在高宿主密度斑块内聚集, 但是拟寄生物: 宿主比率在所有斑块中都是相同的 (完全的直线关系), 因而所有斑块中宿主的风险显然都是相同的。(b) 拟寄生物在高宿主密度斑块中的聚集随着宿主密度的增加而加速增长, 因而高密度斑块中的宿主显然受到更大的被寄生危险: 存在着风险集群。(c) 因为存在完全的逆密度依赖 (即拟寄生物聚集于低宿主密度斑块), 低密度斑块内的宿主有更大的被寄生危险: 也存在着风险集群。(d) 即使没有集群响应 (非密度依赖), 某些斑块内的宿主要比其他宿主受到更大的被寄生危险 (受到更高拟寄生物: 宿主比率的影响): 此处也存在着风险集群。

宿主斑块中的风险也很可能相同。因此，正向的空间密度依赖并不一定导致风险集群，也不一定增强稳定性。另一方面，随着直接密度依赖关系的加剧（图 10.14b），的确出现了风险集群，而这可能极大地增强了稳定性（Hassell & May, 1973）；但结果是密度依赖是否会加强稳定性取决于拟寄生物的功能响应（Ives, 1992a）。对于Ⅰ型响应（为大多数分析所假定），稳定性是增强的。但是对于更符合实际的Ⅱ型响应，从无集群到密度依赖集群的初始增加，实际上降低了风险集群并且是去稳定化的。只有高水平的密度依赖集群具有稳定作用。

集群响应和风险集群

此外，从图 10.14c,d 中可以清楚地看到，在有逆空间密度依赖（inverse spatial density dependence）或者没有任何空间密度依赖的条件下，都会出现相当大的风险集群，它们不能为Ⅱ型功能响应所抵消。因此，我们以上两个问题的部分答案就是，空间密度依赖的集群响应实际上导致风险集群的可能性最小，因而增强稳定性的可能性亦最小。

事实上，对于真实数据来说（如图 9.20 中的数据），风险集群经常由于空间密度依赖（正或负）同密度依赖响应联合在一起而产生（Chesson & Murdoch, 1986; Pacala & Hasell, 1991）。Pacala、Hasell 及其同事称前者为"宿主密度依赖"（host density-dependent, HDD）组分，称后者为"非宿主密度依赖"（host density-independent, HDI）组分，并且描述了对如图 9.20 中的真实数据拆分风险集群的方法。有意思的是，在一项关于 26 种不同宿主－拟寄生物组合的 65 个数据集的分析中（Pacala & Hasell, 1991），他们发现有 18 例表现出充分的风险集群来稳定其相互作用，但这 18 个案例中，有 14 例是 HDI 的变异占总风险变异的绝大比例，这进一步减弱了任何设想的空间密度依赖与稳定性之间的联系。

10.5.5 一些时间连续模型中的异质性

我们一直在探究拟寄生物和宿主的关系，并从分析中得到了一些确定的结构特征，而我们现在需要重新考虑它们。特别是，我们所假定的拟寄生物实际上在世代开始之时（或是在 t 和 $t+1$ 之间的任何时间间隔）就选择其栖身的宿主斑块了，并且在下一世代开始前得经受住这种分布的后果。但是，设想我们考虑时间是连续的情况 —— 这对许多拟寄生物和许多其他捕食者都是很合适的。现在，也应当假定集群发生在连续的基础上。位于已耗尽的或正在耗竭的斑块中的捕食者，应当离开并且重新选择斑块（见第 9.6.2 节）。假干扰，即在高捕食者密度的斑块中的无效攻击，以及由此导致的系统稳定性的整个基础将趋于消失。

捕食者与猎物的连续重新分布

Murdoch 和 Stewart-Oaten（1989）也许走向了不同于我们之前所考虑情况的另一个极端。他们构建了一个连续时间模型，其中新猎物立即进入斑块代替被消耗的猎物，并且捕食者立即进入斑块以维持捕食者－猎物协同变化在空间上的连续模式。除了表现出与 Lotka-Volterra 模型类似的中性稳定之外，这种作用与我们之前看到的截然相反。首先，与局域猎物密度无关的捕食者集群，现在对稳定性或是猎物密度没有影响。然而，直接依赖于局域猎物密度的捕食者集群，产生了一种取决于这种依赖强度的效应 —— 虽然它总是降低猎物密度（因为捕食者效率增加了）。如果这种密度依赖较弱（Murdoch & Stewart-Oaten 认为实际中通常是这样），那么稳定性就会降低。只有这种依赖强于自然界中的典型强度时，稳定性才会增加。

另外，不那么"极端"的连续时间模型（Ives, 1992b），或者综合了离散世代与世代间重新分布的模型（Rohani *et al.*, 1994），得出了处在"Nicholson-Bailey 极端"和"Murdoch-Stewart-Oaten 极端"之间的结果。看来，过去对于缺少世代内重新分布模型的关注，确实导致了对集群重要性（高宿主密度的斑块在稳定宿主－拟寄生物相互关系中的作用）的过度高估。

10.5.6 集合种群的观点

连续和离散的方法明显不同，但它们的共同观点是将捕食者－猎物相互作用限定在单种群内，尽管种群内部存在固有的变异性。看待问题的另一个角度是集合种群的观点（见第 6.9 节）：环境斑块供养着多个亚种群，这些亚种群分别有着自己的内部动态，并通过斑块间的迁移与其他亚种群相联系。

许多研究详细研究了捕食者－猎物集合种群模型，它们通常具有不稳定的斑块内动态。数学上的困难常常限制了对两斑块模型的分析。其中，若斑块完全相同且扩散是均一的，则稳定性不受影响：斑块性和扩散在其作用范围内没有影响（Murdoch *et al.*, 1992; Holt & Hassell, 1993）。

斑块差异通过异步性起稳定作用

然而，斑块间的差异倾向于稳定自身的相互作用（Ives, 1992b; Murdoch *et al.*, 1992; Holt

& Hassell, 1993)。原因是, 斑块间任何参数的差异都会引起斑块中波动的异步性。因而必然地, 在循环波峰处的种群通过扩散, 其失去的生物个体多于迁入的, 而在波谷处的种群则是迁入的多于迁出的。所以扩散和异步性一起, 使净迁移率的时间密度依赖得到稳定。

将集群行为考虑进来, 情况会变得更为复杂, 因为作为猎物和捕食者密度函数的扩散率本身会变得更加复杂。集群看来具备两种对立的作用 (Murdoch *et al.*, 1992)。它倾向于增加捕食者多度波动间的异步性 (增强稳定性), 而减少猎物波动间的异步性 (减弱稳定性)。这些力量间的平衡看来对集群强度敏感, 但是也许对模型构建过程中的前提假设更为敏感 (Godfray & Pacala, 1992; Ives, 1992b; Murdoch *et al.*, 1992)。集群可能具有稳定作用或者去稳化作用。与先前的分析相反, 由于集群的稳定化影响与捕食者效率并无关联, 集群对于猎物密度没有明显作用。

一个直观的空间模型

对空间异质的捕食者 – 猎物相互作用的处理, 是集合种群动态中的一个问题, 由 Comins 等 (1992) 将其带入更进一步的阶段。他们构建了一个计算机模型, 其中环境实际上可形象化地表示为方块拼成的图案 (图 10.15)。在每个世代内, 有两个过程顺序发生。首先, 一部分捕食者 μ_P, 以及一部分猎物 μ_N, 由每个方块向周围邻近的 8 个方块中扩散。同时, 8 个邻近方块中的捕食者和猎物也扩散进入第一个方块。因此, 举个例子, 方块 i 中 $t+1$ 世代的猎物密度动态 $N_{i,t+1}$, 可表示为

$$N_{i,t+1} = N_{i,t}\left(1-\mu_N\right)+\mu_N\overline{N}_{i,t} \qquad (10.23)$$

或者

$$N_{i,t+1} = N_{i,t}+\mu_N\left(\overline{N}_{i,t}-N_{i,t}\right) \qquad (10.24)$$

其中, $\overline{N}_{i,t}$ 是方块 i 在世代 t 时邻近 8 个方块中的平均密度。接着, 第二个阶段由一个世代的标准捕食者 – 猎物动态构成, 遵循 Nicholson-Bailey 方程或者离散时间形式的 Lotka-Volterra 方程 (May, 1973)。模拟由随机的猎物和捕食者种群在某个斑块中开始, 其他所有斑块均为空白。

我们知道在单个方块之内, 如果它们以隔离形式存在, 那么动态将是不稳定的。但是在方块拼成的整体之内, 很容易产生稳定的或至少是高度持续着的模式 (图 10.15)。总体信息与我们之前看到的结果相似: 稳定性可由集合种群中的扩散产生, 其中不同斑块呈异步波动。尤其需要注意的是, 在这个例子中, 当斑块密度低于与其相连的 8 个斑块密度的均数时, 斑块的迁移数净增加 [方程 (10.24)]; 但当斑块密度较高时, 其迁移数净减少 —— 某种密度依赖效应。还要注意, 当前案例所产生的异步性是由于种群最初从单个斑块开始扩散 (所有斑块基本上是相同的), 并且这种异步性是由仅限于邻近斑块的扩散 (而非向所有斑块上扩散的强大的等同化力量) 所维持的。

实现的空间模式

此外, 毫不夸张地说, 明确的空间形状呈现了另一种形式的结果。由于扩散比例和宿主繁殖率的影响, 能够得出一些非常不同的空间结构 (虽然它们一片模糊) (图 10.15a~c)。"空间混沌" (spatial chaos) 是可以出现的, 其中存在一系列复杂的相互作用的波阵面 (wave fronts),

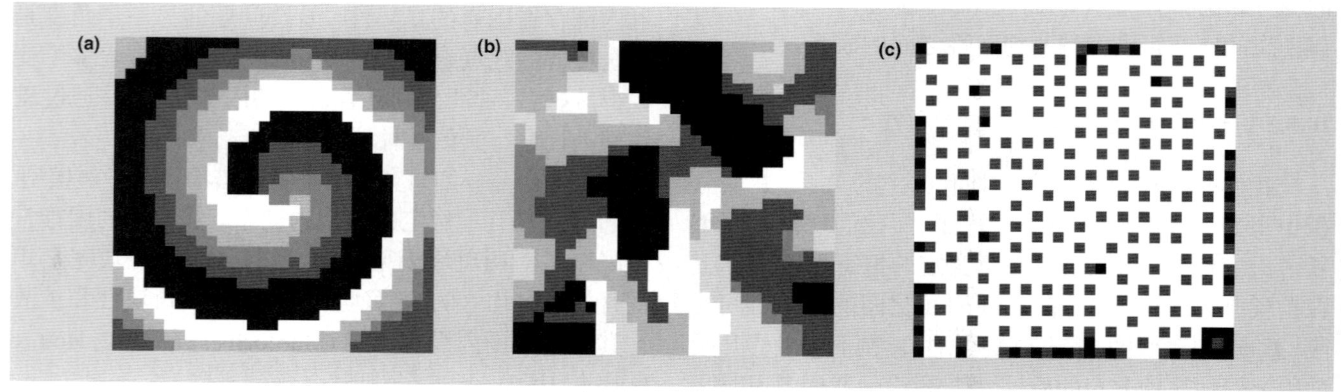

图 10.15 种群密度的瞬时分布图, 显示 Comins 等 (1992) 构建的扩散模型与 Nicholson-Bailey 局域动态的模拟结果。不同阴影水平代表了宿主和拟寄生物的不同密度。黑色方块代表空白斑块; 由暗变浅的阴影区代表宿主密度增加的斑块; 由浅变白的阴影区代表有宿主及拟寄生物密度增加的斑块。(a) 螺旋: $\mu_N=1$, $\mu_P=0.89$; (b) 空间混沌: $\mu_i=0.2$, $\mu_P=0.89$; (c) "晶格结构": $\mu_N=0.05$; $\mu_P=1$ (仿 Comins *et al.*, 1992)。

每个波阵面存在时间都短暂。对于某些参数值, 尤其是当捕食者和猎物都具有高度的移动性时, 模式会比混沌更加有序, 出现围绕着几乎是固定焦点旋转的“螺旋波” (spiral waves)。因此, 该模型用图形化的方式表明了这样的观点: 整个种群水平的持续并不一定意味着种群各部分都一致, 或是各部分都稳定。在很窄的参数值范围内, 甚至还能出现静态的“晶格结构” (crystalline lattices) —— 要求捕食者迁移性很强但猎物并不迁移; 这表明即使在固有的匀质环境中, 一个种群内部也可以自发产生某种格局。

能够从这部分理论中得出一个总体观点吗? 毫无疑问, 我们不能说“集群对捕食者 – 猎物相互作用造成了这样或那样的影响”。相反, 集群具有多种影响, 而要了解其中哪种影响可能发生则需要知道所研究的捕食者和猎物相互作用的详细生物学知识。特别是, 集群效应被认为与捕食者的功能响应、宿主自身调节的程度等其他我们已单独考察的特征有关。正如本章开头所强调的, 在寻求理解复杂过程的时候, 在观念上分离不同的内容是必要的。但同样必不可少的是, 最终还要重新整合那些内容。

10.5.7　实践中的集群、异质性及空间变异

那么, 空间变异在实际中起到什么作用呢? 很久以前, Huffaker (1958; Huffaker *et al.*, 1963) 就出色地证明了异质性的稳定作用。他的研究系统是这样的: 肉食性的螨以一种植食性的螨为食, 而植食性蜱螨的食物柑橘散布于沙盘上的橡胶球之间。在没有捕食者的情况下, 猎物种群波动但能够持续存在 (图 10.16a); 但如果在猎物种群增长早期加入捕食者, 捕食者自身种群大小迅速增加, 消耗掉全部的猎物随后自身灭绝 (图 10.16b)。然而, 当 Huffaker 将这个微系统变得更为“斑块化” (有效地产生了一个集合种群 —— 尽管那时这个术语还未被提出) 时, 相互作用被改变了。他将柑橘之间隔得更远, 通过在沙盘上放置复杂的螨不能通过的凡士林屏障, 对每个柑橘进行了部分隔离。但是, 他又通过插入竖直小棍的办法来协助猎物扩散 —— 猎物可以通过小棍将自己引向由气流所传送的丝带。因而猎物在斑块间的扩散比捕食者更容易。在同时被捕食者和猎物占据的斑块中, 捕食者取食了全部的猎物然后灭绝或是向新斑块扩散 (成功率很低)。但在仅被猎物占据的斑

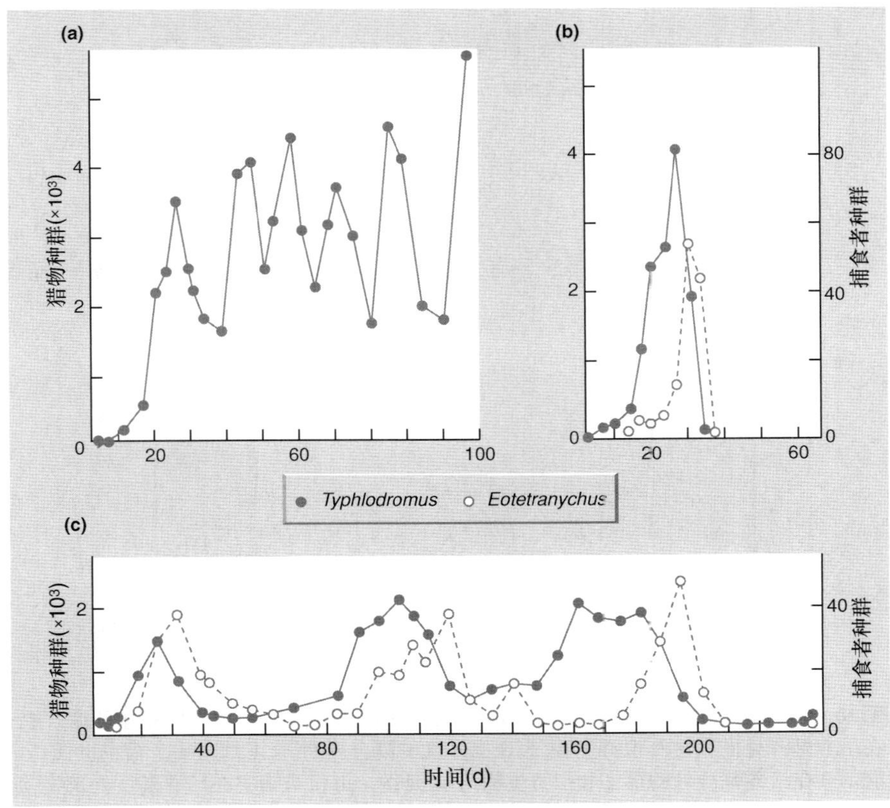

图 10.16　捉迷藏: 螨 *Eotetranychus sexmaculatus* 与其捕食者 *Typhlodromus occidentalis* 之间的捕食者 – 猎物相互作用。(a) 无捕食者时 *Eotetranychus* 的种群波动。(b) 简单系统中捕食者与猎物的单次振荡。(c) 复杂系统中的持续振荡 (仿 Huffaker, 1958)。

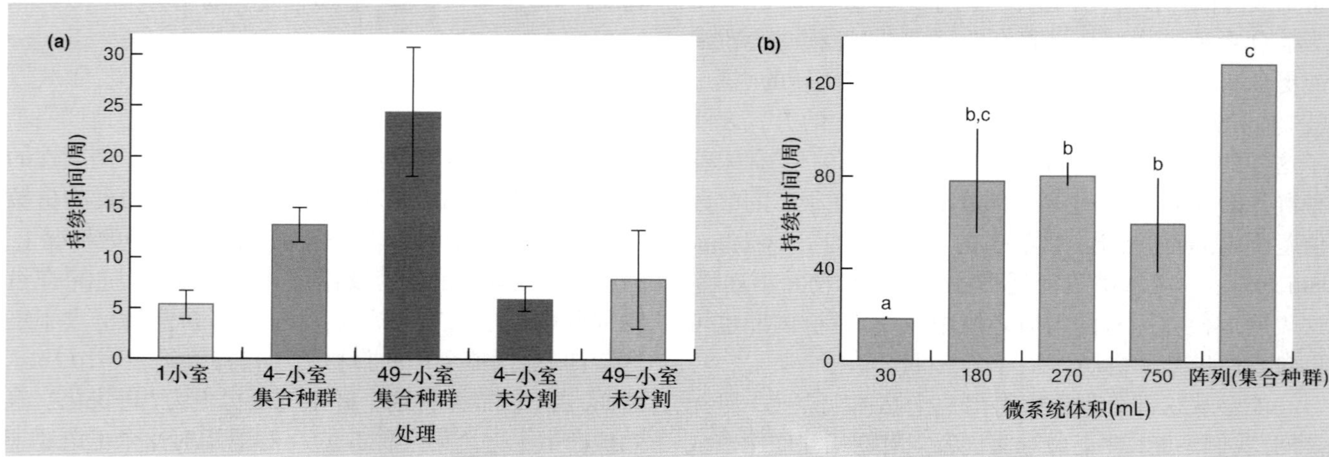

图 10.17 集合种群结构能够增加捕食者–猎物相互作用的持续性。(a) 拟寄生物 *Anisopteromalus calandrae* 攻击以豆类为食的绿豆象 (*Callosobruchus chinensis*) 宿主，宿主分布于单个"小室"(持续时间较短，左侧) 或多个小室 (4 或 49 个)，小室之间自由连通以构成一个单一种群 (持续时间并无显著增加，右侧)，或者通过受限的 (很少的) 运动而形成由分离亚种群构成的集合种群 (持续时间增加，中间)。短线示标准误 (仿 Bonsall *et al*., 2002)。(b) 捕食性纤毛虫 *Didinium nasutum*，以食细菌的纤毛虫 *Colpidium striatum* 为生。它们被装在不同体积的瓶子中，持续时间变化较小，最小种群 (30 mL) 的持续时间较短，而在由 9 或 25 个相连的 30 mL 瓶所形成的"阵列" (array) (集合种群) 中，持续时间大大延长：所有种群一直持续到实验结束 (130 天)。短线表示标准误；短线上的不同字母表明与其他单个处理的显著不同 ($P < 0.05$) (仿 Holyoak & Lawler, 1996)。

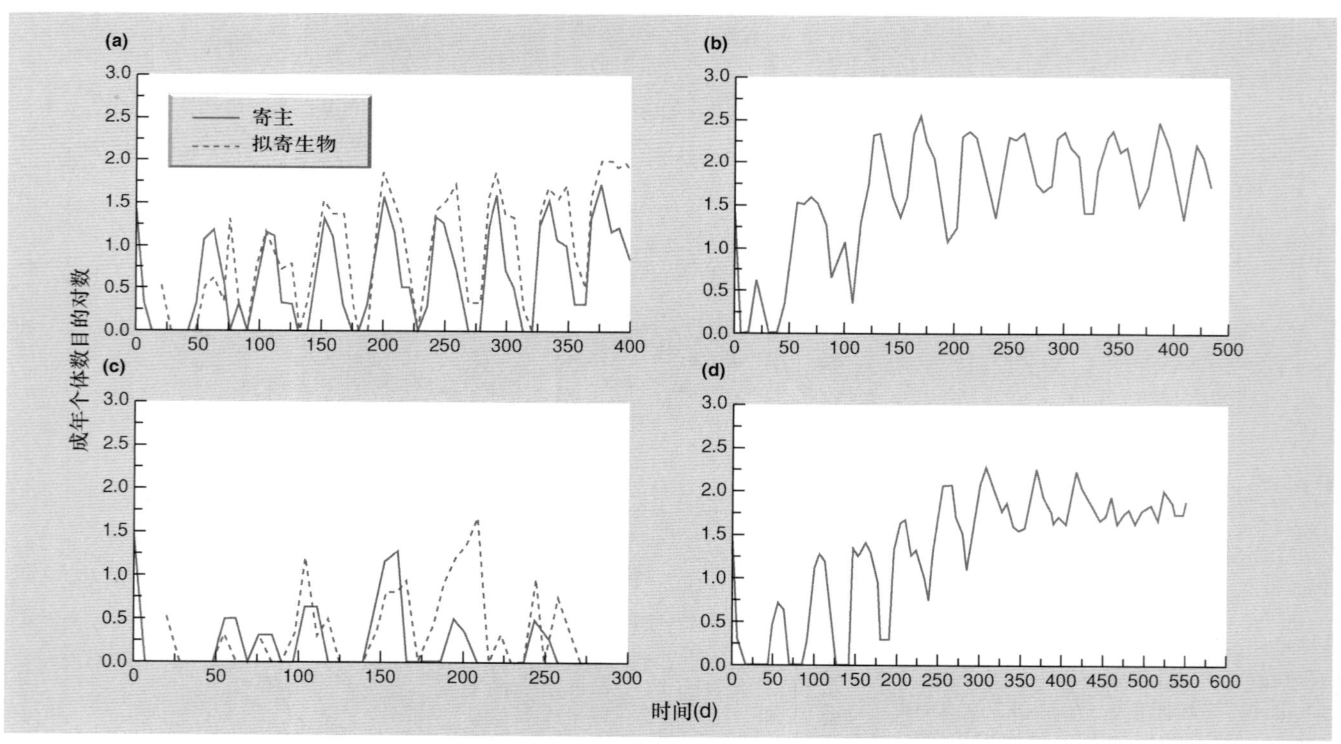

图 10.18 拟寄生物仓蛾姬蜂 (*Venturia canescens*) 存在及不存在的情况下，宿主印度谷螟 (*Plodia interpunctella*) 室内种群的长期动态。(a) 在培养基深处的宿主和拟寄生物，表现出多度的耦合周期，长度约为一个宿主世代。(b) 仅有宿主在培养基深处，表现出了相似的周期。(c) 在培养基浅处的宿主和拟寄生物，不能延续。(d) 仅有宿主在培养基浅处，能够延续。较深的培养基为一部分宿主种群提供了避难所免受攻击，而较浅的培养基中没有避难所 (见第 10.5.2 节)。全部数据集是从若干显示了相同模式的重复实验中选出。

块中，存在快速无阻碍的增长并伴随着向新斑块的成功扩散。在仅被捕食者占据的斑块中，捕食者通常在食物到来之前就死亡了。因而每个斑块的最终结局是捕食者和猎物都灭绝。但总体上看，任意时刻，都存在着空白斑块、面临灭绝的猎物－捕食者斑块以及繁盛猎物斑块的镶嵌体；而这种镶嵌体能够使捕食者和猎物的种群都得以持续 (图 10.16c)。

螨、甲虫及纤毛虫中的集合种群效应

随后，其他人也证明了这一点：当捕食者和猎物的单个亚种群的动态不稳定时，集合种群结构具有提升耦合捕食者和猎物种群的持续性的作用。例如，图 10.17a 展示了拟寄生物攻击其甲虫宿主时的情况。图 10.17b 示意对猎物和肉食性纤毛虫 (原生生物) 的类似结果，该例在证明集合种群结构作用的同时，还可能证明了单个亚种群动态中的异步性以及频繁的局域猎物灭绝和再拓殖 (Holyoak & Lawler, 1996)。

蛾类的庇护所

图 10.18 展示的这项研究是基于谷螟 (*Plodia*)－姬蜂 (*Venturia*) 这个宿主－拟寄生物系统 (与图 10.1c 所示工作一样) 开展的，它支持了物理庇护所发挥的稳定化作用。此例中，深藏于食物之中的宿主超出了试图在其身上产卵的拟寄生物的搜捕范围。当没有这个庇护所时，在较浅的食物培养基中，这种宿主－拟寄生物系统不能持续存在 (图 10.18c)，尽管宿主单独生长时可续存 (图 10.18d)。然而，有庇护所存在时，在较深的食物培养基中，宿主和拟寄生物能够明显地无限期地持续存在 (图 10.18a)。

更多的螨：集合种群还是庇护所？

事实上，尽管不同类型的空间异质性在数学模型中差异明显，但是在实际系统中却并非这样。例如，Ellner 等 (2001) 研究了这样的系统，捕食性螨 [智利捕植螨 (*Phytoseiulus persimilis*)] 以植食性螨 [三点叶螨 (*Tetranychus urticae*)] 为食，而该植食性螨又以一种豆类植物 *Phaseolus lunatus* 为食。在单株植物以及由同种植物的 90 个植株构成的单个“大陆”上 (图 10.19a)，系统没有长久的持续性 (图 10.19c)。但是将支持植株的聚苯乙烯泡沫塑料板分成 8 个具有 10 株植物的小岛，并由小桥将其连接以限制螨

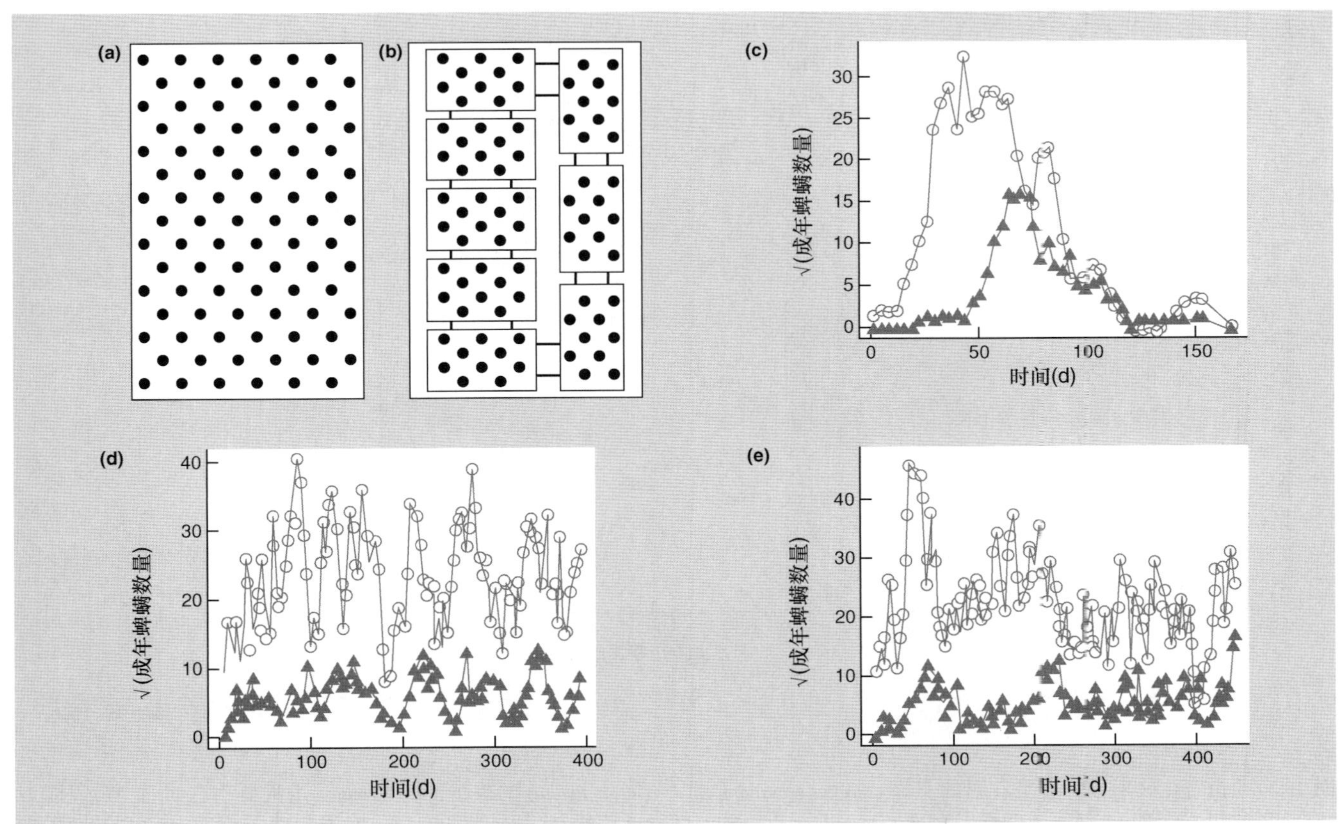

图 10.19 肉食性螨 *Phytoseiulus persimilis* 与其猎物——植食性螨 *Tetranychus urticae* 的种群动态。它们的相互作用发生于 (a) 有 90 株豆类植物的单一板块上，其动态显示于图 (c) (▲，捕食者；○，猎物)；或者发生于 (b) 由 8 个具有 10 株植物的小岛构成的集合种群内。后者两次重复实验的动态结果显示于图 (d) 和 (e)，其中持续性 (稳定性) 明显增强了 (仿 Ellner *et al.*, 2001)。

的扩散能力 (图 10.19b) 时, 结果明显是无限持续的 (图 10.19d,e)。人们很容易就此而妄下结论: 这 8 个小岛的集合种群结构增加了系统的稳定性。但是当 Ellner 等考察该系统的数学模型, 以便逐一研究变动布局的不同方面的影响时, 却发现这种结构没有显著的影响。相反, 他们认为增强的稳定性来自于其他因素: 单个植株上猎物暴增时, 捕食者发觉及响应该情况的能力降低 —— 这是一种在没有任何明显空间结构情况下产生的猎物 "庇护所" 效应。

真实数据确证了自然系统的复杂性

在声明风险集群稳定化作用时的一个主要问题是, 尽管存在着很多关于捕食者攻击的空间分布的数据调查, 但这些数据普遍来源于短期研究 —— 通常只有一个世代。我们不知道观察到的空间模式对这种相互作用是否典型; 也不知道种群动态是否表明了这些空间模式可能预测到的稳定程度。Redfern 等 (1992) 在若干世代中研究了种群的动态和空间分布, 这是一项持续 7 年 (7 世代) 关于攻击蓟类的两种实蝇以及攻击实蝇的拟寄生物的研究。对一个宿主, *Terellia serratulae* (图 10.20a), 有证据表明各年份的总体寄生率是密度依赖的 (图 10.20b), 但是没有证据支持世代内有显著水平的集群, 无论从总体上看 (图 10.20c) 或是针对每个宿主都如此。对其他种, 如 *Urophora stylata* (图 10.20d), 没有明显的时间密度依赖但是有很好的证据表明风险集群 (图 10.20e,f), 并且还重复了我们先前看到的模式, 绝大部分异质性由

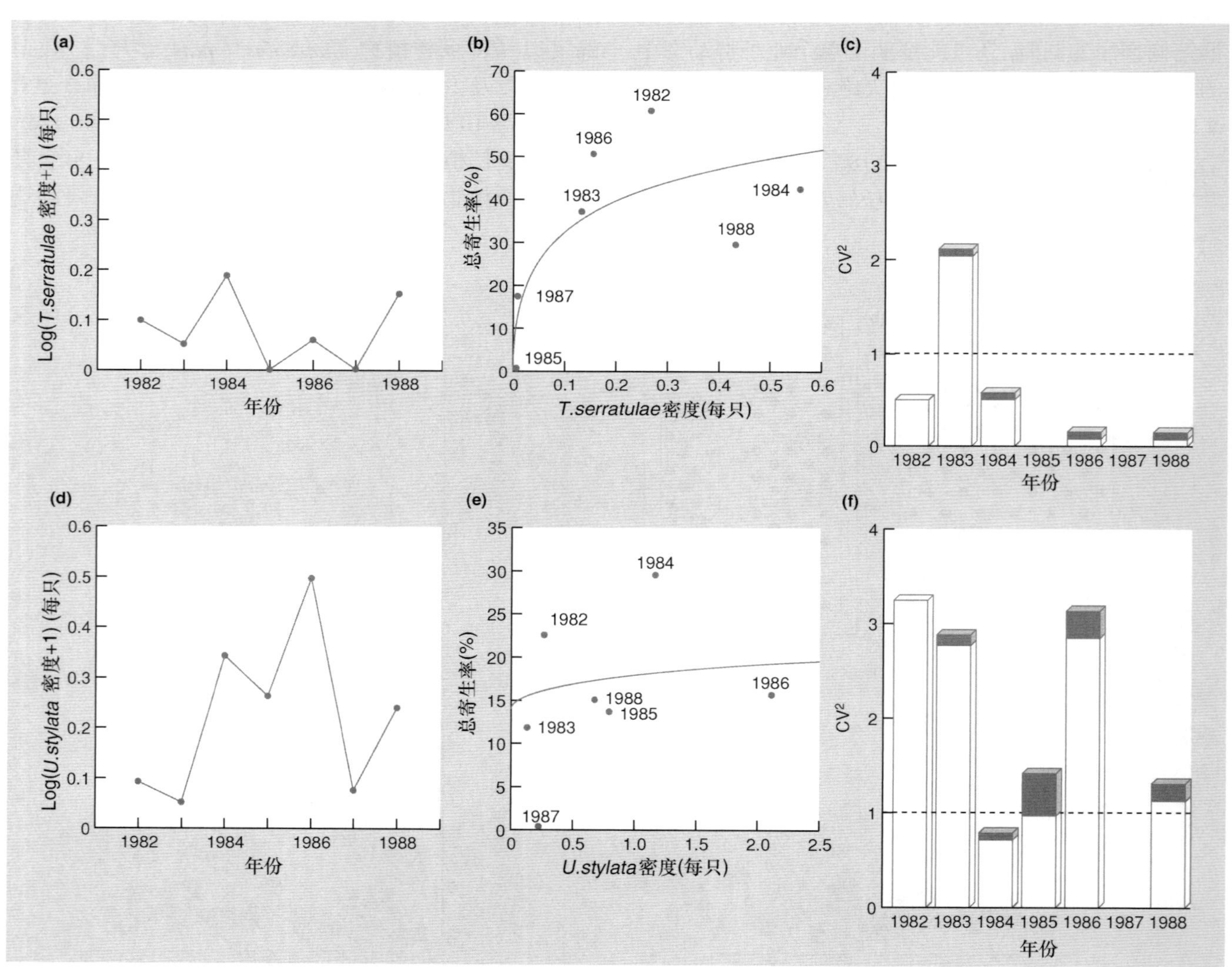

图 10.20 拟寄生物对破坏蓟类花盘的实蝇 (*Terellia serratulae* 和 *Urophora stylata*) 的攻击。*T. serratulae* 的种群动态如 (a) 所示, 而 *U. stylata* 的种群动态如 (d) 所示。拟寄生物对 *T. serratulae* 攻击的时间密度依赖 (b) 是显著的 ($r^2 = 0.75; P < 0.05$), 而对 *U. stylata* 来说, 这是不显著的 ($r^2 = 0.44; P > 0.05$); 两条拟合线都是 $y = a + b\log_{10}x$ 的形式。然而, 对于 *T. serratulae* (c), 年际间几乎没有拟寄生物攻击的风险集群效应 (以 $CV^2 > 1$ 来衡量集群效应); 对于 *U. stylata* (f), 却存在很强的风险集群, 其中绝大部分由 HDI (无阴影) 而不是 HDD (深色阴影) 所贡献 (仿 Redfern *et al.*, 1992)。

HDI 组分所贡献。然而不能说,这项研究的模式在整体上很好地吻合了我们所提出的理论。第一,两例中宿主都被若干拟寄生物所攻击 —— 而不是模型中假定的一个宿主。第二,集群水平 (或 HDI 或 HDD 的贡献 —— 某种程度上说) 的年际变化相当大,像是随机变化 (图 10.20c,f): 没有一年是典型的,也没有在哪个时间点上表现出任何相互作用的特征。最后,尽管 *Terellia* 的相对稳定动态反映了寄生中更明显的直接密度依赖,但这看来与风险集群的任何差异都无关联。

空间异质性及最高效的生物控制媒介

空间异质性对于捕食者–猎物动态的作用不仅引起了科学上的关注,在关于生物控制剂 (害虫的天敌 —— 被无意识引入一个区域或者为控制害虫而有意在一个区域引入) 的特征和属性的激烈讨论中,它们也一直是所考虑的主题 (Hawkins & Cornell, 1999) (见第 15.2.5 节)。良好的生物控制媒介所需要的,是能将猎物 (害虫) 降至远离其正常、有害水平的稳定数量的能力,而我们已看到一些理论分析表明这正是集群响应所促生的。然而,在实践中建立这样的联系并不容易。例如,Murdoch 等 (1995) 注意到,橘红肾圆盾介壳虫 (*Aonidiella aurantii*),是一种世界范围内危害柑橘属植物的昆虫,而在加利福尼亚州南部却被一种引进的拟寄生物印巴黄金蚜小蜂 (*Aphytis mellitus*) 所控制,并且其数量看来保持着一个较低的显著稳定的密度。解释这一现象的一个可能假说就是橘红肾圆盾介壳虫有着免受寄生的不完全庇护所: 在树冠内部的树皮上,寄生率非常低而介壳虫密度很高,从表面上看是蚂蚁活动对拟寄生物的搜索造成干扰的结果。因此,Murdoch 等通过去除了一些树木上的蚂蚁,继而检验了该假说。庇护所中的寄生率确实增加了,而介壳虫的多度有所下降 (图 10.21),并且有一些证据表明整个种群中寄生率和介壳虫多度更加多变。但是这些效应非常轻微且明显是短期的,而且确实没有证据表明介壳虫的总体多度因为庇护所效应的减弱而有所增加。

此外,Murdoch 等 (1985) 在更早的时候提出,总体来说,生物控制成功之后害虫种群的延续并非集群响应的结果,而是由随机拓殖形成宿主斑块,随后被控制者发现而灭绝所造成的: 本质上看,这是一种集合种群效应。然而,Waage 和 Greathead (1988) 提出了一个整合了

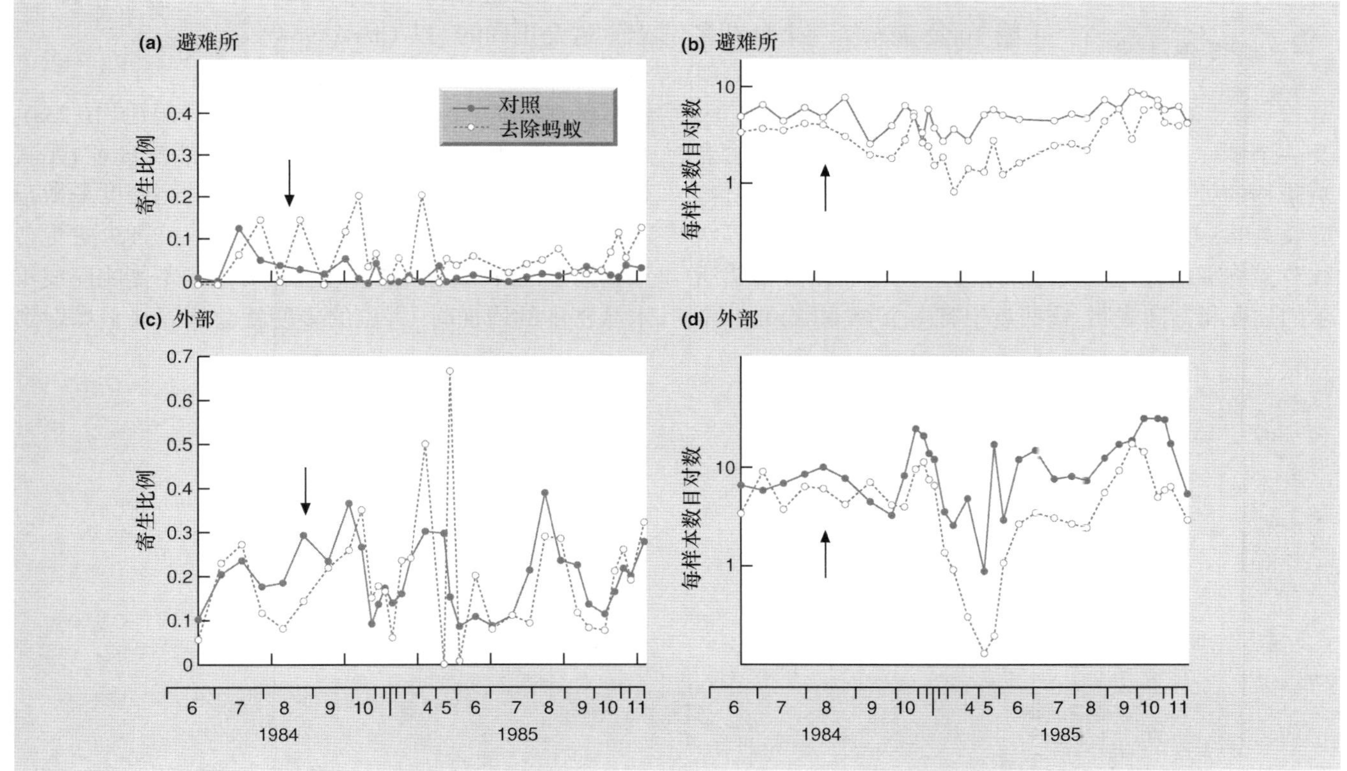

图 10.21 检验假说的野外实验结果。该假说认为,拟寄生物印巴黄金蚜小蜂 (*Aphytis mellitus*) 将橘红肾圆盾介壳虫 (*Aonidiella aurantii*) 的多度维持在稳定的较低水平,是因为柑橘树的内部形成了免受寄生的不完全避难所,那里有蚂蚁妨碍了拟寄生物的活动。从树上去除蚂蚁时 (去除时间由箭头标明),避难所内的寄生率趋于增高 (a),而其内的介壳虫数量较低 (b),但是避难所之外 ("外部") 的寄生率仅有轻微改变 (c),介壳虫多度仅在较短的时间内变化增大,并且趋向于比对照树更低的数量 (d) (仿 Murdoch *et al.*, 1995)。

集群响应与集合种群效应的综合观点。他们提出，介壳虫与其他同翅目昆虫以及螨类 (类似 Huffaker 的实验对象) —— 它们能够在一个斑块内繁殖多个世代 —— 通常为不同斑块之间动态上的异步性所稳定；而鳞翅目和膜翅目的昆虫 —— 往往只在单一世代的部分时间内占据一个斑块 —— 通常为集群响应所稳定。事实上，用生物控制 (通常就像捕食者 – 猎物系统一样) 的方式，在自然种群的种群稳定性模式与特定稳定化机制或是一些机制的组合 —— 之间建立令人信服的联系，仍然是今后的挑战。

10.6　多重平衡：关于种群爆发的一个解释？

捕食者与猎物相互作用时，有时会出现一方或双方多度上的突然改变：暴增 (outbreak) 或暴跌 (crash)。这确实可能仅仅是因为环境发生了同样剧烈的变化，但不同研究领域的生态学家已经认识到在捕食者和猎物相互作用中不一定只有一个平衡组合 (在该处可能会有振荡或无振荡)。相反，可能存在着 “多重平衡态” (multiple equilibria) 或是 “替代稳定态” (alternative stable state)。

一个具多重平衡的模型

图 10.22 展示了一个具有多重平衡的模型。猎物零增长等斜线具有一个垂直部分 (低密度时) 及一个单峰。这能够表明一个Ⅲ型功能响应的捕食者对猎物的处理时间同样较长，或者也许是猎物集群响应及 Allee 效应的综合表现。因而，捕食者零增长等斜线与猎物零增长等斜线 3 次相交。图 10.22a 中箭头所示的强度和方向表明，这些点中有两个 (X 和 Z) 是非常稳定的平衡点 (虽然每点周围都有波动)。然而第三点 (Y) 是不稳定的：该点附近的种群将会向 X 点或 Z 点移动。此外，接近 X 点的联合种群其箭头指向 Z 点周围区域，而接近 Z 点的联合种群其箭头回复指向 X 点周围的区域。即使很小的环境扰动都能使 X 点附近的种群朝着 Z 点方向变化，反之亦然。

该假定种群的行为与图 10.22a 中的箭头一致，并画在图 10.22b 中的联合多度图上，而图 10.22c 显示了种群数量随时间变化的图形。尤其是，因为猎物种群由低密度平衡点变化到高密度平衡点又回到原处，猎物种群表现出了多度的井喷式 “爆发”。这种爆发并非是环境中同等显著变化的反映。相反，它是由相互作用本身 (以及一小部分环境 “干扰”) 所产生的一种多度模式，并且特别地，它表明了多重平衡的存在。可以援引类似的解释去说明自然界中看似复杂的多度模式。

的确有从低且明显稳定的水平上发生数量暴增的自然种群的例子 (图 10.23a)，也有其他的种群在两个稳定密度间交替的例子 (图 10.23b)。但这并不意味着这其中的每一个例子都一定是具有多重平衡的相互作用。

多度的骤变：多重平衡还是环境骤变？

在有些例子中，可以对多重平衡进一步提出一个可能的观点。这是正确的，以 Clark(1964) 在澳大利亚对于一种同翅目昆虫桉木虱 (*Cardiaspina albitextura*) 的工作为例 (图 10.23a)。这些昆虫的低密度平衡态看来由其自然捕食者 (尤其是鸟类) 所维持，并且它们在较不稳定的高密度平衡态时存在种内竞争 (宿主树叶的毁损导致了害虫生育力和存活率的降低)。当捕食者在短时间内不能响应成年木虱密度的增加时，害虫的多度就会从一水平暴增到

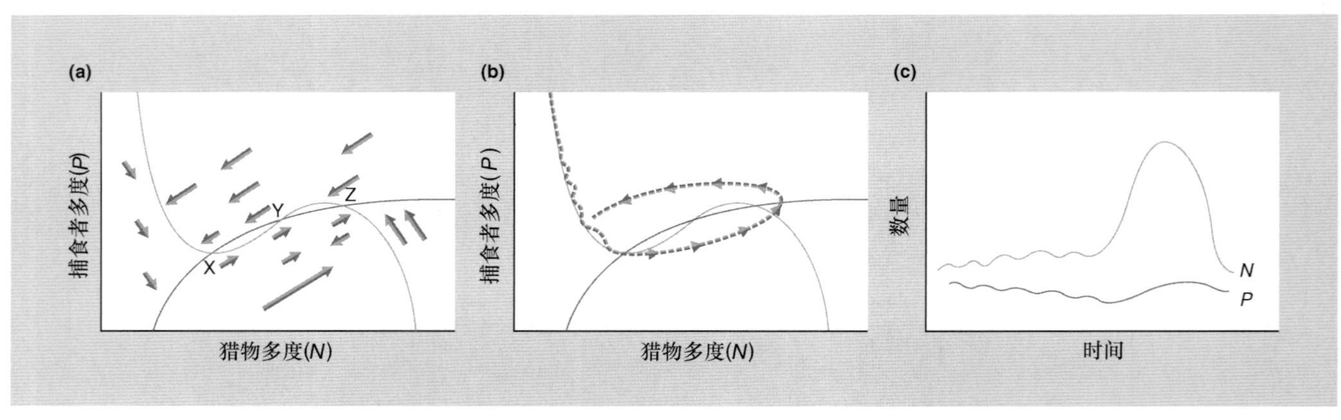

图 10.22　具有多重平衡的捕食者 – 猎物零增长等斜线模型。(a) 猎物零增长等斜线具有一垂直部分 (低密度下) 和一单峰；因而捕食者零增长等斜线可与其相交 3 次。交点 X 和 Z 是稳定的平衡点，但是交点 Y 是不稳定的 “断点”，此处联合的多度移向交点 X 或者交点 Z。(b) 当受到如图 (a) 所示的影响时，联合多度可能采取的变化途径。(c) 相同的联合多度的数量随时间变化的图像，表明具有不变特性的相互作用能够导致多度的 “爆发”。

另一水平。同样, 图 10.23b 中对荚蒾白粉虱 (*Aleurotrachelus jelinekii*) 的两个可变平衡点的观察结果, 被相应的种群模型所证实。该模型预测出了相同的变化模式 (Southwood *et al.*, 1989)。

针对植物 – 植食动物相互作用也提出了可变稳定态: 通常增加的啃食压力似乎能导致植物群落的 “崩溃”, 即生物量由较高降至极低, 随后变得稳定, 即使当啃食压力急剧下降后也不能再回复到高生物量 (van de Koppel *et al.*,1997)。非洲萨赫勒 (Sahel) 地区被牲畜啃食后的草地, 以及加拿大哈得逊湾沿岸被大雁啃食后的极地植物, 就是这样的例子。常规的解释 (Noy-Meir, 1975) 如图 10.22 中所描绘: 当生物量降至低水平时, 植物地上部分会变得极少因而即时的重新生长会非常有限。这就是经典的 “Allee 效应” —— 猎物经受了极低的多度 —— 使其零增长等斜线出现显著的 “单峰”。但也可能是这样的情况, 植物在低生物量时所遇到的问题会由于土壤退化 (例如侵蚀) 而为系统引入正反馈: 高度啃食导致低水平的植物生物量, 导致生长条件更加恶劣, 令植物生物量降至更低, 使得生长条件恶化加剧, 如此循环反复 (van de Koppel *et al.*, 1997)。

另一方面, 有不少多度骤变的例子非常精确地反映了环境或食物的骤变。举例来说, 在英格兰和威尔士, 苍鹭巢的数量在 4000~4500 对上下正常波动, 但是在非常恶劣的严冬之后, 种群大小显著下降 (图 10.23c)。

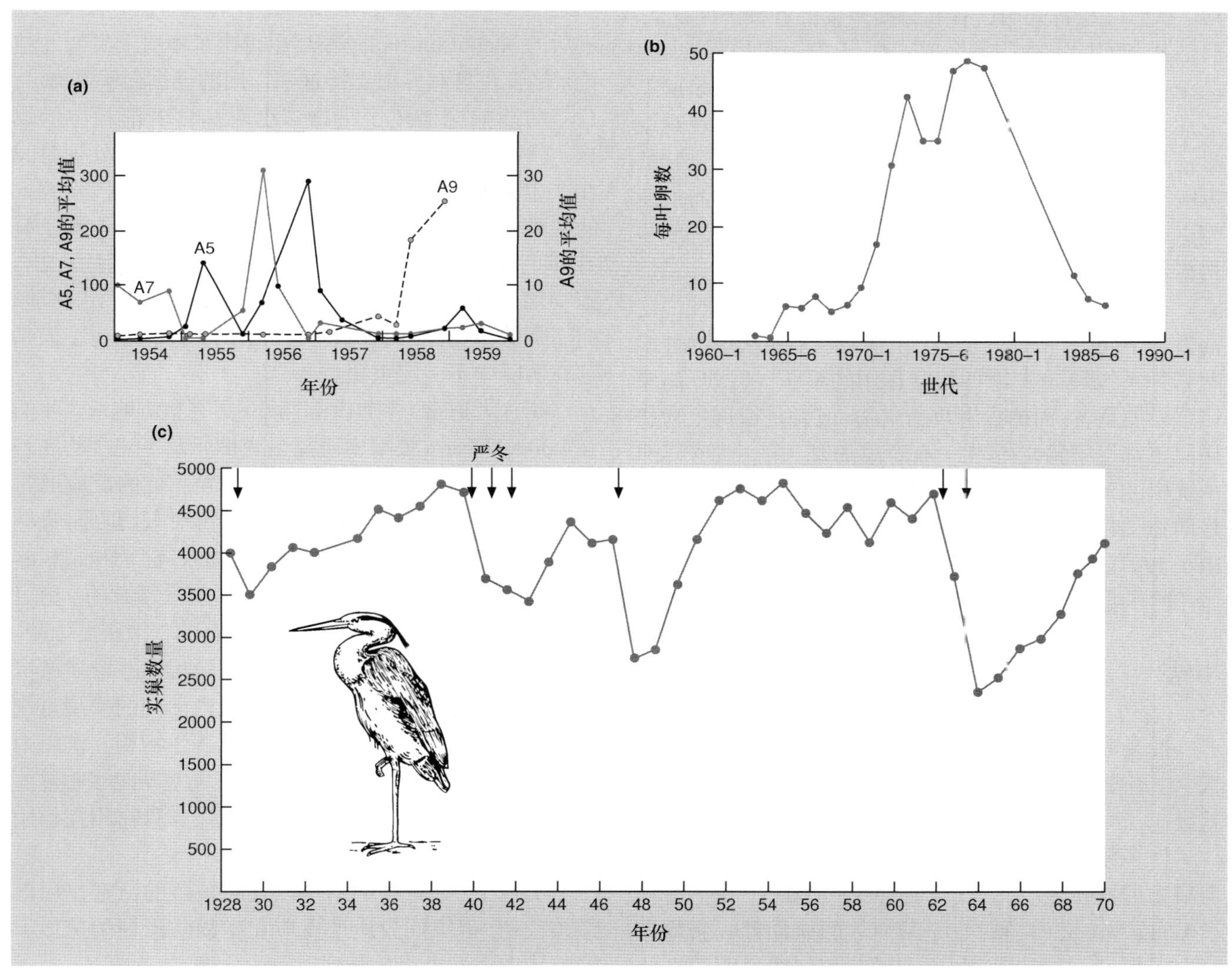

图 10.23 种群爆发和多重平衡的可能案例。(a) 澳大利亚 3 个研究地点 (A5, A7 及 A9) 内, 桉木虱 (*Cardiaspina albitextura*) 相对多度的平均值 (仿 Clark, 1962)。(b) 在英国伯克郡 Silwood 公园的荚蒾灌丛中, 荚蒾白粉虱 (*Aleurotrachelus jelinekii*) 在每片叶子上产卵数的平均值。在 1978 年和 1979 年以及 1984 年和 1985 年间没有采集样本 (仿 Southwood *et al.*, 1989)。(c) 英格兰及威尔士地区内苍鹭 (*Ardea cinerea*) 多度的变化 (以在居的鸟巢数目衡量), 很容易归因于环境条件的改变 (特别是严酷的冬天) (仿 Stafford, 1971)。

这种食鱼鸟在内陆水域长期冰冻的时候找不到充足的食物，但没有证据表明较低的种群大小水平 (2000~3000 对) 是一个可变的平衡状态。种群大小骤降仅仅是非密度依赖性死亡率的结果，而苍鹭种群能够从该水平快速恢复。

10.7　捕食者 – 猎物系统之外

捕食者 – 猎物相互作用的最简单数学模型产生了高度不稳定的耦合振荡。但是，通过对这些模型添加不同的现实因素，就能够揭示出那些在真实捕食者—猎物关系中对稳定性起作用的特征。由模型提供的更深入的见解是，捕食者 – 猎物系统可能存在着多个稳定状态。我们已经看到捕食者和猎物多度的各种不同模式，自然界和实验室中的各个模式都与由模型所推演出的结论一致。但遗憾的是，我们几乎不能对特定的数据集应用具体的解释，因为检验模型的关键实验和观察结果还非常少。自然种群不仅受到其捕食者或其猎物的影响，还会受到其他多种环境因子的影响。在与简单模型进行直接比较的时候，这些环境因子还会使情况变得更加复杂。

此外，建模者与数据采集者 (没有任何必然性说这两者是不同的) 的注意力，正在越来越多地从单物种或两物种系统转向 3 物种相互作用的系统。譬如，病原体感染捕食者，而捕食者攻击猎物；或者是拟寄生物和病原体都侵染猎物/宿主。有意思的是，在一些这样的系统中，出现了某些意料之外的动态特征，它们并非仅是两物种相互作用组分的期望混合 (Begon *et al.*, 1996; Holt, 1997)。在第 14 章，我们会在更广泛的背景下回到 "多度" 问题上来。

小结

捕食者和猎物种群表现出了各种不同的动态模式。生态学家的一个主要任务就是逐个解释案例间的差异。

许多数学模型阐明了这样一个潜在趋势：捕食者与猎物种群在多度上经历耦合振荡 (循环)。我们解释了 Lotka-Volterra 模型，它是最简单的捕食者 – 猎物微分方程模型，并且我们利用零增长等斜线说明了在此模型中耦合振荡在结构上是不稳定的。该模型也阐明了滞后密度依赖的数量响应在产生循环中的作用。我们还解释了 Nicholson-Bailey 宿主 – 拟寄生物模型，它也表现出了不稳定的振荡。

在这两类模型中，周期的长度均为若干猎物 (宿主) 世代，但是其他的宿主 – 拟寄生物 (及宿主 – 病原体) 系统能够产生周期长度仅为一个宿主世代的耦合振荡。

我们探寻自然界中是否存在捕食者—猎物循环的充分证据，尤其关注了雪兔 – 猞猁系统和被两种天敌攻击的蛾类。即便捕食者或猎物表现出了多度上的规则循环，也不能轻易证明这循环就是捕食者 – 猎物循环。

我们从考察拥挤效应开始，研究了最简单模型中所缺少的因素对种群动态的影响。对捕食者来说，最重要的因素是相互干扰。我们在 Lotka-Volterra 模型中考察了拥挤效应，包括比率依赖的捕食：拥挤效应稳定了动态，然而这种作用只是在捕食者效率最低时最强。改进后的 Nicholson-Bailey 模型也得出了本质上类似的结论。尽管在自然界中支持这些作用的证据微乎其微。

功能响应描述了猎物多度对捕食者消耗率的影响。3 种类型的功能响应均已有所解释，包括处理时间在产生 Ⅱ 型响应中的作用，以及处理时间同搜索效率的各种变异在产生 Ⅲ 型响应中的作用。我们解释了具有不同类型功能响应以及具有 "Allee 效应" 的捕食者 – 猎物动态的结果 (低多度时补充量降低)。Ⅱ 型响应倾向于降低稳定性，而 Ⅲ 型响应倾向于增加稳定性，但是这在实际中不一定重要。

捕食者通常 (并非没有例外) 具有集群响应。我们在 Lotka-Volterra 模型中研究了庇护所及不完全的庇护所的影响，表明空间异质性以及对异质性的反应通常在低猎物密度时稳定了捕食者 – 猎物动态。但是，进一步的工作，尤其是对宿主 – 拟寄生物系统及 Nicholson-Bailey 模型的研究表明，异质性的影响是复杂的。稳定性通过 "风险集群" 产生，增强了原有的直接密度依赖。但空间密度依赖的集群响应导致风险集群并增强稳定性的可能性是最小的。考虑了世代内活动的模型进一步削弱了集群响应在稳定宿主 – 拟寄生物相互作用中的重要性。集合种群的观点强调，斑块差异能够通过异步性起稳定作用，并且还强调捕食者 – 猎物相互作用能够产生空间和时间上的格局。

实践中，集合种群结构以及庇护所的稳定作用已经被证明，但空间异质性反应在生物防治剂的选择上的整体重要性一直是激烈讨论的主题。

最后，我们考查了具有多个平衡状态的捕食者 – 猎物系统并将其作为猎物 (或捕食者) 数量暴增的潜在基础。

第 11 章

分解者和食碎屑者

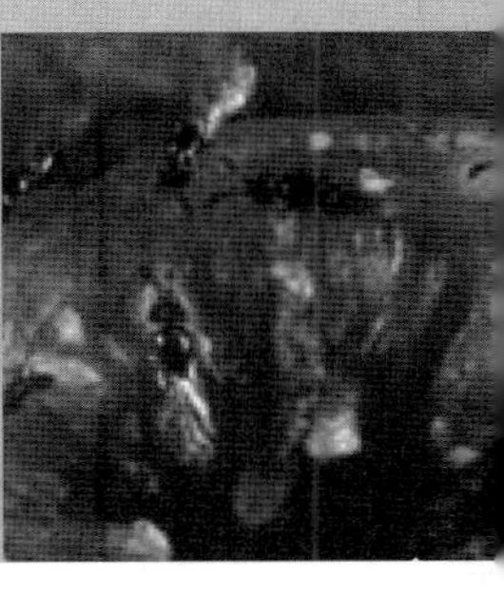

11.1 引言

腐生生物：食碎屑者和分解者……

动植物死亡后，其尸体成为其他生物可利用的资源。当然，从某种意义上说，大多数消费者是以死物为食的：食肉动物捕获并杀死猎物，植食动物吃下去的叶子在其体内消化时已死。本章所探讨的生物与食肉动物、植食动物和寄生物的关键区别是后三者能够直接影响它们的资源生产速率。无论是捕食瞪羚的狮子，食草的瞪羚，还是寄生在草上的锈菌，它们获取资源的行为均损害了资源再生产的能力 (生产更多的瞪羚或者长出更多的叶子)。与此相反的是，腐生生物 (saprotroph)(利用死有机质的生物) 不能控制其可用资源的生成速率；它们依赖于一些其他因素 (衰老、疾病、打斗、落叶) 将资源释放到环境中的速率。

然而，在尸养寄生物中存在例外的情况 (见第 12 章)。这些生物杀死宿主后仍然从死去的宿主身上取得资源。例如，番茄灰霉病菌灰葡萄孢石竹变种 (*Botrytis cinerea*) 侵染大豆叶子，并且在宿主死后继续从中获取资源。同样，铜绿蝇 (*Lucilia cuprina*) 的蛆虫能够寄生在绵羊身上并将其杀死，然后继续以宿主尸体为食。在以上这些例子中，我们可以认为这类腐生生物能够在一定程度上控制其食物资源的供应。

……并非总是控制资源供应……“供体控制”

我们将腐生生物分为两种：分解者 (decomposer) (细菌和真菌) 和食碎屑者 (detritivore) (以死物为食的动物)。Pimm (1982) 将分解者 (或食碎屑者) 与其食物之间普遍存在的关系称为“供体控制” (donor control) 效应：供者 (猎物，即死有机物) 可以控制受者 (捕食者，即分解者和食碎屑者) 的密度，反之则不行。这种关系与真正意义上的捕食者 – 猎物相互作用有根本的不同 (见第 10 章)。然而，尽管分解者 (或食碎屑者) 与死有机物之间一般没有直接的反馈 (从而供体控制得以进行)，矿质元素却能经分解过程从凋落物中释放出来，并最终影响凋落物产生的速率。因而腐生生物和植物之间可能存在一种间接的互惠关系。实际上，分解者和食碎屑者在营养物质的循环利用过程中发挥了其最为根本性的作用 (见第 19 章)。当然，从更普遍的意义上来说，与分解作用相关联的食物网与基于植物的食物网一样：它们也有多个营养级 (包括分解者的捕食者 (食微生物者)，食碎屑者的捕食者，以及以这些捕食者为食的动物)，并且在食物网中存在多种营养级间的相互作用 (不仅仅是供体控制)。

分解作用的定义

固持作用 (immobilization) 是将无机营养元素转化为有机分子的过程，主要发生于绿色植物的生长过程中。相反，分解作用 (decomposition) 则包括能量的释放和矿质元素的矿化 (元素从有机分子中释放出来的过程)。分解作用被定义为有机物通过物理和化学作用逐步降解的过程。分解作用使富含能量的大分子被它们的消费者 (分解者和食碎屑者) 分解为二氧化碳、水和无机盐。其中某些化学元素在一定时间内会被固定在分解者体内，作为其身体结构的一部分。而有机物中的能量将被分解者利用并最终以热的形式散失。光合作用固定的太阳能和固持到生物体中的无机元素最终会与有机物矿化时散失的热能和有机营养物达到平衡。在营养循环过程中营养元素被依次地重复固持和矿化。在第 17 章和第 18 章，我们将从生态系统水平上讨论分解者和食碎屑者在能量流动和物质循环中的综合作用。在本章，我们则介绍参与分解的生物并详细讲述它们处理资源的方式。

……尸体的分解……

分解者和食碎屑者的食物来源并非只有动植物尸体。动植物在生长过程中会不断地产生各种死有机质。这可能是分解者和食碎屑者资源的主要来源。单体生物 (unitary organism) 在发育和生长过程中不断地脱去已死的身体构件 —— 如节肢动物幼虫的表皮、蛇的表皮以及其他脊椎动物的皮、毛、羽和角等。某些专性摄食者通常以这些凋落的资源为食。真菌中有专门利用羽毛和角的分解者。某些节肢动物亦专门以动物蜕去的皮作为食物。人类的皮肤则是日常生活中多种常见螨类的资源。这些螨虫依附在房间里的灰尘上，无处不在，给对此过敏的人带来许多不适。

……生物脱落物的分解

构件生物 (modular organism) 的一个十分独特的特征是不断脱落身体上坏死的部分。在群体水螅或群体珊瑚上，部分水螅或者珊瑚虫会死去并被分解掉，但同一个基株上的其他部分仍然会长出新的水螅或珊瑚虫。大多数的植物会脱去老叶，长出新叶；积在森林地表的落叶层成为分解者和食碎屑者最重要的资源来源，但生产者们并不会因此而死去。更为高等的植物同样会不断地脱去根冠的细胞，并且随着根在土壤中的延伸，其皮层细胞会不断地死去。这些有机物丰富了根际环境的资源。植物组织一般具有通透性，叶子表面的可溶性糖和含氮化合物同样可以被叶际的细菌和真菌所利用以支持它们的生长。

……粪便的分解

最后，无论是由食碎屑者、食微生物者、植食动物、食肉动物，还是寄生物产生的粪便，都会被分解者和食碎屑者进一步利用。粪便由死有机物组成，它们与动物的食物在化学组成上具有一定的联系。

本章接下来的内容分为两部分。第 11.2 节首先描述了腐生生物，然后分别探讨细菌、真菌以及食碎屑生物在分解过程中的相对作用。第 11.3 节则依次讨论了食碎屑生物利用植物凋落物、动物粪便和腐肉的过程及其问题。

11.2 参与分解过程的生物

11.2.1 分解者：细菌和真菌

若食腐动物不能立即吃掉死去的生物体 (比如鬣狗吃掉死去的斑马)，随着细菌和真菌在尸体上拓殖，分解过程便开始了。其他的变化也随之同时发生：死去组织中的酶开始自溶并将复杂的糖类和蛋白质分解为更简单的可溶小分子。死有机物可能会被降雨淋洗，或者处在水体中，其无机盐和可溶性有机物溶解于水中而损失掉。

细菌和真菌是死有机物上的早期拓殖者

细菌和真菌的孢子在空气和水中无处不在，并且通常在生物体死亡之前就已存在其体表 (以及体内) 之上。因而它们通常优先获得这些资源。这些早期的拓殖者们更喜欢利用可溶性物质，主要包括氨基酸和能够自由扩散的糖类。但是它们缺乏各种酶来分解诸如纤维素、木质素、几丁质和角质素等结构性物质。大量青霉属 (*Penicillium*)、毛霉菌属 (*Mucor*) 和根霉菌属 (*Rhizopus*) 的物种 (即土壤中所谓的 "嗜糖真菌" (sugar fungi)) 在分解过程的早期生长迅速。与具有投机型生理特征的细菌一起，这些真菌在新的死有机物上首先经历种群爆发的阶段。随着可自由获取的资源被不断消耗，种群大小不断减小，并最终维持在一个高种群密度的稳定水平。如若供以新鲜的资源，种群爆发会再次发生。在分解者中，这些真菌和细菌被视为依赖机会的 "*r* 选择型物种" (见第 4.12 节)。另一个例子则是花朵蜜腺的早期拓殖者。它们主要是酵母菌 (一种简单的嗜糖真菌)。这些酵母菌能够扩散到成熟的果实中，并将果汁中的糖转化为乙醇 (类似工业酿造葡萄酒和啤酒)。

日常生活和工业生产中的分解过程

正如工业酿酒和腌制泡菜，在自然界中，早期拓殖者主要参与糖的代谢。该过程深受通气状况的影响。氧气充足供应充足时，糖类经微生物作用代谢生成二氧化碳。然而在缺氧情况下，发酵作用使糖类不完全分解而生成诸如乙醇和有机酸之类的副产物。但它们却改变了后来拓殖者的生存环境。尤其是有机酸，它能够导致 pH 下降；低 pH 有益于真菌的活动，却抑制了细菌的活动。

自然界中的需氧分解和厌氧分解

浸水的土壤，尤其是海洋和湖泊中的沉积层是典型的缺氧生境。水体中的沉积层不断地得到来自上层水体的死有机物的补充，但是需氧分解 (主要是细菌的作用) 迅速就耗尽了可用的氧，因为沉积层中的氧主要来自于其表层的扩散作用。因而在沉积层表面以下的某一深度 (大约数厘米)，由于有机质的积压，沉积层是完全缺氧的。在该层以下，人们发现了各式的厌氧细菌；它们有着不同的呼吸方式，但是均以无机盐而非氧气作为呼吸过程中的最终电子受体。这些细菌的分布正与预期一样：反硝化细菌分布在最顶层，硫酸盐还原细菌其次，产甲烷菌分布在最深层。海水中存在大量的硫酸盐，因此硫酸盐还原菌的分布范围特别广 (Fenchel, 1987b)。相比之下，湖水中的硫酸盐浓度很低，甲烷生成过程则相应地占据更大的比例 (Holmer & Storkholm, 2001)。

哪种分解者最先拓殖到新的资源上受随机因素的影响。但是在某些环境下，某些专性微生物能够增加它们更快到达新资源的机会。落在小溪或池塘里的植物

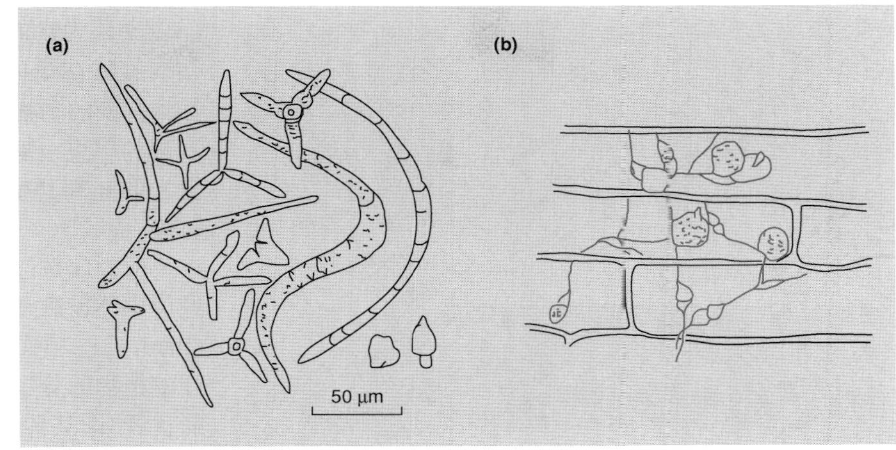

图 11.1 (a) 生活在水沫中的丝孢菌孢子 (分生孢子)。(b) 水生真菌 *Cladochytrium replicatum* 在水生植物表皮中的根状菌丝体。圆形物体为游动孢子囊 (仿 Webster, 1970)。

凋落物通常会首先被水生真菌 (如丝状菌类) 所侵占。它们生产带有黏性末端的孢子 (图 11.1a)。这些孢子具有精巧的外形从而使它们到达并附着在凋落物上的机会最大化。通过在植物细胞中的生长, 它们在组织中扩散开来 (图 11.1b)。

难以分解的稳定组织

陆生植物的落叶经过嗜糖真菌和细菌拓殖, 以及淋洗或浸泡后, 剩下的部分不能自由扩散, 对微生物的侵染更具抗性。一般来说, 枯枝落叶的主要成分, 按照其被分解的难易程度依次是: 糖类 < 淀粉 < 半纤维素、果胶和蛋白质 < 纤维素 < 木质素 < 软木脂 < 角质素。因此, 糖类在早期被迅速降解以后, 分解作用的速度变慢了。此时的分解者主要是一些能够利用纤维素和木质素以及能够分解复杂蛋白质、软木脂和角质素的特性微生物。以上这些物质是结构性的, 它们的分解和代谢需要与分解者紧密接触 (大多数的纤维素酶是表面酶, 其发挥作用需要分解者与资源之间物理上的接触)。分解速率依赖于真菌菌丝穿透木质化的细胞壁从一个细胞进入另一个细胞的速率。分解木质部的真菌 (主要是同担子菌亚纲), 主要包括两类特化分解者: 一种能够分解纤维素, 剩余物以木质素为主, 颜色呈褐色, 这种真菌被称为褐腐菌; 另一种主要分解木质素, 剩余物以纤维素为主, 颜色呈白色, 这种真菌被称为白腐菌 (Worrall *et al.*, 1997)。在湖泊和海洋的浮游植物生态系统中, 富含硅的硅藻细胞壳在某种程度上与陆生植物的木质部相类似。细胞壳中硅的再生成对新的硅藻细胞的生长是至关重要的, 细胞壳的分解主要由专性细菌完成 (Bidle & Azam, 2001)。

分解过程中微生物群落的演替

随着资源越来越难以被降解, 参与其中的分解者表现出自然演替的过程: 首先是简单的嗜糖真菌 (以藻状菌类和半知菌类为主); 然后通常是有隔膜的真菌 (担子菌类和放线菌类) 和子囊菌类, 它们生长较缓慢, 孢子不能自由扩散, 与基质关系紧密, 并且具有更为特化的新陈代谢过程。在落叶的分解过程中, 微生物多样性不断降低, 但更为专性的微生物会出现, 以分解难以分解的残余资源。

以日本寒温带落叶林地表的山毛榉落叶为例, 在分解过程中其化学成分的变化如图 11.2a 所示。多酚类和可溶性糖类被迅速地分解, 但稳定的结构性物质如全纤维素和木质素则分解缓慢。分解过程中真菌的演替过程与不断变化的资源性质有关。分解过程早期的微生物, 比如节菱孢属 (*Arthrinium* sp.) (图 11.2b), 其出现的频率与多纤维素和可溶性糖类的含量有关; Osono 和Takeda (2001) 认为此类微生物依赖这些物质而生存。而许多后期出现的微生物, 像拉曼被孢霉 (*Mortierella ramanniana*), 似乎依赖其他真菌分解木质素所产生的糖类而生存。

大多数微生物分解者相对专性

并非所有的微生物分解者都具有多种多样的生物化学能力, 它们中的大多数仅能利用某些特定的基质。结构和化学组成非常复杂的植物组织和动物尸体是依赖于多种微生物的共同作用而完成分解的。在分解过程中, 微生物群落中的真菌和细菌组成不断变化, 从而使植物性和动物性死有机物完全分解。然而事实上, 它们很少有机会单独分解有机物。如果有的话, 分解过程将是非常缓慢的, 甚至是不完全的。致使残余物分解缓慢的主要原因是植物细胞壁难以分解 —— 分解者在分解动物尸体时则很少遇到此种障碍。通过研磨和破碎则能大为提升植物组织的分解速率, 比如食碎屑者的咀嚼行为。它破坏了细胞, 将细胞质和细胞壁表面暴露给分解者。

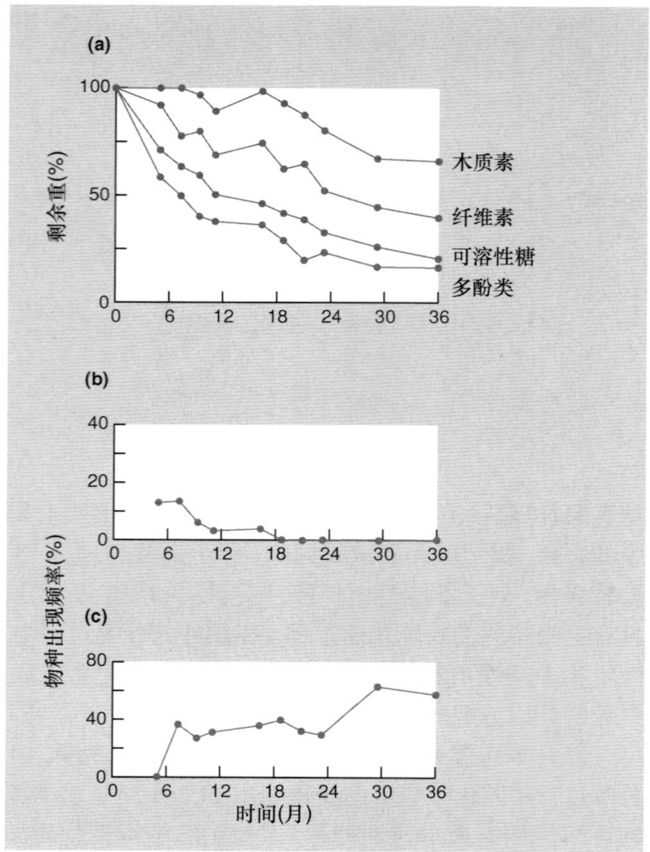

图 11.2 (a) 日本林地中钝齿水青冈 (*Fagus crenata*) 叶片 (置于网袋中) 分解过程中各成分含量的变化; 以占初始质量的百分比表示。(b) 早期典型真菌 [节菱孢属 (*Arthrinium* sp.)] 的出现频率变化。(c) 晚期典型真菌 *Mortierella ramanniana* (被孢霉属) 的出现频率变化(仿 Osono & Takeda, 2001)。

11.2.2 食碎屑者和专性食微生物者

> 专门以微生物为食的消费者: 食微生物者

食微生物者是通常与食碎屑者相伴活动并与之难以区分的一类动物。"食微生物者" (microbivores) 这个名词用来指那些专门摄食微生物的微小动物。它们能够摄食细菌或真菌, 并通过肠道将残渣排出。摄食细菌和真菌需要不同的方法, 主要是因为两者的生长方式不同。细菌 (以及酵母菌) 是依赖单细胞分裂的克隆生长方式, 通常生活在小颗粒的表面。专门以细菌为食的消费者必然是非常小的, 包括土壤和水中自由生长的原生生物, 如阿米巴虫以及陆生的三等齿属 (*Pelodera*) 的线虫。它们不能完全吞下整个沉积物颗粒, 但能摄取其表面的细菌。与大多数细菌相比, 真菌主要是丝状生长方式, 产生分支众多的菌丝。许多真菌的菌丝能够穿透有机物。某些专门以真菌为食的消费者具有锐利的取食吮吸口针 [如茎线虫属 (*Ditylenchus*)], 能够插入真菌的菌丝中。大多数食真菌的动物取食菌丝并完全消费。有些情况下, 食真菌的甲虫、蚂蚁和白蚁与一些独特的真菌之间有着紧密的互利共生关系。这类的共生关系将在第 13 章讨论。

应当注意的是, 食微生物者取食活体资源, 可能不经历供体控制动态 (Laakso *et al.*, 2000)。Jurgens 和 Sala (2000) 在一项实验室微宇宙研究中探讨了湖泊杂草和浮游植物的分解过程。他们监控了细菌 (即分解者) 在捕食者 [即某种泡虫 (*Spumella* sp.) 和舞行波豆虫 (*Bodo saltans*)] 存在和去除情况下的种群动态。捕食者存在的情况下, 细菌生物量降低了 50%~90%, 并且细菌群落中占优势的是包括放线菌在内的那些个体较大, 对捕食有抗性的物种。

食微生物者个体越大, 越难以区分微生物和有微生物附着的动植物碎屑。事实上, 大多数分解过程中的食碎屑者都是兼性的消费者, 既吃碎屑, 又吃碎屑上面的微生物。

> 按个体大小分类……陆地上的分解者……

参与分解过程的原生生物以及无脊椎动物可以分为多种不同的类群。陆地上, 它们通常按照体型大小分类。这并非是毫无根据的, 因为体型大小是影响它们在落叶或土壤中挖掘或爬行来获取资源的一个重要因素。微型动物 (包含专性食微生物者) 包括原生动物、线虫和轮虫 (图 11.3)。中型土壤动物 (体宽在 100 μm 到 2 mm 之间) 主要有螨 (蜱螨亚纲)、跳虫 (弹尾目) 和蠕虫 (线蚓科)。大型 (2~20 mm 体宽) 以及巨型土壤动物 (>20 mm) 包括林虱 (等足目)、马陆 (倍足纲)、蚯蚓 (寡毛纲)、蜗牛和蛞蝓 (软体动物) 以及某些蝇类 (双翅目) 和甲虫 (鞘翅目) 的幼虫。这些动物主要负责最先粉碎植物残留物。经过它们的作用, 碎屑得以在更大的尺度上重新分布。这直接促进了土壤结构的发育。值得重视的一点是: 微型动物具有较短的世代时间, 其活动的时空尺度同于细菌, 可以用来追踪细菌种群的动态变化。然而, 中型土壤动物及其赖以为食的真菌却存活时间较长。相比之下, 体型最大、存活时间最长的食碎屑者不能精细地挑选食物, 但会选择高分解活动的斑块 (J. M. Anderson, 私人通信)。

很久以前, 达尔文 (1888 年) 曾估计其住所附近的牧场里, 蚯蚓的粪便在 30 年之间能够累积成一个厚达 18 cm 的新土层, 大约每年每公顷土壤表面新增 50 t。这

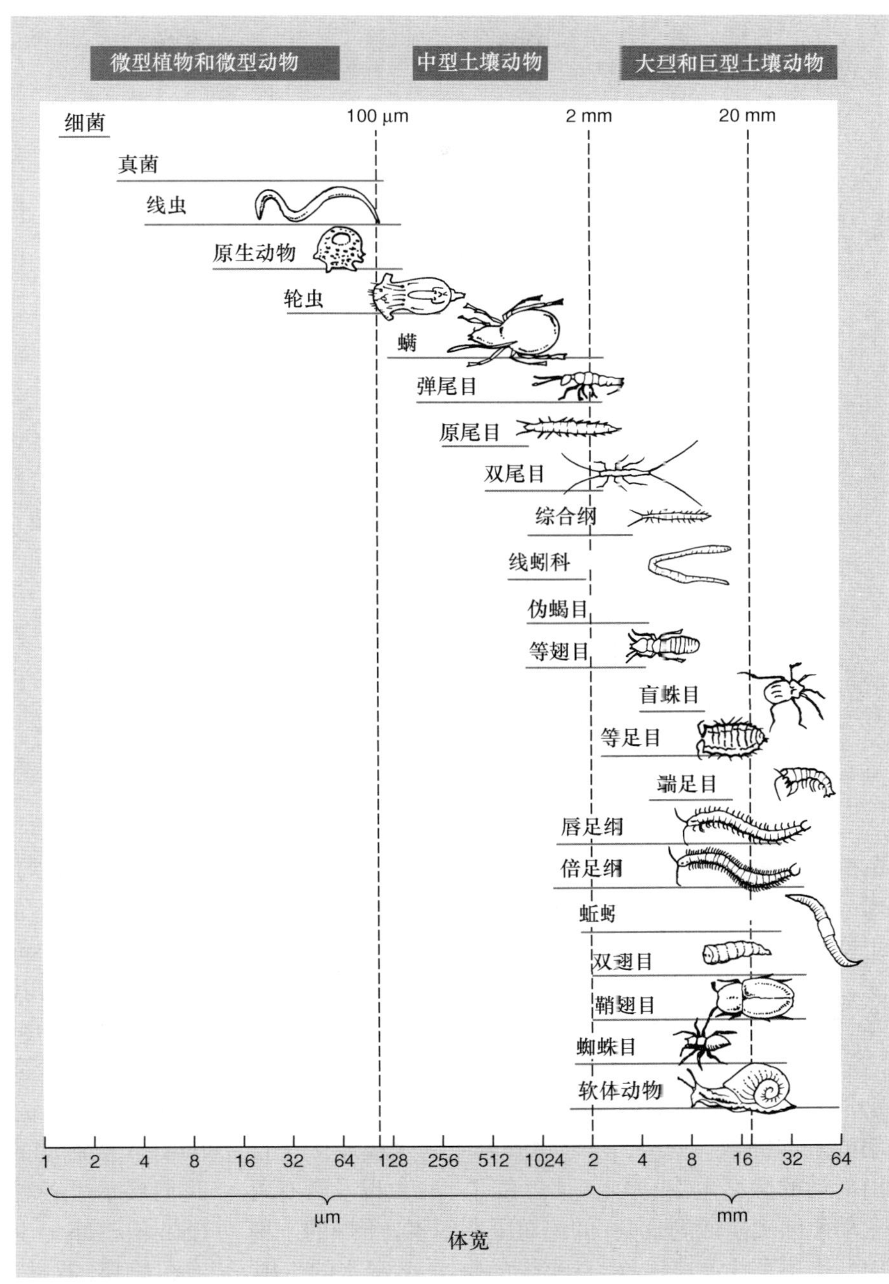

图 11.3 陆生分解者食物网中土壤动物按照体宽的分类。以下各类动物是食肉性的：盲蛛目 (Opiliones), 唇足纲 (Chilopoda) 和蜘蛛目 (Araneida) (仿 Swift *et al.*, 1979)。

个数字在其他许多地方已得到了证实。但是并非所有种类的蚯蚓都把粪便排在土壤表面, 因而它们移动的土壤和有机质总量可能远大于此。在蚯蚓丰富的地方, 它们填埋枯枝落叶, 将其与土壤混合 (从而暴露给其他的分解者和食碎屑者), 在土壤中打洞 (增加了土壤的通气性和透水性) 并且排出富含有机质的粪便。凭此我们就不会再对农业生态学家担忧蚯蚓数量降低的现象而感到惊奇了。

食碎屑者存在于各种类型的陆生生境中, 并且种类繁多, 数量巨大。例如, 一平方米温带森林土壤里大约含有 1000 种动物, 包括 10^8 个线虫和原生动物, 10^5 个跳虫 (弹尾目) 和螨 (蜱螨亚纲) 以及大约 50 000 个其他的无脊椎动物 (Anderson, 1978)。微型、中型和大型土壤动物在陆地群落中的相对重要性随纬度发生变化 (图 11.4)。在寒带森林、苔原带和两极沙漠的有机土壤中, 微型动物相对更重要。大量有机质给土壤带来了稳定的含水量, 为生活在土壤间隙水膜中的原生动物、线虫和轮虫提供了适宜的小生境。然而, 在热带干热的无机土壤微型动物却很少。温带森林具有深厚的有机土壤, 在物种组成特征上具有过渡性; 它们维持了最多

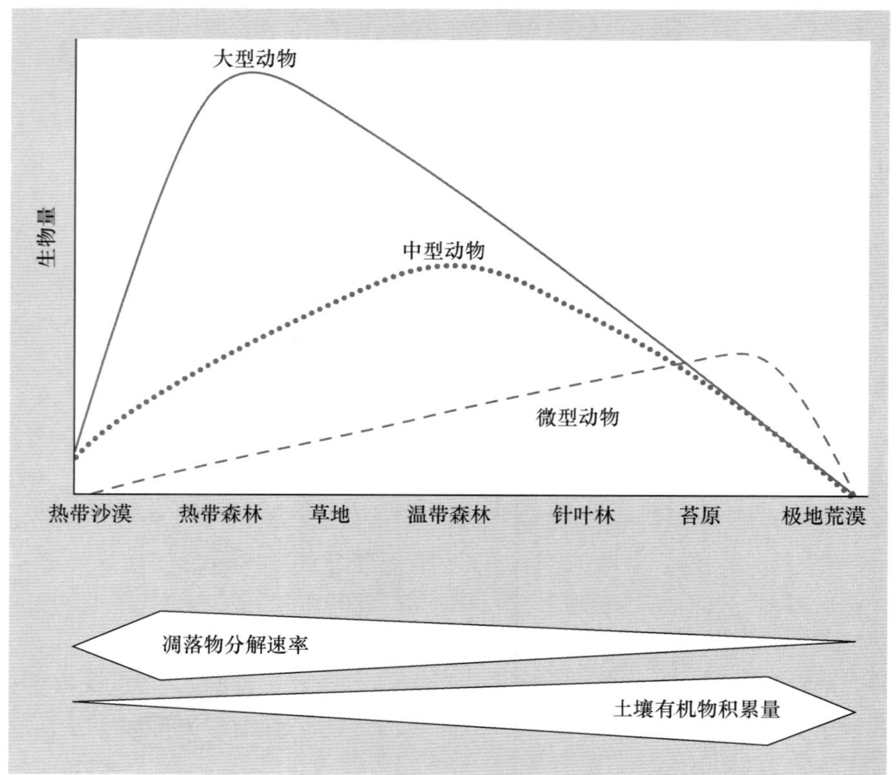

图 11.4 陆地生态系统中大、中、微型动物在分解过程中的相对作用随纬度变化的格局。在低温和水浸的环境中，微生物活动受阻，土壤有机物积累增大 (与分解速率负相关) (Swift *et al.*, 1979)。

的螨、跳虫、蠕虫等中型土壤动物种群。在干旱的热带，白蚁大量存在，其他大部分土壤动物类群物种种类下降。在这些区域，白蚁的分解和消耗造成了落叶的稀少，致使资源丰富度低并且可用的微生境少，中型动物多样性低可能与此有关 (J. M. Anderson, 私人通信)。

从更为局域的尺度上看，分解者群落的特征和活动同样依赖于它们生存的环境。温度是决定分解速率的基本因素。此外，分解物质表面的水膜厚度是自由活动的微型生物 (原生动物、线虫、轮虫以及具有可流动生活史阶段的真菌) 的绝对限制因素。干燥的土壤中几乎不存在此类生物。从干燥的生境，到浸水的土壤，再到真正的水生环境，我们能看到一个连续的变化。对前者来说，含水量和水膜的厚度是至关重要的，但是随着含水量的不断增加，环境状况越来越接近于开放水体中的河床。稀少的氧气而非含水量成为生物生存的主要限制因素。

……按摄食方式分类……水生环境中的分解者

在淡水生态学中，生态学家研究食碎屑者时更多关注的是其获取食物的方式，而非体型大小。Cummins (1974) 将河流中主要的无脊椎动物分为 4 类。撕食者 (shredder) 是指以粗糙的 (直径大于 2 mm) 有机颗粒的为食的食碎屑者，在进食时将资源撕碎。撕食者在溪流中非常常见，例如，*Stenophylax* 属的幼虫、河虾 [钩虾属 (*Gammarus* spp.)] 和等足类动物 [如栉水虱属 (*Asellus* spp.)] 等，它们以落入水中的树叶为食。而收集者 (collector) 以细小的有机颗粒 (<2 mm) 为食。又可将它们分为两类。收藏者 – 收集者 (collector-gatherer) 以河床底部的碎屑和沉淀物为食，而收藏者 – 滤食者 (collector-filterer) 从流动的水体中滤出小颗粒为食。图 11.5 为我们展示了各种不同的食碎屑者。植食者 – 刮食者 (grazer-scraper) 具有口器，能够刮掉并利用岩石表面的有机物层；这些有机质层由固着在岩石表面的藻类和死有机质、细菌和真菌组成。第四种无脊椎动物是食肉动物。图 11.6 展示了它们与三类死有机质之间的关系。尽管该示意图描绘的是溪流生态系统，但与陆生生态系统 (Anderson, 1987) 以及其他水生生态系统颇有相似之处。蚯蚓是土壤中重要的撕食者，然而在海底发挥相同作用的则是各式的甲壳类动物。此外，过滤捕食是海洋动物常见的摄食方式，但在陆生动物中则不并非如此。

水生无脊椎动物的粪便及其尸体伴随着其他死有机物一起被撕食者和收集者处理。至于为什么没有动物专门利用水生脊椎动物较大的粪便，这很可能是因为水流使粪便迅速碎裂并消散。同样也没有动物专门

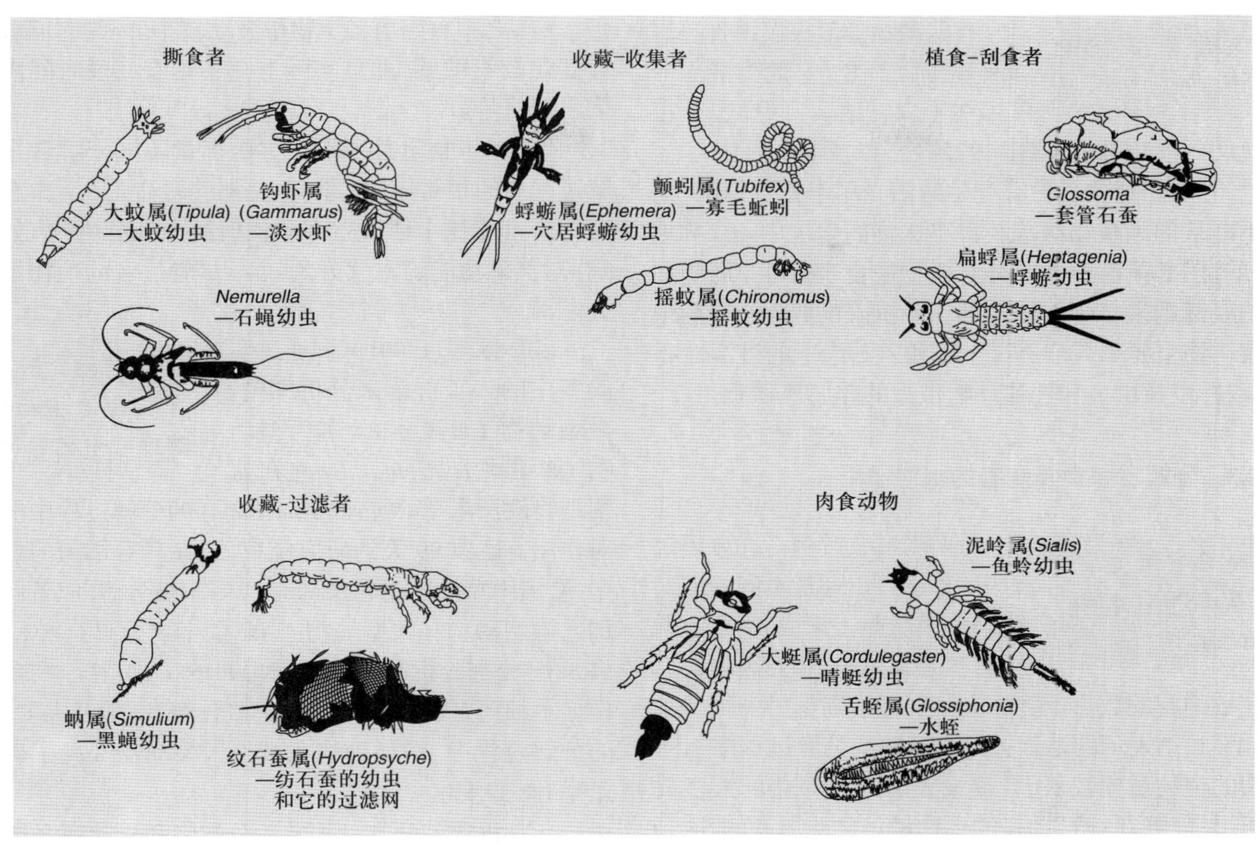

图 11.5 淡水环境中不同类型的无脊椎消费者举例。

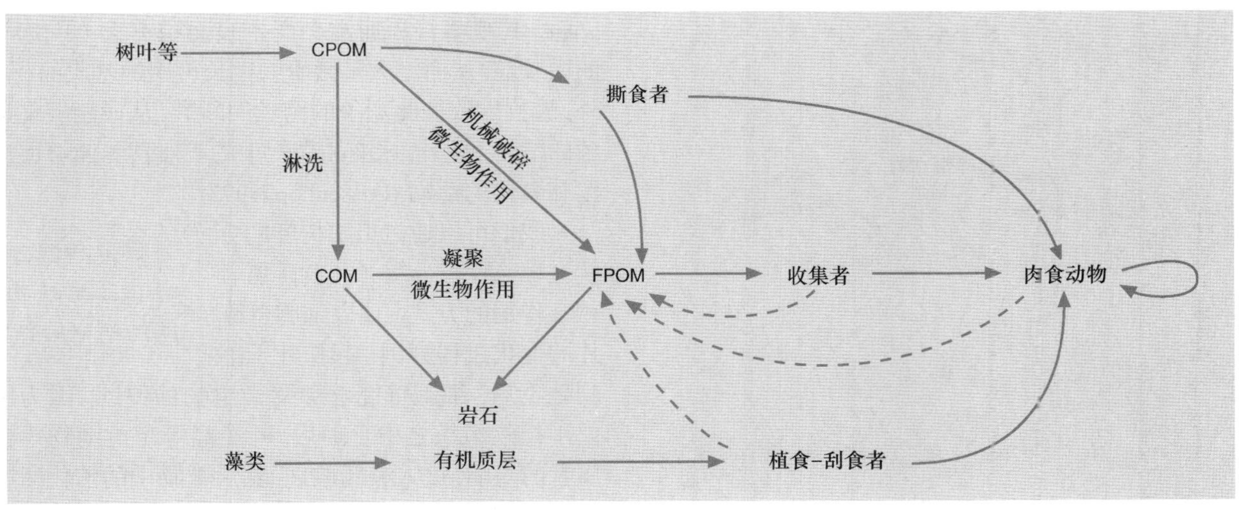

图 11.6 溪流能量流动的一般模型。首先粗有机颗粒(CPOM)经过淋洗损失掉其中的有机成分(COM);然后剩余物经过三个过程转变为细有机颗粒(FPOM)。(1)机械破碎,(2)微生物逐步降解,(3)撕食者的撕裂;同时所有动物的粪便也是细有机颗粒(虚线)。经物理凝聚过程或微生物吸收,可溶性有机物也能变为细有机颗粒。河床上岩石表面的有机层来源于藻类、可溶性有机物以及吸附在有机质上的细小颗粒。

利用腐肉,例如许多水生无脊椎动物是杂食性的,主要以植物碎屑为食,并在微生物的帮助下分解粪便,但是在一定条件下也能利用少量的腐肉或鱼类。陆地上的情形与此有很大差异。在陆地上,无论是腐肉还是粪便都有专门的食碎屑者利用它们(见第 11.3.3 节和第 11.3.5 节)。

食碎屑者占优势的群落

有些动物群落仅仅由食碎屑者及其捕食者组成。此类群落不仅存在于森林地表，同样也存在于遮阴的溪流和海洋湖泊的深处，以及洞穴之中——总之，存在于那些虽没有充足的阳光用于光合作用，但能不断从周围植物群落获得有机物的生境中。森林地表和遮阴的溪流中大部分有机物来自于落叶。海洋和湖泊底部则来自于水体上部不断沉降的碎屑。岩洞中的有机物主要来自于透过土壤和岩石渗下的可溶性有机颗粒，以及由风和迁移动物带进的碎屑等物质。

11.2.3 分解者和食碎屑者的相对作用

衡量分解者和食碎屑者相对重要性的方法

分解者和食碎屑者在分解过程中的作用可以通过不同的方式来比较。从数量上来说，细菌占据优势；这是无可争议的，因为我们是在数细胞的数目。但若比较生物量则是另一幅情景了。图 11.7 表示的是森林地表落叶的分解过程中不同生物的生物量比较 (用含氮量表示)。在一年的大多数时间里，分解者 (微生物) 的生物量是食碎屑者的 5～10 倍。一年之中食碎屑者生物量波动较小，因为它们对环境变化较不敏感，并且实际上在冬季有一段时间内它们占据优势。

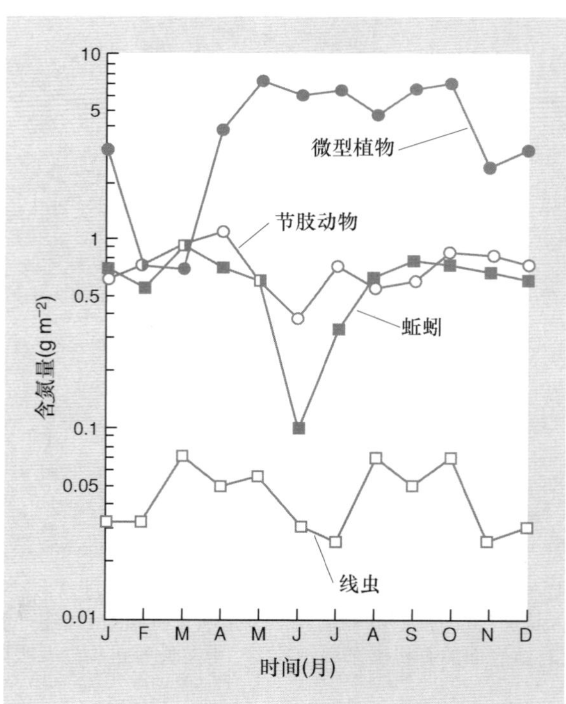

图 11.7 微型植物与节肢动物、蚯蚓和线虫在森林落叶分解过程中的相对作用比较。相对重要性用含氮量表示 (一种衡量生物量的标准)。微生物活动虽高于食碎屑者，但后者表现更稳定 (仿 Ausmus *et al.*, 1976)。

然而，生物量并不能很好的衡量不同分解者在分解过程中的相对作用。事实上，那些寿命短、活力高的分解者可能比个体大、寿命长但活力低的生物 (如蚰蜒) 对群落功能的贡献更大——尽管后者的生物量更大。

分解者和食碎屑者在盐沼植物分解过程中的作用

Lillebo 等 (1999) 试图通过实验室中的人工群落来分析细菌、微型动物 (如鞭毛虫) 和大型动物 (如泥螺 *Hydrobia ulvae*) 在盐沼植物欧洲米草 (*Spartina maritima*) 的分解过程中的相对作用。这项 99 天的研究结束后，在只有细菌的处理中，欧洲米草叶子生物量尚有 32% 未被分解，但若同时加入微型动物和大型动物，则剩余生物量只有 8% (图 11.8a)。分别分析叶子中 C、N、P 的矿化情况，结果同样显示细菌是矿化作用中的主要分解者，但是在 C、N 的分解过程中，微型动物尤其是大型动物提高了矿化速率 (图 11.8b)。

死有机物的分解过程并非分解者和食碎屑者活动的简单加和：在大多数情况下是两者相互作用的结果。食碎屑者，如 Lillebo 等 (1999) 实验中的泥螺 *Hydrobia ulvae*，其咀嚼行为通常会产生表面积更大 (单位体积) 的微颗粒，从而增大了微生物生长可用的基质面积。另外，放牧导致彼此竞争的菌丝网断裂，从而能够促进真菌的活动。此外，尿液和粪便中的矿质营养能够促进细菌和真菌的活动 (Lussenhop, 1992)。

分解者和食碎屑者在陆生植物分解过程中的作用

我们可以通过追踪树叶的分解过程来探讨分解者和食碎屑者相互作用的方式。现以细胞壁碎片的变化过程为例。起初叶子落到地上后，细胞壁能够免受微生物的侵蚀，因为细胞位于植物组织之中。随后，叶子经等足类动物等食碎屑者的咀嚼，进入其肠腔内，然后被肠中的消化酶所分解，消化后的残渣以粪便的形式被排出体外。经过等足类动物咀嚼和部分消化，排出的粪便较易为微生物所利用，虽然粪便上已有微生物拓殖，但是食粪类跳虫仍可能将它们作为食物，并在肠腔内再次消化，最后未完全消化的部分以粪便的形式被排出。这些粪便更有利于微生物利用。然后再经过其他分解者和食碎屑者的分解过程，细胞壁碎片最终转变为二氧化碳和矿质元素。

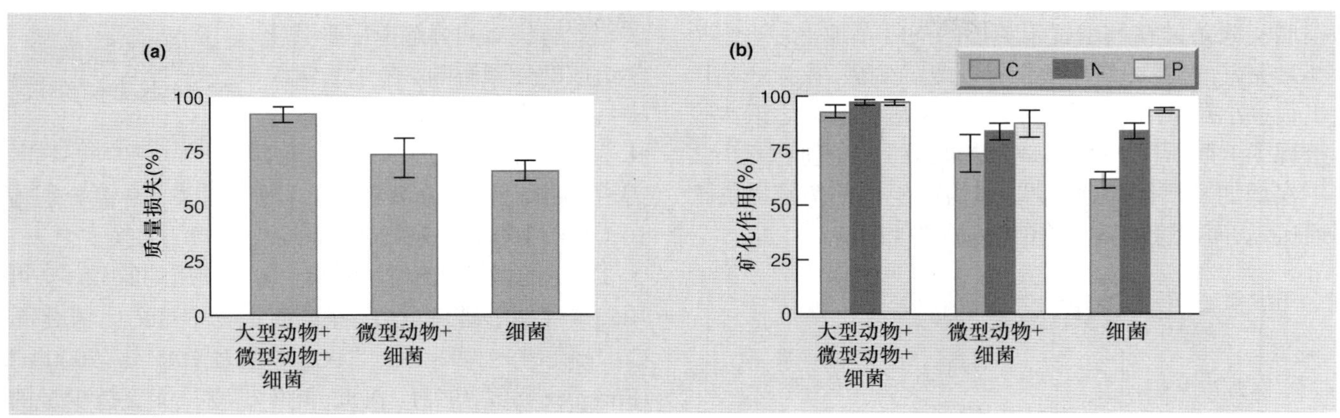

图 11.8 (a) 在下列生物存在下,99 天后欧洲米草叶子质量损失情况:(1) 大型动物 + 微型动物 + 细菌, (2) 微型动物 + 细菌, 以及 (3) 只有细菌 (平均值 ± 标准差)。(b) 99 天后, 3 种处理下叶片碳、氮和磷含量被矿化的比例 (仿 Lillebo *et al.*, 1999)。

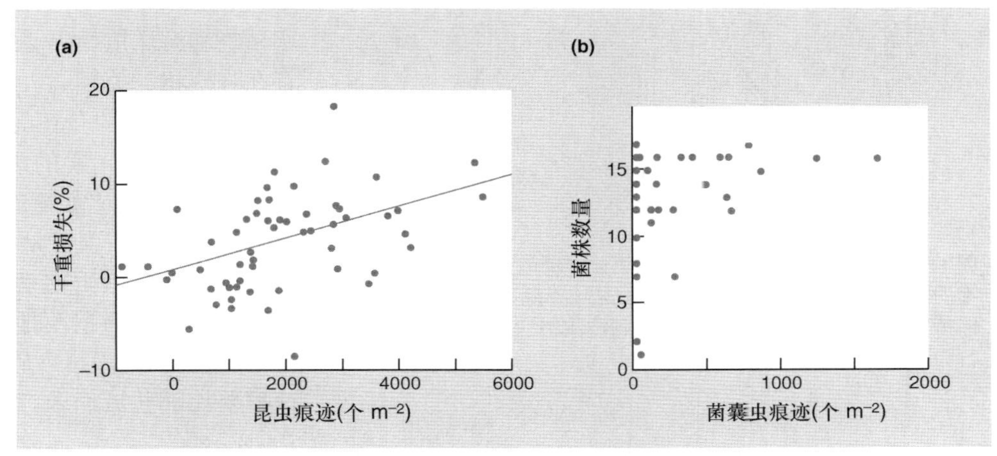

图 11.9 (a) 芬兰林地, 摆放的云杉木材在 2.5 年后, 其腐烂程度与昆虫印记数量的关系; (b) 真菌感染速率 (每块木材上真菌菌株的数量) 与菌蠹虫留下的印记数量的关系。(a) 中干重损失和昆虫印记数量由木材处于完全封闭笼中的数据减去对照组数据, 即允许昆虫进出笼的处理。有些重复对照组的干重损失更低, 因而质量损失比例为负。这可能是因为昆虫访问次数不能完全解释数量损失的变异 (仿 Muller *et al.*, 2002)。

分解者和食碎屑者在水生植物分解过程中的作用

因为陆生维管植物具有坚硬的细胞壁, 所以食碎屑者的破碎在陆生植物的分解过程中发挥着至关重要的作用。在可用碎屑大多来自陆地植物的淡水环境中, 食碎屑者同样也发挥重要的作用。相反, 在海洋环境中, 第一营养级的碎屑包括浮游植物细胞和海藻; 前者具有很大的表面积, 不需物理破碎, 而后者缺乏类似维管植物细胞壁中的结构性聚合物, 易于通过物理因素被断裂。海洋植物碎屑的快速分解与无脊椎动物的破碎可能没有多大关系。因而, 相比于陆地和淡水环境, 海洋中的粉碎类动物很少 (Plante *et al.*, 1990)。

分解者和食碎屑者在枯木分解过程中的作用

枯木的斑块性分布和坚硬的外皮为微生物的拓殖带来了独特的挑战。昆虫能够把真菌带到这些 "目的地", 或者是在树皮上打洞从而为空气中的真菌繁殖体进入木质部和韧皮部提供了通道。这些方式促进了真菌在枯木上的拓殖。Muller 等 (2002) 在芬兰林地上摆放过一些大小一致的欧洲云杉 (*Picea abies*) 木材。两年半以后, 记录下昆虫留在木材上的痕迹 (钻洞和啃咬的痕迹) 数量, 发现它们和木材干重减少量相关 (图 11.9a)。这不仅因为昆虫消耗了木材生物量, 昆虫活动同样也促进了真菌对木材的消耗。因而在一些木材上, 如果小蠹 (*Tripodendron lineatum*) 在其上面遗留的痕迹在 400 个以上, 那么真菌感染的速率往往很高 (图 11.9b)。这种甲虫打的洞深入边材, 留下一条直径 1 mm 的孔道。甲虫自身会将一些真菌 (如 *Ceratocystis piceae*) 带入到木材中。依靠空气传播的其他真菌则能通过甲虫遗留下的孔道进入木材。

小型哺乳动物尸体的分解

人们同样发现在小型哺乳动物尸体的分解过程中也存在食碎屑者的活动促进微生物呼吸作用的现象。有两组啮齿类动物尸体, 各重 25 g, 没有昆虫,按照实验条件在秋季置于英国的一处草地上。一组尸体是完好的，另一组用解剖针反复的刺戳，人为地制造出很多小孔来，以刺激尸体内丽蝇幼虫的活动。该实验重现了上面所谈的木材实验结果；在这个实验中，小孔不仅增加了尸体的通气性，还为微生物的拓殖提供了通道，从而促进了微生物的活动 (图 11.10)。

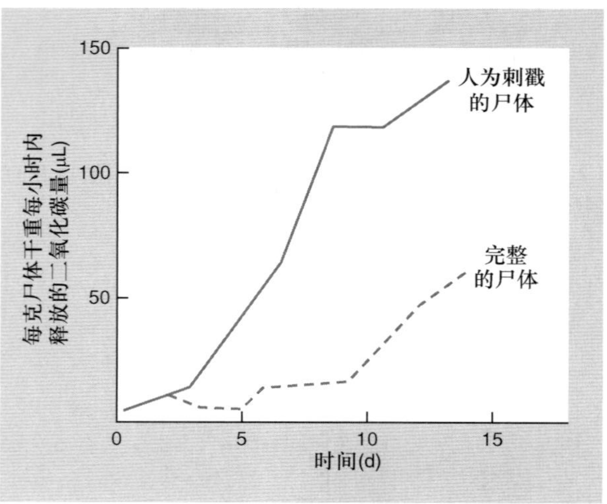

图 11.10　小型哺乳动物尸体的二氧化碳释放量，用以衡量微生物的活动。尸体被置于"呼吸"柱内，且免于昆虫侵袭。一组尸体保持完整，另一组被用解剖针反复刺戳，以促进苍蝇幼虫的挖掘行为 (仿 Putman, 1978a)。

11.2.4　生态化学计量学与分解者、食碎屑者及其食物的化学组成

"生态化学计量学"与资源和消费者之间的关系

按照 Elser 和 Urade (1999) 的定义，生态化学计量学是指从多元素质量平衡 (特别是碳氮比和碳磷比) 的角度分析生态学作用的限制和后果。它是一种可以阐明消费者和资源关系的手段。这种手段多用于研究植物 – 植食动物的关系 (Hessen, 1997)，但是在研究分解者、食碎屑者和资源之间的关系时也是非常有效的。

植物组织与利用分解它们的异养生物在化学组成上有很大差异。植物组织，特别是细胞壁，主要成分是结构性多糖，但是在微生物和食碎屑者体内，这仅占极少一部分。但是结构性化合物由于比贮藏类多糖和蛋白质难以消化，在食碎屑者粪便中仍占据很大部分。食碎屑者的粪便与植物组织在化学组分上有很多的相似之处，但是食碎屑者与分解者体内的蛋白质和脂类含量却明显高于植物和它们的粪便。

被分解物质的化学组成影响分解速率

死有机质的分解速率受其化学组成的强烈影响。微生物组织中具有非常高的氮磷含量。这意味着它们对这两种元素有很高的需求。粗略地讲，分解者的 C : N 值和 C : P 值分别为 10 : 1 和 100 : 1 (如 Goldman *et al*, 1987)。换言之，一个 111 g 的微生物种群必须有 10 g 可用的氮和 1 g 可用的磷才能够维持下去。在陆生植物中这个比例更高，C : N 值是 19 : 1～315 : 1, C : P 值是 700 : 1～7000 : 1 (Enriquez *et al.*,1993)。因此，陆生植物只能支持少量的微生物生物量，并且它们的分解速率受自身营养含量的限制。海水和淡水中的植物和藻类与分解者具有相似的比例 (Duarte, 1992)，因此它们的分解速率也相应地更快 (图 11.11a)。图 11.11b 和 c 显示多种陆生植物、淡水植物和海洋植物碎屑的氮磷初始含量与其分解速率存在强烈相关关系。

环境中的矿质元素影响分解速率

死有机质的分解速率同样受环境中矿质元素的可用量影响，特别是氮 (比如氨态氮或硝态氮)。因此，若氮能从外部环境中吸取，生态系统就能支持更大的微生物量，分解过程也会变得更快。例如，在新西兰，有些草地为了放牧而施了肥，流经这些草地的溪流 (因而富含硝态氮) 中的草丛凋落物的分解速率要比那些流经未施过肥的草地更快 (Young *et al.*, 1994)。

分解者与植物之间的复杂关系

分解者能够利用无机养分，其后果之一是在植物材料被添加到土壤中后，土壤氮浓度迅速下降，因为大量的氮被微生物吸收。这种现象在农业中特别明显，将作物残茬翻耕进土壤能导致下一季作物的可用氮的缺乏。换言之，分解者和植物竞争无机氮。这明显是一个有点自相矛盾的问题。我们注意到植物和微生物之间通过营养循环间接存在着互利共生关系 —— 植物以有机物的形式为微生物提供能量和营养，反过来微生物则将有机物转化为无机物供植物重新利用。但是 C 和 N 的化学计量限制也能导致植物和分解者之间的竞争 (通常在陆生群落中竞争氮；淡水群落中竞争磷；海洋群落中竞争氮或者磷)。

竞争和互利共生

Daufresne 和 Loreau (2001) 的模型同时考虑了互利共生和竞争关系。他们提出了一个问题"满足什么条件时，植物和分解者才能共存，生态系统作为一个整体才能维持下去?"他们的模型预测若使植物 – 分解者

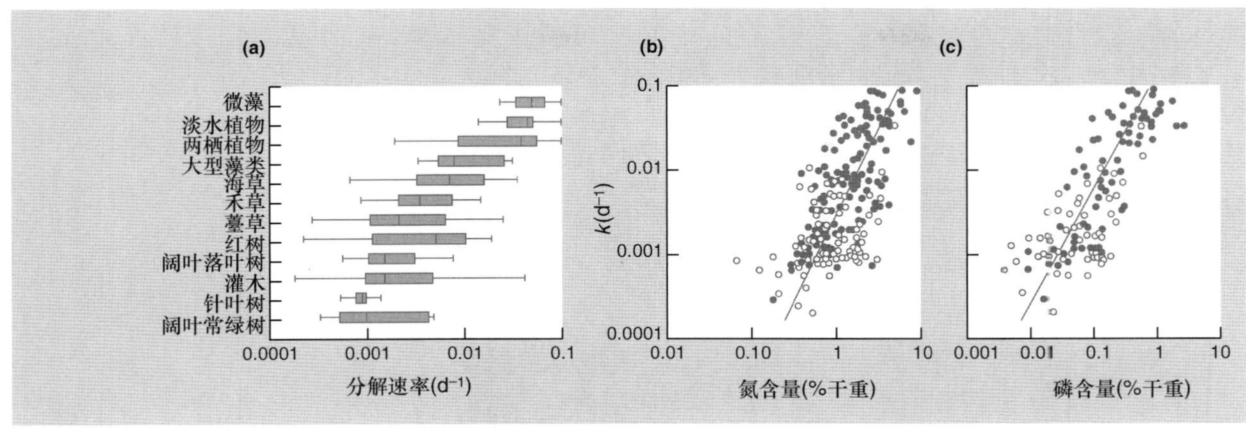

图 11.11 (a) 箱型图显示了不同来源的碎屑的分解速率。分解速率用 k 表示 (使用对数刻度), k 是从方程 $W_t = W_0e^{-kt}$ 中得到的, 这个方程描述了植物干重 (W) 随时间 (t) 的流失。箱型图两端表示从文献中收集的每种植物类型的所有数据的 25% 和 75% 分位数。中间的线表示中位数, 误差线表示的是 95% 的置信区间。图中同时展示了分解速率与组织中初始氮 (b) 和磷 (c) 含量的关系。图中实线表示拟合回归直线, 空心圆和实心圆分别表示陆地和水中的碎屑分解 (仿 Enriquez *et al.*, 1993)。

系统维持下去 (即植物和分解者达到稳定共存状态), 分解者的生长必须受碳限制 —— 也就是说, 分解者利用矿质元素 (如氮) 的能力相比植物必须足够的大以使其总是处于碳受限的状态。如果分解者竞争无机养分的能力不足, 则会受其限制, 那么该系统最终会崩溃。Daufresne 和 Loreau (2001) 指出, 事实上目前几乎没有实验证据表明细菌竞争无机营养时胜过植物。

与陆生植物相比, 动物的元素比例与微生物的在数量级上相同; 因此动物尸体的分解不受营养元素的限制, 其分解速率比植物组织更快。

当生物体或其中的一部分在土壤中或土壤表面分解时, 土壤的 C : N 值开始与分解者趋同。总体来说, 若被分解物的含氮量低于 1.2%~1.3%, 分解者从土壤中吸收铵离子。若含氮量高于 1.8%, 分解者释放铵离子进入土壤。因而土壤 C : N 值稳定维持在 10 左右; 分解者亦能明显维持体内元素平衡。然而在一些极端的环境下, 如酸性土壤和水浸土壤中, 该值可能达到 17 (表明分解过程很缓慢)。

微生物并不仅仅是通过呼吸作用将死有机物中的碳利用掉, 并矿化剩余物。微生物生长带来的一个主要后果是代谢副产物的积累, 尤其是真菌纤维素和细菌多糖, 其分解过程很缓慢, 有助于维持土壤结构。

11.3 食碎屑者 – 资源之间的相互作用

11.3.1 植物性碎屑的利用

叶片和木质部的主要成分是纤维素和木质素。这些组织为动物带来了相当大的消化问题, 大多数动物不能合成相应的酶来消化它们。纤维素的分解代谢需要纤维素酶。没有这些酶, 食碎屑者就不能消化碎屑中的纤维素, 也就不能从中获取能量或者得到简单的化学分子用以构建自身的组织。纤维素酶确实已在极少数几种动物中发现, 包括蟑螂、象白蚁亚科中一些较高级的目 (Martin, 1991) 以及凿船虫 (*Teledo navalis*) (一种能够在船体上打孔的海洋双壳贝类)。在这些动物中, 纤维素的分解并非是难事。

> 大多数食碎屑者依赖微生物分泌的纤维素酶 — 它们自身不能合成

大多数食碎屑者自身不能合成纤维素酶, 必须依赖由相关的分解者或者在某些情况下原生动物制造的纤维素酶。它们之间的关系包括专性互利共生 (obligate mutualism) (如食碎屑者与特化而持久存在的消化道微小植物或微小动物之间的关系)、兼性互利共生 (facultative mutualism) (比如动物利用随食物进入消化道内的微生物分泌的纤维素酶消化食物), 以及其他关系 (如动物从体外摄取分泌纤维素酶的微生物在分解植物性碎屑或粪便时的代谢产物)(图 11.12)。

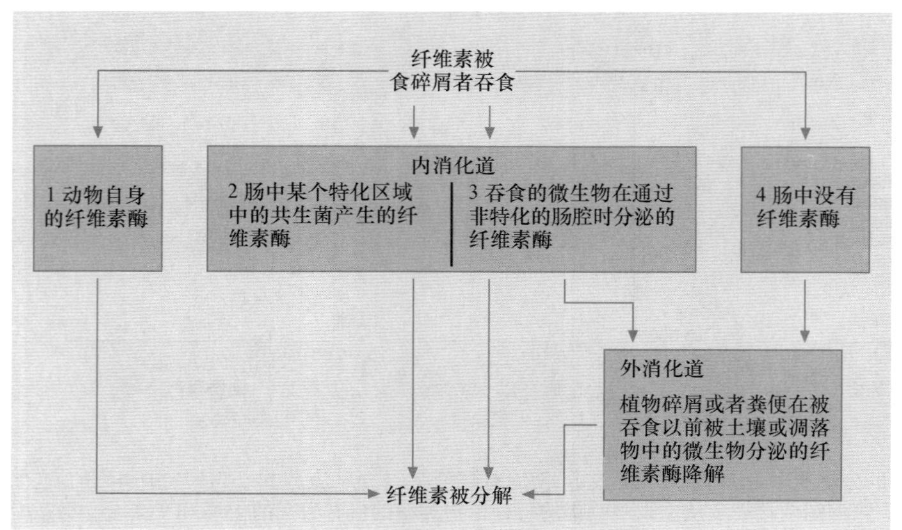

图 11.12　食碎屑者消化纤维素 (纤维素分解) 的机制 (仿 Swift *et al.*, 1979)。

林虱依靠摄入体内的微生物

很多食碎屑者不得不依靠外部的微生物消化纤维素。无脊椎动物在吞食已部分消化的植物碎屑时, 同时进入肠腔的也包括细菌和真菌。毋庸置疑, 动物仅消化微生物亦能获得相当数量的能量和营养物质。但是有些动物, 如弹尾目鳞 (䖴) 属 (*Tomocerus*) 的昆虫, 能利用 "外消化道" 将难以消化的植物组织转化为可以吸收的物质。这种特化现象在小蠹和一些蚂蚁及白蚁中最为显著: 它们专门掘出一块区域 "种植" 真菌 (见第 13 章)。

蟑螂和白蚁依靠细菌和原生动物

有些蟑螂和白蚁类昆虫依靠共生的细菌或原生动物消化植物碎屑中的结构性多糖, 它们之间存在着明显的专性互利共生现象。Nalepa 等 (2001) 描述了网翅目 (蟑螂和白蚁) 昆虫中助消化共生现象的进化过程。它们的祖先是生活在上石炭纪、依赖 "外消化道" 消化腐烂的蔬菜的类蟑螂昆虫。进化的下一个阶段是将与植物性碎屑关系紧密的微生物进一步包含到体内。这可以通过无差别的食粪性 (以各种食碎屑者的粪便为食) 实现。若提升这些昆虫的群居和社会行为水平, 即可确保新生的幼虫获得适当的肠道微生物的接种物。当某些蟑螂和低等白蚁种类中进化出肛道交哺现象 (proctodeal trophallaxis) (后肠液体通过亲代直肠袋直接转入新生幼虫的口腔中) 后, 它们就可以获取这些微生物, 并且这些微生物在生态学上依赖于宿主。这种特化的现象确保亲代将内消化道物 (特别是那些若暴露于外部环境即会退化的组分) 直接转移给子代。在某些低等的白蚁类昆虫中 (如 *Eutermes*), 与白蚁目昆虫共生的原生动物很可能占其体重的 60% 多, 它们位于昆虫的后肠处, 使此处形成一个庞大的直肠袋。它们吞食细小的木头颗粒, 将其中大量的纤维素分解掉。一般来说, 以木头为食的白蚁通常能够有效地消化纤维素而非木质素。然而散白蚁属 (*Reticulitermes*) 是个例外。有报道称它们能分解掉食物中 80% 的木质素或更多。

动物为什么不能合成纤维素酶?

鉴于自然界的进化过程是如此的多姿多彩, 我们对很少有植食动物进化出生产纤维素酶的能力而感到惊奇。Janzen (1981) 认为纤维素是植物的主要建构材料, 其作用类同于我们在白蚁高发区建房子用的混凝土。他认为纤维素的合成是植物防御侵害的一种手段, 因为高等动物中很少有能独立消化纤维素的。从另一个角度来看, 纤维素酶的合成之所以在动物中不常见, 仅仅是因为它几乎不能为动物带来任何好处 (Martin, 1991)。一方面, 在动物后肠通常存在许多种细菌群落。这促进了动物依赖共生菌分解纤维素的现象的进化。另外, 植食动物受诸如氮和磷等重要元素限制, 而不是能量。因而动物不需要分解纤维素以获取能量。动物需要的是摄取大体积的食物以从中筛取所必需的营养物质, 而不是有效利用少量食物来获取其中的能量。

微生物与碎屑同时消化的典型情况

因为微生物、植物性碎屑和动物粪便通常紧密依附在一起, 所以许多泛化消费者不可避免地同时吞食这些资源。换句话说, 许多动物并不能简单地区分它们。以比利时山毛榉森林为例, 图 11.13 表示不同深度的落叶层和土壤层中 45

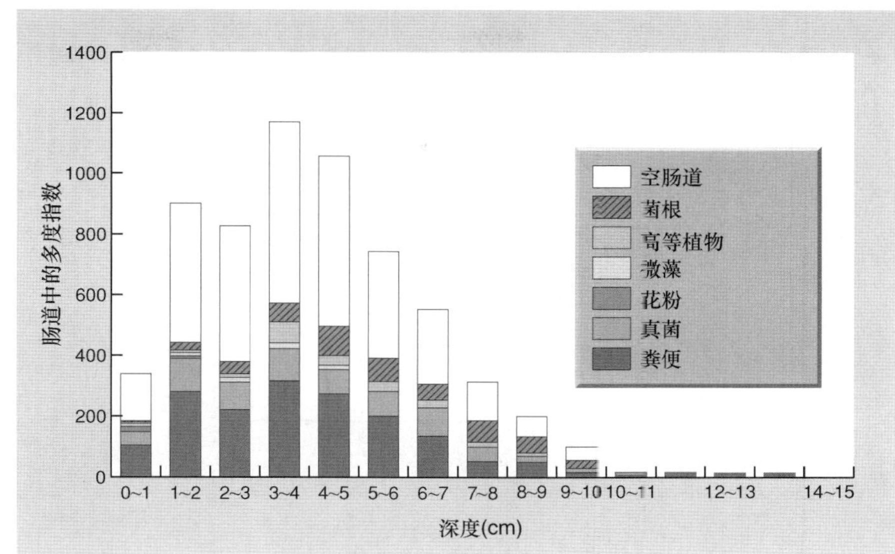

图 11.13 比利时山毛榉树林中跳虫肠道不同内容物的分布 ($n = 6255$) (弹尾目所有物种之和) 与掉落物/土壤深度的关系 (仿 Ponge, 2000)。

种弹尾目昆虫的消化道中各种食物的含量。最上面的 2 cm 是由分解程度不一的山毛榉叶子组成。微藻类、蛞蝓和木虱的粪便、花粉粒在这一层也很常见, 生活在这一层的弹尾目昆虫能够取食它们, 但是很少利用数量最多的山毛榉叶子。中间深度 (2~4 cm) 的昆虫主要以孢子、真菌菌丝以及无脊椎动物的粪便 (特别是线蚓的新鲜粪便) 为食。在最底层, 它们主要摄食菌根菌 (真菌/根联合体中的真菌部分) 和高等植物的碎屑 (主要来自于根)。在分布深度和食物偏好上物种之间存在明显的差异, 并且有些种比其他种更为特化 [如微小等跳 (*Isotomiella minor*) 只食粪便, 而 *Willemia aspinata* 则仅以真菌菌丝为食]。但是大多数的弹尾目昆虫摄取不止一种食物, 其中许多还是典型的泛化消费者 (如 *Protaphorura eichhorni* 和 *Mesaphorura yosii*) (Ponge, 2000)。

11.3.2 落地果实的消费

果蝇和腐烂的果实

当然, 并非所有的植物性碎屑都难以被食碎屑者消化。例如, 落地的果实能够迅速被多种机会摄食者所利用, 包括昆虫、鸟类和哺乳动物。然而与所有碎屑一样, 腐烂果实的分解同样与微生物紧密联系。它们主要为酵母菌所侵占。果蝇 (果蝇属 *Drosophila* spp.) 则专门以酵母菌及其产物为食; 比如澳大利亚的生活垃圾堆里充斥着各种腐烂的水果, 五种果蝇对这些水果和蔬菜表现出了不同程度的偏好 (Oakeshott *et al.*, 1982)。海德氏果蝇 (*Drosophila hydei*) 和伊米果蝇 (*D. immigrans*) 偏好瓜类, 伊米果蝇专门以腐烂蔬菜为食, 拟果蝇 (*D. simulans*) 则普遍喜欢多种水果。最常见的黑腹果蝇 (*D. melanogaster*) 明显偏好腐烂的葡萄和梨。然而, 腐烂的水果中酒精浓度却很高。酵母菌通常是早期拓殖者, 将水果中的糖发酵为酒精; 酒精一般有害, 甚至最终会危及酵母菌自身。黑腹果蝇却能够忍受高浓度的酒精, 因为它能产生大量的乙醇脱氢酶 (ADH)。这种酶能够将酒精分解为无害的代谢产物。腐烂的蔬菜产生的酒精较少, 喜好它们的巴氏果蝇 (*D. busckii*) 产生的 ADH 也相应很少。瓜类发酵产生的酒精浓度适中, 那么偏好它们的果蝇产生的 ADH 也是中等水平。嗜酒的黑腹果蝇甚至同样很喜欢酿酒废料。

11.3.3 对无脊椎动物粪便的取食

等足类动物

大部分土壤中的死有机质和水中沉淀物是无脊椎动物的粪便。泛化食碎屑者通常将它们列入自己的食谱之中。其中有些粪便来自于植食昆虫。在实验室中, 北冬尺蛾 (*Operophthera fagata*) 的幼虫以欧洲水青冈 (*Fagus sylvatica*) 叶子为食, 其粪便经过淋洗和微生物降解后, 分解速度比落叶直接分解要快。如若这些粪便再经过等足类动物 [鼠妇 (*Porcellio scabar*) 和潮虫 (*Oniscus asellus*)] 吞食消化后, 其分解速度会更快 (图 11.14)。因而, 食粪性的动物能够促进植食动物粪便的分解, 加快矿质元素释放到土壤中。

若碎屑质量低时,"食粪性"也许更有价值

食碎屑者的粪便普遍存在于许多环境中。在某些环境下, 以粪便为食也许是极为有价值的。它能为动物提供必需的微量元素或者大量可直接吸收的资源。但是大多情况下, 粪便相

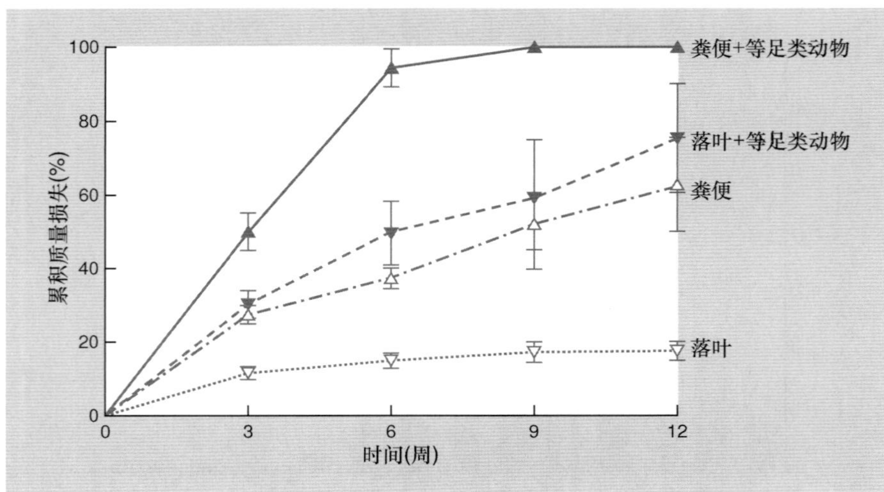

图 11.14 等足目动物存在或不存在的情况下, 欧洲水青冈叶片和以其为食的毛虫粪便的累积质量损失。图示为标准误 (仿 Zimmer & Topp,2002)。

比于碎屑不能为动物带来明显的营养收益。因而等足类动物鼠妇并不能从自身粪便中获得比直接消化桤木 *Alnus glutinosa* 叶子更多的好处 (Kautz *et al.*, 2002), 即便是这些粪便被人工接种了细菌。另一方面, 相比于营养匮乏、不为捕食者喜欢的夏栎 (*Quercus robur*) 叶子, 接种后的粪便虽然供以很少的营养但是明显增加了食粪动物的生长速率。也许在碎屑质量特别低时, 食粪性更有价值。

摇蚊和水蚤互食粪便

在英格兰东北部某些小沼泽湖泊中有些动物具有明显的食粪性 (MacLachlan *et al.*, 1979)。这些黑暗的水体溶解着大量来自周围泥炭中的腐殖质, 造成其透光性差, 并且营养极其匮乏, 不利于植物生长。初级生产力明显不足。湖岸侵蚀带来了大量营养匮乏的泥炭颗粒, 这是湖水中有机质的主要来源。泥炭颗粒沉降后, 主要被细菌等微生物侵占, 从而使颗粒的卡路里和蛋白质含量分别增加了 23% 和 200%。这些小颗粒被暗黑摇蚊 (*Chironomus lugubris*) 幼虫吞食。排出的粪便被大批的真菌侵占。此时的粪便看起来像是一种高质量的食物资源。但是摇蚊幼虫却不能再吞食它们, 主要因为它们的口器不能摄取这些又大又硬的颗粒。然而湖中另一种常见的栖息者, 一种小型甲壳类动物 —— 圆形盘肠溞 (*Chydorus sphaericus*), 却对摇蚊幼虫的粪便颇感兴趣。它们总是出现在这些颗粒的周围, 很可能以此为食。圆形盘肠溞将粪球紧紧扣在甲壳瓣膜内, 不断地旋转它, 取食粪球的表面, 使粪球逐步变小。实验室研究表明圆形盘肠溞的存在大大加快了摇蚊幼虫粪便降解为小颗粒的速度。最后, 让人意想不到的是, 破碎后的摇蚊幼虫粪便 (可能混有圆形盘肠溞的粪便) 变得非常小, 能够再次被摇蚊幼虫所利用。圆形盘肠溞存在的情况下, 摇蚊幼虫可能生长更快, 因为它们能不断得到大小合适的粪球作为食物。这种相互作用使参与者双方都受益。

11.3.4 对脊椎动物粪便的摄食

食肉动物粪便主要被细菌和真菌分解

食肉脊椎动物的粪便营养较匮乏。食肉动物消化食物的效率很高 (通常 80% 或者更多), 粪便只含有极少可利用的资源。此外, 食肉动物必然不如植食动物多。它们的粪便亦不足以供养一系列专门以此为食的食碎屑者。几乎没有研究涉及食肉动物粪便的分解。这也许表明它的分解几乎完全是由细菌和真菌完成的 (Putman, 1983)。

哺乳类植食动物的自身食粪性

相比而言, 植食动物的粪便却含有丰富的有机物。在小型和中型哺乳类植食动物中广泛存在吞食自身粪便的现象。已报道的有家兔、野兔、啮齿动物、有袋类动物和一种灵长类动物 (Hirakawa, 2001)。许多动物排出软粪和硬粪, 但是通常只有软粪被重新摄取 (从肛门处)。软粪富含维生素和微生物蛋白等。若动物不能重新吸收这些营养, 则很可能会表现出营养不良和生长缓慢等症状。

利用植食动物粪便的典型食碎屑者

植食动物的粪便在环境中的分布同样也很广很多, 足以供养那些利用它的动物。这些动物不仅包括偶然的访问者, 还包括一些专性的食粪动物。随着季节和空间变化, 粪便移除的特点亦不相同。在热带和暖温带它们主要发生在夏季降雨期间; 在地中海气候区则主要发生在冬雨过后的春季, 并且到仲夏的时候, 由于温度很高再次达到高峰 (Davis, 1996)。粪便移除在没有遮阴的生境中更快, 并且在砂土上比在坚硬紧实的黏土上更快 (Davis, 1996)。搬运粪便的动物有许多种, 其中包括蚯蚓、白蚁, 特别是甲虫。

甲虫在粪便降解中发挥着主导作用。以大象粪便为例能够很好地说明这个过程。与干季和雨季相对应, 有两种主要的粪便分解方式。雨季的时候, 粪便在沉降后的数分钟内即有甲虫在其周围活动。成年蜣螂以粪便为食, 同时也将大量的粪便和卵一起埋入地下, 为即将发育的幼虫提供食物。例如, 有种体型大的非洲蜣螂 (*Heliocopris dilloni*), 从新鲜的粪便上切下一块, 然后推到距离粪堆几米的地方埋入地下。每只蜣螂要埋下足够的粪便, 提供给即将发育的卵。开始, 蜣螂先将少量粪便制成杯状, 用土壤做内衬; 然后放入一枚卵, 再逐步添加粪便形成一个球。这个粪球几乎完全被一层薄薄的土壤覆盖。在其顶部靠近卵的位置, 将一小块区域裸露出来, 没有土覆盖, 可能是为了便于气体交换。孵化以后, 幼虫在粪球内不断的转动吞食周围的粪便, 进而形成一个空洞。幼虫偶尔也以自身粪便为食 (图 11.15)。当亲代提供的粪便用尽后, 幼虫用黏稠的粪便涂满洞的内壁, 然后开始化蛹。

蜣螂的多样性

金龟子科 (Scarabeidae) 中的热带蜣螂体型大小, 从几毫米到 6 厘米不等。其中并非所有的蜣螂都将粪球推出一段距离后埋入地下。有的直接在粪堆的下方不同深度的土层中筑巢, 更有甚者直接将巢筑在粪堆内。其他科的蜣螂不筑巢, 只是简单地将卵排到粪堆中。幼虫在粪堆中取食, 生长直到发育完全, 然后进入土壤化蛹。在雨季蜣螂能够移走几乎 100% 的大象粪便。剩余的极少数被诸如蝇和白蚁等其他动物以及分解者利用。

旱季中的粪便很少会被蜣螂利用 (成年蜣螂仅在雨季出现)。微生物的某些活动很显著, 但是随着粪便变干迅速下降。雨季来后粪便重新变湿, 这刺激了微生

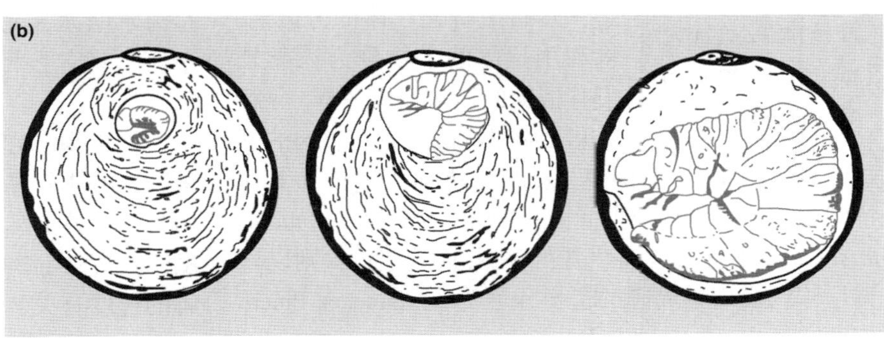

图 11.15 (a) 一只非洲蜣螂在推粪球 (Heather Angel 拍摄)。(b) 蜣螂幼虫在粪球内取食时掘出一个空洞 (仿 Kingston & Coe, 1977)。

物的活动。但是蜣螂不喜欢旧粪便。事实上，旱季沉降的粪便很有可能保存 2 年以上。相比而言，雨季沉降的粪便在 24 小时或者更短的时间内就被移除掉了。

牛粪给澳大利亚带来的困扰

牛粪曾经困扰澳大利亚并导致了严重经济问题。在过去两个世纪，澳大利亚的牛的数量从 7 头 (由第一批英国殖民者在 1788 年带去) 增加到了 3000 万头左右。这些牛每天制造 3 亿个粪堆。每年产生的粪堆覆盖了高达 600 万英亩的面积。在世界其他地方牛粪不会带来什么特殊的问题，因为在这些地方牛存在了数百万年，存在可以利用牛粪的动物。但是在欧洲人到来以前，澳大利亚最大的植食动物是有袋类动物，比如袋鼠。当地的食碎屑者只能利用这些动物产生的干燥、富含纤维的粪便，不能利用牛粪。牛粪积累导致了牧场的丧失，这给澳大利亚农业带来了很大的经济负担。因而在 1963 年澳大利亚决定引入非洲蜣螂，这种蜣螂被引进到某些重要地区和养牛区处理牛粪 (Waterhouse, 1974)；目前已有 20 多种蜣螂被引入澳大利亚 (Doube *et al.*, 1991)。

澳大利亚人的另一个困扰来自本土的灌丛蝇 (*Musca vetustissima*) 和东方臂蝇 (*Haematobia irritans exigua*)。它们将卵产在粪块中，但是幼虫不能在被埋入地下的粪块中存活。有证据表明蜣螂能够有效地减少蝇类的数量 (Tyndale Biscoe & Vogt, 1996)。灭蝇能否成功取决于粪块是否在产下 6 天内被埋入地下。因为 6 天恰是虫卵孵化成蛹所需的时间。Edwards 和 Aschenborn (1987) 调查了南非宽胸蜣螂属 (*Onitis*) 的 12 种蜣螂的筑巢特征。他们认为：*O. uncinatus* 是控制澳大利亚蝇类的首选，因为大量的粪块在被它们侵占后的第一个晚上即被埋入地下；而最不合适的则是 *O. viridualus*，它们需要花掉好几天的时间构建坑道，直到 6~9 天以后才开始将粪便埋入土中。

11.3.5 腐肉的分解

许多食肉动物是机会型的食腐肉者 (carrionfeeder)

人们在研究尸体的分解时，将利用尸体的生物分为三类是很有帮助的。与前面一样，分解者和无脊椎食碎屑者在腐肉的分解中同样发挥作用。例如，在加利福尼亚湾中的岛上有特别多的拟步甲科甲虫 *Argoporis apicalis* 和 *Cryptadius tarsalis*。这些小岛上有大片的鸟巢，而这些甲虫则以鸟类尸体以及鸟巢周围的鱼类残骸为食 (Sanchez Pinero & Polis, 2000)。食腐肉的脊椎动物同样在腐肉的分解中发挥着至关重要的作用。许多尸体，其大小够一只食腐动物一次食用，在死后很短时间内即被完全移除，一点没有遗留给细菌、真菌或者无脊椎动物。北极狐和极地的贼鸥，温带的乌鸦、狼獾和獾以及多种热带鸟类和哺乳类 (如鸢、胡狼和土狼) 都是典型的食腐肉动物。

许多食腐肉动物也是食肉动物

食腐肉动物食谱的化学组成与其他的食碎屑者相当不同。这反映在它们消化酶的差异上。食腐肉动物的糖酶很少甚至没有，但是蛋白酶和脂肪酶却活性很高。食腐肉动物基本上具有和食肉动物相一致的酶体系。这也反映了它们食物来源在化学组成的一致性。事实上，很多食肉动物，如狮 (*Panthera leo*)，同样也是机会型的食腐肉动物 (DeVault & Rhodes, 2002)，并且一些典型的食腐肉动物，比如斑鬣狗 (*Crocuta crocuta*)，有时也是食肉动物。

北极狐：一种兼性的食腐肉动物

北极狐 (*Alopex lagopus*) 的例子可以说明兼性食腐肉动物的食谱是如何随着食物来源的变化而变化的。在大部分分布区域和生命阶段内，北极狐以旅鼠 [环颈旅鼠属 (*Dicrostonyx*) 和旅鼠属 (*Lemmus*)] 为食 (Elmhagen *et al.*, 2000)。但是在旅鼠经历剧烈的种群波动后，北极狐被迫转而寻求其他的食物资源，比如迁徙中的鸟和它们的卵 (Samelius & Alisauskas, 2000)。在冬季，北极狐可以沿着海面上的冰获取北极熊吃剩下的海豹残骸，因而海洋也能为北极狐提供食物。Roth (2002) 曾调查了腐肉占北极狐冬季食物来源的比例。他比较了北极狐潜在的海洋食物来源与其毛发之间的碳同位素比率 (^{13}C:^{12}C) 的差异 (海洋生物的同位素比率显著高于陆生生物；依据捕食者的同位素特征可以推测它所消耗的食物来源)。图 11.16 显示了在 4 年调查中有 3 年，北极狐毛发样品的同位素比率在冬季增加了。这正符合我们的预期：冬季海豹尸体是北极狐的主要食物来源。但是 1994 年冬季，同位素比率没有明显的增加，而且有趣的是这一季节里旅鼠的密度很高。看起来是海水结冰为北极狐提供了获取海豹腐肉通道，但是事实上只有当北极狐没有猎物可捕获时，它才转而利用腐肉。

无脊椎动物和微生物活动的季节变化

微生物、无脊椎动物和脊椎动物在尸体分解过程中发挥的作用与尸体被食腐肉动物发现的速度以及被微生物和无脊椎动物分解的速度有关。以啮齿动物尸体的分解为例。在牛津

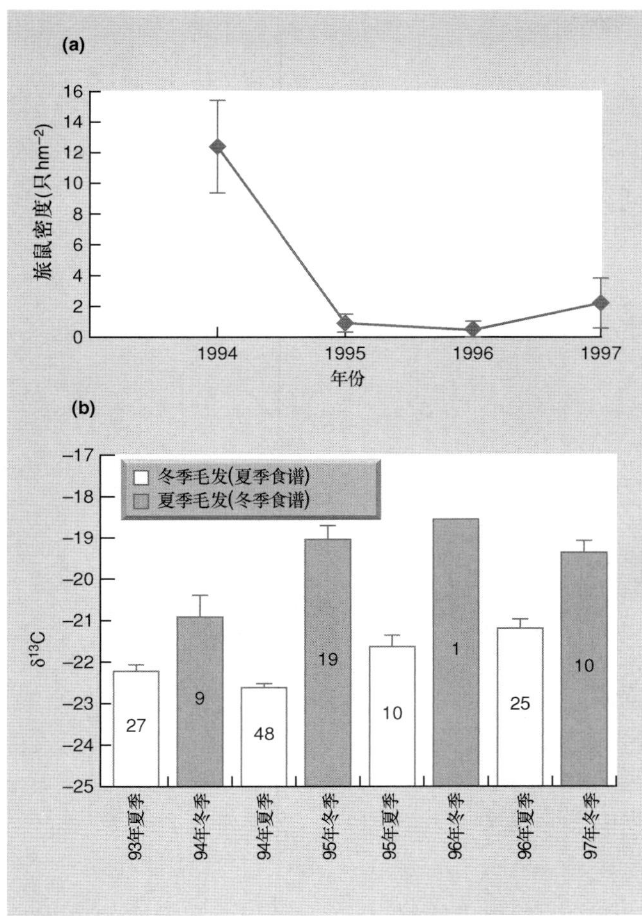

图 11.16 (a) 加拿大马尼托巴省丘吉尔角附近,旅鼠夏季密度的年际变化,(b) 北极狐冬季毛发的碳同位素比率 (平均值 ± 标准误)(反映夏季食谱) 和夏季毛发的碳同位素比率 (反映冬季食谱)。图中柱上的数字为样本大小 (仿 Roth, 2002)。

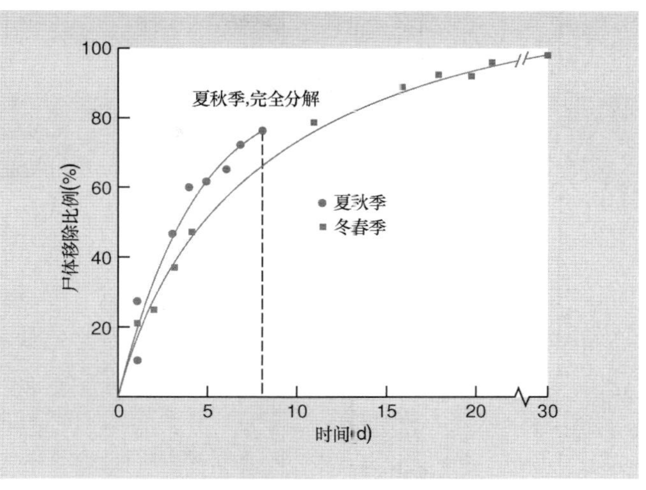

图 11.17 英国牛津郡野外小哺乳类尸体的移除速率: 夏秋季和冬春季 (仿 Putman, 1983)。

郡的田野上, 研究人员分别在夏秋季和冬春季监控尸体的分解情况 (图 11.17)。结果有两点需要注意。第一, 在夏秋季, 尸体被食腐肉动物清除的速率更快。这说明该季节内食腐肉动物的活动更频繁 (大概是因为食腐肉动物种群密度更高或者它们进食更频繁 —— 该研究没有监控这两个方面)。第二, 在冬春季, 尽管清除所用时间延长了, 但有更多的尸体是被食腐肉动物清除。当微生物的分解速率极为缓慢时, 所有的尸体都能存在足够长的时间, 从而使食腐肉动物有时间发现它们。在夏秋季, 分解速率非常快。任何尸体在 7~8 天内不被食腐肉动物发现, 其大部分将会被细菌、真菌和无脊椎动物分解掉。

专门利用骨骼、毛发和羽毛的动物

动物尸体中有些成分特别难以被分解, 是分解过程中最迟消失的。然而仍有些消费者拥有分解此类物质的酶。例如, 绿蝇属 (*Lucilia*) 的幼虫分泌一种胶原酶来消化肌腱和软骨组织中的胶原蛋白和弹性蛋白。腐肉分解后期出现的典型动物, 尤其是谷蛾和皮蠹虫, 主要以毛发和羽毛的主要成分角蛋白为食。它们的中肠能够分泌强还原酶, 将连接角蛋白各肽链的共价键打破。然后再用水解酶裂解多肽链。爪甲团囊菌科 (Onygenaceae) 则主要利用犄角和羽毛。大型动物的尸体一般能提供种类更多的资源, 从而吸引更多的腐肉消费者 (Doube, 1987)。相比之下, 诸如蜗牛和蛞蝓之类的尸体只能维持少量的麻蝇和丽蝇 (Kneidel, 1984)。

卓越的埋葬虫

有一类食腐肉的无脊椎动物应给予特别的关注 —— 埋葬虫 (*Nicrophorus* spp.) (Scott, 1998)。它们只生活在腐肉上, 并在上面完成独特的生活史。成年埋葬虫利用敏感的化学感受器, 能够在小型哺乳动物和鸟类死亡后 1~2 小时内找到尸体。然后撕肉为食, 或者, 如果尸体到了分解后期, 它们就以其中的蝇类幼虫为食。但是如果尸体是完全新鲜的, 埋葬虫就会将它就地掩埋, 或者将尸体 (是其体重的许多倍) 拖出几米后再埋。它们在尸体下面不懈地挖掘, 一点点将它拖入土中, 直到尸体完全被土壤掩埋 (图 11.18)。埋葬虫属 (*Nicrophorus*) 各物种体型大小不一 (所利用的尸体大小因而不同), 繁殖期 (活动季节不同)、日周性活动 (有的白天活动, 有的黎明或黄昏活动, 还有的在夜间活动) 和生活的生境 (比如针叶林、阔叶林、农田、沼泽等) 也各不相同 (Scott, 1998)。有些埋葬虫, 譬如 *N. vespilloides*, 只是在尸体上覆盖一层土。还有一些种, 比如 *N. germanicus*, 会把尸体埋到 20 cm 深的土壤

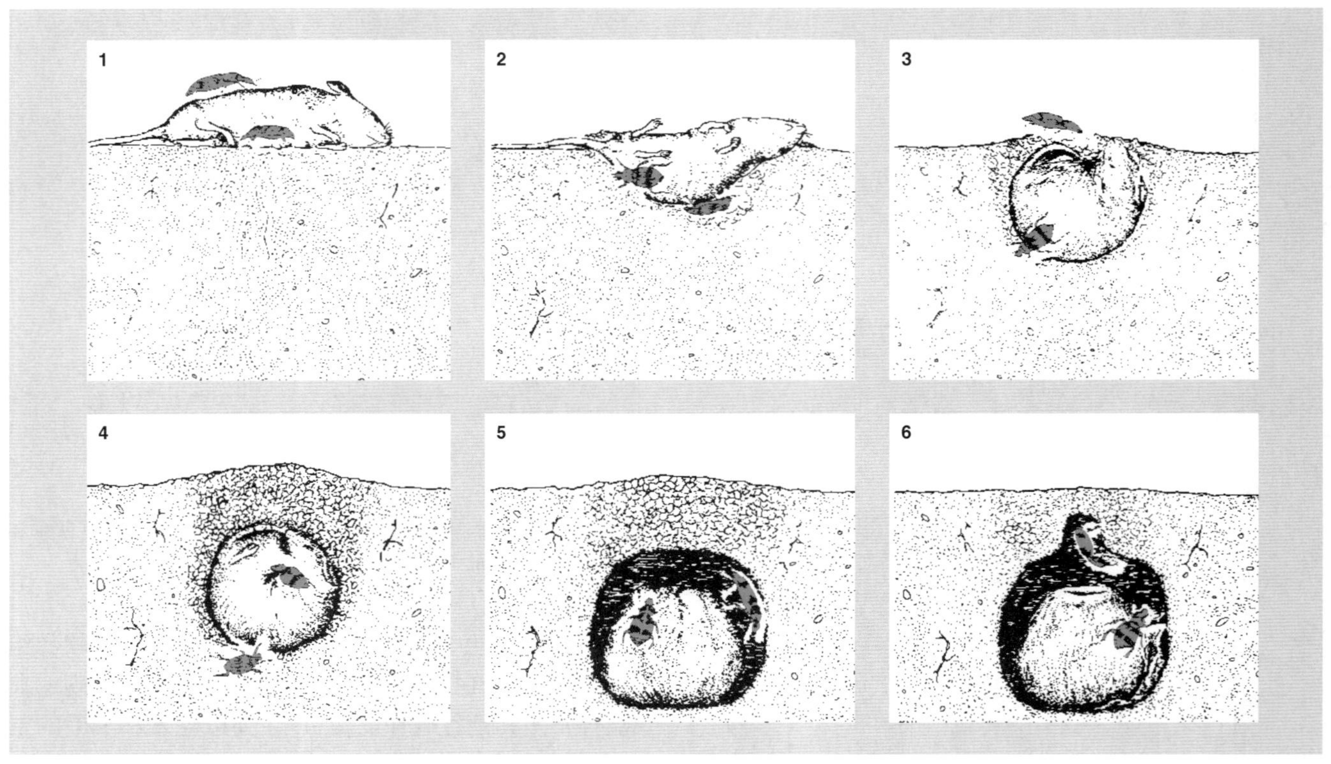

图 11.18 埋葬虫填埋鼠尸的过程 (仿 Milne & Milne, 1976)。

中。在埋葬的过程中，很可能会有其他的埋葬虫进入尸体。这些竞争对手 (同种或异种) 会遭到猛烈地驱逐，有时会致使其中一方死亡。但是如果侵入者可以作为配偶，则可以被接纳。然后雄虫和雌虫合作处理尸体。

相较于地表，尸体被埋入地下可以较少受到其他无脊椎动物的侵袭。在某些环境下，埋葬虫和埋虫甲异肢螨 (*Poecilochirus necrophori*) 的互利共生关系甚至可以为尸体提供额外的保护。埋虫甲异肢螨总是寄生在成年埋葬虫上，并随之到达尸体。尸体被埋入地下后，埋葬虫立即系统地除掉它的毛发。这几乎同时也将上面所有的蝇卵除去。但是如果尸体埋入尚浅，蝇类仍能排入很多卵，蛆虫就会与埋葬虫幼虫发生竞争。此时螨开始发挥有益的作用。它们刺穿并吃掉蝇卵，确保尸体上没有埋葬虫的竞争者。这大大提高了埋葬虫的繁殖成功率 (Wilson, 1986)。

成年雌虫和雄虫，或者有时只有雌虫，会待在巢穴里，为卵和幼虫提供亲代防护。在肉球的顶端会形成一个圆锥形的凹穴，成虫将部分消化的肉吐到里面。发育较成熟的幼虫已能够自己进食，但是只有在幼虫化蛹以后，成虫才会冲破土壤飞走。

海底的食腐肉动物

上面谈到在淡水环境中缺乏专门利用腐肉的动物。然而，人们在深海海底却发现了此类生物。在碎屑沉降过程中，除大型有机颗粒外其他几乎所有的碎屑在到达海底之前被完全分解。相比之下，也偶然会有鱼类、哺乳动物或无脊椎动物的尸体沉到海底。那里生活着种类繁多的食腐肉动物，尽管数量稀少；并且它们明显具有与周围环境相适应的特征 (在海底无论在时间还是空间尺度上腐肉都广泛分布)。例如，Dahl (1979) 描述了一些深海钩虾类甲壳动物。这些动物与其浅海和淡水中的近亲不同。它们具有裸露的浓密的感应触须用以寻找食物，以及锋利的大颚来撕裂腐肉。它们还具有远超其他端足目动物的食量。例如，*Paralicella* 的体壁柔软，可以伸缩。在吞入大块肉的时候，它的身体大小可以涨至正常大小的 2~3 倍。而 *Hirondella* 进食时中肠可以膨胀到充满整个腹腔，将大量腐肉储存其中。

11.4 结论

从组成和活动来看，分解者群落与广受生态学家关注的其他群落一样具有相同甚至更高的多样性。然而要想从中找出某些通用的规律却异乎寻常地困难，因为分解者生存的环境差异十分巨大。像所有自然群落一样，分解者不仅对资源和环境具有特殊的要求，并且它们的活动也能改变其他生物可用的资源和环境。分解者存在于土壤和凋落物的缝隙和孔洞里，以及水体的深处。它们的活动大多不为观察者们所看到。

虽然存在以上的困难，但是仍可以得出以下一般性的规律：

(1) 当温度较低、空气稀薄、土壤缺水并且呈酸性时，分解者和食碎屑者活力低。

(2) 环境 (土壤或者凋落物) 的结构和孔隙性具有至关重要的作用，不仅由于它影响要点 (1) 中所列出的各因素，同样因为许多参与分解的生物必须要在其中游动、爬行、生长或者寻找分散在其中的资源。

(3) 分解者和食碎屑者的活动密切相关，并且在某些情况下两者相互协作。鉴于这个原因，很难分清楚它们在分解过程中的相对重要性。

(4) 许多分解者和食碎屑者是专性的。死有机质的分解是由各种各样不同结构、形态和取食习惯的生物共同完成的。

(5) 经一系列不同生物的消化，以及粪便的重复利用，待分解物质从高度组织的结构最终分解为二氧化碳和矿物质。

(6) 分解者的活动释放出了如磷和氮等固定在死有机质中的矿质元素。分解速度将决定这些元素释放给生长中的植物的速率 (或者元素能够自由扩散随后从生态系统中流失的速率)。该问题将在第 18 章讨论。

(7) 许多死有机物在空间和时间上呈斑块分布。随机因素操纵着它们被占据的过程；首先到达的生物拥有丰富的可利用资源，但是不同的粪块和不同的尸体上的最后的胜利者可能是不同的。拓殖者之间对这些斑块资源的竞争动态需要特定的数学模型来描述 (见第 8 章)。因为碎屑犹如散落在生境中的一个个 “小岛”，对于它的研究从概念上讲和第 21 章讨论的岛屿生物地理学相似 (见第 21.5 节)。

(8) 最后，把我们的关注点从分解者和食碎屑者利用资源的成功表现上转移开可能是有启迪作用的。毕竟，是微生物不能快速分解树木才使森林有可能存在！泥炭、煤和石油的沉积也是分解不成功的进一步佐证。

小结

我们把利用死有机物的生物分为两类：分解者 (细菌和真菌) 和食碎屑者 (消费死有机物的动物)。这些生物不能控制资源的生成或再生的速率；它们依赖于其他力量释放资源的速率 (如衰老、疾病、打斗、树叶脱落)。它们受控于资源的提供者。然而，通过凋落物分解过程中矿物质的释放，在树木和分解者之间存在间接的相互作用，矿物质释放速率最终会影响到树木产生更多凋落物的速率。

固持作用是指无机矿物元素变成有机物一部分的过程，主要出现在绿色植物的生长过程中。相反地，分解过程包括能量的释放和无机盐的矿化元素从有机态转化为无机态。分解是指死有机质的逐步降解过程，通过物理和生物的手段完成。通常经过一系列可预测的分解者作用后，复杂的富含能量的分子被分解为二氧化碳、水和矿物质。

大多数的微生物分解者是相当专性的，正如那些微生物和真菌的微型消费者 (食微生物者) 一样，但是食碎屑者通常是泛化的。食碎屑者越大，越难以区分作为食物的微生物和赖以生存的碎屑。我们探讨了陆生、淡水和海水中分解者和食碎屑者在分解过程中的相对作用。

死有机质的分解速率强烈依赖于它的生化组成和环境中矿质元素的可利用性。在死树叶和木材中，主要的两种有机物是纤维素和木质素。这给动物消费者带来了相当大的消化难题。它们大多数不能产生消化这些物质的酶。大多数食碎屑者通过各种各样密切的联系，依靠微生物消化纤维素。对食碎屑者来说，果实非常易于消化。

粪便和腐肉是在各种环境中都常见的死有机质，并且微生物和食碎屑者在分解它们的过程中发挥了重要作用。许多食碎屑者以粪便为食，植食动物 (非食肉动物) 的粪便形成了各具特色的动物区系。同样，很多食肉动物是腐肉的机会摄食者，当然也有专门摄食腐肉的动物。

分解者群落与生态学家经常研究的任何一个群落相比，分解者群落在组成和生命活动上具有相同甚至更高的多样性。

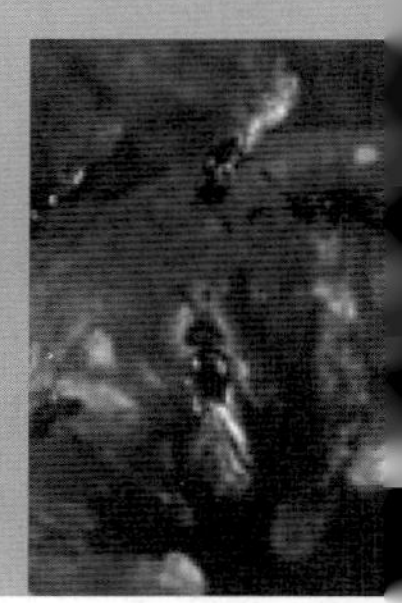

第 12 章 寄生与疾病

12.1 引言: 寄生物、病原体、感染和疾病

在第 9 章中, 我们对寄生物的定义是, 从一个或很少几个宿主个体中获取营养, 通常对宿主造成伤害但不会立即致其死亡的生物。现在我们需要发展更多的定义, 因为一些相关的术语经常被误用, 而避免这种误用是非常重要的。

当寄生物侵入了一个宿主, 我们就说这个宿主受到了感染 (infection)。只有当感染引起明显有害的症状时, 我们才说这个宿主患有疾病 (disease)。对于很多寄生物, 我们会假定它们的宿主会受到伤害, 但是不会表现出可识别的症状, 所以宿主没有患病。"病原体" (pathogen) 指的是任何能够引起宿主患上疾病的寄生物 (也就是说, 是 "致病的")。所以, 麻疹和肺结核是传染性的疾病 (由感染引发的综合征的组合)。麻疹是麻疹病毒感染的结果, 肺结核是结核分枝杆菌 (*Mycobacterium tuberculosis*) 感染的结果。麻疹病毒和结核杆菌是病原体; 但是麻疹本身不是病原体, 也不存在 "肺结核感染"。

从最直观的角度理解, 寄生物是一类重要的生物。每年有数以百万的人死于各类感染, 还有更多的人被致残或致畸 (当前世界上有 2.5 亿例橡皮病, 超过 2 亿例血吸虫病, 这只是这个名单的一小部分)。再考虑到寄生物对家养动物和农作物的影响, 它们给人类造成的不幸和经济损失就变得异常庞大。当然, 人类以稠密和聚集的方式居住并且迫使他们的家养动物和农作物也这样生活, 使得寄生物更加容易扩散。这一章我们要处理的关键问题之一是 "总的来说, 寄生物和疾病在多大程度上影响动、植物种群?"

从数量上来看, 寄生物也十分重要。在自然环境中, 很少有哪个生物不携带几种寄生物的。此外, 很多寄生物和病原体是宿主特异的, 或者只有有限的宿主。所以, 我们似乎不可避免要得出这样的结论: 地球上超过 50% 的物种、远多于 50% 的个体, 是寄生物。

12.2 寄生物的多样性

研究植物寄生物的学者和研究动物寄生物的学者经常使用非常不同的术语, 而且动物和植物作为寄生物生境的方式存在着非常重要的差异, 它们对感染的反应也非常不同。不过对于生态学家来说, 两者的不同之处并不像它们的相同之处那样显著, 于是我们通常不刻意对两者加以区分。然而有一种区别是有用的, 那便是微寄生物 (microparasite) 与大寄生物 (macroparasite) 的区别 (图 12.1) (May & Anderson, 1979)。

微寄生物和大寄生物

微寄生物个体较小且通常生活在宿主细胞内。它们直接在宿主体内繁殖而且通常在宿主体内达到极高的数量。所以, 准确估计一个宿主体内微寄生物的数量通常很难, 也并不合适。我们经常研究的参数是被感染的宿主的个体数量, 而非寄生物的个体数量。例如, 一项关于麻疹流行的研究会涉及调查病例的数量, 而非麻疹病毒的数量。

大寄生物有着非常不同于微寄生物的生物学特征: 它们在宿主体内生长但不繁殖, 然后进入特化的感染期 (微寄生物无此阶段) 从而感染新的宿主。大寄生物通常生活在宿主体表或体腔内 (如消化道), 而不生活在宿主细胞内。在植物宿主中, 它们通常也生活在细胞外。计数或估计一个宿主体内或体上的大寄生物的数量通常是可行的 (如肠内的蠕虫或叶片上的病斑)。大寄生物的个体数量和宿主的个体数量都可以作为流行病学家研究的对象。

直接和间接的生活史: 传播媒介

除了大寄生物和微寄生物的区别以外, 寄生物还可以根据其生活史分成两类, 一类直接在宿主之间传播, 另一类的传播则需要一定的传播媒介或中间宿主, 即具有间接型生活史。"传播媒介" (vector) 指的是将寄生物从一个宿主转移到另一个宿主的动物。一些传播媒介仅仅起到运送者的作用, 而很

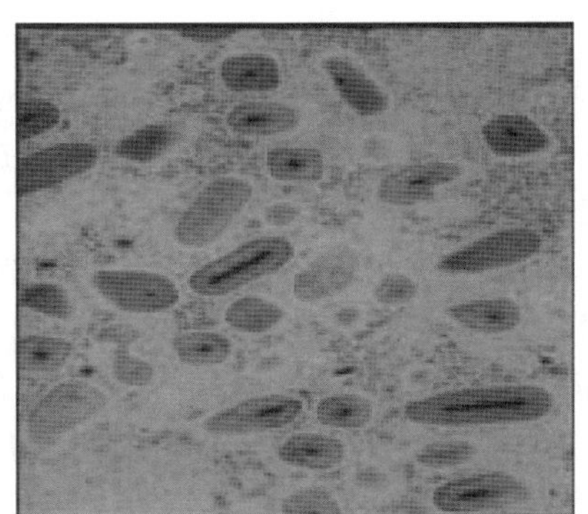

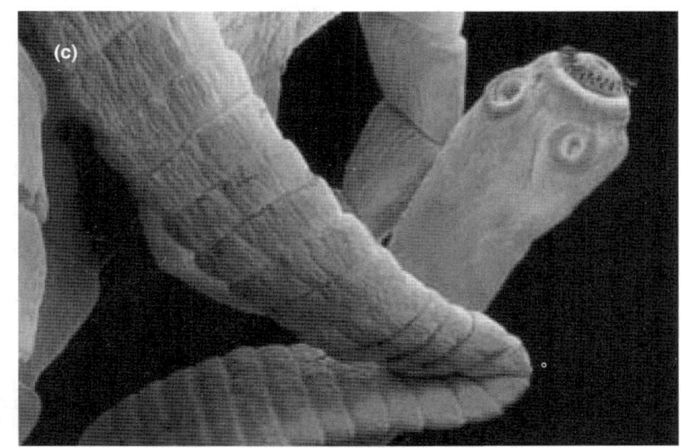

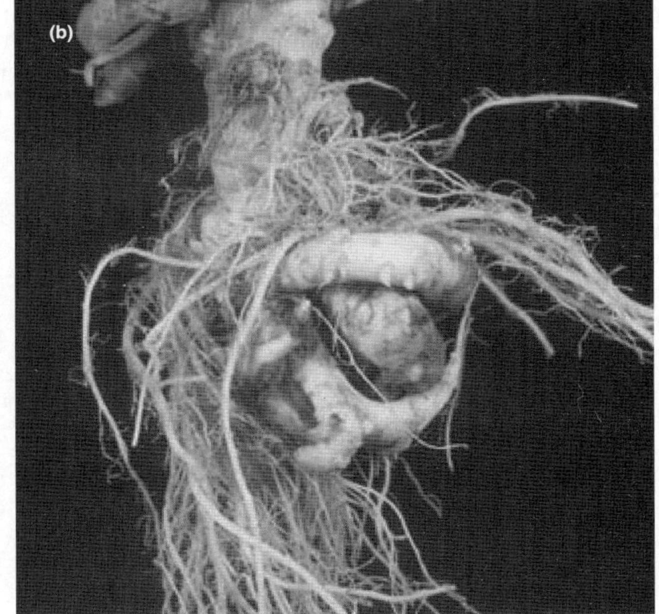

图 12.1 植物和动物的微寄生物和大寄生物。(a) 一种动物微寄生物: 寄生在印度谷螟 (*Plodia interpunctella*) 体内的颗粒型病毒 (每个病毒都有蛋白外壳并寄生在宿主细胞内)。(b) 一种植物微寄生物: 导致十字花科植物根肿病的甘蓝根肿菌 (*Plasmodiophora brassicae*)。(c) 一种动物大寄生物: 绦虫。(d) 一种植物的大寄生物: 白粉病霉。图片经以下单位或个人许可使用: (a) Dr Caroline Griffiths, (b) Holt 摄影室/Nigel Cattlin, (c) Andrew Syred/Science Photo Library, (d) Geoff Kidd/Science Photo Library。

多传播媒介同时还是寄生物的中间宿主, 寄生物可以在其体内生长和/或增殖。具有间接型生活史的寄生物可以绕开简单的微寄生物/大寄生物的区分。例如, 血吸虫的一生一部分在钉螺体内度过, 一部分在脊椎动物 (在一些情况下是人类) 体内度过。在钉螺体内, 血吸虫大量增殖, 表现出微寄生物的特性, 但是在人体内则是生长、产卵, 而不增殖, 表现出大寄生物的特性。

12.2.1 微寄生物

也许最明显的微寄生物就是感染动物或植物的细菌和病毒 (例如, 对动物来说, 麻疹病毒和伤寒杆菌; 对植物来说, 寄生在甜菜和番茄体内的黄网病毒和根癌病的致病菌)。另一类影响动物的主要的微寄生物是原生动物 [比如引起嗜睡症的锥虫和引起疟疾的疟原虫 (*Plasmodium*)]。在植物中一些简单的真菌也表现出微寄生物的特性。

在一些情况下, 微寄生物在宿主之间传播可以是瞬时的, 就像性传染疾病和通过咳嗽和喷嚏的飞沫传播的流感、麻疹等。另一些寄生物则可能经历较长的休眠期,"等待" 它的新宿主。通过食品和水源污染传播的原生动物阿米巴原虫 (*Entamoeba histolytica*) 就是属于这种情况, 它会导致阿米巴痢疾; 导致十字花科植物患甘蓝根肿病 (club-root disease) 的甘蓝根肿菌 (*Plasmodiophora brassicae*) 也属于这种微寄生物。

此外, 一些微寄生物可以通过媒介传播。引起人类嗜睡症和家畜 (及野生动物) 那家那病 (nagana) 的锥虫, 是通过包括舌蝇 (*Glossina* spp.) 在内的多种媒介传播; 引起疟疾的多种疟原虫通过按蚊传播。在这两种情形中, 昆虫不仅是媒介, 而且是中间宿主, 也就是说, 寄生物在其体内增殖。

很多植物病毒通过蚜虫传播。在一些 "非持久" 的物种中, 病毒 (如烟草花叶病毒) 只能在媒介体内存活 1 小时左右, 且通常只由蚜虫的口器携带。在其他一些 "可循环" 的物种中, 病毒 (如莴苣花叶病毒) 从蚜虫的肠道进入循环系统, 然后再进入其唾液腺。在这种情况下, 在媒介具有传染性之前会有一个潜伏期, 但是媒介可以在相对较长的一段时间内保持传染性。最后, 还有一种 "繁殖性" 病毒 (如马铃薯卷叶病毒) 可以在蚜虫体内增殖。线虫也是广泛分布的植物病毒传播媒介。

12.2.2 大寄生物

营寄生生活的蛔虫是主要的大寄生物。人蛔虫在宿主之间直接传播, 从感染的人数及其对健康的危害来看都应该说是最重要的人类肠道寄生物。也有很多与健康相关的动物大寄生物具有间接型生活史。比如绦虫的成虫在动物的肠道内寄生, 通过宿主的体壁直接吸收营养, 产生的卵通过宿主的粪便排出。绦虫幼虫要通过一个或两个中间宿主才能感染终宿主 (在这个例子中是人类)。血吸虫在生活史周期中轮番感染钉螺和脊椎动物。人血吸虫感染肠壁并使卵在其上附着, 也感染肝脏和肺的血管。丝虫是另一类需要在吸血的昆虫体内完成幼虫发育的人类寄生虫。其中, 班氏吴策线虫的成虫在人体的淋巴系统内大量聚集, 造成损害 (典型的会引起橡皮病, 但这种情况其实很少)。它的幼虫 (微丝蚴) 被释放到血液中, 被蚊子摄取, 再由蚊子将发育程度更高、感染力更强的幼虫传回宿主。另一类丝虫, 造成 "河盲症" 的盘尾丝虫是由黑蝇成虫传播的 (盘尾丝虫的幼虫生活在河水中, 河盲症由此得名)。当幼虫释放到皮肤组织和眼睛时会造成严重的伤害。

此外, 还有虱子、跳蚤、扁虱、螨虫和一些真菌会攻击动物。虱子的生活史的各个阶段都在其宿主 (哺乳动物或者鸟类) 身上度过, 它的传播主要依靠宿主个体间的直接接触, 通常发生在母亲和后代之间。跳蚤则相反, 它们的卵和幼年阶段生活在其宿主 (仍然是哺乳动物或鸟类) 的 "家" (通常是巢) 中, 新形成的成体非常活跃地寻找新的宿主, 还经常跳跃或爬行很长的距离以达到这个目的。

植物大寄生物包括造成霉病、锈病和黑穗病的高等真菌, 也包括诱导形成虫瘿的昆虫和在叶中蛀成通道的潜叶虫, 一些有花植物本身就是其他植物的寄生物。

感染植物的真菌类大寄生物通常在宿主之间直接传播。例如, 小麦霉病的感染涉及孢子 (通常是风媒的) 和叶片表面的接触, 接着霉菌穿透到宿主细胞内或细胞间并开始生长, 最终在宿主组织上形成明显的病变, 接着, 病变的区域逐渐成熟并形成新的孢子。

很多导致锈病的真菌是间接传播的。比如, 造成黑茎锈病的真菌通过一年生的草本宿主 (尤其是栽培的谷类, 如小麦) 传播到欧洲小檗 (*Berberis vulgaris*), 再从欧洲小檗回到小麦。对谷类的感染是多轮的, 也就是说, 在同一个生长季孢子可以感染并形成病变, 再释放孢子感染更多的谷类植物。就是这样大量快速的复制造成了黑锈病大范围的流行。另一方面, 欧洲小檗是多年生灌木, 黑锈病真菌可以在其体内长期存在。所以欧洲小檗可以作为黑锈病真菌向谷类植物中传播的永久 "据点"。

全寄生植物和半寄生植物

一些科的植物特化成为其他有花植物的寄生物, 这一类植物分为十分不同的两类。一类是全寄生植物 (holoparasites), 如菟丝子 (*Cuscuta* spp.), 它缺乏叶绿素, 完全依靠宿主植物提供水分、营养和固定二氧化碳。另一类是半寄生植物 (hemiparasites), 如槲寄生 (*Phoraradendron* spp.), 它能进行光合作用, 但是本身根系不发达甚至完全缺失。它们与其他植物的根或茎建立联系并由它们的宿主摄取大部分或全部的水分和矿物质。

12.2.3 巢寄生和群居寄生

乍看起来关于杜鹃的这一部分内容好像并不属于这一章。在多数情况下宿主和寄生物分别属于亲缘关系非常远的类群 (哺乳动物与细菌、鱼和绦虫、植物和病毒)。相反, 巢寄生 (brood parasitism) 发生在亲缘关系很近的物种之间, 甚至是同一个物种的不同成员之间。但是这种现象恰恰符合寄生的定义 (一个巢寄生者 "从一个或几个宿主个体身上取得营养, 通常对宿主造成伤害但不会立刻致其死亡")。在社会性昆虫中巢寄生 [有时被称为群居寄生 (social parasitism)] 已经发展得相当完善: 寄生物使用另一个近缘种的 "劳工" 来养育自己的后代 (choudhary *et al.*, 1994)。不过, 人们对鸟类中的这种现象了解更多。

巢寄生鸟类的生态学意义

营巢寄生的鸟类将它们的卵产在其他鸟的巢中 (图 12.2), 由后者来孵化和养育巢寄生鸟的后代。宿主的繁殖成功通常会受到抑制。在鸭子中, 种内巢寄生的现象非常普遍。不过大多数的巢寄生发生在种间。在鸟类中有 1% 的种营巢寄生 —— 包括杜鹃 50% 的种、雀科的 2 个属、5 种牛鹂和 1 种鸭子 (Payne, 1977)。它们通常只在宿主的巢内产一个卵, 然后为了调整窝卵数而移掉宿主的一个卵。发育中的小寄生者可能会将宿主的卵或幼鸟驱逐出去并伤害任何幸存者, 以独占亲鸟的照料。因此, 巢寄生者具有显著影响宿主的种群动态的潜力。然而, 巢被寄生的频率通常非常低 (低于 3%)。先前, Lack (1963) 曾经断定 "造成英国鸟类卵和幼鸟损失的若干原因中, 杜鹃几乎是可以忽略的。" 不过在欧洲, 与大凤头鹃 (*Clamator glandarius*) 共存的喜鹊 (*Pica pica*) 会比生境中没有大凤头鹃的喜鹊产更多的卵 (Soler *et al.*, 2001), 但是作为代价, 这些卵会比较小。这样的事实还是会给人一种印象, 即巢寄生者对宿主的影响是重要的。人们推断以上的现象是喜鹊对于巢寄生者的进化响应, 这个推断可以被以下事实证明: 产卵数目较多的喜鹊在巢被寄生后确实有更大的可能性成功地养育哪怕只是一部分属于它们自己的后代。

宿主特异的多态: 族群

在宿主高度特异的巢寄生者种群内, 往往会进化出多种多样的寄生关系。比如, 杜鹃属一种鸟类 *Cuculus canorum* 有多种不同的宿主, 但是在杜鹃种内有不同的小种 [或族群 (gente)]。每个族群的雌杜鹃只会在一种宿主的巢内产卵, 并且其卵的颜色和斑纹与该宿主的卵非常相似。因此, 在雌杜鹃的线粒体 DNA 上存在明显的分化, 这些分化仅从雌性个体传递给雌性后代, 但位于核 DNA 的微卫星位点上却没有如此明显的多态, 核 DNA 包含雄性亲本的遗传物质, 而雄性亲本的交配不限于族群之内 (Gibbs *et al.*, 2000)。很早就有人认为 (Punnett, 1933), 决定卵外观的基因位于 W 染色体上, 而只有雌鸟携带 W 染色体。(与哺乳动物不同, 鸟类以雌性为异配性别。) 现在这个观点已经得

图 12.2 巢中的一只杜鹃 (图片经 FLPA/Martin B. Withers 授权许可使用)。

到验证，不过是在大山雀，而非巢寄生者中 (Gosler *et al*., 2000)。雌鸟产的卵与其母亲和外婆(雌鸟从它们那里遗传到 W 染色体) 的卵相似，而与祖母产的卵不相似。当然，如果雌杜鹃产的卵与养育它的宿主的卵外观相似，那么它们也非常有必要把自己的卵产在同一个种的宿主巢内。这很有可能是由巢中的早期“印记”(即习得的偏好) 所致 (Teuschl *et al*., 1998)。

12.3 作为生境的宿主

寄生物与自由生活的生物生态上最本质的不同在于，寄生物的生境本身就是生物。一个生活着的生境可以生长 (数量和/或大小)；具有应激性，可以通过改变自己的性质从而对寄生物做出主动的反应，比如对寄生物做出免疫反应、消化寄生物、隔离寄生物；它们可以进化；对许多动物寄生物来说，它们还可以移动，并且具有一定的运动模式，从而显著影响寄生物在宿主之间的扩散 (传播)。

12.3.1 活养寄生物与尸养寄生物

宿主对寄生物最明显的反应便是死亡。事实上，我们还可以将寄生物分为两类：一类将宿主杀死然后继续在已经死亡的宿主身上生活 [尸养寄生物 (necrotrophic parasite)]；一类则必须在活着的宿主身上生活 [活养寄生物 (biotrophic parasite)]。尸养寄生物的存在使得寄生物、捕食者和腐生生物之间原本清晰的界限变得模糊 (见第 11.1 节)。尸养寄生物通常会导致宿主不可避免且相当迅速的死亡，这里尸养寄生物其实相当于捕食者，一旦宿主死亡，寄生物又成了腐生生物。不过只要宿主还活着，尸养寄生物便会表现出与其他寄生物相似的性状。

对于活养寄生物，宿主的死亡便宣告了它的活跃生活的结束。大部分寄生物属于活养寄生物。然而绿蝇 (*Lucilia cuprina*) 是导致羊皮蝇蛆病的寄生物，属于尸养寄生物。成年绿蝇在活的宿主 (绵羊) 身上产卵，幼虫 (蛆) 咬食绵羊的肉并可能致其死亡。在宿主死亡后，蛆会继续利用其尸体，这时，它们既不算是寄生物也不算是捕食者，而应该被归为腐生生物。很多植物尸养寄生物寄生在宿主非常脆弱的子叶，并引起“腐苗”(damping-off) 的症状。有种灰霉菌 *Botrytis fabi* 是典型的真菌类植物尸养寄生物。它在蚕豆 (*Vicia faba*) 的叶中生长并在穿透之前杀死叶细胞，在叶和豆荚上留下死组织形成的斑点。此时作为分解者的灰霉菌在坏死的组织上继续生长且形成孢子并扩散，不过在宿主组织存活期间它们不释放孢子。

尸养寄生物：先锋腐生生物

因此，很多尸养寄生物可以被认为是先锋腐生生物。它们可以在竞争中占有优势，因为它们可以杀死宿主 (或部分组织)，从而最先获取宿主尸体中的资源。宿主对尸养寄生物的反应通常非常明显。在植物宿主中，最常见的反应是脱落感染的叶片，或者形成特化的屏障来隔离寄生物。比如，土豆会在块茎上形成软木状的疤痕来隔离放线菌 (*Actinomyces scabies*) 的感染。

12.3.2 宿主特异性：宿主范围与人畜共患病

我们在讲述捕食者与猎物之间的相互作用时提到过，在捕食者与猎物之间通常存在着高度的特异性 (单食性)。寄生物与有限范围的宿主之间的特异性更加显著。任何一个寄生性物种 (如绦虫、病毒、原生动物或真菌) 其潜在的宿主都是可利用的动植物群中很小的一个子集。绝大多数的其他物种则很难作为宿主，通常我们并不理解其中的原因。

不过，寄生物与宿主之间的特异性也具有一定的模式。通常，寄生物与宿主的联系越密切，它的宿主范围越可能被局限在一个物种。例如，大多数种类的鸟虱在一个宿主身上度过一生，它们的宿主通常只局限在一个种内；然而跳蚤可以在宿主个体之间活跃地迁移，它们可以利用多个物种作为宿主 (表 12.1)。

自然宿主和偶然宿主

描述一个寄生物的宿主范围不像想象中简单。相比较而言，宿主范围之外的物种则比较容易描述：寄生物不能感染它们；但是对于宿主范围之内的物种，它们对寄生物感染的反应从严重的疾病甚至死亡到无显著症状都有可能。此外，通常一种寄生物的“自然”宿主，即与之协同进化的宿主，感染寄生物后不表现明显的症状。而“偶然”宿主被感染后往往会表现严重的病状。(“偶然”这个词在这里是合适的，因为偶然宿主通常是寄生物的“终点”宿主，它们被感染后会很快死亡以至于不能传播感染，因此寄生物也无法演化以适应偶然宿主。)

瘟疫：一种人作为偶然宿主的人畜共患病

动物源性感染 (zoonotic infection) 指的是在自然界中传播的感染，与一种或几种野生生物协同进化，但也能够对人造成感染的疾病。这不仅是寄生虫学关注的问题，也具有重要

表 12.1 以鸟类和哺乳类为食的外寄生物的特异性(仿 Price, 1980)。

学名(科)	俗名和生活史	物种数	受限制的物种百分比		
			1个宿主	2或3个宿主	3个宿主以上
长角鸟虱科 (Philopteridae)	羽虱 (终生在一个宿主上)	122	87	11	2
蝠蝇科 (Streblidae)	吸血蝇 (寄生蝙蝠)	135	56	35	9
狂蝇科 (Oestridae)	狂蝇 (雌蝇在宿主之间飞行)	53	49	26	25
盲蚤科 (Hystrichopsyllidae)	跳蚤 (在宿主之间跳跃)	172	37	29	34
虱蝇科 (Hippoboscidae)	虱蝇 (高度移动)	46	17	24	59

的病理学意义。比如腺鼠疫和肺鼠疫，一种由鼠疫杆菌 (*Yersinia pestis*) 引起的人类疾病。鼠疫杆菌在自然界的若干种野生啮齿类动物中传播，如中亚沙漠地带的大沙鼠 (*Rhombomys opimus*) 和美国西南部沙漠的更格卢鼠 (*Dipodomys* spp.)。值得注意的是，尽管鼠疫杆菌具有广泛传播的特性并且对人类构成潜在的威胁，但我们对于美国鼠疫杆菌的生态学了解极少 (见 Biggins & Kosoy, 2001)。鼠疫杆菌感染并不会在这些物种中引起任何明显的症状，但是在其他一些物种 (有些甚至是鼠疫杆菌自然宿主的近亲) 中，鼠疫杆菌的感染是致命的。在美国，同为啮齿类的草原犬鼠 (*Cynomys* spp.) 种群会规律性地被流行的鼠疫消灭，这已经成为物种保护所面临的重要问题。还有一些物种，只是与鼠疫杆菌的自然宿主有着非常远的亲缘关系，但是瘟疫在这些物种中的蔓延经常是迅速且致命的，比如人类。为什么同一种寄生物对不同宿主毒性的差异如此明显，即对协同进化的宿主毒性较低，对一些亲缘关系很远的宿主毒性很高，而对另一些甚至不能造成感染，这是宿主–寄生物研究中一个非常重要但答案尚不明确的问题。我们将在第 12.8 节中介绍宿主–寄生物的协同进化。

12.3.3 宿主体内的生境特异性

多数寄生物经过特化只能生活在宿主的某些部位。疟原虫生活在脊椎动物的红细胞中。宿主为牛、绵羊和山羊的泰勒虫 (*Theileria*) 生活在哺乳动物的淋巴细胞和上皮细胞中，随后转移到蜱的唾液腺细胞 (蜱是泰勒虫的传播媒介)。

寄生物会在宿主体内寻找生境

通过实验，我们可以将寄生物从宿主的一个部位移植到另一个部位，可以看到很多寄生物生活在特异的目标区域。将巴西钩虫 (*Nippostrongylus brasiliensis*) 从大鼠的空肠移植到小肠前面和后面的部位，它们会迁移回到原本的生境 (Alphey, 1970)。对于另一些寄生物来说，生境搜索的行为主要依靠生长，而不是迁移来完成。例如，造成小麦黑穗病的小麦散黑粉病菌 (*Ustilago tritici*) 首先感染小麦花暴露在外的柱头，然后生长出纤维状的菌丝系统进入幼嫩的胚胎，随着小麦发育出子叶和幼苗，菌丝体也同步生长，直到最后进入发育的花中，将小麦花变成大量的真菌孢子。

12.3.4 宿主是具有活性的环境: 抵抗、恢复和免疫

无脊椎动物

一种生物对于 “异己” 的反应依赖于识别什么是 “自己”，什么是 “异己”。在无脊椎动物中，吞噬细胞主要负责宿主对于入侵者 (甚至是无生命的粒子) 的反应。在昆虫中，血细胞 (血淋巴中的细胞) 通过若干种途径隔离传染性物质，特别是包囊作用 (encapsulation) —— 一种识别 “异己” 物质并做出响应、伴随在体液系统中产生多种可溶化合物的反应。若动物不具有血细胞，则通过中肠感染屏障完成该反应 (Siva-Jothy *et al*., 2001)。

脊椎动物: 免疫应答

在脊椎动物中也存在对于异己物质的吞噬反应，不过它们的 “兵工厂” 的反应是一个更加复杂精细的过程: 免疫应答 (the immune response) (图 12.3)。对于寄生物的生态学，免疫应答有两个重要的特点: ① 它可能使宿主从感染中恢复; ② 它可以赋予曾经被感染的宿主一种 “记忆”，使得寄生物再次侵染时宿主能够做出不同的反应，也就是说，宿主对再次感染具有免疫力。在哺乳动物中，母体向后代传递的免疫球蛋白甚至可以使这种保护作用传递到下一代。

对于脊椎动物来说，大多数病毒性或细菌性的感染相对于宿主个体的生命只是一个短暂的、瞬间的事件。寄生物在宿主体内复制并且引发强烈的免疫应答。相反，大寄生物和原生动物微寄生物通常只能引起微弱的免疫应答。这些感染倾向于长期持续，而且宿主可能会反复受到感染。

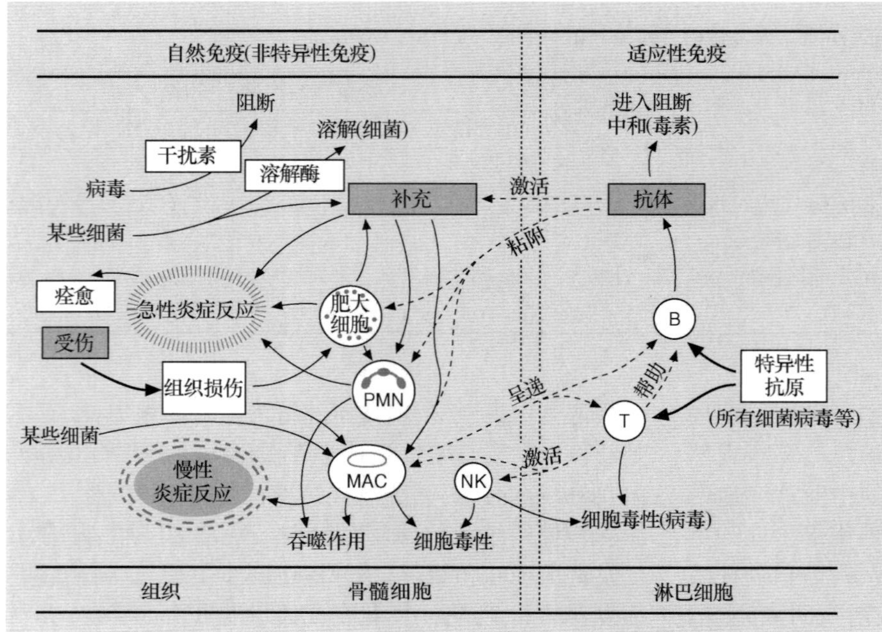

图 12.3 免疫应答。免疫应答可以分为自然应答(也称非特异性反应)(左)和适应性反应(右)。两种机制都包含胞内免疫(下半部分)和激素免疫(存在于血清和体液中)(上半部分)。适应性应答开始于免疫系统被一个抗原刺激、巨噬细胞(MAC)接受并处理抗原时。抗原是寄生物的一部分,如表面分子。处理过的抗原被呈递到 T 淋巴细胞和 B 淋巴细胞。作为响应,T 淋巴细胞被激活产生多个细胞,其中一些是自然杀伤细胞(NK, natural killer cell),另一些刺激 B 淋巴细胞产生抗体。这时携带抗原的寄生生物就会受到多种途径的攻击。PMN 代表嗜中性粒细胞(polymorphonuclear neutrophil)(仿 Playfair, 1996)。

对于微寄生物和大寄生物的不同免疫应答

诚然,对于微寄生物和寄生虫的反应通常是由免疫系统中的不同途径控制的(MacDonald *et al.*, 2002),而且这些途径可以互相下调:寄生虫感染可能会提高微寄生物感染的可能性,反之亦然(Behnke *et al.*, 2001)。所以,举例来说,对于同时携带寄生虫感染和 HIV 感染的病人,对于寄生虫感染的成功治疗会导致 HIV 病毒携带量的下降(Wolday *et al.*, 2002)。

植物

植物的构件结构、细胞壁的存在以及缺乏真正的循环系统(比如血液或淋巴)的特点使得任何形式的免疫应答都无法提供有效的保护。没有能够迁移的吞噬细胞群可以被动员起来处理入侵者。不过,越来越多的证据表明高等植物拥有复杂的抵御寄生物的系统。这种防御可能是结构性的(constitutive)——对于入侵者的物理或生物屏障,无论是否受到寄生物感染都存在。也可能是可诱导的(inducible)——作为对于寄生物攻击的反应(Ryan & Jagendorf, 1995; Ryan *et al.*, 1995)。当植物在寄生物攻击后得以幸存,它可能会得到对于后续攻击的“系统的获得性抵抗力”。比如说,当烟草的一枚叶片被烟草花叶病毒感染后,受到感染的区域会发生病变,但是这株植物会对新的感染具有抵抗力,无论是烟草花叶病毒还是别的寄生物。在一些情况下这样的过程涉及产生“隐地蛋白”(elicitin),已经有研究纯化出这种物质,并且证明它会引发宿主强烈的防御反应(Yu, 1995)。

宿主防御的高昂代价

我们关于宿主的防御反应的理解基于一个核心的理念,即这些反应的代价是昂贵的——投入到防御反应中的能量和物质一定是从其他重要的身体功能中转移出来的——所以在防御反应和生活史的其他方面必然存在权衡:投入到一个方面的越多,能够投入到其他方面的就越少。Lochmiller 和 Derenberg (2000) 综述了脊椎动物在这方面的证据,证明很多脊椎动物进行免疫应答时需要付出能量代价(用静止代谢率的增加表示)(表 12.2)。

表 12.2 不同脊椎动物宿主对一系列可诱发免疫反应的“挑战”作出免疫应答时,其能量消耗的估计(相比于对照的静态代谢率增加的百分比)(仿 Lochmiller & Derenberg, 2000)。

物种	免疫挑战	代价 (%)
人类	败血症	30
	败血症和伤口	57
	伤寒疫苗	16
实验室大鼠	白细胞介素-1 注射	18
	发炎	28
实验室小鼠	锁孔蝛血蓝蛋白注射	30
羊	内毒素	10~49

12.3.5 宿主反应的结果: *S-I-R*

对于寄生虫学家、医生和兽医来说, 不同生物对抗感染的机制显然是有趣并且重要的。对于研究某个特殊系统的生态学家, 这些机制也很重要, 因为他们需要全面了解该系统的生物学。但是从生态学角度来看, 宿主 (个体层面和种群层面) 的抵御反应的结果更为重要。首先, 这些反应决定了个体是 "完全易感" 还是 "完全抵抗", 还是两个极端之间的任何中间值 —— 如果它们被感染, 它们是被杀死还是完全不表现症状, 还是这两个极端之间的任何中间值。其次, 对于脊椎动物, 这些反应决定了个体对感染是仍然表现易感性, 还是获得了免疫力。

这些个体层面的差别决定了种群层面的结构, 即有多少个体分别属于每个类别。许多反映宿主 – 寄生物动态的数学模型被称作 *S-I-R* 模型 (*susceptible, infectious and recovered* model), 因为它们追踪的是种群中易感个体、传染性个体和痊愈个体 (且具有免疫力) 数量的变化。种群水平的变化便涉及生态学的核心: 被研究的生物的分布和多度。在本章的第 12.4.2 节及之后我们会讨论流行病学的问题。

12.3.6 寄生物诱导的生长与行为变化

一些寄生物会引起宿主发育的程序化改变。潜蝇、瘿蚊和瘿蜂这些在高等植物上形成虫瘿的昆虫就是明显的例子。这些昆虫在宿主组织上产卵, 宿主以重建生长作为反应。虫瘿作为形态发生反应的结果, 与植物正常产生的组织非常不同。仅仅是寄生虫卵的存在就足以启动宿主组织的形态发生变化, 即使将正在发育的幼虫移除, 宿主形态的变化仍会持续。攻击栎树 (*Quercus* spp.) 的若干种造瘿生物中, 每一种都能够引发宿主独特的形态发生上的响应 (图 12.4)。

菌瘿

植物的真菌和线虫寄生物也可以引发形态反应, 比如形成巨大的细胞或结节, 或者其他的畸形。当宿主被致瘤农杆菌 (*Agrobacterium tumefaciens*) 感染后, 原本因为缺乏寄生物而能够得以痊愈的菌瘿现在又被设定了新的形态发生模式, 宿主会继续产生菌瘿组织。在这个例子中, 寄生物引发了宿主的遗传转化。一些寄生真菌还会 "控制" 它们的宿主, 使其不育。一种寄生在禾本科植物上的真菌 *Epichloe typhina* 可以阻止宿主开花和结实, 使禾草保持为营旺盛营养生长的 "无繁殖

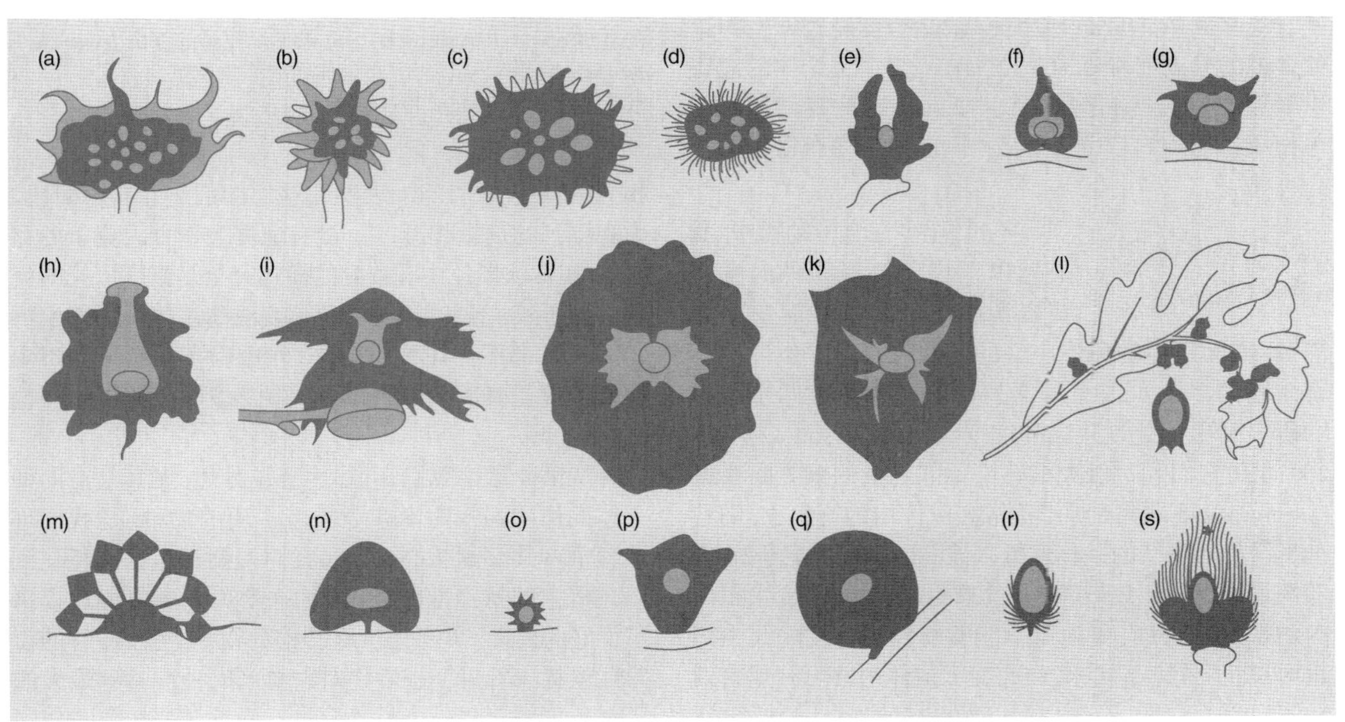

图 12.4 安堆瘿蜂属 (*Andricus*) 不同瘿蜂在栎树 (*Quercus petraea, Q. robur, Q. pubescens* 或 *Q. cerris*) 上形成的虫瘿。每幅图片显示不同种瘿蜂引起的虫瘿。深色区域表示虫瘿组织, 中央的浅色区域表示含有昆虫幼虫的空腔 (引自 Stone & Cook, 1998)。

能力个体", 帮助寄生物留下后代, 却不能产生自己的后代。

宿主行为的改变(有时是剧烈变化)

构件生物对于寄生物 (当然还有其他环境刺激) 的反应往往涉及生长和形态的变化, 但单体生物对寄生物的反应则经常表现为行为的变化: 这种变化通常会增加寄生物传播的机会。被蛔虫感染的宿主会因为肛门瘙痒而抓挠, 使得寄生虫的卵通过手指或脚爪进入口中。有时, 被感染的宿主看上去是要使寄生虫达到第二宿主或传播媒介的机会得到最大化。有人曾经观察到螳螂走到河边跳入水中, 不到一分钟后就有铁线虫 (*Gordius*) 出现在其肛门附近。这种线虫是陆生昆虫的寄生物, 但是其部分生活史依赖水生宿主。看起来它的螳螂宿主就像是患上了 "亲水症", 一定会帮助铁线虫到达有水的生境。如果把要自杀的螳螂从水边救下来, 它还会回到河边再跳进去。

12.3.7 宿主体内的竞争

恒定的最终产出?

既然宿主是寄生物的生境斑块, 那么能够在其他生境观察到的种内和种间竞争也应该能够在宿主体内观察到。已经有很多例子证明寄生物个体的适合度随着寄生物总体多度的升高而降低 (图 12.5a), 一个宿主个体的总寄生物产出量会达到饱和 (图 12.5b), 这使我们回想起单作植物的种内竞争会导致 "恒定的最终产出" (见第 5.5.1 节)。

竞争还是免疫应答?

不过, 至少在脊椎动物中, 我们把以上现象解释为种内竞争或资源限制的结果时需要格外谨慎, 因为宿主的免疫应答的剧烈程度通常也取决于寄生物的多度。有个非常好的试图分离这两个因素的研究利用了免疫缺陷的突变大鼠 (Paterson & Viney, 2002), 用它们和对照大鼠感染不同剂量的鼠类圆线虫 (*Strongyloides ratti*)。对于正常大鼠体内的寄生物, 随着剂量增长而降低的适合度可以被归因为种内竞争和/或随剂量增长的免疫应答; 不过很明显, 对于突变大鼠体内的寄生物, 只有种内竞争能够解释适合度随线虫剂量增长而降低。事实上, 在突变大鼠体内并没有观察到

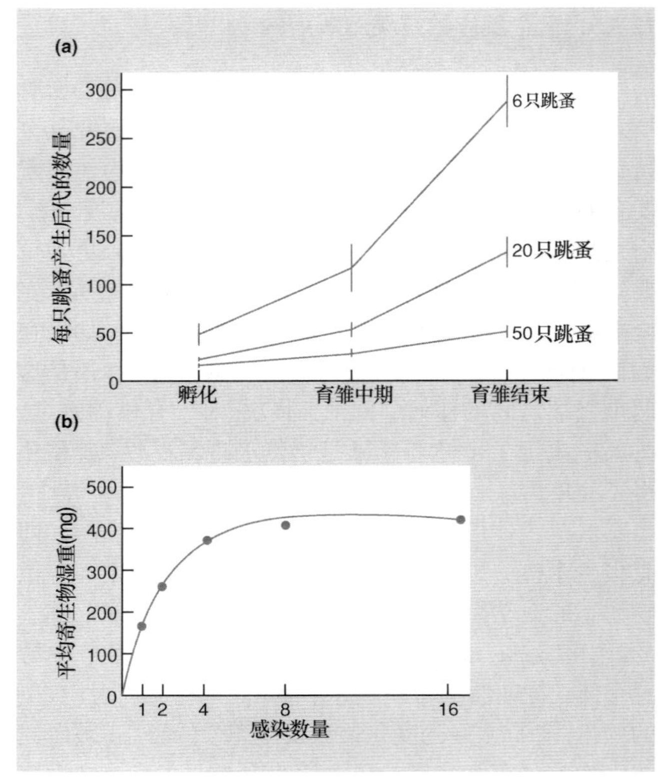

图 12.5 宿主体内寄生物的密度依赖响应。(a) 放入青山雀巢中的 "奠基者" 禽角叶蚤 (*Ceratophyllus gallinae*) 数量与每只跳蚤产生的后代数量 (平均值 ±SE) 之间的关系。跳蚤的密度越大, 繁殖率越低。从青山雀卵孵化到育雏过程结束, 这样的差别都一直存在 (仿 Tripet & Richner, 1999)。(b) 以不同数量的绦虫 *Hymenolepis microstoma* 感染小鼠, 每只小鼠体内的绦虫质量会达到一个 "恒定最终产出" (仿 Moss, 1971)。

相应的反应 (图 12.6), 表明在这样的剂量 (与自然环境中观察到的剂量相近) 下, 没有证据表明种内竞争的存在, 在正常大鼠体内观察到的模式完全是密度依赖的免疫应答所致。当然, 该实验并不表明宿主体内的寄生物之间从来都不存在种内竞争, 但这确实强调了当寄生物的生境是具有应激性的宿主时, 事情会变得有一些微妙。

从第 8 章中我们知道, 生态位分化, 尤其是对同种个体的作用强于对潜在竞争者作用的物种, 是我们理解竞争者共存的核心。之前我们提到寄生物会特化到适应宿主的特殊部位或组织, 这就为生态位分化提供了很好的机会。并且至少在脊椎动物中, 免疫应答的特异性也意味着每个寄生物对它自己的种群具有最大的

负面作用。不过另一方面，确实也有很多寄生物分享共同的宿主组织和资源；并且容易观察到一种寄生物的存在可能使得宿主更加不易被第二种寄生物寄生（例如，在植物中这是可诱导的防御反应的结果），或者使得宿主更容易被另一种寄生物攻击（只是因为宿主比较虚弱）。总之，宿主体内的寄生物竞争这个主题不乏尚未解决的问题。

寄生物的种间竞争

一些寄生物种间竞争的证据来自对于两种线虫 *Howardula aoronymphium* 和 *Parasitylenchus nearcticus* 的研究，它们都感染果蝇 *Drosophila recens* (Perlman & Jaenike, 2001)。其中 *P. nearcticus* 是特化寄生者，只在 *D. recens* 体内发现；而 *H. aoronymphium* 是泛化寄生者，能够感染若干种果蝇。此外，*P. nearcticus* 对其宿主的影响更加严重，通常会使雌性不育；而 *H. aoronymphium* 只能使宿主的生育力下降 25% 左右（虽然这本身已经是对宿主适合度很强烈的削减了）。另外，可以非常明显地看到，当两种寄生物共存时，*H. aoronymphium* 会受到 *P. nearcticus* 显著的影响（图 12.7a），而 *H. aoronymphium* 对 *P. nearcticus* 的影响并不显著（图 12.7b）。所以总的来说，这两种寄生物之间的竞争是非常不对称的（种间竞争经常是不对称的；见第 8.3.3 节）：特化寄生物 *P. nearcticus* 既是对宿主更有力的剥削者（通过对宿主生育力的影响使其密度下降），又在干扰竞争中占有优势。这两个物种之所以能够共存，我们推测是因为果蝇宿主为 *P. nearcticus* 提供了基础生态位和实际生态位，而只为 *H. aoronymphium* 提供了部分实际生态位。

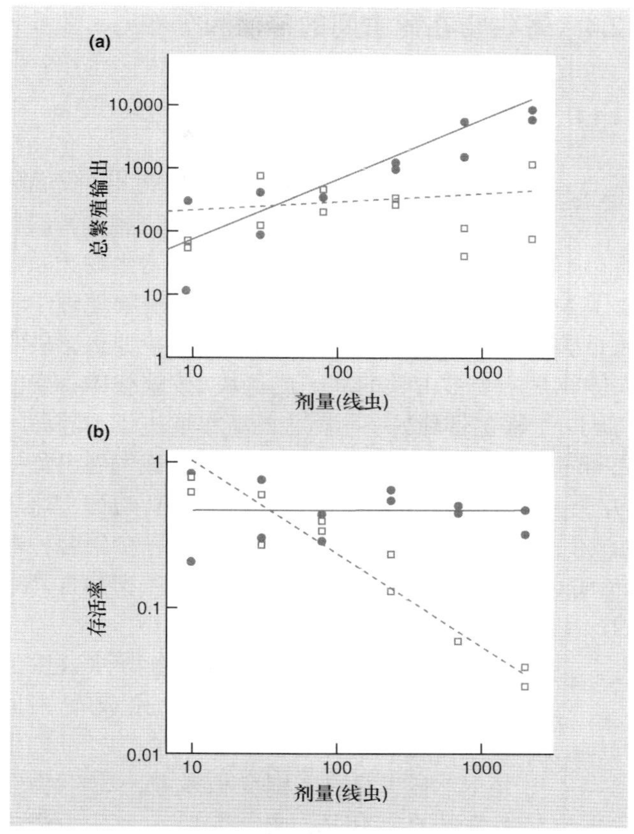

图 12.6 宿主的免疫反应是感染大鼠的鼠类圆线虫（*Strongyloides ratti*）数量在宿主体内呈现密度依赖现象的主要原因。(a) 在缺乏免疫反应的突变大鼠体内，线虫的总繁殖产出随初始剂量线性增长（●，斜率与 1 没有显著差异），但在存在免疫反应的大鼠体内（□），总繁殖产出与初始剂量大致独立，也就是说，总繁殖产出是受到调控的（斜率 0.15，显著小于 1，$P < 0.001$）。(b) 在缺乏免疫反应的大鼠体内，线虫的存活率与初始剂量相互独立（●，斜率与 0 无显著差异），但是当存在免疫反应时（□）存活率下降（斜率为 −0.62，显著小于 0，$P < 0.001$）（仿 Paterson & Viney, 2002）。

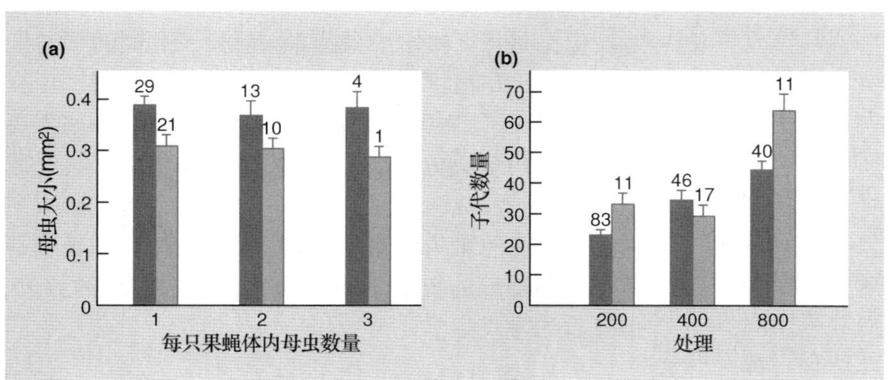

图 12.7 (a) 一周龄宿主果蝇 *Drosophila recens* 体内寄生物（*Howardula aoronymphium*）母虫的平均大小（平均值 ± SE，纵切面积），宿主体内分别有 1 只、2 只或 3 只 *H. aoronymphium* 母虫，宿主只感染 *H. aoronymphium* 一种寄生物（深色柱图）或同时感染 *H. aoronymphium* 和 *Parasitylenchus nearcticus*（浅色柱图）。虫体大小是估计 *H. aoronymphium* 生殖能力的很好的指标。混合感染宿主内的母虫大小（生殖能力）总是低于单一寄生物感染。(b) 单一寄生物感染（深色柱图）和混合寄生物感染（浅色柱图）对 *P. nearcticus* 子代数量（即母虫的生育能力）（平均值 ± SE）的影响。柱上方数字表示该种处理果蝇的样本量，实验处理的数字表示添加到食物中的寄生物数量。混合感染并没有降低寄生物的生育能力（仿 Perlman & Jaenike, 2001）。

12.4 寄生物在宿主间的传播和分布

12.4.1 传播

将宿主看作岛屿

Janzen (1968) 指出, 我们可以将宿主看成由寄生物占领的岛屿。通过相同的词汇, 这个类比将宿主 – 寄生物关系带入了 MacArthur 和 Wilson (1967) 的岛屿生物地理学领域 (见第 21.5 节)。在这个意义上, 一个被疟原虫感染的人体就是一个被占领的岛屿或斑块, 按蚊载体将寄生物从一个宿主带到另一个宿主的概率取决于不同岛屿之间的距离。因此, 即使旧的宿主会死亡或发展出免疫力, 寄生物的种群可以通过不停地占据新的宿主斑块而得到延续。这样, 整个寄生物种群就是一个集合种群 (metapopulation) (见第 6.9 节), 每一个宿主支持着其中的一个亚种群。

直接与间接的传播; 短命与长命的介质

不同的寄生物物种当然是通过不同途径来完成宿主间传播的。 传播方式之间最根本的区别大概就是, 寄生物在宿主与宿主之间直接传播, 或是需要一个载体或中间宿主来完成传播。 在前一种传播方式中, 我们还需要区分通过宿主身体直接接触或短命的感染性介质传播 (如通过咳嗽和打喷嚏的空气传播), 和通过长命的感染性介质传播 (如休眠和持久的孢子)。

通过生活经验, 我们已经对动物病原体的这些区别非常熟悉, 其实对于植物寄生物, 以上的模式同样适用。例如, 很多通过土壤传播的真菌疾病就是通过根接触而从一株宿主植物传播到另一株的, 或者以在一株植物的根系建立的基础作为资源而攻击另一株植物。蜜环菌 (*Armillaria mellea*) 在土壤中的传播是通过鞋带样的根状菌索接触另外一个宿主 (通常是木本植物或灌木) 而令其感染。在多样化程度较高的群落中, 这样的扩散相对较慢, 不过当植物大面积的连续不断地生长在一起时, 持续的植物间接触使得感染扩散的机会大大增加。对于风媒疾病, 病灶集中点可以被建立在离疫源地很远的地方, 但是疫病在当地发展的速率强烈地依赖于宿主个体间的距离。靠风传播的繁殖体 (孢子、花粉和种子), 其分布呈现明显的尖峰态: 少数繁殖体扩散得非常远, 不过大多数堆积在起源点附近。

12.4.2 传播动态

传播动态是真正意义上的病原体种群动态的驱动力, 但是我们在这方面掌握的数据通常是最少的 (相对于寄生物繁殖力或者宿主死亡率)。不过我们还是可以建立一个传播动态的大致图景 (Begon *et al*., 2002)。

感染传播的形式在种群中扩散的速率取决于平均传播速率 (每个宿主 “目标” 传播寄生物的速率) 和易感宿主的数量 (用 S 表示)。平均传播速率通常与易感宿主间的接触率 (contact rate) k 成正比, 也取决于宿主间的一次接触真正传播感染的概率 p。显然, 这个概率取决于寄生物的感染力、宿主的易感性等等。将这三个成分放在一起, 我们可以说:

$$\text{感染传播的速率} = k \cdot p \cdot S \tag{12.1}$$

接触率

接触率 k 的一些细节在不同的传播形式中有所不同。

- 对于在宿主间直接传播的寄生物, 我们关注的是已经感染的宿主和易感 (但尚未感染) 宿主之间的接触率。
- 对于通过长命的介质传播的疾病, 并且介质与宿主分离, 接触率是长命介质与易感宿主之间的接触率。
- 对于媒介传播的寄生物, 我们关注宿主与媒介之间的接触率, 这需要确定两个关键的传播速率: 从感染宿主到易感媒介, 以及从感染媒介到易感宿主。

但又是什么决定了易感者与感染者之间的平均接触率? 对于长命的传播介质, 我们通常假设接触率由介质的密度决定。对于直接传播和载体传播, 接触率需要被分解为两个成分: 第一个是易感个体与所有其他宿主 (直接传播) 或载体间的接触率 c; 第二个是这些宿主或媒介具有感染力的概率, 我们用 I/N 表示, I 是感染宿主 (或媒介) 的数量, N 是所有宿主 (或媒介) 的数量。扩展后的等式为

$$\text{感染传播的速率} = c \cdot p \cdot S \cdot (I/N) \tag{12.2}$$

我们需要依次解释 c 和 I/N。

12.4.3 接触率: 密度和频率依赖传播

密度依赖的传播

对于大多数感染, 我们经常假设接触率 c 的增长与种群密度 N/A 成正比, 其中 A 是种群占有的面积, 也就是说, 种群密度越大, 宿主就有更大的机会彼此接触 (或者媒介有更多的机会接触到宿主)。为了简便, 我们假设 A 保持不变, 然后等式中的 N 可以互相消掉, 所有其他的常数合并为 "传播系数" (transmission coefficient) β, 然后等式变为

$$感染传播的速率 = \beta \cdot S \cdot I \qquad (12.3)$$

毫无疑问, 这即是密度依赖的传播。

另一方面, 对于性传播的疾病, 人们通常认为接触频率依赖的传播率是恒定的: 性接触的频率是独立于种群密度的。这时等式变为

$$感染传播的速率 = \beta' \cdot S \cdot (I/N) \qquad (12.4)$$

式中传播系数又一次合并了所有的常数, 不过这一次 β 上带着一个上角符号, β', 因为这个常数的组合与前一个 β 略有不同。这就是所谓的频率依赖传播。

不过, 越来越多的证据表明性传播与频率依赖、其他传播与密度依赖之间的简单对应关系并不正确。比如说, 当我们比较用密度依赖和频率依赖来描述牛痘病毒 (它不是通过性传播) 的传播动态时, 在欧䶄 (*Clethrionomys glareolus*) 的自然种群中, 传播动态在更大程度上表现出频率依赖 (Begon *et al.*, 1998)。频率依赖在其他一些非性传播的昆虫感染中能够比密度依赖更好地描述传播动态 (Fenon *et al.*, 2002)。对于这些情况, 一个可能的解释是, 性接触不是唯一的独立于种群密度的传播模式, 很多社会性接触、领域保卫等行为都可能属于这一类别。

传播谱的两端

另外, $\beta \cdot S \cdot I$ 和 $\beta' \cdot S \cdot (I/N)$ 本身也越来越多地只被看作是测量真实传播时的基准值, 而非传播动态的精确描述 (如 McCallum *et al.*, 2001), 或者只是通过这两个表达式来将真实的传播条件整合起来。比如说, 用 $\beta S^x I^y$ 来拟合印度谷螟 (*Plodia interpunctela*) 幼虫中颗粒体病毒的传播动态, 我们得到最好的拟合并不是 "纯正" 的密度依赖传播 βSI, 而是 $\beta' S^{1.12} I^{0.14}$ (图 12.8)。换句话说, 在易感宿主的密度较大时, 传播速率将比预期快 (指数大于 1), 可能是因为高密度的宿主会容易缺乏食物, 移动加剧, 从而消耗更多的感染力物质。但是当感染力尸体密度较高时, 传播速率比预期慢 (指数小于 1), 可能是因为宿主的易感性存在很大的差异, 这样即使宿主尸体密度很低, 最易感的宿主仍会被感染, 而抵抗力最强的宿主即使在尸体密度很高时也不被感染。

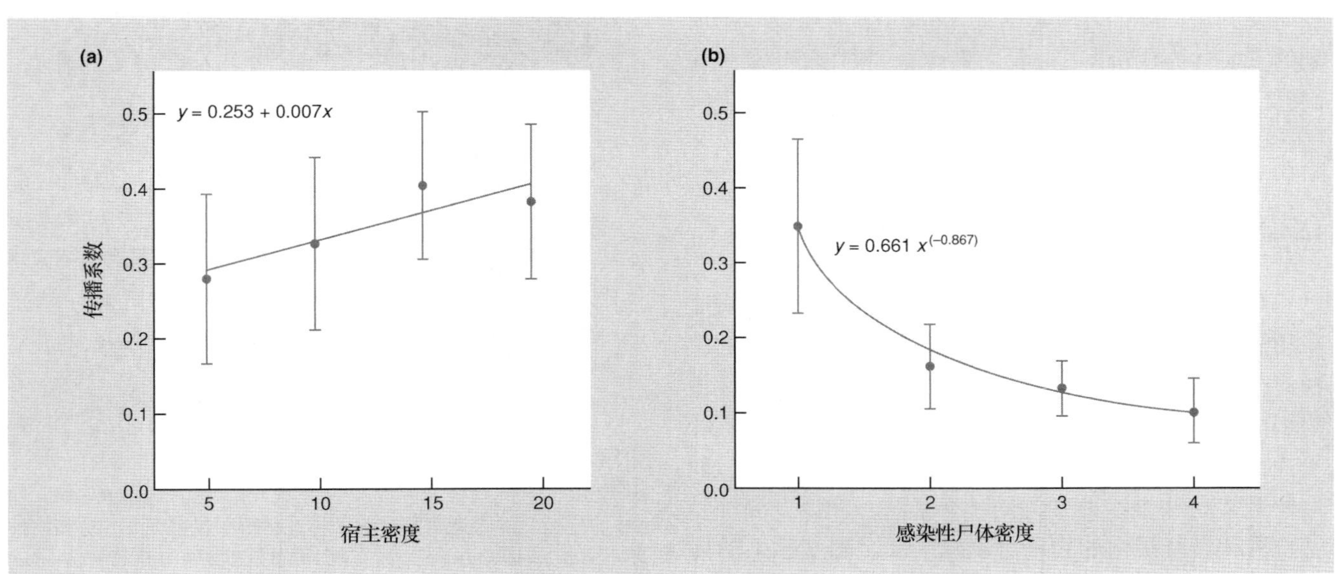

图 12.8 以颗粒体病毒在印度谷螟 (*Plodia interpunctella*) 间的传播为例, 在不同的 (a) 易感宿主和 (b) 感染力尸体密度下估计传播系数。数据显示传播系数在前一种情况下升高, 而在后一种情况下降低。这与密度依赖传播的预期矛盾 (两种情况应该具有相同的传播系数) (仿 Knell *et al.*, 1998)。

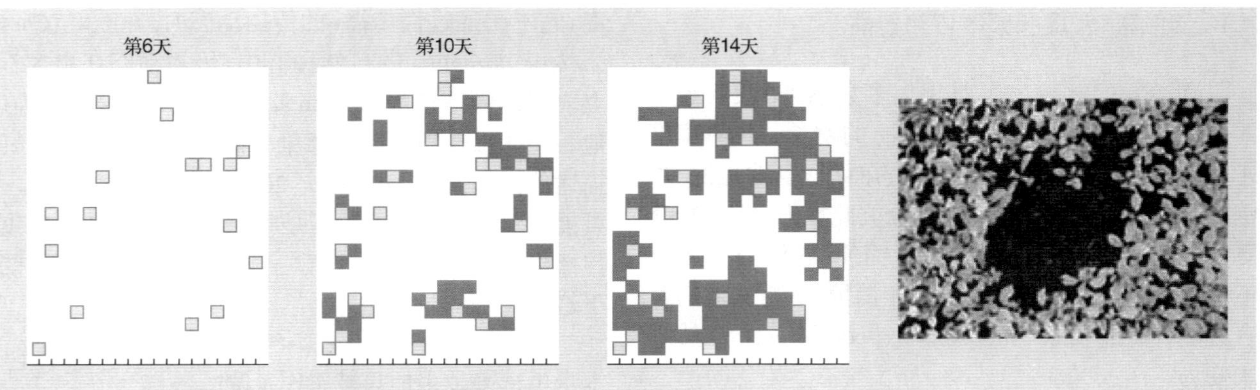

图 12.9 由真菌 *Rhizoctonia solani* 导致的腐苗病在一个萝卜 (*Raphanus sativus*) 种群中的空间散布。开始时疾病发生在孤立的植株上 (浅色方格), 然后很快扩散到邻近的植株 (深色方格), 造成了斑块状分布的腐苗病 (右图) (由剑桥大学 W. Otten 和C. A. Gilligan 友情提供)。

局部"热点"

现在让我们把关注的目标从接触率 c 转移到 I/N 项。我们通常假设这一项是基于整个种群中感染个体的数量。不过真实的情况是, 传播通常发生在局部, 发生在临近的个体之间。换句话说, 使用 I/N 需要假设种群中所有的个体充分、自由地混合, 或者稍微现实一些, 感染力个体在种群中大致均匀地分布, 这样所有的易感个体以大致相同的概率 (I/N) 与感染个体接触。但是实际上, 种群中很可能存在感染的 "热点" (I/N 值局部较高) 和 "冷点"。这样, 在一个种群中传播速率经常不是均匀分布的 (如图 12.9), 不能简单地用 βSI 来描述整个种群。这说明了数学模拟中一个很普遍的观点: 将复杂的过程简化到用简单的几项来表示 (如 βSI), 需要以降低模型的真实性为代价。不过我们将会看到 (在前几章中我们已经看到), 没有这类简单模型的帮助, 我们很难理解复杂的传播过程。

12.4.4 宿主多样性与疾病的空间散布

宿主之间相隔的距离越远, 寄生物在它们之间散布的机会就越少。我们可能并不会感到奇怪, 主要的植物流行病发生在粮食作物中。它们的分布不像其他植物组成的 "大海" 中的若干相互隔离的 "岛屿", 而更像一片 "大陆" —— 大面积的土地被同一个物种占据 (而且还经常是这个物种中的同一个品种)。相反, 混种易感物种和具有抗性的物种可以减缓甚至阻断感染的传播 (图 12.10)。在第 22.3.1.1 节中, 我们会讨论一个类似的例子, 在美国传播的莱姆病 (lyme disease) 有若干种宿主, 一些种的宿主不能传播螺旋菌病原体, 它们 "冲淡" 了莱姆病在能够传播病原体的宿主之间的扩散。

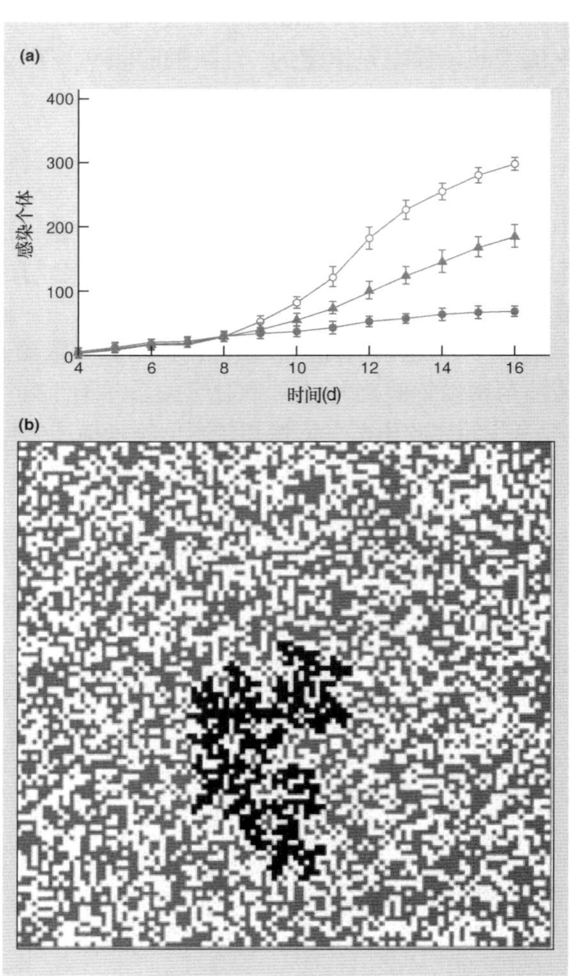

图 12.10 与抗性物种混种减缓了萝卜腐苗病 (真菌 *R. solani* 导致) 的蔓延。(a) 感染腐苗病的个体在种群中的蔓延。○, 易感物种萝卜 (*Raphanus sativus*); ●, 具有部分抗性的物种白芥 (*Sinapis alba*) ▲ 混种萝卜与芥菜 (50:50)。(b) 计算机模拟显示当种群中 40% 的植物具有抗性时, 腐苗病的扩散可以被阻断。白色方块表示抗性植株, 黑色方块表示感染植株, 灰色方块表示易感植株。感染只能在相邻植株间传播 (有一边重合)。在这个模拟中, 疾病无法继续传播 (由剑桥大学 W. Otten, J. Ludlam 和 C. A. Gilligan 友情提供)。

在农业生产实践中，抗性品系对进化中的寄生物是一种考验：能够攻击抗性品系的寄生物突变体可以直接获得更高的适合度。所以新的、抗病的品系通常会广泛地进入商业流通，但是之后它们会相当突然地被另一种病原体所击垮。然后人们便开始使用更新的品种，新的病原体又会随之出现。这个循环往复的过程使得病原体总处在不断进化的状态，也使得植物育种工作者不停地忙于培育新的品系。有一种办法可以使我们避免这样地循环，即有意将多个品系的作物混种，这样既不会使作物被一种恶性病原体控制，也不会同时使所有作物处于易感状态。

Janzen-Connell 效应

在自然界中，疾病可能从多年生植物的成体传播到邻近的同种植物的幼苗。如果这种效应普遍存在，它可能会抑制单物种植物群落的出现从而促进群落的物种丰富度增加。这被称为 Janzen-connell 效应。Packer 和 Clay (2000) 在美国印第安纳州用黑樱桃 (*Prunus serotina*) 完整地证实了该效应。第一，在母株周围幼苗存活的几率较低 (图 12.11a)。第二，土壤中存在的某种物质降低了幼苗存活率 (图 12.11b)，虽然这种效应只在幼苗密度很高时才比较明显，而且在灭菌土壤中观察不到。这表明是母株周围高密度的幼苗增强了病原体的传播。事实上，观察到死去的幼苗呈现腐苗症状，并且从中分离出了导致腐苗病的真菌 *Pythium* sp.，这种真菌能够显著降低幼苗存活率 (图 12.11c)。

12.4.5 宿主种群中寄生物的分布：聚集分布

寄生物传播的特性很自然地使它们在宿主种群中的分布处于不断变化的状态。不过，如果我们将这一分布的画面“冻结”在某个瞬间，或者更准确地说，对宿主种群的每个时间点做一个断层扫描，这样得到的寄生物分布则很少是随机的。对于任何一种寄生来说，通常的情况是大多数宿主个体不携带或携带少量寄生物，而少数宿主个体携带大量寄生物，也就是说，寄生物在宿主种群中的分布呈聚集状态 (图 12.12)。

患病率、感染强度和平均感染强度

在这样的种群中，寄生物的平均密度 (平均每个宿主携带的寄生物数量) 可能是个没有意义的参数。如果只有一个人感染了炭疽杆菌 (*Bacillus anthracis*)，那么整个人类种群中炭疽杆菌的密度即是没有意义的信息。一个更有意义的统计量，尤其对于微寄生物，是感染的患病率 (infection prevalence)，即宿主种群中有多大比例的个体被感染。另一方面，不同个体之间感染的严重程度可能会因为携带的寄生物数量不同而异。某个宿主携带的寄生物数量被称为感染强度 (infection intensity)。平均感染强度是指平均每个宿主携带的寄生物数量 (包括未被感染的宿主)。

不同宿主个体之间寄生物聚集程度的不同可能是由于个体的易感性不同 (由于遗传、行为或环境因素)，

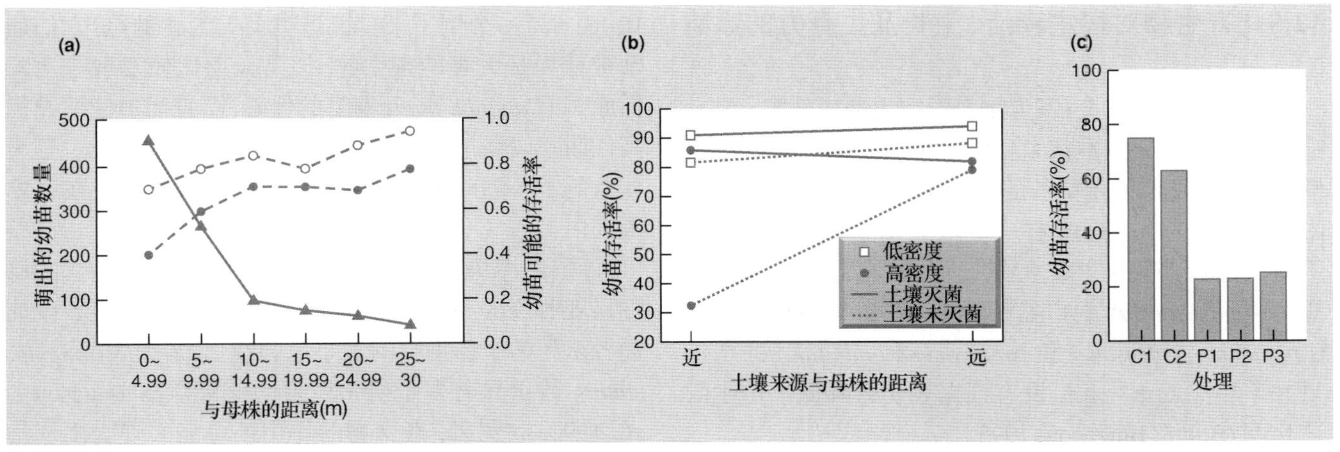

图 12.11 (a) 幼苗与母株间距离与发芽率 (▲) 以及一段时间后幼苗存活率 [4 个月之后的存活率 (○)、16 个月之后的存活率 (●)] 之间的关系；$n = 974$ 个幼苗，来自 6 棵母株。(b) 与母株间距离、幼苗密度以及土壤是否灭菌对幼苗存活率的影响 (幼苗种植于接近或远离母株处采集的土壤中)。在种植于来自母株周围土壤的高密度处理中，土壤灭菌后可以显著提高幼苗存活率 ($P < 0.0001$)。(c) 在对照和接种病原菌条件下的幼苗存活率 (每组处理的 $n = 40$)。C1：只有介质；C2：5 mL 灭菌富营养土壤加介质；P1、P2 和 P3：5 mL 接种病原菌的土壤加介质。在接种病原菌的处理中，19 天后幼苗存活率显著降低 ($\chi^2 = 13.8$, df=4, $P < 0.05$) (仿 Packer & Clay, 2000)。

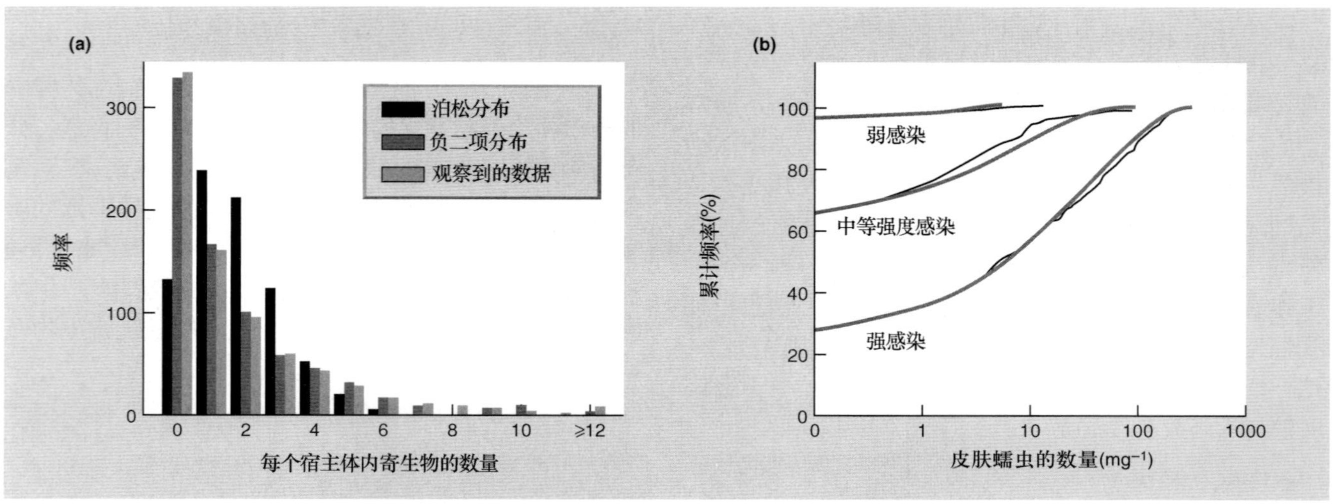

图 12.12　寄生物聚集分布 (每个宿主体内寄生物的数量) 的例子。(a) 寄生在罗洛斯锈斑螯虾 (*Orconectes rusticus*) 体内的扁虫 (*Paragonimus kellicotti*)。该分布显著不同于泊松 (随机) 分布 ($\chi^2 = 723, P < 0.001$), 但是符合负二项分布, 该分布适于用来描述聚集分布 ($\chi^2 = 12, P \approx 0.4$) (仿 Stromberg *et al.*, 1978; Shaw & Dobson, 1995)。(b) 在委内瑞拉南部导致人类河盲症的旋盘尾丝虫 (*Onchocerca vulvulus*) 的分布。黑色线表示累积频率, 很好地拟合负二项分布 (灰线表示), 而与感染强度是弱、中或强 (仿 Vivas-Martinez *et al.*, 2000)。

或是因为不同个体暴露于寄生物的程度不同 (Wilson *et al.*, 2002)。由于寄生物就近传播的特性, 后一种情况更可能发生, 尤其当宿主移动性较差时更是如此。这样感染便倾向于集中在源头, 而在离源头较远的地方则不发生 (至少在感染扩散初期是这样)。虽然没有明确的数据描述寄生物在宿主中的扩散, 不过显然图 12.9 所示的寄生物聚集在传播的 "波面", 但是在其之前或之后都极少分布。

12.5　寄生物对宿主存活、生长及生育力的影响

根据严格的定义, 寄生物会对宿主造成伤害。但是通常这种伤害只能在宿主特定的敏感生活史阶段才能够被察觉, 或者只在特殊的情况下才能得以表现 (Toft & Karter, 1990)。确实有一些依靠宿主生活, 但是并不对其造成伤害的 "寄生物"。例如, 在澳大利亚松果蜥 (*Tiliqua rugosa*) 的自然种群中, 寿命与外寄生物蜱 (*Aponomma hydrosauri* 和 *Amblyomma limbatum*) 的携带量并不相关或正相关。没有证据表明蜱降低了宿主的适合度 (Bull & Burzacott, 1993)。

当然, 也有很多寄生物对宿主造成伤害的例子。表 12.3 所示的是一些研究结果的汇编, 这些研究都通过实验控制寄生物携带量, 表明寄生物对宿主的生育力或存活率有影响 (虽然对于繁殖力的影响看起来没有对死亡率的影响那么强烈, 但是考虑到降低生育力等同于明显提高了后代的死亡率, 这个对比也就显得不那么强烈了)。

影响通常是微妙的

另一方面, 寄生物的影响经常比简单降低存活率或生育率来得微妙。例如, 斑姬鹟 (*Ficedula hypoleuca*) 从西非的热带雨林迁移到芬兰进行繁殖, 先到达的雄性个体在寻找伴侣时有更高的成功率。被血液寄生物 *Trypanosoma* 寄生的斑姬鹟尾巴和翅膀较短, 因而到达芬兰比较晚, 所以交配机会很可能较少 (图 12.13)。另一个例子来自以鸟类羽毛为食的虱, 它们通常被认为是无害的寄生物, 但是长期比较发现虱会降低原鸽 (*Columba livia*) 羽毛的保暖性, 进而迫使原鸽提高代谢率以保持体温 (Booth *et al.*, 1993), 这可能也是为什么鸽子要随时梳理羽毛以使虱子的数量保持在可控范围内。

同样, 感染可能使宿主变得更易被捕食。例如, 柳雷鸟亚种 *Lagopus lagopus scoticus* 的尸检表明, 被捕食者杀死的个体携带的细小毛圆线虫 (*Trichostrongylus tenuis*) 数量显著多于射杀所得的随机样本 (Hudson *et al.*, 1992a)。另外, 寄生物的作用还可能表现为削弱宿主的竞争能力, 从而使竞争能力较弱的对手与之共存。例如, 栖息在加勒比海岸 St Maarten 的两种蜥蜴, *Anolis gingivinus* 是较强的竞争者, 在海岸大部分地区能够将对手 *A. wattsi* 排除。但是疟疾寄生物 *Plasmodium azurophilum* 会显著影响 *A. gingivinus*, 却很少对 *A. wattsi*

表 12.3 不同类型寄生物对野生动物生殖力和生存的影响,用实验操纵改变寄生物量来加以说明 (仿 Tompkins & Begon, 1999, 原始资料见于该文献)。

宿主	寄生物	影响
安氏小沙鼠 (*Gerbillus anderson*)	*Synoternus cleopatrae* (跳蚤)	降低生存力
家燕 (*Hirundo rustica*)	*Ornithonyssus bursa* (螨)	降低生殖力
崖燕 (*Hirundo pyrrhonota*)	*Oeciacus vicarius* (臭虫)	降低生殖力
紫翅椋鸟 (*Sturnus vulgaris*)	*Dermanyssus gallinae* (螨)	降低生殖力
大山雀 (*Parus major*)	*Ornithonyssus sylvarium* (螨)	降低生殖力
	Ceratophyllus gallinae (跳蚤)	降低生殖力
毛脚燕 (*Delichon urbica*)	*Oeciacus hirundinis* (臭虫)	降低生殖力
鳞胸嘲鸫 (*Margarops fuscatus*)	*Philinus deceptivus* (蝇)	降低生殖力
紫崖燕 (*Progne subis*)	*Dermanyssus prognephilus* (螨)	降低生殖力
柳雷鸟 (*Lagopus lagopus*)	*Trichostrongylus tenuis* (线虫)	降低生殖力
美洲兔 (*Lepus americanus*)	*Obeliscoides cuniculi* (线虫)	降低存活力
土耳其盘羊 (*Ovis aries*)	*Teladorsagia circumcincta* (线虫)	降低存活力

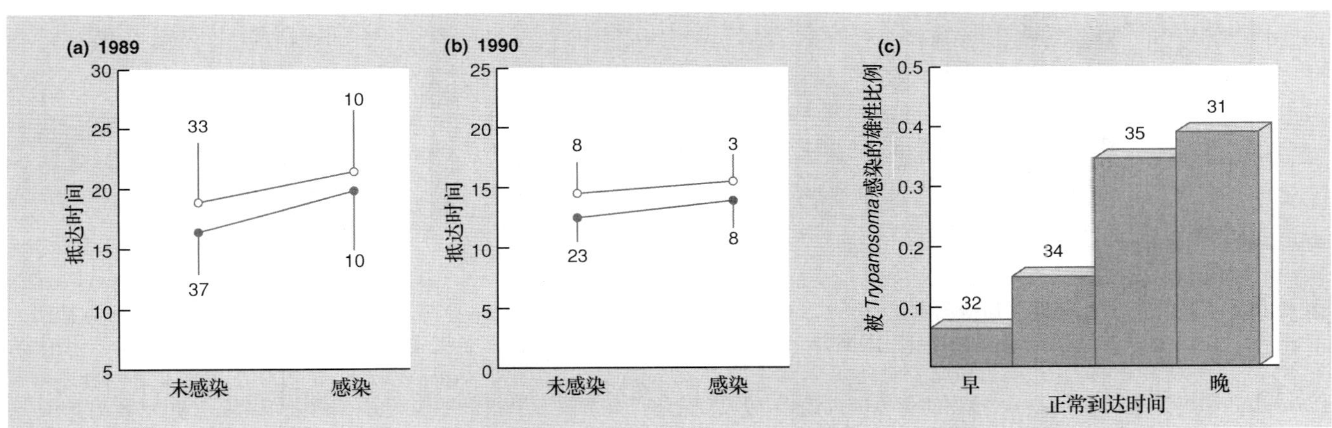

图 12.13 不同感染状态的雄性斑姬鹟抵达芬兰的平均日期(1 表示 5 月 1 日): (a) 1989 年; (b) 1990 年。● 雄性成鸟; ○ 雄性幼鸟。样本量标于相应标准差线附近。(c) 不同时间抵达芬兰的被 *Trypanosoma* 感染的雄性比例 (仿 Rätti *et al.*, 1993)。

造成影响。在寄生物流行的区域, *A. wattsi* 能够与 *A. gingivinus* 共存, 而在没有寄生物的区域则只有 *A. gingivinus* 出现。同样, 全寄生植物菟丝子 *Cuscuta salina* 喜欢寄生于生长在南加利福尼亚盐沼的盐角草, 它能够决定盐角草与其他植物的竞争结局 (图 12.14)。

影响相互作用

后一个例子说明一个很重要的问题。寄生物通常不是孤立地影响宿主本身, 而是通过某种相互作用对其造成影响: 感染可能使宿主在竞争或捕食中处于劣势; 竞争或食物短缺使宿主更易被感染或更易受到感染的影响。不过, 这不意味着寄生物只是在扮演配角, 相互作用的双方都可能决定影响的强度, 以及哪方受到影响。

对寄生物具有抗性的生物避免了寄生物带来的代价, 不过, 抗性本身可能就是代价昂贵的。人们用两个品种的莴苣 (*Lactuca sativa*) 证实了这一点, 由于具有两个紧密连锁的基因, 使得其中一种对囊柄瘿棉蚜 (*Pemphigus bursarius*) 和莴苣盘霜霉 (*Bremia lactucae*) 具有抗性, 另一种不具抗性。每周使用杀虫剂和杀真菌剂控制寄生物。抗性莴苣的腋芽数量少于易感型莴苣 (图 12.15), 而且当营养缺乏时抗性莴苣生长的劣势表现得更加明显。在自然界中, 宿主肯定经常要在易感的代价与抗性的代价之间左右为难。

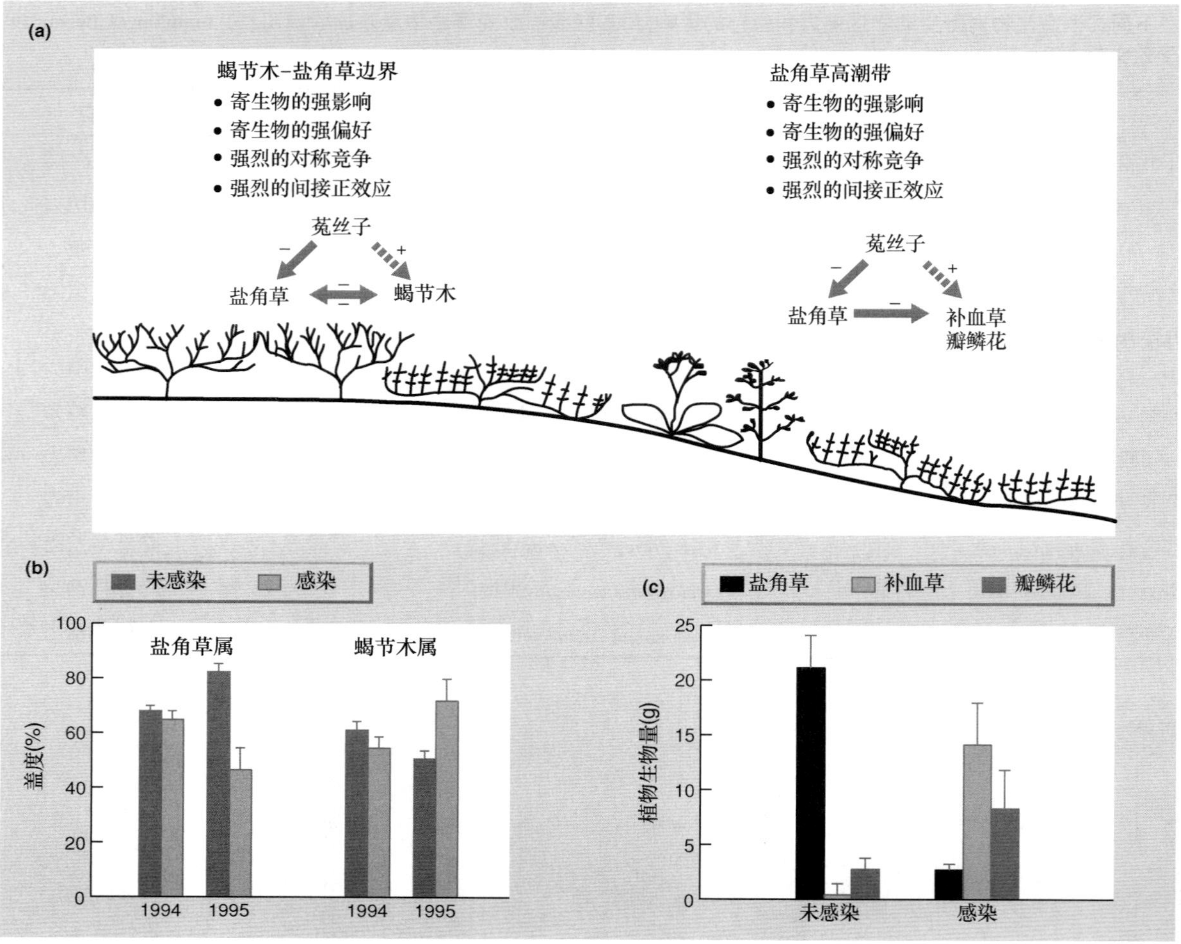

图 12.14　生长在南加利福尼亚州盐沼的菟丝子 *Cuscuta salina* 对宿主盐角草 (*Salicornia*) 与其他植物的竞争的影响。(a) 示意盐沼上部和中部主要的植物群落与植物间相互作用 (实线: 直接影响; 虚线: 间接影响)。盐角草 (图中较低的植物) 经常被菟丝子 (图中未显示) 寄生, 并受其影响。未被菟丝子感染时, 盐角草竞争能力较强, 能够与蝎节木属 (*Arthrocnemum*) 植物对等竞争, 且在与补血草属 (*Limonium*) 和瓣鳞花属 (*Frankenia*) 植物的竞争中占优势。但是, 菟丝子显著改变了竞争平衡。(b) 一段时间以后, 盐角草数量下降, 蝎节木属植物在盐角草被感染的区域数量上升。(c) 菟丝子抑制盐角草, 从而使补血草属和鳞瓣花属占据优势 (仿 Pennings & Callaway, 2002)。

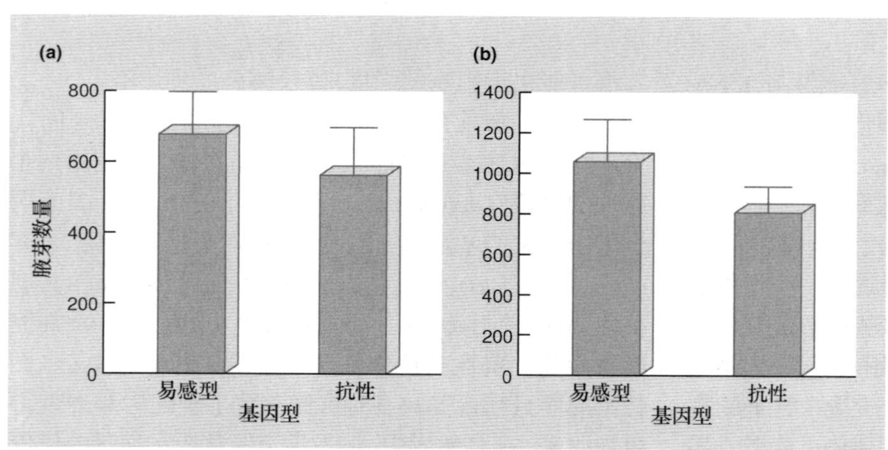

图 12.15　两个莴苣栽培品种 ((a) 和 (b)) 下抗性和易感型基因型产生的腋芽数量, 误差线表示 ±2 SE (仿 Bergelson, 1994)。

证明寄生物对宿主种群统计学层面的影响是研究寄生物对宿主种群及群落影响的重要起步，但也仅仅是第一步。寄生物可能使宿主死亡率升高或生育率降低，却不显著影响其多度的水平及格局。这种效应可能太过细微以至于在种群水平上不可测，或者其他过程能够补偿这种效应带来的影响 —— 如寄生物造成的损失可能降低生活史后期密度依赖死亡率。少见的破坏性的流行病，无论是在人类还是其他动植物上都很显而易见；但是对于更典型的地方性寄生物或病原体，从对宿主个体水平的研究上升到种群水平仍是一个很大的挑战。

12.6 感染的种群动态

理论上，第 10 章我们得出的结论认为捕食者 – 猎物种群动态以及植食动物 – 植物相互作用也同样适用于寄生物和宿主。寄生物损害独立的宿主，将其视为一种资源。寄生物和宿主密度不同以及两者间相互作用细节的不同会导致寄生影响两者种群动态方式的不同。尤其是感染和未感染的宿主会做出补偿反应，这可能会从总体上大大降低对宿主种群密度的影响。可以从理论上预测一些结果：如宿主种群密度不同程度的减少，寄生物不同程度的流行以及多度不同程度的起伏波动。

对健康和发病率的影响

然而对于寄生物来说，还有一些特殊的问题。一个困难就是寄生物经常引起宿主健康水平下降或引起疾病而不是立即死亡，这样很难从与之相互作用的诸多因素中将寄生物造成的影响分离出来 (见第 12.5 节)。另一个问题是，即使寄生物可以引起死亡，这种死亡如果不通过细致的验尸检查也很难发现 (特别是那些微寄生物)。同样地，在过去那些自称为寄生虫学家的生物学家们倾向于研究他们选定的寄生物的生物学，而忽略了其对整个宿主种群的作用；而生态学家们则倾向于忽略寄生物本身。对于植物病理学家和医学、兽医寄生虫学家们来说，通常按照已知密度和总数的宿主种群研究寄生物对其产生的影响，而不是研究寄生物对野生宿主种群数量产生的典型影响。说明研究寄生物在宿主种群动态中发挥的作用是目前生态学面临的重大挑战之一。

这里，我们首先排除任何对宿主多度的影响因素来考察感染寄生物的宿主种群动态曲线。这项 "流行病学的" 方法 (Anderson, 1991) 很大程度上指导了对人类疾病的研究，在这方面，总多度经常被认为是由所有影响因素决定的，与任何一种感染的流行程度无关。感染只是将种群划分为易感染的 (未感染的)、已感染的和其他类别。于是我们采取一种更加 "生态学的" 方式，以十分类似于传统捕食者 – 猎物动态曲线来考虑寄生物对宿主多度的影响。

12.6.1 基础繁殖率和传染阈值

R_0 基础繁殖率

在所有对寄生物种群动态或感染传播的研究中都有一些特别关键的概念。第一个就是基础繁殖率 (basic reproductive rate), R_0。对于微寄生物来说，感染的宿主是研究单位，这是由新感染的平均数决定的，一个宿主将一个新感染传播到一个易感宿主的种群中，这个数值便会增加。对于大寄生物来说，这是一个成熟的寄生物在生活史过程中在一个未感染种群内产生的稳定的、具有繁殖力的成熟后代的平均数。

传染阈值

传染阈值 (transmission threshold)，即感染如若传播必须超越的数值。当 $R_0 = 1$ 时，这一数值可以计算得出。当 $R_0 < 1$ 时感染会逐渐消失 (每一个感染宿主或寄生物将会导致少于一个新的被感染个体)，但是当 $R_0 > 1$ 时，一个感染就会传播。

通过研究基础繁殖率的不同影响因素，我们可以获得对感染动态曲线的深入了解。我们首先研究一些直接传播的微寄生物的细节问题，而后简单讨论其他一些与直接传播微寄生物，以及直接和间接传播的大寄生物相关的问题。

12.6.2 直接传播的微寄生物：R_0 和临界种群大小

对于直接的密度依赖传播的微寄生物 (见第 12.4.3 节) 来说，R_0 可以随着下列因素增长：① 感染宿主维持被感染状态的平均时长，L；② 宿主种群中的易感染个体数，S，这个数值越大即说明寄生物有更多机会得到传播；③ 传染系数，β (参见第 12.4.3 节)。因此，总结来说：

$$R_0 = S\beta L \tag{12.5}$$

请注意，按照这个定义，易感宿主数量越多，感染的基础繁殖率就越大 (Anderson, 1982)。

临界种群大小

传染阈值可以用临界种群大小 (critical population size) 来表示，

当 $R_0 = 1$ 时, 阈值为

$$S_T = 1/(\beta L) \tag{12.6}$$

当种群中的易感宿主数量小于这个数值, 感染就会消失 ($R_0 < 1$); 大于这一数值时感染就会传播 ($R_0 > 1$)。(S_T 经常用来表示临界种群大小, 由于其最常被应用于人类 “群落”, 但是在生态学背景下就带来了潜在的困扰。) 这些简单的考虑让我们能弄清楚一些最基本的感染动态模式 (Anderson, 1982; Anderson & May, 1991)。

不同类型的寄生物

我们假设可以在一个种群中找到不同类型的感染。如果微寄生物是高度传染的 (高 β), 或者可以不断繁殖感染时间较长 (高 L), 那么即使在一个小种群中它们也会有相对较高的 R_0, 所以会持续感染 (S_T 较小)。相反, 如果寄生物具有较低的感染力或者感染时间较短, 那么它们的 R_0 值也会相对较小而且只能在大种群中传播。很多原生动物对脊椎动物的感染以及一些病毒感染如疱疹病毒, 通常在单个宿主体内存活 (高 L 值), 这往往是由于它们引起的免疫应答反应无效或者存活时间较短。一些植物传染病, 如根肿病, 感染时间很长。上述例子中, 临界种群大小都比较小, 这就解释了为什么即使在小宿主种群中它们都可以在当地存活并传播。

另一方面, 很多人类病毒性或细菌性传染病的免疫应答反应很强, 且可触发持久的免疫力, 因此对单一宿主它们只能保证很短的感染时间 (L 值较小)。因此, 如麻疹病需要的临界种群密度大约为 300 000 个个体, 它在人类生物学上直到最近才变得具有一定的重要性。它在 18、19 世纪工业化世界的一些发展城市中引起了大规模的流行, 在 20 世纪发展中世界的一些新兴人口聚集地又流行了起来。在发展中国家, 每年死于麻疹病的患者大概有 900 000 人 (Walsh, 1983)。

12.6.3　直接传播的微寄生物: 传染曲线

R_0 本身也与传染曲线的一个特性有关; 这是当寄生物被引入到一个新宿主种群后产生新事件的时间链。假设有足够的易感宿主供寄生物感染 (即临界种群大小 S_T 是过剩的), 最初传染增长速度很快, 因为寄生物完全入侵了易感宿主种群。但是随着这些易感宿主死亡或由于免疫系统痊愈之后, 它们的数量 S 就会降低, 这就会导致 R_0 的降低 [公式 (12.5)]。所以, 新病例的出现速率会减慢随后降低。而且当 S 降到 S_T 之下并保持在那个水平时, 感染便会消失 —— 传播结束。列举两个传染曲线的例子: 西班牙的军团病和英国的手足口病, 具体见图 12.16。

毫无疑问, 初始 R_0 值越高, 传染曲线的增长速度越快。但是这也会导致易感宿主加速从种群中消失, 从而更快地结束传染: 越高的 R_0 值越倾向于产生短而陡的传染曲线。同样, 无论感染是否一起消失 (即传染结束) 都很大程度地依赖于新的易感宿主迁入种群或出生的速率, 因为这决定了种群数量保持在 S_T 以下的时

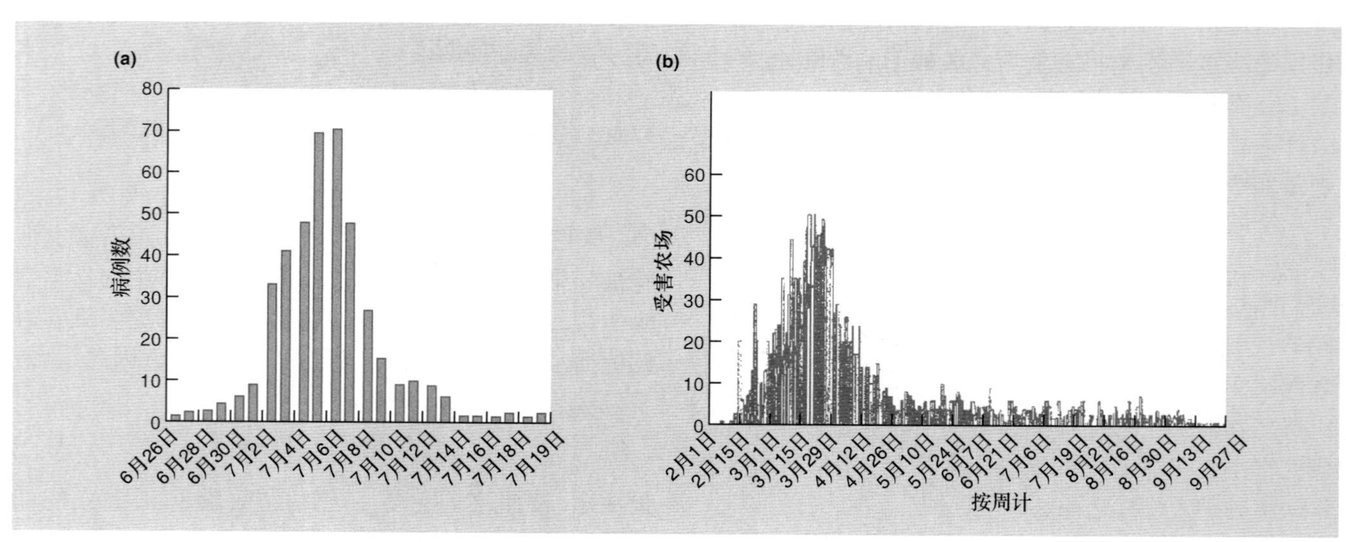

图 12.16　(a) 2001 年, 军团病在西班牙北部的穆尔西亚自治区爆发的传染曲线 (仿 García-Fulgueiras *et al.*, 2003)。(b) 2001 年, 手足口病 (一般感染牛和绵羊) 在英国爆发的传染曲线。以感染的农舍 (农场) 为单位显示, 因为感染是从一个农场传播到另一个农场, 而且一旦感染, 农场的所有牲畜全部受害 (仿 Gibbens & Wilesmith, 2002)。

间长短。如果这个速率过低，传染将会结束。但是足够迅速的易感染新宿主输入会延长传染时间，或者在最初的流行过后将传染扩大到当地的整个种群。

12.6.4 直接传播微寄生物: 感染循环

不同类型寄生物的动态模式

我们常常会自然地考虑不同传染病的长期动态模式。如上文所述，由细菌和病毒感染立即触发的免疫应答反应可以降低 S，这就降低了 R_0，因而更易导致感染本身出现的概率。但是，按照预期，在感染全部消失以前可能会有新的易感宿主传入种群，随后 S 和 R_0 都会增长等等。所以会出现一个明显的趋势: 从"多易感宿主 (高 R_0)" —— "高出现频率" —— "少易感宿主 (低 R_0) " —— "低出现频率" —— "多易感宿主" 等 —— 就如任何一个捕食者 – 猎物循环一样。这无疑是很多观察到的人类疾病周期现象的基础。疾病的不同特点决定了长短不同的循环过程: 麻疹每 1 到 2 年就有一个峰值 (图 12.17a)，百日咳则为每 3~4 年 (图 12.17b)，白喉为 4~6 年，等等 (Anderson & May, 1991)。

相比较而言，不触发较有效免疫应答反应的感染则会在单一宿主体内留存更长的时间，也不会出现同样波动的 S 和 R_0 值。所以，如原生生物引起的感染变化较小 (不具有循环现象)。

12.6.5 直接传播的微寄生物: 免疫计划

有关临界种群大小重要性的进一步认识也促进了对免疫计划的探索，通过免疫过程，易感宿主可以转变为不易感宿主而不感染疾病 (表现出临床症状)，常常是通过接触死亡或效力衰减的抗原的方式完成。直接的效果是显著的: 免疫的个体受到了保护。但是通过减少易感宿主的数量，这一计划间接地降低了 R_0 值。的确，在这些过程中，免疫程序的最基本目标十分明确 —— 保持易感宿主的数量在 S_T 以下，这样 R_0 就会一直保持在小于 1 的状态。也就是提供"群体免疫力" (herd immunity)。

事实上，变更公式 (12.5) 就产生了一个带有临界种群比例，p_c 的公式，它可以表示群体免疫力 (将 R_0 降到 1 以下，最大不超过 1)。如果我们定义 S_0 为典型免疫前易感宿主数量，那么请注意，S_T 则表示当 R_0=1 时依然易感染的宿主数量 (不具有免疫力)，那么，已免疫的比例为:

$$p_c = 1 - (S_T/S_0) \tag{12.7}$$

求算 S_T 的方程在公式 (12.6) 中已经列出，而通过公式 (12.5) 求算 S_0 为 $R_0/\beta L$，这里 R_0 指的是在免疫应答反应之前的传染基础繁殖率。所以:

$$p_c = 1 - (1/R_0) \tag{12.8}$$

这说明为了消除一种疾病，免疫整个种群不是必须的 —— 一部分免疫就足够使 R_0 降到 1 以下。当疾病"本身" 繁殖率 (无免疫反应) 较高时，这个比例也相应变大。图 12.18 表示的即是 p_c 与 R_0 的关系及一些人类疾病的计算值。这里请注意天花，唯一一种在免疫过程中可能被消灭的疾病，通常具有低 p_c 和 R_0 值。

12.6.6 直接传播的微寄生物: 频率依赖的传播

假设，传播如看起来一样具有频率依赖性 (参见第 12.4.3 节)，如性传播疾病，当一个感染个体 "找到" 了 (或被) 一个易感宿主 (找到) 之后，传播就产生了。那么

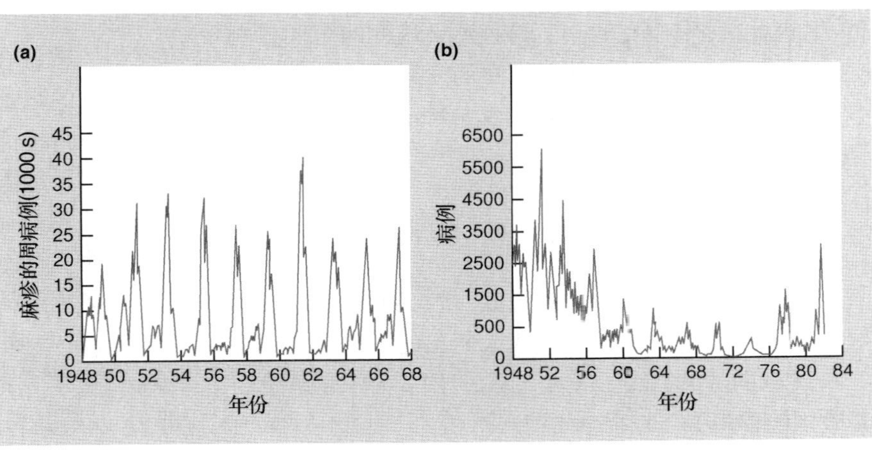

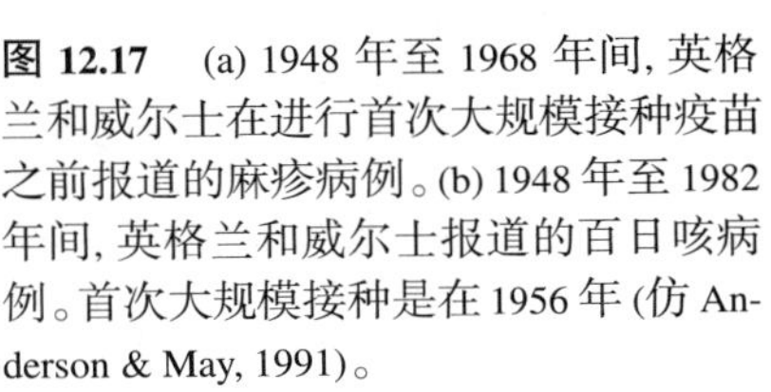
图 12.17 (a) 1948 年至 1968 年间，英格兰和威尔士在进行首次大规模接种疫苗之前报道的麻疹病例。(b) 1948 年至 1982 年间，英格兰和威尔士报道的百日咳病例。首次大规模接种是在 1956 年 (仿 Anderson & May, 1991)。

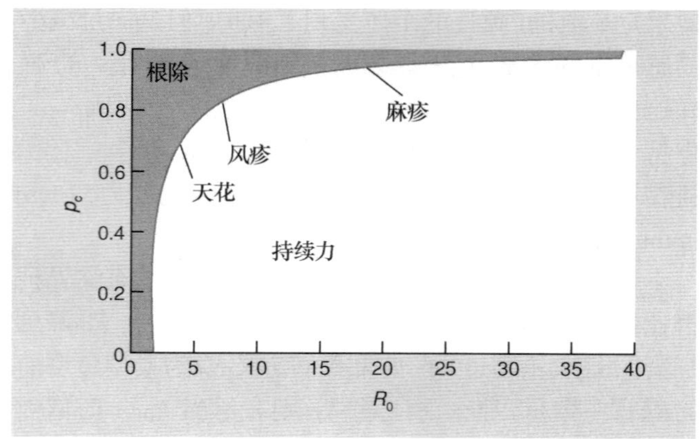

图 12.18 阻断传播的临界免疫范围 p_c 与基础繁殖率 R_0 的关系以及常见人类疾病的计算值 (仿 Anderson & May, 1991)。

就不再依赖易感宿主的数量, 基础繁殖率为

$$R_0 = \beta' L \tag{12.9}$$

这里, 很显然不存在阈值种群大小的问题, 所以这一类传染可以在非常小的种群中维持 (在这个种群中, 已感染宿主的性接触机会与大种群相同)。

12.6.7 农作物病原体: 将大寄生物看作微寄生物

一直以来, 大多数的作物病原体都作为植物内疾病来考虑其动态问题, 即在一个世代中疾病的传播。然而, 虽然很多常见植物病原都被定义为大寄生物, 但是它们通常却都是按照微寄生物来处理的, 根据疾病严重性程度加以监测, 通常为种群中被感染个体所占比例 (流行程度)。我们用 y_t 来表示在时间 t 受到损害的个体比例, 那么 $(1-y_t)$ 就表示种群中易感但未受侵染的个体比例。对于植物病原体来说, 通常还必须明确考虑潜伏期, 长度 p, 从产生损害到其自身变得具有传染性 (生成孢子), 在这种状态下, 它可以再存活另一段时间 l。因此, 种群中在时间 t 具有感染病变的个体比例是 $(y_{t-p} - y_{t-p-l})$。植物种群中受病变影响的比例的增长率 (Vanderplank, 1963; Zadoks & Schein, 1979; Gilligan, 1990) 可由式 (12.10) 计算:

$$\mathrm{d}y_t/\mathrm{d}t = D\,(1-y_t)(y_{t-p} - y_{t-p-l}) \tag{12.10}$$

式 (12.10) 本质上是一个 βSI 公式, 带有 D (植物病理学家设定的传染系数)。这个公式绘制出的一条疾病感染一种庄稼的 S 形曲线, 符合大部分庄稼 – 病原系统的数据 (图 12.19)。

感染的过程被病理学家分为三个阶段:

(1) "指数" 阶段, 这一阶段虽然疾病很难被发现, 但是寄生物流行病快速增加。这也是药物控制最有效的时期, 但是在实际应用中, 经常在第二个阶段使用。指数期经常被认为是当 $y = 0.05$ 时即会结束, 即非专业人士可以检测到一种流行病正在形成的阶段 (发现阈值)。

(2) 第二阶段, 可以延长到 $y = 0.5$ (这里经常被误认为是 "逻辑斯谛" 阶段, 虽然整个曲线都是逻辑斯谛增长的)。

(3) 终止阶段, 这一阶段持续到 y 逼近 1.0。这一阶段中药物处理无效, 因为在这一阶段, 感染已经对作物造成了巨大的损害。

另一方面, 一些作物疾病不只是通过从一个宿主到另一个宿主的感染颗粒被动传播。例如, 花药黑粉菌 (*Ustilago violacea*) 是通过传粉昆虫在宿主植物白花蝇子草 (*Silene alba*) 之间传播的, 它们通过调整飞行距离来适应植物密度的改变, 所以传播速率很大程度上依赖于宿主密度 (图 12.20a)。但是这一速率却随着种群中易感宿主的比例减少而显著降低: 传播是密度依赖的 (图 12.20b), 使这种病在密度很低的种群中也可以存活较长时间。这是密度依赖的性传播疾病的另一个例子, 只是这里的性接触是间接而非亲密的。

12.6.8 其他类别的寄生物

传播媒介携带的感染

对于通过传播媒介从一个宿主传染另一个宿主的普通微寄生物 (不像上例, 传播媒介并不会补偿宿主密度的变化) 来说, 宿主和传播媒介的生活史循环特征都涉及 R_0 的计算。特别是传染阈值 ($R_0 = 1$) 依赖于传播媒介数: 宿主数之比。对于一个可繁殖并传播的疾病来说, 这个比值需要超过一个临界水平, 所以疾病控制经常旨在减少传播媒介数量, 这便是间接地减少寄生物的数量。很多农作物的病毒传染病和人类以及家畜的间接传播疾病 (疟疾、盘尾丝虫病等), 都是可以用作用于传播媒介的杀虫剂而非直接作用于寄生物本身的药物来得到有效的控制; 为了控制这些疾病需要深入地了解传播媒介的生态学。

直接传染的大寄生物

直接传染的大寄生物 (无中间宿主) 的有效繁殖速率直接与其在宿主体内的繁殖时间长短 (即 L) 以及其繁殖率 (产生感染力阶段的速率) 有关。

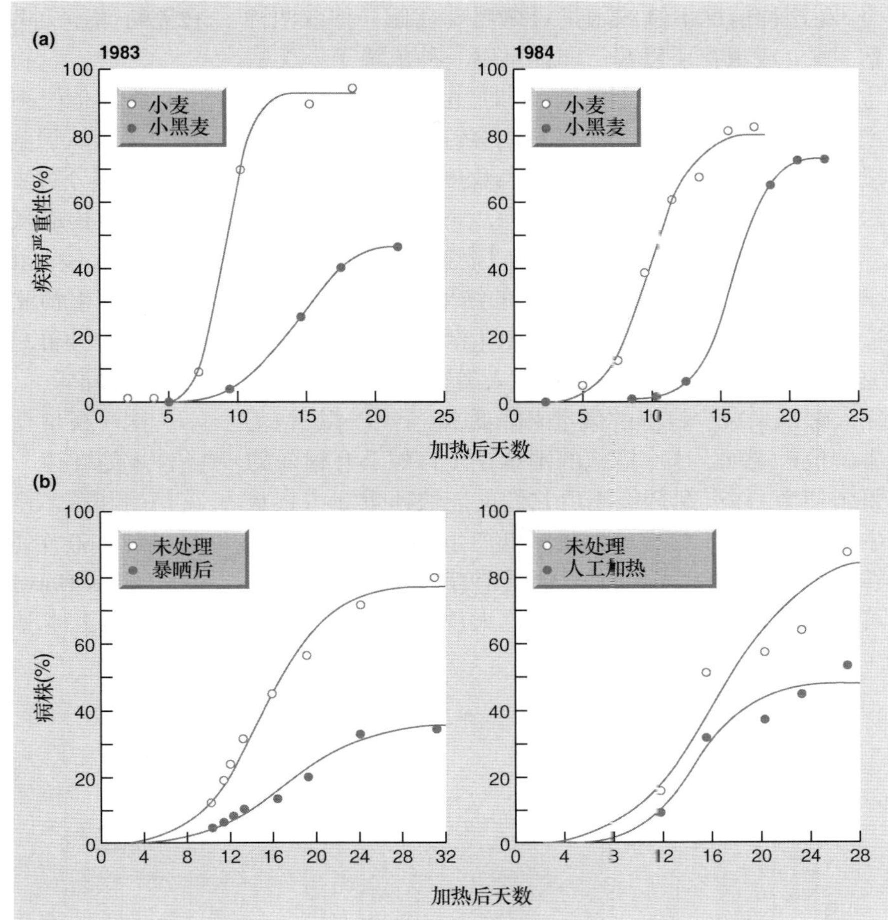

图 12.19 在整个感染种群中一种疾病从最初接种传染到感染比例稳定过程的 "S" 型曲线。(a) 1983 年和 1984 年间, 小麦 (摩洛哥品种) 和小黑麦 (一种小麦和黑麦杂交得到的后代) 爆发隐匿柄锈菌 (*Puccinia recondite*)。(b) 尖孢镰刀菌 (*Fusarium oxysporum*) 侵染实验番茄, 注意对比未处理和灭菌土壤以及未处理和人工加热土壤 (仿 Gilligan, 1990, 其中包含有原始数据的来源和拟合曲线的方法)。

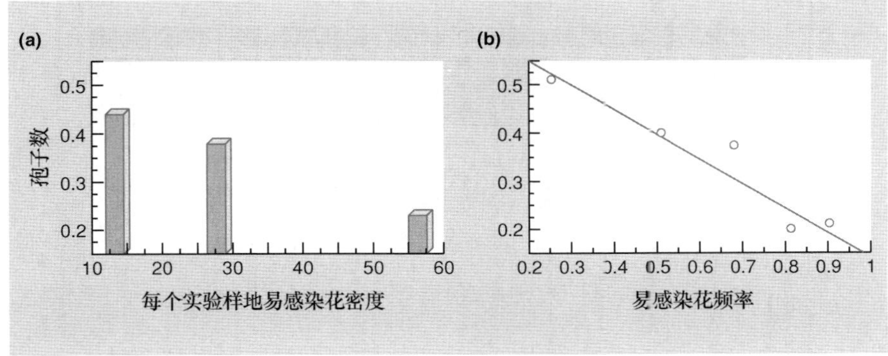

图 12.20 性传播疾病的频率依赖传播。花药黑粉病 (*Ustilago violacea*) 产生的孢子散落到每朵白花蝇子草 (*Silene alba*) 上 [$\log_{10}(x+1)$ 转换], 孢子是由传粉昆虫传播的。(a) 实验样地的易感染 (健康) 花数没有显著差异 ($P > 0.05$) (并且显示出密度的下降而非上升, 可能由于传粉者有限)。(b) 然而, 易感染频率的降低导致了数量的减少 ($P = 0.015$) (仿 Antonovics & Alexander, 1992)。

这两个因素都受密度依赖的限制, 这些制约可能由于寄生物之间的竞争或一般由宿主免疫应答反应而产生 (见第 12.3.8 节)。它们的强度以寄生物在宿主种群中的分布而异, 而且正如所见, 寄生物的聚集是最常见的情况。这意味着很大一部分寄生物密度最高的时候, 这种制约程度越大, 这也严格制约着密度依赖性, 显然这间接解释了很多即使是在由气候改变或人类干扰引起的波动下观察到的蠕虫传染病的稳定性 (如钩虫病和蛔虫病) (Anderson, 1982)。

很多直接传播的寄生虫都有很强的繁殖能力。例如, 每条雌性人钩虫 (*Necator*) 每天可以产大概 15 000 个卵, 而每条蛔虫 (*Ascaris*) 每天则可以产超过 200 000 个卵。这些寄生的临界密度阈值都比较低, 它们可以在低密度的人类种群中存活和发病, 如一些以打猎 – 采集为生的部落。

间接传播的大寄生物

宿主中的密度依赖性在间接传播的大寄生物流行病学中起着举足轻重的作用, 如血吸虫病。但是, 在这种情况下制约因素可以出现在任一种或两种宿主中: 成虫存活以及产卵都是以一种依赖于人类宿主种群密度的方式被制约着; 同时, 由钉螺 (中间宿主) 产生的可感染阶段事实上却与刺穿钉螺的不同感染阶段数量无关。因此, 血吸虫的流行程度可以保持稳定并对于外界干扰具有一定的抵抗力。

感染的传染阈值直接依赖于人类和钉螺的多度 (即与媒介传播的微寄生物产生的结果相反); 这是因为这两方面的传播都是通过可自由生活的感染阶段幼虫完成。这样一来, 由于不能减少人类宿主的数量, 常使用灭螺剂来减少钉螺的数量来降低 R_0 至 "1" 以下 (传染阈值)。然而, 这一措施的困难在于钉螺具有很强的繁殖能力, 在灭螺剂停用后它们又能快速重新占领水生栖息地。由于钉螺的数量降低产生的制约被寄生物在人类宿主体内寿命的延长而抵消 (高 L 值): 这种疾病可以在局部维持而不受钉螺多度大规模波动的影响。

12.6.9 集合种群中的寄生物: 麻疹

与其他生态学领域一样, 对于宿主 – 寄生物动态, 人们逐渐认识到种群不能被认为是同质的或孤立的。相当一部分宿主是在一系列亚种群中分布, 它们之间通过扩散构成联系, 共同组成了一个 "集合种群" (参见第 6.9 节)。人们已经提出这样的观点, 认为每个宿主支持一个寄生物亚种群并且一个宿主种群支持一个寄生物的集合种群, 宿主寄生物系统是典型的集合种群中的集合种群。

这一视角马上改变了我们关于宿主种群满足什么条件才能维持一个稳定的寄生物种群。1944 — 1994 年, 英格兰和威尔士 60 个城镇的麻疹病例动态的数据表明, 显然 60 个亚种群组成了一个集合种群 (图 12.21) (Grenfell & Harwood, 1997)。整体来看, 麻疹病例集合种群在数量上体现出一定的周期性, 而且至少在大规模普

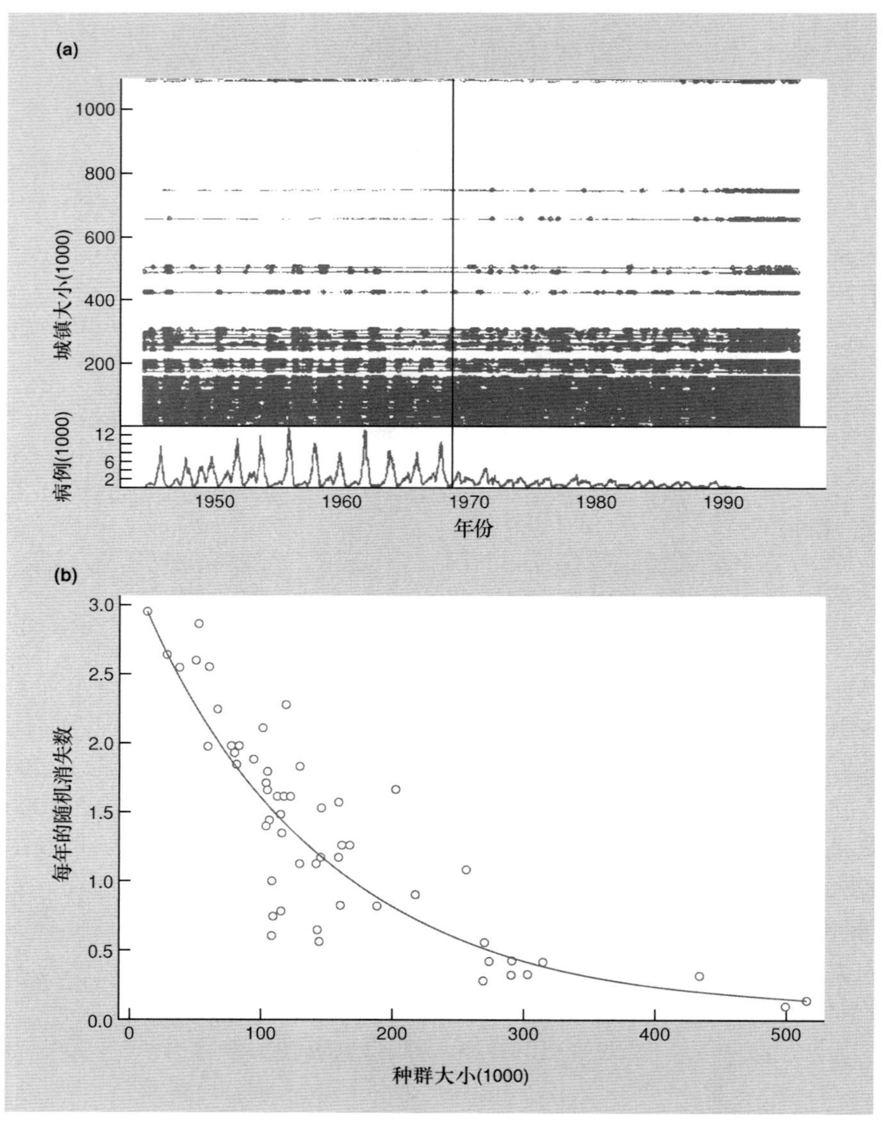

图 12.21 (a) 1944—1994 年, 英格兰和威尔士 60 个城镇每周麻疹病例报告情况。垂直线表示在 1968 年前后出现的大规模疫苗接种。每个城镇的数据 (纵轴表示城镇的大小) 在每个没有麻疹报告的一周以点表示。(b) 在未接种疫苗的时期 (1944—1967 年), 这些麻疹病的持续时间可以表示为种群大小的函数。每年的持续能力用随机消失的倒数来衡量, 这里定义的随机消失数指的是 3 周或以上没有麻疹病例报告 (以防低估病例数) (仿 Grenfell & Harwood, 1997)。

及疫苗 (约在 1968 年) 之前麻疹经常发病 (图 12.21a)。但在每个亚种群中, 只有很大的种群才不会受 "随机消失" (fall-out) (疾病由于一部分剩余的有传染力的个体不能将其传递下去) 频率的影响, 在循环的低谷表现更为明显: 临界种群大小约为 300 000~500 000 例时, 可以很好地使传染病得以维系的观点 (图 12.21b)。因此, 对复合种群的总体而言, 动态模式比较明显, 传染病的维持时间也可预测。但是对于每个亚种群, 尤其是小种群, 动态模式以及传染病的维持时间都不容易弄清楚。麻疹数据的不同寻常之处在于我们同时拥有集合种群以及独立亚种群的信息。而对于其他同样机制的疾病, 我们要么只有集合种群的数据 (并不知道其中小的亚种群消失的数量), 要么只有亚种群的数据 (并不知道与集合种群中其他亚种群之间是怎样相互联系的)。

12.7 寄生物与宿主的种群动态

种群生态学中的一个关键问题是在宿主种群的动态变化中, 寄生物和病原体起到了什么样的作用, 然而对于这个问题人们的了解并不多。有数据 (见第 12.5 节) 显示, 寄生物会影响宿主的种群统计学特征 (出生率和死亡率)。虽然相对来说这样的数据并非普遍存在, 而且已经有相关的数学模型表明寄生物有可能会对宿主的种群动态有重要的影响。但是也有人指出, 需要开展进一步的实验验证种群动态确实受到了影响。当然, 在某些实例中, 寄生物和病原体似乎确实使宿主的种群大小降低了。在农业和畜牧业中广泛而大量使用的喷雾农药、注射剂和药品表明了如果不使用它们的话, 病害所致的产量的降低会是多么严重。很多年前, 人们就已经从受控实验中得到寄生物导致宿主数量下降的数据 (图 12.22); 但是至今还没有源于自然种群的确凿证据。即使一种寄生物在一个宿主种群中存在而在另一个种群中不存在, 没有寄生物的那个种群也肯定生活在与被寄生种群不同的环境中, 而且有可能感染在第一个种群中不存在或活力较低的其他寄生物。无论如何, 我们将会看到, 详细数据证明一种寄生物是怎样强烈地影响其宿主的种群动态, 有来自野外的操纵实验的数据, 也有通过 "参数化" 的数学模型得到的寄生物影响单一宿主的数据, 并可与野外数据作比较。

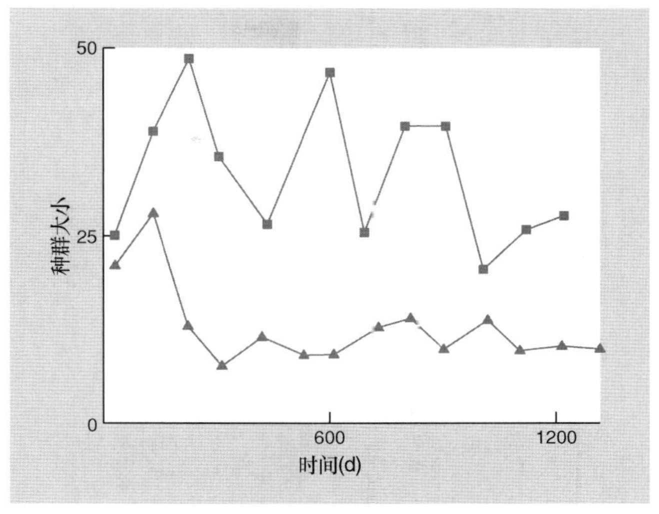

图 12.22 受原生动物寄生物 *Adelinc tribeli* 感染的赤拟谷盗 (*Tribolium castaneum*) 种群大小的下降: (■) 未感染, (▲) 感染 (仿 Park, 1948)。

12.7.1 耦联的 (相互作用的) 或者改动过的宿主动态?

首先, 即使是已经证实了寄生物对宿主的种群动态有影响, 仍然有一个非常重要的问题, 就是寄生物与宿主之间有没有相互作用, 例如, 它们的种群动态是否像 "猎物 – 捕食者" 循环一样有相互作用, 或者是寄生物只是改变了宿主的种群动态, 而并没有受到宿主种群与寄生物种群动态的反馈, 也就是说两者之间并没有相互作用。图 12.23 中的数据就显示了印度谷螟 (*Plodia interpunctella*) 和它的寄生物颗粒体病毒 (PiGV) 的种群动态变化 (在第 10.2.5 节中曾简要提及)。寄生物存在与不存在两种情况下所记录的种群动态是不同的, 但是这种细微的差别需要详细的统计分析来解释。简单地说, 如果受感染的宿主种群动态受到印度谷螟和 PiGV 相互作用的影响, 那么这样的种群动态的 "维数" (实质上, 就是描述它们所需的统计学模型的复杂程度) 要比未感染种群的高。实际上, 尽管寄生物导致宿主数量下降、发育减慢, 而且宿主多度变异更大, 但宿主种群动态的维数却并未改变 (图 12.23d): 病毒改变了宿主的重要参数, 但是与宿主之间并没有相互作用, 也没有改变其动态变化的基础特性 (Bjørnstad *et al*., 2001)。然而, 当印度谷螟与另外一种拟寄生物天敌仓蛾姬蜂 (*Venturia canescens*) 相互作用时, 仍然保留着 "世代循环" (见第 10.2.4 节) 的模式, 但是宿主动态的维数显著地增加了 (从 3 到 5): 说明宿主和寄生物之间存在着相互作用。

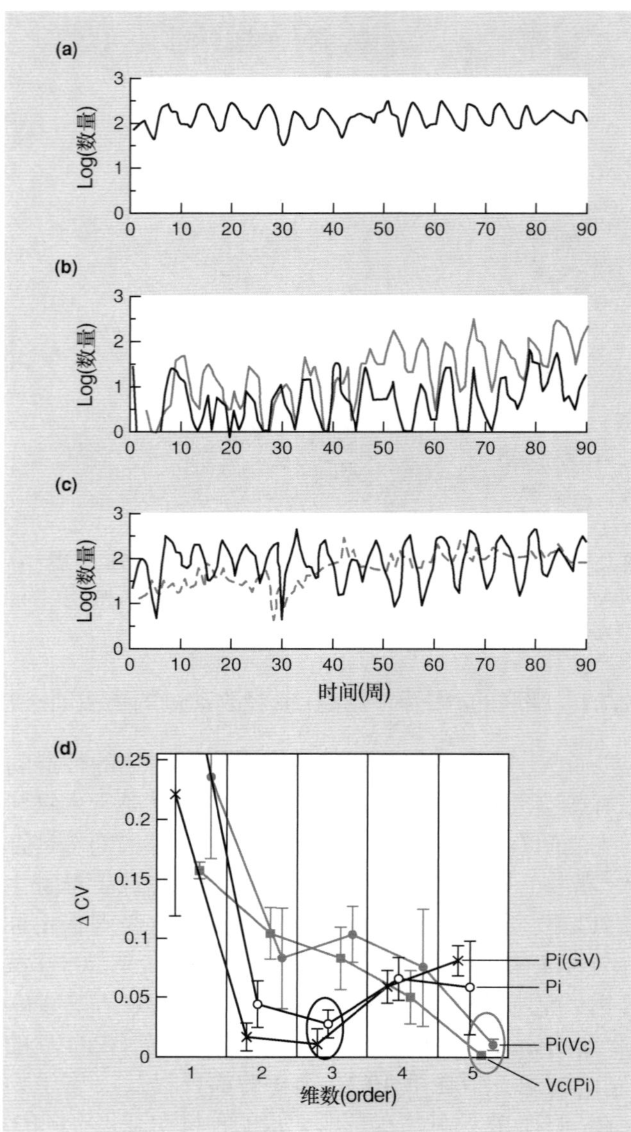

图 12.23 宿主印度谷螟 (*Plodia interpunctella*) (——) 单独存在时的种群动态 (a); 拟寄生物仓蛾姬蜂 (*Venturia canescens*) (——) 存在时的种群动态 (b); 颗粒体病毒 PiGV (– – –) 存在时的种群动态 (c); 序列展示了实验开始 90 周内每种处理有代表性的重复。(d) 估计每种处理下种群动态密度依赖性的维数 ("order" 或 "dimensionality"), 系统中相互作用的因子数量越多维数越高。而 ΔCV 值越小, "拟合" 的程度越好, 误差线表示 SE。图中被圈的部分表示该处理的最适维数, 宿主单独存在 (Pi) 以及宿主与颗粒体病毒共同存在 [Pi(GV)] 时, 宿主种群动态的密度依赖维数为 3, 而宿主与拟寄生物共同存在时, 宿主 [Pi(VC)] 与拟寄生物 [Vc(Pi)] 的维数都是 5 (仿 Bjørnstad *et al.*, 2001)。

12.7.2 柳雷鸟和线虫

接下来我们看一看柳雷鸟, 它之所以受到人们的关注, 一方面在于它是一种狩猎动物因而英国人都努力争取射杀它的权利, 另一方面在于这个物种的数量虽然不总是但却经常表现出有规律的周期性变化 (图 12.24a)。这种周期性变化的原因引起生态学家的争论 (Hudson *et al.*, 1998; Lambin *et al.*, 1999; Mougeot *et al.*, 2003), 但是有一种机制得到了强烈的支持, 即柳雷鸟数量受到线虫类寄生物细小毛圆线虫 (*Trichostrongylus tenuis*) 的影响, 这种线虫寄生在鸟类的盲肠中, 影响鸟类的生存和繁殖 (图 12.24b,c)。

图 12.25 描述了关于这一类宿主 – 寄生物相互作用的一个模式。根据这个模式的分析, 我们可以得到宿主多度以及每个宿主体内寄生物的平均数, 条件是

$$\delta > \alpha k \qquad (12.11)$$

此处, δ 代表寄生导致的宿主生殖能力的下降 (相对滞后的种群密度依赖性: 一种去稳定化的力量), α 代表寄生导致的宿主死亡率 (相对直接种群密度依赖性: 一种稳定化力量), k 代表 (假设的) 寄生物在宿主间负二项分布的 "集群参数" (aggregation parameter)。当寄生导致宿主生殖能力下降的不稳定力量超过了死亡率的上升以及寄生物集群 (为宿主提供了部分庇护所) 二者的稳定化力量时, 种群周期产生了 (见第 10 章)。来自英国北部某一种群周期实验的数据显示, 实际上能很好地满足这一条件。另一方面, 那些没有或只是偶尔显示出规律性周期变化的种群通常是寄生物种群未能很好地建立 (S_T 大于典型的宿主多度) (Dobson & Hudson, 1992; Hudson *et al.*, 1992b)。

这些来自模型的结果支持了寄生物在宿主周期变化中起到一定的作用, 但是还缺少来自受控实验的证据。图 12.25 中经过简单修改的模型预测, 如果对种群中足够比例 (20%) 的个体进行驱虫, 种群周期会消失。这提供了用野外规模操纵实验验证寄生物作用的机会 (Hudson *et al.*, 1998)。在两个柳雷鸟种群中, 在两个预期种群数量下降的年份里对种群内个体进行了驱虫; 在另外两个种群中, 只在一个预期种群数量下降的年份里进行驱虫; 还有两个柳雷鸟种群作为对照不做任何处理。柳雷鸟多度由被猎杀的柳雷鸟数量进行估计 (bag record)。在实验中驱虫处理有很明显的作用 (图 12.24d), 因此很显然寄生物通常会影响到宿主的种群动态。但对这种影响的确切性质仍然有很大的争议。Hudson 与他的同事们认为该实验证明寄生物是解释宿主种群动态周期性变化 "必要和足够的" 因素。其他人则认为这只能解释很少一部分内容, 例如种群动态周期的振幅应该会减小而不是消失, 尤其是在柳雷鸟多度很低时,

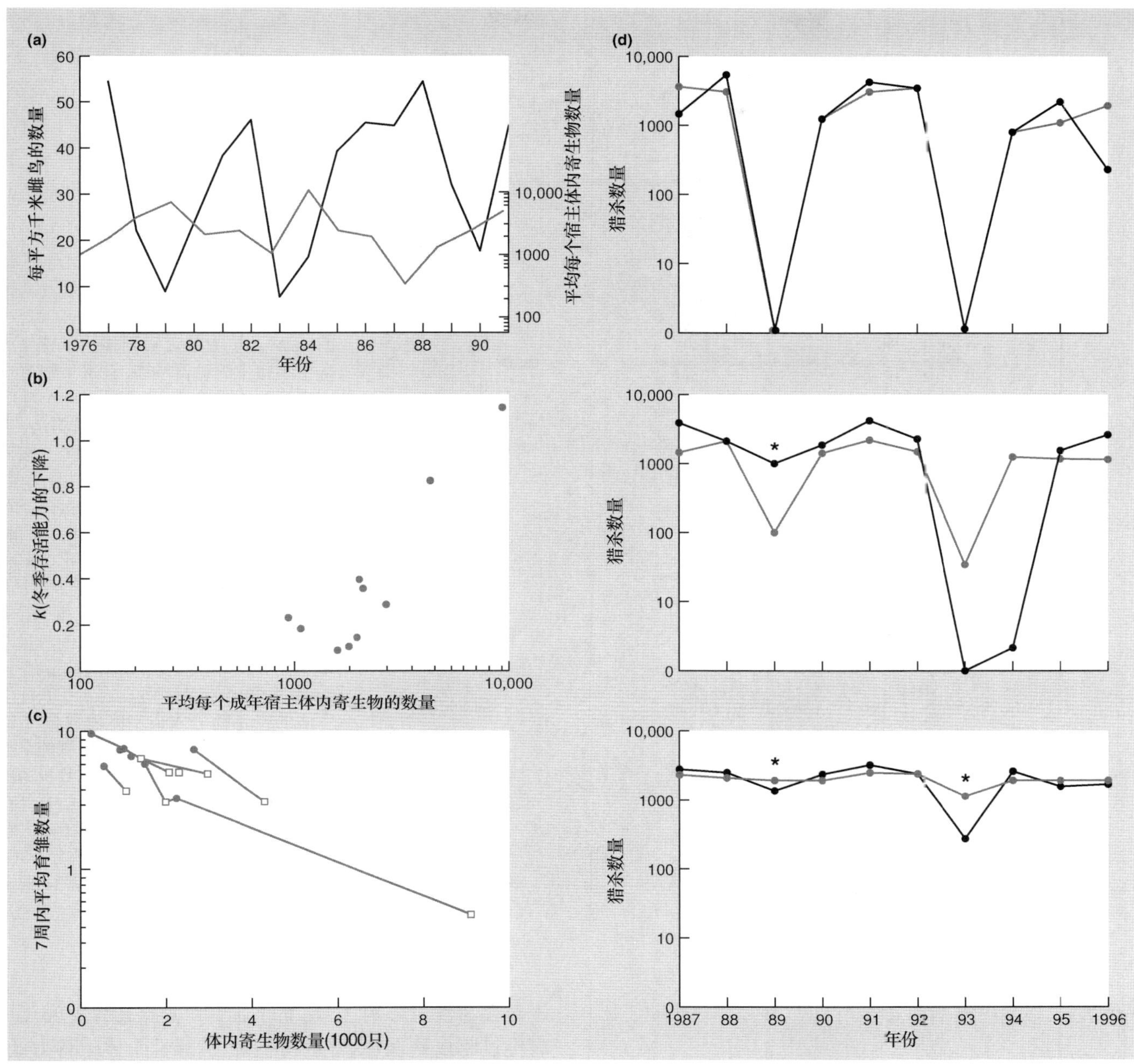

图 12.24 (a) 英国冈纳塞德地区柳雷鸟丰度 (每平方千米可养育母鸟的数量) (——) 以及每个宿主体为寄生物细小毛圆线虫 (*Trichostrongylus tenuis*) (——) 平均数量的规律性周期。(b) 10 年间 (1980—1989 年) *T. tenuis* 导致柳雷鸟冬季存活能力的下降程度 (用 *k* 值表示) 随每个宿主体内寄生物平均数量上升而显著上升 ($P < 0.05$)。(c) *T. tenuis* 导致柳雷鸟生殖能力下降, 连续 8 年进行驱虫的实验组 (•) 与未进行驱虫的对照组 (□) 相比, 体内寄生物平均数量少且产卵数量多 [图 (a~c) 仿 Dobson & Hudson, 1992; Hudson *et al.*, 1992]。(d) 柳雷鸟种群数量变化 (用猎杀数量表示), 上图中为未进行驱虫处理的两个对照种群, 中图表示只在一个预期种群数量下降的年份里进行驱虫的两个实验种群, 下图表示在两个预期种群数量下降的年份里对进行驱虫处理的实验种群。星号表示进行驱虫处理的年份显著地降低了寄生物对种群数量的影响 (仿 Hudson *et al.*, 1998)。

没有射杀可能导致了在波谷处数量极低 (1 的自然对数为 0) (Lambin *et al.*, 1999; Tompkins & Begon, 1999)。另一方面, 这样的争议不应该降低探索寄生物以及其他因素对宿主种群动态作用的野外实验的重要性。例如, 很多野外操纵实验支持其他的假说, 认为柳雷鸟种群动态受密度制约的进攻性和雄性的领域行为的影响 (Mougeot *et al.*, 2003)。本书的第 14.6.2 节对周期循环的讨论还会对这一系统进行再次检验。

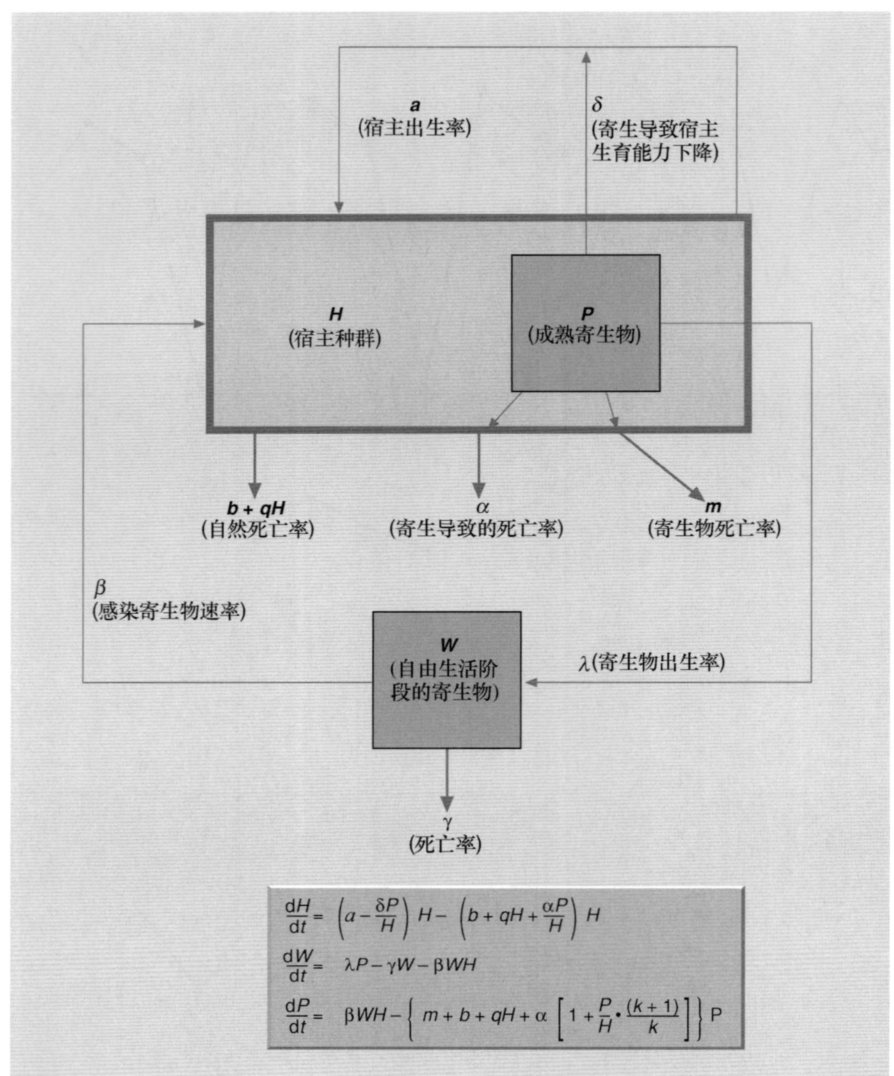

图 12.25　上方的流程图描述了感染大寄生物宿主的种群动态，且寄生物有自由生活的感染阶段，如感染了细小毛圆线虫 (*Trichostrongylus tenuis*) 的柳雷鸟。下方的模型描述了具体的动态过程。按照次序它们依次描述了：(1) 宿主 (*H*) 数量由于密度依赖的自然出生率 (会随每个宿主体内寄生物平均数量 *P*/*H* 下降) 上升，会由于密度依赖的自然死亡率和寄生导致的死亡 (同样依赖于 *P*/*H*) 下降；(2) 自由生活阶段的寄生物 (*W*) 由于受感染宿主体内寄生物的繁殖而数量增多，由于死亡和进入宿主体内数量减少；(3) 宿主体内的寄生物 (*P*) 会由于自由生活的寄生物进入宿主体内数量增多，由于其自身的死亡以及密度依赖的自然死亡和寄生物导致的宿主死亡数量的减少。方程中的最后一项 (方括号中含有参数 *K* 的一项) 依赖于寄生物在宿主间的分布，这里我们假设为负二项分布 (仿 Anderson & May, 1978; Dobson & Hudson, 1992)。

12.7.3　施瓦巴德驯鹿和线虫

接下来我们讨论线虫和一种哺乳动物 —— 施瓦巴德驯鹿 (*Rangifer tarandus plathyrynchus*) —— 生活在挪威北部的施瓦巴德岛上 (Albon *et al*., 2002)。这个系统最吸引人之处就在于其简单性 (效果明显，没有其他复杂的因素)：① 这里没有与驯鹿竞争的其他植食哺乳动物；② 这里没有捕食驯鹿的食肉动物；③ 这里以驯鹿为宿主的寄生物群落很简单，主要有两种胃肠道线虫，每一种都只有专一的宿主，而且只有 *Ostertagia gruehneri* 有明显的致病作用。

在为期 6 年的实验期间，每年春天 (4 月) 都对驯鹿进行驱虫处理，观察到这种处理对于一年后驯鹿的生育力以及其子代的生育都是有影响的。感染寄生物似乎对存活没有影响，但是统计了年际变异之后发现，没有经过驱虫处理 (受寄生物感染) 的雌性个体生育力低 ($X_1^2 = 4.92$, $P = 0.03$；图 12.26a)，这种效果还会延续到其子代生育的数据中。这一影响随着上个秋季寄生物多度的增长而更加明显 ($F_{1,4} = 52.9$, $P = 0.002$；图 12.26b)。还有，寄生物的多度与驯鹿两年前的密度呈显著的正相关 (图 12.26c)。因此，宿主多度的上升似乎会导致寄生物多度上升 (在一段延滞之后)；寄生物多度的上升会导致 (在一个更长的时间延滞后) 宿主生育能力下降；而宿主生育能力的下降显然有可能导致宿主多度的下降。

为了弄清楚实际情况中是否可以完成这样的循环，即寄生物确实在调节驯鹿的多度，前面提到的相互作用关系以及其他影响因素作为参数应用到一个驯鹿－寄

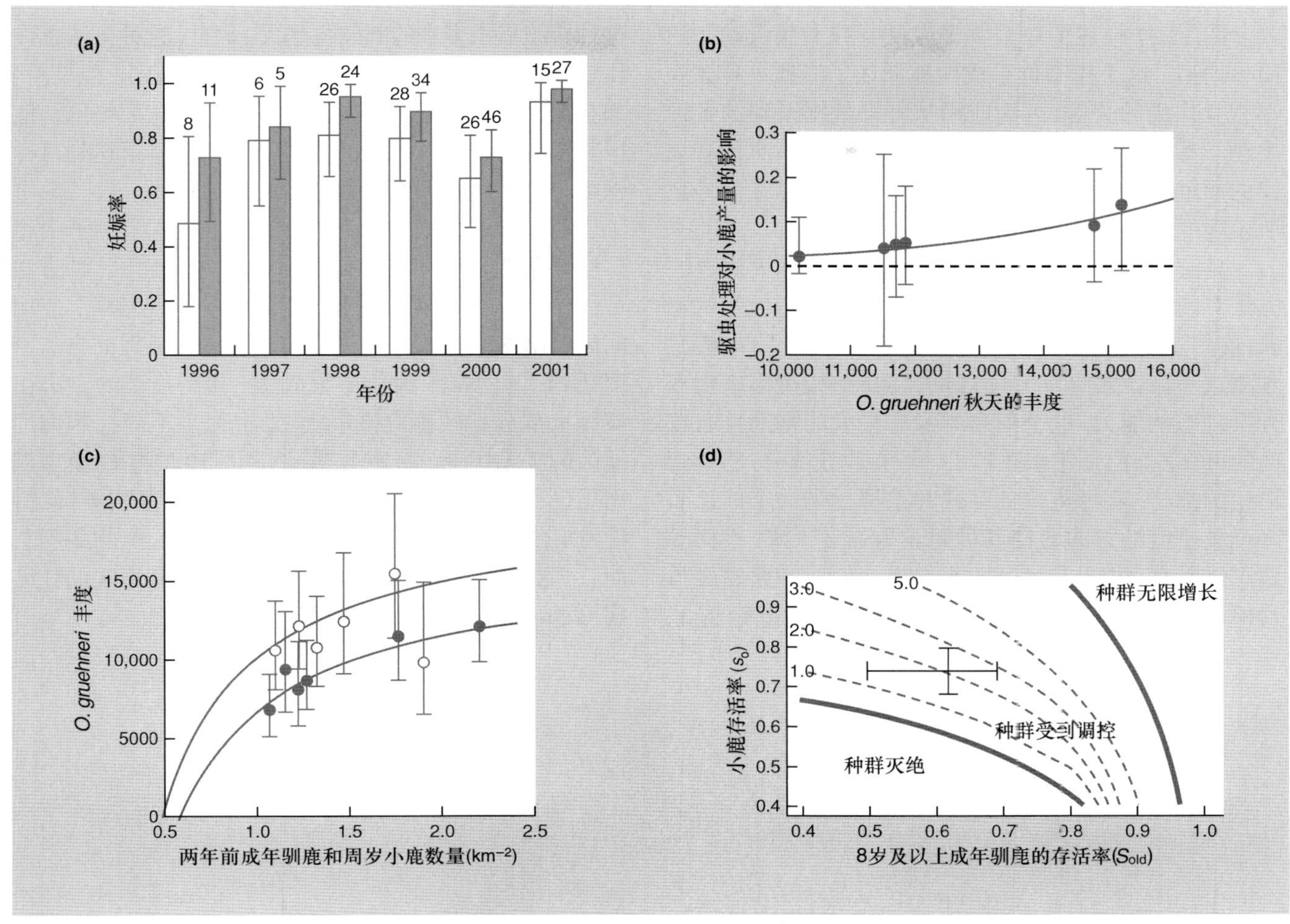

图 12.26 (a) 对照组 (空白柱) 和一年前接受过驱虫处理的实验组 (阴影柱) 驯鹿 4—5 月妊娠率的估计值,上方的数字表示调查妊娠率的样本大小。(b) 实验组 (一年前接受过驱虫处理) 与对照组幼鹿产量的差别与寄生物 *Ostertagia gruehneri* 多度 (10 月测量的数据) 之间的关系。(c) 在两个地点 Colesdalen (•) 和 Sassendalen(○), 寄生物 *O. gruehneri* 10 月测量的多度与两年前成年驯鹿与一岁幼鹿数量之和的关系 (曲线回归)。图 (a~c) 中的误差线给出了估计值 95% 的置信区间。(d) 将成年驯鹿 (8 岁及以上) 与幼鹿可能的一年存活率应用到数学模型得到的结果,图中的实线表示种群无限增长或灭绝的边界以及受调控的区域,点线表示在调控区域内特定成年驯鹿和幼鹿密度在 1 km^2 、2 km^2 、3 km^2 和 5 km^2 时的参数组合,交叉线表示了估计值所预期的范围 (仿 Albon *et al.*, 2002)。

生物相互作用的模型分析中; 分析结果见图 12.26。有 3 种可能的结果: 驯鹿种群灭绝, 或者呈无限的指数增长, 或者驯鹿数量被调控至图中所示每平方千米的数量。令人鼓舞的是, 在观察到的成年驯鹿和幼鹿存活范围内, 模型预测的驯鹿密度十分符合观察到的结果 (大约 1~3 只 km^{-2})。如果幼鹿的生育能力不受寄生物的影响, 该模型预测种群数量呈无限的指数增长。这样, 野外观察和实验以及这一数学模型都有力地支持寄生物在调节施瓦巴德驯鹿种群动态中起到一定的作用。

12.7.4 赤狐和狂犬病

我们最后来讨论狂犬病: 一种包括人类在内的脊椎动物之间直接传播的致命疾病。它攻击神经系统, 一旦发病, 极其痛苦, 死亡率也很高。在欧洲, 近些年来人们的兴趣集中在狂犬病与赤狐 (*Vulpes vulpes*) 之间的相互作用上。从 1940 年起赤狐携带的狂犬病大流行从波兰 — 俄罗斯边境向西、向南发展, 与此同时其对人类的直接威胁明显减轻, 而更多地向牛羊传播。由于狂犬病毒已经从欧洲大陆穿过英格兰海峡, 英国当局对此十分担心, 而在欧洲大陆人们也急切地希望消灭狂犬病毒 (Pastoret & Brochier, 1999)。面临这种情况, 我们来使用理论模型, 首先分析在野外观察到的宿主 – 病毒的动态 (这样就能检验该模型的可靠性), 然后再思考其种群动态能否被控制。也就是说, 为了了解如何阻止狂犬病的传播, 甚至在其已经存在的地区根除该疾病, 我们从赤狐 – 狂犬病毒种群动态中获取的信息是否足够呢?

图 12.27 描述了一个关于赤狐 – 狂犬病毒动态的简单模型。这个模型似乎成功地抓住了赤狐 – 狂犬病毒相互作用的关键，因为应用从野外数据得到的各种生物学参数，该模型预测狐狸多度和狂犬病流行有规律的周期大约为 4 年，与在很多狂犬病毒存在的地区所发现的一致 (Anderson *et al.*, 1981)。

具有可操作性可能的控制赤狐种群中狂犬病毒的方法有两种。第一种方法是持续地杀掉一定数量的赤狐，使其多度下降到狂犬病毒传播的临界线以下。模型预测这一临界大约为 1 只 km^{-2}，考虑到模型准确预测种群动态的能力，这个信息本身有很大的帮助且有较高的可靠性。但是正如在第 15 章 (在收获部分) 将详细讨论的那样，这种持续的筛选并杀掉过剩的个体从而降低其密度的方式会使其种间竞争强度下降，进而导致出生率上升以及自然死亡率下降。因此，正常密度与目标密度 (这个例子中为 1 只 km^{-2}) 之间的差距越大，这种持续猎杀带来的问题也越大。因此，这种方法也许比较适合自然密度在 2 只 km^{-2} 左右的地区。但是，例如在英国狐狸的平均密度为 5 只 km^{-2}，在某些偏远地区甚至达到 50 只 km^{-2}，不可能通过持续猎杀达到目标密度。这种方法的实际使用价值或许很小。

第二种可能的方法是接种疫苗，在这个例子中将口服疫苗置于用于吸引狐狸的诱饵中。使用这种方法可以覆盖 80% 的狐狸种群。但这个比例足够吗? 应用前面给出的方程 12.7 表明疫苗的方法在狐狸的自然密度达到 5 只 km^{-2} 时仍然很成功。接种疫苗的方法在英国大部分地区都应该很成功，但似乎不能控制偏远地区的狂犬病毒。事实上，就是在图 12.27 中的模型提出后已经 20 多年了，狂犬病毒还没有扩散到英国，持续发展的口服疫苗似乎阻断了狂犬病毒在欧洲的扩散，而且消灭了比利时、卢森堡和法国大部分地区的狂犬病 (Pastoret & Brochier, 1999)。

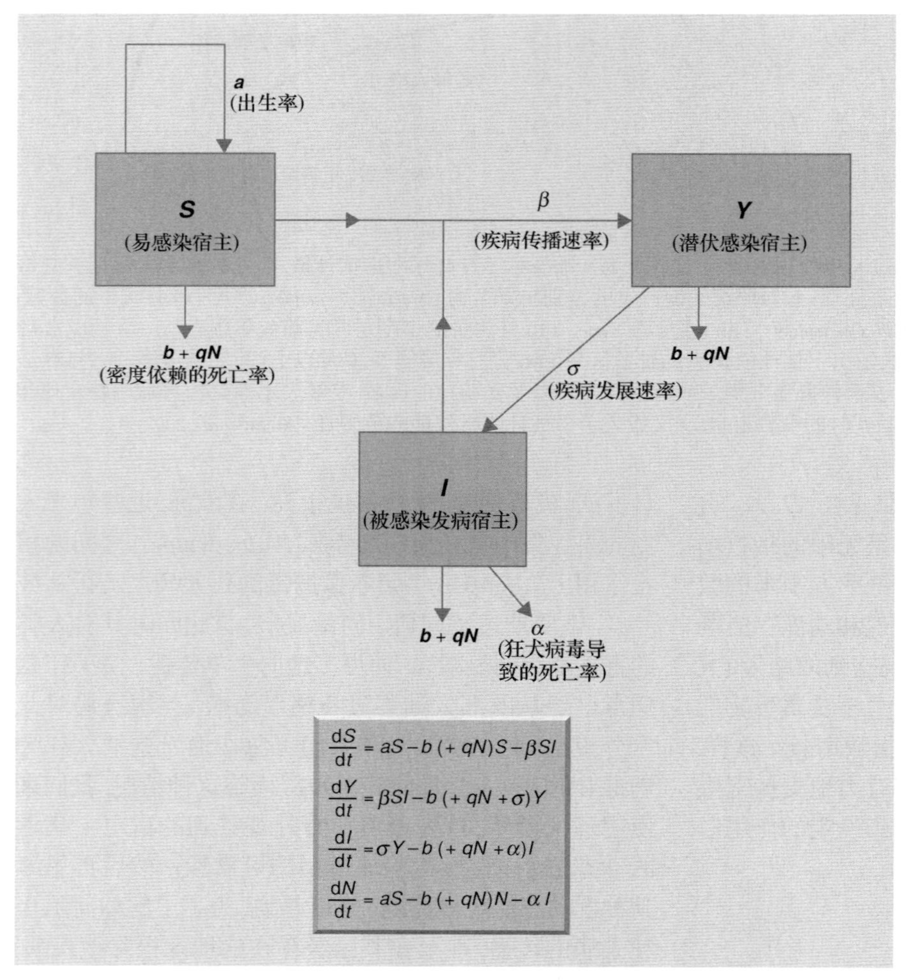

图 12.27　上方的流程图描述了被狂犬病毒感染的脊椎动物 (如狐狸) 宿主的种群动态，下方即为描述这一动态的理论模型的方程。根据所列方程的顺序，它们依次描述了：(1) 易受感染的宿主 (S) 数量仅会随这一部分个体出生率 (密度依赖的) 上升而升高，其数量的下降由自然 (密度依赖的) 死亡和通过与被感染个体的接触被感染导致；(2) 潜伏感染的宿主 (Y) 数量会由于易受感染宿主被感染而上升，但会由于自然 (密度依赖的) 死亡和发展成为感染宿主而下降；(3) 感染发病宿主 (I) 会由于潜伏感染宿主疾病发展而数量上升，但会由于自然 (密度依赖的) 原因和疾病导致的死亡率而下降；最后，整个宿主种群 ($N = S + Y + I$) 的数量可通过将前面 3 个关于 S, Y 和 I 的方程相加而获得 (仿 Anderson *et al.*, 1981)。

12.8 寄生物与其宿主间的协同进化

兔黏液瘤病

看起来似乎很简单，一个种群中的寄生物会选择进化出抗性更强的宿主，反过来，这些宿主也会选择进化出感染力更强的寄生物：形成一个典型的协同进化“军备竞赛”(coeoolution arms race)。事实上，这个过程并不一定这么简单，尽管已经有些确凿的例子能够证明宿主和寄生物会彼此驱使对方产生进化。一个最为深刻的例子是有关野兔和能够导致兔黏液瘤病的黏液瘤病毒的。这种病毒起源于南美洲丛林中的南美林棉尾兔 (*Sylvilagus brasiliensis*)，在这里黏液瘤病只是一种轻微的疾病，很少导致野兔的死亡。可是当侵染了穴兔 (*Oryctolagus cuniculus*) 时，这种南美洲病毒却往往是致命的。在一个最有力的生物防治的例子中，澳大利亚于 20 世纪 50 年代引入了黏液瘤病毒，用以控制泛滥成灾、危害草场的穴兔的数量。这种疾病在 1950 年至 1951 年迅速传播，穴兔的数量大大减少 —— 在某些地方甚至超过了 90%。与此同时，这种病也传入了英国和法国，导致了穴兔数量的急剧下降。随后，为科研做出杰出前瞻贡献的 Fenner 和他的助手们 (Fenner & Ratcliffe, 1965; Fenner, 1983) 开始对澳大利亚发生的进化进行了细致的研究，并建立了穴兔和病毒的基线遗传株 (baseline genetic strains)。他们以此来测量随后在野外的进化中，病毒感染力和宿主抗性上产生的变化。

当这种疾病被初次传入澳大利亚时，被感染的穴兔死亡率超过 99%。然而，这个“病例死亡率”在一年内降至 90%，后来甚至更低 (Fenner & Ratcliffe, 1965)。从野外取回隔离的病毒样本的抗性根据其存活时间和对照穴兔的病例死亡率来划分等级。最初的强感染力病毒 (1950—1951 年) 标记为 I 级，杀死了 99% 的被感染实验用穴兔。此前，到 1952 年为止，大多数从野外取回的隔离病毒样本感染力略弱，为 III 级和 IV 级。此时，穴兔的抗感染能力提高。当注射标准的 III 级病毒株时，1950—1951 年穴兔样本的染病致死率接近 90%，这个数字在 8 年后降至不足 30% (Marshall & Douglas, 1961) (图 12.28)。

穴兔的抗性进化非常容易理解：抵抗力强的穴兔在面对黏液瘤病毒的考验中，顺理成章地受到了自然选择的青睐。对病毒来说，情况要更微妙些。黏液瘤病毒在穴兔中极强的感染力以及它在与之协同进化的美洲宿主中较弱感染力之间的对比，及其传入澳大利亚和欧洲后感染力的减弱，它们都与一个共同观点一致，那就是寄生物往往朝着对宿主有利的方向进化，防止寄生物杀死宿主，从而破坏其生境。这种观点，实际上是非常错误的。那些受到自然选择青睐的寄生物是具有最大适合度 (广义地说，就是最大繁殖率) 的种群。有时候，这种最大适合度是通过病毒感染力降低而实现的，而有时候却不是。对黏液瘤病毒来说，最初期的感染力降低是有益的，但后来的下降却是不利的。

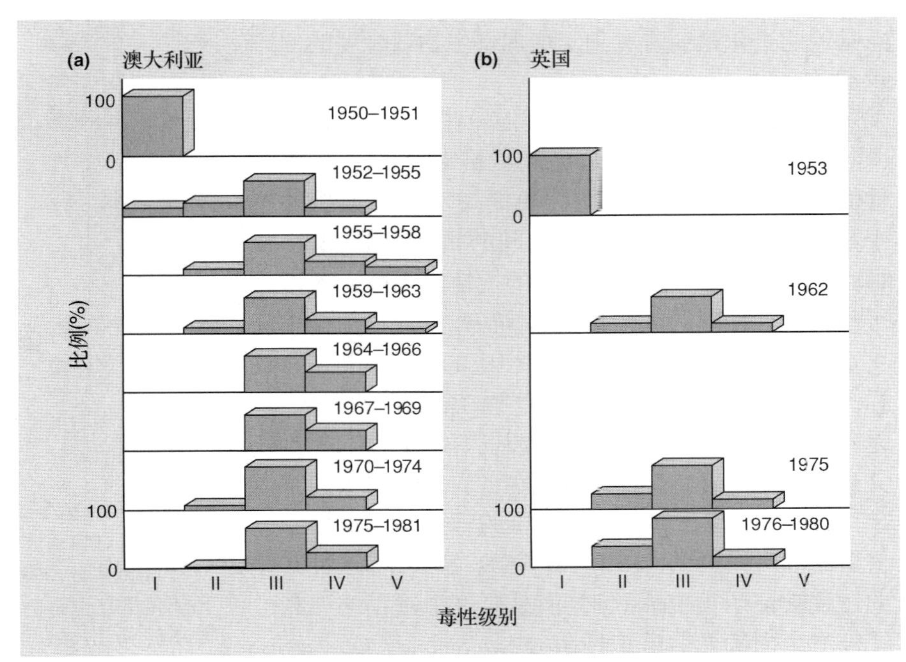

图 12.28 (a) 从 1951 年至 1981 年间的不同时间在澳大利亚穴兔种群中发现的黏液瘤病毒的分级百分比。级别 I 是毒性最强的 (仿 Fenner, 1983)。(b) 从 1953 年至 1980 年间在英国穴兔种群中采集到的相似数据 (仿 May & Anderson, 1983; 引自 Fenner, 1983)。

黏液瘤病毒是血液传播的，通过吸血昆虫携带者在宿主间进行传染。在该病毒引入澳大利亚的前 20 年，主要的携带者是蚊子 (特别是环须按蚊 (*Anopheles annulipes*))，且只吸食活宿主的血液。对于感染级别为Ⅰ和Ⅱ的病毒的难题在于，它们过于迅速地杀死宿主，以至于只有很短的时间来让按蚊将它们传播出去。有效的传播需要在宿主具有较高密度的情况下才可能实现，一旦密度降低，就不能有效传播。因此，与感染级别Ⅰ和Ⅱ选择不同的低级别感染会使宿主感染时间延长。不过。在感染级别的另一个极端中按蚊几乎不传播级别Ⅴ的病毒，因为它们在宿主皮肤上产生的能够感染携带者口器的传染性颗粒极少。这种情况在 20 世纪 60 年代末是非常复杂的，当这种疾病的另一个携带者，欧洲兔蚤 (*Spilopsyllus cuniculi*) (在英国主要的载体) 引入了澳大利亚。一些证据表明，当跳蚤作为主要携带者时，感染力较强的病毒株更占优势 (见 Dwyer *et al*., 1990 的讨论部分)。

总的说来，穴兔 – 黏液瘤病毒系统中存在着选择，不是因为感染能力的降低，而是因为传播率的提高 (和后来适合度的增大) —— 这个系统中发生的选择在中等级别的感染力时达到最大化。许多昆虫的寄生物靠杀死宿主来得到有效传播。在这种情况下，较强的感染力易受偏爱。而在其他一些情况下，作用在寄生物上的自然选择明显倾向于较低的毒力：例如，人类单疱疹病毒，对其宿主产生极小的实际损害，但是却非常有效地使宿主具有终生的传染性。这些不同反映了潜在的宿主 – 寄生物生态学关系的区别，但是这些例子的共同点是说明进化是朝着有利于增加寄生物适合度的方向进行的。

细菌和噬菌体

在其他一些情况中，协同进化是更加严格对立的：宿主抗性的增加和寄生物感染能力的提高。一个典型的例子是农作物和它们的病原体之间的相互作用 (Burdon, 1987)，尽管在这种情况下宿主的抗性经常被引入人的干预；甚至可能会有基因间的对抗赛，针对病原体中某一毒性的等位基因选择出宿主相应的抗性基因等。这样，进一步地促进了寄生物和宿主的多态性的形成，也是不同亚种群中占优势的等位基因不同导致的结果，又或者是因为这几个等位基因在各自的种群中同时处于一种动态，当它们和与之竞争的等位基因在另一方很罕见的时候，就会比较占有优势。事实上，这种具体的过程被证明很难观测到，但是对这个过程的观测已经被一个由荧光假单胞杆菌 (*Pseudomonas fluorescens*) 和其寄生病毒噬菌体 SBW25ϕ2 组成的系统 (Buckling & Rainey, 2002) 所实现。

他们在整个进化过程中监测了宿主和寄生物产生的变化，通过将细菌和噬菌体从一个培养瓶转入另一个培养瓶，共有 12 个重复的共存种群。很明显，细菌变得更具抗性，而噬菌体更具传染性。(图 12.29)：每一代都是由 “军备竞赛” 直接挑选出来的。但是这一结果只有在任一特定菌株 (从第 1 号到第 12 号) 与 12 个噬菌体株都进行对抗检测的时候，才比较明显，噬菌体株的检测方式是类似的。反过来，当实验结束时 (表 12.4)，通过与每一代的噬菌体株进行对抗来检测每一代菌株的抗性；很明显，细菌中的绝大多数能够抵抗与之协同进化的噬菌体株 (经常达到具有完全的抵抗能力)。因此，在株系或亚种群之中存在着广泛的进化趋异 (evolutionary divergence)，在作为一个整体的集合种群中也存在着丰富的多态性。

至此，这一章也接近了尾声。确切地来说，与现在相比，尽管寄生物在过去被生态学家所忽视，但它正逐步被视为影响宿主生态学和进化动态的主要角色。

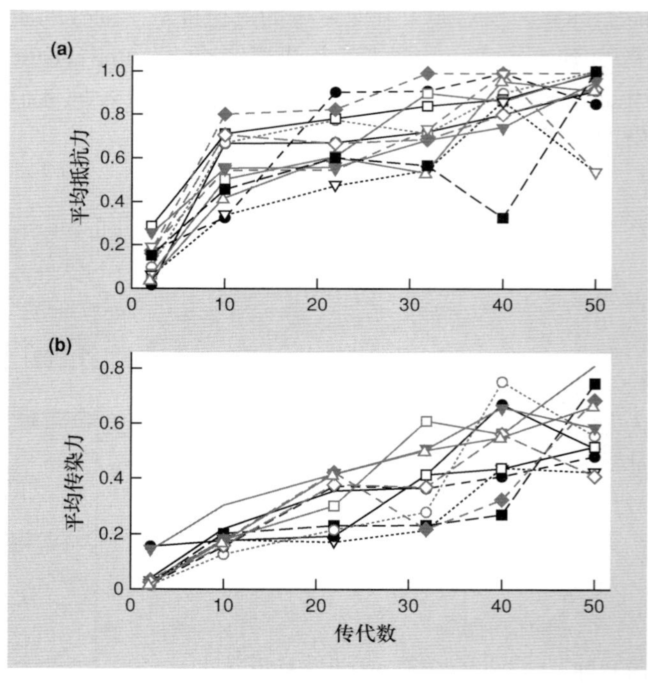

图 12.29 (a) 整个进化过程中 (1 次传代 ≈8 个细菌世代)，12 个重复的菌株对噬菌体的抗性都有所增加。抗性的“平均值” 是通过 12 个噬菌体分离株在各自时间点计算出的平均值。(b) 同样，噬菌体传染性也有所增加，传染性的“平均值” 是通过 12 个重复菌株所计算 (仿 Buckling & Rainey, 2002)。

表 12.4　表格显示了每一个重复菌株 (B1~B12) 和与之相对的 12 个噬菌体株 (ϕ1 ~ ϕ12) 经过一段时间的协同进化后，能抵抗噬菌体的细菌所占比例 (50 次传代 ≈ 400 个细菌世代)。协同进化的双方在对角线上粗体显示。注意，菌株通常对与之一同进化的噬菌体株最具抵抗力 (仿 Buckling & Rainey, 2002)。

噬菌体	细菌											
	B1	B2	B3	B4	B5	B6	B7	B8	B9	B10	B11	B12
ϕ1	**0.8**	0.9	1	1	1	1	1	1	0.85	0.85	0.75	0.65
ϕ2	0.1	**1**	0.3	1	0.85	0.25	1	1	0.85	0.9	0.8	0.65
ϕ3	0.75	0.75	**1**	1	1	0.9	1	1	0.85	0.9	0.9	0.65
ϕ4	0.15	0.9	0.8	**1**	0.85	0.6	0.6	1	0.85	1	0.85	0.35
ϕ5	0.25	0.9	1	1	**1**	0.9	1	0.8	0.85	1	0.8	0.65
ϕ6	0.2	1	0.85	0.8	0.75	**0.8**	0.85	0.9	0.85	0.75	0.45	0.25
ϕ7	0.2	0.75	0.6	1	0.4	0.45	**1**	0.9	0.85	1	0.75	0.35
ϕ8	0	0.95	0.55	0.95	0.35	0.25	0.8	**1**	0.85	1	0.7	0.25
ϕ9	0	0.7	0.55	0.45	0.7	0.35	1	1	**0.85**	1	0.5	0.1
ϕ10	0	0.7	0.9	0.7	0.55	0.9	1	1	0.7	**1**	0.5	0.4
ϕ11	0	0.5	0.9	0.75	0.7	1	1	0.95	0.75	1	**1**	0.35
ϕ12	0	0.15	0	0.1	0.65	0.35	1	1	0.7	0.8	0.85	**0.4**

小结

我们以定义寄生物、感染、病原体和疾病开始，然后基于微寄生物以及大寄生物之间，以及具有直接和间接 (通过媒介) 生活史的寄生物之间的区别，概括了动物和植物寄生物的多样性。社会寄生和巢寄生 (杜鹃) 的典型例子也有所描述。

我们也介绍了活养寄生物与尸养寄生物 (先锋腐生生物) 之间的区别，通过讨论人畜共患病 (可传染人类的野生动物传染病) 来说明寄生物本身对宿主的特异性。

宿主是活动的环境：它们可能会抵抗、会痊愈、会 (在脊椎动物中) 获得免疫力。我们描述了脊椎动物对微寄生物和大寄生物的不同反应，随后对比了植物对感染做出的反应。我们强调了宿主抵抗寄生物进攻而付出的高额代价。寄生物同时也能引起宿主生长和行为的重大改变。

本章介绍了为什么很难区分由寄生物种内竞争和寄生物密度依赖的宿主免疫应答反应产生的影响，而且一些类似于寄生物种内竞争的模式与其他生物的一样可以被观察到。

这里，我们列举不同类型的寄生物具有不同的传播方式，也给出了传播动态的正式描述；我们可以利用接触频率来区分密度依赖和频度依赖两种传播类型 (尽管这些可能只是两个极端情况)。传播速率在空间上可能会有很大的变异，可能是传染病发源地的影响，或者是因为易感的和具有抵抗力的物种在空间上的混合状态。

寄生物通常在宿主种群内集群分布。这对于理解发病率、强度和平均强度的不同点尤其重要。

我们讨论了寄生物对宿主存活率、生长率和生育率的作用。这些作用常常很微妙，如影响宿主与其他物种之间的相互作用。

随后我们讨论了宿主种群中的感染动态问题。这部分的关键概念是基础繁殖率，R_0，传染阈值 ($R_0 = 1$) 以及临界种群大小。这为直接传播的微寄生物建立了一个框架，这将有助于我们找到不同感染种群的类型，认识传染病感染曲线的本质和不同类型寄生物的动态模式，规划基于 "群体免疫" 原理的免疫项目，等等。

本章还简要介绍了攻击农作物的病原生物、通过媒介传播的疾病、大寄生物以及感染宿主集合种群的寄生物的动态。

我们考查了寄生物、病原体对宿主种群动态的影响。我们首先关注一个问题：在没有任何可监测反馈的情况下，寄生物和宿主之间的动态是否存在耦联关系，或者只是寄生物单方面影响宿主的种群动态 (宿主对寄生物没有反馈作用)。一系列研究案例的数据支持这样一个结论，那就是寄生物对宿主动态的影响是微妙的，而且通常有不同的解释。

最后，我们考虑了寄生物及其宿主的协同进化，有必要指出，任何 "舒适膳宿" 都是不存在的，相反，存在双方的选择压力 —— 寄生物和宿主 —— 最大化个体的适合度。

第 13 章

共生和互利共生

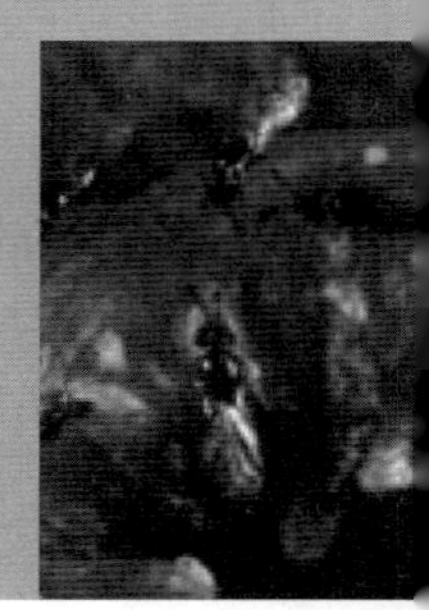

13.1 引言: 共生者、互利者、偏利者和生态系统工程师

没有什么物种是孤立存在的, 它们的生存总是与其他物种紧密相关: 对很多生物来说, 它们所占据的生境就是另一个物种。例如, 寄生物生活在宿主的体腔甚至是细胞中, 固氮菌生活在豆科植物根瘤中等等。共生 (symbiosis, 生活在一起) 指物种间在物理上紧密相关, 在这种关系中共生者 (symbiont) 占据了宿主提供的栖息地。

事实上, 寄生物通常不包含在共生者的范围内, 因为共生还隐含了互利共生 (mutualism) 的相互关系。互利关系是指, 不同物种为彼此的利益而相互作用。这些利益通常包括物品和服务的直接交换 (例如, 食物、防御或运输), 它们通常会导致至少一方获得新的能力 (Herre *et al*., 1999)。因此, 互利关系不需要有物理上的紧密相关, 也就是说互利者不一定共生。例如, 很多植物通过向鸟或哺乳动物提供可食用的肉质果实来实现种子的传播, 很多植物通过向访问昆虫提供花蜜来确保有效的传粉 —— 它们之间是互利的关系, 但是它们却不共生。

互利共生: 是相互剥削而不是友好关系

然而, 我们不能简单地将互利共生关系看作是双方间只有好处没有冲突的相互关系。现代进化思想进一步将互利共生关系看作是双方的相互剥削, 只不过互利共生关系中的双方, 其受益的净值都为正 (Herre & West, 1997)。

一个物种向另一个物种提供生境时, 两者之间不一定是互利共生关系 (双方获利: "++") 或寄生关系 (一方获利, 一方受损: "+−")。首先, 有时候即使有可靠的数据, 也很难说明这二者中的某一个是受害还是受益。其次, 物种 1 向物种 2 提供生境, 两者间可能有各种相互作用, 但可能还是没法认定物种 1 到底受害还是受益。比如说, 树木向很多种鸟、蝙蝠和攀爬动物提供生境, 这些动物在没有树的环境中就会消失。地衣和苔藓在树干上发育, 另外攀缘植物, 如常春藤、藤本植物和无花果, 虽然根生长在地面, 但它们利用树干作支撑将自己的树叶伸展到森林冠层。因此, 所谓生态系统 (生态) "工程师" (ecosystem engineer), 树木正是个典型的例子 (Jones *et al*., 1994)。它们的出现创造、改变或维持了其他生物的生境。在水生群落中, 大型生物的固体表面对那里的生物多样性则有着更为重要的贡献。海藻和巨型海藻通常只有固着到岩石上才能生长, 而它们的植物体被丝状藻、螺旋虫 (*Spirorbis*) 和诸如水螅 (hydroids) 和苔藓虫 (bryozoans) 等构件 (modular) 动物轮流拓殖 —— 这些拓殖者通过海藻固定自己, 并获得海洋水流中的资源。

上述情况通常被归为偏利关系 (commensal) (其中一方获利, 另一方既不受损也不获利 "+0")。那些既不算寄生又不算互利的关系可以划分成偏利或 "主 – 客" 关系, 注意, 如同日常生活中的 "客人", 当主人生病或状态不佳时, 它们可能就不受欢迎了。尽管偏利关系下的生物有着非常特殊和神奇的生活方式, 但人们对偏利关系的研究却远不如寄生和互利关系。

这个世界的绝大部分生物量是由互利者所组成的, 然而在过去的研究中, 比起其他一些类型的相互关系的研究, 互利关系经常被人们忽视。不论在草原、石楠丛还是森林, 几乎所有优势植物的根都与真菌有密切的互利关系。大多数珊瑚虫的生活要依赖生长在它们细胞内的单细胞藻类, 很多开花植物需要昆虫来传粉, 很多动物需要肠道中的微生物群落才能有效地消化食物。

本章的内容将按渐进的方式编排。首先从不包含密切共生关系的互利关系开始 —— 这种关系多是行为上的, 也就是说每个参与者以一种可以为对方提供净利益的方式行动; 在第 13.5 节中, 当我们讨论动物和生活在它们肠道中的微生物的互利关系时, 我们将转向较密切的关系 (一方住在另一方体内); 在第 13.6~13.10 节中, 我们将学习更加密切的共生, 一方进入到另一方的细胞间或细胞内。在第 13.11 节中, 我们将打断这种渐进式的安排, 转而对互利的数学模型进行简要的介绍。最后, 第 13.12 节并不是严格意义上的 "生态学的" 内容, 我们将阐述各种细胞器进入宿主细胞体内形成密切的共生关系以至于不能将它们确认为独立的生物。

13.2 互利共生的保护者

13.2.1 清洁鱼和顾客鱼

至少有 45 种有记载的 "清洁鱼" 取食 "顾客鱼" 体表的外寄生物 (ectoparasite)、细菌和坏死组织。清洁鱼通常会占据一定的领域作为 "清洁站" 让顾客鱼光临 —— 而当顾客鱼携带较多寄生物时也会更频繁地光顾清洁站。清洁鱼得到了食物资源而顾客鱼免于受到感染。事实上, 要证明顾客鱼的受益并不容易, 但是在澳大利亚大堡礁的蜥蜴岛上, Grutter (1999) 的实验用一种清洁鱼裂唇鱼 (*Labroides dimidiatus*) 做到了, 这种清洁鱼取食它的顾客黑鳍粗唇鱼 (*Hemigymnus melapterus*) 身上寄生的巨颚水虱科等足目动物 (gnathiid isopods)。从围栏内将清洁鱼去除 12 天后, 顾客鱼携带的寄生物显著增加 (3.8 倍, 图 13.1a, 上图); 在短时间内 (1 天) 去除这种只在白天取食的清洁鱼, 黎明时检测没有这种作用 (中图), 一个白天之后寄生物才显著增加 (4.5 倍) (下图)。

群落水平的影响

另外, 有人在埃及红海的珊瑚礁对同一种清洁鱼进行了进一步的实验, 实验强调了清洁鱼与顾客鱼的关系在群落水平的重要性 (Bshary, 2003)。当清洁鱼从一个珊瑚礁斑块自然地离开或被实验去除 (因此该斑块没有清洁鱼), 斑块中鱼类的多样性 (物种数) 会明显降低, 尽管这种降低在 2~4 周之后不显著而只有到 4~20 个月之后才显著 (图 13.1b)。而当清洁鱼自然迁入或实验添加到没有清洁鱼的斑块后, 几周后多样性就显著增加

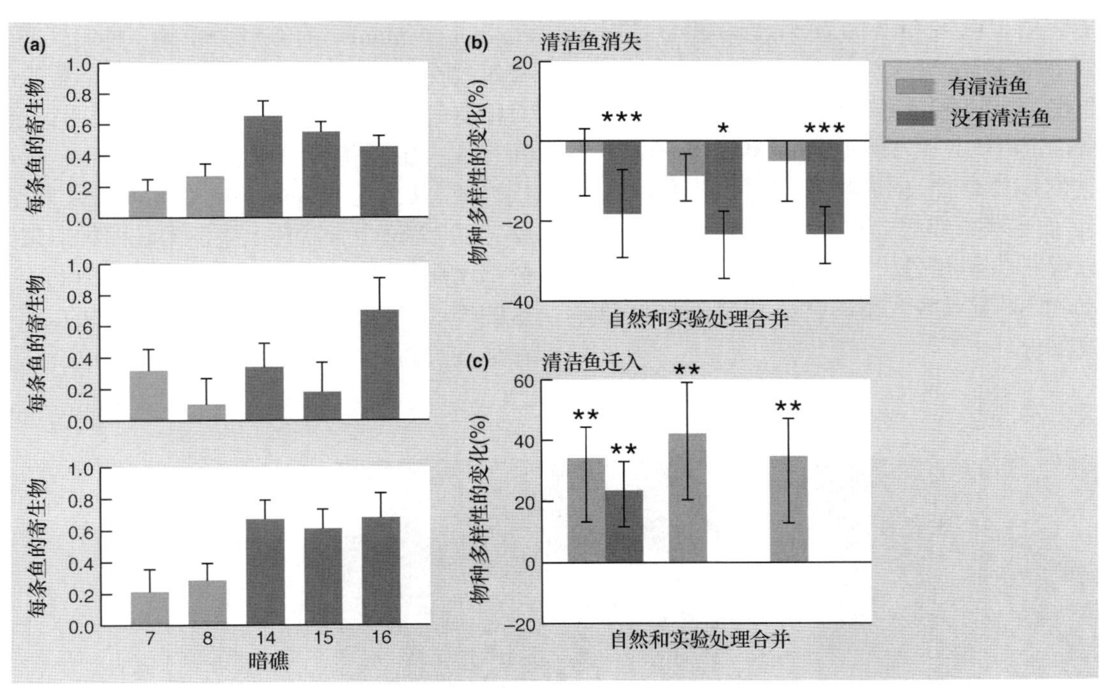

图 13.1 (a) 清洁鱼确实为它们的顾客清洁。图中显示了 5 处暗礁的每条顾客黑鳍粗唇鱼 (*Hemigymnus melapterus*) 平均携带的寄生物巨颚水虱, 其中 3 处 (14、15 和 16) 的清洁鱼裂唇鱼 (*Labroides dimidiatus*) 被实验移除。在 "长期" 实验中, 12 天以后测量结果显示没有清洁鱼的顾客鱼显著携带更多的寄生物 (上图: $F = 17.6$, $P = 0.21$)。在 "短期" 实验中, 在 12 小时以后的黎明进行测量, 结果显示没有清洁鱼的顾客鱼并未显著携带更多的寄生物 (中图: $F = 1.8$, $P = 0.21$), 可能是因为清洁鱼晚上不进食, 然而接下来白天的 12 小时之后出现了显著差异 (下图: $F = 11.6$, $P = 0.04$)。T 形线表示标准误 (仿 Grutter, 1999)。(b) 清洁鱼增加了暗礁鱼类的多样性。短时间 (2~4 周, 浅色柱图) 和长时间 (4~20 个月, 深色柱图) 内清洁鱼裂唇鱼 (*L. dimidiatus*) 自然或人为地从一个暗礁斑块消失的情况下, 鱼类种类数量变化的百分数。(c) 短时间 (2~4 周, 浅色柱图) 和长时间 (4~20 个月, 深色柱图) 内清洁鱼裂唇鱼 (*L. dimidiatus*) 自然或人为地迁入 (或两个处理结合) 一个暗礁斑块的情况下, 鱼类种类数量变化的百分数。柱状图代表中位数, 误差线代表四分位数。$*$, $P < 0.05$, $**$, $P < 0.01$, $***$, $P < 0.001$ (仿 Bshary, 2003)。

(图 13.1c)。有趣的是,这种效应不论对顾客鱼类还是非顾客鱼类都适用。

事实上,很多互利行为是在热带珊瑚礁的生物群落中发现的 (珊瑚本身就是互利的, 见第 13.7.1 节)。例如, 双锯鱼 (*Amphiprion*) 生活在海葵 (例如, *Physobrachia*, *Radianthus*) 附近, 当受到威胁时就退到海葵的触角中。双锯鱼在海葵中时会得到一种覆盖在体表的黏液,这种黏液使它们免于受到海葵刺细胞的攻击 (这些海葵的黏液通常用来防止相邻触角接触时刺细胞的相互攻击)。双锯鱼在这种关系中得到保护, 海葵同样也获益, 因为双锯鱼会攻击其他靠近海葵的鱼类, 这其中有一些是以海葵为食的。

13.2.2 蚂蚁 – 植物的互利共生

Belt (1874) 在中美洲观察了在具膨胀刺的金合欢属 (*Acacia*) 植物上生活的蚂蚁的好斗行为, 提出植物和蚂蚁之间有互利关系的观点。之后, Janzen (1967) 更完整地描述了牛角相思树 (*Acacia cornigera*) 和与之相关的相思树蚁 (*Pseudomyrmex ferruginea*) 间的这种关系。这种植物产生中空的刺, 蚂蚁利用这些刺筑巢, 植物的叶尖长有富含蛋白的贝氏小体 (Beltian bodies) (图 13.2), 蚂蚁收集它们作为食物; 同时植物的营养体有分泌糖分的蜜腺, 它们也吸引蚂蚁。蚂蚁则积极地切断其他植物的枝条以保护牛角相思树的幼树免受竞争; 抵御前来的食草动物, 甚至有些大型的食草动物 (脊椎动物) 也会被蚂蚁阻止。

植物获益了吗?

事实上, 蚂蚁和植物的互利共生关系经历了多次进化 (即使在同一个科的植物也重复发生); 全球各种群落中至少有 39 个科的植物的营养体上出现蜜腺。花的蜜腺容易被解释为吸引传粉者。但是花以外的各种营养体蜜腺的作用则不好解释。这些蜜腺确实吸引蚂蚁, 有时数量巨大, 但我们还是需要仔细设计相互对照的实验来证明植物获益。例如, 对亚马孙冠层树种 *Tachigali myrmecophila* 的研究表明, 这种树的一种特殊中空结构中生存着一种具针刺蚂蚁 *Pseudomyrmex concolor* (图 13.3)。从选中的树上去除这种蚂蚁后, 树上食草昆虫的数量是对照的 4.3 倍, 树受到更严重的捕食。有蚂蚁种群生活的树的叶片寿命是没有蚂蚁生活的树的 2 倍, 是人为去除蚂蚁的树的 1.8 倍。

蚂蚁间的竞争

每种蚂蚁和植物间的这种互利关系不应该被孤立看待, 本章还会再次讨论这个话题。例如 Palmer *et al.* (2000) 在肯尼亚莱基皮亚 (Laikipia) 研究了与镰荚金合欢 (*Acacia drepanolobium*) 有互利关系的 4 种蚂蚁间的竞争, 这些蚂蚁在膨大的刺中筑巢, 取食叶基部蜜腺的分泌物。对植物的实验性争夺和自然占领都表明在这几种蚂蚁间存在一定的优势等级。*Crematogaster sjostedti* 是最优势的, 其次是 *C. mimosae*, *C. nigriceps* 和 *Tetraponera penzigi*。无论金合欢树上生活的是哪种蚂蚁, 有蚂蚁的树都比那些没有蚂蚁生活的树长得快 (图 13.4a)。说明这些蚂蚁与金合欢树的关系都是互利的。进一步分析, 在那些长得比平均水平快的树上, 蚂蚁总是向优势种

(a)

(b)

图 13.2 牛角相思树 (*Acacia cornigera*) 吸引与之互利的蚂蚁的结构。(a) 叶尖富含蛋白质的贝氏小体 (© Oxford Scientific Films/Michael Fogden)。(b) 被蚂蚁用来筑巢的空心刺 (© Visuals Unlimited/C.P.Hickman)。

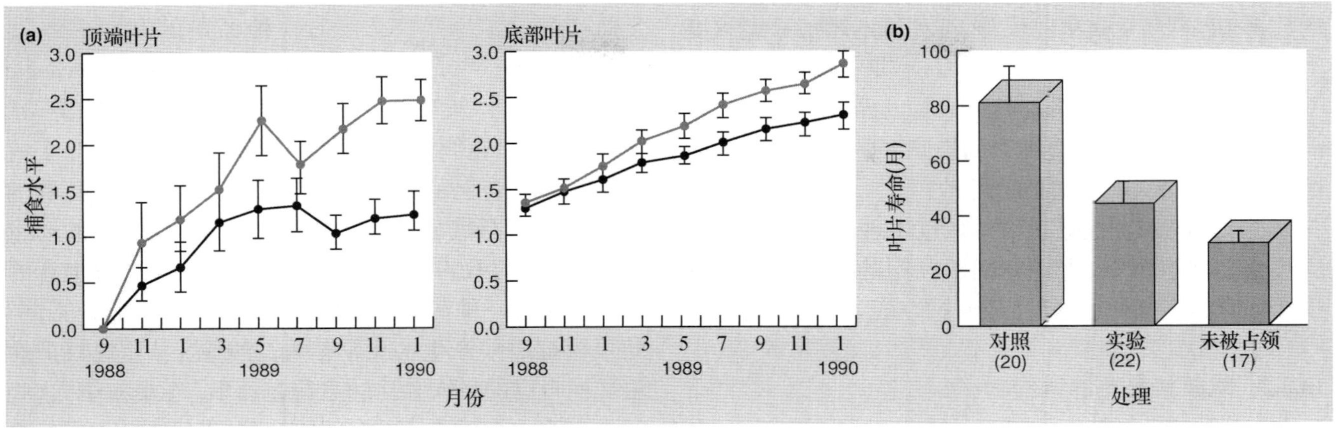

图 13.3 (a) 被蚂蚁 *Pseudomyrmex concolor* 自然占领 (•, $n = 22$) 或被实验去除蚂蚁 (•, $n = 23$) 的植物 *Tachigali myrmecophila* 的叶片被取食的强度。底部叶片指那些实验开始时就存在的叶片,顶部叶片是后来逐渐长出的。(b) 被蚂蚁 *P. concolor* 占据 (对照) 和实验去除自然存在的蚂蚁后,以及本来就没有蚂蚁的植物 *T. myrmecophila* 的叶片寿命。误差条为 ± 标准误 (仿 Fonseca, 1994)。

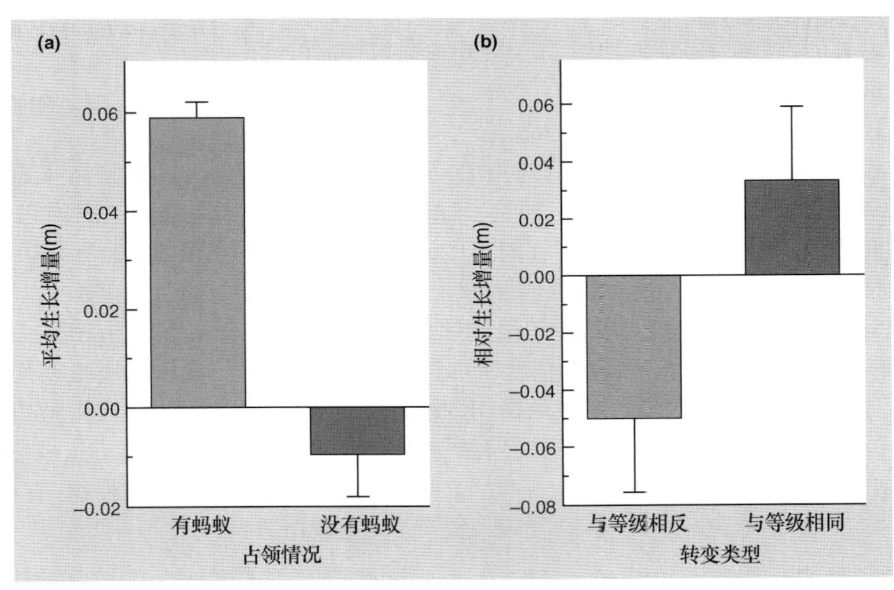

图 13.4 (a) 持续被蚂蚁占领的镰荚金合欢 (*Acacia drepanolobium*) ($n = 651$) 的生长显著地比没有被占领的 ($n = 126$) 快 ($P < 0.0001$)。被"持续"占领的树在开始和 6 个月以后的两次观察中都有蚂蚁;未被占领的树在两次观察时都没有蚂蚁。(b) 蚂蚁种类向较高竞争等级转变的树的相对生长增量 ($n = 85$) 显著大于那些蚂蚁种类向较低竞争等级转变的树 ($n = 48$) ($P < 0.05$)。生长增量的计算是对于那些总是被一种蚂蚁占领的树而言的。误差条表示标准误 (仿 Palmer *et al.*, 2000)。

方向变化 (被更优势的种取代),而在那些长得比平均水平慢的树上情况则相反 (图 13.4b)。

可见,这些数据说明生长速率不同的树上蚂蚁的更替是不同的,尽管细节上还仅仅是一些推测。有可能是因为生长最快的树向蚂蚁提供的"回报"最多,并且优势蚂蚁物种积极地选择这些树;而生长缓慢的树更容易被有较高资源需求的优势蚂蚁物种放弃。也有可能是因为竞争能力强的蚂蚁能发现并优先占领生长快的树。有一点是清楚的,就是我们从复杂的关系网中剥离出的两两物种间互利的关系并不是友好的关系。随着时间和空间的变化,不同的搭档要么付出代价或要么获益,这种变化驱动了各种相互竞争的蚂蚁间复杂的动态,进而决定了合欢树最终的资源平衡。Heil 和 McKey (2003) 对蚂蚁和植物的相互关系进行过综述。

13.3 作物种植与家畜饲养

13.3.1 人类农业

至少从地理学的角度上讲,人类农业是最为巨大的互利关系。如果小麦、大麦、燕麦、玉米和水稻不被耕种,它们的个体数以及覆盖的面积将远远小于现有的数量。自狩猎 – 收集时代, 人类种群的增加一定程度上衡量了农业为智人 (*Homo sapiens*) 带来的利益。即使不做实验我们也能想象人类灭绝对世界水稻种群的影响以及水稻灭绝对人类种群的影响。上述这些同样适用于被驯化的牛羊和其他哺乳动物。

类似的 "农业" 型互利关系也出现在白蚁和蚂蚁的社会中, 这些蚂蚁保护它们所利用的物种免受竞争或捕食者的伤害, 甚至迁移或照顾它们。

13.3.2 蚂蚁对昆虫的饲养

被饲养的蚜虫: 它们付出代价吗?

蚂蚁会饲养各种蚜虫 (同翅目) 以获取富含糖的 "蜜露"。蚜虫则受益于较低的捕食致死率, 表现出取食和分泌的增加, 从而形成更大的群体。但如果想象这是一种对双方都只有好处的友好关系, 那你就错了 —— 蚜虫是被控制的, 在资源平衡的另一端它们没有代价吗 (Stadler & Dixon, 1998)? 在日本北部北海道的岛屿上, 对一种被石狩红蚁 (*Formica yessensis*) 照料的蚜虫 (*Tuberculatus quercicola*) 的研究 (Yao *et al*., 2000) 回答了这个问题。正如预期那样, 有捕食者的情况下, 在蚜虫生活的橡树基部涂抹驱蚁剂来去除蚂蚁对蚜虫的照料, 没有蚂蚁照料的蚜虫种群的存活时间显著短于受到照料的种群。然而蚜虫也要付出代价, 在没有捕食者的情况下我们可以独立观察蚂蚁的照料对蚜虫的影响, 此时, 受蚂蚁照料的蚜虫种群的生长和繁殖不如没有蚂蚁照料的种群好 (图 13.5b)。

蚂蚁和灰蝶

另一种经典的互利关系发生在蚂蚁和很多种灰蝶 (lycaenid butterfly) 之间。灰蝶幼虫在宿主植物上取食直到第三或第四龄, 这时它们将自己暴露给前来觅食的工蚁, 工蚁将它们带回自己的巢穴收养它们。蚂蚁从幼虫特有的腺体中挤出有糖分的分泌物作为回报, 在之后的幼虫和蛹阶段, 蚂蚁将保护它们免受捕食者和拟寄生者的伤害。在另一种灰蝶 – 蚂蚁关系中, 情况则非常不同。幼虫模拟蚂蚁产生的化学信号, 这些信号让蚂蚁把幼虫带回自己的巢穴并让幼虫待在那里。在巢穴中, 这些幼虫要么扮演社会寄生物 (如杜鹃, 见第 12.2.3 节) 被蚂蚁喂养 [例如秀丽霾灰蝶 (*Maculinea rebeli*) 以十字龙胆 (*Gentiana cruciata*) 为食, 其幼虫模拟蚂蚁 (*Myrmica schenkii*) 的幼虫], 要么直接捕食蚂蚁 [例如, 另一种以红花百里香 (*Thymus serpyllum*) 为食的嘎霾灰蝶 (*Maculinea. arion*)] (Elmes *et al*., 2002)。

13.3.3 甲虫和蚂蚁对真菌的种植

大多数动物不能直接把木质的植物组织作为食物来源, 因为它们缺乏降解纤维素和木质素的酶 (见第 3.7.2 节和第 11.3.1 节)。然而很多真菌含有这些酶, 而动物可以吃这些真菌间接获取高能食物。一些特殊的互利关系就发生在动物和真菌分解者间。小蠹科的甲虫在死亡或要死亡的树上挖掘洞穴, 然后在这些洞穴中种植特殊的真菌, 甲虫的幼虫持续地吃这些真菌。这些粉蠹虫有的在它们的消化道中携带真菌的接种物, 有些种类还通过头上特殊的毛刷携带孢

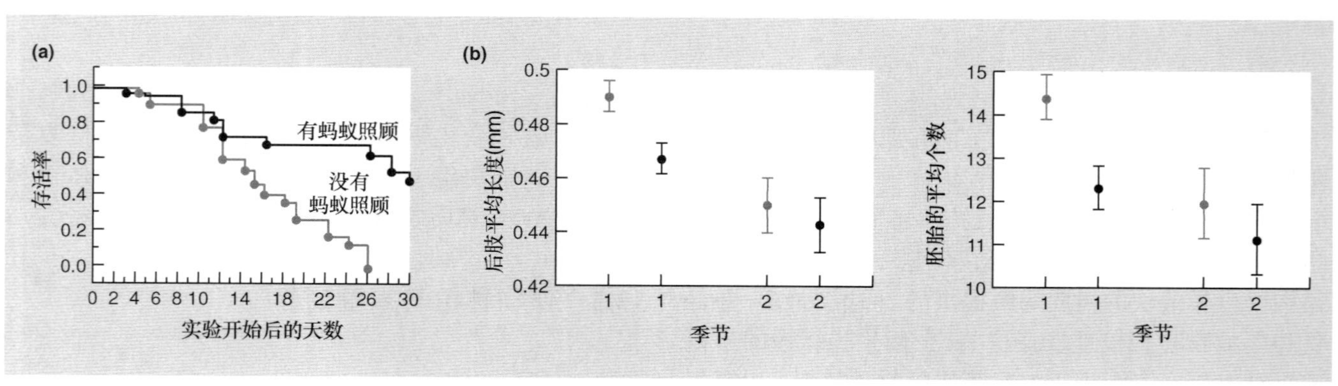

图 13.5 (a) 没有蚂蚁照顾的蚜虫 (*Tuberculatus quercicola*) 群比有蚂蚁照顾的蚜虫群更容易灭绝 ($\chi^2 = 15.9, P < 0.0001$)。(b) 在没有捕食者的情况下, 没有蚂蚁照顾的蚜虫群比有蚂蚁照顾的表现得更好。图中给出了在没有捕食者的环境中, 两个季节内 (1998 年 7 月 23 日至 8 月 11 日, 1998 年 8 月 12 日至 8 月 31 日) 蚜虫的个体大小 (后肢长度, $F = 6.75, P = 0.013$) 和胚胎数目。红点表示没有蚂蚁照顾的处理; 黑点表示有蚂蚁照顾的处理 (仿 Yao *et al*., 2000)。

子。真菌成为甲虫的食物并依赖于甲虫传播到新的洞穴中。

人们只在新大陆发现种植真菌的蚂蚁，并且被记载的 210 种蚂蚁似乎都来源于同一祖先，也就是说这种性状的出现在进化过程中只发生过一次。较原始的蚂蚁只用植物碎片以及昆虫的粪便和尸体作为肥料，尤其是 *Trachymyrmex* 属和 *Sericomyrmex* 属的蚂蚁喜欢使用植物碎片，然而较晚分化 (进化 "高级的") 的两个属 *Acromyrmex* 和 *Atta* 是直接剪切叶片的，它们利用的多是新鲜的叶片和花 (Currie, 2001)。种植真菌的蚂蚁中切叶蚁是最奇特的，它们在土壤中挖掘体积达 2~3 L 的洞穴，在洞穴中利用从周围植物上剪切的叶片种植一种担子菌 (图 13.6)。这种蚂蚁的蚁群有可能完全依靠种植真菌来给幼虫提供营养。工蚁舔舐真菌群，把特别膨大的菌丝移走并将其聚集成正好一口咬下的 "staphylae" 用于喂养幼虫，同时这种修剪又能刺激真菌的生长。真菌从这种联合中获益，切叶蚁种植并传播它们，在蚂蚁巢穴外从未发现过这些真菌。当繁殖蚁离开原来的蚁巢去建立新的蚁群时，它会把最后一顿食物带走以继续培养。

切叶蚁：典型的杂食昆虫

很多植食昆虫的食谱很窄，事实上绝大多数植食性昆虫的食谱是单一的 (见第 9.5 节)。在植食性昆虫中切叶蚁的多食性 (polyphagy) 是非常奇特的。一个大头切叶蚁 (*Atta cephalotes*) 蚁巢中的蚂蚁从它们附近 50%~77% 的植物物种上进行收获，在热带雨林中，切叶蚁收获的叶片占整个森林叶片产量的 17%，成为群落中占主导地位的植食动物。正是它们的多食性赋予它们这种特殊的地位。与成虫相反的是，大头切叶蚁的幼虫食性极度专一，仅限于由真菌 *Attamyces bromatificus* 产生的营养体 (真菌结节，gongylidia)，而这些真菌则依靠分解成虫收集的碎叶片生长 (Cherrett *et al.*, 1989)。

蚂蚁、种植真菌和放线菌的三方互利关系

另外，就像人类种植者会苦于杂草的干扰，种植真菌的蚂蚁必须除掉那些会毁掉它们农作物的物种。*Escovopsis* 属的真菌病原体很专一 (从未在真菌园外发现) 并且有剧毒：在一个实验中，用大剂量的 *Escovopsis* 孢子处理 16 个切叶蚁 (*Atta colombica*) 的蚁群，3 周内有 9 个蚁群抛弃了它们的真菌园 (Currier, 2001)。但切叶蚁还可以用另一种互利关系来解决这个问题：切叶蚁的体表有一种丝状放线菌，繁殖蚁婚飞后去建立新的蚁巢，它们也会随着被散布到新种植园，蚂蚁甚至会产生化合物促进放射菌的生长；另一方面放线菌会产生专性抑制 *Escovopsis* 蛋白的抗生素。这种关系能保护蚂蚁本身并促进种植真菌的生长 (Currier,2001)。*Escovopsis* 的介入促成了蚂蚁、种植真菌和放线菌三者间的互利关系。

(a)

(b)

图 13.6 (a) 在巴拉圭的恰可 (Chaco) 被部分挖开的切叶蚁 (*Atta vollenweideri*) 的巢穴。地面上蚂蚁挖掘的土堆足有 1 m 高。(b) 实验室里一只 *A. cephalotes* 蚁后 (在它的腹部有一只工蚁) 在初期的真菌种植园上，显示了种植园像蜂巢一样的结构，这里有叶片碎片和用于捆绑的真菌菌丝 (由 J. M. Cherrett 提供)。

13.4　种子和花粉的散布

13.4.1　种子散布的互利关系

很多植物利用动物来散布种子和花粉。10% 的开花植物产生带有钩、刺或黏液的种子或果实, 从而使这些种子和果实可以挂到任何来访动物的绒毛、刚毛或羽毛上。这常常让动物不舒服, 于是动物会试图清理掉这些种子或果实, 但通常种子或果实已被携带了一段距离。这种情形中植物获益 (植物向粘连机制中投入了资源), 而动物没有得到回报。

果实

与上述情形不同, 高等植物让鸟类及其他动物取食果实并传播种子可以算得上是真正的互利关系。当然, 这些动物必须只消化果实而不消化种子, 动物反刍或排便时这些种子必须具有活力, 这样才算是互利关系。植物通常还必须付出一定代价, 以产生厚而坚固的防御结构来保护植物的胚。植物肉质果实在进化的过程中发生了各种神奇的形态变化 (图 13.7)。

动物吃肉质果实并传播种子的互利关系中很少有动物是专性的。在一定程度上是因为这些动物通常是长寿命的鸟类和哺乳类, 而在热带很少有植物能整年结实, 向专性捕食者提供可靠的食物。同时在下面将要讨论的传粉互利关系中, 我们将会看到更加专一的互利关系, 这要求植物能持续并专性地向特定的物种提供回报: 花蜜比果实更容易实现这一点。在任何情况下, 动物传粉者的专一性都很重要, 因为种间花粉传播是不利的, 而果实和种子只需要远离它们的父母就可以了。

13.4.2　传粉的互利关系

大部分靠动物传粉的植物向它们的访问者提供花蜜、花粉或两者作为回报。对植物而言花蜜似乎除了吸引动物外没有别的作用, 并且植物需要付出代价, 因为花蜜中的碳水化合物本可以用于生长或别的活动。

进化偏好专性的花和传粉动物, 可能是因为动物能识别和区分不同的花, 因此能在同一物种不同花间而不是在不同物种间扩散进行传粉。通过风或水被动传粉就不是这样, 因此很浪费。事实上当传粉者和花之间高度专性时, 就像很多兰花那样, 几乎没有任何花粉浪费在其他物种上。

然而, 花在传粉过程中把动物作为互利的对象是有代价的。例如, 传粉的动物可能同时传播与性有关的疾病 (Shykoff & Bucheli, 1995)。真菌病原体 *Microbotryum violaceum* 通过传粉访问者在白花蝇子草 (*Silene alba*) 间传播, 被感染植物的花粉囊中全是真菌孢子。

昆虫传粉者: 从泛化传粉者到高度专性传粉者

很多不同类型的动物都加入了开花植物传粉的网络, 包括蜂雀、蝙蝠, 甚至小型的啮齿类和有袋类 (图 13.8)。然而毫无疑问最卓越的传粉者是昆虫。花粉是一种营养丰富的食物资源, 并且最简单的昆虫传粉的花的花粉是向所有类型的昆虫大量免费提供的。昆虫并不能 100% 地消耗花粉, 当花粉随着昆虫从一株植物飞到另一株植物而不断散落, 植物便得以繁殖。较复杂的花生产花蜜 (一种含糖溶液), 用花蜜作为额外的或替代性的回报。最原始的情况下, 蜜腺不被保护; 进一步特化的花, 其蜜腺隐藏在某些结构中, 只有少数访问者能够获得花蜜。这一变化过程可以在毛茛科 (Ranunculaceae) 植物中看到。例如, 无花果状毛茛 (*Ranunculus ficaria*) 的简单花, 它的蜜腺向所有的访问者暴露, 金发毛茛 (*R. bulbosus*) 的花稍微特化, 在蜜腺上有一个遮盖结构, 耧斗菜属 (*Aquilegia*) 植物的花的蜜腺长在长管中, 只有具有长吻 (舌头) 的访问者才能获得花蜜。在乌头属 (*Aconitum*) 植物中花形成复杂的结构以致只有具有正确形状和大小的昆虫能获得花蜜, 而这些昆虫吃蜜时, 会被迫触碰花药并带走花粉。不被保护的蜜腺能迅速向传粉者提供花蜜, 但由于传粉者不是专性的, 它们更多地把花粉传到了其他物种的花上 (虽然很多泛化传粉者其实是"顺序专性传粉者" (sequential specialist), 它们在几个小时或几天内会倾向于在某一种植物上觅食)。被保护的蜜腺能保证专性传粉者在同一物种间有效地传粉, 但依赖于有足够数量的专性传粉者。

Charles Darwin (1859) 记录了耧斗菜属植物中的长蜜腺迫使传粉昆虫在蜜腺口处接近花粉。自然选择可能会偏好更长的蜜腺, 同时由于进化的反作用, 传粉者的舌头也将不断增长, 从而促成了一个互惠而升级的特化过程。Nilsson (1988) 人为地缩短长管兰花 (*Platanthera*) 的蜜管, 结果这些花生产的种子减少, 可能是因为传粉者不再被迫接近传粉效率最高的位置。

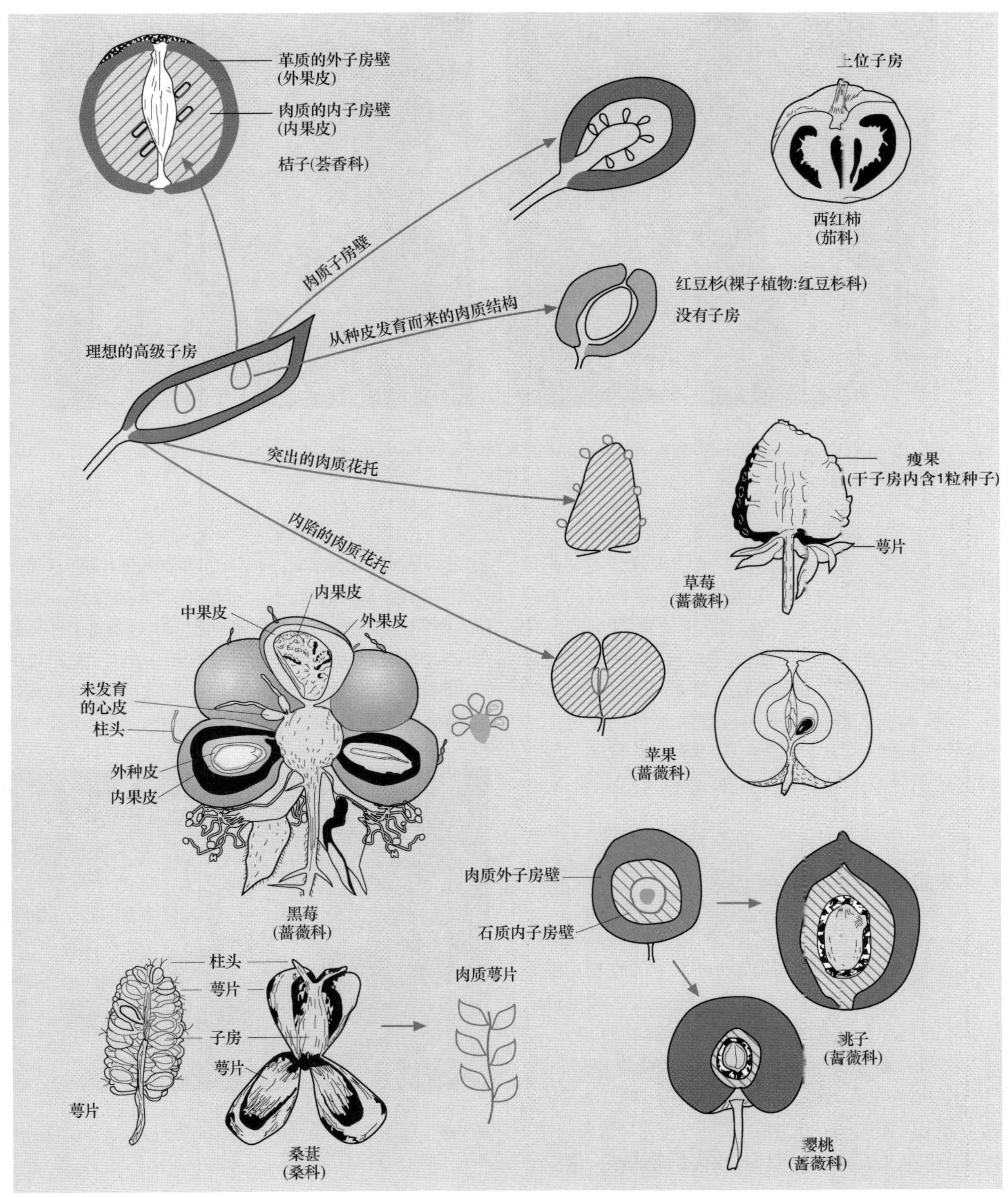

图 13.7 各种通过互利关系传播种子的肉质果实,它们在进化中出现了各种奇特的形态。

图 13.8　传粉者: (a) 蜜蜂 (*Apis mellifera*) 在悬钩子的花上; (b) 南非食蜜鸟 (*Promerops cafer*) 在海神花 (*Protea eximia*) 上觅食 (由 Heather Angel 提供)。

季节性

对很多植物来说开花是季节性的，这也限制了传粉者的特化程度。只有当传粉者的生活周期与植物的花期匹配时，它才能完全把一种特定的花作为食物来源。短命昆虫如蝴蝶和蛾类有可能满足这个条件，相对长寿的蝙蝠、啮齿类或者群体水平上长寿的蜜蜂则更可能成为泛化的传粉者，这样它们就能在季节更替时从一种花转而摄食另一种花，甚至在没有花蜜时摄食完全不同的食物。

13.4.3　繁殖地传粉: 无花果和丝兰

无花果和无花果小蜂……

昆虫传粉的植物不见得只向传粉者提供可带走的食物。很多情况下植物还向昆虫的幼虫提供发育所需的地点和充足的食物 (Proctor *et al*., 1996)。这方面人们研究最多是榕属 (*Ficus*) 和无花果小蜂间复杂的专性共生关系 (图 13.9) (Wiebes, 1979; Bronstein, 1988)。无花果膨大的花托闭合成空心球形 (隐头花序)，其顶端有一个小开口，里面长有很多细小的花，花托会发育成肉质果实。其中最有名的是无花果 (*Ficus carica*)。一些栽培品种的无花果是完全雌性的，果实的发育不需要传粉，但是野生的无花果 (*F. carica*) 在一年的不同时间会产生 3 种不同类型的隐头花序 (其他物种要简单一些，但生活史是相似的)。冬天，无花果开的花大部分是中性的 (不育的雌性)，有一小部分是雄花。无花果小蜂 (*Blastophaga psenes*) 的雌蜂进入隐头花序，在中性花中产卵然后死去。每个小蜂的幼虫在一朵中性花 (瘿花) 中完成发育，到了初夏，雄蜂首先羽化，然后咬破含有雌蜂的瘿花并与雌蜂交配。此时，无花果的雄花也刚刚开放，雌性小蜂从隐头花序入口的地方爬出并接受雄花的花粉。

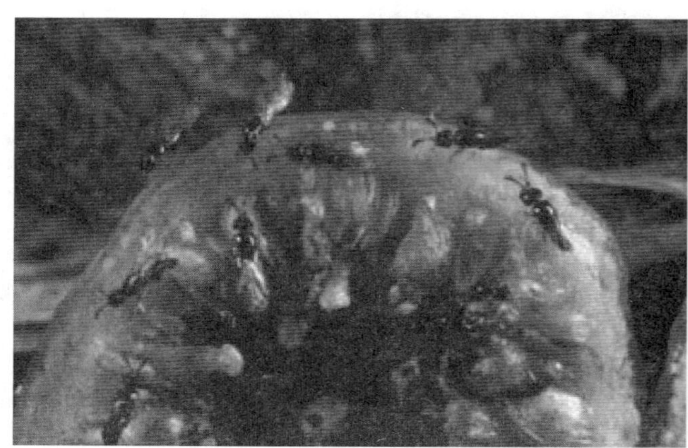

图 13.9　无花果小蜂在发育的榕果上 (经 Gregory Dimijian/Science Photo Library 授权许可使用)。

受精的雌蜂携带花粉到达第二种类型的隐头花序并产卵，这种花序生有中性和雌性两种花。中性花柱头短，不能结种子，小蜂可以在子房中产卵，让卵在子房中发育。雌花柱头长，小蜂不能把卵产到子房内，产出的卵将败育，但是在产卵的过程中小蜂为雌花授粉，这些花能结种子。因此这些花序上既长出了可育的种子(对无花果树有利) 又长出了成体无花果小蜂 (显然对小蜂有利,但同时也对无花果树也有利, 因为无花果树要靠它们传粉)。接下来这一轮的小蜂开始发育, 受精的雌蜂在秋天出飞, 其他动物则吃掉无花果树的果实并帮助无花果树传播种子。秋天出现的小蜂在第三种隐头花序上产卵, 这种花托只有中性花。冬天, 从这些花中羽化出的小蜂将开始一个新的循环。

……有互利关系,但也有矛盾

这既是自然史上令人着迷的一页, 也是互利关系中双方利益依然不能达到一致的好例子。确切地讲, 对双方来说发育为种子和小蜂的花的最佳比例是不同的, 并且我们有理由预期这两者是负相关的: 产生种子必然损害小蜂, 反之亦然 (Herre & West, 1997)。事实上, 由于一些进化生物学研究中常见的原因, 要检测这种负相关并建立利益冲突并不容易。这两个变量 (发育成小蜂的花和发育成种子的花) 往往更倾向于正相关, 因为两者都倾向于随其他 "易混淆" 变量的增加而增加, 例如, 当隐头花序较大时, 子代小蜂和种子的产量都会增加; 当产卵的小蜂访问了较多的花时, 子代小蜂和种子的产量也都增加。Herre 和 West (1997) 在分析新大陆的 9 种无花果树 – 无花果小蜂数据时, 找到了解决问题的方法 —— 这种方法比较广泛地适用于解决类似的问题。他们用统计学手段控制易混淆变量的变化 (这相当于问: 当花序大小和花序中被访问花的比例一致时, 种子数与子代小蜂数间是什么关系?), 这才找出了负相关关系。无花果树和无花果小蜂的互利关系显然是一场持续的进化战争。

丝兰和丝兰蛾

另一种类似的关系发生在丝兰属 (*Yucca*) 植物和丝兰蛾之间, 这些丝兰属植物生活在北美洲和中美洲, 有 35~50 个物种, 相关的丝兰蛾有 17 种, 其中 13 种是自 1999 年以来新发现的 (Pellmyr & Leebens-Mack, 2000)。雌蛾用一种特殊的 "触须" 从一朵花的很多花药上收集花粉, 然后带到其他花序的花上 (促进远交), 并在这朵花的子房内产卵, 然后用触角小心地把花粉堆放到柱头上。丝兰蛾幼虫的发育要求成功授粉, 因为未授粉的花很快就会凋谢, 尽管幼虫会消耗临近它们的种子, 但仍有不少种子能成功发育。完成发育之后幼虫掉到土壤中化蛹, 直到一年或几年后, 它们将在丝兰的花期内出现。因此一只成年雌性丝兰蛾的繁殖成功与一株丝兰植物间的联系, 与雌性无花果小蜂和无花果树间的联系是不同的。

Thompson (1995) 对种子传播和传粉的互利关系进行了详细的综述, 他给出了进化上可能导致这种互利关系出现的各种过程。

13.5 消化道生物与宿主的互利关系

到目前为止, 我们讨论的大部分互利关系依赖于行为模式, 没有一个物种是完全生活在另一个物种体内的。在其他很多互利关系中, 有一方是单细胞的真核生物或细菌, 它们或多或少地被永久整合到另一方的体内甚至细胞内。生活在动物不同消化道的细菌就是最广为人知的细胞外共生者。

13.5.1 脊椎动物的消化道

很早以前人们就认识到微生物对植食脊椎动物消化纤维素的重要性, 但现在看来所有脊椎动物的肠道中都栖息着与宿主互利的微生物 (Stevens & Hume, 1998)。原生动物和真菌常常出现, 但 "发酵" 过程中起主要作用的是细菌。在 pH 接近中性和食物停留时间较长的消化道里, 细菌的多样性最高。小型哺乳动物 (例如, 啮齿类和兔子) 的盲肠是进行发酵的主要场所; 而马和大象这样的大型非反刍动物, 其结肠则是主要的发酵场所; 与兔子类似, 大象也有食粪性 (吃自己的粪便) (图 13.10)。牛羊等反刍动物和袋鼠等有袋类动物的发酵则在特化的胃 (前肠) 中进行。

这种互利关系的基础非常简单。微生物从消化道中源源不断地获得生长所需的资源, 这些资源是被吃掉、咀嚼和部分消化的食物。它们生活在内温动物的体腔内, 在这里 pH 和温度受到调节, 并保持无氧的环境。然后脊椎动物宿主们尤其是植食动物就能从原本不能消化的食物中获得营养。微生物通过发酵宿主吃进去的纤维素、淀粉以及宿主黏液中含有的碳水化合物和腐烂的表皮细胞生产出短链脂肪酸 (SCFAs)。SCFAs 通常是宿主主要的能量来源, 例如, 它们提供牛所需能量的 60%, 提供羊所需能量的 29%~79% (Stevens & Hume, 1998)。微生物还会把含氮化合物 (中肠中未被吸收的氨基酸、应该被宿主排泄掉的尿素、黏液和腐烂细胞) 转化为氨、微生物蛋白质、节约了氮元素和水。它们还能合成维生素 B。如果微生物蛋白质 (微生物本身) 能被前肠发酵的动物在后面的肠道里消化; 或被后肠发酵的动物在食粪过程中送回前肠消化的话, 那它们对宿主来说就是有用的, 但氨对宿主来说通常是无用的甚至可能是有毒的。

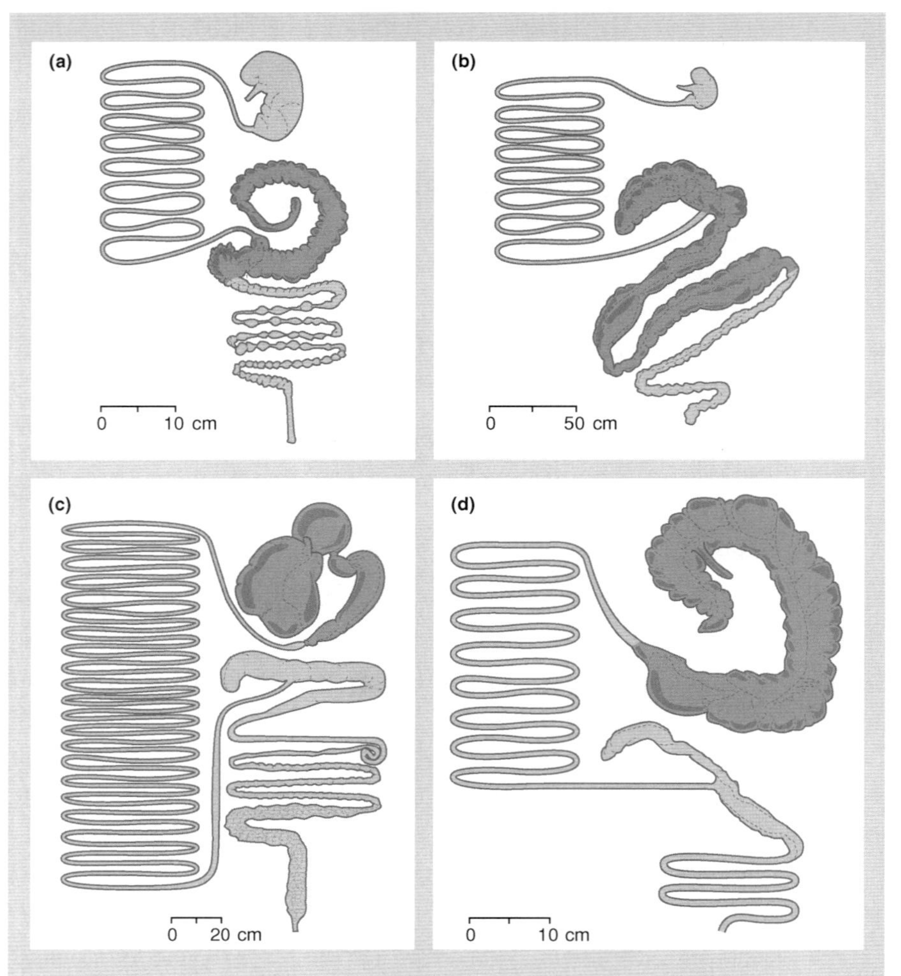

图 13.10 植食哺乳动物的消化道经常被改良，以向各种动物、植物和微生物提供发酵腔。(a) 兔子的发酵腔在延长的盲肠中；(b) 斑马的发酵腔在盲肠和结肠中；(c) 羊在胃膨大的部分、瘤胃和网胃中有前肠发酵；(d) 袋鼠在接近胃的地方有一个膨大的发酵腔 (仿 Stevens & Hume, 1998)。

13.5.2 反刍动物的消化道

反刍动物的胃由可分为三部分的前胃 (瘤胃、网胃和重瓣胃) 和分泌酶的皱胃组成，皱胃类似于其他大多数脊椎动物的胃。瘤胃和网胃是发酵的主要场所，重瓣胃主要负责将食物传送到皱胃。只有体积小于 5 μL 的颗粒才能通过网胃到达重瓣胃，动物将大块的食物送回嘴里重新咀嚼 (反刍的过程)。瘤胃中密布微生物 ($10^{10} \sim 10^{11}$ 个 mL^{-1}) 和原生生物 ($10^5 \sim 10^6$ 个 mL^{-1} 与细菌占据的体积相当)。瘤胃中的细菌群落几乎都是专性厌氧的，其中很多一旦暴露在氧气中就会死亡，这些厌氧菌执行各种各样的功能 (靠分解多种基质生存) 并产生种类繁多的产物 (表 13.1)。纤维素和其他纤维是反刍动物食物的重要成分，而反刍动物自身则缺乏消化这些纤维的酶。因此瘤胃中微生物群分解纤维素的能力至关重要。但不是所有的细菌都有分解纤维素的能耐，瘤胃中还有不少细菌靠分解其他细菌的产物 (乳酸、氢) 来生存。

互利者组成的复杂群落

消化道中的原生生物也是高度特化的多物种复杂混合体。这其中的多数是纤毛虫和原虫。其中有小部分原生生物能分解纤维素。分解纤维素的纤毛虫自己能合成纤维素水解酶，而其他原生动物利用共生细菌来水解纤维素。有些原生动物则吃细菌：没有它们时细菌的数量会上升。还有些原虫捕食其他的原生生物。因此，作为陆地和水生群落特征的各种竞争、捕食、互利关系以及食物链等，在瘤胃的微宇宙 (microcosms) 中都出现了。

13.5.3 自食其粪

食粪对人类来说是一种禁忌，这是关于病原微生物对健康造成危害的生物学和文明进化结合的结果，这些微生物对后肠的毒害较小，但对前面的区域是致病的。然而对很多植食动物来说，微生物共生在后肠，而营养并不能很好地在这里被吸收，如果白白排出体外，

表 13.1 瘤胃中一些细菌物种的功能和产物的范围 (仿 Alison, 1984; Stevens & Hume, 1998)。

物种	功能	产物
Bacteroides succinogenes	C、A	F、A、S
Ruminococcus albus	C、X	F、A、E、H、C
R. flavefaciens	C、X	F、A、S、H
Butyrivibrio fibrisolvens	C、X、PR	F、A、L、B、E、H、C
Clostridium lochheadii	C、PR	F、A、B、E、H、C
Streptococcus bovis	A、SS、PR	L、A、F
B. amylophilus	A、P、PR	F、A、S
B. ruminicola	A、X、P、PR	F、A、P、S
Succinimonas amylolytica	A、D	A、S
Selenomonas ruminantium	A、SS、GU、LU、PR	A、L、P、H、C
Lachnospira multiparus	P、PR、A	F、A、E、L、H、C
Succinivibrio dextrinosolvens	P、D	F、A、L、S
Methanobrevibacter ruminantium	M、HU	M
Methanosarcina barkeri	M、HU	M、C
Spirochete species	P、SS	F、A、L、S、E
Megasphaera elsdenii	SS、LU	A、P、B、V、CP、H、C
Lactobacillus sp.	SS	L
Anaerovibrio lipolytica	L、GU	A、P、S
Eubacterium ruminantium	SS	F、A、B、C

功能分类: A, 分解淀粉; C, 分解纤维素; D, 分解糊精; GU, 利用甘油; HU, 利用氢; L, 分解脂肪; LU, 利用乳酸; M, 产烷; P, 分解胶质; PR, 分解蛋白; SS, 发酵多数可溶性糖; X, 分解木聚糖。
产物分类: A, 醋酸盐; B, 丁酸盐; C, 二氧化碳; CP, 己酸盐; E, 乙醇; F, 甲酸盐; H, 氢; L, 乳酸; M, 甲烷; P, 丙酸盐; S, 琥珀酸盐; V, 戊酸盐。

实在是一种莫大的浪费。因此食粪或自食其粪在很多小型植食哺乳动物中是一种常见的行为。这种行为在诸如兔子一类的动物中有很好的发展,例如兔子有一种结肠分离机制,这种机制让兔子分别产生干燥没有营养的粪球或者柔软而有营养的粪球,这样它们就可以有选择地取食软粪。这些被食用的软粪中富含 SCFAs、微生物蛋白和维生素 B,能提供兔子所需氮元素的 30% 以及超过兔子日常需求的维生素 B (Björnhag, 1994; Stevens & Hume, 1998)。

13.5.4 白蚁的消化道

白蚁是等翅目的社会性昆虫,其中很多种类的白蚁要靠共生的微生物消化木材。原始的白蚁直接食用木材,大部分的纤维素、半纤维素和木质素由消化道中的共生者消化 (图 13.11),这些共生者生活在囊形胃 (后肠的一部分) 形成的微发酵腔中。但是较高等的白蚁 (约占白蚁物种数的 75%) 更多的依靠自己的纤维素酶 (Hogan *et al.*, 1988)。还有第三类白蚁,它们会培养吃木材的真菌,取食时则连木材带真菌一起吃掉,这些真菌的纤维素酶将辅助白蚁消化纤维素。

白蚁有食粪性, 因此食物至少经过肠道两次, 第一次经过时产生的微生物在第二次经过时可能就被消化了。原始白蚁的囊形胃中的主要微生物群是厌氧的鞭毛原虫 (flagellate protozoans); 也有细菌, 但不能消化纤维素。鞭毛原虫将木材颗粒包吞到细胞内发酵, 释放出二氧化碳和氢。前面提到的生物 (脊椎动物) 吸收的主要产物是 SCFAs, 但白蚁吸收的却主要是乙酸。

白蚁消化道中的细菌种群没有反刍动物瘤胃中的明显,却反映了两种不同的互利关系。

(1) 螺旋体 (spirochetes) 倾向于聚集在鞭毛虫的表面,螺旋菌可能从鞭毛虫那里得到营养, 而鞭毛虫从螺旋菌的运动中得到动力, 即一对互利者与第三个种物互利地生活。

(2) 白蚁肠道中的一些细菌能固定气态氮,这是昆虫中唯一明确的固氮共生现象 (Douglas, 1992)。当吃了抗细菌的抗生素以后,氮固定便停止 (Breznak, 1975),并且如果食物中氮含量增加, 氮固定的速率也会急剧下降。

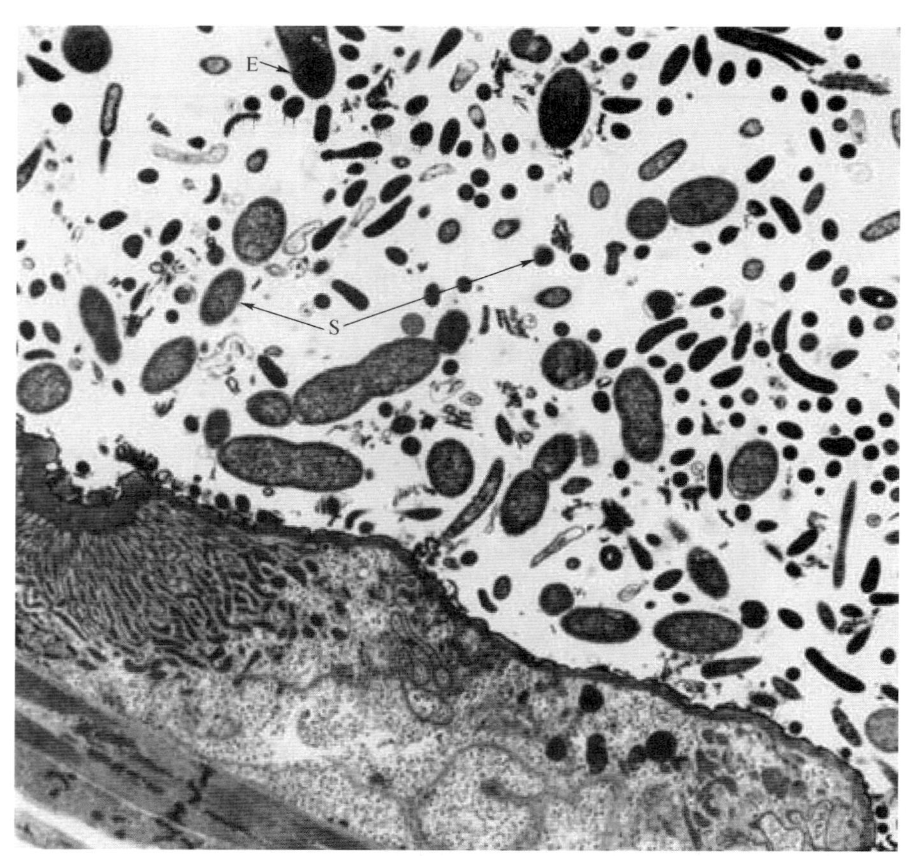

图 13.11　白蚁 (*Reticulitermes flavipes*) 腹部切片的电子显微镜照片。很多区域由细菌聚集而成; 其中可以看到产生内孢子的细菌 (endosporeforming bacteria, E)、螺旋体 (spirochetes, S) 和原生动物 (仿 Breznak, 1975)。

13.6　动物细胞中的互利: 昆虫的菌胞共生

在昆虫和微生物的菌胞共生关系中, 母系遗传的微生物存在于特殊细胞的细胞质中, 这种细胞是菌胞 (mycetocytes), 两者间的关系毫无疑问是互利的。昆虫需要微生物提供的营养, 这些营养是必需氨基酸、脂类和维生素的主要来源, 而微生物需要以这种特殊方式生存 (Douglas, 1998)。在很多不同类群的昆虫中都发现了这类共生关系, 例如, 蟑螂、同翅类、臭虫、吸虱、采采蝇、粉蠹和弓背蚁。不同的微生物和它们的昆虫伙伴间的关系是独立进化的, 但所有这些昆虫都以缺乏营养或营养不均衡的食物为生: 韧皮部的汁液、脊椎动物的血液、木材等。多数情况下共生者是各种细菌, 但在某些昆虫中也发现了共生的酵母。

蚜虫和巴克纳氏菌……

目前, 大多数已知的与蚜虫共生的细菌属于巴克纳氏菌属 (*Buchnera*) (Douglas, 1998)。这些菌胞是在蚜虫的血体腔中发现的, 其中细菌占据了菌胞细胞质 60% 的体积。这些细菌不能在实验室中用培养基培养并且只在蚜虫的菌胞中出现, 但是可以通过抗生素去除蚜虫体内的巴克纳氏菌来研究这些细菌到底给蚜虫带来多少好处。经抗生素处理的 "非共生" (aposymbiotic) 蚜虫生长非常缓慢, 发育为成体后产生的后代很少或没有后代。这种共生细菌最基本的功能是将非必需氨基酸转化为韧皮部汁液中缺乏的必需氨基酸, 如谷氨酸。抗生素处理证明蚜虫不能独立完成这一过程。另外, 当供给非共生蚜虫所有必需氨基酸后, 它们还是没有共生蚜虫长得好, 说明巴克纳氏细菌还提供了其他好处, 但其他好处到底是什么, 目前尚不清楚。

……提供了生态和进化的连接

蚜虫 – 巴克纳氏菌的相互关系还提供了一个极好的例子, 说明共生者间的密切结合可能将两者在生态和进化两个水平上联系起来。巴克纳氏菌是母系传播的, 也就是说它们是通过雌性蚜虫的卵子从亲代传向子代的。因此一个蚜虫家系也就供养了一个对应的巴克纳氏菌家系, 毫无疑问蚜虫和巴克纳氏菌的系统发生存在严格对应关系: 每一种蚜虫都有自己特有的巴克纳氏菌种 (例如, 图 13.12)。重建巴克纳氏菌系统发生关系的分子研究还表明, 蚜虫获取巴克纳氏菌的事件在其进化过程中只发生过一次, 这个事件大约发生在 1.6 亿到 2.8 亿年前, 蚜虫的进化树上分化

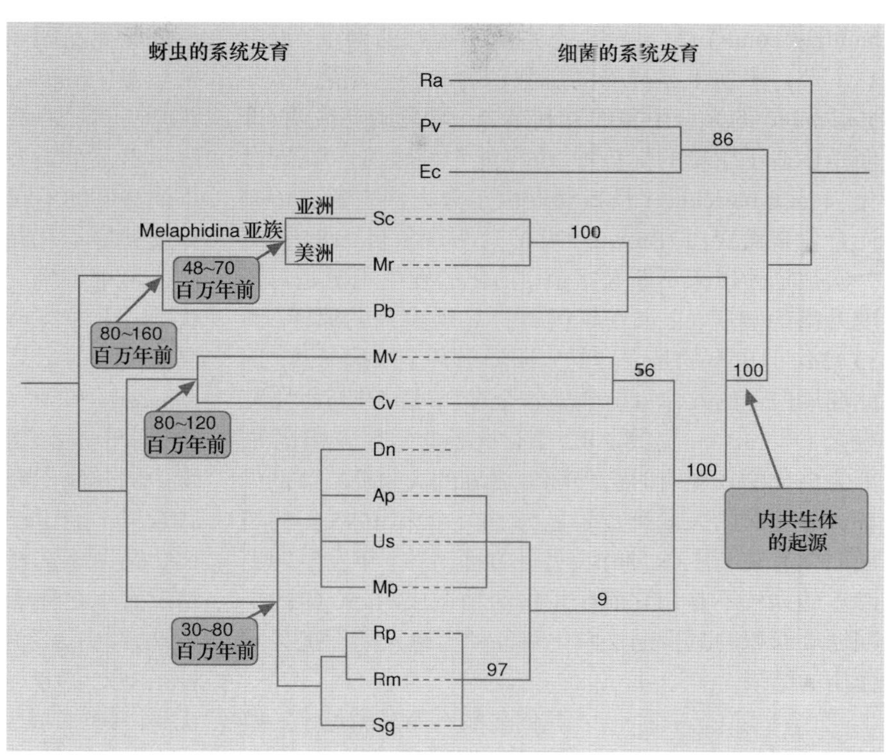

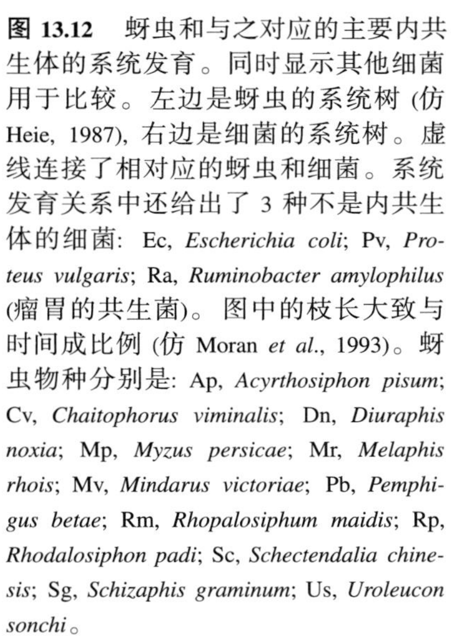
图 13.12 蚜虫和与之对应的主要内共生体的系统发育。同时显示其他细菌用于比较。左边是蚜虫的系统树 (仿 Heie, 1987), 右边是细菌的系统树。虚线连接了相对应的蚜虫和细菌。系统发育关系中还给出了 3 种不是内共生体的细菌: Ec, *Escherichia coli*; Pv, *Proteus vulgaris*; Ra, *Ruminobacter amylophilus* (瘤胃的共生菌)。图中的枝长大致与时间成比例 (仿 Moran *et al.*, 1993)。蚜虫物种分别是: Ap, *Acyrthosiphon pisum*; Cv, *Chaitophorus viminalis*; Dn, *Diuraphis noxia*; Mp, *Myzus persicae*; Mr, *Melaphis rhois*; Mv, *Mindarus victoriae*; Pb, *Pemphigus betae*; Rm, *Rhopalosiphum maidis*; Rp, *Rhodalosiphon padi*; Sc, *Schectendalia chinesis*; Sg, *Schizaphis graminum*; Us, *Uroleucon sonchi*。

出根瘤蚜科 (phylloxerids) 和球蚜科 (adelgids) 以后——只有这两个科没有与巴克纳氏菌属共生 (Moran *et al.*, 1993)。其他没有巴克纳氏菌的蚜虫 (扁蚜科, Hormaphididae) 似乎是在进化过程中丢掉了巴克纳氏菌, 但它们有共生酵母 (Douglas, 1998)。酵母似乎是竞争替代了细菌, 而不是细菌先消失然后才出现酵母。

最后, Douglas (1998) 指出, 凡是以营养不全的韧皮部汁液为食的同翅目 (Homoptera) 昆虫都有菌胞共生, 包括上述那些在进化过程中因转为以完整植物细胞为食而丢掉共生关系的蚜虫。从对比的、进化的角度看, 这种明确的互利关系中双方的收益都是正值, 而一旦昆虫的需求降低, 例如转而食用营养更丰富的食物, 这种代价与益处间的平衡就会改变。当共生的代价明显高于益处: 自然选择将青睐那些丢掉共生者的昆虫。

13.7 水生无脊椎动物中的光合共生者

水螅和小球藻

人们在很多动物的组织中都发现了藻类, 尤其是刺胞动物门 (Cnidaria) 的动物。淡水中的藻类共生者通常是小球藻 (*Chlorella*)。例如, 绿水螅 (*Hydra viridis*) 的内皮层消化细胞中有大量的小球藻细胞 (每个水螅有 1.5×10^5 个)。白天, 水螅从藻类那里获得光合产物及所需氧气的 50%~100%。水螅还可以利用有机食物。将水螅置于黑暗环境, 每天用有机食物喂养, 如此处理至少 6 个月以后, 降低的藻类种群能在见光后两天内恢复到正常水平 (Muscatine & Pool, 1979)。因此水螅在共生者的帮助下能根据环境和资源进行自养或异养。Douglas 和 Smith (1984) 认为, 各种各样的内共生关系中, 一定有某种调控过程来协调内共生者和宿主的生长。否则, 内共生者要么过量生长导致宿主死亡, 要么不能成功占据宿主, 随着宿主的生长而被稀释。

海洋浮游生物

海洋浮游生物中有很多关于藻类与原生动物紧密结合的记录。例如, 鞭毛虫 (*Mesodinium rubrum*) 中的"叶绿体"其实是共生的藻类。原生生物与藻类的互利联合体可以固定二氧化碳、吸收矿质营养, 并经常形成被我们称作"赤潮"的密集种群 (Crawford *et al.*, 1997)——这些种群有着很高的生产率 (每小时每立方米固定超过 2 g 的碳), 基本上是水生微生物里有记录的初级生产力的最高水平。

13.7.1 造礁珊瑚和珊瑚白化

我们已经注意到, 从生物量上看, 互利者主导着整个世界。珊瑚礁就是一个重要的例子: 造礁珊瑚 (reef-building corals) (另一个生态系统工程师的例子, 见第 13.1 节) 事实上是异养的刺胞动物和共生藻属 (*Symbiodinium*) 的光合甲藻的互利结合。珊瑚礁还说明, 即使是创造了生境的优势种, 也可能十分脆弱。“珊瑚白化” (coral bleaching) 是指珊瑚由于失去共生者或 (和) 光合色素而变白 (Brown, 1997), 这一现象自 1984 年第一次被描述以来不断被报道。白化的发生主要是对温度升高的响应 (正如在泰国普吉岛观察到的那样, 图 13.13a), 但也有的是强烈的太阳辐射甚至疾病所致。因此珊瑚白化的发作可能会随着全球温度的升高而愈发频繁 (图 13.13a; 见第 2.8.2 节), 这是非常令人担忧的, 因为白化的发生有时会伴随着珊瑚的大量死亡。例如普吉岛珊瑚的大量死亡明显与 1991 年和 1995 年的珊瑚白化有关 (图 13.13b)。(另一方面, 1987 年发生的更惨重的损失不是白化而是挖掘活动造成的, 90 年代早期珊瑚面积的减少则是白化和各种当地人类干扰共同作用的结果。)

白化和全球变暖

我们显然不能只满足于了解全球变暖对珊瑚礁的影响, 白化效应似乎总有机会与人类干扰共同作用, 而珊瑚礁似乎也有能力适应导致白化的环境条件并从白化中恢复。一项在泰国普吉岛的研究证明了这种适应。1995 年, 人们观察到面向东的粗糙角星珊瑚 (*Goniastrea aspera*) 比面向西的白化严重。后者通常暴露在较强的太阳辐射下, 而较强的太阳辐射往往引起白化。这表明面向西的珊瑚发展出了对白化的耐受性。实验证实了这种耐受性的差异 (图 13.14): 在高温下, “有耐受性” 的面向西的珊瑚表面基本没有白化。

两个物种以上的互利关系

人们逐渐认识到那些看起来很简单的两物种互利关系可能比想象中的更复杂和巧妙, 另一项关于珊瑚白化的研究加深了这种认识。生态上占优势的加勒比珊瑚 *Montastraea annularis* 和 *M. faveolata* 是共生藻 (*Symbiodinium*) 的宿主, 该共生藻有 3 个不同 “物种” 或 “种系型” (phylotype) (我们分别以 A、B、C 表示这三个类型, 它们只能通过遗传方法鉴别)。比较不同深度的不同珊瑚克隆以及同一克隆的珊瑚在不同深度的样本, 结果表明种系型 A 和 B 在较浅的高光照的生境中常见, 种系型 C 在较深的低光照的生境中占优势 (图 13.14.b)。1995 年秋, 气温持续高于平均夏季最高温一段时以后, 巴拿马及其他地方的珊瑚礁中的 *M. annularis* 和 *M. faveolata* 珊瑚开始发生白化。然而, 白化很少出现在最浅和最深的区域, 而主要发生在阴暗环境中的较浅克隆和暴露环境中的较深克隆。白化前后临近样本的比较对此现象提供了一个解释 (图 13.14c): 白化是由于选择性丢失共生藻种系型 C 造成的, 这种情况发生在种系型 C 和其他一种或两种种系型能存活的地方 (中等深度), 这些地方的光照接近未发生白化时种系型 C 的承受极限。在阴暗的深水区, 种系型 C 占优势, 1995 年的高温不足以影响到这里, 使 C 进入白化状态。最浅的区域被种系型 A 和 B 占据, 在这种温度下, 它们也不至于白化。白化发生的区域靠近种系型 C 的分布上界, 种系型 C 本来还可以在这里生活, 但受温度升高的影响, 就发生了白化。这类区域中, 有五分之三的情况是, 种系型 C 的丧失接近 100%, 种系型 B 降低 14% 左右, 而种系型 A 则增加了两倍多。

由此可以看出, 首先, 珊瑚 – 内共生藻互利系统中包含了多种内共生者, 这些内共生者使珊瑚能更广地适应各种环境。其次, 从内共生藻的角度看, 内共生者必须不停地竞争, 这种竞争的平衡随时间和空间改变 (见第 8.5 节)。最后, 白化 (以及随后的恢复) 和上述的可能的 “适应” 可以看作这种竞争的表象: 不是简单的两物种关系的破裂和重建, 而是复杂的共生群落的转变。

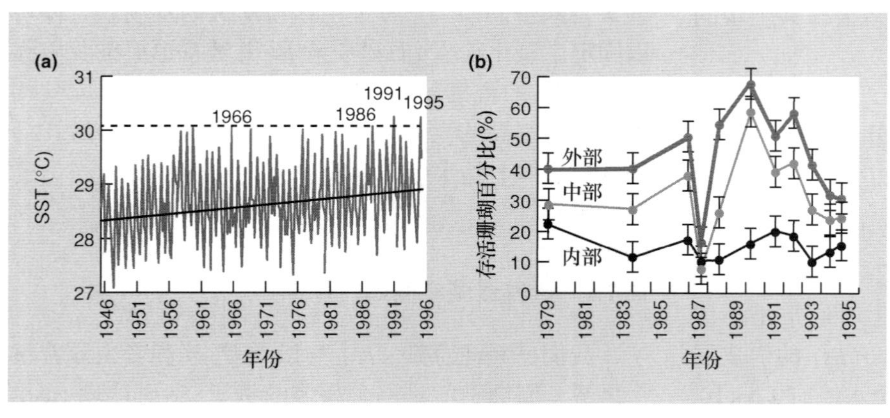

图 13.13　(a) 1945—1995 年泰国普吉岛沿岸海面的月平均温 (SSTs)。图中给出了所有数据点的回归线 ($P < 0.001$)。30.11°C 处的虚线表示实验白化的阈值。超过这个阈值的年份被标出: 1991 年和 1995 年观察到了白化, 在这之前没有观察记录。(b) 1979 — 1995 年普吉岛礁坝内部 (黑线)、中部 (灰线) 和外部 (粗灰线) 的珊瑚平均覆盖率 (±SE) (仿 Brown, 1997)。

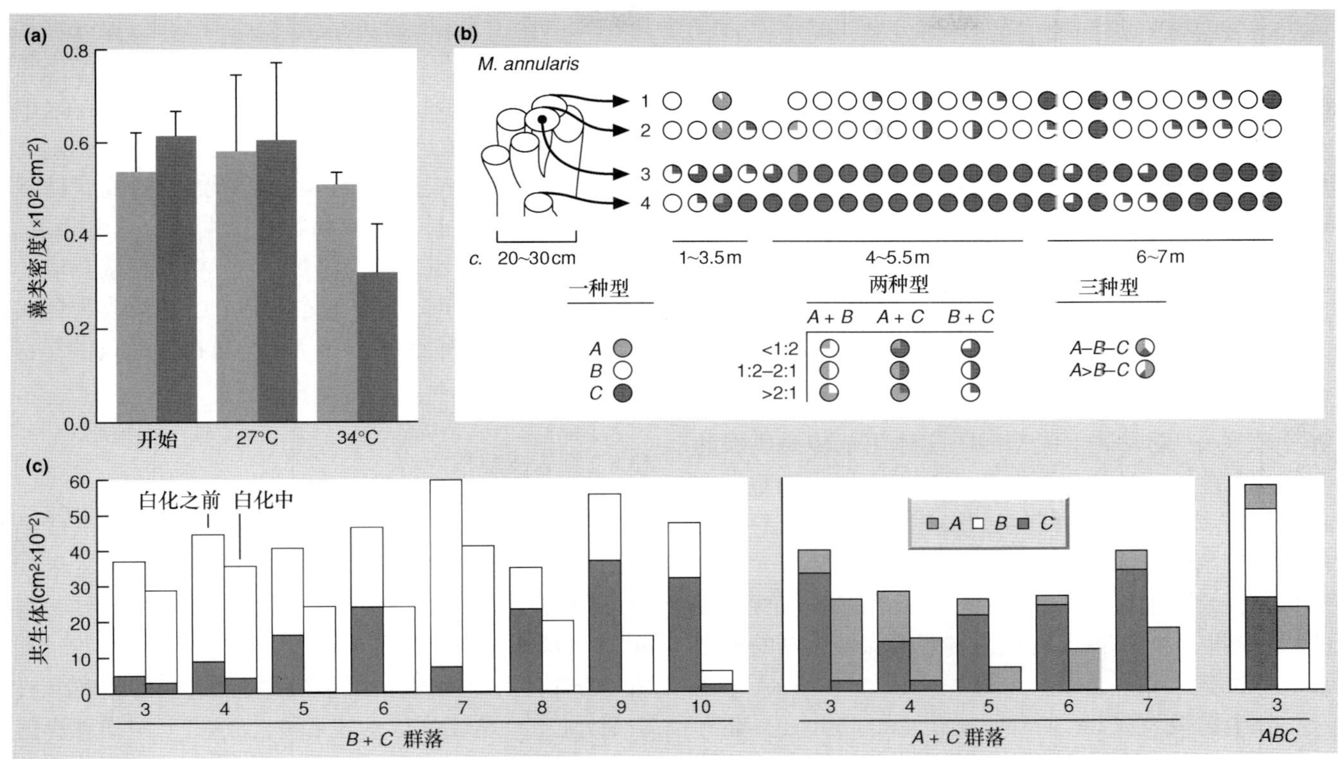

图 13.14 珊瑚白化中的适应和恢复。(a) 西面 (浅色柱图) 和东面 (深色柱图) 的粗糙角星珊瑚 (*Goniastrea aspera*), 在高温 (34°C) 和环境温度 (27°C) 中暴露 68 h 前后的共生藻密度。给出了均值和标准差 (n = 5) (仿 Brown *et al*., 2000)。(b) 1995 年 1 月在巴拿马海岸调查的另一种珊瑚 *Montastraea annularis* 共生群落。图中的每个点代表: 某株珊瑚上, 某样点的样品中 A、B 和 C 型共生藻的组成情况 (见下方图例)。每列的 4 个点来自同一株珊瑚克隆 (深度从左向右逐列增加, 标注在下方), 每行的数据点采自一个特定的位置: 1、2 行来自较高辐照强度的位置, 3、4 行来自较低辐照强度的位置 (仿 Rowan *et al*.,1997)。(c) 珊瑚白化之前 (1995 年 1 月) 及白化时期 (1995 年 10 月) C 型共生藻边缘区 (白化区) 附近, 珊瑚共生藻的密度变化。可见, 白化的发生都伴随着 C 型共生藻的减少或消失 (仿 Rowan *et al*., 1997)。

13.8 高等植物和真菌的互利关系

高等植物与真菌间有各种各样的共生关系。其中有名的子囊菌真菌 (Ascomycete) 的麦角菌科 (Clavicipitaceae) 生长在很多禾草和部分莎草的组织中。这个科中有些种明显是寄生物 [例如, 麦角菌 (*Claviceps*) 和禾草的香柱菌 (*Epichloe*)], 有些种则很明显是互利性的, 也还有很多种, 其代价和益处人们并不清楚。真菌的菌丝在细胞间隙以稀疏分枝的形式沿叶片和茎干的轴生长, 但在根中没有发现。很多共生真菌产生强毒的生物碱, 这些生物碱为植物提供了对植食动物的防御 (证据见 Clay, 1990), 或许更重要的是防止动物吃掉种子 (Knoch *et al*., 1993)。

不是根而是菌根

另一种真菌和高等植物的互利关系发生在根中。很多高等植物有的不是根而是菌根 —— 真菌与根组织紧密的共生。只有十字花科等少数科的植物例外。概括来说菌根 (mycorrhiza) 中的真菌网络从土壤中吸收营养, 然后运输到植物中用于交换碳源。很多植物在养分和水分都不构成限制的土壤中即使没有菌根真菌也能生存, 但在严酷的自然植物群落中, 就算共生不是严格必须的, 至少也是 "生态必需的"。也就是说如果植物想在自然环境中生存, 共生是必需的 (Buscot *et al*., 2000)。化石证据表明, 最早的陆生植物也有大量的真菌感染。这些植物没有根毛甚至没有根, 它们早期向陆地的拓殖很可能要依赖于真菌才能在植物与基质间建立的密切关系。

菌根通常可以分为三种类型。约 2/3 的植物中存在丛枝菌根 (arbuscular mycorrhizas), 这些植物包括大多数非木本植物和热带树木。外生菌根真菌 (ectomycorrhizal fungi) 与很多树种和灌木形成共生, 主要存在于北方和温带森林, 也存在于某些热带雨林。最后是杜鹃花类

菌根 (ericoid mycorrhizas), 这类菌根存在于石南灌丛的主要植物中, 这些植物包括北半球的欧石南和杜鹃花 (Ericaceae) 以及澳石南 (Epacridaceae)。

13.8.1 外生菌根

约有 5000~6000 种担子菌 (Basidiomycete) 和子囊菌 (Ascomycete) 真菌在树根上形成外生菌根 (ectomycorrhizas, ECMs) (Buscot *et al*., 2000)。被感染的根通常集中在土壤的凋落物层。真菌在根周围形成不同厚度的鞘或覆盖物。在这些地方, 菌丝辐射到凋落物层中吸收养分和水分, 同时产生大型的子实体用于传播风媒的孢子。真菌的菌丝体还从鞘穿透到根皮层的细胞间与宿主形成紧密的细胞间联系, 形成很大的接触面用于植物和真菌间交换光合产物、土壤水分和养分。真菌通常会引起宿主的根变形, 阻止根顶端生长, 保持短粗的状态 (图 13.15)。深入有机质贫瘠的深层土壤的根则继续伸长。

外生菌根真菌 (见 Buscot *et al*., 2000 的综述) 能有效地吸收土壤中稀少且不均匀的磷, 尤其能有效地从凋落物层中吸收氮, 同时高的真菌多样性可能反映了环境中高的生态位多样性 (尽管这种生态位多样性还未被证明)。多数从植物流向真菌的碳以简单己糖 (如葡萄糖和果糖) 的形式运输。真菌对己糖的消耗速率有可能达到植物净光合生产速率的 30%。由于森林凋落物中氮的矿化 (有机氮转化为无机氮) 速率较低并且可获取的无机氮多是铵态氮, 植物通常受到氮限制。外生菌根真菌能直接通过酶降解吸收有机氮, 偏好性地使用铵态的无机氮, 并且能通过菌丝生长避开铵态氮耗尽的区域, 这些对森林中的树木显得尤为重要。这里仍然要强调, 真菌与宿主植物间的关系是相互剥削而不是 "友好的", 从它们对环境变化所产生的响应就能看出。ECM 的生长直接与植物的己糖供应速率相关。无论是自然情况还是人为添加, 当植物可直接获取的氮 (硝态氮) 很多时, 植物将停止合成己糖而改为合成氨基酸。其结果将导致 ECM 减少, 植物似乎只供养它们所需数量的 ECM。

13.8.2 丛枝菌根

丛枝菌根 (arbuscular mycorrhizas, AMs) 不形成鞘而是直接穿透到宿主的根中, 它们并不改变宿主根的形态。根被土壤中的菌丝或有性孢子的萌发管感染, 与 ECM 真菌相反这些有性孢子很大且数量少。开始时真菌只在宿主细胞间生长, 但之后则会进入细胞内形成精细分枝的 "丛枝体"。这些真菌自成一门, 叫作球囊菌门 (Glomeromycota) (Schüßler *et al*., 2001)。最初球囊菌门仅被分为约 150 个种, 表明这些真菌缺少宿主专一性 (因为宿主物种的数目远多于 150 种), 然而现代遗传学的方法发现 AM 真菌有很高的多样性, 越来越多的证据表明这些真菌间有生态位分化。例如, 从同一地点共存的 3 种禾草中取 89 个根的样本, 用末端限制性片段多态来衡量这些样本中 AM 真菌的多样性, 不同宿主上的 AM 株系有明显的分化 (图 13.16)。

图 13.15 欧洲赤松 (*Pinus sylvestris*) 的菌根。膨大分枝的结构是套着真菌组织鞘的变形根 (由 J. Whiting 提供, 由 S. Barber 摄影)。

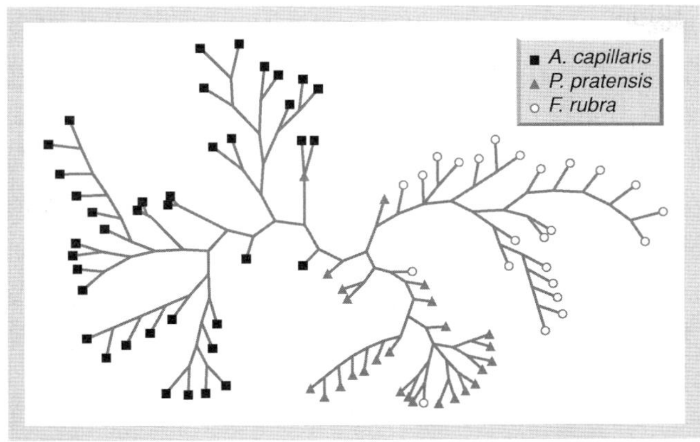

图 13.16 89 个丛枝菌根真菌群落的相似性, 这些菌根来自 3 种共存的禾草细弱剪股颖 (*Agrostis capillaris*)、草地早熟禾 (*Poa pratensis*) 和紫羊茅 (*Festuca rubra*), 相似性用末端限制性片段多态来衡量。树的每一个末端表示一个样本, 同时标明这个样本来自哪种禾草。越相似的样本在树上靠得越近。很明显同一宿主内的 AM 真菌群落更相似, 而不同宿主的 AM 真菌群落有分化 (仿 Vandenkoornhuyse *et al.*, 2003)。

受益的范围?

通常强调的植物从 AM 共生中获得的主要益处是有助于磷的吸收 (磷是土壤中移动性很差的一种元素, 因此常常限制植物的生长), 但事实比这要复杂得多。植物在其他方面的益处也得到了证实, 如氮的吸收、抵御病原菌和捕食者以及有毒金属 (Newsham *et al.*, 1995)。当然, 有证据表明磷的流入与根被 AM 真菌感染的程度强烈相关。这种现象出现在风铃草 *Hyacinthoides non-scripta* 从 8 月到次年 2 月的地下部分生长, 直至地上部分光合生长时期的这段时间内 (图 13.7a)。事实上, 未被 AM 真菌感染的风铃草无法通过其弱小的根系吸收磷 (Merryweather & Fitter, 1995)。

另一方面, West 等 (1993) 在英格兰东部对一年生禾草鼠茅 (*Vulpia ciliate* ssp. *ambigua*) 的生长情况进行了多因子实验 —— 在这里, 鼠茅受真菌感染的程度有很大差别。实验中, 一个处理提供磷酸盐, 另一个处理用杀真菌剂苯菌灵控制真菌的感染, 而这种禾草的生长状况几乎不受这些处理的影响。进一步的一组实验 (图 13.17b) 给出了解释, 实验中有 4 种处理: 一是鼠茅的幼苗与 AM 真菌 *Glomus* sp. 一起生长; 二是幼苗与病原真菌尖孢镰刀菌 (*Fusarium oxysporum*) 一起生长; 三是幼苗与两种真菌一起生长; 四是幼苗单独生长。只有 AM 真菌时幼苗的生长并未增强, 没有 AM 真菌时幼苗的生长受到病原真菌的侵害。当两种真菌同时出现时, 幼苗的生长恢复到正常水平。显然, 菌根真菌并未有利于鼠茅的磷吸收, 而是保护其免受病原菌的侵害。(前面的实验中杀真菌剂的使用对幼苗生长没有影响, 可能是因为杀真菌剂同时控制了菌根和病原真菌。)

取决于物种

鼠茅与风铃草最关键的区别是鼠茅有高度分枝的根系, New-

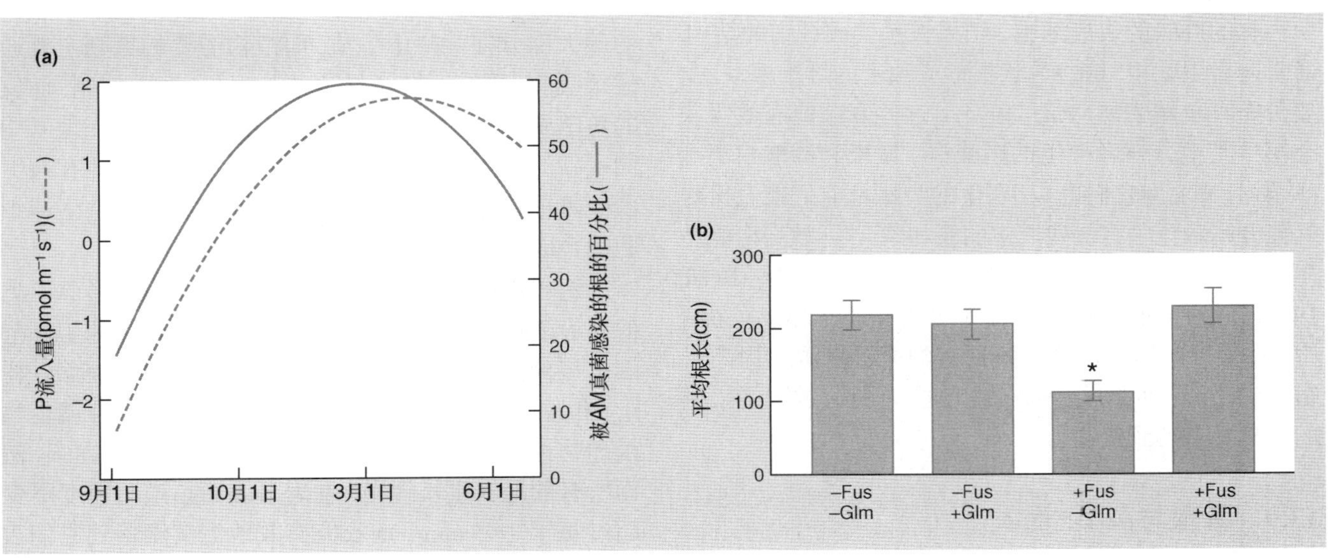

图 13.17 (a) 在单一生长季风铃草 *Hyacinthoides non-scripta* 的磷流入速率 (虚线, 对应左侧纵轴), 以及风铃草根被丛枝菌根 (AM) 真菌感染的情况 (实线, 右侧纵轴) 随时间变化的曲线 (仿 Merryweather & Fitter, 1995; Newsham *et al.*, 1995)。(b) 病原真菌尖孢镰刀菌 (*Fusarium oxysporum*) (Fus) 和 AM 真菌 (*Glomus* sp.) (Glm) 的不同实验组合对鼠茅 (*Vulpia*) 生长 (根长) 的影响。每个处理有 16 个重复, 图中给出了均值和标准误, 星号表示 Fisher's 配对比较有显著差异 ($P < 0.05$) (仿 Newsham *et al.*, 1994, 1995)。

sham 等 (1995) 进一步提出了 AM 功能与根系结构关系的连续变化过程, 鼠茅和风铃草处在这个过程的两个极端。拥有较好分枝根系的植物不需要真菌帮助吸收磷, 但是这种根结构向植物病原菌提供了很多入口。这种情况下, 能增强对病原菌防御的 AM 共生菌更倾向于受到进化的选择。相反, 缺乏活跃的侧生分生组织的根系对病原菌有更强的抗性, 但对磷的吸收较弱。这种情况下, 能增强磷吸收的 AM 共生菌更倾向于受到选择。当然这种有关 AM 功能的观点并不是故事的全部, 丛枝菌根还通过各种方式实现其他生态学功能, 如抵御捕食者和有毒金属等, 这些方式也许与根的结构无关。

13.8.3 欧石南类菌根

欧石南灌丛的典型环境是土壤中植物可获取的养分水平很低, 这是由频繁的火灾造成的, 例如在两次火灾之间积累的氮的 80% 会在火灾中流失。因此欧石南灌丛被很多与欧石南类菌根 (ericoid mycorrhizas) 真菌相关的植物占据也就不足为怪了 (Read, 1996)。这些真菌使植物更容易从植物碎屑形成的表层中吸收氮和磷。事实上, 自然欧石南灌丛的保护受到了氮添加和火灾防控的威胁, 这些行为使那些本来不能在这种贫瘠环境中生存的禾草拓殖并占领石楠林。

欧石南类菌根的解剖结构比其他类型的菌根简单, 特点是维管和皮层组织减少, 根毛消失, 出现被菌根真菌占据的肿胀的表皮细胞。结果根系变成纤细的结构, 通常叫做毛状根, 这些毛状根形成致密的纤维根系, 主要分布在土壤表层 (Pate, 1994)。这些真菌能有效吸收土壤中其他分解者产生的硝酸根、铵根和磷酸根离子 (见第 11 章), 但它们也是 “腐生的”。因此它们能直接与其他分解者竞争有机残渣中的氮和磷 —— 欧石南灌丛生态系统中这些元素大多被锁定在有机残渣里 (Read, 1996)。这种互利关系再次被编织到一张更大的关系网中: 共生真菌通过提前竞争稀有的无机资源来提高对宿主的贡献, 而真菌自身的竞争能力则通过宿主提供的生理支持得到提高。

13.9 真菌与藻类: 地衣

地衣共生菌和光合共生体

在已知的 70 000 种真菌中有 20% 是 “地衣化的” (Palmqvist, 2000)。地衣是营养特化的真菌脱离正常生活方式与 “共生光合生物 (photobiont)” 形成的共生体。在约 90% 的地衣中光合共生体是藻类, 它们通过光合作用向地衣共生菌 (mycobiont) 提供含碳化合物。也有一些光合共生体是蓝藻, 蓝藻还能向共生者提供被固定的氮。还有极少的 “三重” 地衣 (大约 500 种), 这种地衣中同时含有藻类和蓝细菌 (cyanobacterium)。地衣化真菌属于不同的类群, 而与之共生的藻类则来自 27 个不同的属。据此推测, 地衣在进化上曾多次出现。

光合共生体存在真菌菌丝的细胞间, 这些菌丝位于真菌上表面的一个薄层里。这两者共同形成一个整体 —— “叶状体”, 但光合共生体只占这个整体质量的 3%~10%。在这种共生关系中光合共生体得到的好处人们不是很清楚。所有的地衣化藻类也可以独立于地衣共生菌生存。它们有可能是被真菌 “捕获”, 受到剥削而没有任何的回报。然而有的物种 (如 *Trebouxia* 属的藻类) 很少独立生存而是大量以地衣的形式存在, 说明地衣共生菌生活史中某些特别的过程是这些藻类需要的。另外包括氮在内, 地衣主要吸收沉降到其表面的矿物质 —— 这些矿物质通常来自雨水和从树干流下的液体, 而地衣的表面及其生物量大部分都是真菌, 所以在矿物质吸收方面, 地衣共生真菌肯定起到了重要作用。

与高等植物比较

地衣中共生的两者 (三者) 与高等植物有两处惊人的相似性。首先是结构相似: 植物中光合叶绿体 (见第 13.12 节) 也集中于向光的表面。其次是功能相似。植物需要的碳大部分在叶片中生成, 而植物需要的氮则主要通过根吸收, 碳的短缺会导致茎叶生长, 根受抑制; 而氮的短缺则会导致根生长, 茎叶受抑制。同样, 在地衣中固定碳的光合共生体细胞的合成功能会受到地衣共生菌中氮短缺的限制, 而当碳供应受限时, 光合共生体细胞的合成功能则被激发 (Palmqvist, 2000)。

地衣化使得地衣共生菌与光合共生体间形成了类似高等植物的功能关系, 此外, 这还使得两者的生存范围扩展到高等植物所不能存活的基质 (岩石表面、树干) 和区域 (干旱、寒冷和高山地带)。事实上, 就生物量和物种多样性而言, 地衣能占到陆地群落的 8%。然而所有的地衣生长缓慢: 在岩石表面拓殖的速度很少超过每年 1~5 mm。地衣能有效地汇集滴落到它们表面的矿物阳离子, 这使得地衣对受重金属和氟化物污染的环境十分敏感。因此地衣是最灵敏的环境污染指示剂。潮湿环境的 “质量” 可以直接通过墓碑和树干上的地衣是出现还是消失来判断。

真菌显著的形态响应

地衣化真菌的生活史中最显著的特点是当藻类出现后真菌的形态会发生极大的变化。把这些真菌独立于共生藻类培养时,很像其他近缘的自由生活的真菌,它们缓慢生长并形成致密的菌落;但当光合共生体藻类出现后,这些真菌的形态将发生各种变化(图13.18),不同的藻类—真菌组合产生的形态变化是特定的。事实上,藻类刺激真菌导致的形态响应非常精确,以至于地衣可以被分为不同的物种,例如蓝藻和藻类分别与同一种真菌共生就可能产生不同形态的地衣。

图 13.18 树干上各种不同的地衣(经 Vaughan Fleming/Science Photo Library 授权许可使用)。

13.10 互生性植物对大气氮的固定

大多数植物和动物都不能固定大气中的氮,这是生物进化过程中的一大谜题,因为在很多生境中氮供应是受限的。但固定氮的能力在真细菌(eubacteria)和古细菌(archaebacteria)中广泛存在,并且不少固氮细菌与不同的真核生物类群形成了紧密的互利关系。这些共生关系很可能是多次独立进化产生的。由于氮的重要性,这种共生在生态上很重要(Sprent & Sprent, 1990)。

固氮细菌的范围

人们发现的共生(不一定互利)固氮细菌属于下列类群。

(1) 根瘤菌(rhizobia),在多数豆科和非豆科的山豆麻属(*Parasponia*)(属于榆科,Ulmaceae)植物的根瘤处固定氮。至少有3个属:根瘤菌属(*Rhizobium*)、慢生根瘤菌属(*Bradyrhizobium*)和固氮根瘤菌属(*Azorhizobium*)物种,这些根瘤菌的差异非常大,以至于或许该把它们划分为不同的科(Sprent & Sprent, 1990),它们包含了上万个物种。

(2) 弗兰克氏菌属(*Frankia*)的放线菌(actinomycetes),在木本植物和非豆科植物的根瘤(放线菌根,actinorhiza)中固定氮,如桤木(*Alnus*)和杨梅(*Myrica*)。

(3) 醋酸菌科(Azotobacteriaceae),固氮时需要氧,通常存在叶和根的表面。

(4) 芽孢杆菌科(Bacillaceae),例如,反刍动物粪便中的梭菌属细菌(*Clostridium* spp.),以及哺乳动物肠道中固氮的脱硫肠菌属细菌(*Desulfotomaculum* spp.)。

(5) 肠杆菌科(Enterobacteriaceae),如肠杆菌属(*Enterobacter*)和柠檬酸杆菌属(*Citrobacter*),通常是肠道细菌(例如白蚁的肠道细菌),偶尔出现在叶表面和根瘤中。

(6) 螺菌科(Spirillaceae),如禾草根系上的需氧含脂螺菌(*Spirillum lipiferum*)。

(7) 念珠藻科(Nostocaceae)的蓝藻(Cyanobacteria),与很多开花植物和不开花植物有关联(见第13.10.3节),在地衣中作为光合共生体出现。

这些固氮菌中,人们研究最多的是根瘤菌和豆科植物间的关系,因为这对豆科农作物很重要。

13.10.1 豆科植物与根瘤菌的互利关系

形成联系的步骤

根瘤菌与豆科植物间的联系是通过一系列的相互作用建立起来的。根瘤菌最先在土壤中单独生存,受到根分泌物和根发育过程中剥落的细胞的刺激后开始增生。这些分泌物启动了根瘤菌中一系列控制诱导宿主根系结瘤的基因(*nod* 基因)。通常,一个细菌克隆在根毛上发育,这根根毛开始弯曲并被细菌穿透。之后宿主建造一个壁将细菌包裹起来形成一个“感染丝”(infection thread),感染丝中的细菌在细胞间迅速增殖。感染丝在宿主根系的皮层中生长，而宿主的细胞比其分裂得更快，从而开始形成根瘤。感染丝中的根瘤菌不能固定氮，但其中有些细菌会被释放到宿主的分裂组织细胞中。根瘤菌在这里被宿主的细菌周膜 (peribacteroid membrane) 包围并分化为可以固氮的“类菌体” (bacteroids)。某些“无限生长” (indeterminate growth) 的根瘤菌的类菌体不能继续繁殖，如豌豆 (*Pisum sativum*) 的根瘤菌。当原来感染的根衰老时，只有没有分化的根瘤菌能被释放到土壤中感染其他根。相反，“有限生长” (determinate growth) 的根瘤菌的类菌体在宿主根衰老后能继续感染其他根，如大豆 (*Glycine max*) 的根瘤菌 (Kiers *et al*., 2003)。

宿主有一套特殊的维管系统向根瘤组织中输送光合产物并将固定的氮 (通常是天门冬氨酸) 运送到植物的其他部位 (图 13.19)。根瘤中 40% 的蛋白是固氮酶，这些酶的活性依赖于极低的氧含量。根瘤中致密的细胞层是阻挡氧渗入的屏障。根瘤中形成的血红素 (豆血红蛋白, leghemoglobin) 使有活性的根瘤呈现粉红色。这种蛋白对氧有很高的亲和性，因此共生细菌能在根瘤缺氧的环境中进行有氧呼吸。事实上，无论固氮共生发生在哪里，共生的双方至少有一方有特殊的结构 (往往还包括一些生化机制) 使厌氧的固氮酶远离氧，而同时又保证固氮酶周围的组织能进行正常的有氧呼吸。

13.10.2 根瘤菌与植物互利关系的代价与益处

根瘤菌与植物互利关系的代价与益处需要小心地考虑。从植物的角度，我们需要比较从其他途径获取固定态氮所消耗的能量。多数植物直接从土壤中吸收硝酸根或铵根离子。最廉价的代谢途径是利用铵离子，但土壤中多数的铵很快就被微生物活动 (硝化作用) 转化为硝酸根。将土壤中的硝酸根还原为 1 mol 铵需要消耗约 12 mol 的三磷酸腺苷 (ATP)。对植物来说共生性固氮过程 (包括维持类菌体的消耗) 消耗的能量稍多：大约是 13.5 mol 的 ATP。不过，计算共生菌氮固定的代价，我们还必须加上形成和维持根瘤的代价，这大概是植物总光合输出的 12%。如此看来，共生菌固氮就显得低能效。然而，对绿色植物来说能量远比氮更容易获取。用廉价的货币 (能量) 购买稀有而有价值的商品 (固定氮) 不失为一种好的交易。另外，向有根瘤的豆科植物提供硝酸盐时 (硝酸根不再是稀少的商品)，氮固定急剧下降。

从进化的观点看，根瘤菌的益处则更加不明显，尤其是那些无限生长的根瘤菌，它们形成类菌体后能固氮却不能繁殖。因此类菌体自身并未从共生中获得益处，因为益处最终应该表现为增加的繁殖率 (适合度)。感染丝中的根瘤菌还可以繁殖 (因此可以获益)，但它们又不能固定氮，因此它们并未参与到互利关系中。然而根瘤菌是克隆的，类菌体和感染丝中的细胞都是同一个遗传实体的组分。因此类菌体通过供养植物，并促使植物输送光合产物而给感染丝细胞带来好处，从而使整个克隆获益，就好像鸟类翅膀中的细胞最终能给负责产生卵的细胞带来好处，这正是因为鸟是一个整体。

为什么没有欺骗?

与某一个植物相关的根瘤菌是混合的克隆，为什么没有“欺

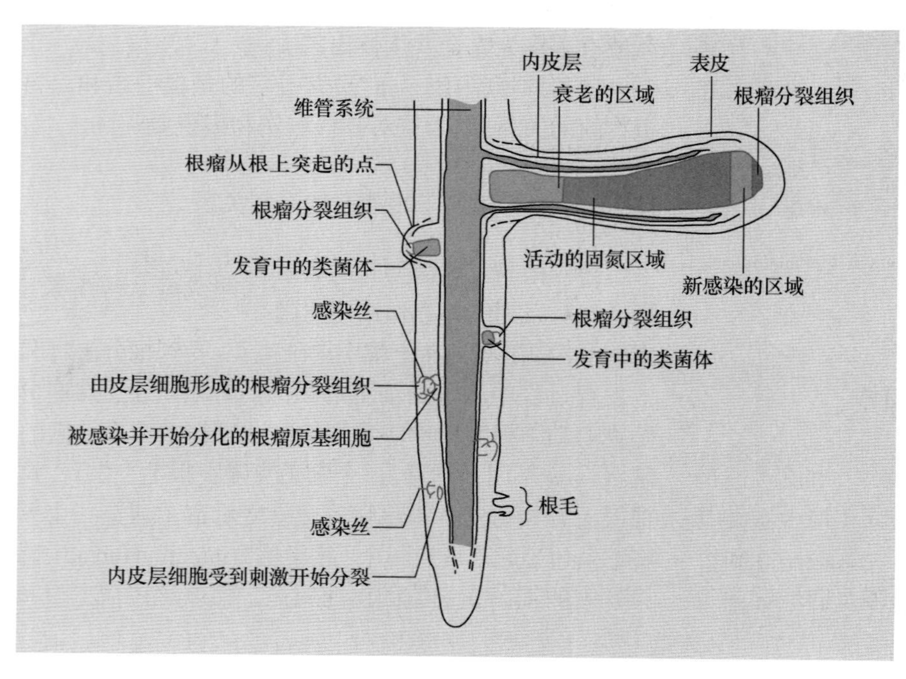

图 13.19 根瘤菌感染豆科植物根系过程中根瘤的发育 (仿 Sprent, 1979)。

骗”的克隆？这里“欺骗”是指某些根瘤菌克隆通过所有的根瘤菌从植物那里获益，但自身并不全力投入耗能的氮固定。事实上一旦我们认识到互利关系的本质是相互剥削，我们就会发现很多互利关系都面临欺骗的问题。能不受剥削而剥削别人，在进化上将会是有优势的。也许在这个案例中最显而易见的答案是植物控制了根瘤菌的性能，如果出现欺骗者，植物将对其进行约束。显然，这就防止了欺骗者从这种关系中逃脱，从而为互利关系提供了进化稳定的力量，Kiers 等 (2003) 在豆科植物和根瘤菌的互利关系中找到了这样的证据。他们使用由 80% 的氩气、20% 的氧气和不到 0.03% 的氮气组成的实验气体代替空气 (80% 的氮气和 20% 的氧气)，然后将大豆种植在这种环境中，以此来抑制根瘤菌与植物的合作 (固氮)，结果氮固定的速率降低为正常水平的 1%。这样一来根瘤菌就被迫进行欺骗。在整株植物、根系和单个根瘤水平进行的实验表明，不合作的根瘤菌繁殖率降低了 50% (图 13.20)。对植物进行非入侵性的监测，结果表明，植物通过扣留根瘤菌所需的氧来约束它们。

13.10.3 非豆科植物的固氮互利关系

固氮共生在非豆科高等植物中零星分布。放线菌中的弗兰克氏菌属与至少 8 个科的有花植物形成共生 (放线菌根)，这些植物几乎都是灌木和乔木，其根瘤通常坚硬并木质化。其中最广为人知的宿主是桤木 (*Alnus*)、沙棘 (*Hippophae*)、杨梅 (*Myrica*)、木麻黄 (*Casuarina*) 和极地或高山灌木 *Arctostaphylos* 和 *Dryas*。加利福尼亚灌丛中的美洲茶属 (*Ceonothus*) 植物也形成弗兰克氏菌根瘤。与根瘤菌不同，弗兰克氏菌是丝状的，

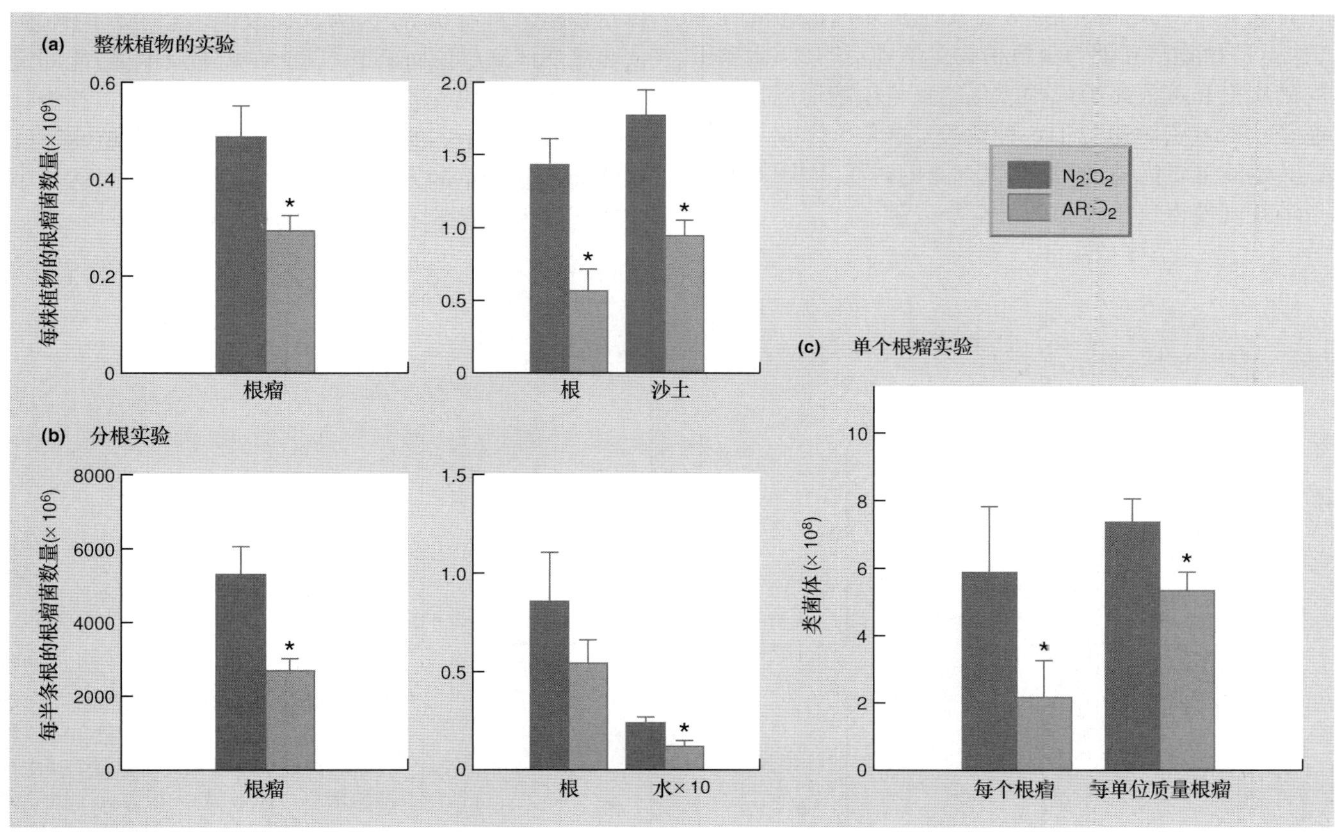

图 13.20 用正常空气 (N_2:O_2) 允许根瘤菌固氮时其量远大于通过处理大气 (Ar:O_2) 抑制根瘤菌固氮时根瘤菌的数量。(a) 在整株植物的水平上进行这两种实验处理，使用正常空气时，根瘤中 (左图; $P < 0.005$)、根表面 (右图; $P < 0.01$) 和根周围的沙土中 ($P < 0.01$) 根瘤菌的数量更多。$n = 11$，图示均值和标准误差。(b) 对同一根系进行这两种实验处理，使用正常空气时，根瘤 (左图; $P < 0.001$) 和水中 (右图; $P < 0.01$) 的根瘤菌数量更多，但根表面的根瘤菌数量没有显著差异。$n = 12$，图示均值和标准误差。(c) 对同一根系的不同根瘤进行这两种实验处理，使用正常空气时，每个根瘤和每单位质量根瘤的根瘤菌数量更多。$n = 6$，图示均值和标准误差 (仿 Keirs *et al.*, 2003)。

并且产生特殊的小囊泡和释放孢子的孢子囊。根瘤菌靠宿主植物来防止固氮酶受氧气影响，而弗兰克氏菌则用自己的囊泡来保护固氮酶，这些囊泡可以由多达 50 层单层脂类组成，有相当的厚度。

与蓝藻形成共生的植物有 3 个地钱属 (*Anthoceros*、*Blasia* 和 *Clavicularia*)、一种蕨类 [满江红 (*Azolla*)]、很多苏铁植物 (如 *Encephalartos*) 以及有花植物中大叶草属 (*Gunnera*) 的所有 40 种植物 (此外再无其他的有花植物)。蓝藻中的念珠藻 (*Nostoc*) 生活在地钱的黏液腔中，它们出现后地钱发育出细丝以最大化与蓝藻的联系。在大叶草叶片的基部、很多苏铁的侧根以及满江红叶片的囊中也有念珠藻的存在。

13.10.4 种间竞争

根瘤菌与豆科植物的互利关系 (以及其他的固氮互利关系) 不能独立看作是细菌与宿主植物间的关系。在自然界中，豆科植物通常与其他非豆科植物混合生长。这些植物潜在地与豆科植物竞争固定的氮 (土壤中的硝酸根和铵根离子)。根瘤化的豆科植物通过特殊的途径获取氮资源避免了这种竞争。这是生态背景下固氮共生的主要优势。然而在氮丰富的时候，固定氮的能量消耗则使得这些植物处于竞争劣势。

图 13.21 展示了一个经典的野大豆 (*Glycine soja*) 与雀稗 (*Paspalum*, 一种禾草) 混合种植的实验结果。实验对混合种植的植物添加氮素，或添加根瘤菌或两者都添加。这个实验设计为一个 “替代系列” (见第 8.7.2 节)，这种设计能进行纯大豆种群与纯禾草种群以及混合种群生长的比较。对于纯大豆种群，无论是接种根瘤菌、添加氮肥还是两者都添加，其产量都显著增加。大豆可以用两种氮源中的任意一种代替另一种；但禾草只对氮肥有响应。因此混种时只添加固氮菌，大豆对总产量的贡献远大于禾草：随着演替大豆将取代禾草。而在施氮肥的情况下混种，无论是否添加根瘤菌，禾草对产量的贡献更大：长时间之后禾草将取代大豆。

一个经典的 “替代系列”

可见，只有环境中缺乏氮时，根瘤化豆科植物才比其他植物有优势。但是豆科植物的固氮活动会提高环境中所固定氮的水平。随着豆科植物死后逐渐被分解，局部土壤中的氮含量将出现 6~12 个月的增加。这时豆科植物将不再有优势，因为它们改善了竞争者的环境，这些局部环境更偏向禾草。因此在局部尺度上，能固定氮气的生物可以被看作是自我毁灭的。这也正是为什么在农业生产中不能在高氮的环境中反复种植纯豆科作物而不受杂草的入侵。这也解释了为什么自然界中豆科的灌木和乔木不能形成优势群落。

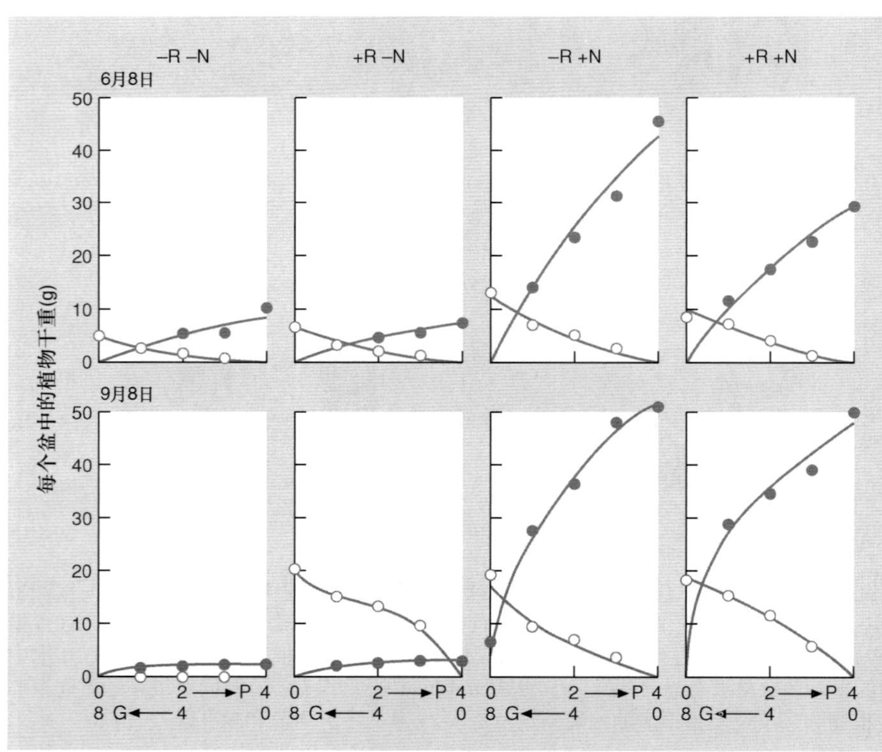

图 13.21 大豆 (*Glycine soja*, G, ○) 和禾草 (*Paspalum*, P, ●) 在有无氮肥和固氮根瘤菌的情况下单种和混种。每个盆中种植的禾草个体数为 0~4，大豆个体数为 0~8。每张图的横坐标表示两种植物在同一个盆中的数量 (如中间的点表示盆内有 2 株禾草、4 株大豆)。–R – N，没有根瘤菌也没有施肥；+R – N，有根瘤菌但没有施肥；–R + N，没有根瘤菌但施肥；+R + N，既有根瘤菌也施肥 (仿 de Wit *et al*., 1966)。

另一方面，放牧不断地去掉禾草的叶子，禾草斑块的氮含量将再次降低到使豆科植物具有优势的水平。匍匐生长的豆科植物，如白花苜蓿，能不断地在草地上“徘徊”，离开禾草占优势的斑块，同时入侵氮素水平降低的斑块并提高其氮素水平。这种群落中与固氮菌共生的豆科植物不仅驱动了自身的氮循环还驱动了其所在的斑块内的氮循环 (Cain *et al.*, 1995)。

13.10.5 固氮植物和演替

生态演替 (详见第 17 章) 是某一地点上一种植物定向地被其他植物取代。固定氮的缺乏常常阻止了植物最早期的拓殖：裸地上演替的初始阶段。雷雨后的雨水可能会提供一些固定氮，或许从其他已经建立起来的区域冲蚀过来。能固氮的生物，如细菌、蓝藻和地衣，是很重要的先锋拓殖者，而具有固氮共生的高等植物却很少是先锋种。原因是通常最先拓殖到裸地的是有轻且易散布的种子的植物。豆科植物的幼苗在长到能形成根瘤进行固氮之前只能依靠种子中储存的以及土壤中的固定氮。因此只有大型的种子才能携带足够度过建群时期的固定氮，而有这种大种子的植物将不会具有成为先锋种所必备的散布能力 (Grubb, 1986; Sprent & Sprent, 1990)。

最后，因为共生性氮固定是耗能的，所以支持固氮互利共生的高等植物都不耐阴，而演替最终阶段的特征就是荫蔽。有固氮互利共生的高等植物很少出现在演替初始阶段也很少出现在演替的最终阶段。

13.11 互利关系的模型

前面很多有关相互作用的章节中都有数学模型的部分。现在也许应该说明一下这样安排的原因——模型能将本质与细节分开，提供实例中未必明显的见解。正确定义“本质”是模型成功的必要条件。互利关系的本质是什么？一种想法是这种关系中的双方都对对方的益处有正效应。这样看来我们只需把两物种竞争模型 (见第 8 章) 中的负效应换成正效应就能建立一个合适的互利关系模型。然而这种模型得到的结果很荒谬，双方种群都将爆发到无限大 (May, 1981)，因为没有限制物种的承载量，导致了这种无限增加。实际上对任何互利性的种群来说，即使互利的物种目前是过量的，种内对有限资源的竞争最终必定还是会产生一个最大承载量 (Dean, 1983)。因此受到固定氮短缺限制的植物与固氮者产生互利关系后将快速生长，但这种快速生长很快就会受到其他限制资源的约束 (例如水、磷和光能)。

回到这一章开始时提出的观点：互利关系的本质比“互利”更隐晦。与其将双方看作是无条件地对对方有利，不如认为双方是相互剥削，既有益处也必须付出代价。还要认识到益处与代价的平衡是会改变的——随情况、资源水平、双方多度以及其他物种的出现和多度。因此即使是最简单的模型也不应该使用绝对的“正效应”的定义，而是要使用能根据模型其他部分状态而可正可负的定义：与之前章节里描述的有效模型相比，这可一点也不简单。

两物种互利的模型——强调更广泛的群落背景

下面转向强调群落背景重要性的模型。捕食者—猎物模型以及物种的竞争模型将物种分开来研究，这抓住了捕食者与猎物间或两竞争者之间关系的本质。而同样的做法对于研究互利关系的模型却行不通，这再次强调了，互利关系作为一种种群动态过程必须放在更广的群落背景中看待。之前我们看过不少这样的例子：蚂蚁和蚜虫的互利关系与有无蚜虫捕食者出现有关；珊瑚中有多种共生藻共存；在与其他物种 (例如禾草) 竞争土壤中有限的氮资源时，豆科植物和根瘤菌的共生能提高豆科植物的优势。

一种鸟、一种蜜蜂和两种植物

有一个模型可以说明这个观点，这个模型把蜜蜂 – 植物这两类物种的传粉互利嵌入到含有其他植物和捕食蜜蜂的鸟类群落中进行解释 (图 13.22) (Ringel *et al.*, 1996)。蜜蜂可以从植物那里获取花蜜或花粉，但传粉可能成功 (互利) 也可能失败 (捕食者 – 猎物)。上文中简单的互利物种对模型 (图 13.22a) 是不可能稳定的。这个物种对只有在种内竞争强度大于互利关系作用时才能共存：互利关系的作用越强，模型就越不稳定。表面上看，这样的结果似乎表明，由于允许该物种对共存的条件很难达到，互利将十分罕见 (我们在现实中看到的并非如此)。

然而，当我们把物种对放到大一点的群落中去，情况就大为不同了 (图 13.22b)。图 13.22c 展现了不同衡量方法中的一种，从图中显而易见，互利关系能够增加群落持续的几率。显然，互利关系在模型中起到的作用，与其在自然界中的广泛存在的事实并不矛盾。显然模型群落会不可避免地比真实情况简单 (例如，只有 5 个物种)，但如果模型过于简单 (例如，只

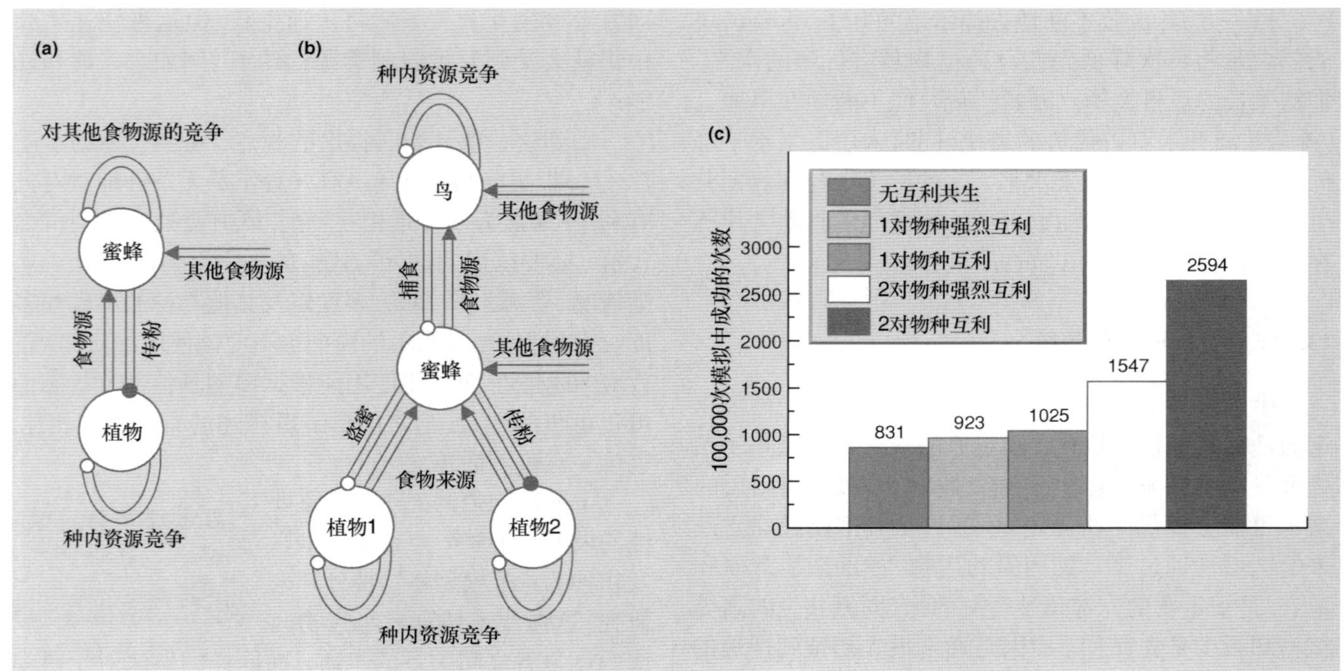

图 13.22 (a) 两个物种 (蜜蜂 – 植物) 互利关系的模型。两个物种都受种内竞争的影响,实心箭头表示正向作用,包括资源 → 消费者 (实心箭头),或者传粉者 → 植物 (实心圆) 的正向作用;空心箭头表示负作用,包括消费者 → 资源,或种间竞争的负作用。(b) 将置于群落中考虑的蜜蜂 – 植物模型,添加了另一种植物和蜜蜂的捕食者。模型中,植物有种内竞争,但不考虑种间竞争;鸟类受种内竞争影响,但蜜蜂不受种内竞争影响。蜜蜂从植物获取花粉和花蜜,然后要么成功地为植物传粉 (互利),要么被鸟吃掉 (捕食者 – 猎物)。图中所示的情况下,蜜蜂对植物 1 是捕食者 → 猎物的关系,对植物 2 是互利关系,但实际上在 (c) 中还检验了蜜蜂对两种植物都互利或者都不互利的情况。(c) 情况 (b) 中,群落的可持续性对比,若每个物种的密度都为正即认为该群落可持续。图中各颜色的条形,表示在对应前提下模拟 10 000 次,其中可持续的次数。种内或种间相互作用的强度在预先设定的范围内随机抽取,"强烈互利" 的作用强度可能是 "互利" 的 2 倍。模拟结果是,互利关系明显增加了群落可持续的可能性。双尾 t 检验结果:无互利-1 对物种互利 ($t = 4.52$, $P < 0.001$),无互利-1 对物种强烈互利 ($t = 2.21$, $P < 0.05$),无互利-2 对物种互利 ($t = 30.26$, $P < 0.001$),无互利-2 对物种强烈互利 ($t = 14.78$, $P < 0.001$) (仿 Ringel *et al.*, 1996)。

有两个物种),互利关系在自然群落中的作用很可能被误解。

13.12 从共生到亚细胞结构的进化

本章中我们看到,不同物种间有相当多的关系可以被认定为共生 —— 其中很多都表现出了明显的互利性 —— 从两种非常不同的生物在行为上的联系,到脊椎动物肠道中的微生物群落 (严格地说这还是在体外),到共生者发生细胞间接触的菌根和地衣,再到珊瑚细胞里的鞭毛藻 (dinoflagellate algae) 以及昆虫菌胞里面的菌胞细菌 (mycetocyte bacteria)。本章的最后部分,让我们看看,生态学上的相互作用 (互利关系) 是如何在长期进化尺度上发挥其重要作用的。

连续内共生理论

很多真核生物的祖先,一定程度上是通过与其共生者发生无法分离的融合而产生的,这个观点现在已经广泛地为人们所接受。Margulis (1975, 1996) 在 "连续内共生理论" (the serial endosymbiosis theory) 中极力拥护这个观点 (图 13.23a)。该理论旨在理解生物的 3 个域:古细菌 (Archaea) (其中很多是 "嗜极生物",生活在高温,高酸性等极端环境下)、真细菌 (Eubacteria) 和真核生物之间的进化关系。有人认为,融合的第一步 (大约 20 亿年前) 发生于厌氧环境下共生的古细菌和细菌 (螺旋体)。古细菌提供核质和细胞质,细菌提供游泳的能力,这就解释了真核生物的嵌合特性 —— 即使是最原始的真核生物,其蛋白和基因也有着古细菌和细菌的混合特征。接下来,一部分初步融合的嵌合体又与需氧细菌 (线粒体的前身) 融合,成为能够有氧呼吸的真核生物,并由此演化出了其他所有的真核生物。再接着,这些真核生物中,又有一些与能够进行光合作用的蓝藻 (叶绿体的前身) 融合,成为了藻类和高等植物的祖先。

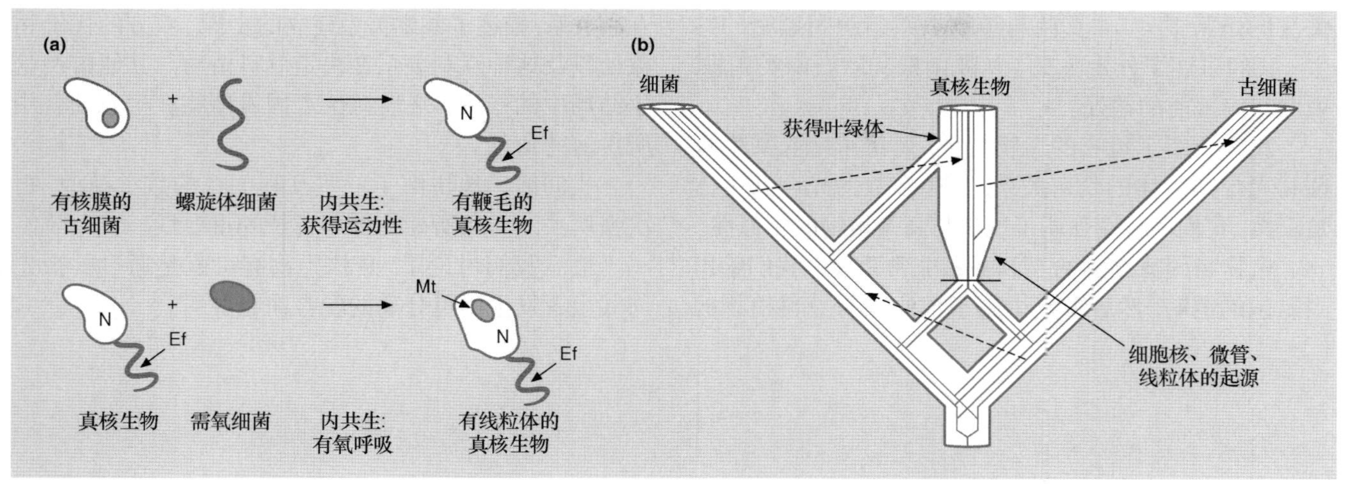

图 13.23 (a) 连续内共生理论中, 真核生物起源的前两步。Ef 为真核生物鞭毛, N 为细胞核, Mt 为线粒体。(b) 一个真核生物起源模型 (进化方向为自下向上), 显示了古细菌和细菌的共生, 以及真核生物中, 细胞核、微管、线粒体同时起源的过程。粗实线表示域的边界, 细线表示基因的传递; 虚线箭头指出了可能的单个基因的横向转移 (仿 Katz, 1998)。

事实上, 有很多理论试图将生物的三个域联系到一起并再现真核生物的起源过程, 连续内共生理论只是这其中的一个 (Katz, 1998)。举个例子, 人们发现最原始的真核细胞并不是没有线粒体, 而是丢失了它, 这就令人对真核生物起源的连续性产生质疑。进化过程中基因的 "横向转移" (进化树上的一枝向另一枝的传递) 有可能比上述的情景更加普遍, 因此进化树的分枝有可能是一张交错的网 (图 13.23b)。毫无疑问, 随着更多证据的发现, 这些不同的理论也会通过自我发展和横向交流而逐渐 "进化"。无论如何, 这些理论有一个共同点, 即, 互利与共生不止是一种生态学过程, 也在某些最基本的进化过程中扮演着核心角色!

小结

这章一开始我们区分了互利、共生和偏利关系, 并强调互利关系是一种相互剥削而不是友好的合作关系。

我们解释了一系列的互利关系: 从行为的相关, 到一方进入到另一方的细胞间或细胞内紧密共生, 再到以细胞器的形式进入到宿主细胞与宿主紧密共生, 以致不能将它们视为独立的生物。

"清洁鱼" 取食 "顾客鱼" 体表的寄生虫、细菌和坏死的组织。很多蚂蚁帮助植物抵御捕食者和竞争者, 同时取食植物的特殊结构, 尽管需要更仔细地设计实验才能证明植物能在这种关系中获益。

很多生物包括人类通过种植作物和养殖牲畜来获取食物。蚂蚁通过养殖各种蚜虫获取富含糖的分泌物, 而实验证明蚜虫在这种关系中既有代价也得到好处。很多蚂蚁和甲虫通过养殖真菌来获取它们不能消化的植物原料, 有时候再加上放线菌保护真菌免受病原菌感染的关系, 则形成三元的互利关系。

很多植物利用动物传播种子和花粉。我们强调了昆虫传粉者的重要性, 以及协同进化压力造就了从泛化者到高度特化者的一个系列。我们还讨论了无花果树和丝兰通过无花果小蜂和丝兰蛾进行传粉, 而榕小蜂和丝兰蛾在它们传粉的植物的果实中养育自己的幼虫。

很多动物的肠道内存在共生的微生物群落, 这对纤维素的消化尤其重要。我们讲述了脊椎动物和白蚁肠道中复杂的共生群落以及它们活动的区域, 尤其关注了反刍动物, 在自食其粪的例子中也强调这种关系的重要性。我们还介绍了昆虫的菌胞共生, 尤其是蚜虫和 *Buchnera* 菌的共生, 在这种共生关系中微生物 (主要是细菌) 在特殊的细胞中生存并向它们的昆虫宿主提供营养。

很多水生的无脊椎动物与光合藻类形成互利关系, 也许其中最重要的一种是造礁珊瑚。我们重点关注了 "珊瑚白化"—— 由内共生体消失引起的珊瑚白化 —— 这种白化可能与全球变暖有关, 我们还强调了包含多物种 (大于两物种) 的互利关系。

高等植物和真菌形成了各种共生关系。我们主要

关注的是菌根 —— 真菌与植物根系组织间紧密的共生。我们讲述了外生菌根、丛枝菌根和欧石南类菌根，说明它们可能的益处。

我们介绍了地衣的生物特征，讨论了地衣共生真菌和光合共生体的紧密关系，其中多数的光合共生体是藻类。我们还特别强调了地衣与高等植物的相似性。

植物与固氮细菌的互利关系非常重要。我们给出固氮菌的范畴，然后重点讲解了根瘤菌与豆科植物的互利关系，描述了共生关系建立的步骤、双方的代价和益处以及这种互利关系在决定豆科植物与其他植物竞争结局中的作用。之后讨论了固氮植物在生态演替中所扮演的角色。

我们简单地讲解了一些互利关系的数学模型，再次强调关注对象所处的群落背景的重要性。

最后我们讨论了，真核生物有可能是通过其祖先与共生者发生不可分离的融合而起源的。

第 14 章
多度

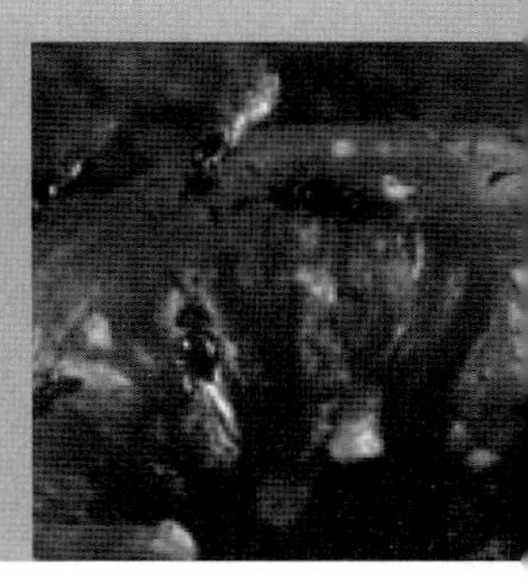

14.1 引言

为什么有些物种稀有，有些物种常见？为什么物种在有些地方种群密度低，而在其他地方种群密度高？是什么因素导致了种群多度的波动？这些都是很重要的问题。即便是想要对单个区域内的一个物种给出一个完备的解答，理论上我们需要知道相关的物理、化学条件，资源的供应水平，有机体的生活史，以及竞争者、捕食者和寄生者等等的影响；同时，我们还需要了解这些因素具体是怎样通过影响出生率、死亡率和迁移率而作用于物种多度的。在前面的章节中，我们已经分别探讨了这些话题。现在我们把这些综合在一起，来看看在特定的案例中，究竟是哪些因素真正在发挥着作用。

简单计数是不够的

研究物种多度 (abundance) 的原材料，通常是一些对种群大小的估计。最原始的多度研究是简单的计数，但这可能掩盖了重要的信息。举个例子，设想 3 个个体数量完全一样的人群。其中一个是老年人的住宅区，一个是年幼孩子的群体，最后一个是年龄和性别各异的混合群体。不需要过多考虑种群之外的相关因素，我们即可得出：第一个种群注定走向灭绝 (除非通过迁入新个体来维持)；第二个将在一段时间之后快速增长；而第三个则会持续稳定增长。因此，更详细的研究需要辨识具有不同年龄、性别、大小和优势度的个体，甚至分辨个体间的遗传差异。

估算值常有缺陷

生态学家不得不常常处理那些有缺陷的多度估计。首先，除非采样在时间和空间上都够充分，否则数据就会有误导性；而满足其中的任何一条，都需要投入大量的时间和资金。研究者的时间限制，发表成果的紧迫性，以及多数研究项目的短期性，都使得人们难以执行持久的研究计划。另外，随着对种群的了解逐渐增多，感兴趣的因素也会增多和变化；几乎一开始，每项研究都面临着过时的风险。尤其是，要追踪种群中个体的一生，一般是技术上难以实现的任务。它们生活史中的重要阶段往往难以观察 —— 如藏在巢穴中的幼兔，埋在土壤里的种子。当然，我们可以用一定数量的腿环标记鸟类，用无线电发射器来跟踪食肉动物，或者用放射性同位素来标记种子，但能够这样研究的物种和数量是相当有限的。

研究的物种可能并不典型

种群理论的很大一部分，都依赖于较罕见的研究困难被克服的例外情形 (Taylor, 1987)。事实上，多数关于多度的真正的长期研究，或地理跨度大的研究，其研究对象都是如毛皮动物、猎禽以及害虫的经济重要物种，或者是因其毛皮或羽毛而令业余博物学家特别喜爱的动物。在归纳结论时，我们应该谨慎地对待它们。

14.1.1 相关性、因果关系与实验

多度数据可以用来建立自身与外界因素 (如天气) 间的相关关系，或者多度数据内部指标之间的相关性 (如春季现存量与秋季现存量之间的相关性)。相关性可用于预测。例如，若最低温度不低于 10°C，且相对湿度高于 75% 并持续两天以上，那么在此之后 15~22 天，通常是马铃薯 “晚疫病” (late blight) 的高发时期。这种相关性可以提醒种植者喷洒农药进行保护。

相关性也可以用于提示因果关系，虽然这种提示并不能算是证明。例如，种群大小和增长率之间可能显示出相关性。这种相关性也许暗示种群大小本身导致了增长率的变化。但最终，“因果关系” 需要给出一个机制。可能是大种群中许多个体会被饿死，或无法繁殖，或变得富有攻击性而将较弱成员驱逐出去。

密度只是概念上的抽象

正如我们在前边所指出的，我们在本章和其他章节讨论的许多研究，都与识别 “密度依赖性” 过程有关：似乎密度本身就是种群出生率和死亡率变化的原因。但事实很少如此：因为有机体并不会觉察到自身的种群密度并对其作出反应。它们通常只是对同伴众多所造成的食物短缺或攻击行为作出反应。我们可能无法识别，究竟是哪些个体对其他个体造成了危害，但我们需要一直记住：“密度” 常常是个抽象概念，

它掩藏了真实生物在生活中所经历的世界的模样。

直接观察在个体水平上发生了什么，可能给研究总体多度的变动原因提供更坚实的证据。把对个体的观察结果整合到种群的数学模型中，并发现模型预测与真实种群一致，也可以给特定假说提供强有力的支持。但通常，只要可行，决定性的检验 (acid test) 还是要靠野外实验或受控实验来完成。如果我们怀疑是捕食者或竞争者决定了种群大小，我们就可以探究若去除捕食者或竞争者，会是什么情形。如果我们怀疑是资源限制了种群大小，我们可以增加这种资源看看结果又会如何。这种实验的结果，除了表明我们假说的可靠性以外，还能表明我们有能力决定一个种群的大小：不管是减少害虫或杂草的密度，还是增加濒危物种的数量。当能预报未来时，生态学就变成一门预测性科学；当能决定未来时，生态学就变成了一门管理科学。

14.2 波动还是稳定？

Gilbert White 对楼燕的观察

在多度研究方面，直接观察持续得最久的生物，或许就是南英格兰地区 Selborne 村的楼燕 (*Micropus apus*) 了 (Lawton & May,1984)。在一本最早出版的有关生态学的著作中，生活于这个村庄里的 Gilbert White 在 1778 年这样描述楼燕：

"我现在可以肯定，每年楼燕的对数都是不变的；至少，我的调查结果显示，在过去的很长一段时间里，这个数目都完全相同。我发现的楼燕一直是 8 对，其中大约一半居住在教堂，另外的生活在一些低矮的茅草屋里。既然这 8 对楼燕 —— 偶然因素使其限定在这个数额 —— 每年繁育出 8 对幼鸟，那么这种增长会一年年变成什么样呢?"

Lawton 和 May 在 1983 年造访了这个村庄，并发现在 White 描述之后的 200 年里，楼燕种群已经发生了较大的变化。楼燕已经不太可能在教堂里筑巢长达 50 年之久，而那些茅草屋也已经消失，或者被电线覆盖了。然而，在村庄里定期找到的繁育期楼燕数被认为是 12 对。鉴于在这两个世纪间发生了许多的变故，这个数字与 White 当年记录的 8 对，其实是极为接近的。

另一个成年种群数量保持年际稳定的例子，见于对波兰一年生沙丘植物 —— 北点地梅 (*Androsace septentrionalis*) 为期 8 年的一项研究。这是一种小的、一年生的沙丘植物 (图 14.1a)。每年种群内都有很大的波动：每平方米会出现 150～1000 棵新生幼苗；而随后的高死亡率又将使种群数量减少 30%～70%。然而，种群大小的变动范围似乎有明显的界限。至少有 50 株个体总是能存活到结实期，为下一个生长季产下种子。

在前面曾讲到对不列颠群岛上筑巢的鹭的长期研究。图 10.23c 显示，一个苍鹭种群在长时期内保持着相当的稳定，但由于此处反映在图上的数据是经过重复估计的，很显然，在种群数量先减少再恢复到原有水平的时候，种群经历了天气恶劣的季节。与此相比，图 14.1b 显示的家鼠种群在长时间内保持相当低的多度，而伴以偶尔的爆发式种群突增。

14.2.1 多度的决定与调节

纵观以上案例及同类研究，一些研究者强调种群大小明显的稳定性，另一些则强调种群的波动性。强调稳定的一派，认为我们需要从种群内部寻找稳定化力量，以此来解释为何种群不至于无限增长，或者减少到灭绝的程度。而强调种群波动的一派，则认为应寻找气候等外部因素，来解释种群大小的变化。这两大阵营的分歧，是 20 世纪中叶生态学的主要内容。考虑这些争论中的一些内容，有助于我们更好地理解目前所达成的共识。

区分多度的决定因素和调节因素

首先有一件重要的事情，就是明确关于多度决定方式及调节方式这两类不同的问题的差别。多度的调节，指的是当种群大小超出特定水平以后的减小趋势，以及低于该水平后增加的趋势。换言之，从定义上讲，种群调节是一个或多个密度依赖性过程的结果，而这些过程则通过影响出生率、死亡率或迁移率而起作用。在前面关于竞争、迁移、捕食和寄生的章节中，我们已经讨论了多种可能受到密度制约的过程。因此，要理解种群大小何以倾向于保持在特定的区间内，我们就必须关注种群的多度调节。

另一方面，涉及个体数量的精确多度，由影响种群所有过程的综合效应所决定，不管这些过程是否是密度依赖性的。图 14.2 对此作了一个简单的图示。在图中，出生率是密度依赖性的，而死亡率则不依赖于密度，而是取决于在 3 个地点各不相同的物理条件。对应于 3 种环境的物理条件，分别有 3 个不同的死亡率，并由此产生 3 个不同的种群稳定大小 (N_1, N_2, N_3)。例如，在英国北威尔士地区的沙丘环境中，一年生草本植物 *Vulpia fasciculata* 的多度差异，即是主要缘于这种非密度依赖性的死亡率的差异。而繁殖是密度依赖性的，尽管也有调节作用，但其在不同地点之间的差异甚小。而与其相

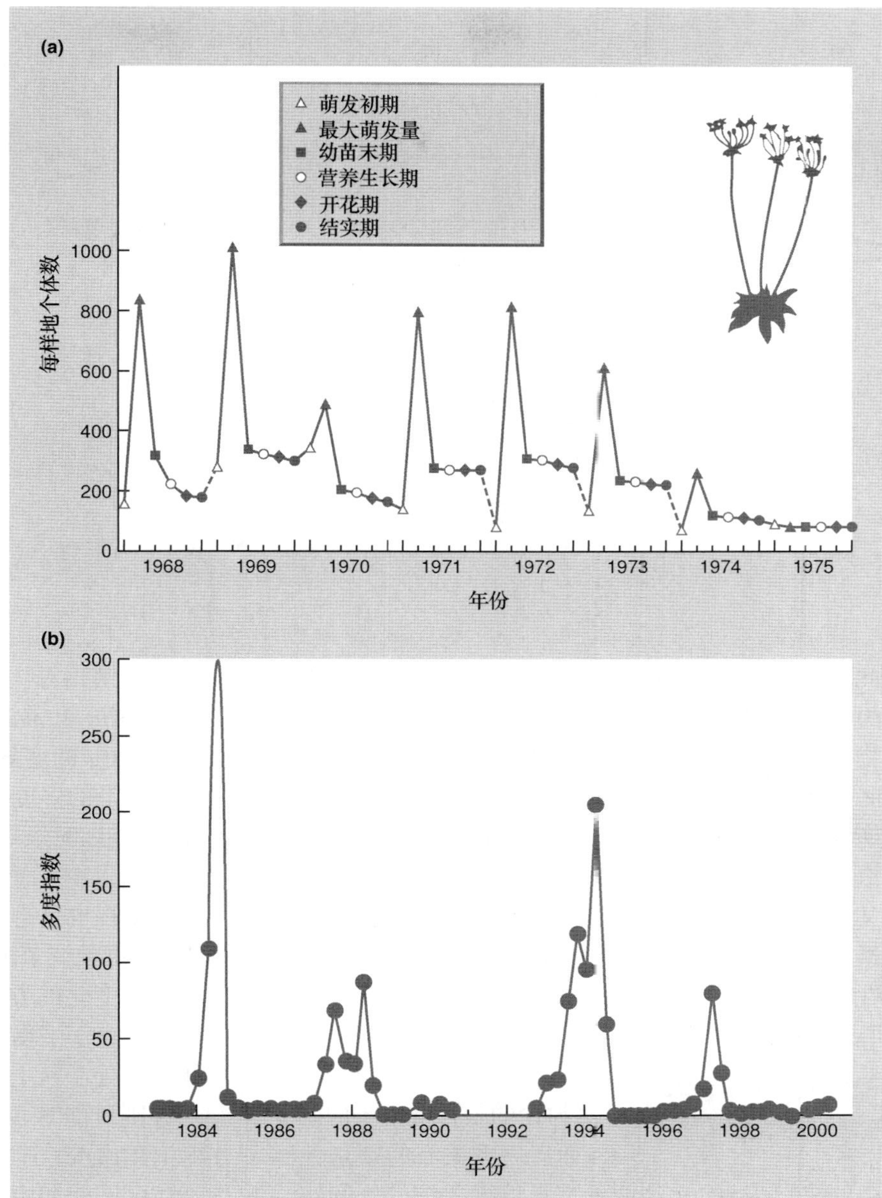

图 14.1 (a) 对北点地梅 (*Androsace septentrionalis*) 持续 8 年的研究得到的种群动态 (仿 Symonides, 1979; 更详尽的数据分析参见 Silvertown, 1982)。(b) 澳大利亚 Victoria 地区农田中小家鼠 (*Mus domesticus*) 多度的不定期激增。当小家鼠暴增时, 会达到成灾规模。图中的"多度指数"为每 100 个夜晚所捕获的小家鼠数量。在 1984 年秋季, 该指数超过了 300 (仿 Singleton *et al*., 2001)。

比, 物理条件则对非密度依赖性的死亡率有着强烈的影响 (Watkinson & Harper, 1978)。因此, 我们必须考查多度的决定机制, 以便理解特定种群在特定时间是如何表现出一个特定的多度值, 而非其他的值。

14.2.2 关于多度的理论

A. J. Nicholson

"稳定性"的观点, 通常可以追溯到 A. J. Nicholson。他是一位在澳大利亚工作的理论生态学家和实验动物生态学家 (见 Nicholson, 1954)。Nicholson 认为, 密度依赖性的生物间相互作用, 在决定种群大小时起主要作用, 并使得种群在环境中保持一个平衡状态。当然, Nicholson 也认识到, "那些不受密度影响的因素也会对密度产生深刻的影响" (图 14.2), 但他仍认为密度依赖性"仅仅在一些很少的时刻才减弱作用, 并总是很快恢复影响; 而且, 它一直在持续发挥着作用 — 调节着与环境有利性相关的种群密度"。

Andrewartha 和 Birch

另一派的观点, 可以追溯到另外两位澳大利亚生态学家: Andrewartha 和 Birch (1954)。他们的研究主要关注野外有害昆虫的控制。或许正是因

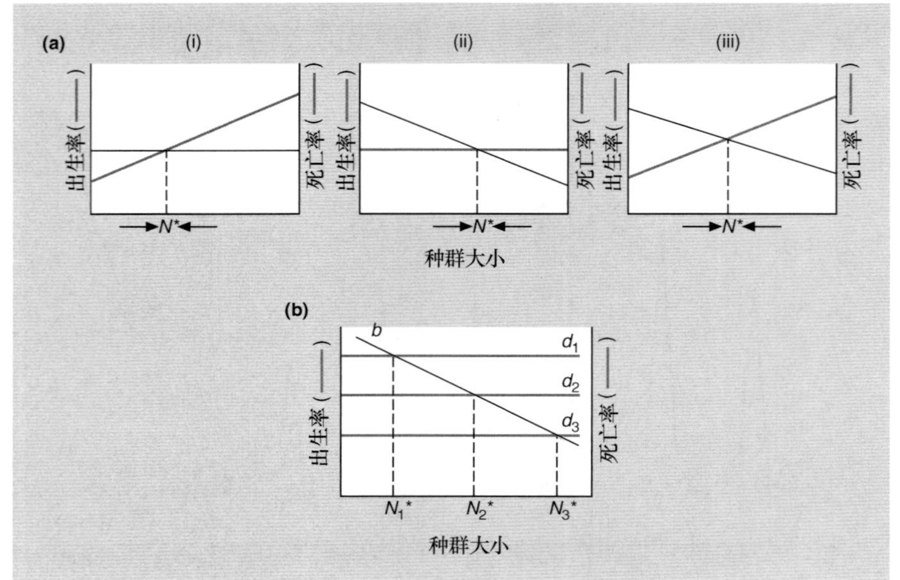

图 14.2　(a) 种群调节的不同方式: (i) 出生率为非密度依赖性, 死亡率为密度依赖性。(ii) 出生率为密度依赖性, 死亡率为非密度依赖性。(iii) 出生率与死亡率均为密度依赖性。当出生率大于死亡率时, 种群大小增加, 反之则减少。由此产生种群大小的一个稳定平衡点 N^*。该值的实际大小, 既决定于非密度依赖性比率的大小, 也决定于任一密度依赖性过程的大小和斜率。(b) 种群调节过程。其中密度依赖性的出生率为 b, 非密度依赖性的死亡率为 d。在 3 个不同的地点, 由物理条件决定的死亡率各不相同 (死亡率 d_1、d_2 和 d_3)。种群大小的平衡点也随之改变 (N_1^*、N_2^* 和 N_3^*)。

此, 他们的观点被预测害虫多度、特别是害虫爆发的时间和强度的需要所影响。他们认为, 限制自然种群中生物数量的最重要的因素, 是种群数量正增长的持续时间太短。换言之, 可以认为种群经受着一系列 "减少－恢复" 的重复过程 —— 这种观点的确很适用于许多害虫, 它们对不利的环境条件非常敏感, 而一旦环境改善又可以迅速恢复数量。他们也拒绝接受将任何环境因素划分到 Nicholson 所谓的密度依赖性 和非密度依赖性的 "因子" 中, 而更倾向于将种群视作生态网络的中心, 并接受各种不同的因素与过程相互作用共同影响。

不必在对立学派间争论不休

以后见之明来看, 很明显, 前一派讨论的是种群大小的调节因素, 而后一派关心的则是种群大小的决定因素 — 这两者都是值得关注的好问题。不过, 当前一派中有人觉得调节因素也起决定作用时, 而后一派中有人觉得只有决定因素才有实际意义时, 争论就产生了。然而不可否认的是, 没有种群能够完全不受调节 — 从未发现长期不受限制的种群增长, 而无限制的衰减至灭绝的情况也并不多见。此外, 任何认为密度依赖性过程不常见或次要的看法也是错误的。人们对不同种类的动物, 特别是昆虫, 作了大量的研究。虽然密度依赖性并非总能被探查出, 但在持续多代的研究中, 却是很常见的现象。例如, 在关于昆虫的持续 10 年以上的研究中, 有 80% 以上的实例检测到了密度依赖性 (Hassell *et al*., 1989; Woiwod & Hanski, 1992)。

另一方面, 在 Andrewartha 和 Birch 关注的那类研究中, 对多度来说, 天气是典型的主要决定因素, 而其他因素则相对次要。一个经典的例子是对苹果有害的蓟马 (*Thrips imaginis*) 的研究: 天气解释了蓟马数量中高达 78% 的变异 (Davidson & Andrewartha, 1948)。要预测蓟马的多度, 天气的信息就显得至关重要。由此可见, 大多数时候, 调节种群数量的因素并没有同时决定种群的大小。而对调节和密度依赖性两者中任何一项优先重视也是错误的。调节过程可能只是少次、间歇地出现。即使调节过程发生, 它也可能使多度水平朝着相应资源变化的方向而改变。自然界中很可能根本就没有真正处于平衡态的种群; 相反, 自然种群中更多的可能总是处于从上一次灾变中恢复的阶段 (图 14.3a), 另一些则可能常常受限于一种大量 (图 14.3b) 或稀有资源 (图 14.3c), 还有一些则可能常常处于上一次拓殖突增后的下降期中 (图 14.3d)。

研究者们非常偏好使用昆虫数据来分析种群数量调节与决定因素的研究, 而在基于昆虫的研究中, 有关害虫的研究又占据着优势。对其他类群的研究虽相对较少, 却显示出了以下的规律: 陆生脊椎动物种群数量的变异显著小于节肢动物种群; 鸟类种群数量比哺乳动物的更稳定; 大型陆生哺乳动物种群主要由食物供应量所调节, 而小型哺乳动物种群的调节因素主要是繁育后幼体的相互排斥, 该排斥过程是密度依赖性的 (Sinclair, 1989)。对鸟类而言, 食物短缺和对领地/筑巢点的竞争, 似乎是最重要的调节因素。然而此类概括, 可能同样只反映了选取研究物种的偏好, 以及对其捕食者和寄生物的忽略, 因为它们有各种基本的模式。

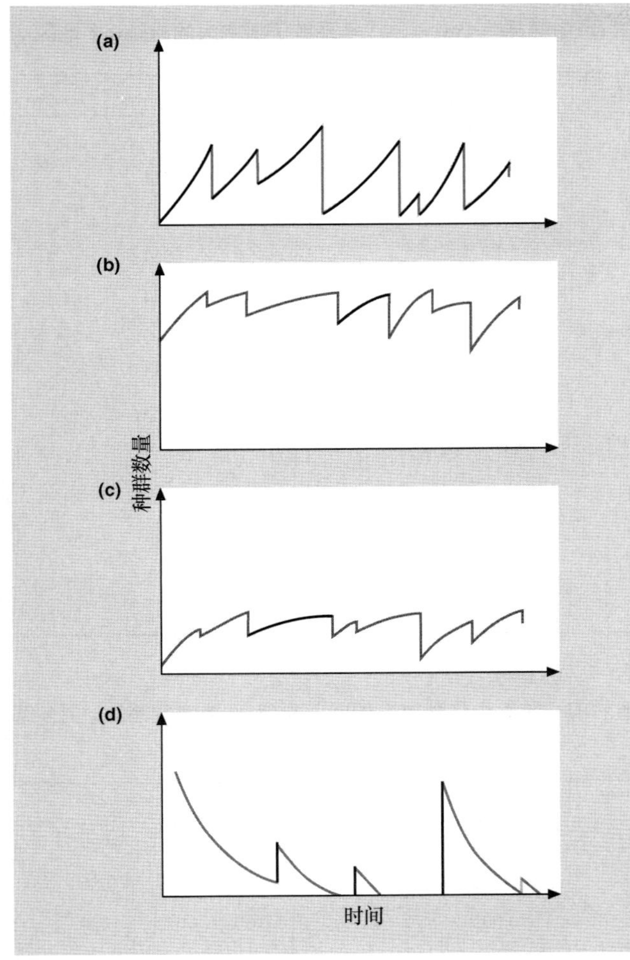

图 14.3 理想化种群动态的示意图: (a) 种群动态由灾变期和随后的增长期所主导; (b) 种群动态由环境容纳量的限制所主导——高环境承载量; (c) 同图 (b)——低环境承载量; (d) 适宜区域内的种群动态, 由快速拓殖补充后的种群衰减所主导。

14.2.3 种群多度的调查方法

统计学方法、机制派方法与密度派方法

Sibly 和 Hone (2002) 区分了用于解决多度的决定和调节问题的三种主要方法。作出此种区分时, 他们将种群增长率置于中心地位, 而种群增长率则综合了出生、死亡和迁移过程对多度的综合影响。种群统计学 (demographic) 方法 (第 14.3 节) 主要是在生活史中的不同阶段, 对存活、出生和迁移所致的种群增长率的不同变化进行区分, 其目标是确定最重要的阶段。然而, 我们将看到, 这种方法回避了"就什么而言该阶段最重要"的问题。机制派的方法 (第 14.4 节) 则寻求直接联系增长率的变化, 以及食物、温度等种群大小潜在影响因素的变化。这种方法本身范围广泛, 既包括确定相关关系, 也包括野外实验。最后, 密度派方法 (第 14.5 节) 寻求联系增长率与密度之间的变化。

当然, 这种区分只是我们月来分析已进行的多种不同研究而采用的一个简明体系。据 Sibly 和 Hone (2002) 的调查, 许多研究是以上两种甚至三种方法的混合。由于篇幅所限, 我们就不在此更加详细地讨论了。

14.3 种群统计学方法

14.3.1 关键因子分析

关键因子还是关键阶段?

多年以来, 种群统计学方法的代表性技术都被称作关键因子分析 (key factor analysis)。我们将看到, 这种技术有其缺陷, 而人们也提出了有用的修正方法。但作为一种解释重要的普遍原则的方法, 并考虑历史完整性起见, 我们还是从关键因子分析开始介绍。事实上, 所谓的"关键因子分析"只是一个名字而已, 至少从一开始, 这种方法真正关注的, 就是去确定有机体生活史中的关键阶段, 而非关键因子。

科罗拉多马铃薯叶甲

要做关键因子分析, 需要有一系列以生命表 (life table) 组织的数据 (见第 4.5 节)。这种数据记录了所关注种群的不同同生群 (cohort) 的数量。这种方法在发展初期 (Morris, 1959; Varley & Gradwell, 1968), 主要被用于世代离散的物种, 或同生群易于区分的物种。值得注意的是, 这是一种基于 *k* 值应用的方法 (见第 4.5.1 节和第 5.6 节)。下面以加拿大一种马铃薯甲虫 (*Leptinotarsa decemlineata*) 的一个种群为例, 数据列举在表 14.1 中 (Harcourt, 1971)。这种甲虫的"春季成虫"在 6 月中旬左右从冬眠中苏醒, 此时恰好是马铃薯植株萌芽出土的时候。此后的 3 到 4 天内, 春季成虫开始产卵。整个种群的产卵期持续约一个月, 在 7 月早期产卵数量达到顶峰。虫卵在叶片下表面呈团块状聚集。幼虫孵化后爬到植株顶端, 历经 4 个虫龄的发育阶段, 并在发育过程中持续进食。幼虫成熟后落到地面并在土壤中成蛹。"夏季成虫"在 8 月寻斯破蛹出现, 取食后在 9 月初期重新进入土壤中, 开始冬眠并在次年成为新的"春季成虫"。

取样过程提供了对种群数量在 7 个阶段的估计: 卵期、幼虫早期、幼虫晚期、蛹期、夏季成虫期、冬眠成虫期和春季成虫期。更进一步的分类, 考虑到夏季成虫

表 14.1 Harcourt (1971) 收集的马铃薯甲虫数据制作的典型生命表格式 (表中数据为 1961—1962 年采集于加拿大的 Merivale 地区)。

年龄阶段	每 96 个马铃薯丘的个体数	死亡的个体数	"致死因子"	$\log_{10}N$	k	
卵期	11,799	2,531	产卵不成功	4.072	0.105	(k_{1a})
	9,268	445	不育	3.967	0.021	(k_{2a})
	8,823	408	降雨	3.946	0.021	(k_{3a})
	8,415	1,147	同类相食	3.925	0.064	(k_{4a})
	7,268	376	天敌捕食	3.861	0.024	(k_{5a})
幼虫早期	6,892	0	降雨	3.838	0	(k_2)
幼虫晚期	6,892	3,722	饥饿	3.838	0.337	(k_3)
蛹期	3,170	16	*D. doryphorae*	3.501	0.002	(k_4)
夏季成虫期	3,154	126	性比 (52% 雌性)	3.499	−0.017	(k_5)
雌性个体数 ×2	3,280	3,264	迁出	3.516	2.312	(k_6)
冬眠成虫期	16	2	霜冻	1.204	0.058	(k_7)
春季成虫期	14			1.146		
					2.926	($k_{总}$)

表 14.2 对加拿大的马铃薯甲虫种群的生命表分析摘要。b 为每个 k 值对前一阶段个体数对数的回归斜率；r^2 为决定系数。更多解释参见正文 (仿 Harcourt, 1971)。

致死因子	k	平均 k 值	在 $k_{总}$ 上的回归系数	b	r^2
未产卵	k_{1a}	0.095	−0.020	−0.05	0.27
不育卵	k_{1b}	0.026	−0.005	−0.01	0.86
卵期降雨	k_{1c}	0.006	0.000	0.00	0.00
卵期同类相食	k_{1d}	0.090	−0.002	−0.01	0.02
卵期天敌捕食	k_{1c}	0.036	−0.011	−0.03	0.41
幼虫期 1(降雨)	k_2	0.091	0.010	0.03	0.05
幼虫期 2(饥饿)	k_3	0.185	0.136	0.37	0.66
蛹期 (*D. doryphorae*)	k_4	0.033	−0.029	-0.11	0.83
性比不均	k_5	−0.012	0.004	0.01	0.04
迁出	k_6	1.543	0.906	2.65	0.89
霜冻	k_7	0.170	0.010	0.002	0.02
	$k_{总}$	2.263			

中的性比不均，还增加了 "雌性个体数 ×2" 这个类别。表 14.1 列举了这些类别在一季中的估计值。生活史每个阶段中，被认为造成死亡的主因也列在了表中。这么做就让这项实质上是种群统计学的方法 (关注生活史阶段)，披上了一层机制派方法的外衣 (通过将每个阶段与其提出的 "因子" 联系起来)。

平均 k 值：各因素的独特影响

平均 k 值由单个种群在 10 个生长季中分别得到的 k 值决定，并在表 14.2 的第 3 列中列出。它们代表了在一世代中造成总死亡率的不同因子的相对效力大小。由此可见，夏季成虫的迁出显然效力最大 ($k_6 = 1.543$)，而幼虫晚期的饥饿、蛹期的霜冻、产卵失败 (nondeposition)、幼虫早期的降雨影响以及对卵的同类相食 (cannibalization)，也都发挥着重要的作用。

然而，表 14.2 中的这一列，还没有告诉我们，这些因素在决定死亡率的年际波动方面的相对重要性。例如，我们很容易设想一种因素在削减种群数量方面可能一直有着显著的影响，但由于它的恒定性，它在决定任意一年中的死亡率) (因而特定的种群大小) 方面, 影响很小。而表中的后面一列, 则给出了每个 k 值在总 k 值 ($k_{总}$) 上的回归系数, 对此作出了评估。

k 在 $k_{总}$ 上的回归: 关键因子

某个在决定种群变化中起重要作用的致死因子, 其回归系数将接近于单位 1, 因为它的 k 值的波动无论在大小上还是方向上, 都与 $k_{总}$ 的保持一致 (Podoler & Rogers, 1975)。而另外一些致死因子的 k 值波动相对于 $k_{总}$ 的变化则是随机的, 它们的回归系数接近于 0。此外, 单一世代内所有回归系数的和总是 1。因此, 回归系数的价值就在于揭示了不同因子与死亡率波动间关联的相对强度。回归系数最大的因子, 就是引起种群变化的关键因子。

显然在这个例子中, 夏季成虫的迁出, 具有 0.906 回归系数, 因而成为了关键因子。其他因子 (幼虫的饥饿可能除外) 在世代死亡率变化上的效应是可以忽略的, 尽管有些因子的平均 k 值也相当高。简单观察 k 值随时间波动的趋势图, 也可以得出类似的结论 (图 14.4a)。

因此, 平均 k 值揭示的是不同因子在决定每代死亡率过程中的平均作用大小, 而关键因子分析则揭示了它们对世代死亡率年际变化的相对贡献大小, 并衡量了它们作为种群大小决定因素的重要性。

因子在种群调节中的作用?

那么这些因子在种群调节方面, 又是怎样作用的呢? 为了解决这个问题, 我们将 k 值与相应因子起作用之前的个体数量的常用对数作图, 以此来检查每个因子的密度依赖性 (参见第 5.6 节)。表 14.2 的最后两列, 包含了各个 k 值在相应的 "初始密度对数" 上的回归斜率 (b) 和决定系数 (r^2)。有 3 个因子值

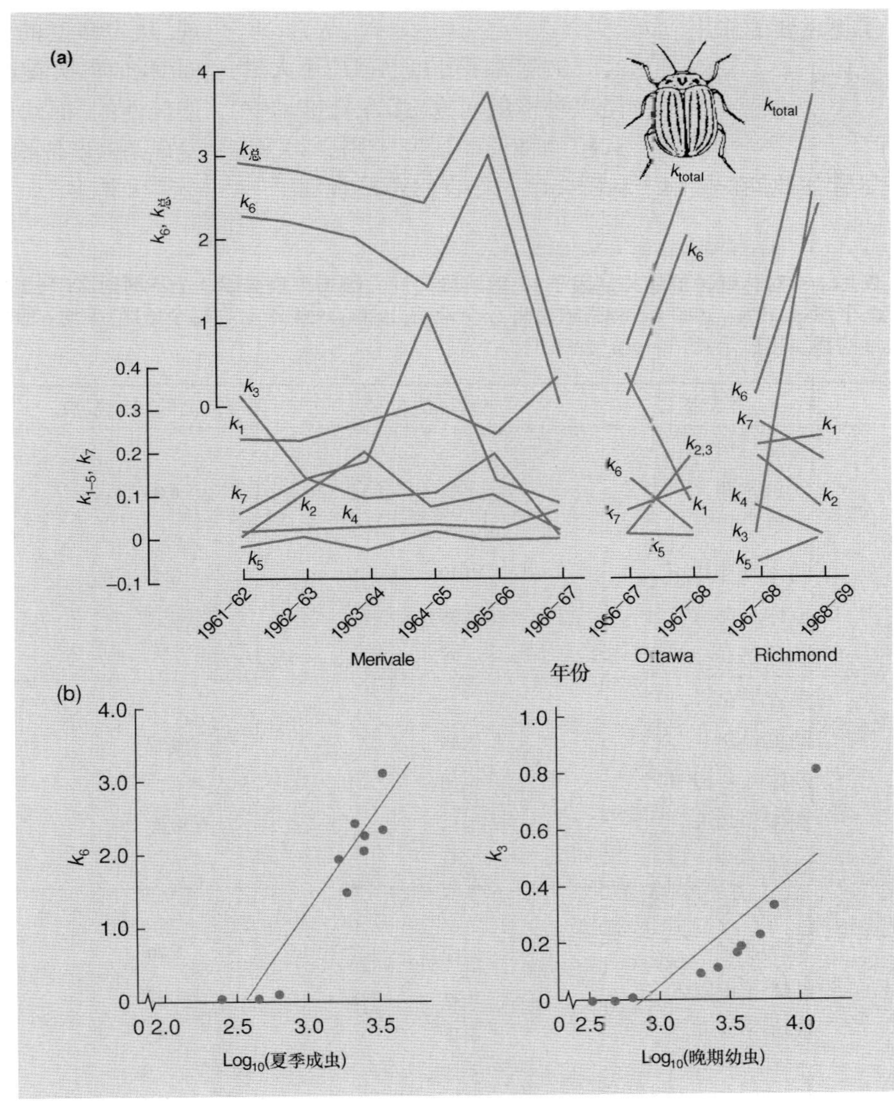

图 14.4 (a) 在加拿大 3 个地点, 马铃薯甲虫种群的不同 k 值的时间变化 (仿 Harcourt, 1971)。(b) 马铃薯甲虫夏季成虫的密度依赖性迁出 (斜率为 2.65, 左图) 和幼虫的密度依赖性饥饿 (斜率为 0.37, 右图) (仿 Harcourt, 1971)。

得特别讨论。夏季成虫的迁出 (关键因子) 的作用方式，是一种过度补偿型的密度依赖方式: 其回归斜率 (2.65) 远远超出了 1 (另见图 14.4b)。所以，虽然这个关键因子是密度依赖性的，但它在调节种群大小的方面却并没有起到多大作用，反而导致了多度的剧烈波动 (由于过度补偿)。事实上，如果没有不断的马铃薯再种植，这个科罗拉多马铃薯叶甲 – 马铃薯的系统将很快走向灭绝 (Harcourt, 1971)。

另一方面，幼虫饥饿的密度依赖方式看起来是补偿不足型的 (尽管在统计上并不显著)。然而仔细观察图 14.4b 就会发现，这个关系更像是曲线回归，而非直线回归。如果以这条曲线去拟合数据，判别系数会从 0.66 升到 0.97，而在种群密度很高时，斜率 (*b* 值) 甚至高达 30.95 (当然，在实际观察范围内的斜率要远小于这个数字)。因此，相对于蛹期寄生病和成虫迁出的去稳定化效应，幼虫饥饿很可能在种群调节过程中起到了更重要的作用。

林蛙与一年生植物

关键因子分析已被用于大量昆虫种群的研究，但在脊椎动物和植物种群的研究中则少得多。尽管如此，在表 14.3 和图 14.5 中，我们还是看到了一个这样的例子。在美国 3 个不同地区 (表 14.3) 的美洲林蛙 (*Rana sylvatica*) 种群中，幼体时期都是决定各地区种群多度的关键阶段 (表中第二列数据)。这在很大程度上是由幼体时期降雨量的年际变化造成的。在降雨量低的年份中，池塘可能干透，使幼体存活数降到灾难性的水平，而细菌的感染有时也是一个原因。然而，死亡率却并不总是与幼体种群大小相关。美国马里兰州的一个池塘中，相关性是显著的; 而在弗吉尼亚州的池塘中，相关性接近但没有到显著水平 —— 表中第三列数据)，因此在种群大小的调节中，这种死亡率所起到的作用并不一致。相反，有两个地区中，是在成年阶段，死亡率呈现出了明显的密度依赖性，从而起到了调节作用 (虽然是对食物竞争的结果)。确实，在两个地区中，死亡率都是在成年阶段最高 (第一列数据)。

对波兰一年生沙丘植物北点地梅 (*Androsace septentrionalis*) 种群 (图 14.5; 另见图 14.1a) 的研究发现，决定多度的关键阶段是在土壤中的种子时期。然而，我们再次看到，种子死亡率的作用方式并不是密度依赖性的，而幼苗的死亡率，尽管并非关键因子，却被发现是密度依赖性的。首先萌发的幼苗，存活下来的机会要大得多。

表 14.3　对林蛙种群的关键因子 (关键阶段) 分析，数据来自美国 3 个不同地区: 马里兰州 (2 个池塘, 1977—1982 年)、弗吉尼亚州 (7 个池塘, 1976—1982 年) 和密歇根州 (1 个池塘, 1980—1993 年)。在每个地区，平均 *k* 值最高的阶段、关键阶段以及显示出密度依赖性的都加粗显示 (仿 Berven, 1995)。

年龄阶段	平均 k 值	在 $k_{总}$ 上的回归系数	种群大小对数的回归系数
马里兰州			
幼虫时期	1.94	**0.85**	**池塘 1: 1.03 (P=0.04)**
			池塘 2: 0.39 (P=0.50)
幼体: 1 年以下	0.49	0.05	0.12 ($P = 0.50$)
成体: 1~3 年	**2.35**	0.10	0.11 ($P = 0.46$)
总计	4.78		
弗吉尼亚州			
幼虫时期	**2.35**	**0.73**	0.58 ($P = 0.09$)
幼体: 1 年以下	1.10	0.05	−0.20 ($P = 0.46$)
成体: 1~3 年	1.14	0.22	**0.26 (P=0.05)**
总计	4.59		
密歇根州			
幼虫时期	1.12	**1.40**	1.18 ($P = 0.33$)
幼体: 1 年以下	0.64	1.02	0.01 ($P = 0.96$)
成体: 1~3 年	**3.45**	−1.42	**0.18 (P=0.005)**
总计	5.21		

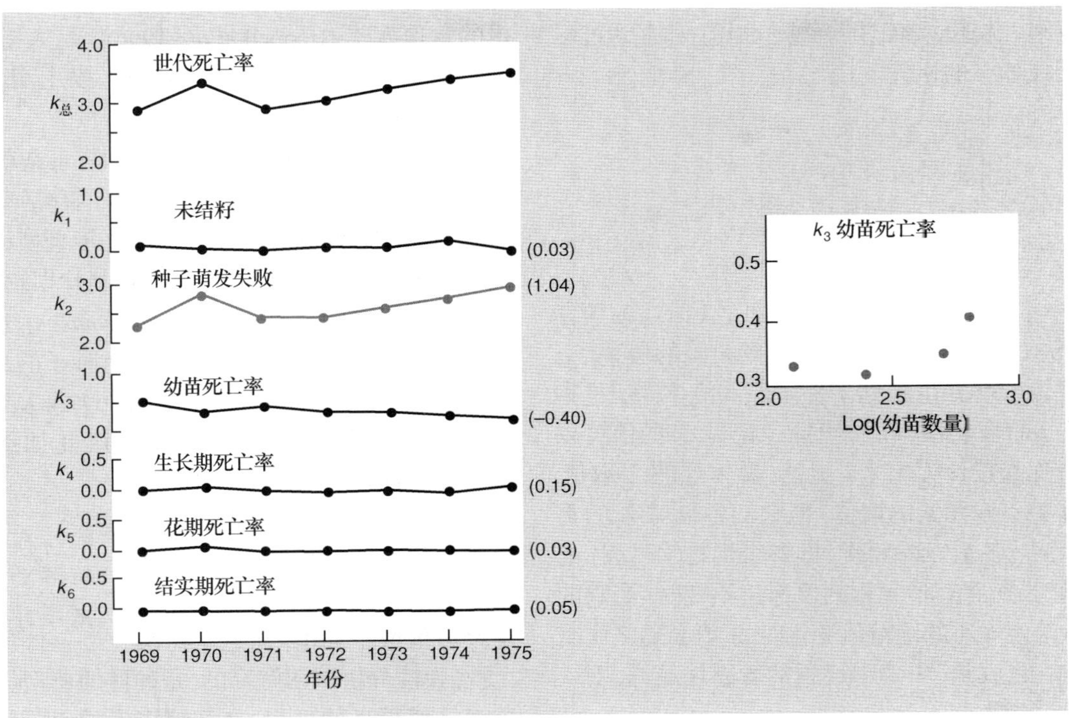

图 14.5 一年生沙丘植物北点地梅 (*Androsace septentrionalis*) 的关键因子分析，示世代总体死亡率 ($k_{总}$) 及各项 k 值。每个 k 值在 $k_{总}$ 上的回归系数在括号中列出。回归系数最大的关键时期以彩色标出。右侧小图展示的是一个以密度依赖性的方式变化的 k 值 (仿 Symonides, 1979; 分析见 Silvertown, 1982)。

因此，总体来看，关键因子分析 (且不管这个名字很强的误导性) 的用处在于确定所研究生物的关键生活史阶段。在分辨各种不同阶段的重要性时，它也很有用：哪一个对总体死亡率贡献显著；哪一个对死亡率的变异贡献显著，并因此决定了多度；哪一个通过对死亡率的密度依赖性过程，对多度的调节贡献显著。

14.3.2 敏感性、弹性和 λ 贡献分析

克服关键因子分析中的问题

尽管关键因子分析非常有用，也曾被广泛使用，不过它还是一直受到有根据的批评。有些批评是来自技术角度的 (如统计学角度)，有些则是着眼于概念角度 (Sibly & Smith, 1998)。其中较有影响的批评有：① 以 k 值来处理繁育力的方式是十分笨拙的：这个值是相对于最大可能出生的个体数来说，按照 "未能成功地" 出生的个体数来计算的；② 将 "重要性" 向不同阶段的分配可能是不恰当的。这是因为，虽然生物生活史中的不同阶段，在影响多度的效力上有所差异，但在关键因子分析中，不同阶段之间却是等权重的。这在世代重叠的种群中，是一个尤为重要的问题，因为生活史中后期阶段的死亡率 (以及繁育力)，对种群总体增长率的影响效力，注定要比前期阶段的要小。事实上，关键因子分析是为分析世代离散的物种而设计的，但它却曾被应用在了世代重叠的物种中。无论如何，限于在前者中使用，是这个方法的应用上的局限。

Sibly 和 Smith (1998) 为关键因子分析提出了一种替代方法以克服这些问题，这种替代方法被称为 λ 贡献分析。λ 就是种群增长率 (e^r)，我们曾在第 4 章中记为 R，但在这里，我们沿用 Sibly 和 Smith 的记法。他们的方法是依次通过敏感性分析和弹性分析来为生活史阶段加权 (De Kroon *et al.*, 1986; Benton & Grant, 1999; Caswell, 2001; 又见于 "积分投影模型" 的相关文献，如 Childs *et al.*, (2003)。这种方法本身是多度研究中种群统计学方法的一个重要方面。因此，在详述 λ 贡献分析之前，我们先来简要介绍一下敏感性分析和弹性分析。

回顾：种群投射矩阵 (population projection matrix)

敏感性 (sensitivity) 和弹性 (elasticity) 的计算细节，当然已经超出了我们的关注范围。但只要我们回顾一下在第 4.7.3 节中介绍过的投射矩阵 (projection matrix)，还是可以很好地理

解其中的要则。你还应该记得，种群的出生和存活过程可以被概括成如下的矩阵：

$$\begin{bmatrix} p_0 & m_1 & m_2 & m_3 \\ g_0 & p_1 & 0 & 0 \\ 0 & g_1 & p_2 & 0 \\ 0 & 0 & g_2 & p_3 \end{bmatrix}$$

其中，对每一个时间阶段来说，m_x 指的是 x 阶段的繁育率（相当于从 x 阶段直接跳转到第一龄阶段的概率），g_x 是指在 x 阶段存活并生长到下一阶段的概率，p_x 是指继续停留在 x 阶段的概率。你可能也记得，λ 的值可以通过这个矩阵直接计算出来。显然，总体性的 λ 取值，反映了矩阵中不同元素的取值，但它们各自对 λ 的贡献却不尽相同。各个矩阵元素（即各个生物学过程）的敏感性是指，当所有其他元素的值保持不变时，当它的取值有一个给定大小的绝对值变化时，λ 值会随之作出多大的变化。也就是，生物学过程的敏感性越高，对 λ 的影响效果就越大。

敏感性和弹性

种群预测矩阵中，与存活有关的矩阵元素（此处的所有 g 值和 p 值），它们的取值范围都被限定在 0 到 1 之间，但繁育率却不限于这个范围。所以，相对于繁育率的同等量级的绝对值变化，λ 倾向于对存活率的绝对值变化更敏感。此外，即使某个矩阵元素取值为 0，λ 仍然会对该元素敏感（因为"敏感性"量度的，是该元素发生变化后，将会发生什么）。这个问题的解决，依赖于计算每个元素在决定其对 λ 贡献的"弹性"。"弹性"量度了矩阵元素相对值变化与 λ 相对值变化之间的比例关系，它还有一个很方便的特点：在矩阵内各元素弹性的总和为 1。

弹性分析与物种多度的管理

因此，弹性分析为物种多度管理工作的规划，提供了一种直接途径。如果我们希望增加某个受胁物种的多度（使其 λ 值尽可能最大），或降低某个有害物种的多度（使其 λ 值尽可能最小），那么我们应把着力点放在生活史中的哪个阶段呢？答案是：弹性最高的那个阶段。举例说，对美国南部肯氏丽龟（*Lepidochelys kempi*）的弹性分析显示，较高龄个体存活率，尤其是近成年个体的存活率，其对多度维持的作用，无论是相对于繁育率还是相对于孵化存活率，都要重要得多（图 14.6a）。因此，将龟卵放到别处（墨西哥）孵育再运回的"先行计划"（'headstarting' program），尽管在 1980 年代成为生物保护实践的主流，却似乎注定是一种低回报的管理方式（Heppell *et al.*, 1996）。令人担心的是，这个结论很可能普适于各类海龟，而"先行计划"却已经被广泛应用。

弹性分析也被应用于新西兰的有毒杂草飞廉（*Carduus nutans*）的治理。飞廉幼小植株的存活率和繁殖率，对总体的种群增长率的影响，远比年老植株的要重要得多（图 14.6b）。新西兰的生物控制计划，引进了以飞廉种子为食的象鼻虫（*Rhinocyllus conicus*），这已经对准了重要阶段，但令人沮丧的是，捕食种子的最大可观察水平（49%），仍然低于必要的数值（69%），从而无法使 λ 降低到 1 以下（Shea & Kelly, 1998）。正如预测的那样，这个控制计划的效果是有限的。

弹性对多度变化的解释可能很不充分……

因此，弹性分析在识别多度决定中重要的阶段和过程时，非常有价值。但这个分析所着眼的是典型值或平均值，从这个意义上说，弹性分析试图解释的，是种群的典型值。不过，一个弹性值很高的过程，在解释多度的年际变化或生境间变化时，实际上仍然可能作用不大，尤其是在该过程（死亡率或繁育率）的时空变化很小时。在大型植食类哺乳动物中，甚至存在着这样的证据：弹性值高的过程，时间变化很小（如成年雌性繁育率），而弹性值低的过程（如幼体存活率），变化却要大得多（Gaillard *et al.*, 2000）。某个过程对多度变化的实际影响，既依赖于这个过程的弹性，也依赖于过程本身的变化。Gaillard 等进一步提出，"重要"过程的变异相对缺少，可能是一种"环境渠化"（environmental canalisation）的情形：对适合度最重要的阶段，通过进化产生了一种在环境扰动下保持相对恒定的能力。

……关键因子分析能解决这个问题

与弹性分析不同，关键因子分析专门寻求对多度的时空变化的解释。这点对于我们现在要回来讨论的 Sibly 和 Smith 的 λ 贡献分析，也是一样的。首先我们可以注意到，它并不是像关键因子分析那样，着眼于不同阶段对总体 k 值的贡献，而是着眼于不同阶段对 λ 值的影响——对多度来说，那是一个要明显得多的决定因素。在计算死亡率的时候，它是通过 k 值来量化的，但在繁育率方面，它却直接使用了繁育率的数据，而不是将其转化为"未出生后代的死亡个体数"。粗略计算，所有死亡率和繁育率的贡献，都要以其敏感性为权重。因此，在世代重叠的情况下，较晚阶段在 λ 贡献分析中被认定为关键因子的几率要比在关键因子分析中低。所以，在世代交替的

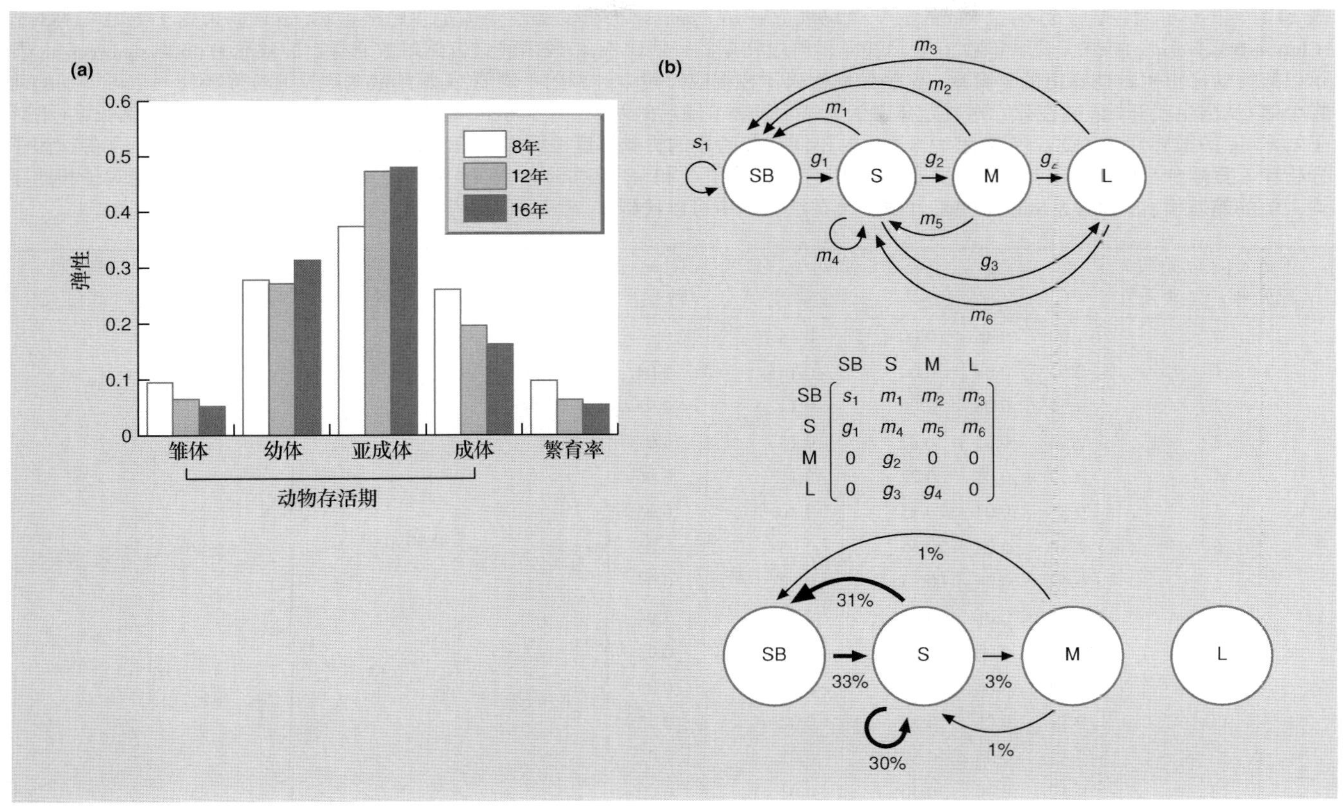

图 14.6 (a) 对肯氏丽龟 (*Lepidochelys kempi*) 的弹性分析结果, 显示在按照成熟度划分为 3 个不同年龄阶段的前提下, 年龄段特异的年存活率和繁育率的变化, 在 λ 值上引起的相应比例的变化 (仿 Heppell *et al.*, 1996)。(b) 上图: 图解新西兰的飞廉 (*Carduus nutans*) 生活史结构。其中 SB 为种子库, S、M 和 L 分别为较小、中等和较大植株, s 为种子休眠, g 为生长并存活到下一阶段的概率, m 为通过种子库或通过立即萌发为小型植株而做出的繁殖贡献。中图: 概括以上生活史结构的种群预测矩阵。下图: 对一个种群进行弹性分析的结果, 其中由 s、g 和 r 的变化导致的 λ 相应比例的变化, 标注在生活史示意图上。最重要的转变用粗体表示, 弹性值低于 1% 的则全部省略未标 (仿 Shea & Kelly, 1998)。

情况下, λ 贡献分析用起来要放心得多。至于其后的关于密度依赖性的研究, 在 λ 贡献分析中执行起来, 跟在关键因子分析中是完全一样的。

表 14.4 比较了应用于 1971—1983 年苏格兰 Rhum 岛马鹿 (*Cervus elaphus*) 生命表数据的两项分析的结果 (Clutton-Brock *et al.*, 1985)。在马鹿 19 年的生命周期里, 其存活率和出生率按照以下几个 "区块" (block) 划分进行估计: 原点, 第 1~2 年, 第 3~4 年, 第 5~7 年, 第 8~12 年以及第 13~19 年。这解释了表中 k_x 列和 m_x 列的数值为何较少, 而 λ 相对于这些数值的敏感性, 也当然会随年龄而变 (越早, 对 λ 的影响越大)。例外情况则表现为: 在首次繁殖之前的每个阶段, λ 相对于死亡率的敏感性都是均等的 (都属于 "繁殖之前的死亡")。表中最后两列, 显示了敏感性不同导致的后果。在这两列中, 分别显示出了每个阶段相对于 $k_{总}$ 和 $\lambda_{总}$ 的回归系数, 从而概括了两项分析的结果。关键因子分析, 不但将生活史中最末一年的繁殖鉴定为关键因子, 甚至可以鉴别出次重要因子 —— 即末年之前年份内的繁殖。与此形成鲜明对比的是, 在 λ 贡献分析当中, 这些晚期阶段的 λ 值相对于出生率显示出了低敏感性, 从而使它们被归为相对不重要的阶段。反而是生活史中较早的阶段, 它们因为敏感性最高而成为了关键因子, 其次则是 "中年" 时期的繁育率 —— 在该阶段繁育率本身是最高的。因此可以说, λ 贡献分析结合了关键因子分析和弹性分析的优点: 区分了多度的调节因素和决定因素, 确定了关键阶段或关键因子, 同时解释了在不同阶段中增长率 (以及多度) 的不同的敏感性。

表 14.4　第 1~4 列包含了苏格兰 Rhum 岛一个马鹿 (*Cervus elaphus*) 种群的雌性个体的生命表数据, 该数据采集于 1971—1983 年 (Clutton-Brock *et al*., 1985): x 表示年龄, l_x 表示在年龄阶段初期的存活比例, k_x 表示通过自然对数而算出的致死力 (killing power), m_x 表示以雌性幼仔出生数据算出的繁育率。这些数据代表了在相应阶段中计算的平均值, 其原始数据则是通过追踪每一个可识别的动物个体 (从出生就开始), 并在死亡时鉴定年龄的方式而获得。随后的两列 (第 5~6 列) 包含了每个年龄阶段中 λ (种群增长率) 相对于 k_x 和 m_x 的敏感性。在最后两列 (第 7~8 列) 中, 不同年龄阶段的贡献程度按照表中所示的方式被分组。这些表列显示了关键因子分析和 λ 贡献分析的不同结果。在 λ 贡献分析中, 分别计算了 k_x 和 m_x 相对于 $k_{总}$ 和 $\lambda_{总}$ 的回归系数。其中, $\lambda_{总}$ 是每年相对于长期平均 λ 值的偏差值 (仿 Sibly & Smith, 1998, 计算细节在原文献中可以找到)。

年龄 (年) 以阶段起始年份 x 表示	l_x	k_x	m_x	λ 对 k_x 的敏感性	λ 对 m_x 的敏感性	k_x (左) 和 m_x (右) 对 $k_{总}$ 的回归系数	k_x (左) 和 m_x (右) 对 $\lambda_{总}$ 的回归系数
0	1.00	0.45	0.00	−0.14	0.16	0.01, –	0.32, –
1	0.64	0.08	0.00	−0.14	0.09	0.01, –	0.14, –
2	0.59	0.08	0.00	−0.14	0.08		
3	0.54	0.03	0.22	−0.13	0.07	0.00, 0.05	0.03, 0.04
4	0.53	0.03	0.22	−0.11	0.06		
5	0.51	0.04	0.35	−0.10	0.05	−0.00, 0.03	0.08, 0.16
6	0.49	0.04	0.35	−0.08	0.05		
7	0.47	0.04	0.35	−0.07	0.04		
8	0.45	0.06	0.37	−0.05	0.04	0.01, 0.15	0.09, 0.12
9	0.42	0.06	0.37	−0.04	0.03		
10	0.40	0.06	0.37	−0.03	0.03		
11	0.38	0.06	0.37	−0.02	0.02		
12	0.35	0.06	0.37	−0.02	0.02		
13	0.33	0.30	0.30	−0.01	0.02	−0.05, 0.80	0.01, −0.00
14	0.25	0.30	0.30	−0.006	0.01		
15	0.18	0.30	0.30	−0.004	0.008		
16	0.14	0.30	0.30	−0.002	0.005		
17	0.10	0.30	0.30	−0.001	0.004		
18	0.07	0.30	0.30	−0.001	0.002		
19	0.06	0.30	0.30	−0.000	0.002		

14.4　机制派方法

前一节主要讲述了针对生活史阶段的分析, 这种分析通常将特定阶段发挥的作用, 归因于某些因子或过程 —— 食物、捕食等 —— 这些因子或过程, 是已知会在相应阶段起作用的。还有一种办法, 可以直接研究特定因子在多度决定过程中的作用。这种方法是将因子 (食物量、捕食者的存在等) 的呈现水平, 与多度本身、或种群增长率 (很明显属于多度的直接决定因素) 建立关联。这种机制派的方法, 其优势在于清晰地聚焦于特定因子, 其不足则在于, 在此过程中很容易忽略掉该因子与其他因子的相对重要性。

14.4.1　在多度及其影响因素之间建立关联

举例来看, 图 14.7 显示了 4 个种群增长率随食物可获得性增大而增大的例子。它也显示, 一般来说这种同步增大的关系很可能在最高的食物水平上趋于平缓, 因为此时一些其他的因子会对多度产生影响, 导致多度达到了上限。

14.4.2　种群扰动实验

正如我们在本章介绍部分提到的, 相关性虽然能提供启发, 但对于某个特定的因子, 还有一种更加有效的检测方法, 那就是直接操控该因子, 并检测种群的响应状况。我们可以添加或去除种群的捕食者或食物竞争者, 如果这些因素对于多度决定来说是重要的, 那么在实验种群和控制种群之间的相应比较中, 就会有显著的结果。一些物种的多度会呈现有规律的循环, 我们会在下文中考察这种例子, 那也将会是这种实验比较的实例。但我们现在就要说明的是, 野外规模的实验, 需要耗费大量的时间和精力 (以及金钱) 投入, 并且, 在控制和实验两种处理之间要

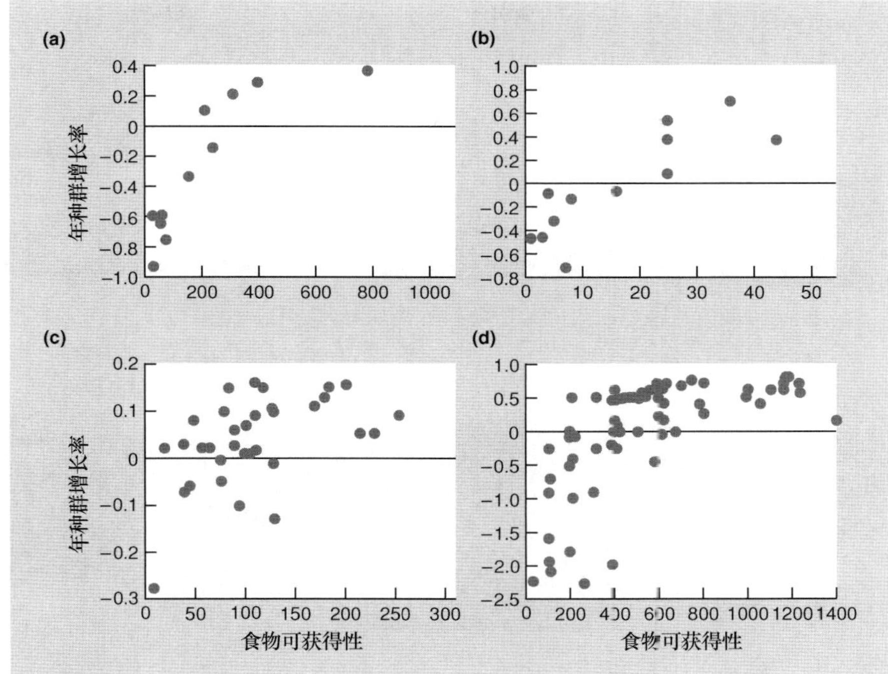

图 14.7 年种群增长率 ($r = \ln\lambda$) 随食物可获得性 [图 (a) 和 (d) 中以草地生物量 (kg hm^{-2}) 计算, (b) 中以田鼠多度计算, (c) 中以每个个体可获得性计算] 的增加而增大。(a) 红大袋鼠 (引自 Bayliss, 1987)。(b) 仓鸮 (引自 Taylor, 1994)。(c) 角马 (引自 Krebs *et al.*, 1999)。(d) 野化猪 (引自 Choquenot, 1998) (仿 Sibly & Hone, 2002)。

达到清晰的区分, 相对实验室内或温室内难免要困难得多。

生物防治: 扰动实验

关于为种群添加捕食者, 一种情形就是释放生物防治天敌 (biological control agents) (害虫天敌, 见第 15.2.5 节) 来控制害虫。然而, 由于这种行动的主要目的不在于学术而在于实际效果, 所以完美的实验设计通常不会被优先考虑。水生植物在引入新的生境后, 经历大规模的种群爆发 (massive population explosion), 堵塞航道、灌溉设备, 扰乱当地渔业, 带来显著的经济问题, 这样的例子时有发生。种群爆发发生于植物克隆生长时, 植株解体成为片段, 从而随水流扩散。水生蕨类植物速生槐叶萍 (*Salvinia molesta*) 就是一个例子。它原产巴西东南部, 从 1930 年开始出现于许多热带和亚热带地区。1952 年, 这种植物在澳大利亚被首次发现和记录, 并非常迅速地扩散 —— 在适宜条件下, 速生槐叶萍的种群数量每 2.5 天就可以加倍。这种植物看起来没有明显的天敌或寄生物。1978 年, Moon Darra 湖 (昆士兰州北部) 速生槐叶萍的鲜重达到 50 000 t, 覆盖面积达 400 hm^2 (图 14.8)。

从巴西的槐叶萍原产地, 人们收集了可能控制这种植物的生物防治天敌, 其中黑色长鼻象鼻虫 (*Cyrtobagous* sp.) 是已知的专以槐叶萍为食的物种。1980 年 7 月 3 日, 在湖泊的一个水湾区, 1500 只成虫从笼中被释放出来。1981 年 1 月 20 日, 人们又释放了一批象鼻虫。没有任何寄生物或捕食者能降低象鼻虫的种群密度, 在 1981 年 4 月之前, 覆盖湖面的槐叶萍就呈现为暗棕色。对垂死的水草样本的分析发现, 每平方米就含有大约 70 头象鼻虫成虫, 表明湖面上这种甲虫的种群总数量可达 10 亿头。在 1981 年 8 月之前, 据估计湖上剩余的槐叶萍已不足 1 t (Room *et al.*, 1981)。这是在所有使用一种有机体来对另一种进行生物防治的尝试中, 最快取得成功的例子。它也确认了象鼻虫在维持槐叶萍的低多度中的重要作用, 无论是在它刚刚被引入的澳大利亚, 还是在原生环境中。这是一个受控实验, 因为其他湖泊仍然被大量的槐叶萍所占据。

从线虫的角度看柳雷鸟种群循环

无论是野外实验的优点, 还是它的问题, 都可以从我们在第 12.7.2 节讨论的例子当中得到进一步的说明。在这个例子中, "捕食者"(在具体案例中其实是寄生物) 不是被添加进来, 而是被移除。当 Hudson 等 (1998) 用细小毛圆线虫 (*Trichostrongylus tenuis*) 的数据来处理周期性循环的柳雷鸟 (*Lagopus lagopus*) 种群数据时, 发现该柳雷鸟种群 "崩溃" 的程度大大降低。这证明了线虫在降低柳雷鸟多度中的重要性, 并证实了这项实验控制的努力方向是正确的。但是, 正如我们已经看到的, 尽管实验已经付出了很多努力, 争议仍然存在: 线虫是否可以被证明是种群循环的原因 (若是这种情况, 用线虫数据校正后的数据残差呈现收敛趋势)? 还是说, 实验只能证明线虫在决定种群循环的振幅方

图 14.8　Moon Darra 湖 (澳大利亚昆士兰州北部)。(a) 被浓密的速生槐叶苹 (*Salvinia molesta*) 种群覆盖; (b) 引入象鼻虫 (*Cyrtobagous* spp.) 之后的情况 (图片由 P. M. Room 友情提供)。

面起到一些作用, 而它在循环本身当中的作用仍不明确? 实验的手段是比简单关联要好, 但当它们涉及自然生态系统时, 就从来都不能保证对不确定性的消除。

14.5　密度派方法

在目前我们所涉及的部分当中, 与密度的关联性并非完全没有出现; 而且我们前面章节里对多度决定因素 (出生、死亡和迁移) 的讨论中, 密度依赖性也确实扮演了一个中心角色。不过, 还是有些研究更专注地聚焦于密度依赖性本身。特别是, 许多这类研究本身的设计意图, 就是为了寻求直接密度依赖性和滞后性密度依赖的证据 (见第 10.2.2 节)。举个例子, 通过传统的生命表分析, 可能无法简单、直观地观察到滞后密度依赖, 因为生命表本身就不是为了观察这个而设计的, 这是一个问题 (Turchin, 1990)。对 14 个森林昆虫物种的种群时间序列分析, 仅发现 5 个物种有直接的密度依赖; 而在剩余的 9 个物种里, 有 7 个被发现有滞后的密度依赖 (Turchin, 1990)。所以可能会出现这样的情况——有一定比例的种群, 按照它们的生命表分析, 会被判断为没有密度依赖性，而它们实际上却是受制于跟天敌相关的滞后密度依赖。

14.5.1 时间序列分析：对密度依赖性的剖析

用带时滞的方程来表达多度决定过程

有一些相关的研究工作，试图通过对多度时间序列数据的统计学分析，实现对物种种群动态的密度依赖性“结构”的剖析。在一个特定时间点上的多度，被认为可能反映了过去不同时间的多度。过去的多度直接导致了现在的多度，这是一层明显的意义——从这层意义上看，特定时间点上的多度反映了近期的多度。特定时间点上的多度，可能也反映了更远的过去的多度，举个例子，当过去的多度导致了捕食者增加，从而影响到了现在的多度时（即滞后密度依赖），就是如此。特别是，如果不考虑技术细节，那么一个种群在时间 t 的多度的对数 X_t，至少可以近似地表示为

$$X_t = m + (1+\beta_1)X_{t-1} + \beta_2 X_{t-2} + \cdots + \beta_d X_{t-d} + u_t \quad (14.1)$$

这个方程，通过一个特定的函数形式，体现了这样的概念：现在的多度是由过去的多度所决定的（Royama, 1992; Bjørnstad *et al.*, 1995; 亦见 Turchin & Berryman, 2000）。其中，m 代表平均多度，种群多度会随着时间围绕 m 上下波动；β_1 代表直接密度依赖的强度大小，其他的各项 β 值则代表对应了不同时滞（最大为 d）的滞后密度依赖的强度大小；最后，u_t 代表不同时间点之间，由种群外部因素导致的波动，这种波动与密度无关。很容易理解，在这项公式中，当 m 为 0 时，X_t 就代表了种群密度与长期平均多度的偏差值（与平均值的长期平均偏差显然为 0）。然后，如果不存在任何的密度依赖性（所有的 β 值均为 0），t 时刻的多度就只是代表了 $(t-1)$ 时刻的多度，与任何“外部”的波动因素 u_t 的加和；而任何调节性的变化趋势，都会反映在低于 0 的 β 值当中。

北欧芬诺斯堪迪亚的田鼠亚科动物

将这种方法应用到一个多度时间序列（即一串 X_t 值的序列）的时候，通常第一步就是为统计学模型（X_t 是其中的因变量）确定最优的时滞个数：这个最优的时滞个数，既要解释 X_t 的变化，又不能包含太多的时滞，所以要在两者之间寻求最佳的平衡。基本上，只要这些时滞能成为解释变异的额外且重要的元素时，才会增加这些额外的时滞。最优模型当中的各项 β 值，显示了种群多度是如何被调节和决定的。图 14.9 就是一个例子，总结了北欧地区（仅限芬兰、瑞典和挪威）不同纬度每年收集的田鼠亚科动物（旅鼠和田鼠）的 19 个时间序列分析结果（Bjørnstad *et al.*, 1995）。在几乎每一个具体分析中，最优的时滞个数都是 2，所以这项分析建立在这两个时滞的基础上：① 直接密度依赖；② 滞后 1 年的密度依赖。

图 14.9a 展示了受控于这两种密度依赖的种群的总体预期动态（Royama, 1992）。请记住滞后的密度依赖

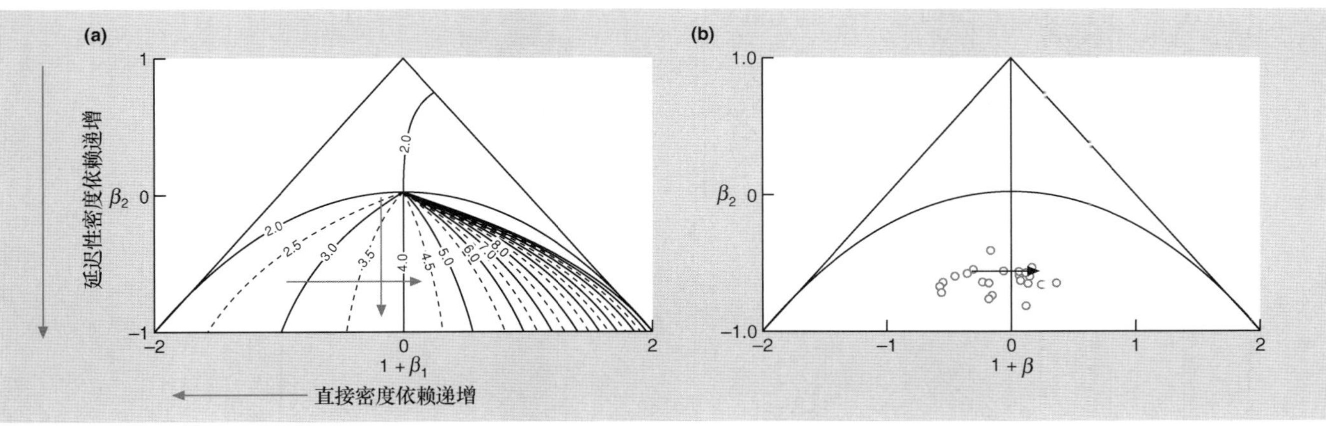

图 14.9 (a) 通过自回归模型 [见公式 (14.1)] 产生的种群动态类型，包括直接密度依赖 β_1 和滞后密度依赖 β_2。落在三角形区域之外的参数值，会使种群走向灭绝。在三角形区域之内，种群动态或者是保持稳定，或者是循环。循环的状况总是会落在半圆形区域内，其周期（循环长度）等值线在图中标出。因此，正如箭头所示，循环周期可能随 β_2 值的降低（更强的滞后密度依赖）或者尤其是 β_1 值的升高（更弱的直接密度依赖）而增大。(b) 从北欧地区 19 个田鼠亚科动物时间序列估计的 β_1 与 β_2 值对的坐标落点，箭头指示了时间序列源地纬度升高的趋势，表明了从 3 年到 5 年不等的循环周期，与纬度同步变化的趋势，是直接密度依赖强度降低的结果（仿 Bjørnstad *et al.*, 1995）。

表现为低于 0 的 β_2 值, 而直接密度依赖则表现为低于 1 的 $(1+\beta_1)$ 值。其中, 没有滞后密度依赖的种群, 倾向于没有出现种群循环 (图 14.9a), 而 β_2 值低于 0 的则会出现循环。随着滞后密度依赖逐渐增强 (沿纵轴向下), 或者直接密度依赖逐渐减弱 (沿横轴从左到右), 种群循环的周期 (长度) 会逐渐增长, 特别是直接密度依赖减弱引起的周期增长, 尤其明显。

对专性捕食理论的支持

Bjørnstad 等的分析结果, 已经在图 14.9b 当中展示出来了。对 19 个时间序列的估计值显示, β_2 的值没有随纬度升高而变化的趋势, 但 β_1 的值却显著地随之升高。根据这些 β 值得到的落点, 显示在图中, 其随纬度升高而变化的趋势通过箭头指出。在分析之前, 人们就通过数据本身知道北欧地区的啮齿类动物会表现出种群循环, 而循环周期的长度则随纬度升高而增长。图 14.9b 的数据以更精确的形式显示了同样的模式。但不仅如此, 这些数据还表明了藏在密度依赖内部结构当中的原因: 一方面是遍及该地区的强烈的滞后密度依赖, 如通过专性捕食者的活动所导致的那种; 另一方面是随纬度升高, 其强度显著递减的直接密度依赖, 比如可能通过即时性的食物短缺或兼性捕食者的活动所引起的那种 (见图 10.11b)。正如我们将在第 14.6.4 节中看到的那样 (见第 10.4.4 节), 这为关于田鼠亚科动物种群循环的 "专性捕食" 假说提供了支持。不过这里的重点在于, 对这个研究案例的阐释, 说明了这种分析的用处 —— 聚焦于多度本身, 却揭示了深藏内部的机制。

14.5.2　时间序列分析: 对时滞的计数和刻画

在一些其他的相关例子当中, 研究者更强调去获得最优的统计学模型, 因为模型中时滞的个数, 可能为多度如何被决定的问题提供了线索。Takens 定理 (见第 5.8.5 节) 指出, 一个 (比如说) 可以通过 3 个时滞来表达的系统, 就包含了 3 个功能上相互作用的元素, 而两个时滞的则包含了两个元素, 以此类推。

雪兔与猞猁……

这类研究的一个例子, 就是 Stenseth 等 (1997) 对加拿大雪兔 – 猞猁系统的研究 (另一个则已经在第 12.7.1 节中描述过了), 有关这个系统我们在第 10.2.5 节里也简要地提到过。我们注意到, 雪兔时间序列的最优模型中有 3 个时滞, 而猞猁的则只有 2 个。这些时滞的密度依赖性, 展示在图 14.10a 中。对雪兔来说, 直接密度依赖是微小的负值 (记住图中所显示的斜率是 $1+\beta_1$), 滞后 1 年的密度依赖可以忽略不计, 但滞后 2 年的密度依赖却十分显著。对猞猁来说, 直接密度

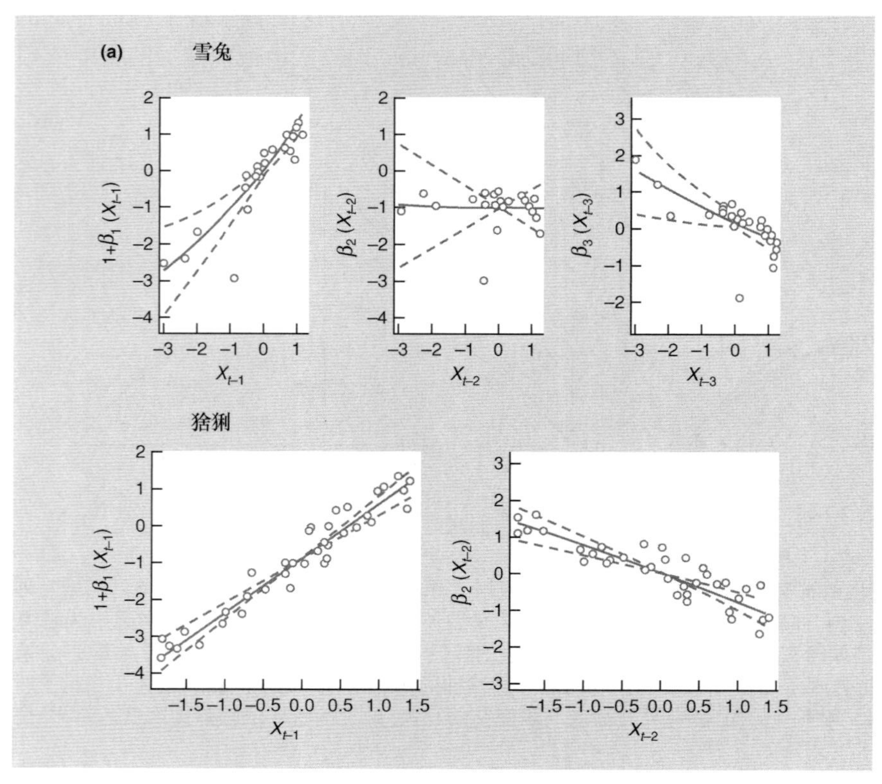

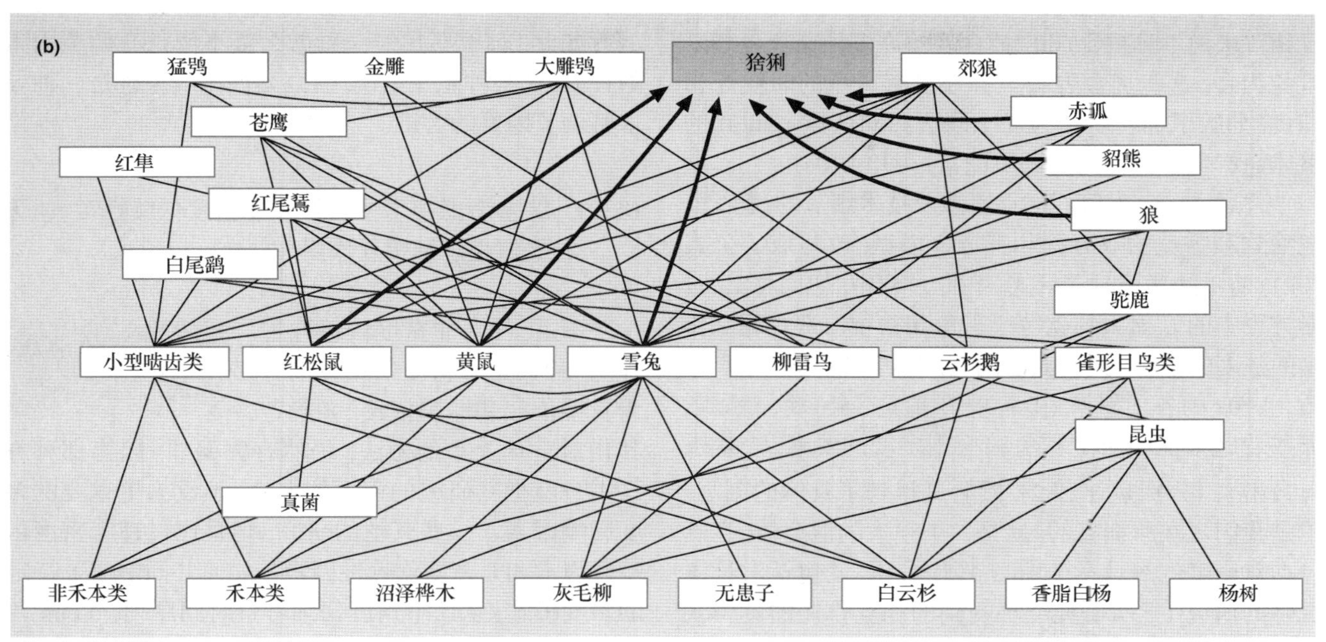

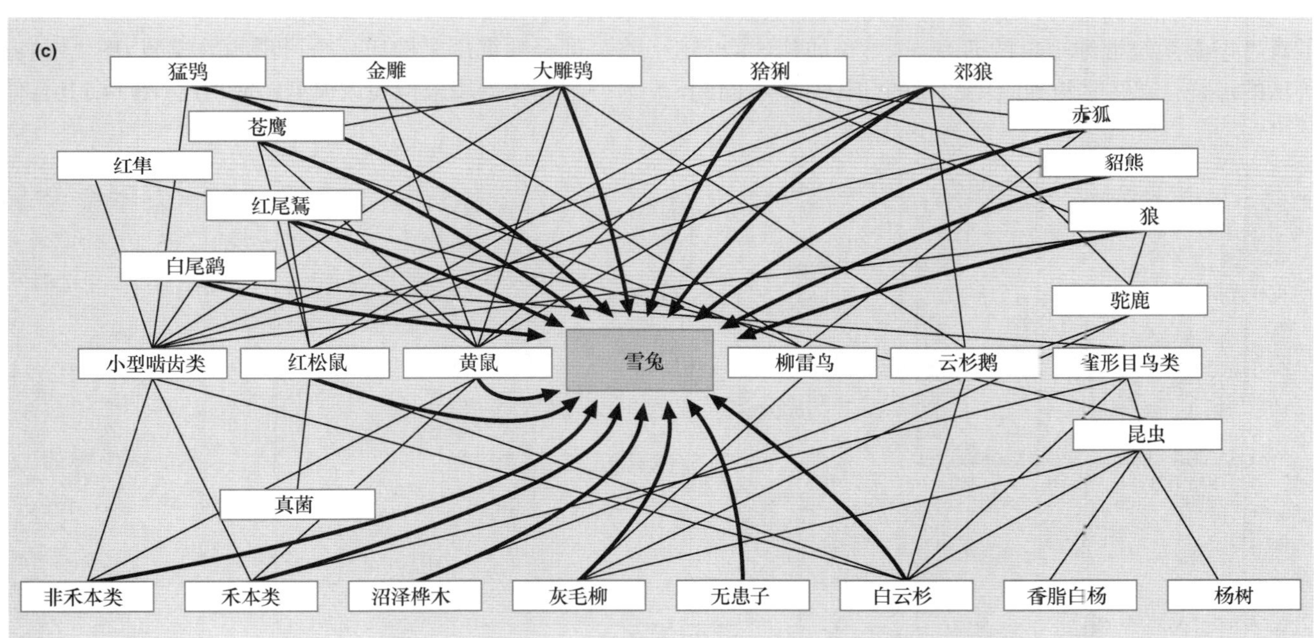

图 14.10 (a) 自回归方程函数 [见公式 (14.1)]。上图为雪兔 (含 3 个"维度": 直接密度依赖、滞后 1 年的密度依赖和滞后 2 年的密度依赖), 下图为猞猁 (含 2 个维度: 直接密度依赖和滞后 1 年的密度依赖)。在每张图中, 斜率都代表了相应的参数估计值, 分别为 $1+\beta_1$, β_2 和 β_3。这些参数反映了密度依赖性的强度大小。95% 置信区间也显示在图中。(b) 北美亚寒带森林群落中的主要物种和物种群, 连线示互相有营养关系的物种 (谁捕食谁), 其中影响到猞猁的营养关系线已加粗。(c) 与图 (b) 相同, 但改为影响到雪兔的营养关系线加粗 (仿 Stenseth *et al.*, 1997)。

依赖没有表现出效果, 但滞后 1 年的密度依赖强度却很大。

……分别显示出 3 个和 2 个维度

这些研究结果, 与人们对雪兔和猞猁所处的整个群落的具体知识 (图 14.10b,c) 一起, 为 Stenseth 等 (1997) 进一步构建雪兔的三方程模型和猞猁的双方程模型的工作提供了支撑。具体来说, 为猞猁构建的模型, 只包含了猞猁和雪兔, 因为雪兔绝对是猞猁最重要的猎物 (图 14.10b)。而为雪兔建构的模型, 则包含了雪兔本身、"植被" (雪兔以许多种植物为食, 并且相对来说不算挑食) 和 “捕食者” (许多种捕食者都以雪兔为食, 这些捕食者甚至会在没有雪兔的时候互相捕食, 导致了捕食者作为一个同资源同位群 (guild) 的整体而产生了强烈的自调节因素) (图 14.10c)。

之后, Stenseth 等同样在不涉及技术细节的情况下, 把猞猁和雪兔的双方程和三方程模型, 改写成了公式 (14.1) 所示的通用时滞形式。在此过程中, 他们算出, 时滞方程中的 β 值大约就等于雪兔和猞猁内部及相互作用的强度的组合。鼓舞人心的是, 他们发现这些组合与图 14.10a 的各项斜率 (即各项 β 值) 完全一致。由此, 那些看起来能够决定雪兔和猞猁多度的要素, 先是被计数出来 (分别是 3 和 2), 然后又得到了具体的刻画。于是我们现在所拥有的, 就是一个强大的混合体, 它既包括对密度的统计学 (时间序列) 分析, 又包括对具体机制的研究 (把所研究物种受到的相互作用的具体知识, 整合到数学模型当中)。

最后, 请注意时间序列分析的相关方法, 也被用在了对生态学系统混沌现象的研究当中, 正如第 5.8.5 节所示的那样。当然这两种应用的目的却是有些不同的。尽管如此, 对于那些乍一看怎么都不像是有调节因素的种群, 从某种意义上说, 研究其混沌现象也是一种寻求其调节因素的尝试。

14.5.3 综合考虑密度依赖性和非密度依赖性 —— 天气与生态学相互作用

坦桑尼亚的南非乳鼠

不过, 面对非密度依赖性过程, 这种只是将密度依赖性剖分为直接依赖和滞后依赖, 并确定其相对贡献大小的做法, 仍然有失偏颇, 因为那种方法本身就把其研究的密度依赖性, 预设为更重要的多度影响因素。一些其他的研究, 则是通过理解密度依赖性因素和非密度依赖性因素是如何共同形成了特定的多度模式, 从这个角度仔细考察时间序列。Leirs 等 (1997) 的研究, 就是一个这样的例子, 他们考察了坦桑尼亚的南非乳鼠 (*Mastomys natalensis*) 的多度动态, 将一部分数据用来构建一个可预测的模型 (图 14.11a), 另一部分数据用来检验该模型的成功度 (图 14.11b)。他

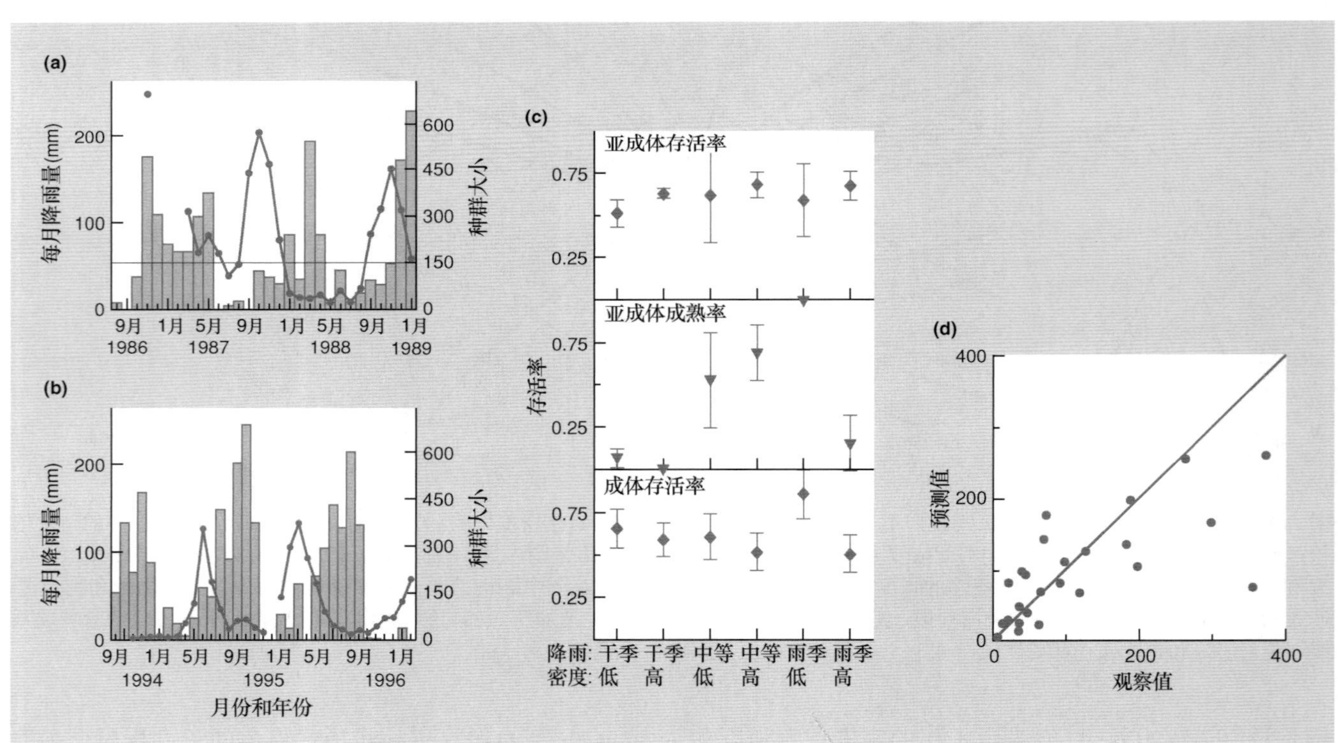

图 14.11 (a) 坦桑尼亚南非乳鼠的时间序列数据 (折线图) 和降雨量数据 (柱状图), 用于构建预测乳鼠多度的统计学模型 (水平线代表密度 “高” 与 “低” 之间的分界)。(b) 随后被用来检验该模型的时间序列数据。(c) 根据模型估计的密度和降雨量对种群大小影响的参数值 (±SE)。(d) 种群大小的预测值和检验数据中的实际观测值之间的关系 ($r^2 = 0.49, P < 0.001$); 示两者相等状况的直线 (仿 Leirs *et al.*, 1997)。

们先是在模型的构建过程中发现，要解释存活和成熟过程中的变化，综合采用密度和之前的降水量作为预测因素，要比单纯使用任何一个都要好得多。具体来说 (图 14.11c)，亚成熟个体的存活概率与降水量或密度都没有表现出明显的共同变化趋势 (虽然高密度下亚成熟个体的存活概率也倾向于较高)，但其成熟率却是很明显地随着降水量升高而升高 (而在雨季月份之后的高密度状况下达到最低点)，但成体存活率则是一直都随着密度升高而降低。

然后，他们又从统计学模型中估计了种群统计学参数 (存活率、成熟率)，并将其用于构建一个矩阵模型。这个矩阵模型正是第 14.3.2 节中所描述的类型。矩阵模型被用于为第二套独立的数据集预测多度 (图 14.11b)，通过降水量和密度来预测一个月后的多度。实际观察值和预测值之间的一致程度并不完美，但确实已经令人鼓舞了 (图 14.11d)。那么，在这里我们看到密度派、机制派 (降水) 和种群统计学的方法是怎样联合应用，提供了对南非乳鼠多度决定过程的深入理解。这个例子也提醒我们，对多度模式的恰当理解，很有可能需要将密度依赖性的、生物的确定性效应，跟那些非密度依赖性的、而且通常是随机性的天气效应结合起来考虑。

智利的鼠类与 ENSO 现象

当然，并不是所有的天气效应都是完全随机，以至于完全无法预测的。除了明显的季节变化之外，我们还在第 2.4.1 节中看到一个例子，就是有一定数量的气候事件，作用在大的空间尺度上，而它们在时间上至少具有一定程度的规律性，特别是厄尔尼诺 – 南方涛动 (ENSO) 现象以及北大西洋涛动 (NAO) 现象。Lima 等 (1999) 研究了智利的另一个啮齿类物种达尔文叶耳鼠 (*Phyllotis darwini*) 的动态，与 Leirs 及其同事一样，他们也对 ENSO 驱动的降雨量变化与滞后密度依赖进行了统筹考虑，以解释观察到的多度模式。

14.6 种群周期及其分析

动物多度中的规则性周期，最早见于毛皮交易和猎场看守处 (gamekeeper) 的长期记录中。在有关田鼠、旅鼠以及特定的森林鳞翅目昆虫的许多项研究中，这种周期也有所报道 (Myers, 1988)。种群生态学家们对种群周期 (population cycle) 的强烈兴趣，至少可以追溯到 1924 年。当时 Elton 的研究引发了大家的关注。这种强烈的兴趣，一方面是由于这种令人惊奇的现象，需要一个解释；不过另一方面，这份优先的研究兴趣，也有着坚实的科学上的理由。首先，从定义上看，种群周期可以发生在不同的时间，并跨越范围很大的密度水平。因此，它们提供了很好的机会 (很强的统计学功能)，以便人们在研究可能存在的密度依赖性效应时，可以观察到它们，并把它们和非密度依赖性效应一起，整合到整体性的多度分析当中。不仅如此，规则性的周期还构成了一种 “信噪比” 相当高的模式 (与之相对的是总体上反复无常的波动，那种状况显得基本像是 “噪声”)。既然任何多度分析中，都倾向于为 “信号” 寻找生态学解释，而把 “噪声” 归于随机性的波动，那么弄清哪是信号哪是噪声，显然是很有帮助的。

内因与外因

对种群周期的解释，通常可以分为两类，一类强调外因，一类强调内因。外部因素从种群以外发挥作用，它们可能是食物、捕食者或寄生物，也可能是环境本身的一些周期性波动。内因是有机体本身表现型的变化 (可能也反映了基因型的变化)，如攻击性、扩散倾向性、繁殖输出 (reproductive output) 等方面的变化。下面我们来仔细考察三个不同系统中的种群周期的研究。这三个案例我们之前都接触过：柳雷鸟 (第 14.6.2 节)、雪兔与猞猁 (第 14.6.3 节) 以及啮齿类动物 (第 14.6.4 节)。在每个案例中，我们都要注意将成因和效应分离开来的问题；也就是把 “改变密度” 的因素与 “仅仅跟密度一起改变” 的因素给分离开的问题。同样重要的是，要把那些影响密度 (尽管是在一个周期性循环的种群中) 的因素，跟那些致使种群出现循环模式的因素区分开 (参见 Berryman, 2002; Turchin, 2003)。

14.6.1 种群周期的观测

对种群周期或振荡来说，一个起到定义作用的特点，就是它的规律性：每 x 年就有一个波峰 (或波谷)。(当然，x 的值在不同情形下各不相同，而且难免会有一定范围内的变动；甚至对于一个 “3 年周期” 来说，偶尔的 2 年间隔或 4 年间隔也都不算超出预期。) 对于这样的时间序列，要确凿地宣称种群变化的 “周期性”，所采用的统计学方法通常要用到自相关函数 (Royama, 1992; Turchin & Hanski, 2001)。这个函数设法求出不同数对的多度值之间的相关性：从相差一个时间间隔的多度值，到相差两个时间间隔的，以此类推 (图 14.12a)。仅仅相距一个时间间隔的多度值，其相关性通常较高，因为一个时刻的多度值，会对紧接着下一个时刻的多度值产生直接的影响。而在此之后，数值对之间较高的

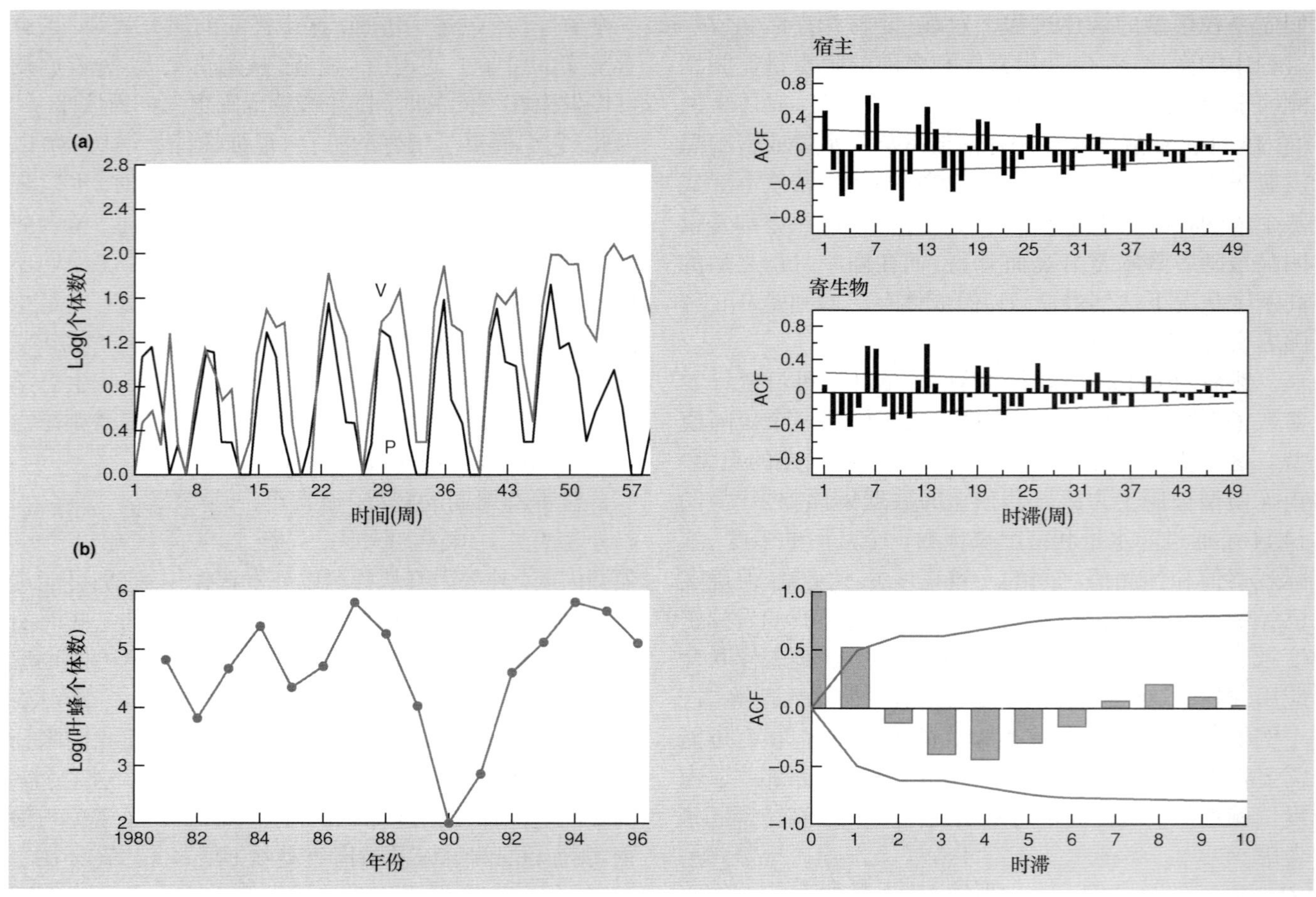

图 14.12 (a) 左图为印度谷螟 (*Plodia interpunctella*) 及其寄生物仓蛾姬蜂 (*Venturia canescens*) (分别简写为 P 和 V) 多度的耦合振荡; 右图为相应数据的自相关函数 (ACF) 分析 (宿主在右上图, 寄生物在右下图)。其中斜线为统计学显著所要求的水平, 柱状图必须超过该斜线, 才能认为是统计学上显著的。循环周期 (l) 为 6~7 周, 在 l、$2l$ 等时刻的多度显示出显著的正相关, 并与 $0.5l$、$1.5l$ 等时刻的多度呈现显著的负相关 (仿 Begon *et al.*, 1996)。(b) 叶蜂 (*Euura lasiolepis*) 多度的时间序列 (左图) 及其 ACF 分析 (右图)。时间序列看似呈现 8 年周期的循环 (相隔 8 年的多度为正相关, 相隔 4 年的多度为负相关), 但实际上该模式没有达到统计学显著水平 (超出显著水平线) (仿 Turchin & Berryman, 2000; 仿 Hunter & Price, 1998)。

正相关, 比如说, 相隔 4 年的正相关可能指示出 4 年的规律性周期; 在此基础上, 相隔 2 年的数值对之间较高的负相关, 可能指示出种群周期在一定程度上的对称性: 波峰和下一个波峰之间、波谷和下一个波谷之间, 典型距离都是 4 年; 而波峰和最近的波谷之间, 典型距离则是 2 年。

自相关函数分析

然而必须记住的是, 自相关函数除了它的模式本身以外, 它的统计显著性也同样重要。即使是一个相对较短的时间序列中简单而清晰的涨落, 也可能暗示着一个种群的周期性循环 (图 14.12b), 但这种模式必须要在一个长得多的时间序列中不断重复, 直到自相关的显著性可以确认, 那时候才可以说, 种群周期得到确认了 (并且需要给出解释)。主要的时间和精力都要投在对自然界当中种群周期的研究当中, 这一点并不会太奇怪。不过, 即使是在已经投入了大量时间和精力的情况下, 得到的 "生态学" 时间序列通常还是比那些在物理学中得出的, 或比为了分析这些问题而发明方法的统计学家们所设想的要短。生态学家们在运用自相关函数做出解释时, 总需要小心谨慎。

14.6.2 柳雷鸟

围绕着英国柳雷鸟 (*Lagopus lagopus scoticus*) 种群动态中周期性循环的解释, 争论持续了几十年。有些人强调外部因素, 认为寄生性的细小毛圆线虫 (*Tri-*

chostrongylus tenuis) 是周期性循环的原因 ((Dobson & Hudson, 1992; Hudson *et al.*, 1998)。另一些强调种群的内部过程, 认为密度增加导致了非近亲雄鸟互相接触的机会更多, 从而导致了更多的攻击行为。攻击行为反过来又使得领域间距 (territorial spacing) 扩大, 这种情形持续到第二年, 降低了种群繁殖补充量 (Watson & Moss,1980; Moss & Watson, 2001)。由此看来, 两种对周期动态 (见第 10.2.2 节) 起因的解释, 都建立在有时间滞后的密度依赖性上, 虽然具体方式大相径庭。

寄生物?

我们已经在第 12.7.4 节和第 14.4.2 节当中看到, 甚至通过野外实验也无法信心十足地确定线虫的具体影响。它们会降低宿主种群密度这一点, 看起来倒是没有什么疑问, 而且实验结果也支持它们导致宿主种群周期的假设。不过实验结果同样支持这个结论: 线虫决定了种群周期的振幅大小, 却不是形成周期的首要原因。

亲缘关系、领域和攻击性?

在另一个野外实验中, 备择的 "亲缘关系" 或者叫 "领域行为" 假设得到了检验 (Mougeot *et al.*, 2003)。在实验地区中, 处理组的雄鸟在初秋就被注入了睾酮, 这正是领域竞赛开始的季节。这种处理使得它们的攻击性 (以及相应的领地大小) 大增, 而这时的种群密度, 在往常 (处理前) 并不足以引发攻击行为。在秋末之前, 结果已经很清晰了, 相比于控制地区, 在实验地区年长雄鸟增强的攻击性, 已经降低了年轻雄鸟的补充量: 睾酮处理显著降低了雄鸟密度, 并且特别降低了年轻雄鸟 (新补充个体) 对年长雄鸟的比例, 虽然在雌鸟的密度中并没有相应的效应 (图 14.13a)。

不仅如此, 在第二年, 尽管睾酮的直接效应已经消退, 年轻雄鸟的数量却仍然没有得到回升 (图 14.13a)。同时, 由于年轻的亲属们被驱逐走了, 实验地区鸟类的亲缘水平, 倾向于比控制地区的更低。因此, 亲缘假说预测实验地区的补充量和密度, 应该会在第二年仍然较低: 也就是说, 低亲缘关系导致了更强的攻击性, 更强的攻击性导致了更大的领地, 然后导致了低补充量, 最终导致了低密度。这些预测得到了验证 (图 14.13b)。

这些结果至少显示了种群内部过程通过滞后的密度依赖效应, 对补充量产生影响, 并进一步引发松鸡种群周期的潜力。在一篇姊妹篇论文中, Matthiopoulos 等 (2003) 展示了攻击性的改变是如何导致种群周期的。不过 Mougeot 等自己也注意到了, 另一种可能性依然存在, 那就是寄生物和领域行为共同导致了观察到的

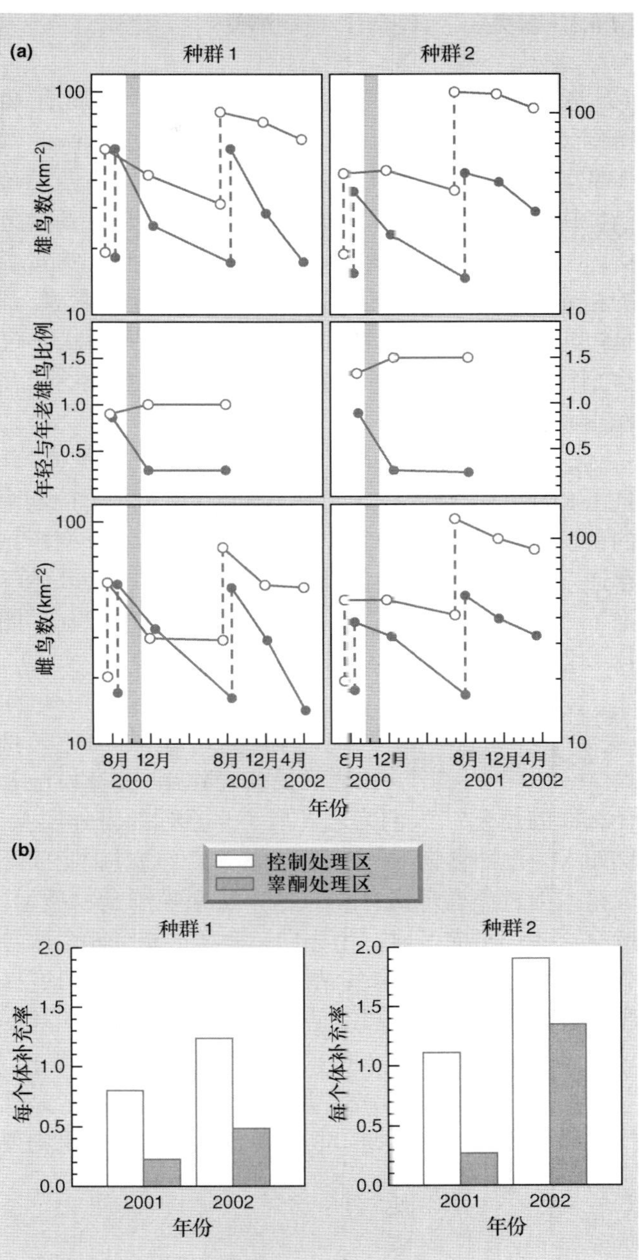

图 14.13 (a) 控制地区 (○) 和实施睾酮注入的实验区 (●) 柳雷鸟群雄鸟个体数、年轻雄鸟与年老雄鸟比例以及雌鸟个体数的变化。灰条代表雄鸟被实施睾酮注入处理的时间。(b) 在两个种群中, 控制区种群的每个体补充量, 无论是在处理后不久 (2001 年), 还是在 1 年之后, 都要比实验区种群的要高 (仿 Mougeot *et al.*, 2003)。

周期性循环。事实上, 两种过程可能相互作用: 比如说, 寄生物减少了领域行为 (Fox & Hudson, 2001)。毫无疑问, 要宣称这两种解释当中的任意一种已经大获全胜, 还完全是为时过早。

14.6.3 雪兔

前面章节中提到的雪兔和猞猁的 “10 年” 周期, 也得到了仔细的检验。比如说, 我们已经从 Stenseth 等 (1997) 的时间序列分析 (见第 14.5.2 节) 中看到, 虽然这已经成为一个教科书式的捕食者 – 猎物种群振荡的范例, 但雪兔的周期性循环其实是通过与食物和捕食者的相互作用而引起的, 而且无论是食物还是捕食者, 都是包含了多个物种的共位群, 而不是单一的物种。不过猞猁种群的周期性循环, 倒是的确由它与雪兔的相互作用而引发。

这个结论也得到了众多直接实验结果的支持, 并且由 Krebs 等 (2001) 作了综述。隐藏在雪兔种群周期中的种群统计学模式已经变得清晰: 无论是繁育率还是存活率, 都是在密度峰值到来之前很久, 就已经开始下降了, 并且在密度峰值后的 2 年左右, 达到最低点 (图 14.14)。

控制食物和捕食者的野外实验

首先, 我们提出这样一个问题:“在这些模式当中, 雪兔与食物之间的相互作用, 究竟扮演着什么样的角色?” 人们为之开展了一系列的野外实验。比如人为添加食物, 补充天然食物, 以及通过施肥或削低树木促进高营养嫩枝生长的办法来控制食物质量。所有这些都指向了同一个方向。食物扩充可能会改善个体的生存条件, 在有些情况下也会使得种群密度提高, 但仅仅扩充食物, 却不足以对种群周期的模式产生可分辨的影响 (Krebs, 2001)。

在另一类实验中, 或者是将捕食者排除, 或者是既排除捕食者又扩充食物。这类实验显示出的效果则要明显得多。在 Krebs 等 (1995) 在加拿大育空地区 Kluane 湖的研究当中 (图 14.15a), 两种处理的共同作用几乎消除了 1988 年至 1996 年种群周期当中存活率的下降模式, 其中排除捕食者所起到的效果更明显。

除此之外, 扩充食物只是轻微地减缓了在密度峰值到来之前, 生殖力的最初下滑 (图 14.15b), 而扩充食物和排除捕食者的联合作用, 则是在密度峰值到来之后, 生殖力原本处于最低点的 “相位” 上, 将生殖力拉上了几乎是最高点的状态。遗憾的是, 我们没有办法去测量, 在仅仅进行扩充食物处理的实验组中, 生殖力有多大 —— 这是大规模野外实验中, 几乎无可避免的不足之一 —— 因此, 食物和捕食者的作用也就无法区分开来。如果那样的话, 食物短缺对生殖力造成的任何影响, 都会容易弄清楚。不过, 也有可能是与天敌接触的频率越高, 越会通过雪兔身上的生理学效应 (能量消耗或与压力相关激素水平的提高) 降低生殖力。

太阳黑子周期?

因此, 这些来之不易的野外实验结果和时间序列分析, 基本在如下结论上达成共识: 雪兔种群周期是种群与食物和捕食者两方面相互作用的共同结果, 其中捕食者起到的作用尤为重大。另一件值得注意的事情是, 至少在一段时期内, 许多人把雪兔种群周期与太阳黑子活动的 10 年周期联系起来, 而后者我们已经知道会影响大范围内的气候格局 (Sinclair & Gosline, 1997)。这种外在的非生物因素解释, 最初是种群周期主要驱动因素当中, 一个强有力的候选者 (Elton, 1924)。但后来, 支持这种观点的人就不多了。首先, 许多种群的周期都同太阳黑子周期相错位, 并且在时段上千变万化 (下一节要讲到的田鼠亚科动物种群周期就是一例)。其次, 种群周

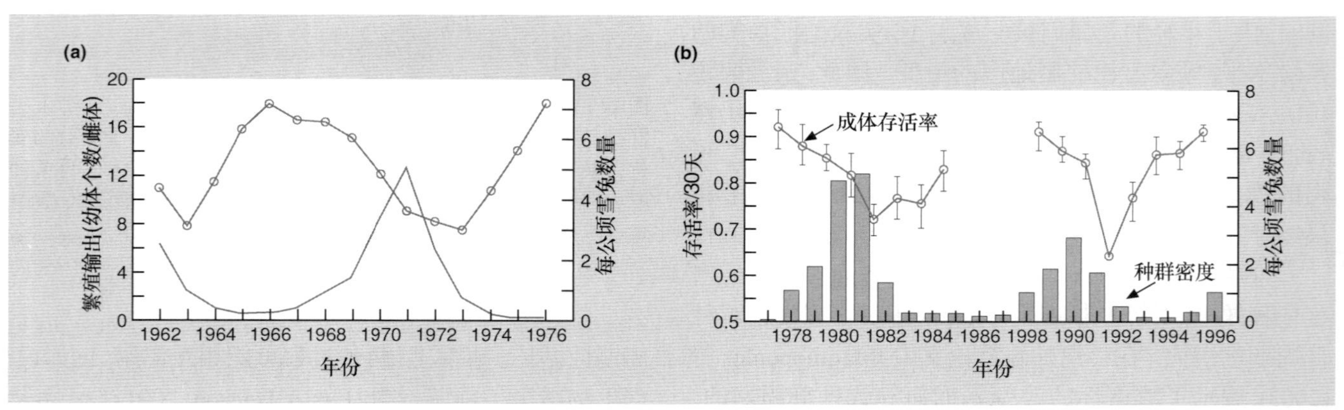

图 14.14 (a) 加拿大艾伯塔省中部雪兔种群周期中, 每年繁殖输出 (图中的点) 随密度 (图中的连续线) 变化而发生的变化。(b) 加拿大育空地区 Kluane 湖雪兔种群的两轮周期性循环中, 存活率的变化。在 1985 年至 1987 年之间, 可捕获雪兔的数量太少, 以至于无法估算其存活率 (仿 Krebs *et al.*, 2001; 图 (a) 仿 Cary & Keith, 1979)。

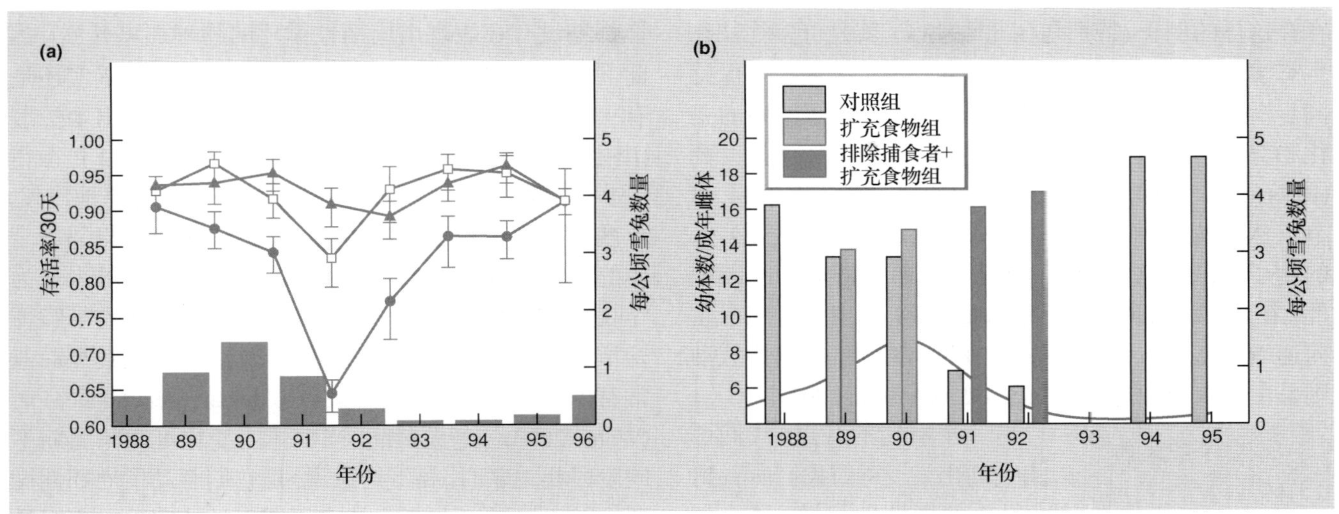

图 14.15 (a) 加拿大育空地区 Kluane 湖 1988—1996 年雪兔种群周期中, 雪兔的存活率 (雪兔数据通过无线电颈圈收集) 及其 90% 置信区间。柱状图为种群密度; ● 连线表示控制组雪兔存活率; □ 连线表示排除哺乳类捕食者的实验组雪兔的存活率; ▲ 连线表示排除哺乳类捕食者并扩充食物的实验组雪兔的存活率。(b) 1988—1995 年 Kluane 湖雪兔种群一轮循环中的繁殖输出 (图中的连续线)。可以将控制组的实验数值与不同处理组的进行比较: 一组是 1989 年和 1990 年进行扩充食物处理的实验组, 一组是 1991 年和 1992 年进行扩充食物和排除哺乳类捕食者处理的实验组 (仿 Krebs *et al.*, 2001; 图 (a) 仿 Krebs *et al.*, 1995)。

期本身往往更加明显, 比那些被认为是 "导致" 它们的外部周期还要明显。而且, 即便是像现有的例子当中那样, 相关性得到了确认, 这种相关性也只会带来新的问题, 那就是两个周期之间的具体联系是什么: 可以推测, 这种联系也应该是通过气候作用于我们已经考虑过的诸多因子 —— 捕食者、食物和种群本身的内在特征 —— 尽管还没有证实这种联系有任何机制性的基础。

总体来说, 围绕雪兔的工作, 向我们阐明了一系列不同的方法是如何运用到一起的, 为种群周期性循环探寻出一个解释。这项工作同时也提供了一个冷静的提醒, 让我们知道逻辑上和实践上的困难 —— 无论是收集长期时间序列, 还是执行大规模野外实验 —— 为了得出这些解释, 我们需要接受这份提醒, 克服这样的困难。

14.6.4 田鼠亚科动物: 旅鼠和田鼠

许多田鼠亚科动物有周期性波动, 但也有许多没有

毫无疑问, 在对种群周期的研究中, 没有什么别的物种类群, 能够像田鼠亚科动物那样, 让人们花费如此多的精力去研究了。这些动物的种群周期通常是 3 年或 4 年, 也有比较罕见的 2 年或 5 年或更长时间的情形。人们已经在一系列不同的群落中, 确定了这种周期性循环的动态存在, 包括如下各例: 北欧 (芬兰、挪威和瑞典) 地区的田鼠 (*Microtus* spp. 和 *Clethrionomys* spp.), 北欧其余地区山区生境中的欧旅鼠 (*Lemmus lemmus*), 北美、格陵兰岛和西伯利亚苔原的旅鼠 (*Lemmus* spp. 和 *Dicrostonyx* spp.), 日本北海道的棕背䶄 (*Clethrionomys rufocanus*), 欧洲中部的普通田鼠 (*Microtus arvalis*) 以及英格兰北部的黑田鼠 (*Microtus agrestis*)。另一方面, 也有许多田鼠亚科物种种群没有表现出多年周期的证据, 包括北欧南部、英格兰南部、欧洲其他地区, 以及北美许多地方的田鼠种群 (Turchin & Hanski, 2001)。同样值得强调的是, 一小部分旅鼠种群, 特别是芬兰拉普兰地区 (Finnish Lapland) 的旅鼠种群, 显示出一种截然不同的格局, 其特点是不规则的多度变动和大规模的入侵和迁移。就是这些旅鼠中存在的自杀行为, 在电影制片人那里被大大地夸张了, 从而在大众当中造成了不公的误解, 以为所有旅鼠都会这样 (Henttonen & Kaikusalo, 1993)。

周期性波动的变化趋势

在几十年里, 围绕内因还是外因的问题, 人们提出了大体上势均力敌的解释, 来寻求田鼠亚科动物种群周期背后的原因。由于涉及的物种和生境都复杂多样, 也许这种周期性循环不大可能有单一而放之四海皆准的解释。尽管如此, 这些不同的周期性循环还是显示出了一系列特征, 这些特征是任何单独或成套的解释都回避不了的。首先, 简单的观察即可显示, 有些种群有周期性循环, 有些则没有。同时, 也

存在这样的例子 (特别是在北欧地区), 就是许多往往在生态学上显然不同的共存物种, 却会在循环周期上保持同步。有时在周期的时段分布上, 也表现出了清晰的变化趋势。一个尤为明显的例子是北欧地区随海拔升高 (由南向北) 的梯度上, 表现出的变化趋势 (见第 14.5.1 节)。人们为这种现象提出了非常多的解释。不过类似的例子不限于北欧地区, 也见于日本北海道和欧洲中部。在日本北海道, 周期性波动大体上是由西南到东北而递增 (Stenseth *et al.*, 1996); 在欧洲中部, 周期性波动则是由北向南而递增 (Tkadlec & Stenseth, 2001)。

二次过程导致的循环

有一个有用的观点, 我们可以由它而出发。正如我们所看到的, 鼠类的周期性波动, 是一种 "二阶" (second-order) 过程的结果 (Bjørnstad *et al.*, 1995; Turchin & Hanski, 2001) (见第 14.5.1 节)。也就是说, 它们反映了一个直接的密度依赖过程和一个滞后的密度依赖过程相联合所产生的效应。这直接提醒了我们这样一个事实: 至少在原则上, 在不同的周期性波动的种群中, 并不需要直接和滞后的过程的一致 —— 重要的是, 这两个过程要联合起来发挥作用。

我们从强调 "内因" 的学说开始。田鼠和旅鼠在种群增长中都有相当高的潜在增长率, 从而经历过度拥挤的时期, 这点应该不会太让我们吃惊。过度拥挤随后会导致生理和行为上的变化, 这点也不难理解。相互的攻击行为 (甚至是直接的打斗) 可能会变得越来越常见, 并会在个体身上产生生理学后果, 特别是影响激素平衡。在不同情形下, 个体可能会生长得更大, 或者成熟得更晚。这可能会给保卫自己领域的个体, 或者逃逸的个体都带来更多的压力。在拥挤状况下的亲缘或非亲缘个体, 彼此之间的行为可能会不同。局部地区自然选择的强大动力可能会青睐特定的基因型 (如攻击型或逃逸型)。这都是我们在拥挤状态的人类社会中容易识别出的响应方式, 生态学家们在试图解释啮齿类种群行为的时候, 也在寻找相同的现象。所有这些效应, 都已经被鼠类生态学家们发现和记载过 (如 Lidicker, 1975; Krebs, 1978; Gaines *et al.*, 1979; Christian, 1980)。不过仍然有一个问题悬而未决, 那就是在自然界中啮齿类种群行为的所有解释因素中, 是否存在一些特别至关重要的因素。

扩散, 亲缘性和攻击行为?

首先, 我们在第 6.6 节和第 6.7 节当中看到了鼠类在密度、亲缘性 (relatedness) 以及最终存活和繁殖成功方面关系的复杂性。不仅如此, 所有这些工作都并没有在表现出周期性循环的物种那里开展。因此, 还没有什么能够支持普遍性的规则。不过确实还是有一些趋势显现了出来: 多数扩散行为都是出生扩散 (出生后不久就开始扩散), 雄性个体比雌性个体扩散得更多, 有效扩散 (成功抵达新地点, 而不是简单地出发) 更多发生在低密度情况下, 以及适合度随着与邻居个体的亲缘性增加而增加。这种情况, 导致了有些人认为 "问题仍然没有定论" (Krebs, 2003); 而另一些人干脆怀疑鼠类种群调节过程中任何的影响因素, 尤其是面对常有的逆密度依赖现象 (inverse density dependence) 时 (Wolff, 2003)。毫无疑问, 当个体的变化可能与周期不同阶段相关联时, 要下结论说, 是它们驱动了周期性循环, 还为时过早。如果个体在周期中的特定阶段更容易扩散, 例如, 在大种群中更容易扩散, 那么这很可能是对特定状况做出的响应: 这种状况可能是目前或过去的食物水平或空间可获得性, 可能是捕食者的压力或疾病传染的强度。也就是说, 内在变化更有可能解释这种响应的细节特征, 而外在变化更有可能解释这种响应的原因。

母体效应?

虽然这样, 至少也还是有一个例子, 内因被认定为滞后密度依赖的原因。Inchausti 和 Ginzburg (1998) 围绕 "母体效应" (maternal effect) 建构了一个模型, 认为母亲通过表型遗传, 将它们的身体条件特征传递到子代身上, 这种传递或者发生在春季到秋季之间, 或者发生在秋季到第二年春季之间, 并且一次决定了后代的每个体增长率。在这种情况中, 个体的内在特性确实是对过去密度以至于过去的资源有效性的一种响应, 并解释了滞后的密度依赖。之后, Inchausti 和 Ginzburg 开始关注北欧地区的鼠类种群, 他们向模型中代入了自己认为合理的种群增长率和母体效应的参数值, 这两个参数值都随着海拔升高而降低。然后, 他们成功地模拟再现了长度介于 3~5 年周期性循环 (图 14.16)。Turchin 和 Hanski (2001) 批评了他们的参数估计 (特别是对增长率的参数估计), 并声称母体效应模型实际上预测的是 2 年周期, 从而与观察值不符。Ergon 等 (2001) 发现, 在周期性循环的黑田鼠 (*Microtus agrestis*) 种群当中, 只要将它们迁移到一个条件迥异的地点, 它们就会迅速换上与新种群 (而不是旧种群) 相适应的特性 — 这显然不会是它们从母亲那里获得的特性。Inchausti 和 Ginzburg 的结果尽管考虑了专性捕食假说 (见第 14.5.1 节以及下节), 然而强调了相同的模式 (此处是指海拔梯度) 可以通过非常不同的方式来产生。他们也让我们看到, 在对田鼠亚科动物种群周期解释的不懈探求中，内部因素学说仍然占据一席之地。

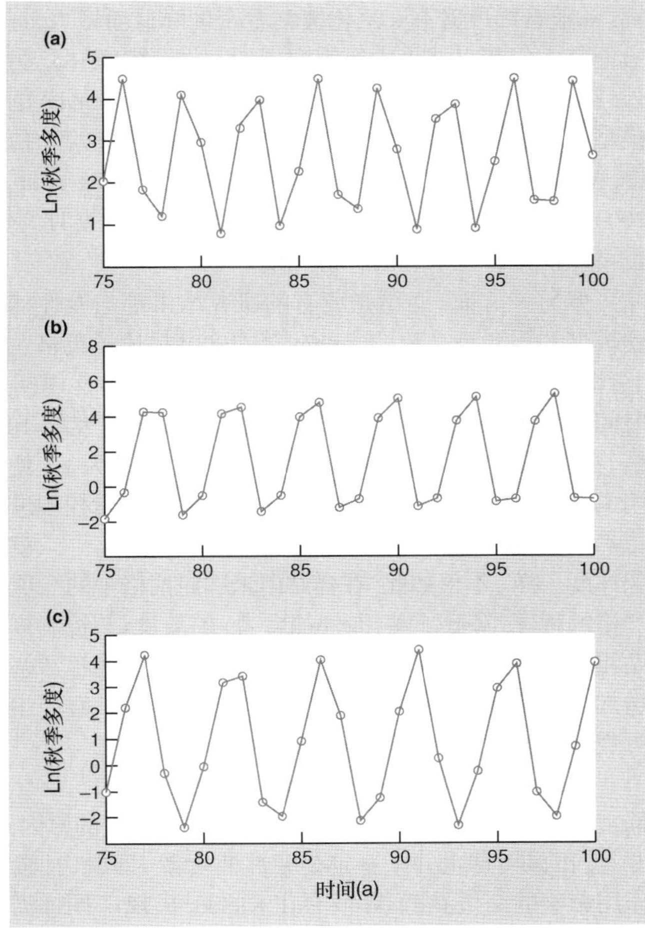

图 14.16 在不同的最大每年繁殖率 (*R*) 和母体效应 (*M*) 参数下，Inchausti 和 Ginzburg (1998) 母体效应模型的行为。在模型中，子代在某一季节的特征，受到母亲在上一季节 (秋季或春季) 特征的影响。在模拟中，前 75"年" 的时间使得种群进入了规则循环的模式。(a) $R = 7.3$; $M = 15$。(b) $R = 4.4$; $M = 10$。(c) $R = 3.5$; $M = 5$ (仿 Inchausti & Ginzburg, 1998)。

专性捕食假说

现在我们来看看外因。在外因学说中，有两个主要的候选者，一个强调捕食者，一个强调食物 (Elton 早在 1924 年发表他最初的论文后，就对寄生物和病原体产生了兴趣，但是，后来的很长一段时间内，寄生物和病原体的因素都被忽视了，直到近年来技术的发展使得围绕它们的研究有了更多的现实可能性。它们的作用仍然有待发现，如果真的会产生作用的话)。我们已经在第 10.4.4 节和第 14.5.1 节当中，对捕食者相关的内容做了一些初步的介绍。捕食者在田鼠亚科动物种群周期中的重要性，通过"专性捕食假说"而体现出来。这个假说从大约 1990 年以来，从一系列的数学模型和野外实验那里得到了数量可观的支持，特别是从北欧地区种群周期的研究当中。概括地说，这个假说认为，专性捕食者导致了滞后的密度依赖，而泛化捕食者 (其重要性随纬度而变) 则是直接密度依赖的主要原因。

实验支持?

早期就有一些将捕食者移除的野外实验 (无论是在芬诺斯次迪亚还是其他地方)。虽然这些实验通常能导致田鼠密度 2~3 倍的增长，它们还是在实验设计方面遭受了各种各样的批评：这些实验或者是短期的，或者尺度太小，或者实验处理所影响到的捕食者物种不是过多就是过少，并且实验处理通常是用竖立起来的保护性的围栏进行隔离，这可能同时也会影响到猎物 (田鼠) 自身的活动 (Hanski *et al.*, 2001)。令人信服的实验可能会有必要，但那可并不容易！更近期的一些实验，也同样给人们带来了类似的疑虑。Klemola 等 (2000) 在芬兰西部的实验中，在 1 km^2 的土地上，用围栏 (以及顶网) 排除了所有的捕食者，实验持续了 2 年之久。与对照网格相比，实验网格中的田鼠种群，多度增加了 20 多倍，直到后来食物短缺导致种群崩溃 (图 14.17a)。但在这样的设计当中，特化种和泛化种的效应不可避免地会混杂在一起，而且，虽然这样的结果显示了捕食者在田鼠存活率和多度方面的重要性，它们在导致 (或者相对地，放大) 田鼠种群周期中的作用，却仍然没有得到确证。Korpimaki 等 (2002) 在同一地区开展了工作，不过使用了 4 个更大的未围封地区 (2.5~3 km^2)，工作持续了 3 年。在这项实验中，Korpimaki 通过不同方式降低了捕食者的多度：对鼬科动物 (白鼬和黄鼬等) 是通过陷阱诱捕，对鸟类捕食者则是通过移除其天然或人工的巢穴。降低捕食者多度的工作，只在夏季开展，在冬季并不开展。捕食者多度的降低，在第 1 年 (低值年) 使得田鼠密度增加了 4 倍；在第二年，它使得种群密度的增长速度加快了 2 倍；在第三年 (峰值年) 的秋天，它使得密度增加到 2 倍 (图 14.17a)。不过，这一次特化种和泛化种捕食者的效果仍然难以区分，而且多度在时间上的格局，也在本质上没有改变。

专性捕食模型在一系列的研究中得到了连续的修正 (修正过程的细节追溯，可参考 Hanski *et al.*, 2001)，它具备以下几个关键特点：① 田鼠亚科的猎物种群表现为逻辑斯谛增长，反映了食物短缺在田鼠亚科动物那里造成的直接密度依赖性效应，阻止了种群在被特化捕食者"追上"之前就变得太大；② 当专性捕食者 (鼬)

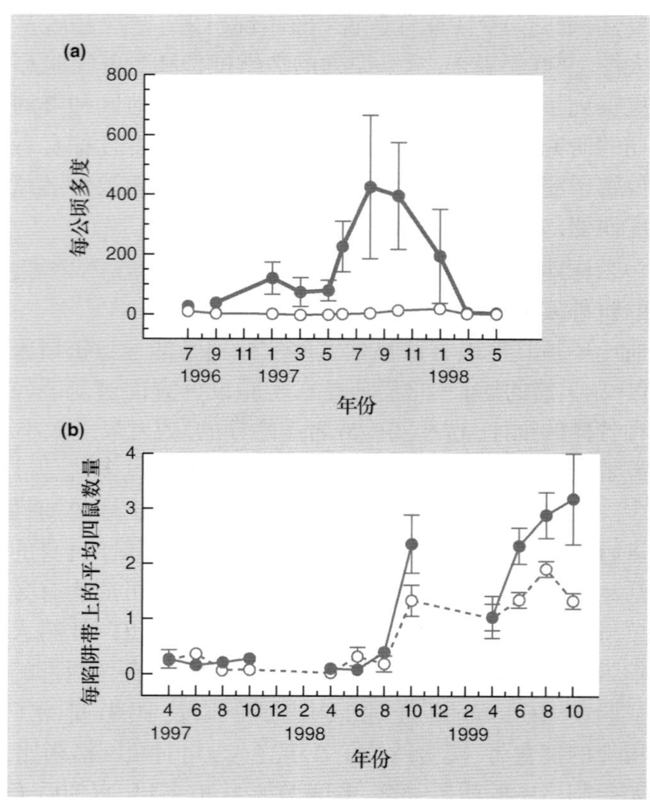

图 14.17 (a) 芬兰西部 4 个排除小型捕食者网格 (•) 和 4 个对照网格 (○) 中田鼠的平均多度 (±SE) (仿 Klemola *et al.*, 2000)。(b) 芬兰西部 4 个大型的经过减少捕食者处理的样点 (•) 和 4 个对照样点 (○) 中田鼠的密度 (平均每陷阱带捕获的个体数 ±SE, 分别于 4 月、6 月、8 月和 10 月收集)。只在夏季进行减少捕食者的处理, 并且每到冬季, 田鼠密度都倾向于恢复到对照组的水平 (仿 Korpimaki *et al.*, 2002)。

与猎物的比例增加时, 它的种群增长率在降低; ③ 田鼠和鼬在夏季和冬季的增殖, 都表现出了季节性差异; ④ 泛化捕食者 [或是会改换捕食对象的哺乳动物, 或是活动范围广阔的 (游猎性) 鸟类专性捕食者] 会对田鼠亚科种群密度的变化作出即时性的反应, 从而体现为一股直接密度依赖的力量。因此要注意, 两个研究得最多的外因 —— 捕食者和食物 —— 都包含在了这个模型当中。食物提供了直接密度依赖作为种群变化的基线, 专性捕食者则提供了滞后的密度依赖。而泛化捕食者, 在此基础上又提供了直接密度依赖的更进一步的来源。泛化捕食者造成的效应是可变的, 因其多度随纬度升高而降低, 这种变化趋势也叠加在了它对猎物的种群周期所造成的影响上。

支持性的预测?

当这个模型中代入了北欧野外实验数据作为参数时, 它可以成功地模拟再现出相当多的种群动态特点, 并且与实际观察保持了一致。模型所产生的循环, 在振幅和周期上都大体正确, 而且, 事实上无论是周期还是循环的振幅, 都随着纬度升高、泛化捕食者密度降低而增大, 这恰恰与人们在自然界中所观察到的一样 (图 14.18)。另外, 有一个关于环颈旅鼠 (*Dicrostonyx groenlandicus*) 的模型也被提了出来。这种旅鼠有一种专性捕食者 (白鼬, *Mustela erminea*), 以及 3 种泛化捕食者 (Gilg *et al.*, 2003)。当这个模型中代入了格陵兰岛的野外数据时, 它也可以模拟出观察到的种群周期。

但另一方面, 并不是所有的研究结果都与专性捕食模型的预测相一致。Lambin 等 (2000) 描述了英格兰北部 (55°N) Kielder 森林中黑田鼠种群的规则性周期, 时间长度为 3~4 年, 波峰密度和波谷密度相差大约 10 倍 (在类似图 14.18 中那样的对数标尺上, 相差为 1)。使用本样站中估算出的泛化捕食强度, 对特化捕食模型进行参数确定, 将无法预测出任何的周期性循环 —— 就像纬度一样。不仅如此, 在样站内未围封网格中的一项严格的程序, 降低了鼬 (专性捕食者) 的数量 (与控制样站相比, 只相当于后者的 60%), 使得成年田鼠的存活率增加了大约 25%, 但对周期性循环的动态却没有产生可观的影响 (Graham & Lambin, 2002)。

Lambin 和他的同事从这些研究中得出结论: 泛化捕食者可能最终并不是北欧地区周期长度梯度的原因; 并且, 田鼠周期也并不一定是专性捕食者 (即鼬) 捕食作用影响的结果 (它们并没有在 Kielder 出现)。同样需要记住的是, 时间序列分析 (见第 14.5.1 节) 和北欧的捕食者移除实验的结果, 只是与专性捕食假说相一致, 但并没有证实它。不过, 专性捕食假说的拥护者 (如 Korpimaki *et al.*, 2003) 对这些结果做出了回应, 强调 Kielder 的种群周期性循环与芬诺斯坎迪亚的有所不同(Kielder 的种群周期特点是: 振幅小, 波谷时的密度值高, 空间同步性弱, 而且只包含了一个田鼠物种)。也就是说, 他们坚称 Kielder 地区的结果, 对于我们了解芬诺斯坎迪亚鼠类种群周期性循环的意义不大。即使是在严格控制条件下所进行的研究, 其结果也可能支持不同的解释 —— 这一点我们虽然尽力避免, 但即便是最严谨的研究也并非无懈可击。

食物所扮演的角色?

最后我们来看看食物在其中扮演了什么样的角色。无论是野外观察还是实验, 都支持这样的看法: 那种认为作用于田鼠和旅鼠的外部力量相同的假设, 是不太明智的 (Turchin & Batzli, 2001)。首先, 田

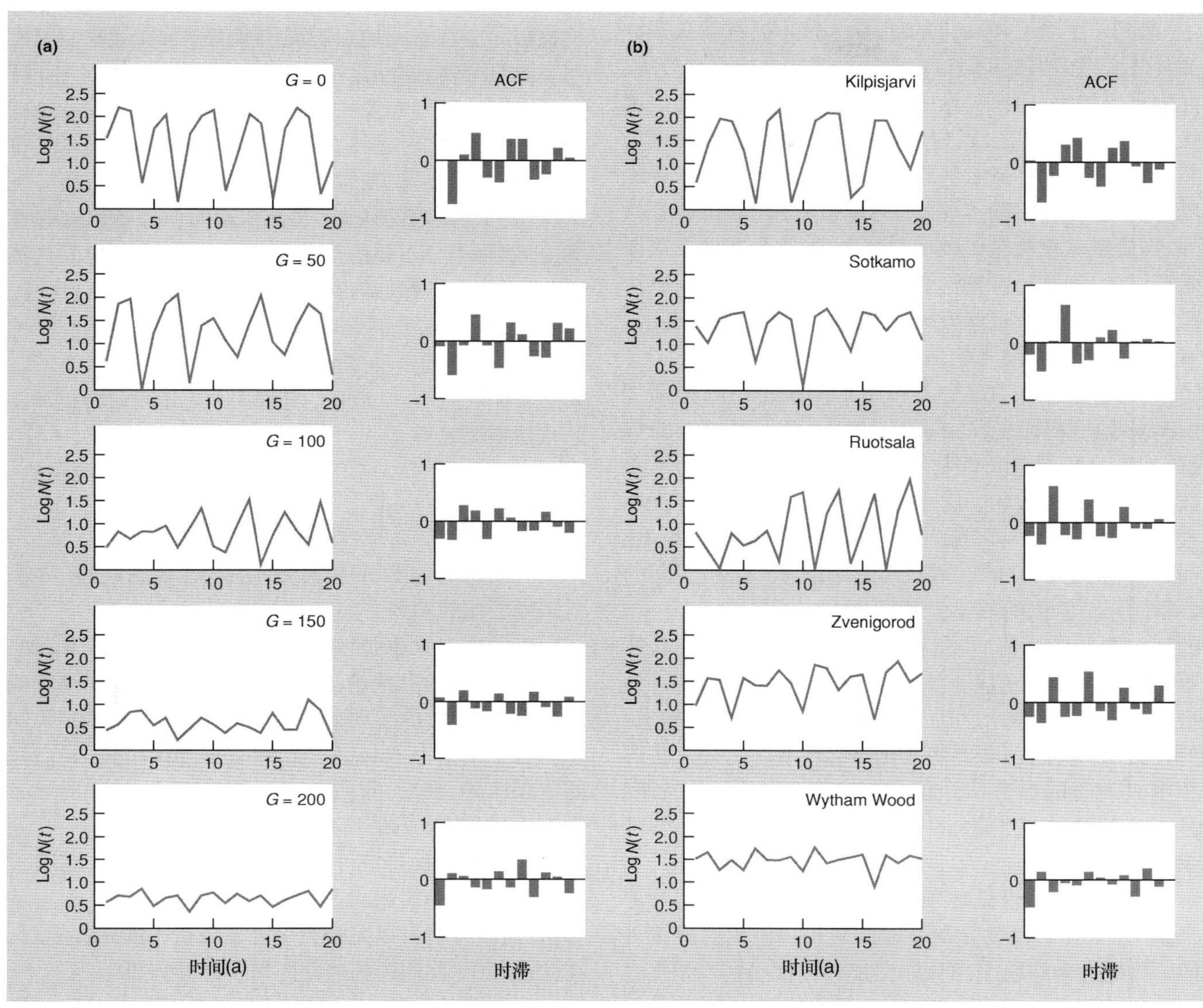

图 14.18 (a) 专性捕食模型生成的样本数据及其在不同的泛化捕食者多度参数值(G)条件下所对应的自相关函数(ACF)。随着 G 的增加，循环周期增长，循环振幅降低，在 G 值足够大时，种群动态非常稳定，以至于不再呈现周期性循环。(b) 5 个不同野外样站的时间序列比较：Kilpisjarvi (69°N; 周期长度 =5), Sotkamo (64°N; 周期长度 =4), Ruotsala (63°N; 周期长度 =3), Zvenigorod (57°N; 周期长度 =3) 以及 Wytham Wood (51°N; 没有显著的周期性) (仿 Turchi & Hanski, 1997)。

鼠的典型食物是一系列的维管植物，包括禾草和莎草类植物，而旅鼠的食谱中，则混杂了苔藓类和禾草类。田鼠似乎在少量比例的可获得植物以外，很少摄食其他 (尽管可获得食物的质量可能要远比它的数量更加重要，参考文献如 Batzli, 1983)；而食物扩充通常并不能增加田鼠的多度 (虽然实验也可能是受到"食物储藏室效应" (pantry effect) 的影响，也就是说，田鼠密度升高后，捕食者也被吸引过来，从而抵消了食物扩充的效果)。而旅鼠则大不相同，在密度达到峰值的时候，旅鼠能把可食用植被的 50% 以上吃光，有时这个数字甚至达到了 90%～100%。

此外，Turchin 和 Batzli (2001) 通过一项模型分析清晰地显示，植被可能在周期性循环动态中扮演的角色，强烈依赖于植被本身的特性，尤其是植被经受了植食动物明显的食草过程之后的恢复动态。如果这种动态是逻辑斯谛 (即 S 型) 的，那么这可能就为田鼠亚科动物多度的"二阶"(second-order) 周期性循环，提供了必要的滞后密度依赖。但是，如果这种恢复动态是"再生长"类型的 (也就是说，以一个快速的速度增长，直到达到了饱和多度才会减速)，那么，任何的密度依赖都将是直接性的，而不是滞后的。在这种情况下，田鼠亚科动物 – 食物之间的相互关系可能就在周期性循环动态当中, 起到了一个必不可少的作用 (比如说, 就像在专性捕食假说当中那样), 但这不可能是二次性的驱动力量。尤为重要的是, 田鼠食谱中的维管植物, 很可能会出现快速的再生长动态, 因为未被取食的植物部分比例仍然很大, 其中主要是地下部分。而作为旅鼠食物的苔藓则与此相反, 它们整体上都是可以被取食者吃掉的。另外, 当旅鼠对植被造成破坏时, 它们通常会在地下挖掘禾草类的根状茎, 并把这部分也破坏掉。因此, 旅鼠所影响的植被, 更有可能表现出逻辑斯谛的增长动态: 只有经过一个缓慢的开始期后, 才能快速恢复。

在此基础上, Turchin 和 Batzli 使用了阿拉斯加 Barrow 地区褐旅鼠 (*Lemmus sibiricus*) 及其植被的数据, 对一个田鼠亚科动物和食物供应的模型进行了参数化 (Batzli, 1993)。这一虽然不能完美地拟合实际观察到的模式 —— 循环的振幅太小 (只有 400 倍, 而非实际的 600 倍), 周期太长 (6 年, 而非实际的 4 年) —— 但仍然算是鼓舞人心的。另一方面, 模型的许多参数估计值, 仍然被各种各样的不确定性所笼罩, 甚至在某些情况下人们干脆就是一无所知。模型经过充分 "折腾" 之后, 可以产生出观察到的动态。但在野外, 我们还需要更多的辛苦工作, 尤其是获取冬季大雪时的参数估计值, 这对于确定这种 "折腾" 是否真的被旅鼠生物学中的事实所支持, 是必不可少的。

在种群周期性循环领域, 相对于所有其他的物种来说, 田鼠亚科动物是研究时间最长、研究也最深入的。围绕这个问题, 人们提出的理论假设最多, 相互之间的争论分歧也最大。不过, 在我们撰写本章的时候, 还是看到大家在这个问题上正在向一些共识靠拢: 要解释观察到的模式, 需要综合考虑直接的密度依赖和滞后的密度依赖; 此外, 目前多数证据支持这样的观点, 即专性捕食者提供了滞后的密度依赖, 而食物短缺和泛化捕食者则提供了直接的密度依赖。不过, 所有科学的 "结论" 都是临时性的, 而且跟任何别的领域一样, 也都有 "流行" 的风向变化。这个目前流行的解释, 是否能够稳定和普适下去, 还有待更多的观察。

结论

概括地说, 我们在一系列悬而未决的问题当中开始了本章。为什么有些物种稀少, 有些物种常见? 为什么一种生物在某些地方稀疏, 在另一些地方密集? 导致物种多度波动的又是哪些因素? 在本章的末尾, 你应该已经清楚, 所有这些问题的答案都不是那么简单。我们已经看到了许多具体的例子, 为什么一个物种会稀少, 为什么一个物种又会在不同地点表现出多度差异。但我们不能期望对每个物种来说, 这些问题的答案都一样 —— 特别是在那些特别需要我们关注的物种的研究中。这些物种的多度, 或者是特别巨大 (如有害物种), 或者是每况愈下 (如需要保护的物种)。尽管如此, 对于可能的答案保持一种清晰的认识, 并且知道如何去获取这些答案, 仍然是十分重要的。本章的目标, 正在于检验这些可能性, 并告诉你如何在不同的可能性之间进行区分。在下一章当中, 我们会明确地讨论一些这种重要物种的案例。它们的种群多度, 正是我们需要了解以便采取措施来控制的 —— 无论是有害物种还是我们希望开发的自然资源物种。

小结

我们将前面章节中涉及的主题整合到一起, 寻求对多度变化的解释。

有的生态学家强调种群的稳定性, 有的则强调波动性。要解决这些争论, 就有必要在决定多度和调节多度的因子之间, 做出明确的区分。在这个过程中, 我们先回顾了历史上 Nicholson、Andrewartha 和 Birch 之间的观点冲突。然后, 我们概述了多度调查中的种群统计学方法、机制派方法和密度派方法。

我们先从种群统计学方法开始, 解释了关键因子分析, 包括它的用途和不足。由此, 我们介绍了 λ 贡献分析, 这种分析可以克服关键因子分析中的一些问题。在此过程中, 我们还描述并应用了弹性分析。

机制派的方法, 把一个因素的表现水平或存在状况 (如食物的数量, 或者捕食者的存在), 与多度本身或种群增长率联系起来。有可能是简单的相关, 也有可能包括了对种群的实验扰动。我们注意到, 引入天敌物种进行生物学控制, 是其中一个特别的例子。

对密度相关性的分析, 在其他方法当中倒也不是没有包含, 但密度派的方法从一种特别的角度聚焦于该问题。我们解释了时间序列分析是如何对密度依赖型进行剖析的, 特别是在特定时刻的多度表现为对过去不同时刻 ("时滞") 多度的反映指标时, 直接和滞后密度依赖的强度的相对大小如何。我们也展示了, 有关的一些分析, 对于时间序列分析当中的计数工作和对最优化描述中的时滞的刻画工作来说, 可能会非常有价值; 同样, 它们对于评价那些决定多度的密度依赖性和密度非依赖性过程 (尤其是天气) 贡献分别有多大, 也有着重要的价值。

规则性、多世代的种群周期性循环，多年以来，通过多种方式，在生态学家们检验他们对多度决定的理解能力时，扮演了标尺一般的角色。我们阐述了种群周期性循环是怎样通过时间序列分析鉴定出来的，并详细讨论了 3 个案例。

柳雷鸟的种群循环，显示了在两个不同解释之间进行取舍的困难 —— 一个是寄生物假说，一个是亲缘性/领域行为假说，两者都有支持性的证据。

对雪兔种群循环的研究工作，显示了细节化的时间序列分析与更加直接的实验方法所获得的结果是怎样结合在一起的。这些工作也给我们提供了一个非常冷静的提醒：要建立对模式的解释，需要面对和克服多少困难。这些困难既包括逻辑上的，也包括实践中的。

在田鼠亚科动物 (田鼠和旅鼠) 的种群循环方面，人们投入了比其他任何物种的同类研究都要多的精力。我们描述了这种周期性循环的地理变异趋势，并强调任何假说都要对此作出解释。我们注意到，这些解释必须承认周期性循环是一种 “二阶” 过程，也就是直接和滞后的密度依赖相联合的结果。之后我们依次讨论了三种不同的解释，它们在滞后的密度依赖方面表述不同：① “内因” 学说，包括母体效应；② “专性捕食者假说”，得到数学模型和野外实验的双重支持，不过在这两方面也都还存在着批评和相反的证据；③ 着眼于食物的学说，这个学说也存在着问题。

面对以上情形，我们在本章的结论是：对本章开篇时我们提出的所有问题，都无法做出简单化的回答。

第 15 章

种群相互作用水平上的生态学应用：病虫害防治和收获管理

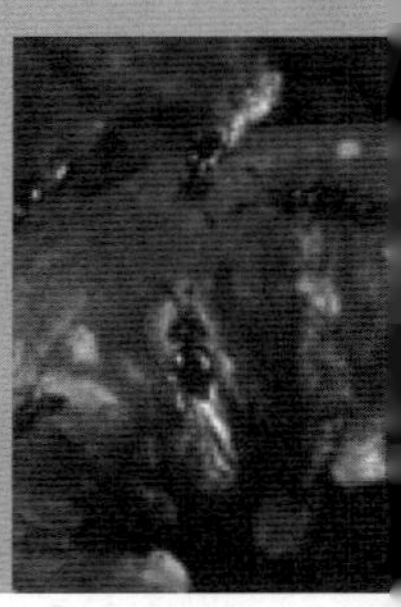

15.1 引言

人类几乎在任何生态系统中都占有一席之地。我们有时试图消灭被认为有害的物种；有时一边维持一些物种的种群，一边杀死其中的个体以获取纤维和食物；有时则保护那些我们认为濒危的物种。病虫害防治者、收获管理者和保护生物学者的目标虽然迥然不同，但他们都需要以种群动态理论为指导的管理策略。主要的保护生物学工具都是基于单物种的种群动态理论发展出来的，我们在本书第一部分的结尾 (第 7 章) 已经讨论了这部分内容 —— 该部分内容以介绍个体和种群生态学为主。另一方面，病虫害防治者和收获管理者则需要直接面对多物种间的相互作用，因此，他们的工作需要以种群间相互作用的理论为指导，也就是本书第二部分 (第 8~14 章) 的内容。病虫害防治和收获管理正是我们在第 15 章所要讲的内容。

可持续性：病虫害防治和收获管理的目标

随着人口的增长，病虫害防治和收获管理的重要性也日益增长 (见第 7.1 节)，两者从不同的方面体现了 "可持续性" (sustainability) 的概念。我们称某种行为 "可持续"，就意味着这种行为在可预见的未来可以持续进行并不断重复。大量显然难以持续进行的人类行为唤起了我们对可持续性的关注。如果我们持续使用同一种杀虫剂，它就会因为害虫产生抗药性而失效；如果我们以快过鱼类种群恢复的速度捕鱼，我们将来就无鱼可捕。

人们越来越广泛地关注地球以及地球上各种生物群落的命运，可持续性正在成为人类生存的一项核心概念，甚或是唯一的核心理念。在定义可持续性时，我们使用了 "可预见的未来" 一词，之所以这么做，是因为我们是根据目前已有的知识来判断一项活动是否可持续。在我们做出判断的同时，仍有很多的因素是未知或者不可预测的 —— 例如，情况有突然恶化的可能 (例如，突发的不利的海洋条件将进一步破坏已经被过度捕捞的渔业资源)；或者，随着认识的深入或时间的推移，我们也有可能发现之前没有预料到的问题 (例如，原先有效的杀虫剂因为害虫的抗药性而失去作用)。同时，科技的进步有可能使得过去看来不可持续的活动变得可以持续进行 (例如，新研制的杀虫剂可能会更专性地作用于害虫，而非与之共存在的其他物种)。但是，假如我们看到了科学的进步，就以为总能有新的科技出现来解决现有的问题，并以此为理念指导行动，这也是相当危险的。我们不能盲目相信未来科技的作用而轻易接受不可持续的行为。

作为应用生态学的核心理念，我们对可持续性的重要性的认识正在逐渐加深。不过，若要说到可持续性的起源，那还要回溯到 1991 年。那个时候，美国生态学会 (Ecological Society of America) 发表了《可持续性生物圈动议：一个生态学研究的议程》(*The Sustainable Biosphere Initiative: An Ecological Research Agenda*)，这篇有着 16 位共同作者的文章，成为了 "对所有生态学家的号令" (Lubchenco *et al.*, 1991)。同年，世界自然保护联盟 (IUCN)、联合国环境规划署 (UNEP) 和世界自然基金会 (WWF) 联合发表了《保护地球：可持续生存战略》(IUCN/UNEP/WWF, 1991)。它们的发表向世界各地的科学家、团体和政府指出，可持续性是我们的当务之急，我们的很多所作所为都是不可持续的！就在最近，这种对可持续性的强调，已经从纯粹的生态学观点，发展为融合了生态、社会和经济可持续性的综合概念 (Milner-Gulland & Mace, 1998) —— 这有时候被看作可持续性的 "三条基线"。

本章中，我们主要从种群理论的应用出发，讲解病虫害防治 (第 15.2 节) 和收获管理 (第 15.3 节)。我们之前已经了解了种群的空间结构化过程 (spatial structuring) 如何影响种群的动态 (见第 6 章和第 14 章)。以这些观点为基础，本章的第 15.4 节将呈现一些在病虫害防治和收获管理中应用集合种群理论的实例。

我们曾在第 7 章讨论了全球气候变化将会如何影响物种的分布格局，我们通过将物种的基础生态位与全球气候变化后温度和降水的分布图相对照得到物种的分布格局。我们虽然不会在本章中继续深入探讨此话题，但值得注意的是，全球变化同样也会影响出生率、死亡率、繁育时间等重要的种群参数 (Walther *et al.*, 2002; Corn, 2003), 进而对病虫害、作物 (以及濒危种) 的种群动态产生影响。

15.2 病虫害的管理

何谓病虫害

"病虫害" 是指那些人们讨厌的物种, 也叫做有害物种。讨厌的原因多种多样: 人们认为蚊子有害, 因为它们传播疾病或者叮咬后使人发痒; 人们认为葱属杂草 (*Allium* spp.) 有害, 因为它们会在收割小麦时混入其中, 使得做出的面包有一股洋葱味; 人们认为大家鼠和小家鼠有害, 因为他们偷吃我们储藏的食物; 新西兰人认为鼬有害, 因为它们入侵到当地, 并以当地的鸟类和昆虫为食; 人们认为庭院杂草有害, 因为它们破坏了庭院的美感 —— 以上这些, 都是人们想要摆脱的。

15.2.1 经济危害水平和经济阈值

经济危害水平决定了病虫害和潜在病虫害

经济和可持续性是紧密联系的。市场的力量确保了不经济的行为都不具有可持续性。也许你会认为, 病虫害防治的目标应该是彻底根除所有的有害物种, 但这并不是病虫害防治的通则。实际上, 病虫害防治目标是要把有害物种的种群数量控制在不值得进行更多防治的水平上 —— 这个水平也就是所谓的经济危害水平 (economic injury level, EIL)[①] 在第 14 章, 我们讲到了影响物种的平均多度和波动程度的各种因素, 这里所讨论的内容正是基于那部分理论。在图 15.1a 中, 我们给出了一种假想害虫的 EIL: 它比 0 大, 同时也比这个有害物种不受防治时的平均多度低; 换句话说, 平均多度超过了 EIL 的物种就算是有害物种。如果一个物种的密度在自然状态下已经低于 EIL, 从经济角度看, 我们便没有必要对其进行防治, 那么, 根据定义, 这个物种也就不能被认定为 "有害物种" (图 15.1b)。还有一些物种, 能够维持超过 EIL 的种群大小, 但正常情况下它们的多度被相应的天敌控制在 EIL 以下 (图 15.1c)。这些物种, 可以算是潜在的有害物种, 一旦失去了天敌, 它们就变成真正的有害物种。

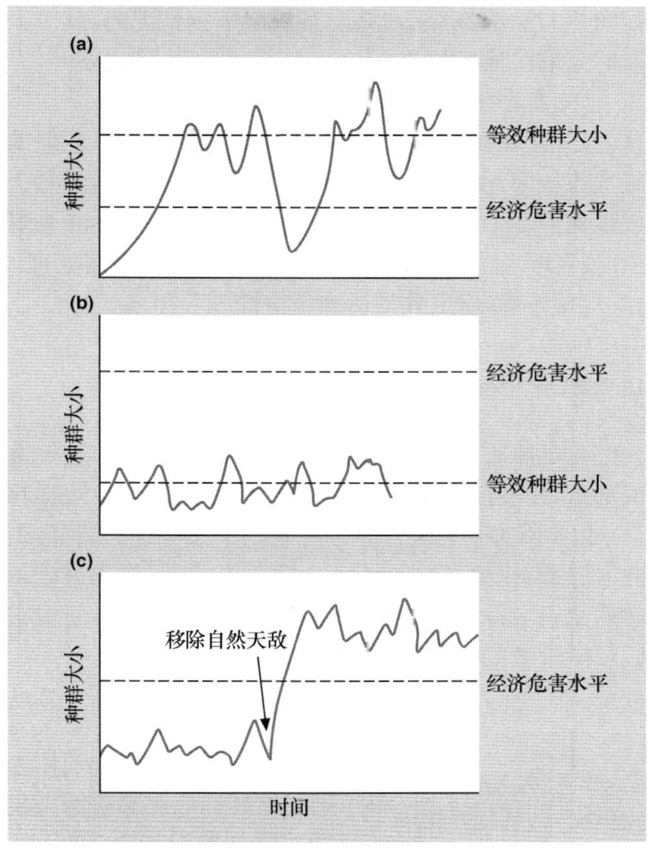

图 15.1 (a) 某种假想有害物种的种群在平衡多度附近, 随着食物、天敌等的作用而波动, 当其种群大小超过经济危害水平 (EIL), 对其进行防治便是有经济意义的。作为有害物种, 图中物种的多度在多数时间里都大于 EIL。(b) 相反地, 种群大小总在 EIL 以下波动的物种, 则不能算是有害物种。(c) 潜在有害物种的种群大小通常总是在 EIL 以下波动, 而一旦天敌被移除, 则会超过 EIL。

经济阈值 —— 着眼于病虫害发生之前

当我们发现某个有害物种的种群已经增大到开始危害经济的程度, 这时候再开始采取措施往往就已经太晚了。所以, 这里给大家介绍一个更重要的概念, 经济阈值 (economic threshold, ET): 为防止有害物种密度超过 EIL, 需要我们开始采取措施时的有害物种种群大小。ET 是一种基于成本效益分析 (cost-benefit analysis) (Ramirez & Saunders, 1999) 和对虫害爆发历史的研究而作出的预测。有时候预测中还要参考气候数据; 有时候预测会将天敌的数量也考虑在内, 而不是仅仅考虑有害物种的数量。比如, 为防治加利福尼亚地区紫花苜蓿上的斑点紫花苜

① 这里所提及的经济危害水平是指: 某种病虫害增加到开始对经济 "危害" 时, 其种群大小的 "水平"。需要注意的是, 该概念并不是指经济 (作物) 本身的受害程度。—— 译者注

蓿蚜虫 (*Therioaphis trifolii*), 当满足下列情况时, 就应当及时采取防治措施 (Flint & van den Bosch, 1981):

(1) 春季, 蚜虫的数量达到每植株 40 头。

(2) 夏季和秋季, 蚜虫数量达到每植株 20 头。但前三次收割时, 如果瓢虫 (蚜虫的捕食者) 数量达到每头成虫对应 5~10 头蚜虫, 或者每三头幼虫对应 40 头蚜虫, 或者断茬上每头幼虫对应 50 头蚜虫, 则无需处理。

(3) 冬季, 蚜虫数量达到每植株 50~70 头。

15.2.2 化学除害剂、病虫害反弹和次级病虫害

化学除害剂是病虫害防治工作者武器库的重要组成部分之一, 但根据种群生物学理论的预测 (详见第 14 章), 化学除害剂将会导致一些我们不愿看到的结果, 因此, 使用起来必须多加小心。接下来, 我们将先讨论化学杀虫剂和除草剂的使用范畴, 然后再来看看使用它们可能带来的 "意外" 后果。

15.2.2.1 杀虫剂

杀虫剂及其作用机制

使用无机物和植物制剂作为杀虫剂要追溯到病虫害防治兴起的早期, 在 19 世纪和 20 世纪初, 这类杀虫剂是兴起的虫害防治大军的主要武器。常见的无机杀虫剂通常是铜、硫、砷、铅等金属的盐化合物, 它们通常具有消化道毒性 (体表接触并不会起效), 因此只对那些具有咀嚼式口器的昆虫有效。这一缺点, 加上有毒金属的残留, 导致此类杀虫剂基本不再被人们使用 (Horn, 1988)。

某些植物的天然除虫产物或提取物, 例如烟草里的尼古丁、菊花中的除虫菊酯 (pyrethrum), 它们的作用原理与无机物杀虫剂类似, 但由于暴露于光线以及空气中时很不稳定, 现在也基本上不被使用了。不过, 有一些人工合成的拟除虫菊酯 (synthetic pyrethroids), 例如, 氯菊酯 (Permethrin) 和溴氰菊酯 (deltamethrin), 它们的稳定性被大大提高, 并且对害虫有一定的选择杀灭能力, 它们已经取代了其他种类的有机杀虫剂 (见下文)。

氯代烃类物质 (chlorinated hydrocarbon) 具有接触毒性, 通过影响神经信号的传递而起效。这类物质不溶于水, 却能很好地溶解在脂类物质中, 因此具有在动物脂肪组织中富集的倾向。臭名昭著的 DDT 是这类物质的典型: 它的发明还获得了 1948 年的诺贝尔奖, 但到 1973 年, 除紧急用途外, 这种物质就被美国全面禁止使用了 (在一些不发达国家, DDT 仍旧在被使用)。其他仍在被使用的氯代烃类物质有: 毒杀芬 (toxaphene)、艾氏剂 (aldrin)、狄氏剂 (dieldrin)、林丹 (lindane)、甲氧氯 (methoxychlor)、氯丹 (chlordane) 等。

有机磷酸酯 (organophosphates) 也是神经毒剂, 相比于氯代烃类物质, 它的毒性更强 (不论是对于昆虫还是哺乳动物), 但通常不易在环境中残留。常见的有: 马拉息昂 (malathion)、柏拉息昂 (parathion)、二嗪农 (diazinon) 等。

氨基甲酸盐 (carbamates) 与有机磷酸酯杀虫剂具有相似的作用机制。有些氨基甲酸盐对哺乳动物的毒性很低, 但对多数蜜蜂 (传粉昆虫) 和寄生蜂 (很多有害昆虫的自然天敌) 具有极强的毒性。西维因 (carbaryl) 是最为人们所熟悉的氨基甲酸盐杀虫剂。

昆虫生长调控剂 (insect growth regulator) 包括了各种各样的化学物质, 它们与自然界中昆虫的激素以及酶相似或同功, 能够干扰昆虫的生长和发育。因此, 虽然有可能在对付害虫的同时也波及它们的自然天敌, 但它们基本上对脊椎动物和植物无害。至今仍被广泛使用的两个主要类型包括: ① 几丁质合成抑制剂, 如除虫脲 (diflubenzuron), 能够使昆虫在蜕皮时无法正确地形成外骨骼; ② 保幼激素类似物, 如烯虫酯 (methoprene), 能够阻止昆虫蜕皮进入成虫期, 因而能减小下一代的种群大小。

信息化合物 (semiochemicals) 不是毒素, 却能使昆虫行为发生改变。虽然有时候我们通过直接人工合成或合成类似物来获得此类物质, 但它们终归来源于自然中存在的物质。信息素 (pheromones) 对种内个体发挥作用; 他感物质 (allelochemicals) 则对其他特定物种的个体发挥作用。性引诱信息素 (sex-attractant pheromone) 能够扰乱昆虫的交配, 在商业上用于控制有害蛾子的种群 (Reece, 1985)。而在英国的温室里, 蚜虫报警信息素则能迫使蚜虫增加运动量, 从而增大其接触到真菌孢子而被真菌感染的机会 (Hockland *et al.*,1986)。这些信息化合物加昆虫生长调控剂的手段是最近才发展起来的, 有时也被称为 "第三代" 杀虫剂 (继无机物杀虫剂、有机物杀虫剂以来) (Forrester, 1993)。

15.2.2.2 除草剂

除草剂"工具箱"

同样, 无机物除草剂也曾占有重要地位, 但由于效力的持续性差以及缺乏针对性等问题, 无机物除草剂基本已基本上被其他除草剂所取代。然而, 也正是由于以上的 "弱点", 当人们需要彻底清除某片区域中的所有植物时, 某些无机除草剂仍旧是不错的选择, 以硼酸为例, 它被根吸收后能被转运到植物体的地上部分进而杀死植

物。其他常用的无机除草剂有硫酸铵、氯化钾 (Ware, 1983)。

有机除草剂的应用要广泛得多, 如甲基胂酸二钠 (disodium methylarsonate)。(因为没有选择性) 这类除草剂通常采取点状喷施 (spot treatment), 施用后有机物被转运到植物的块根和根茎, 进而干扰生长。

相对来说, 苯氧基除草剂 (phenoxy) 以及激素类除草剂具有很好的目标选择性, 也因此而获得了很大的成功。例如, 2,4-D 能很好地有选择性地消灭宽叶杂草, 而 2,4,5-三氯苯氧乙酸 (2,4,5-T) 则被用于控制多年生木本植物。这类除草剂似乎是通过抑制植物生长调控相关的酶而最终导致植物死亡。

取代氨基化合物 (substituted amides) 具有多种多样的生物学属性。例如, 草乃敌 (diphenamid) 对植物幼苗的杀灭效果比对植物成体要强得多, 因而常用作 "萌发前" 除草剂撒在植物成体周围的土壤中, 防止杂草出现。而敌稗 (propanil) 则被广泛用于水稻田, 对付已经萌发的杂草。

硝基苯胺类物质 (nitroanilines), 如氟乐灵 (trifluralin), 是另一类用于施入土壤的苗前除草剂, 用途也很广泛。它们通过选择性地抑制目标植物根和茎的生长而发挥效力。

取代脲 (substituted ureas), 如灭草隆 (monuron), 是一种基本上没有选择性的苗前除草剂。其中也有一些被用作苗后除草剂。它们通过阻碍电子传递发挥作用。

氨基甲酸盐类物质常被描述为杀虫剂, 但其中也有一部分被用作除草剂, 通过阻止细胞分裂和抑制生长来杀死植物。它们普遍具有选择性, 作为苗前除草剂使用。例如, 磺草灵 (asulam) 常被用于控制农作物间的杂草, 也被用于人工造林以及圣诞树种植时的杂草防治。

硫代氨基甲酸盐 (thiocarbamates), 如茵草敌 (S-ethyl dipropylthiocarbamate), 也是一类用于施入土壤的苗前除草剂。能够选择性地抑制杂草种子萌发时根和地上部分的生长。

氮杂环类除草剂 (heterocyclic nitrogen) 中, 最重要的当属三嗪类物质, 如嗪草酮 (metribuzin), 它们是有效的电子传递抑制剂, 用于消灭萌发后的植物。

酚类衍生物 (phenol derivatives), 尤其是硝基酚 (nitrophenols) 类物质, 如 4,6-二硝基邻甲酚 (2-methyl-4,6-dinitrophenol), 它们通过解偶联氧化磷酸化作用而发挥功效, 具有接触性的广谱毒性, 除了能杀死植物, 还能杀死真菌、昆虫、哺乳动物等。

联吡啶类物质 (bipyridyliums) 中包含有两种重要的除草剂, 即敌草快 (diquat) 和百草枯 (paraquat)。它们是快速而强力的接触性化学物质, 通过破坏细胞膜发挥作用, 毒性广泛。

最后值得一提的除草剂是草甘膦 (glyphosate), 一种无选择性, 无残留, 施于叶面并能转移到植物其他部分而发挥作用的除草剂, 由于可以在植物生长的任何阶段以及一年中的任何时间使用, 草甘膦的应用颇为广泛。

15.2.2.3 靶标有害物种再爆发

有害物种失去了敌人而数量反弹

各种除害剂往往名声不佳, 因为它们除了杀死我们希望杀死的靶标物种, 还杀死更多其他的物种 —— 而在可持续性农业的前提下, 那些杀死了有害物种的自然天敌而起到一定程度反效果的除害剂, 尤其该得到差评。因此, 有害物种的个体数量有时会在某种除害剂施用后不久迅速反弹。这种现象被称作 "靶标有害物种再爆发", 当除害剂大量消灭有害物种的同时也大量消灭有害物种的自然天敌时便会发生 (下面的图 15.2 提供了一个例子) —— 得以存活或者事后迁入的有害物种会发现, 它们来到了一片食物充足, 又几乎没有天敌的地方。于是, 有害物种的种群可能很快就开始爆炸式增长。自然天敌的种群可能最终也能得以重新建立, 但所需的时间, 将取决于除害剂对天敌和有害物种的相对毒性, 以及其药效在环境中的滞留性 —— 不同的除害剂, 在这些指标上可能存在着很大的差异 (表 15.1)。

15.2.2.4 次级病虫害

非有害物种在天敌或竞争者被消灭后变成有害物种

施用除害剂后, 可能会出现很多微妙的后续反应 —— 再度爆发的可能不止是人们要消灭的靶标有害物种, 还可能是一些原来被天敌控制着的潜在有害物种 (图 15.1c)。一旦施用的除害剂杀死了这些潜在有害物种的天敌, 潜在的有害物种就会变成真正的有害物种 —— 这就是 "次级病虫害"。美国南部棉花的虫害提供了一个戏剧性的例子, 1950 年, 当有机杀虫剂开始大量施用时, 当地的棉花有两种主要的害虫: 阿拉巴马棉夜蛾和另一种从墨西哥入侵的墨西哥棉铃象 (*Anthonomus grandis*) (Smith, 1998)。一开始, 有机氯和有机磷酸酯 (见第 15.2.2.1 节) 杀虫剂被以每年少于 5 次的频率施用, 并使得棉花的产量奇迹般地飙升。到了 1955 年,

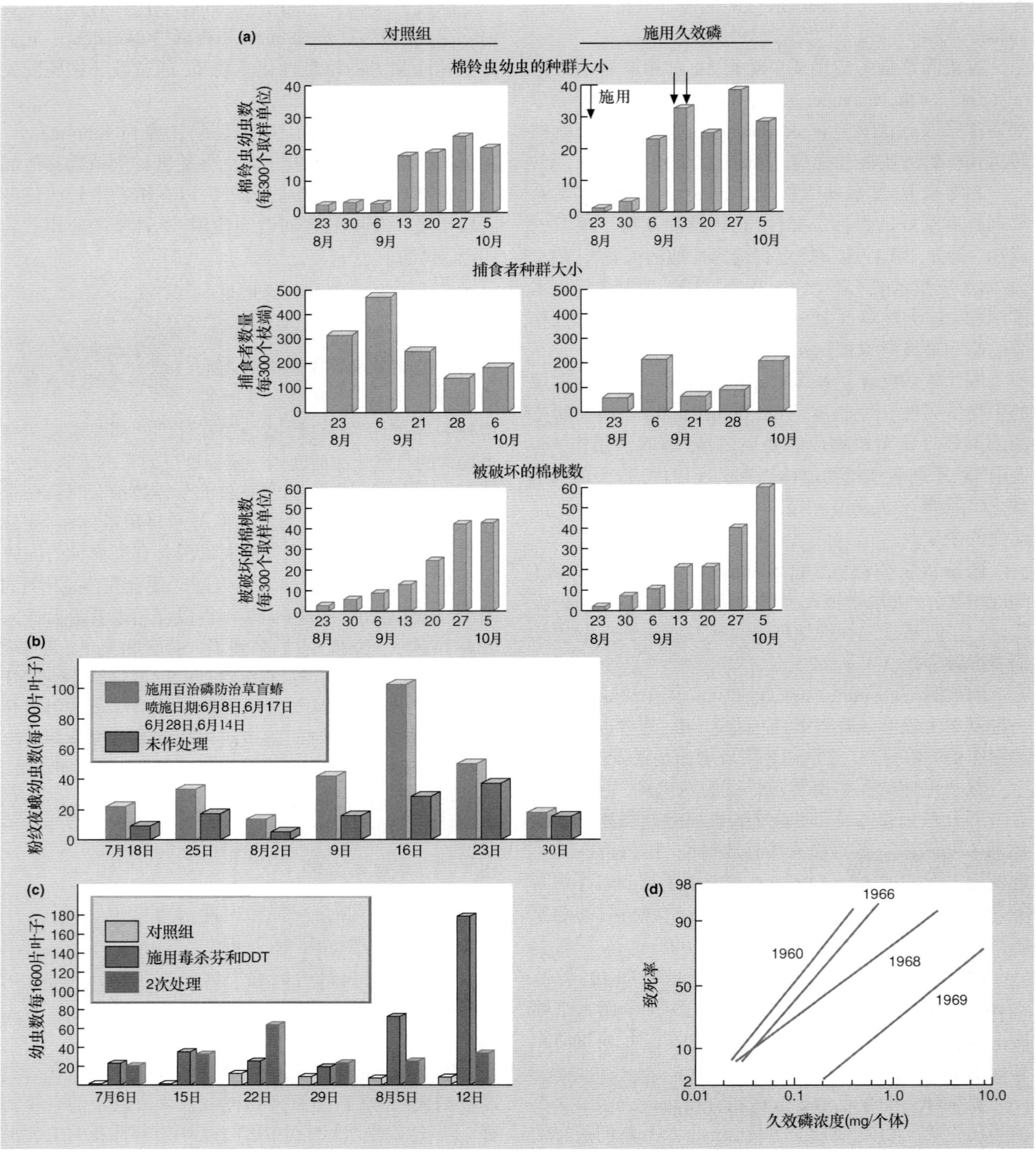

图 15.2 对加利福尼亚圣华金河谷 (San Joaquin Valley) 的棉花害虫施用杀虫剂所造成的问题。(a) 靶标害虫复活: 棉铃虫 *Heliothis zea* 由于自然天敌减少而数量恢复, 被破坏的棉桃反而增多。(b) 喷施杀虫剂杀灭草盲蝽 (*Lygus hesperus*) 后, 粉纹夜蛾幼虫 (*Trichoplusia ni*) 和 (c) 甜菜夜蛾幼虫 (*Spodoptera exigua*) 开始大量出现 —— 这都是次级害虫爆发的例子。(d) 草盲蝽对于久效磷抗药性的增加 (仿 van den Bosch *et al.*, 1971)。

表 15.1 一些杀虫剂对于非靶标物种的毒性，以及药效的持久性。1 代表最小 (包括极小或无毒)，5 代表最大。药物对非靶标物种毒性越大，药效滞留时间越长，对非靶标物种造成的破坏也就越严重 —— 显然，表中的前 6 种杀虫剂就属于此类。

	毒性				药效滞留性
	鼠类	鱼类	鸟类	蜜蜂	
氯菊酯 (合成除虫菊酯)	2	4	2	5	2
DDT (有机氯杀虫剂)	3	4	2	2	5
林丹 (有机氯杀虫剂)	3	3	2	4	4
乙基柏拉息昂 (有机磷酸酯)	5	2	5	5	2
马拉息昂 (有机磷酸酯)	2	2	1	4	1
西维因 (氨基甲酸盐)	2	1	1	4	1
除虫脲 (几丁质合成抑制剂)	1	1	1	1	4
烯虫酯 (保幼激素类似物)	1	1	1	2	2
苏云金芽孢杆菌 (*Bacillus thuringiensis*)	1	1	1	1	1

3 种次级害虫便开始出现：棉铃虫、棉蚜和拟红铃虫。此时杀虫剂的施用频率上升到了每年 8~10 次，虽然棉蚜和拟红铃虫得到了有效的抑制，但这又导致了 5 种新的次级害虫的出现。到了 1960 年代，棉花的害虫从原先的 2 种上升到了 8 种，杀虫剂的施用频率则上升到了经济上难以承受的平均每年 28 次。一项在加利福尼亚圣华金河谷 (San Joaquin Valley) 地区的研究显示了靶标有害物种再爆发 (此研究中的靶标有害物种为棉铃虫，图 15.2a) 和次级病虫害爆发 (施用杀虫剂控制另一靶标害虫草盲蝽后，粉纹夜蛾幼虫和甜菜夜蛾幼虫数量增长) 的现象。病虫害防治措施的改进，需要人们彻底了解有害物种和非有害物种的相互作用，并通过测试彻底地了解每种杀虫剂对其他物种的作用。

大量非靶标物种的死亡

有时候，施用除害剂的副作用十分直接，并不像靶标害虫以及次级害虫爆发这样复杂。下面的例子很好地描述了施用杀虫剂可能带来的潜在灾难：1954—1958 年间，伊利诺伊州的农场开始大面积使用狄氏剂，以 "彻底根除" 日本金龟子这种草地害虫。农场里的牛和羊都中了毒，90% 的猫和一定数量的狗被毒死，12 种野生哺乳动物和 19 种野生鸟类的种群蒙受了损失 (Luckman & Decker, 1960)。这样的后果要求我们，在实施任何方式的病虫害防治前，都应该准备好预防措施。加上现今人们对于除害剂的毒性和滞留性有了更好地了解，以及毒性更专一、滞留性更低的除害剂的开发，我们再也不该让类似的灾难发生了。

15.2.3 除草剂、杂草和农田鸟类

抗除草剂转基因作物所带来的意外影响

除草剂在全世界有着大规模、大剂量的应用。它们能够杀灭有害植物，并且在商业化施用时，看起来没有对动物造成显著影响。环境中的除草剂污染问题，并没有随着杀虫剂副作用的发现而被人们重视，而是直到最近才被人们意识到。然而，保护主义者开始担心 "杂草" 减少，可能对以此为宿主的蝴蝶和其他昆虫，以及以草籽为食的鸟类造成威胁。最近人们通过转基因手段使得农作物 (如甜菜) 产生了对非选择性除草剂草甘膦 (见第 15.2.2.2 节) 的抗性。这使得人们可以直接杀灭与农作物竞争营养的杂草，而不会对抗除草剂的转基因作物产生不利影响。

藜 (*Chenopodium album*) 作为一个世界范围内的广布物种，在转基因农作物种植过程中受到了负面影响；然而，对于云雀 (*Alauda arvensis*) 等农场的鸟类而言，藜的种子是它们过冬的重要食物来源之一。Watkinson 等 (2000) 利用人们对云雀和藜种群的已有了解，将上述物种的种群动态纳入模型，以研究农场种植转基因甜菜所带来的影响。云雀会在杂草较多的田间觅食，并且在局域尺度上随着杂草种子多度的增加而聚集。因此，转基因甜菜对农场鸟类造成的影响将主要取决于其对高密度杂草生境的影响。Watkinscn 等考虑了农业生产对杂草密度的各种可能影响，并在他们的模型中假设：① 在引入转基因技术之前，多数农场的杂草密度都比

较低, 只有少数农场的杂草密度较高 (图 15.3a 实线所示); ② 农民引种转基因作物的可能性与杂草种子库的密度相关 (其系数为 ρ) —— ρ 为正值表明农民倾向于在杂草种子密度较高的地区种植转基因作物, 以减少杂草对作物产量的影响。这将使杂草密度低的区域增加 (图 15.3a 点状线条所示); ρ 为负值则表明农民更可能在杂草密度较低的地区 (杂草管理力度较大的农场) 种植转基因作物, 这可能是因为人们控制杂草的愿望与种植转基因作物所带来的好处相一致。这将导致杂草密度低的区域减少 (图 15.3a 虚线所示)。需要注意的是, ρ 不是一个生态学参数, 而是人们对于使用新技术的一种社会经济学反应。农民对于新技术的反应并不是完全一致的, 在模型中需要被作为一个变量来考虑。研究结果表明, ρ 对鸟类种群密度的影响, 与 ρ 对杂草多度的直接影响一样关键 (图 15.3b)。该项研究强调, 资源管理者在考虑可持续性问题时, 需要建立生态学、社会学、经济学这三个维度上的底线。

15.2.4 除害剂抗性的进化

进化出来的抗性: 一个广泛存在的问题

如果有害物种发展出了对某种化学除害剂的抗性, 该除害剂也就失去了其在可持续性农业中的作用。除害剂抗性的进化只不过是自然选择导致的结果。当一个有遗传差异的种群中大量个体被除害剂系统性地杀死时, 这种现象几乎必然会发生。某些为数很少的个体有可能具有超乎寻常的抗性 (一种可能的原因是它们拥有能分解除害剂

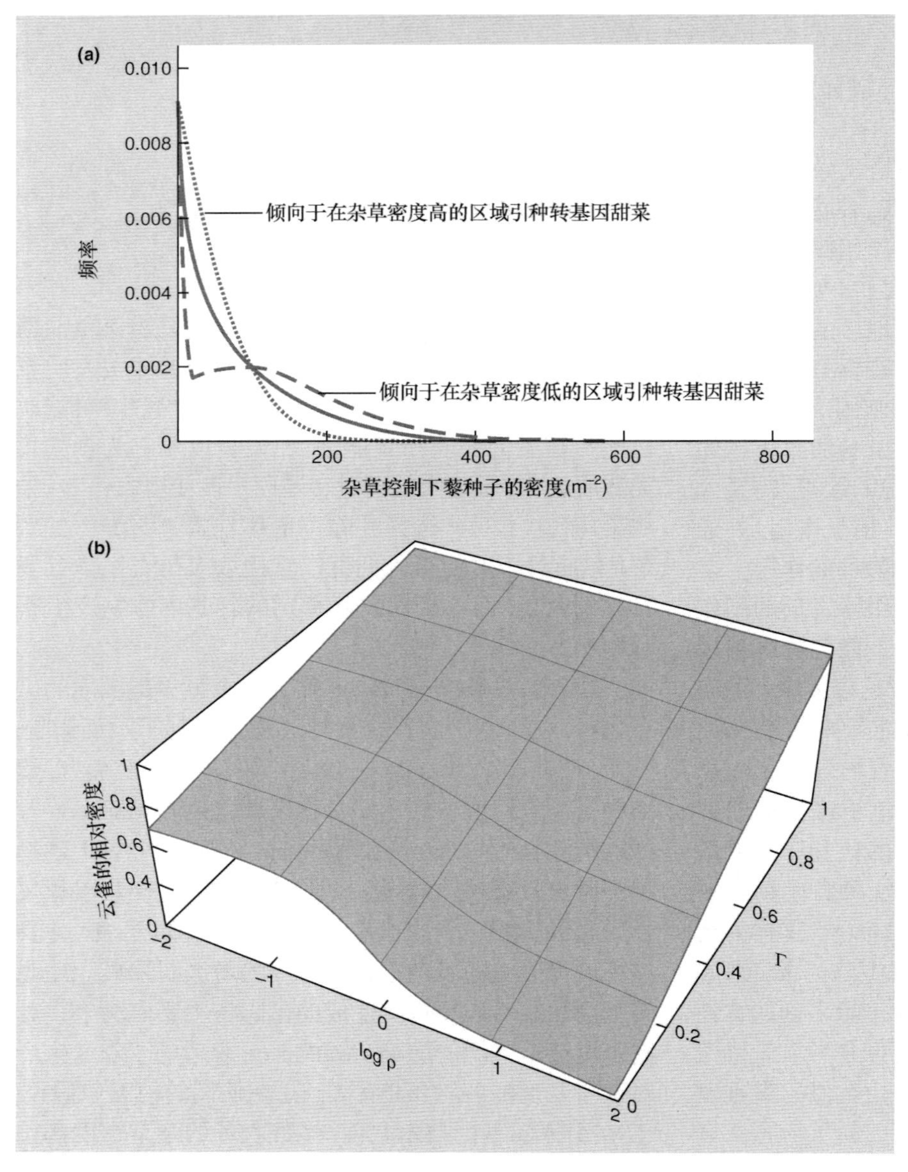

图 15.3 (a) 杂草种子平均密度的频率分布: 引种转基因甜菜前 (实线); 在杂草密度高的区域引种转基因甜菜 (点状线); 在杂草密度低的区域引种转基因甜菜 (虚线)。(b) 冬天田野中云雀种群的相对密度 (纵轴, 以引种转基因甜菜之前的密度为 1) 与 ρ (横轴, 正值表示倾向于在杂草密度高的区域引种转基因甜菜, 负值表示倾向于在杂草密度低的区域引种转基因甜菜) 和引种转基因甜菜后杂草种子库相对大小的关系。(Γ, 第三轴, 真实值往往小于 0.1)。需要注意的是, 因为 Γ 通常很小, 所以实际的情况往往都落在图中最接近你的 "一层", 即 ρ 的一点变化会导致云雀种群密度颇大的差异。

的酶)。当人们一次又一次地使用某种除害剂时，每次施用，下一世代的有害物种种群中就将会出现更多的带抗性个体。有害物种通常具有大量繁殖的潜力，因此，少数存活下来的个体可能会产生成百上千的后代，这使得除害剂抗性在有害物种种群中能够迅速扩散。

尽管早在 1946 年，在瑞典家蝇 (*Musca domestica*) 对 DDT 产生抗性的第一个案例就已经被报道，有害物种发展出除害剂抗性的问题在过去仍然常常被忽视。图 15.4 中描述了有害物种产生抗性问题的程度——无脊椎动物、杂草、植物病原体这三类生物，对除害剂产生抗性的种数都呈现指数增长。我们之前讲到棉花害虫的案例同样也是害虫发展出杀虫剂抗性的例子 (见图 15.2d)。甚至啮齿类、穴兔 (*Oryctolagus cuniculus*) 这样的生物也发展出了对特定除害剂的抗性 (Twigg *et al.*, 2002)。

抗性管理 通过周期性地以一定顺序不断变更除害剂的种类，使得有害物种来不及对某一种除害剂产生抗性，有害物种发展出除害剂抗性的过程是可以得到减慢的 (Roush & McKenzie, 1987)。盘尾丝虫病 (River blindness) 是一种在非洲地区流行的疾病，通过在水中度过幼虫期的黑蝇 (*Simulium damnosum*) 叮咬传播，现在已经基本上被消灭了。人们用直升机在数个非洲国家的河流中大量喷洒二硫磷 (Temephos) 杀虫剂以消灭传播疾病的黑蝇幼虫 (截至 1999 年，共有约 50 000 km 的河流每周被喷洒一次杀虫剂; Yameogo *et al.*, 2001)，但在不到 5 年的时间里，黑蝇幼虫便产生了对杀虫剂的抗性 (表 15.2)。人们把二硫磷更换为另一种有机磷酸酯杀虫剂氯辛硫磷 (chlorphoxim)，但抗性又迅速地产生。通过采取轮换使用数种杀虫剂的策略，抗性的产生终于得到了控制，自从 1994 年以后，抗二硫磷的黑蝇幼虫种群便很少出现了 (Davies, 1994)。

表 15.2 人们对传播盘尾丝虫病的黑蝇的水生幼虫使用杀虫剂的历史。人们发现早期仅使用二硫磷和氯辛硫磷导致害虫产生抗性后，表中的杀虫剂开始被轮换着使用，以防止抗性的产生 (仿 Davies, 1994)。

除害剂名称	类型	使用历史
二硫磷 (temephos)	有机磷酸酯	1975—
氯辛硫磷 (chlorphoxim)	有机磷酸酯	1980—1990
苏云金杆菌芽孢 (*Bacillus thuringiensis*)	生物杀虫剂	1980—
氯菊酯 (Permethrin)	拟除虫菊酯	1985—
丁硫克百威 (Carbosulfan)	氨基甲酸盐	1985—
吡唑硫磷 (Pyraclofos)	有机磷酸盐	1991—
辛硫磷 (Phoxim)	有机磷酸酯	1991—
醚菊酯 (Etofenprox)	拟除虫菊酯	1994—

如果化学除害剂只会带来问题，或者说，使用化学除害剂本质上就具有强烈的不可持续性，那么这些物质应该早就不再被广泛地使用了。这不仅没有发生，而且，化学除害剂的生产还呈现出快速增长的态势。化学除害剂的效费比总体上还是能使生产者们乐意使用的。尤其是在很多贫困的国家，当人们仍在担心发生饥荒和大范围爆发流行病时，使用化学除害剂可能带来的社会问题和健康问题只好被忽略。总的来说，决定是否使用化学除害剂时，需要衡量“能拯救多少生命”、“食物生产经济效率”、“食物总产量”这样的因素。如果符

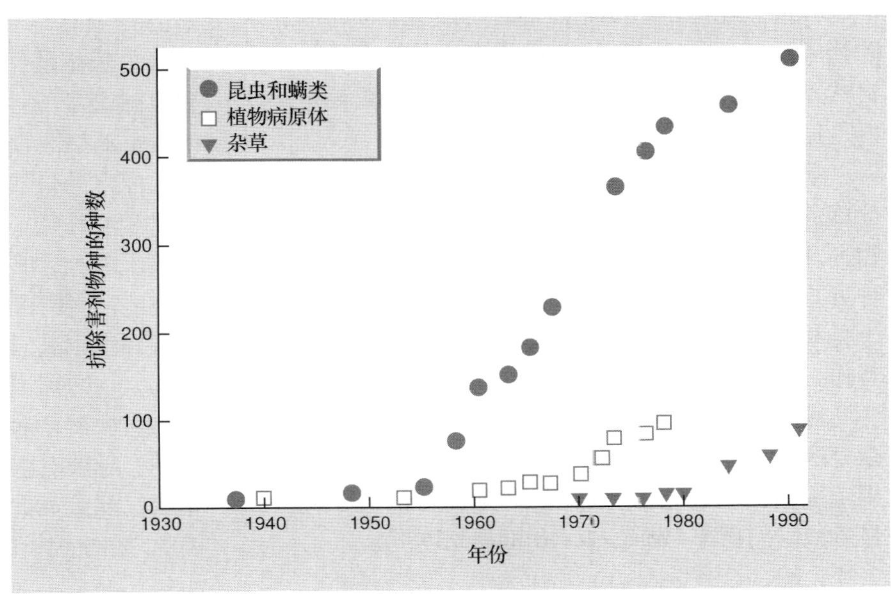

图 15.4 至少对一种除害剂产生抗性的昆虫、节肢动物、植物病原体和杂草物种数量的增加趋势 (仿 Gould, 1991)。

合这些非常基本的要求, 使用化学除害剂可以被认为是可持续性的。而在实践中, 保证可持续性还需要我们不断发展出残留性更低、可生物降解、目标更精确, 并且至少比有害物种 “领先一步” 的除害剂。

15.2.5　生物防治

生物防治: 以多种途径利用自然天敌

病虫害总是一次又一次地爆发, 因此我们才需要不断地使用除害剂进行控制。而有些情况下, 生物学家能够使用具有同等效力, 并且代价更小的工具代替化学除害剂 —— 这就是生物防治 (操纵有害物种的自然天敌以控制有害物种)。生物防治包括了利用种间相互作用理论, 以及利用有害物种的自然天敌 (见第 10、12、14 章) 这两条控制有害物种种群密度的途径, 并且有很多类型。

第一类的生物防治叫做引入式防治 (introduction), 指从另一地理区域引入有害物种的自然天敌 —— 往往是从那些有害物种已经发生并开始 “为害” 的区域引入 —— 以期引入的天敌能维持一定数量并长期地将有害物种的数量控制在经济阈值以下。这是人们希望的外来物种入侵, 常被称作经典生物防治或者生物引进。

与第一类情况相对地, 保护性生物防治 (conservation biological control) 则通过增加或维持本土泛化 (generalist) 天敌的数量以控制某处的有害物种 (Barbosa, 1998)。

接种式防治 (inoculation) 与引进式防治 (introduction) 十分近似, 但由于天敌物种无法存活到下一年, 需要人们周期性地施放天敌, 以在一个或几个有限的世代内提供生物防治。接种方式的一种变形称作添加式防治 (augmentation), 这种方式所施放和补充的是本土自然天敌, 也需要重复进行, 通常用于阻止有害物种种群迅速扩大。

最后一种方式称作淹没式防治 (inundation), 人们会施放大量的自然天敌, 以全面杀死当下存在的有害物种, 但由于天敌种种群本身繁殖或者维持的问题, 这种方式不提供长期的防治。由于与化学除害剂的使用十分相似, 在这种防治方式中使用的天敌种也经常被看作 “生物除害剂”。

昆虫 (尤其是拟寄生物) 是生物防治其他昆虫或者杂草所用到的主要工具。表 15.3 总结了生物防治的使用范围, 以及天敌种群建立后对其他防治措施的需求显著减少的概率 (Waage & Greathead, 1988)。

表 15.3　利用昆虫作为防止种对抗害虫或者杂草的记录 (仿 Waage & Greathead, 1988)。

	害虫	杂草
找到的天敌种数量	563	126
针对的有害物种数量	292	70
涉及生物防控的国家数	168	55
天敌物种能够定居的案例	1063	367
定居后发挥明显作用的案例	421	113
有效的比率	40	31

吹绵蚧: 引入式防治的经典案例

一个 “典型” 的生物防治的案例, 其本身也应该是一个经典。这个案例的成功标志着现代生物防治的开端。吹绵蚧 (*Icerya purchasi*) 于 1868 年在加利福尼亚的柑橘果园中作为一种农业害虫被首次发现。到了 1886 年, 这种害虫几乎使得柑橘生产濒临崩溃。世界各地的生态学家对此做出了响应, 试图找到吹绵蚧的起源地和自然天敌。而后, 人们将 12 000 只来自澳大利亚的粗脚寄蝇 (*Cryptochaetum* 一种双翅目拟寄生物), 和 500 只来自澳大利亚和新西兰的澳洲瓢虫 (*Rodolia cardinalis*) 引入加利福尼亚。最初, 粗脚寄蝇看起来就好像消失了踪影, 而澳洲瓢虫的种群则爆发性增长。到 1890 年末, 加利福尼亚地区的吹绵蚧灾害便得到了有效控制。在对抗吹绵蚧的战斗中通常总是瓢虫在发挥作用, 但长期调查结果表明, 瓢虫主要是在内陆地区发挥作用, 海岸地区发挥主要防治作用的则是粗脚寄蝇 (Flint & van den Bosch, 1981)。

吹绵蚧案例反映的几个基本要点

吹绵蚧的案例折射了生物防治的几个基本要点。物种可能仅仅由于拓殖到新地区, 失去原有自然天敌的控制 (天敌施放假说) 而变成有害物种 (Keane & Crawley, 2002)。引入式生物防治的关键在于引入原有的自然天敌从而恢复原产地特定的捕食者 – 猎物相互作用 (虽然引入的种间关系肯定会与原产地的情况有所不同)。生物防治需要经典分类学的知识和技能, 以便在原产地生境下找到有害物种, 并进一步发现和识别其自然天敌。这往往是一项非常困难的任务 —— 主要原因是人们真正要找的自然天敌有能力把有害物种的种群密度控制在很低的水平, 而这种特性则会导致有害物种和天敌种在自然生境中的数量都很少。尽管如此, 花力气寻找和调查的回报可能是很高的。在吹绵蚧的案例中, 生物防治方法被推广到其他

50个国家，节约了大量的人力物力。另外，这个案例也说明防治某种有害物种时，引入数个能够互补的自然天敌种的重要性。最后，经典生物防治，与自然界中的调控一样，会被化学杀虫剂打破。1946—1947年，加利福尼亚柑橘园中首次针对橘软蜡蚧 (*Coccus pseudomagnoliarum*) 使用了DDT，这些DDT几乎消灭了所有瓢虫，从而引发了一次当地少见的吹绵蚧爆发。此后，DDT的使用即被终止。

对麦田蚜虫的保护性生物防治

很多有害物种生存的生境中，已经有很多自然天敌存在。例如小麦上生长的蚜虫 [如麦长管蚜 (*Sitobion avenae*) 和某些种类的禾谷缢管蚜 (*Rhopalasiphum* spp.)]，会被瓢虫和其他甲虫、蝽、草蛉 (草蛉科，Chrysopidae)、食蚜蝇幼虫和蜘蛛等攻击，这些都是蚜虫的特化或泛化捕食者 (Brewer & Elliott, 2004)。这些自然天敌很多都在麦田边缘的草地里度过冬天，从那里扩散并抑制麦田边缘的蚜虫种群。在麦田中种植条状的草坪，可以增加这些天敌物种的种群大小，并强化它们对蚜虫的压制。这是一个正在进行的保护性生物防治案例 (Barbosa, 1998)。

温室害虫的接种防治

接种式防治作为一种重要的生物防治手段，被广泛用于防治温室中的节肢动物害虫，因为在温室中，每当生长季结束，庄稼、有害物种、自然天敌都会被一并移除 (van Lenteren & Woets, 1988)。有两个重要的物种被用于此种方式的防治：智利捕植螨 (*Phytoseiulus persimilis*) 会捕食黄瓜和其他蔬菜上的二点叶螨 (*Tetranychus urticae*)；丽蚜小蜂 (*Encarsia formosa*) 则是西红柿和黄瓜害虫 —— 温室粉虱 (*Trialeurodes vaporariorum*) 的拟寄生物。到1985年，西欧每年生产这两个防治物种的“产量”大约是每种5亿只。

淹没式防治：用微生物防治有害昆虫

淹没式防治通常使用昆虫病原体来控制害虫 (Payne, 1988)。到目前为止，使用最广泛的防治物种是很容易人工培养的苏云金芽孢杆菌 (*Bacillus thuringiensis*)。被昆虫幼虫吞下后，该细菌会分泌强效毒素，并使昆虫在30分钟到3天内死亡。重要的是，苏云金杆菌还有很多变种，其中一种对鳞翅目昆虫 (常见农业害虫) 有特异毒性，另一种则对双翅目昆虫如蚊子和黑蝇 (疟疾和盘尾丝虫病的传播者) 有专一毒性，还有对甲虫 (常见的农业和仓储害虫) 有特效的变种。苏云金杆菌作为生物杀虫剂被极为广泛地使用，其优势在于它对靶标昆虫具有很强的毒性，但对其他有机体却没有毒性 (包括对人和靶标害虫的大多数自然天敌)。一些植物，如棉花 (*Gossypium hirsutum*)，被基因改造，使其能够表达苏云金杆菌毒素 (杀虫晶体蛋白 Cry1Ac)。相比非转基因棉花，棉红铃虫 (*Pectinaphora gossypiella*) 在这种转基因棉花上的存活概率要低46%～100% (Lui *et al.*, 2001)。苏云金杆菌是目前可用的最有效的“天然”杀虫剂之一，而随着这些转基因商业作物的种植，有害物种发展出对苏云金杆菌抗性的可能性也在不断增加，这引发了人们对转基因作物越来越多的关注。

生物防治不一定对环境友好

看上去，生物防治是一种对环境非常友好的病虫害防治手段，但也不断有例证表明，即便非常小心地选择和引入防治物种，也会对非靶标物种产生一定影响。例如，象鼻虫 (*Rhinocyllus conicus*) 被引入到北美，用以控制外来的蓟类杂草，引入后，这种甲虫却开始攻击占本地物种总数超过 30% 的 90 余种本地蓟属植物。蓟属植物数量的减少 (其中一种，*Cirsuim canescens* 减少了 90%) 则进而对本地一种以蓟属植物种子为食的花翅蝇 (*Paracantha culta*) 产生了不良影响 (Louda *et al.*, 2003a)。Louda 等 (2003b) 回顾了 10 项生物防治项目 —— 这 10 个项目中，引入的防治种对非靶标物种的影响得到了少见却非常值得一做的监测 —— 作者认为，靶标物种的近缘种相对更容易受到攻击，而其中稀有的土著种则尤其易受影响。作者建议病虫害防治工作者在评估潜在的生物防治物种时，应注意避免引入泛化天敌，进行充分的宿主特异性测试，并在评估中考虑更多的生态学信息。

15.2.6 病虫害综合防治

IPM：一种基于生态学而非化学的理念

基于对有害物种种群动态的认识，我们得到了各种病虫害防治方法的启示，这在前面的几个小节里已经予以介绍。然而，我们还有必要站在一个更广阔的角度上考虑，如何才能让这些用于病虫害防治的工具更加有效地组合，以做到在最大化经济利益的同时，也将防治手段对环境和公众健康的负面效应降至最低。这便是病虫害综合防治 (integrated pest management, IPM) 所追求的目标。IPM 结合了物理性控制手段 (如阻止入侵种的到来，阻止害虫接近农作物，手工根除刚到来的有害物种等)；耕作性控制手段 (如不断更换作物的种类，使得害虫难以建立很大的种群); 生物和化学性控制手段; 以及栽培抗性农作物等。IPM 的思想, 作为人们对滥用化学除害剂问题的反应, 出现于 19 世纪 40 和 50 年代。

IPM 以生态学为基础, 主要依靠如气候、天敌等与有害物种自然死亡率相关的因素, 并试图尽可能避免对天敌的干扰。IPM 的目标是将有害物种的数量控制在 EIL (见第 15.2.1 节) 以下, 通过监控有害物种和其自然天敌的密度, 并使用多种控制手段作为辅助以实现对有害物种的防治。IPM 并不排斥广谱杀虫剂, 但对其使用却是非常谨慎的, 即便使用, 也以尽量减小代价和用量为原则。IPM 的本质是尽量使得防治措施适合其所面对的病虫害, 而就算是相邻的区域, 也会面临不同的问题。因此, IPM 经常通过建立以计算机为基础的专家系统, 而为农业生产者提供病虫害诊断服务, 并就防治措施提供合适的建议 (Mahaman *et al.*, 2003)。

马铃薯块茎蛾的综合防治

马铃薯块茎蛾 (*Phthorimaea operculella*) 的毛虫通常在新西兰为害。作为一种来自温暖亚热带的入侵生物, 马铃薯块茎蛾在温暖干燥的地区最具破坏力 (环境与最适生境接近, 见第 3 章)。这种害虫每年可发生 6~8 代, 不同世代的马铃薯块茎蛾分别为害马铃薯的叶、茎和块茎。为害马铃薯块茎的毛虫难以被自然天敌 (拟寄生物) 和杀虫剂攻击, 因此防治手段必须在害虫尚在为害叶片的世代进行。对马铃薯块茎蛾的 IPM 策略 (Herman, 2000) 包括: ① 监测 (从仲夏开始每周布设雌性信息素陷阱, 吸引雄性马铃薯块茎蛾并计数); ② 耕作性防治 (对种植马铃薯的土壤进行耕作以防止土壤龟裂, 多次翻土作垄并保持土壤湿度); ③ 在必要时使用杀虫剂 (常用甲胺磷等有机磷酸酯杀虫剂)。农民根据图 15.5 所示的防治决策图, 而采取相应的防治手段。

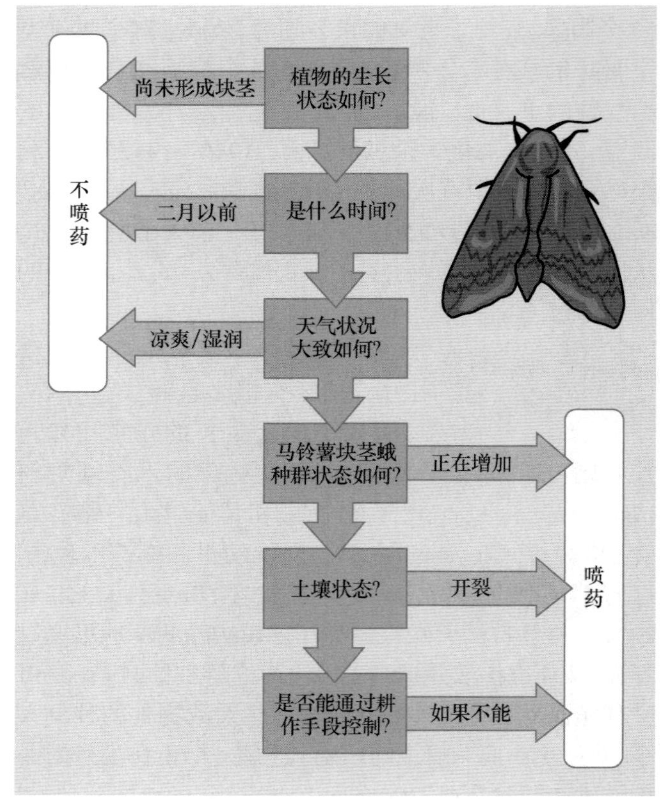

图 15.5 新西兰对马铃薯块茎蛾进行综合防治的决策流程图。图中, 方框中的语句是与防治相关的问题, 箭头中的语句是农民对问题的回答, 纵向方框中则是推荐采取的措施。注意, 在南半球的新西兰, 2 月是夏末 (仿 Herman, 2000; 图片源自 Interenational Potato Center CIP)。

IPM 与可持续性农业系统的整合

依照 IPM 的理念, 病虫害防治不能与食物生产的其他方面相孤立, 尤其是 IPM 与维持和增强土壤肥力手段的关系。这类更广义的可持续性农业系统, 例如, 美国的综合农业系统 (integrated farming systems, IFS) 和欧洲的低投入农业与环境 (lower input farming and environment, LIFE) (International Organisation for Biological Control, 1989; National Research Council, 1990), 在降低环境危害方面具有一定优势。但就算有此优点, 如果不能很好地兼顾经济因素, 这些理念也不会被广泛采用。本书中, 图 15.6 显示了美国华盛顿州 1994—1999 年分别采取有机农业、传统方式和综合农业系统种植苹果的产量 (Reganold *et al.*, 2001)。有机农业排除了传统农业中对合成除害剂和化肥的使用, 而综合农业则综合前两者的手段, 使用较少的化学品。三种农业方式下的苹果产量非常相近, 但有机农业和综合农业系统下, 土壤肥力保持得更好, 对环境的不良影响也较少。与传统农业和综合农业相比, 有机农业系统生产出了更甜的苹果, 具有更好的收益率和更高的能量利用效率。需要注意的是, 抛开一些人们普遍相信的东西, 有机农业对于环境也并不是完全没有负面效应的。比如, 某些被认可的杀虫剂其实跟人工合成的产品一样有害; 与化肥相比, 施用动物性肥料同样可能导致过量硝酸盐进入水系 (Trewavas, 2001)。我们仍有必要对不同的农业管理方式以及它们对环境影响的程度进行研究和比较。

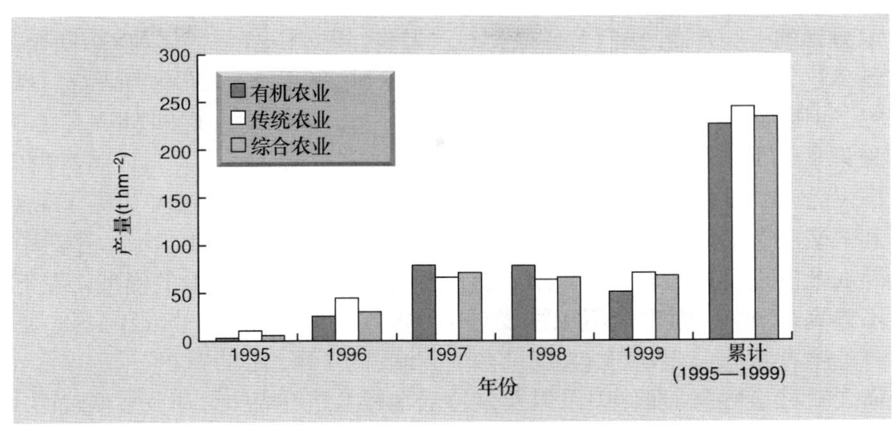

图 15.6 三种农业方式下苹果的产量 (仿 Reganold *et al.*, 2001)。

15.2.7 对入侵生物早期防治的重要性

当一个新的有害物种入侵时……

不少物种是在成为入侵种以后才变得有害的。对抗潜在入侵种的最好办法就是了解它们的迁移潜力 (immigration potential) (见第 7.4.2 节), 并通过在国家口岸及贸易通道上设置严格的生物检疫来阻止它们进入 (Wittenberg & Cock, 2001)。然而, 仍然有很多潜在的外来生物是我们难以阻止的。这些潜在的外来种, 很多在抵达本地后可能无法建立种群; 而就算是建立了种群, 也有很多可能不会产生强烈的生态影响。管理者需要注意的是那些真正会带来问题的物种, 因此, 入侵种防治策略的下一步是对潜在的外来物种 (或者刚刚出现的外来种), 根据其存活、建群、扩散以及造成严重问题的可能性进行分级。这并不是一件简单的事情, 但一些特定的生活史性状能够给以有用的提示 (见第 7.3.2 节)。在本书的第 22 章我们会看到, 这种对为害潜力的分级方法, 也可以被用于分级和筛选需要给予特别注意的潜在入侵种 (见第 22.3.1 节)。

……早期防治最有效

当一个外来种出现时, 如果它成为入侵种的可能性较大, 我们便有必要立即采取措施, 因为在这个时期, 清除该外来种是既简单可行, 又经济节约的。采取这种行动时常需要依靠我们对种群生态学基础知识的了解。以人们清除来自南非的一种缨鳃虫 *Terebrasabella heterouncinata* 的过程为例, 缨鳃虫是一种寄生在鲍鱼和其他腹足纲动物身上的寄生物, 人们发现这种寄生物在加利福尼亚地区一个鲍鱼水产养殖设施的出水口附近建立了种群 (Culver & Kuris, 2000)。人们对于这种缨鳃虫的种群生态学有足够的了解, 知道它对腹足动物具专一性, 知道本地区有两种马蹄螺(*Tegula*) 是它的首要宿主, 且较大的个体最容易受到其感染。于是志愿者们在这一地区清除了 160 万只较大的宿主, 使得潜在宿主的密度低于寄生物传播所要求的密度 (见第 12 章), 最终该种缨鳃虫得以被清除。

然而, Simberloff (2003) 认为, 对近期入侵生物的快速处理往往 "是一种散弹式的打击, 而非手术般的精确打击"。他列举了一系列成功清除小种群入侵杂草的成功案例 —— 如对新西兰近岸岛屿上蒲苇 (*Cortaderia selloana*) 和新疆千里光 (*Senecio jacobaea*) 的清除 (Timmins & Braithwaite, 2002) —— 说明这些清除的成功都是靠在入侵初期采取强力手段而实现的。同样, 出现在新西兰奥克兰市郊的白点毒蛾 (*Orygyia thyellina*), 是采用喷施苏云金杆菌的方法 (花费了 500 万美元) 清除的。对于白点毒蛾, 人们手头仅有的种群生物学信息是雌性毒蛾通过性外激素吸引雄性, 这条知识被用于捕捉雄性毒蛾, 并决定在哪些地区再次施用苏云金杆菌。不能等到也不应该等到新的种群生物学研究进行以后再消灭那些新建群的入侵种。

一旦入侵生物得以建群, 扩散到新的地区, 并且被认定为有害物种, 它们就变为病虫害防治工作者工作手册上的一员, 跟其他有害物种没什么两样。

15.3 收获管理

在收获中避免过度开发和开发不足

人类对生物种群进行采集收获, 显然属于捕食者 —— 猎物关系的范畴, 因此收获管理也以捕食者 —— 猎物动态的理论为基础 (见第 10、14 章)。当一个自然种群被人类开发, 进行采集和收获时 —— 不论是从海里捕捞鲸和各种鱼类, 还是从非洲草原猎取 "丛林肉", 还是砍伐丛林中的树木 —— 可以说, 我们希望避免的也正是我们期望得到的。一方面, 我们希望避免过度开发, 以防移除过多个体而使种群陷入危险, 失去经济价值, 甚至灭绝。但收获管理者同时也希望避免开发不足, 以免仅采集了远少于种群承受能力的个体, 或者种植了不够满足公众需要的数量的粮食作物, 进而威胁到生产者和消费者的健康和生存。然而, 如同我们将要见到的, 要在开发不足和开发过度中间划出一个合适的区域是不容易做到的, 因为这不仅需要对生物学 (被开发种群的生存状态)、经济学 (收获带来的利润) 的了解, 还需要对社会因素 (雇佣关系以及维持当地社会的生活传统) 加以综合考虑 (Hilborn & Walters, 1992; Milner-Gulland & Mace, 1998)。对此, 让我们先从生物学方面讲起。

15.3.1 最大可持续产量

最大可持续产量 (maximum sustainable yield, MSY), 净补充曲线 (net recruitment curve) 的峰值

关于收获理论, 我们要记住的第一点是, 高产量都是从那些维持在环境容纳量以下 (往往远低于环境容纳量) 的种群中得到的。这个基本的规律可以用图 15.7 的种群模型阐释。图中, 种群的自然净补充 (或者净生产力) 用一条 "n" 型曲线描述 (见第 5.4.2 节)。补充率在个体很少时, 或者在种内竞争十分激烈时都很低。在达到环境容纳量 (K) 时, 补充率是 0。净补充率最大时的种群密度由种间竞争的形式决定。在逻辑斯谛模型 (见第 5.9 节) 中, 这个密度是 $K/2$, 但对于很多大型哺乳动物来说, 净补充率最大时的种群密度可能仅比 K 小一点 (图 5.10d)。总之, 最大净补充率总是在种群处于 "中间" 密度, 小于环境容纳量时出现。

图 15.7 中显示的 3 种可能的收获策略都是以固定速率 (如在特定时间内收获固定数量的个体) 进行的, 但它们仍然是 3 种不同的收获策略。当收获曲线和补充曲线相交时, 收获速率和补充速率的数值相等, 符号相反; 即单位时间内收获者收获的个体数量与种群内自然补充的个体数量相等。最值得关注的是收获率 h_m, 这条线与补充曲线的峰值相交 (或者说是刚好碰到)。这是种群能够通过自然补充来平衡的最大收获速率, 也就是 MSY。与字面意思相同, 这是以满足有规律地周期性收获 (无限期的) 为前提, 能够从种群中取得的最大收获量。MSY 与最大补充速率相等, 通过将种群密度控制在净补充率最大的位置而实现。

MSY 有很多缺点……

MSY 的概念很大程度上是收获的实践与理论核心。因此, 认识到 MSY 概念的不足十分重要。

(1) 将种群看作生物量相等的无差异个体的集合, MSY 忽略了种群的个体大小和年龄结构, 以及个体间生长率、存活率和繁殖率的差异。考虑到这些结构差异的模型将在下文介绍。

(2) MSY 基于单一的补充曲线, 认为环境是无差异的。

(3) 实践中, 很难对 MSY 给以可靠的估计。

(4) 是否达到 MSY, 并不是评价收获管理是否成功的唯一或最佳标准 (见第 15.3.9 节)。

……但还是经常被使用

先抛开所有这些缺点不谈, MSY 的概念在渔业、林业、野生动物资源的管理方面, 还是主导了很多年。例如, 1980 年以前, 有 39 个管理海洋渔业的机构, 每一个都被要求以 MSY 为目标建立其管理标准 (Clark, 1981)。在其他很多地区, MSY 概念仍然是重要的指导原则。此外, 通过假设 MSY 是可以达到并需要达到的, 很多关于收获的基本原则可以得到解释。因此, 我们先从 MSY 出发分析问题, 看看可以学到什么, 再通过仔细审视 MSY 的缺点, 深入地看看人们对开发中种群的收获策略。

15.3.2 简单的 MSY 收获模型: 固定配额

固定配额的收获, 是十分危险的……

MSY 时的种群密度是一个平衡点 (增加与减少相等), 但如果以图 15.7 所示, 总是按照固定的配额收获, N_m 则是一个非常脆弱的平衡。如果种群密度超过 N_m, 则随着补充速率的下降, 种群密度会向 N_m 下降。在此情况下, 系统可以维持稳定。但如果种群密度由于偶然原因下降到 N_m 以下, 哪怕只是少了一点点, 也会导致种群密度向着更小的方向下降。此时, 如果仍旧保持之前的收获配额, 种群将会不断减小直至消失。此外, 哪怕 MSY 只是被稍微高估一点 (如图 15.7 的 h_h), 收获速率都将一直高于补充速率, 最终导致同样的结果。简单地说, 以固定配额的收获方式追求 MSY, 在一个人们掌握了一切知识并完全可预测的世界里, 应该还是很合理、很有用的。但在真实世界中, 由于环境的波动, 以及不完美的数据, 采取这种固定限额的收获方式追求 MSY, 完全是在自取灭亡。

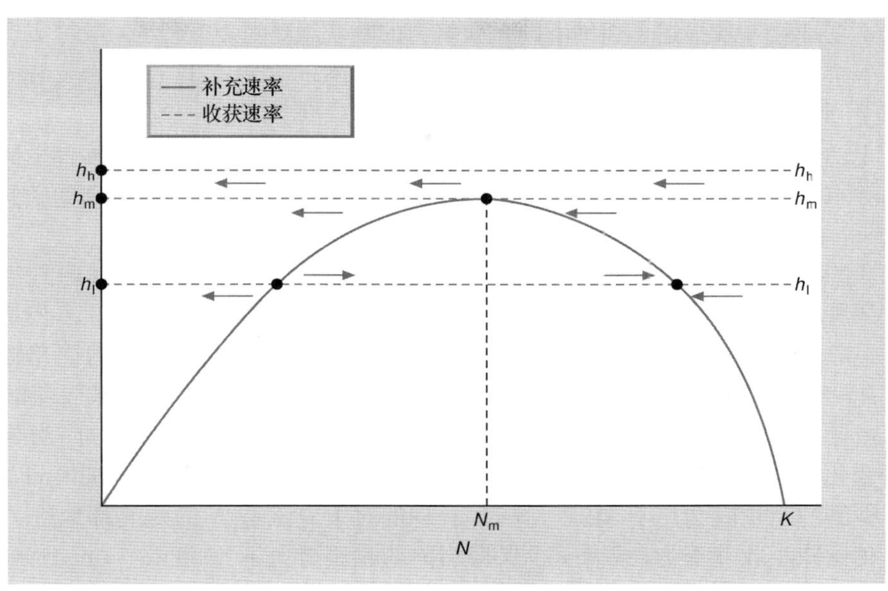

图 15.7 有配额的收获。图中给出了一条补充速率曲线和 3 种收获配额对应的直线: 高配额 (h_h), 中配额 (h_m), 低配额 (h_l)。图中的箭头指示了当前收获配额下, 预期的种群大小变化趋势。图中的黑点为平衡点, 在 h_h 配额下, 唯一的平衡点就是种群灭绝。在 h_l 配额下, 有两个平衡点, 一个在种群密度较大时稳定平衡, 一个在种群密度较小时容易被打破。最大持续产量 (MSY) 出现在 h_m 配额下, 因为它正好达到补充速率的峰值。此时的种群密度为 N_m, 密度大于 N_m 的种群, 将被减小到 N_m, 小于 N_m 的种群, 将会被推向灭绝。

…… 以秘鲁凤尾鱼渔业为例

固定配额的收获策略曾经频频被人们采用。例如, 在一年中的某一天, 人们解除渔禁 (或开始捕猎季), 开始捕鱼。一段时间以后, 捕获总量达到配额 (通过估计得出的 MSY), 这时又重新开始渔禁, 直到下一年开禁的那天。一个采用固定配额收获方式的例子, 是秘鲁的凤尾鱼 (*Engraulis ringens*) 渔业 (图 15.8)。从 1960 年到 1972 年, 这曾经是世界上最大的单一渔业, 也构成了秘鲁经济的重要支柱。渔业专家建议, 该地区凤尾鱼的 MSY 大约是每年 1000 万 t, 并随后据此制定了捕获限额。但捕鱼船队的捕获能力不断增加, 到 1972 年, 凤尾鱼渔业崩溃。虽然过度捕捞和气候波动都对凤尾鱼渔业产生了不利影响, 但看上去, 过度捕捞才是 (至少曾经是) 该渔业崩溃的主要原因。从生态学的观点出发, 彻底休渔一段时间应该是明智之举, 但这在政治上却是不可行的 —— 有 20 000 人靠着凤尾鱼加工业养家糊口。最后, 凤尾鱼渔业的恢复花了 20 多年时间 (图 15.8)。

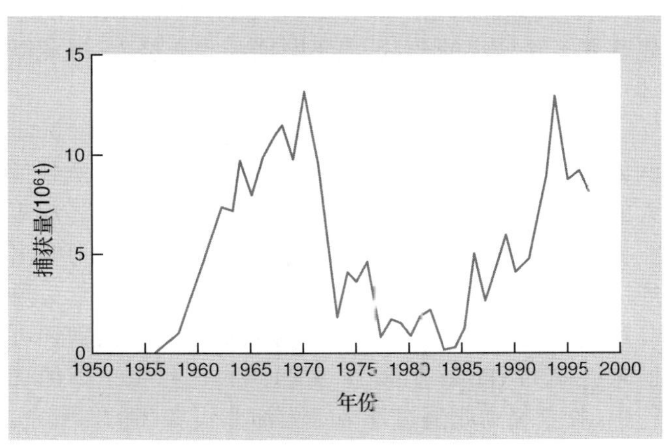

图 15.8 1950 年以来秘鲁凤尾鱼的捕获量 (仿 Jennings *et al.*, 2001; 数据来自 FAO, 1995, 1998)。

15.3.3 一种更安全的替代: 固定收获努力

如果对收获过程中做出的力度给以规定, 固定配额的收获所带来的风险则可以被减轻。一次收获 (H) 所得到的产量, 可以被认为受 3 个因素的影响:

$$H = qEN \tag{15.1}$$

产量 (H), 随着被收获种群大小 (N) 的增加而增加①; 随着收获努力 (harvesting effect) (例如, 渔业上捕捞的天数, 或者狩猎中允许开枪的天数) (E) 的增加而增加; 还随着收获效率 (q) 的增加而增加。假设收获效率恒定

① 图 15.7 和图 15.9 的模型中, N 都被用于描述种群密度; 而从本段开始, 作者又说 N 是种群大小。由于本节中不论模型还是案例, 都在针对特定区域内的特定种群进行分析 —— 指定分布面积的情况下, 种群大小和种群 (平均) 密度的变化趋势是完全一致的。故此, 读者在本节中可以将 “种群大小” 等同于 “种群密度” 来理解。译文中使用的 “种群密度” 和 “种群大小” 则完全按照作者的原话翻译, 不予调整。—— 译者注

不变, 图 15.9a 描述了 3 种不同收获努力的收获策略对一个被开发种群的影响。图 15.9b 则预测了同一模型下, 收获努力和总平均产量的关系: 在 E_m 的收获努力下, MSY 可以达到, 而超过或小于 E_m 的收获努力都会导致小于 MSY 的产量。

采用固定收获努力 E_m 的策略, 比起设定 MSY 收获配额要安全得多。这种策略下, 对比图 15.7 可见, 如果种群大小跌落到 N_m (图 15.9a) 以下, 补充速率将超过收获速率, 种群得以恢复。实际上, 只有在严重高估 E_m 时, 种群才会被推向灭绝 (图 15.9a 中的 E_0)。然而, 由于固定的收获努力, 产量将随着种群大小的变化而变化 —— 一旦种群大小在自然波动中小于 N_m, 人们得到的产量就会小于 MSY。这时, 合理的对策应该是稍微减小收获努力, 或者至少保持当前的收获努力不变, 让种群得以恢复。但还有一种可能出现的对策 (被误导的反应) 则是, 通过增加收获努力, 弥补减小的产量。这种对策将会进一步使种群减小, 而人们则可能会追逐着不断减小的产量, 而不断增加收获努力, 以此循环, 种群将逐渐走向灭亡。

虽然, 收获努力往往很难精确地测量和控制 —— 例如, 人们发放固定数量的枪支许可证, 却无法控制猎人的射击精度; 人们规定了渔船队的大小和组成, 却不能把天气因素考虑在内, 但通过立法对收获努力做出规定的案例仍有很多。科罗拉多地区对黑尾鹿、叉角羚和驼鹿的捕猎, 是通过发放有数量限制的捕猎许可证来控制的 (Pojar, 1981)。大西洋大比目鱼鱼群的管理中, 收获努力则通过季节性封海和设置"避难所"实现 —— 虽然实现这种管理需要大量经费来购买渔政船只 (Pitcher & Hart, 1982)。

15.3.4 其他追求 MSY 的收获方法: 固定比例收获或保留固定数量繁殖个体

固定比例收获

还有两种进一步的收获管理策略, 这些是基于过剩产量可能性的简单概念。首先, 种群中一定比例的个体是可以被收获的 (这相当于给种群设定了一个"收获致死率", 应当与设置固定的收获努力有相同的效果) (Milner-Gulland & Macedonia, 1998)。例如, 在加拿大的西北部地区, 每年有 3%~5%的驯鹿和麝牛可以被猎杀 (Gunn, 1998), 这种策略的实施, 需要花费人力物力对种群数量进行调查, 以计算出可以被猎杀的个体数目。

保留固定数量繁殖个体

另一种策略会在狩猎季结束时, 留下固定数量的繁殖期个体 (保留固定数量繁殖个体)。这种策略需要花费更大代价, 在整个狩猎季中实施连续监测。固定数量放生是一种相对非常安全的收获方式, 因为它排除了在繁殖季开始前意外捉走大量 (所有) 繁殖期个体的可能。固定数量放生 (constant escapement) 对于保护一年生的物种十分有效, 因为这些物种不像长寿命的物种, 拥有未成熟个体可以不断补充到繁殖群体中 (Milner-Gulland & Mace, 1998)。福克兰群岛政府对当地枪乌贼属 (*Loligo*) 乌贼的收获管理中采用了固

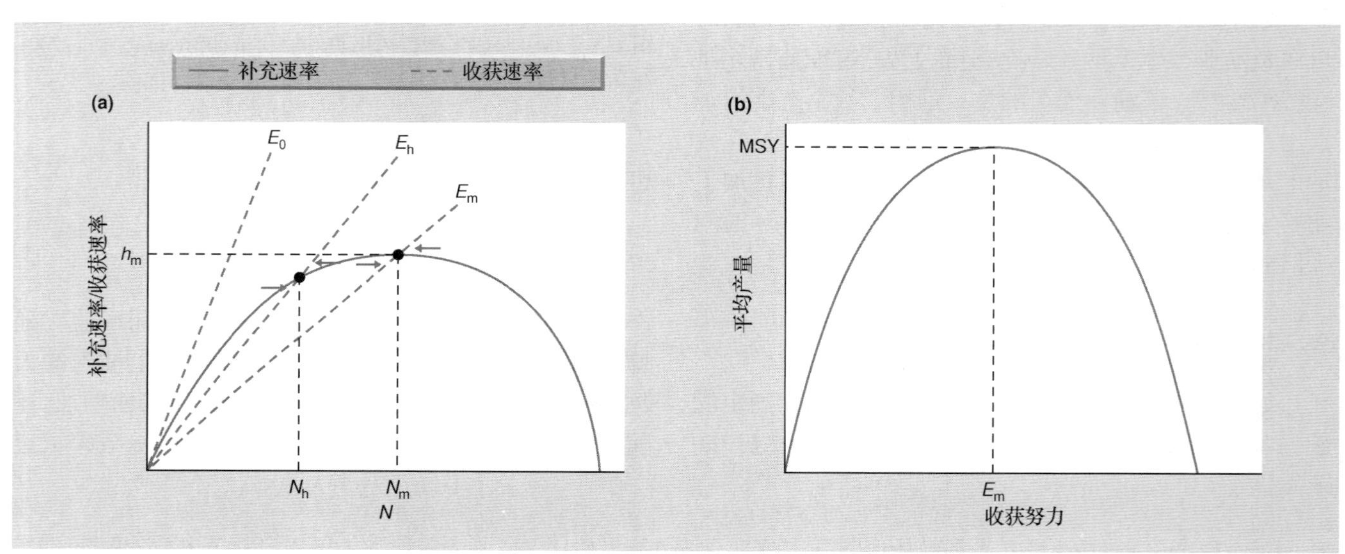

图 15.9 固定收获努力。(a) 曲线、箭头和黑点的含义同图 15.7。在 E_m 的收获努力下, 收获量达到 MSY, 此时系统稳定平衡于种群密度 N_m, 产量 h_m。如果收获努力稍微高一些 (E_h), 则种群密度和产量都比收获努力为 E_m 时有所减小, 但平衡仍旧稳定。只有当收获努力过高时 (h_0), 种群才会走向灭亡。(b) 收获努力和平均总产量的关系。

定数量放生的策略。从捕鱼季中期开始每周评估一次鱼群的大小，当剩余鱼群大小与收获总量的比值落入 0.3~0.4 时，捕鱼活动停止。采取这种策略 10 年以后的各种迹象表明，当地的乌贼渔业呈现出较好的可持续性 (图 15.10)。

在高山旱獭的捕猎管理中，固定数量放生策略有最好的效果

Stephens 等 (2002) 通过模型方法，模拟比较了高山旱獭 (*Marmota marmota*)，在固定配额、固定努力和阈值收获 (threshold harvesting) 这三种不同收获模式下所得到的结果。第三种方式下，收获活动只在那些种群大小超过一定阈值的年份开展，进行到种群减小至阈值则停止 (本质上是保留固定数量繁殖个体的收获方式)。在欧洲的部分地区人们会猎取这些社会性的哺乳动物，但该模型工作使用的则是一个未被捕猎的种群。作者发现，阈值收获的方式提供了最高的平均产量和较低的灭绝风险。但是，假定由于调查频率不足 (每三年调查一次，而非每年调查) 而引入误差时，收获量的方差则有所增大，灭绝风险也大大地增加 (Stephens *et al.*, 2002)。这项研究向人们强调：要保证保留固定数量繁殖个体收获方式的成功，频繁进行种群调查非常重要。

15.3.5 被收获种群的不稳定性：多重平衡点

退偿效应的问题

就算是进行了管理，接近 MSY 的收获水平仍可能招致生态灾难。一种可能性是种群的补充速率在种群很小时可能格外的低 (退偿效应 (depensation effect)；图 15.11a)。例如，由于大鱼的捕食十分强烈，幼年鲑鱼在密度较低时补充速率很低；幼年鲸鱼在种群密度低时的补充速率低，可能只不过是因为低密度时，雄性和雌性相遇交配的机会减少了。不过，退偿效应看起来似乎很少发生；Myers 等 (1995) 从 128 个具有 15 年以上数据的渔场中，只找到 3 例有退偿效应的情况。另一种情况下，收获的效率可能随种群减小而增加 (图 15.11b)。例如，很多鲱科鱼类 (沙丁鱼、凤尾鱼、鲱鱼等) 在密度较低时非常易于被捕捉，因为它们会形成少数几个大鱼群沿着固定不变的路线洄游，这使得拖网渔船可以轻易地进行拦截。不论是退偿效应还是小种群时的高收获效率，稍微高估了的 E_m 都可能会导致过度开发，以致种群最终灭绝。

具有多重平衡点的收获活动有可能导致不可逆转的灾难

更重要的是，上述两种情况还有可能导致危险的 "多重平衡点" (见第 10.6 节)。图 15.11 中的收获曲线与补充曲线有两个交点，点 S 是一个稳定平衡点，但点 U 则是不稳定的。如果种群密度被减小到稍微小于 MSY 的对应密度，只要还大于 N_u，种群就能够恢复 (图 15.11a)。但如果这种下降再增大一点 (比如收获努力稍微再定高了一点)，使得种群密度降至 N_u 以下，种群就将走上灭亡的道路。另外，一旦种群密度处于对应补充曲线上急剧下滑那段，人们必须大大减小当前的收获努力，才可能扭转种群走向灭亡的过程。这就是多重平衡点危险的地方：行为上很小的变化，都可能导致结果上的巨大改变，如同种模型中稳定转为不稳定的过程 —— 种群大小的剧烈变动，可能只是收获策略或环境因素上小小的改变所引起的。

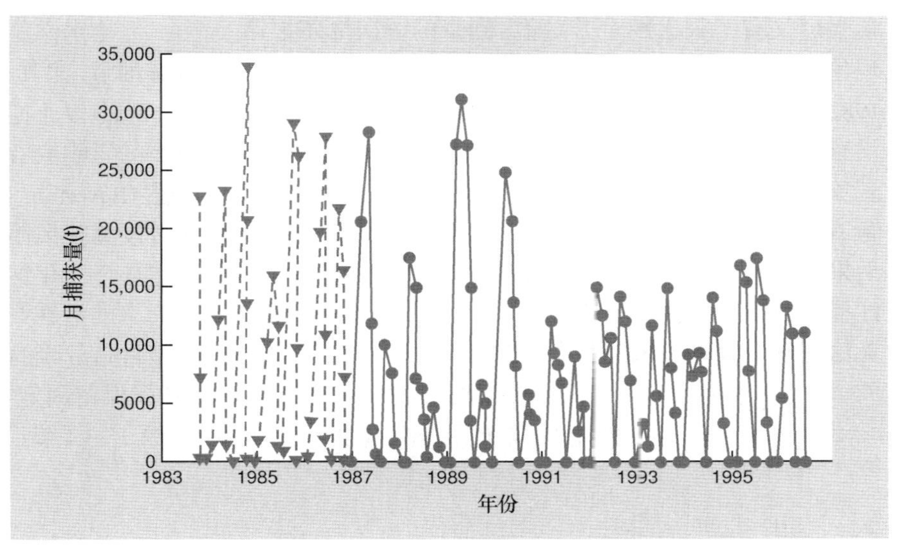

图 15.10 福克兰群岛采用固定数量放生的收获策略以来，有许可证捕鱼船只对枪乌贼的月捕获量。请注意，每年有两个捕鱼季 (2—5 月及 8—10 月)。虚线 (1984—1986 年) 描述的是捕鱼量的估计值，而非真实值 (仿 des Clers, 1998)。

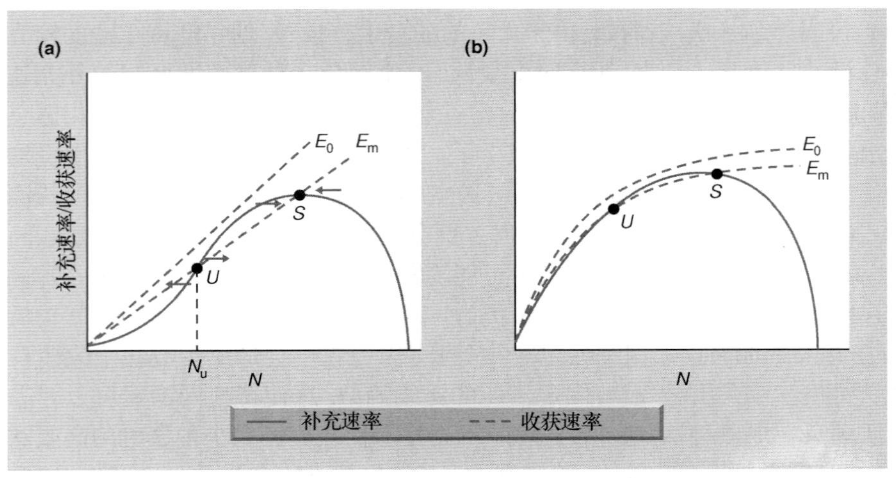

图 15.11 收获中的多重平衡点。(a) 假如补充速率在种群密度较小时格外的低, 能达到 MSY 的收获努力 (E_m) 既具有一个稳定平衡点, 也有一个不稳定平衡点 (U), 种群密度低过 U 时, 种群将走向灭亡。此外, 比 E_m 稍大的 E_0 也会导致同样的恶果。(b) 如果收获效率随着种群密度的增加而下降, 那么图 (a) 中所描述的情况, 在这里同样适用。

15.3.6 被收获种群的不稳定性: 环境波动

人们很容易把所有渔业崩溃的事件归咎于过度捕捞和人类的贪婪。但这是一种过度简单化的看法, 对改善生产毫无帮助。毫无疑问, 人类的捕鱼活动往往给鱼群带来很大的压力, 以竭力榨取其补充的能力。但迅速崩溃事件 (尤其是在 1 年内导致崩溃), 往往是异常不利的环境条件所致。此外, 比起完全由过度捕捞造成的崩溃, 如果异常天气是导致迅速崩溃的原因, 那么种群在环境条件转好后将更容易恢复。

秘鲁凤尾鱼与厄尔尼诺

厄尔尼诺现象使热带暖流从北部侵入, 严重干扰了秘鲁海域内南来寒流所带来的上升流, 也因此大大降低了该海域的生产力 (见第 2.4.1 节)。在 1972—1973 年发生大崩溃之前, 不断上升的捕捞量和 60 年代中期的一次厄尔尼诺过程已经使秘鲁的凤尾鱼渔业面临压力 (见图 15.8)。到 1973 年, 由于人类的捕鱼强度又有了很大的上升, 随后到来的一次厄尔尼诺现象带来了比以往更为严重的影响。然后, 在 1973—1982 年, 渔业呈现出一定的好转迹象时, 捕鱼压力却并没有多少减轻 —— 直到 1983 年, 再次到来的厄尔尼诺现象又带来了一次渔业崩溃事件。显然, 假如人们不捕鱼或者极轻度的捕鱼, 厄尔尼诺现象影响常规洋流的后果也不大可能如此严重。而同样明显的是, 如果只关注捕鱼的数量而忽略了自然事件 (气候因素等), 我们就无法正确了解秘鲁凤尾鱼渔业的历史。

鲱鱼与冷水

挪威和冰岛的 3 个鲱鱼渔场也在 70 年代早期发生过崩溃事件, 其原因也曾被很确定地归咎于这之前增加的捕捞强度 —— 而实际上, 海洋的一次异常变动又被卷入其中 (Beverton, 1993)。60 年代中期, 冰岛北方的北极海盆 (Arctic Basin) 内形成了大量寒冷低盐的海水。这股洋流向南漂移, 数年后开始进入墨西哥湾暖流 (Gulf Stream) 并转为沿原南下路线的东侧向北移动。这股洋流最终于 1982 年在挪威消失 (图 15.12a)。图 15.12b 以当年数据与总平均值差距的形式, 给出了 1947—1990 年鲱鱼在挪威的春季产卵季和冰岛的春、夏产卵季中, 雌鱼产生后代数目 (出生率) 的数据。另外, 图 15.12c 还给出了挪威海年均温度的相对变化, 反映了异常冷水洋流南下和北上的过程。60 年代末期的冰岛和挪威渔场, 以及 1979—1981 年挪威渔场 (冰岛渔场春季产卵的鲱鱼此时已经消失, 或者向西移动了太远的距离), 水温下降和鲱鱼补充速率的下降都有着很好的相关性。看起来, 是这股反常的冷水洋流导致了鱼群补充速率的下降, 并进而造成了几个渔场的崩溃事件。

但冷水洋流的解释, 并不能完全反映图 15.12b 的所有细节, 尤其是 1980 年后, 挪威渔场持续的低补充率。对此, 人们需要一个更综合的解释, 诸如考虑其他鱼类的影响或者其他稳态 (alternative stable state) 的可能性 (Beverton, 1993)。同样地, 上述事件的分析中, 承认过度捕捞风险的同时, 还必须将难以预测的显著的自然环境变化纳入考虑。由于环境条件对被收获种群生存率的潜在影响, 信任那些将存活率估计为常数的模型将是危险的。Engen 等 (1997) 认为, 对高度波动的种群, 保留固定数量繁殖个体是最佳的收获策略之一 (见第 15.3.4 节)。

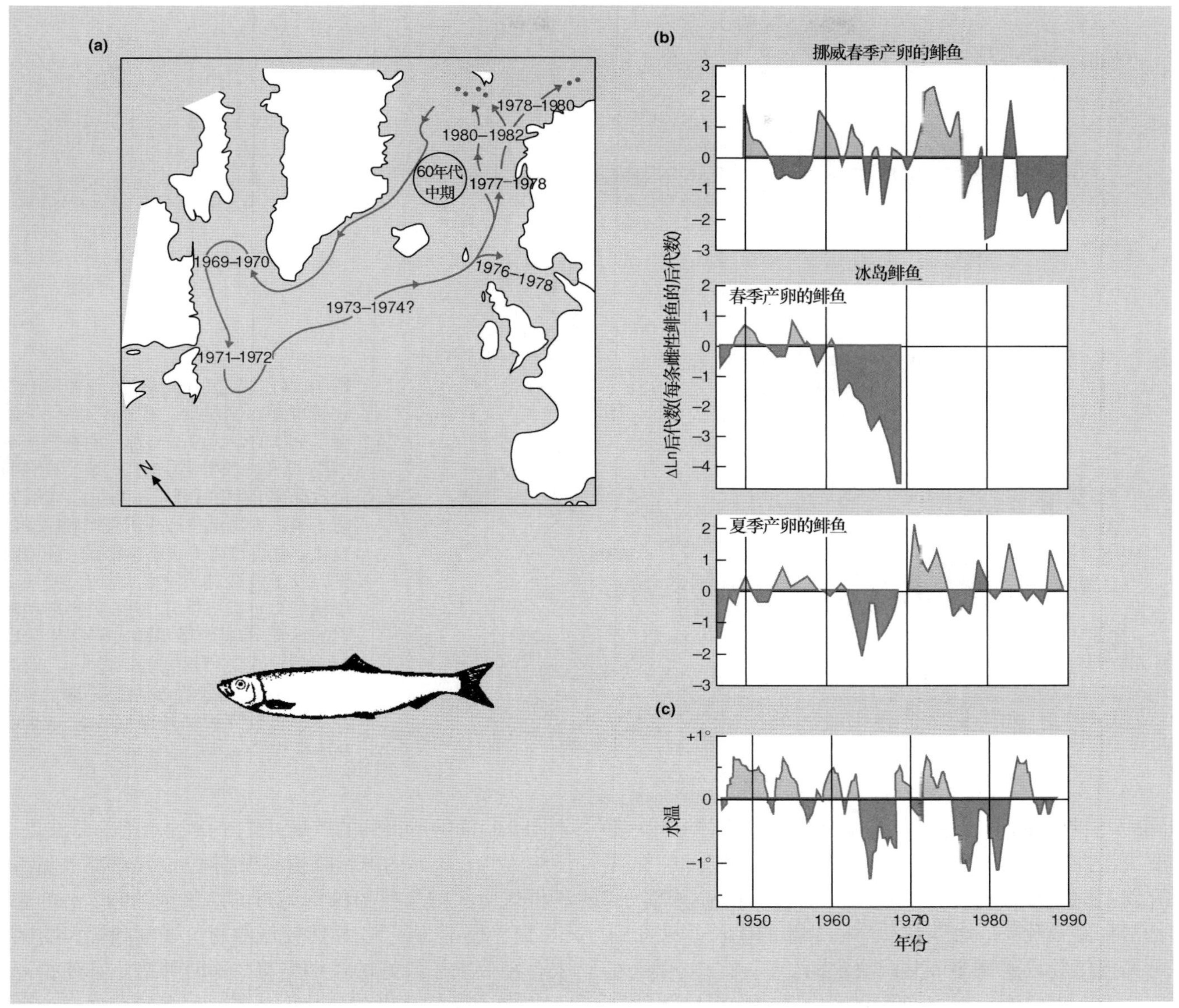

图 15.12 (a) 低盐冷水团在 20 世纪 60—70 年代的运动路径，及其在挪威海出现的时间 —— 60 年代中期及 1977—1982 年。(b) 挪威海海域 3 个鲱鱼渔场内，总平均值与每尾雌鱼的代数的对数之间的年差异。(c) 挪威海水温的年度变化。由于 60 年代以来的低补充速率，冰岛的春季鲱鱼渔场自 70 年代早期的崩溃事件以来再也没有得到恢复 (仿 Beverton, 1993)。

15.3.7 关注被收获种群的结构: 动态库模型

动态库模型考虑了种群的结构

到目前为止，我们所介绍的这些简单收获管理模型都属于“剩余产量” (surplus yield) 模型。它们对于建立收获管理的基本法则 (如 MSY) 是有用的，并且有助于人们调查不同收获方式的可能结果。但糟糕的是，这些模型都忽略了种群内部的结构。说这些模型不好，原因有二：第一、种群的补充实际上是非常复杂的过程，这包括了成体存活率、成体生育力、幼体存活率、幼体生长率等因素，每一项都会对种群密度的改变以及相应的收获策略产生特定的影响；第二、多数的收获行为都只对种群中的一部分个体感兴趣 (如成年的树，或者个体大、达到了销售要求的鱼)。要将这些复杂的因素纳入考虑，我们就需要建立“动态库”模型 (dynamic pod model)。

动态库模型的主体结构如图 15.13 所示，几个子模型 (补充速率、生长速率、自然致死率、被开发种群中鱼被捕捉的比率) 共同作用决定种群的可开发生物量，以及人们能从中获得的渔业产量。与剩余产量模型不

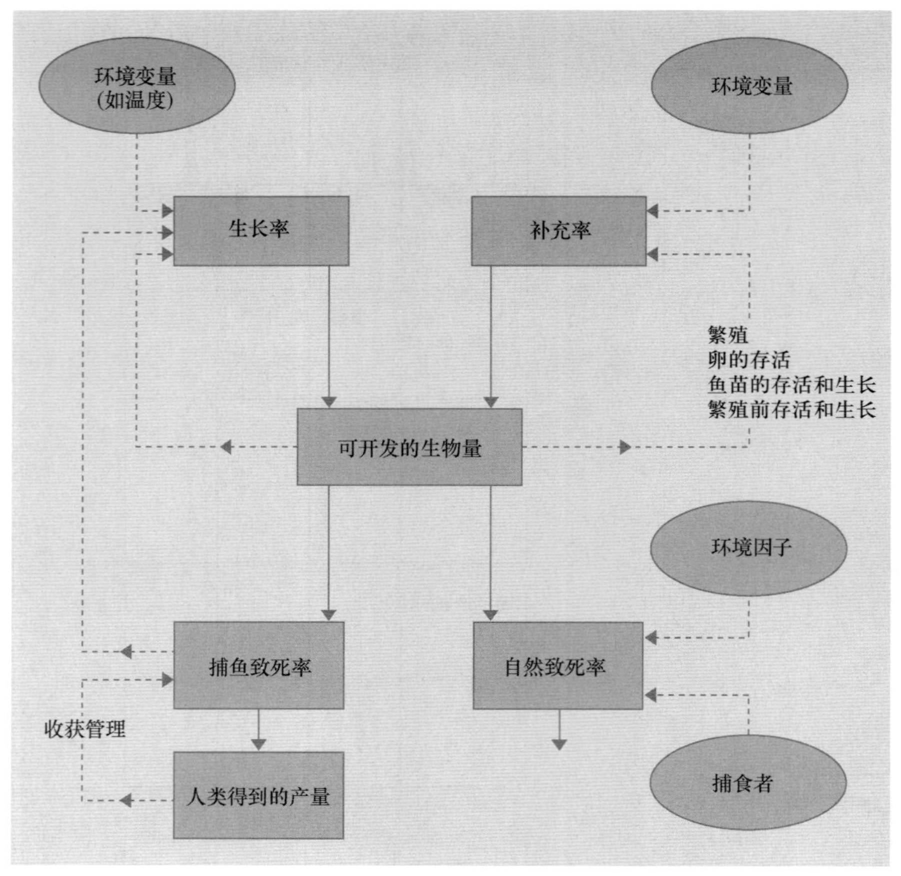

图 15.13 以流程图方式展现的渔业收获管理动态库模型。模型有 4 个 "子模型": 个体的生长速率与种群的补充速率 (增加可开发的生物量), 自然致死率和捕鱼致死率 (消耗可开发生物量)。实线和箭头表示生物量在这些子模型影响下的变化。虚线和箭头表示生物量、环境因素以及子模型对子模型的影响。每一个子模型都可以被拆开, 纳入更复杂和现实的系统。将特定数值输入子模型, 可以用来估计人类可得到的产量 —— 而这些数值 (假设的数值) 则可能是通过对野外数据进行理论推算得到的 (仿 Pitcher & Hart, 1982)。

同, 人们收获的生物量不仅取决于捕到的个体数量, 还取决于捕得个体的大小 (所经历的生长过程); 同时, 可开发 (捕捉) 生物量也不仅仅取决于 "净补充" 速率, 而是由自然致死率、收获致死率、个体的生长并补充到可捕捉年龄段的速率等共同决定的。

动态库模型有很多变量 (例如, 子模型可以因种群的不同年龄级而不同, 可以根据需要或可用的数据纳入或多或少的信息)。但不管怎样, 模型的基本途径都是相同的 —— 有效的信息 (理论或经验的) 被整合成能够反映种群结构动态的形式, 然后再据此对不同收获策略下的产量和种群变化进行估计。该模型能够给收获管理者以明确且公式化的建议。更重要的是, 在动态库模型的应用中, 收获策略可以针对种群中不同年龄级的个体而有所不同, 而不是只使用收获努力来描述。

动态库模型能给出有价值的建议……

一个动态库模型的经典例子, 是关于大西洋渔场最北边挪威极地鳕鱼渔业的 (Garrod & Jones, 1974)。鳕鱼种群在 1960 年代末期的年龄结构, 被用于预测不同捕鱼强度下, 使用不同孔径渔网所得到的产量, 图 15.14 展示了部分结果。图中大约 5 年后的产量峰值是根据 1969 年对整个鳕鱼种群进行大规模年龄结构调查的结果预测的。总的来说, 根据模型的预测, 显然较低的捕鱼强度和较大的网眼直径带来了最好的长期结果。这两种措施都使得鳕鱼在被捕捉前有更多的机会生长 (和繁殖), 这十分重要, 因为产量是用生物量来衡量的, 而不是个体数量。模型预测更高的捕鱼强度和更密的网眼 (130 mm) 会导致过度捕捞。

……但这些建议仍可能被忽略

遗憾的是, Garrod 和 Jones 的建议被当时的渔业管理者忽略了。网眼直径一直没有增加, 直到 1979 年才从 120 mm 上升到了 125 mm。人们的捕鱼强度也从未降到 45% 以下, 捕获量在 1970 年代末上升到了 90 万 t。不出所料,1980 年代末的调查表明, 由于过度捕捞, 当地以及其他的北大西洋鳕鱼鱼群都已经严重枯竭。北海鳕鱼大约在 4 岁时达到性成熟, 但在重度的捕捞中, 部分 1 岁个体以及大部分 2 岁个体都被人们捞走了, 只留下 4% 的个体有机会成长到 4 岁 (Cook *et al.*, 1997)。

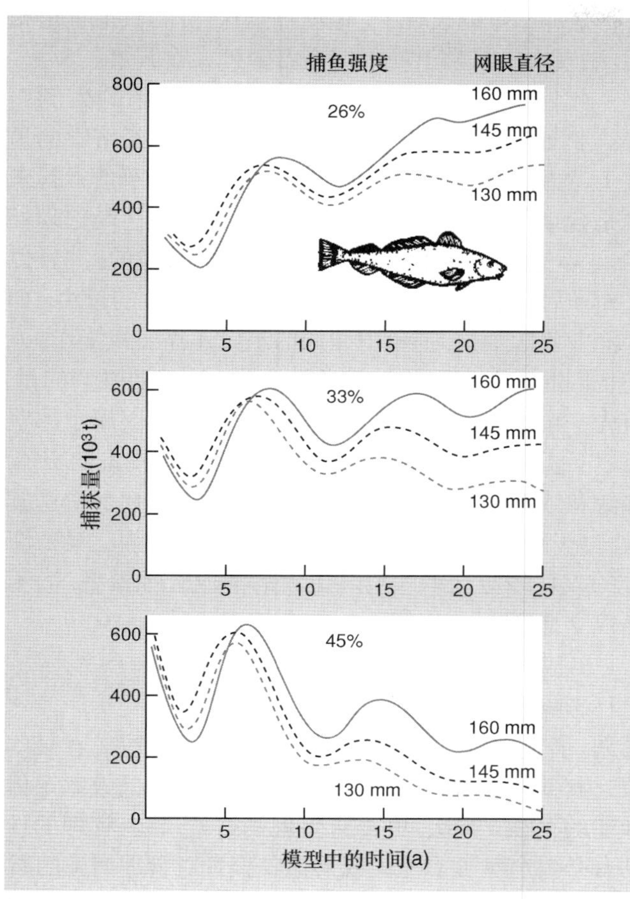

图 15.14 Garrod 和 Jones (1974) 对北极鳕鱼渔业产量的预测——采取了 3 种不同捕鱼强度及不同网眼直径 (仿 Pitcher & Hart, 1982)。

15.3.8 资源收获管理的目标

藤条 (攀附在多刺的棕榈上, 在东南亚, 其茎被用于编织和制造家具) 也以相同的方式, 受到过度开发的威胁——收获者砍掉的很多枝条都过于年轻, 导致植物再萌芽的能力下降 (MacKinnon, 1998)。如果我们将 Garrod 和 Jones 的例子视为典型, 那我们可能会认为生物学家只负责提建议, 而管理者才能做主。因此, 在这里我们应该重新思考的——不仅是收获项目的目标, 还有评定收获管理是否成功的标准, 以及生态学家在收获管理中应当承担的角色。Hilborn 和 Walters (1992) 指出, 生态学家对于收获管理的现实, 可能持有 3 种不同的态度, 每一种都曾经是流行的, 但只有一个是明智的。实际上, 关于生态学家态度的这些思考, 不仅适用于渔业管理, 也适用于公众领域的方方面面。

生态学家对现实中管理者的 3 种态度……

第一种态度是在发表任何意见之前, 主张生态过程是极度复杂的, 我们对生态学的了解和已有的数据都还十分贫乏 (因为害怕出错)。这种态度的问题在于, 当这些生态学家在对敏感的难题选择保持沉默时, 总会有其他人——或许是那些冒充"专家"的人介入——给出不恰当的答案。

第二种态度来自那些只关注生态学学术问题的学者, 他们给出的建议只针对纯粹的生态学标准。管理者和政客对这些建议的任何修改都被归于无知、不人道、政治腐化或者别的什么罪名或人性弱点。这种态度的问题在于, 它非常不现实地忽略了人类活动的社会性和经济性。

……但只有一种是明智的

第三种态度来自那些对生态评估力求精确和现实, 但承认在做决定的过程中, 这些模型还有必要与更多因素共同考虑的生态学家。进一步地讲, 这些评估模型也应该将人类, 以及人类受到的社会和经济力量的影响, 也加入到相互作用的生态因子中去。最后, 由于必须统筹兼顾生态学、经济学、社会学标准, 只有在决定中综合考虑这三者的特定价值, 才可能得出一个"最佳"的选择。因此, 现实中, 一条单一的建议对于作出决定的过程, 远远比不上给出一系列的可行方案及相应的预期结果有用。

在本书中, 我们通过深入探讨 MSY, 进而了解综合考虑风险、经济学、社会学因素的收获管理标准 (Hilborn & Walters, 1992), 最终提出生态学家应该具备的第三种态度。接下来, 我们简单熟悉了从自然种群中估计关键参数和变量的方法。据此, 通过判断有效信息的质量, 我们也能够决定以多强的信心, 提供什么样的建议。

15.3.9 经济和社会因素

经济上的最佳产量——通常小于 MSY

或许一个纯生态学的收获管理方法, 其最显而易见的缺陷就是没有考虑到对自然资源的开发往往是一种商业行为, 衡量收获的价值必须要减去用于收获的成本。就算我们对于"利润"这样的商业概念保持距离, 但假如那些为了达到 MSY 的最后几吨产量而付出的代价可以更有效地投入其他形式的食物生产, 那么硬要达到 MSY 就没有意义了, 图 15.15 描述了这种基本想法。我们不需要最大化总产量, 而是希望寻求最大的净价值 —— 收获物的总价值减去固定成本 (船只或工厂支付的贷款利息、折旧、保险等) 与随收获努力增加而增加的可变成本 (燃油花销、人员工资等) 的总和。这就意味着, 经济最佳产量 (economically optimum yield, EOY) 会小于 MSY, 在较小收获努力或配额下才能达到。然而, 当固定成本占据了总成本中的大部分时 (“总成本” 线相对平直时), EOY 和 MSY 的区别将会很小。这种情况尤其容易发生在高投资、高科技的收获活动中, 如深海捕鱼业。此时, 就算收获管理以经济价值最大化为出发点, 还是很容易导致过度捕捞。

贴现: 清算股票, 还是让它们生长?

第二个重要的经济学考虑是 “贴现”, 指经济学上, 现在手上拥有的每只鸟的价值 (库存里的每条鱼) 比将来同等数量鸟的价值高。其根本的原因是, 现有捕获物的价值可以被存在银行里赚取利息, 使得总价值上升。现实中, 虽然银行利率和通货膨胀率的差值通常只有 2%~5%, 常见的自然资源贴现率却是每年 10% 左右 (手头 90 条鱼的价值, 相当于一年后 100 条鱼的价值)。经济学家对此的解释是: 多出的部分是对风险的考虑。一条现在捉到的鱼已经被捉到了, 而一条还在水里的鱼有可能没法被捉到 —— 二鸟在林, 不如一鸟在手。

而另一方面, 被捉到的鱼是死的, 水里游着的则可以生长和繁殖 (虽然也可能死掉)。凭感觉想, 一条没被抓到的鱼, 在将来的价值将会超过其本身。尤其是如果水中鱼群增长的速度高过贴现率的话 (事实往往就是如此), 那么比起让鱼在海里活着, 往银行里存 “鱼” 就

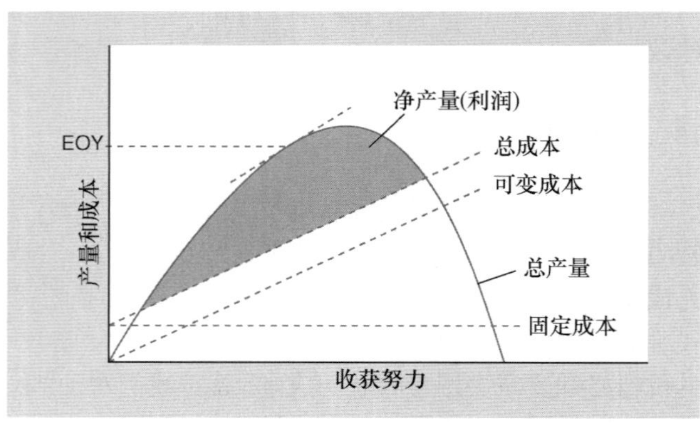

图 15.15 经济最佳产量 (EOY), 在收获努力 – 产量曲线上, 最大利润出现在产量峰值的左边, 此时, 总产量减去总成本 (固定成本 + 可变成本) 的差值是最大的。在这个点上, 切线的斜率与总成本的斜率相等 (仿 Hilborn & Walters, 1992)。

不再是那么好的投资了。但就算是这样, 与其他理论相比, 贴现在经济学上使人们更希望扩大收获量。

此外, 在一些种群生产力小于贴现率的案例中 —— 例如, 很多鲸和长寿命鱼类 —— 从纯经济学的角度上考虑, 不仅是过度捕捞, 彻底捞光每一条鱼看起来也是合理的。让人们不这么做的一部分理由是伦理性的 —— 这样做在生态学上显然是目光短浅的, 并且也是对子孙后代的淡漠。也有一部分实际性的理由: 如果渔业资源消失, 捕鱼中雇佣的渔民还需要找工作; 人们也因此需要去寻找替代性的食物。这里要强调的是, 首先一个 “新经济学家” 必须铭记, 价值不仅属于那些可以买卖的东西, 如鱼和渔船; 还属于更多抽象的实体, 如鲸鱼或其他物种的持续存在 (Hughey *et al.*, 2002)。其次, 过于狭义地从经济效益思考是十分危险的。某种渔业的收益率应当纳入范畴更大的渔业管理模型, 而不是孤立地考虑。

社会反响

“社会” 因素从两条不同的途径影响人们对自然资源开发的计划。首先, 实际的政策可能会作出指示, 比如, 在某些缺乏其他就业方式的地区维持大量小型、低效率个体渔船的存在。其次, 更普遍而重要的是, 收获管理的计划有必要全盘考虑渔民或其他收获者对管理措施的所有可能响应, 而不是简单地假定他们将会完全遵从为了达到生态或经济最优化而制定的要求。收获的过程中有捕食者和猎物两者的交互作用 —— 仅基于猎物的动态制定计划, 而忽略捕食者 (人) 的作用显然是不可靠的。

收获者就是捕食者: 人类行为

图 15.16 展示了 19 世纪末期北太平洋海狗捕猎业中, 典型的逆时针捕食者 – 猎物关系螺旋线 (见第 10 章), 印证了收获者就是捕食者的想法。该图描述了捕食者在数量上的响应 —— 猎物数量充足时, 更多的船只加入捕猎的行列; 而猎物减少后, 捕猎的船只也随之减少。同时, 从图中我们也能看出这种响应机制有不可避免的滞后性。因此, 不论模型研究者或者管理者如何计划, 让种群大小与收获努力完美匹配达到平衡也几乎是不可能的。此外, 虽然图中的海狗捕猎者看起来可以随意加入或退出捕猎, 但事实往往并非如此。海狗捕猎者是可以转行去猎捕大比目鱼, 但这种转变并不容易实现 —— 尤其是当所转入的行业需要大量的设备投入或者需要为时甚久的深厚传统时。正如 Hilborn 和 Walters (1992) 提出的, “原则: 渔业管理中最困难的事情就是减小鱼群受到的捕鱼压力”。

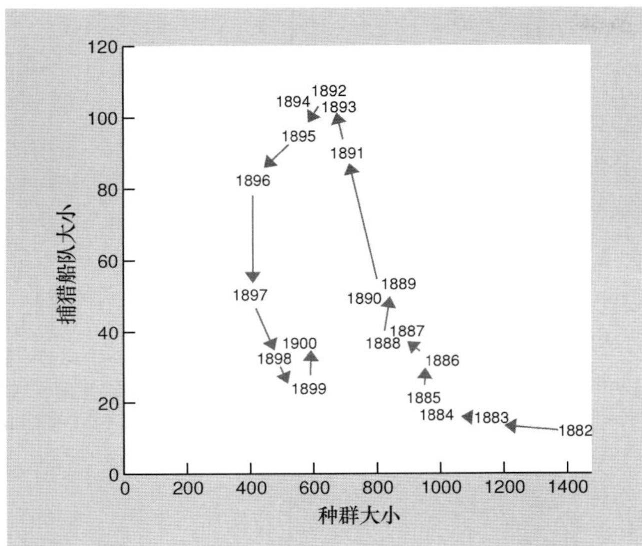

图 15.16 1882—1900 年, 北太平洋地区海狗猎捕船队大小 (捕食者) 对海狗种群大小 (猎物) 变化的响应, 呈现出逆时针型捕食者 – 猎物关系曲线 (仿 Hilborn & Walters, 1992; 数据来自 Wilen, 1976, 未发表的观察数据)。

更换捕猎目标, 是收获者捕食行为的一个方面, 即功能反应 (functional response, 见第 10 章)。收获者通常还会随着科技的进步而提高效率; 就算没有科技进步, 收获者往往也会对鱼群特性逐渐加深了解, 进而提高捕猎效率, 这与那些固定收获努力模型所做的假设是不相符的。

15.3.10 由数据做出估计: 将管理带进实践

监测收获努力和产量: 寻找"曲线顶点"的困难

生态学家在自然资源管理中的任务是对种群进行评估 —— 对种群大小在不同管理措施下的变化做出定量预测; 并解决诸如现有捕鱼强度是否会导致鱼群减小, 特定的网眼直径是否有利于鱼群补充速率的增加等方面的问题。在过去, 人们总是认为, 上述这些任务通过进行仔细地监测就能实现。例如, 在某项正在扩张的渔业中, 收获努力和产量在监视下不断增加, 两者的关系被绘制成曲线图, 直到曲线看起来达到类似于图 15.7 的峰值, 将此看作种群的 MSY。然而, 如同我们从图 15.17 中所见, 这种方法是有严重缺陷的。1975 年, 国际大西洋金枪鱼资源保护委员会 (International Commission for the Conservation of Atlantic Tunas, ICCAT) 利用当时的数据 (1964—1973 年) 绘制了东大西洋地区黄鳍金枪鱼 (*Thunnus albacares*) 的收获努力 – 产量关系图。委员会认为, 该曲线已达到顶点, 此时对应的可持续产量应该在 50 000 t (5.1×10^7 kg) 左右, 对应的最佳收获努力大概应该是 60 000 个捕鱼日。但 ICCAT 没有办法阻止收获努力 (以及产量) 的增加, 很快人们便发现, 收获努力 – 产量曲线其实尚未达到顶点。使用截至 1983 年的数据进行的一项重新分析认为, 可持续性产量应该在 110 000 t (1.1×10^8 kg) 左右, 对应约 240 000 个捕鱼日。

这也印证了 Hilborn 和 Walters (1992) 提到的另一个原则: "如果不过度捕捞的话, 你没法知道鱼群的潜在产量"。会有这种问题的一部分原因我们已经在前面提及 —— 随着产量接近 MSY, 产量的变异也有增大的趋势。此外, 回想一下前面讲到的减轻渔业压力的困难, 不难想象, 在实践中管理者需要面对的是估算困难、生态学预测 (产量与预测的关系)、社会经济学因素 (管理和减小收获努力) 等问题的联合挑战。这些已经比我们在第 15.3.3 节中讲到的简单固定收获努力模型复杂了很多。

参数估计的实际困难在图 15.18 中有所描述, 该图展示了 1969—1982 年大西洋中黄鳍金枪鱼的总捕获量、收获努力和单位努力捕获量 (catch per unit effort, CPUE) 的时间序列 (随时间的变化)。随着收获努力的增加, CPUE 随之下降, 这可能在一定程度上反映了渔业资源的减少。另一方面, 捕获量在 1969—1982 年持续上升, 这或许表明鱼群还没有遭到过度捕捞 (MSY 尚未达到)。上面提到的数据, 基本上是最常见的形式 —— 即所谓的 "单向" 时间序列。但这些数据能够指出 MSY 的具体大小, 或者能够给出达到 MSY 所需要的收获努力吗? 我们确实有一些方法能够进行这些计算, 不过它们都需要对种群内在的动态趋势进行假设。

根据捕获量和收获努力数据进行估计: 使用 Schaefer 产量模型

最常用的假设对种群生物量动态 B 描述如下:

$$\frac{dB}{dt} = rB\left(1-\frac{B}{K}\right) - H \quad (15.2)$$

(Schaefer, 1954), 这其实就是在第 5 章的逻辑斯谛方程 (r 为内禀增长率, K 为环境容纳量) 上又整合了收获速率。收获速率可以通过公式 (5.1) (见第 15.3.3 节) 给出, 即 $H = qEB$, q 为收获效率, E 为收获努力。由定义:

$$\text{CPUE} = H/E = qB \quad (15.3)$$

由此,

$$B = \text{CPUE}/q \quad (15.4)$$

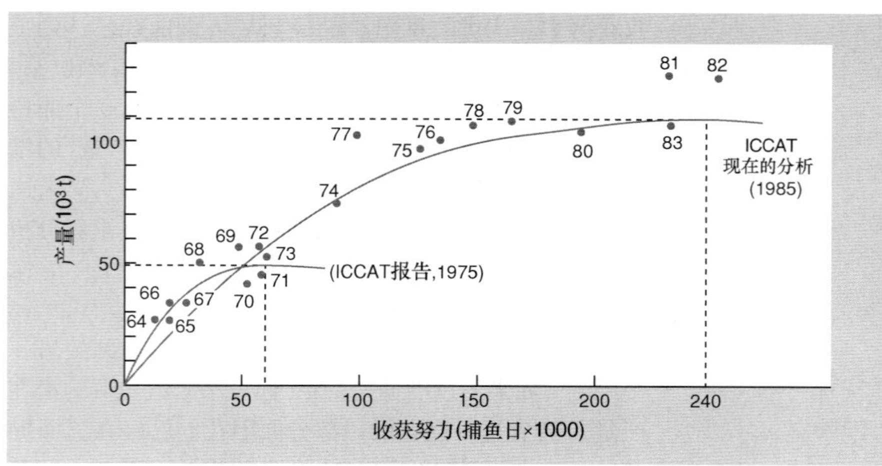

图 15.17　对东大西洋地区黄鳍金枪鱼 (*Thunnus albacares*) 估计得到的收获努力–产量关系曲线。分别基于 1964—1973 年 (ICCAT, 1975) 以及 1964—1983 年 (ICCAT, 1985) 的数据 (仿 Hunter *et al.*, 1986; Hilborn & Walters, 1992)。

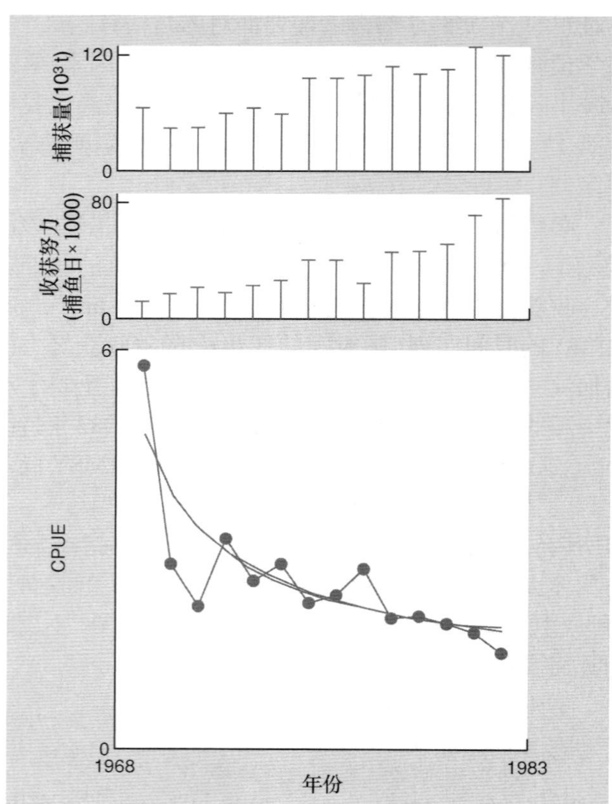

图 15.18　1969—1982 年, 大西洋中黄鳍金枪鱼 (*Thunnus albacares*) 捕获量、收获努力和单位努力捕获量 (CPUE) 的变化。图中还展示了用文章中的方法, 对 CPUE 时间序列拟合的 3 条曲线, 相关参数在表 15.4 中给出 (仿 Hilborn & Walters, 1992)。

我们现在可以把公式 (15.2) 改写为 CPUE 的形式, 以 H 或者 E 为变量, r、q、K 为参数。此模型中 MSY 为 $rK/4$, 相应的收获努力为 $r/2q$。

> 时间序列分析最好——但其答案仍旧是不可靠的

有很多方法可以从野外数据中估计 r、q、K 等参数, 其中, 与时间序列进行曲线拟合可能是其中最好的方法 (Hilborn & Walters, 1992)。然而, 如同我们上文提到的, 时间序列往往是单向的, 这时便没有唯一的 “最佳” 参数组合。以表 15.4 为例, 它给出了对图 15.18 中数据的 3 条不同拟合曲线的参数, 它们都有着相同的拟合度 (相等的平方和), 但参数的值却有很大的差异。这样, 对图 15.18 中的数据, 就存在着很多同等拟合度的解释, 这其中, 有些解释可能表明, 种群的环境容纳量不高, 内禀增长率的大部分都正在被高效率地收获; 而另外的解释却可能表明, 环境容纳量很高, 内禀增长率仅仅被人们开发利用了一小部分。在第一种情形下, 1980 年可能已经达到 MSY; 而在第二种情形下, 捕获量也许还能安全地加倍。此外, 不管是哪一种情形, 种群都被假定会按照公式 (15.2) 描述的那样变化, 而这种假设本身可能就是不着边际的。

> 这些不确定性使得生态学家的存在更有价值

从这个例子中, 我们看到, 不够充足的数据和分析手段都给种群状态的评估带来了很大的困难。对种群进行估计有很多困难, 但这并不意味着我们应该放弃估计和监测。管理者仍旧必须以种群的最佳估计为根据 (不是唯一的根据) 来做出管理决策 —— 虽然我们的知识还太少, 但不懂装懂只可能会让问题变得更加棘手。此外, 除了对种群的评估, 生态学、经济学、人类行为等方面的分析也都同样重要, 这些分析能够提示我们 —— 哪些是我们尚不清楚的问题。知道了这些, 我们就明白, 该优先去获取

表 15.4 对图 15.18 中黄鳍金枪鱼 CPUE 时间序列的曲线拟合及对应参数。r 为内禀增长率，K 为环境容纳量(不进行收获的情况下，种群平衡时的生物量)，q 为收获效率。收获努力以捕鱼日描述；K 和产量的单位为 t (仿 Hilborn & Walters, 1992)。

曲线	r	$K(\times 1000)$	$q(\times 10^{-7})$	MSY ($\times$1000)	MSY 收获努力 ($\times$1000)	平方和
1	0.18	2103	9.8	98	92	3.8
2	0.15	4000	4.5	148	167	3.8
3	0.13	8000	2.1	261	310	3.8

哪些最有价值的信息。实际上，这种综合性的分析方法，属于一种“适应性管理” (adaptive management) 的管理策略——这种“主动适应”的管理策略，会在获取信息 (针对性的实验研究)，和做出警告 (对短期或长期过度捕捞的危害) 间寻求平衡 (Hilborn & Walters, 1992)。有一种强有力的论点指出，数据和分析方法的不完善，使得我们更加需要生态学家帮助：除了他们，还有谁能够理解这些不确定性，并给出比较明确的解释呢?

没有估计值时，进行“无数据管理”?

实际上，大多数海洋渔业都很难通过管理手段来达到最优产量。进行这些工作的研究者实在太少——以至于世界上很多地方根本就没人开展相关研究。在这样的情况下，一种渔业管理上的预防性措施可能是，封锁一定面积的海区作为海洋保护区 (Hall,1998)。无数据管理这种方式，通常被应用于能够遵从简单指令的本地村民 (原住民)，以使可持续性收获更有可能实现。例如，太平洋瓦努阿图岛的原住民在收获牛蹄钟螺 (*Tectus niloticus*) 时，被要求遵从几条简单的管理原则 (每三年对种群收获一次，这期间则不进行收获)，从结果上看，这种管理方法是成功的 (Johannes, 1998)。

15.4 生态管理中的集合种群观点

在前面的章节里，我们重复提到了生境斑块化，以及其带来的种群内交流的中断。收获管理者在做出决定时，需要对物种分布的空间异质性有所了解。有多种方法可以使我们增加对复杂地形中的种群的了解，在下文中我们会介绍其中的两种。第一，针对所关注的物种，我们能够在地域内以一定比例制造不同程度的生境缺失，并通过严格控制的实验手段评估其行为 (见第 15.4.1 节——有害物种的生物防治)。第二，简单的确定性模型，能够揭示管理破碎生境中的种群所需的参数 (第 15.4.2 章节——为渔业管理设计保护区网络)。我们前面还学习了该如何运用随机模拟的方法比较破碎生境中种群管理的不同方案 (见第 7.5.6 节——破碎生境中濒危种的保护)。

15.4.1 破碎生境中的生物防治

自然天敌的作用可能取决于其在斑块化生境中的捕食效率

我们知道，空间异质性能够稳定捕食者 – 猎物的相互作用 (见第 10 章)。然而，如果生境改变发生在能干扰防治种觅食行为的尺度上，有害物种和防治天敌的平衡就可能被打破，造成有害物种的爆发 (Kareiva, 1990)。

With 等 (2002) 建立了红车轴草 (*Trifolium pratense*) 的实验小区，每块 16 m×16 m，内有不同多度的红车轴草 (10%, 20%, 40%, 50%, 60%, 80%)。他们的研究目标是，探索生境状态的阈值是否与一种有害蚜虫豌豆蚜 (*Acyrthosiphon pisum*) 分布的阈值相一致[①]，同时还试图认识生境结构将如何影响两种瓢虫 (蚜虫的捕食者) —— 其中一个是引入的生物防治种 *Harmonia axyridis*，另一个是本土物种 *Coleomegilla maculata* ——的觅食行为。实验中，蚜虫和瓢虫都是以自然迁移的方式进入实验小区的。

孔隙度是一项从分形几何学上衍生的聚集指数，它定量描述了缝隙大小 (实验小区内车轴草斑块之间的距离) 的变异程度。实验小区内车轴草的多度在 20% 时，其孔隙度出现阈值 (转折点) —— 多度少于 20% 时，车轴草斑块之间的距离和变异程度都会猛然增大 (图 15.19a)。同样的阈值在蚜虫 (图 15.19b) 以及其引入防治天敌 *H. axyridis* 的分布上也有表现 (图 15.19c)，但本土天敌 *C. maculata* 却没有表现出类似的阈值 (图 15.19d)。

虽然，在红车轴草斑块内的植株上，本土瓢虫的捕食行为更为活跃；但总体上，本土瓢甲在红车轴草斑块之间的移动却比较少，不像引入的瓢虫那样更倾向于飞行 (表 15.5)。因为引入的瓢虫移动性更强，当蚜虫还

① 关于此“阈值”的解释，请参照下一段落的内容。—— 译者注

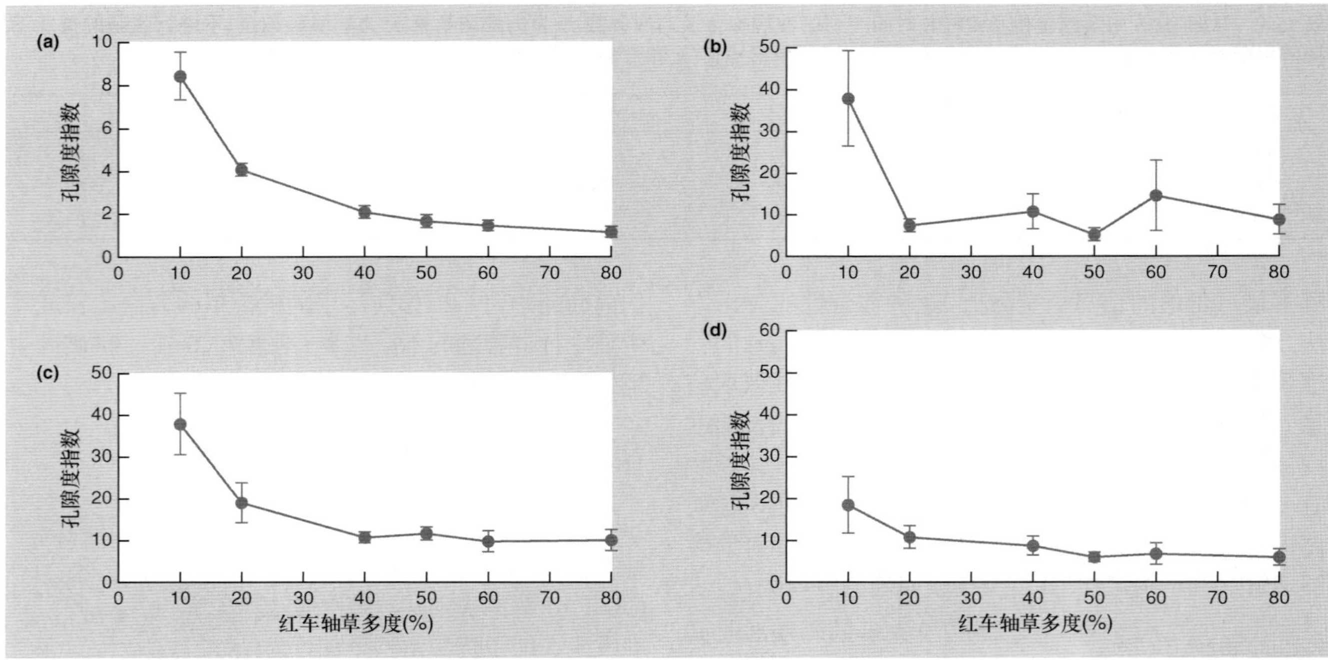

图 15.19 (a) 红车轴草以及 (b) 蚜虫, (c) 引入防治天敌 *Harmonia axyridis* 和 (d) 本土天敌 *Coleomegilla maculata* 种群的分布格局 (孔隙度指数, 用于衡量聚集程度) 变化。实验中, 随着红车轴草多度的上升, 其分布由零散的斑块化增加到连续覆盖整个实验小区。图中误差线为均值 ±1 倍标准差 (仿 With *et al.*, 2002)。

表 15.5 实验区域内, 引入防治种和本土瓢虫在不同尺度上的觅食行为。数值为均值 ± 标准差。每个 16 m×16 m 的试验小区有 256 个斑块 (各 1 m×1 m), 种有红车轴草的为红车轴草斑块。对于在斑块间移动了 5 次以上的瓢虫, 通过计算平均移动距离和位移比衡量区域尺度上的移动。位移比由净位移量 (直线距离) 除以总移动路径长度求得 (仿 With *et al.*, 2002)。

尺度和行为的测量	引入瓢虫 *Harmonia axyridis*	本土瓢虫 *Coleomegilla maculata*
红车轴草斑块内		
每分钟访问的植株数	0.80±0.05	1.20±0.07
红车轴草斑块间		
每分钟访问的斑块数	0.22±0.07	0.10±0.04
主要的移动方式	飞行	爬行
实验小区尺度		
平均移动距离	1.90±0.21	1.10±0.04
位移比	0.49±0.05	0.19±0.03

未能占据太多的生境时 (红车轴草斑块), 引入的瓢虫就能有效地追踪这些蚜虫, 这种早期的发现和打击是生物防治成功的先决条件之一 (Murdoch & Briggs, 1996)。

类似的研究和发现, 能为生物防治天敌的选择和农业体系的设计提供参考 —— 农业体系的设计也可能需要通过管理来保证生境的连续性, 以增强自然天敌和生物防治天敌的效率 (Barbosa, 1998)。

15.4.2 为渔业管理设计保护区网络

在渔业管理中设置禁渔区: 出于集合种群理论的考虑

在过去的 10 年里, 沿海海洋保护区或禁捕区开始作为渔业管理的手段被使用 (Holland & Brazee, 1996)。这是另一个例子 —— 做出管理决策需要对生

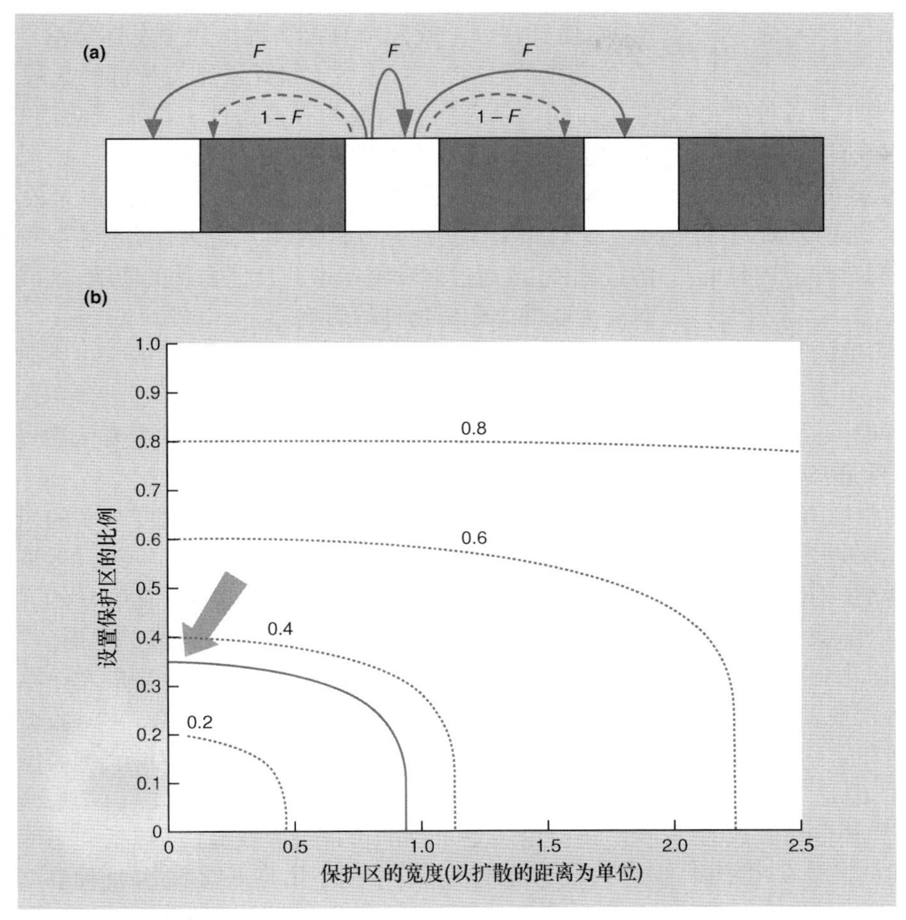

图 15.20 (a) 一组海洋保护区的示意图, 白色的部分为保护区,灰色的为捕鱼区。被保护的海区的比例为 *c*, 留在保护区内的幼体比例为 *F*, 迁出保护区的比例为 1 – *F*。(b) 根据 (a) 图中保护区所占的比例 *c* 和保护区的宽度 (以扩散距离为单位), 由模型计算, 滞留在保护区内的幼体比率 *F* 约为 0.35。图中还给出了其他参数下 *F* 的变化情况。箭头所指的位置为产生最大保护区外产量的参数 *F* 的组合 (仿 Hastings & Botsford, 2003)。

境结构和集合种群动态有所了解。保护区设计的最基本问题可能是: 根据靶标物种的扩散潜力, 该把多大比例、多大面积 (和数量) 的近岸海区设为保护区? Hastings 和 Botsford (2003) 构建了一个简单的确定性模型以回答上面的问题, 该模型虚拟了一个假想物种 —— 该物种具有一些最可能从禁渔区中获益的特征: 成体会留在原地繁殖, 幼体则向外扩散。该模型基于如下的想法: 改变保护区的间隔和宽度, 会改变幼体停留或迁出保护区的比例 (图 15.20)。这里, 显然非保护区的产量是通过收获保护区中扩散出来的幼体而得到的。

此时, 如何获取 MSY 可以被阐述为 "固定幼体停留在保护区的比例 *F*, 调整保护区的面积比例 *c*, 以最大化迁移到保护区外幼体的比例"。注意, 由于 *F* 是恒定的 (建模者是这么假设的), 改变 *c* 也就意味着改变保护区的宽度。我们假设 *F* 等于 0.35 是维持这个物种的必要数值。图 15.20b 中的实线显示了保护区比例 *c* 和保护区宽度要如何改变, 才能让 *F* (线上的数字) 保持在 0.35。我们不必关心模型的数学细节。事实证明, 虽然我们需要尽可能最小化保护区来获得最大化的幼体输出, 从而获得最大产量 (图 15.20b 中箭头所示), 但如果保护区的设计偏离了最优值, 导致的减产也是非常轻微的。由此, Hastings 和 Botsford (2003) 认为, 在一些实际的考虑中, 将保护区设置得足够大以加强保护效果, 会被定为保护区设计的重要原则, 而只要保护区的面积不是太大 (超过图 15.20b 中曲线的肩部), 就不会造成严重的减产。

虽然这是一个粗略而简化的模型, 尤其是缺乏对不确定性、时间和空间异质性的考虑, 但它强调了很多重要原则, 并为更加复杂的、针对特定物种的模型提供了一个起点, 以解决设置保护区网络是否对渔业管理帮助的问题。

在本章的每个部分里, 我们都试图由最简单的概念出发, 再逐渐对现实中的各种因素加以考虑。但应该记住的是, 就算是我们讲到的最复杂的例子, 仍旧缺乏对靶标物种所处的物种间互作网络的考虑。实际上, 很多管理方案的设计需要关注更高一层的生态学关系 —— 群落和生态系统。我们会在本书的第 16~21 章里学习到群落和生态系统的相关知识, 然后再在这两个层次上讨论生态学的应用 (第 22 章)。

小结

当人们越来越广泛地关注地球和地球上各种生物群落的命运时, 可持续性成为了我们的核心观念。本章中, 我们讲解了生态管理中两个非常重要的内容 —— 病虫害防治和对野生种群的收获管理。这两方面内容, 都以可持续性为主要目标, 都需要我们对种群内外的相互作用 (第 8～14 章) 有所了解。

人们在想象中可能认为, 病虫害防治的目标应该是完全消灭病虫害。但实际上, 仅在新的有害物种入侵初期, 人们快速做出响应以消灭入侵种时, 这种完全消灭才可能实现。通常, 病虫害防治的目标是将有害物种种群大小减小到不必进行额外治理的程度 (经济危害阈值 EIL)。由此我们看到, 经济学与可持续性是密切联系在一起的。另外, 当有害物种的种群增加到经济受损的程度时再加以防治就已经太晚了。因此, 我们引入了更重要的概念: 经济阈值 (ET) —— 为防止有害物种达到 EIL 水平, 应该采取防治措施时的种群密度。

我们讲到了一系列的化学杀虫剂和除草剂, 这些物质是病虫害防治工作者的重要武器。但是, 由于 "靶标有害物种再暴发" (当除害剂对有害物种自然天敌的影响大于有害物种本身时) 和 "次级病虫害暴发"(除害剂对潜在有害物种的自然天敌造成了较大影响, 使潜在有害物种成为了真正的有害物种) 的可能性, 我们在使用这些化学物质时需要十分小心。另外, 有害物种还可能对除害剂进化出抗性。

操纵有害物种的自然天敌进行病虫害防治, 是施用化学除害剂的一个替代途径。生物防治大致包括: ① "引入式防治", 从其他地区 (往往是有害物种的起源地) 引入有害物种的自然天敌, 并期望它们能在本土建群, 长期发挥作用; ② 操纵本地已有的自然天敌 ("保护性生物防治"); ③ 周期性施放无法长期维持种群的防治种, 使其在一个或几个有害物种世代里发挥防治作用 ("接种式防治"); ④ 施放大量无法维持种群的天敌, 在短时间内杀灭当前出现的有害物种 ("洪灾式防治", 有时也被类似地叫作生物杀虫剂)。生物防治并不总是对环境友好的, 就算很仔细地选择并引入的防治天敌, 也可能对非靶标物种有所影响 —— 直接影响有害物种的近缘种; 或通过对食物网中的其他物种的影响, 造成对有关联的非靶标物种的影响。

病虫害综合防治 (IPM) 是一种实践性的病虫害防治理念, 它以生态学和可持续性为出发点, 适当使用包括化学除害剂在内的所有防治方法。IPM 主要依靠气候、天敌等自然致死因素。

自然种群一旦被人们收获, 就有被过度开发的风险。但收获者同时也希望避免开发不足 —— 这会导致食物的缺乏和收获者的失业。因此, 在应用生态学的许多领域中, 都应该对社会学和经济学有认真的考虑。

最大持续产量 (MSY) 的概念是收获管理的主导原则。我们讲解了获得 MSY 的几种不同方法 —— 收获一个固定的配额, 规定收获努力, 收获固定的比例而保留固定数量繁殖个体 —— 也指出了这些方法的缺点。我们还讨论了更可靠的可持续收获方法, 包括动态库模型 (认为被收获种群中的个体是不同的, 并把种群结构引入到模型中) 和明确引入了经济学概念的管理方法 (追求经济最佳产量 EOY, 而不是简单的 MSY)。我们还注意到, 世界上很多渔业产区, 尤其是发展中地区, 都缺乏统计数据; 这种情况下, 简单的 "无数据" 管理可能是生态学家能给出的最佳方案。

最后, 很多种群, 包括有害物种和被收获的种群, 都出现在异质性的环境里, 有时还以集合种群的形式出现。在为某农业产区选择生物防治种, 或者为渔业管理设计 "禁渔区" 时, 管理者都需要对这个问题加以注意。

第三部分
群落和生态系统

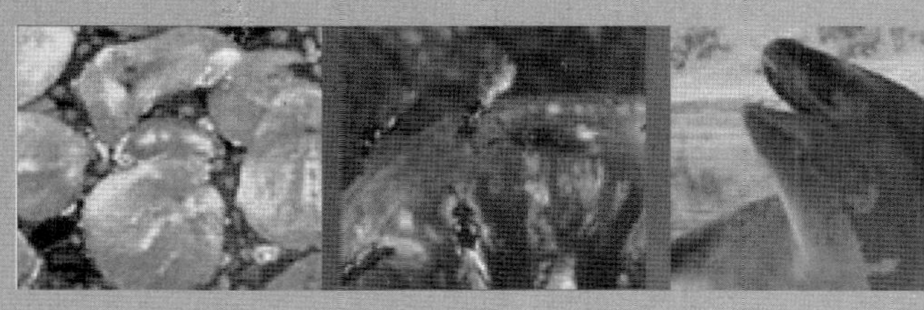

自然界中，陆地和水体中存在着各种生物聚群 (assemblage)，其物种组成和功能各异。这样的生物聚群，即生物群落，包括群落内所有生物个体及个体间的相互作用。这种相互作用的存在，使群落整体远远超过其内部所有个体简单相加的总和。众所周知，生理学家通过研究细胞与组织的性质和特征，继而试图利用其相互作用来解释完整生物体的特征；与之类似，生态学家尝试通过研究各种生物间的相互作用来解释生物群落复杂的结构和特征。而生态系统生态学 (ecosystem ecology)，则也与群落结构和行为密切相关，但更侧重群落的物质循环和能量流动。

首先，我们来思考群落具有哪些特征。群落生态学家感兴趣的是，生物物种集群 (groupings of species) 如何分布以及这些集群如何受到环境中生物与非生物因素的影响。因此在第 16 章，我们首先详述如何测定和描述群落结构，然后讲述群落结构的空间格局、时间格局，最后讲述及自然界更为复杂但更为真实的时空格局。

群落 (commnity)，其实是一个与生物个体一样的有机体，需要物质和能量来维持其结构和生命活动。群落内的生物因取食关系而形成复杂的网络，物质 (第 18 章) 和能量 (第 17 章) 通过该网络进行流通。这一生态系统途径包括初级生产者、分解者和食碎屑者、死有机质库、食草动物、食肉动物和寄生生物，以及提供生存条件的物理与化学环境 —— 作为能量和物质的源或汇。在第 17 章，我们先讨论初级生产力的大尺度格局，再讨论陆地与水生环境下生产力的限制因子及其变化趋势。在第 18 章，我们将探讨生物区系如何在生态系统的各组分之间进行物质的累积、转化和迁移。

在第 19 章，我们将回忆之前讲过的种群间相互作用，即竞争、捕食和寄生作用，如何影响群落结构。在第 20 章，我们发现一些特殊物种不仅仅作为特殊的竞争者、捕食者或宿主，而且是通过整个食物网影响着整个群落。食物网的研究基于群落与生态系统生态学层面，同时，我们关注相互作用的物种的种群动态及其对生态系统过程 (ecosystem process)，如生产力和营养流通的影响。

在第 21 章，我们全面分析决定物种丰富度的生物和非生物因素。为什么物种数目存在空间和时间差异？这个问题不仅有趣而且有一定的现实意义。我们将获得对物种丰富度格局的全面了解，同时进一步对本书前面的内容有更深层的认识。

本书的最后一部分 (第 22 章) 讲述应用生态学，其中涉及群落演替、食物网生态学、生态系统功能和生物多样性等方面的理论应用。最后认识到，应用生态学决不能孤立存在 —— 自然资源的可持续利用要求我们运用经济学和社会学的视角去处理生态学问题。

综上所述，群落/生态系统水平的生态学研究，有点像对手表和钟表的研究。首先，要做收集工作，并将每只表的内含物进行分类。通过分析，我们可以获得它们共同的结构特征和行为式样。但我们要想明确每一个钟或表如何进行工作，就必须将它们拆开，仔细研究再重新组装起来。同样，只有当我们能够重现被我们往往并非故意 “拆分” 成碎片的生物群落时，我们才能完全了解自然群落的本质。

第 16 章 群落的性质：时空格局

16.1 引言

生理生态学家和行为生态学家首要关注的是生物个体。当同种生物的诸多个体共存时，种群所独有的特征便显现出来，如密度、性比、年龄结构、出生率和迁入率以及死亡率和迁出率。我们通过研究组成种群的个体行为来揭示该种群的群体行为。同样，我们也可以通过研究种群行为来揭示更高层次即群落水平的行为特征。群落指一定时空范围内生物种群的集合。群落生态学的目的是认识物种集群在自然界中分布的式样，以及环境中非生物因素 (本书的第一部分) 以及种群间的相互作用 (第二部分) 对群落中物种集群影响的方式。而群落生态学家所面临的挑战则是辨别并解释诸多影响因素作用下的群落格局。

寻找群落的综合规律

一般而言，组成群落的物种取决于：① 扩散限制，② 环境约束，③ 内部动态 (图 16.1) (Belyea & Lancaster, 1999)。生态学家所探索的群落集合规律 (rule of community assembly)，我们将在本章及其他章节中进行阐述 (第 19~21 章)。

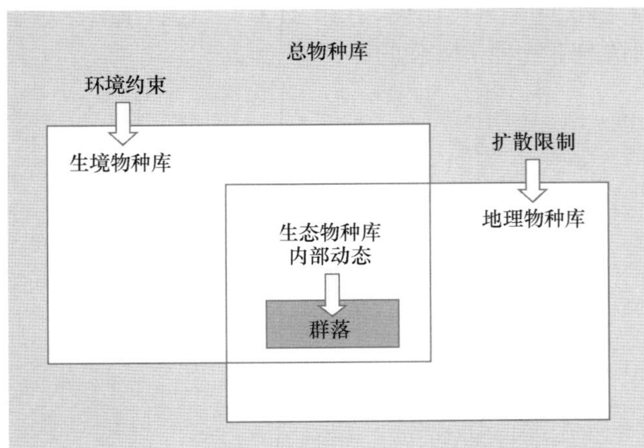

图 16.1 5 个物种库的相互关系：一个区域的总物种库、地理物种库 (能够抵达某一个地点的物种)、生境物种库 (能够在某一地点的非生物环境条件下维持的物种)、生态物种库 (既能抵达某一地点也能在此地维持的物种的集合) 以及群落 (面对生物间相互作用仍能维持的物种库) (改编自 Belyea & Lancaster, 1999; Booth & Swanton, 2002)。

群落具有集体属性……突现属性，这些是组成群落的多个种群所不具有的

群落由个体和种群所组成，我们可以直接研究其集体性质，例如物种多样性和群落生物量。然而，生物个体存在着种内与种间相互作用，如共生、寄生、捕食和竞争。很显然，群落的特征要明显超过其组成物种的总和。而当我们深入研究群落或者关注复杂混合体的行为时，突现属性 (emergent property) 就会涌现出来。例如，蛋糕具有特定的质地和风味，而这却无法通过对原料的简单调查而获得。在生态学群落中，竞争物种的相似性限制 (第 19 章) 和干扰后食物网的稳定性 (第 20 章) 都是其突现属性的表现。

在群落水平的研究中，往往因为海量而复杂的数据令人望而却步。首先，通常会了解群落的集体特征和突现属性的格局。格局就是指重复出现的一致性 (repeated consistency)，例如，在不同地点重复出现的相似生长型的集群 (grouping)，或者沿不同环境梯度物种丰富度的趋势具有重复性。对这种格局的认识导致了一些假说的提出，其中探讨了这种格局的成因。通过进一步观察或实验，可以对这些假设进行检验。

群落可以在生境等级内的任何一个尺度上进行定义。在极端情况下，我们可以在全球尺度上认识生物群落类型分布的宏观格局。温带森林生物群落便是一例，图 16.2 展示了它在北美洲的分布区范围。生态学家通常认为，气候是该尺度上限制植被类型的关键因素。而在更小的尺度上，美国新泽西州 (New Jersey) 部分地区的温带森林生物群落以两个树种，即山毛榉和槭树为代表；此外，还有其他一些数量大但不够惹眼的植物、动物和微生物。群落研究很可能聚焦在该尺度上。在更小的生境尺度上，研究人员可能会关注积水树洞中栖息的独特无脊椎动物群落，或是森林中鹿肠道内的动、植物区系。在这些不同尺度的群落研究中，不存在最合理的研究，因为我们需要根据所要解答的问题去选择最适合的尺度对群落进行研究。

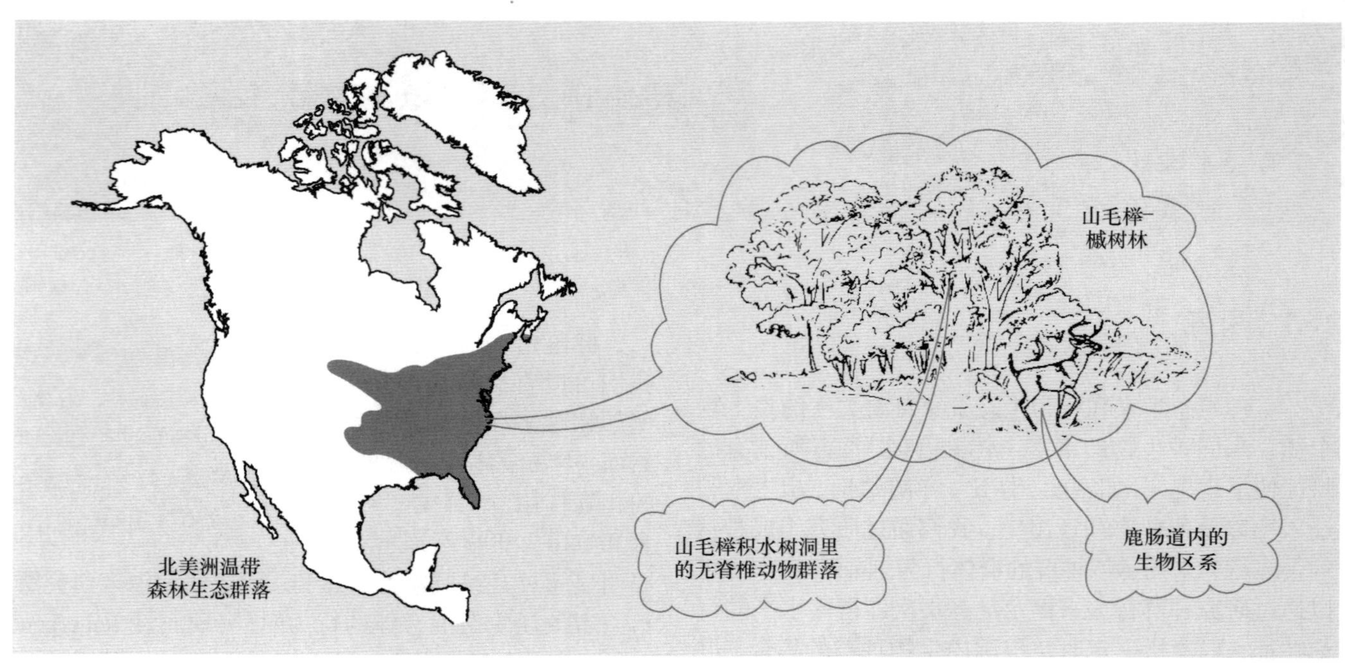

图 16.2 一个生境能嵌套于另一个的生境等级: 北美洲温带森林生物群落、新泽西州山毛榉–槭树林、积水的树洞, 抑或哺乳动物的肠道。生态学家可以选择任意尺度的群落进行研究。

> 群落可以在不同层次水平上识别, 而且都是同等合理、有效

群落生态学家有时需要考虑某一区域中所存在的全部生物个体, 尽管这在缺乏大量分类学家的情况下很难获得实现。其他的限制因素则将研究重点缩小到群落内部单一的分类群 (如鸟、昆虫或者树木), 或者特定的功能群 (如植食动物或者食碎屑者) 上。

本章余下的部分分为 6 个小节。我们先讲述群落结构的测度和描述方法 (第 16.2 节), 再集中讨论群落结构的空间格局 (第 16.3 节)、时间格局 (第 16.4~第 16.6 节), 最后探讨时–空复合格局 (第 16.7 节)。

16.2 群落组成的描述

> 物种丰富度: 一个群落中所存在的物种数

一种描述群落的方法是, 将存在的物种进行简单统计或罗列。这个方法听起来很直接, 可通过物种 "丰富度"(即存在物种的数目) 来描述和比较不同的群落; 然而实际操作时, 这种方法却出乎意料的困难, 部分是由于分类问题, 部分则因为通常只能计数一个区域中生物的子样本。记录的物种数依赖于所取样本的数目, 或考察生境的范围。那些最普遍的物种很可能只在最初的少数样本中具有代表性, 随着更多样本的收集, 较为罕见的物种将被填入表中。那么, 应该在何时停止选取更多的样本呢? 理想状态下, 调查者应该持续采样直到物种数量的增加到达一段停滞区 (图 16.3)。至少, 不同群落的物种丰富度应该基于相同的样本容量 (考察生境的范围、投入采样的时间, 最好还包括样本中含有的生物个体或构件数目) 来进行比较。在第 21 章, 我们将重点图示不同情况下物种丰富度的分析。

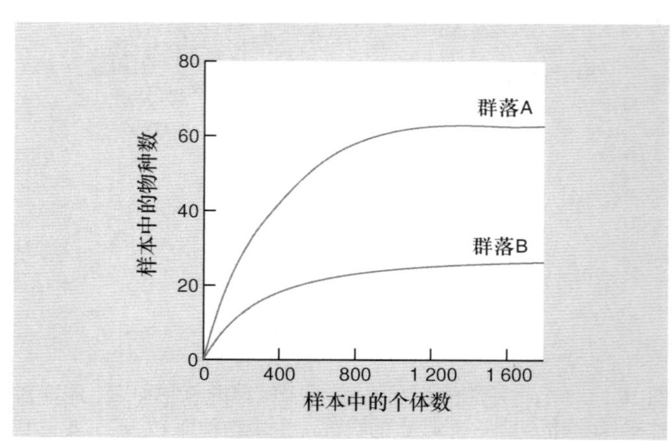

图 16.3 来自两个假想的具有鲜明对比的群落的物种丰富度与个体数目的关系。群落 A 的总物种丰富度明显超过群落 B。

16.2.1 多样性指数

多样性综合考虑了物种丰富度、普遍性和稀有性

当仅仅通过存在物种的数目来描述群落组成时，我们往往忽略了群落结构中的一个重要问题，即一些物种是稀有种，而另一些则是常见种。假设 A 群落物种数为 10，且各物种数量平均；而 B 群落同样具有 10 个物种，但其中 1 个优势种占据了生物个体总数的 50% 以上，而其他 9 个物种中每种个体数占总体的比例均小于 5%。尽管 A、B 群落具有相同的物种丰富度，但 A 群落比 B 群落的多度 (abundance) 分配更加均等，显然更加多样化。因此物种丰富度与物种多度的均等性 (equitablity) 共同决定群落的多样性。

仅掌握群落中各物种的个体数目也并不能解决所有问题。如果群落被严格地限定 (如森林中的鸣鸟群落)，那么统计各物种的个体数目也许足够满足各种研究目的。然而，如果我们对森林中的所有动物感兴趣，那么其庞大且不一致的个体数目意味着，这种简单计数容易让人产生误解。如果我们试图对植物 (以及其他构件生物) 进行统计，也会产生类似的问题。例如，我们是否要计数嫩枝、叶片、茎、无性系分株 (ramet) 或基株 (genet)? 对此，一种解决方法是通过单位面积每个物种的生物量来进行群落描述。

Simpson 多样性指数

Simpson 多样性指数 (Simpson's diversity index) 是对群落特征的简单度量，其中考虑到多度 (或生物量) 格局和物种丰富度两方面。它通过确定样本中每个物种的个体数或生物量在总体中所占的比例来计算；其中，P_i 代表物种 i 所占的比例。

Simpson 多样性指数由式 (16.1) 计算：

$$D = \frac{1}{\sum_{i=1}^{s} P_i^2} \tag{16.1}$$

式中，S 代表群落中的物种总数 (即物种丰富度)。若物种丰富度给定，则 D 随均匀度 (evenness) 的增加而增加；若均匀度给定，则 D 随着物种丰富度的增加而增加。

"均等性"或"均匀度"

均匀度本身能够通过 Simpson 指数 D 来定量表示 (介于 0 和 1 之间)，如果各物种的个体数呈均匀分布，则 D 存在最大值 $D_{\max} = S$，因此：

均匀度由公式 (16.2) 计算：

$$E = \frac{D}{D_{\max}} = \frac{1}{\sum_{i=1}^{s} P_i^2} \times \frac{1}{S} \tag{16.2}$$

Shannon 多样性指数

另一个经常使用的指数是 Shannon 多样性指数 H (Shannon's diversity index)，它也是一个比例指数，取决于一系列的概率值 P_i。因此，

多样性计算如下：

$$H = -\sum_{i=1}^{S} P_i \ln P_i \tag{16.3}$$

而且均匀度由式 (16.4) 计算：

$$J = \frac{H}{H_{\max}} = \frac{-\sum_{i=1}^{S} P_i \ln P_i}{\ln S} \tag{16.4}$$

在英国洛桑 (Rothamsted)，从 1856 年开始的一项长期的草地实验研究为我们提供了一个多样性分析的例子。实验中将草地分为对照组和处理组，对照组草地不做任何处理，而处理组草地每年进行一次施肥。图 16.4 显示了从 1856—1949 年草地物种多样性 (H) 和均匀度 (J) 的变化情况。对照组曲线基本保持稳定，而处理组出现物种多样性和均匀度逐渐降低的现象。对此，一种可能的解释是较高的养分可利用性造成种群生长速率和生产力都高的物种更有可能成为优势种，从而竞争抑制其他物种，导致多样性和均匀度下降。

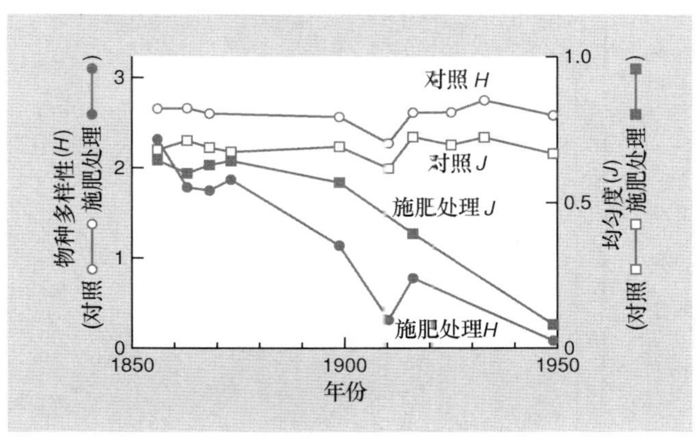

图 16.4 英国洛桑"公园草场"实验 (Rothamsteard "Parkgrass" experiment) 中，施肥处理样地与对照样地的物种多样性 (H) 和均匀度 (J) 随时间的变化 (仿 Tilman, 1982)。

16.2.2 秩 – 多度图

如果仅用单一的特征 (如丰富度、多度或均匀度) 来描述群落的复杂结构, 我们会失去许多有价值的信息。因此, 要充分了解群落中物种多度的分布, 就应该利用完整的 P_i 阵列绘制 P_i 秩图。因此, 首先对多度最大的物种的 P_i 进行作图, 然后是多度第二、第三的物种, 依次类推, 直到最稀有的物种。秩 – 多度图可以表现个体数目, 或者不同固着生物覆盖的地表面积, 或者群落内不同物种的生物量。

秩 – 多度模型要么基于统计学原理要么基于生物学原理

图 16.5 是由一系列方程拟合获得的秩 – 多度图。其中两条曲线均是基于统计学原理拟合 (对数级数和对数正态), 没有任何与物种之间如何进行相互作用有关的假设基础。其他曲线则考虑到环境条件、资源和物种 – 多度格局 (基于生态位的模型) 之间的关系, 从而非常有助于我们理解群落组成的潜在机制 (Tokeshi, 1993)。我们通过描述 4 个基于生态位模型的基础来说明这些方法的多样性 (见 Tokeshi (1993) 的详细描述)。优势抢占模型 (dominance-preemption model) 产生最不均匀的物种分布, 并出现连续的优势种 (50% 以上) 抢占生态位的现象, 首先最强的优势种占领总生态位空间的 50% 以上, 次强的优势种占领余下生态位空间的 50% 以上, 以此类推。随机分数模型 (random fraction model) 呈现出更均匀的物种分布, 其中物种连续侵入并随机占据先前物种的生态位空间。在这种情况下, 不考虑优势物种的存在, 所有物种占领生态位的概率相同。而另一方面, MacArthur 分数模型 (MacArthur fraction model) 假定生态位越大的物种更有可能受到新物

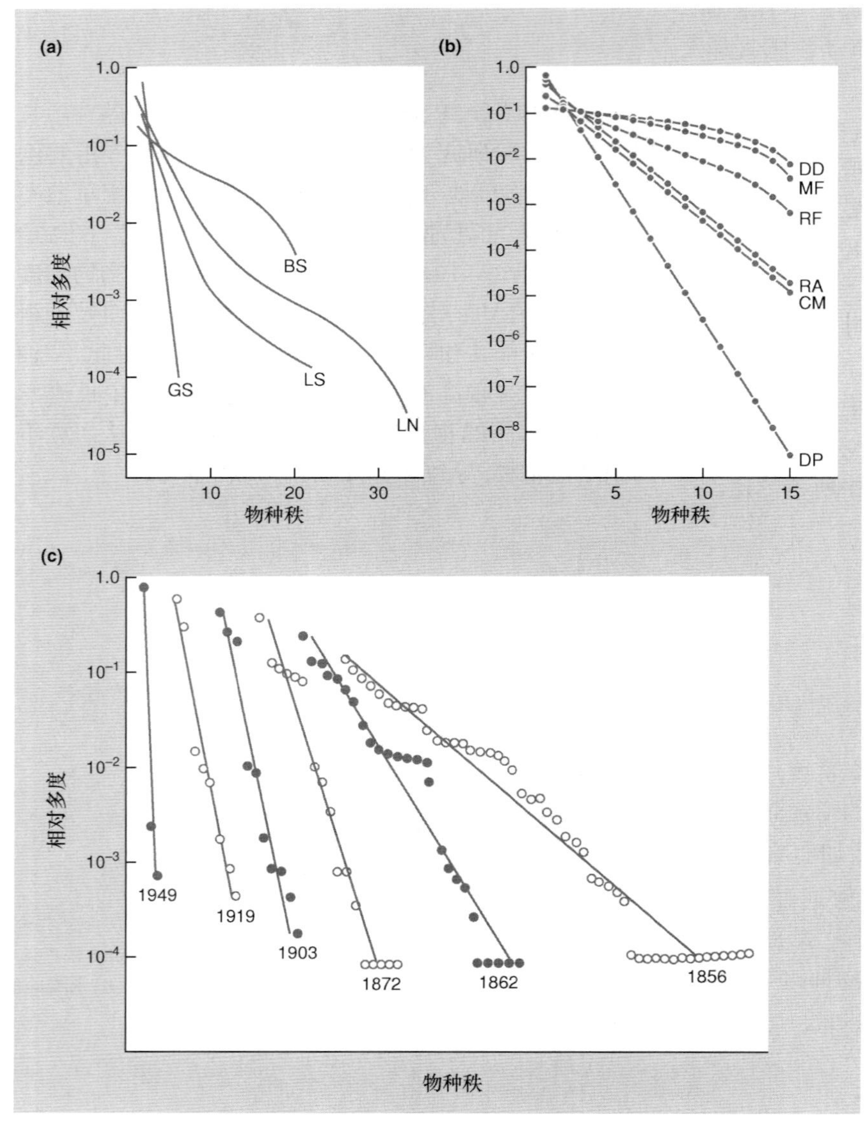

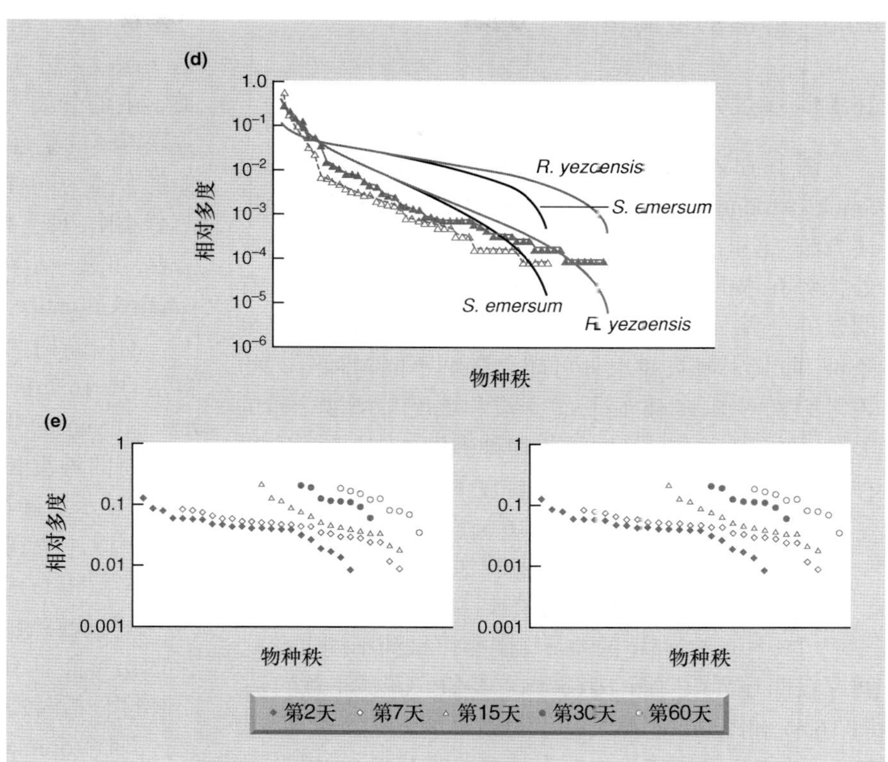

图 16.5 (a,b) 不同模型的物种秩 – 多度格局; 其中两个是基于统计学的 (LS 和 LN), 而另外两个则可以认为是基于生态位的。(a) BS, 断棍模型; GS, 几何级数模型; LN, 对数正态模型; LS, 对数级数模型。(b) CM, 复合模型; DD, 优势度衰退模型; DP, 优先抢占模型; MF, MacArthur 分数模型; RA, 随机分配模型; RF, 随机分数模型。(c) 1856—1949 年持续施肥处理的草地实验中, 植物物种相对多度格局 (拟合几何级数模型) 的变化 [图 (a~c); 仿 Tokeshi, 1993]。(d) 栖息于结构复杂的溪流植物毛茛 *Ranunculus yezoensis* (▲) 和结构简单的小黑三棱 (*Sparganium emersum*) (△) 两种植物上的无脊椎动物的物种秩 – 多度格局比较; 拟合曲线分别代表 MacArthur 分数模型 (——, 上线为毛茛, 下线为小黑三棱) 和随机分数模型 (——, 上线为毛茛, 下线为小黑三棱) (仿 Taniguchi *et al*., 2003)。(e) 不同年龄的湖泊生物膜上附着细菌群的物种秩 – 多度格局 (图中从左向右的符号分别代表第 2、7、15、30、60 天的情况) (仿 Jackson *et al*., 2001)。

种的侵入, 因而比随机分数模型反映出更均匀的分布情况。优势度衰退模型 (dominance-decay model) 与优势抢占模型相反, 当前存在的最大生态位空间总是在随后受到 (随机的) 分割。因此在该模型中, 新侵入物种通常定殖于当前多度最大的物种的生态位空间, 从而在所有模型中, 优势度衰退模型的物种多度最均匀。

当进行比较时, 群落指数是十分有用的抽象

与丰富度、多样性和均匀度指数一样, 秩 – 多度图应该被视为群落高度复杂结构的抽象, 可能在进行群落比较时可用。原则上, 我们希望通过寻找最佳的拟合模型来获得一些过程的潜在线索, 或者可能有助于分析它们在群落样本之间的差异。实际上, 迄今为止所取得的进展很有限, 不仅是解释上存在问题, 而且在对模型与数据间最适关系的实际检测上也存在困难 (Tokeshi, 1993)。然而, 一些研究已经成功地关注了优势度/均匀度的关系随环境变化而发生的改变。例如, 上文提到的在英国洛桑实验站所进行的实验, 图 16.5c 说明, 如果群落变化符合几何级数模型 (geometric series model), 则优势度稳定增长的同时物种丰富度会降低。图 16.5d 说明, 结构复杂的水生植物毛茛 *Ranunculus yezoensis* 如何比结构简单的黑三棱 (*Sparganium emersum*) 拥有更高的无脊椎动物物种的丰富度和均匀度, 其中前者能够提供更多的潜在生态位。这两者的秩 – 多度图更符合随机分数模型, 而非 MacArthur 分数模型。最后, 图 16.5e 说明, 附着的细菌群落 (生物膜) 向湖中玻璃片定殖的过程中从对数正态 (log-normal) 到几何级数分布的变化情况。

力能学途径: 是分类学描述的备择方法

描述群落的方法有很多, 分类学组成和物种多样性仅是其中的两个。还有其他方法 (不一定更好, 但是有所不同) 从不同角度来描述群落和生态系统, 如现存产量、植物的生物量生产率以及异养微生物和动物对它们的利用和转化。相关的研究可能首先对食物网进行描述, 再对各营养级水平的生物量、营养级之间的物质循环和能量流动 (从物理环境中获得, 经由活着的生物, 再返回到物理环境中) 进行定义。这些方法适用于在没有共同分类学特征的群落或生态系统中进行格局的研究。我们将在第 17 章和第 18 章详述这部分内容。

目前, 较多的研究集中在物种丰富度与生态系统机能执行 (生产力、分解作用和营养动态) 之间的联系。理解物种丰富度在生态系统过程中的作用, 对于人类如何响应于生物多样性的丧失而言具有重要意义。我们将在第 21.7 节中详述这一重要问题。

16.3 群落的空间格局

16.3.1 梯度分析

图 16.6 显示了美国田纳西州大烟山地区 (the Great Smoky Mountains) 一项传统研究中植被分布的多种描述方法, 这里的植物以乔木为主。图 16.6a 显示了山坡处优势乔木的分布特征, 图中可见不同植物群落具有明显的分界。山体本身为植物生长提供了大量的环境条件, 而其中海拔和水分可能是影响不同树种分布的关键因素。图 16.6b 显示了海拔和坡度与植被分布的关联; 而图 16.6c 则显示了各物种多度 (表达为所有树种茎秆的百分数) 与水分单个梯度的关系。

物种沿梯度分布的端点不是陡变而是渐变

图 16.6a 呈现出对植被分布状况的主观性分析, 并认为不同地区的植被存在着反映地区特征的差异。因而可推测不同群落之间存在明显界限。图 16.6b 与之类似。需要注意的是, 图 16.6a 和图 16.6b 都是基于对植被的描述。然而, 图 16.6c 展示了单个物种的分布格局。很显然, 单个物种的多度存在着较大重叠 —— 即不存在明显分界。因此, 不同树种的分布区沿梯度出现分化, 但在边界处呈重叠状态。"梯度分析" 的结果显示, 单个物种分布区边界模式为渐变式而非陡变式。其他诸多梯度研究也得出了类似的结论。

梯度的选择几乎总是主观的

也许, 用梯度分析来检测群落分布格局时受到的主要批评是, 梯度选择总是主观的。研究人员先通过调查发现一些似乎与生物相关的环境指标, 然后沿其梯度变化收集数据。而实际上, 选用这些环境因子不一定是最适当的。群落中的物种随着一些环境因素呈现规律性的分布, 但这并不能证明该因子就是最重要的。它很可能只是与真正关系物种生活的环境因素之间存在松散的相关性。因此, 梯度分析只是向着群落的客观描述迈进了一小步而已。

16.3.2 群落的分类和排列

利用正式的统计学方法, 可以剔除群落描述时的主观性。这些方法使得群落学研究的数据可以自行分类, 从而避免了研究人员分析时带入各种主观猜测。例如, 哪一个物种倾向于与其他物种相关联, 或者哪一环境因素与物种分布最为相关。其中的一种方法便是分类 (classification)。

分类是将相似的群落聚在一起形成组群

分类基于群落组成相对离散这一假设。它可以通过一个与分类学上的分类类似的过程, 产生关联群落的集合。在分类学中, 相似的个体为同种, 相似的物种为同属, 以此类推。在群落分类中, 具有相似物种组成的群落合并为同组; 如有需要, 可进一步对这样的组进行合并 (详细内容参见 Ter Braak & Prentice, 1988)。

有关新西兰北岛 (North Island) 大量湖泊中的轮虫群落 (图 16.7a) 分析, 曾使用了一种称为聚类分析 (cluster analysis) 的分类方法 (Duggan *et al.*, 2002)。基于轮虫现有的种类和多度, 获得了 8 个聚类 (图 16.7b)。图 16.7a 显示了新西兰各湖泊中轮虫群落的空间分布状况。可以注意到, 轮虫群落的分布不具有空间一致性, 而是星罗棋布地分布在岛屿上; 这显示出了分类的优点。分类能够展示出一系列群落的结构, 而不需要提前挑选出可能具有重要意义的环境因素 (这一步骤在进行梯度分析时却是必需的)。

排序将群落展示在一张图上, 物种组成最相似的群落靠得最近

排序 (ordination) 是一种数学处理, 它可以使多个群落组织在一张图上, 因此, 那些在物种组成和相对多度上最相似的群落在图中最为靠近, 而那些类似物种的相对重要性差异较大或者所含物种差异很大的群落则距离较远。图 16.7c 显示了利用排列方法分析轮虫群落产生的结果 (Ter Braak & Smilauer, 1998), 这一方法被称为典范对应分析 (canonical correspondence analysis, CCA)。CCA 也可用于检测环境变量下的群落格局。显而易见, 这种方法的成功依赖于取样各种合适的环境变量。这便设置了一个最大障碍 —— 我们可能没有测定环境中最重要的特征。图 16.7c 显示了轮虫群落组成与一系列物理、化学因素之间的关系。而分类与排序间的关联可以从这一点看出: 通过分类, 我们获得了 A~H 聚类的群落, 而它们也在 CCA 排序图中呈现出非常明显的分离。

因此, 一个必须提出的问题是: 图中什么沿着坐标轴变化?

群落分类中, 聚类 A 与 B 显示与高水体透明度 (塞克盘深度, "Secchi depth") 相关, 聚类 G 与 H 与高的总磷和叶绿素浓度相关, 其他则为中间状态。湖泊受到大量农业化肥排放或污水输入的影响, 即出现富营养化。因而湖泊易呈现高总磷浓度、高叶绿素水平和低透明度 (较高的浮游植物细胞多度) 的状态。在富营养化

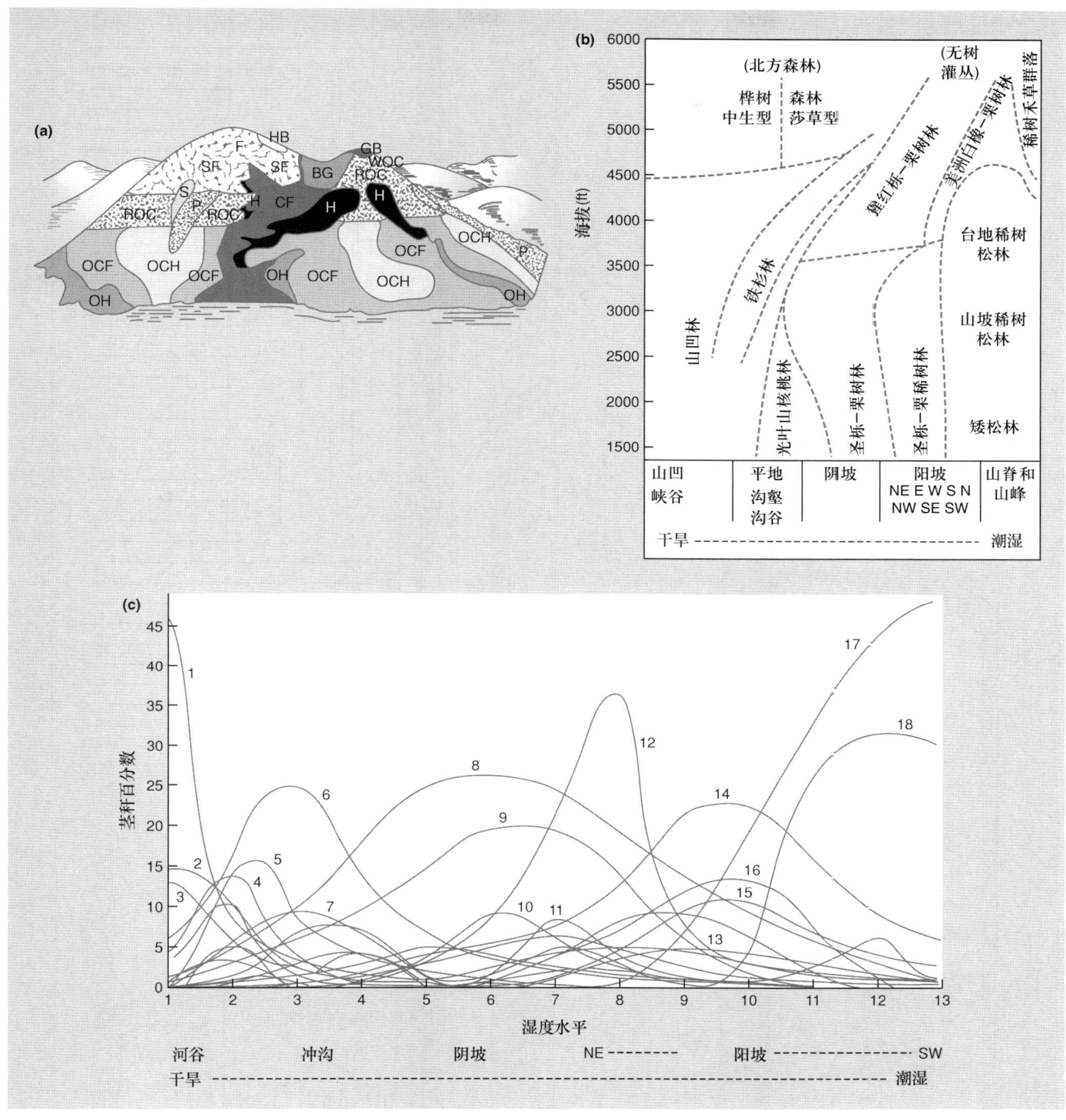

图 16.6 美国田纳西州大烟山地区典型优势树种分布的 3 种完全不同的描述。(a) 植被类型在理想化西向山体与河谷上的地形分布；(b) 植被类型相对于海拔和坡向的理想图示；(c) 单个植物种群 (出现茎秆的百分比) 沿水分梯度的分布。植被类型：BG, 山毛榉林隙；CF, 山凹森林；F, 法氏冷杉林；GB, 无树的禾草群落；H, 铁杉林；HB, 无树的石南群落；OCF, chestnut oak-chestnut forest; OCH, chestnut oak–chestnut heath; OH, 橡树 – 山胡桃林；P, 松树林和石南灌丛；ROC, 红橡树 – 栗树林；S, 云杉林；SF, 云杉 – 冷杉林；WOC, 白栎 – 栗树林。主要物种包括：1. *Halesia monticola*; 2. *Aesculus octandra*; 3. *Tilia heterophylla*; 4. *Betula alleghaniensis*; 5. *Liriodendron tulipifera*; 6. *Tsuga canadensis*; 7. *B. lenta*; 8. *Acer rubrum*; 9. *Cornus florid*; 10. *Carya alba*; 11. *Hamamelis virginiana*; 12. *Quercus montana*; 13. *Q. alba*; 14. *Oxydendrum arboreum*; 15. *Pinus strobus*; 16. *Q. coccinea*; 17. *P. virginiana*; 18. *P. rigida* (仿 Whittaker,1956)。

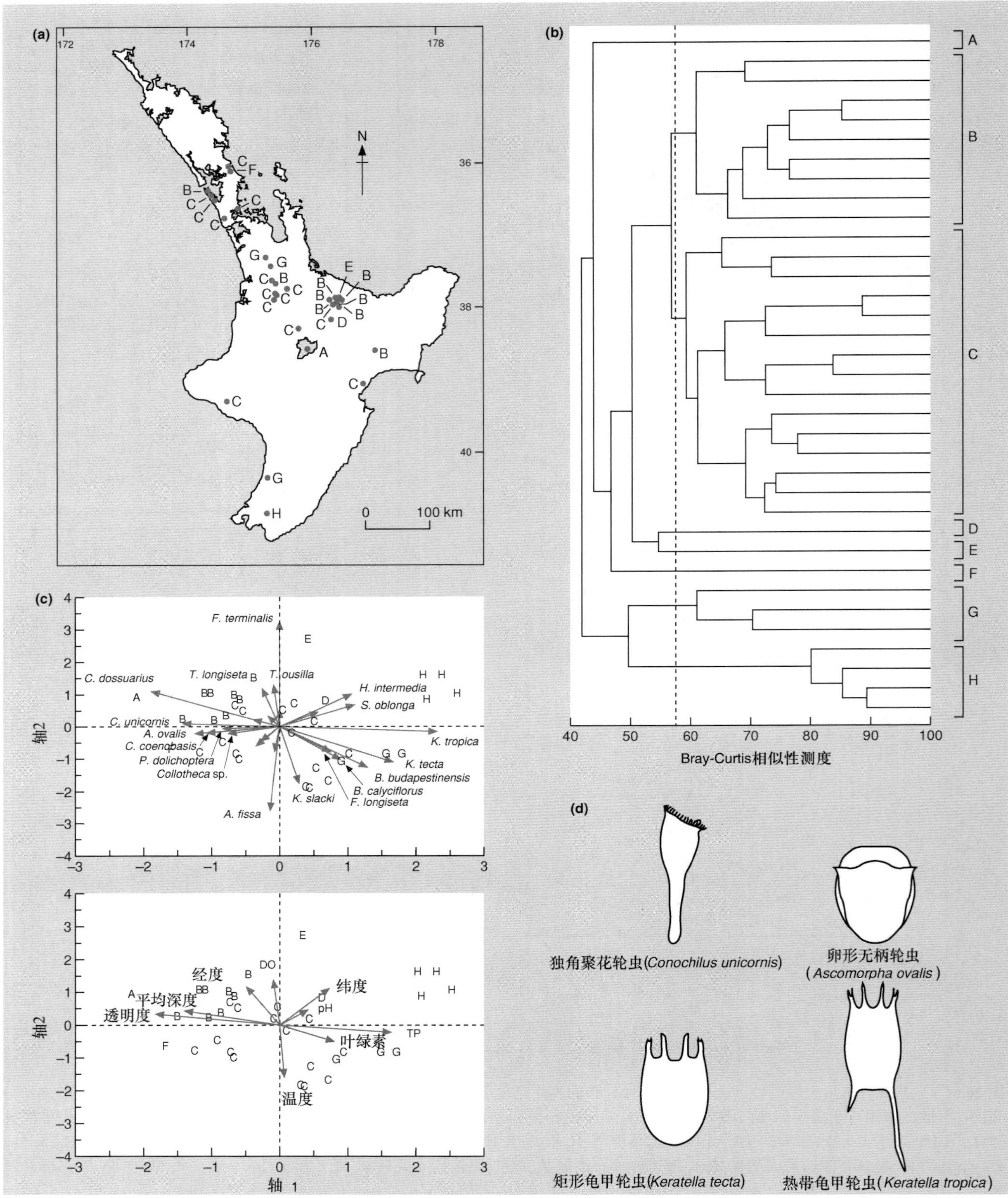

图 16.7 (a) 31 个对轮虫群落 (共 78 种) 进行过取样和描述的湖泊在新西兰北岛的分布。(b) 基于 Bray-Curtis 相似性测度方法, 对 31 个湖泊轮虫的种类组成数据的聚类分析 (分类) 结果; 最相似的湖泊群落聚类在一起, 共分成 8 类 (A~H)。(c) 典范对应分析 (CCA) 的排序结果。排序图的位置显示了湖泊地点 (字母 A~H 表示其相应的分类)、单个轮虫物种 (上图中的灰色箭头) 和环境因子 (下图中的灰色箭头)。(d) 4 种轮虫的轮廓图 (仿 Duggan *et al.*, 2002)。

的环境条件下，典型的轮虫物种是矩形龟甲轮虫 (*Keratella tecta*) 和热带龟甲轮虫 (*K. tropica*) (图 16.7d)，主要存在于 G 和 H 两个聚类中；而在较原始的环境条件下，典型的轮虫物种是独角聚花轮虫 (*Conochilus unicornis*) 和卵形无柄轮虫 (*Ascomorpha ovalis*)，主要存在于 A 和 B 两个聚类中。

排序能有助于提出可以进一步验证的假设

湖泊的富营养化水平，并不是能够解释轮虫群落组成唯一的重要因素。例如，聚类 C 中的群落，虽然具有中间水平的磷浓度，但会随溶解氧浓度和湖水温度 (它们自身存在负相关关系，因为随着湖水温度的升高，溶解氧浓度会降低) 沿坐标轴 2 出现分化。

这些结果告诉我们什么呢？首先，也是最明确的是，通过分析可以揭示与环境因子之间的关联，并提供一些特定的假设，使我们能够检测群落结构与潜在环境因子的关系。(记住关联不一定暗含因果关系；例如，溶解氧浓度和群落组成可能响应相同的环境因子而同时变化，直接的因果关系只能通过受控试验来验证。)

其次，也是更普遍的一点，与群落性质的讨论有关。以上结果强调了在特定环境条件下，很可能发生可预测的物种关联。因此，群落生态学家们所研究的物种集合并非完全随机且不明确的。

16.3.3 群落生态学的边界问题

群落是具有清晰边界的离散实体吗？

可能存在这样的群落：它们具有明显的边界，边界处的物种群毗邻存在，但并不混入对方所在群落。如果这样的群落存在，那么它一定是很特殊的。尽管陆地和水域的交汇具有清晰的边界，然而其生态分界却是无意义的，例如水獭或青蛙频繁地跨越这一生态分界，许多水栖昆虫的幼虫阶段在水中度过，而成虫阶段则生出双翼飞舞在陆地上或空中。在陆地上，植被类型的清晰分界会出现在酸性和碱性岩石矿脉露出地表之处，或者蛇纹石和非蛇纹石并列之处。然而即使在这些情况下，矿石渗出边界，也会使界限模糊不清。因此，最安全的说法应该是，群落边界可能并不存在，只是有些群落的边界较其他群落更为明显。生态学家们更注重寻找区分群落的方法，而不是寻找明显的、制图学上的群落边界。

群落：不是严格的超有机体

在 20 世纪的前 25 年里，关于群落的性质问题产生了很大的争论。Clements (1916) 构想的群落是一种超有机体 (superorganism)，它包括的各物种无论是当前还是进化历史都紧密相连。因此，个体、种群和群落相互嵌入融合的关系就像细胞、组织和有机体三者的关系。

与之相反，Gleason (1926) 提出了个体论 (individualistic) 的概念，其他人则认为共存物种的关系只是由于物种的需求与耐逆性相似而导致的 (部分源于偶然事件)。基于这一观点，群落不需要明显的边界；与超有机体概念相比，其物种关联的可预测性将更低。

当前的观点更接近个体论概念，直接梯度分析、分类和排列的结果都表明，在特定区域，凭借主要的物理特性可以对相关物种群进行合理的预测。然而，在物理条件不同的其他地点，可能存在着可预测的特定物种群与其他物种群共存的情况。

处理环境斑块和边界问题时，需进一步考虑到异质性。空间异质性 (spatial heterogeneity) 在群落格局中通常依赖于空间尺度的存在。图 16.8 显示了土壤生物群落从公顷到平方毫米的尺度差异下空间异质性的格局 (Ettema & Wardle, 2002)。在最大的空间尺度上，将反映出与地势和不同植物群落分布相关的环境因素的格局。而在最小的空间尺度下，可能反映出植物个体根系的位置或者局部土壤结构的格局。不同尺度上的格局边界也很可能是模糊的。

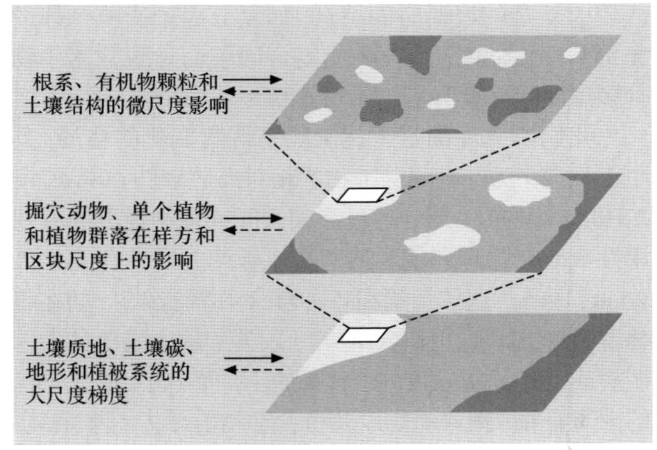

图 16.8 土壤生物群落空间异质性的决定因素，这里所涉及的土壤生物包括细菌、真菌、线虫、螨和弹尾目昆虫 (仿 Ettema & Wardle, 2002)。

……更像一个组织水平

群落是否存在清晰的边界是个重要问题, 却并非首要考虑的对象。群落生态学研究的是生物体的群落组织水平 (community level of organization), 而不是一个时空界定的单元。它与多物种聚群的结构和活动相关, 通常只关注一个特定的时空点。因此, 我们并不需要在群落生态学研究中划分多个群落之间的界线。

16.4 群落的时间格局

群落中, 物种的相对重要性随空间而变化, 其多度格局也可能随时间而改变。无论是哪种情况, 物种只在这样的时空条件下存在: ① 能够成功抵达定居点; ② 存在合适的条件和可利用资源; ③ 竞争者、捕食者和寄生物不对其存在造成障碍。因此, 物种存在或消亡的时间序列依赖于环境条件、资源和 (或) 天敌的影响 (随时间变化)。

许多生物, 尤其是短命物种, 它们在群落中的相对重要性随个体的生活周期在一年内呈季节性变化。有时群落组成的改变受外部物理条件的驱动, 如海岸盐沼区的泥沙淤积导致了树木的更替。其他情况下, 时间格局可能仅简单地反映出环境中关键资源的改变, 如异养生物的时间变化依赖于环境中排泄物或死有机体的分解量 (图 11.2)。这种简单的时间格局, 有相对直接的解释, 但它并不是我们所关心的问题。我们也不会关注较为复杂的群落时间格局, 如复合因子影响个体的繁殖和存活, 单个种群响应复合因子而导致群落中物种多度的年际变异 (见第 5、6 和 8~14 章)。

我们所关注的是干扰影响下群落变化的格局, 其中干扰定义为一种移除生物的相对离散事件 (Townsend & Hildrew, 1994), 或者通过影响空间或食物资源的可利用性或改变物理环境对群落造成破坏的事件 (Pickett & White, 1985)。这些干扰在各种群落中都较常见, 如在森林群落中, 强风、闪电、地震、象群、砍伐或单纯的因疾病或衰老等所导致的个体死亡。在草原中, 造成干扰的因子有霜、掘穴动物以及植食动物的牙齿、脚、粪便和尸体。而在海岸的岩石带或珊瑚礁区域, 干扰可能源于海啸、潮汐、浮木撞击、船只停泊或潜水员的机械装备等。

16.4.1 奠基者控制和优势度控制的群落

奠基者控制: 许多物种在其拓殖能力方面是等价的

群落如何对干扰做出响应? 我们可根据群落组成物种呈现出的竞争关系类型, 提出两个根本不同的群落响应类型 —— 奠基者控制 (founder-controlled) 或者优势度控制 (dominance-controlled) 型 (Yodzis, 1986)。如果干扰后各物种拥有势均力敌的扩张能力, 它们适应非生物环境的能力相同, 对拓殖区域的占有持续到其死亡, 那么将会出现奠基者控制群落。这种情况下, 干扰的结果本质上是一次抽彩。获胜者是偶然到达且先成功拓殖在干扰区域的物种。奠基者控制群落动态将在第 16.7.4 节中进行讨论。

优势度控制: 有些潜在的拓殖者具有竞争优势

优势度控制群落中, 那些竞争能力强的物种占领干扰后的区域, 并淘汰竞争能力弱的物种。这种情况下, 干扰会导致可预测的物种序列, 因为不同物种拥有利用资源的不同策略 —— 早期物种是拓殖能力强且生长迅速的物种; 而后续物种适应低资源水平, 与完成拓殖过程的早期物种生长在一起, 甚至超越它们。这一过程通常被称为生态演替 (ecological succession), 定义为特定区域中非季节性的、定向的、连续的种群定居和消亡过程。

16.4.2 原生演替和次生演替

原生演替: 不受先前群落影响的暴露性陆地

我们关注在新出现的、无覆被的陆地上进行的演替格局。如果暴露的陆地先前没有受到群落的影响, 那么其物种序列构成原生演替 (primary succession)。原生演替发生在无植被分布的地点, 如火山爆发熔岩流形成的浮石平原 (见第 16.4.3 节), 流星撞击地表形成的陨石坑 (Cockell & Lee, 2002), 冰川消退暴露出的陆地 (Crocker & Major, 1955), 以及刚刚形成的沙丘 (见第 16.4.4 节) 等。次生演替 (secondary succession) 发生在干扰后保留部分植被, 或者植被虽然全部破坏, 但种子库或繁殖体存在、土壤发育良好的地点。导致次生演替的情况有病害、飓风、火灾和原木砍伐以及废弃农田的重新利用 [所谓的弃耕地演替 (old-field succession), 见第 16.4.5 节]。

次生演替：先前群落的遗留物仍然存在

原生演替通常需要数百年。然而，如果类似的过程发生在海洋潮下带新裸露出的石壁地带，那么动物和藻类在这里的演替过程只需要 10 年左右 (Hill *et al.*, 2002)。因此生态学家能够研究完整的潮下带演替过程，却对冰川消退暴露的陆地上发生的演替过程无能为力。不过，好在我们有时可以获得一些跨越较长时间尺度的信息。通常，时间尺度上的演替阶段可以由群落的空间梯度来代替。历史上有价值的地图、碳定年 (carbon dating) 以及其他技术的使用都可能帮助我们估算从演替开始时的群落年龄。而当前存在的群落，因演替的起始时间不同而处于不同的阶段，可作为参考反映演替过程。然而，必须谨慎判断是否空间上的不同群落代表着演替的不同阶段。例如，我们需谨记，在北温带地区看到的植被可能仍然处于再度拓殖阶段以及对上一个冰期后气候变化的响应阶段。

16.4.3 新成火山岩上的原生演替

促进作用：在火山岩上演替早期的物种为后来者铺平了道路

在日本三宅岛 (Miyake-jima Island)，已知火山岩 (由玄武岩组成) 的原生演替年龄序列为 16 年、37 年、125 年和超过 800 年 (图 16.9a)。在年龄为 16 年的区域，土壤贫瘠、含氮量低、植被稀少，仅小部分被旅顺桤木 (*Alnus sieboldiana*) 覆盖。而在年数更高的地区，统计到 113 个类群，包括蕨类植物、多年生草本、藤本和木本植物。在这一原生演替中最重要的特征有：① 能够固氮的旅顺桤木成功定居在裸露的火山岩上；② 处于演替中期的大岛樱 (*Prunus speciosa*) 和处于演替晚期的常绿植物红楠 (*Machilus thunbergii*) 形成互助关系以提高环境氮的可利用性；③ 上层混交林和林下遮蔽植物桤木属 (*Alnus*)、李属 (*Prunus*) 植被结构的形成；④ 最后，润楠属 (*Machilus*) 植物被长命的长果锥 (*Castanopsis sieboldii*) 所代替 (图 16.9b)。

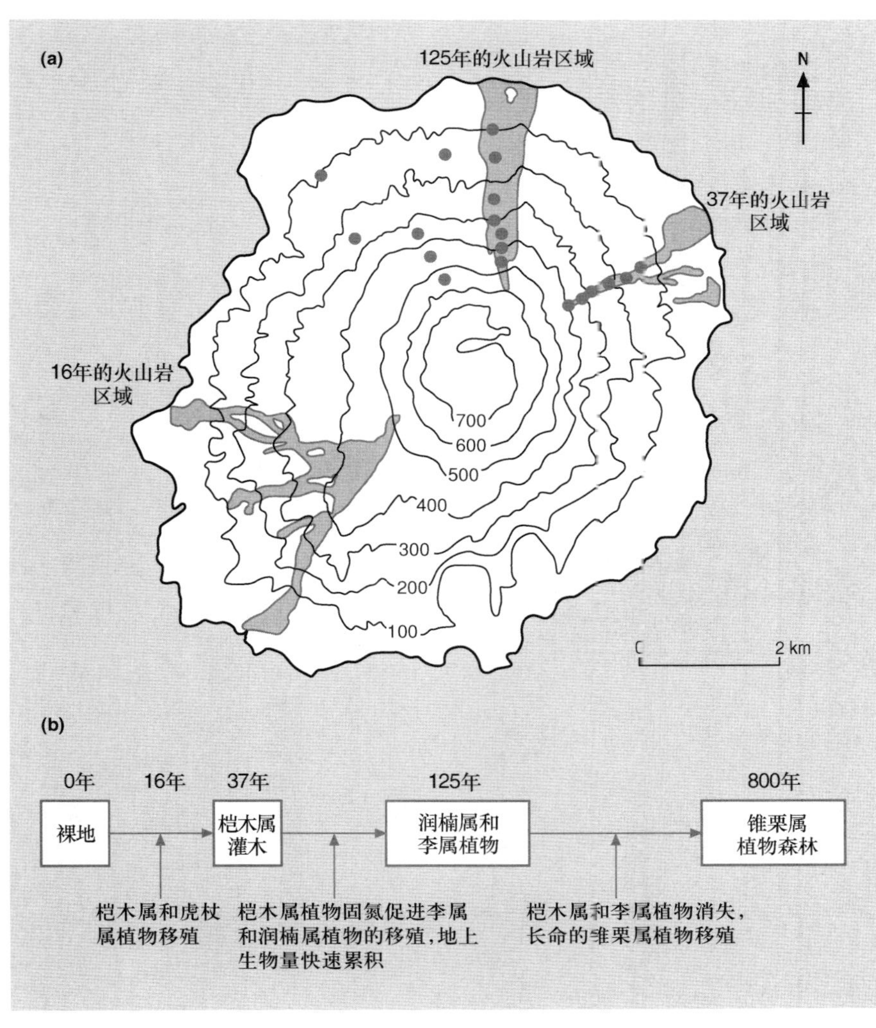

图 16.9 (a) 日本三宅岛年龄为 16 年、37 年和 125 年的火山岩区域植被分布情况描述。16 年区域的情况未做定量分析 (取样地点未显示)。其他年龄区域的取样地点在图中显示为实心圆。3 个区域以外地点的年龄至少为 800 年。(b) 相对于火山岩年龄的原生演替的主要特征 (仿 Kamijo *et al.*, 2002)。

16.4.4　海岸沙丘上的原生演替

在沙丘演替中，起作用的是种子的有效性而非促进作用

美国密歇根湖 (Lake Michigan) 沿岸沙丘上发生的原生演替年代序列已经基本确定。已知年龄的 13 个沙丘 (30~440 岁) 上，植被显示出明显的原生演替格局 (Lichter, 2000)。演替最早期阶段的优势植物是沙丘禾草，优势种为美洲沙茅草 (*Ammophila breviligulata*)。尽管沙丘流动处于不稳定状态，依然有灌木植物的生长，如沙樱 (*Prunus pumila*) 和柳属 (*Salix* spp.) 植物。100 年内，这些植物被常绿灌木欧洲刺柏 (*Juniperus communis*) 和丛生牧草如帚状裂稃草 (*Schizachyrium scoparium*) 所取代。150 年后，松柏类开始定居在沙岭处，如松属 (*Pinus* spp.)、美加落叶松 (*Larix laricina*)、北美乔松 (*Pinus strobus*) 和北美香柏 (*Thuja occidentalis*)。经 225~400 年，形成北美乔松和多脂松 (*P. resinosa*) 混交林。然而，直到 440 年，落叶阔叶植物如北美红栎 (*Quercus rubra*) 和红花槭 (*Acer rubrum*) 都不是森林的重要组成部分。

人们曾经认为，演替初期的物种可增加土壤有机质，并提高土壤水分和氮的有效性，以促进后续物种的生长 (如火山岩的原生演替)。然而，种子和幼苗实验显示，后续的物种在新形成的沙丘上能成功萌发 (图 16.10a)。尽管成熟沙丘上发育良好的土壤有助于演

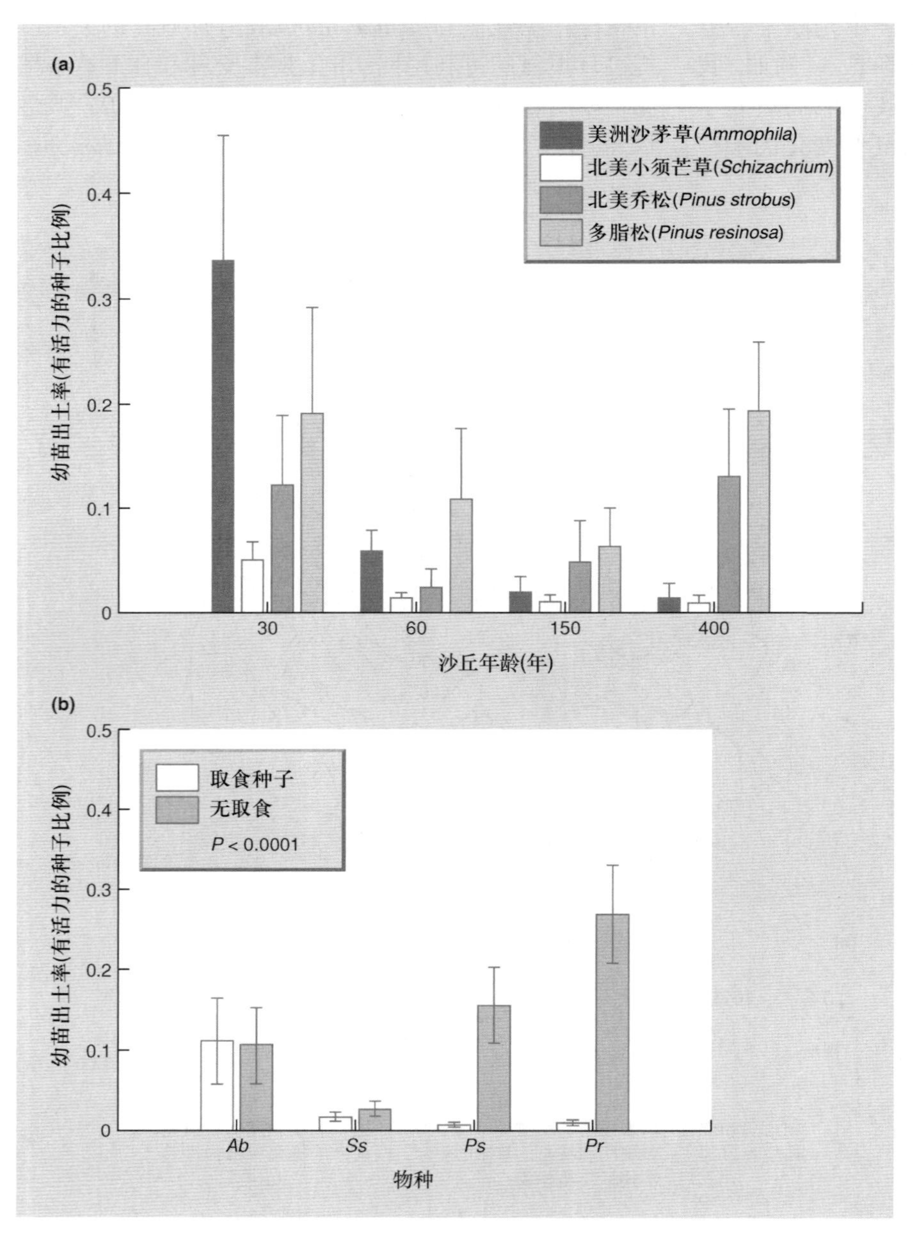

图 16.10　(a) 处在 4 个不同年龄的沙丘上，代表不同演替阶段的植物在增加种子情况下幼苗的出土情况 (均值 +SE)。(b) 种子捕食者 —— 啮齿类存在与不存在情况下，4 种植物幼苗的出土情况。*Ab*: 美洲沙茅草 (*Ammophila breviligulata*), *Ss*: 帚状裂稃草 (*Schizachrium scoparium*), *Ps*: 北美乔松 (*Pinus strobus*), *Pr*: 多脂松 (*Pinus resinosa*) (仿 Lichter, 2000)。

替后期物种的生长，但限制这些物种在演替早期成功拓殖的原因是种子传播和啮齿类捕食种子的存在（图16.10b）。一般来说，沙茅草通过横向的营养生长在演替早期活跃的沙丘中拓殖。小须芒草植物是森林形成前开放沙丘的优势种，它的种子萌发率和幼苗定居率并不比松属植物的高，但它的种子没有受到取食。而且小须芒草可快速成熟，并迅速提供种子。这些早期物种最终竞争排除乔木而拓殖、生长。Lichter (2000) 认为，对沙丘演替过程更合适的描述应该是拓殖和竞争替代的短暂动态，而不是早期物种改善土壤条件然后被后续物种竞争取代。

16.4.5 弃耕地上的次生演替

弃耕地：在北美将演替成森林……

随着 19 世纪西部边境的开发，美国东部出现了大量的弃耕地，人们在这些地区开展了较广泛的演替研究 (Tilman, 1987, 1988)。那些在沦为殖民地之前存在的大量针阔混交林，多数遭到破坏，继而迅速地再生。在许多地方，都存在着不同时间弃耕、经历不同时间的一系列区域可供研究。典型的优势植被序列为：一年生杂草、多年生草本、灌木、演替早期树种和演替晚期树种。

……但是在中国会演替成草地

高产的中国黄土高原也有弃耕地演替的相关研究。这个受人类活动影响几千年的地区，仍存在着一些自然植被分布的区域。中国政府推出了一些保护项目，致力于恢复受损的生态系统。然而存在一个很大的疑问，黄土高原的顶极植被究竟是草原还是森林。有研究 (Wang, 2002) 选择了年龄已知的 4 块弃耕地进行植被研究，其年龄分别为 3 年、26 年、46 年和 149 年。这些年龄通过特殊的方式来获得。在中国，墓地是神圣的，其附近的人类活动均被禁止，而墓碑可记载显示多少年前何处有农业生产活动。在统计的 40 种植物中，一些被认为是 4 个演替阶段的优势物种（基于相对多度和相对地表覆盖度）。在演替的第一阶段（最近的弃耕农田），猪毛蒿 (*Artemesia scoparia*) 和狗尾草 (*Setaria viridis*) 是优势种。在年龄为 26 年的弃耕地中，优势种为兴安胡枝子 (*Lespedeza davurica*) 和狗尾草。在 46 年的弃耕地中，优势种为长芒草 (*Stipa bungeana*)、白羊草 (*Bothriochloa ischaemun*)、白莲蒿 (*Artemisia gmelinii*) 和兴安胡枝子。而在 149 年的弃耕地，白羊草和白莲蒿则是优势种（图 16.11）。演替早期的物种为一年生和两年生的高产草本植物。26 年的弃耕地中，多年生草本植物兴安胡枝子因种子传播能力强、根系发达而取代了猪毛蒿。46 年的弃耕地具有最高的物种丰富度和多样的生活史策略，其物种均为多年生植物。而 149 年的弃耕地中，作为优势种的白羊草为多年生植物，可通过无性繁殖广泛传播，较其他物种具有较强的竞争能力。正如 Tilman (1987, 1988) 在北美洲的研究一样，演替过程中土壤氮含量的增加可能促进了后续一些植物的生长。这项黄土高原的研究得出如下结论：白羊草是该区域的顶极物种。因此，顶极植被是草原而不是森林。

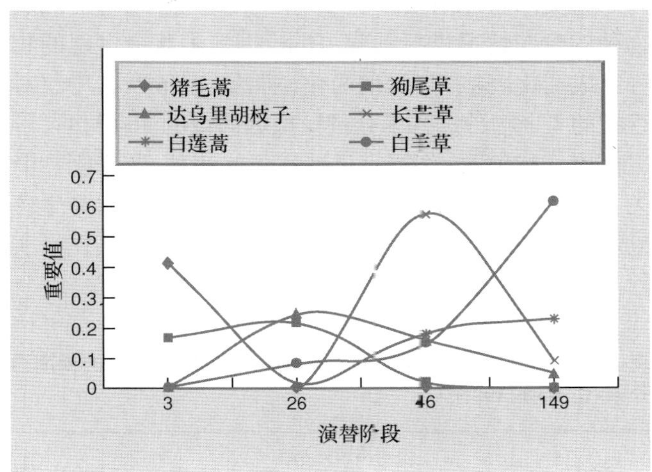

图 16.11 在中国黄土高原上弃耕地演替过程中 6 种植物的相对重要值的变化（仿 Wang, 2002）。

16.5 演替过程中的物种取代概率

森林的演替可以由树－树的取代模式来描述

Horn (1981) 提出的演替模型开启了演替过程的一扇窗。Horn 假设，要对一个森林群落中的树种组成变化进行预测，需要满足两点。第一，需要知道每个树种在特定的时间区间，一个个体被同种或异种的另一个个体所取代的概率。第二，需要假定最初的物种组成。

Horn 认为，一棵大树下建成的不同幼树物种，可以成比例地反映单棵树木被其他每个物种取代的概率。由此 Horn 估算了 50 年后，一个地点现有物种将被其他物种或同种所取代的概率（表 16.1）。例如，目前长有灰桦的地点有 5% 的概率维持 50 年，有 36% 的概率被野生蓝果木取代，有 50% 的概率被红枫取代，而有 9% 的概率被山毛榉取代。

表 16.1　Horn (1981) 所提出的一个 50 年的树 – 树取代的转移矩阵。表中显示了一棵树在 50 年后被同种或异种的另一棵树所取代的概率。

目前的占据者	50 年后的占据者			
	灰桦	野生蓝果木	红枫	山毛榉
灰桦	0.05	0.36	0.50	0.09
野生蓝果木	0.01	0.57	0.25	0.17
红枫	0.0	0.14	0.55	0.31
山毛榉	0.0	0.01	0.03	0.96

在美国新泽西州一个 25 年的定位点, 通过对冠层物种的分布情况进行观察, Horn 模拟了几个世纪的物种组成变化。这一过程的简化说明见表 16.2 (其中仅对存在的 4 个物种进行了处理)。根据假设的演替过程, 可以做出一些预测。红枫会迅速成为优势种, 灰桦则会消失。山毛榉缓慢地增加, 逐渐成为优势种, 同时野生蓝果木和红枫维持较低的多度。所有的预测都获得了实际演替过程的证实 (见最后一列)。

表 16.2　原本由 100% 灰桦林组成的森林其物种组成的预期百分率 (仿 Horn, 1981)。

物种	森林年龄 (a)						来自老林的数据
	0	50	100	150	200	∞	
灰桦	100	5	1	0	0	0	0
野生蓝果木	0	36	29	23	18	5	3
红枫	0	50	39	30	24	9	4
山毛榉	0	9	31	47	58	86	93

……预测稳定的物种组成以及达到这一状态所耗的时间

Horn 提出的模型即马尔可夫链模型 (Markov chain model), 最有趣的特点是, 给予足够的时间, 它会收敛于一个固定的、组成稳定的、不受起始组成影响的状态。无论起始点是 100% 的灰桦, 或 100% 的野生蓝果木, 或 50% 的野生蓝果木和 50% 的红枫, 抑或任何其他组合形式 (只要相邻地区提供了最初不存在的物种种子源), 其结果必然是一样的 (仅依赖于取代概率矩阵)。Korotkov 等 (2001) 曾使用类似马尔可夫链模型的方法对俄罗斯中部地区的针叶 – 落叶混交林进行研究, 预测从任何阶段开始的弃耕地演替将需要多久达到顶极状态。结果显示, 从弃耕地到顶极状态的预测

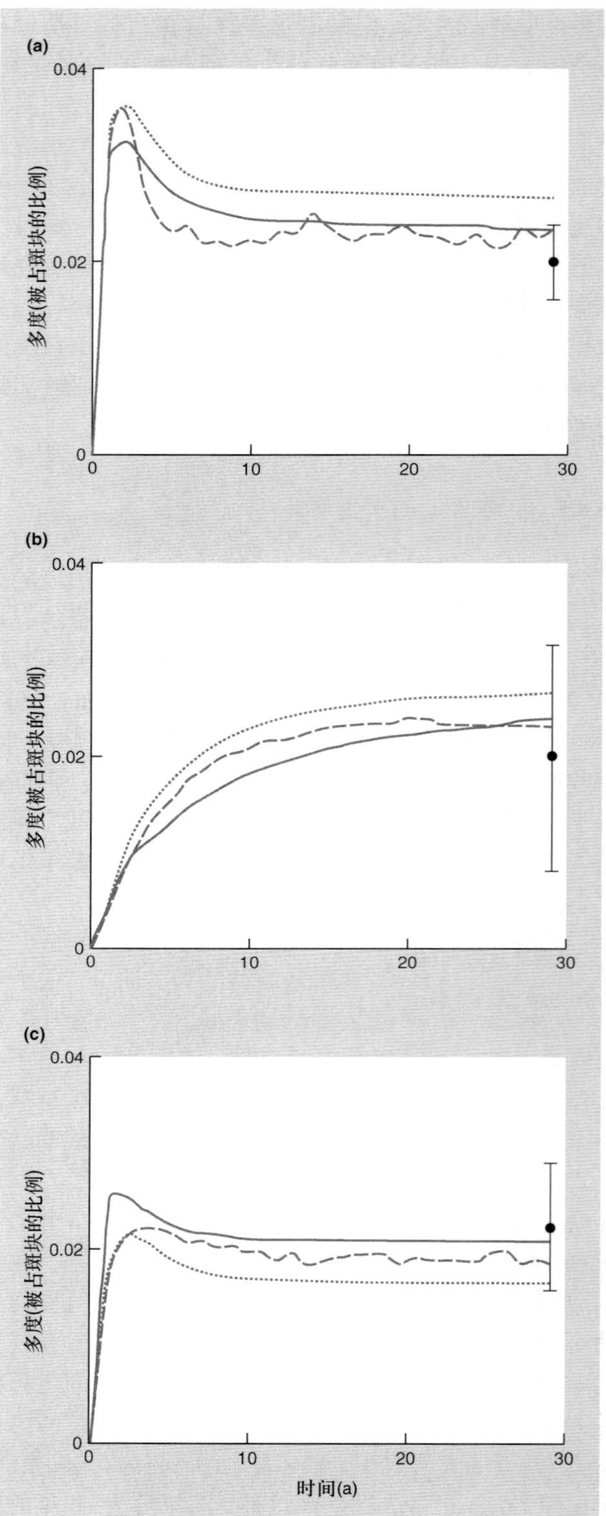

图 16.12　组成潮间带群落的 3 个物种的模拟恢复动态 (马尔可夫链模型); 模拟从裸岩开始, 而且随机过程的概率考虑 3 种情况: 螺旋变异、时间变异以及均匀取代。(a) 苔藓动物 —— *Crisia eburnea*, (b) 细指海葵属一种 *Metridium senile*, (c) 珊瑚藻。每一幅图最后的点 (±95% 的置信区间) 表示于美国缅因海湾观察到的物种多度 (仿 Hill *et al*., 2002)。

时间为 480~540 年, 演替中期的白桦林和下层丛林云杉达到顶极状态的预测时间则为 320~370 年。

马尔可夫链模型似乎能比较准确地进行预测, 使得它可用于制定森林管理计划。然而该模型较为简单, 而且其中的假设在很多情况下都可能是错误的; 该假设认为, 转移概率在不同的时空条件下保持恒定, 且不受历史因素 (如起始生物条件和物种到达的顺序) 的影响 (Facelli & Pickett, 1990)。Hill 等 (2002) 研究了潮下带群落演替过程中物种取代概率的时空变异问题, 其中包括海绵、海葵、环节动物和藻类。无论取代概率是平均的或依赖实际时空变异而波动, 预测的演替和终点结果都较为相似。另外, 就观察到的群落结构而言, 3 个模型的结果都与之极为相似 (图 16.12)。

16.6 演替的生物学机制

一个理想的演替理论既要能预测也要能解释

简单的马尔可夫链模型有其优点, 但演替理论不仅应该能够预测, 还应该能够进行解释。基于这个目的, 我们需要考虑模型中替代值 (replacement value) 的生物学基础, 因此转向关注其他的方法。

16.6.1 竞争 – 拓殖权衡和演替生态位机制

拓殖能力和竞争能力之间的权衡

Rees 等 (2001) 采用了多种不同的研究方法 (实验性的、比较的和理论的), 试图得出植被动态的一些普遍性规律。处于演替早期环境中的植物有一些相关特征: 在资源丰富时, 植物繁殖力高, 能进行有效的扩散且生长迅速; 而在资源匮乏时, 植物长势差、存活率低。演替晚期的物种通常具有与之相反的特征, 在资源匮乏时, 植物仍有生长、存活, 并具有较强的竞争能力。在干扰不存在的情况下, 演替晚期的物种使环境中的可利用资源水平低于早期物种的需求, 因而最终将其取代。

演替早期的物种之所以能维持有两个原因: ① 它们所具有的扩散能力和高繁殖力使其能在演替后期植物到达之前, 在干扰地点拓殖并定居成功; 或者 ② 即使同时到达干扰地区, 在资源丰富的环境中, 演替早期物种的快速生长也会使它们临时竞争取代演替晚期物种。Rees 和他的同事们把第一种机制称为竞争 – 拓殖权衡 (competition-colonization trade-off), 第二个则称为演替生态位 (successional niche) (早期环境适合早期物种, 因为其生态位匹配)。竞争 – 拓殖权衡的发生在生理上是不可避免的。不同植物物种的平均种子产量与种子大小均存在巨大差异, 而两者之间呈负相关关系; 如果种子微小, 则数量巨大, 如果种子较大, 则数量较少 (见第 4.8.5 节)。因此, Rees 等 (2001) 总结认为, 产生小型种子的物种拓殖能力强但竞争能力弱, 反之, 产生大型种子的物种拓殖能力弱但竞争能力强。

16.6.2 促进作用

促进作用很重要, 但不总是如此

竞争 – 拓殖权衡和 (或) 演替生态位关系, 在已描述的每个演替过程 (包括前面章节提及的所有演替过程) 中都非常明显。此外, 我们已经知道早期物种通过各种方式 (如增加土壤氮含量) 改变生物环境, 从而促进晚期物种的拓殖和扩张。因此, 促进作用 (facilitation) 广泛存在于一些演替过程中。我们不确定它有多么普遍, 但绝不少见。因此, 许多植物改变环境使其更利于自身 (Wilson & Agnew, 1992)。例如, 木本植物能从雾中获得水分或者降低霜冻的危害, 草地植物能截流地表水保持土壤水分利于自身生长。

16.6.3 与天敌的相互作用

在种子的捕食作用中起到重要的作用?

Rees 等 (2001) 指出, 根据竞争 – 拓殖权衡, 竞争优势植物的补充应该主要由种子抵达的速率来决定。这意味着通过取食降低种子产量的植食动物, 可以更有效地减少竞争优势种的密度。回忆一下, 这正是在第 16 4.4 节中沙丘演替研究中所描述的。与此相类似的是, Carson 和 Root (1999) 也发现, 去除取食种子的昆虫后, 草场的北美一枝黄花 (*Solidago altissima*) 在演替过程中成为优势种的时间从 5 年缩减为 3 年。这是因为种子捕食者的缺失使之能迅速通过竞争取代早期的拓殖者。

因此, 为了全面地认识植物演替, 除了竞争 – 拓殖权衡、演替生态位和促进作用, 我们还需添加第四个机制, 即与天敌的相互作用。此外, 用于理解种子捕食者作用的实验性方法还可以反映: 土壤食物网的本质 (Gange & Brown, 2002)、凋落物的存在和干扰 (Ganade & Brown, 2002), 以及取食植物的哺乳动物的存在 (Cadenasso *et al.*, 2002), 有时能够在决定演替序列中发挥作用。

16.6.4 资源比率假说

Tilman 的资源比率假说强调了竞争能力的变化

这里值得强调的一个例子,涉及演替生态位对物种替换的影响。美洲山杨 (*Populus tremuloides*) 这种树木, 比北美红栎 (*Quercus rubra*) 或糖槭 (*Acer saccharum*) 更早地出现在北美洲的演替早期生境中。Kaelke 等 (2001) 比较了不同光照梯度下 3 种植物幼苗的生长, 从森林的下木层 (全光照的 2.6%) 到小的林中空地 (全光照的 69%)。当光的相对可利用性超过 5%之后, 颤杨的生长即超过另外两种。然而, 在浓荫下相对生长速率 (relative growth rate) 的排序则出现相反的结果, 这时演替后期的典型树种 —— 红橡木和糖槭较颤杨长势更好、存活率更高 (图 16.13)。在演替的资源比率假说 (resource-ratio hypothesis) 中, Tilman (1988) 特别强调随着环境条件随时间缓慢改变时植物物种的相对竞争能力发生改变所起到的作用。他推测, 在陆生演替过程中的任何一点上, 物种优势度都受到两种资源的相对可利用性的强烈影响: 一是光照 (正如 Kaelke *et al.*, 2001 的研究所表明的那样), 二是土壤养分 (通常是氮)。在演替早期, 被幼苗占据的生境具有低的养分可利用性但是较高的光资源可利用性。随着凋落物的输入和分解者活动的加强, 土壤中的营养可利用性随时间有所增加 —— 这在原生演替中尤其明显, 其中, 演替初期的土壤非常贫瘠 (甚至没有土壤存在)。总植物生物量也随时间增加, 而到达土壤表面的透射光却逐渐减少。图 16.14 利用 5 种假想植物说明了 Tilman 的想法。其中, 物种 A 是一种需要低养分、高光照, 且匍匐生长的短命植物。物种 E 在资源丰富的条件下竞争能力很强, 适应低光照, 即对光照的需求最少但对养分的需求最高。它是一种直立生长的高大物种。物种 B、C、D 对于光照和养分的需求处于中间水平, 但达到各自多度峰值时所需要的土壤养分和光照彼此各异。需要有进一步的实验对 Tilman 的假说加以验证。

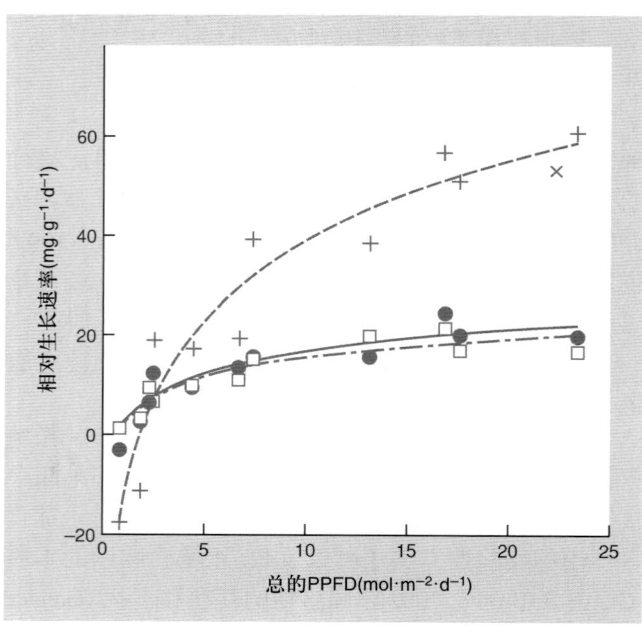

图 16.13 美洲山杨 (+)、北美红栎 (•) 和糖槭 (□) 的相对生长速率 (1994 年 7—8 月的生长季节) 与光合作用光量子通量密度 (photosynthetic photon flux density, PPFD) 的关系 (仿 Kaelke *et al.*, 2001)。

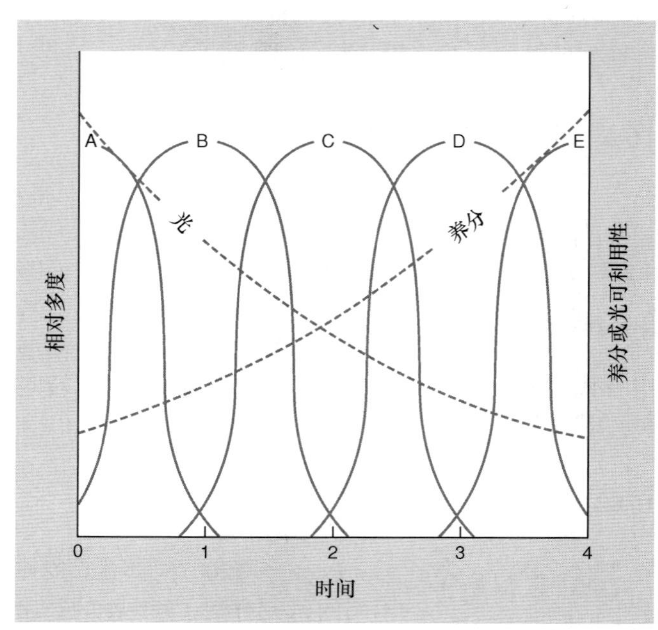

图 16.14 Tilman (1988) 所提出的有关演替的资源比率假说。这里展示了 5 种对有限土壤养分和光的需求存在分化的假想植物。在演替过程中, 初始时生境中土壤营养贫瘠但光可利用性很高, 生境中土壤养分逐渐变得丰富但到达地表的光可利用性降低。随着条件的变化, 相对竞争能力改变, 不同的物种相继成为优势种。

16.6.5 决定性特征

竞争能力之外: Noble 和 Slatyer 的"决定性特征"

一些性状能够决定物种在演替中的位置, Noble 和 Slatyer (1981) 对于定义这些性状很感兴趣。他们将这些相关属性称为决定性特征 (vital attributes)。其中最重要的两个特征是: ① 干扰后的恢复方式 (定义了 4 种类型: 植物营养体扩散, V; 来自种子库的幼苗脉冲, S; 来自周围地区丰富的繁殖体引起的幼苗脉冲, D; 没有特殊的机制, 仅由小种子库引起的适度扩散, N); ② 竞争存在时植物个体的繁殖能力 (可以从耐受的角度来定义, 耐受作为一个极端, 定义为 T; 不耐受作为另一个极端, 定义为 I)。举例来说, 当一个物种归类为 SI 时, 意味着干扰来自种子库的幼苗脉冲, 而植物不能耐受竞争 (由于与周围同种或另一种更 "年长" 的个体发生竞争, 而无法萌发或生长)。这类物种的幼苗只能在干扰发生后竞争者很少时, 才能立即占据领地, 实现拓殖。当然, 幼苗脉冲利于其成为先锋物种。例如, 一年生植物豚草 (*Ambrosia artemisiifolia*) 往往是弃耕地演替的先锋物种。相比之下, 美国的山毛榉 *Fagus grandifolia* 被归类为 VT(幼苗可以从树桩处再生, 在与同种或异种个体竞争时, 也能生长和繁殖) 或者 NT(如果没有树桩存在, 幼苗将通过种子传播进行缓慢散布)。无论哪种情况, 美国山毛榉都能最终取代其他物种并形成成片的纯山毛榉林。Noble 和 Slatyer 认为, 基于这两个决定性特征 (相对寿命长度可能会成为第三个特征) 应该能对相同区域的所有物种进行归类。鉴于此, 对演替序列的预测可能会更加精确。

对于干旱地区的生态系统而言, 闪电引起的火灾是具有一定规律的自然干扰; 我们可以区分为两个火灾响应综合征 (fire-response syndromes), 它们与 Noble 和 Slatyer 提出的两个干扰恢复类别较为相似。萌生者 (resprouter) 具有深而发达的根系, 它们可以在火灾后继续存活, 并成为个体; 而另一些则是补种者 (reseeder), 其地上植株往往在火灾中丧生, 只留下种子, 并通过热刺激下种子的加速萌发和幼苗生长来再拓殖 (Bell, 2001)。根据这一归类方法可以判断, 相比澳大利亚更为干旱的地区, 澳大利亚西部 (地中海型气候) 西南地区的森林和灌木丛植被拥有更多根系深而发达的物种。Bell 认为, 这是由于澳大利亚西部较其他地区遭受更为频繁的火灾干扰 (澳大利亚西部许多地区的平均火灾间隔为 20 年, 甚至更短), 从而有利于根系发达植物的存活。而在火灾频率低的区域, 可燃物的积累使每次火灾更加猛烈, 导致根系发达的植物死亡而保留种子的植物得以继续生存。

r 选择和 *K* 选择物种与演替

如果从进化的角度研究决定性特征, 我们会发现这些特征倾向于同时发生而不是偶然发生。我们可以想象在演替过程能增加一个物种适合度的两种方式 (Harper, 1977): ① 物种可以耐受竞争选择压力, 有能力在演替过程中长期存在, 例如, 表现为 *K* 选择; ② 物种产生逃避演替的有效机制, 发现新的演替初期生境并拓殖, 即服从 *r* 选择 (见第 4.12 节)。因此, 从进化的角度来看, 良好的拓殖者, 其竞争能力就会弱, 反之亦然。表 16.3 给我们提供了明显的证据, 其中列出了演替早期和晚期群落中植物的一些生理特征。

表 16.3 演替早期和晚期群落中植物的生理特征 (仿 Bazzaz, 1979)。

特征	演替早期的植物	演替晚期的植物
种子在时间上的散布	好	差
种子萌发:		
促进因素		
光照	是	否
变温	是	否
高 NO_3^- 浓度	是	否
抑制因素		
远红光	是	否
高 CO_2 浓度	是	否?
光饱和强度	高	低
光补偿点	高	低
低光照下的效率	低	高
光合作用速率	高	低
呼吸作用速率	高	低
蒸腾速率	高	低
气孔和叶肉阻力	低	高
对水运输的阻力	低	高
从资源限制中的恢复	快	慢
资源获取速率	快	慢?

16.6.6 动物在演替中的作用

死有机质以及树木在演替后期的作用

群落的结构及其演替通常被认为是重要的植物学事件。对此, 有很多显而易见的理由。通常情况下, 植物是群落生物量和结构的主要提供者, 此外, 植物无法躲藏和移动, 这使得更易于对它们进行物种统计、多度确定和变化情况的检测。植物在决定群落特征中的巨大作用, 不仅仅是由于其生产者的角色, 而且也由于它们的分解速率较低。植物种群不仅是群落生物量的重要组成部分, 还是死有机质 (necromass) 的重要组成部分。除非微生物和食碎屑者活性极高, 否则, 植物残体会一直缓慢地积累。此外, 在许多群落中, 树木能够积累死有机质因而得以维持其优势; 大部分的树干和树枝是没有活力的。在许多生境中, 灌木和树木能够战胜草本, 这主要依赖于其能够在没有活力的支持组织 (心材, heart wood) 上保持枝叶冠层 (和根系)。

动物常常受演替影响但有时也会影响演替

动物残体的分解更为快速, 但在某些情况下, 留存的动物残体可以像树木那样决定群落的结构和演替。这一情况发生在动物骨架耐受分解的时候, 例如珊瑚生长在死亡个体的钙化骨骼上。珊瑚礁, 像森林或泥炭沼泽一样, 累积死亡个体逐渐形成其结构并驱动演替过程。成礁的珊瑚像森林中的树木一样, 通过在其死亡的支撑物上逐渐累积同化部分而在各自的群落中获得优势。在这两种情况下, 生物体对非生物环境有决定性的影响, 并且 "掌控" 依附它们的其他生物。因此, 珊瑚礁群落 (虽然存在一种植物共生体, 但主要由动物来支配) 在格局、多样化和动态等方面都与热带雨林十分类似。

植物在群落的组成和演替中占据优势地位, 但这并不意味着动物一直处于从属地位。显然, 植物是所有食物网的起始并决定了动物生存的物理环境特征, 但偶尔也会出现动物决定植物群落特征的情况。我们前面提到, 取食种子的昆虫和鼠类能减缓弃耕地和沙丘的演替过程, 因为它们导致演替后期的物种具有较高的种子损失率。在肯尼亚 Ndara 热带稀树草原上所开展的一项研究, 从更大的尺度上生动地反映了动物所起到的作用。那里, 热带稀树草原往往受植食动物活动的剧烈影响。在实验区排除大象活动干扰后, 树木密度在 10 年间增加了 3 倍以上 (该工作由 Oweyegha-Afundaduula 完成, 而由 Deshmukh (1986) 报道)。

但更多的时候, 动物被动地受植物演替的影响。弃耕地演替中的雀形目鸟类就是一个典型的例子 (图 16.15)。在弃耕地演替中, 丛枝菌根真菌 (见第 13.8.2 节) 的种类表现出与土壤相关的清晰的更替顺序, 它也可能

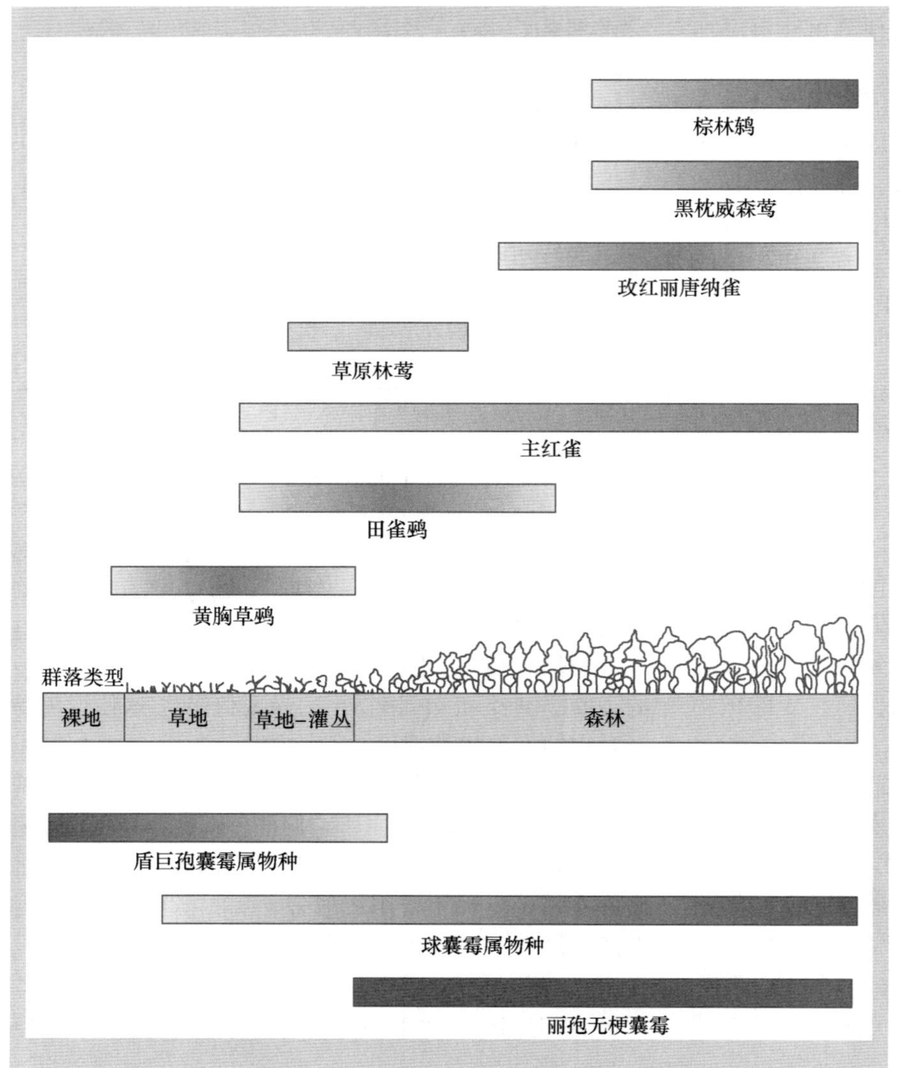

图 16.15　上部: 美国佐治亚州皮德蒙特 (Piedmont) 地区鸟类物种沿植物演替梯度的分布。不同的阴影表示鸟类的相对多度 (仿 Johnston & Odum, 1956; 引自 Gathreaux, 1978)。下部: 美国明尼苏达州与弃耕地演替相关土壤中泡囊 – 丛枝菌根真菌的分布。不同的阴影显示盾巨孢囊霉属 (*Scutellospora* spp.) 物种、球囊霉属 (*Glomus* spp.) 物种以及丽孢无梗囊霉 (*Acaulospora elegans*) 真菌孢子的相对多度 (仿 Johnson *et al.*, 1991)。

被动地受植物群落的影响。但这并不意味着, 取食种子的鸟类或者影响植物生长和存活的真菌, 不会对演替过程产生影响。它们很可能会有影响。

16.6.7 顶极的概念

演替有终点吗? 很显然, 如果死亡的个体被同种的年幼个体一一对应地取代, 那么稳定的平衡就会出现。在稍微复杂的水平上, 马尔可夫链模型 (见 16.5 节) 告诉我们, 理论上稳定的物种组成应该出现在取代概率 (一个物种被同种或异种所取代) 随时间保持恒定的时候。

顶极可能迅速趋近, 但有时很慢, 似乎很少能达到

顶极 (climax) 的概念有相当长的历史。研究演替最早的 Frederic Clements (1916) 提出一个想法: 在特定的气候区,无论演替开始于沙丘、弃耕地或者逐渐填充消失的池塘, 最终都会到达一个单一的顶极群落状态, 作为演替的终点。这个单顶极 (monoclimax) 的观点遭到了许多生态学家的质疑, 尤其是 Tansley (1939)。多顶极 (polyclimax) 学说则认为, 区域的顶极状态可能由一个或一系列因素所决定: 气候、土壤条件、地形、火灾等。因此, 一个气候区可以很容易地包含多种特殊的顶极类型。之后, Whittaker (1953) 提出了顶极格局假说。这一假说考虑到顶极类型的连续性, 它们可以随环境梯度逐渐改变, 而且并不一定必须独立成离散的顶极。(这是对 Whittaker 植被梯度分析方法的扩展, 见第 16.3.1 节)。

实际上, 很难在野外识别稳定的顶极群落。通常我们能做的, 只是指出演替变化的速率在降低, 直到我们察觉不到任何变化的水平。在这一背景下, 潮下带岩石演替很不寻常地在几年内就收敛到顶极状态 (图 16.12)。弃耕地的演替可能需要 100~500 年才能达到顶极状态, 其间火灾或飓风的高频率发生将使演替过程更难完成。此外, 如果我们一直认为北温带地区 (也可能在热带地区) 的森林群落仍然处于末次冰期的恢复过程中 (见第 1 章), 那么自然界中理想化的顶极植被能否到达, 将是一个值得怀疑的问题。

16.7 时空背景下的群落: 斑块动态观

演替镶嵌体的概念

一片森林或一个牧场, 当在公顷的尺度上进行研究时, 似乎已经达到了一种稳定的群落结构, 但它们总是小规模演替的一种镶嵌体。每次一棵树倒下或一丛草死亡, 都开启了新的演替。在生态学历史上, 最具开创性的论文之一是 "植物群落的格局和进程" (Watt, 1947)。群落的部分格局源于死亡、取代以及微演替 (广阔的视野中可能将其忽略) 的动态进程。因此, 尽管我们能确定群落组成的空间格局 (见第 16.3 节) 和时间格局 (见第 16.4 节), 而时空综合考虑似乎更有意义。

干扰 …… 空白斑块 …… 散布 …… 更新补充

我们已经看到, 干扰在所有群落中都非常常见, 而且它们可以形成新的空白斑块 (gap)。对于固着或固定的生物而言, 新空白斑块可以满足它们对新生存空间的需求, 同时, 空白斑块对于可移动的生物也很重要, 如生活在河床上的无脊椎动物 (Matthaei & Townsend, 2000)。群落中的斑块动态 (patch dynamics) 指的是生境呈斑块状, 受各种生物个体干扰和拓殖的影响。斑块动态理论中隐含的一个含义是, 干扰作为群落重置机制 (reset mechanism) 具有关键作用 (Pickett & White, 1985)。不进行迁移的单一斑块被定义为一个封闭系统, 其中, 任何由干扰产生的灭绝事件都将无法挽回。而存在于开放系统中的斑块将不会出现上述结果, 因为它受到干扰后能从其他斑块获得补充。

斑块动态理论的基础是承认斑块生境之间迁移的重要性。发生迁移的包括成年个体, 但最重要的过程是不成熟繁殖体 (种子、孢子、幼虫) 的扩散以及向生境斑块内部种群的补充。单个物种抵达的顺序和相对的补充水平可能决定或改变着群落内种群相互作用的性质和结果 (Booth & Brosnan, 1995)。

在第 16.4.1 节中, 我们提到了两种截然不同的群落情况: 一种是其中一些物种具有很强的竞争能力, 称为优势度控制 (相当于演替); 另一种则是所有的物种竞争能力水平相差无几, 为奠基者控制。在斑块动态的框架中, 这两种情况的动态特征有所不同, 我们接下来将依次进行分析。

16.7.1 优势度控制的群落

优势度控制与演替

在斑块动态模型中, 一些物种的竞争能力高于其他物种, 干扰的影响会使演替退回到更早的阶段 (图 16.16)。一些机会物种 (opportunistic species), 即演替早期物种, 首先占据了空白斑块 (p_1、p_2 等, 图

16.16)。随着时间推移, 通常是那些散布能力较差的物种更多地侵入进来, 逐渐成熟, 成为演替中期的优势物种 (m_1、m_2 等), 而演替早期的物种部分或全部消失。随后竞争能力最强的物种 (c_1、c_2 等) 完全战胜相邻物种, 此时群落达到顶极阶段。在这一序列中, 物种多样性起始于较低水平, 到演替中期逐渐增加, 而在演替顶极时再一次下降。在本质上, 空白斑块经历了一次微演替。

干扰规模与分段

一些干扰可导致广大区域内演替的同步发生或分阶段进行。森林火灾可能摧毁大片的顶极群落, 然后整个区域的演替大致是同步的, 即经历演替早期物种多样性增加的状态, 随着竞争加强, 多样性下降逐渐到达顶极状态。还有一些干扰强度较小, 可导致产生斑块式的生境。如果这些干扰是不定向的, 结果会形成镶嵌着不同演替阶段斑块的群落。这样的群落到达顶极状态时, 其多样性将高于长时间未发生干扰的广泛区域。Towne (2000) 曾监测过草原牧场中大型有蹄类动物 (主要是北美野牛 (*Bos bison*)) 死亡地点的植物种类。其中, 食腐动物利用了动物躯体组织的绝大部分, 但大量的体液和分解产物渗入到土壤中。充足的养分和之前植被的死亡相结合, 提供了一处无竞争压力的受干扰区域, 其中资源尤其丰富。由于土壤尚未被干扰 (例如被弃耕或被动物掘穴), 因此这个斑块有些特殊; 此外, 拓殖的植物物种并不是来自于当地的种子库。受干扰斑块的特殊性质意味着, 许多先锋物种在整个大草原中非常稀少, 而动物尸体所在之处将会长久地影响着物种多样性和群落的异质性。

16.7.2　空白斑块形成的频率

Connell 的"中度干扰假说"

干扰对群落的影响依赖于其频率的高低, 基于此, 中度干扰假说 (Connell, 1978; 见 Horn, 1975 更早的描述) 应运而生, 最高的多样性水平维持在中等干扰水平的影响下。强烈的干扰后不久, 先锋物种的繁殖体首先抵达空白斑块。如果干扰频繁发生, 初期阶

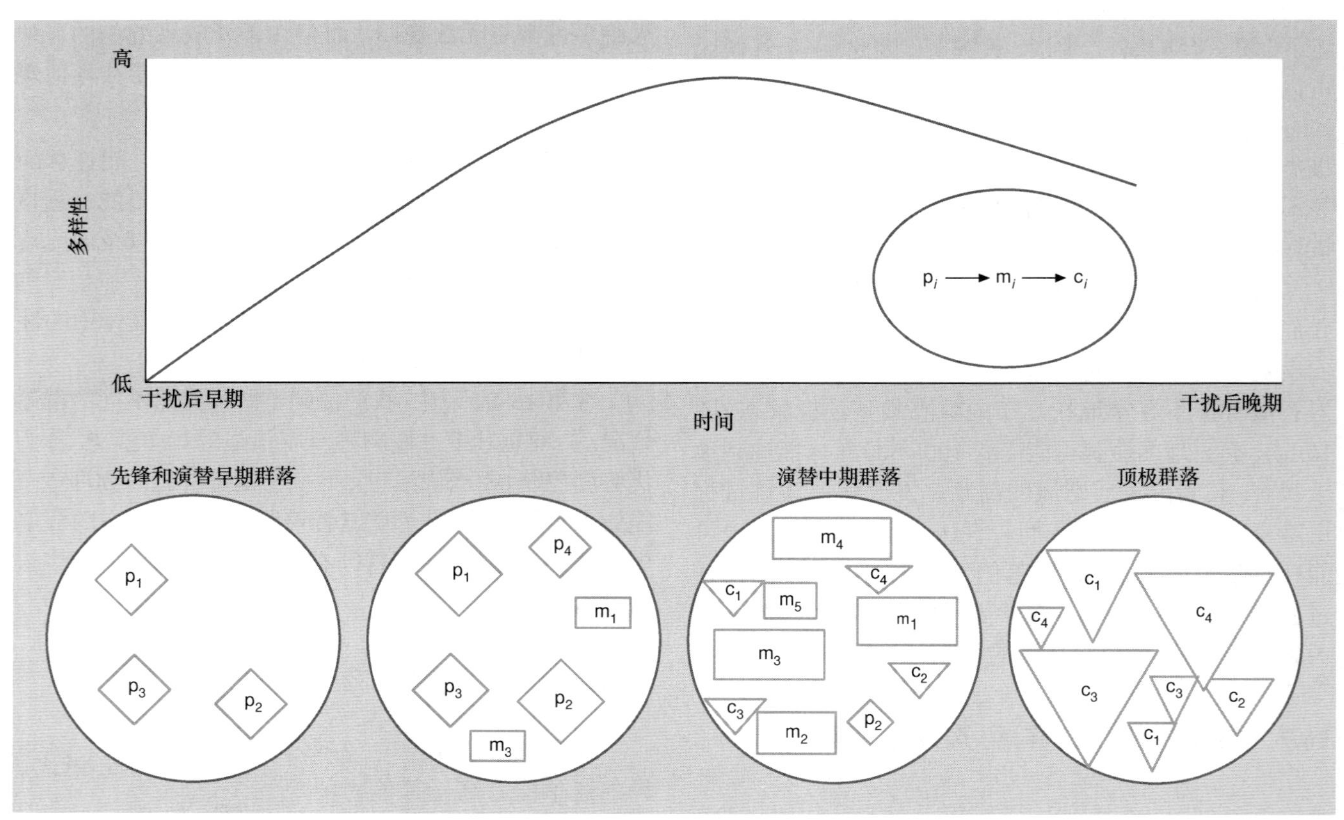

图 16.16　假想的发生在空白斑块中的微演替 (minisuccession)。空白斑块的占领是可以合理预测的。开始时只有少数的先锋物种 (p_i) 抵达, 多样性水平很低; 当先锋的、演替中期的 (m_i) 和顶极阶段 (c_i) 的物种同时出现时, 多样性水平达到最高; 但当顶极阶段物种的竞争排斥发生时, 多样性水平又一次降低。

段的空白斑块则不会形成 (图 16.16), 群落的多样性水平也比较低。随着干扰频率的下降 (即干扰相隔的时间增长), 更多的物种得以侵入使得多样性增加。这是中等频率干扰条件下所发生的情况。如果干扰频率非常低, 绝大部分群落在多数时间中将达到或维持在顶极状态, 其中的竞争排斥会导致多样性下降。以上情况见图 16.17 所示, 其中展示了各个空白斑块和整个群落在高、中、低 3 个空白斑块形成频率下物种丰富度的格局。

基岩性岸滩上卵石的干扰力具有变异性

在美国加利福尼亚南部, Sousa (1979a, 1979b) 曾针对与不同大小的卵石相关的潮间带海藻群落, 研究了空白斑块形成频率的影响。研究发现, 海浪对小卵石比对大卵石形成更为频繁地干扰。利用一系列照片, Sousa 估测了特定卵石在 1 个月内移动的概率。结果发现, 小卵石 (移动该卵石所需的力小于 49 N) 的月移动概率为 42%。中等大小的卵石 (移动该卵石需要的力在 50~294 N) 其月移动概率为 9%。大卵石 (移动该卵石需要超过 294 N 的力) 的月移动概率仅 0.1%。为评估卵石的抗干扰能力, 我们以移动它们需要的力的大小作为标准, 而非简单的依赖其表面积, 因为一些石头虽然看起来很小但实际却是被掩埋的大卵石的一部分, 而少量比较大的卵石形状不规则, 只需相对较小的力即可移动。当冬季暴雨引起的海浪来袭, 我们可以将这三类卵石 (< 49 N、50~294 N 和 > 294 N) 看作经受不同频率干扰的斑块, 其受到的干扰频率依次降低。

在演替早期, 物种丰富度随着先锋藻类石莼 (*Ulva* spp.) 和其他一些藻类的拓殖而增加, 达到顶极时由于受到多年生红藻 (*Gigartina canaliculata*) 的竞争排斥而降低。值得注意的是, 同样的演替也发生在小卵石区域, 其中小卵石被人为固定住以维持稳定。因此, 与不同大小的卵石表面积相关的群落差异, 并不是简单地受到卵石大小的影响, 而是受到干扰频率差异的影响。

……为假设提供了支持

在 4 个地点, 对未经处理的 3 类卵石/干扰水平的群落进行了评估。表 16.4 显示, 从小卵石到大卵石裸地的百分比下降, 这表明干扰频率对小卵石的影响更大。在受到规律性干扰的小卵石群落中, 平均物种丰富度最低。最为常见的优势种为石莼 (以及小藤壶 *Chthamalus fissus*)。物种丰富度最高的纪录始终来自中等大小的卵石。在所有演替阶段, 多数保持 3~5 个物种。相比中等大小的卵石, 最大的卵石拥有更低的平均物种丰富度, 但只有少数卵石能够达到单物种状态, 而红藻覆盖了大部分岩石表面。

只要我们关注空白斑块出现的频率, 这些结果就可以为中等干扰假说提供有力的支持。然而, 我们必须谨慎, 注意到这是一个高度随机的过程。很偶然的是, 一些小卵石在研究期间没有发生翻转。这些极少数的小卵石受到了顶极物种红藻的控制。相反, 在 5 月的调

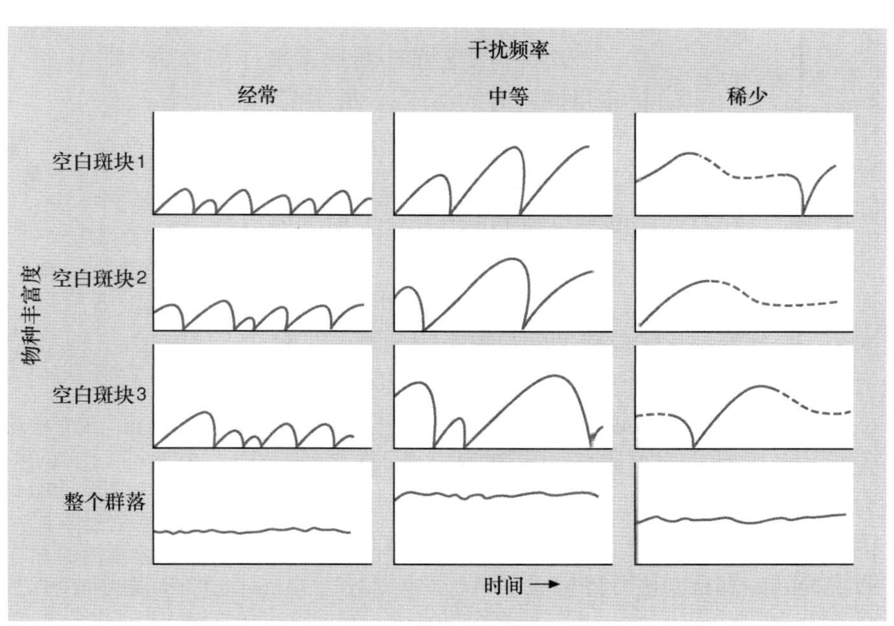

图 16.17 3 个空白斑块和整个群落在 3 个干扰频度下, 物种丰富度的时间进程图示。图中并未对干扰分阶段。虚线表示当逼近顶级群落时的竞争排斥阶段。

表 16.4 裸地的季节格局与不同大小卵石上的物种丰富度,其中卵石大小是根据其移动所需力 (单位为 N) 的大小而划分为 3 组 (仿 Sousa, 1979b)。

调查日期	卵石大小级(N)	裸地百分比 (%)	物种丰富度		
			平均	标准误	范围
1975 年 11 月	< 49	78.0	1.7	0.18	1~4
	50~294	26.5	3.7	0.28	2~7
	> 294	11.4	2.5	0.25	1~6
1976 年 5 月	< 49	66.5	1.9	0.19	1~5
	50~294	35.9	4.3	0.34	2~6
	> 294	4.7	3.5	0.26	1~6
1976 年 10 月	< 49	67.7	1.9	0.14	1~4
	50~294	32.2	3.4	0.40	2~7
	> 294	14.5	2.3	0.18	1~6
1977 年 5 月	< 49	49.9	1.4	0.16	1~4
	50~294	34.2	3.6	0.20	2~5
	> 294	6.1	3.2	0.21	1~5

查中只有 2 个大型卵石已经发生翻转, 而它们受到先锋物种石莼的控制。不过平均而言, 物种丰富度和物种组成都遵循预测的格局。

以上研究处理的是一个由可鉴别的斑块 (卵石) 所组成的群落, 这些斑块将在短期、中期或长期的时间间隔中形成空白斑块 (卵石受到海浪作用的翻转)。再度拓殖发生时, 大部分的繁殖体来自群落中的其他斑块。受到干扰格局的影响, 混合的卵石群落将比单一的大卵石群落更为多样化。

有关河流的研究提供了进一步的支持

小河流受到的干扰通常来自水量倾泻时的河床运动。由于水流动态和河床基质的差异, 一些河流群落受到的干扰频率更大、范围更广。在新西兰的泰里河 (Taieri River), 研究人员通过记录到 40% 以上的河床被冲走的频率和平均百分比 (1 年中对 5 个地点进行评估, 其中使用的着色颗粒大小与所研究河床中的典型颗粒大小相一致), 对 54 个河流地点的差异情况进行了评估。昆虫物种的丰富度格局符合中度干扰假说 (图 16.18)。高频率和高强度的干扰导致物种丰富度降低的可能原因是, 许多物种无力抵抗这样的干扰; 而低频率和低强度的干扰下, 物种丰富度的降低是否由于竞争排斥作用 (就像中度干扰假说提到的那样), 还有待检验。

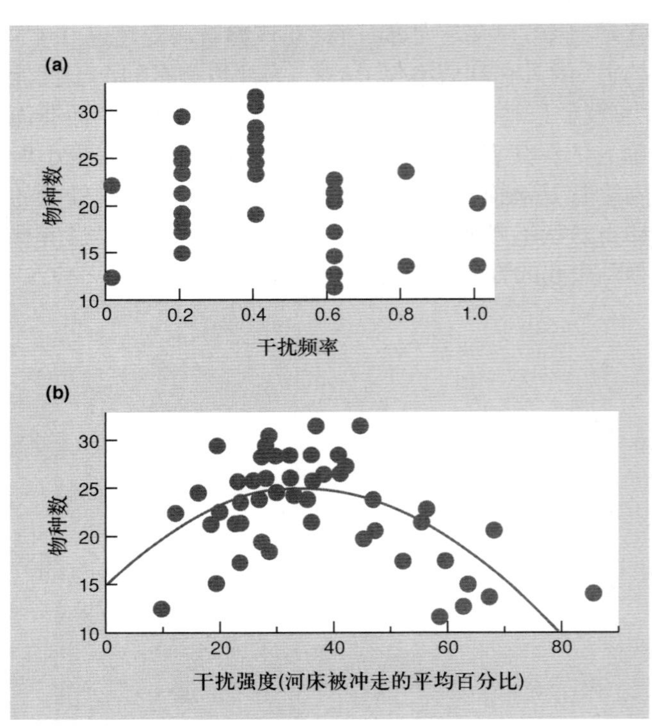

图 16.18 无脊椎动物的物种丰富度与 (a) 干扰频率 (表示为 1 年中 40% 以上的河床被冲走的次数; 方差分析结果在 $P < 0.0001$ 的水平上显著) 和 (b) 干扰强度 (河床被冲走的平均百分比; 多项式回归拟合结果在 $P < 0.0001$ 的水平上显著) 的关系; 该研究在新西兰泰里河的 54 个河流断面上进行。所有格局基本相同, 而且干扰强度和频率之间高度相关 (仿 Townsend *et al.*, 1997)。

16.7.3 空白斑块的形成和填补

空白斑块大小的影响……

不同大小的空白斑块可能以不同方式影响群落结构，这是由再拓殖机制的差异所导致的。大型空白斑块的中心区域，很可能被繁殖体扩散能力相对较远的物种拓殖。这种情况在小型空白斑块中几乎不用考虑，因为繁殖体绝大部分源于临近的个体；而最小的空白斑块可能由于周围个体的横向运动得以填补。

潮间带的贻贝床为研究空白斑块的形成和恢复提供了很好的材料。在没有干扰存在时，贻贝床保持广泛的单一物种状态。更多时候，它们呈现出一种不断变化的多物种镶嵌状态，其中，这些物种所栖息的空白斑块受海浪冲击而形成。实际上，空白斑块随处可见并存在多年，比如作为生长着许多贻贝的海洋中的岛屿。在形成时这些空白斑块的范围可以从一个贻贝的大小到几百平方米。一般而言，贻贝个体或一群贻贝往往因疾病、捕食、衰老或海浪的冲击而变得衰弱或死亡，而空白斑块从形成起便已经开始了填补和恢复。

……以及空白斑块的形状

在巴西，Tanaka 和 Magalhaes (2002) 对由两个短齿蛤属物种 *Brachidontes solisianus* 和 *B. darwinius* 组成的贻贝床进行了实验性研究，检测了斑块大小和周长：面积比对演替动态的效应。实验在中度暴露的海岸线上进行，他们在多处进行处理得到面积不等的方形空白斑块 (由于形状一致，较大的方块具有较小的周长：面积值)(表 16.5)。在附近物理环境相似的岸边，处理得到 4 个形状不同但周长：面积值一致的空白斑块 (图 16.19a)。请注意，在所有形状的空白斑块中圆形的周长：面积值最大。这些空白斑块的大小均在观测的自然空白斑块大小范围之内，而自然空白斑块在两个海岸之间并不存在差异 (图 16.19b)。

贻贝床中……空白斑块的拓殖

空白斑块形成后的最初 6 个月，高密度的植食性帽贝 *Collisella subrugosa* 便出现在小空白斑块中 (图 16.19c)。与中等水平和大型的空白斑块相比，小空白斑块受到两种贻贝 (通过横向迁移) 更为快速的拓殖，其中 *B. darwinius* 占据优势地位。更大的空白斑块中出现了更高密度的小藤壶 *Chthamalus bisinuatus*，其边缘拥有更多的帽贝，而中间区域在 6 个月后将会出现更多的 *Brachidontes* (由幼体补充获得) (图 16.19d)。拥有相同周长：面积值的空白斑块，尽管大小不同，但显示了非常相似的拓殖格局，强调了与相邻拓殖物种源的距离在拓殖过程中起着决定性的作用。

表 16.5 在巴西东南部的中度暴露海岸所开展的两个实验中建立的实验空白斑块的面积、周长以及周长：面积值(引自 Tanaka & Magalhaes, 2002)。

	面积 (cm^2)	周长 (cm)	周长/面积 (cm^{-1})
斑块大小的效应			
方形	25	20	0.8
方形	100	40	0.3
方形	400	80	0.2
斑块形状的效应			
方形	100	40	0.4
圆形	78.5	31.4	0.4
长方形	112.5	45.0	0.4
扇形	190.1	78.6	0.4

帽贝可能与斑块边缘有关，因为在边缘，它易于发现捕食者从而减少损伤。帽贝与藤壶的分布具有负相关关系，这可能是因为帽贝能将藤壶排挤出基质。Tanaka 和 Magalhaes 认为，*B. darwinius* 较 *B. solisianus* 能够更有效地拓殖到干扰的斑块，并提出如果不发生 *B. solisianus* 个体的大量补充，*B. darwinius* 将会逐渐成为整个海岸线的优势物种。

……在草原生态系统中……

贻贝床的空白斑块拓殖格局几乎与草原上的空白斑块 (由穴居动物引起) 或斑块 (因尿液毒害作用而形成) 拓殖格局完全一致。起初，空白斑块周围植物的叶子向其倾斜。然后，从空白斑块边缘通过克隆伸展 (clonal spread) 而使拓殖发生，很小的空白斑块获得迅速的填补；而对于较大的空白斑块，拓殖过程依赖于散布来的种子或土壤中种子库的萌发。经过 2~3 年，植被便再次具有了空白斑块形成前的特征。

……以及在红树林生态系统中……

森林中产生的空白斑块 (即林窗) 大小差异很大。例如，在多米尼加共和国 (Dominican Republic) 的红树林中，闪电形成的林窗大小可以是 200~1600 m^2，甚至更大 (图 16.20)。闪电通常能使 20~30 m 范围内的树木致死。在一个美洲红树 (*Rhizophora mangle*)、白皮红树 (*Laguncularia racemosa*) 和黑海榄雌 (*Avicennia germinans*) 占优势的红树林中，Sherman 等 (2000) 比较了这 3 种植物在闪电形成的林

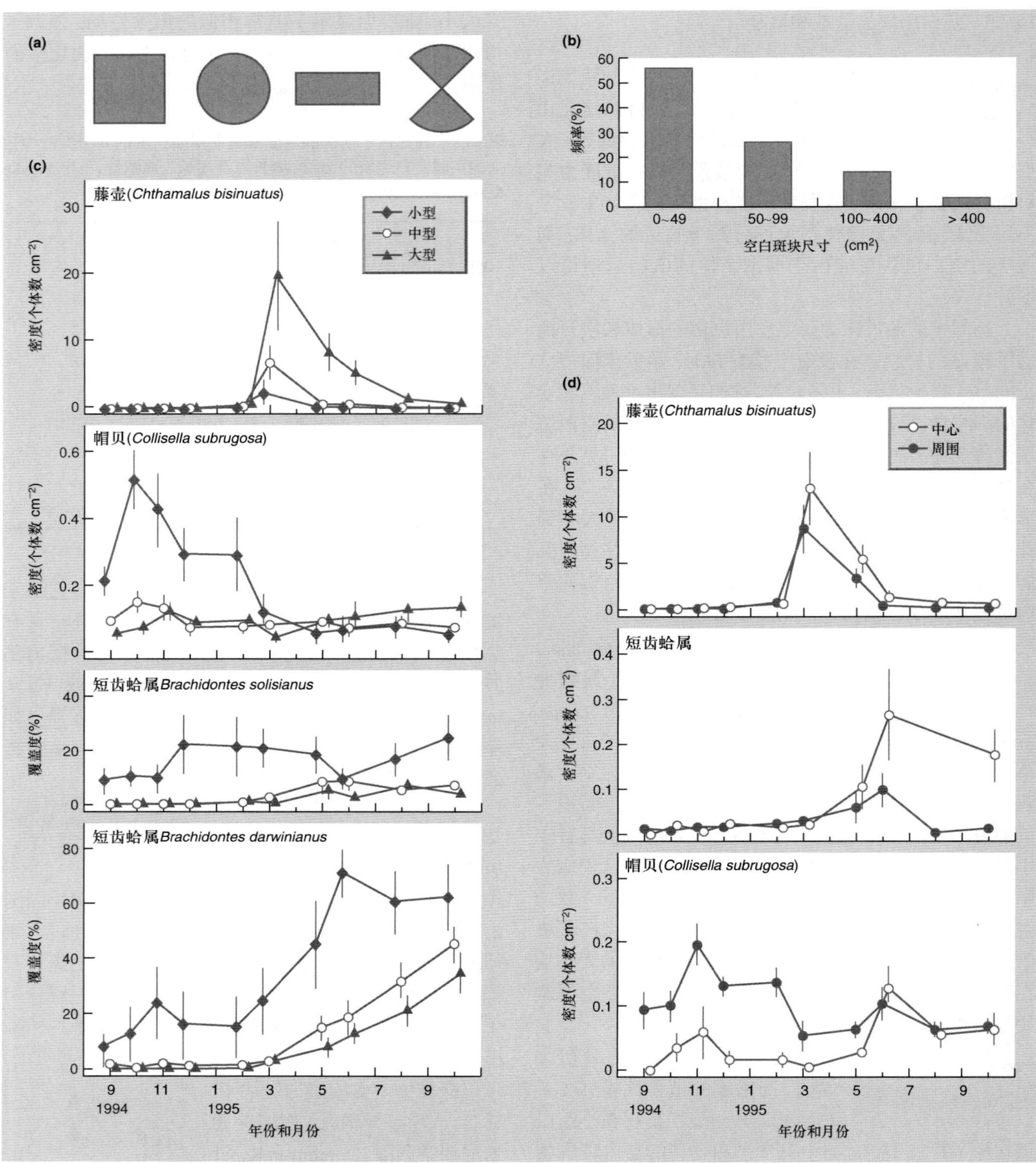

图 16.19　(a) 在斑块形状效应的实验中所使用的 4 种形状: 正方形、圆形、长方形和扇形 (见表 16.5)。(b) 贻贝床中自然空白斑块的大小分布。(c) 在实验清理过的小型、中型和大型空白斑块中 4 个拓殖物种的平均多度 (±SE)。(d) 在矩形空白斑块周围 (在空白斑块边缘 5 cm 内) 和 400 cm² 空白斑块的中心 3 个物种的更新补充情况 (仿 Tanaka & Magalhaes, 2002)。

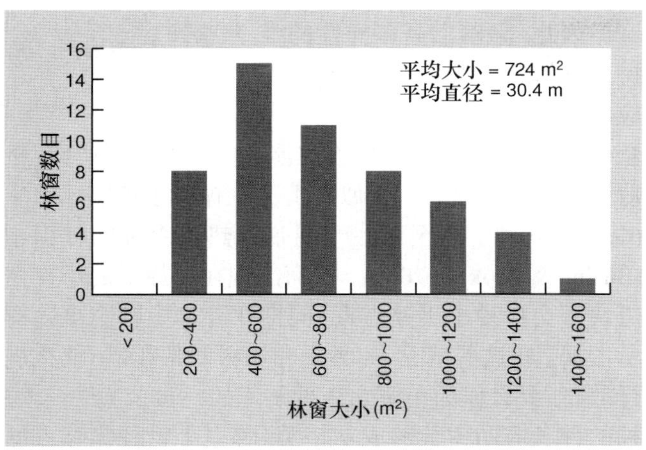

图 16.20 在多米尼加共和国的热带红树林中, 闪电造成的林窗大小的频率分布 (仿 Sherman *et al.*, 2000)。

窗和冠层下的表现。在林窗和自然森林中, 幼苗密度没有差异, 但在林窗中, 3 个物种的幼树密度和生长率更高 (表 16.6)。然而, 在林窗重建过程中, 美洲红树因为死亡率较其他物种更低而成为林窗的优势种。Sherman 等 (2000) 注意到, 红树林的基质层为泥炭, 闪电作用造成泥炭层坍陷, 导致积水增加。他们认为, 美洲红树成功占据林窗是因为它们对淹水具有较高的耐受力。

除了植物, 其他生物也能在林窗中有较好的表现。Levey (1988) 在哥斯达黎加 (Costa Rica) 的热带雨林中发现, 以花蜜和果实为食的鸟类在倒木林窗中具有更高的多度, 这反映了林窗中的林下植物比封闭冠层下的同种个体具有更长的繁殖期, 并产生更多的果实。

16.7.4 奠基者控制的群落

奠基者控制的群落: 竞争性的抽彩而非可预测的演替

在第 16.7.1 节中, 我们讨论了优势度控制的群落中类似于 r 选择和 K 选择的两种策略, 其中物种的拓殖能力与竞争能力呈负相关。而在奠基者控制的群落中, 所有物种的拓殖能力较强而竞争能力相似, 所以在干扰形成的空白斑块中, 我们预期出现一次竞争性的抽彩而非可预测的演替。如果大量物种进入空白斑块的能力相同, 环境耐受力相同, 且占据空白斑块后在整个生命周期内都能对抗新的侵入者, 那么在连续并随机出现空白斑块的环境中, 竞争排斥的概率可能会大幅下降。达到共存的另一个条件是, 一些母本种群 (parent population) 会产生大量的子代个体, 而侵入并占据空白斑块的幼小个体数目不能始终维持在较高水平, 否则, 即使环境中存在连续不断的干扰, 还是会形成最高生产力物种的单一群落。

珊瑚礁上鱼类的共存

如果能满足这些条件, 那么我们可以预测一系列空白斑块的占有率将如何随着时间发生变化 (图 16.21)。在每个生物死亡 (或者被杀死) 的区域, 空白斑块将重新开放, 并允许生物侵入。所有可以想到的替代情况都是可能的, 物种丰富度将维持在较高水平。热带暗礁的一些鱼类群落可能符合这个模型 (Sale, 1977, 1979)。这些群落非常多样, 例如, 大堡礁 (the Great Barrier Reef) 的鱼类物种数目范围从南部的 900 种到北部的 1500 种, 而在一个直径为 3 m 的暗礁斑块中能统计到的鱼类超过 50 种。其中, 只有一部分的多样性可能归因于食物和空间资源的分配 —— 实际上, 许多共存物种的食性都非常相似。在这样的群落中, 空白的生存空间似乎是关键的限制因子, 而我们通常无法预测生物个体将在何时何地死亡 (或者被杀死)。物种的生活方式与这一情形很契合。它们通常全年都能繁殖, 产下不计其数的卵或幼体。可以说, 这些物种对生存空间进行着抽彩式竞争, 其中幼体是彩票, 首先抵达空白空间者赢得该地点, 然后迅速成熟, 并在整个生命周期中占据这一空间。

鹭礁 (Heron Reef) 是澳大利亚东部大堡礁的一部分, 其上坡面处共存着三种植食性雀鲷鱼。这三种鱼分

表 16.6 3 种红树植物幼树的初始大小以及在闪电所造成的林窗中和未受影响的林冠层下, 1 年中的生长率和死亡率 (仿 Sherman *et al.*, 2000)。

	幼树的初始直径 (cm±SE)		生长率 —— 直径的增加 (cm±SE)		死亡率 (%)	
	林窗	林冠	林窗	林冠	林窗	林冠
美洲红树 (*Rhizophora mangle*)	1.9±0.06	2.3±0.06	0.58±0.03	0.09±0.01	9	16
白皮红树 (*Laguncularia racemosa*)	1.7±0.11	1.8±0.84	0.46±0.04	0.11±0.06	32	40
黑海榄雌 (*Avicennia germinans*)	1.3±0.25	1.7±0.45	0.51±0.04	—	56	88

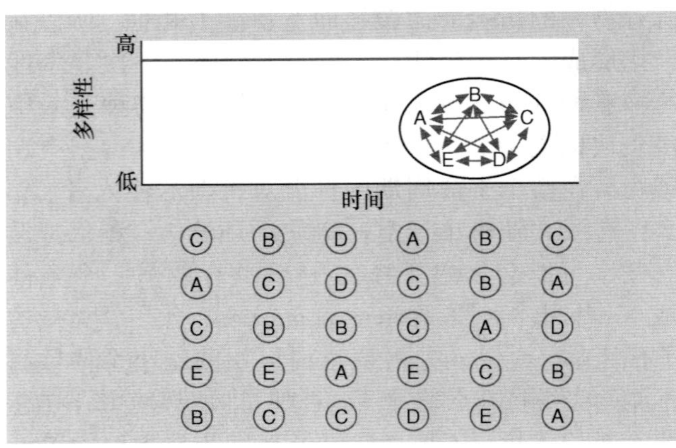

图 16.21 假想的竞争抽彩 (competitive lottery): 对群落中偶尔出现的空白斑块的占领。无论先前占领者的身份,物种 A~E 中每一个都有相同的概率占领每一个空白斑块。物种丰富度将保持在相对稳定的高水平状态。

别是: 澳洲真雀鲷 (*Eupomacentrus apicalis*)、珠点棘雀鲷 (*Plectroglyphidodon lacrymatus*) 和 *Pomacentrus wardi*; 这些个体在碎石斑块中占据着连续但通常不重叠的可利用空间, 每个面积为 2 m^2 左右。鱼类个体从幼时到成年持续占据着领地, 同时捍卫其不受大量主要的植食性鱼类 (包括同种鱼类) 的入侵。那里, 似乎并不存在这样的趋势, 即空间最初被一个物种占据, 待其死后继续被同种所占据。同时, 也不存在明显的演替序列 (表 16.7)。实际上, *P. wardi* 比其他两种鱼类有更高的个体损失率和幼体补充率, 但 3 个物种似乎都有足够的幼体补充以平衡个体损失, 从而使种群维持稳定。

表 16.7 在调查间隔期内, 每一个物种定居者的消失都会导致其原本占据地点的腾空, 表中给出了所观察到的重新占据或部分占据这些地点的每个物种的个体数量。因 120 尾定居鱼的消失所腾出的地点被 131 尾鱼重新占领, 但是新占领的物种并不受先前占领物种的影响。

先前定居鱼的消失	重新占据的鱼		
	E. apicalis	*P. lacrymatus*	*P. wardi*
Eupomacentrus apicalis	9	3	19
Plectroglyphidodon lacrymatus	12	5	9
Pomacentrus wardi	27	18	29

草原与森林中的植物

因此, 暗礁上高多样性的维持至少部分是依赖于生存空间供应的不可预测性; 只要所有物种获得了时间和空间, 它们将在浮游生物上不断产卵, 然后开始抽彩式旅程。类似的情况也存在于英国草原中 (Grubb, 1977), 甚至存在于温带和热带森林的林窗中 (Busing & Brokaw, 2002)。任何出现在草原上的小空白斑块都会被种子迅速占据, 同样在森林中则会被幼树所占据。在这些情况下, 种子和幼树便是彩票 (要么进行散布, 要么作为土壤永久种子库的一员)。哪一个物种的种子或幼树能够成功拓殖, 哪一个物种能够占据林窗, 都是一个随机性很强的过程, 因为许多物种在其生存需求上存在重叠。拓殖成功的植物将迅速建成, 并在整个生命周期中定居于此, 与上述的暗礁鱼类群落非常类似。

16.8 结论: 从景观角度来考虑的必要性

作为可能性连续体的奠基者控制与优势度控制

彩票假说和奠基者控制群落的概念, 是我们深入理解群落动态发生范围的重要步骤。但是, 这些规律不够坚实有力, 不能应用到一些群落中, 它所表现的是从优势度控制到奠基者控制的连续谱中的一些极端情况。实际的群落可能比较接近这一连续谱的一端或另一端, 但事实上, 同一个群落中的组成物种或组成斑块可能是优势度控制的, 也可能是奠基者控制的。例如, Syms 和 Jones (2000) 在大堡礁研究礁石斑块时, 认识到礁石内部鱼类物种组成的变异有半数以上归因于无法解释的因素 (可能是随机因素), 就像彩票假说中所强调的那样。但是其中一些变异可以由组成物种的特定生境需求来解释。

"景观生态学观"的重要性

更一般地说, 尽管有些群落较其他群落的变异性更低, 但没有一个群落是真正同质且不随时间变化的系统, 正如简单的 Lotka-Volterra 数学模型和实验室的微宇宙系统中所描述的那样。在大部分真实群落中, 种群动态具有空间分布, 而且随时间发生变异。在一个由单一斑块组成的封闭系统中, 物种可以因为两个不同的原因而发生灭绝: ① 由竞争排斥、过度开采或其他强烈的物种相互作用引起的生物不稳定性; ② 由不可预料的干扰和条件改变导致的环境不稳定性。如果将其中任一类型的不稳定斑块整合到较大景观的开放系统中 (包含许多相互间隔的斑块), 那么将会产生持久的物种丰富的群落 (DeAngelis & Waterhouse, 1987)。这是从斑块动态观点获得的重要信息, 在更大尺度上, 即 "景观生态学" (Wiens *et al.*, 1993), 强调观察群落的空间尺度的重要性。这里, 我们需要注意群落结构的斑块动态观点与集合种群理论 (metapopulation theory) 的密切关系, 其中涉及对片段化种群动态的影响 (见第 6.9 节)。Amarasekare 和 Possingham (2001) 在一个模型中将灭绝 – 拓殖动态 (集合群落方法) 与斑块演替动态相结合, 发现景观中物种的维持依赖于: ① 相对于物种的拓殖能力出现合适斑块的净速率, 以及 ② 相对于干扰频率的休眠期 (如种子库) 长短。

干扰的多种类型……

斑块动态未来的发展可能会关注复合干扰的结果。Steinauer 和 Collins (2001) 已经开始研究尿液毒性作用和北美野牛 (*Bos bison*) 取食所引起的干扰相互作用。在尿液干扰存在而取食干扰不存在的情况下, 4 种常见草原植物的多度有所增加。然而在尿液和取食干扰都存在时, 须芒草 (*Andropogon gerardii*) 的多度和所有物种组合情况下的物种多度都有所下降。动态变化反映了野牛倾向于取食受到尿液干扰的斑块。此外, 该取食区域的面积将超过尿沉积的面积, 使得取食作用产生更大、更强烈的干扰。

……相互作用可能决定了群落的格局

最后, 我们可以轻易地观察到, 在干扰后, 群落动态会随着拓殖物种的出现顺序不同而变化, 同样, 不同类型的干扰出现的顺序不同, 也会导致不同的结果。Fukami (2001) 在实验中向由单细胞生物和小的多细胞生物构成的微宇宙中引入了两类干扰 (干旱和捕食性幼蚊的添加)。不同的干扰顺序驱动微宇宙出现不同的演替路径, 有时会导致在最终的群落组成 (物种丰富度和组成物种的相对多度) 上出现分歧。排序图 (见第 16.3.2 节) 生动地表现出, 实验中不同顺序的干扰导致在同一个空间中产生了不同的群落位置排序 (图 16.22)。对干扰历史的了解, 将有助于我们预测群落对未来干扰 (如全球气候变化) 的响应。

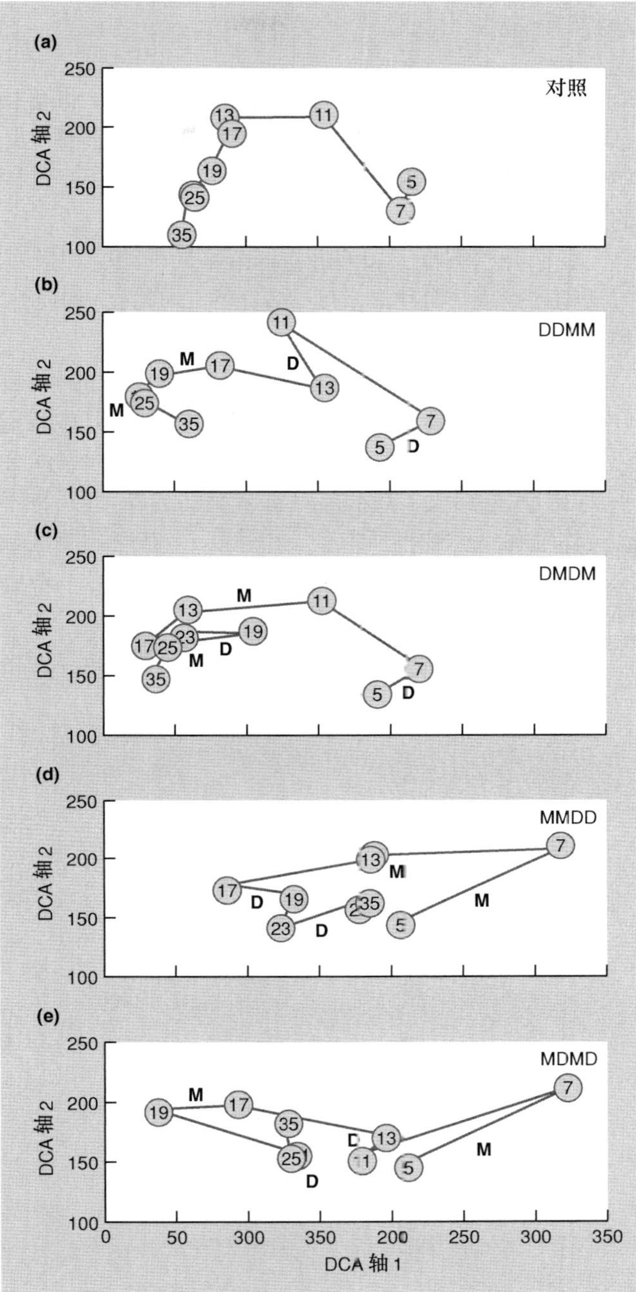

图 16.22 由特定的原生动物和后生动物组成的微宇宙 (microcosms) 中, 物种组成和相对多度随时间的变化。这种变化通过除趋势对应分析 (detrended correspondence analysis, DCA) 在排序图中展示。(注意: 排序只是一种数学处理, 可以将群落组织在一张图上, 那些物种组成和相对多度最相似的群落在图中靠得最近, 而组成物种相似但相对重要性不同或组成物种极为不同的群落在图中相距则远。) 数据点表明在实验的不同时间 (从第 5 天到第 35 天) 的平均排序分值。字母 D 表示干旱干扰, 字母 M 表示蚊子的干扰。(a~e) 对照以及不同序列中施加干扰的结果 (仿 Fukami, 2001)。

小结

群落是同一时空条件下物种种群的聚群。群落生态学的目的在于了解物种群在自然状态下的分布方式,如何受到环境中非生物因素的影响以及物种相互作用的影响。

我们开始解释了如何进行群落格局的测度和描述,包括物种组成、物种丰富度、多样性、均匀度 (均质性) 和秩 – 多度图等方面。

群落空间格局的研究方法有很多,从主观的 "梯度分析" 到客观的数学方法 ("分类" 和 "排序"),其中我们利用后者可以系统地探讨群落组成和非生物因素的关系。我们注意到大多数群落没有明显的边界,即物种不会突然被另一个物种所取代。此外,一个在可预测区域出现的特定物种,也很可能在其他条件下与另一群物种共存。

物种的相对重要性会随空间发生变化,其多度格局也会随时间而改变。如果一个地区存在合适的条件和资源,竞争者、捕食者和寄生生物都不能形成有效的障碍,那么特定物种将能够在该地区出现。因此,物种的周期性存在和消失,依赖于环境、资源和 (或) 天敌随时间而发生的变化。我们强调和解释群落格局随干扰而发生的变化。有时,这些格局是可以预测的 (演替、优势度控制),在其他情况下则是高度随机的 (奠基者控制)。

尽管我们通常能确认和解释群落组成的时间和空间格局,但是将时空综合来考虑才更有意义。在群落斑块动态的概念中,将景观看作包含许多斑块的嵌合体,而这些斑块受到干扰以及不同生物个体再拓殖的影响。在这个观点中具有争议的两点分别是,将干扰作为群落重置的机制以及斑块生境之间的迁移。群落景观嵌合体动态受到空白斑块形成频率、大小和形状的强烈影响,而这些空白斑块与相关物种的拓殖和竞争特点密切相关。

第 17 章 生态系统中的能量通量

17.1 引言

所有生物有机体都需要物质以组成其结构，需要能量以维持其活动。这不仅对单个生物有机体，而且对它们在自然界中形成的种群和群落而言，都是如此。能量流（本章）和物质流（见第 18 章）的内在重要性意味着，群落过程与非生物环境异常强烈地联系在一起。"生态系统"一词用来表示生物群落及其所处的非生物环境。因而，生态系统一般包含初级生产者、分解者和食碎屑者、死有机质库、植食动物、食肉动物以及物理、化学环境，其中后者为生物提供生存条件并作为能量与物质的源（source）和汇（sink）。本书第三部分所有章节中的讨论，涉及与环境条件和资源相关联的单个生物有机体（见第一部分），以及种群之间变化多样的相互作用（见第二部分）。

Lindemann 为生态能量学奠定了基础

Lindemann (1942) 的一篇经典文献奠定了生态能量学的基础。他考虑营养级之间的转化效率（从入射辐射通过绿色植物的光合作用被群落捕获，到后来的被植食动物、食肉动物和分解者所利用），以尝试定量食物链和食物网（food web）概念。Lindemann 的这篇文献是国际生物学计划（International Biological Programme, IBP）的主要推动因素；该计划秉承人类福祉的观念，旨在了解陆地、淡水和海洋生态系统生产力的生物学基础（Worthington, 1975）。IBP 为全世界生物学家提供了首次因共同目标而一起进行挑战性工作的机会。新近，一个更为紧迫的局面再次激励生态学家共同体开展行动：森林砍伐（deforestation）、化石燃料的燃烧以及其他普遍的人类影响，正导致全球气候和大气组成的剧烈变化；可以预计，这样的变化将反过来影响全球尺度上的生产力格局。目前有关生产力的工作很多，其主要目的是，为预测气候、大气组成和土地利用方式的改变对陆地和水生生态系统的影响奠定了基础（该方面将在第 22 章中进行讨论）。

评价生产力的技术逐渐得到了改善

在 Lindemann 经典工作之后的几十年里，生产力评估技术逐步得到改进。早期对陆地生态系统生产力的估算包括植物（通常只是地上部分）生物量的连续测定和对营养级之间能量转化（energy transfer）效率的估计。在水生生态系统中，生产力的估算则依赖于实验区测得的氧气或二氧化碳浓度的改变。由于叶绿素浓度和光合作用相关气体原地测定方法精确度的增加，以及卫星遥感技术（remote-sensing technique）的发展，目前已可将局部结果外推至全球尺度（Field *et al.*, 1998）。卫星传感器能够测量陆地的植被覆盖和海洋叶绿素浓度，因此，我们可通过对光吸收率的计算以及对光合作用的认识来估算生产力（Geider *et al.*, 2001）。

一些概念：现存生物量、生物量……

在进一步讨论之前，有必要定义一些新的术语。单位面积内活的生物有机体组成现存生物量（standing crop）。生物量（biomass）意为单位面积的土地（或单位面积或单位体积的水体）中生物体的质量，常以能量（J m^{-2}）、干有机质（t hm^{-2}）或碳（g C m^{-2}）为单位来表示。群落中生物量的最大部分几乎总是由植物组成，植物因其几乎是生态系统中唯一能通过光合作用固碳的生产者，成为生物量的主要生产者（我们不得不说"几乎唯一"，是因为细菌型光合作用和化学合成也都可能产生新的生物量）。生物量包含生物体的整个躯体，即使其部分可能已经死亡。我们应当注意，尤其在林地和森林群落中，生物量很大一部分是由死的心材和树皮构成的。生物量的存活部分可看作活动资本，其利息即新生物量；而死亡部分没有这种能力。在实践中，我们将附着于活体的存活或死亡的部分都包含在生物量中。当它们一旦离开而成为凋落物（litter）、腐殖质或泥炭时，就不再属于生物量了。

初级和次级生产力、自养呼吸……

一个群落的初级生产力（primary productivity）是单位面积植物（初级生产者）生产生物量的

速率。它可以能量 ($J\ m^{-2}\ d^{-1}$)、干有机质 ($t\ hm^{-2}\ a^{-1}$) 或碳 ($g\ C\ m^{-2}\ a^{-1}$) 为单位来表示。光合作用固定的总能量被称作总初级生产力 (gross primary productivity, GPP)。这其中的一部分因植物呼吸而损失, 以呼吸热 (RA-autotrophic respiration, 自养呼吸) 的形式从群落中流失。GPP 和 RA 之差即净初级生产力 (net primary productivity, NPP), 它表示异养生物 (细菌、真菌和动物) 所能消费的新生物量的实际生产速率。异养生物生物量的生产速率被称作次级生产力 (secondary productivity)。

生态系统净生产力、异养呼吸和生态系统呼吸

认识生态系统中能量通量 (energy flux) 的另一途径涉及生态系统净生产力 (net ecosystem productivity, NEP; 使用与 GPP 或 NPP 相同的单位) 的概念。此概念认为固定在 GPP 中的碳, 可通过自养呼吸 (autorophic respiration, RA) 或被异养生物消费后的异养呼吸 (heterotrophic respiration, RH) (后者由细菌、真菌和动物的呼吸作用组成), 以无机碳 (通常是二氧化碳) 的形式离开系统。总的生态系统呼吸 (ecosystem respiration, RE) 是 RA 与 RH 之和。因此 NEP 等于 GPP 与 RE 之差。当 GPP 超过 RE 时, 生态系统碳的固定快于释放, 于是表现为碳汇 (carbon sink)。当 RE 超过 GPP 时, 碳的释放快于固定, 这样生态系统便成为净碳源 (net carbon source)。生态系统呼吸速率可以超过 GPP 的观点似乎是荒谬的。然而, 值得注意的是, 一个生态系统可以从其他碳源而非自身光合作用中获得有机质, 这可通过生产于其他地方的死有机质的输入来实现。在一个生态系统边界内, 由光合作用产生的有机质被称为内源的 (autochthonous), 而从其他地方输入的有机质则是外源的 (allochthonous)。

下文中, 我们将首先讨论初级生产力的大尺度格局 (第 17.2 节), 考虑限制陆地 (第 17.3 节) 和水生环境 (第 17.4 节) 生产力的因素。之后, 讨论初级生产力的归趋, 并通过食物网考虑能量的流动过程 (第 17.5 节), 重点关注植食者系统和分解者系统的相对重要性 (食物网及其中详细的种群相互作用, 将在第 20 章继续讨论)。最后, 我们将对生态系统中能量通量的季节性和长期变动进行探讨。

17.2 初级生产力的格局

初级生产力取决于但不仅由太阳辐射所决定

全球的净初级生产力估计约为每年 105 万亿克碳 ($1\ Pg=10^{15}\ g$) (Geider *et al.*, 2001), 其中 56.4 $Pg\ C\ a^{-1}$ 生产于陆地生态系统, 48.3 $Pg\ C\ a^{-1}$ 生产于水生生态系统 (见表 17.1)。尽管海洋覆盖了地球表面的三分之二, 却占不到全球生产量的一半。陆地上, 热带雨林和稀树草原约占 NPP 的 60%, 反映了这些生物群系的大面积覆盖及其高水平的生产力。实际上, 所有的生命活动, 最终都依赖于所获得的太阳辐射 (solar radiation), 但太阳辐射并不能单一地决定初级生产力。更概括地说, 太阳辐射和生产力之间的匹配关系远非完美, 因为只有当水分和营养可利用、温度适合植物生长时, 瞬时辐射才能被有效捕获。陆地上很多区域可获得大量的辐射但缺乏足够的水分, 而海洋中大部分区域则受到营养不足的限制。

表 17.1 主要生物群系和全球每年的净初级生产力 (NPP) (以 10^{15} g 为单位) (引自 Geider *et al.*, 2001)。

海洋	NPP	陆地	NPP
热带和亚热带海洋	13.0	热带雨林	17.8
温带海洋	16.3	阔叶落叶林	1.5
极地海洋	6.4	阔叶/针叶混交林	3.1
沿海	10.7	针叶常绿林	3.1
盐沼/河口/海藻	1.2	针叶落叶林	1.4
珊瑚礁	0.7	稀树草原	16.8
		多年生草原	2.4
		有裸地的阔叶灌木	1.0
		冻原	0.8
		荒漠	0.5
		耕地	8.0
合计	48.3	合计	56.4

17.2.1 生产力的纬向趋势

森林、草原以及湖泊的生产力遵循纬度格局

全世界的森林生物群系, 从北方经温带到热带, 存在生产力增加的普遍纬向趋势 (latitudinal trend) (第 17.2 节); 但其中也存在明显的变异, 大多可归因于水分有效性 (water availability)、局部地貌的不同及其相关微气候的变化。草地群落的地上生产力也存在相同的纬向趋势 (及局部变异) (图 17.1)。值得注意的是, 在不同草地生物群系中, 地上与地下生产力的相对重要性存在巨大差异。由于对地下生产力的估算存在技术上的困难, 因此, 早期对 NPP 的报道常常忽略了地下生产力从而低估了其真实值。

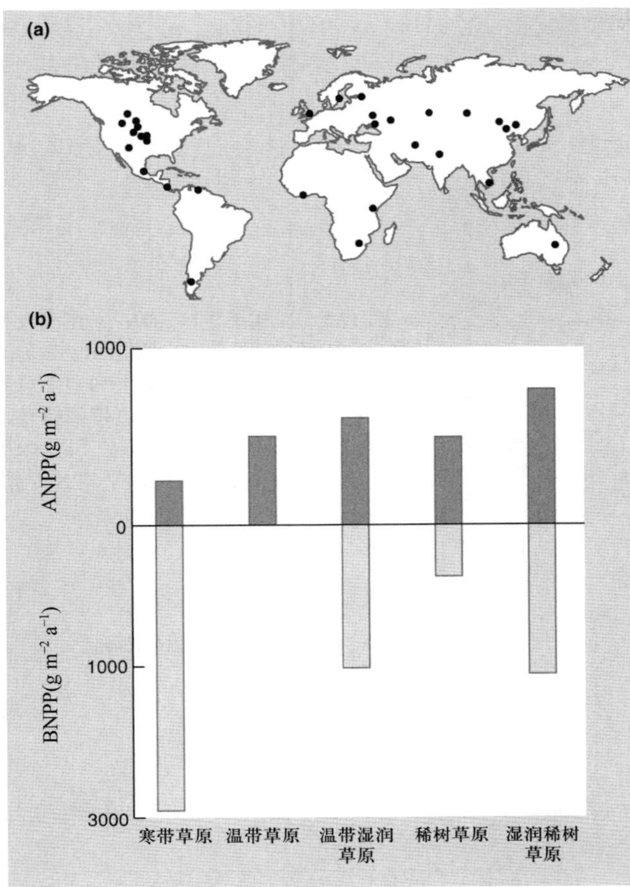

图 17.1 (a) 此分析的研究地点包括 31 个草地。(b) 5 种草地群系的地上净初级生产力 (ANPP) 和地下净初级生产力 (BNPP) (温带草原 BNPP 的数据未获得)。每一种草地的数值是 4~8 个研究地点的平均值。技术过程涉及将在研究期间 (平均为 6 年) 连续采样所增加的活生物量、现存死物质量以及凋落物量进行求和 (引自 Scurlock *et al.*,2002)。

水生群落方面, 纬向趋势在湖泊中非常明显 (Brylinski & Mann, 1973), 但并不存在于海洋中, 这可能是由于海洋生产力更经常地受限于营养不足 (海洋生物群落的高生产力发生在有丰富营养的上升流水域中, 即便这些群落处于高纬和低温条件下)。纬度上的总体趋势说明, 辐射 (资源) 和温度 (条件) 可能常常限制生物群落的生产力。此外, 其他因子会在更小的限度内频繁地对生产力加以限制。

17.2.2 初级生产力的季节和年际趋势

生产力具有很强的时间变异

表 17.2 中生产力的巨大极差和图 17.1 中宽广的置信区间, 强调了在一类特定生态系统中存在巨大变异。同一地区年与年之间也存在生产力的差异, 认识到这一点非常重要 (Knapp & Smith, 2001)。图 17.2 中以温带农田、热带草地和热带稀树草原为例进行了阐明。这种年际变异无疑反映了年与年之间无云日、温度和降雨量的变化。在小的时间尺度上, 生产力也能够反映环境条件 (特别是与温度条件相关的生长季节长度) 的季节性变化。例如, 日 GPP 高的时期在温带要比在北方持续得更长 (图 17.3)。此外, 常绿针叶林的生长季节要比落叶林 (生长季节因秋季叶片的脱落而缩减) 更长, 但其季节变化的幅度更小。

表 17.2 欧洲及南、北美洲不同纬度森林的总初级生产力 (GPP), 把生态系统净生产力和生态系统呼吸相加进行估算 (从对森林冠层测量到的 CO_2 通量计算得到, 综述中只包含一个对热带森林的估算) (数据来自 Falge *et al.*, 2002)。

森林类型	GPP 的估算范围 ($g\ C\ m^{-2}\ a^{-1}$)	估算的平均值 ($g\ C\ m^{-2}\ a^{-1}$)
热带雨林	3249	3249
温带落叶林	1122~1507	1327
温带针叶林	992~1924	1499
寒温带落叶林	903~1165	1034
北方针叶林	723~1691	1019

17.2.3 内源性与外源性生产

内源性和外源性生产……

所有的生物群落都要靠能量的供应来维持生命活动。这在大多数陆地生态系统中, 以本地绿色植物的光合作用来实现, 即内源性生产。但也存在例外, 尤其是集群动物 (colonial animal) (如洞穴中的蝙蝠、沿海地区的海鸟), 它们将食物消费产生的粪便堆积到远离集群的地方, 其中海鸟粪 (guano) 就是外源有机质 (形成于生态系统之外的死有机质) 的一个例子。

湖泊、河流和河口生态系统中, ……变异是系统性的

水生群落的内源性输入, 在浅水区 (沿岸地区) 依靠大型植物和附着藻类的光合作用, 在开放水域则由微小的浮游植物提供。然而, 水生群落中的大部分有机质来自于进入河流、流经地下水或由风吹来的外源物质。水生系统中, 有机质的两种内在来源 (沿岸的和浮游的) 与一种外在来源的相对重要性, 取决于水体的大小以及向其中沉积有机质的陆生群落的类型。

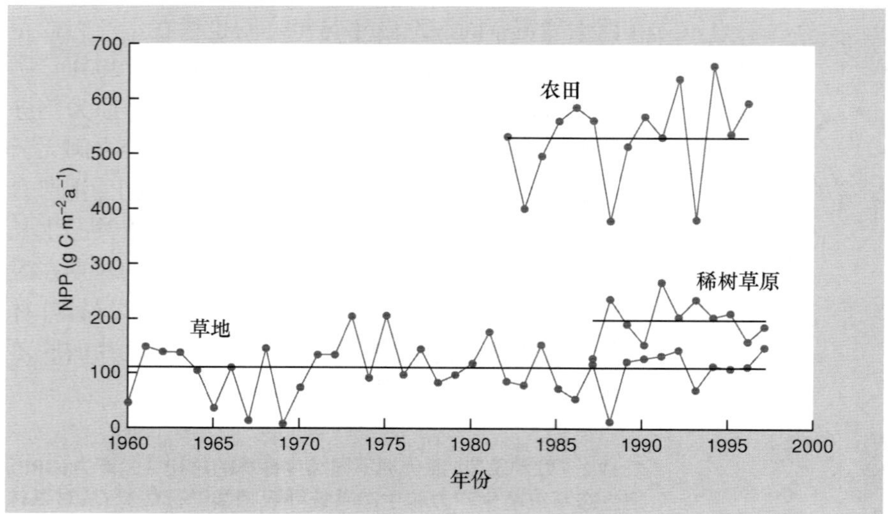

图 17.2　净初级生产力 (NPP) 在澳大利亚昆士兰的一个草地 (地上 BPP)、美国爱荷华州的一片农田 (地上和地下总的 NPP) 以及塞内加尔一个热带稀树草原 (地上 NPP) 上的年际变异。黑色水平线显示了整个研究时期的平均 NPP (仿 Zheng *et al.*, 2003)。

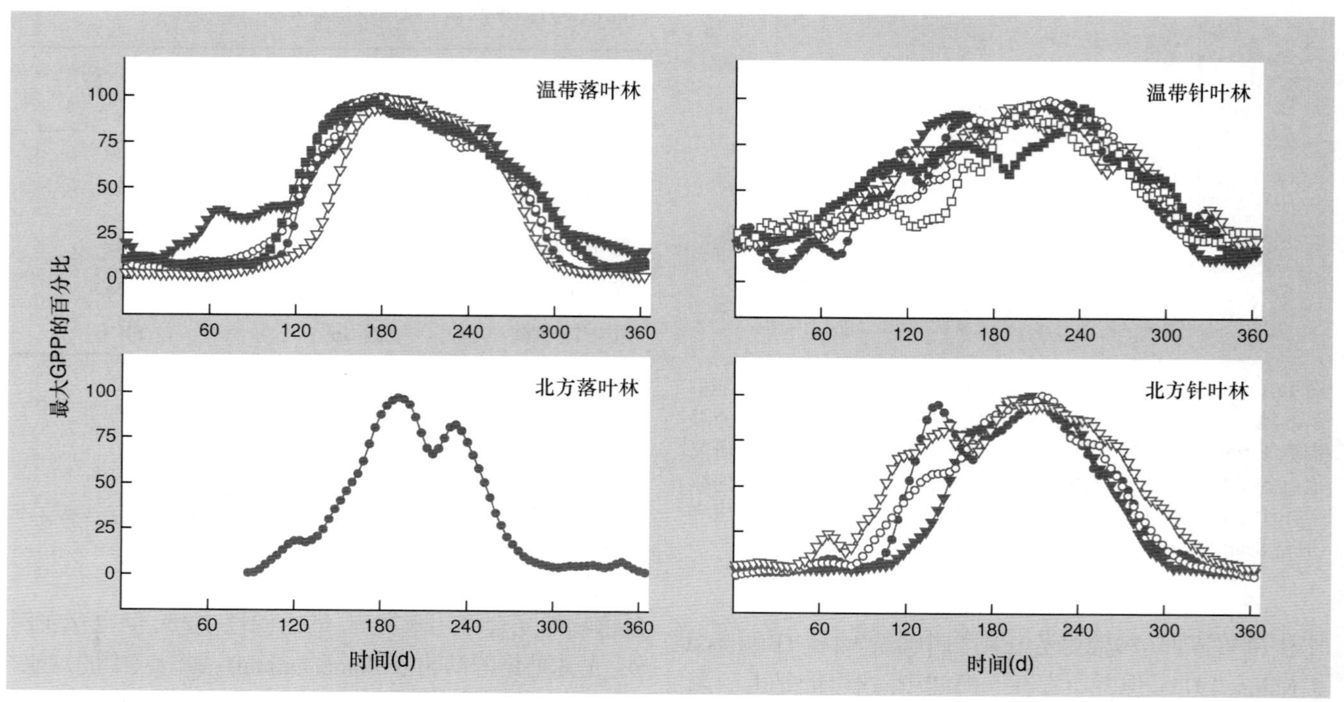

图 17.3　温带 (欧洲和北美) 和北方地区 (加拿大、斯堪的纳维亚和冰岛) 落叶和针叶林日最大总初级生产力 (GPP) 的季节变化。每幅图中不同的符号代表不同的森林。日 GPP 表示为在一年 365 天中每片森林所能达到的最大值的百分比 (仿 Falge *et al.*, 2002)。

穿过森林集水区的小溪流, 其能量输入主要来自周围植被的凋落物 (图 17.4)。树木的遮阴抑制了浮游或附着藻类以及水生高等植物的显著生长。随着下游溪流的变宽, 树木的遮阴局限于其边界, 内源性初级生产 (autochthonous primary production) 逐渐增加。再下游处更深更浑浊的水体中, 有根的高等植物作用更小, 而微小的浮游植物变得更加重要。洪泛平原可以塑造大的河道以及与之相连的牛轭湖、沼泽和湿地; 在这些地方, 外源可溶性或颗粒有机质可能会在洪泛发生时从洪泛平原被带入河道中 (Junk *et al.*, 1989; Townsend, 1996)。

如上所述, 从小而浅的到大而深的湖泊序列存在河流连续体的共同特征 (图 17.5)。小湖泊中, 绝大部分的能量可能来自陆地, 因为与其面积相比, 小湖泊的边界很大。且一般较浅, 所以其内部沿岸的生产比浮游植物的生产重要得多。相反, 大而深的湖泊只有

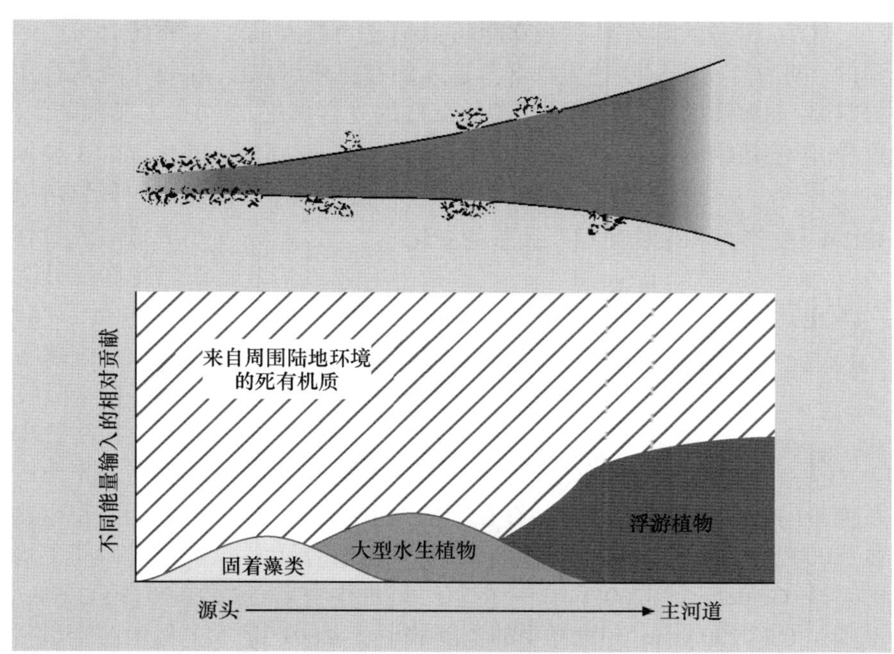

图 17.4 溪流群落中能量基础性质的纵向变异。

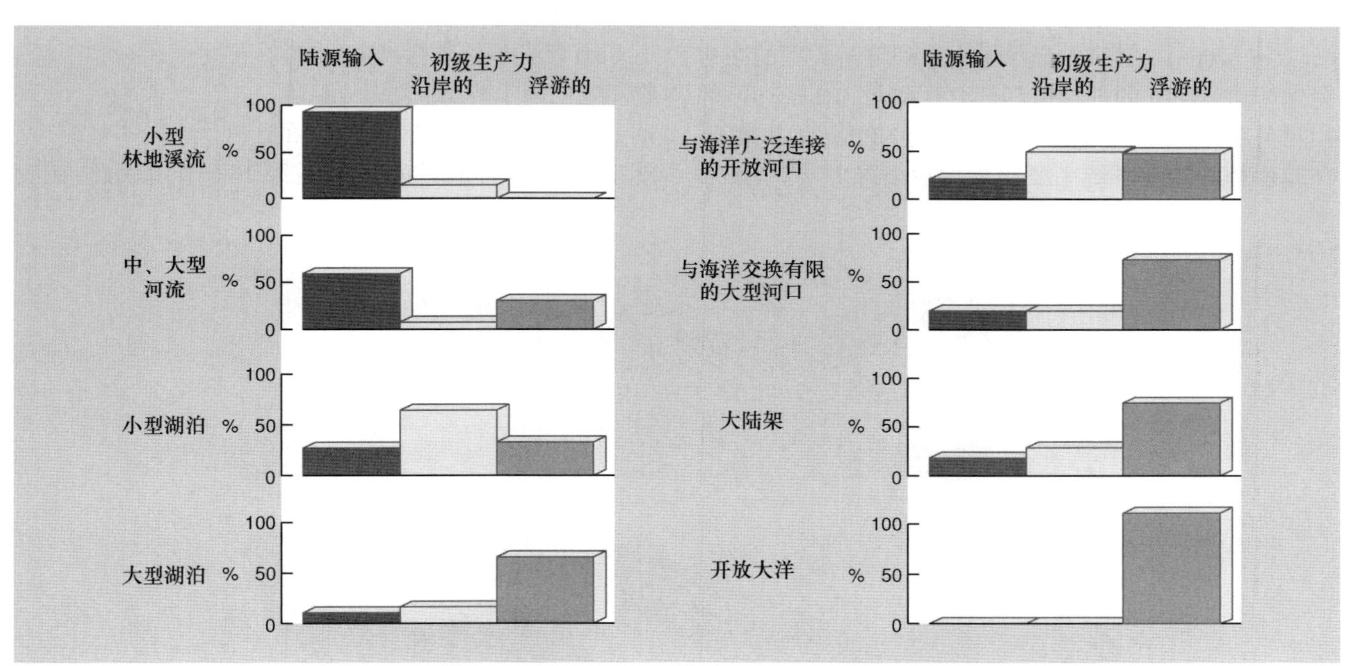

图 17.5 不同水生群落中有机质陆源输入的重要性以及沿岸和浮游生物初级生产力的差异比较。

有限的有机质来自外部 (与湖泊表面积相比其边界很小), 沿岸的生产因受限于浅的边缘地区, 也较低, 所以向群落中输入的有机物几乎全部来自浮游植物的光合作用。

河口常是高生产力的系统, 它们从流入的河流中得到外源物质及充足的营养供应。对不同河口而言, 构成其能量基础的重要内源性贡献是不同的。大的河口盆地, 其湿地边界相对盆地面积而言较小, 并受限于同开放海域的内部交换, 因而以浮游植物为主。相反, 开放盆地与海洋广泛连接, 海藻则在其中占主导地位。再者, 大陆架生物群落的一部分能量来自陆地 (尤其是经过河口), 浅水则为沿岸海藻群落的高生产力提供了条件。实际上, 一些生产力最高的系统均是在有海藻的海底或暗礁。

最后，开放大洋在某种意义上可以描述为最大最深的“湖泊”，其中从陆地生物群落输入的有机质可以被忽略，而海洋的纵深又阻碍了黑暗海底的光合作用。这样，浮游植物成了最重要的初级生产者。

17.2.4 生产力和生物量相互关系的变化

森林的 NPP：B 值很低，而水生群落的 NPP:B 值却很高

我们可以将一个群落的生产力与形成该生产力的现存生物量联系起来 (资金的利息率)。或者说，可以将现存生物量看成是由生产力维持的生物量 (由收益维持的资金来源)。总体上，存在于陆地上的总生物量 (800 Pg) 与海洋 (2 Pg) 和淡水 (<0.1 Pg) 相比，有巨大的差异 (Geider *et al.*, 2001)。在一个地区，陆地生物量的范围是 0.2～200 kg m^{-2}，海洋中的范围从小于 0.001 到 6 kg m^{-2}，而淡水中的生物量一般小于 0.1 kg m^{-2} (Geider *et al.*, 2001)。图 17.6 显示了一系列群落类型的净初级生产力 (NPP) 的平均值和现存生物量 (B) 平均值的相对关系。显然，用于生产一个特定 NPP 值的生物量，在非森林的陆地系统中要比森林中小得多，当考虑水生系统时，这一生物量要更小。森林的 NPP：B 值 (每年每千克现存生物量生产的干物质的千克数) 平均为 0.042，其他陆生系统是 0.29，水生群落中则是 17。造成该状况的主要原因是，森林生物量的相当大的部分已死亡 (且已存在很长时间)；此外，许多活的支持组织并不能进行光合作用。在草地和灌丛中，尽管一半或以上的生物量可能是根，但与森林相比，活的生物量占更大一部分，且与光合作用有关。在水生群落中，尤其是主要由浮游植物进行生产的地方，不存在支持组织，也不需要根来吸收水分和营养，且死细胞不积累 (在它们死亡前往往已被吃掉)，这样，实际上每千克生物量拥有相当高的光合产出。浮游植物群落中，高 NPP：B 值的另一因素是生物量的快速周转 (海洋和淡水中生物量的周转时间平均为 0.02～0.06 年，与之相比，陆地上是 1～20 年；Geider *et al.*, 2001)。图中显示的年 NPP，实际上是由若干世代重叠的浮游植物产生的，而现存生物量则只是瞬时存在的平均值。

NPP：B 值趋于随演替而降低

随着演替的进行，NPP 与生物量之比趋于减小。这是因为，早期演替的先锋物种是快速生长的草本植物，支持组织相对少 (见第 16.6 节)。因此，在演

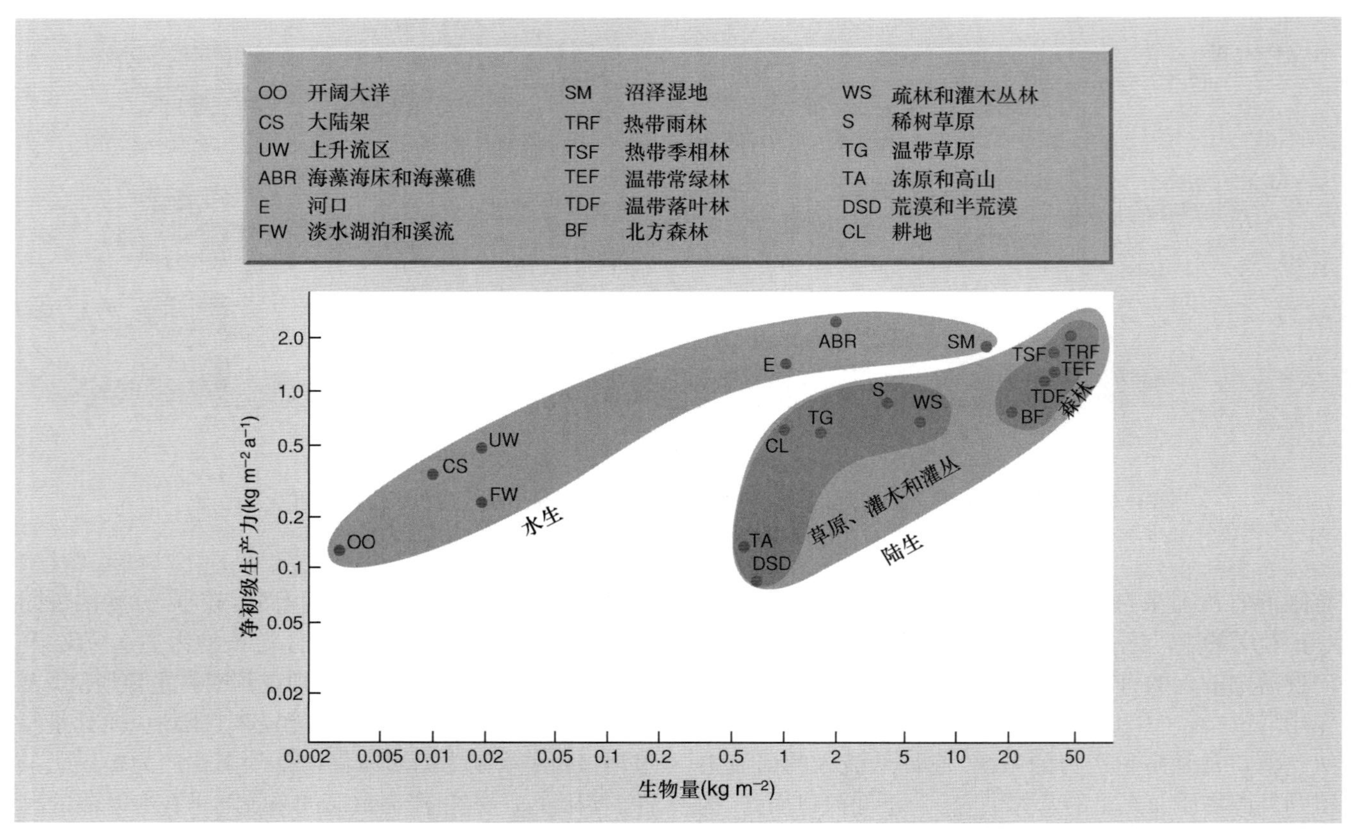

图 17.6 不同生态系统平均净初级生产力和平均现存生物量之间的关系 (数据来自 Whittaker, 1975)。

替早期, NPP : B 值会很高。然而, 接下来占优势的物种一般生长缓慢, 但它们最终会长大到独占空间和阳光。这些物种的结构, 使相当大的生物量投资到非光合和死亡支持组织上, 因而 NPP : B 值很低。

当将注意力集中于树木上时, 地上 NPP 的一般格局是: 在演替早期达到峰值, 然后逐渐下降, 其下降幅度可高达 76%, 平均为 34% (表 17.3)。这种减少, 无疑是由于光合组织向呼吸组织转变。此外, 演替晚期营养的限制变得更加显著, 或者老树木更长的树枝和更高的茎秆可能增加了蒸腾流的阻力, 因而限制了光合作用 (Gower *et al.*, 1996)。不同演替阶段的树木特征, 显示了不同林龄的森林 NPP 的不同格局。例如, 在一个亚高山带针叶林中, 演替早期的美国白皮松 (*Pinus albicaulis*) 在约 250 年时达到其地上 NPP 的峰值, 之后便减小, 而在接下来的演替晚期, 耐阴的落基山冷杉 (*Abies lasiocarpa*) 于 400 年时到达最大值 (图 17.7)。与演替早

表 17.3 世界不同的生物群区中不同林龄森林的地上净初级生产力比较 (ANPP) (仿 Gower *et al.*, 1996)。

生物群系/物种	所在地	以年为单位的林龄范围 (括号中的数字为群丛数目)	ANPP (t 干物质 hm^{-2} a^{-1})		
			峰值	最老的	占变化的百分比
北方的					
落叶松 (*Larix gmelinii*)	西伯利亚雅库茨克	50～380 (3)	4.9	2.4	−51
欧洲云杉 (*Picea abies*)	俄罗斯	22～136 (10)	6.2	2.6	−58
寒温带					
矮生觉冷杉 (*Abies baisamea*)	美国纽约	0～60 (6)	3.2	1.1	−66
扭叶松 (*Pinus contorta*)	美国科罗拉多	40～245 (3)	2.1	0.5	−76
赤松 (*Pinus densiflora*)	日本 Mt Mino	16～390 (7)	16.1	7.4	−54
美洲山杨 (*Populus tremuloides*)	美国威斯康星	8～83 (5)	11.1	10.7	−4
大齿白杨 (*Populus grandidentata*)	美国密歇根	10～70	4.6	3.5	−24
花旗松 (*Pseudotsuga menziesii*)	美国华盛顿	22～73 (4)	9.9	5.1	−45
暖温带					
湿地松 (*Pinus elliottii*)	美国佛罗里达	2～34 (6)	13.2	8.7	−34
辐射松 (*Pinus radiata*)	新西兰 Puruki, Nz (Tahi)	2～6 (5)	28.5	28.5	0
	(Rue)	2～7 (6)	29.2	23.5	−20
	(Toru)	2～8 (7)	31.1	31.1	0
热带					
加勒比松 (*Pinus caribaea*)	尼日利亚阿法卡	5～15 (4)	19.2	18.5	−4
卡西亚松 (*Pinus kesiya*)	印度梅加拉亚	1～22 (9)	30.1	20.1	−33
热带雨林	亚马孙	1～200 (8)	13.2	7.2	−45

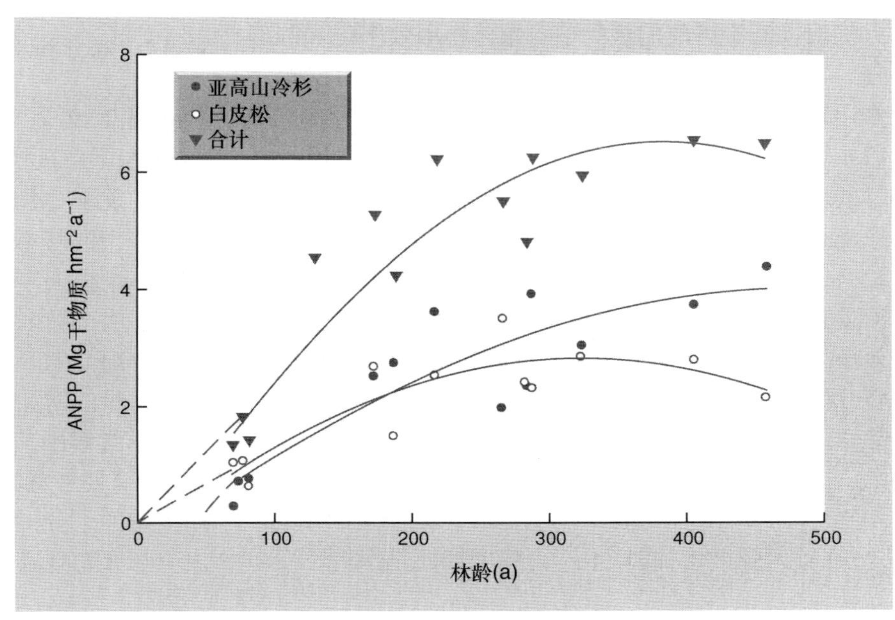

图 17.7 美国蒙大拿州亚高山针叶林不同年龄群丛的年地上净初级生产力 (ANPP) (Mg 干物质 hm^{-2} a^{-1}): 演替早期的白皮五针松、演替晚期的亚高山冷杉以及总的 ANPP (仿 Callaway *et al.*, 2000)。

期的物种相比，演替晚期的物种将几乎两倍的生物量分配到叶片中，并且将高光合：呼吸比维持至更大的群落年龄 (Callaway *et al.*, 2000)。

17.3 限制陆生群落初级生产力的因子

光照、二氧化碳 (CO_2)、水分和土壤养分是陆地上初级生产所需的资源，同时，温度作为生长条件之一，对光合作用速率有很强的影响。大气中的 CO_2 通常维持在 0.03% 左右的水平。湍流混合和扩散防止了 CO_2 浓度在地区间出现巨大的差异，而在与叶片邻近的区域则是例外。CO_2 在决定不同生物群落间生产力的差异上可能并无太大作用 (尽管有人认为全球 CO_2 浓度的增加具有深远的影响，如 DeLucia *et al.*, 1999)。另一方面，光质和光量、水分和养分的有效性以及温度，在地区间都存在巨大的差异。它们都是可能的限制因子 (limiting factor)。但实际上，究竟是哪个因子限制了初级生产力呢?

17.3.1 太阳能的低效利用

陆生群落利用辐射的效率低

依据各地的情况，每分钟每平方米有 0~5 J 太阳能到达地面。如果所有这些能量都经光合作用转化为植物的生物量 [即光合作用效率 (photosynthetic efficiency) 为 100%]，那么将产生众多的植物材料，比目前记录值要大 1~2 个数量级。然而，大部分太阳能不能被植物利用；尤其是大约只有 44% 的入射短波辐射适合于光合作用。即使把这个考虑进去，生产力仍旧远低于可能的最大值。光合作用效率包含两部分 —— 叶片截留阳光的效率和被截留的光通过光合作用转化为新生物量的效率 (Stenberg *et al.*, 2001)。图 17.8 显示了国际生物学计划 (见第 17.1 节) 部分所研究过的 7 种针叶林、7 种落叶林和 8 种荒漠群落的总体净光合作用效率 (光合有效辐射 (PAR) 被转化为地上 NPP 的输入百分比) 的范围。针叶林群落的效率最高，但也只有 1%~3%。落叶林有相似水平的输入辐射，其效率为 0.5%~1%；荒漠尽管有更高的能量输入，却只能将 0.01%~0.2% 的 PAR 转化为生物量。

生产力仍然会受 PAR 不足的限制

辐射的非有效利用原因不在其自身，这意味着，它并不限制群落的生产力。我们需要明确的是，在辐射强度增加时，生产力将增加还是保持不变。

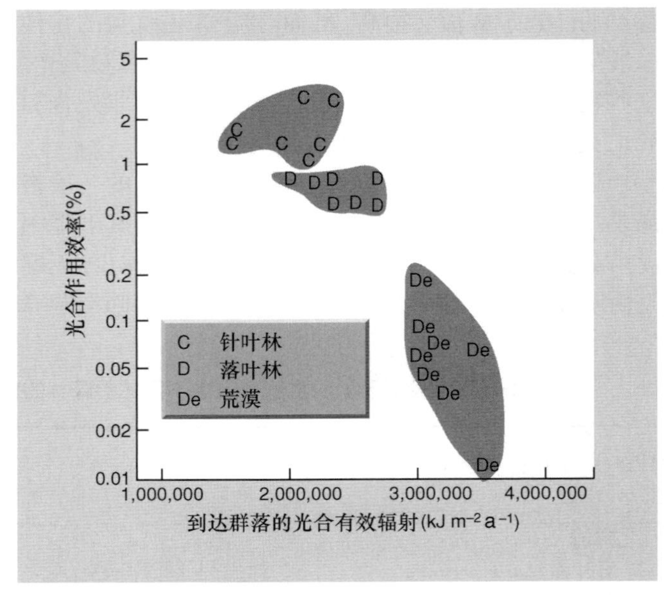

图 17.8 来自美国的 3 组陆生群落的光合效率(输入的光合有效辐射转变为地上净初级生产力的百分比) (仿 Webb *et al.*, 1983)。

第 3 章给出的一些证据显示，在一天的部分时间，光强低于冠层光合作用的最适值。甚至，在光强达到峰值时，多数冠层的一些低位叶片仍处于相对荫蔽的位置，如果光强更高，它们几乎无疑会加快光合作用。而对 C_4 植物而言，饱和的辐射强度似乎从未达到，也就是说，即使在最大的自然辐射下，其生产力实际上也可能受到 PAR 不足的限制。

然而，确信无疑的是，在其他资源供应充足的情况下，可利用的辐射会被更有效地利用。这一点，可以从农业系统所记录的较高群落生产力中得到证实。

17.3.2 水分和温度是关键因子

缺水可能是关键因子

图 17.9 显示了青藏高原上不同类型生态系统 NPP 与降水、温度的关系。水分是细胞组分及光合作用的基本资源；大量的水分通过蒸腾作用 (transpiration) 损失 —— 尤其是因为气孔为 CO_2 的进入而需要在大多数时间开放。所以，我们不难想象，一个地区的降雨与生产力将非常紧密地相关。在干旱地区，随着降水量的增加，NPP 近似呈直线增加；而在较为潮湿的森林气候中，存在一个生产力不再继续上升的稳定水平。需要注意的是，大量的降水并不等同于植物能利用大量的水分；所有超过田间持水量 (field capacity) 的水分都可能会流走。从图 17.9 中也可看出，生产力与年

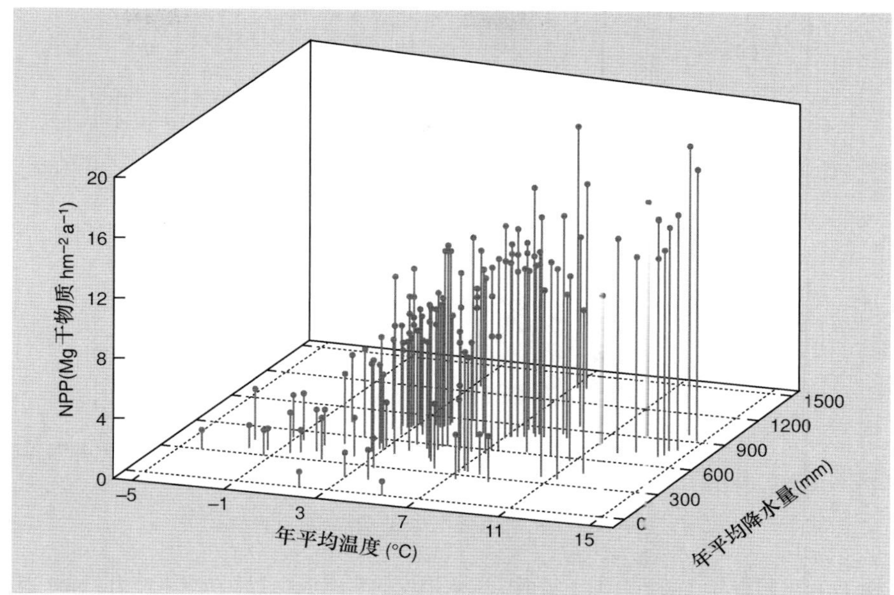

图 17.9 青藏高原生态系统总净初级生产力 (Mg 干物质 hm^{-2} a^{-1}) 与年降水和温度的关系; 涉及的生态系统包括森林、疏林、灌丛、草原和荒漠 (仿 Luo *et al*., 2002)。

平均温度间的正相关关系, 但这种格局比较复杂, 比如较高的温度会导致水分通过蒸散 (evapotranspiration) 快速丧失; 从而使水分更快地成为限制因子。

温度与降水的相互作用

为了理清生产力、降雨和温度间的关系, 最好将注意力集中于单个生态系统类型。在阿根廷的潘帕斯草原上, 存在着两个从西向东的降水梯度, 一个在多山的乡村地区, 另一个则在低地中。人们对降水梯度上若干草地的地上 NPP 进行了估算; 图 17.10 展示了这两类地区的地上 NPP(ANPP) 指数与降水及温度之间的关系, 其中 ANPP 与降水间有很强的正相关关系, 但其斜率在两种环境梯度下存在差异 (见图 17.10a)。

图 17.10b 中, ANPP 与温度的关系在另两个环境梯度 (均为从北向南沿海拔的样带) 上很相似 —— 都显示单峰格局。这可能是由温度增加而产生的两种效应相叠加所引起的: 对生长季节长度的正效应以及高温时蒸散作用增加的负效应。由于温度是梯度上寒冷端生产力的主要限制条件, 因而从最冷的地区到较温暖的地区, 我们可以观察到 NPP 的增加。然而, 当超过某一温度值时, 生长季节不再延长, 温度增加的主导效应变成了增加蒸散作用, 于是水分有效性降低, 从而导致 NPP 的减小 (Epstein *et al*., 1997)。

生产力与冠层的结构

水分短缺对植物的生长速率有直接的影响, 也导致植被向稀疏的方向发展。稀疏的植被将截留更少的阳光 (多数照在裸地上)。造成许多干旱地区低生产力的主要原因就是这种太阳辐射的浪费, 而非植物受到干旱影响后光合作用速率的降低。这一点可通过图 17.8 显示的研究得到证实, 该研究比较了单位质量叶生物量的生产力, 而非单位土地面积的生产力。结果显示, 针叶林生产力为 1.64 g g^{-1} a^{-1}, 落叶林是 2.22 g g^{-1} a^{-1}, 沙漠是 2.33 g g^{-1} a^{-1}。

17.3.3 排水状况和土壤质地可改变水分有效性及生产力

图 17.10 显示, 在山区和低地, NPP 对降水量的曲线斜率有显著的差异。在山区的情况下, 斜率要低得多, 这似乎是由于这类地区地形陡峭, 使得水分以更高的速率流经地面, 从而使对降水的利用效率更低 (Jobbagy *et al*., 2002)。

土壤质地也影响生产力

当比较森林在砂质、排水条件良好的土壤及由细颗粒组成的土壤上的生产力时, 观察到一个相关的现象。研究人员在若干地点得到了森林生物量随时间积累的数据, 这些地点中的所有树木均被自然干扰或人类清除。对于全世界的森林, Johnson 等 (2000) 报道了地上生物量积累 (一个粗糙的 ANPP 指数) 和累积生长季节度 – 日数 (growing season degree-days) (以年为单位的林龄 × 生长季节的温度 × 生长季节在一年中所占的比例) 的关系。实际上, “生长季节度 – 日数”, 即植物在所考虑地点的平均温度下能够持续积累生物量的时间。图 17.11 显示, 在一定的生长季节度 – 日数下, 当处于砂质土壤时, 阔叶林的生产力一般要低

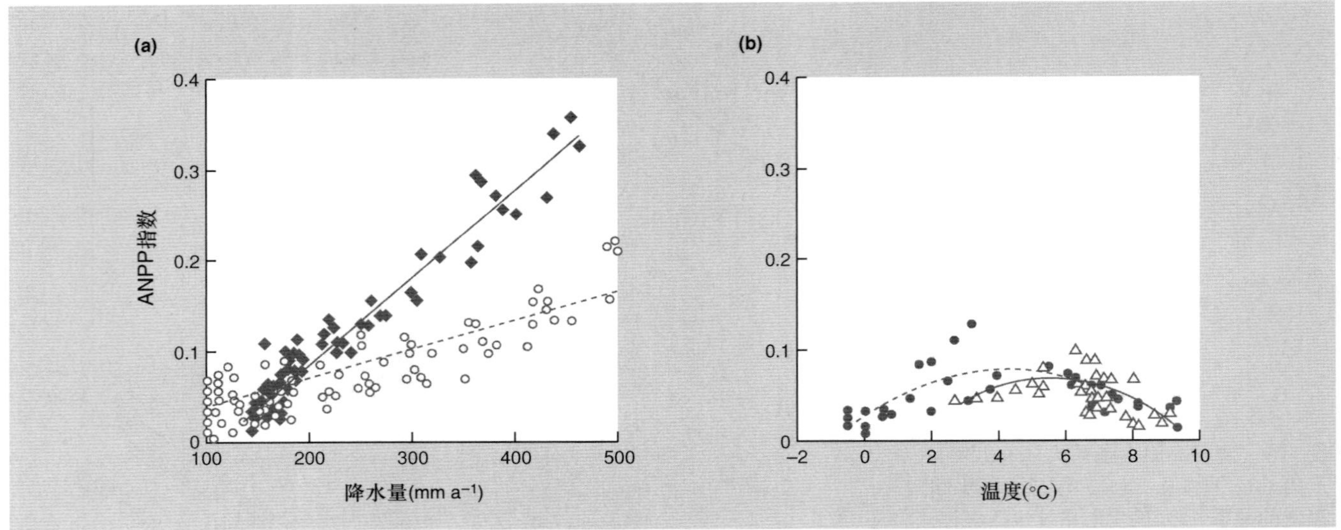

图 17.10　阿根廷潘帕斯草原上沿两个降水梯度的草地年地上净初级生产力。NPP 表示为基于卫星辐射测量的与植物冠层被吸收的光合有效辐射间存在已知关系的指数。(a) NPP 与年降水量之间的相关关系。(b) NPP 与年平均温度之间的相关关系。空心圆和菱形分别代表在低地和山区沿降水梯度的地点。实心圆和三角形代表沿两个海拔横断面的地点 (仿 Jobbagy *et al.*, 2002)。

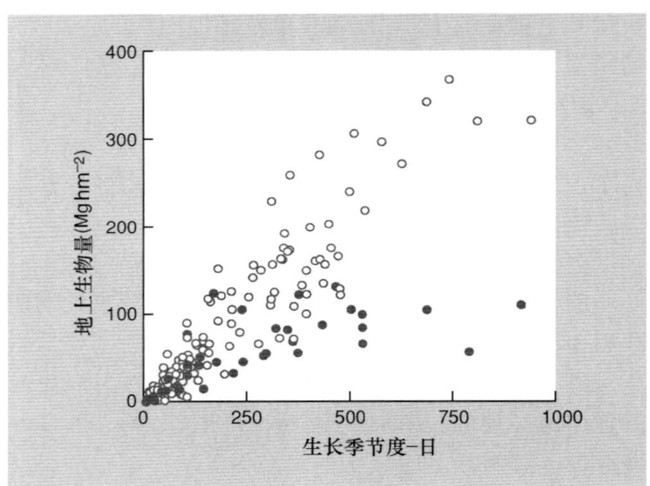

图 17.11　在砂质和非砂质土壤中生长的阔叶林的地上生物量积累 [NPP 的粗略指标, 以每公顷百万克 (=10^6 g) 表示] 和累积的生长季节度 – 日间的关系。○, 非砂质土壤; ●, 砂质土壤 (仿 Johnson *et al.*, 2000)。

得多。该类土壤具有较差的土壤湿度维持能力, 在对其低生产力的一些测量中已考虑到这一点。此外, 与细质土壤相比, 粗质土壤的养分保持力可能更低, 进而降低生产力。Reich 等 (1997) 证实了这一点, 在他们收集的 50 个北美森林的数据中, 发现土壤氮的有效性 (以年氮的净矿化率进行估算) 在更为砂质的土壤中确实要低得多, 而且在砂质条件下, 单位可利用氮所产生的 ANPP 也更低。

17.3.4　生长季节长度

一年中, 只有在植物有光合活性叶片的时期, 群落的生产力才能维持。落叶树会通过有叶子的时间对该时期加以自我限制。通常, 落叶物种的叶片较快地进行光合作用并在短期内死亡, 而常绿物种的叶片光合作用缓慢但维持的时间更长 (Eamus, 1999)。常绿树常年有冠层, 但在一些季节中, 它们几乎不能进行光合作用或者可能是呼吸作用快于光合作用。常绿针叶林趋于在养分贫乏和寒冷的条件下占主导, 这也许是因为在其他情况下, 其幼苗会遭到生长更快的落叶对手的竞争排斥 (Becker, 2000)。

> 生长季节长度: 对生产力具有广泛的影响

前面我们所看到的森林生产力的纬向格局 (见表 17.2) 主要是有效光合作用天数差异的结果。Black 等 (2000) 测定过加拿大北方针叶林 4 年的净生态系统生产力。1996 年 4—5 月的温度最低 (4.24°C), 第一片叶子的出现迟了一个月, 而在 1998 年, 4—5 月的温度最高 (9.89°C), 当时第一片叶子的出现则提前了相当长的时间 (见图 17.12a,b)。1994 年和 1997 年同期的春季温度分别为 6.67°C 和 5.93°C。在 4 年研究期间, 生长季节长度的差异可从积累的 NEP 格局中测得。在冬季和早春, NEP 为负, 这是因为生态系统的呼吸超过其总的生产力。在温暖的年份 (尤其是 1998 年), NEP 更早地变为正值, 从而

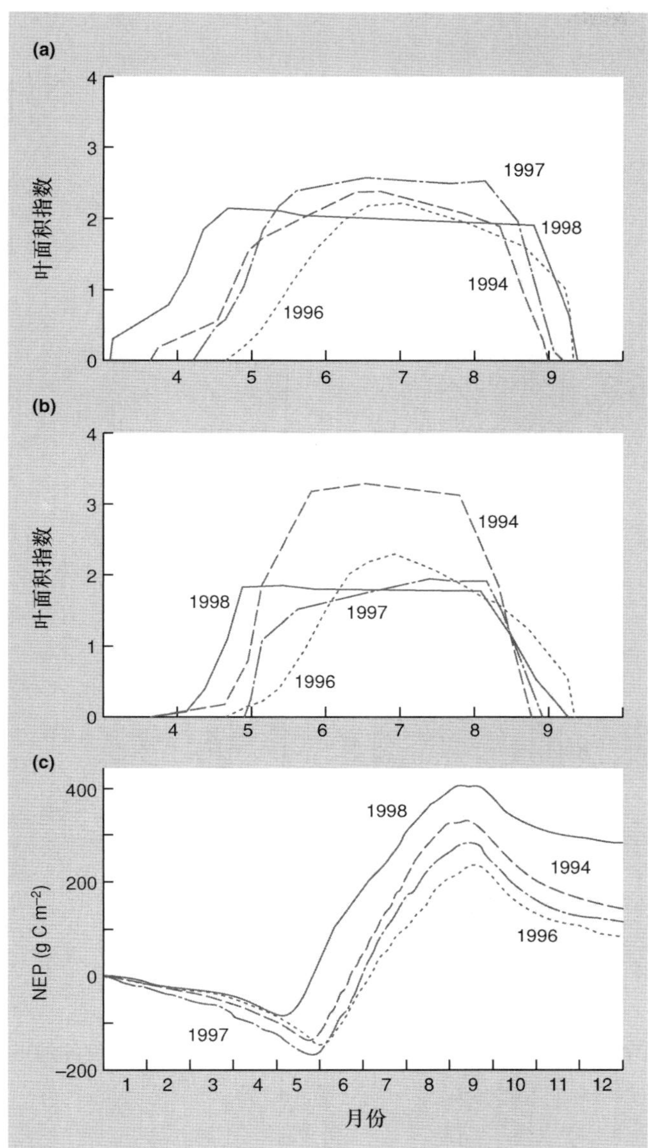

图 17.12 典型北方落叶林 4 年研究期间随春季温度变化而改变的叶面积指数 (叶面积除以叶下的土地面积) 的季节性格局, 其中 (a) 林冠层为美洲山杨 (*Populus tremuloides*), (b) 林下层为榛树 (*Corylus cornuta*)。(c) 累积的生态系统净生产力 (NEP) (仿 Black *et al.*, 2000)。

使 1994 年、1996 年、1997 年、1998 年这四年被生态系统封存的总碳量分别达到 144、80、116、290 g C m^{-2} a^{-1}。

在前面有关阿根廷潘帕斯草原生物群落研究的讨论中 (见图 17.10), 我们注意到, 高 NPP 不仅直接由降水和温度造成, 而且部分由生长季节长度所决定。图 17.13 显示, 生长季节的开始与年平均温度呈正相关 (与上述北方森林的研究相对应), 而生长季节的结束, 部分由温度和降水所决定 (当温度高而降水少时会结束得更早)。从中, 我们再次看到了水分有效性和温度之间复杂的相互作用。

17.3.5 矿质资源的不足可能导致低生产力

> 营养有效性的关键作用

无论阳光多么充足、降雨如何频繁, 也无论温度如何稳定, 假如陆生群落中没有土壤, 或者土壤的基本矿质养分不足, 其生产力必定很低。决定坡度和方位的地质条件也决定着土壤的形成与否, 而且对土壤的矿质含量有巨大 (尽管不是完全控制) 的影响。由于这个原因, 在特定气候系统中会形成不同水平的群落生产力。在所有的矿质养分中, 对群落生产力影响最为普遍的是被固定的氮 (其部分或主要的来源总是生物的而非地质的氮, 这是微生物固氮作用的结果)。大概没有任何一个农业系统, 不对氮的使用作出初级生产力增加的响应; 在自然植被中也是如此。向森林土壤添加氮肥, 几乎总能刺激森林的生长。

其他元素的不足, 也能使一个群落的生产力远低于其理论上的生产能力。澳大利亚南部磷元素和锌元素的不足就是一个典型的例子, 在这里, 只有当人工供应这些营养元素时, 商用林地 [辐射松 (*Pinus radiata*)] 的生长才成为可能。此外, 许多热带系统也主要受磷元素的限制。

17.3.6 限制陆地生产力的因子概述

最终对一个群落生产力的限制取决于它接收的入射辐射量 —— 没有它, 光合作用就不能进行。

所有群落对入射辐射的利用都不够充分。造成这种低效率的原因可以是多方面的: ① 水分的缺乏限制光合作用速率; ② 必需矿质养分的缺乏, 降低了光合作用组织的生产速率及其光合作用有效性; ③ 温度太低或致死, 对生长不利; ④ 土壤深度不足; ⑤ 冠层并非完全覆盖, 因而许多入射辐射到达地面而不是叶子 (这可能是因为叶片季节性地产生和脱落, 或者由植食动物、害虫和疾病引起的叶片脱落); ⑥ 叶片光合作用效率低 —— 在理想条件下, 即使在最具生产力的农业系统中, 超过 10% (PAR) 的效率也难以到达。全球植被初级生产力的主要变异是由因子 ①~⑤ 引起的, 相对而言, 不同物种叶片光合作用效率的内在差异几乎不予考虑。

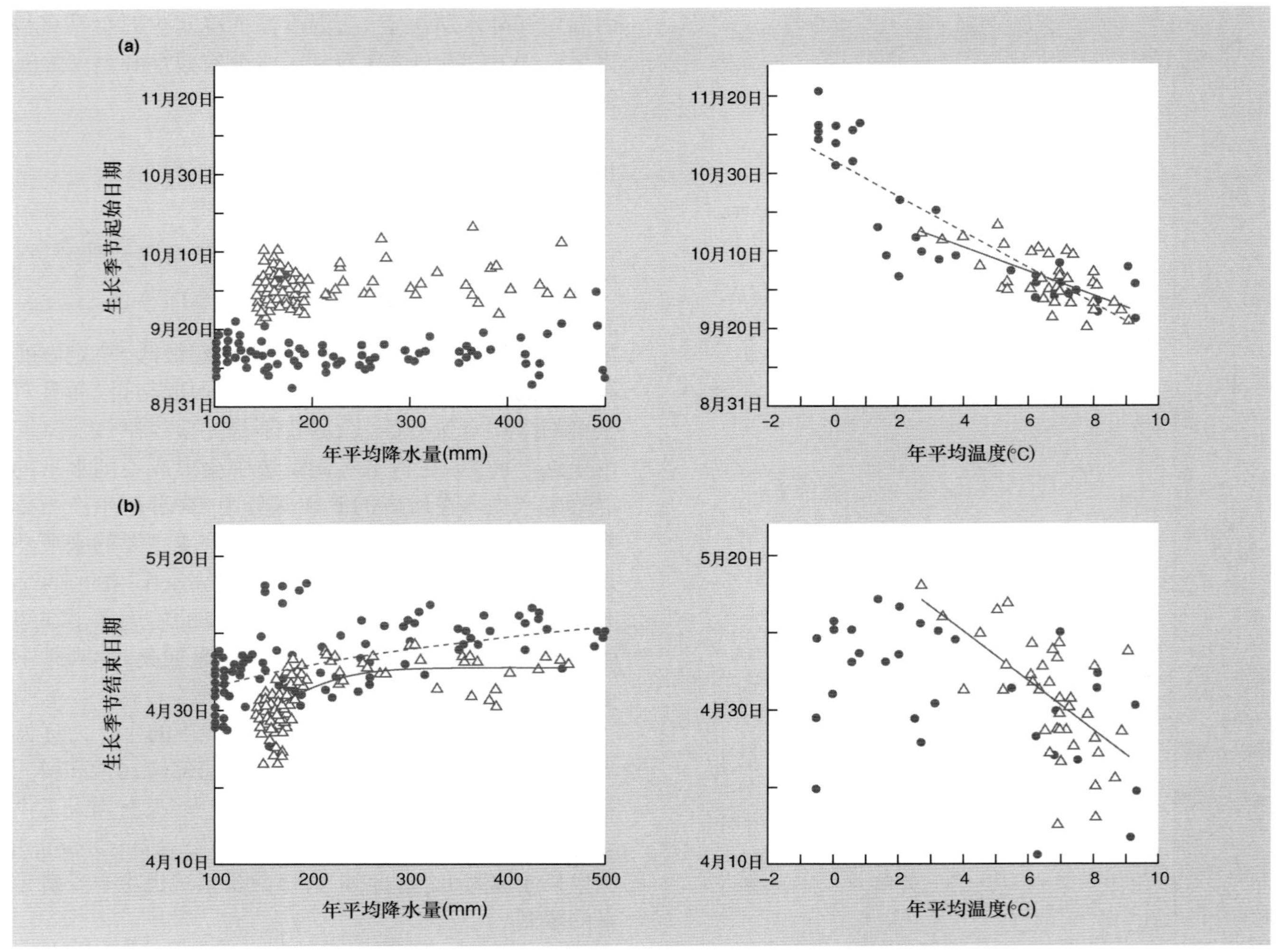

图 17.13 17.3.2 节中所描述的阿根廷潘帕斯草原生物群落生长季节的 (a) 起始和 (b) 结束日期。圆圈表示山区沿降水梯度的地点，三角形表示低地沿降水梯度的地点 (仿 Jobbagy *et al.*, 2002)。

在一年的进程中，群落生产力可能 (也许经常) 会受到 ①~⑤ 系列因子的限制。例如，在草地群落中，初级生产力可能远低于理论的最大值，这是由于冬季太冷且光强太低，夏季太干，氮的转化速率太慢，并且在一段时期内，植食动物可能将直立植株减少到使多数入射光到达裸地的水平。

17.4 限制水生群落初级生产力的因子

限制水生环境初级生产力的因子通常是光照和养分的有效性。最常见的限制元素是氮元素 (通常是硝酸盐) 和磷元素 (磷酸盐)，然而，铁元素在开放的海域环境中可能起到重要作用。

17.4.1 溪流中阳光和养分的限制

> 在小型的森林溪流中，光和营养交互作用决定着生产力

在生长季节中，早春阳光充足，但随着叶片在伸展树木上的生长，会使底层阳光严重受限，因此，流经落叶森林的溪流在河床藻类的初级生产上经历着很大的变化。在美国田纳西州的一条溪流中，叶片将到达河床的 PAR 从 1000 μmol 减少至 30 μmol m^{-2} s^{-1} (Hill *et al.*, 2001)。PAR 的减少同时伴随着溪流 GPP 的显著下降 (图 17.14)，尽管光合作用效率从低于 0.3% 大幅增加到 2%。更高光合作用效率的出现，一方面是因为已存在的植物类群对低辐照有了生理适应，另一方面则是因为在该季节晚期以更有效的植物类群为主。有趣的

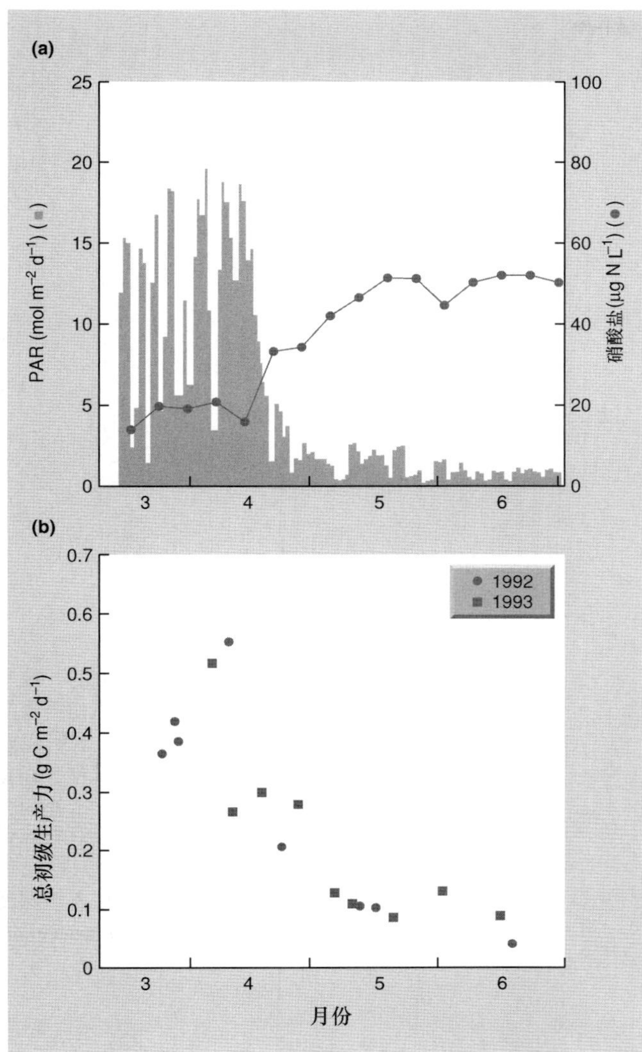

图 17.14 (a)1992 年春季期间到达田纳西州一条溪流河床的光合有效辐射 (PAR) (柱图) 以及溪水硝酸盐浓度 (圆点) (1993 年的格局与之十分相似)。(b)1992 年和 1993 年期间溪流的总初级生产力 (基于整条溪流每日的氧浓度的变化而计算所得) (仿 Hill *et al.*, 2001)。

是, 随着 PAR 水平的下降, 硝酸盐 (见图 17.14a) 和磷酸盐的浓度都是上升的。在早春 PAR 充足时, 养分似乎会限制初级生产力, 同时, 藻类的吸收降低了水体中的养分浓度。当光成为限制条件时, 藻类生产力的降低则意味着流水中有更少的养分被吸收。

17.4.2 湖泊中的养分

湖泊中的生产力 …… 显示营养盐的广泛作用

像溪流一样, 湖泊从集水区岩石和土壤的风化、降雨以及人类活动 (肥料和污水输入) 所富集的营养中获得养分。其养分的有效性存在显著的差异。对加拿大 12 个湖泊的研究, 显示了总初级生产力 (GPP) 和磷元素浓度间有很明显的关系, 并证实了营养元素在限制湖泊生产力上的重要性 (图 17.15)。值得注意的是, 在多数湖泊中, GPP 容易超过生态系统呼吸, 这说明了内源性生产在这些湖泊中更为重要。图 17.15b 右上角的异常值在此研究地点是非典型的, 因为它接受了废弃的污水; 因而, 外源有机质的输入导致了湖泊中的消费量比有机碳的生产更高。

…… 的有效性与辐射能交互作用影响着藻类的"化学计量关系" (C∶N∶P 值)

值得注意的是, 辐射能与主要营养元素有效性之间的平衡关系会影响初级生产者组织中的 C∶N∶P 值 (化学计量之比)。Sterner 等 (1997b) 发现, 在加拿大一些缺磷的湖泊中, PAR 相对于总磷的有效性 (PAR∶TP) 会影响藻类群落中碳固定和磷吸收的平衡, 从而导致活的藻类细胞和藻类碎屑中 C∶P 值的改变。浮游动物消费活的藻类, 而分解者和碎食者依靠藻类碎屑, 它们各自有特殊的营养需求, 其养分比例与藻类很不相同。因此, Sterner 等 (1997b) 注意到, 藻类化学计量上的改变将对异养代谢和生产力产生影响。这种植物组织及其消费者之间化学计量上的不平衡, 是如何影响食物网 (food web) 的相互作用、分解作用和营养循环的? 对此, 我们在其他章节进行了探讨 (见第 11.2.4 节、第 17.5.4 节和第 18.2.5 节)。

17.4.3 养分和海洋涌升流的重要性

海洋环境中营养供给丰富 …… 来自河口 ……

在海洋中, 造成局部高水平初级生产力的高养分输入有两个来源。首先, 养分会从河口不断地流向沿海的大陆架区域。图 17.16 提供了一个这样的例子。大陆架区域的内部生产力特别高, 是因为有高养分浓度和相对清澈的水体提供了一个适当的深度, 在此深度以内光合作用为正 (透光层, euphotic zone)。在更靠近陆地的地方, 水体中虽然有丰富的养分但高度浑浊, 因而生产力更低。大陆架外部 (以及开放海域) 水体清澈且透光层很深, 也许有人会认为, 这里初级生产力很高, 但实际低浓度的养分使其成为生产力最低的区域。

…… 以及涌升流

海洋涌升流 (upwelling) 是高养分浓度的第二个来源; 它出现于风始终平行于或以微小的角度吹向海岸的大

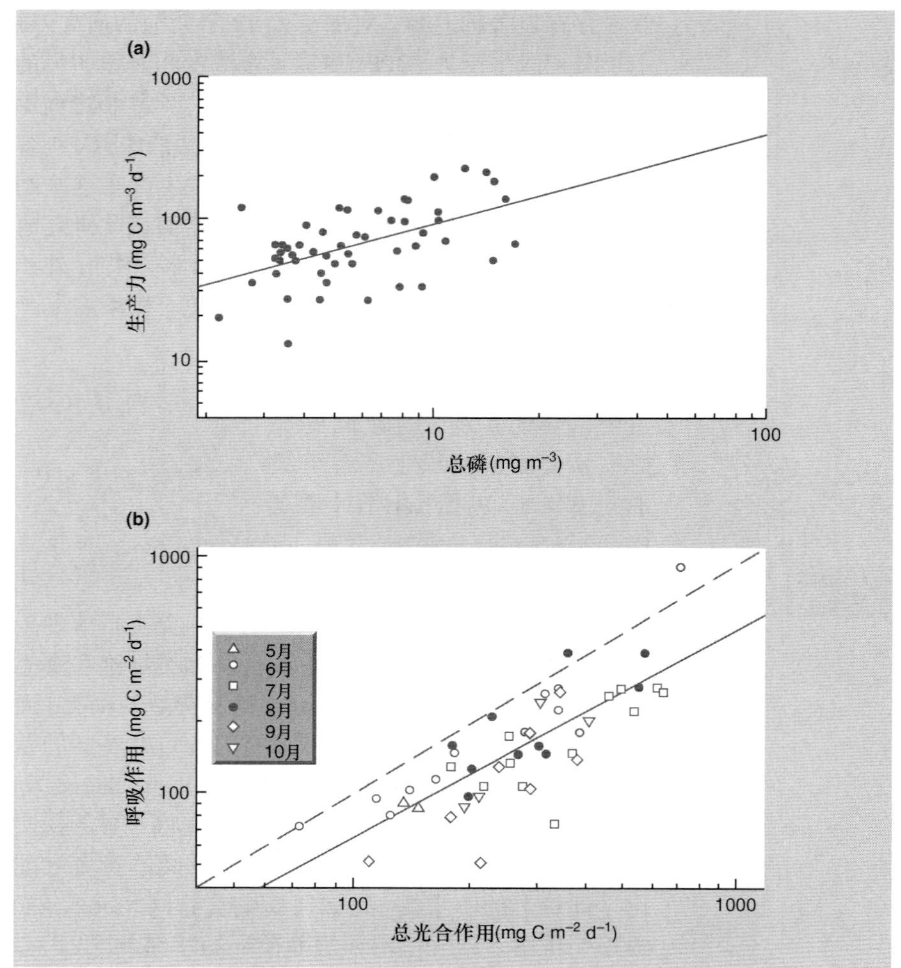

图 17.15　(a) 加拿大某些湖泊的开放水体中浮游植物 (微型植物) 的总初级生产力和磷元素浓度的关系。(b) 被研究湖泊中不同日期测得的生态系统呼吸和总光合作用的关系。虚线显示呼吸作用与 GPP 相等。实线是回归直线。对新陈代谢的测定是在实验室的瓶子中进行, 其所处温度是野外取得的湖泊中不同深度的水样混合后的温度 (仿 Carignan *et al.*, 2000)。

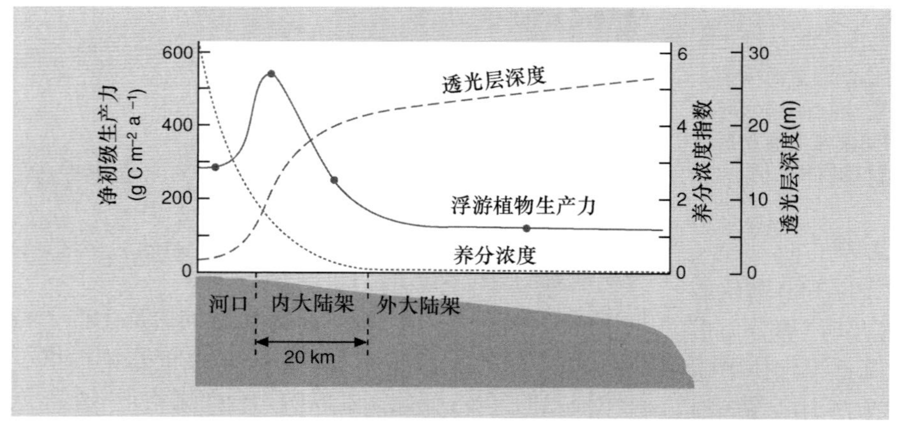

图 17.16　从美国佐治亚州海岸到大陆架边缘横断面的浮游植物净初级生产力、养分浓度和透光层深度的变化 (仿 Haines, 1979)。

陆架区域。结果, 水流离开海岸并被来自底部 (这里养分通过沉积作用不断积累) 的营养丰富的冷水所替代。强烈的涌升流可以发生在临近水下脊 (submarine ridges) 的地方以及有强烈洋流的地区。当它到达表面时, 营养丰富的水体会引发浮游植物生产量的爆发。于是, 一系列异养生物利用它们作为丰富的食物; 世界上最大的渔场就位于这些高生产力的区域。

铁元素作为海洋中的限制因子

近来, 铁元素被确定为可能影响大约三分之一开放海域的限制性元素营养元素 (Geider *et al.*, 2001)。铁最终来源于被风化的颗粒物质, 它在海水中很难溶解,因而海洋中的广大区域不能获得充足的铁元素。当通过实验将铁元素添加到海洋中时,可以引发浮游植物的大量爆发 (Coale *et al*., 1996);在大的风暴将陆地上的铁元素带到海洋中时,也可能发生这种现象。

温度和 PAR 也影响生产力

养分是对局部海域生产力最有影响力的因子,而温度和 PAR 则在更大的尺度上发挥作用 (见图 17.7)。这对我们估算海洋初级生产力非常重要,因为海洋表面温度和 PAR(及表面的叶绿素浓度,它是与 NPP 相关的另一因子) 都可以利用卫星进行遥测 (telemetry)。

17.4.4 水生群落中生产力随深度而变化

浮游植物生产力随水深而变化

尽管限制性养分浓度通常决定一个区域内水生群落的生产力,但在任何特定的水体中,生产力都会因光强衰减而随深度产生巨大的差异。图 17.18a 即显示了 GPP 随深度而降低的趋势。GPP 恰好与浮游植物呼吸作用 R 相平衡的深度称之为补偿点;其上,NPP 为正值。阳光不仅被水分子吸收,也会被溶解的和颗粒的物质所吸收,它随深度呈指数衰减。在表面附近,阳光充足,而在更深的地方其供应受限;而且光强最终决定了透光层的范围。极靠近表面的地方,尤其在晴朗的日子里,光合作用甚至会受到光照的限制。这似乎主要是由于辐射被光合色素以特定的速率所吸收,不能通过正常的光合作用途径被利用,而充溢在具破坏性的光氧化反应中。

一个水体的营养越丰富,其透光层可能越浅 (见图 17.18b);这并非悖论。具有高养分浓度的水体通常拥有更大的浮游植物生物量,它们会吸收光并减小更深处的光有效性。[这恰好与森林中树木冠层的荫蔽效应相类似,它可使高达 98% 的辐射能在到达地面层植被或河床 (如上所述) 之前而被吸收。] 即便是在很浅且十分肥沃的湖泊中,水底也可能因浮游植物的遮蔽而缺乏水草。图 17.18a 和 b 中所显示的关系即来源于湖泊,但其格局在性质上与海洋环境中较为相似 (见图 17.19)。

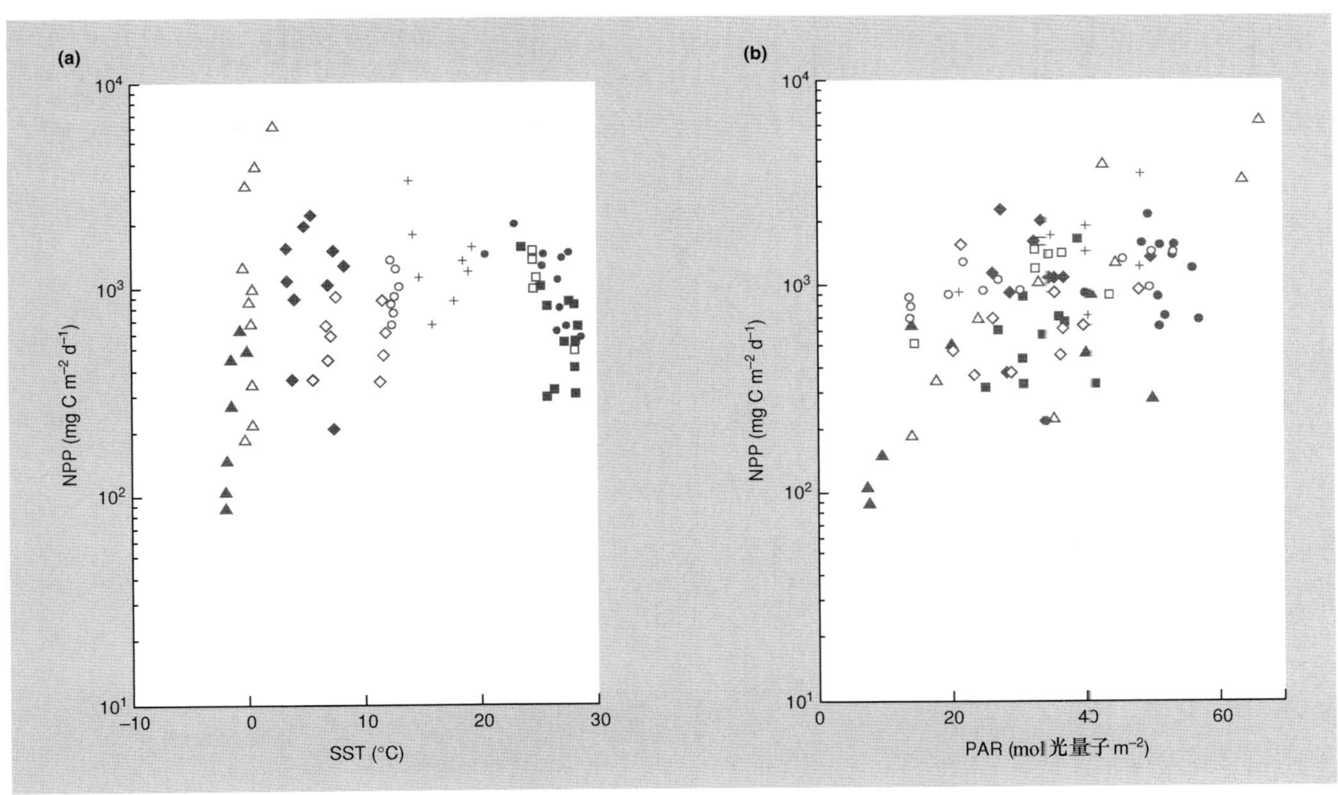

图 17.17 净初级生产 (NPP) 的日积深 (daily depth-integrated estimate) 估算与 (a) 海洋表面温度 (SST) 以及 (b) 上层水体日光合有效辐射 (PAR) 之间的关系。不同的符号代表来自不同海洋的数据 (仿 Campbell *et al*., 2002)。

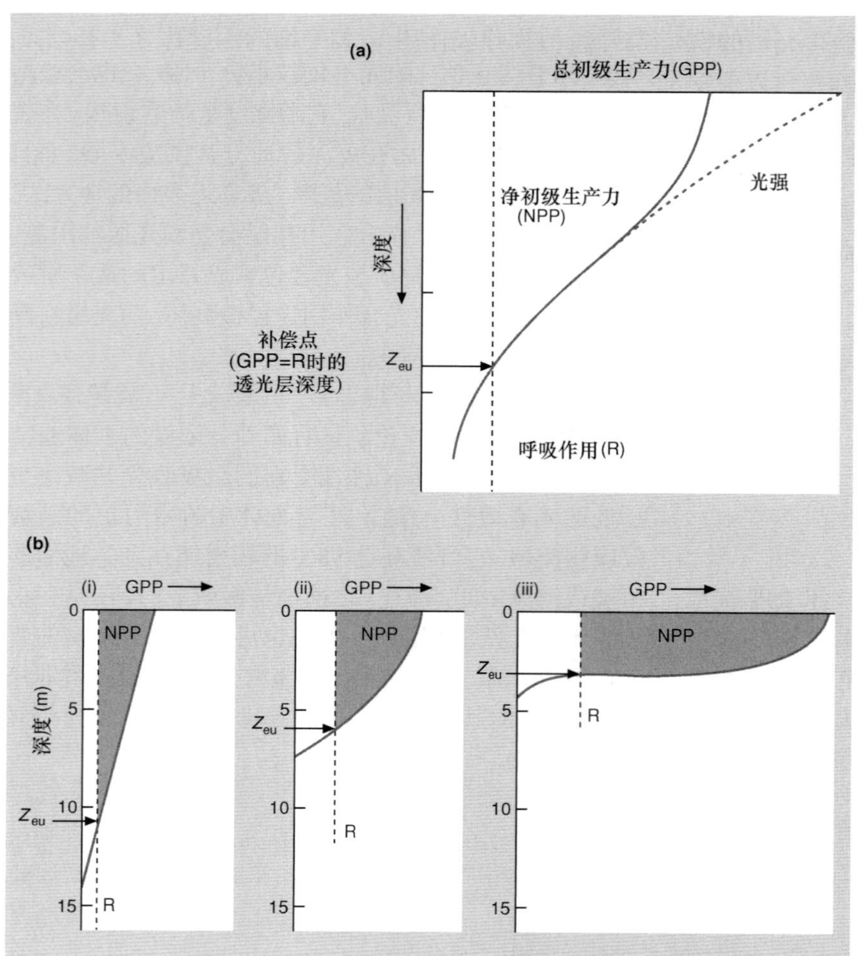

图 17.18 (a) 一个典型水体中总初级生产力 (GPP)、呼吸热损失 (R) 及净初级生产力 (NPP) 与水深的一般关系。补偿点 (或透光层深度, eu) 出现在 GPP 刚好与 R 平衡, 即 NPP 为零的深度 (Z_{eu})。(b) 水中总的 NPP 随养分浓度的增加 (湖泊 iii>ii>i) 而增加。增加肥力本身就是造成更大的浮游植物生物量及随之发生的透光层深度减小的原因。

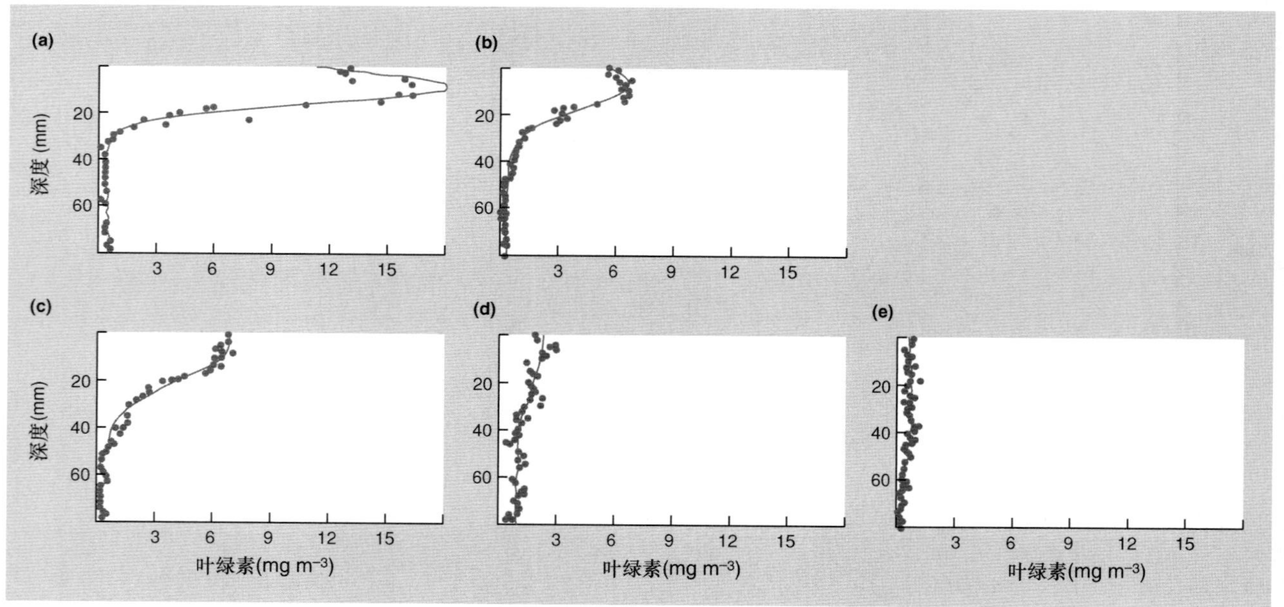

图 17.19 纳米比亚沿海海面所记录的叶绿素垂直剖面的例子。例 (a) 是与海洋涌升流相关的典型地点: 当冷涌升流变暖时, 表层的浮游植物生长繁盛, 降低了光的穿透力和深水区的生产力。例 (b) 阐明当在涌升流区表层的浮游植物生长繁盛耗竭了养分时, 浮游植物多度的峰值是如何向更深层的水体变化。例 (c) 中表层浮游植物生长的繁盛程度不如例 (a) (可能反映了涌升流中较低的养分浓度); 因而在更深的水体中叶绿素浓度依然相对较高。例 (d) 和 (e) 所在的地区养分浓度要低得多 (仿 Silulwane *et al.*, 2001)。

17.5 生态系统中的能量归宿

次级生产力 (secondary productivity) 被定义为异养生物生产新生物量的速率。异养细菌、真菌和动物，不像植物一样能从简单的分子制造出它们所需的复杂的高能化合物。它们直接消费植物材料，或通过取食其他异养生物间接从植物中获得物质和能量。植物作为初级生产者，组成了群落中的第一营养级；初级消费者出现在第二营养级；次级消费者 (食肉动物) 处于第三营养级，依此类推。

17.5.1 初级生产力和次级生产力的关系

初级生产力与次级生产力之间存在普遍的正相关关系

既然次级生产力依赖于初级生产力，我们就会认为，群落中的这两个变量之间存在正相关关系。回顾第 17.4.1 节中所描述的对溪流的研究，在夏季，当溪流之上的林冠层将大部分入射辐射遮蔽在外时，初级生产力会急剧下降。一种蜗牛 (*Elimia clavaeformis*) 是藻类生物量的主要取食者；图 17.20a 显示，溪流中蜗牛个体的生长在夏季是最慢的；蜗牛的生长与每月河床 PAR 之间存在统计学上显著的正相关关系 (Hill *et al.*, 2001)。图 17.20b~d 则阐明了水生和陆地案例中初级和次级生产力之间的一般关系。在世界不同地区的一系列湖泊中，以浮游植物细胞作为主要取食对象的浮游动物，其次级生产力与浮游植物的生产力呈正相关 (图 17.20b)。湖泊和海洋中异养细菌的生产力也同浮游植物相对应 (图 17.20c)；它们代谢环境中的可溶性有机质，而这些有机质是由完整的浮游植物细胞释放，或由植食动物的 “乱摄食” (messy feeding) 所产生的。图 17.20d 则显示了加拉帕戈斯群岛的一个岛屿上，中地雀 (*Geospiza fortis*；一种达尔文雀) 的生产力 (依据与年降雨相关的窝卵数的平均大小来测量) 本身就是初级生产力的一个指标。

大部分初级生产力并不通过植食者系统

在水生和陆地生态系统中，存在这样一个一般规律：植食动物的次级生产力要比其依存的初级生产力近乎小一个数量级。所有植食者系统存在一个一致的特征：群落营养结构 (community trophic structure) 根本上取决于活植物生物量的消费 (在生态系统范围内，我们使用 “植食动物” 这个词，在理解上与第 9 章的定义有所不同)。这导致了一个金字塔结构的形成，其中，植物的生产力提供了宽广的基础，该基础决定了初级消费者更小的生产力，在此之上则是次级消费者更小的生产力。当营养级用密

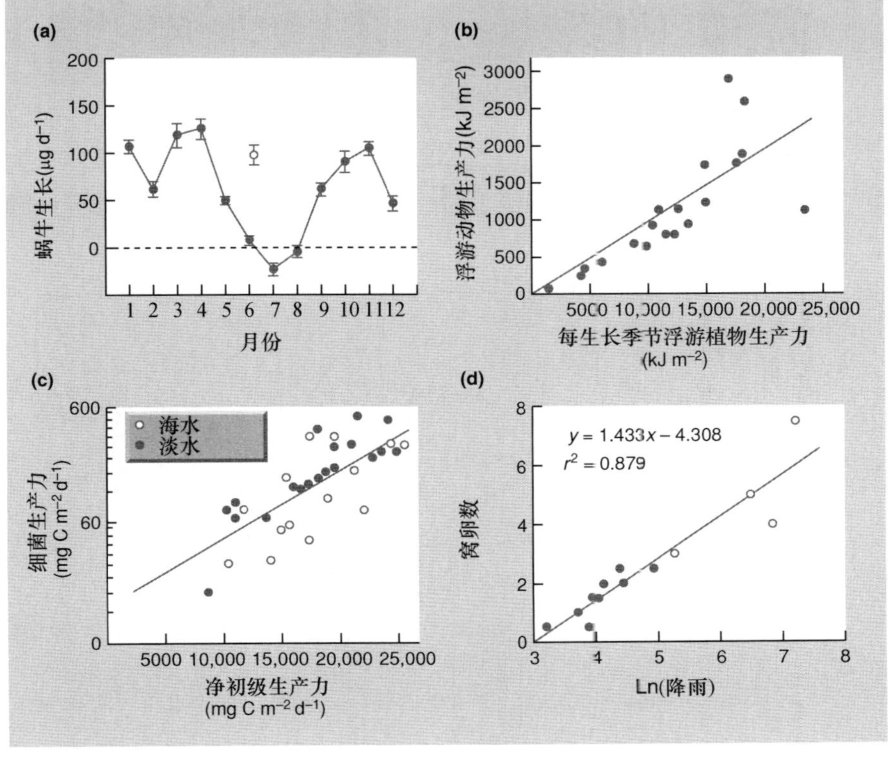

图 17.20 (a) 蜗牛生长的季节性模式 (河床中被标记的蜗牛在一个月内体重增加的平均值 ±SE)。空心圆表示 6 月份附近未遮光溪流中蜗牛的生长 (仿 Hill *et al.*, 2001)。(b) 湖泊中初级生产力和浮游动物次级生产力的关系 (仿 Brylinsky & Mann, 1973)。(c) 淡水和海水中细菌生产力和浮游植物生产力的关系 (仿 Cole *et al.*, 1988)。(d) 中地雀 (*Geospiza fortis*) 平均窝卵数和年降雨的关系 (与初级生产力呈正相关)；空心圆表示厄尔尼诺事件发生时特别湿润的年份 (仿 Grant *et al.*, 2000)。

度或生物量来表示时，也会呈现金字塔结构。[Elton (1927) 是第一个认识到该群落结构 (community structure) 基本特征的人，其思想在后文由 Lindemann (1942) 作了详细阐述。] 但也存在很多例外。基于树木的食物链，单位面积必定含有比植株更多数目 (但不是生物量) 的植食动物，而基于浮游植物生产的食物链，则可能呈现倒的生物量金字塔，即由高生产力但低生物量的短命藻类细胞维持着具有更高生物量且寿命较长的浮游动物。

植食动物的生产力总是小于它们所取食的植物的生产力。那么缺少的那些能量到哪去了呢？第一，不是所有的植物生物量都可以活着被植食动物消费。很多生物量未被取食便死亡，并支持了分解者群落 (细菌、真菌、食碎屑动物)。第二，不是所有被植食动物取食的植物生物量 (被食肉动物取食的植食动物的生物量也是如此) 都能被吸收、同化为消费者的生物量；其中一部分损失在粪便中，这也会转向分解者。第三，不是所有被同化的能量都能实际转化为生物量。其中一部分以呼吸热丧失。这是因为，没有一种能量转化过程的效率是 100% (部分以不可用的随机热的形式损失，这与热力学第二定律相一致)，同时也因为动物需要能量来做功，并以热能的形式释放。这三条能量途径发生在所有营养级上，图 17.21 对此进行了说明。

17.5.2 通过食物网的能流的可能途径

能量通过群落的其他路径

图 17.22 给出了一个群落营养结构的复杂描述。它包含了植食者系统的生产力金字塔结构，但同时添加了两个现实的因素。最重要的是，添加了分解者系统 —— 在群落中这总是和植食者系统联系在一起的。第二，识别了处于不同途径的亚系统内每一营养

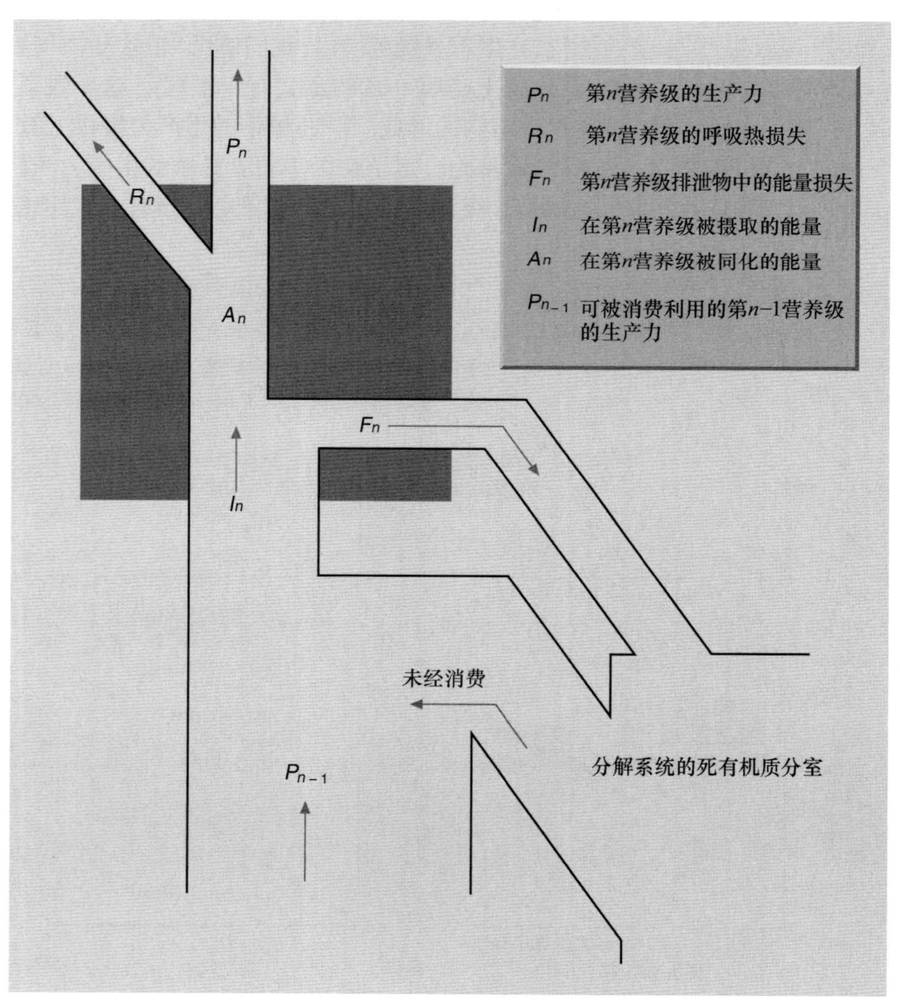

图 17.21 营养分室的能量流动格局。

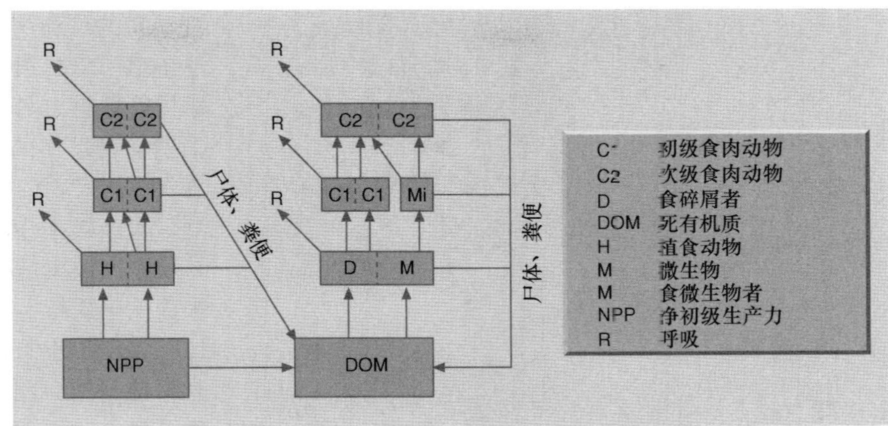

图 17.22 食物网中营养结构和能量流动的一般模式(仿 Heal & MacLean, 1975)。

级的亚组分 (subcomponent)。如此, 区分了占有同一营养级并利用死有机质的微生物和食碎屑者, 也区分了微生物的消费者 (食微生物者, microbivores) 和食碎屑者的消费者。图 17.22 展示了固定在净初级生产中的一焦耳能量, 在生物群落内被消耗的可能路径。一焦耳能量可被一个植食动物消费并同化, 利用其中的一部分做功并以呼吸热的形式丧失; 或者它能够被植食动物消费, 之后被食肉动物同化, 在食肉动物死亡后进入死有机质。这里, 剩余能量可能被真菌菌丝所同化, 并被土壤中的螨类消费, 用来做功并以热的形式消耗又一部分的能量。在每一消费阶段, 剩余能量可能不被同化, 进入粪便成为死有机质, 或者被同化后呼吸掉, 或者被同化后进入生物组织的生长 (或后代的产生 —— 如图 17.20d 中鸟窝卵数的例子)。生物体可能死亡, 剩余能量进入死有机质, 或者被下一营养级的消费者活着捕获, 在下一营养级遇到更多可能的分支途径。最终, 每一焦耳能量都会找到流出生物群落的路途, 在其沿食物链的路径中, 经一次或数次转化后以呼吸热的形式被消耗。一个分子或离子可以在群落的食物链中无限循环, 而能量只能通过一次。

在植食者系统和分解者系统中可能途径是相同的, 除了一个关键性的例外 —— 植食者系统的粪便和死生物体会损失 (并进入分解者系统), 而来自分解者系统的粪便和死生物体全部返回到其所在的地方, 这一点相当重要。死有机质中的能量最终将被完全代谢 (所有的能量以呼吸热的形式丧失), 尽管这需要历经分解者系统的数次循环。但是, 在以下情形时会出现例外: ① 物质被输出到局部环境以外, 并在那里被代谢, 如被冲出溪流的碎屑; ② 局部的非生物环境条件不利于分解过程, 留下很多未完全代谢的高能物质, 如我们所知的石油、煤和泥炭。

17.5.3 转化效率在决定能量途径上的重要性

能量路径的相对重要性取决于三种转换效率……

净初级生产中流向每一可能的能量途径的比例, 取决于能量利用和从一个阶段到另一阶段的转化效率 (transfer efficiency)。如果已知三种类型的转化效率值, 就能预测能量流动的格局。这三种类型分别是: 消费效率 (consumption efficiency, CE)、同化效率 (assimilation efficiency, AE) 和生产效率 (production efficiency, PE)。

……消费效率……

消费效率, CE=$I_n/P_{n-1} \times 100$。用文字描述, CE 是一个营养级上 (P_{n-1}) 总的可利用生产力被高一营养级 (I_n) 所实际消费 (摄取) 的百分比。对植食者系统中的初级消费者而言, CE 是单位时间内作为 NPP 被生产出来的能量进入植食动物消化道的百分比。对于次级消费者而言, 则是植食动物的生产力被食肉动物取食的百分比。剩余未被取食的部分死亡并进入分解链中。

图 17.23 显示了所报道的植食动物各异的消费效率。多数估计值非常低, 这通常反映了多数植物材料因其高比例的结构性支持组织而缺乏吸引力, 但有时也由于植食动物的密度普遍较低 (由于其天敌的活动)。微型植物 (生长于河床的微型藻类或自由生活的浮游植物) 的消费者可以有更高的密度, 并处理更少的结构组织, 因而得到更大部分的初级生产。消费效率的平均值在森林中低于 5%, 在草地中约为 25%, 而在浮游植物控制的群落中则高于 50%。以猎物为食的食肉动物的消费效率我们了解得较少, 对它的任何估算都是推测性的。脊椎动物捕食者可能消费脊椎动物猎物生产量的 50%~100%, 但可能只消费无脊椎动物的 5%。无脊

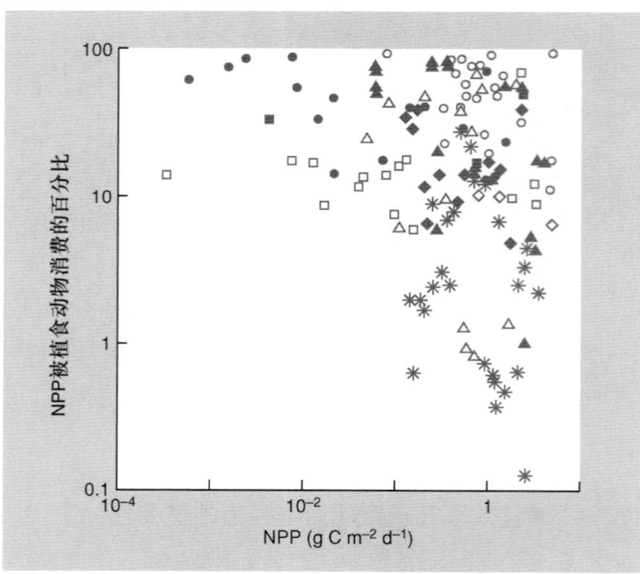

图 17.23 被植食动物消费的净初级生产力 (NPP) 的百分比与净初级生产力的关系。○, 浮游植物; •, 底栖微型藻类; □, 大型藻床; ◆, 大型淡水植物群落; ■, 海藻群落; ▲, 湿地; △, 草地; ◇, 红树林; *, 森林 (数据来自 Cebrian, 1999 所汇编的一系列文献)。

椎动物捕食者则可能消费可利用的无脊椎动物猎物生产量的 25%。

……同化效率……

同化效率, $AE=A_n/I_n \times 100$。

同化效率是指进入某一营养级 (I_n) 消费者消化道内的食物能量被同化穿越消化道壁 (A_n) 且能为生长和做功利用的百分比。剩余部分作为粪便损失, 并进入分解者系统的基部。微生物的 "同化效率" 则更加难以描述。因为食物并不进入由外部世界内陷而成的部分来通过微生物的身体 (像高等生物体的消化道), 也不产生粪便。细菌和真菌能特别有效地同化从外部消化的全部死有机质并吸收, 在这个意义上, 它们通常被称作有 100% 的 "同化效率"。

植食动物、食碎屑者和食微生物者的同化效率通常较低 (20%~50%), 而食肉动物的通常较高 (约 80%)。一般来讲, 动物在处理死有机质 (主要是植物材料) 和活植物上不具有足够的能力, 这部分无疑是由于植物广泛存在的物理和化学防御, 但主要还是因为, 它们的组成中含有较多复杂的结构化学物质, 如纤维素和木质素。然而, 正如第 11 章所描述的, 很多动物含有共生的消化道微生物群落, 会产生纤维素酶 (cellulases), 有助于对植物有机质的消化。在某种意义上, 这些动物促动了它们自身的分解者系统。植物将生产量分配到根、木质化组织、叶、种子和果实的方式, 影响了它们对植食动物的可利用性。种子和果实可以被同化的效率高达 60%~70%, 叶子约为 50%, 而木质化组织的同化效率可能低至 15%。相比而言, 食肉动物 (及食碎屑者, 如消费动物尸体的秃鹫) 在消化和同化动物食物上则更为容易。

……生产效率……

生产效率, $PE=P_n/A_n \times 100$。

生产效率是同化的能量 (A_n) 被吸纳进入新生物量 (P_n) 的百分比。剩余部分全部以呼吸热形式损失在群落中。(一些富含能量的分泌物和排泄物参与代谢过程, 可认为是生产量 P_n, 它像死生物体一样能被分解者利用。)

生产效率的差异主要取决于所涉及的生物类群。无脊椎动物通常有较高的效率 (30%~40%), 在呼吸热中流失相对少的能量并将更多同化的能量转化为生产量。脊椎动物中, 变温动物 (其体温依环境温度而改变) 的 PE 居中 (10%左右); 而恒温动物, 由于需要高能量的消耗来维持其恒定的体温, 只能将 1%~2%的同化能量转化为生产量。小型恒温动物的效率最低, 小的食虫类 (如鹪鹩和鼩鼱) 的生产效率是所有动物中最低的。另一方面, 微生物包括原生动物, 趋于有很高的生产效率。它们寿命短, 体积小, 种群周转快。遗憾的是, 眼下可利用的方法不够灵敏, 所以, 无法探测出相对于微生物, 尤其是土壤微生物时空尺度上的种群变化。一般来说, 随着体型的增加, 恒温动物的生产效率会增加, 而变温动物的生产效率则会明显下降。

三者结合构成营养级的转化效率

营养级间的转化效率, $TLTE=P_n/P_{n-1} \times 100$。

从一个营养级到下一个营养级的总的营养转化效率仅仅是 CE×AE×PE。在 Lindemann (1942) 开创性的工作之后, 一段时期内, 通常假定营养的转化效率大约为 10%; 事实上, 一些生态学家称为 10% "定律"。但是, 显然不存在任何自然定律, 使得进入某一营养级的能量正好有 1/10 被转化到下一营养级。比如, 对大量淡水和海洋环境进行营养研究后揭示, 营养级间的转化效率大约在 2%~24% 变动, 尽管其平均值是 10.13% (图 17.24)。

17.5.4 通过不同群落的能流

在不同群落中植食者和还原者系统的相对作用

在图 17.22 的模型中, 如果已知一个特定生态系统的净初级生产力 (NPP) 的精确值以及不同营养群的 CE、AE 和 PE, 就应该可能预测和认识各种可能能量途径的相对重要性。没有

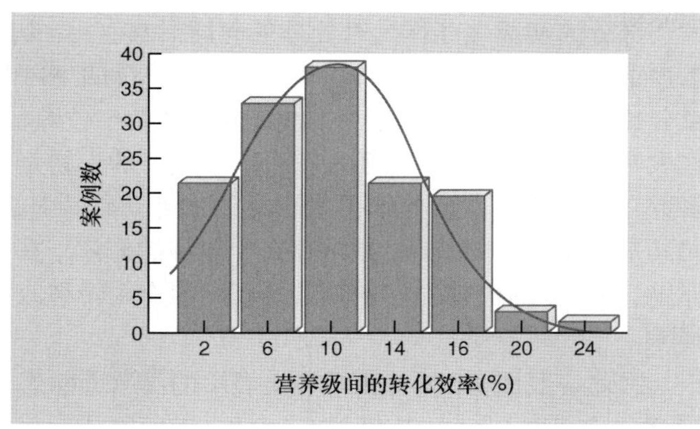

图 17.24 在 48 个水生群落营养的研究中，营养级间转化效率的频度分布。不同研究以及不同营养级之间存在很大的差异，平均值为 10.13% (SE=0.49) (仿 Pauly & Christensen, 1995)。

一个研究包含生态系统的所有部分及其组成物种的全部转化效率，这或许并不奇怪。但是，将不同系统的总特征加以比较，就能概括出一些一般性的结论 (见图 17.25)。因此，在世界上的每一群落中，分解者系统可能是造成次级生产的主要原因，从而损失呼吸热。植食者系统中浮游生物群落最重要，在那里，大部分 NPP 被活着消费并以很高的效率被同化。即便如此，现在已清楚，浮游生物群落中高密度的异养细菌，依靠浮游植物细胞分泌的溶解有机分子生活，可能在此途径中消费了超过 50% 的作为死有机质的初级生产力 (Fenchel, 1987a)。在陆地生物群落中，植食者系统因植食动物的低消费和低同化效率而相对稳定，而在许多小的溪流和池塘中，仅仅由于初级生产力非常之低而几乎不存在植食者系统。后者的能量基础，取决于陆生环境生产而掉落、冲洗或吹入水中的死有机质。深海底栖生物群落 (benthic community) 的营养结构 (trophic structure) 与溪流和池塘中的很相似 (都可描述为异养的生物群落)。在此情形下，生活于深水的生物群落，不能进行有效的光合作用，甚至不参与光合作用；但是，上部透光层 (euphotic zone) 自养群落的死亡浮游植物、细菌、动物和粪便可沉降至底层，使它们从中获得能量基础。从另一角度看，海底即相当于处在难以穿透的森林冠层之下的森林地面。

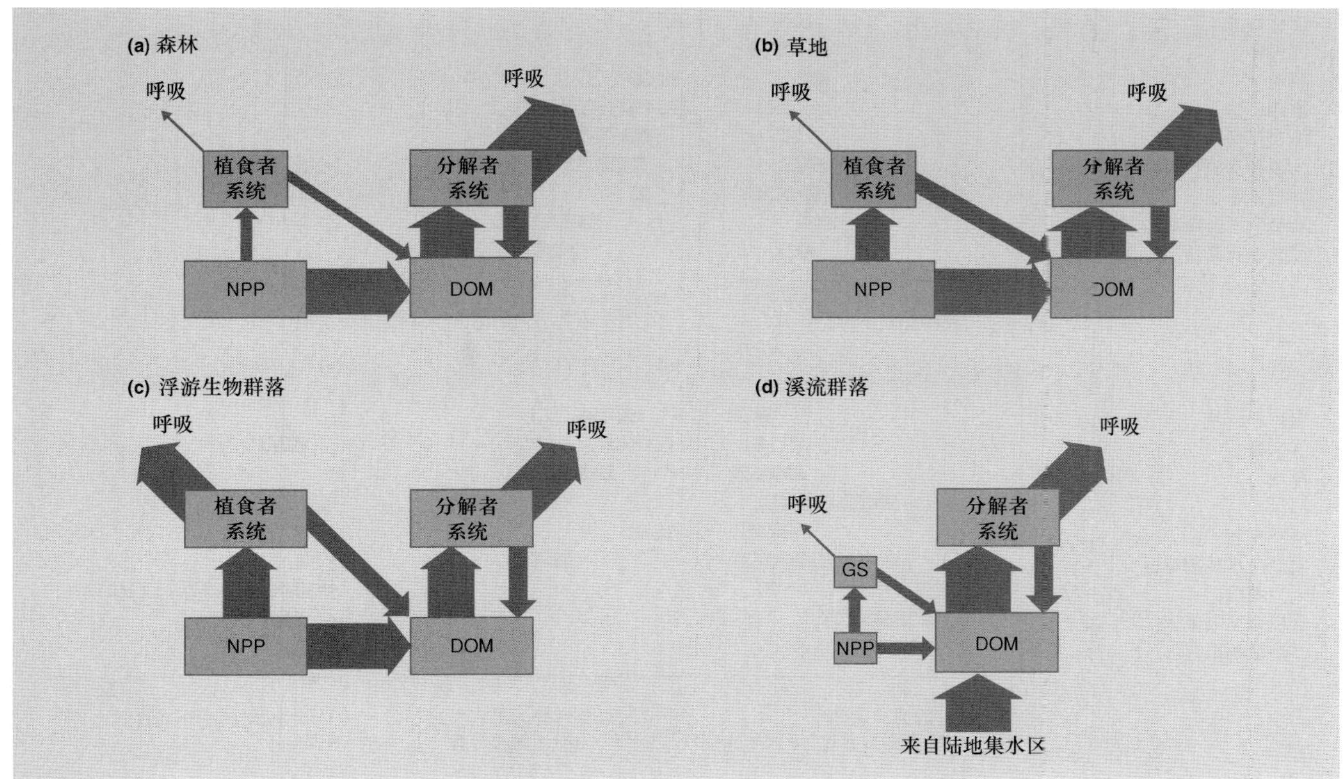

图 17.25 能量流动的一般格局：(a) 森林，(b) 草地，(c) 海洋浮游生物群落，(d) 溪流或小池塘中的生物群落。方框和箭头的相对大小与各分室及能流的相对大小成比例。DOM，死有机质；NPP，净初级生产；GS，植食者系统。

在植物具有低 C∶N 值和 C∶P 值的系统中，植食者的消费效率最高

我们可以从以上相对粗糙的一般结论，转向考虑图 17.26 中更大范围的陆生和水生生态系统 [数据由 Cebrian (1999) 搜集自 200 余篇已发表的报道]。图 17.26a 首先显示了不同的陆生和水生生态系统 NPP 的数值范围。图 17.26b 再次强调了生态系统中的取食者具有极低的消费效率，其中，植物生物量包含了可观的支持组织及相对低的氮、磷量 (即森林、灌丛和红树林)。未被植食动物消费的植物生物量成为碎屑，并将相当大的部分贡献到图 17.25 中的死有机质 (DOM) 方框内。毫不奇怪，NPP 中将要成为碎屑的比例在森林中最高，而在浮游植物和底栖微型藻类群落中最低 (见图 17.26c)。来自陆生群落的植物生物量，不仅对植食动物来说味道较差，而且对分解者和食碎屑者来说也相对难处理得多。因而图 17.26d 显示，在森林、灌丛、草地和淡水大型植物群落中，更大一部分的初级生产作为难处理的碎屑 (维持一年以上) 而积累。最后，图 17.26e 显示了输出系统的 NPP 百分比。其值通常较为适当 (20% 或更小的中位数)，这表明在多数情况下，一个生态系统中生产的生物量多数在其中被消费或分解。最明显的例外是红树林，尤其是大型藻类的藻床 (通常存在于岩质的海岸)，在那里，相对多的植物生物量被风暴和潮汐作用转移或移除。

因此一般而言，由其化学计量表示的高营养状态 (高氮、磷浓度，低 C∶N 值和 C∶P 值) 的植物所组成的群落，会损失更大部分到植食动物中，产生更少的碎屑，经历更快的分解速率，结果积累更少的难处理的碎屑，贮藏更少的死有机碳 (Cebrain, 1999)。

有机质生产和消费平衡的时间格局

图 17.26 中所显示的信息，强调了能量流经地球生态系统方式的空间格局。然而，我们不该忽视存在于有机质生产和消费平衡中

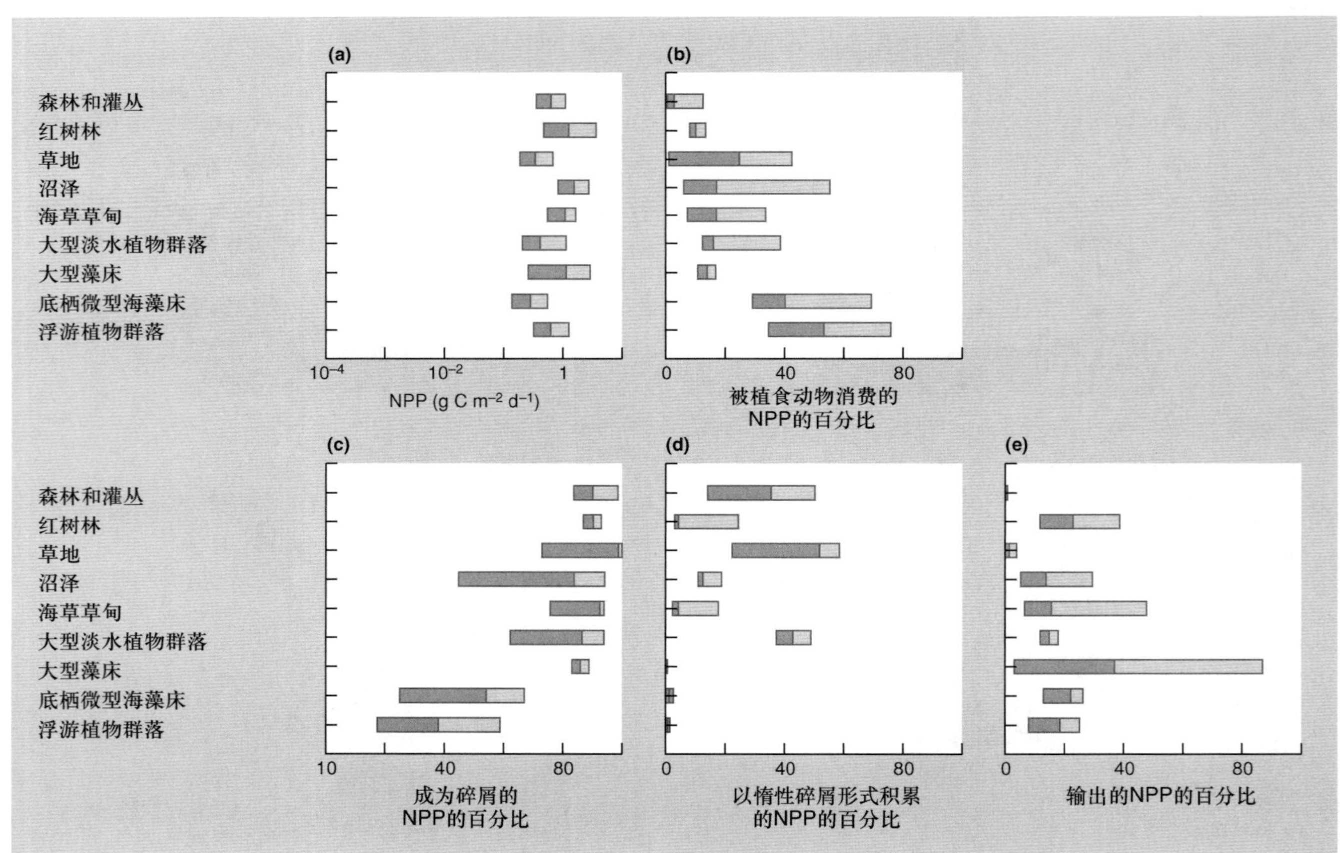

图 17.26 展示多种生态系统的箱图：(a) 净初级生产力 (NPP)，(b) 被食碎屑者消费的 NPP 的百分比，(c) 成为碎屑的 NPP 的百分比，(d) 以惰性碎屑形式积累的 NPP 的百分比，(e) 输出的 NPP 的百分比 (仿Cebrain, 1999)。

的时间格局。图 17.27 显示了在对加拿大北方美洲山杨 (*Populus tremuloides*) 森林的 5 年研究中，GPP、RE (自养呼吸和异养呼吸之和) 和净生态系统生产力 (net ecosystem productivity, NEP) 是如何呈现季节性变化的。总的年 GPP(图 17.27 中 GPP 曲线下的面积)，最高值出现在 1998 年温度较高时 (可能是厄尔尼诺事件的结果 —— 见下文)，而最低值出现在 1996 年温度极低时。每年 GPP 的变动 (1998 年为 1419 g C m^{-2}，1996 年为 1187 g C m^{-2}) 相比 RE 的变动 (分别为 1132 g C m^{-2} 和 1106 g C m^{-2}) 要大得多，这是因为，温暖春季的出现使光合作用的增加快于呼吸作用。这在总体上导致温暖的年份有更高的 NEP 值 (1998 年为 290 g C m^{-2}，1996 年为 80 g C m^{-2})。注意，除了夏季几个月中 GPP 始终超过 RE 外，NEP 为负值 (RE 超过 GPP，碳存储被生物群落利用)。在这个地点，NEP 的年积累总是正值，表明每年被固定的碳要比被呼吸掉的多，这样森林便是碳汇。但所有生态系统每年的情况并非都是如此 (Falge *et al.*, 2002)。

ENSO 对生态系统能量学的影响

以上讨论的白杨林的例子，绝不是唯一的能由气候循环如厄尔尼诺 – 南方涛动 (ENSO；亦见第 2.4.1 节) 而引起能流年变化的生态系统。ENSO 事件是偶发的，但经常每 3~6 年发生一次。在此事件发生时，温度会在一些地区显著地增加而在另一些地区显著地降低，某些区域的降雨可以增加 4~10 倍 (Holmgren *et al.*, 2001)。厄尔尼诺与水生生态系统的急剧变化相关 (甚至导致渔业的崩溃；Jordan, 1991)。新近变得显而易见的是，厄尔尼诺也可以导致陆地上的主要变化。图 17.28 显示了加拉帕戈斯群岛的毛虫数量自 1977 年以来多年的年变化，这采用标准普查的方式获得，并与年降雨描绘在同一张图中。产生这种较强显著关系的原因是，毛虫的数量取决于初级生产力，而初级生产力本身在湿润的年份会显著变高。从图 17.20d 中，我们已经看到，中地雀 (*Geospiza fortis*) 的总窝卵数在 4 个 ENSO 年份 (图中的空心圆) 中要多得多。这反映了在非常湿润的年份里，它们赖以生存的种子、果实和毛虫的生产量要大得多。雀类不仅窝卵数增多，而且每窝卵的大小也变大了，成功抚育到雏鸟阶段的概率也有所增加。

ENSO 事件会影响生态系统的能流，对此我们已经有了更深的认识，这表明，在由人类导致的全球气候变化而引起的极端天气事件中，可预测到的变化会深远地影响世界上很多区域的生态系统过程，关于这个话题，我们将在第 22 章中继续讨论。

接下来，我们转向讨论生态系统中的物质流，认识资源的供应速率与自养生物和异养生物的利用速率基本取决于营养的供应 (第 18 章)。稍后，我们探讨生态系统生产力是如何有助于决定群落组分间的竞争和捕食者 – 猎物相互作用 (第 19 章) 的结果、食物网生态学 (第 20 章) 以及物种丰富度 (第 21 章) 的。

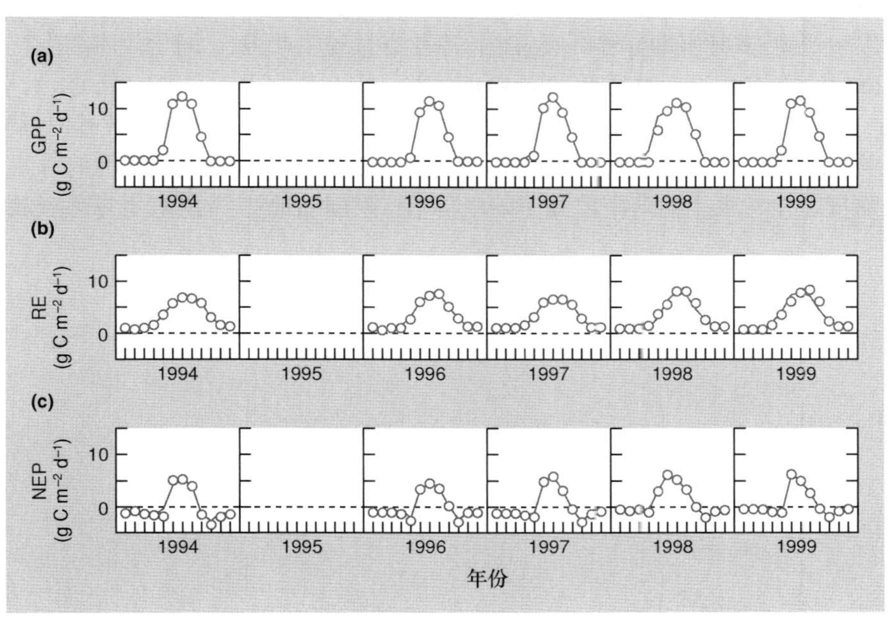

图 17.27 一片加拿大白杨林中的 (a) 总初级生产力 (GPP)，(b) 生态系统呼吸 (RE)，以及 (c) 生态系统净生产力的月平均值 (仿 Arain *et al.*, 2002)。

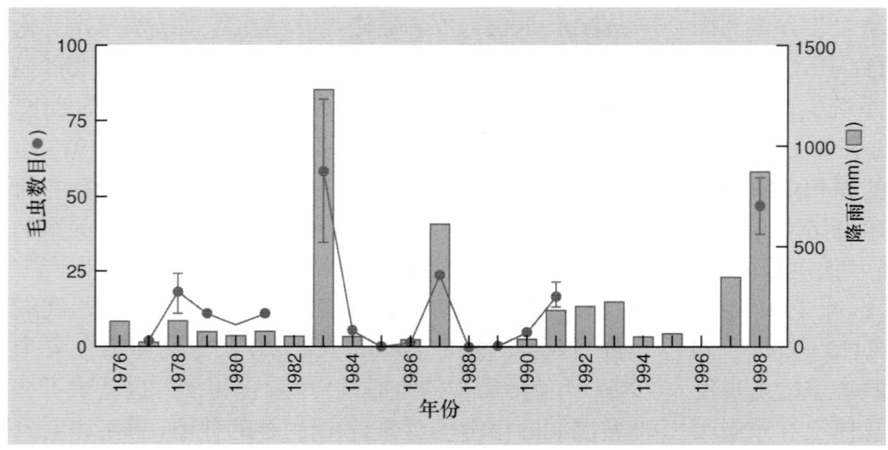

图 17.28　在加拉帕戈斯群岛大达芙尼 (Daphne Major) 岛，一个标准调查中毛虫平均数目 (±SE, ●) 的年变异与年降雨直方图的比较 (仿 Grant *et al*., 2000)。

小结

生态系统这个词，用来表示生物群落 (初级生产者、分解者、食碎屑者、植食动物等) 及其所处的非生物环境。Lindemann 奠定了生态能量学这门学科的基础，他考虑营养级之间的转化效率 —— 从一个群落接收到的由绿色植物光合作用捕获的入射辐射，到后来异养生物的利用。这就是本章所讨论的话题。

单位面积的活生物体组成了现存生物量。初级生产力是单位面积内植物生物量的生产速率。光合作用固定的总能量是总初级生产力 (GPP)，其中一部分被植物作为自养呼吸 (RA) 而消耗。GPP 与 RA 之差是净初级生产力 (NPP)，它代表了能被异养生物消费的新生物量的实际生产速率。异养生物生物量的生产速率是次级生产力，其呼吸即异养呼吸 (HE)。净生态系统生产力 (NEP) 是 GPP 与总的呼吸 (RA+RH) 之差。

我们讨论了地球表面与环境的季节或年际变化相关的初级生产力的不同格局，并注意到初级生产力：生物量之比在水生群落中要高于陆生群落。限制陆地初级生产力的因子是太阳能 (尤其是它被植物利用的效率)、水分和温度 (以及它们之间复杂的相互作用)、土壤质地 (soil texture) 和排水状况以及矿质营养的有效性。生长季节长度具有重要影响。在水生环境中，初级生产力特别取决于太阳辐射 (存在与水深相关的较强格局) 和养分 (特别重要的是人类向湖泊、河口、海洋以及海洋上升流区域的输入) 的有效性。

异养细菌、真菌和动物，不像植物一样能从简单的分子制造出它们所需的复杂高能化合物。它们或直接消费植物材料，或通过取食其他异养生物间接从植物中获得物质和能量。通常，在生态系统的初级和次级生产力之间有正相关关系，但大部分初级生产力在死后通过碎屑系统，而非作为活物质通过植食者系统。能量流经群落的途径取决于三种能量转化效率 (消费效率、同化效率和生产效率)。当植物有很少的结构性的支持组织、低 C∶N 值和 C∶P 值时，植食动物的消费效率最高。此外，我们讨论了初级生产力及异养生物消费量之间平衡的时间格局，表明大的气候格局 (如厄尔尼诺) 能对生态系统的能量学造成深远的影响。

第 18 章 生态系统的物质流

18.1 引言

化学元素和化合物对生命过程至关重要。活生物体消耗能量从而获取环境中的化学物质，并持有它，在一段时期内利用它，然后又将其丧失。因此，生物体的活动深远地影响着生物圈中化学物质通量的格局。生理生态学家，将注意力集中在单个生物体如何获得并利用其所需的化学物质这一方面 (见第 3 章)。在本章结尾，我们将转变强调的重点，考虑一定面积的陆地或一定体积的水体中生物区系在生态系统不同组分间同化、转化和转移物质的方式。我们选择的区域，可能是整个地球、一个大陆、一个河流集水区或仅仅是一平方米的面积。

18.1.1 能量通量和养分循环间的关系

在任何生物群落中，活物质的大部分是水，其余部分主要由碳构成 (95% 或更多)，这是能量积累和存储的形式。当含碳化合物被活组织或其分解者代谢氧化成二氧化碳 (CO_2) 时，能量被最终耗尽。尽管我们在不同的章节中讨论能量流和碳流，但在所有生物系统中两者是紧密联系在一起的。

当 CO_2 的一个简单分子在光合作用过程被吸收时，碳即进入群落的营养结构。假如 CO_2 进入净初级生产，就可以作为糖、脂肪、蛋白质或通常是纤维素一分子的一部分而被消费。此过程遵循与能量相同的路线，接着被消费、排泄、同化，并可能随着某一营养部分而进入次级生产。当碳元素所在的高能分子被最终利用并为做功提供能量时，能量以热的形式耗费 (如我们在第 17 章中的讨论)，碳则以 CO_2 的形式被再次释放到大气中。能量与碳的紧密连锁至此结束。

能量不能被循环和再利用，但物质可以……

一旦能量转变成热，就再也不能被活生物体利用来做功，也不能用以生物量的合成了。(其唯一可能的作用，就是有助于在瞬时维持高的体温。) 热最终将丧失到大气中，不再参与循环。相反，CO_2 中的碳可以再次被光合作用所利用。碳和其他所有营养元素 (如氮、磷等)，能以大气中简单无机分子 (CO_2) 或离子，或者溶解于水中的离子 (硝酸盐、磷酸盐、钾等) 的形式被植物利用。每种形式都可进入到生物量的复杂有机含碳化合物中。最后，当含碳化合物被代谢为 CO_2 时，矿质营养再次以简单无机物的形式被释放。然后，另一棵植物可能将其吸收，于是营养元素的单个原子可以重复地通过一条又一条食物链。图 18.1 显示了能量流动和物质循环的关系。

…… 但营养循环从不完美

每焦耳能量生来就只能利用一次，而作为生物量构建成分的化学营养元素，只是简单地改变它们所在分子的形式 (如硝酸盐中的 N 变为蛋白质中的 N，然后再次变为硝酸盐中的 N)。它可被再次利用，并进行反复的循环。营养元素不像太阳辐射能那样可以获得固定不变的供应，一部分养分固定到活生物量的过程中，将会减少群落中其余部分的养分供应。假如植物及其消费者最终没有被分解，那么养分供应会耗尽，地球上的生命也会终止。因此，异养生物的活动在引发养分循环和维持生产力上至关重要。图 18.1 显示营养元素以简单无机形式的释放只发生在分解者系统中。而实际上，植食者系统中也会有释放发生。但无论如何，分解者系统在养分循环中的重要性是无法比拟的。

图 18.1 所描绘的图像是对某一重要关系的极度简化。不是所有经分解作用释放的营养元素都必定会被植物再次吸收。养分循环从来都不是完全的，一些养分会以径流的形式从陆地输出，进入溪流 (最终到达海洋)，另一些则存在气体状态，如氮和硫，可释放到大气中。此外，一个群落可以不直接依赖邻近的被分解物质而获得额外的养分供应——如溶解在雨水中或来自岩石风化的矿物质。

18.1.2 生物地球化学和生物地球化学循环

生物地球化学中的“生物”

我们可以想象化学元素的库存在于分室 (compartment) 中。有些分室出现于大气圈 (如 CO_2

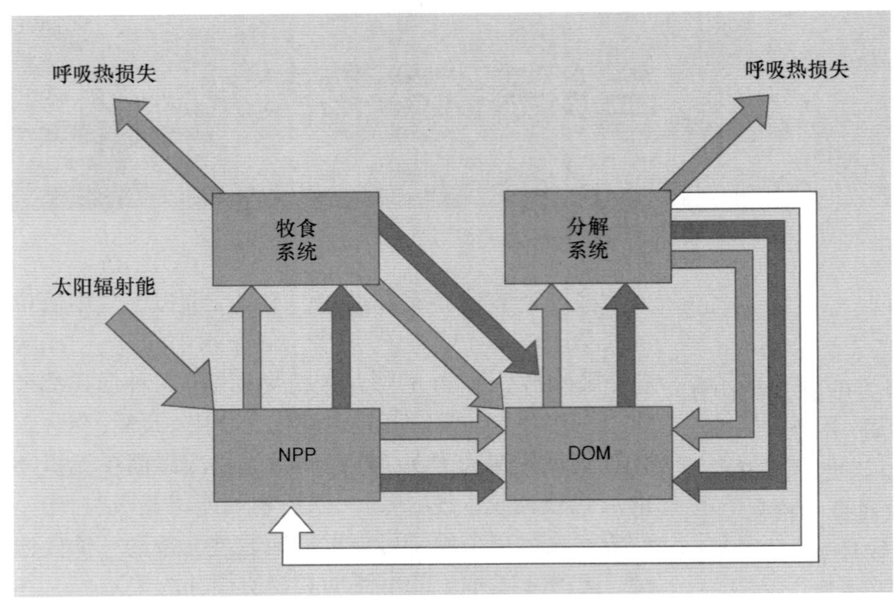

图 18.1 能量流动 (浅色箭头) 与养分循环的关系。固定在有机质中的养分 (深色箭头) 和无机游离态的养分 (白色箭头) 是有差异的。DOM, 死有机质; NPP, 净初级生产。

中的碳、以氮气形式存在的氮等), 有些在岩石圈的岩石中 (如作为碳酸钙组分之一的钙、长石中的钾等), 其他一些则在水圈 —— 土壤、溪流、湖泊、海洋中的水中 (如可溶性硝酸盐中的氮、磷酸盐中的磷、碳酸中的碳等)。所有这些情形中, 元素均以无机形式存在。与之相反, 活生物体 (生物区系) 以及死后腐烂的生物躯体, 可以认为是容纳有机形式元素的分室 (如纤维素或脂肪中的碳、蛋白质中的氮、三磷酸腺苷中的磷等)。对这些分室中发生的化学过程的研究, 特别是对分室间元素通量的研究, 构成了生物地球化学这门科学。

即便海平面以上的所有地质构造都只经历侵蚀和退化过程, 很多地球化学通量也会在这种无生命的情况下发生。例如, 不管是否存在生物, 火山都会向大气中释放硫元素。另一方面, 生物体可在地球化学通量的基础上吸收和再循环某些化学物质, 以此来改变元素通量和微分通量 (differential flux) (Waring & Schlesinger, 1985)。因而, 使用生物地球化学这个词是恰当的。

生物地球化学可以在不同的尺度进行研究

物质的通量可以在不同的空间和时间尺度上进行研究。如果一个生态学家仅仅对一个小池塘或 1 hm^2 草地中群落的养分获得、利用和丧失感兴趣, 那么他可以只关心局部的化学物质库, 而无需关心火山对养分收支 (nutrient budget) 的影响, 或者从陆地淋溶最终沉积到洋底养分的可能命运。我们发现在更大的尺度上, 溪水中的化学物质受其流出地 (它的集水区; 见第 18.2.4 节) 生物区系的深远影响, 而反过来其又会影响它要流入的湖泊、河口或海洋的化学过程和生物区系。关于流经陆地和水生生态系统的养分通量的细节, 我们将在第 18.2 和第 18.3 节中予以讨论。另一些研究者的兴趣则在全球尺度上。他们用巨笔描绘出一幅图画, 其中包含了所能想到的最大分室的含量和通量 —— 整个大气圈、海洋, 如此等等。关于全球的生物地球化学循环, 我们将在第 18.4 节中进行探讨。

18.1.3 养分收支

生态系统能以不同的方式获得和丧失养分 (见图 18.2)。我们可以分辨和测量所有支出和获得养分的过程, 以此来构建养分的收支。某些养分在一些生态系统中的收支差不多是平衡的。

输入与输出有时能平衡, 但不总是……

在另外一些情形下, 养分输入超过输出, 于是便积累在活生物量和死有机质中。这在群落演替过程中尤为明显 (见 17.4 节)。

最后, 如果生物区系被某个事件所干扰, 比如火、大量的落叶 (如由蝗灾引起) 或者大尺度的森林砍伐和人类的农作物收割, 则养分的输出也可能超过输入。陆地系统养分流失的另一重要来源, 则发生于矿物质的输出 (如由酸雨导致的碱性阳离子) 超过风化补充的地方。

下面我们将讨论养分收支的组成。

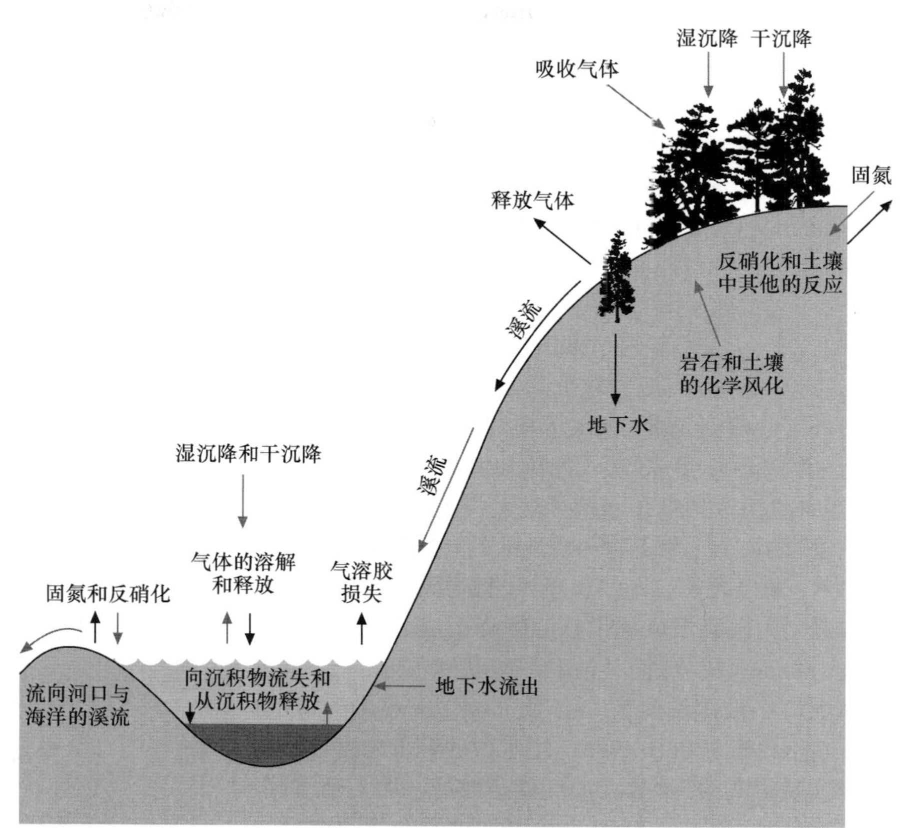

图 18.2 陆地和水生系统养分的收支。溪流是陆地系统主要的输出地,也是水生系统主要的输入源,注意它是如何联结这两个生物群落的。灰色箭头是输入,黑色箭头是输出。

18.2 陆生群落中的氮收支

18.2.1 向陆生群落的输入

营养输入……来自岩石和土壤的风化……

母岩和土壤的风化,通常是钙、铁、镁、磷、钾等营养元素的主要来源,这些营养元素随后可被植物根系吸收。机械风化可由水的冻结、裂缝中根的生长等过程引起;而化学风化过程对植物所需养分的释放而言意义更大。其中尤为重要的是碳酸化作用,在此作用下,碳酸 (H_2CO_3) 与矿物质反应并释放离子,如钙和钾。其他一些过程也可使养分从岩石和土壤中释放,如矿物质在水中的简单溶解作用,以及与植物根系相连的外生菌根真菌 (ectomycorrhizal fungi) (见第 13.8.1 节) 所释放的有机酸的水解作用 (见图 18.3)。

……来自大气输入……

大气中的 CO_2 是陆生群落碳的来源。同样,来自大气的氮气提供了群落中大部分的氮。若干类型的细菌和蓝绿藻拥有固氮酶,能够将大气中的氮转化成可溶性的铵离子 (NH_4^+),继而被根系吸收并为植物利用。所有陆地生态系统,均可通过自由生活细菌

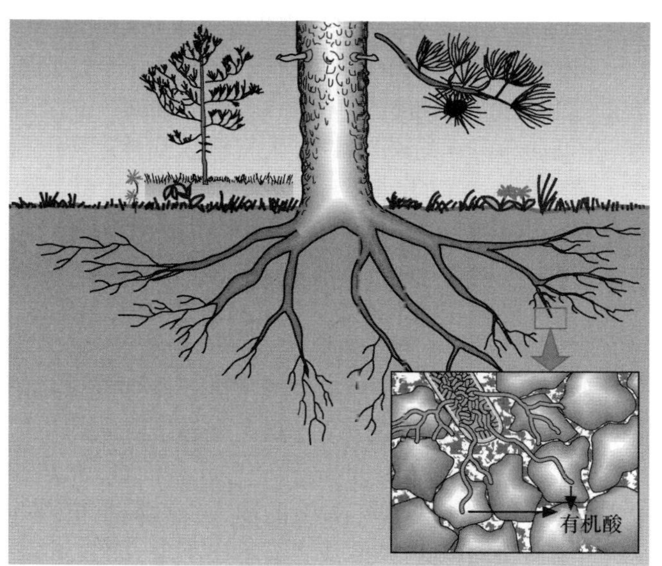

图 18.3 与树根相连的外生菌根真菌可通过分泌有机酸从固体矿质基质中转移磷、钾、钙和镁等元素,宿主植物随后可通过真菌菌丝体吸收利用这些养分 (仿 Landeweert *et al.*, 2001)。

的这种活动获得部分的可利用氮。豆类和桤木 (*Alnus* spp.) 等植物的根瘤中含有共生固氮菌 (见第 13.10 节)，包含有这些植物的群落则可通过此方式获得相当部分的氮。例如，植物每年可从降雨中获得 1～2 kg hm^{-2} 的氮，与之相比，桤木林中的氮供给超过每年 80 kg hm^{-2} (Bormann & Gordon, 1984)；豆类的固氮作用则更加惊人：每年 100～300 kg hm^{-2} 的数值范围并不罕见。

…… 湿沉降与干沉降 ……

通过湿沉降 (雨、雪、雾) 和干沉降 (没有雨和气体上升时的颗粒沉降)，生物群落从大气中获得另外一些营养元素。雨水不是纯水，它含有某些来源的化学物质：① 微量气体，如硫和氮的氧化物；② 气溶胶，当来自海洋的微小水滴被蒸发进入大气时，由遗留下的富含钠、镁、氯化物和硫酸盐的颗粒所形成；③ 尘埃颗粒，来自火灾、火山和暴风，且通常富含钙、钾和硫酸盐。为雨滴形成提供核心的降雨成分组成了雨沉降物 (rainout) 成分，而其他的颗粒状和气态成分，随降雨从大气中被清洗出来 —— 此即冲洗 (washout) 成分 (Waring & Schlesinger, 1985)。雨水中的养分浓度在暴风雨早期是最高的，随后因大气逐渐被清洗而不断下降。与雨水相比，雪从大气中清除化学物质的效率要低一些，而小雾滴则具有特别高的离子浓度。当雨水到达土壤并被植物根系吸收时，溶解在降雨中的养分大都可被植物所利用。此外，一部分养分直接由叶片吸收。

在伴随长干旱季的群落中，干沉降是一个特别重要的过程。例如在西班牙，位于一个降雨梯度上的 4 片橡树 (*Quercus pyrenaica*) 林中，大气输入到林冠层的营养元素有时一半以上来源于干沉降，如镁、锰、铁、磷、钾、锌和铜 (图 18.4)。对大多数元素而言，干沉降的重要性在处于干旱环境的森林中更为显著。然而在湿润地区，干沉降对森林来说也并不是无关紧要的。图 18.4 描绘了森林对每种养分的年需求 (每年增加的地上部分生物量乘以生物量中的矿物质浓度)。很多元素每年在湿沉降和干沉降中的沉积，要大大超过对它的年需求 (如 Cl、S、Na、Zn)。但对另一些元素而言，尤其在干旱环境的森林中，每年大气的输入将近满足植物的需求 (如 P、K、Mn、Mg)，或者显示出不足 (如 N、Ca)。当然，考虑到根系生产力时，这些元素的不足就会更加明显，因而，其他来源的养分输入对其中一些元素而言，就显得尤为重要。

我们可能会认为，湿沉降和干沉降是垂直输入的，但森林的水平截留能力，决定了它所获养分的部分格局，而该能力是受空中养分所驱动的。纽约州的落叶混交林即证明了这一点；有着十分贴切名字的 Weathers 等 (2001) 的研究表明，硫、氮、钙在森林边缘的输入要比其内部多 17%～56%。由于人类活动导致了普遍的森林破碎化倾向，更为破碎的森林即拥有了更大的边缘生境比例，从而可能对其养分收支造成意想不到的影响。

…… 来自水力输入 ……

在养分从陆地生态系统输出的过程中，流水起主要作用 (见第 18.3 节)。而在一些情形中，溪流可以为陆生群落提供相当量的输入，当洪水过后，这些矿物质就沉积到洪泛平原上。

…… 以及来自人类活动的输入 ……

最后同样重要的是，人类活动为很多群落提供了明显的养分输入。例如，化石燃料的燃烧已增加了大气中 CO_2 及氮氧化物、硫氧化物的量，农业生产和污水处理也已使流水中硝酸盐和磷酸盐的浓度有所增加。这些变化可能会带来更深远的后果，我们将在稍后予以论述。

18.2.2　从陆生群落的输出

营养可能被流失 ……

营养元素的某一特定原子可以被植物吸收，此后，随植物被植食动物取食，而在植食动物死亡并被分解后，该原子就被释放回土壤中，并被另一植物的根所吸收。按照这种方式，营养元素可在群落内循环多年。当然，该原子也可能在数分钟内通过生态系统，而不对生物区系产生任何影响。养分可以通过多个过程从系统中流出。无论在哪种情形中，上述的特定原子最终都会通过其中某个过程流失 (见图 18.2)。这些过程即构成了养分收支平衡中的支出方。

…… 流向大气中 ……

养分释放到大气是其流失的一种途径。在很多群落中，每年的碳收支接近平衡；被光合植物固定的碳，与通过植物呼吸以 CO_2 形式释放到大气中的碳保持平衡。另一些气体会通过厌氧细菌的活动被释放。众所周知，甲烷是一种产生于泥炭地、沼泽地以及洪泛平原森林土壤中的气体，它由湿地土壤中的细菌产生，而该细菌生活在浸透水的缺氧地带。甲烷的产生速率，与非饱和浅层土中好氧细菌的消费速率，共同决定了它向大气的净通量。90% 的甲烷在到达大气之前已被消耗 (Bubier & Moore, 1994)。甲烷在干旱地区也很重要，它通过植食动物胃内的厌氧发酵作用产生。即使高地森林，在高降雨期间，也能在土壤有机层的微

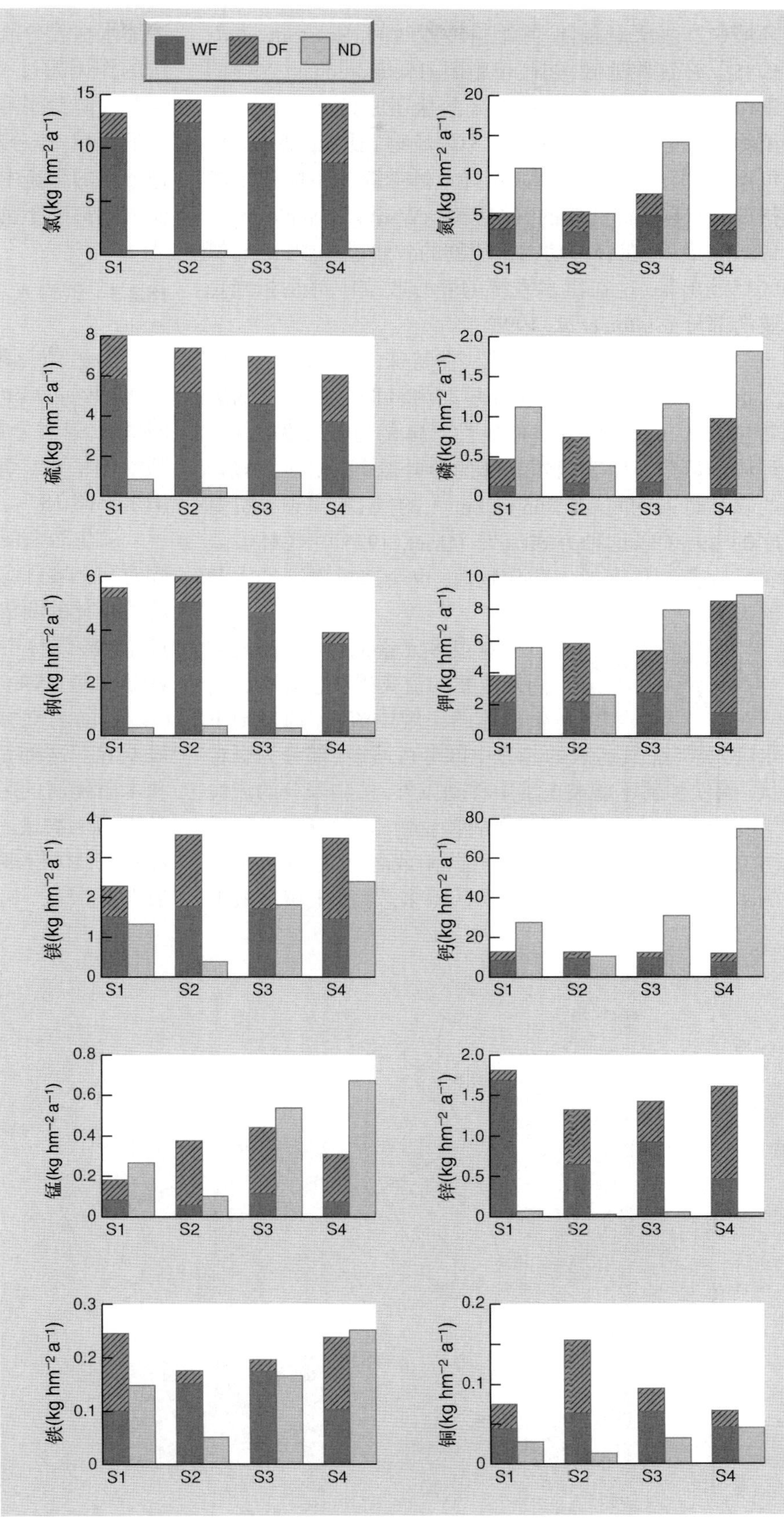

图 18.4 沿降雨量梯度 (S1 最湿润, S4 最干燥), 4 个橡树林中以湿沉降 (WF) 和干沉降 (DF) 为形式的年大气沉降与年养分需求 (ND; 以保障树木地上部分的生长) 的比较 (仿 Marcos & Lancho, 2002)。

环境中产生厌氧条件, 并维持一段时间 (Sexstone *et al.*, 1985)。在这些地区, 如假单胞菌 (Pseudomonas) 这样的细菌, 可通过反硝化作用将硝酸盐还原为 N_2 或 N_2O。植物自身也可直接释放气体和颗粒物。比如, 森林冠层可产生挥发性的烃类 (如萜烯), 热带森林中的树木能排放含有磷、钾和硫的气溶胶等 (Waring & Schlesinger, 1985)。最后, 在脊椎动物排泄物的分解过程中, 会有氨气释放出来, 这在很多系统的养分收支中都是相当重要的部分 (Sutton *et al.*, 1993)。

另一些养分流失的途径, 在特殊的实例中显得较为重要。例如, 火灾能够在短期内将群落内大量的碳转化为 CO_2; 氮也可以挥发性气体的方式流失, 其过程同样剧烈: 如美国西北部的落叶森林中, 在大规模的森林野火期间, 有 855 kg hm^{-2} 的氮 (相当于有机氮库的 39%) 以这种方式流失 (Grier, 1975)。伐林者或农民收获并移走树木和作物时, 也会造成养分的大量流失。

…… 流入地下水和溪流 ……

对很多元素而言, 溪流是它们最重要的流失途径。流水从陆生群落的土壤中流出, 通过地下水进入溪流, 其运载的养分中部分可溶解, 部分为颗粒状。除铁和磷不能在土壤中移动以外, 植物养分的流失主要发生在溶液中。溪流中的颗粒物质, 包括死有机质 (主要是树叶) 和无机颗粒。在降雨或融雪后, 注入溪流的水的养分浓度通常比旱季低得多, 旱季土壤溶液的浓缩水在养分流失中起到更大的作用。在湿润期, 大流量的作用超过了对低浓度的补偿, 因而总的养分流失通常在降雨量和溪流量高的年份中最大。在基岩可透水的区域, 养分流失不仅发生在溪流中, 也发生在渗入地下水的水流中。在延滞相当长的时期后, 养分最终可流入远离陆生群落的溪流或湖泊中。

18.2.3 碳输入和输出随林龄而变化

Law 等 (2001) 对美国俄勒冈州的两片西黄松 (*Pinus ponderosa*) 林进行过研究, 比较其碳存储和通量的格局; 其中一片较为年轻 (在 22 年前被皆伐), 另一片则较为年老 (之前未被采伐, 树龄为 50~250 年)。研究结果见图 18.5。

老龄森林是净碳汇 (即碳的输入大于输出) ……

就生态系统总碳含量 (植被、碎屑和土壤) 而言, 老龄林大约是幼龄森林的两倍。存在于活生物量 (老龄森林中是 61%, 而幼龄森林中是 15%) 和枯枝落叶层的枯木 (老龄森林中是 6%, 而幼龄森林中是 26%) 中碳的百分存储量也有明显差异。这种差别反映了在幼龄森林中, 土壤有机质和木质碎屑的影响源自其被采伐前的历史时期。如果考虑活生物量, 那么老龄森林含有的活生物量是幼龄森林的 10 倍多, 其树木生物量中木材成分上的差异最大。

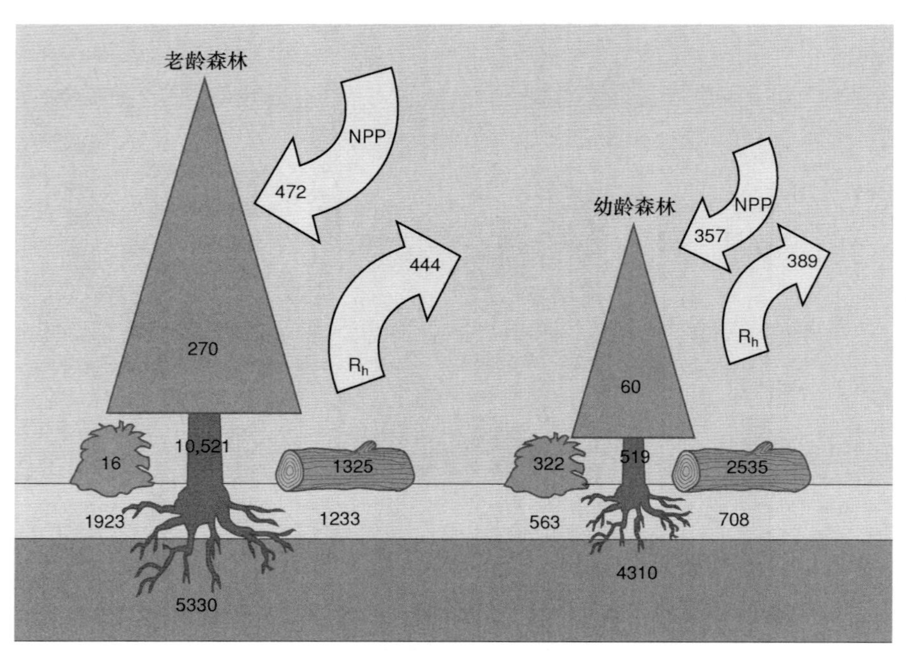

图 18.5 西黄松 (*Pinus ponderosa*) 的老龄和幼龄森林的年碳收支。碳库的单位是 g C m^{-2}, 净初级生产力 (NPP) 和异养呼吸 (Rh) 的单位是 g C m^{-2} a^{-1} (箭头)。地上部分的数字表示树叶、森林残留生物量、林下层植物以及枯枝落叶层死亡木材中的碳库。仅处于地表之下的数字表示根和凋落物中的碳库。最底层的数字表示土壤中的碳 (仿 Law *et al.*, 2001)。

年龄不同的两类森林的地下初级生产力并无太大差异，这是因为老龄森林总的净初级生产力 (NPP) 要高出 25%，而幼龄森林的地上净初级生产力 (ANPP) 要低得多。灌木在幼龄森林的 ANPP 中占 27%，而在老龄森林中只占 10%。在老龄森林中，异养呼吸 (分解者、食碎屑者及其他动物) 稍低于 NPP，说明该类森林是净的碳汇。而在幼龄森林中，异养呼吸超过 NPP，使其成为向大气排放 CO_2 的净碳源。在两片森林中，来自土壤生物群落的呼吸占到总异养呼吸的 77%。

……幼龄森林则是净碳源 (即碳的输出大于输入)……

这些结果很好地阐释了森林群落中碳的转移途径、存储库和通量，也足以强调，生态系统中的养分输入和输出并非总是平衡的。

18.2.4 养分循环相对于输入和输出的重要性

水的运动将陆生与水生群落联系起来了……

陆生群落中的很多养分从溪流流失，因此，通过比较流水和降水输入的化学物质，可以很好地认识陆地生物区系吸收和化学元素循环上的差异。养分循环相对于养分生产量的重要性如何？与外部的供应和流失相比，每年的养分循环量是小还是大？有关这些问题，Likens 和他的同事在 Hubbard Brook 的实验森林中进行了一项最彻底的研究，这片温带落叶林位于美国新罕布什尔州白山 (White Mountains)，其中有小溪流经。由于溪流在养分输出中所起的作用，集水区 (由一条特定的溪流排水的陆地环境范围) 因此被视为一个研究单元。该研究定义了 6 个小的集水区，并对从中流出的水流进行了监测。此外，研究人员利用一个降水测量网络对雨水、雹和雪的输入量做了记录。之后，对降水和流水进行化学分析，即可估算出进入和离开系统的多种养分的数量，详见表 18.1。每年的格局都较为相似。在多数情况下，溪流中输出的化学营养物质要多于从雨水、雹和雪中的输入。超额部分的化学物质来源于母岩和土壤，它们以大约 70 g m^{-2} a^{-1} 的速率被风化和淋溶。

Hubbard Brook ——相对于内部循环，森林的输入与输出均很小……

几乎在所有的实例中，与生物量持有的和在系统内循环的量相比，输入和输出的养分都是很小的一部分。例如，氮不仅由降水 (6.5 kg hm^{-2} a^{-1})，而且通过微生物对大气氮的固定作用 (14 kg hm^{-2} a^{-1}) 而被添加到系统中。(注意：由其他微生物的作用下，将氮释放到大气中的反硝化作用也会发生，但并未测量) 而溪流中则只有 4 kg hm^{-2} a^{-1} 的输出，这强调了氮在森林生物量中持有和循环的安全性。溪流输出只占森林所持有的死和活有机质总氮现存量的 0.1%。氮在溪流径流中的净流失少于降水输入的异常情况，则反映了输入输出的复杂性及其循环效率。尽管其他养分在森林中会发生净流失，但相对结合在生物量中的部分而言，其输出仍然很低。换句话说，相对的有效循环 (relatively efficient recycling) 才是常态。

森林砍伐使营养循环脱耦，并导致营养的流失

在一个大尺度的实验中，研究人员将 Hubbard Brook 一个集水区内所有的树木进行砍伐，并施用除草剂以防止其再生。结果显示，从被干扰集水区输出的总溶解无机养分是正常速率的 13 倍 (图 18.6)。造成此结果的原因与两种现象有关。第一，表面 (叶子) 蒸发的大量减少，导致降水中流经地下水到达溪流的部分增加了 40%，这种输出水流的增加使得化学物质的淋溶以及岩石和土壤的风化速率加快。第二，更重要的是，森林砍伐以去耦 (uncoupling) 分解过程和植物吸收过程的方式，有力地破坏了系统内的养分循环。在春季，落叶树原本可以开始生产，但现在缺乏养分吸收，而分解者释放的无机养分可被淋溶以至排入水中。

森林砍伐最主要的影响在于硝态 N，这强调了无机氮正常有效循环的重要性。在干扰后，溪流中输出的

表 18.1 美国 Hubbard Brook 森林集水区的年养分收支 (kg hm^{-2} a^{-1})。输入是指在降水中的可溶性物质或干沉降；输出是指流入溪水的可溶性物质及颗粒有机质 (仿 Likens *et al.*, 1971)。

	NH_4^+	NO_3^-	K^+	Ca^{2+}	Mg^{2+}	Na^+
输入	2.7	16.3	1.1	2.6	0.7	1.5
输出	0.4	8.7	1.7	11.8	2.9	6.9
净交换*	+2.3	+7.6	−0.6	−9.2	−2.2	−5.4

* 当集水区获得物质时净交换为正，当其丧失物质时净交换为负。

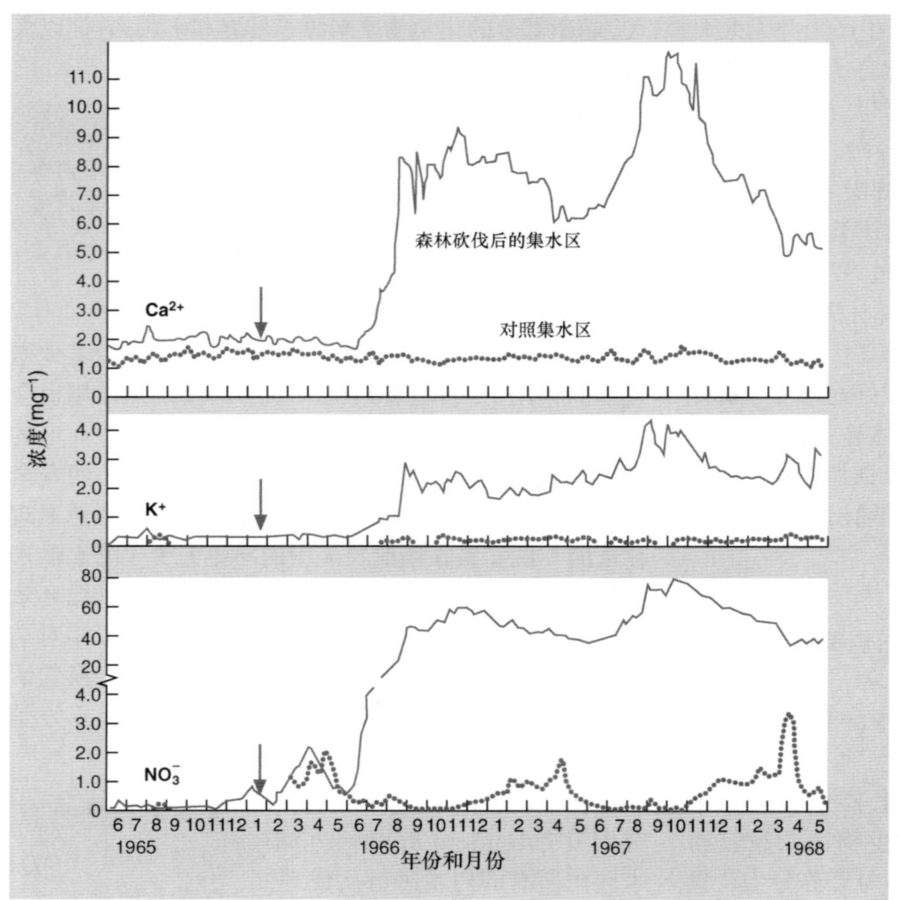

图 18.6 Hubbard Brook 地区森林被伐的实验集水区和对照集水区溪水中的离子浓度。森林砍伐的时间由箭头表示。注意 "硝酸盐" 轴的图中有一缺口 (仿 Likens & Borman, 1975)。

硝酸盐增加了 60 倍。其他生物学上重要的离子也因养分循环机制的去耦而加快了淋溶 (钾增加 14 倍, 钙增加 7 倍, 镁增加 5 倍)。而在生物学上重要性较低的钠元素, 其流失在森林砍伐后的变化要小得多 (增加 2.5 倍)。这大概是因为它在森林中的循环较弱, 于是受到去耦作用的影响也较小。

18.2.5 陆地生态系统养分收支的一些关键要点

> 营养输入与输出格局的多样性

以上讨论的例子说明, 生态系统并不能经常保持养分输入和输出的平衡。在很多实例 (如在 Hubbard Brook 的森林里) 中, 像氮这样的营养元素非常紧密地循环着, 并且与存储库相比, 其输入和输出很小。对碳来说也是如此, 通量与存储量相比可能很小, 但需注意造成此现象的原因并非碳的紧密循环; 实际上, 那些被呼吸释放的 CO_2 中, 很少量的碳会再次被光合作用过程所吸收 (因为存在庞大的 CO_2 库)。

我们已经看到, 养分收支在同一类生态系统中可以有很大的不同, 这或者源于其内在特性 (如第 18.2.3 节中松林的树龄), 或者源于外部因子 (如图 18.4 中橡树林中气候的干燥度) 的影响。同样, 在科罗拉多州一个半干旱草地上, 禾本科植物有生长活跃的根系, 它们在多雨期将拥有较多的可利用氮 (图 18.7)。

> 分解作用与营养通量…… 受生态化学计量学的影响……

其他很多因子, 也对养分的流动速率及存储产生影响。例如, 树叶中 (叶片死亡后则在碎屑中) 元素的化学计量关系可以影响分解速率和养分通量 (见第 11.2.4 节)。碎屑中 C : N 值为 30 : 1 是理论上的临界点; 大于该比值时, 细菌和真菌是氮限制的, 于是它们可以从土壤中吸收外源的铵离子和硝酸根离子, 与植物竞争这些资源 (Daufresne & Loreau, 2001)。而当 C : N 值低于 30 : 1 时, 微生物是碳限制的, 分解作用会增加土壤中的无机氮, 这又反过来增强植物对氮的吸收 (Kaye & Hart, 1997)。在多数情况下, 植物通常是氮限制的, 而微生物是碳限制的, 与此同时, 微生物在控制氮循环方面有更重要的作用, 植物则通过调节碳的输入来控制微生物的活性 (Knops *et al*., 2002)。

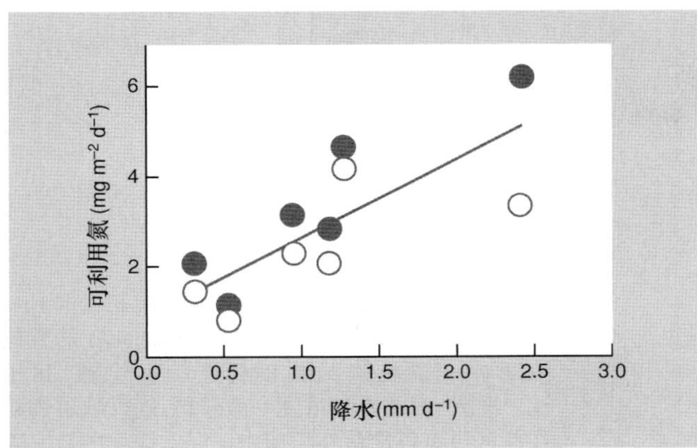

图 18.7 在矮草原生态系统中，丛生禾草格兰马草 (*Bouteloua gracilis*) 生长活跃根系可利用氮与研究期间降水量的关系。6 个取样期的数值是 8 个重复样地的平均值。•，下坡样地；○，上坡样地 (同一山坡上坡比下坡样地高 11 m) (仿 Hook & Burke, 2000)。

……以及植物的防御化学

此外，树叶化学特性的巨大差异可产生同样明显的作用。多酚 (polyphenol) 是广泛存在于植物中的一类次级代谢产物，它常为植物提供保护以对抗攻击；通常，可以用防御植食动物来解释其进化。碎屑中的多酚也能影响土壤养分的通量 (Hattenschwiler & Vitousek, 2000)。目前，已发现有多种多酚可影响真菌孢子的萌发和菌丝的生长，它们也可抑制硝化细菌，并抑制或刺激共生固氮菌。最终，多酚可限制土壤食碎屑者的活性和多度。总之，多酚趋向于降低分解速率 (就像它们降低被植食动物取食的速率一样)，并对养分通量产生重要的影响，但有关这个问题，我们仍需要开展更多的工作 (Hattenschwiler & Vitousek, 2000)。

18.3 水生群落中的养分收支

水生群落与陆生群落之间存在几个重要的区别。特别是，水生系统从溪流的流入中获得大量的养分供应 (见图 18.2)。在溪流、河流以及有溪流流出的湖泊生物群落中，养分的主要输出途径是溪流。相反，在无水流流出的湖泊 (或相对湖泊的体积而言，水流的流出很小) 以及海洋中，养分在永久沉积物中的积累常是主要的输出途径。

18.3.1 溪流

溪流中的养分"螺旋"……

我们注意到在 Hubbard Brook 的例子中，森林里的养分循环与输入、输出的交换相比要大得多。与此不同的是，在溪流和河流生物群落中，只有一小部分的可利用养分在生物的相互作用中起作用 (Winterbourn & Townsend, 1991)。大多数养分，以颗粒物或溶解在水中的形式流入到湖泊或海洋中。尽管如此，一些养分仍旧能够进行如下的循环：从流水中的无机形式到生物区系中的有机形式，再到流水中的无机形式，并如此往复循环下去。由于养分必然会向下游运输，因此，用螺旋可以更好地描述其移动 (Elwood *et al.*, 1983)，其中，养分会被相邻下游地区的生物量锁定，因而无机养分的快速相与养分被锁定的时期交替进行 (见图 18.8)。在螺旋的生物相 (biotic phase)，流水中的无机养分主要被生长于河床底部的细菌、真菌和微型藻类吸收。有机形式的养分，则通过无脊椎动物对底部微生物的取食或刮食 (取食 – 刮食者 (grazer-scraper)；图 11.5) 而流经食物网。最终，生物区系通过分解作用释放无机养分的分子，使螺旋由此进行下去。养分"螺旋" (nutrient spiraling) 的概念也适用于"湿地"中，如死水、沼泽及存在于河道间洪泛平原上的冲积森林。在这些情形下，由于水流的速度减小，螺旋可认为是非常紧密的 (Prior & Johnes, 2002)。

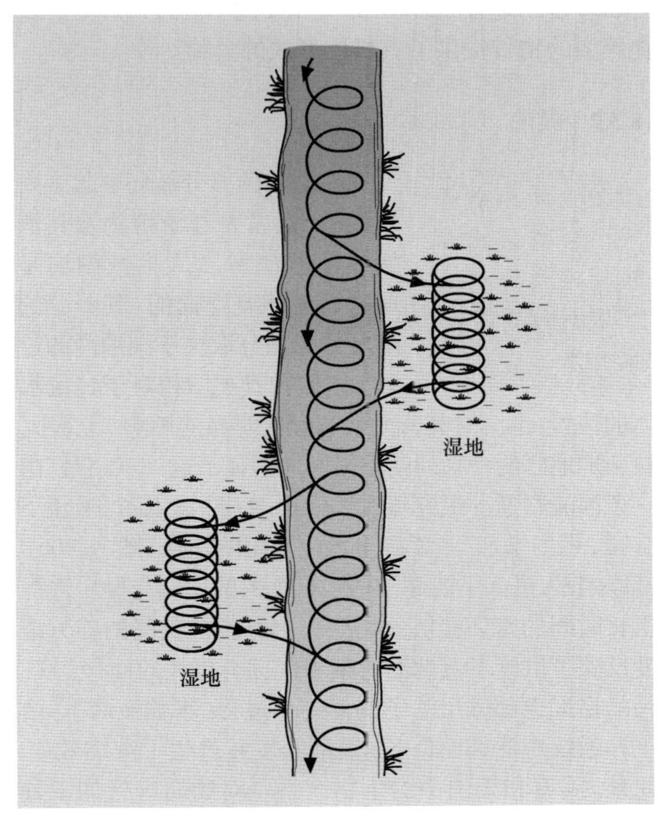

图 18.8 河槽及相邻湿地中的养分螺旋 (仿 Ward,1988)。

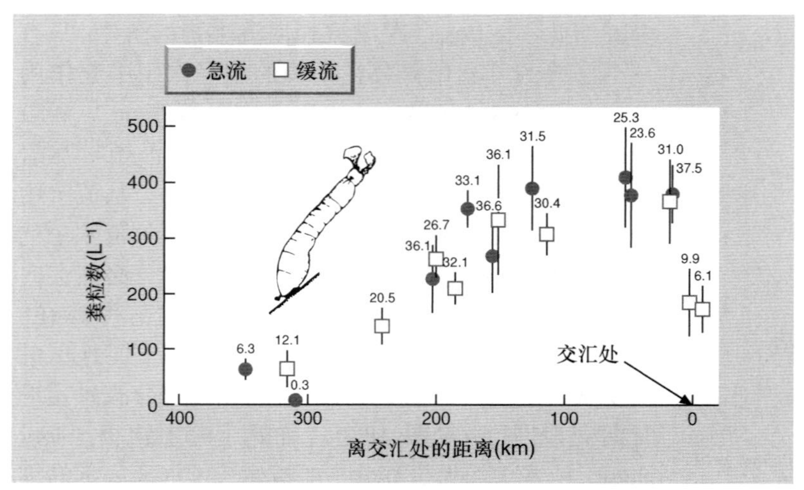

图 18.9　瑞典 Vadel 河下游 (显示为离与大河 Ume 河交汇处的距离) 蚋幼虫 (蚋科, Simuliidae) 的粪粒浓度 (每升粪粒数 ±SE) 的趋势。与 "急流" 区相比, "缓流" 区的粪粒浓度一般较低, 这反映了粪粒在此区极有可能落在河床中。误差线上的数字表示流水总有机质中由粪粒组成的物质的百分比 (仿 Malmqvist *et al.*, 2001)。

蚋幼虫 (收藏 – 滤食者, collector-filterer; 见图 11.5) 是养分循环的一个生动例子; 如果它们没有用改良过的口器进行滤取和消费, 细颗粒有机质就会顺流而下。而该幼虫又密度极高 (有时每平方米河床含多达 600 000 只的蚋幼虫), 大量的细颗粒有机质便转变成了粪粒 (在瑞典的一条河中, 每天估计有 429 t 干物质的粪粒; Malmqvist *et al.*, 2001)。粪粒比幼虫的颗粒状食物大得多, 因此更有可能在河床中沉积下来, 尤其在河中流动缓慢的地方 (见图 18.9)。在这里, 它们为其他许多食碎屑的物种提供了有机质形式的食物。

18.3.2　湖泊

湖泊中的养分通量: 浮游生物与湖泊在景观中的位置发挥着重要的作用

在湖泊的养分循环中起主要作用的, 通常是浮游植物及其消费者浮游动物。大多数湖泊是通过河流相互连通的, 其养分的蕴藏量只部分取决于湖泊内的过程。它们在景观中相对于其他水体的位置, 也会对其营养状态产生明显的影响。北极阿拉斯加地区的一系列湖泊很好地阐释了这一点, 它们由一条河流联通并最终流入 Toolik 湖 (图 18.10a)。河流下游镁、钙的增加, 主要源于风化作用的加强 (图 18.10b)。其原因是, 进入下游湖泊的水有更大的比例与母岩进行更长时间的密切接触; 而从另一角度看, 更高的养分浓度反映了供给下游湖泊的集水区拥有更大的面积。镁、钙的格局也部分反映了这样一个过程: 水顺流而下, 由于在系统中滞留时间长, 逐渐蒸发并产生了浓缩效应; 此外, 溪流和湖泊中的生物区系可对物质进行加工处理。氮和磷是限制湖泊生产的养分, 通常其浓度很低, 不能进行有效的测量。尽管如此, 我们可以观察到生产力顺流减小的现象 (图 18.10c), 这表明, 每个湖泊中可利用的养分会被浮游生物消费, 而这些消费足以降低下游湖泊中养分的有效性。下游的颗粒物中, 氮、磷和碳均有所减少 (图 18.10d), 这简单地反映了下游较低的初级生产速率。注意, 这种下游生产力下降的现象是异常的。因为在较不洁净的情况下, 下游方向的生产力更有可能会增加 (如 Kratz *et al.*, 1997); 一方面, 从更大面积的集水区可获得更多的养分, 另一方面, 施肥 (fertilizer application) 和污水排放将增加向低地区域的人源输入。

盐湖只通过蒸发丧失水分, 并具有较高的营养浓度……

很多干旱地区的湖泊, 因缺少流出的溪流而只以蒸发来丧失水分。于是, 这些内陆湖泊 (内流) 中的水与淡水湖泊相比更为浓缩, 尤其富含钠 (其含量达 30 000 mg L^{-1} 或者更高), 但也有其他营养元素, 如磷 (达 7000 μg L^{-1} 或者更高)。咸水湖不该被认为是奇怪的东西; 在全球范围内, 它们无论从数量还是体积上, 都与淡水湖一样丰富 (Williams, 1988)。它们通常十分富饶, 并拥有高密度的蓝绿藻 [如纯顶螺旋藻 *Spirulina platensis*], 有一些湖泊如肯尼亚的 Nakuru 湖, 还维持着很大的小红鹳 (*Phoeniconaias minor*) 种群, 它们通过滤食浮游生物获取营养。毫无疑问, 高浓度的磷一部分是由于蒸发的浓缩作用导致的。此外, 像 Nakuru 这样的湖泊中, 可能存在紧密的养分循环, 磷元素连续不断地从沉积物中再生, 并再次被浮游植物吸收; 这种情形的出现, 得益于小红鹳连续获得食物供应, 并释放排泄物, 对沉积物进行补充 (Moss, 1989)。

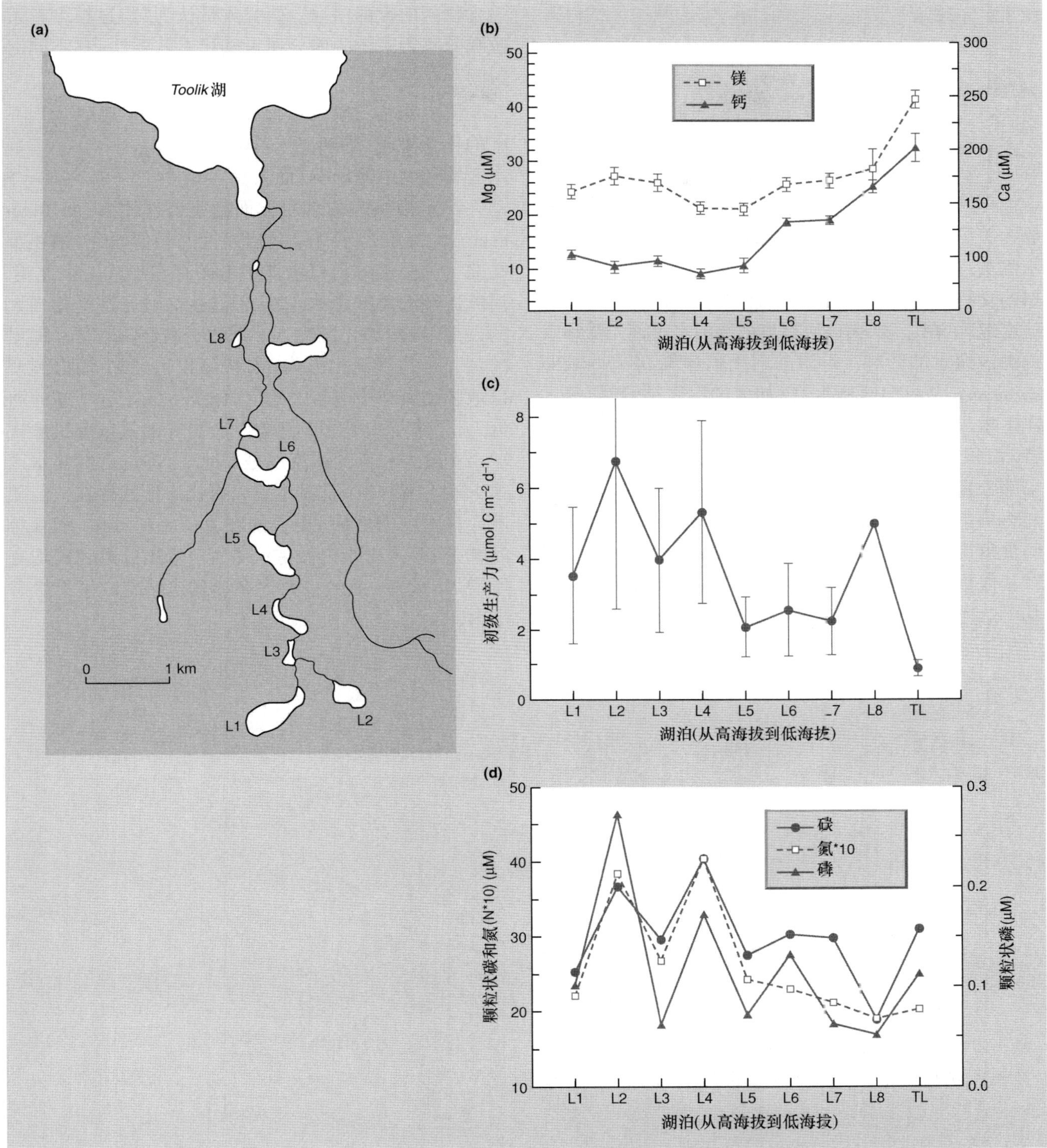

图 18.10 (a) 北极阿拉斯加由流向 Toolik 湖的河流相通的 8 个小湖泊 (L1~L8) 的空间布局。(b) 被研究湖泊中镁 (Mg) 和钙 (Ca) 浓度的平均值 (±SE), 由 1991—1997 年的所有取样平均所得。(c) 沿湖泊链的初级生产力格局。(d) 颗粒形式的碳 (C)、氮 (N) 和磷的平均值 (仿 Kling *et al*., 2000)

18.3.3 河口

河口中的营养通量：浮游与底栖生物的作用……

在河口，浮游生物 (如在湖泊中一样) 和底栖生物 (如在河流中一样) 在养分通量上都很重要。Hughes 等 (2000) 将氮的一种稀有同位素 (如硝酸盐中的 ^{15}N) 放入美国马萨诸塞州的一个河口水体中，利用同位素示踪法，来研究集水区的氮如何被利用并转换进入河口的食物网中。他们将研究重点放在了河口上游的低盐度地区，在那里，来自河流集水区的水流首先受到咸的潮汐海水的影响。浮游的诺氏辐环藻 (*Actinocyclus normanii*)，是氮向底栖生物 (如大的甲壳类) 特别是远洋生物 (如浮游的桡足类及幼年的鱼) 传输的主要携带者。沉积性生物区系的某些成员，通过诺氏辐环藻获得小部分它们所需的氮 [10%～30%；如羽纹硅藻 (pennate diatoms)、猛水蚤 (harpacticoid copepods)、寡毛纲蠕虫、底食鱼类如底鳉 (*Fundulus heteroclitus*) 以及沙虾]。但对其他很多底栖生物而言，它们所需的氮几乎全部从基于植物碎屑的途径中获得。图 18.11 显示了流经该河口食物网的氮的格局。研究人员认为，经过植食者系统和分解者系统的养分通量其相对重要性，在不同河口间存在差异。

……以及人类活动

河口水体 (以及沿海水域) 中的化学物质，受到河流所经集水区特性的强烈影响，而人类活动在决定被供应的水质方面起主要作用。van Breeman (2002) 开展了一个具启发性的相似研究，描述了在北美和南美的河口水体中氮的存在形式。在北美，河流流经大片的森林区域，但这些区域已遭受相当大的人类影响 (如化肥输入、采伐、酸性降水等)，那里的氮几乎只以无机形式 (有机氮仅占 2%) 输出到河口地区和海洋中。与之相反，南美一条十分干净的河流，几乎未受人类影响，其中有 70% 的氮以有机形式输出。澳大利亚的河流也是如此，干净的森林集水区很少输出氮和磷，且氮主要以有机态形式存在。但随着人口密度的增加 (更多的农业径流和污水) 和森林的减少 (养分更难以保持)，向河口输出的氮和磷均有所增加，此外，氮的主要存在形式也转变成了无机态 (图 18.12)。

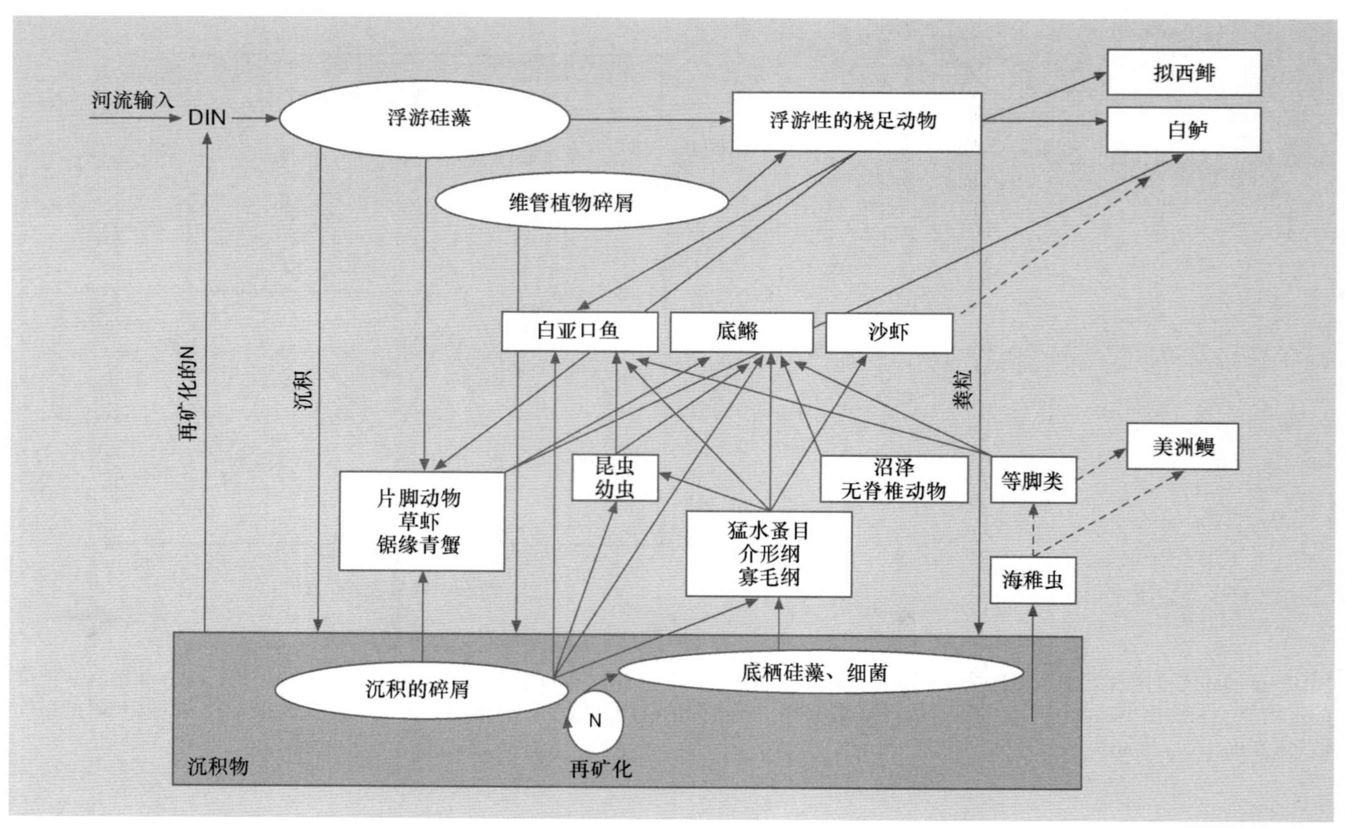

图 18.11　美国马萨诸塞州 Parker 河上游河口食物网的氮 (N) 通量的概念模型。虚线箭头表示可疑的途径。DIN，可溶性无机氮 (仿 Hughes *et al*., 2000)。

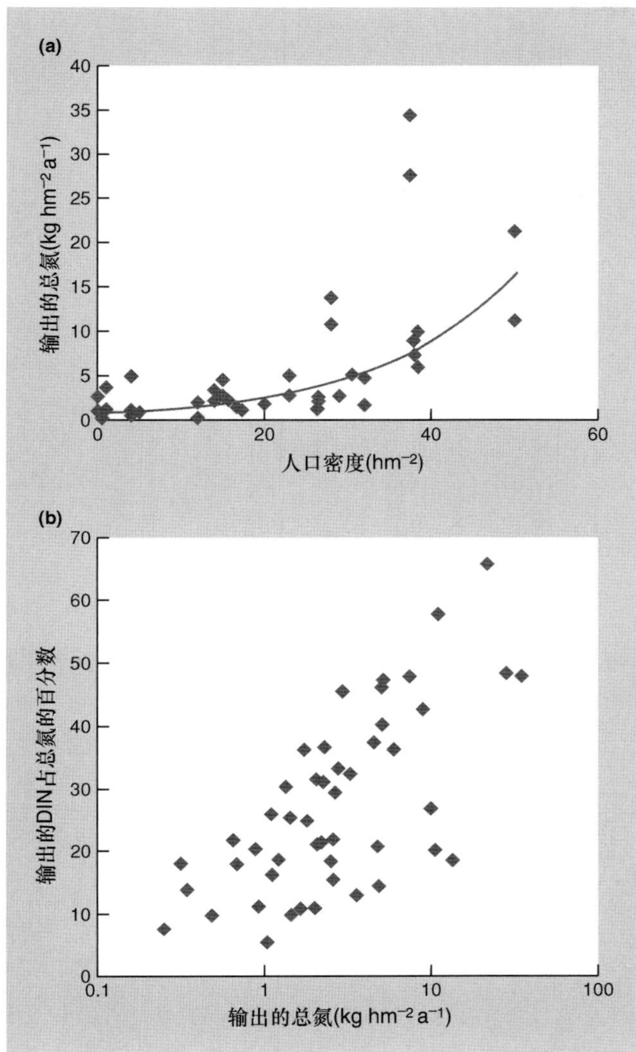

图 18.12 (a) 澳大利亚悉尼附近的 24 个集水区总氮 (TN) 的输出与人口密度的比较。(b) TN 输出率低 (更干净) 的河流所含的氮绝大多数是有机形式的, 而无机氮占 TN 的百分比会随着 TN 的增加而增加。DIN, 可溶性无机氮 (仿 Harris, 2001)。

18.3.4 海洋的大陆架区域

海洋的海滨区域受其陆地集水区域的影响……

沿海海域的养分收支, 像河口一样强烈地受集水区性质的影响; 集水区提供水流, 水流经过河流进入大海。如同在其他水体中一样, 氮和磷的浓度可能限制了这些地区的生产力, 而人类对河水中的化学物质具有更深远的影响, 尤其对海洋浮游群落而言, 就显得更为重要。现今, 世界上超过 25% 的河流中筑有水坝或被改道 (用于水力发电、灌溉以及人类用水供应)。与筑坝相关联的是, 洪水期上游土壤和植被的流失、海岸侵蚀过程中的土壤流失以及地下水道的形成。这些改变减少了水与植被覆盖的土壤之间的联系, 从而减弱了风化作用。图 18.13 阐明了瑞典的两条河流中溶解性硅酸盐输出的格局, 其中一条河流筑有水坝, 另一条可自由流动, 而硅酸盐是海洋浮游硅藻必需的成分。在筑坝的河流中, 硅酸盐的输出要小得多。这可能导致的生态效应, 包括海洋养分通量和生产力的减少; 如今在东亚, 主要河流中的筑坝行为仍在加速, 因而此类生态效应将会更加明显 (Milliman, 1997)。

……局域涌升流……

在沿海区域, 养分富集的另一重要机制是局部的涌升流, 它将含高浓度养分的水流从底部带到浅水, 并支持了初级生产, 因而常常出现浮游植物的爆发。在澳大利亚东海岸, 已有 3 种类型的涌升流获得描述和研究: ① 由季节性北风或东北风引起的风驱动的涌升流; ② 因东澳洋流 (East Australian Current, EAC) 向大陆架侵入而引起的涌升流; ③ EAC 从海岸分离而引起的涌升流。图 18.14 提供了各种机制下硝酸盐浓度分布的例子。风引起的涌升流 (通常认为是全球洋流的主要机制) 并不能长期维持, 也不是大尺度的。硝酸盐的高浓度, 通常与洋流侵入引起的涌升流有关, 而因洋流分离引起的涌升流, 则沿新南威尔士海岸最为普遍。

18.3.5 开放海洋

我们可以把开放海洋看作是所有内陆 "湖" 中最大的一个 —— 由全世界河流供水的巨大盆地, 并只通过蒸发损失水分。与雨水和河流的输入相比, 它的尺度巨大, 使得其化学成分非常恒定。

开放海域: 浮游生物的重要作用……

在 18.2.3 节中, 我们考虑了陆地生态系统以生物为中介的碳转化。图 18.15 阐明了同样的过程, 只不过是对开放海洋而言。其中, 小型浮游植物是可溶性无机碳 (本质上是 CO_2) 最主要的转化者, 它们在透光层促进 CO_2 的循环; 大型浮游生物, 则主要以颗粒状和可溶性有机质的形式产生碳通量, 并运输到深海洋底。图 18.16 显示, 在表层固定的碳, 通常只有一小部分能到达洋底。而到达洋底的那部分碳, 会被深海的生物区系消费, 其中一小部分被埋藏于沉积物中。

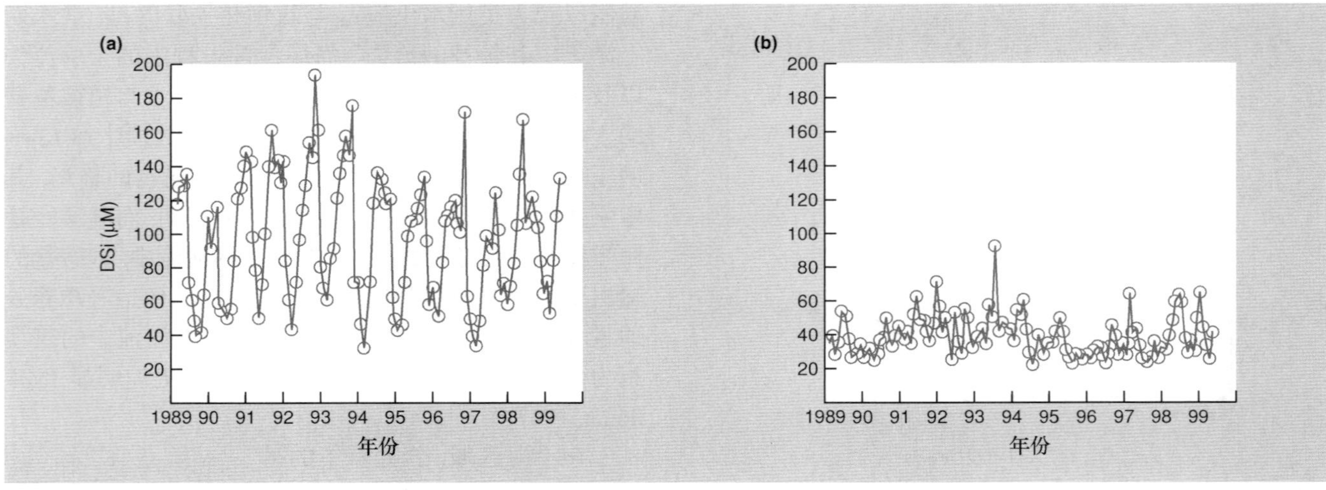

图 18.13 河口区可溶性硅酸盐 (DSi) 浓度: (a) 未筑坝的 River Kalixalven 和 (b) 筑坝的 River Lulealven (Humborg *et al*., 2002)。

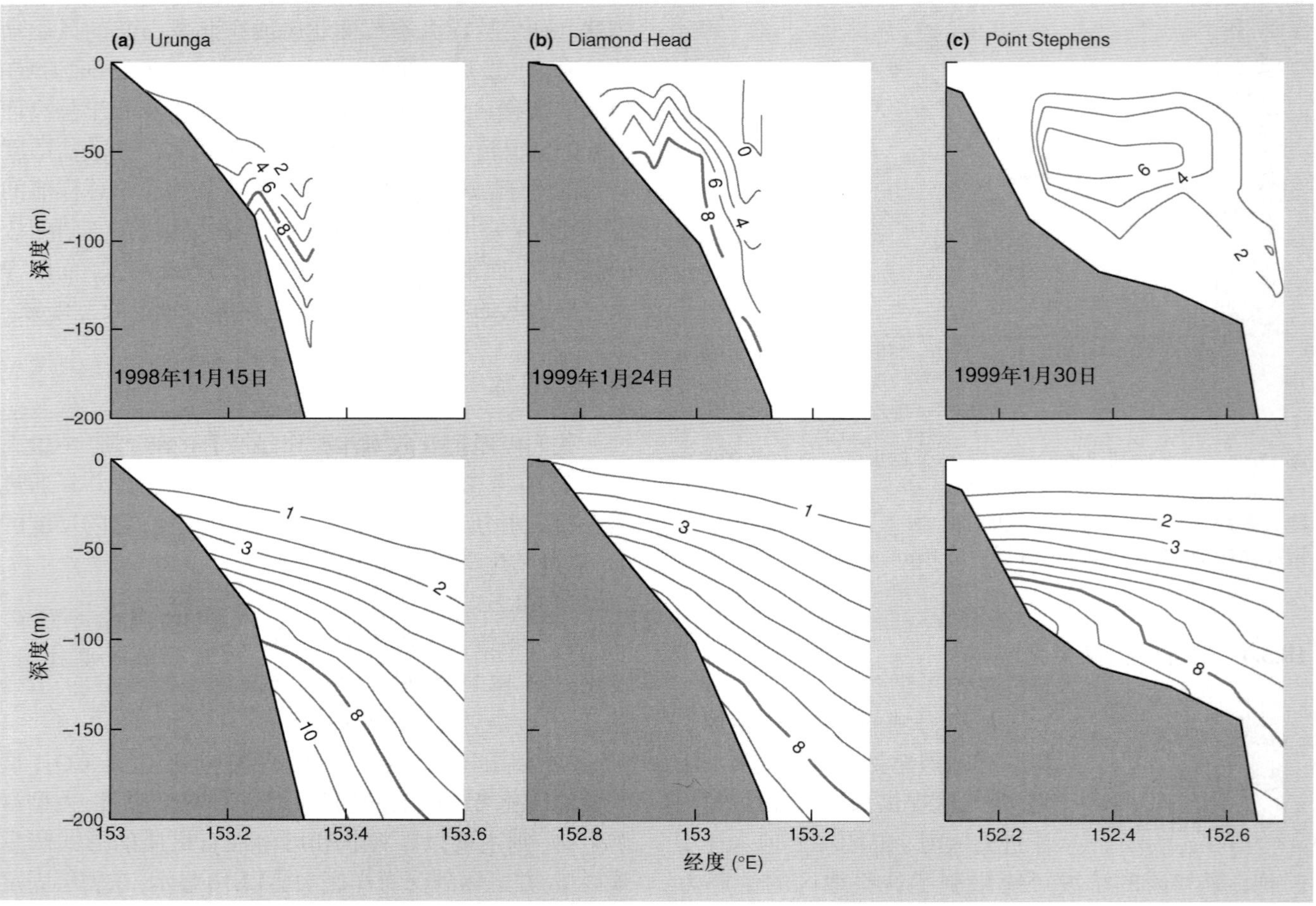

图 18.14 新南威尔士沿岸涌升流事件期间硝酸盐浓度的等高线: (a) Urunga (由风驱动), (b) Diamond Head (由侵蚀驱动), (c) Point Stephens (由隔离驱动)。每一情形的底下一幅图所显示的硝酸盐的平均浓度可认为表征了在没有涌升流时该地点的情况。最高浓度是 10 μmol L^{-1}; 等高间隔为 1 μmol L^{-1} 或 2 μmol L^{-1}, 灰色粗线表示 8 μmol L^{-1} (仿 Roughan & Middleton, 2002)。

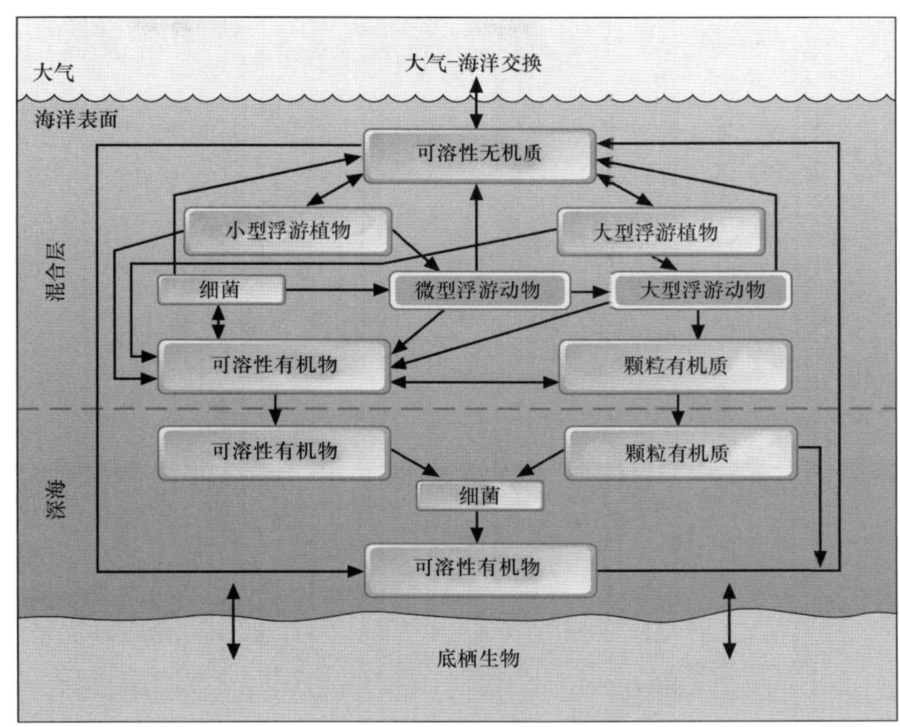

图 18.15 开放海洋以生物介导的碳转化 (仿 Fasham *et al*., 2001)。

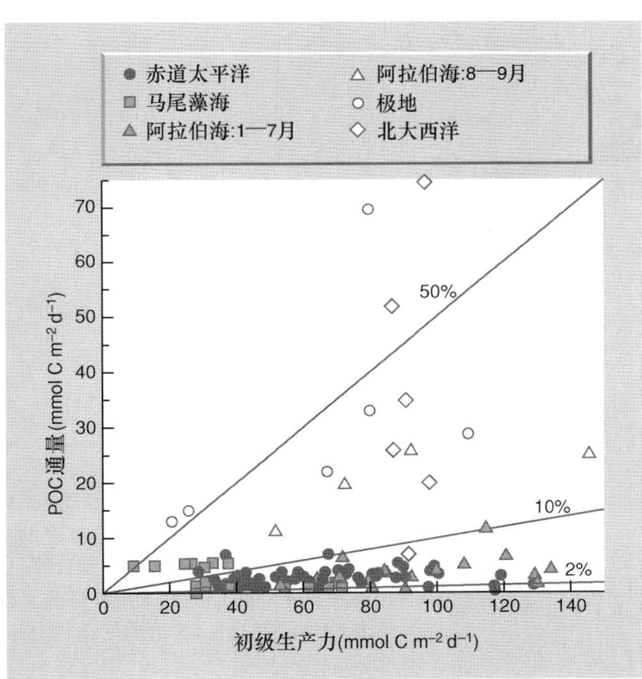

图 18.16 输出到全球海洋 100 m 深处的颗粒有机碳 (POC) 与海洋初级生产力之间的关系 (仿 Buesseler, 1998)。

…… 呈现明显的季节格局

就如我们在陆地生态系统中看到的那样, 海洋底部的养分通量和可利用性也存在明显的季节性和年际变异。图 18.17a 显示了在春季繁盛期, 北大西洋某处叶绿素 a 浓度的变化, 这反映了占主导地位的浮游植物物种的演替过程。大型硅藻首先爆发, 消费掉几乎所有可利用的硅酸盐 (图 18.17b)。接着, 小型鞭毛虫的爆发利用掉剩余的硝酸盐。在更长的时间尺度上, 北大西洋中能够发现有机氮和磷相对丰度的明显转变。海洋通常被视为氮限制的, 但当氮限制达到极限时, 类似束毛藻 (*Trichodesmium* spp.) 的固氮类群就会大范围生长, 并产生海洋中无穷无尽的可溶性 N_2 库。这会导致十年间悬浮颗粒有机质中的 N : P 值发生转变 (图 18.17c)。在此情形下, 磷、铁或其他养分会成为生产力的最终限制因子。

铁元素是限制海洋初级生产力的因子?

尽管硝酸盐浓度很高, 但世界上 30% 的海洋其生产力依旧很低。有假说认为, 这种矛盾源于铁对浮游植物生产力的限制作用, 并已在局部地区获得证实, 其中包括一些差异巨大的地区, 如东赤道太平洋和开放的极地南大洋 (Boyd, 2002)。在每个海域的多个地点投放大量的可溶性铁, 都将导致初级生产力的剧增以及硝酸盐和硅酸盐的减少, 这是因为它们在藻类的生产过程中得到了吸收 (图 18.18 表明了这一点)。在两个实例中, 细菌生产力在几天内变为原来的 3 倍, 且微型取食者 (鞭毛虫和纤毛虫)

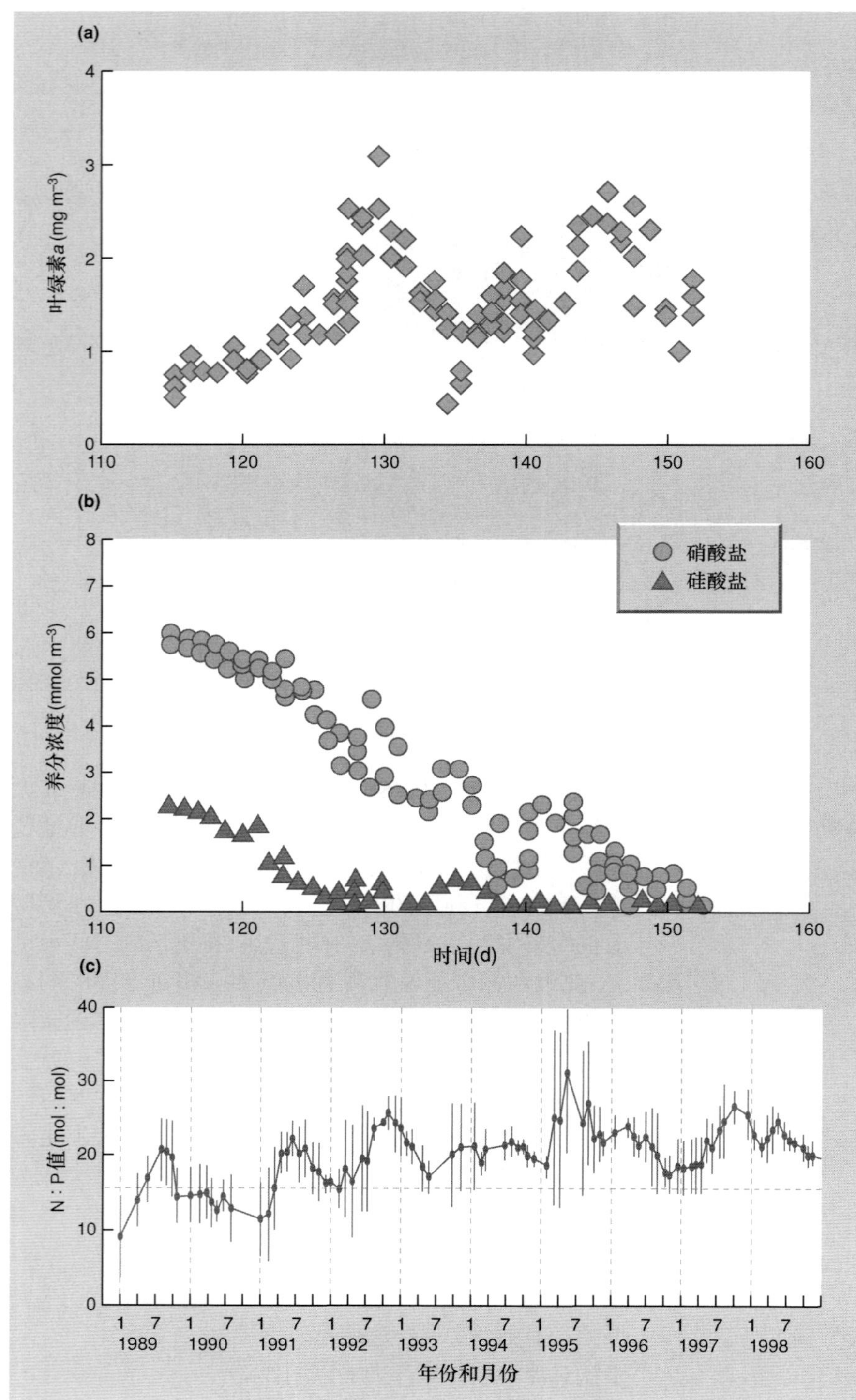

图 18.17　北大西洋春季繁盛期 (a) 叶绿素 a 及 (b) 硅酸盐和硝酸盐浓度的格局。图中的天数从 1 月 1 日开始计算 (仿 Fasham *et al*., 2001); (c) 北太平洋环流悬浮颗粒物中测得的 N : P 值的变动 (仿 Karl, 1999)。

的取食植物速率也有所增加; 但在极地情况 (抵抗植食者 (grazer-resistant) 占主要作用, 高度硅酸化的硅藻可能抑制了取食) 下, 这种作用要小得多。而以桡足类为主的多细胞动物群落, 在两种情况下的变化则相对较小。

对东赤道太平洋和极地南大洋来说, 陆地上一些富含铁的颗粒物经长距离的风运输后进入海洋, 可能造成了它们生产的繁盛, 这种想法非常奇特。这也反映了, 高生产力与来自陆地的养分丰富的河水有关, 只不过在不同的尺度上进行了描述而已。

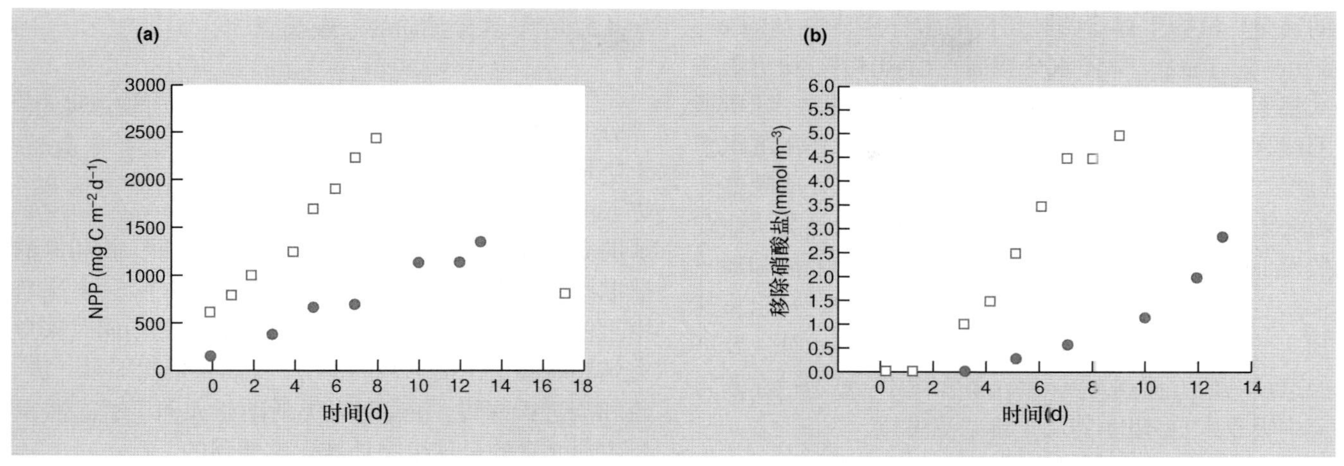

图 18.18 (a) 添加铁元素后东赤道太平洋(□)和极地南大洋(•)不同深度累积的净初级生产速率。(b) 在实验期间移除硝酸盐。注意硅酸盐有类似的格局(仿 Boyd, 2002)。

18.4 全球生物地球化学循环

营养物质随大气中的风、河流和洋流中流动的水作远距离转移。这其中，不存在自然的或政治上的边界。因此，转向更大的空间尺度来考察全球生物地球化学循环 (global biogeochemical cycle)，并以此结束本章，是非常合适的。

18.4.1 水循环

水循环 (hydrological cycle) 考虑起来很简单 (尽管其要素决非在任何时候都容易测量) (见图 18.19)。海洋是主要的水源；辐射能促使水蒸发进入大气，风在地球表面将其分配，降水则使其下降到地面 (大气水分从海洋到陆地的净转移)，在此，水分会被暂时储存在土壤、湖泊和冰原中。从地面通过蒸发和蒸腾作用损失的水分，以及以流动液体的形式从河道和地下蓄水层损失的水分，最终将返回海洋。主要的水库 (water pool)，存在于海洋 (占生物圈总量的 97.3%; Berner & Berner, 1987)、极地冰帽 (polar ice caps) 和冰川 (glaciers) (2.06%)、深层地下水 (groundwater) (0.67%) 以及河流湖泊 (0.01%) 中。运转中的水分，在任何时候都只占很小的比例 —— 在土壤中消耗的、流经河流的以及成为大气中云和水汽的水分，只占总量的 0.08%。然而，如此少量的水分却扮演了相当重要的角色，这不仅由于它们满足了生命有机体存活和生物群落生产力的需求，也因为相当多的化学营养物质随水的流动而转运。

无论是否有生物区系存在，水循环都将进行下去。然而，陆地上的植被会在很大程度上改变水

植物生活在相向流动的水流之中

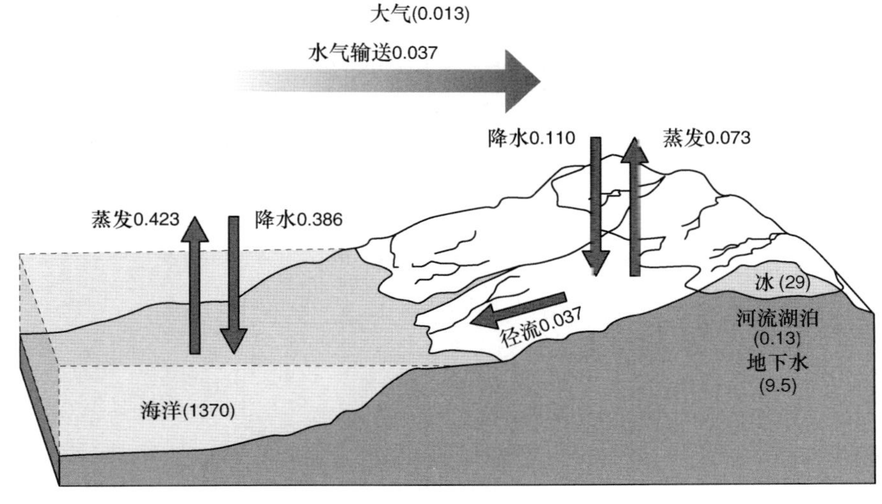

图 18.19 说明水库的通量和库大小 ($\times 10^6$ km^3) 的水循环。括号内的数值表示不同库的大小(仿 Berner & Berner, 1987)。

的通量。植物生存于两种反向的水分流动中 (McCune & Boyce, 1992)。一种水分流向在植物体中, 从土壤进入根系, 通过茎干上升, 然后由叶片散失出去, 即所谓的蒸腾作用。另一种流向则是, 水分因降水作用沉积于冠层, 之后, 水分可能被蒸发, 或从叶片滴落, 或顺茎干流入土壤中。缺少植被时, 一部分输入的水分会从地表蒸发, 而余下的水分将进入河流 (通过地表径流和地下水)。在此过程中, 植被可以两种方式截取水分, 阻止其到达河流, 并使其返回到大气中: ① 将一些水分从其可能蒸发的地方捕获, 并保留在植物体中; ② 通过在蒸腾流中吸收水分, 阻止其从土壤中流失。

在小尺度上我们已经看到, Hubbard Brook 集水区的森林砍伐, 如何使河流流量及其承载的可溶性物质与颗粒物有所增加。不足为奇的是, 如今, 人们常为开垦新的农业用地, 进行全球范围内大尺度的森林砍伐, 它将引起表层土的丧失、营养的匮乏和洪水强度的增加。

干扰水循环的另一个主要因素, 是由人类活动引起的全球气候变化 (见第 18.4.6 节)。人们认为, 预测温度的增加以及伴随的风和天气格局的变化会影响水循环, 这种影响作用包括: 引起极地冰帽和冰川的融化, 改变降水的格局, 以及影响蒸发、蒸腾和河流流量。

18.4.2 全球养分流动的一般模型

全球生物地球化学循环中大量元素的分室与通量

图 18.20 显示了世界上储存养分的主要非生物库。陆生和水生生境中的生物区系, 主要通过岩石的风化获取一些营养元素。磷的获得, 就是一个这样的例子。另一方面, 碳和氮的获取则主要来源于大气 —— 前者来自 CO_2, 后者来自由土壤和水中的微生物固定的气态氮。硫则同时来自大气和岩石。在接下来的部分, 我们将依次对磷、氮、硫和碳进行探讨, 并追问人类活动是如何干扰这些重要生命元素的全球生物地球化学循环的。

18.4.3 磷循环

磷主要来源于岩石的风化

磷元素主要储藏在土壤水分、河流、湖泊、海洋以及岩石和海洋沉积物中。磷循环 (phosphorus cycle) 可视作一个 “开放的” 循环, 因为一般的趋势是: 矿质磷从陆地被无情地带入海洋, 这主要由河流驱动, 但也较小程度地发生在地下水中, 或者通过火山活动和大气沉降发生, 或者因海岸陆地被海蚀而实现。此循环也可命名为 “沉积性循环”, 因为磷最终会进入海洋沉积物中 (图 18.21a)。我们可以用一个始于陆地

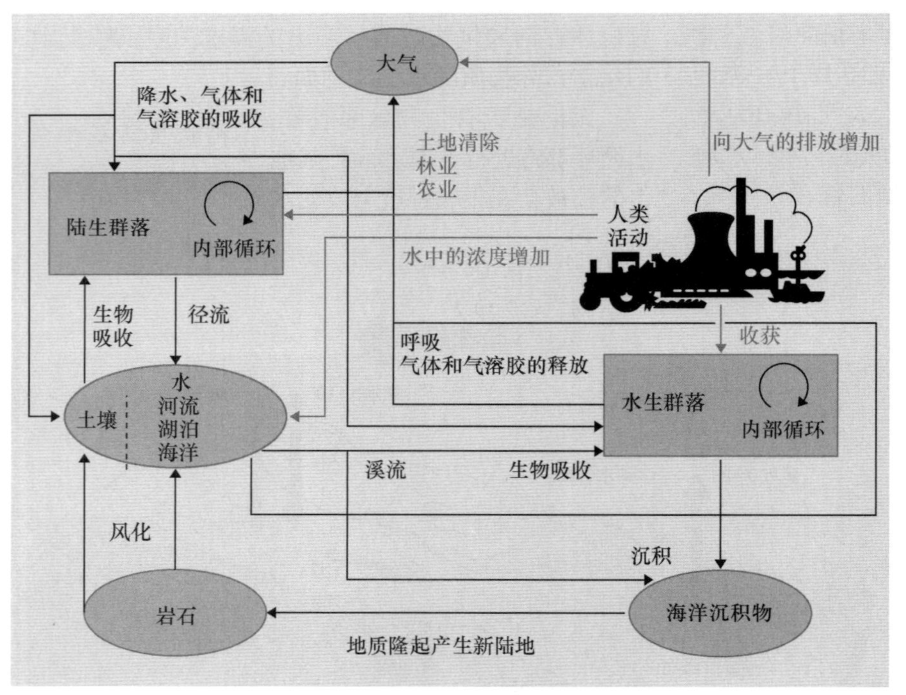

图 18.20 大气、水 (水圈) 及岩石和沉积物 (岩石圈) 等非生物库与由陆生和水生群落组成的生物库之间全球养分的主要途径。人类活动 (灰色) 可直接地影响陆生和水生群落, 也可间接地通过向大气和水体释放额外的养分影响全球生物化学循环, 进而影响陆生和水生群落。

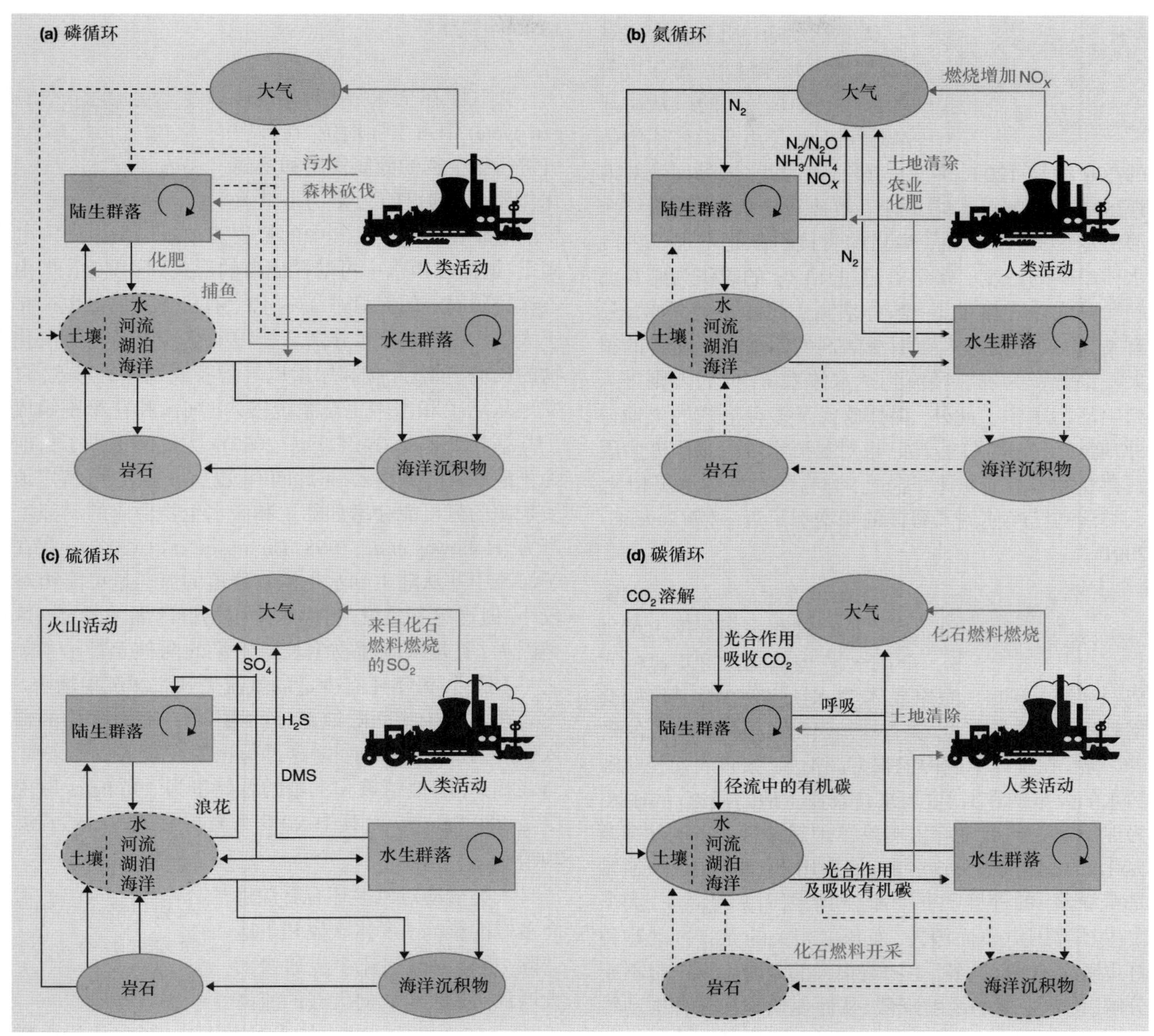

图 18.21 4 种重要营养元素 (a) 磷、(b) 氮、(c) 硫 (DNS, 二甲硫醚) 和 (d) 碳的通量 (黑色) 以及人类活动引起的扰动 (灰色) 的主要途径。可忽略的分室和通量用虚线表示。(基于图 18.10 所阐述的模型, 可参考该图)。

集水区的有趣故事来阐明这个过程。一个典型的磷原子, 从岩石的化学风化中获得释放, 可以进入陆生生物群落并循环长达数年、数十年或数百年之久; 之后, 它会被地下水带入河流, 并在此处参与第 18.3.1 节中所描述的营养 "螺旋"。经过在河流中短暂的停留 (数星期、数月或数年), 该原子被带入海洋中。此后, 它会在表层水和深层水之间往返旅行, 平均约 100 次, 每次可能持续 1000 年。在每次旅途中, 它会被生活于海洋表层的生物体摄取并带到海洋的表层, 而最终, 它又将沉入海底。平均看来, 当其经历 100 代以后 (在海洋中历经 1000 万年), 它会失去以溶解态被释放的能力, 从而进入沉积物的底层, 变为一种特殊的形态。也许 1 亿年之后, 海洋地层会因地质运动而被提升为旱地。这样, 我们的磷原子将最终找到经由河流返回海洋的路, 回到它所经历过的循环 (生物的摄取和分解、海洋中的混合、大陆的提升和侵蚀) 当中。

内陆水体中人类活动是磷来源的主要贡献者

人类活动通过几种途径来影响磷循环。海洋渔猎，每年可将 50 Tg (1 Tg=10^{12} g) 的磷从海洋转移到陆地上。由于海洋库中磷的总量约是 120 Pg (1 Pg=10^{15} g)，因此，这种回流对海洋区域的影响可忽略不计。被捕获的鱼中，磷最终由河流返回海洋，因而，渔猎的直接贡献是增加了内陆水体中磷的浓度。每年有超过 13 Tg 的磷作为肥料而施撒到农业土壤中 (一部分来源于海洋鱼类捕捞)，还有 2 或 3 Tg 则作为家用清洁剂的添加剂。前者的很大一部分作为农业径流到达水体系统，而后者则进入到生活污水中。此外，森林砍伐及多种形式的土地耕种，增加了集水区的侵蚀，也对径流水中大量因人为因素存在的磷有所贡献。总之，与自然发生的情况相比，人类活动已经使流入海洋的磷增加了近一倍 (Savenko, 2001)。

…… 导致水体富营养化

在此尺度上，进入海洋的磷不断增加，这在一定程度上增加了生产力，但当磷浓度更高的水流经河流、河口、海岸水体，特别是湖泊时，其影响会格外深刻。这是因为，磷通常是限制水生植物生长的营养因素。在全球范围内的很多湖泊中，来自农业径流和污水的大量磷和氮 (主要来自农业土地的径流) 的输入，为浮游植物的高生产力提供了理想条件。在这种富营养化 (eutrophication) (富集) 的作用下，浮游植物 (通常是蓝绿藻) 的种群密度增加，湖水因而变得混浊，大型水生植物因竞争而消失，而与之相关的无脊椎动物种群也随之消失。此外，生物量很大的浮游植物细胞不断分解，使水中氧的浓度降低，从而使鱼类和无脊椎动物致死。其结果是，产生了一个高生产力、低生物多样性以及低美学价值的生物群落。若要改变这种局面，就要采取补救措施，即减少营养的输入；比如改变农业生产方式，转移污水，或者在被处理污水排放之前，用化学方法对磷元素进行“剥除”。在磷负荷不断降低的深水湖，如北美的华盛顿湖，几年之内便会出现与上述相反的趋势 (Edmonson, 1970)。而在浅水湖中，贮存在沉积物中的磷会连续地释放出来，因此，需要对一些沉积物进行物理转移 (Moss *et al.*, 1988)。

农业径流和污水排放的影响是局域性的，感觉上，只有那些与集水区相关的水体才会受到影响。然而，其中的问题却是普遍而全球性的。

18.4.4 氮循环

氮循环具有一个极为重要的大气相

大气圈在全球氮循环 (nitrogen cycle) 中占主导地位，在其中可进行微生物的固氮作用和反硝化作用，这到目前为止仍是最重要的 (图 18.21b)。大气中的氮也能被暴风雨中的闪电固定，继而以雨水中可溶性硝酸的形式到达地面，但由该途径所固定的氮只占 3%～4%。有机形式的氮也广布于大气中，其中一部分来自被污染空气中烃和氮氧化物的反应。此外，胺和尿素以气溶胶或气体的形式，自发地从陆生和水生生态系统注入；细菌和花粉则组成了其第三个来源 (Neff *et al.*, 2002)。大气圈提供了目前为止最重要的氮输入，与此同时，也有证据表明，特定地质来源的氮可能会增加陆生和淡水生物群落的局部生产力 (Holloway *et al.*, 1998; Thompson *et al.*, 2001)。存在于河流中并从陆生到水生生物群落的氮通量可能相对较小，但这绝不是说，它对水生生物群落无关紧要。这是因为，氮是限制植物生长最常见的两种元素 (与磷) 之一。最后，每年还有少量的氮流失到海洋沉积物中。

在一个生物圈陆地部分的模型中，固氮作用的输入估计为 211 Tg N a^{-1}。这是每年氮元素的主要来源，与之相比，陆地植被和土壤的总储量为 296 Pg a^{-1} (土壤是 280 Pg a^{-1}，而其中 90% 为有机形式) (Lin *et al.*, 2000)。

人类以各种不同的方式影响着氮循环

人类活动对氮循环有着深远而多样的影响。森林砍伐和土地清除，通常导致河流中氮通量大大增加，以及 N_2O 向大气的流失 (见第 18.2.2 节)。此外，技术过程固定的氮，作为内燃的副产品存在于肥料产品之中。而在农业生产中种植的豆类作物，其根瘤中含有固氮细菌，对固氮作用则有更大的贡献。实际上，因人类活动而被固定的氮量，与自然界的固氮量相比，只有很小的数量级。含氮化肥的生产 (大于 50 Tg a^{-1})，具有异常重要的意义，这是因为，加入土地中的化肥有相当一部分流到了河流、湖泊中。这由人工引起的氮浓度的增加，将加快湖泊的富营养化过程。

人类活动也影响大气圈中的氮循环。举例来说，农业土壤的施肥会导致径流增加，也使反硝化作用增强，而动物饲养密集的地区，其肥料的搬运和散布也将相当量的氨释放到大气中。人们日益认为，大气中的氨 (NH_3) 在沉积于畜牧场下风处时，将成为一种主要的污染物 (Suton *et al*., 1993)。由于很多植物群落适应低氮条件，因此，预计氮输入的增加将能引起群落结构的改变。石南灌丛 (heathland) 低地，对氮的富集 (与湖泊富营养化相对应的陆地过程) 特别敏感，例如，从前的荷兰石南灌丛现已有 35% 以上被草地所替代 (Bobbink *et al*., 1992)。有一些群落则更为敏感，包括钙质的草地以及高地的草本和苔藓植物区系，在这些地区，人们已经记录到其物种丰富度的降低 (Sutton *et al*., 1993)。其他一些陆生生物群落中的植被可能对氮的敏感性较小，因其可能到达了不受氮限制的阶段。例如，森林中氮沉降的增加，预计最初会加速森林的生长，但到达一定程度后，系统就变得 "氮饱和" 了 (Aber, 1992)。氮沉降若进一步增加，预计将会因 "突破" 而排出，从而增加河流径流中的氮浓度，引起下游湖泊的富营养化。

氮与酸雨

有明确的证据证明，在过去几十年中，NH_3 的排放有所增加；最近的估计则显示，至少在畜牧场周围的局域地区，NH_3 占人工输入到欧洲生态系统中氮的 60%~80% (Sutton *et al*., 1993)。其余的 20%~40%，来自发电厂石油和煤炭的燃烧、工业过程以及车辆排放产生的氮氧化物 (NO_x)。大气中的 NO_x 在几天内可转变为硝酸，继而和 NH_3 一起产生工业区及其下风区内酸性的降水。硫酸是另一肇事者，在下一节全球硫循环的讨论之后，我们将会概述酸雨的后果。

18.4.5 硫循环

我们已经知道，在全球磷循环中岩石圈占主导地位 (图 18.21a)，而氮循环中大气圈则具压倒性的重要地位 (图 18.21b)。与之相比，硫在大气和岩石圈中的数量较为接近 (图 18.21c)。

硫循环具有同等重要的大气和岩石圈相

三种自然的生物地球化学过程将硫释放到大气：① 挥发性化合物二甲基硫醚 (dimethylsulfide, DMS) 的形成 (来自浮游植物中一种大量化合物 ——DMSP (dimethylsulfonioproprionate) 的酶解)；② 硫酸盐还原 (sulfate-reducing) 细菌的厌氧呼吸；③ 火山活动。生物释放到大气中的总硫量估计达 22 Tg a^{-1}，其中 90% 以上是 DMS。余下的大部分，则来自洪涝沼泽湿地群落和与潮汐涨落相关的海洋群落，其中硫化细菌释放还原性含硫化合物，特别是 H_2S。火山向大气提供其他 7 Tg a^{-1} 的硫 (Simo, 2001)。它首先在大气中不断回流，包括含硫化合物被氧化成硫酸盐，此后，硫酸盐以湿沉降和干沉降的形式返回地面。

排出地面进入河流湖泊中的硫，约一半源自岩石的风化，其他则源于大气。在这条进入海洋的途径中，一部分可利用的硫 (主要是可溶性硫) 被植物吸收，流经食物链，并通过分解过程再次成为可被植物利用的形式。然而与磷、氮相比，在陆生和水生群落内部循环的硫通量要小得多。最后，硫会持续性地流失到海洋沉积物中，这主要通过非生物过程实现，比如 H_2S 与铁反应转化成硫化亚铁 (形成海洋沉积物中的黑色物质)。

硫与酸雨

化石燃料的燃烧，是人类对全球硫循环 (sulfur cycle) 的主要干扰 (煤含硫 1%~5%，石油含硫 2%~3%)。SO_2 释放进入大气并被氧化成硫酸，存在于尺寸通常小于 1 μm 的气溶胶液滴中。自然和人为释放到大气的硫总共有 70 Tg S a^{-1}，且两者的数量级较为接近 (Simo, 2001)。自然输入的硫合理且均匀地散布全球，而人为输入的硫，则聚集于北欧和北美东部的工业区，在那里，它们可贡献总量的 90% (Fry & Cooke, 1984) 以上。硫的浓度从其产生处到下风区会逐渐减少，但在几百公里的距离内，其浓度依旧很高。因此，一个国家可向其他国家输出 SO_2；为减轻由此引发的问题，国际间相互协商的政治活动十分必要。

水分与大气中的 CO_2 处于平衡时，形成稀释的碳酸，pH 约为 5.6。而酸性降水 (雨或雪) 的平均 pH，完全可以降至 5.0 以下，如不列颠有 pH 为 2.4 这样的低值记录，斯堪的纳维亚是 2.8，而在美国则是 2.1。尽管 NO_x 和 NH_3 总共占 30%~50%，但 SO_2 的排放是引起酸雨问题的主要因素 (Mooney *et al*., 1987; Sutton *et al*., 1993)。

低 pH 如何猛烈地影响河流、湖泊的生物区系，对此，我们已做了一定的了解 (见第 2 章)。酸雨 (见第 2.8 节) 是造成数以千计湖泊中鱼类灭绝的原因之一，尤其是在斯堪的纳维亚。此外，低 pH 对森林和其他陆生生物群落也会产生深远的影响。它可通过降解脂质和破坏细胞膜来直接影响植物，也可通过一些方式间接地产生影响，如增加土壤中一些营养的淋溶，从而使另一些营养变得难以被植物吸收。值得注意的是，对生物地球化学循环 的一些间接干扰作用，会对另一些生物地球化学成分产生 "撞击" 效应。例如，硫通量自身的改变，并非总是对陆生和水生生物群落有害，而硫酸盐具有移动金属 (如铝) 的能力，使其到达许多有机体对其敏感的地方，这可能间接导致了生物群落结构的改变。[在另一种情形下，湖泊中的硫酸盐可降低铁与磷结合的能力，从而将磷释放，使浮游植物的生产力有所增加 (Caraco, 1993)。]

倘若政府从政策上表现出减少 SO_2 和 NO_x 排放的意愿 (例如，将已有技术应用于煤和石油中硫的移除)，那么酸雨问题就能得到控制。实际上，世界上很多地区的硫排放量已经有所减少。

18.4.6 碳循环

光合作用与呼吸作用两股相反的力驱动了全球碳循环

光合作用和呼吸作用是驱动全球碳循环 (carbon cycle) 的两个相反的过程。这主要是气态循环，其中 CO_2 是大气、水圈和生物区系间通量的承载物。历史上，岩石圈只扮演次要的角色；在近几世纪的人类干扰之前，化石燃料一直作为静态储存库而存在 (见图 18.21d)。

陆生植物把大气中的 CO_2 用作光合作用的碳源，而水生植物则利用可溶性的碳酸盐 (即来自水圈的碳)。这两个子循环由大气和海洋间的 CO_2 交换相联接，如下式：

大气中的 $CO_2 \rightleftharpoons$ 溶解的 CO_2

$CO_2+H_2O \rightleftharpoons H_2CO_3$ (碳酸)

此外，富钙岩石，如石灰岩和石灰石可风化产生碳酸氢盐，于是碳可以碳酸氢盐的形式进入岛屿水体和海洋：

$CO_2+H_2O+CaCO_3 \rightleftharpoons Ca[H(CO_3)]_2$

植物、动物和微生物的呼吸作用，则使固定在光合产物中的碳释放回大气和水体的碳分室 (carbon compartment) 中。

由于 …… 大气中的 CO_2 浓度在持续增加

大气中的 CO_2 浓度，已从 1750 年的 280 ppm (1 ppm=10^{-6}) 增加到了今天的 370 ppm 以上，并且仍在继续上升。图 18.22 显示了夏威夷冒纳罗亚火山观测站的记录结果，展示了大气 CO_2 浓度自 1958 年以来不断增加的格局。(注意，CO_2 浓度的周期性减少与夏季北半球的高光合作用速率相关，这反映了世界上多数大陆存在于赤道以北的事实。)

…… 化石燃料的燃烧 ……

在第 2.9.1 节和第 2.9.2 节中，我们讨论了大气 CO_2 的增加，以及与此相关但被夸大的温室效应；随着对碳收支评价的更加全面化，现在，我们可以再次涉及这个主题。导致 CO_2 增加的主要原因，首先是化石燃料的燃烧，其次是为生产水泥而进行的较小规模上的石灰石煅烧 (后者产生的 CO_2 不及前者的 2%)。总计起来，它们造成了 1980—1995 期间大气中平均 5.7(±0.5) Pg C a^{-1} 的净增长 (Houghton, 2000)。

…… 以及热带森林的采伐

土地利用变化导致了其他 1.9(±0.2) Pg a^{-1} 的碳进入大气。热带森林的开发则导致了 CO_2 的显著释放，但是，明确的影响取决于被清除的森林是用作持续性农业、轮耕农业 (shifting agriculture) 还是木材生产。森林清除后，火烧可使一些植被很快地转变为

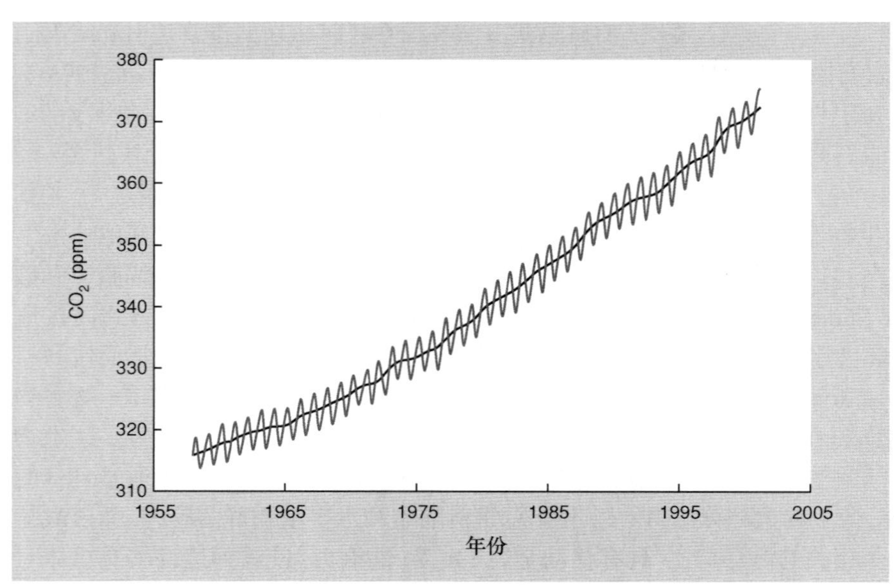

图 18.22 夏威夷冒纳罗亚火山观测站大气二氧化碳 (CO_2) 的浓度，显示了季节性循环 (由光合速率的改变引起) 和很大程度上由化石燃料燃烧引起的长期的增加 (经美国国家海洋和大气管理局气候监测与分析实验室允许使用)。

CO_2，而残留植被的腐烂，则使 CO_2 在一个相当长的时期内被释放出来。如果森林已被清除并供给持续性农业，那么，土壤中的碳含量会因有机物的分解、侵蚀以及间或发生的上层土壤的机械性移除而减少。为轮耕农业而进行的清除具有相似的作用，但是，休耕期地面植物区系和次生林的重建，会将一部分原初流失的碳重新固定下来。轮耕农业和木材获取均与“暂时性”清除相关，其单位面积净释放的 CO_2，要明显少于用作农业或放牧的“永久性”清除。然而在非热带地区，陆生生物群落中土地利用的改变，似乎对 CO_2 向大气的净释放具有负效应。

部分额外的 CO_2 溶解在海洋中……或者被陆生植物所吸收

通过人类活动，释放到大气中的总碳量为 7.6 Pg C a^{-1}（见第 2.9.1 节），而全球生物区系通过呼吸作用自然释放的总碳量是 100～120 Pg C a^{-1}，两者可以进行比较 (Houghton, 2000)。这些额外的 CO_2 到哪去了呢？据观测，大气中 CO_2 的增加量为 3.2±(1.0) Pg C a^{-1}（即人为输入的 42%）。剩下的相当一部分，溶解在海洋中，为 2.1(±0.6) Pg C a^{-1}。这样，剩下的 2.3 Pg C a^{-1}，通常归因于残余的陆地碳沉降；尽管其数量、发生场所及成因均不明确，但相信与北半球中纬度地区陆地生产力的增加（也就是说，一部分增加的 CO_2 可能用作对陆生生物群落的“施肥”，并被额外的生物量所吸收）以及早期干扰后森林的恢复有关 (Houghton, 2000)。

准确预测未来 CO_2 排放的变化是一项棘手的工作

对 CO_2 碳源和碳汇及其在大气中增长的估计，具有很大程度的年际变异（见图 18.23）。事实上，正是这种变异，产生了前文中基于平均值的标准误。1981—1982 年大气 CO_2 增加的减缓，是由于石油价格的明显上涨；而 1992—1993 年的减缓，则源于苏联的经济崩溃。在 1997—1998 年（在图 18.23 中未显示），世界上小部分地区出现明显的野火，并因此使大气中 CO_2 的增长速率加倍。在印度尼西亚，大规模的森林大火曾使碳的排放在几周内达到约 1 Pg。这些被烧过的地区，曾含有大量的泥炭沉积物，而在大火中其深度损失了 25～85 cm，因此，被释放的碳大部分来源于此，而非木材的燃烧。由于环境的联合作用（1997—1998 年厄尔尼诺事件引起的干旱、当时泥炭的厚度以及尤其可引起植被和土壤干旱的伐木作业），印度尼西亚的大火异常严重 (Schimel & Baker, 2002)。由此看来，对碳排放的未来变化进行精确估计已十分紧迫，但这将是个困难的任务，因为有诸多变量对碳平衡形成冲击，如气候、政治、社会等等。在本书的最后结尾，我们将回到人类面临的多维度的生态挑战中来（见第 22.5.3 节）。

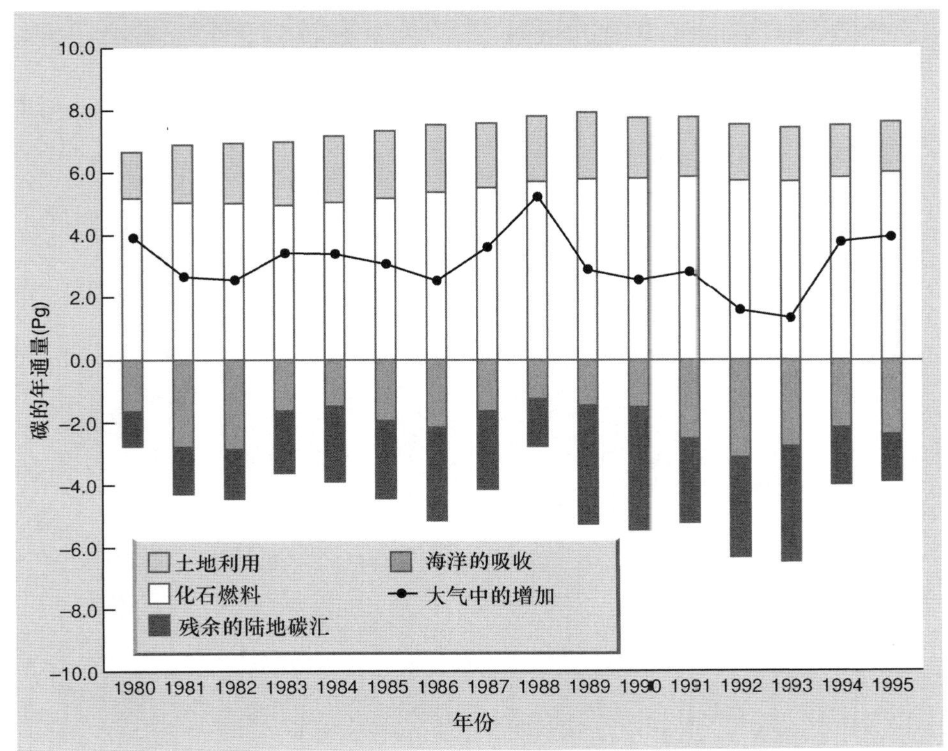

图 18.23 自 1980 年到 1995 年 CO_2 的增加（圆点和黑线）和全球碳循环中碳的释放（中线以上的柱状图）或积累（中线以下的柱状图）的年际变异（仿 Houghton, 2000）。

小结

活的生物体消耗能量而从环境中获取化学物质，持有并在一段时期内利用它，然后又将其丧失。在这一章中，我们考虑一定面积陆地或一定体积水体中，生物区系在生态系统不同的生物和非生物组分间同化、转化和移动物质的方式。一些非生物分室存在于大气中 (如碳存在于二氧化碳中，氮以氮气的形式存在)，一些存在于岩石圈的岩石中 (如钙、钾)，另一些则在水圈中 —— 土壤、溪流、湖泊或海洋的水中 (如氮存在于可溶性硝酸盐中，磷存在于磷酸盐中)。

营养元素可以简单无机分子或离子的形式被植物利用，并进入到生物量的复杂含碳化合物中。而最终，当含碳化合物被代谢成二氧化碳时，矿质养分将再次以简单无机形式释放。随后，它们可能又被另一植物吸收，因而营养元素的单个原子可以重复地经过一条又一条食物链。由于其本质上的差别，高能化合物中的每一焦耳能量只能利用一次，而化学养分却可以重复利用，并往复循环 (尽管养分循环并不十分完全)。

我们讨论了生态系统中养分获取和流失的方式，并注意到某种特定养分的输入和输出可能处于平衡。但决非总是如此，如对所讨论的某一养分而言，当生态系统是其净源或汇时，情况就会发生变化。此外，我们探讨了森林、溪流、湖泊、河口和海洋中养分收支的组成，以及影响输入、输出的因素。

养分可因大气中的风和溪流、洋流中流动的水而进行长距离的运输，因此，我们以考察全球生物地球化学循环来结束本章。水循环中，水主要来源于海洋；水分由辐射蒸发进入大气，通过风的作用漫布在全球表面，并由降水带回地面。磷主要来源于岩石 (岩石圈) 的风化；该元素拥有沉积性循环，因为矿质磷的总体趋势是：从陆地被不可避免地带到海洋，并在那里最终成为沉积物。硫循环有大气相和岩石相，它们的数量级较为相似。与之相反，大气相在碳、氮循环中占主导地位。光合作用和呼吸作用是驱动全球碳循环的两个相反的过程，而微生物的固氮作用和反硝化作用则在氮循环中尤为重要。此外，人类活动对生态系统的养分输入有显著贡献，并对局部和全球的生物地球化学循环形成干扰。

第 19 章 种群相互作用对群落结构的影响

19.1 引言

种间竞争可能决定哪些以及多少个物种可以共存

单个物种可以通过多种途径影响整个群落。几乎所有的物种都可以为捕食者或寄生于其上的其他物种提供资源，但也有一些物种 (如树木) 可以提供更为广泛的资源，为大量的消费者所利用 (第 3 章已讨论)。因此橡树林中，橡树在决定群落的组成和多样性方面具有重要作用，它的果实、叶片、枝干和根为专性捕食者提供食物，同时死亡的有机体可以供给食碎屑者和分解者 (见第 11 章)。物种也可以通过影响环境条件来决定群落的物种组成和多样性 (见第 2 章)。大型植物创造的微生境可以满足许多小型植物和动物的生态位需求，而大型动物的体表和体内则为各种寄生物提供了多种环境条件 (见第 12 章)。此外，我们还看到，在演替过程中一些早期的拓殖者可以改善环境条件从而促进后续物种的生长 (见第 16 章)。我们将不再对这些过程作详细的探讨。

本章我们着重关注竞争、捕食和寄生等种群相互作用如何对群落进行塑造。这个问题在近四十年来一直是生态学研究的核心，并备受争议。就像我们接下来要解释的那样，充分的理论依据可以预见，种间竞争因其决定群落中共存物种的物种数量将在塑造群落中发挥重要作用。实际上，在 20 世纪 70 年代，生态学家们普遍认为竞争是最重要的 (MacArthur, 1972; Cody, 1975)；但这种整体的观点 (monolithic view) 逐渐发生转变，人们开始关注非平衡和随机因素 (nonequilibrial and stochastic factors)，如物理干扰和环境条件的易变性 (见第 16 章) 以及捕食和寄生的重要作用 (如 Diamond & Case, 1986; Gee & Giller, 1987; Hudson & Greenman, 1998)。我们首先讨论种间竞争在理论和实际两方面的重要作用，之后再考虑其他的种群相互作用，这时对于一些群落或生物而言，竞争作用的影响并不明显。

19.2 竞争对群落结构的影响

在竞争排斥原理 (the competitive exclusion principle) (见第 8 章) 中，首次提出了种间竞争是影响群落的核心和重要因素这一观点；该理论认为，如果两个或更多物种竞争相同的有限资源，只有一个物种能存活下来，而其他物种则会消失。理论衍生出更复杂、更精确的概念，如限制相似度 (limiting similarity)、最适相似度 (optimum similarity) 和生态位填充 (niche packing) (见第 8 章)，提出竞争物种的相似度存在一定的限制。因此，在生态位空间完全饱和之前能形成特定群落的物种数目是有限的。由此理论框架可见，种间竞争非常重要，因为它可以从一些群落中排斥掉特定的物种，并精确地决定另一些群落中哪些物种可以共存。然而，最关键的问题是：“这些理论效应在自然界中的重要性如何?”

19.2.1 群落中普遍存在的当前竞争作用

竞争并不总是具有压倒性的重要性

竞争有时能影响群落的结构，没有人对这一观点提出质疑。同样，也没有人认为竞争在所有情况下都是最重要的。如果在一个群落中，生物之间无时无刻都存在竞争，而环境均质，那么竞争无疑会对群落结构产生有力的影响。如果我们假设存在其他因素能阻碍竞争作用发展到竞争排斥的程度，比如降低生物密度或周期性地逆转竞争优势，那么情况又会怎样呢? 关于这点，Hutchinson (1961) 注意到，浮游植物群落在资源配置机会很有限的条件下却往往存在很高的多样性，他认为环境条件 (例如温度) 和资源 (光或营养) 的短期波动可能抑制了竞争排斥作用而导致了较高的多样性水平。Floder 等 (2002) 设计了一个共 49 天的实验对这一假说进行了检验，他在不同光照水平 [强光、弱光、强 – 弱光定期转换 (每隔 1、3、6 或 12 天)] 的微宇宙系统 (microcosm) 中接种自然浮游植物群落，并比较其物种多样性。正如 Hutchinson 所预测的那样，由于种间竞争无法发展到竞争排斥的程度 (图 19.1)，在波动条件下物种多样性会更高。

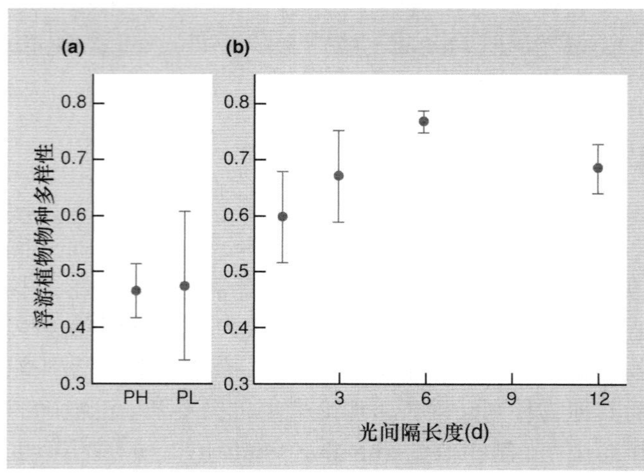

图 19.1　在一个 49 天的实验结束时，光强恒定 (a) 和光强波动 (b) 条件下浮游植物的平均多样性 (Shannon 多样性指数，±SE)。PH，恒定高水平光强；PL，恒定低水平光强 (仿 Floder *et al.*, 2002)。

文献分析认为竞争是普遍存在的……

从群落中移除或添加一个物种，并检测其他物种的响应，这种野外实验操纵方法可能是检测实际环境中竞争重要性最直接的方法。1983 年，发表了两份有关种间竞争野外实验研究的重要调查报告。Schoener (1983) 调查了他所能找到的所有实验结果 (共计 164 个)，并发现涉及陆生植物、陆生动物和海洋生物的研究数量大致相同，而涉及淡水生物的研究数量约为其他各组的一半。然而，在陆生生物的研究中，绝大部分涉及温带地区和大陆种群，而对植草性昆虫的关注相对较少。因此，受限于生态学家们的考虑对象，所作的任何结论都受到一定的限制。然而，Schoener 发现大约 90% 的研究都证明了种间竞争的存在，其比例在陆生生物、淡水生物和海洋生物中分别为 89%、91% 和 94%。此外他还发现，如果仅仅关注单个物种或小的物种群而不是整个研究所考虑的多个物种群，那么 76% 的研究至少在一些条件下会显示出竞争的影响，而 57% 的研究在所有实验检测的环境条件下都会显示出竞争的影响。陆生、淡水和海洋生物再次给出了十分相似的结果。相比之下，Connell (1983) 的综述不如 Schoener 的广泛，他只考虑了 6 个重要学术期刊的 72 项研究，涉及 527 个不同的实验和 215 个物种。绝大多数的研究结果、超过一半的物种以及大约 40% 的实验都证明了种间竞争的存在。与 Schoener 相比，Connell 发现种间竞争在海洋生物中比在陆地生物中更为普遍，同时在大型生物中比在小型生物中更为普遍。

从 Schoener 和 Connell 的综述可见，有效的、被普遍接受的种间竞争广泛存在。显然，它发生在物种之间的比例要小于其发生在整个研究中的比例。这是可以预料的，例如，4 个物种排列在一个生态位维度上，相邻的物种之间彼此存在竞争，那么在所有可能的相互作用 (6 个) 中，此时仅存在 50% (3 个)。

……但是数据有偏吗?

Connell 还发现，在仅有一对物种的研究中，种间竞争几乎一直很明显，而随着物种数增加，这种趋势显著降低 (从超过 90% 到低于 50%)。这在一定程度上可以从上述讨论中获得解释，但也可能显示了特定成对的研究物种的偏向性以及已发表 (或被期刊编辑接受) 的研究结果的偏向性。极有可能，一些物种因为很“有趣儿”(它们之间可能存在竞争)，而被更多地用到实验研究中；一旦发现竞争并不存在，这些研究结果将不会被发表出来。从这些研究中判断竞争的普遍性，就像从“黄色小报”上判断堕落的牧师。因选择研究而产生的偏向性是一个实际问题，只有那些在一个或多个“正效应”结果旁边的“负效应”结果被切实地发表出来，这种偏向性才能得以部分缓解。因此，调查结果，例如 Schoener 和 Connell 所获得的研究结论，都多多少少夸大了竞争的频率。

竞争的强度可能在群落之间存在差异

前面提到，植食性昆虫在 Schoener 的数据中很少提及；然而，关于植食性昆虫的综述表明，竞争或者在研究中非常罕见 (Strong *et al.*, 1984)，或者存在于特定的植食性昆虫中，如“叶毛虫”(leaf-biter) (Denno *et al.*, 1995)。此外，还有些例子涉及植食性昆虫的“空缺生态位”，即昆虫可以利用广泛分布的植物但具有不同的取食部位或取食方式，不过这一现象在不同本土昆虫区系的其他地区并未出现 (图 19.2)。这种空缺生态位的情况并不支持种间竞争这一说法。从更普遍的意义上讲，植食动物总体很少受到食物的限制，因此不太可能为了共同资源而产生竞争 (Hairston *et al.*, 1960; Slobodkin *et al.*, 1967; 见第 20.2.5 节)。一些观察结果为该说法提供了重要基础：绿色植物大量存在，很少遭受损伤，同时大部分时间内多数植食动物也比较罕见。Schoener 发现，表现出种间竞争的植食动物的比例要显著低于植物、食肉动物或食碎屑者的比例。

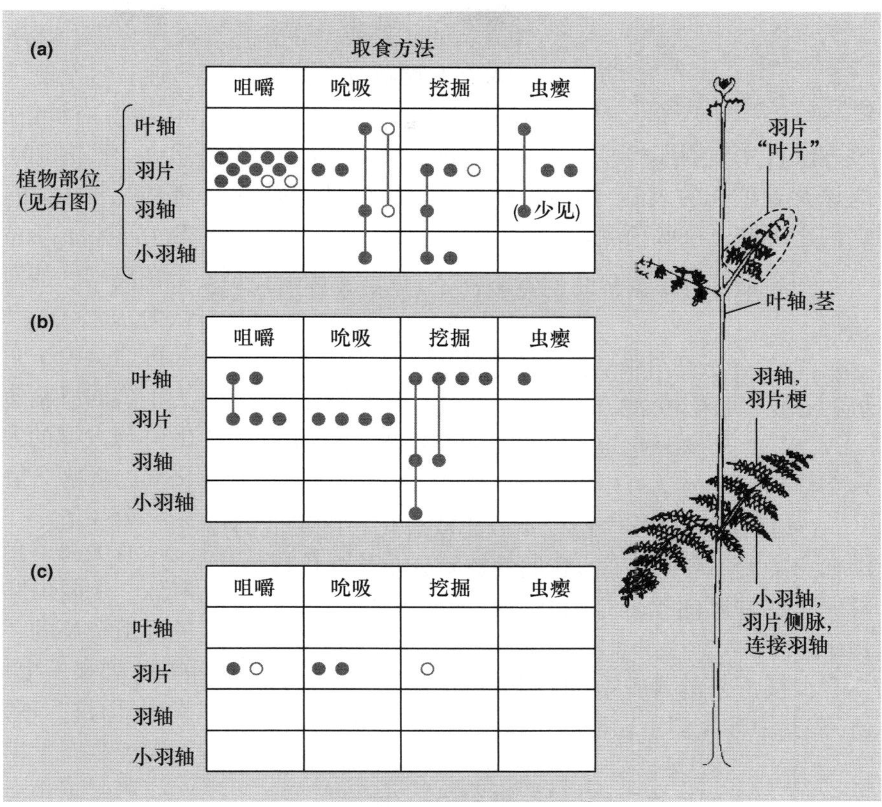

图 19.2 在三个大洲内, 植食性昆虫取食欧洲蕨 (*Pteridium aquilinum*) 的部位和方法。(a) 英格兰北部的 Skipwith Common, 数据来自林地和开阔地。(b) Hombrom Bluff, 巴布亚新几内亚的热带稀疏草原林。(c) 美国新墨西哥州和亚利桑那州沙加缅度山脉的 Sierra Blanca; 像在 Skipwith 一样, 这里的数据也是在林地和开阔地获得的。每种欧洲蕨昆虫以各自独特的方式取食植物的叶 (frond)。咀嚼式昆虫生活在植物体表, 咬食大片植物; 吮吸式昆虫打孔式地刺入植物的细胞或维管系统; 潜叶式昆虫生活在植物的组织内; 致瘿昆虫也生活在植物组织内但会形成虫瘿。取食部位在欧洲蕨叶图上显示。取食欧洲蕨叶多个部位的昆虫的取食部位用直线连接。●, 开阔地和林地; ○, 仅为开阔地 (仿 Lawton, 1984)。

综上所述, 当前研究报道的一系列生物和一些物种集群中存在非常明显的种间竞争, 例如在拥挤条件下的固着底栖生物。而在其他物种集群中, 种间竞争可能影响很小甚至没有影响。通常情况下, 种间竞争在植食动物中相对较少, 尤其在一些类型的植食性昆虫中。

19.2.2 竞争对群落结构的影响力

Atkinson 与 Shorrock 的模拟

有时尽管潜在的竞争很强烈, 但物种仍可能共存。这在模式群落的理论研究中非常明显, 其中, 物种竞争斑块和短暂的资源, 且每一个物种都聚集分布并与其他物种的分布相独立 (如 Atkinson & Shorrocks, 1981; Shorrocks & Rosewell, 1987; 见第 8 章)。对于那些表现出当前竞争 (current competition) (如 Schoener 和 Connell 综述中提到的那样) 的物种, 将其中一个物种移除则会导致其他物种多度的增加。然而, 虽然竞争系数足够高, 并能达到在均一环境 (uniform environment) 中竞争排斥的程度, 但环境的斑块化本质和生物个体的聚集行为可能导致物种共存, 而不发生生态位分化 (niche differentiation)。因此, 即使种间竞争实际影响了种群的多度, 它也并不决定群落的物种组成。Werthem 等 (2000) 对 60 个昆虫分类群 (双翅目和膜翅目) 进行了野外研究, 这些昆虫利用的斑块化资源则来自 66 个蘑菇分类群, 研究发现, 当认为资源分割 (resource partitioning) 对生物多样性影响不大时, 昆虫共存的现象可以由上述种内聚集的行为来解释。

过去竞争的幽灵

从另一方面看, 即使有时种间竞争缺失或难于被察觉到, 这并不意味着它在构建群落结构方面不重要。由于过去的选择压力可能避免了竞争, 并导致了生态位的分化 [Connell 称为 "过去竞争的幽灵" ("ghost of competition past")——见第 8 章], 因而当前物种之间可能并不存在竞争。这类结果的产生, 不是因为竞争失败者已经灭绝, 就是因为当前存在且能观察到的物种之前与其他物种的竞争很微弱或根本没有竞争而一直存活。此外, 物种之间的竞争可能很少发生 (或许在种群爆发的时候), 或仅当其拓殖的生境斑块内生物密度过高时才发生, 然而这种竞争的结果可能对其在特定地区的持续存活有重要影响。综上所述, 种间竞争是影响群落结构的重要因素, 它可以影响共存物种的种类及其具体性状。不过, 这种影响将不会反映到当前竞争的水平上来。显然, 当前竞争的强度可能只在某些情况下与群落中竞争的构建能力 (structuring power) 存在微弱的联系。

来自竞争理论的预测

这种微弱的联系使得许多群落生态学家在开展对竞争的研究时，并不依赖于当前竞争的存在。该方法首先预测那些在过去受到种间竞争塑造的群落应该有着怎样的表型，然后检验实际群落的特征来看它们是否符合这些预测。

预测本身可根据传统的竞争理论 (见第 8 章) 轻易获得。

(1) 共存于群落中的潜在竞争者至少要显示出生态位的分化 (见第 19.2.3 节)。

(2) 生态位分化通常反映为形态学分化 (见第 19.2.4 节)。

(3) 任何群落中，生态位不分化或分化程度很低的潜在竞争者不可能共存。它们的空间分布呈现负相关：每一个物种倾向于分布在其他物种缺失的生境 (见第 19.2.5 节)。

在接下来的章节中，我们将讨论群落格局的相关研究，其中涉及竞争在群落结构塑造中的作用。

19.2.3　来自群落格局的证据：生态位分化

在第 8 章，我们概要地讲述了动物和植物中不同类型的生态位分化。一方面，动、植物可能拥有不同的资源利用方式。这可能直接表现在一个独立的生境中，或者当资源在空间或时间上相分离时，表现为微生境、地理分布或暂时性表现的差异。再者，物种及其竞争能力可能在对环境条件的响应上存在差异。这也可以表现为微生境、地理或时间上的分化，而这又依赖于环境条件的变化情况。

19.2.3.1　生态位互补

来自群落格局的证据……案例：巴布亚新几内亚的海葵鱼……

在一项有关生态位分化和物种共存的研究中，对巴布亚新几内亚 (Papua New Guinea) 马当省 (Madang) 附近的多种海葵鱼进行了调查 (Elliott & Mariscal, 2001)。据报道，该区域海葵鱼 (9) 及其寄主海葵 (10) 的物种丰富度最高。每一种海葵都会被一种特定的海葵鱼个体所占据，这是因为定居者会对入侵者进行攻击排斥 (尽管很少看到不同个体大小的海葵鱼之间存在攻击作用)。由于几乎所有的海葵都被占据，因此海葵似乎是这些鱼类的限制性资源；有时一些海葵鱼迁移到新的地点，它们之前居住的海葵便遭到迅速拓殖，其中成年海葵鱼的多度不断增加。对 4 个区域 (近岸、潟湖中部、外围堡礁和离岸区，图 19.3a) 中的 3 个重复的暗礁点进行调查后发现，每一种海葵鱼都主要与一种特定的海葵相关，并对特定的区域具有特别的生境偏好 (图 19.3b)。然而，居于同种海葵的不同种海葵鱼与不同地带的高程相关。海葵鱼 *Amphiprion percula* 寄居在近海岸的海葵 *Heteractis magnifica* 上，而海葵鱼 *A. perideraion* 则寄居在离岸区的海葵 *H. magnifica* 上。Elliott 和 Mariscal 认为，9 种海葵鱼可以共存于有限的海葵资源中，一方面可能是由于它们生态位的分化，而另一方面，则是因为小型的海葵鱼种类 (*A. sandaracinos* 和 *A.leucokranos*) 能够与大型的海葵鱼共同居住在相同的海葵中。这种格局与群落竞争理论预测的相一致 (尤其是预测的第 1 条和第 3 条)。

有关海葵鱼，有两点值得强调。首先，它们可以被看做一个同位群 (guild)，即以相似的方式利用相同等级的环境资源的一群生物 (Root, 1967)。无论在过去还是将来，如果发生种间竞争，那么很可能以同位群的方式发生；但这并不是说同位群成员之间必然存在竞争，这还需要生态学家们去验证。

第二点是海葵鱼显示出生态位互补 (niche complementarity) 的特征。如果将同位群看做一个整体，则生态位分化涉及多个生态位维度，在同一维度 (海葵种类) 上占据相似位置的物种将在另一维度 (占据的生境区域) 上会有所不同。沿多个维度的互补分化在其他许多生物同位群中也有报道，如蜥蜴 (Schoener, 1974)、大黄蜂 (Pyke, 1982)、蝙蝠 (McKenzie & Rolfe, 1986)、雨林食肉动物 (McKenzie & Rolfe, 1986) 和热带森林 (Davies *et al.*, 1998)，后面我们还会讲到。

19.2.3.2　生态位的空间分化

案例：婆罗洲的树种……

树木对资源，如光、水分和养分的利用能力不同。一项关于婆罗洲 (Borneo) 血桐属 (Macaranga) 11 个树种的研究显示，这些树种存在明显的光需求分化，从严格需强光物种 (如 *M. gigantea*) 到耐阴物种 (如 *M. kingii*) (图 19.4a)。随着树木个体的增大，树冠截获光能的平均水平增加，但树种的排序等级依然不变。耐阴树种个体最小 (图 19.4b) 并一直位于林下层，很少扎根于受干扰的微生境中 (如 *M. kingii*)；与之相反，一些大型的喜强光树种是大林窗的先锋植物 (如 *M. gigantea*)。其他需要中等程度光照的树种被认为是小林窗的特征植物 (如 *M. trachyphylla*)。除此之外，血桐属树种可以沿着第二种生态位梯度发生分化，比如，一些树种在富含黏土的土壤中更为常见，而另一

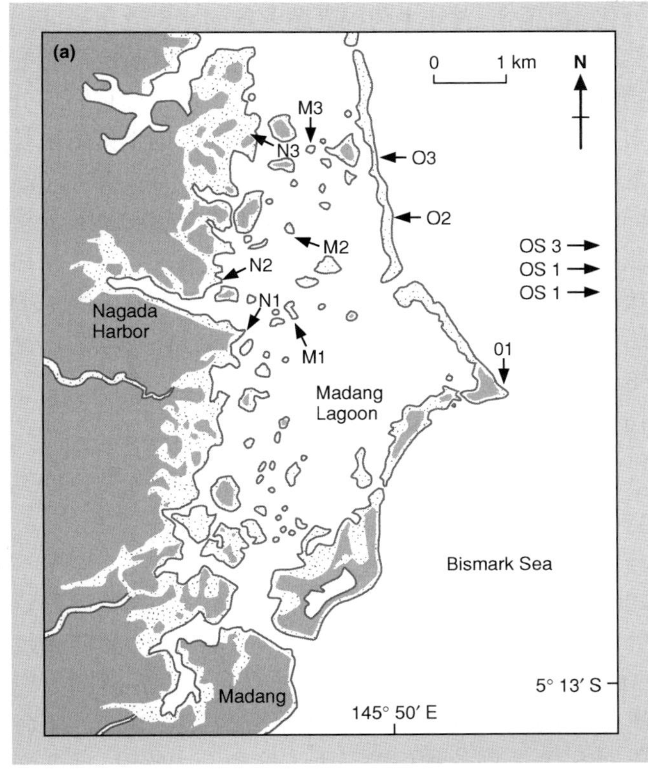

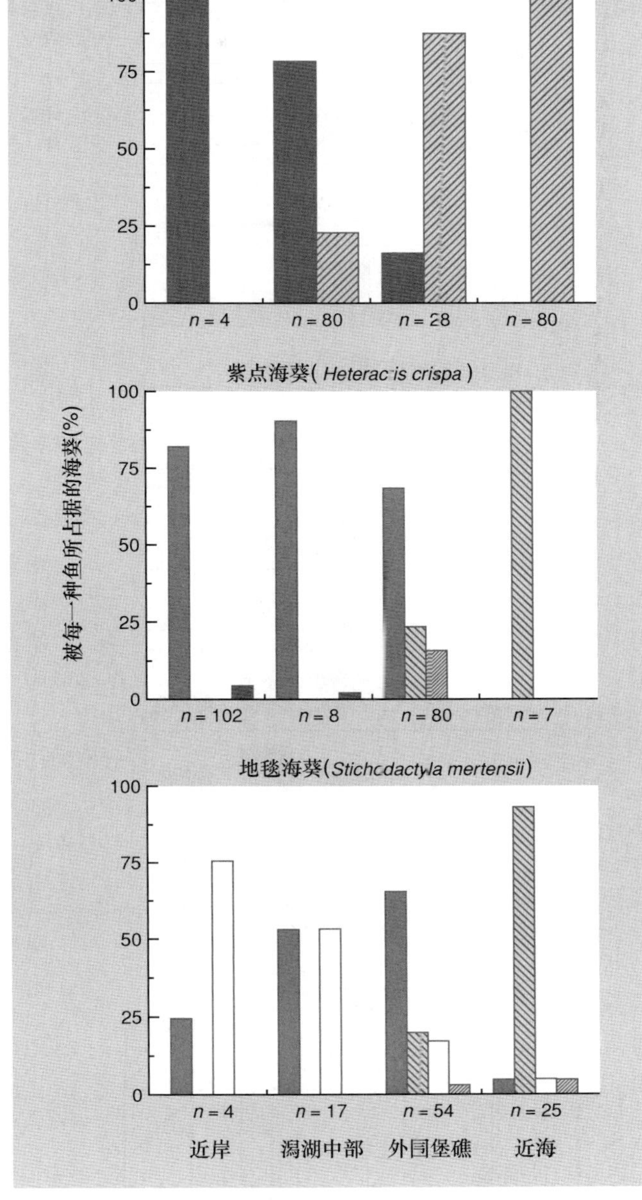

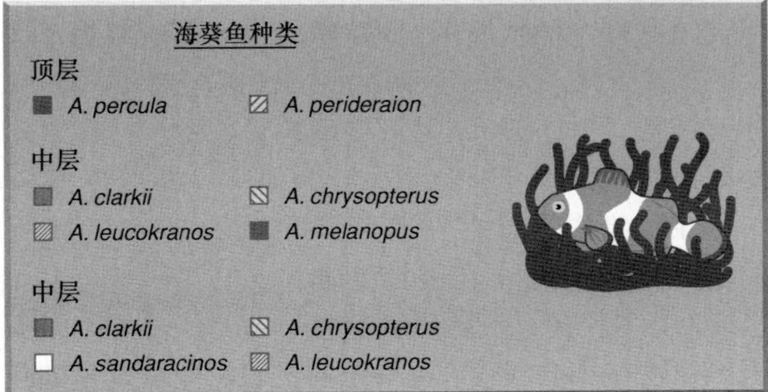

图 19.3 (a) 研究地图: 显示马当潟湖 (Madang Lagoon) 内、外 4 个区域各 3 个重复研究地点的位置 (N, 近岸; M, 潟湖中部; O, 外围堡礁; OS, 离岸礁)。白色区域代表水域, 粗点区域代表珊瑚礁, 细点区域代表陆地。(b) 在 4 个研究地点的每一个带中, 3 种常见海葵 (*Heteractis magnifica*、*H. crispa* 以及 *Stichodactyla mertensii*) 被不同种海葵鱼 (*Amphiprion* spp., 见左侧图例) 占据的百分比。每个区域中所统计的海葵数目由 *n* 表示 (仿 Elliott & Mariscal, 2001)。

些则倾向于生长在富含沙子的土壤中 (图 19.4b)。养分有效性 (黏土中普遍较高) 和/或土壤水分有效性 (黏土中可能较低, 由于根垫层和腐殖质层较薄) 是形成这种分化的基础。与海葵鱼的研究类似, 血桐属树木中也存在生态位互补的现象。光需求水平相近的物种, 会偏好不同的土壤质地, 这在耐阴树种中尤其明显。

血桐属树种表现出的生态位分化现象, 部分与资源的水平异质性 (与林窗大小相关的光照水平、土壤类型的分布) 相关, 部分与垂直异质性 (所到达的高度、根垫层的深度) 相关。

在多脂松 (*Pinus resinosa*) 林底层的垂直面上, 外生菌根真菌 (ectomycorrhizal fungi) 也表现出资源利用的

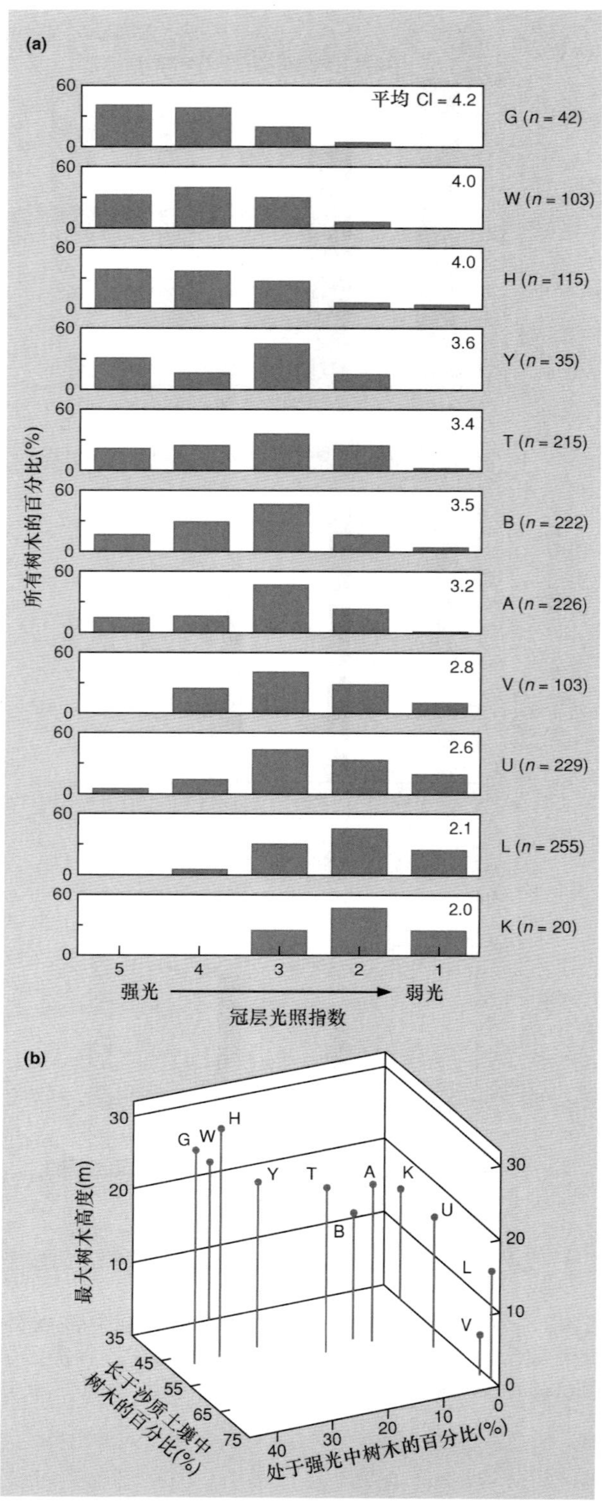

图 19.4 (a) 11 种血桐属植物 (括号中数字代表样本大小) 冠层接受不同光照强度个体的百分比, 光照强度分为 5 级。(b) 11 种植物相对最大高度并处于高光照 (图 a 中的 5 级) 下的茎干比例以及生长于砂质土壤中的茎干比例的三维分布。血桐属植物的每个物种由单个字母表示: G, *gigantean*; W, *winkleri*; H, *hosei*; Y, *hypoleuca*; T, *triloba*; B, *beccariana*; A, *trachyphylla*; K, *kingii*; U, *hullettii*; V, *havilandii*; L, *lamellata* (仿 Davies *et al*., 1998)。

分化。但至今, 对外生菌根真菌菌丝的原位分布研究仍然不可能实现; 然而, 利用 DNA 分析可以鉴定可能的物种 (甚至在物种名缺失的情况下), 并比较它们的分布。森林土壤有发育良好的枯枝落叶层, 向下则依次是发酵层 (fermentation layer) (F 层)、稀薄的腐殖质层 (humified layer) (H 层) 和矿质土层 (B 层)。在据 DNA 分析获得的 26 种外生菌根真菌中, 一些真菌主要分布在枯枝落叶层 (图 19.5 中 A 组), 其他分布在 F 层 (D 组)、H 层 (E 组) 或 B 层 (F 组)。其余种类的分布则较为广泛 (B 组和 C 组)。

19.2.3.3 生态位的时间分化

案例: 北美的捕食性螳螂……

理论上, 资源的水平或垂直空间分化 (如上所述), 或者时间分化 (Kronfeld-Schor & Dayan, 2003) (例如, 一年中生命周期的波动) 能避免激烈竞争的发生。中华大刀螳 (*Tenodera sinensis*) 和薄翅螳 (*Mantis religiosa*), 是两种作为捕食者在世界范围内广泛分布的螳螂, 在亚洲和北美洲普遍共存。它们的生命周期有 2~3 周的相位差。为了检验上述假说, 即非同步性 (asynchrony) 有助于减弱种间竞争, 研究人员在野外建立的重复样地中调整其卵的孵化时间, 使之保持一致 (Hurd & Eisenberg, 1990)。中华大刀螳在正常情况下孵化较早, 不会受到薄翅螳的影响。与之相反, 在中华大刀螳存在的情况下, 薄翅螳的个体存活率和个体大小迅速下降。而由于这两种螳螂既相互竞争资源, 又相互捕食, 因此实验结果可能反映了这两个过程之间的复杂相互作用。

案例: 阿拉斯加的冻原植物

在植物中同样存在着资源的时间分化现象。在阿拉斯加 (Alaska), 生长在氮限制环境中的苔原植物在氮的吸收、氮来源的土壤深度以及氮的化学形式上都存在着时间分化。McKane 等 (2002) 用同位素 ^{15}N 标记了 3 种化学形式的氮 (无机铵、硝态氮和甘氨酸), 分别在 2 个时期 (6 月 24 日和 8 月 7 日) 将其注射到 2 个不同的土壤深度 (3 cm 和 8 cm) 下, 实验采用 3×2×2 的因子设计 (factorial design)。在实验处理 7 天后, 对 5 种常见的苔原植物进行示踪元素 ^{15}N 的浓度测量, 重复 3~6 次。实验证明, 这 5 种植物在氮源的利用方面存在高度分化 (图 19.6)。其中, 白毛羊胡子草 (*Eriophorum vaginatum*) 和越橘 (*Vaccinium vitis-idaea*) 都利用甘氨酸和铵盐, 但是三裂叶荚蒾在生长季早期和浅层土壤对这些形式氮源的利用都超过羊胡子草。常绿灌木杜香 (*Ledum palustre*) 和矮桦 (*Betula nana*) 主要

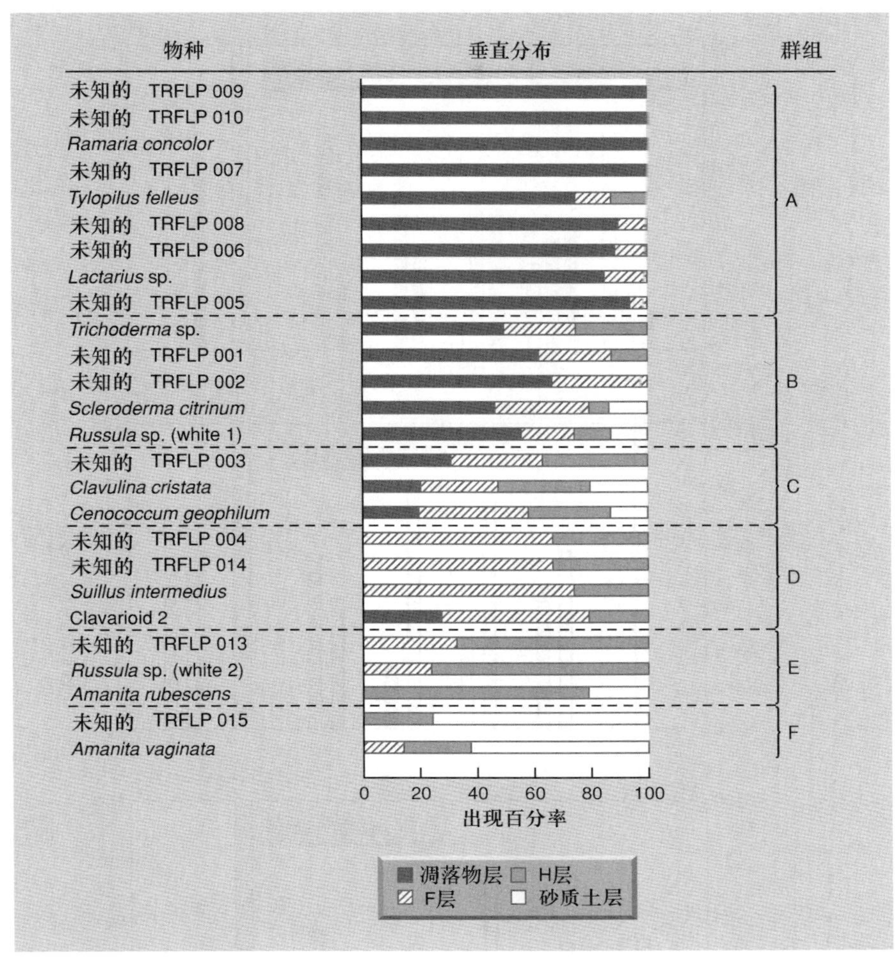

图 19.5 DNA 分析所确定的松树林地中26种外生菌根真菌的垂直分布。大部分尚未命名的真菌显示为代码 (ERFLP, 末端限制性片段长度多态性)。垂直分布直方图显示了凋落物层、F 层、H 层和B 层各种真菌出现的百分比 (仿 Dickie *et al.*, 2002)。

利用铵态氮, 但是杜香在季节早期吸收较多而矮桦在晚期吸收更多。最终, 箭叶薹草 (*Carex bigelowii*) 成为利用大部分硝酸盐的唯一物种。由此可见, 生态位在三个维度上产生互补, 而资源利用的时间分化可能有助于解释这些物种在资源限制条件下的共存现象。

19.2.3.4 生态位分化——表象还是真相? 零模型 (null model)

目的是表明格局不仅仅是因机会而产生

已报道的许多案例涉及表象的资源分化。然而, 很可能一些研究未发现这类分化, 因而并未被发表。当然, 很可能那些 "失败" 的研究存在一定缺陷, 没能选择合适的生态位维度, 但充分的研究表明, 资源分割在特定的物种集群中可能并不是一个重要特征。Strong 在 1982 年研究了一群铁甲亚科甲虫 [金花虫科 (Chrysomelidae)], 它们的成年个体普遍共存于蝎尾蕉 (*Heliconia*) 卷曲的叶片中。这些长命的热带甲虫关系密切, 摄取相同的食物并占据相同的生境。它们应该是证明资源分化的理想对象。然而, 在所研究的 13 种甲虫中, 除了一种与其他甲虫存在微弱的隔离现象, Strong 并没有发现其他的隔离证据。甲虫种内和种间都不存在侵略行为; 即使与可能成为竞争对手的其他物种共同占据叶片, 其宿主专一性也不会发生变化; 甲虫并不受食物和生境的限制, 而受到寄生和取食的强烈影响。对于这些物种, 资源分化虽然与种间竞争相关, 但并不显示出对群落的塑造作用。就像我们所看到的, 这可能才是许多植食性昆虫群落的真相。此外, 有关植物的研究涉及多样化的类群, 如浮游植物 (图 19.1) 和树种 (Brokaw & Busing, 2000), 但它们同样无法提供证据证明, 生态位分化能够促进物种共存和增加多样性。由此可见, 虽然符合生态位分化假说的群落格局在一定程度上广泛存在, 但绝非普遍。

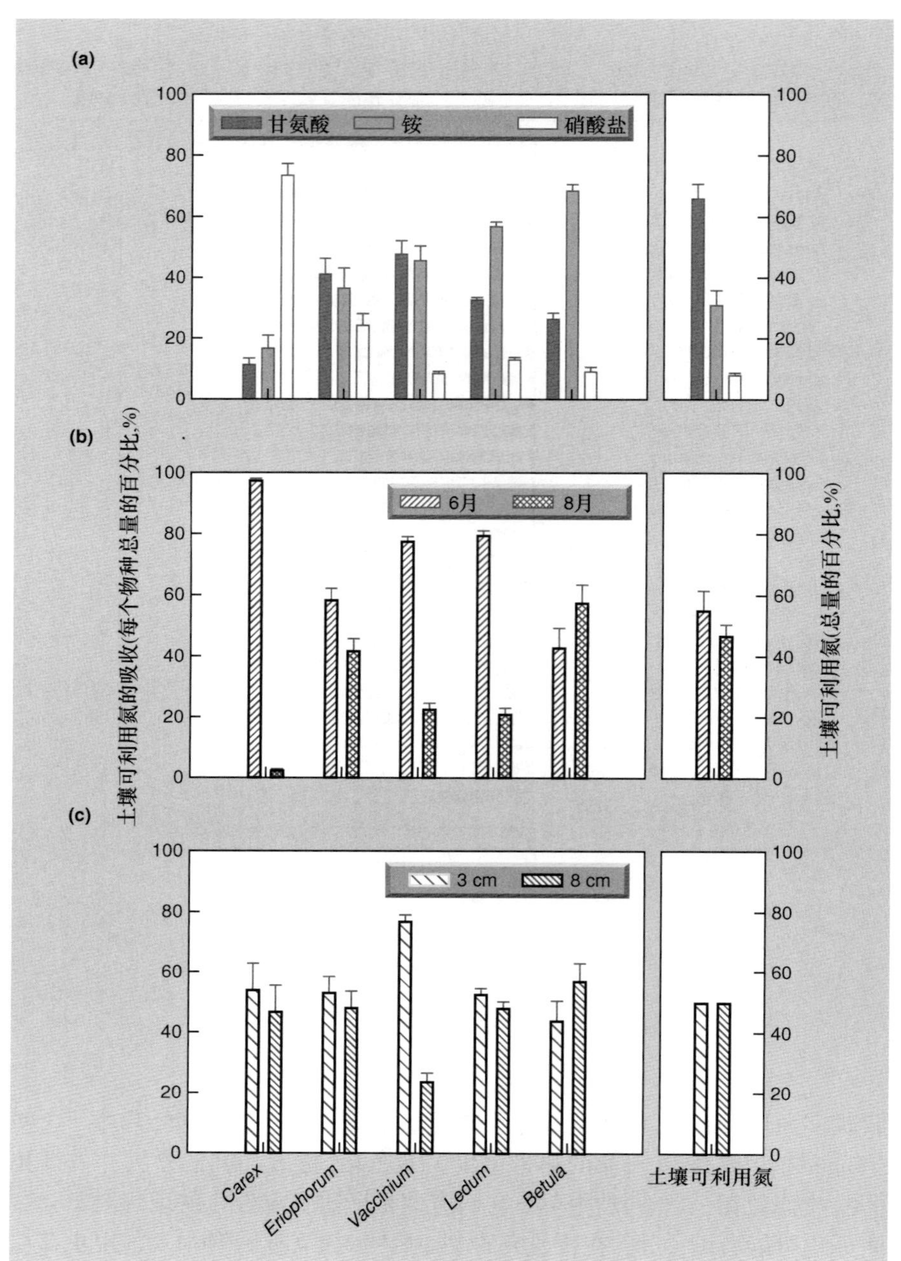

图 19.6 阿拉斯加草丛冻原中 5 种最常见植物相对于不同因素的土壤有效氮吸收 (平均 ±SE), 这些因素包括 (a) 化学形式、(b) 吸收时令以及 (c) 吸收深度。数据表示为每一种植物总吸收的百分数 (左边) 或土壤中总有效氮库的百分数 (右边) (仿 McKane *et al*., 2002)。

零假设的目的是确保统计学上的严谨

此外, 许多研究人员, 特别是 Simberloff 和 Strong, 强烈批评他们所看到的一种趋势: 从 "纯粹的差异" 来推断种间竞争的重要性。这些报道回避了这样一个问题, 即在一组生物中差异是否足够大或足够有规律, 从而可与随机事件造成的结果进行界定。这些问题导致了零模型分析 (null model analysis) 方法的产生 (Gotelli, 2001)。零模型是维持一定的真实特征、内部组分随机重组, 并包含了生物间相互作用的影响的实际群落模型。实际上, 这些分析试图使用一种更普遍的方法进行科学研究, 即构建和检验零假设 (null hypothesis)。这一思想对于具有统计学背景的读者而言更为熟悉, 即将数据进行重新排列成一个新的形式 (零模型), 它表示在所调查现象 (就目前情况而言是物种相互作用, 尤其是种间竞争) 不存在的情况下数据的可能情况。如果实际数据与零假设之间存在显著的统计学差异, 则拒绝零假设, 进而较好地推出所调查现象产生的影响。由于存在成熟的统计学方法来检验事物之间是否存在显著性差异, 而尚未有统计学方法来检验事物之间是否存在 "显著的相似性”, 因此, 拒绝或证伪 (falsifying) 某种效果不存在要比确认某种效果存在更为容易。

蜥蜴群落中食物资源利用的零模型……

Lawlor (1980) 曾观察了 10 个位于北美洲的蜥蜴群落, 其中包括 4~9 个物种, 并估算了每个群落中每一种蜥蜴对 20 种食物的消耗情况 (数据来自 Pianka, 1973)。研究人员针对这些群落构建了大量的零模型 (详见下面的讨论), 然后与其实际对应的群落就资源利用重叠模式方面进行了比较。如果竞争在群落构建中起着重要作用, 那么生态位应该呈现分化状态, 而实际群落中的资源利用重叠应该较零模型的预测结果更低。

Lawlor 的分析基于消费者物种的资源/食物 “选择性” (electivity), 物种 i 对资源 k 的选择性是以资源 k 为食物的物种 i 所占的比例。因此, 选择性的取值范围在 0 和 1 之间。对群落中的每一对物种而言, 这些将被依次用来计算其资源利用的重叠指数, 因而它本身也介于 0(没有重叠) 和 1(完全重叠) 之间。最后, 每一个群落都由一个单一值来表征, 即群落中存在的所有物种对的资源重叠的平均值。

……基于四种“重组算法”

零模型分为 4 类, 根据 4 种重组算法分为 RA1~RA4 (图 19.7)。每一个类型都保留了原始群落结构的一个不同方面, 而余下的资源利用方面则予以随机处理。

RA1 保留了原始群落结构的最低量。其中, 仅保留了原始的物种数目和资源种类数。在每个案例中, 用 0~1 的随机值来取代观测的选择性 (包括 0)。这意味着与原始群落相比, 0 的数目要少得多。因此, 每个物种的生态位幅度有所增加。

RA2 用随机值取代了除 0 以外的所有其他的选择性。因此, 它定性地保留了每个消费者的特异性程度 (例如, 无论消耗程度的高低, 被每种蜥蜴消耗的资源数目是正确的)。

RA3 不仅定性地保留了原始的特异性程度, 还保留了原始的消费者生态位幅度。这里, 没有使用任何随

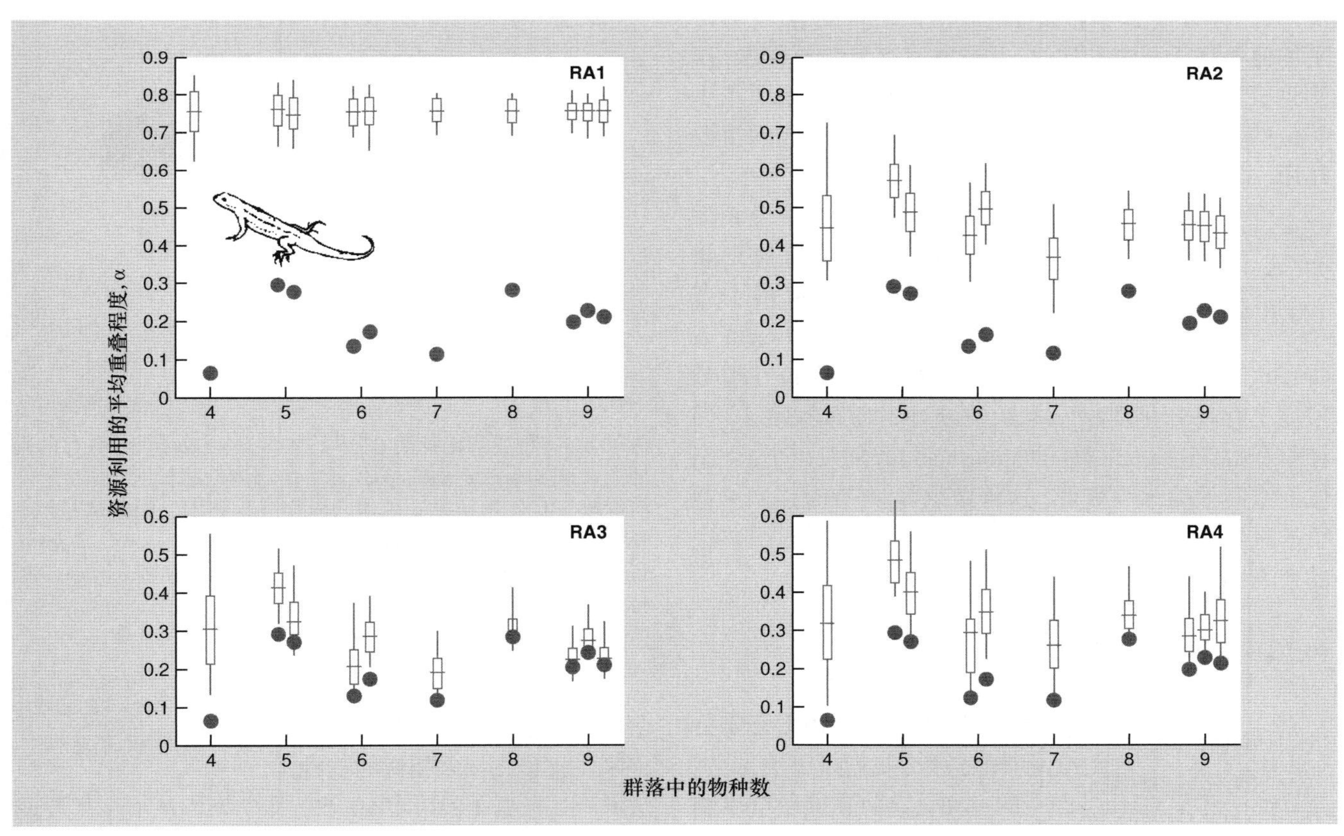

图 19.7 Pianka (1973) 所研究过的北美洲 10 个蜥蜴群落所利用资源重叠的平均指标, 图中以实心圆表示。在每一种情况下, 这些指标可以与 100 个随机构建群落的相应平均重叠值的均值 (水平线)、标准偏差 (垂直矩形) 和变异幅度 (垂直线) 相比较。这种分析可以用 4 种不同的重组算法 (RAs) 来完成, 其相关细节已在正文中描述 (仿 Lawlor, 1980)。

机生成的选择性, 而只是将原始值进行重新排列。也就是说, 对于每个消费者, 所有的选择性 (包括 0 和非 0) 都被随机分配到不同的资源类型中。

RA4 只对非 0 的选择性进行重新分配。在所有的算法中, 它保留了原始群落结构的绝大部分。

研究所涉及的 10 个群落中, 每一个群落都应该用 4 种算法运算; 产生 40 种情况, 而在每一个情况下, 都会生成 100 个 "零模型" 群落并计算相应的 100 个资源重叠的平均值。如果竞争在实际群落中确实很重要, 那么平均重叠值应该超过实际群落的值。如果 100 个模拟情况中, 有 5 个或少于 5 个产生的重叠平均值低于真实值, 那么我们认为, 实际群落的重叠平均值要显著低于零模型 ($P < 0.05$)。

看来蜥蜴通过了测试……

结果见图 19.7。所有消费者生态位幅度的增加 (RA1), 导致了最高重叠平均值的产生 (显著高于实际群落)。对观测的非 0 的选择性 (RA2 和 RA4) 进行重组, 也导致了重叠平均值显著高于实际观测的情况。从另一方面讲, RA3 中所有的选择性被重新分配, 其差异并不总是那么显著。但在所有群落中, 算法平均值要高于观测平均值。因此在这些蜥蜴群落中, 观测到资源利用方面存在较低的重叠水平, 这表明了生态位的分化, 以及种间竞争在群落构建中所起的重要作用。

……但是草原蚂蚁并没有通过测试

与图 19.7 展示的一个相似的研究涉及美国俄克拉荷马州 (Oklahoma) 草原蚂蚁群落生态位的时空分化情况 (Albrecht & Gotelli, 2001)。这里, 几乎没有证据显示生态位在季节尺度上存在分化现象。然而, 在更小的空间尺度上, 即在单个蚁饵点 (individual baiting station) 的尺度上, 生态位的空间重叠水平极低。这种结果 —— 有时强调了竞争的重要作用, 有时则没有 —— 已经成为零模型方法的普遍结论。

19.2.4　来自形态学式样中的证据

Hutchinson 有关共存物种大小比率 "法则" 适用于腕足类动物

如果生态位分化由形态学分化所体现, 那么我们可以预见, 生态位的空间分离将在同位群生物间的形态学差异程度上表现出规律性; 特别是对动物同位群而言, 沿单一资源方向会表现出某一共同特征的强烈分离, 即相邻物种倾向于显示体型大小或取食结构 (feeding structure) 大小的规律性差异。Hutchinson (1959) 首次收集了包括一系列潜在竞争者的许多案例, 然后发现无论是脊椎动物还是无脊椎动物, 其相邻物种的平均个体质量比约为 2.0, 长度比约为 1.3 (2.0 的立方根)。在其他一些动物同位群中也有相似的 "规律", 如共存的杜鹃 — 鸽子 (平均体重比为 1.9; Diamond, 1975)、黄蜂 (工蜂的平均口器长度比为 1.32; Pyke, 1982)、鼬鼠 (平均犬齿直径比在 1.23 到 1.50 之间; Dayan *et al.*, 1989), 甚至还有腕足类生物化石 (身体轮廓长度在 1.48 到 1.57 之间, 身体轮廓长度是腕足类动物摄食器官大小的指数; Hermoyian *et al.*, 2002)。对于大范围的生物和环境而言, 竞争模型不能预测其大小比率的特定值, 而这明显的规律性是否只是经验式的巧合还有待确定。然而在腕足类动物群落的例子中 (图 19.8), Hermoyian 等 (2002) 构建了 100 000 个零模型, 其中每一个模型都是从完整的腕足类动物化石区系 (共 74 个类群) 中随机选择了 4 个物种并计算相邻物种的大小比率。研究结果拒绝了零假设 ($P < 0.03$), 即观测比率可能来源于随机选择的类群, 这一结论支持了限制相似性假设。

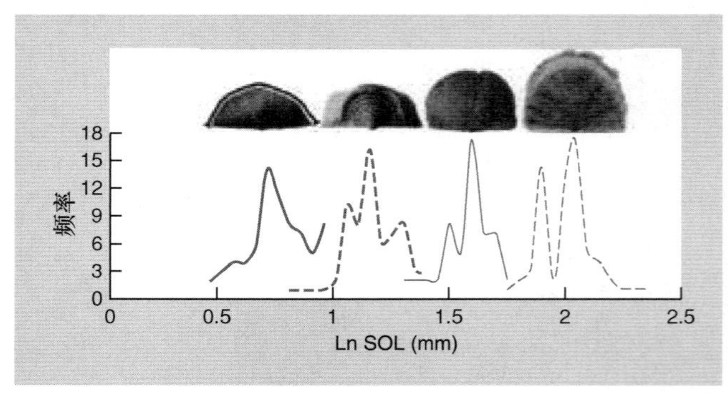

图 19.8　4 种奥陶纪晚期 (距今约 4.48 亿~4.38 亿年) 共存的腕足类 (strophomenide brachiopod) 样本的身体轮廓长度 (SOL) 分布, 样本收集自美国印第安纳州的海洋沉积物中。图中从左至右展示的物种分别为 *Eochonetes clarksvillensis*, *Leptaena richmondensis*, *Strophomena planumbona* 和 *Rafinesquina alternate* (仿 Hermoyian *et al.*, 2002)。

最为相似的竞争者更可能灭绝吗?

如果种间竞争确实影响了群落结构, 它往往会通过选择性灭绝来发挥作用。太相似的物种无法共存。根据 1860—1980 年鸟类学家们从 6 个主要的夏威夷岛屿上获得的详细记录, Moulton 和 Pimm (1986) 可以评估至少最近 10 年, 每种雀形目鸟类被引进的时间, 它们是否会灭绝以及灭绝的时间。在记录中, 总体而言，在同一个岛上同一时间共有 18 对同属的鸟类共存。其中，6 对可以持续共存；9 对中有一个物种灭绝，3 对中 2 个物种都灭绝 (最后一种情况在分析时忽略不计，因为这种结果并不属于成对的竞争排斥)。与 2 个物种共存的情况相比，在一个物种灭绝的情况下，2 个物种间具有更高的形态学相似性：其喙长的平均百分率差异分别为 9% 和 22%。这一统计学上显著的结果支持了竞争假设。

Moulton 和 Pimm 的方法信息量很大，因为他们还引用了史料，让我们瞥见了难以捉摸的"过去竞争的幽灵"发挥作用的机制。分支系统分析 (cladistic analysis) 的运用，让我们的进化视角更为明确和具体化，能够根据物种间 DNA 分子和/或形态学特征 (或其他生物学特征) 的相似度或差异来重建系统发育 (进化树)。

岛屿蜥蜴趋异进化的证据

对波多黎各 (Puerto Rico) 安乐蜥属 (*Anolis*) 蜥蜴 (图 19.9a) 的分析结果符合体型大小趋异进化 (divergent evolution) 假说 (Losos, 1992)。在进化的两物种阶段 (图 19.9a 中第一个也是最低的节点)，由具有明显体长 [鼻子到肛门的长度，SVL (snout-vent length) —— 蜥蜴大小的标准指数] 差异的物种组成，其体长约为 38 mm 和 64 mm (分别是蜥蜴 *A. occultus* 和余下所有类型蜥蜴的祖先)，而三物种阶段 (下一个节点) 的体长为 38 mm、64 mm 和 127 mm。然而，在牙买加 (Jamaica) (图 19.9b) 并未观察到这样的式样；其两物种和三物种阶段均由相似体长的物种组成，分别为 61 mm 和 73 mm，57 mm、61 mm 和 73 mm。不过，从生态表型 (ecomorphs) (每个截然不同的形态学、生态学和行为) 式样的角度观察两个岛屿的种系，发现其显示出惊人的一致。在两个岛上，二型期均由短腿生态表型的广食性祖先物种组成，它们缓慢地爬行于树木边缘狭窄的支撑物上。同样地，在三型期，两个岛屿都有相似的物种集合，一种是嫩枝 (twig) 生态表型，专一性地取食树冠；另一种是树干 – 地面型 (trunk-ground)，它们拥有长腿、非常强壮，并能通过跑跳到地面进行取食。在四型期，其物种式样仍然保持一致，每个岛屿上都增加了树干 – 树冠型 (trunk-crown)。仅在五型期存在岛屿间差异：在波多黎各最终进化出了禾草 – 灌木 (grass-bush) 生态表型，而在牙买加并没有相应的类型产生 (图 19.10)。值得注意的是，每个岛屿的生态表型通常只包括安乐蜥属的一个物种，但波多黎各有多个树干 – 地面和禾草 – 灌木型的蜥蜴物种。该系统分析支持了这样的假设，即波多黎各和牙买加的动物区系集合通过连续的微生境分离而产生，其中形态学差异可能与微生境利用的差异相关。Losos 等 (1998) 进一步将研究扩展到其他岛屿，并证实在相似环境下，适应性辐射 (adaptive radiation) 能产生非常相似的进化结果。

19.2.5 负相关分布中的证据

来自"棋盘"分布的证据……岛屿鸟类……

大量研究使用分布格局作为种间竞争重要性的证据。最初，Diamond (1975) 调查了远离新几内亚海岸的俾斯麦群岛 (the islands of the Bismarck Archipelago) 上生活的陆生鸟类。其中，被 Diamond 称为"棋盘"的分布是最引人注目的证据。在这里，两个或更多的相似物种 (如同一同位群的成员) 相互排斥却又交错分布，导致了任何一个小

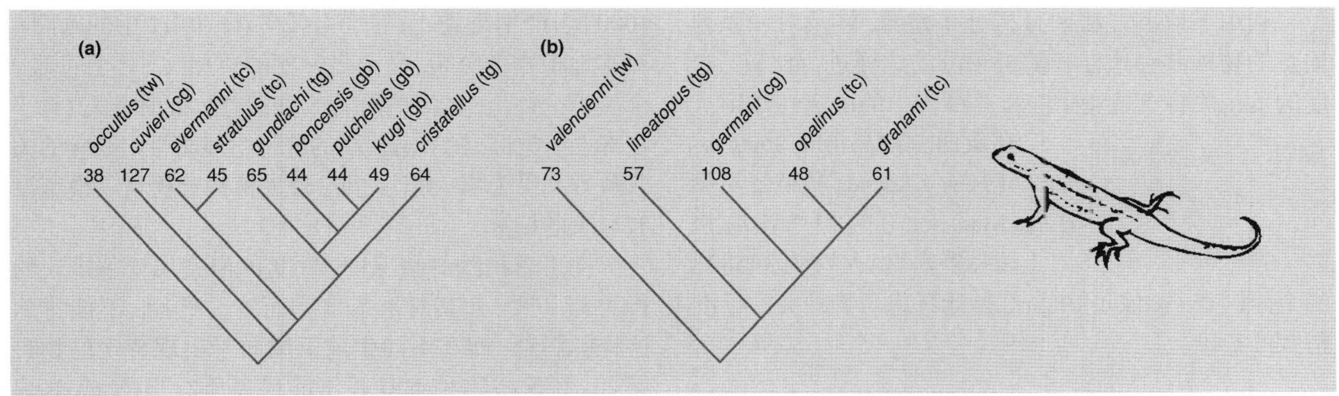

图 19.9 来自波多黎各 (a) 和牙买加 (b) 的安乐蜥属 (*Anolis*) 蜥蜴的种系发生。每种蜥蜴的躯体大小 (鼻子到肛门的长度，mm) 和生态表型表示为：cg，树冠 – 巨型；gb，禾草 – 灌木型；tc，树干 – 树冠型；tg，树干 – 地面型；tw，嫩枝型 (仿 Losos, 1992)。

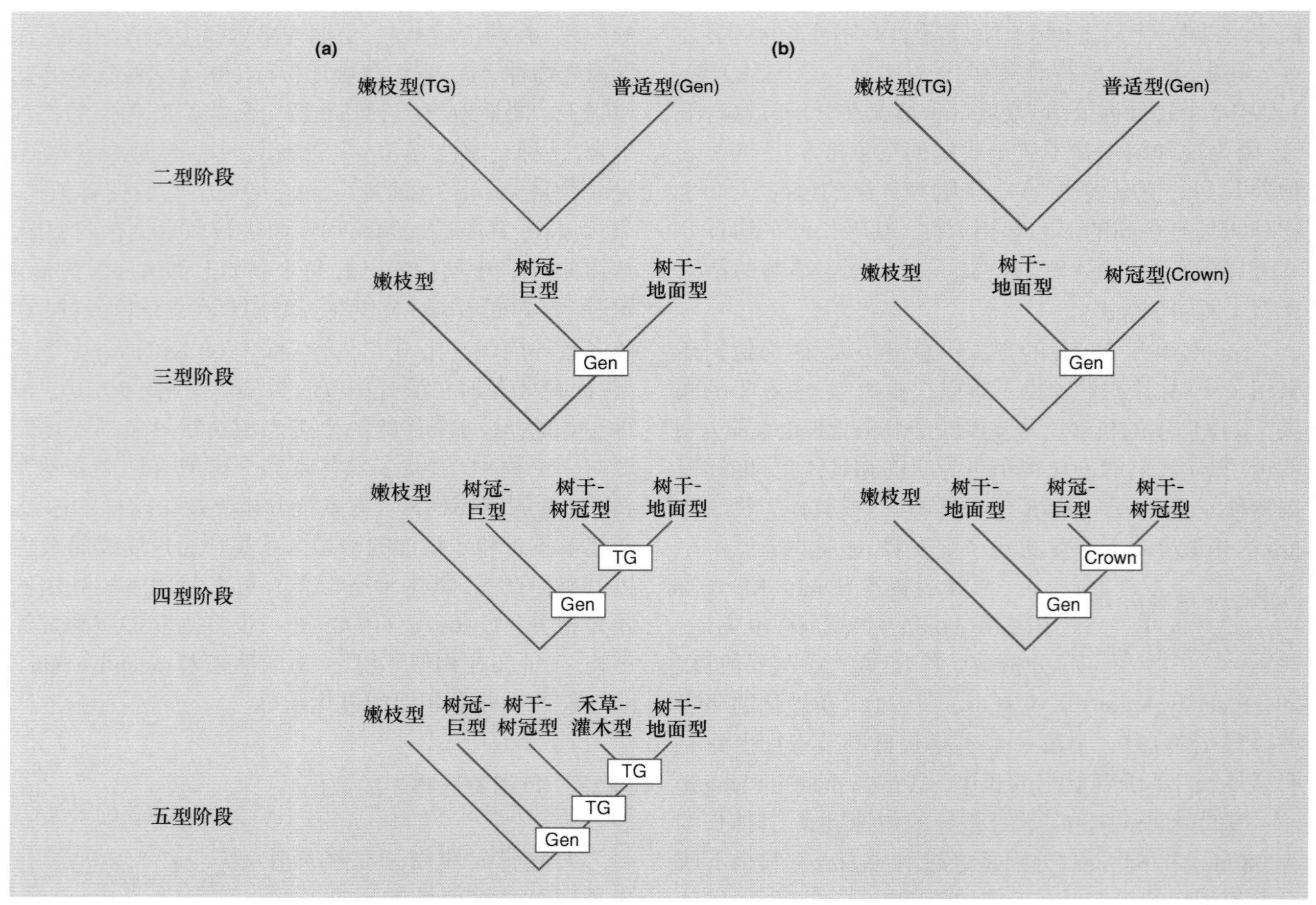

图 19.10　安乐蜥群落在波多黎各 (a) 和牙买加 (b) 的进化, 图中显示了 2、3、4 和 5 个 (仅在波多黎各) 生态表型群落。进化树节点处的标签为这些祖先的生态学特征的估算值(仿 Losos, 1992)。

岛只支持一个物种 (或不支持任何物种)。图 19.11 显示了两个小型的、生态学上相似的鹃鸠的棋盘式分布情况: 棕鹃鸠 (*Macropygia mackinlayi*) 和黑嘴鹃鸠 (*M. nigrirostris*)。

利用零模型方法来分析分布差异, 涉及对一系列地点的物种共存式样和随机预测的式样进行比较。过度的负相关将支持竞争在群落结构中的决定性作用。

……以及湖中岛屿上土著和外来植物

在新西兰南岛 (the South Island of New Zealand) 马纳普里湖 (Lake Manapouri) 的 23 个小岛上, 对土著和外来 (引入的) 植物进行的全面调查 (Wilson, 1988b), 是计算每对物种关联标准指数的基础:

$$d_{ik} = (O_{ik} - E_{ik})/SD_{ik} \qquad (19.1)$$

其中, d_{ik} 是物种 i 和 k 共享的岛屿数的观测值 (O_{ik}) 和期望值 (E_{ik}) 之差, 用期望值的标准偏差 (SD_{ik}) 来表示。

图 19.12 的直方图展示了实际群落中本地和外来物种的关联值。这可以与零模型群落相比较, 其中岛屿物种丰富度和物种出现频率在观测时是固定的, 而物种在岛屿上的出现是随机的 (Wilson, 1987)。随机选择 1000 次, 产生每类 d_{ik} 的平均频率 (图 19.12 中的圆圈)。对本地植物的分析, 显示出过度的负相关 (对于底部 4 个类群, 显示出较高的统计学显著性) 和正相关 (对于顶部 5 个类群, 显示出较高的统计学显著性), 相应的关联盈亏几乎为零。相比之下, 外来植物分析与零模型没有显著的偏离。

在土著植物的情况中, 过度负相关与竞争排斥的行为相一致, 尤其对木本植物而言。然而, 不能排除这样的解释, 即在不同生境下倾向于出现特定的物种组合, 而这些物种本身并不能代表所有岛屿 (Wilson, 1988b)。对土著植物中的过度正相关而言, 其最可能的解释是, 在相同的生境下趋向于出现特定的物种。外来物种与零模型的一致性则可能反映了它们的杂草性质

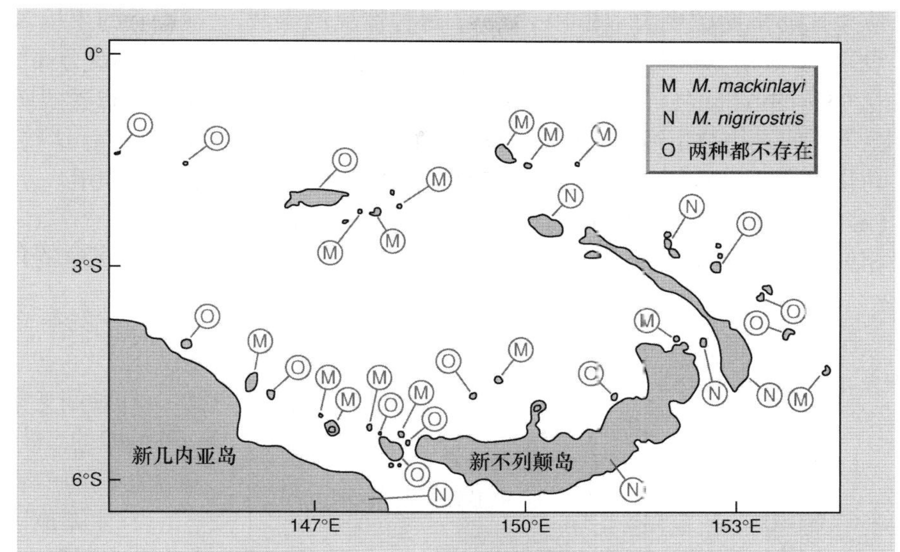

图 19.11 俾斯麦地区两种小型鹃鸠属鸟类的棋盘式分布。鸽子区系已知的岛屿分别被称为 M (棕鹃鸠所定居)、N (黑嘴鹃鸠所定居) 和 O (两种鹃鸠都未定居)。注意, 绝大多数岛屿上仅有一种斑鸠, 没有岛屿会有两者存在, 但是有些岛屿上两者均不存在 (仿 Diamond, 1975)。

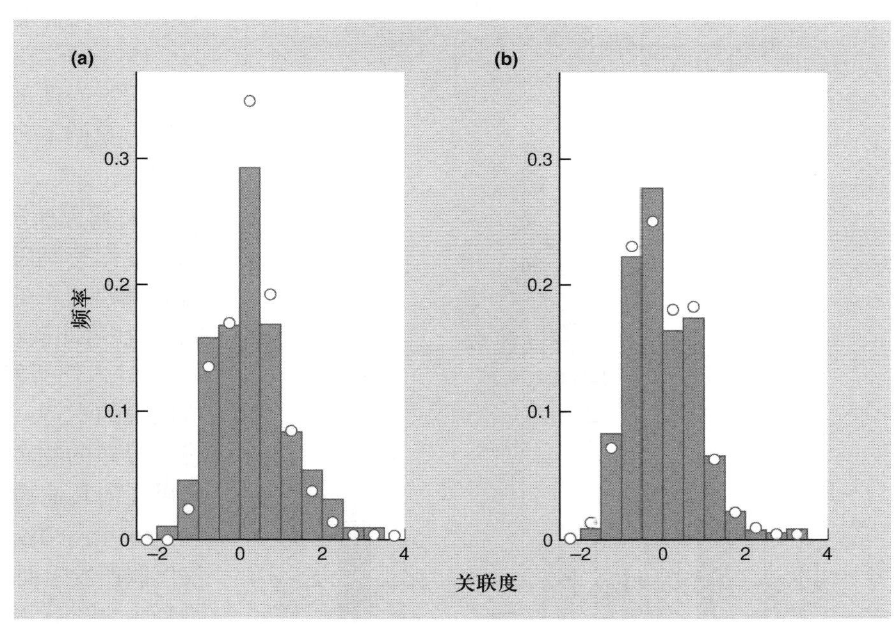

图 19.12 在马纳普里湖群岛上, (a) 土著植物对和 (b) 外来植物对间关联度观察值 (直方图) 的比较, 以及基于中性模型的预期分布 (○) (After Wilson, 1988b)。

和有效的拓殖能力, 或者可能表明了外来物种尚未达到平衡分布 (Wilson, 1988b)。

群落中棋盘对的数目能够轻易通过计数单一的、绝不共存的物种对计算出来。一个不那么严格的 Diamond 组合规律 (assembly rule), 即 "一些物种对绝不共存", 可以通过 Stone 和 Roberts (1990) 提出的 C 分值 (C score) 来进行评估。这一指数也可以在物种间不完全隔离时计量物种共存的程度。对每对物种而言, C 分值为 $(R_i - S)(R_j - S)$, 其中 R_i 和 R_j 分别是物种 i 和 j 出现的地点数目, S 是两个物种共存的地点数目。在矩阵中, C 分值则是所有可能物种对相应分值的平均。对于一个受到竞争相互作用影响的群落, 棋盘对的数目和 C 分值应该比随机期望更大。

分类群的比较

Gotelli 和 McCabe (2002) 用整合分析 (meta-analysis) 方法检验了负相关分布 (支持竞争在群落塑造中的作用) 的普遍性, 他们整合了 96 个数据集中的各分类群, 其中涉及系列重复地点上物种集合的分布。对每个真实的数据集, 随机模拟 1000 次, 并计算关联指数 d_{ik} (正如 Wilson, 1988b), 但 Gotelli 和 McCabe 称该指数为标准化效应大小 (standardized effect size, SES)。96 个数据集的分析结果支持预测结果, 即 C 分值和棋盘对数目应该比随机期望更大 (图 19.13a,b)。每种情况的零假设是,平均 SES 应该为 0(实际群落与模拟群落无差异),且 95% 的值应该分布在 −2.0 到 +2.0 之间。在两种情况下零假设均被拒绝。图 19.13c 显示,植物和恒温脊椎动物倾向于拥有更高的 SES,这表明它们比变温动物(无脊椎动物、鱼类和爬行动物) 更趋向于拥有物种负相关分布,但蚂蚁是个例外。

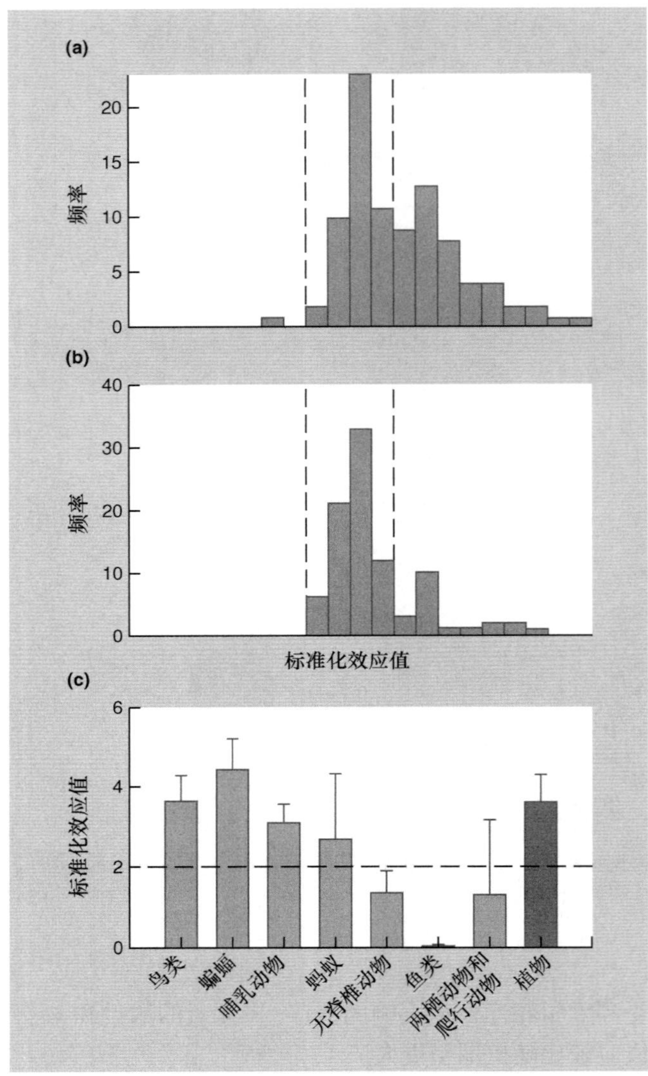

图 19.13 从文献中收集的 96 个存在 – 缺失数据矩阵的标准化效应值的频率直方图,(a) C 分值,(b) 呈现完美棋盘分布的物种对数目。(c) 不同分类群 C 分值 的标准化效应值。图中的折线表示效应值为 2.0,大约相当于 5% 的显著性水平 (仿 Gotelli & McCabe, 2002)。

Gotelli 和 McCabe (2002) 声称他们对竞争的作用进行了一个决定性的测试,但实际并未做到这一点。他们注意到一些物种可能表现出 "栖息地棋盘分布",因为不重叠的生境对它们具有吸引力;其他则可能显示出 "历史棋盘分布",偶尔出现物种共存,这是异域物种形成时散布受限所导致的 (例如在不同地方进化形成物种)。然而,这些结果进一步强调了竞争在群落塑造中的普遍作用。

19.2.6 竞争的角色评估

现在就本章讨论的竞争的证据,我们可以得出许多结论。

(1) 种间竞争对许多群落组织的多个方面而言,是一种可能的、看似合理的解释。然而,这常常只是一种未曾验证的解释。

(2) 主要原因之一是,当前竞争仅在为数不多的群落中获得了研究和证实。通过上述研究结果和思考,我们只能不完备地判断其实际的普遍性。

(3) 除了当前竞争之外,我们总是可以用过去的竞争来解释当前的格局。它能如此轻易地被调用,主要是因为我们不可能对其进行直接观察,进而很难予以驳斥。

(4) 研究所选择的群落可能并不典型。生态学家们观察他们特别感兴趣的竞争,并可能从中挑选获得合适而有趣的系统;而那些不能显示出生态位分化的研究,往往可能被认为 "不成功" 并很可能不被发表。

(5) 人们所发现的群落格局,甚至有些表现出对竞争假说的支持,也往往存在多种可能的解释。例如,负相关分布的物种可能最近进化成异域物种,但其分布仍可能向其他物种的分布区内扩展。

(6) 竞争决定群落格局的另一个解释是,这些情况仅仅偶然发生而已。生态位分化可能发生,因为不同的物种独立进化形成专一性,而其专一的生态位又恰好不同。甚至是被随机分配到一个资源方向的生态位,也在一定程度上存在差异。同样,物种可能具有不同的分布,因为每个物种都能独立地在其适宜生境的一小部分进行定居并建群。如果将 10 个蓝球和 10 个红球随机丢入 100 个箱子中,几乎可以肯定,最终会出现不同的分布。因此,从单纯的 "差异" 无法推断竞争的效果。那么,哪类差异能够推断出竞争的作用呢?这就是零模型方法的领域所在。

(7) 零模型方法,无论用于生态位分化、形态学式样或者负相关分布格局,无疑都是非常适合的。我们要避免这样的尝试,即仅仅因为我们要获得这样的结果,而去研究竞争在一个群落中的作用。从另一方面讲,这一方法的使用必然是有限的,除非它应用于那些竞争可能被预料的物种集群 (通常是同位群) 中。因而, 零模型方法使研究者的思想集中起来, 阻止他们妄下结论。即便如此, 它最终也无法取代对以下内容的详细研究: 所关注物种的野外生态学, 或者通过增加或降低物种丰富度来反映竞争的控制实验 (Law & Watkinson, 1989)。它只能成为群落生态学家"兵工厂"的一部分。

(8) 种间竞争的重要性在群落间存在差异: 它没有单一的、普遍的角色。例如, 在脊椎动物群落中它通常比较重要, 尤其在一些稳定的、物种丰富的环境中, 以及固着生物 (例如植物和珊瑚) 占优势的生物群落中; 而在一些植食性昆虫群落中, 竞争的重要性则通常较小。今后面临的挑战是理解为什么一些同位群会显示出竞争重要性的证据, 例如具有较规律的体型大小比率, 而另一些同位群却不会 (Hopf *et al.*, 1993)。

(9) 最后, 我们不该忽略这样的事实: 野外研究中的群落组织几乎可以肯定会被至少一种种群相互作用所影响; 例如海葵鱼 (见第 19.2.3.1 节) 和菌根真菌 (见第 19.2.3.2 节) 的研究都有共栖或共生与竞争并存的现象, 第 19.2.3.3 节中螳螂的研究则涉及捕食与竞争并存的现象。捕食与竞争的相互作用具有较大的影响, 我们将在第 19.4 节中予以介绍。

19.3 群落组织的平衡和非平衡观点

我们可以设想, 整个世界只有一种植物 (或植食动物) 能够在极大的耐受范围内拥有最好的表现。在这种情况下, 竞争能力最强的物种 (能够最有效地将限制性资源转换为繁殖力的物种) 将迫使竞争能力较弱的所有物种灭绝。我们在实际群落中所看到的物种丰富度清楚地表明, 进化无法产生这种超级物种。对这一竞争争论进行扩展后认为, 竞争物种对资源的需求并不完全重叠, 其资源利用的分离导致了多样性的产生; 详细的讨论见第 19.2 节。然而, 这种观点却是基于两种并不总是成立的假设之上的。

第一个假设是生物体之间的确存在竞争, 这就意味着资源是有限的。但是在许多情况下存在着物理干扰, 例如岩石海岸的风暴或一定频率的火灾, 它们可能控制种群密度, 使资源不再是限制因素, 因而生物个体无需为其竞争。物理干扰的作用及其相关的群落斑块动态 (patch dynamics) 观点, 我们已在第 16 章进行过讨论。在竞争相互作用的"正常"情况下, 捕食者或寄生生物也会产生类似的物理干扰效果; 因其导致的生物体死亡可能为生物的拓殖提供窗口, 这种效果有时与岩石海岸受到海浪频繁打击的干扰或森林受到飓风的干扰而产生的效果极其相似, 让人无法觉察。

第二个假设是, 当竞争发生在资源有限的环境条件中, 一个物种必然竞争排斥另一个物种。但在现实世界中, 每年的条件都不完全相同, 每平方厘米的地面特征也不完全相同, 竞争排斥的过程很可能并不总是获得一致的结果。任何持续变化的力量都可能至少推迟, 或阻止平衡状态或稳定状态的到达。任何能够轻易打断竞争排斥进程的力量都可能阻止灭绝的发生, 并增加物种丰富度。

平衡与非平衡理论

平衡理论 (equilibrium theory) 和非平衡理论 (nonequilibrium theory) 之间存在基本的区别。平衡理论, 就像与生态位分化有关的理论那样, 可以帮助我们从平衡的观点 (时间和变异并不是关注的核心) 来考虑系统的性质。而另一方面, 非平衡理论则关注系统远离平衡点时的瞬态行为, 尤其关注时间和变异。当然, 如果这样就认为任何实际群落都存在确定的平衡点, 那就太幼稚了, 而如果还把这归因于平衡理论的研究者们, 那就大错特错了。其实, 关注平衡点的研究者认为, 这些仅仅是系统倾向的状态, 而这些状态或多或少地存在波动。因此从某种意义上讲, 平衡和非平衡理论的差别只是程度的问题。然而, 关注这种差异有利于揭示群落中短暂异质性的重要作用。

因此, 捕食和寄生, 像那些物理干扰一样, 能打断竞争排斥进程, 强烈地影响竞争过程的结果, 对群落组织施加自己的影响。捕食和寄生作用也可以通过"似然竞争" (apparent competition) (见第 8.6 节) 来影响群落的结构, 即一个或多个猎物或宿主受到捕食者或寄生物的作用, 而这些捕食者或寄生物又依赖于其他物种的猎物或宿主的存在。在接下来的两部分, 我们将讨论捕食和寄生作用。

19.4 捕食作用对群落结构的影响

19.4.1 植食动物的作用

草坪割草机相当于非特异性的捕食者, 能够维持密集的草地植被。达尔文 (1859) 第一个发现, 刈草能够使草坪比没有刈草的草坪拥有更高的物种丰富度。他写道:

> 如果草坪经常被修剪, 产生的效果与经常被四足动物取食的草坪一样。如果任植物

生长, 高活力的植物将会杀死低活力的植物, 即使植物已经长大成熟也是如此。因此, 在一小块经常修剪的草坪 (3 英尺 × 4 英尺; 1 英尺 ≈ 3.048 m) 上生长的 20 种植物中, 如果任其自由生长, 则其中 9 种将会灭绝。

放牧可以增加植物的物种丰富度 (利用者调节共存)……

植食动物通常比割草机挑剔, 我们可以从植物附近是否存在穴兔 (*Oryctolagus cuniculus*) 穴来清楚地理解这一点, 因为兔穴附近的植物往往由于化学或物理原因不宜作为兔子的食物 [包括剧毒的颠茄 (*Atropa belladonna*) 和带刺的异株荨麻 (*Urtica dioica*)]。然而, 许多植食动物似乎与割草机有类似的作用。在埃塞俄比亚高原 (Ethiopian highlands) 的天然牧场进行过一项放牧实验, 该实验涉及黄牛 (*Bos taurus*) 和瘤牛 (*Bos taurus indicus*), 实验分别在两个样区进行, 每个样区中 1 处进行无放牧控制而其他 4 处进行不同程度的放牧处理, 每种处理有多个重复。图 19.14 显示了在植物生产力最高的 10 月, 植物物种平均数在不同样区间的差异 (Mwendera *et al.*, 1997)。中等程度的放牧干扰下存在的物种数要显著多于无放牧作用或重度放牧的实验区 ($P < 0.05$)。在无放牧作用的实验区, 几种竞争能力强的植物物种, 包括白羊草 (*Bothriochloa insculpta*), 占植物盖度的 75%~90%。而在中等程度的放牧干扰下, 牛的存在显然使具有竞争优势的物种得以控制, 进而促进了大量其他植物物种的生长。然而, 在重度放牧的干扰下, 由于牛群过度啃食, 不仅啃吃它们喜爱的牧草物种, 而且也吃掉一些牛不太喜欢的植物物种, 因而导致植物物种数量下降, 甚至造成了一些植物的灭绝。在放牧压力特别严重的区域, 那些能耐受植食作用的物种, 如狗牙根 (*Cynodon dactylon*), 则成为了优势种。

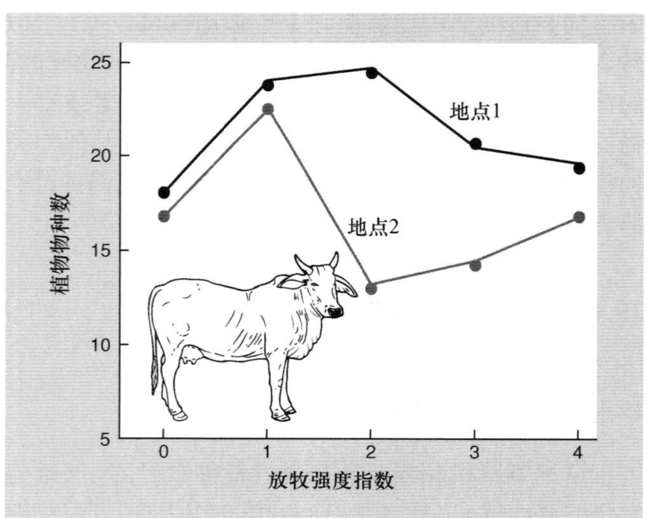

图 19.14　埃塞俄比亚高原 2 个地点放牛程度不同的牧场植被的平均物种丰富度, 数据采自 10 月份。0, 无放牛; 1, 轻度放牛; 2, 中度放牛; 3, 重度放牛; 4, 超重度放牛 (根据牛的载畜量估算) (仿 Mwendera *et al.*, 1997)。

……但不总是

不同放牧体系下, 植物群落结构显然取决于许多物种特征。首先, 可以预料在植食作用不存在的情况下, 高竞争能力强的物种将成为优势种。Paine (2002) 的研究提供了一个非常明显的例子, 他报道, 在北美岩石潮间带去除大型植食动物 (海胆、石鳖和帽贝), 将会导致多物种共存的巨藻群落变成单一的裙带菜 (*Alaria marginata*) 群落; 其生产力是被取食的对应群落的 10 倍 (分别为 86.0 与 8.6 kg 湿物质量 $m^{-2}\cdot a^{-1}$)。其次, 我们已经看到, 那些具有物理或化学特征防止植食者取食的植物种类在植食作用存在的地区拥有更好的表现。

Bullock 等 (2001) 注意到, 至少在一年中的某些时候, 优势禾本科植物的特定种类会响应羊的啃食而引起重要性的降低, 而绝大部分双子叶植物则表现出丰富度增加。此外, 夏季植食作用使那些具有良好的拓殖小空白斑块能力的植物物种表现得更好。

在营养丰富的情况下, 利用者调节的共存更可能发生

捕食作用有利于那些将会发生竞争排斥的物种共存 (因为一些或所有物种的密度被降低到竞争相对不重要的程度), 这就是大家所熟知的 "利用者调节共存" (exploiter-mediated coexistence)。有关此类现象的研究报道很多, 图 19.14 所展示的就是一个很好的例子, 然而利用者调节共存还远不够普遍。Proulx 和 Mazumder (1998) 利用整合分析, 统计了 44 篇关于湖泊、溪流、海洋、草地和森林生态系统中捕食作用影响植物物种丰富度的报道。他们的结论是, 实验结果与研究地点的营养丰富程度强烈相关。对 19 个营养不丰富或营养贫瘠的生态系统所进行的研究均显示, 重度植食作用下物种丰富度要显著低于轻度植食作用下 (图 19.15a~c)。相反, 25 个营养浓度高或营养丰富的生态系统中有 14 个显示, 重度植食作用下物种丰富度显著较高 (表明了利用者调节共存) (图 19.15d~g)。余下的 11 个研究中有 9 个显示植食作用程度不同其物种丰富度无显著差异, 而另 2 个研究则显示出物种丰富度的下降。低生产力条件下不发生利用者调节共存, 可能反映了低竞争能

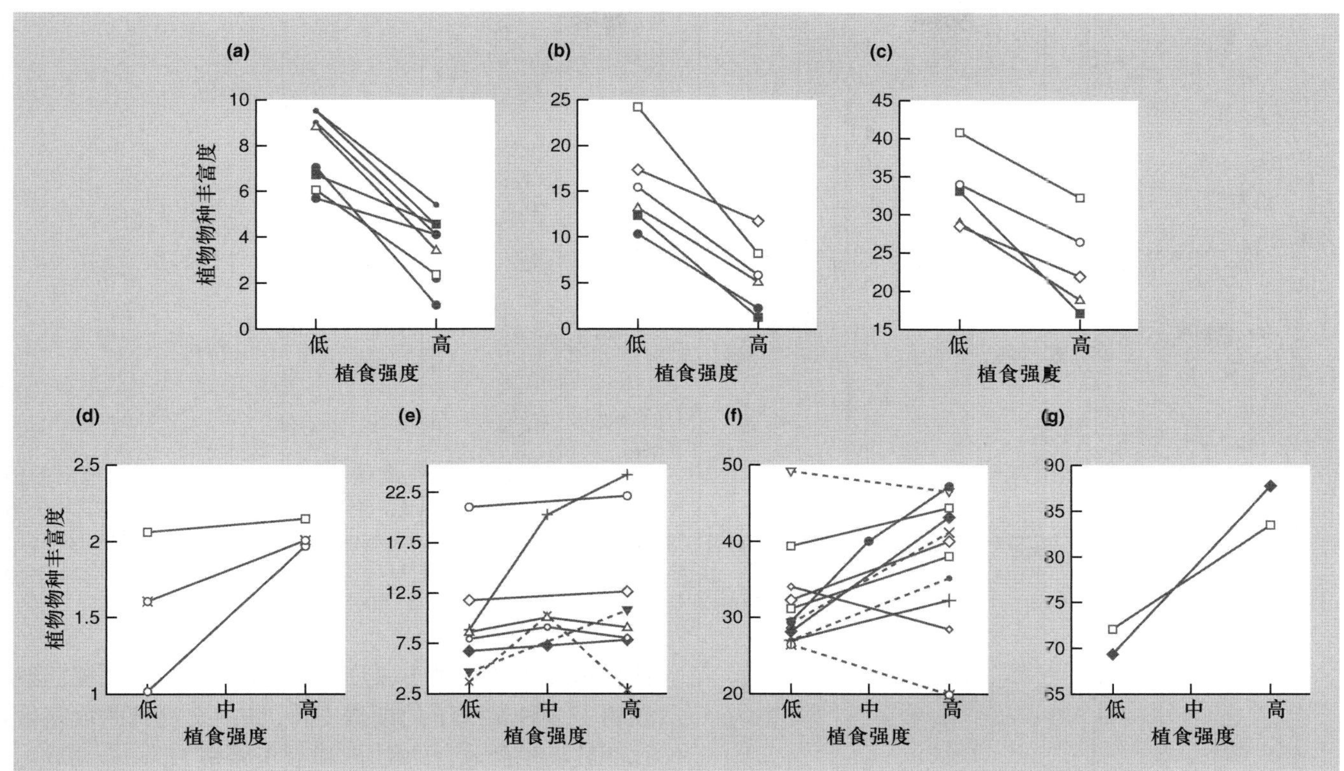

图 19.15 (a~c) 在未施加营养和营养贫瘠的生态系统中,高、低不同植食作用压力下的物种丰富度水平。不同的直线表示不同水域或陆地研究的结果,为易于辨析,用 3 个小图展示。(d~g) 在多种施加营养或营养丰富的生态系统中,不同植食作用压力下 (低、中、高) 物种丰富度的情况 (仿 Proulx & Mazumder, 1998)。

力弱的物种具有较差的生产潜力, 只有在营养丰富的条件下才能因为捕食作用而逃脱竞争优势的控制。

群落对放牧的响应取决于生产力……

Osem 等 (2002) 在以色列 (Israel) 的地中海式半干旱牧场, 研究了一年生草本植物群落中捕食和生产力的相互作用。他们记录了相邻的 4 个不同地形条件中群落对羊群啃食的响应, 其中 4 个地形条件分别为南向坡、北向坡、山顶和干涸河床 (图 19.16)。在每个地形条件中 4 个被围栏分隔的地块, 年地上初级生产力都在一年中的高峰季进行测量, 共测量 4 年; 它具有半干旱生态系统 (10~200 g 干物质 m^{-2}) 的典型特征, 其中干河床 (700 g 干物质 m^{-2}) 除外。围栏内的测量值被视作邻近放牧地块的 "潜在生产力"。植食作用只促进了最高生产力地点 (河床) 的植物物种丰富度 (图 19.16d); 而在其他低生产力的地点, 物种丰富度不受影响或因植食作用而降低。这一结果与 Proulx 和 Mazumder (1998) 的报道相一致, 并支持了长期以来 Huston(1979) 的想法, 即在资源贫瘠和资源丰富的生态系统中, 植食作用会对多样性产生相反的影响。

图 19.17a 和 b 展示了所有年份 (因为降水和生产力均存在时空变异) 各个地块 (包括放牧地块和非放牧地块) 中, 物种丰富度与潜在生产力之间的关系。在放牧作用存在的情况下, 物种丰富度与生产力在所有测量的范围内均呈正相关关系。然而, 在没有放牧的条件下, 这种正相关关系仅发生在低生产力的地点。Osem 等 (2002) 推测 (图 19.17c) 在低生产力条件下, 植物生长和多样性受到土壤资源、水分和养分的限制; 而在高生产力条件下 (与之相关的是高生物量), 植物主要竞争冠层的光照资源。因此在低生产力区域, 物种丰富度不受羊群啃食影响或随之下降, 很可能是由于植物遭到去除和踩踏。然而, 在高生产力的河床地点, 物种丰富度随羊群的植食作用而持续增加, 很可能是因为适口的大型植物遭到取食, 从而降低了对光的竞争。

……以及植物的性状

总的来看, 植物物种丰富度对植食作用的响应方式, 依赖于植食作用强度、植物群落的进化历史、特定的植物物种特征以及所研究生态系统的初级生产力水平等。如果植食动物偏好取食竞争优势种,

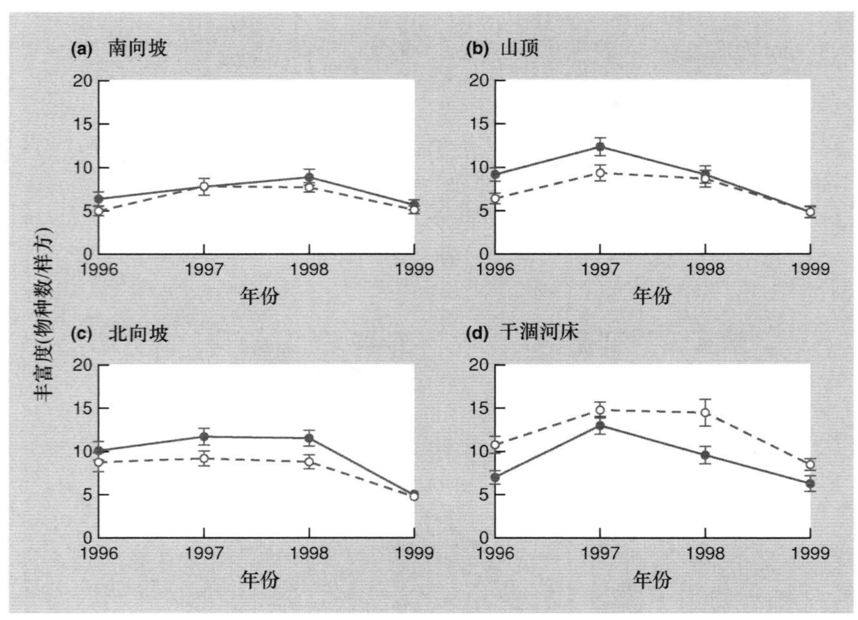

图 19.16　在以色列 4 个不同地形的地点上，4 月的物种丰富度 (样方大小为 20 cm×20 cm): (a) 南向坡, (b) 山顶, (c) 北向坡, (d) 干涸河床。●, 无放牧; ○, 放牧 (仿 Osem *et al*., 2002)。

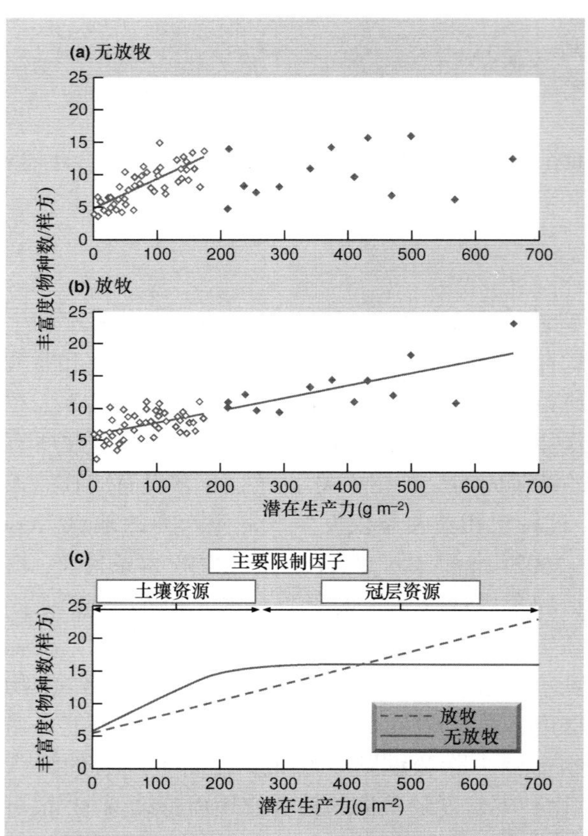

图 19.17　(a) 无放牧和 (b) 放牧小样地中, 年地上部分生产力 (测定于无放牧小样地) 与物种丰富度的关系。空心符号代表低生产力小样地 (干物质量少于 200 g m^{-2}; 所有年份中的山顶、南向坡和北向坡, 外加干旱年份 1999 年的干涸河床的生产力)。实心符号代表高生产力的小样地 (干物质量超过 200 g m^{-2}; 除 1999 年之外的其他年份里干涸河床的生产力)。(c) 半干旱地中海气候下的放牧与无放牧牧场中, 生产力与物种丰富度关系的概念模型 (仿 Osem *et al*., 2002)。

我们可以预料物种丰富度会随之增加, 这一预测已经获得了多种情况下的证据支持, 如前文提到的埃塞俄比亚牧场牛群取食的例子, 以及玉黍螺 *Littorina littorea* 取食岩石潮间带海藻的例子 (Lubchenco, 1978)。相反, 如果植食动物偏好取食竞争能力较弱的物种, 我们可以预料, 物种丰富度将会随之降低, Lubchenco 的研究为此提供了很好的例子, 其中玉黍螺在自然基质上对藻类进行取食。

19.4.2　食肉动物的作用

> 岩石岸上捕食者调节的共存……

Paine (1966) 在岩石岸潮间带进行了开创性的研究, 探讨了顶级食肉动物对群落结构的影响。海星 (*Pisaster ochraceus*) 捕食固着滤食的藤壶和贻贝, 同时捕食帽贝、石鳖和一种小型的食肉性蛾螺。在北美太平洋沿岸的岩石海岸, 可以预测, 这些物种连同海绵能够和 4 种大型海藻关联在一起。Paine 选择一块约长 8 m、深 2 m 的海岸线地带作为研究地点, 将其中的海星全部去除, 并持续了几年。在实验区及其相邻的对照区, 对无脊椎动物的密度和海底藻类的盖度作不定期的统计。实验期间, 对照区的情况保持不变。然而, 移除海星的实验区出现了戏剧性的变化。几个月内, 藤壶 *Balanus glandula* 首先成功拓殖。之后, 加州壳菜哈 (*Mytilus californianus*) 将藤壶排挤掉, 并最终成为优势物种。除了一种藻类外全部消失, 这显然是由于生存空间受限; 植食动物逐渐迁走, 部分是由于缺乏足够的空间, 部分则是由于缺乏合适的食物。总的来说, 海星的移除导致物种数量从 15 降到 8。海星的主要影响似乎是为竞争能力较弱的物种创造合适的生存空间。它可以摆脱藤壶,更重要的是,摆脱优势种贻贝的控制,使其他被竞争排斥的无脊椎动物和藻类获得生存空间。这里,我们再次看到了利用者调节共存的现象。需要注意的是,这一论证只适用于最初的空间占领者们,例如贻贝、藤壶和大型海藻。与之相反,那些与贻贝贝壳相关而不易被人注意的物种,其数目将可能在移除海星后有所增加 (贻贝床上出现了 300 多种动物和植物; Suchanek, 1992)。

……但是不出现在热液口群落

在东热带太平洋 2500 m 深的热液口 —— 一个更有挑战性的环境下,进行了一个类似的实验研究 (Micheli *et al*., 2002)。实验选择了 3 个研究位点,它们与热液口处的距离不断增加,每个地点均作 2 种处理: 保留和去除 (使用笼子) 捕食者 (鱼和螃蟹),持续 5 个月对反复补充的基质 (10 cm 玄武岩立方体) 的拓殖、更新补充情况进行监测。就被捕食者丰富度 (尤其热液口特有的两种腹足动物 —— 蜮 *Lepetodrilus elevatus* 和蜗牛 *Cyathermia naticoides*) 降低而言,捕食的影响在距离热液口最近处最强,该处的生产力和无脊椎动物的总体丰富度最大。物种丰富度随着与热液口的距离变远而逐渐降低,且往往在捕食者存在时降得更低 (但只在 Worm Hole 地点处具有统计学上的显著差异,见图 19.18)。这里,并不存在利用者调节共存现象,其原因尚未明确。

雀形目鸟类中的捕食者调节共存……

现在谈谈陆生生态系统,在 9 个斯堪的纳维亚 (Scandinavian) 岛屿的研究中,捕食者花头鸺鹠 (*Glaucidium passerinum*) 仅在其中 4 个岛屿上出现,其分布与雀形目山雀属 (*Parus*) 3 种鸟类的分布格局存在较大的关联 (表 19.1)。在其他 5 个不存在花头鸺鹠的岛屿上,仅存在 1 种山雀属鸟类煤山雀 (*Parus ater*)。然而,当花头鸺鹠存在时,除了煤山雀之外,还存在另外 2 种较大的山雀,分别是褐头山雀 (*P. montanus*) 和凤头山雀 (*P. cristatus*)。Kullberg 和 Ekman (2000) 认为,小型的煤山雀对食物有更强的竞争能力;而 2 种较大的山雀则可通过干扰竞争 (interference competition) 到树干附件的地点觅食,在那里它们可以降低被捕食的风险;换言之,大型山雀比小型的煤山雀更不易受到花头鸺鹠的捕食。花头鸺鹠降低了煤山雀的竞争优势地位,可能导致了利用者调节共存的发生。

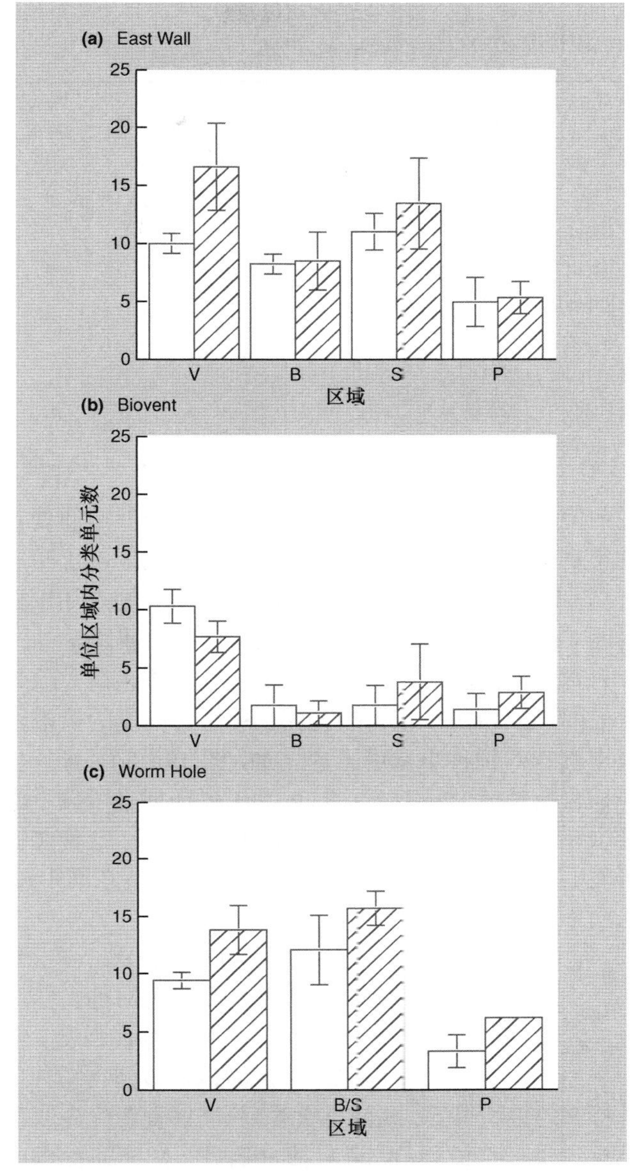

图 19.18 3 个实验样点上,2 种处理 5 个月后,每种注入更新基质的无脊椎动物的物种丰富度格局 (Vestimentifera 目 (须腕动物纲) 物种、多毛纲蠕虫、腹足纲、双壳类以及甲壳类物种): (a) East, (b) Biowent, (c) Worm Hole。这里展示了基于水温和优势底栖无脊椎动物作为划分边界依据的 4 个区域的结果 (随着离热液口距离的增加分别为: 海管虫 (Vestimentferan) (V)、双壳类 (B)、食悬浮物者 (suspension-feeder) (S) 和周边区域 (P))。在地点 Worm Hole,2 个中心区域的结果进行了合并。该研究的 2 个实验处理分别是: □, 无网笼 (对照); ▨, 有网笼, 用以去除可运动的捕食者 —— 鱼类和蟹类的影响 (仿 Micheli *et al*., 2002)。

……但是不出现在昆虫以及蜘蛛群落中

然而在陆生生态系统中,捕食作用促进物种丰富度的增加并不具有普遍意义。Spiller 和 Schoener (1998) 综述了许多关于鸟类捕食蚱蜢、啮齿类捕食步甲、蜥蜴捕食结网蜘蛛

表 19.1 岛屿面积、离大陆的距离以及鸺鹠与 3 种山雀繁殖对的出现情况 (仿 Kullberg & Ekman, 2000)。

岛屿	面积 (km^2)	离大陆的距离 (km)	鸺鹠	煤山雀	褐头山雀	凤头山雀
Åland	970	50	+	+	+	+
Ösel	3000	15	+	+	+	+
Dagö	989	10	+	+	+	+
Karlö	200	7	+	+	+	+
Gotland	3140	85		+		
Öland	1345	4		+		
Bornholm	587	35		+		
Hanö	2.2	4		+		
Visingö	30	6		+		

的研究, 并总结认为, 这些捕食者通常会降低被捕食者的丰富度或对其没有影响。他们用 4.5 年时间在巴哈马群岛 (Bahamas) 进行了一项实验研究, 研究地点用围栏封闭 (3 个重复), 布设蜥蜴存在和不存在两种处理, 每 2 个月都会对蜘蛛种群情况进行监测、调查。在去除蜥蜴 (主要是 *Anolis sagrei*) 的情况下, 中等高度的植被环境中蜘蛛的物种丰富度迅速增加 (图 19.19a)。蜥蜴优先捕食数量稀少的蜘蛛 (图 19.19b), 进而促进了数量已经很多的蜘蛛 *Metapeira datona* 的优势地位, 这种蜘蛛可能因为体型较小且习惯悬挂生活而不是待在网中央, 从而不易被捕食。

捕食者的食物偏好可能会改变结果

与植食动物的情况一样, 被捕食者的物种丰富度对捕食作用的响应无疑依赖于捕食强度、生态系统生产力以及被捕食物种自身特有的性状等等。我们再次看到, 当捕食者优先取食具有竞争优势的物种 (海星捕食贻贝、鸺鹠捕食煤山雀) 时, 被捕食者的物种丰富度增加; 而当捕食者优先取食竞争能力弱的物种 (蜥蜴捕食蜘蛛) 时, 被捕食者的物种丰富度便会降低。

频度依赖选择有时也能提高多样性

消费者对较低的营养级存在完全相反的影响, 其另一个原因与它们的选择性捕食行为有关。它们很少轮流捕食潜在的被捕食者种类, 即当其中一种灭绝后再转向另一个物种。其对食物的选择受到觅食时间或所需能量的调节 (见第 9 章), 因而许多物种取食多样的猎物物种。然而, 其他一些物种可以非常迅速地从捕食一种猎物转换到捕食另一种猎物, 并且多数是最为常见的猎物物种。理论上, 这种行为可以导致大量罕见物种的共存 (频率依赖型利用者调节共存)。与之相一致, 热带森林中种子

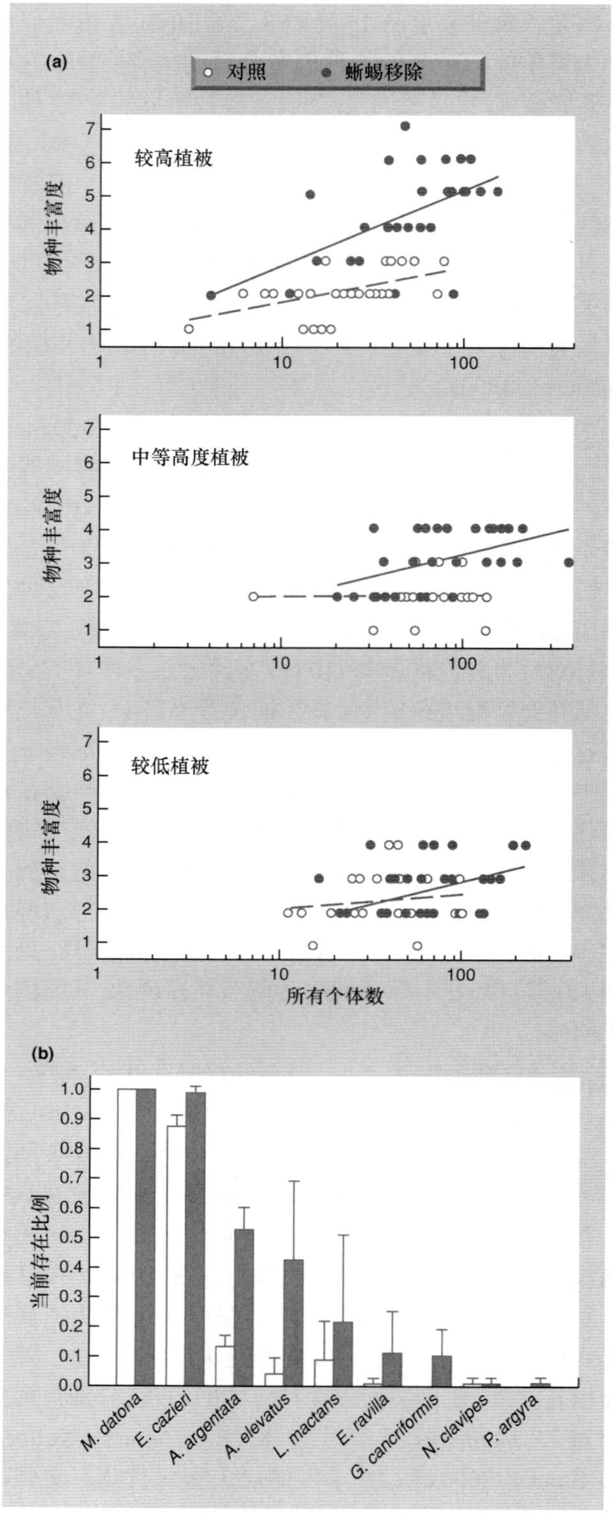

图 19.19 (a) 在植被的 3 个不同高度处, 蜥蜴存在或缺失的情况下, 蜘蛛的物种丰富度与所有个体数 (所有调查数据之和) 的关系。对于特定的总个体数, 除了在植被的较低位置处, 蜥蜴不存在时 (●) 比蜥蜴存在时 (○) 实验罩中有更多的蜘蛛物种数。(b) 在蜥蜴存在 (■) 或不存在 (□) 条件下, 每个实验罩中每一种蜘蛛被记录到的普查次数的比例。误差线为标准误差 (仿 Spiller & Schoener, 1998)。

越稠密的地方（产生种子的树下或附近）受到的捕食作用通常越强烈（Connell, 1979）。植食性蝴蝶 *Battus philenor* 在取食其幼虫的两种宿主植物时，会对叶片形状形成搜索印象（search image），并倾向于取食更为普遍的那种植物（Rausher, 1978）。淡水中，取食浮游生物的鱼 *Rutilus rutilus* 喜欢捕食浮游生活的水蚤，当这种水蚤密度降到每升 40 只左右时，它就会转向捕食另一种生活在沉积物中的水蚤（Townsend *et al*., 1986）。取食鱼类的珊瑚礁鱼 [黑鲙（*Cephalopholis boenak*）和棕拟雀鲷（*Pseudochromis fuscus*）] 偏好捕食数量最多的深红色鱼，而对许多其他种类的鱼影响较小（Webster & Almany, 2002）。不过，这种频率依赖型选择并不是一般规律，也并不普遍。首先，一些物种具有高度的专一性，并不会发生取食转向，如大熊猫专性取食竹子的嫩枝，许多植食性昆虫也是高度专一的。此外，在其他情况下，捕食者可能持续捕食一种类型的猎物，而导致其他类型猎物的灭绝。在位于日本和新几内亚之间的小岛关岛（the island of Guam），引入种棕树蛇（*Boiga irregularis*）就是一个例证。在 20 世纪 50 年代早期随着这种蛇的引入以及在关岛上的迅速传播，18 种本地鸟类中绝大多数鸟的数量急剧下降，甚至有 7 种至今已经灭绝。Savidge（1987）认为，通过捕食丰富的小型蜥蜴，棕树蛇得以维持较高的密度，从而导致更多的脆弱鸟类灭绝。

19.5　寄生作用对群落结构的影响

寄生生物有时会使脆弱的宿主物种灭绝

像其他利用者一样，寄生物可能决定一个宿主物种能否在某个区域存在。因此，夏威夷群岛（the Hawaiian Islands）上约 50% 的当地鸟类灭绝，其部分归因于鸟类致病病原体的引入，如流行于鸟类间的瘟疫和禽痘（van Ripe *et al*., 1986）；北美洲驼鹿（*Alces alces*）分布区的改变，则与寄生线虫 *Pneumostrongylus tenuis* 密切相关（Anderson, 1981）。因一种寄生物而导致群落结构变化最大的例子，可能是北美树林中美洲板栗（*Castanea dentata*）的毁灭；这种树原本是占据广大区域的优势森林树种，后来一种可能从中国引入的真菌病原体 *Endothia parasitica* 将其破坏。

溪流群落中具有微妙直接或间接影响的微寄生物

像植食动物和食肉动物一样，寄生物也能产生许多微妙的影响。在美国密歇根州的许多河流中，植食性石蚕蛾（*Glossosoma nigrior*）的幼虫在群落中起着很关键的作用，因为它们的植食可以使附着藻类维持在很低的水平，进而对溪流中大多数其他植食动物产生负面影响（Kohler, 1992）。而石蚕蛾种群偶尔受到高度专一的小孢子虫 *Cougourdella* 的微寄生（microsporidian microparasite）侵染，结果便是整条河流中石蚕蛾的密度在几年中不断减少。例如，七里河（Seven Mile Greek）中，在 1990 年寄生虫爆发之前，石蚕蛾 10 个世代的平均密度是每平方米 6285 只，而之后的 10 年中石蚕蛾的平均密度仅为每平方米 164 只（图 19.20）。石蚕蛾的减少，使得其原本取食的物种数量迅速增加（图 19.21a）。在河流遭受寄生虫影响期间，一些植食性动物（图 19.21b~d），包括一种先前不存在或非常罕见的物种（图 19.21e），其丰富度有所增加。寄生作用减少了具有竞争优势的植食动物的数量，进而增加了植食动物物种的均匀度（物种多样性的一个方面），可能对物种丰富度的增加有一定作用。因此，这个例子验证了寄生物调节共存（parasite-mediated

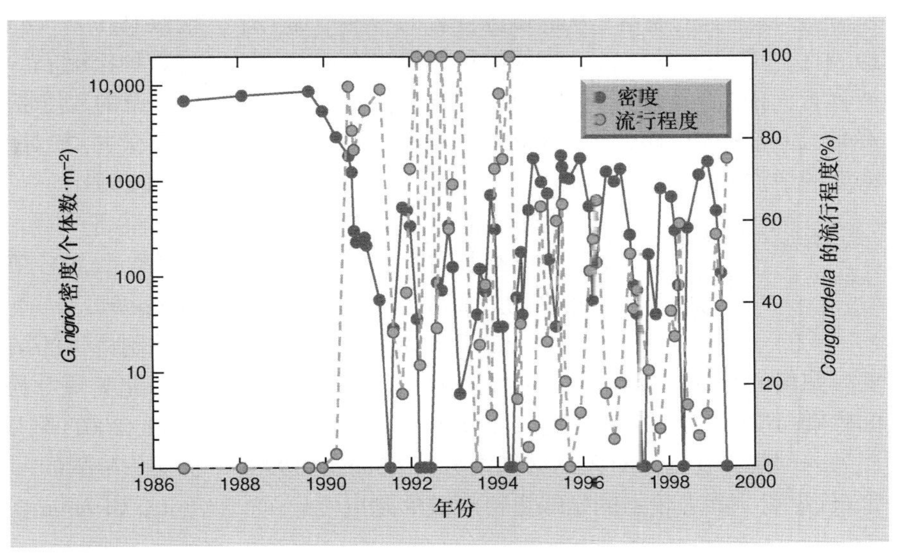

图 19.20　美国密歇根州七里河（Seven Mile Creek）中石蚕蛾（*Glossosoma nigrior*）的密度以及被 *Cougourdella* 感染的种群（患病率）百分数（仿 Kohler, 1992）。

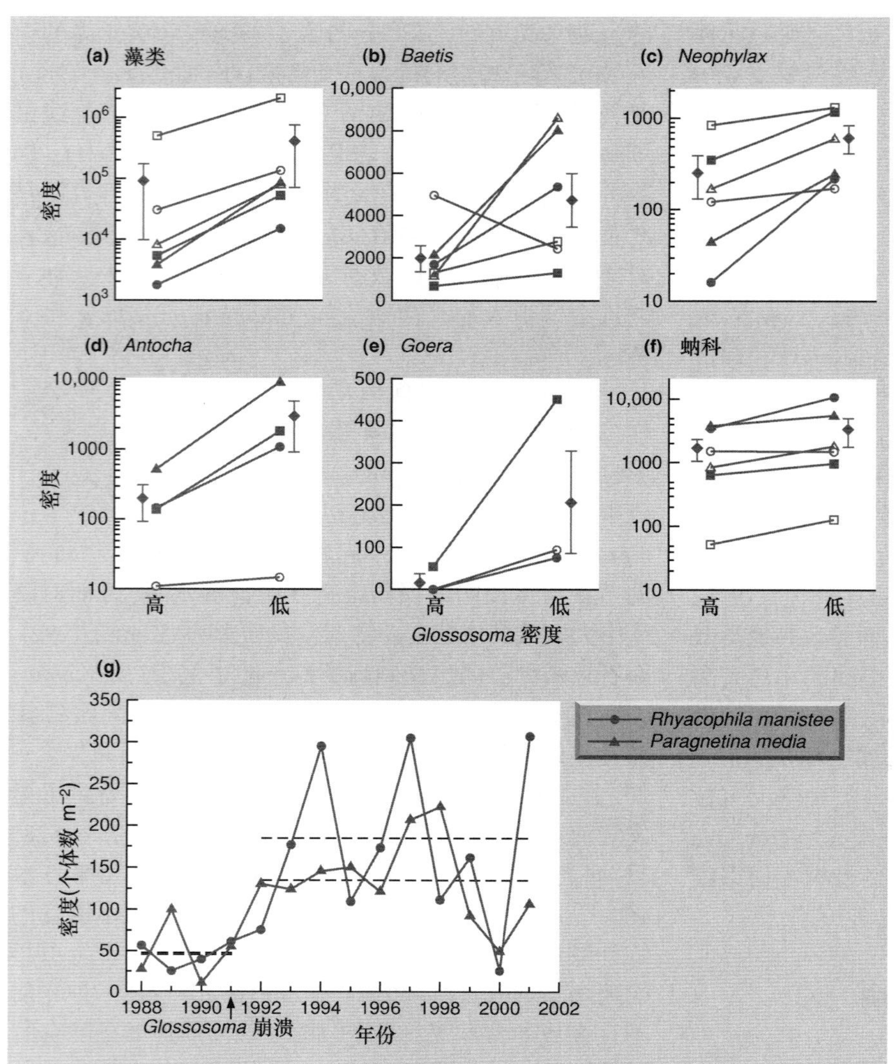

图 19.21　在 6 条溪流中, 相对于石蚕蛾 (*Glossosoma nigrior*) 密度 (高: 在寄生物爆发前; 低: 在寄生物爆发期间), (a) 附着藻类 (细胞数/cm^2)、(b~e) 植食性昆虫 (个体数/m^2) 以及 (f) 滤食者 (个体数/m^2) 的平均密度。图中连线将每一条溪流的数据连起来, 带有误差线 (±1 SE) 的点是整体的平均值。(g) 银溪 (Silver Creek) 中寄生生物导致的石蚕蛾减少发生前后捕食者的密度 (虚线表示种群崩溃前后的平均密度) (仿 Kohler & Wiley, 1997)。

coexistence) 的机制。此外, 寄生作用还有着更深远的影响, 海藻数量的增加导致产生了更多的死有机质微粒 (通过藻细胞的脱落), 从而使滤食者的密度增加 (图 19.21f), 进而弱小的植食动物的物种数量也在增加 (在捕食者面前, 石蚕蛾并不算弱小), 并促进了捕食性石蚕蛾 (*Rhyacophila manistee*) 和石蝇 (*Paragnetina media*) 密度的增加 (图 19.21g)。

加勒比海蜥蜴群落中寄生者调节的共存……

在陆生生态系统中, 也有与寄生生物调节共存的明显例子。例如, 加勒比海 (Caribbean) 圣马丁岛 (Island of St Martin) 上, 两种安乐蜥属的蜥蜴会受到疟原虫 *Plasmodium azurophilum* 的感染; 其中一种蜥蜴在岛上广泛分布, 是竞争优势种, 而另一种则只在岛上有限的区域内分布。Schall (1992) 曾报道, 竞争能力较强的蜥蜴更可能被疟原虫侵染, 而有趣的是, 只有在疟原虫存在的区域这两种蜥蜴才会共存。尽管如此, 这种格局并不普遍。在英国, 北美灰松鼠 (*Sciurus carolensis*) 的入侵颠覆了原本普遍分布的土著种松鼠 (*S. vulgaris*) 的地位, 可能部分是由于北美灰松鼠的入侵带来了痘病毒, 而这种病毒对北美灰松鼠影响微弱, 却对土著种松鼠的健康非常有害 (Tompkins *et al.*, 2003)。

……但是不出现在鸣鸟中

巢寄生物 (brood parasite) (见第 12.2.3 节), 如褐头牛鹂 (*Molothrus ater*), 也可能会对其所控制群落的结构或物种丰富度产生影响。在密歇根州的北美短叶松 (*Pinus banksiana*) 林中, De Groot 和 Smith (2001) 利用褐头牛鹂控制计划 (设计实验用于保护褐头牛鹂的一种宿主: 濒临灭绝的鸣黑纹背莺 (*Dendroica kirtlandii*)) 来研究巢寄生物密度的减少是否对鸣禽群落整体产生影响。研究结果并不支持寄生物调节共存，不仅鸣禽群落结构没有变化，而且那些不宜作为棕头牛骊宿主的鸣禽其数目也没有增加。

对本身就是群落相互作用者产生影响的寄生者

寄生物对群落组成的影响，有时不是通过改变竞争相互作用的结果，而是通过影响群落的关键成员，即那些作为生态系统工程师的物种，来完成 (参见 Jones *et al.*, 1994, 1997)。吸虫 *Curtuteria australis* 在幼虫阶段寄生在蛤 (*Austrovenus stutchburyi*) 的腹足中，形成包囊，并破坏蛤挖掘洞穴的能力。受到严重感染的蛤停留在沉积物的表面，很容易被蛎鹬捕食，而蛎鹬是吸虫的最终宿主 (Thomas & Poulin, 1998; Mouritsen, 2002)。这种蛤是新西兰的松软沉积物潮间带区域的优势双壳类动物，通常生活在沉积物表层下 2~3 cm。在吸虫感染严重的区域，大量的蛤在沉积物中部分暴露或完全露出，增加了沉积物表层异质性并改变了水流和沉积的式样。Mouritsen 和 Poulin (2005) 利用控制实验研究了蛤的密度对地表生物区系的影响，实验涉及对照和处理两个区域，其中，前者是自然区域，地表几乎没有蛤，而后者是新建成的区域，分别加入了 30 只和 100 只蛤。6 个月后，在蛤数量增加的处理实验区中，大型底栖无脊椎动物 (多毛类、软体动物、甲壳类等) 的物种数显著增加，各种分类群的密度也显著增加 (图 19.22)。

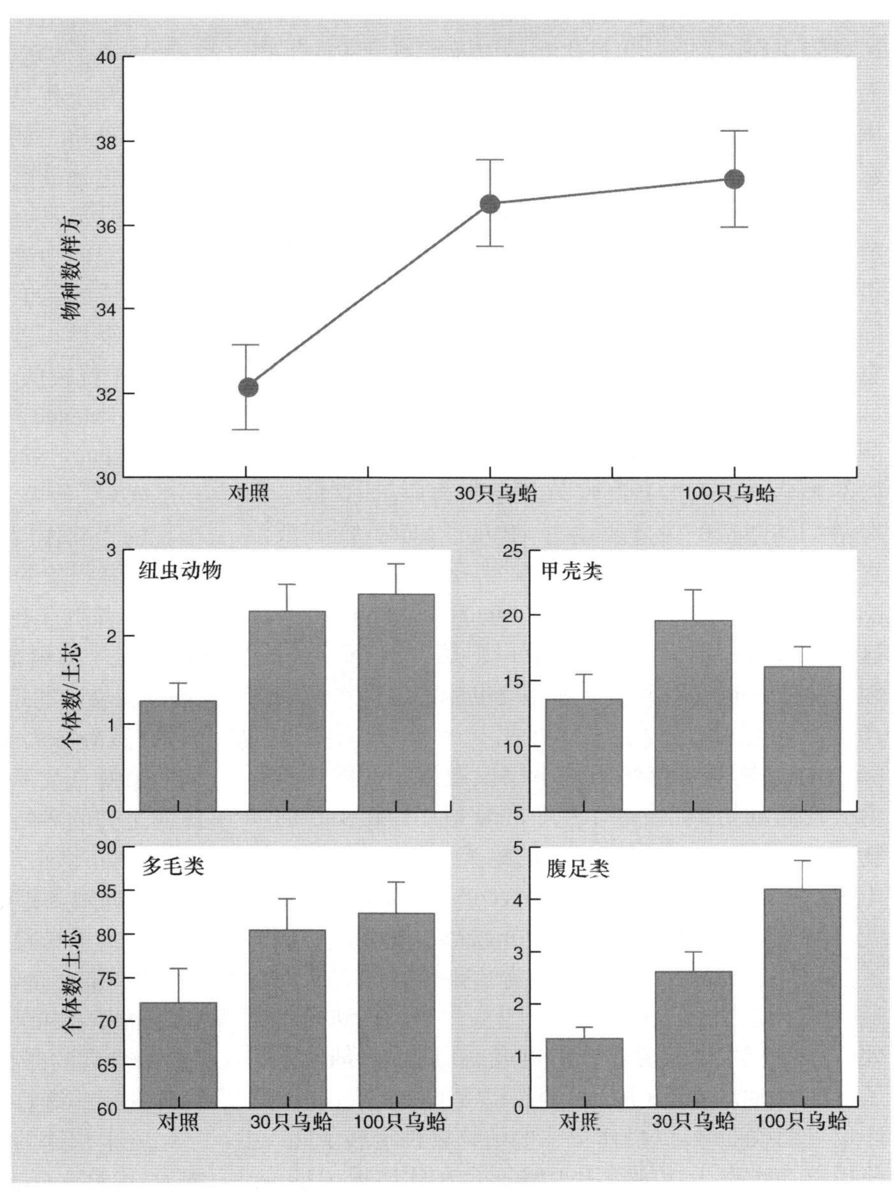

图 19.22 操控沉积物表层蛤的密度，模拟其被吸虫 (*Curtuteria australis*) 感染水平的变异及其对潮间带群落的影响。3 个实验处理 (0、30 以及 100 只乌蛤添加至 1 m^2 的样方) 下，每样方大型底栖无脊椎动物物种的平均丰富度 (±1 SE) 和数个无脊椎分类群的平均密度。所有的平均值均是基于每种处理 7 个样方以及每个样方 5 个土芯样本的数据 (仿 Mouritsen & Poulin, 2005)。

19.6 捕食者和寄生物影响的评价

(1) 如果捕食者选择性地捕食群落中的竞争优势种作为猎物, 且该群落生产力水平较高, 则物种丰富度有可能增加。似乎猎物的适口性与高增长率之间存在着一些普遍联系。如果猎物产生化学或物理防御需要以消耗用于生长和繁殖的资源为代价, 那么我们不难预料, 相比捕食者不存在的情况 (它们将资源用于竞争而非防御上), 竞争优势种在捕食者存在的情况下生存更艰难。这样一来, 选择性捕食者的存在通常会增加物种丰富度。如果捕食者的行为属于频率依赖型, 它们应该更加强壮。即使高度广食性的捕食者, 也可能通过利用者调节共存来增加群落的多样性, 因为如果猎物按照其数量多少的比例受到捕食, 那些数量最多的物种应该是同化利用资源、生产生物量以及繁殖最快的生物, 而它们又更容易受到捕食的影响。但需要注意的是, 频率依赖型捕食者仅可能导致物种丰富度减少, 或者无影响。

(2) 中等强度的捕食最可能与猎物的高丰富度相关, 因为捕食强度太低可能无法阻止竞争能力较弱的猎物物种之间发生竞争排斥, 而捕食强度过高则可能导致那些捕食者偏好的猎物物种发生灭绝。但需要注意的是, 中等强度很难进行界定。

(3) 如果群落的物理条件很严峻、易变或难以预测, 那么, 捕食者和寄生物对群落结构可能具有最轻微的影响 (Connell, 1975)。在隐蔽的海岸, 捕食似乎是群落结构塑造的主要驱动力 (Paine, 1966), 而在波浪直接拍打的露岩潮间带, 捕食对群落结构几乎没有影响 (Menge & Sutherland, 1976; Menge *et al*., 1986)。就这些一般规律而言, 深海热液口则是个例外, 这可能因为热液口附近恶劣的物理环境也能产生高水平的生产力。

(4) 动物对群落的影响不仅仅通过它们的捕食行为。穴居动物 (如蚯蚓、兔子和豪猪), 构建土丘的动物 (如蚂蚁和白蚁) 以及寄生的蛤类, 都能对群落产生干扰, 并发挥生态系统工程师 (ecosystem engineer) (改变环境的物理结构) 的作用 (Wilby *et al*., 2001)。它们的活动增加了环境异质性, 包括为新拓殖者的定居创造适宜的生境, 并促进微演替的发生。大型植食动物的粪便和尿液产生了营养丰富的镶嵌式斑块, 深刻地影响了其他物种的局部平衡。甚至在潮湿的草场上, 牛的蹄印也可能改变微环境, 使得一些植物物种定居于此, 这些植物在没有干扰的情况下将不会在此出现 (Harper, 1977)。捕食者仅仅是影响群落平衡的众多媒介生物之一。

(5) 取食其他营养级的捕食者可能会对群落产生深远的影响。例如, 杂食性的淡水小龙虾能够影响植物 (被小龙虾取食)、植食动物和食肉动物 (被小龙虾取食或与之竞争) 的物种组成, 甚至也会影响食碎屑者, 因为它们具有高度的杂食性, 甚至可以取食植物和动物残体 (Usio & Townsend, 2002, 2004)。此外, 当爬过或钻过基质层时, 它们可以移动动物和碎屑, 扮演生态系统工程师的角色 (Statzner *et al*., 2000)。

19.7 群落生态学的多元论

群落结构不一定是由单个生物过程所塑造

就群落组织而言, 用一种单一的观点 (使竞争影响减弱的捕食作用和干扰是最重要的) 来代替另一种单一的观点 (竞争和生态位分化是最重要的) 是错误的。当然, 竞争作用构建群落不是普遍规律, 然而, 群落的构建并不依赖于任何一种独立的力量。大多数群落可能都是通过混合驱动力而形成的, 如竞争、捕食、干扰和更新补充, 它们的相对重要性可能有着系统性的差异, 在更新补充水平较高、干扰较低的环境中, 竞争和捕食对群落的塑造更为显著 (Menge & Sutherland, 1976; Townsend, 1991)。

物理条件也可能调控捕食者和寄生者的影响

Wilbur (1987) 利用一系列精巧的实验, 研究了竞争、捕食和干扰的相互作用对北美洲池塘 4 种青蛙和蟾蜍的影响。研究发现, 在捕食者不存在的情况下, 霍尔布掘足蟾 (*Scaphiopus holbrooki*) 的蝌蚪竞争能力最高, 而可普灰树蛙 (*Hyla chrysoscelis*) 的蝌蚪竞争能力最低 (图 19.23a)。当捕食者蝾螈 (*Notophthalmus viridescens*) 存在时, 能长到变形期的蝌蚪总数不受影响, 但相对多度发生逆转, 因为霍氏锄足蛙的蝌蚪会受到选择性的捕食 (图 19.23b)。最后, Wilbur 将蝌蚪群落放入失水环境 (模拟自然干旱的扰动), 处理条件依然是捕食者的存在或缺失。竞争作用使蝌蚪生长减缓, 延迟了变态的时间, 从而增加了脱水死亡风险。而霍氏锄足蛙拥有最短的幼体期, 因此在缺失捕食者和失水条件下, 构成了变形期生物的大部分。捕食者的存在可以缓解竞争的影响, 使得多个幸存物种的蝌蚪能够在池塘干涸前快速长到变态期。

寄生作用的影响也可能受到物理条件的调节。泥螺 *Hydrobia ulvae* 和端足目动物旋卷蜾蠃蜚 (*Corophium*

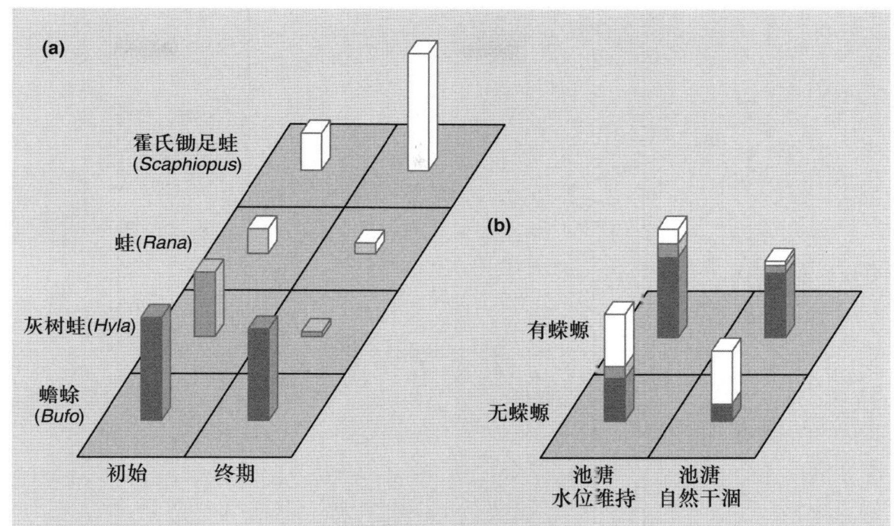

图 19.23 (a) 以高密度引入池塘的 4 种蝌蚪的相对多度 (初始) 以及实验结束时蝌蚪变体 (metamorph) 的相对多度 (最后)。(b) 在捕食者蝾螈存在或缺失条件下, 在水位维持与自然干涸 100 天的池塘中, 4 种蝌蚪变体的数目 (仿 Wilbur, 1987; Townsend, 1991a)。

volutator), 是丹麦北海 (Danish Wadden Sea) 潮间带泥滩上大型底栖动物群落中的优势物种。这两种动物分别是吸虫的第一和第二中间寄主, 鹬 (*Calidris* spp.) 则是其最终宿主。吸虫的卵经鹬的粪便排出后, 食碎屑的螺蛳偶尔会对其进行取食。卵在螺蛳体内孵化成幼虫, 幼虫进行繁殖, 每天将大量的尾蚴释放到水中, 尾蚴会寻找端足目动物。由于尾蚴从螺蛳体内的释放依赖于温度, 而寄生虫所导致的端足目动物的死亡又依赖于作用强度 (intensity-dependent mortality), 因此, 端足目动物的数量会随温度的增加而迅速增加 (Mouritsen & Jensen, 1997)。端足目动物通常在春季和夏季迅速增多, 在初秋时密度一般会超过每平方米 80 000 个个体 (Mouritsen *et al.*, 1997)。它们可以挖掘出永久的 U 形洞穴来稳固基质, 并具有斑块化的分布, 因此以端足目动物为优势物种的泥滩会呈现出特有的地貌, 例如, 高台 (高密度斑块) 和低谷 (低密度斑块) 镶嵌式分布 (Mouritsen *et al.*, 1998)。在这种状态下, 端足目动物形成的滩床非常稳定, 甚至能够经受从海上吹来的强风。但在 1990 年春天, 较高的环境温度导致螺蛳种群中吸虫感染盛行, 进而导致大量的尾蚴从螺蛳中释放出来, 仅仅 5 个星期, 便致使端足目动物种群崩溃 (图 19.24a) (Jensen & Mouritsen, 1992)。随着能够稳固沉积物基质的端足目动物的消失, 曾经的高台斑块受到严重侵蚀 (图 19.24b)。泥滩特有的地貌最终销声匿迹 (图 19.24c), 许多的滩涂大型无脊椎动物, 包括纽形动物类、多毛类、腹足类、双壳类和甲壳类动物, 均遭受了严重的影响。

记住, 某些生物间相互作用从其影响来看是正面的

本章一开始, 我们便讨论了单一物种影响群落和生态系统的多种方式。我们不能简单地认为, 竞争、捕食和寄生作用是决定群落组成最主要的种群相互作用。促进作用 (facilitation) 实际上也具有重要作用, 尽管它的重要性也随着物理条件的变化而改变。在缅因海湾 (the Gulf of Maine) 群落中, 泡叶藻 (*Ascophyllum nodosum*) 冠层的存在 (在其潮间带上层边界处) 能够使岩石最高日温降低 5~10°C, 使蒸发损失减少一个数量级, 从而促进了大量底栖生物的更新补充、生长和存活 (Bertness *et al.*, 1999)。事实上, 在这一区域内记录的种群相互作用中, 约一半是促进作用, 而非负面作用 (竞争性或捕食性的)。另一方面, 在褐藻生存的下层边界处, 褐藻冠层为植食动物和食肉动物提供了良好的生存条件, 而不仅仅是改善物理条件 (因为在潮间带区域, 物理环境不是那么恶劣), 因此导致该处的消费者压力比较严重。

在许多群落中, 陆生植物种类之间积极的相互作用也已获得证实 (Wilson & Agnew, 1992; Jones *et al.*, 1994)。有时, 植物可以减少邻近植株被取食的机会, 从而对其有促进作用。Callaway 等 (2000) 调查过两种具有竞争优势且适口性差的植物, 即具有物理防御的蓟草 *Cirsium obvalatum* 和具有化学防御的阿尔泰藜芦 (*Veratrum lobelianum*), 并研究它们所发挥的作用。这两种植物都入侵了格鲁吉亚共和国 (the Republic of Georgia) 高加索 (Caucasus) 中部地区的放牧草场。研

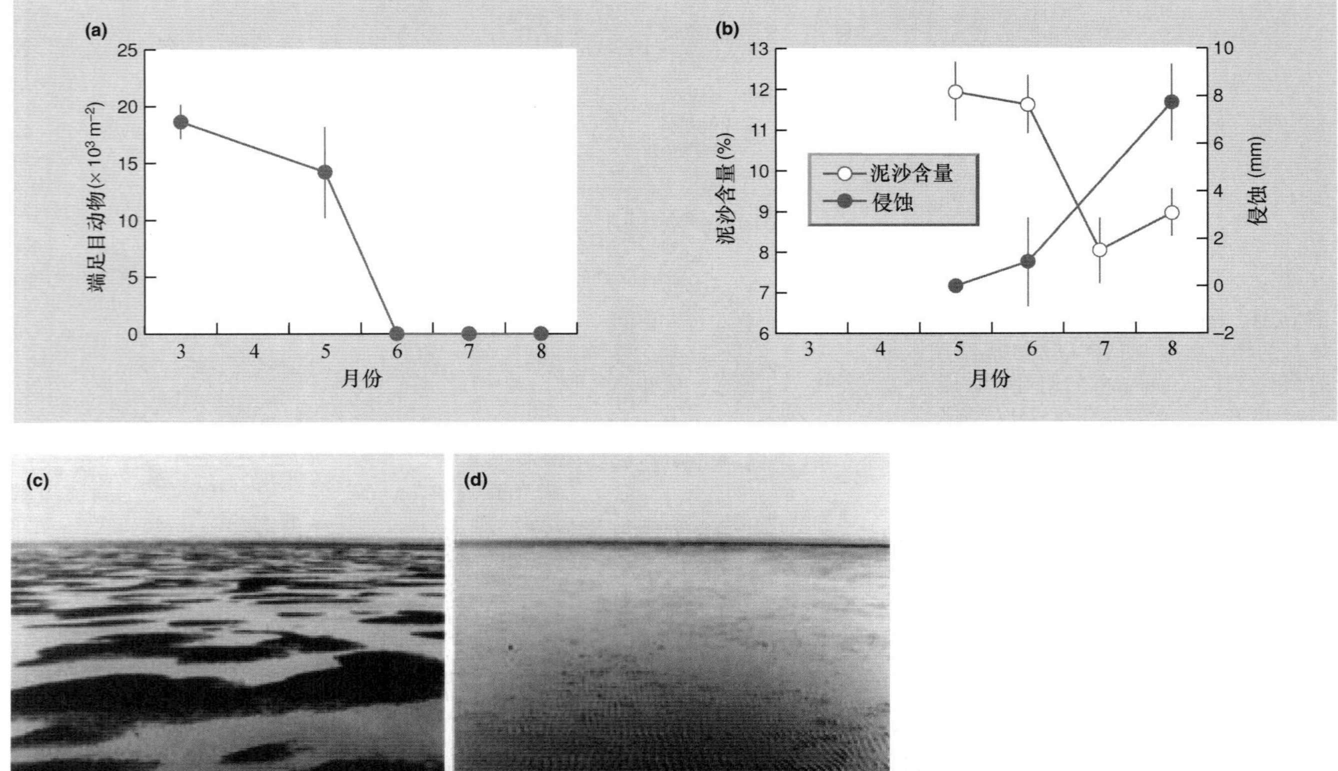

图 19.24　吸虫 (microphallid trematode) 所导致的潮间带高密度端足类动物灭绝, 以及由此而引起的泥滩沉积物和地形的变化。(a) 端足类动物旋卷蜾蠃蜚 (*Corophium volutator*) 的平均密度 (±SE)。(b) 平均泥沙含量 (颗粒 <63 μm) 和基质被侵蚀的程度。(c) 在旋卷蜾蠃蜚因寄生物感染而死亡之前, 吸虫滩床 (the *Corophium* bed) 的地形特征。(d) 端足类动物消失短短数月后滩涂的地形特征 (仿 Mouritsen & Poulin, 2002; Mouritsen *et al*., 1998; 经 K. Mouritsen 授权许可使用)。

究的所有植物物种中, 有 44% (15/34) 在开放牧场中属于稀有种 (盖度 <1%), 但生长在蓟和阿尔泰藜芦的下层 (60 cm×60 cm 的区域, 其中含有这两种植物中的 1 种), 其盖度明显较高。有 8 种植物仅在适口性差的植物下存在, 而与之相关的群落中, 开花或结果的植物物种要比开放牧场多 70%~128%。由此看来, 那些美味的植物如果有适口性差的邻居, 则能够避免被取食, 而更好地生长和繁殖。

综上所述, 捕食者和寄生物的影响并不局限于它们的猎物或宿主, 甚至不局限于那些与它们或它们的猎物进行竞争的生物。有时, 影响会超越单一的营养级或相邻的营养级, 而遍布整个食物网。例如, 我们在第 19.4.2 节中讨论的海星, 在第 19.5 节中讨论过的寄生性石蚕蛾幼虫和第 19.6 节中讨论过的杂食性小龙虾, 都属于这类情况。下一章, 我们将关注整个食物网的复杂运作。

小结

单个物种可以通过各种途径影响整个群落的构成。在这一章, 我们重点关注了竞争、捕食和寄生作用如何对群落进行塑造。

种间竞争在群落塑造中发挥着核心作用, 这一观点首先受到了竞争排斥理论的支持, 该理论认为, 竞争物种的相似度是有限的, 因此只有有限数量的物种能够在生态位空间饱和之前融入特定的群落。人们一致认为, 竞争有时能够影响群落结构, 但它并不是在所有情况下都发挥最重要的作用。其他一些限制因素通过降低生物密度或周期性地逆转竞争优势度，可能会抑制竞争发展到竞争排斥的程度。此外，即使发生强烈竞争，如果不同的物种聚集分布，且其分布独立于其他物种，则它们也可能共存。

在群落研究中，重要资源在时、空上的生态位分化支持了这一假说，即竞争决定群落的组成。然而，仅仅依赖物种间单纯的差异是不足以解释问题的。因此，对实际群落构建零模型，模型中保留群落的部分真实特征（共存物种的食物、取食形态学或分布），但随机配置其组成，从而排除竞争因素带来的影响。对预测和观察的式样进行比较，其结果有时支持竞争的重要作用，但并非所有情况都如此。

植食动物有时干扰了竞争排斥的进程，促进了植物物种丰富度的增加（利用者调节共存），从而对群落组成施加影响。在营养丰富且有植食动物存在的情况下，并且当植食动物偏好的植物具有较强的竞争能力时，植物共存更可能发生。

食肉动物同样可能通过捕食增加物种的丰富度。这可以从岩石海岸无脊椎动物群落和森林鸟类群落的研究中获得证实，但是，深海热液口群落或者陆生昆虫和蜘蛛群落的相关研究并不能证实这一点。捕食对物种丰富度的影响同样依赖于许多因素，包括食物偏好式样和被捕食者的相对竞争状态。

像其他利用者一样，寄生物能决定其宿主是否在一个地区出现；如果它们影响的物种本身具有较强的相互作用，或作为陆生、淡水或海洋群落的生态系统工程师，那么寄生作用也能产生许多微妙的影响。有时，寄生物会导致利用者调节共存的实现。

群落结构并不依赖于单一的生物过程，消费者对群落结构的塑造还可以受到非生物条件的影响。如果群落的物理条件恶劣、易变或者不可预测，那么，生物因素往往可能只会对群落造成非常轻微的影响。

第 20 章

食物网

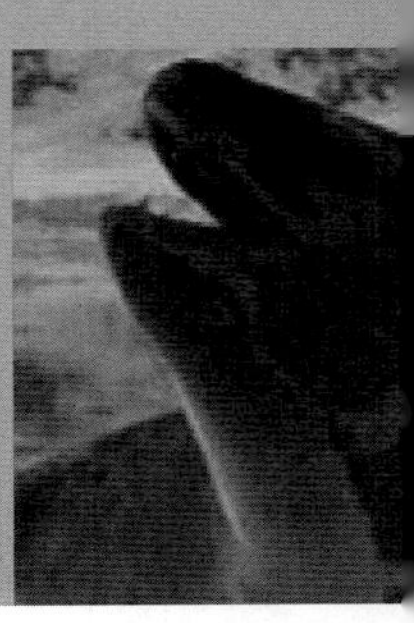

20.1 引言

在前一章中，我们开始考虑种群之间的相互作用是如何塑造群落的，并把注意力集中在占有相同或相邻营养级的物种之间的相互作用。但显然，仅对物种间的直接相互作用进行研究，是难以明了群落结构的。当竞争者利用的资源为活的生物体时，它们之间的相互作用必定会涉及更多的物种 (这些物种的个体将被消费掉)。捕食作用的影响是重复改变被捕食物种的竞争状态，从而维持物种的共存 (消费者介导的共存)，否则，某些物种将会被竞争排除。

实际上，一个物种所产生的影响通常要更为复杂多样。食肉动物对其植食性猎物的作用，能影响到植食动物所依存的任何植物种群、植食动物的其他捕食者和寄生物、植物的其他消费者、植食动物和植物的竞争者以及众多在食物网中关系更远的物种。在本章对食物网的讨论中，我们所关心的生态系统通常包含 3 个以上的营养级和 “多个” (至少两个) 物种。

对食物网的研究，是群落生态学和生态系统生态学的结合。因此，我们既要讨论群落中相互作用的物种的种群动态 (群落中出现的物种，它们之间的网络联结关系，以及相互作用的强度)，也要探讨这些物种间的相互作用对生态系统过程 (如生产力和营养流动) 的影响。

首先，我们考虑一个物种影响另一个物种多度时的附带效应 (incidental effect) (食物网中远距离的相互作用) (第 20.2 节)。我们将在一般意义上考察间接的 “非预期” 效应 (第 20.2 节)，然后谈论其中的一种特殊效应 —— “营养级联” (trophic cascades) (第 20.2.3 节和第 20.2.4 节)。这很自然地引向这样一个问题，即于何时何地食物网的控制将是 “下行” (top-down) (低营养级物种的多度、生物量或多样性依赖于消费者的作用，同营养级联中一致) 的或是 “上行” (bottom-up) (决定群落结构的因素来自低营养级，如养分浓度和猎物的有效性) 的 (第 20.2.5 节)。之后，我们将把注意力特别集中在 “关键” (keystone) 种 (那些对食物网中其他位置物种有深远影响的物种) 的特征及其影响方面 (第 20.2.6 节)。

其次，我们考虑食物网结构与稳定性之间的相互关系 (第 20.2 节和第 20.4 节)。生态学家之所以对群落稳定性感兴趣，有两个方面的原因。第一是实用性和紧迫性。群落的稳定性，意味着其对干扰的敏感程度。自然和农业群落正遭受越来越频繁的干扰。因此，有必要明确生物群落对这些干扰是如何反应的，以及未来它们可能作出的响应。第二个原因则是非实用性的，但它更为根本。我们实际看到的生物群落必然已维持了很长的时间，它们很可能具有保持稳定的特征。在群落生态学中，一个最基本的问题是：“生物群落为何以其当前的方式而存在?” 一部分答案可能是：“因为该方式具有维持稳定性的某些特征”。

20.2 食物网中的间接效应

20.2.1 “非预期” 效应

对某个物种进行移除 (因实验、管理需要或自然发生的) 是了解食物网运行方式的有效手段。假如一种捕食者被移除，那么猎物的密度会增加。假如一种竞争物种被移除，与之竞争的物种则会更加成功。符合这种预期结果的例子有很多，这并不奇怪。

但有些时候，一个物种的移除可能导致其竞争者多度的下降，或者，一种捕食者的移除会导致其猎物多度的下降。当直接效应的重要性与间接效应相比越来越小时，这种非预期效应就增加了。于是，一个物种的移除可能增加其某一竞争者的密度，反过来引起另一竞争者的衰退。或者，一种捕食者的移除可能增加某一猎物的多度，使其在与其他种的竞争中处于优势，从而导致后者密度变小。有一项调查对 100 多个研究捕食的实验进行了分析，结果表明，超过 90% 的实验在统计上有显著结果，而其中约三分之一是非预期效应 (Sih *et al.*, 1985)。

若最初对物种的移除是为了管理 (或是为了对某一害虫进行生物控制 (Cory & Myers, 2000)，或是为了根

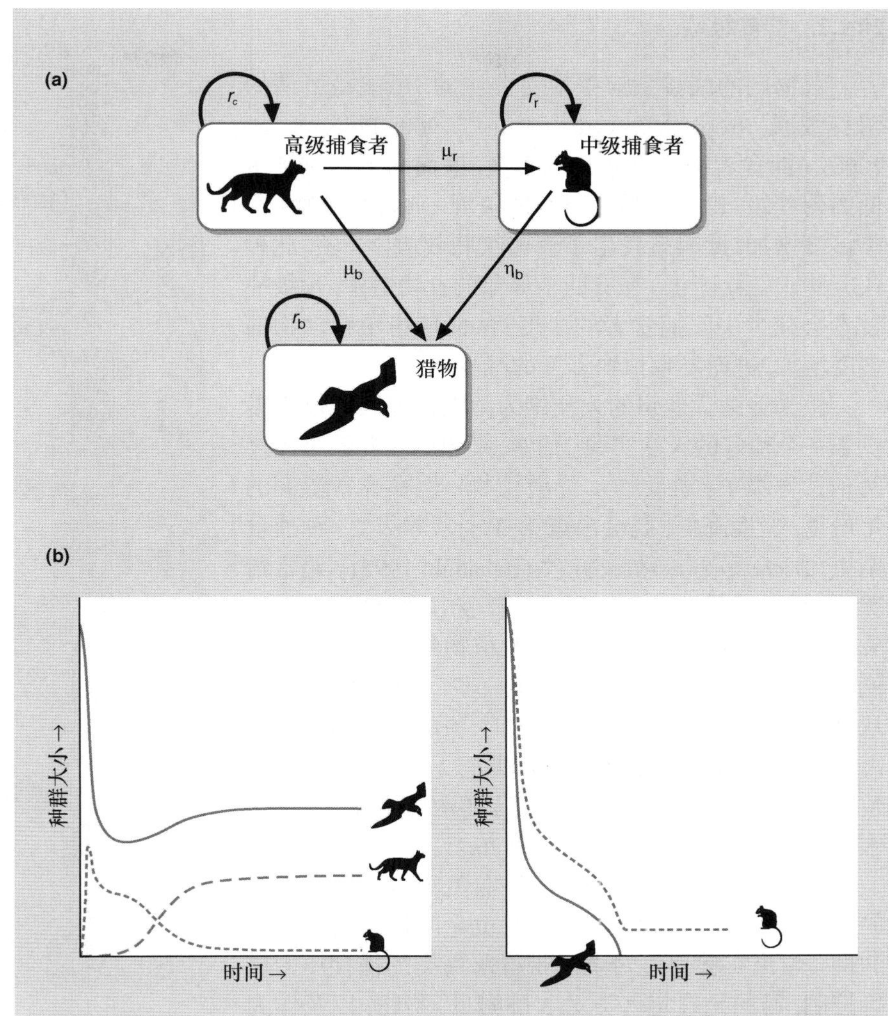

图 20.1 (a) "高级捕食者"(如猫) 既以每个体的 μ_r 速率捕食 "中级捕食者" (如猫所偏好的鼠), 也以每个体 μ_b 的速率捕食猎物 (如鸟), 与此同时中级捕食者以每个体 η_b 的速率猎取猎物, 图 (a) 就是这种相互作用模型的图示。每个物种分别以 r_c、r_r、r_b 的净速率恢复其种群。(b) 应用实际参数值之后模型的输出: 当 3 个物种同时存在时,高级捕食者控制了中级捕食者的数量, 而且 3 个物种能够共存 (左图); 而当缺少高级捕食者时, 中级捕食者使得猎物走向灭绝 (右图) (仿 Courchamp *et al*., 1999)。

除外来入侵种 (Zavaleta *et al*., 2001)), 人们就会特别地注意到这些间接效应, 这是因为, 移除物种的目的是解决某一问题, 而非再产生一个非预期的问题。

中级捕食者

例如, 在很多岛屿上, 野猫从驯养中逃脱, 会威胁到土著猎物, 尤其是濒临灭绝的鸟类。对此, "想当然" 的行动反应就是把猫消灭 (保护岛上的猎物)。但正如 Courchamp 等 (1999) 所提出的一个简单模型中所阐释的那样, 如此的计划也许并不能达到预期的效果, 特别在那些允许老鼠定居的岛屿上, 更是如此 (见图 20.1)。老鼠 [中级捕食者 (mesopredator)] 通常既与鸟类竞争, 又捕食鸟类。由于猫 [高级捕食者 (superpredator)] 通常捕食老鼠和鸟类, 因此, 对其进行移除可能增加而非降低对鸟类的威胁; 这是因为, 此过程消除了对中间捕食者的捕食压力。在斯图尔特岛和新西兰, 引入到这里的猫捕食一种濒临灭绝的鹦鹉 —— 枭鹦 (*Strigops habroptilus*), 这种鸟类不会飞 (Karl & Best, 1982); 但是, 如果只对猫进行控制会很危险, 因为它们的猎物还有 3 种被引入的老鼠, 它们会 (虽然未检验过) 给枭鹦带来更大的威胁。事实上, 斯图尔特岛上的枭鹦种群已转移到沿海更小的岛屿上, 在那里, 外来的哺乳类捕食者 (像老鼠) 并不存在, 或者已被根除。

其他间接效应, 尽管并不是真正 "非预期的", 但也发生在某一物种的释放之后, 如象鼻虫 (*Rhinocyllus conicus*)。这种象鼻虫是对美国生活的外来飞廉 (*Carduus* spp.) 进行生物控制的媒介 (Louda *et al*., 1997), 它也攻击土著蓟属 (*Cirsium*) 的植物, 并会造成一种土著花翅蝇 (*Paracantha culta*) 多度的减少, 该蝇依靠蓟的种子为生 —— 由此, 象甲间接地损害了其非目标物种。

20.2.2 营养级联

食物网的间接效应中最受关注的, 可能是所谓的营养级联 (tropical cascade) (Paine, 1980; Polis *et al.*, 2000)。捕食者减少其猎物的多度, 进而向下影响到更低的营养级, 即造成猎物自身的资源 (通常是植物) 其丰富度增加, 此时就发生了营养级联效应。当然, 此种效应并非就此停止。在有四个环节的食物链中, 顶级捕食者会减少中间捕食者的多度, 从而使得植食动物的多度增加, 进而导致植物多度的减少。

位于美国犹他州的大盐湖为阐明营养级联效应提供了一个很好的天然实验。通常, 那里的营养系统包含两个营养级 (浮游动物 – 浮游植物), 但在异常湿润的年份里, 盐度降低, 就会出现第 3 个营养级 (一种捕食昆虫, *Trichocorixa erticalis*) (Wurtsbaugh, 1992)。通常情况下, 浮游动物以一种鳃足虫 (旧金山湾卤虫, *Artemia franciscana*) 为主, 并能够将浮游植物的生物量保持在低水平, 从而保持水体的清澈度。但在 1985 年, 当盐度从高于 100 g L^{-1} 降至 50 g L^{-1} 时, *Trichochorixa* 入侵, 卤虫 (*Artemia*) 生物量即从 720 降至 2 mg m^{-3}, 从而导致浮游植物的多度剧增, 叶绿素 a 的浓度增加了 20 倍, 水的清澈度则降为四分之一 (图 20.2)。

另一个营养级联的例子, 是在美国西北海岸进行的一个为期 2 年的实验, 它同时也是间接效应复杂性的例子。该实验通过对潮间带群落鸟类的捕食压力进行控制, 目的是确定鸟类对 3 种帽贝 (猎物) 以及作为帽贝食物的藻类所产生的效应 (Wootton, 1992)。在帽贝常出现的地方, 大面积地 (每 10 m^2) 设置钢丝笼, 以排除灰翅鸥 (*Larus glaucescens*) 和北美蛎鹬 (*Haematopus bachmani*) 的影响。总体上, 在有鸟的时候, 帽贝的生物量要低得多, 使得对肉质藻类的取食压力减小, 于是鸟类捕食的效应可向下到达植物所在的营养级。此外, 鸟类还通过移除藤壶为藻类的定居提供空间 (图 20.3)。

正如所预期的那样, 当鸟类减小了其中一种帽贝 *Lottia digitalis* 的多度时, 第二种帽贝 *L. strigatella* 的多度会增加, 但这对第三种帽贝 *L. pelta* 却没有作用。这其中的原因很复杂, 完全不能用鸟类捕食 *L. digitalis* 而产生的直接效应来解释。*L. digitalis* 是一种浅色的帽贝, 倾向于出现在浅色的鹅颈藤壶 (*Pollicipes polymerus*) 上, 而深色的 *L. pelta* 则主要出现在深色的加州壳菜哈 (*Mytilus californianus*) 上。这两种帽贝为隐蔽自身都进行了强烈的生境选择。海鸥的捕食, 使得被鹅藤壶覆盖的海面减小 (进而损害 *L. digitalis*), 并通过竞争释放作用导致被贻贝覆盖的海面增加 (有利于 *L. pelta*)。

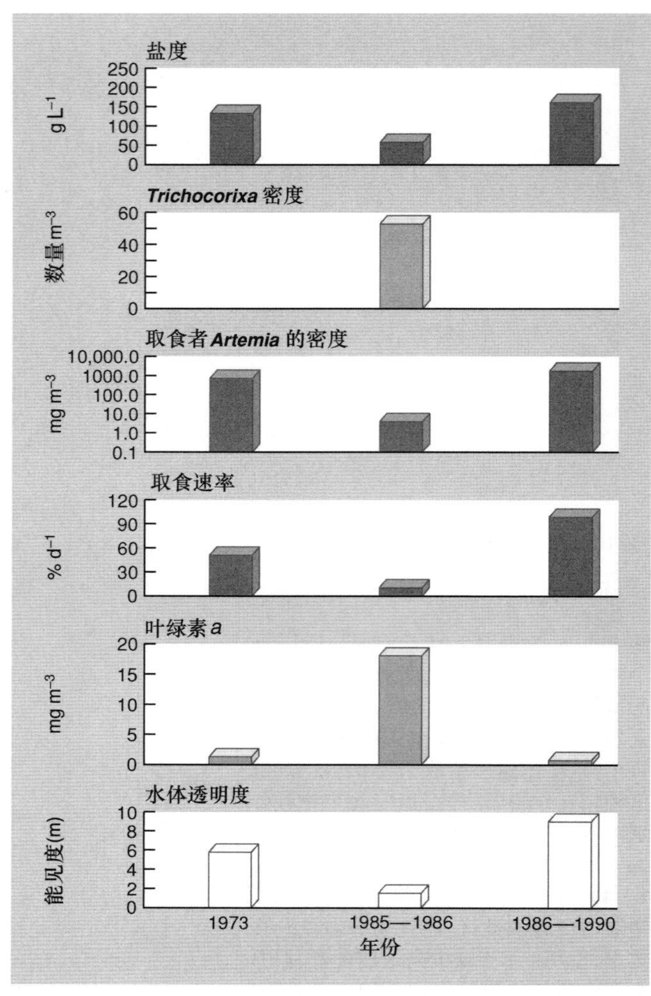

图 20.2 大盐湖远洋生态系统在3个盐度有差异时期的变异性。

第 3 个物种 *L. strigatella*, 在与其他两者的竞争中均处于劣势, 因此, 由于竞争作用的释放, 其密度有所增加。

20.2.3 含四营养级的系统

如果有四个等级的营养系统服从营养级联, 则可认为, 顶级食肉动物与植食动物呈正相关, 且初级食肉动物与植物呈正相关。在加利福尼亚北部的伊尔河, 曾进行过一个有关食物网的实验研究, 该研究正好发现了这样的现象 (图 20.4a) (Power, 1990)。在这个实验中, 大型鱼类 (拟鲤 (*Hesperoleucas symmetricus*) 和虹鳟 (*Oncorhynchus mykiss*)) 造成鱼苗和无脊椎捕食者多度的减小, 进而使其猎物摇蚊幼虫 *Pseudochironomus richardsoni* 达到较高的密度, 从而大幅增加了对刚毛藻 (*Cladophora*) 的捕食压力, 使其生物量保持在较低水平。

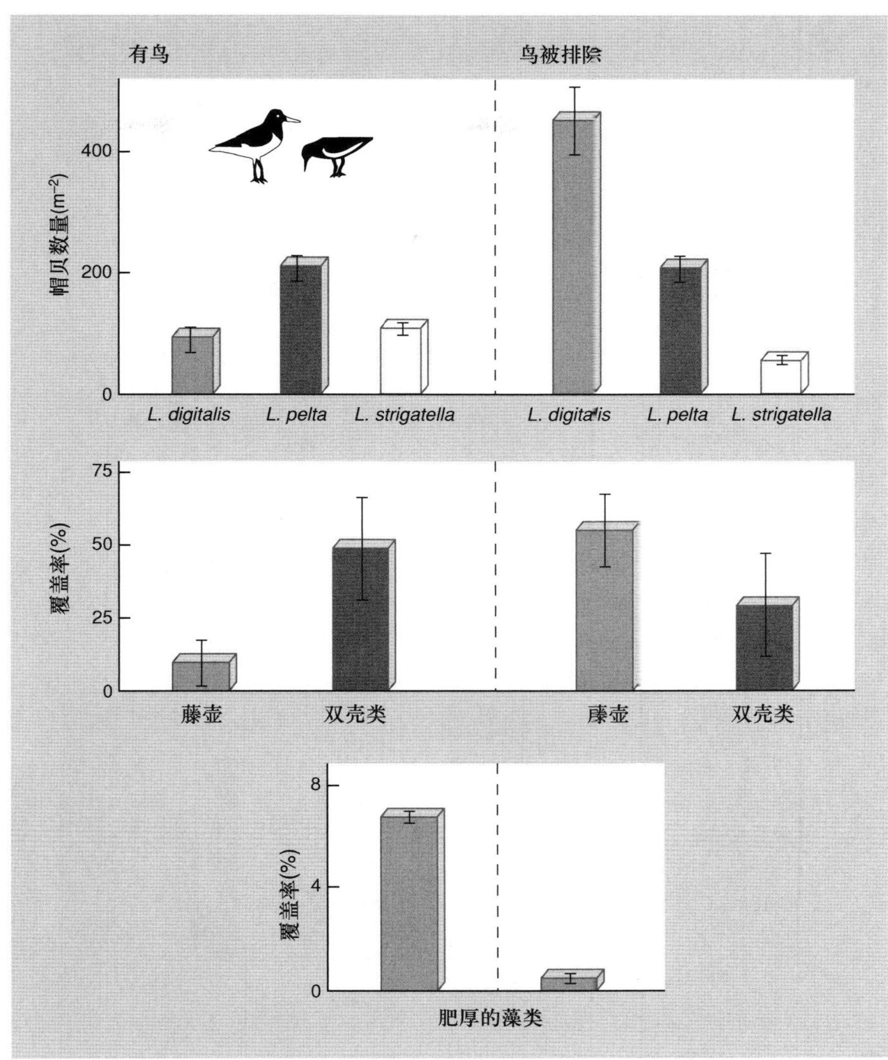

图 20.3 当鸟类从潮间带群落中被排除时，藤壶数量增加而双壳类数量减少，3种帽贝在密度上发生了显著变化，反映了隐蔽生境的可利用性和相互竞争作用的改变以及直接捕食作用的解除。在没有鸟类对潮间带动物影响的情况下，藻类覆盖率大幅度降低 (图中显示了平均值 ±SE) (仿 Wootton, 1992)。

在哥斯达黎加热带低地森林中，一个有关 *Tarsobaenus* 甲虫的研究也支持同样的格局。*Tarsobaenus* 甲虫捕食大头蚁 (*Pheidole*)，大头蚁捕食多种植食动物，而这些植食动物又攻击适蚁植物 *Piper cenocladum* (详细的营养相互作用要比这略微复杂 —— 图 20.5a)。一个对若干地点的描述性研究，正好显示了 4 个等级的营养级联中物种多度的预期改变：在 3 个地点中，植物和蚂蚁的多度相对高，而植食动物和甲虫的多度维持在低水平；但在第一个地点，植物和蚂蚁的多度较低，而植食动物和甲虫的多度则较高 (图 20.5b)。此外，对其中一个地点的甲虫进行控制实验，与存在甲虫的情况相比，无甲虫时蚂蚁和植物的多度显著提高，而植食动物的水平则有所降低 (图 20.5c)。

四营养级实际上可能只发挥三营养级的作用

相反，在新西兰一个存在四营养级 [褐鳟 (*Salmo trutta*)、捕食性无脊椎动物、植食性无脊椎动物及藻类] 的溪流群落中，顶级捕食者的存在并没有导致藻类生物量的下降，这是因为，鱼类不仅影响了捕食性无脊椎动物，也直接影响了更下一级植食性物种的活动 (见图 20.4b) (Flecker & Townsend, 1994)。鱼类通过消费植食动物和限制幸存者的觅食活动来实现其影响 (McIntosh 和 Townsend, 1994)。相似的情形亦有报道，如在巴哈马群岛，一个存在四营养级的陆生群落由蜥蜴、网蛛、植食性节肢动物和灌木海葡萄 (*Coccoloba uvifera*) 组成 (图 20.4c) (Spiller & Schoener, 1994)。实验结果表明，顶级捕食者 (蜥蜴) 和植食动物间有强烈的相互作用，但蜥

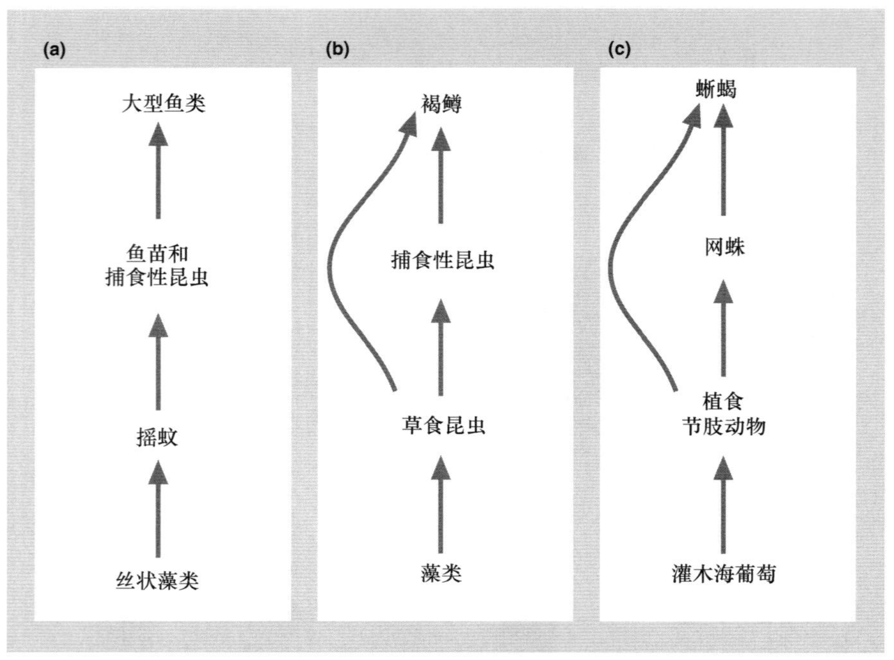

图 20.4　包含四营养级的食物网的 3 个例子。(a) 由于缺乏杂食性动物 (以多个营养级为生), 这个北美溪流群落功能上呈现为四营养级的系统。相反, 来自新西兰溪流群落的食物网 (b) 和来自巴哈马的陆生群落的食物网 (c) 在功能上都是涉及三营养级的食物网。这是因为顶级的杂食性捕食者对植食动物有很强的直接效应, 而对中间捕食者的效应要小得多 (分别仿 Power, 1990; Flecker & Townsend, 1994; Spiller & Schoener, 1994)。

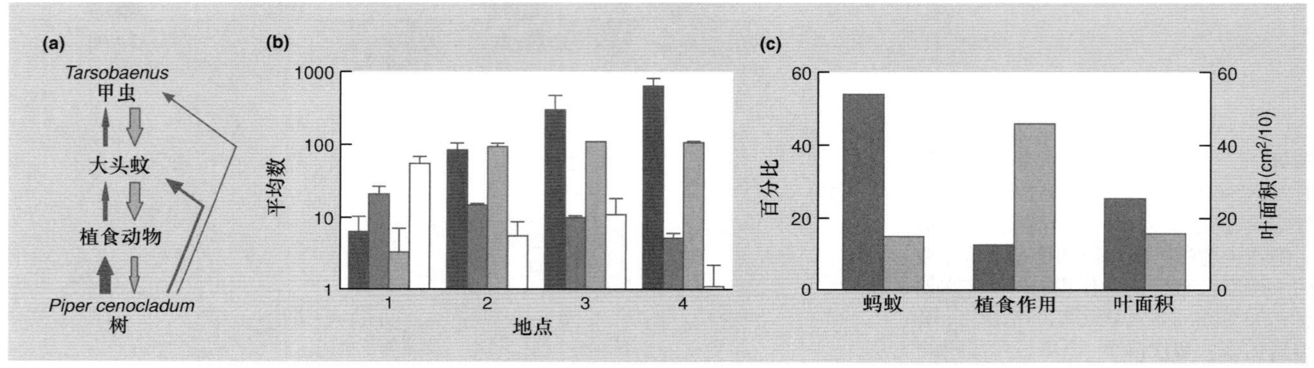

图 20.5　(a) 在哥斯达黎加所观察到的一个四营养级食物链的图示。淡色箭头表示死亡率, 而深色箭头表示对消费者生物量的贡献; 箭头的宽度表示相对重要性。(b) 和 (c) 显示了自甲虫而下的营养级联证据: 甲虫与植食动物间以及蚂蚁与树木间均存在正相关关系。(b) 4 个地点的蚂蚁 – 植物相对多度 (■)、蚂蚁的多度 (■)、甲虫的多度 (■) 以及植食作用的强度 (□)。显示了平均数和标准误; 测量单位各不相同, 均在原始文献中给出。(c) 在地点 4 所进行的无甲虫 (■) 和有甲虫存在 (■) 的重复实验。所用的单位为: 蚂蚁, 以植物叶柄被占据的百分比表示; 植食作用, 以叶面积被食的百分比表示; 叶面积, 以每 10 个叶片的平方厘米数表示 (仿 Letourneau & Dyer, 1998a, 1998b; Pace *et al*., 1999)。

蜴对蜘蛛的影响甚微。于是, 顶级捕食者对植物有正的净效应, 当有蜥蜴存在时, 叶片受到的损害会更小。以上两种四营养级的群落存在营养级联, 但其功能表现却与仅有三营养级的群落相一致。

20.2.4　是否所有生境中都存在级联? 级联的作用发生在群落水平还是物种水平?

营养级联都出现在湿润的条件下吗?

许多有关营养级联的讨论, 包括最初的确证, 都基于水生 (海洋或淡水) 案例, 以至于产生了这样一个严肃的问题: "营养级联都发生在湿润的环境下吗?" (Strong, 1992)。正如 Polis 等 (2000) 所指出的, 为了回答这个问题, 我们应当辨别在群落和种群水平上级联的差异 (Polis, 1999)。在前一种情况下, 群落中的捕食者作为整体可控制植食动物的多度, 植物则作为整体可从植食动物的控制中解放出来。在物种水平的级联中, 特定捕食者的增加将引起特定植食动物的减少, 以及特定植物的增加, 而不会影响整个群落。于是, Schmitz 等 (2000) 为了反驳 "所有级联都发生在湿润环境下" 这个命题, 回顾了总共 41 个为证明营养级联而进行的对陆生生境的研究; 但 Polis 等 (2000) 指出, 所有这些只相当于其所在群落的子集 —— 在本质上它们是物种水平的级联。此外,在这些研究中, 对植物行为的测定通常是短期和小尺度的 (例如, 上述蜥蜴 – 蜘蛛 – 植食动物 – 海葡萄的例子中 "对叶片的损害"), 而不是更大尺度上整个群落的显著响应, 如植物生物量或生产力等。

因此, Polis 等 (2000) 提出, 群落水平的级联最可能发生在有如下特征的系统中: ① 生境相对离散均质; ② 猎物的种群动态 (包括那些初级生产者) 一致而快速地与其消费者相关联; ③ 常见的猎物趋于一致地可食; ④ 营养级趋于离散, 物种相互作用强烈, 系统以离散的营养链为主。

如果这种见解是正确的, 那么群落水平的级联最可能发生在湖泊的浮游群落、溪流岩岸的底栖群落中 (都是 "湿" 的), 也可能出现在农业群落中。这些趋于离散且相对简单的群落, 依赖于植物的快速生长, 通常由单个分类群主导 (浮游植物, 海藻或农作物)。这并不是说 [正如 Schmitz 等 (2000) 所坚持的], 在更为弥散且有丰富物种的系统中不存在这样的动力, 而是说, 在这些系统中消费模式存在极大的差异以至总的效应会得到缓冲。从整个生物群落的角度来看, 这样的效应可表示为营养滴流 (trophic trickle), 而非级联。

当然, 正在积累的证据似乎表明, 在简单特别是湿润的群落中, 存在明显的群落水平的级联, 而在更为多样特别是陆生的群落中, 有限的级联较多地被埋没在更宽广的网络中。这是否反映了, 在不同生境中处理和研究级联存在实际困难这一基本事实, 以及这些实际困难之间是否存在明显的差异, 仍待进一步研究确认。人们试图确认水生食物网和陆生食物网是否存在实际差别, 相关的尝试表明, 目前缺少经验的和理论的证据, 来支持或驳斥这个想法 (Chase, 2000)。

20.2.5 对食物网的调控是下行的还是上行的? 世界为何是绿的?

我们已经看到, 营养级联通常被视作 "始于顶部", 即开始于最高营养级。所以, 在有三营养级的群落中, 我们认为捕食者控制了植食动物的多度, 并且说植食动物服从 "下行控制"。相反地, 捕食者服从上行控制 (多度取决于其资源), 即标准的捕食者 – 猎物相互作用。再者, 捕食者对植食动物的作用使植物从下行控制中解放出来, 从而服从上行控制。因此, 在营养级联中, 当我们从一个营养级转向下一营养级时, 下行和上行控制会交替出现。

假如我们从食物链的另一端开始, 并假设植物因竞争其资源而受上行控制, 那么, 植食动物仍旧可能受限于对植物 (它们的资源) 的竞争, 而捕食者则受限于对植食动物的竞争。在此情形下, 所有营养级都服从上行控制 [也称 "供体控制" (donor control)], 这是因为, 资源控制了消费者的多度而消费者并不控制资源的多度。于是有这样的问题: "食物网 (或特定类型的食物网) 是以下行控制为主还是以上行控制为主?" (再次注意, 即使以下行控制 "为主", 人们也认为, 从一个营养级到另一个营养级会出现下行控制与上行控制的交替。)

自上而下、自下而上以及营养级联

很明显, 这与我们刚刚讨论过的观点有关。在群落水平的营养级联作用强烈的系统中, 下行控制应占主导; 而在营养级联 (假使存在) 限于物种水平的系统中, 群落作为整体, 可由下行或上行控制为主。当然, 也有一些群落不可避免地趋于由上行控制为主, 因为消费者对其食物资源没有影响或影响很小。显然, 食碎屑者群体是最合适的例子 (见第 11 章), 花蜜和种子的消费者也可能属于这个类别 (Odum & Biever, 1984), 此外, 稀有的植食昆虫集群也很少对其寄主植物产生影响 (Lawton, 1989)。

为什么世界是绿的?……

Hairston 等 (1960) 首次提出了下行控制的广泛重要性, 其中蕴含了营养级联这一想法。他们在这篇著名的论文中问道: "世界为何是绿的?" 其回答是, 世界以下行控制为主, 因而是绿的: 即捕食者抑制了植食动物, 从而使绿色植物的生物量积累。对此问题的讨论, 后来扩展到了其他系统中, 这些系统具有与之不同的营养级数目 (Fretwell, 1977; Oksanen *et al.*, 1981)。

…是带刺并且味道不好吗?

然而, Murdoch (1966) 却极为质疑这样的观点。他强调, 即使世界是绿的 (假设如此), 也不一定意味着, 植食动物是由于受到捕食者的下行控制而不能利用植物资源。很多植物可进化出物理的和化学的防御手段, 使植食动物难以为生 (见第 3 章)。植食动物因此会为有限的美味而去竞争未设防的植物; 于是, 其捕食者也为争夺稀少的植食动物而相互竞争。这样, 一个受上行控制的世界仍然可以是绿的。这一观点被 Pimm (1991) 描述为 "世界是多刺而乏味的"。

此外, Oksanen (1988) 认为世界并不总是绿的 —— 尤其是在沙漠的中央或格陵兰的北海岸。其论点 (也见于 Oksanen *et al.*, 1981) 如下: ① 在极端荒芜或 "白色" 的生态系统中, 因为没有足够的食物来支撑植食动

物的有效种群 (effective populations), 植食作用非常微弱, 因而植物和植食动物都受上行限制; ② 在植物生产力水平高的 "绿色" 生态系统中, 植食作用因捕食者的下行限制而同样微弱 (正如 Hairston 等 (1960) 所认为的那样); ③ 处于这两种极端之间的生态系统可能是 "黄色" 的, 其中, 植物受植食动物的下行限制, 因为植食动物的数量不足以维持捕食者的实际种群数量。由此可认为, 通过改变食物链的长度, 生产力可使下行控制和上行控制之间的平衡发生转变; 但这仍有待严格的验证。

是初级生产力的影响吗?

也有观点认为, 初级生产力水平可通过其他方式来决定下行控制和上行控制的相对重要性。Chase (2003) 对一个含有浮游植物和浮游动物的大型淡水食物网进行过研究, 考察了养分浓度对它的影响; 该食物网中有一种捕食性昆虫 *Belostoma flumineum*, 它以两种植食性蜗牛 *Physella girina* 和 *Helisoma trivolvis* 为食, 而这两种蜗牛又以大型植物和藻类为食。在低养分浓度下, 蜗牛以易被捕食的较小的 *P. gyrina* 为主, 捕食者能引起营养级联并延伸至初级生产者; 而在高养分浓度下, 以相对不易被捕食的较大的 *H. trivolvis* 为主, 并且不出现营养级联 (见图 20.6)。因此, 该研究也支持了 Murdoch"世界是乏味的" 这一主张, 即不易受伤害的植食动物产生了一个上行控制占优势的食物网。然而总体上, 阐明下行或上行控制主导性的清晰格局, 仍旧是未来的一项挑战。

20.2.6 强关联种和关键种

相比其他物种, 某些物种更紧密地与食物网的结构组织交织在一起。一个物种的移除, 若能显著影响 (导致灭绝或密度上较大的变化) 至少一个其他物种, 则认为此物种是强关联种 (strong interactor)。移除某些强关联种会导致整个食物网的显著变化——我们把这样的强关联种叫作关键种 (keystone species)。

关键种犹如拱门制高点的楔形石块, 将其他物种锁定在一起。顶级捕食者 (岩岸的海星; 见 Paine (1966) 和第 19.4.2 节) 可通过减少优势竞争者的多度, 而间接地有利于一系列劣势竞争者, 这是关键种概念在食物网构造中的一个早期应用。移除拱门中的拱心石, 会导致拱门结构的坍塌。同样, 移除顶级捕食者, 会导致若干物种的灭绝或多度上的巨变, 使群落的物种组成全然相异。这在我们看来, 即群落的物理外貌发生了很大的变化。

什么是关键种?

现在普遍认为, 关键种可在其他营养级中出现 (Hunter & Price, 1992)。"关键种" 这个术语, 自其首次被创造以来, 使用范围无疑获得了扩展 (Piraino *et al.*, 2002), 使得有

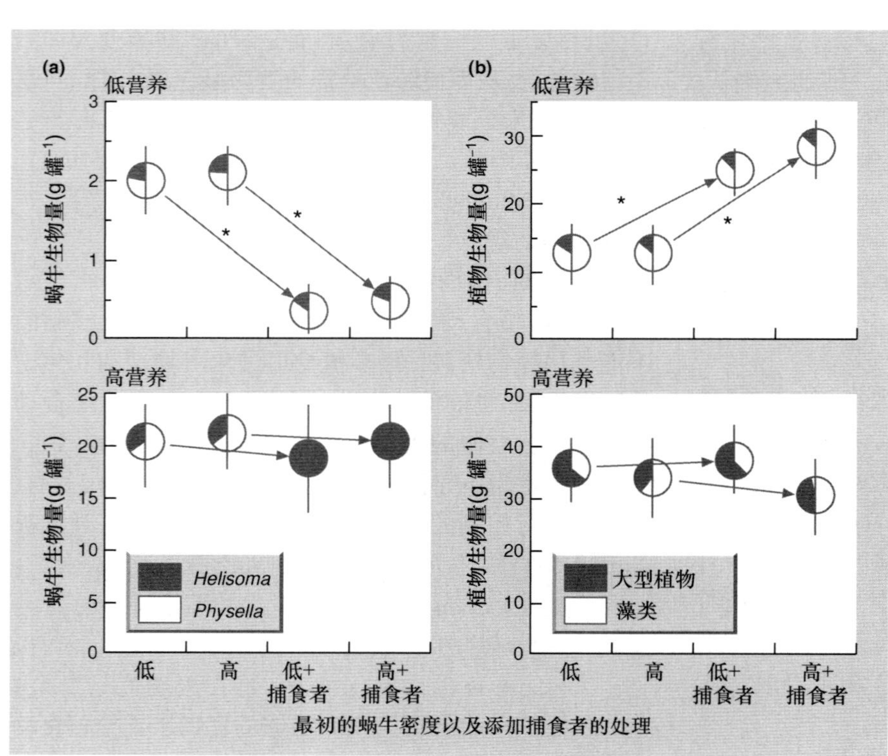

图 20.6 生产力很低的下行控制。在低营养和高营养处理的实验池塘中, (a) 蜗牛生物量和 (b) 植物生物量 (垂直方向的线条是标准误)。在低营养的情形下, 以 *Physella* (易被捕食) 为主, 捕食者的添加使得蜗牛生物量显著下降(以 * 表示), 其结果是植物生物量 (以藻类为主) 增加。但在高营养的情形下, *Helisoma* (不易被捕食) 的相对多度增加, 因而捕食者的增加既不能使蜗牛生物量下降, 也不能使植物生物量(通常以大型植物为主)增加 (仿 Chase, 2003)。

人质疑它是否具有任何实际价值。其他人则把关键种定义得较为狭窄，其中一种即认为关键种的影响之大与其多度不成比例 (Power *et al*., 1996)。这一定义的优势在于，它将某些低营养级的“生态优势种”排除在外，因为一个这样的物种 (如珊瑚，或橡林中的橡树) 所提供的资源可以决定整个金字塔中的其他物种，这样的现象实在太常见了。然而，对于一些物种，它们可以产生与其多度不成比例的影响，则其鉴别势必存在更多的挑战和更大的困难。

放下语义上的争论不管，尽管所有物种无疑都在某种程度上影响着其所在群落的结构，但某些物种的影响要深远得多，认识到这一点很重要。人们已开始利用很多指数来测量这种影响 (Piraino *et al*., 2002)；例如，物种的“群落重要性” (community importance) 是指当其被移除后，群落中其他物种丧失的比例 (Mills *et al*., 1993)。从实用角度看，认可关键种概念并尝试识别它们都很重要，因为关键种在保护中有至关重要的作用：由定义可知，改变它们的多度会引起整个范围内其他物种的显著反应。尽管如此，关键种和其他物种间的分界线并非十分清晰。

关键种可能贯穿于整个食物网中

原则上，关键种可以出现在食物网的任何部分。Jones 等 (1997) 甚至指出，关键种并不一定因其营养地位而显得如此重要，它们的“生态工程师” (见第 13.1 节) 行为同样能体现其重要性。例如，河狸截倒树木建造堤坝，它们创造出来的生境使数以百计的物种赖以生存。关键互利共生者 (keystone mutualists) (Mills *et al*., 1993) 的影响力也可能超出其多度的比例：这样的例子包括依赖于生态优势种植物的传粉昆虫和支持豆科植物生长的固氮细菌，植物群落的整个结构以及动物都可能依赖于这样的固氮细菌。当然，关键种也受到顶级捕食者的限制，或受到由消费者介导的猎物间共存的限制。例如，小雪雁 (*Chen caerulescens caerulescens*) 是一种植食动物，其巨大的繁殖领地位于加拿大哈得逊湾西部沿岸的咸水和淡水湿地。春季，在其筑巢地，植被地上部分开始生长之前，成熟的小雪雁在干旱地区挖掘禾草植物的根和根茎，而在湿润地区则取食莎草茎的膨大部分。它们的活动，导致裸露的泥炭和沉积物斑块 (1~5 m^2) 不断出现。由于很少有先锋植物能再次拓殖在这些斑块上，因此，它们的恢复速度很慢。此外，在未被掘食的咸水湿地，高密度的小雪雁可在夏季引起强烈的植食作用，这对被取食的薹草 (*Carex*) 和碱茅 (*Puccinellia*) 草地的建立和维持十分重要 (Kerbes *et al*., 1990)。因此，认为小雪雁是个关键 (植食性的) 种似乎不无道理。

20.3 食物网结构、生产力和稳定性

任何生物群落都可以其结构 (物种数、食物网中的相互作用强度、食物链的平均长度等)、某些数量 (特别是生物量和生物量的生产速率，可归总为“生产力”) 和时间上的稳定性为特征 (Worm & Duffy, 2003)。在本章的余下部分，我们将考察此三者之间的相互关系。生物多样性 (结构的重要方面) 的下降对生物群落的稳定性和生产力将带来怎样的必然结果，对此问题的理解和关心催生了近期研究人员对此领域的强烈兴趣。

我们将专门讨论食物网结构 (在这里是指食物网复杂性；在第 20.4 节中则是指食物链长度和其他若干测定指标) 对其自身稳定性及群落生产力稳定性的影响。从一开始就要注意的是，我们对食物网认识的进展完全依赖于从自然群落中所获数据的质量。最近，一些学者对此，特别是对早期的研究，产生了怀疑。他们指出，生物体通常是极度不均衡地组成一个分类单元，有时甚至纵跨众多水平。例如，即使在同一食物网中，不同的分类单元可能在界 (植物)、科 (双翅目) 和种 (北极熊) 的水平上成组。对某些食物网而言，由于其描述最为彻底，故可将食物网元素逐渐归入到更宽泛的分类单元中，以此来研究这种组成不均衡所产生的后果 (Martinez, 1991; Hall & Raffaelli, 1993; Thompson & Townsend, 2000)。然而，令人不安的是，大多数食物网的特征似乎对所能达到的分类学上的分辨率水平较敏感。下面，当我们探究食物网格局的证据时，需牢记有这样的限制存在。

首先，有必要定义“稳定性”，或更确切地，区分不同类型的稳定性。

20.3.1 “稳定性”为何义？

恢复力与抵抗力

对稳定性的认识多种多样，最原始的区分即将其分为群落 (或其他任何系统) 的恢复力和抵抗力。恢复力 (resilience) 描述了一个群落受到干扰并被改变状态后回到它原初状态的速度。抵抗力 (Resistance) 描述了群落避免在原初位置被改变的能力。(图 20.7 提供了稳定性的这两个及其他方面的图像说明。)

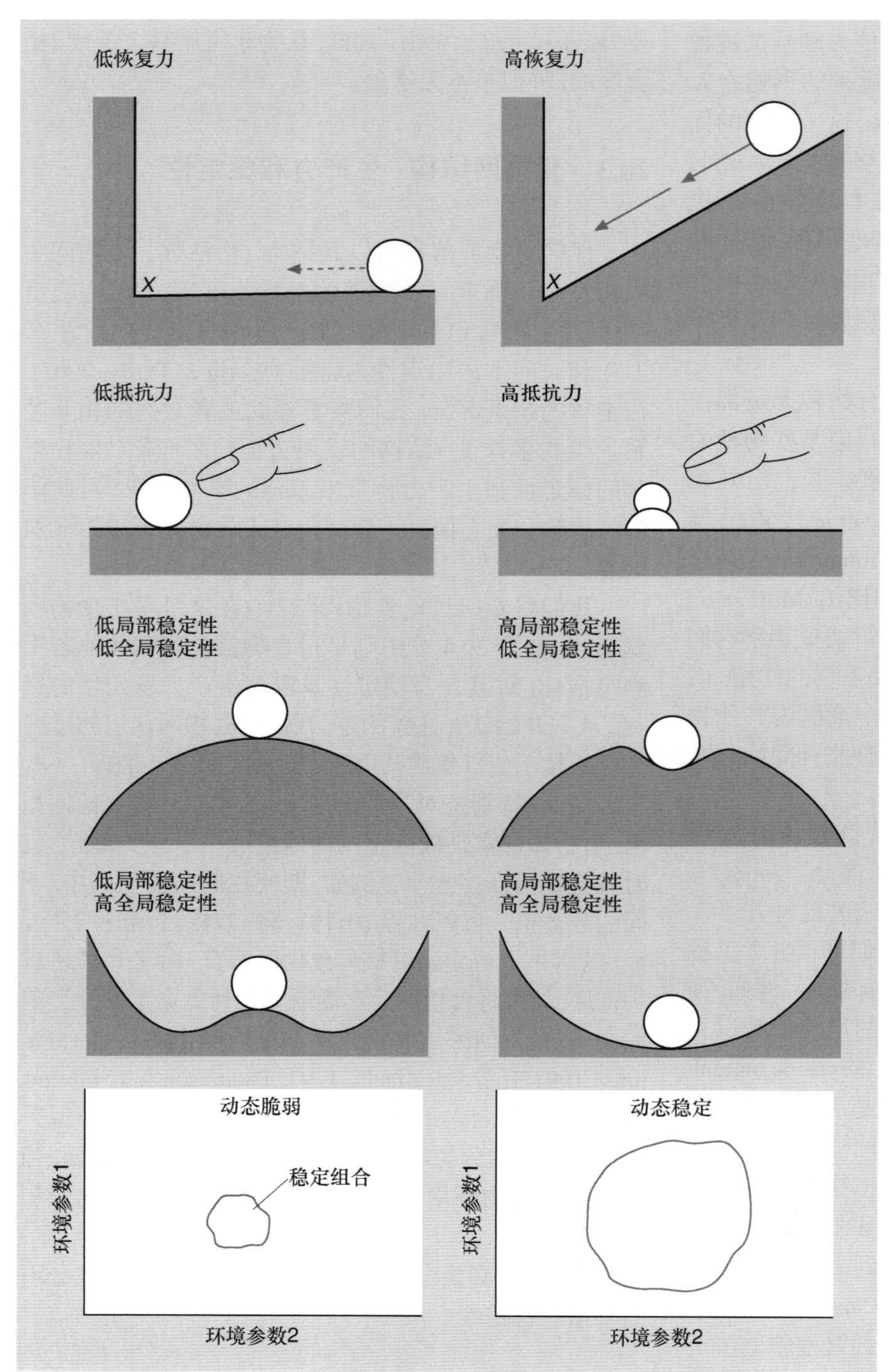

图 20.7 稳定性是群落的重要属性, 这里以图示的方式说明在本章中所描述的这一概念的不同方面。在恢复力的图中, X 记号表示群落状态从此点被移动。

局部与全局稳定性

第二种区分是局部稳定性 (local stability) 和全局稳定性 (global stability)。局部稳定性描述了一个群落遭受小的干扰时回到其原初状态 (或与之相近的状态) 的趋势。全局稳定性描述了当群落遭受大的干扰时的这种趋势。

动态脆弱与动态稳固

对稳定性的第三种区分与局部/全局区分有关, 但更关注群落的环境。任何群落的稳定性取决于其所依存的环境以及组成物种的密度和特征。群落若只在狭小范围的环境条件下, 或在有限范围的物种特征上是稳定的, 就称为动态脆弱 (dynamically fragile)

的。相反,若群落在大范围条件下和大量特征上是稳定的,则称为动态稳固 (dynamically robust) 的。

最后,我们要说明一下将会关注的群落外貌。生态学家经常使用种群统计学的途径。他们曾将注意力集中在群落结构上。不过,生态系统过程特别是生产力的稳定性也可能是他们所关心的对象。

20.3.2 群落复杂性和“约定俗成”

食物网结构和食物网稳定性之间的联系,吸引了生态学家至少半个世纪。最初的“约定俗成”(conventional wisdom) 认为,在一个群落中增加其复杂性会导致稳定性的增加;即面临诸如损失一个或多个物种的干扰时,更复杂的群落会更有能力保持结构的恒定。就目前而言,复杂性的增加在很多时候意味着有更多的物种、更多的种间相互作用、更大的相互作用平均强度,或是这些方面的某种组合。Elton (1958) 将各种经验的和理论的观察综合起来,以支持这样一个观点,即更复杂的群落会更加稳定 (如简单的数学模型在本质上是不稳定的,物种贫乏的岛屿群落较易被入侵等)。然而,目前很清楚的是,他的主张中大部分要么是错误的,要么倾向于其他某些模棱两可的解释。(实际上,Elton 自己曾指出需要更广泛的分析。) 大约同时,MacArthur (1955) 提出了一个赞同约定俗成且更为理论化的论点。他认为,一个生物群落中能量流经的可能途径越多,则其组成物种的密度更不可能因其他物种密度的异常升降而改变。

20.3.3 模型群落中的复杂性和稳定性:种群

然而,约定俗成并非总能得到支持的,数学模型的分析对其造成了特别大的冲击。May (1972) 对某一流域的研究就是这样的例子。他构建了一个包含若干物种的食物网模型,并检查了每个物种的种群大小在其平衡点 (即单个种群的局部稳定性) 附近的变化方式。每个物种都受到其他所有物种的相互作用的影响,符号 β_{ij} 用来表示物种 j 的密度对物种 i 的增长速率的影响。食物网是“随机组合”的,其中所有的自我调节项 (β_{ii}, β_{jj} 等) 设定为 -1,而其他的 β 值随机分布,包括一定数目的 0 值。这样,食物网可用 3 个参数来描述:S,物种数;C,食物网的“连接度”(connectance) (那部分可以直接作用的物种对,它们具有非零的 β_{ij});β,平均“相互作用强度”(即非零 β 的平均值,没有下标)。May 发现,这样的食物网只有当如下的条件成立时才可能稳定 (即种群在小的扰动后会回到平衡):

$$\beta(SC)^{1/2} < 1 \tag{20.1}$$

否则将趋向于不稳定。

换句话说,增加物种的数目、物种间的连接度以及相互作用强度都趋于增加不稳定性 (因为它们使上述不等式的左边变大)。而其中,每一个都表示复杂性的增加。因此,这个模型 (以及其他模型) 认为复杂性导致不稳定性,这无疑表明,稳定性和复杂性之间未必有必然的联系。

许多模型不接受约定俗成

其他的研究表明,复杂性和不稳定性间的这种联系可能只是人工的产物,它源自模型群落的独特特征或分析方法。首先,随机组合的食物网通常包含了生物学上不合理的成分 (如这样的循环:A 吃 B,B 吃 C,C 吃 A)。对食物网进行合理的约束分析 (Lawlor, 1978; Pimm, 1979) 后表明,尽管稳定性依旧随复杂性而下降,但不存在从稳定到不稳定的急剧转变 [与式 (20.1) 相比]。其次,如果系统是“供体控制”的 (即 $\beta_{ij} > 0$, $\beta_{ji} = 0$),则稳定性不受复杂性的影响,或实际上随复杂性而增加 (DeAngelis, 1975)。假如我们将注意力集中在那些目前处于稳定的群落的恢复力上,则模型中复杂性和稳定性的关系将变得更为复杂。当稳定群落的比例随着复杂性的增加而降低时,这些群落的恢复力 (稳定性的重要方面) 却会增加 (Pimm, 1979)。

最后,物种丰富度和种群变异性之间的关系,似乎以很普遍的方式受到时间进程中大量单个种群的平均值 (m) 和方差 (s^2) 的影响 (Tilman, 1999)。这种关系可表示为

$$s^2 = cm^z \tag{20.2}$$

其中,c 是常数,z 是所谓的比例系数。认为 z 值处于 1 和 2 之间是有根据的 (Murdoch & Stemart-Oaten, 1989),且大多数观察值[①] 也是如此 (Cottingham *et al.*, 2001)。在此范围内,种群变异性随物种丰富度而增加 (见图 20.8)——就像 May 的原始模型中复杂性和种群不稳定性之间的关系。

因而在总体上,大多数模型表明种群稳定性随着复杂性的增加而趋于降低。这足以打破可追溯至 1970 年的约定俗成。然而,模型间矛盾的结果至少表明,没

① 指变异系数。—— 译者注

有哪一种单独的关系可适用于所有群落。用一个笼统的结论来取代另一个是错误的。

20.3.4 模型群落中的复杂性和稳定性: 整个群落

复杂性 (特别是物种丰富度) 对群落整体特征 (如生物量或生产力) 稳定性的作用, 至少从理论上看, 似乎要直接得多 (Cottingham *et al.*, 2001)。更宽泛地说, 在物种更为丰富的群落中, 这些整体特征的动态更加稳定。首先, 既然不同物种的涨落并不完全相关, 那么, 当把种群放在一起时, 必然会产生 "统计学平均" 效应 (当一个上升时, 另一个会下降), 并且随丰富度 (种群的数目) 的增加, 其效应趋于增加。

在物种较为丰富的群落中, 整体特性更为稳定

此效应与公式 (20.2) 中方差和平均值的关系存在相互作用。当丰富度增加时, 平均多度趋于减少, 公式 (20.2) 中的 z 值决定了多度的方差将如何改变。特别是 z 值越大, 方差以更大的比例下降, 于是, 随着丰富度增加, 稳定性增加得越快 (见图 20.8)。只有在罕见的或可能非现实的例子中, z 值小于 1 (平均多度下降时方差成比例增加), 才会缺少统计学上的平均效应。

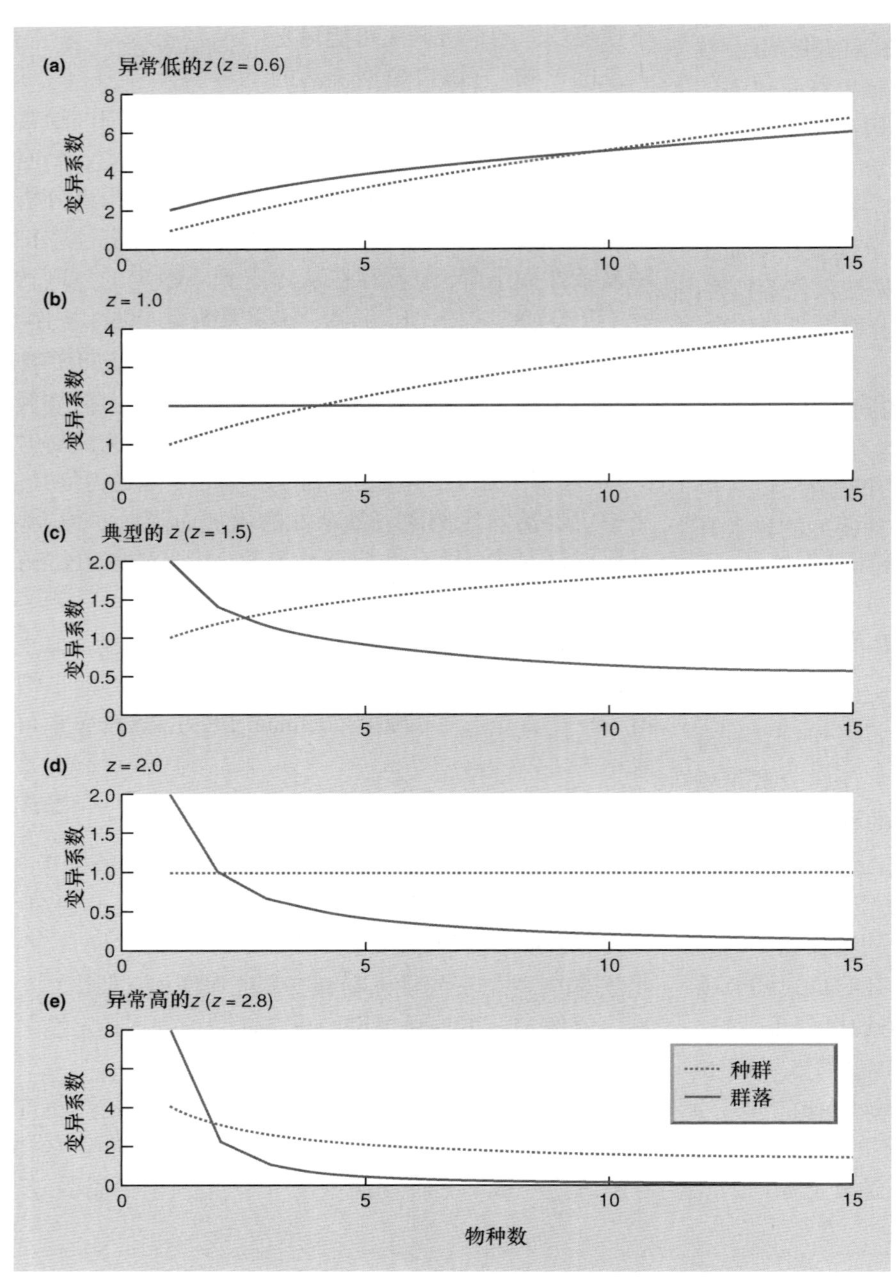

图 20.8 物种丰富度 (物种数) 对种群大小和群落集合多度 (aggregate community abundance) 时间变异性 (变异系数, CV) 的影响, 在模式群落中所有物种多度相等且具一致的 CV 值, 但多度的平均值和方差之间的比例系数 z 各不相同 [式 (20.2)]。(a) $z = 0.6$, 极低值。(b) $z = 1.0$, 典型的下端数值。(c) $z = 1.5$, 典型值。(d) $z = 2.0$, 典型的上端值。(e) $z = 2.8$, 极高值 (仿 Cottingham *et al.*, 2001)。

注意，我们将在下一章 (见第 21.7 节) 讨论有关丰富度和生产力之间的关系 (就目前而言，这不同于丰富度和生产力稳定性之间的关系) 的话题，并将关注物种的丰富度。

20.3.5 实际中的复杂性和稳定性：种群

我们期望在自然界中见到什么？

即使在模型中复杂性和群落不稳定性是相关联的，这也并不意味着，我们必须认为现实的群落中也存在同样的联系。首先，环境条件的范围和可预测性随不同地点而各异。在稳定并可预测的环境中，动态脆弱的群落仍旧可以维持；而在多变且不可预测的环境中，只有动态稳固的群落才能维持。因此，我们期望看到：① 在稳定且可预测的环境中存在的，是复杂而脆弱的群落，而在多变且不可预测的环境中，则是简单而稳固的群落；不过，② 所有群落被记录的稳定性 (依据群落涨落等) 近似相同，因为它取决于群落内在稳定性和环境变异性的结合。此外，我们可以认为，人工干扰对稳定环境中脆弱而复杂的群落有最深远的影响；而在多变环境中，原先受到自然干扰的简单而稳固的群落，相对不易受到人类干扰，不过至少也会受其影响。

与 r 和 K 的联系

同样值得注意的是，在群落特征及其组成种群的特征之间，可能存在某种重要的平行关系。在稳定环境中，种群很大程度上会服从 K 选择 (见第 4.12 节)；在多变环境中，它们则在很大程度上服从 r 选择。K 选择的种群 (高竞争力，高固有存活力，但繁殖产出低) 对干扰具抵抗力，但一旦被干扰，就很少有能力进行恢复 (低恢复力)。相反，r 选择的种群，很少有抵抗力但具高恢复力。对组成种群起作用的驱动力会使群落的某些特性得以增强，即在稳定环境中增强脆弱性 (低恢复力) 和在多变环境中增强稳固性。

有什么证据来自现实的群落？

为检验从公式 (20.1) 中总结的预测，若干研究对现实群落中 S、C 和 β 的关系进行了探讨。其中所用的论证过程描述于下文。当然，我们观察到的群落必然是稳定的，否则就不能观察到它们了。假如群落只在 $\beta(SC)^{1/2} < 1$ (或至少不等式左边很小) 时稳定，那么 S 的增加会导致稳定性的降低，除非 C 和/或 β 有补偿性的降低。通常，因缺乏证据而假设 β 是常数 (尽管生态学家开始接受量化相互作用强度的挑战——如 Benke *et al.*, 2001)。于是，拥有更多物种的群落只有当平均连接程度 C 相应下降时才能保持稳定。因此，我们应当观察到 S 和 C 的负相关关系。Briand (1983) 的论文中讨论了 40 个食物网，其中包括陆生的、淡水的和海洋的例子。对每个群落来说，连接度等于可能的连接总数中可识别的种间联系所占的比例。图 20.9a 显示了连接度与物种丰富度之间的关系。正如所预测的那样，连接度随物种数目的增加而减小。

连接度随物种丰富度的增加而降低，除非两者之间没关系

然而，Briand 所汇集的数据，并不是为了对食物网特征进行量化研究。况且，食物网与食物网之间的分类学分辨水平差异很大。最近有更多研究表明，C 会随 S 而降低 (不出所料) (图 20.9b)、C 独立于 S (图 20.9c) 或者甚至随 S 而增加 (图 20.9d)，而这些研究中的食物网都获得过更加严格的论证。因此，来自食物网的分析，并不一致的支持任何一个单一的复杂性与稳定性之间的关系。

其他假说是否能更好地解释连接度格局的已有记录呢？物种在形态、生理和行为上的特征，限制了消费者可能利用的猎物种数。假如每个物种都以固定数目的其他物种为生，那么 SC 就是恒定的 (Warren, 1994)，C 应当随 S 的增加而降低。但假如决定每个物种是否依存于其他物种的标准是，后者的特征是否处于前者所能适应的范围内，那么随着丰富度的增加，前者所能触及的范围内物种数目也可能增加。在这种更为实际的情况下，连接度大致是恒定的。此外，如果食物网由特化种组成，那么总体的连接度会很低，相反，由泛化种组成的食物网其连接度则较高。特化种的比例会随着丰富度而改变。因此，格局的不一致可能简单地反映了作用于不同食物网上驱动力的多样化。

物种更为丰富的群落中，种群在受干扰时更不稳定，这种预测也可通过实验进行调查研究。例如，一项经典的研究监测了两个草地群落的抵抗力 (McNaughton, 1978)。第一项研究是在纽约州的草地中进行，即将植物养分添加到群落的土壤中；第二项研究则在塞伦盖蒂草原中进行，即对植食动物的行为进行控制。两个案例中，物种丰富和物种贫乏的植物群落均施加相应处理，结果表明，干扰降低了前者的多样性，而不降低后者的多样性 (表 20.1)。这与预测相符，但其效应的显著性相对微弱。

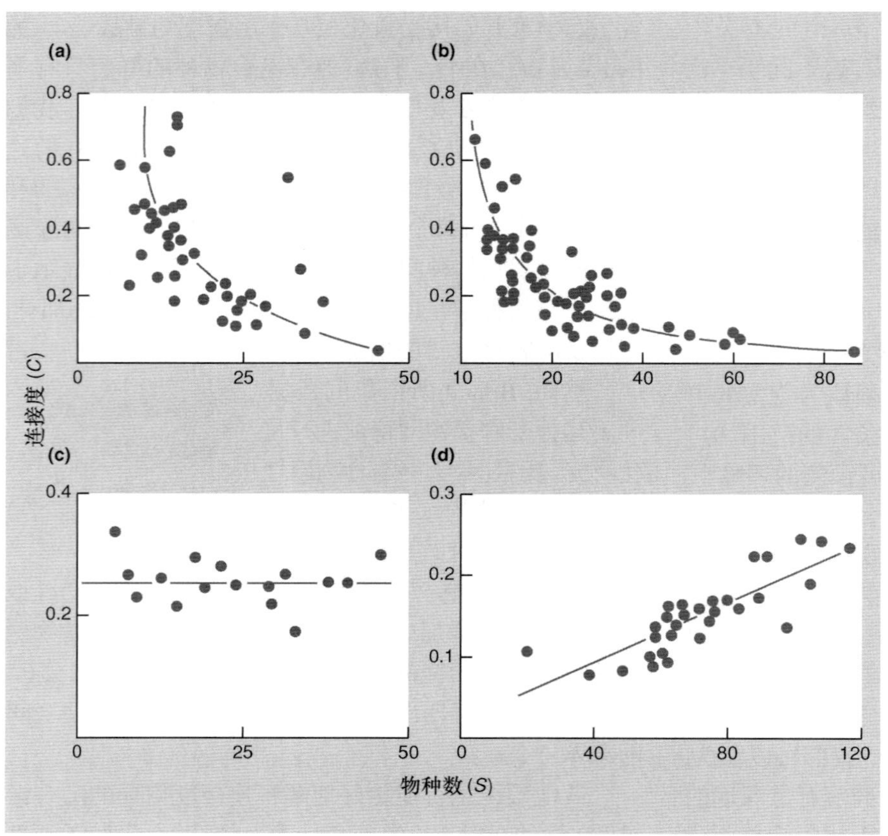

图 20.9 连接度 (*C*) 与物种丰富度 (*S*) 的关系。(a) 来自陆生、淡水和海洋环境的 40 个食物网的文献汇编 (仿 Briand, 1983)。(b) 来自不同生境的以昆虫为主的 95 个食物网的数据汇编 (仿 Schoenly *et al.*, 1991)。(c) 英格兰北部的一个大池塘中食物网的季节性变化, 物种数从 12 到 32 不等 (仿 Warren, 1989)。(d) 哥斯达黎加和委内瑞拉沼泽与溪流中的食物网 (仿 Winemiller, 1990) [图 (a~d) 仿 Hall & Raffaelli, 1993]。

表 20.1 在 2 个实验样地中, 养分添加对物种丰富度、均匀度 ($H/\ln S$) 和多样性 (Shannon 指数, H) 的影响; 以及非洲水牛的植食作用对两地植被物种多样性的影响 (仿 McNaughton, 1977)。

	对照样地	实验样地	统计显著性
养分添加			
每 0.5 m² 样地中的物种丰富度			
物种贫乏的样地	20.8	22.5	NS
物种丰富的样地	31.0	30.8	NS
均匀度			
物种贫乏的样地	0.660	0.615	NS
物种丰富的样地	0.793	0.740	$P < 0.05$
多样性			
物种贫乏的样地	2.001	1.915	NS
物种丰富的样地	2.722	2.532	$P < 0.05$
植食作用			
物种多样性			
物种贫乏的样地	1.069	1.357	NS
物种丰富的样地	1.783	1.302	$P < 0.005$

同样, Tilman (1996) 从明尼苏达州锡达河自然历史地区 (Cedar Creek Natural History Area) 的 207 个草地样地中, 汇总了 39 种常见植物 11 年以来的数据。他发现, 单个物种生物量的差异, 随样地中物种丰富度的增加而有显著但较微弱的增加 (20.10a)。

最后, 曾有一些研究指向这样的问题, 即自然种群的 "感观稳定性" 水平 (多度的年际差异) 是否会随着群落丰富度或复杂性而改变。Leigh (1975) 对植食性脊椎动物、Bigger (1976) 对农作物害虫以及 Wolda (1978) 对昆虫的研究, 均未能找到可以确认的证据。

没有统一的答案

总而言之, 正如理论和实验研究所揭示的, 在更为复杂的群落中种群的稳定性会降低 (变异性增加), 但其效应似乎很微弱并且反复无常。

20.3.6 实际中的复杂性和稳定性: 群落

在整个群落水平上, 群落丰富度的增加会增加其稳定性 (减小变异性), 尽管有些研究未能找到它们之间的一致关系, 但大量证据都一致地支持这一预测 (Cottingham *et al.*, 2001; Worm & Duffy, 2003)。

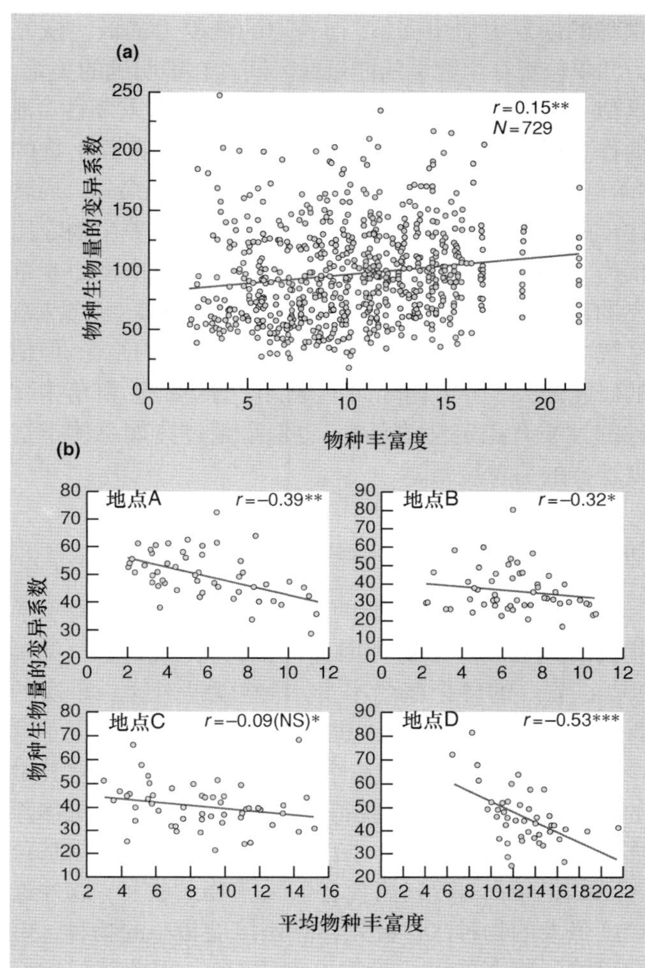

图 20.10 (a) 美国明尼苏达州4个野外样地中39种植物在11年间 (1984—1994年) 的种群生物量的变异系数与物种丰富度的关系。变异随丰富度增加,但斜率很小。(b) 每个野外样地中群落生物量的变异系数和物种丰富度的关系。变异均随丰富度而降低。图中显示了每种情形下的回归直线和相关系数。*, $P < 0.05$; **, $P < 0.01$; ***, $P < 0.001$ (仿 Tilman, 1996)。

数据支持模型:在物种较为丰富的群落中整体特征更为稳定

首先,回顾一下 McNaughton (1978) 在美国和塞伦盖蒂草原进行的研究。从生态系统的角度看,扰动将产生极为不同的效应 (与种群水平的情况相反)。肥料的添加,显著增加了纽约州物种贫乏地块的初级生产力 (+53%),而在物种丰富的地块,只是略微且不显著地改变了生产力 (+16%);在塞伦盖蒂草原,植食作用导致物种贫乏的草地其现存生物量显著减少 (−69%),但对物种丰富的地块而言,其现存生物量只有轻微的减少 (−11%)。同样,Tilman (1996) 在明尼苏达州的草地上进行了研究,结果显示,物种丰富度的增加在种群水平上会产生微弱的负效应,与之相反,其对群落生物量的稳定性则有很强的正效应 (见图 20.10b)。

McGrady-Steed 等 (1997) 对水生微生物群落的物种丰富度进行了控制 (生产者、植食动物、食细菌动物和捕食者),研究发现,另一种对生态系统过程的度量——CO_2 通量 (群落呼吸的度量) 的变异也随丰富度增加而减小 (图 20.11)。此外,Wardle 等 (2000) 对由干旱扰动的小型草地群落进行了实验研究,结果发现,群落具体的物种组成比总体的丰富度能更好地预测其稳定性。

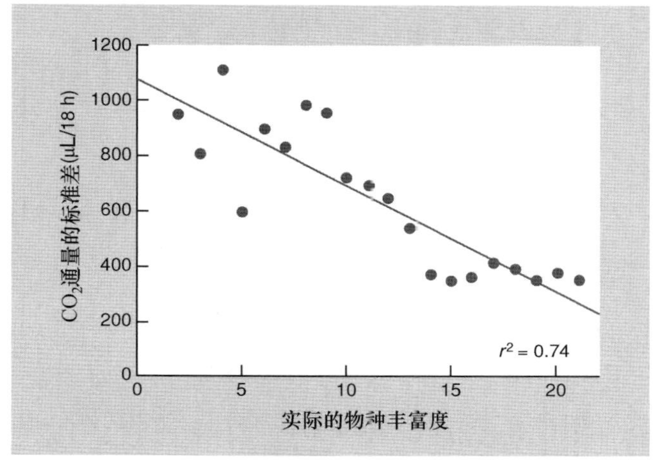

图 20.11 在6周的观察期内,生产力的变异 (即"不稳定性") (CO_2 通量的标准差) 随微生物群落的物种丰富度而降低。丰富度被描述为"实际的",因为它表示在被观察的那个时刻的物种数,而不论初始群落的物种数是多少 (仿 McGrady-Steed *et al.*, 1997)。

一些研究,如关于群落对扰动的响应 (例如,McNaughton, 1978),或群落对环境年际变异的响应之间的差异 (例如,Tilman, 1996),主要集中在群落对变化的抵抗力上。从另一个十分不同的角度,我们可以考察群落在扰动后生态系统特征 (如能量或营养水平) 的恢复力。例如,O'Neill (1976) 把群落看作由活的植物组织 (P)、异养生物 (H) 和非活性死有机质 (D) 组成的三组分系统。在这些组分中,现存量的变化速率取决于它们之间的能量转化 (见图 20.12a)。O'Neill 将代表6种群落的实际数据考虑进去,这些群落包括:苔原、热带森林、温带落叶林、盐沼、淡水泉和池塘,此后,他给这些群落的模型一个标准的扰动,即最初的现存活植物组织减少 10%。然后, 他监测了群落恢复到平衡的速率, 并将其描绘成单位现存活组织能量输入的函数 (见图 20.12b)。

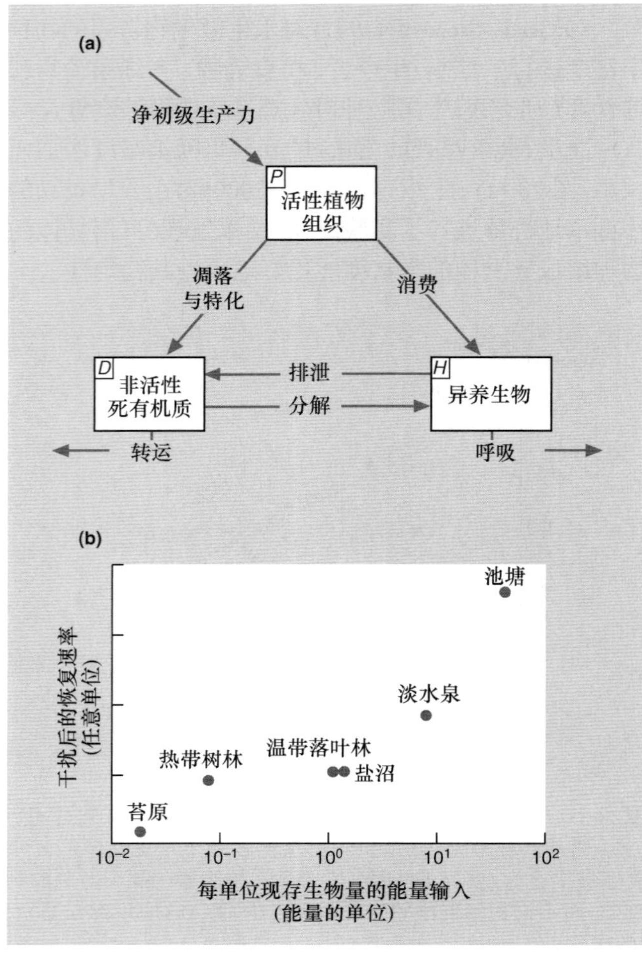

图 20.12 (a) 一个群落的简化模型。三个方框表示系统的组分, 箭头表示系统组分间能量的转移。(b) 6 个对照群落模型受到扰动 (每单位现存量的能量输入的函数) 后的恢复速率 (恢复力指数)。池塘群落在受到扰动后的恢复力最强, 而苔原的恢复力最弱 (仿 O'Neill, 1976)。

不只是物种丰富度重要, 群落特性也很重要

池塘的现存量相对较低, 而生物量周转率高, 是最具恢复力的系统。其中, 绝大多数植物种群寿命短, 种群增长快。盐沼和森林的恢复力居中间值, 而苔原的恢复力最低。恢复力和单位现存生物量的能量输入间存在很明确的关系。这似乎部分取决于系统内异养生物的相对重要性。池塘作为最具恢复力的系统, 异养生物量是自养生物的 5.4 倍 (反映了系统中占主导的浮游植物寿命短、周转快), 而恢复力最低的苔原, 其异养生物与自养生物之比仅为 0.004。因此, 流经系统的能量通量对恢复力有重要的影响。通量越大, 扰动效应就会越快被 "淹没" 在系统中。DeAngelis (1980) 得出了极其相似的结论, 但他的研究是关于养分循环而不是能流的。因此, 群落中物种的性质对稳定性的影响, 也似乎超过诸如总体丰富度这样的简单度量。

20.3.7 物种数量抑或其特性? 关键种的再讨论

干扰对结构和功能的影响, 极有可能取决于干扰的确切性质 (即物种因何而消失)。关键种 (见第 20.2.6 节) 的整个概念本身, 显然就是对这一事实的肯定。Dunne 等 (2002) 进行的模拟研究也强化了这个想法, 他们选取了 16 个已发表的食物网, 使其中的物种依照 4 个标准获得连续的移除: ① 首先移除连接度最大的物种; ② 随机移除物种; ③ 移除基位种 (basal species) (有捕食者但无猎物的物种) 以外连接度最大的物种; ④ 首先移除连接度最小的物种。模拟移除后将在物种无猎物可食的时候 (因此基位种服从原生而非次生灭绝) 引发次生灭绝 (secondary extinction), 其数目用来判定食物网的稳定性。首先, 在面对物种消失时, 群落成分的稳固性随群落连接度而增加 —— 进而支持群落稳定性随复杂性而增加这一观点。总体而言, 次生灭绝显然在连接度最大的物种被移除后发生得最快, 在连接度最小的物种被移除后发生得最慢, 而随机移除的情况处于两者之间 (图 20.13)。此外, 也存在一些有趣的例外, 比如移除连接度最小的物种会导致次生灭绝的快速级联, 因为此物种是只有单一捕食者的基位种, 而该捕食者自身食谱非常广。本节最后的这个例子提醒我们, 即便某种规律是众所认同的, 单个食物网的特性总是有可能破坏任何普遍的 "规律"。

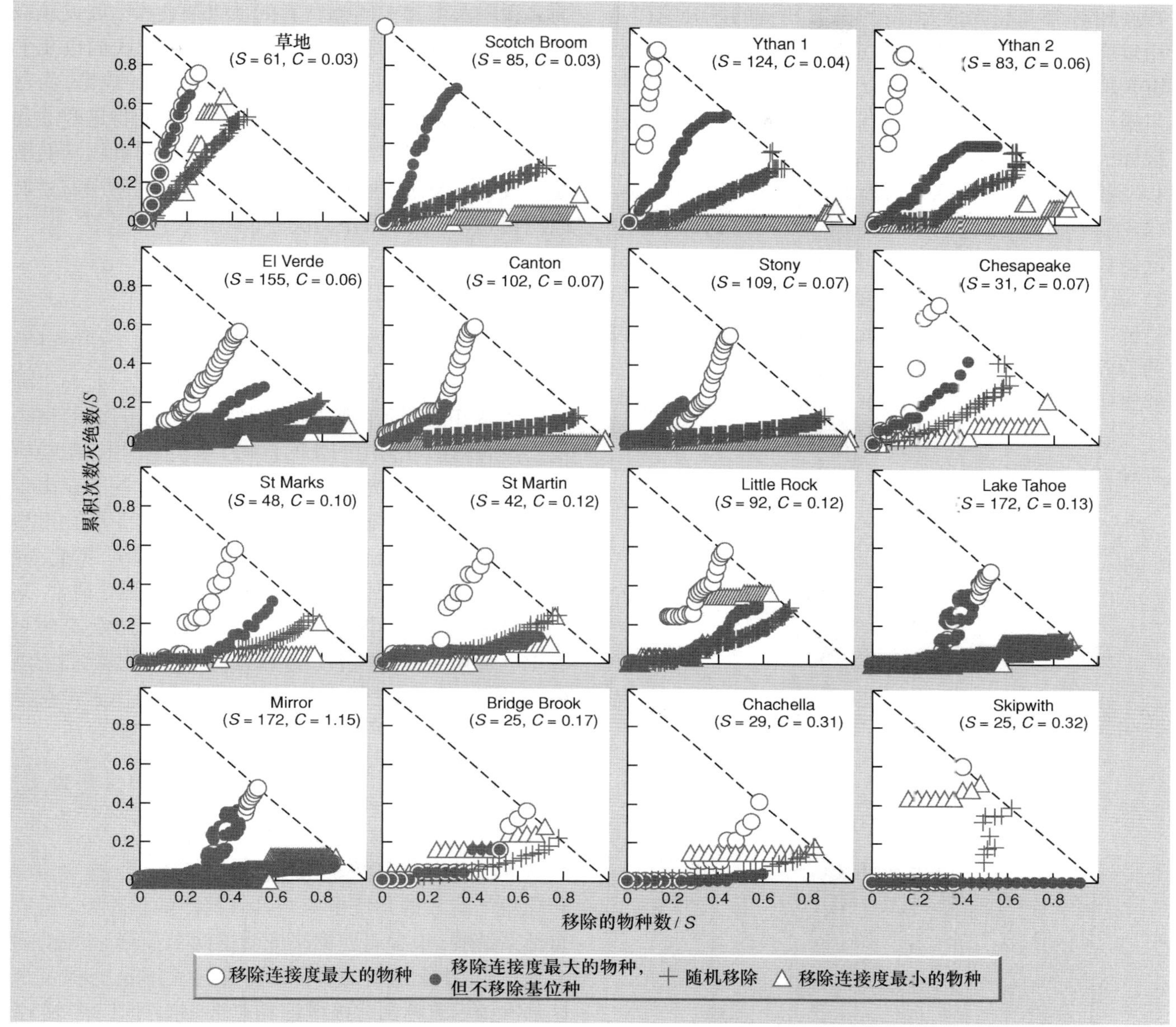

图 20.13 上文所述的 16 个食物网中,连续的物种移除对由此而导致的("次级的")物种灭绝数目的效应,以占原始食物网中物种总数 S 的比例表示。在图下描述了物种移除的 4 种不同规则。食物网的稳定性 (免受次生灭绝的趋势) 随连接度 (C) 的增加而增加 (4 种规则的回归系数分别为: −0.62 (NS), 1.16 ($P < 0.001$), 1.01 ($P < 0.001$), 0.47 ($P < 0.005$))。总的说来,当连接度最大的物种首先被移除时,食物网稳定性最低,而当连接度最小的物种首先被移除时,食物网稳定性最高。对原始食物网的描述可参考 Dunne 等 (2002) (仿 Dunne *et al.*, 2002)。

20.4 食物网中的经验格局: 营养级数目

在前面的章节,我们考察了食物网结构的概况 (丰富度、复杂性等),并将其与食物网的稳定性相联系。这一节,我们将更具体地考察食物网的结构; 首先要问的是,在自然界中是否可发现重复的格局,其次要问的是,我们能否对此进行解释。下面,我们将首先讨论最长的食物链及其中营养级的数目,然后讨论杂食性和食物网被划分的程度。

食物链长度

从基位种到顶级捕食者的路径上营养环节的数目,是任何食物网的一个基本特征。通常,通过考察食物链来调查研究连接环节数的差异。食物链定义为,从基位种到以其为生的物种,再到下一个以第二个物种为生的物种,如此直到顶级捕食者 (不为其他物种所食) 的物种序列。但这并不意味着群落是由直链 (与更为弥散的食物网相对) 构成的; 而是说, 单一食物链的区分纯粹是用以尝试将连接环节数进行定量化的一种手段。食物链长度以多种方式定义 (Post, 2002), 尤其是有时被用来描述食物链中的物种数, 有时 (如本文中) 则表示连接环节数。例如, 在图 20.14 中, 从基位种 1 开始, 途经 4 到达顶级捕食者有四条可能的营养路径: 1—4—11—12、1—4—11—13、1—4—12 和 1—4—13。这四条食物链的长度分别为:3、3、2、2。图 20.14 中还列出了另外 21 条从基位种 1、2、3 开始的食物链。所有可能的食物链的平均长度是 2.32。在此数上加 1, 就是该食物网的营养级数。几乎所有已被描述的群落都由 2~5 个营养级组成, 其中多数是 3 或 4 个营养级。那么, 究竟是什么限制了食物链长度? 食物链长度的差异又该如何解释?

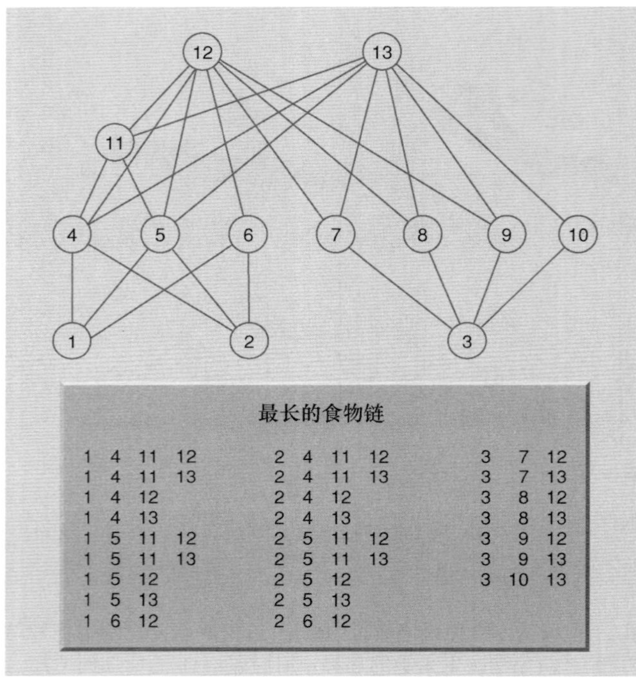

最长的食物链

1 4 11 12	2 4 11 12	3 7 12
1 4 11 13	2 4 11 13	3 7 13
1 4 12	2 4 12	3 8 12
1 4 13	2 4 13	3 8 13
1 5 11 12	2 5 11 12	3 9 12
1 5 11 13	2 5 11 13	3 9 13
1 5 12	2 5 12	3 10 13
1 5 13	2 5 13	
1 6 12	2 6 12	

图 20.14 美国华盛顿州暴露于岩岸潮间带 (intertidal rocky shore) 的群落矩阵。这里列出了所有可能存在的最长食物链途径。1, 碎屑; 2, 浮游生物; 3, 底栖藻类; 4, 藤壶; 5, 紫贻贝 (*Mytilus edulis*); 6, 龟足 (*Pollicipes*); 7, 多板类; 8, 帽贝; 9, 钟螺 (*Tegula*); 10, 玉黍螺 (*Littorina*); 11, 荔枝螺 (*Thais*); 12, 豆海星 (*Pisaster*); 13, 细海盘车属海星 (*Leptasterias*) (仿 Briand, 1983)。

寄生物往往被忽略掉了

在对食物链长度的研究中, 通常偏好捕食者而非寄生物, 为了回答以上几个问题, 我们将遵循这种偏好。因此, 当一条食物链被描述为含有四营养级时, 通常它们是指植物、植食动物、取食植食动物的捕食者以及取食中间捕食者的顶级捕食者。假设顶级捕食者是一种鹰, 那么, 即便未取得数据, 我们也几乎可以肯定鹰会受到寄生物 (可能是跳蚤) 的攻击, 而寄生物自身又会被病原体攻击。但通常, 人们将这样的食物链描述为含有四营养级。实际上, 人们对食物网的描述一般并不关注寄生物。毫无疑问, 这样的忽视需要加以纠正 (Thompson *et al.*, 2005)。

20.4.1 生产力、生产空间、还是只是空间?

长期以来, 人们一直认为, 是能量限制了环境可支持的营养级数目。在到达地球的辐射能中, 只有一小部分被光合作用固定, 成为植食动物可利用的活的食物或食碎屑动物可利用的死的食物。事实上, 相比植物所固定的量, 可被消费利用的能量要少得多, 这不仅由于植物需要做功 (生长和维持), 还因为所有能量转化过程的效率都不高而出现能量损失 (见第 17 章)。据此, 异养生物间的每一取食环节都具有相同的现象: 通常, 某一营养级所消费的能量约只有 10% (最多 50%, 有时只有 1%) 可作为食物被下一营养级利用。因此, 我们所观察到的只有 3、4 个营养级的格局, 仅仅是由于可获得的能量不足以支持更高营养级捕食者种群的存活。

较高的生产力支持更多的营养级吗? ……

基于该假说, 最明显且可被验证的预测有: ① 初级生产力更高的系统 (如在低纬度) 所能支持的营养级数目应当更多; ② 能量转化更为有效的系统也应当具有更多的营养级。但在自然系统中, 很少有证据来证明这两个预测。例如, 研究人员对 32 个已发表的食物网进行了分析, 涉及的地区从沙漠、疏林到北极湖泊和热带海洋, 他们将 22 个来自低生产力生境 (小于 100 g C m^{-2} a^{-1}) 的食物网与 10 个来自高生产力生境 (大于 1000 g m^{-2} a^{-1}) 的食物网进行了比较, 结果发现, 食物链长度并无差异。在两种情形下, 食物链长度的中间值均为 2.0 (Briand & Cohen, 1987)。此外, 对 95 个以昆虫为主的食物网所进行的研究显示, 热带食物网中的食物链, 并不比具低生产力 (据推测) 的温带和沙漠食物网中的长, 而且, 这些由昆虫组成的食物链, 也不比那些包含脊椎动物的长 (Schoenly *et al.*, 1991)。

另一方面, 一些研究是在较小尺度上开展 (例如, 在一系列溪流中; Townsend *et al.*, 1998), 或其资源有效性可通过实验进行控制, 这些研究显示, 食物链长度会随生产力的降低而变短, 特别当生产力降至低于 10 g C m^{-2} a^{-1} 时更是如此 (Post, 2002)。例如, 在一个实验中, 群落简单地由蚊、蠓、甲虫和螨类组成, 实验过程中, 用注满水的容器模拟自然界的树洞, 当将"自然"水平的能量输入 (叶凋落物) 减少 10 倍或 100 倍时, 最大食物链长度将减少一个环节, 这是因为, 主要的捕食者 (一种阿纳摇蚊属 *Anatopynia pennipes*) 通常不出现在低生产力的生境中 (Jenkins *et al*., 1992)。这表明, "食物链长度与生产力相关" 这样简单的想法, 可实际应用于生产力最低的环境 (生产力最低的沙漠, 洞穴的最深处)。但要证明这一点比较困难, 因为其他因素 (环境的大小、隔离程度等; Post, 2002) 也可导致顶级捕食者不出现于该类环境中。

……或者还是总的可利用能量的缘故吗?

事实上, 关于生产力的简单想法可能在一开始就被误导了。在一个生态群落中, 起作用的不是单位面积上可利用的能量, 而是总的可利用能量, 即单位面积生产力乘以生态系统所占据的空间 (或体积), 这就是 "生产空间" (productive space) 假说 (Schoener, 1989)。例如, 在一个小而孤立的生境中, 无论局部的生产力如何, 都不可能提供足够的能量使得高营养级的种群存活。一些研究似乎支持该假说, 图 20.15a 即显示了其中的一个例子 —— 营养级数目与总的可利用能量呈正相关。另一方面, 很少有研究将生态系统大小和局部生产力分开考虑, 一些相关研究则显示, 生态系统的大小对食物链长度有影响, 而生产力对其没有影响 (图 20.15b)。

这样的结果表明, 总能量的确很重要, 但食物链长度更依赖于生态系统的大小而非单位面积的生产力。这或许意味着, 生态系统大小以其他方式影响着食物链长度, 而可利用能量产生的影响不能被检测到 (Post, 2002)。一种可能是, 生态系统的大小影响物种丰富度 (确实如此 —— 见第 21 章), 而更丰富的食物网趋于支持更长的食物链。不出所料, 丰富度与食物链长度往往是相关的。但理清这种相关关系产生的原因, 却是一项重大的挑战。

假如我们最终发现, 可利用能量对食物网长度并无影响, 那么可能必须要牢记的是, 生产力高的区域其物种丰富度往往较高 (见第 21 章), 每一个消费者可能只以有限范围的低营养级物种为生。因此, 高生产力区域与低生产力区域的单条食物链中流经的能量, 可能在数量上并无差异 (高生产力区域有大量的能量, 但被分到很多子系统中; 低生产力区域的能量也获得分配, 但其子系统数目要少得多)。

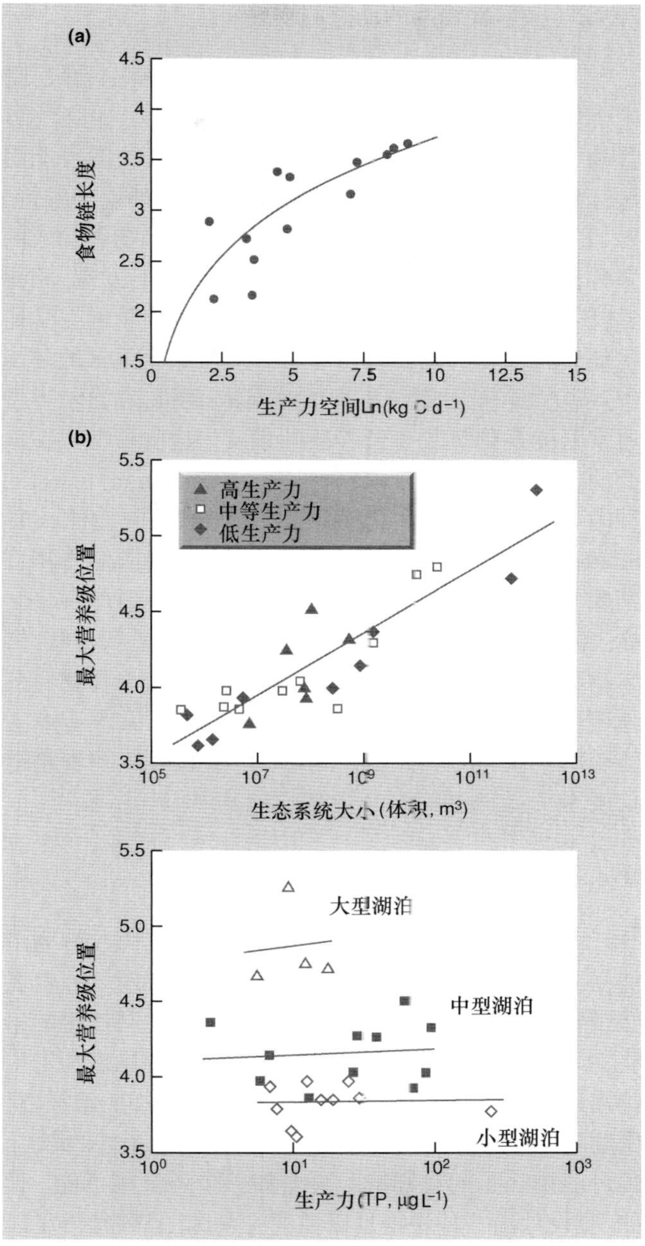

图 20.15 (a) 加拿大安大略和魁北克的 14 个湖泊中, 食物链长度 (FCL) 随食物网的生产空间增加而增加; 生产空间 (PS)=生产力 × 湖泊面积; FCL=2.94 $PS^{0.21}$, $r^2=0.48$ (仿 Vander Zanden *et al*., 1999)。(b) 北美东北部 25 个湖泊中最大营养级位置与生态系统大小 (上图) 或生产力 (下图) 之间的关系。无论生产力是低 [总磷 (TP) 浓度为 2~11 g L^{-1}]、中等 (TP 浓度为 11~30 g L^{-1})、还是高 (TP 浓度为 30~250 g L^{-1}), 最大营养级位置都随生态系统的大小而增加。如果分别考察小型 ($3\times10^5\sim3\times10^7$ m^3)、中型 ($3\times10^7\sim3\times10^9$ m^3) 或大型湖泊 ($3\times10^9\sim3\times10^{12}$ m^3) 时, 最大营养级的位置则均不随生产力而改变。最大营养级位置是指一个湖泊食物网中具最高平均营养级位置的物种所在的营养级位置 (FCL+1) (仿 Post *et al*., 2000)。

20.4.2 模型食物网的动态脆弱性

另一个流行的观点是，食物链长度之所以受限，是由于更长的链会降低稳定性（特别是恢复力）。因此，若食物链所处的环境遭受更强的干扰，则其长度可能更短，因为只有最稳定的食物链才能在这种环境中维持。譬如，Pimm 和 Lawton (1977) 考察了由 4 个物种构成的多种 Lotka-Volterra 模型 (图 20.16a)，研究后发现，相比具较少营养级的食物网，有较多营养级的食物网在受到扰动后其恢复时间要长得多。由于在变化无常的环境中，恢复力较低的系统不太能够维持，因而，在自然界中通常只能找到具较少营养级的系统。这些模型只在最低的营养级上具有自限制作用 (self-limitation) (有效的种内竞争)，因而混淆了食物链长度与自限制物种 (self-limited species) 比例的概念 (图 20.16a)。自限制作用在某些食物网中分布得更为系统 (图 20.16b~e) (Sterner *et al.*, 1997a)，若对更大范围内的这些食物网进行考察，则当物种数和自限制物种数保持恒定时，较长食物链的稳定性有微弱但显著的增加。总而言之，并没有令人信服的例子，能够说明动态脆弱性会显著影响食物链长度。

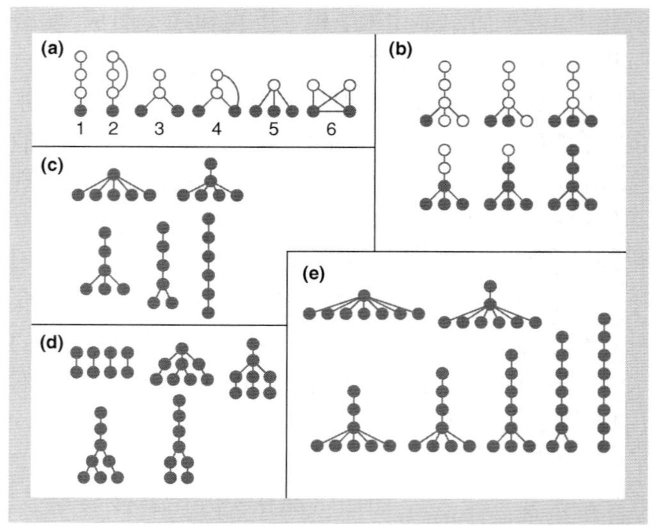

图 20.16 食物网模式组。这些模式组的动态被用来确定食物链长度是对已知物种数和自限制数变异的稳定性的影响。(a) Pimm 和 Lawton (1997) 曾经研究过的最初的食物链组。(b) 具不同自限制程度的 6 物种四营养级食物网。(c) 具 6 个自限制物种但有不同营养级数目的食物网以及 6 个物种集中于基本营养级的食物网。(d) 具 8 个自限制物种但有不同营养级数目的食物网及 8 个物种分布于不同营养级的食物网。(e) 具 8 个自限制物种但有不同营养级数目的食物网及 8 个物种集中于基本营养级的食物网 (仿 Sterner *et al.*, 1997a)。

20.4.3 捕食者设计及行为的约束条件

限制食物链长度的捕食者，其解剖结构或行为可能受到进化约束。为了以特定的营养级为生，捕食者必须够大、够灵活、够凶猛，从而才能影响其捕捉的猎物。捕食者通常比它们的猎物大 (对植食性昆虫和寄生物来说并不正确)，并且体型随营养级的增加而增加 (且密度降低) (Cohen *et al.*, 2003)。设计上约束条件的限制，很可能排除了向食物链上再增加一个环节的可能。比如，要设计出一种快得足以抓住一头鹰，且凶猛得足以杀死它的捕食者，是不大可能的事。

再者，考虑有一个新的食肉物种到达一个群落。它是以已经存在的植食动物为食好呢，还是以食肉动物为食好？植食动物更加丰富且防御力更低。从这里可以看出以食物链底层物种为生的优势。当然，假如所有物种都这样，就会加剧竞争，而以食物链高层的物种为生则会减少竞争。但是我们很难想象，一个顶级捕食者会笃信这样的规则，即它只能以比它低的营养级为生，特别当这个低营养级的物种体型更大、更为凶猛且更稀少之时。总的说来，理论探索 (Hastings & Conrad, 1979) 表明，进化稳定的食物链长度 (对捕食者来讲最适宜的长度) 大约为 2 (三个营养级)。但对食物链长度的变异所作的解释很难支持这样的观点。

因此，我们提出的两个原始问题 (见 563 页) 都没有完美的答案。捕食者的约束条件，似乎给很多食物链设置了一般的长度上限。尤其在低生产力环境中，食物链很可能非常短。食物链长度似乎随着生产空间的增加而增加，但我们并不清楚，它是否与生态系统中总的可利用能量或仅与生态系统的大小有关 —— 如果是后者，则并不十分明确生态系统的大小是如何决定食物链长度的。建立最早的两个假说 (单位面积能量和动态脆弱性)，反而所受的支持最少 (如果有的话)。

> 是数据的质量不够好的缘故吗？

最后必须指出的是，与连接度一样，有关食物链长度的估计对分类学分辨率比较敏感。这或许解释了为什么很多新近研究过的食物网要比平均食物链长度长，达到 5~7 (Hall & Raffaelli, 1993)。而且，对一个了解得很透彻的大食物网来说，假如通过归并分类群的方式将其逐渐简化 (与早先研究类似的方法)，则食物链长度的估计值会变小 (Martinez,1993)。显然，我们有必要对更多的食物网进行严格的研究，如此，才可能获得众所认同的普遍规律。

20.4.4 杂食性

从技术上来说, 杂食动物是从多营养级获取猎物的动物。简单的模型群落中, 杂食动物不能稳定存在(Pimm, 1982); 对早期食物网描述的汇总, 也显示杂食动物并不常见, 这正支持了简单模型的预测。有人认为, 在杂食性的情况下, 中间物种与顶级物种竞争并同时受其捕食, 因而不可能长期存在。一个更为复杂而实际的模型考虑了"生活史杂食性" (life history omnivory), 即物种在不同生活史时期以不同的营养级为生, 比如蝌蚪是植食动物, 而成熟的青蛙和蟾蜍则是食肉动物(Pimm & Rice, 1987)。生活史杂食性也会降低稳定性, 但与单生活时期的杂食性相比, 其作用要小得多。有趣的是, 在供体控制的模型中, 杂食性非常稳定, 并且杂食动物在分解食物网中比较常见 (Walter, 1987; Usio & Townsend, 2001; Woodward & Hildrew, 2002), 供体控制的动态即可应用于此。

事实上, 越来越多的研究表明, 杂食性根本并不罕见, 早期对食物网的不细致描述, 才产生了杂食性稀少的假象 (Polis & Strong, 1996; Winemiller, 1996)。例如, Sprules 和 Bowerman (1988) 发现在北美冰川湖的浮游生物食物网中, 杂食性普遍存在; 他们把所有的浮游动物都鉴定到种, 因而所得到的食物网非常可靠 (见图 20.17)。Polis (1991) 在其对沙漠生物群落的详细研究中也发现了类似的结果。后来的模型研究, 甚至打破了杂食性内在不稳定的想法。如 Dunne 等 (2002) 的模拟研究, 并未发现在物种移除时杂食性水平和食物网稳定性有任何关系, 而另一些模型则表明, 杂食性实际上可能会稳定食物网 (McCann & Hastings, 1997)。我们必须清醒地看到, 对杂食性的研究正快速演进着, 理论和实验研究使其步伐加快了一倍, 但它们的步调并不一致。这提醒我们, 这两种研究其实与其所应基于的假设是一致的。

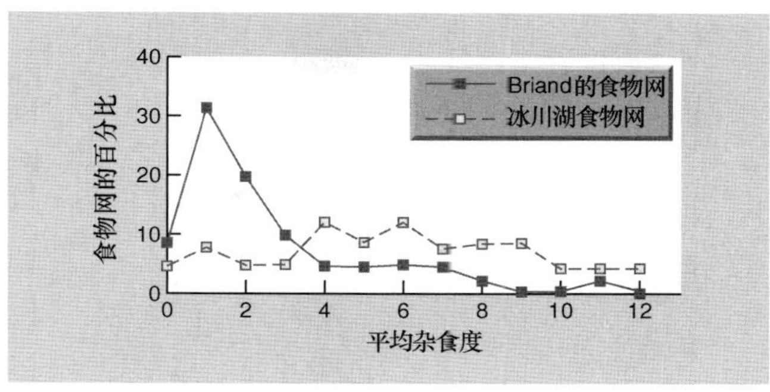

图 20.17 在食物网中, 杂食性的普遍性在北美东北部的冰川湖 (Sprules & Bowerman, 1988) 要比在 Briand 所观察过的食物网组中 (见图 20.9a) 强得多。食物网杂食性定量为闭合的杂食链的数目除以顶级捕食者数。当通向猎物的取食路径大于一个营养级, 而且当从猎物回到捕食者的路径通过至少一个占据中间营养级的另一猎物时, 就存在闭合的杂食链。

20.4.5 食物网的分割

假如一个食物网由相互作用很强的子单元构成, 那么可对其进行分割 (compartmentalization), 但当相互作用很弱时则不能这么做。(分割最完美的群落只拥有线性食物链。) 那么, 食物网是否趋于能被分割呢?

毫不奇怪, 在那些大部分生境分隔且边界清晰的研究中, 食物网的分割可以反映生境状况。例如, 图 20.18 显示了在北冰洋熊岛上的一个经典研究, 它描

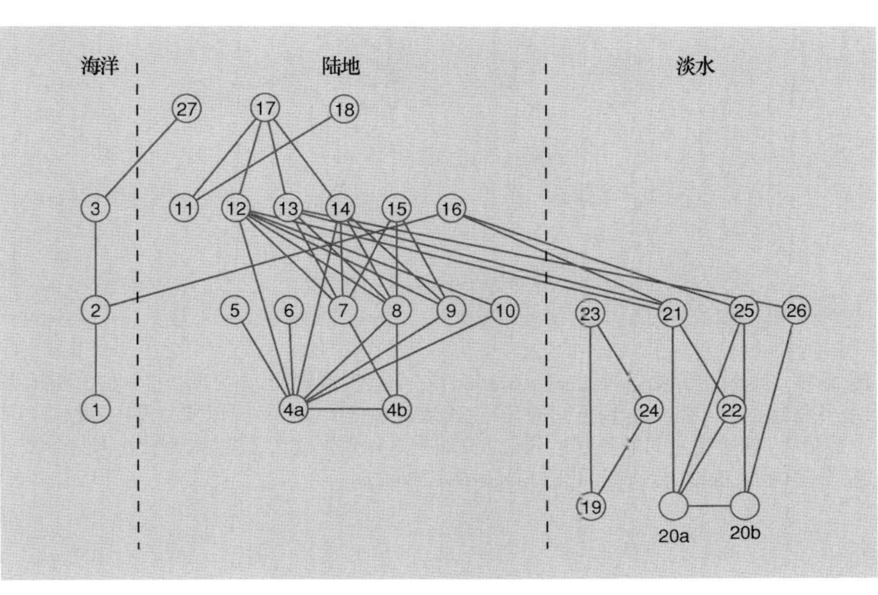

图 20.18 北冰洋熊岛上, 3 个连通的生境之内及之间的主要相互作用。1, 浮游生物; 2, 海洋动物; 3, 海豹; 4a, 植物; 4b, 死亡的植物; 5, 蠕虫; 6, 雁; 7, 弹尾目; 8, 双翅目; 9, 螨; 10, 膜翅目; 11, 海鸟; 12, 雪鸦; 13, 紫滨鹬; 14, 松鸡; 15, 蜘蛛; 16, 鸭和潜鸟; 17, 北极狐; 18, 贼鸥和北极鸥; 19, 浮游藻类; 20a, 底栖藻类; 20b, 正在腐烂的物质; 21, 原生动物 a; 22, 原生动物 b; 23, 无脊椎动物 a; 24, 双翅目; 25, 无脊椎动物 b; 26, 小型甲壳类; 27, 北极熊 (仿 Pimm & Lawton, 1980)。

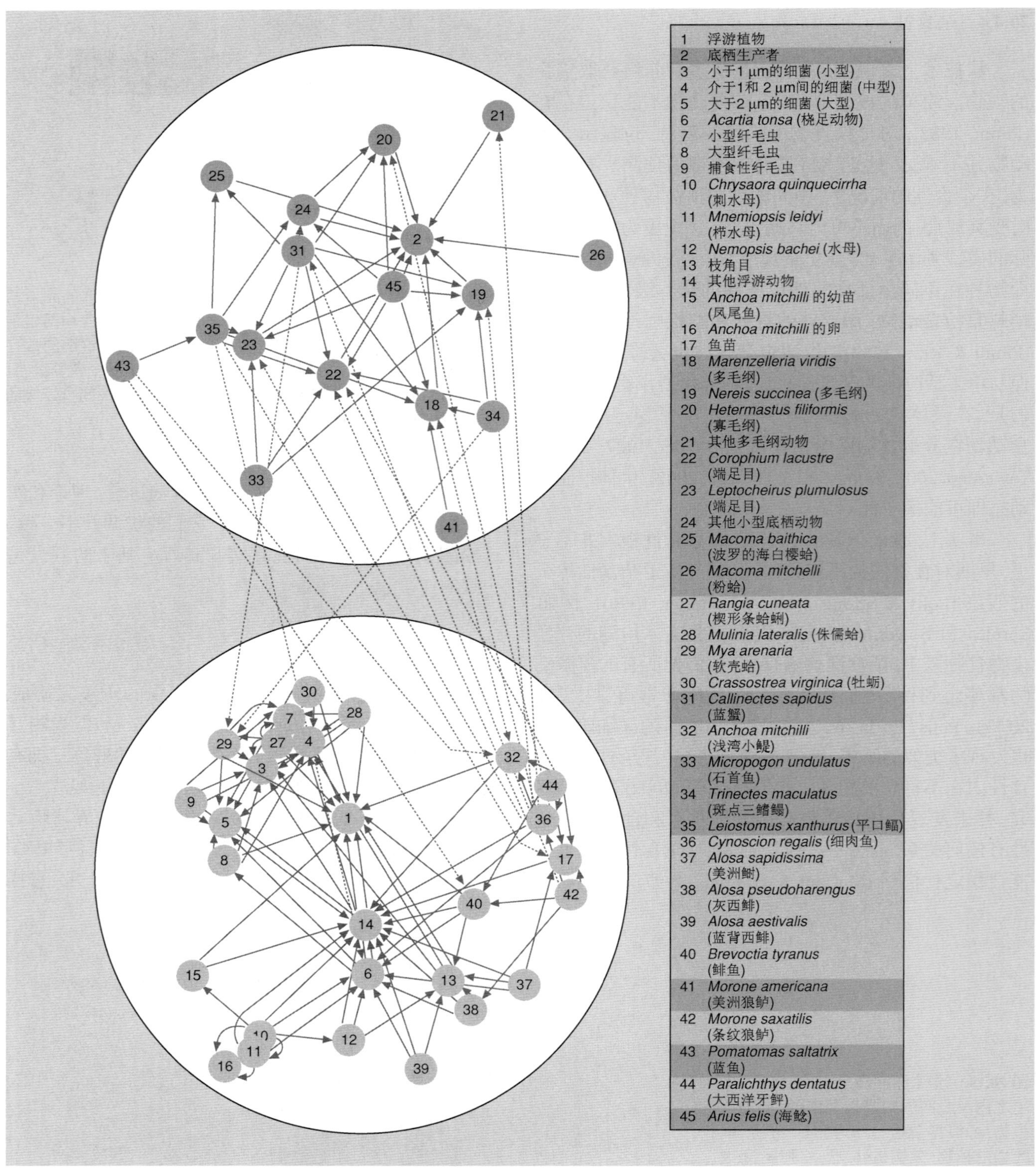

图 20.19 美国切萨皮克湾 (Chesapeake Bay) 一个典型食物网 (亦见图 20.13) 的分析结果图示; 定量分析了 45 个分类群之间的相互作用, 并将这些分类群划分到不同的分室 (其数目不是预设的) 中, 以使分室内 (此例中为 0.0099) 和分室间 (此例中为 0.000087, 小了两个数量级) 连接度之间的差别达到最大。如果这种差别很大, 就可认为食物网是分割的。箭头表示相互作用, 从捕食者指向猎物: 单色, 分室内的; 虚线, 分室间的 (仿 Krause *et al.*, 2002)。

述了 3 个联通生境内以及它们之间的主要相互作用 (Summerhayes & Elton, 1923)。生境间的相互作用数目,要显著小于基于偶发事件的预期数目 (Pimm & Lawton, 1980)。

另一方面,当生境分隔不明显时,用以分割的依据通常是不足的,而要清楚地证明生境内存在分室,则是更为困难的事 (或缺少分室)。早期的分析确实显示,生境内食物网的可分割程度完全可以用偶然发生来预测 (Pimm & Lawton, 1980; Pimm, 1982)。随着方法论上的改进,似乎有希望在较大的食物网中对分室进行识别,尤其在以下情况下: 食物网内的分类学分辨率较高,以及可对物种间相互作用的强度赋予权重 (Krause *et al.*, 2002)。有趣的是,这些方法在很大程度上是基于社会学的想法,其目的是在广阔的社会中识别社会小集团。图 20.19 显示了其中的一个例子。也有观点强调,不同生境中截然不同的食物网可能常由 "空间补贴" (spatial subsidies) 相联系 (关键的能流和物流 (Polis *et al.*, 1997))。例如,湖泊鱼类通常以远洋 (开放水域) 食物网中的其他鱼类为食,当其偏好的猎物稀少时,则会转而捕食与远洋鱼类十分不同的底栖食物网中的猎物 (Schindler & Scheuerell, 2002)。也就是说,表面上看来被分离的食物网,实际上可能是更大食物网的分室。

既然并无一致的意见认为食物网的分割要比只依据偶然机会来得多,则不应当因可分割食物网的存在而认为食物网的分割是 "占优势" 的。然而,最早的理论研究 (如 May, 1972) 所得出的一致意见认为,假如群落能被分割,则其稳定性会增加。对此,很容易作出解释。首先,对已分割食物网的干扰,将趋于局限在受干扰的食物网分室中,从而限制了其对更大食物网的总体影响。此外,分室间的空间补贴,趋于缓冲最剧烈的干扰对单个分室的影响。例如,在上述例子中,食鱼的鱼类在其喜爱的猎物稀少时,会转变为以底栖生物为食而不是将其偏好的猎物赶尽杀绝。假如,我们将第一种看似统一的食物网看成实际上是由一系列半分离的分室所组成,而把第二种看似分离的食物网看成实际上是耦合的,那么在讨论分割的稳定特征时,就可以解决这两种食物网所表现出的表面矛盾。因此,中等程度的划分可能是最稳定的。

答案是不确定的,但重要的是我们应该去发现答案

这一章中,研究人员提出了很多想法,但这些想法并不是肯定的,我们即将在这样的基调下结束此章。然而,我们有必要进行更深入的研究。外行可能会问: "损失某个物种又有什么关系呢?" 生态学家完全可以提供这样一个标准答案,即 "你必须同时考虑,此种损失可能会造成更广泛的影响; 损失某个物种,可能会影响其所在的整个食物网"。因此,进一步了解这种更广泛的影响很有必要。

小结

在这一章中,我们将重点放在那些通常有至少三营养级和 "很多" 物种的系统。

我们描述了食物网的 "非预期" 效应,例如,对一种捕食者的移除可能导致猎物多度的减少。

营养级联是食物网内最受关注的间接效应。我们讨论了含有 3、4 个营养级的系统内发生的级联。但是,要回答 "所有类型的生境内级联是否同样普遍" 这个问题,需要辨别群落和物种水平上的级联。我们也问到,食物网或特定类型的食物网,是下行控制的 (营养级联) 还是上行控制的。之后,我们定义并讨论了关键种的重要性。

任何生态群落都可以其结构、生产力和时间稳定性加以辨别。我们概括了 "稳定性" 的多种含义,并区分了以下几组概念: 恢复力和抵抗力、局部稳定性和全局稳定性、动态脆弱性和动态稳固性。

多年以来,"约定俗成" 地认为更复杂的群落会更为稳定。我们描述了首次打破此观点的简单数学模型; 而且我们指出,在一般情况下,食物网复杂性对模型系统中群落稳定性的效应并不明确,但对整个模型群落的整体特征如生物量或生产力而言,其复杂性 (特别是物种丰富度) 始终趋于使稳定性增加。

现实群落中也是如此,种群水平的证据通常模棱两可,其中包括对物种丰富度和连接度关系的考察以及通过实验控制丰富度的研究。当再次讨论整个群落的整体水平时,丰富度增加稳定性 (减小变异性) 的预测为大多数证据所支持。我们强调了这些例子所关注的群落性质 (不仅仅是丰富度) 的重要性,并再次讨论了关键种的重要性。

此后,我们探讨了食物链长度的限制因素和格局; 检验了食物链长度因 "生产空间" (生产力及群落范围的综合) 或仅因为 "空间" 而受限于生产力的证据,但这不是决定性的证据。我们也检验了一些其他想法,它们认为,食物链长度受限于动态脆弱性 (最终不能令人信服) 或捕食者设计及行为上的约束条件。在获得众所认同的普遍规律之前,显然有必要对更多的食物网进行认真的研究。

我们考察了一些工作，它们把杂食性的普遍性及其对食物网稳定性的效应联系起来；我们注意到，早期的工作发现杂食性是稀少且不稳定的，而后期的工作则发现，杂食性普遍存在且对稳定性的效应并不一致。

最后，我们探讨了食物网是否比随机预期的更容易分割。只要生境的分隔不明显，用以分割的依据通常就会变得贫乏，要证明生境内存在分室 (或缺少分室) 是更为困难的事。尽管如此，理论研究一致认为，当群落被分割后其稳定性会增加。

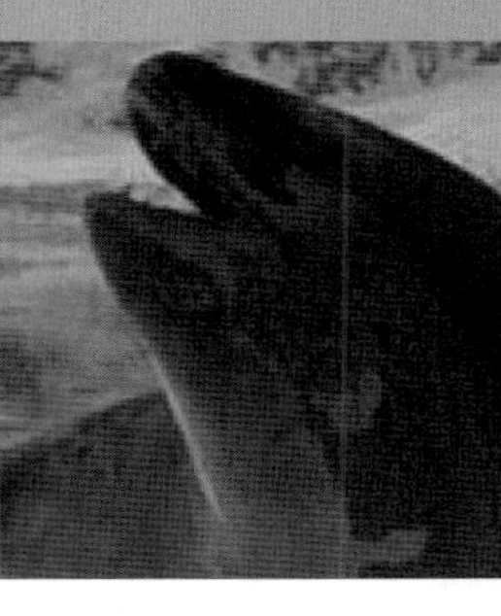

第 21 章 物种丰富度的格局

21.1 引言

物种丰富度的热点地区

为什么物种数量会存在时空差异, 这个问题不仅摆在生态学家面前, 也摆在了观察和思考自然界的所有人面前。它不但很有趣, 而且具有实际重要性。值得注意的是, 全世界植物总种数的 44% 和脊椎动物的 35% (除了鱼类) 就分布在 25 个独立的 "热点地区" (hotspot), 而这些区域在地球表面占有很小的比例 (Myers *et al.*, 2000)。无论在大尺度 (设定全球的优先顺序), 或者区域和局域尺度 (设定国家的优先顺序), 认识物种丰富度的空间分布是进行优先保护工作的前提。关于保护规划的这方面内容, 我们将在第 22.4 节予以讨论。

生物多样性与物种丰富度

将物种丰富度 (在明确定义的地理单元内存在的物种数目) 和生物多样性两者区分开来非常重要。生物多样性一词在大众媒体和科学文献中频频亮相, 但它通常并没有明确的定义。简单地说, 生物多样性是物种丰富度的同义词。但是, 生物多样性可以从除物种外的其他尺度 (更大或更小的尺度) 来考虑。例如, 我们可能考虑物种内的遗传多样性, 认识到对遗传学上有差异的亚群和亚种进行保护的价值。在物种水平之上, 我们可能希望对没有近亲的物种进行特别的保护, 从而使世界生物区系的整体进化多样性获得尽可能大的维持。在较大的尺度上, 我们可能会考虑一个地区存在的群落类型的生物多样性 —— 沼泽、沙漠、森林演替的早期和晚期等等。因此, 不无道理的是, "生物多样性" 本身可能就有多种多样的含义。然而, 如果要将这个词用到实际中, 那么应该赋予它一个明确的含义。

这一章, 我们只关注物种丰富度, 部分源于它的基本性质, 但主要是由于, 与生物多样性的其他方面相比, 物种丰富度存在较多可以利用的数据。我们将讨论这样几个问题。第一、为什么一些群落拥有比其他群落更多的物种? 第二、物种丰富度是否存在一定的格局或梯度? 关于这些问题, 有看似合理的回答, 但它们绝不是最终答案。对未来的生态学家而言, 这并非是让人失望的结果, 而是一个挑战。生态学的魅力就在于此, 许多问题是明显的, 但解决方案并非如此。我们将会看到, 要全面了解物种丰富度的格局, 必须熟知本书之前所讲到的所有生态学知识。

尺度问题: 宏观生态学

就像在生态学的其他领域一样, 在讨论物种丰富度的时候, 尺度是一个非常重要的特征; 对格局的解释通常会包含较大和较小的尺度组成。例如, 在河流中的一块卵石上, 生活着的物种数目能反映出局域影响, 比如所提供的微生境范围 (岩石表面、裂缝中和岩石下方) 以及物种相互作用产生的结果 (竞争、捕食、寄生)。然而, 大自然在时空上所给予的大尺度影响也很重要。因此, 我们的这块卵石可能具有较高的物种丰富度, 这是因为区域本身有很大的物种库 (整条河流, 或者更大的尺度上 —— 整个地理区域), 或者因为该卵石上次被洪水翻倒 (或该区域上一次被冰冻) 后又经过了长时间的停歇。与区域生态学问题相比, 局域生态学问题获得了更多的重视, 这促使 Brown 和 Maurer (1989) 提出了生态学的一个分支 —— 宏观生态学 (macroecology), 用以明确地认识较大时空尺度上的分布和丰度。物种丰富度的地理格局是宏观生态学的主要关注对象 (如 Gaston & Blackburn, 2000; Blackburn & Gaston, 2003)。

21.1.1 影响物种丰富度的 4 类因素

地理因素

一个群落的物种丰富度与许多因素相关, 这些因素可以分成几个类型。首先, 一些因素明显属于 "地理的" (geographic), 特别是纬度、海拔和深度 (水环境中)。这些通常都与物种丰富度相关, 我们接下来会对其进行讨论, 但可推测的是, 它们并不能依靠自身而作为成因主体。如果物种丰富度随纬度变化, 那一定是其他一些因素随纬度发生改变, 并直接对群落施加作用。

与纬度相关的因素

第二类因素倾向与纬度 (或海拔, 或深度) 相关, 但并不完全相关。就相关程度而言, 它们可能有助于解释纬度和其他梯度因素。但由于并不完全相关, 沿着这些梯度因素, 它们之间的关系也变得模糊。这类因素包括气候变异性、能量输入、环境生产力水平以及环境的 "年龄" 和 "严酷性"。

与纬度无关的因素

另一类因素随地理条件而改变, 但与纬度 (或高度、岛屿位置, 或深度) 不相关。因此, 它们往往会模糊或抵消物种丰富度与其他因素的关联。这类因素包括生境经历的大量物理干扰、生境隔离以及物理和化学的异质性程度。

生物因素

最后一类因素是群落的生物特征, 它们对所在群落的结构具有重要的影响。其中最为重要的生物因素包括捕食或寄生作用的强度、竞争作用的强度、生物自身产生的空间或结构的异质性以及群落的演替状态。这些可以被看作 "次级" 因素, 因为它们本身就是群落外影响所产生的结果。尽管如此, 它们最终都可以在群落结构的塑造中发挥强有力的作用。

这些因素我们在前面的章节都已讨论过, 如第 16 章讨论了干扰和演替阶段, 第 19 章讨论了竞争、捕食和寄生作用。本章, 我们将探讨物种丰富度与那些依靠自身发挥影响作用的因素之间的关系。我们首先考虑那些主要存在空间变异 的因素 (生产力、空间异质性、环境严酷性; 见第 21.3 节), 然后考虑那些主要存在暂时性变异的因素 (气候变异和环境年龄; 见第 21.4 节); 接下来, 我们将考虑物种丰富度格局与生境面积和偏远程度 (岛屿格局; 见第 21.5 节) 的关系, 再转到与诸多因素 (纬度、高度、深度、演替和在化石记录中的位置) 相关的物种丰富度梯度上 (第 21.6 节)。在第 21.7 节, 我们改变思路来考虑物种丰富度本身的变异是否会对生态系统机能执行产生影响 (如生产力、分解速率和营养循环)。但是首先, 我们将构建一个简单的理论框架 [参见 MacArthur (1972); 尽管他没有用过宏观生态学这个名词, 但他可能是最伟大的宏观生态学家], 以帮助我们思考物种丰富度的变异。

21.2 物种丰富度的简单模型

要试图理解物种丰富度的决定因素, 最好从简单的模型开始。为了简便起见, 我们假设, 群落中可利用的资源能被描述为一个方向的连续体, 长度为 R 个单元 (图 21.1)。每个物种只利用这一资源连续体的一部分, 而这些部分定义了不同物种的生态位宽度 (niche breadths, n): 群落的平均生态位幅度是 $\bar{n}$。而在这些生态位中有一些会发生重叠, 相邻物种的生态位重叠可以用一个值 o 来度量。群落的平均生态位重叠为 $\bar{o}$。在这个简单的背景下, 我们可以思考为什么有些群落比其他群落包含更多的物种。

考虑生态位宽度、生态位重叠和资源范围的模型

首先, 对于特定的 $\bar{n}$ 和 $\bar{o}$ 值, R 值越大 (即资源的范围更大), 则表明群落包含的物种越多 (图 21.1a)。在群落由竞争作用控制, 且物种将资源进行 "划分" (见第 19.2 节) 时, 符合上述情况。但是, 当竞争相对不重要时, 也可以假定这是成立的。无论这些物种间是否发生相互作用, 资源谱越广, 则物种的生存其范围就越宽。

其次, 资源范围一定时, $\bar{n}$ 越小 (即物种利用资源的专一性更强), 则容纳的物种更多 (图 21.1b)。

另外, 如果物种利用资源的重叠程度很大, 即 $\bar{o}$ 值越大, 那么沿着同一资源连续谱, 将可能有更多的物种共存 (图 21.1c)。

21.2.1 局域和区域物种丰富度之间的关系

局域 vs. 区域丰富度—饱和还是非饱和群落?

一种评估群落中物种饱和程度的方法是, 分析局域物种丰富度 (评估在这样的空间尺度上进行: 一个群落中的所有物种都能彼此相遇) 与区域物种丰富度 (理论上能在群落中定居的区域库的物种数目) 之间的关系。局域物种丰富度有时被称为 α 丰富度 (或 α 多样性), 而区域物种丰富度则被称为 γ 丰富度。如果群落容纳的物种饱和 (即生态位空间被充分利用), 局域丰富度将到达它与区域丰富度之间关系的渐近线 (图 21.2a)。在巴西, Soares 等 (2001) 对地面栖息的蚂蚁群落的研究似乎就属于这类情况 (图 21.1b)。类似的格局已经在水生和陆生植物、鱼类、哺乳动物和寄生物的研究中有所描述, 然而不饱和格局仅在几个分类群的研究中有描述, 包括鱼类 (图 21.2c)、昆虫、鸟类、哺乳动物、爬行动物、软体动物和珊瑚 [见 Srivastava (1999) 的综述]。局域 – 区域丰富度绘图是探寻群落饱和问题的有用工具, 但必须谨慎使用。例如, Loreau (2000) 指出, 这种关系的本质依赖于总体丰富度 (γ) 在群落内 (α) 和群落间丰富度 (β) 的划分,

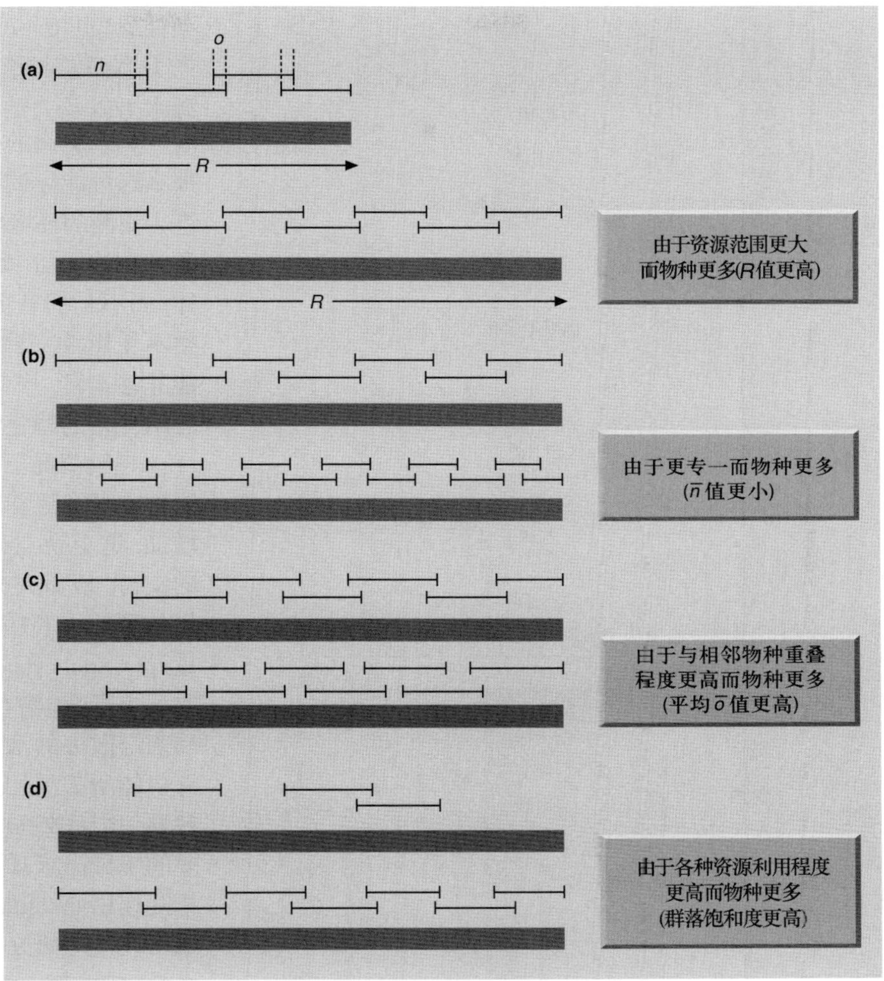

图 21.1 一个简单的物种丰富度模型。每个物种利用可利用资源 (R) 的比例为 n, 其与相邻物种重叠利用的量为 o。(a) 因为有更多的可利用资源 (即 R 值较大), (b) 因为每个物种对资源的利用更专一 ($\bar{n}$ 值较小), (c) 因为每个物种与相邻物种的重叠程度更大 (平均 $\bar{o}$ 值较大), 或者 (d) 因为资源被更充分地利用, 在这些情况下, 某些群落较其他群落拥有更多的物种 (仿 MacArthur, 1972)。

而且这是一个尺度问题, 涉及在何种尺度上一个群落与另一个群落间的区别。换言之, 研究者可能错误地将几个本该属于不同群落的生境包含在一个单一的群落中, 或者, 他们可能在一个不合适的小尺度上对局域群落进行了研究 [例如, 在 Soares 等 (2001) 的地栖蚂蚁群落的研究中, 1 m^2 不足以构成 "局域" 群落]。

21.2.2 物种相互作用和物种丰富度的简单模型

竞争的重要性

我们还可以考虑图 21.1 中的模型以及之前讲到的两类重要的物种相互作用 (种间竞争和捕食, 尤其是第 19 章) 之间的关系。如果群落受种间竞争支配, 那么资源很可能获得充分利用。物种丰富度将取决于可利用资源的范围、物种的特化程度以及允许的生态位重叠程度 (见图 21.1a～c)。

捕食作用的重要性

另一方面, 捕食能够产生相反的影响。首先, 我们知道捕食者能排除特定的猎物物种; 而这些物种的缺失可能使群落不完全饱和, 在这个意义上, 一些可利用资源可能未被利用 (图 21.1d)。通过这种方式, 捕食作用可能降低了物种丰富度。其次, 捕食可能在多数情况下倾向于将物种维持在其承载能力以下, 减少了对资源进行直接种间竞争的强度和重要性。相比由竞争控制的群落, 这可能会允许更多的生态位重叠和更高的物种丰富度 (图 21.1c)。最后, 当猎物物种竞争 "无天敌空间" 时, 捕食可能会形成与竞争产生的格局相似的丰富度格局 (第 8 章)。这种 "似然竞争" 意味着, 那些与现存的猎物物种不同的猎物, 将有助于入侵和猎物的稳定共存。换言之, 能够共存的猎物具有有限的相似度 (相当于对共存的竞争者其相似度的限制)。

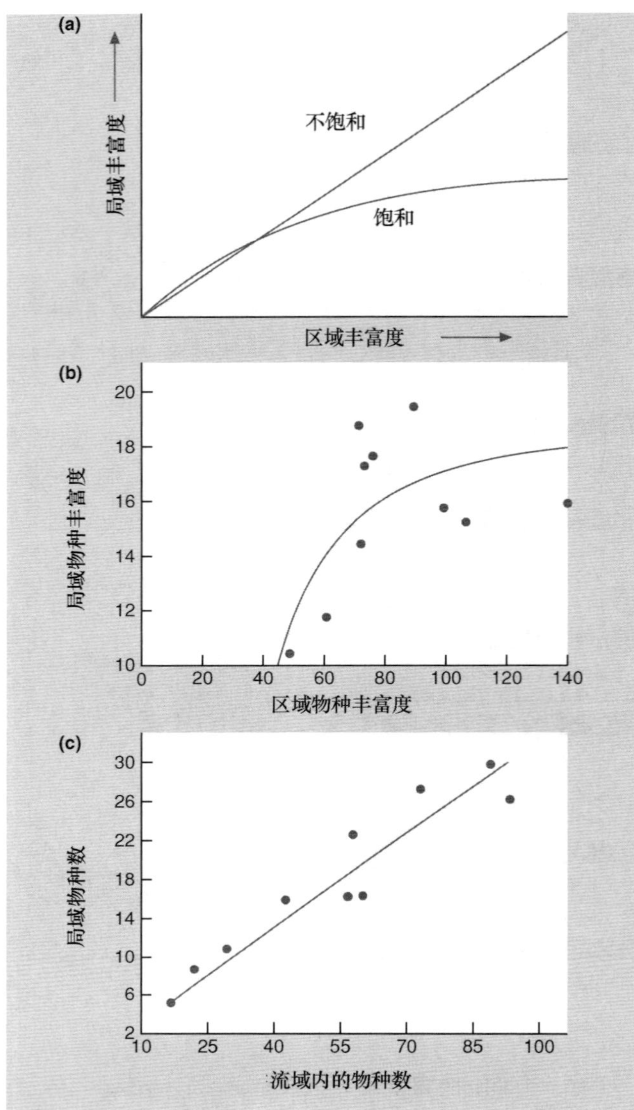

图 21.2 (a) 在物种饱和的群落中，区域丰富度水平很低时，局域的丰富度会随区域丰富度的增加而增大，但会迅速到达其上限。另一方面，在不饱和群落中，局域丰富度是区域丰富度的一个恒定比例 (仿 Srivastava, 1999)。(b) 在巴西的 10 片残林中，1 m^2 的样方内，栖息于凋落物中的蚂蚁群落的局域丰富度与区域的物种库大小 (假定为所研究残林的所有物种数) 之间的关系是渐近线型的 (仿 Soares *et al.*, 2001)。(c) 局域物种丰富度 (河床等大小的不同区域内所记录到的物种数) 与区域物种库 (局域样本所收集的整个流域内出现的所有物种数) 之间的非渐近线关系 (仿 Rosenzweig & Ziv, 1999)。

21.3 影响物种丰富度的空间变异因素

21.3.1 生产力和资源丰富度

生产力的变异

对植物而言，环境的生产力依赖于最限制生长的营养或条件 (详见第 17 章)。广义上讲，对动物而言，环境的生产力遵循着与植物相同的趋势，都受到食物链底层资源水平以及关键条件 (如温度) 改变的影响。

如果更高的生产力与更广的资源可利用范围相关，那么这可能导致物种丰富度的增加 (图 21.1a)。然而，生产力更高的环境可能导致资源供应速率的加快，而非资源种类的增加。因此，这可能导致每个物种拥有更多个体，而不是拥有更多的物种。此外，即使全部资源的种类不受影响，贫瘠环境中的稀有资源在多产环境中可能非常丰富，并有利于额外物种的加入，因为这样可以容纳更多的特化物种 (图 21.1b)。

生产力的增加可能导致 …… 物种丰富度的增加 ……

一般情况下，我们可能期望物种丰富度随着生产力的增加而增加，这个观点得到了一项研究的支持；该研究分析了与粗略测量的环境可利用能量 (潜在蒸散量; potential evapotranspiration, PET) 相关的北美树木的物种丰富度。潜在蒸散量是指蒸发 (evaporation) 或从饱和表层散失的水量 (图 21.3a)。能量 (光和热) 是树木发挥机能所必需的，而同时，植物也依赖于实际的水分有效性；由于较高的能量输入会导致更大的蒸散量和更多的水分需求，因此，能量和水分有效性之间必然存在相互作用 (Whittaker *et al.*, 2003)。在一项有关非洲南部地区树木的研究中，物种丰富度随水分可利用性 (年降水量) 的增加而增加，但随着可利用能量 (PET) 的增加而先升后降 (图 21.3b)。我们将在下一节提出并深入讨论驼峰形关系 (hump-shaped relationship)。

当北美的研究 (图 21.3a) 扩展到 4 个脊椎动物类群时，人们发现物种丰富度在一定程度上与树木的丰富度相关。然而，物种丰富度与 PET 的相关性最好 (图 21.4)。为什么动物的物种丰富度与自然大气能量呈正相关? 问题的答案并不确定，但可能是因为额外的温暖大气将增加外温动物 (如爬行动物) 对食物资源的取食和利用。而对于内温动物，如鸟类，额外的温暖将意味着维持体温的资源消耗减少，从而可以将更多的资源用于生长和繁殖。两种情况下，这可能导致更快的个体和种群生长，从而形成更大的种群。此外，温暖的环境可能允许生态位狭窄的物种维持，因此能支持更多的物种 (见图 21.1b) (Turner *et al.*, 1996)。

有时，在动物物种丰富度和植物生产力之间存在着直接关联。例如在南非，鸟类物种丰富度和年均净生产力之间就有这样的关系 (van Rensburg *et al.*, 2002)。另一个例子是在美国西南部沙漠中以种子为食的啮齿类

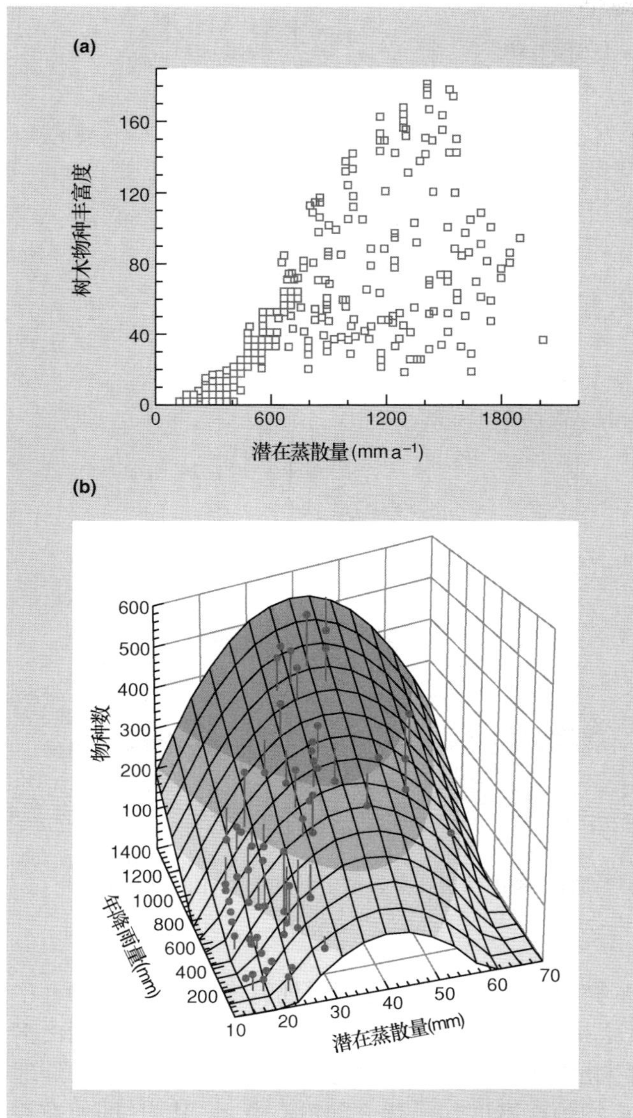

图 21.3 (a) 北美–墨西哥边界的北部(此处大陆被经纬线划分成 336 个大样方) 树木物种丰富度与潜在蒸发散 (PET) 之间的关系 (仿 Currie & Paquin, 1987; Currie, 1991)。(b) 年降雨量和潜在蒸发散与非洲南部乔木物种丰富度之间的关系。反应表面描述了物种丰富度、年降雨量和潜在蒸发散之间的回归模型, 图中的短线表示与每一个数据点相关的残差变异 (仿 Whittaker *et al.*, 2003; 数据来自 O'Brien, 1993)。

动物和蚂蚁, Brown 和 Davidson (1977) 证实了它们的物种丰富度和降水之间有着强烈的正相关关系。在干旱地区, 人们普遍认为年均降雨量与植物生产力密切相关, 从而影响着可利用种子资源的数量。尤其值得注意的是, 在物种丰富的地点, 群落中大型蚂蚁 (以大型种子为食) 和小型蚂蚁 (以小型种子为食) 的物种更多 (Davidson, 1977)。可见, 要么是在更高产的环境中种子大小的范围更宽 (图 21.1a), 要么种子足够丰富, 可以支持生态位较狭窄的额外消费者 (图 21.1b)。

……或物种丰富度的降低……

另一方面, 就像 1856 年在英格兰洛桑 (Rothamstead) 的独特"公园草场" 实验中所提到的那样, 多样性随生产力的增加并不具有普遍性 (第 16.2.1 节)。其中, 一个 3.2 hm^2 的草场被划分为 20 个区块, 2 个区块作为对照, 其他区块则作为每年施加一次化肥的处理。结果显示, 未施肥区块基本保持不变, 而施肥处理区则呈现出物种丰富度 (和多样性) 逐渐降低的局面。

这一现象早就得到了公认。Rosenzweig (1971) 用它们来说明 "富食悖论" (paradox of enrichment)。对这个悖论的一种可能解释是, 高生产力导致种群增长率增加, 使一些潜在竞争排斥的物种快速发生竞争排斥而灭绝。而在生产力较低的情况下, 在竞争排斥发生之前, 环境很可能已经发生了改变。高生产力和低物种丰富度的这类关联, 在其他一些植物群落研究中也有发现 [见 Cornwell & Grubb (2003) 的综述]。

……或者先增加然后降低 (即驼峰形关系)

一些研究已经证明, 随着生产力的增加物种丰富度既可以增加也可以降低, 也就是说, 中等程度的生产力水平可能伴随最高的物种丰富度, 这或许并不令人惊讶。生产力最低时, 由于资源缺乏, 物种丰富度较低; 而生产力最高时, 竞争排斥的迅速发生导致物种灭绝, 物种丰富度也较低。例如在以色列, 沿着降水梯度 (与生产力相关), 沙漠啮齿类动物的物种丰富度趋向于呈现驼峰曲线 (Abramsky & Rosenzweig, 1983); 此外, 中欧地区物种丰富度与土壤营养供应之间 (Cornwell & Grubb, 2003), 北美地区湖泊开放水域中多个分类群的物种丰富度与总初级生产力之间, 都呈现出驼峰曲线 (图 21.5)。对大范围的此类研究分析发现, 当一般类型相同而生产力水平不同的群落 (如高草草原) 进行比较时 (图 21.5b), 在动物研究中最常见的是正相关关系 (驼峰曲线和负相关关系数量相当), 而在植物研究中最常见的是这种驼峰曲线, 正相关和负相关关系 (甚至还存在一些未经解释的 U 形曲线) 数量较少。Venterink 等 (2003) 评估了 150 个欧洲湿地中植物物种丰富度与植物生产力之间的关系, 这些湿地在限制生产力的营养 (氮、磷或钾) 水平上存在差异。他们发现, 在氮限制和磷限制的地区两者

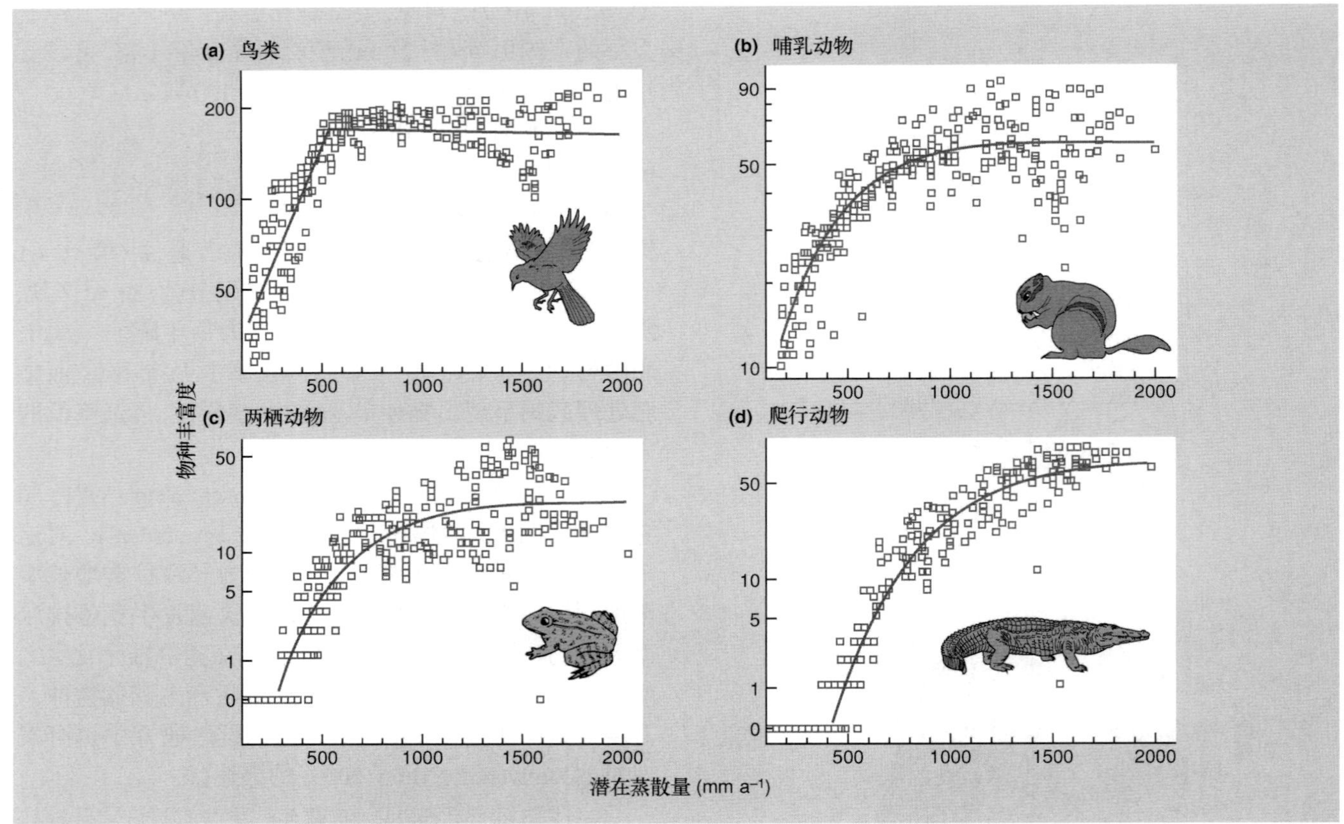

图 21.4 北美洲 (a) 鸟类、(b) 哺乳动物、(c) 两栖动物和 (d) 爬行动物物种丰富度与潜在蒸发散之间的关系 (仿 Currie, 1991)。

呈现驼峰曲线,而在钾限制地区,物种丰富度与生产力呈现单调关系 (单调上升或下降)。很明显,生产力的增加可以导致物种丰富度的增加或降低,或者两者兼而有之。

生产力可能与其他因子共同作用影响物种丰富度

生产力经常,或许总是与其他因素一起来影响物种丰富度。因此,我们前面看到,在营养丰富、植物生产力很高的地区,可能出现植食动物调节共存;而在营养贫瘠、植物生产力低下的地区,植食动物的取食则与植物丰富度的下降相关 (见第 19.4 节)。此外,干扰 (在第 16 章讲到) 也能与营养供应 (生产力) 相互作用,从而决定物种丰富度的格局。Wilson 和 Tilman (2002) 用 8 年时间,对弃耕 30 年的农田进行了研究,检测了 4 种水平的干扰 (每年耕耘的次数不同) 和氮营养的添加 (全因子设计) 对农田中物种丰富度的影响。在不添加氮营养和添加最少的处理中,物种丰富度与干扰之间呈现驼峰形关系,因为在中度干扰水平下,一年生植物可以拓殖在那些可能由多年生植物控制的地区。然而,在氮营养添加较多的处理中,物种丰富度与干扰之间没有联系,其中,即使在受干扰的区域也会出现竞争优势种 (图 21.6)。因此,较高的营养水平或许能有效地支持竞争优势种,使之快速生长,并在干扰间隔内产生对竞争弱势种的排斥。

21.3.2 空间异质性

物种丰富度与非生物环境的异质性

我们已经看到,环境的斑块化特性,如何结合物种的集合行为,来实现竞争物种的共存 (见第 8.5.5 节)。此外,我们可以预计,空间异质性较强的环境能够容纳额外的物种,因为它们能提供更多类型的微生境,更大范围的微气候

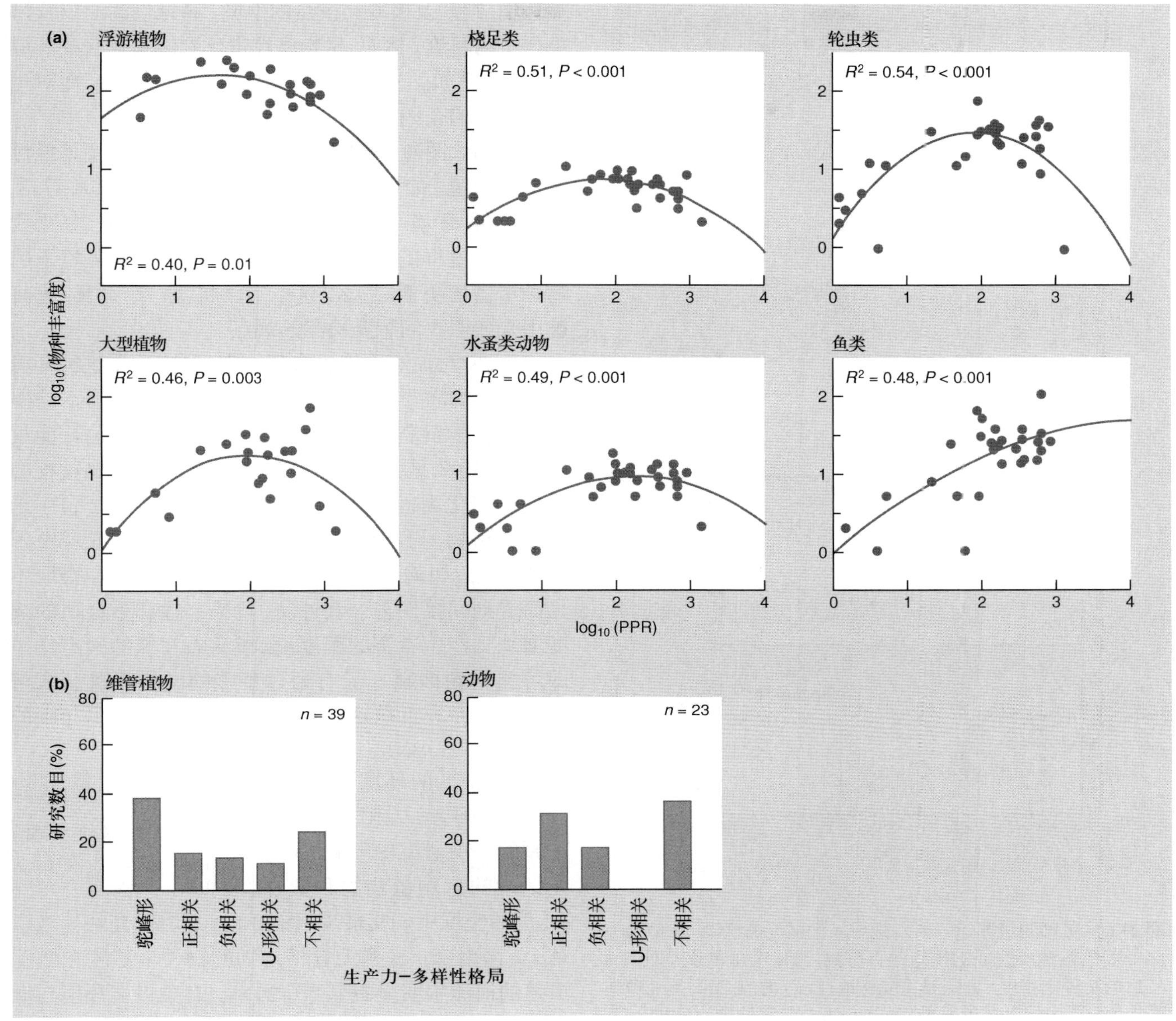

图 21.5 (a) 北美湖泊中不同分类群物种丰富度与总初级生产力 (GPP) 之间的关系, 图中显示了数据与二次回归方程的拟合 (在 $P < 0.01$ 水平上都显著) (仿 Dodson *et al.*, 2000)。(b) 在已发表的与植物和动物相关的研究中, 各种不同的物种丰富度与生产力关系模式所占的百分数 (仿 Mittelbach *et al.*, 2001)。

以及更多类型的庇护所等; 这也就增加了资源谱的宽度 (图 21.1a)。

动物的丰富度与植物空间异质性

在某些情况下, 物种丰富度可能与非生物环境的空间异质性相关。例如, 在加拿大胡德河 (Hood river), 对 51 种河滨区内生长的植物进行研究后发现, 物种丰富度和空间异质性指数 (基于以下几个因素: 基质种类数、坡度、排水状况和当前土壤 pH) 间存在正相关关系 (图 21.7a)。

但是, 大多数有关空间异质性的研究发现, 动物的物种丰富度与它们所处环境中植物的结构多样性相关 (图 21.7b~d); 极少数情况下, 这是通过对植物进行实验处理后得到的结果, 例如, 图 21.7b 中的蜘蛛; 但更普遍的情况下, 是通过对不同的自然群落进行比较所

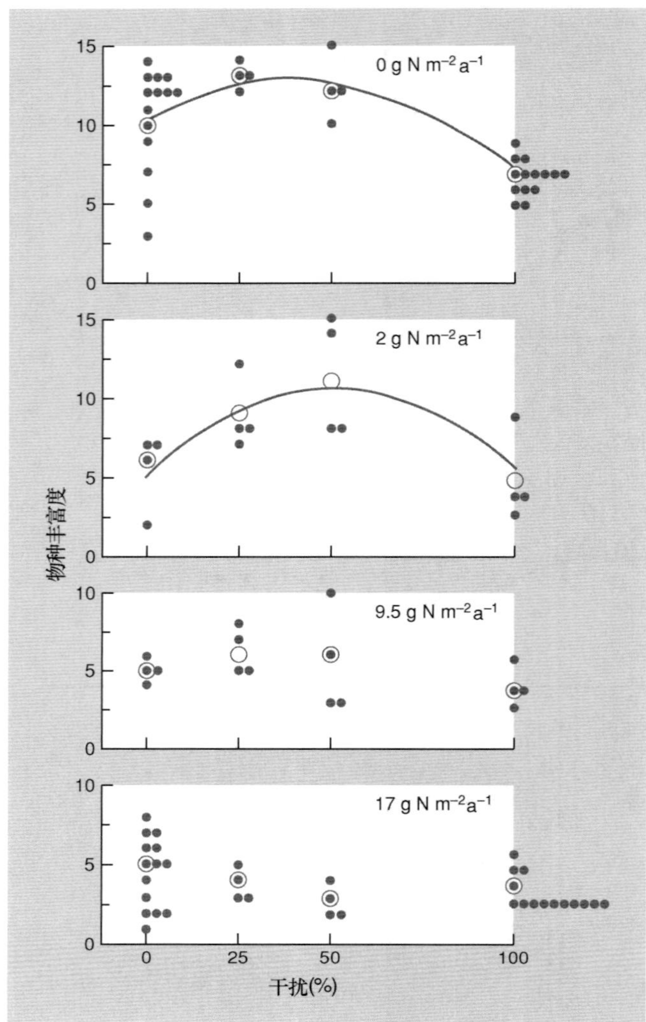

图 21.6 美国明尼苏达州弃耕地中,4 种强度的扰动 (定量为一年一度的耕地所造成的裸地的百分数) 与 4 个施氮水平处理 8 年后的物种丰富度。圆点是重复样地 (1 m^2) 的值, 圆圈是处理的平均值。图中仅显示了显著相关 ($P < 0.5$) 的回归线 (仿 Wilson & Tilman, 2002)。

得出的结论 (图 21.7c,d)。然而, 无论空间异质性是源于非生物环境本身, 还是源自群落中其他生物成分, 它都能促进物种丰富度的增加。

21.3.3 环境严酷性

什么是严酷性

由一种极端非生物因子控制的环境, 通常被称作极端环境, 它们通常不太明显, 因而较难界定。从人类角度来描述极端环境, 则涉及极冷和极热的生境、高碱性湖泊以及污染严重的河流。然而, 生物已经进化到能够在这些环境中存活, 例如, 一些生境对人类而言过于寒冷, 而对生活在南极的企鹅来讲却非常舒适。

我们试图通过 "让生物体决定" 来解决环境严酷性的定义问题。如果生物有机体不能在一种环境中存活, 那么, 这种环境可能被认为是极端环境。但是, 如果我们要做出这样的结论 (通常情况下), 即极端环境下的物种丰富度更低, 那么, 这个定义将是一个循环, 它将被用来证明我们想要检测的观点。

也许, 对极端条件最合理的定义是, 耐受这种环境的任何生物需要有大多数相关物种中没有的形态结构或生物化学机制, 而这些特征的获得要么以消耗能量为代价, 要么是为了适应这样的环境而以生物过程的代偿性变化为代价。例如, 生活在强酸性 (低 pH) 土壤中的植物, 可能受到氢离子的直接伤害, 或者由于重要资源 (如磷、镁和钙元素) 的可利用性和摄取不足而受到间接伤害。此外, 一旦铝、锰和重金属的浓度增加到产生毒害的程度, 菌根活力和氮的固定作用即可能受到抑制。只有通过特殊的结构或机制来帮助植物逃避或抵抗这些影响, 植物才能耐受低 pH 的环境。

严酷环境是物种多样性低的成因吗?

pH 很低的环境可以认为是较严酷的环境; 在阿拉斯加北极苔原的一项研究中, 每个采样单元记录的平均植物物种数在低 pH 值的土壤中确实最少 (图 21.8a)。同样, 在阿什当森林 (英国南部), 底栖无脊椎动物的物种丰富度在酸性更强的河流中明显更低 (图 21.8)。有关极端环境与低物种丰富度相关的其他例子, 涉及温泉、岩洞和高盐湖泊 (如死海)。然而, 这些例子中存在的问题是, 低物种丰富度还与其他特征之间存在相关性, 如低的生产力和低的空间异质性。另外, 许多研究涉及较小的区域 (洞穴、温泉), 或者与其他类型的生境 (在英国南部只有一小部分河流是酸性的) 相比较少见的区域。因此, 极端环境可以看作是孤立的小岛。在第 21.5.1 节中我们会谈到这些特征, 且它们通常与低物种丰富度相关。虽然这样的观点看似合理: 自然形成的极端环境本身只能支持极少数物种, 但是要证明这个命题是否成立却是极其困难。

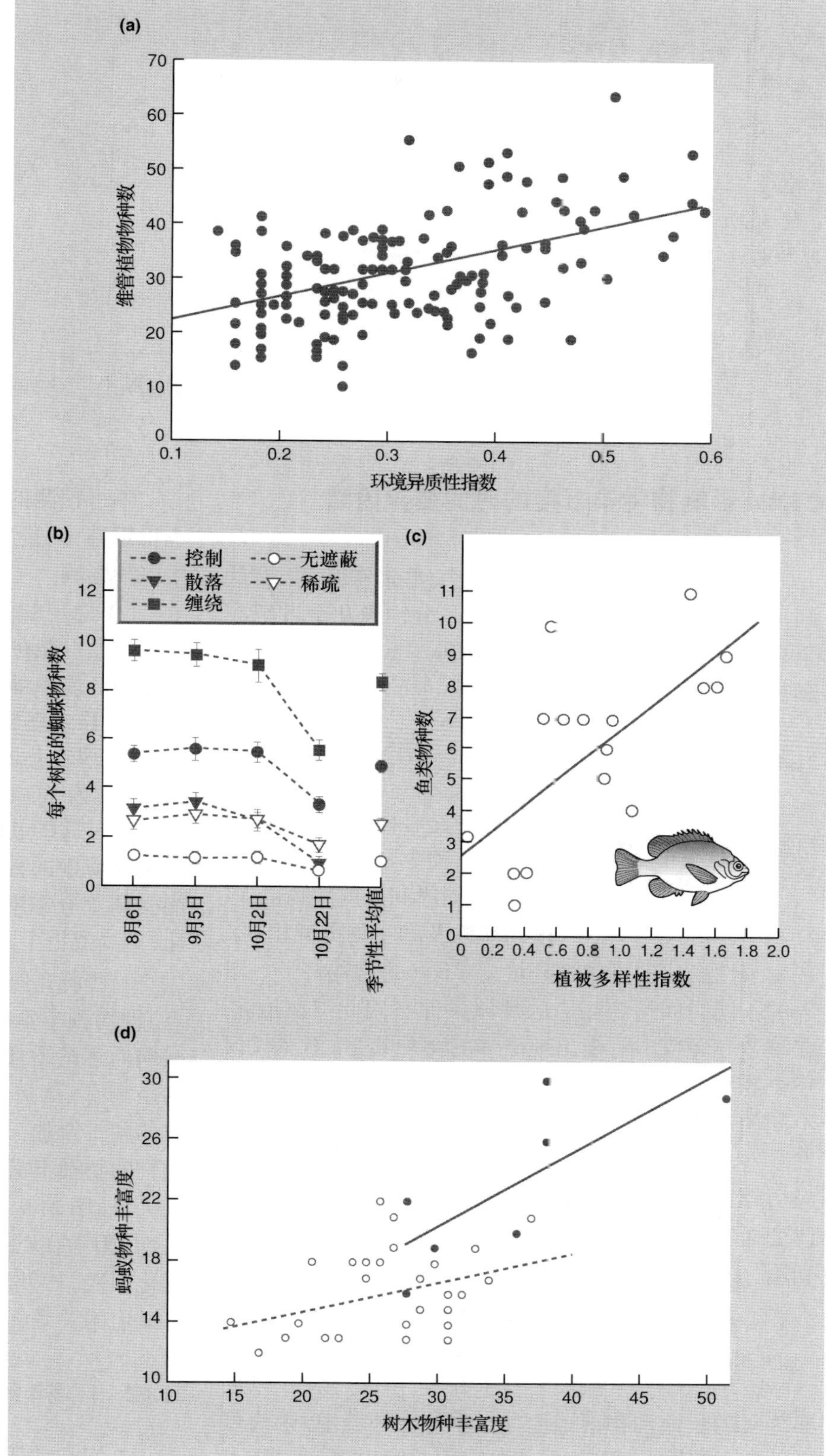

图 21.7 (a) 在加拿大西北地区胡德河沿岸，每 300 m^2 的样区内植物个体数与非生物因素地貌和土壤相关的空间异质性指数的关系 (范围 0~1) (仿 Gould & Walker, 1997)。(b) 在一个实验性研究中，花旗松枝条上生活的蜘蛛物种数随着结构多样性的增加而增大。那些"裸露的"、"斑块状的"和"间伐过的"区域，蜘蛛多样性不及仅去除针叶的正常类型 ("对照")；由于细枝条缠绕在一起，所以枝条"打结"区域的蜘蛛多样性要更高 (仿 Halaj *et al.*, 2000)。(c) 在美国威斯康星州的 18 个湖泊中，淡水鱼类的物种丰富度与植被结构多样性指数的关系 (仿 Tonn & Magnuson, 1982)。(d) 巴西热带稀树草原上，两个区域的树栖蚂蚁物种丰富度与树木物种丰富度 (代替空间异质性) 之间的关系。○, Distrito Federal; ●, 帕劳佩拉 (Paraopeba) 地区 (仿 Ribas *et al.*, 2003)。

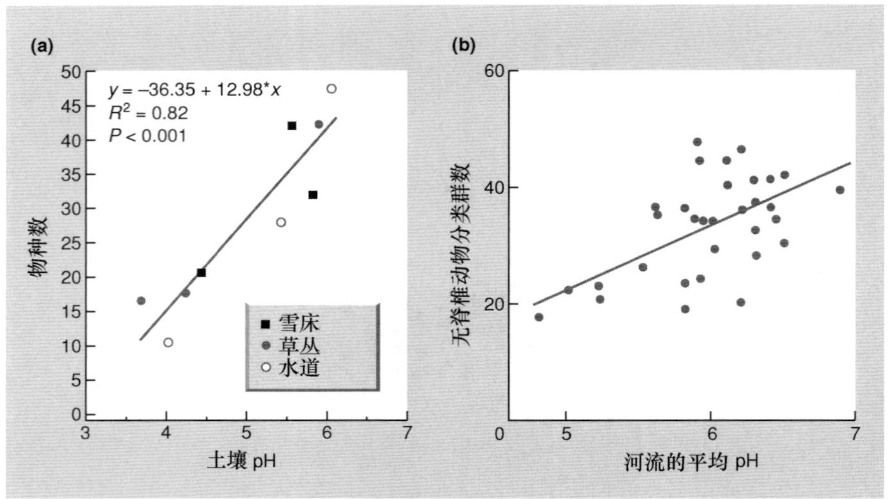

图 21.8 (a) 在阿拉斯加北极苔原，每 72 m^2 的取样单元内植物物种数随 pH 而增加 (仿 Gough *et al.*, 2000)。(b) 在英国南部阿什当森林的河流中，无脊椎动物的分类群数随河水的 pH 而增加 (仿 Townsend *et al.*, 1983)。

21.4 影响物种丰富度的时间变异因素

环境条件和资源的时间变化有些能被预测，有些则不能；其作用的时间尺度，从几分钟到几个世纪甚至几千年不等。它们都可能对物种丰富度产生深远的影响。

21.4.1 气候变异

随季节变化的环境中时间生态位的分化

气候变异对物种丰富度的影响依赖于这种变异是否具有可预测性 (基于对时间尺度的测量，该尺度与所涉及的生物类群相关)。在季节性变化的可预测环境中，不同的物种将于一年中的不同时间适应相应的环境条件。因此可以推测，在季节性环境中可能出现更多的物种共存，而非仅仅一个物种一成不变 (见图 21.1a)。例如在温带地区，不同的一年生植物将于季节性周期中的不同时间萌发、生长、开花和结果；而浮游植物和浮游动物在经历较大的温带湖泊季节性演替时，将随环境条件的改变而轮流出现不同的优势物种，使资源得到有效的利用。

非季节性变化的环境中的特化

另一方面，在非季节性环境中有机会发生特化，而这在季节性环境中并不存在。例如，以果实为食的长命动物很难生存在季节性环境中，因为可供其食用的果实只在一年中的有限时间出现。但是，人们多次发现这种专性生物可生活在非季节性热带环境中，因为在这种环境条件下不同类型的果实可以持续供应。

气候的不稳定性可能导致物种丰富度的增加也可能导致其降低

不可预测的气候变异 (气候不稳定性) 可能对物种丰富度产生多种影响：

(1) 稳定的环境也许能支持那些不太可能在条件或资源剧烈波动的环境中维持特化的物种 (图 21.1b)；

(2) 稳定环境中物种更可能达到饱和 (图 21.1d)；

(3) 理论上，环境越稳定，其中的生态位重叠水平也越高 (图 21.1c)。

所有这些过程都能增加物种丰富度。另一方面，在稳定环境中的种群更可能达到其承载能力，群落更可能受到竞争作用的支配，因此物种更可能受到竞争排斥 (即 $\bar{o}$ 值更小，图 21.1c)。

……但是，对任何一种趋势均缺乏明确的证据

一些研究似乎支持这样的观点，即物种丰富度随着气候变异减弱而逐渐增加。例如，在北美洲西海岸 (从南部的巴拿马到北方的阿拉斯加)，栖息于此的鸟类、哺乳动物和腹足类动物的物种丰富度与月平均温度之间存在显著的负相关关系 (图 21.9)。然而，这种关系并不能证明其因果相关性，因为在巴拿马和阿拉斯加之间还有许多其他的变化因素。因此，气候不稳定性与物种丰富度之间并没有既定的关系。

21.4.2 环境年龄：进化时间

从过去干扰事件中的恢复是可变的

人们常常认为，受到干扰的群落中，即使干扰发生在很大的时间尺度上，该群落仍然可能缺少物种，因为它们还没有达到生

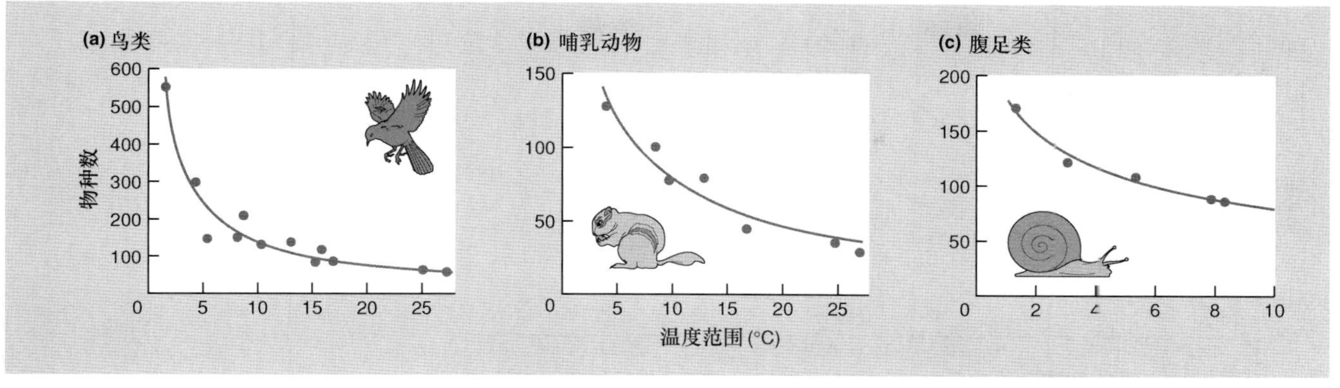

图 21.9 沿北美洲西海岸各取样点的物种丰富度与月平均温度的关系: (a) 鸟类、(b) 哺乳动物和 (c) 腹足类 (仿 MacArthur, 1975)。

态上或进化上的平衡态。因此, 群落可能具有不同的物种丰富度, 因为一些群落更接近平衡态, 从而比其他群落具有更高的物种饱和度 (图 21.1d)。

不变的热带与处在恢复中的温带?

例如, 许多人认为热带地区比温带地区的物种丰富度更高, 这至少部分是因为热带地区经历了较长、无干扰的进化时间, 而温带地区仍处在从更新世冰川作用的恢复过程中。然而, 热带地区的长期稳定性似乎在过去被生态学家过分夸大了。随着在冰川期温带地区的气候带和生物带向赤道移动, 热带森林似乎逐渐被草原包围, 而缩成了数量有限的较小避难所。因此, 对不变的热带地区与受到干扰且处于恢复期的温带地区所进行的简单比较, 是不太令人信服的。

对两极地区的比较可能更具有启发性。北极和南极的海洋环境, 都非常寒冷, 并具有季节性, 此外, 还都受到冰雪的强烈影响, 但它们各自具有迥异的历史。对北极盆地而言, 在上个冰川作用由于受到厚厚的永久冰雪覆盖而损失了所有生物区系, 现正处于恢复拓殖期; 而在南极地区, 自古生代中期 (mid-Palaeozoic) 便存在着浅海生物 (Clarke & Crame, 2003)。今天, 两极生物区系的对比十分明显, 北极的群落发育不全而南极的群落中物种丰富, 这很可能反映了其历史的重要性。

21.5 生境面积和偏远程度: 岛屿生物地理学

较大的岛屿拥有更多的物种: 不同的解释

很多研究证实, 随着岛屿面积的减小, 物种数量会不断减少。图 21.10a 显示了瑞典斯德哥尔摩群岛的岛屿上, 陆生维管植物中的这一物种 – 面积关系。

然而, "岛屿" 并不需要一定是指大片水域中的陆地。例如, 湖泊可以认为是大片陆地中的岛屿, 山顶可以认为是大片低海拔区域中的高海拔岛屿, 由于树木倒下而形成的森林冠层中的林窗则可以看作是大片树木中的岛屿, 因此, 存在有特定地理类型、土壤类型或植被类型的各种岛屿, 它们被不同类型的岩石、土壤或植被包围。对这些类型的岛屿而言, 物种 – 面积关系同样非常明显 (图 21.10b~d)。

物种丰富度与生境面积的关系是所有生态学式样中最为一致的式样之一。但是, 这种式样提出了一个重要问题: 岛屿上的物种一定会比大陆等面积的区域内期望的物种更贫瘠吗? 换言之, 岛屿的孤立特征是否导致了它们的物种贫瘠? 这些重要问题将有助于我们对群落结构的了解, 因为地球上存在着许多海洋岛屿、湖泊、山顶、被农田围绕的林地以及许多孤立的树木等。

21.5.1 MacArthur 和 Wilson 的 "平衡" 理论

面积越大的区域其生物种类也越多, 其中最明显的原因可能是, 面积越大, 该地区包含的生境类型也越多。不过, MacArthur 和 Wilson (1976) 认为这个解释过于简单。在其岛屿生物地理学平衡理论 (*equilibrium theory of island biogeography*) 中, 他们认为: ① 岛屿面积和隔离本身发挥着重要的作用 —— 岛屿上的物种数目取决于迁入和灭绝的平衡; ② 这种平衡是动态的, 物种持续地灭绝, 并持续地受到同种或不同种生物的取代 (通过迁入); ③ 迁入和灭绝速率可能随着岛屿面积大小和隔离程度而变化。

MacArthur 和 Wilson 的迁入曲线……

首先来看迁入, 设想一个尚未有生物拓殖的岛屿。对这样一个岛屿而言, 任何拓殖个体都代表一个新物种, 因此物种迁入率将会很高。然而,

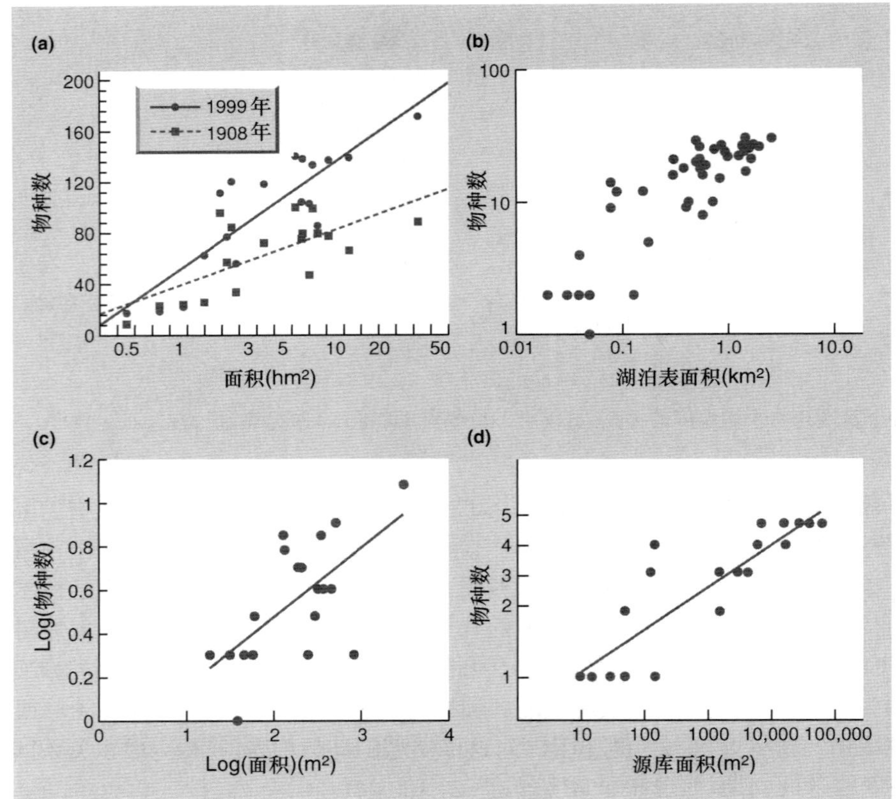

图 21.10 物种 – 面积关系。(a) 瑞典首都斯德哥尔摩东部群岛上的植物：● 该调查于 1999 年放牧和割晒干草停止之后完成；■ 该调查于 1908 年正当集约农业实施之时完成 (仿 Lofgren & Jerling, 2002)。(b) 栖息于佛罗里达湖泊的鸟类 (仿 Hoyer & Canfield, 1994)。(c) 栖息于墨西哥不同大小洞穴的蝙蝠 (仿 Brunet & Medellin, 2001)。(d) 生活于澳大利亚拥有不同源库 (source pool) 大小的沙漠涌泉鱼类 (仿 Kodric-Brown & Brown, 1993)。

随着岛上生物种类的增加，新物种的迁入率将不断下降。当资源库 (即大陆或其他的邻近岛屿) 中的所有物种都迁入所研究的这个岛上时，迁入速率将为零 (图 21.11a)。

迁入过程可以绘制成曲线，因为拓殖成员较少时迁入速率特别高，而且许多扩散能力最强的物种会接踵而至。事实上，真实的曲线不应该是单一的一条线而应该是星星点点的，因为精确的曲线取决于物种到达的准确顺序，而它却会不断变化。从这个意义上来说，迁入曲线可以认为是最真实的曲线。

准确的迁入曲线将依赖于岛屿距离其潜在拓殖者库的偏远程度 (degree of remoteness) (图 21.11a)。曲线总是在同一个点达到零值 (当拓殖者库的所有成员定居时)，而靠近迁入源的岛屿其值要高于远离迁入源的其他岛屿，因为岛屿距离迁入源越近，拓殖者到达该岛屿的机会就越大。此外，大岛屿的迁入率通常可能比小岛屿的更高，因为岛屿面积越大，对拓殖者而言目标也就越大 (图 21.11a)。

……以及灭绝曲线

当岛上没有物种存在时，物种灭绝速率 (图 21.11b) 必然为零，而当物种稀少时，灭绝速率则通常很低。然而，随着定居物种数量的增加，理论预测的灭绝速率将成比例增加。这种情况很可能会发生，因为物种增多后，竞争排斥发生的可能性更大，物种的平均种群大小下降，从而增加了灭绝的机会。类似的推理表明，小岛上的灭绝速率比大岛屿上更高，因为小岛上种群明显较小 (图 21.11b)。与迁入一样，灭绝速率曲线最好也看作是 “最真实的” 曲线。

迁入与灭绝的平衡

为了认识迁入和灭绝的净效应，可以将这两条曲线进行叠加 (图 21.11c)。曲线交点处的物种数 (S^*) 是一个动态平衡，应该是我们所讨论岛屿的特征物种丰富度。低于 S^*，物种丰富度增加 (迁入率超过灭绝率)；高于 S^*，物种丰富度降低 (灭绝速率超过迁入率)。根据这个理论，我们可以进行许多预测：

(1) 一个岛屿上的物种数最终应基本保持不变。

(2) 这应该是物种持续更新的结果，其中一些物种灭绝伴随着另一些物种的迁入。

(3) 大岛比小岛能支持更多的物种。

(4) 随着岛屿的偏远程度增加，物种数量应有所减少。

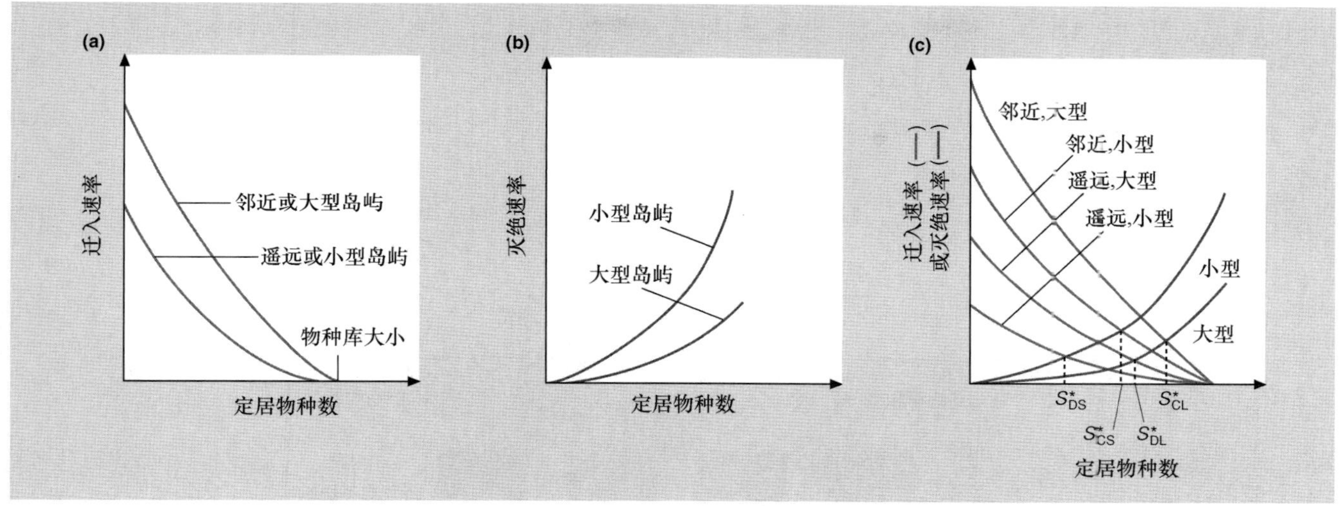

图 21.11 MacArthur 和 Wilson (1976) 关于岛屿生物地理学的平衡理论。(a) 大型和小型、邻近和遥远岛屿上, 物种迁入岛屿的速率与岛屿定居物种数之间的关系。(b) 大型和小型岛屿上, 物种灭绝速率与岛屿定居物种之间的关系。(c) 大型和小型、邻近和遥远岛屿上, 迁入和灭绝之间的平衡。各种情况下, S^* 为平衡时物种的丰富度; C, 邻近; D, 遥远; L, 大型; S, 小型。

平衡理论的预测不总是与该理论互斥

这里, 需要注意的是, 这些预测中有几个即使不参考平衡理论也可获得。如果物种丰富度只取决于岛屿类型, 可以预料, 物种数将近似恒定。同样, 较大的岛屿有更多的生境类型, 从而可以预期其具有更高的物种丰富度。因此, 物种丰富度可能取决于两类因素, 一是它随着岛屿面积增大而增加, 二是它可能单独依赖于生境多样性的增加; 在这两者中, 物种丰富度的增加速度是否呈现出前者高于后者的趋势, 将可以用于检测平衡理论 (见第 21.5.2 节)。

岛屿偏远程度的影响可以认为是独立于平衡理论的一个方面。由于认识到许多物种受限于自身的扩散能力, 并不能定殖所有的岛屿, 因此预测, 岛屿越偏远, 其潜在的拓殖物种就越不可能达到饱和 (见第 21.5.3 节)。然而, 根据平衡理论得出的最终预测 (更新带来稳定), 确实是平衡理论的一个特征 (见第 21.5.4 节)。

21.5.2 生境多样性是单方面起作用还是岛屿面积的一个独立效应

生境多样性极为重要的案例

岛屿生物地理学最根本的问题在于是否存在 "岛屿效应" (island effect), 或者是否由于它们面积小包含更少的生境从而支持更少的物种。物种丰富度随岛屿面积而增加的速度是否超过其仅随生境多样性增加的速度? 一些研究试图分割岛屿的物种 – 面积变异, 找到能由生境多样性来全面解释的变异, 以及余下的能由岛屿面积自身来解释的变异。对于在加那利群岛 (Canary Islands) 上的甲虫而言, 物种丰富度与生境多样性 (来自对植物物种丰富度的测量) 之间的关系要比与岛屿面积的关系强得多, 这在植食性甲虫中尤其明显, 可能是它们对食物的特殊需求所致 (图 21.12)。

生境多样性与岛屿面积本身之间变异的分解

另一方面, 在西印度群岛 (West Indies) 的小安的列斯群岛 (the Lesser Antilles island) 对各种动物类群的研究发现, 统计学上将岛屿之间物种丰富度的变异划分为几个方面: 仅依赖于岛屿面积, 仅依赖于生境类型, 依赖于两者的相关变异 (因而不依赖于单独一个因素), 以及对两者均无依赖。对于爬行动物和两栖动物 (图 21.12b), 像加那利群岛上的甲虫一样, 生境多样性的重要性要远高于岛屿面积。但对于蝙蝠, 情况正好相反; 对于蝴蝶和鸟类, 则是岛屿面积本身和生境多样性都发挥着重要的作用。

红树林岛屿面积的实验性减小

在佛罗里达湾中一些较小的红树林岛上进行了一项实验, 试图区分生境多样性和岛屿面积所产生的影响 (Simberloff, 1976)。这些岛屿由纯粹的红树植物组成, 能够支持昆虫、蜘蛛、蝎子和等足类动物群落。经过初步的动物区系调查, 一些岛屿的面积可通过动力锯使其缩小; 而生境多样性并没有受到影响, 但

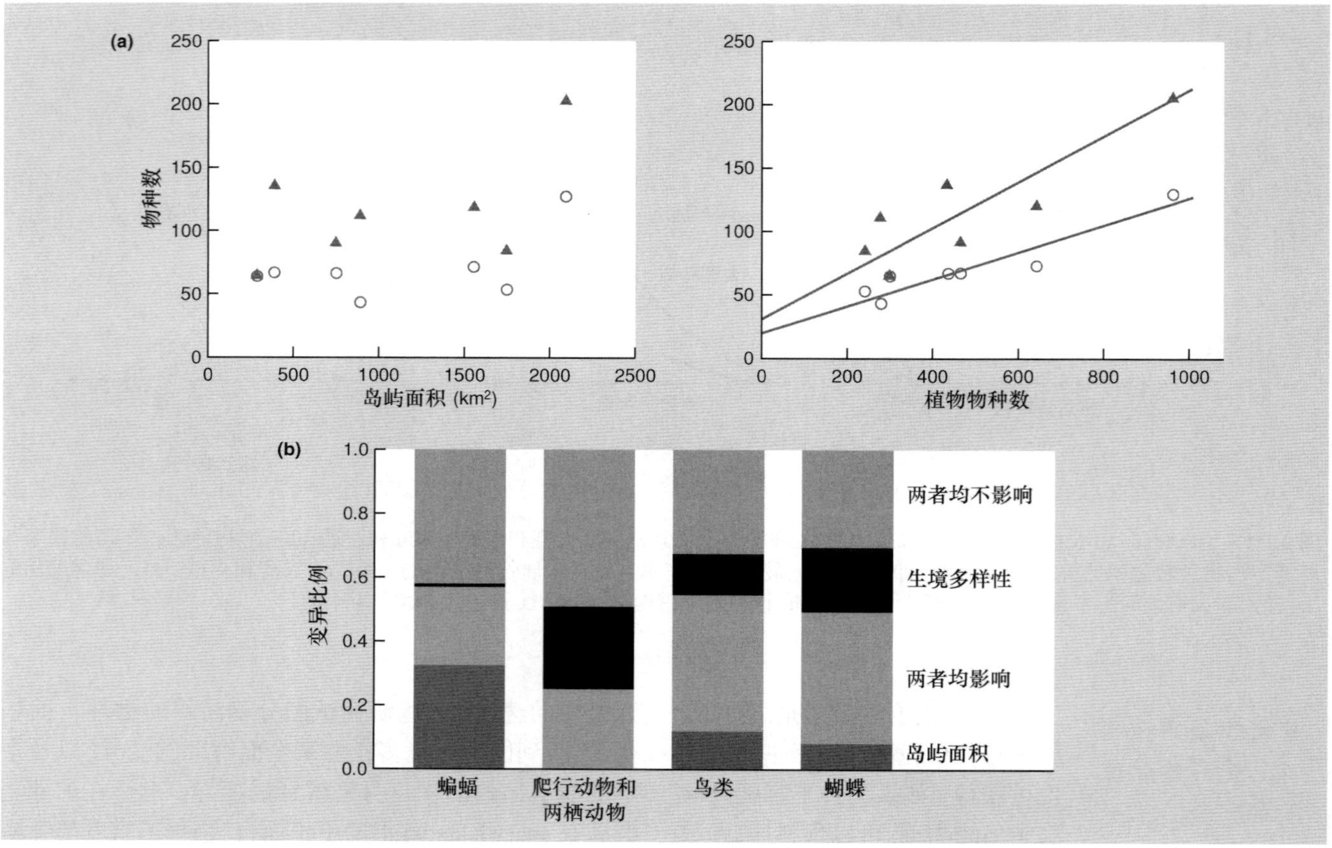

图 21.12　加那利群岛上 (a) 植食性 (○) 和肉食性 (▲) 甲虫的物种丰富度与岛屿面积以及植物物种丰富度的关系 (仿 Becker, 1992)。(b) 小安的列斯群岛上, 4 个动物类群在岛间的方差仅与岛屿面积相关、仅与生境多样性相关、与面积和生境多样性的相关变异相关, 或与面积和生境类型均不相关 (仿 Ricklefs & Lovette, 1999)。

3 个岛屿上的节肢动物丰富度持续 2 年不断减少 (图 21.13)。在同一时期, 作为对照的岛屿其面积大小不变, 而物种丰富度略有增加, 这大概是随机事件的结果。

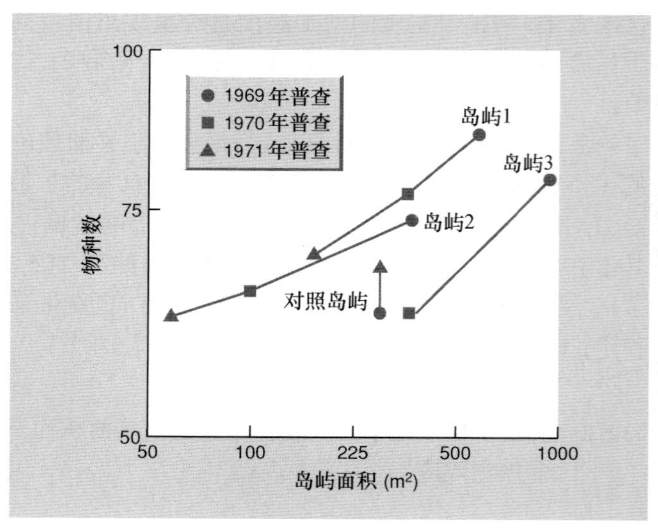

图 21.13　人为缩小红树林岛屿的面积对节肢动物物种数量的影响。在 1969 年和 1970 年的调查后, 均缩小了岛 1 和岛 2 的面积; 而岛 3 面积只在 1969 年的调查之后被缩小。对照岛屿的面积不减少, 其物种丰富度变化归因于随机波动 (仿 Simberloff, 1976)。

岛屿和可比大陆区的物种－面积图

另一个试图区分岛屿面积独立效应的方法是, 比较岛屿与大陆上任意划定区域的物种－面积图。大陆区域的物种－面积关系应该主要依赖于生境多样性 (以及 “取样” 效应, 例如在更大的区域中更可能检测到罕见物种)。在大陆上, 所有物种能够在各区域间跨越边界 “扩散”, 从而掩饰了局部区域的物种灭绝 (即在岛上将会灭绝的生物, 会由于局部区域的个体交换而迅速逆转)。任意界定的大陆区域应该比与之等面积的岛屿有更多的生物物种, 这通常意味着, 岛上的物种－面积曲线斜率要比大陆区域的更大 (因为小岛上的岛屿隔离效应最为明显, 从而最可能发生灭绝)。这两类曲线的差异将归因于岛屿效应本身。表 21.1 显示了, 尽管存在相当大的变异, 岛屿曲线明显拥有更大的斜率。

表 21.1 物种 – 面积曲线 ($\log S = \log C + z\log A$, 其中 S 为物种丰富度, A 为面积, C 为常数, 即当 A 的值为 1 时的物种数) 中, 任意面积的大陆、海洋岛屿以及生境岛屿的斜率 z 值 (汇编自 Preston, 1962; May, 1975b; Gorman, 1979; Browne, 1981; Matter *et al.*, 2002; Barrett *et al.*, 2003; Storch *et al.*, 2003)。

分类群	地点	z 值
任意面积的大陆		
鸟类	中欧	0.09
有花植物	英格兰	0.10
鸟类	新北界	0.12
稀树草原植被	巴西	0.14
陆生植物	大不列颠	0.16
鸟类	新热带	0.16
海洋岛屿		
鸟类	新西兰岛屿	0.18
蜥蜴	加利福尼亚岛屿	0.20
鸟类	西印度群岛	0.24
鸟类	东印度群岛	0.28
鸟类	中太平洋东部	0.30
蚁类	美拉尼西亚	0.30
陆生植物	加拉帕戈斯群岛	0.31
甲虫	西印度群岛	0.34
哺乳动物	斯堪的纳维亚岛屿	0.35
生境岛屿		
浮游动物 (湖泊)	纽约州	0.17
螺类 (湖泊)	纽约州	0.23
鱼类 (湖泊)	纽约州	0.24
鸟类 (帕拉莫植被)	安第斯山脉	0.29
哺乳动物	美国大盆地	0.43
陆生无脊椎动物	西弗吉尼亚	0.72

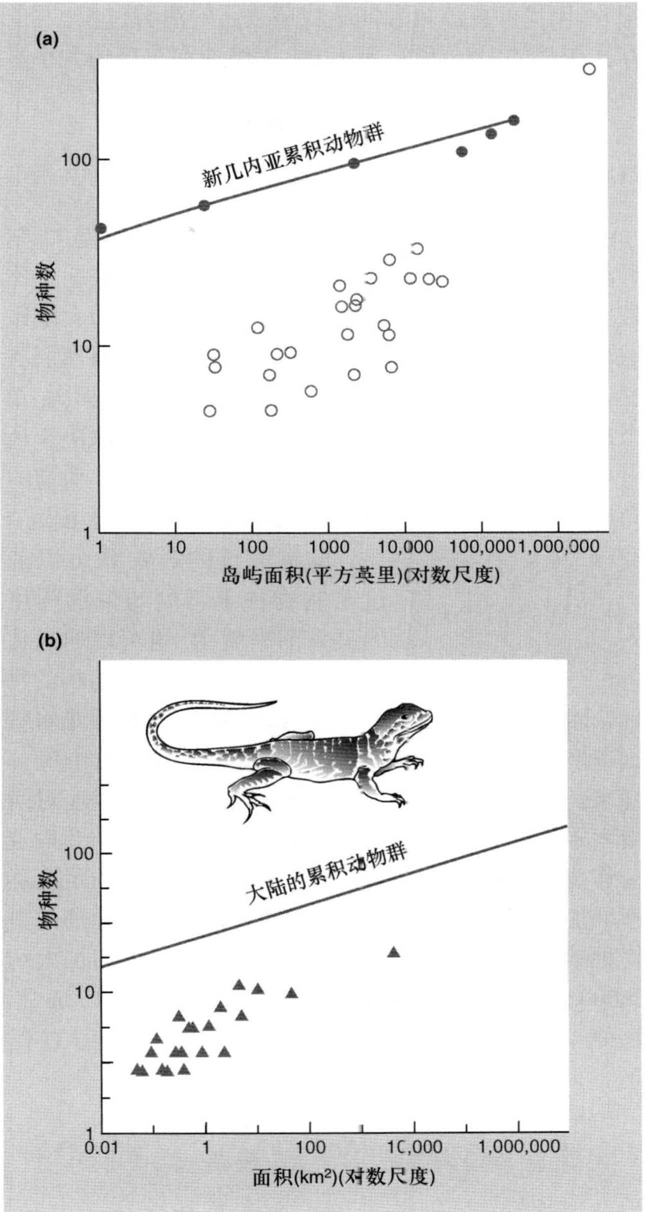

图 21.14 (a) 摩鹿加和美拉尼西亚群岛上猛蚁 (ponerine ants) 的物种 – 面积图, 注意与新几内亚巨岛不同面积采样区的同类图的比较 (仿 Wilson, 1961)。(b) 南澳大利亚海边岛屿上爬行动物的物种 – 面积图, 注意与大陆物种 – 面积图的比较。这里的岛屿是由于海平面上升而形成于最近的 1 万年里 (仿 Richman *et al.*, 1988)。

值得注意的是, 岛屿上单位面积的物种数减少, 应导致物种 – 面积图上 S 轴的截距变小。图 21.14a 说明, 与较大但面积日益减小的新几内亚岛屿相比, 孤立的太平洋岛屿上蚂蚁的物种 – 面积曲线斜率更大, 而截距值更小。图 21.14b 则展示了远离南澳大利亚海岸的岛屿上, 爬行动物所呈现出的类似关系。

从岛屿面积看植物灭绝与迁入率

综上所述, 这样的研究所表现出来的独立的面积效应 (岛屿越大, 意味着拓殖目标越大; 而种群的灭绝风险越低), 已不是简单的面积和生境多样性之间关系了。Lofgren 和 Jerling (2002) 通过比较其在 1996 年至 1999 年间进行调查所获得的物种名录与 J. W. Hamner 所报道的 1884 年至 1908 年间的情况, 对斯德哥尔摩群岛不同大小岛屿上植物灭绝速率和迁入速率 (图 21.10a) 进行了定量分析。两个调查期之间, 岛上有 93 个新物种出现, 另一方面有 20 个物种消失。许多新来者都是树木、灌木和耐阴灌木物种, 反映了 20 世纪 60 年代停止放牧和割晒牧草之后的演替过程。尽管存在演替的混淆效应，据预测，灭绝速率与岛屿大小呈负相关，而迁入速率与岛屿大小呈正相关。

21.5.3　偏远程度

按照上述观点，越偏远的岛屿其岛屿效应越大，物种越贫乏。(实际上，比较岛屿和大陆区域只是一个比较不同偏远程度岛屿的极端例子，因为局部的大陆区域可认为具有最低的偏远程度。) 偏远实际上有两层含义。首先，它可以简单地指物理隔离的程度。其次，单个岛屿本身也可以存在不同的偏远程度，这取决于所考虑的生物类型：同一个岛屿可能从大陆哺乳动物的角度而言是偏远的，但从鸟类的角度而言则并不偏远。

岛屿上鸟类的物种丰富度随"偏远程度"而降低

偏远程度的影响既可以通过绘制物种丰富度与偏远程度的关系图来展示，也可以通过比较不同偏远程度的一群岛屿的物种－面积曲线来说明。无论在哪种情况下，都很难将偏远程度产生的影响与其他岛屿间差异特征的影响区分开来。然而，从图 21.15 中我们可以看到偏远程度对西南太平洋热带岛屿的低地鸟类的直接影响。新几内亚岛作为较大的资源岛屿，其他岛屿随着与它的距离逐渐增加，岛上的物种数量 (以占相同面积的资源岛屿上物种数量的比例来表示) 逐渐下降。距离每增加大约 2600 km，物种丰富度随距离呈指数下降。图 21.16a 中，物种－面积曲线也显示出与近陆岛屿相比，特定大小的偏远岛屿拥有更少的物种。此外，图 21.16b 对比了两个地区两类生物的物种－面积曲线，这两个地区分别是相对偏远的亚速尔群岛 (位于大西洋上，距离葡萄牙西部很远) 和海峡群岛 (靠近法国北部海岸)。从鸟类的角度来看，亚速尔群岛显然比海峡群岛更为偏远；而对于蕨类植物 (它们靠风散布质量很轻的孢子) 而言，这两个岛屿同等偏远。基于这些例子，岛屿效应导致的物种贫乏无疑随着岛屿隔离程度的增加而增加。另外值

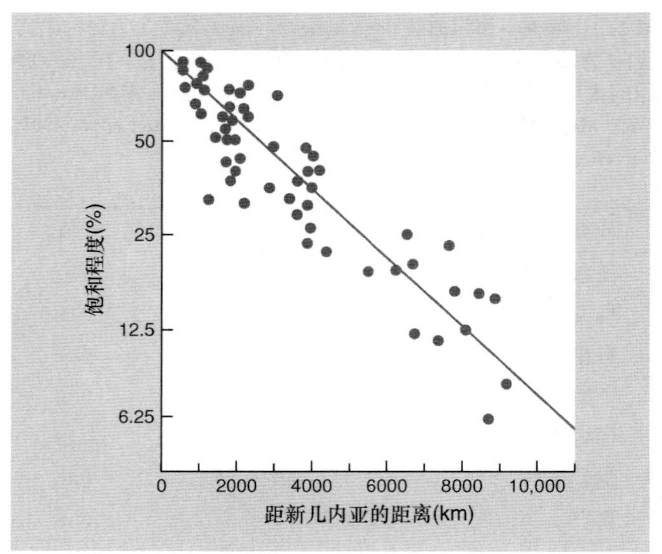

图 21.15　距离新几内亚较大的源头岛屿 500 km 以上的岛屿上，非海洋的低地留鸟物种数，表示为邻近新几内亚岛但等面积岛屿的物种数的比例，并以与离新几内亚的距离作图 (仿 Diamond, 1972)。

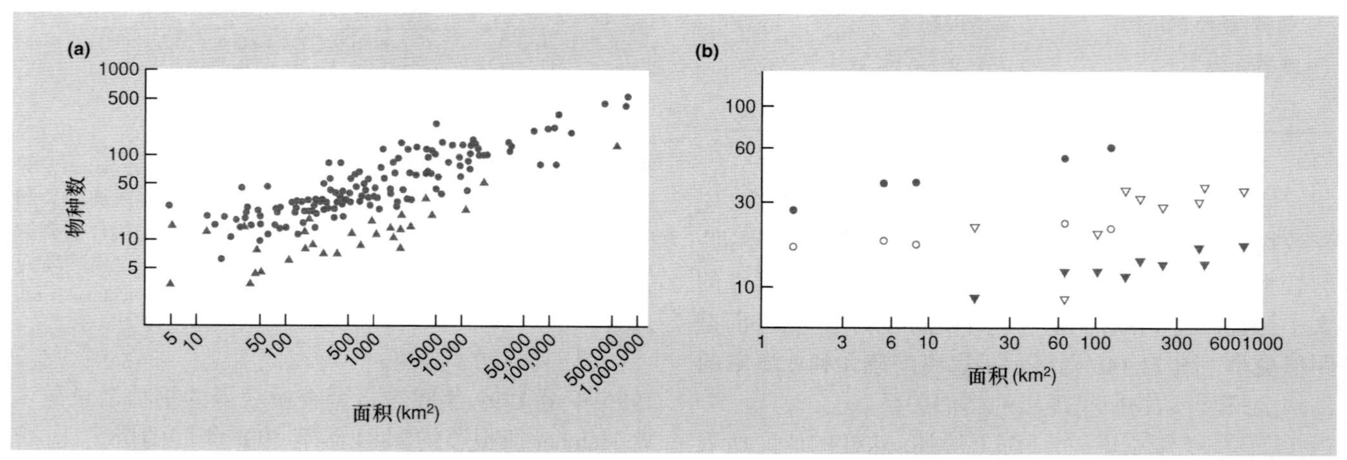

图 21.16　偏远加剧了岛屿物种的贫乏程度。(a) 热带和亚热带单个海洋岛屿的鸟类物种－面积图。▲，与第二个最大的大陆板块相距 300 km 以上或非常偏远的夏威夷和加拉帕哥斯群岛；●，距离源岛不足 300 km 的岛屿。(b) 亚速尔群岛和海峡群岛上陆生和淡水繁殖鸟类 (▼，亚速尔群岛；●，海峡群岛) 以及本土蕨类植物 (▽，亚速尔群岛；○，海峡群岛) 的物种－面积图。亚速尔群岛对鸟类而言是偏远的，而对蕨类植物而言并不偏远 (仿 Williamson, 1981)。

得注意的是, Lofgren 和 Jerling 在 1999 年用斯德哥尔摩群岛数据库进行了多元回归分析 (图 21.10a), 显示出岛屿面积对植物物种丰富度具有最主要的影响 (解释了 73% 的变异), 而与最近岛屿间的距离也有一定的重要性, 解释了 17% 的变异。

岛屿 (尤其是偏远岛屿) 上物种贫乏, 一个暂时性的但非常重要的原因是, 许多岛屿缺少它们能够支持的潜在物种, 而这仅仅是由于那些物种没有充足的时间进行拓殖。叙尔特塞岛便是一个很好的例子, 该岛屿因为火山喷发而在 1963 年形成 (Fridriksson, 1975)。它位于冰岛西南 40 km 处, 在火山喷发开始的 6 个月内, 细菌和真菌、一些海鸟、一种蝇和一些海滩植物的种子到达了这个新形成的岛屿。其中, 维管植物第一次拓殖的记录在 1965 年, 而苔藓植物的首次拓殖记录在 1967 年。到 1973 年时, 13 种维管植物和超过 66 种苔藓植物已在岛上拓殖了 (图 21.17); 到目前为止, 拓殖仍在进行之中。这个例子的重要性在于, 它提供了重要的启示: 许多岛屿群落并不能通过简单的生境适应或作为典型的平衡态丰富度来解释。相反, 它所强调的是, 许多岛屿群落尚未达到平衡态, 而其中的物种也没有达到完全 "饱和"。

21.5.4 哪个物种? 周转

物种周转……

MacArthur 和 Wilson 的平衡理论预测, 岛屿不仅有典型的物种丰富度, 还会发生物种周转, 即新的物种持续拓殖, 同时其他物种则不断灭绝。这意味着机会的重要性, 关系到任何时候有哪些物种恰好存在。然而, 关于物种周转本身的研究很少, 因为这需要在一段时间内对群落进行追踪 (通常很困难且昂贵)。有代表性的关于物种周转的研究则更加稀少, 因为要避免 "假迁入" 和 "假灭绝", 每种情况下所有物种都必须进行计数。事实上, 任何结果都必然是对实际周转的低估, 因为一个观察者不可能在所有时间无处不在。

……温带林地鸟类的物种多样性相对高……

一项在 1949 年至 1975 年间所开展的研究很有启发性, 该研究对英格兰南部 (伊斯特伍德) 一片橡树林中繁殖鸟类进行了普查。在此期间, 总计有 44 种鸟类, 其中 16 种每年都进行繁殖。任何一年的繁殖鸟类数都介于 27 和 36 之间, 平均为 32 种。图 21.18 显示了鸟类的迁入和灭绝 "曲线"。与假设的 MacARthur-Wilson 简单模型相比较, 它们最明显的特征是数据点的分散。然而, 灭绝曲线图中具有统计显著的正相关关系, 而在迁入曲线图中则有非常显著的负相关关系, 这两条曲线似乎在 32 个物种处交叉, 此时, 每年有 3 个新的物种迁入和 3 个物种灭绝。很明显, 这其中物种周转速率相当大, 因此, 尽管物种丰富度近似恒定, 这也将导致该森林鸟类群落存在相当大的年际变异。

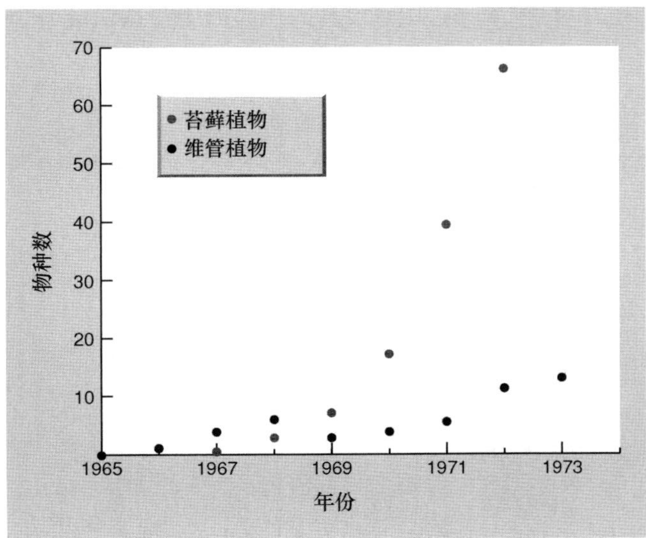

图 21.17 在 1965 年至 1973 年间, 叙尔特赛新岛上记录到的苔藓和维管植物的物种数 (仿 Fridriksson, 1975)。

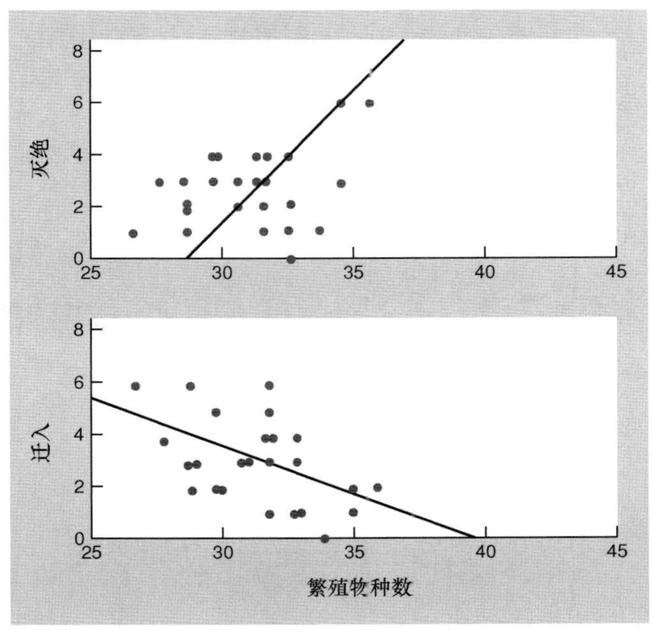

图 21.18 英格兰南部的伊斯特伍德橡树林中繁殖鸟类的迁入和灭绝情况。灭绝图中的直线角度为 45°, 即其斜率为 1。迁入图中的直线为拟合的回归直线, 其斜率为 –0.38 (仿 Beven, 1976; 引自 Williamson, 1981)。

……但是对于热点岛屿鸟类而言不是这样

相反，一项对热带瓜纳岛的15个优势鸟类群落的长期研究(1954年，1976年以及1984—1990年)显示，不存在此类周转——没有新物种定居，并且仅1种鸟由于生境破坏而灭绝(Mayer & Chipley, 1992)。瓜纳岛位于包含许多小岛的群岛中，如果物种在岛屿之间持续扩散，那么这样的地理位置或许会降低局域灭绝的可能性。另一方面，可以想象热带鸟类具有较低的周转速率，因为它们通常定栖，有更低的成体死亡率，且多数属于留鸟，而非迁徙鸟类(Mayer & Chipley, 1992)。

Simberloff和Wison (1969)的研究为周转和不确定性提供了实验证据，他们清除了佛罗里达群岛一系列小型红树林岛屿上的无脊椎动物区系，并检测它们的再拓殖(recolonization)情况。在大约200天的时间里，物种丰富度已稳定在去动物区系(defaunation)之前的水平，但物种组成存在显著差异。此后，岛上每年灭绝和拓殖的物种周转速率约为1.5 (Simberloff, 1976)。

因此，物种周转导致岛屿产生典型的平衡态丰富度，但也会产生与具体物种相关的不确定性，这一观点似乎是正确的，至少大体上是正确的。

21.5.5 哪个物种？不协调

有些类群比较容易抵达岛屿并在那里续存…

人们很早就认识到(例如，Hooker在1866年提出)，岛屿生物群落的主要特征之一是“不协调”(disharmony)，这意味着不同分类群的相对比例在岛屿和大陆上有所不同。从图21.16的物种－面积关系中，我们已经看到，生物有机体中扩散能力强的类群(如蕨类植物、鸟类)比扩散能力相对较弱的类群(大多数哺乳动物)更可能在偏远的岛屿拓殖。

…或许它们的灭绝风险不同

然而，扩散能力的差异并非是导致不协调的唯一因素。物种面临的灭绝风险也可能存在差异。岛上单位面积密度低的物种将只拥有小种群，而小种群的随机波动很可能将其完全清除。脊椎动物捕食者，通常具有相对较小的种群，甚至在许多岛上并不存在。例如特里斯坦－达库尼亚群岛中大西洋岛上，除了人类释放的那些物种之外，鸟类并没有鸟类、哺乳类和爬行类天敌。岛上也常常不存在特化捕食者，因为只有它们的猎物首先抵达，它们才能迁入拓殖。类似的理论同样适用于寄生物、互利共生者等。换言之，对许多物种而言，只有在其他一些物种存在的情况下，它们才适合在岛屿上生存；而由于一些类型的生物相比其他生物具有更强的依赖性，因此，不协调程度将有所增加。

关联函数与组合规律

针对俾斯麦群岛上的鸟类，Diamond提出了关联函数(incidence function)和组合规律(assembly rule)的概念，将散布和灭绝差异与抵达和生境适宜性序列的观点结合起来，这很可能是理解岛屿群落的一次最有益的尝试。为构建这样的关联函数(图21.19)，Diamond将“超游走”(supertramp)鸟类(扩散率高，但在群落中与其他许多物种进行共同维持的能力较差)与“高S”鸟类(只能在大型岛屿中与其他许多物

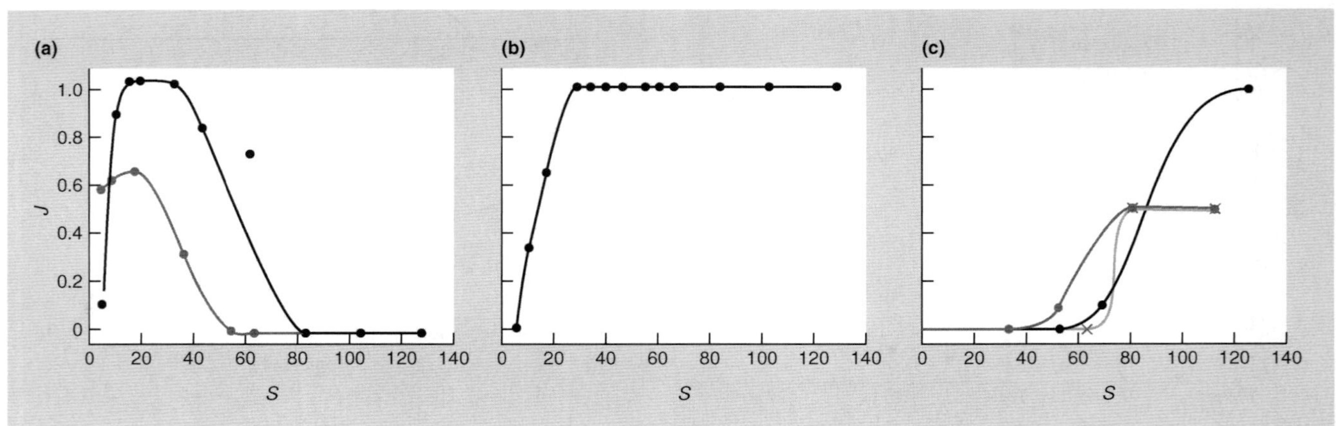

图21.19 俾斯麦不同鸟类的关联函数，描绘J与S的关系，其中J表示某一物种占据岛屿的比例，S代表岛屿大小的测度(实际上是所出现鸟类的总物种数)。(a)两种“超游走”(supertramp)鸟类的关联函数：●，岛王鹟(*Monarcha cinerascens*)；●，比岛摄蜜鸟(*Myzomela pammelaena*)。(b)褐背金鸠(*Chalcophaps stephani*)的关联函数：该鸟是良好的拓殖者，也是有效的竞争者。(c)局限于较大岛屿的3种鸟类的关联函数：●长尾鹭(*Henicopernis longicauda*)；●红颈秧鸡(*Rallina tricolor*)；×绿鹭(*Butorides striatus*)(仿Diamond, 1975)。

种进行共同维持) 进行比较, 并轮流将其与中间类型进行比较。这一研究清楚地说明了要表征一个岛屿群落, 远非计量现有物种数那么简单。岛屿群落不仅仅是物种贫乏, 而且这种贫乏还会对特定类型的生物产生不成比例的影响。

21.5.6 哪个物种? 进化

岛屿上的进化速率可能比拓殖速率高

如果不能获知进化时间尺度的进化过程, 那么人们无法充分了解生态学的任何一个方面, 对于理解岛屿群落而言更是如此。在孤岛上, 新物种的进化速率可能与其作为新拓殖者的抵达速率相当, 甚至更快。显然, 仅关注生态过程, 无法完全理解许多岛屿上的群落。

特有现象——在偏僻的岛屿上更为普遍 (对扩散能力差的类群也是如此)

作为例证, 这种情况常常发生在具有特有种 (即在其他地方没有发现的物种) 的 “海洋” 岛屿上。例如, 在夏威夷, 几乎所有的果蝇 (*Drosophila*) 物种都是特有种 (除了世界性城市 “害虫”); 而在特里斯坦 – 达库尼亚群岛, 绝大部分鸟类也是其特有种。诺福克岛上动物和植物的研究比较完整地说明了特有种拓殖和进化之间的平衡 (图 21.20)。这个小岛距离新西兰和新喀里多尼亚约 700 km, 但距离澳大利亚有 1200 km; 在一个物种群中, 澳大利亚物种与新西兰和新喀里多尼亚的物种之比, 可以作为衡量物种群散布能力的指标。图 21.20 显示, 诺福克岛特有种的比例在散布能力弱的物种群中最高, 而在散布能力强的物种群最低。

…… 以及在较为古老的生态系统中

与此类似, 作为非洲古老而神秘的大裂谷湖泊之一, 坦噶尼喀湖 (Lake Tanganyika) 栖息了 214 种鲷鱼, 其中许多种显示出捕食行为和捕食位置的高度特化。在这 214 种鲷鱼中, 有 80% 是特有种。一方面, 据估计湖泊的年龄为 9 万~12 万年, 另一方面, 一些证据说明不同的特有类群在大约 3.5万~5 万年前发生了分歧, 因此, 很可能这些多样化的特有鱼类区系进化自同一个祖先家系 (Meyer, 1993)。相比之下, 鲁道夫湖 (Lake Rudolph) 仅是一个年龄为 5000 年的独立湖泊, 自从与尼罗河系统脱离联系, 该湖仅含有 37 种鲷鱼, 其中 16% 为特有种 (Fryer & Iles, 1972)。

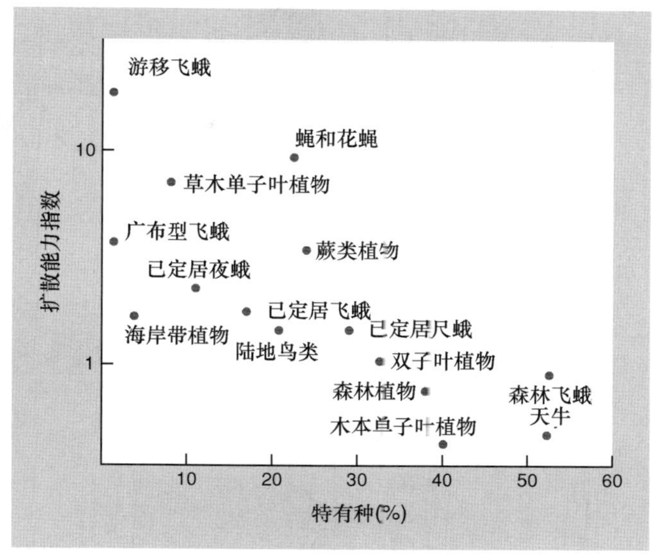

图 21.20 诺福克岛屿上扩散能力弱的类群中特有物种的比例更高, 且很可能包含来自于新喀里多尼亚或新西兰的物种多于来自澳大利亚的物种, 因为后者更遥远。扩散能力强的物种则与之相反 (仿 Holloway, 1977)。

21.6 物种丰富度的梯度

在第 21.3 至第 21.5 节中我们已经看到, 人们很难明确检测和解释物种丰富度变异。而对物种丰富度格局的描述则比较简单, 尤其是物种丰富度梯度。这便是我们接下来讨论的内容。然而, 对于这些解释, 往往也是非常不确定的。

21.6.1 纬度梯度

物种丰富度随纬度而降低

最广泛认可的格局之一是, 物种丰富度从极地向赤道地区逐渐增加。各种生物类群中均可以得出这样的基本规律, 它们包括树木、海洋无脊椎动物、哺乳动物和蜥蜴 (图 21.21)。此外, 这种格局存在于陆地、海洋和淡水生态系统中。

五花八门的解释: 捕食作用 ……

在第 21.3 和第 21.4 节中, 有许多解释与我们所讨论的内容相关, 并已经提出了普遍意义的物种丰富度的纬度趋势, 但这些解释都存在问题。首先, 人们将热带地区群落的丰富度归因于更大的捕食强度和更加特化的捕食者 (Janzen, 1970; Connell, 1971; Clark & Clark, 1984)。捕食强度的增加能降低竞争的重要性,

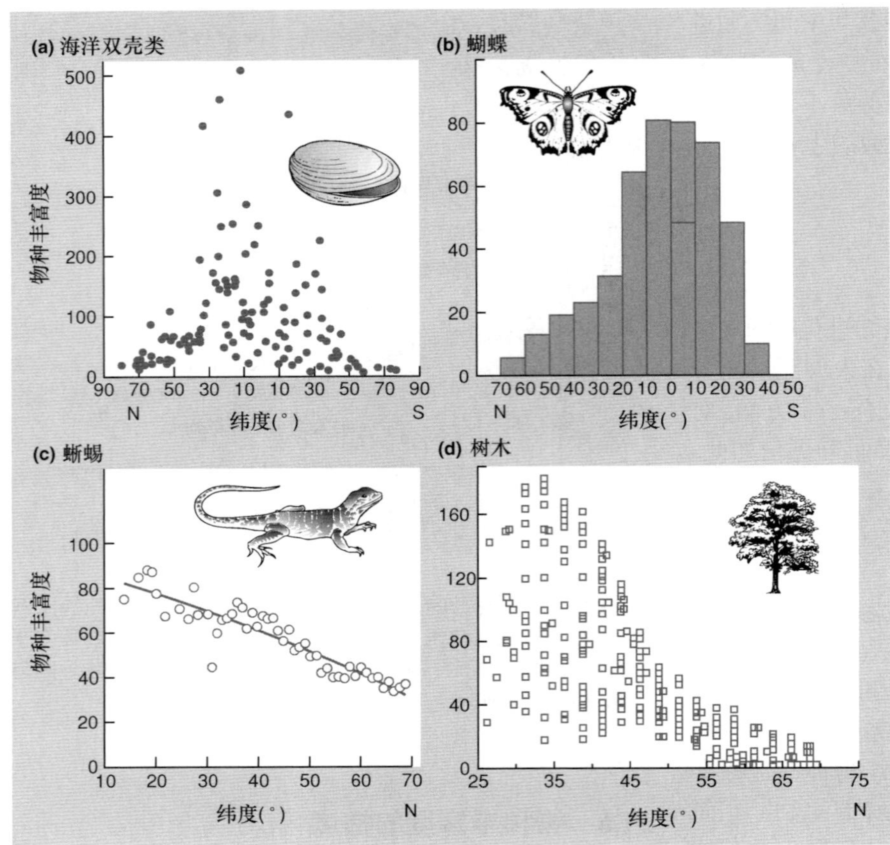

图 21.21 物种丰富度的纬度格局: (a) 海洋双壳类 (仿 Flessa & Jablonski, 1995); (b) 燕尾蝶 (仿 Sutton & Collins, 1991); (c) 北美的哺乳动物 (仿 Rosenzweig & Sandlin 1997); (d) 北美的树种 (仿 Currie & Paquin, 1987)。

允许更高程度的生态位重叠, 进而提高物种丰富度 (图 21.1c)。然而, 即使捕食在热带地区更激烈 (这也不太确定), 它也不能轻易地作为热带地区物种丰富度的根本原因, 因为这回避了捕食者本身物种丰富度增加的问题。

……生产力……

其次, 随着从极地向热带地区的生产力水平逐渐升高, 物种丰富度增加可能与之相关。从两极向赤道, 生长季节长度增加, 热带区域的热能和光能的平均水平无疑更高。正如第 21.3.1 节中所讨论的那样, 这能产生更高的物种丰富度, 尽管在某些情况下生产力的增加与物种丰富度的降低相关。

……营养供给……

此外, 光和热不是植物生产力的唯一决定因素。土壤中含有的植物营养元素浓度, 在热带地区通常比温带地区含量更低。在这个意义上, 物种丰富的热带却反映出较低的生产力。实际上, 热带土壤养分贫瘠是因为绝大部分营养都被固定在大的热带生物量中。因此, 生产力水平的理论可能有如下解释。热带的光、温度和水分状态导致了群落的高生物量, 但不一定导致群落多样性。然而, 这导致了营养贫瘠的土壤以及从森林底层到冠层之上广泛的辐射状态。这些反过来导致了较高的植物物种丰富度, 进而导致了较高的动物物种丰富度。当然, 对物种丰富度的纬度趋势而言, 并没有简单的"生产力解释"。

……气候……

一些生态学家将低纬度地区的气候条件作为其高物种丰富度的原因。明确地说, 赤道地区通常比温带地区的季节性更弱, 而这可能导致物种的专一化更强 (即生态位更窄, 图 21.1b)。此外, 热带地区较长的进化时间也可能是其较高物种丰富度的一个原因 (Flenley, 1993)。一些观点认为, 热带森林庇护所的重复片段化和结合促进了遗传分化和物种形成, 因此在热带地区的高丰富度方面发挥着重要作用 (Connor, 1986)。这些见解看似合理, 但缺乏强有力的证据。

……抑或面积……

最后, 我们需要强调 Terborgh (1973) 的面积假说 (the area hypothesis)。热带地区相比其他纬度区域具有更大的面积, Rosenzweig (2003) 认为, 地理区面积越大意味着生物物种越多。注意, 在这样巨大的地理区域, 重点不在于迁入和灭绝之间的平衡 (这对岛屿而言比较重要, 见第 21.5.1 节), 而是物种形成和灭绝之间的平衡。生境更广泛的物种 (即热带物种) 能够占据更广泛的地理区域。Rosenzweig (2003) 认为, 生境广泛 (从而群体规模较大) 的生物不太可能灭绝 (见第 7.5 节), 从而更可能进化形成物种 (异域物种形成, 因为很可能其生境范围受到分隔)。一个区域的空间范围越大, 则其中的物种灭绝速率越低, 而物种形成速率越高; 如果这一规律是正确的, 那么这些地区也应该有更高的平衡态物种丰富度。然而, 这些基本假设缺少一定的证据。

因此总的来说, 纬度梯度缺乏明确的解释, 但并不奇怪。那些可能与之相关的因素, 如面积、生产力、气候稳定性等, 都只获得了不完整的初步解释, 而纬度梯度使这些组分相互交织在一起, 或使之与常常针锋相对的其他因素交织在一起, 如隔离、严酷程度等。

21.6.2 海拔和深度梯度

物种丰富度与海拔的关系是降低、增加抑或呈驼峰形

物种丰富度随海拔升高而下降, 这与随纬度变化的观测结果类似, 并在陆生环境中常常获得报道 (图 21.22a,b)。另一方面, 在物种丰富度与海拔关系的相关研究中, 约有一半的研究发现其关系曲线呈现驼峰形 (图 21.22d), 还有一些研究报道, 物种丰富度随海拔单调递增 (图 21.22c) (Rahbek, 1995)。

解释还是五花八门

在解释物种丰富度的海拔趋势时, 那些解释纬度趋势的因素中, 至少有一些也可能在其中发挥很重要的作用 (尽管在解释纬度趋势时出现的困难也同样适用于海拔)。因此, 在相同纬度上, 高海拔群落总是比低地群落占据更小的面积, 且与低地区域相比, 它们通常与相似群落的隔离程度更高。因此面积和隔离很可能导致了物种丰富度随海拔下降的趋势。此外, 物种丰富度降低常常被解释为: 由于海拔升高, 温度降低且生长季缩短, 或者由于近山顶的极端气候带来对生物的胁迫, 导致生产力水平很低。事实上, 图 21.22c 中蚂蚁多样性和海拔高度的正相关关系, 是由于海拔升高而降雨量随之增加, 导致了高海拔地区生产力水平更高, 而生物逆境更少。

严格的边界与峰形关系

"严格边界" (hard boundary) 的概念为解释驼峰形关系这一假说提供了基础 (Colwell & Hurtt, 1994)。这一零模型方法假定物种在严格边界的上限 (山顶) 和下限 (谷底) 之间随机设置, 并预测在梯度中部呈现双驼峰关系 (越靠近边界锥形越陡峭)。Grytnes 和 Vetaas (2002) 模拟了喜马拉雅山脉有花植物的海拔格局, 发现其实际分布 (图 21.22d) 与一个模型非常吻合, 该模型将严格边界与物种丰富度随海拔单调下降的变化趋势结合在一起。

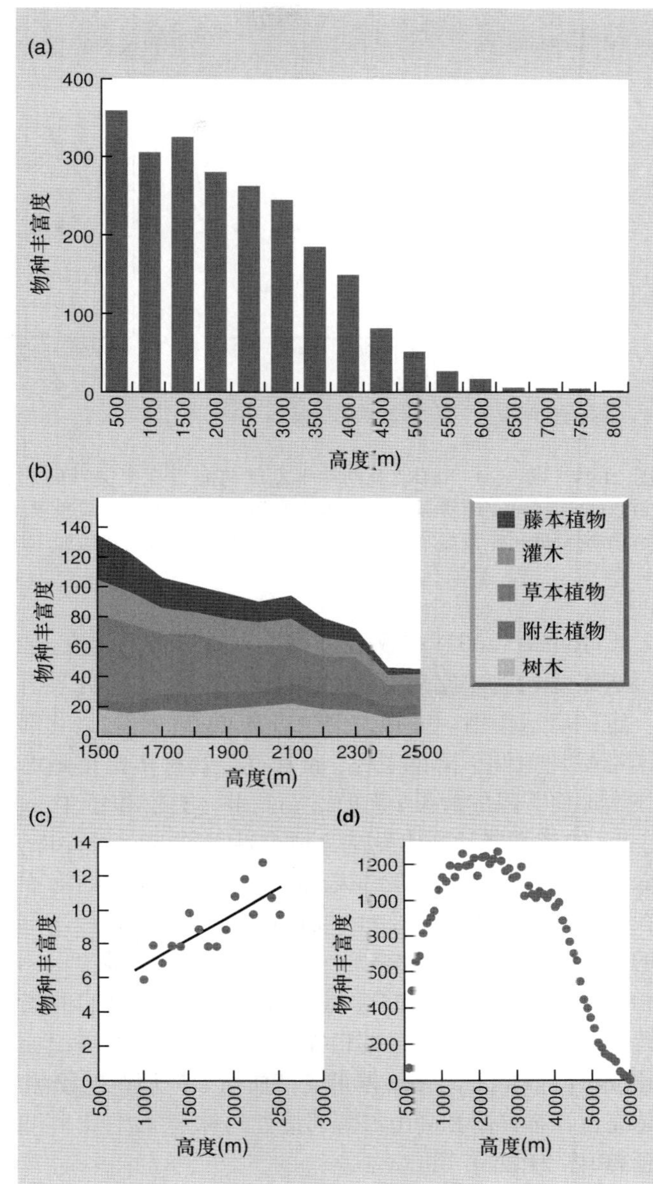

图 21.22 物种丰富度与海拔高度的关系: (a) 尼泊尔境内的喜马拉雅山脉的繁殖鸟类 (仿 Hunter & Yonzon, 1992); (b) 墨西哥 Sierra Manantlan 地区的植物; (c) 美国内华达州南部里谷的蚂蚁 (仿 Sanders *et al*., 2003); (d) 尼泊尔辖区内喜马拉雅山脉的有花植物 (仿 Grytnes & Vetaas, 2002)。

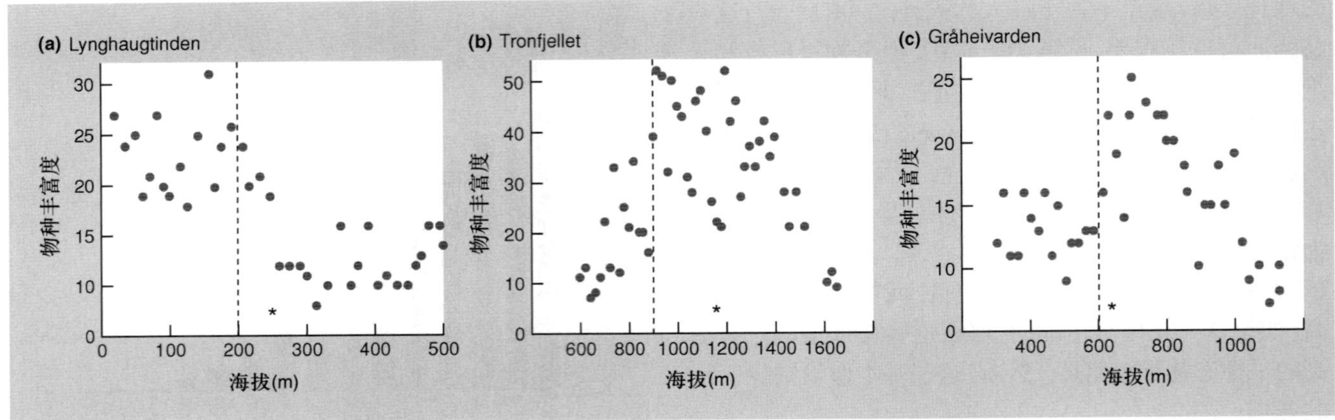

图 21.23 挪威 3 条样带上物种丰富度与海拔高度关系的散点图。在所有图中, 林线以虚线表示, 样带的中点以星号标注。(a) Lynghaugtinden 样带显示了物种丰富度随海拔高度单调递减。(b) Tronfjellet 样带显示了驼峰形格局, 其峰值出现在样带的中点处。(c) Graheivarden 样带显示了物种丰富度在刚越过林线处增加, 随后朝山顶处开始下降 (仿 Grytnes, 2003)。

Grytnes (2003) 在挪威进行了垂直样带的研究, 他报道维管植物丰富度存在多种分布格局, 该研究具有一定的启示作用。其中, 位于 Lynghaugtinden 的最北部样带呈现单调下降的关系, 非常符合物种丰富度随海拔增加而下降的假设 (图 21.23a)。另一方面, 位于 Tronfjellet 的样带格局则明显符合硬边界假说 (hard bourdary hypothesis), 其丰富度在海拔范围的中部达到最大值, 而在边界处大幅降低 (图 21.23b)。Graheivarden 是最南部的样带, 显示了第三种格局, 与 "质量效应" 假说 ("mass effect" hypothesis) 相吻合。也就是说, 在不存在自我维持种群的地点, 物种通过相邻生物区分类群的溢出而建成种群。Graheivarden 样带支持质量效应假说的预测, 越靠近森林群落和高山群落邻接处的林线, 物种丰富度越高 (图 21.23c)。

水生生态系统中物种丰富度与水深的关系格局

水生环境中, 物种丰富度随深度的变化与其随陆生环境中海拔的变化极其相似。湖泊越大, 相比浅层水表, 寒冷、黑暗而缺氧的深水处所含有的物种越少。同样, 在海洋生境中, 植物只生存在透光层以内, 在那里进行光合作用, 很少深入到 30 m 以下。因此, 在开放的海洋中, 随深度增加物种丰富度迅速下降, 只有生活在大洋底的各种奇异动物能够将这种趋势逆转。然而有趣的是, 在沿海地区的深度对底栖 (在底部栖息的) 动物物种丰富度的影响中, 物种丰富度的峰值出现在大约 1000 m 处, 这可能反映了该处较高的环境可预测性 (图 21.24)。在超越大陆坡的更深处, 物种丰富度再次下降, 这可能是因为深海处食物资源极度匮乏。

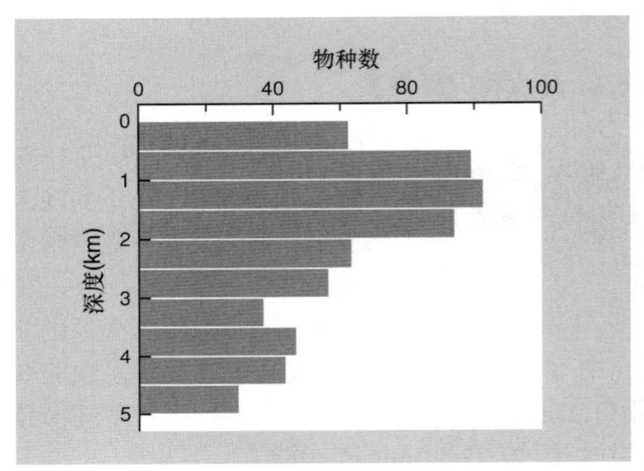

图 21.24 在爱尔兰西南部海域, 巨型底栖生物 (鱼类、十足目动物和海星) 物种丰富度的深度梯度 (仿 Angel, 1994)。

21.6.3 群落演替过程中的梯度

演替过程中峰形的物种丰富度关系……

我们在前文曾看到 (例如第 16.7.1 节), 在完整的群落演替过程中, 物种数量呈现出开始时增加 (因为拓殖过程), 最后回落 (因为竞争作用) 的格局。对于植物而言, 这是一定的; 但针对演替过程中动物的少数研究表明, 至少在演替早期动物物种丰富度呈现出平行增加。图 21.25 说明在印度东北部热带雨林中随着农业轮耕, 鸟类和昆虫与弃耕地演替之间的关系。

在一定程度上, 演替梯度是物种从处于演替晚期阶段的周边群落逐渐拓殖到某区域所产生的必然结果; 即演替阶段越靠近晚期, 物种越接近饱和 (图 21.1d)。其

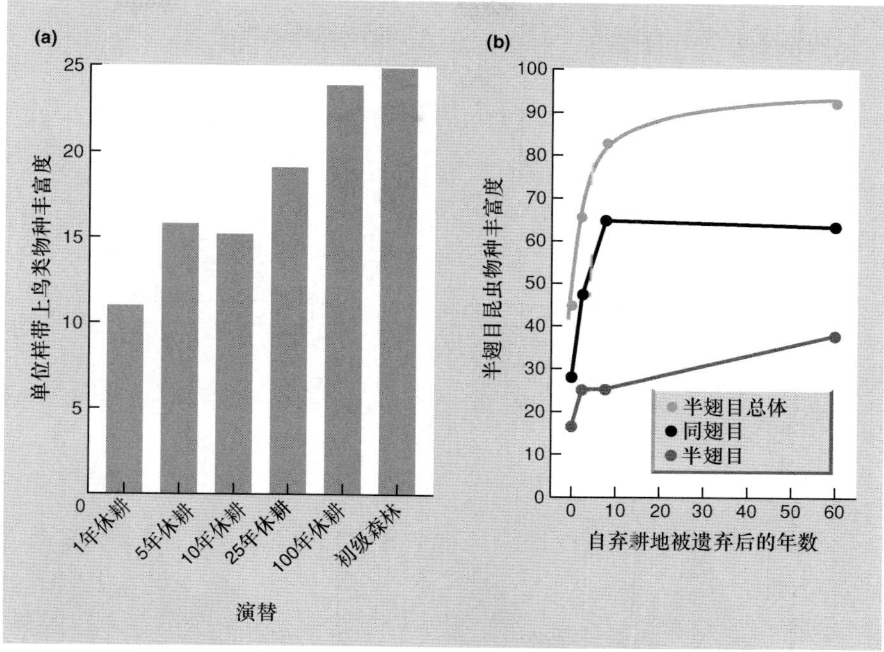

图 21.25 演替过程中物种丰富度呈现增加的格局。(a) 印度东北部的热带雨林中，农业生产实践改变后的鸟类变化 (仿 Shankar Raman *et al*., 1998); (b) 弃耕地演替过程中半翅目昆虫的变化 (仿 Brown & Southwood, 1983)。

实, 这只是故事的一小部分, 因为演替包括物种取代过程, 而不仅仅只有新物种增加的过程。

……是由级联效应造成的吗?

事实上, 像与其他梯度相关一样, 物种丰富度也会随着演替的进行而产生一些级联效应: 一个增加丰富度的过程会开启第二个过程, 第二个再开启第三个, 依次类推。最早的物种将具有最强的拓殖和对开放空间的竞争能力。它们随即提供了之前并不存在的资源 (并产生异质性)。例如, 最早期的植物在土壤中形成资源消耗区, 从而不可避免地增加了植物养分的空间异质性。植物自身可以提供各种新的微生境, 并为那些可能以之为食的动物提供更广泛的食物资源 (图 21.1a)。植食作用和捕食作用的增强可能反过来促进物种丰富度进一步增加 [捕食者调节共存 (predator-mediated coexistence), 图 21.1c], 进而提供更多的资源和异质性等等。此外, 相比演替早期暴露的环境, 温度、湿度和风速在森林内部的变异性 (时间尺度上) 更小, 而这种恒定性较强的环境可能提供了更稳定的环境条件和资源, 使得专性的物种能够建成种群并维持下去 (图 21.1b)。如同其他梯度一样, 多因素的综合作用使人们难以区分因与果。但对于物种丰富度的演替梯度而言, 错综复杂的因果关系似乎是至关重要的。

21.6.4 化石记录中分类群丰富度的格局

如果选取那些在当前丰富度梯度产生时发挥重要作用的过程, 然后将其应用于更大时间尺度上发生的趋势, 将会非常有趣。化石记录的不完整性一直是研究古生物进化的最大障碍。然而, 我们已经获得了一些一般性格局, 图 21.26 总结了我们所认识的 6 种重要的生物类群。

寒武纪大爆发: 属于利用者调节的共存吗?

直到约 60 亿万年前, 世界几乎只由细菌和藻类组成, 但之后的化石记录显示, 几乎所有的海洋无脊椎动物类群在仅仅几百万年的时间中迅速出现 (图 21.26)。鉴于更高营养级的引入能增加低一层营养级的丰富度, 可以推测单细胞植食性原生动物的物种丰富度很可能在寒武纪时期爆发。藻类单类群群落的退出则导致新的开放空间出现, 连同真核细胞的进化, 可能引起了地球历史上进化多样性的最大爆发。自那时起, 分类群丰富度无规律的稳步增加 (图 21.26), 其间有 5 次所谓的大灭绝和多次较小的灭绝事件。通过对灭绝峰之后的 "恢复" 峰格局进行分析, 发现其平均恢复时间为 1000 万年 (Kirchner & Weil, 2000)。

二叠纪的衰落: 是物种 – 面积关系的体现吗?

二叠纪末期, 大灭绝导致浅水无脊椎动物类群数急剧下降 (图 21.26a), 而这是由于地球大陆合并形成一个超级大陆 —— 泛古陆。大陆合并使浅海面积 (浅海位于大陆边缘) 明显减小, 因此, 浅水无脊椎动物的适合生境明显减少。此外, 当时世界正遭受着一段较长的全球变冷时期, 大量水被冻结在扩大的极地冰冠和冰川处, 使得温暖的浅

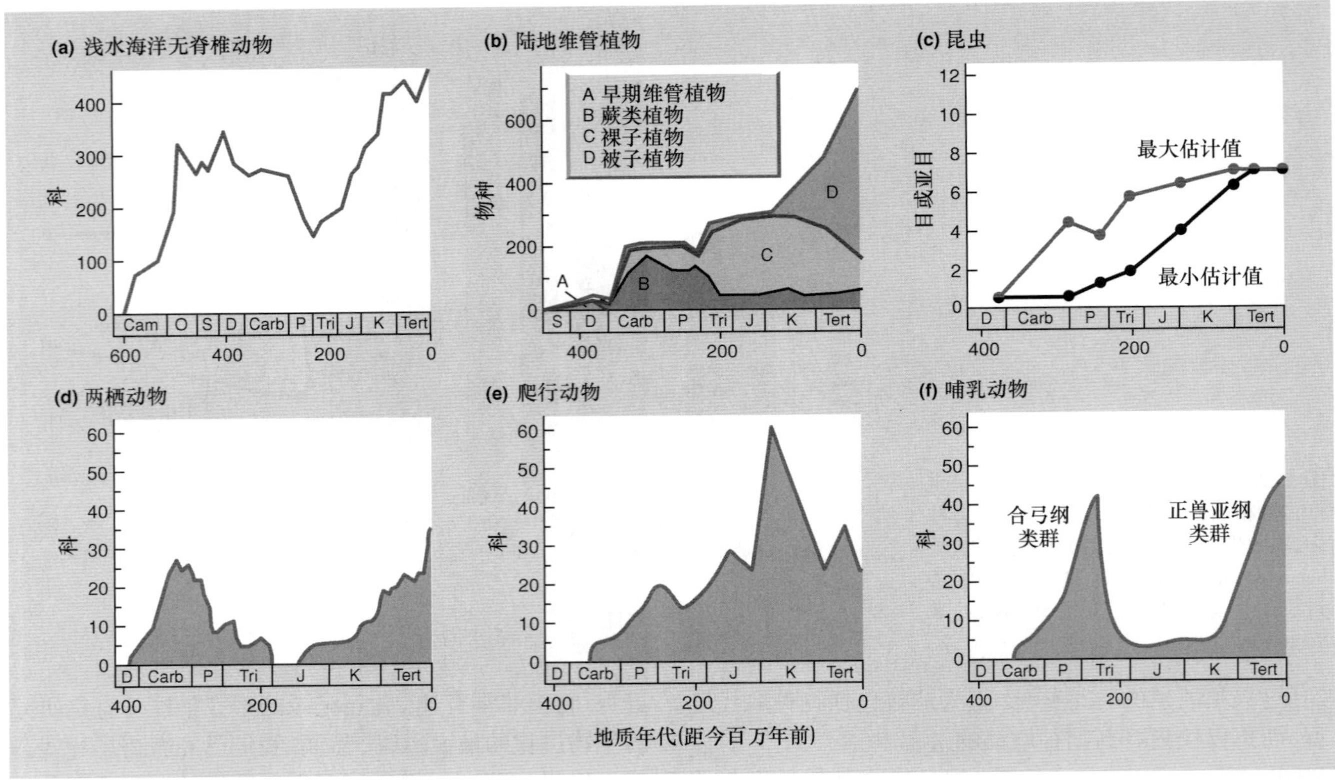

图 21.26 曲线显示了通过化石记录反映的分类群丰富度的变化式样。(a) 浅水无脊椎动物科的多样性 (仿 Valentine, 1970)。(b) 4 个类群的陆生维管植物的物种多样性: 早期维管植物、蕨类植物、裸子植物和被子植物 (仿 Niklas *et al.*, 1983)。(c) 昆虫的主要目和亚目多样性: 最小值由明确的化石记录所得; 最大值则包括了 "可能" 的化石记录 (引自 Strong *et al.*, 1984)。(d~f) 脊椎动物中的两栖、爬行和哺乳动物科的多样性 (仿 Webb, 1987)。地质时期: cam, 寒武纪; O, 奥陶纪; S, 志留纪; D, 泥盆纪; Carb, 石炭纪; P, 二叠纪; Tri, 三叠纪; J, 侏罗纪; K, 白垩纪; Tert, 古近纪和新近纪。

海环境普遍减少。因此, 物种 – 面积关系可以解释这一生物区系物种丰富度的降低。在相关背景下, Rosenzweig (2003) 报道在所研究的时期 (11 个时期, 其中化石物种名录不相重叠) 中, 地球不同历史时期北半球植物化石物种数与陆地总面积之间呈现显著的正相关关系。

是主要植物类群间的竞争取代吗?

对陆生维管植物的化石残片分析 (图 21.26b) 显示了 4 个不同的演化阶段: ① 志留纪 – 中泥盆纪 (Silurian–mid-Devonian), 早期维管植物的繁衍; ② 之后的晚泥盆纪 – 石炭纪 (Late Devonian–Carboniferous), 蕨状世系的辐射; ③ 晚泥盆纪, 种子植物出现, 适应性辐射形成以裸子植物为主的植物区系; ④ 白垩纪 – 古近纪和新近纪 (Cretaceous–Tertiary), 有花植物 (被子植物) 出现并兴起。由此看来, 根的出现使植物首次入侵陆地成为可能, 此后, 每个植物类群的多样化都符合先前优势类群物种数下降的规律。在两次转变 (早期植物向裸子植物的转变, 裸子植物向被子植物转变) 中, 这一格局可能反映了特化程度高的新分类群可以竞争取代特化程度低的老分类群。

是物种丰富度增加的驱动力——协同进化的结果吗?

已知第一只确定无疑的植食性昆虫出现在石炭纪。此后, 现代分类等级下的昆虫类群稳步出现 (图 21.26c), 最后登上舞台的是鳞翅目 (蝴蝶和蛾), 同期, 植物演化到被子植物。植物和植食性昆虫之间的相互进化 (reciprocal evolution) 和反进化 (counterevolution) 几乎肯定是, 且仍然是通过进化来驱动陆生植物和昆虫物种丰富度增加的重要机制。

大型动物的灭绝: 是史前的过度利用造成的吗?

在上一个冰期末, 大陆上存在着许多大型动物, 比今天还要多。例如, 澳大利亚拥有许多巨型有袋类动物; 北美有特有的猛犸象、巨型地獭以及 70 多种其他属的大型哺乳动物; 而新西兰和马达加斯加则是不能飞的大型鸟类的家园,

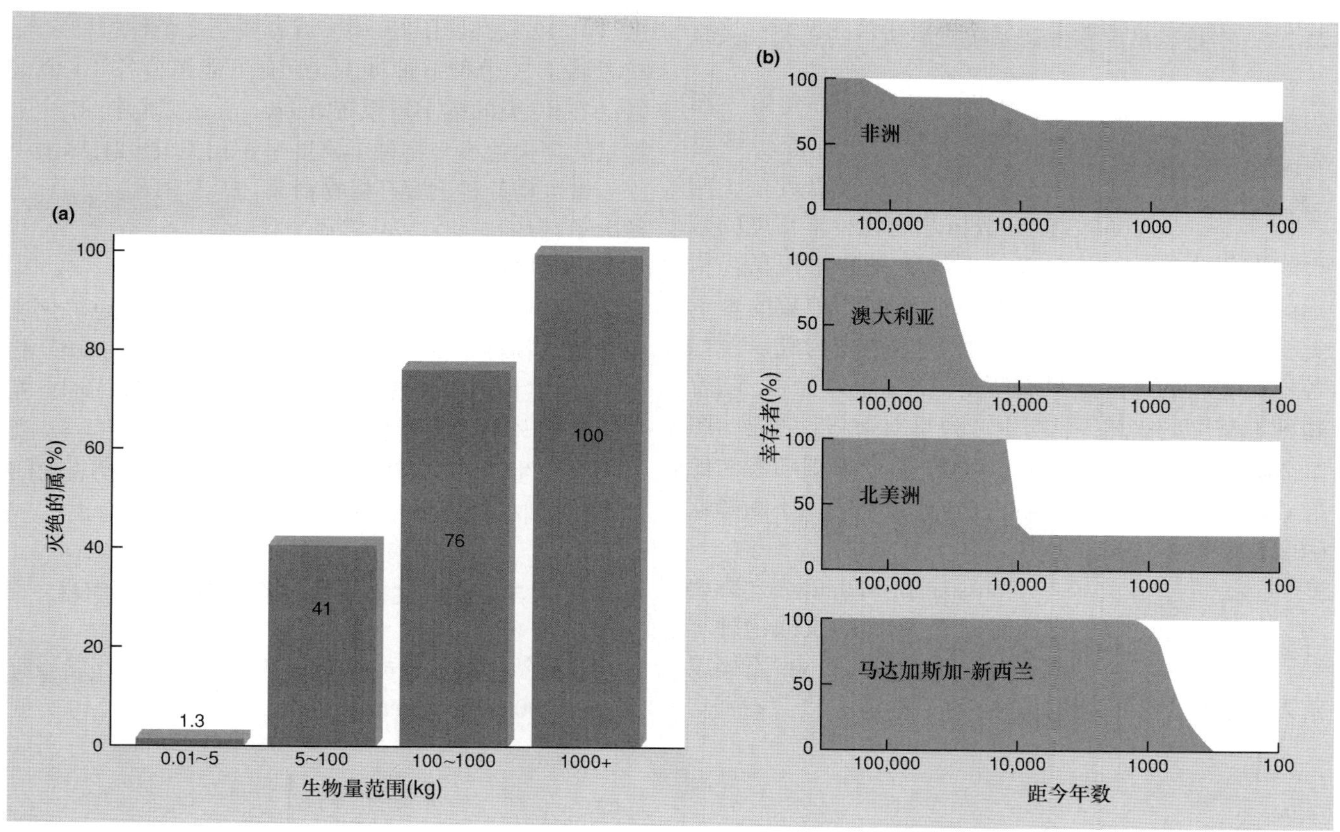

图 21.27 (a) 在最近的 1.3 万年里灭绝的大型植食性哺乳动物属的百分数与其体型大小密切相关(数据源于南北美洲、欧洲和澳大利亚)(仿 Owen-Smith, 1987)。(b) 3 个大洲和两个大型岛屿(新西兰和马达加斯加)上, 大型动物的存活百分率(仿 Martin, 1984)。

分别有恐鸟 (Dinorthidae) 和象鸟 (*Aepyornis*)。然而, 在过去的 5 万年左右, 生物多样性丧失在全球各处发生。灭绝对大型陆生动物的影响尤为明显 (图 21.27a); 这在世界的一些地区中比其他地区更为明显; 此外, 它在不同地区发生的时间也不相同 (图 21.27b)。灭绝广泛反映了人类迁移的格局。因此, 人类在 40 000 年前或更早就到达了澳大利亚, 并成为该处土著居民的祖先; 在 11 500 年前, 美国各处遍布石制矛头; 而约在 1000 年前, 人类抵达了马达加斯加和新西兰。因此, 具有狩猎能力的人类到达之后, 很可能过度猎杀了易受攻击且有用的大型动物。然而在人类起源的非洲, 大型动物丧失的证据要少得多, 这可能是因为大型动物与早期人类的协同进化 (coevolution) 为它们提供了充足的时间, 以形成有效的防御 (Owen-Smith, 1987)。

更新世的灭绝预示着现代的来临, 人类活动对自然群落的影响急剧增加 (见第 7、15 和 22 章)。

21.7 物种丰富度和生态系统机能执行

切换焦点: 物种丰富度是如何影响生态系统的机能执行呢?

在本章的倒数第二部分, 我们不再寻求对物种丰富度格局的认识和解释, 转而关注物种丰富度变异对生态系统功能的影响。具体来说, 我们讨论生产力、分解作用、养分和水通量 (在第 11、17 和 18 章将作更充分的讨论)。无论从理论需要还是实际意义出发, 认识生物多样性在生态系统过程中的作用都非常重要, 因为它可以指导人类如何响应于生物多样性的丧失。此前, 我们已经讨论过生物多样性对生态系统机能执行稳定性的影响 (见第 20.3.6 节)。这里, 我们先介绍一些研究案例, 它们涉及多种生态系统类型, 并揭示了物种丰富度与生态系统过程之间的关系, 之后我们再讨论解释这些关系的几个假说。

21.7.1 物种丰富度和生态系统机能执行的正相关关系

增加物种丰富度导致……较高的生产力……

作为一项国际研究的一部分，研究人员使用标准步骤对欧洲的 8 个野外样点进行了调查，并分析草地物种丰富度的减少对初级生产力水平（以地上生物量的累积量为指标）的影响，其中，该草地群落由不同物种数的禾草类植物、固氮豆科植物和其他草本植物构成。虽然各样点之间的详细结果有所不同，但整体而言，随着物种丰富度的丧失，平均生产力呈对数线性减少（图 21.28a）。对于特定的物种丰富度，生产力则随着功能群（牧草、豆科植物、草本植物）数量下降而不断降低（图 21.28b）。

……较快的分解作用……

Jonsson 和 Malmqvist (2002) 研究了 3 种石蝇幼虫的物种丰富度对分解过程的影响，石蝇以落入河流中的树叶为食。其中，每个重复有 12 只石蝇幼虫——12 只都属于同一种，或者属于 2 个种每种 6 只，或者属于 3 个种每种 4 只（所有可能组合各 10 个重复）。在 46 天的微宇宙系统 (mesocosm) 实验中，叶片生物量的损失速率与物种丰富度呈正相关（图 21.28c）。

…并降低营养的流失

微生物分解土壤有机物释放铵离子（氮的矿化）。Zak 等 (2003) 在美国明尼苏达州对草原物种丰富度进行了 7 年的重复处理，发现土壤样本的矿化速率与植物物种丰富度存在正相关关系（图 21.28d）。此外发现，在模拟湿地群落的中宇宙实验生态系统中，养分通量也与大型水生植物的物种丰富度相关——当有更多水生植物存在时，生长在大型水生植物表面的藻类将摄取更多的磷元素（图 21.28e）。

21.7.2 对丰富度 – 生态系统过程关系的不同解释

各式各样的假设

在激烈且偶尔严苛的争论中 (Kaiser, 2000; Loreau *et al.*, 2001),

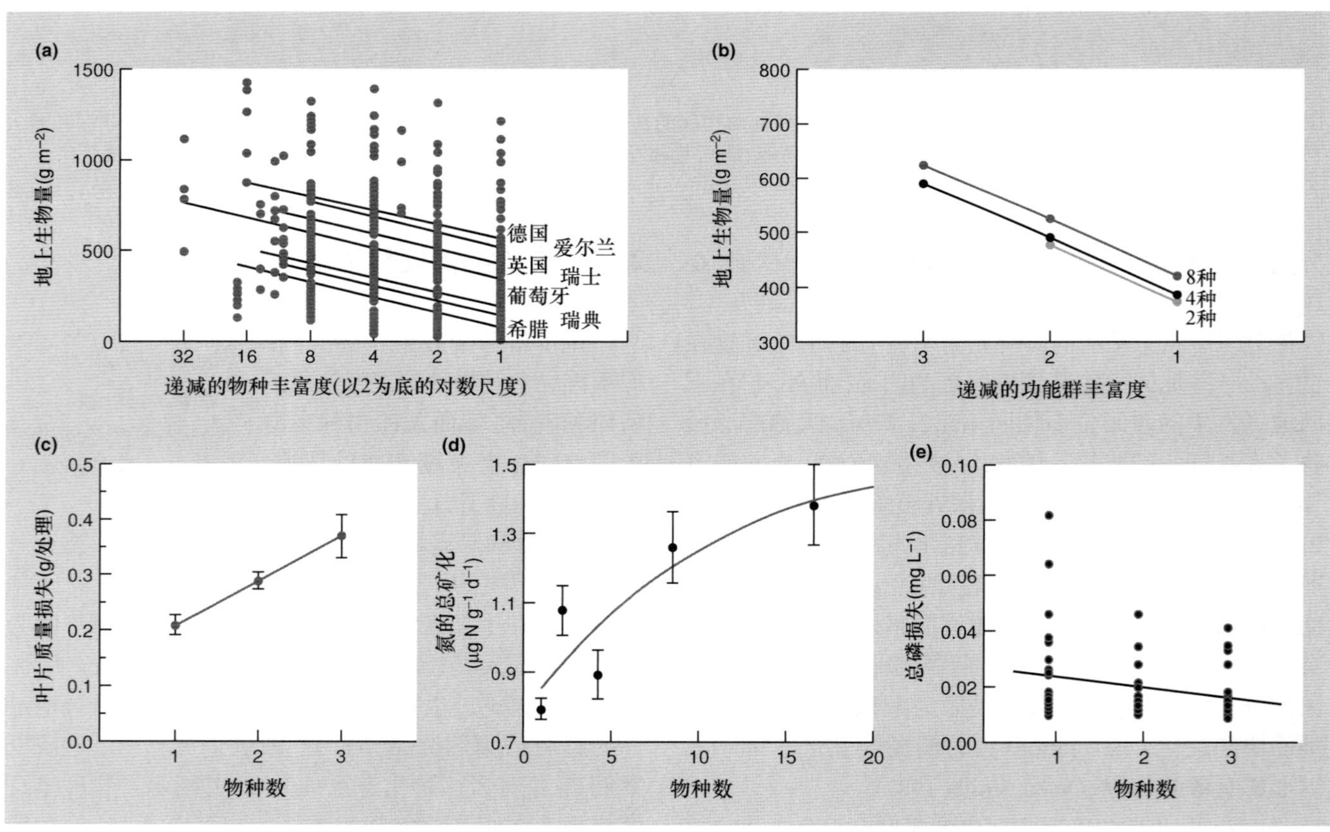

图 21.28 (a) 在欧洲各地，大量模拟的草原群落的初级生产力（以 2 年后所测量的地上生物量的积累量表示）与物种丰富度之间的关系（每个国家的回归线在图中显示）（仿 Hector *et al.*,1999）。(b) 在欧洲的草原植物群落中，初级生产力与功能群丰富度的关系（仿 Hector *et al.*, 1999）。(c) 分解速率（叶片生物量损失）与河流中存在的河栖石蝇物种数的关系（仿 Jonsson & Malmqvist, 2000）。(d) 在 7 年的草原操纵实验中，总氮矿化作用（每克土壤）与植物物种丰富度的关系（仿 Zak *et al.*, 2003）。(e) 包含 1、2 或 3 种大型沉水植物以模拟湿地群落的中宇宙 (mesocosms) 实验系统中磷元素的损失速率（仿 Engelhardt & Ritchie, 2002）。

人们提出了 3 个主要的假说，来解释物种丰富度与生态系统机能执行之间的正相关关系。

互补性……

一方面，如果物种显示出生态位分化 (见第 8 章)，它们可能以互补的方式使用资源，进而更大程度地利用有效资源 (见图 21.1d)，从而促进生态系统生产力 (或分解作用或养分循环) 水平的提高。这就是互补性假说 (complementarity hypothesis)。

……以及促进作用……

另一个是促进假说 (facilitation hypothesis)，即一些物种可能对其他物种在生态系统中的作用产生积极影响。例如，一些沉水的大型湿地植物比其他物种更能促进藻类的拓殖 (图 21.28d) (Engelhardt & Ritchie, 2002)。

……预测“超产”现象，并表明保护生物多样性的意义……

互补性假说和促进假说都预测了“超产” (overyielding) 的发生，即相比物种较少的群落，物种更多的群落其生产力或分解速率会更高。这两种假说中的任何一个，都可以用来指导我们进行管理，以保护生物多样性、维持生态系统机能的正常执行。

……但是，取样效应假设并不支持超产现象

另一方面，物种丰富度和生态系统机能执行之间的正相关关系，可能是实验中人为将物种集合在一起而形成的。而所谓的抽样效应假说 (sampling effect hypothesis) 表明，集合内存在的物种越多，偶然包含高竞争能力或高生产力物种的可能性就越大。因此，物种丰富的群落可能平均生产力更高，因为它们更可能含有高生产力的物种。在这种情况下，超产将不可见 (单一的高生产力物种群落与包含它的多物种群落会同样高产)，人们也就不会为维持生态系统机能执行而进行对生物多样性的保护。

有些研究中并没有发现超产现象……

Hector 等 (1999) 的多国研究结果支持互补性假说，因为当更多的植物功能群类型存在时 (一定程度上，这反映了生态位的分化)，草原的生产力更高。然而，这项研究受到了批评，因为它无法对超产进行适当的检测，而且至少一些观察到的格局可能是由于抽样效应所致，例如固氮豆科植物红车轴草 (*Trifolium pratense*) 是否恰巧混在其中 (Kaiser, 2000)。在一个规模很小的温室实验中，Mikola 等 (2002) 采用了两种不同的实验设计。第一个像 Hector 等 (2002) 的研究那样，从物种库中随机选择植物物种确定丰富度范围 (丰富度设计)。在第二个中，丰富度水平包括故意重复的单一种植、2 种混种、3 种混种和 6 种混种 (丰富度和组成设计)。在这两种情况下，丰富度和生产力之间都表现出正相关关系；但在丰富度设计中物种丰富度可以解释 34% 的生产力总变异，而在物种丰富度和组成设计中，只能解释 16%。Mikola 等 (2002) 没有发现超产的证据，而且从第二种实验设计中注意到，生产力受到另一种固氮豆科植物杂种车轴草 (*Trifolium hybridum*) 的较大影响。两种设计的观察结果都符合抽样效应假说。

……而其他一些研究发现超产现象的存在

然而，在另一个野外实验尺度的实验中，Tilman 等 (2001) 比较了最高生产力的物种其单种群落与包含该物种的混种群落，并收集了超产的证据；研究发现，许多高丰富度的样地比单种样地拥有更高的生产力。此外，在 Jonsson 和 Malmqvist (2000) 的溪流实验中，当存在多个石蝇物种时会出现明显的分解作用的“超产”现象 (图 21.28c)。

很显然，对物种丰富度进行一系列实验处理而产生的结果与 3 个假说的吻合程度各异，并且需要指出的是，它们并不互相排斥。随着深入研究的累积，我们预测能够出现一般规律。例如，在生态位分化最明显的条件下，互补性假说将最为突出。

观察到超产现象的三营养级水平的实验

在以上讨论的研究中，重点在于控制单一营养级的丰富度 (植物或食碎屑动物)。相反，Downing 和 Leibold (2002) 研究了跨营养级物种丰富度 (在野外模拟池塘的微宇宙系统中设置大型植物、底栖植食动物和无脊椎捕食者 3 组，每组有 1 个、3 个或 5 个物种) 的改变对生态系统过程的影响。他们的目的是通过嵌套和重复每个丰富度水平下 7 个特定的物种组合，来区分物种丰富度与物种组成 (取样效应) 的影响。其中，最高丰富度水平下的生态系统生产力 (主要通过附生藻类、浮游植物和微生物获得) 要显著高于另两个低丰富度水平下的生产力；生态系统呼吸显示了类似但不显著的格局；而分解作用 (树叶的质量损失) 则与丰富度不相关。物种组成对生态系统过程的影响至少在统计学上与物种丰富度的影响一样显著 (图 21.29) (Downing & Leibold, 2002)。

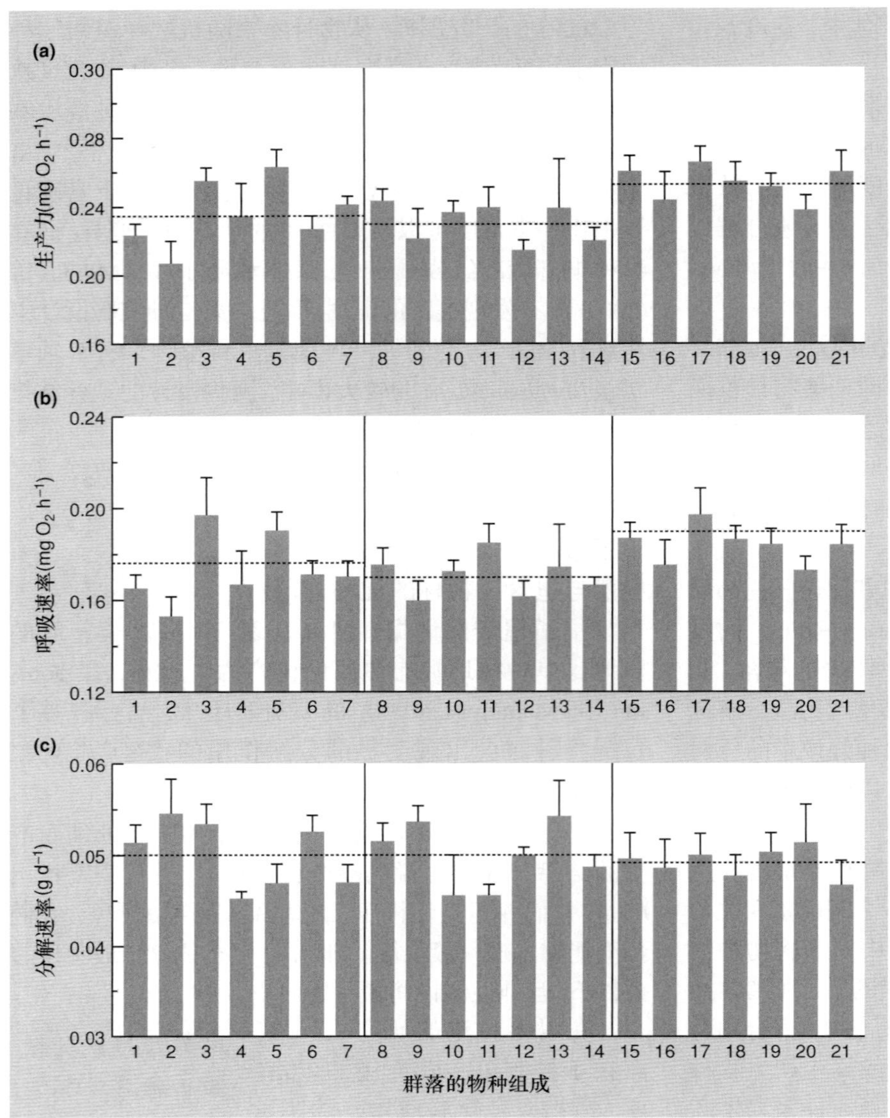

图 21.29 (a) 生态系统生产力、(b) 生态系统呼吸以及 (c) 分解作用对嵌套于物种丰富度中种类组成的响应。案例 1~7 是在低物种丰富度水平上仅有的物种组合 (大型植物、植食性底栖动物和无脊椎动物捕食者各 1 种), 8~14 为中等丰富度 (每个类群包含 3 个种), 15~21 为高水平丰富度 (每个类群包含 5 个种)。在高丰富度水平的情况下, 平均生产力显著较高 (虚线表示各丰富度水平的总平均值), 但物种丰富度并不显著影响呼吸或分解作用。物种丰富度水平内的变异表明物种组成对所有生态系统过程均有强烈的影响 (仿 Downing & Leibold, 2002)。

生物多样性丧失 (或获得?) 的实际意义

总的来看, 生物多样性持续损失的结果将非常复杂而难以预测, 除非也将组成变化考虑在其中, 在整个食物网的背景下更是如此。然而奇怪的是, 虽然全球生物多样性普遍降低, 随着入侵者的到达, 局域生物多样性却有所增加 (Sax & Gaines, 2003)。因此在许多情况下, 更有意义的目标是确定局域生物多样性增加对生态系统过程的影响。

21.8 物种丰富度格局的评价

丰富度格局: 普遍性和特例

关于群落中的物种丰富度, 可以做出许多概括。我们已经看到, 丰富度的峰值可能出现在中等水平的环境资源有效性或者中等程度的干扰频率下, 此外, 随着岛屿面积的减小或偏远程度的增加, 物种丰富度不断下降。我们还发现, 物种丰富度随着纬度增加而下降, 随着海拔或海洋深度呈现下降或驼峰形的变化。随着空间异质性增加, 物种丰富度也增加, 但随着时间异质性的增加, 它可能会下降。另外, 在演替过程中以及进化时间的推移, 物种丰富度增加, 或至少在开始时会是这样。然而, 这里的许多概括都存在着重要的例外, 而对于其中的大多数, 目前还没有足够充分的解释。

物种丰富度与生态系统特征的双向关系

对物种丰富度的描述性调查结果, 可能乍一看似乎与实验处理的结果不一致。例如, 许多实验显示了物种数量增加会导致生

产力的增加 (见第 21.7 节)。另一方面, 我们在第 21.3.1 节中已经看到, 高生产力的环境可能比低生产力的环境包含更多或更少的物种。认识到这些关系的双向性非常重要; 生物多样性的变化与生产力的改变可以互为因果 (Worm & Duffy, 2003), 进而使问题更为复杂。

亟待需要认识生物多样性及其重要性

认识丰富度格局是现代生态学最困难也最具有挑战性的领域。没有任何一个单一的机制可能充分地解释一个特定的格局, 且局域尺度的格局很可能受到局域和区域尺度上过程的影响。要清楚、明白地预测和检测一个想法往往非常困难, 而且这需要新一代生态学家有高度的独创性。然而, 由于认识和保护全球生物多样性的重要性日益增加, 我们对这些物种丰富度格局的深入了解至关重要。我们将在第 22 章进一步讨论人类活动的不利影响以及如何对其进行补救。

小结

为什么有些群落比其他群落拥有更多的物种? 物种丰富度格局或梯度是否存在? 如果有, 那么这些格局的形成原因是什么? 我们提出的这些问题都有看似合理的解释, 但这些解释并不是最终答案。

简单来说, 群落中的物种数目取决于与可利用资源范围相关的实际生态位的大小及其重叠程度。竞争和捕食作用能以可预测的方式产生影响。此外, 群落的饱和程度越高, 则包含的物种越多; 通过绘制局域多样性和区域多样性 (理论拓殖的物种数) 的关系图, 我们可以阐述这样一种现象。

我们描述了一系列空间变异因素 (生产力、空间异质性、环境严酷性) 和时间上的变异因素 (气候变异、环境年龄、生境面积) 对物种多样性的影响, 并描述了丰富度随着这些因素呈现出增加、减少或驼峰形变化的格局。物种丰富度格局还常常取决于这些因素之间的相互作用 (如生产力与放牧或干扰)。我们特别关注了岛屿生物地理学理论以及迁入与灭绝速率在决定物种丰富度时的相互作用 (涉及岛屿面积和偏远程度)。

接下来我们转向了物种丰富度梯度, 其中我们借鉴了有关纬度、海拔、深度、演替和进化史的例子。对这些格局的解释需要用到先前讨论过的所有因素。

在最后一部分, 我们不再寻求对物种丰富度格局的认识和解释, 而关注物种丰富度变异对生态系统机能执行的影响, 并依次讨论了生产力、分解作用和营养通量。认识生物多样性在生态系统过程中发挥的作用具有重要的实际意义, 它可以指导我们人类对生物多样性的丧失做出合理、必要的响应。

第 22 章 生态学在群落和生态系统水平上的应用：基于演替、食物网、生态系统功能和生物多样性理论的管理

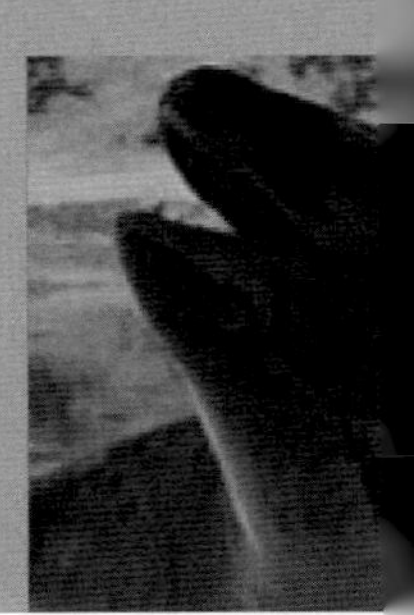

22.1 引言

这是讨论生态学理论应用三部曲中的最后一个章节。首先，在第 7 章中，我们考虑了在个体和单个种群水平上的理解 (与生态位理论、生活史理论、扩散行为和种内竞争相关)，以及如何来解决许多实际问题。其次，在第 15 章中，我们利用相互作用的种群动态理论，来指导对害虫和野生种群可持续收获的控制。在最后综合性的一章中，我们认为个体和种群存在于物种相互作用的网络之中，而这些相互作用参与到了能流和养分流的网络结构中。因此，我们将讨论与演替 (第 16 章)、食物网和生态系统机能执行 (第 17~20 章) 以及生物多样性 (第 21 章) 等相关的理论应用。

群落与生态系统理论的应用

正如在第 16 章中所看到的，群落组成从来都不是静止的，并且可以很好地预测某些时间格局。另一方面，管理目标通常要求静态平衡 —— 农作物的年生产量、物种特定组合的恢复或是濒危种的长期幸存。假如管理者不考虑基本的演替过程，那么管理行为有时会是无效的 (见第 22.2 节)。

在第 22.3 节中，我们将讨论食物网和生态系统功能理论的应用。管理者所关心的每一个物种，都有其竞争者、互利共生者、捕食者和寄生物，有关这些复杂相互作用的评价，对指导管理行为来说通常十分必要 (见第 22.3.1 节)。例如，农民通过灌溉施肥来调控生态系统，以期获得最大的经济回报。然而，养分会从农用土地中流走，它与经处理或未经处理的人源污水一起，将通过人为富营养化 (养分富集) 过程扰乱水生生态系统的功能，增加生产力，改变无机条件和物种组成。为逆转人类活动的某些不良影响，人们会对湖泊食物网进行 "生物操纵"，而我们对湖泊生态系统功能的了解，可为其提供一些基本的准则 (见第 22.3.2 节)。此外，关于陆地生态系统功能的知识，有助于确定最合适的农业生产方式，其中农作物的生产力可以通过输入最少量的养分来得到保证 (见第 22.3.3 节)。对生态系统恢复目标的设定 (以及监测其是否实现)，需要发展度量 "生态系统健康" 的工具，对此，我们将在第 22.3.4 节中予以讨论。

人类通过居住、工业、采矿、食物生产和收获，利用或影响了相当大的地球表面，以致计划并预留剩余土地网络成为了我们最紧迫的任务。为了满足日后更大的土地需求，我们需要以系统手段来增加现有的可利用土地，以确保用最小的代价实现生物多样性的保护目标 (因为资源总是有限的)。第 22.4 节描述了我们如何利用物种丰富度格局 (见第 21 章) 的知识来参与设计土地的网络结构，并确定土地的用途，是只用于保护生物 (见第 22.4.1 节)，还是用于多个方面，如收获、旅游、保护相结合 (见第 22.4.2 节)。

生态学应用常常需要考虑经济和社会政治因素

最后，在第 22.5 节中，我们讨论了应用生态学家不能忽视的事实。生态学理论应用的发展从来都不是孤立的。首先，必须有经济学上的考虑 —— 农民如何获得最大生产量，并将费用与生态不良后果减至最低；我们如何给生物多样性和生态学功能的定价，从而可以评价林业或矿业的收益；如何从有限的保护资金中获得最大的回报？这些问题将在第 22.5.1 节中进行讨论。其次，通常要有社会政治方面的考虑 (见第 22.5.2 节)—— 这种方法是否可用来协调所有当事人的需求，从农民、收获者到旅游工作者和自然保护主义者；对可持续管理的要求，是否应当由法律来保障，或由教育来鼓励；如何考虑本地民众的需求和看法？这些观点合起来被称作可持续性的三条基本原则 (bottom line)，即要在生态学、经济学以及社会政治学方面综合考虑问题 (见第 22.5.3 节)。

22.2 演替和管理

22.2.1 在农业生态系统中进行的演替管理

农民常常要阻碍演替过程

园丁与农民类似，都花费巨大的努力来种植想要的物种，并清除不想要的竞争者，从而阻碍

了演替的发生。为力图维持演替早期的特性 (种植高生产力的一年生禾草), 进行耕种的农民不得不阻碍自然演替的发生, 以避免发展出多年生草本 (以及后期的灌木和森林; 见第 16.4.5 节)。Menalled 等 (2001) 比较了美国密歇根州 4 个农业管理系统的效果, 它们均处于杂草群落中并运作了长达 6 年 (两轮耕种, 每轮顺次种植玉米、大豆、小麦)。结果表明, 杂草的地上生物量和物种丰富度在传统系统中最低 (高的外源化学物质如合成化肥和除草剂的输入, 犁地), 在免耕系统中具中间值 (高外源化学物质输入, 但不犁地), 而在低输入 (低外源化学物质输入, 犁地) 和有机系统 (无外源化学物质的输入, 犁地) 中则最高 (图 22.1)。传统处理下, 会出现单子叶植物 (禾草) 和双子叶植物组合的方式, 但差别很大; 而免耕处理下, 以一年生禾草为主, 但同样难以预测。另一方面, 低输入和有机处理下的杂草群落要更为恒定: 该条件下, 1 种一年生双子叶植物 [藜 (*Chenopodium album*)] 和 2 种多年生杂草 [红车轴草 (*Trifolium pratense*) 和偃麦草 (*Elytrigia repens*)] 均是其中优势物种。Menalled 等 (2001) 指出, 促进可预测杂草群落出现的管理系统有其潜在的优势, 因为它可为所关心的物种设计特别的控制处理方式。

苏门答腊岛岛上的安息香"园艺"——快速复原为森林

其他形式的农业"园艺", 在打断演替的方式上存在的问题较少。安息香是一种具芳香的树脂, 可用来制作薰香、香料和医药产品, 数百年来都是从热带安息香属 (*Styrax*) 树木的树皮中提取出来的。安息香依旧为苏门答腊地区的许多村民提供着可观的收入, 因此, 他们在 0.5~3.0 hm^2 范围的山地阔叶林中将林下叶层清除, 建立起安息香 (*S. paralleloneurum*) 种植园。2 年后, 农民将所有较大的树木清除, 使得阳光能够被树苗利用 (清除后的树木仍留在种植园中), 并于 8 年之后开始一年一次的安息香提取。安息香的产量通常在 30 年后开始减少, 但可维持收获长达 60 年, 之后, 人们便将种植园废弃并使其恢复成森林。Garcia-Fernandez 等 (2003) 区分了 3 种类别的种植园: G1 最像种植园, 有高密度的安息香, 因而需要高强度的清除; 而 G3 最像森林。在原生 (原始的) 林、"次生" 林 (种植停止后 30~40 年) 及种植园中, 总的树种丰富度都很高, 其中管理行为较强烈的种植园除外, 因为其中树种的丰富度会显著降低 (尽管如此, 平均也有 26 个树种) (图 22.2a)。正如演替理论 (见第 16.4 节) 所预测的, 成熟林的典型顶级

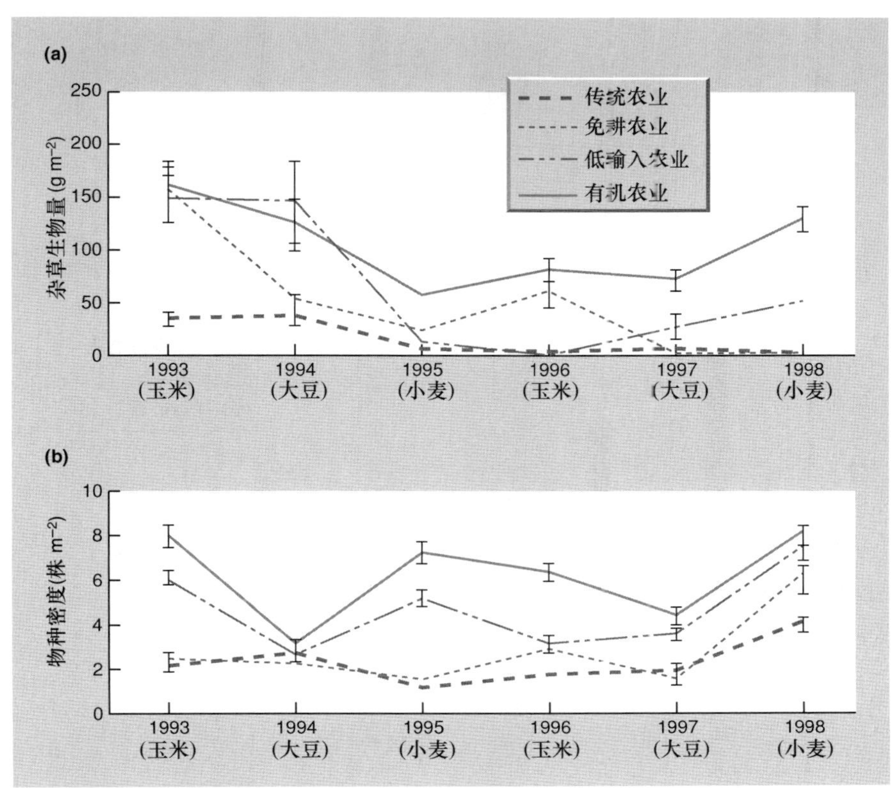

图 22.1 在 4 种农业管理方式的处理下,6 年期间 (两轮种植, 每轮从种玉米 (*Zea mays*) 到大豆 (*Glycine max*) 再到小麦 (*Triticum aestivum*)) 杂草的生物量 (a) 和物种丰富度 (b) (仿 Menalled *et al.*, 2001)。

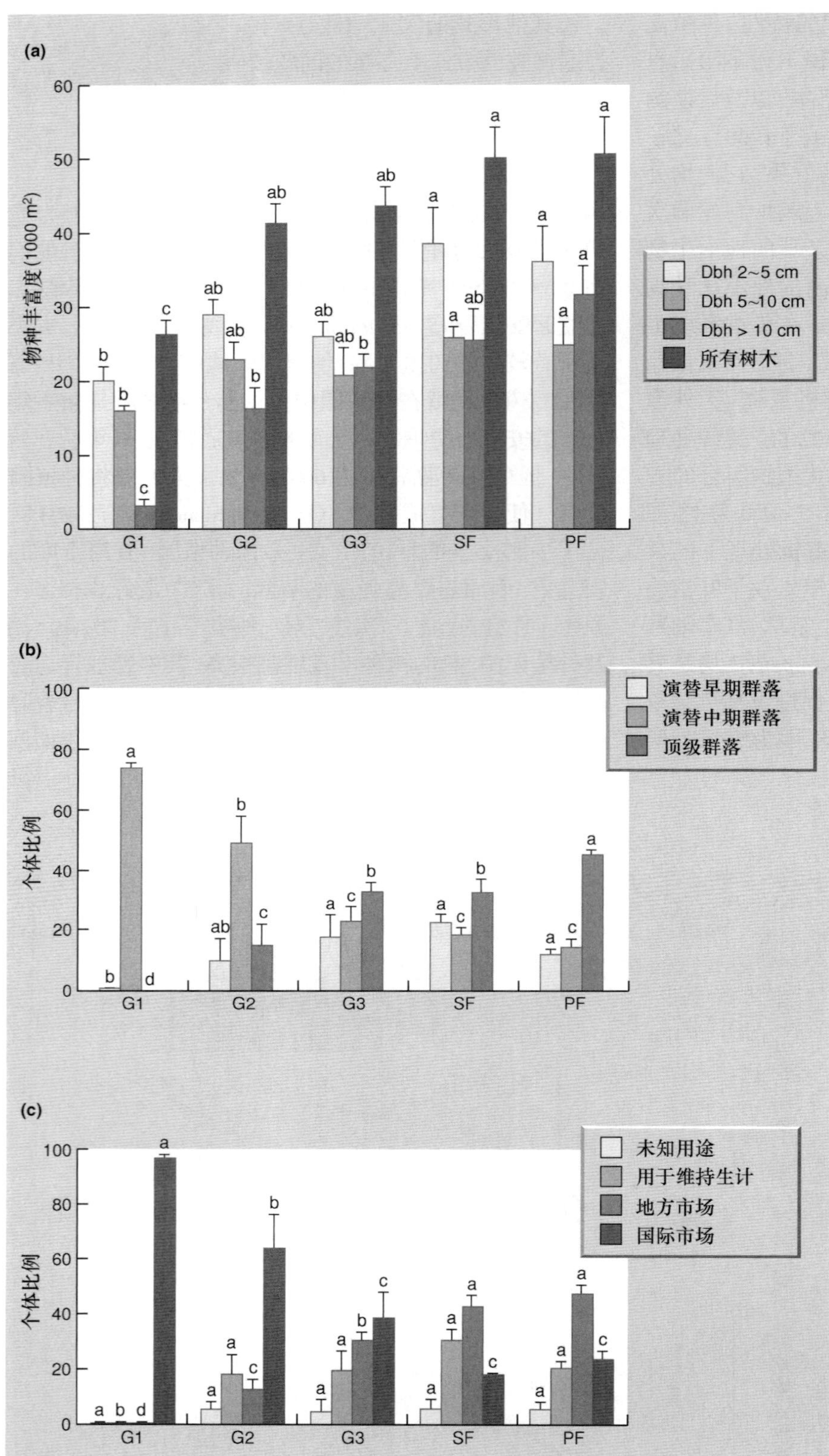

图 22.2　(a) 3 种不同类型的安息香种植园 (G1, 最高强度的管理; G2, 中等强度的管理; G3, 最低强度的管理) 以及次生林 (SF; 安息香种植园被废弃后 30~40 年) 与原生林 (PF) 中不同大小等级 (Dbh 为胸径) 的树木的物种丰富度。(b) 处于 3 个演替阶段的树木百分比。(c) 处于不同利用类型的树木百分比。每个数据点都来自于 3 个重复的 1 hm² 大小的样地。误差棒上方, 不同字母表示在统计上有显著差异 (仿 Garcia-Fernandez *et al.*, 2003)。

种在原生林中较为常见, 而先锋种和演替中期的树种, 在次生林和管理强度最小的种植园 (G3) 中混合得更为均匀 (见图 22.2b)。具中等或高管理强度的种植园, 则以演替中期的树木为主 (主要由于安息香树属于这一类别)。此外, 土著民通常也了解森林植物具有更广泛的用途。图 22.2c 显示了种植园和森林中用于各用途的个体比例: 未知用途 (12%)、维生用途 (食物、纤维或药物; 42%)、地方市场用途 (23%) 以及国际市场用途 (23%)。在高强度管理的种植园中, 国际用途 (即安息香及其产品) 占主要地位, 而管理强度较小的种植园及原生林和次生林中, 维生用途和地方市场用途更具代表性。尽管对安息香的管理要求竞争植被处于平稳状态, 但即使在管理强度最大的种植园中, 树种的丰富度依旧很高。这种传统的森林种植园形式维持了多种多样的群落, 它们的结构允许其在采脂终止后能很快地恢复成森林群落。这体现了发展和保护之间很好的平衡。

> 澳大利亚土著民的火烧习惯既提供了资源又维持了生物区系

对澳大利亚土著居民 (如在东北阿纳姆地拥有 Dukaladjarranj 地区的部落) 而言, 火烧是重要的资源管理手段 (图 22.3a)。为了向狩猎动物提供青绿饲草, 管理人 (对土地有特殊职责的土著居民) 按照计划, 首先燃烧高地上的干草, 而当较潮湿的地点在随后的季节变干后, 就转而对这些地点进行燃烧。每一场火通常是低强度、小范围的, 并在燃烧过及未燃烧的区域产生斑块状的镶嵌体, 因而会出现处于不同演替阶段的多样化生境 (见第 16.7.1 节)。当炎热而干燥的干旱季末期到来时, 将停止燃烧 (一些可管理的情形除外, 如要在先前烧过的区域进行再次燃烧)。生态学专家 Yibarbuk 等 (2001) 与土著居民合作, 火烧用于实验研究, 以评估其对动植物区系的影响。他们发现, 燃烧过的地点可吸引大型袋鼠和其他人们喜爱的野生动物, 并且在该处, 重要的植物性食物如薯蓣依旧很丰富 (对土著合作者而言, 这一结果并不吃惊) (图 22.3b)。澳洲北澳柏 (*Callitris intratropica*) 树林以及以桃金娘、山龙眼灌木为主的砂岩石南灌丛对火烧较为敏感, 它们在其他地区出现衰退, 而在实验区中仍生长良好。

此外, Dukaladjarranj 地区可与卡卡杜国家公园 (脊椎动物和植物多样性很高的保护区) 进行很好的比较。Dukaladjarranj 地区包含一些稀有种, 和其他一些在未管理区域衰退的物种, 且其中的外来植物和入侵动物也很少。在干旱季末期, 一些传统的系统会发生很多次小而低强度的火烧, 同期, 更典型的火灾格局也会出现, 且通常强烈而不受控制, 这两者将形成鲜明的对比。这些大的火焰遍及阿纳姆地中西部大片未被占据、未受管理的区域, 并通常会从阿纳姆地西部边缘进入卡卡杜和尼特米鲁克国家公园 (见图 22.3a)。土著居民在实验区内长期居住并保持对传统火管理的实践, 似乎限制了可燃物 (促进火灾的禾本科物种及凋落物) 的积累, 减小了大规模火灾发生的可能性, 而这些火灾可消灭对火敏感的植被类型。向土著火烧模式的回归, 似乎有

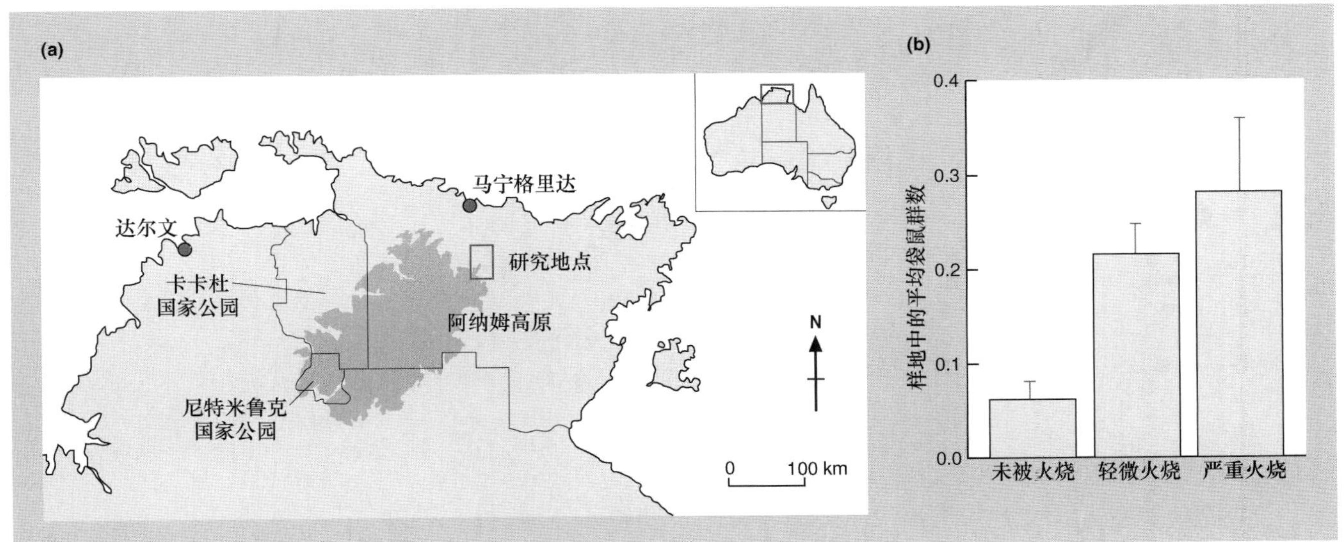

图 22.3 (a) 澳大利亚北领地 (Northern Territory) 阿纳姆高原 (the Arnhem Plateau) 东北端附近对火管理进行研究的地理位置; 图中同时显示了两个国家公园的位置。(b) 对最近有不同火烧历史的 0.25 km^2 的样地进行直升机调查所得到的袋鼠群的平均值 (+2SE) (仿 Yibarbuk *et al.*,2001)。

望恢复和保护那些景观中的受胁物种和群落 (Marsden-Smedley & Kirkpatrick, 2000)，并为管理世界上其他有火灾倾向的地区提供了重要的参考。

22.2.2 为恢复而进行的演替管理

恢复有时并不需要干预

恢复生态学的目标，通常是相对稳定的演替阶段 (Prach *et al.*, 2001) 和理想的演替顶级阶段。如果管理者准备让演替自然发展，那么当不合需求的土地利用方式停止后，就无需对其进行管理干涉。例如，韩国中部山区的废弃稻田，在 10~50 年之内，从一年生禾草阶段 [看麦娘 (*Alopecurus aequalis*)]，历经非禾本科草本植物 [疣草 (*Aneilema keisak*)]、灯心草 (*Juncus effusus*) 和柳树 [尖叶紫柳 (*Salix koriyanagi*)] 阶段，已成为物种丰富而稳定的桤木林地群落 [日本桤木 (*Alnus japonica*)] (见图 22.4) (Lee *et al.*, 2002)。但演替并不总能促进生境恢复，特别是当种子的自然来源很小且距离较远时，但这并非我们要讨论的情况。实际上，通过对人工稻田堤坝的拆解，以加速几年内演替的早期进程，是唯一值得考虑的积极干涉行为。

…但可以通过物种的引入而得到加快

牧草地往往遭受农业强化，包括化肥与除草剂的施用以及植食作用的严重干扰，相比历史上“传统”管理下的草地，其植物种数要少得多。在此情形下，生物多样性的恢复通常需要 10 年以上的次生演替；而向传统管理体系的回归，可以实现生境的恢复，该体系中不存在矿物肥料，于 7 月中旬割除干草，并于秋季放牧牲畜 (Smith *et al.*, 2003)。英格兰低地牧草群落通过种子雨或种子库的自然拓殖进行恢复，但与上述山区稻田的例子相反，该地的恢复是一个缓慢且不可靠的过程 (Pywell *et al.*, 2002)。幸而，目标植物可以适应主要的环境条件，通过播种多种目标植物的混合种子，可以加快恢复的速率。一个为期 4 年的研究，比较了未播种和播种混合种子的样地中禾草与非禾草的物种丰富度，结果显示，播种样地中第 1 年、第 2 年定居的物种是自然再生样地中的 2 倍 (平均值分别为 26.4、22.0 和 10.4、11.3)；而到第 4 年，物种丰富度的差异变得很小 (22.0 和 18.7)；但播种样地的物种组成包含演替晚期的草地物种，且很接近于当地耕种强度较小的草地 (Pywell *et al.*, 2002)。

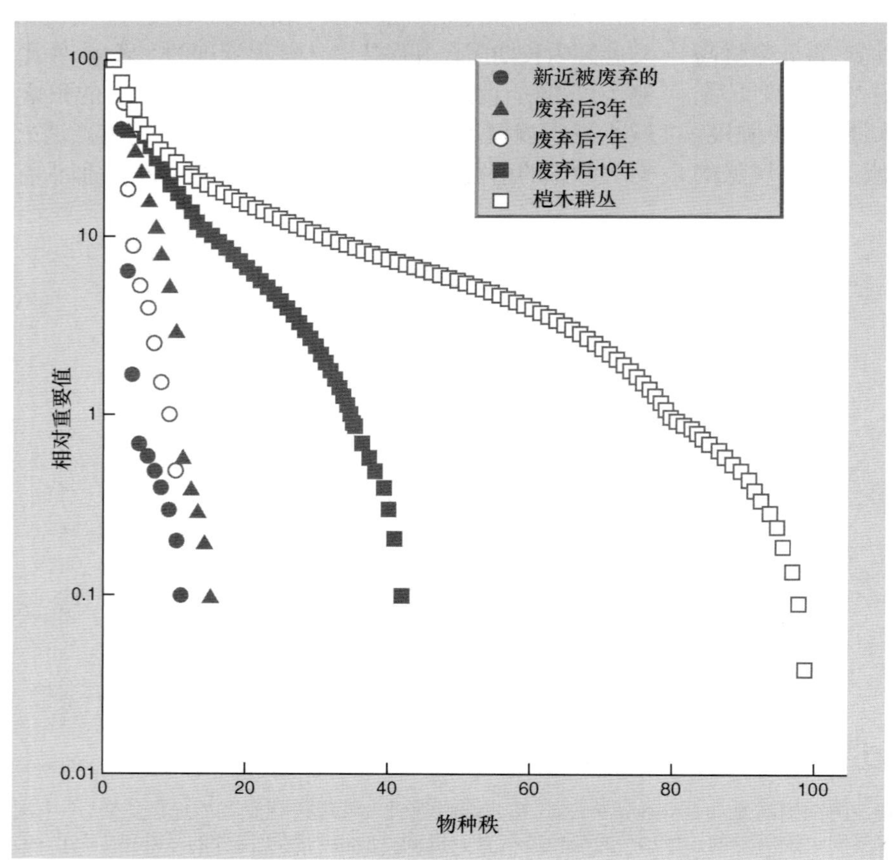

图 22.4 以样地年龄为组的植物物种秩-多度图 (时间以自水稻田被废弃以来计)。重要值是植物的相对地面覆盖率。桤木群丛的年龄为 50 年 (仿 Lee *et al.*, 2002)。

盐沼动物群落恢复的时间表

修复的目的不仅包括植物的恢复，也包括群落中动物组分的恢复。由于在潮闸、管道和堤坝的安置过程中产生排水及对潮汐的干扰，现有的潮滩盐沼比以前稀少了许多。在美国康涅狄格州长岛，潮汐作用的恢复 (采用移除潮闸等方式)，以及由此带来的湿地、河口与更大的沿线海岸系统间的联系也得以恢复，继而使得盐沼植被如互花米草 (*Spartina alterniflora*)、狐米草 (*S. patens*) 和盐草 (*Distichlis spicata*) 得以恢复。在潮水频繁之处恢复过程相对较快 (每年以占总面积 5% 的速率增长)，而在其他地方较为缓慢 (每年约增加总面积的 0.5%)。在快速恢复的地点，典型盐沼植物花费 10~20 年即可达到 50% 的盖度。典型盐沼动物遵循相似的时间表。于是，在 Barn Island 修复湿地 (因而附近自然盐沼可用于比较)(图 22.5a)，高沼地螺 (*Melampus bidentatus*) 的密度在 20 年后才达到自然盐沼的程度。鸟类群落要达到与自然盐沼相似的群落组成，也需 10~20 年。湿地泛化种 (generalist) [如歌带鹀 (*Melospiza melodia*) 和红翅黑鹂 (*Agelaius phoeniceus*)] 在高地和潮滩湿地都可进行觅食和繁殖，它们在恢复序列早期占优势，之后将被湿地特化种 (specialist) [如长嘴沼泽鹪鹩 (*Cistothorus palustris*)、雪鹭 (*Egretta thula*) 和斑鹬 (*Actitis macularia*)] 所替代 (图 22.5b)。典型的鱼类群落在修复过的盐沼海湾恢复得较快，只需 5 年。可见，自然潮汐的恢复，推动着沼泽湿地向全部生态功能恢复的方向前进，这通常需要十年或数十年的时间。当然，管理者对盐沼物种的种植，很可能将加速这一过程。

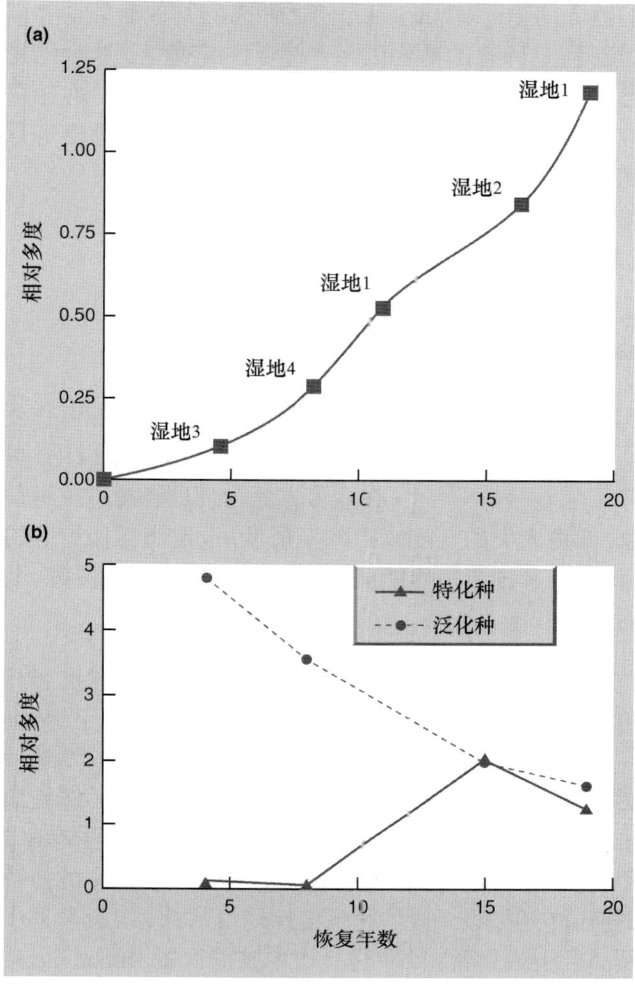

图 22.5 (a) 康涅狄格州 Barn Island 上 4 块湿地的 5 个地点，自自然潮汐恢复以来的不同时期高沼地螺 (*Melampus bidentatus*) 的相对多度 (被恢复湿地中的平均密度除以邻近对照湿地中的密度)。相对多度为 1.0 表示物种完全恢复。(b) 盐沼特化种鸟类 (▲) 及泛化种鸟类 (●) 的相对多度 (恢复的/对照的) 随恢复年数的变化。同样，相对多度为 1.0 表示特化种或泛化种共位群完全恢复 (仿 Warren *et al*., 2002)。

22.2.3 为保护而进行的演替管理

认识演替对稀有昆虫的保护至关重要

某些濒危种与演替的特定阶段相联系，因而对它们的保护取决于我们对演替序列的认识；可能还需要对合适的演替阶段进行干涉，以维持这些物种的生境。一种巨大的新西兰昆虫沙螽 (*Deinacrida mahoenuiensis*；直翅目，丑螽科) 给我们提供了一个有趣的例子。该物种最初在森林生境中扩散，而后被认为已经灭绝，却于 20 世纪 70 年代在孤立的荆豆 (*Ulex europaeus*) 斑块中被偶然发现。具讽刺意味的是，在新西兰荆豆是一种引进的杂草，使人们在控制杂草方面花费了很多时间和努力；而其浓密多刺的草皮为巨大的沙螽提供了庇护所，以逃避其他引入的有害生物，特别是老鼠，还有刺猬、白鼬和负鼠，这些动物在其原产地森林中喜欢捕食沙螽。新西兰保护部门从土地所有者手中买到了这一重要的荆豆斑块，而这些土地所有者坚持认为应当允许牲畜在保护区过冬。保护论者对此很不高兴，但事实证明牲畜参与了对沙螽的救助。牲畜通过在荆豆地上开辟道路，为啃食荆豆的野山羊提供了入口，产生了稠密的栅栏状草皮，从而防止荆豆生境继续演替成不适于沙螽的生境。这个事例涉及一个单一的濒危特有种昆虫、一系列引入的有害生物 (荆豆、老鼠、山羊等) 和引入的驯养动物 (牲畜)。在人们到达新西兰之前，蝙蝠是这个岛屿上唯一的哺乳动物; 人类抵达后, 随之而来的其他哺乳动物则对新西兰特有的动物区系产生了一定危害, 这一结论已获得证实。然而, 通过将荆豆维持在演替早期, 植食性的山羊为沙蠡提供了一个良好的生境, 以逃避老鼠和其他捕食者的注意。

22.3 食物网、生态系统功能和管理

22.3.1 食物网理论指导的管理

管理需要食物网的知识……

揭示食物网中复杂相互作用的研究 (已在第 20 章中讨论) 可在众多方面为管理者提供关键信息, 如将人类的疾病风险降至最低, 设定海洋保护区的目标, 或者预测最可能破坏生态系统功能的入侵种。

22.3.1.1 莱姆病 (Lyme disease)

……疾病的管理……

每年, 莱姆病在全球侵袭几万人, 在不加治疗的情况下, 将会损害心脏和神经系统, 引发某种关节炎。该病由硬蜱属 (*Ixodes*) 的蜱所携带的螺旋菌 [伯氏疏螺旋体 (*Borrelia burgdorferi*)] 引起。这些蜱在 2 年时间内经历 4 个发育阶段, 包括脊椎动物宿主的演替更换。它在春天产卵, 非感染性幼虫从宿主 (通常是小型哺乳类或鸟类) 处获得一次单独的血餐 (blood meal), 然后脱离宿主蜕皮成越冬的若虫。被感染的宿主将螺旋菌传播至幼蜱, 幼蜱在其一生中 (即它们蜕皮成若虫后及随后变为成体的时期) 都保持传染性。次年, 若虫在春天或早夏寻觅宿主, 并获得另一次单独的血餐; 此阶段人类受感染的风险最大, 因为若虫很小, 难以被发现, 而且它依附于宿主的时间与人们在森林和公园中娱乐的高峰期相同。在欧洲和美国, 1%~40%的若虫携带有螺旋菌 (Ostfeld & Keesing, 2000)。若虫再次脱离宿主蜕皮成成虫, 并取食最后一次血餐, 之后在第 3 个宿主 (通常是较大的哺乳动物, 如鹿) 上进行繁殖。

到目前为止, 最合适的螺旋菌传播体是白足鼠 (*Peromyscus leucopus*), 它也是美国东部最为丰富的小型哺乳类宿主。Jones 等 (1998) 将鼠类喜好的食物橡子添加到一片橡树林中, 以模仿偶尔出现的种子大年结实年份 (crop masting year), 结果发现老鼠的数量在次年有所增加, 并且在橡子添加 2 年之后, 感染黑脚硬蜱 (*Ixodes scapularis*) 若虫的螺旋菌盛行。可见, 无论螺旋菌所在的食物网复杂性如何, 都可能通过预先检测橡子的产量, 从而很好地预测螺旋菌向人类传播的高危年份。对管理者更有意义的是, 蛾类害虫 (其毛虫可导致森林的大量落叶) 的爆发更有可能发生在橡子极为歉收的一年以后, 因为那时取食蛾蛹的老鼠将会十分稀少。

有关疾病传播的最后一个方面值得强调。潜在的蜱类宿主 (哺乳类、鸟类和爬行类) 在将螺旋菌传播到蜱类的效率上存在较大差异。Ostfeld 和 Keesing (2000) 提出假说认为, 如果关键种 (如白足鼠) 的高传播效率因多种低传播能力物种的出现而被冲淡, 那么具有高物种丰富度的潜在宿主反而会导致疾病在人类群体中的患病率降低 (lower disease prevalence)。(注意真正的问题是, 能力较强的物种其个体数目是否会被大量低能力物种个体所 "淹没"; 相对多度与物种丰富度同样重要。) Ostfeld 和 Keesing 还列举了事实为他们的假说提供证据: 美国 10 个地区的疾病事件与小型哺乳类宿主的丰富度呈负相关。不幸的是, 莱姆病的例子集中于位置偏北的州, 那里的物种丰富度很低, 这表明疾病与哺乳类丰富度都遵循纬度格局。因此, 两者之间属于因果关系还是偶然联系, 仍有待检验。由于宿主多样性与带菌者引发的疾病 (包括查格斯病、鼠疫和刚果出血热) 传播之间的负相关关系, 会给管理者提供又一个维持物种多样性的依据, 因此这是一个十分重要的问题。

22.3.1.2 鲍鱼渔业管理

……收获贝类和一种超凡顶级捕食者的管理……

有时, 对实现特定的管理目的而言, 物种多样性可能太高! 由于过度捕捞, 商业和娱乐用途的鲍鱼 (鲍科 Haliotidae 的腹足类) 渔业倾向于崩溃。成熟鲍鱼不会移动太远, 在其沿海海洋生境的保护区中对亲贝的保护, 有可能促进其浮游幼虫的迁出, 使得保护区之外收获的数量增加 (见第 15.4.2 节)。然而, 海洋保护区最通常的功能是对生物多样性的保护, 于是出现了这样一个问题: 保护区能否同时实现渔业管理和生物多样性保护的双重目标。海獭 (*Enhydra lutris*) 是北美太平洋 (包括加利福尼亚) 沿海生境中的关键种, 在 18 和 19 世纪因狩猎而几乎灭绝, 但在获得保护之后日益普遍。海獭取食鲍鱼, 当其数量稀少时, 有价值的红鲍鱼 (*Haliotus rufescens*) 渔业就可以发展起来; 目前所关心的是, 海獭的出现将导致渔业不能维持。Fanshawe 等 (2003) 比较了加利福尼亚沿岸几个地点鲍鱼种群的特性, 这些地点具有不同的鲍鱼收获强度和海獭出现几率: 有两个地点不存在海獭, 并且已作为鲍鱼 "禁捕" 区 20 年或更长时间; 有 3 个地点不存在海獭但允许娱乐垂钓; 另外 4 个地点是含有海獭的 "禁捕" 区。他

们的目的是确定，当把食物网的联系全部恢复后，海洋保护区是否有助于鲍鱼业的维持。海獭与休闲性收获 (recreational harvest) 以相似的方式影响红鲍鱼，但在有海獭的地方，效应要强得多。红鲍鱼种群密度在保护区 (15~20 只/20 m^2) 要持续高于有海獭的地方 (少于 4 只/20 m^2)，而收获区通常具有中等密度。此外，与收获区 (18%~26%) 相比，保护区内 63%~83%的鲍鱼个体超过合法收获 178 mm 的界限，而在有海獭的地区则少于 1%。最后，海獭的存在使得鲍鱼只能分布于海底裂隙中，这样才能免于被海獭取食。顶级捕食者集中取食猎物，而这些猎物又是渔业对象；因此，在这些地方，多用途保护区可能并不可行。Fanshawe 等 (2003) 提出设立单用途的保护区，但这也可能不具备长期的可行性；海獭正逐渐扩张，这一现状的维持，将很可能导致最终对它进行清除，而这可能在政治上是不可接受的。

22.3.1.3 鲑鱼在溪流湖泊中的入侵

食物网与入侵性鱼类的生态系统后果

正如海獭改变其猎物鲍鱼的行为一样，被引入到新西兰的褐鳟 (*Salmo trutta*) 也改变了植食性无脊椎动物 [包括蜉蝣 (*Deleatidium* spp.) 的若虫] 的行为；这些无脊椎动物，取食被入侵溪流河床上的藻类——在有鳟鱼的情况下，它们白天的活动显著减少 (Townsend, 2003)。褐鳟主要依靠视觉捕获猎物，而被取代的土著鱼类 [南乳鱼属 (*Galaxias* spp.)] 则依赖于机械信号。与被鲍鱼占领的裂缝类似，黑夜为这些无脊椎动物躲避鳟鱼提供了庇护。一种外来的捕食者，如鳟鱼，能直接影响南乳鱼 (*Galaxias*) 的分布或蜉蝣的行为，这并不奇怪，但这种影响同样级联至植物所在的营养级。在真实溪流中放置管道，构造出一条人工水道，并在其中设置 3 种处理——没有鱼类，有南乳鱼，有鳟鱼，后两者均以自然发生密度出现。12 天之后，在有鳟鱼的地方藻类生物量最高 (图 22.6a)，这是由于其中植食动物的减少 (图 22.6b)，但也由于剩余植食动物取食作用的减少 (只在夜间取食)。这种营养级联也会改变藻类捕获辐射能的速率 (在有鳟鱼的溪流中，年净初级生产力要比相邻有南乳鱼存在的溪流高 6 倍；Huryn, 1998)，这反过来又将引起氮更有效地循环，而氮是这些溪流中的限制性养分 (Simon *et al*., 2004)。因此，生态系统功能的重要元素，即能量通量 (见第 17 章) 和养分通量 (见第 18 章) 因鳟鱼的入侵而发生了改变。

管理者应该谨防以新的方式联系生态系统各组分的入侵生物

其他种类的鲑鱼，包括虹鳟 (*Oncorhyncus mykiss*)，已经入侵到北美很多鱼类稀少的湖泊中，在那里人们也记录到植物 (浮游植物) 生物量增加的类似情形。由鱼类引发的底栖和浮游植食动物的减少是部分原因，但 Schindler 等 (2001) 认为，初级生产量增加的主要原因是鳟鱼以底栖和沿岸的无脊椎动物为食，因此通过其排泄物，可将磷 (限制性养分) 转移到具有浮游植物的开放水体生境中。Simon 和 Townsend (2003) 综述了这些鱼类和其他淡水入侵种对群落和生态系统功能的影响，并认为生物安全管理者应特别重视具有以下特征的入侵种：具有获取资源的新手段，或具有宽广的生态位，能够联结之前未联结的生态系统分室。

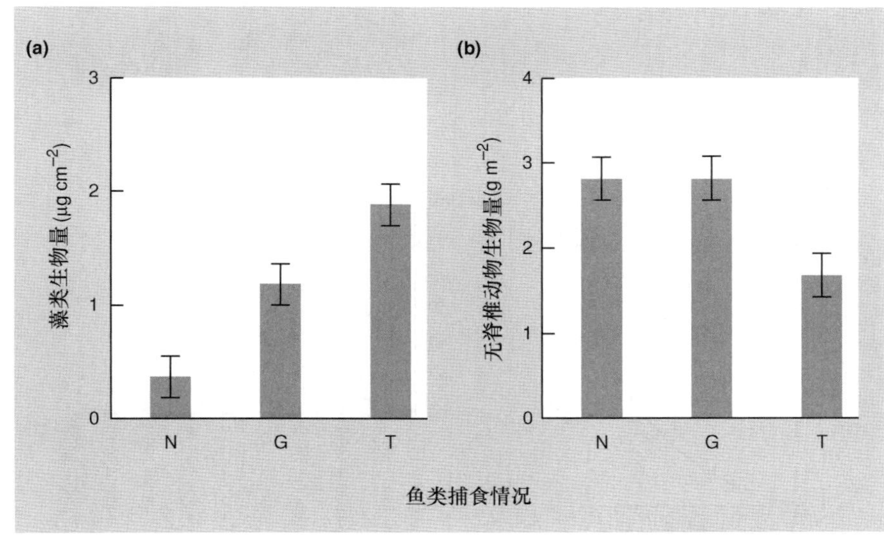

图 22.6 夏天在新西兰一条小溪流所进行的实验中藻类的总生物量 (叶绿素 a) (a) 和无脊椎动物总生物量 (b)。G, 有南乳鱼 (Galaxias); N, 无鱼类; T, 有鲑鱼 (仿 Flecker & Townsend, 1994)。

22.3.1.4 有关入侵的对立假说

入侵种会进入食物网的什么位置？

在入侵生物学中，关于种群和食物网相互作用（见第 19 和 20 章）以及物种丰富度（第 21 章）且广为引用的假说是，物种丰富的群落要比物种贫乏的群落对入侵具有更强的抵抗力。这是因为在前一种情况下，资源能获得更完全的利用，而且更有可能存在可排斥潜在入侵种的捕食者（Elton, 1958）。在此基础上，当入侵种在一个生态系统中积累时，该系统以后受入侵的速率就会变小（图 22.7a）。但也有相反的假定——“入侵熔毁”（invasional meltdown）假说（图 22.7b）（Simberloff & Von Holle, 1999）。此假说认为，入侵速率实际上会随着时间增加，一部分是由于对土著种的破坏促进了以后的入侵，一部分是由于某些入侵种对之后到达的物种有促进作用而非负面影响。Ricciardi (2001) 有关在北美五大湖入侵的综述，展示了与熔毁假说极其接近的格局（图 22.7c）。在成对的入侵种之间，其相互作用通常以竞争（−/−）和捕食（+/−）为主。Ricciardi 的综述与众不同，因为其中也考虑了互利共生（+/+）、偏利共生（+/0）和偏害共生（−/0）。总共 101 个成对的相互作用，其中有 3 个互利共生的例子，14 个偏利共生的例子，4 个偏害共生的例子，73 个捕食（植食、食肉和寄生）的例子以及 7 个竞争的例子。这样，在大约 17% 的已报道的案例中，涉及 1 个入侵种直接或间接地促进另一入侵种成功入侵的案例。直接促进作用的例子是，入侵种饰贝科贻贝（dreissenid mussels）以粪便沉降物的形式提供食物，并增加生境异质性，这都对之后的入侵种（如端足类 *Echinogammarus ischnus*）有利（Stewart *et al.*, 1998）。间接促进作用则发生在 20 世纪 50—60 年代，当时营寄生的海七腮鳗（*Petromyzon marinus*）抑制了土著的捕食性鲑鱼，从而对入侵性鱼类如灰西鲱（*Alosa pseudoharengus*）有利（Ricciardi, 2001）。此外，Ricciardi 所分析的捕食例子中，有三分之一可认为与“促进”相关，因为新来的物种能够得益于先前定居的入侵种。对于入侵熔毁假说在不同生态系统中应用的广泛性，我们并不清楚；但五大湖的历史表明，对管理者而言，通常不能因为只有几个入侵种定居而不采取进一步的行动。

22.3.2 通过操控湖泊食物网来管理富营养化

哪些湖泊可以加以管理从而实现富营养化的逆转呢？

一些来自污水和农业径流等的养分（特别是磷）（Schindler, 1977），其过量输入已使很多“健康的”寡营养湖泊（低养分，有很多大型藻类但植物生产力低，水体清澈）转变成了富营养湖泊。在这些富营养湖泊中，养分的高输入导致了浮游植物的高生产力（形成水华的有毒物种有时会占据优势），使水体变混浊，而最糟糕的是，会导致厌氧条件的出现及鱼类的死亡（见第 18.4.3 节）。在一些案例中，磷输入减少（如通过污水分流）会产生明显的管理响应，可能引起快速而彻底的逆转。华盛顿湖便是这样一个成功的例子（Edmond-

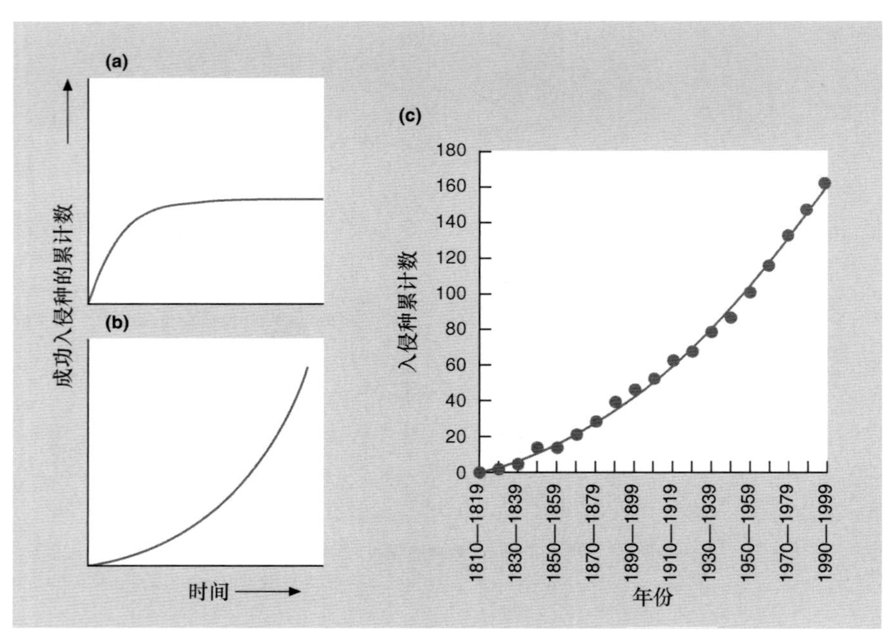

图 22.7 根据 (a) 生物抵抗假说和 (b) 入侵熔毁假说所预测的成功入侵种的累积数量随时间的变化。(c) 北美五大湖入侵种的累积数量——其格局与入侵熔毁假说一致（仿 Ricciardi, 2001）。

son, 1991), 它包含两类湖泊, 一类湖泊深而冷, 并受到快速冲刷, 而另一类则只是短暂地遭受人为富营养化 (Carpenter *et al.*, 1999)。那些看似不可逆转的湖泊是另一个极端, 因为其磷输入可达到的最小速率, 或者湖泊沉积物中累积磷的再循环速率太高, 使其难以恢复到寡营养湖泊。这尤其适用于那些处在磷丰富区域 (与土壤化学性质有关) 的湖泊, 以及在较长时期内获得大量磷输入的湖泊。在中间类型, 即 Carpenter 等 (1999) 提及的滞后性湖泊 (hysteretic lake) 中, 富营养化可通过两种途径的结合加以逆转, 一是对磷输入进行控制, 二是利用一定的方式进行干扰, 如用化学处理将磷固持到沉积物中, 或使用生物干扰, 即通常所说的生物操控 (biomanipulation)。我们将针对最后一种类型进行讨论, 因为食物网中存在食鱼性鱼类、食浮游生物性鱼类、植食性浮游动物和浮游植物之间的相互作用, 而生物操控有赖于对这种相互作用知识的掌握, 进而将湖泊管理导向一个特殊的生态系统终点 (Mehner *et al.*, 2002)。

食物网的食物操控

生物操控的主要目的是, 通过降低浮游植物密度来改善水质, 从而增加水体清澈度。此途径大致如下: 通过减少食浮游动物性鱼类的生物量 (将其钓出, 或增加食鱼性鱼类的生物量), 以增加浮游动物对浮游植物的取食。比较成功的例子主要来自浅水湖泊, 因为那里的养分水平不是特别高 (Meijer *et al.*, 1999)。在美国威斯康星州, 门多塔湖相对大而深, 并有富营养化现象, Lathrop 等 (2002) 尝试对其进行生物操控, 但他们比多数人更有雄心。他们将改善水质的管理目标与扩增休闲渔业 [食鱼的大眼梭鲈 (*Stizostedion vitreum*) 和白斑狗鱼 (*Esox lucius*)] 的目的相结合。从 1987 年起, 这两种鱼的鱼苗在门多塔湖总共超过 200 万尾, 之后食鱼性鱼类的生物量快速响应并稳定在 4~6 kg hm^{-2} (图 22.8a)。正如所预测的那样, 食浮游动物鱼类的总生物量从生物操控前的 300~600 kg hm^{-2} 下降到随后几年的 20~40 kg hm^{-2}。对浮游动物捕食压力的降低 (图 22.8b), 进一步导致小型食浮游动物性取食者 (*Daphnia galeata mendotae*) 向更大且更高效的取食者 (*D. pulicaria*) 转变。在 *D. pulicaria* 占据优势的多个年份中, 高取食压力降低了浮游植物的密度, 并增加了水体清澈度 (图 22.8c)。期望的响应原本很可能更为强烈, 然而在生物操控期间, 磷浓度有所增加, 这主要源于农业和城市径流的增加。Lathrop 等 (2002) 认为, 可以通过新的管理方式, 减少磷输入, 以进一步增强这

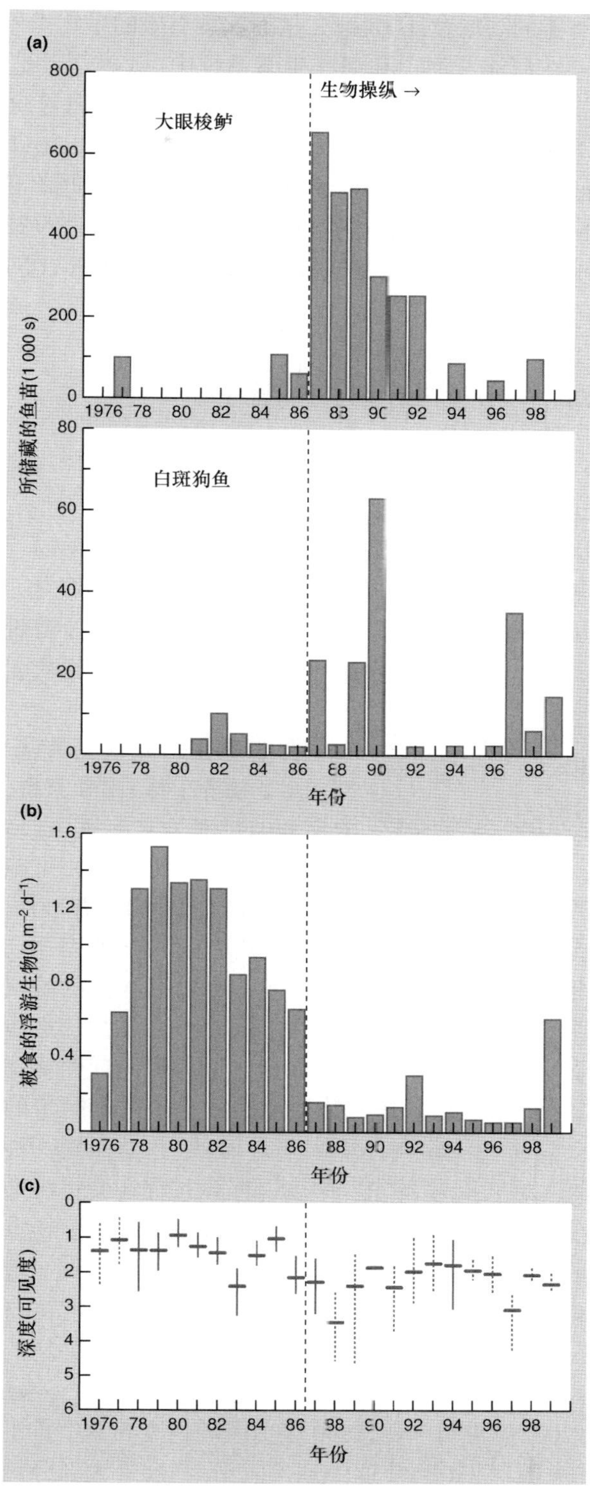

图 22.8 (a) 门多塔湖所储藏的 2 种食鱼性鱼类的幼苗; 主要的生物操纵始于 1987 年。(b) 每天每单位面积被食浮游动物性鱼类所消费的浮游动物生物量的估计值。主要的食浮游动物性鱼类为湖白鲑 (*Coregonus artedi*)、黄鲈 (*Perca flavescens*) 以及金眼狼鲈 (*Morone chrysops*)。(c) 夏季最大可见深度的平均值和极差; 点状垂直线表示以高效的捕食者 *Daphnia pulicaria* 为主 (仿 Lathrop *et al.*, 2002)。

种有益的高取食压力状态, 从而实现有效的生物操控。

在河流、河口和海洋生态系统中, 人类活动造成的富营养化作用同等强烈。海岸带水体的富营养化已成为主要关注的目标。联合国环境规划署 (United Nations Environment Program, UNEP) 报道, 目前全球有 150 个海域因水华 (由农业养分径流和城市污水中的氮元素所引起的) 分解过程而处于周期性缺氧状态 (UNEP, 2003)。

22.3.3 农业生态系统过程的管理

土地的集约利用, 不仅与磷污染有关, 而且与淋溶到地下水、随后进入河流湖泊的硝酸盐含量增加有关, 这会影响到食物网和生态系统的功能 (见第 18.4.4 节)。过剩的硝酸盐也会进入饮用水中, 造成健康危害, 并可能导致致癌物亚硝胺的形成, 使得幼儿血液携氧能力下降。美国环境保护局建议, 硝酸盐的限制浓度为 10 mg L^{-1}。

陆地的富营养化问题

在工业化的农业饲养场中, 氮素主要来源于猪、牛和家禽; 其中家禽的排泄物富含氮, 且易变干, 形成一种可运输的、无害且有价值的肥料, 可施用于作物和花园中。相反, 牛和猪的排泄物含有 90% 的水分, 且有一股难闻的气味。实际上, 一个肥育 10 000 头猪的工业设备, 与一个拥有 18 000 名居民的城镇会产生一样多的污染。在世界上很多地方, 法律已逐步限制农业泥浆向河道中排放。以半固体肥料或喷雾状泥浆的形式返还, 是这些物质返回到土地中最简单的方法。这将使泥浆在环境中获得稀释, 并返回到一种更为原始且可持续的农业中; 此外, 该过程还会将污染物转变为肥料。然而, 假如硝酸根离子没有被植物重新吸收, 雨水就会把它们淋溶到地下水中。实际上, 造成水道硝酸盐污染的并不是混合农业, 而是将牲畜与作物分开的专一化农业。例如, 在美国, 牲畜污染物的浓缩趋向于发生在几乎不生产作物饲料的区域 (Mosier *et al*., 2002)。再举一例, 1990 年美国动物废弃物中排出的 11 Tg 氮, 只有 34% 返回到了农田, 剩余的大部分最终进入水道中。

自然群落所固定的氮, 大多数出现在植被和土壤的有机成分中。随着生物的死亡, 它们将有机物输入土壤中, 而由于分解作用释放二氧化碳, 从而使 C : N 值下降; 当 C : N 值接近 10 : 1 时, 氮元素开始以铵的形式从土壤有机质中释放。在土壤中的好氧区域, 铵离子被氧化成亚硝酸根离子, 接着被氧化成硝酸根离子, 而硝酸根离子可通过降雨沿土壤剖面而被淋溶。有机质分解和硝酸盐形成的过程通常在夏季最快, 因为此时自然植被的生长最为迅速。于是, 硝酸盐被正在生长的植被所吸收的速度, 可能与其形成的速度一样快, 因此, 它们在土壤中不能保持足够长的时间以达到足够的量, 从而不会被淋溶出植物根际并从群落中流失。自然植被通常是 “氮紧密” 的生态系统。

相反, 与自然植被相比, 农业用地和被管理的森林中硝酸盐更容易被淋溶, 主要原因如下。

(1) 在一年中的部分时期, 农业用地中几乎没有存活的植被来吸收硝酸盐 (并且在很多年份, 森林生物量要小于最大值)。

(2) 作物与被管理的森林通常是单作的, 只能从它们自身的根际获取硝酸盐, 而自然植被通常有不同的根系和扎根深度。

(3) 将秸秆和林业废物燃烧后, 其中的有机氮以硝酸盐的形式返回土壤。

(4) 当农业用地用于放牧时, 放牧动物的代谢加快了碳被呼吸的速率, 从而降低了 C : N 值, 增强了硝酸盐的形成和淋溶。

(5) 对农业用地而言, 通常一年中只施 1~2 次氮肥, 而自然植被则会在生长期中稳定地释放氮素; 因而前者更有利于硝酸盐的淋溶及向水体中的排放。

富营养化问题每况愈下

由于在农业用地和被管理的森林中, 氮的循环并不高效, 因此, 重复的作物种植会导致氮从生态系统中流失, 从而降低作物的生产力。为了维持作物产量, 需要补充可利用的氮, 一部分氮肥来自智利和秘鲁硝酸钾的开采, 但大多数氮肥来自耗能的工业固氮过程。在工业固氮过程中, 氮和氢在高压下被催化形成氨, 进而形成硝酸盐。氮肥可以硝酸盐、尿素或铵化合物 (会被氧化成硝酸盐) 的形式施用到农业生态系统中。然而, 我们并不能因此认为人工施肥是导致硝酸盐污染的唯一途径; 豆类作物 (如苜蓿、三叶草、豌豆和蚕豆) 所固定的氮, 同样会变成硝酸盐并淋溶而进入到水体中。图 22.9 展示了最近 50 年合成肥料和固氮作物的数量随时间急剧增加的趋势, 而这种趋势还将持续半个世纪 (Tilman *et al*., 2001), 特别是在发展中国家。

陆地富营养化的管理

有很多途径可以解决饮用水和富营养化中的硝酸盐问题, 例如, 全年维持一定的植被覆盖, 将作物混种而不是单种, 整合动物与作物的生产并将有

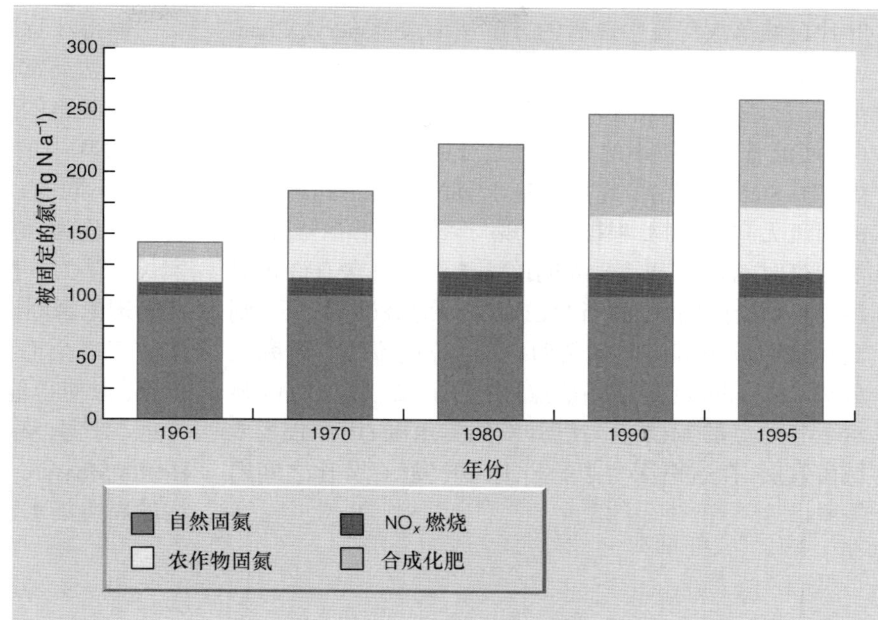

图 22.9 自 1961 年以来具代表性的年份中全球 4 种类型固氮作用的估计。自然固氮作用保持恒定，农作物固氮与合成化肥产品的固氮均急剧增加。NO_x 燃烧意指当化石燃料燃烧时大气中氮气的氧化；NO_x 沉降在下风处的生态系统中 (仿 Galloway *et al*., 1995)。

机质更普遍地返还到土壤，维持低的硝酸盐贮藏水平，使氮供应与作物的需求相适应，以及施用先进的“控制释放” (controlled release) 肥料 (Mosier *et al*., 2002)。固氮共生体 (真菌性的丛枝菌根和根瘤菌) 的作用非常有趣。根系共生体并非总是增加作物的生产力；更确切地说，不同物种或不同土壤条件下的相同物种，其功能范围可从寄生 (当它们表现为植物资源的汇时) 到互利共生 (当它们显著增强植物的行为时)。Kiers 等 (2002) 认为需要开展一些研究来确定农业管理实践 (包括施肥、耕作以及轮作) 如何影响固氮共生体短期的响应及其在更长时间尺度上的进化。对这些知识的掌握将有助于获得适当的管理体系，以增进互利共生，而减少寄生相互作用。

22.3.4 生态系统健康及其评价

描绘生态系统的退化状况——与人类的健康类似

由于人类活动的进行，世界上许多生态系统已经退化。管理者常常以人类健康作类比，将群落结构 (物种丰富度、物种组成、食物网结构——见第 16、20、21 章) 或生态系统机能执行 (生产力、营养动态、分解作用——见第 17、18 章) 因人类压迫而遭到彻底扰乱的生态系统描述为“不健康的”。生态系统健康的各方面有时会直接反映在人类健康上 (地下水氮含量引起的饮用水问题、湖泊和海洋中的毒藻、橡林中传播人类疾病的动物宿主的丰富度)，也会反映在对人类有价值的自然过程 (生态系统服务) 中，如防洪、野生食物的可利用性 (包括人类狩猎的动物以及采集的真菌和植物) 以及休闲用途。管理对策通常以压力 (pressure, P；人类行为)、状态 (state, S；所引起的群落结构和生态系统功能的改变) 和管理响应 (response, R) 为框架 (见图 22.10) (Fairweather, 1999)。正如医生会使用一些指标来衡量人类健康 (如体温、血压等)，生态系统管理者也需要生态系统健康指标，来帮助确定优先干涉的对象，并对其干涉行为所产生的效果进行评估。

森林的生态系统健康

美国西部的西黄松 (*Pinus ponderosa*) 可用来阐明压力、状态和响应之间的关系 (Rapport *et al*., 1998)。这里实际上存在多种人类影响，但 Yazvenko 和 Rapport (1997) 认为，火的抑制作用是其中最重要的方面 (我们在第 22.2.1 节中描述了澳大利亚的生态系统，正如其中所看到的，西黄松林会在出现周期性自然火灾的情形下发生进化)。由于火灾的抑制作用，森林的状态转变为：生产力降低和树木死亡率增加、养分循环格局改变、树木病虫害爆发速率和强度的增加。这些被改变的特性可作为生态系统健康的指标，而当这些指标的趋势发生逆转时，即可说明生态系统获得了成功恢复 (响应)。

河流的生态系统健康

有多种途径已用于衡量河流的健康状况，从对压力的非生物证据 (如养分浓度和沉积物负荷) 的评价，到群落组成，再到生态系统功能 (如悬垂植被的叶片自然落入河流中以后的分解速率; Gessner & Chauvet, 2002)。一些健康指数包含多种指标；而在另一些情形下，管理者仅依赖于单一的估量方法。例如，在新西兰，河流管理者使用的是大型无脊椎动物的群落指数(MCI) (Stark, 1993)。此指数基于对污染具不同耐受力的河流无脊椎动物，根据其出现与否加以评价；当 MCI 值很高时 (120 或以上)，表明该溪流健康且含有许多对污染不耐受的物种，而当 MCI 值很低时 (80 或以下)，则表示该溪流不健康。在新西兰南岛的东海岸，研究人员对 Kakaunui 河的一些地点进行了调查，图 22.11a 显示了各地点的 MCI 值与已开发的集水区 (用作牧场或城市发展；在这里压力指的是土地开发) 百分比之间的关系。

作为社会结构成分的生态系统健康

值得注意的是，生态系统健康的概念通常也是个社会概念。对一个健康的生态系统而言，人们认为其中的各种群落是健康的，但不同的社会群体对健康具有不同的定义 (例如，垂钓者认为，健康是指河流中有很多他所偏好的大鱼；家长们认为，健康就是孩子在河中游泳而不会得病；保护管理论者则认为，健康指的是土著种丰富)。Kakaunui 河位于一个毛利族的领地中，他们希望能开发出一种工具，以使得他们对河流健康的理解可以为管理者所考虑。于是，诞生了文化河流健康措施 (Cultural Stream Health Measure, CSHM)，该措施涉及人类活动影响范围内的周边集水区、河岸带、堤岸以及河床。尽管 CSHM

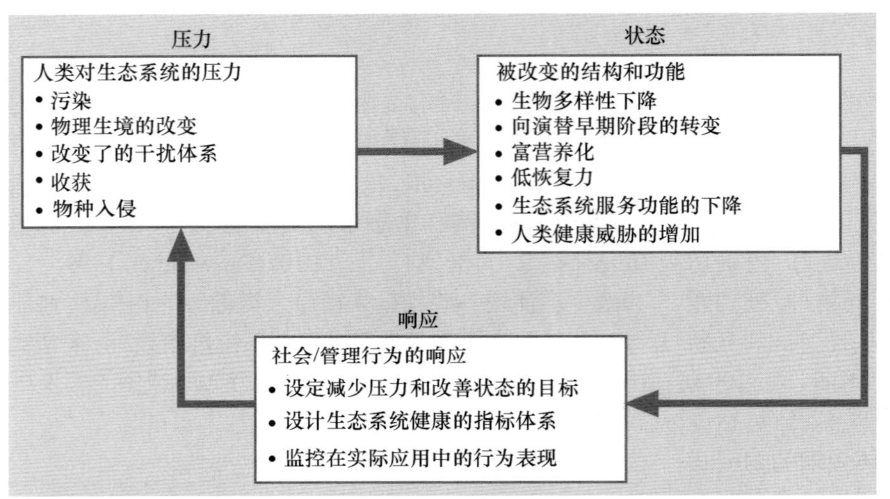

图 22.10 人类活动引起的压力、群落组分和生态系统过程的状态以及管理行为的响应之间的联系。对生态系统的反作用有时涉及对人类而言有明确价值的过程；这些受影响的生态系统服务功能包括休闲机会的减少、恶劣的水质、自然控洪能力的下降、对可收获野生动物的负作用，以及普遍意义上的对生物多样性的负作用。

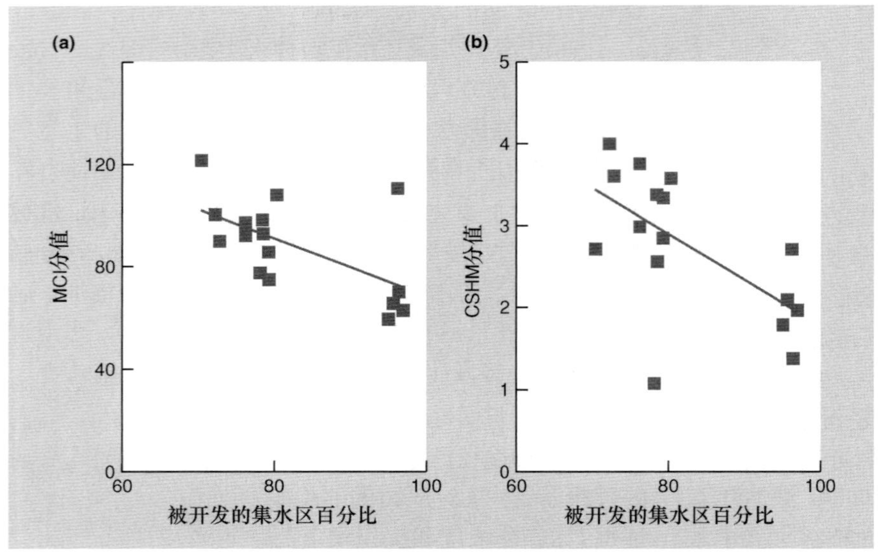

图 22.11 位于新西兰的 Kakaunui 河被开发 (用于牧场和城市) 的集水区百分比与 (a) 在该国河流管理者通常所用的大型无脊椎动物群落指数 (MCI) 以及 (b) 毛利人文化河流健康措施 (CSHM) 之间的关系 (仿 Townsend *et al*., 2004)。

不包括无脊椎动物成分,但它(图22.11b)显示出与MCI值有很强的相关性。

22.4 生物多样性及管理

22.4.1 保护区的选择

多物种还是单物种的管理计划?

人们认为,一些物种(例如,关键种、进化上独特的物种、漂亮而易出售的大型动物)处于危险之中并有着特殊的重要性,对于这些物种而言,保护单个幸存物种可能是最佳的处理方法。然而,我们不可能用保护一个物种的方法,来保护所有的濒危种。比如,据美国鱼类和野生动物管理机构估计,要全面恢复美国已公布的濒危种,需花费46亿美元和10年以上的时间(US Department of the Interior, 1990),而1993年的年度预算是6000万美元(Losos, 1993)。由于面临资金短缺的问题,保护计划不再基于单个物种,而是倾向于保护多个物种,但这可能会使那些有特殊需求的濒危种得不到足够的重视。因此,一项针对美国的案例分析表明,处于多物种保护计划中的物种,其种群更可能呈现下降的趋势(Boersma *et al.*, 2001)。正是由于这个原因,Clark 和 Harvey (2002) 倡议,需根据物种所面临的威胁状况对它们进行分组。尽管这样做存在一些缺点,但是设立保护区来保护整个种群,可认为能够保护最高的生物多样性。

保护区:增长的极限

在20世纪,多种多样的保护区(国家公园、自然保护区、多用途管理区等)其数目和面积都在增加,而自1970年以来扩张速度最快。尽管如此,1989年的4500个保护区,仍只占全球陆地面积的3.2%。假如政治上允许,那么最佳状况可能是,最终有6%的土地成为保护区——其余土地必须为人类提供所需的自然资源(Primack, 1993)。保护区通常建立在那些没其他人想要的土地上(图22.12),这虽然可以理解,但还是令人担忧。物种丰富度高且有濒危动植物的地区,通常与人口中心相重叠(图22.13)。因此,尽管对荒野的保护很有价值且相对容易,但如要保护最大的多样性,还需将目光聚集于那些对人类而言具有高价值的地区。

海洋保护地的优先区域

由于对海洋的保护要落后于陆地,因此,人们现正急迫的提出海洋保护领域中的优先权问题。从分类学角度看,多数在海洋中发现的生物区系(33个动物门中海洋占32个,其中15个是海洋所特有的)以及海洋生物群落正遭受着一系列潜在的不利影响,其中包括过度捕捞、生境破坏以及与土地有关的人类活动所引起的污染。在设计海洋保护区时,必须牢记海洋与陆地生态系统之间的一些基本差别;其中最主要的是海洋区域具有更大的“开放性”,因而养分、有机质和无机质、浮游生物以及底栖生物和鱼类的繁殖体都需要长距离扩散(Carr *et al.*, 2003;见第15.4.2节)。

保护规划的系统途径

无论在陆地还是海洋,保护区的总体目的是使每一区域的生物区系和生物多样性能够维持,而不受其他过程威胁。Margules 和 Pressey (2000) 为系统的保护计划建议了如下步骤:

(1) 汇集计划保护区域中稀有和濒危物种的生物多样性及分布的数据。

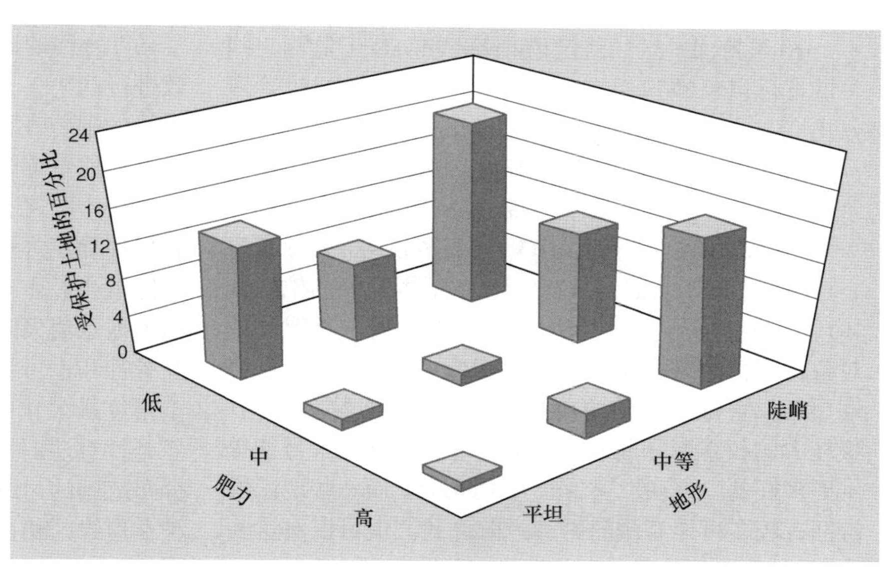

图 22.12 澳大利亚西南的保护区多数位于陡坡和生产力低下的地区,那里对农业和城市发展没有需求(仿 Pressey, 1995; Bibby, 1998)。

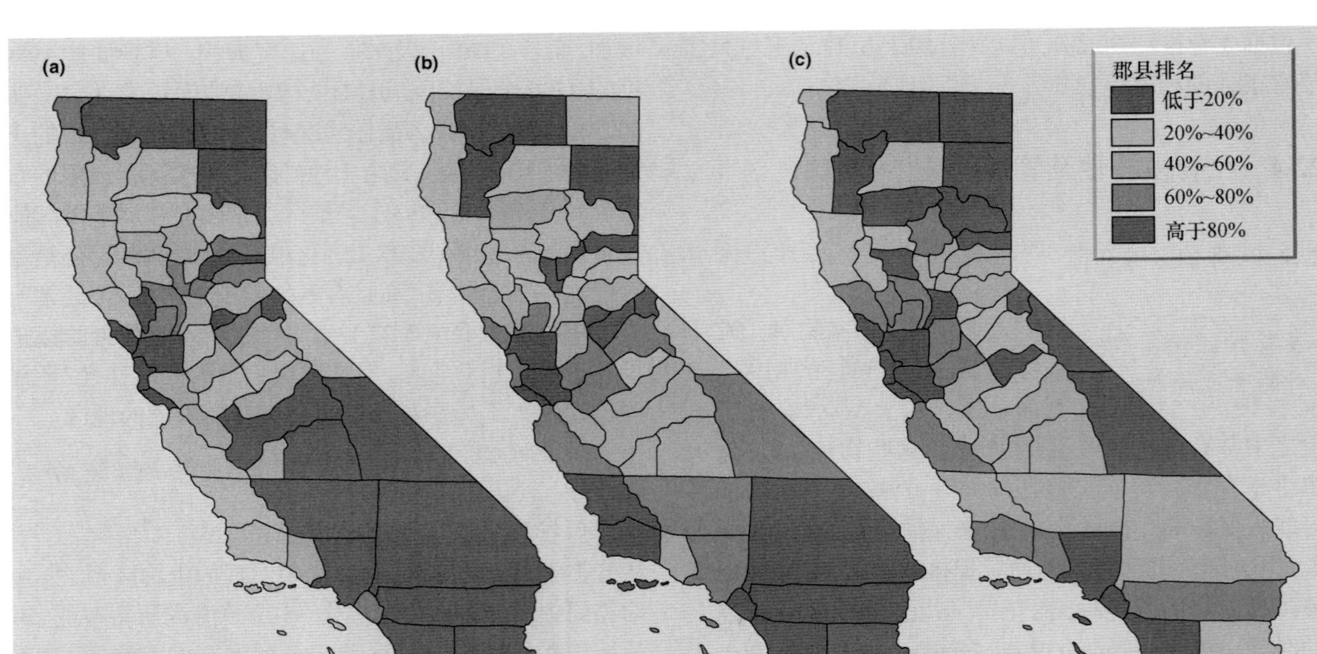

图 22.13 以 (a) 植物物种丰富度 (每 2.59 km^2 取样区域的物种数目)、(b) 在册的受胁或濒危植物物种的百分比和 (c) 人口密度为依据的, 对加利福尼亚州各郡县的排名 (仿 Dobson *et al*., 2001)。

(2) 确定保护目的, 明确设定需保护的目标物种和群落的类型, 同时量化最小保护区面积和连通性。

(3) 回顾已有的保护区以确定量化目标获得实现的程度, 并识别危及到未保护物种和群落的威胁。

(4) 选择补充保护区以增大已有保护区的面积, 以最好地实现保护目标 (将在下面进行更深入的讨论)。

(5) 确定每个地区最合适的管理方式, 当资源不足以在同一时间实现所有的保护行动时, 制定一张执行时间表。之后, 执行保护计划。

(6) 维持保护区的待定值 (required value), 监测一些关键指标以反映管理成功与否, 并根据需要修改管理方式。

多样性、特有性、灭绝和利用中心

不同地区的生物区系, 在物种丰富度 (多样性中心 —— 见第 21.1 节)、独特程度 (特有分布中心) 以及受威胁程度 (灭绝热点, 例如, 因强烈的生境破坏) 上存在差异。可以采用这些标准中的一条或几条对备选保护区进行排序 (图 22.14)。此外, 假如我们将较小的权重赋予物种的 "生存" 价值 (每个物种相同), 将较大的权重赋予物种的潜在价值 (它们将来可能提供更多好处, 如食物、驯养、日用品等), 而一些地区恰恰拥有较多可能有用的物种; 那么, 我们就可以对这些地区 (效用中心) 进行排序。

互补性和不可替代性的关键概念

然而, 生物多样性不只意味着物种丰富度。对新保护区的选择, 应当同时考虑保护尽可能多的群落和生态系统类型; 其中两个主要的原则是互补性 (complementarity) 和不可替代性 (irreplaceability) (Pressey *et al*., 1993)。

由于资源所限, 理想的对策是对候选的保护区进行评估, 并按部就班, 在每一步骤中选择与其他保护区最具互补性的地区。如今, 有很多算法可使此类步骤有效进行。例如, 其中一种算法将更多地关注群落或陆地系统的独特性程度, 而另一种算法则更多地强调不同地区陆地系统的平均稀有度 (图 22.15a)。

一个与之有关但具有微妙差异的途径, 是将不可替代性确定为一个地点保护价值的基本度量。不可替代性指示了某一地点对既定保护目标的可能贡献, 以及当该地点消失时保护可选择性的丧失程度 (图 22.15b)。互补性和不可替代性的概念能同样好地应用于使物种丰富度最大化的策略上。然而, 在使用物种丰富度的互补性算法时应当谨慎, 因为这些算法趋于选择物种分布范围的边缘地区 (Araujo & Williams, 2001), 而稀有种在边缘区相比在分布中心所起的作用更小。

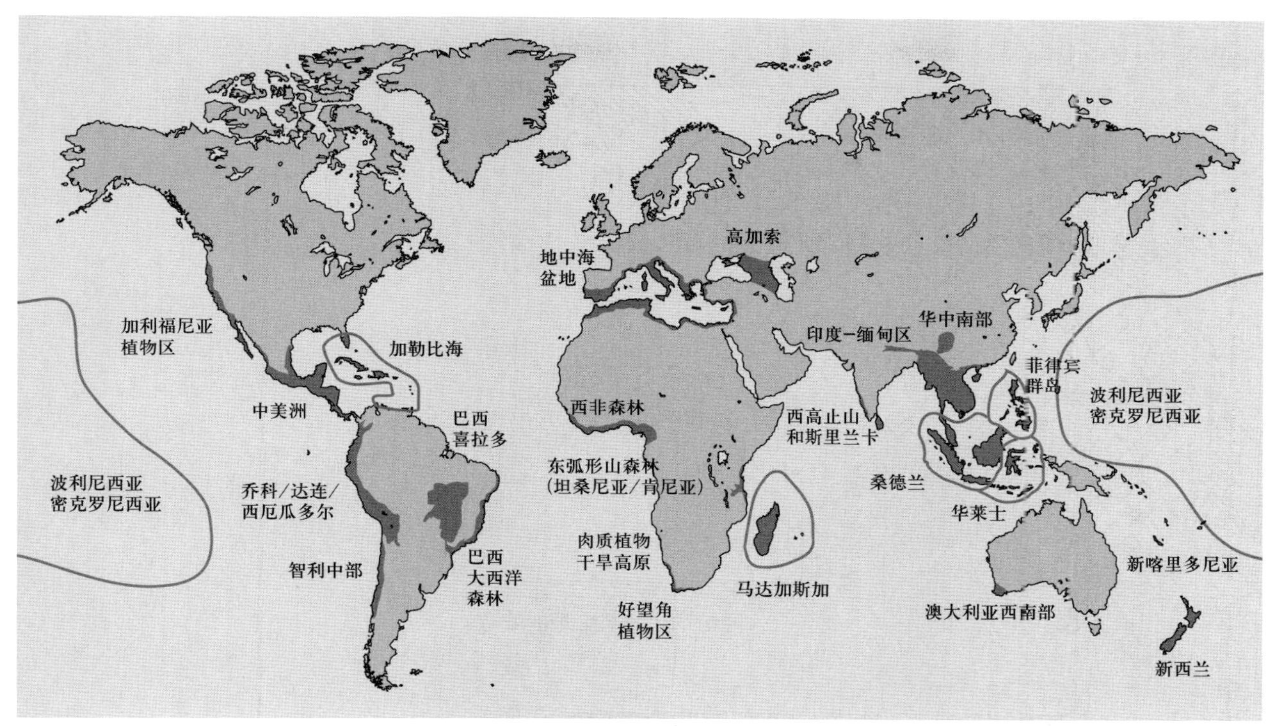

图 22.14 全球生物多样性热点地区的分布，这些地区聚集着很多的特有种，但是正遭受着严重的生境丧失。全世界 44% 的维管植物和 35% 的脊椎动物分布于这 25 个总面积之和仅占陆地表面 1.4% 的热点地区中 (仿 Myers *et al.*, 2000)。

保护区设计：来自岛屿生物地理学理论的启示

可能令人感到吃惊的是，岛屿生物地理学理论 (见第 21.5 节) 可应用于自然保护上。这是因为，很多自然保护区被人类造成的不适宜的 (因而是不友好的) 生境 "海洋" 所包围。对岛屿普遍性的研究，是否可以给我们提供用于自然保护区的 "设计原则"? 答案是肯定的，但需要谨慎 (Soule, 1986); 这里对一些普遍的观点进行说明。

(1) 保护管理者有时遇到这样一个问题，是设立一个大的保护区，还是几个面积总和与大保护区相等的小保护区 [有时表示为 SLOSS (单个大的保护区和数个小的保护区) 争论]。假如每个小保护区支持同样的物种，那么设立一个大保护区更好，因为它可能保护更多的物种 (此建议源自第 21.5.1 节中讨论的物种–面积关系。

(2) 另一方面，假如整个区域是异质性的，那么每个小保护区支持不同的物种群体，其总体的保护效果要超过一个大保护区。事实上，小岛屿的集合比面积相当的一个或数个大岛屿包含更多的物种。栖息岛屿中具有相似的格局，而该类格局在国家公园中更为显著。一项研究调查了东非公园的哺乳类和鸟类、澳大利亚保护区的哺乳类和蜥蜴以及美国国家公园的大型哺乳类，结果显示，数个小的公园比相同面积的较大公园能容纳更多的物种 (Quinn & Harrison, 1988)。这似乎表明，在决定物种丰富度方面，生境异质性是十分重要的基本特征。

(3) 特别重要的一点：局域灭绝是普遍事件 (见第 7.5 节)，因而生境碎片的再拓殖是破碎化种群存活的关键。因此，我们需要特别重视破碎化生境之间的空间联系，包括扩散廊道的提供。虽然这样做有潜在的缺点 (例如，廊道可能增加破碎化生境间灾难性事件如火灾或疾病的传播)，但支持性的论点也很有说服力。实际上，要成功保护濒危集合种群，高的重拓殖率 (即便这意味着保护管理者亲自移动周围的生物) 是不可或缺的 (见第 15.5.3 节)。需要特别注意的是，人类引起的景观破碎化使得亚种群越来越孤立，这可能对自然扩散速度低的种群产生了最强烈的影响。因此，两栖类在全球分布范围的减少，很可能或至少部分是由于其扩散能力低所导致的 (Blaustein *et al.*, 1974)。

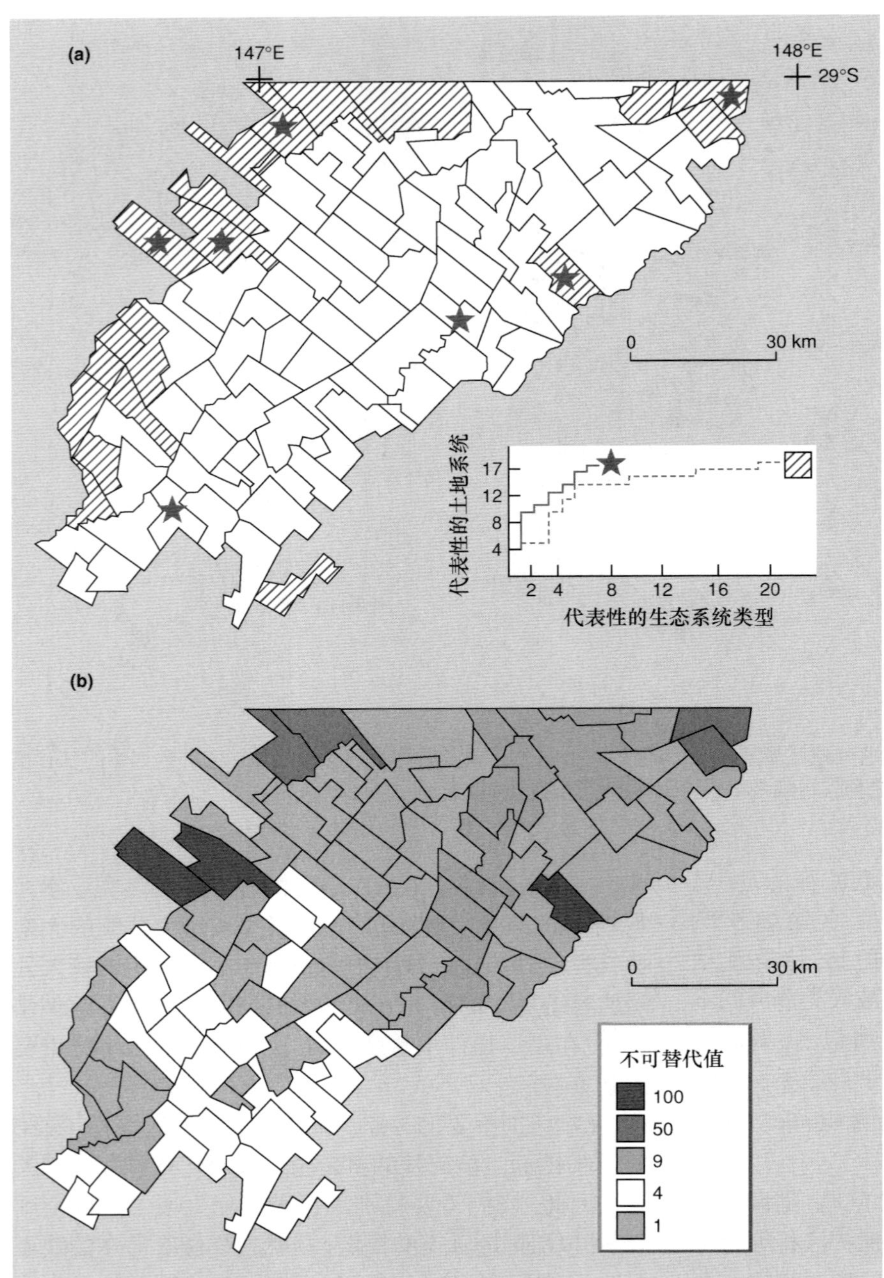

图 22.15　(a) 澳大利亚新南威尔士 95 块牧场地图；图中显示的两种土地组合必须至少代表全部 17 种生态系统类型一次。星号表示由补偿算法确定的最小组合，补偿算法是先选定一种特殊的生态系统，然后按部就班地选择最稀有的不具代表性的生态系统类型。阴影表示如果对所有土地依据其含有的生态系统类型的平均稀有度打分所必需的组合。(b) 通过预测不可替代水平所得到的每块土地的保护价值的景观 (仿 Pressey *et al.*, 1993)。

22.4.2　多用途保护区的设计

多用途的管理
—— 超越保护

根据使用者 (环境保护论者、文化采集者、商业渔夫、旅游管理者等) 的不同，人们将许多新一代的保护区设计成了多用途保护区 (Airame *et al.*, 2003)。很明显，只要在科学基础上进行规划并明确商讨的目标，就能够将土地保护和可持续利用 (林业、农业) 密切结合起来 (Margules & Pressey, 2000)。

Villa 等 (2002) 提供了一个多用途设计的好例子，用系统途径制定了第一批意大利海洋保护区计划。他们通过定义优先级的方法，包含了所有不同的利益集团 (捕鱼、娱乐、保护)，并用地理信息系统 (GIS) 绘制了不同用途和保护等级的海洋保护区地图。意大利的法律认可三个保护水平的保护区：“完整” 保护区 (只用于研究)、“一般” 保护区和较少限制的 “局部” 保护区。Villa 等接受 “部分” 和 “一般” 保护区，但把 “完整” 保护区分为两类：禁止进

表 22.1 意大利阿西纳拉岛国家海洋保护区内 4 种规划的保护水平所允许或禁止的行为 (仿 Villa *et al.*, 2002)。

类型	活动	禁止进入也不许动	允许进入但不许动	一般保护	局部保护
研究	非破坏性研究	Aa	Aa	A	A
通海航道	航行	P	L	A	A
	摩托艇	P	P	L	L
	游泳	P	P	A	A
驻留	抛锚	P	P	L	L
	停泊	P	L	Aa	A
休闲	潜水	P	L	Aa	A
	引导旅游	P	L	Aa	A
	休闲垂钓	P	P	L	A
开发利用	技术用途	P	P	L	L
	运动	P	P	P	L
	水肺潜水	P	P	P	P
	商业捕鱼	P	P	P	P

A, 允许, 无需授权; Aa, 允许, 需授权; L, 受特殊的限制; P, 禁止。

入且不许动的保护区 (只允许非破坏性研究) 和允许进入但不许动的保护区 (允许游客进行除开发之外的所有活动)。表 22.1 显示了 4 种保护区所允许的活动。

下一步是描绘出有 27 个变量的地图, 这些变量对一个或多个利益集团而言十分重要, 包括鱼类多样性、鱼类育苗场、关键种 (如帽贝、海洋哺乳类、海洋鸟类) 在不同生活史阶段所使用的地点、考古意义、多种捕鱼方式 (传统的人工捕捞、商业捕捞) 的适宜性、多种休闲活动 (如潜水、观看鲸鱼) 的适宜性、旅游基础设施和污染状况。这些变量的权重或相对重要值在与每一利益集团的对话中产生。由此产生了 5 幅较高水准的地图 (采用了一种为进行经济分析和城市规划而发展起来的方法, 即所谓的多判据分析): ① 海洋环境的经济价值 (NVM—— 与生物多样性、稀缺性以及关键生境如育苗场有关的总体价值); ② 沿海环境的经济价值 (NVC—— 与包括海鸟在内的沿海特有种以及适宜进行海龟、海豹再引入的生境有关的总体价值); ③ 休闲活动的价值 (RAV—— 所有休闲活动的总体价值); ④ 商业资源价值 (CRV—— 传统渔猎场所加上其他适宜地区的总体价值); ⑤ 通路便利的价值 (EAV—— 海洋通路和港口的总体价值)。图 22.16a~c 显示了 NVM、NVC 和 RAV 的地图。

最后一步是制定分区规划。研究者力求避免复杂的分区, 因为这会增加管理和实施的难度, 并且要特别重视不同利益集团的观点以尽量减少存留的矛盾。最终的规划 (图 22.16d) 是, 一个禁止进入且不许动的保护区 (反映了生物学的重要性和相对遥远程度), 4 个允许进入但不许动的保护区以保护其特殊价值 (如濒危种) (反映了生物学价值但很容易进入), 2 个一般保护区 (用来保护敏感的水底区域如海藻牧场, 它几乎不受所允许活动的影响; 见表 22.1), 以及一个局域保护区以作为相邻保护区的缓冲地带 (buffer zone) (在一个传统渔猎活动与保护行为不相矛盾的地区)。这个分区的提案也包括 3 条通道, 以使船只通行量最大而对环境的干扰最小。

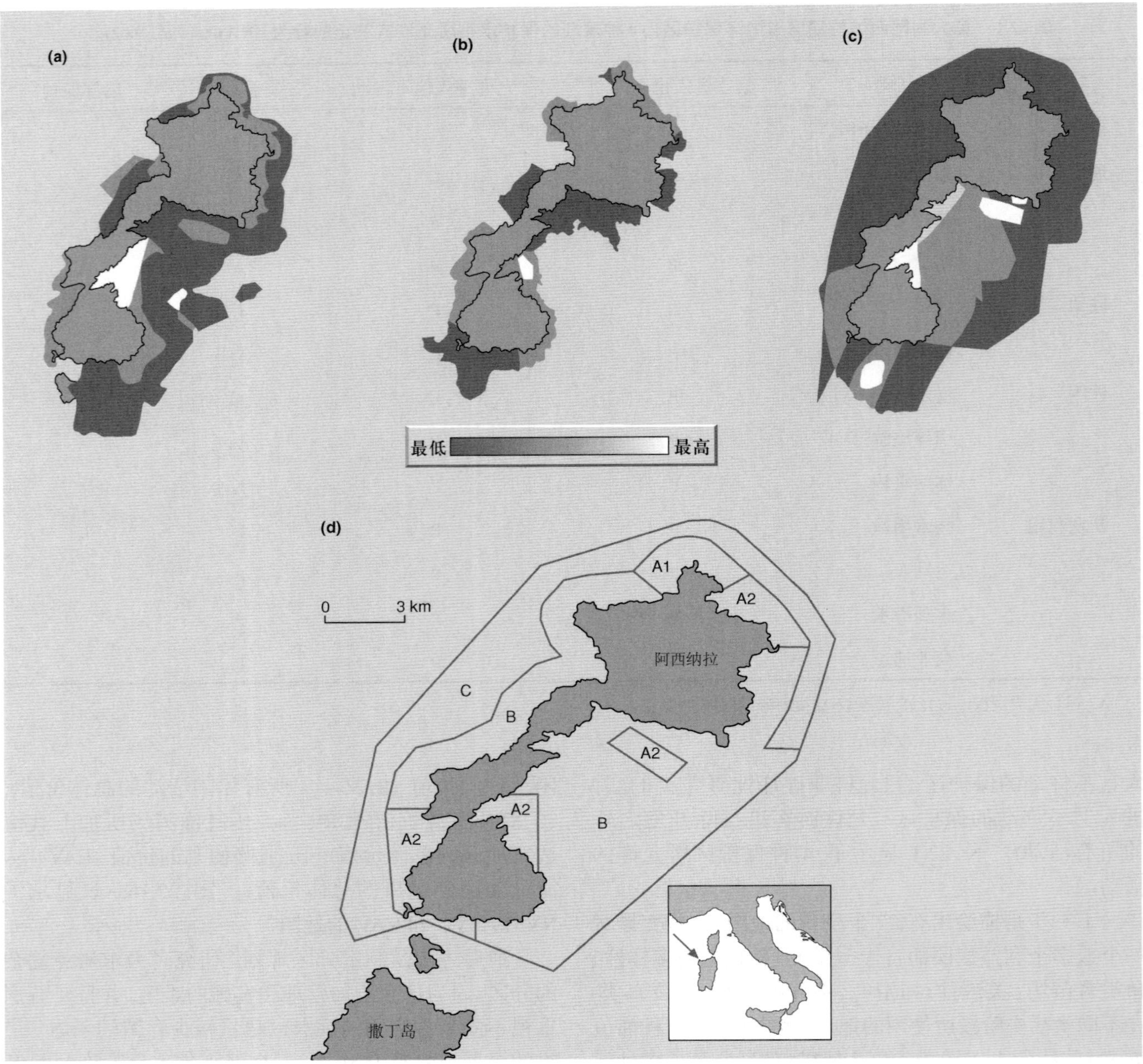

图 22.16 阿西纳拉岛周边地区 (岛屿陆地区域以中心的灰色表示) (a) 海洋环境的经济价值 (NVM)、(b) 沿海环境的经济价值 (NVC) 以及 (c) 休闲活动价值 (RAV) 图。较浅的颜色表示较高的价值。(d) 阿西纳拉岛国家海洋保护区的最终区划。A1, 禁止进入也不许动; A2, 允许进入但不许动; B, 一般保护区; C, 局域保护区。附图显示了保护区相对于意大利大陆的位置 (仿 Villa *et al.*, 2002)。

22.5 可持续性的三个基本原则

到目前为止, 我们主要强调了用生态学理论来帮助解决环境问题, 并制定可持续发展的策略。然而, 我们也已通过很多案例发现, 生态学的可持续性观点不能与经济 (例如, 有限的保护资金) 或社会 [例如, 关系到疾病风险或资源管理中涵盖不同利益集团 (包括本地居民) 的重要性] 脱节。类似的例子, 在前面讨论生态学应用的两章中也遇到过 (如第 7.2.3 节、第 7.5.5.2 节、第 7.5.6 节、第 15.2.1 节、第 15.2.3 节和第 15.3.9 节)。这里, 我们更明确地讨论经济和社会政治对环境可持续性所产生的威胁。

22.5.1 经济观

经济观的重要性

资源管理中经济学的重要性明显地体现在一些活动上, 比如

收获管理 (见第 15.3 节)、农业管理 (包括害虫防治; 见第 15.2 节和第 22.2.1 节) 以及在规划保护管理行动及保护区时有限资金的使用 (见第 7.5 节和第 22.4 节)。当涉及物种、生物多样性或生态系统的保护时, 将经济价值赋予这些被保护实体就变得更为困难。但又必须这样做, 因为人类活动 (如农业、伐木、捕获野生动物、矿石开采、化石燃料燃烧、灌溉、废物排放等) 使保护行为成为必要, 而经济论证对人类活动有利。当确实没有人对保护持反对意见时, 若以成本–效益衡量, 则保护将很可能非常有效, 因为政府通常依据其需要支出的费用和选民的选择来制定政策。

如何赋予物种的经济价值

首先让我们来考虑单个物种, 其价值包含三部分: ① 产品收获后产生的直接价值; ② 无需消费就能由生物多样性产生经济利益的间接价值; ③ 伦理价值。

许多物种被认为是活着的资源, 具有实际的直接价值; 而更多的物种很可能具有尚未被使用的潜在价值 (Miller, 1989)。在世界上很多地区, 野生动植物仍然是至关重要的资源, 而作为食物来源的大部分植物最初就是从热带和半干旱地区的野生植物驯化而来。在未来, 可能会利用这些物种的野生型, 通过繁殖获取其遗传资源, 以使这些物种改善产量、抵抗虫害、抵抗干旱等, 并且可能会发现一些不同种但适于驯化的动植物。在第 15.2 节中, 我们已知可以从一些天敌中获得潜在利益, 因为可将其用作害虫生物防治的媒介。至今, 人们仍未研究或识别大多数害虫相应的大多数天敌。最后, 世界上使用的处方和非处方药中, 40% 提取自动植物。热带的白柳 (*Salix alba*) 为人类提供了阿司匹林 —— 可能是全球使用最为广泛的药物。九带犰狳 (*Dasypus novemcinctus*) 用于麻风病及相关疫苗的研究; 美洲海牛 (*Trichechus manatus*) 则用于血友病的研究。这些都不是孤立事件, 而目前也正进行全球范围内的大尺度搜寻, 以期发现具有新的药用价值的生物。世界上绝大多数的动植物都会接受甄选, 但对于那些走向灭绝的物种而言, 人们将不可能再了解其潜在价值。通过保护物种, 我们维持了它们的选择价值 —— 有潜力在未来为人类提供利益。

非消费性的间接经济价值有时相对容易计算。例如, 许多野生昆虫负责给作物传粉。这些传粉者的价值, 就可以通过计算其对作物价值的增加程度来确定, 或者通过计算雇佣蜜蜂进行传粉所需的花费来确定 (Primack, 1993)。与此相关的, 休闲和生态旅游的货币价值 [通常称作康乐价值 (amenity value)] 越来越可观。在更小的尺度上, 每年都会 "消费" 掉大量的博物学电影、书籍和教育计划, 而它们对其基于的野生生物并不造成危害。

最后一类是伦理价值。许多人相信保护行动具有伦理基础, 认为每个物种都有实现其自身价值的权利, 即使没有人类的评价或开采, 它们的价值依旧不变。据此, 即使未被认为有经济价值的物种也需要保护。

在生物多样性保护的这三个主要原因中, 前两个, 即直接和间接经济价值, 有真实的客观基础。第三个伦理价值, 却是主观的, 因而会面临这样一个问题, 即由于不能转变为保护管理的原因而不可避免地具有较小的权重。

生态系统机能执行的定价: "生态系统服务"

显然, 给物种赋予价值并不总会简单易行。如果要赋值给整个自然生态系统带给人类的好处 (生态系统服务, 如野生物种作为食物、纤维和医药品, 对天然水体化学性质的维持, 群落对洪水和干旱的缓冲, 生态系统对害虫入侵的抵抗, 土壤的保护和维持, 局域和全球气候的调节, 有机和无机废物的降解, 休闲的机会, 等等), 则需要更多的智慧。对全球所有生态系统服务价值的估计是每年 33 万亿美元 (Costanza *et al*., 1997), 2000 年修正为每年 38 万亿美元, 这个数目与全球所有经济体的国民生产总值相当 (Balmford *et al*., 2002)。

如此粗略的估计困难重重并饱受批评, 部分是由于作出了这样的假定: 关于局部的有限认识可以安全地推广到全球, 并进行相加, 认为全球不同地区具有同样的需求和价值。Balmford 等 (2002) 认为, 在相对不受干扰的条件下所保留的生境的价值, 最好可通过计算某种特定生态系统相对完整的和已被开发使用的情况下收益的差别来确定。他们并不仅仅计算开发者从生态系统中获得的私人利益, 而且也包括了生态系统服务产生的多种公众利益的货币价值。图 22.17 显示了 3 个案例的研究结果。在每一个案例中, 对私人利益及生态系统服务的估计都为期 30~50 年。

对自然资源定价时考虑生态系统服务

第一个个案研究了喀麦隆的热带森林, 并比较了 3 种类型的产业: 影响较小的林业, 向小尺度农业的转变, 以及向油棕和橡胶种植园的转变。所有生态系统服务价值的总和在可持续林业中最高; 这里的生态系统服务, 包括沉降的控制、防汛、植被对碳的吸收 (即能降低大气中的二氧化碳

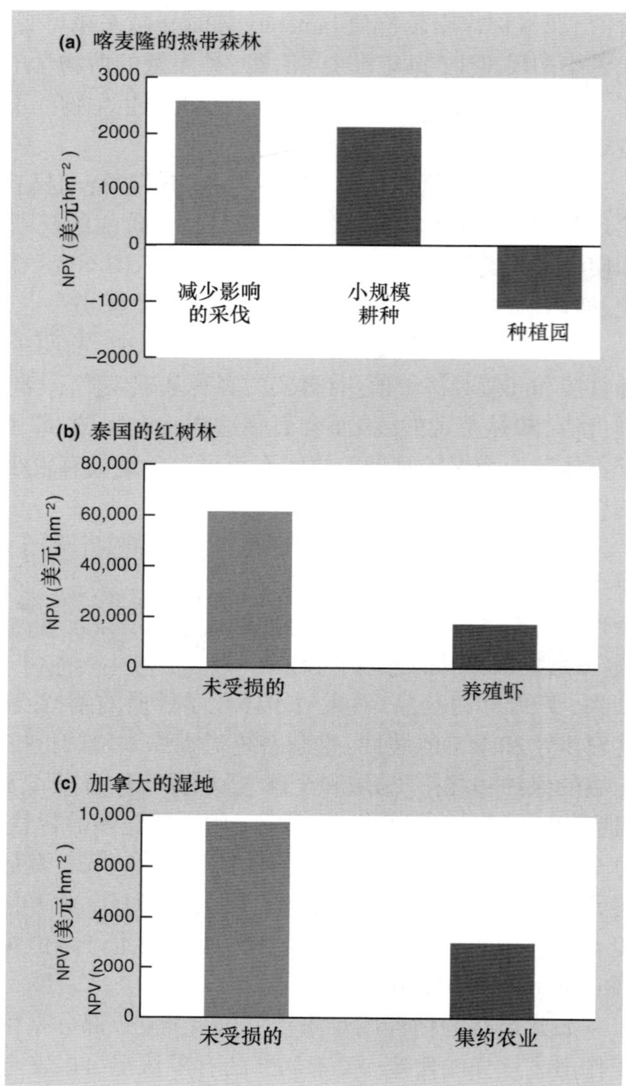

图 22.17　表示成净现值 (NPV; 2000 年为 2000 美元) 时对自然生境保留或转换的边际价值。(a) 喀麦隆热带森林 —— 对 3 种土地利用方式 32 年期间的估计, 使用了 10% 的贴现率。使用贴现是考虑到从经济角度, 每一棵树 (或每一条鱼或每一只鸟) 当前的价值要大于将来等量物品的价值 (见第 15.3.8 节)。使用的贴现率为原初研究者所采用。(b) 泰国的红树林 —— 对完整的红树林和被转变用来养殖虾的红树林在 30 年期间的估计, 使用的贴现率为 6%。(c) 加拿大的湿地 —— 对完整的湿地和被转变用来进行集约农业的湿地在 50 年期间的估计, 使用的贴现率为 4% (仿 Balmford *et al*., 2002; 原始研究分别来自 G. Yaron, S. Sathirathai 以及 W. van Vuuren, P. Roy)。

浓度, 从而削弱全球变暖) 以及一系列的物种价值 (见第 7.5 节)。影响较小的林业 32 年的总经济价值 [将私人利益与生态系统服务结合起来, 可表示为净现值 (net present value, NPV)] 比小尺度农耕多 18%; 而无论考虑私人利益还是生态系统服务, 种植园实际上都是净亏损的。

一些生态系统服务与自然生态系统相关, 如木材和非木材、木炭、近海渔业以及暴风雨防护; 对泰国红树林生态系统的分析显示, 当从经济角度考虑生态系统服务的丧失时, 来自捕虾的私人利益几乎可算作零 (图 22.17b)。与存在虾类养殖的红树林相比, 完整的红树林生态系统其总价值要超出 70%。

最后, 对淡水湿地的排干通常能产生个人利益 (正如在一个加拿大的案例中显示的, 有时很大程度上是由于政府提供了排水津贴)。然而, 完整的湿地生态系统服务包括狩猎、捕捉和垂钓, 并且当考虑这些服务的货币价值时, 完整的湿地生态系统其经济价值要超出转变后土地的约 60% (图 22.17c)。

基于这些分析, Balmford 等 (2002) 认为, 全球保护区网络的大尺度扩张 (每年花费 450 亿美元), 与每年生态系统服务可能提供的 38 万亿美元的价值相比, 实际上是个 "赚大钱的生意"。

22.5.2　社会观

Pitcher (2001) 在对渔业历史的分析中指出, 技术的逐渐进步导致所捕捞的高价值物种多度、多样性和代表性的减小 (图 22.18)。他将资源耗竭过程划分为三个可识别的阶段: 第一个阶段是生态的, 包括耗竭和局域灭绝; 第二个阶段是经济的, 包括因需要偿还资金而导致的捕捞能力增加和耗竭之间的正反馈环路; 第三个阶段是社会的, 包括每一代人认为可接受的 (或原始的) 物种多度和多样性底线的变化。在任一阶段都可能设计出可持续的制度, 但这并不时常发生。当前阶段存在的问题是, 管理者是应该制定可持续管理的政策, 还是通过实际的努力重建渔业? Pitcher 尝试了使群落 "回到未来" 的策略, 在此策略中, 与当前的和其他生态系统相比, 过去的生态系统模型 (在对局部和传统的环境认识的基础上所构建) 是服从经济的。他认为, 对这种历史生态系统的恢复中, 应重视大的不许动保护区 (no-take reserve) 的建立, 以及高价值物种的再引入。

社区行动 …… 以及土著民的作用

通过将 Balmford 等 (2002) 的经济途径与 Villa 等 (2002) 的社会途径相结合, 管理者可从中得益; 他们在发展管理对策时, 考虑了众多的地方利益集团。特别是由于本地居民对当前和历史情形有着广泛的认识, 他们可以在其地区的可持续发展方面起到主要作用。在本章中, 我们曾一再提及要向本地居民学习, 并提到他们在资源管理中的重要性 (苏门答腊的安息香花园、澳大利亚土著对火

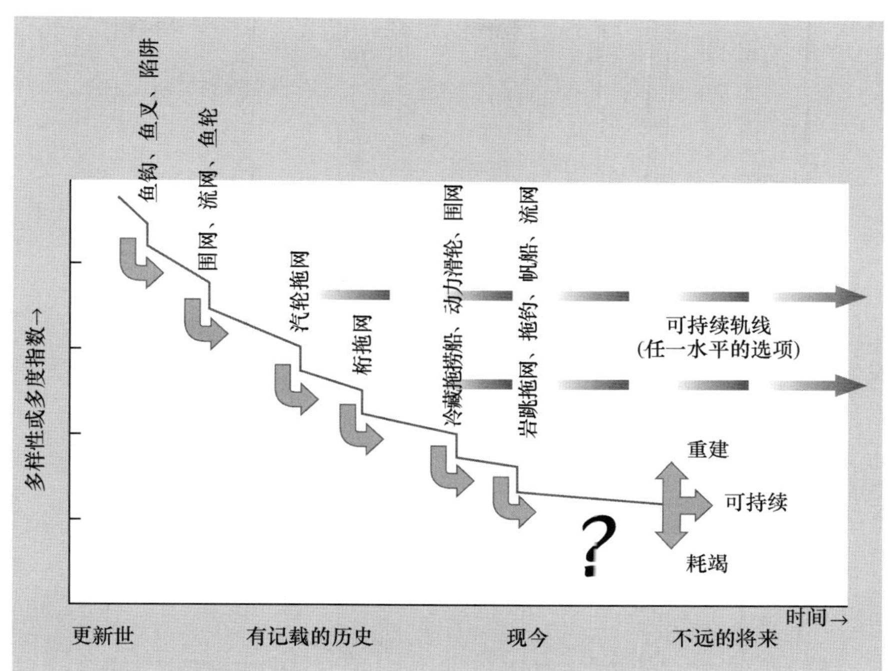

图 22.18 自史前以来捕获鱼类的多度和多样性下降的示意图。向下的阶梯表示了一系列新的捕鱼技术发明后鱼类的耗竭。灰色的水平箭头表示可持续的管理体系,在理论上可在任一阶段施行。将来的选择由三向的箭头表示 (仿 Pitcher, 2001)。

的管理、毛利人对河流健康指标的发展)。毛利人同时也是峡湾渔业和海洋环境保护者 (GOFF) 组织中的一员,他们与商业休闲的渔夫、旅游管理者以及环境保护者一同组成了这一组织。在 3 年时间里,他们发展出了新西兰南岛西海岸的新西兰峡湾地区的分区规划 (Teirney, 2003)。这完全是地方团体自下而上的努力 (而非政府或非政府机构自上而下的推动),从一开始,不同的利益集团就进行面对面的交流。虽然此途径存在管理上的困难 (需要一个有能力的促动者),但它为以下几方面的实现提供了模型: 将冲突最小化、促进彼此的认识以及为可持续生态系统的利用制定目标 (很难以自上而下的方式实现)。新西兰政府已经参与到 GOFF 计划的执行中。

22.5.3 集成

应用三底线途径……

在过去,只有当生态系统服务功能丧失后,人们才认识到它的重要性。随着对生态学认识的深入,现已对生态系统服务功能的经济意义进行了评价,而且社会政治条件也在诸多方面发生明显的改善。例如,哥斯达黎加政府自 1997 年起即因生态系统服务而付款给土地所有者,这些服务包括碳吸收、集水区保护、生物多样性以及优美的景观 (付款额约为每公顷 50 美元,这些钱主要征自化石燃料税) (Daily *et al.*, 2000)。私人企业也已开始响应。于是,一个叫地球庇护所的有限公司的企业,通过进入澳大利亚股票市场,而成为世界上第一家公开上市的保护公司。这个公司买进并修复土地,从旅游和野生生物销售中盈利。它游说并成功改变了澳大利亚的会计法,从而将土地上的稀有动物作为自己的财产 (Daily *et al.*, 2000)。这种更远可涉及政治改变的途径,需要对自然生态系统设定价格标签。

……应用于全球气候变化……

正如其他需要应用生态学知识的紧迫问题一样,处理未来的气候变化也需要将生态学、经济学和社会学的三重观点综合起来,从而实现未来的可持续。针对未来温室气体排放、在大气中的预期浓度以及由此引起的全球温度改变,存在一些估算,但它们彼此差异很大。基于对未来人口增长、不同能源利用的潜在改变以及可能的技术进步进行构想,形成不同的情景,并获得了各种情景下的预测格局;图 22.19 显示的就是增加以及在某些情形下最终下降的预测格局。

……应用于日益增长的农业发展

另一个预测全球变化的例子,关注了因增强农业发展而对全球生态系统造成的重大威胁。假设人口以预测的速率增长,那么在今后 50 年中,随着更多的土地转变为农田和牧场,相关的影响都会增大,如侵蚀不断增强、供水不可持续、盐渍化和荒漠化、过剩的植物养分流入水道以及化学农药带来的有害后果 (图 22.20)。为了控制农业扩

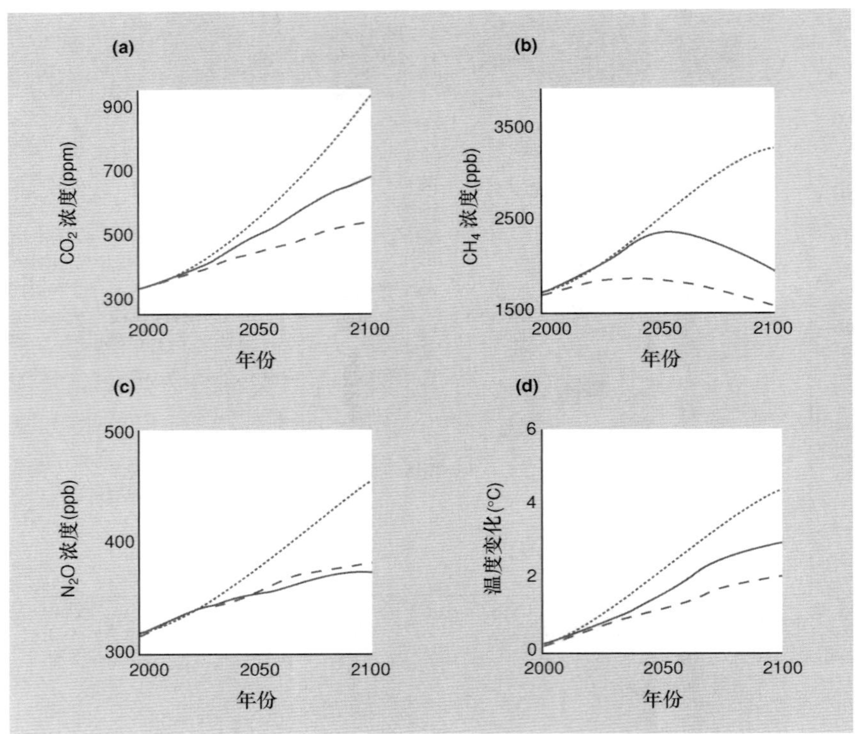

图 22.19　大气二氧化碳 (a)、甲烷 (b)、氧化亚氮 (c) 浓度变化的预测, 以及基于 3 种情景所得到的到 2100 年温度变化的预测 (d)。实线是对高经济增长、世纪中叶世界人口达到巅峰、更有效的技术快速发展、人们并不特别依赖于某一特殊能源的未来世界格局的预测。点线显示的是相似情况下的格局, 但能源的利用很大程度上依靠化石燃料 (到目前为止就是如此)。虚线表示更为乐观和可持续的情况, 其中人口增长的格局相似, 但快速转向服务和信息经济, 物质材料的使用减少, 并使用清洁和有效资源技术 (仿 IPCC, 2001)。

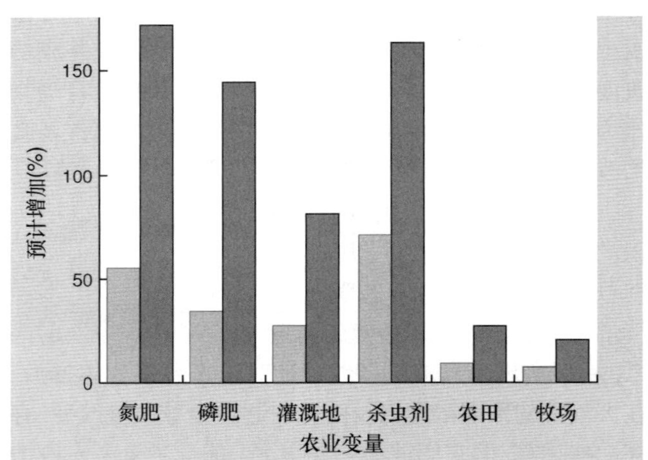

图 22.20　到 2020 年 (浅色柱图) 和 2050 年 (深色柱图) 氮 (N) 肥、磷 (P) 肥、灌溉地、杀虫剂的使用以及作物和放牧总面积预计的增加情况 (引自 Laurance, 2001; 数据来自 Tilman *et al*., 2001)。

张的环境影响, 我们在执行有效的政府决策的同时, 还需要科技的进步。这里再一次强调, 可持续性需要其三方面的支持 —— 生态学、经济学和社会政治学。

新千年伊始, 人类面临着极为广泛的问题, 涉及的范围史无前例, 从广义上讲, 其中多数是生态学问题。哲学家们可能早已预期了 “人类在世界中的位置”, 但这一问题在当前具有更为现实的新含义。我们要问, “这一切意味着什么?”; 当前对这一问题的回答还相当困难, 而它正逐渐被另一紧迫的问题所替代, 即 “我们要做什么?” 在本书的最后章节, 提出的观点认为生态学家不可能独立解决这个问题 —— 即便我们希望, 也不可能如此! 但同样地, 问题的解决也势必需要与高深而科学的生态学知识紧密联系。所以, 生态学家们在未来面临两个同样紧迫的挑战: 发展生态学以及促使生态学彻底进入地区的、国家的和全球的政策。我们必须坚信会遇到这些挑战: 怀疑只会使我们麻痹大意。

小结

这是讨论生态学理论应用的三部曲 (第 7 章、第 15 章和第 22 章) 中的最后一个章节。我们讨论了与演替、食物网、生态系统功能以及生物多样性相关的理论应用。

管理者需要意识到, 群落组成从来都不是静止的。一些管理目标 (农作物的年生产量、特定物种组合的恢复、濒危种的长期生存) 的实现可能需要稳定状态, 这时就需要考虑演替, 否则将很可能招致失败。

管理者所关心的每个物种, 都有与之相关的竞争者、互利共生者、捕食者和寄生物; 在指导不同领域 (包括人类疾病、保护、收获和生物安全) 的管理行动时, 需要对这些复杂的相互作用进行评价。

源于农业用地的养分径流，与处理或未处理的人类污水一起，通过人为富营养化过程扰乱水生生态系统的功能，增加生产力，改变非生物条件和物种组成。对湖泊生物网进行“生物操控”是一种使某些养分富集有害效应发生逆转的潜在解决方式。此外，对陆生生态系统功能的认识，可帮助我们确定最佳的农业实践方式，使作物生产力只需要最少量的养分输入来维持。对生态系统恢复目标的设定（以及监测这些目标能否实现），则需要发展陆生和水生环境“生态系统健康”的度量工具。

地球表面的大部分土地已用于人类居住、工业、采矿、食物生产以及收获，或者受到上述人类活动的不良影响。因此，无论是有特定的保护目的，还是发展收获、旅游、保护相结合的多用途，我们都亟需用生物多样性分布的知识，来设计土地和水体的保护区网络。

最后我们强调了应用生态学家不可忽视的现实，即生态学理论从来都不是孤立发展的。首先，必须有经济上的考虑：农民如何在使生产量最大化的同时将不利生态后果最小化？如何评价除林业和矿业收益之外的生物多样性和生态系统功能？如何从有限的保护资金中获得最大的回报？其次，必须总要有社会政治上的考虑：何种方式可用来协调不同的利益集团？可持续管理是通过法律规定还是教育鼓励？如何考虑原住民的需要和观点？这些观点总括起来可谓之可持续性的三个基本原则，即生态观、经济观和社会政治观。

参考文献

Aber, J. D. (1992) Nitrogen cycling and nitrogen saturation in temperate forest ecosystems. *Trends in Ecology and Evolution*, 7, 220–224.

Aber, J. D. & Federer, C. A. (1992) A generalised, lumped-parameter model of photosynthesis, evapotranspiration and net primary production in temperate and boreal forest ecosystems. *Oecologia*, 92, 463–474.

Abrahamson, W. G. (1975) Reproductive strategies in dewberries. *Ecology*, 56, 721–726.

Abrams, P. (1976) Limiting similarity and the form of the competition coefficient. *Theoretical Population Biology*, 8, 356–375.

Abrams, P. (1983) The theory of limiting similarity. *Annual Review of Ecology and Systematics*, 14, 359–376.

Abrams, P. A. (1990) Ecological vs evolutionary consequences of competition. *Oikos*, 57, 147–151.

Abrams, P. (1997) Anomalous predictions of ratio-dependent models of predation. *Oikos*, 80, 163–171.

Abramsky, Z. & Rosenzweig, M. L. (1983) Tilman's predicted productivity-diversity relationship shown by desert rodents. *Nature*, 309, 150–151.

Abramsky, Z. & Sellah, C. (1982) Competition and the role of habitat selection in *Gerbillus allenbyi* and *Meriones tristrami:* a removal experiment. *Ecology*, 63, 1242–1247.

Adams, E. S. (2001) Approaches to the study of territory size and shape. *Annual Review of Ecology and Systematics*, 32, 277–303.

Agrawal, A. A. (1998) Induced responses to herbivory and increased plant performance. *Science*, 279, 1201–1202.

Airame, S., Dugan, J. E., Lafferty, K. D., Leslie, H., McArdle, D. A. & Warner, R. R. (2003) Applying ecological criteria to marine reserve design: a case study from the California Channel Islands. *Ecological Applications*, 13 (Suppl.), S170–S184.

Akçakaya, H. R. (1992) Population viability analysis and risk assessment. In: *Proceedings of Wildlife 2001: Populations* (D. R. McCullough, ed.), pp. 148–158. Elsevier, Amsterdam.

Albertson, F. W. (1937) Ecology of mixed prairie in west central Kansas. *Ecological Monographs*, 7, 481–547.

Albon, S. D., Stien, A., Irvine, R. J., Langvatn, R., Ropstad, E. & Halvorsen, O. (2002) The role of parasites in the dynamics of a reindeer population. *Proceedings of the Royal Society of London, Series B,* 269, 1625–1632.

Albrecht, M. & Gotelli, N. J. (2001) Spatial and temporal niche partitioning in grassland ants. *Oecologia*, 126, 134–141.

Alexander, R. McN. (1991) Optimization of gut structure and diet for higher vertebrate herbivores. In: *The Evolutionary Interaction of Animals and Plants* (J. L. Harper & J. H. Lawton, eds), pp. 73–79. The Royal Society, London; also in *Philosophical Transactions of the Royal Society of London, Series B,* 333, 249–255.

Allen, K. R. (1972) Further notes on the assessment of Antarctic fin whale stocks. *Report of the International Whaling Commission,* 22, 43–53.

Allison, M. J. (1984) Microbiology of the rumen and small and large intestines. In: *Dukes' Physiology of Domestic* Animals, 10th edn (M. J. Swenson, ed.), pp. 340–350. Cornell University Press, Ithaca, NY.

Alonso, A., Dallmeier, F., Granek, E. & Raven, P. (2001) *Connecting with the Tapestry of Life*. Smithsonian Institution/Monitoring and Assessment of Biodiversity Program and President's Committee of Advisors on Science and Technology, Washington, DC.

Alphey, T. W. (1970) Studies on the distribution and site location of *Nippostrongylus brasiliensis* within the small intestine of laboratory rats. *Parasitology*, 61, 449–460.

Amarasekare, P. & Possingham, H. (2001) Patch dynamics and metapopulation theory: the case of successional species. *Journal of Theoretical Biology*, 209, 333–344.

Anderson, J. M. (1978) Inter- and intrahabitat relationships between woodland Cryptostigmata species diversity and diversity of soil and litter micro-habitats. *Oecologia*, 32, 341–348.

Anderson, J. M. (1987) Forest soils as short, dry rivers: effects of invertebrates on transport processes. *Verhandlungen der Gesellschaft fur Okologie*, 17, 33–45.

Anderson, R. M. (1981) Population ecology of infectious disease agents. In: *Theoretical Ecology: principles and applications*, 2nd edn (R. M. May, ed.), pp. 318–355. Blackwell Scientific Publications, Oxford.

Anderson, R. M. (1982) Epidemiology. In: *Modern Parasitology* (F. E. G. Cox, ed.), pp. 205–251. Blackwell Scientific Publications, Oxford.

Anderson, R. M. (1991) Populations and infectious diseases: ecology or epidemiology? *Journal of Animal Ecology*, 60, 1–50.

Anderson, R. M. & May, R. M. (1978) Regulation and stability of host-parasite population interactions. I. Regulatory processes. *Journal of Animal Ecology*, 47, 219–249.

Anderson, R. M. & May, R. M. (1991) *Infectious Diseases of Humans: dynamics and control.* Oxford University Press, Oxford.

Anderson, R. M., Jackson, H. C., May, R.M. & Smith, A.D.M. (1981) Population dynamics of fox rabies in Europe. *Nature*, 289, 765–771.

Andrewartha, H. G. & Birch, L. C. (1954) *The Distribution and Abundance of Animals*. University of Chicago Press, Chicago.

Andrews, P., Lorde, J. M. & Nesbit Evans, E. M. (1979) Patterns of ecological diversity in fossil and mammalian faunas. *Biological Journal of the Linnean Society*, 11, 177–205.

Angel, M. V. (1994) Spatial distribution of marine organisms: patterns and processes. In: *Large Scale Ecology and Conservation Biology* (P. J. Edwards, R. M. May & N. R. Webb, eds), pp. 59–109. Blackwell, Oxford.

Angermeier, P. L. (1995) Ecological attributes of extinction-prone species: loss of freshwater fishes of Virginia. *Conservation Biology,* 9, 143–158.

Antonovics, J. & Alexander, H. M. (1992) Epidemiology of anthersmut infection of *Silene alba* (=*Silene latifolia*) caused by *Ustilago violacea*: patterns of spore deposition in experimental populations. *Proceedings of the Royal Society of London, Series B*, 250, 157–163.

Antonovics, J. & Bradshaw, A. D. (1970) Evolution in closely adjacent plant populations. VIII. Clinical patterns at a mine boundary. *Heredity*, 25, 349–362.

ANZECC (Australia and New Zealand Environment and Conservation Council) (1998) *National Koala Conservation Strategy*. Environment Australia, Canberra.

Arain, M. A., Black, T. A., Barr, A. G. *et al.* (2002) Effects of seasonal and interannual climate variability on net ecosystem productivity of boreal deciduous and conifer forests. *Canadian Journal of Forestry Research*, 32, 878–891.

Araujo, M. B. & Williams, P. H. (2001) The bias of complementarity hotspots toward marginal populations. *Conservation Biology*, 15, 1710–1720.

Arditi, R. & Ginzburg, L. R. (1989) Coupling in predator-prey dynamics: ratio dependence. *Journal of Theoretical Biology*, 139, 311–326.

Armbruster, P. & Lande, R. (1992) A population viability analysis for African elephant (*Loxodonta africana*): how big should reserves be? *Conservation Biology*, 7, 602–610.

Ashmole, N. P. (1971) Sea bird ecology and the marine environment. In: *Avian Biology*, Vol. 1 (D. S. Farner & J. R. King, eds), pp. 224–286. Academic Press, New York.

Aston, J. L. & Bradshaw, A. D. (1966) Evolution in closely adjacent plant populations. II. *Agrostis stolonifera* in maritime habitats. *Heredity*, 21, 649–664.

Atkinson, D., Ciotti, B. J. & Montagnes, D. J. S. (2003) Protists decrease in size linearly with temperature: *ca.* 2.5%$^\circ C^{-1}$. *Proceedings of the Royal Society of London, Series B*, 270, 2605–2611.

Atkinson, W. D. & Shorrocks, B. (1981) Competition on a divided and ephemeral resource: a simulation model. *Journal of Animal Ecology*, 50, 461–471.

Audesirk, T. & Audesirk, G. (1996) *Biology: life on earth*. Prentice Hall, Upper Saddle River, NJ.

Ausmus, B. S., Edwards, N. T. & Witkamp, M. (1976) Microbial immobilisation of carbon, nitrogen, phosphorus and potassium: implications for forest ecosystem processes. In: *The Role of Terrestrial and Aquatic Organisms in Decomposition Processes* (J. M. Anderson & A. MacFadyen, eds), pp. 397–416. Blackwell Scientific Publications, Oxford.

Ayal, Y. (1994) Time-lags in insect response to plant productivity: significance for plant-insect interactions in deserts. *Ecological Entomology*, 19, 207–214.

Ayala, F. J. (1969) Evolution of fitness. IV. Genetic evolution of interspecific competitive ability in *Drosophila*. *Genetics*, 61, 737–747.

Bach, C. E. (1994) Effects of herbivory and genotype on growth and survivorship of sand-dune willow (*Salix cordata*). *Ecological Entomology*, 19, 303–309.

Badger, M. R., Andrews, T. J., Whitney, S. M. *et al.* (1997) The diversity and coevolution of Rubisco, plastids, pyrenoids, and chloroplastbased CO_2-concentrating mechanisms in algae. *Canadian Journal of Botany*, 76, 1052–1071.

Baker, A. J. M. (2002) The use of tolerant plants and hyperaccumulators. In: *The Restoration and Management of Derelict Land: modern approaches* (M. H. Wong & A. D. Bradshaw, eds), pp. 138–148. World Scientific Publishing, Singapore.

Bakker, K. (1961) An analysis of factors which determine success in competition for food among larvae of *Drosophila melanogaster. Archieves Neerlandaises de Zoologie*, 14, 200–281.

Baldwin, I. T. (1998) Jasmonate-induced responses are costly but benefit plants under attack in native populations. *Proceedings of the National Academy of Science of the USA*, 95, 8113–8118.

Balmford, A., Bruner, A., Cooper, P. *et al.* (2002) Economic reasons for conserving wild nature. *Science*, 297, 950–953.

Balmford, A., Green, R. E. & Jenkins, M. (2003) Measuring the changing state of nature. *Trends in Ecology and Evolution*, 18, 326–330.

Baltensweiler, W., Benz, G., Bovey, P. & Delucchi, V. (1977) Dynamics of larch budmoth populations. *Annual Review of Ecology and Systematics*, 22, 79–100.

Barbosa, P. (ed.) (1998) *Conservation Biological Control*. Academic Press, San Diego.

Baross, J. A. & Deming, J. W. (1995) Growth at high temperatures: isolation and taxonomy, physiology, ecology. In: *Microbiology of Deep-Sea Hydrothermal Vent Habitats* (D. M. Karl, ed.), pp. 169–218. CRC Press, New York.

Barrett, K., Wait, D. & Anderson, W. B. (2003) Small island biogeography in the Gulf of California: lizards, the subsidized island biogeography hypothesis, and the small island effect. *Journal of Biogeography*, 30, 1575–1581.

Bascompte, J. & Sole, R. V. (1996) Habitat fragmentation and extinction thresholds in spatially explicit models. *Journal of Animal Ecology*, 65, 465–473.

Batzli, G. O. (1983) Responses of arctic rodent populations to nutritional factors. *Oikos*, 40, 396–406.

Batzli, G. O. (1993) Food selection in lemmings. In: *The Biology of Lemmings* (N. C. Stenseth & R.A. Ims, eds), pp. 281–302. Academic Press, London.

Bayliss, P. (1987) Kangaroo dynamics. In: *Kangaroos, their Ecology and Management in the Sheep Rangelands of Australia* (G. Caughley, N. Shepherd & J. Short, eds), pp. 119–134. Cambridge University Press, Cambridge, UK.

Bazzaz, F. A. (1979) The physiological ecology of plant succession. *Annual Review of Ecology and Systematics*, 10, 351–371.

Bazzaz, F. A. (1990) The response of natural ecosystems to the rising global CO_2 levels. *Annual Review of Ecology and Systematics*, 21, 167–196.

Bazzaz, F. A. & Williams, W. E. (1991) Atmospheric CO_2 concentrations within a mixed forest: implications for seedling growth. *Ecology*, 72, 12–16.

Bazzaz, F. A., Miao, S. L. & Wayne, P. M. (1993) CO_2-induced growth enhancements of co-occurring tree species decline at different rates. *Oecologia*, 96, 478–482.

Beaumont, L. J. & Hughes, L. (2002) Potential changes in the distributions of latitudinally restricted Australian butterfly species in response to climate change. *Global Change Biology*, 8, 954–971.

Becker, P. (1992) Colonization of islands by carnivorous and herbivorous Heteroptera and Coleoptera: effects of island area, plant species richness, and 'extinction' rates. *Journal of Biogeography*, 19, 163–171.

Becker, P. (2000) Competition in the regeneration niche between conifers and angiosperms: Bond's slow seedling hypothesis. *Functional Ecology*, 14, 401–412.

Beddington, J. R., Free, C. A. & Lawton, J. H. (1978) Modelling biological control: on the characteristics of successful natural enemies. *Nature*, 273, 513–519.

Beebee, T. J. C. (1991) Purification of an agent causing growth inhibition in anuran larvae and its identification as a unicellular unpigmented alga. *Canadian Journal of Zoology*, 69, 2146–2153.

Begon, M. (1976) Temporal variations in the reproductive condition of *Drosophila obscura* Fallén and D. *subobscura* Collin. *Oecologia*, 23, 31–47.

Begon, M. & Bowers, R. G. (1995) Beyond host-pathogen dynamics. In: *Ecology of Infectious Diseases in Natural Populations* (B. T. Grenfell & A. P. Dobson, eds), pp. 478–509. Cambridge University Press, Cambridge, UK.

Begon, M. & Wall, R. (1987) Individual variation and competitor coexistence: a model. *Functional Ecology*, 1, 237–241.

Begon, M., Bennett, M., Bowers, R. G., French, N. P., Hazel, S. M. & Turner, J. (2002) A clarification of transmission terms in host-microparasite models: numbers, densities and areas. *Epidemiology and Infection*, 129, 147–153.

Begon, M., Feore, S. M., Bown, K., Chantrey, J., Jones, T. & Bennett, M. (1998) Population and transmission dynamics of cowpox virus in bank voles: testing fundamental assumptions. *Ecology Letters*, 1, 82–86.

Begon, M., Firbank, L. & Wall, R. (1986) Is there a self-thinning rule for animal populations? *Oikos*, 46, 122–124.

Begon, M., Harper, J. L. & Townsend, C. R. (1990) *Ecology: individuals, populations and communities*, 2nd edn. Blackwell Scientific Publications, Oxford.

Begon, M., Sait, S. M. & Thompson, D. J. (1995) Persistence of a predator-prey system: refuges and generation cycles? *Proceedings of the Royal Society of London, Series B*, 260, 131–137.

Begon, M., Sait, S. M. & Thompson, D.J. (1996) Predator-prey cycles with period shifts between two- and three-species systems. *Nature*, 381, 311–315.

Behnke, J. M., Bayer, A., Sinski, E. & Wakelin, D. (2001) Interactions involving intestinal nematodes of rodents: experimental and field studies. *Parasitology*, 122, S39–S49.

Bell, D. T. (2001) Ecological response syndromes in the flora of southwestern Western Austalia: fire resprouters versus reseeders. *The Botanical Review*, 67, 417–441.

Bell, G. & Koufopanou, V. (1986) The cost of reproduction. *Oxford Surveys in Evolutionary Biology*, 3, 83–131.

Bellows, T. S. Jr. (1981) The descriptive properties of some models for density dependence. *Journal of Animal Ecology*, 50, 139–

156.

Belt, T. (1874) *The Naturalist in Nicaragua*. J. M. Dent, London.

Belyea, L. R. & Lancaster, J. (1999) Assembly rules within a contingent ecology. *Oikos*, 86, 402–416.

Benke, A. C., Wallace, J. B., Harrison, J. W. & Koebel, J. W. (2001) Food web quantification using secondary production analysis: predaceous invertebrates of the snag habitat in a subtropical river. *Freshwater Biology*, 46, 329–346.

Bennet, K. D. (1986) The rate of spread and population increase of forest trees during the postglacial. *Philosophical Transactions of the Royal Society of London, Series B*, 314, 523–531; and in *Quantitative Aspects of the Ecology of Biological Invasions* (H. Kornberg & M. H. Williamson, eds), pp. 21–27. The Royal Society, London.

Benson, J. F. (1973a) The biology of Lepidoptera infesting stored products, with special reference to population dynamics. *Biological Reviews*, 48, 1–26.

Benson, J. F. (1973b) Population dynamics of cabbage root fly in Canada and England. *Journal of Applied Ecology*, 10, 437–446.

Benton, T. G. & Grant, A. (1999) Elasticity analysis as an important tool in evolutionary and population ecology. *Trends in Ecology and Evolution*, 14, 467–471.

Bergelson, J. M. (1985) A mechanistic interpretation of prey selection by *Anax junius* larvae (Odonata: Aeschnidae). *Ecology*, 66, 1699–1705.

Bergelson, J. (1994) The effects of genotype and the environment on costs of resistance in lettuce. *American Naturalist*, 143, 349–359.

Berger, J. (1990) Persistence of different-sized populations: an empirical assessment of rapid extinctions in bighorn sheep. *Conservation Biology*, 4, 91–98.

Bergman, C. M., Fryxell, J. M. & Gates, C. C. (2000) The effect of tissue complexity and sward height on the functional response of wood bison. *Functional Ecology*, 14, 61–69.

Berner, E. K. & Berner, R. A. (1987) *The Global Water Cycle: geochemistry and environment*. Prentice-Hall, Englewood Cliffs, NJ.

Bernstein, C., Kacelnik, A. & Krebs, J. R. (1988) Individual decisions and the distribution of predators in a patchy environment. *Journal of Animal Ecology*, 57, 1007–1026.

Bernstein, C., Kacelnik, A. & Krebs, J. R. (1991) Individual decisions and the distribution of predators in a patchy environment. II. The influence of travel costs and structure of the environment. *Journal of Animal Ecology*, 60, 205–225.

Berry, J. A. & Bjorkman, O. (1980) Photosynthetic response and adaptation to temperature in higher plants. *Annual Review of Plant Physiology*, 31, 491–543.

Berryman, A. A. (ed.) (2002) *Population Cycles: the case for trophic interactions*. Oxford University Press, Oxford.

Bertness, M. D., Leonard, G. H., Levin, J. M., Schmidt, P. R. & Ingraham, A. O. (1999) Testing the relative contribution of positive and negative interactions in rocky intertidal communities. *Ecology*, 80, 2711–2726.

Berven, K. A. (1995) Population regulation in the wood frog, *Rana sylvatica*, from three diverse geographic localities. *Australian Journal of Ecology*, 20, 385–392.

Beven, G. (1976) Changes in breeding bird populations of an oakwood on Bookham Common, Surrey, over twenty-seven years. *London Naturalist*, 55, 23–42.

Beverton, R. J. H. (1993) The Rio Convention and rational harvesting of natural fish resources: the Barents Sea experience in context. In: *Norway/UNEP Expert Conference on Biodiversity* (O. T. Sandlund & P. J. Schei, eds), pp. 44–63. DN/NINA, Trondheim.

Bibby, C. J. (1998) Selecting areas for conservation. In: *Conservation Science and Action* (W. J. Sutherland, ed.), pp. 176–201. Blackwell Science, Oxford.

Bidle, K. D. & Azam, F. (2001) Bacterial control of silicon regeneration from diatom detritus: significance of bacterial ectohydrolases and species identity. *Limnology and Oceanography*, 46, 1606–1623.

Bigger, M. (1976) Oscillations of tropical insect populations. *Nature*, 259, 207–209.

Biggins, D. E. & Kosoy, M. Y. (2001) Influences of introduced plague on North American mammals: implications from ecology of plague in Asia. *Journal of Mammalogy*, 82, 906–916.

Bignell, D. E. (1989) Relative assimilations of carbon-14-labeled microbial tissues and carbon-14-labeled plant fiber ingested with leaf litter by the millipede *Glomeris marginata* under experimental conditions. *Soil Biology and Biochemistry*, 21, 819–828.

Björnhag, G. (1994) Adaptations in the large intestine allowing small animals to eat fibrous food. In: *The Digestive System in Mammals. Food, Form and Function* (D. J. Chivers & P. Langer, eds), pp. 287–312. Cambridge University Press, Cambridge, UK.

Bjørnstad, O. N. & Grenfell, B. T. (2001) Noisy clockwork: time series analysis of population fluctuations in animals. *Science*, 293, 638–643.

Bjørnstad, O. N., Falck, W. & Stenseth, N. C. (1995) A geographic gradient in small rodent density fluctuations: a statistical modelling approach. *Proceedings of the Royal Society of London, Series B*, 262, 127–133.

Bjørnstad, O. N., Sait, S. M., Stenseth, N. C., Thompson, D. J. & Begon, M. (2001) The impact of specialized enemies on the dimensionality of host dynamics. *Nature*, 409, 1001–1006.

Black, J. N. (1963) The interrelationship of solar radiation and leaf area index in determining the rate of dry matter production of swards of subterranean clover (*Trifolium subterraneum*). *Australian Journal of Agricultural Research*, 14, 20–38.

Black, T. A., Chen, W. J., Barr, A. G. *et al.* (2000) Increased carbon sequestration by a boreal deciduous forest in years with a warm spring. *Geophysical Research Letters*, 27, 1271–1274.

Blackburn, T. M. & Gaston, K. J. (eds) (2003) *Macroecology: concepts and consequences*. Blackwell Publishing, Oxford.

Blackford, J. C., Allen, J. I. & Gilbert, F. J. (2004) Ecosystem dynamics at six contrasting sites: a generic modelling study. *Journal of Marine Systems*, 52, 191–215.

Blaustein, A. R., Wake, D. B. & Sousa, W. P. (1994) Amphibian declines: judging stability, persistence, and susceptibility of populations to local and global extinctions. *Conservation Biology*, 8, 60–71.

Blueweiss, L., Fox, H., Kudzma, V., Nakashima, D., Peters, R. & Sams, S. (1978) Relationships between body size and some life history parameters. *Oecologia*, 37, 257–272.

Bobbink, R., Boxman, D., Fremstad, E., Heil, G., Houdijk, A. & Roelofs, J. (1992) Critical loads for nitrogen eutrophication of terrestrial and wetland ecosystems based upon changes in vegetation and fauna. In: *Critical Loads for Nitrogen* (P. Grennfelt & E. Thornelof, eds), pp. 111–160. Nordic Council of Ministers, Copenhagen.

Boden, T. A., Kanciruk, P. & Fartell, M. P. (1990) *Trends '90. A Compendium of Data on Global Change*. Carbon Dioxide Analysis Center, Oak Ridge National Laboratory, Oak Ridge, TN.

Boersma, P. D., Kareiva, P., Fagan, W. F., Clark, J. A. & Hoekstra, J. M. (2001) How good are endangered species recovery plans? *BioScience*, 51, 643–650.

Boivin, G., Fauvergue, X. & Wajnberg, E. (2004) Optimal patch residence time in egg parasitoids: innate versus learned estimate of patch quality. *Oecologia*, 138, 640–647.

Bojorquez-Tapia, L. A., Brower, L. P., Castilleja, G. *et al.* (2003) Mapping expert knowledge: redesigning the monarch butterfly biosphere reserve. *Conservation Biology*, 17, 367–379.

Bolker, B. M., Pacala, S. W. & Neuhauser, C. (2003) Spatial dynamics in model plant communities: what do we really know. *American Naturalist*, 162, 135–148.

Bonnet, X., Lourdais, O., Shine, R. & Naulleau, G. (2002) Reproduction in a typical capital breeder: costs, currencies and complications in the aspic viper. *Ecology*, 83, 2124–2135.

Bonsall, M. B. & Hassell, M. P. (1997) Apparent competition structures ecological assemblages. *Nature*, 388, 371–372.

Bonsall, M. B., French, D. R. & Hassell, M. P. (2002) Metapopulation structure affects persistence of predator-prey interactions. *Journal of Animal Ecology*, 71, 1075–1084.

Booth, B. D. & Swanton, C. J. (2002) Assembly theory applied to weed communities. *Weed Science*, 50, 2–13.

Booth, D. J. & Brosnan, D. M. (1995) The role of recruitment dynamics in rocky shore and coral reef fish communities. *Advances in Ecological Research*, 26, 309–385.

Booth, D. T., Clayton, D. H. & Block, B. A. (1993) Experimental demonsration of the energetic cost of parasitism in free-ranging hosts. *Proceedings of the Royal Society of London, Series B*, 253, 125–129.

Boots, M. & Begon, M. (1993) Trade-offs with resistance to a granulosis virus in the Indian meal moth, examined by a laboratory evolution experiment. *Functional Ecology*, 7, 528–534.

Bormann, B. T. & Gordon, J. C. (1984) Stand density effects in young red alder plantations: productivity, photosynthate partitioning and nitrogen fixation. *Ecology*, 65, 394–402.

Bossenbroek, J. M., Kraft, C. E. & Nekola, J. C. (2001) Prediction of long-distance dispersal using gravity models: zebra mussel invasion in inland lakes. *Ecological Applications*, 11, 1778–1788.

Boyce, M. S. (1984) Restitution of *r*- and *K*-selection as a model of density-dependent natural selection. *Annual Review of Ecology and Systematics*, 15, 427–447.

Boyd, P. W. (2002) The role of iron in the biogeochemistry of the Southern Ocean and equatorial Pacific: a comparison of *in situ iron* enrichments. *Deep-Sea Research II*, 49, 1803–1821.

Bradshaw, A. D. (1987) The reclamation of derelict land and the ecology of ecosystems. In: *Restoration Ecology* (W. R. Jordan III, M. E. Gilpin & J. D. Aber, eds), pp. 53–74. Cambridge University Press, Cambridge, UK.

Bradshaw, A. D. (2002) Introduction—an ecological perspective. In: *The Restoration and Management of Derelict Land: modern approaches* (M. H. Wong & A. D. Bradshaw, eds), pp. 1–6. World Scientific Publishing, Singapore.

Branch, G. M. (1975) Intraspecific competition in *Patella cochlear* Born. *Journal of Animal Ecology*, 44, 263–281.

Brewer, M. J. & Elliott, N. C. (2004) Biological control of cereal aphids in North America and mediating effects of host plant and habitat manipulations. *Annual Review of Entomology*, 49, 219–242.

Breznak, J. A. (1975) Symbiotic relationships between termites and their intestinal biota. In: *Symbiosis* (D. H. Jennings & D. L. Lee, eds), pp. 559–580. Symposium 29, Society for Experimental Biology, Cambridge University Press, Cambridge, UK.

Briand, F. (1983) Environmental control of food web structure. *Ecology*, 64, 253–263.

Briand, F. & Cohen, J. E. (1987) Environmental correlates of food chain length. *Science*, 238, 956–960.

Brittain, J. E. & Eikeland, T. I. (1988) Invertebrate drift—a review. *Hydrobiologia*, 166, 77–93.

Brokaw, N. & Busing, R. T. (2000) Niche versus chance and tree diversity in forest gaps. *Trends in Ecology and Evolution*, 15, 183–188.

Bronstein, J. L. (1988) Mutualism, antagonism and the fig-pollinator interaction. *Ecology*, 69, 1298–1302.

Brook, B. W., O'Grady, J. J., Chapman, A. P., Burgman, M. A., Akcakaya, H. R. & Frankham, R. (2000) Predictive accuracy of population viability analysis in conservation biology. *Nature*, 404, 385–387.

Brookes, M. (1998) The species enigma. *New Scientist*, June 13, 1998.

Brooks, R. R. (ed.) (1998) *Plants that Hyperaccumulate Heavy Metals.* CAB International, Wallingford, UK.

Brower, J. E., Zar, J. H. & van Ender, C. N. (1998) *Field and Laboratory Methods for General Ecology*, 4th edn. McGraw-Hill, Boston.

Brower, L. P. & Corvinó, J. M. (1967) Plant poisons in a terrestrial food chain. *Proceedings of the National Academy of Science of the USA*, 57, 893–898.

Brown, B. E. (1997) Coral bleaching: causes and consequences. *Coral Reefs*, 16, S129–S138.

Brown, E., Dunne, R. P., Goodson, M. S. & Douglas, A. E. (2000) Bleaching patterns in reef corals. *Nature*, 404, 142–143.

Brown, H. T. & Escombe, F. (1990) Static diffusion of gases and liquids in relation to the assimilation of carbon and translocation in plants. *Philosophical Transactions of the Royal Society of London, Series B*, 193, 223–291.

Brown, J. H. & Davidson, D. W. (1977) Competition between seedeating rodents and ants in desert ecosystems. *Science*, 196, 880–882.

Brown, J. H. & Kodric-Brown, A. (1977) Turnover rates in insular biogeography: effect of immigration and extinction. *Ecology*, 58, 445–449.

Brown, J. H. & Maurer, B. A. (1989) Macroecology: the division of food and space among species on continents. *Science*, 243, 1145–1150.

Brown, J. S., Kotler, B. P., Smith, R. J. & Wirtz, W. O. III (1988) The effects of owl predation on the foraging behaviour of heteromyid rodents. *Oecologia*, 76, 408–415.

Brown, K. M. (1982) Resource overlap and competition in pond snails: an experimental analysis. *Ecology*, 63, 412–422.

Brown, V. K. & Southwood, T. R. E. (1983) Trophic diversity, niche breadth, and generation times of exopterygote insects in a secondary succession. *Oecologia*, 56, 220–225.

Browne, R. A. (1981) Lakes as islands: biogeographic distribution, turnover rates, and species composition in the lakes of central New York. *Journal of Biogeography*, 8, 75–83.

Brunet, A. K. & Medellin, R. A. (2001) The species-area relationship in bat assemblages of tropical caves. *Journal of Mammalogy*, 82, 1114–1122.

Brylinski, M. & Mann, K. H. (1973) An analysis of factors governing productivity in lakes and reservoirs. *Limnology and Oceanography*, 18, 1–14.

Bshary, R. (2003) The cleaner wrasse, *Labroides dimidiatus*, is a key organism for reef fish diversity at Ras Mohammed National Park, Egypt. *Journal of Animal Ecology*, 72, 169–176.

Bubier, J. L. & Moore, T. R. (1994) An ecological perspective on methane emissions from northern wetlands. *Trends in Ecology and Evolution*, 9, 460–464.

Buchanan, G. A., Crowley, R. H., Street, J. E. & McGuire, J. A. (1980) Competition of sicklepod (*Cassia obtusifolia*) and redroot pigweed (*Amaranthus retroflexus*) with cotton (*Gossypium hirsutum*). Weed *Science*, 28, 258–262.

Buckling, A. & Rainey, P. B. (2002) Antagonistic coevolution between a bacterium and a bacteriophage. *Proceedings of the Royal Society of London, Series B*, 269, 931–936.

Buesseler, K. O. (1998) The decoupling of production and particulate export in the surface ocean *Global Biogeochemical Cycles*, 12, 297–310.

Bull, C. M. & Burzacott, D. (1993) The impact of tick load on the fitness of their lizard hosts. *Oecologia*, 96, 415–419.

Bullock, J. M., Franklin, J., Stevenson, M. J. *et al.* (2001) A plant trait analysis of responses to grazing in a long-term experiment. *Journal of Applied Ecology*, 38, 253–267.

Bullock, J. M., Mortimer, A. M. & Begon, M. (1994a) Physiological integration among tillers of *Holcus lanatus*: age-dependence and responses to clipping and competition. *New Phytologist*, 128, 737–747.

Bullock, J. M., Mortimer, A. M. & Begon, M. (1994b) The effect of clipping on interclonal competition in the grass *Holcus lanatus*—a response surface analysis. *Journal of Ecology*, 82, 259–270.

Bullock, J. M., Moy, I. L., Pywell, R. F., Coulson, S. J., Nolan, A. M. & Caswell, H. (2002) Plant dispersal and colonization processes at local and landscape scales. In: *Dispersal Ecology* (J. M. Bullock, R. E. Kenward & R. S. Hails, eds), pp. 279–302. Blackwell Science, Oxford.

Burdon, J. J. (1987) *Diseases and Plant Population Biology*. Cambridge University Press, Cambridge, UK.

Buscot, F., Munch, J. C., Charcosset, J. Y., Gardes, M., Nehls, U. & Hampp, R. (2000) Recent advances in exploring physiology and biodiversity of ectomycorrhizas highlight the functioning of these symbioses in ecosystems. *FEMS Microbiology Reviews*, 24, 601–614.

Busing, R. T. & Brokaw, N. (2002) Tree species diversity in temperate and tropical forest gaps: the role of lottery recruitment. *Folia Geobotanica*, 37, 33–43.

Buss, L. W. (1979) Byrozoan overgrowth interactions—the interdependence of competition for food and space. *Nature*, 281, 475–477.

Cadenasso, M. L., Pickett, S. T. A. & Morin, P. J. (2002) Experimental test of the role of mammalian herbivores on old field succession: community structure and seedling survival. *Journal of the Torrey Botanical Society*, 129, 228–237.

Cain, M. L., Pacala, S. W., Silander, J. A. & Fortin, M.-J. (1995) Neighbourhood models of clonal growth in the white clover *Trifolium repens*. *American Naturalist*, 145, 888–917.

Caldwell, M. M. & Richards, J. H. (1986) Competing root systems: morphology and models of absorption. In: *On the Economy of Plant Form and Function* (T. J. Givnish, ed.), pp. 251–273. Cambridge University Press, Cambridge, UK.

Callaghan, T. V. (1976) Strategies of growth and population dynamics of plants: 3. Growth and population dynamics of *Carex bigelowii* in an alpine environment. *Oikos*, 27, 402–413.

Callaway, R. M., Kikvidze, Z. & Kikodze, D. (2000) Facilitation by unpalatable weeds may conserve plant diversity in overgrazed meadows in the Caucasus mountains. *Oikos*, 89, 275–282.

Cammell, M. E., Tatchell, G. M. & Woiwod, I. P. (1989) Spatial pattern of abundance of the black bean aphid, *Aphis fabae*, in Britain. *Journal of Applied Ecology*, 26, 463–472.

Campbell, J., Antoine, D., Armstrong, R. *et al.* (2002) Comparison of algorithms for estimating ocean primary productivity from surface chlorophyll, temperature, and irradiance. *Global Biogeochemical Cycles*, 16, 91–96.

Caraco, N. F. (1993) Disturbance of the phosphorus cycle: a case of indirect effects of human activity. *Trends in Ecology and Evolution*, 8, 51–54.

Caraco, T. & Kelly, C. K. (1991) On the adaptive value of physiological integration of clonal plants. *Ecology*, 72, 81–93.

Cardillo, M. & Bromham, L. (2001) Body size and risk of extinction in Australian mammals. *Conservation Biology*, 15, 1435–1440.

Carignan, R., Planas, D. & Vis, C. (2000) Planktonic production and respiration in oligotrophic Shield lakes. *Limnology and Oceanography*, 45, 189–199.

Carne, P. B. (1969) On the population dynamics of the eucalyptdefoliating chrysomelid *Paropsis atomaria* OI. *Australian Journal of Zoology*, 14, 647–672.

Carpenter, S. R., Ludwig, D. & Brock, W. A. (1999) Management of eutrophication for lakes subject to potentially irreversible change. *Ecological Applications*, 9, 751–771.

Carr, M. H., Neigel, J. E., Estes, J. A., Andelman, S., Warner, R. R. & Largier, J. L. (2003) Comparing marine and terrestrial ecosystems: implications for the design of coastal marine reserves. *Ecological Applications*, 13 (Suppl.), S90–S107.

Carson, H. L. & Kaneshiro, K. Y. (1976) *Drosophila* of Hawaii: systematics and ecological genetics. *Annual Review of Ecology and Systematics*, 7, 311–345.

Carson, W. P. & Root, R. B. (1999) Top-down effects of insect herbivores during early succession: influence on biomass and plant dominance. *Oecologia*, 121, 260–272.

Cary, J. R. & Keith, L. B. (1979) Reproductive change in the 10-year cycle of snowshoe hares. *Canadian Journal of Zoology*, 57, 375–390.

Caswell, H. (2001) *Matrix Population Models*, 2nd edn. Sinauer, Sunderland, MA.

Caughley, G. (1994) Directions in conservation biology. *Journal of Animal Ecology*, 63, 215–244.

Cebrian, J. (1999) Patterns in the fate of production in plant communities. *American Naturalist*, 154, 449–468.

Charlesworth, D. & Charlesworth, B. (1987) Inbreeding depression and its evolutionary consequences. *Annual Review of Ecology and Systematics*, 18, 237–268.

Charnov, E. L. (1976a) Optimal foraging: attack strategy of a mantid. *American Naturalist*, 110, 141–151.

Charnov, E. L. (1976b) Optimal foraging: the marginal value theorem. *Theoretical Population Biology*, 9, 129–136.

Charnov, E. L. & Krebs, J. R. (1974) On clutch size and fitness. *Ibis*, 116, 217–219.

Chase, J. M. (2000) Are there real differences among aquatic and terrestrial food webs? *Trends in Ecology and Evolution*, 15, 408–412.

Chase, J. M. (2003) Experimental evidence for alternative stable equilibria in a benthic pond food web. *Ecology Letters*, 6, 733–741.

Cherrett, J. M., Powell, R. J. & Stradling, D. J. (1989) The mutualism between leaf-cutting ants and their fungus. In: *Insect/Fungus Interactions* (N. Wilding, N. M. Collins, P. M. Hammond & J. F. Webber, eds), pp. 93–120. Royal Entomological Society Symposium No. 14. Academic Press, London.

Chesson, P. & Murdoch, W. W. (1986) Aggregation of risk: relationships among host-parasitoid models. *American Naturalist*,

127, 696–715.

Childs, D. Z., Rees, M., Rose, K. E., Grubb, P. J. & Elner, S. P. (2003) Evolution of complex flowering strategies: an age- and size- structured integral projection model. *Proceedings of the Royal Society of London, Series B*, 270, 1829–1838.

Choquenot, D. (1998) Testing the relative influence of intrinsic and extrinsic variation in food availability on feral pig populations in Australia's rangelands. *Journal of Animal Ecology*, 67, 887–907.

Choudhary, M., Strassman, J. E., Queller, D. C., Turilazzi, S. & Cervo, R. (1994) Social parasites in polistine wasps are monophyletic: implications for sympatric speciation. *Proceedings of the Royal Society of London, Series B*, 257, 31–35.

Christian, J. J. (1980) Endocrine factors in population regulation. In: *Biosocial Mechanisms of Population Regulation* (M. N. Cohen, R. S. Malpass & H. G. Klein, eds), pp. 55–115. Yale University Press, New Haven, CT.

Clapham, W. B. (1973) *Natural Ecosystems*. Collier-Macmillan, New York.

Clark, C. W. (1981) Bioeconomics. In: *Theoretical Ecology: principles and applications*, 2nd edn. (R. M. May, ed.), pp. 387–418. Blackwell Scientific Publications, Oxford.

Clark, C. W. & Mangel, M. (2000) *Dynamic State Variable Models in Ecology*. Oxford University Press, New York.

Clark, D. A. & Clark, D. B. (1984) Spacing dynamics of a tropical rain forest tree: evaluation of the Janzen-Connell model. *American Naturalist*, 124, 769–788.

Clark, J. A. & Harvey, E. (2002) Assessing multi-species recovery plans under the endangered species act. *Ecological Applications*, 12, 655–662.

Clark, L. R. (1962) The general biology of *Cardiaspina albitextura* (Psyllidae) and its abundance in relation to weather and parasitism. *Australian Journal of Zoology*, 10, 537–586.

Clark, L. R. (1964) The population dynamics of *Cardiaspina albitextura* (Psyllidae). *Australian Journal of Zoology*, 12, 362–380.

Clarke, A. (2004) Is there a universal temperature dependence of metabolism? *Functional Ecology*, 18, 252–256.

Clarke, A. & Crame, J. A. (2003) The importance of historical processes in global patterns of diversity. In: *Macroecology: concepts and consequences* (T. M. Blackburn & K. J. Gaston, eds), pp. 130–151. Blackwell Publishing, Oxford.

Clarke, B. C. & Partridge, L. (eds) (1988) Frequency dependent selection. *Philosophical Transactions of the Royal Society of London, Series B*, 319, 457–645.

Clay, K. (1990) Fungal endophytes of grasses. *Annual Review of Ecology and Systematics*, 21, 275–297.

Clearwater, J. R. (2001) Tackling tussock moths: strategies, timelines and outcomes of two programs for eradicating tussock moths from Auckland suburbs. In: *Eradication of Island Invasives: practical actions and results achieved* (M. Clout & D. Veitch, eds). Conference of the Invasive Species Specialist Group of the World Conservation Union (IUCN) Species Survival Commission. UICN, Auckland, New Zealand.

Clements, F. E. (1916) *Plant Succession: analysis of the development of vegetation*. Carnegie Institute of Washington Publication No. 242. Washington, DC.

Clinchy, M., Haydon, D. T. & Smith, A. T. (2002) Pattern does not equal process: what does patch occupancy really tell us about metapopulation dynamics? *American Naturalist*, 159, 351–362.

Clobert, J., Wolff, J. O., Nichols, J. D., Danchin, E. & Dhondt, A. A. (2001) Introduction. In: *Dispersal* (J. Clobert, E. Danchin, A. A. Dhondt & J. D. Nichols, eds), pp. xvii–xxi. Oxford University Press, Oxford.

Clutton-Brock, T. H. & Harvey, P. H. (1979) Comparison and adaptation. *Proceedings of the Royal Society of London, Series B*, 205, 547–565.

Clutton-Brock, T. H., Major, M., Albon, S. D. & Guinness, F. E. (1987) Early development and population dynamics in red deer. I. Density-dependent effects on juvenile survival. *Journal of Animal Ecology*, 56, 53–67.

Clutton-Brock, T. H., Major, M. & Guinness, F. E. (1985) Population regulation in male and female red deer. *Journal of Animal Ecology*, 54, 831–836.

Coale, K. H., Johnson, K. S., Fitzwater, S. E. *et al*. (1996) A massive phytoplankton bloom induced by an ecosystem-scale iron fertilization experiment in the Equatorial Pacific Ocean. *Nature*, 383, 495–501.

Cockell, C. S. & Lee, P. (2002) The biology of impact craters—a review. *Biological Reviews*, 77, 279–310.

Cody, M. L. (1975) Towards a theory of continental species diversities. In: *Ecology and Evolution of Communities* (M. L. Cody & J. M. Diamond, eds), pp. 214–257. Belknap, Cambridge, MA.

Cohen, J. E., Jonsson, T. & Carpenter, S. R. (2003) Ecological community description using food web, species abundance, and body-size. *Proceedings of the National Academy of Science of the USA*, 100, 1781–1786.

Cole, J. J., Findlay, S. & Pace, M. L. (1988) Bacterial production in fresh and salt water ecosystems: a cross-system overview. *Marine Ecology Progress Series*, 4, 1–10.

Collado-Vides, L. (2001) Clonal architecture in marine macroalgae: ecological and evolutionary perspectives. *Evolutionary Ecology*, 15, 531–545.

Collins, M. D., Ward, S. A. & Dixon, A. F. G. (1981) Handling time and the functional response of *Aphelinus thomsoni*, a predator and parasite of the aphid, *Drepanosiphum platanoidis*. *Journal of Animal Ecology*, 50, 479–487.

Colwell, R. K. & Hurtt, G. C. (1994) Non-biological gradients in species richness and a spurious Rapoport effect. *American Naturalist*, 144, 570–595.

Comins, H. N., Hassell, M. P. & May, R. M. (1992) The spatial dynamics of host-parasitoid systems. *Journal of Animal Ecology*, 61, 735–748.

Compton, S. G. (2001) sailing with the wind: dispersal by small flying insects. In: *Dispersal Ecology* (J. M. Bullock, R. E. Kenward & R.S. Hails, eds), pp. 113–133. Blackwell Science, Oxford.

Connell, J. H. (1961) The influence of interspecific competition and other factors on the distribution of the barnacle *Chthamalus stellatus*. *Ecology*, 42, 710–723.

Connell, J. H. (1970) A predator-prey system in the marine intertidal region. I. *Balanus glandula* and several predatory species of *Thais*. *Ecological Monographs*, 40, 49–78.

Connell, J. H. (1971) On the role of natural enemies in preventing competitive exclusion in some marine animals and in rain forest trees. In: *Dynamics of Populations* (P. J. den Boer & G. R. Gradwell, eds), pp. 298–310. Proceedings of the Advanced Study Institute in Dynamics of Numbers in Populations, Oosterbeck. Centre for Agricultural Publishing and Documentation, Wageningen.

Connell, J. H. (1975) Some mechanisms producing structure in natural communities: a model and evidence from field experiments. In: *Ecology and Evolution of Communities* (M. L. Cody & J. M. Diamond, eds), pp. 460–490. Belknap, Cambridge, MA.

Connell, J. H. (1978) Diversity in tropical rainforests and coral reefs. *Science*, 199, 1302–1310.

Connell, J. H. (1979) Tropical rain forests and coral reefs as open nonequilibrium systems. In: *Population Dynamics* (R. M. Anderson, B. D. Turner & L. R. Taylor, eds), pp. 141–163. Blackwell Scientific Publications, Oxford.

Connell, J. H. (1980) Diversity and the coevolution of competitors, or the ghost of competition past. *Oikos*, 35, 131–138.

Connell, J. H. (1983) On the prevalence and relative importance of interspecific competition: evidence from field experiments. *American Naturalist*, 122, 661–696.

Connell, J. H. (1990) Apparent versus 'real' competition in plants. In: *Perspectives on Plant Competition* (J. B. Grace & D. Tilman, eds), pp. 9–26. Academic Press, New York.

Connor, E. F. (1986) The role of Pleistocene forest refugia in the evolution and biogeography of tropical biotas. *Trends in Ecology and Evolution*, 1, 165–169.

Cook, L. M., Dennis, R. L. H. & Mani, G.S. (1999) Melanic morph frequency in the peppered moth in the Manchester area. *Proceedings of the Royal Society of London, Series B*, 266, 293–297.

Cook, R. M., Sinclair, A. & Stefansson, G. (1997) Potential collapse of North Sea cod stocks. *Nature*, 385, 521–522.

Coomes, D. A., Rees, M., Turnbull, L. & Ratcliffe, S. (2002) On the mechanisms of coexistence among annual-plant species, using neighbourhood techniques and simulation models. *Plant Ecology*, 163, 23–38.

Corn, P. S. (2003) Amphibian breeding and climate change: importance of snow in the mountains. *Conservation Biology*, 17, 622–625.

Cornell, H. V. & Hawkins, B. A. (2003) Herbivore responses to plant secondary compounds: a test of phytochemical coevolution theory. *American Naturalist*, 161, 507–522.

Cornwell, W. K. & Grubb, P. J. (2003) Regional and local patterns in plant species richness with respect to resource availability. *Oikos*, 100, 417–428.

Cortes, E. (2002) Incorporating uncertainty into demographic modeling: application to shark populations and their conservation. *Conservation Biology*, 16, 1048–1062.

Cory, J. S. & Myers, J. H. (2000) Direct and indirect ecological effects of biological control. *Trends in Ecology and Evolution*, 15, 137–139.

Costantino, R. F., Desharnais, R. A., Cushing, J. M. & Dennis, B. (1997) Chaotic dynamics in an insect population. *Science*, 275, 389–391.

Costanza, R., D'Arge, R., de Groot, R. *et al.* (1997) The value of the world's ecosystem services and natural capital. *Nature* 387, 253–260.

Cotrufo, M. F., Ineson, P., Scott, A. *et al.* (1998) Elevated CO_2 reduces the nitrogen concentration of plant tissues. *Global Change Biology*, 4, 43–54.

Cottingham, K. L., Brown, B. L. & Lennon, J. T. (2001) Biodiversity may regulate the temporal variability of ecological systems. *Ecology Letters*, 4, 72–85.

Courchamp, F., Clutton-Brock, T. & Grenfell, B. (1999) Inverse density dependence and the Allee effect. *Trends in Ecology and Evolution*, 14, 405–410.

Courchamp, F., Langlais, M. & Sugihara, G. (1999) Cats protecting birds: modeling the mesopredator release effect. *Journal of Animal Ecology*, 68, 282–292.

Cowie, R. J. (1977) Optimal foraging in great tits *Parus major*. *Nature*, 268, 137–139.

Cox, C. B., Healey, I. N. & Moore, P. D. (1976) *Biogeography*, 2nd edn. Blackwell Scientific Publications, Oxford.

Crawford, D. W., Purdie, D. A., Lockwood, A. P. M. & Weissman, P. (1997) Recurrent red-tides in the Southampton Water estuary caused by the phototrophic ciliate *Mesodinium rubrum*. *Estuarine, Coastal and Shelf Science*, 45, 799–812.

Crawley, M. J. (1983) *Herbivory: the dynamics of animal-plant interactions*. Blackwell Scientific Publications, Oxford.

Crawley, M. J. (1986) The structure of plant communities. In: *Plant Ecology* (M. J. Crawley, ed.), pp. 1–50. Blackwell Scientific Publications, Oxford.

Crawley, M. J. (1989) Insect herbivores and plant population dynamics. *Annual Review of Entomology*, 34, 531–564.

Crawley, M. J. & May, R. M. (1987) Population dynamics and plant community structure: competition between annuals and perennials. *Journal of Theoretical Biology*, 125, 475–489.

Crocker, R. L. & Major, J. (1955) Soil development in relation to vegetation and surface age at Glacier Bay, Alaska. *Journal of Ecology*, 43, 427–448.

Cronk, Q. C. B. & Fuller, J. L. (1995) *Plant Invaders*. Chapman & Hall, London.

Culver, C. S. & Kuris, A. M. (2000) The apparent eradication of a locally established introduced marine pest. *Biological Invasions*, 2, 245–253.

Cummins, K. W. (1974) Structure and function of stream ecosystems. *Bioscience*, 24, 631–641.

Currie, C. R. (2001) A community of ants, fungi, and bacteria: a multilateral approach to studying symbiosis. *Annual Review of Microbiology*, 55, 357–380.

Currie, D. J. (1991) Energy and large-scale patterns of animal and plant species richness. *American Naturalist*, 137, 27–49.

Currie, D. J. & Paquin, V. (1987) Large-scale biogeographical patterns of species richness in trees. *Nature*, 39, 326–327.

Daan, S., Dijkstra, C. & Tinbergen, J. M. (1990) Family planning in the kestrel (*Falco tinnunculus*): the ultimate control of covariation of laying date and clutch size. *Behavior*, 114, 83–116.

Dahl, E. (1979) Deep-sea carrion feeding amphipods: evolutionary patterns in niche adaptation. *Oikos*, 33, 167–175.

Daily, G. C., Soderqvist, T., Aniyar, *S. et al*. (2000) The value of nature and the nature of value. *Science*, 289, 395–396.

Darwin, C. (1859) *The Origin of Species by Means of Natural Selection*, 1st edn. John Murray, London.

Darwin, C. (1888) *The Formation of Vegetable Mould Through the Action of Worms*. John Murray, London.

Daufresne, T. & Loreau, M. (2001) Ecological stoichiometry, primary producer-decomposer interactions, and ecosystem persistence. *Ecology*, 82, 3069–3082.

Davidson, D. W. (1977) Species diversity and community organization in desert seed-eating ants. *Ecology*, 58, 711–724.

Davidson, D. W., Samson, D. A. & Inouye, R. S. (1985) Granivory in the Chihuahuan Desert: interactions within and between trophic levels. *Ecology*, 66, 486–502.

Davidson, J. & Andrewartha, H. G. (1948) The influence of rainfall, evaporation and atmospheric temperature on fluctuations in the size of a natural population of *Thrips imaginis* (Thysanoptera). *Journal of Animal Ecology*, 17, 200–222.

Davies, J. B. (1994) Sixty years of onchocerciasis vector control—a chronological summary with comments on eradication, reinvasion, and insecticide resistance. *Annual Review of Entomology*, 39, 23–45.

Davies, K. F., Margules, C. R. & Lawrence, J. F. (2000) Which traits of species predict population declines in experimental forest fragments. *Ecology*, 81, 1450–1461.

Davies, N. B. (1977) Prey selection and social behaviour in wagtails (Aves: Motacillidae). *Journal of Animal Ecology*, 46, 37–57.

Davies, N. B. & Houston, A. I. (1984) Territory economics. In: *Behavioural Ecology: an evolutionary approach*, 2nd edn (J. R. Krebs & N.B. Davies, eds), pp. 148–169. Blackwell Scientific Publications, Oxford.

Davies, S. J., Palmiotto, P. A., Ashton, P. S., Lee, H. S. & Lafrankie, J. V. (1998) Comparative ecology of 11 sympatric species of *Macaranga* in Borneo: tree distribution in relation to horizontal and vertical resource heterogeneity. *Journal of Ecology*, 86, 662–673.

Davis, A. L. V. (1996) Seasonal dung beetle activity and dung dispersal in selected South African habitats: implications for pasture improvement in Australia. *Agriculture, Ecosystems and Environment*, 58, 157–169.

Davis, M. B. (1976) Pleistocene biogeography of temperate deciduous forests. *Geoscience and Man*, 13, 13–26.

Davis, M. B. & Shaw, R. G. (2001) Range shifts and adaptive responses to quarternary climate change. *Science*, 292, 673–679.

Davis, M. B., Brubaker, L. B. & Webb, T. III (1973) Calibration of absolute pollen inflex. In: *Quaternary Plant Ecology* (H. J. B. Birks & R. G. West, eds), pp. 9–25. Blackwell Scientific Publications, Oxford.

Dayan, T., Simberloff, E., Tchernov, E. & Yom-Tov, Y. (1989) Interand intraspecific character displacement in mustelids. *Ecology*, 70, 1526–1539.

De Groot, K. L. & Smith, J. N. M. (2001) Community-wide impacts of a generalist brood parasite, the brown-headed cowbird (*Molothrus ater*). *Ecology*, 82, 868–881.

de Jong, G. (1994) The fitness of fitness concepts and the description of natural selection. *Quarterly Review of Biology*, 69, 3–

29.

De Kroon, H., Plaisier, A., Van Groenendael, J. & Caswell, H. (1986) Elasticity: the relative contribution of demographic parameters to population growth rate. *Ecology*, 67, 1427–1431.

de Wet, N., Ye, W., Hales, S., Warrick, R., Woodward, A. & Weinstein, P. (2001) Use of a computer model to identify potential hotspots for dengue fever in New Zealand. *New Zealand Medical Journal*, 114, 420–422.

de Wit, C. T. (1960) On competition. *Verslagen van landbouwkundige Onderzoekingen*, 660, 1–82.

de Wit, C. T. (1965) Photosynthesis of leaf canopies. *Verslagen van Landbouwkundige Onderzoekingen*, 663, 1–57.

de Wit, C. T., Tow, P. G. & Ennik, G. C. (1966) Competition between legumes and grasses. *Verslagen van landbouwkundige Onderzoekingen*, 112, 1017–1045.

Dean, A. M. (1983) A simple model of mutualism. *American Naturalist*, 121, 409–417.

DeAngelis, D. L. (1975) Stability and connectance in food web models. *Ecology*, 56, 238–243.

DeAngelis, D. L. (1980) Energy flow, nutrient cycling and ecosystem resilience. *Ecology*, 61, 764–771.

DeAngelis, D. L. & Waterhouse, J. C. (1987) Equilibrium and nonequilibrium concepts in ecological models. *Ecological Monographs*, 57, 1–21.

Deevey, E. S. (1947) Life tables for natural populations of animals. *Quarterly Review of Biology*, 22, 283–314.

DeLucia, E. H., Hamilton, J. G., Naidu, S. L. *et al.* (1999) Net primary production of a forest ecosystem under experimental CO_2 enrichment. *Science*, 284, 1177–1179.

Delworth, T. L. Stouffer, R. J., Dixon, K. W. *et al.* (2002) Review of simulations of climate variability and change with the GFDL R30 coupled climate model. *Climate Dynamics*, 19, 555–574.

Denno, R. F., McClure, M. S. & Ott, J. R. (1995) Interspecific interactions in phytophagous insects: competition reexamined and resurrected. *Annual Review of Entomology*, 40, 297–331.

des Clers, S. (1998) Sustainability of the Falkland Islands *Loligo* squid fishery. In: *Conservation of Biological Resources* (E. J. Milner-Gulland & R. Mace, eds), pp. 225–241. Blackwell Science, Oxford.

Deshmukh, I. (1986) *Ecology and Tropical Biology*. Blackwell Scientific Publications, Oxford.

DeVault, T. L. & Rhodes, O. E. (2002) Identification of vertebrate scavengers of small mammal carcasses in a forested landscape. *Acta Theriologica*, 47, 185–192.

Dezfuli, B. S., Volponi, S., Beltrami, I. & Poulin, R. (2002) Intra- and interspecific density-dependent effects on growth in helminth parasites of the cormorant *Phalacrocorax carbo sinensis*. *Parasitology*, 124, 537–544.

Diamond, J. M. (1972) Biogeographic kinetics: estimation of relaxation times for avifaunas of South-West Pacific islands. *Proceedings of the National Academy of Science of the USA*, 69, 3199–3203.

Diamond, J. M. (1975) Assembly of species communities. In: *Ecology and Evolution of Communities* (M. L. Cody & J. M. Diamond, eds), pp. 342–444. Belknap, Cambridge, MA.

Diamond, J. M. (1983) Taxonomy by nucleotides. *Nature*, 305, 17–18.

Diamond, J. M. (1984) 'Normal' extinctions of isolated populations. In: *Extinctions* (M. H. Nitecki, ed.), pp. 191–245. University of Chicago Press, Chicago.

Diamond, J. & Case, T. J. (eds) (1986) *Community Ecology*. Harper & Row, New York.

Dickie, I. A., Xu, B. & Koide, R. T. (2002) Vertical niche differentiation of ectomycorrhizal hyphae in soil as shown by T-RFLP analysis. *New Phytologist*, 156, 527–535.

Dieckmann, U., Law, R. & Metz, J. A. J. (2000) *The Geometry of Ecological Interactions: simplifying spatial complexity*. Cambridge University Press, Cambridge, UK.

Dixon, A. F. G. (1998) *Aphid Ecology*. Chapman & Hall, London.

Dobson, A. P. & Hudson, P. J. (1992) Regulation and stability of a freeliving host-parasite system: *Trichostrongylus tenuis* in red grouse. II. Population models. *Journal of Animal Ecology*, 61, 487–498.

Dobson, A. P., Rodriguez, J. P. & Roberts, W. M. (2001) Synoptic tinkering: integrating strategies for large-scale conservation. *Ecological Applications*, 11, 1019–1026.

Dodson, S. I., Arnott, S. E. & Cottingham, K.L. (2000) The relationship in lake communities between primary productivity and species richness. *Ecology*, 81, 2662–2679.

Doube, B. M. (1987) Spatial and temporal organization in communities associated with dung pads and carcasses. In: *Organization of Communities: past and present* (J. H. R. Gee & P.S. Giller, eds), pp. 255–280. Blackwell Scientific Publications, Oxford.

Doube, B. M., Macqueen, A., Ridsdill-Smith, T. J. & Weir, T. A. (1991) Native and introduced dung beetles in Australia. In: *Dung Beetle Ecology* (I. Hanski & Y. Cambefort, eds), pp. 255–278. Princeton University Press, Princeton, NJ.

Douglas, A. & Smith, D. C. (1984) The green hydra symbiosis. VIII. Mechanisms in symbiont regulation. *Proceedings of the Royal Society of London, Series B*, 221, 291–319.

Douglas, A. E. (1992) Microbial brokers of insect-plant interactions. In: *Proceedings of the 8th Symposium on Insect-Plant Relationships* (S. B. J. Menken, J. H. Visser & P. Harrewijn, eds), pp. 329–336. Kluwer Academic Publishing, Dordrecht.

Douglas, E. (1998) Nutritional interactions in insect-microbial symbioses: aphids and their symbiotic bacteria *Buchnera. Annual Review of Entomology*, 43, 17–37.

Downing, A. L. & Leibold, M. A. (2002) Ecosystem consequences of species richness and composition in pond food webs. *Nature*, 416, 837–840.

Drès, M. & Mallet, J. (2001) Host races in plant-feeding insects and their importance in sympatric speciation. *Philosophical Transactions of the Royal Society of London, Series B*, 357, 471–492.

Duarte, C. M. (1992) Nutrient concentration of aquatic plants: patterns across species. *Limnology and Oceanography*, 37, 882–889.

Ducrey, M. & Labbé, P. (1985) Étude de la régénération naturale contrõlée en fõret tropicale humide de Guadeloupe. I. Revue bibliographique, milieu naturel et élaboration d'un protocole expérimental. *Annales Scientifiques Forestière*, 42, 297–322.

Ducrey, M. & Labbé, P. (1986) Étude de la régénération naturale contrõlée en fõret tropicale humide de Guadeloupe. II. Installation et croissance des semis après les coupes d'ensemencement. *Annales Scientifiques Forestière*, 43, 299–326.

Duggan, I. C., Green, J. D. & Shiel, R. J. (2002) Distribution of rotifer assemblages in North Island, New Zealand, lakes: relationshipsto environmental and historical factors. *Freshwater Biology*, 47, 195–206.

Dulvy, N. K. & Reynolds, J. D. (2003) Predicting extinction vulnerability in skates. *Conservation Biology*, 16, 440–450.

Dunne, J. A., Williams, R. J. & Martinez, N. J. (2002) Network structure and biodiversity loss in food webs: robustness increases with connectance. *Ecology Letters*, 5, 558–567.

Dwyer, G., Levin, S. A. & Buttel, L. (1990) A simulation model of the population dynamics and evolution of myxomatosis. *Ecological Monographs*, 60, 423–447.

Dytham, C. (1994) Habitat destruction and competitive coexistence: a cellular model. *Journal of Animal Ecology*, 63, 490–491.

Eamus, D. (1999) Ecophysiological traits of deciduous and evergreen woody species in the seasonally dry tropics. *Trends in Ecology and Evolution*, 14, 11–16.

Ebert, D., Zschokke-Rohringer, C. D. & Carius, H. J. (2000) Dose effects and density-dependent regulation in two microparasites of *Daphnia magna. Oecologia*, 122, 200–209.

Edmonson, W. T. (1970) Phosphorus, nitrogen and algae in Lake Washington after diversion of sewage. *Science*, 169, 690–691.

Edmonson, W. T. (1991) *The Uses of Ecology: Lake Washington and beyond*. University of Washington Press, Seattle, WA.

Edwards, P. B. & Aschenborn, H. H. (1987) Patterns of nesting and dung burial in *Onitis* dung beetles: implications for pasture productivity and fly control. *Journal of Applied Ecology*, 24, 837–851.

Ehleringer, J. R. & Monson, R. K. (1993) Evolutionary and ecological aspects of photosynthetic pathway variation. *Annual Review of Ecology and Systematics*, 24, 411–439.

Ehleringer, J. R., Sage, R. F., Flanagan, L. B. & Pearcy, R. W. (1991) Climate change and the evolution of C_4 photosynthesis. *Trends in Ecology and Evolution*, 6, 95–99.

Ehrlich, P. & Raven, P. H. (1964) Butterflies and plants: a study in coevolution. *Evolution*, 18, 586–608.

Eis, S., Garman, E. H. & Ebel, L. F. (1965) Relation between cone production and diameter increment of douglas fir (*Pseudotsuga menziesii* (Mirb). Franco), grand fir (*Abies grandis* Dougl.) and western white pine (*Pinus monticola* Dougl.). *Canadian Journal of Botany*, 43, 1553–1559.

Elliott, J. K. & Mariscal, R. N. (2001) Coexistence of nine anenomefish species: differential host and habitat utilization, size and recruitment. *Marine Biology*, 138, 23–36.

Elliott, J. M. (1984) Numerical changes and population regulation in young migratory trout *Salmo trutta* in a Lake District stream 1966–83. *Journal of Animal Ecology*, 53, 327–350.

Elliott, J. M. (1993) The self-thinning rule applied to juvenile sea-trout, *Salmo trutta. Journal of Animal Ecology*, 62, 371–379.

Elliott, J. M. (1994) *Quantitative Ecology and the Brown Trout*. Oxford University Press, Oxford.

Ellison, A. M. & Gotelli, N. J. (2002) Nitrogen availability alters the expression of carnivory in the northern pitcher plant, *Sarracenia purpurea. Proceedings of the National Academy of Sciences of the USA*, 99, 4409–4412.

Ellner, S. P., McCauley, E., Kendall, B. E. *et al.* (2001) Habitat structure and population persistence in an experimental community. *Nature*, 412, 538–543.

Elmes, G. W., Akino, T., Thomas, J. A., Clarke, R. T. & Knapp, J. J. (2002) Interspecific differences in cuticular hydrocarbon profiles of *Myrmica* ants are sufficiently consistent to explain host specificity by *Maculinea* (large blue) butterflies. *Oecologia*, 130, 525–535.

Elmhagen, B., Tannerfeldt, M., Verucci, P. & Angerbjorn, A. (2000) The arctic fox (*Alopex lagopus*): an opportunistic specialist. *Journal of Zoology*, 251, 139–149.

Elner, R. W. & Hughes, R. N. (1978) Energy maximisation in the diet of the shore crab *Carcinus maenas* (L.). *Journal of Animal Ecology*, 47, 103–116.

Elser, J. J. & Urabe, J. (1999) The stoichiometry of consumer-driven nutrient recycling: theory, observations, and consequences. *Ecology*, 80, 735–751.

Elton, C. S. (1924) Periodic fluctuations in the number of animals:

their causes and effects. *British Journal of Experimental Biology*, 2, 119–163.

Elton, C. (1927) *Animal Ecology*. Sidgwick & Jackson, London.

Elton, C. (1933) *The Ecology of Animals*. Methuen, London.

Elton, C. S. (1958) *The Ecology of Invasions by Animals and Plants*. Methuen, London.

Elwood, J. W., Newbold, J. D., O'Neill, R. V. & van Winkle, W. (1983) Resource spiralling: an operational paradigm for analyzing lotic ecosystems. In: *Dynamics of Lotic Ecosystems* (T. D. Fontaine & S. M. Bartell, eds), pp. 3–28. Ann Arbor Science Publishers, Ann Arbor, MI.

Emiliani, C. (1966) Isotopic palaeotemperatures. *Science*, 154, 851–857.

Engelhardt, K. A. M. & Ritchie, M. E. (2002) The effect of aquatic plant species richness on wetland ecosystem processes. *Ecology*, 83, 2911–2924.

Engen, S., Lande, R. & Saether, B. -E. (1997) Harvesting strategies for fluctuating populations based on uncertain population estimates. *Journal of Theoretical Ecology*, 186, 201–212.

Enquist, B. J., Brown, J. H. & West, G.B. (1998) Allometric scaling of plant energetics and population density. *Nature*, 395, 163–165.

Enriquez, S., Duarte, C. M. & Sand-Jensen, K. (1993) Patterns in decomposition rates among photosynthetic organisms: the importance of detritus C:N:P content. *Oecologia*, 94, 457–471.

Ens, B. J., Kersten, M., Brenninkmeijer, A. & Hulscher, J. B. (1992) Territory quality, parental effort and reproductive success of oystercatchers (*Haematopus ostralegus*). *Journal of Animal Ecology*, 61, 703–715.

Epstein, H. E., Lauenroth, W. K. & Burke, I. C. (1997) Effects of temperature and soil texture on ANPP in US Great Plains. *Ecology*, 78, 2628–2631.

Ergon, T., Lambin, X. & Stenseth, N. C. (2001) Life history traits of voles in a fluctuating population respond to the immediate environment. *Nature*, 411, 1041–1043.

Ericsson, G., Wallin, K., Ball, J. P. & Broberg, M. (2001) Age-related reproductive effort and senescence in free-ranging moose, *Alces alces*. *Ecology*, 82, 1613–1620.

Erwin, T. L. (1982) Tropical forests: their richness in Coleoptera and other arthropod species. *Coleopterists Bulletin*, 36, 74–75.

Ettema, C. H. & Wardle, D. A. (2002) Spatial soil ecology. *Trends in Ecology and Evolution*, 17, 177–183.

Facelli, J. M. & Pickett, S. T. A. (1990) Markovian chains and the role of history in succession. *Trends in Ecology and Evolution*, 5, 27–30.

Fahrig, L. & Merriam, G. (1994) Conservation of fragmented populations. *Conservation Biology*, 8, 50–59.

Fairweather, P. G. (1999) State of environment indicators of 'river health': exploring the metaphor. *Freshwater Biology*, 41, 211–220.

Fajer, E. D. (1989) The effects of enriched CO_2 atmospheres on plant-insect-herbivore interactions: growth responses of larvae of the specialist butterfly, *Junonia coenia* (Lepidoptera: Nymphalidae). *Oecologia*, 81, 514–520.

Falge, E., Baldocchi, D., Tenhunen, J. *et al.* (2002) Seasonality of ecosystem respiration and gross primary production as derived from FLUXNET measurements. *Agricultural and Forest Meteorology*, 113, 53–74.

Fanshawe, S., Vanblaricom, G. R. & Shelly, A. A. (2003) Restored top carnivores as detriments to the performance of marine protected areas intended for fishery sustainability: a case study. *Conservation Biology*, 17, 273–283.

FAO (1995) *World Fishery Production 1950–93*. Food and Agriculture Organization, Rome.

FAO (1999) *The State of World Fisheries and Aquaculture 1998.* Food and Agriculture Organization, Rome.

Fasham, M. J. R., Balino, B. M. & Bowles, M. C. (2001) A new vision of ocean biogeochemistry after a decade of the Joint Global Ocean Flux Study (JGOFS). *Ambio Special Report*, 10, 4–31.

Feeny, P. (1976) Plant apparency and chemical defence. *Recent Advances in Phytochemistry*, 10, 1–40.

Fenchel, T. (1987a) *Ecology—Potentials and Limitations*. Ecology Institute, Federal Republic of Germany.

Fenchel, T. (1987b) Patterns in microbial aquatic communities. In: *Organization of Communities: past and present* (J. H. R. Gee & P.S. Giller, eds), pp. 281–294. Blackwell Scientific Publications, Oxford.

Fenner, F. (1983) Biological control, as exemplified by smallpox eradication and myxomatosis. *Proceedings of the Royal Society of London, Series B*, 218, 259–285.

Fenner, F. & Ratcliffe, R. N. (1965) *Myxomatosis*. Cambridge University Press, London.

Fenton, A., Fairbairn, J. P., Norman, R. & Hudson, P. J. (2002) Parasite transmission: reconciling theory and reality. *Journal of Animal Ecology*, 71, 893–905.

Field, C. B., Behrenfield, M. J., Randerson, J. T. & Falkowski, P.G. (1998) Primary production of the biosphere: integrating terrestrial and oceanic components. *Science*, 281, 237–240.

Fieldler, P. L. (1987) Life history and population dynamics of rare and common Mariposa lilies (*Calochortus* Pursh: Liliaceae). *Journal of Ecology*, 75, 977–995.

Firbank, L. G. & Watkinson, A. R. (1985) On the analysis of competition within two-species mixtures of plants. *Journal of Applied*

Ecology, 22, 503–517.

Firbank, L. G. & Watkinson, A. R. (1990) On the effects of competition: from monocultures to mixtures. In: *Perspectives on Plant Competition* (J. B. Grace & D. Tilman, eds), pp. 165–192. Academic Press, New York.

Fischer, M. & Matthies, D. (1998) Effects of population size on performance in the rare plant *Gentianella germanica. Journal of Ecology*, 86, 195–204.

Fisher, R. A. (1930) *The Genetical Theory of Natural Selection*. Clarendon Press, Oxford.

FitzGibbon, C. D. (1990) Anti-predator strategies of immature Thomson's gazelles: hiding and the prone response. *Animal Behaviour*, 40, 846–855.

FitzGibbon, C. D. & Fanshawe, J. (1989) The condition and age of Thomson's gazelles killed by cheetahs and wild dogs. *Journal of Zoology*, 218, 99–107.

Flashpohler, D. J., Bub, B. R. & Kaplin, B. A. (2000) Application of conservation biology research to management. *Conservation Biology*, 14, 1898–1902.

Flecker, A. S. & Townsend, C. R. (1994) Community-wide consequences of trout introduction in New Zealand streams. *Ecological Applications*, 4, 798–807.

Flenley, J. (1993) The origins of diversity in tropical rain forests. *Trends in Ecology and Evolution*, 8, 119–120.

Flessa, K. W. & Jablonski, D. (1995) Biogeography of recent marine bivalve mollusks and its implications of paleobiogeography and the geography of extinction: a progress report. *Historical Biology*, 10, 25–47.

Flint, M. L. & van den Bosch, R. (1981) *Introduction to Integrated Pest Management*. Plenum Press, New York.

Floder, S., Urabe, J. & Kawabata, Z. (2002) The influence of fluctuating light intensities on species composition and diversity of natural phytoplankton communities. *Oecologia*, 133, 395–401.

Flower, R. J., Rippey, B., Rose, N. L., Appleby, P. G. & Battarbee, R. W. (1994) Palaeolimnological evidence for the acidification and contamination of lakes by atmospheric pollution in western Ireland. *Journal of Ecology*, 82, 581–596.

Fonseca, C. R. (1994) Herbivory and the long-lived leaves of an Amazonian ant-tree. *Journal of Ecology*, 82, 833–842.

Fonseca, D. M. & Hart, D. D. (1996) Density-dependent dispersal of black fly neonates is mediated by flow. *Oikos*, 75, 49–58.

Ford, E. B. (1940) Polymorphism and taxonomy. In: *The New Systematics* (J. Huxley, ed.), pp. 493–513. Clarendon Press, Oxford.

Ford, E. B. (1975) *Ecological Genetics*, 4th edn. Chapman & Hall, London.

Forrester, N. W. (1993) Well known and some not so well known insecticides: their biochemical targets and role in IPM and IRM programmes. In: *Pest Control and Sustainable Agriculture* (S. Corey, D. Dall & W. Milne, eds) pp. 28–34. CSIRO, East Melbourne.

Foster, B. L. & Tilman, D. (2003) Seed limitation and the regulation of community structure in oak savanna grassland. *Journal of Ecology*, 91, 999–1007.

Fowler, S. V. & Lawton, J. H. (1985) Rapidly induced defenses and talking trees: the devil's advocate position. *American Naturalist*, 126, 181–195.

Fox, A. & Hudson, P. J. (2001) Parasites reduce territorial behaviour in red grouse (*Lagopus lagopus scoticus*). *Ecology Letters*, 4, 139–143.

Fox, C. J. (2001) Recent trends in stock-recruitment of Blackwater herring (*Clupea harengus* L.) in relation to larval production. *ICES Journal of Marine Science*, 58, 750–762.

Foy, C. L. & Inderjit (2001) Understanding the role of allelopathy in weed interference and declining plant diversity. *Weed Technology*, 15, 873–878.

Franklin, I. A. (1980) Evolutionary change in small populations. In: *Conservation Biology, an Evolutionary-Ecological Perspective* (M. E. Soulé & B.A. Wilcox, eds), pp. 135–149. Sinauer Associates, Sunderland, MA.

Franklin, I. R. & Frankham, R. (1998) How large must populations be to retain evolutionary potential. *Animal Conservation*, 1, 69–73.

Franks, F., Mathias, S. F. & Hatley, R. H. M. (1990) Water, temperature and life. *Philosophical Transactions of the Royal Society of London, Series B*, 326, 517–533; also in *Life at Low Temperatures* (R. M. Laws & F. Franks, eds), pp. 97–117. The Royal Society, London.

Freckleton, R. P. & Watkinson, A.R. (2001) Nonmanipulative determination of plant community dynamics. *Trends in Ecology and Evolution*, 16, 301–307.

Free, C. A., Beddington, J. R. & Lawton, J. H. (1977) On the inadequacy of simple models of mutual interference for parasitism and predation. *Journal of Animal Ecology*, 46, 543–554.

Fretwell, S. D. (1977) The regulation of plant communities by food chains exploiting them. *Perspectives in Biology and Medicine*, 20, 169–185.

Fretwell, S. D. & Lucas, H. L. (1970) On territorial behaviour and other factors influencing habitat distribution in birds. *Acta Biotheoretica*, 19, 16–36.

Fridriksson, S. (1975) *Surtsey: evolution of life on a volcanic island.* Butterworths, London.

Fry, G. L. A. & Cooke, A. S. (1984) Acid deposition and its implications for nature conservation in Britain. *Focus on Nature*

Conservation, No. 7. Nature Conservancy Council, Attingham Park, Shrewsbury, UK.

Fryer, G. & Iles, T. D. (1972) *The Cichlid Fishes of the Great Lakes of Africa*. Oliver & Boyd, Edinburgh.

Fukami, T. (2001) Sequence effects of disturbance on community structure. *Oikos*, 92, 215–224.

Fussmann, G. F. & Heber, G. (2002) Food web complexity and chaotic population dynamics. *Ecology Letters*, 5, 394–401.

Futuyma, D. J. (1983) Evolutionary interactions among herbivorous insects and plants. In: *Coevolution* (D. J. Futuyma & M. Slatkin, eds), pp. 207–231. Sinauer Associates, Sunderland, MA.

Futuyma, D. J. & May, R. M. (1992) The coevolution of plant-insect and host-parasite relationships. In: *Genes in Ecology* (R. J. Berry, T. J. Crawford & G. M. Hewitt, eds), pp. 139–166. Blackwell Scientific Publications, Oxford.

Futuyma, D. J. & Slatkin, M. (eds) (1983) *Coevolution*. Sinauer, Sunderland, MA.

Gaillard, J. -M., Festa-Bianchet, M., Yoccoz, N. G., Loison, A. & Toïgo, C. (2000) Temporal variation in fitness components and population dynamics of large herbivores. *Annual Review of Ecology and Systematics*, 31, 367–393.

Gaines, M. S., Vivas, A. M. & Baker, C. L. (1979) An experimental analysis of dispersal in fluctuating vole populations: demographic parameters. *Ecology*, 60, 814–828.

Galloway, J. N., Schlesinger, W. H., Levy, H., Michaels, A. & Schnoor, J. L. (1995) Nitrogen fixation: anthropogenic enhancement-environmental response. *Global Biogeochemical Cycles*, 9, 235–252.

Galloway, L. F. & Fenster, C. B. (2000) Population differentiation in an annual legume: local adaptation. *Evolution*, 54, 1173–1181.

Ganade, G. & Brown, V. K. (2002) Succession in old pastures of central Amazonia: role of soil fertility and plant litter. *Ecology*, 83, 743–754.

Gandon, S. & Michalakis, Y. (2001) Multiple causes of the evolution of dispersal. In: *Dispersal* (J. Clobert, E. Danchin, A. A. Dhondt & J. D. Nichols, eds), pp. 155–167. Oxford University Press, Oxford.

Gange, A. C. & Brown, V. K. (2002) Soil food web components affect plant community structure during early succession. *Ecological Research*, 17, 217–227.

Garcia-Fernandez, C., Casado, M. A. & Perez, M. R. (2003) Benzoin gardens in North Sumatra, Indonesia: effects of management on tree diversity. *Conservation Biology*, 17, 829–836.

Garcia-Fulgueiras, A., Navarro, C., Fenoll, D. *et al.* (2003) Legionnaires' disease outbreak in Murcia, Spain. *Emerging Infectious Diseases*, 9, 915–921.

Garrod, D. J. & Jones, B. W. (1974) Stock and recruitment relationships in the N.E. Atlantic cod stock and the implications for management of the stock. *Journal Conseil International pour l'Exploration de la Mer*, 173, 128–144.

Gaston, K. J. & Blackburn, T. M. (2000) *Pattern and Process in Macroecology*. Blackwell Science, Oxford.

Gathreaux, S. A. (1978) The structure and organization of avian communities in forests. In: *Proceedings of the Workshop on Management of Southern Forests for Nongame Birds* (R. M. DeGraaf, ed.), pp. 17–37. Southern Forest Station, Asheville, NC.

Gause, G. F. (1934) *The Struggle for Existence*. Williams & Wilkins, Baltimore (reprinted 1964 by Hafner, New York).

Gause, G. F. (1935) Experimental demonstration of Volterra's periodic oscillation in the numbers of animals. *Journal of Experimental Biology*, 12, 44–48.

Gavloski, J. E. & Lamb, R. J. (2000a) Specific impacts of herbivores: comparing diverse insect species on young plants. *Environmental Entomology*, 29, 1–7.

Gavloski, J. E. & Lamb, R. J. (2000b) Compensation for herbivory in cruciferous plants: specific responses in three defoliating insects. *Environmental Entomology*, 29, 1258–1267.

Gee, J. H. R. & Giller, P. S. (eds) (1987) *Organization of Communities: Past and Present*. Blackwell Scientific Publications, Oxford.

Geider, R. J., Delucia, E. H., Falkowski, P. G. *et al.* (2001) Primary productivity of planet earth: biological determinants and physical constraints in terrestrial and aquatic habitats. *Global Change Biology*, 7, 849–882.

Geiger, R. (1955) *The Climate Near the Ground*. Harvard University Press, Cambridge, MA.

Gende, S. M., Quinn, T. P. & Willson, M. F. (2001) Consumption choice by bears feeding on salmon. *Oecologia*, 127, 372–382.

Gessner, M. O. & Chauvet, E. (2002) A case for using litter breakdown to assess functional stream integrity. *Ecological Applications*, 12, 498–510.

Gianoli, E. & Neimeyer, H. M. (1997) Lack of costs of herbivory-induced defenses in a wild wheat: integration of physiological and ecological approaches. *Oikos*, 80, 269–275.

Gibbens, J. C. & Wilesmith, J. W. (2002) Temporal and geographical distribution of cases of foot-and-mouth disease during the early weeks of the 2001 epidemic in Great Britain. *Veterinary Record*, 151, 407–412.

Gibbs, H. L., Sorenson, M. D., Marchetti, K., Brooke, M. de L., Davies, N. B. & Nakamura, H. (2000) Genetic evidence for female hostspecific races of the common cuckoo. *Nature*, 407, 183–186.

Gilg, O., Hanski, I. & Sittler, B. (2003) Cyclic dynamics in a simple vertebrate predator-prey community. *Science*, 302, 866–868.

Gillespie, J. H. (1977) Natural selection for variances in offspring numbers: a new evolutionary principle. *American Naturalist*, 111, 1010–1014.

Gilligan, C. A. (1990) Comparison of disease progress curves. *New Phytologist*, 115, 223–242.

Gillooly, J. F., Brown, J. H., West, G. B., Savage, V. M. & Charnov, E. L. (2001) Effects of size and temperature on metabolic rate. *Science*, 293, 2248–2251.

Gillooly, J. F., Charnov, E. L., West, G. B., Savage, V. M. & Brown, J. H. (2002) Effects of size and temperature on developmental time. *Nature*, 417, 70–73.

Gilman, M. P. & Crawley, M. J. (1990) The cost of sexual reproduction in ragwort (*Senecio jacobaea* L.). *Functional Ecology*, 4, 585–589.

Glawe, G. A., Zavala, J. A., Kessler, A., Van Dam, N. M. & Baldwin, I.T. (2003) Ecological costs and benefits correlated with trypsin proteinase inhibitor production in *Nicotinia attenuata. Ecology*, 84, 79–90.

Gleason, H. A. (1926) The individualistic concept of the plant association. *Torrey Botanical Club Bulletin*, 53, 7–26.

Godfray, H. C. J. (1987) The evolution of clutch size in invertebrates. *Oxford Surveys in Evolutionary Biology*, 4, 117–154.

Godfray, H. C. J. (1994) *Parasitoids: behavioral and evolutionary ecology*. Princeton University Press, Princeton, NJ.

Godfray, H. C. J. & Crawley, M. J. (1998) Introduction. In: *Conservation Science and Action* (W. J. Sutherland, ed.), pp. 39–65. Blackwell Science, Oxford.

Godfray, H. C. J. & Hassell, M. P. (1989) Discrete and continuous insect populations in tropical environments. *Journal of Animal Ecology*, 58, 153–174.

Godfray, H. C. J. & Pacala, S. W. (1992) Aggregation and the population dynamics of parasitoids and predators. *American Naturalist*, 140, 30–40.

Goldman, J. C., Caron, D. A. & Dennett, M. R. (1987) Regulation of gross growth efficiency and ammonium regeneration in bacteria by substrate C:N ratio. *Limnology and Oceanography*, 32, 1239–1252.

Gomez, J. M. & Gonzalez-Megias, A. (2002) Asymmetrical interactions between ungulates and phytophagous insects: being different matters. *Ecology*, 83, 203–211.

Gorman, M. L. (1979) *Island Ecology*. Chapman & Hall, London.

Gosler, A. G., Barnett, P. R. & Reynolds, S. J. (2000) Inheritance and variation in eggshell patterning in the great tit *Parus major. Proceedings of the Royal Society of London, Series B*, 267, 2469–2473.

Goss-Custard, J. D. (1970) Feeding dispersion in some overwintering wading birds. In: *Social Behaviour in Birds and Mammals* (J. H. Crook, ed.), pp. 3–34. Academic Press, New York.

Gotelli, N. J. (2001) Research frontiers in null model analysis. *Global Ecology and Biogeography*, 10, 337–343.

Gotelli, N. J. & McCabe, D. J. (2002) Species co-occurrence: a metaanalysis of J. M. Diamond's assembly rules model. *Ecology*, 83, 2091–2096.

Gough, L. Shaver, G. R., Carroll, J., Royer, D. L. & Laundre, J. A. (2000) Vascular plant species richness in Alaskan arctic tundra: the importance of soil pH. *Journal of Ecology*, 88, 54–66.

Gould, F. (1991) The evolutionary potential of crop pests. *American Scientist*, 79, 496–507.

Gould, S. J. (1966) Allometry and size in ontogeny and phylogeny. *Biological Reviews*, 41, 587–640.

Gould, W. A. & Walker, M. D. (1997) Landscape-scale patterns in plant species richness along an arctic river. *Canadian Journal of Botany*, 75, 1748–1765.

Gower, S. T., McMurtrie, R. E. & Murty, D. (1996) Aboveground net primary production declines with stand age: potential causes. *Trends in Ecology and Evolution*, 11, 378–382.

Grace, J. B. & Wetzel, R. G. (1998) Long-term dynamics of *Typha* populations. *Aquatic Botany*, 61, 137–146.

Graham, I. & Lambin, X. (2002) The impact of weasel predation on cyclic field-vole survival: the specialist predator hypothesis contradicted. *Journal of Animal Ecology*, 71, 946–956.

Grant, P. R., Grant, R., Keller, L. F. & Petren, K. (2000) Effects of El Nino events on Darwin's finch productivity. *Ecology*, 81, 2442–2457.

Gray, S. M. & Robinson, B. W. (2001) Experimental evidence that competition between stickleback species favours adaptive character divergence. *Ecology Letters*, 5, 264–272.

Greene, D. F. & Calogeropoulos, C. (2001) Measuring and modelling seed dispersal of terrestrial plants. In: *Dispersal Ecology* (J. M. Bullock, R. E. Kenward & R. S. Hails, eds), pp. 3–23. Blackwell Science, Oxford.

Greenwood, P. J. (1980) Mating systems, philopatry and dispersal in birds and mammals. *Animal Behaviour*, 28, 1140–1162.

Greenwood, P. J., Harvey, P. H. & Perrins, C. M. (1978) Inbreeding and dispersal in the great tit. *Nature*, 271, 52–54.

Grenfell, B. & Harwood, J. (1997) (Meta)population dynamics of infectious diseases. *Trends in Ecology and Evolution*, 12, 395–399.

Grier, C. C. (1975) Wildfire effects on nutrient distribution and leaching in a coniferous forest ecosystem. *Canadian Journal of Forest Research*, 5, 599–607.

Griffith, D. M. & Poulson, T. M. (1993) Mechanisms and consequences of intraspecific competition in a carabid cave beetle. *Ecology*, 74, 1373–1383.

Griffiths, R. A., Denton, J. & Wong, A. L. -C. (1993) The effect of food level on competition in tadpoles: interference mediated by protothecan algae? *Journal of Animal Ecology*, 62, 274–279.

Grime, J. P., Hodgson, J. G. & Hunt, R. (1988) *Comparative Plant Ecology: a functional approach to common British species*. Unwin-Hyman, London.

Grubb, P. (1977) The maintenance of species richness in plant communities: the importance of the regeneration niche. *Biological Reviews*, 52, 107–145.

Grubb, P. J. (1986) The ecology of establishment. In: *Ecology and Design in Landscape* (A. D. Bradshaw, D. A. Goode & E. Thorpe, eds), pp. 83–97. Symposia of the British Ecological Society, No. 24. Blackwell Scientific Publications, Oxford.

Grutter, A. S. (1999) Cleaner fish really do clean. *Nature*, 398, 672–673.

Grytnes, J. A. (2003) Species-richness patterns of vascular plants along seven altitudinal transects in Norway. *Ecography*, 26, 291–300.

Grytnes, J. A. & Vetaas, O. R. (2002) Species richness and altitude: a comparison between null models and interpolated plant species richness along the Himalayan altitudinal gradient, Nepal. *American Naturalist*, 159, 294–304.

Guiñez, R. & Castilla, J. C. (2001) An allometric tridimensional model of self-thinning for a gregarious tunicate. *Ecology*, 82, 2331–2341.

Gunn, A. (1998) Caribou and muskox harvesting in the Northwest Territories. In: *Conservation of Biological Resources* (E. J. Milner- Gulland & R. Mace, eds), pp. 314–330. Blackwell Science, Oxford.

Haefner, P. A. (1970) The effect of low dissolved oxygen concentrations on temperature-salinity tolerance of the sand shrimp, *Crangon septemspinosa. Physiological Zoology*, 43, 30–37.

Haines, E. (1979) Interaction between Georgia salt marshes and coastal waters: a changing paradigm. In: *Ecological Processes in Coastal and Marine Systems* (R. J. Livingston, ed.). Plenum Press, New York.

Hainsworth, F. R. (1981) *Animal Physiology*. Addison-Wesley, Reading, MA.

Hairston, N. G., Smith, F. E. & Slobodkin, L. B. (1960) Community structure, population control, and competition. *American Naturalist*, 44, 421–425.

Halaj, J., Ross, D. W. & Moldenke, A.R. (2000) Importance of habitat structure to the arthropod food-web in Douglas-fir canopies. *Oikos*, 90, 139–152.

Haldane, J. B. S. (1949) Disease and evolution. *La Ricerca Scienza*, 19 (Suppl.), 3–11.

Hall, S. J. (1998) Closed areas for fisheries management—the case consolidates. *Trends in Ecology and Evolution*, 13, 297–298.

Hall, S. J. & Raffaelli, D. G. (1993) Food webs: theory and reality. *Advances in Ecological Research*, 24, 187–239.

Hamilton, W. D. (1971) Geometry for the selfish herd. *Journal of Theoretical Biology*, 31, 295–311.

Hamilton, W. D. & May, R. M. (1977) Dispersal in stable habitats. *Nature*, 269, 578–581.

Hansen, J., Ruedy, R., Glasgoe, J. & Sato, M. (1999) GISS analysis of surface temperature change. *Journal of Geophysical Research*, 104, 30997–31022.

Hanski, I. (1991) Single-species metapopulation dynamics: concepts, models and observations. In: *Metapopulation Dynamics* (M. E. Gilpin & I. Hanski, eds), pp. 17–38. Academic Press, London.

Hanski, I. (1994) A practical model of metapopulation dynamics. *Journal of Animal Ecology*, 63, 151–162.

Hanski, I. (1996) Metapopulation ecology. In: *Population dynamics in ecological space and time* (O. E. Rhodes Jr., R. K. Chesser & M. H. Smith, eds), pp. 13–43. University of Chicago Press, Chicago.

Hanski, I. (1999) *Metapopulation Ecology*. Oxford University Press, Oxford.

Hanski, I. & Gyllenberg, M. (1993) Two general metapopulation models and the core-satellite hypothesis. *American Naturalist*, 142, 17–41.

Hanski, I. & Simberloff, D. (1997) The metapopulation approach, its history, conceptual domain, and application to conservation. In: *Metapopulation Biology* (I. A. Hanski & M. E. Gilpin, eds), pp. 5–26. Academic Press, San Diego, CA.

Hanski, I., Hansson, L. & Henttonen, H. (1991) Specialist predators, generalist predators, and the microtine rodent cycle. *Journal of Animal Ecology*, 60, 353–367.

Hanski, I., Henttonen, H., Korpimaki, E., Oksanen, L. & Turchin, P. (2001) Small-rodent dynamics and predation. *Ecology*, 82, 1505–1520.

Hanski, I., Pakkala, T., Kuussaari, M. & Lei, G. (1995) Metapopulation persistence of an endangered butterfly in a fragmented landscape. *Oikos*, 72, 21–28.

Harcourt, D. G. (1971) Population dynamics of *Leptinotarsa decemlineata* (Say) in eastern Ontario. III. Major population processes. *Canadian Entomologist*, 103, 1049–1061.

Harper, D. G. C. (1982) Competitive foraging in mallards: 'ideal free ducks'. *Animal Behaviour*, 30, 575–584.

Harper, J. L. (1955) The influence of the environment on seed and seedling mortality. VI. The effects of the interaction of soil moisture content and temperature on the mortality of maize grains. *Annals of Applied Biology*, 43, 696–708.

Harper, J. L. (1961) Approaches to the study of plant competition. In: *Mechanisms in Biological Competition* (F. L. Milthorpe, ed.), pp. 1–39. Symposium No. 15, Society for Experimental Biology. Cambridge University Press, Cambridge, UK.

Harper, J. L. (1977) *The Population Biology of Plants*. Academic Press, London.

Harper, J. L. & White, J. (1974) The demography of plants. *Annual Review of Ecology and Systematics*, 5, 419–463.

Harper, J. L., Jones, M. & Sackville Hamilton, N. R. (1991) The evolution of roots and the problems of analysing their behaviour. In: *Plant Root Growth: an ecological perspective* (D. Atkinson, ed.), pp. 3–22. Special Publication of the British Ecological Society, No. 10. Blackwell Scientific Publications, Oxford.

Harper, J. L., Rosen, R. B. & White, J. (eds) (1986) The growth and form of modular organisms. *Philosophical Transactions of the Royal Society of London, Series B*, 313, 1–250.

Harris, G. P. (2001) Biogeochemistry of nitrogen and phosphorus in Australian catchments, rivers and estuaries: effects of land use and flow regulation and comparisons with global patterns. *Marine and Freshwater Research*, 52, 139–149.

Harrison, S. & Taylor, A. D. (1997) Empirical evidence for metapopulations. In: *Metapopulation Biology* (I. A. Hanski & M. E. Gilpin, eds), pp. 27–42. Academic Press, San Diego, CA.

Hart, A. J., Bale, J. S., Tullett, A. G., Worland, M. R. & Walters, K. F. A. (2002) Effects of temperature on the establishment potential of the predatory mite *Amblyseius californicus* McGregor (Acari: Phytoseiidae) in the UK. *Journal of Insect Physiology*, 48, 593–599.

Harvey, P. H. (1996) Phylogenies for ecologists. *Journal of Animal Ecology*, 65, 255–263.

Harvey, P. H. & Pagel, M. D. (1991) *The Comparative Method in Evolutionary Biology*. Oxford University Press, Oxford.

Harvey, P. H. & Zammuto, R. M. (1985) Patterns of mortality and age at first reproduction in natural populations of mammals. *Nature*, 315, 319–320.

Hassell, M. P. (1978) *The Dynamics of Arthropod Predator-Prey Systems*. Princeton University Press, Princeton, NJ.

Hassell, M. P. (1982) Patterns of parasitism by insect parasitoids in patchy environments. *Ecological Entomology*, 7, 365–377.

Hassell, M. P. (1985) Insect natural enemies as regulating factors. *Journal of Animal Ecology*, 54, 323–334.

Hassell, M. P. & May, R. M. (1973) Stability in insect host-parasite models. *Journal of Animal Ecology*, 43, 567–594.

Hassell, M. P. & May, R. M. (1974) Aggregation of predators and insect parasites and its effect on stability. *Journal of Animal Ecology*, 43, 567–594.

Hassell, M. P., Latto, J. & May, R. M. (1989) Seeing the wood for the trees: detecting density dependence from existing life-table studies. *Journal of Animal Ecology*, 58, 883–892.

Hastings, A. & Botsford, L. W. (2003) Comparing designs of marine reserves for fisheries and for biodiversity. *Ecological Applications*, 13 (Suppl.), S65–S70.

Hastings, A., Hom, C. L., Ellner, S., Turchin, P. & Godfray, H. C. J. (1993) Chaos in ecology: is mother nature a strange attractor? *Annual Review of Ecology and Systematics*, 24, 1–33.

Hastings, H. M. & Conrad, M. (1979) Length and evolutionary stability of food chains. *Nature*, 282, 838–839.

Hattenschwiler, S. & Vitousek, P. M. (2000) The role of polyphenols in terrestrial ecosystem nutrient cycling. *Trends in Ecology and Evolution*, 15, 238–243.

Hawkins, B. A. & Cornell, H. V. (eds) (1999) *Theoretical Approaches to Biological Control*. Cambridge University Press, Cambridge, UK.

Heal, O. W. & MacLean, S. F. (1975) Comparative productivity in ecosystems—secondary productivity. In: *Unifying Concepts in Ecology* (W. H. van Dobben & R. H. Lowe-McConnell, eds), pp. 89–108. Junk, The Hague.

Heal, O. W., Menault, J. C. & Steffen, W. L. (1993) *Towards a Global Terrestrial Observing System (GTOS): detecting and monitoring change in terrestrial ecosystems*. MAB Digest 14 and IGBP Global Change Report 26, UNESCO, Paris and IGBP, Stockholm.

Hearnden, M., Skelly, C. & Weinstein, P. (1999) Improving the surveillance of mosquitoes with disease-vector potential in New Zealand. *New Zealand Public Health Report*, 6, 25–28.

Hector, A., Shmid, B., Beierkuhnlein, C. *et al.* (1999) Plant diversity and productivity experiments in European grasslands. *Science*, 286, 1123–1127.

Heed, W. B. (1968) Ecology of Hawaiian Drosophiladae. *University of Texas Publications*, 6861, 387–419.

Heie, O. E. (1987) Palaeontology and phylogeny. In: *Aphids: their biology, natural enemies and control. World Crop Pests*, Vol. 2A (A. K. Minks & P. Harrewijn, eds), pp. 367–391. Elsevier, Amsterdam.

Heil, M. & McKey, D. (2003) Protective ant-plant interactions as model systems in ecological and evolutionary research. *Annual Review of Ecology, Evolution and Systematics*, 34, 425–453.

Hendon, B. C. & Briske, D. D. (2002) Relative herbivory tolerance and competitive ability in two dominant: subordinate pairs of perennial grasses in a native grassland. *Plant Ecology*, 160, 43–51.

Hengeveld, R. (1990) *Dynamic Biogeography*. Cambridge University Press, Cambridge, UK.

Henttonen, H. & Kaikusalo, A. (1993) Lemming movements. In: *The Biology of Lemmings* (N. C. Stenseth & R. A. Ims, eds), pp. 157–186. Academic Press, London.

Heppell, S. S., Crowder, L. B. & Crouse, D. T. (1996) Models to evaluate headstarting as a management tool for long-lived turtles. *Ecological Applications*, 6, 556–565.

Herman, T. J. B. (2000) Developing IPM for potato tuber moth. *Commercial Grower*, 55, 26–28.

Hermoyian, C. S., Leighton, L. R. & Kaplan, P. (2002) Testing the role of competition in fossil communities using limiting similarity. *Geology*, 30, 15–18.

Herre, E. A. & West, S. A. (1997) Conflict of interest in a mutualism: documenting the elusive fig wasp-seed trade-off. *Proceedings of the Royal Society of London, Series B*, 264, 1501–1507.

Herre, E. A., Knowlton, N., Mueller, U. G. & Rehner, S. A. (1999) The evolution of mutualisms: exploring the paths between conflict and cooperation. *Trends in Ecology and Evolution*, 14, 49–53.

Herrera, C. M., Jordano, P., Guitian, J. & Traveset, A. (1998) Annual variability in seed production by woody plants and the masting concept: reassessment of principles and relationship to pollination and seed dispersal. *American Naturalist*, 152, 576–594.

Hessen, D. O. (1997) Stoichiometry in food webs. Lotka revisited. *Oikos*, 79, 195–200.

Hestbeck, J. B. (1982) Population regulation of cyclic mammals: the social fence hypothesis. *Oikos*, 39, 157–163.

Hilborn, R. & Walters, C. J. (1992) *Quantitative Fisheries Stock Assessment*. Chapman & Hall, New York.

Hildrew, A. G. & Townsend, C. R. (1980) Aggregation, interference and the foraging by larvae of *Plectrocnemia conspersa* (Trichoptera: Polycentropodidae). *Animal Behaviour*, 28, 553–560.

Hildrew, A. G., Townsend, C. R., Francis, J. & Finch, K. (1984) Cellulolytic decomposition in streams of contrasting pH and its relationship with invertebrate community structure. *Freshwater Biology*, 14, 323–328.

Hill, M. F., Witman, J. D. & Caswell, H. (2002) Spatio-temporal variation in Markov chain models of subtidal community succession. *Ecology Letters*, 5, 665–675.

Hill, W. R., Mulholland, P. J. & Marzolf, E. R. (2001) Stream ecosystem responses to forest leaf emergence in spring. *Ecology*, 82, 2306–2319.

Hirakawa, H. (2001) Coprophagy in leporids and other mammalian herbivores. *Mammal Review*, 31, 61–80.

Hockland, S. H., Dawson, G. W., Griffiths, D. C., Maples, B., Pickett, J. A. & Woodcock, C. M. (1986) The use of aphid alarm pheremone (E-β-farnesene) to increase effectiveness of the entomophilic fungus *Verticillium lecanii* in controlling aphids on chrysanthemums under glass. In: *Fundamental and Applied Aspects of Invertebrate Pathology* (R. A. Sampson, J. M. Vlak & D. Peters, eds), p. 252. Foundation of the Fourth International Colloquium of Invertebrate Pathology, Wageningen.

Hodgkinson, K. C. (1992) Water relations and growth of shrubs before and after fire in a semi-arid woodland. *Oecologia*, 90, 467–473.

Hogan, M. E., Veivers, P. C., Slaytor, M. & Czolij, R. T. (1988) The site of cellulose breakdown in higher termites (*Nasutitermes walkeri* and *Nasutitermes exitosus*). *Journal of Insect Physiology*, 34, 891–899.

Holland, D. S. & Brazee, R. J. (1996) Marine reserves for fishery management. *Marine Resource Economics*, 11, 157–171.

Holling, C. S. (1959) Some characteristics of simple types of predation and parasitism. *Canadian Entomologist*, 91, 385–398.

Holmer, M. & Storkholm, P. (2001) Sulphate reduction and sulphur cycling in lake sediments: a review. *Freshwater Biology*, 46, 431–451.

Holmgren, M., Scheffer, M., Ezcurra, E., Gutierrez, J. R. & Mohren, M. J. (2001) El Nino effects on the dynamics of terrestrial ecosystems. *Trends in Ecology and Evolution*, 16, 89–94.

Holloway, J. D. (1977) *The Lepidoptera of Norfolk Island, their Biogeography and Ecology*. Junk, The Hague.

Holloway, J. M., Dahlgren, R. A., Hansen, B. & Casey, W. H. (1998) Contribution of bedrock nitrogen to high nitrate concentrations in stream water. *Nature*, 395, 785–788.

Holt, R. D. (1977) Predation, apparent competition and the structure of prey communities. *Theoretical Population Biology*, 12, 197–229.

Holt, R. D. (1984) Spatial heterogeneity, indirect interactions, and the coexistence of prey species. *American Naturalist*, 124, 377–406.

Holt, R. D. (1997) Community modules. In: *Multitrophic Interactions in Terrestrial Ecosystems* (A. C. Gange & V. K. Brown, eds), pp. 333–349. Blackwell Science, Oxford.

Holt, R. D. & Hassell, M. P. (1993) Environmental heterogeneity and the stability of host-parasitoid interactions. *Journal of Animal Ecology*, 62, 89–100.

Holway, D. A. & Suarez, A. V. (1999) Animal behaviour: an essential component of invasion biology. *Trends in Ecology and Evolution*, 14, 328–330.

Holyoak, M. & Lawler, S. P. (1996) Persistence of an extinction-prone predator-prey interaction through metapopulation dynamics. *Ecology*, 77, 1867–1879.

Hook, P. B. & Burke, I. C. (2000) Biogeochemistry in a shortgrass landscape: control by topography, soil texture, and microclimate. *Ecology*, 81, 2686–2703.

Hopf, F. A., Valone, T. J. & Brown, J. H. (1993) Competition theory and the structure of ecological communities. *Evolutionary Ecology*, 7, 142–154.

Horn, D. S. (1988) *Ecological Approach to Pest Management*. Elsevier, London.

Horn, H. S. (1975) Markovian processes of forest succession. In: *Ecology and Evolution of Communities* (M. L. Cody & J. M. Diamond, eds), pp. 196–213. Belknap, Cambridge, MA.

Horn, H. S. (1981) Succession. In: *Theoretical Ecology: principles and applications* (R. M. May, ed.), pp. 253–271. Blackwell Scientific Publications, Oxford.

Houghton, R. A. (2000) Interannual variability in the global carbon cycle. *Journal of Geophysical Research*, 105, 20121–20130.

Hoyer, M. V. & Canfield, D. E. (1994) Bird abundance and species richness on Florida lakes: influence of trophic status, lake morphology and aquatic macrophytes. *Hydrobiologia*, 297, 107–119.

Hu, S., Firestone, M. K. & Chapin, F. S. III (1999) Soil microbial feedbacks to atmospheric CO_2 enrichment. *Trends in Ecology and Evolution*, 14, 433–437.

Hudson, P. & Greenman, J. (1998) Competition mediated by parasites: biological and theoretical progress. *Trends in Ecology and Evolution*, 13, 387–390.

Hudson, P. J., Dobson, A. P. & Newborn, D. (1992a) Do parasites make prey vulnerable to predation? Red grouse and parasites. *Journal of Animal Ecology*, 61, 681–692.

Hudson, P. J., Newborn, D. & Dobson, A. P. (1992b) Regulation and stability of a free-living host-parasite system: *Trichostrongylus tenuis* in red grouse. I. Monitoring and parasite reduction experiments. *Journal of Animal Ecology*, 61, 477–486.

Hudson, P. J., Dobson, A. P. & Newborn, D. (1998) Prevention of population cycles by parasite removal. *Science*, 282, 2256–2258.

Huffaker, C. B. (1958) Experimental studies on predation: dispersion factors and predator-prey oscillations. *Hilgardia*, 27, 343–383.

Huffaker, C. B., Shea, K. P. & Herman, S. G. (1963) Experimental studies on predation. *Hilgardia*, 34, 305–330.

Hughes, J. E., Deegan, L. A., Peterson, B. J., Holmes, R. M. & Fry, B. (2000) Nitrogen flow through the food web in the oligohaline zone of a New England estuary. *Ecology*, 81, 433–452.

Hughes, L. (2000) Biological consequences of global warming: is the signal already apparent. *Trends in Ecology and Evolution*, 15, 56–61.

Hughes, R. N. (1989) *A Functional Biology of Clonal Animals*. Chapman & Hall, London.

Hughes, R. N. & Croy, M. I. (1993) An experimental analysis of frequency-dependent predation (switching) in the 15-spined stickleback, *Spinachia spinachia*. *Journal of Animal Ecology*, 62, 341–352.

Hughes, R. N. & Griffiths, C. L. (1988) Self-thinning in barnacles and mussels: the geometry of packing. *American Naturalist*, 132, 484–491.

Hughes, T. P. & Connell, J. H. (1987) Population dynamics based on size or age? A reef-coral analysis. *American Naturalist*, 129, 818–829.

Hughes, T. P., Ayre, D. & Connell, J. H. (1992) The evolutionary ecology of corals. *Trends in Ecology and Evolution*, 7, 292–295.

Hughey, K. F. D., Cullen, R. & Moran, E. (2002) Integrating economics into priority setting and evaluation in conservation management. *Conservation Biology*, 17, 93–103.

Huisman, J. (1999) Population dynamics of light-limited phytoplankton: microcosm experiments. *Ecology*, 80, 202–210.

Humborg, C., Blomqvist, S., Avsan, E., Bergensund, Y. & Smedberg, E. (2002) Hydrological alterations with river damming in northern Sweden: implications for weathering and river biogeochemistry. *Global Biogeochemical Cycles*, 16, 1–13.

Hunter, J. R., Argue, A. W., Bayliff, W. H. *et al.* (1986) *The Dynamics of Tuna Movement: an evaluation of past and future research*. FAO Fisheries Technical Paper No. 277. Food and Agriculture Organization of the United Nations, Rome.

Hunter, M. D. & Price, P. W. (1992) Playing chutes and ladders: heterogeneity and the relative roles of bottom-up and top-down forces in natural communities. *Ecology*, 73, 724–732.

Hunter, M. D. & Price, P. W. (1998) Cycles in insect populations: delayed density dependence or exogenous driving variables? *Ecological Entomology*, 23, 216–222.

Hunter, M. L. & Yonzon, P. (1992) Altitudinal distributions of birds, mammals, people, forests, and parks in Nepal. *Conservation Biology*, 7, 420–423.

Hurd, L. E. & Eisenberg, R. M. (1990) Experimentally synchronized phenology and interspecific competition in mantids. *American Midland Naturalist*, 124, 390–394.

Huryn, A. D. (1998) Ecosystem level evidence for top-down and bottom-up control of production in a grassland stream system. *Oecologia*, 115, 173–183.

Husband, B. C. & Barrett, S. C. H. (1996) A metapopulation perspective in plant population biology. *Journal of Ecology*, 84, 461–469.

Huston, M. (1979) A general hypothesis of species diversity. *American Naturalist*, 113, 81–102.

Hutchings, M. J. (1983) Ecology's law in search of a theory. *New Scientist*, 98, 765–767.

Hutchings, M. J. & de Kroon, H. (1994) Foraging in plants: the role of morphological plasticity in resource acquisition. *Advances in Ecological Research*, 25, 159–238.

Hutchinson, G. E. (1957) Concluding remarks. *Cold Spring Harbour Symposium on Quantitative Biology*, 22, 415–427.

Hutchinson, G. E. (1959) Homage to Santa Rosalia, or why are there so many kinds of animals? *American Naturalist*, 93, 145–159.

Hutchinson, G. E. (1961) The paradox of the plankton. *American Naturalist*, 95, 137–145.

IGBP (International Geosphere-Biosphere Programme) (1990) *Global Change. Report No. 12. The Initial Core Projects. The International Geosphere-Biosphere Programme: a study of global change of the International Council of Scientific Unions (ICSU)*. IGBP, Stockholm, Sweden.

Ims, R. & Yoccoz, N. (1997) Studying transfer processes in metapopulations: emigration, migration and colonization. In: *Metapopulation Biology* (I. Hanski & M. Gilpin, eds), pp. 247–265. Academic Press, San Diego, CA.

Inchausti, P. & Ginzburg, L. R. (1998) Small mammal cycles in northern Europe: patterns and evidence for a maternal effect hypothesis. *Journal of Animal Ecology*, 67, 180–194.

Inghe, O. (1989) Genet and ramet survivorship under different mortality regimes: a cellular automata model. *Journal of Theoretical Biology*, 138, 257–270.

Inglesfield, C. & Begon, M. (1983) The ontogeny and cost of migration of *Drosophila subobscura* Collin. *Biological Journal of the Linnean Society*, 19, 9–15.

Interlandi, S. J. & Kilham, S. S. (2001) Limiting resources and the regulation of diversity in phytoplankton communities. *Ecology*, 82, 1270–1282.

International Organisation for Biological Control (1989) *Current Status of Integrated Farming Systems Research in Western Europe* (P. Vereijken & D. J. Royle, eds). IOBC WPRS Bulletin 12(5).

IPCC (2001) *Third Assessment Report of the Intergovernmental Panel on Climate Change*. Working Group 1, Intergovernmental Panel on Climate Change, Geneva.

IUCN/UNEP/WWF (1991) *Caring for the Earth. A Strategy for Sustainable Living*. Gland, Switzerland.

Ives, A. R. (1992a) Density-dependent and density-independent parasitoid aggregation in model host-parasitoid systems. *American Naturalist*, 140, 912–937.

Ives, A. R. (1992b) Continuous-time models of host-parasitoid interactions. *American Naturalist*, 140, 1–29.

Jackson, C. R., Churchill, P. F. & Roden, E. E. (2001) Successional changes in bacterial assemblage structure during epilithic biofilm development. *Ecology*, 82, 555–566.

Jackson, S. T. & Weng, C. (1999) Late Quaternary extinction of a tree species in eastern North America. *Proceedings of the National Academy of Sciences of the USA*, 96, 13847–13852.

Jamieson, I. G. & Ryan, C.J. (2001) Island takahe: closure of the debate over the merits of introducing Fiordland takahe to predator-free islands. In: *The Takahe: fifty years of conservation management and research* (W. G. Lee & I. G. Jamieson, eds), pp. 96–113. University of Otago Press, Dunedin, New Zealand.

Janis, C. M. (1993) Tertiary mammal evolution in the context of changing climates, vegetation and tectonic events. *Annual Review of Ecology and Systematics*, 24, 467–500.

Jannasch, H. W. & Mottl, M. J. (1985) Geomicrobiology of deep-sea hydrothermal vents. *Science*, 229, 717–725.

Janzen, D. H. (1967) Interaction of the bull's-horn acacia (*Acacia cornigera* L.) with an ant inhabitant (*Pseudomyrmex ferruginea* F. Smith) in eastern Mexico. *University of Kansas Science Bulletin*, 47, 315–558.

Janzen, D. H. (1968) Host plants in evolutionary and contemporary time. *American Naturalist*, 102, 592–595.

Janzen, D. H. (1970) Herbivores and the number of tree species in tropical forests. *American Naturalist*, 104, 501–528.

Janzen, D. H. (1980) Specificity of seed-eating beetles in a Costa Rican deciduous forest. *Journal of Ecology*, 68, 929–952.

Janzen, D. H. (1981) Evolutionary physiology of personal defence. In: *Physiological Ecology: an evolutionary approach to resource use* (C. R. Townsend & P. Calow, eds), pp. 145–164. Blackwell Scientific Publications, Oxford.

Janzen, D. H., Juster, H. B. & Bell, E. A. (1977) Toxicity of secondary compounds to the seed-eating larvae of the bruchid beetle *Callosobruchus maculatus*. *Phytochemistry*, 16, 223–227.

Jeffries, M. J. & Lawton, J. H. (1984) Enemy-free space and the structure of ecological communities. *Biological Journal of the Linnean Society*, 23, 269–286.

Jeffries, M. J. & Lawton, J. H. (1985) Predator-prey ratios in communities of freshwater invertebrates: the role of enemy free space. *Freshwater Biology*, 15, 105–112.

Jenkins, B., Kitching, R. L. & Pimm, S. L. (1992) Productivity, disturbance and food web structure at a local spatical scale in experimental container habitats. *Oikos*, 65, 249–255.

Jennings, S., Kaiser, M. J. & Reynolds, J. D. (2001) *Marine Fisheries Ecology*. Blackwell Science, Oxford.

Jensen, K. T. & Mouritsen, K. M. (1992) Mass mortality in two common soft-bottom invertebrates, *Hydrobia ulvae* and *Corophium volutator*—the possible role of trematodes. *Helgoländer Meeresuntersuchungen*, 46, 329–339.

Jobbagy, E. G., Sala, O. E. & Paruelo, J. M. (2002) Patterns and controls of primary production in the Patagonian steppe: a remote sensing approach. *Ecology*, 83, 307–319.

Johannes, R. E. (1998) Government-supported village-based management of marine resources in Vanuatu. *Ocean Coastal Management*, 40, 165–186.

Johnson, C. G. (1967) International dispersal of insects and insect-borne viruses. *Netherlands Journal of Plant Pathology*, 73 (Suppl. 1), 21–43.

Johnson, C. M., Zarin, D. J. & Johnson, A. H. (2000) Post-disturbance aboveground biomass accumulation in global secondary forests. *Ecology*, 81, 1395–1401.

Johnson, N. C., Zak, D. R., Tilman, D. & Pfleger, F. L. (1991) Dynamics of vesicular-arbuscular mycorrhizae during old field succession. *Oecologia*, 86, 349–358.

Johnston, D. W. & Odum, E. P. (1956) Breeding bird populations in relation to plant succession on the piedmont of Georgia. *Ecology*, 37, 50–62.

Jones, C. G., Lawton, J. H. & Shachak, M. (1994) Organisms as ecosystem engineers. *Oikos*, 69, 373–386.

Jones, C. G., Lawton, J. H. & Schachak, M. (1997) Positive and negative effects of organisms as physical ecosystem engineers. *Ecology*, 78, 1946–1957.

Jones, C. G., Ostfeld, R. S., Richard, M. P., Schauber, E. M. & Wolff, J. O. (1998) Chain reactions linking acorns to gypsy moth outbreaks and Lyme disease risk. *Science*, 279, 1023–1026.

Jones, M. & Harper, J. L. (1987) The influence of neighbours on the growth of trees. I. The demography of buds in *Betula pendula*. *Proceedings of the Royal Society of London, Series B*, 232, 1–18.

Jones, M., Mandelik, Y. & Dayan, T. (2001) Coexistence of temporally partitioned spiny mice: roles of habitat structure and foraging behaviour. *Ecology*, 82, 2164–2176.

Jones, W. T. (1988) Density-related changes in survival of philopatric and dispersing kangaroo rats. *Ecology*, 69, 1474–1478.

Jones, W. T., Waser, P. M., Elliott, L. F., Link, N. E. & Bush, B. B. (1988) Philopatry, dispersal, and habitat saturation in the banner-tailed kangaroo rat, *Dipodomys spectabilis*. *Ecology*, 69, 1466–1473.

Jonsson, M. & Malmqvist, B. (2000) Ecosystem process rate increases with animal species richness: evidence from leaf-eating, aquatic insects. *Oikos*, 89, 519–523.

Jordan, R. S. (1991) Impact of ENSO events on the southeastern Pacific region with special reference to the interaction of fishing and climatic variability. In: *ENSO Teleconnections Linking Worldwide Climate Anomalies: scientific basis and societal impacts* (M. Glantz, ed.), pp. 401–430, Cambridge University Press, Cambridge, UK.

Jowett, I. G. (1997) Instream flow methods: a comparison of approaches. *Regulated Rivers: Research and Management*, 13, 115–127.

Juniper, S. K., Tunnicliffe, V. & Southward, E. C. (1992) Hydrothermal vents in turbidite sediments on a Northeast Pacific spreading centre: organisms and substratum at an ocean drilling site. *Canadian Journal of Zoology*, 70, 1792–1809.

Junk, W. J., Bayley, P. B. & Sparks, R. E. (1989) The flood-pulse concept in river-floodplain systems. *Canadian Special Publications in Fisheries and Aquatic Sciences*, 106, 110–127.

Jurgens, K. & Sala, M. M. (2000) Predation-mediated shifts in size distribution of microbial biomass and activity during detritus decomposition. *Oikos*, 91, 29–40.

Jutila, H. M. (2003) Germination in Baltic coastal wetland meadows: similarities and differences between vegetation and seed bank. *Plant Ecology*, 166, 275–293.

Kaelke, C. M., Kruger, E. L. & Reich, P. B. (2001) Trade-offs in seedling survival, growth, and physiology among hardwood species of contrasting successional status along a light availability gradient. *Canadian Journal of Forestry Research*, 31, 1602–1616.

Kaiser, J. (2000) Rift over biodiversity divides ecologists. *Science*, 289, 1282–1283.

Kamijo, T., Kitayama, K., Sugawara, A., Urushimichi, S. & Sasai, K. (2002) Primary succession of the warm-temperate broad-leaved forest on a volcanic island, Miyake-jima, Japan. *Folia Geobotanica*, 37, 71–91.

Kaplan, R. H. & Salthe, S. N. (1979) The allometry of reproduction: an empirical view in salamanders. *American Naturalist*, 113, 671–689.

Karban, R. & Baldwin, I. T. (1997) *Induced Responses to Herbivory*. University of Chicago Press, Chicago.

Karban, R., Agrawal, A. A., Thaler, J. S. & Adler, L. S. (1999) Induced plant responses and information content about risk of herbivory. *Trends in Ecology and Evolution*, 14, 443–447.

Kareiva, P. (1990) Population dynamics in spatially complex environments: theory and data. *Philosophical Transactions of the Royal Society of London, Series B*, 330, 175–190.

Karels, T. J. & Boonstra, R. (2000) Concurrent density dependence and independence in populations of arctic ground squirrels. *Nature*, 408, 460–463.

Karl, B. J. & Best, H. A. (1982) Feral cats on Stewart Island: their foods, and their effects on kakapo. *New Zealand Journal of Zoology*, 9, 287–294.

Karl, D. (1999) A sea of change: biogeochemical variability in the North Pacific subtropical gyre. *Ecosystems*, 2, 181–214.

Katz, L. A. (1998) Changing perspectives on the origin of eukaryotes. *Trends in Ecology and Evolution*, 13, 493–498.

Kautz, G., Zimmer, M. & Topp, W. (2002) Does *Porcellio scabar* (Isopoda: Oniscidea) gain from coprophagy? *Soil Biology and Biochemistry*, 34, 1253–1259.

Kawano, K. (2002) Character displacement in giant rhinoceros beetles. *American Naturalist*, 159, 255–271.

Kaye, J. P. & Hart, S. C. (1997) Competition for nitrogen between plants and soil microorganisms. *Trends in Ecology and Evolution*, 12, 139–142.

Kays, S. & Harper, J. L. (1974) The regulation of plant and tiller density in a grass sward. *Journal of Ecology*, 62, 97–105.

Keane, R. M. & Crawley, M. J. (2002) Exotic plant invasions and the enemy release hypothesis. *Trends in Ecology and Evolution*, 17, 164–170.

Keddy, P. A. (1982) Experimental demography of the sand-dune annual, *Cakile edentula*, growing along an environmental gradient in Nova Scotia. *Journal of Ecology*, 69, 615–630.

Keddy, P. A. & Shipley, B. (1989) Competitive heirarchies in herbaceous plant communities. *Oikos*, 54, 234–241.

Keeling, M. (1999) Spatial models of interacting populations. In: *Advanced Ecological Theory* (J. McGlade, ed.), pp. 64–99. Blackwell Science, Oxford.

Kelly, C. A. & Dyer, R. J. (2002) Demographic consequences of inflorescence-feeding insects for *Liatris cylindrica*, an iteroparous perennial. *Oecologia*, 132, 350–360.

Kelly, D. (1994) The evolutionary ecology of mast seeding. *Trends in Ecology and Evolution*, 9, 465–470.

Kelly, D., Harrison, A. L., Lee, W. G., Payton, I. J., Wilson, P. R. & Schauber, E.M. (2000) Predator satiation and extreme mast seeding in 11 species of *Chionochloa* (Poaceae). *Oikos*, 90, 477–488.

Kendall, B. E., Briggs, C. J., Murdoch, W. W. *et al.* (1999) Why do populations cycle? A synthesis of statistical and mechanistic modeling approaches. *Ecology*, 80, 1789–1805.

Kerbes, R. H., Kotanen, P. M. & Jefferies, R. L. (1990) Destruction of wetland habitats by lesser snow geese: a keystone species on the west coast of Hudson Bay. *Journal of Applied Ecology*, 27, 242–258.

Kery, M., Matthies, D. & Fischer, M. (2001) The effect of plant population size on the interactions between the rare plant *Gentiana cruciata* and its specialized herbivore *Maculinea rebeli. Journal of Ecology*, 89, 418–427.

Kessler, A. & Baldwin, I. T. (2004) Herbivore-induced plant vaccination. Part I. The orchestration of plant defences in nature and their fitness consequences in the wild tobacco. *Plant Journal*, 38, 639–649.

Kettlewell, H. B. D. (1955) Selection experiments on industrial melanism in the Lepidoptera. *Heredity*, 9, 323–342.

Khalil, M. A. K. (1999) Non-CO_2 greenhouse gases in the atmosphere. *Annual Review of Energy and the Environment*, 24, 645–661.

Kicklighter, D. W., Bruno, M., Donges, S. *et al.* (1999) A first-order analysis of the potential role of CO_2 fertilization to affect the global carbon budget: a comparison of four terrestrial biosphere models. *Tellus*, 51B, 343–366.

Kie, J. G. (1999) Optimal foraging and risk of predation: effects on behaviour and social structure in ungulates. *Journal of Mammalogy*, 80, 1114–1129.

Kiers, E. T., Rousseau, R. A., West, S. A. & Denison, R. F. (2003) Host sanctions and the legume-rhizobium mutualism. *Nature*, 425, 78–81.

Kiers, E. T., West, S. A. & Denison, R. F. (2002) Mediating mutualisms: farm management practices and evolutionary changes in symbiont co-operation. *Journal of Applied Ecology*, 39, 745–754.

Kimura, M. & Weiss, G. H. (1964) The stepping stone model of population structure and the decrease of genetic correlation with distance. *Genetics*, 49, 561–576.

Kingsland, S. E. (1985) *Modeling Nature*. University of Chicago Press, Chicago.

Kingston, T. J. & Coe, M. J. (1977) The biology of a giant dung-beetle (*Heliocorpis dilloni*) (Coleoptera: Scarabaeidae). *Journal of Zoology*, 181, 243–263.

Kinnaird, M. F. & O'Brien, T. G. (1991) Viable populations for an endangered forest primate, the Tana River crested mangabey (*Cerocebus galeritus galeritus*). *Conservation Biology*, 5, 203–213.

Kira, T., Ogawa, H. & Shinozaki, K. (1953) Intraspecific competition among higher plants. I. Competition-density-yield interrelationships in regularly dispersed populations. *Journal of the Polytechnic Institute, Osaka City University*, 4(4), 1–16.

Kirchner, J. W. & Weil, A. (2000) Delayed biological recovery from extinctions throughout the fossil record. *Nature*, 404, 177–180.

Kirk, J. T. O. (1994) *Light and Photosynthesis in Aquatic Ecosystems*. Cambridge University Press, Cambridge, UK.

Kitting, C. L. (1980) Herbivore-plant interactions of individual limpets maintaining a mixed diet of intertidal marine algae. *Ecological Monographs*, 50, 527–550.

Klemola, T., Koivula, M., Korpimaki, E. & Norrdahl, K. (2000) Experimental tests of predation and food hypotheses for population cycles of voles. *Proceedings of the Royal Society of London, Series B*, 267, 352–356.

Klemow, K. M. & Raynal, D. J. (1981) Population ecology of *Melilotusalba* in a limestone quarry. *Journal of Ecology*, 69, 33–44.

Kling, G. W., Kipphut, G. W., Miller, M. M. & O'Brien, W. J. (2000) Integration of lakes and streams in a landscape perspective: the importance of material processing on spatial patterns and temporal coherence. *Freshwater Biology*, 43, 477–497.

Knapp, A. K. & Smith, M. D. (2001) Variation among biomes in temporal dynamics of aboveground primary production. *Science*, 291, 481–484.

Kneidel, K. A. (1984) Competition and disturbance in communities of carrion breeding Diptera. *Journal of Animal Ecology*, 53, 849–865.

Knell, R. J. (1998) Generation cycles. *Trends in Ecology and Evolution*, 13, 186–190.

Knell, R. J., Begon, M. & Thompson, D. J. (1998) Transmission of *Plodia interpunctella* granulosis virus does not conform to the mass action model. *Journal of Animal Ecology*, 67, 592–599.

Knoch, T. R., Faeth, S. H. & Arnott, D. L. (1993) Endophytic fungi alter foraging and dispersal by desert seed-harvesting ants. *Oecologia*, 95, 470–473.

Knops, J. M. H., Bradley, K. L. & Wedin, D. A. (2002) Mechanisms of plant species impacts on ecosystem nitrogen cycling. *Ecology Letters*, 5, 454–466.

Kodric-Brown, A. & Brown, J. M. (1993) Highly structured fish communities in Australian desert springs. *Ecology*, 74, 1847–1855.

Koenig, W. D. & Knops, J. M. H. (1998) Scale of mast-seeding and treering growth. *Nature*, 396, 225–226.

Kohler, S. L. (1992) Competition and the structure of a benthic stream community. *Ecological Monographs*, 62, 165–188.

Kohler, S. L. & Wiley, M. J. (1997) Pathogen outbreaks reveal largescale effects of competition in stream communities. *Ecology*, 78, 2164–2176.

Koller, D. & Roth, N. (1964) Studies on the ecological and physiological significance of amphicarpy in *Gymnarrhena micrantha* (Compositae). *American Journal of Botany*, 51, 26–35.

Korotkov, V. N., Logofet, D. O. & Loreau, M. (2001) Succession in mixed boreal forest in Russia: Markov models and non-Markov effects. *Ecological Modelling*, 142, 25–38.

Korpimaki, E., Klemola, T., Norrdahl, K. *et al.* (2003) Vole cycles and predation. *Trends in Ecology and Evolution*, 18, 494–495.

Korpimaki, E., Norrdahl, K., Klemola, T., Pettersen, T. & Stenseth, N.C. (2002) Dynamic effects of predators on cyclic voles: field experimentation and model extrapolation. *Proceedings of the Royal Society of London, Series B*, 269, 991–997.

Kosola, K. R., Dickmann, D. I. & Parry, D. (2002) Carbohydrates in individual poplar fine roots: effects of root age and defoliation. *Tree Physiology*, 22, 741–746.

Kozlowski, J. (1993) Measuring fitness in life-history studies. *Trends in Ecology and Evolution*, 7, 155–174.

Kraft, C. E. & Johnson, L. E. (2000) Regional differences in rates and patterns of North American inland lake invasions by zebra mussels (*Dreissena polymorpha*). *Canadian Journal of Fisheries and Aquatic Sciences*, 57, 993–1001.

Kratz, T. K., Webster, K. E., Bowser, C. J., Magnuson, J. J. & Benson, B. J. (1997) The influence of landscape position on lakes in northern Wisconsin. *Freshwater Biclogy*, 37, 209–217.

Krause, A. E., Frank, K. A., Mason, D. M., Ulanowicz, R. E. & Taylor, W.W. (2002) Compartments revealed in food-web structure. *Nature*, 426, 282–285.

Krebs, C. J. (1972) *Ecology*. Harper & Row, New York.

Krebs, C. J. (1999) *Ecological Methodology*, 2nd edn. Addison-Welsey Educational, Menlo Park, CA.

Krebs, C. J. (2003) How does rodent behaviour impact on population dynamics? In: *Rats, Mice and People: rodent biology and management* (G. R. Singleton, L. A. Hynds, C. J. Krebs & D. J. Spratt, eds), pp. 117–123. Australian Centre for International Agricultural Research, Canberra.

Krebs, C. J., Boonstra, R., Boutin, S. & Sinclair, A. R. E. (2001) What drives the 10-year cycle of snowshoe hares? *Bioscience*, 51, 25–35.

Krebs, C. J., Boutin, S., Boonstra, R. *et al.* (1995) Impact of food and predation on the snowshoe hare cycle. *Science*, 269, 1112–1115.

Krebs, C. J., Sinclair, A.R.E., Boonstra, R., Boutin, S., Martin, K. & Smith, J. N. M. (1999) Community dynamics of vertebrate herbivores: how can we untangle the web? In: *Herbivores: between plants and predators* (H. Olff, V. K. Brown & R. H. Drent, eds), pp. 447–473. Blackwell Science, Oxford.

Krebs, J. R. (1971) Territory and breeding density in the great tit, *Parus major* L. *Ecology*, 52, 2–22.

Krebs, J. R. (1978) Optimal foraging: decision rules for predators. In: *Behavioural Ecology: an evolutionary approach* (J. R. Krebs & N. B. Davies, eds), pp. 23–63. Blackwell Scientific Publications, Oxford.

Krebs, J. R. & Davies, N. B. (1993) *An Introduction to Behavioural*

Ecology, 3rd edn. Blackwell Scientific Publications, Oxford.

Krebs, J. R. & Kacelnik, A. (1991) Decision-making. In: *Behavioural Ecology: an evolutionary approach*, 3rd edn (J. R. Krebs & N. B. Davies, eds), pp. 105–136. Blackwell Scientific Publications, Oxford.

Krebs, J. R., Erichsen, J. T., Webber, M. I. & Charnov, E. L. (1977) Optimal prey selection in the great tit (*Parus major*). *Animal Behaviour*, 25, 30–38.

Krebs, J. R., Stephens, D. W. & Sutherland, W. J. (1983) Perspectives in optimal foraging. In: *Perspectives in Ornithology* (A. H. Brush & G. A. Clarke, Jr., eds), pp. 165–216. Cambridge University Press, New York.

Kreitman, M., Shorrocks, B. & Dytham, C. (1992) Genes and ecology: two alternative perspectives using *Drosophila*. In: *Genes in Ecology* (R. J. Berry, T. J. Crawford & G. M. Hewitt, eds), pp. 281–312. Blackwell Scientific Publications, Oxford.

Kriticos, D. J., Sutherst, R. W., Brown, J. R., Adkins, S. W. & Maywald, G.F. (2003) Climate change and the potential distribution of an invasive alien plant: *Acacia nilotica* spp. *indica* in Australia. *Journal of Applied Ecology*, 40, 111–124.

Kronfeld-Schor, N. & Dayan, T. (2003) Partitioning of time as an ecological resource. *Annual Review of Ecology, Evolution and Systematics*, 34, 153–181.

Kubanek, J., Whalen, K. E., Engel, S. *et al.* (2002) Multiple defensive roles for triterpene glycosides from two Caribbean sponges. *Oecologia*, 131, 125–136.

Kullberg, C. & Ekman, J. (2000) Does predation maintain tit community diversity? *Oikos*, 89, 41–45.

Kunert, G. & Weisser, W. W. (2003) The interplay between density and trait-mediated effects in predator-prey interactions: a case study in aphid wing polymorphism. *Oecologia*, 135, 304–312.

Kunin, W. E. & Gaston, K. J. (1993) The biology of rarity: patterns, causes and consequences. *Trends in Ecology and Evolution*, 8, 298–301.

Kuno, E. (1991) Some strange properties of the logistic equation defined with *r* and *K*: inherent defects or artifacts? *Researches on Population Ecology*, 33, 33–39.

Laakso, J., Setala, H. & Palojarvi, A. (2000) Influence of decomposer food web structure and nitrogen availability on plant growth. *Plant and Soil*, 225, 153–165.

Labbé, P. (1994) Régénération après passage du cyclone Hugo en forět dense humide de Guadeloupe. *Acta Ecologica*, 15, 301–315.

Lack, D. (1947) The significance of clutch size. *Ibis*, 89, 302–352.

Lack, D. (1963) Cuckoo hosts in England. (With an appendix on the cuckoo hosts in Japan, by T. Royama.) *Bird Study*, 10, 185–203.

Lacy, R. C. (1993) VORTEX: a computer simulation for use in population viability analysis. *Wildlife Research*, 20, 45–65.

Lambin, X. & Krebs, C. J. (1993) Influence of female relatedness on the demography of Townsend's vole populations in spring. *Journal of Animal Ecology*, 62, 536–550.

Lambin, X. & Yoccoz, N. G. (1998) The impact of population kin-structure on nestling survival in Townsend's voles, *Microtus townsendii. Journal of Animal Ecology*, 67, 1–16.

Lambin, X., Aars, J. & Piertney, S. B. (2001) Dispersal, intraspecific competition, kin competition and kin facilitation: a review of the empirical evidence. In: *Dispersal* (J. Clobert, E. Danchin, A. A. Dhondt & J. D. Nichols, eds), pp. 110–122. Oxford University Press, Oxford.

Lambin, X., Krebs, C. J., Moss, R., Stenseth, N. C. & Yoccoz, N. G. (1999) Population cycles and parasitism. *Science* (technical comment), 286, 2425a.

Lambin, X., Petty, S. J. & MacKinnon, J. L. (2000) Cyclic dynamics in field vole populations and generalist predation. *Journal of Animal Ecology*, 69, 106–118.

Lande, R. (1993) Risks of population extinction from demographic and environmental stochasticity, and random catastrophes. *American Naturalist*, 142, 911–927.

Lande, R. & Barrowclough, G. F. (1987) Effective population size, genetic variation, and their use in population management. In: *Viable Populations for Conservation* (M. E. Soulé, ed.), pp. 87–123. Cambridge University Press, Cambridge, UK.

Landeweert, R., Hoffland, E., Finlay, R. D., Kuyper, T. W. & van Breemen, N. (2001) Linking plants to rocks: ectomycorrhizal fungi mobilize nutrients from minerals. *Trends in Ecology and Evolution*, 16, 248–254.

Larcher, W. (1980) *Physiological Plant Ecology*, 2nd edn. Springer-Verlag, Berlin.

Lathrop, R. C., Johnson, B. M., Johnson, T. B. *et al.* (2002) Stocking piscivores to improve fishing and water clarity: a synthesis of the Lake Mendota biomanipulation project. *Freshwater Biology*, 47, 2410–2424.

Laurance, W. F. (2001) Future shock: forecasting a grim fate for the Earth. *Trends in Ecology and Evolution*, 16, 531–533.

Law, B. E., Thornton, P. E., Irvine, J., Anthoni, P. M. & van Tuyl, S. (2001) Carbon storage and fluxes in ponderosa pine forests at different developmental stages. *Global Climate Change*, 7, 755–777.

Law, R. & Watkinson, A. R. (1987) Response-surface analysis of two-species competition: an experiment on *Phleum arenarium* and *Vulpia fasciculata. Journal of Ecology*, 75, 871–886.

Law, R. & Watkinson, A. R. (1989) Competition. In: *Ecological Concepts* (J. M. Cherrett, ed.), pp. 243–284. Blackwell Scientific Publications, Oxford.

Lawler, I. R., Foley, W. J. & Eschler, B. M. (2000) Foliar concentration of a single toxin creates habitat patchiness for a marsupial folivore. *Ecology*, 81, 1327–1338.

Lawler, S. P. Morin, P. J. (1993) Temporal overlap, competition, and priority effects in larval anurans. *Ecology*, 74, 174–182.

Lawlor, L. R. (1978) A comment on randomly constructed ecosystem models. *American Naturalist*, 112, 445–447.

Lawlor, L. R. (1980) Structure and stability in natural and randomly constructed competitive communities. *American Naturalist*, 116, 394–408.

Lawton, J. H. (1984) Non-competitive populations, non-convergent communities, and vacant niches: the herbivores of bracken. In: *Ecological Communities Conceptual Issues and the Evidence* (D. R. Strong, D. Simberloff, L. G. Abele & A. B. Thistle, eds), pp. 67–100. Princeton University Press, Princeton, NJ.

Lawton, J. H. (1989) Food webs. In: *Ecological Concepts* (J. M. Cherrett, ed.), pp. 43–78. Blackwell Scientific Publications, Oxford.

Lawton, J. H. & May, R. M. (1984) The birds of Selborne. *Nature*, 306, 732–733.

Lawton, J. H. & Woodroffe, G. L. (1991) Habitat and the distribution of water voles: why are there gaps in a species' range? *Journal of Animal Ecology*, 60, 79–91.

Le Cren, E. D. (1973) Some examples of the mechanisms that control the population dynamics of salmonid fish. In: *The Mathematical Theory of the Dynamics of Biological Populations* (M. S. Bartlett & R. W. Hiorns, eds), pp. 125–135. Academic Press, London.

Lee, C. -S., You, Y. -H. & Robinson, G. R. (2002) Secondary succession and natural habitat restoration in abandoned rice fields of central Korea. *Restoration Ecology*, 10, 306–314.

Lee, W. G. & Jamieson, I. G. (eds) (2001) *The Takahe: fifty years of conservation management and research*. University of Otago Press, Dunedin, New Zealand.

Leigh, E. (1975) Population fluctuations and community structure. In: *Unifying Concepts in Ecology* (W. H. van Dobben & R. H. Lowe-McConnell, eds), pp. 67–88. Junk, The Hague.

Leirs, H., Stenseth, N. C., Nichols, J. D., Hines, J. E., Verhagen, R. & Verheyen, W. (1997) Stochastic seasonality and non-linear density dependent factors regulate population size in an African rodent. *Nature*, 389, 176–180.

Lekve, K., Ottersen, G., Stenseth, N. C. & Gjøsæter, J. (2002) Length dynamics in juvenile coastal Skagerrak cod: effects of biotic and abiotic processes. *Ecology*, 83, 1676–1688.

Lennartsson, T., Nilsson, P. & Tuomi, J. (1998) Induction of overcompensation in the field gentian, *Gentianella campestris. Ecology*, 79, 1061–1072.

Lessells, C. M. (1991) The evolution of life histories. In: *Behavioural Ecology*, 3rd edn (J. R. Krebs & N. B. Davies, eds), pp. 32–68. Blackwell Scientific Publications, Oxford.

Letourneau, D. K. & Dyer, L. A. (1998a) Density patterns of *Piper* ant-plants and associated arthropods: top-predator trophic cascades in a terrestrial system? *Biotropica*, 30, 162–169.

Letourneau, D. K. & Dyer, L. A. (1998b) Experimental test in a lowland tropical forest shows top-down effects through four trophic levels. *Ecology*, 79, 1678–1687.

Leverich W. J. & Levin, D. A. (1979) Age-specific survivorship and reproduction in *Phlox drummondii*. *American Naturalist*, 113, 881–903.

Levey, D. J. (1988) Tropical wet forest treefall gaps and distributions of understorey birds and plants. *Ecology*, 69, 1076–1089.

Levins, R. (1968) *Evolution in Changing Environments*. Princeton University Press, Princeton, NJ.

Levins, R. (1969) Some demographic and genetic consequences of environmental heterogeneity for biological control. *Bulletin of the Entomological Society of America*, 15, 237–240.

Levins, R. (1970) Extinction. In: *Lectures on Mathematical Analysis of Biological Phenomena*, pp. 123–138. Annals of the New York Academy of Sciences, Vol. 231.

Lewontin, R. C. & Levins, R. (1989) On the characterization of density and resource availability. *American Naturalist*, 134, 513–524.

Li, B., Watkinson, A. R. & Hara, T. (1996) Dynamics of competition in populations of carrot (*Daucus carota*). *Annals of Botany*, 78, 203–214.

Lichter, J. (2000) Colonization constraints during primary succession on coastal Lake Michigan sand dunes. *Journal of Ecology*, 88, 825–839.

Lidicker, W. Z. Jr. (1975) The role of dispersal in the demography of small mammal populations. In: *Small Mammals: their productivity and population dynamics* (K. Petrusewicz, F. B. Golley & L. Ryszkowski, eds), pp. 103–128. Cambridge University Press, New York.

Likens, G. E. (1992) *The Ecosystem Approach: its use and abuse. Excellence in Ecology*, Book 3. Ecology Institute, Oldendorf-Luhe, Germany.

Likens, G. E. & Bormann, F. G. (1975) An experimental approach to New England landscapes. In: *Coupling of Land and Water Systems* (A. D. Hasler, ed.), pp. 7–30. Springer-Verlag, New York.

Likens, G. E. Bormann, F. H., Pierce, R. S. & Fisher, D. W. (1971) Nutrient-hydrologic cycle interaction in small forested watershed ecosystems. In: *Productivity of Forest Ecosystems* (P. Duvogneaud, ed.), pp. 553–563. UNESCO, Paris.

Lillebo, A. I., Flindt, M. R., Pardal, M. A. & Marques, J. C. (1999) The effect of macrofauna, meiofauna and microfauna on the degradation of *Spartina maritima* detritus from a salt marsh area. *Acta Oecologica*, 20, 249–258.

Lima, M., Keymer, J. E. & Jaksic, F. M. (1999) El Niño-Southern Oscillation-driven rainfall variability and delayed density dependence cause rodent outbreaks in western South America: linking demography and population dynamics. *American Naturalist*, 153, 476–491.

Lin, B., Sakoda, A., Shibasaki, R., Goto, N. & Suzuki, M. (2000) Modelling a global biogeochemical nitrogen cycle in terrestrial ecosystems. *Ecological Modelling*, 135, 89–110.

Lindemann, R. L. (1942) The trophic-dynamic aspect of ecology. *Ecology*, 23, 399–418.

Lochmiller, R. L. & Derenberg, C. (2000) Trade-offs in evolutionary immunology: just what is the cost of immunity? *Oikos*, 88, 87–98.

Lofgren, A. & Jerling, L. (2002) Species richness, extinction and immigration rates of vascular plants on islands in the Stockholm Archipelago, Sweden, during a century of ceasing management. *Folia Geobotanica*, 37, 297–308.

Loik, M. E. & Nobel, P. S. (1993) Freezing tolerance and water relations of *Opuntia fragilis* from Canada and the United States. *Ecology*, 74, 1722–1732.

Loladze, I. (2002) Rising atmospheric CO_2 and human nutrition: toward globally imbalanced plant stoichiometry? *Trends in Ecology and Evolution*, 17, 457–461.

Long, S. P., Humphries, S. & Falkowski, P. G. (1994) Photoinhibition of photosynthesis in nature. *Annual Review of Plant Physiology and Plant Molecular Biology*, 45, 633–662.

Lonsdale, W. M. (1990) The self-thinning rule: dead or alive? *Ecology*, 71, 1373–1388.

Lonsdale, W. M. & Watkinson, A. R. (1983) Light and self-thinning. *New Phytologist*, 90, 431–435.

Loreau, M. (2000) Are communities saturated? On the relationship between α, β and γ diversity. *Ecology Letters*, 3, 73–76.

Loreau, M., Naeem, S., Inchausti, P. *et al.* (2001) Biodiversity and ecosystem functioning: current knowledge and future challenges. *Science*, 294, 804–808.

Losos, E. (1993) The future of the US Endangered Species Act. *Trends in Ecology and Evolution*, 8, 332–336.

Losos, J. B. (1992) The evolution of convergent structure in Caribbean *Anolis* communities. *Systematic Biology*, 41, 403–420.

Losos, J. B., Jackman, T. R., Larson, A., de Queiroz, K. & Rodriguez-Schettino, L. (1998) Contingency and determinism in replicated adaptive radiations of island lizards. *Science*, 279, 2115–2118.

Lotka, A. J. (1932) The growth of mixed populations: two species competing for a common food supply. *Journal of the Washington Academy of Sciences*, 22, 461–469.

Loucks, C. J., Zhi, L., Dinerstein, E., Dajun, W., Dali, F. & Hao, W. (2003) The giant pandas of the Qinling Mountains, China: a case study in designing conservation landscapes for elevational migrants. *Conservation Biology*, 17, 558–565.

Louda, S. M. (1982) Distribution ecology: variation in plant recruitment over a gradient in relation to insect seed predation. *Ecological Monographs*, 52, 25–41.

Louda, S. M. & Rodman, J. E. (1996) Insect herbivory as a major factor in the shade distribution of a native crucifer (*Cardamine cordifolia* A. Gray, bittercress). *Journal of Ecology*, 84, 229–237.

Louda, S. M., Arnett, A. E., Rand, T. A. & Russell, F. L. (2003a) Invasiveness of some biological control insects and adequacy of their ecological risk assessment and regulation. *Conservation Biology*, 17, 73–82.

Louda, S. M., Kendall, D., Connor, J. *et al.* (1997) Ecological effects of an insect introduced for the biological control of weeds. *Science*, 277, 1088–1990.

Louda, S. M., Pemberton, R. W., Johnson, M. T. & Follett, P. A. (2003b) Non-target effects—the Achilles' heel of biological control? Retrospective analyses to reduce risk associated with biocontrol introductions. *Annual Review of Entomology*, 48, 365–396.

Lovett Doust, J., Schmidt, M. & Lovett Doust, L. (1994) Biological assessment of aquatic pollution: a review, with emphasis on plants as biomonitors. *Biological Reviews*, 69, 147–186.

Lovett Doust, L. & Lovett Doust, J. (1982) The battle strategies of plants. *New Scientist*, 95, 81–84.

Lowe, V. P. W. (1969) Population dynamics of the red deer (*Cervus elaphus* L.) on Rhum. *Journal of Animal Ecology*, 38, 425–457.

Lubchenco, J. (1978) Plant species diversity in a marine intertidal community: importance of herbivore food preference and algal competitive abilities. *American Naturalist*, 112, 23–39.

Lubchenco, J., Olson, A. M., Brubaker, L. B. *et al.* (1991) The sustainable biosphere initiative: an ecological research agenda. *Ecology*, 72, 371–412.

Luckmann, W. H. & Decker, G. C. (1960) A 5-year report on observations in the Japanese beetle control area of Sheldon, Illinois. *Journal of Economic Entomology*, 53, 821–827.

Lui, Y. B., Tabashnik, B. E., Dennehy, T. J. *et al.* (2001) Effects of Bt cotton and Cry1Ac toxin on survival and development of pink bollworm (Lepidoptera: Gelechiidae). *Journal of Eco-*

nomic Entomology, 94, 1237–1242.

Lukens, R. J. & Mullany, R. (1972) The influence of shade and wet on southern corn blight. *Plant Disease Reporter*, 56, 203–206.

Luo, T., Li, W. & Zhu, H. (2002) Estimated biomass and productivity of natural vegetation on the Tibetan Plateau. *Ecological Applications*, 12, 980–997.

Lussenhop, J. (1992) Mechanisms of microarthropod-microbial interactions in soil. *Advances in Ecological Research*, 23, 1–33.

MacArthur, J. W. (1975) Environmental fluctuations and species diversity. In: *Ecology and Evolution of Communities* (M. L. Cody & J. M. Diamond, eds), pp. 74–80. Belknap, Cambridge, MA.

MacArthur, R. H. (1955) Fluctuations of animal populations and a measure of community stability. *Ecology*, 36, 533–536.

MacArthur, R. H. (1962) Some generalized theorems of natural selection. *Proceedings of the National Academy of Science of the USA*, 48, 1893–1897.

MacArthur, R. H. (1972) *Geographical Ecology*. Harper & Row, New York.

MacArthur, R. H. & Levins, R. (1964) Competition, habitat selection and character displacement in a patchy environment. *Proceedings of the National Academy of Sciences*, 51, 1207–1210.

MacArthur, R. H. & Levins, R. (1967) The limiting simularity, convergence and divergence of coexisting species. *American Naturalist*, 101, 377–385.

MacArthur, R. H. & Pianka, E. R. (1966) On optimal use of a patchy environment. *American Naturalist*, 100, 603–609.

MacArthur, R. H. & Wilson, E. O. (1967) *The Theory of Island Biogeography*. Princeton University Press, Princeton, NJ.

McCallum, H., Barlow, N. & Hone, J. (2001) How should pathogen transmission be modelled? *Trends in Ecology and Evolution*, 16, 295–300.

McCann, K. & Hastings, A. (1997) Re-evaluating the omnivory-stability relationship in food webs. *Proceedings of the Royal Society of London, Series B*, 264, 1249–1254.

McCune, D. C. & Boyce, R. L. (1992) Precipitation and the transfer of water, nutrients and pollutants in tree canopies. *Trends in Ecology and Evolution*, 7, 4–7.

MacDonald, A. S., Araujo, M. I. & Pearce, E. J. (2002) Immunology and parasitic helminth infections. *Infection and Immunity*, 70, 427–433.

Mace, G. M. (1994) An investigation into methods for categorizing the conservation status of species. In: *Large-Scale Ecology and Conservation Biology* (P. J. Edwards, R. M. May & N. R. Webb, eds), pp. 293–312. Blackwell Scientific Publications, Oxford.

Mace, G. M. & Lande, R. (1991) Assessing extinction threats: toward a reevaluation of IUCN threatened species categories. *Conservation Biology*, 5, 148–157.

McGrady-Steed, J., Harris, P. M. & Morin, P. J. (1997) Biodiversity regulates ecosystem predictability *Nature*, 390, 162–165.

Mack, R. N., Simberloff, D., Lonsdale W. M., Evans, H., Clout, M. & Bazzaz, F. A. (2000) Biotic invasions: causes, epidemiology, global consequences and control. *Ecological Applications*, 10, 689–710.

McIntosh, A. R. & Townsend, C. R. (1994) Interpopulation variation in mayfly anti-predator tactics: differential effects of contrasting fish predators. *Ecology*, 75, 2078–2090.

McKane, R. B., Johnson, L. C., Shaver, G. R. *et al.* (2002) Resource-based niches provide a basis for plant species diversity and dominance in arctic tundra. *Nature*, 415, 68–71.

McKay, J. K., Bishop, J. G., Lin, J. -Z., Richards, J. H., Sala, A. & Mitchell-Olds, T. (2001) Local adaptation across a climatic gradient despite small effective population size in the rare sapphire rockcress. *Proceedings of the Royal Society of London, Series B*, 268, 1715–1721.

McKenzie, N. L. & Rolfe, J. K. (1986) Structure of bat guilds in the Kimberley mangroves, Australia. *Journal of Animal Ecology*, 55, 401–420.

McKey, D. (1979) The distribution of secondary compounds within plants. In: *Herbivores: their interaction with secondary plant metabolites* (G. A. Rosenthal & D. H. Janzen, eds), pp. 56–134. Academic Press, New York.

MacKinnon, K. (1998) Sustainable use as a conservation tool in the forests of South-East Asia. In: *Conservation of Biological Resources* (E. J. Milner-Gulland & R. Mace, eds), pp. 174–192. Blackwell Science, Oxford.

McKone, M. J., Kelly, D. & Lee, W. G. (1998) Effect of climate change on mast-seeding species: frequency of mass flowering and escape from specialist insect seed predators. *Global Change Biology*, 4, 591–596.

MacLachlan, A. J., Pearce, L. J. & Smith J. A. (1979) Feeding interactions and cycling of peat in a bog lake. *Journal of Animal Ecology*, 48, 851–861.

MacLulick, D. A. (1937) Fluctuations in numbers of the varying hare (*Lepus americanus*). *University of Toronto Studies, Biology Series*, 43, 1–136.

McMahon, T. (1973) Size and shape in biology. *Science*, 179, 1201–1204.

McNaughton, S. J. (1975) r- and k-selection in *Typha*. *American Naturalist*, 109, 251–261.

McNaughton, S. J. (1977) Diversity and stability of ecological communities: a comment on the role of empiricism in ecology. *American Naturalist*, 111, 515–525.

McNaughton, S. J. (1978) Stability and diversity of ecological communities. *Nature*, 274, 251–253.

Maguire, L. A., Seal, U. S. & Brussard, P. F. (1987) Managing critically endangered species: the Sumatran rhino as a case study. In: *Viable Populations for Conservation* (M. E. Soulé, ed.), pp. 141–158. Cambridge University Press, Cambridge, UK.

Mahaman, B. D., Passam, H. C., Sideridis, A. B. & Yialouris, C. P. (2003) DIARES-IPM: a diagnostic advisory rule-based expert system for integrated pest management in solanaceous crop systems. *Agricultural Systems*, 76, 1119–1135.

Malmqvist, B., Wotton, R. S. & Zhang, Y. (2001) Suspension feeders transform massive amounts of seston in large northern rivers. *Oikos*, 92, 35–43.

Marchetti, M. P. & Moyle, P. B. (2001) Effects of flow regime on fish assemblages in a regulated California stream. *Ecological Applications*, 11, 530–539.

Marcos, G. M., & Lancho, J. F. G. (2002) Atmospheric deposition in oligotrophic *Quercus pyrenaica* forests: implications for forest nutrition. *Forest Ecology and Management*, 171, 17–29.

Margules, C. R. & Pressey, R. L. (2000) Systematic conservation planning. *Nature*, 405, 243–253.

Margulis, L. (1975) Symbiotic theory of the origin of eukaryotic organelles. In: *Symbiosis* (D. H. Jennings & D. L. Lee, eds), pp. 21–38. Symposium 29, Society for Experimental Biology. Cambridge University Press, Cambridge, UK.

Margulis, L. (1996) Archaeal-eubacterial mergers in the origin of Eukarya: phylogenetic classification of life. *Proceedings of the National Academy of Sciences of the USA*, 93, 1071–1076.

Maron, J. L., Combs, J. K. & Louda, S. M. (2002) Convergent demographic effects of insect attack on related thistles in coastal vs continental dunes. *Ecology*, 83, 3382–3392.

Marsden-Smedley, J. B. & Kirkpatrick, J. B. (2000) Fire management in Tasmania's Wilderness World Heritage Area: ecosystem restoration using indigenous-style fire regimes. *Ecological Management and Restoration*, 1, 195–203.

Marshall, I. D. & Douglas, G. W. (1961) Studies in the epidemiology of infectious myxomatosis of rabbits. VIII. Further observations on changes in the innate resistance of Australian wild rabbits exposed to myxomatosis. *Journal of Hygiene*, 59, 117–122.

Martin, M. M. (1991) The evolution of cellulose digestion in insects. In: *The Evolutionary Interaction of Animals and Plant* (W. G. Chaloner, J. L. Harper & J. H. Lawton, eds), pp. 105–112. The Royal Society, London; also in *Philosophical Transactions of the Royal Society of London, Series B*, 333, 281–288.

Martin, P. R. & Martin, T. E. (2001) Ecological and fitness consequences of species coexistence: a removal experiment with wood warblers. *Ecology*, 82, 189–206.

Martin, P. S. (1984) Prehistoric overkill: the global model. In: *Quaternary Extinctions: A prehistoric Revolution* (P. S. Martin & R. G. Klein, eds), pp. 354–403. University of Arizona Press, Tuscon, AZ.

Martinez, N. D. (1991) Artefacts or attributes? Effects of resolution on the Little Rock Lake food web. *Ecological Monographs*, 61, 367–392.

Martinez, N. D. (1993) Effects of resolution on food web structure. *Oikos*, 66, 403–412.

Marzusch, K. (1952) Untersuchungen über di Temperaturabhängigkeit von Lebensprozessen bei Insekten unter besonderer Berücksichtigung winter-schlantender Kartoffelkäfer. *Zeitschrift für vergleicherde Physiologie*, 34, 75–92.

Matter, S. F., Hanski, I. & Gyllenberg, M. (2002) A test of the metapopulation model of the species-area relationship. *Journal of Biogeography*, 29, 977–983.

Matthaei, C. D. & Townsend, C. R. (2000) Long-term effects of local disturbance history on mobile stream invertebrates. *Oecologia*, 125, 119–126.

Matthaei, C. D., Peacock, K. A. & Townsend, C. R. (1999) Scour and fill patterns in a New Zealand stream and potential implications for invertebrate refugia. *Freshwater Biology*, 42, 41–58.

Matthiopoulos, J., Moss, R., Mougeot, F., Lambin, X. & Redpath, S. M. (2003) Territorial behaviour and population dynamics in red grouse *Lagopus lagopus scoticus*. II. Population models. *Journal of Animal Ecology*, 72, 1083–1096.

May, R. M. (1972) Will a large complex system be stable? *Nature*, 238, 413–414.

May, R. M. (1973) On relationships among various types of population models. *American Naturalist*, 107, 46–57.

May, R. M. (1975a) Biological populations obeying difference equations: stable points, stable cycles and chaos. *Journal of Theoretical Biology*, 49, 511–524.

May, R. M. (1975b) Patterns of species abundance and diversity. In: *Ecology and Evolution of Communities* (M. L. Cody & J. M. Diamond, eds), pp. 81–120. Belknap, Cambridge, MA.

May, R. M. (1976) Estimating *r*: a pedagogical note. *American Naturalist*, 110, 496–499.

May, R. M. (1978) Host-parasitoid systems in patchy environments: a phenomenological model. *Journal of Animal Ecology*, 47, 833–843.

May, R. M. (1981) Models for two interacting populations. In: *Theoretical Ecology: principles and applications*, 2nd edn (R. M. May, ed.), pp. 78–104. Blackwell Scientific Publications, Oxford.

May, R. M. (1990) How many species? *Philosophical Transactions of the Royal Society of London, Series B*, 330, 293–304.

May, R. M. & Anderson, R. M. (1979) Population biology of infectious diseases. *Nature*, 280, 455–461.

May, R. M. & Anderson, R. M. (1983) Epidemiology and genetics in the coevolution of parasites and hosts. *Proceedings of the Royal Society of London, Series B*, 219, 281–313.

Mayer, G. C. & Chipley, R. M. (1992) Turnover in the avifauna of Guana Island, British Virgin Islands. *Journal of Animal Ecology*, 61, 561–566.

Maynard Smith, J. (1972) *On Evolution*. Edinburgh University Press, Edinburgh.

Maynard Smith, J. & Slatkin, M. (1973) The stability of predator-prey systems. *Ecology*, 54, 384–391.

Mehner, T., Benndorf, J., Kasprzak, P. & Koschel, R. (2002) Biomanipulation of lake ecosystems: successful applications and expanding complexity in the underlying science. *Freshwater Biology*, 47, 2453–2465.

Meijer, M. -L., de Boois, I., Scheffer, M., Portielje, R. & Hosper, H. (1999) Biomanipulation in shallow lakes in the Netherlands: an evaluation of 18 case studies. *Hydrobiologia*, 408/9, 13–30.

Menalled, F. D., Gross, K. L. & Hammond, M. (2001) Weed aboveground and seedbank community responses to agricultural management systems. *Ecological Applications*, 11, 1586–1601.

Menge, B. A. & Sutherland, J. P. (1976) Species diversity gradients: synthesis of the roles of predation, competition, and temporal heterogeneity. *American Naturalist*, 110, 351–369.

Menge, B. A. & Sutherland, J. P. (1987) Community regulation: variation in disturbance, competition, and predation in relation to environmental stress and recruitment. *American Naturalist*, 130, 730–757.

Menge, B. A., Lubchenco, J., Gaines, S. D. & Ashkenas, L. R. (1986) A test of the Menge-Sutherland model of community organization in a tropical rocky intertidal food web. *Oecologia*, 71, 75–89.

Menges, E. S. (2000) Population viability analyses in plants: challenges and opportunities. *Trends in Ecology and Evolution*, 15, 51–56.

Menges, E. S. & Dolan, R. W. (1998) Demographic viability of populations of *Silene regia* in midwestern prairies: relationships with fire management, genetic variation, geographic location, population size and isolation. *Journal of Ecology*, 86, 63–78.

Merryweather, J. W. & Fitter, A. H. (1995) Phosphorus and carbon budgets: mycorrhizal contribution in *Hyacinthoides non-scripta* (L.) Chouard ex Rothm. under natural conditions. *New Phytologist*, 129, 619–627.

Metcalf, R. L. (1982) Insecticides in pest management. In: *Introduction to Insect Pest Management*, 2nd edn (R. L. Metcalf & W. L. Luckmann, eds), pp. 217–277. Wiley, New York.

Meyer, A. (1993) Phylogenetic relationships and evolutionary processes in East African cichlid fishes. *Trends in Ecology and Evolution*, 8, 279–284.

Micheli, F., Peterson, C. H., Mullineaux, L. S. *et al.* (2002) Predation structures communities at deep-sea hydrothermal vents. *Ecological Monographs*, 72, 365–382.

Mikola, J., Salonen, V. & Setala, H. (2002) Studying the effects of plant species richness on ecosystem functioning: does the choice of experimental design matter? *Oecologia*, 133, 594–598.

Milinski, M. & Parker, G. A. (1991) Competition for resources. In: *Behavioural Ecology: an evolutionary approach*, 3rd edn (J. R. Krebs & N. B. Davies, eds), pp. 137–168. Blackwell Scientific Publications, Oxford.

Miller, G. T. Jr. (1988) *Environmental Science*, 2nd edn. Wadsworth, Belmont.

Milliman, J. D. (1997) Blessed dams or damned dams? *Nature*, 386, 325–326.

Mills, J. A., Lavers, R. B. & Lee, W. G. (1984) The takahe— a relict of the Pleistocene grassland avifauna of New Zealand. *New Zealand Journal of Ecology*, 7, 57–70.

Mills, L. S., Soule, M. E. & Doak, D. F. (1993) The keystonespecies concept in ecology and conservation. *Bioscience*, 43, 219–224.

Milne, L. J. & Milne, M. (1976) The social behaviour of burying beetles. *Scientific American*, August, 84–89.

Milner-Gulland, E. J. & Mace, R. (1998) *Conservation of Biological Resources*. Blackwell Science, Oxford.

Minorsky, P. V. (1985) An heuristic hypothesis of chilling injury in plants: a role for calcium as the primary physiological transducer of injury. *Plant Cell and Environment*, 8, 75–94.

Mistri, M. (2003) Foraging behaviour and mutual interference in the Mediterranean shore crab, *Carcinus aestuarii*, preying upon the immigrant mussel *Musculista senhousia*. *Estuarine, Coastal and Shelf Science*, 56, 155–159.

Mittelbach, G. G., Steiner, C. F., Scheiner, S. M. *et al.* (2001) What is the observed relationship between species richness and productivity? *Ecology*, 82, 2381–2396.

Moilanen, A., Smith, A. T. & Hanski, I. (1998) Long-term dynamics in a metapopulation of the American pika. *American Naturalist*, 152, 530–542.

Montagnes, D. J. S., Kimmance, S. A. & Atkinson, D. (2003) Using Q_{10}, can growth rates increase linearly with temperature? *Aquatic Microbial Ecology*, 32, 307–313.

Montague, J. R., Mangan, R. L. & Starmer, W. T. (1981) Reproductive allocation in the Hawaiian Drosophilidae: egg size and number. *American Naturalist*, 118, 865–871.

Mooney, H. A. & Gulmon, S. L. (1979) Enironmental and evolutionary constraints on the photosynthetic pathways of higher plants. In: *Topics in Plant Population Biology* (O. T. Solbrig, S. Jain, G.B. Johnson & P.H. Raven, eds), pp. 316–337. Columbia University Press, New York.

Mooney, H. A., Vitousek, P. M. & Matson, P. A. (1987) Exchange of materials between terrestrial ecosystems and the atmosphere. *Science*, 238, 926–932.

Moran, N. A., Munson, M. A., Baumann, P. & Ishikawa, H. (1993) A molecular clock in endosymbiotic bacteria is calibrated using the insect hosts. *Proceedings of the Royal Society of London, Series B*, 253, 167–171.

Moreau, R. E. (1952) The place of Africa in the palaearctic migration system. *Journal of Animal Ecology*, 21, 250–271.

Morris, C. E. (2002) Self-thinning lines differ with fertility level. *Ecological Research*, 17, 17–28.

Morris, D. W. & Davidson, D. L. (2000) Optimally foraging mice match patch use with habitat differences in fitness. *Ecology*, 81, 2061–2066.

Morris, R. F. (1959) Single-factor analysis in population dynamics. *Ecology*, 40, 580–588.

Morris, R. J., Lewis, O. T. & Godfray, C. J. (2004) Experimental evidence for apparent competition in a tropical forest food web. *Nature*, 428, 310–313.

Morrison, G. & Strong, D. R. Jr. (1981) Spatial variations in egg density and the intensity of parasitism in a neotropical chrysomelid (*Cephaloleia consanguinea*). *Ecological Entomology*, 6, 55–61.

Morrow, P. A. & Olfelt, J. P. (2003) Phoenix clones: recovery after long-term defoliation-induced dormancy. *Ecology Letters*, 6, 119–125.

Mosier, A. R., Bleken, M. A., Chaiwanakupt, P. *et al.* (2002) Policy implications of human-accelerated nitrogen cycling. *Biogeochemistry*, 57/58, 477–516.

Moss, B. (1989) *Ecology of Fresh Waters: Man and Medium*, 2nd edn. Blackwell Scientific Publications, Oxford.

Moss, B., Balls, H., Booker, I., Manson, K. & Timms, M. (1988) Problems in the construction of a nutrient budget for the River Bure and its Broads (Norfolk) prior to its restoration from eutrophication. In: *Algae and the Aquatic Environment* (F. E. Round, ed.), pp. 326–352. Biopress, Bristol, UK.

Moss, G. D. (1971) The nature of the immune response of the mouse to the bile duct cestode, *Hymenolepis microstoma. Parasitology*, 62, 285–294.

Moss, R. & Watson, A. (2001) Population cycles in birds of the grouse family (Tetraonidae). *Advances in Ecological Research*, 32, 53–111.

Mothershead, K. & Marquis, R. J. (2000) Fitness impacts of herbivory through indirect effects on plant-pollinator interactions in *Oenothera macrocarpa. Ecology*, 81, 30–40.

Mougeot, F., Redpath, S. M., Leckie, F. & Hudson, P. J. (2003) The effect of aggressiveness on the population dynamics of a territorial bird. *Nature*, 421, 737–739.

Mougeot, F., Redpath, S. M., Moss, R., Matthiopoulos, J. & Hudson, P. J. (2003) Territorial behaviour and population dynamics in red grouse, *Lagopus lagopus scoticus*. I. Population experiments. *Journal of Animal Ecology*, 72, 1073–1082.

Moulton, M. P. & Pimm, S. L. (1986) The extent of competition in shaping an introduced avifauna. In: *Community Ecology* (J. Diamond & T. J. Case, eds), pp. 80–97. Harper & Row, New York.

Mouritsen, K. N. (2002) The parasite-induced surfacing behaviour in the cockle *Austrovenus stutchburyi*: a test of an alternative hypothesis and identification of potential mechanisms. *Parasitology*, 124, 521–528.

Mouritsen, K. N. & Jensen, K. T. (1997) Parasite transmission between soft-bottom invertebrates: temperature mediated infection rates and mortality in *Corophium volutator. Marine Ecology Progress Series*, 151, 123–134.

Mouritsen, K. N. & Poulin, R. (2002) Parasitism, community structure and biodiversity in intertidal ecosystems. *Parasitology*, 124, S101–S117.

Mouritsen, K. N. & Poulin, R. (2005) Parasite boosts biodiversity and changes animal community structure by trait-mediated indirect effects. *Oikos*, 108, 344–350.

Mouritsen, K. N., Jensen, T. & Jensen K. T. (1997) Parasites on an intertidal *Corophium*-bed: factors determining the phenology of microphallid trematodes in the intermediate host population of the mud-snail *Hydrobia ulvae* and the amphipod *Corophium volutator. Hydrobiologia*, 355, 61–70.

Mouritsen, K. N., Mouritsen, L. T. & Jensen, K. T. (1998) Change of topography and sediment characteristics on an intertidal mud-flat following mass-mortality of the amphipod *Corophium volutator. Journal of Marine Biology Association of the United Kingdom*, 78, 1167–1180.

Müller, H. J. (1970) Food distribution, searching success and predator-prey models. In: *The Mathematical Theory of the Dynamics of Biological Populations* (R. W. Hiorns, ed.), pp. 87–101. Academic Press, London.

Muller, M. M., Varama, M., Heinonen, J. & Hallaksela, A. (2002) Influence of insects on the diversity of fungi in decaying spruce wood in managed and natural forests. *Forest Ecology and Management*, 166, 165–181.

Murdie, G. & Hassell, M. P. (1973) Food distribution, searching success and predator-prey models. In: *The Mathematical Theory of the Dynamics of Biological Populations* (R. W. Hiorns, ed.), pp. 87–101. Academic Press, London.

Murdoch, W. W. (1966) Community structure, population control and competition—a critique. *American Naturalist*, 100, 219–226.

Murdoch, W. W. & Briggs, C. J. (1996) Theory for biological control: recent developments. *Ecology*, 77, 2001–2013.

Murdoch, W. W. & Stewart-Oaten, A. (1975) Predation and population stability. *Advances in Ecological Research*, 9, 1–131.

Murdoch, W. W. & Stewart-Oaten, A. (1989) Aggregation by parasitoids and predators: effects on equilibrium and stability. *American Naturalist*, 134, 288–310.

Murdoch, W. W., Avery, S. & Smith, M. E. B. (1975) Switching in predatory fish. *Ecology*, 56, 1094–1105.

Murdoch, W. W., Briggs, C. J., Nisbet, R. M., Gurney, W. S. C. & Stewart-Oaten, A. (1992) Aggregation and stability in metapopulation models. *American Naturalist*, 140, 41–58.

Murdoch, W. W., Luck, R.F., Swarbrick, S. L., Walde, S., Yu, D. S. & Reeve, J. D. (1995) Regulation of an insect population under biological control. *Ecology*, 76, 206–217.

Murton, R. K., Isaacson, A. J. & Westwood, N. J. (1966) The relationships between wood pigeons and their clover food supply and the mechanism of population control. *Journal of Applied Ecology*, 3, 55–93.

Murton, R. K., Westwood, N. J. & Isaacson, A. J. (1974) A study of woodpigeon shooting: the exploitation of a natural animal population. *Journal of Applied Ecology*, 11, 61–81.

Muscatine, L. & Pool, R. R. (1979) Regulation of numbers of intracellular algae. *Proceedings of the Royal Society of London, Series B*, 204, 115–139.

Mwendera, E. J., Saleem, M. A. M & Woldu, Z. (1997) Vegetation response to cattle grazing in the Ethiopian Highlands. *Agriculture, Ecosystems and Environment*, 64, 43–51.

Myers, J. H. (1988) Can a general hypothesis explain population cycles of forest Lepidoptera. *Advances in Ecological Research*, 18, 179–242.

Myers, J. H., Mittermeier, R. A., Mittermeier, C. G., da Fonseca, G. A. B. & Kent, J. (2000) Biodiversity hotspots for conservation priorities. *Nature*, 403, 853–858.

Myers, R. A. (2001) Stock and recruitment: generalizations about maximum reproductive rate, density dependence, and variability using meta-analytic approaches. *ICES Journal of Marine Science*, 58, 937–951.

Myers, R. A., Barrowman, N. J., Hutchings, S. A. & Rosenberg, A. A. (1995) Population dynamics of exploited fish stocks at low population levels. *Science*, 269, 1106–1108.

Nalepa, C. A., Bignell, D. E. & Bandi, C. (2001) Detritivory, coprophagy, and the evolution of digestive mutualisms in Dictyoptera. *Insectes Sociaux*, 48, 194–201.

National Research Council (1990) *Alternative Agriculture*. National Academy of Sciences, Academy Press, Washington, DC.

Nedergaard, J. & Cannon, B. (1990) Mammalian hibernation. *Philosophical Transactions of the Royal Society of London, Series B*, 326, 669–686; also in *Life at Low Temperatures* (R. M. Laws & F. Franks, eds), pp. 153–170. The Royal Society, London.

Neff, J. C., Holland, E. A., Dentener, F J., McDowell, W. H. & Russell, K. M. (2002) The origin, composition and rates of organic nitrogen deposition: a missing piece of the nitrogen cycle? *Biogeochemistry*, 57/58, 99–136.

NERC (1990) *Our Changing Environment*. Natural Environment Research Council, London. (NERC acknowledges the significant contribution of Fred Pearce to the document.)

Neubert, M. G. & Caswell, H. (2000) Demography and dispersal: calculation and sensitivity analysis of invasion speed for structured populations. *Ecology*, 81, 1613–1628.

Neumann, R. L. (1967) Metabolism in the Eastern chipmunk (*Tamias striatus*) and the Southern flying squirrel (*Glaucomys volans*) during the winter and summer. In: *Mammalian Hibernation III* (K. C. Fisher, A. R. Dawe, C. P. Lyman, E. Schönbaum & F. E. South, eds), pp. 64–74. Oliver & Boyd, Edinburgh and London.

Newsham, K. K., Fitter, A. H. & Watkinson, A. R. (1994) Root pathogenic and arbuscular mycorrhizal mycorrhizal fungi determine fecundity of asymptomatic plants in the field. *Journal of Ecology*, 82, 805–814.

Newsham, K. K., Fitter, A. H. & Watkinson, A. R. (1995) Multifunctionality and biodiversity in arbuscular mycorrhizas. *Trends in Ecology and Evolution*, 10, 407–411.

Newton, I. & Rothery, P. (1997) Senescence and reproductive value in sparrowhawks. *Ecology*, 78, 1000–1008.

Nicholson, A. J. (1954) An outline of the dynamics of animal populations. *Australian Journal of Zoology*, 2, 9–65.

Nicholson, A. J. & Bailey, V. A. (1935) The balance of animal populations. *Proceedings of the Zoological Society of London*, 3, 551–598.

Niklas, K. J., Tiffney, B. H. & Knoll, A. H. (1983) Patterns in vascular land plant diversification. *Nature*, 303, 614–616.

Nilsson, L. A. (1988) The evolution of flowers with deep corolla tubes. *Nature*, 334, 147–149.

Noble, J. C. & Slatyer, R. O. (1981) Concepts and models of succession in vascular plant communities subject to recurrent fire. In: *Fire and the Australian Biota* (A. M. Gill, R. H. Graves &

I. R. Noble, eds). Australian Academy of Science, Canberra.

Noble, J. C., Bell, A. D. & Harper, J. L. (1979) The population biology of plants with clonal growth. I. The morphology and structural demography of *Carex arenaria*. *Journal of Ecology*, 67, 983–1008.

Nolan, A. M., Atkinson, P. M. & Bullock, J. M. (1998) Modelling change in the lowland heathlands of Dorset, England. In: *Innovationsin GIS 5* (S. Carver, ed.), pp. 234–243. Taylor & Francis, London.

Normabuena, H. & Piper, G. L. (2000) Impact of *Apion ulicis* Forster on *Ulex europaeus* L. seed dispersal. *Biological Control*, 17, 267–271.

Norton, I. O. & Sclater, J. G. (1979) A model for the evolution of the Indian Ocean and the breakup of Gondwanaland. *Journal of Geophysical Research*, 84, 6803–6830.

Noy-Meir, I. (1975) Stability of grazing systems: an application of predator-prey graphs. *Journal of Ecology*, 63, 459–483.

Nunes, S., Zugger, P. A., Engh, A. L., Reinhart, K. O. & Holekamp, K. E. (1997) Why do female Belding's ground squirrels disperse away from food resources. *Behavioural Ecology and Sociobiology*, 40, 199–207.

Nye, P. H. & Tinker, P. B. (1977) *Solute Movement in the Soil-Root System*. Blackwell Scientific Publications, Oxford.

O'Brien, E. M. (1993) Climatic gradients in woody plant species richness: towards an explanation based on an analysis of southern Africa's woody flora. *Journal of Biogeography*, 20, 181–198.

O'Neill, R. V. (1976) Ecosystem persistence and heterotrophic regulation. *Ecology*, 57, 1244–1253.

Oakeshott, J. G., May, T. W., Gidson, J. B. & Willcocks, D. A. (1982) Resource partitioning in five domestic *Drosophila* species and its relationship to ethanol metabolism. *Australian Journal of Zoology*, 30, 547–556.

Obeid, M., Machin, D. & Harper, J. L. (1967) Influence of density on plant to plant variations in fiber flax, *Linum usitatissimum*. *Crop Science*, 7, 471–473.

Odum, E. P. & Biever, L. J. (1984) Resource quality, mutualism, and energy partitioning in food chains. *American Naturalist*, 124, 360–376.

Ødum, S. (1965) Germination of ancient seeds; floristical observations and experiments with archaeologically dated soil samples. *Dansk Botanisk Arkiv*, 24, 1–70.

Oedekoven, M. A. & Joern, A. (2000) Plant quality and spider predation affects grasshoppers (Acrididae): food-quality-dependent compensatory mortality. *Ecology*, 81, 66–77.

Ogden, J. (1968) *Studies on Reproductive Strategy with Particular Reference to Selected Composites*. PhD thesis, University of Wales, UK.

Oinonen, E. (1967) The correlation between the size of Finnish bracken (*Pteridium aquilinum* (L.) Kuhn) clones and certain periods of site history. *Acta Forestalia Fennica*, 83, 3–96.

Oksanen, L. (1988) Ecosystem organisation: mutualism and cybernetics of plain Darwinian struggle for existence. *American Naturalist*, 131, 424–444.

Oksanen, L., Fretwell, S., Arruda, J. & Niemela, P. (1981) Exploitation ecosystems in gradients of primary productivity. *American Naturalist*, 118, 240–261.

Oksanen, T. A., Koskela, E. & Mappes, T. (2002) Hormonal manipulation of offspring number: maternal effort and reproductive costs. *Evolution*, 56, 1530–1537.

Ollason, J. G. (1980) Learning to forage - optimally? *Theoretical Population Biology*, 18, 44–56.

Ormerod, S. J. (2002) The uptake of applied ecology. *Journal of Applied Ecology*, 39, 1–7.

Ormerod, S. J. (2003) Restoration in applied ecology: editor's introduction. *Journal of Applied Ecology*, 40, 44–50.

Orshan, G. (1963) Seasonal dimorphism of desert and Mediterranean chamaephytes and its significance as a factor in their water economy. In: *The Water Relations of Plants* (A. J. Rutter & F. W. Whitehead, eds), pp. 207–222. Blackwell Scientific Publications, Oxford.

Osawa, A. & Allen, R. B. (1993) Allometric theory explains self-thinning relationships of mountain beech and red pine. *Ecology*, 74, 1020–1032.

Osem, Y., Perevolotsky, A. & Kigel, J. (2002) Grazing effect on diversity of annual plant communities in a semi-arid rangeland: interactions with small-scale spatial and temporal variation in primary productivity. *Journal of Ecology*, 90, 936–946.

Osmundson, D. B., Ryel, R. J., Lamarra, V. L. & Pitlick, J. (2002) Flow-sediment-biota relations: implications for river regulation effects on native fish abundance. *Ecological Applications*, 12, 1719–1739.

Osono, T. & Takeda, H. (2001) Organic chemical and nutrient dynamics in decomposing beech leaf litter in relation to fungal ingrowth and succession during 3-year decomposition processes in a cool temperate deciduous forest in Japan. *Ecological Research*, 16, 649–670.

Ostfeld, R. S. & Keesing, F. (2000) Biodiversity and disease risk: the case of Lyme disease. *Conservation Biology*, 14, 722–728.

Ottersen, G., Planque, B., Belgrano, A., Post, E., Reid, P. C. & Stenseth, N. C. (2001) Ecological effects of the North Atlantic Oscillation. *Oecologia*, 128, 1–14.

Owen-Smith, N. (1987) Pleistocene extinctions: the pivotal role of megaherbivores. *Paleobiology*, 13, 351–362.

Pacala, S. W. (1997) Dynamics of plant communities. In: *Plant Ecology* (M. J. Crawley, ed.), pp. 532–555. Blackwell Science, Oxford.

Pacala, S. W. & Crawley, M. J. (1992) Herbivores and plant diversity. *American Naturalist*, 140, 243–260.

Pacala, S. W. & Hassell, M. P. (1991) The persistence of host-parasitoid associations in patchy environments. II. Evaluation of field data. *American Naturalist*, 138, 584–605.

Pace, M. L., Cole, J. J., Carpenter, S. R. & Kitchell, J. F. (1999) Trophic cascades revealed in diverse ecosystems. *Trends in Ecology and Evolution*, 14, 483–488.

Packer, A. & Clay, K. (2000) Soil pathogens and spatial patterns of seedling mortality in a temperate tree. *Nature*, 404, 278–281.

Paine, R. T. (1966) Food web complexity and species diversity. *American Naturalist*, 100, 65–75.

Paine, R. T. (1979) Disaster, catastrophe and local persistence of the sea palm *Postelsia palmaeformis. Science*, 205, 685–687.

Paine, R. T. (1980) Food webs: linkage, interaction strength, and community infrastructure. *Journal of Animal Ecology*, 49, 667–685.

Paine, R. T. (1994) *Marine Rocky Shores and Community Ecology: an experimentalist's perspective*. Ecology Institute, Oldendorf/Luhe, Germany.

Paine, R. T. (2002) Trophic control of production in a rocky intertidal community. *Science*, 296, 736–739.

Palmblad, I. G. (1968) Competition studies on experimental populations of weeds with emphasis on the regulation of population size. *Ecology*, 49, 26–34.

Palmer, T. M., Young, T. P., Stanton, M. L. & Wenk, E. (2000) Short-term dynamics of an acacia ant community in Laikipia, Kenya. *Oecologia*, 123, 425–435.

Palmqvist, K. (2000) Carbon economy in lichens. *New Phytologist*, 148, 11–36.

Park, T. (1948) Experimental studies of interspecific competition. I. Competition between populations of the flour beetle *Tribolium confusum Duval and Tribolium castaneum Herbst. Ecological Monographs*, 18, 267–307.

Park, T. (1954) Experimental studies of interspecific competiton. II. Temperature, humidity and competition in two species of *Tribolium. Physiological Zoology*, 27, 177–238.

Park, T. (1962) Beetles, competition and populations. *Science*, 138, 1369–1375.

Park, T., Mertz, D. B., Grodzinski, W. & Prus, T. (1965) Cannibalistic predation in populations of flour beetles. *Physiological Zoology*, 38, 289–321.

Parker, G. A. (1970) The reproductive behaviour and the nature of sexual selection in *Scatophaga stercorraria* L. (Diptera: Scatophagidae) II. The fertilization rate and the spatial and temporal relationships of each sex around the site of mating and oviposition. *Journal of Animal Ecology*, 39, 205–228.

Parker, G. A. (1984) Evolutionarily stable strategies. In: *Behavioral Ecology: an evolutionary approach*, 2nd edn (J. R. Krebs & N. B. Davies, eds), pp. 30–61. Blackwell Scientific Publications, Oxford.

Parker, G. A. & Stuart, R. A. (1976) Animal behaviour as a strategy optimizer: evolution of resource assessment strategies and optimal emigration thresholds. *American Naturalist*, 110, 1055–1076.

Parmesan, C. & Yohe, G. (2003) A globally coherent fingerprint of climate change impacts across natural systems. *Nature*, 421, 38–42.

Partridge, L. & Farquhar, M. (1981) Sexual activity reduces lifespan of male fruitflies. *Nature*, 294, 580–581.

Pastoret, P. P. & Brochier, B. (1999) Epidemiology and control of fox rabies in Europe. *Vaccine*, 17, 1750–1754.

Pate, J. S. (1994) The mycorrhizal association: just one of many nutrient acquiring specializations in natural ecosystems. *Plant and Soil*, 159, 1–10.

Paterson, S. & Viney, M. E. (2002) Host immune responses are necessary for density dependence in nematode infections. *Parasitology*, 125, 283–292.

Pauly, D. & Christensen, V. (1995) Primary production required to sustain global fisheries. *Nature*, 374, 255–257.

Pavia, H. & Toth, G. B. (2000) Inducible chemical resistance to herbivory in the brown seaweed *Ascophyllum nodosum. Ecology*, 81, 3212–3225.

Payne, C. C. (1988) Pathogens for the control of insects: where next? *Philosophical Transactions of the Royal Society of London, Series B*, 318, 225–248.

Payne, R. B. (1977) The ecology of brood parasitism in birds. *Annual Review of Ecology and Systematics*, 8, 1–28.

Pearcy, R. W., Björkman, O., Caldwell, M. M., Keeley, J. E., Monson, R. K. & Strain, B. R. (1987) Carbon gain by plants in natural environments. *Bioscience*, 37, 21–29.

Pearl, R. (1928) *The Rate of Living*. Knopf, New York.

Pellmyr, O. & Leebens-Mack, J. (1999) Reversal of mutualism as a mechanism for adaptive radiation in yucca moths. *American Naturalist*, 156, S62–S76.

Penn, A. M., Sherwin, W. B., Gordon, G., Lunney, D., Melzer, A. & Lacy, R. C. (2000) Demographic forecasting in koala conservation. *Conservation Biology*, 14, 629–638.

Pennings, S. C. & Callaway, R. M. (2002) Parasitic plants: parallels and contrasts with herbivores. *Oecologia*, 131, 479–489.

Perlman, S. J. & Jaenike, J. (2001) Competitive interactions and persistence of two nematode species that parasitize *Drosophila recens*. *Ecology Letters*, 4, 577–584.

Perrins, C. M. (1965) Population fluctuations and clutch size in the great tit, *Parus major* L. *Journal of Animal Ecology*, 34, 601–647.

Perry, J. N., Smith, R. H., Woiwod, I. P. & Morse, D. R. (eds) (2000) *Chaos in Real Data*. Kluwer, Dordrecht.

Peters, R. H. (1983) *The Ecological Implications of Body Size*. Cambridge University Press, Cambridge, UK.

Petit, J. R., Jouzel, J., Raynaud, D. *et al.* (1999) Climate and atmospheric history of the past 420,000 years from the Vostok ice core, Antarctica. *Nature*, 399, 429–436.

Petranka, J. W. (1989) Chemical interference competition in tadpoles: does it occur outside laboratory aquaria? *Copeia*, 1989, 921–930.

Petren, K. & Case, T. J. (1996) An experimental demonstration of exploitation competition in an ongoing invasion. *Ecology*, 77, 118–132.

Petren, K., Grant, B. R. & Grant, P. R. (1999) A phylogeny of Darwin's finches based on microsatellite DNA variation. *Proceedings of the Royal Society of London, Series B*, 266, 321–329.

Pettifor, R. A., Perrins, C. M. & McCleery, R. H. (2001) The individual optimization of fitness: variation in reproductive output, including clutch size, mean nestling mass and offspring recruitment, in manipulated broods of great tits *Parus major. Journal of Animal Ecology*, 70, 62–79.

Pianka, E. R. (1970) On *r*- and *k*-selection. *American Naturalist*, 104, 592–597.

Pianka, E. R. (1973) The structure of lizard communities. *Annual Review of Ecology and Systematics*, 4, 53–74.

Pickett, J. A. (1988) Integrating use of beneficial organisms with chemical crop protection. *Philosophical Transactions of the Royal Society of London, Series B*, 318, 203–211.

Pickett, S. T. A. & White, P. S. (eds) (1985) *The Ecology of Natural Disturbance as Patch Dynamics*. Academic Press, New York.

Piersma, T. & Davidson, N. C. (1992) The migrations and annual cycles of five subspecies of knots in perspective. In: *The Migration of Knots, Wader Study Group Bulletin 64, Supplement, April 1992*, pp. 187–197. Joint Nature Conservation Committee, Publications Branch, Peterborough, UK.

Pimentel, D., Lach, L., Zuniga, R. & Morrison, D. (2000) Environmental and economic costs of nonindigenous species in the United States. *BioScience*, 50, 53–65.

Pimm, S. L. (1979) Complexitiy and stability: another look at MacArthur's original hypothesis. *Oikos*, 33, 351–357.

Pimm, S. L. (1982) *Food Webs*. Chapman & Hall, London.

Pimm, S. L. (1991) *The Balance of Nature: ecological issues in the conservation of species and communities*. University of Chicago Press, Chicago and London.

Pimm, S. L. & Lawton, J. H. (1977) The number of trophic levels in ecological communities. *Nature*, 275, 542–544.

Pimm, S. L. & Lawton, J. H. (1980) Are food webs divided into compartments? *Journal of Animal Ecology*, 49, 879–898.

Pimm, S. L. & Rice, J. C. (1987) The dynamics of multi-species, multilife-stage models of aquatic food webs. *Theoretical Population Biology*, 32, 303–325.

Piraino, S., Fanelli, G. & Boero, F. (2002) Variability of species' roles in marine communities: change of paradigms for conservation priorities. *Marine Biology*, 140, 1067–1074.

Pisek, A., Larcher, W., Vegis, A. & Napp-Zin, K. (1973) The normal temperature range. In: *Temperature and Life* (H. Precht, J. Christopherson, H. Hense & W. Larcher, eds), pp. 102–194. Springer-Verlag, Berlin.

Pitcher, T. J. (2001) Fisheries managed to rebuild ecosystems? Reconstructing the past to salvage the future. *Ecological Applications*, 11, 601–617.

Pitcher, T. J. & Hart, P. J. B. (1982) *Fisheries Ecology*. Croom Helm, London.

Plante, C. J., Jumars, P. A. & Baross, J. A. (1990) Digestive associations between marine detritivores and bacteria. *Annual Review of Ecology and Systematics*, 21, 93–127.

Playfair, J. H. L. (1996) *Immunology at a Glance*, 6th edn. Blackwell Science, Oxford.

Podoler, H. & Rogers, D. J. (1975) A new method for the identification of key factors from life-table data. *Journal of Animal Ecology*, 44, 85–114.

Pojar, T. M. (1981) A management perspective of population modelling. In: *Dynamics of Large Mammal Populations* (D. W. Fowler & T. D. Smith, eds), pp. 241–261. Wiley-Interscience, New York.

Polis, G. A. (1991) Complex trophic interactions in deserts: an empirical critique of food-web theory. *American Naturalist*, 138, 123–155.

Polis, G. A. (1999) Why are parts of the world green? Multiple factors control productivity and the distribution of biomass. *Oikos*, 86, 3–15.

Polis, G. A. & Strong, D. (1996) Food web complexity and community dynamics. *American Naturalist*, 147, 813–846.

Polis, G. A., Anderson, W. B. & Holt, R. D. (1997) Towards an integration of landscape and food web ecology: the dynamics of spatially subsidized food webs. *Annual Review of Ecology and Systematics*, 28, 289–316.

Polis, G. A., Sears, A. L. W., Huxel, G. R., Strong, D.R. & Maron, J. (2000) When is a trophic cascade a trophic cascade? *Trends in Ecology and Evolution*, 15, 473–475.

Ponge, J. -F. (2000) Vertical distribution of Collembola (Hexapoda) and their food resources in organic horizons of beech forests. *Biology and Fertility of Soils* 32, 508–522.

Pope, S.E., Fahrig, L. & Merriam, H. G. (2000) Landscape complementation and metapopulation effects on leopard frog populations. *Ecology*, 81, 2498–2508.

Possingham, H. P., Andelman, S. J., Burgman, M. A., Medellin, R. A., Master, L. L. & Keith, D. A. (2002) Limits to the use of threatened species lists. *Trends in Ecology and Evolution*, 17, 503–507.

Post, D. M., Pace, M. L. & Hairston, N. G. Jr. (2000) Ecosystem size determines food-chain length in lakes. *Nature*, 405, 1047–1049.

Post, R. M. (2002) The long and the short of food-chain length. *Trends in Ecology and Evolution*, 17, 269–277.

Poulson, M. E. & DeLucia, E. H. (1993) Photosynthetic and structural acclimation to light direction in vertical leaves of *Silphium terebinthaceum. Oecologia*, 95, 393–400.

Power, M. E. (1990) Effects of fish in river food webs. *Science*, 250, 411–415.

Power, M. E., Tilman, D., Estes, J. A. *et al.* (1996) Challenges in the quest for keystones. *Bioscience*, 46, 609–620.

Prach, K., Bartha, S., Joyce, C. A., Pysek, P., van Diggelen, R. & Wiegleb, G. (2001) The role of spontaneous vegetation succession in ecosystem restoration: a perspective. *Applied Vegetation Science*, 4, 111–114.

Prance, G.T. (1987) Biogeography of neotropical plants. In: *Biogeography and Quaternary History of Tropical America* (T. C. Whitmore & G. T. Prance, eds), pp. 46–65. Oxford Monographs on Biogeography, No. 3. Clarendon Press, Oxford.

Praw, J. C. & Grant, J. W. A. (1999) Optimal territory size in the convict cichlid. *Behaviour*, 136, 1347–1363.

Pressey, R. L. (1995) Conservation reserves in New South Wales: crown jewels or leftovers. *Search*, 26, 47–51.

Pressey, R. L., Humphries, C. J., Margules, C. R., Vane-Wright, R. I. & Williams, P. H. (1993) Beyond opportunism: key principles for systematic reserve selection. *Trends in Ecology and Evolution*, 8, 124–128.

Preston, F. W. (1962) The canonical distribution of commoness and rarity. *Ecology*, 43, 185–215, 410–432.

Preszler, R. W. & Price, P. W. (1993) The influence of *Salix* leaf abscission on leaf-miner survival and life-history. *Ecological Entomology*, 18, 150–154.

Price, P. W. (1980) *Evolutionary Biology of Parasites*. Princeton University Press, Princeton, NJ.

Primack, R.B. (1993) *Essentials of Conservation Biology*. Sinauer Associates, Sunderland, MA.

Prior, H. & Johnes, P. J. (2002) Regulation of surface water quality in a cretaceous chalk catchment, UK: an assessment of the relative importance of instream and wetland processes. *Science of the Total Environment*, 282/283, 159–174.

Proctor, M., Yeo, P. & Lack, A. (1996) *The Natural History of Pollination*. Harper Collins, London.

Proulx, M. & Mazumder, A. (1998) Reversal of grazing impact on plant species richness in nutrient-poor vs nutrient-rich ecosystems. *Ecology*, 79, 2581–2592.

Pulliam, H. R. (1988) Sources, sinks and population regulation. *American Naturalist*, 132, 652–661.

Pulliam, H. R. & Caraco, T. (1984) Living in groups: is there an optimal group size? In: *Behavioural Ecology: an evolutionary approach*, 2nd edn (J. R. Krebs & N. B. Davies, eds), pp. 122–147. Blackwell Scientific Publications, Oxford.

Punnett, R. C. (1933) Inheritance of egg-colour in the parasitic cuckoos. *Nature*, 132, 892.

Putman, R. J. (1978) Patterns of carbon dioxide evolution from decaying carrion. Decomposition of small carrion in temperate systems. *Oikos*, 31, 47–57.

Putman, R. J. (1983) *Carrion and Dung: the decomposition of animal wastes*. Edward Arnold, London.

Pyke, G. H. (1982) Local geographic distributions of bumblebees near Crested Butte, Colorada: competition and community structure. *Ecology*, 63, 555–573.

Pywell, R. F., Bullock, J. M., Hopkins, A. *et al.* (2002) Restoration of species-rich grassland on arable land: assessing the limiting processes using a multi-site experiment. *Journal of Applied Ecology*, 39, 294–309.

Pywell, R. F., Bullock, J. M., Roy, D. B., Warman, L., Walker, K. J. & Rothery, P. (2003) Plant traits as predictors of performance in ecological restoration. *Journal of Applied Ecology*, 40, 65–77.

Quinn, J. F. & Harrison, S. P. (1988) Effects of habitat fragmentation and isolation on species richness—evidence from biogeographic patterns. *Oecologia*, 75, 132–140.

Raffaelli, D. & Hawkins, S. (1996) *Intertidal Ecology*. Kluwer, Dordrecht.

Rahbek, C. (1995) The elevational gradient of species richness: a uniform pattern? *Ecography*, 18, 200–205.

Rainey, P. B. & Trevisano, M. (1998) Adaptive radiation in a heterogeneous environment. *Nature*, 394, 69–72.

Ramirez, O. A. & Saunders, J. L. (1999) Estimating economic thresholds for pest control: an alternative procedure. *Journal of Economic Entomology*, 92, 391–401.

Randall, M. G. M. (1982) The dynamics of an insect population throughout its altitudinal distribution: *Coleophora alticolella*

(Lepidoptera) in northern England. *Journal of Animal Ecology*, 51, 993–1016.

Ranta, E., Kaitala, V., Alaja, S. & Tesar, D. (2000) Nonlinear dynamics and the evolution of semelparous and iteroparous reproductive strategies. *American Naturalist*, 155, 294–300.

Rapport, D. J., Costanza, R. & McMichael, A. J. (1998) Assessing ecosystem health. *Trends in Ecology and Evolution*, 13, 397–402.

Rätti, O., Dufva, R. & Alatalo, R. V. (1993) Blood parasites and male fitness in the pied flycatcher. *Oecologia*, 96, 410–414.

Raunkiaer, C. (1934) *The Life Forms of Plants*. Oxford University Press, Oxford. (Translated from the original published in Danish, 1907.)

Raup, D. M. (1978) Cohort analysis of generic survivorship. *Paleobiology*, 4, 1–15.

Rausher, M. D. (1978) Search image for leaf shape in a butterfly. *Science*, 200, 1071–1073.

Rausher, M. D. (2001) Co-evolution and plant resistance to natural enemies. *Nature*, 411, 857–864.

Raushke, E., Haar, T. H. von der, Bardeer, W. R. & Paternak, M. (1973) The annual radiation of the earth–atmosphere system during 1969–70 from Nimbus measurements. *Journal of the Atmospheric Science*, 30, 341–346.

Ray, J. C. & Sunquist, M. E. (2001) Trophic relations in a community of African rainforest carnivores. *Oecologia*, 127, 395–408.

Read, A. F. & Harvey, P. H. (1989) Life history differences among the eutherian radiations. *Journal of Zoology*, 219, 329–353.

Read, D. J. (1996) The structure and function of the ericoid mycorrhizal root. *Annals of Botany*, 77, 365–374.

Redfern, M., Jones, T. H. & Hassell, M. P. (1992) Heterogeneity and density dependence in a field study of a tephritid–parasitoid interaction. *Ecological Entomology*, 17, 255–262.

Reece, C. H. (1985) The role of the chemical industry in improving the effectiveness of agriculture. *Philosophical Transactions of the Royal Society of London, Series B*, 310, 201–213.

Reed, D. H., O'Grady, J. J., Brook, B. W., Ballou, J. D. & Frankham, R. (2003) Estimates of minimum viable population sizes for vertebrates and factors influencing those estimates. *Biological Conservation*, 113, 23–34.

Rees, M., Condit, R., Crawley, M., Pacala, S. & Tilman, D. (2001) Long-term studies of vegetation dynamics. *Science*, 293, 650–655.

Reeve, J. D., Rhodes, D. J. & Turchin, P. (1998) Scramble competition in the southern pine beetle, *Dendroctonus frontalis*. *Ecological Entomology*, 23, 433–443.

Reganold, J. P., Glover, J. D., Andrews, P. K. & Hinman, H. R. (2001) Sustainability of three apple production systems. *Nature*, 410, 926–929.

Reich, P. B., Grigal, D. F., Aber, J. D. & Gower, S. T. (1997) Nitrogen mineralization and productivity in 50 hardwood and conifer stands on diverse soils. *Ecology*, 78, 335–347.

Reid, W. V. & Miller, K. R. (1989) *Keeping Options Alive: the scientific basis for conserving biodiversity*. World Resources Insititute, Washington, DC.

Rejmanek, M. & Richardson, D. M. (1996) What attributes make some plant species more invasive? *Ecology*, 77, 1655–1660.

Reunanen, P., Monkkonen, M. & Nikula, A. (2000) Managing boreal forest landscapes for flying squirrels. *Conservation Biology*, 14, 218–227.

Reznick, D. N. (1982) The impact of predation on life history evolution in Trinidadian guppies: genetic basis of observed life history patterns. *Evolution*, 36, 1236–1250.

Reznick, D. N. (1985) Cost of reproduction: an evaluation of the empirical evidence. *Oikos*, 44, 257–267.

Reznick, D.N., Bryga, H. & Endler, J. A. (1990) Experimentally induced life history evolution in a natural population. *Nature*, 346, 357–359.

Rhoades, D. F. & Cates, R. G. (1976) Towards a general theory of plant antiherbivore chemistry. *Advances in Phytochemistry*, 110, 168–213.

Ribas, C. R., Schoereder, J. H., Pic, M. & Soares, S. M. (2003) Tree heterogeneity, resource availability, and larger scale processes regulating arboreal ant species richness. *Austral Ecology*, 28, 305–314.

Ribble, D. O. (1992) Dispersal in a monogamous rodent, *Peromyscus californicus. Ecology*, 73, 859–866.

Ricciardi, A. (2001) Facilitative interactions among aquatic invaders: is an 'invasional meltdown' occurring in the Great Lakes? *Canadian Journal of Fisheries and Aquatic Science*, 58, 2513–2525.

Ricciardi, A. & MacIsaac, H. J. (2000) Recent mass invasion of the North American Great Lakes by Ponto-Caspian species. *Trends in Ecology and Evolution*, 15, 62–65.

Richards, O. W. & Waloff, N. (1954) Studies on the biology and population dynamics of British grasshoppers. *Anti-Locust Bulletin*, 17, 1–182.

Richman, A. D., Case, T. J. & Schwaner, T. D. (1988) Natural and unnatural extinction rates of reptiles on islands. *American Naturalist*, 131, 611-630.

Rickards, J., Kelleher, M. J. & Storey, K. B. (1987) Strategies of freeze avoidance in larvae of the goldenrod gall moth *Epiblema scudderiana*: winter profiles of a natural population. *Journal of Insect Physiology*, 33, 581–586.

Ricklefs, R. E. & Lovette, I. J. (1999) The role of island area *per se* and habitat diversity in the species–area relationships of four Lesser Antillean faunal groups. *Journal of Animal Ecology*, 68, 1142–1160.

Ridley, M. (1993) *Evolution*. Blackwell Science, Boston.

Rigler, F. H. (1961) The relation between concentration of food and feeding rate of *Daphnia magna Straus*. *Canadian Journal of Zoology*, 39, 857–868.

Riis, T. & Sand-Jensen, K. (1997) Growth reconstruction and photosynthesis of aquatic mosses: influence of light, temperature and carbon dioxide at depth. *Journal of Ecology*, 85, 359–372.

Ringel, M. S., Hu, H. H. & Anderson, G. (1996) The stability and persistence of mutualisms embedded in community interactions. *Theoretical Population Biology*, 50, 281–297.

Robertson, J. H. (1947) Responses of range grasses to different intensities of competition with sagebrush (*Artemisia tridentata* Nutt.). Ecology, 28, 1–16.

Robinson, S. P., Downton, W. J. S. & Millhouse, J. A. (1983) Photosynthesis and ion content of leaves and isolated chloroplasts of salt-stressed spinach. *Plant Physiology*, 73, 238–242.

Rohani, P., Godfray, H. C. J. & Hassell, M. P. (1994) Aggregation and the dynamics of host-parasitoid systems: a discrete-generation model with within-generation redistribution. *American Naturalist*, 144, 491–509.

Rombough, P. (2003) Modelling developmental time and temperature. *Nature*, 424, 268–269.

Room, P. M., Harley, K. L. S., Forno, I. W. & Sands, D. P. A. (1981) Successful biological control of the floating weed *Salvinia*. *Nature*, 294, 78–80.

Room, P. M., Maillette, L. & Hanan, J. S. (1994) Module and metamer dynamics and virtual plants. *Advances in Ecological Research*, 25, 105–157.

Root, R. (1967) The niche exploitation pattern of the blue-grey gnatcatcher. *Ecological Monographs*, 37, 317–350.

Rose, M. R., Service, P. M. & Hutchinson, E. W. (1987) Three approaches to trade-offs in life-history evolution. In: *Genetic Constraints on Evolution* (V. Loeschke, ed.). Springer, Berlin.

Rosenthal, G. A., Dahlman, D. L. & Janzen, D. H. (1976) A novel means for dealing with L-canavanine, a toxic metabolite. *Science*, 192, 256–258.

Rosenzweig, M. L. (1971) Paradox of enrichment: destabilization of exploitation ecosystems in ecological time. *Science*, 171, 385–387.

Rosenzweig, M. L. (2003) How to reject the area hypothesis of latitudinal gradients. In: *Macroecology: concepts and consequences* (T. M. Blackburn & K. J. Gaston, eds), pp. 87–106. Blackwell Publishing, Oxford.

Rosenzweig, M. L. & MacArthur, R. H. (1963) Graphical representation and stability conditions of predator-prey interactions. *American Naturalist*, 97, 209–223.

Rosenzweig, M. L. & Sandlin, E. A. (1997) Species diversity and latitudes: listening to area's signal. *Oikos*, 80, 172–176.

Rosenzweig, M. L. & Ziv, Y. (1999) The echo pattern in species diversity: pattern and process. *Ecography*, 22, 614–628.

Ross, K., Cooper, N., Bidwell, J. R. & Elder, J. (2002) Genetic diversity and metal tolerance of two marine species: a comparison between populations from contaminated and reference sites. *Marine Pollution Bulletin*, 44, 671–679.

Roth, J. D. (2002) Temporal variability in arctic fox diet as reflected in stable-carbon isotopes: the importance of sea ice. *Oecologia*, 133, 70–77.

Roughan, M. & Middleton, J. H. (2002) A comparison of observed upwelling mechanisms off the east coast of Australia. *Continental Shelf Research*, 22, 2551–2572.

Roush, R. T. & McKenzie, J. A. (1987) Ecological genetics of insecticide and acaricide resistance. *Annual Review of Entomology*, 32, 361–380.

Rowan, R., Knowlton, N., Baker, A. & Jara, J. (1997) Landscape ecology of algal symbionts creates variation in episodes of coral bleaching. *Nature*, 388, 265–269.

Rowe, C. L. (2002) Differences in maintenance energy expenditure by two estuarine shrimp (*Palaemonetes pugio* and *P. vulgaris*) that may permit partitioning of habitats by salinity. *Comparative Biochemistry and Physiology Part A*, 132, 341–351.

Royama, T. (1992) *Analytical Population Dynamics*. Chapman & Hall, London.

Ruiters, C. & McKenzie, B. (1994) Seasonal allocation and efficiency patterns of biomass and resources in the perennial geophyte *Sparaxis grandiflora* subspecies *fimbriata* (Iridaceae) in lowland coastal Fynbos, South Africa. *Annals of Botany*, 74, 633–646.

Rundle, H. D., Nagel, L., Boughman, J. W. & Schluter, D. (2000) Natural selection and parallel speciation in sympatric sticklebacks. *Science*, 287, 306–308.

Ryan, C. A. & Jagendorf, A. (1995) Self defense by plants. *Proceedings of the National Academy of Science of the USA*, 92, 4075.

Ryan, C. A., Lamb, C. J., Jagendorf, A. T. & Kolattukudy, P. E. (eds) (1995) Self-defense by plants: induction and signalling pathways. *Proceedings of the National Academy of Science of the USA*, 92, 4075–4205.

Sackville Hamilton, N. R., Matthew, C. & Lemaire, G. (1995) In defence of the $-3/2$ boundary line: a re-evaluation of self-thinning concepts and status. *Annals of Botany*, 76, 569–577.

Sackville Hamilton, N. R., Schmid, B. & Harper, J. L. (1987) Life history concepts and the population biology of clonal organisms. *Proceedings of the Royal Society of London, Series B*, 232, 35–57.

Sale, P. F. (1977) Maintenance of high diversity in coral reef fish communities. *American Naturalist*, 111, 337–359.

Sale, P. F. (1979) Recruitment, loss and coexistence in a guild of territorial coral reef fishes. *Oecologia*, 42, 159–177.

Salisbury, E. J. (1942) *The Reproductive Capacity of Plants*. Bell, London.

Salonen, K., Jones, R. I. & Arvola, L. (1984) Hypolimnetic retrieval by diel vertical migrations of lake phytoplankton. *Freshwater Biology*, 14, 431–438.

Saloniemi, I. (1993) An environmental explanation for the character displacement pattern in *Hydrobia snails*. *Oikos*, 67, 75–80.

Salt, D. E., Smith, R. D. & Raskin, I. (1998) Phytoremediation. *Annual Review of Plant Physiology and Plant Molecular Biology*, 49, 643–668.

Samelius, G. & Alisauskas, R. T. (2000) Foraging patterns of arctic foxes at a large arctic goose colony. *Arctic*, 53, 279–288.

Sanchez-Pinero, F. & Polis, G. A. (2000) Bottom-up dynamics of allochthonous input: direct and indirect effects of seabirds on islands. *Ecology*, 81, 3117–3132.

Sanders, N. J., Moss, J. & Wagner, D. (2003) Patterns of ant species richness along elevational gradients in an arid ecosystem. *Global Ecology and Biogeography*, 12, 93–102.

Saunders, M. A. (1999) Earth's future climate. *Philosophical Transactions of the Royal Society of London, Series A*, 357, 3459–3480.

Savenko, V. S. (2001) Global hydrological cycle and geochemical balance of phosphorus in the ocean. *Oceanology*, 41, 360–366.

Savidge, J. A. (1987) Extinction of an island forest avifauna by an introduced snake. *Ecology*, 68, 660–668.

Sax, D. F. & Gaines, S. D. (2003) Species diversity: from global decreases to local increases. *Trends in Ecology and Evolution*, 18, 561–566.

Schaefer, M. B. (1954) Some aspects of the dynamics of populations important to the management of marine fisheries. *Bulletin of the Inter-American Tropical Tuna Commission*, 1, 27–56.

Schaffer, W. M. (1974) Optimal reproductive effort in fluctuating environments. *American Naturalist*, 108, 783–790.

Schaffer, W. M. & Kot, M. (1986) Chaos in ecological systems: the coals that Newcastle forgot. *Trends in Ecology and Evolution*, 1, 58–63.

Schall, J. J. (1992) Parasite-mediated competition in *Anolis* lizards. *Oecologia*, 92, 58–64.

Schimel, D. & Baker, D. (2002) The wildfire factor. *Nature*, 420, 29–30.

Schindler, D. E. (1977) Evolution of phosphorus limitation in lakes. *Science*, 195, 260–262.

Schindler, D. E. & Scheuerell, M. D. (2002) Habitat coupling in lake ecosystems. *Oikos*, 98, 177–189.

Schindler, D. E., Knapp, K. A. & Leavitt, P. R. (2001) Alteration of nutrient cycles and algal production resulting from fish introductions into mountain lakes. *Ecosystems*, 4, 308–321.

Schluter, D. (2001) Ecology and the origin of species. *Trends in Ecology and Evolution*, 16, 372–380.

Schluter, D. & McPhail, J. D. (1992) Ecological character displacement and speciation in sticklebacks. *American Naturalist*, 140, 85–108.

Schluter, D. & McPhail, J. D. (1993) Character displacement and replicate adaptive radiation. *Trends in Ecology and Evolution*, 8, 197–200.

Schlyter, F. & Anderbrant, O. (1993) Competition and niche separation between two bark beetles: existence and mechanisms. *Oikos*, 68, 437–447.

Schmidt-Nielsen, K. (1984) *Scaling: why is animal size so important*? Cambridge University Press, Cambridge, UK.

Schmitt, R. J. (1987) Indirect interactions between prey: apparent competition, predator aggregation, and habitat segregation. *Ecology*, 68, 1887–1897.

Schmitz, O. J., Hamback, P. A. & Beckerman, A. P. (2000) Trophic cascades in terrestrial systems: a review of the effects of carnivore removals on plants. *American Naturalist*, 155, 141–153.

Schoener, T. W. (1974) Resource partitioning in ecological communities. *Science*, 185, 27–39.

Schoener, T. W. (1983) Field experiments on interspecific competition. *American Naturalist*, 122, 240–285.

Schoener, T. W. (1989) Food webs from the small to the large. *Ecology*, 70, 1559–1589.

Schoenly, K., Beaver, R. A. & Heumier, T. A. (1991) On the trophic relations of insects: a food-web approach. *American Naturalist*, 137, 597–638.

Schultz, J. C. (1988) Plant responses induced by herbivory. *Trends in Ecology and Evolution*, 3, 45–49.

Schüßler, A., Schwarzott, D. & Walker, C. (2001) A new fungal phylum, the *Glomeromycota*: phylogeny and evolution. *Mycological Research*, 105, 1413–1421.

Schwarz, C. J. & Seber, G. A. F. (1999) Estimating animal abundance: review III. *Statistical Science* 14, 427–456.

Scott, M. P. (1998) The ecology and behaviour of burying beetles. *Annual Review of Entomology*, 43, 595–618.

Scurlock, J. M. O., Johnson, K. & Olson, R. J. (2002) Estimating net primary productivity from grassland biomass dynamic measurements. *Global Change Biology*, 8, 736–753.

Semere, T. & Froud-Williams, R. J. (2001) The effect of pea cultivar and water stress on root and shoot competition between vegetative plants of maize and pea. *Journal of Applied Ecology*, 38, 137–145.

Severini, M., Baumgärtner, J. & Limonta, L. (2003) Parameter estimation for distributed delay based population models from laboratory data: egg hatching of *Oulema duftschmidi*. *Ecological Modelling*, 167, 233–246.

Sexstone, A. Y., Parkin, T. B. & Tiedje, J. M. (1985) Temporal response of soil denitrification rates to rainfall and irrigation. *Soil Science Society of America Journal*, 49, 99–103.

Shankar Raman, T., Rawat, G. S. & Johnsingh, A. J. T. (1998) Recovery of tropical rainforest avifauna in relation to vegetation succession following shifting cultivation in Mizoram, north-east India. *Journal of Applied Ecology*, 35, 214–231.

Shaw, D. J. & Dobson, A. P. (1995) Patterns of macroparasite abundance and aggregation in wildlife populations: a quantitative review. *Parasitology*, 111, S111–S133.

Shea, K. & Chesson, P. (2002) Community ecology theory as a framework for biological invasions. *Trends in Ecology and Evolution*, 17, 170–177.

Shea, K. & Kelly, D. (1998) Estimating biocontrol agent impact with matrix models: *Carduus nutans* in New Zealand. *Ecological Applications*, 8, 824–832.

Sherman, R. E., Fahey, T. J. & Battles, J. J. (2000) Small-scale disturbance and regeneration dynamics in a neotropical mangrove forest. *Journal of Ecology*, 88, 165–178.

Sherratt, T. N. (2002) The coevolution of warning signals. *Proceedings of the Royal Society of London, Series B*, 269, 741–746.

Shirley, B. W. (1996) Flavonoid biosynthesis: 'new' functions for an old pathway. *Trends in Plant Science*, 1, 377–382.

Shorrocks, B. & Rosewell, J. (1987) Spatial patchiness and community structure: coexistence and guild size of drosophilids on ephemeral resources. In: *Organization of Communities: past and present* (J. H. R. Gee & P. S. Giller, eds), pp. 29–52. Blackwell Scientific Publications, Oxford.

Shorrocks, B., Rosewell, J. & Edwards, K. (1990) Competition on a divided and ephemeral resource: testing the assumptions. II. Association. *Journal of Animal Ecology*, 59, 1003–1017.

Shykoff, J. A. & Bucheli, E. (1995) Pollinator visitation patterns, floral rewards and the probability of transmission of *Microbotryum violaceum,* a venereal disease of plants. *Journal of Ecology*, 83, 189–198.

Sibly, R. M. & Calow, P. (1983) An integrated approach to life-cycle evolution using selective landscapes. *Journal of Theoretical Biology*, 102, 527–547.

Sibly, R. M. & Hone, J. (2002) Population growth rate and its determinants: an overview. *Philosophical Transactions of the Royal Society of London, Series B*, 357, 1153–1170.

Sibly, R. M. & Smith, R. H. (1998) Identifying key factors using λ-contribution analysis. *Journal of Animal Ecology*, 67, 17–24.

Sih, A. (1982) Foraging strategies and the avoidance of predation by an aquatic insect, *Notonecta hoffmanni*. *Ecology*, 63, 786–796.

Sih, A. & Christensen, B. (2001) Optimal diet theory: when does it work, and when and why does it fail? *Animal Behaviour*, 61, 379–390.

Sih, A., Crowley, P., McPeek, M., Petranka, J. & Strohmeier, K. (1985) Predation, competition and prey communities: a review of field experiments. *Annual Review of Ecology and Systematics*, 16, 269–311.

Silulwane, N. F., Richardson, A. J., Shillington, F. A. & Mitchell-Innes, B. A. (2001) Identification and classification of vertical chlorophyll patterns in the Benguela upwelling system and Angola-Benguela front using an artificial neural network. *South African Journal of Marine Science*, 23, 37–51.

Silvertown, J. W. (1980) The evolutionary ecology of mast seeding in trees. *Biological Journal of the Linnean Society*, 14, 235–250.

Silvertown, J. W. (1982) *Introduction to Plant Population Ecology*. Longman, London.

Silvertown, J. W., Franco, M., Pisanty, I. & Mendoza, A. (1993) Comparative plant demography—relative importance of life-cycle components to the finite rate of increase in woody and herbaceous perennials. *Journal of Ecology*, 81, 465–476.

Silvertown, J. W., Holtier, S., Johnson, J. & Dale, P. (1992) Cellular automaton models of interspecific competition for space—the effect of pattern on process. *Journal of Ecology*, 80, 527–533.

Simberloff, D. S. (1976) Experimental zoogeography of islands: effects of island size. *Ecology*, 57, 629–648.

Simberloff, D. (1998) Small and declining populations. In: *Conservation Science and Action* (W. J. Sutherland, ed.), pp. 116–134. Blackwell Science, Oxford.

Simberloff, D. (2003) How much information on population biology is needed to manage introduced species? *Conservation Biology*, 17, 83–92.

Simberloff, D. & Von Holle, B. (1999) Positive interactions of non-indigenous species: invasional meltdown? *Biological Invasions*, 1, 21–32.

Simberloff, D. S. & Wilson, E. O. (1969) Experimental zoogeography of islands: the colonization of empty islands. *Ecology*, 50, 278–296.

Simberloff, D., Dayan, T., Jones, C. & Ogura, G. (2000) Character displacement and release in the small Indian mongoose, *Herpestes javanicus*. *Ecology*, 81, 2086–2099.

Simo, R. (2001) Production of atmospheric sulfur by oceanic plankton: biogeochemical, ecological and evolutionary links. *Trends in Ecology and Evolution*, 16, 287–294.

Simon, K. S. & Townsend, C. R. (2003) The impacts of freshwater invaders at different levels of ecological organisation, with emphasis on ecosystem consequences. *Freshwater Biology*, 48, 982–994.

Simon, K. S., Townsend, C. R., Biggs, B. J. F., Bowden, W. B. & Frew, R. D. (2004) Habitat-specific nitrogen dynamics in New Zealand streams containing native or invasive fish. Ecosystems, 7, 1–16.

Simpson, G. G. (1952) How many species? *Evolution*, 6, 342.

Sinclair, A. R. E. (1975) The resource limitation of trophic levels in tropical grassland ecosystems. *Journal of Animal Ecology*, 44, 497–520.

Sinclair, A. R. E. (1989) The regulation of animal populations. In: *Ecological Concepts* (J. Cherrett, ed.), pp. 197–241. Blackwell Scientific Publications, Oxford.

Sinclair, A. R. E. & Gosline J. M. (1997) Solar activity and mammal cycles in the Northern Hemisphere. *American Naturalist*, 149, 776–784.

Sinclair, A. R. E. & Norton-Griffiths, M. (1982) Does competition or facilitation regulate migrant ungulate populations in the Serengeti? A test of hypothesis. *Oecologia*, 53, 354–369.

Sinervo, B. (1990) The evolution of maternal investment in lizards: an experimental and comparative analysis of egg size and its effects on offspring performance. *Evolution*, 44, 279–294.

Sinervo, B., Svensson, E. & Comendant, T. (2000) Density cycles and an offspring quantity and quality game driven by natural selection. *Nature*, 406, 985–988.

Singleton, G., Krebs, C. J., Davis, S., Chambers, L. & Brown, P. (2001) Reproductive changes in fluctuating house mouse populations in southeastern Australia. *Proceedings of the Royal Society of London, Series B*, 268, 1741–1748.

Siva-Jothy, M. T., Katsubaki, Y., Hooper, R. E. & Plaistow, S. J. (2001) Investment in immune function under chronic and acute immune challenge in an insect. *Physiological Entomology*, 26, 1–5.

Skogland, T. (1983) The effects of dependent resource limitation on size of wild reindeer. *Oecologia*, 60, 156–168.

Slobodkin, L. B., Smith, F. E. & Hairston, N. G. (1967) Regulation in terrestrial ecosystems, and the implied balance of nature. *American Naturalist*, 101, 109–124.

Smith, F. D. M., May, R. M., Pellew, R., Johnson, T. H. & Walter, K. R. (1993) How much do we know about the current extinction rate? *Trends in Ecology and Evolution*, 8, 375–378.

Smith, J. W. (1998) Boll weevil eradication: area-wide pest management. *Annals of the Entomological Society of America*, 91, 239–247.

Smith, R. S., Shiel, R. S., Bardgett, R. D. *et al.* (2003) Soil microbial community, fertility, vegetation and diversity as targets in the restoration management of a meadow grassland. *Journal of Applied Ecology*, 40, 51–64.

Smith, S. D., Dinnen-Zopfy, B. & Nobel, P. S. (1984) High temperature responses of North American cacti. *Ecology*, 6, 643–651.

Snaydon, R. W. (1996) Above-ground and below-ground interactions in intercropping. In: *Dynamics and Nitrogen in Cropping Systems of the Semi-arid Tropics* (O. Ito, C. Johansen, J. J. Adu-Gyamfi, K. Katayama, J. V. D. K. Kumar Rao & T. J. Rego, eds), pp. 73–92. JIRCAS, Kasugai, Japan.

Snell, T. W. (1998) Chemical ecology of rotifers. *Hydrobiologia*, 388, 267–276.

Snyman, A. (1949) The influence of population densities on the development and oviposition of *Plodia interpunctella* Hubn. (Lepidoptera). *Journal of the Entomological Society of South Africa*, 12, 137–171.

Soares, S. M., Schoereder, J. H. & DeSouza, O. (2001) Processes involved in species saturation of ground-dwelling ant communities (Hymenoptera, Formicidae). *Austral Ecology*, 26, 187–192.

Soderquist, T. R. (1994) The importance of hypothesis testing in reintroduction biology: examples from the reintroduction of the carnivorous marsupial *Phascogale tapoatafa*. In: *Reintroduction Biology of Australian and New Zealand Fauna* (M. Serena, ed.), pp. 156–164. Beaty & Sons, Chipping Norton, UK.

Sol, D. & Lefebvre, L. (2000) Behavioural flexibility predicts invasion success in birds introduced to New Zealand. *Oikos*, 90, 599–605.

Solbrig, O. T. & Simpson, B. B. (1974) Components of regulation of a population of dandelions in Michigan. *Journal of Ecology*, 62, 473–486.

Soler, J. J., Martinez, J. G., Soler, M. & Moller, A. P. (2001) Life history of magpie populations sympatric or allopatric with the brood parasitic great spotted cuckoo. *Ecology*, 82, 1621–1631.

Solomon, M. E. (1949) The natural control of animal populations. *Journal of Animal Ecology*, 18, 1–35.

Sommer, U. (1990) Phytoplankton nutrient competition—from laboratory to lake. In: *Perspectives on Plant Competition* (J. B. Grace & D. Tilman, eds), pp. 193–213. Academic Press, New York.

Sorrell, B. K., Hawes, I., Schwarz, A. -M. & Sutherland, D. (2001) Interspecfic differences in photosynthetic carbon uptake, photosynthate partitioning and extracellular organic carbon release by deepwater characean algae. *Freshwater Biology*, 46, 453–

464.

Soulé, M. E. (1986) *Conservation Biology: the science of scarcity and diversity*. Sinauer Associates, Sunderland, MA.

Sousa, M. E. (1979a) Experimental investigation of disturbance and ecological succession in a rocky intertidal algal community. *Ecological Monographs*, 49, 227–254.

Sousa, M. E. (1979b) Disturbance in marine intertidal boulder fields: the nonequilibrium maintenance of species diversity. *Ecology*, 60, 1225–1239.

South, A. B., Rushton, S. P., Kenward, R. E. & Macdonald, D. W. (2002) Modelling vertebrate dispersal and demography in real landscapes: how does uncertainty regarding dispersal behaviour influence predictions of spatial population dynamics. In: *Dispersal Ecology* (J. M. Bullock, R. E. Kenward & R. S. Hails, eds), pp. 327–349. Blackwell Science, Oxford.

Southwood, T. R. E. & Henderson, P. H. (2000) *Ecological Methods*, 3rd edn. Blackwell Science, Oxford.

Southwood, T. R. E., Hassell, M. P., Reader, P. M. & Rogers, D. J. (1989) The population dynamics of the viburnum whitefly (*Aleurotrachelus jelinekii*). *Journal of Animal Ecology*, 58, 921–942.

Speed, M. P. (1999) Batesian, quasi-Batesian or Mullerian mimicry? Theory and data in mimicry research. *Evolutionary Ecology*, 13, 755–776.

Speed, M. & Ruxton, G. D. (2002) Animal behaviour: evolution of suicidal signals. *Nature*, 416, 375.

Spiller, D. A. & Schoener, T. W. (1994) Effects of a top and intermediate predators in a terrestrial food web. *Ecology*, 75, 182–196.

Spiller, D. A. & Schoener, T. W. (1998) Lizards reduce spider species richness by excluding rare species. *Ecology*, 79, 503–516.

Sprent, J. I. (1979) *The Biology of Nitrogen Fixing Organisms*. McGraw Hill, London.

Sprent, J. I. & Sprent, P. (1990) *Nitrogen Fixing Organisms: pure and applied aspects*. Chapman & Hall, London.

Sprules, W. G. & Bowerman, J. E. (1988) Omnivory and food chain length in zooplankton food webs. *Ecology*, 69, 418–426.

Srivastava, D. S. (1999) Using local-regional richness plots to test for species saturation: pitfalls and potentials. *Journal of Animal Ecology*, 68, 1–16.

Staaland, H., White, R. G., Luick, J. R. & Holleman, D. F. (1980) Dietary influences on sodium and potassium metabolism of reindeer. *Canadian Journal of Zoology*, 58, 1728–1734.

Stadler, B. & Dixon, A. F. G. (1998) Costs of ant attendance for aphids. *Journal of Animal Ecology*, 67, 454–459.

Stafford, J. (1971) Heron populations of England and Wales 1928–70. *Bird Study*, 18, 218–221.

Stark, J. D. (1993) Performance of the Macroinvertebrate Community Index: effects of sampling method, sample replication, water depth, current velocity, and substratum on index values. *New Zealand Journal of Marine and Freshwater Research*, 27, 463–478.

Statzner, B. E., Fievet, J. Y. Champagne, R., Morel, D. & Herouin, E. (2000) Crayfish as geomorphic agents and ecosystem engineers: biological behavior affects sand and gravel erosion in experimental streams. *Limnology and Oceanography*, 45, 1030–1040.

Stauffer, B. (2000) Long term climate records from polar ice. *Space Science Reviews*, 94, 321–336.

Stearns, S. C. (1977) The evolution of life history traits. *Annual Review of Ecology and Systematics*, 8, 145–171.

Stearns, S. C. (1983) The impact of size and phylogeny on patterns of covariation in the life history traits of mammals. *Oikos*, 41, 173–187.

Stearns, S. C. (1992) *The Evolution of Life Histories*. Oxford University Press, Oxford.

Stearns, S. C. (2000) Life history evolution: successes, limitations, and prospects. *Naturwissenschaften*, 87, 476–486.

Steinauer, E. M. & Collins, S. L. (2001) Feedback loops in ecological hierarchies following urine deposition in tallgrass prairie. *Ecology*, 82, 1319–1329.

Steingrimsson, S. O. & Grant, J. W. A. (1999) Allometry of territory-size and metabolic rate as predictors of self-thinning in young-of-the-year Atlantic salmon. *Journal of Animal Ecology*, 68, 17–26.

Stemberger, R. S. & Gilbert, J. J. (1984) Spine development in the rotifer *Keratella cochlearis*: induction by cyclopoid copepods and *Asplachna*. *Freshwater Biology*, 14, 639–648.

Stenberg, P., Palmroth, S., Bond, B. J., Sprugel, D. G. & Smolander, H. (2001) Shoot structure and photosynthetic efficiency along the light gradient in Scots pine canopy. *Tree Physiology*, 21, 805–814.

Stenseth, N. C., Bjornstad, O. N. & Saihto, T. (1996) A gradient from stable to cyclic populations of *Clethrionomys rufocanus* in Hokkaido, Japan. *Proceedings of the Royal Society of London, Series B*, 263, 1117–1126.

Stenseth, N. C., Falck, W., Bjornstad, O. N. & Krebs, C. J. (1997) Population regulation in snowshoe hare and Canadian lynx: asymmetric food web configurations between hare and lynx. *Proceedings of the National Academy of Sciences of the USA*, 94, 5147–5152.

Stenseth, N. C., Ottersen, G., Hurrell, J. W. *et al.* (2003) Studying climate effects on ecology through the use of climate indices: the North Atlantic Oscillation, El Nino Southern Oscillation and beyond. *Proceedings of the Royal Society of London, Series B*, 270, 2087–2096.

Stephens, D. W. & Krebs, J. R. (1986) *Foraging Theory*. Princeton University Press, Princeton, NJ.

Stephens, G. R. (1971) The relation of insect defoliation to mortality in Connecticut forests. *Connecticut Agricultural Experimental Station Bulletin*, 723, 1–16.

Stephens, P. A. & Sutherland, W. J. (1999) Consequences of the Allee effect for behaviour, ecology and conservation. *Trends in Ecology and Evolution*, 14, 401–405.

Stephens, P. A., Frey-Roos, F., Arnold, W. & Sutherland, W. J. (2002) Sustainable exploitation of social species: a test and comparison of models. *Journal of Applied Ecoloogy*, 39, 629–642.

Sterner, R. W., Bajpai, A. & Adams, T. (1997a) The enigma of food chain length: absence of theoretical evidence for dynamic constraints. *Ecology*, 78, 2258–2262.

Sterner, R. W., Elser, J. J., Fee, E. J., Guildford, S. J. & Chrzanowski, T. H. (1997b) The light : nutrient ratio in lakes: the balance of energy and materials affects ecosystem structure and processes. *American Naturalist*, 150, 663–684.

Stevens, C. E. & Hume, I. D. (1998) Contributions of microbes in vertebrate gastrointestinal tract to production and conservation of nutrients. *Physiological Reviews*, 78, 393–426.

Stewart, T. W., Miner, J. G. & Lowe, R. L. (1998) Macroinvertebrate communities on hard substrates in western Lake Erie: structuring effects of Dreissena. *Journal of Great Lakes Research*, 24, 868–879.

Stoll, P. & Prati, D. (2001) Intraspecific aggregation alters competitive interactions in experimental plant communities. *Ecology*, 82, 319–327.

Stoll, P., Weiner, J., Muller-Landau, H., Muller, E. & Hara, T. (2002) Size symmetry of competition alters biomass-density relationships. *Proceedings of the Royal Society of London, Series B*, 269, 2191–2195.

Stone, G. M. & Cook, J. M. (1998) The structure of cynipid oak galls: patterns in the evolution of an extended phenotype. *Proceedings of the Royal Society of London, Series B*, 265, 979–988.

Stone, L. & Roberts, A. (1990) The checkerboard score and species distributions. *Oecologia*, 85, 74–79.

Stolp, H. (1988) *Microbial Ecology*. Cambridge University Press, Cambridge, UK.

Storch, D., Sizling, A. L. & Gaston, K. J. (2003) Geometry of the species area relationship in central European birds: testing the mechanism. *Journal of Animal Ecology*, 72, 509–519.

Storey, K. B. (1990) Biochemical adaptation for cold hardiness in insects. *Philosophical Transactions of the Royal Society of London, Series B*, 326, 635–654; also in *Life at Low Temperatures* (R. M. Laws & F. Franks, eds), pp. 119–138. The Royal Society, London.

Stowe, L. G. & Teeri, J. A. (1978) The geographic distribution of C_4 species of the Dicotyledonae in relation to climate. *American Naturalist*, 112, 609–623.

Strauss, S. Y. & Agrawal, A. A. (1999) The ecology and evolution of plant tolerance to herbivory. *Trends in Ecology and Evolution*, 14, 179–185.

Strauss, S. Y., Irwin, R. E. & Lambrix, V. M. (2004) Optimal defence theory and flower petal colour predict variation in the secondary chemistry of wild radish. *Journal of Ecology*, 92, 132–141.

Strauss, S. Y., Rudgers, J. A., Lau, J. A. & Irwin, R. E. (2002) Direct and ecological costs of resistance to herbivory. *Trends in Ecology and Evolution*, 17, 278–285.

Strobeck, C. (1973) N species competition. *Ecology*, 54, 650–654.

Stromberg, P. C., Toussant, M. J. & Dubey, J. P. (1978) Population biology of *Paragonimus kellicotti* metacercariae in central Ohio. *Parasitology*, 77, 13–18.

Strong, D. R. Jr. (1982) Harmonious coexistence of hispine bettles on *Heliconia* in experimental and natural communities. *Ecology*, 63, 1039–1049.

Strong, D. R. (1992) Are trophic cascades all wet? Differentiation and donor-control in speciose ecosystems. *Ecology*, 73, 747–754.

Strong, D. R. Jr., Lawton, J. H. & Southwood, T. R. E. (1984) *Insects on Plants: community patterns and mechanisms*. Blackwell Scientific Publications, Oxford.

Suchanek, T. H. (1992) Extreme biodiversity in the marine environment: mussel bed communities of *Mytilus californianus*. *Northwest Environmental Journal*, 8, 150.

Summerhayes, V. S. & Elton, C. S. (1923) Contributions to the ecology of Spitsbergen and Bear Island. *Journal of Ecology*, 11, 214–286.

Sunderland, K. D., Hassall, M. & Sutton, S. L. (1976) The population dynamics of *Philoscia muscorum* (Crustacea, Oniscoidea) in a dune grassland ecosystem. *Journal of Animal Ecology*, 45, 487–506.

Susarla, S., Medina, V. F. & McCutcheon, S. C. (2002) Phytoremediation: an ecological solution to organic chemical contamination. *Ecological Engineering*, 18, 647–658.

Sutherland, W. J. (1983) Aggregation and the 'ideal free' distribution. *Journal of Animal Ecology*, 52, 821–828.

Sutherland, W. J. (1998) The importance of behavioural studies in conservation biology. *Animal Behaviour*, 56, 801–809.

Sutherland, W. J., Gill, J. A. & Norris, K. (2002) Density-dependent dispersal in animals: concepts, evidence, mechanisms and consequences. In: *Dispersal Ecology* (J. M. Bullock, R. E. Kenward & R. S. Hails, eds), pp. 134–151. Blackwell Science, Oxford.

Sutton, M. A., Pitcairn, C. E. R. & Fowler, D. (1993) The exchange of ammonia between the atmosphere and plant communities. *Advances in Ecological Research*, 24, 302–393.

Sutton, S. L. & Collins, N. M. (1991) Insects and tropical forest conservation. In: *The Conservation of Insects and their Habitats* (N. M. Collins & J. A. Thomas, eds), pp. 405–424. Academic Press, London.

Swift, M. J., Heal, O. W. & Anderson, J. M. (1979) *Decomposition in Terrestrial Ecosystems*. Blackwell Scientific Publications, Oxford.

Symonides, E. (1979) The structure and population dynamics of psammophytes on inland dunes. II. Loose-sod populations. *Ekologia Polska*, 27, 191–234.

Symonides, E. (1983) Population size regulation as a result of intra-population interactions. I. The effect of density on the survival and development of individuals of *Erophila verna* (L.). *Ecologia Polska*, 31, 839–881.

Syms, C. & Jones, G. P. (2000) Disturbance, habitat structure, and the dynamics of a coral-reef fish community. *Ecology*, 81, 2714–2729.

Szarek, S. R., Johnson, H. B. & Ting, I. P. (1973) Drought adaption in *Opuntia basilaris*. Significance of recycling carbon through Crassulacean acid metabolism. *Plant Physiology*, 52, 539–541.

Tamm, C. O. (1956) Further observations on the survival and flowering of some perennial herbs. *Oikos*, 7, 274–292.

Tanaka, M. O. & Magalhaes, C. A. (2002) Edge effects and succession dynamics in *Brachidontes* mussel beds. *Marine Ecology Progress Series*, 237, 151–158.

Taniguchi, H., Nakano, S. & Tokeshi, M. (2003) Habitat complexity, patch size and the abundance of ephiphytic invertebrates on plants. *Freshwater Biology*, 00, 00–00.

Taniguchi, Y. & Nakano, S. (2000) Condition-specific competition: implications for the altitudinal distribution of stream fishes. *Ecology*, 81, 2027–2039.

Tansley, A. G. (1917) On competition between *Galium sylvestre* Poll. (*G. asperum Schreb.*) on different types of soil. *Journal of Ecology*, 5, 173–179.

Tansley, A. G. (1939) *The British Islands and their Vegetation*. Cambridge University Press, Cambridge, UK.

Taylor, A. D. (1993) Heterogeneity in host-parasitoid interactions: the CV^2 rule. *Trends in Ecology and Evolution*, 8, 400–405.

Taylor, I. (1994) *Barn Owls. Predator-Prey Relationships and Conservation*. Cambridge University Press Cambridge, UK.

Taylor, L. R. (1987) Objective and experiment in long-term research. In: *Long-Term Studies in Ecology* (G. E. Likens, ed.), pp. 20–70. Springer-Verlag, New York

Taylor, R. B., Sotka, E. & Hay, M. E. (2002) Tissue-specific induction of herbivore resistance: seaweed response to amphipod grazing. *Oecologia*, 132, 68–76.

Teeri, J. A. & Stowe, L. G. (1976) Climatic patterns and the distribution of C_4 grasses in North America. *Oecologia*, 23, 112.

Teirney, L. D. (2003) *Fiordland Marine Conservation Strategy: Te Kaupapa Atawhai o Te Moana o Atawhenua*. Guardians of Fiordland's Fisheries and Marine Environment Inc., Te Anau, New Zealand.

Téllez-Valdés, O. & Dávila-Aranda, P. (2003) Protected areas and climate change: a case study of the cacti in the Tehuacán-Cuicatlán Biosphere Reserve, Mexico. *Conservation Biology*, 17, 846–853.

Ter Braak, C. J. F. & Prentice, I. C. (1988) A theory of gradient analysis. *Advances in Ecological Research*, 18, 272–317.

Ter Braak, C. J. F. & Smilauer, P. (1998) CANOCO for Windows version 4.02. Wageningen, the Netherlands.

Terborgh, J. (1973) On the notion of favorableness in plant ecology. *American Naturalist*, 107, 481–501.

Teuschl, Y., Taborsky, B. & Taborsky, M. (1998) How do cuckoos find their nests? The role of habitat imprinting. *Animal Behaviour*, 56, 1425–1433.

Thomas, C. D. (1990) What do real population dynamics tell us about minimum viable population sizes? *Conservation Biology*, 4, 324–327.

Thomas, C. D. & Harrison, S. (1992) Spatial dynamics of a patchily distributed butterfly species. *Journal of Applied Ecology*, 61, 437–446.

Thomas, C. D. & Jones, T. M. (1993) Partial recovery of a skipper butterfly (*Hesperia comma*) from population refuges: lessons for conservation in a fragmented landscape. *Journal of Animal Ecology*, 62, 472–481.

Thomas, C. D., Thomas, J. A. & Warren, M. S. (1992) Distributions of occupied and vacant butterfly habitats in fragmented landscapes. *Oecologia*, 92, 563–567.

Thomas, F. & Poulin, R. (1998) Manipulation of a mollusc by a trophically transmitted parasite: convergent evolution of phylogenetic inheritance? *Parasitology*, 116, 431–436.

Thomas, S. C. & Weiner, J. (1989) Growth, death and size distribution change in an *Impatiens pallida* population. *Journal of Ecology*, 77, 524–536.

Thompson, D. J. (1975) Towards a predator-prey model incorporating age-structure: the effects of predator and prey size on the predation of *Daphnia magna by Ischnura elegans*. *Journal of Animal Ecology*, 44, 907–916.

Thompson, D. J. (1989) Sexual size dimorphism in the damselfly *Coenagrion puella* (L.). Advances in *Ódonatology*, 4, 123–131.

Thompson, J. N. (1988) Evolutionary ecology of the relationship between oviposition preference and performance of offspring in phytophagous insects. *Entomologia Experimentia et Applicata*, 47, 3–14.

Thompson, J. N. (1995) *The Coevolutionary Process*. University of Chicago Press, Chicago.

Thompson, R. M. & Townsend, C. R. (2000) Is resolution the solution?: the effect of taxonomic resolution on the calculated properties of three stream food webs. *Freshwater Biology*, 44, 413–422.

Thompson, R. M., Mouritsen, K. N. & Poulin, R. (2005) Importance of parasites and their life cycle characteristics in determining the structure of a large marine food web. *Journal of Animal Ecology*, 74, 77–85.

Thompson, R. M., Townsend, C. R., Craw, D., Frew, R. & Riley, R. (2001) (Further) links from rocks to plants. *Trends in Ecology and Evolution*, 16, 543.

Thórhallsdóttir, T. E. (1990) The dynamics of five grasses and white clover in a simulated mosaic sward. *Journal of Ecology*, 78, 909–923.

Tillman, P. G. (1996) Functional response of *Microplitis croceipes* and *Cardiochiles nigriceps* (Hymenoptera: Braconidae) to variation in density of tobacco budworm (Lepidoptera: Noctuidae). *Environmental Entomology*, 25, 524–528.

Tilman, D. (1977) Resource competition between planktonic algae: an experimental and theoretical approach. *Ecology*, 58, 338–348.

Tilman, D. (1982) *Resource Competition and Community Structure*. Princeton University Press, Princeton, NJ.

Tilman, D. (1986) Resources, competition and the dynamics of plant communities. In: *Plant Ecology* (M. J. Crawley, ed.), pp. 51–74. Blackwell Scientific Publications, Oxford.

Tilman, D. (1987) Secondary succession and the pattern of plant dominance along experimental nitrogen gradients. *Ecological Monographs*, 57, 189–214.

Tilman, D. (1988) *Plant Strategies and the Dynamics and Structure of Plant Communities*. Princeton University Press, Princeton, NJ.

Tilman, D. (1990) Mechanisms of plant competition for nutrients: the elements of a predictive theory of competition. In: *Perspectives on Plant Competition* (J.B. Grace & D. Tilman, eds), pp. 117–141. Academic Press, New York.

Tilman, D. (1996) Biodiversity: population versus ecosystem stability. *Ecology*, 77, 350–363.

Tilman, D. (1999) The ecological consequences of changes in biodiversity: a search for general principles. *Ecology*, 80, 1455–1474.

Tilman, D. & Wedin, D. (1991a) Plant traits and resource reduction for five grasses growing on a nitrogen gradient. *Ecology*, 72, 685–700.

Tilman, D. & Wedin, D. (1991b) Dynamics of nitrogen competition between successional grasses. *Ecology*, 72, 1038–1049.

Tilman, D., Fargione, J., Wolff, B. *et al.* (2001) Forecasting agriculturally driven global environmental change. *Science*, 292, 281–284.

Tilman, D., Mattson, M. & Langer, S. (1981) Competition and nutrient kinetics along a temperature gradient: an experimental test of a mechanistic approach to niche theory. *Limnology and Oceanography*, 26, 1020–1033.

Tilman, D., Reich, P. B., Knops, J., Wedin, D., Meilke, T. & Lehman, C. (2001) Diversity and productivity in a long-term grassland experiment. *Science*, 294, 843–845.

Timmermann, A., Oberhuber, J., Bacher, A., Esch, M., Latif, M. & Roeckner, E. (1999) Increased El Niño frequency in a climate model forced by future greenhouse warming. *Nature*, 398, 694–697.

Timmins, S. M. & Braithwaite, H. (2002) Early detection of new invasive weeds on islands. In: *Turning the Tide: eradication of invasive species* (D. Veitch & M. Clout, eds), pp. 311–318. Invasive Species Specialist Group of the World Conservation Union (IUCN), Auckland, New Zealand.

Tinbergen, L. (1960) The natural control of insects in pinewoods. 1: factors influencing the intensity of predation by songbirds. *Archives neerlandaises de Zoologie*, 13, 266–336.

Tjallingii, W. F. & Hogen Esch, Th. (1993) Fine structure of aphid stylet routes in plant tissues in correlation with EPG signals. *Physiological Entomology*, 18, 317–328.

Tkadlec, E. & Stenseth, N.C. (2001) A new geographical gradient in vole population dynamics. *Proceedings of the Royal Society of London, Series B*, 268, 1547–1552.

Toft, C. A. & Karter, A. J. (1990) Parasite-host coevolution. *Trends in Ecology and Evolution*, 5, 326–329.

Tokeshi, M. (1993) Species abundance patterns and community structure. *Advances in Ecological Research*, 24, 112–186.

Tompkins, D. M. & Begon, M. (1999) Parasites can regulate wildlife populations. *Parasitology Today*, 15, 311–313.

Tompkins, D. M., White, A. R., Boots, M. (2003) Ecological replacement of native red squirrels by invasive greys driven by disease. *Ecology Letters*, 6, 189–196.

Tonn, W. M. & Magnuson, J. J. (1982) Patterns in the species composition and richness of fish assemblages in northern Wisconsin lakes. *Ecology*, 63, 137–154.

Towne, E. G. (2000) Prairie vegetation and soil nutrient responses to ungulate carcasses. *Oecologia*, 122, 232–239.

Townsend, C. R. (1991) Community organisation in marine and freshwater environments. In: *Fundamentals of Aquatic Ecology* (R. S. K. Barnes & K.H. Mann, eds), pp. 125–144. Blackwell Scientific Publications, Oxford.

Townsend, C. R. (1996) Concepts in river ecology: pattern and process in the catchment hierarchy. *Archiv fur Hydrobiologie*, 113 (Suppl. 10), 3–21.

Townsend, C. R. (2003) Individual, population, community and ecosystem consequences of a fish invader in New Zealand streams. *Conservation Biology*, 17, 38–47.

Townsend, C. R. & Hildrew, A. G. (1980) Foraging in a patchy environment by a predatory net-spinning caddis larva: a test of optimal foraging theory. *Oecologia*, 47, 219–221.

Townsend, C. R. & Hildrew, A. G. (1994) Species traits in relation to a habitat templet for river systems. *Freshwater Biology*, 31, 265–275.

Townsend, C. R., Hildrew, A. G. & Francis, J. E. (1983) Community structure in some southern English streams: the influence of physiochemical factors. *Freshwater Biology*, 13, 521–544.

Townsend, C. R., Scarsbrook, M. R. & Doledec, S. (1997) The intermediate disturbance hypothesis, refugia and bio-diversity in streams. *Limnology and Oceanography*, 42, 938–949.

Townsend, C. R., Thompson, R. M., Macintosh, A. R., Kilroy, C., Edwards, E. & Scarsbrook, M. R. (1998) Disturbance, resource supply and food-web architecture in streams. *Ecology Letters*, 1, 200–209.

Townsend, C. R., Tipa, G., Teirney, L. D. & Niyogi, D. K. (2004) Development of a tool to facilitate participation of Maori in the management of stream and river health. *Ecology and Health*, 1, 184–195.

Townsend, C. R., Winfield, I. J., Peirson, G. & Cryer, M. (1986) The response of young roach *Rutilus rutilus* to seasonal changes in abundance of microcrustacean prey: a field demonstration of switching. *Oikos*, 46, 372–378.

Tracy, C. R. (1976) A model of the dynamic exchanges of water and energy between a terrestrial amphibian and its environment. *Ecological Monographs*, 46, 293–326.

Tregenza, T. (1995) Building on the ideal free distribution. *Advances in Ecological Research*, 26, 253–307.

Trewavas, A. (2001) Urban myths of organic farming: organic agriculture began as an idealogy, but can it meet today's needs? *Nature*, 410, 409–410.

Trewick, S. A. & Worthy, T. H. (2001) Origins and prehistoric ecology of takahe based on morphometric, molecular, and fossil data. In: *The Takahe: fifty years of conservation management and research* (W. G. Lee & I. G. Jamieson, eds), pp. 31–48. University of Otago Press, Dunedin, New Zealand.

Trexler, J. C., McCulloch, C. E. & Travis, J. (1988) How can the functional response best be determined? *Oecologia*, 76, 206–214.

Tripet, F. & Richner, H. (1999) Density dependent processes in the population dynamics of a bird ectoparasite *Ceratophyllus gallinae*. *Ecology*, 80, 1267–1277.

Turchin, P. D. (1990) Rarity of density dependence or population regulation with lags? *Nature*, 344, 660–663.

Turchin, P. (2003) *Complex Population Dynamics*. Princeton University Press, Princeton, NJ.

Turchin, P. & Batzli, G. O. (2001) Availability of food and the population dynamics of arvicoline rodents. *Ecology*, 82, 1521–1534.

Turchin, P. & Berryman, A. A. (2000) Detecting cycles and delayed density dependence: a comment on Hunter and Price (1998). *Ecological Entomology*, 25, 119–121.

Turchin, P. & Hanski, I. (1997) An empirically based model for latitudinal gradient in vole population dynamics. *American Naturalist*, 149, 842–874.

Turchin, P. & Hanski, I. (2001) Contrasting alternative hypotheses about rodent cycles by translating them into parameterized models. *Ecology Letters*, 4, 267–276.

Turesson, G. (1922a) The species and variety as ecological units. *Hereditas*, 3, 100–113.

Turesson, G. (1922b) The genotypical response of the plant species to the habitat. *Hereditas*, 3, 211–350.

Turkington, R. & Harper, J. L. (1979) The growth, distribution and neighbour relationships of *Trifolium repens* in a permanent pasture. IV. Fine scale biotic differentiation. *Journal of Ecology*, 67, 245–254.

Turkington, R. & Mehrhoff, L. A. (1990) The role of competition in structuring pasture communities. In: *Perspectives on Plant Competition* (J. B. Grace & D. Tilman, eds), pp. 307–340. Academic Press, New York.

Turner, J. R. G., Lennon, J. J. & Greenwood, J. J. D. (1996) Does climate cause the global biodiversity gradient? In: *Aspects of the Genesis and Maintenance of Biological Diversity* (M. Hochberg, J. Claubert & R. Barbault, eds), pp. 199–220. Oxford University Press, London and New York.

Twigg, L. E., Martin, G. R. & Lowe, T. J. (2002) Evidence of pesticide resistance in medium-sized mammalian pests: a case study with 1080 poison and Australian rabbits. *Journal of Applied Ecology*, 39, 549–560.

Tyndale-Biscoe, M. & Vogt, W. G. (1996) Population status of the bush fly, *Musca vetustissima* (Diptera: Muscidae), and native dung beetles (Coleoptera: Scarabaeninae) in south-eastern Australia in relation to establishment of exotic dung beetles. *Bulletin of Entomological Research*, 86, 183–192.

Uchmanski, J. (1985) Differentiation and frequency distributions of body weights in plants and animals. *Philosophical Transactions of the Royal Society of London, Series B*, 310, 1–75.

Umbanhowar, J., Maron, J. & Harrison, S. (2003) Density dependent foraging behaviors in a parasitoid lead to density dependent parasitism of its host. *Oecologia*, 137, 123–130.

UNEP (2003) *Global Environmental Outlook Year Book 2003*. United Nations Environmental Program, GEO Section, PO Box 30552, Nairobi, Kenya.

United Nations (1999) *The World at Six Billion*. United Nations Population Division, Department of Economic and Social Affairs, United Nations Secretariat, New York.

US Department of the Interior (1990) *Audit Report: the Endangered Species Program*. US Fish and Wildlife Service Report 90–98.

Usio, N. & Townsend, C. R. (2001) The significance of the crayfish *Paranephrops zealandicus* as shredders in a New Zealand headwater stream. *Journal of Crustacean Biology*, 21, 354–359.

Usio, N. & Townsend, C. R. (2002) Functional significance of crayfish in stream food webs: roles of omnivory, substrate heterogeneity and sex. *Oikos*, 98, 512–522.

Usio, N. & Townsend, C.R. (2004) Roles of crayfish: consequences of predation and bioturbation for stream invertebrates. *Ecology*, 85, 807–822.

Valentine, J. W. (1970) How many marine invertebrate fossil species? A new approximation. *Journal of Paleontology*, 44, 410–415.

Valladares, V. F. & Pearcy, R. W. (1998) The functional ecology of shoot architecture in sun and shade plants of *Heteromeles arbutifolia* M. Roem., a Californian chaparral shrub. *Oeco logia*, 114, 1–10.

Van Breeman, N. (2002) Natural organic tendency. *Nature*, 415, 381–382.

van de Koppel, J., Rietkerk, M. & Weissing, F. J. (1997) Catastrophic vegetation shifts and soil degredation in terrestrial grazing systems. *Trends in Ecology and Evolution*, 12, 352–356.

van den Bosch, R., Leigh, T. F., Falcon, L. A., Stern, V. M., Gonzales, D. & Hagen, K. S. (1971) The developing program of integrated control of cotton pests in California. In: *Biological Control* (C. B. Huffaker, ed.), pp. 377–394. Plenum Press, New York.

Van der Juegd, H. P. (1999) *Life history decisions in a changing environment: a long-term study of a temperate barnacle goose population*. PhD thesis, Uppsala University, Uppsala.

van Leneteren, J. C. & Woets, J. (1988) Biological and integrated pest control in greenhouses. *Annual Review of Entomology*, 33, 239–269.

van Rensburg, B. J., Chown, S. L. & Gaston, K. J. (2002) Species richness, environmental correlates, and spatial scale: a test using South African birds. *American Naturalist*, 159, 566–577.

van Riper, C., van Riper, S. G., Goff, M. L. & Laird, M. (1986) The epizootiology and ecological significance of malaria in Hawaiian land birds. *Ecological Monographs*, 56, 327–344.

Vandenkoornhuyse, P., Ridgway, K. P., Watson, I. J., Fitter, A. H. & Young, J. P. W. (2003) Co-existing grass species have distinctive arbuscular mycorrhizal communities. *Molecular Ecology*, 12, 3085–3095.

Vander Zanden, M. J., Shuter, B. J., Lester, L. & Rasmussen, J. B. (1999) Patterns of food chain length in lakes: a stable isotope study. *American Naturalist*, 154, 406–416.

Vandermeest, D. B., Van Lear, D. H. & Clinton, B. D. (2002) American chestnut as an allelopath in the southern Appalachians. *Forest Ecology and Management*, 165, 173–181.

Vanderplank, J. E. (1963) *Plant Diseases: epidemics and control*. Academic Press, New York.

Varley, G. C. (1947) The natural control of population balance in the knapweed gall-fly (*Urophora jaceana*). *Journal of Animal Ecology*, 16, 139–187.

Varley, G. C. & Gradwell, G. R. (1968) Population models for the winter moth. *Symposium of the Royal Entomological Society of London*, 9, 132–142.

Varley, G. C. & Gradwell, G. R. (1970) Recent advances in insect population dynamics. *Annual Review of Entomology*, 15, 1–24.

Vaughan, N., Lucas, E. -A, Harris, S. & White, P. C. L. (2003) Habitat associations of European hares *Lepus europaeus* in England and Wales: implications for farmland management. *Journal of Applied Ecology*, 40, 163–175.

Vázquez, G. J. A. & Givnish, T. J. (1998) Altitudinal gradients in tropical forest composition, structure, and diversity in the Sierra de Manantlán. *Journal of Ecology*, 86, 999–1020.

Venterink, H. O., Wassen, M. J., Verkroost, A. W. M. & de Ruiter, P. C. (2003) Species richness-productivity patterns differ between N-, P- and K-limited wetlands. *Ecology*, 84, 2191–2199.

Verhulst, P. F. (1838) Notice sur la loi que la population suit dans son accroissement. *Correspondances Mathématiques et Physiques*, 10, 113–121.

Villa, F., Tunesi, L. & Agardy, T. (2002) Zoning marine protected areas through spatial multiple-criteria analysis: the case of the Asinara Island National Marine Reserve of Italy. *Conservation Biology*, 16, 515–526.

Vivas-Martinez, S., Basanez, M. -G., Botto, C. *et al.* (2000) Amazonian onchocerciasis: parasitological profiles by host-age, sex, and endemicity in southern Venezuela. *Parasitology*, 121, 513–525.

Volk, M., Niklaus, P. A. & Korner, C. (2000) Soil moisture effects determine CO_2 responses of grassland species. *Oecologia*, 125, 380–388.

Volterra, V. (1926) Variations and fluctuations of the numbers of individuals in animal species living together. (Reprinted in 1931. In: R. N. Chapman, *Animal Ecology*. McGraw Hill, New York.)

Vos, M., Hemerik, L. & Vet, L. E. M. (1998) Patch exploitation by the parasitoids *Cotesia rubecula and Cotesia glomerata* in multi-patch environments with different host distributions. *Journal of Animal Ecology*, 67, 774–783.

Vucetich, J. A., Peterson, R. O. & Schaefer, C. L. (2002) The effect of prey and predator densities on wolf predation. *Ecology*, 83, 3003–3013.

Waage, J. K. & Greathead, D. J. (1988) Biological control: challenges and opportunities. *Philosophical Transactions of the Royal Society of London, Series B*, 318, 111–128.

Wallace, J. B. & O'Hop, J. (1985) Life on a fast pad: waterlily leaf beetle impact on water lilies. *Ecology*, 66, 1534–1544.

Wallis, G. P. (1994) Population genetics and conservation in New Zealand: a hierarchical synthesis and recommendations for the 1990s. *Journal of the Royal Society of New Zealand*, 24, 143–160.

Walsh, J. A. (1983) Selective primary health care: strategies for control of disease in the developing world. IV. Measles. *Reviews of Infectious Diseases*, 5, 330–340.

Walter, D. E. (1987) Trophic behaviour of 'mycophagous' microarthropods. *Ecology*, 68, 226–228.

Walther, G. -R., Post, E., Convey, P. *et al.* (2002) Ecological responses to recent climate change. *Nature*, 416, 389–395.

Wang, G. -H. (2002) Plant traits and soil chemical variables during a secondary vegetation succession in abandoned fields on the Loess Plateau. *Acta Botanica Sinica*, 44, 990–998.

Ward, J. V. (1988) Riverine-wetland interactions. In: *Freshwater Wetlands and Wildlife* (R. R. Sharitz & J. W. Gibbon, eds), pp. 385–400. Office of Science and Technology Information, US Department of Energy, Oak Ridge, TN.

Wardle, D. A., Bonner, K. I. & Barker, G. M. (2000) Stability of ecosystem properties in response to above-ground functional group richness and composition. *Oikos*, 89, 11–23.

Ware, G. W. (1983) *Pesticides Theory and Application*. W. H. Freeman, New York.

Waring, R. H. & Schlesinger, W. H. (1985) *Forest Ecosystems: concepts and management*. Academic Press, Orlando, FL.

Warren, P. H. (1989) Spatial and temporal variation in the structure of a freshwater food web. *Oikos*, 55, 299–311.

Warren, P. H. (1994) Making connections in food webs. *Trends in Ecology and Evolution*, 9, 136–141.

Warren, R. S., Fell, P. E., Rozsa, R. *et al.* (2002) Salt marsh restoration in Connecticut: 20 years of science and management. *Restoration Ecology*, 10, 497–513.

Waser, N. M. & Price, M. V. (1994) Crossing distance effects in *Delphinium nelsonii*: outbreeding and inbreeding depression in progeny fitness. *Evolution*, 48, 842–852.

Waterhouse, D. F. (1974) The biological control of dung. *Scientific American*, 230, 100–108.

Watkinson, A. R. (1984) Yield.density relationships: the influence of resource availability on growth and self-thinning in populations of *Vulpia fasciculata. Annals of Botany*, 53, 469–482.

Watkinson, A. R. & Harper, J. L. (1978) The demography of a sand dune annual: *Vulpia fasciculata*. I. The natural regulation of populations. *Journal of Ecology*, 66, 15–33.

Watkinson, A. R., Freckleton, R. P., Robinson, R. A. & Sutherland, W. J. (2000) Predictions of biodiversity response to genetically modified herbicide-tolerant crops. *Science*, 289, 1554–1557.

Watson, A. & Moss, R. (1980) Advances in our understanding of the population dynamics of red grouse from a recent fluctuation in numbers. *Areda*, 68, 103–111.

Watt, A. S. (1947) Pattern and process in the plant community. *Journal of Ecology*, 35, 1–22.

Way, M. J. & Cammell, M. (1970) Aggregation behaviour in relation to food utilization by aphids. In: *Animal Populations in Relation to their Food Resource* (A. Watson, ed.), pp. 229–247. Blackwell Scientific Publications, Oxford.

Weathers, K. C., Caldenasso, M. L. & Pickett, S. T. A. (2001) Forest edges as nutrient and pollutant concentrators: potential synergisms between fragmentation, forest canopies and the atmosphere. *Conservation Biology*, 15, 1505–1514.

Weaver, J. E. & Albertson, F. W. (1943) Resurvey of grasses, forbs and underground plant parts at the end of the great drought. *Ecological Monographs*, 13, 63–117.

Webb, S. D. (1987) Community patterns in extinct terrestrial invertebrates. In: *Organization of Communities: past and present* (J. H. R. Gee & P. S. Giller, eds), pp. 439–468. Blackwell Scientific Publications, Oxford.

Webb, W. L., Lauenroth, W. K., Szarek, S. R. & Kinerson, R. S. (1983) Primary production and abiotic controls in forests, grasslands and desert ecosystems in the United States. *Ecology*, 64, 134–151.

Webster, J. (1970) *Introduction to Fungi*. Cambridge University

Press, Cambridge, UK.

Webster, M. S. & Almany, G. R. (2002) Positive indirect effects in a coral reef fish community. *Ecology Letters*, 5, 549–557.

Wegener, A. (1915) *Entstehung der Kontinenter und Ozeaner.* Samml. Viewig, Braunschweig. English translation (1924) *The Origins of Continents and Oceans*. Translated by J. G. A. Skerl. Metheun, London.

Weiner, J. (1986) How competition for light and nutrients affects size variability in *Ipomoea tricolor* populations. *Ecology*, 67, 1425–1427.

Weiner, J. (1990) Asymmetric competition in plant populations. *Trends in Ecology and Evolution*, 5, 360–364.

Weiner, J. & Thomas, S. C. (1986) Size variability and competition in plant monocultures. *Oikos*, 47, 211–222.

Weller, D. E. (1987) A reevaluation of the $-3/2$ power rule of plant self-thinning. *Ecological Monographs*, 57, 23–43.

Weller, D. E. (1990) Will the real self-thinning rule please stand up? A reply to Osawa and Sugita. *Ecology*, 71, 1204–1207.

Werner, E. E., Gilliam, J. F., Hall, D. J. & Mittlebach, G. G. (1983a) An experimental test of the effects of predation risk on habitat use in fish. *Ecology*, 64, 1540–1550.

Werner, E. E., Mittlebach, G. G., Hall, D. J. & Gilliam, J. F. (1983b) Experimental tests of optimal habitat use in fish: the role of relative habitat profitability. *Ecology*, 64, 1525–1539.

Werner, H. H. & Hall, D. J. (1974) Optimal foraging and the size selection of prey by the bluegill sunfish *Lepomis macrohirus*. *Ecology*, 55, 1042–1052.

Werner, P. A. & Platt, W. J. (1976) Ecological relationships of cooccurring golden rods (*Solidago*: Compositae). *American Naturalist*, 110, 959–971.

Wertheim, B., Sevenster, J. G., Eijs, I. E. M & van Alphen, J. J. M. (2000) Species diversity in a mycophagous insect community: the case of spatial aggregation vs. resource partitioning. *Journal of Animal Ecology*, 69, 335–351.

Wesson, G. & Wareing, P. F. (1969) The induction of light sensitivity in weed seeds by burial. *Journal of Experimental Biology*, 20, 413–425.

West, G. B., Brown, J. H. & Enquist, B. J. (1997) A general model for the origin of allometric scaling laws in biology. *Science*, 276, 122–126.

West, H. M., Fitter, A. H. & Watkinson, A. R. (1993) Response of *Vulpia ciliata* ssp. *ambigua* to removal of mycorrhizal infection and to phosphate application under natural conditions. *Journal of Ecology*, 81, 351–358.

Westphal, M. I., Pickett, M., Getz, W. M. & Possingham, H. P. (2003) The use of stochastic dynamic programming in optimal landscape reconstruction for metapopulations. *Ecological Applications*, 13, 543–555.

Wharton, D. A. (2002) *Life at the Limits: organisms in extreme environments*. Cambridge University Press, Cambridge, UK.

White, J. (1980) Demographic factors in populations of plants. In: *Demography and Evolution in Plant Populations* (O. T. Solbrig, ed.), pp. 21–48. Blackwell Scientific Publications, Oxford.

White, T. C. R. (1993) *The Inadequate Environment: nitrogen and the abundance of animals*. Springer, Berlin.

Whittaker, R. H. (1953) A consideration of climax theory: the climax as a population and pattern, *Ecological Monographs*, 23, 41–78

Whittaker, R. H. (1956) Vegetation of the Great Smoky Mountains. *Ecological Monographs*, 23, 41–78.

Whittaker, R. H. (1975) *Communities and Ecosystems*, 2nd edn. Macmillan, London.

Whittaker, R. J., Willis, K. J. & Field, R. (2003) Climatic.energetic explanations of diversity: a macroscopic perspective. In: *Macroecology: concepts and consequences* (T. M. Blackburn & K. J. Gaston, eds), pp. 107–129. Blackwell Publishing, Oxford.

Wiebes, J. T. (1979) Coevolution of figs and their insect pollinators. *Annual Review of Ecology and Systematics*, 10, 1–12.

Wiens, J. A., Stenseth, N. C., Van Horne, B. & Ims, R. A. (1993) Ecological mechanisms and landscape ecology. *Oikos*, 66, 369–380.

Wilbur, H. M. (1987) Regulation of structure in complex systems: experimental temporary pond communities. *Ecology*, 68, 1437–1452.

Wilby, A., Shachak, M. & Boeken, B. (2001) Integration of ecosystem engineering and trophic effects of herbivores. *Oikos*, 92, 436–444.

Williams, G. C. (1966) *Adaptation and Natural Selection*. Princeton University Press, Princetion, NJ.

Williams, K. S., Smith, K. G. & Stephen, F. M. (1993) Emergence of 13-year periodical cicadas (Cicacidae: *Magicicada*): phenology, mortality and predator satiation. *Ecology*, 74, 1143–1152.

Williams, W. D. (1988) Limnological imbalances: an antipodean viewpoint. *Freshwater Biology*, 20, 407–420.

Williamson, M. H. (1972) *The Analysis of Biological Populations*. Edward Arnold, London.

Williamson, M. H. (1981) *Island Populations*. Oxford University Press, Oxford.

Williamson, M. (1999) *Invasions. Ecography*, 22, 5–12.

Wilson, D. S. (1986) Adaptive indirect effects. In: *Community Ecology* (J. Diamond & T. J. Case, eds), pp. 437–444. Harper & Row, New York.

Wilson, E. O. (1961) The nature of the taxon cycle in the Melanesian ant fauna. *American Naturalist*, 95, 169–193.

Wilson, J. B. (1987) Methods for detecting non-randomness in species co-occurrences: a contribution. *Oecologia*, 73, 579–582.

Wilson, J. B. (1988a) Shoot competition and root competition. *Journal of Applied Ecology*, 25, 279–296.

Wilson, J. B. (1988b) Community structure in the flora of islands in Lake Manapouri, New Zealand. *Journal of Ecology*, 76, 1030–1042.

Wilson, J. B. (1999) Guilds, functional types and ecological groups. *Oikos*, 86, 507–522.

Wilson, J. B. & Agnew, A. D. (1992) Positive-feedback switches in plant communities. *Advances in Ecological Research*, 23, 263–333.

Wilson, K., Bjornstad, O. N., Dobson, A. P. *et al.* (2002) Heterogeneities in macroparasite infections: patterns and processes. In: *The Ecology of Wildlife Diseases* (P. J. Hudson, A. Rizzoli, B. T. Grenfell, H. Heesterbeek & A. P. Dobson, eds), pp. 6–44. Oxford University Press, Oxford.

Wilson, S. D. & Tilman, D. (2002) Quadratic variation in old-field species richness along gradients of disturbance and nitrogen. *Ecology*, 83, 492–504.

Winemiller, K. O. (1990) Spatial and temporal variation in tropical fish trophic networks. *Ecological Monographs*, 60, 331–367.

Winemiller, K. (1996) Factors driving temporal and spatial variation in aquatic floodplain food webs. In: *Food Webs: integration of patterns and dynamics* (G. A. Polis & K. O. Winemiller, eds), pp. 298–312. Chapman & Hall, New York.

Winterbourn, M. J. & Townsend, C. R. (1991) Streams and rivers: one-way flow systems. In: *Fundamentals of Aquatic Ecology* (R. S. K. Barnes & K. H. Mann, eds), pp. 230–244. Blackwell Scientific Publications, Oxford.

With, K. A., Pavuk, D. M., Worchuck, J. L., Oates, R. K. & Fisher, J. L. (2002) Threshold effects of landscape structure on biological control in agroecosystems. *Ecological Applications*, 12, 52–65.

Wittenberg, R. & Cock, M. J. W. (2001) *Invasive Alien Species: a toolkit of best prevention and management practices.* CAB International, Oxford.

Woiwod, I. P. & Hanski, I. (1992) Patterns of density dependence in moths and aphids. *Journal of Animal Ecology*, 61, 619–629.

Wolda, H. (1978) Fluctuations in abundance of tropical insects. *American Naturalist*, 112, 1017–1045.

Wolday, D., Mayaan, S., Mariam, Z. G. *et al.* (2002) Treatment of intestinal worms is associated with decreased HIV plasma viral load. *Journal of Acquired Immune Deficiency Syndromes*, 31, 56–62.

Wolff, J. O. (1997) Population regulation in mammals: an evolutionary perspective. *Journal of Animal Ecology*, 66, 1–13.

Wolff, J. O. (2003) Density-dependence and the socioecology of space use in rodents. In: *Rats, Mice and People: rodent biology and management* (G. R. Singleton, L. A. Hynds, C. J. Krebs & D. J. Spratt, eds), pp. 124–130. Australian Centre for International Agricultural Research, Canberra.

Wolff, J. O., Schauber, E. M. & Edge, W. D. (1997) Effects of habitat loss and fragmentation on the behavior and demography of gray-tailed voles. *Conservation Biology*, 11, 945–956.

Woodward, F. I. (1987) *Climate and Plant Distribution*. Cambridge University Press, Cambridge, UK.

Woodward, F. I. (1990) The impact of low temperatures in controlling the geographical distribution of plants. *Philosophical Transactions of the Royal Society of London, Series B*, 326, 585–593; also in *Life at Low Temperatures* (R. M. Laws & F. Franks, eds), pp. 69–77. The Royal Society, London.

Woodward, F. I. (1994) Predictions and measurements of the maximum photosynthetic rate, Amax, at the global scale. In: *Ecophysiology: photosynthesis* (E. D. Schulze & M. M. Caldwell, eds), pp. 491–509. Springer-Verlag, Berlin.

Woodward, G. & Hildrew, A. G. (2002) Body-size determinants of niche overlap and intraguild predation within a complex food web. *Journal of Animal Ecology*, 71, 1063–1074.

Woodwell, G. M., Whittaker, R. H. & Houghton, R. A. (1975) Nutrient concentrations in plants in the Brookhaven oak pine forest. *Ecology*, 56, 318–322.

Wootton, J. T. (1992) Indirect effects, prey susceptibility, and habitat selection: impacts of birds on limpets and algae. *Ecology*, 73, 981–991.

Worland, M. R. & Convey, P. (2001) Rapid cold hardening in Antarctic microarthropods. *Functional Ecology*, 15, 515–524.

Worm, B. & Duffy, J. E. (2003) Biodiversity, productivity and stability in real food webs. *Trends in Ecology and Evolution*, 18, 628–632.

Worrall, J. W., Anagnost, S. E. & Zabel, R. A. (1997) Comparison of wood decay among diverse lignicolous fungi. *Mycologia*, 89, 199–219.

Worthen, W. B. & McGuire, T. R. (1988) A criticism of the aggregation model of coexistence: non-independent distribution of dipteran species on ephemeral resources. *American Naturalist*, 131, 453–458.

Worthington, E. B. (ed.) (1975) *Evolution of I. B. P.* Cambridge University Press, Cambridge, UK.

Wurtsbaugh, W. A. (1992) Food-web modification by an invertebrate predator in the Great Salt Lake (USA). *Oecologia*, 89,

168–175.

Wynne-Edwards, V. C. (1962) *Animal Dispersion in Relation to Social Behaviour*. Oliver & Boyd, Edinburgh.

Yako, L. A., Mather, M. E. & Juanes, F. (2002) Mechanisms for migration of anadromous herring: an ecological basis for effective conservation. *Ecological Applications*, 12, 521–534.

Yameogo, L., Crosa, G., Samman, J. *et al.* (2001) Long-term assessment of insecticide treatments in West Africa: aquatic entomofauna. *Chemosphere*, 44, 1759–1773.

Yao, I., Shibao, H. & Akimoto, S. (2000) Costs and benefits of ant attendance to the drepanosiphid aphid *Tuberculatus quercicola. Oikos*, 89, 3–10.

Yazvenko, S. B. & Rapport, D. J. (1997) The history of Ponderosa pine pathology: implications for management. *Journal of Forestry*, 95, 16–20.

Yibarbuk, D., Whitehead, P. J., Russell-Smith, J. *et al.* (2001) Fire ecology and aboriginal land management in central Arnhem Land, northern Australia: a tradition of ecosystem management. *Journal of Biogeography*, 28, 325–343.

Yoda, K., Kira, T., Ogawa, H. & Hozumi, K. (1963) Self thinning in overcrowded pure stands under cultivated and natural conditions. *Journal of Biology, Osaka City University*, 14, 107–129.

Yodzis, P. (1986) Competiton, mortality and community structure. In: *Community Ecology* (J. Diamond & T. J. Case, eds), pp. 480–491. Harper & Row, New York.

Yoshida, T., Jones, L. E., Ellner, S. P., Fussmann, G. F. & Hairston, N. G. Jr. (2003) Rapid evolution drives ecological dynamics in a predator-prey system. *Nature*, 424, 303–306.

Young, R. G., Huryn, A. D. & Townsend, C. R. (1994) Effects of agricultural development on processing of tussock leaf litter in high country New Zealand streams. *Freshwater Biology*, 32, 413–428.

Young, T. P. (1990) Evolution of semelparity in Mount Kenya lobelias. *Evolutionary Ecology*, 4, 157–172.

Young, T. P. & Augspurger, C. K. (1991) Ecology and evolution of long-lived semelparous plants. *Trends in Ecology and Evolution*, 6, 285–289.

Yu, L. M. (1995) Elicitins from *Phytophthora* and basic resistance in tobacco. *Proceedings of the National Academy of Science of the USA*, 92, 4088–4094.

Zadoks, J. S. & Schein, R. D. (1979) *Epidemiology and Disease Management*. Oxford University Press, Oxford.

Zahn, R. (1994) Fast flickers in the tropics. *Nature (London)*, 372, 621–622.

Zak, D. R., Holmes, W. E., White, D. C., Peacock, A. D. & Tilman, D. (2003) Plant diversity, soil microbial communities, and ecosystem function: are there any links? *Ecology*, 84, 2042–2050.

Zavala, J. A., Paankar, A. G., Gase, K. & Baldwin, I. T. (2004) Constitutive and inducible trypsin proteinase inhibitor production incurs large fitness costs in *Nicotinia attenuata. Proceedings of the National Academy of Sciences of the USA*, 101, 1607–1612.

Zavaleta, E. S., Hobbs, R. J. & Mooney, H. A. (2001) Viewing invasive species removal in a whole-ecosystem context. *Trends in Ecology and Evolution*, 16, 454–459.

Zeide, B. (1987) Analysis of the 3/2 power law of self-thinning. *Forest Science*, 33, 517–537.

Zheng, D., Prince, S. & Wright, R. (2003) Terrestrial net primary production estimates in 0.5 degree grid cells from field observations-a contribution to global biogeochemical modelling. *Global Change Biology*, 9, 46–64.

Zheng, D. W., Bengtsson, J. & Agren, G. I. (1997) Soil food webs and ecosystem processes: decomposition in donor-control and Lotka-Volterra systems. *American Naturalist*, 145, 125–148.

Ziemba, R. E. & Collins, J. P. (1999) Development of size structure in tiger salamanders: the role of intraspecific interference. *Oecologia*, 120, 524–529.

Zimmer, M. & Topp, W. (2002) The role of coprophagy in nutrient release from feces of phytophagous insects. *Soil Biology and Biochemistry*, 34, 1093–1099.

生物名词索引

B

D

E

F

G

M

Q

R

S

W

Y

Z

主题词索引

D

E

F

G

H

J

K

L

M

R

S

T

V

W

Z

#

彩图 1.1　格陵兰的北极冻原生态系统(J. A. Vickery 提供)。

彩图 1.2　针叶林生态系统: (a) 加拿大艾伯塔省针叶林的鸟瞰图(ⒸPlanet Earth Pictures/Martin King); (b) 瑞典松林秋色(ⒸPlanet Earth Pictures/Jan Tove Johansson)。

(a)

(b)

彩图 1.3 温带森林生态系统: (a) 美国北卡罗来纳混交林的秋色 (©The Image Bank/Arthur Mayerson); (b) 苏格兰哈本 (Harburn) 山毛榉林的早秋景色 (©Ecoscene/Wilkinson)。

彩图 1.4 稀树草原生态系统: 坦桑尼亚塞伦盖蒂纳比山之角马与斑马群 (©Images of Africa/David Keith Jones)。

(a)

(b)

彩图 1.5 荒漠生态系统: 南非纳马夸兰的夏季景观 (a) 和春花绽放 (b) (©Planet Earth Pictures/J. MacKinnon)。

(a)

(b)

彩图 1.6　热带雨林生态系统 (a, b): 乌干达西南部的致密森林 (©Images of Africa/David Keith Jones)。

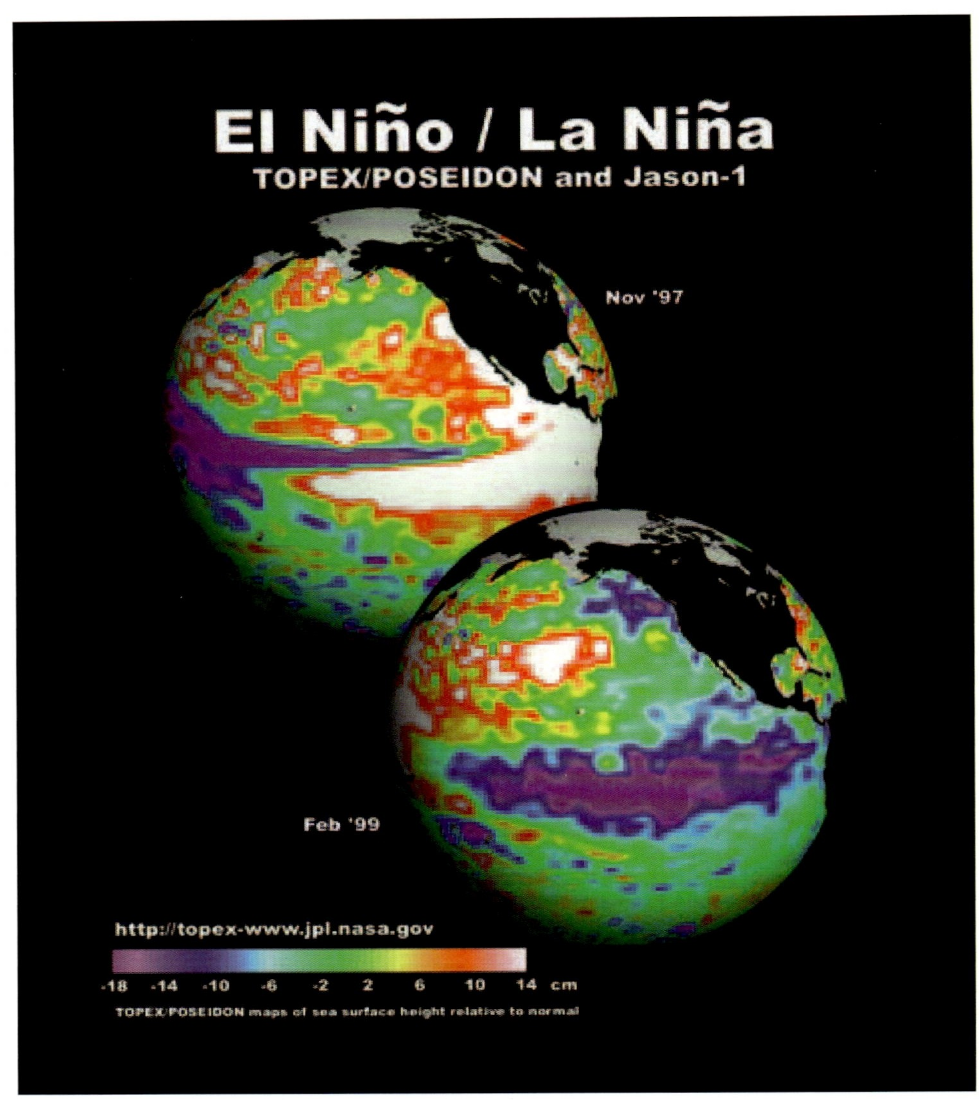

彩图 2.1 相对于平均水平以上的海平面高度，厄尔尼诺 (1997 年 11 月) 和拉尼娜 (1999 年 2 月) 事件案例的分布图。海平面随海洋温度升高而升高；例如，海平面低于平均值 15~20 cm 相当于温度 2~3°C 的反常 (图片来源于 http://topex-www.jpl.nasa.gov/science/images/el-nino-la-nina.jpg) (参见图 2.11; NASA JPL-Caltech提供)。

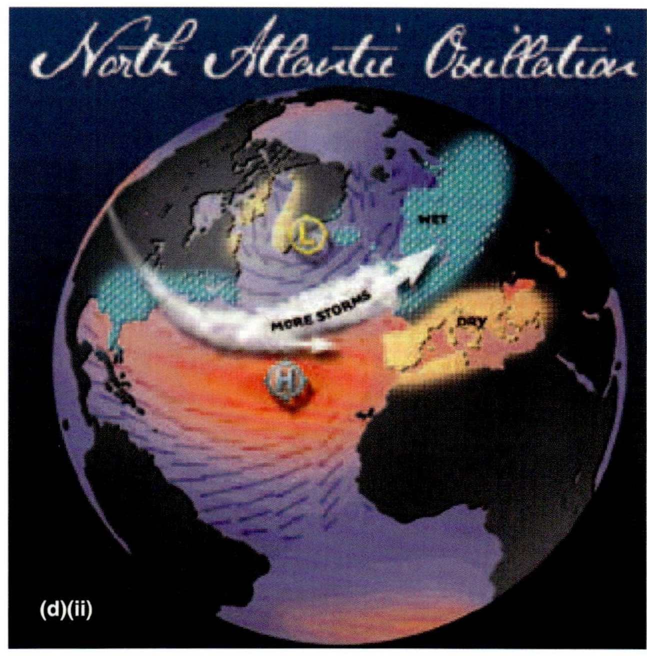

彩图 2.2 当 NAO 指数为正或负时, 是典型的冬季状态。图中也展示了比平时更温暖、寒冷、干燥或湿润的状态 (图片来源于 http://www.ldeo.columbia.edu/NAO/) (参见图 2.11)。

(a)
(b)
(c)

彩图 4.1 构件植物 (左列) 和动物 (右列), 图中展示了以不同构建方式的潜在对比。(见前页) (a) 构件生物浮萍 (*Lemna* sp.) 和水螅 (*Hydra* sp.), 随其生长, 落下片段。(b) 自由分枝生物中构件就像长在茎上的个体一样: 金银花 (*Lonicera japonica*) 带叶片 (摄养构件) 和花枝的枝条; 同时带有摄食和繁殖构件的水螅 (*Obelia*) 群。(c) 匍匐茎植物可以通过克隆横向扩展, 且通过根状茎或 "匍匐茎" 将无性系小株联系在一起: 通过匍匐茎蔓延的单株草莓 (*Fragaria* 属) 和一个筒螅 (*Tubularia crocea*) 群。(d) 紧密联系在一起的构件群: 刺虎耳草 (*Saxifraga bronchialis*) 的草丛和硬珊瑚 (*Turbinaria reniformis*) 的一部分。(e) 积累在一个长期存在、死的支撑物上的构件: 欧洲栎 (*Quercus robur*) 中的支持物主要是死的木质组织, 它们来自之前的构件, 柳珊瑚的支撑物主要来自早期构件的钙化组织。(a) 左图, © Visuals Unlimited/John D. Cunningham; 右图, © Visuals Unlimited/Larry Stepanowicz; (b) 左图, © Visuals Unlimited; 右图, © Visuals Unlimited/Larry Stepanowicz; (c) 左图, © Visuals Unlimited/Science VU; 右图, Visuals Unlimited/John D. Cunningham; (d) 左图, © Visuals Unlimited/Gerald & Buff Corsi; 右图, ©Visuals Unlimited/Dave B. Fleetham; (e) 左图, ©Visuals Unlimited/Silwood Park; 右图, ©Visuals Unlimited/Daniel W. Gotshall。

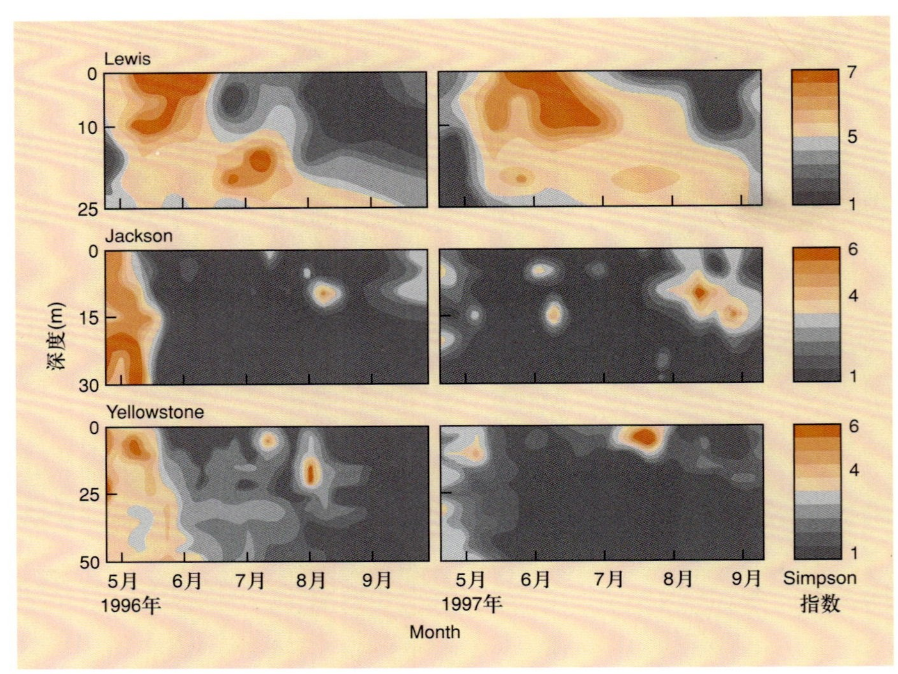

彩图 8.37 两年内在美国黄石公园区域的 3 个大型湖泊中浮游生物的物种多样性 (Simpson 指数) 随水深的变异。阴影描述 712 个离散取样的水深 – 时间变异: 深橙色区域物种多样性高, 灰色区域物种多样性低 (仿 Interlandi & Kilham, 2001)。